中国基桩新技术精集

沈保汉　等◎著

知识产权出版社
全国百佳图书出版单位
—北京—

图书在版编目（CIP）数据

中国基桩新技术精集/沈保汉等著. —北京：知识产权出版社，2024.1

ISBN 978-7-5130-8869-5

Ⅰ.①中… Ⅱ.①沈… Ⅲ.①桩基础-文集 Ⅳ.①TU473.1－53

中国国家版本馆 CIP 数据核字（2023）第 151759 号

内容简介

本书共 62 章，全面总结了 60 余种桩基新技术的工法原理、优缺点、适用范围、工艺流程、施工机械设备、设计和施工控制要点、常见质量缺陷的原因及控制措施、经济效益比较及工程实例等。书中还以表格的形式总结了灌注桩施工工艺十七大环节，根据这些工艺环节即可组合出多种桩型，是作者从事桩基行业几十年工程经验的总结。

本书可作为桩基施工、工程勘察设计单位工程技术人员、管理人员的参考用书，也可供土木工程行业相关的从业者参考。

责任编辑：张雪梅　张　珑　刘　爽　　　　　　　责任印制：刘译文
封面设计：杨杨工作室·张　冀

中国基桩新技术精集

ZHONGGUO JIZHUANG XINJISHU JINGJI

沈保汉　等　著

出版发行：**知识产权出版社** 有限责任公司	网　　址：http://www.ipph.cn
电　　话：010－82004826	http://www.laichushu.com
社　　址：北京市海淀区气象路 50 号院	邮　　编：100081
责编电话：010－82000860 转 8171	责编邮箱：laichushu@cnipr.com
发行电话：010－82000860 转 8101	发行传真：010－82000893
印　　刷：三河市国英印务有限公司	经　　销：新华书店、各大网上书店及相关专业书店
开　　本：880mm×1230mm　1/16	印　　张：90.5
版　　次：2024 年 1 月第 1 版	印　　次：2024 年 1 月第 1 次印刷
字　　数：2730 千字	定　　价：780.00 元

ISBN 978-7-5130-8869-5

编　委　会

第1章　　沈保汉

第2章　　沈保汉　　郭传新　　水俊峰　　黄志文　　于好善　　雷　建　　刘延敏　　张　昊　　鲍庆伟
　　　　　　范　磊　　刘国宇　　刘　宁

第3章　　沈保汉　　丁青松　　龚良海　　吴洁妹

第4章　　沈保汉　　丁青松　　张良夫　　樊敬亮　　吴　岳　　刘延敏　　付连红

第5章　　沈保汉　　张良夫　　陈宗见　　樊敬亮　　徐新战　　付连红　　晁明智

第6章　　戴　斌　　张宝成　　沈保汉　　张　微

第7章　　于好善　　史兵言

第8章　　沈保汉　　包自成　　雷　建　　陈宗见　　刘延敏　　李明忠　　陈绪照

第9章　　沈保汉　　龚维明　　应　权　　吴礼生　　陈少平　　任自放　　丁青松

第10章　　沈保汉　　丁青松　　侯庆国　　张杭生　　岑　超　　吴　昊

第11章　　武思宇　　沈保汉　　吴剑波　　李式仁　　王笃礼　　董威信

第12章　　陈超鋆　　彭桂皎　　沈保汉

第13章　　张　超　　沈保汉　　包自成　　雷　斌　　区国雄

第14章　　陈超鋆　　彭桂皎　　沈保汉

第15章　　胡泰平　　吴　涛　　刘豫湘

第16章　　刘　钟　　郭　钢　　卢璟春　　李志毅　　邓益兵　　陈治法

第17章　　邓亚光　　沙焕焕

第18章　　王景军

第19章　　张　亮　　戴　斌　　朱允伟　　马云飞　　刘宏运

第20章　　沈保汉　　贺德新　　孙君平　　王　衍　　刘振亮　　蔡　娜

第21章　　沈保汉　　王景军　　张连波　　周晓波　　季　强

第22章　　沈保汉　　刘富华　　杨　松　　鲁　迟　　吕夏平　　范　磊

第23章　　沈保汉　　陈　卫　　陈建海　　刘富华　　章元强　　曹薛平　　黄　新

第24章　　曹荣夏　　沈保汉

第25章　　沈保汉　　朱建新　　包自成　　樊敬亮　　陆俊杰

第26章　　殷永高　　余　竹

第27章　　刘献刚　　沈保汉

第28章　　上官兴　　林乐翔

第29章　　上官兴　　林乐翔

第30章　　毕建东　　袁志仁　　董旭恒　　卞延彬　　李向群

第31章　　王庆伟

序 一

随着近 30 年来我国高层建筑和铁路交通等的迅猛发展,我国基桩施工迅速崛起,在基桩方面出现了新桩型、新工艺、新工法、新机械设备、新测试技术及新试验方法等诸方面新科技成果,实现了从桩基大国向桩基强国的过渡。

沈保汉先生与 150 余名科技工作者十几年甚至几十年坚守在基桩科学技术领域,知难而上,发扬工匠精神,付出了长期的努力,推动渐进式的创新和大大小小的技术突破,实现了基桩科学跨越式的技术发展,为国家和社会的长久利益而谋划。《中国基桩新技术精集》的出版是对这些前沿技术和历史沿革的全面总结。

《中国基桩新技术精集》有以下几大特点:

第一,推出一大批新型桩工机械设备,如国产旋挖钻机、全回转全套管钻机、具有"三超技术"(超级动力头、超强钻杆、超硬钻头)的强螺旋灌注桩机、SDL 复合动力桩工钻机及大扭矩、大提升力全液压气举反循环钻机等。

第二,全面系统地总结出中国基桩新技术三大施工类型(非挤工桩、部分挤土桩和挤土桩)。

第三,完整系统地总结出 39 种达到国际领先水平和国际先进水平的基桩的新工艺和新工法,诸如,处于国际领先水平的多节钻扩灌注桩(钻扩工法)、三岔双向挤扩灌注桩、钻孔压浆灌注桩、软切割方式全套管钻孔咬合桩、内夯式沉管灌注桩和非取土复合扩底桩、根式基础、大直径现浇混凝土筒桩、现浇混凝土大直径管桩(PCC 桩)、现浇 X 形混凝土桩、劲性复合桩、振动桩锤吊打灌注桩、变径灌注桩和夯底胀径干硬性混凝土灌注桩、DH 先进型快速预应力混凝土管桩、PHDC 桩桩端扩大技术、螺旋挤土成孔预应力管桩、自平衡下沉大直径管桩、载体桩施工技术、YQ 桩端中心压力注浆桩工法、钢管组对机、VDS 灌注桩、锚杆静压桩技术、潜孔冲击高压旋喷桩技术(DJP 工法),等等。

第四,多方面推出一系列达到国际领先水平的基桩检测技术,诸如,混凝土扩盘桩的半面桩试验研究方法、超大吨位桩承载力自平衡测试技术、应用磁测井法检测灌注桩钢筋笼长度、北斗云技术在基础施工和岩土监测中的应用、灌注桩超灌及桩头质量监测物联设备的研究与应用,等等。

第五,介绍了达到国际领先水平的无砂增压式真空预压技术及深厚软基"刚性复合厚壳层"的地基处理及应用。

第六,进行了中国桩基领域专利检索分析统计研究,代表了行业专利分析的领先水平,对行业的专利宏观理解具有重要的参考意义。

本书的 150 余位作者,既有大学教授、研究者,也有实践者、经营者和政策制定者,他们能够一起参与到这样一本科学技术巨著的撰写中,反映出沈保汉先生和他的合作伙伴们的另一个重要成就——调动各方力量推动研发与产业实践的有效结合。

几十年来,沈保汉先生为推动国内基桩技术的加速发展所作出的努力与成效是有目共睹的,作为同行,我愿意为他的工作提供支持,因为这是造福国民的一件大事。

我深信,本书的出版将进一步提高和促进基桩工程技术的交流和发展,有助于我国基桩工程技术水平的不断提高。

是为序。

中国工程院院士

王思敬

序 二

桩基础是一种古老的基础形式，其应用至今已有14000多年的历史。因为桩基具有良好的受力特性和抗变形能力，受到了人们的高度重视。人们在桩的设计理论、施工技术、检测技术以及新桩型和施工机械设备的开发应用等方面也在不断进行研究探索，使得最近几十年来桩基技术得到了蓬勃发展。

作为我国著名的岩土工程专家，沈保汉先生从20世纪70年代起一直从事桩基和深基坑支护技术的研究与开发工作。四十年风雨兼程，沈先生孜孜不倦地学习、钻研，在桩基工程领域攻坚克难，完成了十几项重大科研开发项目，所取得的科研成果在数千工程项目中得以推广应用。可以说，沈先生毕生的精力都献给了桩基和深基坑支护技术。《中国基桩新技术精集》一书正是沈保汉先生与150余名岩土工程领域的专家、学者、工程师在桩基领域攻坚克难、辛勤耕耘的成果，是以沈先生为代表的桩基研究者和工程技术人员集体智慧的结晶。

《中国基桩新技术精集》卷帙浩繁，全面、系统地总结了我国在桩基方面的新桩型、新工艺工法、新机械设备、新检测技术、新试验方法等多方面的成果，对于从事桩基研究和施工的从业者来说是一本"百科全书"式的宝典。具体来说，本书有以下主要特点：

（1）全面总结了近年来我国60多种桩基新技术的创新点，并客观评价其技术水平。其中，有39种桩基新技术达到国际领先或国际先进水平，包括旋挖钻斗钻成孔灌注桩、正/反循环钻成孔灌注桩、气举反循环钻孔灌注桩、劲性复合桩、三岔双向挤扩灌注桩、根式基础、长螺旋压灌水泥土桩、钢管混凝土灌注桩等；有多种工法获得国家级工法，包括螺杆桩成桩工法、长螺旋钻孔压灌混凝土旋喷扩孔桩、根式基础关键施工方法、植入预制钢筋混凝土工字型桩围护墙（SCPW工法）等；有多项技术为国内外首创，如长螺旋压灌水泥土桩、超缓凝混凝土的配置技术、自平衡下沉大直径管桩及其施工方法、水泥土筒桩技术、锚杆静压桩技术等；另有多项技术获国家专利。

（2）结合大量具体工程实例介绍桩基施工技术，包括施工工艺、机械设备选择、施工要点、工程重点和难点、施工注意事项、工程事故的预防及处理等，对于桩基的设计、施工人员具有极强的参考性。

（3）"干货"满满，兼具实用性、可读性。全书虽内容繁多，但无一不是必要的，均为本章所介绍的桩基技术的实用性内容，可以帮助读者快速了解、掌握相应的桩基施工技术。

可以说，本书总结梳理了沈先生毕生从事桩基和深基坑支护研究、施工的工作经验，总结了以刘汉龙教授团队为代表的多个企业、高校团队多年的研究成果，力求为国内桩基础施工提供最实用、最全面的借鉴。

正是由于本书的上述特点，其组织编写也是一项浩大的工程，凝结着以沈先生为代表的岩土工程和工程机械从业者大量的心血。

相信本书的出版定能为桩基领域的从业者提供极具价值的参考，为我国桩基础工程技术的发展助力。

中国工程院院士

目　录

第1章 导 论

沈保汉

1.1 基 桩 分 类

我国《建筑桩基技术规范》(JGJ 94—2008)定义基桩是桩基础中的单桩。

1. 按荷载传递机理分类

基桩按荷载传递机理可分为摩擦桩、端承摩擦桩、摩擦端承桩和端承桩四种类型,前两类合称为摩擦型桩,后两类合称为端承型桩。在承载力极限状态下,单桩竖向极限承载力为单桩总极限侧阻力和单桩总极限端阻力之和,即

$$Q_u = Q_{su} + Q_{pu} \tag{1-1}$$

式中 Q_u——单桩竖向极限承载力;

Q_{su}——单桩总极限侧阻力;

Q_{pu}——单桩总极限端阻力。

(1)摩擦桩

在承载能力极限状态下,桩顶竖向荷载主要由桩侧阻力承担,桩端阻力小到可忽略不计,即 $Q_u \approx Q_{su}$,$Q_{pu} \approx 0$。

(2)端承摩擦桩

在承载能力极限状态下,桩顶竖向荷载主要由桩侧阻力承担,$Q_{su} > Q_{pu}$。

(3)摩擦端承桩

在承载能力极限状态下,桩顶竖向荷载主要由桩端阻力承担,$Q_{su} < Q_{pu}$。

(4)端承桩

在承载能力极限状态下,桩顶竖向荷载由桩端阻力承担,桩侧阻力小到可忽略不计,即 $Q_u \approx Q_{pu}$,$Q_{su} \approx 0$。

这四种类型桩的具体分类见表1-1。

表1-1 桩按荷载传递机理的分类

类别	摩擦桩	端承摩擦桩	摩擦端承桩	端承桩
$Q_{su}/Q_u/\%$	100~95	95~50	50~5	5~0
$Q_{pu}/Q_u/\%$	0~5	5~50	50~95	95~100

2. 按材料分类

基桩按材料可分为木桩、钢筋混凝土桩、钢桩和组合材料桩等。其中,钢筋混凝土桩又可分为普通钢筋混凝土桩(简称 RC 桩,混凝土强度等级为 C15~C40)、预应力钢筋混凝土桩(简称 PC 桩,混凝土强度等级为 C40~C80)和预应力高强混凝土桩(简称 PHC 桩,混凝土强度等级不低于 C80);钢桩

又可分为钢管桩和 H 型钢桩；组合材料桩有钢管外壳加混凝土内壁的合成桩等。

3. 按形状分类

基桩按形状可分为圆形桩（实心圆、空心圆断面桩和管桩）、角形桩（三角形、四角形、六角形、八角形和外方内圆空心桩及外方内异形空心桩等）、异形桩（十字形、X 形、楔形、扩底型、树根形、梯形、锥形、T 形及波纹形锥形桩等）、螺旋桩（螺纹桩及螺杆桩等）、多节桩（多节扩孔灌注桩、多节挤扩灌注桩及节桩等）。

4. 按直径或断面大小分类

基桩按直径 d 或断面大小可分为小桩（又称微型桩，$d \leqslant 250$mm）、中等直径桩（250mm$<d<$800mm）和大直径桩（$d \geqslant 800$mm）。

5. 按长度比 α 分类

基桩按长度比 α 可分为短桩（$\alpha=1.5 \sim 3.0$）和长桩（$\alpha>3.0$），其中

$$\alpha = L/\lambda \tag{1-2}$$

式中　L——桩长；

　　　λ——桩特征长度。

$$\lambda = \sqrt[4]{\frac{4EI}{BK_n}} \tag{1-3}$$

式中　E——桩的纵向弹性模量；

　　　I——桩截面惯性矩；

　　　B——桩截面宽度；

　　　K_n——水平方向地基系数。

通常，$L \leqslant 10$m 时称为短桩；10m$<L \leqslant 30$m 时称为中长桩；30m$<L \leqslant 60$m 时称为长桩；$L>60$m 时称为超长桩。

6. 按施工方法分类

基桩按施工方法分为非挤土桩、部分挤土桩和挤土桩三大类，详见图 1-1（见下页）。再细分，桩的施工方法已超过 300 种，施工方法的变化、完善、更新日新月异、与时俱进。

1.2　桩 型 选 择

1. 桩型选择的基本原则

在选择桩型与工艺时，应对建筑物的特征（建筑结构类型、荷载性质、桩的使用功能、建筑物的安全等级等）、地形、工程地质条件（穿越土层、桩端持力层岩土特性）、水文地质条件（地下水类别、地下水位）、施工设备、施工环境、造价及工期等进行技术经济分析比较，按安全适用、经济合理的原则选择。

2. 常用桩设桩工艺选择参考表

笔者综合国内外施工实践编制了常用桩设桩工艺选择参考表，见表 1-2。

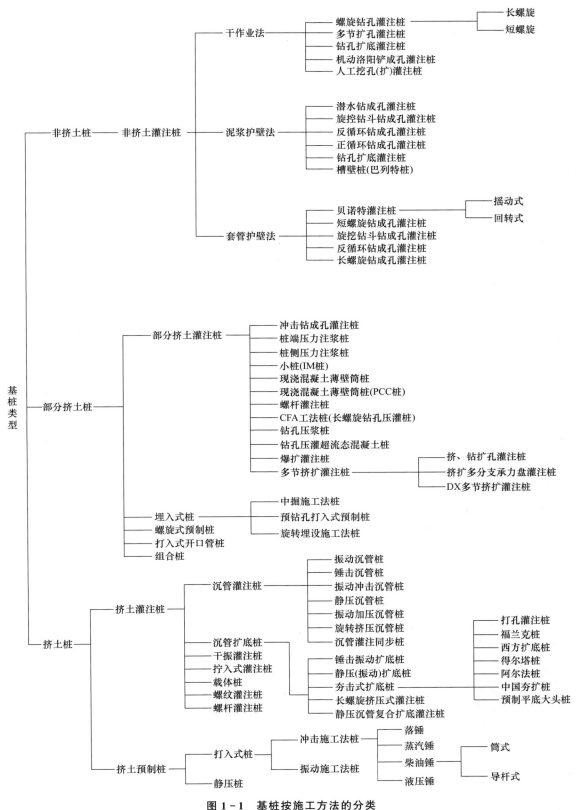

图 1-1　基桩按施工方法的分类

表 1-2　常用桩设桩工艺选择参考表

桩型	桩径或桩宽/mm	桩长/m	一般黏性土及其填土	非自重湿陷黄土	自重湿陷黄土	季节性冻土、膨胀土	淤泥和淤泥质土	粉土	砂土	碎石土	中间有硬夹层	中间有砂夹层	中间有砾石夹层	硬黏性土	密实砂土	碎石土	软质岩石和风化岩石	以上	以下	振动和噪声	排浆	孔(桩)底有无挤密
长螺旋钻孔灌注桩	300~1500	≤30	○	○	△	○	/	○	△	/	△	△	/	○	○	△	△	○	/	低	无	无
短螺旋钻孔灌注桩	300~3000	≤80	○	○	△	○	/	○	△	/	△	△	/	○	○	△	△	○	/	低	无	无
小直径钻孔扩底灌注桩（干作业）	桩身300~600,扩大头800~1200	≤30	○	○	△	○	/	○	△	/	△	△	/	○	○	△	△	○	/	低	无	无
机动洛阳铲成孔灌注桩	270~500	≤20	○	○	△	○	/	○	△	/	△	/	/	○	/	/	/	○	/	中	无	无
人工挖（扩）孔灌注桩	800~4000	≤60	○	○	△	○	○	○	△	△	△	△	△	○	○	○	○	○	△	无	无	无
潜水钻孔成孔灌注桩	450~4500	≤80	○	△	/	△	○	○	△	/	△	△	/	○	○	△	△	○	○	低	有	无
旋挖钻斗钻成孔灌注桩	800~3000	≤100	○	○	△	○	○	○	△	×/△	○	×/△	○	○	○	△	△	○	○	低	有	无
反循环钻成孔灌注桩	400~4000	≤150	○	○	△	○	○	○	△	△	○	×/△	○	○	○	△	△	○	○	低	有	无
正循环钻成孔灌注桩	400~2500	≤90	○	○	△	○	○	○	△	×/△	○	×/△	○	○	○	△	△	○	○	低	有	无
大直径钻孔扩底灌注桩（泥浆护壁）	桩身800~4100,扩大头1000~4380	≤70	○	○	△	○	○	○	△	×/△	○	×/△	○	○	○	△	△	○	○	低	有	无
贝诺特灌注桩	600~3000	≤90	○	○	○	○	○	○	△	△	○	○	△	○	○	△	△	○	○	低	无	无
冲击成孔灌注桩	600~2000	≤50	○	/	/	△	△	○	△	△	○	△	△	○	○	○	○	○	○	中	有	无
桩端压力注浆桩	400~2000	≤130	○	○	△	○	○	○	△	×/△	○	×/△	○	○	○	△	△	○	△	低	有/无	有
钻孔压浆桩	400~800	≤30	○	○	△	○	△	○	△	△	△	△	△	○	○	△	△	○	○	低	无	有
长螺旋钻孔压灌桩	400~1000	≤30	○	○	△	○	△	○	△	△	△	△	△	○	○	△	△	○	○	低	无	有
锤击沉管成孔灌注桩	270~800	≤35	○	○	△	△	○	○	△	/	△	/	/	○	○	△	/	○	○	高	无	有
振动沉管成孔灌注桩	270~700	≤50	○	○	△	△	○	○	△	/	△	/	/	○	○	△	/	○	○	高	无	有
振动冲击沉管成孔灌注桩	270~500	≤25	○	○	○	○	○	○	△	△	△	△	△	○	○	△	△	○	○	高	无	有

续表

| 桩型 | 桩径或桩宽/mm | 桩长/m | 穿越土层 | | | | | | | | | | | 桩端进入持力层 | | | | 地下水位 | | 对环境的影响 | | 孔(桩)底有无挤密 |
			一般黏性土及其填土	黄土(非自重湿陷黄土)	黄土(自重湿陷黄土)	季节性冻土、膨胀土	淤泥和淤泥质土	粉土	砂土	碎石土	中间有硬夹层	中间有砂夹层	中间有砾石夹层	硬黏性土	密实砂土	碎石土	软质岩石和风化岩石	以上	以下	振动和噪声	排浆	
夯扩桩	325~530	≤25	○	○	○	△	○	○	△	/	△	△	/	○	○	△	/	○	○	中	无	有
福兰克桩	325~600	≤20	○	△	△	△	○	○	△	△	△	△	△	○	○	△	△	○	○	中	无	有
载体桩	300~600	≤25	○	△	△	△	○	○	△	△	△	△	△	○	○	△	△	○	○	中	无	有
DX挤扩灌注桩	桩身400~1500,承力盘800~2500	≤60	○	△	△	△	○	○	△	×/△	△	△	×/△	○	△	△	△	○	○	低	有/无	有
预钻孔打入式预制桩	300~1200	≤70	○	△	△	△	○	○	△	△	△	△	△	○	△	△	△	○	○	低	有/无	有
中掘施工法桩	300~1500	≤80	○	△	△	△	○	○	△	△	△	△	△	○	△	△	×/△	○	○	低	有	有
打入式钢管桩(开口)	300~1500	≤80	○	△	△	△	○	○	△	△	△	△	△	○	△	△	△	○	○	高	无	有
打入式RC桩	250~800	≤60	○	△	△	△	○	○	△	/	△	△	/	○	△	△	△	○	○	高	无	有
打入式管桩	300~1000	≤60	○	△	△	△	○	○	△	△	△	△	△	○	△	△	△	○	○	高	无	有
静压桩	300~600	≤70	○	△	△	△	○	○	△	△	△	△	△	○	△	△	△	○	○	无	无	有

注：1. 表中符号：○表示比较适合，即在大多数情况下适合，施工实绩较多；△表示有可能采用，或在某些情况下适合，或施工实绩不多；×表示不宜采用，或在大多数情况下不适合，或几乎没有施工实绩。

2. 表中设桩工艺选择的可能性及桩径、桩长参数会随着设桩工艺进步而有所突破或变化。

3. 钻机、成孔机的钻孔深度往往比实际桩长大得多，如正、反循环钻最大钻孔深度分别可达到600m和650m，但最大桩长分别为90m和150m。

我国幅员辽阔，工程地质与水文地质条件复杂，东部与中西部地区经济发展不平衡，各类工程要求也不相同。大量施工实践表明，我国常用的各种桩型从总体上看具有以下特点：大直径桩与普通直径桩并存；预制桩与灌注桩并存；非挤土桩、部分挤土桩和挤土桩并存；在非挤土桩中钻孔、冲抓成孔和人工挖孔并存；在挤土桩中锤击法、振动法和静压法并存；在部分挤土灌注桩的压浆工艺工法中前注浆桩与后注浆桩并存；先进的、现代化的工艺设备与传统的、较陈旧的工艺设备并存，等等。由此可见，各种桩型在我国都有合适的土层地质、环境与需求，也有发展、完善与创新的条件。

任何一种桩型都不是万能的，都有其适用范围，关键在于找到切入点，扬长避短；再好的桩型只要在施工中不注意质量或超过其适用范围，就会出现质量问题甚至造成重大事故。

需要说明的是，图1-1和表1-2是笔者于2014年4月编制而成的，近几年来我国在基桩领域出现了新桩型、新工艺、新工法、新机械设备、新测试技术及新试验方法等诸多方面新科技成果及地基处理与基坑围护的新技术，汇总于本书第2~61章中。此外本书第55章还介绍了中国桩基领域的专利检索分析。

1.3 我国基桩新技术分类

为便于读者提纲挈领地了解本书各章内容的相关性，以下在图1-2～图1-4中分别列出了非挤土桩、部分挤土桩和挤土桩的新技术施工类型。图1-5所示为本书中新型的基桩检测和地基处理及基坑围护新技术。图1-2～图1-5中，每种类型括号内的数字表示本书中章的序号。

1. 非挤土桩新技术施工类型

非挤土桩新技术施工类型见图1-2。

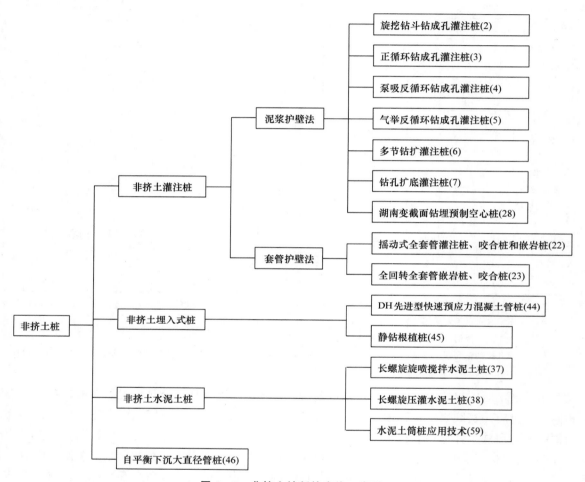

图1-2 非挤土桩新技术施工类型

2. 部分挤土桩新技术施工类型

部分挤土桩新技术施工类型见图1-3。

3. 挤土桩新技术施工类型

挤土桩新技术施工类型见图1-4。

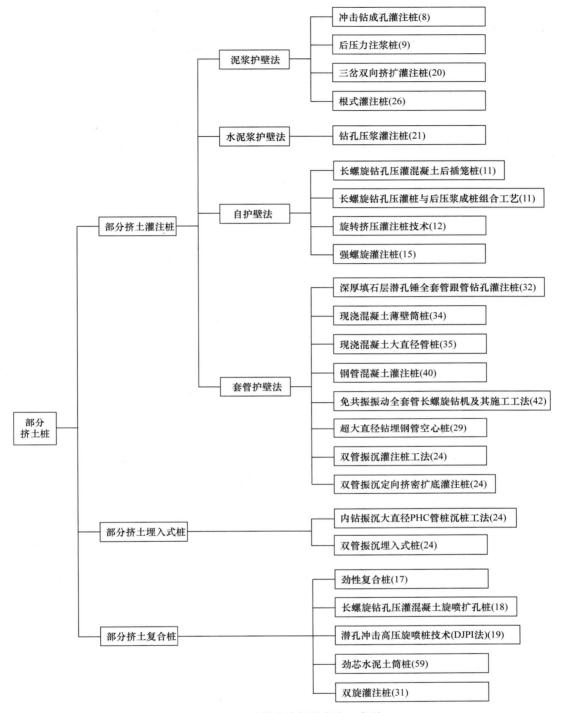

图 1-3 部分挤土桩新技术施工类型

4. 新型的基桩检测和地基处理及基坑围护技术

本书中新型的基桩检测和地基处理及基坑围护技术见图 1-5。

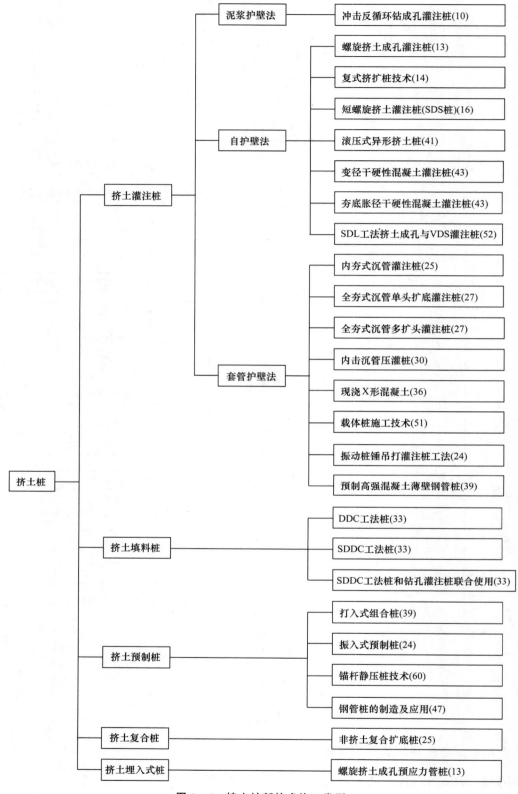

图 1-4 挤土桩新技术施工类型

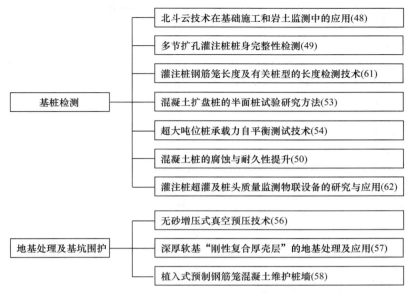

图 1－5 新型的基桩检测和地基处理及基坑围护技术

1.4 新技术基桩的创新点和技术水平简介

本书第 2～62 章将介绍新型基桩的创新点和技术水平，现将各章内容简要介绍如下。

第 2 章为旋挖钻斗钻成孔灌注桩。国产旋挖钻机整体的主要性能已接近或达到国际先进水平。我国目前已能生产 60～500kN·m 大、中、小型多种规格的旋挖钻机。从 2006 年开始国产旋挖钻机已占领国内的主要市场。旋挖钻机市场高峰期的年产量已超过 2000 台，我国目前已是世界上生产和使用旋挖钻机最多的国家。

以山河智能装备股份有限公司为代表的企业生产的旋挖钻机主要结构采用平行四边形加三角形机构，不同于以土力机械有限公司和宝峨公司为代表的企业生产的旋挖钻机的主要结构。

徐工 XR 系列旋挖钻机采用自制专用液压伸缩式底盘，稳定性强，能同时满足工作稳定性及运输方便性的要求，引领着桩工行业自制底盘技术的进步。

北京中车大吨位旋挖钻机的结构创新点为采用主卷扬双减速机四电动机中置结构、桁架式吊锚架结构、新型轴式转盘结构。

本章介绍了三个工程实例。实例 1 为龙岩大桥主塔桩基采用旋挖钻机钻孔，需满足最大成孔直径 3.1m，且施工需穿越三层溶洞，单层溶洞最高达 29.6m，最大入岩深度 76m，最大钻孔深度 96m，对钻机要求之高、岩溶发育之复杂，在国内外均为罕见。实例 2 港珠澳大桥香港人工岛西桥桩基工程，包括 147 根直径分别为 2m 和 2.2m 的旋挖钻孔桩，入花岗岩深度为 1.5～4.5m，最大钻孔深度达到 105m，最重单桩钢筋笼重量为 240t。实例 3 为 5 组北京中车旋挖钻机施工钻斗钻成孔灌注桩，施工难度均很大。

以上事实表明，我国旋挖钻斗钻成孔灌注桩施工工艺已达到国际先进水平或国际领先水平。

第 3 章为正循环钻成孔灌注桩。选用扭矩大、稳定性好的钻机，采用优质泥浆（在泥浆中添加高效膨润土、CMC 及纯碱等掺合剂），选择合理的钻进工艺（正确埋设护筒、严格控制钻孔顺序、合理控制钻速），采取加大冲洗液泵量等措施，正循环钻成孔工艺可完成 100m 以上的深孔施工。黄河三角洲地区钻成孔灌注桩，桩径分别为 1.5m 和 2.0m，桩长 110～120m，共计 206 根。上海、宁波及绍兴地区正循环钻成孔灌注桩桩长为 70～90m 的例子不计其数。以上事实表明，我国正循环钻成孔灌注桩施工工艺已达到国际先进水平或国际领先水平。

第4章为泵吸反循环钻成孔灌注桩。2016年12月，宁波市经济与信息委员会在宁波主持召开了由浙江某工程机械有限公司研发的ZJD2000/100履带式泵吸反循环全液压钻机产品鉴定会，鉴定委员会认为：①产品采用全液压无级变速，恒压和恒速钻进，钻进效率高；②配备大口径、低扬程、大排量砂石泵循环泥浆，泥浆流速快，钻渣排量大；③能根据施工需要自动调节钻进速度和循环泥浆流量，自动化程度高；④自行走履带底盘使移动更方便；⑤钻机最大钻孔直径达到2m，孔深达100m，配以合适的钻头，能穿越岩石单轴饱和抗压强度60MPa以内的岩层，适用性广。该产品总体上达到了国际先进水平。

本章介绍了四个工程应用实例。实例1为温州世贸中心大厦主楼设计242根直径1100mm的泵吸反循环钻成孔灌注桩，孔深90～120m，要求桩端进入强风化地层10m以上，当强风化地层的厚度不足10m时，桩端须嵌入中风化岩层1.1m以上。实例2为科威特巴比延岛公路桥铁路桥泵吸反循环钻成孔灌注桩，钻孔桩总数为526根，最大桩径为2.5m，最大孔深为81.3m，桩端为密实或非常密实的细砂，由我国深圳市某建设工程有限公司施工。实例3为温州瓯江口新区市政桥梁基桩，桩数为700根，桩径1000～1500mm，桩长70～90m，须穿透25m圆砾及卵石层，施工难度大。实例4为江苏镇江连镇长江公铁两用桥，基桩直径2000mm，桩长83.4～86.5m，基桩从强风化岩层到中风化岩层约为8m。以上事实表明，我国泵吸反循环钻成孔灌注桩已达到国际先进水平。

第5章为气举反循环钻孔灌注桩。2015年1月，宁波市经济与信息委员会在宁波主持召开了由浙江某工程机械有限公司研发的ZJD5000/400全液压钻机产品鉴定会，鉴定委员会认为该钻机产品：①大扭矩、大提升力，特别适合在岩石中高效钻进；②全液压无级变速，传动性能可靠、稳定和节能；③配套的双壁钻杆，保证钻进时可靠，减少了泥浆上升时的阻力，提高了钻进效率；④采用高压气举密封装置与先进的气举反循环工法，泥浆流速快，钻渣排量大，加快了进尺速度；⑤可选增配重、扶正器，达到孔底加压，有效控制孔壁垂直度，减少钻具磨损；⑥最大钻孔直径达到5m，孔深达200m，配以合适的钻头，能穿越岩石单轴饱和抗压强度60MPa以上的岩层，适用性广。该产品总体上达到了国际先进水平。

2016年12月，宁波市科学技术协会在宁波主持召开了"桥梁钻孔灌注桩施工工艺与应用"科技成果鉴定会。鉴定委员会认为：课题中全液压钻机中气举反循环综合施工工艺成果总体上达到国际先进水平。

本章介绍了四个工程应用实例。实例1为浙江省舟山市鱼山大桥气举反循环钻孔灌注桩，基桩直径5.0/3.8m，桩长112～126m，桩端进入中风化基岩。实例2为港珠澳跨海大桥东部三座通航孔桥及深水区非通航孔桥气举反循环钻孔灌注桩，基桩直径2.50m，桩底标高−124m、−139m，嵌岩深度35～47m，其中嵌入中风化基岩6～14m。实例3为海南省文昌市铺前大桥气举反循环钻孔灌注桩，基桩直径4.0m，平均桩长34m，嵌入微风化岩层不小于13m。实例4为福建省平海湾风电厂斜孔嵌岩桩，8根直径1.90m钢管桩（斜桩），斜率5∶1；嵌岩段长10m，其中嵌入微风化花岗岩8m。以上实例表明，我国气举反循环钻孔灌注桩（钢管桩）的施工工艺已达到国际先进水平或国际领先水平。

第6章为多节钻扩灌注桩（钻扩工法）。钻扩工法创新特点突出，工艺简单流畅，功效大幅提升，质量保障体系完善，达到国际先进水平。

其创新点有以下几个方面：

1) 独特的扩径体成形机理对孔壁土体扰动极小。

2) 扩径体成形标准且稳固，不易塌孔。

3) 反循环施工工艺清渣干净。

4) 攻克了在砂层、砾卵石层、坚硬地层扩径的难题，适用地层更为广泛。

5) 多节钻扩灌注桩较普通钻孔灌注桩单方混凝土承载力可提高50％～100％，节省工程量30％～

50％，节省造价 10％～30％。

第 7 章为钻孔扩底灌注桩。1997 年 11 月 6 日组织了"滚刀扩底钻头"科技成果鉴定会，鉴定意见为：

1）在我国首次研制成功的系列滚刀扩底钻头（以下简称 MRR 钻头）比国外同类产品结构简单实用，为解决嵌岩桩扩底技术难题提供了一种新型有效的先进技术方法。

2）MRR 钻头设计合理，结构简单，具有破岩效率高、工作平稳、扩底准确可靠、扩底直径检测方便、操作简便、适用性强、使用范围广等特点，能满足建筑部门设计的桩型要求。

3）MRR 钻头通过增大传扭力臂、采用箱型扩底翼，解决了嵌岩扩底大扭矩传递的难题，设计合理，具有创新性。

该研究成果在大口径嵌岩扩底技术领域达到了国际先进水平。

1993 年 1 月 4 日地质矿产部科学技术司组织了"油压扩底装置及工艺研究"科技成果鉴定会，鉴定意见为：

1）YKD－800/1600、YKD－600/1200 油压扩底装置设计合理、结构简单；可采用正、反循环两种钻进方法，工艺适应性强。该项研究对其产品的系列划分和参数选择能满足大部分扩底桩工程施工的需要。

2）油压控制系统操作方便，易于掌握，能在地面检测扩底过程，复查扩底直径，扩底准确可靠。

3）钻头设计有副翼，可调节直桩的桩身直径，钻直径和扩底可用一个钻头完成，提高了钻孔效率。

第 8 章为冲击钻成孔灌注桩。《建筑桩基技术规范》（JGJ 94—2008）附录 A 桩型与成桩工艺选择表中关于冲击成孔灌注桩，规定桩身直径 800～1200mm，最大桩长 50m，桩端可进入软质岩石和风化岩石。本章的四个实例由于采用新设备、新工艺，大大突破了上述规定。实例 1 为深圳市万科广场采用冲击钻成孔灌注桩，桩数为 357 根，桩径 1.0～2.0m，桩长 50～98m，另加空孔长度 7m。采取合理的冲击工艺（选择最优悬距、冲击行程和频率），选用高塑性黏土或膨润土制备泥浆，重点处理溶洞和斜岩，采取防止掉锤、卡锤等措施，圆满地完成了施工。实例 2 为北江特大桥 18 根桩径 3.0m 的冲击钻成孔灌注桩，桩长 95.6m、102m，钢筋笼重量达 85t。施工难点主要有：桩径大，超深长，成孔过程中必须保证不掉锤、不塌孔、不斜孔，保证成孔的质量，保证清孔质量。在整个施工过程中，针对该工程特点，找出重点难点并分析，制定相应的保障措施，使工程顺利地完成。实例 3 为浙江省舟山市六横武港斜孔嵌岩桩，为 5∶1 或 10∶1 的斜桩，采用直径 2800mm 的钢套管，嵌岩段直径 2600mm，嵌岩6.5m。施工中采用经改造的冲击钻机并配备自制的筒状钻头，采取正循环冲击成孔，气举反循环清孔工艺，同时加强施工事故预防及保证措施，完成普通嵌岩桩成孔工艺无法完成的施工任务。实例 4 为上海国际航运中心洋山深水港区桩基工程，由于护岸抛石深 3～22m，冲击钻成孔施工难度很大，采用特制五瓣冲击锤，并搭设自主设计的钢套管平台。

以上事实表明，我国冲击钻成孔灌注桩施工工艺已达到国际先进水平或国际领先水平。

第 9 章为后压力注浆桩。本章介绍的后压力注浆桩工法创新点突出，其创新点有以下几个方面：

1）在国内外首先研究开发出预留注浆空腔方式桩端压力注浆桩工法，并在北京、沈阳及锦州地区得到推广应用。

2）在国内外首先研究开发出预留特殊注浆装置方式的灌注桩桩端及桩侧注浆工法，并获得国家发明专利。

3）研究开发出 YQ 桩端中心压力注浆桩工法，并获得国家实用新型专利。

4）研究开发出桩端反循环注浆施工工艺。

2001 年 1 月 10 日进行了建设部科技合同项目"钻孔灌注桩桩端及桩侧压力注浆新工艺及承载力的评价"成果鉴定，以黄熙龄院士为主任委员的鉴定委员会的鉴定意见如下：

1）该项目针对国内外桩端与桩侧注浆装置存在的问题，研制开发出 7 种桩端压力注浆装置和 1 种桩侧压力注浆装置，并获国家专利 1 项，经历百余项工程实践应用，证明上述后注浆装置具有技术先进、构造新颖、成本低廉、适用性广、使用方便、可靠性高的特点。

2）该项目在实施 120 根单桩竖向抗压静载试验和重新分析国内 140 根试桩的静载试验资料的基础上，成功地提出后注浆桩竖向抗压承载力的综合评价方法（极限承载力与单桩承载力标准值的确定方法及桩侧极限摩阻力和桩端极限阻力的划分方法）。其中，综合评价后注浆桩的四项指标（Q_u、Q_u/V、Q_{vc} 和 S_a）是合适的和富有实用意义的。

3）在国内外首先将超细水泥浆液成功地用于桩端及桩侧压力注浆工艺中，并付诸工程实践，技术、经济效益显著。

4）合理地采用梨形扩大头作为桩端压力注浆量设计计算的数学模型，并用于静力计算公式。

5）完整地提出泥浆护壁钻孔灌注桩后注浆技术和干作业钻孔灌注桩桩端压力注浆技术要求，可供后注浆桩的设计和施工参考，并为相关的技术规定的编制提供了依据。

6）该项技术在国内百余项工程实践中已获得显著的技术、经济和社会效益。

该项目总体上已达到国际先进水平，后注浆桩的承载力评价方法具有较高的学术价值。

2001 年 12 月该项目获得北京市科学技术进步奖二等奖。

第 10 章为冲击反循环钻成孔灌注桩。本章介绍了 CJF 冲击反循环钻机的七个工程应用实例，表明在复杂地层中采用冲击反循环工法施工大直径钻孔灌注桩是一种行之有效、符合国情的施工方法。尤其对卵石层、胶结砾岩和嵌岩等地层，施工效果显著。

2003 年 12 月 8 日山东省科学技术厅组织对冲击反循环钻机进行技术鉴定，鉴定意见如下：

1）该钻机首次采用独特的液压油缸冲击方式，克服了以往卷扬或曲柄连杆式冲击钻机的不足，实现了全液压传动，结构简单，工作平稳，可控制性强，能量利用率高，是冲击反循环钻机的一项重大技术突破。

2）钻机采用机、电、液一体化技术，使用单片机控制，实现了自动冲击、自动给进和自动放绳功能，冲击行程和冲击频率可以无级调整，具有手动和自动两种功能，充分发挥了钻头的冲击能量，有效地提高了钻进效率，具有创新性。

3）钻机设计思路新颖，整体结构合理，性能指标先进，工作安全可靠，操作维护方便，地层适应性强，成孔质量好，施工效率高，使用成本低。其总体达到国内领先水平。

第 11 章为长螺旋钻孔压灌混凝土后插笼桩。本章桩型的创新点：

1）发明专利"混凝土桩插筋方法及其筋材"（1999 年 7 月 29 日）中，下拉式振动解决了柔度很大的筋材在插筋全过程具有合理的受力点和受力形式的问题。

2）2010 年 3 月申请了"长螺旋钻孔灌注桩后压浆技术装置"专利。采用该桩端或桩侧后压浆技术，单桩承载力增幅显著，在粗粒土中增幅可达 80%～150%，在细粒土中增幅可达 40%～80%。

3）后插钢筋笼的辅助钢筒实用新型专利，在施工中能有效避免钢筋笼和导向管弯曲，是保证后插钢筋笼顺利到位的有效措施。

工程实例表明，该技术达到国际先进水平。

第 12 章为旋转挤压灌注桩。旋转挤压灌注桩技术是在螺杆桩基础上优化、延伸和拓展的一种部分挤土灌注桩技术，涵盖了桩、桩机、工法三大部分。其中，螺杆桩成桩工法获批为住房和城乡建设部颁布的国家一级工法，技术水平国内领先，世界范围内亦属首创。

其创新点主要有：

1）用工业控制技术，实现钻具转速与进尺（提升）速度的精确匹配，保证螺纹形成且不被破坏。

2）桩身上大下小，既符合附加应力分布规律，又通过螺纹形桩体提高了侧摩阻力。

第 13 章为螺旋挤土成孔灌注桩与预应力管桩。本章介绍的桩型的特点：

1）螺旋挤土成孔引孔技术采用有专门装置的三点支撑自行式螺旋挤土桩机螺旋钻进，在动力系统的作用下，对钻具施加大扭矩及竖向力，借助钻具下部长约 5m 的一段特制的粗螺旋挤扩钻头，以 2～5r/min 慢速钻进，将桩孔中的土体挤入桩周，形成圆柱形或螺旋形的桩孔，挤土效果良好。2012 年 4 月 17 日螺旋挤土成孔技术在预应力管桩施工中的引孔工法获批为广东省住房和城乡建设厅省级工法。

2）通过螺旋挤土成孔引孔技术，形成圆柱形的桩孔，加上贯入度（cm/min）控制，确定桩端位置。到达桩端后，钻机反向旋转、上提，同时泵压混凝土，当电流小于 50A 时停钻，直提钻至孔口，停泵，将预制好的钢筋笼插入混凝土内，固定在规定深度，形成灌注桩。

3）通过螺旋挤土成孔引孔技术，形成圆柱形的桩孔后，进行预应力管桩施工。由于螺旋挤土成孔引孔预应力管桩是全程挤土，其承载力远高于日本采用取土引孔技术的埋入式桩。

综上所述，本章介绍的螺旋挤土成孔引孔技术填补了国内外行业空白，达到国际一流水平。

第 14 章为复式挤扩桩技术。复式挤扩桩采用一种新型钻头，这种钻头在土体中正向旋转时外径为 d，反向旋转时叶片中的挤扩臂被推出，形成外径为 D（$D>d$）的桩，即采用"下钻小孔，提钻大孔"的创新理念，从而使承载力得到切实可靠的保证。

通过复式挤扩桩技术可形成多种桩体，包括螺纹形桩体、浅螺纹形圆柱桩体、圆柱形挤扩桩体及螺杆桩体，还可形成扩大头锚杆等。

复式挤扩桩成桩工法及复式挤扩成桩设备获得中国（专利号 ZL201310515647.0）、新加坡（专利号 11201603342X）、美国（专利号 US981624482）、日本（专利号 2016 - 550916）和巴西（专利号 BR112016009382 - 8）五国发明专利。

复式挤扩桩技术理论分析基本成熟，如能成功应用并继续完善，很可能会成为一种兼具功能性、适用性、环保性和经济性等优点的新型基桩技术。

第 15 章为强螺旋灌注桩。强螺旋灌注桩适用于各类风化土、碎石土、漂卵石层及软～中等硬质岩石等复杂、坚硬地层。其适用的岩石单轴饱和抗压强度可达 60MPa，松散岩石粒径可达一倍桩径，具有无污染、低噪声、节材等绿色科技的特点，是当前入岩成桩速度最快、桩身质量最优的桩型。该工法及专利技术的核心"三超技术"（超级动力头、超强钻杆、超硬钻头）系国内外首创。经过五年多在云、贵、湘、琼等地区 20 余项工程的设计、施工应用，该桩型已达到了国内领先、国际一流水平，是基岩地区设计、施工的理想桩型。

该工法的核心技术获得了 3 项发明专利和 2 项实用新型专利，并列入《灌注桩基础技术规程》（YS/T 5212—2019）。

第 16 章为短螺旋挤土灌注桩（SDS 桩）。短螺旋挤土灌注桩新技术创新点：

1）揭示了短螺旋挤扩钻具的钻掘力学机理，提出了钻具设计新理念，发明了适用于不同地层的系列短螺旋挤扩钻具，实现了钻掘坚硬密实岩土地层的目标。

2）提出了短螺旋挤土灌注桩岩土特性应用判据，开发出不排土的三步挤扩成桩的短螺旋挤土灌注桩新工法；新工法突破了现有施工工艺的技术瓶颈，将短螺旋挤土灌注桩的岩土适用条件拓展到标贯击数＜60，并获批为部级工法。

3）研发了大扭矩动力头及电驱动 250～350kN·m 级钻机装备，解决了最大钻深 33m、最大桩径 700mm 的短螺旋挤土灌注桩施工技术难题，大幅度提高了施工效率。

4）提出了确定短螺旋挤土灌注桩单桩竖向极限承载力的三种计算方法及相应的沉降分析方法。

5）已推出山东省、河南省、安徽省和宁夏回族自治区四部短螺旋挤土灌注桩地方标准。

2012 年 12 月 27 日中国冶金科工集团有限公司组织"螺旋挤扩桩新技术及新装备研究开发"鉴定会，鉴定意见为：该成果总体达到了国际先进水平，其中以可变长度、可过土流为核心技术的短螺旋挤扩钻具和可调控挤土量的双向挤土施工方法达到了国际领先水平。

截至目前，该成果获奖 5 项（其中部级一等奖 2 项），获部级工法 1 项，申请发明专利 6 项。

第 17 章为劲性复合桩。创新点：劲性复合桩将散体桩（S）、水泥土类桩（M）、刚性桩（C）三种传统单一桩型相互结合，避免了各自的缺点，形成的 SMC 劲性复合桩的抗压、抗拔能力大幅提高，既可作为桩，又可作为复合地基。不同材料的刚度、强度不同，其梯度变化使得桩与土可共同作用，实现了桩土一体化。其发明人邓亚光还从施工角度出发，突破了各种技术难关，研发了智能化、一体化、大直径、大功率施工设备，研发了适用于各种土质的软土固化剂、干法湿法结合工艺，使质优、廉价、高效、无污染、适用性广的劲性复合桩理论与实际完美结合。

劲性复合桩拥有系列国家专利，其工法被批准为江苏省及国家一级工法（GJYJGF010—2008），拥有江苏省工程建设标准（DGJ32/TJ 151—2013）和建设部行业标准（JGJ/T 327—2014），获得了多个省部级奖项，是地基基础领域的重大创新和关注热点。与该领域广泛使用的其他桩如预制桩、钻孔灌注桩相比，劲性复合桩具有性价比高、工效高、无污染的优势，并已在近 20 年的数千项工程中得到应用，取得了显著的社会效益，有着巨大的市场潜力和应用前景。

该项技术总体上达到国际先进水平。

第 18 章为长螺旋钻孔压灌混凝土旋喷扩孔桩。该桩型的创新点是将钻孔压浆桩、长螺旋压灌桩、高压旋喷桩三种成熟的工艺有效结合起来，形成一种新的施工方法。经黑龙江省建设厅评审，该技术达到国内领先水平。2010 年该工法被住房和城乡建设部评为国家一级施工工法。

第 19 章为潜孔冲击高压旋喷桩技术（DJP 工法）。DJP 工法 2014 年经住建部科技成果评估中心鉴定为国际先进水平。

DJP 工法创新点如下：

1）填补了卵石、块石等复杂地层施工旋喷桩的技术空白。

2）采用钻进喷浆一体化工艺，工效大幅提升，造价显著节约。

3）垂直度、桩身直径和桩身均匀性控制效果好。

4）DJP 复合桩适用于黏性土、粉土、砂土、碎石土及基岩等多种地层，大大拓展了水泥土复合桩技术的应用领域。

DJP 工法施工设备获 3 项专利。

第 20 章为三岔双向挤扩灌注桩。2007 年 12 月 5 日建设部标准定额研究所发布行业标准《多节三岔挤扩灌注桩设计规程（送审稿）》审查会议纪要。审查委员会主任委员为王梦恕院士。审查委员会认为，规程送审稿在以下方面具有创新性：

1）创新研制了三岔双缸双向液压挤扩装置、多节三岔挤扩灌注桩及承力盘直径检测器，经大量工程实践检验，使用效果可靠。

2）提出了多节三岔挤扩灌注桩承力盘（岔）的设置原则。

3）提出了多节三岔挤扩灌注桩竖向抗压极限承载力的综合分析确定方法。

4）提出了多节三岔挤扩灌注桩竖向抗压极限承载力标准值的估算方法。

5）提出了按不同地质年代多节三岔挤扩灌注桩的极限侧阻力、盘端阻力和桩端阻力标准值的取值方法，以及按桩不同入土深度极限盘端阻力标准值的取值方法。

6）提出了多节三岔挤扩灌注桩竖向抗拔承载力的验算方法。

7）提出了桩身截面强度验算（含正截面强度、抗剪和抗冲切验算）方法。

综上所述，多节三岔挤扩灌注桩是一种安全可靠、承载力高、质量可控、节能环保、技术成熟的新桩型，在全国各地百余项工程中应用，取得显著的环境、社会和经济效益。该规程送审稿以这些工程经验、成熟技术和科研成果为依据，具有可操作性、较高的科学性及突出的创新性。目前国外还没有同类挤扩灌注桩，也没有相应标准。总体上，该设计规程达到国际领先水平。

本书中提出以下建议：

1）将该规程名称改为《三岔双向挤扩灌注桩设计规程》。

2）继续收集桩基沉降、竖向和水平静载试验资料。

第 21 章为钻孔压浆灌注桩。钻孔压浆灌注桩施工方法可以看成吸收埋入式桩的水泥浆工法和灌注桩工法原理的创新组合，其创新点如下：

1）施工工艺中有两次高压注浆，所需的水泥浆液由注浆泵压入。

2）成孔时边注浆边提钻，每次提钻在钻头下形成的空间由足够的水泥浆填充。

3）两次高压注浆都是自下而上，靠高压浆液振荡，顶升排出桩体内的空气，使桩身混凝土达到密实。

4）当钻头达到预定持力层标高后，不提钻即注浆，桩端土体未被扰动，没有沉渣掉入孔内，提高了桩端阻力；同时，水泥浆向上沿桩体周边土层空隙向四周扩散渗透，形成网状树根形水泥浆脉，提高了桩侧阻力。

钻孔压浆灌注桩工法为原创性基桩工法，达到国际先进水平。

第 22 章为摇动式全套管灌注桩、咬合桩和嵌岩桩。2005 年 12 月 8 日，由云南省建设厅主持，在昆明市召开了"液压摇动式全套管灌注桩和钻孔咬合桩成套技术研究与开发"项目科技成果鉴定会，鉴定意见（鉴定委员会主任为王梦恕院士）如下：

1）项目组在国内率先研制出的液压摇动式全套管钻机，机械性能满足施工要求，现场操作方便，定位简单准确，故障率低，对不同地层适应性强，其配套设备、零部件全部国产化，具有较高的性价比，技术性能指标整体上达到国际同类产品的先进水平。

2）项目组根据大量的工程实践提出的液压摇动式全套管灌注桩施工流程和工艺，在不同的工程地质和水文地质条件下顺利成孔、成桩，并进行了竖向及水平荷载试验，对桩体进行的长期监测表明，其达到了设计要求。

3）项目组首次将软切割方式的全套管钻孔咬合桩成功地应用于地铁及地下围护结构工程，已形成了部级工法。与地下连续墙相比，软切割技术造价低、污染少，优于国内外常用的硬切割方式的钻孔咬合桩施工工艺。该工艺具有很高的创新性，为我国地下围护结构提供了一种新方法，具有很高的推广价值。另外，在咬合桩施工中首创了初凝时间超过 60h 的超缓凝混凝土的配制技术。该项目具有显著的环境效益、社会效益和经济效益。

4）项目组研制的液压摇动式全套管灌注桩设备与合理的施工流程、工艺相结合的配套技术，以及软切割方式全套管钻孔咬合桩施工技术、超缓凝混凝土的配制技术等均属首创，达到国际领先水平。

该项目于 2007 年 3 月获云南省科学技术进步奖二等奖，2008 年获中国施工企业管理协会科技创新成果二等奖。

第 23 章为全回转全套管嵌岩桩、咬合桩。2015 年 12 月 15 日，中国冶金科工集团有限公司在北京组织"全套管灌注桩、咬合桩、嵌岩桩系列技术及成套装备研发与应用"项目的科技成果鉴定，鉴定意见（鉴定委员会主任为王梦恕院士）如下：

1）课题组在国内首次研制了在复杂地质和环境下不用污染严重的泥浆护壁、低噪声的摇动式和全回转全套管钻机，其性能稳定、可靠，操作简便，施工效率高，并形成系列化产品。

2）课题组研发了全套管灌注桩、咬合桩、嵌岩桩组合式施工关键技术，创新点如下：

① 发明了全套管软切割咬合桩和超缓凝混凝土，保障了咬合桩的止水效果和施工质量，达到了快速支护、止水、承载的要求，为基坑围护结构创造了经济、环保的新形式。

② 针对不同复杂地质条件，研发了四种组合式施工新工艺，有效地解决了桩工施工技术的弊病，确保施工质量可控可靠，施工工艺相对简单、便于实施。

③ 项目组通过模型试验、数值模拟、现场足尺试验研究和测试，首次揭示了在水平荷载作用下桩-土-承台的受力机理，提出了夯扩灌注桩有效半径公式，提出了嵌岩桩下存在溶洞时基岩的分类破坏模式。

3）该成果已成功应用于 150 余项桩基和深基坑支护工程，取得了显著的环境效益、社会效益和经济效益，推广应用前景广阔。

综上所述，专家一致认为该项目总体达到国际先进水平，其中全套管钻孔软切割咬合桩达到了国际领先水平。

该项目于 2016 年 12 月获中冶集团科技进步奖二等奖，2017 年获中国施工企业管理协会科技创新成果一等奖。

第 24 章为振动桩锤及工法应用。该章系统介绍振动桩锤及其应用，特别是首次系统介绍以免共振技术为特征的新一代振动桩锤产品。如介绍的 EP 型偏心力矩无级可调免共振电动振动锤、DZP 型变频免共振电动振动桩锤，体现了安全、环保、高效及节能等特点，为当今国际上最先进的技术产品。本章介绍的振动桩锤的应用，如振动套管长螺旋钻孔成桩工法、内钻振动大直径 PHC 管桩的沉桩工法、振动冲击挤密成孔成桩工法及双管振沉灌注桩工法，都是具有革命性的原创技术，可以解决当今基础施工中的多种难题，具有广泛的应用前景。

第 25 章为内夯式沉管灌注桩和非取土复合扩底桩。内夯式沉管灌注桩的创新点是内夯锤反复夯击外管内的混凝土或填充料，形成扩大头的桩型。成孔过程低噪声、弱振感、无油烟污染、无泥浆排放，环保效果好。该技术获两项发明专利。

非取土复合扩底桩的创新点是由以水泥土桩作为外层桩与以内夯式沉管扩底灌注桩作为内芯桩组成的桩型。

内夯式沉管灌注桩和非取土复合扩底桩为原创性基桩工法，处于国际领先水平。

第 26 章为根式基础。根式基础利用仿生学原理，在传统的桩基础上植入根键，形成新型基础，增加桩基的刚度和提高材料利用的效率，充分发挥桩土共同作用，极大地提高了基础的承载力。

2017 年 6 月 30 日，安徽省交通运输厅在合肥组织召开了"系列根式基础研究"科研项目评价会，评价意见如下：

1）通过理论分析、模型试验、数值模拟、现场验证等技术手段，对系列根式基础项目进行了系统研究，取得了如下创新成果：

① 首次揭示了根式基础的受力机理，提出了设计理论及计算方法，通过多项工程实践验证了根式基础理论的可靠性，创新了土木工程领域的基础形式。

② 研发了适用于根式基础的高精度钢筋笼制作和根键的顶进工艺，发明了水下混凝土超高压可重复使用的自浮内模系统，形成了根式基础的关键施工技术。

③ 研制了与根式基础施工相匹配的小直径自平衡顶进装备、大直径自平衡顶进装备、大直径非对称根键顶进装备及智能化施工平台等专用施工设备。

④ 提出了根式基础承载力的测试方法，解决了大吨位根式基础的测试难题。

2）该项目研究成果已在合淮阜淮河大桥、马鞍山长江大桥、望东长江大桥、池州长江大桥等项目中成功应用，获得了发明专利 6 项，获批国家级工法 1 项、团体标准 1 项、地方标准 1 项，社会、经济效益显著，应用前景广阔。

3）该研究项目构思新颖，技术路线正确，是一项原创性的科技成果，具有重大的理论突破和应用价值，总体上达到国际领先水平。

系列根式基础成套技术获 2017 年中国公路学会科学技术奖特等奖。

第 27 章为全夯式沉管扩底灌注桩。2002 年 2 月 6 日，江西省建设厅组织"全夯式扩底灌注桩"课题鉴定会，鉴定意见为：

全夯式扩底灌注桩的成桩方法是在一般沉管桩和夯扩桩施工机械基础上进行更新改造，形成独特的成桩工艺，在桩底、桩身形成的过程中创造了全过程夯打混凝土等一整套独有的新技术，确保了桩身的密实度，显著地提高了桩的混凝土质量，消除了桩身混凝土常见的质量通病。相关成桩机械已获得国家实用新型专利。

该桩型具有独特的成桩工艺、良好的成桩质量及显著的技术经济指标，其成桩工艺达到了国内同类技术的领先水平。

2012 年国家行业标准《组合锤法地基处理技术规程》（JGJ/T 290—2012）获批发布。

第 28 章为湖南变截面钻埋预制空心桩。1992 年 5 月 11 日交通部科技司组织"无承台大直径钻孔埋入空心桩墩施工技术"课题鉴定会，鉴定意见为：

1）桩身采用预制空心桩节段装配，实现了基础工程部分工厂化，不但保证了质量，而且可以钻孔、预制并行作业，加快工程进度，更重要的是可以有效地防止成桩过程中塌孔引起的基桩质量事故。

2）空心桩使桩的断面布置更加合理、有效。

3）采用桩周填石压浆工艺，使水泥浆在高压下挤密桩周土体，大大提高了桩周摩擦力。桩底压浆可使桩底预压设计荷载充分地保证桩底全面积有效承压，保证了桩的承载力，可以较大幅度地缩短桩长。

该桩型的施工方法是一种全新的基桩工艺，其技术已达到当前国际基桩领域的先进水平，在国内居领先地位。

第 29 章为超大直径钻埋钢管空心桩。创新点：用厚度为 5mm 的波纹钢板作内模，代替笨重的混凝土预制块进行填石注浆，形成空心桩。在我国大直径钻埋预应力混凝土空心桩技术中引入钢管空心桩是形势发展的必然，也是我国桥梁技术进入创新发展阶段的标志〔在长江上已能够实现 72h（3 天）完成钢护桩筒以下的钻进成孔工作，达到世界先进水平〕。该技术已获得国家专利。

第 30 章为内击沉管压灌桩。内击沉管压灌桩技术用专用的内击式液压锤，通过内击方式充分利用锤击能量，达到了较高的桩端承载力；通过真正的压灌保证成桩质量，消除缩径、夹泥、断桩等灌注桩的质量通病，可实现百米以内高层住宅剪力墙下单排桩和多层框架柱下单桩综合节材 50% 以上，综合造价降低 30% 以上，技术、经济、社会效益良好，达到国际先进水平。

第 31 章为双旋灌注桩。双旋灌注桩即旋喷扩径螺旋挤土组合灌注桩，其实现了"以小搏大，以巧搏胜"的成桩理念。该桩型及成桩方法的创新点是：

1）在钻头前端安装竖向和横向喷嘴，利用高压旋喷竖向喷嘴高压射流实现切割土体、超前乳化、冷却钻头、减小阻力。

2）利用横向喷嘴高压射流形成水泥土外桩。通过横向喷嘴在钻进的同时形成水泥土螺纹桩、水泥土多节扩径桩、水泥土扩大头桩等形式的水泥土外桩。

3）提钻时压灌混凝土，水泥土外桩与混凝土芯桩一次完成。

4）利用竖向喷嘴喷射浆液的功能，在解决了桩端虚土问题的同时还对桩端下一定深度的桩端土进行了超前加固。

5）横向高压旋喷使形成的一体桩身截面从内到外强度逐级减弱，形成四个分区，即混凝土芯桩区、高压旋喷浆核心固结区、旋喷水泥土固结区、高压旋喷浆液压密渗透区，最终形成一个外柔内刚的一体组合桩，在桩基施工领域处于国内领先水平。

第 32 章为深厚填石层潜孔锤全套管跟管钻孔灌注桩施工工法。2012 年 11 月 1 日，广东省住房和城乡建设厅主持"深厚填石层潜孔锤全套管跟管钻孔灌注桩施工技术"项目科技成果鉴定会，形成如下鉴定意见：

该成果针对深厚填石层大直径灌注桩施工遇到的泥浆漏失、成孔时间长、混凝土灌注充盈系数大、孔内事故多、综合成本高等问题，综合利用大直径潜孔锤破岩、超大风压钻进、全护筒跟管护壁、振动锤拔管等技术，缩短了成孔时间，保证了成桩质量，节省了成本，并形成相应的施工新技术。该成果达到了国内领先水平。

2013 年 2 月 27 日该工法获批为广东省省级工法。

第 33 章为全自动智能夯实挤密新技术及其应用。全自动智能夯实机技术创新点：

1）手自一体、按钮控制；自动对点送料、自动落锤；具有远程遥控设备行走、转弯、提升、下放、自动夯击等功能，实现送料与提升、落锤、夯实、成桩施工全程自动化。

2）实现落锤深度和锤击遍数自动调节和控制，设计桩长、桩径得到有效保证。同时，避免了以往人为因素对成桩质量的影响，能够保证各种设计指标的落实，最大限度地满足工程质量技术标准和要求。

3）夯扩直径和处理深度大。夯扩直径为 550mm、600mm、650mm、700mm、750mm、800mm、850mm、900mm，夯击深度可达 40～60m，能够用在各种深厚软土、湿陷性黄土、液化土、杂填土和砂层中，满足挤密桩复合地基对各种不同成桩直径和桩长的要求。

4）采用液压弱电控制设备，机械操作安全性成倍增长；臂架系统为钢管连接，可侧向折叠，装运便捷；具有施工运行数据记录、存储等功能。

5）一人可控制数台设备施工，施工效率提高 2～4 倍，经济效益显著。

该设备为国内外首台全自动智能夯实挤密成桩机。

第 34 章为大直径现浇混凝土筒桩。大直径现浇混凝土筒桩简称筒桩，是谢庆道教授在长期的地基与基础工程研究中，以及在大量工程实践的基础上，充分吸收钻孔灌注桩、沉管灌注桩和预应力管桩的优点发明的一项原创性技术，于 1998 年申报国家专利（专利号为 ZL98113070.4）。联体筒桩于 2004 年申请获得美国专利（专利号为 US6,749,372B2）。

筒桩是中国人首创采用中高频振动锤＋双钢管护筒＋环形桩尖，把双钢管护筒振/压/楔沉入土中，在地下形成管桩形状的环形空隙体，再在环形空隙体内进行钢筋混凝土现场灌注，完成施工大直径现浇管桩的技术。

筒桩已成功应用于海港工程、高速公路、建筑工程和市政工程等，充分显示了该技术的优越性。

大直径现浇混凝土筒桩技术处于国际领先水平。

第 35 章为现浇混凝土大直径管桩。现浇混凝土大直径管桩（PCC 桩）及其复合地基处理技术是刘汉龙教授团队自主开发研制而成的具有自主知识产权的地基处理新技术，其成果广泛应用于我国江苏、浙江、上海、安徽、天津、河北等多个省市高速公路、高速铁路、港口和市政道路等工程的大面积软土地基处理，取得显著的社会、经济效益。目前该技术已获得国家专利授权十余项，并编制了国家行业标准《现浇混凝土大直径管桩复合地基技术规程》（JGJ/T 213—2010）和江苏省省级工法《现浇混凝土大直径管桩施工工法》（JSGF‑28—2008），获得 2011 年国家技术发明二等奖。

第 36 章为现浇 X 形混凝土桩。现浇 X 形混凝土桩是刘汉龙教授等自主研发的具有自主知识产权的专利技术，其成果已应用于南京长江第四大桥北接线工程软基加固等高速公路、高速铁路及市政道路等工程中。目前已编制国家行业标准《现浇 X 形桩复合地基技术规程》（JGJ/T 402—2017）、江苏省省级工法《现浇 X 形混凝土桩施工工法》（JSGF—2011‑490‑31），并作为主要成果之一获得 2016 年度国家技术发明二等奖。

第 37 章为长螺旋旋喷搅拌水泥土桩。2015 年 3 月 13 日，北京市住房和城乡建设委员会组织召开"长螺旋旋喷搅拌桩帷幕施工技术"科技成果鉴定会，鉴定意见认为，该技术具有以下创新点：

1）该技术将传统的旋喷桩和搅拌桩的特点与长螺旋钻机钻进能力强、垂直度控制好等优点结合为一体，研发出长螺旋旋喷搅拌复合钻具，形成了一套完整的长螺旋旋喷搅拌帷幕桩的施工工艺，解决了北京等地区在硬土层下用传统方法难以进行帷幕施工的难题。

2）该技术具有地层适用性强、施工速度快、取土少、水泥用量少、孔口返浆少等特点，符合绿色环保施工要求。

该技术形成北京市工法 1 项，获得专利 4 项，其中发明专利 1 项。该成果总体达到国内领先水平。

第 38 章为长螺旋压灌水泥土桩。2008 年 7 月 5 日，南通市科技局组织有关专家对"压灌水泥土桩截水技术"进行科技成果鉴定，形成如下鉴定意见：

1）该技术采用钻孔压灌置换方法施工截水帷幕，解决了在泥炭土等有机质含量高的地层中施工截水帷幕的难题，质量易于保证，施工速度快，造价降低，环保文明，适用性强。

2）国内外查新结果显示，未见与本技术相同的文献报道。本成果具有新颖性、独创性，属国内外首创。

该技术经济效益、社会效益和环保效益显著，达到国际先进水平。

第 39 章为预制高强混凝土薄壁钢管桩。预制高强混凝土薄壁钢管桩是宝山钢铁股份有限公司（以下简称"宝钢"）借鉴日本技术研发的改进桩型，解决了桩材加工制造、设计、施工及试验检测等一系列难题，替代钢管桩或钢管混凝土灌注桩，可节省大量投资，获得中国冶金科工集团有限公司科技进步一等奖，且应用项目 1880mm 热轧工程获得国家优质工程"鲁班奖"。2015 年该技术被中国冶金科工集团有限公司鉴定评价为达到国际先进水平。

第 40 章为钢管混凝土灌注桩。混凝土灌注桩是宝钢在大规模使用钢管桩的基础上研发的改进桩型，解决了工程设计和控制土芯高度的钢管桩打入以及桩孔内灌注混凝土等一系列难题。宝钢三期工程大规模推广钢管混凝土灌注桩代替钢管桩，取得巨大经济效益，且应用项目 1580mm 热轧工程等项目获得国家优质工程"鲁班奖"。采用钢管混凝土灌注桩技术加固钢管桩，提高了其刚度，还可作为许多重要建筑物的基础抗震设计技术方案。2015 年该技术被中国冶金科工集团有限公司鉴定评价为达到国际先进水平。

第 41 章为滚压式异形挤土桩。滚压式异形挤土桩的特点：纯滚压成形，效率高；相同表面积可减轻土壤挤密效应，减少混凝土用量；几何形状决定了桩抗弯能力提升的程度；可制成多边大螺旋角形状，进一步提升桩身的摩阻力；可根据需要制成 3～12 边异形桩，以便得到最佳组合。

目前，该技术已获得国家实用新型专利，专利号为 201620529380.2。

第 42 章为免共振振动全套管长螺旋钻机及其施工工法。免共振振动全套管长螺旋施工工法是一项高效、环保、高质量的施工工法，拥有 3 项发明专利。其主要技术创新点是：

1）振动沉管护壁长螺旋施工技术。

2）免共振振动沉/拔管技术。

3）起拔套管混凝土面防螺旋钻头落渣技术。

该工法在淤泥质黏土地层、砂层等地层中，在保证施工质量、不增加施工成本的前提下，施工效率约为传统双回转套管式长螺旋工法的 3 倍，为正循环回转钻进工法的 4～5 倍，整体技术达到国内领先水平。

第 43 章为变径灌注桩和夯底胀径干硬性混凝土灌注桩。

1. 变径灌注桩

（1）基本原理

变径混凝土灌注桩是指采用计算机-传感器-振动锤组合而成的振动杆自动控制系统制桩，由垫层、扩径段和非扩径段三部分组成。ZH 桩指在制桩时已将桩端土和桩周土按设计荷载固结完毕。

（2）制桩原理

变径灌注桩提供了一种可以将桩基设计、施工中遇到的多种不确定因素全部予以确定的设计施工方法，从而可以定量地、可靠地反映桩基础的实际情况，保证建筑物桩基础的安全可靠性。

（3）变径灌注桩的特点

① 变径灌注桩将计算机引入制桩工艺，创立了计算机-传感器-振动锤组合而成的振动杆自动化系统。

② 有意识地给桩设置一个垫层，这在桩基结构和设计思想上是一次重大变革。

③ 由计算机控制制桩，减少了人为因素影响，将基桩质量通病消灭在制桩过程中，使桩身工程质

量得到保证。

④ 由计算机控制制桩，在同一幢建筑物基础中打出了各单桩竖向承载力设计值近乎相等的桩（且是已知的），彻底消灭了基桩承载力设计值不足和不均匀沉降问题。

⑤ 在制桩时，各单桩竖向承载力设计值可以不受天然土层物理力学性质的约束。

⑥ 由于计算机控制制桩，实现了每桩一份档案，100％检测，100％合格。

⑦ 由于采用计算机控制制桩，变径灌注桩的单桩竖向承载力设计值可以直接采用库伦公式计算，老公式新算法，科学、有效地解决了桩基计算中承载力计算公式的不确定性问题。

（4）对变径灌注桩的评价

2003 年以黄熙龄院士为主任的鉴定委员会对变径灌注桩的主要鉴定意见如下：

1）变径灌注桩成桩技术将计算机引入制桩工艺是成功的。变径灌注桩在制桩过程中，通过振动杆锥尖和雁翅产生的竖向分力和水平分力将桩端土、垫层和孔壁土挤压密实，使桩体扩胀，单桩竖向承载力特征值大幅度提高，桩竖向变形明显减少，同时实现了成桩与桩身质量监控同步完成。其设计思想新颖，技术先进，具有较高的实用价值。

2）变径灌注桩在灌注混凝土的同时，通过对桩端土、垫层和孔壁土进行压缩，垫层强度均匀，彻底消灭孔底虚土，解决了桩端土层不均匀和土的物理力学参数复杂的难题。

3）该课题的研究成果在灌注桩信息化施工方面居于国际领先水平。

（5）承载力提高机理

1）变径灌注桩的设计和施工与传统工艺有很大区别：紧固桩桩端下设有均一的垫层，垫层厚度为 1~2m，垫层强度达 1~2MPa，解决了桩端虚土和桩端土端承力不足的问题；扩径段采用回填再压缩措施，给孔壁土预先施加高围压。

2）这类桩的承载力提高的另一个因素是存在预应力。

2. 振动夯底胀径干硬性混凝土灌注桩

振动夯底胀径干硬性混凝土灌注桩是由夯底胀径桩机（该桩机由机架、振动锤组合和操作控制系统三部分组成）实施夯底层、胀径层和振捣层施工工艺作业所形成的灌注桩。

振动夯底胀径干硬性混凝土灌注桩是在变径灌注桩基础上发展起来的，前者是对后者的扬弃。振动夯底干硬性混凝土灌注桩施工设备获得了实用新型专利证书。

第 44 章为 DH 先进型快速预应力混凝土管桩。我国自 1987 年交通部第三航务工程局引进管桩生产线以来，在管桩施工工艺方面，除了静压入工艺的扩大实行外，其他方面还没有大型的改进。目前，我国台湾、日本的管桩施工为克服抗震及质量问题，已发展到埋入式工艺，但也有 20 年没有大型改进了。DH 先进型快速预应力混凝土管桩（DH 快速管桩）在 2010 年首次大幅改良管桩的桩头部位，并改良管桩的埋入式工艺，提供了更好的施工质量，并大幅度缩短施工工期，可以说使管桩技术往前直接前进了一大步，达到国际领先水平。

第 45 章为静钻根植桩。2013 年 7 月 14 日，在中国建材联合会组织召开的"高性能预制桩和静钻根植施工技术的开发应用"项目鉴定会上，龚晓南院士、钱力航研究员等专家给出的鉴定意见为："与其他非挤土桩基施工技术相比，静钻根植施工技术绿色环保，节省了资源消耗，提高了施工效率，降低了工程造价。""PHDC 桩、静钻根植施工技术为国内首创，总体达到国际先进水平，其中 PHDC 桩桩端扩大技术为国际领先水平。静钻根植施工技术和 PRHC 桩在桩基工程中的应用处于国内领先地位。""对我国预制混凝土桩行业转型升级起到了重要的示范和推动作用。"

第 46 章为自平衡下沉大直径管桩。张子良总工程师在长期的桩基工程实践及研究中按照创新、变革的观点，提出"自平衡下沉大直径管桩及其施工方法"的全新成桩模式，即在成桩全过程中，不再把"桩的整体"作为施工过程中所克服的对象，而是将"桩的整体"分解为简单的几个部分进行作业，在管桩沉放到预定位置时再将各部分连接为整体。

自平衡下沉大直径管桩及其施工方法为国内外首创，已于 2009 年获国家发明专利。

第 47 章为钢管桩的制造及应用。随着我国海上风电新能源开发项目不断增多，海上风电单桩钢管桩的应用也越来越广泛。目前单桩风电钢管桩最大壁厚 75mm，单肢最重约 700t，采用三辊卷管工艺，单管节长度为 2~3m，采用环焊缝对接形式将各管节焊接起来。钢管组对机的发明颠覆了传统的斜楔—码板钢管组对方法，钢管组对不再使用斜楔、码板及大锤，直接使用组对机的液压系统对钢管进行组对，为超大口径、大壁厚钢管桩组对生产提供了极大的便利，大大提高了钢管桩组对速度及生产进度，产品质量特别是钢管环焊缝错边质量得到极大的改善，具有划时代的意义。

近年来，随着国内外疏浚工程的不断增多，法兰钢管的应用越来越广泛。带定位装置的法兰钢管是巨鑫公司 2015 开发的新产品。其结构特点为：在每个法兰圆周面上钻两个 $\phi15mm \times 5mm$（深）的盲孔用于安装定位装置，两盲孔位置相距 180°。其主要优点为：①对法兰钢管的位置进行实时定位；②对法兰钢管的使用情况进行监控并及时更换；③为法兰钢管数据化、系统化的管理提供了极大的便利。法兰钢管定位装置为疏浚工程实现大数据化、系统化的管理提供了极大的便利。目前，该技术在国内外疏浚工程领域中处于领先地位。

第 48 章为北斗云技术在基础施工和岩土监测中的应用。技术创新点：

1）将高精度北斗云技术和物联网技术应用于大型施工机械，让桩机智能化。

2）北斗 GNSS 在仪器端进行大数据计算，实现亚毫米级位移监测。

3）监测物联网实现基于 LORA 的无线自组网技术。

4）原创长短自由组合、自由级联的总线式深部位移测斜绳。

5）将摄影测量和光学地质遥感相结合，应用于地表位移监测。

深圳市北斗云信息技术有限公司是一家拥有天、空、地一体化位移变形监测技术的综合性高新技术企业，在大型施工机械自动化导航领域处于国际领先地位，2019 年获得国家科技进步二等奖。

第 49 章为多节扩孔灌注桩桩身完整性检测。技术创新点：多节扩孔灌注桩桩身完整性检测采用低应变检测方法，采用不同重量的手锤分别激发多种脉冲信号，将不同信号结合起来分析，形成针对多节扩孔灌注桩桩身完整性检测的一种检测方法。该方法为国内领先的方法。

第 50 章为混凝土桩的腐蚀与耐久性提升。本章从混凝土的土壤腐蚀入手，介绍了我国混凝土土壤环境中自然暴露腐蚀的研究成果和进展，集中展示了天津大港地区滨海盐渍土中自然暴露 17 年钢筋混凝土桩的腐蚀状况，继而对预制混凝土桩的耐久性问题进行了阐述，分析了蒸养特别是压蒸工艺下混凝土桩的耐久性问题，提出基于高强高性能混凝土的免压蒸工艺来实现 C60、C80 预应力混凝土桩的生产，从而大幅提高预制混凝土桩的耐久性。另外，对于预制桩，在必要条件下，可以采用外防护的措施，提升影响耐久性的防腐性能。外防腐措施需要从技术性、经济性、可操作性等多方面考虑确定。本章分析了强腐蚀环境中影响灌注桩耐久性的主要因素，提出采用提升混凝土耐久性和改善混凝土施工性的功能型掺合料，可以较好地解决灌注桩的耐久性问题。

该技术被评价为处于国内领先、国际先进水平。

第 51 章为载体桩施工技术。载体桩是指由桩身和载体构成的桩，载体由夯实的有一定含水率的水泥砂拌合物和挤密土体、影响土体三部分组成。

2006 年 12 月 31 日，建设部科技发展促进中心在北京主持召开了"载体桩成套技术研究与开发"科技成果评估会，评估委员会（主任委员为王梦恕院士，副主任委员为许溶烈总工）评估意见如下：

1）载体桩是由桩身、复合载体及其周围被挤密的土体共同承担荷载的新型桩体，具有突出的创新性。

2）该技术利用复合载体的等效面积计算单桩竖向承载力特征值，用三击贯入度控制夯击密实度，并采用即打即压方式进行载体夯实效果竖向抗压静载试验，核定载体桩的主要参数。

3）载体桩采用独创的锤击跟管工艺和反压及振动装置，用柱锤夯击，护筒跟进冲切地基成孔，向孔内投入废弃的碎砖或混凝土碎块和干硬性混凝土，经反复夯实形成复合载体。其施工工艺独特、先进，一般不受地下水影响，成本低，单桩承载力高。

4）该成果已在国内千余项工程中得到应用，取得了显著的社会、环境和经济效益。

评估委员会认为该成果总体上达到国际领先水平。

2007年，《载体桩设计规程》（JGJ 135—2007）颁布实施。

2008年12月，"载体桩成套技术研究与开发"项目获北京市科学技术奖二等奖。

载体桩技术的其他创新点：除研发出锤击跟管载体桩工艺外，还研发出预制桩身载体桩施工工艺、固化载体桩施工工艺及特殊载体桩施工工艺。

载体桩相关专利共计有50项，其中发明专利42项（授权34项），实用新型专利8项（授权8项）。

第52章为SDL工法挤土成孔与VDS灌注桩。SDL工法及复合动力桩工钻机是现有旋切钻进与冲击钻进两种工法及两种钻机的优势组合，它科学、巧妙地解决了桩工机械在复杂地层和桩端入岩地层中钻进的难题，可大幅提高施工效率。变径变导程螺旋可有效降低钻压、快速钻进，其应对复杂地层和岩层穿透的能力超越了现有技术产品，并可根据地层变化合理调配钻渣挤密成孔，减小挤土效应，保证桩身质量。采用SDL工法和变径变导程螺旋施工的VDS灌注桩，桩身与桩周地层的镶嵌结合改变了现有灌注桩桩身与桩周的结合关系，夯实后的桩底持力层有效消除了桩底沉渣效应对承载力的影响，使VDS灌注桩更科学、合理地调用了桩周承载力和桩端承载力。

综上所述，其核心技术填补了国内外行业空白，达到国际一流水平。

第53章为混凝土扩盘桩的半面桩试验研究方法。本章主要介绍创新性的半面桩可观测试验方法，该方法克服了传统全截面桩试验只能测数据的缺陷，实现全过程观察桩周土体的真实破坏状态，提出桩周土体破坏的新发现。本章详细阐述了试验方案、试验过程和试验注意事项，在改进埋土试验装置和方法的基础上实现半面桩现场试验方法，并原创性地提出了原状土试验方法，为今后复杂截面桩的试验研究奠定基础。该试验研究方法已处于国际领先水平。

第54章为超大吨位桩承载力自平衡测试技术。技术创新点：

1）提出承载力自平衡测试新方法。

2）研发出荷载箱系列装置。

3）提出承载力评价新方法。

该测试技术总体上达到国际先进水平，其中荷载箱位置确定原则及荷载箱系列装置达到国际领先水平。

第55章为中国桩基领域专利检索统计分析。专利是创新发展的重要措施和手段，高价值专利是体现创新核心价值的重要标志。在桩基工程领域，每一种桩基新施工工艺的出现往往与先进的施工设备伴生应用，往往形成成套的专利保护技术与体系。桩基市场规模巨大，特色技术往往带来良好的市场价值，因此企业专利申请非常活跃。截至2017年6月，我国桩基领域专利已超过35000件，在建筑领域中专利申请量名列前茅。而同时，由于桩基专利保护相对困难，所以其既是建筑领域创新研发的热点领域，也是侵权高发区，是专利保护的难点领域。

本章以中国桩基础领域专利统计为主要研究对象，在科学分类、检索统计的基础上对中国桩基专利申请趋势、专利申请机构类别、重要申请人等进行了梳理。从桩基技术分支的角度进行梳理，统计科学，数据翔实，分析严谨，代表了行业专利分析的领先水平，是行业内迄今为止最具有代表性的检索分析，对行业的专利宏观理解具有重要的参考意义。

第56章为无砂增压式真空预压技术。增压式真空预压真正做到了绿色、环保、节能、经济，已拥有4项发明专利。

本章介绍的主要创新技术有无砂直通技术、防淤堵技术、增压技术、"不倒翁"集水井技术。

本章介绍的创新技术水平评价：地基力学特征值达 80～120kPa，工后沉降小于 200mm，真空时间节省 1/3。采用本章的技术，电缆沟开挖及浅基坑开挖可以不采用任何支护措施。

该成果获省级工法 1 项、发明专利 1 项、实用新型专利 20 项。

2018 年 4 月 24 日天津市科学技术评价中心组织对"滨海地区大面积超软土加固技术与应用"项目成果进行了鉴定，鉴定意见为：该项研究成果整体上达到国际领先水平。

第 57 章为深厚软基"刚性复合厚壳层"地基处理技术。

1）在深厚软基工程中引进了土拱＋碎石垫褥层＋桩盖板＋桩基与桩间土协同整体作用理念，打破了只采用桩基来解决深厚软基问题的传统理念。

2）把传统概念上废弃不用的淤泥软弱土充分利用起来，变"废"为宝，使桩基与桩间土各自发挥作用协同工作，达到整体稳定、受力协同效果，使深厚软基工程基础工后沉降小（可控制在 50～150mm）、工后差异沉降小（1/800～1/500）。

3）在实际工程应用中，深厚软基"刚性复合厚壳层"施工完成及验收合格后，施工附加应力已释放完成，工后沉降、工后差异沉降已稳定，无须二次堆土超压，可直接进行上部各工序的施工。

广东省交通运输厅 2013 年召开的鉴定会议结论为：深厚软基"刚性复合厚壳层"的科研成果总体达到国际领先水平。

第 58 章为植入式预制钢筋混凝土围护桩墙。植入式预制钢筋混凝土围护桩墙是混凝土预制构件（PC）在地下工程中的应用，是一项系列研发和推广应用技术。技术团队历时数年，对桩体的截面受力性状、配筋方式、桩体制作、接桩方法、各种土层的搅拌和植桩法、围护墙的受力变形和稳定、专用植桩机的研发等进行了系统研究，共发表 10 多篇论文，获得 14 项国家专利，其中 3 项为发明专利。尤其是植入式预制钢筋混凝土工字形围护桩墙（SCPW 工法），在 2006 年通过浙江省建设厅科研成果鉴定，2009 年获得杭州市科技进步三等奖，2011 年获批为浙江省省级工法，2012 年获第四届中国岩石力学与工程学会科学技术三等奖，获第二届浙江省岩土力学与工程学会科学技术一等奖，2016 年获批为国家级工法。目前该技术已形成一套较完善的设计、施工和质量控制体系，完成了企业标准的制定。近年来，该技术已成功应用在 60 多项基坑围护工程中，产生了很好的社会和经济效益。

2006 年浙江省建设厅组织专家鉴定，鉴定意见为该项目研究成果处于国内领先水平。

第 59 章为灌注桩超灌及桩头质量监测物联设备的研究与应用。技术创新点：

1）利用云计算、传感器及物联网技术解决了传统灌注桩施工中无法准确判断灌注标高位置导致少灌、超灌而带来的工程质量问题及成本增加问题。

2）通过高精度的传感技术及智能组网技术解决了在施工中无法判断灌注桩混凝土桩头部分强度的问题，降低了工程事故和质量安全风险。

技术水平评价：达到国际领先水平。

住房和城乡建设部原副部长姚兵认为：中海昇物联科技有限公司研发的"灌无忧"是高科技产品，帮助基础施工行业从过去一直以来利用传统测量方法变革到采用物联网的方法，这种方法准确高效、经济实用，是行业的重大创新。

中国建筑科学研究院原副院长黄强认为：中海昇物联科技有限公司研发的灌注桩超灌管理物联云设备解决了行业几十年来一直存在的烂桩头和严重超灌问题，是国际领先的好产品。

第 60 章为锚杆静压桩技术。锚杆静压桩技术是由周志道教授级高工自主创新的一项新技术。经查新，国外尚无该技术和相应的规范标准。1985 年该技术通过冶金部部级鉴定，鉴定结论是该项技术达到国际先进水平。1991 年冶金部《锚杆静压桩技术规程》（YBJ 227—1991）正式颁布实施。2000 年该技术列入行业标准《既有建筑地基基础加固技术规范》（JGJ 123—2000）。该项技术与其他地基加固工法相比具有显著的优点，在全国各地区已得到广泛使用，特别是在上海地区，在处理沉降、倾斜超标工程中的应用得到了肯定。近年来，该项技术又有了新的发展。大型锚杆静压钢管桩在高层桩基事故处理中的应用取得立竿见影的效果，为国内外首创。

第 61 章为灌注桩钢筋笼及有关桩型的长度检测技术。本章创新点：在理论研究、模型桩试验、灌注桩和管桩实测的基础上总结出用磁测井法、电测井法检测灌注桩钢筋笼长度的方法。

2007 年 8 月，江苏省交通厅在南京主持召开了"灌注桩钢筋笼长度检测研究"科技成果鉴定会。鉴定委员会听取了该课题的工作报告、研究报告、用户报告和查新报告，审阅了有关资料。经过质询和认真讨论，鉴定委员会认为：课题成果总体上达到国际先进水平，其中应用磁测井法检测钢筋笼长度研究处于国际领先水平。

第 62 章为水泥土筒桩应用技术。水泥土筒桩是利用专用的筒形旋搅钻具，在旋转钻进的同时在圆周上进行旋喷做功的原理，采用竖向旋喷、径向内侧旋喷或径向外侧旋喷，并融合搅拌的方法，形成中间是原状土或低强度水泥土的一种新型桩，即水泥土筒桩。

水泥土筒桩在复合地基应用中，筒桩中心的原状土因受侧限约束，在没有挤土的情况下桩间土承载力也能得到提高；另外，可以做扩径 CFG 桩复合地基或在水泥土筒桩中插入短芯做复合地基，并且因水泥土筒桩桩径大，受力更加合理。

劲芯水泥土筒桩芯桩与外桩的施工顺序可以是先有芯桩再施工水泥土外桩，也可以是先有水泥土筒桩外桩再施工芯桩，而且芯桩的形式可以是预制桩、灌注桩或钢桩中的任一种。水泥土筒桩作为劲芯桩外桩时，可在桩身的任何部位进行扩径施工。

水泥土筒桩核心技术填补了国内外行业空白，达到国际一流水平。

1.5 灌注桩施工工艺十七大环节

灌注桩作为三大桩型（灌注桩、预制桩和埋入桩）之一，其特点是种类繁多，技术发展快，适用范围广，笔者 20 世纪 80 年代初归纳总结出灌注桩施工工艺的八大环节，现又总结出灌注桩施工工艺十七大环节，见表 1-3。

表 1-3　灌注桩施工工艺十七大环节

A 用套管否	B 套管封底否	C 套管入土方法	D 套管留下或拔出	E 取土（岩）方式	
1. 不用 2. 单套管 3. 内外套管	1. 开底 2. 活底 3. 死底	1. 打入 2. 压入 3. 摇入 4. 旋入 5. 垂直振入 6. 扭转振入 7. 打芯轴带入 8. 锤击跟管 9. 内击沉管	1. 留下 2. 垂直振出 3. 扭转振出 4. 拔出 5. 拍打出	1. 螺旋取土 2. 钻斗取土 3. 冲抓斗取土 4. 旋挖取土 5. 泵吸反循环取土 6. 气举反循环取土 7. 冲击反循环取土 8. 正循环取土 9. 潜水钻取土 10. 掏渣筒取土 11. 钢丝绳抓斗取土 12. 液压导板抓斗取土 13. 可伸缩导杆式抓斗取土 14. 混合式抓斗取土 15. 双轮铣槽机取土	16. 摇动式全套管取土 17. 全回转全套管取土 18. 根键顶进 19. 螺旋挤土 20. 沉管挤土 21. 冲击挤土 22. 部分挤土 23. 人工挖掘 24. 潜孔锤钻进 25. 滚压式取土 26. 高压旋喷 27. 高压射流 28. 深层搅拌 29. 旋转挤压

续表

F	G	H	I	J	K
采用浆液否	是否用芯轴	下混凝土方式	下水泥土方式	下钢筋笼方法	混凝土捣实方式
1. 不用	1. 不用	1. 直接投料	1. 长螺旋压灌	1. 孔内插入	1. 不振捣
2. 水	2. 空轴	2. 串筒法	2. 长螺旋旋喷搅拌	2. 插入混凝土内	2. 振捣棒
3. 泥浆	3. 实轴	3. 溜筒法	3. 旋喷搅拌	3. 后插笼	3. 平板振动器
4. 膨润土		4. 混凝土泵压灌	4. 不用	4. 无钢筋	4. 反插套管
5. 水泥浆		5. 导管法			5. 振动套管
6. 稳定液		6. 浆液填充石子			6. 拍打套管
7. 粉煤灰		7. 挠性软管法			7. 拍打芯轴
8. 外加剂		8. 分流器法			8. 压迫芯轴
9. 水玻璃		9. 混凝土受料槽			9. 反插导管
10. 石油泥浆		10. 分层投料			10. 竖向振动器
11. 聚合物泥浆					11. 管内夯击
					12. 分层夯实

L	M	N	O	P	Q
扩底形式	扩底钻头	桩端形式	桩身断面形状	桩身纵向形状	桩身材料
1. 不扩	1. 干作业扩孔	1. 无桩尖	1. 圆形	1. 圆柱形	1. 普通混凝土
2. 钻扩	2. 连杆铁链式	2. 普通预制桩尖	2. 空心断面	2. 扩底形	2. 无砂混凝土
3. 锤扩	3. 旋控扩底	3. 平底大头桩尖	3. 矩形	3. 多节扩大形	3. 水泥砂浆
4. 夯扩	4. YKD扩底	4. 铸铁桩尖	4. 正方形	4. 圆锥形	4. 超流态混凝土
5. 压扩	5. MRR扩底	5. 钢板桩尖	5. 十字形	5. 梯形	5. 微膨胀混凝土
6. 振扩	6. MRS扩底	6. 钢板混凝土桩尖	6. X形	6. 菱形	6. 不分散混凝土
7. 冲扩	7. 伞形扩底	7. 锥形封口桩尖	7. T形	7. 根形	7. 钢管混凝土
8. 注扩	8. 内夯式扩底	8. 干硬性混凝土桩尖	8. 分支形	8. 螺纹形	8. 钢管砂浆
9. 挤扩	9. 内击沉管扩底	9. 夯实碎石、砖桩尖	9. 分岔形	9. 螺杆形	9. 钢纤维混凝土
10. 挖扩	10. 不用	10. 水泥土大头	10. I形	10. 波纹柱形	10. 干硬性混凝土
11. 爆扩		11. 活瓣桩尖	11. Y形	11. 波纹锥形	11. 水泥土
12. 根扩		12. 螺旋形桩尖	12. L形	12. 桩侧注扩形	12. 细石混凝土
		13. 环形桩尖	13. 异形		13. 自密实混凝土
		14. 根键	14. H形		14. 挤实填料
		15. 复合载体			15. 填石砂浆
					16. 预制空心桩
					17. 钢管空心桩
					18. 散体
					19. 挤密散体

　　图 1-2～图 1-4 中列出了各种灌注桩新技术施工类型，可从表 1-3 中找到其相应的施工工艺环节。

　　例如，第 6 章多节钻扩灌注桩（钻扩工法），其施工工艺的环节为：A-1，B-4，C-10，D-6，E-5，F-3，G-1，H-5，J-4，J-1，K-1，L-2，M-7，N-1，O-8，P-3，Q-1。

第 11 章长螺旋钻孔压灌混凝土后插笼桩，其施工工艺的环节为：A-1，B-4，C-10，D-6，E-1，F-1，G-1，H-4，I-4，J-3，K-1，L-1，M-10，N-1，O-1，P-1，Q-1。

第 13 章螺旋挤土成孔灌注桩，其施工工艺的环节为：A-1，B-4，C-10，D-6，E-19，F-1，G-1，H-4，I-4，J-3，K-1，L-1，M-10，N-1，O-1，P-1，Q-1。

第 21 章钻孔压浆灌注桩，其施工工艺的环节为：A-1，B-4，C-10，D-6，E-1，F-5，G-1，H-6，I-4，J-1，K-1，L-1，M-10，N-1，O-1，P-1，Q-2。

第 22 章摇动式全套管灌注桩，其施工工艺的环节为：A-2，B-1，C-3，D-4，E-16，F-1，G-1，H-5，I-4，J-1，K-1，L-1，M-10，N-1，O-1，P-1，Q-1。

第 26 章根式灌注桩，其施工工艺的环节为：A-1，B-4，C-10，D-6，E-5，18，F-3，G-1，H-5，I-4，J-1，K-1，L-12，M-10，N-14，O-13，P-7，Q-1。

第 27 章全夯式沉管扩底灌注桩，其施工工艺的环节为：A-3，B-1，C-1，D-4，E-20，F-1，G-1，H-5，I-4，J-1，K-11，L-4，M-10，N-1，O-1，P-3，Q-1。

第 33 章 DDC 工法桩（孔内深层强夯法桩），其施工工艺的环节为：A-1，B-4，C-10，D-6，E-21，F-1，G-1，H-10，I-4，J-1，K-12，L-1，M-10，N-1，O-1，P-1，Q-10。

第 34 章大直径现浇混凝土筒桩，其施工工艺的环节为：A-3，B-2，C-5，D-2，E-20，F-1，G-1，H-9，I-4，J-1，K-1，L-1，M-10，N-13，O-1，P-1，Q-1。

第 35 章现浇混凝土大直径管桩（PCC桩），其施工工艺的环节为：A-3，B-2，C-5，D-2，E-20，F-1，G-1，H-8，I-4，J-4，K-1，L-1，M-10，N-11，O-1，P-1，Q-1。

第 38 章长螺旋压灌水泥土桩，其施工工艺的环节为：A-1，B-4，C-10，D-6，E-1，F-1，G-1，H-4，I-1，J-3，K-1，L-1，M-10，N-1，O-1，P-1，Q-11。

第 51 章载体桩，其施工工艺的环节为：A-2，B-1，C-8，D-4，E-20，F-1，G-1，H-1，I-4，J-1，K-1，L-4，M-10，N-15，O-1，P-1，Q-1。

第 2 章　旋挖钻斗钻成孔灌注桩

沈保汉　郭传新　水俊峰　黄志文　于好善　雷　建
刘延敏　张　昊　鲍庆伟　范　磊　刘国宇　刘　宁

2.1　基本原理、分类及应用

1. 基本原理

旋挖钻斗钻成孔施工法是利用旋挖钻机的钻杆和钻斗的旋转及重力使土屑进入钻斗，土屑装满钻斗后，提升钻斗出土，通过钻斗的旋转、削土、提升和出土，多次反复而成孔。

旋挖钻斗钻成孔法是 20 世纪 20 年代后期美国 CALWELD 公司改造钻探机械用于灌注桩施工的方法。其英文名称为 Earth Drill（土层钻孔机或土钻）。我国对此施工法有众多译名，有的音译为阿司特利法，意译名有土钻法、短螺旋钻孔锥、干取土钻、回转斗成孔灌注桩、旋转式钻孔桩、旋挖桩、静态泥浆法及无循环钻等，同一方法，名称众多。沈保汉先生认为译为"旋挖钻斗钻成孔法"比较贴切。

2. 分类

旋挖钻机按功能可分为单一方式旋挖钻斗钻机（Earth Drill）和多功能旋挖钻机（Rotary Drilling Rig），前者是利用短螺旋钻头或钻斗钻头进行干作业钻进或无循环稳定液钻进技术成孔制桩的设备，后者则通过配备不同工作装置还可进行其他成孔作业，如配备抓斗可进行地下连续墙成槽作业，配备双动力头可进行咬合桩作业，配备长螺旋钻杆与钻头可进行 CFA 工法桩作业，配备全套管设备可进行全套管钻进，一机多用。可见，钻斗钻成孔施工仅是多功能旋挖钻机的一种功能。目前在我国，钻斗钻成孔施工是旋挖钻机应用的主要功能。

反循环钻成孔法、正循环钻成孔法、潜孔钻成孔法及钻斗钻成孔法均属于旋挖成孔法，故简单地把旋挖钻斗钻成孔法称为旋挖钻成孔法是不恰当的，也是不科学的。

旋挖钻斗钻成孔法有全套管护壁钻进法和稳定液护壁的无套管钻进法两种，本章只论及无套管钻斗钻成孔法。

3. 优点

1）振动小，噪声低。

2）最适宜在黏性土中干作业钻成孔（此时不需要稳定液管理）。

3）钻机安装比较简单，桩位对中容易。

4）施工场地内移动方便。

5）钻进速度较快，为反循环钻进的 3～5 倍。

6）成孔质量高。由于采用稳定液护壁，孔壁泥膜薄，且形成的孔壁比较粗糙，有利于增加桩侧摩阻力。

7）因其干取土作业，加之所使用的稳定液由专用仓罐贮存，施工现场文明整洁，对环境造成的污染小。

8）工程造价较低。

9）工地边界到桩中心的距离较小。

4. 缺点

1) 当卵石粒径超过 100mm 时钻进困难。

2) 稳定液管理不适当时会产生坍孔。

3) 土层中有强承压水，此时若不能用稳定液处理承压水，将造成钻孔施工困难。

4) 废泥水处理困难。

5) 沉渣处理较困难，需用清渣钻斗。

6) 因土层情况不同，孔径比钻头直径大 7%～20%。

5. 适用范围

旋挖钻斗钻成孔法适用于填土层、黏土层、粉土层、淤泥层、砂土层及短螺旋不易钻进的含有部分卵石、碎石的地层，采用特殊措施（低速大扭矩旋挖钻机及多种嵌岩钻斗等）时还可钻入岩层。

6. 旋挖钻机及旋挖钻斗钻成孔灌注桩应用情况

旋挖钻机及旋挖钻斗钻成孔灌注桩由于施工高效率、低公害及低造价而成为日本建筑界灌注桩的主力桩型。根据日本基础建设协会 1993 年对 31 家施工单位施工的 10.09 万根桩的调查，旋挖钻斗钻成孔灌注桩占 66.6%。其中，就钻孔直径而言，直径为 1000～1400mm 的桩占 50%，直径为 1500～1900mm 的桩占 28%，直径为 2000～2400mm 的桩占 14%，直径为 2500～4000mm 的桩占 8%；钻孔深度主要集中在 10～40m，占到 82%，其中又以 15～35m 最多，占 60%，45～70m 只占 5% 左右。

上述情况表明：旋挖钻斗钻成孔灌注桩在日本建筑界是灌注桩的主力桩型，成孔直径多数为 1000～1900mm，钻孔深度多数为 15～35m。因旋挖钻斗钻属于"土钻法"，故日本不考虑用该类型钻机进行岩层钻进。

旋挖钻机因效率高、污染少、功能多，目前在国内外的灌注桩施工中得到广泛应用，尤其是在欧洲和日本等发达国家和地区，早就成为大直径钻孔灌注桩施工的主要设备。

旋挖钻斗钻成孔灌注桩在我国高层建筑桩基础中的应用日趋增多。以北京某工地为例，1988 年 8～12 月，共施工旋挖钻斗钻成孔灌注桩约 18000 根，桩径为 0.8m、1.0m 和 1.2m，孔深 12～15m，桩端进入砂砾石层 0.5m。但当时施工的旋挖钻机绝大多数是从意大利、日本等国进口的产品。

青藏铁路的建设一方面展示了旋挖钻机的优越性，另一方面也提醒了国内的建筑机械生产厂家：基础施工机械有很大的发展空间。之后，一些企业如北京三一重机有限公司（以下简称三一重机）、北京中车重工机械有限公司（以下简称北京中车）、湖南山河智能机械股份有限公司（以下简称山河智能）、山东福田重工股份有限公司（以下简称福田重工）、郑州宇通重工有限公司（以下简称宇通重工）等纷纷上马开发旋挖钻机，国产旋挖钻机的开发成功大幅度降低了旋挖钻机的价格，打破了进口旋挖钻机垄断市场的局面，使更多的用户买得起旋挖钻机、用得起旋挖钻机。广大施工单位通过购买旋挖钻机也取得了较好的经济效益。这种相辅相成的关系极大地推动了旋挖工法在我国的应用。

在"鸟巢"（2008 年北京奥运会主会场）工程、首都机场三期工程、中央电视台新楼、北京电视台新楼、国贸三期及首都财富中心等工程中均大量采用了旋挖钻斗钻成孔施工法。

2.2　施工机械及设备

旋挖钻斗钻机由主机、钻杆和钻斗（钻头）三个主要部分组成。

2.2.1　主机

该类钻机具有机、电、液一体化且高度集中、操作便利、发动机功率大、输出扭矩大、轴向压力大、机动灵活、施工效率高等特点。配合不同钻具，其适应于干式（短螺旋）或湿式（回转斗）及岩层（岩心钻）的成孔作业，成孔质量好，环境保护性能好，代表着桩工机械的发展方向。

主机有履带式、步履式和车装式底盘，动力驱动方式有电动式和内燃式。短螺旋钻进的钻机均可用于旋挖钻斗钻成孔。

国产旋挖钻机整机的主要性能已接近或达到国际先进水平。我国目前已能生产 6～50t·m 大、中、小型多种规格的旋挖钻机。

目前生产旋挖钻机的有以三一重机、徐工（徐州工程机械集团有限公司，简称徐工）、山河智能、上海金泰（上海金泰工程机械有限公司，简称上海金泰）、中联重科（中联重科股份有限公司，简称中联重科）、北京中车、宇通重工、福田雷沃、郑州富岛（郑州富岛机械设备有限公司，简称郑州富岛）及鑫国重机（山东鑫国重机科技有限公司，简称鑫国重机）等为代表的 40 余家制造商；旋挖钻机形成了 08、12、16/15、18/20、22/23、25/26、30/31、36、40、42 及 45 等大、中、小型系列产品，最大成孔直径可达 4000mm，最大钻孔深度已超过 130m；配置各类钻斗，可在各种土层和风化岩中进行成孔作业。

从 2006 年开始国产旋挖钻机占领了国内的主要市场。据桩工机械协会统计，旋挖钻机高峰期的年产量已超过 2000 台，我国目前已是世界上最大的旋挖钻机生产国和使用国。

旋挖钻机按动力头输出扭矩、发动机功率及钻深能力可分为大型、中型、小型及微型钻机。微型钻机又称 BABY 钻机或 MINI 钻机，动力头输出扭矩只有 30～40kN·m，整体质量为 3000～4000kg。旋挖钻机按钻进工艺可分为单工艺钻机和多功能（又称多工艺）钻机。

表 2-1 为根据国内 40 余家旋挖钻机制造商生产的旋挖钻机，按其主要技术参数（扭矩、成孔直径和成孔深度）分为大、中、小三种类型的汇总表。

表 2-1　国产旋挖钻机类型汇总

类型	动力头输出扭矩/（kN·m）	成孔直径/mm	成孔深度/m
大型	200～450	1500～3000	65～110
中型	120～220	1000～2200	50～55
小型	120 以下	600～800	40～55

表 2-1 中成孔直径因主机底盘型号、钻进土层和岩层的物理力学性质及成孔时是否带套管有所不同，成孔深度因钻杆种类（摩阻式及自锁式等）及钻杆的节数有所不同。

（1）国产部分旋挖钻机技术特性参数

表 2-2 所示为国产部分旋挖钻机技术特性参数。

表 2-2　国产部分旋挖钻机技术特性参数

类型	型号	动力头最大输出扭矩/（kN·m）	最大成孔直径/mm	最大成孔深度/m	发动机功率/kW	整机质量/kg
大型旋挖钻机	三一 SR420	420	3000	110	380	145000
	徐工 XR280	280	2000/2500①	88（6 节）/74（5 节）②	298	80000
	山河智能 SWDM28	280	1800/2500①	86（6 节）/69（5 节）②	250	78000
	金泰 SD28L	286	2000/2500L	85	263	70000
	北京中车 TR500C	475	4000	130	412	192000
	宇通 YTR300	320	2500	92	277	90000
	罗特锐 R400	398	2500/3000①	100	400	110000
	泰格 TGR300	280	2500	102	325	95000
	三力 SLR300	320	2500	92	267	72000

类型	型号	动力头最大输出扭矩/（kN·m）	最大成孔直径/mm	最大成孔深度/m	发动机功率/kW	整机质量/kg
大型旋挖钻机	三一 SR200C	200	1800	60	193.5	60000
	徐工 XR200	200	1500/2000①	60（5节）/48（4节）②	246	68000
	山河智能 SWDM120	200	1300/1800①	60（5节）/48（4节）②	194	58000
	金泰 SD20	200	1500/2000①	50	J94	65000
	北京中车 TR220D	220	2000	65	213	65000
	中联重科 ZR220	220	2000	60/48③	250	68500
	宁通 YTRD200	203	1800	60	187	65000
	罗特锐 R200	210	1500/2000①	60	224	65000
	北方 NR1802DL	156	1500	55	240	54000
	秦格 TGR180	180	1800	60	153	58000
	福田 FR618	180	1800	60	179	60000
	奥特盛 OTR200D	200	1800	60	187	63000
	三力 SLR188D	200	2000	62	151	58000
	煤机 X220A	200	2000	60	216	73000
	东明 TRM180	182	1400/1600①	60	184	63000
	长龙 CLH200	220	2000	65	216	65000
	玉柴 YCR220	220	2000	65	216	67500
	山推 SER22	220	2000	65	335	70000
	道颐 R200D	220	2000	60	187	63000
小型旋挖钻机	川岛 CD856A	80	1600	56	112	38000
	川岛 CD1255	120	1800	56	130	41000
	川岛 FD850A	80	1600	46	112	36000
	鑫国 XGR80	60	1200	40	108	35000
	鑫国 XGR120	120	1500	50	125	45000

注：① 斜杠左右两端分别为带套管和不带套管的情况。

② 最大成孔深度与钻杆节数有关。

③ 斜杠左右两端分别为摩阻式钻杆和自锁式钻杆的情况。

（2）徐工 XR 系列旋挖钻机技术特性参数

徐工 XR 系列旋挖钻机技术特性参数见表 2-3。

徐工 XR 系列旋挖钻机采用自制专用液压伸缩式底盘，稳定性强，能同时满足工作稳定性及运输方便性的要求，引领着桩工行业自制底盘技术的进步。

（3）上海金泰 SD 和 SH 系列多功能钻机技术特性参数

上海金泰 SD 和 SH 系列多功能钻机技术特性参数见表 2-4。

SD 系列多功能钻机融合了现代 S 液压桩工机械新技术和新工艺，主要性能参数达到了国际同类产品先进水平。

（4）北京中车 TR 系列旋挖钻机主要技术参数

北京中车 TR 系列旋挖钻机主要技术参数见表 2-5。

（5）其他常用旋挖钻机技术参数

北京三一智造 SR 系列旋挖钻机性能参数见表 2-6，山河智能 SWDM 系列旋挖钻机性能参数见表 2-7，恒天九五重工 JVR 系列旋挖钻机性能参数见表 2-8，江苏金亚益 JR 系列旋挖钻机性能参数见表 2-9，郑州富岛 FD 系列旋挖钻机性能参数见表 2-10，中联重科旋挖钻机主要技术参数见表 2-11。

表 2 - 3　徐工 XR 系列旋挖钻机性能参数

参数名称		XR150DⅢ	XR180D/Ⅱ	XR220D/Ⅱ	XR280D/Ⅱ	XR320D	XR360
最大钻孔直径/mm		1500	1800/1600*	2000	2500/2200*	2500/2200*	2500
最大钻孔深度/m		56	60	67	88	91	102
发动机	型号	QSB7	QSB6.7	QSL9	QSM11	QSM11	QSM11
	额定功率/kW	150	194	242	298	298	298
动力头	最大输出扭矩/(kN·m)	150	180	220	280	320	360
	转速/(r/min)	7~33	7~27	7~25/7~22*	6~22	5.5~21	5~20
加压油缸	最大压力/kN	120	160	200	210	250	240
	最大提升力/kN	160	180	200	220	250	320
	最大行程/m	3.5	5	5	6	6	6
加压卷扬	最大压力/kN	/	210*	250*	300*	330*	/
	最大提升力/kN	/	210*	250*	300*	350*	/
	最大行程/m	/	13*	15*	16*	16*	/
主卷扬	最大提升力/kN	160	180	230	300	280	320
	最大卷扬速度/(m/min)	80	65	70	60	75	72
副卷扬	最大提升力/kN	50	80	80	100	100	100
	最大卷扬速度/(m/min)	60	70	60	65	65	65
底盘	履带板宽度/mm	700	700	800	800	800	800
	履带最大总宽/mm	2960~4200	2960~4200	3250~4400	3500~4800	3500~4800	3500~4800
整机质量/kg		49000	60000	76000/78000*	88000/96000*	95000	92000
外形尺寸	工作状态/mm	7550×4200×19040	8350×4200×20480	8968×4400×22180	10770×4800×23550	10480×4800×25155	11000×4800×24586
	运输状态/mm	13150×2960×3140	14255×3000×3455 14380×3000×3490*	16360×3250×3535 16785×3250×4305*	17380×3500×3540	16500×3500×3500	17380×3500×3810

参数名称		XR400D	XR460D	XR550D	XR130E	XR160E	XR200E
最大钻孔直径/mm		3000/2800*	3000/2800*	3500	1500/1300*	1500/1300*	1800
最大钻孔深度/m		108	120	132/146	50	56	65
发动机	型号	QSX15	QSX15	QSX15	QSB7	QSB7	6HK1X
	额定功率/kW	373	447	447	169	150	212
动力头	最大输出扭矩/(kN·m)	400	460	550	130	160	210
	转速/(r/min)	7~21	5.5~20	6~20	8~35	5~35	7~30
加压油缸	最大压力/kN	300	300	300	120	160	210
	最大提升力/kN	400	400	400	140	160	210
	最大行程/m	6	6	6	3.5	4.2	4.8
加压卷扬	最大压力/kN	300*	500*	400*	200*	160*	210*
	最大提升力/kN	400*	500*	520*	200*	180*	210*
	最大行程/m	16*	16*	16*	11*	13*	13*
主卷扬	最大提升力/kN	420	520	600	140	160	190
	最大卷扬速度/(m/min)	60	60	60	75	80	70
副卷扬	最大提升力/kN	100	180	180	50	60	80
	最大卷扬速度/(m/min)	65	50	50	70	80	70
底盘	履带板宽度/mm	900	1000	1000	600	700	700
	履带最大总宽/mm	3700~5100	4050~5500	4550~6000	2500~3600	2960~4200	2960~4200
整机质量/kg		132000	168000	185000	43000	53000	70000
外形尺寸	工作状态/mm	10530×5100×28572	10750×5500×31060	12790×6000×33325	7546×3600×17724	7862×4200×19028	8800×4200×21215
	运输状态/mm	18025×3700×3500	18040×4050×3615	18040×4550×3800	14097×2500×3500	14053×2960×3295	16576×3000×3514

续表

参数名称		XR240E	XR280E	XR360E	XR400E	XR450F	XR600E	XR800E
最大钻孔直径/mm		2200/2000*	2500/2300*	2600/2300*	2800/2500*	3000/2800*	4000	4600
最大钻孔深度/m		70	94	103	103	114	150	150
发动机	型号	6UZ1X	TAD1352VE	TAD1353VE	QSX15	QSX15	QSK19	QSK23
	额定功率/kW	270	315	345	373	399	567	641
动力头	最大输出扭矩/(kN·m)	240	300	360	400	450	600	793
	转速/(r/min)	7~30	6~27	6~27	7~25	7~25	6~20	5~40
加压油缸	最大压力/kN	210	260	300	300	400	500	/
	最大提升力/kN	220	330	350	400	400	600	/
	最大行程/m	5	6	6	6	6	6	/
加压卷扬	最大压力/kN	250*	330	300*	400*	400*	500*	600*
	最大提升力/kN	250*	330	350*	400*	400*	600*	800*
	最大行程/m	13*	13	10/16*	18*	10/16*	10/13*	10/16*
主卷扬	最大提升力/kN	240	330	370	360	520	660	800
	最大卷扬速度/(m/min)	70	75	60	60	70	60	60
副卷扬	最大提升力/kN	80	100	100	100	100	180	180
	最大卷扬速度/(m/min)	70	41	41	65	65	50	50
底盘	履带板宽度/mm	800	800	800	800	900	1000	1200
	履带最大总宽/mm	3250~4400	3500~4800	3500~4900	3500~4900	3700~5300	6000	6600
整机质量/kg		84 000	106 000	115 000	118 000	165 000	225 000	320 000
外形尺寸	工作状态/mm	8870×4400×22800	10825×4800×25510	10870×4900×25820	10995×4900×26640	11200×5300×30656	12500×6000×36000	13780×6600×39473
	运输状态/mm	17525×3250×3594	19885×3500×3775	20650×3500×3845	20755×3500×3910	18000×3700×3771	9400×3500×3300	9900×3700×3600

注：带"*"的参数为卷扬加压配置对应的参数。

表 2-4 上海金泰旋挖钻机主要技术参数

型号	SD15A	SD25A	SD30A	SD36A	SD36E	SH32	SH32A	SH36	SH36C	SH39	SH46	SH46A	SH50	SH60
主机高度/mm	19250	23100	24640	25840	24610	24340	24455	24240/27240	27000/29000	27020	31375	31390	31375	34128
主机质量(不包含钻具)/kg	45000	73000	87000	92000	91000	86000	885000	95000/96500	100000/101000	115000	138000	140000	139000	154000
上底盘	JS50	JS70	JS80	JS80	JS80	JS80	R485LC	SH36-R455LC-7	JS80	JS80	JS130	JS120	JS130	JS130A
发动机	QSB7	QSL9	QSM11-Tier3	QSM11-Tier3	QSM11-Tier3	QSM11-Tier3	QSM11-Tier3	QSM11-C	QSM11-Tier3	QSM11-Tier3	C15-Tier3	QSX15	C15-Tier3	C18-Tier3
额定功率[kW/(r/min)]	140/2050	242/2100	299/1900	299/1900	299/1900	299/1900	266/1900	300/1900	299/1900	299/1900	403/1900	380/1800	403/1900	470/2100
液压系统流量(L/min)	2×230	289×2+86	2×380+164	2×380+164	2×380+164	2×380+164	2×380+164	2×380	2×380+164	2×380+164	2×400+175	2×435+144	2×400+175	2×400+175
液压系统压力/MPa	33	35	33	33	33	33	33	33	33	33	35	33	35	35
柴油箱容积/L	470	620	650	650	650	650	650	650	650	650	1000	910	1000	1000
液压油箱容积/L	320	450	420	420	420	420	420	420	420	420	880	580	880	880
可伸缩下底盘	JT45A	JT70	JT80	JT90	JT85A	JT85A	JT85A	JT90	JT90	JT90	JT100	JT100	JT100A	JT120
履带宽度/mm	700	800	800	800	800	800	800	800	800	800	900	900	900	900
底盘长度/mm	4900	5590	5680	6020	5840	5840	5840	6020	6020	6020	6366	6360	6366	6797
底盘宽度(缩进/伸出)/mm	3100~4100	3200~4300	3300~4400	3450~4600	3400~4580	3400~4580	3400~4580	3450~4600	3450~4600	3450~4600	3500~5000	3500~5000	3500~5000	5600
牵引力/kN	280	500	500	650	580	580	580	650	650	650	818	818	818	818
行走速度/(km/h)	1.5	1.5	1.5	1.5	1.5	1.5	1.5	1.5	1.5	1.5	1.5	1.5	1.5	1.5
动力头 回转扭矩/(kN·m)	150	250	300	360	360	320	320	360	360	390	460	460	500	600
动力头 回转转速/(r/min)	8~30	6~28	6~30	6~24	6~30	6~30	6~30	6~30	6~24	6~22	6~24	6~24	6~16	5~16
主卷扬机 单绳最大拉力/kN	160	270	300	360	300	300	300	360	360	450	500	500	550	700
主卷扬机 钢丝绳直径/mm	26	30	36	36	36	36	36	36	36	40	40	40	40	46
主卷扬机 最大提升速度/(m/min)	60	60	65	60	65	65	65	70	60	55	60	60	50	50
副卷扬机 单绳拉力/kN	50	75	75	75	75	75	75	75	75	75	110	110	110	110
副卷扬机 钢丝绳直径/mm	18	18	18	18	18	18	18	18	18	18	18	18	18	18
副卷扬机 最大提升速度/(m/min)	60	45	45	45	45	45	45	45	45	45	40	40	40	40
油缸加压系统 加压行程/mm	3800	5680	5700	6000	5700	5700	5700	6000	6000	6000	11000/22000	6000	6000	6000
油缸加压系统 加压力/kN	160	250	250	300	250	250	250	300	300	300	460	400	400	400
油缸加压系统 起拔力/kN	180	250	250	300	250	250	250	300	300	300	460	480	480	480

表 2-5　北京中车 TR 系列旋挖钻机主要技术参数

型号	TR158H	TR228H	TR308H	TR368HC	TR368HW	TR408H	TR428H	TR468H	TR500H	TR600H
最大输出扭矩/(kN·m)	158	240	300	370	370	380	430	450	500	600
最大钻孔深度/m	57.5	76	90	100/65	100/65	95/110(特配)	110	110	120(标配)/135(特配一)/90(特配二)	158
最大钻孔直径/mm	1500	1900	2500	2500	2500	2500	2800	3000	3000(标配)/2500(特配一)/3500(特配二)	4000/4500
发动机生产厂家	卡特彼勒(Caterpillar)	卡特彼勒(Caterpillar)	卡特彼勒(Caterpillar)	卡特彼勒(Caterpillar)	卡特彼勒(Caterpillar)	卡特彼勒(Caterpillar)	卡特彼勒(Caterpillar)	卡特彼勒(Caterpillar)	卡特彼勒(Caterpillar)	卡特彼勒(Caterpillar)
发动机型号	C-7.1	C-7.1	C9.3B	C9.3B	C9.3B	C-13	C-13	C-15	C-15	C18
发动机功率/kW	118	195	263	259	259	328	328	367	367	406
底盘型号	CAT323	CAT330GC	CAT345GC	CAT345GC	CAT345GC	CAT349D	CAT349D	CAT374F	CAT374F	CAT390F
履带宽度/mm	800	800	800	800	800	800	800	1000	1000	1000
牵引力/kN	380	510	680	680	680	700	700	896	896	1025
钻孔转速/(r/min)	6~32	6~27	6~23	6~23	6~23	6~21	4~22	6~21	6~21	6~24
最大加压力/kN	150	210	290	290	430	365	460	440	440	500
最大起拔力/kN	160	270	335	335	430	365	460	440	440	500
加压系统行程/mm	4000	5000	6000	6500	9000	14000	9000	12000	10000	10000
加压钢丝绳直径/mm	—	—	—	—	28	26	28	28	28	28
桅杆左右倾斜角度/(°)	4	5	5	5	5	6	5	6	6	5
桅杆前倾斜角度/(°)	5	4	5	5	5	—	—	—	—	—
桅杆后倾斜角度/(°)	—	—	—	—	—	15	10	10	10	8
主卷扬提升力(第一层)/kN	165	240	320	370	370	355	410	400	520	700
主卷扬绳直径/mm	28	28	36	36	36	36	40	40	42	50
主卷扬提升速度/(m/min)	75	65	65	65/50	65/50	58	54	55	50	47
副卷扬提升力(第一层)/kN	50	110	110	110	110	120	110	120	120	120
副卷扬绳直径/mm	16	18	20	20	20	20	20	20	20	20
工作状态设备宽度/mm	4300	4300	4300	4300	4300	4400	5300	5500	5500	6300

续表

工作状态设备高度/mm	17583	20385	24288	25373	25899	25253/28353（特配）	27675	28627	30050（标配）/33050（特配一）/26050（特配二）	38300
标配钻杆规格	φ355-5×12.5（摩阻式） φ355-4×12.5（机锁式）	φ440-6×14（摩阻式） φ440-4×14（机锁式）	φ508-6×16.5（摩阻式） φ508-4×16.5（机锁式）	φ530-6×18（摩阻式） φ530-4×18（机锁式，特配） φ530-4×19（机锁式）	φ530-6×18（摩阻式） φ530-4×18（机锁式，特配） φ530-4×19（机锁式）	φ530-6×17.6（摩阻式） φ530-4×17.6（机锁式） φ508-6×20.3（摩阻式，特配） φ508-4×20.3（机锁式，特配） φ560-4×17.6（机锁式，特配）	φ560-4×20（机锁式） φ560-6×20（摩阻式）	φ580-6×20.3（摩阻式） φ580-4×20.3（机锁式） φ580-4×22（机锁式，特配）	φ580-6×22（摩阻式） φ580-6×24.5（摩阻式，特配一） φ580-6×17（机锁式，特配二）	φ630-6×30（摩阻式） φ630-4×30（机锁式）
总质量（含钻杆）/kg	53500	65000	92000	100000	100000	110000	120000	138000	159000（标配）/162000（特配一）/152000（特配二）	230000
总质量（不含钻杆）/kg	47000	55000	78000	83000	83000	92000	100000	118000	137000（标配）/138000（特配一）/135000（特配二）	191000

表 2-6　北京三一智造 SR 系列旋挖钻机性能参数

	型号	SR155C10	SR205C10	SR235C10	SR265C10	SR285C10	SR360RE10	SR360RH10	SR405RH10	SR405RHK
钻孔	最大钻孔直径/mm	1500	1800	2000	2200	2300	2500	2500	2800	2800
	最大钻孔深度/m	56/44	64/51	68/54	73/58	94/61	100/65	100/65	106/69	106/88
发动机	品牌	Mitsubishi	ISUZU	ISUZU	ISUZU	ISUZU	ISUZU	ISUZU	ISUZU	ISUZU
	型号	D06FR	6HK1	6UZ1	6UZ1	6WG1	6WG1	6WG1	6WG1	6WG1
	额定功率[kW/(r/min)]	147/2100	212/2000	257/2000	257/2000	300/1800	300/1800	300/1800	377/1800	377/1800
动力头	最大扭矩/(kN·m)	155	205	235	265	285	360	360	405	405
	转速/(r/min)	5~35	5~30	5~27	5~25	5~24	5~24	5~25	4~23	5~25
加压系统	最大加压力/kN	155	165	210	230	260	275	290	320	340
	最大提升力/kN	160	160	270	275	335	335	335	335	380
	最大行程/mm	4200	4200	5000	5000	6000	6000	6000	6000	6000
主卷扬	最大提升力/kN	160	185	235	275	330	330	360	400	400
	最大提升速度/(m/min)	80	75	70	80	72	72	75	75	75
副卷扬	最大提升力/kN	60	80	80	80	90	90	90	90	105
	最大提升速度/(m/min)	75	75	70	70	70	70	70	70	70
桅杆	左右倾角/(°)	±3	±3	±3	±3	±4	±4	±4	±3	±3
	前后倾角/(°)	5/90	5/90	5/90	5/90	5/90	5/90	5/90	90/15	4/90
底盘	履带宽度/mm	700	700	800	800	800	800	800	800	800
	履带展开宽度/mm	4100	4150	4500	4500	4760	4760	4860	4860	4900
	底盘长度/mm	5975	6380	7265	7265	7475	7590	7850	7825	7800
整机	工作高度/mm	18590	21040	22870	23870	25425	26395	26365	27420	27700
	工作质量/kg	48000	63000	81000	85000	100000	105000	120000	122000	131000

续表

	型号	SR415RH10	SR445RH10	SR485RH10	SR235W10	SR285RW10	SR365RW10	SR400RW10	SR405RW10	SR580H11
钻孔	最大钻孔直径/mm	3000	3000	3200	2000/1500	2200/1900	2500/2200	2500/2200	2500/2200	3500/4000
	最大钻孔深度/m	110/90	116/95	120/100	68/54	94/61	100/65	106/88	106/88	150/125/100
发动机	品牌	ISUZU	ISUZU	CAT	ISUZU	ISUZU	ISUZU	ISUZU	ISUZU	CAT
	型号	6WG1	6WG1	CAT C15	6UZ1	6WG1	6WG1	6WG1	6WG1	CAT C18
	额定功率/[kW/(r/min)]	377/1800	377/1800	403/1800	257/2000	300/1800	300/1800	300/1800	377/1800	470/2100
动力头	最大扭矩/(kN·m)	415	445	485	235	285	365	400	405	580
	转速/(r/min)	4~23	4~22	5~18	5~27	5~24	5~23	5~22	5~25	6~38
加压系统	最大加压力/kN	360	400	475	210	260	340	350	350	460
	最大提升力/kN	360	400	475	270	355	360	380	400	550
	最大行程/mm	6000	10000/21000	10000	15000	17100	9000/18000	9000/18000	10000	11500
主卷扬	最大提升力/kN	520	560	600	235	330	390	410	400	800
	最大提升速度/(m/min)	63	60	50	70	70	65	70	75	54
副卷扬	最大提升力/kN	90	90	90	80	90	90	105	105	160
	最大提升速度/(m/min)	70	70	70	70	70	70	70	70	70
桅杆	左右倾角/(°)	±3	±3	±3	±3	±4	±3	±3	±3	±3
	前后倾角/(°)	90/15	90/15	90/15	5/90	5/90	90/15	90/15	4/90	90/15
底盘	履带宽度/mm	800	800	900	800	800	800	800	800	960
	履带展开宽度/mm	4900	4900	4900	4500	4760	4860	4900	4900	5500
	底盘长度/mm	8040	8040	8610	7265	7475	7850	7800	7800	9260
整机	工作高度/mm	29700	30730	32320	22870	25410	27105	27105	27700	37860
	工作质量/kg	145000	162000	180000	81000	105000	131000	137000	131000	230000

表 2 - 7　山河智能 SWDM 系列旋挖钻机性能参数

	型号	SWDM60	SWDM120	SWDM150	SWDM160H2	SWDM200	SWDM220-3	SWDM260	SWDM280Ⅱ
钻孔	最大钻孔直径/mm	1000	1300	1500	1500	1800	2000	2200	2500
	最大钻孔深度/m	27/20	45/35	52/40	56/44	64/51	69/54	74/59	86/56
发动机	品牌	Cummins	Cummins	Cummins	Cummins	Cummins	Cummins	Cummins	Cummins
	型号	QSF3.8-C125	QSB7-C166	QSB7-C201	QSB6.7-C260	QSB6.7-C260	QSL9-C325	QSL9-C325	QSM11-C335
	额定功率[kW/(r/min)]	93/2200	124/2050	150/2050	194/2200	194/2200	242/2100	242/2100	250/2100
动力头	最大扭矩/(kN·m)	60	120	150	160	200	245	260	300
	转速/(r/min)	8~35	8~40	6~32	6~42	6~35	6~28	6~28	6~28
	高速抛土(选配)/(r/min)	70	70	70	70	70	70	70	70
加压系统	最大加压力/kN	100	150	150	150	210	210	210	260
主卷扬	最大提升力/kN	120	160	160	160	210	210	240	280
	最大行程/mm	3000	4000	4000	4000	5000	5000	5000	6000
	最大提升力/kN	80	130	160	160	190	220	265	320
	最大提升速度/(m/min)	72	65	80	80	75	72	70	62
副卷扬	最大提升力/kN	30	50	50	50	80	80	80	110
	最大提升速度/(m/min)	50	50	50	50	55	58	58	65
钻桅	左右倾角/(°)	±3	±5	±4	±4	±5	±5	±5	±4
	前后倾角/(°)	5	5	4	4	5	5	5	5
底盘	履带宽度/mm	600	600	600	700	700	800	800	900
	履带伸缩宽度/mm	2600	2600~3500	2880~3880	2980~3980	2900~4200	3000~4500	3000~4500	3000~4500
	底盘长度/mm	3765	4450	4645	4645	5145	5755	5755	5700
整机	工作高度/mm	12640	16280	17686	18286	21275	22275	23305	23330
	工作质量/kg	23000	38000	47000	49000	65000	76000	78000	10100

续表

型号		SWDM300H	SWDM360	SWDM360HⅢ	SWDM400	SWDM400V	SWDM450	SWDM550	SWDM600
钻孔	最大钻孔直径/mm	2500	2500	2500(3000)	2500(3000)	2800	3000	3500	3500
	最大钻孔深度/m	95/62	100/64	102/66	104/69	110/73	121/78	135/88	145/95
发动机	品牌	Cummins	Cummins	Cummins	Cummins	Cummins	Cummins	Cummins	VOLVO
	型号	QSM11-C400	QSM11-C400	QSX15-C535	QSX15-C535	QSX15-C535	QSX15-C600	QSX15-C600	TAD1643VE-B
	额定功率/[kW/(r/min)]	298/2100	298/2100	399/2100	399/2100	399/2100	447/2100	447/2100	565/1900
动力头	最大扭矩/(kN·m)	320	360	418	418	418	450	550	600
	转速/(r/min)	6~32	6~32	6~25	6~25	6~25	6~25	5~24	9~32
加压系统	最大加压力/kN	260	280	340	340	340	420	480	480
	最大提升力/kN	280	340	380	380	380	420	500	500
	最大行程/mm	6000	6000	13000	13000	8000	8000	9000	10000
主卷扬	最大提升力/kN	320	360	390	390	450	480	600	636
	最大提升速度/(m/min)	80	72	80	80	70	70	50	65
副卷扬	最大提升力/kN	110	110	110	110	110	110	110	110
	最大提升速度/(m/min)	65	65	65	65	65	65	65	65
钻桅	左右倾角/(°)	±4	±4	±4	±4	±4	±4	±4	±4
	前倾角/(°)	5	5	5	5	5	5	5	5
底盘	履带宽度/mm	900	900	900	900	900	900	1000	1000
	履带伸缩宽度/mm	3000~4500	3200~4700	3300~4880	3400~5000	3400~5000	3400~5000	6000	6000
	底盘长度/mm	5700	5910	6120	6550	6560	7030	7640	7640
整机	工作高度/mm	25130	26150	27190	27190	28995	31055	35310	36286
	工作质量/kg	105000	115000	132000	135000	140000	158000	202000	210000

续表

分类	型号	SWDM160HL	SWDM160L	SWDM220L	SWDM300HL	SWDM550L
钻孔	最大钻孔直径/mm	1200	1500	2000	2500	3500
	最大钻孔深度/m	20	30	36	43	69
发动机	品牌	Cummins	Cummins	Cummins	Cummins	Cummins
	型号	QSL6.7-C220	QSL6.7-C220	QSL9-C325	QSM11-C400	QSX15-C600
	额定功率/[kW/(r/min)]	164/2200	164/2100	242/2100	298/2100	447/2100
动力头	最大扭矩/(kN·m)	180	180	190	280	550
	转速/(r/min)	8~25	8~25	6~28	6~28	6~24
加压系统	最大加压力/kN	150	150	190	260	480
	最大提升力/kN	160	160	210	280	500
	最大行程/mm	1780	2500	2600	3350	9000
主卷扬	最大提升力/kN	160	150	220	320	600
	最大提升速度/(m/min)	70	64	70	80	50
副卷扬	最大提升力/kN	50	80	80	110	110
	最大提升速度/(m/min)	50	58	58	65	65
钻桅	左右倾角/(°)	±5	±5	±5	±4	±4
	前倾角/(°)	5	5	5	5	5
底盘	履带宽度/mm	700	700	800	900	1000
	履带伸缩宽度/mm	2980~3980	2780~3980	3000~4500	3000~4500	6000
	底盘长度/mm	4645	4630	5755	5700	7640
整机	工作高度/mm	6000	8500	10000	11400	24300
	工作质量/kg	38000	40000	68000	92000	186000

表 2-8 恒天九五重工 JVR 系列旋挖钻机性能参数

机型	JVR90Z	JVR120Z	JVR155Z	JVR150Z	JVR220HT	JVR220Z	JVR285HT	JVR360Z-II	JVR390Z
最大输出扭矩/(kN·m)	90	120	150	150	220	220	285	360	390
最大钻孔深度/m	25	32	40(机锁式)/50(摩阻式)	55	62	70	85	90	102
最大钻孔直径/mm	1200	1200	1500	1800	2000	2000	2500	2500	2800
发动机生产厂家	潍柴	康明斯	康明斯	Cummins	CAT	Cummins	CAT	Cummins	CAT
发动机型号	WP4.1G140E301	QSB4.5-C160	QSB5.9-C210	QSB7-C227	C7.1	QSL9-C325	C9.3B	QSM11-C428	C15 ACERT
发动机功率/kW	103	119	154	169	195	242	259	319	403
主泵流量	2×63L/min/2000r/min	2×80L/min/2000r/min	2×112L/min/2000r/min	2×224L/min/2100r/min	2×235L/min/1800r/min	2×252L/min/1800r/min	2×324L/min/1800r/min	2×288L/min/2100r/min	2×392L/min/2100r/min
底盘型号	自制专用	自制专用	自制专用	自制专用	CAT330D	自制专用	CAT345GC	自制专用	自制专用
牵引力/kN	226	271	365	345	420	450	510	549	707
钻孔转速/(r/min)	6~50	6~40	6~32	6~38	6~28	5~29	6~30	5~26	6~26
最大加压力/起拔力/kN	90	110	120	150/160	180/200	180/200	185/200	365/365	380/380
加压系统行程/mm	2500	3100	3100	4000	4500	4500	5200	5200	6200
主卷扬提升力(第一层)/kN	100	100	140	160	190	230	292	320	377
主卷扬钢丝绳直径/mm	20	24	26	26	28	28	32	36	36
主卷扬提升速度/(m/min)	60	65	80	72	72	70	63	64	60
副卷扬提升力(第一层)kN	40	40	50	50	100	100	110	103	103
副卷扬钢丝绳直径/mm	16	16	16	18	18	18	20	20	20
副卷扬提升速度/(m/min)	40	40	30	110	62	62	70	70	70
工作状态设备宽度/高度/mm	2600/12370	3000/14650	3900/16200	4000/20361	4300/20361	4300/22366	4300/23453	4500/23330	4700/26336
运输状态设备长度/宽度/高度/mm	11130/2600/3450	13060/3000/3450	12250/2900/3520	14559/3000/3440	14632/3000/3280	15833/3000/3440	16433/3000/3590	16762/3000/3600	19154/3200/4130
总质量(含钻杆)/kg	26000	32000	43000	53000	60000	70000	88000	92000	115000

表 2-9　江苏金亚盏 JR 系列旋挖钻机性能参数

	型号	JR60	JR90	JR120	JR120C	JR155	JR155C	JR180C
发动机	品牌	潍柴	潍柴	康明斯	康明斯	康明斯	康明斯	康明斯
	额定功率/kW	92	103	119	119	154	154	194
	额定转速/(r/min)	2000	2000	2000	2000	2000	2000	2000
动力头	最大输出扭矩/(kN·m)	60	90	120	120	150	150	180
	转速/(r/min)	0~50	0~50	0~33	0~33	0~28	0~28	0~33
	最大钻孔直径/mm	1000	1200	1200	1200	1500	1500	1500
	最大钻孔深度/m	20	24	32	40	36(机锁式)/45(摩阻式)	40(机锁式)/50(摩阻式)	36(机锁式)/45(摩阻式)
加压油缸	最大压力/kN	60	90	100	100	120	120	150
	最大提升力/kN	80	110	110	120	120	120	160
	最大行程/mm	2000	2500	3100	3100	3100	3100	4100
	最大提升力/kN	80	100	100	115	140	140	180
主卷扬	最大卷扬速度/(m/min)	60	60	65	65	80	80	80
	钢丝绳直径/mm	20	20	24	24	26	26	28
副卷扬	最大提升力/kN	30	40	40	40	50	50	50
	最大卷扬速度/(m/min)	40	40	40	40	30	30	30
	钢丝绳直径/mm	16	16	16	16	16	16	16
桅杆倾角	侧向/(°)	±4	±4	±4	±4	±4	±4	±4
	前倾/(°)	5	5	5	5	5	5	5
底盘	最大行走速度/(km/h)	2	1.6	2	1.8	2.8	2.3	2.8
	最大回转速度/(r/min)	4	3	3	3	3	3	3
	底盘宽度/mm	2500	2600	3000	2850~3900	3000	2850~3900	3000~4100
	履带板宽度/mm	500	600	600	600	600	600	700
	工作质量/kg	22000	26000	32000	36000	36000	41000	53800
外形尺寸	工作状态/mm	5800×2600×12150	6100×2600×12370	6900×3000×14650	6900×3900×16650	7500×3000×15800	7500×3900×16200	8070×4100×17000
	运输状态/mm	7800×2600×3450	11130×2600×3450	13060×3000×3450	11000×2850×3450	12250×3000×3520	12250×2850×3520	13400×3000×3600

表2-10 郑州富岛FD系列旋挖钻机性能参数

型号		FD168SE	FD188A	FD630A	FD128SE
钻孔直径/mm		600~1600	600~1800	500~1000	600~1400
最大钻孔深度/m		50(摩阻式)/40(机锁式)	60(摩阻式)/50(机锁式)	30(摩阻式)/20(机锁式)	40(摩阻式)/30(机锁式)
外形尺寸	工作状态/mm	17630mm×3200mm×7297mm	18950mm×4200mm×7297mm	11148mm×2600mm×5816mm	15632mm×2900mm×7435mm
	运输状态/mm	14727mm×3200mm×3325mm	15600mm×3200mm×3325mm	10268mm×2600mm×3217mm	13600mm×2900mm×3350mm
整机质量/kg		41500	52500	30000	36000
发动机	型号	Isuzu 4HK1(国Ⅲ阶段排放)	Cummins QSB7(国Ⅲ阶段排放)	Cummins B3.9-C(国Ⅲ阶段排放)	Cummins QSB7(国Ⅲ阶段排放)
	额定功率/[kW/(r/min)]	133/2100	169/2000	86/2000	124/2000
	形式	增压,电喷	增压,电喷	增压,电喷	增压,电喷
动力头	最大扭矩/(kN·m)	160	188	60	125
	转速/(r/min)	5~30	5~30	5~30	5~30
加压油缸	最大推力/kN	120	140	100	120
	最大提升力/kN	100	120	80	100
	最大行程/m	3	3	2	3
主卷扬	最大提升力/kN	120	160	80	120
	最大卷扬速度/(m/min)	70	70	60	70
	钢丝绳首径/mm	24	26	22	24
副卷扬	最大卷扬力/kN	50	60	30	40
	最大卷扬速度/(m/min)	50	50	40	50
	钢丝绳直径/mm	16	18	12	16
钻桅	左右倾角/(°)	±3	±3	±3	±3
	前后倾角/(°)	0~100	0~100	0~100	0~100
底盘	最大行走速度/(km/h)	3	3	3	3
	最小离地间隙/mm	460	400	350	400
	履带宽度/mm	800	700	600	800

表 2 - 11　中联重科旋挖钻机主要技术参数

	型号	ZR160A-1	ZR220A	ZR250C	ZR280C	ZR330	ZR360C	ZR420
	最大钻孔直径/mm	1500	2000	2500	2500	2500	2800	3000
	最大钻孔深度/m	55	60	84	86	92	98	122
	整机质量（工作状态）/kg	52000	72000	83000	98000	110000	123000	160000
发动机	型号	6C8.3	QSL9	QSL9	QSM11	QSM11	QSM11	QSX15
	额定功率/转速/[kW/(r/min)]	186/2000	242/2000	242/2000	298/2100	298/2100	298/2100	418/1800
动力头	最大扭矩/(kN·m)	160	220	250	280	330	360	420
	转速/(r/min)	5~31	1~26	6~24	5~21	6~22	6~26	6~22
加压油缸	最大加压力/kN	150	180	200	210	250	300	380
	最大提升力/kN	160	200	220	220	250	300	380
	最大行程/mm	4500	5300	5300	5300	6000	6000	6000
主卷扬	最大卷扬力/kN	160	200	214	290	300	330	503
	最大卷扬速度/(m/min)	10	63	68	68	68	68	65
副卷扬	最大卷扬力/kN	60	90	90	90	90	90	112
	最大卷扬速度/(m/min)	51	66	66	66	66	66	60
底盘	履带宽度/mm	100	800	800	800	800	800	1000
	履带伸缩宽度/mm	3000~4000	3100~4400	3100~4400	3100~4400	3450~4100	3450~4100	4050~5500

（6）三种典型的旋挖钻机主要结构性能对比

旋挖钻机主要有两种结构形式，一种是以土力机械有限公司（以下简称土力公司）为代表的企业生产的采用平行四边形加三角形机构的钻机结构，另一种是以宝峨公司为代表的企业生产的采用大三角支撑结构的钻机结构形式。

表2-12所示为两种典型的旋挖钻机主要结构性能对比。

表2-12　两种典型旋挖钻机主要结构性能对比

对比项目	以土力公司为代表的R系列钻机	以宝峨公司为代表的BG系列钻机
1. 变幅机构	平行四边形加三角形机构	大三角支撑结构
2. 回转机构导向稳定性（开孔时）	动力头与上导向架双支点开孔导正	动力头单支点，导向简单
3. 卷扬放置位置	内藏式	桅架下端
4. 桅架起竖放倒形式	变力点组合油缸起竖，后倾式放倒	绕固定支点转动卷扬起竖，前倾式放倒
5. 保持桅架垂直的条件下改变工作路径	变幅机构实现中轴线及方向的调整	移动主机来实现
6. 孔口设备重量对钻孔孔壁影响	钻机重心后移，降低侧压	钻机重心不能后移
7. 卸渣方式	高速离心和钻斗自重卸渣	惯性断续旋转和上下冲击振动卸渣
8. 转台回转复位控制	人工	人工

旋挖钻机的结构在功能上分为底盘和工作装置两大部分。钻机的主要部件有底盘（行走机构、底架、上车回转）、工作装置（变幅机构、桅杆总成、主卷扬、副卷扬、动力头、随动架、提引器等），如图2-1所示。

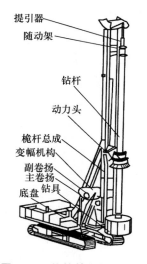

图2-1　旋挖钻机机械结构

旋挖钻机机型的合理选择应考虑下述因素：施工场地岩土的物理力学性质、桩身长度、桩孔直径、桩数，旋挖钻机的购进、施工及维修成本等。机型配置不当，往往会造成事倍功半的后果。如果"小马"拉"大车"，则施工效率低下，造成钻机的疲劳，甚至还可能造成钻机的寿命大大缩短；反之，如果"大马"拉"小车"，则钻机发挥不了其应有的性能，效益低下，造成设备的浪费。因此，应尽量选择与工程相匹配的机型,充分发挥钻机的高效性。在多款机型均能满足工程使用要求时,应尽量选择输出扭矩低的机型。

2.2.2　钻斗（钻头）

钻斗是旋挖钻机的一个关键部件,是实现旋挖钻机钻孔功能的最终执行工具。由于地质条件的复杂多样性,钻斗的结构形式很复杂,种类很多。旋挖钻机成孔时选用合适的钻斗能减少钻斗本身的磨损,提高成孔的速度和质量,从而达到节约能源和提高桩基施工效率的效果。目前常见的旋挖钻机,其结构形式和功能大同小异,因此施工是否顺利,很重要的因素就是钻斗的正确选择。

对钻斗的要求:作为与旋挖钻机配套的工具,钻斗不仅要具备良好的切削地层的能力,且要消耗较少的功率,获得较快的切削速度,还是容纳切削下来的钻渣的容器。不仅如此,一个好的钻斗还要在频繁的升降过程中产生最小的阻力,特别是要在提升的过程中产生尽量小的抽吸作用,下降过程中产生尽量小的激动压力。同时,还要在装满钻渣后可靠地锁紧底盖,而在卸渣时又能自动或借助重力方便地解锁卸渣。钻斗的切削刀齿在切削过程中会被磨损,设计钻斗的切削刀齿时要选择耐磨性好、抗弯强度高的材料,并且损坏后能快速修复或更换。

旋挖钻斗种类繁多,按所装齿类型可分为截齿钻斗和斗齿钻斗,按底板数量可分为双层底板钻斗和单层底板钻斗,按开门数量可分为双开门钻斗和单开门钻斗,按钻斗桶身的锥度可分为锥桶钻斗和直桶钻斗,按底板形状可分为锅底钻斗和平底钻斗,按钻斗扩底方式可分为水平推出方式、滑降方式及下开和水平推出并用的方式。以上结构形式相互组合,再加上是否带通气孔及开门机构的变化,可以组合出数十种旋挖钻斗。旋挖钻斗钻成孔时在稳定液保护下钻进,稳定液为非循环液,所以终孔后沉渣的清除需用清底式钻斗。

表 2-13 所示为部分钻斗的结构特点及适用地层。

表 2-13　各类旋挖钻斗的结构特点及适用地层

钻斗种类		结构特点	适用地层
按底板数量分	双层底板钻斗	双层底板,钻进时下底板与上底板相对转动一个角度后限位,露出进土层,钻满后反转,下底板把进土口封住,保证渣不会漏出	适用地层较广,用于淤泥、土层、粒径较小的卵石层等
	单层底板钻斗	单层底板,钻进和钻满后提时钻头始终有一个常开的进土口,钻进时进土阻力小,但松散的渣土会漏下	黏性土、强度不高的泥岩等
按所装齿类型分	斗齿钻斗	双层底板,钻进时下底板与上底板相对转动一个角度后,露出进土口,钻满后反转,下底板把进土口封住,保证渣不会漏出	适用地层较广,用于淤泥、土层、粒径较小的卵石层等
	截齿钻斗	因为是主钻硬岩,一般为双层底板,钻进时下底板与上底板相对转动一个角度后限位,露出进土层,钻满后反转,下底板把进土口封住,保证渣不会漏出,钻齿为截齿	卵砾石层、强风化到中风化基岩等
按开门数量分	单开门钻斗	可单底板或双底板,进土口为一个,一般会在对面布置一防抽孔。钻进时进土层面积大,对于大块砾石易进斗,但由于单边"吃土"易偏	泥岩（打滑地层特别有效）、土层、砂层（防止抽吸孔、不易堵）、粒径较大的卵石层等
	双开门钻斗	进口为两个	一般砂土层及小直径砾石层

钻斗种类		结构特点	适用地层
筒式取芯钻斗	截齿筒式钻斗	直筒设计，装配截齿，钻进效率高	中硬基岩和卵砾石层
	牙轮筒式钻斗	直筒设计，装配截齿，钻进效率高	坚硬基岩和卵砾石层
	抓取式筒式钻斗	直筒设计，装配截齿牙轮，钻进效率高；由于有抓取机构，取芯成功率高	基岩和大卵砾石层
冲击钻头及冲抓进钻头		旋挖钻机往往可与其他钻斗配合使用，可以使用旋挖钻机的副卷扬来完成，如果副卷扬有自动放绳功能则效果更好	卵石、漂石及坚硬基岩

一般说来，双层底板钻斗适用地层范围较宽，单层底板钻斗通常用于黏性较强的土层；双开门钻斗适用地层范围较宽，单开门钻斗通常用于大粒径卵石层和硬胶泥。对于相同地层，使用同一钻进扭矩的钻机时，不同斗齿的钻进角度、钻进效率不同。在孔壁很不稳定的流塑状淤泥或流砂层中旋挖钻进时，可采取压力平衡护壁或套管护壁。在漂石或胶结较差的大卵石层旋挖钻进时，可配合套钻、冲、抓等工艺。黏泥对旋挖钻进的影响主要是卸土困难，如果简单地采取正反钻突然制动的方法，对动力头、钻杆及钻斗的损坏很大，因此可采用半合式土斗、侧开口双开门土斗、两瓣式钻斗及 S 形锥底钻斗等进行钻进。在坚硬岩层中钻进时，应根据硬岩的特性采用多种组合钻斗（如斗齿捞砂螺旋钻头、截齿捞砂螺旋钻头及筒式取芯钻斗等）。

图 2-2～图 2-7 为六种常用钻斗结构示意图。

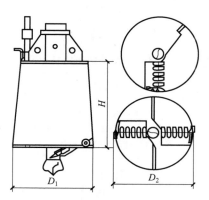

图 2-2　单层底板单开口、双开口旋挖钻斗结构

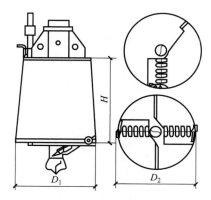

图 2-3　双层底板单开口、双开口旋挖钻斗结构

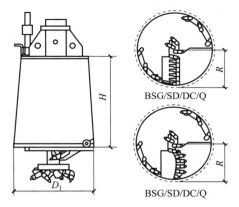

图 2-4　双层底板单开口镶齿钻斗结构

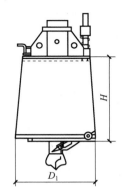

图 2-5　带辅助卸土机构的钻斗

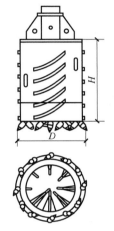

图 2-6　截齿取芯钻斗结构

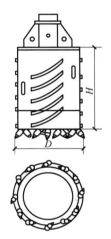

图 2-7　截齿不取芯钻斗结构

　　砂卵石、卵砾石层比一般的第四纪地层硬度大，钻进难度较大。这类地层中若没有粒径太大的孤石、漂石，一般可以用双底板捞砂钻斗钻进。由于这类地层的研磨性比较强，所以钻斗斗齿的消耗会比较大。当碰到大孤石（漂石），则下入嵌岩短螺旋钻头钻进，一般能把大孤石搅碎或将整个孤石（漂石）带出孔口。钻进卵砾石地层，嵌岩短螺旋钻头的锥头结构形式和锥度大小的选择主要取决于卵砾石粒径的大小和地层硬度。粒径大选用单锥头（单锥头形式的锥头叶片空间比双锥头形式的大，但是带渣能力前者比后者差），这样才能使大粒径卵砾石被旋入螺旋叶片内；粒径小则选用双锥头形式，易于带起钻渣。地层硬度大则选用小锥角形式的钻头，硬度小则选用大锥角形式的钻头。对于强风化基岩，如泥灰岩、砂岩、灰岩、泥岩、页岩等硬岩层，采用嵌岩短螺旋钻头钻进，配合用岩石筒钻（主要作用在于对地层进行松动，取芯是次要功能，所以一般采用不取芯岩石筒钻）及双层底板捞砂钻斗清渣。

　　各类短螺旋钻头的结构特点及适用地层见表 2-14。

表 2-14　各类短螺旋钻头的结构特点及适用地层

钻斗种类		结构特点	适用地层
锥形螺旋钻头	双头双螺	两个螺片按 180° 对称以等螺距分布于整个螺旋钻头长度，螺片直径逐渐增大，钻齿（钻齿大多为截齿）按渐开线规律布置，螺距小，输送渣土通道小，但强度大	中风化及微风化基岩、粒径较小的卵石
	单头单螺	一个螺片以等螺距分布于整个螺距钻头长度，螺片直径逐渐增大，钻齿（大多为截齿）按渐开线规律布置，螺距大，输送渣土通道大，但强度小	强风化及中风化基岩、粒径较大的卵砾石、冻土、含水率小的土层

钻斗种类		结构特点	适用地层
锥形螺旋钻头	双头单螺	两个螺片按180°对称以等螺距从钻头底部布置,一螺片分布于整个螺旋钻头长度,另一螺片一般在锥度结束时终止,螺片直径逐渐增大,钻齿(钻齿大多为截齿)按渐开线规律布置,前半部螺距小、强度大,后半部螺距增加一倍,输送渣土通道变大	介于前两者之间的一类钻头,适用于各类基岩、中等颗粒的卵石等
斗齿式直螺旋钻头	双头双螺	两个螺片按180°对称以等螺距分布于整个螺旋钻头长度,螺片直径不变,钻齿采用斗齿,按一字等高度布置于钻头底部,螺距小,输送渣土通道小,但强度大	不含水的泥岩、含砂量大的土层、粒径较小的卵石等
	单头单螺	一个螺片以等螺距分布于整个螺旋钻头长度,螺片直径不变,钻齿采用斗齿,按一字等高度布置于钻头底部,螺距大,输送渣土通道大,但强度小	不含水的泥岩、冻土、中等粒径的卵石等
	双头单螺	两个螺片按180°对称以等螺距从钻头底部布置,一螺片分布于整个螺旋钻头长度,另一螺片布置半个螺距终止,螺片直径不变,钻齿采用斗齿,按一字等高度布置于钻头底部,前半部螺距小、强度大,后半部螺距增加一倍,输送渣土通道变大	介于前两者之间的一类钻头,适用于砂土、冻土、中等粒径的卵石等
截齿式直螺旋钻头	双头双螺	两个螺片按180°对称以等螺距分布于整个螺旋钻头长度,螺片直径不变,钻齿采用截齿,按弧形布置于钻头底部,螺距小,输送渣土通道小,但强度大	中风化到微风化基岩,粒径较小的卵石等
	单头单螺	一个螺片以等螺距分布于整个螺旋钻头长度,螺片直径不变,钻齿采用截齿,按弧形布置于钻头底部,螺距大,输送渣土通道大,但强度小	不含水的泥岩及土层、冻土、大直径的卵石等
	双(三)头单螺	两个螺片按180°对称或三个螺片按120°对称以等螺距从钻头底部布置,一螺片分布于整个螺旋钻头长度,另一(两)螺片布置半个螺距终止,螺片直径不变,钻齿采用截齿,按弧形布置于钻头底部,前半部螺距小、强度大,后半部螺距增加一倍,输送渣土通道变大	介于前两者之间的一类钻头,适用于中风化及微风化基岩、冻土、中等粒径的卵石等

2.2.3 钻杆

对于旋挖钻机整机而言,钻杆也是一个关键部件。钻杆是钻机向钻斗传递扭矩和压力的重要部件,在钻杆作旋转运动的同时,由加压装置带动动力头作加压动作,通过动力头驱动套的内键将轴向力通过钻杆传递给钻斗,实现钻斗的钻孔工作。钻杆为伸缩式的,是实现无循环液钻进工艺必不可少的专用钻具,是旋挖钻机的典型钻进机构。它将动力头输出的动力以扭矩和加压力的方式传递给下端的钻具,其受力状态比较复杂(承受拉压、剪切、扭转及弯曲等复合应力),直接影响成孔的施工进度和质量。

对钻杆的要求:具有较高的抗扭和抗压强度及较高的刚度,足以抵抗钻孔时的进给力而保证钻孔垂直度等要求;能够抵御泥浆和水等的腐蚀;重量尽可能轻,以提高钻机功效,降低使用成本。

钻杆的截面形式有正方形、正多边形和圆管形。方形钻杆制造简单,但不能加压,并有应力集中点,使用寿命较短。正多边形钻杆强度有所提高,受力较为合理。随着成孔直径越来越大,成孔深度越来越深,扭矩越来越大,圆管形钻杆因受力效果最好,得到普遍使用。

钻杆按钻进加压方式可分为摩阻式、机锁式、多锁式和组合式。

表2-15所示为钻深与摩阻式钻杆节数的配置关系。

表 2 - 15　钻深与摩阻式钻杆节数的配置关系

表 2 - 15　钻深与摩阻式钻杆节数的配置关系

钻深/m	20～35	30～45	40～55	55～75	大于 75
摩阻式钻杆的节数	3	4	4	5	6

表 2 - 16 所示为各类钻杆的技术特性参数。

表 2 - 16　各类钻杆的技术特性参数

钻杆类别	摩阻式	机锁式	多锁式	组合式
钻杆特点	每节钻杆由钢管和焊在其表面上的无台阶键条组成，向下的推进力和向上的起拔力均由键条之间的摩擦力传递	每节钻杆由钢管和焊在其表面上的带台阶键条组成，向下的推进力和向上的起拔力均由台阶处的键条直接传递	每节钻杆由钢管和焊在其表面上的具有连续台阶的键条组成，形成自动内锁互扣式钻杆系统，使向下的推进力和向上的起拔力直接传递至钻具	由阻尼式和机械式钻杆组成，一般采用 5 节钻杆，外边 3 节钻杆是机械式，里边 2 节钻杆是摩阻式
适用地层	普通地层，如地表覆盖土、淤泥、黏土、淤泥质粉质黏土、砂土、粉土、中小粒径卵砾石层	较硬地层，如大粒径卵砾石层，胶结性较好的卵砾石层，永冻土，强、中风化基岩	普通地层，更适用于硬土层	适用于桩孔上部 30cm 以内地层面较硬、下部地层较软的情况
钻杆节数及钻孔深度	5 节钻杆，最大深度 60～65cm	4 节钻杆，最大深度 50～55cm	4～5 节钻杆，最大深度 60～62cm	5 节钻杆，最大深度 60～65cm

注：表中的钻杆节数及钻孔深度是动力输出扭矩为 200～220kN·m 的中型旋挖钻机的情况。

在旋挖钻机成孔施工时，要根据具体的地层土质情况选用不同的钻杆，以充分发挥摩阻式、机锁式、多锁式及组合式钻杆各自的优势，制订相应的施工工艺，配合选用相应的钻具，提高旋挖钻进的施工效率，确保钻进成孔的顺利进行。

2.2.4　主副卷扬

主卷扬是旋挖钻机的又一个关键部件。主卷扬由液压电动机减速机、卷筒、卷扬支座、钢丝绳、绳套等组成。主卷扬的功能是提升或下放钻杆，是钻机完成钻孔工作的重要组成部分，其提升和下放钻杆的工作由液压系统实现。在钻机进行成孔工作时，须打开主卷扬制动器，使卷扬机系统处于浮动状态，这样才能操作加压油缸对钻杆进行加压，以便钻杆顺利地钻进。

副卷扬由液压电动机减速机、卷筒、钢丝绳、压绳器等组成。其功能是吊装钻具及其他不大于额定重量的重物，是钻机进行正常工作的辅助起重设备。

根据旋挖钻机的施工特点，在钻机每个工作循环（对孔—下钻—钻进—提钻—回转—卸土），主卷扬的结构和功能都非常重要，钻孔效率的高低、钻孔事故发生的概率、钢丝绳寿命的长短都与主卷扬有密切的关系。欧洲的旋挖钻机都有钻杆触地自停和动力头随动装置，以防止乱绳和损坏钢丝绳。特别是意大利迈特公司的旋挖钻机，主卷扬的卷筒容量大，钢丝绳为单层缠绕排列，提升力恒定，钢丝绳不重叠碾压，从而减少钢丝绳之间的磨损，延长了钢丝绳的使用寿命。国外旋挖钻机主卷扬都采用柔性较好的非旋转钢丝绳，以延长其使用寿命。

2.2.5　动力头

动力头是钻机最重要的工作动力机构，它驱动钻杆旋转，实现钻孔的主运动。由液压泵供油带动液压电动机、减速机，液压电动机减速机以外啮合方式驱动一个由外齿轮回转支撑联结的筒式主轴，通过筒式主轴内壁的驱动板牙与钻杆矩形键的啮合输出扭矩。在传递扭矩的同时，动力头通过筒式主轴内壁的板牙与钻杆矩形键间产生的正压力实现向钻斗加压。

2.2.6 三大系统

旋挖钻机是机、电、液一体化高度集中的智能型设备，根据功能划分为发动机系统、液压系统和电气系统。

1. 发动机系统

发动机系统为整个机器提供动力。旋挖钻机发动机一般选用国际知名品牌，能够感应负载变化，并相应调整输出功率的大小，环保高效，性能稳定可靠。

2. 液压系统

旋挖钻机液压系统可使流量按需分配到系统工作装置的各执行部件，实现各工况负荷下的最佳匹配。先导控制操作灵活、安全、精确，系统独立散热。液压泵、液压电动机、液压阀及管接头全部采用知名品牌，实现了系统的高可靠性。

旋挖钻机所有功能均由液压驱动。其液压系统包括三个部分。

1）下车部分：主要包括中心回转体及其以下部分，可实现行走及履带伸缩。

2）上车部分：可实现桅杆变幅、桅杆角度调整、钻进加压、主副卷扬、上车回转及动力头的旋转等功能。

3）先导控制系统：对上述两个系统的主阀进行先导操纵，使操纵轻便、灵活、平稳。

3. 电气系统

旋挖钻机电气系统采用 24V 直流电源，主要功能有发动机工况监测、液压系统电磁换向、桅杆倾角监测、报警、钻孔深度监测和调整、油液位监测、发动机故障检测、主副卷扬及桅杆倾角限位控制等。显示屏显示系统报警和系统状态参数，监控各个工况动作。电气系统部件一般采用进口品牌。

采用先进的手动与自动相互切换的电子调平装置，对桅杆进行实时监控，保持桅杆在施工作业中的铅垂状态，有效地确保了桩孔垂直度要求。

2.3 施 工 工 艺

2.3.1 施工顺序

如图 2-8 所示，旋挖钻斗钻成孔灌注桩施工顺序如下：

1）安装旋挖钻机。

2）钻斗着地，旋转，开孔。以钻斗自重并加钻压作为钻进压力。

3）当钻斗内装满土、砂后，将其提升。提升时一面注意地下水位变化情况，一面灌水。

4）旋转钻机，将钻斗中的土卸到翻斗车上。

5）关闭钻斗的活门，将钻斗转回钻进地点，并将旋转体的上部固定。

6）降落钻斗。

7）埋置导向护筒，灌入稳定液。按现场土质的情况，借助于辅助钢丝绳，埋设一定长度的护筒。护筒直径应比桩径大 100mm，以便钻斗在孔内上下升降。按土质情况确定稳定液的配方。如果在桩长范围内的土层都是黏性土，则不必灌水或注稳定液，可直接钻进。

8）将侧面铰刀安装在钻斗内侧，开始钻进。

9）钻孔完成后，进行孔底沉渣的第一次处理，并测定深度。

10）测定孔壁。

11）插入钢筋笼。

12）插入导管。

13）第二次处理孔底沉渣。

14）水下灌注混凝土，边灌边拔导管。混凝土全部灌注完毕后拔出导管。

15）拔出导向护筒，成桩。

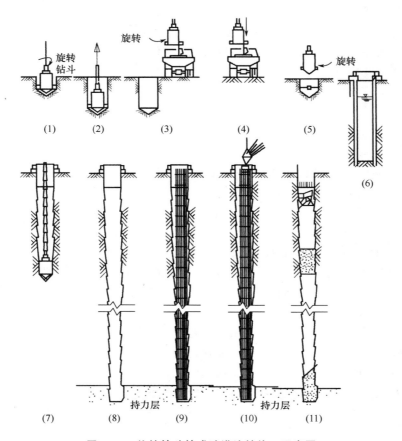

图 2-8　旋挖钻斗钻成孔灌注桩施工示意图

（1）开孔；（2）提起钻斗，开始灌水；（3）卸土；（4）关闭钻斗；（5）钻斗降下；（6）埋设护筒，灌入稳定液；

（7）在稳定液的作用下钻进成孔；（8）钻进完成，第一次清渣，测定深度和孔径；（9）插入钢筋笼；

（10）插入导管，灌注混凝土；（11）混凝土灌注完成，拔出导管和护筒，成桩

2.3.2　施工特点

1. 旋挖钻斗钻成孔工艺的主要特点

1）钻进短回次，即回次进尺短（0.5～0.8m），回次时间短（一般 30～40m 孔深的回次时间不超过 3～4min，纯钻进时间不足 1min）。

2）钻进过程为多回次降升重复过程。由于受钻斗高度的限制，1 个 40m 深的钻孔，如按每回次钻进 0.8m，大约需降升 100 次（提升 50 次），而钻具的降升和卸渣占成孔时间的 80% 左右，纯钻进时间不到 20%，所以不能简单地认为提高钻具降、升速度，钻进效率就会大大提高。

3）每回次钻进是一个变负荷过程。钻进开始，钻斗切削刃齿在自重（钻斗重＋部分钻杆重）作用下切入土层一个较小的深度，随钻斗回转切削前方的土层，并将切削下的土块挤入钻斗内。随钻斗切入

钻孔的深度不断增加，钻斗重量不断增加，回转阻力也随之增大。随着阻力矩的增大，回转速度相应降低，这样在很短的时间内，切入深度和回转阻力矩逐级增大，负载和转速在很大范围内波动。

4）在整个钻进过程中，钻斗经历频繁的下降、提升过程，因此要确保下降过程中产生尽量小的振动和冲击压力，提升过程中产生尽量小的抽吸作用，以防止钻进过程中孔壁坍塌现象的发生。

2. 旋挖钻斗钻成孔法在稳定液保护下钻进

钻斗钻进时，每孔要多次上下往复作业，如果对护壁稳定液管理不善，就可能发生坍孔事故。可以说，稳定液的管理是旋挖钻斗钻成孔法施工作业中的关键。由于旋挖钻斗钻成孔法施工不采用稳定液循环法施工，一旦稳定液中含有沉渣，则直到钻孔终了，也不能排出孔外，而且全部留在孔底。若能很好地使用稳定液，就能使孔底沉渣大大减少。

2.3.3 稳定液

1. 稳定液的定义

稳定液是在钻孔施工中防止地基土坍塌、使地基土稳定的一种液体。它以水为主体，其中溶解有以膨润土或CMC（羧甲基纤维素）为主要成分的各种原材料。

2. 稳定液的作用

1）保护孔壁，防止从开始钻进到混凝土灌注结束的整个过程中孔壁坍塌。

防止坍塌的三个必要条件：钻孔内充满稳定液；稳定液面标高比地下水位高，保持压力差；稳定液浸入孔壁，形成水完全不能通过的薄而坚硬的泥膜。

2）能抑止地基土层中的地下水压力。

3）支撑土压力。对于有流动性的地基土层，用稳定液能抑止其流动。

4）使孔壁表面在钻完孔到开始灌注混凝土能保持较长时间的稳定。

5）稳定液渗入地基土层中，能增加地基土层的强度，可以防止地下水流入钻孔内。

6）在砂土中钻进时，稳定液可使其碎屑沉降缓慢，容易清孔。

7）稳定液应具有与混凝土不相混合的基本特性，利用它的亲液胶体性质最后能被混凝土代替而排出。

3. 稳定液与泥浆的区别

旋挖钻斗钻钻进所使用的稳定液与正反循环钻进所使用的泥浆有显著不同的特点，见表2-17。

表2-17　泥浆与稳定液的区别

钻进方式	回转钻进	旋挖钻斗钻钻进
钻进时维持孔壁稳定的浆液	泥浆或加膨润土的泥浆	把膨润土和CMC作为主要成分，并混合有其他原料，从使用目的是稳定地基的事实出发，称为稳定液，以避免与"泥浆"两字混淆
浆液在钻孔内的运动状态	反循环钻进中，由旋转钻头将孔内泥浆和土砂一起通过钻杆排出，而后泥浆再返回孔内下降；正循环钻进中，泥浆从钻杆内腔下降后，经钻头的出浆口射出输入孔底，带动钻渣沿环状空间上升到孔口。回转钻进中的泥浆是循环运动的，故又称为循环液或冲洗液	钻斗钻钻进使用的稳定液在孔内基本上是静态的，但局部在钻斗和钻杆的回转带动下形成环流，而当钻具有提升或下降过程中钻斗带动稳定液作局部上升或下降运动
浆液被钻渣污染的程度	钻渣是以研磨方式进入泥浆的，因而钻渣对泥浆性能影响较大	钻斗钻钻进切削破土方式属于大体积切削，钻渣对稳定液性能影响较小

续表

钻进方式	回转钻进	旋挖钻斗钻钻进
排渣方式	依赖泥浆的循环流动把钻渣运送到孔外，待沉淀处理后再返回孔内回收利用	排渣是通过切削机械切下的土块被挤入装载机构（圆柱形钻斗）直接提至孔外卸渣
使用浆液的目的	在钻孔过程中，孔内泥浆一面循环，一面对孔壁形成一层泥浆膜，这层泥浆膜将起到保护孔壁的作用	稳定液在成孔过程中的作用：支撑土压力；抑制地基土层中的地下水压力；在孔壁上造成泥膜，以抑止土层的崩坍；在砂土中成孔，可使碎屑的沉降缓慢。由于稳定液非全孔流动携带运送钻渣，在稳定液配制中对悬浮钻渣的能力要求很高，要求稳定液的静切力要高，结构黏度要适当
第一次清孔方法	反循环钻进方式第一次清孔采用反循环排渣；正循环钻进方式第一次清孔采用正循环清孔或压风机清孔	一般用沉渣处理钻斗（带挡板的钻斗）来排除沉渣；如果沉淀时间较长，则应采用水泵进行浊水循环
对浆液性能参数要求的重点	良好的制浆黏土的技术指标是：胶体率不低于95%；含砂率不高于4%；造浆能力不低于$0.006\sim0.008m^3/kg$	钻斗钻钻进本身产生的钻渣较少，特点是研磨颗粒较少，只要将黏粒钻渣悬浮在稳定液中数小时不沉淀即可，因此对稳定液的黏度和静切力均有较高要求

注：回转钻进指正循环钻进、反循环钻进和潜水钻钻进。

4. 配制稳定液的原材料

为了使稳定液的性能满足地层护壁和施工条件，在配制稳定液时，按稳定液的性能需在稳定液中加入相应的处理剂。目前用于处理和调整稳定液性能的处理剂按其作用不同分为分散剂（又称稳定剂、降黏剂、稀释剂）、增黏（降失水）剂、降失水剂、防坍剂、加重剂、防漏剂、酸碱度调整剂及盐水泥浆处理剂。稳定液一般要用多种材料配制而成，配制稳定液的主要材料见表 2 - 18。

表 2 - 18　配制稳定液的主要材料

材料名称	成分	主要使用目的
水	H_2O	稳定液的主体
膨润土	以蒙脱石为主的黏土矿物	稳定液的主要材料
重晶石	硫酸钡	增加稳定液相对密度
CMC	羧甲基纤维素钠盐	增加黏性，防护壁剥落
腐殖酸族分解剂	硝基腐殖酸钠盐	控制稳定液变质及改善已变质的稳定液
木质素族分解剂	铬铁木质素磺胺酸钠盐（FCL）	
碱类	Na_2CO_3 及 $NaHCO_3$ 等	
渗水防止剂	废纸浆、棉花籽、锯末等	防止渗水

（1）膨润土

膨润土是指以蒙脱石矿物为主的黏土，它是稳定液中最重要的原料，使稳定液具有适当的黏性，能产生保护膜作用。其原矿石经挖掘、加热干燥、粉碎后筛分成各种级配，在市面上出售。

膨润土分为钠基土、钙基土和锂基土三种：钠基土具有优良的分散性和膨胀性（黏性），造浆率高，失水量、胶体性能和剪切稀释能力低，但易受水泥及盐分的影响，稳定性较差；钙基土则需要通过加入纯碱使之转化为钠基土方可使用；锂基土不用作造浆土。膨润土因产地不同而性能不同，应以经济适用为主，易受阳离子感染时宜选用钙基土，但造浆率低。

使用膨润土时应注意以下几点：

1）即使同一产地的膨润土也具有不同性质，不同产地的膨润土性质相差更大，仅凭名称而不加鉴别地使用常常会导致失败。

2）在使用膨润土时，必须根据它的质量来确定浓度，否则就不能发挥其特点。

3）必须保证稳定液中膨润土的含量在一定标准浓度以上。膨润土溶液的浓度与相对密度的关系见表 2-19。

表 2-19　膨润土溶液的浓度与相对密度的关系

浓度%	4	6	7	8	9	10	11	12	13	14
相对密度	1.025	1.035	1.040	1.045	1.050	1.055	1.060	1.065	1.070	1.075

注：膨润土的相对密度按 2.3 计算。

一般膨润土用量为水的 3%～5%（黏土层）、4%～6%（粉土层）、7%～9%（细砂～粗砂层）。较差的膨润土用量大。优质膨润土造浆率为 0.01～0.015m³/kg。

虽然膨润土泥浆具有相对密度低、黏度低、含砂量少、失水量小、泥皮薄、稳定性强、固壁能力强、钻具回转阻力小、钻进效率高、造浆能力大等优点，但仍不能完全适应地层，要适量掺加外加剂。

（2）CMC（羧甲基纤维素）

CMC 是把纸浆经过化学处理后制成粉末，再加水形成很稠的液体。CMC 可加入膨润土液中，也可单独作稳定液用。

多个黏土颗粒会同时吸附在 CMC 的一条分子链上，形成布满整个体系的混合网状结构，从而提高黏土颗粒的聚结稳定性，有利于保持稳定液中细颗粒的含量，形成致密的泥饼，阻止稳定液中的水向地层漏失，降低滤失量。

CMC 可以降失水，改善造壁性稳定液胶体性质，特别是能提高悬浮钻渣的能力和稳定液滤液黏度。CMC 有高黏、中黏和低黏之分，低黏主要用于降失水（LV），高黏主要用于提高黏度。

CMC 为羧甲基（carboxymethyl）与纤维素（cellulose）及乙醚化合成的钠盐，是具有水溶性与电离性能的高分子物质，与水泥几乎不发生作用。

（3）重晶石

重晶石的相对密度约为 4，掺用后可使稳定液的相对密度增大，提高地基的稳定性。加重剂除有重晶石外，还有铁砂、铜矿渣及方铅矿粉末等。

（4）腐殖酸族分解剂

它是从褐炭中提炼出来的腐殖酸，用硝酸和氢氧化钠处理后制成。它能改善与混凝土接触后变质的稳定液、混进了粉砂的稳定液和要重复使用的稳定液的性能。

（5）木质素族分解剂

以铁铬盐 FCL 为代表，用作稀释剂，在黏土颗粒的断键边缘形成吸附水化层，从而削弱或拆散稳定液中黏土颗粒间的网状结构，使稳定液的黏度和切力显著降低，可改善因混杂有土、砂粒、碎卵石及盐分等而变质的稳定液的性能，使上述钻渣等颗粒聚集而加速沉淀，既达到重复使用的目的，又可使高质量的铁铬盐分子在孔壁黏土上吸附，有抑制其水化分散的作用，有利于孔壁稳定。FCL 必须在 pH 为 9～11 时使用才能发挥优势。

（6）碱类

对稳定液进行无机处理用得最多的是电解质类火碱（又名烧碱、苛性钠、NaOH）和纯碱（又名碳酸钠、苏打、Na_2CO_3），作为稳定液分散剂。

纯碱（碳酸钠）用于稳定液增黏，提高稳定液的胶体率和稳定性，减小失水量。碳酸钠除去膨润土和水中的部分钙离子，使钙质膨润土转化为钠质膨润土，从而提高土的水化分散能力，使黏土颗粒分散得更细，提高造浆率；可增加水化膜厚度，提高稳定液的胶体率和稳定性，降低失水量。有的黏土只加纯碱还不行，还需要加少量烧碱。

（7）渗水防止剂

常用渗水防止剂（防漏剂）有废纸浆、棉花籽残渣、碎核桃皮、珍珠岩、锯末、稻草、泥浆纤维及水泥等。

（8）水

自来水是配制稳定液最好的一种水。若无自来水，只要钙离子浓度不超过 1000mg/L，钠离子浓度不超过 500mg/L，pH 为中性的水都可用于搅拌稳定液。超过上述范围时，应在稳定液中加分散剂和使用含盐的处理剂。

表 2-18 中常用的有机处理剂作用为降失水、稀释、絮凝、增稠、防坍、乳化、防卡、减卡等，主要作用为增黏、降失水。

表 2-18 中稳定液的主要材料视桩孔深度及地层土质情况还会有所变化或减项，在实际施工中灵活运用。

例如，在北京地区施工大多数采用下面的基本配合比（按重量百分比计算）：水：膨润土粉：纯碱：CMC＝100：6%～10%：0.3%～0.5%：0.1%～0.5%。其中，膨润土干粉用量为水重的百分数，纯碱及 CMC 加量分别为泥浆体积的百分数（亦有按黏土量百分数确定的）。

如北京某工地的 18000 根旋挖钻斗钻成孔灌注桩，其稳定液由水、膨润土、CMC 和纯碱组成。稳定液的相对密度如下：新鲜浆液为 1.02～1.05；回收后的浆液为 1.08～1.10。新浆制作后，搁置 24h，待各项指标测试合格方可使用，废浆液在回收池内进行净化除砂处理。

在武汉金峰大厦工地用 R-6108 型旋挖钻机进行旋挖钻斗钻成孔施工时，因上部约 12m 厚黏土层有较好的造浆能力，且自身护壁效果好，下部虽有粉砂层，但厚度仅为 4～5m，故采用边钻边加清水的方法，自然造浆护壁，效果较好，完成近 80 根桩，未出现不良现象。因成孔速度快，泥浆补充采用泵送和自流灌入相结合的方式，较好地满足了要求。

5. 稳定液的基本测定项目

稳定液的基本测定项目见表 2-20。

表 2-20　稳定液的基本测定项目

测定项目	内容
黏度（黏性）	用漏斗黏度计测定黏度。在漏斗黏度计中放入 500mL 的稳定液试样，以稳定液全部流出的时间（s，500/500mL）表示黏度
相对密度	测定稳定液的相对密度可使用泥浆比重计，或用玻美液体相对密度计，或在容器中取出一定体积的稳定液试样，称重后按公式 $m_s/V_s\,\rho_w$ 求相对密度 G_s，其中 m_s、V_s 为稳定液的质量、容积，ρ_w 为水的密度
过滤性	使用过滤装置求过滤水量及泥饼厚度
pH（氢离子浓度）	普通膨润土溶液为中性至弱碱性（pH＝7～9），CMC 溶液则为中性（pH＝7）
物理稳定性	指经长时间静置，膨润土等固体成分不与水分离
化学稳定性	指稳定液与地下水中的阳离子发生化学反应而产生胶凝作用

6. 稳定液管理标准

日本基础建设协会建议的稳定液管理标准见表 2-21，可参考采用。

表 2-21　稳定液管理标准

项目	容许范围		测定结果	处理方法
	下限值	上限值		
漏斗黏度/s	必要黏度	作液黏度的 130%	必要黏度以下	添加膨润土和 CMC 或补充新液
			上限值以上	pH 超过 12 则废弃；pH 在 12 以下，加水或添加分散剂

项目	容许范围		测定结果	处理方法
	下限值	上限值		
相对密度	标准相对密度 ±0.005	1.2	标准相对密度以下	添加膨润土和CMC或补充新液
			上限值以上	如因砂混入而增加相对密度，需脱砂，可添加膨润土和CMC或补充新液
砂率/%	—	15.0	上限值以上	脱砂或废弃
过滤水量 (30min，0.3N/mm²) /mL	—	20.0（过滤时间 7.5min时为10）	上限值以上	pH超过12则废弃
				pH在12以下，添加膨润土和CMC或补充新液
泥饼厚度/mm	0.6	3.0（过滤时间 7.5min时为2.4）	下限值以下	添加膨润土和CMC或补充新液
			上限值以上	pH超过12则废弃
				pH在12以下，添加膨润土和CMC或补充新液
pH	8.0	10.0	下限值以下	黏度在容许范围内可以
			上限值以上	黏度在容许范围内可以

注：1. 标准相对密度指只有清水和膨润土时的相对密度。
2. 必要黏度指被施工对象地层所必要的黏度。
3. 作液黏度指新配制的稳定液的黏度。
4. 原则上需要在稳定液中添加适量的分散剂。
5. 容许范围的值是指再使用时的测定值。

2.3.4 施工要点

2.3.4.1 护筒埋设要求

埋设护筒的坑一般比护筒直径大0.6～1.0m，护筒四周应夯填黏土，密实度达90%以上，护筒底应置于稳固的黏土层中，否则应换填厚为0.5m的黏土分层夯实，护筒顶标高高出地下水位和施工最高水位1.5～2.0m。地下水位很低的钻孔，护筒顶亦应高出地面0.2～0.3m，护筒底应低于施工最低水位0.1～0.3m。

钢护筒埋设是旋挖钻机施工的开端，钢护筒平面位置与垂直度应准确，钢护筒周围和护筒底脚应紧密、不透水。

埋设钢护筒时应通过定位的控制桩放样，把钻机钻孔的位置标于孔底，再把钢护筒吊放进孔内，找出钢护筒的圆心位置，用十字线设在钢护筒顶部或底部，移动钢护筒，使钢护筒中心与钻机钻孔中心位置重合，同时用水平尺或垂球检查，使钢护筒垂直。然后，在钢护筒周围对称地、均匀地回填黏土或水泥砂浆，分层夯实，达到固定钢护筒位置的目的。有条件的情况下护筒上口使用枕木对称绑扎吊紧固定，以保证其垂直度，并防止泥浆流失及位移、掉落。如果护筒底土层不是黏性土，应挖深或换土，在孔底回填夯实300～500mm厚的黏土后再安放护筒，以免护筒底口处渗漏塌方。夯填时要防止钢护筒偏斜。

在易缩径的淤泥质黏土、易垮孔的松散杂填土地层和砂层及严重透水地层必须使用长护筒或全护筒护壁，此时下护筒的方式有两种：

1）振动锤下护筒，即用汽车吊或履带吊吊挂电动或液压振动锤，夹持护筒高频振动，使护筒周边砂土液化，在重力作用下护筒顺利切入。其优点是下放和起拔护筒速度快，在成孔时可用干式成孔法或天然水，降低造浆成本。开始下护筒时需注意调整垂直度。

2）动力头驱动器下护筒，即利用动力头反正转搓动和加压油缸加压使护筒切入土中。这种方式操作方便，并能确保护筒埋置夯实性，缩短挖坑埋置时间，提高成孔效率。

2.3.4.2　稳定液制备

与传统的正反循环钻机相比，旋挖钻机具有成孔速度快的特点，其工艺优点为：①孔壁不会产生泥皮，因为成孔过程一直都受钻斗的刮擦；②在孔壁上形成较明显的螺旋线。这两点有助于增加桩的摩阻力，提高桩的质量。其缺点为：因为不能形成泥皮，护壁性不好，容易缩径、垮孔。在钻孔灌注桩的施工过程中，为了防止坍孔、稳定孔内水位及便于挟带钻渣，采用稳定液进行护壁。这是利用稳定液与地下水之间的压力差来控制水压力，以确保孔壁的稳定，所以稳定液的相对密度起到保持这种压力差的关键作用。如果钻孔中的稳定液相对密度过小，护壁就容易起不到阻挡土体坍塌的作用；如果相对密度过大，则容易使泥浆泵产生堵塞，甚至使混凝土的置换产生困难，使成桩质量难以得到保证。要充分发挥稳定液的作用，其指标的选取是非常重要的。这就要求在实际工程的施工中，根据工程地质具体情况，合理地控制不同土层中稳定液的指标。旋挖钻斗钻成孔法稳定液必要黏度参考值见表 2-22。

表 2-22　旋挖钻斗钻成孔法稳定液必要黏度参考值

土质	砂质淤泥	砂（$N<10$）	砂（$10 \leqslant N<20$）	砂（$N \geqslant 20$）	混杂黏土的砂砾	砂砾
必要黏度 （500/500mL）/s	20～23	＞45	25～45	23～25	25～35	＞45

注：1. 以下情况，必要黏度的取值要大于表中值：①砂层连续存在时；②地层中地下水较多时；③桩的直径较大时（桩径在1300mm 以上）。

　　2. 当砂中混杂有黏性土时，必要黏度的限值要小于表中值。

　　3. 表中 N 为标准贯入击数，简称标贯击数，单位为击。

在旋挖钻斗钻成孔法施工中，几乎大部分情况均使用稳定液，故设计人员或发包者在工程设计文件中应对稳定液的有关规定予以说明，使施工人员能据以精心施工。

2.3.4.3　旋挖钻机的管理

旋挖钻机是集机、电、液于一体化的现代设备，若管理不善，轻则导致零部件过早磨损，重则不能正常运转，造成重大经济损失。因此，加强设备管理极其重要，要处理好设备的使用、维修、保养三者的关系，使"保"与"修"制度化，保证设备的完好率。

2.3.4.4　旋挖钻进工艺参数控制

1. 钻压的确定

钻进时施加给钻头的轴向压力成为钻压，它与孔底工作面垂直。合理研究钻压，要根据岩土的工程力学性质、钻斗的直径和类型、刀具的种类和磨钝程度、钻具和钻机的负荷能力综合考虑，还要考虑与其他钻进参数的合理配合（如转数等）。全断面钻斗钻进的钻压可参考表 2-23 选取。

表 2-23　钻压选取参考

岩土类别	标贯击数 /击	孔径/m				
		0.6	0.8	1.0	1.2	1.5
		钻压/kN				
砂层、砂土层	30～70	3～11	4～15	5～19	6～23	30～42
黏性土		11～26	15～35	19～43	23～52	
含砾黏土、强风化泥岩、泥灰页岩	＜5	26～33	35～44	43～55	52～65	59～72

2. 钻进转速的确定

钻进转速以 r/min 为单位，它主要受钻斗外缘线速度的限制。在选择钻斗转速时，应根据地层情况、钻斗的钻进速度、刀具的磨损情况、钻进阻力大小、钻具和设备能力诸因素综合确定。钻斗转速可参考表 2-24 选取。

表 2-24　钻斗转速选取参考

岩土层	线速度 / (m/s)	钻斗直径/m					
		0.6	0.8	1.0	1.2	1.5	2.0
		钻斗转速/ (r/min)					
稳定性好的土层	1.5～3.5	48～11	36～84	29～67	24～56	19～45	14～33
稳定性较差的土层	0.7～1.5	22～48	17～36	13～29	11～24	9～19	7～14
极不稳定的砂层、漂卵石层	0.5～0.7	16～22	12～17	10～13	8～11	6～9	5～7
软质岩（$\sigma_e < 30$MPa）	1.7～2.0	54～64	41～48	32～38	27～32	22～25	6～19

3. 钻进速度的预估

钻进速度是指钻斗在单位时间内钻进的深度，一般以 m/h 为单位。可参考使用日本土木研究所和日立建机公司的钻进速度估算公式：

$$v = 1.44 \cdot \frac{P_d n}{\sigma_c} \cdot \eta \tag{2-1}$$

式中　v——钻进速度（m/h）；

　　　P_d——每厘米旋挖钻斗直径的钻压（kN/cm）；

　　　n——钻斗转速（r/min）；

　　　σ_c——岩土单轴抗压强度（MPa）；

　　　η——钻进效率系数，常取 0.4～0.7。

式（2-1）表明，根据不同地质条件，合理调整钻进参数（钻压和钻斗转速），可获得合理的钻进速度。在孔壁比较稳定的地层如黏土层钻进时，可适当提高钻斗转速，以提高钻进速度，而在不稳定的砂土层和碎石土层中钻进时，则宜适当减慢钻斗转速，防止孔壁扩大。

式（2-1）还表明，钻进速度 v 与钻压和钻斗转速的乘积成正比。对中硬和软土层，可以采取增大钻压、降低钻斗转速的方法来提高钻进速度，降低功率消耗；而对于硬土层，若钻进困难，则不能盲目加压，此时宜适当提高钻压，同时增加转速，以获得一定的钻进速度。

4. 回次进尺长度的确定

回次进尺指钻斗钻进一定深度后提升钻斗时的进尺，一个回次的长度主要取决于钻斗筒柱体的高度，其次是孔底沉渣量的多少。一般来说，若钻斗高 1m，则回次进尺长度最大不超过 0.8m。

5. 钻具下降、提升速度的控制

下放钻斗时，由于钻斗下行运动所产生的压力增加称为激动压力。稳定液在高速下降的钻斗挤压下将钻具下降的动能传给孔底和孔壁，使它们承受很高的动压力。下钻速度越快，所产生的激动压力就越高。当钻斗下降速度过快时，稳定液被钻斗沿环状间隙高速挤出而冲刷孔壁，引起孔壁的破坏。

钻斗既是钻进切削土岩的钻头，又是容纳钻渣的容器，提升过程钻斗相当于活塞杆在活塞缸内运动，即从孔内提升钻斗时，由于钻斗上行运动导致钻斗底部压力减小，产生抽吸压力。如果提升速度过快，钻斗与孔壁间隙小，下行的稳定液来不及补充钻斗下部的空腔，则会产生负压。速度越快，负压越高，抽吸作用越强，对孔壁稳定性影响越大，甚至会导致孔壁坍塌。

综上所述，应按孔径的大小及土质情况调整钻斗的升降速度，见表 2-25。

表 2-25　钻斗升降速度

桩径/mm	700	1200	1300	1500
升降速度/（m/s）	0.973	0.748	0.628	0.575

注：1. 本表适用于砂土和黏性土互层的情况。

　　2. 在以砂土为主的土层中钻进时，钻斗升降速度要比在以黏性土为主的土层中钻进时慢。

　　3. 随深度增加，钻斗的升降要慎重，但升降速度不必变化太大。

空钻斗升降时，因稳定液会流入钻斗内部，所以不会导致孔壁坍塌。空钻斗升降速度见表 2-26。

表 2-26　空钻斗升降速度

桩径/mm	700	1200	1300	1500
升降速度/（m/s）	1.210	0.830	0.830	0.830

6. 钻孔稳定液液面高度的控制

回次结束，将钻具提出稳定液面的瞬间，钻孔内稳定液液面迅速下降，下降深度与钻斗高度大致相同（钻斗容器占有的空间）。此时，钻孔液柱的平衡改变了，若不能及时回灌补充稳定液，则可能导致不稳定地层垮孔。因此，补充稳定液工序是钻进提升过程中不可忽视的工作。

2.3.4.5　在桩端持力层中的钻进

在桩端持力层中钻进时，需考虑由于钻斗的吸引现象桩端持力层松弛，因此上提钻斗时应缓慢。如果桩端持力层倾斜，为防止钻斗倾斜，应稍加压钻进。

2.3.4.6　稳定液的配合比

稳定液的配合比根据地基土的状况、钻机和工程条件确定，一般 8kg 膨润土可掺以 100L 的水。对于黏性土层，膨润土含量可降低至 3%～5%。由于情况各异，对稳定液的性质不能一概而定，表 2-27 列出了可供参考的指标。

表 2-27　工程中使用的稳定液的性质

膨润土的最低含量	稳定液的最小黏度 （500/500mL）/s	过滤水量限度 （0.3N/mm²/30min）/mL	pH 最高限值
8%	25	20	11.0

表 2-28 所示为不同地层稳定液性能参数选择参考指标。

表 2-28　不同地层稳定液性能参数选择参考指标

稳定液参数	密度/（g/m³）	黏度/s	失水量/(mL/30min)	含砂量/%	胶体率/%	泥皮厚/mm	pH	备注
非含水层黏土、粉质黏土	1.03～1.08	15～16	<3	<4	≮90～95	—	—	清水原土造浆
流砂层	1.10～1.25	18.5～27	5～7	≤2	—	0.5～0.8	8	—
粉、细、中砂层	1.08～1.10	16～17	<20	4～8	≮90～95	—	—	—
粗砂砾石层	1.10～1.20	17～18	<15	4～8	≮90～95	—	—	—
卵石、漂石层	1.15～1.20	18～28	>15	<4	≮90～95	—	—	—
承压水流含水层	1.30～1.70	>25	<15	<4	≮90～95	—	—	—
遇水膨胀岩层	1.10～1.15	20～22	<10	<4	—	—	—	—
坍塌掉块岩层	1.15～1.30	22～28	<15	<4	≮97	—	8～9	加重晶石粉

稳定液处理剂配方参考见表 2 - 29。

表 2 - 29 稳定液处理剂配方参考

稳定液类型		处理剂类型与加量/ppm				黏度/s	密度 / (g/cm³)	失水量 / (mL/30min)
		纤维素 (CMC)	聚丙烯酰胺 PHP	腐殖酸钾 KHM	氯化钾 KCl			
防漏稳定液	1	500~1000	—	—	—	>21	<1.05	<12
	2	—	100	—	—			
防坍稳定液	1	500~1000	—	200	—	—	—	<7
	2		—	—	200~300			
堵漏稳定液	每 1m³ 黏度为 50s 的泥浆加入 50kg 水泥、15kg 水玻璃和适当锯末，黏度大，凝固快，有一定固结强度							

注：1000ppm=1kg/m³。

2.3.4.7 钻进成孔工艺

钻进成孔工艺的确定是需要考虑多种因素的复杂的系统工程，多种因素包括地层土质、水文地质、合适的钻斗选用（表 2 - 13 和表 2 - 14）、合适的钻杆类型选用（表 2 - 16）、稳定液主要材料的选用（表 2 - 18）、稳定液性能参数的选择（表 2 - 29）、钻进工艺和钻进参数（钻压、钻进转速、钻进速度、回次、进尺钻具下降与提升速度等）。

（1）在老沉积土层和新近沉积土层中钻进的要点

老沉积土指晚更世 Q_3 及以前沉积的土，新近沉积土指第四纪全新世中近期沉积的土。在老、新沉积土层中可选用摩阻式钻杆和回转钻斗钻进。

1）粉质黏土、黏土层在干性状态下胶结性比较好，在干孔钻进下可以用单层底板土层钻斗钻进，也可以用双层底板捞砂钻斗和土层螺旋钻斗钻进。在湿孔钻进条件下，因土遇水后胶结性能变差，一般用双层底板捞砂钻斗钻进，以便于捞取钻渣。

2）在淤泥质地层中钻进，需解决好吸钻、塌孔、超方和卸渣困难等问题，为此需从改善稳定液性能、改进钻斗结构及优化操作方式三方面着手。具体而言，在淤泥层施工，对于中、大直径的桩孔，宜选用双层底板捞砂钻斗；对于直径小的桩孔，可采用单开门双层底板捞砂钻斗；钻进具有一定黏性的淤泥质土，也可选择体开式钻斗或者带有流水孔的直螺旋钻头。不论选择何种钻具在淤泥层施工，都应该尽量增加或加大钻斗（钻头）的流水孔，以防止钻进过程中由于钻斗（钻头）上、下液面不流通而导致钻底负压过大，形成吸钻。优化操作方式遵循"三降"（降低钻斗下降速度、降低钻斗旋转速度、降低钻斗提升速度）和"三减"（减少单斗进尺、减少钻压、减少合斗门时的旋转速度和圈数）的原则。

3）在含水厚细砂层中钻进，宜采取以下措施：

① 选择锥形钻斗，适当减小斗底直径，略增加外侧保径条的厚度，最大限度降低钻斗提升和下放过程对侧壁的扰动。钻斗流水口设置在靠近筒壁顶部位置，以尽量减小筒内砂土在提升钻具过程中的流失。

② 单次钻进进尺要控制在斗内土在流水口以下的水平，以避免进入斗内的砂土自流水口进入稳定液中。钻进完成后，关闭斗门时，尽量减少扰动孔底土，以减少孔底渣土悬浮量。提升过程中，在易塌方地层对应的高程要适当降低提升速率，以减少侧壁流水冲刷造成砂土进入稳定液中。

③ 初始配置稳定液时就应根据地层特点控制好稳定液的密度及黏度等指标，采用加重稳定液或增黏（稠）稳定液，并采取一些综合措施，以避免孔壁坍塌和预防埋钻事故。增黏稳定液的性能指标见表 2 - 30。

表 2 - 30 增黏稳定液的性能指标

黏度/s	密度/(g/cm³)	失水量/(mL/30min)	静切力/(mg/cm²)	含砂率/%	胶体率/%	pH
25~30	0.90~1.05	≤10	10	<4	>97	8~9

4）在卵砾石地层中钻进的关键一是护壁，二是选用合适的钻斗。

① 常用的保护孔壁的方法。

a. 护筒护壁。具体的操作方法是：在钻斗钻进的同时压入护筒，当护筒压入困难时可以使用短螺旋钻头捞取护筒下脚的卵（碎）石块，清除障碍物后，再向下压入护筒。如此循环往复，使用护筒护壁，直到穿过整个卵（碎）石层。

b. 黏土（干水泥）＋泥浆护壁。当钻进卵（碎）石层时，可先向孔内抛入黏土，然后使用钻斗缓慢旋转，将黏土挤入卵（碎）石缝隙，形成稳定的孔壁，并防止稳定液的漏失，再配合稳定液的运用，来保障在卵（碎）石层钻进过程中孔壁的稳定和稳定液位的平衡。另一种相似的方法是以干水泥配合黏土使用。当钻进卵（碎）石层时，把干水泥装成适当的小袋和黏土一起抛入孔底，再使用钻斗旋转，将黏土块和干水泥一起挤入卵（碎）石缝隙，静置一段时间后可形成稳固的孔壁。干水泥的作用是增加黏土的附着力。

c. 高黏度稳定液护壁。稳定液主要性能参数为：黏度30~50s；相对密度1.2~1.3。在稳定液中加入水解聚丙烯酰胺（PHP）溶液，即具有高黏度护壁性能。

② 旋挖钻进较大粒径的卵石或卵砾石层时，可配合机锁式钻杆选用筒式环形取芯钻斗，或将钻斗切削齿的切削角加大到60°~65°，使较大粒径卵石被挤入装载机构的筒体内，同时有利于钻进疏松胶结的砂砾。在卵砾石层钻进时，转速不能过快，轴向压力也不宜过大。

③ 钻进中遇到卵（碎）石等地下障碍物时，可采用轻压慢转、上下活动切削钻破碎障碍物的方法。若钻进无效，可以通过正反交替转动的方式，当正转遇到较大阻力时立即反转，然后再次正转，如此循环反复。采用专用的钻具（如短螺旋钻头、嵌岩筒钻、双层嵌岩筒钻）处理后钻进。对于卵（碎）石含量大的地层，可使用短钻筒，配置黏土加泥浆护壁，控制钻速；若卵（碎）石层胶结密实，为了易于钻进，可先用筒式钻斗成孔（筒体直径小于孔径150~400mm），即分级钻进，然后加大扫孔，直至达到设计孔径要求。若条件具备，也可直接用加大压力、快速的筒式钻斗一次成孔。若用筒式钻斗直接开孔，初钻时应轻压慢钻，防止孔斜。

④ 在双层嵌岩筒钻的设计中，层间隙的大小应该与卵（碎）石的粒径相对应。一般情况下，间隙约为1.5倍的卵（碎）石粒径。

5）在高黏泥含量的黏土层中钻进，因该土层塑性大，造浆能力强，易出现糊钻、缩径，且进入钻斗内的钻渣由于黏滞力很强，卸渣非常困难，钻进效率往往受卸渣和糊钻影响极大。

解决办法：

① 利用钻孔黏土自造浆的方法向孔内灌注清水。

② 在钻进工艺上，采用低扭矩高转速挡进行钻进，且放慢给进速度和降低给进压力。

③ 严格限制回次进尺长度不超过钻斗高度的80%，以避免黏土在装载筒内挤压密实。

④ 对钻斗结构进行适当的改进，钻齿切削角高速不大于45°，以钻筒外每隔120°在母线夹角为60°处焊接直径15mm的圆钢，反时针方向布置4~6根，钻筒内立焊直径15mm的圆钢，每隔90°焊1根，或在钻斗内装压盘卸渣。

6）在钻孔漏失层钻进。漏失产生的原因是钻进中所遇地层大多是冲积层、洪积不含水层、卵砾及卵石层，由于胶结不良，填充架空疏松，渗透性强。根据漏失程度采取相应对策：

① 漏失不严重时，选用低密度稳定液是预防漏失的有效方法。降低密度的方法有：采用优质膨润土；用水解度为30%的聚丙烯酰胺进行选择性絮凝，以清除稳定液中的劣质土及钻渣；加入某些低浓度处理剂，如煤碱剂、钠羧甲基纤维素。

② 漏失严重时，遇卵砾石层钻进，绝大部分事故发生在孔壁保护方面，具体堵漏方法有：黏泥护壁，即采用边钻进边造壁堵漏的方法保护孔壁，每回次钻进结束后向孔内投入黏土（或黄土）的回填高度不得低于回次钻进深度，此后经回转挤压，使黏土（或黄土）挤塞于卵砾石缝隙之中，一段一段形成人工孔壁，既护壁又堵漏；高黏度稳定液护壁，即采用高固相含量、高黏度、相对密度在 1.2 左右、黏度为 30～50s、失水量为 8～10mL/30min 的稳定液。

7）在遇水膨胀的泥土层钻进，钻进时常常发生缩径或黏土水化膨胀而出现坍塌。钻孔缩径造成钻具升降困难，严重时导致卡钻。处理方法：

① 向稳定液中加入有机处理剂（降失水剂有纤维素、煤碱剂、铁铬盐、聚丙烯腈等），以降低稳定液失水量。

② 在钻斗圆筒外均匀分布 4 道螺纹钢筋，长 600mm，直径 15～18mm，与母线按顺时针方向呈 60°倾角焊牢，在钻斗回转过程中扩大缩径部分直径以防卡钻。

8）遇钻孔涌水的地层钻进。涌水地层是指在有地下水通道的高压含水层中旋挖成孔时，承压水会大量涌向钻孔，使原有的稳定液性能被破坏（遇水稀释），从而使稳定液的护壁作用和静水压支撑作用降低，不能平衡地层侧压力，造成孔壁坍塌。处理这类地层的办法是配制加重稳定液，边造孔边加入重晶石粉，使新液性能指标达到黏度大于 30s，相对密度大于 1.3，失水量小于 15mL/30min，pH＝8～9，胶体率不小于 97％，静切力为 30～50mg/cm²。

9）遇铁质胶结（或钙质胶结）硬板砂层钻进。"铁板砂"的主要特征是细砂被胶结后有一定抗压强度。在该地层中钻进可采取如下措施：

① 改变钻斗切削，把钻斗刀座角度加大到 50°～60°，在钻进时使钻齿有足够大的轴向压力来克服"铁板砂"的胶结强度，就能在较大的钻压下钻进"铁板砂"。

② 调整钻进工艺，采用较高的轴向压力、较低的回转速度，避免钻齿在高的线速度下与"铁板砂"磨削磨损，提高钻进效率。

（2）在泥岩地层中钻进的要点

泥岩是泥质岩类的一种，是由粒度小于 0.005mm 的陆源碎屑和岩土矿物组成的岩石，属软岩类。泥岩的成分很复杂，主要是高岭石、伊利石、蒙脱石、绿泥石和混层黏土矿物等。常见或主要的泥岩都呈较稳定的层状，常与砂岩、粉砂岩共生或互层。由于泥岩具有特殊的物理力学性质，在旋挖钻机作业时若要充分提高钻进效率，则往往需要解决钻进过程中出现的钻具打滑、吸钻、糊钻等不良工况。提高钻进效率一般从三个方面着手：调整钻机的操作方式（采用压入回转、高速切削的操作方式破碎钻进）；选用合适的钻具（机锁式钻杆和单开门截齿钻斗）；优化钻齿的布置（将齿角由 45°增大为 53°）。

2.3.4.8 清孔工艺

1. 第一次孔底处理

旋挖钻斗钻工法采用无循环稳定液钻进，钻渣不能通过稳定液的循环被携带到地面沉降下来（连续排渣），而是通过钻斗提升到地面卸渣，称为间断排渣。产生孔底沉渣的原因：钻斗斗齿是疏排列，齿间土渣漏失不可避免；土渣在斗齿与钻斗底盖之间残留；底盖关闭不严；钻斗回次进尺过大，装载过满，土渣从顶盖排水孔挤出；在泥砂、流塑性地层钻进时，进入钻斗内的钻渣在提升过程中流失严重，有时甚至全部流失于钻孔内；钻斗外缘边刃切削的土体残留于孔底外缘。

第一次孔底处理在钢筋笼插入孔内前进行，一般用沉渣处理钻斗（带挡板的钻斗）来排除沉渣；如果沉淀时间较长，则应采用水泵进行浊水循环。

2. 第二次孔底处理

第二次孔底处理在混凝土灌注前进行，通常采用泵升法，即利用灌注导管，在其顶部接上专用接头，然后用抽水泵进行反循环排渣。

2.3.5　施工注意事项

1）对厚黏土层、粉土层和砂层，稳定液设计和使用中要注意以下重点：

① 降失水护壁，抑制黏土层水化膨胀，防止缩径；抑制粉土、砂砾层孔壁剥落。

② 选择较低黏度的稳定液，防絮凝，加速稳定液中漂浮的土颗粒、细砂的沉淀。

③ 选择合适的稳定液密度，平衡孔隙水压力和构造压力，巩固孔壁，防止软弱层、松散层坍塌。

④ 随进尺同步补充孔底稳定液，保持新挖孔壁及时形成低渗透率优质泥皮，及时净化改善孔底段稳定液。

⑤ 灌注混凝土后，孔内排出的稳定液可调配再利用。

2）稳定液是静态浆液，对其性能参数要求主要侧重于密度、黏度、切力和失水量，而对其他参数不作严格要求。由于旋挖钻斗钻工法中采用静态稳定液悬浮钻渣至关重要，对静切力和黏度要求高，这是因为稳定液静置后悬浮钻渣的能力取决于静切力。但这两个参数值又不宜过大，因钻斗与孔壁环状间隙小，升降过程易造成起下钻的激动压力，产生抽吸作用，导致垮孔、涌水、漏失等孔内事故。

3）对于高分子有机处理剂如 CMC、PHP 等，因这类材料难溶于水（特别是当分子量大、水温低时），在使用时要先将这类处理剂配成低浓度（1％～3％）的溶液，再加到稳定液中。若直接加入，容易形成不溶泥团状物体，起不到调节稳定液性能的作用。

4）稳定液原浆最好在使用前 24h 时配制，使膨润土充分钠化、水化溶胀，稳定液充分陈化。

5）稳定液性能调节应贯穿旋挖施工全过程：在钻进开始时要调节；钻进过程中稳定液性能会产生变化，如出现盐侵、钙侵、黏土侵等，也需要进行调节；当遇到特殊情况，如漏失、坍塌、涌水时，还需要调节稳定液性能或进行专门处理。稳定液性能调节内容包括：降低失水量，控制稳定液稠化，增加或降低黏度、切力，提高或降低稳定液密度，增加或降低 pH。

6）勤检测孔底、孔中、孔顶稳定液的 pH、密度、黏度、含砂率、漏失量，对比灌注混凝土前的指标要求，掌握稳定液降失水和净化作用程度，以决定增减外加剂用量，优化稳定液配方，或针对地质情况局部调整，达到降失水和净化作用。

7）稳定液 pH 的调节。pH 可作为判断稳定液质量好坏、对稳定液进行化学处理的重要依据。由于在钻进过程中各种外界污染使稳定液 pH 发生变化（如盐侵时 pH 下降，水泥侵时 pH 上升），需要对其进行调节。为使稳定液悬浮体更加稳定，一般稳定液 pH 控制在 8～10（弱碱性范围内，因在碱性介质中带负电）。

pH 调节方法：在稳定液中加入酸、碱、盐（纯碱）均可调节 pH。常用火碱、纯碱剂，或处理有机物的碱液来处理稳定液，可以同时起到调节稳定液 pH 的作用。

8）为防止钻斗内的土砂掉落到孔内而使稳定液性质变坏或沉淀到孔底，斗底活门在钻进过程中应保持关闭状态。

9）为确保稳定液的质量，需用不纯物含量少的水，当不得已用非自来水时需事先对水质进行检查。

10）稳定液回收旋挖钻斗钻成孔用的稳定液为静态浆液，钻进时使用大切削刃切削，且边切削土体边将其装载进钻斗的装载机构内，钻渣混入稳定液内的可能性相对其他施工方法要小。除流砂层外，只要将钻孔孔口保护好，灌注混凝土后被混凝土置换出的稳定液达 70％～80％，可以回收经沉淀后利用。这种重复利用的稳定液采取重力沉降处理，为此需配置稳定液储存罐或储存池。为将从钻孔中排出的稳定液送到储存罐（池）中，需准备抽水泵。为处理用来洗净机械器具的废水，需设置边沟和沉淀池。废稳定液需用罐车送到中间处理场进行处理，不得在施工现场就地排放。

11）为防止孔壁坍塌，应确保孔内水位高出地下水位 2m 以上。

12）旋挖钻机和旋挖工法引进我国的时间还不长，国内对设备性能和工法了解不多，导致在旋挖施工过程中出现了一些机械事故和钻孔孔内事故，造成很大的经济损失。旋挖钻机是现代化的工程施工设备，它集机、电、液于一体，具有先进的电子控制系统、高可靠性的液压系统、高效的工作装置，只要操作者熟练掌握并按厂家规定操作，主机系统的机械事故是可以避免的。

2.3.6　施工管理检查表

表 2-31 列出了旋挖钻斗钻成孔灌注桩施工全过程中需检查的项目及检查要点。

表 2-31　旋挖钻斗钻成孔灌注桩施工管理检查项目及检查要点

项目	检查要点
施工准备	施工地层土质情况的把握；地下障碍物排除的确认；作业地层和作业性的确认；与基准点的关系；与设计书内容的一致性
钻机的选择	机型和钻头的选择
钻机的安装	桩位的确认；钻机水平位置和水平度的确认；钻杆垂直度的确认
桩孔表层部钻进	钻杆垂直度再确认；开始钻进速度的确定；桩孔位置的再确认
稳定液	稳定液设备的选定（膨润土搅拌机、稳定液储存罐）；液体状况的确认（所要求的性质、配合比、分散解胶剂、腐殖酸类减水剂、管理标准、稳定液试验）；水头差的确保
表层护筒的安设	护筒尺寸的确认；安设时护筒垂直度的确认；护筒水平位置的确认
钻进	孔内水；土质；深度；垂直度；防止坍塌
桩端持力层	桩端持力层的土质和厚度；进入桩端持力层的深度；桩端持力层的钻进
孔底处理	第一次孔底处理；第二次孔底处理
钢筋笼制作	钢筋笼的加工组装是否正确、结实；钢筋笼组装后各部分是否进行了检查
钢筋笼安放	钢筋笼是否对准桩心安放；钢筋笼垂直度如何；钢筋笼安放后有无弯曲；钢筋笼顶部位置是否合适
混凝土灌注的准备工作	导管内部是否圆滑；接头的透水性如何；采用什么样的隔水塞；混凝土拌合料进场和灌注计划如何
混凝土质量	外观检查结果如何；坍落度试验结果如何；混凝土泵车出发时刻是否已检
混凝土灌注	混凝土的灌注不要中断；导管和灌注混凝土的顶部搭接是否良好；传送带和泵车的安排是否妥当；孔内排水如何；桩孔顶部混凝土是否进行了检查；灌注终了后是否进行了最终检查
回填	混凝土灌注后是否用土覆盖
施工精度	桩头平面位置的偏差如何

2.4　工 程 实 例

2.4.1　复杂岩溶地区超大径超长桩旋挖钻入岩施工技术

　　龙岩大桥坐落于福建龙岩市中心城区，位于龙岩市"一轴二环三纵四横"快速道路系统南北向交通中心轴和景观轴线上。

　　按照设计及铁路方面的要求，主塔桩基采用旋挖钻机钻孔，最大成孔直径 3.1m，且施工中需穿越三层溶洞，单层溶洞最高达 29.6m，最大入岩深度达 76m，最大钻孔深度达 96m，对钻孔机械要求之高、岩溶发育之复杂，在国内极为罕见。

1．工程特点及施工难点

1）地质情况复杂，溶洞极其发育，塌孔风险高，溶洞处理方案需不断优化。

桩基穿越三层溶洞，溶洞发育范围广，水平方向呈贯通趋势；溶腔高度大，第二层单个溶洞最大高度达 29.6m；溶洞多为全填充和半填充，部分溶洞无填充，岩石裂隙十分发育，溶腔内富水，填充物流动性大，溶洞处理难度极大，进入溶洞极易发生漏浆，从而导致塌孔风险增大。

2）桩径大。主塔桩基设计桩径为 2.5m，采用分级跟进钢护筒施工，最大成孔直径为 3.1m。

3）钻进深度大。主塔桩基础最大桩长为 84m，最大钻进深度达 95m，钻孔深度大，对旋挖钻钻杆长度及质量要求较高。

4）入岩深度大，岩石强度高。主塔桩基最大桩长为 84m，桩基覆土层达 20m，入岩深度最大为 76m，接近 80m，入岩深度大；中风化岩石强度普遍在 40～70MPa，微风化岩石强度在 70～110MPa，岩石强度高，因此要求旋挖钻机具有很强的入岩能力。

5）钢护筒跟进直径和深度大，对垂直度要求高。

6）溶洞顶板及部分岩层破碎，石块掉落，卡钻风险高。

2．施工方案

（1）钻机选择

根据地质状况及设备要求，通过对国内外主流旋挖钻机机械性能的综合分析，配备世界上较为先进的德国宝峨 BG46F 旋挖钻。它是目前国内使用的最大的宝峨钻机，最大钻孔直径 3.8m，配置进口凯氏钻杆，最大钻孔深度可达 110m，同时配备两台国产 TR460D 大型旋挖钻作为主塔桩基钻孔机械。

（2）施工工艺

1）覆盖层及岩层钻孔。本工程覆盖层厚度为 15～20m。对于覆盖层钻孔，首先采用 300t 履带吊吊装 240kW 振动锤，将直径 3.3m 的钢护筒振动下放至基岩，然后采用 3m 捞渣斗将护筒内的素填土、卵石等覆盖层取出。取土过程中应随时加水，保持孔内水头压力。

针对一般中风化岩层钻孔，先采用 1.5m 牙轮筒钻取芯，钻进效率约为 3m/天，后续则视岩层坚硬情况采用 2m、2.5m、2.73m、2.92m、3.1m 等钻头分级钻进成孔。据测算，筒钻钻进效率约为 2.5m/天。对于溶洞顶板处岩层钻孔，为防止打穿顶板时岩芯掉落在溶洞里，避免对后续钢护筒跟进造成障碍，在钻进至溶洞顶板以上 50cm 的位置改用全断面牙轮钻头钻进。据测算，全断面钻头钻进效率约为 1.5m/天。

对于二层溶洞以下的微风化岩层钻孔，采用 1.5m 牙轮筒钻取芯、2.5m 牙轮筒钻钻进，筒钻钻进效率约为 2m/天，然后采用 2.5m 全断面钻头钻进成孔。据测算，全断面钻头钻孔效率约为 0.8m/天。

2）溶洞钻孔。除 10 号桩基外，其余桩基二层溶洞高度均在 14m 左右，为保证溶洞上下孔位不发生偏移，保证桩基成孔的垂直度，配备了目前国内最长的牙轮钻头，钻头直径为 2.7m，长 15m。当溶洞打穿之后，更换该钻头进行导向钻进，进入一层溶洞底板 1m 的同时能够保证穿过二层溶洞的钢护筒顺利下放、穿过溶洞，并且能够稳固在溶洞底板的基岩中。

3）钢护筒分级跟进穿过溶洞及清孔。对于穿过三层溶洞的桩基，如 14 号、21 号桩基，施工工序为：振动锤打入钢护筒至基岩面，外径 3.3m→旋挖钻钻孔至一层溶洞底，钻孔直径 3.1m→振动锤打入钢护筒至一层溶洞底，护筒外径 3.05m→旋挖钻钻孔至二层溶洞底，钻孔直径 2.92m→进行导正钻孔，直径 2.7m、长 15m→定制液压护筒驱动器下护筒至二层溶洞底，护筒外径 2.86m→旋挖钻钻孔至三层溶洞底，钻孔直径 2.73m→振动锤振动下放护筒至三层溶洞底，护筒外径 2.65m→旋挖钻钻至成孔，钻孔直径 2.5m→一次清孔后终孔报验→钢筋笼报验后下钢筋笼→二次清孔→灌注混凝土。

3. 质量控制

主塔桩基础设计为端承桩，要求桩底沉渣控制在 5cm 以内，为此主塔桩基一次清孔和二次清孔均采用气举反循环配合 RMT250 泥浆除砂净化设备清孔，通过该装置将钻渣和浆液分离，清孔的效果和效率比普通的正循环高出数倍。

主塔桩基施工主要从以下几个方面提高钻孔的垂直度和钢护筒的垂直度：

1）钻机进场前，首先对场地进行平整硬化，保证旋挖钻机在钻进过程中地基稳固。

2）钻机开孔前，测量人员通过全站仪对旋挖钻机的桅杆进行校核，保证钻机自身的垂直度。

3）在护筒四周设置四个护桩，每下放一次钻头，需对钻杆中心进行校验。

4）旋挖钻开始使用 1.5m 牙轮钻头入岩施工时，在钻头上方加挂自制导正器，使钻头中心正好处于桩位中心。

5）旋挖钻 1.5m 牙轮钻头入岩取芯之后采用自制下导正式钻头钻进，从而使每级钻头的中心都能与上一级钻头的中心重合。

6）旋挖钻入岩扩孔，每钻进 10m，需采用直径 2.7m、长 15m 的牙轮筒钻进行校正钻进，直至该钻头上下自如，方可进行正常分级钻进。

7）钢护筒采用螺旋焊管，在厂内生产时派专人检查每节钢护筒两端的平整度，同时在运至工地的过程中增加内支撑，防止钢护筒变形。

8）钢护筒跟进下放过程中，需通过 10m 高的护筒导向架，并通过水平尺随时检查钢护筒的垂直度。

通过采取以上措施，钢护筒的一次跟进成功率达到 90%，提高了成孔的效率。

4. 小结

未来的桥梁工程将向着更高、更宽、更长的方向发展，对于桩基础的承载力要求也不断提高，嵌岩深度随之加深。特别是对于岩溶地区的桥梁工程，还需考虑穿越溶洞的技术难题。随着科技的进步，旋挖钻机在大桩径施工和入岩效率上相比冲击钻、回转钻等传统工艺凸显出较大优势。在龙岩大道高架桥工程中采用旋挖钻分级钻进的施工方法，有效地解决了旋挖钻入岩施工的难题，全护筒分级跟进的施工工艺解决了超大溶洞下成桩困难的难题，提高了成孔效率，施工精度及质量满足设计及规范要求，获得了良好的经济效益和社会效益。

2.4.2 港珠澳大桥香港人工岛西桥桩基施工技术

2.4.2.1 项目概况

港珠澳大桥全长 55km，是连接我国香港、珠海和澳门的超大型跨海通道，也是迄今世界最长的跨海大桥。

港珠澳大桥香港口岸是港珠澳大桥香港部分的三个主要工程之一，也是最重要、投资最多的工程；而西桥作为港珠澳大桥香港段的落地工程，是保证提前通车的关键节点。

1. 工程概况

深圳市某建设工程有限公司承建的香港口岸西桥桩基础工程包括 147 根直径分别为 2m 和 2.2m 的钢筋混凝土灌注桩，入花岗岩深度为 1.5～4.5m，其中最大钻孔深度达到 105m，最重单桩钢筋笼重量为 240t。

2. 地质情况简介

本项目地质分层自上而下依次为回填层、海相沉积层、陆相沉积层、砂层、强风化岩层、中风化岩层，具体如下：

8.77~-14.23m，细砂层，新近沉积层；

-14.23~-23.23m，海相沉积层（俗称海泥层），粉质黏土；

-23.23~-32.23m，陆相沉积层一段，粉质黏土；

-32.23~-39.73m，陆相沉积层二段，密实中砂；

-39.73~-42.73m，陆相沉积层三段，灰色，粉质黏土层；

-42.73~-80.15m，陆相沉积层四段，灰褐色，黏土质粉土；

-80.15~-93.84m，花岗岩层，为中粒花岗岩。

3. 设计要求

1）临时钢护筒穿过海相沉积层进入陆相沉积层5m（实际临时护筒长度根据超前钻资料确定），壁厚16mm。

2）桩基混凝土采用C40水下混凝土。

3）桩基持力层为中、微风化花岗岩层，入岩深度按设计桩底高程控制。

4）桩底沉渣清除干净。必须加强泥浆净化管理，坚持反循环清孔作业。

本工程施工全过程中按英国标准验收，具体质量要求如下：桩底面高差不大于10cm；孔底要求零沉渣，每根桩均做界面钻芯检测；针对清水孔，灌注前孔内全清孔置换；针对泥浆孔，灌注前孔内新浆置换。

4. 项目特点与难点

1）由于本项目邻近香港机场，对大型施工机械的高度有所限制：1号桥部分位置限高为16.6m，2号桥部分位置限高为18.6m，3号桥部分位置限高为24.3m，其他桥限高为30~40m。因此，在限制高度较大的区域须采取相应措施施工。

2）本项目需投入的机械种类较多，需采取减振降噪措施控制噪声。

3）地层软弱，需下较长的临时钢护筒，最长达到66m，钢护筒的沉入是施工重点之一。

4）正常施工时间为上午7：00至晚上7：00，而晚上7：00—11：00需视环保噪声申请确定是否施工和施工机械的数量，因此要合理安排工期。

5）钢筋笼较重，最重的钢筋笼达240t，因此钢筋笼安装也是施工重点之一。

2.4.2.2　大型机械投入情况

投入施工的大型机械型号及数量见表2-32。

表 2-32　大型机械型号及数量一览

序号	设备名称	规格或型号	单位	数量
1	250t 履带起重机	250t	台	3
2	180t 履带起重机	180t	台	1
3	150t 履带起重机	150t	台	1
4	100t 履带起重机	100t	台	1
5	80t 履带起重机	80t	台	1
6	50t 履带起重机	50t	台	1
7	XR360 旋挖钻机	XR360	台	1

序号	设备名称	规格或型号	单位	数量
8	110C 振动锤	110C	套	1
9	84E 振动锤	84E	套	1
10	66E 振动锤	66E	套	1
11	Z-200 泥浆分离器	Z-200	套	4
12	空压机	10bar（1bar＝0.1MPa）	台	2
13	空压机	12bar	台	2
14	挖掘机	EX31	台	1
15	挖掘机	235SR	台	1
16	冲击钻桩机	12t	套	10
17	抓斗	8m³	台	1
18	飞机斗	7m³	套	2
19	超声波孔壁检测仪	DM-604	台	1
20	泥浆搅拌机	2.5m³	套	1
21	注浆机	BW280/12型	套	1

2.4.2.3　主要施工工艺

1. 清水孔施工工艺（全护筒跟进）

清水孔施工工艺（全护筒跟进）流程如图2-9所示，各工序如图2-10～图2-23所示。

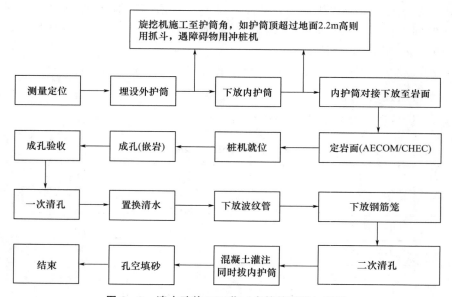

图2-9　清水孔施工工艺（全护筒跟进）流程

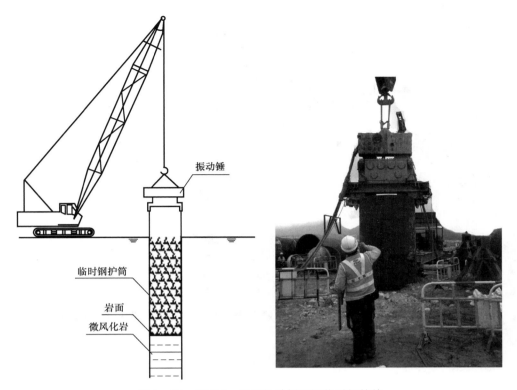

图 2-10　工序 1：采用振动锤下沉临时钢护筒

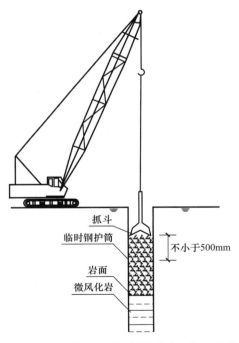

图 2-11　工序 2：采用抓斗成孔，施工时护
筒底与孔底距离不小于 0.5m

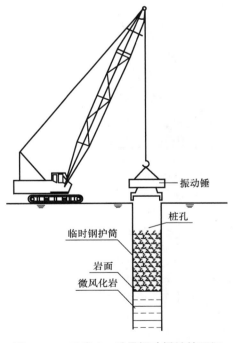

图 2-12　工序 3：采用振动锤继续下沉
临时钢护筒

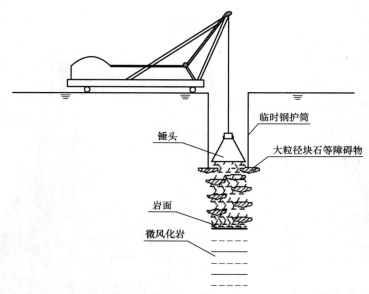

图 2-13 工序 4：如遇大粒径块石等障碍物导致护筒无法下沉，用冲击钻清除障碍物

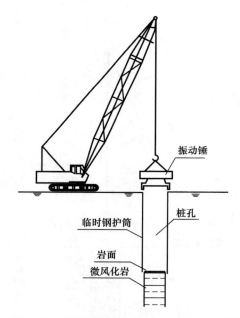

图 2-14 工序 5：重复工序 2～工序 4，将临时护筒底面下沉至岩面，并继续成孔至岩面

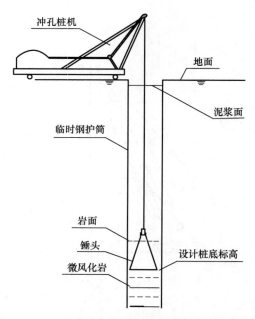

图 2-15 工序 6：成孔至岩面，用冲孔桩机继续成孔至设计桩底，成孔期间泥浆正循环

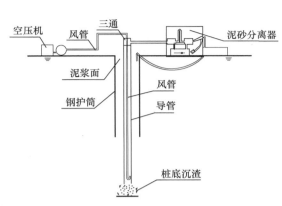

图 2-16　工序 7：第一次气举反循环清孔，
并用海水置换泥浆

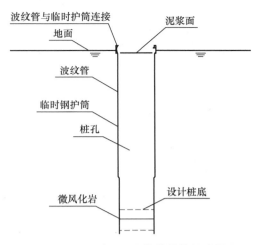

图 2-17　工序 8：下放波纹管至岩面，
安装波纹管

图 2-18　安装波纹管

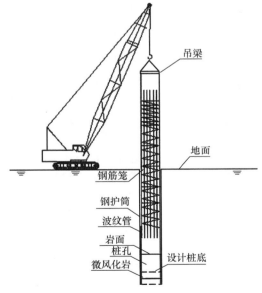

图 2-19　工序 9：下钢筋笼和波纹管

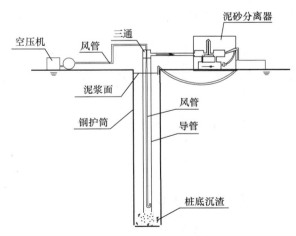

图 2-20　工序 10：钢筋笼下放完毕后
第二次气举反循环清孔

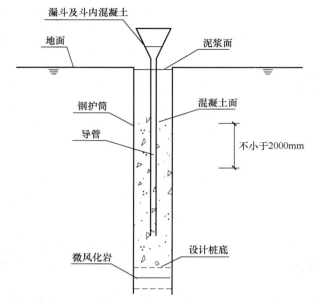

图 2-21　工序 11：混凝土灌注

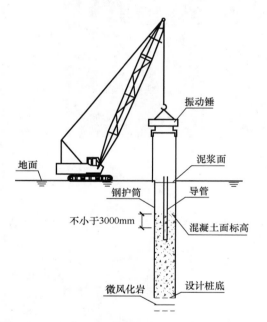

图 2-22　工序 12：灌注混凝土顶面与临时钢护筒
底面距离约为 1.5m 时开始拔护筒，拔除时要求灌注
混凝土顶面与临时钢护筒底面距离不小于 3m

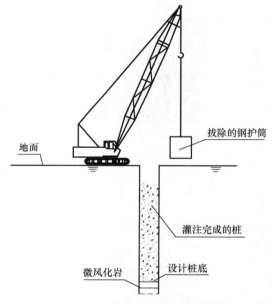

图 2-23　工序 13：重复灌注混凝土和拔除临时护筒，
直至灌注完成，拔除导管及剩余临时钢护筒

2. 泥浆孔施工工艺

采用泥浆工艺施工的灌注桩，桩比较长，一般为 65～105m，由于地层软弱，最长临时钢护筒达 66m。

泥浆孔施工工艺流程如图 2-24 所示，各工序如图 2-25～图 2-34 所示。

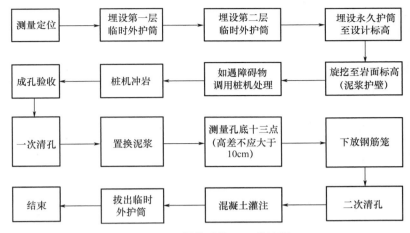

图 2-24　泥浆孔施工工艺流程

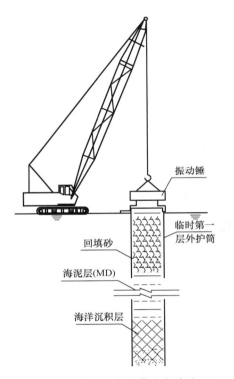

图 2-25　工序 1：在基槽中安放约 12m 第一层临时外护筒，采用振动锤下沉，用旋挖钻机将护筒内渣土挖除

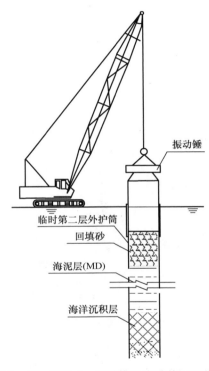

图 2-26　工序 2：在基槽中安放第二层临时外护筒，采用振动锤下沉至 20～25m，用旋挖钻机将护筒内渣土挖除

2.4.2.4　主要施工亮点

1. 三层护筒施工

港珠澳大桥香港段人工岛回填砂土厚度达到 15～20m，海相沉积淤泥质土厚 20m 左右，设计要求临时钢护筒进入冲积黏土层 5m，这样一来临时钢护筒最长达 66m。为节约成本，部分临时钢护筒需要拔出重复使用，既要使用振动锤打入至设计标高，又不能浪费。采用三层不同直径钢护筒分别沉入的方法，节省了大量资金。

三层护筒方案简述如下：

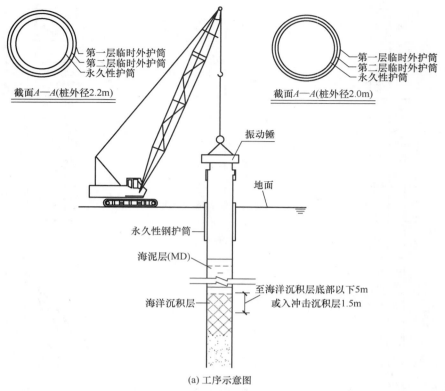

截面A—A(桩外径2.2m)

第一层临时外护筒
第二层临时外护筒
永久性护筒

截面A—A(桩外径2.0m)

第一层临时外护筒
第二层临时外护筒
永久性护筒

振动锤

地面

永久性钢护筒

海泥层(MD)

海洋沉积层

至海洋沉积层底部以下5m
或入冲击沉积层1.5m

(a) 工序示意图

(b) 工序实拍(三层钢护筒先后沉入，最长达66m)

图 2-27　工序 3：永久性钢护筒（2050/2250）下沉至海洋沉积层底部以下 5m 或
入冲击沉积层 1.5m，用旋挖钻机将护筒内渣土挖除

第一层护筒长 12m，直径 2600～2800mm；第二层护筒长 25m，直径 2400～2600mm；第三层永久性护筒直径 2100～2300mm，长 55～66m。

1）第一层为临时外护筒，全护筒都与砂层接触，大大减小了后面二层护筒的摩阻力，并在前期起到了导向定位作用。

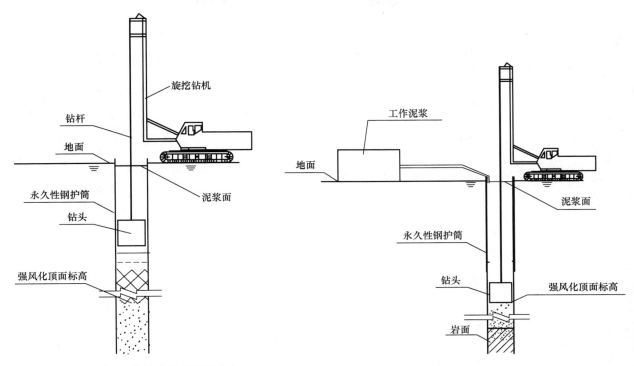

图 2-28　工序 4：旋挖钻机成孔至永久钢护筒底以上 5m 位置后，保证泥浆液面标高不低于内护筒以下 1.5m

图 2-29　工序 5：旋挖钻机施工至强风化顶面标高或硬土层深度大于 75m；如遇到旋挖钻机施工进度很慢的地层，改用冲击钻冲至岩面；施工过程中如遇泥浆面下降，及时补浆，确保泥浆标高

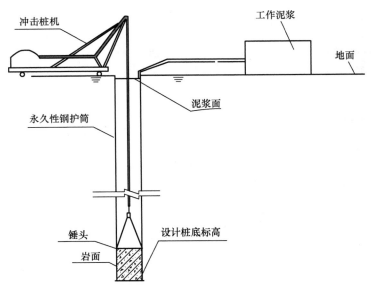

图 2-30　工序 6：冲孔桩机成孔至设计桩底标高

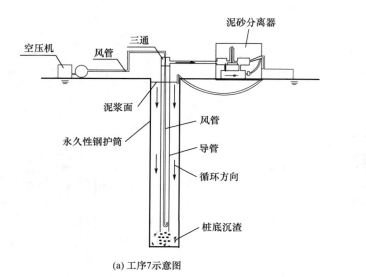

(a) 工序7示意图　　　　　　　　　　　　(b) 新鲜泥浆置换

图 2-31　工序 7：第一次气举反循环清孔后，更换灌注新鲜泥浆

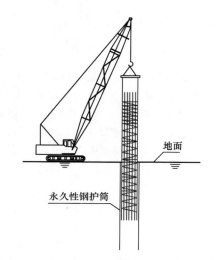

图 2-32　工序 8：下钢筋笼，钢筋笼顶至护筒顶面安装假笼

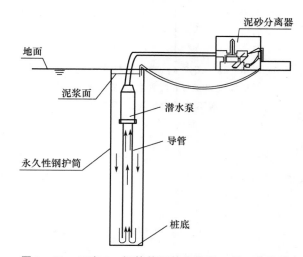

图 2-33　工序 9：钢筋笼下放完毕后，第二次清孔

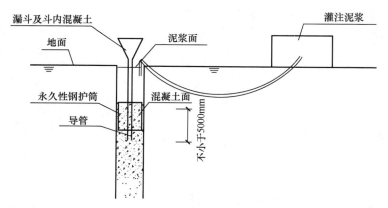

图 2-34　工序 10：混凝土灌注，孔内泥浆重新收集至灌注泥浆储存池

2）第二层为临时外护筒，下方 13m 与砂层接触，完全穿透回填砂层，为永久护筒再次减小了摩阻力，并在下放永久护筒时起到了导向定位作用。

3）第三层为永久性护筒，穿透淤泥、海泥层，下放至沉积层，达到设计要求深度。

4）考虑永久性护筒的稳固性和后期钢筋笼安装时的承载能力，将三层护筒相互用牛腿连接，形成一个整体，共同承担荷载。

三层护筒的埋设如图 2 - 35 所示。

图 2 - 35　三层护筒的埋设

2. 重笼安装

本工程部分深桩设计为超重钢筋笼，其中最重笼重达 240t，给钢筋笼安装工艺带来了前所未有的挑战。为安装超重钢筋笼，设计了专用抬笼吊具，使用两台大型履带式起重机进行抬笼施工。部分施工过程见图 2 - 36～图 2 - 40。

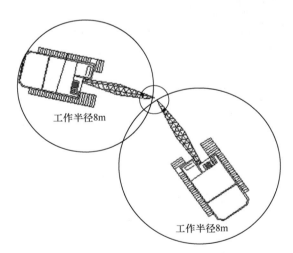

图 2 - 36　重笼（超过 140t 的）抬笼平面图

注：1. 此示意图用于超过 140t 的钢筋笼的安装

2. 7250 - 2F（250t）吊机，臂长为 33.5m，吊距为 8m，可容许吊台为 127t

3. CCH2500 - 6（250t）吊机，臂长为 30m，吊距为 8m，可容许吊台为 135t

4. 抬笼工作时，两台吊机底面铺垫钢板

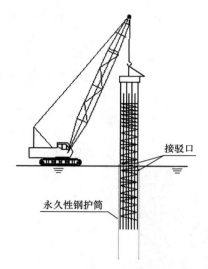

图 2-37 重笼（超过 140t）接驳口示意图

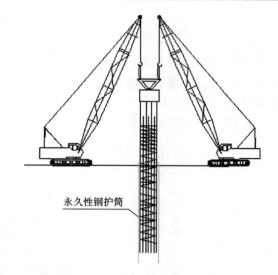

图 2-38 重笼（超过 140t）吊机立面

图 2-39 钢筋笼加工

图 2-40 重笼安装

3. 换浆工艺（孔内泥浆彻底置换）

在灌注桩终孔第一次清孔后，采用换浆施工工艺，将原孔内的泥浆全部用新浆置换，有效清除了孔内的渣块，为零沉渣提供了可靠的保证（图 2-41）。

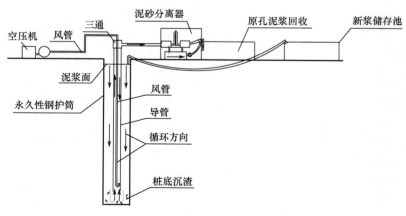

图 2-41 换浆工艺示意图

4. 大方量初灌

本工程针对部分深桩，考虑导管内将储存部分混凝土，为保证施工质量，将初灌量增大至 14m³，以满足初灌时必要的埋管深度要求。现场采用 7m³ 圆柱斗和罐车配合作业，保证初灌混凝土顺利进行，如图 2-42 所示。

图 2-42　混凝土初灌配合

2.4.3　北京中车旋挖钻机施工钻斗钻成孔灌注桩典型案例

1. 辽宁盘锦辽东湾连岛大桥

该工程总体分为中桥和东桥工程，中桥长约 2.3km，最大跨径 200m，结构类型为钢结构系杆拱桥；东桥长约 1.9km，最大跨径 185m，结构类型为钢结构斜拉桥，桥面设计为双向八车道。

桩基础直径 3.0m，桩深超过 110m，工程概况见表 2-33。该桩基础创造了当时国内旋挖钻机最大、最深的成孔记录。成桩质量要求为竖直度不超过 0.5%，沉渣厚度不超过 10cm。

表 2-33　辽东湾连岛大桥桩基概况

使用机型	施工时间	桩基参数	地质条件
TR550D、TR400F-II	2014 年	直径 3.0m，桩深 117m	素填土、黏土、粉砂夹粉质黏土

在此工程中，TR550D 大转矩、大提升力的优势得以充分发挥。117m 深、直径 3m 的桩，TR550D 只需 30h 就可完成，远超项目的计划进度，且成桩质量满足设计要求。现场施工情况见图 2-43。

2. 深圳太子大厦

深圳太子大厦为 41 层甲级写字楼，高 188.10m，是深圳蛇口的地标性建筑。该工程 80% 以上的地层都是中～微风化花岗岩层，岩石单轴饱和抗压强度最高达到 110MPa。工程概况见表 2-34。

表 2-34　深圳太子大厦桩基概况

使用机型	施工时间	桩基参数	地质条件
TR550D	2014 年	直径 2.4m，桩深 30m	花岗岩，f_{rk} 约为 100MPa

采用 ϕ1.2m、ϕ1.8m、ϕ2.4m 钻具，完成入岩、扩孔、成孔。施工中攻克了 f_{rk} 约为 100MPa 的花岗岩层，成孔时间仅为 26h，创超硬地层成孔之最。现场施工情况见图 2-44。

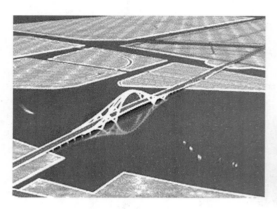

图 2-43　辽东湾连岛大桥效果图及施工现场情况

图 2-44　深圳太子大厦效果图及施工现场情况

3. 商杭合芜湖长江大桥

商杭合芜湖长江大桥采用高低塔钢桁梁斜拉结构，下层为四线铁路，上层为八车道城市主干路，是集客运专线、城铁、市政道路于一体的重要基础设施。

该工程地层 f_{rk} 超过 90MPa，岩层为燕山期侵入闪长玢岩、微风化破碎角岩化砂岩，工程概况见表 2-35。

表 2-35　商杭合芜湖长江大桥桩基概况

使用机型	施工时间	桩基参数	地质条件
TR460F、TR400F-Ⅱ	2015 年	直径 2.5m，桩深 75m	角岩化砂岩、闪长玢岩，f_{rk} 超过 90MPa

采用分级钻进、逐级扩孔的钻进方法。闪长玢岩为侵入岩，呈条带状分布，形成斜岩面，容易出现偏孔问题。采用加长钻具，并配置特制扩孔钻具，以实现在硬岩层中高效、高质量地成孔。现场施工情况见图 2-45。

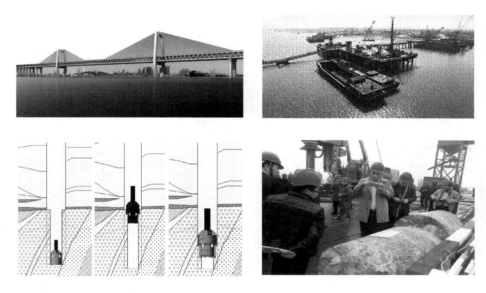

图 2-45　商杭合芜湖长江大桥效果图及施工现场情况

4. 武汉青山长江大桥

武汉四环线青山长江大桥全长 7.5km，双向八车道，设计时速 100km/h。TR550D 在武汉青山长江大桥南主墩试桩成功，开创了长江水域钻机施工深孔大直径钻孔桩的先河。青山长江大桥桩基工程概况见表 2-36。现场施工情况见图 2-46。

表 2-36　武汉青山长江大桥桩基概况

使用机型	施工时间	桩基参数	地质条件
TR550D、TR460F	2015 年	直径 2.5m，桩深 113m	淤泥、粉砂层，下伏砂岩，f_{rk} 约为 68MPa

5. 福建龙岩大桥

福建龙岩大道高架桥总长 2329m，桥宽 26m。因主桥转体重达 $2.4×10^4$t，为保证结构安全可靠，

图 2-46 武汉青山长江大桥效果图及施工现场情况

主塔设计桩基 21 根，其中 16 根需穿过多层溶洞，岩溶极其发育，施工难度极大。工程概况见表 2-37。

表 2-37 福建龙岩大桥桩基概况

使用机型	施工时间	桩基参数	地质条件
TR400F-Ⅱ	2015 年	直径 2.5m，桩深 97m	微风化石灰岩，f_{rk}＝111MPa，穿越三层溶洞

采用逐桩施工，以减少各桩基的相互影响，并保证临近铁路的安全。采用多层钢护筒护壁。现场施工情况见图 2-47。具体施工方法：①开孔直径 3.2m，下直径 3.1m 的钢护筒至岩面；②开孔直径 2.95m，钻至二层溶洞底部，下直径 2.9m 的护筒；③开孔直径 2.7m，钻至三层溶洞底部，下直径 2.65m 的护筒；④2.5m 钻头成孔。

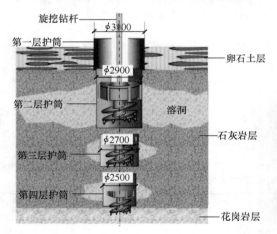

图 2-47 福建龙岩大桥效果图及施工现场情况

参 考 文 献

［1］ 沈保汉 . 桩基与深基坑支护技术进展［M］. 北京：知识产权出版社，2006：825-833.

［2］ 沈保汉 . 旋挖钻斗钻成孔灌注桩［M］//杨嗣信 . 高层建筑施工手册 .3 版 . 北京：中国建筑工业出版社，2017：575-598.

［3］ 沈保汉 . 旋挖钻斗钻成孔灌注桩［J］. 工程机械与维修，2015（04 增刊）：43-47，165-177.

［4］ 何清华，朱建新，刘祯荣 . 旋挖钻机设备、施工与管理［M］. 长沙：中南大学出版社，2012.

［5］ 鲍庆伟 . 复杂岩溶地区超大径超长桩旋挖钻入岩施工技术［M］//高文生 . 桩基工程技术进展（2017）. 北京：中国建筑工业出版社，2017：308-311.

［6］ 雷建，刘延敏 . 港珠澳大桥香港人工岛西桥桩基施工技术介绍［Z］. 深圳市孺子牛建设工程有限公司，2017.

第3章　正循环钻成孔灌注桩

沈保汉　丁青松　龚良海　吴洁妹

3.1　概　　述

3.1.1　钻机成孔的分类及优点

就地钻孔混凝土灌注桩的成孔方法，按冲洗液的循环方式可分为正循环钻进、反循环钻进和无循环钻进，而正、反循环工程钻机就是以正、反循环钻进工艺为就地灌注桩成孔的施工设备。

就地钻孔混凝土灌注桩的成孔方法，按钻具的运动方式和碎岩特性可分为回转钻进、冲击钻进和复合钻进（如冲击回转钻进），相应地，正、反循环工程钻机分为回转（转盘式和动力头式）钻机、冲击钻机和冲击回转钻机。

采用正、反循环工程钻机进行灌注桩孔施工的优点主要是成本低，施工简便，效率高，占地面积小，无噪声，可以通过各种砾卵石层，桩的刚性较大，桩的直径、长度、形式（如平底桩、扩底桩等）可随工程情况多样化，并且根据工程需要可以钻入基岩，使基桩牢固嵌入基岩，强度和承载力大。

正、反循环工程钻机主要用于高层建筑、道路桥梁等的钻孔灌注桩基础施工，亦可用于环保、矿山、地质、国防等领域工程孔的钻进。

3.1.2　钻机现状及发展趋势

钻孔桩基础有较好的技术、经济效益，机械化程度高，施工无振动、无噪声，配以不同的钻具能穿透各种地层。在国内，从20世纪80年代初至今，许多钻机制造厂借鉴水井钻机、竖井钻机技术研制生产了众多适合国情的机械传动转盘回转正、反循环工程钻机，其中上海金泰工程机械有限公司（原上海探矿机械厂）生产的GPS系列工程钻机是我国生产和施工中使用最多、最具代表性的设备。其间也生产了少量顶部液压传动动力头钻机、潜水反循环钻机、冲击回转反循环钻机等。

近十几年来，随着不少建筑物逐渐大型化，钻孔桩也向着大口径、深基础方向发展，特别是为满足桩基必须深入岩层的海上大桥深水基础的施工需要，国内几家生产钻机的工厂先后研制出转矩在200kN·m以上的大型钻机，如郑州勘察机械有限公司生产的KP系列液压转盘钻机、KT系列液压动力头钻机，上海金泰工程机械有限公司的GD系列液压动力头转机，使我国大型反循环钻机的技术水平逐步接近国际先进水平。

目前，在正、反循环工程钻机方面趋向大力发展轻便移动式强力钻机（如上海金泰工程机械有限公司近几年研制的SQ系列全液压循环钻机）和寻求新的钻进破岩方法（如研制大直径风动、液动潜孔锤，研究高压高速水力喷射技术等）。

3.1.3　回转钻机成孔的施工程序

回转钻机是目前灌注桩施工使用最多的机械。该类钻机可配以各式钻头，可多挡调速或液压无级调速，以正循环、泵吸反循环或气举反循环方式钻进。它适用于松散地层、黏土层、砂砾层、软硬岩层等各种地质条件，施工程序如图3-1所示。

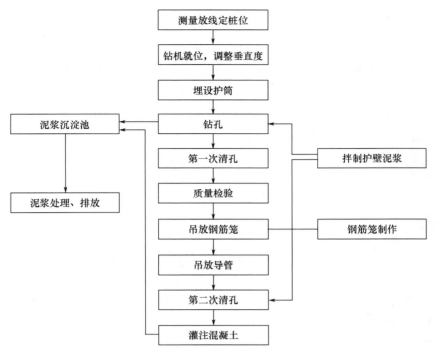

图 3-1　回转钻机成孔的施工程序

3.1.4　回转钻机的工作原理

回转钻机工作时，钻压及钻头旋转的扭矩使钻头刀具楔入并破碎地层，用循环液将岩屑连续排出。

1. 破岩原理

（1）刮刀破岩原理

在钻压作用下，刮刀的刀刃切入土（岩）体，钻头旋转时刮刀进行刮削，已脱离土（岩）体的黏土在刮刀前刀面上受挤压，产生塑性变形后堆积起来，成为钻屑。由于钻屑中浸和了泥浆，黏土颗粒之间的作用力减小，在泥浆冲刷及钻屑挤压时产生的剪切和弯曲作用使堆积成团的挤压钻屑断开，已断开的钻屑随时被泥浆冲走并排出地面，即为清孔过程。如断屑和清孔失效，即形成泥包钻头。

（2）滚刀（牙轮）破岩原理

在钻压作用下，与齿尖直接接触的岩体部分被压碎（软岩中可同时产生塑性变形），齿尖切入岩体。钻头旋转时，滚刀在岩体表面上滚动，每一个刀齿在接触岩体的一瞬间都存在由于滚刀滚动而产生的冲击，冲击与钻压综合作用提升了破岩效果。由于滚刀的超顶、缩顶及刀具布置时造成的移轴，滚刀在岩体表面滚动的同时，齿尖与岩体之间产生相对滑移，使相邻刀齿齿尖压出的切痕之间的岩体受剪切作用并与岩体脱离。

钻压是钻头垂直作用于孔底岩面的压力，它取决于地层的可钻性，只有钻压大于岩石的抗压入强度，岩石才会破碎。但是过高的钻压将使刀齿刻入岩石过深，在扭矩作用下可能发生断齿或别钻。

钻压是通过钻头本身重量及加在钻头上的钻铤重量而获得的，也可以通过钻机进给系统向钻头施加钻压。在一定的钻压下，钻孔速率与转速成正比，故而转速应满足一定的钻进要求。为适应不同的地质、不同的钻孔孔径及各钻孔阶段不同的转速要求，钻机均设有调速机构。

2. 排渣方式

钻渣是随着循环介质排出钻孔的，常用的循环介质有清水和泥浆。在致密、稳固和无（或少）裂缝的岩石中钻进，如在硬砂岩、石灰岩及在不超过一定清水浸泡时间的泥岩、泥质砂岩等岩层中钻进，可用清水作循环介质。

钻渣的排出方式有正循环和反循环两种，反循环的排渣方式又可分为泵吸法和气举反循环法。

3.2 正循环钻成孔施工法的基本原理和适用范围

1. 施工原理

正循环钻成孔施工时，由钻机回转装置带动钻杆和钻头回转切削破碎岩土，钻进时用泥浆护壁、排渣；泥浆由泥浆泵输进钻杆内腔后，经钻头的出浆口射出，带动钻渣沿钻杆与孔壁之间的环状空间上升到孔口，溢进沉淀池后返回泥浆池中净化，再供使用。这样，泥浆在泥浆泵、钻杆、钻孔和泥浆池之间反复循环运行（图3-2）。

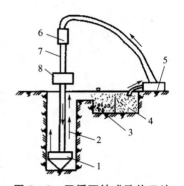

图3-2 正循环钻成孔施工法
1. 钻头；2. 泥浆循环方向；3. 沉淀池及沉渣；
4. 泥浆池及泥浆；5. 泥浆泵；6. 水龙头；
7. 钻杆；8. 钻机回转装置

2. 适用范围

正循环钻进成孔适用于填土层、淤泥层、黏土层、粉土层、砂土层，也可在卵砾石含量不大于15%、粒径小于10mm的部分砂卵砾石层和软质基岩、较硬基岩中使用。桩孔直径一般不宜大于1000mm，钻孔深度一般以40m为限，在某些情况下钻孔深度可达100m以上。

3. 正循环钻进与反循环钻进对比分析

从使用效果看，正循环钻进劣于反循环钻进。反循环钻进时，冲洗液是从钻杆与孔壁间的环状空间流入孔底，并携带钻渣，经由钻杆内腔返回地面，由于钻杆内腔断面面积比钻杆与孔壁间的环状断面面积小得多，故冲洗液在钻杆内腔能获得较高的上返速度。而正循环钻进时，泥浆是从泥浆泵输进钻杆内腔，再带动钻渣沿钻杆与孔壁间的环状空间上升到泥浆池的，故冲洗液的上返速度低。一般情况下，反循环冲洗液的上返速度比正循环快40倍以上。

在孔底沉渣消除方面，反循环较正循环有利，但当使用普通泥浆时，从维护孔壁稳定的角度来看，正循环成孔较反循环成孔有利。因为从孔壁维护原理分析，正循环在成孔过程中孔内泥浆柱具有一定的压力（与泥浆相对密度和深度有关），而孔壁的地层又具有一定的渗透性，一般情况下泥浆柱的压力大于孔壁地层压力，在压力差的作用下泥浆中的自由水向孔壁渗透，而固体颗粒则黏附在孔壁上形成泥皮，起到护壁作用，当二次清孔后虽然泥浆柱的压力减小，但由于孔壁泥皮的作用，不会引起地层压力大于泥浆柱压力而发生缩径现象。而反循环成孔是以向孔内灌入清水或稀泥浆为主，在孔壁周围很难形成泥皮，主要靠孔内的泥浆柱压力来平衡孔壁地层的压力。但是上海、宁波及绍兴等地区的地下水位很高，一般在地面下1.0m左右，仅靠这一点儿静水压力，再提高1.0m水位很难维护孔壁的稳定，因而可能产生缩径现象。因此，在类似上海、宁波及绍兴等地区一些特定的地层条件下，采用正循环成孔、反循环清渣是比较合适的方法。

采用优质泥浆，选择合理的钻进工艺、合适的钻具及加大冲洗液泵量等，以这些措施，正循环钻成孔工艺也可以完成100m以上的深孔施工。例如，黄河三角洲地区钻孔灌注桩有桩径1.50m和2.00m、桩长110~120m的工程实例；山东东营市利津黄河大桥钻孔灌注桩，其桩径为1.50m，桩长115m；上海、宁波及绍兴地区正循环钻成孔灌注桩桩长为70~90m的例子不计其数。

4. 优缺点

（1）优点

1）钻机小、质量轻，狭窄工地也能使用。

2）设备简单，在不少场合可直接使用，或借用地质岩心钻探设备、水文水井钻探设备稍加改进。

3）设备故障相对较少，工艺、技术成熟，操作简单，易于掌握。

4）噪声低，振动小。

5）工程费用较低。

6）能有效地用于托换基础工程。

7）有的正循环钻机（如日本利根 THS-70 型钻机）可打倾角为 10°的斜桩。

（2）缺点

由于桩孔直径大，正循环回转钻进时，钻杆与孔壁之间的环状断面面积大，泥浆上返速度低，挟带的泥砂颗粒直径较小，排除钻渣能力差，孔底沉渣多，孔壁泥皮厚，岩土重复破碎现象严重。

3.3　施工机械及设备

3.3.1　正循环回转钻进的特点

1）由于钻杆和孔壁之间的环状面积大，冲洗液上返速度低，而且泥浆相对密度较大，所以护壁效果比较好。

2）由于上返流速低，只能携带小颗粒岩屑，所以钻进过程中钻头必须将破碎下来的大颗粒岩屑重复破碎成粉粒状，才能被冲洗液带走，致使重复破碎工作量大，钻进效率低。

3）正循环回转钻进由于需用相对密度大、粒度大的泥浆，加上泥浆上返速度低，排渣能力差，孔底沉渣多，孔壁泥皮厚，为了提高成孔质量，必须认真清孔。

3.3.2　正循环转盘钻机的类型

常用的正循环转盘钻机有以下几种类型：

1）用转盘式水井钻机或稍加改造成为工程施工钻机，如上海金泰工程机械有限公司（以下简称金泰机械公司）的 SPJ-300、GPS-10，天津探矿机械总厂（以下简称天津探机厂）的 SPC-300、GJC-40H，郑州勘察机械有限公司（以下简称郑州勘机厂）的 S-300、S-400，武汉探矿机械厂的 GP-10等，见表 3-1。

2）用大功率岩心钻机改造的工程施工钻机，如张家口探矿机械厂（以下简称张家口探机厂）的 XY-5G 等，见表 3-1。

3）由反循环回转钻机转换为正循环回转钻机，见表 3-2。

目前，国内仍在广泛使用的正循环钻机有 SPJ-300、GPS-10、GP-10 等。

表 3-1　常用的正循环钻机

生产厂家	钻机型号	钻孔直径 /mm	钻孔深度 /m	转盘扭矩 /（kN·m）	提升能力/kN		驱动动力 功率/kW	钻机质量 /kg
					主卷扬机	副卷扬机		
金泰机械公司等	GPS-10	400～1200	50	8.0	29.4	19.6	37	8400
金泰机械公司等	SPJ-300	500	300	7.0	29.4	19.6	60	6500
金泰机械公司等	SPC-500	500	500	13.0	49.0	9.8	75	26000
天津探机厂	SPC-600	500	600	11.5	—	—	75	23900
重庆探机厂	GQ-80	600～800	40	5.5	30.0	—	22	2500
张家口探机厂	XY-5G	800～1200	40	25.0	40.0	—	45	8000

注：1. 表中有的钻机钻孔深度为 300～600m，仅表明钻孔的可能性。

2. 石家庄煤机厂全称为石家庄煤矿机械厂（现为石家庄煤矿机械有限责任公司），重庆探机厂全称为重庆探矿机械厂。

表 3－2　国内常见的转盘式循环钻机

生产厂家	钻机型号	钻孔方式	钻孔直径/mm	钻孔深度/m	转盘扭矩/(kN·m)	转盘转速/(r/min)	加压进给方式	驱动动力功率/kW	质量/kg	外形尺寸/m		
										长度	宽度	高度
郑州勘机厂	KP3500	正、反循环	3500，6000	130	210	0～24	—	4×30	47000	5.9	4.8	9.0
郑州勘机厂	QJ250	正、反循环	2500	100	68.6	12.8，21.40	自重	95	13000	3.0	1.6	2.7
郑州勘机厂	QJ250－1	正、反循环	3000，6000	100	117.6	7～26	自重	95	17000	—	—	—
郑州勘机厂	KP2000	正、反循环	2000，3000	100	43.8	10～63	—	45	11000	—	—	—
郑州勘机厂	KP2000A	正、反循环	2000，3000	80	36.5	12～77	—	45	10000	—	—	—
郑州勘机厂	ZJ150－1	正、反循环	2000，3000	100	23.6	15～78	—	37	11000	—	—	—
郑州勘机厂	KPQ3500	气举反循环	3500，8000	120	205.8	0～24	配重	—	—	—	—	—
郑州勘机厂	KT2000B	泵吸反循环	2000	80	16	9	—	15	8000	6.4	3.2	6.6
天津探机厂	SPC－00H	正、反循环	500	200～300	—	52～123	—	118	15000	10.9	2.5	3.6
		冲击钻进	700	80								
天津探机厂	SPC－600	正循环	500～1900	400～600	1.5～11.5	25～191	—	75	23900	14.2	2.5	3.9
天津探机厂	GJC－0HF	正、反循环	1000～1500	40	14	20～47	—	118	15000	10.9	2.5	3.6
天津探机厂	GJC－40H	正、反循环	500～1500	300～400	98	正40～123，反32～40	—	118	15000	10.9	2.5	3.6
		冲击钻进	700	80								
天锡探机厂	G4	正、反循环	1000	50	20	10～80	配重	20	—	—	—	—
武汉桥机厂	BRM－08	正、反循环	1200	40～60	4.2～8.7	15～41	配重	22	6000	—	—	—
武汉桥机厂	BRM－1	正、反循环	1250	40～60	3.3～12.1	9～52	配重	22	9200	—	—	—
武汉桥机厂	BRM－2	正、反循环	1500	40～60	7.0～28.0	5～34	配重	28	13000	—	—	—
武汉桥机厂	BRM－4	正、反循环	3000	40～100	15.0～80.0	6～35	配重	75	32000	—	—	—
武汉桥机厂	BRM－4A	气举反循环	1500～3000	40～80	15～80	6～35	配重	75	61877	7.9	4.5	13.3
张家口探机厂	GJD－1500	正、反循环	1500～2000	50	39.2	6.3，14.4，30.6	—	63	20500	5.10	2.40	6.38
		冲击钻进	1500～2000	50								

注：1. 表中有的钻机钻孔深度为 200～300m、400～600m，仅表明钻孔的可能性。

2. 无锡探机厂全称为无锡探矿机械总厂，武汉桥机厂全称为武汉桥梁机械制造厂。

3.3.3　正循环钻机的构造

正循环钻机主要由动力机、泥浆泵、卷扬机、转盘、钻架、钻杆、水龙头和钻头等组成。

1. GPS－10 型工程钻机

GPS－10 型工程钻机主要由三大部分组成，即主机、工具总成和泥浆泵。

主机主要由卷扬机组、万向轴、转盘、传动装置、底座及钻塔装置等部件组成。

工具总成主要由游动滑车、水龙头、主动钻杆、提引器、锁接头、垫叉与拨叉、卸扣座及拉杆等组成。主动钻杆为一方形截面钻杆，其规格为 108mm×108mm，长 7300mm，其中一端螺纹为左旋，和水龙头连接。水龙头的通孔直径一般与泥浆泵出水口直径相匹配，以保证大排量泥浆通过。水龙头要求密封和单动性能良好。

2. SPJ - 300 型钻机

该机在狭窄场地施工时存在以下问题：钻机多用柴油机驱动，噪声大；散装钻机安装占地面积大，移位搬迁不便；钻塔过高，现场安装不便，且需设缆绳，增加了施工现场的障碍；钻机回转器不能移开让出孔口，致使大直径钻头的起下操作不便；所配泥浆泵排量小，满足不了钻进排渣的需求。

针对上述不足，对 SPJ - 300 型钻机进行了改装：采用电动机驱动；采用装有行走滚轮的"井"字形钻机底架；把钻塔改装为"Π"形或四脚钻架，高度可控制在 8～10m；将钻机回转器（如转盘）安装在底架前半部的中心处，保持其四周开阔，并能使回转器左右移开，让出孔口；换用大泵量离心式泥浆泵。

图 3 - 3 为改装后的 SPJ - 300 型钻机安装示意图。其中，钻架有效高度约 8m；转盘安装在底架的滑道上，拆开方向轴接头，转盘即可移开让出孔口。

钻机上主动钻杆截面形状有四方形和六角形两种，长 5～6m；孔内钻杆一般均为圆形截面，外径有 89mm、114mm 和 127mm 等规格。

3. 钻头

根据地层的不同情况选择适应性较好的钻头钻进，采用合理的钻进流程，是提高施工效率和确保成孔质量的关键。

正循环钻头按其破碎岩土的切削研磨材料不同分为硬质合金钻头、钢粒钻头和滚轮钻头（又称牙轮钻头）；按钻进方法可分为全面钻进钻头、取芯钻头和分级扩孔钻进钻头。

全面钻进即全断面刻取钻进，一般用于第四系地层及岩石强度较低、桩孔嵌入基岩深度不大的情况。取芯钻进主要用于某些基岩（如比较完整的砂岩、灰岩等）地层的钻进。分级扩孔钻进即按设备能力和岩性，将钻孔分为多级口径钻进，一般多分为 2～3 级。

此外还有笼式双腰四翼钻头（适用于软土层、砂土层及风化砂砾岩等地层）、冲抓锥（适用于卵石层）和筒式肋骨合金钻头（适用于抓取探头石、条石和滚石）。双腰带翼状钻头结构如图 3 - 4 所示。

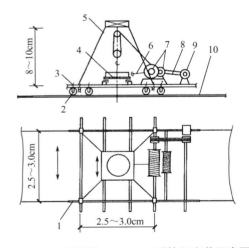

图 3 - 3　改装后的 SPJ - 300 型钻机安装示意图

1. 钻机底架；2. 滚轮；3. 滚轮升降机构；4. 转盘；5. 钻架；
6. 万向轴；7. 卷扬机；8. 三角皮带；9. 电动机；10. 轨道
（资料来源：本章参考文献 [15]）

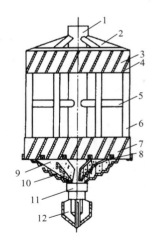

图 3 - 4　双腰带翼状钻头结构示意图

1. 钻头中心管；2. 斜撑杆；3. 扶正环；4. 合金块；
5. 横撑杆；6. 竖撑杆；7. 导正环；8. 肋骨块；
9. 翼板；10. 切削具；11. 接头；12. 导向钻头
（资料来源：本章参考文献 [15]）

正循环钻机的钻头分类、组成、钻进特点及适用范围等见表3-3。

表3-3　正循环钻机的钻头

钻头种类		钻头组成	钻进特点	适用范围	钻压	钻速	图示
合金全面钻进钻头	双腰带翼状钻头	上腰带为钻头扶正环，下腰带为导向环，两腰带间的距离为钻头直径的1～1.2倍。硬质合金刮刀式翼板焊接在钻头体中心管上。钻头下部带有钻进时起导向作用的小钻头	在钻压和回转扭矩的作用下，合金钻头切削破碎岩土而获得进尺，切削下来的钻渣由泥浆携出桩孔。对第四系地层的适应性好，回转阻力小，钻头具有良好的扶正导向性，有利于清除孔底沉渣	黏土层、砂土层、砾砂层、粒径小的卵石层和风化基岩	800～1200N/每片刀具	—	图3-4
	鱼尾钻头	钻杆接头与厚钢板焊接，在钢板的两侧、钻杆接头下口各焊一段角钢，形成方向相反的两个泥浆口。在鱼尾的两侧边上镶焊合金	在钻压和回转扭矩的作用下，合金钻头切削破碎岩土而获得进尺，切削下来的钻渣由泥浆携出桩孔。此种钻头制作简单，但钻头导向性差，钻头直径一般较小，不适宜直径较大的桩孔施工	黏土层和砂土层	800～1200N/每片刀具	—	图3-5
合金扩孔钻头		钻头由钻头体、护板、翼片、合金和小钻头组成。钻头体上焊六片螺旋形翼片，其上镶有合金，起扩孔作用。翼片下部连接一个起导向作用的小钻头	冲洗液顺螺旋翼片之间的空隙上返，形成旋流，流速增大，有利于孔底排渣	黏土层和砂土层	—	—	图3-6
筒式肋骨合金钻头	取芯钻头	钻头由钻杆接头、筒式钻头体、加强筋板、肋骨块和硬质合金片组成	主要用于某些基岩（如比较完整的砂岩、灰岩等）地层钻进，以减小破碎岩石的体积，增大钻头比压，提高钻进效率	砂土层、卵石层和一般岩石地层	—	—	图3-7
滚轮钻头		大直径滚轮钻头采用石油钻井的滚轮组装焊接而成，可根据不同的地层条件和钻进要求组焊成不同的形式，钻进软岩多采用平底式，钻进较硬岩层和卵砾石层多采用平底式或锥底式	滚轮钻头在孔底既有绕钻头轴心的公转又有滚轮绕自身轴心的自转。钻头与孔底的接触既有滚动又有滑动，还有钻头回转对孔底的冲击振动。在钻压和回转扭矩的作用下，钻头不断冲击、刮削、剪切破碎岩石而获得进尺	软岩、较硬的岩层和卵砾石层，也可用于一般地层	300～500N/每厘米钻头直径	$n=60$～$180r/min$	—
钢粒全面钻进钻头		该钻头由筒式钻头体、钻杆接头、加强筋板、短钻杆（或钢管）和水口组成	钢粒钻进以钢粒作为碎岩磨料，达到破碎岩石、进尺的目的。泥浆不仅要悬浮携带钻渣、冷却钻头，而且要将磨小、磨碎、失去作用的钢粒从钻头唇部冲出	主要适用于中硬以上的岩层，也可用于大漂砾或大孤石	钻头唇面压住钢粒的面积与单位有效面积上压力的乘积	$n=50$～$120r/min$	图3-8

注：钻头线速度取0.8～2.5m/s；n为钻速。

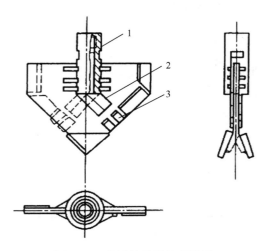

图 3 – 5　鱼尾钻头结构示意图

1. 接头；2. 出浆孔；3. 刀刃

（资料来源：本章参考文献 [15]）

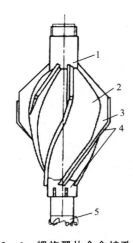

图 3 – 6　螺旋翼片合金扩孔钻头

1. 钻头体；2. 护板；3. 翼片；4. 合金片；5. 小钻头

（资料来源：本章参考文献 [15]）

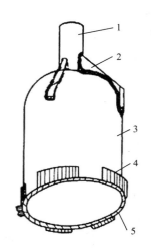

图 3 – 7　筒式肋骨合金取芯钻头

1. 钻杆接头；2. 加强筋板；3. 钻头体；

4. 肋骨块；5. 合金片

（资料来源：本章参考文献 [15]）

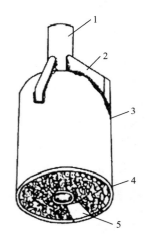

图 3 – 8　钢粒全面钻进钻头

1. 钻杆接头；2. 加强筋板；3. 钻头体；

4. 短钻杆（或钢管）；5. 水口

（资料来源：本章参考文献 [15]）

3.4　施工程序和注意事项

3.4.1　施工程序

正循环钻成孔灌注桩施工程序如下：设置护筒→安装正循环钻机→钻进→第一次处理孔底虚土（沉渣）→移走正循环钻机→测定孔壁→将钢筋笼放入孔中→插入导管→第二次处理孔底虚土（沉渣）→水下灌注混凝土，拔出导管→拔出护筒。

3.4.2　施工特点

与反循环钻进相比，正循环回转钻进时泥浆上返速度低，排除钻渣能力差。在正循环施工中泥浆具有举足轻重的作用，因此为解决上述问题，需特别重视以下关键技术。

1. 保持足够的冲洗液（指泥浆或水）量是提高正循环钻进效率的关键

对于合金钻头和滚轮钻头，冲洗液量应根据上返速度按式（3-1）确定：

$$Q=60 \times 103 Fv \qquad (3-1)$$

式中　Q——冲洗液量（L/min）；

F——环空面积（m^2）；

v——上返速度（m/s）。

冲洗液上返速度根据冲洗液类型及钻头形式确定，见表3-4。

表 3-4　冲洗液上返速度　　　　　　　　　　　　　　　　　　　　　　　　　单位：m/s

钻头形式	冲洗液类型	
	清水	泥浆
合金钻头	≥0.35	≥0.25
滚轮钻头	≥0.40	≥0.35

冲洗液量的选择对钢粒钻进有很大影响。如果冲洗液量过大，大部分钢粒被冲起，导致孔底破碎岩石的钢粒数量不足；冲洗液量过小，则不能及时排除孔底岩渣和失效钢粒。

对于钢粒钻进，其冲洗液量的选择一般根据岩石性质、钻头过水断面、投砂量、钢粒质量、孔径和冲洗液性质等综合考虑，按式（3-2）确定：

$$Q=kD \qquad (3-2)$$

式中　Q——冲洗液量（L/min）；

D——钻头直径（m）；

k——系数，一般取 800~900L/min·m。

钢粒投砂量一般为15~40kg/次，采用少投勤投方式，以保持孔底有足够的钢粒。

2. 制备泥浆是正循环钻成孔灌注桩施工的关键技术之一

泥浆质量的好坏直接关系到桩的承载力。泥浆的作用是平衡压力，稳定孔内水位，保持孔壁稳定，防止坍塌，携带钻渣和清孔。正循环钻进对泥浆要求比较严格。泥浆的调配主要考虑：①护壁，防坍塌；②悬浮、携带钻渣，清孔；③堵漏；④润滑和冷却钻头，提高钻进速度。

造浆黏土应符合下列技术要求：胶体率不低于95%，含砂率不大于4%，造浆率不低于0.006~0.008m^3/kg。

泥浆性能指标应符合下列技术要求：泥浆相对密度为1.05~1.25，漏斗黏度为16~28s，含砂率小于4%，胶体率大于95%，失水量小于30mL/30min。

桩孔直径大时，可将泥浆相对密度加大到1.25，黏度提高到28s左右。

对于超深桩孔，为了保证孔壁稳定及达到清孔要求，在制备泥浆时可加入专用膨润土、化学外加剂（CMC、Na_2CO_3、NaOH 等）。

3.4.3　施工注意事项

1. 冲洗液循环、排水、清渣系统的安设

规划布置施工现场时，应首先考虑冲洗液循环、排水、清渣系统的安设，以保证正循环作业时冲洗液循环畅通，污水排放彻底，钻渣清除顺利。

2. 泥浆循环系统设置规定

泥浆循环系统的设置应遵守下列规定：

1) 循环系统由泥浆池、沉淀池、循环槽、废浆池、泥浆泵、泥浆搅拌设备、钻渣分离装置等组成，并配有排水、清渣、排废浆设施和钻渣转运通道等。一般宜采用集中搅拌泥浆、集中向各钻孔输送泥浆的方式。

2) 沉淀池不宜少于 2 个，可串连并用，每个沉淀池的容积不小于 $6m^3$。泥浆池的容积为钻孔容积的 1.2～1.5 倍，一般不宜小于 $8～10m^3$。

3) 循环槽应设 1∶200 的坡度，槽的断面面积应能保证冲洗液正常循环而不外溢。

4) 沉淀池、泥浆池、循环槽可用砖块和水泥砂浆砌筑，不得有渗漏或倒塌。泥浆池等不能建在新堆积的土层上，以免池体下陷开裂，泥浆漏失。

3. 循环槽和沉淀池内钻渣的清除

应及时清除循环槽和沉淀池内沉淀的钻渣，必要时可配备机械钻渣分离装置。在砂土或容易造浆的黏土中钻进时，应根据冲洗液相对密度和黏度的变化，采用添加絮凝剂加快钻渣的絮沉，适时补充低相对密度、低黏度稀浆，或加入适量清水等措施，调整泥浆性能。泥浆池、沉淀池和循环槽应定期清理。清出的钻渣应及时运出现场，防止钻渣废浆污染施工现场及周围环境。

4. 护筒设置规定

护筒的设置应符合下列规定：

1) 护筒内径较钻头外径大 100～200mm。如所下护筒太长，可分成几节，上下节在孔口用铆钉连接。护筒顶部应焊加强箍和吊耳，并开水口。护筒入土长度一般要大于不稳定地层的深度。如该地层深度太大，可用两层护筒，两层护筒的直径相差 50～100mm。护筒可用 4～10mm 厚钢板卷制而成。护筒上部应高出地面 200mm 左右。

2) 施工期间护筒内的泥浆面应高出地下水位 1.0m 以上，在受水位涨落影响时泥浆面应高出最高水位 1.5m 以上。

3) 护筒埋设应准确、稳定，护筒中心与桩位中心的偏差不得大于 50mm。

4) 护筒的埋设深度在黏性土中不宜小于 1.0m，在砂土中不宜小于 1.5m。护筒下端应采用黏土填实。

5. 正循环钻进操作注意事项

1) 安装钻机时，转盘中心应与钻架上吊滑轮在同一垂直线上，钻杆位置偏差不应大于 20mm。使用带有变速器的钻机，应把变速器板上的电动机和变速器被动轴的轴心设置在同一水平标高上。

2) 初钻时应低挡慢速钻进，使护筒刃脚处形成坚固的泥皮护壁，钻至护筒刃脚下 1m 后可按土质情况以正常速度钻进。

3) 钻具下入孔内，钻头应距孔底钻渣面 50～80mm，并开动泥浆泵，使冲洗液循环 2～3min。然后开动钻机，慢慢将钻头放到孔底，轻压慢转数分钟后，逐渐增加转速和增大钻压，并适当控制钻速。

4) 正常钻进时，应合理调整和掌握钻进参数，不得随意提动孔内钻具。操作时应掌握升降机钢丝绳的松紧度，以减少钻杆、水龙头晃动。在钻进过程中应根据不同地质条件随时检查泥浆指标。

5) 根据岩土情况，合理选择钻头和调配泥浆性能。钻进中应经常检查返出孔口的泥浆相对密度和粒度，以保证适宜地层稳定的需要。

6) 在黏土层中钻孔时宜选用尖底钻头，采用中等转速、大泵量、稀泥浆钻进。

7) 在粉质黏土和粉土层中钻孔时，泥浆相对密度不得小于 1.1，也不得大于 1.3，以有利于进尺为准。上述地层稳定性较好，可钻性好，能发挥钻机快钻的优点，产生的土屑也较多，所以泥浆相对密度不宜过大，否则会产生糊钻、进尺缓慢等现象。

8）在砂土或软土等易塌孔地层中钻孔时宜用平底钻头，采用控制进尺、轻压、低挡慢速、大泵量、稠泥浆（相对密度控制在 1.5 左右）的钻进方法。

9）在砂砾等坚硬土层中钻孔时易引起钻具跳动、憋车、憋泵、钻孔偏斜等现象，操作时要特别注意，宜采用低挡慢速、控制进尺、优质泥浆、大泵量、分级钻进的方法，必要时钻具应加导向装置，防止孔斜超差。

10）在起伏不平的岩面、第四系与基岩的接触带、溶洞底板钻进时，应轻压慢转，待穿过后再逐渐恢复正常的钻进参数，以防桩孔在这些层位发生偏斜。

11）在同一桩孔中采用多种方法钻进时，要注意使孔内条件与换用的工艺方法相适应。如基岩钻进由钢粒钻头改用牙轮钻头时，须将孔底钢粒冲起捞净，并注意孔形是否适合牙轮钻头入孔。牙轮钻头下入孔内后，须轻压慢转，慢慢扫至孔底，磨合 5～10min，然后逐步增大钻压和转速，防止钻头与孔形不合引起剧烈跳动而损坏牙轮。

12）在直径较大的桩孔中钻进时，在钻头前部可加一小钻头，起导向作用；在清孔时，孔内沉渣易聚集到小钻孔内，并可减少孔底沉渣。

13）加接钻杆时，应先将钻具稍提离孔底，待冲洗液循环 3～5min 后再拧卸加接钻杆。

14）钻进过程中应防止扳手、管钳、垫叉等金属工具掉落孔内、损坏钻头。

15）如护筒底土质松软出现漏浆时，可提起钻头，向孔中倒入黏土块，再放入钻头倒转，使胶泥挤入孔壁、堵住漏浆空隙，稳住泥浆后继续钻进。

16）钻进过程中，应在孔口换水，使泥浆中的砂粒在沟中沉淀，并及时清理泥浆池和沟内的沉砂及杂物。

6. 钻进参数选择要求

钻进参数的选择可参照下列规定：

1）冲洗液量可按式（3-1）和式（3-2）计算。

2）转速。

① 对于硬质合金钻进成孔，转速的选择除了满足破碎岩土的扭矩需要，还要考虑钻头不同部位切削具的磨耗情况，按式（3-3）计算：

$$n = \frac{60v}{\pi D} \tag{3-3}$$

式中　　n——转速（r/min）；

　　　　D——钻头直径（m）；

　　　　v——钻头线速度，一般为 0.8～2.5m/s。

式（3-3）中钻头线速度的取值如下：在松散的第四系地层和软岩中钻进，取大值；在硬岩中钻进，取小值；钻头直径大，取小值；钻头直径小，取大值。

一般砂土层中转速取 40～80r/min，较硬或非均质地层转速可适当调整。

② 对于钢粒钻进成孔，转速一般取 50～120r/min，大桩孔取小值，小桩孔取大值。

③ 对于牙轮钻头钻进成孔，转速一般取 60～180r/min。

3）钻压。在松散地层中确定进给压力应以冲洗液畅通和钻渣清除及时为前提，灵活掌握；在基岩中钻进可通过配置加重钻铤或重块来提高钻压。

① 对于硬质合金钻进成孔，钻压应根据地层条件、钻杆与桩孔的直径差、钻头形式、切削具数目、设备能力和钻具强度等因素综合考虑确定。一般按每片切削刀具的钻压为 800～1200N 或每颗合金刀具的钻压为 400～600N 确定钻头所需的钻压。

② 对于钢粒钻进成孔，钻压主要根据地层、钻头形式、钻头直径和设备能力选择，由下式确定：

$$P = pF \tag{3-4}$$

式中　P——钻压（N）；

　　　p——单位有效面积上的压力（N/m²）；

　　　F——钻头唇面压住钢粒的面积（m²）。

③ 牙轮钻头钻进时需要比较大的钻压，才能使牙轮对岩石产生破碎作用。一般要求每厘米钻头直径上的钻压不小于 $300 \sim 500$N。

7. 清孔（第一次沉渣处理）

1）清孔要求。清孔的目的是使孔底沉渣（虚土）厚度、循环液中含钻渣量和孔壁泥浆厚度符合质量要求或设计要求，为灌注水下混凝土创造良好条件，使测深准确，灌注顺利。

在清孔过程中应不断置换泥浆，直至灌注水下混凝土。灌注混凝土前，孔底 500mm 以内的泥浆相对密度应小于 1.25，含砂率不得大于 8%，黏度不得大于 28s。

2）清孔条件。在不具备灌注水下混凝土的条件时，孔内不可置换稀泥浆，否则容易造成桩孔坍塌。

在具备下列条件后可置换稀泥浆：水下灌注的混凝土已准备进场；进料人员齐全；机械设备完好；泥浆储存量足够。

3）清孔控制。成孔后进行第一次清孔，清孔时应采取边钻孔、边清孔、边观察的办法，以缩短清孔时间。在清孔时逐渐对孔内泥浆进行置换。清孔结束时应基本保持孔内泥浆为性能较好的浆液（满足清孔要求），这样可有效地保证浆液中的胶体量，使孔内钻屑及砂粒与胶体结合，呈悬浮状，防止钻屑沉入孔底，从而造成孔底沉渣超标。

当孔底标高在黏土层或老黏土层时，达到设计标高前 2m 左右即可边钻孔边清孔。钻机以一挡慢速钻进，并控制进尺，达到设计标高后，将钻杆提升 300mm 左右再继续清孔。当含砂率在 15% 左右时，换优质泥浆，按每小时降低含砂率 4% 的幅度清孔。

当孔底标高完全在砂土层中时，换上优质泥浆，按每小时降低含砂率 2% 的幅度清孔。

4）清孔方法。对于正循环回转钻进，终孔并经检查后应立即进行清孔。清孔主要采用正循环清孔和压风机清孔两种方法。

① 正循环清孔。一般只适用于直径小于 800mm 的桩孔。其操作方法是，正循环钻进终孔后，将钻头提离孔底 $80 \sim 100$mm，采用大泵量向孔内输入相对密度为 $1.05 \sim 1.08$ 的新泥浆，维持正循环 30min 以上，把桩孔内悬浮大量钻渣的泥浆置换出来，直到清除孔底沉渣和孔壁泥皮，且使得泥浆含砂量小于 4% 为止。

当孔底沉渣的粒径较大、正循环泥浆清孔难以将其携带上来时，或长时间清孔，孔底沉渣厚度仍超过规定要求时，应改换清孔方式。

正循环清孔时，孔内泥浆上返速度不应小于 0.25m/s。

② 压风机清孔。工作原理：由空压机（风量 $6 \sim 9$m³/min，风压 0.7MPa）产生的压缩空气通过送风管（直径 $20 \sim 25$mm）经液气混合弯管（亦称液气混合器，用内径为 $18 \sim 25$mm 的水管弯成）送到清孔出水管（直径 $100 \sim 150$mm）内与孔内泥浆混合，使出水管内的泥浆形成气液混合体，其重度小于孔内泥浆重度。这样，在出水管内外的泥浆重度差的作用下，管内的气液混合体沿出水管上升流动，孔内泥浆经出水管底口进入出水管，并顺管流出桩孔，将钻渣排出。同时，不断向孔内补充相对密度小的新泥浆（或清水），形成孔内冲

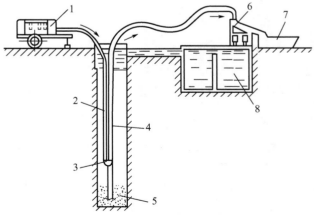

图 3-9　压风机清孔原理示意图

1. 空气压缩机；2. 送风管；3. 液气混合器；4. 出水管；
5. 孔底沉渣；6. 泥砂滤网；7. 挖出的泥土；8. 泥浆池

洗液的流动，从而达到清孔的效果，如图 3-9 所示。

液气混合器距孔内液面的高度至少应为液气混合器距出水管最高处高度的 0.6 倍。

清孔操作要点：

① 将设备机具安装好，并使出水管底距孔底沉渣面 300～400mm。

② 开始送风时应先向孔内供水。送风量应由小到大，风压应稍大于孔底水头压力。待出水管开始返出泥浆时，及时向孔内补给足量的新泥浆或清水，并注意保证孔壁稳定。

③正常出渣后，如孔径较大，应适当移动出水管位置，以便将孔底边缘处的钻渣吸出。

④ 当孔底沉渣较厚、块体较大，或沉淀板结时，可适当加大送风量，并摇动出水管，以利排渣。

⑤ 随着钻渣的排出，孔底沉渣减少，出水管应适时跟进，以保持出水管底口与沉渣面的距离为 300～400mm。

⑥ 当出水管排出的泥浆钻渣含量显著减少时，一般再清洗 3～5min，测定泥浆含砂量和孔底沉渣厚度，符合要求时即可逐渐提升出水管，并逐渐减少送风量，直至停止送风。清孔完毕后仍要保持孔内水位，防止坍孔。

8. 第二次沉渣处理

在灌注混凝土之前进行第二次孔底沉渣处理，通常采用普通导管的空气升液排渣法或空吸泵的反循环方式。

3.5　工程实例

3.5.1　超百米深正循环钻成孔灌注桩施工

1. 工程概况

东营黄河公路大桥主桥基础采用直径 1.5m 超长钻孔灌注桩，共 206 根，计 22670 延米。其中，9 号、10 号主墩分别设置 49 根长 115m 的群桩基础，8 号墩设置 42 根长 108m 的群桩基础，11 号墩设置 42 根长 112m 的群桩，7 号、12 号墩设置长 90m 的群桩基础，桩中心间距 3.9m。桩基采用 C30 防腐混凝土，混凝土中掺加了一定量的矿物质超细粉和高效减水剂。

桩基位置处原地面以下第三层为透水性强、触动易液化的软塑、局部流塑状的粉细砂、粉砂土层，第三层以下的地层基本为粉砂土与粉质黏土交替分布，局部地层中夹杂厚度不等的粉细砂薄层，地质条件复杂。

2. 钻孔方法的确定

因该桥桥位处的地质条件复杂，上部地层多为液化性强的流塑状砂土，地层中不含卵石，在钻进过程中地层极不稳定，且成孔较深，成孔周期较长，需要良好的泥浆护壁，因此从施工质量、安全控制方面考虑选用了正循环回转钻进方法。

3. 钻孔设备及机具的选择

根据该工程孔深及地质情况，选用扭矩大、稳定性好的钻机，采用正循环方法作业。经比较，选用 GW-250 型全液压回转钻机。选用 2 台 3PN 型砂石泵，排渣方式为泵吸正循环。采用双腰带笼式锥形硬质合金梳齿钻头，A201mm×3800mm 主动钻杆，A219mm×3000mm 圆钻杆。

4. 钻机及钻杆安全性能验算

(1) 钻机性能

GW-250 型全液压回转钻机主要性能如下：钻孔直径 2500mm，钻孔深度 150m，转盘扭矩 80kN·m，提升能力 450kN，驱动动力功率 75kW，钻机质量 22t。

（2）钻杆安全性能验算

由于超长钻孔桩的钻杆受力比较复杂，正循环回转钻机的钻杆在传递动力时，钻杆的上段受拉、下段受压，同时还应以所受弯曲应力和扭曲应力来验算钻杆截面是否安全，以免在钻进过程中因钻杆被扭断而产生施工隐患。

经计算，钻杆压应力、弯曲应力、扭转应力、拉应力和受压段合成应力均满足施工要求。

5. 施工情况

GW－250 型全液压回转钻机稳定性好，振动小，对相邻孔位和钻孔平台施工干扰较小，适合较软弱的粉砂土、黏性土地质条件下的桩基施工，施工质量均满足设计要求（孔的倾斜度不超过 0.5%，孔位偏差不大于 5cm），施工进度也比较理想。根据钻孔资料统计，平均 8 天左右成一个孔。

6. 超长正循环钻孔桩施工控制事项

（1）正确埋设护筒

护筒选用 10mm 厚钢板卷制而成，直径比桩径大 200mm。岸上桩孔护筒长度为 3m，埋设定位要准确，径向偏差小于 10mm，护筒四周填入黏土并分层捣实。水上施工时，护筒长度根据地层情况而定，一般为 17～21m。为保证护筒埋设精度，埋设前调整好导向架，然后用起重机配合 D2120 型振动锤分数次把护筒振动打入至设计标高。在护筒沉入过程中，2 台经纬仪成 90° 角观测其垂直度，发现偏斜及时纠正。水上施工时要求把承台全部护筒一次性埋设完毕。

（2）严格控制钻孔顺序

因工期紧，每个钻孔平台位置摆放 5 台钻机同时作业。为确保成孔的质量，必须首先对钻孔顺序进行合理编排。为此，在钻机施工前 2～3 天将护筒打入设计深度，静置 1～2 天，使因插打钢护筒振动液化的砂土重新固结，防止在钻孔过程中因砂土液化发生涌砂及串孔现象。另外，因桩间距较小，为防止两相邻钻机作业时由于振动或相互间水头作用影响而使下部的地层发生扰动，严禁相邻两根桩同时开钻，在实际钻进时按隔桩钻进的原则施工。

（3）合理控制转速

泥浆指标是保证成孔的关键，泥浆密度及黏度偏低容易坍孔，偏高则不利于钻进，且会造成孔壁泥皮过厚而降低桩侧阻力。结合实际情况，对于粉砂土地层，采用水、膨胀土和碱按一定比例配制泥浆进行护壁；对于粉质黏土地层，直接利用自身黏土造浆护壁。

开始钻进时保持低挡慢速进行，泥浆密度取控制指标的上限，使之起到护壁的作用。刚开钻时泥浆密度有一个相对稳定时期，每隔 15～20min 检测泥浆指标并及时调整。根据钻杆进尺，当钻头接近护筒底部时，要特别注意将转速放至最慢挡位，且调整泥浆密度至最大，使护筒底部有足够的泥浆护壁，防止护筒底部薄弱环节出现坍孔、涌砂事故。根据地质条件，该桥位处多是砂类土，易坍孔，所以在钻进过程中要控制进尺，轻压、低挡慢速进行，施工中将钻头适当提起，防止出现钻头及钻杆的重力全部靠孔底砂土承受形成扩孔的情况。根据排出泥浆情况判断钻井所到地层，据此调整转速。

（4）密切关注钻杆完好程度

当一节钻杆钻完后，应停止进尺，然后停泵，加接钻杆接头。此时需要仔细检查钻杆接头的磨损及密封情况，以防止漏气、漏水。

（5）针对孔斜采取的措施

1）在钻机安装就位前，增加枕木数量，保证钻塔平稳牢固，以使钻机在钻进过程中不发生倾斜。安装就位时，除保证钻机水平外，还要对钻机的天车、主动钻杆中心、桩位进行校正，确保三点一线。

2）使用导正性能较好的笼式双腰带钻头，上下腰带间距 1.5m，在钻头上部加导正器，导正器腰带与钻头腰带间距约 3m，提升钻具的导正效果。

3）钻杆使用导正性较好的高强度法兰盘和牙嵌法兰盘连接，钻杆连接后钻杆柱保持垂直状态。

4）全孔减压钻进，在满足钻压的前提下钻杆柱处于悬吊状态，保证钻具垂直钻进。

5）遇地层变化接触面孔段时，放慢进尺速度，钻头穿过接触面进入下一地层后，拉起钻头进行重复钻进，预防不平整接触面造成的孔斜。

（6）针对钻进效率低采取的措施

GW-250型钻机设计最大转速为11r/min，因转速较慢，制约了钻进效率。后经与厂家联系，对钻机进行了改造，将转速提高到24r/min，使单桩成孔由原来的11天缩短到5～6天，钻进效率明显提高。

（7）为解决排渣问题采取的措施

用2台或3台泥浆泵并联供给泥浆，基本满足钻进流量要求，泵量增大，流速加快，增强了泥浆携带钻粉的能力。根据施工现场条件，加大泥浆循环池体积，延长泥浆循环路径，以利于钻渣的沉淀，减少重复破碎，提高钻进效率。

（8）针对清孔难采取的措施

加大冲洗液泵量是解决清孔难题的主要措施。通过在泥浆中加入优质膨润土和化学外加剂（Na_2CO_3、$NaOH$）调整泥浆黏度，保证其漏斗黏度在18～22s。及时排除废弃泥浆，勤捞钻渣，补充优质泥浆，提高泥浆悬浮携粉能力。严格要求钻杆接头的密封性，保证冲洗液全部送达孔底。

东营黄河公路大桥主桥206根超长群桩施工中，桩基的垂直度及孔径控制良好，没有发生缩径及孔斜等质量事故。对所有的桩基进行100％无破损检测及3％抽检钻心取样检验，其结果均为Ⅰ类桩。

施工实践表明，进行超深大直径正循环钻成孔灌注桩施工，只要设备选型得当，技术措施合理，施工管理到位，现场监控得力，就会得到理想的施工效率和成桩质量。

3.5.2 上海某大厦灌注桩施工

1. 工程概况

上海某大厦总占地面积约30368.27m²。工程主楼桩径1000mm，桩身混凝土强度等级为C45，桩型分为A、B两种，单桩承载力特征值均为10000kN。A型桩成孔深度为86m，有效长度为56m；B型桩成孔深度为82m，有效长度为52m。

场地内以草坪为主，地势较平坦，场地自然标高为3.5～4.8m。场地地貌属滨海平原地貌类型。场地土层主要特点如下：场地内②层褐黄～灰黄色粉质黏土层呈湿状、可塑、中压缩性，层厚较薄；③层灰色淤泥质粉质黏土和④层灰色淤泥质黏土均为饱和状、流塑、高压缩性土层；⑤₁a和⑤₁b层为软塑～可塑，较软弱；⑥层暗绿色黏土为硬塑状中等压缩性土，⑦层承压水含水层又分为三个亚层，其中⑦₁层砂质粉土土质较好，为中等压缩性土，⑦₂层黄色粉砂属于中偏低等压缩性土，⑦₃层灰色粉砂属于中等压缩性土。本场地内⑧层粉质黏土层缺失，故⑦层与⑨层土连通。⑩层灰色粉质黏土层呈硬塑状，土质较均匀、致密，中等压缩性。

2. 施工方案

主楼承压桩选用钻孔灌注桩并结合桩端后注浆。主楼桩基采用桩径1000mm、成孔深度超过80m的钻孔灌注桩，塔楼桩桩端进入⑨₂层4～8m，桩身在⑦、⑨层两个砂性土层中的总长度约为60m。砂性土层内的成孔质量是整个钻孔桩施工质量的关键。砂层内成孔时粉细砂的沉积和孔壁缩径问题及超深钻孔的垂直度控制是保证桩身质量的关键点。

1）成孔方式：正循环和反循环相结合的成孔方式。

2）泥浆制备：采用专用膨润土和外加剂人工拌制。

3）泥浆除砂：ZX-250 型泥浆净化装置（除砂机）除砂。

4）清孔方式：气举反循环第一次清孔，气举反循环第二次清孔。

5）钢筋安装：预加工成型，主筋采用直螺纹接驳器连接。

6）灌注方式：导管法水下混凝土灌注。

7）注浆：桩侧、桩端后注浆。

3. 成孔工艺

采用正循环和反循环相结合的成孔方式，上部黏土层（25m 深度）正循环成孔，下部砂土层反循环成孔。图 3-10 所示为钻孔灌注桩成孔工艺流程。

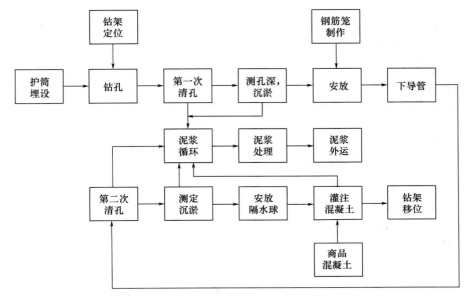

图 3-10　钻孔灌注桩成孔工艺流程

4. 设备选型

目前软土地层中民用建筑工程常用的钻孔灌注桩成孔设备为 GPS-10 型和 GPS-15 型工程钻机，但本工程成孔进入砂层，垂直度控制要求高，因此选用 GPS-20 型工程钻机并配备 6BS 型砂石泵（性能参数见表 3-5）进行成孔施工，投入的清孔设备及其性能参数见表 3-6。

表 3-5　6BS 型砂石泵性能参数

指标	参数	指标	参数
流量	$Q=180\text{m}^3/\text{h}$	抽吸真空度	$H_S=9\text{m}$ 水柱
扬程	$H=12\text{m}$	功率	$P=22\text{kW}$
转速	$n=730\text{r/min}$	外形尺寸	1920mm×1480mm×1240mm

表 3-6　投入的清孔设备及其性能参数

设备	性能参数	设备	性能参数
空压机	额定压力 0.8MPa，供气速度 6m³/min	导管	φ300mm 内平双头螺纹式
输气管	φ25mm 高压气管	混合器	φ25mm 白铁管自行设计，沉没深度为 40m

5．施工中的关键问题及其解决方法

（1）钻头、钻具的改进

由试成孔试验结果可知，采用三翼双腰钻头比普通的三翼单腰钻头成孔垂直度和孔壁质量稳定，普通三翼单腰钻头在施工速度上更有优势。

采用三翼双腰钻头，由于其本身的自重较大，需要在第一节套管上焊接一定的配重，通过增加钻具总重的方式减小钻具晃动，优化孔壁质量。

由于施工时砂层较厚，成孔时钻头磨损速度很快，平均每成 2 个孔即需更换一次钻头上的合金齿，平均每成一孔需进行一次钻头检修，否则钻头一旦过度磨损，将无法在砂层中钻进。

（2）成桩垂直度控制

因桩距小、深度大，成孔垂直度控制的指标为不超过 1/150，以避免桩端碰擦。在 86∶1 的长细比和 2m 净桩距的条件下，需要有可行并且可靠的措施来确保每根桩都满足成孔垂直度要求。

采取以下措施控制成桩垂直度：①控制机架稳定及钻杆垂直度。②钻杆压力检查。分析成孔检测曲线图发现，成孔垂直度不满足要求时，多是因为成孔走向在底层转换位置发生突变。成孔过程中钻杆压力需控制在 300kN 左右，因此钻进过程中卷扬机的钢丝绳必须将钻杆拉直、拉紧。③对于中间检测的频率和桩位，在以下情况下进行加测：新开桩架的前面 2~3 根桩；新的操作工人上机操作时；相邻桩孔的成孔垂直度或孔径不正常，可能影响本桩成孔时。具体测试方法为：成孔至 30m 和 55m 深度时暂停钻进，在不提钻的情况下，通过在钻杆内下放小型测试仪的方式测定钻杆垂直度，从而判定成孔垂直度是否满足要求。

（3）导管下放深度控制

对于本工程桩基，因桩深度大，桩基终孔后提拔钻杆、下放钢筋笼时间均较长，且底层中粉细砂含量较高，因此桩底沉淤厚度可能较大，如以孔底标高控制导管下放深度，可能会造成导管下口插入沉淤中，进而闷管，无法清渣。

施工时主要采取以下措施解决：开始送风时应先向孔内送浆，停止清孔时应先关气后断浆。清孔过程中要特别注意补浆量，严防因补浆不足（水头损失）而造成塌孔；送风量应由小到大，风压应稍大于孔底水头压力，当孔底沉渣较厚、块体较大或沉淀板结时，可适当加大送风量，并摇动出水管（导管），以利排渣；随着钻渣的排出，孔底沉淤厚度减小，出水管（导管）应同步跟进，以保持管底口与沉淤面的距离。

（4）除砂设备的使用

成桩有将近 60m 的砂层钻进深度，根据地质资料，需进行除砂的砂粒粒径主要为 0.075~0.25mm，而反循环砂石泵的流量为 180m³/h，选用的除砂机必须满足除砂粒径和流量两方面的要求，因此选用了 ZX-250 型泥浆净化装置，如图 3-11 所示，并获得了成功。

图 3-11　ZX-250 型泥浆净化装置

（5）大规模施工时清孔方式的改进

桩型试验阶段成功通过泵吸反循环方式进行二次清孔，但工程桩大规模施工阶段由于桩数增加，泥浆池负荷增大，泵吸清孔效果不再理想，且泵吸清孔时间大幅延长，不利于孔壁稳定。为解决这一难题，工程桩施工阶段进行了气举反循环二次清孔工艺的研究和改进，着重研究了孔壁稳定、清孔效果和气举施工参数间的关系。

6．成果

（1）成孔质量检测情况（表 3-7）

所有工程桩均进行了成孔质量检测。成孔质量判别标准如下：

1）孔径：最小断面允许偏差为 0，平均断面孔径允许偏差为 +0.14D（D 为孔径）。

2）垂直度：允许偏差不超过 1/150。

3）孔深：允许偏差为 0～300mm。

4）孔底沉渣厚度：不大于 10cm。

根据两份成孔质量检测报告可知，所检测的桩最终成孔质量均满足以上标准。成孔孔径平均值为 1075mm，成孔垂直度平均值为 1/200，孔底沉渣厚度平均值为 7.55cm。

表 3-7　桩基成孔检测情况

孔径/mm			沉渣厚度 /cm	垂直度	
最小值	最大值	平均值		/%	1/L
1000	1112	1029	5	0.13	1/769
1074	1724	1189	10	0.66	1/152
1020	1282	1075	7.55	0.50	1/200

施工过程中，若成孔后检测有一项指标未达标，则重新扫孔，最终确保了成孔质量。

（2）静载试验情况

工程桩中设置了垂直静荷载试验桩共 11 根。本工程 A、B 型主楼桩的单桩抗压承载力特征值均为 10000kN，试桩拟定的最大加载量为 26000kN（其中 1 根为 28000kN）。试验结果均达到 26000kN（28000kN）加载值，卸载后变形均有明显回弹。

（3）低应变桩身质量检测情况

本工程所有工程桩需作低应变动测试验（100%），主楼桩Ⅰ类桩率为 95.5%，过渡区桩Ⅰ类桩率为 97.6%，均无Ⅲ类桩。

（4）超声波桩身质量检测情况

根据设计要求，工程桩需进行 100% 的超声波检测。检测结果显示：①本工程Ⅰ类桩比例为 95.4%，Ⅱ类桩比例为 4.6%，无Ⅲ类桩。本工程钻孔灌注桩桩身质量总体优良。②Ⅱ类桩的缺陷主要在桩端附近。

3.5.3　上海某金融中心桩基工程

1. 工程概况

上海某金融中心项目占地面积为 55287.2m²，地面以上为 3 幢独立的超高层建筑，无裙房。桩基础工程包括：主楼抗压 A 型试锚桩及工程桩，桩径 1000mm，有效桩长 48m，入土深度 76m；主楼抗压 B 型试锚桩及工程桩，桩径 1000mm，有效桩长 35m，入土深度 63m；纯地下室抗拔试锚桩及工程桩，桩径 850mm，有效桩长 35m，入土深度 60m；纯地下室一柱一桩，桩径 1200mm，有效桩长 35m，入土深度 60m。

主楼抗压 A 型、B 型桩桩端分别进入持力层⑨₁ 粉砂层 9m、3m，桩身穿越⑦层、⑨₁ 层砂层总厚度分别达 44m、38m；地下室抗拔桩、立柱桩桩端进入持力层⑦₂ 粉砂层达 22m，桩身穿越砂层总厚度达 30.2m；⑦₂ 层的土层比贯入阻力 P_s 最大值达 31.9MPa。

2. 施工方案

根据地质资料及类似土层的施工经验，本工程钻孔桩成孔方式采用⑦₁₋₂ 层以上（约 30m 深度）正循环成孔，⑦₁₋₂ 层及以下反循环成孔，清孔采用气举反循环工艺。清孔用空气压缩机，考虑配备排气量为 12m³ 的 VF-12/7 型空气压缩机，并保证每两台钻机至少有一台空压机供气。

3. 护壁泥浆的选择及泥浆池的设置

护壁浆液采用人工造浆（添加高效膨润土、CMC及纯碱等掺合剂），进入⑦$_{1-2}$层土及以下砂性土层时及时调整泥浆参数指标。终孔时，及时输入提前拌好的满足规范要求的新浆。在此过程中要求经常检测泥浆指标，根据不同土层、不同深度及时、动态调整泥浆参数，确保孔壁质量始终可控。

灌注前泥浆符合以下要求：密度不超过 1.25g/cm^3，黏度为 20～25s（反循环），含砂量不超过 8%。

泥浆池及泥浆循环系统设置时必须充分考虑，同时满足正、反循环工艺要求。泥浆池内按新浆池、循环池、预沉池和废浆池分离设置，满足人工拌浆和除砂机除砂工作要求。

4. 成孔工艺

钻孔桩成孔时，⑦$_{1-2}$层以上（约 30m 深度）采用正循环成孔，⑦$_{1-2}$层及以下采用气举反循环成孔。

5. 设备选型

（1）钻机及配套设备的选择

1）钻机的选择。要确保达到钻孔桩垂直度要求及成孔质量。一般扭矩在 40kN·m 以下钻机的机械性能很难达到施工要求，其配套钻杆由于抗扭性能不强，易发生钻杆断裂、掉钻事故。

根据本工程的实际情况及以往的施工经验，选择扭矩为 55kN·m 的 GPS-15 或以上的钻机，选用高强度抗扭法兰连接钻杆。钻机成孔时选用不同的钻进速度，一般在进入砂层前变速器选用 3～4 挡，进入砂层后设置为 2～3 挡，使钻进速度变慢。

2）钻头的选择。根据地层特点，选用针对性较强的三翼双腰带梳齿防斜钻头，以提高钻进效率、钻进稳定性及成孔垂直度。该钻头可用于钻进标贯击数在 100 击以上的较硬硬土层、砾石砂土层。钻头直径为 1000mm、850mm、800mm。

3）钻头增加配重选择。选用双腰箍钻头的同时，可视实际成孔垂直度控制情况在钻头上部再增加1个 2～3t 的钻杆配重块，使钻杆施工处于吊打状态。

（2）导管选用要求

选用的导管参数如下：

1）内径 250mm，壁厚不小于 5mm，节长 2.5m。

2）导管须平直，定长偏差不超过管长的 1%，内壁光滑平整，不变形。

3）导管采用螺纹密封连接，初次使用前进行气密性试验，不漏气后方可吊放入孔。

6. 施工中的关键问题及其解决方法

（1）钻进过程中的垂直度控制

1）成孔选用配套高强度、大扭矩钻杆和三翼单腰箍带保径装置的钻头，钻头上方设置配重块，配重块上方设置直径 1.2m 的导正圈，以满足成孔垂直度要求，同时钻头直径应不小于设计桩径。

2）每换一节钻杆水平尺抄平，检查主动钻杆垂直度（保持钻杆位于转盘中心），观察钻机转盘是否移位。

3）泥浆指标、钻进速度按不同土层深度控制。

4）在进入软硬交界处地层时，应适当控制钻机速度，只有在钻头完全进入下层硬土时才能正常钻进，正常钻进时也要保持悬吊减压钻进。

（2）中间过程中的垂直度检测

钻进至一定深度处，拆除主钻杆，从钻杆内下放测斜器至钻头处，测量钻杆垂直度，钻杆垂直度

（钻孔垂直度）满足要求时方可继续钻进，否则扫孔处理。钻到设计深度，第一次清孔提钻后，由第三方以孔径仪检测垂直度。

（3）钢筋笼吊放过程中的垂直度控制

钢筋笼制作完成后须在钢筋笼平台进行预拼装试验和编号，以免吊放过程中因主筋不匹配而产生钢筋笼错位，从而影响桩的垂直度。成型的钢筋笼应平卧堆放，堆放层数不超过 2 层，且按照下笼顺序编号依次放置。钢筋笼起吊时宜采用两点吊，主吊点位于笼顶，副吊点位于笼底以上约 1/3 笼长处。在钢筋笼吊放时由专人指挥，保证钢筋笼在垂直状态下对接。

（4）气举反循环的保证措施

由于本工程采用⑦$_{1-2}$层以上正循环成孔、⑦$_{1-2}$层及以下气举反循环成孔的工艺，保证气举反循环工艺的可靠性尤为重要。在施工中气举钻杆和水龙头先后发生漏气，需要改进钻杆和主钻杆龙头的密封性能，同时经常检查气垫、钻杆的密封性等，发现问题及时解决，以使气举反循环顺利进行。

7. 施工成果

根据设计图纸，对所有抗压桩和立柱桩进行了超声波检测，抗拔桩声测比例为 20％。检测结果显示：抗压桩 Ⅰ 类桩比例达 96.9％，抗拔桩 Ⅰ 类桩比例达 95％，均无 Ⅲ 类桩。

参 考 文 献

[1] 沈保汉 . 正循环钻成孔灌注桩//杨嗣信 . 高层建筑施工手册 [M]. 3 版 . 北京：中国建筑工业出版社，2017：557 - 565.

[2] 沈保汉 . 正循环钻成孔灌注桩 [J]. 工程机械与维修，2015（04 增刊）：67 - 71.

[3] 沈保汉 . 桩基与深基坑支护技术进展 [M]. 北京：知识产权出版社，2006：813 - 819.

[4] 秦品光，章学军，赵志锐 . 京开高速公路京山铁路立交桥大口径钻孔灌注桩成孔方法 [J]. 岩土工程界，2001（5）：28 - 29.

[5] 魏文昌，李红民 . 超百米深钻孔灌注桩施工 [J]. 施工技术，2003（5）：35 - 37.

[6] 路鹏程 . 利津黄河大桥西塔大直径超深钻孔桩施工 [J]. 桥梁建设，2001（1）：35 - 36.

[7] 顾雪范 . 70 米超长钻孔灌注桩的施工 [J]. 建筑施工，1990（3）：10 - 11.

[8] 苏新法 . 杭州海达大厦砂质地层和黏土层钻孔灌注桩施工 [J]. 探矿工程（岩土钻掘工程），2006（7）：18 - 19.

[9] 顾征宇 . 超长钻孔灌注桩的质量控制 [J]. 建筑施工，2004（1）：23 - 24.

[10] 李卫 . 对上海地区钻孔灌注桩施工技术问题的探讨 [J]. 西部探矿工程，1996（1）：22.

[11] 黄志诚 . 提高钻孔灌注桩施工质量的有关技术探讨 [J]. 西部探矿工程，1990（1）：61 - 67.

[12] 蒋兴宝，徐伟彪，李振中，等 . 钻孔灌注桩在卵石层段的施工实践 [M] //米祥友，彭安宁 . 基础工程 400 例：技术与经济观点（下）. 北京：地震出版社，1999：268 - 270.

[13] 陈福华 . 砂性、粉砂性土层钻孔灌注桩施工要点 [J]. 探矿工程（岩土钻掘工程），2006（11）：19 - 20.

[14] 李铎，彭齐 . 盘锦—海城高速公路大辽河大桥的地质分析及钻孔桩施工方案 [J]. 岩土工程界，2003，6（12）：49 - 51.

[15] 李世京，刘小敏，杨建林 . 钻孔灌注桩施工技术 [M]. 北京：地质出版社，1990.

[16] 吴洁妹 . 上海中心大厦超深钻孔灌注桩施工技术 [J]. 建筑施工，2010（4）：311 - 312，318.

[17] 吴洁妹 . 上海某大厦桩基 [M] //史佩栋 . 桩基工程手册 [桩和桩基础手册]. 2 版 . 北京：人民交通出版社，2015：742 - 745.

[18] 吴洁妹 . 上海某金融中心 [M] //史佩栋 . 桩基工程手册 [桩和桩基础手册]. 2 版 . 北京：人民交通出版社，2015：745 - 748.

第4章 泵吸反循环钻成孔灌注桩

沈保汉　丁青松　张良夫　樊敬亮　吴　岳　刘延敏　付连红

4.1 反循环钻成孔灌注桩基本原理、适用范围及优缺点

反循环钻成孔施工法是在桩顶处设置护筒（护筒直径应比桩径大15％左右），护筒内的水位要高出自然地下水位2m以上，保持孔壁的静水压力在0.02MPa以上，以保护孔壁不坍塌，省去切削套管。钻机工作时，旋转盘带动钻杆端部的钻头切削破碎岩土；钻进冲洗液（又称循环液，指水或泥浆）从钻杆与孔壁间的环状空间流入孔底，冷却钻头，并携带岩土钻渣，混合液在负压作用下从钻杆内腔上升到地面，溢进沉淀池后返回泥浆池中净化，净化后的冲洗液又返回孔内形成循环，这种钻进方法称为反循环钻进。

图4-1为正循环与反循环钻成孔法基本原理的示意图，由图4-1可看出两种成孔法的差异。正循环钻成孔灌注桩基本原理见本书第3章3.1.4节。

4.1.1 泵吸反循环施工原理

图4-2所示为泵吸反循环施工法的原理。由图4-2可以看出，方形传动杆6与其下有内腔的钻杆连接，在钻杆的端部装有特殊形状的中空的反循环钻头2。钻杆放入注满冲洗液的钻孔内，通过旋转盘3的转动，带动方形传动杆和钻头进行钻挖。在真空泵10的抽吸作用下，砂石泵7及管路系统形成一定的真空度，钻杆内腔形成负压状态。孔内循环介质（被钻挖下来的岩土钻渣与冲洗液）在大气压作用下通过钻杆流到地面上的泥浆沉淀池或贮水槽中，土、砂、砾和岩屑等便沉淀下来，冲洗液则流回孔内。

砂石泵的启动方式有真空启动（图4-2）和注水启动两种。

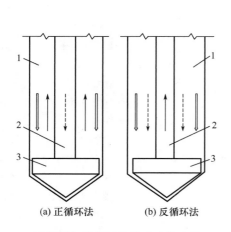

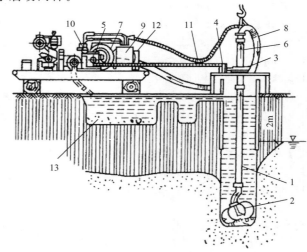

图4-1　正循环与反循环钻成孔法基本原理示意图

1. 环状空间；2. 钻杆；3. 钻头

注：------➤冲洗液流向；——➤排渣方向；

⟹钻进方向

图4-2　泵吸反循环施工法原理

1. 钻杆；2. 反循环钻头；3. 旋转盘；4. 液压电动机；5. 液压泵；
6. 方形传动杆；7. 砂石泵；8. 吸渣软管；9. 真空柜；10. 真空泵；
11. 真空软管；12. 冷却水槽；13. 泥浆沉淀池

国产钻机大部分采用注水启动,即配备另一台离心泵作为副泵向主泵——砂石泵及其管线灌注清水或泥浆,充满后再启动砂石泵。这种启动方法比较简单可靠,对吸水管线密封性要求稍低,而且便于变换循环方式。如果遇到易塌方的地层,可换用正循环护壁,防止塌方。当管线产生堵塞故障时,也可换用正循环予以排除。

4.1.2　气举反循环钻进施工原理

气举反循环钻进又称为压气反循环钻进。

由图 4-3 可以看出,在旋转接头 1 下接方形传动杆 2,再在方形传动杆下连接钻杆 3,最后在钻杆端部连接钻头 5。钻杆放入注满冲洗液的钻孔内,靠旋转台盘 7 的转动带动方形传动杆和钻头钻挖土、砂、砾和岩屑等。由钻杆下端的喷射嘴 4 中喷出压缩空气,与被切削下来的土、砂等在钻杆内形成"视比重"比水还轻的泥砂水气混合物。由于压力差的作用,钻杆外侧的水柱压力将泥砂水气混合物与冲洗液一起压升,通过压送软管 6 排出至地面泥浆沉淀池或贮水槽中,土、砂、砾和岩屑等在泥浆沉淀池内沉淀,冲洗液则再流入孔内。

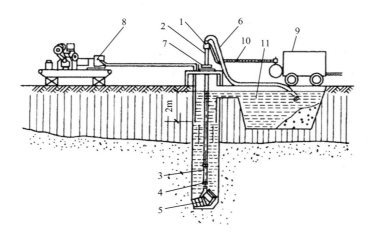

图 4-3　气举反循环施工法

1. 气密式旋转接头;2. 气密式方形传动杆;3. 气密式钻杆;4. 喷射嘴;5. 钻头;6. 压送软管;
7. 旋转台盘;8. 液压泵;9. 气压机;10. 空气软管;11. 水槽

4.1.3　喷射反循环钻进施工原理

喷射反循环钻进又称为射流反循环钻进。

喷射反循环施工法是把高压水通过喷嘴射到钻杆内,利用其流速使水环流,把低位的泥砂水混合物与水一起吸上,通过钻杆流至地面处的泥浆池或贮水槽中,土、砂、砾和岩屑等便沉淀下来,水则流回孔内,如图 4-4 所示。

由于气举反循环是利用送入的压缩空气使水循环,钻杆内水流上升速度与钻杆内外液柱的重度差有关。孔浅时供气压力不易建立,钻杆内水流上升速度慢,排渣性能差。如果孔的深度小于 7m,则吸升是无效的。孔深增大后,只要相应地增加供气量和供气压力,钻杆内水流就能获得理想的上升速度。孔深超过 50m 后即能保持较高而稳定的钻进效率(见图 4-5 中曲线 a)。泵吸反循环是直接利用砂石泵的抽吸作用使钻杆内的水流上升而形成反循环的。喷射反循环是利用射流泵射出的高速水流产生负压使钻杆内的水流上升而形成反循环的。这两种方法驱动水流上升的压力一般不大于一个大气压,因此在浅孔时效率高,孔深大于 80m 时效率降低较多(见图 4-5 中曲线 b 和 c)。根据上述特点,为了提高钻进效率,应充分利用各种反循环方式的最佳工作孔段,有时可采用其中两种方式相结合的复合反循环方式。

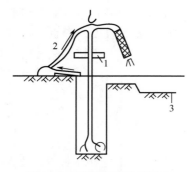

图 4-4　喷射反循环施工法
1. 旋转盘；2. 射水；3. 沉淀池

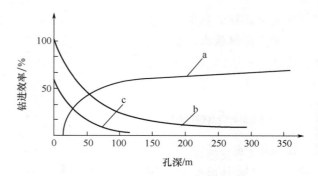

图 4-5　三种反循环施工法钻进效率曲线
a. 气举反循环；b. 泵吸反循环；c. 喷射反循环

4.1.4　泵吸反循环钻成孔灌注桩的适用范围

泵吸反循环钻进成孔适用于填土、淤泥、黏土、粉土、砂土、砂砾等地层，当采用圆锥式钻头时可进入软岩，当采用滚轮式（又称牙轮式）钻头时可进入硬岩。

反循环钻进成孔不适用于自重湿陷性黄土层，也不宜用于无地下水的地层。

泵吸反循环经济孔深一般不大于 80m，以获得较好的钻孔效果。国内建筑物的钻孔灌注桩基的孔深多数在此范围内，所以建筑界用泵吸反循环钻成孔居多。温州世贸中心成功地将超深泵吸反循环钻成孔灌注桩应用到了 120m。

现在，大型深水桥梁钻孔灌注桩长度超过 100m 的工程已十分普遍，一般均采用气举反循环钻成孔。

4.1.5　泵吸反循环钻成孔灌注桩的优缺点

1. 优点

1）振动小、噪声低。

2）除特殊情况外，一般可不必使用稳定液（稳定液的含义见第 2 章），只用天然泥浆即可保护孔壁。

3）因钻挖钻头不必每次上下排弃钻渣，只要接长钻杆就可以进行深层钻挖。目前其最大成孔直径为 4.0m，最大成孔深度为 150m。

4）采用特殊钻头可钻挖岩石。

5）反循环钻成孔采用旋转切削方式，钻挖靠钻头平稳的旋转，同时将土砂和水吸升；钻孔内的泥浆压力抵消了孔隙水压力，从而避免涌砂等现象。因此，反循环钻成孔对于砂土层是最适宜的成孔方式，可钻挖地下水位下的厚细砂层（厚度在 5m 以上）。

6）可进行水上施工。

7）钻挖速度较快。例如，对于普通土质、直径 1m、深 30～40m 的桩，每天可完成一根桩的施工。

2. 缺点

1）很难钻挖比钻头的吸泥口径大（15cm 以上）的卵石层。

2）土层中有较高压力的水或有地下水流时施工比较困难（针对这种情况，需加大泥浆压力方可钻进）。

3）如果水压头和泥水密度等管理不当，会引起坍孔。

4）废泥水处理量大；钻挖出来的土砂中水分多，弃土困难。

5）由于土质不同，钻挖时桩径扩大 10%～20%，混凝土的用量将随之增大。

6）临时架设的规模大。

4.2　施工机械及设备

4.2.1　反循环钻机的型号、技术性能及构造

我国生产的部分反循环钻机的型号及技术性能见表 4-1。

浙江中锐重工科技股份有限公司（以下简称浙江中锐重工）履带式反循环全液压式钻机的型号及技术性能见表 4-2。

表 4-1　国产转盘式循环钻机的型号及技术性能

生产厂	钻机型号	钻孔方式	钻孔直径/mm	钻孔深度/m	转盘扭矩/(kN·m)	转盘转速/(r/min)	加压方式	驱动动力功率/kW	质量/kg	外形尺寸/m		
										长度	宽度	高度
郑州勘机厂	KP3500	正、反循环	3500, 6000	130	210	≤24	配重	4×30	47000	5.9	4.8	9.0
郑州勘机厂	QJ250	正、反循环	2500	100	68.6	12.8, 21.4	配重	95	13000	3.0	1.6	2.7
郑州勘机厂	QJ250-1	正、反循环	3000, 6000	100	117.6	7～26	配重	95	17000	—		
郑州勘机厂	KP2000	正、反循环	2000, 3000	100	43.8	10～63	配重	45	11000	—		
郑州勘机厂	KP2000A	正、反循环	2000, 3000	80	36.5	12～77	配重	45	10000	—		
郑州勘机厂	ZJ150-1	正、反循环	2000, 3000	100	23.6	15～78	配重	37	11000	—		
郑州勘机厂	KPQ3500	气举反循环	3500, 8000	120	205.8	≤24	配重	—	—	—		
郑州勘机厂	KT2000B	泵吸反循环	2000	80	16	9	配重	15	8000	6.4	3.2	6.6
天津探机厂	SPC-300H	正、反循环	500	200～300	—	52～123	配重	118	15000	10.9	2.5	3.6
		冲击钻进	700	80								
天津探机厂	SPC-600	正循环	500～1900	400～600	1.5～11.5	25～191	配重	75	23900	14.2	2.5	3.9
天津探机厂	GJC-40HF	正、反循环	1000～1500	40	14	20～47	配重	118	15000	10.9	2.5	3.6
天津探机厂	GJC-40H	正、反循环	500～1500	300～400	98	正40～123，反32～40	配重	118	15000	10.9	2.5	3.6
		冲击钻进	700	80								
乾安机械厂	QZ-200	泵吸反循环	400～1500	200		20～60	配重	55	9500	6.5	3.0	10.8
双城钻机厂	SZ-50	正、反循环	600～1200	50	—	28	配重	17	13000	6.7	3.5	7.4
金泰机械公司等	GPS-15	泵吸反循环	800～1500	50	17.7	13～42	配重	30	8000	4.7	2.2	8.3
金泰机械公司等	GPS-20	泵吸反循环	2000	80	30	8～56	配重	37	10000	5.7	2.4	9.4
金泰机械公司等	GPS-25	泵吸、气举反循环	2500	100	30	6～20	配重	37	28800	6.7	4.0	9.5
金泰机械公司等	GPS-20H	泵吸反循环	2000	80	60	8～70	配重	55	—			
金泰机械公司等	GPS-30C	泵吸、气举反循环	3000	130	120	6～49	配重	75	22000	—		
无锡探机厂	G4	正、反循环	1000	50	20	10～80	配重	20	—			
武汉桥机厂	BRM-08	正、反循环	1200	40～60	4.2～8.7	15～41	配重	22	6000	—		

续表

生产厂	钻机型号	钻孔方式	钻孔直径/mm	钻孔深度/m	转盘扭矩/(kN·m)	转盘转速/(r/min)	加压方式	驱动动力功率/kW	质量/kg	外形尺寸/m 长度	宽度	高度
武汉桥机厂	BRM-1	正、反循环	1250	40~60	3.3~12.1	9~52	配重	22	9200	—	—	—
武汉桥机厂	BRM-2	正、反循环	1500	40~60	7.0~28.0	5~34	配重	28	13000	—	—	—
武汉桥机厂	BRM-4	正、反循环	3000	40~100	15.0~80.0	6~35	配重	75	32000	—	—	—
武汉桥机厂	BRM-4A	气举反循环	1500~3000	40~80	15~80	6~35	配重	75	61877	7.9	4.5	13.3
武汉桥机厂	KTY3000	气举反循环	1500~6000	130	100,200	≤16	配重	2×110	128000	7.18	4.45	8.67
武汉桥机厂	KPG3000	气举反循环	1500~6000	130	80,100,200	≤14	配重	2×110	55000	7.60	4.45	13.89
武汉桥机厂	KPG3000A	气举反循环	3000,6300	130	100,200	≤14	配重	2×110	55000	9.70	4.45	13.89
张家口探机厂	GJD-1500	正、反循环	1500~2000	50	39.2	6.3,14.4,30.6	配重	63	20500	5.10	2.40	6.38
张家口探机厂	GJD-1500	冲击钻进	1500~2000	50	—	—	配重	—	—	—	—	—
金泰机械公司	GD25	泵吸、气举反循环	2500	150	60~160	4~20	配重	165	25000	4.00	3.80	7.00
金泰机械公司	GD30	泵吸、气举反循环	3000	150	100~200	4~20	配重	230	35000	4.10	4.00	7.30
金泰机械公司	GD35	泵吸、气举反循环	3500	150	120~250	4~20	配重	255	37000	4.80	4.50	7.30
金泰机械公司	GD40	泵吸、气举反循环	4500	150	150~300	4~16	配重	330	43000	5.40	5.10	7.30
黄海机械公司	GM-20	泵吸、气举反循环	2000	80	36	—	配重	—	13000	5.60	2.50	9.00
内河港机厂	KPY4000	气举反循环	4000	120	220	≤36	配重	3×75	34000	—	—	—

注：1. SPC-300H、GJC-40H 和 GJD-1500 冲击钻进的性能见第 8 章。

2. KTY3000 和 KPG3000 钻机的钻孔直径，在一般土层中可达 6000mm，在岩层（$\sigma_c \leqslant 200N/mm^2$）中可达 3000mm；KPG3000A 钻机的钻孔直径，在一般土层中可达 6300mm，在岩层（$\sigma_c \leqslant 200N/mm^2$）中可达 3000mm。

3. 郑州勘机厂钻机钻孔直径一栏，前一数字为在岩层中钻进的最大直径，后一数字为在一般土层中钻进的最大直径。

4. 表中有的钻机钻孔深度为 200~300m、400~600m 等，仅表明钻孔的可能性。

5. 乾安机械厂全称为乾安县工程机械厂，黄海机械公司全称为黄海机械股份有限公司，内河港机厂全称为武汉市内河港口机械有限责任公司。

表 4-2　浙江中锐重工履带式反循环全液压式钻机的型号及技术性能

序号	技术指标	单位	ZJD2000/100	ZJD2500/150	ZJD3000/220
1	钻孔最大直径	m	2.5（泥）/2（岩石）	3（泥）/2.5（岩石）	4（泥）/3（岩石）
2	钻孔最大深度	m	120	140	150
3	最大提升力	kN	700	1000	1200
4	最大工作高度	m	8	8	8.5
5	岩石硬度	MPa	100	100	100
6	钻杆提升卷扬提升力	kN	10	10	20
7	动力头转速及扭矩	r/min	4	3.5	3.5
		kN·m	10	15	22
		r/min	6	5.5	4.5
		kN·m	8	10	15
		r/min	17	15	12
		kN·m	2.1	3.6	5.5

续表

序号	技术指标		单位	ZJD2000/100	ZJD2500/150	ZJD3000/220
8	钻杆规格		mm	325×20×2500	351×20×2500	377×20×2500
9	反循环砂石泵口径		in	12	14	15
10	配重（选配）		kg	12000	15000	20000
11	总功率		kW	152（75＋55＋22）	178.7	208.7
12	整机尺寸	工作状态	m	9.2×3×6.5	9.5×3×6.5	10×3×7
		运输状态		9.2×3×3.1	9.5×3×3.1	10×3×3.1
13	单机质量		kg	29000	33000	41000
14	排渣方式			泵吸反循环或气举反循环		
15	钻进系统			恒压钻进		

注：表中 in 为非法定单位，1in＝2.54cm。

反循环钻机由动力机、砂石泵、真空泵（或注水泵）、钻杆、钻头、加压装置、回转装置、扬水装置、接续装置和升降装置等组成。

4.2.2　浙江中锐重工履带式反循环全液压式钻机

1. 主要性能特点

采用全液压无级变速，恒压和恒速钻进，配备大口径、低扬程、大排量砂石泵循环泥浆，钻机钻进和泥浆泵运行全部采用液压电动机驱动，可根据施工需要自动调节钻进速度和循环泥浆流量；采用抽真空排气，比充液排气更高效；搭载自行走履带底盘，颠覆传统，使移动更方便、操作更灵活；采用泵吸或气举反循环排渣系统，钻进效率高，成孔质量好，功率消耗低，钻头寿命长，使用成本低。该系统钻进具有施工效率高、场地机动性好、操作维护安全简便、综合性价比极高等优点。

2. 适用范围

ZJD 系列履带式反循环全液压钻机主要用于中大直径、大深度、复杂地层的桩基础施工，特别适用于砂卵石等复杂地层施工。该系列钻机最大钻孔直径为 4m，最大深度为 150m，可在硬度为 100MPa 以内的岩石层施工，广泛用于陆上建筑、水井钻孔、港口码头、江河湖海中的桥梁等桩基础的施工。

3. 钻机构造

图 4-6 所示为钻机总成示意图。

钻机各组成部分及其作用如下。

（1）动力头 [图 4-7（a）]

全液压驱动，大扭矩、大提升力配置，作业能力强劲，传动性能稳定、可靠。采用布雷维尼等国际品牌动力头减速机和力士乐技术的电动机，实现钻进过程中不停机无级调速，可根据不同地层自动调节动力头的转速和扭矩，达到最佳工作状态。该动力头在任何环境下都可以发挥出色的工作效率及卓越的性能。

（2）液压泵站与电气控制系统 [图 4-7（b）]

液压泵站采用整体箱式结构，可以整体吊装拆卸，便于泵

图 4-6　钻机总成示意图

1.动力头；2.泵站；3.操作室；4.砂石泵；
5.真空泵；6.门架；7.履带底盘；8.吊臂

站维修。泵站有全封闭覆盖门及盖板，可有效保护电气和液压件。电气控制系统具有过载、过流、过压保护功能，安全可靠。

（3）PLC 监控室、操作室、自动钻进控制系统［图 4-7（c）］

PLC 文本监控器可显示系统的主要运行参数及故障原因，具有声音报警功能。操作室控制台采用不锈钢面板，控制手柄布局合理、操作简便，可在操作台设定和调整钻机转速、压力等参数，维护成本低，环境舒适，可选配安装空调设备。钻机具有自动钻进控制系统，可根据地层情况设置不同的轴压，并自动保持轴压恒定，降低了对操作人员的要求，提高了钻机工作效率。

（4）无级调速大颗粒砂石泵［图 4-7（d）］

配备大口径、低扬程、大排量砂石泵循环泥浆，卵石通过性好，排渣能力强。采用变量液压泵驱动，可实现砂石泵无级调速，高效节能。

（5）真空泵［图 4-7（e）］

采用大排量水循环真空泵，使用和维护方便，抽真空排气效率高。

（6）动力头升降油缸［图 4-7（f）］

采用大缸径油缸提升动力头和钻具，结构简单、提升力大、性能稳定可靠、使用安全、维护方便；能实现油缸减压或适当加压钻进，大大提升复杂地层钻孔的垂直度和进尺速度。

（7）自行走履带底盘［图 4-7（g）］

钻机底盘采用自行走履带底盘，接地比压小，场地机动性强，移动方便，可满足钻机在施工困难场地和复杂工况作业的需要。

（8）辅助拆卸钻杆吊臂［图 4-7（h）］

钻机配备辅助机械吊臂，在拆装钻杆时该吊臂配合钻杆卷扬具有夹持、扶正钻杆及对位功能，更方便、更省力的吊装、拆卸钻杆降低了人工劳动强度。

（9）钻杆钻具［图 4-7（i）］

大通径厚壁螺纹接头钻杆采用特殊热处理、自动埋弧焊工艺，强度高、寿命长、螺纹连接、拆卸方便快捷、省时省力；可选增配重孔底加压，确保成孔垂直度，提高钻进效率和质量。

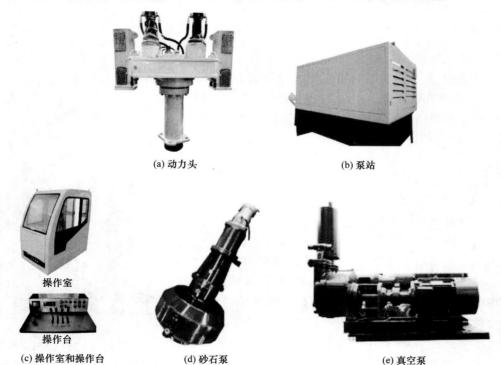

(a) 动力头　　　　　　　　　　　　　　　　(b) 泵站

操作室

操作台

(c) 操作室和操作台　　　　(d) 砂石泵　　　　(e) 真空泵

图 4-7　浙江中锐重工履带式反循环全液压式钻机各组成部分示意图

(f) 主油缸	(g) 履带底盘	(h) 吊臂

(i) 钻杆钻具

图 4-7　浙江中锐重工履带式反循环全液压式钻机各组成部分示意图（续）

4. ZR 系列泥浆净化系统

如图 4-8 和图 4-9 所示分别为 ZR500 泥浆净化系统和 ZR250 泥浆净化器。

图 4-8　ZR500 泥浆净化系统

图 4-9　ZR250 泥浆净化器

（1）泥浆净化系统性能参数

表 4-3 所示为 ZR 系列泥浆净化系统性能参数。

表 4-3　ZR 系列泥浆净化系统性能参数

序号	技术参数	单位	ZR500 泥浆净化系统	ZR250 泥浆净化器
1	最大泥浆处理量	m³/h	500	250
2	除砂分离颗粒	mm	60~20	60~20

序号	技术参数	单位	ZR500 泥浆净化系统	ZR250 泥浆净化器
3	渣料筛分能力	t/h	50～160	25～80
4	渣料最大含水率	%	30	30
5	泥浆的最大相对密度	g/cm³	1.2	1.2
6	可处理泥浆的最大密度	g/cm³	1.4	1.4
7	装机总功率	kW	123.5（55×2＋3×2×2.25）	48（58）
8	整机质量	kg	32000	5300
9	设备外形尺寸（长×宽×高）	m	14.08×4.03×5.906	3.54×2.25×2.83
10	振动电动机功率	kW	13.5（3×2×2.25）	4.5（2×2.25）
11	振动电动机离心力	N	3×2×50000	2×50000
12	砂浆泵输入功率	kW	110（2×5）	55
13	砂浆泵排量	m³/h	500（2×250）	250
14	旋流分离器（直径）	mm	600	600

注：ZR500 泥浆净化系统包括一个粗滤器、两个细滤器、三个独立泥浆池和可拆卸的扶手平台扶梯，ZR250 泥浆净化器包括一个粗筛和一个细筛。

（2）适用范围

ZR 系列泥浆净化系统主要适用于采用泥浆护壁、循环钻进工艺的桩基工程的泥浆净化回收处理，能够降低施工成本，提高施工效率，是基础施工必备的设备。

（3）主要优势

1）对泥浆充分净化，可有效控制泥浆的性能指标，减少卡钻事故，提高成孔质量。

2）设备对泥浆砂石的有效分离有利于提高钻孔效率。

3）实现泥浆循环使用，节约造浆材料，大幅减少废浆外运成本和造浆费用。

4）操作安全方便，维护简单，运行稳定可靠。

4.2.3 各种钻头的特点和适用范围

表 4-4 所示为反循环钻机各种钻头的特点和适用范围。

表 4-4 反循环钻机各种钻头的特点和适用范围

钻头形式	适用范围	特点	图示
多瓣式钻头（蒜头式钻头）	一般土质（黏土、粉土、砂和砂砾层），粒径比钻杆小 10mm 左右的卵石层	效率高，使用较多，在 N 值超过 40 以上的硬土层中钻挖时钻头刃口会打滑，无法钻挖	图 4-10（a）
三翼式钻头	N 值小于 50 的一般土质（黏土、粉土、砂和砂砾层）	钻头为带有平齿状硬质合金的三叶片	图 4-10（b）
四翼式钻头	硬土层，特别是坚硬的砂砾层（无侧限抗压强度小于 1000kPa 的硬土）	钻头的刃尖钻挖部分为阶梯式圆筒形，钻挖时先钻一个小圆孔，然后成阶梯形扩大	图 4-10（c）
抓斗式钻头	粒径大于 150mm 的砾石层	—	图 4-10（d）
圆锥形钻头	无侧限抗压强度为 1000～3000kPa 的软岩（页岩、泥岩、砂岩）	—	—
滚轮式钻头（牙轮式钻头）	特别硬的黏土和砂砾层及无侧限抗压强度大于 2000kPa 的硬岩	钻挖时需加压力 50～200kN，需用容许荷载为 400kN 的旋转连接器和扭矩为 30～80kN·m 的旋转盘；切削刃有齿轮形、圆盘形、钮式滚动切刀形等	图 4-10（e）

续表

钻头形式	适用范围	特点	图示
并用式钻头	土层和岩层混合存在的地层	此类钻头是在滚轮式钻头上安装耙形刀刃而成，无需繁琐地更换钻头，可进行一贯的钻挖作业	—
筒式捞石钻头	砂砾和卵石层	钻头呈筒形，底唇面齿刃呈锯齿状	—
扩孔钻头	专用于一般土层或砂砾层	形成扩底桩，以提高桩端阻力	—

注：本表中仅列出了部分钻头，由于篇幅关系其他数十种钻头未列入。

(a) 多瓣式　　(b) 三翼式　　(c) 四翼式　　(d) 抓斗式(橘皮式)　　(e) 滚轮式

图 4-10　反循环钻机的钻头类型

4.3　施　工　工　艺

4.3.1　施工顺序

反循环钻成孔灌注桩施工顺序如下：

设置护筒→安装反循环钻机→钻进→第一次处理孔底虚土（沉渣），移走反循环钻机→测定孔壁→将钢筋笼放入孔中→插入导管→第二次处理孔底虚土（沉渣）→水下灌注混凝土，拔出导管→拔出护筒，成桩。

施工顺序示意图如图 4-11 所示。

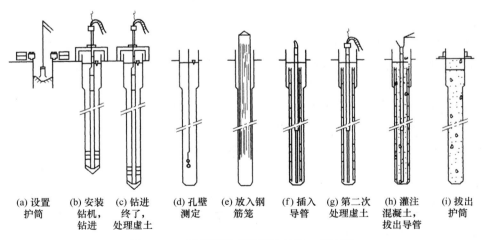

(a) 设置护筒　(b) 安装钻机，钻进　(c) 钻进终了，处理虚土　(d) 孔壁测定　(e) 放入钢筋笼　(f) 插入导管　(g) 第二次处理虚土　(h) 灌注混凝土，拔出导管　(i) 拔出护筒

图 4-11　反循环钻成孔灌注桩施工示意图

4.3.2 施工特点

1) 反循环施工法是在静水压力下进行钻进作业的,故护筒的埋设是反循环施工作业中的关键。

护筒的直径一般比桩径大 15% 左右。护筒端部应打入黏土层或粉土层中,一般不应打入填土层、砂层或砂砾层中,以保证护筒不漏水。如确实需要将护筒端部打入填土层、砂层或砂砾层中时,应在护筒外侧回填黏土,分层夯实,以防漏水。

2) 要使反循环施工法在无套管情况下不坍孔,必须具备以下五个条件:

① 确保孔壁任何部分的静水压力在 0.02MPa 以上,护筒内的水位要高出自然地下水位 2m 以上,如图 4-12 所示。

② 泥浆造壁。在钻进中,孔内泥浆一面循环,一面在孔壁上形成一层泥浆膜。泥浆的作用如下:将钻孔内不同土层中的空隙渗填密实,使孔内漏水减少到最低限度;保持孔内有一定水压,以稳定孔壁;延缓砂粒等悬浮状土颗粒的沉降,易于处理沉渣。

③ 保持一定的泥浆相对密度。在黏土和粉土层中钻进时泥浆相对密度可取 1.02~1.04,在砂和砂砾等容易坍孔的土层中钻进时必须使泥浆相对密度保持在 1.05~1.08。

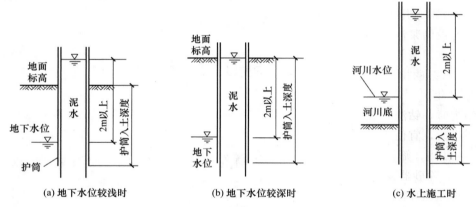

图 4-12 地下水位与孔内水位的关系

当泥浆相对密度超过 1.08 时则钻进困难,效率降低,易使泥浆泵产生堵塞,或使混凝土的置换产生困难,要用水适当稀释,以调整泥浆相对密度。

在不含黏土或粉土的纯砂层中钻进时,还须在贮水槽和贮水池中加入黏土,并搅拌成适当相对密度的泥浆。造浆黏土应符合下列技术要求:胶体率不低于 95%;含砂率不大于 4%;造浆率不低于 0.006~0.008m³/kg。

成孔时,由于地下水稀释等,泥浆相对密度减小,可添加膨润土等增大相对密度。膨润土溶液的浓度与相对密度的关系见表 4-5。

表 4-5 膨润土溶液的浓度与相对密度的关系

浓度/%	6	7	8	9	10	11	12	13	14
相对密度	1.035	1.040	1.045	1.050	1.055	1.060	1.065	1.070	1.075

④ 钻进时保持孔内的泥浆流速比较缓慢。

⑤ 保持适当的钻进速度。钻进速度同桩径、钻深、土质、钻头的种类与钻速及泵的扬水能力有关。在砂层中钻进需考虑泥膜形成所需的时间;在黏性土中钻进则需考虑泥浆泵的性能,并防止泥浆浓度增大而造成糊钻现象。表 4-6 为钻进速度与钻头转速关系的参考表。

表 4－6　反循环法钻进速度与钻头转速关系参考

土质	黏土	粉土	细砂	中砂	砾砂
钻进速度/(min/m)	3～5	4～5	4～7	5～8	6～10
钻头转速/(次/min)	9～12	9～12	6～8	4～6	3～5

3）反循环钻机的主体可在与旋转盘距离 30m 处操作，这使得反循环法的应用范围更为广泛，如可在水上施工，也可在净空不足的地方施工。

4）钻进的钻头不需每次上下排弃钻渣，只要在钻头上部逐节（每节长度一般为 3m）接长钻杆就可以进行深层钻进，与其他桩基施工法相比，越深越有利。

4.3.3　施工注意事项

1）规划布置施工现场时应首先考虑冲洗液循环、排水、清渣系统的安设，以保证反循环作业时冲洗液循环通畅，污水排放彻底，钻渣清除顺利。

① 循环池的容积应不小于桩孔实际容积的 1.2 倍，以便冲洗液正常循环。

② 沉淀池的容积一般为 6～20m³，桩径小于 800mm 时选用 6m³，桩径小于 1500mm 时选用 12m³，桩径大于 1500mm 时选用 20m³。

③ 现场应专设储浆池，其容积不小于桩孔实际容积的 1.2 倍，以免灌注混凝土时冲洗液外溢。

④ 循环槽（或回灌管路）的断面面积应是砂石泵出水管断面面积的 3～4 倍。若用回灌泵回灌，泵的排量应大于砂石泵的排量。

2）冲洗液净化。

① 清水钻进时，钻渣在沉淀池内沉淀后予以清除。沉淀池应交替使用，并及时清除沉渣。

② 泥浆钻进时，宜使用多级振动筛和旋流除砂器或其他除渣装置进行机械除砂清渣。振动筛主要清除粒径较大的钻渣，筛板（网）规格可根据钻渣粒径的大小分级确定。旋流除砂器的有效容积要与砂石泵的排量适应，除砂器数量可根据清渣要求确定。

③ 应及时清除循环池沉渣。

3）钻头吸水断面应开敞、规整，减少流阻，以防砖块、砾石等堆挤堵塞；钻头体吸口端距钻头底端高度不宜大于 250mm；钻头体吸水口直径宜略小于钻杆内径。

在填土层和卵砾层中钻挖时，碎砖、填石或卵砾石的尺寸不得大于钻杆内径的 4/5，否则易堵塞钻头水口或管路，影响正常循环。

4）泵吸反循环钻进操作要点。

① 启动砂石泵，待反循环正常后才能开动钻机，慢速回转，下放钻头至孔底。开始钻进时，应先轻压慢转，待钻头正常工作后逐渐加大转速，调整压力，并使钻头吸口不产生堵水。

② 钻进时应认真仔细观察进尺和砂石泵排水出渣的情况；排量减少或出水中含钻渣量较多时，应控制给进速度，防止因循环液相对密度太大而中断反循环。

③ 钻进参数应根据地层、桩径、砂石泵的合理排量和钻机的经济钻速等加以选择和调整。钻进参数和钻速的选择见表 4－7。

表 4－7　泵吸反循环钻进推荐参数和钻速

地层	钻压/kN	钻头转速/(r/min)	砂石泵排量/(m³/h)	钻进速度/(m/h)
黏土层、硬土层	10～25	30～50	180	4～6
砂土层	5～15	20～40	160～180	6～10

地层	钻压/kN	钻头转速/(r/min)	砂石泵排量/(m³/h)	钻进速度/(m/h)
砂层、砂砾层、砂卵石层	3～10	20～40	160～180	8～12
中硬以下基岩、风化基岩	20～40	10～30	140～160	0.5～1

注：1. 本表摘自江西地矿局《钻孔灌注桩施工规程》。

    2. 本表钻进参数以 GPS-15 型钻机为例；砂石泵排量要考虑孔径大小和地层情况灵活选择调整，一般外环间隙冲洗液流速不宜大于 10m/min，钻杆内上返流速应大于 2.4m/s。

    3. 桩孔直径较大时，钻压宜选用上限，钻头转速宜选用下限，获得下限钻进速度；桩孔直径较小时，钻压宜选用下限，钻头转速宜选用上限，获得上限钻进速度。

④ 在砂砾、砂卵、卵砾石地层中钻进时，为防止钻渣过多、卵砾石堵塞管路，可采用间断钻进、间断回转的方法控制钻进速度。

⑤ 加接钻杆时，应先停止钻进，将钻具提离孔底 80～100mm，维持冲洗液循环 1～2min，以清洗孔底并将管道内的钻渣携出排净，然后停泵加接钻杆。

⑥ 钻杆连接应拧紧上牢，防止螺栓、螺母、拧卸工具等掉入孔内。

⑦ 钻进时如孔内出现坍孔、涌砂等异常情况，应立即将钻具提离孔底，控制泵量，保持冲洗液循环，吸除坍落物和涌砂，同时向孔内输送性能符合要求的泥浆，保持水头压力，以抑制继续涌砂和坍孔。恢复钻进后泵排量不宜过大，以防吸坍孔壁。

⑧ 钻进达到要求孔深停钻时，仍要维持冲洗液正常循环，清洗、吸除孔底沉渣，直到返出冲洗液的钻渣含量小于 4% 为止。起钻时应注意操作轻稳，防止钻头拖刮孔壁，并向孔内补入适量冲洗液，稳定孔内水头高度。

5）气举反循环压缩空气的供气可分别选用并列的两个送风管或双层管柱钻杆方式。气水混合室应根据风压大小和孔深的关系确定，一般风压为 600kPa，混合室间距宜用 24m。钻杆内径和风量配用，一般 120mm 钻杆配用风量为 4.5m³/min。

6）清孔。

① 清孔要求。清孔过程中应观测孔底沉渣厚度和冲洗液含渣量，当冲洗液含渣量小于 4%，孔底沉渣厚度符合设计要求时即可停止清孔，并应保持孔内水头高度，防止发生坍孔事故。

② 第一次沉渣处理。在终孔时停止钻具回转，将钻头提离孔底 500～800mm，维持冲洗液的循环，并向孔中注入含砂量小于 4% 的新泥浆或清水，令钻头在原地空转 20～40min，直至达到清孔要求为止。

③ 第二次沉渣处理。在灌注混凝土之前进行第二次沉渣处理，通常采用普通导管的空气升液排渣法或空吸泵的反循环方式。

空气升液排渣法是将头部带有 1m 多长管子的气管插入导管内，管子的底部插入水下至少 10m，气管至导管底部的最小距离为 2m 左右。压缩空气从气管底部喷出，如使导管底部在桩孔底部不停地移动，就能全部排除沉渣，再急骤地抽取孔内的水。为不降低孔内水位，必须不断地向孔内补充清水。

对深度不足 10m 的桩孔，须用空吸泵清渣。

4.3.4 反循环钻成孔灌注桩施工管理

表 4-8 列出了反循环钻成孔灌注桩施工全过程中所需检查的项目。

表 4-8 反循环钻成孔灌注桩施工管理检查要点

检查要点	检查要点
1. 障碍物的消除	2. 沉淀池、贮水池的设置
(1) 对地下障碍物的对策如何？	沉淀池、贮水池的位置、容量、结构是否合适？
(2) 与邻近结构物的关系如何？	

续表

检查要点	检查要点
3. 钻机的选择 （1）护筒的直径、数量、长度是否合适？ （2）机型和钻头的选定是否合适？	10. 钢筋笼制作 （1）钢筋笼的加工组装是否正确、结实？ （2）钢筋笼组装后各部分是否进行了检查？
4. 钻机的安装 （1）桩位的确认如何？ （2）护筒的安装是否与桩心一致？垂直度如何？ （3）旋转盘安装是否合适？	11. 钢筋笼安放 （1）钢筋笼是否对准桩心安装？ （2）钢筋笼垂直度如何？ （3）钢筋笼安放后有无弯曲？ （4）钢筋笼顶部位置是否合适？
5. 循环水的供应 循环水的管理是否合适？	12. 混凝土灌注的准备工作 （1）导管内部是否圆滑？ （2）接头的透水性如何？ （3）采用什么样的球塞？ （4）混凝土拌合料进场和灌注计划如何？
6. 钻进 （1）钻进速度是否合适？ （2）钻头的动作是否正常？ （3）循环水的相对密度是否合适？ （4）防止孔壁坍塌的对策是否合适？ （5）护筒端部是否漏水？ （6）钻杆是否跳动？ （7）桩孔的垂直度如何？	13. 混凝土质量 （1）外观检查结果如何？ （2）坍落度试验结果如何？ （3）混凝土泵车出发时是否已检查？
7. 桩端持力层 （1）确认桩端持力层的方法是否合适？ （2）进入桩端持力层的深度如何？ （3）钻进结束后是否进行原深度空钻？	14. 混凝土灌注 （1）混凝土的灌注是否中断？ （2）导管和灌注混凝土顶部的搭接是否良好？ （3）传送带和泵车的安排是否妥当？ （4）孔内排水如何？ （5）桩孔顶部混凝土是否进行了检查？ （6）灌注终了后是否进行了最终检查？
8. 检尺 检尺的方法是否合适？	15. 回填 混凝土灌注后是否用土覆盖？
9. 孔底松弛的防止 （1）是否对沉渣进行了调查？ （2）沉渣处理方法是否合适？	16. 施工精度 桩头平面位置的偏差如何？

4.4　工 程 实 例

4.4.1　温州世贸中心大厦超百米深泵吸反循环钻成孔灌注桩施工

4.4.1.1　工程概况

温州世贸中心大厦主楼设计了 242 根直径 1100mm 的泵吸反循环钻成孔灌注桩，孔深 90～120m，其设计承载力为 14250kN，要求桩端进入持力层（强风化地层）10m 以上。当强风化层的厚度不足 10m 时，桩端须嵌入中风化岩层 1.1m 以上。孔底沉渣厚度不大于 50mm，桩身垂直度偏差不大于 0.5%。

拟建场地地层由杂填土、黏土、淤泥及淤泥质黏土、深部黏性土、坡残积粉质黏土混碎石、风化基岩等九个工程地质层组成。

场地表层地下水属潜水型，水位随大气降水季节性变化，年水位变化约 3.0m。勘察期间稳定水位埋深为 0～2.05m。

4.4.1.2　工程特点及难点

1）超深的桩长。根据设计要求，本工程最大孔深为 120m，在桩基中罕见。

2）地层复杂。工程地质勘察资料表明，场地下障碍物多，场地中央原来有一条地下水沟通过，水沟两侧由条石、块石砌筑而成，最大埋深达 6m；场地内淤泥层厚度达 30 多米，易坍塌、缩径；全风化、强风化层中夹有中风化残留体，残留体大小不一，厚度不均，抗压强度大；有 201 根桩持力层必须进入中风化基岩，基岩面起伏不平、倾角大、强度高。

3）中风化地层及中风化残留体施工难度大。本工程主楼 201 根桩桩尖需进入中风化基岩，该层岩质坚硬，抗压强度最大达到 330MPa，钻进难度极大。特别是全风化、强风化基岩中夹有厚度为 0.5～41m 的中风化残留体，单孔残留体累计厚度达 50m 以上，岩质坚硬，抗压强度大，层面倾斜，极易引起钻进孔斜、卡钻、垮孔、堵管等孔内事故，给施工带来极大的困难。

4）布桩密集。主楼桩按设计要求，数量为 242 根，桩位最小中心距仅为 3.3m，因此对桩身的垂直度要求很高，超出规范要求（桩身倾斜度≤0.5%）。

5）孔壁稳定性差。根据勘察资料，场地有深度约为 30m 的淤泥层，容易坍塌和缩径，同时还有破碎的强风化地层，极易掉块。反循环钻进时必须严格控制泥浆性能，保证孔内水头压力，以达到护壁的效果。

6）混凝土面的探测难度大。由于桩孔超深，空孔段长达 18m，灌注时对上升混凝土面的检测至关重要。

4.4.1.3　主要施工技术

1. 钻进设备

根据场地工程地质条件和设计要求，结合本工程的特点，选用 6 台套 GPS-30A 型钻机配以 4PNL 型泥浆泵、6BSA 型砂石泵、A245mm 钻杆，主要用于施工难度较大、较深的桩孔。另外选用 4 台套 GPS-20HA 型钻机配以 3PNL 型泥浆泵、6BSA 型砂石泵、A194mm 钻杆，用于施工难度相对不大、深度相对较浅的钻孔。

2. 成孔技术

（1）成孔工艺

根据场地工程勘察报告，结合以往施工经验，采用泵吸反循环工艺钻进成孔。

（2）钻进方法

第四系松散层钻进采用单腰带三翼刮刀钻头，中转速、大泵量，以利于切削土层、加快进尺，同时防止钻杆甩打孔壁；强～中风化或中风化残留体钻进换用滚刀钻头加配重，钻进过程中调整好泥浆性能，保持孔壁稳定，钻进至终孔前注意调整泥浆密度为 1.15～1.2kg/L。

（3）超深桩孔的施工技术

1）防止孔斜。由于钻孔超深，必须保持钻机的稳固。开钻前用水平仪校正好钻机水平，使钻机天车中心、转盘中心、桩孔中心三点在同一铅垂线上；钻进过程中注意经常校正钻机水平。开孔钻进 15m 以内易发生孔斜，必须控制钻进速度，严禁盲目加压钻进。钻头以上 2 根钻杆配扶正器，必要时钻具中间再配扶正器。为保证钻孔垂直，钻具中间加导正，采用减压钻进，同时加强钻孔垂直度监控，出现孔斜征兆时及时纠斜。

2）预防事故的发生。下入钻具时应仔细检查钻头、钻杆的强度，检查连接螺纹的好坏，且螺栓一定要上紧，防止松扣导致钻具掉入孔内。

（4）中风化残留体施工技术

1）钻进至残留体时，应控制钻进速度，轻压慢转，同时校正桩孔垂直度，防止桩孔在残留体的界面上发生偏斜。

2）根据残留体的岩层硬度选择合适的滚刀钻头。在滚刀钻头回转钻进前应采用反循环清除孔底沉渣，然后轻压慢转，控制进尺，防止桩孔偏斜。

3）对于强风化或较软的中风化地层，采用焊齿滚刀钻头，施工效率高，钻头胎体磨损小，易于修复，使用成本低。对于硬度较大的中风化地层，采用镶齿滚刀钻头，其强度高、耐磨性好。

4）当钻进平稳后，应逐渐加大转速和钻压，给予钻头破碎岩层需要的压力。

5）采用滚刀钻头钻进时，应保证孔底干净，防止掉物，以延长钻头使用寿命。

3. 钢筋笼安放

钢筋笼主筋采用 20 根 ϕ22 钢筋。由于钻孔深、桩身长，钢筋笼节数多达 12 节，钢筋笼连接垂直度要求高，采用焊接的方式耗时较长，难以保证钢筋笼的垂直度。为缩短钢筋笼下放时间、保证钢筋笼的连接速度、提高效率，钢筋笼主筋采用滚压直螺纹套筒连接，每个接头连接用时仅 30min，既缩短了下放时间，又确保了工程质量。

4. 二次清孔

由于大直径、超深钻孔泥浆量大，终孔前应注意调整好泥浆密度，一般为 1.15～1.2kg/L，以减少二次清孔换浆时间，同时尽量缩短终孔至二次清孔的间隔时间，减少孔内泥浆的沉淀。二次清孔时用吊车吊住导管，提离孔底一定距离，逐渐送浆清孔，之后慢慢地下放导管，导管底端距孔底 300～500mm 时全泵量清孔。清孔过程中导管要向四周活动，以清干净孔底四周的沉渣。测量孔深时，由于桩孔超深，常规测绳难以满足要求，特别定做了长 150m、直径 6mm 的钢丝测绳。

5. 混凝土灌注

（1）灌注方法

由于桩孔超深，初灌量大，灌注时间长，为确保混凝土的灌注质量，对灌注导管必须进行严格检查；事前做好抗压试验和水密试验，确保接头密封，保证灌注导管的强度和密封性，并配备相应容量的初灌大斗，保证初灌量，使导管的埋深达到规范要求（≥0.8m）。本工程采用了 6m³ 的初灌斗，并根据灌注时间，要求混凝土初凝时间大于 10h。

（2）混凝土面的检测

因桩孔超深，灌注形成的浮浆很厚，灌注时混凝土面的检测难度加大。灌注过程中一般采用铜丝测绳检测混凝土面，但要严格控制导管埋深在 3～8m。主楼桩空孔段长达 18m，为保证桩顶混凝土强度，设计超灌 2m。为了在如此深的空孔中准确判断终灌混凝土面，必须采取切实措施。

首先采用测绳系混凝土打捞器在桩顶位置捞取，如能顺利捞取混凝土石子，则表明混凝土面高度已达到设计桩顶位置；否则，采用直径 1.5in（38.1mm）的水管连接混凝土打捞器，下入孔内桩顶混凝土面位置捞取石子。每根水管长度为 3m，便于人工拆卸。

4.4.1.4　施工体会

温州世贸中心大厦桩基工程顺利完工，共灌注混凝土 22333m³，其中最深的桩孔为 121.93m。对该大厦钻孔灌注桩工程的施工笔者有如下体会：

1）由于钻孔超深，孔内事故的处理难度极大，因此施工过程中应特别注意预防孔内事故的发生，下入钻具前应仔细检查，钻进过程中发现异常情况应及时起钻检查，不能存在侥幸心理。

2）中风化残留体和中风化基岩的施工极为重要，桩孔施工成败的关键在于残留体地层的施工。该地层容易发生偏斜，又容易出现孔内事故，同时也是影响钻进效率的关键环节。选择合适的滚刀钻头，提高钻头的使用寿命，是该工程桩基施工成败的关键。

3）二次清孔是钻孔灌注桩的重要环节，清孔的质量直接影响桩的承载力。由于桩孔超深，下入的导管很难清干净孔底四周的沉渣，为缩短二次清孔时间，保证清孔质量，应首先做好一次清孔工作（在终孔后起钻前的清孔工作），合理地安排施工，注意各工序的衔接，尽量缩短终孔至二次清孔的时间，减少孔内泥浆的沉淀。

4）灌注混凝土时孔壁部分泥皮随混凝土面上升，由于桩孔超深，灌注形成的浮浆很厚，灌注时对导管埋深及混凝土面的判定至关重要，灌注过程中要严格控制导管埋深。

4.4.2 科威特巴比延岛公路桥铁路桥泵吸反循环钻成孔灌注桩

4.4.2.1 工程概况

科威特巴比延岛海港项目一期一阶段公路桥及铁路桥工程包括一座长 1.42km、双幅两车道的公路桥，钻孔桩总数为 240 根，一座长 4.24km 的铁路桥，钻孔桩总数为 526 根，其中最大桩径为 2.5m，最大孔深为 81.3m。钻孔灌注桩各项数据见表 4-9。

表 4-9 基桩主要工程量统计

工程	序号	桩径/m	基桩数量/根				
			大陆侧陆地区	大陆侧滩涂区	深水区	岛侧滩涂和陆地区	小计
公路桥	1	1.5	8	8	20	0	36
	2	1.8	8	8	56	8	80
	3	2.0	0	—	0	32	32
	4	2.2	0	12	76	4	92
	小计		16	28	152	44	240
铁路桥	1	1.5	48	0	0	0	48
	2	1.8	0	144	0	6	150
	3	2.0	0	48	12	0	60
	4	2.2	0	0	42	240	282
	5	2.5	0	2	40	24	66
	小计		48	194	94	270	606

开工时间为 2009 年 12 月 12 日，完工时间为 2011 年 6 月 10 日。

4.4.2.2 地质情况

巴比延岛大陆侧地势平坦，地层上部为 6m 左右的砂质顶层，砂层的相对密度一般在中等密实到密实之间，并夹杂淤泥层/黏土层，其下卧地层为中等硬度的黏土层。

巴比延岛海峡海床地势高差较大，分别由靠岸两侧向海峡中间位置加深，因此靠岸两侧水浅，海峡中间位置水深，最深处约有 12m。部分地层上层有 5m 左右的黏土层/淤泥层，部分位置是中等密实至密实的砂层，夹有砾石；下层均为密实至非常密实的砂层，并夹杂着砾石。

巴比延岛岛上地势从东至西依次降低。岛上地层顶部为 1～1.5m 厚的粉质黏土，其下为 10～23m 厚的软黏土和淤泥，底层为密实和非常密实的细砂。地下水位在地表下 1m 左右。

4.4.2.3 桩基施工设备

表 4-10 为桩基施工设备表。

表 4-10　桩基施工设备

序号	设备名称	型号规格或品牌	功率/kW	单位	配套数量	备注
1	反循环钻机	GPS-22	55	台套	6	
2	反循环钻机	GPS-20	37	台套	4	
3	砂石泵	6BS	30	台	10	
4	泥浆泵	4PN	37	台	22	
5	汽车吊	80t	—	台	1	
6	汽车吊	50t	—	台	1	
7	汽车吊	25t	—	台	1	
8	发电机	250kW	—	台	10	
9	全站仪	TCRA1201	—	台	2	
10	水准仪	索佳	—	台	2	
11	空压机	0.9MPa	—	台	1	
12	挖掘机	305 型	—	台	1	
13	装载机	ZL-50G	—	台	1	

桩基施工中包括钢结构平台搭建和拆卸转移、钻机的转移和安装、钢筋笼吊放和混凝土灌注成桩，都需要船机配合作业，投入的船机详见表 4-11。

表 4-11　施工船机数量

序号	船机品称及规格	数量	单位	工作内容
1	搅拌船	1	艘	深水区钻孔桩等下部结构混凝土供应
2	165t 的组合起重船	1	艘	钻孔桩吊装钢筋笼，钻机平台拆装，钻机转移
3	130t 的组合起重船	2	艘	钢护筒振沉，钻机平台打桩和安装、拆卸转运
4	泥浆船（500t）	2	艘	每 2 个平台配 1 艘作循环系统，储存、补给泥浆
5	运渣船（500t）	1	艘	排除废浆、废渣专用

注：船机数量适时调整。

4.4.2.4　施工方案及施工工艺

1. 施工测量

（1）施工测量的主要任务
1）复核首级平面及高程控制网。
2）加密控制点，建立施工测量控制网。
3）钻孔桩基础施工测量，包括钢护筒定位测量（水中）、桩位放样测量（陆上）、钻机定位测量等。
4）施工平台安装测量。
（2）施测程序
施测程序如图 4-13 所示。

2. 施工平台设计与建造

本项目桩基平台有三种类型，即陆地施工平台、浅水滩涂区围堰筑岛平台和海上钢结构平台。各类

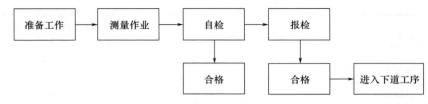

图 4 - 13　施测程序

施工平台的结构与基本要求分述如下。

（1）陆地施工平台

1）平台面高程确定原则：①确保钢护筒口高出地下水位2m以上。②保证平台顶面高出施工期间可能出现的最高潮水位以上0.7m（包括浪高），避免被潮水淹没。

2）平台填筑：用平台附近砂质土填筑，如遇施工场地地表为软弱淤泥层时，应采用换填措施，适当压实，满足作业要求。

（2）浅水滩涂区围堰筑岛平台

浅水滩涂区围堰筑岛施工平台除满足陆地平台的要求外，为保证围堰边坡稳定，边部还应码砌沙袋，中间填砂，适当压实，满足作业要求。

（3）海上钢结构平台

钻孔钢平台搭建采用起重船整根起吊钢管桩，测量定位插入海床泥面后，用振动锤振击钢管桩至设计标高。沿桥墩横向从一端向另一端施工，然后依次安装横梁、纵梁、分配梁和面板。振动锤选用ICE44B-50型液压振动锤，激振力为1830kN。

3. 钢护筒设计与埋置

（1）钢护筒的结构与作用

按设计本工程无论在水域还是在陆地，桩孔钢护筒均为一次性永久钢护筒。钢护筒的主要作用：控制桩位，提高桩位精度，隔离表层松软地层，防止孔壁坍塌，抬高水头，形成泥浆正常循环和平衡地下水压力的必要水头高度。

（2）钢护筒埋置要求

1）在陆地上永久性钢护筒设计最小深度要坐落到地下水位以下3m处，在水上则要求钢护筒应下入冲刷线以下不少于3m。振沉时安装导向架，保证贯入垂直度满足设计要求，并要求将松软地层全部封闭，护筒底口进入密实的隔水层。

2）钢护筒定位与振沉。为确保钢护筒定位精确，拟在钢平台桩孔孔位上安置双层定位导向架。在定位导向架作用下，钢护筒垂直下沉到海床底，并依靠其自重嵌入部分软弱土层中。当其不能继续依靠自重下沉后，采用液压振动锤下沉到位。

4. 护孔泥浆

（1）泥浆的基本性能要求

施工区地层以淤泥、黏性砂土、密实～非常密实的砂土为主，临近地表地层十分软弱，岛上表土呈软塑～流塑状。其他砂土层标准贯入度虽高，且十分密实，但吸水后膨胀解裂，属水敏性地层，容易造成缩颈。根据地层条件，护孔泥浆应具备低失水率、低相对密度、低黏度的"三低"特点。在海域作业条件下泥浆还必须具有抗盐稳定性，以确保桩孔壁完整，施工安全顺利。

泥浆性能的基本要求见表4-12。在施工过程中，将视地层情况对泥浆性能进行适当调整，对地层稳定的桩孔将酌情采取桩孔土层钻进自行造浆的方法。

表 4 - 12　泥浆性能指标

性能指标	钻进阶段泥浆	混凝土灌注阶段泥浆	试验方法
密度/(lb①/in②③)	64.3～69.1	64.3～75	密度平衡法
黏度/(s/qt③)	28～45	28～45	漏斗法
pH	8～11	8～11	pH 纸或仪表法

注：①lb 为非法定单位，1lb＝0.454kg。

②in 为非法定单位，1in＝2.54cm。

③qt 为非法定单位，1qt＝1.137dm³。

（2）泥浆制备材料

泥浆制备材料包括：钠基膨润土，造浆率大于或等于 15m³；拌合用水，淡水或含盐分较少的地下水；分散剂，工业碳酸钠（Na_2CO_3）；抗盐降失水剂，低黏度羧甲基纤维素（CMC）；稀释剂，铁铬盐（FCLS）。

泥浆基本配比在现场经过试验对比后根据地质情况择优确定。

5. 钻孔桩成孔施工

（1）钻孔施工方法

采用回旋钻机全断面钻进、泵吸反循环清除孔底沉渣、优质泥浆护壁的施工方法。

（2）钻孔桩施工工艺流程

钻孔桩施工工艺流程见图 4 - 14。

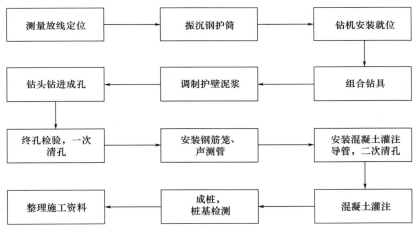

图 4 - 14　钻孔桩施工工艺流程

（3）钻孔桩成孔机械选型

选用 GPS - 20 型、GPS - 22 型和 GPS - 25 型回转钻机进行钻孔桩施工。钻机性能参数见表 4 - 13。

表 4 - 13　钻机性能参数

钻机型号	GPS - 20 型	GPS - 22 型	GPS - 25 型
钻孔口径/cm	200	220	250
钻孔深度/m	80	100	130
最大输出扭矩/(kN·m)	65	80	100
驱动动力功率/kW	37	55	75
钻机质量/kg	10000	13000	18000
出渣方式	正反循环	正反循环	正反循环

（4）成孔过程中的检测

1）钻机安装要求。

① 首先平整场地并夯实，铺设枕木和钢轨，桩孔中心点必须位于两钢轨顶面中心线的等距中心。用1.5m水平尺测量钢轨上顶面，调整钢轨使其水平，然后把钻机架设于钢轨上。测定转盘顶面水平度和机架垂直度。

② 在开始钻孔前，以铅垂线检测龙门架天车轮中心、转盘中心、桩位中心，三点应位于同一铅垂线上，否则进行调整。最后固定钻机位置，避免其在钻孔过程中意外滑移。

③ 埋设定位桩。钻机就位前，在测量仪器的指引下埋设2组定位桩，每组2个。定位桩埋设于钻机影响范围以外的稳定地面处。每组定位桩与桩孔中心在一个铅垂面内，两组定位桩与桩孔中心形成的两个铅垂面的交线即为通过桩孔中心的铅垂线。利用定位桩可以方便、准确地恢复桩孔中心。将其投影至转盘上，方便随时检测平面对中的准确性。

2）钻孔过程中的防斜检查。

本工程要求开钻后20m范围内每加一节钻杆测定一次钻孔垂直度，由机长负责观测并做好检查记录，检查内容包括：

① 钻机水平度。测定方法：将水平尺放于转盘之上，观察气泡的居中度，如果不平，说明地基局部下陷，可于机台木下边以薄铁板调整水平度，直至水平。

② 主动钻杆的垂直度。孔深超过20m，在钻孔过程中每钻进10m或在钻进易斜地层时测量一次钻杆的垂直度。通过设于主动钻杆上端的圆环上的任意点悬垂一线锤，垂于护筒端口处主动钻杆侧的一点。

3）钻孔成孔后桩孔垂直度及桩径的检查。

规范要求：桩径应不小于设计值的97%，桩孔垂直度应不大于1/50。钻孔完成后，为检测桩孔直径和垂直度，制检测笼一个，检测笼直径为设计桩径的97%，检测笼长度为6m。具体操作如下：

钻孔完成后，起吊检测笼，将其放入桩孔内，钢丝绳通过的轨迹即钻孔的倾斜方位与斜度。若孔斜，产生探笼位移，带动悬挂钢丝绳位移一定距离，可于孔口测定钢丝绳偏离钻孔中心的距离，即可推算出孔底的最终偏距。

例如，钻塔高度为11m，天车距转盘10m，以40m的桩孔为例，计算设计偏距为0.8m，每10m的偏距不超过0.2m，天车距孔底高度为50m，计算孔口钢丝绳允许偏距如下：

$$10：50＝x：1.0，\quad x＝0.2m$$

当x小于0.2m即满足设计要求，x大于0.2m即超过设计要求，则需采取纠斜措施。

6. 钢筋笼制作与连接

（1）钢筋笼制作场地布置

钢筋笼制作场地布置在大陆侧两桥之间的岸边，制作场地包括台座与储放场地。

（2）钢筋笼分节

根据钢筋定尺长度，钢筋笼制作分节长度为12m，相邻接头所处断面的间距按设计图纸规定查得，下笼时可预先将两节钢筋笼进行预拼装，单次吊装长度为24m，以加快安放速度。

钢筋笼主筋直径为32mm及32mm以下时用U形卡连接。加强筋的连接、螺旋筋和主筋之间的连接采用电弧焊焊接，焊接质量要求按美国规范执行。钢筋笼整体长度在底笼的长度上调节。

钢筋笼预制好后进行声测管的安装。为了方便安装声测管道，声测管与钢筋笼一道分节，每隔4m左右用铁丝与钢筋笼绑扎，运至施工现场后与钢筋笼一道对接沉放。声测管接头采用承插式焊接接头。

7. 混凝土灌注

钢筋笼安装好后即安装灌注混凝土的导管至孔底。在灌注混凝土前应进行孔底沉渣厚度测量，满足要求后才允许进行水下混凝土的灌注。

（1）水下混凝土灌注设备

1）导管。导管采用钢管制成，导管外径为 300mm，壁厚为 6mm，每节长度为 2.5m，采用螺纹连接。导管接头处设 2 道密封圈，保证接头的密封性，并于灌注前进行水密封性能试验，试验压力值 50m 孔深时经计算设定为 0.9MPa。

2）料斗。配备加固型的 1.5m³ 孔口直接溜灌灌注料斗，能够满足混凝土灌注过程的需要。

3）混凝土配合比（由实验室提供）。混凝土配合比的基本要求：强度为 40MPa；坍落度为 200～220mm（到达孔口时的实测值，应考虑到运输途中的坍落度损失）；粗骨料最大直径不大于 20mm；初凝时间不少于 8h。

（2）混凝土灌注

1）混凝土封底灌注采用胶质球胆拔塞法施工。进场混凝土必须有出场合格证，并经坍落度检测合格后方能灌注。不合格混凝土坚决退回，不允许现场加水增大坍落度，自出场到现场停待超过 4h 的混凝土不得使用。

2）灌注混凝土采用陆地搅拌站或搅拌船拌制。当采用搅拌船供混凝土时，混凝土通过搅拌站出料口直接进入混凝土泵料斗泵送，经布料杆送至平台上的 1.5m³ 料斗中。料斗口设置粗滤格栅，防止大块异物进入。注满漏斗后，以吊车小钩拔出拔塞，泵车连续不停泵送，顺利完成首车封底灌注。当采用陆地搅拌站供混凝土时，使用混凝土车运输到现场，混凝土泵车在孔口通过溜槽直接进入大漏斗，注满后同样以吊车小钩拔塞，混凝土车同步溜灌，完成首车混凝土封底灌注。

3）首车混凝土灌注成功后，随即转入正常灌注阶段。混凝土经泵送，不断地通过灌注料斗及导管灌注，直至完成整根桩的灌注。正常灌注阶段导管埋深控制在 2～6m，每次拆除导管 1～2 节，拆除导管后导管底口的埋置深度不应小于 2.0m。在混凝土灌注的过程中应经常测量混凝土面标高，以确定导管埋深和拆除导管的时机。

4）当实测混凝土面高出桩顶 0.75m 时灌注完成，及时拆除灌注导管并清理备用。超灌混凝土在承台施工前凿除。

在灌注过程中，由混凝土置换出来的孔内泥浆经泥浆泵泵送至其他待钻护筒内或泥浆船上回收利用，废渣运送至指定的位置进行处理。

4.4.2.5　施工质量保证措施

1. 钢护筒振沉的垂直度控制

场区上部地层由细粗砂和黏土组成，夹有砾石，土层密实。钢护筒在振沉中遇到较大砾石时容易径向位移而挤入另一侧，或受到不均匀挤夹变形成椭圆，解决方法有：

1）提高底部管靴刀尖强度，以击碎砾石，使护筒垂直下沉。

2）改善底部刀尖角度，使其大于 45°。

3）控制击振速率，制定贯入终止条件；遇到砾石，施振慢入，振碎砾石后再转为正常击入；振沉不进时可以终止。

4）振沉中定时对钢护筒中心线进行垂直度观测，发现垂直度超过偏差及时上拔，重新定位振沉。

采取上述措施可确保钢护筒的垂直度控制在规范规定范围之内。

2. 桩孔垂直度偏移控制方法

桩孔偏移与地层有直接关系，易斜地层砾石含量较多、直径大，对钻头的阻力较大，钻进中钻头摇摆，机架晃动，如未采取减压措施，钻头将被挤入一边，偏离设计轨迹，这是造成偏孔的主要原因。应采取如下措施：

1）进入砾石层，控制钻进压力和钻速，此时可减小钻压（吊着打，慢进即可），钻速降为7r/min，可有效防止偏孔。

2）使用与钻头直径相同的具有一定长度的扶正器，增强钻具的导正性能。

3）使用经纬仪定时监控主动钻杆的垂直度变化趋势，以便及时采取补救措施。

4）发现偏孔超过允许偏差，及时扫孔纠正。纠斜使用扶正器最有效。吊着扫、慢扫进，即可有效纠正钻孔偏斜。

3. 缩径地层孔径小于设计桩径时的处理

使用比设计桩径小30mm的钻头，在同一岩土层中钻进，孔径比钻头直径略大或接近设计桩径，之后在冲洗液的浸泡冲刷下桩径增大或超过设计桩径。钻头直径比设计桩径小30mm为行业的通用做法，是实钻经验的总结。采取如上做法，一般可以满足设计要求。本工程部分地层为水敏地层，当泥浆失水量过大而又未做有效调整时，泥浆中的自由水浸入黏土含量高的地层而产生膨胀缩径。解决的办法如下：

1）经常检查钻头磨损情况及测量外径，外径不宜小于设计直径30mm。对于密实、不易超径地层，钻头外径应与设计桩径相同，从而保证成孔孔径不小于设计桩径。

2）对于缩径孔段，加工专用扫孔钻头，外径和设计桩孔相同，于终孔后对该孔段自上而下重新慢速扫孔1～3遍，即可达到设计孔径要求。

4. 完备桩孔垂直度检测手段

1）工程桩施工时拟租用井径仪，对开工后的前10根桩全部进行检测，全部合格后，每50根桩中随机抽取任意桩检测一次，以监控成孔垂直度。

2）终孔采用声呐检测仪检查桩孔的孔径和垂直度，这是多年施工中总结的行之有效的方法。

3）检测不合格的桩孔不得灌注，必须采取扫孔纠偏及其他相应纠偏措施，直至最终检测合格为止。

4.4.3 浙江省温州市瓯江口新区一期市政工程PPP项目

4.4.3.1 工程概况

工程内容包括瓯江口新区一期面积在14.72km² 以内的道路、桥梁、道路照明、道路交通安全设施、河道、广场、景观、绿地、污水提升泵站、垃圾中转站和市政管线、综合管廊等所有市政基础设施项目。其中，基桩工程量为700根桥梁基桩，直径分1500mm、1200mm、1000mm三种，桩长70～90m。

场地濒临海域，吹填而成。桩长范围内穿越的地层依次为吹填砂、粉质黏土、淤泥质黏土、淤泥、淤泥质黏土、黏土、粉砂、圆砾及卵石。其中，圆砾及卵石层平均厚度达25m。

4.4.3.2 工程重点和难点

桩长范围内发育平均厚度达25m的圆砾及卵石层，在成孔穿越过程中会产生泥浆漏失、孔壁坍塌。

4.4.3.3 施工设备及机具的选择

在基桩成孔过程中，采用由浙江中锐重工科技股份有限公司研发的ZJD2000/100履带式泵吸反循环全液压钻机进行施工（表4-2、图4-15），施工过程中配以泥浆泵、砂石泵、离心泵、双围板刮刀钻头等。

图4-15 采用ZJD2000/100履带式泵吸反循环全液压钻机施工

4.4.3.4　钻进方法

泥浆配制完毕，开始成孔钻进，钻进过程中采用泵吸反循环施工工艺。护筒内钻进，利用黏土、淤泥、淤泥质黏土进行造浆，同时调整泥浆性能指标参数，泥浆密度为 $1.17\sim1.2g/cm^3$，黏度为 $18\sim19Pa\cdot s$，含砂率不大于 4%，为出护筒后钻进做好准备。钻头穿越护筒后，根据不同土层的特点，在成孔钻进过程中及时调整泥浆性能指标参数和钻进速度。

4.4.3.5　施工注意事项

1. 防止泥浆漏失的措施

泥浆漏失指泥浆因压力差而渗入圆砾及卵石层孔隙中的现象。泥浆漏失几乎难以避免。孔内泥浆面以 2m/h 的速度下降是正常现象，从造浆箱中及时补充新泥浆，保持孔内泥浆面高于孔外地下水位面 1.5m 即可。孔内泥浆面以 $2\sim3m/min$ 的速度下降属于泥浆漏失严重，必须采取防止泥浆漏失的措施。因此，钻进前应在储浆箱中储备 2 倍钻孔体积的泥浆。

1）降低泥浆失水率，保持泥浆性状。将钠质膨润土浸泡 24h，若是钙质膨润土可加适量碱，碱量为膨润土量的 1%～2%，然后按膨润土∶水＝1∶3 的配比搅拌，集中到储浆箱中陈化 24h。因为上部地层具有造浆能力，膨润土用量可适当减少，每 $100m^3$ 泥浆中加入膨润土 3000～5000kg。为了降低泥浆中含砂率，每 $100m^3$ 泥浆中加入事先浸泡 24h 以上的纯碱（浓度为 25%～30%）300～500kg，然后将拌好的浓度为 1% 的羧甲基纤维素（CMC）溶液加入泥浆中，用量为每 $100m^3$ 泥浆中加入 CMC 溶液 100～300kg。根据钻进过程中的泥浆量，按比例同时加入膨润土溶液、纯碱溶液、CMC 溶液。切不可直接将 3 种粉剂加入泥浆中。具体可通过测量含砂率（小于 10%）与失水量（小于 15mL/30min）来控制 CMC 与纯碱溶液的用量。

2）提高泥浆黏度，减少泥浆漏失。将聚丙烯酰胺（PHP）稀释成浓度为 1%～1.5% 的溶液，并保证其水解度大于 60%。将适量的纯碱（为 PHP 质量的 10%～20%）与 PHP 溶液搅拌均匀后，缓慢加入正在循环的泥浆中。每 $100m^3$ 泥浆中 PHP 的用量为 100kg，使泥浆黏度 10min 后提高到 $22\sim30Pa\cdot s$。

3）在钻遇圆砾及卵石层前，向孔内加 500～1000kg 遇水膨胀的锯末。

4）若泥浆漏失速度较快，如孔内泥浆面以 $2\sim3m/min$ 的速度下降，可向孔内投入 2000kg 水泥，泥浆循环 30min 后，停止空压机，静止 4～6h，观察孔内泥浆面的变化。如果孔内泥浆面下降均匀，则向孔内补充新泥浆。如果孔内泥浆液面没有变化，则静止时间一到继续钻进。

2. 防止孔壁坍塌的措施

在圆砾及卵石层中钻进时孔壁坍塌主要是由于圆砾及卵石层本身结构松散及施工过程中钻具的扰动，其受力平衡被破坏而产生力学不稳定。因此，如果解决了泥浆漏失的问题，通过下述方法可以解决孔壁坍塌的问题：

1）保证孔内泥浆面高于地下水位面 1.5m，提高泥浆密度，保持泥浆对孔壁的压力。泥浆密度一般为 $1.20\sim1.25g/cm^3$。

2）为防止孔壁受扰动而发生坍塌，泥浆黏度不小于 $22Pa\cdot s$，以增加孔壁上的泥皮厚度。

3）在圆砾及卵石层钻进时，钻机转速选择中等转速，进尺速度不大于 1.5m/h。

4）终孔后，停滞时间要尽量缩短，防止泥浆因静置时间过长而失水，导致其性状发生变化，从而导致泥浆护壁性能降低。

5）采用了宁波易通建设有限公司的实用新型专利"一种施工钻孔灌注桩用的钻头"，专利号为 ZL201520882963.9。该实用新型专利为一种双围板结构的刮刀钻头，确保孔壁的垂直度和光滑度，也就自然避免了无法顺利下放钢筋笼、桩身倾斜过大等一系列后续问题。而且两个围板之间设有竖向连杆，这就使两个围板形成了整体结构，进一步确保孔壁的垂直和光滑，减少围板与孔壁间的摩擦，延长了钻头的使用时间（图4-16）。该实用新型专利在程序的控制下能实现随进尺速度、泥浆漏失、孔外水位面变化而自动加注泥浆，保持孔内泥浆面高于孔外地下水位面1.5m。

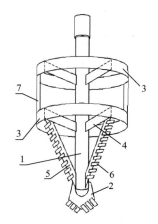

图4-16　双围板结构刮刀的结构
1. 钻杆；2. 钻尖；3. 围板；4. 连接板；5. 翼板；6. 合金切削齿；7. 竖向连杆

6）刮刀钻头上配一个扶正器，扶正器外径与钻头外径相同，并小于孔径，既能防止塌孔，又可保证孔壁垂直度。

钻进成孔时，泥浆液面与泥浆管最高点之间的垂直距离不大于6m。

采取上述措施后，单桩成孔时间为10～15h。

4.4.4　江苏省镇江市连淮扬镇铁路五峰山长江公铁两用桥桩基工程

4.4.4.1　工程概况

连淮扬镇铁路（以下简称连镇铁路）是江苏中部贯通南北的重要通道，北起连云港，经淮安市、扬州市，至镇江市，全长210km，总投资268亿元，以高架桥为主，初时设计时速250km/h，发展时速300km/h。连镇铁路除了可以连接沪宁城际铁路及在建的徐连客专、青连铁路以外，还预留南延的条件，可以对接浙、皖、赣的铁路网。其中，五峰山长江公铁两用桥是连镇铁路的重点控制工程。

桥址区第四系覆盖层以冲洪积的粉质黏土、粉细砂、中粗砂为主，下伏岩层为强风化凝灰质安山岩、中风化凝灰质安山岩，其中中风化凝灰质安山岩岩石单轴饱和抗压强度为50MPa。

五峰山长江公铁两用桥基桩直径为2000mm，桩长83.4～86.5m，基桩从强风化岩层到中风化岩层约8m。

4.4.4.2　工程重点难点

在桩长范围内基桩需穿越强风化岩层到中风化岩层约8m，其中中风化岩层属较坚硬岩，钻进成孔工效低。

4.4.4.3　钻机设备及机具的选择

在基桩成孔过程中，采用由浙江中锐重工科技股份有限公司研发的ZJD2000/100履带式泵吸反循环全液压钻机进行施工（表4-2、图4-17），施工过程中配以泥浆泵、砂石泵、离心泵、单围板三翼刮刀钻头、焊齿滚刀钻头等。

4.4.4.4　钻进方法

在第四系覆盖层中成孔钻进采用单围板三翼刮刀钻头，中转速、大泵量，以利于切削土层、提高进尺速度，同时防止钻杆甩打孔壁。在强风化凝灰质安山岩、中风化凝灰质安山岩中成孔钻进，提钻换用焊齿滚刀钻头，加配重进行钻进。钻进过程中，调整好泥浆性能指标参数，保持孔壁稳定，泥浆密度为

图 4 - 17　采用 ZJD2000/100 履带式泵吸反循环全液压钻机施工

$1.15 \sim 1.20 g/cm^3$，黏度不小于 $20 Pa \cdot s$，含砂率不大于 4%。

4.4.4.5　施工注意事项

1）为保证泵吸反循环顺利进行，成孔钻进施工时泥浆液面与泥浆管最高点之间的垂直距离不大于 6m。

2）开钻前用水平仪校正好钻机水平，使钻机天车中心、转盘中心、桩孔中心三点在同一铅垂线上。钻进过程中注意经常校正钻机水平。

3）采用配重导向扶正器对钻进过程进行垂直引导和纠偏。选用该种方式有两个原因：受主动土压力作用，会产生轻微缩孔，若选用加接在钻杆上的可自转扶正器，在提钻时可能会因为缩孔导致卡钻；在第四系覆盖层中成孔钻进时，采用单围板三翼刮刀钻头，相对于双围板三翼刮刀钻头，其平稳性和导向性有所下降，采用配重导向扶正器可增加围挡高度，保证孔壁垂直度。

4）保持孔内泥浆面高于孔外地下水位面 1.5m。

5）加接钻杆时，先停止钻进，将钻具提离孔底 $0.3 \sim 0.5m$，维持泥浆循环 5min 以上，以清除孔底沉渣并将钻杆内的钻渣携出排净，然后再加接钻杆。

6）加接钻杆时，钻杆连接螺栓应拧紧、拧牢固，认真检查密封圈，以防钻杆接头漏水漏气，使泵吸反循环无法正常工作。提升钻具应平稳，尤其是当钻头处于护筒底口位置时，必须谨慎操作，防止钻头勾挂护筒，破坏护筒底部的孔壁。

采取上述措施后，单桩平均成孔时间为 75h，其中 76m 第四系覆盖层成孔时间为 27h，后 8m 强风化凝灰质安山岩、中风化凝灰质安山岩岩层成孔时间为 48h。

参 考 文 献

[1] 沈保汉. 泵吸反循环钻成孔灌注桩 [J]. 工程机械与维修，2015（04 增刊）：72 - 76.

[2] 沈保汉. 反循环钻成孔灌注桩 [M] //杨嗣信. 高层建筑施工手册. 3 版. 北京：中国建筑工业出版社，2017：545 - 557.

[3] 京车礼和夫. 钻孔桩施工 [M]. 曹雪琴，等，译. 北京：中国铁道出版社，1981.

[4] 李世京，刘小敏，杨建林. 钻孔灌注桩施工技术 [M]. 北京：地质出版社，1990.

[5] 詹龙和，金克柏，谢秋明. 温州世贸中心大厦钻孔灌注桩施工技术 [J]. 探矿工程（岩土钻掘工程），2004（10）：1 - 3.

[6] 刘延敏. 科威特巴比延岛公路桥铁路桥桩基础工程回旋钻孔桩施工方案 [Z]. 深圳市孺子牛建设工程有限公司，2009.

第5章 气举反循环钻孔灌注桩

沈保汉　张良夫　陈宗见　樊敬亮　徐新战　付连红　晁明智

5.1 基本原理及优缺点

1. 基本原理

气举反循环钻孔灌注桩施工的基本原理：在双壁管或钻杆侧壁安装风管，用空气压缩机将压缩空气输入风管，压缩空气经风管输送至风包，与钻杆内的泥浆混合并膨胀做功，从而形成密度较低的气、液、固三相混合物，使钻杆内外产生压力差，在压力差的作用下，钻杆内泥浆携带钻渣迅速上返，同时孔底的钻渣在泥浆的快速流动下被携带出孔口。

泥浆携钻渣排出后进入过滤箱，通过过滤箱中筛网的一部分泥浆在泥浆箱沉淀后流入孔内，另一部分泥浆经过除砂器后流入孔内。同时，适时向孔内补给新鲜泥浆或者添加泥浆材料，保持泥浆性能指标参数达到设计要求，且保持孔内泥浆面不变（图5-1）。

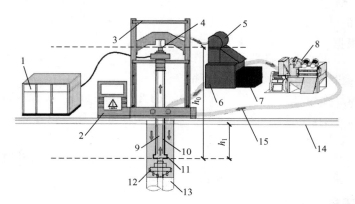

图5-1　气举反循环钻孔灌注桩施工机具及泥浆循环示意图

1. 空气压缩机；2. 操作室；3. 机架；4. 泥浆出口；5. 过滤箱；6. 泥浆箱；7. 钻渣箱；8. 除砂器；9. 钻杆；
10. 风管；11. 风包；12. 钻头；13. 地层；14. 泥浆面；15. 泥浆流动方向

2. 适用地层

气举反循环钻孔适用于土层、砂层、卵砾石层、岩层，特别适合砂层、卵砾石层、岩层中直径大于或等于2.5m、桩长大于或等于90m的大直径超长钻孔灌注桩成孔作业。

3. 气举反循环成孔的优缺点

（1）气举反循环成孔的优点
1）采用大通径钻杆，可直接排出小于钻杆内径的钻渣，排渣能力强，孔底干净。
2）泥浆从钻杆内排出，避免了对孔壁的冲刷，可有效保护孔壁。
3）在钻头处的泥浆对孔底产生抽吸作用，钻渣被及时带走，减少孔底钻渣的重复破碎，破岩效率高，进尺速度快。

　　4）通过孔底加压、全孔段减压钻进，孔壁垂直度高。

　　5）钻渣上返速度快，有利于准确判断地层。

　　（2）气举反循环成孔的缺点

　　1）配套设备多，设备投入成本高。

　　2）施工中耗电量高，施工成本高。

5.2　气举反循环成孔工艺主要参数

　　在气举反循环钻孔灌注桩成孔中，施工关键之一是利用泥浆将产生的钻渣携带出来，确保钻进效率。

　　风包沉没深度是影响气举反循环清孔效率的关键参数。如果沉没深度太浅，钻杆内无法形成稳定的三相流，则气举反循环失败；如果沉没太深，排浆量过大，泥浆补给跟不上，致使孔内泥浆面迅速下降，影响孔壁稳定，容易引起孔壁坍塌。根据工程经验，施工时风包沉没深度宜为 0.6 倍孔深。

　　成孔时所需的风压和风量是气举反循环成孔工艺的 2 个主要技术参数，空压机的配备应根据成孔时的风压和风量选择。空压机压力（P）可按式（5-1）计算：

$$P = \frac{\rho_0 g h_1}{1000} + \Delta P \tag{5-1}$$

式中　ρ_0——钻杆外泥浆的密度，一般取 1.15～1.18g/cm^3；

　　　　g——重力加速度，取 9.8m/s^2；

　　　　h_1——风包沉没于泥浆液面的深度（m），一般取孔深的 0.6 倍；

　　　　ΔP——输气管道压力损失，一般取 0.05～0.1MPa。

　　空压机风量（Q）根据钻杆内混合液的上返速度及钻杆内径确定，按式（5-2）计算：

$$Q = \beta d^2 v \tag{5-2}$$

式中　β——经验系数，一般取 2.0～2.4；

　　　　d——钻杆内径（m）；

　　　　v——导管内混合液上返的流速，一般取 1.5～2.0m/s。

5.3　施工机械设备

5.3.1　与气举反循环施工配套的钻机分类

　　与气举反循环施工配套的钻机可按以下几种方式分类。

1. 按驱动方式分类

　　按驱动方式分为：

　　1）电动式钻机，即由电力驱动的钻机。

　　2）内燃机式钻机，即由内燃机驱动的钻机。

2. 按底盘形式分类

　　按底盘形式分为：

　　1）平台式钻机，即底盘固定安放在平台上的钻机。

　　2）抱管式钻机，即底盘用抱夹装置抱于钢板护筒上的钻机。

　　3）履带式钻机，即底盘为履带式的钻机。

4）轮式钻机，即底盘为轮式的钻机。

5）步履式钻机，即底盘为步履式的钻机。

3．按扭矩传递形式分类

按扭矩传递形式分为：

1）用动力头驱动钻具旋转的钻机。

2）用转盘驱动钻具旋转的钻机。

4．按传动方式分类

按传动方式分为：

1）机械传动的钻机。

2）液压传动的钻机。

5．按提升方式分类

按提升方式分为：

1）用液压油缸提升钻具的钻机。

2）用卷扬机提升钻具的钻机。

6．按钻孔角度分类

按钻孔角度分为：

1）只能进行铅垂孔成孔的钻机。

2）可完成倾斜孔钻进成孔的钻机。

5.3.2　全液压钻机

受减速器的限制，与气举反循环施工配套的机械传动的钻机扭矩小，在大直径、超长钻孔灌注桩成孔作业中受到限制。因此，施工实践中，人们常选择与气举反循环施工配套的液压传动的钻机，简称全液压钻机。尽管与气举反循环施工配套的全液压钻机结构复杂，体积大，拆卸、组装复杂，但其能实现无级变速，传动性能可靠、稳定，扭矩大，提升力大，特别适合砂层、卵砾石层、岩层中大直径、超长钻孔灌注桩的成孔作业。

选择全液压钻机时主要考虑钻机扭矩、提升力、可成孔最大直径和深度，常用全液压钻机的型号及性能参数见表 5-1。

表 5-1　常用全液压钻机的型号及性能参数

名称	设备型号				
	ZJD5000/450	ZJD4000/350	ZJD3500/250	ZJD2800/180	ZJD2300/120
钻孔最大直径/m	5.0	4.0	3.5	2.8	2.3
钻孔最大深度/m	200	160	150	150	140
机架最大提升力/kN	3500	2200	1500	1200	600
机架导向架倾角/(°)	30	25	25	25	25
动力头倾角/(°)	58	55	55	55	55
钻杆吊机/t	5	2.0	1.5	1.0	1.0
动力头转速/(r/min)	0～13	0～17	0～21	0～27	0～26
动力头扭矩/(kN·m)	450	350	250	180	120

续表

名称	设备型号				
	ZJD5000/450	ZJD4000/350	ZJD3500/250	ZJD2800/180	ZJD2300/120
钻杆规格/mm	559×22×3500	406×24×3000	377×22×3000	351×20×3000	325×18×2500
电源	三相 380V，50Hz	三相 380V，50Hz	三相 380V，50Hz	三相 380V，50Hz	三相 380V，50Hz
总功率/kW	355	331.5	246	182	119
整机尺寸/m	10.0×7.1×11	6.8×5.7×7.6	4.65×4.51×7.53	4.0×3.81×7.0	3.7×3.1×5.6
整机质量/t	113	45	37	25	18

5.3.3　主要配件

1. 钻杆

钻杆分为两种：一种为单壁钻杆，风管位于钻杆外侧（图 5-2）；另一种为双壁钻杆，风管位于两壁之间（图 5-3）。钻杆内径应与钻孔直径相匹配，一般钻孔直径与钻杆直径之比以 10 为宜。具体来说，钻孔直径超过 4m，选择双壁、内径大的钻杆，以便减小泥浆上升时的阻力，提高钻进效率；钻孔直径不超过 4m，选择单壁、内径小的钻杆。

图 5-2　单壁钻杆

1. 风管；2. 钻杆

图 5-3　双壁钻杆

1. 风管口；2. 钻杆

2. 钻头

对土层、砂层、卵砾石层和极软岩，采用刮刀钻头（图 5-4）；单轴饱和抗压强度不大于 60MPa 的岩石，钻头采用焊齿滚刀（图 5-5）；单轴饱和抗压强度大于 60MPa 的岩石，钻头采用球齿滚刀（图 5-6）。

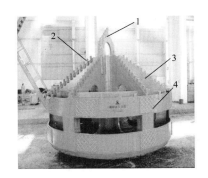

图 5-4　刮刀钻头

1. 锥角；2. 合金切削齿；3. 翼板；4. 围板

图 5-5　焊齿滚刀钻头

图 5-6　球齿滚刀钻头

3. 配重、扶正器、配重钻杆、钻杆打捞器

配重的作用是增加钻头重量，保证滚刀刀齿对岩体的应力大于岩石单轴饱和抗压强度（图5-7）；扶正器的作用是保证孔壁垂直度（图5-7）；配重钻杆的作用是承受配重的重量（图5-8）；钻杆打捞器的作用是把掉入孔内的钻杆打捞上来（图5-9）。

图5-7　吊装中的扶正器、配重　　　　图5-8　配重钻杆　　图5-9　钻杆打捞器
1. 扶正器；2. 配重

5.3.4　循环泥浆

泥浆的主要作用是护壁、悬浮和携带钻渣、润滑和冷却钻头，泥浆的性能指标有密度、黏度、含砂率、胶体率、失水率、酸碱度（pH）。泥浆按照拌制水的不同分为淡水泥浆和海水泥浆，其配合比见表5-2和表5-3，成孔中泥浆的性能指标参数见表5-4。

表5-2　淡水泥浆配合比

水 /kg	膨润土 /kg	羧甲基纤维素 CMC /kg	聚丙烯酰胺 PAM /kg	纯碱 /kg
100	8～10	0.1～0.2	0.05～0.02	0.1～0.5

表5-3　海水泥浆配合比

水 /kg	膨润土 /kg	聚阴离子纤维素 PAC /kg	纯碱 /kg
100	12～15	0.2～0.5	0.2～0.5

表5-4　反循环成孔中泥浆的性能指标参数

地层	密度 /(g/cm³)	黏度 /(Pa·s)	含砂率 /%	胶体率 /%	失水率 /(mL/30min)	酸碱度 （pH）
一般地层	1.10～1.30	16～25	≤4	≥95	≤20	8～10
易塌地层	1.20～1.45	18～30	≤4	≥95	≤20	8～10
卵石土层	1.15～1.35	18～30	≤2	≥95	≤20	8～10
岩层	1.15～1.30	18～30	≤2	≥95	≤20	8～10

在成孔中，泥浆指标参数按孔段范围内最不利地层控制，并加强泥浆性能指标参数的检测，采样间隔时间为2h。

5.4　施　工　工　艺

5.4.1　施工程序

气举反循环钻孔灌注桩施工程序如图 5-10 所示。

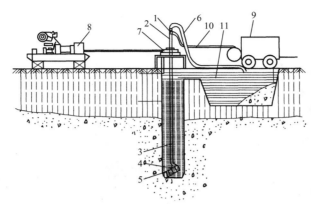

图 5-10　气举反循环钻孔灌注桩施工程序

1. 气密式旋转接头；2. 气密式传动杆；3. 气密式钻杆；4. 喷射嘴；5. 钻头；
6. 压送软管；7. 旋转台盘；8. 液压泵；9. 空压机；10. 空气软管；11. 水槽

5.4.2　施工特点

刮刀钻头的破岩原理为剪切破碎，成孔速度快，主要适用于土层、砂层、卵砾石层等第四系地层和极软岩。若用于较硬地层，则可能造成崩齿或快速磨损。刮刀钻头按翼板数目可分为 3 个翼板和 4 个翼板刮刀，也有多个翼板刮刀，在工程实践中多采用 3 个翼板结构。围板有单围板和双围板，若使用双围板，则有利于控制孔壁垂直度。钻头有多种锥角，锥角的选择取决于地层穿越的难易程度，不同锥角的钻头适用于不同地层。锥角越小，孔壁垂直度越好，但也意味着合金切削齿磨损速度越快。通常刮刀钻头采用 100°～130° 的锥角（图 5-4）。

滚刀钻头的破碎原理为冲击、剪切联合破碎。滚刀钻头按刀齿分为焊齿滚刀钻头和球齿滚刀钻头（图 5-5、图 5-6），其中球齿滚刀钻头适用于岩石单轴饱和抗压强度较高的地层。

滚刀破岩原理为刀齿向岩石施加的应力大于岩石单轴饱和抗压强度，即

$$\sigma_a = \frac{F}{nS} > \sigma_s \qquad (5-3)$$

式中　σ_a——单个刀齿施加于岩石的应力；

　　　F——钻压；

　　　n——瞬时接触岩石的刀齿个数；

　　　S——单个刀齿的破岩接触面积，与刀齿形状、贯入度有关；

　　　σ_s——岩石单轴饱和抗压强度。

滚刀分为焊齿滚刀和球齿滚刀。滚刀在转盘上按同一环带对称或均匀布置（图 5-11），搭接长度大于或等于 7mm，内环带上的滚刀布置在外环带上滚刀的中间位置（图 5-12），以保证滚刀受力均匀，破碎岩层深度相同。这样不仅能够延长滚刀的使用时间，而且可以保证每把滚刀的使用时间相同，保证高效穿越岩层。

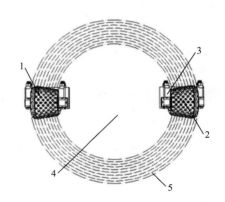

图 5-11　底盘同一环带上两把滚刀对称布置（以球齿滚刀为例）

1. 刀齿；2. 球齿滚刀；3. 刀座；4. 底盘；5. 环带

采用正、反循环回旋钻机（含潜水钻）钻孔时应减压钻进，钻机的主吊钩应始终承受部分钻具的重力，孔底承受的钻压不应超过钻具重力之和（扣除浮力）的80％。

施工期间护筒内的泥浆面应高出地下水位1.0m以上，在受水位涨落影响时泥浆面应高出最高水位1.5m以上。

护筒顶宜高于地面0.3m或水面1.0～2.0m；在有潮汐影响的水域，护筒顶应高出施工期间最高潮水位1.5～2.0m，并应在施工期间采取稳定孔内水头的措施；当桩孔内有承压水时，护筒顶应高于稳定后的承压水位2.0m以上。

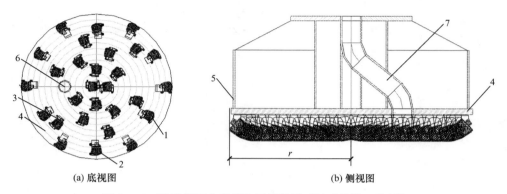

(a) 底视图　　　　　　　　　　　　　　(b) 侧视图

图 5-12　球齿滚刀在底盘上环状排列（以球齿滚刀为例）

1. 刀齿；2. 球齿滚刀；3. 刀座；4. 底盘；5. 钻筒；6. 吸渣口；7. 吸渣管

5.4.3　施工要点

1. 孔径质量控制

为了保证孔径达到设计要求，需要做好以下方面的质量控制：选择适宜的钻头尺寸；对于不同地层选择合适的泥浆性能指标参数和钻进速度，防止缩径、塌孔。

2. 孔深质量控制

为了保证孔深达到设计要求，需要做好三个方面的质量控制：控制沉渣厚度；做好孔深测量；采用气举反循环清孔，保证清孔质量。

一清：钻孔深度达到设计要求时，立即对孔深、孔径和孔壁垂直度进行检测，确认满足设计要求后立即进行清孔。清孔时将钻具提起约30cm，钻头不停转动，泥浆循环不断进行，将附着于护筒壁的泥浆清洗干净，并将孔底钻渣清除。在孔内的上、中、下三个部位取出泥浆检测，各项技术指标（特别是含砂率）达到设计要求后结束清孔。

二清：导管安装完毕，在导管内插入风管，向风管内输入压缩空气，通过气举反循环进行二次清孔。风管的气压控制在0.5～0.8MPa，不宜过大或过小。气压过大可能会损坏孔壁，造成塌孔；过小则不能使沉渣翻滚，对清渣不利。

3. 孔壁垂直度质量控制

为了保证孔壁垂直度达到设计要求，需要做好以下方面的质量控制：

1）工作平台水平检查。全液压钻机就位和施工中，每班不少于1次水平检查，并做好记录。

2）钻杆钻具检查，尺寸无偏差。

3）根据地层的变化随时调整钻进参数，淤泥质黏土层轻压快转，砂土层、粗砂、卵石层、岩层轻压慢转。

4）采用孔底加压、全孔段减压钻进，并根据具体情况设置扶正器。

4. 沉没比

沉没比（A）是风包至泥浆面的距离与风包至泥浆出口处的距离之比，计算公式为

$$A = \frac{h_1}{h_0}\tag{5-4}$$

式中　h_1——风包至泥浆面的距离（m）；

　　　h_0——风包至泥浆出口处的距离（m）。

对于气举反循环来说，在空压机额定压力范围内适当地增大沉没比，有利于钻渣的上返。通常情况下沉没比大于或等于 0.5，当其小于 0.5 时无法工作。实际操作中，在保证沉没比大于或等于 0.5 的前提下，只要空压机的功率能够满足需要，可适当增大沉没比。

5. 其他需要注意的事项

1）在满足稳定性的前提下，护筒埋设应确保垂直度，并防止护筒变形，护筒底口进入稳定地层深度不小于 1m。

2）施工平台搭设应满足设备所需作业面及承载力的要求。

5.5　工程实例

5.5.1　浙江省舟山市鱼山大桥桩基工程

1. 工程概况

鱼山大桥位于浙江省舟山市岱山岛，是连接岱山本岛和鱼山岛的重要交通基础设施。鱼山大桥全长 8.815km，按设计速度为 80km/h 的一级公路标准建设，前期按半幅施工，半幅路基标准宽度为 12.75m，桥梁总宽度为 15.55m。

鱼山大桥桩基础按照单桩单柱钢管混凝土复合桩设计，其中 43~47 号墩设计桩径由 5.0m 变为 3.8m（表 5-5）。在桩长范围内，基桩穿越海积、冲海积堆积物，地层表现为淤泥、淤泥质土、黏土、粉质黏土、粉土、粉砂、细砂、砾砂、圆砾、卵石、含碎石粉质黏土、含碎石黏性土等。桩端中风化基岩主要为白垩系下统茶湾组（K_c）和九里坪组（K_j），岩性主要为角砾凝灰岩、凝灰质角砾岩、流纹岩、晶屑玻屑凝灰岩和凝灰质粉砂岩等，岩石单轴饱和抗压强度见表 5-6。

表 5-5　$\phi 5/3.8m$ 的基桩施工工程量统计　　　　　单位：m

基桩直径	数量/根	基桩参数			护筒参数		
		桩顶标高	桩底标高	深度	顶标高	底标高	长度
$\phi 5/3.8m$	1	2	−80	82	2	−60	62
	1	2	−110	112	2	−60	62
	1	2	−124	126	2	−60	62
	1	2	−122	124	2	−60	62
	1	2	−118	120	2	−60	62

表 5-6　桩端中风化岩层岩石单轴饱和抗压强度　　　　　单位：MPa

岩层	中风化凝灰岩	中风化含角砾凝灰岩	中风化流纹岩
最大岩石单轴饱和抗压强度	122	103	140.7
平均岩石单轴饱和抗压强度	68.7	62.7	97.7

2. 工程重点和难点

1）上部覆盖层较厚且以粉质黏土为主，尽管能提高自身造浆能力，但较厚的粉质黏土层在施工中容易引起糊钻。

2）局部存在砂层、卵砾石层，在穿越时会产生泥浆漏失、塌孔。

3）中风化岩层不仅厚度大，且岩石单轴饱和抗压强度大，施工工效低。

3. 钻机设备及机具的选择

（1）设备选型

**图 5-13　鱼山大桥海上施工平台上的
ZJD5000 型全液压钻机**

由于本工程具有桩径大、钻孔深、桩端岩层强度高、地质情况复杂、施工难度大、工期紧的特点，选用 ZJD5000 型全液压钻机（图 5-13）配以双壁钻杆（图 5-3）、185kW 空压机。

（2）钻头结构优化

采用 D2.5m 中心体和外围对半拼装式结构。D2.5m 中心体刀盘为平底，外围对半拼装刀盘为锥底，中心平底部分采用中心吸渣，外围拼装锥底部分采用偏心吸渣。优化的钻头综合了平底钻头钻进稳定和锥底钻头洗孔排渣效果好的优点。

（3）钻头刀座优化

针对基岩硬度大、难以破碎和钻孔直径大、洗孔排渣困难的情况，选择了罐式刀座。罐式刀座为圆形，镶嵌在钻头刀盘体内，用螺栓固定在刀盘体上。罐式刀座的优点是力学性能好，单位体积内泥浆流速高，有利于洗孔排渣。

（4）钻具传扭方式优选

在法兰连接处设计弹性柱销，以承受钻杆传递的扭矩，而螺栓仅起连接作用。具体工艺是：在原法兰上分别焊接两个连接环 1 和 2（上、下法兰都焊接）。在内连接环 1 上与原法兰对应位置处设计有相应的连接螺栓孔和定位销孔；在外连接环 2 上，除了在原法兰对应位置处加工有 24 个 D45 的光孔用于螺栓连接外，还设计有 22 个 D62 的弹性柱销孔，经过这一技术改进，极大地减少了螺栓受剪掉钻事故。

4. 钻进方法

结合本工程特点，成孔施工采用正转反吹及气举反循环相结合的钻进施工工艺，引孔阶段（护筒内）采用正转反吹施工工艺钻进，充分利用淤泥质黏土层进行造浆，并及时调整泥浆指标（泥浆密度为 $1.03 \sim 1.20 \mathrm{g/cm^3}$，黏度不小于 20Pa·s，含砂率不大于 4%），为下伏不具备造浆能力的地层储备合格的泥浆。当钻进孔深达到 30m 位置时，泥浆循环方式改用气举反循环，以提高钻进效率。当刮刀钻头挡圈钻进至护筒底口时停止钻进，提钻调整变径钻头及风包布设位置，然后下钻继续采用气举反循环钻进。当钻头进入岩层后，若进尺速度小于 20cm/h，停止钻进，提钻换球齿滚刀钻头钻进至设计桩底标高。

5. 施工注意事项

（1）控制缩径、糊钻和塌孔

桥址区第四系覆盖层有黏土、砂质黏土和砂层及卵砾石层，黏土层遇水膨胀并发生缩径，砂层和卵砾石层易发生孔壁坍塌，因此在施工中采取了以下措施：

1）缩小钻头围板直径，在半径方向比钻孔半径减小 50mm。

2）在钻头围板边缘加设整圈倒锥形导向板，有利于提钻时不刮蹭孔壁。

3）在遇水易膨胀的黏土层钻进时反复提动钻具；当发现全液压钻机提升力增大时进行适当的扫孔作业，消除黏土的膨胀缩径。

4）为了减少砂层、卵砾石层局部的孔壁坍塌现象，及时调整钻进参数，减小钻压，降低转速，并及时调整泥浆参数，减小泥浆含砂量和失水率。

通过以上措施有效地降低了成孔中穿越各层时的风险，极大地提高了工效。

（2）钻头选用

上部第四系松散层中基桩直径为 5m，下部第四系致密层及桩端岩层基桩直径为 3.8m。根据钻孔需要，每台全液压钻机需配置 D3.8m 球齿滚刀钻头 1 个、D3.8m 刮刀钻头 1 个、D5m 刮刀钻头 1 个，并配置了相应的 D3.8m 双层扶正器。按照地质情况，第四系覆盖层采用刮刀钻头施工，桩端岩层采用滚刀钻头施工。为了节约成本、提高工效，在 D3.8m 上层扶正器上装设了三翼刮刀体 D5m，该三翼刀体可以收拢和展开，收拢状态下直径为 3.8m，展开状态下直径为 5m。当采用 3.8m 刮刀钻头施工第四系松散层时，将三翼刮刀体展开，即下部 3.8m 刮刀钻头在钻进成孔的同时，上部 5m 直径的三翼刮刀体扩孔施工。当上部 5m 直径段施工完成后，提钻将三翼刮刀体收拢，继续以 3.8m 刮刀钻头成孔施工。当地层不利于刮刀钻头施工时，提钻更换成 3.8m 滚刀钻头。采用该种工艺，3.8m 钻头可作为 5m 钻头钻进施工的前置导向，每台全液压钻机可以节省 2 套 5m 直径的扶正器，且不用单独设计制作 1 个 5m 直径的刮刀钻头，省去了由于变径而提钻更换钻头和扶正器的工作，既节约了加工制作费用，又减少了更换工序，极大地提高了钻孔施工工效。

5.5.2　港珠澳跨海大桥桩基工程

1. 工程概况

港珠澳大桥是我国继三峡工程、青藏铁路、南水北调、西气东输、京沪高铁之后又一重大基础设施项目，是具有国家战略意义的世界级跨海通道。项目建成后，将进一步完善粤港澳三地的综合运输体系和高速公路网络，改变珠三角城市群的城际交通时间，提升区域综合竞争力，保持港澳地区的持续繁荣和稳定，其经济价值显著，社会影响深远。

港珠澳大桥主要包括青州航道桥、江海直达船航道桥、九洲航道桥三座通航孔桥及深水区非通航孔桥。

青州航道桥是港珠澳大桥主体工程三座通航孔桥之一，位于港珠澳大桥东部，里程桩号为 K17＋633—K18＋783。该桥设计全长 1150m，为主跨 458m 双塔中央空间双索面钢箱梁斜拉桥，桥跨布置为（110＋236＋458＋236＋110）m，桥墩为 54～59 号。主梁采用大悬臂整体式钢箱梁，梁高 4.5m。斜拉索采用扇形布置，双索面，在中央分隔带锚固。索塔采用横向 H 形框架结构混凝土塔，上横梁采用"中国结"造型的钢剪刀撑。基础采用钢管混凝土复合桩，上部钢管混凝土复合桩桩径为 2.50m，下部钢筋混凝土桩桩径为 2.15m，为变径桩。采用现浇混凝土承台、预制混凝土墩身方案。

57 号主墩基础布设基桩共 38 根，上段桩直径 2.50m，长 60m；下段桩直径 2.15m，在 −61.20m 处转为变径桩，桩顶标高为 −1.20m。其中，19 根桩下段桩身有效桩长为 77.8m，桩底标高为 −139m；16 根桩下段桩身有效桩长为 68.8m，桩底标高为 −130m；另外 3 根桩基础下段桩身有效桩长为 62.8m，桩底标高为 −124m。

根据区域地质资料和地质勘察资料，青州航道桥桥址区地层主要由第四系覆盖层、震旦系混合片岩及混合花岗岩等组成。

2. 工程重点和难点

1）57 号桥墩地质勘察资料显示，地层内存在较厚的粗砾砂层、粗砾砂卵石层，在护筒埋设过程中可能导致护筒底口倾斜和变形，使钻头无法穿过护筒底口，在成孔过程中不仅可能发生泥浆漏失，而且可能发生孔壁坍塌。

2）57号桥墩基桩均嵌岩，嵌岩深度为35～47m，其中嵌入中风化地层达6～14m。该地层裂隙发育，在施工中钻进流程控制不当易发生钻头跳动或者憋钻现象，使钻杆连接螺栓受损率升高，导致施工事故。同时，由于岩面倾角不一，软、硬岩层交替分布，影响孔壁垂直度。

3）主动土压力、地下水的作用会引起孔壁不稳。为此，在成孔过程中，利用孔内泥浆平衡主动土压力和地下水压力，且要求施工期间护筒内的泥浆面应高出地下水位面1.0m以上，在受水位涨落影响时泥浆面应高出孔外最高水位面1.5m以上。为了达到上述要求，需要定期观察孔内泥浆液面高度，定期向孔内补充泥浆。而本工程位于海平面变化频繁地段，很难确保孔内泥浆的液面至少高出孔外水位面1.5m。

3. 钻机设备及机具的选择

（1）钻机设备

地质勘察报告、桩身设计及嵌岩深度显示，57号主墩嵌岩深度为35～47m，其中嵌入中风化地层达6～14m，选用3台套ZJD4000型全液压钻机，配以160kW空压机、直径406mm钻杆、D2.15m刮刀钻头、D2.15m焊齿滚刀钻头（图5-14）。

图5-14 港珠澳大桥桩基施工使用的焊齿滚刀钻头和刮刀钻头

（2）采用泥浆液位报警自控仪

泥浆液位报警自控仪的工作原理是：当泥浆面达到设计要求时，液位传感器处于断开状态，系统不工作；当泥浆面低于设计要求时，液位传感器的浮球开关正负极接通，中间继电器一路控制报警器，使报警器鸣笛报警，另一路控制交流接触器，使水泵电动机接通，自动抽泥浆注入护筒内，至要求的泥浆面后，解除报警，自动注入泥浆。泥浆液位报警自控仪在程序的控制下能实现随进尺速度、泥浆漏失和孔外水位面的变化而自动加注泥浆（图5-15）。该项技术以"泥浆液位报警自控仪"为名，已获得实用新型专利，专利号为ZL201620536030.9。

图5-15 使用前调试泥浆液位报警自控仪

4. 钻进方法

结合本工程的特点，成孔采用正转反吹和气举反循环相结合的钻进施工工艺。引孔阶段（护筒内）采用正转反吹施工工艺钻进，充分利用淤泥质黏土层造浆，并及时调整泥浆指标参数（泥浆密度为1.03～1.20g/cm³，黏度不小于20Pa·s，含砂率不大于4%），为下伏不具备造浆能力的地层储备合格的泥浆。钻进至砂层时，泥浆循环方式改用气举反循环，以提高钻进效率。当刮刀钻头扶正器钻进至护筒底口时应停止钻进，提钻调整变径钻头及风包位置，然后下钻，继续采用气举反循环钻进。钻头进入岩层后，若进尺速度小于 20cm/h，应停止钻进，提钻换焊齿破岩滚刀钻头钻进至设计桩底标高。

5. 施工注意事项

1）在成孔过程中注意进尺速度，如发现进尺速度明显减慢、返浆困难，停止钻进，检查钻具是否损坏或糊钻，并及时处理。

2）当地质情况变化频繁，层面交界无规律，应控制钻进速度，防止孔壁倾斜，同时及时调整全液压钻机水平，确保孔壁垂直度。

3）在黏土和砂层交接处容易出现糊钻，因此应根据实际情况多次提钻、清理钻头，同时低速慢进，补浆换浆，提高护壁的稳定性，避免发生塌孔、缩径、漏浆等。

4）孔内泥浆面应高于孔外水位面 1.5m。

5）加接钻杆时，先停止钻进，将钻具提离孔底 0.3～0.5m，维持泥浆循环 5min 以上，以清除孔底沉渣并将管道内的钻渣携出排净，再加接钻杆。

6）加接钻杆时，钻杆连接螺栓应拧紧。前 10 根钻杆连接螺栓必须使用双螺帽，认真检查密封圈，以防钻杆接头漏水漏气，使反循环无法正常进行。升降钻具应平稳，尤其是当钻头处于护筒底口位置时，必须谨慎操作，防止钻头勾挂护筒，破坏护筒底部的孔壁。

7）钻进过程中定期检查钻头和钻杆，防止由于螺栓的脱落或钻头的严重磨损造成钻进过程中的事故。

8）钻进过程中保证孔口的安全，孔内不得掉入任何铁件，以保证钻孔施工顺利进行。

9）钻进过程中应连续操作，详细、真实、准确地填写钻孔原始记录。钻进中发现异常情况及时上报处理。

10）距孔底标高 50cm 左右时，钻具不再进尺，先停钻停气，清理沉渣池钻渣，以改善清渣效果，再以大气量、低转速开始清孔循环，使泥浆全部净化，2h 后停机下钻杆探孔深。然后继续钻进至孔底标高，从而避免出现超钻的现象。

5.5.3　海南铺前大桥桩基工程

1. 工程概况

铺前大桥项目起点位于著名的侨乡——海南省文昌市铺前镇，终点接海口市演丰镇。桥长 4050m，主桥采用 230m＋230m 独塔钢斜拉桥，设计标准为双向六车道一级公路，路基和桥梁宽 32m；连接线长 8.8km，设计标准为双向四车道一级公路，路基宽 24.5m。

本工程基础为主塔基础，采用钻孔灌注桩施工成孔，共计 32 根，桩径为 4m，平均桩长为 34m。34 号主塔采用两个分离式承台基础，桩基在单个承台下呈行列式布置，每个承台下采用 16 根 $\phi4.3m/\phi4.0m$ 钢管混凝土复合桩，左侧桩长 38m，右侧桩长 29m，按端承桩设计，桩端持力层为微风化花岗岩，岩石单轴饱和抗压强度为 63～97MPa，并嵌入微风化岩层不小于 13m。钻孔桩采用 C35 混凝土，钢管与钢筋混凝土共同组成桩基础结构主体，共同受力。

由主墩地质柱状图可知，主墩穿越地层主要包括粉砂、淤泥质黏土、砂质黏性土、卵石、强风化花岗岩和中风化花岗岩。

2. 工程重点和难点

1）34 号主墩基岩层为中风化花岗岩和微风化花岗岩，岩质较硬。

2）在钻头维修时常采用的办法是将钻头起吊后横置在平台面上，而后工人对钻头进行维修、检查或更换。ZJD4000 钻机钻头起吊时达 80t，ZJD5000 钻机钻头起吊时则达到 100t，平台上单位面积无法承受该重力；而若仅由龙门吊起吊，工人在悬吊的钻头下施工，属于违规操作，且存在严重的安全隐患。

3. 钻孔设备及机具的选择

（1）钻机设备

根据场地工程地质条件和设计要求，结合该工程的特点，选用 2 台 ZJD5000 和 3 台 ZJD4000 全液压钻机，配以 185kW 空压机、球齿滚刀钻头及泥浆循环系统（图 5-16）。

（2）重型钻头组件更换钻头时的辅助设备

重型钻头组件更换钻头时的辅助设备由支撑钢筒、门、牛腿和支撑槽钢组成。支撑钢筒的内径等于底盘直径，即钻孔灌注桩直径；门位于支撑钢筒下部两个牛腿之间；牛腿共六个，均匀分布在支撑钢筒的上部，每个牛腿由一块横钢板和两块竖钢板组成，每块横钢板下有支撑槽钢（图 5-17）。竖钢板与支撑钢筒内壁双面焊，横钢板焊在竖钢板上，且与支撑钢筒内壁单面焊。作用在牛腿上的荷载由竖钢板与钢筒内壁的双面焊缝承担，而横钢板与内壁单面焊缝和支撑槽钢作为安全储备。检查、更换球齿滚刀时，把下部钻具结构吊出孔外，将底盘边缘搁在牛腿上，作业人员从门进入支撑钢筒内，可近乎直立地进行检查、更换球齿滚刀钻头的工作（图 5-18、图 5-19），也可以近乎直立地进行检查、更换焊齿滚刀钻头的工作。

图 5-16 铺前大桥工程中采用的泥浆循环系统

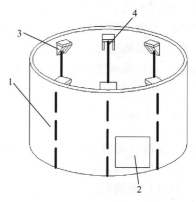

图 5-17 检查、更换滚刀钻头辅助设备结构示意图
1. 支撑钢筒；2. 门；3. 牛腿；4. 支撑槽钢

图 5-18 在铺前大桥工程中使用的检查、更换球齿滚刀钻头的辅助设备
1. 支撑钢筒；2. 门；3. 钻头

图 5-19 检查、更换滚刀钻头辅助设备的内部结构
1. 支撑钢筒；2. 门；3. 牛腿

牛腿竖向钢板与支撑钢筒内壁采用双面焊。如果球齿滚刀钻头、底盘、钻筒、配重、配重杆和扶正

器总重量为 120t，则起吊时钻筒内的钻渣重量为 30t。在实践中，龙门吊承受 60% 的荷载，支撑钢筒承受 40% 的荷载。

检查、更换球齿滚刀钻头的辅助设备以"重型钻头组件更换钻头时的辅助设备"为名称，已获得实用新型专利，专利号为 ZL201620536026.2，其发明专利"重型钻头组件更换钻头时的辅助设备和方法"公开号为 CN105863529A。

4. 钻进方法

34 号主墩覆盖层为粉细砂、淤泥质黏土、砾砂、卵石土，钻头拟采用直径 4.0m 的改进型刮刀钻头，钻头四周外壁均匀布设长 15～20cm 的钢丝刷。开钻时钻头反循环空转，启动泥浆循环系统，调整孔内泥浆，当孔内泥浆指标符合要求后采用反循环减压钻进。在钻孔过程中及时调整护壁泥浆指标和钻进速度，同时注意向孔内补充泥浆，确保泥浆面比海平面高出 1.5m。施工中密切注意泥浆性能指标参数的变化情况，当泥浆性能指标参数超出规定范围时，及时调整泥浆性能指标参数后方可继续钻进。

在进入岩层时，利用球齿滚刀钻头的重量低压慢转钻进，磨平岩面，防止钻头沿岩石面滑动，确保孔壁的垂直度。在通过岩层 1 倍桩直径后，钻压控制在 20t 左右，进尺速度控制在 3～5cm/h。对于地层呈散体状、厚薄不均、局部呈碎石状地段，加强对泥浆性能的控制，并在钻进过程中加强局部扫孔，以此避免因进尺速度不均而造成的孔壁不平整。对于地层裂隙较发育、地层强度差异大且厚薄分布不均的地段，因容易出现孔壁倾斜、台阶孔，钻进时以防斜为重点，同时提高扫孔频率。由于部分基桩要穿越裂隙性破碎带，钻孔时要加强观测、控制钻进速度、减压钻进，保持孔内泥浆面和泥浆性能，防止出现泥浆渗漏和孔壁坍塌。

5. 施工注意事项

1）采用泥浆液位报警自控仪，确保孔内泥浆面高于海平面 1.5m。

2）升降钻具要平稳，尤其当钻头处于护筒底口时，应防止钻头勾挂护筒。

3）定期取样，检测泥浆性能指标参数，保证泥浆质量及进尺速度。

4）接钻杆时，必须先将钻头提离孔底 10cm 左右，清渣 10min 再停泵接钻杆，防止堵孔。钻杆紧密连接，防止漏气。

5）钻孔应连续操作，中途不得长时间停止作业。

6）若中途因处理故障移开全液压钻机，当其重新就位时，应与第一次就位位置重合，防止出现台阶。

7）详细、真实、准确地填写成孔原始记录，成孔中发现异常情况及时上报处理。

5.5.4　平海湾风电厂斜孔嵌岩桩

1. 工程概况

福建省莆田平海湾海上风电厂位于莆田平海湾，西邻平海半岛，北临南日岛，距离平海镇约 12km。

风机基础桩基采用 8 根直径 1900mm 的钢管桩，钢管桩壁厚 30mm（28mm），桩顶高程为 +10.50m，桩端高程为 -37.15m，桩基总长 48.60m（斜长），持力层为碎块状强风化岩体或弱风化基岩，桩型为摩擦端承桩。桩基的平面布置形式为以承台底面（高程为 5.50m）竖向中轴线为圆心，均布于直径 12m 的圆形曲线上。桩基采用斜桩，斜率为 5∶1。钢管桩嵌岩段长 10m，直径 1600mm，嵌岩段采用 C40 钢筋混凝土，基岩上部连接段钢筋混凝土长 11m。

2. 工程重点和难点

1）工作区域为独立平台，φ1900 斜桩，斜率 5∶1，嵌岩段长 10m，其中嵌入微风化花岗岩 8m。

2）施工过程中严格控制成孔倾斜率，密切关注机架的稳定情况，保证桩位不发生变化。拆、接钻杆时注意安全。

3. 设备及钻具选择

（1）钻机选择

采用 ZDX－3000 型全液压动力头斜孔钻机和气举反循环施工工艺。钻机特点：全液压驱动，扭矩大，提升力大；采用悬挂式动力头、可倾斜式动力头及机架；可加、减压钻进，确保钻孔成孔速度和孔径、斜度精度；最大破岩强度可达 200MPa。ZDX3000 型全液压钻机技术参数见表 5－7。

表 5－7　ZDX3000 型钻机参数

序号	技术参数	取值	序号	技术参数		取值
1	最大钻孔直径/m	3	7	动力头	转速/(r/min)	≤8
						≤28
					扭矩/(kN·m)	220
						80
2	最大钻孔深度/m	150	8	整机尺寸/m		4×4.9×7（长×宽×高）
3	主机功率/kW	165	9	单机质量/kg		32000
4	最大提升力/kN	1500				
5	机架导向架倾斜角度/(°)	25				
6	动力头倾斜角度/(°)	45				

（2）钻具及导向

钻具：选择球齿滚刀钻头进行施工。

导向：本工程为斜桩，为了保证斜率，对钻杆进行一定的改装，配合回转钻机进行斜桩施工（图 5－20）。

图 5－20　钻杆导向

4. 钻进方法

钻机用专用底座调整，以保证钻机轴心线与钢管桩轴心线重合，并与平台固定牢固。将钢管桩内的海水置换成淡水，向孔内依次按比例投放膨润土、CMC、烧碱，边投放边用钻机搅拌，测定参数符合要求后开始钻孔。

钻进时，在钻头外径护圈上镶焊数组钢丝绳刷（其外径大于护筒内径 5～10cm），以保证在钻进过程中将护筒内壁上的附着物刷洗干净。钻进过程中要根据钻具运转的平稳情况判断钻头是否摩擦护筒及孔内是否有异物，发现问题应采取有效措施进行处理。

出护筒后，提钻卸掉钻头外圈钢丝绳刷，然后采用小气量，轻压、慢转钻进成孔，在此过程中需特别注意钻头是否碰挂护筒底口。进入岩层后更换球齿滚刀钻头，以气举反循环成孔。

5. 施工注意事项

1）成孔时严格按照操作规程施工，开孔钻进时要减压低速钻进，保证开孔倾斜角度满足设计要求。

2）根据不同的地质特点，合理控制钻进参数（钻速、钻压、钻进速度）。

一般土层（主要指黏土层）使用快速设定（20r/min），适当减小钻压，加快钻进速度；在特殊情况下（主要指砂层土）设定转速为 10～15r/min，适当提高进尺速度，以防刷孔。

3）钻孔中钻进的快与慢、护壁泥浆的性能指标要根据实际地层的土质情况调整。对砂性土应加大泥浆相对密度、黏度，钻进速度也应加快。

4）钻孔中泥浆密度的控制：一般情况下，在松散易塌地层中（如粉土地层、粉砂土层）泥浆相对密度控制在 1.2 左右。

5）弱风化花岗岩采用恒钻压钻进，适当加大钻压，但钻压最大不宜超过 200kN，保持减压钻进。

6）钻孔渣土及废浆必须及时运走，渣土船需 24h 配合。钻孔时应注意的重点为：钻进时密切注意机架的稳定情况，注意护筒是否有异常情况；接、拆钻杆时小心谨慎，每次接、拆应仔细检查钻杆接头是否紧密连接；时刻观察倾斜角度，及时、有效地控制钻进过程中的倾斜率。

施工全景如图 5-21 所示。

图 5-21　施工全景

5.5.5　港珠澳大桥东人工岛段桩基工程

1. 工程概况

桥全长 386.25m（含桥台），全桥跨径布置为 4×55m＋3×55m，全桥处于半径为 5.5km 的平曲线上。主梁为预应力混凝土连续梁，分两幅两联设计。

本次施工的是位于港珠澳大桥主体工程岛隧工程——1 号人工岛以东（香港方向）的海上桥梁桥墩嵌岩桩工程项目，具体工程量见表 5-8。

表 5-8　工程量统计

墩台号	桩径/m	数量/根	有效桩长/m
2	2.3/2.0	8	71.7～83.7
3	2.3/2.0	8	78.2～85.7
4	2.3/2.0	8	75.7～76.7
5	2.3/2.0	10	75.7～79.7
6	2.3/2.0	12	69.7～72.7
7	2.3/2.0	12	69.7～71.7
8	2.3/2.0	16	75.2～76.7

2. 施工重点及难点

1）施工区域为白海豚聚集地，杜绝泥浆进入大海。

2）单根灌注桩最长有效桩长达到 85.7m。

3）施工区域内地层存在较厚的粗砾砂层、粗砾砂卵石层，在成孔过程中可能发生泥浆漏失和孔壁坍塌。

4）在主动土压力和地下水作用下孔壁不稳。为此，在成孔过程中，利用孔内泥浆保持内外平衡，且要求施工期间护筒内的泥浆面应高出地下水位面1.0m以上，在受水位涨落影响时泥浆面应高出孔外最高水位面1.5m以上。为了达到上述要求，需要定期观察孔内泥浆液面高度，定期向孔内补充泥浆。而本工程位于海平面频繁变化的地段，很难确保孔内泥浆的液面至少高出孔外水位面1.5m。

3. 设备及钻具选择

（1）钻机选择

采用ZJD2800型全液压回转钻机。其主要技术参数为：钻孔直径2800mm；最大钻孔深度150m；最大提升力为1200kN；机架导向架倾角为25°；动力头倾角为45°；扭矩为180kN·m；动力头转速小于或等于27r/min；钻杆起吊力为10kN；钻机总功率165kW；主机质量为25t；整机尺寸（m）为4×3、8×7（机架高度）。

（2）钻具选择

根据施工区域的地质构造和施工现场情况，为满足业主对施工工艺和环境保护的要求，选择梳齿钻头（刮刀钻头，φ1780，采用上下摩擦圈带型）和球齿滚刀钻头（φ1750），前者主要钻取以黏土、砂为主的原始地质覆盖层，后者主要在砂砾石、强风化花岗岩和中风化花岗岩层进行成孔钻进作业（图5-22）。

图5-22 刮刀钻头与滚刀钻头

4. 钻进方法

1）钻取钢护筒内、外的吹填砂层和原始地质覆盖层（以黏土、砂为主的地质层），采用梳齿钻头（在适当的部位安装导向和配重，确保成孔垂直度）、泥浆护壁（指钢护筒底至强风化花岗岩层顶面孔壁的保护）、正循环、泥浆悬浮排渣的钻机成孔施工工艺。

根据施工中排渣的情况，阶段性地采用ZX-250型除砂器进行加强除渣（砂）。采用正循环工艺时也可采用3PN或4PN泥浆泵；采用气举反循环工艺时直接进行，以加快除渣（砂）的速度，提高除渣（砂）质量。

2）进入以中砂、粗砾砂为主的地质覆盖层时，如果梳齿钻头钻进缓慢或者困难，可以直接更换球齿滚刀钻头进行钻进；循环工艺仍然可以采用正循环、泥浆护壁、悬浮排渣，必要的时候可以更换成气举反循环排渣工艺。

在梳齿钻头出钢护筒底后，为了加强和逐步巩固泥浆护壁的效果和质量，在钻进过程中严格控制钻压和钻进速度，同时必须保证泥浆的各项指标符合要求，密切观察和检查成孔施工的各个环节，及时投入机械除砂器进行除砂。

3）当钻进至强风化花岗岩层顶至中风化花岗岩层（嵌岩段）时，钻机成孔施工采用球齿滚刀钻头

（安装导向和配重）气举反循环排渣工艺，同时适当地逐步加大钻压，逐步巩固泥浆护壁的效果和质量，严格控制和保证泥浆的各项指标质量（海上施工孔在采用气举反循环工艺时直接将机械除砂器投入泥浆循环系统中，以提高除砂能力），严密监控和保证孔内泥浆面的高度（孔内水头的控制），让孔壁得到稳定的压力保护，确保巩固和维护上部泥浆护壁的效果。

5. 施工注意事项

1）钻头和钻具进场后、投入施工前，应严格检查钻头和钻具的直径、垂直度和同心度及钻头与钻杆连接部位的符合度和可靠性（包括配重钻杆、钻杆及风管）。

2）钻机就位后开始下钻头和连接钻杆。对于下入孔内的钻具，须用钢尺准确测量钻头、风管、配重钻杆、上部钻杆的实际长度，并做好测量记录。

3）钻机开钻前置换护筒内的海水，使用淡水造浆，并严格控制成孔过程中泥浆的指标。

4）在强风化以上的原始地层钻进时应密切关注地层变化，在地层变化处捞取渣样，判明后记入记录表中，并与地质剖面图核对，以验证钻机成孔作业过程中采用的钻压及钻速是否合适（在这一段地质层中成孔作业严格控制钻孔进尺度是至关重要的，一是防止孔壁局部塌坍，形成蘑菇状孔壁，成孔后造成混凝土的浪费；二是力争做到成孔过程中边钻进边巩固孔壁和保护孔壁）。

5）当梳齿钻头钻进到砾石砂层时或者到达强风化花岗岩面标高前就可以提取梳齿钻头，拆卸钻杆和钻头，全面检查钻杆的使用情况，为下一步钻取中风化岩石使用大扭矩和强钻压打好基础。

6）快终孔前进行扫孔，保证成孔直径。

参 考 文 献

［1］李元灵. 油气井气举反循环携岩效果理论和设备配套方案研究［D］. 北京：中国地质大学，2015.

［2］张雄文. PHP 泥浆在桥梁超长超大直径钻孔灌注桩施工中的应用［J］. 岩石力学与工程学报，2005，24（14）：2571 - 2575.

［3］李奋强，彭振斌. 超厚砂卵石地层气举反循环钻探工艺［J］. 中南大学学报，2006，37（1）：200 - 205.

［4］池秀文，姚志伟. 厚砂层钻孔灌注桩成孔泥浆配比分析［J］. 武汉大学学报，2012，45（4）：477 - 480.

［5］赵春风，刘丰铭. 砂土中泥浆循环时间对单桩竖向承载特性的影响研究［J］. 岩石力学与工程学报，2016，35（增 1）：3323 - 3330.

［6］袁秦标，袁美翠. 苏州中南中心正循环钻孔气举反循环清孔试桩施工技术［J］. 施工技术，2016，45（7）：20 - 23.

［7］周曙春，杜坤乾. 正循环钻进、气举反循环清孔工艺施工应用［J］. 岩土工程学报，2011，33（增 2）：166 - 168.

［8］吴鹏，龚维明. 钻孔灌注桩护壁泥浆对桩基承载性能的影响［J］. 岩土工程学报，2008，30（9）：1327 - 1332.

［9］刘涛，杨敏. 钻孔灌注桩气举反循环成孔工艺质量控制［J］. 施工技术，2014，43（13）：11 - 14.

［10］熊亮，张小连. 大口径工程井气举反循环钻进效率影响因素初探［J］. 探矿工程，2014，41（5）：42 - 45.

［11］樊文跃. 大直径超长桩气举反循环施工沉没比变化规律分析［J］. 世界桥梁，2014，42（4）：64 - 67.

［12］张小连，熊亮. 大直径工程井气举反循环钻进施工常见问题与改进对策［J］. 中国煤炭地质，2015，27（10）：49 - 52.

［13］方么生，王二兵. 气举反循环工艺在 130m 超长桩成孔中的应用［J］. 公路，2005（10）：70 - 72.

［14］付新鹏，杨光. 鱼山大桥 5m 超大口径变径钻孔灌注桩成孔施工技术研究与应用［C］// 国际大口径工程井（桩）协会. 国际大口径工程井（桩）协会会刊，2017（3）.

第6章 多节钻扩灌注桩（钻扩工法）

戴 斌 张宝成 沈保汉 张 微

6.1 多节钻扩灌注桩简介

多节钻扩灌注桩简称钻扩桩，是由钻扩工法施工而成的。钻扩工法又称钻扩技术，为变径灌注桩施工的创新技术。钻扩桩属于变径灌注桩的一种，可根据地层强度和变形条件，在桩底及桩身设置若干扩径体，形成由桩侧阻力和多个端阻力共同承担桩顶荷载的新型桩基础。

变径灌注桩（含多节钻扩灌注桩、钻孔扩底灌注桩、多节扩孔灌注桩及挤扩灌注桩等）与等直径灌注桩（简称直孔桩或直杆桩）相比具有显著的技术、经济优势。

除钻扩桩外，现有其他变径灌注桩成孔施工需要多种机械和设备配合完成，即钻孔、扩孔和清孔三道工序需要更换不同的施工设备来完成。多种施工机械和设备交替作业，工序繁杂，施工进度慢，质量监控难度大，对成孔成桩质量将产生不利影响。

近年来，北京荣创岩土工程股份有限公司致力于变径灌注桩施工新技术的探索，取得了颇具突破性的技术成果，获得了"多节钻扩灌注桩施工方法"等5项发明专利和"电子孔径孔深测定仪"等8项实用新型专利，研制开发出独具特色的钻扩工法。该工法的突出特点在于：由钻扩清一体机独立完成钻孔、扩径和第一次清孔工序施工，然后下放钢筋笼、下放导管、灌注混凝土成桩，将变径灌注桩施工技术推向了一个崭新的高度。

6.2 钻扩清一体机简介

6.2.1 工艺原理

钻扩清一体机是集钻孔、多节扩径和清孔功能于一身，实现一机钻扩成型多节钻扩灌注桩的专用施工设备。其中，孔径孔深测定仪可对成孔进行检测。钻扩工法施工工序流畅、衔接紧凑、功效高、进度快、施工质量可控性强、保障度高。

6.2.2 主要技术参数

钻扩清一体机的规格、型号与主要技术参数见表6-1。

表6-1 钻扩清一体机规格、型号与主要技术参数

型号与主要技术参数	参数取值等			
钻扩清一体机通用机型	RZK13-34			
外形尺寸：长×宽×高/mm	7000×2200×9500			
钻机行走机构形式	液压步履行走或履带行走			
钻杆长度/mm	2000 或 2500			
钻杆直径/mm	180	180	245	245

续表

型号与主要技术参数		参数取值等			
钻扩装置型号		ZK1600	ZK2200	ZK2800	ZK3400
孔径范围/mm		600～800	800～1200	1100～1600	1500～2400
扩径腔体直径范围/mm		1300～1600	1700～2200	2200～2800	2800～3400
钻孔深度/m		80	80	100	100
卷扬机提升力/kN		50×4	50×4	80×4	80×4
动力头、砂石泵组合机构型号		DB240	DB240	DB360	DB360
主轴	转速/(r/min)	8～12	8～12	6～11	6～11
	电动机功率/kW	7.5×2	7.5×2	11×2	11×2
	扭矩/(kN·m)	24	24	36	36
砂石泵	流量/(m³/h)	400	500	700	700
	电动机功率/kW	30	30	45	45
钻、扩、清泥浆循环方式		泵吸反循环	泵吸反循环	泵吸反循环	泵吸反循环
整机选配柴油机功率/kW		70	70	100	100

6.2.3　结构特点

钻扩清一体机主要由机架、砂石泵、旋转动力机构、钻杆垂直导正机构、钻扩装置、卷扬提放机构、行走机构、正反转钻杆、泥浆泵吸反循环机构、电气控制机构、显示机构等组成（图 6-1）。

图 6-1　钻扩清一体机结构示意图

1. 竖架；2. 滑杆；3. 钢丝绳；4. 操作台；5. 钻杆；6. 履带；7. 液压支腿；8. 泥浆池；
9. 泥浆软管；10. 钻扩装置；11. 动力组合体

6.2.4　性能特点及优势

钻扩清一体机具有以下特点和优势：

1）一机多功能，施工效率高。钻扩清一体机可以实现钻杆正转钻孔、反转扩径及泵吸反循环持续不断地清渣，比现有变径灌注桩施工技术提高功效1倍以上。

2）适用地层广泛。钻扩清一体机适用于各类黏性土、砂性土、碎石土、全风化岩及强风化软岩地层，通常情况下不会因地层原因而变更扩径体层位设计。

3）具备扩径体位置判定功能。钻扩清一体机在作业过程中可以通过钻头所处地层判定扩径体的确切位置，从而确保扩径体坐落在设计图纸标定的土层中。

4）整机结构简单，操控灵活、方便。作为钻扩清一体机核心技术的钻扩装置，钻扩臂的扩张和收缩由卷扬机直接控制，钻孔和扩径尽在操作者的掌控之中。

5）扩径腔体成形质量可靠。切削工艺成形的扩径腔体标准、规整、圆滑，钻扩臂的特殊结构能将扩径腔体内的沉渣清理干净，确保扩径体成形质量满足设计要求。

6）施工过程便于监控。钻扩清一体机上设置有扩径指针和标尺，设备操作者目测即可得知扩径体的入孔深度位置、扩径大小等，钻孔、扩径质量可知可控。

7）成孔质量检测。由钻孔清一体机成孔后，可采用配套研制的孔径孔深测定仪对孔径、扩径及孔深予以检测，保障成孔质量。

8）正、反转钻杆接头。为钻扩清一体机配套研制的钻杆接头能够满足在大扭矩施工情形下钻杆正转钻孔、反转扩径的特殊工况要求。

9）节能、环保。泵吸反循环施工成孔效率大幅度提升，废弃泥浆的排放量仅为正循环施工成孔排放量的1/5～1/3，其节能、环保效益十分明显。

10）核心技术扩展。钻扩清一体机核心的钻扩装置能与现有反循环钻机配套使用，组成具有钻扩清功能的多节钻扩灌注桩成孔施工设备。

6.3 多节钻扩灌注桩施工

6.3.1 多节钻扩灌注桩施工工艺

多节钻扩灌注桩施工工艺流程参见图6-2。

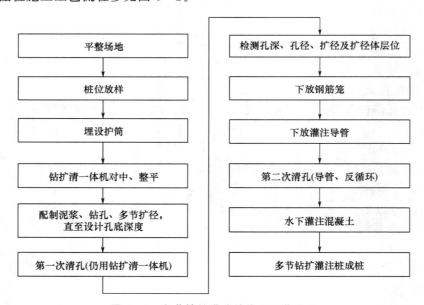

图6-2 多节钻扩灌注桩施工工艺流程

多节钻扩灌注桩成桩过程示意图参见图6-3。

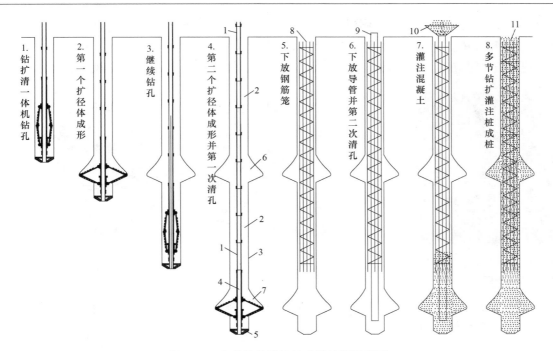

图 6-3　多节钻扩灌注桩成桩过程示意图

1. 钻杆；2. 钻孔；3. 孔壁；4. 钻扩装置；5. 钻头；6. 扩径体1；7. 扩径体2；8. 钢筋笼；9. 导管；10. 漏斗；11. 钢筋混凝土桩

6.3.2　施工特点

钻扩清一体机的施工有以下特点：

1）钻孔、多节扩径和第一次清孔为不可分割的施工工序组合，由钻扩清一体机完成施工。

2）钻杆旋转时钻头钻孔、钻扩臂扩孔，自上而下依次完成所有扩径腔体和孔深施工。

3）在钻孔、扩径作业过程中泥浆泵吸反循环持续不断地运行，保障沉渣随产生随清除，扩径体腔及孔底无沉渣滞留。

4）钻扩清一体机在成孔施工的同时完成第一次清孔，第二次清孔仍采用泵吸反循环或气举反循环施工工艺。

5）扩径时钻头的稳定支撑和扩径体腔临空区的形成可保障扩孔质量稳定可靠，有效避免塌孔，如图 6-4 所示。

6）施工过程中可以对作业状态进行监控，一体机的相关操作动作及控制数据尽收眼底，如图 6-5 所示。

由图 6-4 可知：

1）钻扩装置扩径时钻头停止转动能起到可靠的支撑作用，上钻扩臂和下钻扩臂只在扩径之初同时切削孔壁地层，此后上臂逐渐远离扩径腔体的上壁，形成临空区，使上壁不受扰动并及时

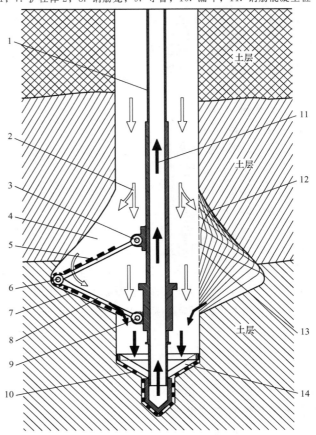

图 6-4　扩径腔体成形原理示意图

1. 钻杆；2. 泥浆流向；3，9. 上、下钻扩臂轴；4. 临空区；
5，8. 上、下钻扩臂；6. 铰接轴；7，10. 硬质合金；
11. 泥浆携带沉渣流向；12，13. 上、下臂运行包络线；14. 钻头

153

得到泥浆护壁而不易坍塌。

2）泵吸反循环施工工艺加上钻扩装置的特殊结构形式，能及时将扩径腔体及孔底沉渣强力吸入钻杆，排放到地面的沉淀池，扩径腔体及孔底无沉渣滞留，如图6-6所示。

图6-5　钻扩清一体机作业
状态监控画面

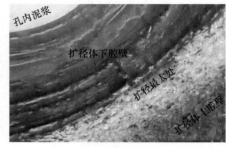

图6-6　扩径腔体成形状况

3）由切削工艺成形的扩径腔体规整、圆滑、标准，上腔体高度略大于下腔体高度，且边沿高度大，成桩后抗压、抗拔和抗剪强度高。

6.3.3　施工和操控要点

1. 钻扩清一体机施工要点

1）规划布置施工现场时应首先考虑泥浆循环、排水、清渣系统的安设，以保证反循环作业时泥浆循环通畅、排放彻底，钻渣清除干净、便利。

① 泥浆循环池的容积应不小于单桩孔容积，以满足泥浆正常循环需要。

② 沉淀池的容积一般不小于单桩孔容积的1.5倍，沉淀池宜深不宜浅，深度为2.5～3m，以方便挖掘机及时挖除沉渣。

③ 条件许可时应专设储浆池，其容积不小于单桩孔容积，以备成孔时护壁使用。

④ 循环槽也称泥浆沟，是泥浆回流的通道，可以埋管也可以开挖形成，其断面面积应不小于砂石泵出口管断面面积的4倍，使泥浆流通顺畅。

2）开孔时宜先启动泥浆泵吸反循环系统，然后启动钻机钻孔。开始钻进时应轻压慢转，待更换第一节钻杆后再逐渐给钻头施加压力加快进尺，以钻头吸口不产生堵水为宜。

3）如钻孔内出现坍孔、涌砂等异常情况，应立即将钻具提离孔底并控制泵量，保持泥浆循环，吸除坍落物和涌砂，同时向孔内输送性能符合要求的泥浆，保持水头压力，以抑制涌砂和坍孔。恢复钻进后泥浆泵排量不宜过大，以减小泥浆对孔壁的冲刷，防止塌孔。

4）钻头吸浆断面应敞开，以减少流阻，防止碎砖块、卵砾石等堆挤堵塞；钻头吸水口端距钻头底端的高度为200～2400mm，钻头吸浆口直径宜略小于钻杆内径，碎砖、卵砾石等沉渣粒径不宜大于钻头吸浆口内径的2/3，以防堵塞钻杆。

5）在含砂多、黏性小的土层开孔时，宜在泥浆中掺入CMC（羧甲基纤维素钠盐）、膨润土等材料，以提高泥浆的黏度和相对密度。成孔过程中由于地下水稀释等原因泥浆相对密度减小时，亦可随时添加膨润土等黏性材料辅助造浆。

2. 钻扩清一体机操控要点

1）钻孔。将钻扩清一体机移动至钻孔处对中整平，启动泥浆泵吸反循环系统，操控钻扩清一体机，使钻扩装置在1挡实施钻孔作业，此时钻扩臂为收回状态，如图6-7所示。

2）扩孔。当钻扩清一体机钻孔到扩径体深度位置时，操控钻扩清一体机，让钻扩装置在 2 挡实施扩孔作业，此时钻扩臂为扩张状态，如图 6-8 所示。

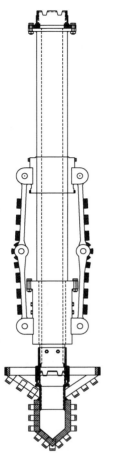

图 6-7　钻扩装置收回状态

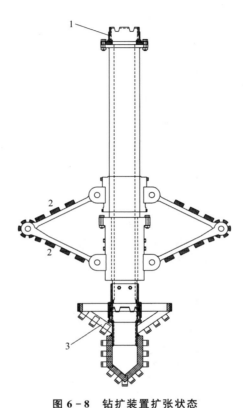

图 6-8　钻扩装置扩张状态
1. 接头；2. 钻扩臂；3. 钻头

3）依次自上而下重复钻孔、扩径操控步骤，直至完成所有扩径腔体和桩孔的施工，在此过程中泥浆泵吸反循环清渣持续进行。

4）终孔时钻杆停止转动，维持不小于 1 个孔容积的泥浆循环量，实施第一次清孔。

5）第一次清孔作业结束后，将钻扩清一体机的钻扩装置提出孔口并移至下一桩位，继续进行成孔施工。

6）第二次清孔作业。成孔后下放钢筋笼和导管。在灌注混凝土之前须采用泵吸反循环进行第二次沉渣清理，直至孔内泥浆相对密度小于 1.25、含砂率不大于 8%、黏度不大于 28s 及孔底沉渣厚度符合规范要求。

6.3.4　施工注意事项

1）扩径腔体的成形效果能否达到设计要求是施工中最关键的问题，为此要求钻扩清一体机的钻扩装置机械强度必须满足扩径作业时的回转扭矩需要，确保设备在偶遇超大钻扩阻力时不被损坏。

2）钻扩装置入孔前应反复检验钻孔功能与扩径功能转换的灵活性、可靠性，以及钻扩臂扩张与收合的灵活性。钻扩臂扩张时最大直径不得小于设计扩径体直径，并记录钻扩臂扩张与收合行程等的相关数据。

3）钻扩臂上镶嵌的合金块形状应根据地层情况选择，通常情况下使用马蹄合金。钻扩臂上合金块的分布密度应保证扩孔作业时涉及范围内的孔臂土体都能切削到。

4）由钻孔作业转入扩径作业时，要记录扩径指针所指扩径标尺的数值，以此判定扩径腔体直径是否达到设计直径；还要根据电流大小及吊装钢丝绳的松紧程度判定扩径腔体直径是否达到设计直径，当确认扩径腔体达到最大直径时即可结束扩径作业。

5）确认钻孔与扩径功能转换的可靠性时，可以采取提、放钻杆的方法，即根据提、放钻杆的幅度大小判定钻扩装置处于钻孔状态还是扩径状态，该法简单易行、准确可靠。

6）泵吸反循环具有清渣效率高的突出特点，当钻孔或扩径作业结束时仍要持续泵吸反循环运行状态若干分钟，以确保扩径腔体或孔底沉渣能够被彻底清除。

7）当需要加大扩径体外沿高度时，应依据扩径指针指示的扩径标尺数值，令钻杆正转、反转数次，直至达到设计要求的扩径体外沿高度。

8）加接钻杆时，应先停止钻进，将钻具提离孔底 $300\sim400$mm，维持泥浆循环约 1min，以清理孔底沉渣，并将钻杆内的沉渣抽出排净，然后停泵加接钻杆。

9）钻扩清一体机的操控人员必须经过培训上岗，能够熟练掌握操控技能，保障施工高效、优质和安全。

10）施工过程中应及时清除循环池和循环槽中的沉渣，通常由挖掘机将沉渣挖出外运，最大限度地减少废弃泥浆的排放量。

6.4 多节钻扩灌注桩的承载机理及影响因素

各扩径体的承载力由上至下逐渐发挥，随着荷载的增加，各扩径体贡献的承载力占扩径体总承载力的百分比不断变化，最终趋向于一个较稳定的比值。

多节钻扩灌注桩扩径体承载力的发挥需要一定的扩径体位移。在达到极限荷载之前，上方扩径体发挥承载力的效率比下方扩径体高。

多节钻扩灌注桩单桩承载能力与扩径体腔成形效果、扩径体地层位置、扩径体间距密切相关。采用不同的施工工法，成孔成桩质量各异。2015 年 10 月，在北京大兴国际机场航站区进行的 4 种变径灌注桩施工工法超声波成孔质量检测表明，钻扩工法的施工质量远超其他工法。

多节钻扩灌注桩是由多段侧阻和多层端阻共同承载的桩型，试验及数值分析表明，扩径体间距对临近桩周土中压力的分布有相当大的影响。《多节钻扩灌注桩技术规程》（T/CECS 601—2019）对多节钻扩灌注桩的间距作出了明确规定。

多层桩端阻力是指每个扩径体和桩端共同提供端阻力。通常情况下端阻力是单桩承载力的主要来源。试验结果表明，在砂土层中两个扩径体提供的端阻力之和约占单桩承载力的 65%（北京通州密实细中砂）。对北京大兴（密实中砂、粉细砂）、郑州（中密粉土）、济南（强风化闪长岩）、南京（密实卵砾石）等地竖向静荷载试验对比数据统计显示，多节钻扩灌注桩单方混凝土提供的极限承载力为 $518\sim1161$kN，较相同条件下普通等直径灌注桩提高了 $42.3\%\sim140.8\%$。

作为抗压桩，为使扩径体端阻效应最大化，应将扩径体设置在持力层的中上部；作为抗拔桩，则应将扩径体设置在上述地层的下部，以充分发挥地层的抗拔阻力。因此，选择地质结构稳定、层厚较大、压缩性较低、承载力较高的土层作为扩径体持力层是至关重要的。

根据扩底桩理论，因扩径体的存在，桩身在桩顶荷载作用下产生向下的位移时，扩径体上部一定范围内的桩身与桩周土脱离，不存在侧摩阻力。由多节钻扩灌注桩桩身轴力测试发现，这种现象的确存在，但同时发现扩径体下部土体侧摩阻力存在增强的现象。试验结果表明，当扩径体设置于相同条件土层时，侧阻力的增强与减弱几乎相互抵消，如图 6-9 所示；当扩径体上部土层强度低于下部土层时，侧阻增强幅度略高于上部减弱幅度。因此，多节钻扩灌注桩扩径体对桩身侧阻力的影响可以忽略不计，甚至还偏于安全，这让该桩型的承载力计算变得简单。这一结论与 DX 桩的相关试验研究吻合。

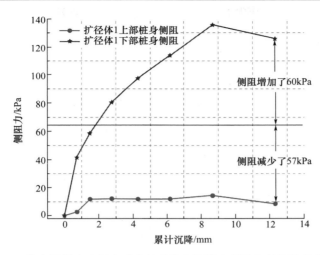

图 6-9　北京通州密实细中砂中扩径体上下桩身侧阻与桩顶位移的关系

　　根据地层空间分布规律，扩径体设置的位置是影响多节钻扩灌注桩承载力的重要因素。如前所述，扩径体应设置于承载力高、压缩性低的土层内，其端承效应才能得到充分发挥，同时还应考虑各扩径体的间距不宜小于 2.5～3.0 倍扩径体直径。自然沉积地层受沉积环境影响，空间分布变化较大，因此每根桩各扩径体的位置应根据勘察资料提供的附近持力层顶、底面标高及厚度确定。

　　勘探孔以一定间距分布，无法准确反映孔间地层的变化。为确保扩径体设置在设计持力层位置，从施工角度须要求钻扩清一体机操作人员根据钻进进尺快慢、钻杆驱动电流大小的变化及出渣成分判定地层的变化是否与勘察资料相吻合，并做好施工记录。一旦发现地层异常，应及时与勘察设计单位联系，采取施工勘察手段进一步查清地层的局部情况，根据施工勘察资料及时修改设计，调整扩径体深度，确保多节钻扩灌注桩的承载力。

6.5　多节钻扩灌注桩适用范围、设计依据及优缺点

6.5.1　适用范围

　　多节钻扩灌注桩可作为高层建筑、高耸构筑物、市政工程及公路、铁路、桥梁的桩基础。

　　钻扩清一体机适用的地层条件与回转钻机大致相当，因此多节钻扩灌注桩扩径体可设置在可塑、硬塑状态的黏性土、中密～密实状态的粉土或砂土、中密～密实状态的碎石土中及全风化岩、强风化软质岩的上层面。

　　对于一台钻扩清一体机而言，通常情况下钻扩成形的是标准型扩径体 1，如果设计上需要，还可以钻扩出扩径体高度、扩径体外沿高度更大的加高型扩径体 2，参见图 6-10。

6.5.2　多节钻扩桩的设计依据

　　多节钻扩灌注桩设计依据为中国工程建设标准化协会标准《多节钻扩灌注桩技术规程》（T/CECS 601—2019）。该标准由北京荣创岩土工程股份有限公司和中国铁路设计集团有限公司主编，中国建筑设计研究院、中交公路规划设计院、中国水利水电科学研究院、中国建筑股份有限公司技术中心、北京市建筑设计研究院、北京市市政工程设计研究总院、建研地基基础工程有限责任公司和清华大学等 31 家单位参加编写。也可参照《建筑桩基技术规范》（JGJ 94—2008）及《大直径扩底灌注桩技术规程》（JGJ/T 225—2010）进行设计。

　　初步设计时，根据土的物理指标与承载力参数的经验关系确定单桩竖向抗压极限承载力标准值

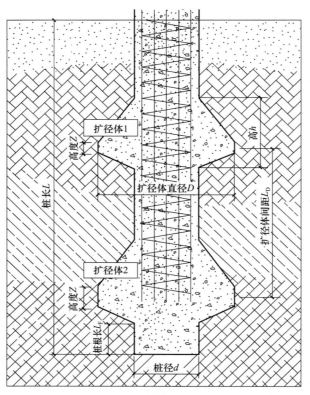

图 6-10　标准型和加高型扩径体

Q_{uk}，可按以下公式估算：

$$Q_{uk} = Q_{sk} + Q_{bk} + Q_{pk} = u\sum_{i=1}^{n}q_{sik}l_i + \sum_{j=1}^{m}\eta_j q_{bjk}A_{pD} + \eta q_{pk}A_p$$

$$A_{pD} = \frac{\pi}{4}(D^2 - d^2)$$

$$A_p = \frac{\pi}{4}d^2$$

以上式中　　Q_{sk}——单桩各段极限侧阻力标准值之和（不包括扩径体高度段）；

Q_{bk}——单桩各个扩径体极限端阻力标准值之和；

Q_{pk}——单桩极限端阻力标准值；

q_{sik}——单桩第 i 层土的极限侧阻力标准值，当无地区经验值时，可按《多节钻扩灌注桩技术规程》（T/CECS 601—2019）附录 A 取值；

q_{bjk}——单桩第 j 个扩径体的持力土层极限端阻力标准值，当无地区经验值时可按《多节钻扩灌注桩技术规程》（T/CECS 601—2019）附录 B 取值；

q_{pk}——单桩桩端持力土层极限端阻力标准值，当无地区经验值时，可按《多节钻扩灌注桩技术规程》（T/CECS 601—2019）附录 B 取值；

n——桩身所在土层数量；

m——扩径体数量；

u——桩身周长；

l_i——桩穿过第 i 层土的厚度（不包括扩径体高度）；

d——桩身或桩端直径；

A_p——桩身或桩端截面面积；

D——扩径体直径；

A_{pD}——扩径体截面面积；

η_j——单桩第 j 个扩径体端阻力折减系数，按《多节钻扩灌注桩技术规程》（T/CECS 601—2019）中表 5.1.3 取值；

η——桩端阻力折减系数，与最下方扩径体取值相同。

多节钻扩灌注桩单桩竖向抗压极限承载力标准值最终应以静载试验结果为准。

多节钻扩灌注桩桩型构造参见图 6-11。

6.5.3 多节钻扩灌注桩的优缺点

1. 多节钻扩灌注桩的优点

1）单桩承载力高。单方桩体积承载力为相同直径灌注桩的 1.5～2 倍。

2）设计灵活。桩径、桩长、扩径体直径及扩径体数量、层位等可以根据建（构）筑物荷载需要及地质土层状况灵活设置。

3）节约投资。通常情况下，多节钻扩灌注桩比同直径灌注桩节省工程量 30%～50%，节省造价 10%～30%。

4）扩径体强度高。扩径体上部高度略大于下部高度，外沿高度较大，能够满足荷载强度需要（图 6-12）。

5）桩型优越。多节钻扩灌注桩具有良好的承压、抗水平冲剪和抗拔能力，为大型承载合适的桩型（图 6-13）。

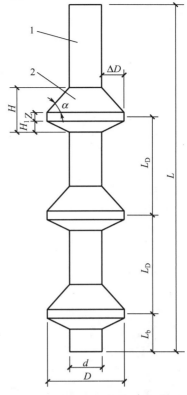

图 6-11 多节钻扩灌注桩构造示意图

1. 桩身；2. 扩径体；L. 桩长；d. 桩径；D. 扩径体直径；H. 扩径体高度；H_1. 扩径体下部高度；Z. 扩径体外沿高度；ΔD. 扩径量；L_D. 扩径体竖向中心距；

L_b. 最下方扩径体的竖向中心至桩端的长度；

α. 扩径体上部斜面与水平面之间的夹角

图 6-12 多节钻扩灌注桩（一）

图 6-13 多节钻扩灌注桩（二）

2. 多节钻扩灌注桩的缺点

1) 钻扩清一体机只能在泥浆护壁钻进方式下施工，使多节钻扩灌注桩的适用范围受到一定限制。

2) 难以在与钻头吸渣口直径大小相当的卵石层中钻进。

6.6 扩径腔体成形施工监控与质量检测

钻扩清一体机上设置有指针和标尺，通过电子屏幕即时显示钻孔和扩径状态，并实现数据储存或打印，成孔施工质量尽在掌控之中（图 6-14）。

扩径腔体成形质量检测采用专用仪器——孔径孔深测定仪（图 6-15），该仪器主要由支架、孔径触探轮、孔径测定装置和读数器四部分组成，具有操作方便、检测效率高、检测数据准确可靠的特点。该仪器为有关技术规程认定的专用孔径、孔深、扩径腔体直径及层位检测仪器，相关检测数据既可以从读数盘上直接读出，也可以由电子系统检测、显示和记录。现场检测数据应及时做好记录，达到有关技术规程要求后方可转入下一道工序。

图 6-14 扩径标尺、扩径指针示意图

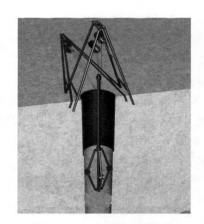
图 6-15 孔径孔深测定仪

6.7 工程实例

6.7.1 北京城市副中心钻扩桩工程

北京城市副中心钻扩桩桩径 700mm，桩长 15m，扩径体直径 1500mm，扩径体 2 个，最大试验荷载值为 6240kN，单方桩体积承载力为 944kN/m³。桩顶位于②粉质黏土与③细砂交互层；扩径体 1 设置在④细砂、中砂层，标贯击数为 30 击左右；扩径体 2 设置在④细砂、中砂层，标贯击数为 40 击左右；桩端与扩径体 2 位于相同地层，如图 6-16 所示。钻扩桩静载试验如曲线图 6-17 所示。

鉴于静载试验均未达到极限荷载，将最大试验荷载值作为极限荷载，以下各工程实例试桩均如此，不再另行说明。

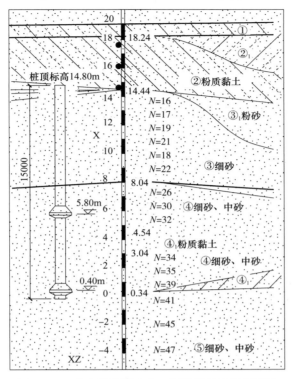

图 6 - 16　北京城市副中心工程钻扩桩设计示意图

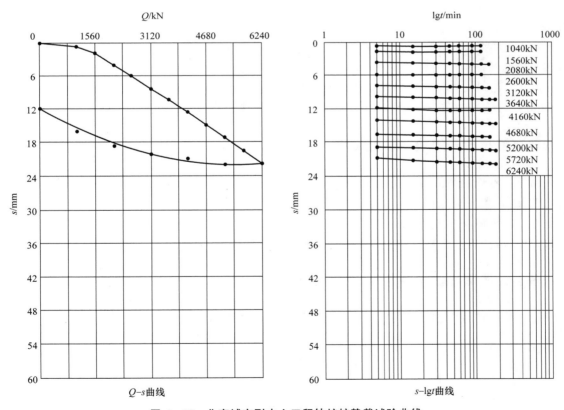

图 6 - 17　北京城市副中心工程钻扩桩静载试验曲线

Q/kN	0	1040	1560	2080	2600	3120	3640
s/mm	0	0.74	1.86	4.04	6.18	8.34	10.42
卸荷回弹量/mm	11.56	16.18	/	18.66	/	20.07	/
Q/kN	4160	4680	5200	5720	6240	—	—
s/mm	12.58	14.91	17.23	19.52	22.06	—	—
卸荷回弹量/mm	20.85	/	21.92	/	22.06		

图 6-17　北京城市副中心工程钻扩桩静载试验曲线（续）

6.7.2　北京大兴国际机场钻扩桩工程

北京大兴国际机场钻扩桩桩径 1000mm，桩长 36m，扩径体直径 2000，扩径体 3 个，最大试验荷载值为 22000kN，单方桩体积承载力为 687kN/m³。桩顶位于④粉质黏土、砂质黏土层；扩径体 1 设置在密实状态的⑤细砂、粉砂层，标贯击数为 38 击；扩径体 2 设置在密实状态的⑦细砂、粉砂层，标贯击数为 54 击；扩径体 3 设置在可塑～硬塑状态的⑧黏质粉土层，标贯击数为 47 击；桩端与扩径体 3 位于相同地层，如图 6-18 所示。钻扩桩静载试验曲线如图 6-19 所示。

6.7.3　济南第三粮库钻扩桩工程

济南第三粮库钻扩桩桩径 700mm，桩长 12.5m，扩径体直径 1500，扩径体 2 个，最大试验荷载值为 7000kN，单方桩体积承载力为 1176kN/m³。桩顶位于可塑～硬塑状态的⑤粉质黏土层；扩径体 1 设置在可塑～硬塑状态的⑥粉质黏土与硬塑～坚硬状态的⑦黏土交互层，标贯击数为 20 击左右；扩径体 2 设置在⑨全风化闪长岩与⑩强风化闪长岩交互层，标贯击数为 50 击左右；桩端进入强风化闪长岩约 2m，标贯击数为 70 击左右，如图 6-20 所示。钻扩桩静载试验曲线如图 6-21 所示。

6.7.4　南京浦口 5 号地块钻扩桩工程

南京浦口 5 号地块钻扩桩桩径 700mm，桩长 45m，扩径体直径 1500mm，扩径体 2 个，最大试验荷载值为 9333kN，单方桩体积承载力为 504kN/m³。桩顶位于自然地面①杂填土层；扩径体 1 设置在②₅粉质黏土与③粉细砂交互层，标贯击数为 10～30 击；扩径体 2 设置在密实状态的④中粗砂混卵砾石层，标贯击数为 50 击左右；桩端与扩径体 2 位于相同地层，如图 6-22、图 6-23 所示。

6.7.5　多节钻扩灌注桩与普通等直径桩经济、技术效益对比

多节钻扩灌注桩（简称钻扩桩）与普通等直径钻孔灌注桩的经济、技术效益对比见表 6-2。

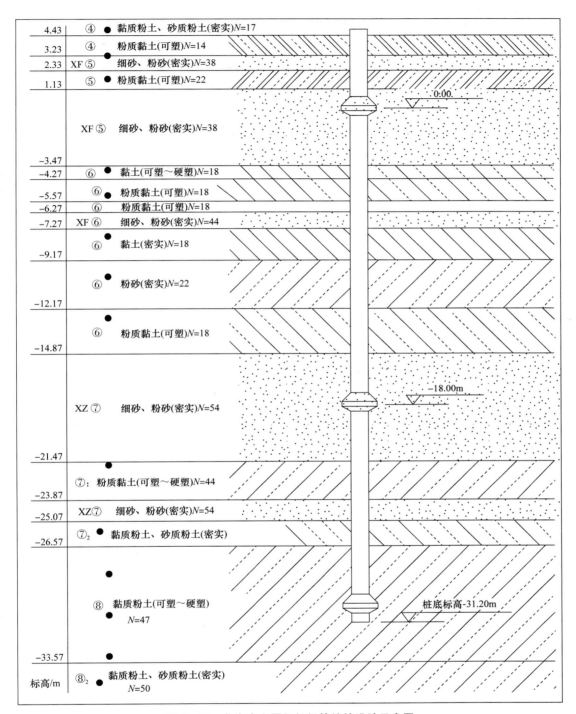

图 6-18　北京大兴国际机场钻扩桩设计示意图

ZK-3荷载试验成果汇总

桩号	试验桩顶标高（20.40m）			设计桩顶标高(4.80m)				
	最大荷载/kN	沉降/mm	回弹率/%	最大荷载/kN	沉降/mm	回弹率/%	单桩竖向抗压极限承载力/kN	极限承载力判定标准
ZK-3	22000	25.85	72%	21148	22.95	74%	21148	试验稳定，取试验最大加载量

荷载Q/kN

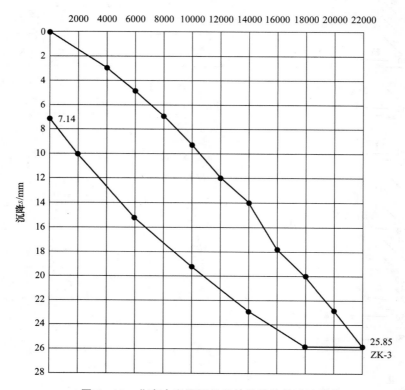

图 6–19　北京大兴国际机场钻扩桩静载试验曲线

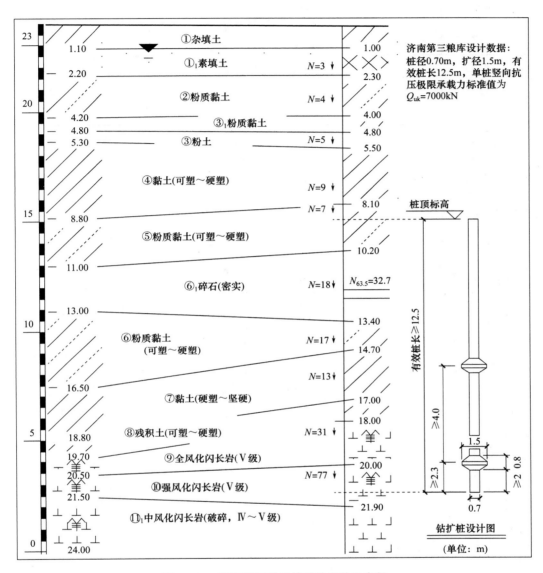

图 6-20　济南第三粮库钻扩桩设计示意图

工程名称：济南第三粮库					
试桩桩号：1					
测试日期：2017年5月3—4日					
加载级号	荷载/kN	沉降/mm		历时/min	
		本级	累计	本级	累计
1	1400	1.03	1.03	150	150
2	2100	0.77	1.80	120	270
3	2800	0.90	2.70	120	390
4	3500	1.10	3.80	120	510
5	4200	0.73	4.53	120	630
6	4900	1.54	6.07	150	780
7	5600	2.00	8.07	150	930
8	6300	1.44	9.51	120	1050
9	7000	1.46	10.97	150	1200
10	5600	−0.20	10.77	60	1260
11	4200	−0.26	10.51	60	1320
12	2800	−0.41	10.10	60	1380
13	1400	−0.84	9.26	60	1440
14	0	−1.70	7.56	180	1620
最大沉降量：10.97mm		最大回弹量：3.41mm		回弹率：31.07%	

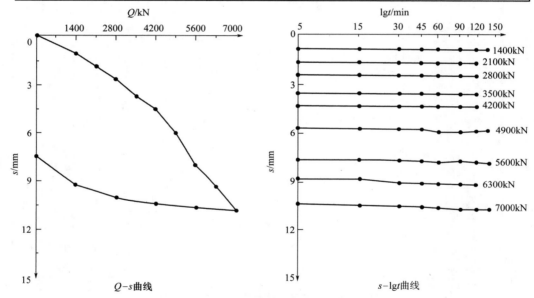

图 6 - 21　济南第三粮库钻扩桩静载试验曲线

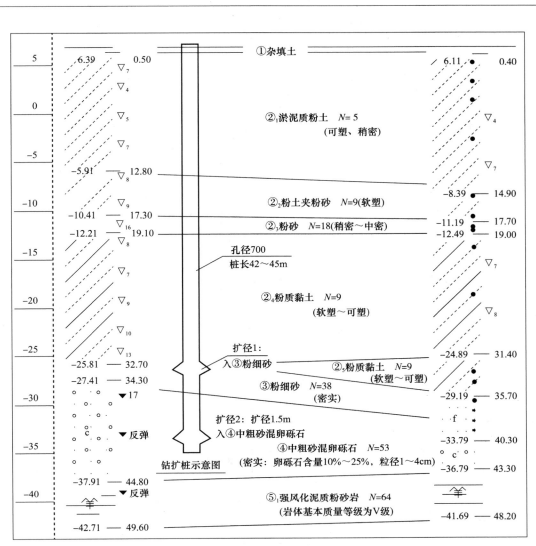

图 6－22　南京浦口 5 号地块钻扩桩设计示意图

工程名称：5号地块								试验桩号：ZKSZ5						
测试日期：2015年11月4日				桩长：45m					桩径：700mm					
荷载/kN	0	1600	2400	3200	4000	4800	5600	6400	7200	8000	8400	8800	9200	9600	10000
累计沉降/mm	0	0.93	1.65	2.60	3.84	5.47	7.52	10.02	13.55	17.76	20.61	24.00	30.34	46.47	66.99

图 6－23　南京浦口 5 号地块钻扩桩静载试验曲线

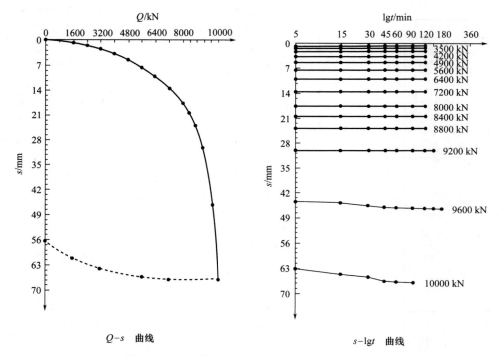

Q-s 曲线　　　　　　　　　　　　　　s-lgt 曲线

图 6-23　南京浦口 5 号地块钻扩桩静载试验曲线（续）

表 6-2　多节钻扩灌注桩与普通等直径桩经济、技术效益对比

项目地点	项目名称	桩型	桩径/mm	桩长/m	扩径/mm	扩径个数	扩径体及桩端持力层	单桩极限承载力标准值/kN	单桩体积/(m³/桩)	单方桩体积承载力提高比例/%	施工单价/(元/m³)	单桩造价/(元/桩)	施工造价节约比例/%	工程量节约比例/%	工期节省比例/%
郑州市	恒祥百悦	等直径桩	850	43.5	—	—	—	7980	24.68	0	1000	24680	0	0	0
		钻扩桩	600	43.5	1400	2	扩径体1在密实细砂层，扩径体2及桩端在密实粉土层	8050	13.4	85.8	1300	17420	29.4	45.7	约13
济南市	第三粮库	等直径桩	1300	12.5	—	—	—	6960	16.58	0	1100	18238	0	0.0	0
		钻扩桩	700	12.5	1500	2	扩径体1在粉质黏土与硬塑～坚硬黏土交互层，扩径体2在全风化与强风化闪长岩交互层（V级），桩端在强风化闪长岩层	7000	5.95	180.3	1450	8628	52.7	64.1	约16

续表

项目地点	项目名称	桩型	桩径/mm	桩长/m	扩径/mm	扩径个数	扩径体及桩端持力层	单桩极限承载力标准值/kN	单桩体积/(m³/桩)	单方桩体积承载力提高比例/%	施工单价/(元/m³)	单桩造价/(元/桩)	施工造价节约比例/%	工程量节约比例/%	工期节省比例/%
北京大兴	国际机场	等直径桩（桩端后注浆）	1700	36	—	—	—	21 010	81.67	0	1200	98004	0	0.0	0
		钻扩桩（桩端注浆）	1000	36	2000	3	扩径体 1 在密实细砂、粉砂层，扩径体 2 在细砂、粉砂层，扩径体 3 及桩端在可塑～硬塑的黏质粉土层	21560	32.02	161.7	1500	48030	51.0	60.8	约 15
南京浦口	5 号地块	等直径桩（桩端后注浆）	950	45	—	—	—	7960	31.9	0	1100	35090	0	0.0	0
		钻扩桩（扩径体注浆）	700	45	1500	2	扩径体 1 在可塑～软塑粉质黏土层，扩径体 2 及桩端在中粗砂混卵砾石层	8000	18.53	73.0	1400	25942	26.1	41.9	约 14
南京浦口	6 号地块	等直径桩（桩端后注浆）	950	45	—	—	—	7980	31.9	0	1100	35090	0	0.0	0
		钻扩桩（扩径体注浆）	700	45	1500	2	扩径体 1 在可塑～软塑粉质黏土层，扩径体 2 及桩端在中粗砂混卵砾石层	8000	18.53	72.6	1400	25942	26.1	41.9	约 14
南京鼓楼	恒大滨江	等直径桩（桩端后注浆）	950	60	—	—	—	10300	42.53	0	1100	46783	0	0.0	0
		钻扩桩（扩径体注浆）	800	60	1700	3	扩径体 1 在软塑粉质黏土层，扩径体 2 在软塑～可塑粉质黏土层，扩径体 3 及桩端在中密～密实粗砂混卵砾石层	1 000	33.13	37.1	1260	41744	10.8	22.1	约 10

续表

项目地点	项目名称	桩型	桩径/mm	桩长/m	扩径/mm	扩径个数	扩径体及桩端持力层	单桩极限承载力标准值/kN	单桩体积/(m³/桩)	单方桩体积承载力提高比例/%	施工单价/(元/m³)	单桩造价/(元/桩)	施工造价节约比例/%	工程量节约比例/%	工期节省比例/%
北京通州	副中心	等直径桩	1000	14	—	—	—	6250	10.99	0	1150	12639	0	0.0	0
		钻扩桩	700	14	1500	2	扩径体1在中密~密实的细砂、中砂层，扩径体2及桩端在中密~密实的细砂、中砂层	6240	6.61	66.0	1400	9254	26.8	39.9	约10

综上所述，就灌注桩基础而言，在相同或相近的地质条件下，由钻扩清一体机施工成形的多节钻扩灌注桩与等直径钻孔灌注桩相比可减小桩径、缩短桩长、减少桩的数量，从而大幅度降低桩基工程造价，缩短工期，具有显著的技术、经济和环境效益。

参 考 文 献

[1] 沈保汉. 多节扩孔灌注桩垂直承载力的评价 [G] // 中国土木工程学会. 中国土木工程学会第三届土力学及基础工程学术会议论文选集. 北京：中国建筑工业出版社，1981：354-362.

[2] 沈保汉. DX 挤扩灌注桩的荷载传递特点 [J]. 工业建筑，2008 (5)：5-12.

[3] 沈保汉，孙君平，王衍. DX 挤扩灌注桩竖向抗压承载力的计算 [J]. 工业建筑，2008 (5)：18-22.

第7章　钻孔扩底灌注桩

于好善　史兵言

20 世纪 50 年代后期美国得克萨斯州首次成功应用钻孔扩底灌注桩，此后印度、苏联、英国等也将钻孔扩底灌注桩应用于工程实践中。20 世纪 70 年代后期，北京市桩基研究小组在 6 个场地进行了 27 根钻孔扩底桩与 12 根相应直径直孔桩的静载试验。试验结果表明，钻孔扩底桩的极限荷载为相应直孔桩的 1.7～7.0 倍，单方极限荷载为直孔桩的 1.4～3.0 倍，单方极限荷载接近于打入式预制桩。这说明钻孔扩底桩是一种较好的桩型，与直孔桩相比具有显著的技术、经济优势。

国外有关扩底钻头的专利以日本、美国、苏联居多，英国、意大利、法国次之。日本自 1971 年大林组开发出 OPJ 反循环扩底灌注桩工法后已有 15 种以上反循环扩底灌注桩工法问世；从 1984 年基础工业和大洋基础开发 ACE 旋挖钻斗钻孔扩底桩工法后有 20 种以上旋挖钻斗钻孔扩底灌注桩工法问世。近几年的统计资料表明，日本建筑界和土木界钻孔扩底灌注桩有 80％采用旋挖钻斗成孔工艺，建筑界扩底成孔 100％采用旋挖钻斗工艺。

7.1　钻孔扩底灌注桩的施工原理和优点

钻孔扩底灌注桩 （under-reamed bored pile） 是将等直径桩孔钻进至预定深度，将钻孔钻具换成扩底钻头，扩底钻头在外力的作用下在桩孔底部边旋转边张开，扩底钻头的扩孔刀翼切削桩底部周围的土层，在桩孔的底部形成一个直径大于桩径的腔体，将孔内沉渣清除干净后放入钢筋笼，灌注混凝土形成扩底桩。扩底桩头如图 7-1 所示。

钻孔扩底灌注桩的优点：

当桩身直径相同时，扩底桩比直孔桩能大大提高单桩承载力，视地层情况可提高 2～7 倍，其单桩承载力与打入式预制桩相当；单桩承载力相同时，扩底桩与直孔桩相比能减小桩径或缩短桩长，从而减少钻孔工作量，避免穿过某些复杂地层，节省施工时间和材料；当基础总承载力一定时，采用钻孔扩底桩可以减少桩的数量，节省投资；在泥浆护壁的情况下，可减少排土量，减少污染；桩身直径缩小和桩数减少，可缩小承台面积；大直径钻孔扩底桩可适应高层建筑一柱一桩的要求。

图 7-1　扩底桩头

7.2　钻孔扩底灌注桩和岩石的分类

钻孔扩底灌注桩的分类方法有多种，按排土形式分为排土式和非排土式，按扩底作业泥渣排出方式分为循环式和无循环式，按扩底钻头打开方式分为机械扩底和液压扩底。

岩石分类的方法很多，如根据成因、完整度、风化程度及抗压强度等进行分类。在灌注桩施工中，钻具在钻机的带动下破坏岩石形成桩洞，破碎岩石的难易程度是影响钻进效率的主要因素，而影响岩石破碎难易度的主要因素就是抗压强度。岩土界一般以岩石的抗压强度对岩石进行分类，具体见表 7-1。

表 7-1 岩石分类

岩 石 类 别		岩石饱和抗压强度 R/MPa
硬岩	极硬岩	$R>60$
	较硬岩	$30<R<60$
软岩	较软岩	$5<R<30$
	极软岩	$R<5$

注：1. 当无法取得岩石抗压强度数据时，可用点荷载试验强度换算，换算方法按现行国家标准《工程岩体分级标准》（GB/T 50218）。

2. 当岩体极为破碎时，不可进行坚硬程度分级。

7.3 钻孔扩底灌注桩的施工机械设备及扩底钻具

目前国内钻孔扩底灌注桩施工常用的扩底钻具有两种，即机械式扩底钻具和液压式扩底钻具。机械式扩底钻具结构简单，制造成本低，操作便捷，使用维修成本低，但其可控、可视性差，扩底角为0～30°。液压式扩底钻具结构复杂，制造成本高，需要复杂的地面配套设施，使用和维修成本高。其优点是可控可视，施工质量高，由于扩翼在液压力作用下推出，在软地层中孔壁受到挤压，稳定性较好。

7.3.1 机械式扩底钻头

机械式扩底钻头有多种结构，下开式、上开式是常用的钻头结构，如图 7-2 和图 7-3 所示。机械式扩底钻头根据所钻地层软硬分为软岩扩底钻头（MRS）和硬岩扩底钻头（MRR）。由于所钻地层不一样，钻头结构有所不同，但其施工工艺及流程基本相同。软岩扩底钻头一般为四连杆结构，装配合金齿，由于地层稳定性差，扩底角相对较小。硬岩扩底钻头由于所需扭矩大，地层稳定性好，所以一般采用箱式结构来保证钻头体强度和传递扭矩的可靠性，装配牙轮或滚刀，扩底角相对较大。其结构形式见图 7-4。软岩和硬岩扩底钻头的设计参数见表 7-2 和表 7-3。

图 7-2 下开式软岩扩底钻头

图 7-3 上开式软岩扩底钻头

图 7-4 硬岩扩底钻头

表 7 - 2　软岩扩底钻头参数

规　格	钻头直径/mm	最大扩底直径/mm	扩底角/(°)	最大直径段高度/mm
MRS500	500～600	1000	20	150
MRS600	600～800	1200	20	200
MRS800	800～1000	1600	20	200
MRS1000	1000～1200	2000	20	200
MRS1200	1200～1500	2400	20	250
MRS1500	1500～1800	3000	25	300
MRS1800	1800～2000	3600	25	350
MRS2000	2000～2400	4000	25	350

表 7 - 3　硬岩扩底钻头参数

规　格	钻头直径/mm	最大扩底直径/mm	扩底角/(°)	最大直径段高度/mm
MRR800	800～1000	1600	30	250
MRR1000	1000～1200	2000	30	250
MRR1200	1200～1500	2400	30	300
MRR1500	1500～1800	3000	30	350
MRR1800	1800～2000	3600	30	350
MRR2000	2000～2400	4000	30	350

7.3.2　液压式扩底钻头

液压式扩底钻头由液压油缸提供扩底钻头张开和收拢的动力，钻机提供回转扭矩完成扩底作业。液压扩底钻头一般设计为筒式，钻头收拢时便于将扩孔产生的钻屑收拢到筒内而带到地面。液压扩底钻头适用于第四纪土层、黏土层、砂土层、胶结性差的卵砾石层。液压扩底钻头的扩底角为 12°～20°。由于钻头内要装置油缸等液压元件，钻头体的外径一般在 800mm 以上。YKD 液压扩底钻头设计参数见表 7-4，工作示意图见图 7-5。

表 7 - 4　YKD 液压扩底钻头参数

规　格	钻头直径/mm	最大扩底直径/mm	扩底角/(°)	最大直径段高度/mm
YKD600	600～800	1200	15	100
YKD800	800～1000	1600	15	150
YKD1000	1000～1200	2000	20	200
YKD1200	1200～1500	2400	20	250
YKD1500	1500～1800	3000	25	300
YKD1800	1800～2000	3600	25	350
YKD2000	2000～2400	4000	25	350

入孔　　　　张开　　　　钻扩　　　　钻收　　　　闭合

图 7 - 5　液压扩底钻头钻斗工作示意图

7.3.3 施工设备

在扩底桩施工中，无论选用哪一种扩底钻具，都需要地面设备提供动力。理论上任何旋转式钻桩设备都能进行扩底桩的施工。目前常用的施工设备有正循环钻机、反循环（泵吸反循环和气举反循环）钻机、潜水钻机、长螺旋钻机、全回转套管钻机及旋挖钻机。由于液压扩底钻头需要地面设备具备液压动力和控制部件，而且油管和电缆需与钻杆随动，所以这类钻头与旋挖钻机配套使用更为方便。

7.4 机械式扩底桩施工工艺及工程实例

7.4.1 施工原理

机械式扩底钻头利用了滑块连杆机构，扩底钻头由固定部分、相对滑动部分、连杆部分和扩孔刀翼部分组成。扩底钻头固定部分与钻孔底部接触，在钻头（钻杆）自重或外加压力作用下，滑动部分向下滑动，连接在滑动件和扩孔刀翼上的连杆慢慢张开，带动扩孔刀翼张开，在钻机的带动下扩底钻头旋转扩底，扩至设计位置，扩底钻头滑动部分与固定部分的限位块接触，没有相对滑动，扩底完成。上提扩底钻头，在钻头重力的情况下，滑动部分与固定部分分开，扩孔刀翼收拢，扩底钻头可以提出孔外。在硬度较高的泥岩、砂岩、石灰岩、花岗岩等地层中扩底时，扩孔刀翼可用牙轮掌、焊齿或镶齿滚刀，其扩底角可适当增大，一般为20°～30°；在黏土层、砂土层、卵砾石层中扩底时，扩底刀翼可以硬质合金刀头、钎头、截齿作为切削刃，其扩底角一般为12°～25°。典型机械式扩底钻头的工作状态如图7-6所示。钻机工作时，在孔口提起扩底钻头，在自重的作用下，扩孔刀翼收拢，钻头顺利放入孔底，如图7-6（a）所示；扩底钻头在孔底时，上部受钻杆配重的压力，扩孔刀翼缓慢张开一定的角度，如图7-6（b）所示；扩底钻头在钻杆配重压力下，扩孔刀翼边旋转边完全张开，如图7-6（c）所示；扩底工作完成后，在钻杆拉力和扩底钻头自重的作用下，扩孔刀翼完全收拢，扩底钻头提出孔外，扩底工作完成，如图7-6（d）所示。

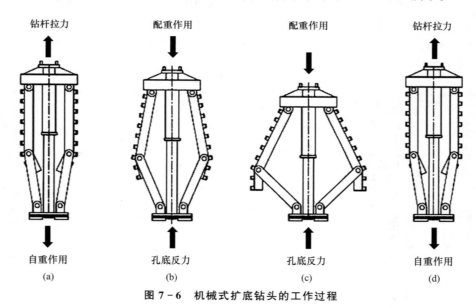

图7-6 机械式扩底钻头的工作过程

7.4.2 施工前的准备

1. 钻机的选择

进行扩底灌注桩施工时，主要依据桩深、桩径及扩底直径、地层软硬等因素选择钻机。钻机的主要参数有扭矩、提升力、加压力等，对应钻机的施工性能主要是最大钻进深度和最大钻进桩径。选取正循环还是反循环工艺、普通钻机还是旋挖钻机要根据实际情况确定。在选择钻机时要充分考虑两个问题：一是扩底时钻机的加压力和扭矩比直桩要大，所以钻机的扭矩和加压力一般要有一定的储备，大约是直桩钻进的 1.5～2 倍；二是在松散土层和砂卵石层施工时尽量不考虑反循钻进，因力孔壁容易坍塌。

2. 检查钻头收缩与张开是否灵活

将钻头用吊车或钻机的卷扬机提起，然后缓缓放下，扩底钻头的扩底翼将随之收缩和张开。如此反复数次，使钻头动作灵活。

3. 根据工程需要的最大扩底直径确定钻头的行程

1）将钻头提起，使其处于收缩状态，然后缓缓放下，使钻头逐渐张开，并不断测量扩底钻头的最大直径。当钻头张开至所需的扩底直径时，可在小中心方管上用标记笔记下大中心方管下端的位置。

2）再将钻头提起，使其处于完全收缩状态，此时在小中心方管上再次记下大中心方管下端的位置。

3）测量小中心方管上两个位置的距离，即为扩底钻头的扩底行程。具体操作见图 7 - 7。

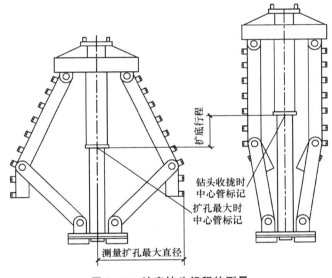

图 7 - 7　扩底钻头行程的测量

4. 配备优质泥浆

在松软地层中扩底桩的施工对泥浆的要求相对要高一些，因为桩孔为倒锥形，很容易坍塌。泥浆类型主要根据地层情况确定。桩基施工中因为桩孔较浅，孔内温度较低，大都采用普通的水基泥浆，主材为膨润土和水，另有一些添加剂。泥浆的主要性能参数有比重、黏度、失水量、静动切力等，防止孔壁坍塌的两个主要参数是比重和黏度。扩底桩施工时一般将泥浆相对密度调到 $1.30kg/cm^3$ 以上，漏斗黏度调到 30s 以上。

7.4.3　施工流程

1）采用刮刀钻头或其他形式的钻头钻进成孔，钻至预定孔深后提钻，更换扩底钻头。

2）当钻头下入孔底后，标记主动钻杆与孔口某参照物的相对位置，以此位置为起点，向上量一个扩底钻头的扩底行程，即为终点。将扩底钻头提离孔底，使其处于悬吊状态，启动钻机和泥浆泵，待其工作正常后即可开始扩底。

3）利用卷扬机控制钻头的扩底速度。为安全起见，扩底速度应越慢越好。一般情况下，卷扬机的放绳速度应保证主动钻杆以不大于 10mm/min 的速度下移，如果钻机振动太大，可进一步降低扩底速度。

4）当主动钻杆走完扩底行程，说明扩底钻头在孔底已扩至预定直径，此时在原位继续回转 2～3min 后即可迅速提钻。

5）清理孔底沉渣。这个工序比直桩困难得多。直桩施工中常规的做法是在桩孔钻到预定深度后进行一次清渣，待钢筋笼下放到位后进行二次清孔，待沉渣厚度满足要求时才能灌注混凝土。扩底桩施工中，一次清渣时，扩底钻头在孔底完全展开后非加压状态下要转动 10min 左右，把扩底边角的钻屑搅散到泥浆中，通过泥浆循环带出地面；如采用的是无循环钻进（如旋挖钻机），扩底钻头一定要在孔底多次旋转开闭，把扩底边角钻渣带到桩孔的中心，再用清渣桶清走。

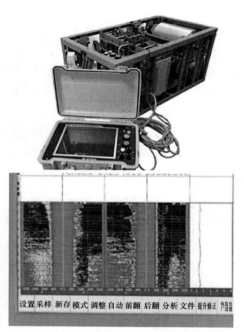

图 7-8　桩孔超声检测仪

6）测量扩大头腔形。此工序根据工程要求的不同而异，常规的做法是，在工程大面积展开之前，在工区不同位置选取几个有代表性的扩底试验桩试验，试桩成功后再正常施工。施工时严格按照施工流程，扩大头腔形的测量采取抽查的方式。也有一些工程项目要求每桩一测，可采用两种方法测量：一是扩底钻头带自测功能，可以实现随钻随测；二是待扩底完成后下入桩成孔质量超声检测仪，检测扩底桩是否符合设计要求。桩孔超声检测仪见图 7-8。

7）下钢筋笼，灌注混凝土。这个工序与直桩基本相同，把与直桩相匹配的钢筋笼下放到位后，测量沉渣厚度，如超标则进行二次清渣，然后灌注混凝土。每个工程扩底空腔的形状不同，扩底空腔混凝土的灌注质量直接影响扩底桩的力学性能，为了保证扩底空腔混凝土的灌注质量，可采取压力灌注（如混凝土泵），或调整首批混凝土的坍落度，加大其流动性，以便下落后迅速充满扩底部分，或采用加大漏斗高度和吊斗容量的办法，并在混凝土中加入减水剂。如桩孔浅，可用振捣器振捣，空腔处的混凝土填充密度。

水下混凝土灌注是常规的灌注方法，混凝土灌注质量的好坏是成桩的关键，直接影响成桩质量，对于扩底桩则更为重要。以直孔直径 1000mm 扩大头腔 2000mm 的扩大头为例，理论混凝土灌注量计算如下，见图 7-9。

上圆桩：$V_1 = \pi \times 1^2 \times 5/4 = 3.972$（m³）。

圆台：$V_2 = 3.14 \times (0.5^2 + 1^2 + 0.5 \times 1)/3 = 1.832$（m³）。

下圆桩：$V_3 = \pi \times 2^2 \times 0.3/4 = 0.942$（m³）。

球缺 V_4 的计算（图 7-10）：先求半径，$AD = DB = 1\mathrm{m}$，$DC = 0.2\mathrm{m}$。

在 △ODB 中，有 $R^2 = (R - 0.2)^2 + 1^2$，求得 $R = 2.6\mathrm{m}$。$V_4 = 3.14 \times 0.2^2 \times (2.6 - 0.2/3) = 0.318$（m³），则 $V_总 = K (V_1 + V_2 + V_3 + V_4)$。若 K 取 1.15（充盈系数），则 $V_总 = 1.15 \times (3.927 + 1.832 + 0.942 + 0.318) = 8.072$（m³）。

现场混凝土实际灌注量与上述理论计算值对照，两值越接近，说明成桩质量和灌注质量越好，以此也可以间接验证。

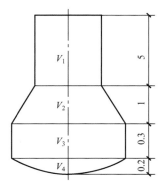

图 7-9　扩底截面（单位：m）

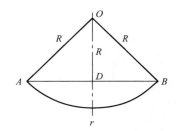

图 7-10　球缺截面

7.4.4　施工注意事项

1) 在地面测量扩底钻头行程时一定要仔细、准确。

2) 当扩底钻头下放至孔底，在主动钻杆上作扩的起点和终点标记时，应考虑到成孔的扩孔系数。因为扩底钻头下放至孔底时并不是处于完全收缩的状态，而是略有张开，所以在确定扩底行程的终点时应比地面实测行程酌情减小。

3) 扩底时下放钻杆一定要慢、匀、稳。

4) 如发生意外，应迅速将钻头提离孔底。

7.4.5　三峡接待中心大厦工程桩基施工

1. 工程概况

1997 年由鄂西北工程勘察总公司承接的三峡接待中心大厦桩基础工程，主楼 28 层，一层半地下室，裙楼 3～4 层。该项目由天津大学建筑设计院设计，桩基采用旋挖钻机钻孔扩底灌注桩，主楼桩 48 根，桩直径为 $\phi1200$mm，扩底直径 $\phi1600$mm，桩深 38～42m；裙楼桩 97 根，桩径 $\phi1000$mm，扩底直径 $\phi1600$mm，桩深 25～35m。场区系新近深凹填土区，地表有 0～15m 厚的风化砂岩，其中夹有大块花岗岩风化球，地层情况具体见表 7-5。设计要求 1000mm 桩桩端嵌入第③土层 80cm，终孔扩底直径 1600mm，单桩竖向承载力特征值 $R_a \geqslant 2500$kN；直径 $\phi1200$mm 桩桩端嵌入第⑥土层 280cm，终孔扩底直径 $\phi1600$mm，单桩竖向承载力特征值 $R_a \geqslant 12000$kN。

表 7-5　地层情况

层序	层厚/m	名称	桩端承载力/kPa	变形模量/GPa	可钻级别
①	7～15	回填风化砂	50～90	—	—
②	0.5～3	砾质砂质粉尘	120	—	—
③	0～10	全风化花岗岩上带	1000	0.025	—
④	0～7.8	全风化花岗岩下带	2000	0.05	5
⑤	1.3～2.4	强风化花岗岩	3000	2.0	—
⑥	/	弱风化花岗岩	8000～10000	1～5	8

桩基施工成孔难度大，采用意大利土力公司生产的 R-618 旋挖钻机。该钻机质量为 66000kg，采用机锁钻杆，最大扭矩为 180kN·m，最大给进力为 172kN。该项目最大的难点是持力层（弱风化花岗岩）的嵌岩及扩底质量。扩底钻头选用 MRR1000 型钻头（图 7-4）。

177

图 7-11　扩底桩端

2. 施工效果

采用 MRR 钻头，直径 $\phi1000\text{mm}$，扩底直径 $\phi1600\text{mm}$，正锥形翼状侧开式，质量 5500kg，底部定盘；切削齿采用滚刀，滚刀刀体通过高强螺栓连接在刀座上，拆卸方便。钻头整体刚度、强度等都能适应 R-618 大回转扭矩、大给进压力的性能要求。裙楼桩 97 根施工完毕后，底部两把滚刀磨损较大，进行了更换，施工主楼桩时没有发生断齿掉滚刀等现象，使用效果较好。共完成 145 根桩，扩底进尺 116m。

本工程采用钻孔扩底灌注桩，节约混凝土 3600m³，节约钢筋 60000kg，节省工程成本 430 万元，更重要的是大大节省了工期，为 1997 年大江截流建筑物交付使用奠定了良好的基础。

为了验证扩底钻头在该地层的使用效果，在地面打了一根试桩，进行了加载试验，然后把扩底桩部分挖出，检查其外表尺寸和桩体结构情况（图 7-11），由检查结果可知，桩型完全满足工程要求。

7.5　液压式扩底桩施工工艺及工程实例

7.5.1　施工原理

液压式扩底钻头有两种，即简易液压扩底钻头和可控可视液压扩底钻头。勘探技术研究所于 20 世纪 90 年代就研制出了 YKD 简易液压扩底钻头，由于当时我国施工设备相对落后，这类钻头没有实现可视化，但可实现直孔和扩底使用一只钻头，也可施工葫芦桩。可视可控液压扩底钻头一般利用带回转同步卷扬的旋挖钻机进行施工。液压钻斗利用带行程传感器的油缸控制扩底的大小，油缸上的行程传感器将电信号通过电缆传到旋挖钻机控制室的显示器上，模拟出扩底钻头的工作状态，显示在屏幕上，因此此类工法是可视的；同时，根据扩底要求可以控制扩底角的大小。可视可控液压扩底钻头及钻机屏显系统见图 7-12。

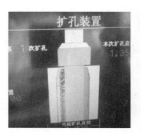

图 7-12　液压扩底钻头及钻机屏显系统

7.5.2　工法特点

液压式扩底桩施工可实现钻扩不换钻头，并且可在桩孔任何位置扩孔；扩底过程由电脑控制，直观显示，施工操作人员可一边观察驾驶室内的电脑屏幕，一边进行扩底施工，保证扩底桩施工的精确度和成桩质量。成孔直径 850～3000mm，扩底直径 1500～5200mm，最大扩底率（D_2/d_2）达 3.0。

由于扩大端部，液压式扩底桩适用于浅层软而底部持力层较硬的地层，能在硬质黏土、砂层、砂砾层、卵石层、泥岩层及风化岩层（单轴抗压强度 5MPa 以内的软岩）施工。

7.5.3　施工顺序

可视可控旋挖钻斗钻扩底灌注桩施工顺序如下（图 7-13）：

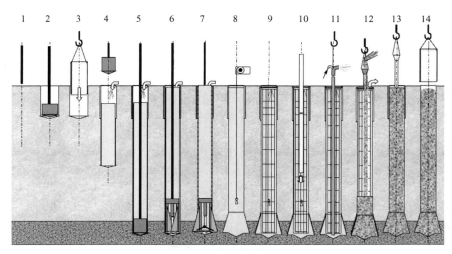

图 7-13　扩底桩施工顺序

定桩位中心→钻机就位，开孔口→埋设护筒→直孔钻进，且边成孔边注入稳定液→直孔钻至设计标高→更换扩底钻斗，下降至桩孔底端→打开扩大翼，进行扩大切削作业→完成扩底作业→检测孔深及桩形→若沉渣厚度超过允许值则进行清孔→安放钢筋笼→安放导管→若沉渣厚度超过允许值则进行第二次清孔→灌注混凝土→边灌注混凝土边拔出导管→拔出护筒→混凝土灌注完毕，成桩。

7.5.4　施工要点

采用液压式扩底钻头施工时，地面设备保持钻杆轴向静止，只有回转动作，扩翼在油缸的推动下扩开。扩底施工时，操作人员要随时观察驾驶室内的计算机管理映象追踪监控系统。将等直径桩孔钻到设计深度后，即时更换扩底钻斗，下降至桩孔底端，打开扩大翼进行扩孔切削作业。桩孔底端深度、扩底部位形状与尺寸等数据和图像通过监测装置显示在操作室的监控器上，此时操作人员只需按照预先输入计算机设计要求的扩底数据和形状进行操作即可。采用液压扩底钻头进行扩底作业时，如果采用无循环设备（如旋挖钻机），扩底产生的钻渣可由扩底钻头自行带出，一般需要提钻 3～5 次即可完成。如桩底沉渣厚度超标，还可结合其他方式清理。

液压式扩底钻头施工时，泥浆的配制和使用、混凝土的灌注等施工工艺与机械式扩底钻头相同，这里不再赘述。

7.5.5　重庆万州某房地产项目桩基施工

该项目是 2013 年施工的桩基础工程，设计桩型有 4 种，即 800mm 扩 1600mm、900mm 扩 1800mm、1200mm 扩 2400mm、1400mm 扩 2800mm。项目场地上部 20～30m 是回填层，持力层为泥岩和板岩，岩石抗压强度为 30MPa 左右，应用由勘探技术研究所与北京建筑机械化研究院联合设计的可控可视液压扩底钻头，施工设备选用国内品牌旋挖钻机。该旋挖钻机由北京建筑机械化研究院进行改造：在动力头处增加三个随动卷盘（两个用于油管，一个用于电缆），以便液压油管和电缆跟钻杆同步上下；在动力头的下方增加一个回转接头，便于电和油由固定端传到旋转端，所有孔内收集的电信号由电缆传到动力头处，信号从动力头到驾驶室通过无线传输。所有的电和液压油均用于旋挖钻机，无须再配动力；扩底动作的操作在驾驶室完成，在驾驶室的显示器上可以看到模拟扩底钻头动作的画面。现场施工情况见图 7-14。

扩底施工选用 1400mm 扩 2800mm 桩型进行了两根桩的试验，试验过程非常顺利，但是由于施工方改造的旋挖钻机只有一台，所以后续很多施工任务由机械式扩底钻头完成。

图 7 - 14　可控可视液压扩底钻头施工现场

参 考 文 献

[1] 沈保汉. 大直径钻孔扩底桩 [J]. 工程机械与维修, 2015 (04 增刊)：99 - 110.

[2] 苏雄念, 詹伟. 泵吸反循环钻孔扩底桩施工技术 [J]. 建筑技术, 2011 (3)：198 - 203.

[3] 邓锦良. 全套管旋挖扩底桩技术在某工程中的应用 [J]. 福建建筑, 2016 (6)：38 - 40.

[4] 刘三意. 扩底钻头的研究与应用 [J]. 探矿工程, 1997 (增刊)：70 - 72.

[5] 中华人民共和国国家标准. 岩土工程勘察规范 (GB 50021—2017) [S]. 北京：中国工业建筑出版社, 2017.

第8章 冲击钻成孔灌注桩

沈保汉　包自成　雷　建　陈宗见　刘延敏　李明忠　陈绪照

8.1 冲击钻成孔法的施工原理、适用范围和特点

1. 施工原理

冲击钻成孔法为历史悠久的钻孔方法。冲击钻成孔施工是采用冲击式钻机或卷扬机带动一定重量的冲击钻头，在一定的高度内提升钻头，然后突然下放，使钻头自由降落，利用冲击动能冲挤土层或破碎岩层形成桩孔，再用掏渣筒或泥浆循环方法将钻渣岩屑排出。每次冲击之后，冲击钻头在钢丝绳转向装置的带动下转动一定的角度，从而得到规则的圆形断面桩孔。

2. 适用范围

冲击钻成孔适用于填土层、黏土层、粉土层、淤泥层、砂土层和碎石土层，也适用于砾卵石层、岩溶发育岩层和裂隙发育的地层，而后者常常是回转钻进和其他钻进方法施工困难的地层。

冲击钻成孔桩桩孔直径通常为600~1500mm，最大直径可达2500mm；钻孔深度一般为50m左右，某些情况下可超过100m。

3. 特点

（1）优点

1）用冲击方法破碎岩土尤其是有裂隙的坚硬岩土和大的卵砾石所消耗的功率小，破碎效果好，且冲击土层时的冲挤作用形成的孔壁较为坚固，相对减少了破碎体积。

2）在含较大卵砾石层、漂砾石层中施工成孔效率较高。

3）设备简单，操作方便，钻进参数容易掌握，设备移动方便，机械故障少。

4）钻进时孔内泥浆一般不是循环的，只起悬浮钻渣和保持孔壁稳定的作用，泥浆用量少，消耗小。

5）钻进过程中，只有提升钻具时才需要动力，钻具自由下落冲击岩土不消耗动力，能耗小。和回转钻相比，当设备功率相同时，冲击钻能施工较大直径的桩孔。

6）在流砂层中亦能钻进。

（2）缺点

1）利用钢丝绳牵引冲击钻头进行冲击钻进时，大部分作业时间消耗在提放钻头和掏渣上，钻进效率较低。随桩孔加深，掏渣时间和孔底清渣时间均增加较多。

2）容易出现桩孔不圆的情况。

3）容易出现孔斜、卡钻和掉钻等事故。

4）由于冲击能量的限制，孔深和孔径均比反循环钻成孔施工法小。

8.2 施工机械及设备

8.2.1 冲击钻机分类

国内外常用的冲击钻机可分为钻杆冲击式和钢丝绳冲击式两种，后者应用广泛。钢丝绳冲击钻机又大致可分为两类：一类是专用于冲击钻进的钢丝绳冲击钻机，一般均组装在汽车或拖车上，钻机安装、就位和转移均较方便；另一类是由带有离合器的双筒或单筒卷扬机组成的简易冲击钻机。施工中多采用压风机清孔。

除此以外，国内还生产正反循环和冲击钻进三用钻机。

8.2.2 冲击钻机的规格、型号及技术性能

国产的冲击钻机、常用的简易冲击钻机及正反循环与冲击钻进三用钻机的型号和技术性能分别见表 8-1 和表 8-2。

表 8-1 国产冲击钻机的型号和技术性能

性能指标		天津探机厂		张家口探机厂	洛阳矿机厂			太原矿机厂		陕西水工机械厂
		SPC-300H	GJC-40H	GJD-1500	YKC-31	CZ-22	CZ-28	CZ-30	KCL-100	C2-1200
最大钻孔直径/mm		700	700	2000（土层）1500（岩层）	1500	800	1000	1200	1000	1500
最大钻孔深度/m		80	80	50	120	150	150	180	50	80
冲击行程/mm		500，650	500，650	100～1000	600～1000	350～1000	—	500～1000	350～1000	1000～1100
冲击频率/(次/min)		25，50，72	20～72	0～30	29，30，31	40，45，50	40，45，50	40，45，50	40，45，50	36，40
冲击钻质量/kg		—	—	2940	—	1500	—	2500	1500	2300
卷筒提升力/kN	冲击钻卷筒	30	30	39.2	55	20		30	20	35
	掏渣筒卷筒	—	—	—	25	13		20	13	20
	滑车卷筒	20	20	—				30	—	
驱动动力功率/kW		118	118	63	60	22	33	40	30	37
桅杆负荷能力/kN		150	150	—				250	120	300
桅杆工作时的高度/m		11	11					16	7.5	8.50，12.50
钻机外形尺寸/m	拖动时 长度	—	—	—				10.00	—	—
	拖动时 宽度	—	—	—				2.66	—	—
	拖动时 高度	—	—	—				3.50	—	—
	工作时 长度	10.85	10.85	5.04				6.00	2.8	—
	工作时 宽度	2.47	2.47	2.36				2.66	2.3	—
	工作时 高度	3.60	3.55	6.38				16.30	7.8	—
钻机质量/kg		15000	15000	20500		68520	7600	13670	6100	9500

注：SPC-300H、GJC-40H 和 GJD-1500 钻机的循环钻进性能见本书第 4 章表 4-1。

表 8 - 2　常用的简易冲击钻机的型号和技术性能

性能指标	型号				
	YKC - 30	YKC - 20	飞跃 - 22	YKC - 20 - 2	简易式
钻机卷筒提升力/kN	30	15	20	12	35
冲击钻质量/kg	2500	1000	1500	1000	2200
冲击行程/mm	500～1000	450～1000	500～1000	300～760	2000～3000
冲击频率/(次/min)	45，45，50	45，45，50	45，45，50	56～58	5～10
钻机质量/kg	11500	6300	8000	/	/
行走方式	轮胎式	轮胎式	轮胎式	履带自行	走管移动

8.2.3　冲击钻机的构造

冲击钻机主要由钻机或桩架（包括卷扬机）、冲击钻头、掏渣筒、转向装置和打捞装置等组成。

8.2.3.1　钻机

冲孔设备除选用定型冲击钻机外（图 8 - 1）也可用双滚筒卷扬机，配制桩架和钻头，制作简易冲击钻机（图 8 - 2），卷扬机提升力宜为钻头质量的 1.2～1.5 倍。

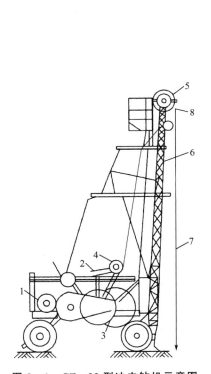

图 8 - 1　CZ - 22 型冲击钻机示意图

1. 电动机；2. 冲击机构；3. 主轴；4. 压轮；
5. 钻具天轮；6. 桅杆；7. 钢丝绳；8. 掏渣筒天轮

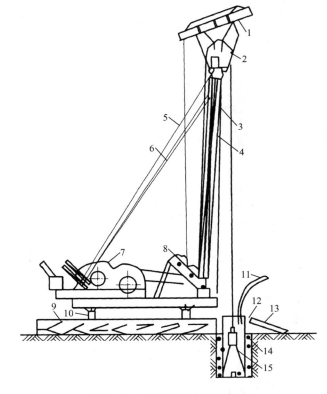

图 8 - 2　简易冲击钻机示意图

1. 副滑轮；2. 主滑轮；3. 主杆；4. 前拉索；5. 后拉索；
6. 斜撑；7. 双滚筒卷扬机；8. 导向轮；9. 垫木；10. 钢管；
11. 供浆管；12. 溢流口；13. 泥浆渡槽；14. 护筒回填土；15. 钻头

8.2.3.2　冲击钻头

冲击钻头由上部接头、钻头体、导正环和底刃脚组成。钻头体提供钻头所需的质量和冲击动能，并

183

起导向作用。底刃脚为直接冲击破碎岩土的部件。上部接头与转向装置连接。

设计或选择钻头的原则是充分发挥冲击力的作用，兼顾孔壁圆整。

冲击钻头形式有十字形、一字形、工字形、人字形、圆形和管式等。

1. 十字形钻头

十字形钻头（图 8-3）应用最广，其线压力较大，冲击孔形较好，适用于各类土层和岩层。钻头自重与钻机匹配；刃脚直径 D 以设计孔径的大小为标准；钻头高度 H 为 1.5～2.5m，其值必须与钻头自重、刃脚直径相适应。良好的钻头应具备下列技术性能：

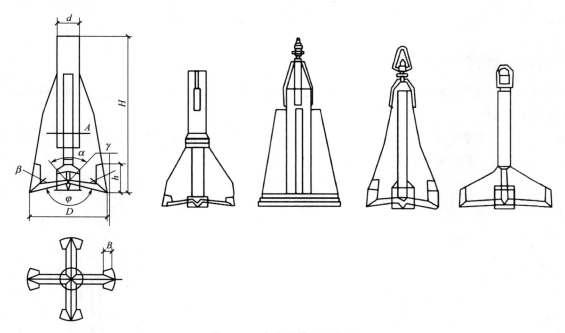

图 8-3　十字形钻头示意图

1）钻头质量略小于钻机最大容许吊重，以使单位长度底刃脚上的冲击压力最大。

2）有高强耐磨的刃脚，为此钻刃必须采用工具钢或弹簧钢，并用高锰焊条补焊。

3）根据不同土质选用不同的钻头系数（表 8-3）。

表 8-3　不同土质选用的钻头系数　　　　　　　　　　　　　单位：（°）

土质	α	β	γ	φ
黏土、细砂	70	40	12	160
堆积层砂卵石	80	50	15	170
坚硬漂卵石	90	60	15	170

注：本表中 α、β、γ 和 φ 角的位置见图 8-3。

4）钻头截面变化要平缓，使冲击应力不集中，不易开裂折断，水口大，阻力小，冲击力大。

5）钻头上应焊有便于打捞的装置。

2. 管式钻头

管式钻头（图 8-4）是用钢板焊成双层管壁的圆筒，壁厚约 70mm，内外壁的间隙用钢砂或铅填充，以增加钻头重量。当刃角冲碎岩土，活门随即被碎渣挤开，钻渣装入筒内，实现了冲孔、掏渣两道工序合一，从而提高工效。

3. 其他形式钻头

一字形钻头冲击线压力大，有利于破碎岩土，但孔形不圆整；圆形钻头线压力较小，但孔形圆整；人字形钻头和工字形钻头除刃脚形式各异外，钻头本身与十字形钻头大同小异。

空心钻头适用于二级成孔工艺，扩孔钻头适用于二级成孔或修孔。

8.2.3.3　掏渣筒

掏渣筒的主要作用是捞取冲击钻头破碎后的孔内钻渣，它主要由提梁、管体、阀门和管靴等组成。阀门可根据不同岩性和施工要求做成多种形式，常用的有碗形活门、单扇活门和双扇活门等，见图 8－5。

8.2.3.4　转向装置

转向装置又称绳卡或钢丝绳接头。它的作用是连接钢丝绳与钻头，并使钻头在钢丝绳扭力作用下每冲击一次后自动回转一定的角度，以冲成规整的圆形桩孔。转向装置的结构形式主要有合金套式、转向套式、转向环式和绳帽套式等，见图 8－6。

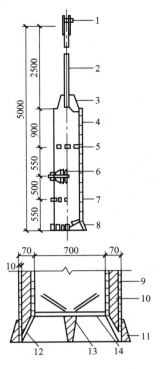

图 8－4　管式钻头

1. 大绳吊环；2. 钻杆；3. 连接环；4. 钻筒；5. 泄水孔；
6. 扩孔器；7. 扩孔叶片；8. 刃脚；9. 钢板；10. 填充钢砂或铅；
11. 外刃脚；12. 内刃脚；13. 活门轴；14. 活门

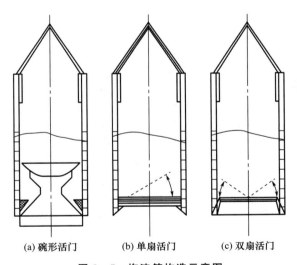

(a) 碗形活门　　(b) 单扇活门　　(c) 双扇活门

图 8－5　掏渣筒构造示意图

8.2.3.5　钢丝绳

钢丝绳用来提升钻具。在冲击钻进过程中，钢丝绳承受周期性变化的负荷。在选择钢丝绳时，若钻具有丝扣连接，则钢丝绳的啮合方向应与钻具丝扣方向相反。为了减小钢丝绳的磨损，卷筒或滑轮的最小直径与钢丝绳直径之比不应小于 12～18。钢丝绳应选用优质、柔软、无断丝者，且其安全系数不得小于 12。连接吊环处的短绳和主绳（起吊钢丝绳）的卡扣不得少于 3 个，各卡扣受力应均匀。在钢丝绳与吊环弯曲处应安装槽形护铁（俗称马眼），以防扭曲及磨损。

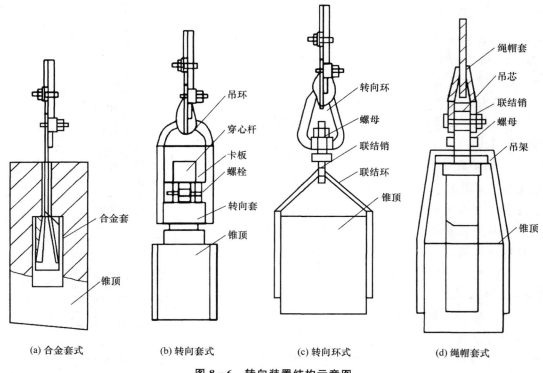

(a) 合金套式　　(b) 转向套式　　(c) 转向环式　　(d) 绳帽套式

图 8-6　转向装置结构示意图

8.2.3.6　打捞钩及打捞装置

在钻头上部应预设打捞杠、打捞环或打捞套，以便掉钻时可立即打捞。卡钻时可使用打捞钩助提。打捞装置及打捞钩见图 8-7。

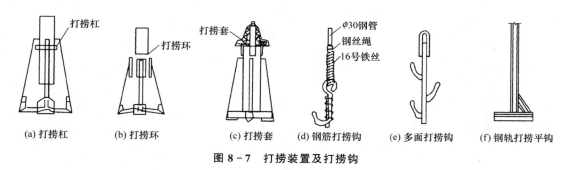

(a) 打捞杠　　(b) 打捞环　　(c) 打捞套　　(d) 钢筋打捞钩　　(e) 多面打捞钩　　(f) 钢轨打捞平钩

图 8-7　打捞装置及打捞钩

8.3　施工工艺及要点

8.3.1　施工顺序

1）设置护筒。护筒内径应比冲击钻头直径大 200～400mm；直径大于 1m 的护筒如果刚度不够，可在顶端焊加强圆环，在筒身外壁焊竖向加肋筋；埋设可用加压、振动、锤击等方法。

2）安装冲击钻机。

3）冲击钻进。

4）第一次处理孔底沉渣（用掏渣筒或泥浆循环）。

5）移走冲击钻机。

后面的施工程序基本上与泵吸反循环钻成孔灌注桩相同，见本书第 4 章 4.3.1 节。

8.3.2　施工特点

在钢丝绳冲击钻进过程中，最重要的是保证冲击钻头在孔内以最大的加速度下落，以增大冲击功。

1）合理确定冲击钻头的重量。冲击钻头的重量一般按其冲孔直径每 100mm 取 100～140kg 为宜。硬岩土层或刃脚较长的钻头取大值，反之取小值。

2）选择最优悬距。悬距是指冲击梁在上死点时钻头刃脚底刃面距孔底的高度。最优悬距是保证钻头达到最大切入深度而钢丝绳没有剩余长度的距离，一般正常悬距可取 0.5～0.8m。悬距过大或过小，钢丝绳抖动剧烈；悬距正常，钻机运转平稳，钻进效率高。

3）冲击行程和冲击频率。冲击行程是指冲击梁在下死点钻头提至最高点时钻头底刃面距孔底的高度。冲击频率是指单位时间内钻头冲击孔底的次数。一般专用的钢丝绳冲击钻机宜选择冲击行程为 0.78～1.5m，冲击频率为 40～48 次/min。

冲击钻进成孔施工总的原则是根据地层情况合理选择钻进技术参数，少松绳（指长度）、勤松绳（指次数）、勤掏渣。

施工中注意控制合适的泥浆相对密度。施工时要先在孔口埋设护筒，然后冲孔就位，使冲击锤中心对准护筒中心。开始应低锤密击，锤高 0.4～0.6m，并及时加片石、砂砾石和黏土泥浆护壁，使孔壁挤压密实，直至孔深达护筒底以下 3～4m 后才可加快速度，将锤提高至 1.5～2.0m 以上，转入正常冲击，并随时测定和控制泥浆相对密度。各类土（岩）层中的冲程和泥浆相对密度见表 8-4。

表 8-4　各类土（岩）层中的冲程和泥浆相对密度

适用土层	钻进方法	效果
在护筒中及其刃脚以下 3m	低冲程 1m 左右，泥浆相对密度为 1.2～1.5，土层松软时投入小片石和黏土块	造成坚实孔壁
黏性土、粉土层	中、低冲程 1～2m，加清水或稀泥浆，经常清除钻头上的泥块	防黏钻、吸钻，提高钻进效率
粉、细、中、粗砂层	中冲程 2～3m，泥浆相对密度为 1.1～1.5，投入黏土块，勤冲、勤掏渣	反复冲击造成坚实孔壁、防止塌孔
砂卵石层	中、高冲程 2～4m，泥浆相对密度为 1.3 左右，多投黏土，减少投石量，勤掏渣	加大冲击能量，提高钻进效率
基岩	高冲程 3～4m，加快冲击频率至 8～12 次/min，泥浆相对密度为 1.3 左右	加大冲击能量，提高钻进效率
软弱土层或塌孔间填重钻	低冲程反复冲击，加黏土块夹小片石，泥浆相对密度为 1.3～1.5	造成坚实孔壁
淤泥层	低冲程 0.75～1.50m，增加碎石和黏土投量，边冲击边投入	碎石和黏土挤入孔壁，增加孔壁稳定性

遇岩层表面不平或倾斜，应抛入 200～300mm 厚块石，使孔底表面略平，然后低锤快击，形成一紧密平台后再正常冲击，同时泥浆相对密度可降到 1.2 左右，以减小黏锤阻力，但又不能过低，避免岩渣浮不上来，掏渣困难。

在冲击钻进阶段应注意始终保持孔内水位高过护筒底口 0.5m 以上，以免水位升跌波动造成对护筒底口处的冲刷，同时孔内水位应高于地下水位 1m 以上。

8.3.3 施工要点

1. 施工准备

1）钻机底部支垫一定要牢固，同时必须保证钻机吊绳、钻头的中心与桩基的中心重合，以免造成孔位偏差。

2）开钻以前一定要对照工程地质柱状图将各孔的地质情况研究清楚。

3）根据工程地质资料和土（溶）洞分布情况合理安排桩施工顺序，尽量避免各孔施工时的相互扰动或"穿孔事故"的发生。宜采取跳打法，确保打桩间距大于4倍桩径以上，否则需保证相邻灌注桩混凝土灌注完36h后方能开孔施工。

4）在钻头锥顶和提升钢丝绳之间应设置保证钻头自动转向的装置。

5）保证孔内泥浆的质量。泥浆制备应选用高塑性黏土或膨润土，相对密度视不同土（岩）层选取相应的数值（表8-4），黏度为25～28s，胶体率大于95％，pH为8～10。

6）施工期间护筒内的泥浆面应高出地下水位1.0m以上，在受水位涨落影响时泥浆面应高出最高水位1.5m以上。

7）在钻孔前要根据地质复杂程度为每根桩制定不同的控制方法，严格控制钻机的冲程和进尺。

2. 冲击钻进的一般规定

1）应控制钢丝绳放松量，勤放少放，防止钢丝绳放松过多减少冲程，放松过少则不能有效冲击，形成"打空锤"，损坏冲击机具。

2）用卷扬机施工时，应在钢丝绳上作记号控制冲程。冲击钻头到底后要及时收绳，提起冲击钻头，防止钢丝绳缠卷冲击钻具或反缠卷筒。

3）必须保证泥浆补给，保持孔内浆面稳定；护筒埋设较浅或表土层土质较差者，护筒内泥浆压头不宜过大。

4）一般不宜多用高冲程，以免扰动孔壁而引起坍孔、扩孔或卡钻事故。

5）应经常检查钢丝绳磨损情况、卡扣松紧程度、转向装置是否灵活，以免突然掉钻。

6）每次掏渣后或因其他原因停钻后再次开钻时，应由低冲程逐渐加大到正常冲程，以免卡钻。

7）冲击钻头磨损较快，应经常检修补焊。

8）大直径桩孔可分级扩孔，第一级桩孔直径为设计直径的0.6～0.8倍。

3. 冲击成孔质量控制规定

1）开孔时，应低锤密击，当表土为淤泥、细砂等软弱土层时，可加黏土块夹小片石反复冲击造壁，采用小冲程开孔，待孔壁坚实、顺直以后再逐步加大进尺。

2）在各种不同的土层、岩层中成孔时，可按照表8-4中的操作要点进行。

3）进入基岩后应采用大冲程、低频率冲击，当发现成孔偏移时应回填片石至偏孔上方300～500mm处，然后重新冲孔；若岩面比较平，冲程可适当加大；若岩面倾斜或半边溶蚀、岩石半软半硬，则应将冲程控制在一定范围内，防止偏孔。

4）应采取有效的技术措施防止扰动孔壁、塌孔、扩孔、卡钻和掉钻及泥浆流失等事故。

5）每钻进4～5m应验孔一次，在更换钻头前或容易缩孔处均应验孔。

4. 不同土层钻进要点

（1）在黏性土层中钻进的要点

1）可利用黏土自然造浆的特点向孔内送入清水，通过钻头冲捣形成泥浆。

2）可选用十字小刃角形的中小钻头钻进。

3）控制回次进尺不大于 0.6～1.0m。

4）在黏性很大的黏土层中钻进时，可边冲边向孔内投入适量的碎石或粗砂。

5）当孔内泥浆黏度过大、相对密度过高时，在掏渣的同时向孔内泵入清水。

（2）在砂砾石层中钻进的要点

1）使用黏度较高、相对密度适中的泥浆。

2）保持孔内有足够的水头高度。

3）视孔壁稳定情况边冲击边向孔内投入黏土，使黏土挤入孔壁，增加孔壁的胶结性。

4）用掏渣筒掏渣时要控制每次掏渣时间和掏渣量。

（3）在卵石、漂石层中钻进的要点

1）宜选用带侧刃的大刃脚一字形冲击钻头，钻头质量要大，冲程要高。

2）冲击钻进时可适时向孔内投入黏土，增加孔壁的胶结性，减少漏失量。

3）保持孔内水头高度，不断向孔内补充泥浆，防止因漏水过量而坍孔。

4）在大漂石层钻进时，要注意控制冲程和钢丝绳的松紧，防止孔斜。

5）遇孤石时可抛填硬度相近的片石或卵石，用高冲程冲击，或高低冲程交替冲击，将大孤石击碎，挤入孔壁，也可将孤石松动爆破后再冲击成孔。

（4）入岩钻进的要点

1）钻头刚入岩面，或钻进至岩面变化处时，应严格控制冲程，待平稳着岩后再加快钻进速度。

2）冲击钻头操作要平稳，尽可能少碰撞孔壁。

3）遇裂隙漏失时，可投入黏土，冲击数次后再边投黏土边冲击，直至穿过裂隙。

4）遇起伏不平的岩面和溶洞底板时，不可盲目采用大冲程穿过，需投入黏土石块，将孔底填平，用十字形钻头小冲程反复冲捣，慢慢穿过。待穿过该层后，逐渐增大冲程和冲击频率，形成一定深度的桩孔后再正常冲击。

5）进入基岩后，非桩端持力层每钻进 300～500mm，桩端持力层每钻进 100～300mm，应清孔取样一次，并做记录。

（5）遇溶洞钻进的要点

1）根据地质钻探资料及管波探测资料分析确定桩位所在的岩层中是否有溶洞，以及溶洞的大小、填充情况，制定相应的现场处理措施。

2）溶洞发育的桩基础，采用钢护筒作桩孔的孔壁，钢护筒振打至岩面。如果桩基施工中产生漏浆，钢护筒将起到支持孔壁不致坍塌的作用，所以钢护筒的振打至关重要。

3）根据地质资料，对可能出现溶洞的桩孔要提前做好准备，在桩孔附近堆放足够的黄泥或黏土包和片石，泥浆池储存足够的泥浆，必要时在场地内砌筑一个蓄水池，用水管驳接到各桩孔，并配备回填用机械设备，如挖掘机、铲车等。

4）在溶洞处施工时，填充溶洞后若发现孔位出现偏差，要及时抛片石进行修孔。同时，为了掌握溶洞的具体位置和做好前期的准备工作，冲孔时施工人员要勤取样、勤观察、勤测量孔内进尺，如发现异常情况或与实际不符，应及时反映。

5. 掏渣规定

1）掏渣筒直径为桩孔直径的 50%～70%。

2）开孔阶段，孔深不足 3～4m 时不宜掏渣，应尽量使钻渣挤入孔壁。

3）每钻进 0.5～1.0m 应掏渣一次，分次掏渣，4～6 筒为宜。当在卵石、漂石层进尺小于 50mm，在松散地层进尺小于 150mm 时，应及时掏渣，减少钻头的重复破碎现象。

4）每次掏渣后应及时向孔内补充泥浆或黏土，保持孔内水位高于地下水位 1.5～2.0m。

6. 第一次泥浆循环处理孔底沉渣的要点

当孔深达到设计标高，孔深、孔径检查合格后即可准备清孔。清孔的目的是减少孔底沉渣厚度，使孔底标高符合设计要求，同时在灌注混凝土时使测深正确，保证混凝土质量。视不同孔深、不同地质情况有以下几种清孔方法：

1）不易塌孔的桩孔可采用空气吸泥清孔。

2）采用抽浆清孔法，即在孔口注入清水，使孔内泥浆密度降低，用离心吸泥泵从孔内向外排渣，直至泥浆密度达 1.15～1.20g/cm³，孔底沉渣厚度符合设计要求。

3）冲孔至设计标高时，捞取岩石碎屑样品，与超前钻及地质报告资料对比，确认可以终孔后，加大循环泥浆相对密度，同时辅以轻锤冲击，使较粗碎石颗粒冲细，从而可以随泥浆带出孔外。当循环泥浆不再带渣时，说明第一次清孔已经完成。

4）采用气举反循环方法清除孔底沉渣和沉淤，即采用 6m³/min 的空压机将压缩空气送至孔底，带起固体颗粒，以协助清孔。清孔初期孔内岩渣较多，泥浆相对密度较大，可采用气举反循环法加强泥浆携渣能力，加快清孔速度。在清孔后期孔内泥浆含砂率已明显降低，岩渣已接近清理完毕，泥浆相对密度也显著减小，这时可将压缩空气管道直接对准孔底冲洗，冲起沉渣。当由于不可预见的原因空孔时间超过 30min 时，必须对孔底进行清除沉淤操作，具体方法与清渣相同。

5）对较深的钻孔，岩渣较小不易被抽出，可往孔内加适量水泥粉，增加岩渣之间的黏结度，使其颗粒变大而易被抽出。

6）对于超深桩（孔底大于 100m），采用气举反循环结合泥浆净化器清孔，其清孔原理是：利用空压机的压缩空气，通过送风管将压缩空气送入气举管内，高压气体迅速膨胀，与泥浆混合，形成一种密度小于泥浆的浆气混合物，在内外压力差及压气动量联合作用下沿气举钢导管内腔上升，带动管内泥浆及岩屑向上流动，形成空气、泥浆及岩屑混合的三相流，由此不断往孔内补充压缩空气，从而形成了流速、流量极大的反循环，携带沉渣从孔底上升，再通过泥浆净化器净化泥浆，将含大量沉渣的泥浆筛出，筛分后钻渣直接排出，而泥浆通过循环管回流补充至孔内，形成孔内泥浆循环平衡状态。

上述清孔过程中必须及时补给足够的泥浆，并保持孔内液面的稳定。清孔后孔底沉渣的允许厚度应符合设计及规范要求。

7. 钢筋笼沉放要点

1）为检查钻孔桩的桩位，保证钢筋笼的顺利下沉，必须用检孔器检查孔位、孔径、孔深，合格后方可安排下钢筋笼。

2）为避免钢筋笼起吊时发生变形，采用两点吊将钢筋笼吊放入桩孔时，下落速度要均匀，钢筋笼要居中，切勿碰撞孔壁。

3）钢筋笼下放至设计标高后，将其校正至桩中心位置，并加以固定。

8. 第二次清孔要点

（1）气举反循环清孔

导管下放后，在导管内下置导管长度 2/3 的气管，做好孔口密封工作，在泥浆调制完毕后，用 6m³/min 空压机送风清孔。清孔过程中，在泥浆出入口、泥浆沉淀池中不停捞渣，以降低泥浆含砂率，改善泥浆性能，同时测量沉渣厚度，沉渣厚度达到规范要求后方可进行水下混凝土灌注工作。

（2）泵吸反循环清孔

采用导管、胶管和 6BS 砂石泵、3PN 泥浆泵组成的循环系统进行。此工艺的特点是必须确保管路密封，不能产生漏气；6BS 砂石泵使用前应检查叶轮、泵轴、密封组件的磨损情况，不符合要求的要及时更换。使用过程中应及时往泵内补水，确保管路密封、泵吸正常。

在第二次清孔过程中应不断置换泥浆，直至灌注水下混凝土。灌注混凝土前，孔底 500mm 以内的泥浆相对密度应小于 1.25，含砂率不得大于 8%，黏度不得大于 28s，孔底沉渣厚度指标应符合《建筑桩基技术规范》（JGJ 94—2008）第 6.3.9 条的规定。

9. 水下混凝土灌注

见本章参考文献［2］之 5.25 节。

8.3.4　施工注意事项

1) 钻进过程中需检查冲锤、钢丝绳、卡扣卡环等的完好情况，防止掉锤；控制泥浆的相对密度、含砂率等指标，以及中间因故障停顿时的反浆情况，防止塌孔；复测桩位的偏移情况、冲进钢丝绳的对中，防止斜孔。

① 防止掉锤的措施：确保设备完好；制定严格的检查制度（含检查的内容及标准）。检查时作业人员提升冲锤至孔口，冲水检查冲锤、锤牙的完整性及是否有裂纹，并检查冲锤的直径。若有开裂或磨损，则加焊修补或更换处理。提升的过程中检查钢丝绳有无断丝、毛刺、表面磨损等，以及卡扣卡环是否松动、有裂纹。现场技术员每隔 4h 对现场检查一次，并记录签名，不符合要求的及时要求作业工班调整。白夜班交接时有交接记录。

② 防止塌孔的措施：主要保证泥浆的性能指标。同检查冲锤制度一样，技术员每隔 4h 检测泥浆的相对密度及含砂率等指标，并在施工记录单上填写，达不到要求的责令工班及时调整。在因机械故障停冲或钢筋笼安装时，必须保证泥浆的循环不中断。施工现场备有一台 200kW 的发电机，以备停电应急。

③ 防止斜孔的措施：主要为控制冲进钢丝绳的对中。在冲进前由测量班复测钢丝绳的对中，并在四周做好保护桩，拉十字形线校核钢丝绳。技术员每隔 4h 检查 1 次钢丝绳的对中，检查时拉好十字线，将钢丝绳缓慢提起，观察钢丝绳有无偏差。测量班每周对保护桩复测一次。因更换钢丝绳、维修桩机等重新冲进时，必须由测量班重新检测钢丝绳的对中。

2) 钻进过程中经常检查成孔情况，用测锤检测孔深及转轴倾斜度。为保证孔形正直，钻进中应经常用检孔器检查，还应注意捞取钻渣，判明钻进实际地质情况并做好记录，与地质剖面图核对，发现不符时应与业主和设计人员研究处理方案，以确保钻孔正常顺利进行。

3) 根据钻进过程中的实际土层情况控制进尺速度和泥浆性能指标。在黏土和软土中宜采用中等转速、稀泥浆钻进或中冲程冲进；在粉砂土、粗砂、粉砂岩、泥岩、风化岩中采用低转慢速大泵量、稠泥浆钻进或大冲程冲进。

4) 振打钢护筒前应先探明地下管线情况，以免造成不良后果。护筒应定位准确，振打应保证横向水平、竖向垂直，以保证桩身竖直和利于下次接振护筒。振打完毕后，需慢慢放下桩锤，并以小冲程冲刷护筒底部孔壁，防止异物导致卡锤斜孔。如在振打钢护筒过程中碰到较厚砂层或因其他因素，不能一次性振打到位时，应停止振打，采用正常的冲孔方法先将上部冲到一定深度，再采用边冲边打的方法将护筒振下，直到岩面。

5) 钻进过程中发现桩位有偏差时应回填石料、黏土等材料并重新冲孔，直至将其偏差调整至质量验收规范允许范围内。

6) 在钻进过程中应注意观察护筒内泥浆的水头变化，如发现孔内泥浆面急剧下降或其他异常情况，应立即停止钻孔，将钻头提出护筒，待查明原因或采取相应措施后再重新施钻。

7) 在厚砂层中钻进时，为防止孔壁坍塌，应严格控制冲进速度和冲击冲程，每冲进约 1m 即停机约 30min，同时抓紧捞渣。在泥浆内掺加膨润土和适量（少于 0.2%）的 Na_2CO_3，以增强泥浆的黏度和附着力。调节泥浆相对密度至 1.4 左右，泥浆缓慢循环，在孔壁上形成一层泥膜后继续作小幅度冲进，防止对上部孔壁形成太大扰动而造成坍孔或扩孔等事故。

8）冲击钻进成孔困难主要是由钻头及其装置或泥浆黏度等造成的。要克服成孔困难，可采取以下处理措施：经常检查转向装置的灵活性；及时修补冲击钻头；若孔径已变小，则应严格控制钻头直径并在孔径变小处反复冲刮孔壁，以增大孔径；对脱落的冲锥用打捞套（钩）、冲板等捞取；调整泥浆黏度与相对密度；采用高低冲程交替冲击，以加快孔形的修整等。

9）为提高成孔质量，施工中必须配备足够的不同直径、不同重量的冲孔钻头、修孔钻头和冲岩钻头。在冲击钻头锥顶和提升钢丝绳之间设置自行转向装置，以保证钻头自动转向，避免形成梅花孔。成孔的质量检测均有明确的检测方法及检测器具，如冲孔深度用测绳测量、卷尺校核，垂直度通过检查钢丝绳垂直度及吊紧桩锤上下升降后检查钢丝绳的变化测定，孔径的检测则用专用钢筋探笼。

10）冲孔灌注桩施工环节较多，容易出现桩位偏差过大、桩孔倾斜超标、孔底沉渣超厚、埋管、钢筋保护层不足、桩体混凝土离析、断桩及露筋等质量问题，这些质量问题往往使成桩难以满足设计要求，且补救困难，其施工质量控制的关键在于各个环节的严格控制。

11）对于嵌岩桩而言，嵌岩深度和桩底持力层厚度是保证桩基质量的关键，因此首先要确定孔底是全岩面的位置，然后冲入设计深度，才能保证桩嵌岩深度。某工程提出以下技术鉴别标准，可供参考应用：

① 冲孔至岩面的标准：a. 泥浆中出现较大颗粒的瓜子片石渣；b. 钢丝绳出现明显反弹现象，有抖动，岩面较平时反弹无偏离，岩面倾斜时钢丝绳反弹有偏离。

② 冲孔至全岩面的鉴别：a. 与超前钻资料对照基本相符；b. 钢丝绳反弹明显，并且无偏离；c. 出渣含量增大，岩样颗粒小；d. 冲孔速度明显变慢，每小时 100mm 左右。

12）岩溶地区的钻孔要定期检查，发现偏位及时纠正。一般地层每班至少检查 1 次，半边溶蚀、岩面倾斜地层至少每小时检查 1 次，确保桩位偏差不超过规范要求。

13）入岩以后，平均每米要采集 1 组岩样，根据其颗粒大小和特征判断岩石的软硬和进尺速度，并与工程地质资料进行比较，看实际岩面与地质图是否相符。一般来说，较硬的岩石采集出来的岩渣颗粒较小，且钻孔进尺较慢，为 80～200mm/h；较软的岩石则岩样颗粒较大，进尺也快得多。

14）特殊岩层应分层定量抛填块石和黏土（比例为 2∶1），用钻头"小冲程、反复打密"的方法，直至钻头全断面进入岩层为止。在这种岩层冲孔，因为岩面不平，很容易发生偏孔，必须随时观察孔位的偏差情况，一旦发现偏位立即采取纠偏措施。

15）钻至设计标高以后，应及时捞取岩样，根据岩样特征和钻进速度判断该孔能否终孔。

一般情况下，微风化岩的岩样颗粒细小，呈米粒状，直径为 3～5mm，进尺速度为 100mm/h。若发现基岩岩样颗粒太大，进尺太快，表明实际基岩与设计不符，应立即停止施工，报设计单位处理。

16）当岩石特别坚硬或遇到孤石时，可采用松动爆破（微差爆破）的方法，避免爆破可能导致周围建（构）筑物的破坏。其施工方法是：在拟成孔的岩体内不同深度和不同平面位置设置炸药包，按《爆破安全规程》（GB 6722）中爆破安全距离的规定，通过微差技术控制炸药包的起爆时间和顺序，达到对拟成孔岩体松动爆破的目的。

17）相邻比较近的两根冲孔桩，一根桩灌注混凝土时，另外一根桩的冲孔施工应停止，以免造成邻桩孔壁破坏，影响混凝土灌注。

18）溶洞的处理。

① 封闭且体积较小的溶洞（$h<1m$），若洞内有填充物，且钻穿溶洞时水头变化不大，则可加入少量黏土，以保持泥浆浓度；若洞内有水，则可抛投黏土块，保持泥浆浓度；若为空洞且孔内水头突然下降，则应及时补浆并加入溶洞体积 1.2～1.5 倍的黏土和小片石，用小冲程砸成泥石孔壁，在溶洞范围形成护壁后再继续施工。

② 对于中型溶洞（$h=1～3m$），施工前应准备足够的回填料，当钻头到达溶洞上方约 700mm 处时调整钻机转速或冲孔速度，以防发生钻头快速下沉的失控现象。回填时抛填片石和注入 C10 素混凝土，

先用小冲程冲击片石，将其挤压到溶洞边形成石壁，待混凝土将片石空隙初步堵塞后停止冲击。再次冲孔施工一定要在 24h 后进行，即混凝土强度达 2.5MPa 后再继续冲击。由于溶洞的大小不可预见，灌注混凝土时应保证足够的供给量。

③ 对于大型溶洞及多层溶洞（$h \geqslant 3m$），如钻进无坍孔而能顺利成孔，为了防止灌注水下混凝土流失，可在溶洞上下各 1m 范围内用钢护筒防护。钢护筒采用壁厚 6mm 的钢板制成，外侧用间距 200mm 的 $\phi 8$ 钢筋固定。将钢护筒焊接在钢筋笼的定位钢筋上，随钢筋笼放入而下沉就位。

若溶洞范围较大且漏水严重，钻进中无法使钻孔内保持一定的静水压力，钻孔时有可能出现严重的坍孔致使钻进困难时，采用壁厚 10mm 的钢板圆护筒施工，钻进过程中应边压入钢护筒边钻进，穿过溶洞后还需继续嵌岩。

在桩位用振动打桩机将比桩径大 150～300mm 的钢护筒插打至溶洞顶板，以达到预防漏浆的目的。为了减小钢护筒的下沉阻力，一般采用"先冲孔后下护筒"的方法。当然，对于一些比较浅的溶洞，也可以不预先冲孔，直接在孔位下沉钢护筒。在钢护筒下沉过程中应严格控制其平面位置和垂直度的偏差。钢护筒的振动下沉不宜太快，应采用"小振幅、多振次"的方法，否则容易引起偏桩或斜孔。钻进前应根据地质资料显示的溶洞大小准备好钢护筒，以便需要时可加长，同时应准备好黄泥包、片石及泥浆，以便发现漏浆时能及时、有效地处理。

19）大直径桩孔的施工，对于一般土层采用回转钻进较适合，对于巨粒土（漂石、卵石）、混合巨粒土（混合土漂石、混合土卵石）及巨粒混合土（漂石混合土、卵石混合土）等土层，采用回转钻进较困难，而冲击钻进对于上述土层及岩石钻进效率较高，对于一般土层则钻进效率较低。因此，在深大桩孔施工中往往采用回转钻进＋冲击钻进＋反循环清孔的施工方法，可有针对性地解决深大直径嵌岩灌注桩施工的难题。

8.4　工 程 实 例

8.4.1　深圳市万科广场冲击钻孔桩施工

8.4.1.1　工程概况

万科广场桩基础工程场地位于深圳市龙岗区龙城街道爱联社区，深惠公路北侧，龙翔大道南侧，包含 4 栋超高层建筑和商业裙楼。本工程重要性等级为一级，地基等级为二级。本工程采用冲孔灌注桩，1 号塔楼桩数为 136 根（其中 102 根为摩擦桩，采用后注浆），2 号塔楼为 70 根，3 号塔楼为 34 根，4 号塔楼为 117 根，桩径为 1.0～2.0m，桩身混凝土强度等级为 C40，水下混凝土，抗渗等级不低于 P8。要求桩端的嵌岩深度为摩擦端承桩不小于 1.6m（入微风化石灰岩），1 号楼端承摩擦桩不小于 2m（入全风化砂岩/强风化粗砂岩），4 号楼端承摩擦桩不小于 1m（入强风化粗砂岩）。根据入岩情况不同，确定桩长为 50～98m，另加空孔长度 7m。

8.4.1.2　场地地形与地貌、水文情况

场地地貌单元属冲洪积洼地，地形有一定起伏。根据钻探揭露，场地内地层主要有人工填土层、第四纪冲洪积层、第四纪残积层及石灰岩基砂层、碎屑岩、石灰岩基岩层。

以下主要对强风化粗砂岩和微风化石灰岩加以描述。

强风化粗砂岩：黄褐～灰褐色，岩石风化成砂土状或土夹碎石状，原岩结构较清晰，大部分碎块手可折断，锤击声哑。

微风化石灰岩：灰～灰白色，细晶结构，中厚层状构造，属可溶性岩石。顶面见溶蚀现象，裂隙不发育，岩芯呈柱状。

场地周围未见明显地表水体，地下水丰富。

根据钻探揭露，场地岩土层分布变化较大，岩面高差大，岩溶十分发育，局部存在陡岩坎，对地基

的稳定性有一定影响。

8.4.1.3 主要机械设备和施工工艺

采用 JK10 冲击钻机 10 台套，JK5 冲击钻机 5 台套，施工工艺如下。

1. 成桩工艺流程

因本工程位于岩溶地区，溶洞发育，且岩面起伏较大，最适宜采用冲孔工艺进行施工，具体工艺流程如下：

护筒埋设→桩机就位→开孔造浆→冲孔、排渣→确定持力层岩样、终孔验收→清孔→钢筋笼吊装→混凝土导管吊装、连接和检查→二次清孔→水下混凝土灌注→成桩验收。

2. 施工要点

（1）桩机就位

桩位测定后，桩机组装定位时，方木要垫平，防止桩机在方木上滚动移位。桩机将冲锤吊起（桩机可左右前后移机调整对位），冲锤中心线与桩位中心重合后方可开冲。偏差要控制在施工规范要求的范围内。埋设护筒时采用冲锤轻击护筒口沉放。

（2）冲孔及泥浆循环排渣

冲孔施工桩位对准开冲时，在护筒内加入黏土或泥浆，开孔 2m 内，起锤高度不宜大于 1m。冲锤起得过高时晃动大，会破坏护筒的稳定，泥浆无法在护筒口指定位置排出。当护筒埋设好后，设置一条排浆沟槽，使护筒口与指定的泥浆池相连。同时，在开孔前泥浆应调配合适，否则会造成孔内沉渣，影响施工进度。

冲孔施工的成孔靠冲锤自由落体而起作用。所以，在不同的地层应采取不同的冲程高度，通常在粉质黏土层宜为 2～3m，岩石层宜为 2m。由于在基岩层冲孔会产生很大的振动，冲程过高会造成冲锤破裂，可能损坏冲锤。不同的地质要采用不同的泥浆密度，在黏土层冲孔时，要均匀地加入清水，稀释泥浆，泥浆密度可控制在 1.2～1.25g/cm³；在岩层冲孔时，泥浆密度要大些，一般为 1.35～1.38g/cm³；当终孔清孔时，要逐步地降低泥浆密度，控制在 1.25g/cm³ 以内，既保证孔底不沉渣，又保证混凝土的灌注质量。

冲孔过程中，泥浆的浓度和冲程高度会直接影响冲孔进尺。泥浆浓度过大（指超过 1.35g/cm³）会影响冲锤的自由落体，减小冲击力，冲锤也难以转动，造成梅花孔、偏孔和进尺慢；泥浆密度低于 1.2g/cm³ 时，孔内颗粒石渣会沉淀到孔底，冲击到的是碎渣而不是基岩，会减慢进尺或者无进尺。冲程高度也要有适当的控制。高冲程冲岩易卡锤，特别是在黏土层，会把冲锤吸住而拉不动；冲程太小，则冲击力减小，或者冲锤不转动，易形成梅花孔。

（3）终（清）孔验收

当冲孔到达设计持力层时，要捞渣取样，由监理、地质勘察代表共同验证桩的冲孔深度、基岩是否满足设计要求。双方认可后，进行隐蔽工程和钢筋笼验收与记录，并清孔。清孔是保证冲孔质量的重要环节。本工程施工计划采取泥浆正循环的形式进行清孔排渣。清孔的同时用冲桩锤轻轻冲击，搅动孔底沉渣物，以便排出孔外。清孔时的泥浆要求前浓（1.3g/cm³ 左右）后稀（1.2g/cm³ 左右），含砂率小于 4% 时再进行孔底复测。其方法是：用测量绳吊着约 1kg 的锥形铁块放到孔底，反复上下多次，手感测锤没有什么阻力，而且对孔底岩面有手触感，则孔底已干净。下入钢筋笼后复测孔底沉渣，如孔深与第一次相符，则无沉渣；如孔深减小，则证明已有沉渣，超过设计要求，必须再次清孔。要确保沉渣厚度必须满足施工规范要求。

（4）钢筋笼的制作与安放

在制作场地内制作钢筋笼，并设 50kW 供电。桩基钢筋笼按设计要求制作，主筋的接口同一截面不能超过 50%，接头、接口要错开。钢筋笼按设计要求必须有保护层，每根桩应全部预埋声测管，声测管应下端封闭、上端加盖，管内无异物；声测管连接处应光滑过渡，管口应高出桩顶 100mm 以上，且各声测管管口高度宜一致。制作好的钢筋笼应垫平架空放置，并保持不变形。冲击成孔后，用吊机将钢筋笼运至施工点安放。

安放前，先下探笼，如无阻挡，再安放桩基钢筋笼。在安放过程中，要确保钢筋笼垂直不变形，放笼时速度要慢，碰到异物、下放受阻时应将笼提出孔外，并检查分析异物，排除障碍后方能放笼。应根据护筒上的标高确定笼顶标高，可用两根吊筋焊固于护筒上，再进行下一道工序。

（5）混凝土灌注

灌注混凝土前先检查孔底沉渣厚度，如超出规定范围，则必须进行二次清孔。水下混凝土采用导管灌注，导管每节长 0.5～5.0m，用法兰盘螺栓连接，导管接口使用厚度为 5mm 的胶圈隔水，螺栓均匀拧紧。安放过程中施工员要做好详细记录。每节管应保持接口垂直，放管速度要慢，安放过程中发现卡管时将管提拔一定高度后左右旋转，改变方向再往下沉放，下完最后一节管后在上口接漏斗。漏斗的容量一般应根据桩径确定，并能确保第一斗混凝土冲出导管后埋入管底 0.8～1m。

根据现场施工条件，混凝土搅拌车将商品混凝土运送至现场，直接将混凝土送至漏斗，采用吊机或桩机吊移漏斗的方式灌注。第一斗混凝土进入漏斗前在导管的上口塞上一个混凝土球，用 8 号铁丝吊住，然后向漏斗中注满混凝土，剪断铁丝，依靠混凝土的自重将混凝土塞冲出导管，混凝土自行流入孔底。混凝土坍落度按设计要求，坍落度为 18～22cm 时开始灌注混凝土，导管口至孔底距离为 300～500mm。正常灌注时，孔内混凝土的埋管高度一般不应小于 2m，不应大于 6m，埋管至一定高度适时拆管。拆管时应测量孔内混凝土面的标高，然后确定拆管长度，并做好有关记录。拆除的导管用水清洗干净。混凝土灌至接近桩顶标高时应提前通知搅拌站最后需用混凝土量，以免多灌或少灌，最后的混凝土面标高以高出桩顶不大于 0.8m 为宜。

3. 桩后注浆处理

桩后注浆的工作原理：在桩身混凝土灌注之后，通过预置于桩身中的管路适时将水泥浆液压入桩端岩土的孔隙或裂隙之中，改善桩端持力层的性状，并将桩底沉渣离析的骨料重新固结，在桩底形成一个超出桩孔直径的扩大头固结体，从而达到有效提高桩基承载力的目的。

本工程采用 $\phi57 \times 3.5$ 超声检测管兼注浆管，管端部四个方向钻 $\phi6 \sim 8mm$ 的孔，共 4 排，呈梅花形布置，橡胶皮包裹，铁丝扎紧，并绑扎在钢筋笼内侧，随同钢筋笼一起下入。三管（当桩径超过 2m 时为四根）应均匀布置，在混凝土灌注后 24～48h 内将高压水从注浆管压入，使橡胶皮撕裂，在超声波检测结束且混凝土强度达到设计强度的 75% 以上时进行压浆。

后压浆浆液宜采用可灌性好的稠浆，采用普通硅酸盐水泥，掺入适量外加剂，水泥强度等级不低于 42.5 级。浆液的水灰比应根据土的饱和度和渗透性确定。对于饱和土，水灰比宜为 0.45～0.65；对于非饱和土，水灰比宜为 0.7～0.9；松散碎石土、砂砾、卵石宜为 0.5～0.6，对粗粒土水灰比取较小值。要严格控制水灰比。水灰比太大容易造成浆液流失，降低后注浆的有效性；水灰比过小会增大注浆阻力，降低可注性，乃至转化为压密注浆。水灰比的大小应根据土层类别、土的密实度、土是否饱和等因素确定。当浆液水灰比不超过 0.5 时加入减水剂、微膨胀剂等外加剂，以增加浆液的流动性，并达到增强土体的效果。

桩端终止注浆压力应根据土层性质及注浆点的深度确定。对于风化岩、非饱和黏性土及粉土，注浆压力宜为 3～10MPa；对于饱和土层，注浆压力宜为 1.2～4MPa，软土宜取低值，密实黏性土宜取高值。注浆流量不宜超过 75L/min，单桩水泥用量不小于 3000kg。当注浆总量和注浆压力均达到设计要求，或注浆总量达到设计值的 75%，且注浆压力超过设计注浆值或桩顶，地面出现明显的上抬，可终止注浆。

8.4.1.4 施工技术措施及注意事项

1）施工时应根据地质、水文等情况，结合施工机械设备条件，精心施工，确保桩基质量。

2）施工桩 3 倍直径范围内两孔不得同时钻（冲）孔和灌注混凝土，以免搅动孔壁，造成串孔或断桩。

3）选择最优悬距、冲击行程与频率，使钻头有最大切入深度，且钢丝绳没有剩余长度。一般正常悬距可取 0.5～0.8m，以保证冲机运转平稳，冲进效率高。在冲进成孔过程中，要根据地层情况合理选择冲进技术参数，少松绳（指长度）、勤松绳（指次数）、勤掏渣，控制合适的泥浆密度，防止形成"打空锤"，损坏冲击机具，使孔壁塌陷。

总之，开始施工时应低锤密击，穿越护筒时要及时加黏土及泥浆护壁，使孔壁挤压密实，直至孔深达钢护筒底以下 3～4m，方可加快速度，转入正常冲击，并随时测定和调节泥浆密度。

4）冲孔施工至设计标高后进行清孔，去除沉渣和孔底沉淀物。清孔必须满足施工规范的要求。

5）在冲孔过程中应选用高塑性黏土或膨润土来制备泥浆，且存放在可移动的钢制泥浆罐内。要控制好泥浆密度、黏度和孔内水位，强化护壁作用，一旦发现漏浆，要立即把冲锤提到孔口，以备用的泥浆及时补充，并始终保持桩孔内液面高于地下水面，做好孔壁稳定的措施后再继续工作。冲孔的同时要经常检查冲锤及钢丝绳情况，以免桩锤落入孔底，捞锤也相对困难。

6）在混凝土灌注前必须配足人力，并核准商品混凝土的供应量，防止出现中途材料供应不上的问题。

7）所有施工完毕的桩桩顶中心位置与设计偏差不得大于 5cm。

8.4.1.5 工程难点、重点及处理措施

1. 工程难点与重点

根据本工程的现场地质条件及不良地质现象，冲孔灌注桩施工的难点与重点在于溶洞和斜岩的处理，以及孔内事故的预防，这关系到本工程的施工质量和进度。

2. 事故预防及处理措施

根据本工程地质情况，施工中很可能出现偏孔、掉锤、卡锤、堵管断桩、孔内泥浆漏失而塌孔等问题。

（1）塌孔和漏浆

为了防止漏浆和塌孔，可采取以下对策：

1）在冲孔过程中可适当增大泥浆浓度，泥浆密度宜提高到 1.25～1.30，黏度为 25s。同时，储备一定数量的泥浆，以便在漏浆时及时补浆，一般储浆量为桩孔理论容积的 2～3 倍。当桩间距离较小时，可在数根桩之间挖一较大的泥浆池，集中储存多余的泥浆，既能用于漏浆时的补浆，又便于集中外运。若漏浆量过大，补浆不能达到止漏的目的，可先加入一些黏土加片石拌合物，片石含量为 20%～30%，粒径 20cm 左右，回填至洞顶以上 1～2m 后再放入钻头，小冲程高频率冲击穿过空洞，用冲桩机进行小冲程冲压，使黏土或片石挤入溶洞或裂隙中，填塞渗漏通道，使桩孔不再漏浆。

2）将孔口护筒加长，使护筒顶部高出地面。一般护筒顶要高出地面 30～50cm 以上，且浆面高出地下水位 1.5m 以上。护筒埋入土中深度以护筒底口位于地下水位以下不小于 1.0m 为原则，护筒四周用黏土填实，以免漏浆，这样可使孔内泥浆面保持在护筒以内。

3）注意观察孔口泥浆的变化。孔壁坍塌往往都有前兆，有时是排出的泥浆中不断出现气泡，有时是护筒内的水位突然下降，出现这些现象时应立即停止施工，采取措施后方可继续。

4）漏失严重的开放性溶洞，采用双套钢护筒进行封闭，即一套孔口护筒，另一套封闭深部岩溶。外护筒从地面下至地下水位以下，隔离地下水，内护筒用钻埋法从地面下至基岩面，可有效地避免漏浆和塌孔事故，也可预防混凝土灌注时的漏失。

（2）斜坡岩面

由于孤石的存在，桩身可能一半处于岩石而另一半处于泥土中，孔底则一边虚一边实，冲锤落体冲击时自然冲向虚的一边，形成了斜孔；或因岩面起伏变化大，桩孔穿越土层进入基岩时，顺倾斜岩面下滑，造成桩孔偏斜，垂直度超标出现斜孔，冲锤偏位或倾斜，使钢丝绳摆动很大，倾向一边。此时要停止冲孔，拉起冲锤，检查冲锤是否出现蒜头形。如出现蒜头形则要把冲锤修焊好，并在孔内回填石块，用冲锤将石块夯压紧实，使孔底平衡受力，再起锤慢慢冲进，起锤的高度应控制在 1.5m 以内。如斜孔深度小于 1m，可用小冲程修孔，在倾斜的岩面上冲出台阶，再采用较大冲程冲击；如孔斜难以修正，可采用填石修孔法；如填石孔段较长，可分数次回填，每填高 2～3m 用锤头冲击一阵，再进行第二次填石，直到斜孔段达 1m 以上。发生孔斜时应及早进行填石修孔，这样可节约块石用量，缩短修孔时间，且效果理想。如填石修正效果仍达不到设计要求，可在孔斜段灌注强度等级较高的水下混凝土，待混凝土凝固后再冲击修孔。对于岩面较陡的桩孔，最好采用加长钢护筒冲锤直接冲孔，以利导正。若修孔无法纠偏，也可用加长钢护筒冲锤修孔，直至倾斜率小于 1%。

（3）掉锤及捞锤

施工技术人员要定时检查孔底深度、钢丝绳的磨损程度及锤壁、螺杆、弹簧、锤牙是否受损或断裂，防止冲锤断落在孔底。一旦冲锤断落孔底，则要及时打捞。捞锤通常使用一种船锚式的钢板钩，缚在桩机钢丝绳上，放入孔底进行钩捞。施工人员要以防为主，勤检查，防止掉锤而影响施工进度。

（4）卡锤

当锤头不圆或偏心过大，会出现蒜头形状或梅花桩孔，换锤或焊锤后锤径增大，有探头石或其他障碍物时都可能引起卡锤。一旦出现卡锤，冲锤拉不上来，开始时可用桩机副卷扬机下钩打捞，当钩住冲锤时，桩机主、副两根钢丝上下抖动，一松一紧，卡得不紧时可拉起冲锤。如果卡死了，则要进行孔底爆破，实施过程是：采用适当的炸药和电雷管，包扎好后放入孔底，在锤腰处用电引爆，在爆炸的瞬间用力上提冲锤，将其拉起。孔底爆破，地面振动不大，孔壁不会塌方，对地层也没有什么破坏，但实施时要注意安全，轻轻包扎，电线要绝缘，线头不能碰到任何有感应电的地方，做到绝对安全，并要求由专业技术人员操作。以上方法在其他工程施工中效果很好。

在施工过程中采取的主要预防措施是定时提锤，检查锤齿的磨损情况，严禁使用蒜头形冲锤；入岩后提锤不能太低，防止出现梅花孔；注意换锤直径变化情况，换锤后要缓缓放入孔底，不能强行冲击性沉放；冲锤要反复提升，开始时放入冲程不宜太大，发现没有卡锤时再转用高冲程冲孔。

（5）清孔排渣

如果用一台砂泵清孔不能达到规范要求，必要时可用两台砂泵同时清孔，或用空压机同时进行清孔排渣。还可以用捞渣桶捞渣的方法排渣，其过程是：用桩机副卷筒吊放约半吨重的钢板制作成的铁桶，放到孔底捞渣，再提出孔口，倒入泥浆池，便可把孔底处泥渣捞至孔外，起到清孔排渣的作用。反复多次，再用冲锤冲击孔底，使孔底沉渣物浮起，再进行捞渣，把孔底泥渣清干净。

（6）混凝土流失

混凝土灌注过程中发生突然流失时，如果导管埋深较浅，就会导致断桩。为了防止这类事故的发生，灌注混凝土时须采取有效的控制措施，主要有：

1）控制混凝土的和易性、坍落度等指标，保证符合设计和施工要求。

2）加大混凝土的初灌量，防止初灌时因混凝土的冲力造成桩底穿孔而使混凝土流失，导致桩底断桩。初灌后埋管深度不能小于 1m，并立即续灌混凝土。

3）适当加大导管埋深。一般桩径在 1～1.5m 以内时保持埋管深度为 6～9m 较合适，若混凝土供应连续，可适当加大埋管深度，减少拆管次数，特别是在溶洞分布段，不能盲目拆卸导管；若混凝土供应较慢，则需加入缓凝剂，保持初凝时间比混凝土供应间隔时间长 1h 左右，埋管深度控制在 4～8m，防止导管与混凝土凝结。

4）加密对混凝土面上升情况的探测，判断不同桩孔段超灌情况及混凝土埋管深度。

5）起拔导管时切忌以快速上升的方式起拔，应慢慢起拔，确保混凝土的密实性。

6）灌注至设计桩顶标高后，不立即拔出导管，保持埋管 2～4m，观察混凝土面稳定情况。当混凝土面下降时，及时补入混凝土，避免桩顶高程误差。

（7）扩径与缩颈

防止扩径的方法是将溶洞、溶槽等填充密实，形成新的稳定的孔壁，具体方法在防止塌孔中已有陈述，此处不再重复。

防止缩颈的方法有：下钢护筒护壁，采用优质泥浆保持水头，清孔后立即灌注混凝土（一般在 1h 内），灌注混凝土时连续、快速，上拔导管时不要太快等。灌注混凝土前先用探笼检查孔径，如出现缩颈，需采用上下反复扫孔的办法，以扩大孔径，防止缩颈。

（8）大溶洞的处理

对于规模较大的溶洞，施工前必须仔细分析超前钻资料，做好技术交底，让施工管理人员及机台工人做到心中有数，清楚地知道溶洞顶、底板的位置。当冲孔接近溶洞顶板时，改为小冲程冲孔，严格控制提升冲锤的高度，防止冲锤突然下沉，出现掉锤或卡锤。事先备好足够的泥浆，以免泥浆突然流失时无备用泥浆。现场需备有大量的块石或片石及黏土，以便填孔时急用。

进入大溶洞后，如果出现漏浆，采用上述漏浆对策进行补浆，补浆不能达到止漏的目的时则填片石复冲。若填片石复冲仍达不到止漏的目的，则需下钢护筒直至溶洞底层，使桩孔与溶洞隔离。

（9）连串溶洞的处理

如遇连串溶洞，其处理方法与大溶洞处理方法类同，也要先详细了解地质资料，做到心中有数，不同的是在穿过一层溶洞后再用同样的方法处理第二层溶洞，直到穿过所有溶洞。

（10）超厚溶洞顶板的处理

对于超厚溶洞顶板，主要是要防止冲锤在冲破溶洞顶板后突然下沉，使冲锤钢丝绳断裂，造成掉锤或卡锤。为防止这类事故发生，也要先详细了解地质资料，当接近溶洞顶板时减小冲孔参数，用小冲程冲孔，同时密切注意孔内液面的变化，如发现泥浆漏失加快，应立即停止冲孔，查明原因后按照前述相应方法处理。

8.4.2 北江桥超深长大直径冲击钻孔桩施工

8.4.2.1 工程概况

北江特大桥 270、271 号墩为两主塔承台，采用低桩承台形式，基础为 18 根 ϕ3.0m 钻孔桩，设计桩长分别为 95.6m、102m，是贵广铁路全线第一深水大直径超长桩，被誉为"贵广第一桩"。271 号墩桩基单根桩钢筋笼重量达 80.2t，桩顶以下 47.2m 范围主筋采用径向双筋布置，标准节长度为 12m，其中主筋单筋单节笼重 6t，主筋双筋单节笼重 13t，分别由 76 根及 152 根 ϕ32mm 的钢筋组成主筋钢筋笼骨架。作业平台距桩顶设计标高 20m 深，钢筋笼采用接长两节悬挂笼的方式悬挂定位。

8.4.2.2 施工的难点

综合分析，施工的难点主要有：桩径大，超深长，成孔过程中必须保证不掉锤、不塌孔、不斜孔等，保证成孔的质量；桩长太长对清孔造成一定的影响，如何在短时间内保证清孔的质量，特别是孔底沉渣的处理是一个难题；钢筋笼加上声测管重量达 85t，顶部主筋双排径向排列，因此保证钢筋笼的顺利安装及质量是难点之一；桩基的混凝土灌注质量保证也是难点之一。

8.4.2.3 施工工艺及控制措施

1. 总体施工方案

根据地质等施工条件，将前期进场的冲击钻机与液压旋挖钻机进行工效对比。经比较，冲击钻机工效优于旋挖钻机，故正式施工时全部采用 13t 冲击钻机。总体施工工艺流程见图 8-8。

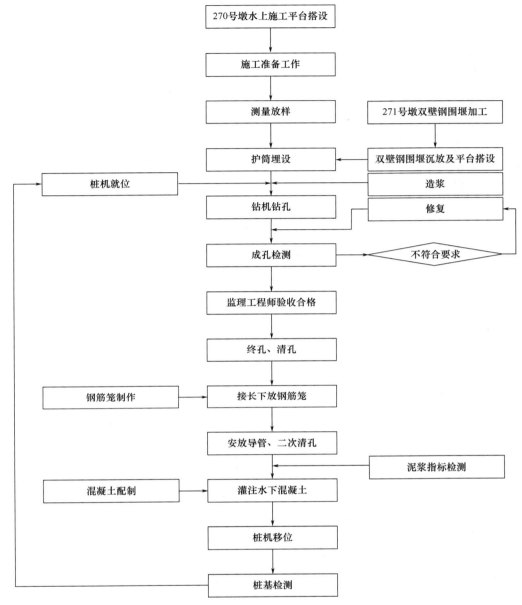

图 8-8　主墩桩基施工工艺流程

2. 成孔工艺及控制措施

（1）成孔设备选型及安排

采用冲击钻机钻进成孔，但因桩孔太深，须采取防止掉锤的措施。钢丝绳采用进口产品，施工过程中加强检查等细节的管理，解决了掉锤的问题。前期每个墩布置 6 台冲击钻机，按相邻桩位错开的原则布置。后因设计调整等原因，施工停顿，致使工期更加紧张。后期增加桩机至每墩 9～10 台，无法避免相邻孔位的施工，因此在冲进深度上错开至少 10m，邻孔灌注桩混凝土至终凝前停止冲进，只作泥浆循环。

（2）泥浆循环及清渣

在护筒顶处开孔，以相邻的护筒作为泥浆循环沉淀池。制作泥浆沟，与两护筒孔内水连通。两墩护筒空孔为 18~24m，可满足 160~240m³ 泥浆的循环置换。施工泥浆原料选用优质黏土，正式钻进前在施工的桩基护筒内抛放泥砖，利用钻机冲锤冲击制作泥浆。造浆时选用质量好的膨润土，以保持泥浆不分散、低固相、低密度、高黏度的性能。

泥浆配比参考如下：膨润土为水质量的 8%；纯碱（Na_2CO_3）为膨润土质量的 0.2%~0.3%；羧甲基纤维素（CMC）为膨润土质量的 0.1%。

特别需要注意的是，墩位地质的泥岩、泥质砂岩是很好的造浆材料。泥岩是一种由泥巴及黏土固化而成的沉积岩，在冲锤的反复冲击下成为小颗粒的钻渣，一部分随着泥浆循环浮上孔口，大部分在冲击、碾压过程中成为泥浆，浆液略呈灰色，含砂率较高，为 6%~8%，需要经泥浆净化装置作排渣处理。

要严格控制施工过程中的泥浆指标，参见表 8-5。好的泥浆不但有利于保证孔壁稳定，而且有利于悬浮起岩渣，加快施工进度。在钻进过程中要定期检验泥浆相对密度和含砂率。

表 8-5　施工过程中泥浆性能指标

相对密度/(g/cm³)	黏度/s	含砂率/%	胶体率/%	pH
1.1~1.3	19~28	<4	≥95	>6.5

（3）成孔过程关键控制措施

施工过程中需检查冲锤、钢丝绳、卡扣卡环等的完好情况，防止掉锤；控制泥浆的相对密度、含砂率等指标，监测中间因故停顿时的返浆情况，防止塌孔；复测桩位的偏移情况、冲进钢丝绳的对中，防止斜孔。

1) 防止掉锤的措施。

① 设备保障。全部采用新桩机，使用原装出厂的冲锤，3.0m/5 爪，锤重 10~13t。在冲锤上焊接锤牙时必须由专业焊工焊接，严禁加大或改造使用。主钢丝绳采用进口产品，卡口卡环按照国家标准。所有设备进场时均需经检测合格后方准投入使用。

② 制度保障。制定严格的检查制度，规定检查内容及标准。提升冲锤至孔口，冲水检查冲锤、锤牙的完整性，如是否有裂纹，并检查冲锤的直径。若有开裂或磨损，则加焊修补或更换处理。提升的过程中检查钢丝绳有没有断丝、毛刺、表面磨损等，卡扣卡环是否松动、有裂纹。现场技术员每隔 4h 检查一次，并记录签名，不符合要求的及时要求作业工班更换。白夜班交接时有交接记录。

2) 防止塌孔的措施。主要保证泥浆的性能指标。同检查冲锤制度一样，技术员每隔 4h 检测泥浆的相对密度、含砂率等指标，并在施工记录单上填写，达不到要求的责令工班调整。在因机械故障停冲或安装钢筋笼时，必须保证泥浆的循环不中断。施工现场备有一台 200kW 的发电机，以备停电应急。

3) 防止斜孔的措施。控制冲进钢丝绳的对中。在冲进前由测量班复测钢丝绳的对中，并在四周做好保护桩，拉线呈十字形，校核钢丝绳。技术员每隔 4h 检查 1 次钢丝绳的对中，检查时拉好十字线，将钢丝绳缓慢提起，观察钢丝绳是否偏位。测量班每周对保护桩复测一次。另外，因更换钢丝绳、维修桩机等重新冲进时，必须由测量班重新测量钢丝绳的对中。

3. 清孔过程关键控制措施

北江大桥清孔按端承桩标准进行，即孔底沉渣不大于 5cm，含砂率不大于 0.5%，主墩桩基有效泥浆孔深达 122m，清浆量达 862m³，按含砂量 4% 计算，清渣量为 34.5m³。就清孔难度及质量而言，一般的正循环或反循环均难以满足大直径超深桩的清孔要求，极容易因清孔不善、清孔时间过长等后期灌注桩桩身产生质量问题。从功效性、经济性、可操作性、环保、施工文明等方面综合考虑，超深桩采用气举反循环结合泥浆净化器清孔工艺能有效解决这一施工难题。

气举反循环泥浆净化器清孔利用空压机的压缩空气，通过送风管将压缩空气送入气举管，高压气体迅速膨胀，与泥浆混合，形成一种密度小于泥浆的浆气混合物，在内外压力差及压气动量联合作用下沿气举钢导管内腔上升，带动管内泥浆及岩屑向上流动，形成空气、泥浆及岩屑混合的三相流。不断往孔内补充压缩空气，从而形成流速、流量极大的反循环，携带沉渣从孔底上升，再通过泥浆净化器净化泥浆，将含沉渣的泥浆筛分，筛分后钻渣直接排出，而泥浆通过循环管回流补充至孔内，形成孔内泥浆循环平衡状态。

清孔主要有两道工序。在终孔后经由设计单位地勘部门确认地质情况，确认达到终孔地质要求后，驻地监理工程师检验设计标高、孔深、孔径、倾斜率等指标，符合要求时同意终孔，进行第一次清孔。此次清孔主要目的是降低砂率及孔底沉渣厚度。第二次清孔在钢筋笼安装完成后、灌注混凝土前进行。冲进的过程中砂率太大时也可以进行清孔，以降低砂率，保证冲进的速度。

终孔确认后进行扫孔。经过两个多月的施工，护壁的泥浆形成较厚的泥皮、泥块，需在下钢筋笼前将该部分刮落。冲击钻锤的锤头和提升钢丝绳连接处的转向装置在提升及下落过程中转向失效，需通过加焊钢筋扫圈进行校圆。扫孔分两次完成：第一次在冲锤上加焊直径 2.85m 的钢筋扫箍，刮落孔壁的泥皮、泥块；第二次加大直径至 2.96m，再均匀缓慢反复扫孔。最后用冲锤轻轻将孔底的泥皮、泥块冲击为循环泥浆。

扫孔完成后，安装气举管进行清孔。气举管采用直径 15mm 的钢导管，标准节段长度为 4m，分节接长至离孔底 1m 处，气举管孔底中部留一分叉口作为空压机送风口。安装时应检查气举管的密封性能，必要时可做水密性试验，以防泄气。考虑孔较深，送风量采用了 20m³ 空压机。送风量应从小到大，风压应稍大于孔底水头压力，当孔底沉渣较厚、块度较大或沉淀板结时，可适当加大送风量。因不断往孔内补充压缩空气，形成了流速、流量极大的反循环，促使泥浆携带沉渣从孔底上升。通过气举反循环上升泥浆，再由 ZX-200 泥浆净化装置结合清孔，在气举管口处安装套接钢丝高压软管抽取泥浆。反循环砂石泵通过软管使孔底抽吸出来的泥浆通过总进浆管输送到泥浆净化装置的粗筛，经过振动筛选，将粒径在 3mm 以上的渣料分离出来。经过粗筛筛选的泥浆进入配备泥浆净化装置的储浆槽，由泥浆净化装置中的渣浆泵从槽内抽吸泥浆，具有一定储能的泥浆沿输浆软管从水力旋流器进浆口切向射入泵的出口。通过水力旋流器分选，粒径微细的泥砂由旋流器下端的沉砂嘴排出落入细筛。经细筛脱水筛选后，较干燥的细渣料分离出来，经过细筛筛选的泥浆再次返回储浆槽内。处理后的干净泥浆从旋流器溢流管进入中储箱，然后沿总出浆管输送回孔。泥渣排入泥浆船，运至指定地点弃放。

经过泥浆净化装置分离的泥浆，其中一部分为沉渣，通过专用泥浆船运至指定地点排放；另一部分为可循环再用泥浆，根据需要经适当调配（比重、黏度等），即可通过泥浆循环池系统重复使用。

清孔后检测泥浆。通过专用取样桶取出桩身上、中、底层泥浆，检测各项性能，并以底层泥浆检测为主，通过锥形和平底测具测出沉渣厚度。

在钢筋笼安装后，因安装过程中钢筋笼会碰到护壁，大块的泥块会掉落孔底，为防止二次清孔时无法将大块泥块搅散，采用专用的掏渣桶掏渣，这样可以保证孔底无泥块沉渣。

灌注前的清孔应达到以下标准：孔内排出或抽出的泥浆手摸无 2～3mm 颗粒，泥浆密度不大于 1.1g/cm³，含砂率小于 2%，黏度为 17～20s；灌注水下混凝土前孔底沉渣厚度应符合要求，柱桩不大于 5cm。

采用泥浆净化装置清孔，质量好，功效高。一般常规的清孔方法主要有抽渣法、吸泥法和换浆法，对于此类大直径超深桩，上述方法至少需 5 天时间方能完成，而采用本工艺只需 1 天，并且由检测可知，经过分离的泥浆含砂率极低，在 0.5% 以下，远小于验收标准要求的不大于 2%。

4. 钢筋笼加工、安装工艺及控制措施

钢筋笼重量大，上部主筋径向排列，给安装带来很大的困难。为此，采用了长线胎模法工厂化加工钢筋笼，专门设计制作钢筋笼吊具及悬挂环，声测管特订做加厚型钢管等，并加强了施工的检查与监控。钢筋笼安装采用 80t 龙门吊及 50t 龙门吊或吊车配合。

（1）钢筋笼加工

鉴于钢筋笼大、长、重的特点，考虑进度等，钢筋接头采用套筒连接，套筒采用加长型加锁母式，钢筋笼加工采用工厂化生产，加工方式采用长线胎模法，如图8-9所示。

图8-9　钢筋笼长线胎膜法加工

钢筋加工首先严格按照经审核的下料表下料，接着对钢筋端头进行平头处理，再剥肋滚压螺纹。平头的目的是让钢筋端面与母材轴线方向垂直。应采用砂轮切割机或其他专用切断设备，严禁气割。使用钢筋剥肋滚压直螺纹机将待连接钢筋的端头加工成螺纹。检查滚压完后的钢筋丝头质量，符合要求后，用砂轮机再次修平端头，再套上塑料保护套，整齐堆放于半成品区。

钢筋笼加工时，先将主筋按错开顺序摆放于胎模上，之后将加强箍筋与胎模上的主筋焊接固定，加强箍筋应垂直，再在加工箍上按间距焊上剩余的主筋。钢筋笼加工时应从一端向另一端进行，主筋摆放拉通线，保证顺直，相邻钢筋对接严密。加工好的钢筋笼经验收后方准吊下生产线，存放于已检区。

钢筋笼加工的质量控制要点是端头的对接间距，按规范规定，现场安装精度为1mm。要达到以上要求，加工时必须仔细检查原材的平头及螺纹，在胎模上对接时相邻钢筋一定要对直，接头紧密。

（2）钢筋笼安装

钢筋笼采用平板车运输至现场，平板车上必须焊有依据笼外径加工的钢模固定钢筋笼，防止运输过程中变形。

钢筋笼的下放采用专门设计加工的吊具及悬挂环，采用一台80t龙门吊及一辆50t汽车吊配合安装。

1）钢筋笼吊具。为防止钢筋笼在起吊安装时变形，加工制作了专门的吊具。

2）钢筋笼悬挂环。由于钢筋笼直径大、重量大，对接时不能采用常规的设置孔口扁担梁的方式支撑已放入孔内的钢筋笼。为此，需设计钢筋笼悬挂环解决钢筋笼的支撑及悬挂定位问题。

3）钢筋笼起吊对接。钢筋笼吊装采用平台上的龙门吊，271号墩钢筋笼采用50t汽车吊，270号墩采用60t龙门吊。起吊时先用四点平衡吊，到一定高度后再慢慢起上端松下端，两个钩必须同步进行，直至钢筋笼完全竖立，则可以松掉下端钢丝绳，慢慢将笼放进临时悬挂筒，焊好防滑筋后，在悬挂筒中用6个悬挂钩托住，然后由80t的龙门吊吊住吊具，将连接器与钢筋笼的8条主筋对接。连接器对接时一定要检查套筒上下钢筋居中，拧紧到位，并保持连接器在同一水平面。可先试起吊十几厘米，观察连接情况，不符合要求则轻轻放回重新连接。龙门吊缓慢起吊钢筋笼，移位至桩孔安装。

钢筋笼对接时的主要注意事项如下：

① 钢筋笼主筋对接一定要保持预制和安装的统一。

② 主筋对接时，同一接头两个丝头之间的间隙不得超过1mm。若间隙太大，可用导链葫芦将两根主筋进行对拉。

③ 套筒应居于接头的正中间，可于滚肋时按套筒长度分中，在接头处用油漆做好标记。

钢筋笼主筋对接的过程中声测管也相应地分节接长。声测管应有检验合格证，厚度满足要求，经水密性试压合格。声测管采用滚肋套直通头，上下管端采用堵头。声测管按图纸设计间距布置，采用 12 号铁丝固定在钢筋笼上。声测管的安装与钢筋笼的安装同步进行，每装完一节往管里灌满水并静观一会，不漏水了才能进行下一工序的施工。

4）钢筋笼定位。

① 竖向定位。钢筋笼的竖向定位是通过接长悬挂笼实现的。

② 平面定位。为保证桩顶处钢筋笼的平面位置，采取限位钢筋的措施。

5. 混凝土灌注工艺及控制措施

桩基础为 C30 水下混凝土，按设计要求需掺加密实剂。考虑到水下混凝土灌注的各种因素，在进行混凝土配合比设计时要满足以下要求：坍落度为 18～22cm，混凝土初凝时间≥23h，粗骨料最大粒径为 31.5mm。

混凝土集料漏斗要满足首批混凝土需要量要求，保证首批混凝土灌注后导管埋深不得小于 1m，并不宜大于 3m。水下混凝土灌注采用直升导管法。

8.4.2.4　施工总结

贵广铁路北江特大桥前后用了 7 个月的时间完成了两个主墩的桩基础施工，桩基础经第三方质量检测机构检测，全部达到 I 类桩标准。在整个施工过程中，针对大直径超深长桩及本工程的特点，找出施工重点和难点，并分析、制定了相应的措施，保障工程顺利完成。

1）超深长桩基采用冲击钻机是可行的，关键是做足防掉锤等措施，保证成孔的质量。

2）泥浆分离器配合大功率空压机组成的泥浆净化装置可以有效地保证清孔的质量，提高清孔的效率。

3）对于大重量的钢筋笼，采用工厂化长线胎模法可以保证加工的质量、提高功效；钢筋笼的专用吊具、悬挂环可以使受力均匀，保证钢筋不变形。

4）水下混凝土灌注的重点是保证首灌的高度及灌注过程的连续性。

8.4.3　六横武港斜孔嵌岩桩施工

8.4.3.1　工程概况

本工程位于浙江省舟山市普陀区台门镇的凉潭岛，凉潭岛在六横岛东北方，与六横岛台门港以葛滕水道相隔。六横岛水上距沈家门港 15 海里，距定海 15 海里，距宁波北仑港 25 海里。卸船码头工程设计船型为 25 万吨级散货船。码头前沿设计水深为 −27.0m，码头顶面高程为 8.5m，码头泊位总长 475m，宽 37m。卸船码头由系缆墩、人行钢桥及连片结构组成。连片结构宽 37m，采用排架式桩基，排架间距为 12m，每榀排架布置 4 根灌注型嵌岩桩，部分排架均为直桩（11～17 号排架），部分排架中间两根为 10∶1 的斜桩（1～10 号、18～34 号排架，共 54 根），另两根为直桩，采用钢套筒为 φ2800mm 的钢管桩。嵌岩段直径为 2600mm，设计要求嵌入微风化岩 6.5m，钢套管内灌注钢筋混凝土，桩长 50～75m。系缆墩为高桩墩式结构，共有 13 根直径 1500mm 的嵌岩桩（其中 9 根为 5∶1 斜桩），嵌岩段直径为 1300mm，桩长 50～70m。卸船码头引桥为高桩墩式结构，共 8 个墩。桥墩 8 位于陆域侧，抛石基床基础上现浇墩身；桥墩 7 桩基为 6 根 φ1200mm 灌注桩；桥墩 6～桥墩 2 桩基均为 6 根 φ1000mmPHC 桩。

8.4.3.2　施工难点

本工程部分桩为 10∶1 的斜桩，钢管桩采用直径为 2800mm 的钢套管，嵌岩段直径为 2600mm，嵌岩 6.5m，普通的嵌岩桩成孔工艺无法完成钢套管下 6.5m 的嵌岩段。

8.4.3.3 施工机械选择

采用经改造的 CZL-24 型冲击钻机,配备自制的筒状钻头;选用正循环冲击成孔、气举反循环清孔工艺。

表 8-6 所示为 CZL-24 型钻机的技术参数。

表 8-6 CZL-24 型钻机的技术参数

序号	项目名称	参数
1	工作尺寸:长×宽×高/m	11.9×3.2×9.5
2	最大成孔直径/mm	350
3	最大成孔深度/m	80
4	主机功率/kW	135
5	主绞车单绳拉力/kN	240
6	主机质量/kg	26000(不含钻头)

8.4.3.4 施工准备

1. 安装设备

安装设备时注意调整钻机机架轴心线,使其与钢管桩(钢护筒)轴心线重合,确保误差不大于50mm,并将钻机底盘与平台固定牢固。

2. 建立泥浆循环系统

用泥浆沟槽将相邻两个钢管桩连接起来,用于泥浆循环。

3. 钻机就位成孔

先用 ϕ2650mm 的筒状钻头冲孔嵌岩 4.5m 左右,再用 ϕ2600mm 的筒状钻头冲孔嵌岩到 6.5m。锤头长度为 9.5m,由五瓣锤及钢护筒加工而成,在钢护筒周围焊接滚动导向装置。冲孔原理见图 8-10。

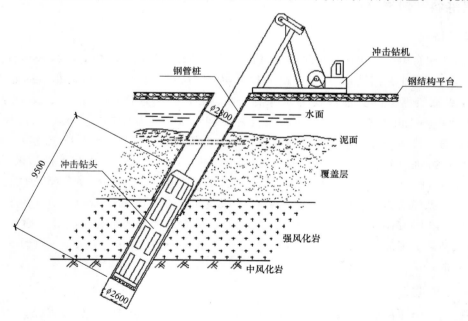

图 8-10 冲孔原理

8.4.3.5　施工事故预防及保证措施

由于地质原因，钢套筒底以下的成孔存在许多不利情况，会有一些不确定的因素存在，应加以预防，并确定故障排除措施。

由于岩面普遍呈斜坡状，锤头入岩后一般存在施工不利状况，因此应制定一套严格的入岩钻机操作规定，以控制成孔质量；严防形成弯孔，保证成孔倾斜同心度和成孔孔壁质量。

1. 孔壁坍塌及渗漏故障的处理和预防工艺

钢套筒底与岩面之间，因岩面上存在礁石块、凹凸状或沟道裂缝，岩面斜坡造成筒底与岩面一侧开口等情况，在施工中孔壁不能完整形成，或形成后发生坍塌和孔壁渗漏时，采取以下工艺处理：及时提起锤头（严防埋钻）→向孔内分层抛填块石（块石粒径应大于 20cm、小于 50cm）、黏土（黏土要求成块或袋装成团），必要时抛填部分袋装水泥→造壁（或固壁）→坚持分层抛填、分层冲击的造壁、固壁施工措施（每次抛填厚度控制在 1m 左右）。

对于严重渗漏，包括岩层裂隙发育造成的严重渗漏、妨碍正常钻进的孔，采取压力注入化学水泥浆液、静压渗透的固壁措施。

2. 卡锤故障的预防和处理

施工中应按正确的操作工艺作业，避免因盲目操作等人为因素造成卡锤、蹩锤等故障。同时，加强作业平台面的施工管理力度，严防铁件、铁器掉入孔内造成卡锤故障。

施工中一旦发生卡锤、蹩锤时，首先应查明原因，确定锤头所在位置及标高，判断卡锤原因和被卡程度，分析被卡部位在排除过程中可能发生的变化（包括有无埋锤故障的可能），做到卡锤情况明了、排除方案确定、预防故障扩大措施到位。

一般卡锤可采用外加辅力起拔、千斤顶起拔、小药量爆炸松动等措施排除故障（包括必要时派潜水员下潜探明情况，掌握较直观的一手资料）。

如经分析判断是钢套管底变形等原因造成的卡锤，在故障排除后不能盲目再施工，应探明证实后再作处理。

3. 断绳、掉锤故障的预防和处理

因钻进过程中没有仔细观察和及时排除故障隐患造成断绳、掉锤的，防止其发生的根本措施是对钻机班组、操作人员加强管理，制定严密的设备进场检查和确认、设备检修与保养工作制度；同时在施工期间操作工精心作业、经常观察（一般上述故障大部分最终爆发之前都会有预兆），不盲目操作，更要杜绝片面追求速度而让设备带"病"运行。

加强设备维修力量和设备易损配件的配置，努力克服国内钻机设备在施工中经常发生的各类通病，确保施工进度和质量。钻机成孔过程中认真填写各项施工记录表格，包括"嵌岩桩嵌岩起始面确认表""嵌岩桩成孔记录表""嵌岩桩钻孔记录表"，及时、准确地反映成孔过程中的每一时段、每一地层情况等。

8.4.4　上海国际航运中心

8.4.4.1　工程概况

上海国际航运中心洋山深水港区位于杭州湾东北部、上海市南汇区芦潮港东南的崎岖列岛海区小洋山岛南侧岸线，距上海吴淞口约 110km，距上海芦潮港约 32km，距宁波北仑港约 90km，向东经黄泽洋直通外海，与国际远洋航线相距约 104km。

洋山深水港中港区前期工程顺接已建成投产的洋山一期码头东端，码头前沿线方位角为 126°，与一期码头前沿线转角为 4°。

洋山深水港中港区前期工程码头岸线总长 2600m，共七个，第五（六）码头为集装箱船专用泊位。码头总宽 66m，桥吊轨距 35m。码头由码头平台和接岸结构两大部分组成，其中码头平台宽 42.5m，接岸结构宽 23.5m。码头一般结构断面见图 8－11。

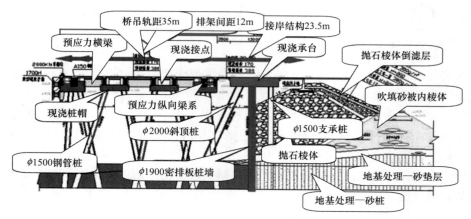

图 8－11　码头一般结构断面

8.4.4.2　设备选择

选用 CZL－10 冲击钻机，钻具为特制五瓣冲击锤，详见图 8－12。

图 8－12　冲击钻头

8.4.4.3　施工工艺

施工工艺示意图见图 8－13。

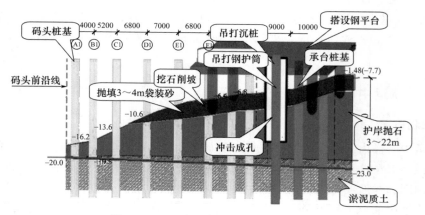

图 8－13　码头一分段 2 号排架断面图

1. 平台搭设

受该地区地质条件限制，无法按照一般方案搭设平台。施工单位自主设计了钢套管平台，在回填后的地质条件下将制作好的钢平台套管支架（图 8-14）沉入海中，在钢套管内振打支撑桩，以稳固整个平台。具体施工见图 8-15。

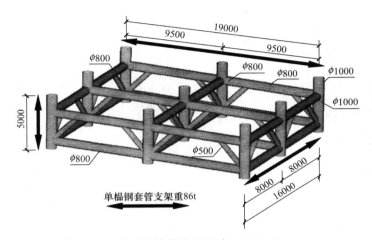

图 8-14　钢平台套管支架设计（长度单位：mm）

图 8-15　现场施工

2. 钻机成孔

（1）钢护筒安放

采用跟进法安放护筒。冲击钻每冲进 80~100cm 振动锤跟进一次，保证施工安全。

（2）钢护筒和泥浆护壁

1）钢护筒及钢护筒跟进护壁（图 8-16）。

2）泥浆护壁。采用黏土、膨润土、水泥、速凝剂、促进剂等拌合成高性能泥浆，加快块石的固结（图-17）。深层成孔采用密度达 1.8~2.0g/cm³ 的重晶泥浆护壁，加大悬浮石块对孔壁的支护作用。

（3）钻渣处理

1）开钻前期漏浆处理。在抛石层顶层 3~4m 范围内（第一节钢护筒底部 3m 左右），泥浆循环系统尚未完全形成前，采用捞渣筒捞渣。该段时间内漏浆严重，泥浆相对密度不具备悬浮钻渣的能力，因此自制捞渣筒，排出钻渣，以保证冲孔进度。

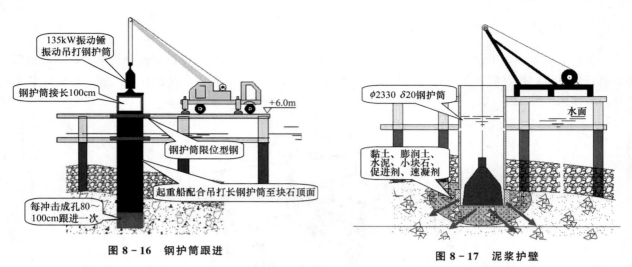

图 8-16 钢护筒跟进

图 8-17 泥浆护壁

2）建立泥浆循环系统。在钢护筒跟进 3~4m 后，孔内已形成良好的泥浆护壁，桩孔与外部基本无渗漏，此时采用正循环泥浆排渣工艺进行排渣。

（4）探头石的处理

在正常施工过程中经常会遇到探头石。对于一般的探头石，可向孔内多次填石，进行反复冲击，具体施工情况如图 8-18 所示。

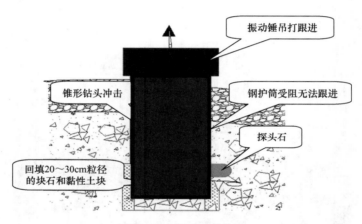

图 8-18 探头石的处理

8.4.5 湘潭市杨梅洲大桥桩基工程

8.4.5.1 工程概况

湘潭市杨梅洲大桥桥面宽 36.5m，大桥全长 2103m，其中东引桥长 210m，西引桥长 690m，主桥长 1203m。主桥主跨采用双塔斜拉结构。为保障湘江主航道通航，主跨设计跨度达 658m，属城市级特大桥。大桥西接西二环线，东接岚园路延长线，中间横穿杨梅洲。该项目的岩土工程详细勘察于 2016 年 5 月完成，已有详细的勘察报告。该桥由中交公路规划设计院有限公司设计，拟采用冲击成孔灌注桩。受建设方委托，中交第三航务工程勘察设计院承担了该工程的施工勘察工作。

本次施工勘察由设计方根据大桥墩（台）位置，并结合详细勘察报告确定布孔方案：河东主桥墩及河东引桥、上下桥匝道桥梁按每墩（台）1~2 个钻孔；河西主桥墩及河西引桥、上下桥匝道桥梁按每墩（台）2~4 个钻孔，共初步布置钻孔 122 个。由于河西地区为岩溶区，根据《杨梅洲大桥施工勘察技术要求》，按上述布孔方案，在施工过程中若某桥墩（台）有钻孔遇到溶洞，则该桥墩（台）按一桩一孔布置。

由于本工程工程量较大，工期紧，应建设方要求分批次提交勘察资料。本次勘察的是 22 号、23 号两个主桥墩，钻孔编号为 SZK22-1～SZK22-24 及 SZK23-1、SZK23-2，共 26 个钻孔，各钻孔位置及编号详见钻探点平面布置图。桩型拟采用冲击成孔灌注柱，桩径为 1.5m。

8.4.5.2　地质勘探结果

工程地质勘探结果见表 8-7，可知 22 号桥墩地层以中等风化灰质砾岩为主。

表 8-7　地质勘探结果

孔号	推断状态	发育地层	埋藏特征				
			孔内视高度/m	埋藏高程/m	埋藏深度/m	充填状态	洞顶岩石厚度/m
SZK22-3	溶洞	中等风化灰质砾岩⑮₂	4.10	-5.69	32.30	半充填	1.10
			1.60	-10.19	36.80		0.40
SZK22-4	溶洞	中等风化灰质砾岩⑮₂	4.50	-1.60	23.70	半充填	3.40
SZK22-5	溶洞	中等风化灰质砾岩⑮₂	1.50	-4.6	36.50	半充填	6.70
SZK22-6	溶洞	中等风化灰质砾岩⑮₂	2.40	5.54	24.30	半充填	0.60
			1.10	0.74	29.10		2.40
			4.30	-0.86	30.70		0.50
SZK22-7	溶洞	中等风化灰质砾岩⑮₂	5.70	6.19	21.70	半充填	1.20
SZK22-8	溶洞	中等风化灰质砾岩⑮₂	1.90	4.57	21.70	半充填	2.20
			0.90	0.97	25.30		1.70
SZK22-9	溶洞	中等风化灰质砾岩⑮₂	1.20	5.60	18.00	半充填	1.40
SZK22-10	溶洞	中等风化灰质砾岩⑮₂	3.40	-1.64	33.10	半充填	5.50
SZK22-11	溶洞	中等风化灰质砾岩⑮₂	4.20	1.07	29.40	半充填	8.30
SZK22-16	溶洞	中等风化灰质砾岩⑮₂	3.30	-25.52	53.90	半充填	10.90
			1.90	-29.72	58.10		0.90
SZK22-18	溶洞	中等风化灰质砾岩⑮₂	10.80	3.80	20.70	半充填	1.50
SZK22-19	溶洞	中等风化灰质砾岩⑮₂	1.30	3.04	19.70	半充填	0.50
			1.10	0.84	21.90		0.90
			4.50	-3.06	25.80		2.80
			0.60	-8.66	31.40		1.10
			0.60	-13.96	36.70		4.70
			0.80	-23.86	46.60		9.30
SZK22-20	溶洞	中等风化灰质砾岩⑮₂	0.80	-3.50	32.80	半充填	0.60
SZK22-22	溶洞	中等风化灰质砾岩⑮₂	1.00	1.80	25.00	半充填	2.20
SZK22-24	溶洞	中等风化灰质砾岩⑮₂	6.90	2.52	21.40	半充填	3.10

8.4.5.3　工程施工特殊性

本桥主跨 22 号墩场地基岩为灰质砾岩，23 号墩场地基岩为泥质粉砂岩，其中灰质砾岩属可溶性岩石。勘察期间，在勘察范围及深度范围内发现场地溶洞非常发育。22 号墩中的 24 个钻孔统计结果表明，钻孔深度内发育有溶洞的钻孔为 15 个，溶洞可见率为 62.5%，平面分布无规律，钻孔垂直深度内似溶洞呈串珠状分布，溶洞埋深为 18.0～58.10m，视高度为 0.80～10.80m，埋藏高程为 -29.72～6.19m。

8.4.5.4　溶洞处理

处理溶洞的方法很多，本工程主要采用回填法、钢护筒跟进法及全套管钻机成孔。

由于本工程溶洞可见率非常高，故在施工前一孔一勘探，保证一定的可控性，并针对不同地质情况拟定合理的处理方案。对照溶洞位置、大小等资料的准确性，掌握溶洞、裂隙等有害地质情况的分布规律，掌握溶洞漏浆程度；同时，根据钻孔过程中的漏浆情况，在需要时进行预注浆处理，对溶洞内的松散填充物进行固结，或对岩层裂隙进行封闭，降低溶洞地质对钻孔施工可能造成的影响。

1. 回填法

回填法如图 8-19 所示桩基施工时准备充足的泥浆、片石、黏土、袋装水泥和素混凝土，在钻孔过程中遇溶洞发生漏浆或遇溶洞斜岩面等问题时，首先及时向孔内补浆，反复向孔内抛黏土、片石、混凝土等材料，以小冲程反复冲砸、钢护筒跟进等方法进行处理，直到穿过不良地质不再漏浆、钻孔施工能够正常进行为止。施工过程中应遵循堵洞护壁、重锤轻击的原则。

回填法主要适用于较小的溶洞（溶洞高度小于 3m），无填充物或半填充，施工方法简单，造价较低。

2. 钢护筒跟进法

钢护筒跟进法如图 8-20 所示。

1）溶洞高 3.0～5.0m 时，对于多层溶洞，间距较小的采用钢护筒穿越处理。先用冲击锤进行冲孔、扩孔处理，然后采用振动锤将钢护筒振动下沉至溶洞底部。为保证钢护筒的强度和刚度，每隔 2m 设置加强钢板箍。

图 8-19　回填法

图 8-20　钢护筒跟进法

2）溶洞高度大于 5.0m（多层），且溶洞间距较大时，采用套内护筒法施工，即采用内护筒穿过溶洞的方法施工。内护筒长度 $L=h+2m$（h 为地质超前钻确定的多层溶洞高），内护筒内径应比设计桩径大 20cm 左右，外径应小于外护筒内径 5cm 左右。若遇第二层溶洞，第二层溶洞的内护筒外径比上层内护筒内径小 3～5cm。

3）溶洞顶部冲孔。根据施工勘察资料，当钻孔施工接近溶洞顶部，冲击冲孔时要求轻锤慢打，使孔壁圆滑坚固，提升高度一般不超过 50cm，一般进程控制在 60～80cm/h。所有卡扣及钢丝绳必须先经过测试检查，其他施工工艺及注意事项与常规相同。

钢护筒跟进法适用于溶洞较大或多层溶洞及漏浆严重，且地质状况很差、容易塌孔的桩孔。

3. 全套管钻机成孔

（1）施工过程

全套管钻机成孔施工过程：套管下到桩底位置后，旋挖钻机正常成孔，成孔后下放薄壁内护筒，清孔后安放钢筋笼，灌注混凝土后拔出套管。

（2）全套管回转钻机施工质量控制

1）全套管回转钻机就位以后应认真进行测量校核，确保钻机中心位置对准桩位中心。固定钻机，防止作业过程中移动，造成故障。

2）确保每一节钢套管的连接正确、牢固。

3）定期对全套管回转钻机的动力站进行维护与保养，确保其运行正常。

4）施工过程中应认真做好钢套管沉放记录，经常检查垂直度，确保作业质量。

5）及时采用旋挖钻机清除钢套管内的泥渣。

6）沉放钢套管作业后期，须严密掌控钢套管连接尺寸，提前计算和准备不同尺寸的短接钢套管节，确保全套管回转钻机能够顺利地撤退和第二次回到桩位上，同时为下一步施工成孔后的钢筋笼安装、二清和混凝土导管安装及浇筑提供良好的施工条件，这也是保护钢套管顶部最好的措施。

7）当完成钢套管沉放作业后，利用旋挖钻机配套装置进行扫孔与二次清渣，确保钢套管沉放过程中的质量与安全。

（3）全套管回转钻机拔除钢套管施工

全套管回转钻机在此次施工中承担两个任务：①沉放钢套管；②在混凝土灌注过程中拔除钢套管。当旋挖钻机嵌岩施工结束，完成清孔、钢筋笼安装等工序后，全套管回转钻机应重新回到施工桩位上。在混凝土灌注过程中，逐步起拔钢套管（拆除）。在起拔钢套管过程中必须遵照质量控制的规定：混凝土面高于钢套管底 6m。因此，同样需要在钢套管安装之前和安装过程中计算好钢套管连接（短节）的尺寸，确保施工顺利进行。拆除下来的钢套管应该及时清理管外壁的残留泥土，保护好钢套管接口和各部分的连接件。

全套管钻机配合旋挖钻机成孔适用于各种地质情况，对地质条件极差的桩孔也有很好的控制性，且成孔速度快，但造价高。

参 考 文 献

[1] 沈保汉. 冲击钻成孔灌注桩 [J]. 工程机械与维修，2005（04 增刊）：178-184.

[2] 沈保汉. 冲击钻成孔灌注桩 [M] // 杨嗣信. 高层建筑手册.3 版. 北京：中国建筑工业出版社，2017：670-682.

[3] 雷建，刘延敏. 万科广场桩基础工程冲击钻孔桩施工方案（灰岩溶洞）[Z]. 深圳市孺子牛建设工程有限公司.

[4] 李明忠，吴木怀，何锦明. 北江桥超深长大直径桩基础施工关键技术 [G] // 王新杰，黄志文. 第二届深基础工程新技术与设备发展论坛论文集. 北京：知识产权出版社，2012：152-166.

第9章 后压力注浆桩

沈保汉 龚维明 应 权 吴礼生 陈少平 任自放 丁青松

9.1 概 述

近30年来，随着土木建筑工程向大型化、群体化及高层、超高层建筑发展，各种类型的灌注桩使用也越来越多，但单一工艺的灌注桩往往不能满足要求。以泥浆护壁法钻、冲孔灌注桩为例，由于成孔工艺的固有缺陷（桩底沉渣和桩侧泥膜的存在），桩端阻力和桩侧摩阻力显著降低。为了消除桩底沉渣和桩周泥膜等隐患，国内外把地基处理灌浆技术引用到桩基，采取对桩端（孔底）及桩侧（孔壁）实施压力注浆的措施。桩端压力注浆和桩侧压力注浆技术应运而生，近30年来这两项技术在我国得到广泛的应用与发展。

9.1.1 后注浆工艺的分类

1. 桩压力注浆施工工艺分类

桩压力注浆施工工艺按在成桩前和成桩后注浆方式的不同大体上可分为两大类，即前处理注浆桩和后处理注浆桩。

所谓前处理注浆桩，是指在成孔后（成桩前）对孔底或孔壁土体进行压力注浆的桩型。这类桩型有小桩（IM桩）、CIP工法桩、MIP工法桩、PIP工法桩、钻孔压浆桩及钻孔压灌超流态混凝土桩等。

所谓后处理注浆桩（亦称后压力注浆桩、后注浆桩或后压浆桩），是指在成桩后对桩端或桩侧土体进行压力注浆的桩型。这类桩型有桩端压力注浆桩、桩侧压力注浆桩和桩端桩侧联合注浆桩。在后续章节将详细讲述这几种桩型。

2. 桩端压力注浆施工工艺分类

桩端压力注浆施工工艺按桩端预留压力注浆装置的形式可分为预留压力注浆室、预留承压包、预留注浆空腔、预留注浆通道及预留特殊注浆装置等；按注浆管埋设方法可分为桩身预埋管注浆法和钻孔埋管注浆法，后者又可细分为桩身中心钻孔注浆法和桩外侧钻孔注浆法；按注浆工艺可分为闭式注浆和开式注浆；按注浆循环方式可分为单向注浆和循环注浆。

3. 桩侧压力注浆施工工艺分类

桩侧压力注浆施工工艺按桩侧注浆管埋设方法可分为桩身预埋管注浆法和钻孔埋管注浆法；按桩侧注浆管设置方式可分为桩侧注浆管沿钢筋笼纵向设置方式和桩侧注浆管根据桩径大小沿钢筋笼环向设置方式。

9.1.2 后注浆桩施工工艺的发展概况

1. 桩端压力注浆工艺的发展概况

（1）桩端闭式注浆工艺发展概况

布鲁克（D. A. Bruck）指出，桩端压力注浆桩自1958年在修建马拉开波（Maracaibo）大桥桩基中首次应用以来得到了广泛的应用。

法国专利（编号：2331646）的特征是预留压力注浆室，采用闭式注浆工艺。

利齐（F. Lizzi）介绍了 FCP 桩，为另一种闭式注浆工艺的预留压力注浆室，该装置主要由两块打孔的圆形钢板和定距块（或肋板）组成。

德国 Biltingert Berger 公司研发了减少大直径桩沉降量、提高桩承载力的新工法——压力腔法和压力箱法。

孔清华提出了预承力桩的预承包装置。

西南交通大学等研制开发了注浆腔式的桩端压力注浆装置。

1996 年，山西某基础工程有限公司研究开发了胶囊式桩端后压浆工法。

（2）桩端开式注浆工艺发展概况

上文中提到的预留注浆空腔、预留注浆通道和预留特殊注浆装置均属于开式注浆工艺。

我国将注浆技术用于桩基础始于 20 世纪 80 年代初。1983 年，北京市建筑工程研究所（今北京市建筑工程研究院有限责任公司）在国内首先研究开发出预留注浆空腔方式的桩端压力注浆桩，进行了室外桩端压力注浆小桩（直径为 128mm、134mm，有效桩长 2.43m、2.51m）的静载试验。1983 年在北京某工程（14 层住宅工程，建筑面积 25499m²，地下 2 层）中首次应用预留注浆空腔方式的桩端压力注浆桩，共计 773 根（桩径 0.4m，桩长 6.18～7.90m）。该桩采用长螺旋干作业成孔方式，在桩底设置固定式隔离钢板，采用钢管和 PVC 管组合作为注浆管。静载试验结果表明，桩端压力注浆桩的极限荷载为未注浆桩的 2.1～3.1 倍。此后该种桩型在北京、沈阳及锦州地区得到推广应用。

沈保汉和曾鸣于 1987 年研制开发出带活动钢板的预留注浆空腔方式的桩端压力注浆装置。

W. G. K. Fleming 介绍了 U 形注浆管，在灌注桩身混凝土前，将 U 形注浆管随钢筋笼一起放入孔底。U 形管通常采用直径约 30mm 的钢管，由三段组成，即一段由桩顶至桩端的进口管、一段横穿桩端并用橡胶密封的穿孔管及一段由桩端回到桩顶的出口管。U 形管要多于 1 副，以作为施工疏忽造成橡胶密封圈破裂无法注浆时的保险储备。视桩径大小采用 2～4 副 U 形注浆管。在某些场合下，注浆管还可兼作超声检测管。U 形注浆管装置属于开式注浆工艺的预留注浆通道装置，为欧洲地区常用的基本装置。

1988 年徐州市第二建筑设计院在国内首先研制开发出泥浆护壁灌注桩的预留注浆通道方式的桩端压力注浆技术。

进入 20 世纪 90 年代后，桩端压力注浆技术在国内得到蓬勃发展，具体表现在作为桩端压力注浆施工工艺的核心部件——桩端压力注浆装置形式众多。根据笔者收集到的资料统计，目前已有超过 20 种桩端压力注浆装置。

1994 年 2 月 26 日，任自放、沈保汉取得了"灌注桩桩端及桩侧注浆法"发明专利（专利号为 ZL94101460.6），为预留特殊注浆装置的方法，并在一些工程中得到应用和推广。

此后，中国建筑科学研究院地基基础研究所祝经成研制开发出排浆管管壁径向间隔设置压浆孔、外壁上压接包双层胶套、管底部设封堵钢板、外部包有保护编织物的桩端压力注浆装置。

武汉地质勘察基础工程（集团）总公司于 1996 年研制开发出独特的桩端压力注浆装置，并研制开发出了桩外侧钻孔埋管注浆法。

应权和沈保汉于 1997 年研制开发出 YQ 桩端中心压力注浆装置和注浆工艺。

2. 桩侧压力注浆工艺发展概况

德国 Biltingert Berger 公司的桩侧注浆法是在钢筋笼上附设带孔的压浆钢管，紧贴桩侧表面，当桩体混凝土硬化后，以 8MPa 的压力将水泥浆从孔口喷出，使水泥浆在桩体与桩周土之间起固定作用。

薛韬及张作琚、薛韬、蒋国澄介绍了桩侧钻孔注浆法。具体做法是：首先在桩侧土体中钻孔，根据桩径大小，一般每桩布置 3～4 个钻孔，使各孔间距控制在 1.0m 左右；然后埋设套阀式注浆花管；最后将浆液在一定压力下注入桩侧土体，注浆可采用分段注浆或复注方式。

傅旭东等研制开发了由袖阀管和灌浆管组成的桩侧压力注浆装置，袖阀管由花管和橡皮套组成，灌浆管由注浆管、传力套管和止浆塞组成。

刘金砺、祝经成提出的桩侧压力注浆装置是由钢导管、设置在钢筋笼外侧的加筋 PVC 管及单向注浆阀组成的，PVC 管可呈花瓣形横向布置，也可沿桩长呈波浪形纵向布置。

武汉地质勘察基础工程（集团）总公司研制开发的桩侧压力注浆装置的结构是在桩侧竖向注浆导管底端接上三通、四通和短接，以便与 PVC 连接管和压力注浆器相连，PVC 管环绕在钢筋笼外侧。

3. 小结

进入 20 世纪 90 年代后，桩的后注浆技术尤其是桩端压力注浆技术在国内得到蓬勃发展，具体表现在：①桩端和桩侧压力注浆装置形式众多；②注浆工艺水平得到较大的提高和完善，使后注浆桩的承载力增幅较初期使用时大大提高；③灌注桩后注浆工艺已列入多项国家行业标准，不少施工单位制定出了适应当地情况的桩的后注浆工艺操作规程及质量控制标准；④有关后注浆桩的文章大幅度增加；⑤后注浆桩已成为土木建筑深基础中的一种重要桩型；⑥在开展桩端压力注浆工艺研究的同时，国内还开发了桩侧压力注浆工艺、桩端桩侧联合注浆工艺，获得了显著的技术经济效益。

9.2　桩端压力注浆桩

后注浆桩按注浆部位可分为桩端压力注浆桩、桩侧压力注浆桩和桩端桩侧联合注浆桩三大类型。

9.2.1　桩端压力注浆桩的基本原理和特点

1. 基本原理

桩端压力注浆桩是指钻孔、冲孔和挖孔灌注桩成桩后，通常通过预埋在桩身的注浆管，利用压力作用，经桩端的预留压力注浆装置（如预留压力注浆室、预留承压包、预留注浆空腔、预留注浆通道、预留的特殊注浆装置等）向桩端地层均匀地注入能固化的浆液（如纯水泥浆、水泥砂浆、加外加剂及掺合料的水泥浆、超细水泥浆、化学浆液等），视浆液性状、地层特性和注浆参数等不同条件，压力浆液对桩端土层、中风化与强风化基岩、桩端虚土及桩端附近的桩周土层起到渗透、填充、置换、劈裂、压密及固结或多种形式的组合等不同作用，改变其物理、化学、力学性能及桩与岩、土的边界条件，消除虚土隐患，从而提高桩的承载力及减少桩基的沉降量。

2. 适用范围

桩端压力注浆桩适应性较强，几乎可适用于各种土层及强、中风化岩层；既能在水位以上干作业成孔成桩，也能在有地下水的情况下成孔成桩。螺旋钻成孔、贝诺特法成孔、正循环钻成孔、反循环钻成孔、潜水钻成孔、人工挖孔、旋挖钻斗钻成孔和冲击钻成孔灌注桩在成桩前，只要在桩端预留压力注浆装置，均可在成桩后进行桩端压力注浆。

3. 施工特点

从原理上讲，桩端压力注浆施工方法不受桩径及桩长的限制。

桩端压力注浆施工方法是在压力作用下将能固化的浆液通过桩身预埋管或钻孔预埋管经桩端压力注浆装置强行压入土层中，使桩端土层、虚土及桩端附近的桩侧土层发生物理化学反应，提高桩的承载力。

桩端压力注浆工艺可分为闭式注浆和开式注浆两大类，有 20 余种注浆装置，各有其施工特点。

影响桩端压力注浆效果的因素较多，如注浆工艺（闭式与开式）、桩端土种类（细粒土与粗粒土）及密实度、桩径、桩长、注浆装置形式、注浆压力（通常指泵送终止压力）、注浆量、浆液种类、浆液配合比、注浆方式、注浆速度及注浆泵流量、注浆时间的选择、注浆设备、管路系统的密封和可靠程度、施工人员的素质及质量管理水平等。

施工时，必须根据工程地质条件及单桩承载力的要求选择合适的注浆工艺参数。

控制好注浆压力、注浆量及注浆速度是桩端压力注浆施工优劣或成败的关键。

1）对于闭式注浆工艺，需控制好注浆压力、注浆量及桩顶上抬量，其中注浆压力为主要控制指标，注浆量和桩顶上抬量为重要指标。

2）对于开式注浆工艺，需控制好注浆量、注浆压力及注浆速度。

① 当桩端为松散的卵、砾石层时，主要控制指标是注浆量，注浆压力不宜过大，仅作为参考指标。

② 当桩端为密实、级配良好的卵、砾石层时，注浆压力应适当加大。

③ 当桩端为密实、级配良好的砂土层及黏性土层时，注浆压力为主要控制指标，注浆量为重要指标。

④ 视桩端土层情况，可分别采取连续注浆、二次（多次）注浆及间歇性的循环注浆，以优化注浆工艺。

3）为提高注浆均匀度和有效性，注浆泵流量控制宜小不宜大，注浆速度宜慢不宜快。

4）注浆宜以稳定的压力作为终止压力，稳压时间的控制是使压力注浆达到设计要求的基本保证。

国家行业标准《建筑桩基技术规范》（JGJ 94—2008）关于灌注桩后注浆有详细的规定，具体可参见相关内容。

4. 优缺点

（1）优点

1）保留了各种灌注桩的优点。

2）可大幅度提高桩的承载力，技术、经济效益显著。

3）采用桩端压力注浆工艺，可改变桩端虚土（包括孔底扰动土、孔底沉渣、孔口与孔壁回落土等）的组成结构，解决普通灌注桩桩端虚土这一技术难题，对确保桩基工程质量具有重要意义。

4）压力注浆时可测定注浆量、注浆压力和桩顶上抬量等参数，既能进行注浆桩的质量管理，又能预估单桩承载力。

5）技术工艺简练，施工方法灵活，注浆设备简单，便于普及。

6）因为桩端压力注浆桩是在成桩后进行压力注浆，故其技术经济效果明显高于成孔后（成桩前）进行压力注浆的孔底压力注浆类桩。

（2）缺点

1）需精心施工，否则会造成注浆管被堵、注浆管被包裹、地面冒浆和地下窜浆等现象。

2）需注意相应的灌注桩的成孔与成桩工艺，确保施工质量，否则将影响压力注浆工艺的效果。

3）压力注浆必须在桩身混凝土强度达到一定值后方可进行，因此会延长施工工期，但当施工场地桩数较多时可采取合适的施工流水作业，以缩短工期。

9.2.2　泥浆护壁钻孔灌注桩桩端压力注浆

9.2.2.1　降低泥浆护壁钻孔灌注桩单桩承载力的施工因素

1）孔壁完整性差。大直径泥浆护壁钻孔桩成孔时，主要是在第四纪疏松土层中钻进，加之在成孔过程中工艺与方法不当，往往造成孔壁的完整性较差。这主要是由以下原因造成的：①钻具的导向性差而引起回转摆动；②土层结构疏松；③钻具上下提动的抽吸作用；④未及时向孔内补充泥浆，孔内压力降低；⑤泥浆性能没有根据不同地层情况调整等。

2）由于钻孔使孔壁的侧压力解除，成孔后在地层中形成了较大的自由面，破坏了地层本身的压力平衡，引起地层压力向自由面的应力释放，造成孔壁土粒向孔中央方向膨胀，如果处理不当，严重时会引起孔壁坍塌、垮孔，而且随成孔时间的增长上述现象更加明显。

3）在成孔过程中，为了保持孔壁稳定，不致产生塌孔和缩径现象，一般需要采用优质泥浆护壁，泥浆颗粒吸附于孔壁形成泥皮，泥皮对孔壁起稳定保护作用。但是泥皮的存在阻碍了桩身混凝土与桩周土的粘结，相当于在桩侧涂了一层润滑剂，大大降低了桩侧摩阻力。实际成孔时，往往由于孔壁存在易坍塌的非黏性土层，泥浆密度和稠度不得不加大；或由于混凝土供应脱节，灌注时间过长；或由于地层原因，成孔时间过长等，导致孔壁泥皮过厚，桩侧摩阻力显著降低。

4）在成孔过程中，由于桩孔内充满泥浆液体，桩周与桩底土层受到泥浆中自由水的浸泡而松软；特别是水敏性地层，以及成孔时间较长的嵌岩桩，长时间受泥浆液体的浸蚀会引起桩周岩土抗压强度降低，从而降低了桩身周围土体的摩阻力及桩端阻力。

5）无论采用何种先进的二次清渣工艺，由于施工时以泥浆作冲洗介质，不可能将钻渣完全携带至地表，同时，在灌注桩身混凝土前的第二次清渣与桩身混凝土首斗灌注工序之间有一定的时间间歇，在此期间，孔内泥浆中的部分钻渣将沉淀于孔底，形成孔底沉渣，孔底沉渣的存在使桩端岩土持力层性质发生变化，形成可压缩的"软垫"，是影响泥浆护壁钻孔桩单桩承载力的重要因素之一。据报道，泥浆护壁钻孔灌注桩的单位桩端阻力仅为打入式预制桩和沉管灌注桩的 10%～30%。

6）在灌注桩身混凝土时，由于灌注导管长而细，且管内充满泥浆液体，桩身混凝土首灌时在导管内落差大，流动时间长，会导致首灌混凝土离析，在桩底处产生"虚尖""干碴石"等弊端，使桩端混凝土强度降低，从而影响单桩承载力。

7）泥浆护壁钻孔桩在桩身混凝土固结后会发生体积收缩，使桩身混凝土与孔壁之间产生间隙，减小侧摩阻力，降低单桩承载力。

总之，泥浆护壁钻孔桩受施工工艺、施工方法、现场管理、施工操作及地层土质等因素影响，上述现象在工程实践中屡见不鲜。

上述降低单桩承载力的因素的存在导致以下问题：

1）为了满足设计承载力的要求，往往需要增加桩长或加大桩径，结果使每立方米桩提供的极限承载力偏低，其数值只有相应的打入式钢筋混凝土预制桩的一半甚至不足一半。

2）桩端沉渣和桩周泥皮成为钻孔灌注桩的两大症结，使钻孔灌注桩的承载力显著降低，从而使其使用范围受到限制。

9.2.2.2　桩端压力注浆桩提高桩承载能力的机理

1）在粗粒土（孔隙较大的中砂、粗砂、卵石、砾石）的桩端持力层中注浆时，浆液渗入率高，浆液主要通过渗透、部分挤密、填充及固结作用大幅度地提高持力层扰动面及持力层的强度和变形模量，并形成扩大头，增大桩端受力面积，提高桩端阻力。

实施渗入性注浆是假定地层结构基本上不受扰动和破坏，在注浆压力作用下克服浆液流动的各种阻力，渗入地层的孔隙或裂隙中。通过渗透及填充方式充填孔隙，浆液凝固后把土颗粒粘结在一起，形成水泥土结石体，大幅度提高持力层扰动面及持力层的强度和变形模量，并形成水泥土扩大头，增大桩端受力面积，故承载力增幅大。

实现渗入性注浆工艺的基本要求是浆材颗粒尺寸应远小于渗入地层的孔隙或裂隙，即所用的浆液是可注的。可注性通常用可注比 N 表示。对于砂砾石，有

$$N=\frac{D_{15}}{d_{85}}>10\sim15 \tag{9-1}$$

式中　D_{15}——砂砾石中含量为 15% 的颗粒尺寸；

　　　d_{85}——注浆材料中含量为 85% 的颗粒尺寸。

影响浆液扩散范围的因素有地层的孔隙或裂隙（或渗透系数）、浆液黏度、注浆压力及注浆时间等。

2）在细粒土（黏性土、粉土、粉砂、细砂等）的桩端持力层中注浆时，浆液渗入率低，可实现劈裂注浆。所谓劈裂注浆，是指在注浆压力作用下，浆液克服地层的初始应力和抗拉强度，引起土体结构

的破坏和扰动，使其沿垂直于小主应力的平面发生劈裂，使地层中原有的裂隙或孔隙张开，形成新的裂隙或孔隙，浆液沿劈裂脉渗透注入地层，因此浆液的可注性和扩散距离增大。

劈裂注浆状态下桩端压力注浆桩较未注浆桩承载力增大的原因在于，劈裂浆脉的存在使单一介质土体被网状结石体分割加筋成复合土体，提高了桩端土体密度，并能有效地传递和分担荷载，从而提高桩端阻力。

以浆液渗入率做比对，劈裂注浆方式小于渗入性注浆方式，因此前者的桩端压力注浆桩极限承载力的增幅比后者小得多。

3）桩端虚土（沉渣）与注入的浆液发生物理化学反应而固化，凝结成一个结构新、强度高、化学性能稳定的结石体，提高桩端阻力。

4）随着注浆量的增加及注浆压力的提高，水泥浆液一方面不断地向由于受泥浆浸泡而松软的桩端持力层中渗透，在桩端形成梨形体，当梨形体不断增大时，渗透能力受到周围致密土层的限制，压力不断升高，对桩端持力层起到压密作用，提高了桩端土体的承载力。同时，由于在桩端形成了梨形体，增加了桩端的承压面积，相当于对钻孔桩进行扩底，从而提高了泥浆护壁钻孔桩的桩端阻力。

5）在非渗透性中等以上风化基岩的桩端持力层中注浆时，在注浆压力不够大的情况下，因受围岩的约束，压力浆液只能渗透填充到沉渣孔隙中，形成浆泡，挤压周围沉渣颗粒，使沉渣间的泥浆充填物产生脱水、固结；在注浆压力足够大的情况下，会产生劈裂注浆和挤密效应。

6）当注浆压力升高，注浆量不断增加时，注入桩端的浆液在压力作用下在桩端以上一定高度范围内会沿着桩土间泥皮上渗泛出，加固泥皮，充填桩身与桩周土体的间隙，并渗入桩周土层一定宽度范围，浆液固结后调动起更大范围内的桩周土体参与桩的承载，提高桩侧摩阻力。

7）在桩端处进行压力注浆时，当桩端处的渗透能力受到限制时，形成的梨形体内的浆液压力不断升高，此高压液体将给桩端面施加向上的反向预应力，使桩身微微向上抬。当泥浆护壁钻孔桩承受向下的竖向荷载时，此反向预应力将承担部分荷载，从而提高单桩承载力。

8）在注浆压力作用下，桩端压缩变形部分在施工期内提前完成，减少了日后使用期的竖向压缩变形。

9.2.2.3　泥浆护壁钻孔灌注桩的桩端压力注浆施工

1. 桩端压力注浆桩施工程序

1）成孔。视地层土质和地下水位情况采用合适的成孔方法（干作业法、泥浆护壁法、套管护壁法及冲击钻成孔法）。

2）放钢筋笼及桩端压力注浆装置。在多数桩端压力注浆工法中，压力注浆装置都附着在钢筋笼上，两者同步放入孔内；有的桩端压力注浆工法是在钢筋笼放入孔内后再将压力注浆装置放至桩孔底部。

3）灌注混凝土。按常规方法灌注混凝土。

4）进行压力注浆。当桩身混凝土强度达到一定值（通常为75%）后，即通过注浆管经桩端压力注浆装置向桩端土、岩体部位注浆，注浆次数分一次、二次或多次，随不同的桩端压力注浆方法而异。

5）成桩。卸下注浆接头，成桩。

2. 桩端压力注浆施工工艺体系

泥浆护壁钻（冲）孔灌注桩桩端压力注浆施工工艺流程可分为三个体系。

（1）桩土体系

设置从桩顶通达桩端土（岩）的注浆管道，即在桩身混凝土灌注前预设注浆管直达桩端土（岩）层面，且在端部设置相应的压力注浆装置。这是注浆前的准备工作，也是注浆能否成功的关键步骤。

（2）泵压体系

在注浆管形成且桩身混凝土达到一定强度后，连接注浆管和注浆泵，用清水把直管或U形管上的密封套冲破，观察水压参数及系统反应，再拌制可凝固浆液，通过注浆泵把配制好的浆液注入桩端土层内或岩层界面上。

影响桩端压力注浆效果的因素较多，如注浆工艺（闭式与开式）、桩端土种类（细粒土与粗粒土）及密实度、桩径、桩长、注浆装置形式、注浆压力（通常指泵送终止压力）、注浆量、浆液种类、浆液配合比、注浆方式、注浆速度、注浆泵流量、注浆时间、注浆设备、管路系统的密封和可靠程度、施工人员的素质及质量管理水平等。具体施工时，必须根据工程地质条件及单桩承载力的要求选择合适的注浆工艺参数。

（3）浆液体系

浆液一般由可固化材料配制而成，所用材料一般以水泥为主剂，辅以各种外加剂，以达到改性的目的。

3. 泥浆护壁钻（冲）孔灌注桩桩端压力注浆施工要点

（1）材料及设备的准备

注浆前检查确认浆液搅拌机、注浆泵、压力表、浆液分配器、溢流安全阀、球形阀、储浆桶（箱）和水泵等设备工作状态良好。注浆管路按编号顺序与浆液分配器连接牢固，并挂牌标明注浆回路序号。水泥、膨润土、外加剂等须准备充足，注浆前运抵现场。

（2）场地布置

浆液搅拌机、注浆泵、储浆桶（箱）、水泵等设备的布置要便于操作。

（3）注浆导管（直管）设置

桩端注浆导管数量宜根据桩径大小设定，直径不大于 1200mm 的桩可沿钢筋笼圆周对称设置 2 根，直径大于 1200mm 的桩可对称设置 3 根。

注浆导管设置要点：注浆导管直径与主筋接近时宜置于加劲箍一侧，直径相差较大时宜分置于加劲箍两侧。注浆导管上端均设管箍及丝堵；桩端注浆导管下端以管箍或套管焊接，与桩端注浆装置相连。注浆导管与钢筋笼采用铅丝十字绑扎方法固定，绑扎应牢固，绑扎点应均匀。注浆导管的上端应低于基桩施工作业地坪 200mm 左右。注浆导管下端口（不包括桩端注浆装置）与钢筋笼底端的距离视桩端持力层土质而定，对于黏性土、砂土，可与纵向主筋端部相平，安放钢筋笼后，注浆导管可随之插入持力层和沉渣中；对于砂卵石、风化岩层，注浆装置外露长度应小于 50mm，外露过长易发生折断现象。

桩空孔段注浆导管管箍连接应牢靠。

（4）直管式压力注浆装置（注浆阀）的构造要求与设置

1）注浆阀的基本要求。注浆阀应能承受 1MPa 以上的静水压力，其外部保护层应能抵抗砂石等硬质物的刮撞而不致使注浆阀受损，且应具备单向逆止功能。

2）注浆阀安装和钢筋笼入孔沉放。注浆阀需待钢筋笼起吊至桩孔边垂直竖起后方可安装，与钢筋笼形成整体。安装前应仔细检查注浆阀及连接管箍的质量，包括注浆阀内有无异物、保护层是否完好、管箍有无裂缝，发现质量问题及时处理解决。钢筋笼起吊至孔口后，应以工具敲打注浆管，排除管内铁锈、异物等。注浆阀在钢筋笼吊起入孔过程中与注浆导管连接，连接应牢固可靠。钢筋笼入孔沉放过程中不得反复向下冲撞和扭动，以免注浆阀受损失效。

3）注浆装置与钢筋笼放置后的检测。可采用带铅锤的细钢丝探绳沉放至注浆导管底部进行检测。如果导管内无水、泥浆和异物，属于理想状态；如果导管底部有少量的清水，可能是焊接口或导管本身存在细小的砂眼所致，可不做处理；若注浆管内有大量的泥浆，则应将钢筋笼提出孔外，处理后再重新放入桩孔内。

检验合格后，用管箍和丝堵将注浆管上部封堵保护。混凝土灌注完毕、孔口回填后，应插有明显的标识，加强保护，严禁车辆碾压。

（5）桩端注浆参数的确定

注浆参数包括浆液配比、终止注浆压力、流量及注浆量等。注浆作业开始前宜进行试注浆，优化并最终确定注浆参数。

1) 浆液性能要求。注浆浆液以稠浆、可注性好为宜，一般采用普通硅酸盐水泥掺入适量外加剂，水泥强度等级不低于 42.5 级，当有防腐蚀要求时采用抗腐蚀水泥，外加剂可为膨润土。浆液的水灰比应根据土的饱和度、渗透性确定：对于饱和土水灰比以 0.5～0.7 为宜，粗粒土水灰比取较小值，细粒土取较大值，密实度较大时取较大值，对于非饱和土水灰比可提高至 0.7～0.9。低水灰比浆液宜掺入减水剂，地下水处于流动状态时应掺入速凝剂。

对于浆液性能，要求初凝时间为 3～4h，稠度为 17～18s，7 天强度大于 10MPa。对于外加剂，要求 U 型微膨胀剂小于或等于 5％，膨润土小于或等于 5％。

浆液配合比可由中心实验室通过试验确定，各施工单位统一采用；也可由各单位根据指标自行配制，满足上述要求即可。

2) 注浆工艺系数及控制。控制好注浆压力、注浆量及注浆速度是桩端压力注浆施工优劣或成败的关键。

对于闭式注浆工艺，需控制好注浆压力、注浆量和桩顶上抬量，其中注浆压力为主要控制指标，注浆量和桩顶上抬量为重要指标。

对于开式注浆工艺，需控制好注浆量、注浆压力及注浆速度。当桩端为松散的卵石、砾石层时，主要控制指标是注浆量，注浆压力不宜大，仅作为参考指标。当桩端为密实、级配良好的卵石、砾石层时，注浆压力应适当加大。当桩端为密实、级配良好的砂土层及黏性土层时，注浆压力为主要控制指标，注浆量为重要指标。视桩端土层情况，可分别采取连续注浆、二次（多次）注浆及间歇性的循环注浆，以优化注浆工艺。

为提高注浆的均匀度和有效性，注浆泵流量控制宜小不宜大（注浆流量不宜超过 75L/min），注浆速度宜慢不宜快。

注浆宜以稳定压力作为终止压力，稳压时间的控制是使压力注浆达到设计要求的基本保证。桩端注浆终止工作压力应根据土层性质、注浆点深度确定。对于风化岩、非饱和黏性土和粉土，终止压力以 5～10MPa 为宜；对于饱和土层，终止压力以 1.5～6.0MPa 为宜，软土取低值，密实黏性土取高值。

（6）后注浆的终止条件

后注浆的终止条件目前未统一，也不便统一，以下介绍两种终止条件。

第一种，当满足下列条件之一终止注浆：①注浆量达到设计要求；②注浆总量已达到设计值的 80％，且注浆压力达到设计注浆压力的 150％并维持 5min 以上；③注浆总量已达到设计值的 80％，且桩顶或地面出现明显的上抬。

第二种，达到以下要求时可终止注浆：①注浆总量和注浆压力均达到设计要求；②水泥注入量达到设计值的 75％，泵送压力超过设定压力的 1 倍。

上述条件基于后注浆质量控制，采用注浆量和注浆压力双控方法，以水泥注入量控制为主，以泵送终止压力控制为辅。

（7）注浆顺序

在大面积桩基施工时，注浆顺序往往取决于桩基施工顺序。考虑到其他因素，如注浆时浆液窜入其他区域，硬化后将对该区域内未施工桩的钻孔造成影响，往往将全部桩基根据集中程度划分为若干区块，每个区块内桩距相对集中，区块之间最小桩距大于区块内最小桩距 2 倍以上，从而将注浆影响区域限定于单个区块之内，各区块之间的施工顺序不受影响。单个区块内，在最后一根桩成桩 5～7 天后开始该区块内所有桩的注浆。因此，注浆顺序是针对同一区块内的各桩而言的。

对于区块内的各桩，宜采用先周边后中心的顺序注浆。对周边桩应按对称、有间隔的原则依次注浆，直到中心，这样可以先在周边形成一个注浆隔离带，并使注浆的挤密、充填、固结作用逐步施加于区块内其他桩。

（8）注浆时间

直管：一次注完全部设计水泥量。

U形管：按注浆次序与注浆量分配。注浆分三个循环，每一循环的注浆管采用均匀间隔跳注。注浆量分配：第一循环 50%，第二循环 30%，第三循环 20%。若发生管路堵塞，则按每一循环应注比例重新分配注浆量。

注浆时间及压力控制：第一循环，每根注浆管注完浆液后，用清水冲洗管路，间隔时间不少于 2.5h、不超过 3h 或水泥浆初凝时进行第二循环。第二循环，每根注浆管注完浆液后，用清水冲洗管路，间隔不小于 3.5h、不超过 6h 时进行第三循环。第一循环与第二循环主要考虑注浆量。第三循环以压力控制为主。若注浆压力达到控制压力，并持荷 5min，注浆量达到 80% 也满足要求。

4. 泥浆护壁钻（冲）孔灌注桩桩端压力注浆施工注意事项

1）桩端后注浆技术看起来简单，实际具有相当高的技术含量，只有工艺合理、措施得当、管理严格、施工精心才能得到预期的效果，否则将会造成注浆管被堵、注浆装置被包裹、地面冒浆及地下窜浆等质量事故。

2）要确保工程桩施工质量，必须满足规范或设计对沉渣、垂直度、泥浆密度、钢筋笼制作与沉放及水下混凝土灌注等的要求。安装钢筋笼时，要确保不损坏注浆管路；当采用焊接套管时，焊接必须连续、密闭，焊缝饱满均匀，不得有孔隙、砂眼，每个焊点应敲掉焊渣，检查焊接质量，符合要求后才能进行下一道工序；下放钢筋笼时，不得蹾放、强行扭转和冲撞。

3）注浆管下放过程中，每下完一节钢筋笼后，必须在注浆管内注入清水，检查其密封性。如发现注浆管渗漏，则必须返工进行处理，直至达到密封要求。

4）在混凝土灌注后 24~48h 内从注浆管压入高压水，将橡胶皮撕裂。出浆管口出水后，关闭出浆阀，继续加压，使套筒包裹的注浆孔开裂，裂开压力为 1.5~2.2MPa。压水开塞时，若水压突然下降，表明单向阀门已打开，此时应停泵、封闭阀门 10~20min，以消散压力。当管内存在压力时不能打开闸阀，以防止压力水回流。需要注意，压水工序是注浆成功与否的关键工序之一。

5）对于直管，在进浆口注浆时，打开回路的出浆口阀门，排出注浆管内的清水，当出浆口流出的浆液浓度与进口浓度基本相同时，关闭出浆口阀门，然后加压注浆，压注完成后缓慢减压。对于 U 形管，每次注浆后要用清水彻底冲洗回路，从进浆管压入清水，并将出浆管排出的浆液回收到储浆桶（箱）。必须保持管路畅通，以便下次注浆顺利进行。在注浆的每一循环过程中必须保证注浆施工的连续性，若注浆停顿时间超过 30min，则应对管路进行清洗。每管三次循环注浆完毕后，阀门封闭不少于 40min，再卸阀门。U 形回路每一循环过程中所有注浆管可同时注浆，但事先应检查各管路是否通畅。

6）注浆工作一般在混凝土灌注完毕后 3~7 天进行，也可根据实际情况，待桩的超声波检测工作结束后进行。

7）正式注浆作业之前应进行试注浆，对浆液水灰比、注浆压力、注浆量等工艺参数进行调整，最终确定施工参数。注浆作业时，流量宜控制在 30~50L/min，并根据设计注浆量进行调整，注浆量较小时可取较小流量。注浆原则上先稀后稠。注浆桩与正在成孔成桩作业桩距离不宜小于 10 倍桩径或 8~10m。

8）桩端注浆应对同一根桩的各注浆导管依次实施等量注浆，其目的是使浆液扩散分布趋于均匀，并保证注浆管均注满浆体，以有效取代钢筋。

9）单桩注浆量的设计主要应考虑桩径、桩长、桩端土层性质、单桩承载力增幅、是否复式注浆等因素。

10）注浆前所有管路接头、压力表、阀门等须连接牢固、密封。在一条回路中注浆时，须将其他回路的阀门关紧，保持管中压力，防止浆液从桩底注浆孔进入其他回路造成堵塞。

11）在桩端注浆过程中，为监测桩的上浮情况，应采用高精度的水准仪，并将其设置在稳定的地点进行观测。

12）桩端后注浆施工过程中，应经常对后注浆的各项工艺参数进行检查，发现异常应采取相应处理措施。每次注浆结束后，应及时清洗搅拌机、高压注浆管和注浆泵等。当有注浆管注浆量达不到设计要求而泵压值很高、无法注浆时，其未注入的水泥量由其余注浆管均匀分配注入。注浆压力长时间低于正常值，或地面出现冒浆，或周围桩孔窜浆时，应改为间歇注浆，间歇时间宜为 30～60min，或调低水灰比。当间歇时间很长时，可向管内注入清水，清洗导管和桩端注浆装置。当采取上述措施仍不能满足设计要求，或因其他原因堵塞、碰坏注浆管而无法进行注浆时，可在离桩侧壁 200～300mm 位置打直径150mm 的小孔作引孔，埋置内导管。如果有声测管，可钻通声测管作为注浆管，进行补注浆，直至注浆量满足设计要求，此时补注浆量应大于设计注浆量。在非饱和土中注浆时，若出现桩顶上抬量超标，或地表出现隆起现象，应适当调高水灰比，或实施间歇注浆。当注浆压力长时间偏高、注浆泵运转困难时，宜采用掺入减水剂、提高水泥强度等级（细度增大）等提高可注性的措施。

13）注浆量与注浆压力是注浆终止的控制标准，也是两个主要设计指标。注浆量在一定范围内与承载力的提高幅度成正比，但当注浆量超过一定量后，再增加注浆量，承载力将很难再提高。因此，确定合理的注浆量对于后注浆施工是相当重要的。注浆量受诸多因素的影响，准确估算是比较困难的，只能根据注浆者的经验和现场试注浆确定。

14）桩端注浆适合用高压，其最大压力可由桩的抗拔能力及土层条件确定。风化岩地层所需的注浆压力最高，软土地层所需的注浆压力最低。注浆压力应根据桩端和桩周土层情况、桩的直径和长度等具体条件经过估算和试注浆确定。每次试注浆和注浆过程中，应连续监控注浆压力、注浆量、桩顶反力等数值，通过分析判断确定适当的注浆压力。

15）制配注浆液时，要严格按配合比进行配料，不得随意更改。

16）注浆施工现场应设负责人，统一指挥注浆工作。要有专人负责记录注浆的起止时间、注浆量、注浆压力及测定桩顶上抬量。最后一次注浆完毕，必须经监理工程师签字认可后，再将注浆管路用浆液填充。每根桩后注浆施工过程中，浆液必须按规定做试块。

17）注浆防护。高压管道注浆必须严格遵守安全操作规程，制定详细的安全防护措施，专人负责，专人指挥。注浆前先进行管道试压，合格后方可使用。试压时，应分级缓慢升压，试压压力为注浆压力的 2 倍，待稳压后方可进行检查。

施工中注浆区分为安全区和作业区，非操作人员不得进入作业区。作业区四周应设置防护栏杆和防护网，作业工人戴好防护眼镜及防护罩，以免浆液喷伤眼睛，对操作人员造成伤害。

18）安全保证措施。注浆机应配备安全系数较大的安全阀。注浆时设置隔离区，危险区设置醒目标志，严禁非工作人员进入。施工人员注意站位，确保人身安全。操作人员要持证上岗，专人负责。加强现场安全管理及领导工作，确保注浆安全有序进行。设专人指挥，统一协调，及时排除安全隐患。注浆管路与机械接头连接牢固，严禁有松动或滑动现象。

5. 代表性的桩端压力注浆桩的施工工艺

桩端压力注浆装置是整个桩端压力注浆施工工艺的核心部件。根据收集到的资料，目前国内外的桩端压力注浆装置接近 30 种，其中国内约有 20 种，但是各种装置的技术水平参差不齐，技术、经济效果相差较大。以下介绍 3 种代表性的桩端压力注浆桩的施工工艺。

（1）法国芳特台尔（Fondedile）桩端压力注浆桩

该桩属于在桩端设置预留压力注浆室的闭式注浆工艺，其施工程序如下：

1）成孔。视土层地质和地下水位情况采用合适的成孔方法。

2）放钢筋笼及压力注浆室。将钢筋笼放入孔中，在钢筋笼端部设有压力注浆室，该室主要由两块打孔的圆形钢板和定距块（或肋板）组成。上下两块钢板的间距为 20～30mm，钢板的直径比孔径略小一些。上钢板同注浆管和溢浆管的下端相连接。整个压力注浆室用两层密封层（里层是麻布或橡胶，外层是塑料布）包裹（图9-1）。压力注浆室放置在孔底（图9-2）。

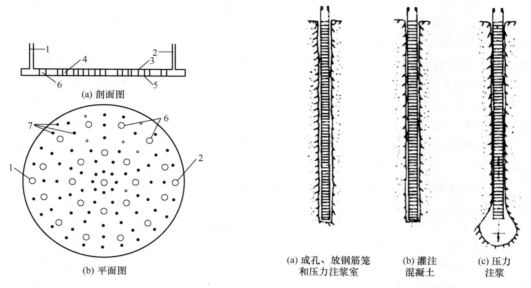

图 9-1　压力注浆室

1. 注浆管；2. 溢浆管；3. 麻布和塑料布套；
4. 上钢板；5. 下钢板；6. 定距块；7. 气孔

(a) 成孔、放钢筋笼和压力注浆室　(b) 灌注混凝土　(c) 压力注浆

图 9-2　Fondedile 桩施工程序

3）按常规方法灌注混凝土。

4）进行压力注浆。当桩身混凝土强度达到一定值后，即可通过注浆管向预留注浆室灌注水泥浆，待溢浆管冒浆后，堵住溢浆管，进行高压注浆。随水泥浆继续灌注，密封层破坏，下钢板与上钢板分离，上钢板仍固定在钢筋上，下钢板随压力增大而下降，在桩端处形成水泥土扩大头（图9-2）。如有必要可进行多次灌注，但每次灌注后必须将注浆管和溢浆管清洗干净。通过这种方法，就能不断增大扩大头的体积，从而使桩端地层密实。注浆压力为1～10MPa。

（2）武汉地质勘察基础工程有限公司桩端压力注浆桩

该桩属于在桩端预留注浆通道的开式注浆工艺。其施工程序为：泥浆护壁法钻成孔→放钢筋笼和桩端压力注浆装置→按常规方法灌注混凝土→进行压力注浆。

该桩桩端压力注浆装置有以下特点：

1）注浆管底部设置锥头，可使注浆装置较顺利地插入孔底沉渣和桩端土层中。

2）桩端注浆管为花管，按注浆需要，沿正交直径方向设置四排出浆孔，每排间隔地设置若干个直径为8mm的出浆孔，以保证水泥浆液从出浆孔顺利而均匀地注入孔底沉渣和桩端土层中。

3）每个出浆孔处均设置PVC堵塞（又称塑料铆钉），其外侧设置密封胶套，构成可靠的单向阀座，既可防止管外泥沙进入，又能使管内水泥浆液顺利排出，还能阻止已压入桩端的水泥浆液回流入管内。出浆孔与堵塞采用间隙配合。

4）径向每排出浆孔间焊有阻泥环，对出浆孔的密封胶套有保护作用。

5）桩端注浆花管采用螺纹连接方法接在注浆导管上，并对称地绑扎在最下面一节钢筋笼的外侧，超出钢筋笼底部100～300mm。

工程实践表明，该桩端压力注浆装置构造合理、使用方便，注浆成功率为100%。

（3）YQ桩端中心压力注浆桩

该桩属于在桩端预留特殊注浆装置的开式注浆工艺。YQ桩端中心压力注浆装置和注浆工艺由应权和沈保汉提出，1999年11月获国家知识产权局实用新型专利授权。

1) 问题的提出。国内已有的代表性的预留注浆通道方式的桩端压力注浆装置有三种，其两根注浆管对称设置在钢筋笼内侧。其基本思想是，将底端装有压浆阀的两根平行钢管靠自重和下落惯性插入孔底一定深度。该桩端压力注浆压浆管由压浆导管、排浆管、临时导管组成，结构简单，但存在以下不足之处：①压浆管要依附于钢筋笼，该管比钢筋笼略长一些，入孔时要达到并超过桩端标高。当钢筋笼设计长度小于桩长时，为了附设压浆管，就需特意增加辅助钢筋笼，从而增加施工造价。②压浆管固定在钢筋笼两侧，不能形成桩端中心注浆，从而不能充分发挥注浆效果。③因排浆管靠自重和下落惯性，部分插入基土层，部分处于沉渣中，当桩端基土层密实度较大或桩端为岩层时，排浆管将无法插入持力层，从而造成注浆困难甚至失败。④压浆管需要与钢筋笼同步分节入孔，在焊接、下放等过程中，由于交叉作业，会发生一些故障。⑤因是单管分离式注浆，桩端下部的浆液结石体扩大头的形状不匀称。⑥需用高压水冲开单向阀，以形成注浆通路，这样滞留水会冲淡水泥浆液的浓度。

2) 基本原理。针对上述问题，应权和沈保汉提出 YQ 桩端中心注浆技术，其基本原理如下：

除了如同一般后压力注浆那样，在钻孔灌注桩成桩后，借助压力泵通过预置于桩身的注浆装置将制备的水泥浆液注入桩端和底部桩侧外围，改造残留于桩底范围的沉渣浮泥，增强因成孔施工时被扰动而减弱的土层强度，使单桩承载力得到显著提高的基本原理之外，在桩顶设置 "控制阀"，以增强注浆时出浆阀对桩底沉渣的处理能力和效果，同时在桩端加添 "核心填料"，其作用一是减轻或免除成孔时的沉渣处理工序，缩短工时，二是协同提高注浆效果和最后形成无砂混凝土的高强度球状体，扩大承压面，增加单桩承载力的提高幅度（图 9 - 3）。

桩端中心双向注浆器即桩端压力注浆装置是由金属骨架、网状隔膜、出浆管和核心填料组成的。出浆管在桩端中心调节器高度范围内设有若干横向出浆孔，出浆管顶部与注浆管用套管接头连接。出浆管底部设有竖向出浆孔的封头。

3) 工艺流程。YQ 桩端中心注浆工艺流程见图 9 - 4。

4) 桩端中心压力注浆装置的特点和优势。

① 整个下部装置（B、C、D）为一个不依附于钢筋的相对独立体，与钢筋笼可分离，即若设计桩身配筋为全笼通长，则桩端中心调节器可与钢筋笼相连，并同时入孔，注浆管也可代替两根主筋；若桩身为局部长度配筋，则可采取桩

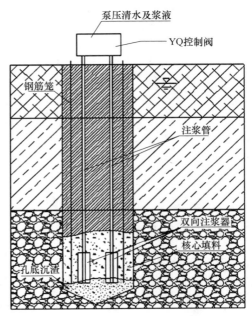

图 9 - 3　YQ 注浆系统简图

端中心调节器与钢筋笼脱离方式，即前者不与钢筋笼同时入孔，这样可避免施工交叉作业的故障，另外可省略因桩端压力注浆而特意增设的辅助钢筋笼，节约造价。

② 若为全长配筋，可将下端出浆阀由部分伸出钢筋笼改为与钢筋笼齐平，使其在地面加工和吊放入孔过程中免遭损伤变形。

③ 目前常用的桩端压力注浆装置注浆管固定在钢筋笼两侧，在注浆点附近形成哑铃状或椭圆形球体，甚至由于两根注浆管不同步注浆形成不规则形状的结石体，对受力不利。本桩端压力注浆装置的出浆管接近于桩孔中心设置，从而可基本形成桩端中心注浆，以充分发挥注浆效果；浆液在压力作用下对桩端粗粒土层实施渗透、部分挤密、填充及固结作用，形成接近于球状的结石体扩大头。

④ 桩端中心调节器是由金属骨架、网状隔膜、出浆管和核心填料构成的圆环形组合体，可限制浆液无规则地横向流窜，使浆液在压力作用下 360°全开放性合理流动，达到高效率注浆。浆液通过在出浆管底部封头设置的竖向出浆孔注入桩端，在形成底部压密、扩大的同时，通过出浆管的横向出浆孔经填料沿桩侧泥皮间隔均匀上升，达到需要的高度。上述两者联合作用，可使桩端土体和桩端以上的部分桩侧土体充分注浆，以有限的注浆量实现最大的注浆效能，从而大幅度地提高桩端阻力和桩侧摩阻力。

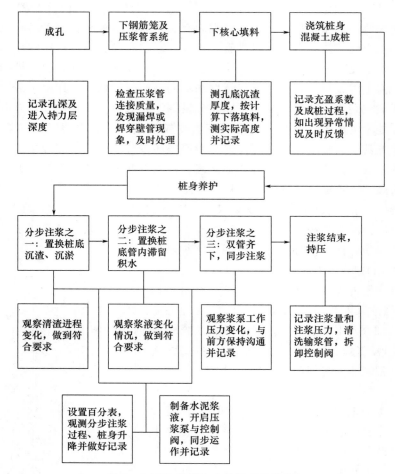

图 9-4　YQ 桩端中心注浆工艺流程

⑤ 由于增设了核心填料，可减少清渣甚至取消清渣工序，从而大大缩短成孔时间和工期，减少孔壁因长期浸水而削弱土层桩侧摩阻力和次生的坍孔因素。

⑥ 改变一般注浆浆液与孔底沉淤混合的"和稀泥"状态的低强度"水泥结石"性质，成为高强度的"无砂混凝土"。

⑦ 由于有了核心填料和经过筛洗去除粉细杂质的孔底沉渣共同组成的圆柱体作为骨架，桩端注浆能自然形成球状扩大端头，增大了受力面，并且每根桩受力相近，承载力大幅提高的同时也使差离性缩小。

⑧ 填料覆盖并保护了底部出浆阀免遭堵塞，使注浆成功率达到了100%。

⑨ 注浆装置不必依靠惯性下落到桩孔内，而是平稳地放入桩孔端部处，然后向桩孔端部投入经计算确定的适量填料，形成人工营造环境，以确保出浆管不受损害，又不会使其被随后灌入桩孔的混凝土包裹而造成注浆通路的堵塞，从而获得100%的注浆成功率。

⑩ 本注浆装置的注浆通路流畅，不需用高压水冲刷，从而保证浆液的浓度。

⑪ 本注浆装置既适用于泥浆护壁法成孔工艺，也适用于干作业成孔工艺。

5）注浆工艺的优化。通过上部置换控制阀实施三步有序操作，从而保证高效、高质量注浆：

① 从注浆管注入高压水，将成桩后的桩端沉淤及沉渣中的细颗粒物置换清除至地面，使桩端沉淤和沉渣得到较彻底的清除。

② 将注浆浆液（一般为纯水泥浆掺外加剂）通过控制阀由Ⅰ、Ⅱ双管互换，置换出端部及管路中的滞水。

③ 当达到置换要求后，同样通过控制阀以不再被滞水冲淡或沉淤沉渣混合污染的优质浆液进行双

管齐下的同步注浆。

需要说明的是，一般国内常用的泥浆护壁钻孔灌注桩桩端压力注浆工艺在注浆前需大量注水，以利于冲开单向阀或外包混凝土，由于水量过分集中，土层中大量滞留多余水分，虽然在强透水的砂卵石层中这些积水大部分会被注入的浆液排挤开，但由于浆液的浓度被水冲淡，以后固化的浆液结石体强度降低；而在低透水性的可塑性土层中，这些滞水会使桩端土层强度降低而影响桩端阻力。

YQ 注浆系统由于具有反复置换的功能，不会产生上述现象，因此不但照样可在这些土层中应用，而且更能形成较为理想的结石体扩大头，使单桩承载力提高的幅度更大。

由于以上三步的高效运作，端部沉渣被彻底"改造"清除，而非一般的排挤，故最终形成的无砂混凝土扩大球体力学强度高、质量好。注浆前后的情况详见图 9-5、图 9-6。

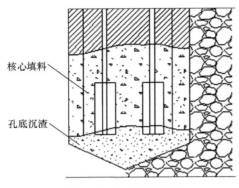

图 9-5　注浆前示意图

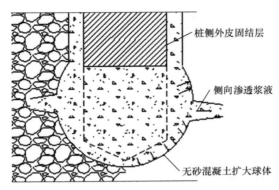

图 9-6　注浆后示意图

由于压力作用下的流动液体在准封闭的环境下具有中轴聚力的作用，形成扩散与阻力的对抗。如图 9-6 所示，桩端部抵抗力由弱到强依次为核心填料的圆球体＜强透水的卵砾石层＜桩侧泥皮间层，故处于第二级的卵砾石层的水平层很容易被压力浆液"攻破"，使地层结构强度增强，邻桩影响明显增大。

6）施工机械及设备。

施工中使用的泥浆搅拌机技术参数见表 9-1。

表 9-1　YJ-340 泥浆搅拌机技术参数

技术指标	参数值	说明
容积/L	340	该机为两层结构，具有过滤、沉淀和储浆综合功能
搅拌速度/(r/min)	51	
出浆口直径/mm	64	
电机功率/kW	4	

施工中使用的压浆泵主要技术参数见表 9-2。

表 9-2　28NS6375-11 柱塞泵技术参数

技术指标	参数值	
往复转速/(r/min)	91	193
理论排量/(L/min)	63	135
压力/MPa	8	4
进道口径/mm	84	
排道口径/mm	32	

7）实例分析。现以温州 WT 工程为例加以分析说明。

WT 工程主楼为 25 层，裙房为 4～5 层，工程地质情况见表 9-3。

表 9-3　WT 工程场地工程地质情况

层序	土层名称	土层深度 /m	天然含水率 w /%	土的重度 γ /(kN/m²)	天然孔隙比 e	塑性指数 I_p	液性指数 I_L	压缩系数 α_{1-2} /MPa⁻¹	内摩擦角 φ /(°)	黏聚力 c /kPa
①₁	碎石土	0.0～0.5	—	—	—	—	—	—	—	—
①₂	耕植土	0.3～0.8	—	—	—	—	—	—	—	—
②	黏土	0.7～1.6	—	—	—	—	—	—	—	—
③₁	淤泥	1.3～12.2	67.0	16.0	1.86	24.9	1.64	2.018	11.20	2.04
③₂	淤泥	10.8～27.2	61.2	16.3	1.708	25.6	1.353	1.550	13.33	15.33
③₃	淤泥质黏土	26.2～30.1	—	—	—	—	—	—	—	—
④₁	黏土	26.7～31.9	30.9	19.2	0.870	21.4	0.894	0.360	17.0	36.7
④₂	粉质黏土	29.6～35.8	0.6	19.2	0.850	14.3	0.79	0.416	14.0	30.0
⑤₁	粉土	28.7～36.5	28.86	19.3	0.802	8.8	—	0.175	33.7	5.3
⑤₂	粉质黏土夹粉土薄层	35.0～46.0	30.5	19.2	0.855	14.0	0.67	0.28	24.5	23.0
⑥	粉质黏土	44.5～52.4	25.9	19.7	0.742	12.7	0.56	0.267	23.65	17.0
⑦	粉土	50.5～53.6	22.0	20.0	0.656	8.1	—	0.202		
⑧₁	黏土	50.6～54.6	40.0	18.0	1.130	25.3	0.65	0.340	20.0	26.5
⑧₂	黏土	52.5～62.9	29.15	19.5	0.812	20.5	0.39	0.215	11.6	44.2
⑨₁	粉土	61.9～65.9	23.57	19.9	0.683	7.5		0.210	29.0	15.0
⑨₂	粉质黏土	62.8～64.8	23.3	20.3	0.65	13.2	0.58	0.26		
⑨₃	卵石	未穿透								

为了检验 YQ 桩端压力注浆工艺的实际效果，共进行了 5 组试桩：

第 1 组为 WT-2 号未注浆桩，直径 1000mm，桩长 68.00m，桩端持力层为卵石层（⑨₃ 层），桩端沉渣厚度为 30mm。

第 2 组为 WT-6 号 YQ 桩端压力注浆桩，直径 1000mm，桩长 66.10m，桩端持力层为卵石层（⑨₃ 层），桩端沉渣厚度为 460mm，桩端注入水泥量 1800kg，注浆压力 2.0MPa。

第 3 组为 WT-4 号未注浆桩，桩径 750mm，桩长 49.60m，桩端持力层为粉质黏土层（⑥ 层），桩端沉渣厚度为 50mm。

第 4 组为 WT-5 号和 WT-7 号 YQ 桩端压力注浆桩，直径 750mm，桩长 49.80m 和 49.40m，桩端持力层为粉质黏土层（⑥ 层），桩端沉渣厚度为 340mm（WT-7 号桩），桩端注入水泥量 1000kg 和 1400kg，注浆压力 0.9MPa。

第 5 组为 WT-3 号未注浆桩，桩径 750mm，桩长 66.70m，桩端持力层为卵石层（⑨ 层），桩端沉渣厚度为 20mm。

试桩的 Q-s 曲线见图 9-7。

试验结果表明：

① WT-6 号注浆桩的 Q_u/V（V 为桩的体积，单位为 m³）值较 WT-2 号未注浆桩增幅为 84%。

② WT-5 号和 WT-7 号注浆桩的 Q_u/V 值较 WT-4 号未注浆桩增幅为 88%。

③ WT-5 号注浆桩与 WT-3 号未注浆桩组比，两者桩径相同，但桩长不同，在大致相同的极限承载力的条件下，前者用注入水泥量 1000kg 的代价可获得节约桩身混凝土量 7.50m³ 的效益。

由以上可知桩端压力注浆桩的技术、经济效益显著。

④ WT-6 号和 WT-7 号 YQ 注浆桩注浆前桩端沉渣厚度分别为 460mm 和 340mm，但由于本注浆工艺在桩顶上部设有置换控制阀，具有强大的置换功能，注浆时能将桩端沉淀及沉渣中的细颗粒物清除至地面，使桩端沉淀和沉渣得到较彻底的清除，在桩端形成通畅的注浆通道，从而保证良好的注浆效果。由此可以推断，对于泥浆护壁钻孔灌注桩端压力注浆桩，当采用 YQ 压力注浆工艺，在灌注混凝土前进行第二次沉渣处理时，对孔底沉渣厚度的要求可适当放宽，这样可缩短清孔时间，同时可避免因过分清孔而造成孔底附近的孔壁坍塌的可能性。

乐清 ZLG-1 号桩为未注浆桩，桩径 1200mm，桩长 54.00m，桩端进入卵石层 2.7m；ZLG-3 号和 ZLG-4 号桩为桩端压力注浆桩，桩径 1200mm，桩长 54.00m，桩端进入卵石层 2.2m 和 3.2m，采用简单的桩端压力注浆装置，桩端注入水泥量 2750kg，注浆压力 1.5MPa，与相应的 ZLG-1 号未注浆桩相比，Q_u/V 的平均增幅仅为 28%。该增幅值远远低于上述 WT-6 号 YQ 桩端压力注浆桩相对于 WT-2 号未注浆桩的增幅值（84%）。两个工程试桩结果的对比见图 9-8。

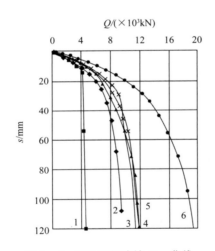

图 9-7　WT 工程试桩 Q-s 曲线

1. WT-4 号桩；2. WT-3 号桩；3. WT-2 号桩；
4. WT-5 号桩；5. WT-7 号桩；6. WT-6 号桩

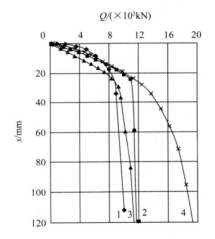

图 9-8　ZLG 和 WT 工程试桩 Q-s 曲线

1. ZLG-1 号桩；2. ZLG-3 号桩；
3. ZLG-2 号桩；4. ZLG-6 号桩

如果以 1kg 注入水泥量所提供的单方极限承载力 Q_{vc} 作为比较标准，以衡量注入水泥量对承载力的贡献率，对于 WT-6 号桩，$Q_{vc}=316/1800=0.176$ [kN/(m³·kg)]，而 ZLG-4 号桩 $Q_{vc}=190/2750=0.069$ [kN/(m³·kg)]。由此可见，前者的 Q_{vc} 值为后者的 2.55 倍，表明 YQ 桩端中心压力注浆装置及工艺具有显著的技术、经济效益。

8）结论。通过对泥浆护壁钻孔灌注桩 YQ 桩端压力注浆工艺的研究，可知 YQ 桩端压力注浆装置及注浆工艺具有技术先进、构造新颖合理、使用方便等特点。具体而言，其优点如下：

① 整个下部装置为一个不依附于钢筋笼的相对独立体，不必苛求钢筋笼通长配筋，从而降低工程造价。

② 能基本上形成桩端中心注浆，同时由于桩端中心调节器的作用，浆液可沿桩侧泥皮间隙均匀上升至需要的高度，限制浆液无规则地横向流窜。两者联合作用，可使无效注浆量降到最低，从而以有限的注浆量实现最大的注浆效能。

③ 桩端中心调节器下落孔底过程平稳,加上适量填料形成人工营造环境的保护作用,确保注浆管路系统通畅,使注浆的成功率达到100%。

④ 由于上部置换控制阀可实施强大的置换功能,实现注浆工艺的优化,可使桩端沉淤和沉渣较彻底地清除,并能向桩端注入优质浆液而形成强度较高的结石体扩大头,从而使单桩承载力的提高幅度更大。

⑤ 采用YQ桩端压力注浆工艺,对孔底沉渣厚度的要求可适当放宽,这样可缩短清孔时间,同时可避免因过分清孔而造成孔底附近的孔壁坍塌的可能性。

⑥ YQ桩端压力注浆工艺适用性广,既适用于在粗粒土的桩端土层中注浆(以 WT-6 号桩为例),也适用于在细粒土的桩端土层中注浆(以 WT-5 号和 WT-7 号桩为例)。

YQ桩端压力注浆桩与未注浆桩相比单桩承载力的增幅大,与采用简单的桩端压力注浆装置的注浆桩相比单桩承载力的增幅也大。以 WT-6 号桩(采用YQ桩端压力注浆装置和工艺)为例,与 ZLG-4 号桩(地层接近,采用简单的桩端压力注浆装置和工艺)相比,前者1kg桩端注入水泥量提供的单方极限承载力 Q_{vc} 为后者的 2.55 倍,表明 YQ 桩端压力注浆桩具有显著的技术、经济效益。

9.2.3 干作业钻孔灌注桩桩端压力注浆工艺

9.2.3.1 降低干作业钻孔灌注桩单桩承载力的施工因素

1. 孔底留有虚土

干作业螺旋钻孔灌注桩在成孔过程中及成孔后、灌注混凝土之前孔底存在或多或少的虚土(含孔底扰动土、孔口及孔壁回落土等),主要有以下原因:

1)钻头的倾角不合适。

2)螺旋叶片的螺距或倾角过大,造成土屑下滑。

3)钻具质量有问题,如钻杆加工不直,或钻杆使用时间过长而产生纵向变形,或连接钻杆的法兰不平,使钻杆拼接后弯曲。因此,钻进过程中钻杆晃动,并造成局部扩径,提钻后土回落孔底。

4)在松散填土、含有大量炉灰、砖头、垃圾等杂填土层或流塑淤泥、松砂、砂卵石和卵石夹层中钻孔,成孔过程中或成孔后土体容易坍落。

5)施工工艺选择不当。例如,对不同地层土质条件应采用不同的提钻杆的施工工艺,如多次投钻,或在原钻深处空钻,或钻至设计标高后边旋转边提钻杆,若选择不当,会使孔底虚土过多。

6)施工管理不严。例如:

① 孔口未及时清理,甚至在孔口周围堆积大量钻出的土,因提钻或人工踩踏而回落孔底。

② 成孔后孔口未放置盖板,孔口土经扰动而回落孔底。

③ 成孔后未及时灌注混凝土,孔壁土被雨水冲刷或浸泡而回落孔底。

④ 放混凝土灌注用的漏斗或钢筋笼入孔时,孔口土或孔壁土被碰撞而掉入孔底。

桩端存在过多的虚土是干作业螺旋钻孔灌注桩的一大症结。不少工程实践表明,桩端虚土少则几十厘米厚,多则超过 1m 厚。

虚土的存在降低了钻孔桩的承载能力。北京地区长螺旋钻孔灌注桩的静载试验资料表明,当虚土厚度大于 0.5m 时,桩端阻力接近于零。

2. 孔壁及孔底发生应力释放

长螺旋钻进成孔时,孔壁及孔底均发生应力释放,使土体松软,相应降低了单桩承载力。

3. 孔壁土天然结构破坏

如果长螺旋钻进成孔后未能及时灌注混凝土而使孔壁暴露在空气中较长时间,会造成孔壁土的天然结构破坏甚至剥落，降低了桩侧摩阻力。

在北京、沈阳地区虽然对虚土采用过木方和大锤（质量为 125kg）夯实、加水撼实、加水泥素浆与虚土搅拌振捣等处理措施，单桩承载力有所提高，但提高幅度不大，效果不明显。

如果针对上述三种现象，对干作业钻孔桩进行桩端压力注浆或桩端桩侧联合注浆，将会使承载力大幅度提高。

9.2.3.2　干作业钻孔灌注桩的桩端压力注浆工艺

1. 桩端压力注浆装置

桩端压力注浆装置是整个桩端压力注浆施工工艺的核心部件，以下介绍两种代表性的预留注浆空腔方式的桩端压力注浆装置。

（1）带固定钢板的预留注浆空腔方式的桩端压力注浆装置

1983 年，北京市建筑工程研究所（现为北京市建筑工程研究院有限责任公司）在国内首先研究开发出预留注浆空腔方式的桩端压力注浆桩。其装置的特点是：在桩的钢筋笼底部设置一块固定式的圆形钢板，在钢板上开一些小孔，同时插入一根注浆管和一根回浆管，钢板焊接固定在钢筋笼骨架下端，一起插到离桩孔底部一定高度处，形成注浆空腔。为节约钢管，在桩身混凝土内大部分用 PVC 硬塑管，其上端和下端与钢管套接。注浆空腔处的桩端外部包钢丝网孔筛，以防止虚土、混凝土等进入桩端而堵塞注浆孔。

这种装置适用于桩不太长的情况。

成孔后可将预留注浆空腔内装满卵石，因有空隙能保证注浆畅通，同时注浆后可使水泥浆与卵石凝固成一体，对节省水泥浆和提高桩端阻力均有利。

（2）带活动钢板的预留注浆空腔方式的桩端压力注浆装置

该装置由沈保汉和曾鸣研制开发，其特点是：采用一种既可闭合又可开启的合页式封底钢板，该钢板由两块半圆钢板组成；活动钢板、注浆管和回浆管均连接于钢筋笼底部。钢筋笼入孔时，用音叉形夹板夹紧活动钢板，使其竖立闭合，即使钢筋笼下放可能碰掉孔壁土，也能使松散渣土、砂石颗粒等顺利掉落至孔底。钢筋笼入孔后，上提音叉形夹板，使两块半圆形活动钢板平置而形成注浆空腔，这样在钢板上不会留有松散土粒，因此这种装置适合桩较长的情况。

2. 地层的选择

由桩端压力注浆桩提高桩承载力的机理可知，以浆液渗入率做对比，粗粒土的渗入率远高于细粒土。

基于上述情况，干作业螺旋钻成孔灌注桩桩端注浆土层的选择次序宜为：砾卵石、砂砾石、粗砂、中砂、细砂及粉砂等。

3. 压力注浆工艺

（1）压力注浆工艺流程

压力注浆工艺流程见图 9-9。从图 9-9 可知，压力注浆工艺流程主要有四大过程：

1）注浆前的准备过程，包括准备材料与机具，连接注浆管路，注浆泵试射水，搅拌与输送水泥浆，架设安置百分表支架。

2）第一次低压注浆。浆液经注浆管进入桩端空腔，待浆液注满空腔从回浆管溢出后暂停注浆，然后用堵头将回浆管封闭。

3）装百分表，并记录初读数，然后开泵进行第二次加压注浆。观察并记录三项注浆设计控制指标（注浆压力、注浆量和桩顶上抬量），如果三项指标满足要求便停泵。

4）关闭转芯节门，卸下注浆管接头，注浆结束。

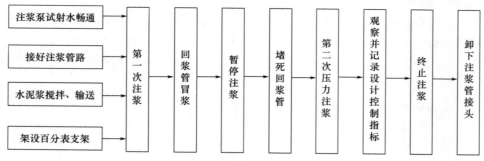

图 9 – 9　桩端压力注浆工艺流程

（2）注浆量的确定

合理的注浆量需根据桩端与桩侧地层土质性状（孔隙率、密实度）、虚土厚度、桩的尺寸、设计承载力的要求及施工水平等因素确定。

（3）注浆压力的确定

注浆压力根据桩端地层土质的密实度、桩的尺寸及设计承载力的要求等因素确定。注浆压力的控制值 p_c 可按下式估算：

$$p_c = \frac{4G}{\pi d^2} + \frac{4}{d}\xi \sum q_{sui}L_i \qquad (9-2)$$

式中　　p_c——注浆压力，kPa；

G——桩自重，kN；

d——桩身直径，m；

q_{sui}——L_i 段桩长上土层单位极限摩阻力，kPa；

L_i——i 段桩身长度，m；

ξ——抗拔与抗压桩侧摩阻力的比值，一般取 0.6～0.8。

（4）桩顶上抬量的控制

一般说来，短桩在桩端压力注浆时会产生较明显的桩顶上抬现象。桩顶上抬量不宜过大，根据实践经验宜控制在 0.5～3.0mm。

上述三项注浆设计控制指标最好通过桩的竖向抗压静载试验确定。

（5）浆液配合比

水泥浆的水灰比通常为 0.5～0.6，宜另加约为水泥重量 2.5‰ 的木质素磺酸钙。木质素磺酸钙属于普通减水剂，具有较强的减水增强作用，而缓凝性能较温和。

9.2.3.3　干作业钻孔灌注桩端压力注浆桩施工程序

1. 采用带固定钢板的预留注浆空腔方式的桩端压力注浆桩的施工程序

1）用长螺旋钻孔机成孔。

2）将带固定钢板、注浆管和回浆管等的钢筋笼放入孔中。

3）灌注混凝土。

4）在桩身混凝土强度达到设计强度的 50%～70% 后进行桩端压力注浆，注浆工艺流程按图 9 - 9 的要求进行。

5）割除露出桩顶的注浆管。

2. 采用带活动钢板的预留注浆空腔方式的桩端压力注浆桩的施工程序

1）用长螺旋钻孔机成孔。

2）将桩端活动钢板、注浆管和回浆管等固定于钢筋笼上。

3）将桩端活动钢板竖立并随钢筋放入孔中。

4）使桩端活动钢板置平。

5）灌注混凝土。

6）在桩身混凝土强度达到设计强度的 50%～70% 后进行桩端压力注浆，注浆工艺流程按图 9-9 的要求进行。

7）割除露出桩顶的注浆管。

9.2.3.4　干作业钻孔桩桩端压力注浆施工质量验收

根据试验提出的压力注浆工艺参数（注浆量、注浆压力和桩顶上抬量）检查压力注浆的施工质量，三项指标按重要性排列依次为注浆量、注浆压力和桩顶上抬量。满足下列四个条件之一，即认为注浆合格：

1）三项工艺参数均达到或超过指标要求。

2）桩顶上抬量略低，其他两项工艺参数均达到或超过指标要求。

3）桩顶上抬量和注浆压力略低，注浆量达到或超过指标要求。

4）桩顶上抬量达到指标要求，注浆压力超过指标要求，注浆量达到指标要求的 80% 以上。

9.2.4　桩端循环后注浆施工工艺

灌注桩后注浆技术按注浆循环方式可分为单向注浆和循环注浆。传统注浆方法为单向注浆法，压力浆液进入桩端土层，一般存在桩端浆液分布不均匀、可控性差及不能有效地控制浆液扩散范围等问题。而桩端循环注浆具有很好的可控性，桩端浆液分布均匀，使桩端阻力大幅度提高，从而提高桩的承载力，减少沉降。1993 年，弗莱明（Fleming）分析了桩端注浆方法对钻孔灌注桩承载力和沉降性质的影响，并介绍了 U 形注浆管装置。东南大学于 2002 年首次提出循环注浆技术，并研制出循环注浆工艺，成功应用在多座桥梁中，取得了很好的效果。本节主要介绍桩端循环注浆工艺的特点、管路布置及制作要求、施工要点，并进行工程实例分析。

9.2.4.1　桩端循环注浆工艺的基本原理和特点

1. 基本原理

循环注浆法亦称为 U 形管注浆法。U 形管注浆系统是由进口管、出口管和桩端注浆装置三部分组成的循环系统。相对单向注浆法而言，U 形管注浆法可进行多次循环注浆作业，且注浆次数可在一个较大的范围内选择。桩端循环注浆工艺的基本原理：注浆时，将出浆口封闭，浆液通过桩端注浆器的单向阀注入土层中。一个循环注完规定的浆量后，将注浆口打开，通过进浆口以清水冲洗管路，同时桩端注浆器的单向阀可防止土层中浆液回流，保证管路畅通，便于下一循环继续使用，从而实现注浆的可控性。

2. 桩端循环注浆工艺的优点

U 形管注浆系统主要优点如下：

1）可控性好。由于 U 形管后注浆装置具有进浆口和出浆口，每一循环注浆后可通过进浆口以清水冲洗管路，同时桩端注浆装置的单向阀可防止土层中浆液回流，便于注浆装置下一循环继续使用，且可以重复进行多个循环的注浆作业。

2）浆液分布均匀。U 形管可多次对桩端进行注浆，压力浆液对桩端沉渣进行充填、置换及混合，并对桩端土层进行挤密，从而避免了浆液无效扩散，使加固区域限定在一定范围内。

3）提高桩的承载力和可靠性，技术、经济效益显著。循环注浆可通过调节注浆量和注浆压力使桩端周围土层的强度和刚度得到充分提高，从而提高桩端阻力和桩侧摩阻力，进而提高桩的承载力，并能预估单桩承载力。

4）工艺简练，施工方法灵活，注浆设备简单，便于普及。

3．桩端循环注浆工艺的缺点

1）须精心施工，否则会出现注浆管被堵、地面冒浆和地下窜浆等现象。

2）须注意相应的灌注桩的成孔与成桩工艺，确保其施工质量，否则将影响压力注浆工艺的效果。

3）U 形管压力注浆必须在桩身混凝土强度达到一定值后方可进行，因此当施工场地桩数较多时会增长施工工期。

9.2.4.2 桩端循环注浆施工机械设备及管路布置

1．桩端循环注浆施工机械及设备

1）注浆设备（每班组）：注浆泵（两台，一台注浆，一台清洗），浆液搅拌机，储浆筒，注浆管路，12MPa 压力表，球阀，溢流阀，水准仪，16 目纱网。注浆设备示意图如图 9 - 10 所示。

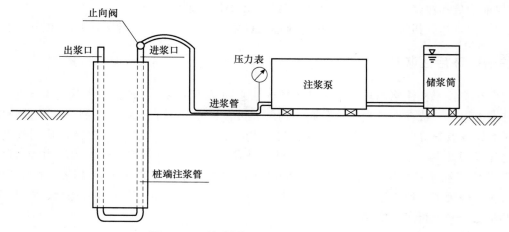

图 9 - 10　桩端循环注浆设备组成示意图

2）注浆泵必须配备卸荷阀，限定压力 10MPa，一般应具有自动计量和实时传输功能。注浆泵最小流量不大于 75L/min。为确保注浆过程不因机械故障而停顿，注浆设备必须有备用件。

3）施工中除注浆设备外尚应配备以下机具：吊车、装载机、电焊机、切割机、称量外加剂的计量器具、水准仪等。

4）对压力表及配套设备进行标定。使用时间超过 6 个月或使用次数超过 300 次，需重新检定。压力表出现异常情况，或设备更换配件后，需重新标定。

5）宜采用高速制浆机（转速不低于 1000r/min），且制浆、储浆能力与注浆功率相匹配，确保注浆过程的连续性。

2．桩端循环注浆管路布置及制作要求

（1）桩端循环注浆管路布置要求

管路布置原则：保证注浆的均匀性，便于安装和保护。

每根试桩采用 n 根 $\phi30\times3.0$mm 普通小钢管作为桩端注浆管，每两根管组成一个回路。注浆管道由 U 形管和同直径钢管组成，四周均匀或对称布置。注浆管桩端平面图如图 9 - 11（a）所示。

（2）桩端注浆管制作要求

在注浆管底部均匀设置 8 个 $\phi8$mm 钻孔。每个钻孔单独制作，形成一个单向阀。其由三层组成：第一层为能盖住孔眼的图钉；第二层为比钢管外径小 3～5mm 的橡胶带，长 6cm；第三层为密封胶带，盖住橡胶带两端各 2cm。

（3）注意事项

1）制作前，U 形管单向阀密封部位应用细砂纸打磨。

2）制作时必须使用新的橡胶带，密封完好、有弹性。

3）注浆管底部的注浆器制作完成后需进行地面试压试验，试验按同一批次注浆管根数的 3% 并不少于 3 根控制。具体管路布置如图 9 - 11（b）所示。

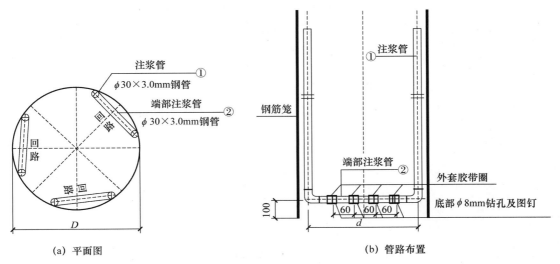

（a）平面图　　　　　　　　　　　　　　（b）管路布置

图 9 - 11　U 形注浆管管路布置（单位：mm）

U 形管系统接头必须采用和注浆管同等强度的材料，连接可靠，钢管接头应采用接箍套接焊，套管内径等于注浆管外径加 2mm。注浆管与套管焊接时，电流不能过大，焊缝应饱满，保证接头牢靠，接头处应密封不漏水。套管壁厚不应小于注浆管壁厚。必须保证管路密封，以防泥浆进入管内。注浆管连接接头构造如图 9 - 12 所示。

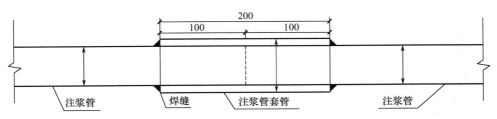

图 9 - 12　注浆管连接接头构造（单位：mm）

9.2.4.3　桩端循环注浆施工工艺

1．桩端循环注浆施工程序

桩端后注浆施工工艺流程分为桩土、泵压及浆液三个体系。桩土体系是设置至桩端土层的注浆管道，即在桩身混凝土灌注前预设注浆管直至桩端土层面，且端部设置相应的注浆器。这是注浆前的准备工作，也是注浆能否成功的关键步骤。泵压体系是在注浆管形成且桩身混凝土达到一定强度后，将注浆管连接注浆泵，用清水液把 U 形管上的密封套冲破，观察压水参数及系统反应，通过注浆泵把配制浆液注入桩端土层内。浆液体系以浆液为主体，一般由可凝固材料制成，所用材料由注浆的客体决定，一般注浆以水泥为主剂，辅以各种外加剂，以达到改性的目的。

U 形管法注浆工艺流程如图 9 - 13 所示。

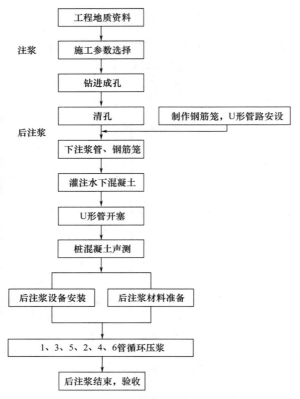

图 9-13　U形管法注浆工艺流程

2. 桩端循环注浆施工特点

（1）桩端循环注浆参数确定原则

实行注浆量与压力双控，以注浆量（水泥用量）控制为主。

（2）注浆次序与注浆量分配

1）注浆分 n 次循环。

2）每一循环的注浆顺序编注序号。

3）注浆量分配：按一定比例分配，一般前段的注浆量大于后段的注浆量。

4）若发生管路堵塞，按每一循环应压比例重新分配注浆量。

（3）注浆时间及压力控制

第一循环：每根注浆管压完后，间隔时间不少于 $t_1-0.5\text{h}$（t_1 为浆液初凝时间），不超过 $t_1+0.5\text{h}$ 进行第二循环。

第二循环：每个循环通路压完后，用清水冲洗管路，间隔不少于 $t_1-0.5\text{h}$，不超过 $t_1+0.5\text{h}$ 进行第三循环。以此类推。

前段循环主要考虑注浆量，后段循环以压力控制为主。若压力小于 0.7 倍控制压力，应适当延长间隔时间 1～2h；若压力达到控制压力，并持荷 5min，注浆量达到 80％ 也满足要求。亦可在每一循环过程中 n 管同时压，但事先应检查各管路是否通畅。

3. 桩端循环注浆施工准备

1）确保工程桩施工质量。满足规范对沉渣、垂直度、泥浆密度、钢筋笼制作质量等要求；安装钢筋笼时确保不损坏注浆管路，下放钢筋笼后不得墩放、强行扭转和冲撞。

2）注浆管下放过程中，每下完一节钢筋笼后必须在注浆管内注入清水，检查其密封性。若注浆管渗漏，必须返工处理，直至密封达到要求。

3）U 形管接头可采用螺纹或接箍套接焊。必须保证管路密封，以防泥浆进入管内。

4）压水开塞时，若水压突然下降，表明单向阀已经打开，此时应停泵封闭阀门 10～20min，以消散压力。当管内存在压力时不能打开闸阀，以防止承压水回流。

5）开塞注浆管在注浆前清洗，以清除管内杂物。U 形管底密封橡胶皮开塞应在桩混凝土灌注完成后 12～24h，由注浆泵用清水将 U 形管底橡胶皮冲开，确保 U 形管管路系统畅通。在注浆工作开展前，每天打开 U 形管系统 2 次（间隔 8～12h），开泵注水循环 10～15min，以消散水化热和防止注浆管堵塞。

6）注浆工作应在混凝土强度达到设计强度的 80% 以上，所灌注桩的声测工作结束后才能进行。

4．桩端循环注浆施工要点

1）进浆口注浆时，打开回路的出浆口阀门，先排出注浆管内的清水，当出浆口流出的浆液浓度和进浆口相同时，关闭出浆口阀门，开始注浆。

2）每循环注浆完成后立即用清水彻底冲洗干净，再关闭阀门。

3）U 形管回路在注浆每一循环过程中必须保证注浆循环的连续性。注浆停顿时间超过 30min，应对管路进行清洗。

4）每管三次循环注浆完毕后，阀门封闭不少于 40min，再卸阀门。

5）U 形回路每一循环过程中所有注浆管可同时注浆，但事先应检查各管路是否通畅。

6）水泥浆制配时严格按配合比进行配料，不得随意更改。

7）在注浆过程中，若发生不正常现象（如注浆泵压力表越来越高或突然掉压、地面冒浆等），应暂停注浆，查明原因后再继续注浆。

8）专人负责记录注浆的起止时间、注入的浆量、压力。

9）最后一次注浆完毕，必须经监理工程师签字认可。注浆管路用浆液填充。

10）每根桩后注浆施工过程中，浆液必须按规定做强度试块。

5．桩端循环注浆施工注意事项

1）进浆口注浆时，打开回路的另一出浆口闸阀，先排出注浆管内的清水，当出浆口流出的浆液浓度与进口浆液的浓度相同时即可。由于桩顶与桩端高差大，封闭 U 形管一端、仅从另一端注浆时易造成堵管，建议注浆时采用从 U 形管口两端同时注浆的方式。

2）每一次注完浆后应立即封压，封压时间为 15min。每循环注浆完成后立即用清水彻底冲洗干净，再关闭阀门。

3）每一循环注浆完毕后进行洗管作业时，不可关闭出浆口阀门压入压力水；洗管时应确保洗管压力小于本循环注浆时稳定的压力值，以避免洗管时清水注入桩端。当发现洗管压力大于本循环注浆的稳定压力值时，可调换进浆口、出浆口顺序，辅以空压机辅助洗管。

4）注浆流量宜控制在 30～50L/min，临近注浆结束时注浆流量宜小于 30L/min，并持荷 5min。

5）堵管处理措施。注浆前，畅通管路数不少于 3 组，注浆量按已通管路数重新分配压入。若只有 2 个管路畅通，水泥量按计划增加 10%，由 2 个管路均分压入。若只有 1 个管路畅通，则必须在所通管路正对面桩侧不大于 50cm 位置增设一根注浆管（亦可采用桩身混凝土取芯孔），进入桩端土层 500mm，再按只有 2 个管路畅通的情况执行。

6）现场作业人员必须接受安全教育及安全技能培训，严格执行相关的安全规程，加强安全宣传教育，增强职工安全意识。

7）设立警示牌，非工作人员严禁进入，工作人员应注意站位，按规程操作，防止受到压力液体伤害。

9.2.4.4 工程实例

1. 工程简介

乐清湾大桥工程位于浙江省南部，工程路线总长 38.167km，主线桥梁长 23.827km（占路线长度的 62.4%）。本工程除起点路段位于沿山丘陵区，其余路段地质条件均较差，基岩埋深深，软弱层分布广泛且层厚较厚。基础除 YW14 号台采用扩大基础外，其余桥墩（台）均采用钻孔灌注桩基础。

乐清湾大桥及接线工程乐清湾 1 号桥起于玉环芦蒲镇分水山附近，桥梁起点桩号 K228+265，与大麦屿疏港公路分离式立交桥终点相接，终于茅埏岛东岸，桥梁终点桩号 K232+265，1 号桥梁全长 4000m。

乐清湾 1 号桥有 YE31 右幅 2 号、YZ01-5 号和 YZ02-4 号三根试桩，其中试桩 YE31 右幅 2 号和 YZ02-4 号设置双荷载箱，YZ01-5 号试桩设置单荷载箱。根据设计要求，三根试桩均采用桩端注浆技术提高桩基承载力，并在注浆前后均进行自平衡静载试验。

2. 地质条件

试桩所处的场地地质结构自上而下描述为：①淤泥（Q_3^{m4}）：灰黄～黄灰色，流塑，土质均匀细腻，含少量贝壳碎屑及腐殖质斑点，该层层顶埋深 -0.7～-7.13m。②淤泥（Q_2^{m4}）：灰色，流塑，土质均匀细腻，呈厚层状，具油脂光泽，局部土质不均匀，混较多贝壳碎片，该层层顶埋深 -7.13～-34.13m。③淤泥质黏土（Q_1^{m4}）：青灰色，流塑，呈厚层状，具油脂光泽，含贝壳碎屑，该层层顶埋深 -34.13～-45.83m。④粉质黏土（Q_1^{m4}）：灰色，软塑，切面稍光滑，干强度韧性中等，混少量中细砂颗粒，该层层顶埋深 -45.83～-51.83m。⑤粉质黏土（Q_2^{m3}）：灰色，可塑，局部软塑，切面稍光滑，干强度韧性中等，局部混较多细砂颗粒，含少量贝壳碎片及腐殖质，该层层顶埋深 -51.83～-57.13m。⑥圆砾（Q_2^{al3}）：灰色，饱和，稍密～中密，级配好，以凝灰岩碎块为主，次圆状，该层层顶埋深 -57.13～-60.33m。⑦粉质黏土（Q_1^{m4}）：该层层顶埋深 -60.33～-67.63m。⑧圆砾（Q_2^{al3}）：该层层顶埋深 -67.63～-71.63m。⑨粉质黏土（Q_1^{m3}）：灰色～灰青色，可塑，切面较光滑，干强度韧性中等，局部含有机质星点及少量腐殖质星点，该层层顶埋深 -71.63～-78.63m。⑩含黏性土圆砾（Q_1^{al3}）：浅灰色，饱和，中密，级配好，主要以凝灰岩碎块为主，该层层顶埋深 -78.63～-88.7m。

根据地质勘探资料，试桩桩端持力层均位于⑥₃含黏性土圆砾层。设计规定，所有摩擦桩施工必须采用桩端后注浆工艺。

3. 试桩概况

试桩由中交第一公路工程局有限公司施工，YE31 右幅 2 号和 YZ01-5 号采用旋挖钻钻孔施工工艺，YZ02-4 号采用 ZJD3500 气举反循环回旋钻钻孔施工工艺，配备泥浆净化器。

2014 年 9 月 16 日 14:00 对 YE31 右幅 2 号试桩开始钻孔，至 2014 年 9 月 18 日 6:50 成孔，于 2014 年 9 月 20 日 21:10 至 9 月 21 日 11:40 灌注混凝土成桩；2014 年 9 月 25 日 15:10 对 YZ01-5 号试桩开始钻孔，至 2014 年 9 月 28 日 14:30 成孔，于 2014 年 10 月 3 日 5:32 至 10 月 3 日 22:35 灌注混凝土成桩；2014 年 9 月 19 日 8:00 对 YZ02-4 号试桩开始钻孔，至 2014 年 9 月 30 日 2:35 成孔，于 2014 年 10 月 5 日 19:40 至 10 月 6 日 08:15 灌注混凝土成桩。试桩平面位置图如图 9-14 所示，有关试桩参数见表 9-4。

试桩采用三组 U 形管桩端注浆施工工艺，于 2014 年 11 月 16—26 日在第一次自平衡静载试验结束后开始对三根试桩进行桩端注浆。注浆时间及有关参数见表 9-4。

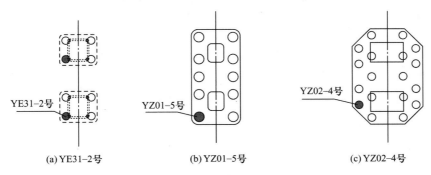

(a) YE31-2号　　(b) YZ01-5号　　(c) YZ02-4号

图 9 - 14　试桩平面位置

表 9 - 4　各试桩参数汇总

试桩编号	桩径/m	桩顶标高/m	桩长/m	桩端持力层	成桩日期	注浆日期	荷载箱标高/m		试验日期
YE31 右幅-2 号	2.0	−0.70	88	⑥₃层	2014 年 9 月 21 日	2014 年 11 月 16 日	上箱	−74.70	注浆前 2014 年 10 月 16 日
									注浆后 2014 年 12 月 16 日
							下箱	−86.70	注浆前 2014 年 10 月 15 日
									注浆后 2014 年 12 月 15 日
YZ1-5 号	2.5	−0.50	89	⑥₃层	2014 年 10 月 3 日	2014 年 11 月 20 日	−87.00		注浆前 2014 年 10 月 24 日
									注浆后 2014 年 12 月 20 日
YZ2-4 号	2.5	+0.00	112	⑥₃层	2014 年 10 月 6 日	2014 年 11 月 26 日	上箱	−85.00	注浆前 2014 年 11 月 2 日
									注浆后 2014 年 12 月 28 日
							下箱	−110.00	注浆前 2014 年 10 月 31 日
									注浆后 2014 年 12 月 27 日

4. 试桩结果分析

通过荷载箱加载值和桩身应变计的换算可以得到不同荷载下的桩端阻力，还可以由加载过程中测得的位移量得到不同桩端阻力对应的桩端位移，并且可以据此绘制出桩端阻力-桩顶位移的关系曲线。各试桩注浆前后桩端阻力-桩端位移曲线如图 9-15 所示。

自平衡静荷载测试结果须转换为与传统静载试验等效的桩顶荷载-桩顶位移曲线。根据相关规程中

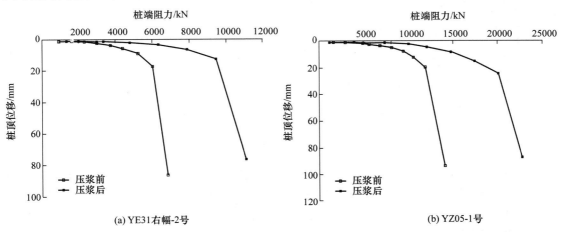

(a) YE31右幅-2号　　　　(b) YZ05-1号

图 9 - 15　注浆前后桩端阻力-桩端位移曲线

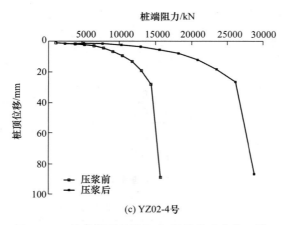

(c) YZ02-4号

图 9 – 15   注浆前后桩端阻力-桩端位移曲线（续）

的方法转换得到桩顶荷载 Q -桩顶位移 s 关系曲线，如图 9 – 16 所示。

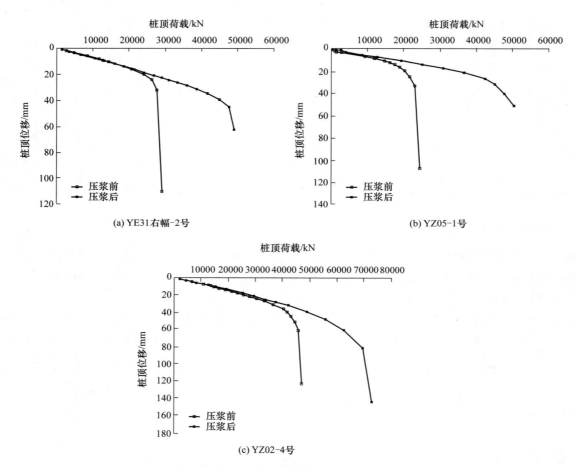

(a) YE31右幅-2号

(b) YZ05-1号

(c) YZ02-4号

图 9 – 16   注浆前后桩顶荷载-桩顶位移曲线

由图 9 – 15 可知，桩端位移相同时注浆桩的端阻力发挥值远大于未注浆桩，且较小的桩端位移就能发挥桩端阻力，桩端阻力随桩端位移的变化形态大体一致。由图 9 – 16 可知，荷载-位移曲线由注浆前的陡降型转变为注浆后的缓变型，注浆后桩的极限承载力均有所提高，注浆效果显著。在相同的荷载作用下，桩端注浆后桩基的沉降减小。

各试桩注浆前后的极限承载力、侧阻力、端阻力及所占比例见表 9 – 5。

表 9 - 5　试桩侧阻力、端阻力及其比例

试桩编号	注浆前				注浆后				端阻提高幅度/%	总承载力提高幅度/%
	桩侧摩阻力/kN	桩端阻力/kN	桩顶荷载/kN	端阻所占比例/%	桩侧摩阻力/kN	桩端阻力/kN	桩顶荷载/kN	端阻所占比例/%		
YE31 右幅-2 号	20487	6023	26510	22.72	36819	9492	46311	20.5	57.60	74.69
YZ1 - 5 号	11788	11921	23709	50.28	29270	20106	49376	40.72	68.66	108.26
YZ2 - 4 号	31437	14397	45834	31.41	43478	26233	69711	37.63	82.21	52.09

由表 9 - 5 可知，注浆后桩端阻力大幅度提高，使桩端阻力提前参与了作用，从而较充分地发挥土体的强度。桩底循环注浆通过调节注浆量和注浆压力使压力浆液上渗泛出一定宽度范围，改善了桩土接触面的条件，使得桩侧阻力有较大提高。注浆后桩的极限承载力均显著地提高，注浆效果显著。因此，采用桩端循环注浆可较大幅度地提高承载力和减少沉降量。

9.3　桩侧压力注浆桩

9.3.1　桩侧压力注浆桩基本原理

桩侧压力注浆桩是指在成桩后对桩侧某些部位进行压力注浆的桩型，钻（冲、挖）孔灌注桩待桩身混凝土达到一定强度后，通过预埋在桩身的注浆管路，利用高压注浆泵的压力作用，将能固化的浆液（如纯水泥浆、水泥砂浆、加外加剂及掺合料的水泥浆、超细水泥浆、化学浆液等）经桩身预埋注浆装置或钻孔预埋花管强行压入桩侧土层中，充填桩身混凝土与桩周土体的间隙，同时与桩侧土层和在泥浆护壁法成孔中生成的泥皮发生物理化学反应，提高桩侧土的强度及刚度，增大剪切滑动面，改变桩与侧壁土之间的边界条件，从而提高桩的承载力及减小桩基的沉降量。

9.3.2　降低泥浆护壁钻孔灌注桩桩侧摩阻力的施工因素

1）大直径泥浆护壁钻孔桩成孔时，主要在第四纪疏松土层中钻进，加之在成孔过程中工艺与方法不当，往往造成孔壁的完整性较差。

2）由于钻孔使孔壁的侧压力解除，破坏了地层本身的压力平衡，使孔壁土粒向孔中央方向膨胀，如果处理不当，可能会引起孔壁坍塌。

3）在成孔过程中，泥浆在保持孔壁稳定的同时，泥浆颗粒吸附于孔壁形成泥皮，阻碍桩身混凝土与桩周土的粘结。

4）在成孔过程中，桩周土层受到泥浆中自由水的浸泡而松软。

5）泥浆护壁钻孔桩在桩身混凝土固结后会发生体积收缩，使桩身混凝土与孔壁之间产生间隙。

上述因素的存在导致泥浆护壁钻孔桩的桩侧摩阻力显著降低。

9.3.3　桩侧压力注浆桩提高桩承载能力的机理

1）在桩侧粗粒土层中注浆时，浆液通过渗透、部分挤密、填充及固结作用使桩侧土孔隙率降低、密度增大，出现渗透填充胶结效应。在桩侧细粒土层中注浆时，注浆压力超过劈裂压力，则土体产生水力劈裂，呈现劈裂加筋效应。上述两种效应不仅使桩周土恢复原状，而且提高了桩周土的强度。另外，浆脉结石体像树的根须一样向桩侧土深处延伸，从而提高桩周土的强度，提高桩侧摩阻力。

2）在桩侧注浆点处，由于浆液的挤压作用，形成凸出的浆液包结石体。

3）在桩侧非注浆点处形成一层浆壳，这层浆壳或单独存在而固化，或与泥皮发生物理化学反应而

固化，形成该结石体与原桩身混凝土组成的复合桩身，增大剪切滑动面，"扩大"桩身断面，即增加桩侧摩擦面积。

4）浆液充填桩身混凝土与桩周土体的间隙，提高桩土间的粘结力，从而提高桩侧摩阻力。

由以上四点可理解为，桩侧压力注浆桩类似于桩身直径被增大的形状复杂的"多节扩孔桩"，即在注浆点附近形成浆土结石体"扩大头"、在非注浆点处的桩身表面形成浆土结石体的复合桩身。

9.3.4 桩侧压力注浆施工工艺

1. 桩侧压力注浆施工工艺分类

按桩侧注浆管埋设方法可分为：①桩身预埋管注浆法，即在沉放钢筋笼的同时将固定在钢筋笼外侧的桩侧注浆管一起放入桩孔内；②钻孔埋管注浆法，即成桩后在桩身外侧钻孔，成孔后放入注浆管，进行桩侧压力注浆。

按桩侧压力注浆装置形式可分为：①沿钢筋笼纵向设置注浆花管方式；②根据桩径大小沿钢筋笼环向设置注浆花管方式；③沿钢筋笼纵向设置桩侧压力注浆器方式。

常用的桩侧后注浆装置如图9-17所示。

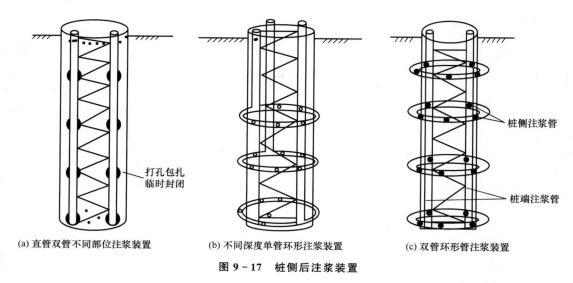

(a) 直管双管不同部位注浆装置 (b) 不同深度单管环形注浆装置 (c) 双管环形管注浆装置

图9-17 桩侧后注浆装置

2. 桩侧压力注浆施工设备与机具

桩侧压力注浆施工设备和机具基本上与桩端压力注浆施工设备和机具相同。桩侧注浆导管公称直径为20mm，壁厚2.75mm；每道桩侧注浆阀均应设置一根桩侧注浆导管，导管下端设三通与桩侧注浆阀相连。

3. 桩侧压力注浆装置

桩侧压力注浆装置是整个桩侧压力注浆施工工艺的核心部件，由于种类较多，本节仅列举其中几种装置加以说明。

（1）中国建筑科学研究院地基基础研究所桩侧注浆装置

该桩侧注浆装置由预制钢筋笼、压浆钢导管和单向阀组成。压浆钢导管纵向设置在钢筋笼中，钢筋笼的外侧环向（花瓣形）或纵向（波形）设置PVC加筋弹性软管，软管凸出部位设置压浆单向阀。单向阀由在排浆孔处设置倒置的图钉或钢珠外包敷高压防水胶带和橡胶内车胎等组成。

（2）西南交通大学桩侧注浆装置

该桩侧注浆装置由注浆管、注浆花管、传力管和止浆塞等组成，见图 9-18。该装置绑在钢筋笼外侧，注浆花管的孔眼用橡皮箍绑紧。为防止下放花管时孔壁损坏橡皮箍，在橡皮箍的下端绑有铅丝防滑环。

（3）武汉地质勘察基础工程有限公司桩侧注浆装置

该桩侧注浆装置是在桩侧竖向注浆导管底端接上三通、四通和短接，以便与 PVC 连接管和桩侧压力注浆器相连，PVC 管环绕在钢筋笼外侧，并用铁丝扎紧于钢筋笼上，其周长宜比钢筋笼周长长 400～500mm。桩侧压力注浆器与本章中的桩端压力注浆装置相同。

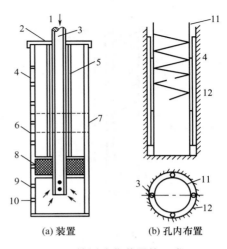

（a）装置　　（b）孔内布置

图 9-18　桩侧注浆装置的组成

1、10. 浆液；2. 反力帽；3. 注浆管；4. 注浆花管；5. 传力管；6. 铅丝防滑环；7. 橡皮箍；8. 止浆塞；9. 孔眼；11. 钢筋笼；12. 孔壁

4. 桩侧压力注浆桩共同的施工程序

1）成孔。视土层地质和地下水位情况采用合适的成孔方法（泥浆护壁钻成孔法、全套管护壁法、干作业钻成孔法及冲击钻成孔法）。成孔中对孔径要求严格，孔径的变化不应过大。

2）放钢筋笼、注浆管及桩侧压力注浆装置。当桩侧注浆管沿钢筋笼纵向设置时，一般均为花管，绑在钢筋笼外侧，其孔眼用橡皮箍、胶带等绑紧，以防止灌注混凝土时水泥浆进入花管而造成堵塞；当采用环向桩侧注浆花管时，则将其环绕在钢筋笼外侧，两端插接于竖向注浆管底端的短接管上，并用铁丝扎紧于钢筋笼上；当采用桩侧压力注浆器时，则将其连接于竖向或环向注浆管上，并固定在钢筋笼上。

3）按常规方法灌注混凝土。

4）进行桩侧压力注浆。实施桩侧压力注浆时，国内施工单位按照以下几种不同的时间：①桩身混凝土初凝后；②成桩后 1～2 天；③成桩后 7 天。桩身有若干桩侧注浆段时，实施桩侧压力注浆时国内施工单位采用两种不同的顺序：①自上而下；②自下而上。

5）卸下注浆接头，成桩。

以上为共同的施工程序，视不同的桩侧压力注浆工法，具体施工时还会有所变通。

5. 桩侧压力注浆桩施工特点

1）影响桩侧压力注浆效果的因素除桩端压力注浆桩施工特点（见本章 9.2.6 节）外还有桩侧压力注浆管设置层位。

2）与桩端压力注浆施工相同，控制好注浆压力、注浆量及注浆速度也是桩侧压力注浆施工优劣或成败的关键。

3）当桩身有若干桩侧注浆段时，实施桩侧压力注浆，一般宜采用自上而下的顺序，以防止下部浆液沿桩土界面上窜，即先注最上部桩段，待其有一定的初凝强度后再依次注下部各桩段。

9.4　桩端桩侧联合注浆桩

9.4.1　基本原理

桩端桩侧联合注浆桩是指在成桩后对桩端和桩侧某些部位进行压力注浆的桩型，钻（冲、挖）孔灌注桩待桩身混凝土达到一定强度后，通过预埋在桩身的注浆管路，利用高压注浆泵的压力作用将能固化的浆液（如纯水泥浆、水泥砂浆、加外加剂及掺合料的水泥浆、超细水泥浆、化学浆液等）先后经桩侧预埋压力注浆装置和桩端预留压力注浆装置强行压入桩侧和桩端土层中，充填桩身与桩周及桩端土层的

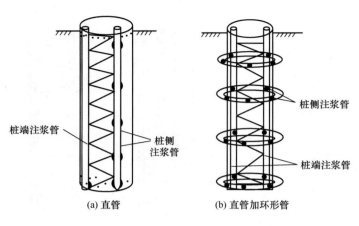

桩端注浆管　桩侧注浆管

(a) 直管

桩侧注浆管

桩端注浆管

(b) 直管加环形管

图 9－19　桩端桩侧联合注浆示意图

间隙，改变其物理、化学、力学性能，从而提高桩的承载力及减少桩基的沉降量。

图 9－19 为桩端桩侧联合注浆示意图，图 9－19（a）所示为直管的情况，图 9－19（b）所示为直管加环形管的情况。

几点说明：

1）桩端桩侧联合注浆桩包含着桩端和桩侧两种注浆工艺，所以影响注浆效果的因素更多、更复杂，但与未注浆桩相比，其极限承载力提高幅度也更大，即其注浆效果明显优于一般桩端与桩侧分别注浆的桩。因此，为了获得更高的承载力，桩端桩侧联合注浆桩得到广泛应用。

2）桩端桩侧联合注浆桩施工时，宜先自上而下逐段进行桩侧注浆，最后进行桩端注浆。

9.4.2　选择后注浆桩的原则

应优先选用桩端压力注浆桩，如果其承载力满足设计要求，可简化压力注浆装置和注浆工艺。当采用桩端压力注浆桩不能满足设计承载力要求时，可采用桩端桩侧联合注浆桩。当设计承载力要求较高，桩较长且桩侧有适宜于注浆的土层时，可采用桩端桩侧联合注浆桩。对于超长桩，采用桩端压力注浆对提高桩端阻力可能不明显，应在多处合适的桩侧土层中注浆，此时应选用以桩侧压力注浆为主的工艺。

9.5　后注浆桩的工作特性

9.5.1　问题的提出

众所周知，研究桩侧摩阻力和桩端阻力的分配比例，并作出数量上的评价，是研究单桩竖向承载能力的重要组成部分，也是分析桩荷载传递机理的基础。桩侧和桩端阻力分配比例划分的结果是有关地基基础或桩基础规范及规程制定单位桩侧极限摩阻力和单位桩端极限阻力参数值的前提，也是设计部门利用静力计算公式估算单桩承载力的依据，还是分析施工工艺和施工质量对单桩承载力影响的准绳，对于后注浆桩也是如此。

沈保汉曾分析了埋设有桩侧摩阻力和桩端阻力实测元件的 35 根普通直径钻孔灌注桩和 40 根大直径钻孔灌注桩的 $Q\text{-}s$ 曲线、$s\text{-}\lg Q$ 曲线和 $Q/Q_u\text{-}s/s_u$ 曲线，并得出钻孔灌注桩的 $Q_{su}/Q_u\text{-}\theta$ 曲线。根据研究结果，任何一根未埋设实测元件的钻孔灌注桩，只要①按 $s\text{-}\lg Q$ 法求得 Q_u 和 s_u；②并从 $Q/Q_u\text{-}s/s_u$ 曲线上的特征点（$Q/Q_u=1$，$s/s_u=1$）处求得其切线与纵轴 s/s_u 轴的夹角 θ 值；③便可从钻孔灌注桩的 $Q_{su}/Q_u\text{-}\theta$ 曲线上求得 Q_{su}/Q_u 值，也可得到 Q_{su} 和 Q_{pu}。

9.5.2　后注浆桩的桩侧摩阻力和桩端阻力的分配

沈保汉分析了 17 根埋设有实测元件的后注浆桩的试验资料，其中 7 根试桩试验完整，即可从 $s\text{-}\lg Q$ 曲线上直接求得 Q_u 和 s_u 值。在此基础上可从画得的 $Q/Q_u\text{-}s/s_u$ 曲线求得 θ，并按 Q_{su} 的实测值画出 Q_{su}/Q_u 与 θ 值的散点图，发现这些散点大体上呈直线分布，并散布在钻孔灌注桩的 $Q_{su}/Q_u\text{-}\theta$ 直线周围。由此可以认为，可用钻孔灌注桩的 $Q_{su}/Q_u\text{-}\theta$ 直线图来划分未埋设实测元件的后注浆桩的桩侧极限摩阻力 Q_{su} 和桩端极限阻力 Q_{pu}。

9.5.3 实例分析

表 9-6 列出了北京三个工程的桩端压力注浆桩及相应的未注浆桩的基本参数，图 9-20 所示为有关的曲线。表 9-6 中 Q_{su}/Q_u 值按图 9-20（c，d）中曲线上的 θ 角插入到钻孔灌注桩的 $Q_{su}/Q_u - \theta$ 曲线后求得。

由表 9-6 可知，桩端压力注浆桩的极限承载力与未注浆桩相比有很大幅度的提高。由图 9-20（b）可以看出，同一工程中未注浆桩和桩端压力注浆桩 $Q-s$ 曲线分别位于图的左半部和右半部，按承载能力的递增次序从左到右依次排列，相差幅度很大。BZ72、BS43、BZ74 和 BR2 未注浆桩的 Q_{su}/Q_u 值分别为 88.5%、84.9%、79.0% 和 73.7%，属于端承摩擦桩。在图 9-20（a）中，其 $Q/Q_u - s$ 曲线按 Q_{su}/Q_u 值递减次序从上到下顺序排列，相应的桩端压力注浆桩的 $Q/Q_u - s$ 曲线比较密集地位于未注浆桩的 $Q/Q_u - s$ 曲线群的附近，表明桩端压力注浆桩也属于端承摩擦桩。从图 9-20（c，d）的 $Q/Q_u - s/s_u$ 曲线群中可以求得各桩的 θ 值，从而可定量地确定各桩 Q_{su} 和 Q_{pu} 的分配值，见表 9-6。

表 9-6 桩端压力注浆桩及相应的未注浆桩 Q_{su} 和 Q_{pu} 分配的实例

桩号	图 9-20 中代号	注浆情况	桩长/mm	Q_u/kN	Q_{su}/Q_u/%	Q_{su}/kN	Q_{pu}/kN
BZ72	9	未注浆	6.41	981	88.5	868	113
BZ74	11	未注浆	6.37	736	79.0	581	155
BZ71	8	桩端注浆	6.15	2309	78.2	1806	503
BZ73	10	桩端注浆	6.40	2059	88.2	1816	243
BS43	6	未注浆	10.67	441	84.9	374	67
BS41	4	桩端注浆	10.70	1618	91.0	1472	146
BS44	7	桩端注浆	10.50	1216	76.2	927	289
BR2	2	未注浆	8.65	981	73.7	723	258
BR3	3	桩端注浆	8.00	1667	77.6	1294	373

注：除 BR2、BR3 桩径为 425mm 外，其他桩径均为 400mm。

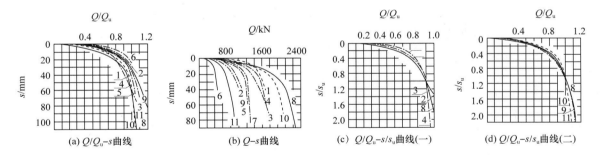

(a) $Q/Q_u - s$ 曲线 (b) $Q-s$ 曲线 (c) $Q/Q_u - s/s_u$ 曲线（一） (d) $Q/Q_u - s/s_u$ 曲线（二）

图 9-20 桩端压力注浆桩和未注浆桩的有关曲线

1. BR1；2. BR2；3. BR3；4. BS41；5. BS42；6. BS43；
7. BS44；8. BZ71；9. BZ72；10. BZ73；11. BZ74

9.6 影响桩端压力注浆桩竖向抗压承载力的因素

桩端压力注浆施工方法是在钻孔灌注桩成桩后，在压力作用下将能固化的浆液通过桩身预埋管或钻孔预埋管经桩端压力注浆装置强行压入土层中，使桩端土层、虚土（含沉渣、孔底扰动土及孔口和孔壁回落土等）及桩端附近的桩周土层发生物理化学反应，提高桩端土和桩侧土的强度（q_p 和 q_s）及变形模量（E_p 和 E_s），改变桩与岩土之间的边界条件，消除虚土隐患，从而提高桩的承载力及减小桩基的沉降量。

影响桩端压力注浆效果的因素较多，包括注浆工艺（闭式与开式）、桩端土种类（细粒土与粗粒土）及密实度、桩径、桩长、注浆装置形式、注浆压力（通常指泵送终止压力）、注浆量、浆液种类、浆液配合比、注浆方式、注浆速度及注浆泵流量、注浆时间、注浆设备、管路系统的密封和可靠程度、施工人员的素质及质量管理水平等。

9.6.1 桩端持力层性质

在粗粒土（孔隙率较大的卵砾石、中粗砂等）的桩端持力层中注浆时，浆液渗入率高，通过渗透、部分挤密、填充及固结作用，大幅提高持力层扰动面及持力层的强度和变形模量，并形成水泥土扩大头，增大桩端受力面积，故极限承载力增幅大，增幅通常达 50%～260%。

以杭州 ZHK 工程试桩为例，桩径 800mm，桩端持力层为砂卵砾石层；ZHK-2 号桩为未注浆桩，桩长 48.60m，其 Q_u 值为 8000kN；ZHK-1 号桩为桩端压力注浆桩，桩长 48.30m，注浆压力 2.2MPa，水泥注入量 1500kg，其 Q_u 值为 16000kN，与 ZHK-2 号桩相比，Q_u 增幅为 100%；ZHK-2A 号桩是在 ZHK-2 号桩试压后实施桩端压力注浆工艺的，注浆压力和水泥注入量与 ZHK-1 号相同，其 Q_u 值为 20800kN，与 ZHK-2 号桩相比 Q_u 增幅为 160%，此增幅值包含复压的影响（图 9-21）。

在细粒土（黏性土、粉土、粉细砂等）的桩端持力层中注浆时，浆液渗入率低，实现劈裂注浆，单一介质土体被网状结石分割加筋成复合土体，能有效地传递和分担荷载。其极限承载力增幅通常为 14%～88%，个别桩增幅可达 106%～138%，增幅较在粗粒土的桩端持力层中注浆时小。

以温州 WT 工程试桩为例，桩径 750mm，桩端持力层为粉质黏土；WT-4 号桩为未注浆桩，桩长 49.60m，其 Q_u 值为 4160kN；WT-5 号桩和 WT-7 号桩为桩端压力注浆桩，桩长分别为 49.80m 和 49.40m，注浆压力为 0.9MPa，水泥注入量为 1000kg 和 1400kg，其 Q_u 值均为 7800kN，与 WT-4 号桩相比增幅为 88%（图 9-22）。

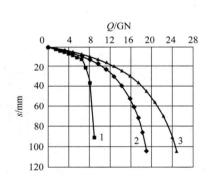

图 9-21 ZHK 工程试桩 Q-s 曲线
1. ZHK-2 号桩；2. ZHK-1 号桩；3. ZHK-2A 号桩

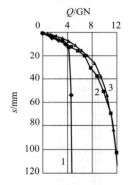

图 9-22 WT 工程试桩 Q-s 曲线
1. WT-4 号桩；2. WT-5 号桩；3. WT-7 号桩

由上可见，为了充分发挥桩端压力注浆桩的承载力，在采用开式注浆工艺的情况下应尽可能选择渗透性较强的粗粒土作为桩端持力层。

9.6.2 浆液种类

实现渗入性注浆工艺的基本要求是浆液必须能够渗入土体的孔隙，即浆材颗粒尺寸应远小于孔隙尺寸，使所用的浆液是可注的。

普通水泥最大颗粒尺寸为 60～100μm（0.06～0.10mm），其浆液难以进入渗透系数 $K < 5 \times 10^{-2}$ cm/s

的砂土孔隙或宽度小于 $200\mu m$ 的裂隙。

为了提高水泥浆液的可注性，国外常采用把普通水泥浆材再次磨细的方法（有干磨和湿磨两种方法），从而获得平均粒径小于 $3\sim4\mu m$ 的超细水泥。由这种浆材配制浆液，渗入系数可从原来的 $5\times10^{-2}cm/s$（粗砂层）提高到 $10^{-3}\sim10^{-4}cm/s$（细砂层）。

湿磨超细水泥的特点是可以把普通水泥在注浆现场磨细到要求的细度，价格比工厂生产的同样细度的超细干水泥配制的浆液要便宜得多。

湿磨超细水泥浆液与普通水泥浆液相比渗透能力强；超细水泥的比表面积远大于普通水泥，故化学活性好，固化速度快，结石强度高；超细水泥分散性大，故抗离析能力强，沉淀少。由于上述特点，采用湿磨超细水泥浆的桩端压力注浆与未注浆桩的承载力相比增幅远远大于普通水泥浆的桩端压力注浆桩与未注浆桩相比的承载力增幅。

图 9-23 中天津 TG-24 号桩为采用普通水泥浆液的桩端压力注浆桩，桩径 600mm，桩长 46.00m，桩端持力层为细砂层，桩端注入水泥量为 300kg，其单方极限承载力 Q_u/V 较同条件的 TG-14 号未注浆桩增幅为 30%。而上海 SKE-1 号桩为采用湿磨超细水泥浆液的桩端压力注浆桩，桩径 600mm，桩长 45.40m，桩端持力层为粉质黏土，桩端注入超细水泥量为 1900kg，其单方极限承载力 Q_u/V 较 SKS-31 号未注浆桩（桩径 850mm，桩长 44.60m，桩端持力层为砂质粉土）增幅为 131%。上述 4 根桩的 $Q\text{-}s$ 曲线见图 9-23。

9.6.3　桩端持力层密实度

张家港 ZD-3 号桩和 ZD-4 号桩，桩径 800mm，桩长为 23.25m 和 25.15m，桩端土层为稍密夹中密粉细砂，水泥注入量为 1450kg 和 1350kg，注浆压力为 2MPa，Q_u 分别为 1800kN 和 3400kN。同一场地上的 ZD-85 号桩和 ZD-161 号桩，桩径 800mm，桩长为 42.62m 和 42.50m，桩端土层为密实粉砂，水泥注入量只有 1000kg，注浆压力亦为 2MPa，Q_u 则为 5288kN 和 8142kN。可见，由于桩端持力层密实度变化和桩长增加，极限承载力大幅度提高（图 9-24）。

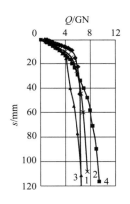

图 9-23　TG 工程试桩 $Q\text{-}s$ 曲线
　1. TG-14 号桩；2. TG-24 号桩；
　3. SKS-31 号桩；4. SKE-1 号桩

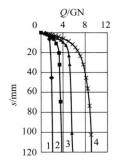

图 9-24　ZD 工程试桩 $Q\text{-}s$ 曲线
　1. ZD-3 号桩；2. ZD-4 号桩；
　3. ZD-85 号桩；4. ZD-161 号桩

9.6.4　桩端压力注浆装置类型和注浆工艺

桩端压力注浆装置是整个桩端压力注浆施工工艺的核心部件。目前国内外的桩端压力后注浆装置有 30 余种，其中国内的有 20 余种，但是各种装置的技术水平参差不齐，技术经济效果相差较大。

图 9-25 中乐清 ZLG-3 号桩，桩径 1200mm，桩长 54.00m，桩体积 61.04m³，桩端进入卵石层 2.2m，采用简单的桩端压力注浆装置和一般注浆工艺，桩端注入水泥量为 2750kg，注浆压力为

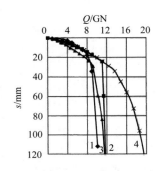

图 9 – 25 ZLG 与 WT 工程试桩 Q-s 曲线
1. ZLG – 1 号桩；2. ZLG – 3 号桩；
3. WT – 2 号桩；4. WT – 6 号桩

1.5MPa，与相应的未注浆桩（ZLG – 1 号桩）相比，Q_u/V 的增幅仅为 27%。而温州 WT – 6 号桩，桩径 1000mm，桩长 66.10m，桩体积 51.90m³，桩端进入卵石层 0.25m，采用应权和沈保汉研制开发的 YQ 桩端中心压力注浆装置及 YQ 注浆工艺，桩端水泥注入量为 1800kg，注浆压力为 1.5MPa，与相应的未注浆桩（WT – 2 号桩）相比，Q_u/V 的增幅为 84%。

如果以每千克注入水泥量所提供的单方极限承载力 Q_{vc} 作为比较标准衡量注入水泥量对承载力的贡献率，对于 WT – 6 号桩，$Q_{vc} = 316/1800 = 0.176 kN/(m^3 \cdot kg)$，而 ZLG – 3 号桩 $Q_{vc} = 187/2750 = 0.068 kN/(m^3 \cdot kg)$。由此可见，前者的 Q_{vc} 值为后者的 2.59 倍，表明 YQ 桩端中心压力注浆装置及 YQ 注浆工艺具有显著的技术经济效益。

9.6.5 桩长

桩长的变化显著地影响桩端注入水泥量对承载力的贡献率 Q_{vc}。沈保汉提出 Q_{vc} 可用下式表示：

$$Q_{vc} = \frac{Q_u}{VG_c} \tag{9-3}$$

式中　　Q_{vc}——每千克注入水泥量所提供的单方极限承载力 $[kN/(m^3 \cdot kg)]$；

　　　　Q_u——按 s-$\log Q$ 法确定的单桩竖向抗压极限承载力（kN）；

　　　　V——桩体积（m³）；

　　　　G_c——水泥注入量（kg）。

对桩端压力注浆桩而言，如果其他条件相同，桩越短，桩端极限阻力占极限承载力的份额越大，所以极限承载力的增幅越大，Q_{vc} 值也越大；反之，桩越长，桩端极限阻力占极限承载力的份额越小，极限承载力的增幅越小，Q_{vc} 值也越小。

沈保汉分析了 213 根桩端压力注浆桩及相应的未注浆桩，结果表明，北京和沈阳地区的干作业长螺旋钻成孔的普通直径（300～425mm）桩端压力注浆短桩（桩长 3.50～10.70m），桩端注入水泥量为 100～300kg，其 Q_{vc} 值一般为 4.92～24.20；而武汉地区用泥浆护壁法成孔的普通直径（600～700mm）和大直径（800～1000mm）桩端压力注浆长桩与中长桩（桩长 56.35～20.10m），桩端注入水泥量为 1100～2500kg，其 Q_{vc} 值为 0.20～0.74。两者对比，反映出桩长和桩径对 Q_{vc} 的影响。

再以天津地区桩端压力注浆桩为例，为了便于分析，桩径都选用 800mm，桩端持力层为细粒土（粉土夹粉砂、粉砂、粉质黏土、粉细砂、粉土），采用同一种桩端压力注浆装置，其 Q_{vc}-L 曲线如图 9 – 26 所示。由图 9 – 26 可以看出，随桩长增大，Q_{vc} 值明显减小，即桩端注入水泥量对承载力的贡献率明显减少。

9.6.6 桩径

在实施桩端压力注浆工艺时，根据浆泡理论，在相同条件下浆液加固范围相同，因而直径小的桩承载力增幅大，亦即 Q_{vc} 大。以武汉 W21 – 1 号、W21 – 2 号和 W21 – 3 号桩为例，三者桩长（41.50m）和水泥注入量（4500kg）相同，桩侧土层接近，桩端进入细砂层厚度分别为 12.50m、11.90m 和 12.50m，而前两者桩径为 1000mm，后者桩径为 900mm。试验结果表明，前两根桩的 Q_{vc} 分别为 0.0873kN/$(m^3 \cdot kg)$、0.0956kN/$(m^3 \cdot kg)$，W21 – 3 号桩的 Q_{vc} 为 0.1129kN/$(m^3 \cdot kg)$，比前两者的 Q_{vc} 大 24%。

南通 NY – 1 号桩与 NY – 3 号桩，桩长 14.00m，桩端土层相同，桩端均注入水泥浆，注浆压力均

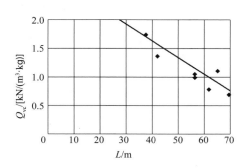

图 9 - 26　天津地区直径 80mm 的桩端压力注浆桩的 Q_{vc}-L 曲线

为 0.5MPa，前者桩径为 900mm，水泥注入量为 400kg，后者桩径为 600mm，水泥注入量为 200kg。试验结果表明，NY - 1 号桩的 Q_{vc} 为 0.90kN/（m³ · kg），NY - 3 号桩的 Q_{vc} 为 2.19kN/（m³ · kg），比前者增大 143%。

9.6.7　注浆量（水泥注入量）

在地层土质特性、桩端压力注浆装置形式、桩体尺寸、注浆工艺及注浆压力等条件相同的前提下，对于桩端压力注浆桩而言，注浆量多者承载力增幅也大。现以两组试桩为例加以说明。

武汉 W4 - 21 号桩和 W4 - 31 号桩，桩径 800mm，桩长为 46.00m 和 46.10m，桩端进入粉细砂层 3.5m 和 3.1m，桩侧土层十分接近。两者均采用桩外侧钻孔注浆法，即成桩后在桩径外侧沿桩侧周围相距 0.3m 处各钻一个直孔，成孔后放入注浆管及注浆装置，进行桩端压力注浆，注浆压力为 1.5MPa，W4 - 21 号桩和 W4 - 31 号桩的水泥注入量分别为 1100kg 和 1600kg。试桩结果显示，桩的极限承载力分别为 8580kN 和 11220kN，W4 - 31 号桩的极限承载力比 W4 - 21 号桩增大 30.5%，即注浆量多者承载力增幅也大。这两根桩及相应的未注浆桩（W4 - 2 号和 W4 - 3 号桩）的 Q-s 曲线见图 9 - 27。

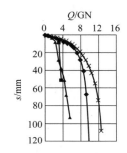

■—W4 - 2 号桩；　◆—W4 - 21 号桩；
▲—W4 - 3 号桩；　×—W4 - 21 号桩

图 9 - 27　W4 工程试桩 Q-s 曲线

南通 NY - 1 号桩和 NY - 2 号桩端压力注浆桩，两者桩径为 900mm，桩长 14.00m，桩端持力层为粉细砂，注浆压力为 0.5MPa，桩端水泥注入量分别为 400kg 和 285kg。试桩结果显示，桩的极限承载力分别为 3200kN 和 2400kN，即注浆量多的 NY - 1 号桩的极限承载力比注浆量少的 NY - 2 号桩增大 33.3%。

9.6.8　注浆压力

注浆压力（指泵送终止压力）对开式注浆工艺的桩端压力注浆桩的极限承载力也有一定影响。

天津 TH - 7 号桩和 TH - 10 号桩，桩径 800mm，桩长 56.00m，桩端为中密粉砂，桩端注入水泥量为 500kg，注浆压力分别为 0.3MPa 和 1.2MPa，Q_u 分别为 14000kN 和 15000kN，Q_{vc} 为 1.00kN/（m³ · kg）和 1.07kN/（m³ · kg）。试验结果表明，当其他条件相同时，极限承载力 Q_u 及衡量注入水泥量对承载力贡献率的指标 Q_{vc} 随注浆压力的增大而略有提高。

沈阳 SWH - 1 号桩和 SWH - 2 号桩，桩径 400mm，桩长 8.20m，桩端进入中密粗砂 0.2m，桩侧土层十分接近，桩端注入水泥量分别为 180kg 和 200kg，注浆压力分别为 0.9MPa 和 2.0MPa，Q_u 分别为 1130kN 和 1280kN，Q_{vc} 分别为 6.09kN/（m³ · kg）和 6.22kN/（m³ · kg）。试验结果表明，当其他条件相同时，极限承载力 Q_u 及衡量注入水泥量对承载力贡献率的指标 Q_{vc} 随注浆压力和水泥注入量的增大而提高。

9.7 影响桩端桩侧联合注浆桩竖向抗压承载力的因素

桩侧压力注浆施工方法是在钻孔灌注桩成桩后，在压力作用下将能固化的浆液通过桩身预埋注浆装置或钻孔预埋花管强行压入桩侧土层中，使桩侧土层和在泥浆护壁法成孔中生成的泥膜发生物理化学反应，提高桩侧土的强度 q_s 及变形模量 E_s，增大剪切滑动面，改变桩与侧壁土的边界条件，从而提高桩侧摩阻力与桩的承载力及减小桩基的沉降量。

9.7.1 桩端桩侧联合注浆桩竖向抗压承载力的影响因素

影响桩侧压力注浆效果的因素较多，除了类似于影响桩端压力注浆效果的诸因素外，尚有桩侧压力注浆管设置层位这一因素。桩端桩侧联合注浆桩包含着桩端和桩侧两种注浆工艺，所以影响因素更多、更复杂，极限承载力提高幅度也更大。以下结合试桩实例分析上述影响因素。

9.7.1.1 桩侧注浆土层性质

在桩侧粗粒土层中注浆时，浆液通过渗透、部分挤密、填充及固结作用使桩侧土孔隙率降低、密度增大，呈现渗透填充胶结效应；在桩侧细粒土层中注浆时，注浆压力超过劈裂压力，则土体产生水力劈裂，呈现劈裂加筋效应。上述两种效应不仅使桩周土恢复原状，而且浆脉结石体像树的根须向桩侧土深处延伸，从而提高了桩周土的强度，提高了桩侧摩阻力。正如桩端压力注浆一样，在粗粒土层中进行桩侧压力注浆，其承载力增幅大于在细粒土层中进行桩侧压力注浆。

现以图 9-28 中北京的桩端桩侧联合注浆桩 BSH-3 号桩和 BN-3 号桩为例加以分析说明。两者桩径相同，均为 1000mm；桩长接近，分别为 24m、22m；桩端持力层类似，分别为卵石和卵石圆砾层；桩端注入水泥量分别为 800kg 和 1400kg。BSH-3 号桩的桩侧注浆层为粉细砂层（桩顶下 -8.00m）和卵石层（桩顶下 -16.00m）；BN-3 号桩的桩侧注浆层为粉细砂层（桩顶下 -8.00m）和粉质黏土（桩顶下 -17.00m）；两桩的桩侧注入水泥量均为 400kg。根据地层土质分析，前者的桩侧压力注浆效果好于后者，这可用极限承载力 Q_u 和注入水泥量对承载力的贡献率 Q_{vc} 加以说明。BSH-3 号桩的 Q_u 为 31500kN，Q_{vc} 为 1.39kN/(m³·kg)，BN-3 号桩的 Q_u 为 21400kN，Q_{vc} 为 0.69kN/(m³·kg)。

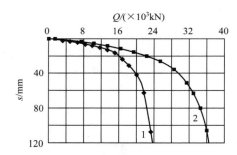

图 9-28 BN-3 号桩和 BSH-3 号桩 Q-s 曲线
1. BN-3 号桩；2. BSH-3 号桩

9.7.1.2 浆液种类

正如本章 9.6.2 节中提到浆液种类对桩端压力注浆桩承载力的影响一样，浆液种类对桩侧注浆也有类似的影响，从而对桩端桩侧联合注浆桩的承载力产生影响。

表 9-7 中列出了在上海 SK 工程中进行的三组试桩的资料，包括未注浆桩（SK95 号桩、SK163 号桩、SKS31 号桩）、桩端压力注浆桩（SKE1 号桩、SKE2 号桩）和桩端桩侧联合注浆桩（SKS32 号桩、SKS4 号桩），后两组试桩采用湿磨超细水泥浆液。该三组试桩的 Q-s、Q/V-s 曲线见图 9-29。

表 9-7　部分试桩资料汇总

试桩编号	桩径 d /mm	桩长 L /m	桩端土层	桩侧土层	注浆量（水泥）/kg 桩端/桩侧	Q_u 数值 /kN	Q_u 比较 /%	s_u /mm	V /m³	Q_u/V 数值 /(kN/m³)	Q_u/V 比较 /%	q_{vc} /[kN/(m³·kg)]	s_a /mm
SK95	850	70.8	粉质黏土～粉砂	粉质黏土、淤泥质黏土	0/0	10400	—	50.71	40.16	259	—	—	16.85
SK163	850	70.8	粉质黏土～粉砂	黏土、砂质粉土	0/0	10400	—	50.96	40.16	259	—	—	15.45
SKS31	850	44.6	砂质粉土	填土、粉质黏土、淤泥质黏土、粉质黏土、砂质粉土	0/0	6400	100	45.07	25.30	253	100	—	4.12
SKS32	850	44.6	砂质粉土		1700/2550	14800	231	58.47	25.30	585	231	0.14	14.60
SKS4	850	44.6	砂质粉土		1700/2550	13600	213	54.91	25.30	538	213	0.13	13.34
SKE1	600	45.4	粉质黏土		1900/0	7500	—	47.91	12.83	585	231	0.31	12.60
SKE2	600	45.3	粉质黏土		1700/0	7750	—	47.22	12.80	606	240	0.36	11.20
SJ-112	800	70.0	粉细砂	填土、淤泥质黏土、粉质黏土、粉细砂	0/0	8400	100	26.28	35.17	239	100	—	10.50
SJ-116	800	70.0	粉细砂		500/0	10000	119	39.57	35.17	284	119	0.57	14.05
SJ-114	800	70.0	粉细砂		600/500	12000	143	38.37	35.17	341	143	0.31	12.99

注：SKS31 号未注浆桩在静载试验结束后再进行桩侧及桩端注浆，此情况定名为 SKS32 号桩。

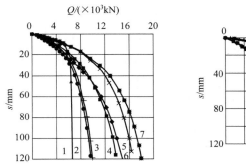 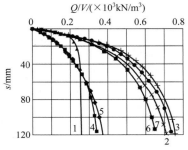

图 9-29　SK 工程试桩 Q-s 和 Q/V-s 曲线

1. SKS31 号桩；2. SKE1 号桩；3. SKE2 号桩；4. SK163 号桩；
5. SK95 号桩；6. SKS4 号桩；7. SKS32 号桩

SKS4 号桩和 SKS32 号桩的桩侧注浆装置设置于桩顶下 24m（粉质黏土层）和桩顶下 38m（粉质黏土层）处。这两根桩均为桩端桩侧联合注浆桩，由于采用湿磨超细水泥浆液，具有渗透能力强、结石强度高等优点（见本章 9.6.2 节）；无论桩端还是桩侧，注入水泥量较多，分别为 1700kg 和 2550kg，与未注浆的 SKS31 号桩相比，极限承载力增幅达 131% 和 113%（表 9-7）。

SKS4 号桩端桩侧联合注浆桩与同一场地上的 SKE2 号桩端压力注浆桩相比，在单桩竖向承载力达标准值 R_k 时桩侧分段单位摩阻力 q_{si} 增幅为 26%～46%。

表 9-7 中上海的 SJ-114 号桩也是桩端桩侧联合注浆桩，桩径 800mm，桩长 70.0m，桩端为粉细砂层，桩侧注浆装置设置于桩顶下 50m 和 60m（均为粉细砂层）处。由于采用普通水泥浆液，在细粒土中渗透能力差，因此桩端和桩侧注入水泥量不多，分别为 600kg 和 500kg。试验结果表明，SJ-114 号桩的极限承载力较未注浆的 SJ-112 号桩增幅仅为 43%。

9.7.1.3　注浆量（水泥注入量）

在地层土质特性、桩体尺寸、注浆工艺及注浆压力等条件相同或十分接近的前提下，对于桩端桩侧

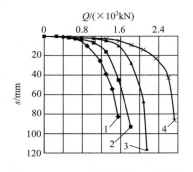

图 9 - 30 W3 工程试桩 Q-s 曲线

1. W3 - 4 号桩；2. W3 - 3 号桩；
3. W3 - 1 号桩；4. W3 - 2 号桩

联合注浆桩而言，注浆量多者承载力增幅也大。现以图 9 - 30 中 W3 工程试桩为例加以说明。

W3 - 3 号桩为桩端压力注浆桩，桩径 600mm，桩长 12.80m，桩端进入粉砂层 1.8m，桩端注入水泥量 250kg，其极限承载力为 1560kN，较同条件未注浆的 W3 - 4 号桩增幅为 20%。

W3 - 1 号桩和 W3 - 2 号桩为桩端桩侧联合注浆桩，桩径 600mm，桩长 12.30m，桩端进入粉砂 1.3m，桩端注入水泥量分别为 300kg 和 600kg，桩侧注入水泥量分别为 300kg 和 600kg，极限承载力为 1960kN 和 2600kN，较同条件未注浆的 W3 - 4 号桩增幅为 51% 和 100%。

9.7.2 桩端桩侧联合注浆效果分析

9.7.2.1 桩侧压力注浆提高桩承载力的机理

9.3.3 节已简明地对桩侧压力注浆提高桩承载力的机理作了阐述，为了便于理解，以下引入国外两组现场桩侧注浆试验结果，给出注浆前后桩侧摩阻力的变化。

第一组钻孔灌注桩，桩径 680mm，桩长 16m，长径比为 23.5，桩侧土质为密实泥炭土。在钻孔过程中，钻具使桩侧土体松动和软化。为提高桩侧摩阻力，向桩侧注水泥浆，其水灰比为 0.67，平均注浆压力为 2.5MPa。图 9 - 31 所示桩侧注浆后的试验结果表明，不仅松动的土体得到压密，浆液还把土体与桩身混凝土联结成整体，从而使单位桩侧摩阻力从注浆前的 200kPa 提高至注浆后的 500kPa，提高了 150%。

第二组钻孔灌注桩，桩径 750mm，桩长 18.8m，长径比为 25.1，桩侧土为砂质淤泥，桩侧注浆后其单位桩侧摩阻力比注浆前提高了约 50%，见图 9 - 32。由现场开挖结果可以清晰地看到，紧贴混凝土桩身有一层沿桩与土层面劈裂成片状的水泥浆结石体，并夹有少量浆液沿地层中的小孔洞流动成条状的水泥浆结石体。上述现象说明软黏土中的桩侧注浆是劈裂注浆。

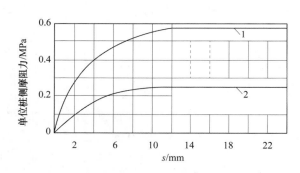

图 9 - 31 泥炭土中桩侧注浆前后摩阻力的变化

1. 注浆后；2. 注浆前

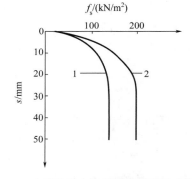

图 9 - 32 砂质淤泥中桩侧注浆前后摩阻力的变化

1. 普通钻孔桩；2. 桩侧压力注浆桩

9.7.2.2 提高承载力，满足设计要求

随着高层建筑的发展，普通的钻孔灌注桩往往难以满足承载力的要求，桩端桩侧联合注浆桩由于能有效地处理和消除泥浆护壁灌注桩的沉渣和泥膜两大症结，且承载力高，往往能满足设计要求。

上海 SK 工程为 29 层公寓式办公大楼，地下一层，设计要求极限承载力标准值为 8600kN。进行两组试桩。第一组为普通钻孔灌注桩 SK95 号桩和 SK163 号桩，桩端和桩侧均未注浆，桩径 850mm，桩长 70.80m，桩端持力层为粉质黏土～粉砂层，极限承载力为 10400kN（表 9 - 7）。第二组为桩端桩侧联合注浆桩 SKS32 号桩和 SKS4 号桩，桩径 850mm，桩长 44.60m，桩端进入砂质粉土层 0.38m，桩端注入水泥量 1700kg，桩侧注入水泥量 2550kg，采用湿磨超细水泥浆液，极限承载力为 14800kN 和 13600kN。两组试桩均满足设计承载力的要求，就试桩的极限承载力与设计极限承载力标准值的比值而言，第一组试桩为 1.21，第二组试桩为 1.65，表明第二组试桩的 Q_u 比第一组试桩增大 37%，还有较大的潜力可挖。两组试桩技术经济效益对比结果表明，在满足设计承载力要求的前提下，第二组试桩用注入水泥量 4250kg（当然，从试验结果看，水泥量还可适当减少）的代价可获得节约桩身混凝土量 14.86m³ 的效益，这对于加快施工进度、降低施工成本、保证施工质量及减少建筑物的沉降均是十分有益的。

9.7.3　综合评价后注浆桩的指标

1）极限承载力 Q_u 是衡量桩能否满足设计要求的首要指标。

2）单方极限承载力 Q_u/V 是评价桩端桩侧联合注浆桩技术经济效益的一项重要指标。

3）每千克注入桩端和桩侧的水泥量所提供的单方极限承载力 Q_{vc} 是衡量注入水泥量对承载力贡献率的一项重要指标。

4）单桩承载力标准值 R_k 对应的桩顶沉降量 s_a 是与建筑物桩基础的允许沉降量密切相关的。

9.7.4　选择后注浆桩的原则

1）宜优先选用桩端压力注浆桩，如果其承载力满足设计要求，可简化压力注浆装置和注浆工艺。

2）当采用桩端压力注浆桩不能满足设计承载力要求时，可采用桩端桩侧联合注浆桩。

3）当设计承载力要求较高、桩长较长且桩侧有适宜于注浆的土层时，可采用桩端桩侧联合注浆桩。

4）对于超长桩，采用桩端压力注浆对提高桩端阻力效果可能不明显，应在多处合适的桩侧土层中注浆，此时应选用以桩侧压力注浆为主的工艺。

9.8　后注浆桩技术经济效益

钻孔灌注桩具有显著的优点，如对各种地层土质条件适应性强，桩径与桩长变幅大，噪声低、振动轻、无挤土效应，施工机械种类多、施工简便、工效高及造价较低等。但钻孔灌注桩亦具有较显著的缺点，在 9.2.2.1 节、9.2.3.1 节和 9.3.2 节中分别阐述了降低泥浆护壁钻孔灌注桩单桩承载力的施工因素，降低干作业钻孔灌注桩单桩承载力的施工因素及降低泥浆护壁钻孔灌注桩桩侧摩阻力的施工因素。针对上述因素，对钻孔灌注桩进行桩端和桩侧压力注浆，就会使其承载力大幅度提高，获得显著的技术经济效益。

1. 提高单桩承载力，降低造价

大量试桩结果表明，桩端压力注浆桩的极限承载力与未注浆桩相比增幅为 50%～260%（桩端持力层为粗粒土时）及 14%～138%（桩端持力层为细粒土时），见 9.6.1 节。

桩端桩侧联合注浆桩包含着桩端和桩侧两种注浆工艺，极限承载力提高幅度较大，见 9.7.1 节。

1992—1996 年，辽宁省建设科学研究院在沈阳 YT 小区 20 余栋住宅楼工程中实施桩端压力注浆。该地区地质条件较差，上部土层松散，如果用长螺旋钻孔机成孔不宜过深，否则易造成塌孔而使孔底虚土过厚。如果采用普通钻孔灌注桩，直径 400mm，桩长 3.5～4.5m，单桩承载力标准值 R_k 只能达到 200～250kN，无法满足 7 层住宅楼单桩承载力标准值 R_k 须达到 300～350kN 的要求，因此采用桩端压力注浆桩，桩径 400mm，桩长 3.5～4.0m。桩静载试验结果表明，单桩承载力标准值 R_k 均在 350kN 以上，满足设计要求。

由于采用了桩端压力注浆桩，既达到了设计要求，又保证了项目的工期，降低了工程造价。仅8栋住宅楼的经济效益分析表明，新增产值380万元，新增利税40万元，为业主节约造价79万元，技术经济效益较显著。

2. 减小桩径，缩短桩长

现以温州WT工程为例进行分析说明。其中WT-3号桩，桩径750mm，桩长66.70m，桩端进入卵石层0.85m，为钻孔灌注桩，桩端未注浆，极限承载力为7480kN；WT-5、WT-7号桩，桩径750mm，桩长49.80m和49.40m，桩端进入粉质黏土层约3.85m，桩端进行压力注浆，注浆压力0.9MPa，水泥注入量为1000kg和1400kg。WT-5号桩经历复压，WT-7号桩为一次加载，极限承载力均为7800kN，比桩长约17m的WT-3号桩增大4%。WT-7号桩与WT-3号桩相比，体积减小26%，即用1400kg水泥注入量可换取减少7.7m³桩身混凝土量的效益。

3. 将嵌岩桩改成非嵌岩后注浆桩

嵌岩桩的施工难度是相当大的，施工速度慢，效率低，浪费材料多，是施工企业最头痛的问题之一。应用泥浆护壁钻孔桩桩端及桩侧压力注浆技术，可使非嵌岩桩达到嵌岩桩的承载能力成为现实。

先以武汉W12工程为例加以分析说明。W12工程为28层公寓式写字楼，进行两组试桩，第一组为W12-Z1号、W12-Z2号和W12-Z3号钻孔灌注桩，桩径1000mm，桩长为45.50m、45.40m和49.00m，桩端进入中风化砾岩4.0m左右，桩端未注浆，极限承载力12800kN；第二组为桩端压力注浆桩W12-YP1号和W12-YP4号桩，桩径800mm，桩长43.00m，桩端设在砾卵石层的顶面，桩端进行压力注浆，注浆压力1.5MPa，水泥注入量2000kg，极限承载力为13260kN和11900kN，与第一组相当。试桩的Q-s曲线见图9-33。

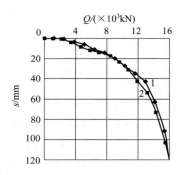

图9-33 W12工程试桩 Q-s 曲线
1. W12-YP4号试桩；2. W12-Z1号试桩

由图9-33可知，桩端压力注浆桩组比钻孔灌注桩组桩径减小、桩长缩短，体积减小40%左右，即用2000kg水泥注入量可换取减少约15m³桩体积的效益；同时桩端压力注浆桩可以不必穿透砾卵石层和进入中风化砾岩，施工难度大大降低，施工进度大大加快。因此，采用桩端压力注浆工艺获得了显著的技术经济效益，其直接经济效益为节约投资240万元，还不包括工期缩短、钻进材料消耗减少等产生的间接经济效益。

再以武汉W1工程为例加以分析说明。该工程中，楼高18层，2层地下室，占地面积2万m²多。原设计基础桩直径为600mm、800mm、1000mm三种，桩数分别为766根、204根、60根，共计1030根。原设计要求桩端置于中风化基岩中，有效桩长约50m，钻孔深度57m，单桩极限承载力标准值分别为6726kN、9212kN、12018kN。原设计总混凝土量为18312m³，嵌岩桩单价按1100元/m³计算，桩施工造价共计2014万元。

武汉地质勘察基础工程（集团）总公司建议采用桩端桩侧联合注浆桩。采用压力注浆技术后，在桩数不变的情况下，将有效桩长缩短至38m，钻孔深度为45m，混凝土用量为13917m³。桩型由嵌岩桩改为非嵌岩桩，施工难度降低，不需要入岩增加费，单价按1000元/m³，共计1392万元；桩径为600mm、800mm、1000mm的注浆增加费用分别为1500元、2000元、2500元，共计增加费用为171万元，总计为1563万元。两者相比，采用桩端桩侧联合注浆桩节约造价450万元，占总造价的22.3%，经济效益十分明显。

4. 可有效地处理和消除泥浆护壁钻孔桩的沉渣和泥膜两大症结，提高承载力

桩端压力注浆工艺可使注入的浆液与沉渣发生物理化学反应而使沉渣固化，另外，注入的浆液会在

桩端以上一定高度范围内沿桩土间泥膜上渗泛出而使泥膜固化。而桩侧压力注浆工艺可使注入浆液与泥膜发生物理化学反应而固化。以上两点也是后注浆桩的承载力高于未注浆桩的原因之一。

现以上海 SK 工程为例加以分析说明。SKS31 号未注浆桩，桩径 850mm，桩长 44.6m，极限承载力为 6400kN，满足不了设计极限承载力为 8600kN 的要求。SKS32 号桩和 SKS4 号桩端桩侧联合注浆桩，桩径和桩长均与 SKS31 号桩相同，采用湿磨超细水泥浆液进行桩端和桩侧联合注浆，极限承载力为 14800kN 和 13600kN，均满足设计要求，两者的极限承载力增幅分别为 SKS31 号桩的 131% 和 113%，见表 9-7。

在同一场地中，在实施后注浆技术试验前，曾用常规方法进行了钻孔灌注桩（SK95 号桩和 SK163 号桩）的静载试验，桩径 850mm，桩长 70.80m。这两根桩的最大试验荷载为 9200kN 和 8900kN，桩顶沉降量为 38.62mm 和 35.29mm，但未测出单桩极限承载力值，按拟合外推方法求得极限承载力为 10400kN。

SKS32 号桩和 SKS4 号桩与 SK95 号桩和 SK163 号桩技术经济效益对比结果表明，在满足设计承载力要求的前提下，第一组试桩用注入水泥量 4250kg 的代价可获得节约桩身混凝土量 14.86m³ 的效益，若桩的单价按 1000 元/m³ 计算，扣除注浆增加费 3500 元/根（浆液进行了细化处理，成本增加），每根桩可节约造价 11360 元，未注浆桩单根造价为 40155 元，故后注浆桩可节约造价 28.3%，技术经济效果是很显著的。

5. 可有效地处理和消除干作业螺旋钻成孔灌注桩桩端虚土的症结，提高承载力

干作业螺旋钻成孔工艺，由于成孔工艺的固有缺陷以及地层土质、施工机械和施工工艺等因素影响，在孔底或多或少留有虚土（孔底扰动土、孔口及孔壁回落土）。虚土的存在降低了钻孔桩的承载力，虚土厚度越大，单桩承载力降低的幅度也越大。当虚土厚度大于 500mm 时，桩端阻力便接近于零。

虚土的存在成为钻孔灌注桩的一大症结，也影响其推广使用。桩端压力注浆桩是针对解决钻孔桩桩端虚土问题而出现和发展起来的，继而发展成为桩施工类型中富有发展前途的新桩型。

北京 BZ7 工程为 14 层住宅楼，BZ7-2 号和 BZ7-4 号为长螺旋钻成孔灌注桩，桩径 400mm，桩长 6.41m 和 6.37m，桩端虚土厚度为 0.39m 和 0.33m，桩端进入卵石含粗砾砂土层 0.47m 和 0.53m，桩端未注浆，极限承载力为 981kN 和 736kN。BZ7-1 号桩和 BZ7-3 号桩，桩径 400mm，桩长 6.15m 和 6.40m，桩端进入卵石含粗砾砂土层 0.16m 和 0.46m，桩端虚土厚度为 0.70m 和 0.40m。桩端进行压力注浆，注浆压力为 2.0MPa 和 3.5MPa，水泥注入量为 200kg 和 135kg，极限承载力为 2309kN 和 2059kN，与未注浆桩相比，Q_u/V 增大 182% 和 139%。图 9-34 所示为 BZ7 工程试桩的 Q-s 曲线。

该工程按单桩容许承载力为 700~800kN 布桩，共布桩 766 根。由于虚土厚度为 0.70m、0.50m、0.30m、0.10m，最少注入水泥量分别规定为 135kg、110kg、80kg、68kg。

6. 采用桩外侧钻孔埋管注浆法补强桩

某些钻孔灌注桩身本身质量无问题，但需要提高承载力以满足设计要求时，可采用桩外侧钻孔埋管注浆法补强桩。

现以两个工程为例加以说明。

武汉 W13 工程为 18 层住宅楼，原设计基础采用泥浆护壁钻孔灌注桩，两根试桩 W13-2 号桩和 W13-3 号桩，桩径 800mm，桩长为 40.65m 和 40.95m，桩端为砾中砂层，设计极限承载力为 5900kN。静载试验结果表明，两根试桩的极限承载力分别为 4190kN 和 2900kN，均未满足设计要求。

针对上述结果，对 W13-2 号桩采用桩外侧钻孔埋管注浆法进行桩端注浆补强，定名为 W13-22 号桩。试验结果表明，补强后的桩极限承载力为 9675kN，满足设计要求。该公司对 W13 工程实施桩外侧钻孔埋管注浆法，使废桩再生利用，项目产值为 205 万元，利润为 25.6 万元。图 9-35 所示为 W13 工程试桩的 Q-s 曲线。

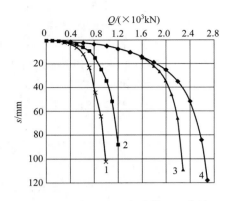

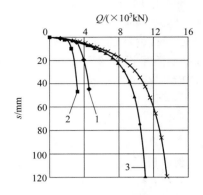

图 9 - 34　BZ - 7 工程试桩 Q-s 曲线
1. BZ7 - 4 号桩；2. BZ7 - 2 号桩；
3. BZ7 - 3 号桩；4. BZ7 - 1 号桩

图 9 - 35　W13 工程试桩 Q-s 曲线
1. W13 - 2 号桩；2. W13 - 3 号桩；3. W13 - 22 号桩

W4 工程为 15 层综合楼，原设计基础采用泥浆护壁钻孔灌注桩，进行了 3 根试桩，即 W4 - 1 号桩、W4 - 2 号桩和 W4 - 3 号桩。试桩参数：桩径均为 800mm，桩长分别为 46.50m、46.00m 和 46.10m，桩端土层为粉细砂层。设计要求单桩承载力标准值 R_k 不小于 3300kN。试验结果表明，上述 3 根桩的极限承载力分别为 5400kN、3375kN 和 4200kN，均不能满足设计要求。

针对上述结果，对该工程实施桩外侧钻孔埋管注浆法，其中对 W4 - 2 号和 W4 - 3 号桩采用桩外侧钻孔埋管注浆法进行桩端注浆补强后，极限承载力分别为 8580kN 和 11220kN（见 9.6 节），满足设计要求，使废桩得到再生利用。该项目产值为 405 万元，利润为 41.56 万元。

需要注意的是，后注浆技术看来似乎简单，但实际上是一项技术含量相当高的工作，只有工艺合理、措施得当、管理严格、施工精心才能得到预期的效果，否则将会造成注浆管被堵、注浆装置被包裹、地面冒浆及地下窜浆等质量事故。

参 考 文 献

[1] 沈保汉. 桩端压力注浆桩 [J]. 施工技术，2000 (11)：49 - 51.

[2] 沈保汉，应权. 桩端压力注浆桩技术 [J]. 建筑技术，2001 (3)：155 - 157.

[3] 沈保汉. 后注浆技术 (1) ——后注浆技术的产生与发展 [J]. 工业建筑，2001 (5)：64 - 66.

[4] 沈保汉. 后注浆技术 (2) ——泥浆护壁钻孔灌注桩桩端压力注浆工艺 [J]. 工业建筑，2001 (6)：72 - 75.

[5] 沈保汉. 后注浆技术 (3) ——干作业钻孔灌注桩桩端压力注浆工艺 [J]. 工业建筑，2001 (7)：62 - 64.

[6] 沈保汉. 后注浆技术 (4) ——泥浆护壁钻孔灌注桩桩侧压力注浆工艺 [J]. 工业建筑，2001 (8)：63 - 65.

[7] 沈保汉. 后注浆技术 (5) ——后注浆桩的竖向抗压承载力 [J]. 工业建筑，2001 (9)：72 - 75.

[8] 沈保汉. 后注浆技术 (6) ——影响桩端压力注浆桩竖向抗压承载力的因素 [J]. 工业建筑，2001 (10)：62 - 65.

[9] 沈保汉. 后注浆技术 (7) ——影响桩端桩侧联合注浆桩竖向抗压承载力的因素 [J]. 工业建筑，2001 (11)：67 - 69.

[10] 沈保汉. 后注浆技术 (8) ——后注浆桩技术经济效益 [J]. 工业建筑，2001 (12)：70 - 72.

[11] 沈保汉. 影响桩端压力注浆桩竖向抗压承载力的因素 [G]// 罗宇生，汪国烈. 湿陷性黄土研究与工程：中国工程建设标准化协会湿陷性黄土委员会全国黄土学术会议文集. 北京：中国建筑工业出版社，2001：336 - 341.

[12] 北京市建筑工程研究所，等. 钻孔灌注桩桩端压力灌浆在工程中的应用 [Z]. 北京市建筑工程研究所内部资料，1984.

[13] 沈保汉. 钻孔灌注桩桩端压力注浆新工艺 [Z]. 北京市建筑工程研究所内部资料，1989.

[14] 刘昭运，等. 用压力注浆处理钻孔灌注桩孔底沉积土的试验研究 [G]// 中国建筑学会地基基础学术委员会. 中国建筑学会地基基础学术委员会年会论文集，1989.

［15］沈保汉．桩端压力注浆桩［J］．工程机械与维修，2015（04 增刊）：111 - 119.

［16］沈保汉．桩侧压力注浆桩和桩端桩侧联合注浆桩［J］．工程机械与维修，2015（04 增刊）：120 - 123.

［17］沈保汉．灌注桩后注浆技术［M］//杨嗣信．高层建筑施工手册．3 版．北京：中国建筑工业出版社，2017：707 - 724.

［18］沈保汉．灌注桩后注浆技术［M］//史佩栋．桩基工程手册．2 版．北京：中国建筑工业出版社，2016：671 - 689.

［19］张忠苗，等．灌注桩后注浆技术及工程应用［M］．北京：中国建筑工业出版社，2009.

［20］沈保汉．桩基与深基坑支护技术进展［M］．北京：知识产权出版社，2006.

［21］王俊生，张士文，严国柱．钻孔灌注桩桩底状态对垂直承载力的影响及处理途径［J］．建筑技术科研情报，1983（6）：47 - 58.

［22］沈保汉．挤土及部分挤土灌注桩的施工［M］//《桩基工程手册》编写委员会．桩基工程手册．北京：中国建筑工业出版社，1995.

［23］沈保汉．长螺旋钻成孔工艺的发展［J］．施工技术，2000（10）：49 - 51.

［24］张晓炜，黄生根．钻孔灌注桩后注浆技术理论与应用［M］．北京：中国地质大学出版社，2007.

［25］陆怀弘，陈建政．钻孔灌注桩桩底注浆试验［J］．建筑施工，1995，17（4）：32 - 34.

［26］孙立党．钻孔灌注桩后压浆施工工艺研究及工程实例［D］．西安：长安大学，2010.

［27］何少华．后压浆高承台群桩基础的承载特性研究［D］．武汉：湖北工业大学，2013.

［28］刘李智．桩端后注浆钻孔灌注桩竖向承载性状有限元分析［D］．武汉：武汉科技大学，2014.

［29］FLEMING W G K. The improvement of pile performance by base grouting［J］. Civil Engineering, 1993, 97（2）：88 - 93.

［30］李昌取．钻孔灌注桩桩端后压浆工艺与机理研究［D］．南京：东南大学，2003.

第10章 冲击反循环钻成孔灌注桩

沈保汉　丁青松　侯庆国　张杭生　岑　超　吴　昊

10.1 基本原理和适用地层

冲击反循环钻进工艺使用两根钢丝绳通过提引盘对称地提引冲击钻头，提引盘可在钻头中心管体上相对转动。在冲击液压缸的作用下，通过同步卷筒的自动调节机构，两根钢丝绳在工作状态时始终受力相等；在两根钢丝绳中空处设置排渣管，通过钻头中心管下入孔底，在钻头上下往复运动冲击破碎岩石时用地表的砂石泵实现泵吸反循环。这样，钻头在孔底冲击钻进的同时通过泵吸反循环将钻渣由孔底经排渣管、砂石泵排到地表的泥浆池中，钻渣沉淀完成渣浆分离后泥浆经过泥浆槽返回孔内继续循环排渣钻孔。冲击反循环钻进是将冲击碎岩效率高和反循环排渣快两方面优点有机地结合在一起的钻进方法。

从应用范围来看，冲击反循环钻进是一种适用于任何地层的钻进方法。冲击反循环成孔工艺的适用范围根据冲击钻与反循环钻机两方面的特性划分，适用于黏质土、砂土、粒径小于钻杆内径2/3且含砂量少于20％的碎石、砾石、松散卵石等地层。该工艺主要应用在回转钻进无法正常进行的各种复杂地层，如卵砾石层、泥岩、砂岩层和强、中风化的各类岩石层。该工艺除了在个别的弱风化、微风化坚硬岩石层钻进效率较低外，其他绝大多数地层都适合采用该种钻进工艺，特别是在卵砾石层、泥岩层和各类强风化岩石层及其各类不同地层共生的软硬互层，钻进效率较其他钻进方法要高出几倍。图10-1所示为冲击反循环钻进的施工现场。

图 10-1　冲击反循环钻进的施工现场

10.2 冲击反循环钻进工艺的参数和特点

在冲击钻进过程中，关键是冲击钻进和吸渣量要匹配，这也是确保孔壁稳定及正常钻进的最基本、最重要的条件。在钻进过程中吸渣工作应根据钻进地层等情况而定，不应过量吸渣，以免造成孔壁失稳坍孔及发生埋钻事故。

10.2.1　钻进技术参数的计算

冲击反循环钻进工艺的关键是确定钻进技术参数。钻进速度可通过以下公式推导求得。

单位时间内的冲击功 A 可按下式求得，即

$$A = Qjsnlg \tag{10-1}$$

式中　Q——钻具质量；

　　　j——钻具冲击孔底岩石时的加速度；

　　　s——钻具冲击高度；

　　　n——单位时间内的冲击次数；

　　　g——重力加速度。

单位体积破碎功 a 为

$$a = A/V = Qjsn/[(\pi D^2/4)V_m \cdot g] \tag{10-2}$$

式中　V——单位时间破碎岩石的体积；

　　　D——钻头直径；

　　　V_m——钻进速度。

因此，钻进速度为

$$V_m = 4Qjsn/(\pi aD^2) = 0.13Qjsn/(aD^2) \tag{10-3}$$

由式（10-3）不难看出：当孔径和单位体积破碎功一定时，冲击碎岩速度与钻具的质量、钻具冲击时的加速度、冲击高度和单位时间冲击次数成正比。

另外，钻具质量 Q 为

$$Q = (\pi D^2/4)L\gamma = \pi/4(eD_{ck})^2 L\gamma \tag{10-4}$$

式中　L——钻具长度；

　　　e——钻具平均直径；

　　　D_{ck}——孔径；

　　　γ——钻具密度。

由式（10-2）也可以看出：冲击功是影响钻进效率的最主要因素。由式（10-4）可知，增加钻具质量要通过增大钻具的平均直径和长度来实现，但钻具长度受到桅杆高度的限制，钻具平均直径受到孔径的限制。

同样，冲击高度越大，冲击能量就越大，碎岩效率也就越高，因此实际应用中一般应尽可能采用钻机的最大行程冲击。

分析表明，冲击次数与冲击高度存在相互制约的关系，n 增加，s 就相应地减小，而增大 s 时 n 减小的幅度不大，增大 n 时 s 减小的幅度较大。在实际工作中，提高 s 比提高 n 有利，有利于增大冲击功从而提高碎岩的效率。由于钻机的冲击频次是固定的，也就不存在 n 的选择和优化问题。

10.2.2　相关参数的选择

1. 行程（冲击高度）的选择

行程的选择因岩、土地层不同而异，在碎石黏土、残积黏土等松软地层冲击钻进时采用较小的行程，一般为 0.6m，在强、中、微风化辉绿岩和粉砂质泥岩及灰岩、硅质岩等硬岩冲击钻进时采用较大的行程，即 0.8～1.0m。

2. 悬距的选定

悬距是指钻头在孔内静止时其底部到孔底的距离，合理的悬距取决于岩土的性能、孔深等因素。一

般悬距取 1～4cm，当在碎石黏土、残积黏土等松软地层冲击钻进时采用较小的悬距或不留悬距，当在强、中、微风化辉绿岩硬岩冲击钻进时采用较大的悬距，取 2～4cm。

3. 排渣方式

可选用正循环和泵吸反循环两种循环排渣方式，用反循环排渣能获得较高的钻进速度。当地层为较黏的土层时，为避免糊钻，必要时可采用正循环排渣；当钻进至强、中、微风中化辉绿岩、灰岩及硅质岩、强风化粉砂质泥岩、中风化粉砂质泥岩等硬岩层时，岩渣相对较少，视具体情况可采用反循环或间断反循环的排渣方式。

4. 砂石泵流量

砂石泵流量应能保证及时排出孔内岩渣。冲击反循环钻进硬地层时，排渣不是主要问题，砂石泵的流量不必太大，因为流量太大容易出现孔壁坍塌、孔内水位下降等诸多问题。

10.2.3 冲击反循环钻进工艺的特点

1. 优点

（1）适应性强

冲击反循环钻进工艺可解决回转钻进工艺无法克服的复杂地层钻进难题，与其他冲击钻进工艺相比大大提高了钻进效率。冲击反循环钻进工艺不仅可以解决在大粒径卵砾石层、溶洞性灰岩层及不完整硬岩层等复杂地层钻进的难题，在黏土、砂层等软地层中也有很高的钻进效率。该种工艺方法在绝大多数复杂地层中都具有很高的钻进效率，显示出极大的优越性。

（2）效率高

在竞争激烈的桩工机械市场，施工效率是关系到一个企业生存的头等大事。冲击反循环钻进工艺在复杂地层中充分体现了效率高的特点。以长余高速松花江大桥桩基工程为例，孔径 2000mm，孔深 50m，施工地层为：20m 以上为黏土、粉细砂，其中有 6m 卵砾石，下部是强～微风化泥岩夹砂岩层。采用回转反循环工艺施工工期为 28 天，冲击反循环工艺施工工期为 12 天。

（3）孔底沉渣少

采用冲击反循环工艺施工的钻孔，由于钻进中始终进行连续的反循环排渣，钻渣被及时携带出孔，在泥浆池中沉淀下来，因此孔底始终比较干净，不像回转钻进那样形成大量泥皮挂在孔壁上，形成的钻孔极有利于水下混凝土灌注。

（4）钻孔垂直度高

该工艺采用两根钢丝绳提动钻头，行程为 0.5～1.2m，一般为 0.8m，行程较小，钻进中钻头工作平稳，每一次提拉都是对钻头所做的一次垂直度较正，因此钻孔的垂直度很高。

（5）市场占有率高

当前的公路、铁路都采用贷款或由投资商投资的形式建设，建设单位十分注重回款速度，对施工工期的要求很严格。冲击反循环钻进工艺以其相对较高的钻进效率和较强的适应性满足了复杂地层的施工需要，越来越多地受到建设单位的青睐。

2. 缺点

冲击反循环钻进工艺有以下缺点：需用专用钻机设备，不能与回转钻机直接配套应用；配套钻机较笨重；成本较高；冲击振动噪声大，对周围产生较大影响；钻机功率大，耗电量高；钻机结构复杂，体积大。

常用的 CFZ-1500 型机械传动冲击和 YCJF-25 型液压传动冲击反循环钻机结构示意图见图 10-2、图 10-3。

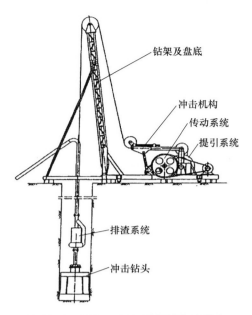

图 10 - 2　CFZ - 1500 型机械传动冲击
反循环钻机的结构示意图

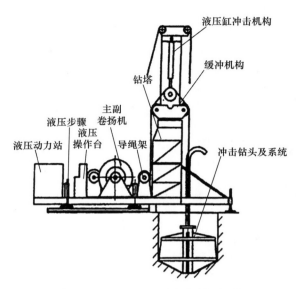

图 10 - 3　YCJF - 25 型液压传动冲击
反循环钻机的结构示意图

10.3　施工机械与设备

10.3.1　钻机

冲击型反循环钻机是将传统的钢丝绳冲击钻进方式和反循环连续排渣技术结合起来的新型钻桩施工设备，这种设备既保留了传统冲击式钻机成本低、适用地层广等特点，又克服了传统冲击式钻机不能连续排渣、重复钻进多、钻进效率低等不足，可大大提高钻进效率，使冲击钻进技术发展到一个新的水平。表 10 - 1 为国产冲击反循环钻机技术参数一览表。

表 10 - 1　国产冲击反循环钻机技术参数一览表

生产企业	山东省地质探矿机械厂					邯郸探矿机械厂与中国地质大学（北京）			张家口探矿机械厂	中国水利水电基础工程局		北京铁道建筑研究设计院
型号	CJF - 12	CJF - 15	CJF - 20	YCJF - 20	YCJF - 25	GCF - 12	GCF - 18	GCF - 24	GCF - 1500	CZF - 1200	CZF - 1500	CFZ - 1500
钻孔直径/mm	600～1500	600～1500	800～2000	700～2000	1200～2500	1500	2000	2500	500～1500	600～1200	800～1500	800～1500
钻孔深度/m	50	80	80	80	80	70	70	70	40	80	100	100
额定钻头质量/kg	2500	2500	4000～5000	2500	2500	6000	8000	2800	5500	3000～5000	—	3000
冲击行程/mm	1000	1000	650～1000	300～1300	300～1300	800～1000	800～1000	800～1000	500～3000	—		700～1000

续表

生产企业	山东省地质探矿机械厂					邯郸探矿机械厂与中国地质大学（北京）			张家口探矿机械厂	中国水利水电基础工程局		北京铁道建筑研究设计院
型号	CJF-12	CJF-15	CJF-20	YCJF-20	YCJF-25	GCF-12	GCF-18	GCF-24	GCF-1500	CZF-1200	CZF-1500	CFZ-1500
冲击频率/(次/min)	40	40	46,36	0～30	0～30	40	40	40	—	—	—	42～35
主卷扬机提升力/kN	30	40	50	100	100	40	55	70	—	—	—	—
副卷扬机提升力/kN	—	30	—	35	35	30	40	50	—	—	—	—
工具卷扬机提升力/kN	7.5	12	—	20	20	—	—	—	—	—	—	—
钻塔高度/mm	8000	8000	—	7500	7500	7700	7700	7700	—	—	—	—
钻塔负荷/kN	180	200	—	250	250	—	—	—	—	—	—	—
主电动机功率/kW	45	45	—	55	75	45	55	90	37～45	30	45	45
传动方式	机械	机械	机械	液压	液压	机械	机械	机械	机械	机械	机械	机械
整机质量/kg	13000	12000	25000	14000	19000	8500	9500	12000	—	8300	12500	—
排渣方式	正反循环	正反循环	正反循环	泵吸反循环	泵吸反循环	正反循环	正反循环	正反循环	射流反循环	泵吸反循环	泵吸反循环	正反循环

注：1. 西安探矿机械厂研制出 FCZ-6 型强制式冲击反循环钻机。

　　2. 山东省地质探矿机械厂生产的 CJF-2 型冲击反循环钻机的技术参数未列入本表。

目前常用的冲击反循环钻机主要有两类：一类是卷扬机式冲击反循环钻机，另一类是曲柄连杆游梁式冲击反循环钻机。

这两种类型的冲击反循环钻机均以机械传动为主。卷扬机式冲击反循环钻机通过卷扬机交替正转和反转，经钢丝绳和钻塔提动钻头上升和下降，实现冲击作业。卷扬机的正、反转切换通过离合器完成。由于离合器需要频繁地接合和脱离，易发热烧损，卷筒和钢丝绳也较易磨损。钻机的冲击频率一般为5～10次/min，自动控制程度较低。

曲柄连杆游梁式冲击反循环钻机通过曲柄连杆机构将齿轮的旋转运动变为游梁的上下摆动，经钻塔由钢丝绳带动钻头上下运动，实现冲击工作。钻头放入钻孔和提出钻孔由卷扬机完成。该类钻机由于在传动链上采用了齿轮、链轮和链条等机械零件，比卷扬机式冲击反循环钻机结构简单，钢丝绳磨损小，易于实现自动冲击。在设计中通常采用大齿轮兼作曲柄，从而改善大齿轮轴的受力状态；通过合理设计机构的几何参数，充分利用四杆机构的"急回"作用，使该机构的上升角比下落角大 28°左右，能较好地解决"慢提快放"问题；适当加大冲击梁的重量，使电动机的负载较为均匀，并节省动力。

传动方式有机械和液压两种类型。以机械传动为主的钻机自动化程度低，操作较费力，钻机结构复杂，易损件多，受结构的影响，工作能力受到限制，钻机配备的冲击钻头质量一般都小于 5000kg，无法满足大直径钻孔灌注桩的施工要求。全液压冲击反循环钻机，如表 10－1 中的 YCJF－25 型钻机，可改变机械式冲击反循环钻机的上述缺点，钻头质量可达 8000kg，可满足大直径钻孔灌注桩的施工要求。

10.3.2　主要机构

机械传动式冲击反循环钻机主要由传动系统、冲击机构、提引系统、冲击钻头、排渣系统、钻架及底盘和电气控制柜七部分组成。

液压传动式冲击反循环钻机（如 YCJF－25 型钻机）主要由液压动力站、液压步履、液压操作台、主副卷扬机、导绳架、钻塔、液压缸冲击机构、缓冲机构、冲击钻头及排渣系统等组成。图 10－4 所示为三种钻机的配套钻头。

(a) CJF–15型钻机配套钻头　　　(b) YCJF–20型钻机配套钻头　　　(c) YCJF–25型钻机配套钻头

图 10－4　三种钻机的配套钻头

10.3.3　CJF 系列冲击反循环钻机

1. 工作原理

CJF 系列冲击反循环钻机为双绳冲击、泵吸反循环排渣、钻头压岩角度自旋的冲击反循环工程钻机。

CJF 钻机的工作原理是借助一定质量的钻头，通过自动提升一定的高度，周期性地冲击孔底，造成岩石的脆性破碎，出现崩离体而获取进尺。每冲击一次之后，钻头由钢丝绳提起，并变换一定角度，同时利用泵吸反循环吸出岩屑，清洁孔底，减少重复破碎，从而保证钻孔圆形断面的形成。

碎岩机理是利用冲击荷载碎岩，钻头冲击点的接触应力瞬间可达极高值，应力较集中。虽然理论上岩石的动硬度比静压度大，但仍然可达极高值，极易产生裂纹，而且冲击速度越大，岩石的脆性也增大，更有利于裂隙发育。

2. 工作特点

该钻机主要应用于深桩基施工、大直径钻孔灌注桩施工及地下连续墙施工；应用于基岩，尤其在卵砾石层和中硬岩地层中施工具有较高的钻进效率。CJF 系列钻机参数选择合理，以机械传动为主，结构简单，布局紧凑，操作方便，性能稳定，标准化程度高，通用性强，维修便利；钻头质量大，行程大，频率高，能形成较大的冲击功；反循环排渣工艺排渣效率高，碎岩效果较好。采用同步双筒卷扬机结构，钻头提升两根左右旋向钢丝绳，能严格同步，利用压梁冲击，通过缓冲机构在往复工作中突然变化的冲击力吸收缓冲，以保证钻头的平衡起落，延长钢丝绳寿命，实现工作性能的稳定、可靠；同时，钻机设有液压步履结构，整机水平调整和多方位移位方便，省时省力，钻塔液压起落安全、平稳，组装方便。

10.3.4　YCJF-20冲击反循环钻机

1. 主要机构

YCJF系列冲击反循环钻机的冲击动作由液压缸冲击机构完成。该机构由特殊设计的液压缸和带有导向装置的冲击轮组组成，液压缸冲击机构安装在钻塔的上部，从液压动力站来的液压油进入冲击液压缸下腔，推动液压缸活塞杆上升，并通过钢丝绳带动钻头上升，当达到预定高度时，用手动或自动控制使液压缸换向，液压缸下腔的液压油能快速排出，钻头带动液压缸活塞杆下落并冲击孔底。

缓冲机构用来吸收液压缸冲击机构的冲击力和导正钻塔前后的钢丝绳，使钻塔垂直受力。其上设有传感器，当钻孔加深、钻头的冲击力不能完全使用在孔底时，传感器将发出信号，卷扬机将自动放绳给进。

主、副卷扬机由液压电动机驱动，工作速度可无级调整。工具卷扬机用于提升或下放钻头，为双绳双卷筒，设有差动机构。在液压缸冲击机构工作时，卷扬机由抱闸抱死，在差动机构的作用下可使两根钢丝绳的拉力保持平衡，以保证钻头不发生倾斜。副卷扬机用于提动排渣管。

2. 钻机性能特点

1）钻机为全液压传动，传动平稳，噪声低，功率消耗小，过载保护好，质量轻。

2）该机实现了机、电、液一体化，自动冲击采用了单板微机控制，因此操作集中、方便、省力、可靠，可任意选择自动冲击或手动冲击，冲击行程、冲击频率可无级调整，能适应多种工况。

3）具有自动给进功能。在冲击过程中根据冲击钻头进尺情况可适时、适量自动放绳，能有效地提高钻进效率。

4）冲击方式独特。钻头能平稳提升，而冲击时由于液压缸下腔排油阻力非常小，同时活塞杆与钻头的行程之间为倍增关系，钻头以比活塞杆快近1倍的速度下落，所以钻头能以自由状态下落，冲击力大。因该钻机配备的钻头质量大，钻头工作平稳，所以能适应大口径施工，成孔质量好。在冲击工作中钻机运动件少，工作惯性小，因此钻机易损件少，工作寿命长。

5）配有液压步履，在施工现场可方便地移位，液压步履与钻机可一并运输。

6）钻塔起落为液压控制，平稳、安全、操作方便。

10.4　施　工　工　艺

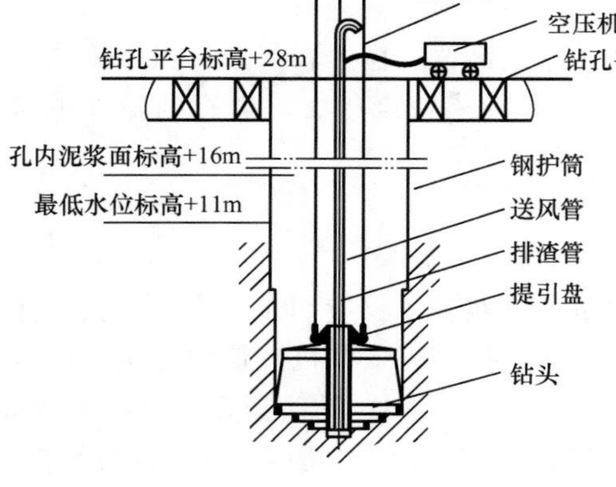

图10-5　YCJF-25型钻机应用气举反循环钻进工艺示意图

10.4.1　施工顺序

冲击反循环钻成孔灌注桩施工顺序为：桩位放样→埋设钢护筒→钻机对中调平→造浆钻孔→护筒跟进→钻孔→成孔→第一次清孔（排除钻渣）→测孔深和沉渣厚度→放钢筋笼→下导管→第二次清孔（循环换浆）→灌注混凝土（边灌注混凝土，边拔导管，边拔护筒）→成桩。图10-5为YCJF-25型钻机应用气举反循环钻进工艺示意图。

10.4.2　施工要点

1. 钻机的选用

根据地层情况和工期要求选用合适的冲击反循环钻机。

2. 平整场地

钻孔场地平整要根据现场实际情况而定。场地为旱地时，应清除杂物，换填软土，整平夯实；场地为陡坡时，可用枕木、型钢等搭设工作台；场地为浅水时，要填筑工作平台并使其比水位高出 50～100cm；场地为深水或淤泥层较厚时，可搭设工作平台，平台须牢固，能承受工作时所有静、动荷载，并考虑施工机械能安全进出；场地水位较高时，可考虑采用钢筋混凝土围堰或沉井，在围堰或沉井顶部搭设施工平台。

3. 护筒的埋设

为固定桩位，保护孔口不坍塌，隔离地面水和保持孔内水位高出施工水位，维护孔壁及钻孔导向等，在钻孔前须按要求制作、埋设或下沉护筒。护筒内径应比桩径大 20～40cm。护筒通常采用 10～12mm 的钢板卷制而成。护筒埋设方法有挖埋式、填筑式、围堰式和深水式等，常见的护筒为挖埋式。护筒外四周一定要夯填密实黏性土，必要时护筒外围加一些木桩或块石把护筒挤嵌牢固。由于冲击钻冲孔振动力很大，容易使护筒下沉跟进，故护筒的埋设必须稳固。

埋设护筒时应根据所放桩位拉出护桩，护桩宜拉至护筒外侧。

4. 开孔

护筒埋设好，钻机就位后就可以开孔了，开孔对于成孔是很关键的工序。具体做法是：首先向孔内灌注稠泥浆，如果上层为流砂层，开钻时必须采用低速（1～2 挡）、小行程（1.5～2.5m）钻进，并按 1:1 的比例投入黏土和小片石，用冲击锤反复冲击，使泥膏、片石挤入孔壁，保证孔壁坚实、不塌不漏。泥浆刚循环开始时，泥浆不可循环，边开孔边孔内造浆，当泥浆很浓时加少量水继续冲孔，待钻进尺寸达 1m 左右时方可。开孔作业必须连续进行，不得中断，特殊情况需进行泥浆循环。

钻机就位前要对主要的机具进行检查、维修，确保施工过程中不会因钻机故障而停钻。冲击钻机的起吊轮线、钻头和钻孔要在同一铅垂线上，其偏差不大于 20mm。钻机就位对保证钻孔质量和能否顺利钻进关系重大，就位时用经纬仪观测，保证管锥中心对准桩位中心，并将钻机支垫牢固。

5. 钻孔泥浆

1) 选择并备足质量良好的造浆黏土，保证钻孔内泥浆顶标高始终高于外阔叶水位或地下水位 1.5～2.0m，使泥浆的压力超过静水压力，在井孔壁上形成一层泥皮，阻隔孔外渗流，保护孔壁免于坍塌。

2) 制备泥浆时，严格控制黏土及配合比的选择，并对泥浆的各项性能指标进行测定。可直接往孔内加黏土，通过管锥的冲压作用造浆。施工中每工班至少要测定两次泥浆性能。

3) 选择适宜地点建造泥浆池，用于泥浆的排放和存放。泥浆池分为沉淀池和储浆池，沉淀池应尽量大而深。泥浆主要性能指标见表 10-2。

表 10-2　泥浆主要性能指标

地层	相对密度	黏度/s	静切力/Pa	含砂率/%	胶体率/%
砂、砾石、卵石	1.20～1.45	21～24	2～4	<5	>95
岩层	1.2～1.6	24～26	3～4	—	—

6. 钻进

1) 钻孔前按施工设计提供的地质、水文资料绘制地质剖面图，挂在钻台上，针对不同地层选用不同的钻头、行程及适当的泥浆。

2) 钻机初钻时适当控制进尺，采用小行程，使初成孔竖直、圆顺，防止孔位偏心、孔口坍塌。正常钻孔后，采用4~5m中、大行程，但最大行程不宜超过6m。

3) 施工中应经常检查钻头转动装置是否被钻渣卡住。钻进时经常回填小石片和黏土，低锤勤击，以免出现斜孔、卡钻、坍孔、漏浆等事故。保持适当的水头高度，水头高度应高于施工水位或地下水位1.5~1.8m，并不低于护筒上口0.1~0.2m。

4) 钻孔作业必须连续进行，不得中断，因特殊情况必须停钻时，孔口应加保护盖，并严禁钻头留在孔内，以防埋钻。

5) 钻进过程中要根据不同的地质情况采用不同的钻进速度，根据地质情况的变化控制泥浆的指标，以利护壁、防坍和浮渣。

6) 要均匀地放松钢丝绳的长度，如松绳过少，会形成"打空锤"，使钻机、钻架及钢丝绳受到过大的意外荷载，遭受损坏；松绳过多，则会减少行程，降低钻进速度，严重时使钢丝绳纠缠，发生事故。

7) 任何情况下最大行程不得超过6m，以防止卡钻、冲坏孔壁或孔壁不圆。为正确提升钻锥的行程，应在钢丝绳上油漆长度标志。

8) 检孔。钻进中必须用检孔器检孔。检孔器用钢筋笼做成，其外径等于设计孔径，长度为孔径的4~6倍。每次更换钻锥前都必须检孔。当检孔器不能沉到原来钻到的深度，或大绳（拉紧时）的位置偏移护筒中心时，应考虑可能发生了弯孔、斜孔或缩孔等情况。不得用钻锥修孔，以防卡钻。

7. 第一次清孔排渣

根据不同情况可选用正、反循环两种循环排渣方式，用反循环排渣能获得较高的钻进速度。当地层为较黏的土层时，为避免糊钻，必要时可采用正循环排渣；当钻进至强、中、微风化辉绿岩、灰岩及硅质岩、强风化粉砂质泥岩、中风化粉砂质泥岩等硬岩层时，岩渣相对较少，视具体情况可选择采用泵吸反循环或间断反循环的排渣方式，孔很深（80m以上）时可选择采用气举反循环排渣方式。

钻孔符合终孔条件后，停止给进，泵吸反循环系统继续工作，并逐渐替浆，使泥浆密度小于1.25kg/L，待排渣口无渣时方可提上钻具转入下道工序。

换浆法清孔即用正循环泵，于钻孔完成后提升钻锥至距孔底10~20m持续循环，压入相对密度较低（1.1~1.2g/cm³）的泥浆，把钻孔内的悬浮钻渣和相对密度较大的泥浆换出。

8. 沿海地层施工工艺

沿海地层上部一般为松散的粉砂、细砂，胶结性差，孔壁极不稳定，加之海水潮涨潮落的压力，钻孔极易坍塌，可采取如下技术措施：

1) 泥浆池要因地制宜，一般直径为3~5m，深1.2m；沉淀池深1.0m，反循环泵开始工作后随着钻渣的增加可逐渐扩大沉淀池；循环槽长度为6~10m。循环系统与泥浆池构成闭式循环系统，在冲击过程中土、砂石、卵石等钻渣不断抽出排入沉淀池，经沉淀后泥浆返流回孔内。

2) 开孔前，护筒内填入一定数量的黏土，用0.6m左右行程低冲勤打，当泥浆密度达到1.8kg/L时启动正循环，排浆至泥浆池，再返填黏土。如此往复4~5次后，使泥浆池的泥浆密度达到1.3kg/L，浆位高于排浆口，这既是造浆也是护壁过程。

3) 孔深达4.5m以后可连续开正循环泵循环泥浆，行程可加大到1.0m。孔深达6~7m以后，泥浆黏度、浆位达到反循环要求时可间断启动反循环砂石泵，但护筒内浆面下降要小于0.5m。孔深达7~8m以后可连续启动反循环泵。

4) 正常钻进时，使用密度大、黏度高、胶体率高的泥浆，入孔泥浆密度为1.30~1.35kg/L，排出孔口泥浆密度应控制在1.4kg/L以内。综合考虑各种因素影响，泥浆性能参数确定如下：密度为1.30~1.35kg/L，漏斗黏度为25~30s，胶体率大于95%，含砂率小于5%，pH为8~9。

9. 遇较大卵石和漂石的施工工艺

1）增强钻头的稳定性。大直径钻头只有在良好的稳定性前提下才能够较大幅度地提高工作效率，因此要采用足够长和带护圈的多刃钻头施工。

2）调整好钻机两个卷筒的制动带，使两根钢丝绳的受力均匀、平衡。

3）变自动冲击为手动冲击，手动冲击要熟练，操作要平衡而均匀。

4）使用小行程冲击，行程为 0.6～0.8m。

5）当班班长要勤观察钢丝绳的摆动状态和发展趋势，如有轻微偏斜要及时填入适量片石，将孔斜解决在萌芽状态。

6）打穿卵漂石后恢复正常钻进。

10. 花岗岩地层的施工方法

1）排渣管底部距孔底 0.30m 左右，反循环砂石泵正常工作，保持孔底清洁，快速返出岩屑和岩块。

2）行程调整为 1.2～1.5m，频率为 18～21min^{-1}。

3）冲击钻头底部焊接耐磨块作为冲击刃，刃部堆焊耐磨焊条。先用结 502 普通焊条打底，然后使用硬度 HRC60 左右、型号 TDCrC - 1C 的 ϕ4.0mm 耐磨焊条间隔 6～10mm 堆焊成竖条状。

4）钻头外圈间隔 5mm 堆焊成梅花状，确保钻头外径符合要求。

5）在操作过程中，每隔 2～3h 要把钻头提出孔口，冲洗干净后认真检查，发现问题及时处理。

采取上述措施，在中风化花岗岩中 12h 可进尺 1.2～1.9m，在弱风化花岗岩中 12h 可进尺 0.5～0.9m。

11. 基岩开孔及溶洞顶板钻进施工

根据每个桩孔的钻孔勘察资料，基本掌握基岩岩面的走势和溶洞顶板位置及溶洞的埋深。冲击钻进至基岩面和溶洞顶面时，采用手动操作，使用小行程、低频率的钻进工艺参数，以减小冲击钻头顺着岩面下滑和倾倒的趋势。如在冲击钻进过程中发现钢丝绳在平面位置上偏摆严重，说明孔底岩面不平或岩质软硬不均匀。此时应停止冲击钻进，向孔内投入抗压强度不小于岩层抗压强度的岩块，采用小行程、低频率的工艺参数钻进，形成均质截面的孔底，待在倾斜的岩石面上冲击出台阶后，随台阶截面的增大逐渐提高钻头的冲击行程和频率，恢复正常钻进。填石高度一般以高出引起钻孔倾斜界面 1.5m 左右为宜。如冲至原位后钢丝绳仍偏摆严重，应继续填石纠偏，直到钻进平稳。在溶洞顶板钻进，应用手动冲击钻进，采用低行程工艺参数钻穿溶洞，防止遇有大的溶洞发生落钻、引起卡钻等孔内事故。同时要有专人观察钻孔内泥浆液面的变化，发现泥浆漏失应立即将钻头提离孔底，防止泥浆漏失引起塌孔导致埋钻事故。

12. 岩溶孔段的钻进施工

在溶洞中钻进，由于钻孔进入溶洞范围内，溶洞的内壁、顶板和底板高低不平，钻进溶洞顶板及底板都相当于在倾斜岩面开孔。因此，必须采取相应处理措施，根据地质资料、冲击钻进时地表设备的声音和钢丝绳的偏摆情况进行判断。空洞钻进须分层回填黏土坯和岩石块，在无泥浆循环的情况下经过反复冲砸形成新的孔壁，堵塞原溶洞内填充物的活动通道及地层裂隙，防止孔壁坍塌和泥浆流失。钻头在溶洞内冲击高低不平的岩面时，或一部分为岩石面、一部分为悬空时，容易造成卡钻或斜孔事故。这时必须向孔内抛填岩石块和黏土坯，用低行程、无泥浆循环反复冲击密实，形成均质截面的孔底和新的孔壁后再恢复正常钻进。

10.4.3　施工注意事项

1）钻机就位桩基孔口周围场地应基本平整稳固，若地面较软，要用碎石或方木垫平；钻机就位调平后应确保其稳固，防止钻进过程中倾斜、下陷。

2）护筒制作与压进钢护筒的作用不仅是定位、导向，在松软地层和回填层段还起着护壁、隔离地面水、防渗水、保护孔口地面及提高孔内泥浆水位等作用。护筒制作应紧密、严实、不漏浆，接口焊缝密实，并用帮条加固满焊，防止压入过程中断裂、变形、漏水。桩径较大、桩身较长的桩应有加强肋。护筒压入时应防止卷口。根据实际情况，若护筒一次压不到位，可先开孔钻进，待钻至适当深度时再进行二次压入。

3）对于冲击反循环钻进而言，钻进效果的优劣70%～80%取决于钻头的结构形式及刃角的形状、硬度及排布情况，因此钻头结构形式选择正确，可以事半功倍。常见的冲击反循环钻头结构形式有长圆柱（直径在1.2m以下）形、短圆柱形和锥台形三种。钻头底部多为阶梯形。从施工实践分析来看，锥台形钻头由于钻头上部台肩细，钻头本身不具备导向性，在软硬互层（地层多有倾斜性）地层钻进具有一定的自动纠斜作用，不易产生大的孔斜。而许多直径在1.3～1.5m以下的钻头，由于钻头重量的要求，往往多为长圆柱形结构，在孔内导正性较好，在易斜地层极易发生孔斜而不易纠正，所以在易孔斜地层不宜采用圆柱形结构的冲击钻头。从钻进效率来看，钻头底部的阶梯差别以大为好，一般每层阶梯高差应大于0.20m，这是因为阶梯差别大的钻头钻进中孔底基本是锥形的，冲击破碎的岩块很容易被反循环的泥浆液带至钻孔底部中心部位而被居中的排渣管泵吸排出孔外，即排渣及时，不易产生重复破碎现象，冲击做功利用率高。

4）不同地层钻头刃角的选择。钻头刃角形式及排布对钻进速度影响很大，通常情况下，松散的泥砂层及塑性较强的泥岩类地层采用细长形式的刃角，且以密排布为好，刃角间距可以在250mm以内，长度以80～100mm为宜。而大粒径的卵石、漂石、硬基岩地层则采用短刃角（60mm以下）疏排布（300～400mm）为好。要求刃角的强度、硬度要大，与钻头体的焊接要牢固。在钻进中，刃角磨损后应及时涂焊耐磨材料，确保刃角足以克碎岩层。在施工中许多技术人员往往不注重刃角的修复，虽然有时地层不是太硬，但刃角已磨圆，硬度也不够，这样很难克取岩层，有的根本不进尺，技术人员还误以为因地层硬度大不进尺。

5）开钻成孔。开钻前应充分检查钻机安装就位是否准确无误，钻架安放是否稳固，避免钻进中出现倾斜、沉陷和位移现象，以保证孔井的垂直度。开钻时，护筒内灌入制好的泥浆。在淤泥层和粉砂层中宜小行程钻进。在钻孔过程中必须配备滤砂器，在泥浆循环过程中清除掉大部分的砂，可大大提高泥浆质量和钻孔效率，也可缩短成孔后的清孔时间。

10.4.4 影响钻进速度的因素

1. 影响因素

（1）放绳量

冲击钻进时放绳是手工操作，掌握每次放绳量对提高钻进速度有帮助。如果放绳量过多，钻头在孔底会发生摇摆，造成钻进缓慢，会使钢丝绳易损坏、桩径增大甚至造成孔斜；放绳量过少，则会打空锤，无进尺。因此，操作者责任心要强，做到勤放绳、严格控制长度、每次少放，并恰当掌握放绳量。一般情况下，在漂石层、砂岩中钻进时，每次放绳量为20～50mm较合适。

（2）悬距

悬距即钻头在孔内静止时其底部到孔底的距离。理论上，合适的悬距应为钢丝绳的伸长量与钻头切入岩土的差值。在漂石层及硬质岩石中施工时，必须留有悬距，才能提高钻进速度。钢丝绳的伸长量与其材质、孔深等因素有关，而钻头切入岩土深度又与钻头结构和岩土特性有关。要掌握正确的悬距，在操作时认真观察体会。一般悬距适宜时钻机运转平稳，进尺较快；悬距过小时钻头发生摆动，有时碰撞排渣管，提升钻头时钻机抖动，钢丝绳弹摆幅度较大，且进尺慢；悬距过大时打空锤，钻机负荷增大。一般情况下，在卵石层、漂石层及砂岩中成孔钻进，悬距为20～40mm较合适。

（3）泥浆性能

泥浆具有排渣、护壁、冷却钻头等作用。实践表明，在松散的砾卵石层中用冲击反循环钻进时，当大部分粒径能通过排渣管时，钻头只需松动砾卵，并使之悬浮在泥浆中。这时，当泥浆密度为 1.3～1.4g/cm³，黏度为 22s 左右时，松动悬浮的效果好。粒径 100mm 左右的卵石可随循环浆液排出，此时排渣量大，钻进速度快，台班进尺可达 5.0～6.5m。当泥浆密度为 1.1～1.2g/cm³，黏度为 18～20s 时，台班进尺为 2.5～3.5m。因此，在松散砾卵石层中钻进时泥浆密度、黏度宜偏大些。在漂石及砂岩中钻进时，此时主要以冲击破碎为主，泥浆密度为 1.1～1.2g/cm³、黏度为 18～20s 时进尺较快，台班进尺可达 2.0～3.0m。当泥浆有漏失现象时，加入适量的化学试剂，以提高黏度并防漏。当漏失严重时加入一些粗颗粒的悬浮物，如锯木粉或谷壳，可起到堵漏作用。冲击钻头要克服泥浆浮力及钻头与孔壁间的泥浆上溢量做功，泵吸抽渣可加大钻头冲击下落速度，保持孔底清洁；降低泥浆密度可以减小泥浆浮力。泥浆的密度应根据钻孔护壁情况选择，过大或过小对钻进均不利。

（4）反循环排渣管

排渣管距孔底 0.2～0.3m 时排渣效果最好，但在松散卵石层中要控制排渣量。排渣量过大易发生超径、塌孔现象，有时会堵塞排渣管。此时应稍提升排渣管，减少排渣量，待排渣量正常后再把排渣管放到正常位置。排渣量大小可根据出口渣量及卵石撞击泵壳和排渣管的响声判断。

2. 注意事项

1）泥浆补充与净化。施工开始前应调制足够数量的泥浆，钻进过程中应予补充，并应按泥浆检查规定按时检查泥浆指标，遇土层变化应增加检查次数，并适当调整泥浆指标。

2）根据地质情况，必须检查钻头直径和钻头磨损情况，施工过程中磨损超标的钻头及时更换。在提升钻头时要小心谨慎，尤其是在快到护筒底部时将钻头慢慢提起，防止碰撞孔口护筒，造成护筒底部坍孔、护筒错位或变形事故。

3）在冲击过程中必须经常检查钢丝绳的磨损情况以及转向装置的灵活性和连接的牢固性，以防磨断或因转向不灵而扭断钢丝绳，发生掉钻事故。钢丝绳保养不当会加快其损耗，因此提升钻头时应在孔口冲洗钢丝绳上的泥砂，使之保持干净，不受砂粒的磨损。在钢丝绳上经常涂抹黄油，使各滑轮转动灵活，以延长钢丝绳的使用寿命。

4）双卷扬机卷鼓运转要同步，在钻进过程中要保证两根冲击钻钢丝绳松紧程度和卷放速度均匀一致，防止钻孔偏移。

随着钻孔加深，调整主卷扬机钢丝绳长度的同时也要放下排渣管，排渣管下端的吸渣口与孔底之间应保持 0.3～0.5m 的距离，距离过大清除效果差，距离过小容易堵管。

5）操作者要熟悉设备性能，严格按规程操作、保养、维护机械设备，保证钻机的完好率和使用率，以便降低成本、提高效益。

6）钻孔安全要求：冲击锥起吊应平衡，防止冲撞护筒和孔壁；进出口时，严禁孔口附近站人，防止发生钻锥撞击人身事故；因故停钻时，孔口应加盖保护，严禁钻锥留在孔内，以防埋钻。

10.5　工　程　实　例

10.5.1　冲击反循环钻进方法在大直径桩孔中的应用

10.5.1.1　工程概况

长春至拉林河高速公路是京哈高速公路的一部分，位于吉林省北部，全长 160.828km。其 04 标段始于松原市陶赖昭镇至于德惠市丁家园镇，全长 3.4km。其中，陶赖昭松花江特大桥是全线唯一的一座特大桥，桥长 1597m，共有钻孔桩 184 根，其中 0 号、31 号桥墩共有 16 根，直径 1.5m，引桥 1 号～

5号桥墩共96根，直径2.0m，主桥6号～11号桥墩共72根，直径2.0m，9号～11号桥墩处于主河道深水中。

该工程地层复杂，施工难度大，工程质量要求高，工期紧，为按时完成桥墩桩孔施工任务，采用国际招标选择施工单位，选用的施工工艺、方法较多，有正反循环回转和正反循环冲击钻进，钻机的种类齐全，有全液压、转盘、立轴、冲击反循环、单绳冲击等钻机。钻机不同，施工单位不同，所选用的钻头、钻进工艺方法各有不同，钻进效果也有差异。经施工对比，冲击反循环钻进方法钻进速度快、成孔质量好。

10.5.1.2　工程地质状况

桥墩位于第四纪地层，主要由砂砾石组成，中密状态，基岩岩性为白垩系泥岩夹薄层砂岩，以红色为主，局部夹灰色，砂岩厚度一般为10～50cm，最大厚度达1.0m，K41+830—K42+570范围内泥岩天然状态下单轴极限抗压强度仅为0.5～1.5MPa。微风化泥岩呈棕红色，局部夹砂岩，泥岩天然状态下平均单轴极限抗压强度为3.7MPa，$[\sigma]=1000$MPa，$\tau=150\sim160$MPa。

10.5.1.3　施工方案

大直径钻孔成孔过程中遇到的主要问题是排渣、孔壁稳定、碎岩等，使用常规回转钻进方法很难达到满意的钻进效果，而采用冲击反循环工法是钻进大直径硬岩、卵石、胶结卵石等地层的有效方法。冲击反循环钻进的原理是：冲击钻头由带有提引平衡机构的两根钢丝绳提引，钢丝绳在任何状态下的拉力和提升速度必须保持一致。钻头带有中心孔，排渣管随钻头下到孔底。排渣管通过胶管与砂石泵相连，钻头冲击破碎的岩渣通过排渣管经砂石泵排到泥浆池。其把冲击碎岩和反循环排渣结合起来，对于钻进大直径硬岩是非常有利的。根据地层情况及孔深要求，选用冲击反循环钻进方法及钻进工艺。

1. 成孔工艺

选择冲击反循环钻进成孔工艺，自然土加适量钠土和碱造浆护壁，必要时采用优质黏土造浆护壁。

2. 设备选择

钻机选用GCF-15、GJF-20，砂石泵选用6BS排污泵3PNL。

3. 钻机的主要技术参数

钻孔直径2.0m，冲击频率40次/min，钻孔深度80m，钻头质量3000kg，钻头冲程为0.65m、0.8m、1m，功率为75kW。

10.5.1.4　钻进效果

各孔段钻进情况见表10-3。

表10-3　钻进情况

孔段/m	地层	回转钻进方法		冲击反循环钻进方法		钻孔直径/m
		平均钻速/(m/h)	钻头类型	平均钻速/(m/h)	钻头类型	
0～10	泥砂、砂层	1.46	六翼合金钻头	0.8	阶梯式冲击钻头	2.0
10～15	砂卵砾石	0.37		0.6		
15～20	全强风化泥岩夹卵石	0.14		0.54		
20～35	弱风化泥岩夹砂层	0.14		0.32		
35～45	微风化泥岩	0.07		0.23		

由表 10-3 可以看出，在松软地层，回转钻进的钻进速度高于冲反钻进，但钻进卵砾石、硬岩地层时，冲反钻进的钻进速度远高于回转钻进。钻进硬岩地层所花费的时间占全部钻进时间的 70％以上，因此硬岩地层的钻进速度决定了整个钻孔的钻进效果及成孔速度。

10.5.1.5　冲击反循环钻进的成孔质量

冲反钻进成孔的实践证明，使用冲击钻进成孔可提高成孔质量，减小成孔的扩径系数和钻孔孔斜，使钢筋笼顺利下入孔内。在该工程施工过程中未出现钢筋笼下放被卡的现象，成孔方法和质量受到甲方的认可和好评。

施工实践证明，冲击反循环钻进是钻进大直径钻孔灌注桩桩孔的十分有效的方法之一，它不仅适用于硬岩层，也可有效地钻进泥岩等软地层；在使用过程中不断地研究、使用新的钻进工艺方法，可大幅度提高钻进速度和成孔质量，减少孔内事故，提高经济效益和社会效益。

10.5.2　临海河道岩质地层桩基成孔施工技术

10.5.2.1　工程概况

1. 工程简介

大、小汤河桥改造工程位于秦皇岛市河北大街至北戴河城市主干道上，地处大、小汤河入海口处。大汤河桥跨组合为 6×20m＋2×22m，小汤河桥跨组合为 6×20m，两桥设计桩基共 256 根。桩基施工采用围堰筑岛。临海受潮汐、洪水冲刷，大汤河河道一般冲刷深度为 5.5m，小汤河河道一般冲刷深度为 4.9m。桩基施工距建筑物较近，并受复杂地质的影响。

2. 地质条件

秦皇岛市区地貌单元对岩土体结构的控制作用较为明显，第四系土体的下卧层多数为燕山期花岗岩和早期混合花岗岩的风化产物。在桩基成孔过程中，由于岩体复杂，每根桩必须由勘察单位地质工程师确定初见弱（微）风化花岗岩孔底标高，再嵌入岩内若干深度后给予定性。以小汤河桥 0 号轴 X0-1、X0-2、X0-3 地质为例，即使在同一区域变化也很大，如 X0-1 桩初见弱（微）风化花岗岩标高为 -19.47m，嵌岩 0.3m，X0-2、X0-3 两根桩初见弱（微）风化花岗岩标高分别为 -11.76m、-8.42m，嵌岩分别为 0.7m、3.3m。桩位间中心距为 5m，X0-1 与 X0-3 相距 10m。

由于遇到地下弱（微）风化花岗岩，14 台钻机施工半月未能有效成孔。1 钻到弱（微）风化花岗岩后，因岩石坚硬而坍孔，桥桩施工进度严重受阻。

10.5.2.2　技术措施及质量保证

1. 技术措施

解决桥桩岩层成孔，设备是关键。经过反复试验，最终选择了冲击反循环钻机 CFG-1500。此种钻机兼有冲击钻机和反循环钻机的优点，基本可适用于各种地质条件，经试验效果较好。迫于工期要求，而这种设备又少，经过综合分析，拟采用两种施工方法：①直接用冲击反循环钻机，从地面钻至成孔结束；②桩基成孔上半部分使用普通冲击钻机，到达弱（微）风化岩后改为冲击反循环钻机最终成孔。

2. 机型互换

两种钻机互换基于以下四方面的对比分析：①两者均为冲击型钻机，对孔壁的作用原理是一致的；②两者的排浆、排渣方法不同，冲击钻机是淘浆、淘渣，而冲击反循环钻机依靠泵吸反循环连续排浆、排渣，有利于清孔，排渣干净；③两种钻机要求的泥浆相对密度相差较小，可逐步过渡，如冲击钻机泥浆相对密度要求为 1.2g/cm³ 左右，冲击反循环钻机泥浆相对密度要求为 1.15g/cm³ 左右；④冲击反循环钻机适用于各种地质，对花岗岩有实效。

3. 岩层钻孔

冲击反循环钻机锤头上的钻头均为合金头，锤头呈锥形。在锤头的顶部设置有约 30 个钻头，作业面分为三个层面，依靠 4t 左右的锤重调节冲锤与作业面的距离，使锤头作上下往复冲击运动，形成瞬时冲击力，将岩层慢慢破碎。捣碎岩层时需要根据不同的岩层结构调节冲锤与作业面的距离，距离大则冲击力大，效果好，但对孔壁的影响也大，易造成坍孔，距离小则效果不明显。所以，调节好锤距是关键环节。每钻进 0.1m 提取岩样 1 次，由反循环泥浆泵吸浆、排渣，达到钻岩成孔的目的。冲击反循环钻机虽能钻进弱（微）风化花岗岩，但实际进尺较为缓慢，当达到单轴饱和抗压强度 70MPa 后，每天的进尺为 0.3～0.4m，完成 1 根桥桩成孔一般需要约 5 天。采用第二种施工方法，进度有了很大提高，可基本满足工期要求，且费用较低。

4. 质量控制

施工实践表明，控制成孔质量，要根据实际情况采取有效措施，选配合理的施工方法和施工机械。两种钻机配套使用是一种较好的选择，质量上得到保证，进度上快了许多，同时降低了施工成本，整体效果很好。

10.5.2.3 小结

在大、小汤河桥改造工程中，采用上述方法成功地进行了桩基的施工。为提高桥桩成孔的质量，要选择适宜的施工设备与施工方法，并在施工过程中加强重点工序的控制。

10.5.3 CJF-20 型冲击反循环钻机桩基钻孔施工

10.5.3.1 工程概况

重庆嘉陵江复线大桥位于嘉陵江大桥上游 180m 处，南接牛角沱滨江路，北接裕佳苑路，其主体工程由主桥、右引桥、左引桥、牛角沱立交桥和引道五部分组成。大桥 P4 墩位于嘉陵江北岸，包括复线桥基础和轻轨地铁桥基础两部分，设计为分离式群桩基础，承台净距 2.8m，桩径 2.0m，桩长 15m、18m、23m，复线桥按 3×3 排布置，地铁桥按 2×3 排布置。

地质情况：位于江北，侵蚀地貌，地面标高 155.6～157.2m，承台范围水深 3.8～5.4m；上覆卵石层 0.7～2.0m，下卧基岩依次为江边砂岩层、砂质泥岩、砂岩互层及三岗砂岩层；裂隙、层理发育，受江水补给，岩石裂隙渗透性强。

工程特点：①工期短，安排钻孔时间不足两个月；②场地小，不宜多台钻机同时作业；③钻孔桩径大，直径为 2.0m，且全部穿入岩层。

10.5.3.2 钻机的选择

钻机的选择原则：①钻机性能应满足钻孔桩基的地质条件和有关技术指标的要求；②钻机应具有先进性、实用性和可靠性；③要求操作简便、效率高，能满足工期、质量要求，运输和组装方便；④符合专业化协作的发展趋势，在市场竞争中具有一定装备优势。

根据 P4 墩的地质情况及技术、工期和质量要求，决定选用 CJF-20 型冲击反循环钻机。该钻机是一种将传统的冲击钻进与反循环连续排渣技术相结合的新型大口径钻孔桩基施工设备，功率大、操作简便、实用高效、性能稳定可靠，采用液压起落、液压步履，纵横向移位、对孔方便，既保留了传统冲击式钻机施工成本低、适应地层广的优点，又克服了传统冲击式钻机不能连续排渣、重复破碎多、钻进效率低等不足，是桥梁桩基、防渗墙等施工较理想的钻孔设备。

10.5.3.3　钻孔施工工艺

1. 工艺流程

工艺流程见图 10-6。

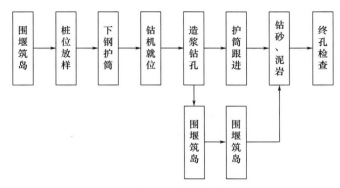

图 10-6　工艺流程

2. 护筒制作与压进

1）护筒制作。护筒制作应紧密、严实、不漏浆，焊缝密实并用帮条加固满焊，防止压入过程中断裂、变形、漏水。桩径较大、桩身较长的桩应有加劲肋。具体尺寸要求：①护筒直径 $d \geqslant 200\text{mm} + D$，其中 D 为设计桩径；②护筒壁厚 $\delta \geqslant 10\text{mm}$；③护筒下口加强劲肋厚度 $\delta \geqslant 12\text{mm}$，宽度 $b \geqslant 200\text{mm}$；④护筒加强劲肋厚度 $\delta \geqslant 10$，宽度 $b \geqslant 300\text{mm}$；⑤护筒孔口偏差 $\leqslant 50\text{mm}$，护筒斜率 $\leqslant 1\%$。

2）压进。桩基护筒直径为 2.2m，采用 DZ-90 型振动锤锤击压入。钢护筒应嵌入岩层，防止钻孔过程中造成塌孔，在压入时防止卷口。若护筒一次压不到位，可以先开钻，待钻到一定深度时再进行第二次压入。

3. 钻机组装就位

机组可根据运输条件整体运到施工现场，采用 1 台 16t 起重机配合进行组装，用步履机构自行送到需钻孔的位置。

4. 钻头

钻头为阶梯式圆形，钻头体由铸钢或钢板与专用合金刃口焊接而成。焊接应牢固，不允许出现冲散钻头或钻头掉在孔内的现象，各处的连接应圆顺，其厚度应满足冲孔强度要求。

5. 沉淀池和泥浆池

在桩基孔附近各挖一个 10m^3 的沉淀池和泥浆池，要求池深地下、地上各为 0.5m，以便于排渣和清理沉渣。利用 3PNL 泥浆泵吸泥浆，泥浆能自行流回护筒内。若场地受限制，泥浆池低于护筒较多时，也可采用两台 3PNL 泥浆泵泵送泥浆，供反循环使用。

6. 钻孔施工

1）开孔造浆。将黏土投入护筒内，采用正循环、小冲程边开孔边造浆。

2）钻进。起锤速度均匀，避免用力过猛或突然变速碰撞孔壁或钢护筒，防止提速过快引起负压造成塌孔，防止打空锤。

3）入岩。应投入黏土，采用小冲程，使孔竖直、圆顺。

4）排渣。待排渣管下入泥浆内 3m，泥浆达到规定要求（一般体积质量为 1.2～1.5kg/L）后，由 3PNL 泥浆泵吸泥浆，通过排渣管采用正循环方式排净空气，停泥浆泵，启动 6BS 砂石泵进行反循环泵吸排渣作业。应保持泥浆连续循环，并及时补充泥浆，保持水头，防止塌孔。

5）清孔。成孔后采用换浆法清孔。应保持泥浆一定的体积质量，不能采用清水换浆，否则容易塌孔。待清孔完毕后即可下钢筋笼，灌注水下混凝土。

该钻机在嘉陵江复线大桥桩基施工中解决了大孔径硬岩层等复杂地层钻孔桩施工的难题，较好地发挥了效能。

10.5.4 应用 CJF-20 型钻机施工大口径灌注桩部分实例简介

1）湖北兴山香溪大桥工程，两岸辅墩早已建好，主墩地层复杂，桩径 1.5m，桩深 24m。因为河道开孔处是大小不等的卵石，施工非常困难，多家单位施工未果。应用冲击反循环工法短期内顺利完成。

2）山东莱芜花马湾立交桥工程，桩径 1.5m，桩深 23m，遇不完整石灰岩层，冲击反循环施工效率较高，每小时进尺最高达到 2m。

3）长江荆沙大桥工程，江中一个主墩平台上用 2 台冲击反循环钻机施工，桩径 2m，桩长 68m，取得了显著的经济、社会效益。

4）湖南浏阳河大桥桩基工程，地质条件极其复杂，包括流砂、卵石、不完整的石灰岩、带有大孔洞的溶洞，施工非常艰难，多家公司施工未成。该大桥桩基桩径为 2m 和 2.35m，桩深 65m。原化工部湖南省地质勘察分院用冲击反循环工法施工，虽然经历了严重的塌孔埋钻、大水冲垮筑岛平台等重大困难，但最终完成了几年未果的国家级"老大难"工程，创造了显著的经济、社会效益。

在复杂地层中采用冲击反循环工法施工地下连续墙和大口径钻孔灌注桩，在我国是一种行之有效、符合国情的施工方法，尤其对于卵石、胶结砾岩和嵌岩等施工效果显著。该工法已被工程界广泛接受，并得到了全面推广。

参 考 文 献

[1] 王雪飞. CJF 系列冲击反循环工程钻机的应用 [J]. 江西煤炭科技，2009（4）：57-58.

[2] 张杭生，张志良. CZF 系列冲击反循环钻机的研制与应用 [J]. 水利水电技术，1996（1）：14-18.

[3] 林德恒，郑开华. GCF-1500 型冲击反循环钻机在桩孔硬岩中的钻进效果 [J]. 探矿工程，1994（2）：41，45.

[4] 侯庆国. 一种新型大口径钻孔灌注桩施工设备 [J]. 铁道建筑技术，2004（3）：70-71.

[5] 胡定成. CFZ-1500 型冲击反循环钻机研制中的几个问题 [J]. 探矿工程，2000（2）：23-24.

[6] 管佩先. 冲击反循环钻机施工地下连续墙与大口径灌注桩简介 [J]. 探矿工程（岩土钻掘工程），2001（1）：60-61.

[7] 侯庆国. YCJF-25 型全液压冲击反循环钻机 [J]. 探矿工程，2003（增刊）：174-175.

[8] 付跃红. 冲击反循环钻机维护保养及注意事项 [J]. 西部探矿工程，2003（4）：65.

[9] 沈保汉. 冲击反循环钻成孔灌注桩 [J]. 工程机械与维修，2015（04 增刊）：191-200.

[10] 钟兴吉，潘学森，郑文丽，等. 冲击反循环钻进工艺在大直径钻孔灌注桩施工中的应用 [J]. 吉林地质，2006（9）：49-50.

[11] 许作成，李刚，古巴汗. 冲击反循环钻进在某桩基工程中的应用 [J]. 市政与路桥，2003（2）：227.

[12] 郝式中. 冲击反循环钻进复杂地层中的施工工艺 [J]. 探矿工程，2002（4）：19-21.

[13] 张纯学. 大孔径嵌岩桩的施工 [J]. 黑龙江交通科技，2008（2）：71-72.

[14] 杨宗仁，史学伟. 沪蓉高速铁路跨越汉江特大桥桩施工技术 [J]. 探矿工程（岩土钻掘工程），2010（2）：47-49.

[15] 荆和平，经明，张万军. 卵漂石地层大口径钻进钻头与钻进工艺的选择 [J]. 西部探矿工程，2000（5）：112-113.

[16] 铁道部第十五工程局. CFZ-1500 型冲击反循环钻机钻孔桩施工工法（YJGF11—2000）[J]. 施工技术，2002（6）：

44 - 46.

[17] 隋洪久，修正春，李士平，等．复杂地层冲击反循环钻进技术要点 [J]．西部探矿工程，2006 (4)：36.

[18] 左伯如．深厚卵砾石层钻进成孔技术 [J]．探矿技术，1998 (4)：10 - 11.

[19] 王崇绪．CJF - 20 型冲击反循环钻机桩基钻孔施工 [J]．建筑机械化，2001 (1)：36 - 38.

[20] 梁日旺．冲击反循环入岩工艺在香港的应用前景 [J]．西部探矿工程，2001 (6)：25.

[21] 王茂森，殷琨，徐会文，等．冲击反循环钻进方法在大直径桩孔中的应用研究 [C]．2001 年桩基础学术会议，2001，合肥．

[22] 刘鸿顺．临海河道岩质地层桩基成孔施工技术 [J]．桥梁工程，2011 (1)：47 - 49.

第 11 章　长螺旋钻孔压灌混凝土后插笼桩

武思宇　沈保汉　吴剑波　李式仁　王笃礼　董威信

11.1　长螺旋钻成孔工艺的发展

干作业长螺旋钻成孔灌注桩具有振动小、噪声低、钻进速度快、施工方便等优点，但其桩端或多或少会留有虚土，只适用于在地下水位以上的土层中成孔。

近 30 年来，国内外推出了施工新技术，将通常只能进行干作业的长螺旋钻机拓展到湿作业（在地下水位以下成孔成桩作业），如欧洲的 CFA 工法桩、长螺旋挤压式灌注桩、长螺旋钻成孔全套管护壁法灌注桩及 VB 型桩，国内的钻孔压浆桩、长螺旋钻孔压灌混凝土桩、钻孔压灌超流态混凝土桩、长螺旋钻孔压灌水泥浆护壁成桩、长螺旋钻孔中心压灌泥浆护壁成桩、长螺旋钻孔中心泵压混凝土植入钢筋笼灌注桩及部分挤土沉管灌注桩等。

11.1.1　CFA 工法桩

CFA 工法桩（Continuous Flight Auger Pile）可译为长螺旋钻成孔连续压灌混凝土桩，也可简译为钻孔压注桩，在法、英、意、德、美等国比较流行。CFA 工法桩的施工流程如下：用 CFA 长螺旋钻机钻孔至预设深度→用混凝土泵车将混凝土通过钻杆内腔压灌至孔底，边灌混凝土边提升钻杆，直至将混凝土灌满整个桩孔→将钢筋笼振入或压入孔内混凝土中→成桩（图 11-1）。

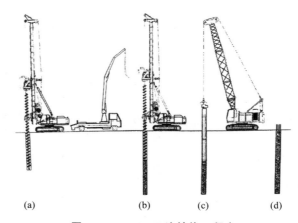

(a)　　　　(b)　　(c)　　(d)

图 11-1　CFA 工法桩施工程序

CFA 工法桩采用的钻机均由液压电动机驱动，扭矩较大，由混凝土泵车通过钻杆内腔直接灌注混凝土。在合适的地层和深度，其施工效率一般为 150～200m/天，目前钻孔直径可达 1200mm，深度为 35m 左右。主要钻机生产厂家有德国的宝峨、德尔麦克、威尔特，意大利的土力、克萨格兰特等公司。

11.1.2　钻孔压灌超流态混凝土桩

该工法由何庆林高级工程师于 1993 年 12 月提出。

11.1.2.1　基本原理

用改装后的长螺旋钻机钻至设计深度，在提钻的同时通过设在钻杆内的芯管或直接由钻杆内腔经钻头上的喷嘴向孔底灌注一定数量的水泥浆，边提升钻杆边用混凝土泵压入超流态混凝土，至略高于没有塌孔危险的位置，提出钻杆，向孔内放入钢筋笼，至桩顶设计标高，最后把超流态混凝土压灌至桩顶设计标高。

11.1.2.2　施工程序

钻孔机就位→钻至设计深度后空钻清底→注水泥浆，注入量为桩体积的 3‰～10‰→边提升钻杆边用混凝土泵经由钻杆内腔向孔内压灌超流态混凝土→提出钻杆，放入钢筋笼→灌注超流态混凝土至桩顶设计标高。

11.1.2.3　超流态混凝土的特性及组成

超流态混凝土坍落度为 210～250mm，初凝时间控制为 8～18h。超流态混凝土中一般会加入多种外加剂，包括萘系减水剂、UWB-Ⅰ型缓凝型絮凝剂、聚丙烯酰酸、木质磺酸钙及粉煤灰等。

11.1.2.4　优缺点

1. 优点

1）适应性强，应用广泛，不受地下水位的限制。

2）不易产生断桩、缩颈、塌孔等质量问题，桩体质量好。

3）在施工过程中桩端土及虚土经水泥浆渗透、挤密、固结，桩周土经水泥浆填充、渗透、挤密及超流态混凝土的侧向挤压，桩端阻力和桩侧阻力得到提高，从而大大提高单桩承载力。

4）由多种外加剂配制成的超流态混凝土摩擦系数低、流动性好、抗分散性好，细石能在混凝土中悬浮而不下沉，钢筋笼放入容易，施工方便。

5）噪声低、振动小、不扰民。

6）施工中不需泥浆护壁，不用排污、降水，施工现场文明。

7）螺旋钻成孔、混凝土及水泥浆的拌合与泵送等为"流水线"施工，效率高、速度快，尤其适合大型工程施工场地作业。

2. 缺点

1）遇到粒径大的卵石层或厚流砂层时成孔困难。

2）设备种类多，要求作业人员技术水平较高、配合紧密，施工管理难度大。小型桩基工程采用此桩型经济性稍差。

钻孔压灌超流态混凝土桩是 CFA 工法桩的发展，具体表现在：

1）在压灌混凝土之前注入水泥浆，提高了桩端阻力和桩侧阻力，从而提高了单桩承载力。

2）桩身采用超流态混凝土，有利于沉放钢筋笼。

11.1.3　长螺旋钻成孔压灌混凝土后插笼桩

11.1.3.1　施工方法的进展

1. 施工方法一

该施工方法由中国建筑一局机械化施工公司于 1997 年开始实施，是国内实施最早的此类工法。

（1）特点和原理

用改装后的国产长螺旋钻机钻孔至设计深度后，在钻杆暂不提升的情况下将普通细石混凝土通过泵管由钻杆顶部向钻头压灌，按计量控制钻杆提升高度，边压灌混凝土边提升钻杆，直至混凝土达到没有塌孔危险的位置为止，起钻后向孔内放入钢筋笼，然后灌入剩余部分混凝土，成桩。

（2）施工程序

钻孔机就位→钻进→钻至设计深度，停止钻进→将混凝土输送软管一端与钻杆顶部连通，另一端与混凝土输送泵接通→将普通细石混凝土由输送泵以一定压力经输送软管和长螺旋钻杆内腔向孔底压灌→按计量控制钻杆提升高度，边压灌边提升钻杆，直至混凝土达到没有塌孔危险的位置为止→提出钻杆→用人力或振动器将钢筋笼压至桩顶设计标高→利用输送软管第二次将混凝土压灌至桩顶设计标高以上500mm→成桩。

2．施工方法二

该施工方法是于1999年开始实施的。施工方法二与施工方法一的差别主要在于使钢筋笼植入到位的核心技术不同，即振动锤的选择及下拉式刚性传力杆的设置不同。

11.1.3.2　基本原理

采用长螺旋钻成孔到达预定设计深度后，再边用混凝土泵通过钻杆中心将混凝土压入桩孔边提钻杆，直至灌满已成的桩孔为止，在混凝土初凝前将钢筋笼沉入（亦称"植入"）素混凝土桩体中成桩。

11.1.3.3　适用范围

该桩型适用于水位较高、易坍孔、长螺旋钻孔机能够钻进的土层（填土、黏土、粉质黏土、黏质粉土、粉细砂、中粗砂及卵石层等）及岩层（采用特殊的锥螺旋凿岩钻头时），完全或主要为砂性土及卵石的地层应慎用。易成孔的地层或水位较深、坍孔位置较低的地层，能使用其他更经济、更可靠方法施工的，不建议首选此工艺。

其成孔直径为400mm、500mm、600mm、800mm和1000mm，桩最大深度为28m（主要受国产长螺旋钻孔机设备的限制）。该桩型既可作为桩基工程的承载桩，也可作为深基坑工程的支护桩。

11.1.3.4　综合技术经济优势

1）中心压灌混凝土护壁和成桩合二为一，具有桩体材料自行护壁的功能，无需附加其他护壁措施，免除了泥浆污染、处理及外运等工作，对环境污染小。

2）钻机成孔后，用拖式泵将商品混凝土通过钻杆中心从钻头活门直接压入桩端，桩端沉渣少。泵送混凝土具有一定的动压力，使桩壁与其周围土壤结合紧密，无泥皮，从根本上改善了基础桩的抗压或抗拔的承载和变形性状，提高了抗压及抗拔承载能力。

3）钢筋笼植入混凝土中有一定振捣密实作用，钢筋与混凝土的握裹力能够充分保证，不存在泥浆护壁灌注桩中泥浆遗留减小握裹力的可能性。

4）施工程序简化，施工效率高，造价低，工程质量稳定。

5）噪声低、振动小。

6）该桩型为国内建筑技术政策所倡导，进入市场没有法规障碍，应用前景好。

11.1.3.5　施工机械与设备

长螺旋钻孔压灌后插笼灌注桩的施工机械及设备由长螺旋钻孔机、混凝土泵及强制式混凝土搅拌机等组成，其中长螺旋钻孔机是该工艺设备的核心部分。

1．长螺旋钻孔机

长螺旋钻孔机的规格、型号及技术性能见表11-1～表11-5。

表11-1　长螺旋钻孔机的基本参数与尺寸（JG/T 5108—1999）

型号	KL400	KL600	KL800	KL1000
最大成孔直径/mm	400	600	800	1000
钻具电动机功率/kW	30～37	37～55	75～90	90～110

型号	KL400	KL600	KL800	KL1000
额定扭矩/(kN·m)	2.9～5.15	4.0～15.3	9.1～29.2	12.5～35.7
钻杆转速/(r/min)	≤100	≤90	≤80	≤70
导轨中心距/mm	330	330/600	330/600	600
钻具总质量/kg	≤4500	≤5500	≤7000	≤9000

表 11-2　国产步履式长螺旋钻孔机技术参数（一）

生产厂家	河北新河新钻公司						郑州宇通重工					
型号	CFG13	CFG18	CFG21	CFG25	CFG28	CFG31	YTZ20		YTZ26		YTZ30	
钻孔直径/mm	300～600	300～800	400～800	400～800	400～800	400～800	400,600	800	400,600	800	400,600	800
钻孔深度/m	13	18	21	25	28	31	20	16	26	22	30	25
动力头功率/kW	2×22	2×37	2×45	2×55	2×55	2×55	2×37	2×37	2×55	2×55	2×55	2×55
许用拔钻力/kN	180	240	240	400	400	400	240	240	300	300	480	480
主机转速/(r/min)	21	21	21	21	16	12	24.2	24.2	21.7	21.7	21.7	21.7
输出扭矩/(kN·m)	15.8	34.0	39.0	48.5	63.7	83.0	29.2	29.2	48.4	48.4	48.4	48.4
行走步距/mm	1200	1200	1200	1500	1500	1800	1100	1100	1300	1300	2000	2000
回转角度/(°)	±90	±90	±90	±90	±90	±90	360	360	360	360	360	360
桩机质量/kg	23000	30000	33000	43000	52000	70000	30000	30000	45000	45000	68000	68000

注：河北新河新钻公司 CFG15、CFG20、CFG23、CFG26 和 CFG30 等型号未列入表中。

表 11-3　国产步履式长螺旋钻孔机技术参数（二）

生产厂家	郑州三力机械				文登合力机械				
型号	CFG20	CFG26	CFG28	CFG30	JZB45	JZB50	JZB60	JZB90	JZB120
钻孔直径/mm	400～800	400～800	400～800	400～1000	400～600	400～600	400～800	400～800	400～1000
钻孔深度/m	20	26	28	30	17	21	25.5	31	33
动力头功率/kW	2×45	2×45	2×55	2×55	2×30	2×37	2×45	2×55	2×75
许用拔钻力/kN	240	300	300	400	300	300	400	640	800
主机转速/(r/min)	23	23	23	23	—	—	21	16	14
输出扭矩/(kN·m)	31.0	37.4	45.0	45.0	—	—	44.3	58.9	84.1
行走步距/mm	1100	1100	1500	2000	1500	1500	2000	2000	2000
回转角度/(°)	360	360	360	360	360	360	360	360	360
桩机质量/kg	35000	46000	48000	55000	30000	35000	50000	60000	80000

表 11-4　国产步履式长螺旋钻孔机技术参数（三）

生产厂家	郑州勘察机械						洛阳大地					
型号	ZKL600-1	GKL800	ZKL800BA	ZKL800BB		SZKL600B	KL-20		KL-23		KL-26	
钻孔直径/mm	400，600	400~800	400，600	400，600	800	600	400，600	800	400，600	800	400，600	800
钻孔深度/m	25	27.5	18	18	16	23	20	16	23	16	26	18
动力头功率/kW	2×37	2×55	55，2×37	2×37	2×37	2×55	2×37		2×45		2×55	
许用拔钻力/kN	450	450	—	—	—	300	180		180		300	
主机转速/(r/min)	23，40	21.7	—	—	—	21.7	24		31		23	
输出扭矩/(kN·m)	30.7	48.4	17.5，30.7	30.7	30.7	48.4	30.7		35.5		48.0	
行走步距/mm	—	—	1100	1100	1100	—	1100		1100		1100	
回转角度/(°)	—	—	—	—	—	360	—		—		—	
桩机质量/kg	—	—	21000	18000	18000	41000	32000		35000		46500	

表 11-5　国产履带式长螺旋钻孔机技术参数

生产厂家	文登合力机械					郑州勘察机械				
桩架型号	三点支撑式					履带吊 W1001				
型号	JZL45	JZL50	JZL60	JZL90	JZL120	ZKL400	ZKL400-1	ZKL600	ZKL600-1	ZKL800
钻孔直径/mm	400~600	400~600	400~800	400~800	400~1000	400	400	600	600	800
钻孔深度/m	17	21	25.5	31	33	12~16	30	12~16	25	12
动力头功率/kW	2×30	2×37	2×45	2×55	2×75	30	55	55	90	90
许用拔钻力/kN	300	300	400	640	800	157	157	157	490	245
主机转速/(r/min)	—	—	21	16	14	70	27，47	27，47	38	38
输出扭矩/(kN·m)	—	—	44.3	58.9	84.1	4.1	19.4	19.4	22.6	22.6
行走速度/(km/h)	0.5	0.5	0.4	0.4	0.4	—	—	—	—	—
回转角度/(°)	360	360	360	360	360	360	360	360	360	360
桩机质量/kg	35000	40000	55000	68000	90000					

2．桩架

长螺旋钻孔机多与步履式、履带三点式及履带悬挂式打桩架配套使用。

3．钻头

钻头设计有单向阀门，成孔时钻头具有一般螺旋钻头的钻进功能，钻进过程中单向阀门封闭，水和土不能进入钻杆内。钻至预定标高提钻时，钻头阀门打开，钻杆内的混凝土能顺利通过钻头上的阀门流出。钻头的关键技术是：钻头的叶片角度和靶齿，要求设置合理，可增进钻头的吃土能力，提高钻进速度；钻头单向阀门的形式和密封性。

4．弯头

弯头是连接钻杆与高强柔性管的重要部件，当泵送混凝土时，弯头的曲率半径和与钻杆的连接形式对混凝土正常输送起着至关重要的作用。

5. 排气阀

在施工中，当混凝土从弯头进入钻杆内时，钻杆内的空气需要排出，否则混合料中积存大量空气，将造成桩身不完整。当混凝土充满钻杆芯管时，混凝土将排气阀的浮子顶起，浮子将排气孔封闭，此时泵的压力可在混凝土连续体内传至钻头处，提钻时混凝土在一定压力下形成桩体。

排气阀的主要功能是：钻杆进料时阀门处于常开状态，使钻杆内空气排出；当混凝土充满钻杆芯管时排气阀关闭，保证混凝土在一定压力下流出钻头，形成桩体。

弯头及排气阀的构造见图 11 - 2。

6. 混凝土泵

混凝土泵较多采用活塞式，分配阀较多采用斜置式闸板阀和 S 形管阀。施工中需根据设计桩径和提拔速度合理地选择混凝土泵的泵送量。

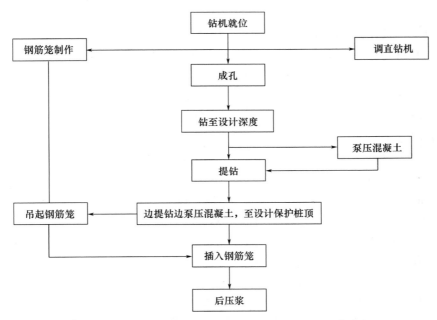

图 11 - 2　弯头及排气阀的构造示意图

1. 底座；2. 浮子；3. 弹簧；4. 杠杆；5. 顶杆；6. 平衡重；7. 电磁阀；
8. 阀座；9. 弯夹；10. 膜片；11. 远传压力表；12. 压力显示器

11.1.3.6　施工工艺及要点

1. 施工程序

施工工艺流程为：长螺旋钻机钻孔至设计标高→从钻杆中心泵送混凝土→打开长螺旋钻杆的钻头单向阀门→待混凝土出钻头单向阀门后，边提钻杆边不间断地泵送混凝土，泵压混凝土至桩顶→用振动方法插放钢筋笼→成桩，见图 11 - 3。

```
        ┌──────────┐
        │  钻机就位  │
        └──────────┘
┌──────────┐      │      ┌──────────┐
│ 钢筋笼制作 │──────┼─────→│  调直钻机  │
└──────────┘      │      └──────────┘
     │       ┌──────────┐
     │       │   成孔    │
     │       └──────────┘
     │            │
     │       ┌──────────┐
     │       │ 钻至设计深度 │
     │       └──────────┘
     │            │          ┌──────────┐
     │            ├─────────→│  泵压混凝土 │
     │       ┌──────────┐    └──────────┘
     │       │   提钻    │←────────┘
     │       └──────────┘
┌──────────┐ ┌────────────────────────┐
│ 吊起钢筋笼 │←│边提钻边泵压混凝土，至设计保护桩顶│
└──────────┘ └────────────────────────┘
     │            │
     │       ┌──────────┐
     └──────→│ 插入钢筋笼  │
             └──────────┘
                  │
             ┌──────────┐
             │   后压浆   │
             └──────────┘
```

图 11 - 3　长螺旋钻孔压灌桩+后压浆成桩施工工艺流程

2. 施工特点

1）中心压灌混凝土护壁和成桩合二为一，具有桩体材料自行护壁的功能，无需附加其他护壁措施，免除泥浆污染、处理及外运等工作，对环境污染小。

2）由于钻机成孔后用拖式泵将商品混凝土通过钻杆中心从钻头活门直接压入桩端，桩端沉渣少；泵压混凝土具有一定的动压力，使桩壁与其周围土体结合紧密，无泥皮。这就大大地改善了基础桩的抗压或抗拔的承载和变形性状，提高抗压及抗拔承载能力。

3）钢筋笼植入混凝土中有一定振捣密实作用，钢筋与混凝土的握裹力能够充分保证，不存在泥浆护壁灌注桩中泥浆遗留降低握裹力的可能性。

4）施工关键技术是灌注混凝土后再吊放钢筋笼，并沉至设计深度。

混凝土的和易性是钢筋笼植入到位（到设计深度）的充分条件。经验表明，桩孔内混凝土坍落度损失过快是造成植笼失败和桩身质量缺陷的关键因素之一。

5）振动锤的选择及下拉式刚性传力杆的设置是保证钢筋笼植入到位的核心技术。

3. 施工要点

（1）成孔要点

1）长螺旋钻机能钻进设计要求穿透的土层，当需穿越老黏土、厚砂土、碎石土及塑性指数大于 25 的黏土时应进行试钻。

2）长螺旋钻机定位后应进行预检，钻头与桩点偏差不得大于 20mm。刚接触地面时下钻速度应慢；钻机钻进过程中不宜反转或提升钻杆。

3）钻进过程中如遇到卡钻、钻机摇晃、偏斜或发生异常的声响时，应立即停钻，查明原因，采取相应措施后方可继续作业。

（2）混凝土配合比设计要点

1）根据桩身混凝土的设计强度等级，通过试验确定混凝土配合比；混凝土坍落度以 180～220mm 为宜。

2）水泥宜用 P. O42.5 强度等级，用量不得少于 300kg/m³。

3）宜加粉煤灰和外加剂，宜采用 I 级粉煤灰，用量不少于 75kg/m³。

4）粗骨料可用卵石或碎石，当桩径为 400～600mm 时最大粒径不宜大于 16mm，当桩径为 800mm、1000mm 时最大粒径不宜大于 20mm。

（3）混凝土泵送要点

1）混凝土泵应根据桩径选型，安放位置应与钻机的施工顺序相配合，泵管布置尽量减少弯道，泵与钻机的距离不宜超过 60m。

2）首盘混凝土灌注前，应先用清水清洗管道，再泵送一定量水泥砂浆润滑管道。

3）混凝土的泵送宜连续进行。当钻机移位时，混凝土泵料斗内的混凝土应连续搅拌。泵送混凝土时，料斗内混凝土的高度不得低于 400mm，以防吸进空气造成堵管。

4）混凝土输送泵管尽可能保持水平，长距离泵送时泵管下面应垫实。

5）当气温高于 30℃ 时，宜在输送泵管上覆盖隔热材料，每隔一段时间洒水湿润，以防管内混凝土失水离析，堵塞泵管。

6）钻至设计标高后，应先泵入混凝土并暂停 10～20s 加压，再缓慢提升钻杆。提钻速度应根据土层情况确定，且应与混凝土泵送量相匹配，保证管内有一定高度的混凝土。

7）钻进地下水以下的砂土层时，应有防止钻杆内进水的措施。压灌混凝土应连续进行。

8）压灌桩的充盈系数应为 1.02～1.20。桩顶混凝土超灌高度不宜小于 0.3～0.5m。

9）成桩后应及时消除钻杆及软管内残留的混凝土。长时间停止施工时应用清水将混凝土泵清洗干净。

10）随时检查泵管密封情况，以防漏水造成局部坍落度损失。

（4）插入钢筋笼要点

混凝土灌注结束后，应立即用振动器将钢筋笼插入混凝土桩体中。

11.2　长螺旋钻孔压灌桩与后压浆成桩组合工艺

11.2.1　简述

长螺旋钻孔压灌桩＋后压浆成桩施工工艺是一种新型的桩基施工技术。该技术兼顾了长螺旋钻孔压灌桩及后压浆两种工艺的优点，可显著提高单桩承载力，节省工程造价，加快施工进度。同旋挖钻、冲击钻、回转钻施工方法相比，该方法施工快捷且经济环保。

通常长螺旋钻孔压灌桩施工中也会存在少量桩周及桩端局部虚土，采用后压浆技术后，可同时对桩周、桩端虚土及原状土层进行固化、挤密，提高桩侧摩阻力及桩端摩阻力，将对提高单桩承载力、节省工程造价及工期起到非常大的作用。

但由于一般灌注桩中是先沉放钢筋笼后灌注混凝土，注浆管随钢筋笼一起安装，故注浆管的安放及后压浆容易实现。而长螺旋钻孔压灌桩采用后插钢筋笼施工技术，即在成孔灌注混凝土后才振插钢筋笼，注浆管在振插过程中会产生碰坏注浆阀、不能按设计要求沉放到位及注浆技术的控制等一系列技术问题。

北京中岩大地科技股份有限公司自 2006 年 6 月着手长螺旋钻孔灌注桩后压浆技术的研究，经过多次实践，成功地解决了后压浆技术在长螺旋钻孔压灌桩中的应用难题，并于 2010 年 3 月申请了"长螺旋钻孔灌注桩后压浆技术装置"专利。多项工程静载试验结果表明，采用桩端或桩侧后压浆技术后，长螺旋钻孔灌注桩单桩承载力增幅显著，在一般粗粒土中增幅可达 80％～150％，在细粒土中增幅亦达到 40％～80％。

长螺旋钻孔后插钢筋笼灌注桩是利用长螺旋钻机钻孔至设计深度，在提钻的同时利用混凝土泵通过钻杆中心通道，以一定压力将混凝土通过泵送压至桩孔中，混凝土灌注到设定标高后，再借助钢筋笼自重或专用振动设备将钢筋笼插入混凝土中至设计标高，形成钢筋混凝土灌注桩。其施工机具主要有成孔设备、灌注设备、钢筋笼加工设备、钢筋笼植入设备及其他辅助设备和工具。

与泥浆护壁灌注桩相比，该工艺有如下优点：

1）不使用护壁，不会降低由于润滑效应而减小的桩侧摩阻力。

2）通过中空的钻杆灌注混凝土，基本不存在桩端沉渣，利于桩端阻力的发挥；基本可克服水下灌注桩端沉渣的软垫效应。

3）通过混凝土地泵进行压力灌注，混凝土对桩周土有明显的挤压作用，利于桩侧摩阻力的发挥。

4）后插钢筋笼过程中，振捣杆对混凝土有振捣、挤密作用。

5）成孔提钻与灌注混凝土过程同时完成，节省水下灌注混凝土的施工工序，省时、省工。

由于具有上述特点，长螺旋钻孔后插钢筋笼灌注桩工艺在地下水位较高、易塌孔的填土、粉质黏土、黏质粉土、粉细砂、砂卵石层等地层中得到了广泛的应用。

11.2.2　长螺旋钻孔压灌桩后压浆工艺与泥浆护壁钻孔灌注桩后压浆工艺对比

常规的灌注桩多采用泥浆护壁的方式成孔，由于桩底沉渣和桩侧泥皮的存在，常规泥浆护壁钻孔灌注桩的承载力低、变形大。泥浆护壁钻孔灌注桩与长螺旋钻孔压灌桩后压浆工艺的对比见表 11-6。

表 11-6　泥浆护壁钻孔灌注桩后压浆工艺与长螺旋钻孔压灌桩后压浆工艺对比

成桩工艺	成桩设备	工艺流程	优缺点
泥浆护壁钻孔灌注桩后压浆工艺	正循环钻机 反循环钻机 潜水钻机 冲击钻机 旋挖钻机	泥浆制备→成孔→清孔→下钢筋笼→清孔→灌注混凝土→泥浆排放处理→后压浆	适用范围广
			存在桩底沉渣、桩侧泥皮
			单桩承载力低，变形大
			泥浆污染，施工场地环境差
			功效低
			施工成本高
长螺旋钻孔压灌桩后压浆工艺	长螺旋钻机	成孔→边提钻边中心压灌混凝土→振插钢筋笼→后压浆	适用范围相对受限
			桩底无沉渣，桩侧无泥皮
			单桩承载力高，变形小
			无泥浆污染，施工场地环境好
			功效高
			施工成本低

按照该工艺专利技术要求，在长螺旋钻孔压灌桩桩身混凝土终凝后，通过桩端、桩侧注浆管将水泥浆压至土体中，经过浆液的填充、渗透、劈裂、压密等，加固桩侧和桩底虚土，改善桩土界面，并使桩周一定范围内的土体得到加固，土体强度增加，增大桩侧阻力和桩端承力，从而大幅度提高单桩极限承载力并减小沉降量。

11.3　工程应用与实例

11.3.1　工程应用

综合来看，长螺旋钻孔压灌桩与后压浆成桩组合工艺技术在提高单桩承载力、保证成桩质量、保护施工现场环境、节省工期及造价方面均有优势。目前，该技术已推广应用于数十个桩基工程项目，取得了十分可观的经济和时间效益。

1. 单桩承载力增幅

由表 11-7 可知，采用该工艺后，单桩竖向承载力有不同程度的增加，增幅均在 50% 左右，有的甚至达到 160% 以上，增幅十分显著。

表 11-7　主要工程实例一览表

项目名称	设计参数（1）（采用该技术前）			设计参数（2）（采用该技术后）			单桩承载力增加幅度/%
	桩径/mm	桩长/m	单桩极限承载力/kN	桩径/mm	桩长/m	单桩极限承载力/kN	
外国专家大厦桩基工程	800	18~21	4320	800	18~21	6690	54.9
金地四惠项目桩基工程	600	16~18	1900	600	16~18	2800	47.4
维也纳新城 B 地块改扩建桩基工程*	600	15~24	2400~3100	600	10.5~19	4000~4800	54.8
长沙新河三角洲 D3 区桩基工程*	600	14	4400	600	7.4~8.3	4400	162.2
长沙新河三角洲 E5 区桩基工程*	600	15~20	4400	600	8.3	4400	162.2
石家庄奥北公元小区一期桩基工程	600	18~22	3600	600	18~22	7300	100

注：1. 带有 * 的项目单桩承载力增幅是按优化后的等效桩长换算得到的。

2. "采用该技术前"指采用长螺旋钻孔压灌桩技术；"采用该技术后"指采用长螺旋钻孔压灌桩与后压浆成桩组合工艺技术。

2．工程造价

在同等荷载及地质条件下，单桩竖向承载力的提高意味着桩数或桩长的减少，从而节省工程量及造价，并节约工期。

11.3.2　长沙新河三角洲 D3 区地基处理工程

该工程位于长沙市伍家岭新河，湘江与浏阳河交汇处的东南角，总建筑面积为 288061m² 。桩基设计采用长螺旋钻孔压灌混凝土后插笼桩，桩长 7.70～11.30m ，桩径 600mm ，总桩数为 1369 根。所有工程桩均采用桩端后压浆工艺。工程施工情况见图 11-4 和图 11-5 ，典型地质剖面图见图 11-6 ，桩的 $Q\text{-}s$ 曲线见图 11-7 。

图 11-4　工程全景

图 11-5　工程桩施工

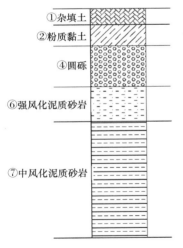

图 11-6　典型地质剖面图

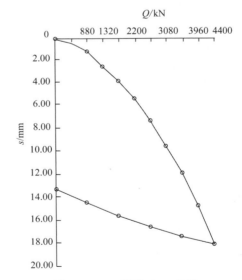

图 11-7　工程桩 $Q\text{-}s$ 曲线

11.3.3　长沙新河三角洲项目 E5 区住宅桩基工程

该工程位于长沙伍家岭新河，湘江与浏阳河交汇处的东南角，总建筑面积为 266276.4m² 。基础方案采用长螺旋钻孔压灌混凝土后插笼桩，桩长 8.30m ，桩径 600mm ，总桩数为 1893 根。所有工程桩采用桩端后压浆工艺。工程场地全景见图 11-8 ，工程桩施工情况见图 11-9 ，典型地质剖面图见图 11-10 ，压浆前后 $Q\text{-}s$ 曲线、桩身轴力和侧摩阻力对比见图 11-10～图 11-13 。

图 11-8　工程场地全景

图 11-9　工程桩施工

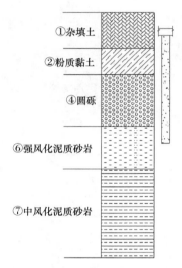

①杂填土
②粉质黏土
④圆砾
⑥强风化泥质砂岩
⑦中风化泥质砂岩

图 11-10　典型地质剖面图

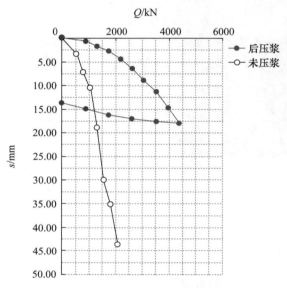

图 11-11　压浆前后 Q-s 曲线对比

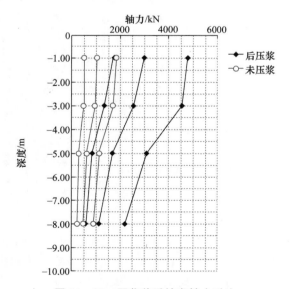

图 11-12　压浆前后桩身轴力对比

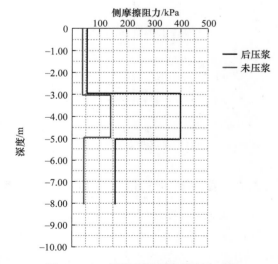

图 11-13　压浆前后侧摩擦阻力对比

11.3.4　石家庄北翟营城中村改造（奥北公元）一期桩基工程

该工程位于河北省石家庄市建华北大街，桩基采用长螺旋钻孔压灌混凝土后插笼桩，桩长 18.00m、22.00m，桩径 600mm，总桩数为 836 根。所有工程桩均采用桩侧桩端联合后压浆工艺。工程场地概貌见图 11-14，典型地质剖面图见图 11-15，成桩情况见图 11-16，压浆前后单桩 Q-s 曲线见图 11-17。

图 11-14　工程场地概貌

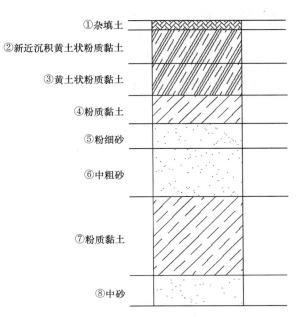

图 11-15　典型地质剖面

图 11-16　成桩情况

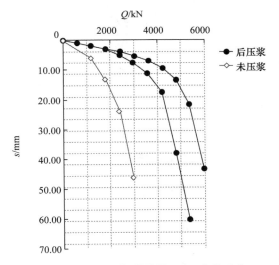

图 11-17　压浆前后单桩 Q-s 曲线对比

11.3.5　外国专家大厦桩基工程

该工程位于北京市，桩基采用长螺旋钻孔压灌成桩工艺，桩长 18.0～21.0m，桩径 800mm，桩数为 284 根。工程桩采用桩侧桩端联合后压浆工艺，以提高单桩竖向承载力。工程桩全景见图 11-18，工程场地全景见图 11-19，典型地质剖面图见图 11-20，工程桩 Q-s 曲线见图 11-21。

图 11－18　工程桩全景

图 11－19　工程场地全景

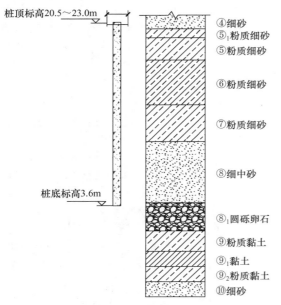

图 11－20　典型地质剖面

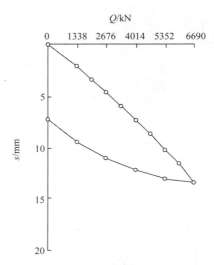

图 11－21　工程桩 Q-s 曲线

11.3.6　金地四惠项目地基处理及桩基工程

该工程位于北京市朝阳区四惠桥，桩长 16.0～18.0m，桩径 600mm，桩数为 168 根。所有工程桩均采用桩侧桩端联合后压浆工艺。剔桩后的工程桩见图 11－22，典型地质剖面图见图 11－23，工程桩施工情况见图 11－24，工程桩 Q-s 曲线见图 11－25。

11.3.7　维也纳新城 B 地块桩基工程

该工程位于河北省石家庄市新华区，桩基采用长螺旋钻孔压灌混凝土后插笼桩，灌注桩桩长 10.50～19.00m，桩径 600mm，总桩数为 798 根，全部工程桩均采用桩侧后压浆技术。工程全景见图 11－26，典型地质剖面图见图 11－27，剔桩后的工程桩见图 11－28，工程桩 Q-s 曲线见图 11－29。

图 11 - 22　工程桩（剔桩后）

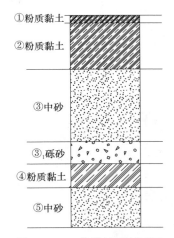

图 11 - 23　典型地质剖面图

图 11 - 24　工程桩施工情况

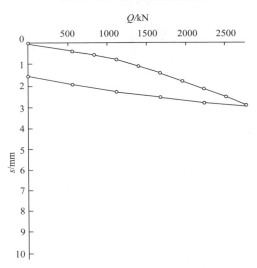

图 11 - 25　工程桩 Q - s 曲线

图 11 - 26　工程全景

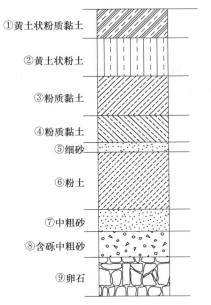

图 11 - 27　典型地质剖面

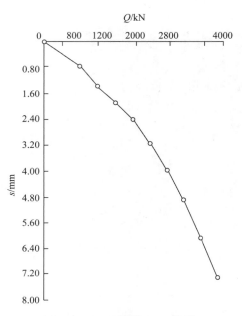

图 11-28　工程桩（剔桩后）

图 11-29　工程桩 $Q\text{-}s$ 曲线

11.3.8　北京某经济产业园桩基工程

现行后插钢筋笼灌注桩工艺一般是在钢筋笼加工完成之后，将其平放在地面上，然后利用吊车辅助，人工将振动导向杆水平穿入钢筋笼内；或者将振动导向杆水平放置，利用吊车辅助，人工将钢筋笼"套"在振动导向杆上。该穿笼方法费时费力，效果还不好，易造成钢筋笼的变形和损坏。当钢筋笼较长时，钢筋笼在平放过程中及平放时极易发生弯曲变形，与之对应的导向杆也容易发生弯曲变形；在插入桩身混凝土的过程中无法保持钢筋笼垂直，与孔壁产生刚蹭而导致钢筋笼下放不到设计位置。同时，振动导向杆频繁起吊、放倒、穿笼，占用时间较长，极大地影响施工速度。振动导向杆穿入钢筋笼的过程如图 11-30、图 11-31 所示。

图 11-30　水平放置振动导向杆

图 11-31　导向杆穿入钢筋笼

为避免发生上述情况，中航勘察设计研究院有限公司技术人员在实际工作中发明了一种长螺旋钻孔后插钢筋笼的辅助钢筒方法。该方法针对上述技术现有的不足设计了一种辅助钢筒，即提供了一种快速、有效的钢筋笼中插入导向杆的辅助装置，防止钢筋笼和导向杆弯曲与变形。

该方法将水平穿笼改为竖向穿笼方式，保证钢筋笼和振动导向杆的顺直，方便钢筋笼与振动导向杆连接、固定，有利于后插钢筋笼过程中钢筋笼下放，同时将辅助工人由原来的3～5人减少为1人。该方法既方便完成振动导向杆穿笼工作，又能保证钢筋笼下放顺利，方便、快捷、省时、省力。

1．工程概况

（1）工程简介

拟建项目为焚烧垃圾发电厂项目，日处理垃圾 3000t，年处理垃圾 100 万 t。本项目焚烧线拟选用 4 台 750t/d 机械炉排式生活垃圾焚烧炉及 2 套 30MW 抽凝式汽轮发电机组。拟建工程主要由 7 个建（构）筑物组成，分别为主厂房、油泵房及油罐、综合泵房、升压站、综合泵房及综合水处理间、门房、调节池和蓄水池。各建筑部分设计室内标高（±0.00）为 39.30m。

本工程采用长螺旋钻孔压灌混凝土后插笼桩基础方案，采用桩端桩侧联合后注浆工艺，桩径 600mm，桩长有 21m、23m 等多种，桩数为 4200 余根。

（2）岩土工程条件

拟建场地地形平坦，勘察钻孔孔口处地面标高一般为 37.60～38.55m。

场地北部为荒地，南部为耕地。场地南部有东西走向的葫芦河穿过，河道内已干涸，河底标高约为 36.2m。场地东部有人工开挖的沟道，深 0.5～1.0m。场地东侧一条垃圾运输专用公路与垃圾填埋场紧邻，堆载高度最大约 25m。

场地地层按成因年代可划分为人工堆积层和第四纪沉积层，按照岩性及工程特性进一步划分为以下 10 个大层及其亚层：表层为厚 0.60～2.30m 的人工堆积的黏质粉土素填土、粉质黏土素填土；①层为碎石填土、房渣土，②层为粉质黏土，③层为粉质黏土、重粉质黏土，④层为细砂、中砂，⑤层为粉质黏土、黏质粉土，⑥层为粉质黏土、重粉质黏土，⑦层为粉质黏土、黏质粉土，⑧层为重粉质黏土、粉质黏土，⑨层为重粉质黏土、粉质黏土，⑩层为细砂、中砂。

根据勘察报告，拟建场地的浅层土对混凝土结构具有微腐蚀性，土中的 Cl^- 对钢筋混凝土结构中的钢筋具有弱腐蚀性。

（3）水文地质条件

勘察期间（2014 年 12 月下旬—2015 年 1 月上旬）于钻孔中钻至标高 −13.11m（深 51.00m），揭露 4 层地下水，详见表 11-8。

表 11-8　地下水情况一览表

序号	地下水类型	稳定水位埋深/m	稳定水位标高/m
1	潜水	6.00～7.20	30.90～32.05
2	层间水	7.30～10.00	27.79～30.53
3	层间水	11.70～15.30	22.63～26.31
4	承压水（测压水头）	35.60	2.41

场地内近 3～5 年最高地下水位标高为 36.00m 左右；根据地质详查资料，拟建工程场区的历史高水位在地面下 0.5m 左右。

工程场区潜水天然动态类型属渗入-蒸发、径流型，主要接受大气降水入渗及地下水侧向径流等方式补给，以蒸发及地下水侧向径流为主要排泄方式。其水位年动态变化规律一般为：6～9 月水位较高，其他月份水位相对较低，水位年变化幅度一般为 1～3m。

工程场区层间水天然动态类型属渗入-径流型，主要接受地下水侧向径流及越流方式补给，以地下水侧向径流及越流为主要排泄方式，其水位年变幅一般为 2～4m。

工程场区承压水天然动态类型属渗入-径流型，主要接受地下水侧向径流及越流方式补给，以地下水侧向径流及人工开采为主要排泄方式。其水位年动态变化规律一般为：11 月—第二年 3 月水位较高，其他月份水位相对较低，水位年变幅一般为 1～3m。

场地内 4 层地下水水质对混凝土结构及钢筋混凝土结构中的钢筋均具有微腐蚀性。

2. 桩基方案选择

(1) 桩基参数

根据地质勘察报告及预设桩基长度，桩身范围内地层情况见图 11-32。

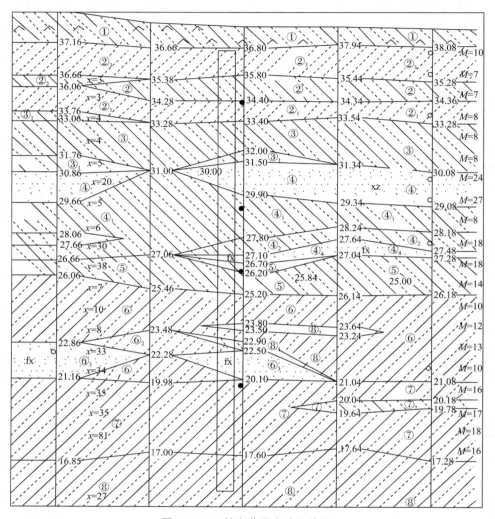

图 11-32　桩身范围内地层情况

结合建筑物荷载、基础埋深及天然持力层等状况可知，天然地基不能满足设计要求。本项目主厂房拟采用桩基方案。

本工程主厂房垃圾池基坑深－16m，垃圾池侧壁、基础和土总重非常大，1200kN 的单桩承载力无法满足此部分的基础承载力要求。为满足承载力的要求，应采取增加桩长、增大桩径等方法，但这样会增加桩基工程的施工难度和工程造价，该方案不是优选方案。

综上所述，本工程采用桩端及桩侧后注浆钻孔灌注桩方案，桩径 600mm，桩长 23m，桩端持力层为⑦层粉质黏土、黏质粉土和⑧重粉质黏土、粉质黏土层，桩端进入持力层≥1.2m，单桩承载力特征值为 1800kN。桩身配筋为主筋 12Φ14（通长配筋），加劲筋为 ϕ14@2000（最下面一道距桩端1.0m），螺旋箍筋为 ϕ8@100mm（桩顶以下 3.0m 加密区）和 ϕ8@200（非加密区）；桩头嵌入承台100mm，桩身混凝土保护层厚度为 50mm，桩身混凝土等级为 C30。桩基的其他参数见表 11-9。

表 11 - 9　基础桩参数

桩基编号	有效桩长/m	桩径/mm	桩数/根	混凝土强度	承载力特征值/kN
ZJ - 1	21.0	600	76	C30	1500
ZJ - 3	23.0	600	374	C30	1800
ZJ - 2	21.0	600	182	C30	1800
ZJ - 4A	21.0	600	328	C30	1800
ZJ - 4B	21.0	600	344	C30	1800
ZJ - 5	13.0	600	538	C30	1200/400
ZJ - 1a	23.0	600	1376	C30	1800
ZJ - 3a	23.0	600	574	C30	1800
ZJ - 1b	23	600	268	C30	1800
ZJ - 2b	24	600	216	C30	1800
合计			4276		/

（2）施工工艺选择

根据桩基参数计算出本项目后压浆桩基工程量约为 25800m³。若采用循环钻机或旋挖钻机成孔，水下灌注混凝土工艺，含混凝土材料的单方施工费用约为 795 元/m³；采用后插钢筋笼灌注桩工艺，含混凝土材料的单方施工费用约为 690 元/m³。因此，采用后插钢筋笼灌注桩工艺，可节省成本约 271 万元。

通过周边项目施工情况了解到，泥浆护壁钻孔灌注桩，采用循环钻机施工效率约为 75m³/（台·天），采用旋挖钻机施工效率约为 90m³/（台·天），而采用后插钢筋笼灌注桩施工效率约为 200m³/（台·天），大大高于泥浆护壁灌注桩施工。

为保证在合同规定工期内完成桩基工程施工任务，经过技术咨询及方案讨论，决定采用长螺旋钻孔后插钢筋笼灌注桩工艺。

3．桩基施工情况

（1）施工机械设备

长螺旋钻孔后插钢筋灌注桩施工机具主要有成孔设备、灌注设备、钢筋笼加工设备、钢筋笼置入设备和其他满足工程需要的辅助工具。

本项目选择的机械设备见表 11 - 10。

表 11 - 10　主要施工机械设备

序号	设备名称	型号规格	数量	用于施工部位
1	螺旋钻机	ZKL880	6 台	桩基成孔灌注
2	混凝土地泵	HBT - 80	6 台	压灌混凝土
3	振动导向杆	—	6 根	后插钢筋笼
4	汽车吊	25t	5 台	吊运钢筋笼
5	履带吊车	50t	2 台	吊运钢筋笼
6	反循环钻机	SH300	1 台	穿笼竖井施工
7	切断机	GQ - 50	2 台	钢筋笼加工
8	电焊机	BX - 160	4 台	钢筋笼加工

（2）后插钢筋笼施工问题及应对措施

针对后插钢筋笼工序施工中经常出现的问题采取如下应对措施：

1）后插钢筋笼起吊及穿振动导向杆困难。由于钢筋笼长度长、柔性大，起吊及穿振动导向杆困难，并且容易毁坏钢筋笼，导致返工，影响施工质量及进度。

应对措施：采用中航勘察设计研究院有限公司的专利技术，施工前准备好穿钢筋笼用的特制钢筒。钢筋笼采用多吊点起吊，翻身过程中确保钢筋笼不发生较大弯曲。在空中翻身后，下放至钢筒中。另一台履带吊车吊运振动锤竖直穿进钢筋笼中，钢筋笼与振动锤连接固定后起吊。

现场钢筋笼穿振动杆后先行起吊，待钻孔混凝土压灌完成，钻机移位后能够立即进行后插钢筋笼作业，减少桩身混凝土等待时间。

2）钢筋笼下放不到位问题。由于该工艺先成孔压灌混凝土，后插钢筋笼施工，桩身混凝土对钢筋笼的阻力要比护壁泥浆大得多，容易发生钢筋笼后插不到位的情况。

应对措施：通过试验桩施工时积累的经验，商品混凝土搅拌站已经熟悉了该场地地层情况及施工工艺，从技术上确保其生产的混凝土适应该施工工艺的要求。提前与商品混凝土搅拌站技术部门确定中心压灌混凝土工艺的要求，调整混凝土粗骨料粒径≤2.5cm，砂率≥45%，保证到场混凝土坍落度不小于18cm，初凝时间控制在6h。

加强与搅拌站的沟通和协调，要求必须有1名调度员常驻现场，及时协调罐车，保证现场施工用量，减少现场等待时间，缩短压灌混凝土与后插钢筋笼之间的等待时间。

根据施工经验，采取以上措施基本可以保证钢筋笼能够后插下放至设计标高。

若采取以上措施后仍不能下放到位，钻机施工技术人员应及时记录钢筋笼下放深度，上报技术部、总包项目部及监理部，根据现场实际情况与设计人员联系，采取加强措施。

3）桩基钢筋笼不居中问题。由于先灌注桩身混凝土，后插钢筋笼，容易出现钢筋笼向一侧孔壁偏斜的情况，导致该部位桩基主筋的保护层厚度不够。

应对措施：钢筋笼制作过程中，根据设计文件要求制作钢筋笼，保证钢筋笼主筋顺直、分布均匀。钢筋笼吊运过程中轻取轻放。在下放钢筋笼过程中安排专人实时修正钢筋笼在桩身混凝土中的位置，确保其位于桩身中央。

为每个钢筋笼制作专门的弓字形保护块4块，对称分布于钢筋笼顶下第二个加劲筋位置，与置于桩尖位置的振动杆形成合力，确保钢筋笼居于钻孔中心位置。

（3）施工效果

采取上述预防和应对措施后，经过项目管理人员及全体施工人员的共同努力，项目如期完工，桩基钢筋未出现靠向一侧及钢筋笼后插不到位的情况。桩头剃凿完成后的效果如图11-33所示。

（4）桩基检测结果

图11-33 桩头剃凿完成效果

1）桩身完整性检测。桩身完整性检测采用低应变试验的方法。根据《建筑地基基础设计规范》《建筑基桩检测技术规范》等相关规范的要求，本工程桩基选取了703根工程桩进行低应变桩身完整性试验。经检测，桩身完整性满足要求，其中，Ⅰ类桩为696根，约占总检测桩数的99%，Ⅱ类桩为7根，约占总检测桩数的1%。

2）静荷载试验。本工程单桩承载力的检测采用慢速维持荷载法竖向抗压静荷载试验方法，最大试验荷载取设计单桩承载力的2倍。根据单桩静荷载试验数据、$Q-s$曲线及$s-\lg t$曲线，参照《建筑基桩检测技术规范》（JGJ 106—2014），确定单桩竖向抗压极限承载力。

单桩抗压承载力特征值按单桩抗压极限承载力的一半取值。

图 11-34、图 11-35 分别为灌注桩单桩竖向承载力试验 $Q-s$ 曲线和 $s-\lg t$ 曲线。$Q-s$ 曲线平滑，试验最大加载为 3600kN 时桩基未发生明显的沉降。因此，取单桩竖向极限承载力 $Q_u > 3600$kN。单桩承载力特征值取极限值的一半，即 $R_a > 1800$kN。

图 11-35 中，最大加载压力 3600kN 下 $s-\lg t$ 曲线未出现尾部明显向下弯曲，单桩竖向承载力 $Q_u > 3600$kN，满足设计要求。

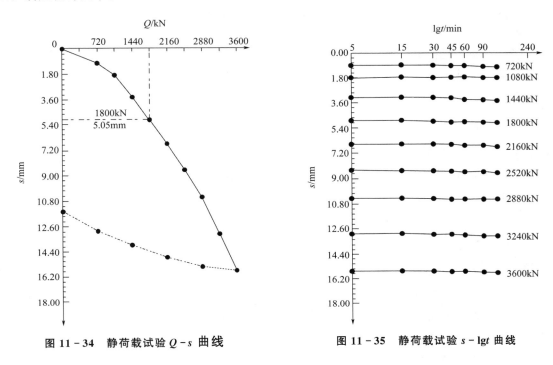

图 11-34　静荷载试验 $Q-s$ 曲线　　　　图 11-35　静荷载试验 $s-\lg t$ 曲线

11.4　相关的专利

11.4.1　关键技术和核心技术

关键技术：灌注混凝土后再吊放钢筋笼，并沉入至设计深度。混凝土的和易性是钢筋笼植入到位（到设计深度）的充分条件。经验表明，桩孔内混凝土坍落度损失过快是造成植笼失败和桩身质量缺陷的关键因素之一。

核心技术：振动锤的选择及下拉式刚性传力杆的设置是钢筋笼植入到位的核心技术。

11.4.2　专利

1. 混凝土桩插筋方法及其筋材

混凝土桩插筋方法及其筋材获发明专利，1999 年 7 月 29 日申请，2003 年 11 月 5 日授权。该发明专利施工要点：①在筋材的适当部位（一般是下部或下端部）设置能承受振动力的凸台。②上连振动锤的"插筋框架"或埋入式振动器械，与筋材凸台相抵后，移至孔口并插入一定深度。③开动振动锤或埋入式振动器，向凸台施振（必要时向笼底注浆），以下拉振动或下拉振动注浆方式将筋材下入混凝土中。④拔出插筋框架。

该发明专利的特点：①下拉式振动使柔度很大的筋材在插筋全过程具有合理的受力点和受力形式。

②紧密贴近实际施工工况的下笼设备、工艺设计使下笼过程便捷、流畅、迅速，从而赢得宝贵的可插筋时间，达到低成本插筋和大幅度提高桩承载力的目的。

2. 植入钢筋笼的混凝土灌注桩成桩工艺

植入钢筋笼的混凝土灌柱桩成桩工艺获发明专利，申请人为北京市机械施工公司。该发明提供了一种长螺旋钻孔中心泵压混凝土后植入钢筋笼成桩方法和配套机具，采用振动冲击原理植入钢筋笼。植入钢筋笼时，把钢筋笼下端插入混凝土桩体中，采用不完全卸荷沉入法，依靠重力和振动装置的激振力对刚性传力杆件的中上部进行振动冲击，并通过刚性杆件将作用力传到钢筋笼底端。钢筋笼和刚性传力杆件均不产生竖直方向往复强迫振动，不但减少了钢筋笼对混凝土的扰动，而且减少了钢筋笼中传力杆件对混凝土的扰动，特别是在沉笼过程中减弱了传力钢管内混凝土的"摩擦泵压"作用，钢管内混凝土不易离析，沉笼效率高，避免了过度振动对桩身混凝土质量的影响。

3. 长螺旋钻孔灌注桩后压浆技术装置

北京中岩大地科技股份有限公司自 2006 年 6 月着手长螺旋钻孔灌注桩后压浆技术的研究，经过多次实践，成功解决了后压浆技术在长螺旋钻孔压灌桩中应用的难题，并于 2010 年 3 月申请了"长螺旋钻孔灌注桩后压浆技术装置"专利。多项工程静载试验结果表明，采用桩端或桩侧后压浆技术后，长螺旋钻孔灌注桩单桩承载力增幅显著，在一般粗粒土中增幅可达 80％～150％，细粒土中增幅亦达到 40％～80％。

4. 一种后插钢筋笼的辅助钢筒

中航勘察设计研究院有限公司的实用新型专利是一种后插钢筋笼的辅助钢筒，该钢筒由钢管和与钢管直径相同的圆形底板构成，圆形底板焊接并封堵在钢管的底部，钢管的直径大于与之配套使用的钢筋笼的直径 150mm，圆形底板上均匀排布有 4～6 个直径为 5～20mm 的通浆排气孔。与现有技术相比，该种辅助钢筒能有效避免钢筋笼和导向管弯曲，是保证后插钢筋笼顺利到位的有效措施。

实施方法如下：

1）采用该项专利技术，桩基础工程施工前制作准备好穿钢筋笼用的辅助钢筒。

2）钢筋笼采用多吊点起吊，翻身过程中确保钢筋笼不发生较大弯曲，在空中翻身后放至钢筒中。

3）一台履带式起重机调运振动锤竖直穿进钢筋笼中，钢筋笼与振动锤连接固定后起吊。

4）振动导向杆穿钢筋笼固定后先行起吊，等待长螺旋钻孔、混凝土压灌完成、钻机移位后立即进行后插钢筋笼作业，减少桩身混凝土等待时间。

参 考 文 献

[1] 沈保汉. 长螺旋钻孔压灌混凝土后插笼桩 [J]. 工程机械与维修，2015（04 增刊）：31－33.

[2] 沈保汉，陆彩云，等. 高层建筑施工手册 [M]. 3 版. 北京：中国建筑工业出版社，2017.

[3] 沈保汉，等. 干作业螺旋钻孔灌注桩 [M]// 杨嗣信. 高层建筑施工手册. 3 版. 北京：中国建筑出版社，2017：510－520.

[4] 沈保汉，等. 长螺旋钻孔压灌后插笼灌注桩 [M]// 杨嗣信. 高层建筑施工手册. 3 版. 北京：中国建筑出版社，2017：682－687.

第12章 旋转挤压灌注桩

陈超鋆　彭桂皎　沈保汉

12.1 概　　述

12.1.1 基本原理

按桩与土的作用关系，桩可以分为挤土桩与非挤土桩。众所周知，挤土桩在敏感土层中容易产生挤土负效应，造成灌注桩缩径、断桩和预制桩偏斜、上浮、断桩等质量问题；非挤土桩则大多采用泥浆护壁，容易出现塌孔、沉渣过厚等问题，且桩侧土体被破坏，实际应用时往往只能作为端承桩或复合地基刚性桩使用，应用范围受限，单位桩体积所提供的承载力较低，对工程十分不利。

旋转挤压灌注桩则是一种真正意义上的部分挤土桩，桩周土体在成孔过程中被合理挤密，不可挤压的部分从钻具上预留的出土通道排出，从而充分挖掘桩侧土体的承载潜力，用更小的桩径、更短的桩长实现同等甚至更高的承载力。

旋转挤压灌注桩可施工桩径为 300～800mm，桩身需要配筋时采用后插筋法将钢筋笼振动插入已灌注完成的桩身混凝土中。

在一些不适合作为桩端持力层的土层中，旋转挤压灌注桩技术首创的"同步控制"方法可以施工出螺纹状的桩身，在各种砂层中尤其明显（图 12-1），这种独特的桩身结构将桩、桩侧土体、桩端土体结合为整体，可大幅减小桩径、桩长，节约大量工期与工程造价。

(a) 黏土层

(b) 砂层

(c) 卵石层

图 12-1　旋转挤压灌注桩在不同土层中的成桩效果

成孔成桩一次性完成是旋转挤压灌注桩技术的另一大特点，利用钻杆护壁、高流动性自密实混凝土连续泵送成桩和钢筋笼后插筋技术，极大提升了施工效率和成桩质量稳定性。

旋转挤压灌注桩技术是在螺杆桩（半螺丝桩）基础上不断拓展形成的一种多桩型技术。根据地质条件、工程特点、施工经验的不同，可以形成圆柱状、浅螺纹状、深螺纹状等不同外形的桩身（图12-2）。

图 12-2 旋转挤压灌注桩在砂层和黏土层中的成桩效果（螺纹状桩身）

12.1.2 适用范围

1. 适用土（岩）层

旋转挤压灌注桩技术适用于多种土（岩）层，其适宜程度详见表12-1。

表 12-1 旋转挤压灌注桩适用土层

土（岩）层名称	土（岩）层状态		适宜程度
黏性土	流塑		一般
	软塑～坚硬		很好
粉土	稍密～密实		很好
粉细砂	稍密～密实		很好
中砂	中密～密实		很好
粗砂	中密～密实		很好
砾砂	中密～密实		很好
砾石、卵石	松散～中密		很好
	密实	最大粒径＜500mm	很好
		最大粒径≥500mm	较好
风化岩	全风化～强风化		很好
	中风化		较好

2. 适用基础（地基）形式

旋转挤压灌注桩既可作为条基、筏基、独立承台等桩基础中的基桩，也可作为复合地基刚性桩，还可作为抗拔、抗浮桩使用，在各种基础（地基）形式的实际工程应用中旋转挤压灌注桩均体现出很好的适用性。

不同基础（地基）形式中旋转挤压灌注桩的桩径、配筋、桩距推荐参数详见表12-2。

表 12-2 旋转挤压灌注桩适用基础（地基）形式

基础（地基）形式	推荐设计桩径 D/mm	推荐设计桩距
复合地基	300～500	
条基、筏基	400～600	
独立承台	500～800	≥3D
抗拔、抗浮桩	500～800	

12.1.3　桩身构造

1. 桩径

推荐设计桩径详见表 12-2。

2. 桩距

推荐设计桩距详见表 12-2。

3. 桩长

（1）需要入岩的情形

桩端全断面入岩深度宜大于或等于 D。

（2）需要形成螺纹的情形

螺纹段位于桩身下半部分，但螺纹段的总长度不宜超过桩长的 1/3，内径 $d \geqslant 0.6D$，且不小于 250mm。

螺纹段的存在使桩、土之间形成自攻效应，桩土受力模型从摩擦型变为摩擦-剪切型，可以显著提升桩侧土体的承载力，但桩身截面因此减小，桩身的承载力比同等条件、同外径的圆柱状桩段要低，在设计时要验证桩头和变径处混凝土强度是否满足承载力设计要求。

12.2　施　工　设　备

旋转挤压灌注桩技术所用的施工设备主要包括螺杆桩机、S 阀混凝土输送泵和中频振动器（带导管）。

12.2.1　螺杆桩机

螺杆桩机（图 12-3）是我国自主研发的大扭矩直流动力打桩机，其核心技术之一——同步控制技术，用自动化控制的技术方法形成螺纹状桩身，在世界范围内属首创。下文将介绍螺杆桩机的两个主要创新点。

1. 电控系统

钻具的径向速度（钻进或提升速度）与旋转速度形成某种比例关系，从而使钻具在土中形成形似自攻螺钉的桩身，而螺杆桩机的电控系统是实现同步控制技术的核心部分（图 12-4）。

螺杆桩机的钻具钻进速度、旋转速度等施工参数通过电控系统采集后实时反馈到驾驶室的显示终端，驾驶员可通过电控系统上的"同步切换"按钮在手动钻进、同步控制（正向同步为钻进，反向同步为提升）和正向提升三种模式中切换。

此外，电控系统可将旋转电流和加压电流两个指标实时反馈至显示终端。旋转电流可以反映黏性土层的黏度和砂性

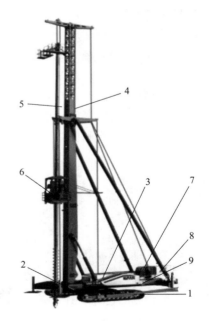

图 12-3　螺杆桩机结构示意图

1. 行走机构；2. 桩架；3. 链轮机构；4. 立柱总成；
5. 钻杆总成；6. 动力头部分；7. 卷扬机构；
8. 电控操作系统；9. 液压系统

图 12-4　螺杆桩机直流电控系统

土层的内摩擦角，加压电流则与岩层或硬质土层的承载力有关，工程师提前设置电流安全值，驾驶员在电流较大时立即降低相应的速度，以保障施工过程中的人身与设备安全。

通过分析旋转电流与加压电流的特征，还可以直观地判断钻头是否已进入设计持力层，进一步提升成桩质量的稳定性。

2. 直流中驱式动力头

三点式打桩机在国内非常常见，而三点式打桩机往往采用顶驱式动力头，即动力头从钻具顶部对钻具施加扭矩，这主要是因为三点式打桩机常用于长螺旋钻孔灌注桩等取土型桩的施工，钻具自由式钻进并将土体返回至地面，钻具周围的土体对钻具几乎没有侧向约束力，钻具轴心受压较小，无需考虑竖向偏心受压导致的失稳问题。

螺杆桩机最大输出扭矩可达 $600kN \cdot m$，且在硬质土层、板结砂层、风化岩层中施工时，需要通过卷扬机构对钻具施加竖向压荷载，如果仍采用顶驱式动力头，当钻具的直径、壁厚较小时，钻具可能偏心受压而失稳甚至折断。

螺杆桩机采用国内自主研发的专用直流中驱式动力头（图 12-5），钻具的直杆段从动力头中穿过，动力头经过减速器将扭矩传递至钻具直杆段的加载位上，再通过加载位将扭矩传递至钻具。钻具的受力区间为加载位至钻头，由于旋转挤压灌注桩属于部分挤土桩，钻具受到土体的侧向约束较大，所以可以认为钻具在其受力区间属于两端固支。采用中驱式动力头，钻具的受压计算长度仅为顶驱式动力头的 $10\% \sim 15\%$，极大提高了竖向加载情况下钻具的受压稳定性。

12.2.2　混凝土输送泵

为保证螺杆桩机钻具的护壁效果，满足旋转挤压灌注桩的技术要求，钻具提升过程中采用混凝土输送泵进行连续泵送，泵送速度与提升速度相配合，钻具提升至地面前混凝土完成灌注。

由于是连续泵送，泵送通道的瞬间压力值往往要大于间断泵送（常见于 CFA 和 CFG 桩施工），在选择混凝土输送泵时宜选择泵送压力适中的 S 阀 60B 泵（图 12-6）。泵的排量与钻具提升速度相匹配，经过计算和现场试验的排量与提升速度，既可以保证足够的孔内水头以防止缩径、塌孔，又可以预防因泵排量过大导致的接头爆开、胶管爆裂等事故。一味选择大排量混凝土泵，不仅不会提升效率，还会频繁堵管，对施工非常不利。

图 12-5　直流中驱式动力头

图 12-6　S 阀 60B 型混凝土输送泵

此外，闸板阀式混凝土输送泵也不适用于旋转挤压灌注桩施工，否则会造成泵送通道内失压，容易在飞管（钻具顶端通过灌浆器、胶管、钢管与混凝土输送泵相连，空中的胶管称为飞管）处发生堵管。

图 12-7 所示为某项目试验桩施工时，因错误地采用了 60A 型闸板阀混凝土输送泵，造成约 100m 泵送管道全部堵塞。

图 12-7　错误地使用闸板阀泵，导致严重堵管

12.2.3　平板振动器

混凝土连续泵送完成后，需要采用后插筋工艺将提前制作的钢筋笼植入设计深度，应选择功率为 1.5kW、转速约为 3000r/min 的平板振动器。

平板振动器通过两个质量相同的偏心块同时、同频、反向旋转，对平板施加竖向振动荷载。其对钢筋笼的水平向扰动较小。但钢筋笼属于细长构件，在平板振动器的竖向荷载作用下容易发生弯曲变形。要解决这个问题，可在平板振动器下加焊无缝钢管作为导杆，制作成导杆式平板振动器。导杆将平板振动器的打夯力传递至钢筋笼底部，钢筋笼被拉入桩身混凝土，不会发生弯曲变形。钢管长度约为钢筋笼埋置深度加 1m。钢管接缝处应先满焊，待焊缝冷却后在焊缝周围还应加焊不少于 4 道加劲肋。加劲肋应沿圆周均匀分布，尺寸参数应符合表 12-3 的要求。

图 12-8　1.5kW 平板振动器

表 12-3　导杆加劲肋尺寸要求

长度	宽度	厚度	数量	其他
≥200mm	≥50mm	5~8mm	≥4 道	沿圆周均匀设置

钢筋笼底部钢筋收拢并加焊加固筋（平行于钢筋笼定位筋），加固筋的外径略小于导杆，以便将平板振动器的打夯力传递至钢筋笼底部（图 12-9）。

图 12-9　钢筋笼底部开口，设水平加固筋

　　需要注意的是，部分工程施工时采用了打夯力较大的振动锤或振动频率过高（≥6000r/min）的高频振动器。采用振动锤，钢筋笼容易偏斜，导致钢筋笼插入桩侧土体而无法到达设计深度（图12-10）；采用高频振动器，容易导致混凝土过振而浆石分离，桩头浮浆较厚（图12-11），虽然可以凿除桩头浮浆后再补接桩长，但对整体工期与造价不利。

图12-10　采用振动锤导致的钢筋笼偏斜

图12-11　采用高频振动器导致的桩头混凝土离析

12.3　施工流程与技术要点

12.3.1　施工前的准备

1. 成孔试验

　　由于岩土工程的不可预见性，复杂地质情况往往难以通过地质勘探资料完整体现，应在场地范围内进行多次成孔试验，校验地质勘探资料，并掌握一手工程数据与资料。

　　成孔试验是正式施工前的重要环节，至少应包括以下项目：

　　1）检测孔径是否满足设计要求。

　　2）桩端非岩层时，检测钻深是否满足设计要求；桩端为岩层时，检测进入持力层的深度能否满足设计要求。

　　3）检测成孔时间。

　　4）检测旋转电流与加压电流。

　　5）校验同步控制技术。

　　6）观测挤土效应。

　　根据成孔试验采集的数据可以初步确定收钻电流、混凝土缓凝时间、最小成桩间距等参数。

2. 混凝土配制

　　旋转挤压灌注桩所用的混凝土属自密实混凝土，要求坍落度大（200~240mm）、流动性好、保水性优，因此应在试桩前进行配制试验。

　　所用粗骨料最大粒径，卵石不大于31.5mm，碎石不大于20mm；细骨料应使用河砂，严禁使用机制砂；水泥宜使用普通硅酸盐水泥。

3. 试验桩与破坏性试验

鉴于岩土工程的不可预见性，桩的设计原则为"计算为辅，试验为主"。正式施工开始前，须按设计要求在指定地点施打指定数量的试验桩。

通过施打试验桩，对成桩过程的数据进行采集与分析，可以进一步确定泵送速度等关键参数，并通过破坏性试验确定本工程的基桩特征值。

需要指出的是，应在破坏性试验之前先对试验桩进行低应变检测，判断桩身是否完整，以及端承桩是否良好地进入持力层等。破坏性试验之后还应对试验桩破坏性试验的结果进行深入分析。

1）$Q\text{-}s$ 曲线为缓降型的试验桩，在有其他安全保证措施的前提下承载力特征值可取稳定沉降不超过 40.00mm 的最大一级荷载。

2）$Q\text{-}s$ 曲线为陡降型的试验桩，应再次进行低应变检测或取芯试验，判断桩身是否存在缺陷。

3）$Q\text{-}s$ 曲线为陡降型，且桩头发生明显破坏的试验桩，应对混凝土试块进行检测，必要时在后续施工过程中提高混凝土强度等级。

图 12-12 所示的同一个项目的三根试验桩，设计参数完全相同（混凝土强度等级为 C40，桩径 500mm，桩长 19.5m），检测结果却呈现出完全不同的 $Q\text{-}s$ 曲线特征。经后续检测，S1 桩头混凝土破坏，S2 桩端进入板结性中砂层（因配重不足，终止加载），S3 桩端为普通中砂层。综合分析后，确定基桩的承载力特征值为 2400kN，工程桩混凝土强度等级提高至 C45，进一步提高工程桩的安全系数。

工程名称：某化工厂工地试验工程					试验桩号：S1			
测试日期：2012年1月27日		桩长：19.5m				桩径：500mm		
荷载/kN	0	1280	1920	2560	3200	3840	4480	5120	5760
本级沉降/mm	0	0.94	1.36	1.63	1.72	2.06	2.25	2.44	16.85
累计沉降/mm	0	0.94	2.30	3.93	5.65	7.71	9.96	12.40	29.25

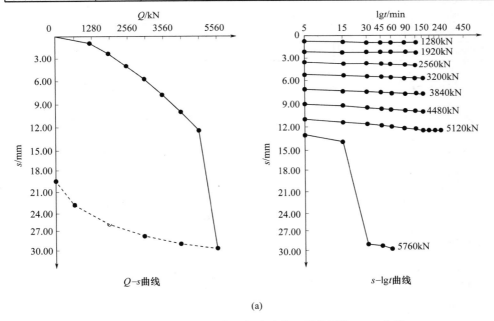

(a)

图 12-12　同一项目中三根试验桩不同类型的 $Q\text{-}s$ 曲线

工程名称：某化工厂工地试验工程							试验桩号：S2		
测试日期：2012年1月29日		桩长：19.5m					桩径：500mm		
荷载/kN	0	1152	1728	2304	2880	3456	4032	4608	5184	5760
本级沉降/mm	0	2.49	1.91	1.69	2.03	1.96	1.64	2.08	1.61	2.10
累计沉降/mm	0	2.49	4.40	6.09	8.12	10.08	11.72	13.80	15.41	17.51

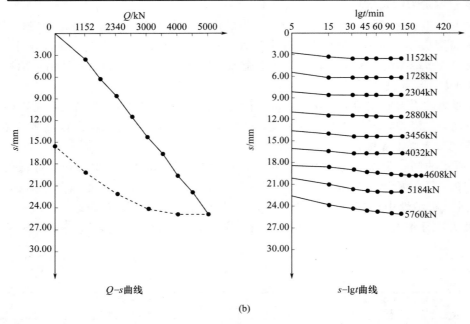

(b)

工程名称：某化工厂工地试验工程							试验桩号：S3		
测试日期：2012年1月27日		桩长：19.5m					桩径：500mm		
荷载/kN	0	1160	1740	2320	2900	3480	4060	4610	5220	5800
本级沉降/mm	0	0.60	1.03	1.73	3.15	2.98	5.34	9.33	8.76	16.67
累计沉降/mm	0	0.60	1.63	3.36	6.51	9.49	14.83	24.16	32.92	49.59

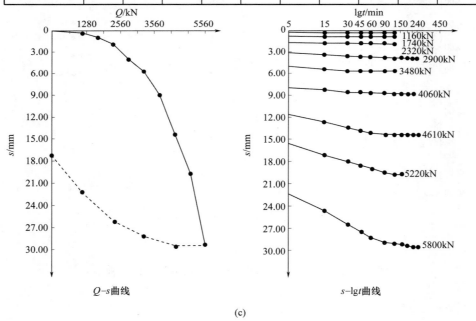

(c)

图 12-12　同一项目中三根试验桩不同类型的 $Q-s$ 曲线（续）

12.3.2　施工流程

1. 泵送通道洗管、润管

试验桩与工程桩施工之前，先用清水清洗泵管，直至钻头阀门处流出的水水质清澈为止，将混凝土输送泵料斗中的水放掉，泵送口塞入推料海绵球。

洗管完成后，用 0.5～1m³ 同配比砂浆泵送润管，然后倒入混凝土，持续润管至混凝土泵送阀门，再续打 3～4 泵后，润管结束。润管过程中，泵管周围 3m 范围内严禁站人，以防泵管接头喷出的砂浆伤人。因场地狭小或其他因素必须有人员在泵管周边 3m 范围内实施作业时，应正确佩戴护目镜。

2. 试块与坍落度试验

由于商品混凝土已经高度普及，混凝土配比的稳定性与精准性可得到充分保障，旋转挤压灌注桩混凝土试块可按相关规范中对大体积混凝土的要求执行，但每个施工台班不得少于一组，试块模具宜采用 150mm 标准模具。

此外，每个搅拌台班应至少做一次混凝土坍落度试验，每个施工台班的第一盘（车）混凝土须做坍落度试验，雨雪天气期间还应观测混凝土的保水性，以防因搅拌用砂含水率提高而导致混凝土离析。

3. 试泵、返泵

每根桩正式下钻之前试打一泵，混凝土从钻头阀门处连续喷射方可进入后续施工环节，否则应立即排查泵管是否堵管，并重新润管。

试泵之后还应立即打一反泵，抽回部分混凝土，防止混凝土滞留在桩机顶部的灌浆器附近。夏季高温情况下，滞留在灌浆器的混凝土很快就会结硬，在泵送压力下极易堵在钻头阀门处，造成全通道堵管，故障排除极其繁琐。如在钻具钻入一定深度后才返泵，将在桩孔内形成负压，可能造成塌孔、扩径等问题。

4. 准备下钻

为确保提钻泵送时钻头阀门能正常打开，下钻前须将钻头阀门处附着的土块清理干净，尤其是桩长范围内存在黏性较高的黏土层（如高岭土）时。

下钻之前，施工人员应蹲在桩机护筒挡板下，用手按紧阀门（图 12 - 13）。不可借助铲、镐等长柄工具顶住阀门。一旦阀门未关好，不仅容易损坏阀门，从而影响施工进度，在地下水丰富、地下水位高的区域施工时，地下水还会在短时间内大量涌入钻具，在提钻泵送时前几泵混凝土直接与地下水接触，会快速离析，粗骨料很快会将阀门口堵死，造成全通道堵管。

图 12 - 13　关闭阀门，准备下钻

5. 下钻

同步控制技术是旋转挤压灌注桩技术的核心内容之一，但下钻过程中应慎用。一旦采用同步控制，下钻超过一定深度（经验值为 6～8m）时，土体与钻具之间将产生自攻现象。当进入后续的提钻阶段时，随着钻具的正向旋转，会产生一个向下的自攻荷载，一旦自攻荷载超过螺杆桩机主卷扬所能提供的荷载或主卷扬钢丝绳所能承受的荷载，就会导致埋钻杆、泵送中止、钢丝绳断裂等事故。在安徽某工程中就曾因此发生过设备损坏的事件。

正确的下钻要领是：

1）设计要求下部形成螺纹段时，仅在螺纹段部分采用同步控制下钻。

2）设计不要求形成螺纹段时，全程均不宜采用同步控制下钻。

3）在软塑～可塑黏土、松散～稍密粉细砂等软弱敏感土层中，每钻进 1～2m 宜停止进尺 30s 左右，钻具原位旋转 2～3 圈，自攻现象随即消失。这种打法俗称"吊打"。

4）在硬塑～坚硬黏土、稍密～密实中粗砂、卵石层、风化岩中，应将转速稳定在 4r/min 左右，适当加压，加压电流接近预设值时慢慢降低加压电流，直到加压电流稳定在较低水平后方可再次加压。反复操作，直至达到设计深度或设计要求的持力层。这种打法俗称"压打"。

6. 提钻并连续泵送

混凝土输送泵应由专人操作。下钻过程中，混凝土输送泵不得关机，料斗保持搅拌状态。

下钻至设计深度后，由施工班长统一调度，驾驶员操作螺杆桩机开始反向旋转并提钻，提钻的同时泵手操作混凝土输送泵开始连续泵送混凝土。

图 12-14 钻具底部"包浆"，说明连续泵送效果良好

施工班长应认真观察是否有以下故障特征，从而判断钻头阀门是否顺利打开：

1）无法清晰听到混凝土骨料从钻具泵管内通过的声音。

2）混凝土输送管出现幅度较大的异常晃动。

泵送过程中出现上述现象，应立即停桩机、停泵，排除故障后，先启动螺杆桩机钻具，使之旋转，然后启动混凝土输送泵开始泵送，最后提钻。恢复泵送之前，钻具提升高度不得超过 200mm。因混凝土供应不及时、泵送过程中更换混凝土车等因素导致的泵送过程中断，也须按上述步骤恢复连续泵送，并在施工日志上详细记录，施工后对泵送过程曾经中断的工程桩进行低应变检测。

当钻具即将提升至地面时，混凝土先从钻具周边冒出来，并在钻具下端出现明显的"包浆"现象，说明连续泵送过程控制良好（图 12-14），否则也应作为质量存疑的工程桩，进行低应变检测，并立即调试后续工程桩的施工参数。

当设计要求为变截面桩，如上部圆柱、下部螺纹的螺杆桩，应针对不同截面面积的桩身设置不同的提钻速度，泵送速度则应保持匀速，即提速改变、泵速不变。同一工程、同一桩径的工程桩，泵送参数不宜频繁、大幅调整。

7. 后插筋

后插筋工艺（图 12-15）在 21 世纪初期逐渐普及，技术基本成熟，尤其是采用导杆式平板振动器后，钢筋笼底部直接受力，相当于是被"拉"入混凝土的，钢筋笼弯曲变形、导向偏斜等问题得到了很好的解决。

在旋转挤压灌注桩技术中使用后插筋时应注意以下操作要点：

1）插入钢筋笼之前，应先清理桩头周边的渣土，之后用干净的洛阳铲将混凝土表面的渣土、浮浆清理干净。

2）使用螺杆桩机自带副卷扬起吊钢筋笼，副卷扬钢丝绳顶部滑轮与钢筋笼起吊点的水平距离不得大于 3m。

3）起吊前，以钢筋笼起吊点为圆心、以钢筋笼长度为半径的范围内不得有人员站立，否则不得起吊。

4）起吊过程中副卷扬机应在班长指挥下缓慢提升，驾驶员应采用"点触"式操作，直至钢筋笼完

图 12-15　后插筋工艺及插筋效果

全离地，钢筋笼底部距离地面高度不宜超过 1m。

5）三名施工人员呈"品"字形站位，班长指挥施工人员将钢筋笼对准桩心，驾驶员在班长指挥下以"点触"式操作使钢筋笼下沉，每次下沉高度不超过 200mm，且钢丝绳恢复垂直绷紧状态后方可再次下沉。

6）钢筋笼下沉至一定深度后，依靠其自重无法继续下沉时，驾驶员可在收到班长指令后开启振动器，直至到达设计要求的标高，将振动器提离桩身混凝土。提升振动器的过程中不得停止振动，以防桩身出现混凝土空洞。

7）提前准备一定数量的钢筋，采用脚手架钢管即可，其长度为桩径的 2 倍以上，如混凝土坍落度较高，钢筋笼可能会出现继续下沉的现象，可用钢管穿过钢筋笼，对钢筋笼作临时性固定，待混凝土初凝后即可取出钢管。

12.4　工 程 实 例

12.4.1　摩擦型桩实例——广西北海北部湾 1 号

项目场地位于广西北海市北部海岸高德段，距离海岸线最近处仅 30m，基底岩石埋深 50m 以上，初始设计为预应力静压管桩，桩径 500mm，桩长 20～22m，桩端要求进入⑤层砾砂层，单桩承载力特征值为 2150kN。

各土层特征自上而下描述如下（仅列出桩身范围及下卧层）。

表土：杂色，以灰黄、灰黑色为主，较湿，松散。以黏性土为主，其次为石英中细砂，局部为填土，含杂碎砖、碎石。

含黏性土粗砂：灰白、褐黄色，稍湿，稍密。以石英粗砂为主，含少量黏性土。

粗砂：灰黄、灰白色，饱和，稍密～中密。以石英粗砂为主粗砂，分选性一般，磨圆度较差。

黏土：浅黄、紫红色，饱和，硬塑状为主，以高岭土矿物为主，切口光滑，湿土无摇振反应，韧性大，干土强度高。在 38、39、44、47、68、70 等孔见夹含黏性土粉砂④$_1$：浅黄、灰白色，饱和，稍密，刀切面粗糙；在 D_{K2}、36、27、29 等孔见夹含黏性土砾砂④$_2$：浅黄、灰白色，饱和，中密状。

砾砂：浅黄、灰白色，饱和，中密状为主。以石英粗砂、细砾为主，粒径 2～5mm，部分达 8mm，分选性较差，磨圆度一般。在 66 孔见夹黏土⑤$_1$：浅黄、灰白色，饱和，硬塑状，切口光滑，厚 2m。

黏土：浅灰、灰白色，饱和，硬塑～坚硬状，切口光滑，湿土无摇振反应，韧性大，干土强度高。层顶一般见 30～50cm 的黑色朽木炭化物。在 D_{K2}、68 孔相变为含黏性土砾砂⑥$_1$：灰白、红色，饱和，稍密～中密。

砾砂：灰黄、灰白色，饱和，中密～密实。以石英粗砂、细砾为主，粒径 3～5mm，分选性较差，磨圆度较差。在 47、48、50、61、62、65 孔见夹黏土⑦$_1$：浅灰、灰白色，饱和，硬塑状，切口光滑。在 49、55、69 孔见夹含黏性土砾砂⑦$_2$：灰白、暗红色，饱和，中密。

由于④层黏土层（高岭土）承载力特征值达到 250kPa，黏聚力高达 72.9kPa，预应力管桩并不适用于本工程，出现了邻桩浮起、压桩困难等问题，后变更设计，改用旋转挤压灌注桩技术中的螺杆桩，桩长、桩径、承载力等设计参数均不变。

土层设计参数建议值见表12-4，试验桩静载试验结果见表12-5，单桩竖向抗压静载试验数据汇总见表12-6，试验桩$Q-s$曲线见图12-16。

表12-4　土层设计参数建议值

土层名称及层号	天然重度 γ/(kN/m³)	承载力特征值 f_{ak}/kPa	抗剪强度指标	
			黏聚力 c/kPa	内摩擦角 φ/(°)
②含黏性土粗砂	20.3	160	32	24.4
③粗砂	19.3	180	0	29.8
④黏土	19.8	250	72.9	8.3
⑤砾砂	19.6	260	0	31.8
⑥黏土	20.1	260	75.3	12.5
⑦砾砂	19.6	280	0	34.7

表12-5　静载试验结果（A4板楼螺杆桩试验桩）

桩号	桩径/mm	桩长/m	最大沉降量/mm	最终沉降量/mm	设计要求最大加载量/kN	单桩竖向承载力检测值/kN
136	500	22	5.68	1.92	4300	≥4300
137	500	22	6.49	2.15	4300	≥4300
140	500	22	12.09	2.67	4300	≥4300

表12-6　单桩竖向抗压静载试验数据汇总

工程名称：北部湾1号A4板楼				试桩编号：140号	
桩径：500mm		桩长：22m		测试日期：2009年8月22日	
级数	荷载/kN	本级沉降/mm	累计沉降/mm	本级历时/min	累计历时/min
1	860	0.13	0.13	120	120
2	1290	1.45	1.58	120	240
3	1720	1.70	3.28	120	360
4	2150	1.37	4.65	120	480
5	2580	1.17	5.82	120	600
6	3010	1.46	7.28	120	720
7	3440	1.65	8.93	150	870
8	3870	1.40	10.33	150	1020
9	4300	1.76	12.09	150	1170
10	3440	−0.15	11.94	60	1230
11	2580	−0.51	11.43	60	1290
12	1720	−1.32	10.11	60	1350
13	860	−2.35	7.76	60	1410
14	0	−5.09	2.67	180	1590
最大加载量：4300kN　最大沉降量：12.09mm　最大回弹量：9.42mm　回弹率77.9%					

从静载试验数据与$Q-s$曲线判断，三根试验桩均未达到破坏，其中1号、2号桩的沉降仅为5.68mm和6.49mm，回弹率分别达到66.2%和66.9%，3号桩回弹率更是高达77.9%，因此可以定性地认为试验桩仍有较大的承载潜力。

12.4.2　端承桩实例——宁波溪口镇任宋农住小区

项目位于宁波奉化市溪口镇，地处宁波的内陆丘陵地区，勘探范围内几无淤泥等软弱土层，中风化基岩埋深仅为15m左右。

项目规划阶段，建设方原本计划采用泥浆护壁冲孔灌注桩独立承台，但长期以来，桩基施工产生的废弃泥浆对当地环境造成的负面影响较大，经过多方案比对分析，最终选定旋转挤压灌注桩。

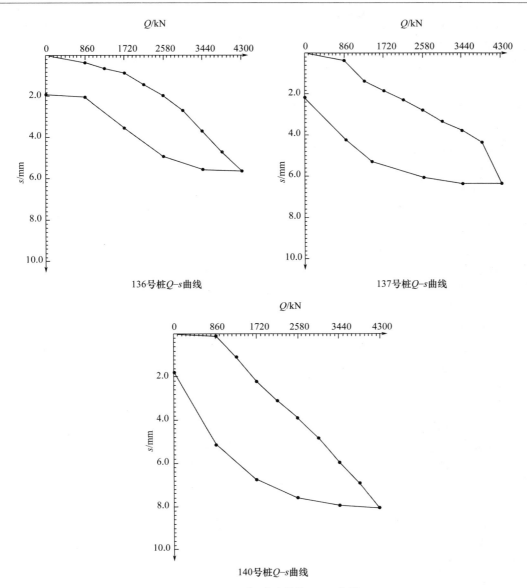

136号桩$Q-s$曲线

137号桩$Q-s$曲线

140号桩$Q-s$曲线

图 12-16　三根试验桩的 $Q-s$ 曲线

按原设计方案，设计桩径为 1000～1200mm，单桩承载力特征值为 2400kN，调整方案后桩径仅为 600mm，单桩承载力特征值仍为 2400kN，桩径减小而承载力不变，这一设计调整开创了宁波地区桩基设计的先例。

各土层特征自上而下描述如下。

①层：粉质黏土混粉砂，灰黄色，可塑，混少量粉砂，顶部 20～40cm 为耕土，含大量植物根系，厚度分布不均。土质水平向与垂直向不均匀。全址分布，层厚 0.50～3.70m，层顶埋深 0～1.80m，层顶高程 12.82～10.28m。

①a 层：粉质黏土，浅灰色或浅灰黄色，可塑，局部软塑，见少量腐殖质，混少量粉砂，局部含量较多。土质水平向与垂直向不均匀。局部分布，主要见于 ZK17/ZK14 孔，层厚 1.00～3.50m，层顶埋深 0～1.40m，层顶高程 11.12～10.92m。

②层：细砂，灰黄色，稍湿，松散，局部稍密，含少量砾砂，占 15％～20％，最大粒径约 10mm，局部含少量黏性土，层厚不均。土质水平向与垂直向不均匀。局部分布，层厚 0.40～4.60m，层顶埋深 0～3.50m，层顶高程 12.14～8.72m。

307

③层：卵石，灰黄色，中密，局部密实，层顶个别地段稍密，夹少量漂石，最大块径达 45cm，粒径大于 20mm 的颗粒约占 50%，粒径为 2~20mm 的颗粒约占 20%，其余充填中粗砂，次圆形为主，母岩为中等风化凝灰岩，颗粒级配一般。土质水平向与垂直向均匀性差。全址分布，层厚 3.00~11.00m，层顶埋深 0.50~5.80m，层顶高程 11.72~6.20m。

④层：含黏性土圆砾，灰黄色，中密，局部密实，粒径大于 20mm 的卵石约占 20%，最大块径达 15cm，粒径为 2~20mm 的颗粒约占 35%，其余充填中粗砂及约 10% 的黏性土，颗粒级配一般。土质水平向较均匀，垂直向不均匀。全址分布，场地南侧钻孔未揭穿该层，揭露层厚 0.70~21.00m，层顶埋深 5.90~13.40m，层顶高程 5.13~−1.98m。

⑤$_1$ 层：全风化砾岩，棕红色，全风化，结构基本破坏，残余结构清晰，散体状结构，岩芯多呈碎石类土状，见大量卵石及圆砾，以粒径 2~5cm 居多，约占 35%，最大粒径 15cm，粒径为 0.5~2cm 的颗粒约占 30%，其余为中粗砂及约 20% 的黏性土。偶有缺失，层厚 0.30~4.70m，层顶埋深 7.80~29.00m，层顶高程 3.12~−16.70m。

⑤$_2$ 层：强风化砾岩，棕红色，强风化，结构大部分破坏，解理裂隙非常发育，裂面见黑色、褐黄色铁锰质浸染，层状结构、层状构造、钙质胶结，胶结大量卵石及大量圆砾，岩芯多呈碎块状，少量短柱状。全址分布，层厚 0.40~2.30m，层顶埋深 8.70~30.30m，层顶高程 2.22~−17.80m。

⑤$_3$ 层：中风化砾岩，棕红色，中风化，结构部分破坏，解理裂隙发育，裂面见黑色、褐黄色铁锰质浸染，块状结构、块状构造、钙质胶结，岩芯多呈柱状，胶结大量卵石及大量圆砾，基本为柱状，少量长柱状及短柱状，最大节长 50cm。该层未揭穿，揭露层厚 2.20~6.30m，层顶埋深 9.60~31.10m，层顶高程 1.32~−18.51m。

本工程要求穿透③层卵石层，并且要求桩端全断面进入⑤$_3$ 层 0.5m 以上。宁波地区在此之前并没有旋转挤压灌注桩在类似地质条件下的施工经验，于是在场地内选取合适地点，进行了成孔试验。试验结果表明，螺杆桩机可以满足上述设计要求，单桩成孔时间在 2.5h 左右，而类似地质条件下泥浆护壁冲孔灌注桩成孔时间为 7~20 天。

各岩（土）层力学参数见表 12-7，工程地质柱状图见图 12-17。

表 12-7 各岩（土）层力学参数

层号	岩、土层名称	地基承载力特征值/kPa	桩周土摩擦力/kPa	桩端土端承力/kPa
①	粉质黏土混粉砂	200	24	—
①$_a$	粉质黏土	150	16	—
②	细砂	230	20	1500
③	卵石	400	32	—
④	含黏性土圆砾	350	36	1300
⑤$_1$	全风化砾岩	450	45	—
⑤$_2$	强风化砾岩	800	54	—
⑤$_3$	中风化砾岩	2200	90	3000

静载试验原计划对试验桩进行破坏性试验，当加载至 7500kN 时，配重不足以继续加载，此时静载试验加载量已超出设计单桩承载力极限值 56%，且已经接近混凝土理论计算强度，故停止加载。静载试验数据汇总见表 12-8，试验桩的 Q-s 与 s-$\lg t$ 曲线见图 12-18。

表 12-8 静载试验数据汇总

工程名称：奉化市溪口镇任宋农住小区建设工程Ⅰ标段													试验桩号：SZ-4	
测试日期：2012 年 2 月 23 日				桩长：17.8m								桩径：600mm		
荷载/kN	0	960	1440	1920	2400	2880	3360	3840	4320	4800	5280	6000	6500	7000	7500
本级沉降/mm	0	1.11	0.62	0.21	0.14	0.22	0.25	0.76	0.91	0.95	0.94	1.49	1.07	1.17	1.15
累计沉降/mm	0	1.11	1.73	1.94	2.08	2.30	2.55	3.31	4.22	5.17	6.11	7.60	8.67	9.84	10.99

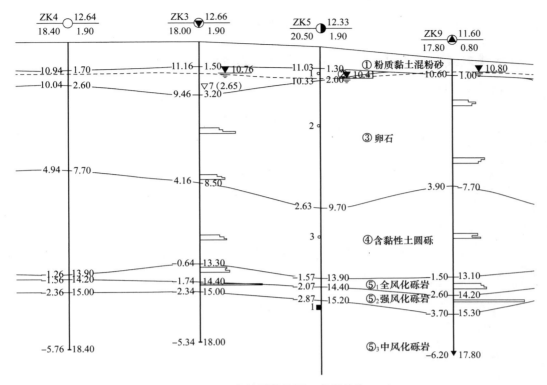

图 12-17　工程地质柱状图（高程单位：m）

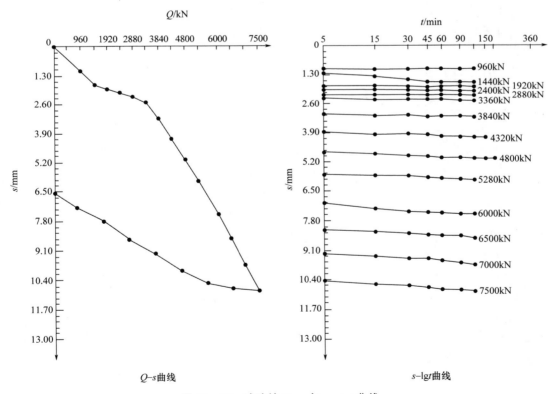

图 12-18　试验桩 Q-s 与 s-$\lg t$ 曲线

目前，宁波地区已经实现了桩径800mm的旋转挤压灌注桩施工，单桩承载力极限值接近10000kN，施工桩径和单桩承载力均为现今旋转挤压灌注桩技术工程应用中的最大值。

12.4.3 高承载力复合地基实例——重庆巴南东原香郡工程

拟建建筑物信息详见表12-9。

表 12-9 拟建建筑物信息

拟建建筑物名称	层数（层）	结构类型	拟采用基础形式	荷载/(kN/柱)
4号楼	33/-2	剪力墙	桩基	8000
5号楼	43/-2	剪力墙	桩基	10000
6号楼	33/-2	剪力墙	桩基	8000
7号楼	33/-2	剪力墙	桩基	8000
8号楼	43/-2	剪力墙	桩基	10000
9号楼	33/-2	剪力墙	桩基	8000
10号楼	33/-2	剪力墙	桩基	8000
11号楼	33/-2	剪力墙	桩基	8000
1号、2号、3号商业楼	2	框架-剪力墙	桩基	8000
幼儿园	3	砖混	独立基础	—
东区车库	2	框架-剪力墙	桩基	6000
西区车库	2	框架-剪力墙	桩基	6000

注：5号、8号楼为43层的超高层建筑。

本工程为重庆地区首例采用旋转挤压灌注桩作为加强体的高承载力复合地基的工程。

项目原设计采用泥浆护壁灌注桩，先后采用钻孔和冲孔的方法，均因为在卵石层中频繁塌孔导致进尺困难、埋钻，项目一度停滞。

各土层特征自上而下的描述见表12-10。

表 12-10 各岩（土）层力学参数

土层	岩性	c/kPa	φ/(°)	承载力特征值/kPa	备注
开挖层	①杂填土	/	/	/	—
桩长范围	②粉质黏土	29	14	180	—
	③粉土	22	17.5	200	地下水位于本层
	④中密卵石	15	30	550	—
	⑤密实卵石	25	32	800	持力层
下卧层	强风化泥岩	/	/	300	
	中风化泥岩	1200	41	2010	

经专家论证，将桩型变更为旋转挤压灌注桩，并将大部分桩基础改为复合地基，设计要求桩径为600mm，桩端须进入卵石层不小于3m，且必须穿透④中密卵石层，单桩承载力特征值最高为2500kN，复合地基承载力特征值最高为750kPa。工程地质柱状图见图12-19。

经静载试验显示，加载量达到5000kN时沉降量为10.20mm，卸载回弹率为53.8%，复合地基承载力满足设计要求；复合地基承载力极限值为1500kPa，也是旋转挤压灌注桩技术应用于复合地基的最高纪录。静载试验数据汇总见表12-11，试桩的$Q-s$和$s-\lg t$曲线见图12-20，复合地基满足设计要求。

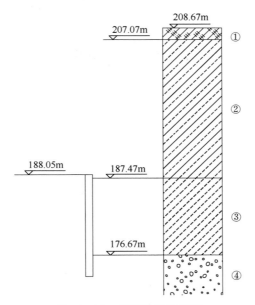

图 12 - 19　工程地质柱状图

表 12 - 11　静载试验数据汇总

工程名称：重庆市巴南区粮食局片区旧城改造项目二期东区 8~11 号楼（东原香郡二期工程）

试验桩号：1 号桩

测试日期：2011 年 7 月 5 日　　　　　桩长：16m　　　桩径：600mm

序号	荷载/kN	历时/min		沉降/mm	
		本级	累计	本级	累计
0	0	0	0	0	0
1	1000	120	120	0.32	0.32
2	1500	120	240	0.40	0.72
3	2000	120	360	0.63	1.35
4	2500	120	480	0.75	2.10
5	3000	120	600	1.17	3.27
6	3500	120	720	1.53	4.80
7	4000	120	840	1.55	6.35
8	4500	120	960	1.84	8.19
9	5000	120	1080	2.01	10.20
10	4000	60	1140	−0.70	9.50
11	3000	60	1200	−0.87	8.63
12	2000	60	1260	−1.05	7.58
13	1000	60	1320	−1.30	6.28
14	0	60	1380	−1.57	4.71
最大沉降量：10.20mm		最大回弹量：5.49mm		回弹率：53.8%	

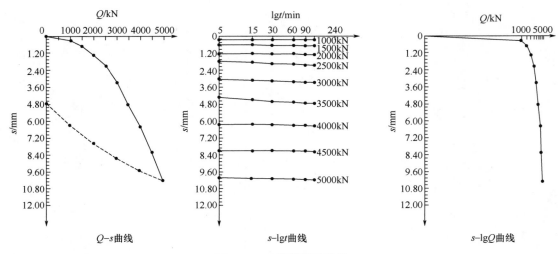

图 12 - 20　静载试验曲线

图 12 - 21　混凝土与卵石形成胶结状共同体

后续对试验桩开挖时，发现桩身混凝土与桩周的卵石层紧密胶结为一个共同体（图 12 - 21），究其原因，主要有以下两方面：

1）成孔过程中钻具直接护壁，不使用泥浆，使混凝土与卵石充分接触成为可能。

2）连续泵送使得混凝土泵送压力较大，加上混凝土流动性较大，混凝土中的水泥浆通过卵石层孔隙扩散到更大的范围。

提高桩身承载力的方法有很多种，但与后注浆、扩底等增加混凝土或水泥浆用量的方法相比，旋转挤压灌注桩技术另辟蹊径，通过改变成桩过程中的护壁、灌注等关键环节的施工工艺，有机地将桩型、设备、工法结合为一个整体，在减少混凝土用量的同时大幅提升了桩的承载性能。

此外，旋转挤压灌注桩技术在地下水丰富、卵石层、流砂层等特殊地层中体现出了良好的适应能力，很好地解决了传统技术在上述特殊地层中容易遇到的塌孔、缩径、沉渣、梅花孔、埋钻等问题，是国内乃至世界范围内承载性能和工程效益最突出的中等桩径成桩技术之一。

参 考 文 献

［1］重庆市工程建设标准.旋转挤压灌注桩技术规程（DBJ 50/T - 207—2014）［S］.重庆，2014.

［2］彭桂皎.旋转挤压灌注桩及其成桩工法：CN101016743A［P］.2007 - 08 - 15.

［3］海南省工程建设地方标准.螺杆灌注桩技术规程（DBJ 46 - 026—2013）［S］.海南，2013.

［4］沈保汉.桩基础施工新技术专题讲座第二十七讲——旋转挤压灌注桩［J］.工程机械与维修，2015（04 增刊）：
　　185 - 190.

第13章 螺旋挤土成孔灌注桩与预应力管桩

张　超　沈保汉　包自成　雷　斌　区国雄

13.1 螺旋挤土成孔引孔技术

13.1.1 基本原理

螺旋挤土成孔引孔技术采用有专门装置的三点支撑自行式螺旋挤土桩机螺旋钻进,钻具在动力系统的作用下施加大扭矩及竖向力,借助钻具下部长约5m的一段特制的粗螺旋挤扩钻头,以2~5r/min慢速钻进,将桩孔中的土体挤入桩周,形成圆柱形或螺旋形的桩孔,挤土效果良好。

13.1.2 多功能桩架

1. 桩架技术特点

以JB90/100.A/B型步履式桩架为例,A/B型步履式桩架采用4条船形轨道步履行走,C型采用两条船形轨道步履加4个支承行走;立柱采用筒式结构,三点支承。该桩架按行业标准《桩架技术条件》(JG/T 5006—1992)设计生产,生产企业已通过ISO9001:2000质量体系认证。该桩架具有接地比压小、整机稳定性好、功能多等特点,根据施工要求可配挂多种工作装置:桩架的高度可通过改变立柱和斜撑的节数调节,调节高度为30m、36m等规格,也可以配备HD100型以下筒式柴油锤,可打各种型号的钢板桩或混凝土预制桩。

2. 桩架组成

桩架主要由顶部滑轮组、立柱、斜撑、起架装置、平台、操纵室及电气系统、长短船行走机构、液压系统、配重等组成。

桩架的基本技术参数及组成见表13-1,其外形及框架见图13-1和图13-2。

表13-1 桩架的基本技术参数及组成

桩架组成	技术参数
系统控制方式	液控式
额定荷载/kN	400
桩架导轨长度/m	24+0.65
平台回转角度/(°)	360(或每次回转角度为13)
立柱回转半径/m	3.1
长船轨距/m	4.6/5.18
短船轮距/m	4.4
立柱直径/壁厚/mm	ϕ630/10, ϕ720/8
立柱长度/m	18,21,24,27,30,36

桩架组成		技 术 参 数
立柱导向中心距/m		$600 \times \phi 102$，$330 \times \phi 70$
立柱倾斜范围/(°)		前倾 12，后倾 5
桩架爬坡能力/(°)		3
螺旋挤孔桩机	成桩直径/mm	600 及以下
	最大钻孔深度/m	30
主卷扬机（1 台）	单绳拉力/kN	58
	绳速/(m/min)	0～22
	钢丝绳直径/mm	21.5
副卷扬机（1 台）	单绳拉力/kN	30
	绳速/(m/min)	0～28
	钢丝绳直径/mm	16
起架拉绳		26NAT6×19S＋FC1670
行走机构	长船行走速度/(m/min)	0～5.3
	长船行走步距/m	1.4～2.0
	短船行走速度/(m/min)	0～5.3
	短船行走步距/m	0.6
	长船接地比压/MPa	0.0246
	短船接地比压/MPa	0.049
斜撑机构	调整线速度/(m/min)	0～0.82
	行程/m	2
液压系统	液压系统压力/MPa	20
	电动机功率/kW	22～55
外形		见图 13－2
总质量/t		约 60（以合同为准）

图 13－1　桩架外形

图 13－2　桩架框架

13.1.3　动力系统

桩架动力系统见图 13-3。

1. 动力系统的特点

螺旋挤土成孔桩机的动力系统采用特制的以三环减速机为主的两级减速机组和双 33kW 直流电动机同步技术，扭矩达 180～200kN/m 恒扭，还可加压 200～300kN，具有较强的穿透能力。成孔过程中，通过动力头工作电流的工作情况，即每次下钻时不同土体对钻具产生的摩擦阻力（电流）的变化情况判断是否钻至持力层和持力层的深度情况，从而确定引孔深度和位置，引孔深度穿过复杂地层底部后即可提钻。

图 13-3　桩架动力系统

2. 适用范围

ZZSH480 型动力头具有体积小、重量轻、承载能力强、传动比范围广、使用寿命长等优点，可广泛用于建筑、冶金、矿山、起重、运输等行业。

适用条件：高速轴转速低于 1500r/min。

工作环境温度：-40～+45℃（高于限定温度时需通水冷却）。

旋向：可正、反向运转。

工作方式：断续或连续均可。

3. 技术性能

中心距为 480mm；输出扭矩约 200000kN/m；电动机功率 $P=2\times33$kW；转速 $n=0\sim8$r/min。

13.1.4　钻具

钻具包括钻杆和钻头，钻头为锥形结构，钻杆至少有一部分为螺旋。钻杆有外管及内管。该钻具的特征在于其钻杆经过改良，具有圆柱部分及螺旋部分，圆柱部分的直径大于等于螺旋部分的最大直径，且螺旋部分的底部外径与钻头顶部的外径接近；钻杆的螺旋部分为倒梯形结构，即其从下向上逐渐扩大的外径结构；螺旋部分包括多个叶片，且至少有部分叶片直径从下向上逐渐扩大，具有直径逐渐扩大的叶片还具有倾斜的叶片外缘结构，构成下钻螺旋，下钻螺旋每层叶片的外缘为向下向内倾斜的结构。钻具结构示意图见图 13-4。

1. 钻具工作特点

1）螺旋钻杆改良结构可阻止轴向反力对下钻的影响，减小下钻的阻力，减轻工作负荷，提高传动效率及钻杆的工作效率。

2）螺旋钻杆改良结构可快速灌注混凝土，避免混凝土在灌注时卡住。

3）螺旋钻杆改良结构使得钻杆能够快速下钻，施工方便，且钻杆的强度高，在不增加钻杆制作材料和成本的条件下延长钻杆的工作寿命。

4）螺旋钻杆改良结构使得相当长度的钻杆可分段组装，便于安装与拆卸，可根据实际情况实时调整钻杆的长度。

5）半螺丝桩体适应螺旋钻杆下钻的需要，能够与土层稳定结合，对所承托的建筑物具有强有力的支撑。

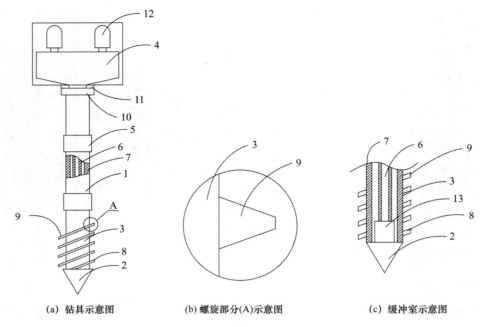

(a) 钻具示意图　　　　(b) 螺旋部分(A)示意图　　　　(c) 缓冲室示意图

图 13 - 4　钻具结构示意图

1. 钻杆上部圆柱形部分；2. 钻头；3. 钻杆下部螺旋部分；4. 动力装置减速器；5. 接头；6. 内管；7. 外管；8，9. 螺旋叶片；
10. 固定套钻杆和动力头连接法兰；11. 固定支撑的轴承（轴向止推轴承）；12. 电动机；13. 缓冲室

6）半螺丝桩体可适用于任何土层，具有摩擦桩与端承桩的双重特点，尤其适用于复杂的地质情况，可深入地下 20m 以上，能够对建筑物提供可靠而且有力的支撑，适合各种建筑物的支撑情况。

2. 钻具结构特点

1）螺旋钻杆改良结构包括钻杆和钻头，钻头为锥形结构，钻杆至少有一部分为螺旋结构。钻杆的螺旋部分整体为倒梯形结构，其外径从下向上逐渐扩大。螺旋部分的底部外径与钻头顶部的外径接近，便于螺旋部分引导钻杆整体向下钻入。其逐渐扩张的螺旋钻杆结构可阻止下钻时轴向反力对下钻的影响，减小下钻阻力，减轻工作负荷，提高钻杆的工作效率。

2）钻杆改良结构具有圆柱部分及螺旋部分，圆柱部分的直径大于等于螺旋部分的最大直径。

3）螺旋部分为分级设计，即螺旋部分按照主体直径的逐渐扩张分为一个以上的阶段，螺旋部分的主体直径从下向上递增。

4）该螺旋钻杆为了适应下钻的要求，螺旋部分的结构设计为从下向上逐渐扩张的形式，而且螺旋部分的最下端与钻头相配合（其最下端的螺旋齿略大于或者等于钻头的顶部直径），使得钻杆在下钻的过程中尽量减小土层或者岩石层的阻力，便于下钻，可快速地进行打桩工作，排除了通常的螺旋钻杆结构下钻造成的阻力大的问题。另外，本结构可根据施工条件调整螺旋钻杆的结构，对于风化岩，采用下部为螺旋部分、上部为圆柱形结构的螺旋钻杆，主要承受端阻力和摩阻力；对于一般的土层，可设计为上部具有略短的圆柱形结构、下部设置螺旋部分的结构形式，主要承受摩阻力和端阻力；对于摩擦桩，可采用多级螺旋构成整个螺旋钻杆的结构形式。

5）钻杆的顶部具有固定支撑轴承，将钻杆与动力装置固定连接，使得钻杆在下钻时土层产生的方向作用力被动力装置转卸于整个塔架上。

6）轴承为轴向止推轴承，固定于动力装置的框架上，使轴向反力沿动力传动系统外框架卸载于塔架上，阻止该轴向反力传至动力传动系统，大大减轻其工作负荷，提高传动效率及工作寿命。

7）钻杆具有外管及内管，外管为传送扭力及压力而设，直径可根据实际需求制作；内管为配合泵送混凝土而设，为灌注混凝土方便，其直径一般为 125～150mm。

8）钻杆是分段设置的，至少分为两段，各段之间采用花键槽配对、护套连接。钻杆各段之间的连接还可采用加固及密封圈密封，使安装与拆卸工作效率大增，并可在不增加塔架高度的同时延伸总桩长。

9）螺旋结构位于钻杆本体的下部，钻杆内部是中空结构，钻杆底部设置有缓冲室，缓冲室的作用是保证混凝土在泵压过程中顺利通过内管，同时使灌注成桩时不易断桩。具有螺旋结构的钻杆下部，其直径大于钻杆其他部位的直径，这种加粗的螺旋结构在摩擦或者打桩的状态下可使钻杆更深入地钻入土层，从而保证灌注桩体的强度。

10）缓冲室在钻杆底部，钻尖与内管之间形成 500～1000mm 长的空腔。缓冲室具有比内管扩大的腔室，可容纳适量的混凝土，防止混凝土在灌注时卡断，保证混凝土连续灌注。

11）由此形成的异形半螺丝桩体具有多级结构，即桩体本身由一个以上不同直径的不连续部分构成。该异形半螺丝桩体便于深入土层，可以设置相当的深度，如桩体的底部可深入地下 20m 以上，对建筑物构成强有力的支撑。

12）螺纹结构及钻头的设置使得钻杆可快速、有效地成孔，大大提高成孔的效率，减少成孔的工作时间，且可快速灌注混凝土，避免混凝土在灌注时卡住。因此，钻杆可克服任何土层，下钻到所需要的深度，尤其是可以钻透强风化岩，钻至中风化岩中，大大提高桩体的承载力。

13.1.5　控制装置

螺旋挤孔桩机的控制装置已获实用新型专利，专利号为 ZL200520062607.9。

螺旋挤孔桩机的控制装置包括控制模块（控制系统）、动力系统及进给系统，动力系统及进给系统分别连接于控制模块（控制系统）。动力系统控制钻杆的下钻扭矩，使钻杆下钻时保持一定的转速；进给系统提供下钻的动力（压力），保持下钻的进给速度。二者配合，使钻杆的钻速与钻杆向下运动的速度保持同步。其控制装置面板见图 13-5，控制装置结构框图见图 13-6。

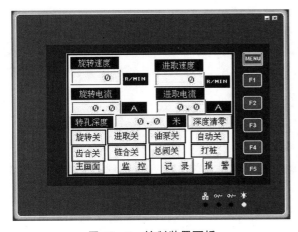

图 13-5　控制装置面板

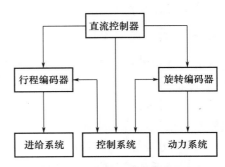

图 13-6　控制装置的结构框图

13.1.6　技术特点

螺旋挤土成孔引孔技术有以下特点：

1）施工速度快。螺旋挤土桩机效率高，引孔速度快，一根 15～20m 的桩一般成桩时间为 40～60min，一天可施工完成 12～18 根桩。

2）地层适应性强。螺旋挤土成孔技术可用于软土、黏性土、砂性土、砂层、卵石层、粒径小于

200mm 的砂砾层和块状强风化岩层，对地层的适应性强。

3）工艺简单。螺旋挤土桩机在钻机电动机带动下在钻具钻进过程中对桩周地层产生挤密效应，将岩土体挤压至桩孔周边的土体中，工艺相对简单，钻进操作方便。

4）引孔效果好。采用螺旋挤土成孔，对桩孔周边土层产生一定的挤密作用，挤密效应使得引孔孔形较规整，且有利于提高桩侧摩阻力。

5）设备简单。引孔机械设备主要为步履式桩架、液压系统和钻杆，桩机采用液压自行系统，不需要另配吊车移位，运输、拆装方便，能下基坑，能打边桩、角桩。

6）环保、节能。引孔时采用挤土成孔，无泥浆污染、无振动、无噪声、无环境污染，可实现 24h 不间断作业，施工功率小于 90kW。

7）造价相对低。螺旋挤土引孔工艺简单，引孔速度快，施工成本相对较低，其施工成本是常规引孔技术的 30%～40%。

13.2　螺旋挤土成孔灌注桩

13.2.1　简介

13.2.1.1　挤土类桩施工应用情况

1. 沉管挤土灌注桩

沉管挤土灌注桩无需排土排浆，造价低，但由于设计、施工上对于这类桩的挤土效应认识不足，造成很多事故，如缩颈、断桩、桩身倾斜、桩端上浮（吊脚桩）、桩身夹泥、桩顶混凝土质量差、桩尖进水和泥砂、承载力不足，以及对周边建筑物和市政设施造成破坏等，因而进入 21 世纪以来趋于淘汰，要求严格控制沉管灌注桩的应用范围。近年来，由于沉管灌注桩事故频发，PHC 和 PC 管桩的应用迅猛发展。

2. 预应力混凝土管桩

预应力混凝土管桩具有桩体强度高（C80）、施工方便快捷、施工管理简单、检测手段简单成熟等优点，广泛应用于高层建筑、民用住宅、公用工程、大跨度桥梁、高速公路、港口、码头等工程中。

3. 预应力混凝土管桩施工技术在应用中存在的问题

预应力管桩不存在缩径、夹泥等质量问题，但其仍然没能很好地解决挤土效应的负作用问题，且使承载力降低。

1）沉管过程的挤土效应常常导致断桩（接头处）、桩端上浮、沉降增大，承载力降低，以及对周边建筑物和市政设施造成破坏等。

2）预应力管桩不能穿透硬夹层，往往使得桩长过短，持力层不理想，导致沉降过大。

广东省《锤击式预应力混凝土管桩基础技术规程》（DBJ/T 15-22—2008）规定下列地质条件不宜采用或慎用管桩：

1）桩端持力层以上的覆盖层中含有较多且难以清除又严重影响打桩的孤石、风化球或其他障碍物。

2）桩端持力层以上的覆盖层中含有不适宜作桩端持力层且管桩又难以贯穿的坚硬夹层。

3）基岩面上没有合适持力层的岩溶地层。

4）非岩溶地区基岩以上的覆盖层为淤泥等松软土层，其下直接为中风化岩层或微风化岩层。

5）桩端持力层为遇水易软化且埋藏较浅的强风化岩层。

6）地下水或地基土对管桩的混凝土、钢筋及零部件有强腐蚀作用的岩土层。

13.2.1.2　冲（钻）孔灌注桩

1. 人工挖孔灌注桩

大直径人工挖孔桩基础在建筑领域得到较广的应用，其优点是直观，能够保证质量，施工机具操作简单，占用施工场地小，对周围建筑物无影响，可全面展开，工期稍长，桩径及持力层选择余地大，单桩承载力较高等。但它有一定的局限性：一般在地下水位以上的黏土、粉质黏土、含少量砂卵石的黏土层，特别是黄土层中，干作业成孔较为理想，软土、流砂、地下水位较高、涌水量大的土层则不宜选用；因采用人工挖孔桩造成的人员伤亡事故不时发生；桩身质量不易控制。因此，各级相关部门对人工挖孔桩规定了严格的审批制度。

2. 冲（钻）孔灌注桩

冲（钻）孔灌注桩基础在强风化岩及其以下岩层均可作为桩端持力层。其优点是施工中不用降水，桩径及持力层选择余地大，单桩承载力较大等。其缺点是桩底沉渣超标等问题会影响桩基质量，且施工中产生的大量泥浆需要处理，泥浆处置费用高。

13.2.1.3　长螺旋钻孔压灌后插笼桩

该成桩工艺是国内近二十年来开发且使用较广的一种新工艺，适用于地下水位以上的黏性土、粉土、素填土、中等密实以上的砂土，属非挤土成桩工艺。该工艺有穿透力强、噪声低、无振动、无泥浆污染、施工效率高、质量稳定等特点。其缺点是螺旋钻杆直径小、螺旋叶片直径大、螺叶薄、悬臂长，正转旋拧进入土层时每片螺叶切土旋入均需消耗扭矩。另外，还须解决长螺旋桩螺片带土剪切上拔的螺叶刚度问题，而且长螺旋桩螺叶即使能拔出桩孔，螺叶也已弯扭变形甚至破坏。

随着国家城市化建设的推进，建设用地由平原转向山丘（荒地与坡积地）和山地，大多为颗粒土（砂、砾砂、卵石、碎石、圆砾等）地层与山地岩基，因此螺旋挤土成孔灌注桩技术应运而生。

13.2.2　基本原理

螺旋挤土成孔采用专门的三点支撑自行式螺旋挤土灌注桩机螺旋钻进，钻具在动力系统的作用下施加大扭矩及竖向力，借助钻具下部长约 5m 的一段特制的粗螺旋挤扩钻头，以 2～5r/min 慢速钻进。下钻过程中，通过动力头的工作电流和不同土体对钻具产生的摩擦力（电流）的变化判断是否钻至持力层和持力层的深度情况，将桩孔中的土体挤入桩周，形成圆柱形的桩孔，加上贯入度（cm/min）控制，确定桩端位置。到达桩端后，钻机反向旋转、上提，同时泵压混凝土，当电流小于 50A 时停钻，直提钻至孔口，停泵；将预制好的钢筋笼插入混凝土内，固定在规定深度。

13.2.3　适用范围

螺旋挤土灌注桩适用于软土、粉土、黏性土、砂性土、砾石层、粒径小于 200mm 的卵石层和块状强风化岩层，适用桩径为 400mm、500mm，也可用于复合地基；不受地下水位的影响；最大施工深度为 24～33m，边桩施工工作距离为 0.5m，角桩施工距离为 1.6m。

13.2.4　螺旋挤土成孔灌注桩成套技术的研发

1. 螺旋挤土成孔灌注桩机的研发

2003 年，深圳市某工程机械有限公司开始研发半螺丝桩机，即螺旋挤土施工机械设备，采用螺旋挤土，灌注混凝土成桩，并由多家基础施工单位投入实际工程使用。

2. 螺旋挤土钻杆的研发

为了获得较好的挤土效果，2003 年开始对螺旋挤土钻杆进行改进，首次设计采用下部大螺旋钻杆，借助钻具下部长约 5m 的粗螺旋挤扩钻头，以 2～5r/min 慢速钻进，将孔中的土挤进桩周，形成挤密的圆柱形孔。

2006 年 9 月 6 日 "新型半螺丝钻杆结构" 获得国家知识产权局颁发的实用新型专利证书，形成以 "螺旋钻杆改良结构及异形半螺丝桩体"（发明专利号为 ZL200510036248.4）为主的技术。

3. 螺旋挤土技术成熟度

自 2003 年以来，螺旋挤土施工技术由于其特性和适用效果不断得到推广、使用。

1）2005 年 8 月，"半螺丝桩及其成桩工法" 被建设部科技发展中心列为 "二〇〇五年度全国建设行业科技成果推广项目"。

2）2008 年 8 月，"螺旋挤土灌注桩机及其制作设备" 被广州建设新技术推广站授予 "广州市新技术、新产品、新设备、新材料" 推广证书。

13.2.5 施工工艺

13.2.5.1 施工流程

施工流程为：钻机钻孔至设计标高→从钻杆中心泵送混凝土→边提钻杆边不间断泵送混凝土，至桩顶设计位置以上一定高度→用振动方法插放钢筋笼→成桩。其施工工艺流程如图 13-7 所示。

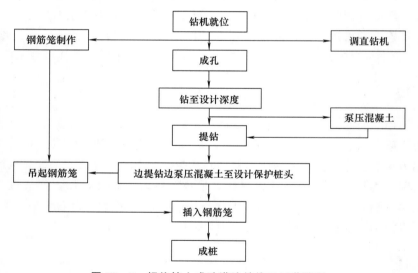

图 13-7 螺旋挤土成孔灌注桩施工工艺流程

13.2.5.2 施工准备

1）对施工场地和螺旋挤土桩机应做以下检查：

① 三点支撑自行式螺旋挤土灌注桩机进行试运转，通过人机界面检查每个机电系统的运转是否正常。

② 平整施工场地，对影响机械施工的松软场地进行处理，并做好排水措施。

③ 清除现场内妨碍施工的障碍物和地下隐蔽埋设物。

④ 做好施工用水、电、道路及临时措施。

⑤ 检查钻具，对磨损部分进行修补。

⑥ 根据施工要求，做好钻具的变径处理。

⑦ 调垂直钻杆，检查出浆口的阀门是否正常，关好阀门，预紧钢丝绳。

2）检查混凝土中压泵装置与管路系统，中压泵的泵送压力应大于等于 6MPa。

3）混凝土的制备应符合《混凝土泵送施工技术规程》（JGJ/T 10—1995）的要求：

① 粗骨料可选用卵石或碎石，最大粒径为 5～20mm。针片状颗粒含量不大于 10%。

② 混凝土的坍落度为 180～220mm。

4）钢筋笼的制作应符合《混凝结构工程施工及验收规范》（GB 50204—2002）的有关规定。

5）试钻。

① 为准确探明钻具进入持力层时动力头的工作电流，螺旋挤土灌注桩施工前应进行试钻。试钻应按 13.2.5.3 节的规定进行，但不灌注混凝土和放置钢筋笼。

② 钻具提出地面后，根据钻具螺牙段中带出的土和动力头的工作电流判断持力层的土层情况，结合工程要求制定出收钻电流和贯入度指标（表 13-2）。

③ 试钻的地质条件应有代表性，应选在地质勘探孔附近。

表 13-2　螺旋挤土灌注桩桩机钻具（直径 400/500mm）在各种土层中动力头的工作电流（参考值）

土（岩）层	土的状态	动力头工作电流参考值/A
填土	—	50～80
淤泥	—	50
淤泥质土	—	50～80
黏性土	$0.50 < I_L \leq 0.75$	80
	$0.25 < I_L \leq 0.5$	80～120
	$0 < I_L \leq 0.25$	120～140
	$I_L \leq 0$	140～180
红黏土	$0.7 < a_w \leq 1$	50～80
	$0.5 < a_w \leq 0.7$	80～140
粉土	$e > 0.9$	50～80
	$0.75 \leq e \leq 0.9$	80～120
	$e < 0.75$	120～140
粉细砂	稍密	80～100
	中密	100～140
中砂	中密	100～140
	密实	140～160
粗砂	中密	140～160
	密实	160～180
砾砂	中密、密实	120～160
强风化岩	120～180	

注：I_L 为液性指数；e 为孔隙比；a_w 为融化压缩系数。

6）试桩应按 13.2.5.3 节的规定施工；单桩竖向静荷载试验应在工程桩设计前完成。

13.2.5.3　施工要点

1. 下钻

1）钻头对准桩位点后启动钻机，设定钻杆转速：桩径 400mm，转速为 6r/min；桩径 500mm，转速为 3r/min。当动力头工作电流小于 140A 时，桩机自动螺旋钻进，钻进达设计深度或收钻电流时收钻。

2）当动力头工作电流大于 140A（如进入密实性黏土、密实性的砂层、砂砾石层、卵石层、岩层等）时，钻机不能实现自动螺旋钻进，此时应采用不同步钻进的方式：

① 放松主卷扬的上提钢缆。

② 设定旋转速度为 3r/min，同时手动加压，即通过拉紧下拉钢缆使桩机的前支撑或前步履离开地面（不高于 100mm）。不同步钻进至设计深度或达到收钻电流时收钻。

③ 当下钻过程中动力头工作电流大于 140A，采用不同步钻进的方式仍下钻困难时，可能碰到了块石、漂石，此时应停止钻进，报告甲方、设计和监理单位，共同研究解决方案。

④ 施工过程中应经常注意查看主卷扬钢缆松紧情况，不得过松或过紧。

2. 提钻及灌注混凝土

1）钻到设计标高或达到收钻标准时收钻，按退桩按钮，钻杆反向旋转，同时调整钻杆上提速度为下钻速度的 1.5～2 倍。当提升过程中动力头工作电流小于 50A 时，钻杆停止旋转，直提钻具至地面后停机。

2）在提钻的同时，混凝土泵将制备好的细石混凝土或砂浆泵压入桩管内，边泵压边提钻至地面后停机。混凝土泵压应符合《混凝土泵送施工技术规程》（JGJ/T 10—1995）的规定。

3）泵送混凝土应符合下列规定：

① 混凝土泵应根据桩径选型，混凝土泵与钻机的距离不宜大于 60m。

② 钻进至设计深度后，应先泵入混凝土并停顿 10～20s。提钻速度应根据土层情况确定，且应与混凝土泵送量相匹配。

③ 桩身混凝土的压灌应连续进行，钻机移位时混凝土泵料斗内的混凝土应连续搅拌，料斗内混凝土面应高于料斗底面不少于 400mm。

④ 气温高于 30℃时，宜在输送泵管上覆盖隔热材料，每隔一段时间应洒水降温。

⑤ 充盈系数宜为 1.0～1.2，桩顶混凝土超灌高度不宜小于 0.3m。

⑥ 成桩后应及时清除钻杆及泵（软）管内残留的混凝土。

3. 下钢筋笼

将钢筋笼竖直吊起，垂直于孔口上方，然后扶稳压入孔内混凝土中，固定在设计高度。

13.2.5.4 施工特点

1）钻杆的螺旋部分整体上从下向上为逐渐扩大的倒梯形结构，可阻止下钻时轴向反力对下钻的影响，减小下钻的阻力，减轻工作负荷，提高钻杆的工作效率。

2）钻杆的圆柱部分（光管部分）不与土接触，在钻杆下钻或上拔时不需要施工扭矩，因此下钻或上拔时钻杆的下钻力或上拔力可大幅降低。光管钻杆可以接长施工，便于施工长桩或超长桩。

3）采用直流电动机钻进技术，既省电又能保证达到恒扭矩。采用低速挤进，使挤密适度、可控，孔底无虚土，无浮桩现象发生，基本不出土。用厚实的螺旋叶片挤土，可使不密实的土被挤密实，较密实的土会少量挤出，防止发生缩颈现象。

4）全程挤土，钻具在动力系统作用下施加大扭矩及竖向力，在两者共同作用下，借助钻具下部长约 5m 的粗螺旋挤扩钻头，以 0～8r/min 慢速钻进，将桩孔中的土体挤入桩周，形成圆柱形桩孔，此圆柱形桩孔成为成桩的"模具"。

5）螺旋挤土成孔灌注桩作为摩擦桩时，桩管入土深度应以标高控制为主，贯入度控制为辅。螺旋挤土成孔灌注桩作为端承摩擦桩或摩擦端承桩时，桩管入土深度应以贯入度（进尺速度 5cm/min）控制为主，标高控制为辅。螺旋挤土成孔灌注桩是以动力头工作电流判明是否钻到持力层和以贯入度控制桩长指标的（表 13-2）。

6）对于端承型桩，由于以贯入度控制，桩端进入持力层一致，也使承载力的一致有保障。

7）整个施工过程采用工业自动化计算机集成系统跟踪、调整、控制同步/不同步等功能，通过保证进给速度与转速的同步使得钻杆可以快速、协调地成桩，并能够形成结构良好、稳定的桩体。控制装置的操作界面人性化、简单、易懂、易操作。

8）螺旋钻进的方式是低速水平挤进。

① 钻：使桩端进入较好的持力层。

② 挤：不改变挤土型桩的性质。孔底不会累积、压缩大量的土体，孔底无虚土，桩体不会上涌。螺旋挤土灌注桩在群桩承台情况下也不会出现浮桩现象，解决了挤土桩长期因浮桩要引孔、复打、复压和因断桩、裂桩、离析、缩颈需要补桩的困扰。

③ 螺旋挤土灌注桩无断桩、无浮桩、不挤桩、不接桩、无噪声，沉降变形率小，桩身质量可靠，施工效率高。

④ 抗震性能、抗拔力优于预制管桩。

⑤ 有贯入度控制（cm/min），通过钻进，可根据钻具的钻尖和螺旋段中动力头的工作电流判断桩端在持力层的土层情况，结合工程要求制定出收钻贯入度指标，直观、实用、可靠。

13.2.5.5　施工注意事项

1）桩位偏差。

① 测量定位、放线、复核工作由测量工程师负责，定期检查并测量仪器。

② 施工前对已放线定位的桩位重新复核一次，并请甲方监理复核签字认可。

③ 施工中及时校核桩位，采用仪器或用钢尺量测相邻桩位是否正确，如发现偏差，及时调整。

④ 做好测量定位放线的原始资料，保存形成的定位、放线成果资料以书面形式报监理和甲方复核检查。

⑤ 桩机就位时认真校核钻头的对位。

2）桩身垂直度。

① 钻机就位前进行场地平整、压实，防止钻机出现不均匀下沉导致下钻偏斜。

② 钻机用塔架上的吊锤校核垂直，移动斜撑和支腿校核水平，确保垂直度满足设计和规范要求。

3）施工前制定建筑物、地下管线安全保护技术措施，并标出施工区域内外的建筑物、地下管线的分布示意图。

4）经常检查施工场地的平整情况，保证施工机械的安全移动。

5）经常检查钻具的使用情况，磨损的现场要及时焊补。

6）经常检查机械使用及电流、电压情况；及时更换易损件（如滑动卡瓦、钢丝绳等），杜绝野蛮施工。

7）施工过程中应注意经常查看主卷扬钢缆松紧情况，不得过松或过紧。

8）当下钻过程中动力头工作电流大于140A，采用不同步钻进的方式仍下钻困难时，表明可能碰到块石、漂石。此时应停止钻进，报告工程甲方、设计单位和监理，共同研究解决方案。

9）作业前检查机具的紧固性，不得在螺丝松动或缺失的状态下启动。作业中，保持钻机液压系统处于良好的润滑状态。经常检查各种卷扬机、起重机钢丝绳的磨损程度，并按规定及时更换。

10）机械设备发生故障后及时修理，严禁带故障运行和违规操作，杜绝机械事故。

11）检查混凝土的质量，做好试块保留工作；检查钢筋笼的制作和安放工作；及时处理堵管等施工事故。

13.2.6　长沙香樟园螺旋挤土成孔灌注桩工程

13.2.6.1　工程概况

长沙香樟路香樟园1号、2号楼，楼高18层＋1层地下室。原设计采用600mm预应力管桩，由于地层起伏变化很大，且有砂层、圆砾层、强风化层，浅处6.0m到中风化泥岩，深处16.0m才到强风化岩层，层中还有风化岩夹层一直没能做试验桩，人工挖孔桩也未获批准，停工已快两年。

后选用螺旋挤土灌注桩，桩径500mm，试验桩极限承载力为4000kN，设计值为1700kN，总桩数为694根，最短桩为6.2m，最长桩为18.0m。最终7根验收桩合格，40%低应变检测无三类桩，比人工挖孔桩节省成本50%以上。

13.2.6.2 地层岩性

工程场地部分地层情况如下。

第四系冲积（Q^{al}）圆砾③：灰黄、褐黄、灰白色，含20%~40%不等的细中砂及黏性土，含10%的卵石，卵石最大粒径达10cm，松散~稍密状态，层厚0.60~2.20m。

第四系残积（Q^{el}）粉质黏土④：褐红色，为第三系泥质砂岩风化残积而成，含20%~40%不等的细砂，原岩结构可辨，可塑~硬塑状态，切面稍光滑，摇振无反应，具中等韧性及中等干强度，层厚0.50~5.80m。

第三系（E）泥质粉砂岩：褐红色，主要矿物成分为石英、长石及黏土矿物，泥质胶结，粉细粒结构，厚层状构造。碎石颗粒大小及含量不同，局部为泥质砂岩。该层具有失水易干裂、浸水易软化的特性，开挖后有进一步风化的特性。按风化程度不同可分为强风化、中风化。强风化泥质粉砂岩⑤：褐红色，大部分矿物成分已风化变质，节理裂隙发育，岩体极易破碎，岩芯呈碎块状及土状，属极软岩；岩体基本质量等级分类为V类，岩块用手可折断，冲击钻进较困难。场地内所有钻孔均遇见该层，揭露厚度为14.60~23.90m。由于风化不均匀，其中夹有中风化泥质粉砂岩⑤₁及全风化泥质粉砂岩⑤₂夹层。

中风化泥质粉砂岩⑤₁：褐紫、褐红色，大部分矿物成分已风化变质，节理裂隙发育，岩体较完整，岩芯呈长柱状，属极软岩；岩石质量指标较差（50<RQD<75），岩体基本质量等级分类为V类，合金钻具可钻进，锤击声哑，岩块用手难折断，为强风化中不均匀风化夹层。所有钻孔均遇见该层，夹层厚度为1.50~8.60m。

本次勘察在强风化泥质粉砂岩⑤中共有7次标贯试验锤击数>50击。

13.2.6.3 试验桩及工程桩检测情况

试验桩及工程桩检测情况见表13-3。

表13-3 香樟园试验桩及工程桩检测情况

项目	桩号	持力层强风化泥质砂岩	桩长/m	桩径/mm	混凝土强度等级	设计值/kN	试验荷载/kN	最大沉降/mm
试验桩	1	（基坑上）	11.2	500	C40	1750（判定）	4000	桩头压坏
1号楼检测	156	（基坑下）	8.6	500	C35	1700	>3400	23.77
	259	—	10.5	500	C35	1700	>3400	21.00
	224	—	8.6	500	C35	1700	>3400	25.47
	73	—	7.9	500	C35	1700	>3400	23.68
2号楼检测	588	—	8.4	500	C35	1700	>3400	35.40
	525	—	8.0	500	C35	1700	>3400	34.67
	450	—	9.1	500	C35	1700	>3400	33.21

试验结果与结论：所试桩的荷载-沉降（Q-s）曲线呈缓变形，且总沉降量均未超过40mm，根据试验情况及资料分析，其单桩竖向承载力特征值能满足1700kN的设计要求。

13.3　螺旋挤土成孔引孔预应力管桩

13.3.1　简介

1944 年北京开始生产离心钢筋混凝土管桩（RC 桩），20 世纪 90 年代国内已涌现大批预应力混凝土管桩生产企业。到 2005 年年底，我国预应力混凝土管桩的年生产量约为 1.8 亿 m，生产厂家约 300 家，分布在我国 17 个省、市、自治区。到 2010 年年底，预应力混凝土管桩年生产量约为 3.2 亿 m，生产企业增加到 500 多家，分布在 25 个省、市、自治区。

由于离心成型的先张法高强预应力混凝土管桩（PHC 桩）施工方便、工期短、工效高，工程质量可靠，桩身耐打性好，承载力单位造价较钻孔灌注桩等其他常用桩型低等，比较适合沿海地区的地质条件，目前已成为我国桩基工程中使用最广泛的桩型。根据预应力管桩的生产量估算，我国管桩使用长度已经超过 20 亿 m。可以说，该产品在我国经济的高速发展中发挥了重要的支撑作用。

但是近年来，由于城市化的快速发展，现有 PHC 桩产品及其施工方法存在的一些问题使得预制桩的应用受到了一定的限制。现有预制桩的打入及静压施工方法存在的主要问题有：

1）挤土对周围设施（地下构造物、管线）有影响，这是近年来在沿海地区城市中预制桩无法得到利用的一个重要原因。

2）穿透各种夹层时有难度，施工不当易对桩身造成宏观或微观的损害。

3）打入施工产生噪声和空气污染。

4）软土地基施工时会因挤土导致已施工桩涌起，开挖时容易产生桩身倾斜甚至桩身断裂的现象。

5）桩顶标高难以控制，而截桩不当易造成桩头破坏或桩身预应力的变化。

广东省《锤击式预应力混凝土管桩基础技术规程》（DBJ/T 15-22—2008）规定了不宜采用或慎用管桩的地质条件，见 13.2.1.1 节。

管桩和钢筋混凝土预制桩的设桩工艺有打入式、振入式、压入式（静压式）和埋入式四种。筒式柴油锤冲击式（打入式）施工中存在"一次公害"（施工噪声高、振动大、油污飞溅），打入式、振入式和压入式设桩工艺在施工中会产生挤土效应，使地基土隆起和水平挤动，不同程度地对邻近建筑物和地下管线产生影响。为了消除"一次公害"和挤土效应，或减小挤土效应，日本在 20 世纪 60 年代初期开发出了以低噪声、低振动和无挤土效应为目标的埋入式桩系列工法，至今已有百余种。所谓埋入式桩工法，是将预制桩或钢管桩沉入钻成的孔中后，采用某些手段增强桩承载力的工法。近几年来埋入式桩工法占日本预制桩施工的 90%，打入式桩工法只占 10%。我国埋入式桩的种类很少，几乎为空白，但同时也为桩基施工企业的发展提供了空间。

尽管日本埋入式桩有百余种，但有一个主要问题，即承载力不是很高，其原因之一是引孔技术均采用取土方法（图 13-9），使预应力管桩侧摩阻力受到一定程度的损失，影响该类工法桩的发展。以下对日本埋入式桩作简单介绍。

13.3.2　日本埋入式桩

埋入式桩是将预制桩或钢管桩沉入钻成的孔中后采取某些手段增加桩承载力的工法桩的总称。

13.3.2.1　埋入式桩的分类

按预制桩的插入方法可大致分为三大类：预先钻孔法、中掘工法（也称桩中钻孔法）和旋转埋设法。

按承载力的发挥方式可分为最终打击法、最终压入法、桩端水泥浆加固法和桩端扩大头加固法。

采用埋入式桩施工法的预制桩有振动捣实钢筋混凝土预制桩（实心断面的钢筋混凝土桩和预应力钢

筋混凝土桩）、离心振压钢筋混凝土预制桩（圆管形断面的钢筋混凝土桩、预应力钢筋混凝土桩和预应力高强度钢筋混凝土桩）、节桩、扩径桩（ST 桩）、钢管桩和钢筋混凝土与钢管合成桩（SC 桩）、复合配筋先张法预应力混凝土管桩（简称复合配筋桩，即 PRHC 桩）。

按承载力大小可分为原有型埋入式桩和高承载力型埋入式桩。

13.3.2.2 埋入式桩的承载机理

图 13-8 所示为打入式桩、钻孔灌注桩和埋入式桩的承载力机理的差别，表 13-4 所示为施工方法和桩端形状对承载力的影响。

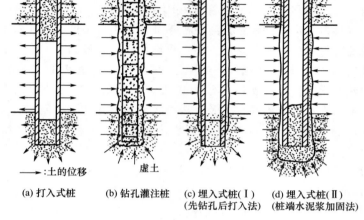

→：土的位移　　　　　　虚土

(a) 打入式桩　　(b) 钻孔灌注桩　　(c) 埋入式桩（Ⅰ）　　(d) 埋入式桩（Ⅱ）
　　　　　　　　　　　　　　　　　　（先钻孔后打入法）　　（桩端水泥浆加固法）

图 13-8　桩承载力机理的差别

表 13-4　施工方法和桩端形状不同引起的承载力差别

因素		打入式桩	埋入式桩	钻孔灌注桩
（1）使地基土	密实○	○	×	×
	松弛×			
（2）与桩周土密切接触程度	好○	○	×	○
	坏×		○	
（3）桩端有效断面面积	等于 $\frac{\pi}{4}d^2$ ○	开口桩×	开口桩×	○
	小于 $\frac{\pi}{4}d^2$ ×	闭口桩○	闭口桩○	

注：1. ○为承载力大的要素；×为承载力小的要素。
　　2. 埋入式桩与桩周土密切接触程度引起承载力的差别因埋入式桩的施工方法而异。

13.3.2.3 原有型预先钻孔法埋入式桩

原有型预先钻孔法的概要和特征见表 13-5。原有型预先钻孔法有 40 多种，举例介绍如下。

1. 长螺旋钻成孔、灌注水泥浆的最终打击施工法（水泥浆工法）

（1）施工程序

施工程序（图 13-9）为：①边用长螺旋钻成孔，边从钻头喷出水泥浆，直到钻进至预定桩端持力层为止；②以桩端加固液替换钻进液；③在进一步注入桩端加固液的同时，边回转钻杆边缓慢地上拔钻杆；④将钻杆拔出孔外；⑤将桩插入孔内；⑥当桩端锚固在桩端持力层后，用装备在钻孔机上的装置把桩压入或用锤轻轻打入。

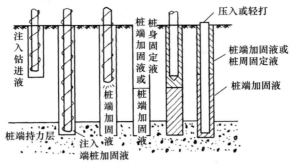

图 13 - 9　预先钻孔法之一——长螺旋钻成孔、灌注水泥浆的最终打击施工法

表 13 - 5　原有型预先钻孔法的概要和特征

原有型预先钻孔方法			承载力发挥方法		
方法名称	内容	特征	方法名称	内容	特征
共同	桩达预定设计深度前，预先钻成孔，然后用自沉、压入、轻打、同转等方法将桩埋入。钻孔直径比桩径大 100mm。孔壁形成后，为确保水平抗力，需充填固定液。成孔可采用螺旋钻机、杆式钻机或两者的组合	1. 使打入式桩穿越坚硬中间层、回弹大的土层和倾斜的桩端持力层施工成为可能 2. 减少噪声、振动公害 3. 在坍塌性地层中使用稳定液 4. 用稳定液时需做排土处理	最终打击式	两者均用打击方式发挥承载力，埋入式桩为桩端打击发挥，而打入式桩为桩顶打击发挥；采用打桩锤击；一般情况下用固定液充填桩周	1. 与打入桩相比，打击次数、时间大幅度减少，噪声、振动公害大大减少 2. 能实测最终打击贯入量，以实施停止锤击的管理 3. 在桩顶打击，产生整体失稳的可能性高，只能轻打 4. 通过中空部打击桩端，效率高，能把打击能量传到桩端，但如果水浸入桩端，将使桩端内部产生异常内压 5. 如有溢水等，需注意桩周固定液的沉降
长螺旋钻方式	用连续的螺旋钻在地层中钻进，确保将桩插入必要的空间。边钻孔边插入桩，边将稳定液从钻头喷出注入空间。稳定液起充填桩和保护孔壁的作用	1. 孔内土砂排出孔外，黏土等在孔内残留很少 2. 桩周固定液容易沉降，故需注意 3. 螺旋叶片连续，所以钻杆在土中不能回转的现象几乎没有 4. 比杆式钻排土多	桩端加固方式	事先从钻头端部喷出水泥浆，注入钻孔底部的桩端持力层，形成桩端加固层，在其中插入预制桩并锚固；桩端加固层通过置换方式或搅拌方式形成	1. 将桩用自沉、压入、轻打、回转等方式锚固，所以几乎没有噪声和振动 2. 用桩端闭口桩，排出泥水多。另外，锚固后有时因浮力桩上浮 3. 回转方式沉设，铅直性好，施工精度高。扭矩过大会使桩破损 4. 杆式送桩筒的情况可用长送桩筒施工 5. 有承压水的持力层，桩端加固液往往流失 6. 要注意桩端持力层的起伏

原有型预先钻孔方法			承载力发挥方法		
方法名称	内容	特征	方法名称	内容	特征
杆式钻方式	除钻头刀刃外，在杆上也装有不少突起部，即把孔内土泥土化，将桩插入到预定深度 根据桩周固定强度和地层状况，常用桩周固定液。钻进中一般采用注水方式	1. 比螺旋钻方式排土少 2. 一般采用压入和回转结合方式将桩沉设 3. 因是用泥土化方式造成孔壁把桩插入，故孔壁造成比长螺旋钻方式容易 4. 与连续螺旋叶片相比，钻进能力差。在硬层中有时会发生钻头掉落的情况	扩大头加固方式	一面造成孔壁，一面钻进，接近桩端持力层时，将钻刃扩大，注入桩端加固液，同时将其与持力层的砂和砾搅拌，然后缩小钻刃，提上钻头，将桩插入锚固。主要用杆式钻施工	1. 形成桩端加固的扩大头，所以能得到较大的桩端承载力 2. 使用的桩几乎都是开口的，排出泥土较少 3. 与水泥浆桩端加固方式的优缺点几乎相同

注："共同"指长螺旋钻方式和杆式钻方式的综合方式。

（2）适用范围

在 N 值为 5～10 的黏土层和 N 值为 15～40 的砂土层中施工时效率高，但在 N 值大于 30 的固结黏土层和 N 值大于 50 的砂砾层中施工时效率降低；如果中间层有直径 10cm 以上的砾石，钻进时螺旋叶片可能会弯曲；在松砂中钻进，孔壁容易坍塌；在承压水层、高透水性土层和有流动性水的土层中，对钻进液和桩端加固液的管理十分重要；桩径 300～600mm，桩长 10～30m（最大可达 50m）。

（3）施工机械和设备

施工中使用的主要机械设备有：三点支承式履带打桩架，钻机（功率为 30～60kW），钻头（直径应比桩径大，两者关系见表 13-6），螺旋钻杆，注浆泵（1.5～3N/mm²），砂浆搅拌机（600L×2～4）和其他机具设备。

表 13-6 预先钻孔法钻头直径与桩径的关系　　　　　　　　　单位：mm

桩径	350	400	450	500	600
钻头直径	400	500	550	600	700

（4）稳定液

钻进液配合比举例见表 13-7，桩端加固液配合比举例见表 13-8，桩周固定液配合比举例见表 13-9。

表 13-7 钻进液配合比（重量，%）举例

土质	膨润土	分散剂	CMC
黏性土	4～6	0～0.2	—
砂土	6～8	0～0.2	0～0.1

表 13-8 桩端加固液配合比（1m³）举例

水泥/kg	水/L	W/C
697	692	70%

表 13-9 桩周固定液配合比（1m³）举例

水泥/kg	膨润土/kg	水/L	$\sigma_{28}/(N/mm^2)$
300	50	881	0.49
500	75	805	0.52

2．杆式钻成孔、灌注固定液、扩大头加固式施工法（RODEX 工法）

（1）施工程序

施工程序（图 13－10）为：①预先钻孔；②把钻孔的端部扩大；③向桩端持力层注入固定液；④拔出钻杆，同时向桩周注入固定液；⑤将预制桩沉入孔内；⑥将桩回转，同时将桩压入桩端持力层锚定。

（2）适用范围

当穿越有直径在 10cm 以上的砾石的中间层时需要注意；有地下流动水的桩端持力层需要注意；桩径 300～800mm，桩长不大于 60m。

（3）施工机械和设备

施工中使用的主要机械设备有：三点支承式履带打桩架，钻机驱动装置（功率为 30～90kW，1～2台），特殊钻杆，扩大钻头，特殊回转机头，砂浆搅拌池，注浆泵，排土处理机（0.3m³），发电机和给水设备（管径 38mm）。

（4）稳定液

钻进液为水或水泥浆；桩端加固液为水泥浆，水灰比为 0.6。

13.3.2.4　原有型中掘方法埋入式桩

原有型中掘方法的概要和特征见表 13－10。原有型中掘方法有 40 多种方法，举例介绍如下。

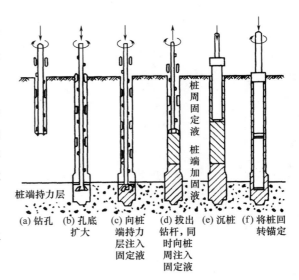

图 13－10　预先钻孔法之二——杆式钻成孔、灌注固定液、扩大头加固式施工法

表 13－10　原有型中掘方法的概要和特征

原有型中掘沉设方法			承载力发挥方法		
方法名称	内容	特征	方法名称	内容	特征
长螺旋钻中掘方式	将略小于桩径 30～40mm 的长螺旋钻插入桩的中空部，在钻头附近的地层连续钻进，使土沿中空部上升，从桩顶排土的同时将桩沉设	1. 低噪声、低振动 2. 使打入桩穿越坚硬的中间层、较长的固结层、回弹大的土层和倾斜的地层施工成为可能 3. 在易坍塌地层、预先钻孔方法难以施工的地层中也容易沉设 4. 桩起护筒的作用，所以对周围结构物的影响小 5. 如遇地下障碍物和大漂石时，会使桩破损和沉设不可能，需加注意	最终打击式	从防止公害的对策、中间层的贯穿和防止对周围结构物的影响出发，按中掘方法将桩沉设后，用落锤、柴油锤、液压锤等施行最终打击，发挥承载力	1. 除打击外的工序噪声和振动低 2. 按打击情况，能对每一根桩进行动承载力管理 3. 因闭塞效应内压上升，如果桩端部不补强，容易发生纵向裂纹 4. 能处理虚土

原有型中掘沉设方法			承载力发挥方法		
方法名称	内容	特征	方法名称	内容	特征
长螺旋钻中掘方式	一般在桩端注入压缩空气和水，促进钻进的同时使桩沉设顺利；在桩端安装减小摩阻力的设备，用打桩机的反力将桩压入的同时用锤轻打，使桩沉设	6. 如果存在连续的黏性土层，会产生糊桩现象，从而使桩产生纵向裂缝	桩端加固方式	与上述目的一样，当将桩沉设到预定深度后，从钻头端部注入水泥浆，提起螺旋钻后投入混凝土，硬化后即可达到发挥承载力的目的	1. 低噪声、低振动 2. 能处理虚土 3. 容易使桩顶水平一致 4. 与扩大头加固方式相比，承载力较小 5. 如果桩端持力层中有流动的地下水，桩端不易形成加固层 6. 桩端持力层中如果有承压水，会发生涌砂，要有防止对策 7. 投入混凝土拌合料的情况，需与钻孔桩一样进行沉渣处理 8. 需要注意桩端持力层的起伏情况
			扩大头加固方式	与上述目的一样，当将桩沉设到预定深度后，把钻刃扩大，在桩端注入加固液，同时将其与持力层的砂和砾搅拌混合，这样从桩端部用高压喷射造成扩大头；另外，沉设以后提起螺旋钻，把别的管子插入，在桩端附近高压喷射水泥浆造成扩大头	1. 形成桩端扩大头，桩端承载力大 2. 桩端加固的水泥浆，如果其喷出搅拌位置、喷出压力和喷出量不合适，将不能得到预定的扩大头和强度 3. 在卵石持力层造成扩大头往往困难 4. 其他则与桩端加固方式的优缺点一样

1. 中掘扩大头加固式施工方法（NAKS 工法）

（1）施工程序

施工程序（图 13-11）为：①在达到桩端持力层深度前均用比桩径小的钻刃钻孔，在压缩空气从钻刃喷出的同时钻进，使桩沉设；②达到桩端持力层后，先让螺旋钻杆反转，然后正转操作，使扩大刀刃大于桩外径，将扩大翼固定；③让扩大翼与桩接触，确认扩大状态后便在桩端持力层中以扩大方式钻进，向桩端注入加固液，与此同时使加固液和桩端持力土层混合，形成扩大头；④关闭刃翼，将其从中空部提出，把桩压入扩大头中。

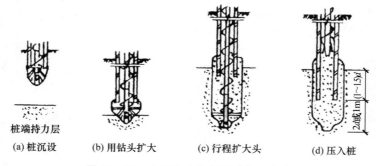

桩端持力层

(a) 桩沉设 (b) 用钻头扩大 (c) 行程扩大头 (d) 压入桩

图 13-11　中掘扩大头加固式施工方法

（2）适用范围

在 N 值为 5～10 的黏土层和 N 值为 15～40 的砂土层中施工，效率高；N 值大于 10 的硬质黏性土层及砾径大于 10cm 的中间砾层的情况适用困难；N 值大于 10 的黏性土层及 N 值大于 50 的砂土中间层的情况沉桩困难；有直径 10cm 以上的巨砾，不能施工；有承压水、地下流动水，桩端加固效果不佳，可使用预应力钢筋混凝土桩；桩径 450～1200mm，桩长 65m 以内。

（3）施工机械和设备

施工中使用的主要机械设备有：三点支承式履带打桩架；钻杆驱动装置（功率 60kW 以上）；螺旋钻（桩公称内径 300～500mm）；两段式钻头（沉设时翼径小于桩径，扩大时翼径等于 $d+120$ 或 $1.2d$，d 为桩外径）；特制桩帽，防止中掘时桩自沉。

桩沉设的辅助装置有：U 形特制桩锤（质量为 7000～10000kg），压入装置，排土槽。

此外还有搅拌设备（600L 槽 2 个以上，功率 15kW），注浆泵（压力 1.4N/mm²，容量 280L/min），履带吊（吊桩用，起吊能力为 300kN 以上），发电机（功率为 80～100kW），空压机（压力为 0.7N/mm²，排出空气量为 5m³/min）和其他设备。

（4）稳定液

桩端加固液用水泥浆（水灰比 0.6）。

2. 中掘、高压喷射、扩大头加固式施工方法（STJ 工法）

（1）施工程序

施工程序（图 13－12）为：①螺旋钻插到桩的中空部后，将桩吊入打桩机中，再把驱动部和螺旋钻的轴连接上，最后把桩帽套在桩上；②回转螺旋钻，一面钻削排土一面贯入，如果地层较硬，用液压压入装置或锤轻打，使桩贯入；③桩一到达桩端持力层，用高压泵从钻头喷出扩大头加固用水泥浆，与此同时上拔钻杆；④扩大头形成后，用液压压入装置或锤将桩贯入扩大头中；⑤为抑制承压水，一面向桩中空部注水，一面上拔螺旋钻。

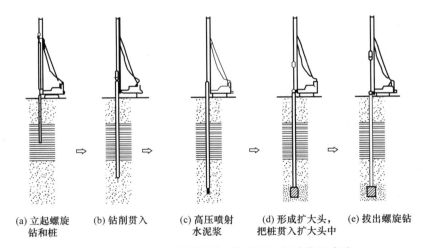

(a) 立起螺旋　　(b) 钻削贯入　　(c) 高压喷射　　(d) 形成扩大头，　(e) 拔出螺旋钻
　钻和桩　　　　　　　　　　　　水泥浆　　　把桩贯入扩大头中

图 13－12　中掘、高压喷射、扩大头加固式施工方法

（2）适用范围

在砂砾层和 N 值大于 10 的黏土层中施工性能不好；有巨砾层和密实的厚砂砾层作为中间层时施工困难（桩径为 450mm 而巨砾径为 40mm 以上、桩径为 500mm 而巨砾径为 55mm 以上和桩径为 600mm 而巨砾径为 95mm 以上时施工困难）；桩端持力层有承压水、流动地下水时施工困难；钢筋混凝土桩、预应力钢筋混凝土桩、预应力高强度钢筋混凝土桩和 SC 桩都能使用。桩径 450mm、桩长 7～45m 及桩径 500mm、桩长 7～50m 和桩径 600mm、桩长 7～60m 等场合，施工均可能；直径为 700～1000mm 的桩也有可能施工。

（3）施工机械和设备

施工中使用的主要机械设备有：三点支承式履带打桩架（日车 D308SA～D408），螺旋钻动力头（三和机材 D-60H～D-102H），螺旋钻杆（ϕ250～340，特殊型），注浆泵、发电机、辅助吊车、锤及小型推土机。

（4）稳定液

桩端加固液的标准配合比和使用量见表 13-11。

表 13-11　桩端加固液的标准配合比和使用量

桩径/mm	水泥/kg	水/L	使用量/m³	桩径/mm	水泥/kg	水/L	使用量/m³
450	1000	700	1.0	700	1480	1050	1.5
500	1200	850	1.2	800	1480	1050	1.5
600	1480	1050	1.5	1000	1480	1050	1.5

13.3.2.5　高承载力型预先钻孔法埋入式桩

所谓高承载力型预先钻孔法，是指利用单轴钻机在钻进后扩大桩端部，注入桩端固化水泥浆，并与端部土反复搅拌，形成比预制桩桩端直径更大的水泥土柱状体（桩端固化部），预制桩在此桩端固化部固定。扩底固化工法相对于原有型埋入式工法能够发挥更大的承载力，因此该工法也称为高承载力工法。

用于该工法的预制桩种类有 PHC 管桩、PRHC 管桩、扩径（ST）桩、节桩、桩端部设有钢制翼板的 PHC 管桩、SC 桩、纤维袋及钢管桩等。

端阻力较高的原因主要包括：①桩的扩底；②为保证桩身与扩底成为一体共同承载，预制混凝土桩的下部使用节桩及桩端部设有钢制翼板的 PHC 管桩等异形产品，通过其凸起部分的承压效果增强桩身与扩底固化部的粘结强度。

由 13.3.2.3 节和 13.3.2.4 节可以看出，原有型预先钻孔法埋入式桩和原有型中掘方法埋入式桩成孔分别采用长螺旋钻或杆式钻方式钻进，尽管边钻边注入水泥浆，承载力发挥方法采用最终打击方式、桩端加固方式或扩大头加固方式，但承载力却比打入式预制桩要低。

13.3.3　螺旋挤土成孔技术在预应力管桩施工中的引孔工法

13.3.3.1　简介

预应力混凝土管桩因具有桩体强度高、施工速度快、现场文明施工条件好、便于检测等优点，已被广泛应用于建（构）筑物桩基础工程中。随着预应力管桩的普及，预应力管桩施工中经常遇到难以穿越的复杂地层，如致密砂层、砂砾层、卵石层及块状强风化层、中风化硬夹层等。

为解决预应力管桩施工中的困难和障碍，需要进行辅助引孔施工。采用常规的钻孔、冲孔工艺引孔，存在成孔直径偏大、施工速度慢、泥浆护壁使得现场文明施工管理困难、引孔成本高等问题。当采用长螺旋引孔时，受地下水位的不利影响，容易造成塌孔，且长螺旋在硬层中钻进困难。大直径潜孔锤采用风动振动破岩，适用于硬岩、孤石或坚硬夹层引孔，在上部黏性土、砂性土、砾石或卵石层中，引孔过程中容易产生塌孔。另外，常规的引孔技术均采用取土方法，使得预应力管桩桩侧摩阻力受到一定程度的损失。为了寻求更快捷、高效的新工艺、新方法，节省投资，加快施工进度，保证施工质量，工程技术人员发明了采用螺旋挤土成孔技术在预应力管桩施工中引孔的技术，较好地解决了预应力管桩在复杂地层中引孔施工的难题。

螺旋挤土成孔采用"上部为圆柱形、下部为螺旋形"的组合钻具，低钻速钻进，施工时噪声低、无振动、无泥浆污染和弃土。通过现场引孔工艺对比试验可知，其适用于黏性土、粉土、砂土及软土，并能有效穿过卵石层、砂砾层和强风化层岩层。采用螺旋挤土成孔技术进行引孔，可以将管桩顺利沉入持力层。螺旋挤土引孔时，成孔直径与预应力管桩直径相匹配，能一次性快速完成引孔，为预应力管桩的引孔施工提供了良好的途径。

2003 年螺旋挤土成孔技术申请发明专利，名称为"半螺丝桩及其成桩工法"，该技术包括螺旋挤土成孔、灌注成桩工艺及桩机设备，并于 2005 年获得专利。

13.3.3.2　适用范围

螺旋挤土引孔技术适用于软土、黏性土、砂性土、砂层、卵石层、砂砾层和强风化岩层等；适用于直径 400mm、500mm、600mm 预应力管桩的引孔施工；不受地下水的影响；一般地层引孔深度为 18～22m，边桩施工工作面距离为 0.5m，角桩施工工作面距离为 1.6m。

13.3.3.3　工艺原理

螺旋挤土成孔采用螺旋挤土桩机具施工，钻具在动力系统的作用下对其施加大扭矩及竖向力，借助钻具下部长约 5m 的一段特制的粗螺旋挤扩钻头，以 3～5r/min 慢速钻进，将桩孔中的土体完全挤入桩周，最终形成圆柱形或螺旋形的桩孔。短螺旋挤扩钻头根据预应力管桩的设计桩径合理选用，以保证引孔直径，使预应力管桩顺利施工。

13.3.3.4　施工工艺流程和操作要点

1. 施工工艺流程

螺旋挤土成孔技术在预应力管桩施工中引孔施工的工艺流程如图 13-13 所示。

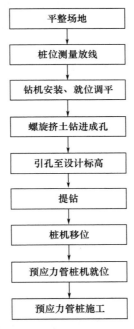

图 13-13　螺旋挤土技术在预应力管桩施工中引孔工艺流程

2. 施工准备

（1）资料及现场准备

1）收集引孔区场地岩土工程勘察报告，掌握引孔桩位的地层分布。

2）清除场内妨碍施工的障碍物和地下隐蔽埋设物。

3）做好施工用水、电、道路及临时措施准备。

（2）施工机具、材料准备

1）正式施工前，桩机进行试运转，通过人机界面检查每个机电系统的运转是否正常。

2）检查钻具，对磨损部分进行修补。

3）调垂直钻杆，检查钻头阀门是否正常，关好阀门，预紧钢丝绳。

（3）技术准备

1）按有关标准、规范和设计文件编制专项施工方案，并报监理审批。

2）根据施工要求做好图纸会审和交底工作。

3）接收并复核测量控制点坐标、水准基点高程，办理复核、移交手续。

（4）劳动力准备

1）主要作业人员：螺旋挤土桩机操作工、测量人员、记录员、杂工等。

2）机械操作人员必须经过专业培训，并取得桩机工资格证书；主要作业人员已经过安全培训，并接受了质量、安全技术交底。

3. 操作要点

（1）场地平整

1）对施工场地进行平整处理，修筑临时道路，以确保运输车辆通行，保证设备入场就位。

2）对局部软弱部位换填，保证场地密实、稳固，确保桩机施工时不发生偏斜。

（2）桩位测量定位

1）根据场地控制点坐标，按照施工图纸给定的坐标进行桩位测放定位，并用木桩锤入土层做好标记；木桩突出地面10～20cm，系上线绳作为标记，在桩位处撒白灰。

2）将测量的桩点位置、标高记录在册，将控制轴线点引至安全位置予以保护，以便恢复轴线及检查使用。

3）桩位测量完成后，提交监理工程师复核，无误后交现场使用。桩位测量误差严格控制在规范和设计要求范围内。

（3）桩机安装、就位、调试

1）设备吊装由专人指挥，做到平稳、轻起轻落，非作业人员撤离作业范围。

2）引孔钻机就位后，采用液压系统调平，用吊锤校正水平度，确保始终保持桩机水平。

3）设备安装就位后，将短螺旋钻头对准桩位，保持钻头与桩位中心重合，再将桩机调平，确保施工中不发生偏斜和移位。

4）桩机安装完成后进行现场验收。

（4）钻进

1）钻头对准桩位点后启动钻机，不同的桩径、地层采用不同的钻速钻进。预应力管桩桩径为400mm时钻具转速为6r/min，桩径为500mm、600mm时钻具转速为2～3r/min。

2）开孔时慢速钻进，以利于孔口地层挤密，保护孔口稳定。

3）当动力头工作电流小于140A时桩机正常螺旋钻进，钻进达设计引孔深度终孔。

4）当动力头工作电流大于140A（如进入密实性黏土、密实砂层、砂砾层、卵石层、块状强风化岩层）时，钻机螺旋钻进速度较慢，此时采用加压措施：

① 放松主卷扬的上提钢缆。

② 设定旋转速度为2～3r/min，同时手动加压，即通过拉紧下拉钢缆使桩机的前支撑或前步履离开地面（最大不高于100mm），钻进至设计深度后收钻。

③ 当下钻过程中动力头工作电流大于140A，通过加压方式仍钻进困难，应初步判断可能碰到坚硬块石、漂石或岩石风化球，此时应停止钻进，报告业主、设计和监理，共同研究解决方案。

5）施工过程中应注意经常查看主卷扬钢缆松紧情况，不得过松或过紧。

6）钻机钻进过程中派专人做好现场施工记录，包括引孔桩号、桩径、孔深、孔底地层情况、施工时间等。

（5）提钻

1）钻进至设计引孔标高后收钻，按退桩操作按钮，钻具反向旋转，同时调整钻杆上提速度为下钻速度的 1.5～2.0 倍。

2）提钻过程中，如出现塌孔埋钻现象，则将钻具拔出，回填黏土超过塌孔段 2.0m 以上，重新钻进成孔。

3）当提升过程中动力头工作电流小于 50A 时，钻杆停止旋转，直接提钻具至地面后停机。

（6）预应力管桩机就位与施工

1）引孔分区、分片进行，以利于预应力管桩分批施工。

2）一般当日完成的引孔当日完成预应力管桩施工。

3）当完成的引孔无法及时进行预应力管桩施工时，则对引孔进行回填砂处理。

13.3.3.5 设备机具

1. 设备机具选择

1）钻孔机具选用螺旋挤土桩机-90 型打桩机，桩机包括主机架、动力头、操纵室、液压系统及电力系统等，圈套钻机功率约为 90kW。

2）根据预应力管桩桩径选择对应的同径短螺旋钻头，以满足预应力管桩引孔的需要。

2. 设备机具配套

螺旋挤土灌注桩机引孔施工机械设备配套见表 13-12。

表 13-12 螺旋挤土灌注桩机引孔施工机械设备配套

序号	机械设备名称	机械设备型号	备注
1	引孔钻机	螺旋挤土桩机-90 型	90kW，引孔，自动移位
2	短螺旋钻头	直径为 400mm、500mm、600mm	挤土钻进
3	钻具	直径为 400mm、500mm、600mm	钻杆
4	发电机组	120kW	自发电

13.3.3.6 质量控制

1. 质量控制要点

（1）桩位偏差

1）测量定位、放线、复核工作由测量工程师负责，并定期检查测量仪器。

2）施工前，对已放线定位的各桩位置重新复核一次，并请甲方监理签字认可。

3）施工过程中及时校核桩位，采用仪器测放或用钢尺现场量测各相邻桩位，确认相对位置，如发现偏差超标及时调整。

4）做好测量定位放线原始资料的收集，形成的定位、放线成果资料以书面形式报监理和甲方复核检查。

5）钻机就位时，认真校核短螺旋钻头的对位情况，如发现偏差超标及时调整。

（2）桩身垂直度

1）钻机就位前进行场地平整、压实，防止钻机出现不均匀下沉导致引孔偏斜。

2）钻机用钻杆支架上的吊锤校核水平，用液压系统调节支腿高度。

3）引孔时，从夹角为 90°的两个方向用吊线锤对桩身垂直度进行复核，确保垂直度满足设计和规范要求。

（3）引孔

1）引孔深度严格按设计要求，以满足预应力管桩设计桩长要求。

2）引孔过程中控制钻杆的钻速，派专人观察钻具的钻速是否异常、钻具是否有偏斜的现象，若出现异常情况应分析原因，及时采取措施。

3）当动力头工作电流大于140A时表示钻尖已进入较硬的土层，靠螺牙旋转时产生的拉力不能使钻杆形成自攻钻进，此时采用不同步方式：设定旋转速度为3r/min，同时手动加压，使钻杆钻入土中，当钻到设计标高后停止钻进。

4）引孔终孔深度如出现异常（短桩或超长桩），及时上报设计、监理进行妥善处理。可采取超前钻预先探明引孔地层的分布。

2. 螺旋挤土桩机引孔质量检验标准

螺旋挤土桩机引孔质量检验应符合表13-13规定的标准。

表 13-13 螺旋挤土桩机引孔质量检验标准

项目	序号	检查项目	允许偏差或允许值		检查方法
			单位	数值	
主控项目	1	引孔直径	mm	≥预应力管桩设计直径	用钢尺量
一般项目	1	桩位偏差	mm	单排或双排桩条形桩基： 垂直于条形桩基纵向轴的桩，100 平行于条形桩基纵向轴的桩，150	用钢尺量
				承台桩数为1～3根的桩，100	
				承台桩数为4～16根的桩： 周边桩，100 中间桩，$d/3$ 和150 两者中较大者	
				承台桩数多于16根的桩： 周边桩，$d/3$ 和150 两者中较大者 中间桩，$d/2$	
	2	引孔垂直度	%	≤1	吊垂线
	3	引孔深度	mm	≥预应力管桩设计深度	测桩管长度

13.3.4 工程实例

13.3.4.1 深圳平湖综合企业城预应力管桩引孔工程

1. 工程概况

平湖综合企业城总占地面积约 $50000m^2$，总建筑面积为 $158321.2m^2$，基础设计采用直径500mm静压预应力管桩。2009年6月进行预应力管桩施工。

2. 桩基础设计

基础设计采用直径500mm预应力管桩，桩端持力层为强风化细砂岩。

3. 硬岩夹层分布情况

预应力管桩施工过程中发现强风化细砂岩夹层，造成管桩施工困难。经钻孔探明，强风化细砂岩夹层厚度不均，夹层厚度为 $1.2～5.1m$。

4. 预应力管桩引孔施工情况

经分析论证，引孔采用螺旋挤土桩机技术，进场1台引孔桩机，配备1台引孔桩机，每天实际引孔

10 孔，最大引孔深度为 18m，施工工期 24d，完成全部引孔任务。在后期预应力管桩施工过程中，静压预应力管桩顺利穿越硬性夹层。

引孔施工现场如图 13-14 所示，主要引孔机械如图 13-15 所示，主要引孔设备如图 13-16 所示。

图 13-14　引孔施工现场

图 13-15　主要引孔机械——引孔桩机

图 13-16　主要引孔设备——短螺旋钻头和钻杆

13.3.4.2　莹展电子科技（深圳）有限公司 7 号宿舍、8 号仓库预应力管桩工程

1. 工程概况

莹展电子科技（深圳）有限公司 7 号宿舍、8 号仓库位于深圳龙岗区坑梓镇龙田同富裕工业区莹展工业园内。

2. 桩基础设计

该工程桩基础设计为预应力管桩，管桩直径为 500mm，桩长不小于 16m，桩数为 250 根。工程于 2009 年 10 月开工，工期 50 天。

3. 地层分布情况

本工程场地主要地层为人工填土、中细砂、砂质黏性土、强风化砂砾岩、中（微）风化砂砾层，其中中细砂夹层对预应力管桩施工造成较大影响。

4. 预应力管桩引孔施工情况

施工过程中，部分场地分布较厚的中细砂夹层，夹层厚度为 1.5～3.8m，共 140 根预应力管桩需要预先引孔。引孔采用螺旋挤土引孔技术，开动 1 台引孔桩机，施工时间约 12d，顺利完成引孔任务。

施工现场及孔口情况如图 13-17 和图 13-18 所示。

图 13-17　螺旋挤土引孔施工中

图 13-18　螺旋引孔孔口情况

13.3.4.3　东莞市金达照明员工宿舍预应力管桩工程

1. 工程概况

东莞市金达照明员工宿舍由东莞市金达照明有限公司投资建设，拟建场地位于东莞市望牛墩东莞市金达照明有限公司厂区内，基础采用冲孔灌注桩和预应力管桩，2010 年 10 月开工。

2. 桩基础设计

本工程预应力管桩设计直径为 500mm，桩数为 460 根。根据设计要求，桩端进入强风化泥岩层不小于 2.0m。本场地强风化泥岩的实测标贯平均击数达到 75 击，预应力管桩无法进入持力层，施工难度大，需进行引孔施工，引孔的桩数共计 220 根。

3. 地层分布情况

本工程场地揭露的地层自上至下主要为人工填土、砂质黏土、强风化泥岩、中风化泥岩。强风化泥岩为硬质岩层，标贯击数大，钻进难。现场地层情况如图 13-19 所示。

图 13-19　场地地层情况

4. 预应力管桩引孔施工情况

引孔采用螺旋挤土桩机，进场引孔桩机 1 台，引孔深度为 4.2～15.0m。管桩引孔施工时间约 20 天。

施工现场相关情况如图 13-20～图 13-28 所示。

图 13-20　螺旋挤土桩机与预应力
管桩机配合施工

图 13-21　引孔桩机移位

图 13-22　引孔桩机就位

图 13-23　引孔桩机用吊锤调整桩机垂直度

图 13-24　开始引孔

图 13-25　引孔过程中孔口挤土状况

图 13-26　引孔钻头拔出孔口

图 13-27　螺旋挤土引孔完成后的孔口情况

图 13-28　引孔完成后预应力管桩施工

13.4　小　　结

13.4.1　螺旋挤土成孔引孔技术小结

螺旋挤土成孔引孔技术采用有专门装置的三点支撑自行式螺旋挤土桩机螺旋钻进，钻具在动力系统的作用下施加大扭矩及竖向力，借助钻具下部长约 5m 的一段特制的粗螺旋挤扩钻头，以 2～5r/min 慢速钻进，将桩孔中的土体挤入桩周，形成圆柱形或螺旋形的桩孔，挤土效果良好。

桩架的高度可通过改变立柱和斜撑的节数调节，调节高度为 30m、36m 等规格，也可以配备 HD100 型以下筒式柴油锤，可打各种型号的钢板桩或混凝土预制桩。

螺旋挤土成孔的动力系统采用特制的以三环减速机为主的两级减速机组，采用双 33kW 直流电动机同步技术，扭矩达 180～200kN/m，恒扭，还可加压 200～300kN，具有较强的穿透能力。成孔过程中，通过动力头工作电流的工作情况和每次下钻时不同土体对钻具产生的摩擦阻力（电流）的变化情况判断是否钻至持力层和持力层的深度，从而确定引孔深度和位置。引孔穿过复杂地层底部后即可提钻。

螺旋钻杆改良结构可阻止轴向反力对下钻的影响，减小下钻的阻力，减轻工作负荷，提高传动效率及钻杆的工作效率。

螺旋钻杆改良结构可快速灌注混凝土，避免混凝土在灌注时卡住。

螺旋钻杆改良结构使得钻杆能够快速下钻，施工方便，且钻杆的强度高，在不增加钻杆制作材料和成本的条件下延长钻杆的工作寿命。

半螺丝桩体可用于任何土层情况，具有摩擦桩与端承桩的双重特点，尤其适用于复杂地质情况，可深入地下 20m 以上，能够对建筑物提供可靠而且有力的支撑，适合各种建筑物的支撑情况。

螺旋挤孔桩机的控制装置包括控制模块（控制系统）、动力系统及进给系统，动力系统及进给系统分别连接于控制模块（控制系统）。动力系统控制钻杆的下钻扭矩，使钻杆下钻时保持一定的转速；进给系统提供下钻的动力（压力），保持下钻的进给速度，二者配合，使钻杆的钻速与钻杆向下运动的速度保持同步。

螺旋挤土成孔引孔技术具有以下技术特点：施工速度快，地层适应性强，工艺简单，引孔效果好，设备简单，环保，节能；引孔时采用挤土成孔，无泥浆污染、无振动、无噪声、无环境污染，可实现 24h 不间断作业；工艺简单，引孔速度快，施工成本相对较低，是常规引孔技术的 30%～40%。

13.4.2　螺旋挤土成孔灌注桩小结

螺旋挤土成孔采用专门的三点支撑自行式螺旋挤土灌注桩机螺旋钻进，钻具在动力系统的作用下施加大扭矩及竖向力，借助钻具下部长约 5m 的一段特制的粗螺旋挤扩钻头，以 2～5r/min 慢速钻进。下钻过程中，通过动力头的工作电流和不同土体对钻具产生的摩擦力（电流）的变化情况判断是否钻至持力层和持力层的深度，将桩孔中的土体挤入桩周，形成圆柱形的桩孔，加上贯入度（cm/min）控制，确定桩端位置。到达桩端后，钻机反向旋转、上提，同时泵压混凝土，当电流小于 50A 时停钻，直提钻至孔口，停泵。将预制好的钢筋笼插入混凝土内，固定在规定深度。

螺旋挤土灌注桩适用于软土、粉土、黏性土、砂性土、砾石层、粒径小于 200mm 的卵石层和块状强风化岩层，适用桩径为 400mm、500mm；也可用于复合地基；不受地下水位的影响；最大施工深度为 24～33m，边桩施工工作距离为 0.5m，角桩施工距离为 1.6m。

钻杆的螺旋部分整体上为从下向上逐渐扩大的倒梯形结构，可阻止下钻时轴向反力对下钻的影响，减小其下钻的阻力，减轻其工作负荷，提高钻杆的工作效率。

钻杆的圆柱部分（光管部分）在钻杆下钻或上拔时不与土接触，不需要施工扭矩，因此钻杆的下钻力或上拔力可大幅降低。光管钻杆可以接长施工，便于施工长桩或超长桩。

采用直流电机钻进技术，既省电又能保证达到恒扭矩。采用低速挤进，使挤密适度、可控，孔底无虚土，无浮桩现象发生，基本不出土，用厚实的螺旋叶片挤土，可使不密实的土被挤密实，较密实的土会少量挤出，防止缩颈现象的发生。

全程挤土，钻具在动力系统作用下施加大扭矩及竖向力，在这两者的共同作用下，借助钻具下部长约 5m 的一段特制的粗螺旋挤扩钻头，以 0～8r/min 慢速钻进，将桩孔中的土体挤入桩周，形成圆柱形桩孔。该圆柱形桩孔成为成桩的"模具"。

螺旋挤土成孔灌注桩在作为摩擦桩时桩管入土深度应以标高为主，以贯入度控制为辅。螺旋挤土成孔灌注桩在作为端承摩擦桩或摩擦端承桩时，桩管入土深度应以贯入度（进尺速度 5cm/min）控制为主，以标高为辅。螺旋挤土成孔灌注桩是以动力头工作电流来判明是否钻到持力层和以贯入度控制桩长指标的。

对于端承型桩，由于以贯入度控制，桩端进入持力层一致，也使承载力一致有保障。

整个施工过程采用工业自动化计算机集成系统跟踪、调整、控制同步/不同步等，通过保证进给速度与转速的同步使得钻杆可以快速、协调地成桩，并能够形成结构良好、稳定的桩体。控制装置的操作界面人性化、简单、易懂、易操作。

螺旋钻进的方式是低速水平挤进。

钻：使桩端进入较好的持力层。

挤：不改变挤土型桩的性质。孔底不会累积、压缩大量的土体，孔底无虚土，桩体不会上涌。螺旋挤土灌注桩在群桩承台情况下也不会出现浮桩现象，解决了挤土桩长期因浮桩要引孔、复打、复压和因断桩、裂桩、离析、缩颈需要补桩的困扰。

螺旋挤土灌注桩无断桩、无浮桩、不挤桩、不接桩、无噪声、沉降变形率小，桩身质量可靠，施工效率高。其抗震能力、抗拔力优于预制管桩。

有贯入度（cm/min）控制，可根据钻具的钻尖和螺旋段中动力头的工作电流判断桩端在持力层的土层情况，结合工程要求制定出收钻贯入度指标，直观、实用、可靠。

全程挤土，单桩承载力高于同地层、同桩径、同桩长的长螺旋钻孔压灌混凝土后插笼桩。

13.4.3 螺旋挤土成孔引孔预应力管桩小结

螺旋挤土引孔技术特点（13.1.6 节）突出，扩大了预应力管桩的应用范围。

埋入式桩的引孔技术采用取土方法（图 13-9），使预应力管桩侧摩阻力受到一定程度的损失，影响该类工法桩的发展。而螺旋挤土成孔引孔预应力管桩是全程挤土，其承载力高于埋入式桩。

参 考 文 献

[1] 沈保汉. 技术创新是中国桩基发展的唯一出路 [J]. 工程机械与维修, 2015（04 增刊）：17-19.

[2] 沈保汉. 埋入式桩 [M]//杨嗣信. 高层建筑施工手册. 3 版. 北京：中国建筑工业出版社, 2017：732-740.

[3] 沈保汉. 桩基与深基坑支护技术进展 [M]. 北京：知识产权出版社, 2006.

[4] 张超. 螺旋挤土灌注桩及其制作设备技术研究 [C]. 地基处理、桩基与深基坑支护技术交流研讨会, 深圳, 2013.

[5] 张超. 螺旋钻杆改良结构及异形半螺丝桩体：ZL200510036248.4 [P]. 2013-06-05.

[6] 张超. 螺旋挤孔桩机的控制装置：ZL200520062607.4 [P]. 2006-12-06.

[7] 深圳市大正业工程机械有限公司. 螺旋挤土灌注桩基础技术规程（企业标准，征求意见稿）[Z]. 2008.

[8] 张超, 等. 螺旋挤土成孔技术在预应力管桩施工中引孔施工技术研究 [Z]. 广东省住房和城乡建设厅科学技术成果鉴定证书, 2011.

[9] 张超, 雷斌, 李红波, 等. 螺旋挤土成孔技术在预应力管桩施工中引孔工法（SZSJGF008—2011）[Z]. 深圳, 2011.

第 14 章 复式挤扩桩技术

陈超鍪　彭桂皎　沈保汉

14.1 技术原理

桩的承载力分为桩侧摩阻力和桩端阻力两部分，从理论计算的角度而言，桩侧摩阻力与桩径成线性关系，而桩端阻力与桩径的平方成线性关系，也就是说，当桩身进入良好持力层时，扩大桩端直径，可以显著提升桩的承载力。

以此为理论基础，欧洲一些国家和美国自 20 世纪 70 年代开始针对预制桩和灌注桩的扩底展开了大规模的研究，扩底桩技术逐渐完善。

随着建筑行业的快速发展，深基坑和高层、超高层建筑数量呈井喷式增长，对桩的抗拔性能要求越来越高，扩底桩在抗拔性能上的优势得到了充分的展现，在此基础上挤扩桩技术应运而生。挤扩桩技术可以在任意深度进行挤扩，利用液压挤扩、旋转挤扩等方式在桩身形成支、岔或盘状的扩大头，充分利用桩身范围内良好土层的端阻力提升桩的承载力。

2015 年，彭桂皎结合旋转挤压灌注桩技术与挤扩桩技术的特点提出了复式挤扩桩技术，理论分析基本成熟，如能应用成功并继续完善，很可能会成为一种兼具功能性、适用性、环保性和经济性的新型桩工技术。

复式挤扩桩技术包括复式挤扩桩桩型、钻具和相应的成桩工法，是指使用具有扩展叶片的钻具，结合旋转挤压灌注桩技术中的同步控制，当钻具提升时调整钻具的旋转方向、钻具提升速度与旋转速度的比例关系，就可以得到不同的桩型，从而满足不同类型工程的设计要求。

14.1.1 复式挤扩钻具

图 14-1 为复式挤扩钻头的 3D 建模图，它是在螺杆桩机钻具基础上改进而来的，不同之处在于在螺旋叶片中设置了一个挤扩臂，挤扩臂分为两节，一端与螺旋叶片端部固接，称为转动臂，另一端可沿

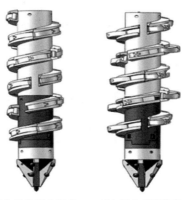

(a) 叶片闭合状态　　(b) 叶片扩展状态

图 14-1　复式挤扩钻头

叶片内部的槽滑动，称为滑动臂，转动臂与滑动臂铰接，如图 14-2 所示。

当叶片受到如图 14-3 所示的沿叶片切向的荷载作用时，挤扩臂从叶片夹层中被推出，形成一个直径更大的钻具，如图 14-4（b）所示。

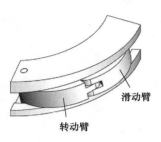

图 14-2 挤扩臂

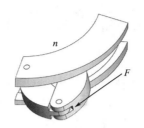

图 14-3 扩张状态的挤扩臂
（沿径向受力）

(a) 收敛状态   (b) 扩张状态

图 14-4 挤扩钻具俯视图

14.1.2 基本工法与桩型

复式挤扩桩的施工流程如图 14-5 所示，可分为以下几个步骤：

1）桩机就位。

2）正向旋转钻进。此时挤扩臂为收敛状态。

3）钻至设计深度。

4）反向旋转提升。此时挤扩臂为扩张状态，张开的挤扩臂对土体进行二次扩孔。

5）提升过程中通过螺杆桩机的电控系统严格控制提升速度，每旋转一圈，提升高度小于螺纹叶片的厚度，从而形成圆柱形的桩体。

6）在提升过程中连续泵送混凝土成桩。

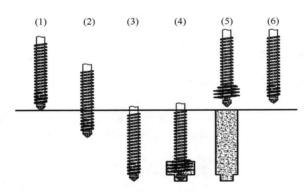

图 14-5 复式挤扩桩施工流程

14.2 工法的创新理念

1. 提钻也扩孔

在同等条件下，为合理控制挤土负效应，挤土型桩的桩侧阻力要显著高于取土型桩，但挤土型桩在成桩过程中需要克服的土体阻力也远大于取土型桩，因此挤土型桩在施工时就需要功率更高、扭矩更大的成桩设备，设计桩径越大，下钻时所需的设备功率与扭矩就越大。

我国的现代桩工行业起步较晚，起点也较低，尤其是施工机械的研制尚未达到世界一流水平，使得挤土型桩难以在桩径、桩长上取得更大的突破。

从图 14-5 中可以看到，复式挤扩钻具在初始状态时直径为 d，钻至设计深度后，钻具直径可扩展为 D（$D>d$）。也就是说，下钻时形成的是直径为 d 的桩孔，而提升过程中张开的挤扩臂对这个直径为 d 的桩孔进行了二次成孔，形成了一个直径为 D 的桩孔。

这种成桩工法从以下三个方面对挤土型桩的成桩工法进行了改进与创新：

1）降低成桩设备的整机重量。

2）降低对成桩设备输出扭矩的要求。

3）减少成桩过程中的能量消耗。

2. 可形成多种桩体

结合旋转挤压灌注桩技术中的同步控制技术，可以实现钻具的旋转速度和提升速度的精准匹配与同步控制；当钻具反向旋转并提升时，通过调整旋转速度与提升速度的比例可以形成多种不同形态的桩体。

复式挤扩钻具剖面视图如图 14-6 所示。

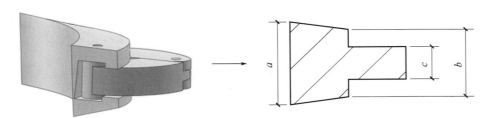

图 14-6　复式挤扩钻具剖面视图

注：a 为螺纹叶片根部厚度（m）；b 为螺纹叶片自由端厚度（m）；c 为挤扩臂厚度（m）

（1）螺纹形桩体

当 $v=nS$ 时，形成螺纹形桩体（图 14-7），螺纹内径为 d_1，螺纹外径为 d_2，此时以螺纹外径为设计桩径。其中，v 为提升速度（m/min），n 为旋转速度（r/min），S 为导程，即相邻螺纹叶片的间距（m）。

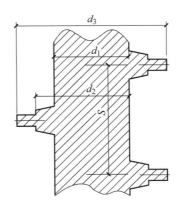

图 14-7　螺纹形桩体

注：d_1、d_2、d_3 分别为钻具内径、钻具外径、挤扩臂打开后的钻具外径

（2）浅螺纹形圆柱桩体

当 $v=nb$ 时，形成螺纹内径为 d_2、螺纹外径为 d_3 的浅螺纹形圆柱桩体（图 14-8），此时以螺纹内径为设计桩径，螺纹宽度较浅，仅作为提升桩、土接触面粗糙程度的桩身构造。

（3）圆柱形挤扩桩体

当 $v\leqslant nc$ 时，挤扩臂将桩体螺纹全部扫除，从而形成一个直径为 d_3 的圆柱形挤扩桩体（图 14-9）。

如果挤扩桩体只在桩长范围内的某一个或几个位置设置，则以 d_2 为设计桩径；如果桩长范围内均为挤扩桩体，则以 d_3 为设计桩径。

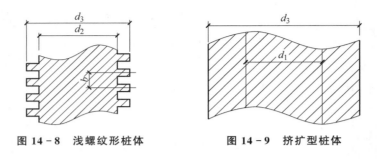

图 14-8　浅螺纹形桩体　　　　　图 14-9　挤扩型桩体

14.3　衍生的工法与桩型

在提钻的不同阶段采用不同的工法，将各种形态的桩体合理组合，可以得到几种衍生的工法与桩型，如图 14-10 所示。

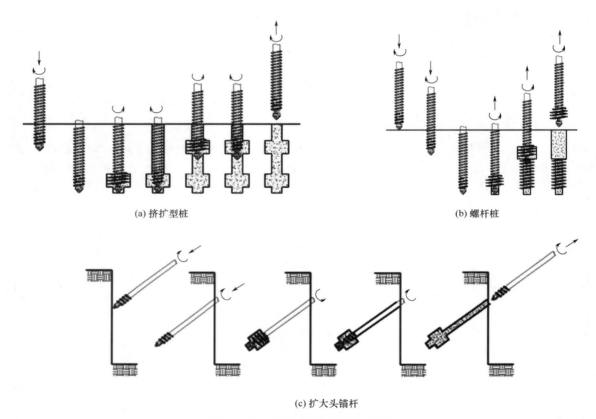

(a) 挤扩型桩　　　　　　　　　　　　　(b) 螺杆桩

(c) 扩大头锚杆

图 14-10　衍生的多种工法与桩型

14.4　技术可行性分析

复式挤扩桩技术目前处于理论研究阶段，理论分析已经比较成熟，虽然仍缺少试验数据与工程实例，但其研究基础来自旋转挤压灌注桩和挤扩灌注桩这两种应用广泛的异形桩技术。可以定性地说，该技术经过试验并改进后具有技术可行性。

该技术在客观上也存在一些短时间内较难突破的技术瓶颈，主要有以下几点：

1）建模分析时没有考虑挤扩臂在叶片夹层内可能受到的阻力，而实际应用过程中土层的情况未知而复杂，机械加工误差、黏性土卡住挤扩臂、挤扩臂被硬质异物（如孤石）破坏等情况均有可能影响挤扩臂正常打开或收回。

2）建模分析时，挤扩臂的两节均以销钉连接，销钉本身可能受到较大的水平剪力而发生破坏，且挤扩臂全部位于钻具磨损最严重的钻头部位，当叶片与挤扩臂磨损达到一定程度时可能会使挤扩臂无法发挥设计功能。

3）因施工过程中不采用泥浆护壁，为防止塌孔，复式挤扩桩技术需要像旋转挤压灌注桩技术一样，在提钻过程中通过混凝土输送泵连续泵送成桩，在进行变截面桩施工时很难保证泵送速度与提升速度始终良好匹配，桩身出现夹泥、缩径的风险可能因此而增加。

4）提钻过程中，钻具对上覆土层施加一个向上拔起的荷载，当钻具即将提离地面时，上覆土层的自重较小，有可能在这个上拔荷载的影响下产生裂隙，是否会因此而对桩的承载性能产生负面影响，需要进一步试验才能确定。

5）现阶段，几乎任何一种施工技术最终都需要由人工完成，复式挤扩桩技术的工法理论性较强，这就对施工人员的整体素质提出了较高的要求，需要高度智能化的高科技施工设备有效降低施工人员的操作难度，更好地确保施工质量。

参 考 文 献

[1] 彭桂皎. 复式挤扩桩成桩工法及复式挤扩成桩设备：CN103556625B［P］.2015－06－03.

[2] 中华人民共和国行业标准. 建筑桩基技术规范（JGJ 94—2008）［S］. 北京：中国建筑工业出版社，2008.

第 15 章 强螺旋灌注桩

胡泰平 吴 涛 刘豫湘

15.1 概 述

1. 基本原理

强螺旋灌注桩采用一种专用的机械设备，以大直径、强力、螺旋法钻入土岩，干作业钻进成孔，当成孔达到设计深度后再通过螺旋钻杆内管直接泵送压灌混凝土，并后置钢筋笼（型钢或其他筋材）成桩。

由于为一次性干作业钻进成孔、灌注，桩底无沉渣，也无需传统的护壁工艺，灌注时压灌混凝土及后置振动下放钢筋笼成桩，因而具有无污染、低噪声等绿色施工技术的特点，且具有入岩可靠、桩身垂直度好、成桩质量有保障、单桩承载力高等特点。

2. 适用范围

强螺旋灌注桩适用于各类残积土、风化土、碎石土、卵漂石层及软～中等硬质岩层等复杂、坚硬地层的钻进成孔、成桩。

在贵州、海南、云南及湖南的大量工程实践表明，强螺旋灌注桩对灰岩、砂质岩、泥质岩、板岩、角砾岩、凝灰岩等沉积岩及其浅变质岩系具有很好的适应性，对其风化带夹层或硬质夹层有很好的穿透能力，对灰岩地区发育的土洞、岩溶及溶蚀形成的溶沟、溶芽和岩溶漏斗等不利地质条件均具有很好的适应性。

对灰岩、砂岩等沉积岩，在抗压强度 $f_r \leqslant 60\text{MPa}$ 的中、微风化岩层中强螺旋灌注桩均能很好地直接钻入成孔。在海南地区，强螺旋灌注桩对岩石抗压强度 $f_r \leqslant 50\text{MPa}$ 的中等风化花岗岩、玄武岩层及其风化夹层也具有很好的适应性。对卵漂石层、碎石土、碎块石回填土等地层，当松散岩石粒径小于 1.0 倍桩径时，强螺旋灌注桩均具有良好的适用性。

受机械设备桩架高度的限制，其成桩深度目前不超过 32m；受动力、钻杆材质等因素的影响，其成桩直径为 500～1200mm。总体上，岩石的强度越低，成桩性越好，成桩直径越大。

3. 强螺旋灌注桩的优势

（1）对复杂地层的广泛适应性

密实的碎石土和漂卵石层、岩石风化层及软～中等硬质岩石层、复杂的岩溶地貌区等岩土地基均能为建（构）筑物提供良好的承载性能，但也一直是桩基持力层选择、施工的难点所在，集中表现在持力层深度控制难、施工速率慢、质量影响因素多、安全隐患大、环境问题多、成本高昂等几个方面。强螺旋灌注桩的专利技术——"三超"系统，即超级动力头、超强钻杆、超硬钻头，则为解决类似复杂地基基础施工问题提供了强有力的保障。诸多成功案例显示，该专利技术在漂卵石粒径不大于 1000mm、岩石单轴饱和抗压强度 $f_r \leqslant 60\text{MPa}$、岩溶中等～复杂地区（广泛发育土洞、岩溶、溶沟、溶芽、陡倾产状岩层等不利、特殊、复杂情况）的桩基施工中成效显著，相较于类似场地的其他桩基础及其施工方案优势明显，具有超强、广泛的适用性。

（2）高效的施工速度

强螺旋灌柱桩在岩石地层的施工速度有显著优势。以 600mm 桩径为例，该桩型在卵漂石、碎石土及强风化岩层中钻进的速度为 20～60m/h；在抗压强度为 30～60MPa 的灰岩中钻进的速度为 3～10m/h；在砂土层中钻进的速度则相当于常规长螺旋钻孔的速度，一般为 0.5～2.0m/min，且不受地下水、松散和松软地层的影响。其对岩溶、土洞等特殊地层结构也有相当的适用性，大大提高了在复杂、坚硬地层中的成孔、成桩效率。

（3）节能环保

该工法采用干作业钻进成孔法，不需要像钻（冲）孔灌注桩法一样采用传统的泥浆护壁工艺，无泥浆、污水等，无污染、低噪声，因而对环境的影响小；解决了中、大直径桩基的有效嵌岩问题，实现了桩基承载由摩擦桩（端承摩擦桩）向端承桩的跨越，最大限度地挖掘了岩石地基的承载潜力，充分发挥了建筑材料的承载性能，真正做到了节能、节材，具备绿色科技的显著特点。

（4）可靠的成桩质量

强螺旋灌注桩采用大直径螺旋入土岩（或其他密实地基）干作业钻进成孔，泵送细粒混凝土压灌，后置钢筋笼成桩，其成桩流程在现有灌注桩成桩工艺中是质量可控性最好的，确保了优质的桩身质量。尤其通过应用"三超"系统，实现了成孔、灌注两道工序一次性成桩的单桩作业在 2.5h 以内，从而确保了混凝土灌注的连续性，有效地控制了混凝土的充盈系数，消除了桩底沉渣现象，消除了断桩、离析等风险，确保了该桩型成桩速度快与质量可靠并举的优点。

（5）卓越的桩基承载性能

由于桩底无沉渣、虚土，桩身压灌混凝土及后置振动下放钢筋笼时对桩身混凝土有振捣密实作用，以及入岩深度、孔深垂直度可靠性高，其成桩质量有保障，单桩承载力高，可形成直径 500～1200mm、长达 35m 的灌注桩，单桩竖向承载力设计值可达 2000～10000kN，可采用岩石的抗压强度和桩身强度中的低值作为桩身承载力设计值，其承载力较同桩径的其他类型工法基桩要高出 10%～30%。

4. 存在的问题及改进方向

总体上，强螺旋灌注桩在多个项目中的成功应用昭示了其强大的生命力和市场前景，但其在具有诸多优点和先进性的同时，面对广阔的岩土工程设计、施工市场环境和复杂的岩土条件，也具有一定的局限性及急需提高和改进完善的方面。

1）对于新型工法，尚缺乏适用的核算定额和成熟的规程、规范作为依据；在成本控制、造价审计及质量监督、检查、验收时存在标准的适用性和针对性问题，有时甚至可能限制了该工法在要求严格的政府采购类项目中的推广和应用，需要尽快编制专门的定额和规程、规范。

2）桩机本身尚不成熟，市场上缺乏强螺旋灌注桩专用钻头、螺旋钻杆等，并且集成系统后各部件的相互匹配需进一步实践；钻头、钻杆强度、耐疲劳程度不足易导致钻杆断裂、钻头严重磨损等，可能造成工期延误、桩孔报废等问题。

3）受机械材料强度、项目设计要求入岩深度等条件的限制，当强螺旋灌注桩单桩施工成桩时间大于 2.5h 时，施工单位可能会选择采用引孔＋灌注的二次成桩工艺，反而会降低施工效率，并增加了发生桩孔内坍塌、卡钻、混凝土堵管等衍生问题的概率。

4）面对复杂的岩石地基，为保证基桩工程的可靠性，可在基础和桩型的整体设计上进行优化。目前，大多数桩基础的设计中主要采用单纯增大桩径或入岩深度的方式，以达到满足单桩承载力要求的目的。一些工程实例表明，在穿越多组岩层（或夹层）的情形下，最大入岩深度可达 15m，造成虽然该工法的正常成桩效率远高于其他传统适用工法，但施工总效率却受到入岩深度过大而带来的机械故障率提高（卡钻、断杆等）的影响，也造成了施工成本的大幅上升。因此，勘察和设计是应用该桩型的重要前提条件。

5. 技术特点

强螺旋灌注桩作为一种压灌混凝土桩，是长螺旋桩在基岩等坚硬、复杂地层中应用的一种加强形式和拓展，主要的技术特点如下：

1）采用干作业钻进成孔法，不需要如钻（冲）孔灌注桩法采用的传统泥浆护壁或下入护筒的方式，减少了施工环节，减少了对环境的影响和对施工措施的依赖。

2）能够直接进入基岩等坚硬、复杂地层的持力层中，有效地解决了桩基入岩的难点问题。

3）施工速度更快。由于采用成孔和成桩直接组合，单桩完成的时间更短、更高效。

4）成桩质量更好。成桩灌注时，采用压灌混凝土，尤其是经过钢筋笼在后置过程中的振动下入，对混凝土有振捣密实作用，使桩身的完整性和密实度良好。

5）单桩承载力更高。成孔到底后即进行成桩灌注，因而无沉渣等影响桩端承载力发挥的通病，有效保障了良好持力层和桩承载性能的发挥。

6. 专利技术

强螺旋桩机采用步履式桩架平台、方形塔架和桅杆、大背力悬挂拔力及加力系统，核心是"三超"系统。从 2011 年 5 月以来，笔者及所在团队就相关核心技术进行了系列的专利申报和保护，现已获得ZL21220199117.3、ZL201520747069.0、ZL20151019009.3、ZL200710034895.0 和 ZL200810031709.2 等专利。

7. 施工要求

作为长螺旋桩的加强应用版，强螺旋除了具有长螺旋灌注桩施工工法螺旋排土、一次成孔、压灌混凝土、后置钢筋笼的特点外，还具有对坚硬、复杂地层的针对性和适应性，也增加了一些特殊工艺要求。

强螺旋灌注桩施工总体上应遵循下列要求：

1）应根据地层结构、单元的不同情况进行工艺性成孔、成桩试验。

2）桩机就位、定位后应进行桩位复检，桩位点宜标注中心点和桩径范围；钻头与桩位点偏差不得大于 10mm，开孔时下钻速度应缓慢，严格控制钻进过程中的垂直度；钻进过程中不宜反转或提升钻杆。

3）应对空桩段采取防护措施，以防地面的渣土在灌注、插筋时混入。当场地内普遍分布有深、密的空桩时，应采取措施预防对桩机移位、就位时的影响。当遇浅表松散地层时，宜采取设置护筒等空桩防护措施。

4）钻进过程中，当遇到卡钻、钻机摇晃、偏斜或发生异常声响时，应立即停钻，查明原因，采取相应措施后方可继续作业。

5）在硬质夹层、岩层陡倾产状、地下溶沟、溶芽、土洞、岩溶等复杂地层中钻进时，可根据成孔的难易程度或进尺情况改变成孔工艺方法或进行成孔工艺组合。其工艺措施应满足桩位偏差和垂直度的要求。

6）当采用二次、多次成孔后灌注成桩时，应对桩位进行复核，并采取措施确保成桩桩位偏差、桩径符合要求。

7）灌注混凝土时，混凝土输送泵应根据桩径、桩长选型，混凝土泵布置的平面高度不宜高于桩机的作业面标高，与桩机的平面距离不宜超过 80m，混凝土输送泵管布置宜减少弯道并保持水平，当长距离泵送时泵管下面应垫实。

8）桩身混凝土的泵送压灌应连续进行，当桩机移位时混凝土泵料斗内的混凝土应连续搅拌，泵送混凝土时料斗内混凝土的高度不得低于 400mm。

9）当气温高于 30℃时，宜在输送泵管上覆盖隔热材料，每隔一段时间应洒水降温。

10）应确认混凝土从搅拌站至灌注完毕的时间差，确保钢筋笼的插入。对可能超过初凝时间未进行灌注的混凝土应及时处理。

11）灌注时应将钻头提至桩底上 20～40cm，应先泵入同强度等级的砂浆，并停留 5～15s，再缓慢、匀速提升钻杆。提钻速度应根据桩径、土层等情况确定，且应与混凝土泵送量相匹配，保证管内有一定高度的混凝土。

12）在地下水位以下的砂土层等富水层中钻进时，钻杆底部活门应有防止进水的措施。压灌混凝土应连续进行。

13）对于端承桩或端承摩擦桩，当采用预成孔后压灌混凝土时，其成孔应与桩身长度一致，应采取措施清除成孔桩底的沉渣、虚土。

14）在溶洞、土洞等地下空洞地层成孔、灌注时，应采取措施确保钢筋笼下入，并观察桩身混凝土在成桩以后的下沉情况，必要时应重新成孔灌注。

15）成桩后应及时清除钻杆及泵（软）管内残留的混凝土。泵管长时间（不超过混凝土的初凝时间）停置时，应将钻杆、泵管、混凝土泵内的混凝土清洗干净。

16）混凝土压灌结束后，应立即将钢筋笼插至设计深度。钢筋笼插设宜采用专用插筋器，当钢筋笼较长时宜采用吊车等专门的吊装设备吊放钢筋笼。

17）一次性成孔、成桩灌注的压灌桩的充盈系数如下：黏性土、粉土宜为 1.0～1.15；砂土、松散填土、软土宜为 1.10～1.30；碎石类土宜为 1.10～1.20；强风化、软岩宜为 1.05～1.30。当采用二次或多次成孔后灌注时，其充盈系数可在上述基础上提高 10%～20%。

18）桩顶混凝土超灌高度不宜小于 1 倍桩径，且不宜小于 0.50m。

15.2　施工机械及设备

15.2.1　桩机

目前强螺旋钻孔桩机主要在长螺旋桩机 CFG-32 及以上的桩架平台上装配制造（图 15-1）。设计中采用了加强型方形塔架和桅杆、大背力悬挂拔力系统、步履式动平衡行走车船。桩机主要特点为具备"三超"系统，即超级动力头、超强钻杆、超硬钻头。

超级动力头为行星式动力及减速器，动力强劲、输出比高，具有防振功能，使用寿命长。采用 2～4 台电动机，电动机功率有 37kW、45kW、55kW 及 75kW 等；减速箱为专利技术，动力输出比大于或等于 95%，最大输出动力 280000kN·m，转速为 6～16r/min，如图 15-2 所示。

图 15-1　强螺旋钻孔桩机

图 15-2　超级动力头

超强钻杆（图 15-3）分为螺节式和束节式两种，材质均为特种 SiMn 圆钢。螺节式钻杆采用双层 ϕ（219～580）×（20～40）高强钻杆，螺旋片采用不小于 20mm 厚特种耐磨钢材，在其靠近钻头段一般会加焊一定数量的钻齿或耐磨材料。螺旋间距为 550～650mm，螺旋外径一般比桩径小 1～3mm，特殊情况下会制作成双旋螺旋片。束节式钻杆分为两段式，其中上部为三层钻杆组合节，外管比桩径小 50～100mm，下部为螺旋钻杆。钻杆间的连接采用特殊法兰，经过特殊工艺处理。

超硬钻头（图 15-4）分为一体式和分体式两种。一体式钻头与钻杆连成整体，钻牙直接镶在铸型的叶片上，钻牙采用特种耐磨、超硬材料。分体式钻头可根据岩层的硬度、产状、破碎情况等进行专门的设计制造，需对其连接装置进行特殊处理。针对地层产状、硬度等不同情况，还可设计制造其他专门的钻头形式。

图 15-3 超强钻杆

图 15-4 超硬钻头

15.2.2 配套机械设备

一整套强螺旋桩机配套机械包含混凝土输送、钢筋笼制作和吊放、桩内插筋、渣（堆）土清理及桩位测放等设备和仪器。表 15-1 所示是一套强螺旋桩机所需的常用配套机械设备和仪器。

表 15-1 主要施工机具一览

序号	设备或仪器名称	型号规格	数量	备注
1	强螺旋钻机	Q-CFG-32/37/45	1 台	长螺旋钻机的改进或加强型
2	起重机	QY-25/30/40/45T	1 台	—
3	挖掘机	小型	1 台	适用于仅清土
4	挖掘机	中型	1 台	适用于清土及搬运材料
5	混凝土输送泵	HBT60SDA/HBT60SEA/CHB60D	2 台	理论输送量为 60m³/h 以上
6	电焊机	BX1-315	2 台	可采用直流或交流电
7	导管	ϕ110～180mm	若干	插钢筋笼用
8	振捣器	10～30kW	1 台	插钢筋笼用
9	全站仪	—	1 台	可采用"北斗"等测量定位系统
10	水准仪	—	1 台	
11	柴油发电机	300kW 以上	1 台	备用

各种配套设备和仪器的生产厂家和产地较多，需要根据强螺旋桩机的应用条件，结合场地、地质条件等因素综合选用。

15.3　施　工　工　艺

15.3.1　施工程序

图 15-5 所示是强螺旋灌注桩施工工艺流程。

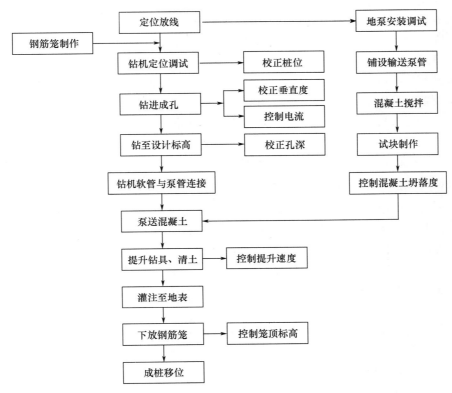

图 15-5　强螺旋灌注桩施工工艺流程

15.3.2　施工特点

　　一方面，作为大型机械化、组合式作业，强螺旋灌注桩的施工要求场地平整度和稳定性好、配电充分和完善、钢筋和混凝土保障充足、操作人员熟练等；场地可多机种联合作业，可结合"北斗云"等测量定位放线技术，以实现昼夜、阴雨天等作业。另一方面，施工中不需泥浆、护筒等专门的护壁、支护措施，采用干作业成孔及灌注，后置钢筋笼时振捣并密实混凝土，保障了桩身的连续性和完整性，且成桩速度快，成桩质量好。

15.3.3　施工准备

15.3.3.1　设计和勘察等资料的技术交底

　　强螺旋灌注桩主要应用于坚硬土层和岩石层，其勘察和设计也有相应的要求，尤其是对硬质夹层的处理、入岩深度控制等。为保障进入持力层深度的可靠性，一般会进行施工阶段的勘察，即针对具体桩柱的勘察。对基岩起伏大、风化层发育不均、硬质夹层、岩层产状陡倾、土洞、岩溶等特殊地层，尤其应进行施工阶段的勘察；应对桩端持力层的风化特性、结构、构造及空洞发育、填充情况予以查明。通过对勘察成果的交底和说明，指导桩长、混凝土用量的估算，以及对钢筋笼提早进行加工等。

在岩石地层的应用中，基桩的受力特性以嵌岩、端承为主，因而详细了解设计对持力层及入岩深度、单桩承载力、桩位偏差和垂直度、混凝土充盈系数等参数的要求和控制尤为重要。

通过设计、勘察的技术交底，对岩溶、孤石夹层发育一类的特殊地层作出成孔、成桩时间的预期；根据查明的地下孔洞分布、发育的情况作出入岩深度、护壁或混凝土充盈量的判断和预案。

15.3.3.2 施工用电及安全防护

施工中应确保用电负荷能满足强螺旋灌注桩施工的需要。由于采用多机械、组合式作业，需要认真核算施工中的用电负荷，包括强螺旋桩机（动力头及卷扬系统）、混凝土输送泵、钢筋笼制作及下入、夜间照明、临时降排水系统等的用电。强螺旋桩机一般单机组的用电负荷在 300kW 以上。当采用多机组联合作业时，可以按 $0.85 \times$ 台套数 $\times 300kW$ 计算配电量。当采用现场柴油发电时，还需根据发电机组的新旧程度考虑其实际出电率，一般可按 $0.65 \sim 0.80$ 的系数折算。

在大型机械设备、多机组作业区，应划定其保护和安全作业范围。在其范围内应确保用电及设施的安全，包括变压器、配电箱（柜）、电缆及其埋设或架设设施、防护栏等。在雷雨季节尚应注意接地保护的可靠性。

施工中应制订专门的钢筋笼吊放的方案和措施，防止吊塔的倾覆及钢筋笼的弯曲、脱落和折损等。

15.3.3.3 场地平整、压实及松散层的处理

由于桩机为高大的大型设备，且有较多重型机械在场地内作业，所以对场地的平整度、压实度和范围有较高的要求。尤其在半填半挖的不均匀场地、松软地层、雨期作业等环境下，需使场地的浅层土达到一定的承载能力，使桩机等设备在上面工作、移位时不至于发生沉陷、倾斜等安全隐患。一般情况下可采用铺筑碎砖石或建筑垃圾、钢板等硬化加强措施。

如因场地及地层原因需要预留较长空桩时，对浅部的松软地层须采取设置护筒等措施。可设计、增加专门的打拔护筒的工艺措施。

由于地层坚硬、复杂等特殊原因，当单桩的成桩时间大于或等于 2.5h 时，考虑到商品混凝土及其泵送特性，一般需要采用二次成桩的工艺，即引孔和成桩分批、分序进行。此时可以按桩间距、地层等条件按批次引孔，然后二次成孔、灌注成桩。

15.3.3.4 桩位测量放线

在施工场地外围应设置测量控制点，并满足稳定、通视条件良好、不易损坏等要求。桩位放样点应采用打设钢筋等方式进行标注，并打入一定的深度，使其不易移位和遭受破坏。采用传统的经纬仪、全站仪等测量仪器进行桩位放样，易受相邻桩孔排土堆放的影响，一般不宜一次性放样过多。同时，受降雨等气候因素的影响，雨雪、夜间难以放样，可采用"北斗云"等测量放线新技术，以实现昼夜、阴雨天的全天候作业。

15.3.3.5 桩机等设备的安装与调试

由于场地和岩土条件的巨大差异性，对桩机等设备进行配置及安装、调试时应结合桩径、岩石强度、结构、完整性、入岩深度、风化夹层或孤石及基岩面起伏等情况综合考虑桩基设备的配置，并在调试或试桩中进一步确认桩机钻速、压力等参数。

对混凝土输送泵的配置尚应根据其安装的位置、高差及混凝土的和易性、坍落度确定泵管的直径、材质、泵压等。同时，还应选择适配的钻头造型及其钻牙、材质等；一些特殊的地层，或对充盈系数有特定要求时还应注意钻杆直径等因素的影响。

15.3.4 施工要点

15.3.4.1 关于入岩的可靠性问题

在岩石地区成桩施工时，桩端应确保进入持力层一定的深度，设计一般要求进入中等风化岩不少

于 0.5m。

岩石地层基岩埋深起伏大、夹层和孤石发育、风化带交互发育等，为确保入岩深度可靠，需要通过对桩位进行施工勘察查明地层情况，指导桩基施工对桩长和入岩深度的准确控制。同时，施工中应注意在进入中风化岩石段入岩速度、声音、钻速、返渣等的变化，并进行及时、详细的记录。

当施工中需要穿越多组坚硬地层时，需要对照勘察钻孔柱状图予以记录和核对，确保持力层入岩深度的可靠性。

施工中的成孔过程也是对勘察钻探成果予以验证的过程。

15.3.4.2　关于陡倾岩层的处理

在陡倾性地层尤其是坚硬岩石中钻进时，钻头往往会沿着岩石软弱或倾斜一面偏移，难以钻切进入岩层中，从而导致钻杆的偏斜，严重时还会造成钻杆或连接装置的断裂、钻头的脱落等，或导致灌注时相邻钻孔之间的串孔、钢筋笼的拔出等事故。因此，对这一类地层，一方面要对设备，包括钻杆、钻头等进行专门设计、配置，另一方面，在钻进的实际操作过程中，机长等操作人员还要注意对钻压、钻速及钻塔的垂直度进行控制。

当遇到孤石一类硬质夹层时，尤其是在岩石的边沿部分钻进时，应对孤石的存在及发育情况准确记录，控制钻速、钻压等施工作业参数，在提钻过程中还应防止卡钻等现象和事故，同时应尽量避免二次成孔工艺，采取一次性的成孔、成桩工艺。

15.3.4.3　关于岩溶等地下空洞的处理

针对灰岩地区的岩溶类问题，既要在勘察中予以查明，又要在施工中有切实的措施和预案。

强螺旋钻进时要对岩溶上部的顶板予以钻穿，一般采用正常的钻压和钻速即可。当穿过顶板以后，应根据勘察钻探中揭示的是否有充填、充填物质及成分等，控制钻压、钻速。一般会采用减压或适当提钻的方式保持钻进。

岩溶等地下空洞在混凝土灌注时，应对灌注量有充分的评估。当估算的溶洞填充量不太大时，可以以填满或填实处理为主。所采用的混凝土可适当选配较低的坍落度，在此段灌注可采用短暂的间歇或钻杆反插的方式，以确保桩身的完整性。

当岩溶的空间较大时，如果要对其进行充填，则灌入的混凝土量较大，可采用坍落度较小、粒径较大的混凝土灌注，同时采用间歇性的灌注方式，间歇的时间间隔宜为 30～45min，灌入量可按混凝土泵车的方量控制，一般按 8～15m³/灌次，必要时添加速凝剂等添加剂。当岩溶内的地下水较丰富、流速较快时，不宜采用直接性的灌注方式，宜采用下入护筒隔离的方式进行灌注。护筒应深入下部完整的岩层中，并计算其厚度和强度。护筒的下入可进行专门的设计和施工，采用专门的机具设备。

在一些地下裂隙强发育的场地，由于勘察时未必能查明，在灌注混凝土时尚应根据混凝土充盈系数的变化调整灌注钻杆的提升速度，并控制钢筋笼下入时桩内混凝土的下沉等。

15.3.4.4　关于钢筋笼的制作和下放

强螺旋灌注桩的钢筋笼为后插式，一般先在地面制作好完整的钢筋笼，再吊装至预定的桩位后插入桩身混凝土内成桩。钢筋笼的制作应满足其吊放和下入时完好的要求。当钢筋笼较长、配筋率较低时，吊放中易出现散笼、垮笼现象，钢筋笼在振捣时易出现绕筋、箍筋脱落现象。当采用导杆插入下放钢筋笼时，应对钢筋笼的端部进行束尖等加固处理。

强螺旋灌注桩钢筋笼的制作一般要求采用焊接方式，当有特殊要求时应采用对接焊、螺纹连接及绑扎连接方式，以达到吊放和下入时完好的目的。

钢筋笼的吊放可采用桩架或专门的吊装设备。一般当钢筋笼不太长时，可采用桩架进行吊装；当钢筋笼较长时，宜采用吊车等专门的吊装设备。吊装时，应采取防止钢筋笼弯曲和变形的加固、稳定措施，应多节点进行吊装，也可在钢筋笼内部穿插加强杆进行吊装。

钢筋笼下入桩身混凝土内，一般先利用自重沉入一定深度，再利用外力插入预定的深度。当钢筋笼不太长时，可采用人力、机械压入等方式插入；当钢筋笼较长时，宜采用振捣方式插入钢筋笼。钢筋笼的振捣宜选择导杆传力，传力点可在钢筋笼束尖部，也可在钢筋笼中段某一个特殊加固的部位。

钢筋笼在下入预定的深度前后应采取措施保持钢筋笼混凝土的保护层厚度，或采取纠正措施。

15.3.4.5 对混凝土特性的要求

由于强螺旋灌注桩混凝土的灌入一般采用泵送混凝土压灌，且一般还需进行钢筋笼的后期插入，所以应满足泵送压灌和钢筋笼插入两方面的要求。泵送、压灌混凝土的要求主要是在坍落度方面，即坍落度控制在 180～220mm；钢筋笼的插入主要考虑钢筋笼中钢筋横向间隙对碎石通过性的要求，特别是钢筋笼较长、间距较密时。因此，一般选择细石混凝土，细石粒径以 0.5cm 为佳，不大于 1.5cm。混凝土应严控含泥量，其风化程度也有严格的要求，要求以中等风化程度以下的硬质岩石为骨料。

在特殊情形下，可采用添加剂改善混凝土的特性，如缓凝剂、防冻剂等，添加剂的掺量应通过配比试验确定。

15.3.5 施工注意事项

15.3.5.1 桩位的测量和标高的控制

1. 桩位的测量和控制

强螺旋灌注桩主要在坚硬、复杂等特殊地层中成桩，如含大块石的填土层、孤石等夹层或多重夹层、半边岩等陡倾地层、岩溶地层、软土直接向岩石层过渡的地层等。由于成桩时在工艺上需采取专门的措施或一定的组合，保持严格的桩位和垂直度偏差具有较大的难度。尤其是强螺旋钻杆、钻头的设计，需要进行技术上的优化和参数上的调整。现阶段主要通过现场踏勘调查对钻杆和钻头的钻齿、灌注阀门等的设计参数进行调整并进行专门制作，在施工中则通过控制钻速、钻压保证垂直度。

当在施工中需要采用引孔＋成桩的二次工艺时，须在成桩灌注前对桩位进行复核，并采取必要的措施纠正桩位偏差。一般情况下会根据地层的实际情况在桩身上部的松散地层段埋设一段护筒。

在保证了垂直度的前提下，桩位偏差则体现在桩位测量放线的事前和事中控制上。现在随着"北斗云"等打桩科技成果的应用，桩位偏差的事前和事中控制有了很大的改善。

桩位偏差的控制还需要对施工场地的平整度及渣土进行严格的控制，以确保放桩点不随桩机等机械的挤压而移动或破坏。尤其是在雨季、夜间等条件下，谨防人为因素或作业条件困难而产生较大的影响。

2. 桩顶标高的控制

在未采取护筒等特殊措施的情况下，须严格加强对桩顶灌注标高的控制。现行灌注桩技术规范及规程中对混凝土超灌只作了大于 0.5m 或 1 倍桩径的规定，设计文件中一般也是沿用类似的要求，但在实际的施工中，这一情况屡有突破，大多数施工单位或作业班组将混凝土直接灌注到地面。因为螺旋灌注桩中泵送压灌混凝土、插钢筋笼的工艺一方面难以对混凝土在桩内的灌注标高进行有效控制，另一方面，为防止桩顶浮渣的影响，施工单位宁愿多灌混凝土，也不愿钢筋插入时将浮渣带入桩身中。

鉴于此，需对其设计指标、工艺等进行必要的针对性说明或要求。设计指标主要是桩顶超灌或保护桩长的长度要求，需要适当加长保护桩长，或直接灌注至施工面。工艺性要求包括在条件许可的情况下尽量降低施工作业面的标高，以达到混凝土的保护桩长设计的标高为宜，即 0.5～1.0m。当施工作业面难以大幅降低，特别是桩上部为松软土层时，宜采取埋设护筒的措施。护筒的深度应大于空桩的长度，直径宜比桩径大 50～100mm。护筒的埋设和拔取可进行专项工艺设计，采用专门的机械及流程。

15.3.5.2　桩顶钢筋笼标高及钢筋笼长度的控制

强螺旋灌注桩主要是在基岩地层成桩，加上承台标高多变，强螺旋灌注桩工法的桩长实际差异很大，因而其钢筋笼在制作时难以按固定的长度加工，这就给工艺间的衔接带来了困难。通常钢筋笼的制作为强螺旋成桩效率的关键节点，也是质量控制的重要节点。

实际施工中，由于成孔后需要及时进行桩身的灌注，钢筋笼的实际长度采用了简化的长度规格，这就容易导致在后置过程中钢筋笼顶标高和长度出现很多问题，其中包括浮筋和掉筋现象，即钢筋笼顶标高要么过高，要么过低。过高会导致钢筋笼截断及凿桩头工作量加大，产生浪费问题，过低则须接桩头，会导致桩头凿桩和土方的开挖及回填，在高地下水位的地层中还会难以进行开挖和接桩。

为解决这一问题，一方面，需要对钢筋笼的设计长度进行有效验算。在现行灌注桩桩基规范和规程中要求钢筋笼为通长配置，但在旧版标准中没有这一要求。根据灌注桩的实际受力情况，钢筋笼的长度一般大于 2/3 桩长即可。如果在设计文件中作类似明确的说明，即只规定钢筋笼长度的比例，不作具体长度的要求，则钢筋笼在加工制作时就能获得较标准的长度规格，就能提前进行钢筋笼的制作。另一方面，须采取工艺措施和管理措施对施工质量进行控制，包括通过导杆等的深度尺寸标注进行控制，采用深度感应器进行联机自动化控制，加强监管等。

15.3.5.3　混凝土充盈系数

在灌注桩工法施工定额或其施工招投标中均对混凝土充盈系数作出了明确的设定，实际施工中，由于地层及其结构、地下水条件、施工工艺、施工组织等不同，其往往变化较大。一方面，需要对场地的岩土条件作出充分的解读和研判；另一方面，需要加强试桩以确认其参数的变化。即使如此，往往也很难得到较合理和准确的实际数值，特别是当地层条件变化较大、桩机及其作业班组较多时。通常情况下，预设的充盈系数可按下列数值采用：对黏性残坡积土、冲积层的覆盖层，一般小于 1.1；在砂性残坡积、冲积土中一般为 1.1～1.25；在沉积等较松散的砂土中为 1.15～1.3；在淤泥质类软土中为 1.4～1.8；在新近填土层中为 1.2～1.6。充盈系数的变化主要取决于桩周土体的压缩性，对基岩段的灌注则主要受岩石的完整性、裂隙发育及其充填因素等的影响，变化较大。

混凝土的综合充盈系数还要考虑到地层中的其他特殊情况，如土洞、松散的块石填土、级配较差的砂卵石层、裂隙发育的岩层等。由于采用混凝土压灌，在非机械扩孔的情况下因压力造成混凝土向桩侧、桩底的空隙中充填，在一些地下水流动的地层中还可能造成混凝土或水泥浆液的流失。由于是压力灌注，在一些极端情况下甚至出现难以灌满的现象。

钻头及钻杆直径的精度因素也是造成混凝土充盈系数变化的显著原因。一般情况下，钻头及钻杆直径小于设计桩径 2～5mm 时可以满足施工桩径的要求。

15.3.5.4　二次成桩情况下的桩长控制

在地层或岩石的施工进度总体较慢的场地中可以采用二次成桩的施工工艺，即成孔＋成桩的工艺组合。在施工中可以采用同一台桩机进行成孔和成桩，也可采用不同的桩机进行工序的衔接。

当采用同一台桩机作业时，一般更换钻头即可，即通过钻头的变化区别引孔和灌注。用于引孔的钻头具有超强的切削和耐磨能力，钻头的结构和形状也会根据地层的情况进行专门的设计和加工，可分为尖锥形、"一"字形、"十"字形、桶形等。用于灌注成桩的钻头，其入岩的能力比较弱，同时由于受灌注阀门的影响，其构造和形状与引孔钻头有较大的差异，这就会导致在引孔和灌注时桩长存在实际使用上的误差，即桩尖入岩深度的误差。针对这一情况，需要在使用具有一定入岩能力的灌注钻头的基础上对桩位标高、桩长进行认真的复核，确保灌注时桩端无浮土和入岩深度的可靠性。

当采用不同的桩机进行成孔和灌注时，尚需要对钻杆的直径进行匹配和校验。在成桩过程中，当穿过硬质夹层、孤石及陡倾岩层时，由于钻头、钻杆直径的变化，可能会造成其在截面变化处被卡住，从而无法下到成孔深度灌注，或是在测量、计算方法上的忽视、误差导致孔底段出现虚土。在已知的工程实例中有着较高比例的桩数存在沉降量较大的情形。

所以，应尽量采用一次成桩的施工工艺，在不得已采用二次成桩工艺时应加强对桩位复核、桩长测量、桩底入岩的控制，采用入岩能力强的钻头，并加强监管。

15.3.5.5 桩顶返渣、钻杆掉块及其清理

强螺旋灌注桩工法利用钻杆上的螺旋叶片返渣排土，钻孔内被切屑、破坏的土层随钻杆的下入被挤压后沿着螺旋片返出地表，并随之提升到一定高度。当成孔后提升钻杆时，又会将大部分的桩内排土带出地表。对附着在螺旋叶片上的黏性土，因其不易掉落，提升的高度较高，极易造成安全隐患。施工中屡有土块掉落砸中施工人员的情况发生。对强螺旋灌注桩工法而言，由于钻杆的内管较大，螺旋叶片较窄，螺距较大，一般黏土上升的高度不太大，土块掉落的情况较多，因此应采取专门的措施防止土块伤人的情况发生。

为配合桩机作业，一般配有专门的挖机，在清除孔口堆土的同时也可用于清理钻杆上的附土，防止大量黏土上升后掉块。也可设计专门的装置，用于清理叶片上的附土。

15.3.5.6 钻头及钻杆的磨损与矫正

强螺旋灌注桩工法多是在复杂和坚硬地层中钻进，除对钻杆、钻头材质提出强度和耐磨性方面的要求外，在实际的施工中还应注意对磨损情形的处理。根据地层情况，对砂类土，钻杆的磨损一般较明显；对硬度较大的岩石，如石英质砂岩，钻头的磨损较大。钻杆磨损较大时易造成成桩的直径偏小；钻头的磨损较严重时，除钻头的切削能力减弱、进尺较慢外，还易造成螺旋叶片前端的顶磨，形成锥性窄口，最终难以进尺。因此，需要实时根据成孔的情况检查钻头、钻杆的尺寸，及时更换钻头或钻齿，确保成孔效率；及时修复、补足钻杆尺寸，尤其是前段螺旋叶片的尺寸，如加焊耐磨材料保护及修复叶片。

15.3.6 特殊条件下的成孔和灌注

15.3.6.1 复杂水文地质条件下的成孔与成桩

由于强螺旋灌注桩工法多在基岩、卵石层地区成桩，当桩端地层处于山前等地下水排泄区、积水等原地表汇水地段、承压含水层时，基岩中的裂隙水会在混凝土初凝之前对灌注桩造成影响及破坏，尤其是受同一裂隙带影响的相邻桩孔，易形成窜桩，导致出现桩身离析、断桩等现象。

通常在勘察阶段难以对此作出针对性的分析及评价，需要根据施工单位丰富的地区及施工经验，在充分收集勘察资料、设计要求及现场踏勘的前提下通过对地质环境的调研、考察制定按次序施工的方案，在缩短单桩的成桩时间、改善混凝土的配比方面进行组织，以保障混凝土灌注及成桩的顺利实施。

在裂隙水场地着重采用按序次施工，在承压水场地着重改善混凝土的配比，缩短成桩时间。非特殊原因，应通过加快钻孔速度一次性成孔并灌注成桩，避免在二次成桩的情形下出现桩孔坍塌、沉渣及桩身因凝期过短出现侵蚀破坏。

15.3.6.2 岩溶等空洞的灌注

在灰岩等地区，当桩身段出现溶洞、土洞、空洞及大的裂隙时，须对其进行灌注充填成桩，或采取护壁隔离等措施成桩。通常情况下应先进行施工勘察，查明每桩孔（对贵州等灰岩地区应结合该地区规范，根据桩径大小采用一桩多孔等形式进行勘察）桩侧和持力层的性状，并以此指导、确定每桩的施工桩长、进入持力层的具体深度等工艺措施和施工参数。施工单位据此编制专门的施工组织方案，提出土洞、岩溶等空洞超灌问题的处理方法。

当岩溶等空洞的空间不大，或预估的混凝土充填量不大时，宜采用混凝土进行同一工艺条件下的灌注充填。在混凝土压灌时，可对压灌混凝土进行间歇性灌注，中断的时间宜按 15～30min 选取，直至

混凝土灌注至设计桩顶并后植钢筋笼。钢筋笼植入时谨防混凝土出现下沉导致桩身缩塌。如出现上述现象，需及时对桩顶进行补灌处理，严重时还应重新成孔或补桩施工。

当查明的岩溶等空洞的空间较大时，首先应与勘察、设计单位进行布桩方案等的再论证、设计，宜通过设计方案的优化，如基础结构形式、基础尺寸、布桩方案和桩径、桩基持力层的选择等综合调整基础和桩基设计，通过基础方案的调整，由桩基局部受力过大向整体受力的群桩或桩筏基础形式过渡。必要时可调整建筑平面和基础平面位置，避让过大的地下空间。当必须对空洞进行处理时，可考虑采用隔离法，即在岩溶发育段采用下入护筒的方式隔离外部空间。一般以钢护筒为主，护筒可不作回收设计，同时应对护筒的厚度和焊接质量进行专门的设计和验算，以确保护筒下入和灌注时的安全。

15.3.6.3　填方、软土等地层的灌注

在高填方等松散地层场地，若未对填土层进行有效的压实处理，当土层空隙率较高，如在软土等松软地层中成桩灌注时，混凝土的充盈系数通常较高，一般达 1.5～2.0。当填土以松散的建筑垃圾、碎块石等为主时，其充盈系数还会更高。实际的设计、施工中从节省工期、工艺的组合、造价的角度，不采用护筒比加设护筒等其他措施要合理和经济，不建议采用护筒等作为专门的护壁措施，更不宜采用泥浆等支护处理。在厚层的软土地层中还应注意成桩灌注时对相邻桩孔间因混凝土压灌挤压造成的影响和损坏；在松散且地下水发育场地，则应注意因混凝土灌注造成相邻桩间窜桩和破坏。

15.3.6.4　陡倾岩层的成孔与灌注

基岩地层的产状陡倾，或在灰岩等地区隐伏的溶沟、溶芽等溶蚀现象强发育，使桩基施工极易产生孔位偏斜等问题，严重时还会引发钻杆折断、卡钻、掉钻等事故。因此，这类场地在勘察阶段应对其基岩顶面的埋藏起伏特征予以查明，综合采用一桩多孔、物探等勘探方法。在设计中也要注意相邻桩孔之间的岩石倾斜或高差等问题，施工时应根据此类情况选择合适的钻头。在成孔阶段，当钻头进入岩石段时，应注意控制钻头压力和钻速，切忌加压钻进，必要时可适当提升钻头，重新钻进；当钻头全断面进入岩石后可提高钻压钻进直至成孔。

此类地层不宜采用二次成孔的方式成桩，尤其不宜采用不同桩机灌注成桩。应控制灌注时钻杆提升的速度，防止裂隙、溶蚀等地层对混凝土的大量吸收引发断桩、离析等问题。提钻的过程中宜边回转边提升钻杆，防止卡钻等。

15.4　工程实例

2012—2017 年强螺旋灌注桩分别在海南、湖南、云南、贵州应用于 20 余项工程实例，桩径为 500～1000mm，地层有花岗岩的强～中等风化层，中等～微风化的砂岩、砂质泥岩、泥岩、板岩、泥质灰岩、石灰岩、白云岩等，岩石单轴饱和抗压强度为 15～70MPa。

现选择三个不同时期、不同地域、不同工程阶段、不同地层特征的代表性工程实例进行介绍。

15.4.1　海南省琼海市西京雅居桩基工程、万泉语润小区一期桩基工程

15.4.1.1　项目概况

位于海南省琼海市嘉积镇（市区内）的上述两个项目，于 2013 年 12 月—2014 年 7 月采用同一套（组）设备、工法施工，是具有相似施工条件、地层参数、设计桩径、入岩要求的两个连续施工项目，项目的总体情况如表 15 - 2 和图 15 - 6、图 15 - 7 所示。

表 15-2　海南省琼海市西京雅居、万泉语润桩基工程

项目名称	项目位置	桩基设计概况	工程地质条件	施工日期
西京雅居桩基工程	琼海市新海路北侧	项目为 21 栋高层建筑，14～17 层，单桩及多桩基础，灌注桩，桩径 600mm，桩身混凝土为 C35，有效桩长约 15m，总桩数 1319 根，总长约 19500m，空桩约 1658m，桩端持力层为④中风化砂岩层，桩尖进入持力层的深度不小于 1.50m，要求单桩承载力设计值 $N \geqslant 3400kN$	①中砂：层厚 0.70～2.50m，平均值为 1.30m ②粉质黏土：层厚 0.40～13.00m，平均值为 5.33m ③强风化砂岩：层厚 1.90～17.80m，平均值为 6.93m ④中风化砂岩：该层为稳定的持力层，埋深 7.20～24.80m，岩石单轴饱和抗压强度 f_{rk}=28.3MPa	2013 年 12 月 10 日—2014 年 4 月 10 日
万泉语润小区一期桩基工程	琼海市人民路、外环南路南侧	由 10 栋 16～19 层住宅楼及一层地下室组成，设计基础桩为机械成孔灌注桩，桩径 600mm，桩身混凝土为 C35，有效桩长为 10.5～23.5m，总计 1324 根，实桩总长 20230m，无空桩，桩端进入中风化粉砂质泥岩 1.0～1.5m，要求单桩承载力设计值 $N \geqslant 2800kN$	①填土：0～3.75m，分布于场地西部 ②粗砂：松散～稍密状，层厚 2.70～11.20m，平均值为 6.70m ③粉质黏土：可塑状，层厚 4.10～8.30m，平均值为 6.30m ④强风化粉砂质泥岩：层厚 3.30～5.80m，平均值为 4.70m ⑤中风化粉砂质泥岩：埋深 13.55～22.50m，岩石单轴饱和抗压强度 f_{rk}=19.26MPa	2014 年 4 月 12 日—2014 年 7 月 8 日

图 15-6　西京雅居桩基工程施工场景

图 15-7　万泉语润小区一期桩基工程施工场景

15.4.1.2　西京雅居桩基工程

该项目原采用 φ600 的冲孔灌注桩，试验桩长 13.89～21.55m，进入④中风化砂岩层深度 1.0m，且已完成了 4 根试桩试验。试桩成果表明，单桩竖向承载力为 2800～3500kN，单桩混凝土充盈系数为 1.6～2.0，施工功效为 2 根桩/（天·台）。因为工期和造价较高，且试桩以后出现了因充盈系数问题引起的价格争议，建设方与设计单位经重新评估、论证，最终选择长（强）螺旋灌注桩作为实际应用桩型。

该项目于 2013 年 12 月 10 日进场 2 台强螺旋钻机和 1 台长螺旋灌注桩机施工，于 2014 年 4 月 10 日结束全部桩基施工。经 18 根桩的荷载试验、100%的小应变检测，其单桩竖向承载力全部达到设计要求，桩身完整性达到Ⅰ、Ⅱ类桩标准。

该项目是强螺旋灌注桩工法作为一种入岩灌注工法第一次在工程中大规模应用，工期紧、施工难度大，且强螺旋施工工艺尚处于前期的探索试验中。施工中采用引孔＋成桩的二次施工工艺及组合，即采

用 2 台强螺旋钻机引孔、1 台长螺旋桩机灌注成桩。施工中实际单桩桩长 9.05～26.85m，实际穿过或进入中风化砂岩的深度为 1.55～9.20m。因为强风化砂岩层中夹有多层且较厚的中风化砂岩，加之在地下室部分已开挖取土至设计底板上 0.50m，局部已有基岩出露，而设计有效桩长要求不小于 9.00m，所以在中风化岩层中的实际钻进深度远大于设计要求的 1.50m。根据施工记录，单桩引孔需要的时间为 46～542min，灌注成桩的时间为 12～28min；从单机引孔的效率看，为 3～15 根/24h，灌注成桩的单机效率为 28～46 根/14h，这一情形说明用于引孔的强螺旋钻机的效益要低于用于成桩的长螺旋桩机，如按 3∶1 配置更为合理。混凝土的统计充盈系数：地下室取 1.03～1.28，平均值为 1.09；非地下室取 1.08～1.52，平均值为 1.29。非地下室区混凝土充盈系数高的原因主要是空桩段的长度为 2.20～3.75m，实际在成桩的灌注中难以控制空桩段的混凝土，基本以灌注至地面为准，造成了混凝土较大的浪费。

该项目与原冲孔灌注桩方案相比，单桩的单位成本（延米造价）降低约 18%，至少节省了 2 个月工期。

15.4.1.3　万泉语润小区一期桩基工程

该项目于 2014 年 4 月 12 日开工作业，至 2014 年 7 月 8 日结束全部桩基施工任务，共计完成 1324 根桩，总计完成施工桩长 20230m。以 15 根桩进行静载试验，412 根桩进行小应变测试，均满足验收要求。验收按 2 倍荷载进行静载试验，其桩顶最大沉降量为 8.2～15.5mm。该项目施工中针对在西京雅居桩基工程中出现的一些问题如设备、工艺及场地标高进行了改进，加强了钻头对入岩的适应性，适配了挖机，对场地施工面的整平标高做了精心的布置，桩顶标高上的施工保护桩长按 0.3～0.8m 严格控制，从而未造成混凝土在桩顶段的浪费。该项目施工期间正值雨季，琼海当年的降雨量明显偏大，施工中因为强降雨导致的停工或其影响约占总工期的 30%。

该项目施工工艺为引孔＋成桩的二次工序组合，采用 3 台强螺旋钻机引孔（其中 1 台因用电负荷问题未能投入正常施工）、1 台长螺旋桩机灌注成桩。施工单桩桩长 12.6～24.9m，实际穿过或进入中风化粉砂质泥岩的深度为 1.5～3.4m。根据施工记录，单桩引孔所需时间为 26～195min，灌注成桩的时间为 15～32min；从单机引孔的效率看，为 6～23 根/24h，灌注成桩的单机效率为 24～41 根/14h。个别地段引孔速度慢的原因是粉质黏土层中含有石英砂岩卵石，从螺旋叶片中翻出来的卵石来看，粒径可达 34cm，并夹有大量的砾砂。这一情形勘察资料中并未指出，据此分析在场地的中东段存在暗埋的砂质冲沟，主要为砂卵石层分布，而强螺旋灌注桩工法在该地层中同样表现出了良好的适应性能。

该项目原拟采用冲孔灌注桩施工方案，采用强螺旋灌注桩工法施工后，为业主赢得了节点工期，质量上取得了理想的效果，并节省了大量的混凝土，最终赢得建设方的赞誉。

15.4.2　昆明经济技术开发区公共租赁住房与商品房混合居住社区项目

15.4.2.1　工程概况

1. 项目概况

昆明经济技术开发区公共租赁住房与商品房混合居住社区项目（商品房部分）位于昆明经济技术开发区清水生物片区及黄土坡片区 C23-2-1 号地块，项目总用地面积为 239439m² （359.14 亩），总建筑面积 443742.1m²，包括 27 幢商业及住宅楼，建筑层数为 2～34 层，除 24～27 号楼及幼儿园下未设置地下室外，其余均设置一层地下室。项目划分为公共租赁住房和商品房两部分，其中 1～11 号、23 号及幼儿园部分为公共租赁房，采用人工挖孔灌注桩基础，项目已竣工，其余部分为商品房，桩基采用 ϕ600 灌注桩（图 15-8）。

图 15-8　昆明经济技术开发区桩基项目施工场景

2. 桩基设计

商品房主楼部分桩基设计概况：设计基础桩为混凝土灌注桩，桩径 600mm，桩身混凝土为 C35，桩端持力层为⑧中风化石灰岩层，要求桩端全断面进入持力层大于或等于 1.20m，且遇溶洞时需穿过，或溶洞顶板完整岩层厚度需大于 3.00m，设计单桩竖向承载力 $N \geqslant 3400$kN。工程桩总计 1131 根，预估总工程量约为 24882m，其中 12~22 号楼桩基工程量统计见表 15-3。

表 15-3　12~22 号楼桩基工程量统计

楼号	12	13	14	15	16	17	18	19	20	21	22
桩数/根	82	82	69	82	69	82	82	82	82	62	68
总桩长/m	2113.6	2112.1	1552.4	2400.9	1487.8	1844.4	1945.8	2117	978.6	1262.6	1660.2
总计	12~22 号楼总桩数为 842 根，有效桩长总延米数为 19475.4m										

15.4.2.2　场地工程地质条件

根据详勘报告，场地的岩土工程条件如下。

1. 地层岩性

拟建场地表层为第四系植物层（Q^{pd}）耕土，局部分布第四系人工填土（Q^{ml}）层杂填土，其下为第四系冲洪积（Q^{al+pl}）及坡洪积（Q^{dl+pl}）黏性土、冲湖积（Q^{al+l}）黏性土、残积（Q^{el}）红黏土，下伏二叠系阳新组（P^{ly}）石灰岩。场区各岩土层划分为 8 个单元层及若干亚层。

1）第四系植物层（Q^{pd}）耕土、人工填土（Q^{ml}）层。

①层耕土：褐灰色，稍湿，松散状态，场地内大部分地段分布，揭露层厚 0.30~1.00m。

①₁层杂填土：褐红、灰色，稍湿，松散状态，成分以黏性土为主，含碎石、碎砖及少量生活垃圾，主要为场地西北侧预制板厂场平堆填及倾倒的建筑垃圾，揭露层厚 1.20~2.00m。

2）第四系冲洪积（Q^{al+pl}）层。

②层黏土：黄褐、黄褐夹红色，稍湿，硬塑~坚硬状态，含泥岩及砂岩砾，层厚 0.60~7.00m。

②₁层黏土：褐红色，稍湿，硬塑~坚硬状态，含铁锰质结核及砂岩颗粒，场地内仅部分地段揭露，层厚 0.50~3.70m。

3）第四系坡洪积（Q^{dl+pl}）层。

③层黏土：褐黄，褐红夹黄，褐红夹绿灰色，稍湿，硬塑~坚硬状态，含砂泥岩风化砾，场地内均有分布，层厚 0.50~10.40m。

③₁层粉质黏土：褐红夹黄色，稍湿，坚硬状态，含砂岩风化砾，呈透镜体分布于③层中，层厚 0.50~1.70m。

④层黏土：黄夹红，红夹黄色，稍湿，坚硬～硬塑状态，含砂泥岩风化砾，场地内均有分布，层厚 0.50～13.10m。

④₁层粉土：局部渐变为粉质黏土，黄色，稍湿，密实，呈透镜体分布于④层中，场地内仅于部分地段揭露，层厚 0.60～2.50m。

④₂层粉质黏土：黄夹红色，稍湿，坚硬状态，呈透镜体分布于④层中，场地内仅于部分地段揭露，层厚 0.50～5.80m。

4）第四系冲湖积（Q^{al+1}）层。

⑤层黏土：蓝灰色，稍湿，以硬塑状态为主，分布于场地中部相对低洼的侵蚀浅谷地貌区，层厚 1.40～8.40m。

⑤₁层黏土：蓝灰色，以可塑状态为主，部分为软塑状态，仅小范围分布于场地中部的侵蚀浅谷地貌区，层厚 1.80～8.80m。

5）第四系残积（Q^{el}）层。

⑥层红黏土：褐红、褐黄色，稍湿，坚硬状态为主，场地内均有分布，层厚 0.70～20.50m。

⑥₁层红黏土：褐红、褐黄色，湿，可塑状态，底部含少量灰岩碎块，场地内部分地段揭露，为风化基岩面分布的相对饱水软化带，层厚 0.50～10.60m。

⑥₂层粉土：灰黄色，稍湿～湿，密实，含少量灰岩砾，为白云质灰岩风化形成，场地内仅少数孔段揭露，呈透镜体状分布，层厚 0.50～2.30m。

⑥₃层土洞：本次勘察中 35、275 号钻孔揭露，在接近基岩面段钻具在自重作用下缓慢下沉，钻探无岩芯，初步分析为土洞，275 号所揭露段也可能为岩体中的裂隙，洞径（或裂隙深）3.20～6.70m。

6）二叠系阳新组（P^{ly}）石灰岩。

⑦层强风化石灰岩：浅灰色，细晶结构，层状构造，强风化状，属较硬岩，节理、裂隙极发育，岩体基本质量等级为Ⅴ级，仅部分钻孔揭露，层厚 0.50～12.20m。

⑦₁层溶洞（裂隙）：以黏土为主，少量粉土充填，洞径（或裂隙）0.50～6.30m。

⑧层中风化石灰岩：浅灰色，细晶结构，中厚层状构造，中风化状，属较硬岩，岩体完整性较好，方解石、铁质、钙质胶结，岩芯呈柱状、饼状，岩芯采取率多为 55%～80%，岩体基本质量等级为Ⅲ级，钻孔均未揭穿该层，揭露最大厚度为 9.90m（表 15-4）。

⑧₁层溶洞（裂隙）：为黏土充填，充填物呈褐黄，褐红色，湿，可塑状态为主，局部夹少量碎石、角砾，具中～高压缩性，洞径（或裂隙）0.20～5.50m。

⑧₂层空洞（隙）：为溶蚀空洞（隙），仅于 50、272 号钻孔揭露。

2. 岩溶发育情况

钻探和物探资料表明地表下发育隐伏溶沟（槽）、溶脊、漏斗、石芽。部分钻孔揭露的覆盖层厚度达到 30m 以上，同时相邻钻孔基岩埋藏很浅，少量钻孔钻探揭露基岩埋藏很浅，表明地下发育隐伏溶沟（槽）、漏斗，造成基岩起伏剧烈。

该场地基岩为石灰岩，属可溶岩，岩层均被第四系土层覆盖，岩溶形态主要表现为地下岩溶，以溶洞（隙）为主，岩层面起伏大。

3. 岩石室内试验结果

需要说明的是，该场地进行了施工阶段的勘察，对所有柱下均进行了不少于 1 个钻孔的勘察，钻孔深度要求超过中风化灰岩持力层 5.0m，以指导设计灌注桩的实际施工桩长。施工勘察查明的土洞、岩溶及中风化夹层，溶沟、溶芽等地下岩溶不利地质条件要复杂得多，桩基见溶洞率为 11.73%，局部垂向出现了 2 组溶洞，最大洞高 8.30m，同一承台（三桩）间的最大基岩落差达 17.30m。

表 15 - 4 岩石坚硬程度划分

岩层编号	岩石名称	岩石特征	岩石坚硬程度分类参考指标	岩石坚硬程度
⑧	石灰岩	岩石风化裂隙发育，岩芯钻方可钻进。岩芯呈块状和短柱状，锤击声脆，且不易击碎	$f_r > 60MPa$ 的岩石样本有 23 件，占试验样本总数 273 件的 8%	坚硬岩
			$30MPa < f_r \leqslant 60MPa$ 的岩石样本有 185 件，占试验样本总数 273 件的 68%	较硬岩
			$15MPa < f_r \leqslant 30MPa$ 的岩石样本有 65 件，占试验样本总数 273 件的 24%	较软岩

15.4.2.3 桩基施工基本情况

受拟建场地复杂岩溶地基的影响，该项目桩基工程施工分两阶段进行，即 2015 年 2 月 15 日主要采用气旋灌注桩工法施工，3 月 5 日以后则主要采用强螺旋灌注桩工法施工（图 15 - 9～图 15 - 12）。施工速度为 8 根/（天·台套）（未考虑机械故障影响）。

图 15 - 9　桩位测量

图 15 - 10　引孔施工

图 15 - 11　入岩深度核实

图 15 - 12　后植钢筋笼

总体上，该工艺克服了岩溶地基施工中的一系列问题和困难，如岩溶地基常见的漏浆、窜孔等问题，以及新工艺面对复杂岩溶地基易出现的钻头折损、卡钻、断杆、堵管等问题，较好地实现了设计意图，在入岩深度和清底方面取得了远远超过其他传统岩溶地基施工工法的效率和效果。

15.4.2.4 桩基质量检测

从工艺论证初期到工程桩实施阶段，均开展了严谨的试桩和工程桩检测工作，检测效果比较满意，下面以 17、18 号楼检测资料为例对成桩质量进行评价（图 15 - 13～图 15 - 16）。

图 15 - 13　桩头开挖

图 15 - 14　桩头大样

图 15 - 15　灌注桩桩头

图 15 - 16　桩身质量低应变检测

（1）单桩竖向抗压承载力情况

设计要求每栋楼抽检工程桩 3 根，各桩单桩抗压极限承载力大于或等于 8000kN，试验结果汇总于表 15 - 5 中。

表 15 - 5　单桩竖向抗压静荷载试验成果汇总

序号	试验桩号	施工桩长 /m	设计桩径 /mm	设计承载力特征值 /kN	试验承载力极限值 /kN	最大沉降量 /mm	承载力特征值 /kN
1	17 - 24	25.3	600	4000	≥8000	17.22	≥4000
2	17 - 52	20.3	600	4000	≥8000	21.11	≥4000
3	17 - 60	23.2	600	4000	≥8000	27.22	≥4000
4	18 - 12	18.0	600	4000	≥8000	22.38	≥4000
5	18 - 65	22.5	600	4000	≥8000	17.18	≥4000
6	18 - 75	18.0	600	4000	≥8000	18.05	≥4000

试验结果均达到了设计要求，单桩竖向抗压承载力合格率为 100%。

（2）桩身质量低应变检测情况

桩身质量低应变检测结果汇总于表 15 - 6 中。

表 15 - 6　低应变检测结果汇总

楼号	抽检桩数量/根	Ⅰ类桩/根	Ⅱ类桩/根	Ⅲ类桩/根	Ⅳ类桩/根	桩身质量评定
17	26	24	2	0	0	优良
18	25	23	2	0	0	优良

检测结果表明：17 号楼Ⅰ类桩数占检测桩数的 92.31%，18 号楼Ⅰ类桩数占检测桩数的 92.00%，

桩身完整，且质量达到了优良。

（3）桩基质量评价

除17、18号楼外，其他已检测的桩基单桩竖向抗压承载力均满足设计要求，桩身质量低应变检测结果优良，充分证明强螺旋灌注桩工法的成桩质量是可靠的。

15.4.2.5 效益和优势分析

为取得量化的分析指标，科学决策，该工程委托昆明某工程设计有限公司对商品房部分的建筑基础进行了人工挖孔灌注桩与强螺旋灌注桩两种桩型的对比设计，设计简况及经济对比分析如下：

1）主楼采用强螺旋钻孔（法）灌注桩共计1131根，预估有效桩长12～33m，总计24882m，材料价格按照市场价计入，采用C35水下混凝土，混凝土方量为7031.65m³，综合单价为800元/m（含入岩及大型机械进出场费），总造价为1990.56万元，折合单价为2830.86元/m³。

2）主楼采用人工挖孔灌注桩，共计681根桩，桩径1600mm（含护壁），单桩长度按照12～33m计算，共计14982m，材料价格按照市场价计入，护壁及桩芯混凝土为C30混凝土，单价为3543.48元/m³（参照公租房部分人工挖孔桩组价），总造价为5308.42万元（未含入岩），混凝土方量为30123.09m³，折合单价为1762.24元/m³。

3）两种桩型对比结果：在数量上，人工挖孔灌注桩比强螺旋钻孔（法）灌注桩少450根桩，但强螺旋钻孔（法）灌注桩比人工挖孔灌注桩节约造价达3317.86万元，强螺旋钻孔（法）灌注桩经济效益优势极其显著。

15.4.3 贵州桐梓县思源学校桩基础工程

15.4.3.1 项目概况

项目规划用地面积为53479m²，总建筑面积28753.09m²，建筑层数为1～6层，框架结构。

桩基设计概况：设计基础桩为强螺旋、气旋钻孔压灌桩，桩径600mm，桩身混凝土为C30，桩端持力层为⑥中风化石灰岩层，桩端全断面进入持力层不小于1m，桩长根据地勘一柱一钻钻孔柱状图结合实际钻孔情况确定，施工桩长和桩数见表15-7，桩基础主要设计参数见表15-8。

表 15-7 思源学校桩基数量一览表

项目名称	综合楼	教工宿舍	室外多功能厅	学生宿舍	小学教学楼	连廊
桩数/根	242	57	58	122	122	24
施工桩长/m	6345	1135	1415	3813	3251	627
总计	桩数为625根，有效桩长总延米数为16586m					

表 15-8 思源学校桩基础主要设计参数一览表

项目名称	层数	单元平面形态	单柱最大荷载/(kN/柱)	设计±0.00标高/m	拟采用基础形式
综合楼	2～5	不规则形	5000	926.30	独立柱基或桩基础
教工宿舍	6	规则矩形	5000	926.30	独立柱基或桩基础
室外多功能厅	1	不规则形	9000	926.30	独立柱基或桩基础
学生宿舍	6	不规则形	5000	926.30	独立柱基或桩基础
篮球场看台	1	不规则形	2000	926.30	独立柱基或桩基础
连廊	1	规则矩形	2000	926.30	独立柱基或桩基础
小学教学楼	6	不规则形	5000	926.30	独立柱基或桩基础

15.4.3.2　场地工程地质条件

根据现场钻探，场地上覆第四系土层为杂填土（Q^{ml}）、黏性土（Q^{al+pl}）、粗粒混合土（Q^{al+pl}）、红黏土（Q^{el+dl}），下伏基岩为二叠系下统茅口组（P_1^m）灰色中厚中风化石灰岩，现分述如下。

①杂填土（Q^{ml}）：色杂，分布于地表，场地均有分布，由块石、碎石、黏性土及少量建筑垃圾等组成，硬杂质含量为 50% 左右，结构松散，回填时间约半年。其厚度为 1.30～4.80m 不等，平均厚度为 2.69m，层顶标高 924.35～926.22m，层底标高 920.55～924.17m。

②可塑黏性土（Q^{al+pl}）：褐黄色、灰色，场地大部分地段均有分布，局部缺失，切面光滑，偶夹植物根系。其厚度为 2.90～11.40m，平均厚度为 5.91m，层顶标高 914.35～924.17m，层底标高 910.15～920.05m。

③软塑黏性土（Q^{al+pl}）：灰色，场地均有分布，切面光滑，偶夹植物根系。其厚度为 0.60～27.20m，平均厚度为 9.14m，层顶标高 891.82～923.348m，层底标高 887.04～913.51m。

④粗粒混合土（Q^{al+pl}）：色杂，场地大部分地段均有分布，局部地段缺失，以灰褐色黏性土为主，黏性土呈软塑状，夹 10%～15% 的粗砂、圆砾，圆砾粒径一般为 20mm 左右。其厚度为 0.90～11.90m，平均厚度为 3.30m，层顶标高 890.20～913.51m，层底标高 887.20～911.03m。

⑤红黏土（Q^{el+dl}）：褐黄色，软塑，零星分布，土质均匀细腻，裂隙发育。其厚度为 0.70～10.70m，平均厚度为 2.94m，层顶标高 880.94～911.66m，层底标高 880.54～909.80m。

⑥基岩（P_1^m）：场地下伏基岩为二叠系下统茅草铺组（P_1^m）灰色中厚中风化石灰岩，灰色，层状结构，属较硬岩，岩体较破碎，钻探岩芯见针状溶孔、方解石晶洞及铁锰质浸染，偶见方解石细脉，钻探岩芯以碎块状、短柱状为主，夹少量柱状。岩芯采取率一般为 45%～65%，RQD 值为 20%～32%。

基岩岩溶地质现象：经钻探揭示，勘察施工 301 个柱位孔，遇溶洞钻孔 44 个，遇溶洞（隙）46 个，遇洞率 14.6%，同时钻探资料显示，拟建场地基岩面起伏变化一般为 3.00m 左右，故综合确定拟建场地岩溶发育程度为中等发育。

该场地的主要岩土特点是软土层分布厚，基岩的埋设较深，岩溶发育，灰岩的强度较高。

15.4.3.3　桩基施工

该项目先后组织两台套 CFG-32 型桩架的螺旋钻机及其配套设备进场作业，其间因为地层、质量控制等因素分别采用了气旋法和强螺旋法施工。

施工前期采用气旋法，即采用长螺旋+潜孔锤施工。在试桩阶段，在基岩埋深浅的地段选择 2 桩孔进行工艺性试桩。试桩的结果表明，气旋法具有良好的入岩效益，其成孔 1.0m 的入岩总时间为 37～41min。在实际施工中，由于场地内普遍分布的软土层对气旋法成孔后缩径的影响，二次成孔灌注中成桩质量和速度均出现较大的问题，同时部分地段由于软土的黏性较大，易造成潜孔锤的黏钻和糊钻现象。后经工艺性试验，并调整施工组织方案，采用了强螺旋法进行后续施工，施工中采用单机引孔（成孔）+二次成桩施工工艺组合。

施工起止时间：2014 年 12 月 8 日—2015 年 3 月 23 日，期间因春节停工约 25 天。施工总天数约为 90 天。

上述两阶段的施工工艺及施工组织的调整、对比较好地说明了工艺组合对施工进度及质量控制的影响。同时，随着设备改进及施工能力的提高，机械的适应性更强了。

15.5　勘察设计和检测要点

15.5.1　遵循现行的国家及行业技术标准、规范、规程

勘察中应遵循的现行标准、规范、规程包括：

1)《岩土工程勘察规范》（GB 50021—2001，2009 年版）。

2)《建筑桩基技术规范》（JGJ 94—2008）。

3)《建筑地基基础设计规范》（GB 50007—2011）。

4)《高层建筑岩土工程勘察标准》（JGJ/T 72—2017）。

5)《建筑基坑支护技术规程》（JGJ 120—2012）。

6)《灌注桩基础技术规程》（YSJ 212—1992）。

7)《建筑基桩检测技术规范》（JGJ 106—2014）。

8)《建筑地基基础工程施工质量验收标准》（GB 50202—2018）。

15.5.2　桩的分类

按承载性状分为摩擦桩、端承摩擦桩、端承桩、抗拔桩、水平挡土桩。

按成孔方法分为钻孔法、气旋法（长螺旋＋潜孔锤）、振旋法（长螺旋、潜孔锤联合作业法）、强螺旋法。

按成桩方法分为压灌桩后插钢筋笼法、灌注法（常规）。

按成桩的次数分为一次成桩、二次成桩、多次（三次及以上）成桩。

15.5.3　岩土工程勘察

对强螺旋桩基而言，多以端承桩、摩擦端承桩为主，且嵌岩提供端阻力。除初勘和详勘阶段的勘察要求外，着重按施工阶段的勘察要求进行。

15.5.3.1　勘探孔深度

对端承摩擦桩、端承桩，勘探点的深度应符合下列规定：

1）当以可压缩地层（包括全风化和强风化岩）作为桩端持力层时，勘探点深度应能满足沉降计算的要求，控制性勘探点应深入预计桩端持力层以下 $5\sim10\mathrm{m}$ 或 $6d\sim10d$（d 为桩身直径或方桩的换算直径，直径大的桩取小值，直径小的桩取大值），一般性勘探点的深度应达到预计桩端以下 $3\sim5\mathrm{m}$ 或 $3d\sim5d$。

2）对一般岩质地基的嵌岩桩，勘探点深度应达到预计嵌岩面以下 $3d\sim5d$，且不小于 $5.0\mathrm{m}$，质量等级为Ⅲ级以上的岩体可适当减小。

3）对花岗岩类硬质岩石地区的嵌岩桩，一般性勘探点应进入微风化岩 $3\sim5\mathrm{m}$，控制性勘探点应进入微风化岩 $5\sim8\mathrm{m}$。

4）在岩溶、断层破碎带地区，应查明溶洞、溶沟、溶槽、石笋等的分布情况，勘探点应穿过溶洞、土洞或断层破碎带进入稳定层，进入深度应满足 $3d$，并不小于 $5\mathrm{m}$，当相邻桩底的基岩面起伏较大时应适当加深。

5）具有多层韵律型薄层状的沉积岩或变质岩，当基岩中强风化、中等风化、微风化岩呈互层出现时，对拟以微风化岩作为持力层的嵌岩桩，勘探点进入微风化岩深度不应小于 $5\mathrm{m}$。

6）红黏土地区对不均匀地基、有土洞发育或采用岩面端承桩时，宜进行施工勘察，其勘探点间距和勘探点深度根据需要确定。

7）可能有多种桩长方案时，应根据最长桩方案确定勘探点深度。

8）对基岩起伏大、岩溶发育、风化孤石或夹层发育的场地，宜进行一柱一桩对应性的施工勘察。截面面积大于 $1\mathrm{m}^2$ 的桩还应考虑地层复杂性增加钻孔，查明基岩的起伏、溶洞分布、地下水作用等情形。施工勘察钻孔的深度应大于拟设计的桩底以下 3 倍桩径或不小于 $5.0\mathrm{m}$。

15.5.3.2　原位测试和取样、试验

1）桩基勘察的测试工作，对桩侧土层和拟选的桩端持力层应采用现场荷载试验（含孔内荷载试

验）、静力触探试验、十字板剪切试验、标准贯入试验、动力触探试验等原位测试，并结合室内土工试验进行。在溶洞发育区尚应采用物探方法查明地下空洞的发育、分布规律及充填情况。

2）取样应满足下列要求：

① 钻探取土试样孔数量不应少于勘探点总数的 1/3。

② 每一主要土层的取样数量不应少于 6 件。

③ 对嵌岩桩桩端持力层段岩层，每孔应采取不少于 1 组岩样。

3）对每一主要土层，应按土的类别进行静力触探、标准贯入、动力触探或荷载试验等原位测试，并应符合下列规定：

① 对黏性土、粉土及砂土，应进行静力触探及标准贯入试验。

② 对碎石、砾石类土及全风化、强风化岩层，应进行圆锥动力触探试验。

③ 对各类岩石的强风化带及人工填土，可依据风化性状及填土形成的土类分别采用相应的测试方法。

④ 当采用连续记录的静力触探或动力触探为主的测试手段时，原位测试孔不应少于 3 个。

4）当场地内存在可能产生负摩阻力的软土时宜采用现场十字板剪切试验，或取样做室内固结不排水三轴压缩试验。

5）岩土室内试验应满足下列要求：

① 当需估算桩的侧阻力、端阻力和验算下卧层强度时，宜进行三轴剪切试验或无侧限抗压强度试验，三轴剪切试验的受力条件应模拟工程的实际情况。

② 对需估算沉降的桩基工程，应进行压缩试验，试验最大压力应大于上覆自重压力与预估最大附加压力之和。

③ 当桩端持力层为基岩时，应采取岩样进行单轴饱和抗压强度试验，必要时还应进行软化试验；对软岩和极软岩，可进行天然含水率的单轴抗压强度试验；对无法取样的破碎和极破碎岩石，宜进行原位测试。

④ 每个场地应在混凝土结构所在的位置采取不少于 2 件的水试样和土试样，进行腐蚀性试验。

15.5.3.3　勘察成果应提供的资料

勘察成果应提供如下资料：勘探点平面布置图（附桩基施工设计图）、钻孔柱状图、工程地质剖面图、基岩面标高等值线图、岩溶（含土洞）分布图、钻孔声波测试成果报告、岩石单轴饱和抗压强度成果表、岩土工程勘察报告书。

15.5.4　桩基设计

15.5.4.1　摩擦端承桩的承载力估算

摩擦端承桩主要是指桩端持力层为强风化岩层、碎砾石层、卵石层等软质岩层，或风化程度较高、破碎及较破碎类硬质岩石上的桩基。它的桩顶竖向荷载由桩侧阻力和桩端阻力共同承担。

1. 单桩竖向极限承载力估算

强螺旋桩设计按《建筑桩基技术规范》（JGJ 94—2008）中的经验参数法［公式（5.3.5）］估算单桩竖向极限承载力标准值：

$$Q_{uk} = Q_{sk} + Q_{pk} = u_p \sum q_{sik} l_i + q_{pk} A_p$$

式中　q_{sik}——桩侧第 i 层土的极限侧阻力标准值，如无当地经验值时可按《建筑桩基技术规范》（JGJ 94—2008）中表 5.3.5-1 取值；

q_{pk}——极限端阻力标准值，如无当地经验值时可按《建筑桩基技术规范》（JGJ 94—2008）中表 5.3.5-2 取值。

2. 关于《建筑桩基技术规范》（JGJ 94—2008）中表 5.3.5-1 和表 5.3.5-2 取值的说明

1）强螺旋桩工法施工工艺为干作业施工法，在参考《建筑桩基技术规范》（JGJ 94—2008）中的表 5.3.5-1 和表 5.3.5-2 取值时，应参考表中"干作业钻孔桩"一列进行取值。

2）强螺旋桩工法为部分挤土桩，桩身周边土受挤土效应作用，土的性能有一定提高，在参考《建筑桩基技术规范》（JGJ 94—2008）中表 5.3.5-1 取值时可提高 q_{sk} 的取值（可以取表中对应范围值的高值或者越级取值）。

3. 工程试桩

工程试桩是指在大面积桩基正式施工前进行的试验性工作，主要目的有两个：一是测试施工方法和施工工艺的可行性，确定施工参数，如施工功效、机械参数（钻速、钻压）、混凝土充盈系数等，从而进一步为施工组织提供依据；二是复核设计中的岩土参数和设计计算的准确性，如桩侧摩阻力、桩端承载力、单桩竖向承载力等。

强螺旋桩工法为一种新型工法，在不同地区、不同岩土层、不同施工工艺参数下需要对岩土工程勘察报告中提供的岩土参数和设计模型、计算估值进行验证，对调整和优化设计具有很强的指导性，对大面积桩基施工的施工组织、工期保障有着重要的意义。

在复杂条件下的岩石地基施工中，试桩方案选择代表性地层的桩位进行试验，具有判断施工方案是否具有针对性的意义。如在岩溶发育、硬质夹层、基岩起伏面大、岩石强度等差异大的地层中还会涉及施工工艺组合等系列问题，对确定工程造价也具有实际指导意义。

15.5.4.2 嵌岩桩的承载力估算

嵌岩桩是指桩的下段有一定长度浇筑于岩体中的钻孔灌注桩。

嵌岩桩和摩擦端承桩一样，单桩竖向极限承载力由桩侧阻力和桩端阻力共同承担。但基于嵌岩桩桩端完整地坐落在岩石中、桩身段嵌入岩体深度不大的特点，单桩竖向极限承载力主要由入岩段承担。桩的实际受力表明，桩端承载力的发挥主要取决于桩底沉渣或清底效果，而桩侧阻力的发挥则取决于桩身的相对位移，尤其对摩阻力较低的土层而言，更需要较大的位移才能发挥侧阻力的作用。采用强螺旋灌注桩工法，尤其采用一次性成孔和成桩工艺时，几乎不存在沉渣问题，即桩端直接落在设计的基岩持力层上，而基岩的低压缩性导致桩侧土体的摩阻力无法发挥出来，单桩的竖向承载力全由岩石段承担。但应注意，当桩端深入基岩达到一定深度时，岩石段的摩阻力将得到充分发挥，直至端阻的贡献失效。规范中选用的数值认为其值大于 5.0m。

1）当根据土的物理指标选用承载力的经验参数，确定单桩竖向抗压极限承载力标准值时，按下式计算：

$$Q_{uk} = Q_{sk} + Q_{pk} = u \sum q_{sik} l_i + q_{pk} A_p \qquad (15-1)$$

式中　u——桩身周长；

q_{sik}，q_{pk}——桩侧第 i 层土的极限侧阻力标准值和极限端阻力标准值，由岩土工程勘察报告提供，或结合当地经验，分别按表 15-9 和表 15-10 取值；

l_i——第 i 层土中的桩身长度；

A_p——桩端面积。

表 15-9　灌注桩的极限侧阻力标准值 q_{sik}　　　　　　单位：kPa

土的名称	土的状态	钻（冲）、挖孔灌注桩	沉管灌注桩
人工填土	已完成自重固结	18～26	15～25
淤泥	—	10～16	10～15

续表

土的名称	土的状态		钻（冲）、挖孔灌注桩	沉管灌注桩
淤泥质土	—		18～26	15～25
黏性土	流塑	$I_L>1$	20～34	15～35
	软塑	$0.75<I_L\leqslant1$	34～48	30～45
	可塑	$0.50<I_L\leqslant0.75$	48～64	35～55
	硬～可塑	$0.25<I_L\leqslant0.50$	64～78	45～65
	硬塑	$0<I_L\leqslant0.25$	78～88	55～75
	坚硬	$I_L\leqslant0$	88～98	65～85
红黏土	$0.7<a_w\leqslant1$		12～30	10～25
	$0.5<a_w\leqslant0.7$		30～70	25～60
粉土	稍密	$e>0.9$	20～40	15～35
	中密	$0.7\leqslant e\leqslant0.9$	40～60	30～55
	密实	$e<0.7$	60～80	35～70
粉细砂	稍密	$10<N\leqslant15$	22～40	15～35
	中密	$15<N\leqslant30$	40～60	30～55
	密实	$N>30$	60～80	35～70
中砂	稍密	$10<N\leqslant15$	35～55	30～55
	中密	$15<N\leqslant30$	55～75	40～60
	密实	$N>30$	75～90	55～80
粗砂	稍密	$10<N\leqslant15$	55～75	40～60
	中密	$15<N\leqslant30$	75～95	50～80
	密实	$N>30$	95～120	60～95
砾砂	稍密	$5<N_{63.5}\leqslant15$	50～90	60～100
	中密（密实）	$N_{63.5}>15$	116～130	112～130
圆砾、角砾	中密、密实	$N_{63.5}>10$	135～150	135～150
碎石、卵石	中密、密实	$N_{63.5}>10$	140～170	150～170
全风化软质岩	—	$30<N\leqslant50$	80～100	80～100
全风化硬质岩	—	$30<N\leqslant50$	120～140	120～150
强风化软质岩	—	$N_{63.5}>10$	140～200	140～220
强风化硬质岩	—	$N_{63.5}>10$	160～240	160～260

注：1. 本表适用于干作业钻（冲）、挖孔灌注桩及泥浆护壁和水下作业的钻、冲孔灌注桩，当采用干作业法成孔时可在表中数值的基础上适当提高取值。

2. 尚未完成自重固结的填土不计算侧阻力。

3. 沉管灌注桩侧阻力应考虑土中的包含物成分和含量，无包含物者用小值，包含物超过 30％者用大值。

4. N 为标准贯入击数；$N_{63.5}$ 为重型圆锥动力触探试验击数。

5. a_w 为含水比，$a_w=w/w_L$，w 为土的天然含水率，w_L 为土的液限。

6. 软质岩和硬质岩系指其母岩的 $f_{rk}\leqslant15MPa$、$f_{rk}>30MPa$ 的岩石。

表 15-10　桩的极限端阻力标准值 q_{pk} 　　　　　　　　单位：kPa

土的名称	土的状态		泥浆护壁钻（冲）孔桩桩长 L_1/m				干作业钻孔桩桩长 L_2/m		
			$5{\leqslant}L_1{<}10$	$10{\leqslant}L_1{<}15$	$15{\leqslant}L_1{<}30$	$L_1{\geqslant}30$	$5{\leqslant}L_2{<}10$	$10{\leqslant}L_2{<}15$	$L_2{\geqslant}15$
黏性土	软塑	$0.75{<}I_L{\leqslant}1$	150~250	250~300	300~450	300~450	200~400	400~700	700~950
	可塑	$0.50{<}I_L{\leqslant}0.75$	350~450	450~600	600~750	750~800	500~700	800~1100	1000~1600
	硬~可塑	$0.25{<}I_L{\leqslant}0.50$	800~900	900~1000	1000~1200	1200~1400	850~1100	1500~1700	1700~1900
	硬塑	$0{<}I_L{\leqslant}0.25$	1100~1200	1200~1400	1400~1600	1600~1800	1600~1800	2200~2400	2600~2800
粉土	中密	$0.75{\leqslant}e{\leqslant}0.9$	300~500	500~650	650~750	750~850	800~1200	1200~1400	1400~1600
	密实	$e{<}0.75$	650~900	750~950	900~1100	1100~1200	1200~1700	1400~1900	1600~2100
粉砂	稍密	$10{<}N{\leqslant}15$	350~500	450~600	600~700	650~750	500~950	1300~1600	1500~1700
	中密、密实	$N{>}15$	600~750	750~900	900~1100	1100~1200	900~1000	1700~1900	1700~1900
细砂	中密、密实	$N{>}15$	650~850	900~1200	1200~1500	1500~1800	1200~1600	2000~2400	2400~2700
中砂			850~1050	1100~1500	1500~1900	1900~2100	1800~2400	2800~3800	3600~4400
粗砂			1500~1800	2100~2400	2400~2600	2600~2800	2900~3600	4000~4600	4600~5200
砾砂		$N{>}15$	1400~2000		2000~3200		3500~5000		
圆砾、角砾	中密、密实	$N_{63.5}{>}10$	1800~2200		2200~3600		4000~5500		
碎石、卵石		$N_{63.5}{>}10$	2000~3000		3000~4000		4500~6500		
全风化软质岩		$30{<}N{\leqslant}50$	1000~1600				1200~2000		
全风化硬质岩	—	$30{<}N{\leqslant}50$	1200~2000				1400~2400		
强风化软质岩	—	$N_{63.5}{>}10$	1400~2200				1600~2600		
强风化硬质岩	—	$N_{63.5}{>}10$	1800~2800				2000~3000		

注：1. 干作业成桩方法系指螺旋钻孔和挖孔灌注桩；泥浆护壁或水下作业成桩方法系指正、反循环钻孔、冲抓钻孔和潜水钻孔灌注桩；沉管成桩方法系指锤击和振动沉管灌注桩。

2. 钻、冲、挖孔灌注桩的碎石类土极限端阻力的取值应综合考虑桩的入土深度、土的密实度和桩端进入持力层深径比 b_b/d 确定。土越密实，入土深度和桩端进入持力层的深径比越大，则取值越高。

2）根据土的物理指标确定大直径桩单桩竖向抗压极限承载力标准值，按下式计算：

$$Q_{uk} = Q_{sk} + Q_{pk} = u \sum \psi_{si} q_{sik} l_i + \psi_p q_{pk} A_p \qquad (15-2)$$

式中　q_{sik}——桩侧第 i 层土的极限侧阻力标准值，如无当地经验值可按表 15-9 选用，对于扩底桩的扩大头斜面及变截面以上 $2d$ 长度范围不计侧阻力；

　　　　q_{pk}——桩径为 800mm 的桩极限端阻力标准值，可按表 15-10 取值，对于干作业挖孔（清底干净）可按表 15-11 取值；

　　　　ψ_{si}，ψ_p——大直径桩侧阻力、端阻力尺寸效应系数，可按表 15-12 取值。

表 15-11　干作业桩（清底干净，$D=800$mm）极限端阻力标准值 q_{pk} 　　　单位：kPa

土的名称		土的状态		
黏性土		$0.25<I_L\leqslant0.75$	$0<I_L\leqslant0.25$	$I_L\leqslant0$
		$800\sim1800$	$1800\sim2400$	$2400\sim3000$
粉土		—	$0.75<e<0.9$	$e\leqslant0.75$
		—	$1000\sim1500$	$1500\sim2000$
砂土、碎石类土	—	稍密	中密	密实
	粉砂	$500\sim700$	$800\sim1100$	$1200\sim2000$
	细砂	$700\sim1100$	$1200\sim1800$	$2000\sim2500$
	中砂	$1000\sim2000$	$2200\sim3200$	$3500\sim5000$
	粗砂	$1200\sim2200$	$2500\sim3500$	$4000\sim5500$
	砾砂	$1400\sim2400$	$2600\sim4000$	$5000\sim7000$
	圆砾、角砾	$1600\sim3000$	$3200\sim5000$	$6000\sim9000$
	卵石、碎石	$2000\sim3000$	$3300\sim5000$	$7000\sim11000$

注：1. q_{pk} 取值应考虑桩端持力层土的状态及桩进入持力层的深度效应，当进入持力层深度 h_h 为 $h_h\leqslant D$，$D<h_h<4D$，$h_h\geqslant4D$，可分别取较低值、中值、较高值。

2. 当桩的长径比 $L/d\leqslant8$ 时 q_{pk} 宜取较低值。

3. 当对沉降要求不严时可适当提高 q_{pk} 值。

表 15-12　大直径灌注桩尺寸效应系数 ψ_{si}、ψ_p

土的类别	黏性土、粉土	砂土、碎石类土
侧阻力尺寸效应系数 ψ_{si}	$(0.8/D)^{1/5}$	$(0.8/D)^{1/3}$
端阻力尺寸效应系数 ψ_p	$(0.8/D)^{1/4}$	$(0.8/D)^{1/3}$

3）大直径嵌岩灌注桩，当桩端持力层处于完整、较完整基岩中时，单桩承载力的估算应符合下列规定：

嵌岩桩单桩竖向抗压极限承载力由桩周土总极限侧阻力、嵌岩段总极限侧阻力和总极限端阻力三部分组成。当根据岩石室内试验结果确定单桩竖向抗压极限承载力标准值时，可按下列公式计算：

$$Q_{uk}=Q_{sk}+Q_{rk}+Q_{pk} \tag{15-3}$$

$$Q_{sk}=u\sum\zeta_{si}q_{sik}L_{si} \tag{15-4}$$

$$Q_{rk}=u\zeta_r f_{rc}h_r \tag{15-5}$$

$$Q_{pk}=\zeta_p f_{rc}A_p \tag{15-6}$$

式中　Q_{sk}，Q_{rk}，Q_{pk}——土的总极限侧阻力标准值、嵌岩段总极限侧阻力和总极限端阻力标准值；

ζ_{si}——覆盖层第 i 层土的侧阻力发挥系数，当桩的长径比小于30，桩端置于新鲜或微风化硬质岩中且桩底无沉渣时，对于黏性土、粉土取 $\zeta_{si}=0.8$，对于砂类土及碎石类土取 $\zeta_{si}=0.7$，其他情况取 $\zeta_{si}=1.0$；

q_{sik}——桩周第 i 层土的极限侧阻力标准值；

f_{rc}——岩石饱和单轴抗压强度标准值，对于黏土岩取天然湿度单轴抗压强度；

h_r——桩身嵌岩深度，当桩身嵌入中等风化、微风化、新鲜基岩的深度超过 $5d$ 时取 $h_r=5d$，当岩层表面倾斜时以坡下方的嵌岩深度为准；

ζ_r，ζ_p——嵌岩段侧阻力和端阻力修正系数，与嵌岩深径比 h_r/d 有关，按表 15-13 取值。

表 15 - 13 嵌岩段侧阻力修正系数 ζ_r 和端阻力修正系数 ζ_p

表 15 - 13　嵌岩段侧阻力修正系数 ζ_r 和端阻力修正系数 ζ_p

嵌岩深径比 h_r/d		0	0.5	1.0	2.0	3.0	4.0	5.0	6.0	7.0	8.0
极软岩、软岩	ζ_r	0.0	0.052	0.056	0.056	0.054	0.051	0.048	0.045	0.042	0.040
	ζ_p	0.60	0.70	0.73	0.73	0.70	0.66	0.61	0.55	0.48	0.42
较硬岩、坚硬岩	ζ_r	0.0	0.050	0.052	0.050	0.045	0.040	—	—	—	—
	ζ_p	0.45	0.55	0.60	0.50	0.46	0.40	—	—	—	—

注：1. 极软岩、软岩指 $f_{rc} \leqslant 15\text{MPa}$ 的岩层，软硬岩、坚硬岩指 $f_{rc} > 30\text{MPa}$ 的岩层，介于二者之间可内插取值。

2. 当 h_r/d 为非表列值时 ζ_r 和 ζ_p 可内插取值。

15.5.4.3　单桩和群桩设计

1. 桩径和桩长选择

1）对一般岩石地层，桩型和桩径的选择主要是由单桩所能提供的承载力决定的。综合考虑施工效率和工程造价的经济性，桩径适宜选择为 $500 \sim 1000\text{mm}$。

2）桩长的控制应以进入稳定的持力层为原则。对端承摩擦型桩，桩端宜进入持力层不小于 2.0m，且不小于 1 倍桩径；对端承型桩，桩端全断面进入持力层不小于 0.50m。

3）对桩顶施工保护桩长的设计，综合强螺旋灌注桩压灌混凝土的特点，不宜留有较长空桩，施工保护桩长宜不小于 0.50m，且不小于 1 倍桩径。

2. 桩基础方案

不少工程实例揭示了因地下水、松软地层、硬质夹层、陡倾基岩面、岩溶及土洞、混凝土灌注、混凝土充盈系数等变化导致的工程质量保障率降低的情形，鉴于此，在该类地区宜对桩基础设计方案进行桩基选型和桩径等方面的比选。

1）对于持力层埋深稳定、岩性均匀性较好的场地，可根据荷载大小采用单桩承台、多桩承台的基础形式。

2）对于基岩起伏大、岩溶发育、风化孤石、灰岩等场地，单桩质量控制存在一定的困难和风险，该类场地桩基设计不宜采用单桩承台，适宜采用多桩承台基础，可综合考虑采用桩筏、复合基桩等基础形式。

15.5.5　勘察、设计中应注意的若干问题

15.5.5.1　关于岩石抗压强度特征值 f_{rk} 的问题

勘察中需对桩端以下的岩芯进行采样并送试验室试验。目前的勘察工作存在如下问题。

1. 取样的代表性问题

为了使取样更有代表性，钻探中的取样位置应在桩端以下 $1 \sim 3$ 倍桩径的深度范围内，且应结合地层的实际状况，如风化程度、节理构造、层理、裂隙等综合选取适宜的岩芯样。

2. 取样的质量和数量问题

岩石中的钻探，特别是当在硬质岩石中钻进时，通常采用金刚石钻进，钻探中常采用 $\phi108$、$\phi89$、$\phi73$、$\phi60$ 等钻探取芯钻进。金刚石钻进虽然保障了钻进的速度，但也会因采用小口径钻进影响岩芯样品在试验中的可靠性。根据混凝土试样在室内试验中的要求，样品的最小规格为 $70\text{mm} \times 70\text{mm} \times$

70mm，因此对岩芯样而言，取样的规格不宜小于 $\phi73$，长度不宜小于 10cm。对砾质岩，芯样的直径不宜小于 108cm。在破碎岩层中尚应要求采用双套管取芯钻进，以获得完整、真实的岩芯样品。

因岩性、风化程度、岩石结构、桩柱受力特性等方面的差异，宜在每个承台位取一组以上的代表性岩样试验并进行评价。现行的岩土和桩基勘察通常只要求主要岩土层中的取样和评价数量不少于 6 件，对场地较大、岩性的变化较复杂的场地实际上无法满足设计和使用上的要求。

3. 试验方法问题

由于岩体及其结构不均匀，岩石风化程度和强度在各个方向上存在差别，其软化系数也有不同，加之桩端岩土的受力状态、受力环境不同，需要评价岩石持力层的力学强度及模拟受力状态，在勘察中还需要对岩体的完整程度进行判别。

岩石的抗压强度试验主要进行干强度和单轴饱和抗压强度试验，在一些条件下也可采用天然湿度状态下的抗压强度试验结果。评价和设计中选取的试验结果应与具体的桩基受力形式一致，同时应考虑其他效应组合和不利工况条件下的岩体特性，如在干湿交替、冻融状态下的岩样试验及评价。

对岩体的完整程度判别，勘察中主要采用声波探测法在岩体中测得的纵波速度与构成这类岩体中岩块纵波速度比值的平方数，这一系数表示为 C_m，可用来划分岩体的完整程度，即分为完整（$C_m>0.75$）、较完整（$0.55\leqslant C_m<0.75$）、较破碎（$0.35\leqslant C_m<0.55$）、破碎（$0.15\leqslant C_m<0.35$）和极破碎（$C_m<0.15$）五类岩体［见《岩土工程勘察规范》（GB 50021—2001）中的表 3.2.2-2］。

当无声测资料时，也可以根据岩体内结构面的发育程度、主要结构面的结合程度、主要结构面的类型、相应结构类型综合评价划分［见《岩土工程勘察规范》（GB 50021—2001）中的附录 A.0.2］。

4. 试验数据的评价问题

试验结果在工程应用中应有实际的指导意义，分为统计值和样本值。在岩土工程勘察报告中通常以统计值作为评价成果，但在检测中则强调样本值的重要性。基岩地区，为充分利用岩体的承载性能，较多采用柱下独立的桩基础。由于岩性、风化程度的差异，结构和完整程度的不同，尤其当工程场地较大时，这一差别更加显著，所以以统计值作为单桩设计的依据有欠充分、欠可靠的缺陷，容易导致设计上的安全系数取值不足。检测则是以抽检为代表，以具体的桩作为评价的对象，要求整个工程项目的合格率达 100%，即必须满足样本值的可靠性和全部合格。

15.5.5.2　关于桩侧摩阻力的计算问题

风化软岩、破碎和极破碎的硬质岩作为持力层时，桩侧阻力的发挥可根据桩的长径比（L/d）进行分析并确定。

1）当 $L/d\leqslant15$ 时，桩长较短，桩侧阻力相对桩端阻力比较小，估算单桩竖向极限承载力时可只考虑桩端承载力的作用。

2）当 $15<L/d\leqslant30$ 时，估算单桩竖向极限承载力时宜考虑桩侧较好土层提供的摩阻力，如残积土、风化层等性状较好的地层的作用。

3）当 $L/d>30$ 时，单桩竖向极限承载力的估算应综合考虑桩侧摩阻力在各类地层的作用：

① 正常类土，如一般黏性土、砂土、残坡积土、风化层土等地层提供的摩阻力。

② 软土、填土等松软地层提供的负摩阻力。

③ 饱和砂土等液化地层的液化折减影响。

④ 溶洞、土洞等地下空洞的影响。

目前在灰岩地区，由于受基岩埋深起伏大及岩溶、土洞等客观因素的影响，地方规范、设计中的习惯做法是设计单位在进行单桩承载力的估算时一般只计算岩石段端阻力的作用，这实际上预留了一些安全裕量。例如，在贵州省贵阳市，勘察单位对基岩的完整性判断倾向于按破碎～极破碎岩层类别，因而在桩基的设计中其估算模型的选择偏于安全。参数也是按桩端岩层的承载性能选取设计值，即 f_{ak} 按 3500～9000kPa 取值，作为中等风化灰岩的承载力特征值。这一取值实际上是偏于保守的，使得岩石的承载性能难以获得合理体现。

15.5.6 桩身构造

强螺旋桩是长螺旋钻孔灌注桩工法在岩石地层的增强型应用，基于其施工特点，该工法对于混凝土和钢筋都有着专门要求。

15.5.6.1 混凝土

1）灌注混凝土的坍落度宜为 180～220mm，粗骨料可采用卵石或碎石，最大粒径不大于 30mm，宜采用 5mm 细石混凝土，且骨料粒径不得大于钢筋笼的主筋布列间距。

2）成孔到设计深度后应尽快灌注混凝土。每个灌注台班应留有混凝土试件，每台班不得少于 1 组，每组应留 3 件试件。

3）由于强螺旋混凝土的压灌及后置钢筋笼的特性，对混凝土在桩孔的总体灌注时间有着严格的要求，要求不得大于混凝土初凝时间。

4）根据工程特性及实际灌注情况，可在灌注混凝土中掺加一定配比的缓凝剂、减水剂等外加剂，以改善其性能。

15.5.6.2 钢筋笼

钢筋笼制作、安装的质量应符合如下要求：

1）钢筋笼的材质、尺寸应符合设计要求，制作允许偏差应符合表 15-14 的规定。

表 15-14　混凝土灌注桩钢筋笼制作允许偏差

项目	序号	检查项目	允许偏差/mm	检查方法
主控项目	1	主筋间距	±10	用钢尺量
	2	钢筋笼长度	±100	用钢尺量
一般项目	1	钢材材质检验	设计要求	抽样送检
	2	箍筋间距	±20	用钢尺量
	3	钢筋笼直径	±10	用钢尺量

注：主筋、加劲筋电焊搭接时，单面焊缝长度大于 10d（d 为钢筋的直径），焊缝应饱满。

2）钢筋笼不宜分段加工在植入混凝土中时再焊接，需先整个钢筋笼整体加工。比较长的钢筋笼在施工过程中经常会遇到吊装时钢筋笼弯曲、变形、植入困难等问题，针对此种状况，在钢筋笼设计时可优先选择：钢筋笼主筋宜采用直径较大的钢筋，如在满足配筋的情况下采用直径较大而数量较少的钢筋代替直径较小而数量较多的钢筋，以加大钢筋笼的刚性，解决钢筋笼起吊植入时弯曲的问题。

分段制作的钢筋笼，当主筋直径大于 20mm 时，其接头宜采用焊接或机械式接头，并应符合国家标准《钢筋机械连接技术规程》（JGJ 107）、《钢筋焊接及验收规程》（JGJ 18）和《混凝土结构工程施工质量验收规范》（GB 50204）的规定。

3）加劲箍宜设在主筋外侧，施工工艺有特殊要求时也可置于内侧。

4）钢筋笼的底部应设计成束状锥形，锥部应设置加强箍或钢挡板，其焊接质量应满足插筋器作业强度要求。

5）当设计要求在钢筋笼上埋设声测管、注浆管等时，钢筋笼的内部净空应满足插筋器下入的要求，且其间隙不小于 50mm。

6）搬运和吊运钢筋笼时，应采取措施防止其变形，安放并垂直对准桩位。钢筋笼下放达到设计桩顶标高后应采取措施对其进行固定。

15.5.7　桩基质量检验与验收

15.5.7.1　一般规定

1）桩基工程应进行桩位、桩长、桩径、成孔质量、桩身质量和单桩承载力的检验。

2）桩基工程的检验按时间顺序分为施工前检验、施工检验和施工后检验。

3）桩体原材料（砂子、石子、水泥、钢材等）质量的检验应符合现行国家标准的有关规定。

4）应在施工过程中进行桩顶位移、邻近建（构）筑物位移、周边环境的监测。

15.5.7.2　施工前检验

1）施工前应对所测放的桩位进行检验，桩位允许偏差对于群桩不应大于 20mm，对于单桩不应大于 10mm。

2）拌制混凝土时应对原材料质量与计量、混凝土配合比、坍落度、混凝土强度等级等进行检查。

3）钢筋笼制作应符合设计要求，应对钢筋规格、焊条规格、品种、焊口规格、焊缝长度、焊缝外观和质量、主筋和箍筋的制作偏差等进行检查。钢筋笼制作的允许偏差应符合表 15-14 的要求。

15.5.7.3　施工检验

1. 灌注桩施工过程中的检验

1）灌注混凝土前应按照成孔施工允许偏差、混凝土灌注桩质量检验标准的要求对桩孔的中心位置、孔深、孔径、垂直度、孔底沉渣厚度进行检验，并填写相应的质量检测、检查记录（表 15-15）。

表 15-15　灌注桩成孔施工允许偏差

成孔方法	桩径允许偏差/mm	垂直度允许偏差/%	桩位允许偏差/mm	
			1~3 根、单排桩基垂直于中心线方向和群桩基础的边桩	条形桩基沿中心线方向和群桩基础的中间桩
强螺旋压灌桩	0，±50	<1	70	150

注：1. 桩径允许偏差的负值是指个别断面。
　　2. 采用复打、反插法施工的桩，其桩径允许偏差不受本表限制。

2）应对钢筋笼安放的实际位置、声测管（或注浆管）的安装、灌注混凝土、混凝土充盈系数、桩顶标高等进行全过程检查，并填写相应的质量检测、检查记录（表 15-16）。

3）对大直径灌注桩，应逐孔检验桩端持力层岩土性质、进入持力层深度。当为嵌岩桩时，应视岩性检验桩端下 3 倍直径或 5m 深度范围内有无土洞、溶洞、破碎带或软弱夹层等不良地质条件。

4）桩身孔径可采用伞形孔径仪或超声波法进行检验。

5）对松软土层、挤土效应、地下水强发育、易产生窜桩等场地，施工过程中应对桩顶和地面土体的竖向和水平位移进行系统观测，若发现异常，应采取跳打、引孔、调整施工顺序、设置排水减压装置及控制成桩速率等措施。

2. 施工后检验

1）根据不同桩型应按相应的规定检查成桩桩位偏差。

2）工程桩应进行单桩承载力和桩身质量抽样检测。

表 15 - 16　混凝土灌注桩质量检验标准

项目	序号	检查项目	允许偏差		检查方法
			单位	数值	
主控项目	1	桩位	满足表 15 - 14		基槽开挖前量护筒，开挖后量桩中心
	2	孔深	mm	＋300	只深不浅，用铅锤测，或测钻杆、套管长度，嵌岩桩应确保进入设计要求的嵌岩深度
	3	桩体质量检验	钻芯法、低应变法、高应变法、声波透射法；钻芯取样时，大直径嵌岩桩应钻至桩尖下 50cm		按《建筑基桩检测技术规范》（JGJ 106）
	4	混凝土强度	设计要求		试件报告或钻芯取样送检
	5	承载力	设计要求		按《建筑基桩检测技术规范》（JGJ 106）
一般项目	1	垂直度	满足表 15 - 14		测钻杆或套管，或用测斜仪、超声波探测，干作业施工时吊垂球
	2	桩径	满足表 15 - 14		伞形孔径仪或超声波检测，干作业施工时用钢尺量，人工挖孔桩不包括内衬厚度
	3	混凝土坍落度	mm	180～220	用坍落度仪检测
	4	钢筋笼安装深度	mm	±100	用钢尺量
	5	混凝土充盈系数	＞1		检查每根桩的实际灌注量
	6	桩顶标高	mm	＋30 −50	用水准仪检测，需扣除桩顶浮浆层劣质桩体

注：当混凝土的充盈系数实测大于 1 及较高时应查明具体原因。

3）对设计有要求或有下列情况之一的桩基工程，应采用静荷载试验对工程桩单桩竖向承载力进行检测，检测数量应根据桩基设计等级、桩施工前取得的试验数据的可靠性，按现行标准《建筑基桩检测技术规范》（JGJ 106）执行：

① 建筑设计等级为甲级、乙级的基桩。

② 施工前桩基未进行单桩静载试验的丙级基桩。

③ 地质条件复杂、桩施工质量可靠性低。

④ 挤土群桩施工产生挤土效应。

⑤ 采用新工艺或新桩型。

4）除预留混凝土试件进行强度等级检验外，尚应对桩身质量进行现场检测。检测方法采用可靠的动测法，对大直径桩可采用钻芯法、声波透射法；检测数量可根据现行行业标准《建筑基桩检测技术规范》（JGJ 106）或国家、地方相关行业标准的有关规定执行。

5）对抗拔桩和对水平承载力有特殊要求的桩基工程，应进行单桩抗拔静载试验和水平静载试验检测；检测数量和方法可根据现行行业标准《建筑基桩检测技术规范》（JGJ 106）或国家、地方相关行业标准的有关规定执行。

第 16 章　短螺旋挤土灌注桩（SDS 桩）

刘　钟　郭　钢　卢璟春　李志毅　邓益兵　陈治法

16.1　短螺旋挤土灌注桩的发展与现状

16.1.1　螺旋挤土灌注桩发展历程与分类

在工程建设领域，桩基础是深基础工程中最常见的基础形式。桩基根据成桩方法对土层的影响可以分为非挤土桩、部分挤土桩和挤土桩三大类。与非挤土桩相比，挤土桩具有明显的技术、成本和环保优势。2007 年中冶建筑研究总院有限公司和中国京冶工程技术有限公司牵头的科研团队成功开发了短螺旋挤土灌注桩成套新技术体系。短螺旋挤土灌注桩也称为双向螺旋挤土灌注桩或双向螺旋挤扩桩，属于螺旋挤土灌注桩的一个分支，其英文名为 Soil Displacement Screw Pile，简称 SDS 桩，属于挤土型灌注桩，其工法简称为 SDSP 工法。SDSP 工法利用特制的短螺旋挤扩钻头（也称为双向螺旋封闭挤扩钻头）通过下旋挤扩将桩孔中的土体挤入桩周土体，并在旋转挤扩成的桩孔中压灌混凝土形成圆柱形灌注桩。

在国际桩基工程领域，短螺旋挤土灌注桩技术自 20 世纪中期以来得到快速发展，最具代表性的第一代短螺旋挤土灌注桩是欧洲开发的 FUNDEX 桩和 ATLAS 桩。20 世纪 90 年代之后出现了第二代短螺旋挤土灌注桩技术，比较著名的有比利时的 OMEG A 桩、德国的 FD 桩、美国的 DD 桩、英国的 TSD 桩、意大利的 CDP 桩、澳大利亚的 V 桩和中国的 SDS 桩等。近 20 年来，这类桩基技术得到迅猛发展，基于不同专利技术的短螺旋挤土灌注桩技术已在欧洲、北美洲、亚洲、大洋洲四大洲数十个国家得到广泛应用，工程项目涵盖了高层住宅、公共建筑、大型工厂、高速铁路、高速公路等领域。国内外工程实践经验表明，这种先进的短螺旋挤土灌注桩技术具有广泛的岩土地层适应性，适用于填土、粉土、黄土、黏土、砂土、卵砾石、全风化岩、强风化岩等可压缩岩土地层，岩土地层适用性的参考指标为标贯击数 SPT<60 和静力触探 CPT<20MPa。

经过快速发展，国内外涌现出多种长螺旋与短螺旋挤土灌注桩技术及螺旋挤土预制桩技术，根据工法类型、钻具形式、桩身材料、成桩方法、挤土效应、桩身形状等笔者提出综合分类的建议，见图 16-1。螺旋挤土灌注桩按照成桩钻具的不同可以分为两大类，根据开发时间的先后和技术的先进性还可以将采用短螺旋挤扩钻头成桩的短螺旋挤土灌注桩细分为两代技术，以便清晰地展示螺旋挤土灌注桩的发展和全貌。此外，从国内外工程实践来看，短螺旋挤土灌注桩为中等直径桩，桩径为 350～800mm，单桩极限承载力主要在 2000～7000kN 范围内。在我国的工程实践中，SDS 桩的最大桩长达到 30m，最大桩径为 750mm，最大单桩极限承载力为 10000kN。

在我国，历经十多年的技术创新、成果推广、工程应用，目前 SDS 桩新技术已经在 20 多个省、自治区、直辖市推广应用，300 多项工程实践证明，SDS 桩已发展成为一种核心技术先进、经济效益巨大、节能减排突出、绿色环保效果显著的新型桩基技术，其市场应用逐年稳步增长，市场前景将会越来越广阔。

16.1.2　短螺旋挤土灌注桩的成桩机理与优势

挤土桩可分为打入式、静压式和螺旋钻入式挤土桩。图 16-2 以麻花钻、钢钉和木螺钉在木介质中

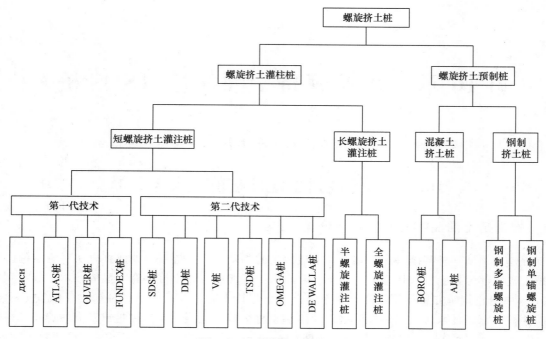

图 16-1　螺旋挤土桩的分类

的成孔为例显示了三种桩型的不同成桩方式与机理。首先，以麻花钻说明非挤土桩的成桩机理：麻花钻在钻木过程中将木屑输送到表面，被钻木介质未发生侧向挤压变形。其次，以钢钉来描述打入式挤土桩的成桩机理：钢钉通过锤击被打入木介质，无木屑被运送到表面，木介质出现了孔周侧向挤密。最后，以木螺钉来阐述短螺旋挤土灌注桩的成桩机理：木螺钉在拧入木介质的过程中未将木屑输送到表面，被钻木介质发生了显著的侧向挤密和变形。短螺旋挤扩钻头下旋钻进挤土成孔原理和木螺钉钻木成孔原理极为相似。在短螺旋挤土灌注桩施工过程中，短螺旋挤扩钻头在大扭矩和竖向压力作用下下旋挤扩成孔，将桩孔中的土体完全挤入孔周土体中，在成桩过程中仅有极少量土体被排出地表。因此，SDS 桩的成桩机理与非挤土桩〔如旋挖灌注桩、正反循环钻孔灌注桩、冲孔灌注桩、长螺旋钻孔灌注桩（CFA 桩）等〕完全不同，与打入桩和静压桩也有区别。

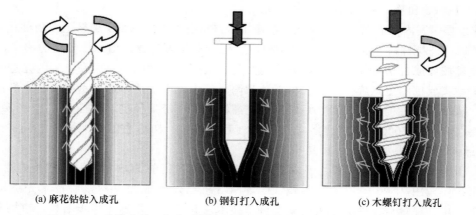

图 16-2　非挤土桩、打入式挤土桩和短螺旋挤土灌注桩成桩机理示意图

　　基于上述不同的成桩机理和自身特性，与非挤土桩相比，短螺旋挤土灌注桩具有明显的技术、环保和成本优势，如图 16-3 所示。其中，技术优势是基础，这一优势源于桩孔中的土体被完全挤入桩周土体，使桩周土体被挤密强化，而挤密强化效应改变了地基土的原有应力场，在提高桩周围压的同时也提

升了桩周土体的 c 值与 φ 值，从而有效改善了地基土的承载与变形性能，使这种似圆柱形短螺旋挤土灌注桩具有更高的承载力和较小的变形量。此外，这种新型桩基在施工中无渣土外运，不需要弃土场地，桩材充盈系数低，节省原材料，施工效率高，在相同单方混凝土承载力条件下价格更低，因此短螺旋挤土灌注桩在国内外被认为是一种质量可控可靠、高效经济环保的先进桩基类型。

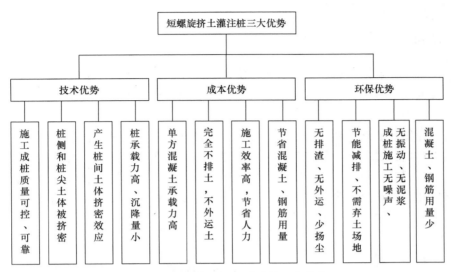

图 16-3　短螺旋挤土灌注桩三大优势

16.1.3　短螺旋挤土灌注桩对施工设备的基本要求

短螺旋挤土灌注桩属于挤土桩，其工法与传统的排土桩（如冲孔灌注桩、钻孔灌注桩、旋挖灌注桩和CFA 桩）工法完全不同。短螺旋挤土灌注桩成桩需要大扭矩钻机装备，但不要求钻机设备具备复杂的钻具升降与旋转同步的功能，形成的 SDS 桩呈似圆柱形桩身，且桩身无深螺纹。

短螺旋挤土灌注桩对钻机设备有三项要求：

1）钻机动力头能够提供成桩所需的扭矩。

2）拉压卷扬机能够提供成桩所需的下压力与提升力。

3）主桅杆长度满足成桩的高度需要。

国内外施工短螺旋挤土灌注桩的桩工钻机通常分为大型、中型、小型三类，施工企业可以根据工程情况、设计桩径、成桩深度、地层条件和施工工期等情况参照表 16-1 选择施工钻机设备。目前，国内外短螺旋挤土灌注桩最大施工桩径不超过 800mm，最大施工桩长超过 35m。

表 16-1　国内外短螺旋挤土灌注桩施工钻机设备性能与技术参数汇总

钻机技术参数	动力头扭矩 /(kN·m)	下压力 /kN	提升力 /kN	主桅杆长度 /m	整车重量 /kN	动力源	行走方式
小型钻机	<200	<300	<600	30	<800	液压/电液	步履履带
中型钻机	200~300	300~400	600~800	30~35	800~1200	液压/电液	步履履带
大型钻机	>300	>400	>800	>35	>1200	液压/电液	步履履带

16.2　短螺旋挤扩钻具的基本特征及优化技术

短螺旋挤土灌注桩在施工中通过短螺旋挤扩钻具将桩孔中的土体挤入桩周土体中，并在下旋挤扩成的桩孔中连续压灌混凝土，形成似圆柱形灌注桩。在工程应用中，短螺旋挤扩钻具的形式及几何参数决定了 SDS 桩的地层应用范围，钻具的形式及几何参数的确定是应用短螺旋挤土灌注桩技术的核心。本节采用数值仿真与模型试验等技术手段研究短螺旋挤扩钻头成孔扭矩与钻头形式及其几何参数的关系，进而优化钻头形式和几何参数，并构建新型高穿透力的短螺旋挤扩钻具技术体系，为短螺旋挤土灌注桩在我国的大面积推广应用打下坚实的基础。

16. 2. 1 短螺旋挤扩钻头设计的三维有限元优化分析

笔者通过 ADINA 有限元软件对短螺旋挤扩钻具钻进挤扩成孔进行三维数值仿真，研究了多种形式的短螺旋挤扩钻头的受力特征，分析了钻头形式、几何参数与成孔扭矩的关系，并针对高穿透力短螺旋挤扩钻头进行了优化设计。

在计算分析中，短螺旋挤扩钻具由钻杆和外围带有螺旋叶片的封闭挤扩钻头构成，类似于一个巨大的螺钉。在钻进挤扩成孔过程中，钻机动力头对短螺旋挤扩钻头施加下压力与扭矩，使其下旋钻进挤扩成孔，因此钻头成孔扭矩是最重要的考核指标。当地层条件、成桩深度和成桩直径确定时，理想的短螺旋挤扩钻头所需成孔扭矩最小。为研究钻头形式及几何参数对钻头成孔扭矩的影响，建立了如图 16 - 4 所示的三维有限元分析模型。

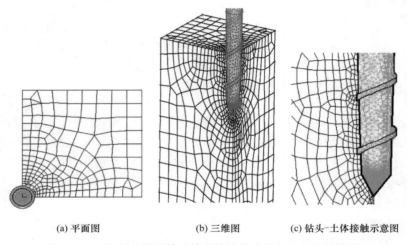

(a) 平面图　　　　　(b) 三维图　　　　　(c) 钻头-土体接触示意图

图 16 - 4　短螺旋挤扩钻头钻进挤扩成孔的有限元分析模型

1. 短螺旋挤扩钻头下旋钻进挤扩成孔模拟

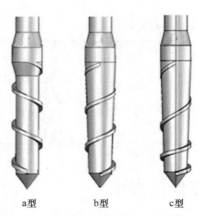

短螺旋挤扩钻头的下旋钻入成孔过程属于动态大变形问题，钻头下旋钻进挤扩成孔模拟属于复杂的三维空间问题。在理论分析中，采用了考虑桩土相互作用及位移贯入的有限元方法，在计算中分段模拟了短螺旋挤扩钻头的下旋贯入过程。具体方法是：分段给短螺旋挤扩钻头施加一定的旋转角度位移荷载，使钻头下旋钻进，进而获得不同深度的钻头成孔扭矩。

2. 短螺旋挤扩钻头钻型分析与结果

在钻头钻进成孔扭矩研究中，先后计算分析了多种形式的钻头，由于篇幅所限，仅展示了图 16 - 5 所示的三种基本钻型数值模拟结果。数值仿真的土体、钻头与接触界面计算参数及钻头几何尺寸见表 16 - 2 和表 16 - 3。这些钻头的有效成桩直径均为 400mm，其中

a 型　　　　b 型　　　　c 型

图 16 - 5　三种短螺旋挤扩钻头形式

图 16－5 中 a 型和 b 型钻头为等螺距钻头，其螺距均为 500mm，而图 16－5（c）所示为变螺距钻头，其螺距从下至上依次为 300mm、500mm、700mm。

表 16－2 有限元计算参数

土体			钻头		
弹性模量/MPa	泊松比	密度/(kg/m³)	弹性模量/GPa	泊松比	密度/(kg/m³)
20	0.3	1850	200	0.167	7800

表 16－3 不同形式钻头的几何参数、成孔直径与成孔深度

钻头编号	钻头形式	带螺旋钻头高度/m	钻头螺距/mm	钻头螺旋外径/mm	最大钻进深度/m	成孔直径/mm
a 型	等螺距圆柱形钻头	1.5	500	400	9.5	400
b 型	等螺距倒圆台形钻头	1.5	500	400	9.5	400
c 型	变螺距倒圆台形钻头	1.5	300、500、700	400	9.5	400

图 16－6 所示为三种钻头在均质土体条件下钻进成孔扭矩-钻进深度曲线，可以看出，三种钻头在挤扩体部分全部进入土体前，所需成孔扭矩随钻入深度的增加而呈近似线性增大，当钻头封闭挤扩体全部进入土体后，所需成孔扭矩随钻深增加的幅度不再明显。在地层、成桩直径及钻深的相同条件下，三种形式钻头的成孔扭矩依次增大，即在等螺距条件下，圆柱形芯管钻头的成孔扭矩小于倒圆台形芯管钻头的成孔扭矩；在芯管形状相同的条件下，等螺距钻头的成孔扭矩小于变螺距钻头的成孔扭矩。值得关注的是图 16－5 所示 a 型钻头的成孔扭矩仅为 c 型钻头的一半，这表明钻头形式对钻头成孔扭矩具有巨大影响。

3. 短螺旋挤扩钻头螺距对成孔扭矩的影响

除钻头形式外，钻头螺距大小也对成孔扭矩产生较大影响，因此螺距也是钻头的主要设计参数之一。在设计和制造短螺旋挤扩钻头时应选择最优螺距，也即在同等条件下产生最小成孔扭矩的钻头为最优。现以图 16－5 中的 b 型钻头为例，考虑三种不同的土层条件，研究螺距对成孔扭矩的影响。图 16－7 为土体弹性模量分别取 10MPa、20MPa 和 30MPa 时，短螺旋挤扩钻头钻深为 9m 时的成孔扭矩随螺距变化的曲线。图 16－7 揭示出钻头成孔扭矩与螺距大小的相关性，即当螺距尺寸接近成孔直径时，所需成孔扭矩趋于最小值。此外，成孔扭矩

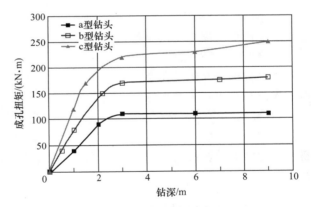

图 16－6 三种短螺旋挤扩钻头的钻进成孔扭矩-钻深曲线

随螺距变化的规律与土体性质有关。对于高弹性模量土层，钻头成孔扭矩对于螺距的变化比较敏感，当螺距为 450mm、约为 1.1 倍成孔直径时，成孔扭矩达到最小值；对于低弹性模量土层，钻头成孔扭矩对螺距变化的敏感性相对较低，螺距约为 350mm，即约为 0.9 倍成孔直径时，成孔扭矩达最小值。这说明短螺旋挤扩钻头的最优螺距为 0.9～1.1 倍成孔直径。除成孔直径因素外，最优螺距还与地层性质密切相关。图 16－7 表明在相同成桩直径、成桩深度条件下，土层越硬，所需钻头成孔扭矩越大。

4. 短螺旋挤扩钻头的螺旋段长度对成孔扭矩的影响

为研究短螺旋挤扩钻头螺旋段长度对成孔扭矩的影响，现以直径为 400mm 的图 16－5 中所示的 b 型等螺距钻头为例进行分析。土体、钻头计算参数见表 16－2 和表 16－3，钻头的螺旋段长度分别取

1.0m、1.5m、2.0m 和 2.5m，其余几何尺寸不变，螺距取 300mm，螺旋圈数随钻头螺旋段长度的增加而增多。图 16-8 为钻深 9m 处钻头钻进所需成孔扭矩随钻头螺旋段长度变化的曲线，从中可以看出钻头成孔扭矩随钻头螺旋段长度的增加逐步提高。因此，在设计短螺旋挤扩钻头时应对钻头螺旋段长度加以限制，但考虑短螺旋挤扩钻头的成桩工艺、土层不均匀性、地层富水状态、成桩机理及挤土效应，钻头的螺旋段需要保持必要的长度。

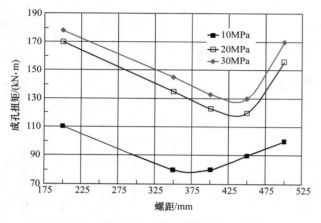

图 16-7 三种钻头在均质土层条件下的钻进
成孔扭矩-螺距关系曲线

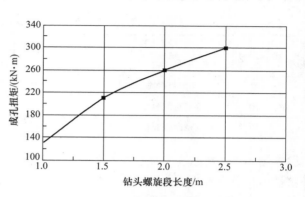

图 16-8 短螺旋挤扩钻头的成孔
扭矩-钻头螺旋段长度关系曲线

5. 短螺旋挤扩钻头三维大变形有限元分析的主要结论

1）钻头形式的选择对成孔扭矩的降低具有决定性影响。

2）在钻头全部进入均质土体前所需钻头成孔扭矩随钻头钻入深度的增加而近似线性增大，钻头全部进入土体后所需成孔扭矩随钻深加大而增加的幅度大大减小，并逐渐趋近常值。

3）钻头螺距对钻头成孔扭矩具有重要影响，在成孔直径、钻深及地层相同条件下，在软土地层中钻头螺距接近 0.9 倍成孔直径时所需成孔扭矩趋于最小值，在硬土地层中钻头螺距接近 1.1 倍成孔直径时所需成孔扭矩趋于最小值。

4）在成孔直径及钻深相同条件下，土体的弹性模量越高，钻头所需成孔扭矩越大。

5）在成孔直径、钻深及地层相同条件下，钻头螺旋段越短，所需成孔扭矩越小。综合考虑短螺旋挤土灌注桩的成桩机理与成桩工艺，对于成孔直径为 400mm 的钻头，钻头螺旋段长度取 1～1.5m 较为适宜。

16.2.2 短螺旋挤扩钻头钻进的力学分析

短螺旋挤土灌注桩工程实践表明，岩土地层越硬，成桩直径和深度越大，所需钻机动力头输出扭矩越大。改进短螺旋挤扩钻具结构的另一种解决方案是，采用理论分析方法对钻具进行技术优化，设法降低钻具在钻进过程中的扭矩阻力和轴力阻力，进而扩大 SDS 桩的地层适用范围。下面以短螺旋挤扩钻头为原型，从地层与钻头的相互作用模式入手，运用钻掘力学建立钻头钻进成孔所需轴力与扭矩的力学模型，分析钻具在钻进挤扩成孔过程中的轴力和扭矩，进而为钻头的二次优化设计提供依据，以提高短螺旋挤扩钻具对坚硬密实地层的穿透能力。

16.2.2.1 短螺旋挤扩钻具钻进的力学特征

1. 螺旋叶片作为输送工具的力学特征

在长螺旋钻具钻孔时，钻具的长螺旋叶片主要作为载土和输土的工具，下面首先分析螺旋叶片在输土过程中的受力状态，并推导临界转速理论公式。

在螺旋钻具钻孔过程中，钻头切削下来的土体被送到螺旋叶片上以后，随着叶片的旋转，在离心力作用下甩向四周，挤压孔壁。当螺旋叶片的转速较高且离心力足够大时，土颗粒与孔壁之间会产生足够大的摩擦力 F_1，并阻止土颗粒随叶片旋转。当摩擦力 F_1 大于土颗粒所受重力向下滑动的分力和土颗粒与螺旋叶片间的摩擦力时，土颗粒可沿螺旋叶片向上运动。因此，当土颗粒在螺旋叶片上运动时，会存在一种临界状态。此时由离心力产生的摩擦力 F_1 等于土颗粒沿叶片上升的力，且土颗粒具有向上运动的趋势，这时的转速称为临界转速。现以图 16－9 所示螺旋叶片上的土颗粒作为研究对象进行受力分析。

图 16－9 中，F_1 为土颗粒与孔壁之间的摩擦力，F_2 为土颗粒与螺旋叶片之间的摩擦力，N 为螺旋叶片对土颗粒的压力，G 为土颗粒的自重，F_3 为土颗粒沿孔壁转动时的离心力，α 为螺旋叶片的倾角。

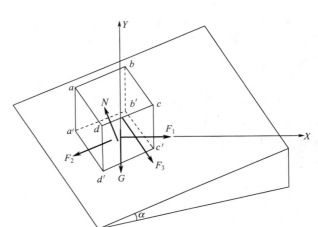

$$F_3 = \frac{G}{g}\omega_r^2 r \qquad (16-1)$$

$$F_1 = f_3 F_3 \qquad (16-2)$$

$$F_2 = f_1 N \qquad (16-3)$$

图 16－9　螺旋叶片上的土颗粒受力分析

式中　f_3——土颗粒与孔壁的摩擦系数；

　　　ω_r——钻具的临界转速；

　　　r——土颗粒重心至钻杆轴线的距离；

　　　f_1——土颗粒与螺旋叶片的摩擦系数。

针对临界状态进行受力分析，可以得到

$$F_1 = F_2\cos\alpha + N\sin\alpha \qquad (16-4)$$

$$N = G\cos\alpha + F_1\sin\alpha \qquad (16-5)$$

$$F_1 = f_1 N\cos\alpha + N\sin\alpha = N(f_1\cos\alpha + \sin\alpha) \qquad (16-6)$$

$$F_1 = (G\cos\alpha + F_1\sin\alpha)(f_1\cos\alpha + \sin\alpha) \qquad (16-7)$$

求解上式，有

$$F_1 = \frac{G(f_1\cos\alpha + \sin\alpha)}{\cos\alpha - f_1\sin\alpha} \qquad (16-8)$$

根据式（16－2）和式（16－4），有

$$F_1 = f_3\frac{G}{g}\omega_R^2 r \qquad (16-9)$$

联立式（16－8）和式（16－9），有

$$f_3\frac{G}{g}\omega_r^2 r = \frac{G(f_1\cos\alpha + \sin\alpha)}{\cos\alpha - f_1\sin\alpha} \qquad (16-10)$$

求解上式，得到钻具的临界转速理论公式：

$$\omega_r = \sqrt{\frac{g(f_1\cos\alpha + \sin\alpha)}{f_3 r(\cos\alpha - f_1\sin\alpha)}} \qquad (16-11)$$

2. 临界转速理论公式的引申

1）当螺旋钻具角速度 $\omega > \omega_r$ 时，土颗粒会沿螺旋叶片上升。

2）当螺旋钻具以角速度 $\omega = \omega_r$ 旋转时，土颗粒与孔壁之间的角速度保持为 ω_r；当土颗粒与孔壁之间的角速度略大于 ω_r 时，土颗粒沿螺旋叶片上升，从而使角速度降低至 ω_r。

3）当螺旋钻具以角速度 $\omega < \omega_r$ 旋转时，土颗粒不会沿着螺旋叶片上升，由于钻具持续向下钻进，后续被钻出的土体会推挤上面的土颗粒，使其不能随着螺旋叶片转动，在这种情况下螺旋叶片仅作为承载工具。

4）当螺旋叶片的直径为 400mm 时，由于土颗粒与螺旋叶片的摩擦系数 f_1 的取值范围为 $0.3\sim0.7$，土颗粒与孔壁的摩擦系数 f_3 的取值范围为 $0.5\sim1.0$，实际钻具的临界转速范围会高达 $60\sim120\text{r}/\text{min}$。在实际工程中，螺旋钻具的施工转速远远小于理论临界转速，因此土颗粒不会沿着螺旋叶片上升。

16.2.2.2 短螺旋挤扩钻具的钻进力学分析

通常短螺旋挤土灌注桩施工钻机的转速为 $3\sim12\text{r}/\text{min}$，短螺旋挤扩钻头的转速远小于临界转速，土颗粒不会沿螺旋叶片上行。此外，由于钻头主体为锥形，当短螺旋挤扩钻头钻进挤扩成孔时，在钻具的挤扩作用下，被钻尖切削下来的土颗粒与孔壁在垂直方向上总体保持相对静止，而在径向上被挤进孔壁土体中。

在短螺旋挤扩钻具钻进成孔过程中，与土体发生相互作用的主要部分是锥形挤扩钻体，而钻头主要由锥形挤扩钻体与围绕其表面的螺旋叶片组成。下面先对锥形挤扩钻体在钻进挤扩成孔时与土体之间的相互作用进行分析，再对螺旋叶片与土体的相互作用进行分析，然后建立相应的力学模型，并进行量化分析。

1. 锥形挤扩钻体的力学分析

（1）锥形挤扩钻体的受力

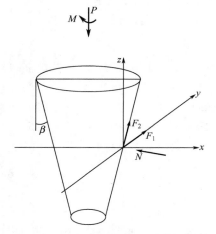

图 16-10　锥形挤扩钻体的受力分析

以锥形挤扩钻体为研究对象，对其表面一点在钻进挤扩过程中与土体之间的相互作用进行力学分析，见图 16-10。假设锥形挤扩钻体以匀速旋转并匀速向下钻进，地基土为均质理想弹塑性体。图 16-10 中 N 为土体对锥形挤扩钻体的挤压力，方向垂直于锥体表面；β 为锥形挤扩钻体锥角的 $1/2$；F 为土体对锥形挤扩钻体的摩擦力，其方向为锥形挤扩钻体与砂土的相对运动方向，该方向与 y 轴的夹角为 ϕ，且满足

$$\tan\phi = v/2\pi rn \qquad (16-12)$$

式中　v——钻具向下钻进的速度；

$\quad\quad r$——钻具受力分析点处的半径；

$\quad\quad n$——钻具的转速。

将 F 分解为如图 16-10 所示的切向摩擦力 F_1 和沿锥形挤扩钻体表面的摩擦力 F_2，则有

$$F_1 = F\cos\phi \qquad (16-13)$$

$$F_2 = F\sin\phi \qquad (16-14)$$

将上述各力沿图中的 x、y、z 轴分解，即

$$T_x = N\cos\beta - F_2\sin\beta \qquad (16-15)$$

$$T_y = F_1 \qquad (16-16)$$

$$T_z = F_2\cos\beta + N\sin\beta \qquad (16-17)$$

式中　T_x——径向力；

$\quad\quad T_y$——切向力；

$\quad\quad T_z$——竖向阻力。

为计算整个锥形挤扩钻体所受的力矩，建立柱坐标系，如图 16-11 所示，取一个微元体进行受力

分析。因土体对整个锥形挤扩钻体的挤压力未知，且大小随钻体直径的变化而变化，故取其平均压力 $P=N/A$，A 为锥形钻体的表面积。以在同一圆截面的土体为对象进行分析，每个圆截面的土体在挤扩过程中具有同样的应力路径，在假设条件下可以近似认为 $P=N/A$ 为一定值，因此有

$$\mathrm{d}T_x=p\mathrm{d}A\cos\beta-F_2\sin\beta \qquad (16-18)$$

$$\mathrm{d}T_切=\mathrm{d}F_1 \qquad (16-19)$$

$$\mathrm{d}T_z=\mathrm{d}F_2\cos\beta+p\mathrm{d}A\sin\beta \qquad (16-20)$$

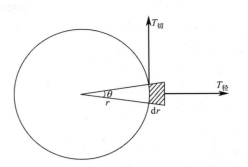

图 16-11　柱坐标系下的微元体受力分析

（2）锥形挤扩钻体阻力矩的理论公式

土体对所取微元体的阻力矩为

$$\mathrm{d}M=\mathrm{d}T_切\ r=\mathrm{d}F_1 r=\mathrm{d}F\cos\phi r=pf\mathrm{d}A\cos\phi r=pf\frac{r\mathrm{d}r\mathrm{d}\theta}{\sin\beta}\cos\phi r \qquad (16-21)$$

则整个侧表面的阻力矩为

$$M=\int_0^{2\pi}\mathrm{d}\theta\int_{r_1}^{r_2}r\mathrm{d}rpf\ \frac{1}{\sin\beta}\cos\phi r$$

$$=\frac{pf}{\sin\beta}\int_0^{2\pi}\mathrm{d}\theta\int_{r_1}^{r_2}r^2\cos\phi\mathrm{d}r=\frac{2\pi pf}{\sin\beta}\int_{r_1}^{r_2}\cos\phi\mathrm{d}r$$

因为

$$\tan\phi=\frac{v}{2\pi rn}$$

所以

$$\cos\phi=\frac{1}{\sqrt{1^2+\dfrac{v^2}{(2\pi rn)^2}}}$$

$$M=\iint_A\mathrm{d}M=\frac{2\pi pf}{\sin\beta}\int_{r_1}^{r_2}r^2\left[1^2+\frac{v^2}{(2\pi rn)^2}\right]^{-\frac{1}{2}}\mathrm{d}r$$

对上式积分，得到理论力矩公式：

$$M=\frac{2\pi pf}{\sin\beta}\left\{\begin{array}{l}\dfrac{1}{3}\left[r_2^2+\left(\dfrac{v}{2\pi n}\right)^2\right]^{\frac{3}{2}}-2\left(\dfrac{v}{2\pi n}\right)^2\left[r_2^2+\left(\dfrac{v}{2\pi n}\right)^2\right]^{\frac{1}{2}}\\ -\dfrac{1}{3}\left[r_1^2+\left(\dfrac{v}{2\pi n}\right)^2\right]^{\frac{3}{2}}+2\left(\dfrac{v}{2\pi n}\right)^2\left[r_1^2+\left(\dfrac{v}{2\pi n}\right)^2\right]^{\frac{1}{2}}\end{array}\right\} \qquad (16-22)$$

分析理论力矩公式，可以得到以下结论：

1）若 β 为未知，其余参数已知，由于 $0\leqslant\beta\leqslant\pi/2$，$\sin\beta$ 单调增加，所以扭矩 M 随 β 的增大而减小。

2）若掘进旋转速度比 $H=v/n$ 为未知，其余参数已知，将 M 对 H 求导，则有

$$\frac{\mathrm{d}M}{\mathrm{d}H}=\frac{2\pi pf}{\sin\beta}\left[-\frac{H}{4\pi^2}\left(r_2^2+\frac{H^2}{4\pi^2}\right)^{\frac{1}{2}}-\frac{H^3}{16\pi^4}\left(r_2^2+\frac{H^2}{4\pi^2}\right)^{-\frac{1}{2}}+\frac{H^2}{8\pi^2}\right] \qquad (16-23)$$

由上式可知 $\dfrac{\mathrm{d}M}{\mathrm{d}H}\leqslant 0$，即扭矩 M 随掘进旋转速度比 $H=v/n$ 的增大而减小。

3）对于理论力矩公式，若其余参数已知，当锥形挤扩钻体的芯轴直径 r_1 确定后，令 M 对 r_2 求导，有

$$\frac{\mathrm{d}M}{\mathrm{d}r_2}=\frac{2\pi pfr_2}{\sin\beta}\left[r_2^2-\left(\frac{v}{2\pi n}\right)^2\right]\left[r_2^2+\left(\frac{v}{2\pi n}\right)^2\right]^{-\frac{1}{2}} \qquad (16-24)$$

由上式可知 $\dfrac{\mathrm{d}M}{\mathrm{d}r_2}\geqslant 0$，即扭矩 M 随 r_2（钻孔直径）的增加而增大。

4）当所有的参数确定后，扭矩 M 仅随 P 值的增大而增大，且仅取决于地层的性质。

（3）锥形挤扩钻体轴向阻力的理论公式

微元体所受轴向阻力为

$$dT_z = dF_2\cos\beta + pdA\sin\beta$$

对微元体所受轴向阻力进行积分，有

$$T = \iint_A dT = \iint_A pf(\cos\beta\sin\phi + \sin\beta)\frac{rdrd\theta}{\sin\beta}$$

因为

$$\tan\phi = \frac{v}{2\pi rn}$$

所以

$$\sin\phi = \frac{\tan\phi}{\sqrt{1+\tan^2\phi}} = \left[1 + \frac{(2\pi rn)^2}{v^2}\right]^2$$

$$T = \iint_A dT_z = \iint_A pf(\cos\beta\sin\phi + \sin\beta)\frac{rdrd\theta}{\sin\beta}$$

$$T = 2\pi pf\int_{r_1}^{r_2}\left\{\cot\beta\left[1 + \frac{(2\pi rn)^2}{v^2}\right]^{-\frac{1}{2}} + 1\right\}rdr$$

积分后得到理论轴力公式：

$$T = 2\pi pf\left\{\frac{1}{2}(r_2^2 - r_1^2) + \frac{v}{2\pi n}\cot\beta\left(\left[r_2^2 + \left(\frac{v}{2\pi n}\right)^2\right]^{\frac{1}{2}} - \left[r_1^2 + \left(\frac{v}{2\pi n}\right)^2\right]^{\frac{1}{2}}\right)\right\} \qquad (16-25)$$

分析理论轴力公式，可以得到以下结论：

1）若 β 为未知，其余参数为已知，由于 $0 \leqslant \beta \leqslant \pi/2$，$\cot\beta$ 单调减小，所以轴力 T 随 β 的增大而减小。

2）设掘进旋转速度比 $H = v/n$ 为未知，其余参数为已知，将 T 对 H 求导，则有

$$\frac{dT}{dH} = pf\cot\beta\left[\left(r_2^2 + \frac{H^2}{4\pi^2}\right)^{\frac{1}{2}} + \frac{H^2}{4\pi^2}\left(r_2^2 + \frac{H^2}{4\pi^2}\right)^{-\frac{1}{2}}\right] \qquad (16-26)$$

由上式可知 $\frac{dT}{dH} \geqslant 0$，即轴力 T 随掘进旋转速度比 $H = v/n$ 的增大而增大。

3）若轴力公式中其余参数已知，且锥形挤扩钻体的芯轴直径 r_1 确定，令 T 对 r_2 求导，有

$$\frac{dT}{dr_2} = 2\pi pfr_2\left\{1 + \frac{v}{2\pi n}\cot\beta\left[r_2^2 + \left(\frac{v}{2\pi n}\right)^2\right]^{-\frac{1}{2}}\right\} \qquad (16-27)$$

由上式可知 $\frac{dT}{dr_2} \geqslant 0$，即轴力 T 随 r_2（钻孔直径）的增加而增大。

4）当所有的参数确定后，轴力 T 仅随 P 值的增大而增大，而 P 值取决于地层的性质。

2. 锥形挤扩钻体上螺旋叶片的力学分析

（1）螺旋叶片的受力分析

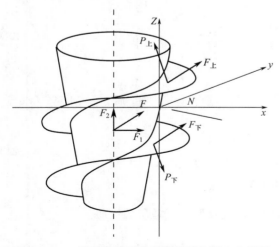

现以锥形挤扩钻体的螺旋叶片为研究对象，对其在下旋挤扩成孔过程中的受力情况进行分析，见图 16-12。

1）假设钻具以匀速旋转，并匀速向下钻进，地基土为均匀理想弹塑性体，螺旋叶片倾角为 α，土体单元只沿径向挤扩，轴向（垂直方向）相对静止（非孔口段）。

2）锥形挤扩钻体受力分析同上文，在此仅考虑螺旋叶片的受力情况。$P_{上}$ 为上螺旋叶片受到的土体的挤压力，$F_{上}$ 为上螺旋叶片受到的土体的摩擦力，$P_{下}$ 为下螺旋叶片受到的土体的挤压力，$F_{下}$ 为下螺旋叶片受到的土体的摩擦力，且有

$$F_{上} = f_2 P_{上} \qquad (16-28)$$

图 16-12 锥形挤扩钻体的螺旋叶片受力分析图

$$F_{下} = f_2 P_{下} \qquad (16-29)$$

（2）由于螺旋叶片存在而增加的轴力和扭矩

在两个螺旋叶片之间，因孔中土体发生侧向位移并挤入孔壁土体中，相当于土体在一定围压下受力，故上、下螺旋叶片所受正压力的合力应相等，即 $P_上＝P_下＝P$。

对两个螺旋叶片的受力沿切向（y 轴）和轴向（z 轴）进行分解，有

$$T_y=(F_上\cos\alpha-P_上\sin\alpha)+(F_下\cos\alpha+P_下\sin\alpha)=2f_2P\cos\alpha \tag{16-30}$$

$$T_z=(P_上\cos\alpha-F_上\sin\alpha)+(F_下\sin\alpha-P_下\cos\alpha)=2f_2P\sin\alpha \tag{16-31}$$

T_y 方向向上，故为轴向阻力；T_z 的方向与钻头的转动方向相反，故为切向阻力，产生阻力矩。

因为短螺旋挤扩钻头芯轴为锥形，内螺旋线为渐开线，外螺旋线为固定螺旋线，对于每一个螺距 h 而言，锥形芯轴半径从 r_1 变化至 r_2，该螺距上的螺旋叶片面积可用 $(r_1+r_2)/2$ 处的叶片宽度近似计算，即以芯轴半径 $r=(r_1+r_2)/2$，螺旋叶片外径等于 D，螺距为 h，相当于以等直径等螺距进行螺旋叶片的展开计算。

外螺旋线长度 L 为

$$L=\sqrt{(\pi D)^2+h^2} \tag{16-32}$$

内螺旋线长度 l 为

$$l=\sqrt{(\pi d)^2+h^2}=\sqrt{[\pi(r_1+r_2)]^2+h^2} \tag{16-33}$$

螺旋叶片的下料尺寸为一个圆环，圆环内径 d_1 为

$$d_1=\sqrt{d^2+\frac{h^2}{\pi^2}}=\sqrt{(r_1+r_2)^2+\frac{h^2}{\pi^2}} \tag{16-34}$$

圆环外径 D_1 为

$$D_1=d_1+(D-d)=\sqrt{(r_1+r_2)^2+\frac{h^2}{\pi^2}}+(D-r_1-r_2) \tag{16-35}$$

即对每个螺距而言，螺旋叶片的面积 A 为

$$A=\frac{\pi D_1^2}{4}-\frac{\pi d_1^2}{4} \tag{16-36}$$

由于螺旋叶片的存在，短螺旋挤扩钻具在钻进时，每个螺距上的螺旋叶片平均增加的轴力为

$$T=2PfA\sin\alpha \tag{16-37}$$

增加的扭矩为

$$M=2PfA\cos\alpha\left(\frac{r_1+3r_2}{4}\right) \tag{16-38}$$

锥形挤扩钻体在钻进挤扩成孔过程中会将孔中土体向孔周土体内挤压，螺旋叶片会产生向上的附加轴力和附加阻力矩，这表明在短螺旋挤扩钻头钻进挤扩成孔过程中，螺旋叶片的存在会产生副作用，导致钻机消耗的轴力和扭矩增加。

3. 短螺旋挤扩钻具力学分析小结

通过短螺旋挤扩钻头钻进的力学分析，得到了钻头扭矩和轴力的理论公式及下述结论：

1）针对无螺旋叶片的锥形挤扩钻头，提出了理论扭矩和理论轴力计算公式，即式（16-37）和式（16-38），利用这两个公式可以指导短螺旋挤扩钻头的改进与设计优化。

2）锥形挤扩钻头锥角的改变会在很大程度上影响短螺旋挤扩钻头在钻进挤扩成孔时的扭矩和轴力的大小。

3）锥形挤扩钻头外径增大时会增加钻头的成孔扭矩和轴力。

4）螺旋叶片的存在会增加钻头的成孔扭矩和轴力。

5）掘进旋转速度比直接影响短螺旋挤扩钻头在钻进挤扩成孔时的钻头扭矩和轴力。

依据短螺旋挤扩钻具的钻进力学分析结果，提出以下钻具优化建议：

1）缩减短螺旋挤扩钻头的长度，以减小钻头的侧摩阻力和扭矩。

2）适当减小短螺旋挤扩钻头的锥角，缩短锥体长度。

3）在保证钻头钻进削土能力的前提下适当减少螺旋叶片的个数。

4）钻头钻尖的锥角应尽量减小，以便减少钻尖顶端的压持作用和应力集中。

16.3　短螺旋挤扩钻具钻进挤扩成孔过程的颗粒流分析

16.3.1　颗粒流理论与方法

因固体力学广泛采用的连续介质力学模型难以解决岩土工程的非连续介质大变形问题，有学者提出了颗粒流理论及其数值方法（采用三维颗粒流数值模拟软件 PFC^{3D}）。该理论和离散单元方法打破了传统连续介质力学模型所做的宏观连续性假设，从而使在细观上研究岩土工程问题成为可能。颗粒流理论与方法适用于离散介质力学分析，能够解决非连续、大变形及颗粒流问题。

短螺旋挤扩钻头下旋钻进挤扩成孔属于大变形问题，孔中和孔壁土体都产生了大变形破坏，孔周土体的宏观力学特性也随着孔中土体的挤入发生重大变化。颗粒流方法能够根据物质本身的离散特性建立数值模型，作为研究松散介质变形机理的有力工具，可以在宏观上分析大变形问题，在细观上分析颗粒位移及相互作用机理。下面简单介绍短螺旋挤扩钻具下旋钻进挤扩成孔过程的颗粒流分析方法。

1．短螺旋挤扩钻头颗粒流模型

针对模型试验，短螺旋挤扩钻头由广义圆柱墙和广义螺旋墙组合而成，尺寸参照小比例尺模型试验钻头，共由 10 个广义墙组合成螺旋挤扩钻头（图 16-13），其中由广义圆柱墙形成钻尖、钻身和钻杆。4 个螺旋墙按 1.5mm 间距叠合模拟厚 4.5mm 的螺旋削土叶片。钻头广义墙的法向刚度为 $K_n = 2 \times 10^2 \mathrm{N/m}$，切向刚度为 $K_s = 1 \times 10^{12} \mathrm{N/m}$，摩擦系数为 0.5，用于模拟钢制钻头。

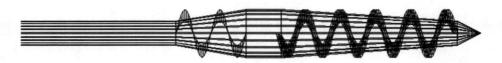

图 16-13　短螺旋挤扩钻头的颗粒流计算模型

2．颗粒流地基土建模

在颗粒流地基土数值建模中，颗粒粒径越小越接近实际模型中的土颗粒尺寸，模型边界越大越接近无限半空间。为提高计算效率，在 PFC^{3D} 计算中首先按照小比例尺模型试验尺寸建立颗粒流模型，综合考虑计算边界影响和颗粒数量后，边界墙半径取为钻头半径的 20 倍，土颗粒半径取中间小、向外逐渐增大，以减少颗粒总数量。土层厚度取钻头螺距的 15 倍，采用刚性墙模拟边界。在中心区域 2.5D（D 为钻头外径）范围内采用细颗粒模拟，以便能够细致地模拟发生挤土效应的主要区域。

3．钻头掘进模拟

在颗粒流数值仿真中，通过给定钻头墙旋转速度和掘进速度模拟钻头在土体中下旋掘进，如图 16-14 所示。钻头的旋转速度为 5r/min，掘进速度按 $v/np = 1/3$ 和 $v/np = 1$ 施加，以研究不同掘进旋转速度比对短螺旋挤扩钻头的挤扩作用影响。其中，v 为钻头的掘进速度（m/min），n 为钻头的旋转速度（r/min），p 为钻头螺旋叶片的螺距（m）。

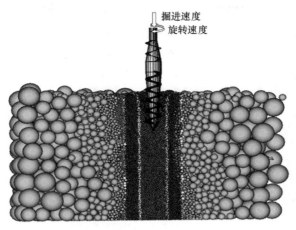

图 16-14　钻头下旋掘进颗粒流计算模型

16.3.2　颗粒流数值仿真结果与分析

为研究短螺旋挤扩钻头在土层深部的挤扩形态与机理，在 PFC^{3D} 计算中将钻头下旋钻进挤扩成孔过程分为入土下旋掘进阶段和土中深部下旋掘进阶段。

1. 位移场发展过程分析

通过颗粒流数值模拟能够再现土体纵剖面与横截面的位移场发展变化过程。图 16-15 和图 16-16 为掘进旋转速度比为 1（$v/np=1$）时入土下旋掘进阶段和土中深部下旋掘进阶段的位移场发展形态。大量的颗粒流计算结果表明，在不同的掘进旋转速度比下，对于两个不同的下旋掘进阶段，钻头纵断面处土体会呈现出两种完全不同的位移发展模式。以掘进旋转速度比 $v/np=1$ 为例，在钻头入土下旋掘进阶段，钻头将孔中土体逐步向下旋入孔周土体，孔周土体发生挤密并引发孔周地表隆起。在土中深部下旋掘进阶段，当掘进旋转速度比 $v/np=1$ 时，钻头周围土体以向下挤扩为主，孔周土体在上覆压力作用下基本不产生向上的位移。上述土体位移场的发展变化可以理解为当钻头以掘进旋转速度比 $v/np=1$ 下旋掘进时，钻头每转动一圈，向下掘进一个螺距的深度。在掘进过程中，由于螺旋叶片沿着孔壁上相同的螺纹路径旋入，对土体不产生切削，钻头旋入只是将孔中的土体向孔周挤压。此外，由于钻头芯轴外径逐渐增大至螺旋叶片外径，土体和钻头芯轴的接触面与垂直面呈一倾角，故产生倾斜向下的挤压力，从而将孔中土体倾斜向下挤压到孔周土体中。

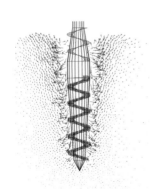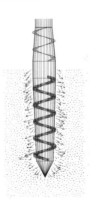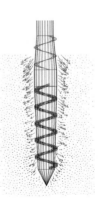

图 16-15　$v/np=1$ 时入土下旋掘进
阶段位移场发展形态

图 16-16　$v/np=1$ 时土中深部下旋掘进
阶段位移场发展形态

图 16-17 为短螺旋挤扩钻头在不同横截面处土体的径向位移模式，仍以掘进旋转速度比 $v/np=1$ 为例。计算结果揭示了孔周土颗粒出现围绕钻孔的旋转位移，土体位移场挤密强化区主要集中在钻孔附近区域。接近孔周围的土颗粒旋转位移较大，这是由于这些土颗粒较多消耗了钻头能量，钻头能量沿径向与法向快速衰减，土颗粒的位移难以向远处的土体传递，从而限制了钻头对孔周较远区域土体的扰动。在钻尖处，钻尖周围土体产生的位移相对较小，周围土体的扰动范围也比较小。

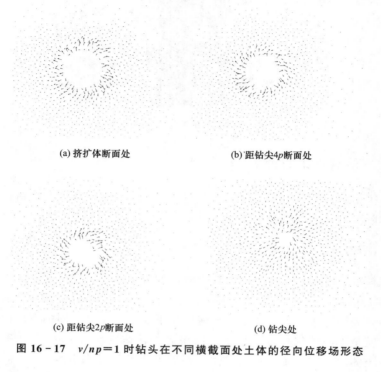

(a) 挤扩体断面处　　　　　　　(b) 距钻尖4p断面处

(c) 距钻尖2p断面处　　　　　　(d) 钻尖处

图 16-17　$v/np=1$ 时钻头在不同横截面处土体的径向位移场形态

2. 钻头周边土颗粒的位移轨迹

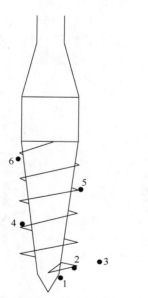

图 16-18　$v/np=1$ 时土中深部下旋掘进阶段跟踪土颗粒位置示意图

注：1～6 为跟踪点的编号

为研究短螺旋挤扩钻头的成孔过程与挤土机理，在钻头周围布置了跟踪土颗粒，通过分析土颗粒的位移轨迹发展过程，能够再现钻头下旋掘进过程中土体的位移形态，从而深入认识钻头的挤扩机理。

前文已经指出，当钻头掘进旋转速度比 $v/np=1$ 时，土体深部位移场与浅部位移场形态有巨大差异。深部孔内和孔周土体主要以向下挤扩为主，而浅部孔内和孔周土体以侧向上挤扩为主。土中深部下旋掘进阶段跟踪土颗粒的位置如图 16-18 所示，跟踪点 1 为钻尖位置的土颗粒，跟踪点 3 为距钻头轴线距离为 D 的土颗粒。图 16-19 所示为各跟踪点的位移轨迹，图 16-20 和图 16-21 所示为钻头下旋掘进对各跟踪点土颗粒的径向挤扩位移和竖向位移的影响。

钻尖跟踪点 1 在钻头掘进时被迅速挤开，径向位移较大，距钻头轴线距离达到 $0.55D$。此后，随着钻头继续掘进，跟踪点 1 的径向位移保持平缓增长，在距钻头轴线 $0.6D$ 附近成为孔壁土体颗粒。由于该土颗粒只受到顶部螺旋叶片的约束，旋转弧度不大，主要以径向挤扩位移为主。

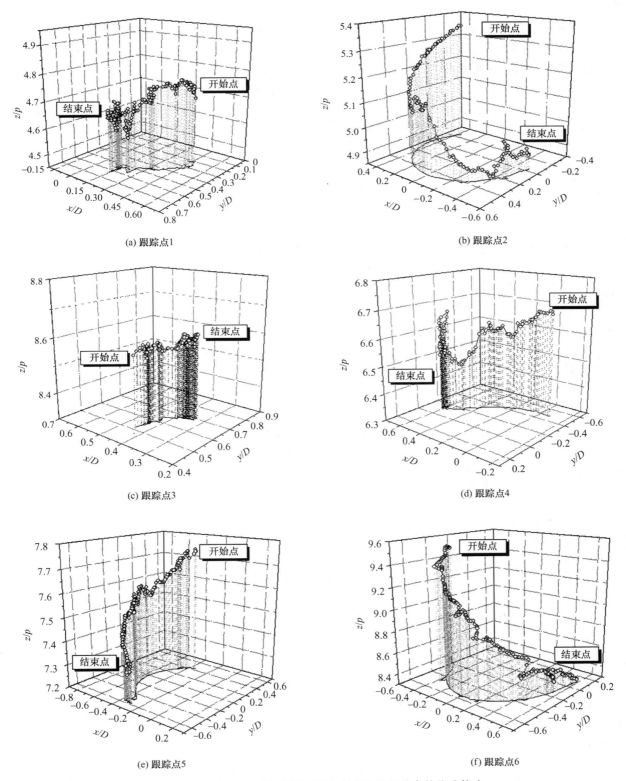

(a) 跟踪点1

(b) 跟踪点2

(c) 跟踪点3

(d) 跟踪点4

(e) 跟踪点5

(f) 跟踪点6

图 16-19　$v/np=1$ 时土中深部下旋掘进阶段跟踪点的位移轨迹

注：p 为螺旋叶片螺距，D 为钻头外径

从图 16-20 中可以发现，跟踪点 2 距钻头轴线距离小于 0.5D，一直处于上下螺旋叶片之间，故旋转弧度较大，且随钻头下旋掘进，因钻头芯轴直径逐渐变大，土颗粒被逐步向外挤扩，距钻头轴线的距

离逐渐增大。

跟踪点 3 位于距钻头轴线 D 处，主要受到径向挤扩，垂直位移变化很小。

位于钻身的跟踪点 4 和 5 的位移轨迹较相似，主要以径向挤扩位移为主，伴有向下旋转的位移。

位于螺旋叶片末端的跟踪点 6，螺旋叶片被封闭，螺纹消失，土颗粒被迫伴随钻头向下旋转，由于钻头封闭，挤扩体的直径保持不变，在此处钻头并不挤扩周围土体，故与钻头轴线的径向距离保持不变。

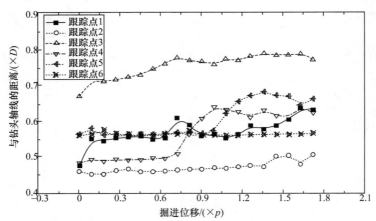

图 16-20　$v/np=1$ 时土中深部下旋掘进阶段钻头下旋掘进对跟踪土颗粒径向位移的影响

注：p 为螺旋叶片螺距，D 为钻头外径

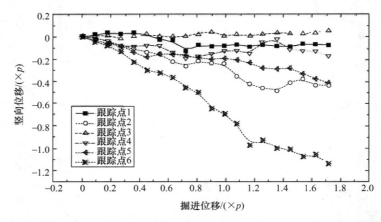

图 16-21　$v/np=1$ 时土中深部下旋掘进阶段钻头下旋掘进对跟踪土颗粒竖向位移的影响

注：p 为螺旋叶片螺距

3. 颗粒流数值模拟小结

通过颗粒流分析软件 PFC^{3D} 对短螺旋挤扩钻头下旋挤扩成孔过程进行数值仿真，对孔周土体位移场、特征土颗粒位移轨迹等宏细观量进行分析，获得了钻头下旋成孔与孔周土体相互作用的宏细观机理研究成果。

1）在不同的钻头掘进旋转速度比下，浅部土体和深部土体会呈现出完全不同的两种位移发展模式。当掘进旋转速度比 $v/np=1$ 时，在钻头入土下旋阶段，钻头逐步将孔中土体向下旋入孔周土体并引发孔周地表隆起，而在土中深部下旋掘进阶段，钻头周围土体以向下挤扩为主，孔周土体在上覆压力作用下不产生向上的位移。

2）在钻头入土下旋掘进阶段，钻头掘进挤出的土体体积主要由土体隆起吸收，孔周土体孔隙率增大，土体变松。而钻头在土中深部下旋掘进阶段，钻头周围土体的孔隙率减小、密实度增大，钻头掘进挤出的土体体积主要被孔周土体的压密吸收。钻头掘进产生的孔周土体挤密区主要集中在 2 倍钻头直径范围内，即短螺旋挤土灌注桩的挤土效应主要影响区域在 2 倍桩径范围内。由于钻头的掘进挤扩成孔，在钻头端部附近土体中会产生高应力区，并且随着钻头掘进旋转速度比的增大，孔周土体应力分布趋于集中在钻头端部区域。

3）钻头在不同掘进旋转速度比作用下，土体颗粒的位移轨迹各不相同。掘进旋转速度比 $v/np=1$ 时主要以下降发散的反螺旋状位移轨迹为主，孔中心位置的土颗粒在钻头下旋掘进作用下伴随钻头产生向下的旋转位移，但向下旋转的速度要小于钻头的掘进速度，即相对钻头向上运动，逐渐移动到钻头芯轴侧壁处，同时被向外推挤，其位移的旋转半径逐渐增大，最终达到钻头外径或更远，成为孔壁土体的土颗粒。

4）钻头受到的扭矩阻力和竖向阻力随着钻头掘进深度的增加而增大，钻头掘进旋转速度比越大，其所受到的扭矩阻力和竖向阻力越大。钻头掘进旋转速度比对竖向阻力的影响比对扭矩阻力的影响大。

16.4　短螺旋挤土灌注桩的挤土效应

短螺旋挤土灌注桩的技术核心是利用短螺旋挤扩钻具，通过钻头钻进挤扩成孔将桩孔中的土体挤入桩侧地层，达到挤密强化桩周土体、提高桩基或复合地基承载变形性能的目的。SDS 桩的挤土效应直接关系到这种新型桩基技术的合理应用。本节将通过模型试验研究分析短螺旋挤扩钻具在钻进挤扩成孔过程中引发的桩侧和桩端土体的挤密强化效应，以及成桩后地基土内部的挤密区形态及分布。

16.4.1　挤土效应研究的模型试验

1. 模型试验钻具及试验台车

为了能够在短螺旋挤扩钻头挤土成孔过程中对模型地基不同深度处的大量钻进挤土效应信息进行捕捉和分析，模型试验选用了图 16-22 中的多种形式的短螺旋挤扩钻头，并将钻头和钻杆设计成分段串接的形式，以便能够达到连续封闭钻进和有效传递钻进扭矩的目的。这种钻头＋钻杆的钻具结构设计在钻具完成钻进挤扩成孔后能够分层对不同深度处的桩周挤密土体进行近景数字摄影变形量测，以获取桩周土体在不同横截面的位移场信息。

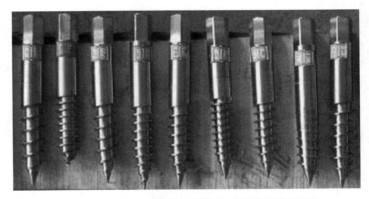

图 16-22　部分短螺旋挤扩钻头（模型试验钻具）

为了能够连续、稳定地在砂箱内进行模型试验，并采集钻进挤土过程中的挤土压力和变形数据，设计了试验装置、量测系统和数据采集系统，包括模型试验台车、模型钻具、近景数字摄影变形量测设备、土压力计、数据采集箱等（图 16-23）。

图 16 - 23　模型试验台车装置与试验现场

2. 短螺旋挤扩钻头钻进挤土效应试验方案

挤土效应模型试验的量测点布置方案：自砂基表面以下 100mm 起，沿竖向钻进方向分别布设六层测量装置，即变形线与土压力计交互布置三层，上下每层间距为 50mm。如图 16 - 24 所示，共布设土压力计三层，合计 13 枚，每层土压力计竖向埋设并围绕钻杆呈顺时针发散布置，每层 4 枚土压力计距钻杆边缘依次为 10mm（0.25d）、20mm（0.5d）、30mm（0.75d）和 40mm（d），用于测定钻头钻进过程中桩侧土体受到的水平向挤土压力的变化。此外，在钻尖最终位置处下方（深 450mm）水平向布置 1 枚土压力计，用于测定桩端的竖向挤土压力变化。变形线共布置三层，埋置深度分别为 100mm、200mm 和 300mm，并沿钻杆横截面呈经纬状布置，每侧 4 根，布置间隔为 25mm，用于定性观察钻头钻进过程中的桩周土体挤扩变形形态。

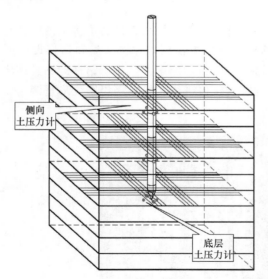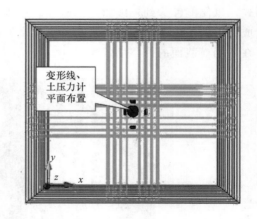

图 16 - 24　土压力计及变形线布置方案

16.4.2　短螺旋挤扩钻具钻进挤土效应试验结果及分析

1. 钻具钻进挤扩成孔引发的地基土变形发展趋势

通过模型试验前后同层模拟地基中的预埋变形线的位置叠加对比可以测定钻头钻进挤扩成孔后引起的桩周土体在水平向和竖向产生的位移，其主要特征如下：

1）在钻头钻进过程中，地表桩周土体产生均匀环状隆起，地表隆起范围主要在自桩中心起算的 1.5～2 倍桩径范围内，由于受到地基土自重应力和钻杆侧壁摩阻力的约束，隆起值自地表向下逐渐减小直至消失。

2）短螺旋挤扩钻头钻进过程中，钻孔中土体被均匀地挤入孔周土体，带动预埋的变形线发生侧向移动，视觉效果类似于"中心膨胀"，挤土变形效应自孔周向外逐渐减弱。从图 16-25 中的钻进成孔前后变形线的水平和竖向位置变化的测量结果可知：桩周土体主要的挤压变形（挤密区）发生在桩孔外围第三根线之内，即在自桩孔中心起 0.5～2.0 倍桩径范围内挤土效应较为显著。

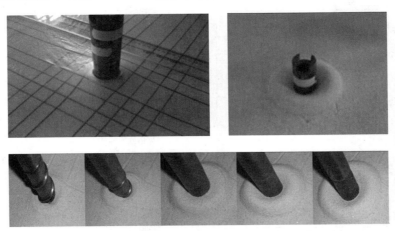

图 16-25　模拟地基中的变形线及地表隆起分布形态

室内模型试验的变形线观测结果和野外短螺旋挤土灌注桩挤土效应的足尺试验实测结果基本一致，使我们对 SDS 桩挤密强化范围的大小、挤土压力的衰减趋势及地表隆起变形形态等有了定性认识。

2. 短螺旋挤扩钻头钻进挤扩成孔过程中的桩周土体压力变化规律

为摸清短螺旋挤扩钻头钻进过程中地基内部不同深度处的挤土压力变化规律，在模型试验砂箱中埋设了 13 枚土压力计，其中桩侧 12 枚（每层 4 枚，共三层），桩端下 1 枚。模型试验获得的实测土压力随钻深变化的曲线如图 16-26 所示。

依据模型试验的连续量测结果，可以将钻头钻进挤扩成孔过程中和成孔后挤土压力的变化规律及挤土效应的分布形态归纳如下：

1）由图 16-26 中土压力计实测的土压力随钻深变化的曲线可知，对于模拟地基内的同一深度位置，钻头钻进阶段的挤土过程呈现为主次两波：第一波从钻尖进入土压力计埋置深度开始到钻深超过土压力计埋设位置 2 倍钻头螺距（80mm），为主挤扩过程；第二波从钻头尾部螺旋通过土压力计埋置深度处开始起算，为次挤扩过程。挤扩效应和挤土压力在地基中的传递与钻头形式和钻头螺距密切相关，所以寻求最优钻具形式是短螺旋挤土灌注桩工法的关键。

2）在整个钻头钻入过程中，由于挤密区的形态和挤土效应的强弱取决于短螺旋挤扩钻头钻进挤扩成孔过程中产生的峰值挤土压力，将不同深度、不同平面位置处的土压力计量测的峰值土压力进行统计分析，能够获得成孔后桩周土体挤密效应分布的基本形态。

沿径向，在钻进成孔过程中，均质地基内同一深度处的挤土压力由桩孔壁向外逐渐衰减，且衰减呈非线性，而峰值土压力沿孔径方向向外的衰减较大。

沿钻深方向，峰值土压力逐渐增加，但随着土压力计距钻孔中心位置的改变，各条曲线并不遵循同一变化规律，即在 0.5 倍桩径内、0.5～1 倍桩径内和 1 倍桩径以外三个不同的区间内，峰值土压力随深度的分布形态明显不同。

3）在深度方向上，钻深越大地基土自重应力的约束效应越强，钻头每钻入一个螺距（钻头螺距为

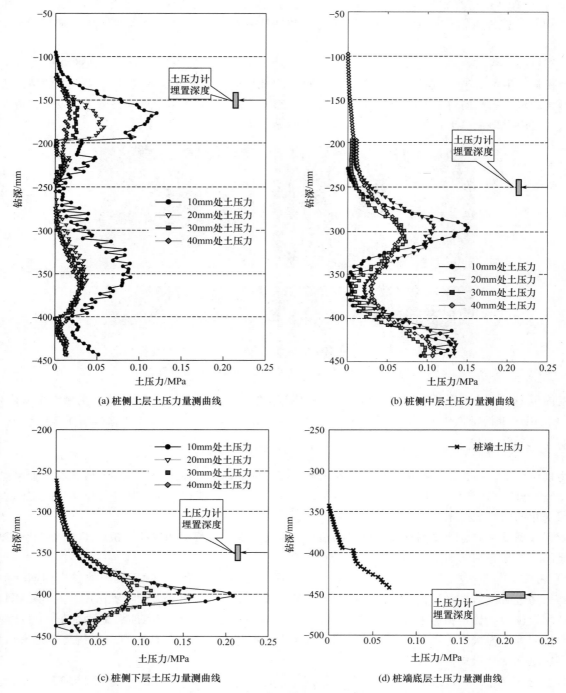

(a) 桩侧上层土压力量测曲线

(b) 桩侧中层土压力量测曲线

(c) 桩侧下层土压力量测曲线

(d) 桩端底层土压力量测曲线

图 16-26 短螺旋挤扩钻头钻进挤扩成孔模型试验的钻深-土压力变化曲线

40mm）的钻进挤土压力沿钻深方向逐渐增大，对应土压力计的实测土压力峰值也相应增大。由图 16-26 可见，埋深为 150mm、250mm 和 350mm 的土压力计捕捉到的峰值土压力分别为 0.12MPa、0.15MPa 和 0.21MPa。因此，对于均质地基，增加桩长能够有效地提高 SDS 桩的承载力。

4）在钻头钻进挤扩成孔过程中，水平埋设在桩端位置之下 5mm 的土压力计实测土压力峰值为 0.07MPa，其变化呈分段线性增加，且远小于桩侧实测土压力，说明成桩后桩端挤土效应弱于桩侧挤土效应。

16.4.3　短螺旋挤扩钻具钻进挤扩成孔后的挤密强化区分布规律

1. 近景数字摄影变形量测技术

短螺旋挤扩钻具钻进挤扩成孔后的挤密强化区分布规律研究采用了近景数字摄影变形量测技术。在模型试验中，利用单反相机分别拍摄钻头钻入前后位于同一深度处砂层面上标志点的高画质数字照片。利用自行开发的近景数字摄影变形量测方法中的数字图像处理程序对照片进行处理，可获得该深度层面桩周土体水平位移的云图和等值线图。通过分析云图和等值线图，能够确定该深度水平面上的土体挤密强化区的分布形态。短螺旋挤土灌注桩的挤土效应模型试验和近景数字摄影变形量测技术与试验装置如图 16 - 27 所示，图像处理与提取各标识点的像素坐标界面如图 16 - 28 所示。

图 16 - 27　在模型试验中拍摄高清数字照片

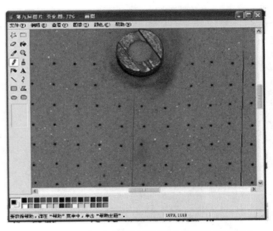

图 16 - 28　变形分析图标识点提取运行界面

2. 模型试验结果及分析

为对短螺旋挤扩钻头钻进挤扩成孔引发的挤土效应进行定量分析，模型试验应用近景数字摄影变形量测方法非接触式量测孔周土体变形，并绘制出全场或半场范围内孔周土体位移场云图和等值线图，然后借助孔周土体位移场云图和等值线图分析成孔挤土效应在不同埋深处的影响范围和挤密强化区的分布形态。试验采用的模型 SDS 桩直径（d）为 40mm，入土深度为 60cm。试验分析结果如图 16 - 29 所示。

图 16 - 29（a）为埋深 10cm 层面的土体水平位移云图和等值线图，可以看到在距离孔中心 $2d$（80mm）区域内水平位移等值线非常密集，在这一区域内的土体最大水平位移达到 7.0mm，在距离孔中心 $2d$ 位置处的土体水平位移约为 2.5mm，即距孔中心越远测量点的土体水平位移越小，位于孔中心 $4d$ 处的量测点水平位移量小于 1.0mm。

图 16 - 29（b）为埋深 20cm 层面的土体水平位移云图和等值线图，可以看到在距离孔中心 $2d$（80mm）区域内水平位移等值线比较密集，但疏于图 16 - 29（a）中的等值线密度，在这一区域内的土体最大水平位移达到 6.0mm，在距离孔中心 $2d$ 位置处的土体水平位移平均值为 2.5mm，说明随着距孔中心距离的逐渐加大，土体的水平位移逐渐减小，在距孔中心 $4d$ 处土体水平位移小于 1.0mm。

从图 16 - 29（c）埋深为 30cm 层面的土体水平位移云图和等值线图可以看出，在距离孔中心 $2d$（80mm）区域内水平位移等值线也相对较密，但远疏于图 16 - 29（a，b）中的等值线密度，此区域土体的最大水平位移减小到 5.0mm，距离孔中心 $2d$ 处的土体水平位移为 2.5mm，在距孔中心 $4d$ 处土体水平位移小于 1.0mm。

从图 16 - 29（d）埋深为 40cm 层面的土体水平位移云图和等值线图可以看出，在距离孔中心 $2d$

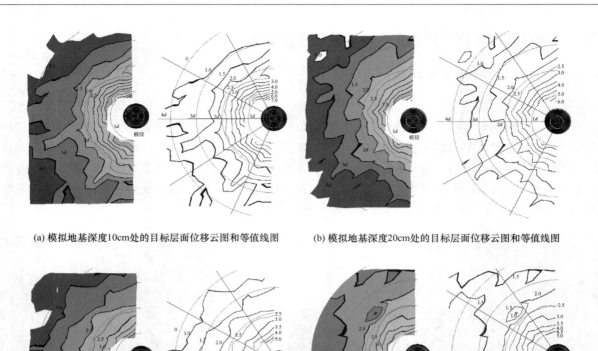

(a) 模拟地基深度10cm处的目标层面位移云图和等值线图　　(b) 模拟地基深度20cm处的目标层面位移云图和等值线图

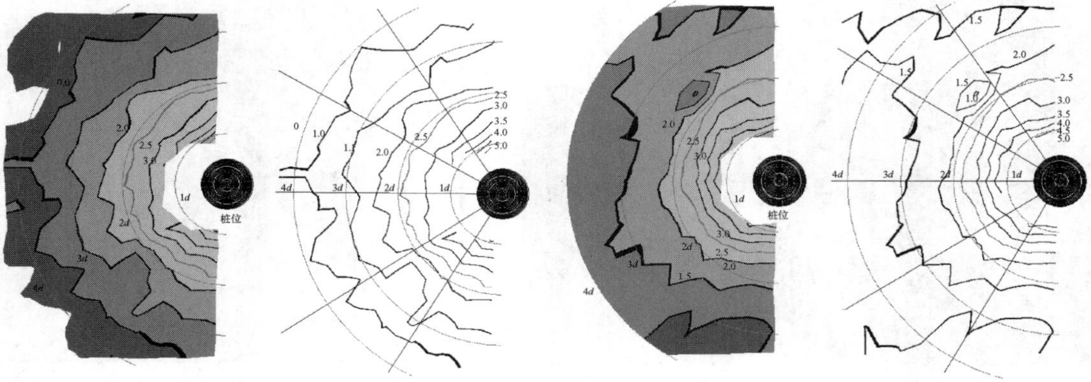

(c) 模拟地基深度30cm处的目标层面位移云图和等值线图　　(d) 模拟地基深度40cm处的目标层面位移云图和等值线图

图 16 - 29　短螺旋挤扩钻头钻进挤扩成孔的孔周挤密强化区分布形态

（80mm）区域内水平位移等值线密度与图 16 - 29（c）中等值线密度基本相同，土体最大水平位移为 5.0mm，在距离孔中心 $2d$ 处的土体水平位移为 2.5mm，在距孔中心 $4d$ 处土体水平位移为 1.0~1.5mm。

　　上述四组不同埋深分析层的土体水平位移等值线图中都有五条直线从桩孔中心引出，从各等值线图上可以分别读取直线上某确定点（距桩孔中心距离 L 分别为 1.0d、1.5d、2.0d、2.5d、3.0d、3.5d 和 4.0d）处的土体水平位移，分别计算其平均水平位移（Δ），再将四个分析层面的孔周土体水平位移变化绘制成无量纲曲线（图 16 - 30）。

　　图 16 - 30 揭示出四条曲线变化趋势基本相似，在（1~1.5）d 范围内的土体水平位移大幅度减小，减小量约为 50%，而在（2~4）d 范围内的土体水平位移缓慢减小，距模型桩孔中心 $4d$ 处土体水平位移仅为桩径的 2%（小于 1.0mm），而埋深为 30cm 和 40cm 层面的两条曲线基本重合。

　　3. 短螺旋挤土灌注桩的桩周土体挤密强化区分布规律小结

　　依据模型试验采集的近景数字摄影变形量测数据及结果分析，得出以下结论：

　　1）成孔挤土效应出现在 $4d$（160mm）范围内，在距离模型桩孔中心 $4d$ 处土体水平位移量仅为桩径的 2%（小于或等于 1.0mm）。

　　2）在距离桩孔中心 $2d$（80mm）范围内，各深度层面的成孔挤土效应非常明显，在此范围内土体水平位移量超过桩径的 5%（大于 2.0mm）。

　　3）随着土体观测点与桩孔中心距离的逐渐增大，成孔挤土效应引起的土体水平位移量会逐渐减小，其中在（0.5~2）d 区域内的土体水平位移变化较大，而在 $2d$ 区域之外土体水平位移变化趋小。

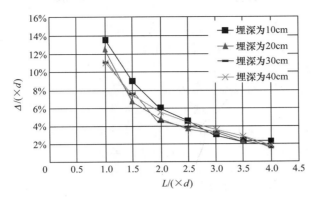

图 16-30　不同埋深层面孔周土体水平位移-距孔中心距离的关系曲线

4）在成孔挤土效应涉及的区域内，各深度层面的实测土体水平位移矢量方向都沿着背离模型桩孔中心的方向。

5）分析成孔挤土效应沿桩深各层面的变化规律可以发现，对于埋深大于 $7.5d$（超过 30cm）的层面，土体水平位移量和变化趋势基本相似。

16.5　短螺旋挤土灌注桩的承载力计算方法

在桩基工程领域，桩的承载能力一直是岩土工程专家和工程技术人员最关心的问题之一，也是结构工程与岩土工程设计中最基础和最重要的问题之一。为在全国推广应用短螺旋挤土灌注桩技术，需要提供 SDS 桩承载力计算方法。作为挤土型灌注桩，SDS 桩的承载机理与传统钻孔灌注桩和混凝土预制桩存在较大差异。SDS 桩在国内 20 多个省、自治区、直辖市使用的过程中，由于地质条件存在差异，以及各地专家对 SDS 桩的力学机理和破坏模式的认知不同，现有短螺旋挤土灌注桩技术标准，包括中国京冶工程技术有限公司（以下简称京冶）企业标准、山东省地方标准、河南省地方标准、安徽省地方标准、宁夏回族自治区地方标准、甘肃省地方标准和中国工程建设标准化协会标准（CECS 标准），提出的 SDS 桩承载力计算方法不尽相同。因篇幅所限，下文仅阐述京冶提出的短螺旋挤土灌注桩的两种通用承载力计算方法。

16.5.1　基于标准贯入试验的承载力计算方法

基于建筑场地标准贯入试验结果的短螺旋挤土灌注桩竖向极限承载力计算方法建立在单桩竖向抗压静载试验实测结果与原位试验测试参数的经验关系基础上，利用数理统计关系及场地岩土层的标准贯入试验锤击数 N，能够比较准确地估算桩的极限侧阻力和极限端阻力。在各种地基原位试验方法中，标准贯入原位试验是国内外岩土工程勘察中最常用的方法，其测试结果稳定可靠。标准贯入试验法已在世界数十个国家使用，因此基于标准贯入试验结果的计算方法是一种国际上公认可靠的单桩竖向极限承载力计算方法。

16.5.1.1　标准贯入试验参数法的由来

美国学者 Nesmith 于 2002 年汇总了 40 根短螺旋挤土灌注桩（美国称为 DD Pile）静载试验数据，包括 32 根抗压桩和 8 根抗拔桩的试验结果。这些试验桩来源于美国 25 个建筑场地，其地质地貌单元分为七大类型。试验场地的主要地层为松散、中密、密实至非常密实的砂土、粉质砂土和黏质砂土，部分含砾石。试验桩直径为 0.36~0.46m，试验桩长度为 6~21m。静载试验中有 15 根抗压桩埋置了桩身变形量测元件或桩身位移计。依据 40 组短螺旋挤土灌注桩的静载试验数据，Nesmith 通过统计方法建立了未经修正的标准贯入试验锤击数 N 与桩的极限侧阻力之间的经验关系，并给出了极限侧阻力 q_{si} 的计算公式：

$$q_{si} = 0.005N_i + w_s, \quad N_i \leqslant 50 \qquad (16-39)$$

式中　N_i——第 i 层土未经修正的标准贯入试验锤击数；

　　　q_{si}——第 i 层土的极限侧阻力（MPa）；

　　　w_s——依据地基土性质调整的极限侧阻力增量（MPa）。

对于均匀、磨圆度好、细粒土含量不超过 40% 的地基土，$w_s = 0$，且 q_{si} 最大值不得超过 0.16MPa；对于级配良好、棱角状、细粒土含量少于 10% 的砂性土，$w_s = 0.05$MPa，且 q_{si} 最大值不得超过 0.21MPa；对介于上述两类土之间的地基土，可依据地基土性质选择确定。

采用同样的统计方法，Nesmith 建立了未经修正的标准贯入试验锤击数 N 与桩的极限端阻力之间的经验关系，并给出了极限端阻力 q_p 的计算公式：

$$q_p = 0.19N + w_p, \quad N \leqslant 50 \qquad (16-40)$$

式中　N——桩端面上下各 $4d$（d 为桩径）范围内未经修正的标准贯入试验锤击数平均值；

　　　q_p——极限端阻力（MPa）；

　　　w_p——依据地基土性质调整的极限端阻力增量（MPa）。

对于均匀、磨圆度好、细粒土含量不超过 40% 的地基土，$w_p = 0$，且 q_p 最大值不得超过 7.2MPa；对于级配良好、棱角状、细粒土含量少于 10% 的砂性土，$w_p = 1.34$MPa，且 q_p 最大值不得超过 8.62MPa；对介于上述两类土之间的地基土，可以依据地基土的性质选择确定。

美国交通部标准推荐的短螺旋挤土灌注桩竖向极限承载力的确定采用了 Nesmith 提出的单桩竖向极限承载力计算方法（详见 FHWA - HIF - 07 - 03，Geotechnical Engineering Circular No. 8，Technical Report，2007，Federal Highway Administration，U. S. Department of Transportation）。

16.5.1.2　标准贯入试验参数法

为使我国拥有一套技术合理、可靠实用的基于标准贯入试验结果的短螺旋挤土灌注桩竖向极限承载力计算方法，京冶在 Nesmith 试桩数据基础上，通过增加我国的短螺旋挤土灌注桩静载试验实测数据，重新绘制了未经修正的标准贯入试验锤击数（简称标贯击数）N 与桩侧阻力标准值 q_{sik} 及 N 与桩端阻力标准值 q_{pk} 的关系曲线，如图 16 - 31 和图 16 - 32 所示，并以此为基础提出了标准贯入试验参数法的计算公式。

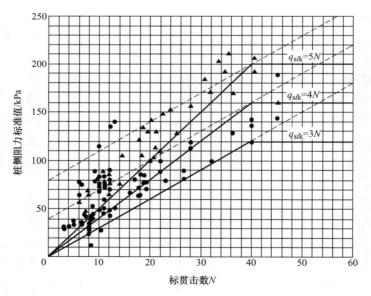

图 16 - 31　标贯击数 N 与桩侧阻力标准值 q_{sik} 关系曲线

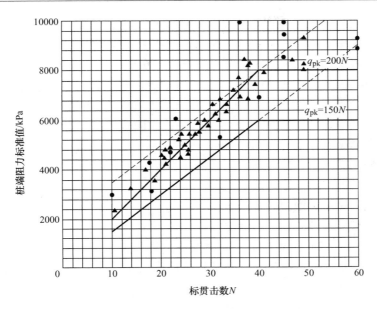

图 16-32　标贯击数 N 与桩端阻力标准值 q_{pk} 关系曲线

　　图 16-31 和图 16-32 揭示了短螺旋挤土灌注桩的极限侧阻力和极限端阻力与建筑场地未修正标准贯入试验锤击数 N 的关系。为了确保单桩竖向极限承载力计算结果的安全性，取关系散点图中的下限包络折线为极限侧阻力和极限端阻力与标准贯入试验锤击数 N 的关系曲线。图 16-31 和图 16-32 包含了我国 7 个省、区、市的部分短螺旋挤土灌注桩静载试验实测数据。

　　参照欧美利用 N 值确定短螺旋挤土灌注桩竖向极限承载力的方法，考虑国内工程勘察中普遍采用标准贯入试验的国情，2010 年京冶在国内大量工程静载试验检测数据分析验证的基础上提出了依据岩土类别与标准贯入试验锤击数 N 估算短螺旋挤土灌注桩的竖向极限承载力方法。根据标准贯入试验资料确定短螺旋挤土灌注桩的单桩竖向极限承载力标准值 Q_{uk} 时，可采用下式估算：

$$Q_{uk} = Q_{sk} + Q_{pk} = u \sum q_{sik} l_i + q_{pk} A_p \qquad (16-41)$$

式中　Q_{sk}——单桩总极限侧阻力标准值（kN）；

　　　　Q_{pk}——单桩总极限端阻力标准值（kN）；

　　　　q_{sik}——桩侧第 i 层土的极限侧阻力标准值（kPa），无当地经验或试验数据时可按表 16-4 取值；

　　　　q_{pk}——极限端阻力标准值（kPa），无当地经验或试验数据时可按表 16-4 取值；

　　　　u——桩身周长（m）；

　　　　A_p——桩端面积（m²）；

　　　　l_i——桩周第 i 层土的厚度（m）。

表 16-4　基于标准贯入试验锤击数的极限侧阻力和极限端阻力标准值的计算参数

计算内容	土的类别	计算参数 q_{sik} 或 q_{pk}/kPa
极限侧阻力	素填土、黏性土、粉土、粉砂、细砂、中砂	$(3 \sim 5) N_i$
标准值	粗砂、砾砂、全风化软质岩、强风化软质岩	$(3.5 \sim 4) N_i$
极限端阻力	素填土、黏性土、粉土、粉砂、细砂	$(100 \sim 160) N$
标准值	中砂、粗砂、砾砂、全风化软质岩、强风化软质岩	$(150 \sim 190) N$

　　注：1. N_i 为桩侧第 i 层土未经修正的标准贯入试验锤击数，当 $N_i > 40$ 时取 $N_i = 40$。

　　　　2. N 为桩端面以上 $4d$ 和以下 $4d$ 范围内土未经修正的标准贯入试验锤击数的加权平均值，当 $N > 40$ 时取 $N = 40$，d 为桩径。

　　　　3. 黄土可按粉土相应的参数计算。

　　　　4. 当角砾、圆砾、碎石与卵石土层有重型圆锥动力触探试验资料时，可按 $N = (2.5 \sim 3.0) N_{63.5}$ 取值。

国外标准采用标准贯入试验成果时，均采用未经修正的 N 值确定短螺旋挤土灌注桩的竖向极限承载力。在我国的技术标准中，标准贯入试验参数法也利用未经修正的标准贯入试验锤击数 N 值估算短螺旋挤土灌注桩的竖向极限承载力。为了保证工程安全，在这个计算方法中限制了标准贯入试验锤击数的最大值（$N \leqslant 40$），实质上也是对极限侧阻力和极限端阻力标准值的最大取值进行了限制。此外，在利用 N 值确定桩端承载力时，N 值为桩端面以上和以下 $4d$ 范围内的标准贯入试验锤击数按土层厚度计算的加权平均值。对于角砾、圆砾、碎石及卵石土层，如能获取重型圆锥动力触探试验成果，可先按 $N = （2.5 \sim 3.0）N_{63.5}$ 换算取得标贯击数 N 值，再进行相关计算。应用标准贯入试验参数法估算短螺旋挤土灌注桩竖向极限承载力时，建议与采用其他计算方法的计算结果进行对比分析，经综合评判后再确定最终估算值。

16.5.1.3 标准贯入试验参数法的应用验证

为了验证标准贯入试验参数法的合理性与可靠性，利用我国 7 个省、市、自治区 16 个工程项目的 56 根短螺旋挤土灌注桩静载试验实测结果，并根据各场地相关土层的标准贯入锤击数对单桩竖向抗压静载试验实测结果与标准贯入试验参数法计算结果进行验证分析，计算结果见表 16-5。

表 16-5 短螺旋挤土灌注桩竖向极限承载力静载试验结果与标准贯入试验参数法计算结果对比

序号	项目场地	项目名称	极限承载力/kN		实测值/计算值
			实测值	计算值	
1	宁夏	银川市路丰建材城 1 号楼	3835	2916	1.32
2	宁夏	银川市路丰建材城 2 号楼	2969	2916	1.02
3	宁夏	银川市路丰建材城 3 号楼	3689	2916	1.27
4	宁夏	灵武人民医院迁建工程 1 号楼	3300	3360	0.98
5	宁夏	灵武人民医院迁建工程 2 号楼	3800	3360	1.13
6	宁夏	灵武人民医院迁建工程 3 号楼	3700	3360	1.10
7	宁夏	灵武宁煤间接液化项目 1 号楼	3000	2918	1.03
8	安徽	六安市太古光华城 1 号楼	11187	7571	1.48
9	安徽	六安市太古光华城 2 号楼	11532	7571	1.52
10	山东	威海市华辉东方城 1 号楼	3380	2442	1.38
11	山东	威海市华辉东方城 2 号楼	3066	2442	1.26
12	山东	威海市华辉东方城 3 号楼	2626	2442	1.08
13	山东	威海市职业技术学院 1 号楼	2880	2579	1.12
14	山东	威海市职业技术学院 2 号楼	2880	2672	1.08
15	山东	威海市职业技术学院 3 号楼	4983	2695	1.85
16	山东	威建集团公司院内试桩 1 号楼	3590	2995	1.20
17	山东	威建集团公司院内试桩 2 号楼	3950	3246	1.22
18	山东	滨州市鑫岳佳苑小区 1 号楼	7675	3495	2.20
19	山东	滨州市鑫岳佳苑小区 2 号楼	6590	3495	1.89
20	山东	滨州市鑫岳佳苑小区 3 号楼	7880	3495	2.25
21	山东	威海市绿城小区二期 1 号楼	2534	2416	1.05
22	山东	威海市绿城小区二期 2 号楼	2782	2416	1.15
23	山东	威海市绿城小区二期 3 号楼	2775	2416	1.15
24	山东	威海市绿城小区二期 4 号楼	2971	2416	1.23

续表

序号	项目场地	项目名称	极限承载力/kN		实测值/计算值
			实测值	计算值	
25	山东	威海市绿城小区二期 5 号楼	3260	2878	1.13
26	山东	威海市绿城小区二期 6 号楼	4002	3292	1.22
27	山东	威海市绿城小区二期 7 号楼	3615	3292	1.10
28	山东	威海市绿城小区二期 8 号楼	3829	3292	1.16
29	山东	威海市五渚河生态城 1 号楼	3003	2795	1.07
30	河南	周口市万达熙龙湾三期 1 号楼	2430	2388	1.02
31	河南	周口市万达熙龙湾三期 2 号楼	2430	2388	1.02
32	河南	周口市万达熙龙湾三期 3 号楼	2430	2388	1.02
33	河南	郑州市海尔空调工厂 1 号楼	2520	2256	1.12
34	河南	郑州市海尔空调工厂 2 号楼	2310	2120	1.09
35	河南	郑州市海尔空调工厂 3 号楼	2520	3198	0.79
36	河南	郑州市海尔空调工厂 4 号楼	3150	2563	1.23
37	河南	郑州市海尔空调工厂 5 号楼	2730	2012	1.36
38	河南	郑州市海尔空调工厂 6 号楼	2310	2398	0.96
39	河南	新郑市正商瑞钻 1 号楼	6000	5955	1.01
40	河南	新郑市正商瑞钻 2 号楼	6400	5955	1.07
41	河南	新郑市正商瑞钻 3 号楼	6800	5955	1.14
42	辽宁	鞍山市金山雅迪溪谷 1 号楼	2200	1971	1.12
43	辽宁	鞍山市金山雅迪溪谷 2 号楼	2500	1971	1.27
44	辽宁	鞍山市金山雅迪溪谷 3 号楼	2600	1971	1.32
45	甘肃	兰州市东兴佳苑项目 1 号楼	4000	3467	1.15
46	甘肃	兰州市东兴佳苑项目 2 号楼	3790	3467	1.09
47	甘肃	兰州市东兴佳苑项目 3 号楼	3800	3310	1.15
48	甘肃	兰州市东兴佳苑项目 4 号楼	3670	3365	1.09
49	江苏	南京市甸王湖 1 号楼	3101	2515	1.23
50	江苏	南京市甸王湖 2 号楼	3253	2529	1.29
51	江苏	南京市甸王湖 3 号楼	3098	2515	1.23
52	江苏	南京市甸王湖 4 号楼	2975	2490	1.19
53	江苏	南京市甸王湖 5 号楼	3358	2344	1.43
54	江苏	南京市甸王湖 6 号楼	3338	2387	1.40
55	江苏	南京市甸王湖 7 号楼	3193	2473	1.29
56	江苏	南京市甸王湖 8 号楼	3337	2593	1.29

由表 16-5 中的数据发现，静载试验实测值与计算值的比值分布范围较大，为 0.79～2.25，其中有 95％的样本分析数据大于等于 1.0。对表 16-5 中的 56 个实测值与计算值的比值进行统计分析，其平均值为 1.23，均方差为 0.269，这充分证明标准贯入试验参数法的计算结果是安全可靠的。为清楚展示验证分析的结果，根据上述 56 根短螺旋挤土灌注桩的试验实测值与计算值之比的数据绘制了频次分布图，如图 16-33 所示。

其中，静载试验实测结果与计算结果的比值在 1.0～1.3 范围内的共有 40 个，占比为 71％；小于 1.0 有 3 个，占比为 5.4％；比值在 0.95～1.00 范围内的有 2 个，占比为 3.6％。计算结果离散性较大，

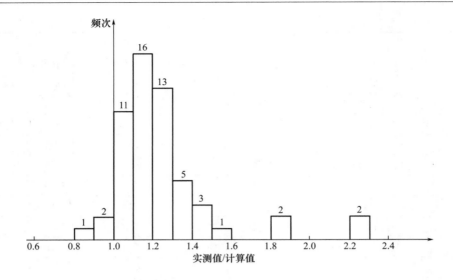

图 16 - 33 短螺旋挤土灌注桩极限承载力实测值与标准贯入试验
参数法计算值之比的频次分布

但总体偏于安全。通过验证分析，可以确定标准贯入试验参数法是兼顾经济性和安全性的可靠计算方法，其具有足够的安全度。今后，随着工程数据的不断积累，还应持续对不同地区的试桩成果与计算成果进行对比分析与验证，形成更合理的计算参数表。

16.5.2 基于经验参数法的承载力计算方法

我国的《建筑桩基技术规范》（JGJ 94）根据大量的单桩静载试验实测结果与相应地基土参数的统计分析结果提出了钻孔灌注桩和混凝土预制桩的承载力经验参数计算公式，该计算方法经过大量的工程检验被证明是合理、可靠的。

短螺旋挤土灌注桩的经验参数计算方法建立采用了相似的技术手段。中国京冶工程技术有限公司基于大量的 SDS 桩静载试验数据与相应地基土的物理力学指标统计关系，建立了极限侧阻力和极限端阻力与地基土物理力学指标之间的经验关系，并据此提出了基于经验参数的短螺旋挤土灌注桩竖向极限承载力计算方法。

16.5.2.1 经验参数法的由来

短螺旋挤土灌注桩的经验参数计算方法是在大量统计分析基桩静载试验结果与相应土层物理力学指标关系的基础上，建立极限桩侧阻力和极限桩端阻力与地基土物理力学指标之间的经验关系，再利用目标场地的地基土物理力学指标与上述经验关系估算单桩竖向极限承载力的方法。

短螺旋挤土灌注桩属于挤土桩，其旋转挤土效果与静力压入式或打入式混凝土预制桩挤土效果相似，通过将桩周土体挤密，提高了桩周土体的抗剪强度参数 c 与 φ 值，也使桩周土体对桩的水平应力大幅度增加，从而使桩周极限侧阻力显著提高。对以上两类桩在山东省威海市同一工程场地试桩数据进行统计分析与对比，发现短螺旋挤土灌注桩与打入式 PHC（预应力高强度混凝土）预制管桩相比，其极限桩侧阻力能够提高 $10\%\sim30\%$，而桩的极限端阻力则与混凝土预制桩的极限端阻力相近。在山东省地方标准中推荐的短螺旋挤土灌注桩经验参数法，通过引入极限侧阻力提高系数 α_{si} 明确了短螺旋挤土灌注桩与预制桩相比侧阻力的提高值。然而，这种方法在提高系数 α_{si} 的选取上增加了岩土工程师设计工作的难度。为简化这一计算方法，中国京冶工程技术有限公司在山东省、辽宁省、北京市、宁夏回族自治区、甘肃省、安徽省、黑龙江省、江苏省、河北省、浙江省、湖北省和河南省分别进行了 SDS 桩单桩静载试验，并将检测结果与《建筑桩基技术规范》（JGJ 94）中混凝土预制桩的经验参数进行了对比分析，提出了短螺旋挤土灌注桩的经验参数计算方法。

16.5.2.2　经验参数法

根据岩土类别、岩土状态（物理指标）、标贯击数（动探击数）、基桩几何尺寸与承载力计算参数之间的经验关系确定单桩竖向极限承载力标准值 Q_{uk} 时，可采用下式进行估算：

$$Q_{uk} = Q_{sk} + Q_{pk} = u \sum q_{sik} l_i + q_{pk} A_p \qquad (16-42)$$

式中　Q_{sk}——单桩总极限侧阻力标准值（kN）；

$\quad\quad Q_{pk}$——单桩总极限端阻力标准值（kN）；

$\quad\quad q_{sik}$——桩侧第 i 层土的极限侧阻力标准值（kPa），无当地经验或试验数据时可按表 16-6 取值；

$\quad\quad q_{pk}$——极限端阻力标准值（kPa），无当地经验或试验数据时可按表 16-6 取值；

$\quad\quad u$——桩身周长（m）；

$\quad\quad A_p$——桩端面积（m²）；

$\quad\quad l_i$——桩周第 i 层土的厚度（m）。

表 16-6　短螺旋挤土灌注桩的极限侧阻力标准值和极限端阻力标准值的计算参数

岩土类别	岩土状态		桩的极限侧阻力标准值 q_{sik}/kPa	桩的极限端阻力标准值 q_{pk}/kPa			
				5m≤l<9m	9m≤l<16m	16m≤l<26m	l≥26m
素填土	—		24～40	—	—	—	—
淤泥	—		14～20	—	—	—	—
淤泥质土	—		18～30	—	—	—	—
黏性土	流塑	$I_L>1$	24～40				
	软塑	$0.75<I_L\leqslant1$	38～65				
	可塑	$0.5<I_L\leqslant0.75$	60～90	850～1700	1300～2200	1700～2800	1900～3600
		$0.25<I_L\leqslant0.50$	80～110	1500～2500	2100～3300	2700～3800	3500～4500
	硬塑	$0<I_L\leqslant0.25$	90～130	2300～3800	3200～5500	3600～6000	4400～6800
	坚硬	$I_L\leqslant0$	100～135	3600～4800	4600～5800	5500～6500	6000～7000
粉土	稍密	$e>0.9$	30～60	600～1000	800～1500	1000～1800	1500～2400
	中密	$0.75\leqslant e\leqslant0.9$	50～85	950～1700	1400～2100	1700～2700	2200～3500
	密实	$e<0.75$	70～115	1500～2600	2000～3000	2600～3600	3400～4400
粉砂	稍密	$10<N\leqslant15$	26～60	1000～1600	1500～2300	1900～2800	2100～3300
	中密	$15<N\leqslant30$	52～85	1400～2200	2100～3000	2700～4500	3200～5500
	密实	$N>30$	72～115				
细砂	稍密	$10<N\leqslant15$	26～60	1200～2100	1700～3000	2100～3600	2300～3800
	中密	$15<N\leqslant30$	53～88	2000～4000	2800～5000	3500～6000	3600～7000
	密实	$N>30$	75～115				
中砂	中密	$15<N\leqslant30$	60～96	4000～6000	5500～7000	6500～8000	7500～9000
	密实	$N>30$	80～124				
粗砂	中密	$15<N\leqslant30$	80～124	5500～7500	7200～8500	8000～10000	9000～11000
	密实	$N>30$	100～154	—	—	—	—
砾砂	稍密	$5<N_{63.5}\leqslant15$	78～132	2000～3600	3000～4800	3500～6000	4500～6500
	中密、密实	$N_{63.5}>15$	125～165	4800～9000		6500～10000	
角砾、圆砾	中密、密实	$N_{63.5}>10$	170～240	6500～10000		9000～11000	

岩土类别	岩土状态		桩的极限侧阻力标准值 q_{sik}/kPa	桩的极限端阻力标准值 q_{pk}/kPa			
				$5m{\leqslant}l{<}9m$	$9m{\leqslant}l{<}16m$	$16m{\leqslant}l{<}26m$	$l{\geqslant}26m$
碎石、卵石	中密、密实	$N_{63.5}{>}10$	210～350	7500～11000		10000～12000	
全风化软质岩	—	$30{<}N{\leqslant}50$	110～155	4000～6000			
强风化软质岩	—	$30{<}N{\leqslant}60$	150～280	5500～9000			

注：1. N 为标准贯入试验锤击数，$N_{63.5}$ 为重型圆锥动力触探试验锤击数；l 为桩长。

2. 表中全风化软质岩与强风化软质岩限于饱和单轴抗压强度 $f_{rk}{\leqslant}15MPa$ 的岩体。

3. 表中"—"表示无试验或经验数据。

16.5.2.3 经验参数法的应用验证

为了验证短螺旋挤土灌注桩的经验参数法的合理性与可靠性，中国京冶工程技术有限公司利用我国 7 个省、区、市 17 个工程项目的 57 根短螺旋挤土灌注桩竖向抗压静载试验结果及相应场地的地基土物理力学参数对单桩竖向抗压静载试验结果与经验参数法计算结果进行了对比分析，计算结果见表 16-7。

表 16-7 短螺旋挤土灌注桩竖向极限承载力静载试验结果与经验参数法计算结果对比

序号	项目场地	项目名称	极限承载力/kN		实测值/计算值
			实测值	计算值	
1	宁夏	银川市路丰建材城 1 号楼	3835	2756	1.39
2	宁夏	银川市路丰建材城 2 号楼	2969	2756	1.08
3	宁夏	银川市路丰建材城 3 号楼	3689	2756	1.34
4	宁夏	灵武人民医院迁建工程 1 号楼	3300	3222	1.02
5	宁夏	灵武人民医院迁建工程 2 号楼	3800	3222	1.18
6	宁夏	灵武人民医院迁建工程 3 号楼	3700	3222	1.15
7	宁夏	灵武宁煤间接液化项目 1 号楼	3000	2962	1.01
8	安徽	六安市太古光华城 1 号楼	11187	7442	1.50
9	安徽	六安市太古光华城 2 号楼	11532	7442	1.55
10	山东	威海市华辉东方城 1 号楼	3380	2533	1.33
11	山东	威海市华辉东方城 2 号楼	3066	2533	1.21
12	山东	威海市华辉东方城 3 号楼	2626	2533	1.04
13	山东	威海市职业技术学院 1 号楼	2880	2824	1.02
14	山东	威海市职业技术学院 2 号楼	2880	2921	0.99
15	山东	威海市职业技术学院 3 号楼	4983	2945	1.69
16	山东	威建集团公司院内试桩 1 号楼	3590	3501	1.03
17	山东	威建集团公司院内试桩 2 号楼	3950	3878	1.02
18	山东	滨州市鑫岳佳苑小区 1 号楼	7675	5628	1.36
19	山东	滨州市鑫岳佳苑小区 2 号楼	6590	5628	1.17
20	山东	滨州市鑫岳佳苑小区 3 号楼	7880	5628	1.40
21	山东	威海市绿城小区二期 1 号楼	2534	2508	1.01
22	山东	威海市绿城小区二期 2 号楼	2782	2508	1.11

续表

序号	项目场地	项目名称	极限承载力/kN		实测值/计算值
			实测值	计算值	
23	山东	威海市绿城小区二期 3 号楼	2775	2508	1.11
24	山东	威海市绿城小区二期 4 号楼	2971	2508	1.18
25	山东	威海市绿城小区二期 5 号楼	3260	2850	1.14
26	山东	威海市绿城小区二期 6 号楼	4002	3316	1.21
27	山东	威海市绿城小区二期 7 号楼	3615	3316	1.09
28	山东	威海市绿城小区二期 8 号楼	3829	3316	1.15
29	山东	威海市五渚河生态城 1 号楼	3003	2922	1.03
30	河南	周口市沈丘县泉友花园 1 号楼	1788	1771	1.01
31	河南	周口市万达熙龙湾三期 1 号楼	2430	2422	1.00
32	河南	周口市万达熙龙湾三期 2 号楼	2430	2422	1.00
33	河南	周口市万达熙龙湾三期 3 号楼	2430	2422	1.00
34	河南	郑州市海尔空调工厂 1 号楼	2520	1938	1.30
35	河南	郑州市海尔空调工厂 2 号楼	2310	1879	1.23
36	河南	郑州市海尔空调工厂 3 号楼	2520	2542	0.99
37	河南	郑州市海尔空调工厂 4 号楼	3150	2144	1.47
38	河南	郑州市海尔空调工厂 5 号楼	2730	2053	1.33
39	河南	郑州市海尔空调工厂 6 号楼	2310	2080	1.11
40	河南	新郑市正商瑞钻 1 号楼	6000	5934	1.01
41	河南	新郑市正商瑞钻 2 号楼	6400	5934	1.08
42	河南	新郑市正商瑞钻 3 号楼	6800	5934	1.15
43	辽宁	鞍山市金山雅迪溪谷 1 号楼	2200	2055	1.07
44	辽宁	鞍山市金山雅迪溪谷 2 号楼	2500	2055	1.22
45	辽宁	鞍山市金山雅迪溪谷 3 号楼	2600	2055	1.27
46	甘肃	兰州市东兴佳苑项目 1 号楼	4000	3226	1.24
47	甘肃	兰州市东兴佳苑项目 2 号楼	3790	3226	1.17
48	甘肃	兰州市东兴佳苑项目 3 号楼	3800	3786	1.00
49	甘肃	兰州市东兴佳苑项目 4 号楼	3670	3452	1.06
50	江苏	南京市甸王湖 1 号楼	3101	3055	1.02
51	江苏	南京市甸王湖 2 号楼	3253	3011	1.08
52	江苏	南京市甸王湖 3 号楼	3098	3054	1.01
53	江苏	南京市甸王湖 4 号楼	2975	2972	1.00
54	江苏	南京市甸王湖 5 号楼	3358	2798	1.20
55	江苏	南京市甸王湖 6 号楼	3338	2948	1.13
56	江苏	南京市甸王湖 7 号楼	3193	2912	1.10
57	江苏	南京市甸王湖 8 号楼	3337	3125	1.07

　　对表 16 - 7 中的 57 个实测值与计算值的比值进行统计分析可知，该比值范围为 0.99～1.69，其平均值为 1.16，均方差为 0.160；有 96% 的样本实测值与计算值之比大于等于 1.0。分析结果充分证明了

中国京冶工程技术有限公司提出的经验参数法是安全、可靠的。依据表 16-7 中 57 根短螺旋挤土灌注桩的试验实测值与计算值之比的数据，绘制了频次分布图，如图 16-34 所示。

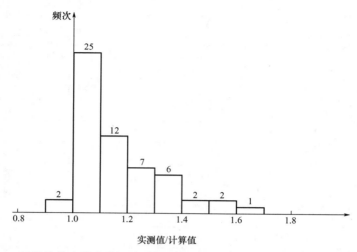

图 16-34　短螺旋挤土灌注桩极限承载力实测值与经验参数法计算值之比的频次分布

图 16-34 显示有 55 个样本经验参数法的实测结果大于或等于计算结果，占比为 96%。其中，基桩竖向抗压静载试验实测结果与计算结果之比为 1.0~1.3 的有 44 个，占比为 77%；小于 1.0 的有 2 个，其比值均为 0.99，占比小于 4%。因此，比值大于 0.95 的数量达到了 100%。分析结果表明，经验参数法是兼顾经济性和安全性的短螺旋挤土灌注桩竖向极限承载力计算的可靠方法。今后，随着工程数据的不断积累，还应持续对不同地区的试桩成果与计算成果进行对比分析与验证，形成更加合理的计算参数表。

16.6　短螺旋挤土灌注桩的施工装备与施工工法

16.6.1　短螺旋挤扩钻具与施工钻机装备

16.6.1.1　短螺旋挤扩钻具

短螺旋挤土灌注桩的成桩关键工艺是利用特制的短螺旋挤扩钻头，在配套桩工钻机施加的扭矩和轴向压力作用下，使短螺旋挤扩钻头能够在地基土中旋钻挤扩出设计深度与直径的桩孔，并通过钻具的中空内管连续压灌流态混凝土，形成圆柱形的挤土灌注桩。为实现以上目标，在短螺旋挤扩钻头的钻进挤扩成孔理论和钻具制造工艺研究基础上，中冶建筑研究总院有限公司、中国京冶工程技术有限公司成功开发、设计了基本型短螺旋挤扩钻头，这种钻头亦称为双向螺旋封闭挤扩钻头，其具备以下基本功能：

1) 通过与钻机动力头和钻杆配合实现钻掘挤土功能和钻进挤扩成桩功能。

2) 钻头穿透力强，能够有效钻掘、输送、挤扩桩孔中的土体。

3) 钻杆长度须满足设计桩长要求，钻杆之间的连接优选快速接头方式。

4) 设置桩材中心输送管，以实现桩孔流态混凝土中心压灌。

5) 在钻头下旋挤扩成孔过程中钻尖能够密封钻具芯管，在钻具旋转提升过程中钻尖活门能够顺利打开，进行混凝土中心压灌。

6) 钻具各部分结构设计须满足钻掘挤土对于材料强度与变形及制造工艺的要求。

1. 基本型双向螺旋封闭挤扩钻头

双向螺旋封闭挤扩钻头是由多个结构部件经多次加工焊接制成的。获得发明专利的钻具总成包括芯管、快速接头、螺旋叶片、封闭挤扩体、挤扩体、钻尖及相应的连接附件。根据制造工艺流程要求，基本型双向螺旋封闭挤扩钻头主要分为五部分：带有快速接头的上部连接杆、动密封挤扩体、封闭挤扩体、下螺旋挤扩体及钻尖，如图 16－35 所示。

通过大量 SDS 桩基施工实践发现，双向螺旋封闭挤扩钻头的施工质量可控、可靠，排土量极少，能够实现完全挤土型灌注桩施工。但其在某些坚硬黏土层、密实砂土层或强风化岩层中会发生掘进困难，这不仅增加了钻机动力消耗，降低了钻进效率，也影响成桩直径与成桩深度，限制了 SDS 桩的使用范围。为了提高钻头的穿透能力，中国京冶工程技术有限公司成功开发了多种具有高穿透力的双向螺旋挤扩钻头的发明专利技术，下面介绍其中的两种获得发明专利的钻具。

图 16－35　基本型双向螺旋封闭挤扩钻头

2. 加长型双向螺旋封闭挤扩钻头

加长型双向螺旋封闭挤扩钻头分为一体型和组装型，是在双向螺旋封闭挤扩钻头基础上研发设计的高穿透力双向螺旋封闭挤扩钻头。其结构特点是在双向螺旋封闭挤扩钻头的下螺旋挤扩体与钻尖之间加入一段优选长度的圆柱形螺旋钻体，如图 16－36 所示。这类加长型双向螺旋封闭挤扩钻头适用于厚层坚硬黏土、密实砂土及强风化岩层的 SDS 桩基工程施工。

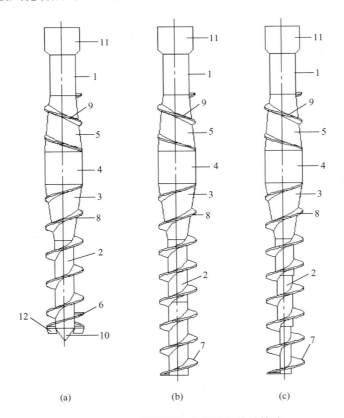

(a)　　　　　(b)　　　　　(c)

图 16－36　加长型双向螺旋封闭挤扩钻头

1. 连接杆；2. 螺旋钻进体；3. 下螺旋挤扩体；4. 封闭挤扩体；5. 反向挤扩体；6. 副螺旋叶片；7. 下螺旋挤扩叶片；
8. 下螺旋挤扩体部位的挤扩叶片；9. 上螺旋挤扩叶片；10. 钻尖；11. 内六角快速接头；12. 合金钻齿

加长型双向螺旋封闭挤扩钻头的结构特征是位于下部的螺旋钻体具有输送土体的功能，可以把螺旋钻体旋钻出来的土体通过螺旋叶片输送至下螺旋挤扩体，随后逐步被下螺旋挤扩体挤入桩孔的侧壁中或被挤向封闭挤扩体的下端，最后被封闭挤扩体挤入桩孔的侧壁中，从而能够突破基本型双向螺旋封闭挤扩钻头难以穿入坚硬岩土地层的局限性。与双向螺旋封闭挤扩钻头相比，在同样的动力条件下，加长型双向螺旋封闭挤扩钻头具有更强大的钻掘能力、成孔能力及更好的地层适应性。

**图 16-37　可调控挤土量的
双向螺旋挤扩钻头**

3. 可调控挤土量的双向螺旋挤扩钻头

当桩端持力层为低压缩性的坚硬密实岩土地层时，采用双向螺旋封闭挤扩钻头可能会引发施工效率下降，原因是挤土量大会使钻头的钻掘阻力大幅度升高，导致钻头难以穿入低压缩性坚硬密实的岩土地层。为了解决这一技术难题，中国京冶工程技术有限公司开发了 SDS 桩基施工挤土量调控技术，并实现了关键技术的突破，研制出一种钻进动力消耗更少、穿透力更强的可调控挤土量的双向螺旋挤扩钻头，如图 16-37 所示。

可调控挤土量的双向螺旋挤扩钻头与双向螺旋封闭挤扩钻头的区别在于，可调控挤土量的双向螺旋挤扩钻头在原钻头的基础上采用了带有砂石土导流滑道的非封闭挤扩体技术。在可调控挤土量的双向螺旋挤扩钻头钻掘挤土施工过程中，被钻尖旋钻出来的一部分砂石土被非封闭挤扩体挤压进入钻孔侧壁，另一部分砂石土则被推挤进入导流滑道，并在旋转的下螺旋挤扩叶片输送的土体推挤下沿着导流滑道向上运动，通过导流滑道进入封闭挤扩体上方已旋钻成的桩孔中。这类特种钻具的优点是可以根据地层软硬的不同通过增减导流滑道的数量或宽度调控外排土体的体积。此外，当施工进入提钻和桩材压灌阶段后，被输送到非封闭挤扩体上方的砂石土体将被反向挤扩体逐步挤压到中上部桩孔的侧壁中，进而形成挤土型圆柱形灌注桩。基于这种解决方案，可调控挤土量的双向螺旋挤扩钻头能够大大减小钻头的钻掘阻力，降低钻机动力消耗，提高钻进效率，增大 SDS 桩的设计桩径与桩长，拓展 SDS 桩的地层适用范围。

16.6.1.2　大扭矩桩工钻机装备

为保证短螺旋挤土灌注桩高效施工，需要双向螺旋挤扩钻头和大扭矩桩工钻机装备的相互配合与支持。然而，传统的桩工钻机由于输出扭矩和加压力技术指标较低，无法支持 SDS 桩的广泛适用性，遇到硬塑黏性土、密实砂土或强风化岩层时，难以保障短螺旋挤扩钻头的穿透性。因此，高效大扭矩钻机装备的研发制造成为 SDS 桩新技术推广应用的关键点。以下重点介绍山东卓力桩机有限公司研制的 JZU（履带式底盘）/JZB（步履式底盘）型大扭矩桩工钻机装备。

1. 大扭矩动力头

在 SDS 桩基施工中，为了提升桩工钻机的钻掘能力与施工效率，必须破解三项关键技术：①研发高穿透力短螺旋挤扩钻具；②研制大扭矩硬齿面动力头减速机；③提升钻机机手的打桩操作技能。以下着重介绍新型大扭矩硬齿面动力头减速机技术。

在 SDS 桩基施工中，桩工钻机的工作效率一方面取决于钻机动力头的旋转速度与钻掘速度的适度匹配，即当旋转速度与进尺速度达到良好适配时，就能够有效提高打桩效率；另一方面，为了拓宽岩土地层的适用范围，穿透密实砂土、卵砾石、强风化岩层等坚硬复杂地层，必须采用大扭矩动力头。因此，新型大扭矩硬齿面动力头技术成为 SDS 桩大面积推广应用的关键技术之一。

（1）三环动力头减速机的缺点

目前市场上的桩工钻机大量采用廉价的三环动力头，其减速机为双曲轴与三块齿板连接的结构，曲轴三段偏心的相位差为 120°，三块齿板分别安装在曲轴三个偏心段之上，运转时三块齿板产生的离心作用不能相互抵消。当钻机动力头高速运转时，由于离心作用增大，加剧了制造加工偏差产生的负面影响，包括设备振动加大、噪声加大、油池温度快速升高。同时，由于轴承荷载大，零部件磨损速度快，严重影响了桩工钻机的工作性能与使用寿命，特别是在高速运转状态下往往难以正常工作。为了彻底解决三环动力头减速机的弊病，研制了新型大扭矩硬齿面动力头减速机，有效克服了现有技术中减速机在高速运转时易抖动、不能在坚硬复杂岩土地层中长时间大扭矩施打 SDS 桩的缺点。

（2）新型大扭矩硬齿面动力头减速机的结构

新型大扭矩硬齿面动力头减速机的结构如图 16-38 所示，主要包括电动机、行星机构、斜齿轮轴、中心齿轮、中空输出轴等。其中，两套行星机构的输出均为斜齿轮轴，分别均布在中心齿轮的两侧。行星机构采用带有太阳轮、行星轮、内齿圈的双级行星传动。均布在中心齿轮两侧的行星机构的输出斜齿轮轴与之相啮合，并最终驱动中空输出轴的旋转。

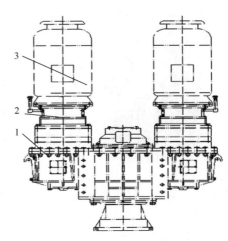

该动力头减速机的行星机构中的太阳轮、行星轮均采用优质低碳合金钢 20CrMnMo，经调质、渗碳淬火、磨齿等特殊热处理加工工艺制作而成，内齿圈采用调质、氮化等加工制作工艺。行星机构中的太阳轮、行星轮和内齿圈两两啮合的齿宽与高

图 16-38　新型大扭矩硬齿面动力头减速机结构示意图
1. 硬齿面变速箱；2. 重型行星减速机；3. 电动机

度相同，齿宽系数为 0.8 倍啮合中心距。行星机构输出斜齿轮轴采用特殊固定支撑方式，其下端利用滚动轴承和平面轴承组合的方式固定。该轴承组合方式能够有效地使斜齿轮轴与中心齿轮啮合所分解的轴向力合理分流，从而延长了各轴承的使用寿命。中心齿轮及均布在中心齿轮两端的行星机构输出斜齿轮也都采用优质低碳合金钢 20CrMnMo，并经调质、渗碳淬火、磨齿等特殊热处理加工工艺制造，两者相互啮合的齿宽系数为 0.4 倍啮合中心距。

该动力头减速机的中空输出轴采用了滚子轴承与平面轴承相组合的固定支撑方式，滚子轴承能够有效承受中心齿轮传递来的轴向分力，而经过优化设计的平面轴承也能很好地承受桩工钻机的钻杆及短螺旋挤扩钻头在下钻或提钻时所传递的下压力或上拔力。此外，由于新型大扭矩硬齿面动力头减速机采用了行星机构，合理地将功率进行了分流，从而有效降低了轴承荷载，大幅度提高了轴承及整机的使用寿命。另外，采用齿轮传动形式能够有效提高零部件的加工精度，最大限度地消除了由于加工偏差产生的负面影响，同时解决了各传动零部件的动平衡问题，极大地提高了桩工钻机装备的传动平稳性、承载能力及抗过载能力。

（3）新型大扭矩硬齿面动力头减速机的扭矩试验检测

对于动力头的实际工作性能，国内桩工钻机装备制造企业提供给客户的钻机动力头扭矩数据都是理论计算值，计算扭矩值与实际动力头提供的扭矩值之间的差异无法确定。由于大型动力头扭矩试验难度大、费用高，国内企业较少开展动力头工作性能检测试验。在挤土型灌注桩的施工钻机装备中，动力头是桩工钻机的最重要部件，其性能决定了桩工钻机能否高效施工 SDS 桩基。为了能够更好地推广应用 SDS 桩基新技术，必须对新型大扭矩硬齿面动力头减速机（以下简称动力头）实施全面的足尺试验检测，以便获取新型动力头真实的输出扭矩。

大型动力头扭矩试验采用了欧洲某公司提供的先进试验检测平台，该自动化试验检测平台主要包括 2 个 200kW 电动机、输出扭矩采集仪、中央控制室及钢制定位平台。中央控制室安装了试验操作控制系统、数据采集系统和全程监控系统，具体试验由中心计算机自动控制执行，全程试验数据采集后实时传输给中心计算机并自动存储。

试验检测对象是 JZU90 型钻机的新型大扭矩硬齿面动力头减速机，其预估输出扭矩为 250kN·m。

试验准备了 2 套动力头与 2 套分动箱，安装方式如图 16-39 所示，平台中心固定安放了 2 个对称相接的动力头，动力头外侧连接了分动箱，在 2 个 200kW 电动机与分动箱的连接轴上安置了输出扭矩采集仪。检测试验启动后，位于最外侧的 2 台大功率电动机提供动力，带动动力头减速机高速或低速转动。试验共持续 8h，其间输出扭矩采集仪全程收集动力头输出的扭矩。

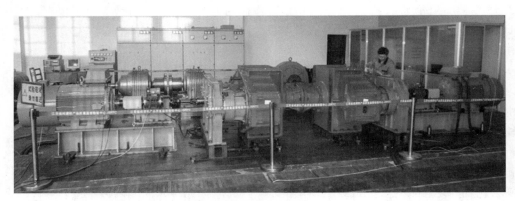

图 16-39　新型大扭矩硬齿面动力头减速机的检测试验

足尺试验结束后，江苏省减速机质量监督检验中心出具了检验报告。检验报告指出：通过动力头减速机负载试验获得的实测数据包括加载至 100% 时的输出扭矩（大于 240kN·m），整机效率为 73%，噪声为 81dB（A），温升为 63℃。这证明了 JZU90 型钻机的新型大扭矩硬齿面动力头减速机能够安全、稳定地提供 240kN·m 以上的输出扭矩。检测试验结果极大地增强了桩工钻机客户和 SDS 桩基新技术应用企业的信心，同时表明我国的施工企业能够以较低的价格采购与国外钻机具有同等工作性能的桩工钻机装备。

2. 桩工钻机底盘

桩工钻机的底盘分为履带式底盘（用于 JZU 型钻机）和步履式底盘（用于 JZB 型钻机）两种。履带式桩工钻机底盘结构布置合理，使用与运输方便，但售价较高。步履式桩工钻机底盘由支腿、纵移和横移组成，稳定性好，售价较低，其移动速度不如履带式底盘快，但行走移动安全可靠。为满足国内用户对桩工钻机多样化的需求，新型大扭矩桩工钻机可根据需要选用履带式或步履式底盘。

图 16-40　JZU 型履带式桩工钻机和
短螺旋挤扩钻头

3. 桩工钻机装备总成

用于短螺旋挤土灌注桩施工的桩工钻机通常具备主塔总成、斜支杆、起塔架、主副卷扬机、液压系统、动力头、液压支腿、驾驶室、电气系统、监控量测系统、履带式底盘装置、主平台、配重、钻具和钻杆等部分。

短螺旋挤扩钻具系列产品和 JZU/JZB 型桩工钻机系列产品由中国京冶工程技术有限公司与山东卓力桩机有限公司联合研发与制造，如图 16-40 所示。JZU/JZB 系列桩工钻机配备了大扭矩动力头，装配了超长主桅杆，能够实施一次性旋挤成孔成桩，施工速度快、工效高。钻机采用电动履带式/步履式底盘设计，桩机安装有液压支腿，施工稳定便捷。此外，钻机移动稳定灵活，桩位对准方便准确，斜撑使用丝杠伸缩，能够调节桩位和立柱垂直度，确保 SDS 桩的垂直度，立柱三点支撑可靠稳定，四方位调整方便。

JZU/JZB 系列桩工钻机采用了组合式立柱斜撑，可以根据不同设计桩长及施工工法需求对立柱进行长度组合，提高其稳定性。桩工钻机采用了六角快速接头，配备了先进的驾驶室与监控量测系统，其视野开阔、密封性能好、操作简单方便。在动力方面，桩工钻机采用直流控制系统，能够降低设备故障率及维修成本，且噪声低，无废气废水排放，绿色环保。JZU/JZB 系列桩工钻机装备技术参数见表 16-8。

表 16-8　JZU/JZB 系列桩工钻机装备技术参数

技术参数	JZU90 型	JZU120 型	JZU180 型	JZB90 型	JZB120 型	JZB180 型
回转角度	360°	360°	360°	360°	360°	360°
桩架总高/m	30	35	38	30	35	38
许用拔桩力/kN	640	800	1000	640	800	1000
履带中心距/m	5.2	5.4	6.0	—	—	—
履带接地长/m	5.2	6.0	7.0	—	—	—
轨距/m	—	—	—	4.6	5.5	6.0
轮距/m	—	—	—	4.3	4.8	5.3
钻孔直径/mm	600	700	800	600	700	800
钻孔深度/m	25	30	33	25	30	33
主卷扬机/kN	80（30kW）	100（37kW）	125（45kW）	80（30kW）	100（37kW）	125（45kW）
副卷扬机/kN	50（22kW）	50（22kW）	50（22kW）	50（22kW）	50（22kW）	50（22kW）
加压力/kN	320	400	500	320	400	500
动力头配置	55kW×2 直流	75kW×2 直流	90kW×2 直流	55kW×2 直流	75kW×2 直流	90kW×2 直流
动力头扭矩/(kN·m)	250	300	350	250	300	350
总质量/kg	85000	115000	140000	80000	110000	135000

16.6.2　短螺旋挤土灌注桩施工工法

短螺旋挤土灌注桩施工工法（以下简称 SDSP 工法）是短螺旋挤土灌注桩技术的核心工艺，中冶建筑研究总院有限公司、中国京冶工程技术有限公司 SDSP 工法的授权发明专利号为 ZL200710063983.3。目前，SDSP 工法已经在我国十多个省区市得到成功推广应用，并获得了部级工法证书。300 多项工程实践表明，短螺旋挤土灌注桩工法是一项技术先进、质量可靠、成本低廉、环保高效的桩基新工法。

目前，在国内外桩基工程领域，尤其是中型桩（直径 350～800mm）施工领域，短螺旋挤土灌注桩工法已经成为与长螺旋钻孔灌注桩（国外称为 CFA 桩，国内常用于 CFG 桩施工）工法并列的一种成熟施工工法。随着新型高穿透力的短螺旋挤扩钻具的不断涌现，SDS 桩技术水平也不断提高，而钻具的升级、大扭矩硬齿面动力头减速机的出现和施工技术的日臻完善拓展了该工法的适用范围，SDS 桩基的市场份额也随之不断快速提高。

短螺旋挤土灌注桩利用木螺钉成孔挤密机理，依靠大扭矩桩工钻机对短螺旋挤扩钻具施加竖向压力和扭矩，并辅以中心压灌混凝土工艺，在地层中形成似圆柱形桩体。

随着工程机械制造技术和液压技术的不断进步，国内外大型桩工钻机所能提供的动力头输出扭矩已达 400～600kN·m。目前国内工程装备制造企业已经解决了短螺旋挤扩钻头下旋挤扩成孔需要的大扭矩和竖向压力的技术难题。随着短螺旋挤扩钻具发明专利技术的推陈出新，国内外相继开发出短螺旋挤土灌注桩施工工法。下文重点介绍我国自行研发的 SDS 桩施工核心技术——SDSP 工法。

1. 中国京冶 SDSP 新工法

中国京冶工程技术有限公司于 2007 年提出了 SDSP 新工法的三步挤扩成桩核心技术、施工工艺及其适用性，现针对双向螺旋封闭挤扩钻头施工 SDS 桩的流程阐述 SDSP 新工法的三步挤扩成桩关键工艺。

第一步，桩孔机械挤扩。

在安装有双向螺旋封闭挤扩钻头的桩工钻机就位后，启动钻机，施加顺时针方向的扭矩和轴向压力，利用双向螺旋封闭挤扩钻头钻进挤扩成孔。在下旋钻进挤扩成孔过程中，被旋钻出来的孔内土体会做自下而上的螺旋运动，并逐步被钻头的下螺旋挤扩体和封闭挤扩体全部挤入桩孔侧壁，使挤扩后的桩孔直径达到设计要求。第一步桩孔机械挤扩过程持续到桩孔达到设计深度为止。

第二步，桩孔机械挤扩。

当第一步桩孔机械挤扩完成后，桩工钻机持续施加顺时针方向的扭矩及轴向提拉力，使双向螺旋封闭挤扩钻头向上运动并再次旋转挤压上部桩孔。在钻头向上旋转挤扩提升过程中，桩孔内上部少量坍落的土体会做自上而下的螺旋运动，并逐步被钻头的动密封挤扩体全部挤入桩孔侧壁中，以确保再次挤压后的桩孔直径符合设计要求。第二步桩孔机械挤扩过程持续到双向螺旋封闭挤扩钻头被旋转提升到地表为止。

第三步，桩孔压力挤扩。

在双向螺旋封闭挤扩钻头开始顺时针向上旋转挤压提升的同时启动混凝土泵，向已完成挤扩的桩孔进行连续的桩材压力灌注，通过流态混凝土的灌注压力再次挤压桩孔，使已经完成桩材连续压灌的桩段直径保持设计桩径尺寸。第三步桩孔压力挤扩过程持续到桩材连续压灌至桩顶设计标高为止。至此，施工完成了似圆柱形、挤土型、高承载力的短螺旋挤土灌注桩。

2. SDSP 工法的施工工艺

1）根据 SDS 桩基设计要求、场地工程与水文地质条件选择适宜的短螺旋挤扩钻具。

2）装配短螺旋挤扩钻具的桩工钻机就位。

3）利用桩工钻机对短螺旋挤扩钻具施加顺时针方向的扭矩与轴向压力，进行桩孔钻掘挤扩成孔，至设计深度。钻具下旋转速宜为 3～15r/min。

4）当钻具下行旋钻至桩端设计标高后，利用桩工钻机继续对短螺旋挤扩钻具施加顺时针方向的扭矩与轴向提拉力，旋转上提钻具，与此同时开启混凝土泵，通过钻具芯管连续压灌桩材，直至桩材压灌至桩顶设计标高之上 0.3m，停止桩材压灌。在桩材连续压灌过程中，泵送管道连续灌注压力宜保持在 30～100kPa，钻具上提速度宜为 1～3m/min，并且钻具上提速度必须和混凝土泵送量相匹配。钻具上旋转速宜为 10～15r/min。灌注桩材可以为混凝土桩材、水泥粉煤灰碎石桩材、尾矿砂浆桩材或水泥钢渣桩材等。

5）桩材连续压灌工序结束后立即借助钢筋笼振动插入装置沉放钢筋笼至设计深度，形成 SDS 桩。其施工工艺流程如图 16-41 所示。

3. SDSP 工法的适用性分析

SDSP 工法的适用性判断应涵盖两方面：一是工程对象的适用性，二是地质条件的适用性。下面分别加以讨论。

（1）工程对象的适用性

我国的短螺旋挤土灌注桩技术应用已有 15 年，笔者统计的 SDS 桩基工程已超过 300 项，实践表明，SDS 桩大多应用于桩基础或复合地基，并已广泛应用于高速铁路、高速公路、公共建筑、大型厂房、高层住宅、环境工程和电力工程等工程领域。

（2）地质条件的适用性

短螺旋挤土灌注桩施工基于挤土成桩工艺，在钻进挤土成桩过程中仅有极少量土体被输送到地表，所以 SDSP 工法的工程与水文地质条件适用性必须综合考虑 SDS 桩的设计桩长与桩径、成桩产生的挤

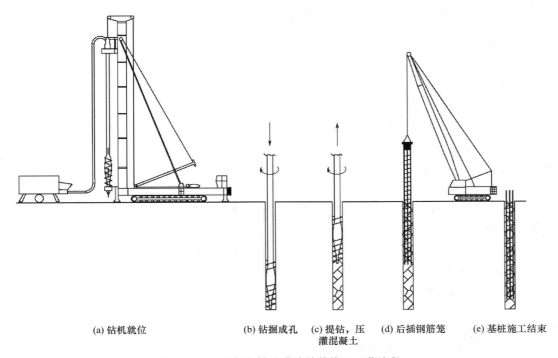

(a) 钻机就位　　　　(b) 钻掘成孔　(c) 提钻，压　(d) 后插钢筋笼　(e) 基桩施工结束
灌混凝土

图 16 - 41　短螺旋挤土灌注桩的施工工艺流程

土正负效应、钻机装备的动力性能、短螺旋挤扩钻具的形式与穿透性能等因素。

从国内外工程实践来看，短螺旋挤土灌注桩普遍适用于可压缩的填土、黏土、粉土、黄土、砂土、砂砾土和全强风化岩土地层，也适用于高地下水位地层。欧洲某些岩土工程公司曾经建议将未经修正的标准贯入试验（SPT）击数 $N \leqslant 30$ 和静力触探试验（CPT）贯入阻力 $\leqslant 10\text{MPa}$ 作为适用地层的参考指标。中国京冶工程技术有限公司通过大量工程实践数据分析，建议将 SDS 桩适用地层的参考指标调高为未经修正的标准贯入试验（SPT）击数 $N < 60$ 和静力触探试验（CPT）贯入阻力 $< 20\text{MPa}$。对于 SDS 桩在深厚饱和软弱黏土地层中的适用性问题，需要慎重对待，虽然欧洲有这方面成功的工程应用实例，但考虑到可能产生的严重挤土负效应，建议在国内应暂时限制 SDS 桩新技术在深厚饱和软黏土地层中的工程应用。

4. 短螺旋挤土灌注桩新工法的主要优点

1) 通过 SDSP 工法的三步挤扩成桩工艺，双向螺旋封闭挤扩钻头在钻孔和提钻时能够双向地将原桩孔中的土体几乎全部挤压到桩孔的侧壁土体中，使得桩周土体被挤密强化的程度远远超过了现有的非挤土灌注桩和部分挤土灌注桩施工方法所能达到的程度。双向螺旋挤扩成桩的 SDS 桩能够大幅度提高桩周土体的水平向应力及桩周土体的 c 值与 φ 值，进而大大提升了桩侧摩阻力。对于复合桩基础、复合地基和地基加固工程，采用三步挤扩成桩工艺，能够使桩间土得到整体挤密强化，在此挤土效应作用下，桩间土的强度与变形性能能够得到极大提升，因此复合桩基础、复合地基的承载与变形性能也会随之得到大幅度提升。从国内外已有的短螺旋挤土灌注桩工程应用经验来看，在同等条件下，和传统的灌注桩相比，SDS 桩的承载能力能够提高 30% 以上，沉降量能够减少 20% 以上。

2) 由于双向螺旋封闭挤扩钻头能够双向将桩孔中的土体挤压到桩孔侧壁土体中，所以能够在成桩过程中避免在非挤土灌注桩工法中出现的桩孔坍塌、泥浆护壁、桩底沉渣和桩孔排土引起的桩周土体应力释放导致的桩周土体向孔内的位移与强度衰减。在同样地层、同样桩径和同样桩长条件下，与钻孔桩、冲孔桩、旋挖桩或 CFA 桩等常用灌注桩型相比，SDSP 工法完成的 SDS 桩具有承载力更高、沉降量更小、质量更好、成本更低、能耗更少、工效更高和更加环保等显著优点，因此 SDS 桩新技术具有突出的实质性技术进步。

3）以双向螺旋挤扩钻具和三步挤扩成桩工艺为特征的 SDSP 工法施工效率高，施工质量可控可靠，并且能够在各种可压缩地层与高地下水位条件下进行施工作业。

4）短螺旋挤土灌注桩工法及短螺旋挤扩钻具可以施工垂直与倾斜的短螺旋挤土灌注桩，通过钻具的技术改进还可以实现先插钢筋后灌注混凝土的施工工艺。

5）SDS 桩基于其技术优势与环保优势提供了突出的成本优势，设计中通过减少桩数量、减小桩长或桩径，可以节省大量的钢筋与混凝土原材料。此外，由于 SDS 桩施工不排土，无渣土外运，不但促进了节能减排与环境保护，和传统灌注桩相比还能够降低成本 10%～15%，其经济效益和社会效益十分显著。

16.7　短螺旋挤土灌注桩的工程应用

目前，我国的短螺旋挤土灌注桩成套新技术体系已获得大面积推广应用，该项新技术通常应用于桩基础和复合地基，工程项目涵盖高层民用住宅、工业厂房与仓储建筑、商业建筑与公用设施、高速铁路、高速公路、环境与能源工程等。笔者统计完成的 SDS 桩基工程项目已超过 300 项，以下介绍一些有代表性的 SDS 桩基工程应用项目。

16.7.1　威海蓝波湾公寓 SDS 桩基工程项目

工程项目位于山东省威海市，由山东某建设集团于 2012 年施工。该项目原桩基工程设计方案为混凝土预制管桩（PHC 管桩）。经过现场与混凝土预制管桩的对比静载试验，发现 SDS 桩比 PHC 管桩承载力更高、沉降量更小。鉴于现场对比试验结果，业主要求将原 PHC 管桩设计方案改为 SDS 桩基方案。该工程项目共包含 SDS 桩 4100 根，桩径采用 400mm 与 500mm，桩长为 28～29m，施工现场如图 16-42 所示。

图 16-42　威海蓝波湾公寓短螺旋挤土灌注桩施工现场

本工程项目场地地层为胶东半岛典型的黏性土与砂土互层的结构，岩土分层如下：

①素填土（0～4.3m）：褐～褐黄色，稍湿～湿，土质以黏性土、砂土、碎石土为主，含碎石及建筑垃圾，松散。

②淤泥质细砂（4.3～6.6m）：灰黑～灰褐色，饱和，松散，含半腐烂植物根系，有腥臭味，颗粒较均匀，$N=8.2$。

③细砂（6.6～8.5m）：褐黄～灰褐色，湿～饱和，松散，含半腐烂植物根系，有腥臭味，颗粒较均匀，局部夹软、可塑粉土薄层，混黏粒，$N=19.2$。

④淤泥（8.5～11.6m）：灰黑色，由粉粒、黏粒构成，土质较纯，局部夹粉砂薄层，饱和、流塑状，场地内均有分布，$N=3.3～4.1$。

⑤粉细砂（11.6～17.1m）：黄褐～褐黄色，饱和，中密～密实，颗粒较均匀，含少量黏粒，场地内均有分布，$N=21.4～35.8$。

⑥淤泥质黏土（17.1～24.3m）：灰黑色，软塑状态，土质均匀细腻，干强度、韧性中等，切面具有光泽，无摇振反应，局部相变为黏土，局部含砂量较高，$N=4.3～5.6$。

⑦中砂（24.3～31m）：褐黄色，饱和，密实，颗粒不均，分选性差，场地内普遍分布，未揭穿，$N=17.4～22.8$。

该项目原设计方案为混凝土预制管桩，业主从经济性和安全性方面考虑，在项目场地内进行了混凝土预制管桩与 SDS 桩在相同条件下的对比静载试验，试验共包含 3 根 PHC 管桩和 3 根 SDS 桩，试桩桩径均为 400mm。在 SDS 桩养护达到设计强度要求后，对 6 根试桩分别进行了静载试验。试验检测结果显示，1 号 SDS 桩长度为 28m，最大加载量为 3240kN，最大沉降量为 54.25mm；2 号 SDS 桩长度为 28.8m，最大加载量为 3240kN，最大沉降量为 60.22mm；3 号 SDS 桩长度为 29m，最大加载量为 3600kN，最大沉降量为 22.08mm；1 号 PHC 桩长度为 29m，最大加载量为 3120kN，最大沉降量为 47.08mm；2 号 PHC 桩长度为 31m，最大加载量为 3380kN，最大沉降量为 47.44mm；3 号 PHC 桩长度为 31m，最大加载量为 3120kN，最大沉降量为 48.03mm。

为了详细对比 SDS 桩与 PHC 管桩的静载试验检测数据，以实测数据为基础，利用差值方法将两种桩型在相同荷载作用下单桩沉降值和相同沉降量条件下的单桩荷载值进行详细对比，以期深入了解这两种桩型在承载、变形特性上的差异。首先对桩长同为 29m 的两种桩型进行对比分析，见表 16-9 和表 16-10。

表 16-9　相同沉降量条件下 PHC 管桩与 SDS 桩承载力对比分析（桩长为 29m）

沉降量/mm	5	10	15	20
SDS 桩承载力/kN	1180	2180	2930	3420
PHC 管桩承载力/kN	1260	1840	2310	2780
承载力提高幅度	−6.3%	18.5%	26.8%	23.0%

表 16-10　相同荷载条件下 PHC 管桩与 SDS 桩沉降量对比分析（桩长为 29m）

荷载/kN	500	1000	1500	2000	2500	3000
SDS 桩沉降量/mm	2.1	4.3	6.4	9.0	12.0	15.5
PHC 管桩沉降量/mm	1.2	2.9	7.1	11.5	17.3	34.3
沉降量降低幅度	−75%	−48.3%	9.9%	21.7%	30.6%	54.8%

由表 16-9 中桩长均为 29m、桩径均为 400mm 的 SDS 桩和 PHC 桩的对比数据可知，SDS 桩的承载性能更优。当沉降量大于 10mm 时，SDS 桩相比于 PHC 桩承载力能够提高 18.5%～26.8%，说明 SDS 桩的承载力优势十分明显。

由表 16-10 可知，相同尺寸的 SDS 桩和 PHC 管桩相比，在荷载大于 1500kN 时 SDS 桩的沉降量更小，即 SDS 桩拥有更优越的抵抗变形的性能。荷载为 1500～3000kN 时，SDS 桩的沉降量能够降低 9.9%～54.8%。SDS 桩在荷载试验初期沉降量较大，可能是桩头处理不良所致。总体来看，SDS 桩相比于 PHC 管桩具有更好的抵抗变形的能力。

为了进一步分析 400mm 桩径的 PHC 管桩和 SDS 桩承载和变形性能的差异及经济方面的优劣，选取桩长为 31m 的 PHC 管桩和桩长为 28m 的 SDS 桩进行承载、变形实测数据对比分析，试桩的静载试验结果与对比分析见表 16-11 和表 16-12。

表 16-11　相同沉降量条件下 31m 的 PHC 管桩与 28m 的 SDS 桩承载力对比分析

沉降量/mm	5	10	20	30	40
SDS 桩承载力/kN	1230	2100	2920	3020	3110
PHC 桩承载力/kN	1040	1640	2580	2950	3030
承载力提高幅度	18.3%	28.0%	13.2%	2.4%	2.6%

表 16-12 相同荷载条件下 31m 的 PHC 管桩与 28m 的 SDS 桩沉降量对比分析

荷载/kN	500	1000	1500	2000	2500	3000
SDS 桩沉降量/mm	2.2	4.0	6.4	9.4	12.8	29.3
PHC 桩沉降量/mm	1.4	4.4	8.6	15.6	19.2	36.7
沉降量降低幅度	-57.1%	9.1%	25.6%	39.7%	33.3%	20.2%

由表 16-8 可知，两类桩的长度相差 3m，但在沉降量相同时桩长较短的 SDS 桩却能够提供更高的承载力。PHC 管桩与 SDS 桩相比，在荷载试验全过程中，各级沉降值对应的荷载值都揭示出 SDS 桩的承载力高于 PHC 管桩，承载力提高幅度为 2.4%～28%。

由表 16-9 可知，桩长较短的 SDS 桩比 PHC 管桩具有更好的抵抗变形的能力。桩长 28m 的 SDS 桩相对于桩长 31m 的 PHC 管桩，在荷载相同条件下，在荷载试验过程中除第一级加载外，各级荷载下的沉降量降低了 9.1%～39.7%。

上述两类桩的静载试验结果对比分析充分说明了在相同对比条件下短螺旋挤土灌注桩比混凝土预制管桩在承载力和抵抗变形两方面都显示出巨大的优势。对于上述 PHC 管桩和 SDS 桩对比结果，笔者认为存在以下两个影响因素：

1）对于本项目场地中的软弱黏土和稍密、密实砂土互层的多层地基，打入式混凝土预制管桩在施工中容易将上层软弱黏土下拉至下层砂土中，并导致砂土层桩侧土的涂抹效应，降低了桩侧摩阻力。而短螺旋挤土灌注桩在施工中，短螺旋挤扩钻头旋钻挤压桩孔内的土体至孔壁，成孔后灌注混凝土，由于短螺旋挤扩钻头钻进挤扩成孔，桩周土体以横向挤密为主，一定程度上避免了上述涂抹效应的出现。

2）对于本项目场地中的饱和软弱黏土层，混凝土预制管桩由于是连续锤击打入，PHC 管桩光滑侧壁紧贴桩周土体，会产生较大的超孔隙水压力，且难以在短时间内消散，致使桩侧土体的有效应力下降、桩侧摩阻力降低。而短螺旋挤土灌注桩的纺锤形钻尖以上的钻杆直径小于钻孔直径，且双向螺旋挤扩钻头的施工过程是旋转挤扩，因此在成孔过程中钻杆与钻孔之间存在间隙，有利于桩周土体中的超孔隙水压力较快消散和桩侧土体的有效应力提升，进而促使 SDS 桩的桩侧阻力提高。

为了配合 SDS 桩承载力计算方法的验证工作，结合本工程项目的 SDS 桩静载试验实测数据，对中国京冶工程技术有限公司的 SDS 桩承载力的经验参数计算方法和标准贯入试验参数计算方法进行了验算分析，对比结果见表 16-13。

表 16-13 威海蓝波湾公寓 SDS 桩静载试验实测结果与极限承载力计算结果对比分析

试桩编号	桩长/m	桩径/mm	计算内容	SDS 桩足尺试验实测结果和计算结果对比			
				经验参数法	标贯试验参数法	静载试验结果	
						极限承载力	累计沉降/mm
1	29	400	极限承载力/kN	2480	2672	3300	18.56
			承载比	0.75	0.81	1.00	
2	28	400	极限承载力/kN	2388	2555	2880	16.84
			承载比	0.83	0.89	1.00	

通过表 16-10 的对比分析可以发现，在威海市这种典型的胶东半岛砂土与黏性土互层的地层中，采用中国京冶工程技术有限公司的 SDS 桩经验参数法和标贯试验参数法得到的 SDS 桩承载力计算结果均接近并小于静载试验结果，其中经验参数法的计算值/实测值为 0.75～0.83，而标贯试验参数法的计算值/实测值为 0.81～0.89，说明在威海市地层中采用上述计算方法得到的 SDS 桩的极限承载力是安全、合理的。

16.7.2 兰州东兴佳苑经济适用房 SDS 桩基工程项目

甘肃省兰州市东兴佳苑经济适用房项目小区建筑为 30～34 层，桩基工程设计采用短螺旋挤土灌注桩，2013 年由甘肃某地基工程有限公司负责施工，小区两期建设工程共采用 6800 根 SDS 桩，工程桩长度为 17～25m，桩径为 500mm，单桩承载力特征值为 1500kN。施工现场如图 16－43 所示。

图 16－43　兰州东兴佳苑经济适用房项目 SDS 桩基施工现场

项目场地地处我国西北地区腹地，大地构造属于昆仑—秦岭褶皱系金城沉降盆地，其岩土分层如下：

①填土层：层厚 0.5～3.0m，杂色；土质不均，以粉土为主，含砾石、砖块、建筑垃圾、生活垃圾及植物根系等，孔隙发育，稍湿，松散。

②含砾粉土层：层顶埋深 0.5～3.0m，层厚 0.5～11.9m，黄褐色；土质不均匀，孔隙较发育，以粉土为主，含卵石、碎石、角砾及细砂等，骨架颗粒成分为砂岩、片麻岩、石英岩等，粒径 2～40mm，最大粒径 60mm，呈亚圆、次棱角状，含量为 20%～40%，级配较差，分选性差，大小混杂，稍湿，稍密～中密，标贯击数平均值 $\overline{N}=11.2$。

③粉土层：层顶埋深 1.5～9.3m，层厚 0.8～9.7m，浅黄～黄褐色；分布不连续，土质不均匀，手捻有砂感，局部夹薄层细砂透镜体，孔隙较发育，见钙质结核，无光泽反应，干强度低、韧性低，稍湿～湿，稍密，标贯击数平均值 $\overline{N}=8.5$。

④细砂层：层顶埋深 1.2～15.0m，层厚 3.8～19.5m，黄褐色；单粒结构，骨架颗粒成分以石英、长石为主，云母及暗色矿物少量，砂质不纯，局部夹薄层中粗及圆砾透镜体，或为互层，稍湿，中密，标贯击数平均值 $\overline{N}=36.8$。

⑤粉质黏土层：层顶埋深 15.2～22.8m，层厚 0.3～6.9m，红褐色；土质较均匀，孔隙不发育，见铁锈色条纹，稍有光泽，干强度中等，韧性中等，可塑～软塑，标贯击数平均值 $\overline{N}=17.6$。

⑥卵石层：层顶埋深 20.1～24.5m，层厚 5.3～10.1m，青灰色；骨架颗粒成分为变质岩、石英岩及花岗岩等，粒径 20～80mm，呈亚圆～圆形，含量为 51.3%～69.0%，充填物为圆砾、中粗砂，级配良好，分选性较好，中密，标贯击数平均值 $\overline{N}=50.6$。

⑦砂岩层：层顶埋深 28.1～32.0m，勘探揭露厚度为 1.5～6.4m，未揭穿，棕红色，局部青灰色；胶结不均一，细粒结构，层状构造，岩芯呈短柱状，干时坚硬，遇水、扰动和暴晒易软化崩解，为极软岩，上部强风化岩层厚 2～3m，下部为中等风化岩。

该工程项目施工结束后，甲方对已施工的 SDS 桩进行了抽检静载试验，其中有 4 根 SDS 桩加载到极限破坏。试验检测结果显示，8 号楼 18 号试桩直径 500mm，桩长 18m，最大加载量 4000kN，对应沉降量为 48.79mm，取其上一级荷载 3600kN 为单桩极限承载力，对应沉降量为 38.00mm，如图 16－44（a）所示。4 号试桩直径 500mm，桩长 18m，最大加载量 4000kN，对应沉降量 39.27mm，试桩接近破坏，取该级试桩荷载为单桩极限承载力。6 号楼 14 号试桩直径 500mm，桩长 18.5m，最大加载量 4000kN，对应沉降量为 45.82mm，取其上一级荷载 3600kN 为单桩极限承载力，对应沉降量为 34.08mm，如

图 16-44（b）所示。6 号试桩直径 500mm，桩长 18m，最大加载量 4000kN，对应沉降量为 46.81mm，取其上一级荷载 3600kN 为单桩极限承载力，对应沉降量为 33.66mm。通过上述静载试验结果可以发现，SDS 工程桩的静载试验实测极限承载力比设计的单桩极限承载力标准值提高 20%～33%。

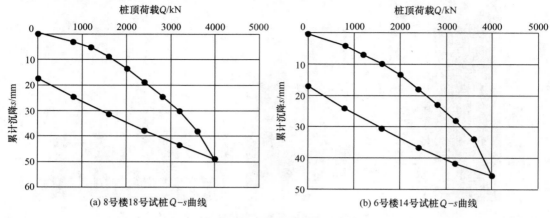

图 16-44　兰州东兴佳苑经济适用房项目 SDS 桩试桩 $Q-s$ 曲线

在该工程中，为了配合 SDS 桩承载力计算方法的验证工作，利用 SDS 桩静载试验实测结果对中国京冶工程技术有限公司的 SDS 桩经验参数法和标准贯入试验参数法进行了对比验证，分析结果见表 16-14。

表 16-14　东兴佳苑 SDS 桩静载试验实测结果与极限承载力计算结果对比分析

试桩编号	桩长/m	桩径/mm	计算内容	单桩竖向极限承载力			
				经验参数法	标贯试验参数法	静载试验结果	
						极限承载力	桩顶位移/mm
8 号楼 18 号桩	18	500	极限承载力/kN	3130	3182	3600	38.00
			承载比	0.87	0.88	1.00	
4 号桩	18	500	极限承载力/kN	3740	3682	4000	39.27
			承载比	0.94	0.92	1.00	
6 号楼 14 号桩	18.5	500	极限承载力/kN	3143	3117	3600	34.08
			承载比	0.87	0.87	1.00	
6 号桩	18	500	极限承载力/kN	3165	3202	3600	33.66
			承载比	0.88	0.89	1.00	

通过表 16-14 中计算值与实测值的对比分析可知，在兰州的岩土地层中采用中国京冶工程技术有限公司的两种计算方法得到的 SDS 桩承载力计算结果接近静载试验实测结果，其中经验参数法的计算值/实测值为 0.87～0.94，标贯试验参数法的计算值/实测值为 0.87～0.92，说明用上述方法计算的 SDS 桩极限承载力是相当接近于工程桩静载试验实测极限承载力的。

16.7.3　新郑市正商瑞钻住宅小区 SDS 桩基工程试桩项目

正商瑞钻住宅小区项目位于河南省郑州市辖区的新郑市，该项目包括 7 栋地上 27 层、地下 1～2 层的住宅楼，建筑主体为剪力墙结构。因 SDS 桩为一项新型桩基技术，且在新郑市尚无施工案例可以参考，设计单位建议在 SDS 桩正式施工前在该场地内施作 3 根试验桩，以验证 SDS 桩的适用性，并将在试桩试验中获得的施工及桩基承载力参数作为该项目的 SDS 桩基础设计与施工参数优化的依据。3 根 SDS 试桩桩长为 23.0m，桩径为 600mm。

该试桩场地主要土层埋深及试桩的相对位置见图 16-45，各土层状态分述如下：

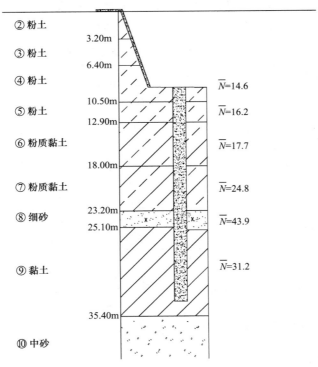

图 16 - 45　正商瑞钻住宅小区工程场地地质剖面

注：$\overline{N}$ 为标准贯入击数平均值。

②粉土：黄褐色，稍湿，稍密，土质不均匀，局部夹薄层粉砂，偶见蜗壳和钙核。

③粉土：黄褐色，稍湿～湿，稍密～中密，孔隙发育，土质较粉，局部有粉砂团块，含少量钙核和铁锈浸染斑点、白色钙丝。

④粉土：黄褐色，稍湿，中密～密实，土质粉质感强，局部砂感较强，含锈黄斑和灰白斑，含有少量钙核。

⑤粉土：褐色，稍湿～湿，稍密～中密，无光泽，干强度低，韧性低，摇振反应中等，含白色钙丝、少量钙质结核、土质黏粒含量稍高。

⑥粉质黏土：棕黄色，可塑～硬塑，具油脂光泽，干强度高，韧性高，局部为黏土，含锈黄斑和铁锰质斑点，局部较多钙核。

⑦粉质黏土：浅棕红色，硬塑～坚硬，具油脂光泽，干强度高，韧性高，土质较均匀，局部为黏土，含较多锈黄斑块，局部较多钙核。

⑧细砂：浅棕红色，中密～密实，以长石、石英为主，含少量砾石。

⑨黏土：棕红色，硬塑～坚硬，断面具油脂光泽，含较多钙质结核，局部为粉质黏土，含锰质斑块和锈黄斑块。

⑩中砂：浅棕红色，密实，以长石、石英为主，分选性良好，磨圆度较差，呈棱角、次棱角状。

试桩施工完成并在自然条件下养护 28 天后，对 3 根 SDS 试桩进行单桩静载试验。为获得 3 根试桩的竖向抗压极限承载力，试桩压重平台可提供的最大反力不小于 8400kN。通过对现场试桩数据的整理与分析，最终确定 3 根试桩的竖向极限承载力分别为 6000kN、6400kN 和 6800kN，各试桩对应的桩顶沉降量分别为 24.96mm、26.43mm 和 35.52mm，该项目的 SDS 单桩竖向承载力特征值为 6400kN。上述静载试验结果表明，该项目采用 SDS 桩基础是非常适用的，并且具有较大的技术、经济、环保优势。

根据SDS桩的静载试验结果，结合该工程项目的场地土层物理力学指标与中国京冶工程技术有限公司的经验参数法和标准贯入试验参数法进行了对比验证，结果见表16-15。

表16-15　正商瑞钻住宅小区项目SDS桩静载试验实测结果与极限承载力计算结果对比分析

试桩编号	桩长/m	桩径/mm	计算内容	单桩竖向承载力			
				经验参数法/kN	标贯试验参数法/kN	静载试验结果	
						极限承载力/kN	桩顶位移/mm
1	23.0	600	极限承载力	5934	5955	6000	24.96
			承载比	0.99	0.99	1.00	
2	23.0	600	极限承载力	5955	5955	6400	26.43
			承载比	0.93	0.93	1.00	
3	23.0	600	极限承载力	5955	5955	6800	35.52
			承载比	0.87	0.88	1.00	

从表16-15中可以发现，采用中国京冶工程技术有限公司的经验参数方法与标贯试验参数方法所得计算结果的承载比为0.87~0.99，说明此两种计算方法是安全、可靠的。

16.7.4　银川望远路丰建材城SDS桩基工程项目

1. 工程概况及地质条件

银川市望远路丰建材城项目位于宁夏回族自治区银川市，是以商业与酒店为主的地产项目。该项目采用短螺旋挤土灌注桩，2017年由宁夏某岩土工程有限公司负责施工，设计桩长12~18m，桩径500mm，设计竖向抗压承载力特征值为800kN，共有625根工程桩。该场地地貌单元属于黄河东银川平原冲积Ⅱ级阶地，勘察单位提供的土层分布和物理力学参数见表16-16。

表16-16　土层分布与物理力学参数汇总

土层编号	土层名称	土层厚度/m	孔隙率	标贯击数/击	土层状态	侧阻力标准值/kPa	端阻力标准值/kPa
①	填土	1.90	0.860	4	松散	20	—
②	粉土	0.73	0.771	5	松~稍密	16	—
③	粉砂	2.02	—	8.4	松散	0	—
④₁	含有机质粉质黏土	2.68	0.962	3	软塑	0	—
④₂	粉质黏土	0.75	0.801	6	可塑	50	—
⑤	粉土	0.75	—	7	稍密	27	—
⑥₃	细砂	10.00	—	38.1	密实	70	1100

2. 现场竖向抗压静载试验结果及分析

为摸清银川市SDS桩的工作特性，特别是桩身轴力分布、桩端阻力发展变化及桩侧摩阻力的分布形态与大小，宁夏某岩土工程有限公司在本工程项目中选取了3根桩径为500mm、长度为14.5m的SDS工程桩，在钢筋笼上安装了全长分布式光纤测试元件，并进行了单桩静载试验。由于篇幅所限，此处仅介绍19号试桩的静载试验检测结果。根据现场静载试验实测数据绘制了3根试桩的荷载-位移曲线，其中19号试桩的荷载-沉降曲线（Q-s曲线）和沉降-持续时间曲线（s-lg$t$曲线）如图16-46所示。这3根试桩的Q-s曲线均呈缓变形，s-lg$t$曲线尾部均未出现明显下弯，且试桩桩顶最大沉降量未超过 40mm。SDS 试桩最大加载量及相应桩顶沉降量分别为：12 号试桩最大加载量 3000kN，最大沉降量 17.73mm；19 号试桩最大加载量 2800kN，最大沉降量 31.64mm；27 号试桩最大加载量 3000kN，最大沉降量 25.20mm。试验实测数据表明，若以 2800kN 为本工程项目的 SDS 桩极限承载力，则其承载力特征值为 1400kN，该值相比于原设计的承载力特征值提高了 75%。工程桩承载力提升高达 75% 的贡献主要来自 SDSP 工法对于桩周土体的挤土正效应，虽然土层①～⑤的标贯击数仅为 3～8.4，但在短螺旋挤扩钻头钻进挤扩成孔后，由于桩周土体的挤密强化效应，桩侧阻力产生了极大的增值。

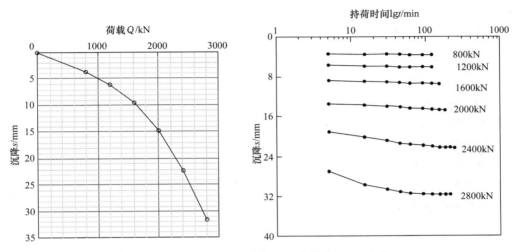

图 16-46　19 号 SDS 桩的 Q-s 曲线和 s-$\lg t$ 曲线

3. 桩身轴力与桩侧摩阻力检测结果及分析

（1）桩身轴力实测曲线

依据试桩的光纤检测数据能够获得试桩在各级桩顶竖向荷载作用下不同埋深处的桩身截面应力值和桩身轴力值，图 16-47 和图 16-48 分别为在各级荷载作用下 19 号 SDS 桩桩身轴力变化曲线和桩端阻力变化曲线。根据试桩在接近极限状态下的桩端阻力最大值还可以推算桩侧阻力最大值，具体计算结果见表 16-17。

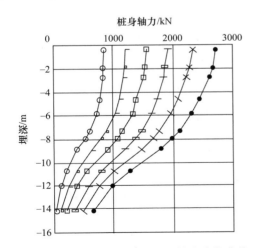

图 16-47　19 号 SDS 桩的桩身轴力变化曲线

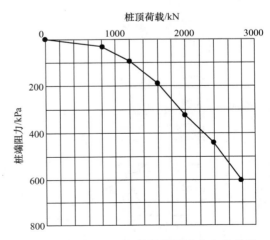

图 16-48　19 号 SDS 桩的桩端阻力变化曲线

从图 16-47、图 16-48 和表 16-17 中可以发现：

1）在同一桩顶荷载作用下，桩身轴力随着埋深的增加而逐渐减小。

2）在最大荷载作用下，桩身轴力变化曲线在埋深为 8～12m 时出现了一个 S 形反弯曲段，在此区间内桩身轴力曲线变化最平缓，斜率最小，桩身轴力向下传递过程中在此区段内衰减最快。这表明这一埋深区段内的土体强度较高，因此桩侧阻力也在反弯点附近达到了最大值。

3）桩端阻力随着桩顶荷载增加而不断增大，当桩顶荷载达到最大值时桩端阻力也达到最大值，桩顶荷载与桩端阻力的相关关系近似呈抛物线形变化。

表 16 - 17　SDS 桩侧阻力和端阻力统计分析

试桩编号	侧阻力/kN	端阻力/kN	最大荷载/kN	侧阻力占比/%
12	2232	706	3000	74.4
19	2125	603	2800	75.9
27	2354	642	3000	78.5

4）表 16 - 17 揭示出，3 根 SDS 桩的侧阻力相对于桩的总承载力占比分别达到 74.4%、75.9% 和 78.5%，说明本项目中的 SDS 桩为典型的端承摩擦桩，其桩端阻力仅占桩总承载力的 21.5%～25.6%。

（2）桩侧阻力分布

依据场地岩土分层信息，取各土层对应的桩身上下两个横截面的轴力值之差除以两横截面之间的桩周侧面积，可得到各土层的平均侧阻力值。利用 19 号 SDS 桩计算结果绘制出不同荷载作用下的平均侧阻力变化曲线和沿桩身的平均侧阻力分布曲线（图 16 - 49、图 16 - 50），各土层实测侧阻力与端阻力汇总于表 16 - 18 中。

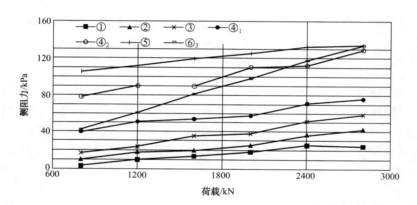

图 16 - 49　19 号 SDS 桩在各土层中的实测平均桩侧阻力变化曲线

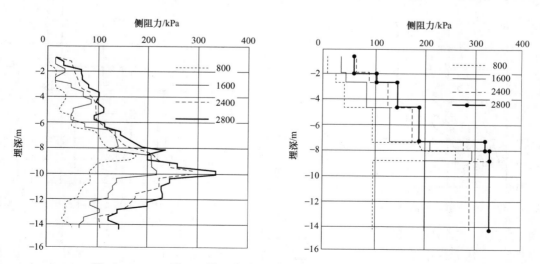

图 16 - 50　19 号 SDS 桩平均侧阻力和平均侧阻力沿桩身分布的曲线

从图 16 - 49 和图 16 - 50 中可以看出：

1）各土层的平均侧阻力值随桩顶荷载的逐级增加而逐渐增大，且近似呈线性发展变化，当桩顶荷载达到最大值时，平均侧阻力值随之达到最大值。

2）在各土层的平均侧阻力实测值中，埋深位于 8.08～8.83m 的粉土层⑤平均侧阻力最大，其值达到了 133kPa。

表 16 - 18　静载试验实测桩侧阻力与端阻力及勘察报告指标汇总

土层编号	土层名称	12 号试桩		19 号试桩		27 号试桩		勘察报告指标	
		侧阻力 /kPa	端阻力 /kPa	侧阻力 /kPa	端阻力 /kPa	侧阻力 /kPa	端阻力 /kPa	侧阻力 /kPa	端阻力 /kPa
①	填土	37	—	24	—	55	—	20	—
②	粉土	70	—	43	—	90	—	16	—
③	粉砂	72	—	59	—	91	—	0	—
④$_1$	含有机质粉质黏土	83	—	77	—	98	—	0	—
④$_2$	粉质黏土	117	—	131	—	122	—	50	—
⑤	粉土	150	—	133	—	150	—	27	—
⑥$_3$	细砂	131	3600	135	3080	121	3270	70	1100

从表 16 - 18 中可以看出：

1）3 根试桩在各土层的平均侧阻力实测值中，粉土层⑤最大，达到了 133～150kPa，其次是细砂层⑥$_3$ 和粉质黏土层④$_2$，分别为 121～135kPa 和 117～131kPa；⑤层、⑥$_3$ 层和④$_2$ 层的侧阻力的平均值分别达到了地质勘察报告建议值的 5.35 倍、1.84 倍和 2.47 倍，这证明 SDS 桩的挤土效应对桩侧阻力提高的贡献很大。

2）3 根试桩在含有机质粉质黏土层④$_1$ 中的实测桩侧阻力值为 83～98kPa，远高于地质勘察报告中的建议值，这说明对于标贯击数 $N=3$ 的含有机质粉质黏土层，在 SDS 桩承载力计算时也应该充分考虑其对侧阻力的贡献。

3）3 根试桩在细砂层⑥$_3$ 中的实测数据表明该层细砂土的端阻力高达 3080～3600kPa，平均值为 3316kPa，是勘察报告提供的相应土层端阻力的 3 倍。对比结果表明，通过 SDSP 工法的挤密作用，桩端持力层的端阻力也会有较大的提升。

4. SDS 桩静载试验小结

基于 3 根埋设有全长分布式光纤测试元件的 SDS 试桩分析结果可以得到以下结论：

1）本工程项目的 SDS 桩为典型的端承摩擦桩，其桩侧阻力相对单桩承载力占比高达 75% 左右。

2）当桩顶荷载达到最大值时桩端阻力也达到最大值，桩顶荷载与桩端阻力的相关关系近似呈抛物线形变化。

3）在桩顶荷载作用下，各土层的实测侧阻力值随桩顶荷载的增加逐渐增大；当桩顶荷载达到最大值时，各土层的侧阻力随之达到最大值。

4）SDS 桩的挤土效应对单桩承载力的巨大贡献在本工程项目中极为明显，与地质勘察报告建议值相比较，④$_2$、⑤和⑥$_3$ 层土的桩侧阻力提高了 100%～400%；④$_1$ 含有机质粉质黏土层的实测平均侧阻力值为 86kPa，远高于地质勘察报告中的建议值；细砂层⑥$_3$ 的实测平均端阻力比地质勘察报告建议值提高了 2 倍。

5. 设计计算方法验证

依据本场地静载试验实测资料，针对中国京冶工程技术有限公司的 SDS 桩的经验参数法和标准贯入试验参数法计算公式进行了验算，对比验证结果见表 16-19。

表 16-19　望远路丰建材城项目 SDS 桩静载试验实测结果与计算结果对比分析

试桩编号	桩长/m	桩径/mm	计算内容	单桩竖向极限承载力		
				经验参数法	标贯试验参数法	静载试验极限承载力
12	14.5	500	极限承载力/kN	2367	2393	3000
			承载比	0.79	0.80	1.00
19	14.5	500	极限承载力/kN	2367	2393	2800
			承载比	0.84	0.85	1.00
27	14.5	500	极限承载力/kN	2367	2393	3000
			承载比	0.79	0.80	1.00

由表 16-19 中 SDS 桩的经验参数法和标贯试验参数法的计算结果与 3 根 SDS 桩静载试验实测结果的对比可知，由两种计算方法得到的单桩极限承载力值均接近单桩承载力实测值，证明这两种 SDS 桩承载力计算方法是安全、合理的。

16.8　小　　结

短螺旋挤土灌注桩新技术研发团队经过长期的自主创新、联合公关，突破了十多项核心技术、关键工艺和机具装备难关，成功创建了我国具有自主知识产权的 SDS 桩基成套新技术体系，填补了我国在短螺旋挤土灌注桩施工技术领域的空白。这项成套新技术体系涵盖了基本理论、设计方法、钻机钻具、工艺工法、技术标准、发明专利和应用案例，为我国土木建筑界大面积应用这项技术先进、节能高效、经济环保的桩基施工新技术打下了坚实的基础。

SDS 桩与传统的钻孔桩、冲孔桩、旋挖桩或 CFA 桩相比具有承载力高、沉降量小、不出渣土、质量可靠和价格低廉的显著优势。这项桩基新技术目前已在我国 20 多个省、自治区、直辖市获得了推广应用，获得了中国施工企业管理协会科学技术创新成果一等奖等多个奖项，并被纳入山东省、河南省、安徽省、宁夏回族自治区、甘肃省的地方技术标准及中国工程建设标准化协会（CECS）标准。作为住房和城乡建设部与财政部支持推广的施工新技术，短螺旋挤土灌注桩成套新技术体系已经并将能够继续为我国的工程建设带来巨大的经济效益和显著的社会效益。

参 考 文 献

[1] BOTTIAU M. Recent evolutions in deep foundation technologies [C]. Proceedings of the DFI/EFFC 10th International Conference on Piling and Deep Foundations，Amsterdam，2006.

[2] VAN IMPE，W F. Two decades of full scale research on screw piles：an overview [C]. Published by The Laboratory of Soil Mechanics，Ghent University，Belgium，2004.

[3] PREZZI，M，BASU P. Overview of construction and design of auger cast-in-place and drilled displacement piles [C]. Proceedings of the DFI 30th Annual Conference on Deep Foundations，Chicago，2005.

[4] 刘钟，张义，李志毅，等. 新型螺旋挤土桩（SDSP）技术 [G] // 龚晓南，等. 第十届全国地基处理学术讨论会论文集——地基处理理论与技术进展. 南京：东南大学出版社，2008：131-136.

[5] 刘钟，李志毅，卢璟春. 短螺旋挤土灌注桩（SDS 桩）施工新技术 [G] // 第九届全国桩基工程学术会议论文集——桩基工程技术进展. 北京：中国建筑工业出版社，2009：491-499.

[6] 刘钟，郭钢，卢璟春，等. 短螺旋挤土灌注桩技术及承载力计算方法 [C]. 第 14 届桩基工程学术会议论文集——桩基工程技术进展，2019.

[7] 李元海. 数字照相变形量测技术及其在岩土模型试验中的应用研究 [D]. 上海：同济大学，2003.

[8] 卢璟春，刘钟，郭钢. 土工模型试验数字摄影变形量测新方法 [J]. 建筑科学，2010，26（11）：52－55.

[9] GUNARATNE M. The foundation engineering handbook [M]. New York：Taylor & Francis Group，2006.

[10] 卢璟春. 砂土中短螺旋挤土灌注桩挤土效应与承载特性模型试验研究 [D]. 北京：中冶集团建筑研究总院，2009.

[11] 张义，刘钟，刘波. 螺旋挤扩钻头钻进成孔挤土效应的模型试验研究 [G] //王新杰. 2009 海峡两岸地工技术/岩土工程交流讨论会论文集（大陆卷）. 北京：中国科学技术出版社，2009：551－557.

[12] 邓益兵，周健，刘钟，等. 砂土中螺旋挤扩钻具下旋成孔的模型试验研究 [J]. 岩石力学与工程学报，2011，30（12）：2558－2566.

[13] 邓益兵，周健，刘文白，等. 螺旋挤土桩下旋成孔过程的颗粒流数值模拟 [J]. 岩土工程学报，2011，39（9）：616－624.

[14] 刘钟，杨松，卢璟春，等. 螺旋挤土灌注桩与长螺旋灌注桩承载力足尺试验研究 [J]. 岩土工程学报，2010，32（215）：127－131.

[15] 刘钟，杨松，刘波，等. 螺旋挤扩桩新技术与新装备研究开发科研项目总报告 [R]. 国家住房和城乡建设部科学技术项目：2008－K2－40 验收报告. 中国京冶工程技术有限公司/中冶建筑研究总院有限公司，2010.

[16] 刘钟，赵琰飞，李志毅，等. 螺旋挤土桩模型试验研究 [G] //第 25 届全国土工测试学术研讨会论文集——土工测试新技术. 杭州：浙江大学出版社，2008：461－466.

[17] 中冶建筑研究总院有限公司. 短螺旋挤土灌注桩施工方法及双向螺旋封闭挤扩钻头：ZL200710063983.3 [P]. 2007－02－15.

[18] 山东省住房和城乡建设厅. 螺旋挤土灌注桩技术规程（DBJ14－091—2012）[S]. 2012.

[19] 张雁，刘金波. 桩基手册 [M]. 北京：中国建筑工业出版社，2009.

[20] NESMITH，W M. Design and installation of pressure-grouted，drilled displacement piles [C]. Proceedings of 9th International Conference on Piling and Deep Foundations，Nice，2002.

[21] SIEGEL T C，NESMITH W M，et al. Ground improvement resulting from installation of drilled displacement piles [C]. 32nd Annual Conference on Deep Foundations Colorado Springs，2007.

[22] CHENG F，MITCHELL P，TCHEPAK S. Performance of non- displacement and displacement piling [C]. Proceeding of 9th International Conference on Piling and Deep Foundations，Nice，2002.

[23] Z LIU，G GUO，et al. Comparative research on mechanical behaviors between SDS piles and HS piles [C]. Geoshanghai International Conference，Shanghai，2014.

[24] Z LIU，G GUO. Overview of design and practice of SDS pile in China [C]. 2014 International Conference on Pilling & Deep Foundation，Sweden，2014.

[25] 李志毅，刘钟，赵琰飞，等. 新型螺旋挤土灌注桩现场试验研究 [J]. 岩石力学与工程学报，2011，30（2）：411－417.

[26] 李志毅，刘钟，赵琰飞，等. 螺旋挤土桩钻头优化分析 [J]. 同济大学学报（自然科学版），2011，39（8）：1145－1149.

[27] 刘钟，卢璟春，张义，等. 砂土中螺旋挤土灌注桩受力性状模型试验研究 [J]. 岩石力学与工程学报，2011，30（3）：616－624.

[28] 刘钟，郭钢，邢占东，等. 双向螺旋挤土灌注桩单桩极限承载力计算方法 [J]. 岩土工程学报，2013，35（增刊2）：1204－1207.

[29] 刘钟，杨松，郭钢，等. 短螺旋挤土灌注桩成套技术装备研发与产业化科研项目技术报告 [R]. 中冶建筑研究总院有限公司/中国京冶工程技术有限公司，2017.

[30] 刘钟，卢璟春，郭钢，等. 基于未达破坏静载试验数据预测 SDS 桩极限承载力 [C]. 第 14 届桩基工程学术会议论文集——桩基工程技术进展，2019.

[31] 中国工程建设标准化协会. 短螺旋挤土灌注桩技术规程（T/CECS 781—2020）[S]. 北京：中国建筑工业出版社，2021.

第17章　劲性复合桩

邓亚光　沙焕焕

我国沿江沿海地区广泛分布着含水率及压缩性较高、强度和垂直渗透系数较低的淤泥质粉质黏土，且有大量暗河浜（含杂填土、冲填土、淤泥及有机质腐殖质填土）共生，采用常规的地基处理方法（如单一型桩基）经济效益不明显，难以满足工程应用所需，成为长期以来困扰工程界的难题。

近几年发明的劲性复合桩（SMC）有效解决了此类软土区地基处理普遍存在的经济技术难题。作为一种具有系列国家专利（复合桩的施工方法专利号为 ZL01108106.6）和国家级工法的新式桩型，劲性复合桩集柔性散粒体桩（S桩）、半刚性水泥土类桩（M桩）和刚性高强度混凝土类桩（C桩）的优势于一体，已在全国数千项工程中得到应用。邓亚光及其团队还针对不同土层（黏性土、液化砂土和粉土等）研发了相应的设备与施工工艺，最大限度拓宽了该新式桩型的应用范围。劲性复合桩的设计已得到明确规范，并纳入江苏省地方标准《（江苏省）劲性复合桩技术规程》（DGJ32/TJ 151—2013）与行业标准《劲性复合桩技术规程》（JGJ/T 327—2014）。本章着重介绍该桩型的基本原理、适用范围、施工机械及设备、施工工艺、工程实例、设计要点、技术特点和专利工法。

17.1　桩体结构及作用机理

17.1.1　劲性复合桩的定义

劲性复合桩（SMC桩）是一种复合了柔性散粒体桩（S桩）、半刚性水泥土类桩（M桩）及刚性高强度混凝土类桩（C桩）的新式桩型，其中各组分单桩的特征如下。

1）柔性散粒体桩（S桩）：由砂、碎石（砂石混合物）、卵石、砖瓦碎块、钢渣、矿渣、煤矸石碎块、混凝土碎块及其他建筑垃圾组成，采用锤击沉管、振动沉管、螺旋成孔、人工挖孔等方式成桩。该桩可振密、挤密及置换软土，并可加速土层固结排水。然而，因桩身是散粒体，易产生鼓胀破坏，且上部荷载主要由桩周软土侧向约束承担，承载力较低；荷载传递深度仅为桩径的2～3倍，沉降量较大。

2）半刚性水泥土类桩（M桩）：主要由水泥、石灰、粉煤灰、炉渣、化学浆液或混合料组成，采用粉喷（土质含水率低时）、湿喷（土质含水率高时）、高压旋喷注浆而成。该桩体积大、造价低，胶结强度较高，但桩身均匀性较差，且强度受土质影响较大，通常荷载传递深度在5倍桩径的范围。

3）刚性高强度混凝土类桩（C桩）：通常为预制钢筋混凝土方桩或管桩，也可为现浇钢筋混凝土桩、CFG桩、素混凝土桩等。采用钻孔灌注、振动或锤击沉管、夯击成孔、螺旋钻孔、人工挖孔等单一或两种以上方法结合成桩。该桩桩身强度高，荷载传递范围广，适用于承载力较高、沉降量受到严格限制的工程。但其施工工期长，造价和设备投资均较高，且对场地要求高（存在挤土、振动、泥浆排污、噪声等环境问题）。另外，该类桩桩身强度较高而体积较小，在软土地区难以提供足够的侧摩阻力与桩端阻力，即桩间土的强度并无明显的提高，当桩体大幅沉降而达极限状态时，桩身材料强度并未充分发挥，从而造成"强度浪费"。作为复合地基竖向增强体时，因与桩间土刚度差异过大，易发生冲剪刺入破坏。

若将柔性散粒体桩（S桩）、半刚性水泥土类桩（M桩）、刚性高强度混凝土类桩（C桩）三种单一桩型复合,后一种桩体对于前者中心(或边侧)的施工可起到二(多)次加固作用,有效避免上述单一桩型的缺点,形成充分发挥各自优点、互补增强的劲性复合桩型。目前工程中应用较多的有 SM、SC、MC、SMC 复合桩,具备较高的刚度和强度、较大的密度、较大的体积与较高的承载力,且有较好的可调性(针对不同土质、不同设计要求采用不同桩长、桩径、桩距、桩身材料灵活组合)。另外,因复合桩与单桩及其加固后的桩间土协调匹配性较好,多元复合桩复合地基(如 S+MC、S+SC、S+MC、S+SMC、M+SC、M+MC、M+SMC 复合桩)均匀性、稳定性和承载力均得以大幅提升,一定程度上预示了复合桩基应用及发展的新方向。

17.1.2　复合桩的结构与作用机理

复合桩的类型及作用机理见表 17-1。

表 17-1　复合桩的类型及作用机理

复合桩类型	施工顺序	作用机理	改良性状	改善效果
SM	S→M	挤密置换	桩身颗粒结构、桩间软土状态	增大荷载传递深度
MC	M→C	振密挤扩	桩周土界面状态	增大荷载传递深度
SC	S→C	排水护壁	孔隙水压力	消除液化和挤土效应
SMC	S→M→C	注浆加固	桩身散粒体结构	消除膨胀破坏
CC	C→C	振密挤扩	桩间软土密实状态	增加整体刚度,减小沉降
SCCM	S→C→C→M	注浆加固	桩身散粒体结构	消除液化,增大侧摩阻力

17.1.2.1　SM 复合桩

1. 结构

(1) 先打 S 桩再打 M 桩

1) 可先打桩径为 220~280mm 的微型散粒体桩,再在散粒体桩中心施打桩径为 500~700mm 的水泥搅拌桩,形成散粒体水泥搅拌复合桩——砂石水泥土搅拌复合桩、钢渣水泥土搅拌复合桩、碎砖水泥土搅拌复合桩。

2) 可先打桩径较大的散粒体桩(散粒体材料的粒径可稍大),结合素混凝土垫层或基础、承台情况决定是否上部封闭或预留注浆孔。注浆管(钢管或 PVC 管)可在施工散粒体桩时预留,再注浆形成散粒体注浆复合桩。

3) 用钢管结合高压水在土中冲孔,在孔中填入粒径较小的石子或瓜子片,不再拔出钢管,并在上部封闭注浆,形成钢管劲芯散粒体水泥复合桩(可用于基坑支护)。

4) 可根据不同施工用途或目的在散粒体中心或桩周注水泥浆(或其他浆液、混合浆液),形成凝固速度不同、强度不同的散粒体注浆复合桩。

5) 选用钢渣、矿渣散粒体,前期具有排水、挤密等散粒体桩的特性,一段时间以后会形成有一定凝结强度的桩体,施工后沉降较小。

(2) 水泥砂土劲性复合桩

如果土层较软,采用振动沉管或锤击沉管等方法施打散粒体桩容易缩颈或不出料时,可采用粉喷桩机(或湿喷桩机),这种机械可直接施工水泥砂土劲性复合桩。

1) 改进粉喷桩机,使喷砂进口与喷粉出口并联且可调控,根据土质情况调控不同部位的喷砂喷粉量。

2) 直接用粉喷桩机先喷干砂,形成砂土搅拌桩体后再在桩中心喷粉(或先粉后砂),搅拌形成水泥砂土复合桩。

3）视土质情况将水泥、砂或其他添加剂预混，形成混合粉剂，用于粉喷桩施工（或形成浆剂，用于湿喷桩施工），这样形成的水泥砂土复合桩的桩体强度比单一水泥土体强度高1倍左右。

4）干湿搅拌桩复合施工，即先施工粉喷桩，后在其中心或桩身其他位置施打浆喷桩（或先施工湿喷桩，后在其中心或桩身其他位置施打粉喷桩），这样可以避免湿喷桩在搭接施工时桩身向已施工的桩位倾斜及过早出现冒浆、桩头抬高等现象，也避免了粉喷桩施工时搭接部位桩身强度太高及含水率较低的现象，可大大提高搭接处的水泥掺入量和桩身强度，并形成垂直度较高的水泥土（或水泥砂土）连续墙，用于基坑支护或防渗墙工程。

2. 作用机理

M桩以粉喷桩为例、S桩以振动沉管微型砂石桩为例，其作用机理如下：

1）挤密置换作用。

2）粉喷桩施工时高压气体会使大量的水分从砂石桩中排出；复合桩间预留的部分砂石桩作为长期排水固结通道。

3）改善桩身颗粒结构，增强复合桩桩体密度，增大荷载作用深度。

4）改善桩间软土状态和特殊土地基的不良特性，构筑复合地基。

17.1.2.2　MC复合桩

1. 结构

1）在已经施打好的M桩中心施打C桩，形成劲芯水泥土类复合桩，可作为刚性单桩，也可作为复合地基中的竖向增强体。常在软基中施打桩径为500～700mm（如用湿喷，桩径可达900mm）的水泥搅拌桩，在水泥未硬凝时施打C桩。C桩可为素混凝土桩，形成素混凝土劲芯（也可加钢筋笼或插钢筋、钢管形成钢筋混凝土劲芯），也可为预制桩或钢桩、木桩等。

2）先C桩后M桩，即先打C桩，在C桩中预设注浆管，后期注浆，加固C桩的桩端或桩侧土体，提高C桩的桩端阻力和侧摩阻力在全国早已推广应用的钻孔桩后压浆工法即采用了这种施工方法。也可在预制管桩、空心方桩、方桩及灌注混凝土桩等刚性桩施工结束后进行后期注浆加固（可预设注浆管或在管桩底部采取适当后续措施注浆）。

3）先打水泥搅拌桩，再打C桩（C桩长度大于水泥土搅拌桩较多），然后在C桩底部注浆。当管桩、预制方桩的承载力要求较高时可采取多种复合措施（图17-1）。

2. 作用机理

M桩以水泥搅拌桩为例，C桩以微型素混凝土小桩为例。

1）振密挤扩作用。劲芯的打入能够振密水泥土体和桩周土体，增大水泥土体密度，使桩周土体的界面粗糙紧密。

2）改善荷载传递路径及深度。上部荷载作用下的应力会由劲芯快速传递到其侧壁和桩端的水泥土体，再由水泥土体迅速传递给桩周及桩端土体，芯桩承受的荷载则急剧减小。12m长的管桩芯桩桩底应力仅为桩顶应力的12％左右，因此这种复合桩对持力层强度要求不高。

3）形成桩土共同作用的复合地基。

内芯C桩：PHC管桩　　外芯M桩：水泥土桩

图17-1　MC劲性复合桩

17.1.2.3　SC 复合桩

1. 结构

1）先施工下部 S 桩作为 SC 复合桩的桩底，再施工 C 桩。例如，将散粒体用夯扩沉管方法打入土中的持力层部位（复合桩底部），再打入 C 桩（可为预制管桩、方管桩、木桩、钢桩或灌注混凝土桩），形成 SC 复合桩。

2）S 桩和 C 桩同步施工。如采用较大直径的振动沉管桩机施工，可将散粒体与预制混凝土劲芯同时填入管中，形成预制混凝土劲芯散粒体复合桩。

3）先 S 桩后 C 桩。复合桩由散粒体构成外芯，一般先打 $\phi 280mm$ 的散粒体桩（土层特别软弱时可复打），再在其中心施打 C20～C30 素混凝土桩，也可加入钢筋笼、插钢筋或钢管形成钢筋混凝土劲芯。S 桩的长度可小于、等于或大于 C 桩。

2. 作用机理

S 桩以微型砂石桩为例、C 桩以微型混凝土桩为例。
1）砂石外芯具有护壁作用。
2）砂石外芯的排水作用使超孔隙水压力迅速消散，消除液化和挤土作用。
3）素混凝土砂石复合桩可与桩间砂桩和桩间土组成三元复合地基。

17.1.2.4　SMC 复合桩

1. 结构

1）先 S 桩再 M 桩最后 C 桩，如先打散粒体桩，再进行水泥搅拌桩的施工，形成 SM 桩，在水泥土未硬凝时打入 C 桩。

2）在 SC 桩中的散粒体部分进行后注浆或旋喷施工，形成复合桩。例如，在散粒体部位预设注浆管，进行后注浆加固，防止底部散粒体及周边土体在水渗透后软化而产生变形。在砂石劲芯复合桩的砂石部位进行后注浆加固，后注浆可在上部结构施工前或施工后一段时间（可先施工一部分上部结构，在上部结构的自重作用下散粒体有一定的变形量后）再进行。

3）当 SM 为预混料形成水泥砂土搅拌复合桩后再在其中打入 C 桩。

4）先用沉管设备打入 C 桩，并在桩顶一定范围内填入散体材料，形成 S 桩，再用较大直径的水泥搅拌桩设备在 S 桩中心施打水泥搅拌桩，形成上部为较大置换率的 SM 桩，下部为能进入较好持力层的直径相对较小的 C 桩。这种结构多用于路基、堆场和储罐基础工程。

2. 作用机理

桩身 SM 部分作用机理与 SM 复合桩作用机理相同，SM＋C 的作用机理与 MC 复合桩的作用机理相同，即三元复合融合了两元复合的优点。

17.1.2.5　高强度挤扩刚性（CC）复合桩

现有的复合桩以水泥土搅拌桩为外芯时，在黏土中施工难度较大，且搅拌效果不理想，以素混凝土灌注桩为外芯可以进行改进。

高强度挤扩刚性复合桩的特征是先用挤土或部分取土工艺施工素混凝土灌注桩，在素混凝土中心打入预制桩（管桩、实心方桩、空心方桩、钢管管桩及其他异形预制桩）进行挤扩，预制空心桩可选择填充灌注混凝土内芯。素混凝土外芯的长度可比预制桩的长度长，也可比预制桩的长度短。素混凝土外芯在下部时，预制桩打入素混凝土外芯的部分形成扩大头。

17.1.2.6 散体后注浆劲芯（SCCM）复合桩

后注浆工艺在散体中的效果优于在土体中。遇到液化土层时需先施工散体桩，消除液化，再打入刚性劲芯桩，使侧摩阻力得到发挥，在液化消除后进行散体外围桩后注浆，以更好地提高复合桩的承载力。

散体后注浆劲芯复合桩的特征是包括第一桩，第一桩为散粒体桩（S），可为砂、碎石、卵石、煤矸石、钢渣、矿渣、碎砖瓦或混合体等散粒体；第一桩底部可灌注一段素混凝土，方便后注浆时在此交界面形成扩大头；在第一桩内设置芯桩，芯桩可为素混凝土灌注桩（C桩）、预制桩（C桩）、素混凝土灌注桩内压入预制桩（CC桩）、素混凝土灌注桩内打素混凝土灌注桩（CC桩）等多种形式；芯桩下部距散粒体桩底部有一定距离（如2倍桩径）；芯桩内须设注浆管和注浆孔（素混凝土灌注桩内可预设管道，预制实心桩应预留特制管道，预制空心桩可在底部装单向阀、以空心为管道）以进行后注浆，形成SM外围桩。

17.2 劲性复合桩的设计计算

17.2.1 一般规定

劲性复合桩可按散柔复合桩、散刚复合桩、柔刚复合桩和三元复合桩等类型进行设计。

散刚复合桩、柔刚复合桩和三元复合桩用于复合基础时，刚性桩混凝土强度等级不宜低于C15；用于桩基时，刚性桩混凝土强度等级不宜低于C25，且应满足桩身承载力的要求。劲性复合桩用于桩基础时应穿透软弱土层。散体桩的桩身材料宜级配良好，最大粒径应小于50mm。柔性桩设计前应进行拟使用材料的室内配比试验。

17.2.2 复合桩的构造

1. 散柔复合桩构造的相关规定

散柔复合桩的构造（图17-2）应符合下列规定：

1）散体桩的桩长不宜大于柔性桩的桩长。

2）散体桩桩径宜为220～500mm，柔性桩桩径宜为500～1200mm。

3）柔性桩水泥掺入量宜为12%～18%，土质松软时应加大掺入量。

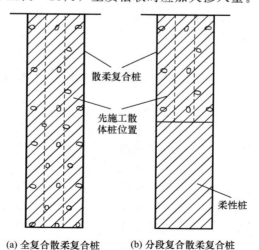

(a) 全复合散柔复合桩　　(b) 分段复合散柔复合桩

图17-2　散柔复合桩构造示意图

2. 散刚复合桩构造的相关规定

散刚复合桩的构造（图 17-3）应符合下列规定：

1）散体桩桩径宜为 280～600mm，刚性桩桩径宜为 220～500mm。

2）当刚性桩桩长大于散体桩桩长时，刚性桩应进入相对较硬的持力土层。

3）当散体桩桩长大于刚性桩桩长时，刚性桩下散体桩的长度宜为 3～5 倍刚性桩桩径。

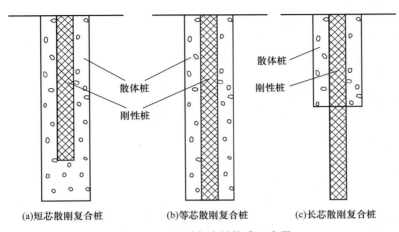

(a)短芯散刚复合桩　　　(b)等芯散刚复合桩　　　(c)长芯散刚复合桩

图 17-3　散刚复合桩构造示意图

3. 柔刚复合桩构造的相关规定

柔刚复合桩的构造（图 17-4）应符合下列规定：

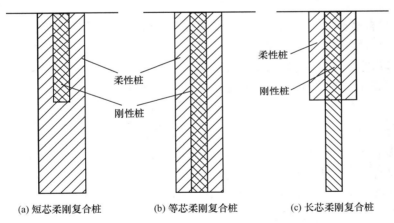

(a) 短芯柔刚复合桩　　　(b) 等芯柔刚复合桩　　　(c) 长芯柔刚复合桩

图 17-4　柔刚复合桩构造示意图

1）柔性桩桩径宜为 500～1200mm，刚性桩桩径宜为 220～800mm。

2）当刚性桩的桩长大于柔性桩桩长时，刚性桩应进入较硬的持力土层。

3）柔刚复合桩复合段的外芯厚度宜为 150～250mm。

4）柔性桩在刚性桩桩端以下部分的长度宜根据土层状况及工程设计要求确定。

4. 三元复合桩构造的相关规定

三元复合桩的构造（图 17-5）应同时符合散柔复合桩和柔刚复合桩构造的规定。

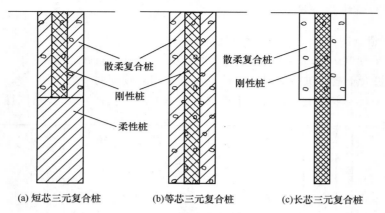

(a) 短芯三元复合桩　　　(b) 等芯三元复合桩　　　(c) 长芯三元复合桩

图 17-5　三元复合桩构造示意图

17.2.3　桩基设计

1. 劲性复合桩作为桩基础基桩的相关规定

1) 当劲性复合桩作为抗拔桩时应选用柔刚复合桩或三元复合桩。
2) 桩间距不应小于 4 倍内芯直径，且不应小于 1.5 倍外芯直径。
3) 桩身承载力及裂缝控制宜按内芯进行验算。
4) 内芯应与承台连接。

2. 劲性复合桩单桩竖向抗压承载力设计规定

1) 劲性复合桩单桩竖向抗压承载力特征值应根据单桩竖向抗压荷载试验确定。

2) 初步设计时，对散刚复合桩可按式(17-1) 和式(17-2) 估算，对柔刚复合桩和三元复合桩可按式(17-1) ～式(17-4) 估算并取其中的小值。

劲性复合桩桩侧破坏面位于内、外芯界面时，基桩竖向抗压承载力特征值可按下式估算：

长芯桩
$$R_a = u^c q_{sa}^c l^c + u^c \sum q_{sja}^c l_j + q_{pa}^c A_p^c \tag{17-1}$$

短芯桩和等芯桩
$$R_a = u^c q_{sa}^c l^c + q_{pa}^c A_p^c \tag{17-2}$$

式中　R_a——劲性复合桩单桩竖向抗压承载力特征值（kN）；

u^c——劲性复合桩内芯周长（m）；

l^c，l_j——劲性复合桩复合段长度和非复合段第 j 土层的厚度（m）；

A_p^c——劲性复合桩内芯截面面积（m²）；

q_{sa}^c——劲性复合桩复合段内芯侧阻力特征值，宜按地区经验取值，无地区经验时宜取室内相同配比水泥土试块在标准条件下 90 天龄期的立方体（边长为 70.7mm）无侧限抗压强度的 0.04～0.08 倍，当内芯为预制混凝土类桩或外芯水泥土桩采用干法施工时宜取较高值，对散刚复合桩可取 30～50kPa；

q_{sja}^c——劲性复合桩非复合段内芯第 j 土层的侧阻力特征值（kPa），可按地区经验取值，也可根据内芯桩型按《建筑桩基技术规范》（JGJ 94）取值；

q_{pa}^c——劲性复合桩内芯端阻力特征值，宜按地区经验取值，对长芯桩与等芯桩也可根据内芯桩桩型按《建筑桩基技术规范》(JGJ 94) 取值，对短芯散刚复合桩可取 1200～1500kPa，对短芯柔刚复合桩和短芯三元复合桩可取 2000～3000kPa。

劲性复合桩桩侧破坏面位于外芯和桩周土的界面时，基桩竖向抗压承载力特征值可按下式估算：

长芯桩　　　　　　　$$R_a = u \sum \zeta_{si} q_{sia} l_i + u^c \sum q_{sja}^c l_j + q_{pa}^c A_p^c \qquad (17-3)$$

短芯桩和等芯桩　　　$$R_a = u \sum \zeta_{si} q_{sia} l_i + a \zeta_p q_{pa} A_p \qquad (17-4)$$

式中　u——劲性复合桩复合段桩身周长（m）；

$\quad\quad l_i$——劲性复合桩复合段第 i 土层的厚度（m）；

$\quad\quad A_p$——复合桩桩身截面面积（m²），对散刚复合桩应取刚性桩桩身截面面积，对柔刚复合桩和三元复合桩，当刚性桩桩长大于柔性桩或散柔复合桩桩长时，应取刚性桩桩身截面面积；

$\quad\quad q_{sia}$——劲性复合桩复合段外芯第 i 土层侧阻力特征值（kPa），宜按地区经验取值，无经验时可按表 17-2 取值；

$\quad\quad q_{pa}$——劲性复合桩端阻力特征值（kPa），宜按地区经验取值，也可取桩端地基土未经修正的承载力特征值；

$\quad\quad a$——劲性复合桩桩端天然地基土承载力折减系数，对柔刚复合桩可取 0.7~0.9，对三元复合桩可取 0.8~1.0；

$\quad\quad \zeta_{si},\ \zeta_p$——劲性复合桩复合段外芯第 i 土层侧阻力调整系数和端阻力调整系数，宜按地区经验取值，无经验时可按表 17-3 取值，非复合段侧阻力调整系数和端阻力调整系数均取 1.0。

表 17-2　劲性复合桩外芯侧阻力特征值

土的名称	土的状态		侧阻力特征值 q_{sa}/kPa
人工填土	稍密~中密		10~18
淤泥	—		6~9
淤泥质土	—		10~14
黏性土	流塑	$I_L > 1$	12~19
	软塑	$0.75 < I_L \leqslant 1$	19~25
	软可塑	$0.5 < I_L \leqslant 0.75$	25~34
	硬可塑	$0.25 < I_L \leqslant 0.5$	34~42
	硬塑	$0 < I_L \leqslant 0.25$	42~48
	坚硬	$I_L \leqslant 0$	48~51
粉土	稍密	$e > 0.9$	12~22
	中密	$0.75 < e \leqslant 0.9$	22~32
	密实	$e \leqslant 0.75$	32~42
粉砂	稍密	$10 < N \leqslant 15$	11~23
	中密	$15 < N \leqslant 30$	23~32
	密实	$N > 30$	32~43
细砂	稍密	$10 < N \leqslant 15$	13~25
	中密	$15 < N \leqslant 30$	25~34
	密实	$N > 30$	34~45

表 17-3　劲性复合桩复合段外芯侧阻力调整系数和端阻力调整系数

调整系数	土的类别				
	淤泥	黏性土	粉土	粉砂	细砂
ζ_s	1.3~1.6	1.5~1.8	1.5~1.9	1.7~2.1	1.8~2.3
ζ_p	—	2.0~2.2	2.0~2.4	2.3~2.7	2.5~2.9

在表 17-2、表 17-3 中，当劲性复合桩外芯为干法搅拌桩时取高值，外芯为湿法搅拌桩和旋喷桩

时取低值，内芯为预制桩时取高值，内芯为灌注混凝土桩时取低值，内外芯截面面积比值大时取高值，三元复合桩取高值。

3. 劲性复合桩桩基软弱下卧层承载力验算规定

1）散刚复合桩宜按刚性桩桩底平面验算。

2）对柔刚复合桩和三元复合桩，为长芯或等芯复合桩时宜按刚性桩桩底平面验算，为短芯复合桩时宜同时按复合段桩底平面和非复合段桩底平面验算。

4. 劲性复合桩桩基沉降计算

劲性复合桩桩基沉降计算应从刚性桩桩底平面起算，并应符合现行国家标准的有关规定；刚性桩桩底下非复合桩体的压缩模量宜按现行国家标准《复合地基技术规范》（GB/T 50783）的相关规定取值。

5. 劲性复合桩竖向抗拔承载力计算

劲性复合桩用于抗拔桩时应采用长芯或等芯复合桩。单桩竖向抗拔承载力特征值的确定应符合下列规定：

1）单桩竖向抗拔承载力特征值应根据单桩竖向抗拔荷载试验确定。

2）初步设计时可按式（17-5）～式（17-7）估算，并取其中的小值。

① 群桩呈非整体破坏，且破坏面位于内、外芯界面时，单桩竖向抗拔承载力特征值可按下式估算：

$$T_{ua} = u^c \lambda^c q^c_{sa} l^c + u^c \sum \lambda_j q^c_{sja} l_j \tag{17-5}$$

式中　T_{ua}——群桩呈非整体破坏时劲性复合桩单桩竖向抗拔承载力特征值（kN）；

λ^c——劲性复合桩复合段内芯抗拔系数，宜按地区经验取值，无地区经验时可取 0.7～0.9；

λ_j——非复合段内芯第 j 土层抗拔系数，宜按地区经验取值，无地区经验时可根据土的类别按表 17-4 取值。

② 群桩呈非整体破坏，且破坏面位于外芯和桩周土的界面时，单桩竖向抗拔承载力特征值可按下式估算：

$$T_{ua} = u \sum \lambda \zeta_{si} q_{sia} l_i + u^c \sum \lambda_j q^c_{sja} l_j \tag{17-6}$$

式中　λ——劲性复合桩复合段外芯抗拔系数，宜按地区经验取值，无地区经验时可根据土的类别按表 17-4 取值；

③ 群桩呈整体破坏时，单桩竖向抗拔力特征值可按下式估算：

$$T_{ga} = \left(U \sum \lambda \zeta_{si} q_{sia} l_i + U^c \sum \lambda_j q^c_{sja} l_j \right) / n \tag{17-7}$$

式中　T_{ga}——群桩呈整体破坏时劲性复合桩单桩竖向抗拔承载力特征值（kN）；

$U，U^c$——桩群复合段外芯外围周长和桩群非复合段内芯外围周长（m）；

n——群桩的桩数。

表 17-4　抗拔系数 λ_j、λ

土的类别	λ_j	λ
砂土	0.5～0.7	0.6～0.8
黏性土、粉土	0.7～0.8	0.75～0.85

6. 劲性复合桩水平承载力特征值的确定

劲性复合桩的水平承载力特征值应根据现场水平荷载试验确定。

17.2.4　复合地基设计

1．劲性复合桩作为复合地基增强体时的规定

1）选用散柔复合桩、散刚复合桩、柔刚复合桩或三元复合桩。

2）劲性复合桩复合地基设计时宜在基础范围内布桩。

3）劲性复合桩的置换率应根据设计要求的复合地基承载力、地基土特性、施工工艺等确定，桩间距不宜小于 3 倍内芯直径。

2．劲性复合桩长度的确定

劲性复合桩的长度应根据上部结构对承载力和变形的要求确定，宜穿透软弱土层到达承载力相对较高的土层。为提高抗滑稳定性而设置的劲性复合桩，其桩底标高应低于处理后最危险滑动面以下 2m。

3．劲性复合桩复合地基承载力特征值的确定

1）复合地基承载力特征值应根据单桩复合地基或多桩复合地基荷载试验确定。

2）初步设计时，复合地基承载力特征值也可按下式估算：

$$f_{\mathrm{spk}} = \lambda m \frac{R_{\mathrm{a}}}{A_{\mathrm{p}}} + \beta(1-m) f_{\mathrm{sk}} \tag{17-8}$$

式中　f_{spk}——复合地基承载力特征值（kPa）；

　　　λ——单桩承载力发挥系数，应按地区经验取值，无经验时可取 0.95～1.0；

　　　m——面积置换率；

　　　R_{a}——单桩竖向抗压承载力特征值（kN）；

　　　β——桩间土承载力发挥系数，应按地区经验取值，无经验时可取 0.8～1.0；

　　　f_{sk}——处理后桩间土承载力特征值（kPa），应按地区经验确定，无经验资料时可取天然地基承载力特征值。

4．劲性复合桩单桩竖向抗压承载力特征值的确定

劲性复合桩单桩竖向抗压承载力特征值应根据单桩荷载试验确定。初步设计时，散刚复合桩、柔刚复合桩和三元复合桩可按 17.2.3 节的规定估算，散柔复合桩可按下列公式估算，并取计算结果的小值：

$$R_{\mathrm{a}} = u \sum \zeta_{si} q_{sia} l_i + u \sum q_{sja} l_j + a \zeta_{\mathrm{p}} q_{\mathrm{pa}} A_{\mathrm{p}} \tag{17-9}$$

$$R_{\mathrm{a}} = \eta f_{\mathrm{cu}} A_{\mathrm{p}} \tag{17-10}$$

式中　q_{sia}——散柔复合桩复合段第 i 土层侧阻力特征值（kPa），宜按地区经验取值，无经验时可按表 17-2 取值；

　　　q_{sja}——散柔复合桩非复合段第 j 土层侧阻力特征值（kPa），宜按地区经验取值，无经验时可按现行行业标准《建筑地基处理技术规范》（JGJ 79）的规定取值；

　　　q_{pa}——散柔复合桩端阻力特征值（kPa），宜按地区经验取值，也可取桩端地基土未经修正的承载力特征值；

　　　ζ_{si}——散柔复合桩第 i 土层侧阻力调整系数，宜按地区经验取值，无经验时可按表 17-3 中相应值的 0.9 倍取值；

　　　ζ_{p}——散柔复合桩端阻力调整系数，宜按地区经验取值，无经验时，对非复合段桩端应取 1.0，对复合段桩端宜取 1.1～1.5；

　　　a——散柔复合桩桩端地基土承载力折减系数，对非复合段桩端可取 0.4～0.6，对复合段桩端可取 0.6～0.8；

η——桩身强度折减系数，可取 0.25～0.35；

f_{cu}——与散柔复合桩桩身材料配比相同的室内加固土边长为 70.7mm 或 50.0mm 的立方体试块在标准养护条件下 90 天龄期的立方体抗压强度平均值（kPa）。

5. 劲性复合桩基软弱下卧层承载力验算

劲性复合桩处理深度范围以下存在软弱下卧层时，应按现行国家标准《复合地基技术规范》（GB/T 50783）的有关规定验算下卧层承载力。

6. 劲性复合桩基复合地基压缩变形计算

复合地基的变形应为复合土层的平均压缩变形与桩端下未加固土层的压缩变形之和，可按现行国家标准《复合地基技术规范》（GB/T 50783）的有关规定计算。

7. 劲性复合桩褥垫层厚度的确定

劲性复合桩桩顶和基础之间应设置褥垫层。褥垫层材料宜用中砂、粗砂或级配碎石，碎石最大粒径不宜大于 30mm。褥垫层的厚度宜取 150～300mm，当桩径较大或桩距较大时褥垫层厚度宜取大值。

17.3　工程实例及试验研究

17.3.1　江苏省南通市如东中天润园小区

17.3.1.1　工程概况

中天润园项目位于江苏省南通市如东县掘港镇，为地上 26 层住宅楼，建筑面积为 27614m²。场地地貌类型属长江下游冲积平原区滨海平原。场地成陆时间较晚，主要覆盖第四纪松散沉积物，以粉土、粉砂、粉质黏土为主。地基土的物理力学参数见表 17-5。

表 17-5　地基土的物理力学参数

土层编号	土层名称	层厚/m	孔隙比	黏聚力 c /kPa	内摩擦角 φ /(°)	含水率 w/%	压缩模量 E_s/MPa	q_c/MPa	f_s/MPa	f_{ak}/MPa
①	素填土混杂填土	1.0	1.045	16.6	10.4	31.1	3.04	1.31	31.96	50
②	粉质黏土夹粉土	1.0	0.976	19.0	12.4	32.1	3.49	0.90	21.31	80
③₁	淤泥质粉质黏土夹粉土	1.2	1.199	13.8	6.3	41.8	2.55	0.50	8.62	60
③₂	粉土夹粉质黏土	1.1	0.930	13.4	20.1	31.9	5.39	1.64	19.49	100
④	粉砂夹粉土	3.2	0.802	5.1	27.6	29.4	9.72	3.93	38.16	135
⑤₁	粉砂	2.3	0.753	3.9	30.0	28.1	13.64	6.70	64.46	160
⑤₂	粉砂夹粉土	1.0	0.804	5.0	27.5	29.7	9.96	3.28	51.33	130
⑤₃	粉砂	1.7	0.772	3.8	30.5	29.5	13.63	6.95	68.02	170
⑥₁	粉砂夹粉土	2.5	0.806	4.7	27.4	29.4	9.86	3.60	52.06	135
⑥₂	粉砂夹粉土	2.2	0.758	4.5	28.9	28.1	12.40	5.25	57.08	150
⑥₃	粉砂	2.9	0.714	3.1	32.4	25.8	15.76	8.78	71.19	180
⑥ₐ	粉砂夹粉土	1.9	0.809	5.0	27.4	29.8	10.11	3.12	55.82	125
⑦	粉砂	2.9	0.634	1.9	35.0	24.1	18.95	14.04	107.55	230

续表

土层编号	土层名称	层厚/m	孔隙比	黏聚力 c /kPa	内摩擦角 φ /(°)	含水率 w /%	压缩模量 E_s/MPa	q_c/MPa	f_s/MPa	f_{ak}/MPa
⑧₁	粉质黏土夹粉土	2.5	0.973	30.1	15.7	33.2	6.25	1.25	30.38	120
⑧₂	粉质黏土	2.9	0.844	42.4	14.0	27.2	6.19	1.84	67.86	160
⑨	粉砂、粉质黏土互层	2.3	0.796	4.0	29.6	29.0	11.59	3.81	68.03	135
⑩	粉砂夹粉土	2.9	0.712	3.1	31.9	26.1	14.97	8.08	95.03	185
⑪₁	粉砂	5.1	0.683	2.4	32.8	25.1	16.16	10.99	126.44	220
⑪₂	粉砂夹粉土	1.5	0.745	4.7	28.9	27.5	12.82	5.89	83.12	160
⑪₃	粉砂	6.0	0.709	3.1	32.4	26.0	15.56	9.51	113.97	200
⑫	粉细砂	16.0	0.612	1.4	37.3	23.9	20.53	15.67	240.17	250

注：q_c 为锥尖阻力标准值，f_s 为侧阻力标准值，f_{ak} 为地基承载力特征值。

本工程软土层厚度大、压缩性高、承载力低，不能满足承受上部结构荷载的需要。原设计方案采用 $\phi500$mm PHC 管桩，桩底进入较理想的⑪₁ 粉砂层，单桩承载力极限值为 4000kN；自地表起所需桩长约为 38m，工程造价较高。经对比分析，现采用管桩水泥土复合桩，充分利用场地地表下约 18m、承载力约为 180kPa 的中等压缩性⑥₃ 粉砂层。在复合桩成桩 90 天后进行单桩荷载试验，其承载力比单一管桩高 1 倍以上，而造价仅为原方案的 1/2 左右。

现场试验采用 ZYC900S 型压桩机，在水泥土初凝前将 PHC 500AB－（125）－11m 单节管桩压入长 14m、直径为 800mm 的水泥粉喷桩中，至地面下约 16.6m，形成管桩水泥土复合桩（送桩深度为 5.6m）。桩身结构如图 17－6 所示。粉喷桩采用 42.5（R）级复合硅酸盐水泥，掺入量为 18%，管桩下端另加 5% 复搅。粉喷机械送灰压力达 0.7MPa，单桩送灰总质量达 1800kg。

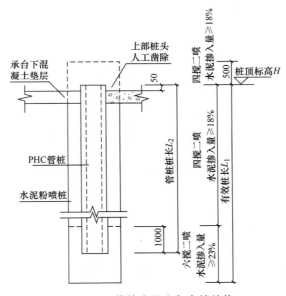

图 17－6　管桩水泥土复合桩结构

17.3.1.2　结论

以管桩水泥土桩（MC 桩）为例开展试验，分析实测数据后得出以下荷载传递规律：

1）管桩水泥土复合桩在各级荷载作用下的沉降稳定时间不完全一致，Q-s 曲线呈缓变型。

2）管桩复合基桩工作特性与刚性单桩相似。桩端阻力只占桩顶荷载的 10%～15%，复合桩表现出摩擦桩的工作特性。

3）管桩和水泥土桩侧阻力分布规律类似。水泥土桩所能提供的侧阻力是原桩周土的 5 倍以上。管桩水泥土复合桩桩周土极限侧阻力是原桩周土的 3 倍以上。

4）管桩是竖向荷载的主要承担者，各级荷载下管桩承载比例为 93.43％～94.34％，水泥土承载比例为 5.66％～6.57％，且荷载越大，应力向管桩集中的现象越显著，管桩承担的荷载比例越高。

17.3.2 江苏省南通市星湖城市广场项目

17.3.2.1 工程概况

星湖城市广场位于南通市开发区星湖大道北侧、通盛大道东侧。该工程占地面积 113230m²，建筑面积 303312m²，框架结构，地上 4 层，地下 1～2 层。该工程拟采用天然地基或桩基，无地下室部分基础埋深约为 2.0m，一层地下室埋深 5.8m，二层地下室埋深 10.6m，一层地下室区域为Ⅰ号场地，二层地下室区域为Ⅱ号场地，如图 17-7 所示。

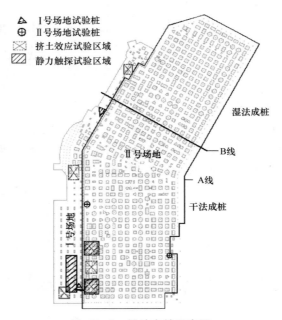

图 17-7 场地布桩示意图

对与单一管桩相比，管桩水泥土复合桩兼有承载力高及成本低的优势。该工程桩基础拟采用管桩水泥土复合桩作抗拔桩。Ⅰ号场地采用直径为 800mm 的水泥粉喷桩内插 PHA-500-B-125-11m 管桩，两桩标高桩顶为 -6.05m，桩底为 -17.05m，有效桩长 11m，设计单桩竖向抗拔承载力特征值为 650kN；Ⅱ号场地试桩采用直径为 800mm 的水泥粉喷桩内插 PHA-500-B-125-13m 管桩，两桩标高桩顶为 -10.45m，桩底为 -23.45m，有效桩长 13m，设计单桩竖向抗拔承载力特征值为 800kN。场地布桩如图 17-7 所示，A 线区域内为Ⅱ号场地，B 线左边场地水泥土桩均用湿喷法成桩，右边场地均用粉喷法成桩，粉喷法与湿喷法均采用 42.5 级复合硅酸盐水泥，水泥掺入量均为 15％，湿喷法中水灰比为 0.5。

17.3.2.2 水文地质条件

拟建场地地貌类型属于长江下游冲积平原区滨海平原，土层以粉土、粉砂、粉质黏土为主。在勘探深度范围内可分为 7 个工程地质层，自上而下土层分布及工程地质特性描述如下：

①₁ 层素填土：杂色，以粉土、粉质黏土为主，浅部夹植物根茎，松散不均，层厚 0.3～4.0m。

①₂ 层淤泥：灰黑色～黑色，流塑，夹腐烂的植物根茎，有腐臭味。该层土分布于明河底部，层厚 0.8～1.2m。

②层粉质黏土夹粉土：黄褐色～灰色，软塑，含少量铁锰质斑痕，具明显层理。粉土稍密、很湿，

无摇振反应，稍有光泽，干强度中等，韧性中等，层厚 0.4～2.3m。

　　③层粉砂夹粉土：青灰色，中密为主，局部稍密，饱和，含云母碎片，层厚 2.3～4.8m。

　　④粉土夹粉砂：青灰色，中密，很湿，含云母碎片，局部夹粉质黏土，摇振反应中等，无光泽反应，干强度低，韧性低，层厚 1.6～5.8m。

　　⑤层粉砂：青灰色，中密，饱和，含云母碎片，局部夹细砂或粉土，层厚 10.7～16.0m。

　　⑥层粉质黏土：灰色，软塑为主，局部流塑，含少量腐殖质，局部夹薄层粉土，层厚 7.4～10.6m。

　　⑦层粉质黏土夹粉土：灰色～青灰色，软塑，局部夹薄层粉砂。该层土未钻穿。

　　场地地下水以孔隙潜水为主。勘察期间测得场地内孔隙潜水稳定水位在 85 国家高程 2.00m 左右，年变幅约 1.00m。场地内地基土的物理力学参数见表 17-6，地质剖面图如图 17-8 所示。

表 17-6　土层的物理力学参数

土层编号	土层名称	平均厚度 /m	天然重度 γ /(kN/m³)	黏聚力 c /kPa	内摩擦角 φ/(°)	天然含水率 w/%	液性指数 I_L	塑性指数 I_P	孔隙比 e	q_{sik}/kPa	f_{ak}/kPa
①	素填土	2.2	—	—	—	—	—	—	—	—	—
②	粉质黏土夹粉土	1.7	17.9	24.3	9.3	33.2	0.71	15.8	0.985	26	120
③	粉砂夹粉土	3.3	18.7	6.1	31.0	29.9	—	—	0.828	48	160
④	粉土夹粉砂	3.7	18.5	8.4	27.7	30.7	—	—	0.865	40	140
⑤	粉砂	13.6	18.8	6.0	32.0	29.3	—	—	0.812	55	180
⑥	粉质黏土	9.0	17.5	21.5	7.2	33.9	0.80	13.2	1.042	—	110
⑦	粉质黏土夹粉土	未钻穿	17.9	24.6	9.2	33.1	0.71	11.1	0.980	—	120

　　注：q_{sik} 为各土层极限侧阻力标准值；f_{ak} 为地基承载力特征值。

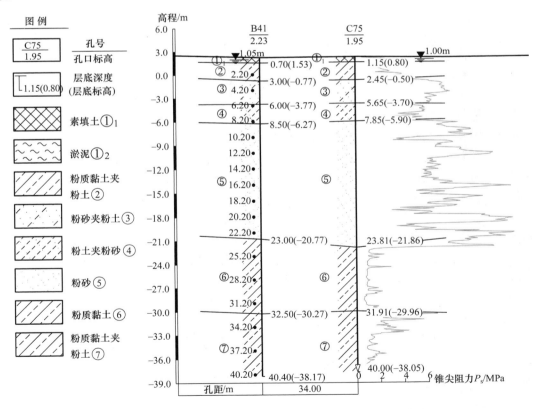

(a) Ⅰ号场地地质剖面图

图 17-8　地质剖面图

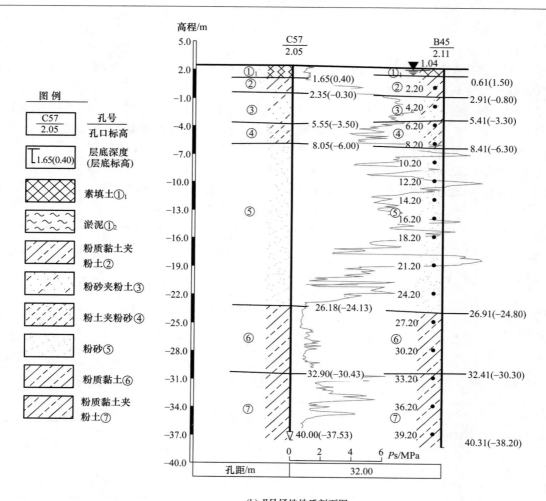

(b) Ⅱ号场地地质剖面图

图 17 - 8 地质剖面图（续）

17.3.2.3 结论

1）管桩水泥土复合基桩荷载与上拔量近似呈线性关系，$Q-s$ 曲线变化较缓，尚未出现陡升趋势，试桩抗拔性能未完全发挥。

2）随着桩端上托荷载增加，桩身轴力逐渐变大。轴力在桩端最大，沿桩身向上逐渐减小，桩身下部往上截面轴力减小速度较快，而上部截面轴力减小缓慢。管桩主要依靠桩身下部和中部承担上托荷载。

3）按等效均一土层计算，管桩水泥土复合基桩侧阻力与单一管桩与土体之间侧阻力相比增长了 1.6～1.9 倍，管桩水泥土复合基桩具备管桩承载力高与水泥土桩侧阻力大的双重优点。

4）桩身荷载较小时，变形主要以桩身弹性变形为主。随着荷载逐渐增大，桩与土体之间出现微小的相对位移趋势。

17.4 劲性复合桩配套设备及材料研发

1. 大功率水泥土搅拌桩机

为实现劲性复合桩的快速推广应用，已有多个厂家生产出大直径、大扭矩、大功率水泥土搅拌桩机，主机功率有双 55kW、双 75kW、双 90kW、双 110kW 等多种，远高于传统设备的 35kW，并可同时喷水、喷浆、喷粉或喷其他固化剂，喷粉压力大于 0.8MPa，喷浆压力大于 1.2MPa。搅拌轴转速高达每分钟 36 转。设备动力头分上置、中置与下置三种，动力头上置时 25m 的搅拌轴全轴可布置 156 片叶片，切削土体更均匀，一次性搅拌成型，水泥土体强度更高。在泰兴某工地，长 20m、直径 80cm 的纯水泥土搅拌桩单桩极限承载力达 2800kN。动力头下置时在螺旋叶片和动力装置之间的搅拌轴上可分布 4 层约 12 片搅拌叶片，一次性搅拌成桩。桩长 25m 左右的桩施工时间可控制在 35min 左右，桩身强度要求较高时可反复提升喷搅。

2. 专用芯桩

因劲性桩承载力较大，需配备一系列特定芯桩，如高强薄壁钢管桩、填芯管桩、钢绞线抗拔管桩。在 MC 劲性复合桩（M 桩为 ϕ850 粉喷桩，C 桩为 TSC-Ⅱ-500-100-8-27m 高强薄壁管桩）静载试验中，单桩极限承载力为 12000kN。工程中实测长度为 22m（外芯直径 800mm，干湿双管水泥土搅拌桩体，内芯为 PHA 500 钢绞线抗拔管桩）的复合桩极限抗拔力达到 3600kN，长度为 15m 的复合桩极限抗拔力达 2600kN，抗拔力与长度之比远远高于国内同类产品。

3. 固化剂

为拓展劲性复合桩的应用范围，针对不同土质（黏性土、液化砂土和粉土等）研发了相应的固化剂。固化剂由主剂和辅剂组成，其中主剂由水泥、砂、石灰、粉煤灰、矿渣、石膏、纳米硅基氧化物等成分组成，辅剂由三乙醇胺、木质素磺酸钙、氯化钠、氯化镁、氯化钙、氯化铁、明矾或水玻璃、聚丙烯酰胺、硫酸钙、硫酸钠、氢氧化钠等成分组成。该固化剂使用效果较好，可作为粉喷桩施工时用的粉剂（干喷用）或浆剂（湿喷用），可在水泥搅拌桩、注浆、旋喷桩、浅层垫层加固、路基加固、夯实等施工中使用。

4. 劲性复合桩智能施工系统

为适应新时代桩基施工的要求，严格把控劲性复合桩施工质量，已研发生产出智能化劲性复合桩机及施工数据管理平台，并申请了专利。该平台能通过分析电动机电流、静力触探结果、取样结果及时掌握实际土质情况和成桩质量情况，并通过控制主机及时调整供料机和桩机的施工参数；能通过卫星定位系统管理所有劲性复合桩机，并减小桩位偏差；能对施工数据（包括喷灰量、喷浆量、搅拌速度、搅拌均匀性、反压力、提升速度等）及时进行记录、统计，并通过云平台管理系统的数据展示保证工程各参与方全程把控劲性复合桩的施工，有效提高施工质量。图 17-9 所示为劲性复合桩智能施工系统。

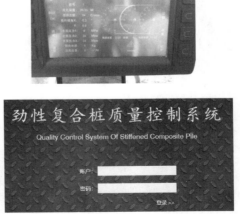

图 17-9　劲性复合桩智能施工系统

17.5 小　　结

劲性复合桩能依土质情况、上部结构类型、加固目的等灵活变换组合方式，针对性调整桩径、桩长、掺灰量、强度、颗粒级配、搅拌和复打次数，充分发挥复合桩桩周软土摩阻力和桩底阻力并匹配材料强度而提供充足的单桩承载力，满足不同的设计要求，是一种适用于沿海软基处理及针对各种黏性土、液化砂土和粉土，采取相匹配的施工工艺的经济、有效的新桩型。

劲性复合桩，集置换、竖向增强、排水排气、固结、胶结、压密、充填、振密、挤密等于一体，综合作用十分显著，可有效提高软基强度及稳定性，减小地基压缩沉降量，并保证地基均匀性，从而满足不同设计要求（复合桩一般仅需达浅层相对较硬的持力层）。桩身造价低廉、强度较高、质量可靠，能大幅提高地基承载力，加快软土固结，减少地基沉降（沉降量仅为天然地基的20%、单一桩型的50%左右），缩短工后稳定期，同时解决了与软弱土层共生的复杂地基不均匀性问题，减少建筑物不均匀沉降，因此具有可观的经济、技术优势和广阔的工程应用前景。

劲性复合桩由成熟工法组合或复打而成，融合各桩优点的同时有效避免了单一桩型的固有缺陷。其单桩承载力、复合地基承载力、压缩模量和变形计算、验收检测等均有国家规范规程、桩基理论参照，避免了一般新技术、新工艺推广应用中的不利因素，确保建造无风险。同时，邓亚光及其团队多年来投入大量人力和物力，研发出劲性复合桩专用固化剂、大功率大直径搅拌桩机和质量监控平台，全面保证了该技术的施工可行性和质量可靠性。

参 考 文 献

[1] 中华人民共和国住房和城乡建设部 . 劲性复合桩技术规程（JGJ/T 327—2014）[S]. 北京：中国建筑工业出版社，2014.

[2] 李俊才，张永刚，邓亚光，等 . 管桩水泥土复合桩荷载传递规律研究 [J]. 岩石力学与工程学报，2014（S1）：3068-3076.

[3] 邓亚光 . 高压旋喷、干湿搅拌桩及专用施工设备：ZL201520456202.7[P]. 2015-10-28.

[4] 邓亚光 . 软土固化剂：ZL200810019417.7[P]. 2010-06-16.

[5] 邓亚光 . 复合桩施工控制系统：ZL201520467658.3[P]. 2015-06-30.

第18章　长螺旋钻孔压灌混凝土旋喷扩孔桩

王景军

18.1　WZ 桩的施工步骤与特点

长螺旋钻孔压灌混凝土旋喷扩孔桩（简称 WZ 桩）是综合了长螺旋压灌桩、钻孔压浆桩、单管旋喷桩的工艺原理，并总结多年施工经验，取其优点研发出的一种全新的桩基础施工工法。该工法于 2010 年被住房和城乡建设部评为国家一级施工工法，为住房和城乡建设部"十一五"建筑节能绿色环保重点推广使用工法。

目前该工法已在全国 1000 余项工程中实施，完成混凝土灌注量超过 $50 \times 10^4 \, \mathrm{m}^3$，经检测全部满足设计要求，得到相关主管部门、设计单位、建设单位、监理单位、总包单位及桩基础施工单位的高度赞誉。

1. 施工步骤

其施工步骤如下：

1）带有特殊装置的长螺旋钻机钻至孔底（或设计扩大头部位），在钻机旋转并提升（下降）钻具时启动高压泵，使预先配置好的水泥浆从钻头特制的喷嘴中以高压射流喷出，具有高能量的水泥浆喷射切割土层，使钻孔设定部位（或桩端）桩径扩大，形成糖葫芦状（或桩端）扩大头。

2）当扩大头形成至达到设计指标后提升（下放）钻具，开动混凝土输送泵，通过中空的钻杆由钻头底部的出料口向孔内压灌混凝土，保持钻头在孔底停留一段时间，使扩大头内的水泥浆与被旋喷切割下来的浆体混合物被压灌至孔底的混凝土充分置换，形成混凝土扩大头。

3）边提升钻具边压灌混凝土，直至桩头标高或孔口，将钻具移出孔口。

4）将钢筋笼插入灌满混凝土的孔中即可一次成桩。

水泥浆旋喷扩孔使钻孔底部和上部周围土体渗入水泥浆，经泵送混凝土挤压密实，从而增大了土体的端阻力和侧摩阻力，桩端无虚土，大大提高了桩基的承载能力。

WZ 桩施工法形成的桩如图 18-1 所示。WZ 桩的实际形状如图 18-2 所示。其施工要点如下：

1）在孔底进行旋喷，形成桩端扩大头。

2）按设计要求在钻具提升至某一高度时实施喷扩，使钻孔变成类似糖葫芦状。

3）钻机在匀速旋转提升状态下继续进行旋喷切割，使孔壁形成螺旋线形槽的螺丝形桩。

4）在钻具不旋转只提升情况下由钻头上的几个喷嘴同时喷射高压水泥浆，在钻孔侧表面开出几个长槽，使钻孔变成带 1～4 个侧翼的异形桩。

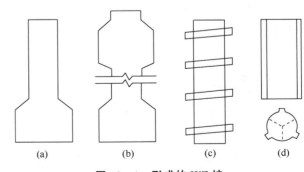

(a)　(b)　(c)　(d)

图 18-1　形成的 WZ 桩

图 18 - 2　WZ桩实际形状

2．适用范围

1）适用于黏性土层、砂层、砾石层、卵石层、全风化基岩，亦适用于地下水位高的各类土层。

2）适用于钢筋混凝土灌注桩，亦可作为地基基础处理中的素混凝土桩（CFG扩大头桩）。

3）由于扩大头的作用，亦可作为抗拔桩。

4）无振动，噪声小，绿色环保，无泥浆污染，适用于在城市居民密集区域施工。

3．桩型特点

1）承载力高。由于扩大头的作用及水泥浆旋喷扩孔，钻孔端部和上部周围土体渗入水泥浆，经泵送混凝土挤压密实，从而增大了土体的端阻力和侧摩阻力，桩端无虚土，大大提高了桩基的承载能力。与直桩相比，WZ桩单桩承载力提高30％以上。

2）适用范围广泛，可用于黏性土层、砂层、砾石层、卵石层、全风化基岩，也可用于地下水位高的各类土层。

3）钻孔、扩头、压灌混凝土、插入钢筋笼一次成桩，成桩速度快，成桩质量好，无缩径、断桩现象。

4）施工工艺简单，可操作性能好。

5）绿色环保，无泥浆污染。

6）工程造价低，能够降低成本（与其他桩型相比可降低成本30％），节省大量资金。

7）资金投入少，只需在长螺旋钻机上安置旋喷装置及管线即可施工。

18.2　设计与施工标准

2008年9月4日黑龙江省质量技术监督局和黑龙江省住房和城乡建设厅联合发布，并于2008年10月1日实施黑龙江省地方标准《长螺旋钻孔压灌混凝土旋喷扩孔桩基础设计与施工技术规程》（DB 23/T 1320—2008）。

18.2.1　桩基承载力计算

单桩竖向承载力特征值 R_a 按下式确定：

$$R_a = Q_{uk}/K \tag{18-1}$$

式中　Q_{uk}——单桩竖向极限承载力标准值；

K——安全系数，取 $K=2$。

设计采用的单桩竖向极限承载力标准值应符合下列规定：

1) 设计等级为甲级的建筑桩基，应通过单桩静载试验确定。

2) 设计等级为乙级的建筑桩基，当地质条件简单时，可参照地质条件相同的试桩资料，结合静力触探等原位测试和经验参数综合确定，其余均应通过单桩静载试验确定。

3) 设计等级为丙级的建筑桩基，可根据原位测试和经验参数确定。

单桩竖向极限承载力标准值可按下式估算：

$$Q_{uk} = Q_{sk} + Q_{pk} = u \sum q_{sik} l_i \beta_{si} + \psi_p q_{pk} A_p \beta_p \qquad (18-2)$$

式中　Q_{uk}——单桩竖向极限承载力标准值；

Q_{sk}，Q_{pk}——总极限侧阻力标准值和总极限端阻力标准值；

q_{sik}——桩侧第 i 层土的极限侧阻力标准值，由岩土工程勘察报告给定；

q_{pk}——极限端阻力标准值，由岩土工程勘察报告给定；

A_p——旋喷扩底后的桩底端横截面面积；

u——桩身周长；

l_i——桩周第 i 层土的厚度；

β_{si}——桩侧第 i 层土的侧阻力提高系数，可按表 18-1 取值；

β_p——桩端阻力提高系数，可按表 18-1 取值；

ψ_p——扩底直径大于或等于 800mm 时的端阻力尺寸效应系数，可按表 18-2 取值。

表 18-1　WZ 桩侧阻力、端阻力提高系数

土的名称	β_{si}	β_p	土的名称	β_{si}	β_p
淤泥、淤泥质土	1.05～1.10	—	细砂	1.20～1.30	1.40
黏性土	1.05～1.10	1.10	中砂	1.30～1.40	1.60
粉土	1.10～1.20	1.20	粗砂	1.40～1.50	1.80
粉砂	1.15～1.25	1.25	砾砂、砾石	1.40～1.50	1.80

注：桩身上部 6.0m 范围内提高系数 β_{si} 取 1.00。

表 18-2　端阻尺寸效应系数 ψ_p

土类别	黏性土、粉土	砂土、碎石类土
ψ_p	$\left(\dfrac{0.8}{D}\right)^{\frac{1}{4}}$	$\left(\dfrac{0.8}{D}\right)^{\frac{1}{3}}$

注：D 为扩底端设计直径。

18.2.2　桩的构造

WZ 桩扩底尺寸可按设计需要选定，桩端扩底直径 D 可比桩身直径 d 增大 $2a$，$2a$ 取 200～600mm，桩端扩大头高度 h 应大于或等于 1.0m，桩端扩大头侧面的倾角宜为 45°。WZ 桩的构造如图 18-3 所示，工艺参考参见表 18-3。

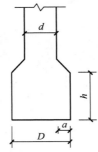

图 18-3　WZ 桩的构造

表 18－3　扩底尺寸与工艺参考

土类别	扩底尺寸 a/mm	钻机转速/（r/min）	提升（下降）速度/（cm/min）	旋喷压力/MPa	喷嘴直径/mm
黏性土	100 150 200 300	20～40	15～20 15～20 15～20 15～20（复喷 1 次）	20～25 20～25 20～30 20～35	2.5～3
粉土、砂土	100 150 200	20～40	15～30	5～10 8～15 15～20	3～5
碎石土	100 150 200	20～40	15～20	10～15 15～20 20～30	3～5

注：碎石土包括卵石、碎石、圆砾和角砾。

18.3　施工机械设备和施工工艺

1．施工机械设备

WZ 桩施工时所用的机械设备包括长螺旋钻孔机及与之配套的长螺旋钻杆、水泥浆搅拌设备、高压泵、高压旋喷装置、高压注浆管路、混凝土输送泵、带高压喷嘴的长螺旋钻头等（图 18－4）。

(a) 长螺旋钻机

(b) 高压注浆泵

(c) 水泥浆搅拌站

(d) 混凝土输送泵

(e) 带合金喷嘴的钻头

(f) 大通孔直径的动力头

图 18－4　WZ 桩施工所用的机械设备

2．施工工艺流程

WZ 桩施工工艺流程如图 18－5 所示。

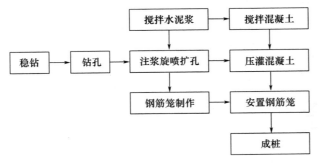

图 18－5　WZ 桩施工工艺流程

3．施工准备

WZ 桩施工应具备下列资料：

1）建筑场地岩土工程勘察报告。

2）桩基工程施工图及图纸会审纪要。

3）建筑场地和邻近区域内的地下管线、地下构筑物、危房、精密仪器车间等的调查资料。

4）桩基工程的施工组织设计（方案）。

5）水泥、砂、石、钢筋、粉煤灰、外加剂等原材料进场复验报告。

4．施工组织设计的主要内容

1）施工现场平面布置图。

2）主要施工方法。

3）设计要求及技术要求。

4）施工进度计划和劳动力组织计划。

5）机械设备、备（配）件需用计划及原材料供应计划。

6）安全、劳动保护、防火、防雨和环境保护等内容。

7）保证工程质量、安全生产和季节性施工的技术措施。

5．其他注意事项

1）开工前施工现场应达到"三通一平"，临时设施准备就绪。

2）基桩轴线的控制点和水准点应设在不受施工影响的位置，开工前经复核后应妥善保护，施工中应经常复测。

3）桩施工前宜进行试成孔，以核对地质资料，检验设备性能、设计参数、工艺参数及技术要求是否适宜。

4）WZ 桩施工的主要设备由长螺旋钻机、混凝土及水泥浆制备输送装置和管路系统三大部分组成。

6．一般规定

1）WZ 桩可用于一般地质条件，尤其适用于地下水位以下的黏性土、粉土、砂土、流砂、淤泥、碎石土等复杂地质条件。

2）成孔的控制深度应符合下列要求：

① 摩擦型桩：以设计桩长控制成孔深度。

② 端承摩擦桩：必须保证设计桩长及桩端进入持力层的深度。

③ 端承型桩：必须保证桩端进入设计持力层的深度。

WZ 桩施工质量检验标准应符合表 18-4 的规定。

表 18-4 WZ 桩施工质量检验标准

项目	序号	检查项目		允许偏差或允许值		检查方法
				单位	数值	
主控项目	1	桩位	1～3根，单排桩基垂直于中心线方向和群桩基础的边桩	mm	$d/6$ 且≤100	承台、梁开挖前量钻孔中心，开挖后量桩中心
			条形桩基沿中心线方向和群桩基础中间桩	mm	$d/4$ 且≤150	
	2	孔深（桩长）		mm	+300	只深不浅，测钻杆长度
	3	桩体质量（完整性）检验		按桩基检测技术规范		按桩基检测技术规范
	4	混凝土强度		设计要求		试件报告
	5	承载力		设计要求		按桩基检测技术规范
一般项目	1	桩位放线	群桩	mm	20	用钢尺量
			单排桩	mm	10	
	2	垂直度		<1%桩长		测钻杆
	3	桩径		mm	±20	用钢尺量
	4	钢筋笼笼顶标高		mm	±100	水准仪
	5	钢筋笼保护层厚度		mm	±20	用钢尺量
	6	桩顶标高		mm	+30 −50	水准仪，需扣除桩顶浮浆层
	7	旋喷压力		MPa	4～15	压力表读数
	8	混凝土充盈系数		>1		检查每根桩的实际灌注量
	9	水灰比		0.7～1.0		比重法
	10	骨料含泥量		<1%		抽样送检

3）钢筋笼施工质量检验标准应符合表 18-5 的规定。

表 18-5 钢筋笼施工质量检验标准

项目	序号	检查项目	允许偏差或允许值	检查方法
主控项目	1	主筋间距	±10mm	用钢尺量
	2	长度	±100mm	用钢尺量
一般项目	1	钢筋材质检验	设计要求	抽样送检
	2	箍筋间距	±20mm	用钢尺量
	3	直径	±10mm	用钢尺量

4）用 HRB400 钢作主筋时可不设弯钩，用 HPB300 钢作主筋时桩顶应设弯钩，弯钩长度不小于钢筋直径的 6.25 倍。

5）粗骨料应符合下列规定：

① 粗骨料可用碎石或卵石，一般粒径为 5～20mm。

② 粗骨料应质地坚硬、耐久、干净，质量应符合现行行业标准《普通混凝土用砂、石质量及检验方法标准》（JGJ 52）的规定。

　　6）水泥质量必须符合现行国家标准的规定。

　　7）制备混凝土和水泥浆宜采用饮用水。当采用其他来源水时，水质必须符合现行行业标准《混凝土用水标准》（JGJ 63）的规定。

　　8）水泥浆如需要掺加外加剂，应使用水泥净浆专用外加剂。

　　9）外加剂的使用必须符合现行国家标准《混凝土外加剂》（GB 8076）的规定，粉煤灰的使用必须符合现行国家标准《用于水泥和混凝土中的粉煤灰》（GB/T 1596）的规定。

　　10）桩身混凝土必须留有试块（标养试块），每灌注 50m³ 或每个灌注台班不得少于 1 组，每组 3 件。

　　7. 桩的施工

　　WZ 桩的施工由稳钻、钻孔、旋喷扩孔、压灌混凝土、安放钢筋笼等主要工序及混凝土制备、水泥浆制备和钢筋笼制作等辅助工序组成。

　　（1）稳钻

　　① 钻机就位后必须平正、稳固，结合场地实际情况铺设枕木或钢板，使钻机支撑稳定，确保在施工中不发生倾斜、移动。

　　② 钻机对准桩点后必须调平，确保成孔的垂直度。

　　③ 当施工现场地面为软土，钻机无法正常行走时，施工前宜在地面上浇筑一层强度等级大于 C15、厚度为 150～200mm 的混凝土垫层，便于钻机行走施工，同时可作为基础承台、板下垫层。

　　（2）钻孔

　　① 为准确控制钻孔深度，应在桩架或抱杆上设置控制深度的标尺。

　　② 开钻时，下钻速度要平稳，严防钻进中钻机倾斜移位。

　　③ 钻进中，当发现不良地质情况或地下障碍物，如地窖、地下管网（上下水管线、燃气管道、电缆、光缆）、防空洞、化粪池、渗水井等时，应立即停钻，并通知建设单位与设计单位，确定处理方案。

　　（3）旋喷扩孔

　　钻机钻至设计孔底标高后，开动注浆泵旋喷扩孔。旋喷压力应根据不同地质条件控制在 8～35MPa，旋喷扩孔的尺寸、位置及个数可根据设计需要而定（图 18-6）。

图 18-6　开钻前地面旋喷

　　（4）压灌混凝土

　　① 完成旋喷扩孔后，钻具回落孔底，关闭注压泵。

　　② 将钻具提起 10～50cm，压灌混凝土，边压灌边提钻，始终保持泵入孔内的混凝土量大于钻具上提体积量，严禁将钻头提出混凝土面。

③ 桩顶混凝土超灌高度不宜小于 0.5m。

（5）安放钢筋笼

① 压灌混凝土结束后提出钻具，用钻机自备吊钩或吊车将钢筋笼竖直吊起，垂直于孔口上方，然后扶稳旋转下入孔内，固定于设计标高处。

② 钢筋笼主筋保护层厚度应符合表 18-4 的规定。

（6）混凝土制备

① 混凝土的原材料必须经过二次复验合格后方可使用。

② 混凝土的坍落度宜为 180～250mm。

③ 混凝土的水灰比宜为 0.5～0.6。

（7）水泥浆制备

① 水泥必须经过二次复验合格后方可使用。

② 按施工组织设计中规定的水灰比计算出每罐水泥和水的用量。

③ 先投入清水，然后投入水泥，搅拌时间不少于 2min。

④ 搅拌好的水泥浆应放入贮浆桶中备用，并防止沉淀。贮存时间应小于水泥初凝时间。

（8）钢筋笼制作

钢筋笼制作按现行国家标准《混凝土结构工程施工质量验收规范》（GB 50204）的有关规定。

8. 推广应用

WZ 桩目前已在全国多地的工程中得到推广应用，如黑龙江省、山西省、陕西省、甘肃省、宁夏回族自治区、青海省、海南省、山东省、江苏省、湖北省、广西壮族自治区、广东省、河南省等（图 18-7）。

(a) 湖北WZ桩施工前地面旋喷

(b) 甘肃WZ桩施工现场

(c) 黑龙江WZ桩施工前地面旋喷

(d) 单喷嘴地面旋喷

图 18-7　全国部分地区应用 WZ 桩的情况

(e) 江苏WZ桩施工现场　　　　　　　　(f) 现场观摩WZ桩施工

图 18 - 7　全国部分地区应用 WZ 桩的情况（续）

18.4　工程应用实例及技术、经济性比较

18.4.1　哈尔滨市中实中学扩建工程

表 18 - 6 为哈尔滨市中实中学扩建工程相关数据，图 18 - 8 为该工程地质剖面与桩位图。表 18 - 7、表 18 - 8 为 WZ 桩相关数据和 WZ 桩与压灌桩对比分析。

表 18 - 6　哈尔滨市中实中学扩建工程相关数据

长螺旋压灌桩（不扩孔）						
《建筑桩基技术规范》（JGJ 94—2008）　　ZK　17 孔　计算桩长：29.5m						
桩径 D/m	地层	桩周长 u/m	桩侧阻力 提高系数 β_{si}	桩侧阻力 q_{sik}/kPa	土层厚度 l_i/m	桩侧阻力 R_{sik}/kN
0.6	粉质黏土	1.884	1	50	7.5	706
0.6	粉质黏土	1.884	1	68	9.1	1165
0.6	粗砂	1.884	1	79	8.1	1205
0.6	中砂	1.884	1	73	1.8	247
0.6	粗砂	1.884	1	85	3	480
桩长	—	—	—	—	29.5m	—
合计	—	—	—	—	—	3803
0.6	粗砂	0.283	1	2450	—	692
单桩总承载力 极限值/kN	—	—	—	—	—	4495
单桩总承载力 特征值/kN	—	—	—	—	—	2169

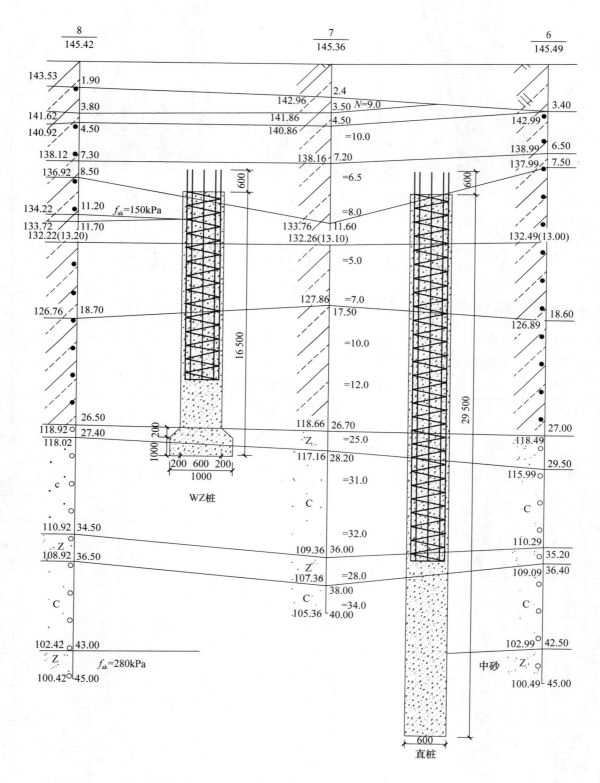

图 18-8 哈尔滨市中实中学扩建工程地质剖面与桩位图

表 18-7　WZ 桩相关数据

《建筑桩基技术规范》（DB23/T 1320—2008）　　ZK　17 孔　计算桩长：17.6m

桩径 D/m	地层	桩身周长 u/m	桩侧阻力提高系数 β_{si}	桩侧阻力 q_{sik}/kPa	土层厚度 l_i/m	桩侧阻力 R_{sik}/kN
0.6	粉质黏土	1.884	1.01	50	7.5	713
0.6	粉质黏土	1.884	1.01	68	9.1	1177
0.6	粗砂	1.884	1.5	79	1	223
0.6	中砂	1.884	1.3	73	0	0
0.6	粗砂	1.884	1.6	85	0	0
桩长	—	—	—	—	17.6	—
合计	—	—	—	—	—	2113
1	粗砂	0.786	1.5	2150	—	2534
总极限值/kN	—	—	—	—	—	4647
总特征值/kN	—	—	—	—	—	2326

表 18-8　WZ 桩与压灌桩对比分析（单桩承载力相同的条件下）

项目	桩间距/m	桩径/m	桩数/根	承载力/kN	桩长/m	混凝土量/m³	钻桩出土/m³	出土外运/m³	施工速度/（根/天）	单价/（元/m³）
长螺旋压灌桩	1.8	0.6	385	4339	29.5	3210	3210	16×10^4	18（需 22 天）	1000
WZ 桩	1.8	0.6	385	4649	17.6	1950	1950	9.75×10^4	35（需 11 天）	1050
WZ 桩与压灌桩对比	—	—	—	—	减少 11.9	减少 1260	减少 1260	节省 6.25×10^4	工期缩短 11 天	节省 125.75 万元
效率、经济性对比	效率提高 100%				节省造价 37.3%					

18.4.2　甘肃礼县城南名苑小区桩基础

1. 工程概况

礼县城南名苑工程拟建地下 1 层、地上 11 层跃 12 层建筑 4 栋，总建筑面积为 45956.40m²。该工程采用桩筏基础，基桩拟采用 WZ 桩，设计桩身直径 0.6m，设计扩底直径 1.2m，设计桩身混凝土强度等级为 C35。该工程设计桩底持力层为③泥质砂岩层，桩底进入持力层深度不小于 2.0m，桩长不小于 8.0m，设计单桩竖向抗压承载力特征值不小于 3000kN。

2. 工程地质概况

该工程场地地层情况自上而下为：

① 杂填土：杂色，稍湿，松散，以碎石土、粉土为主，间有植物根系和建筑垃圾等杂物，土质不均匀，力学性质差。

①₁ 耕土：杂色，稍湿，松散，以粉土为主，含有圆砾和角砾，间有植物根系和建筑垃圾等杂物，土质不均匀，力学性质差。

② 粗砂：杂色，冲洪积成因，湿～饱和，稍密～中密，颗粒骨架成分以石英、长石为主，级配较

差，分选性较好，颗粒骨架空隙以圆砾、细砂和砾砂填充为主，有零星块石和卵石，土质不均匀，力学性质一般。

③泥质砂岩：棕红色，沉积成因，中等风化，泥质结构，其岩质软，遇水易软化，岩芯呈短柱状，网状裂隙发育，裂隙面结合较差，岩体较均匀，力学性质好，岩石基本质量等级为 V 级。

其地质剖面与桩位如图 18-9 所示。

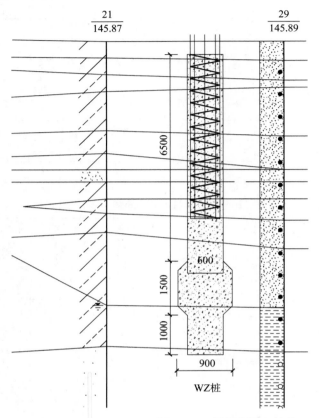

图 18-9　地质剖面与桩位

3. 单桩竖向抗压静载试验桩情况汇总

单桩竖向抗压静载试验桩情况汇总见表 18-9。

表 18-9　单桩竖向抗压静载试验桩情况汇总

试桩编号	施工桩长/m	设计桩身直径 /m	设计扩底直径 /m	设计单桩竖向抗压承载力特征值/kN	桩底持力层及进入深度
SZ1	10.0	0.6	1.2	3000	
SZ2	8.5	0.6	1.2	3000	
SZ3	9.0	0.6	1.2	3000	
SZ4	10.0	0.6	1.2	3000	③泥质砂岩层，进入持力层深度不小于 2.0m
SZ5	8.0	0.6	1.2	3000	
SZ6	8.5	0.6	1.2	3000	
SZ7	8.0	0.6	1.2	3000	
SZ8	8.5	0.6	1.2	3000	

试桩编号	施工桩长/m	设计桩身直径/m	设计扩底直径/m	设计单桩竖向抗压承载力特征值/kN	桩底持力层及进入深度
SZ9	8.0	0.6	1.2	3000	③泥质砂岩层，进入持力层深度不小于2.0m
SZ10	8.5	0.6	1.2	3000	
SZ11	8.0	0.6	1.2	3000	
SZ12	8.2	0.6	1.2	3000	

4. 静载试验结果分析

12根试验桩（SZ1～SZ12）单桩竖向抗压静载试验结果见表18-9，对该12根试验桩静荷载试验情况综合分析确定，在天然含水率状态及试验桩施工参数条件下，单桩竖向抗压极限承载力为5400～7200kN，单桩竖向抗压极限承载力平均值为6250kN。根据相关规范的取值原则，其单桩竖向抗压极限承载力统计值可取6250kN，单桩竖向抗压承载力特征值为3125kN。单桩竖向抗压静载试验结果汇总见表18-10，效益对比分析见表18-11。

表 18-10　单桩竖向抗压静载试验结果汇总

试验桩编号	最大加载量/kN	桩顶总沉降量/mm	单桩竖向抗压极限承载力/kN	单桩竖向抗压极限承载力统计值/kN	单桩竖向抗压承载力特征值/kN
SZ1	6600	12.33	6600	6250	3125
SZ2	7200	43.23	6600		
SZ3	6600	62.55	6000		
SZ4	6600	41.35	6600		
SZ5	6600	63.45	6000		
SZ6	6600	38.78	6600		
SZ7	6000	65.76	5400		
SZ8	6000	61.15	5400		
SZ9	6600	78.97	6000		
SZ10	7800	75.79	7200		
SZ11	7200	62.67	6600		
SZ12	6600	65.93	6000		

表 18-11　效益对比分析

项目	桩间距/m	桩径/m	桩数/根	承载力/kN	桩长/m	混凝土量/m³	钻桩出土/m³
长螺旋压灌桩	1.8	0.6	12	2281	10	2.83	2.83
WZ桩	1.8	0.6	12	6600	10	3.18	3.18
WZ桩与压灌桩对比	—	—	—	提高4319	—	增加0.35	增加0.35
总效益对比	承载力提高4319kN，效益提高89.35%						

18.4.3　广西玉林阳光新城小区（一期）

1. 工程概况

阳光新城小区（一期）位于广西玉林市玉柴新区玉发大道西侧，拟建建筑物共13栋，地上11层，高层建筑采用剪力墙结构或框架剪力墙结构。

1~12号楼拟采用独立基础，但根据地质勘查报告，基底持力层落于素填土①层或黏土②层，天然承载力特征值分别为100kPa和170kPa，不能满足上部荷载的要求。综合各方面的因素，决定采用WZ桩对拟建项目的场地地基土进行加固处理，以处理后的复合土层作为基础持力层。要求经处理后的复合地基承载力不小于380kPa。

施工完毕后，经检测地基承载力达到设计要求。

2. 场地工程地质概况

根据勘察报告，本次地基处理范围内的地层见表18-12，自上而下分述如下。

表18-12 各岩土层物理力学性质指标参考值

土层代号及名称		承载力特征值 f_{ak}/kPa	压缩模量 E_s/MPa	天然密度 ρ/(g/cm³)	桩侧阻力特征值 q_{si}/kPa	侧阻力提高系数 β_{si}	桩端阻力特征值 q_p/kPa	端阻力提高系数 β_p
①素填土		100	3.0	1.80	0	1.00	—	—
②黏土		170	6.15	1.90	30	1.05	—	—
②₁黏土		90	3.0	1.80	10	1.05	—	—
③白云岩	破碎	1200	15.0	2.00	150	1.40	1200	1.60
	较完整	5000	20.0	2.20	250	1.40	5000	1.60
溶洞充填物		75	3.0	1.80	0	1.00	—	—

①素填土：分布于场地表层，填土时间约5年，黑灰色、灰褐色、灰色、紫色等，松散，主要为黏土填土，分布不均匀。

②黏土：洪、冲积成因，场地均有分布。分布于素填土①之下或伏于白云岩③之上，褐红色、黄色、灰色、黑色等，可塑，成分以黏粒为主，稍有光泽，无摇振反应，干强度、韧性中等，为中压缩性土。

②₁黏土：洪、冲积成因，属软弱下卧层，局部地段分布。本次钻探仅于北侧3-3、4-1、11-1孔揭露。分布于黏土②之下或伏于白云岩③之上，黑色、灰色，软塑，钻进快，岩心稀烂，为高压缩性土。

③白云岩：微风化，较软岩，深灰色，细晶结构，中厚层状构造，岩石较完整，岩心呈短柱状等。岩体基本质量等级为Ⅳ级。对于局部分布的破碎岩，其岩体基本质量等级为Ⅴ级。该层岩面有溶沟（槽），岩层浅部局部有溶洞，层面坡度多大于10%。

3. 场地地下水情况

场地上部为黏土，下部为白云岩，土层属相对隔水层，岩层中的岩溶水具承压性，分布又极不均匀，地下水赋存于溶洞裂隙处。表层土的上层滞水在勘察期间揭露的稳定水位埋深为2.50~3.70m（标高为70.50~72.23m），钻探期间揭露的场地溶洞裂隙水水位埋深为4.00~7.60m（标高为67.11~70.78m）。

4. 复合地基设计

素混凝土桩的桩径为$d=600mm$，桩身截面面积$a_p=0.2826m^2$，桩身周长$u_1=1.884m$，扩大头高度为$h=1.00m$，扩大头直径为$D=800mm$，桩端截面面积$A_p=0.5024m^2$。桩端持力层直接落于破碎白云岩③₁层或完整白云岩面。

5. 处理后的压缩模量

处理后的地基变形计算按国家标准《建筑地基处理技术规范》（JGJ 79—2012）的有关规定执行（表 18-13）。本工程复合土层的压缩模量等于该层天然地基压缩模量的 ζ 倍，ζ 值按下式确定：

$$\zeta = \frac{f_{spk}}{f_{ak}} = 3.8 \tag{18-3}$$

式中 f_{spk}——复合地基承载力特征值（kPa），取 380kPa；

f_{ak}——基础底面下填土层天然地基承载力特征值（kPa），取 100kPa；

ζ——复合地基加固土层压缩模量提高系数。

表 18-13 各土层的压缩模量

土层代号及名称		天然状态压缩模量 E_{s0}/MPa	处理后压缩模量 E_{si}/MPa
①素填土		3.0	11
②黏土		6.15	23
②₁黏土		3.0	11
③白云岩	破碎	15.0	57
	较完整	20.0	76
溶洞充填物		3.0	11

6. 计算项目：1 号楼、2 号楼

1）由表 18-14 可知，取该项目中的素混凝土桩单桩竖向承载力标准值为 1200kN。

表 18-14 单桩竖向承载力特征值 R_a 的确定

土层	各桩土层厚度/m					
	ZK1-1	ZK1-5	ZK1-9	ZK2-3	ZK2-4	ZK2-6
①素填土	3.00	2.13	0.60	0.84	0.00	0.13
②黏土	5.30	6.00	8.30	7.30	4.80	5.80
②₁黏土	0.00	0.00	0.00	0.00	0.00	0.00
③₁破碎白云岩	0.00	0.00	0.00	0.00	0.00	3.40
③₂完整白云岩	—	—	—	—	—	—
充填物	—	—	—	—	—	1.94
桩端岩土层	破碎白云岩③₁	破碎白云岩③₁	破碎白云岩③₁	破碎白云岩③₁	破碎白云岩③₁	破碎白云岩③₁
单桩竖向承载力特征值 R_a/kPa	1279	1320	1457	1397	1249	2653

2）桩间距的确定依据。

$$f_{spk} = \lambda m \frac{R_a}{A_p} + \beta(1-m)f_{sk} \tag{18-4}$$

将上式转换为

$$m = \frac{f_{spk} - \beta f_{sk}}{\lambda \dfrac{R_a}{A_p} - \beta f_{sk}} \tag{18-5}$$

可得 $m = 0.0786$。

以上式中 f_{spk}——复合地基的承载力特征值，要求达到 380kPa；

f_{sk}——处理后桩间天然地基土的承载力特征值，取 110kPa；

β——桩间土承载力折减系数，取 0.95；

λ——单桩承载力发挥系数，此处取 $\lambda=0.85$。

等效圆直径 $=D/(m^{1/2})=2.14m$，采用正方形布桩，桩间距 $=D/1.13=1.89m$，取桩间距不大于 1.80m。

3）WZ 桩的布置。实际置换率 $m=$ 桩数×桩身面积/基础面积，并计算实际复合地基承载力，见表 18-15。

表 18-15 实际复合地基承载力

基础类型	面积/m²	布桩数/根	实际置换率	实际复合地基承载力/kPa
DJ01	16.00	9	0.1590	661
DJ02	11.56	5	0.1222	532
DJ03	11.70	6	0.1449	612
DJ04	8.16	4	0.1385	590
DJ05	5.00	4	0.2261	896
DJ06	7.20	5	0.1963	792
DJ07	10.08	6	0.1682	694
DJ08	5.94	4	0.1903	771
DJ09	6.21	4	0.1820	742
DJ10	12.96	9	0.1963	792
DJ11	12.40	6	0.1367	583
DJ12	9.75	6	0.1739	714
DJ13	12.00	6	0.1413	599
DJ14	18.00	9	0.1413	599
DJ15	18.00	9	0.1413	599
DJ16	5.40	4	0.2093	838
DJ17	10.80	6	0.1570	654
DJ18	2.85	2	0.1983	799
DJ19	2.89	2	0.1956	789
BPB1	32.48	16	0.1392	592
BPB2	32.48	16	0.1392	592
BPB3	37.52	16	0.1205	526
BPB4	37.52	16	0.1205	526

18.4.4 哈尔滨淮河路裕华园高层住宅楼

该工程位于哈尔滨市淮河路，为 6 栋 30～32 层住宅建筑，原基桩设计为长螺旋压灌桩，桩长 36m，桩径 600mm，经论证后改为 WZ 桩，施工结束后经检测达到设计要求。桩型对比及桩基施工技术参数等见表 18-16～表 18-19、图 18-10、图 18-11 和表 18-20。

表 18-16 长螺旋压灌桩与 WZ 桩桩型对比

长螺旋钻孔压灌混凝土旋喷扩孔桩（WZ 桩、非挤土灌注桩）

工程名称		哈尔滨淮河路裕华园高层住宅楼			
		地质报告 6—6 剖面 17 号孔			
桩距/m	1.800	桩身混凝土强度等级	C30	桩身直径/mm	600
混凝土 f_c/MPa	14.30	桩端持力层：⑫粉质黏土层		桩中心距/mm	1800
地质报告高程系：国家高程		室外标高	0.000m	桩身截面面积/m²	0.283
设计标高±0.000 对应地质报告国家高程标高：			148.160m	桩身混凝土强度等级	C30
桩顶标高（设计标高）	−14.000m	国家高程	134.160m	桩混凝土体积/m³	6.00
桩长/m	20.000	桩底标高	−34.000m	配筋率 ρ/%	0.57
成桩系数	0.80	—	—	配筋/mm²	1613.30
a/mm	—	h/m	1.000	桩端扩底直径 D/mm	900.00
q_{pk}/kPa	2600	β_p	1.80	桩底面积 A_p/m²	0.636
—		—		ψ_p	0.971

表 18-17 钻孔单桩承载力特征值（WZ 桩）

q_{sik} 及 q_{pk} 参照泥浆护壁桩数据

孔 17（CK17）

土层编号	岩土名称	桩极限侧阻力标准值 q_{sik}/kPa	土层厚度/m	β_{si}	$q_{sik}l_i\beta_{si}$/kN
①	粉质黏土	68	1.70	1.05	229
②	粉质黏土	58	3.90	1.05	448
③	粉质黏土	40	4.40	1.05	348
④	粉质黏土	60	7.00	1.05	831
⑤	中砂	60	1.00	1.50	170
⑥	粗砂	90	2.00	1.80	610
桩长/m	—	—	20.00	—	2636
$Q_{pk}=\psi_p q_{pk}A_p\beta_p$/kN			—		2976
$Q_{sk}=u\sum q_{sik}l_i\beta_{si}$/kN			—		2636
Q_{uk}/kN					5612
R_a/kN					2806

表 18-18 长螺旋钻孔压灌桩（直桩、非挤土灌注桩）

工程名称		哈尔滨淮河路裕华园高层住宅楼			
桩型方案		长螺旋钻孔压灌混凝土桩（非挤土灌注桩）			
		地质报告 6—6 剖面 17 号孔			
桩距/m	1.80	桩身混凝土强度等级	C30	桩身直径/mm	600
混凝土 f_c/MPa	14.30	桩端持力层：⑫粉质黏土层		桩中心距/mm	1800
地质报告高程系：国家高程		室外标高	0.000m	桩身截面面积/m²	0.283
设计标高±0.000 对应地质报告国家高程标高			148.160m	桩身混凝土强度/kPa	4040
桩顶标高（设计标高）	−14.000m	国家高程	134.160m	桩混凝土体积/m³	6.00
桩长/m	33.00	桩底标高	−47.000m	配筋率 ρ/%	0.57
成桩系数	0.80	—	—	配筋/mm²	1613.30
a/mm	—	h/m	—	桩端扩底直径 D/mm	600.00
q_{pk}/kPa	2600	β_p	—	桩底面积 A_p/m²	0.283
—		—		ψ_c	1.075

表 18-19 各钻孔单桩承载力特征值

土层编号	岩土名称	桩极限侧阻力标准值 q_{sik}/kPa	土层厚度/m	β_{si}	$q_{sik}l_i\beta_{si}$/kN
①	粉质黏土	68	1.70	1.00	218
②	粉质黏土	58	3.90	1.00	426
③	粉质黏土	40	4.40	1.00	332
④	粉质黏土	60	7.00	1.00	792
⑤	中砂	60	1.00	1.00	113
⑥	粗砂	90	15.00	1.00	2545
桩长/m	—	—	33.00	—	4426
$Q_{pk} = \psi_c q_{pk} A_p \beta_p$/kN			—		736
$Q_{sk} = u\sum q_{sik}l_i\beta_{si}$/kN			—		4426
Q_{uk}/kN			—		5162
R_a/kN			—		2581

注：q_{sik} 及 q_{pk} 参照泥浆护壁桩数据。

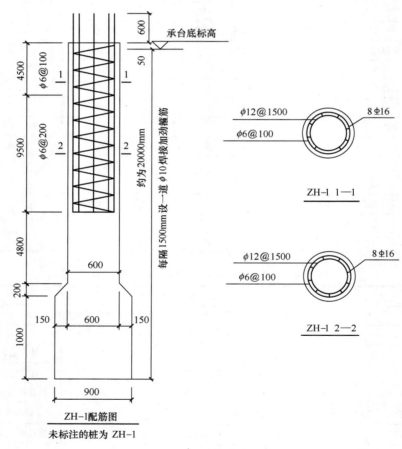

图 18-10 桩基构造

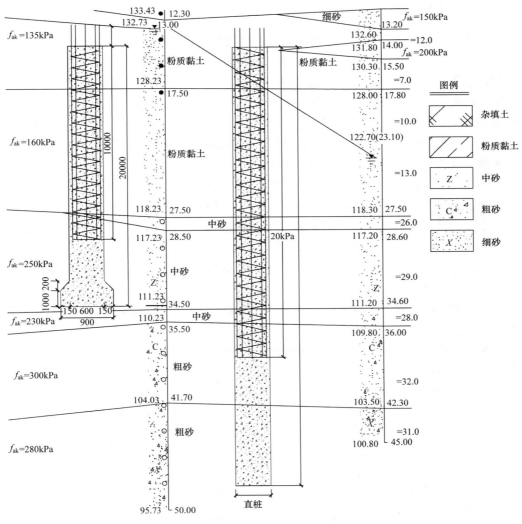

图 18 - 11　地质剖面与桩的位置

表 18 - 20　对比分析（单桩承载力相同的条件下）

项目	桩间距 /m	桩径/m	桩数 /根	承载力 /kN	桩长/m	混凝土量 /m³	钻桩出土 /m³	出土 外运/m³	成桩速度 /（根/天）	单价 /(元/m³)
长螺旋 压灌桩	1.8	0.6	1160	5161	33	10833	10833	55×10⁴	15	1000
WZ 桩	1.8	0.6	1160	5612	20	6566	6566	33×10⁴	35	1050
WZ 桩与 压灌桩对比	—	扩大头 直径 0.9	—	—	减少 13m	减少 4267	减少 4267	节省 22×10⁴	工期缩短 44 天	节省 395 万元
总效益对比	效率提高 133%，造价节省 60%									

18.4.5　哈尔滨市南岗区中山路项目

1．项目概况

该工程位于哈尔滨市南岗区中山路，拟建一栋 28 层办公楼，如果采用长螺旋压灌桩，桩长需要 34.7m，经论证后决定采用 WZ 桩。

2. 各土层结构及特征

①杂填土：杂色，松散，稍湿，包含建筑垃圾及生活垃圾，层厚 0.50～4.10m，场区内普遍分布。

②粉质黏土：黄色～灰色，湿，硬可塑～可塑，含氧化铁及氧化锰，切面稍光滑，无摇振反应，干强度中等，韧性中等，中等压缩性土。

③粉质黏土：灰色，湿，可塑～软可塑，包含氧化铁及氧化锰，切面稍光滑，无摇振反应，干强度中等，韧性中等，中等压缩性土。

④粉质黏土：灰色，湿～很湿，可塑～软可塑，夹薄层细砂，局部与细砂互层，切面稍光滑，无摇振反应，干强度中等，韧性中等，中等～高压缩性土。

⑤中砂：灰色，中密，饱和，矿物成分为石英长石，颗粒形状为亚圆，分选性一般。

⑥粗砂：灰色，中密，饱和，矿物成分为石英长石，颗粒形状为亚圆，分选性差。

⑦粉质黏土：灰色，很湿，可塑～软可塑，切面稍光滑，无摇振反应，干强度中等，韧性中等，中等压缩性土。

⑧粗砂：灰色，中密～密实，饱和，矿物成分为石英长石，颗粒形状为亚圆，分选性差，局部为砾砂。

⑨粉质黏土：灰色，很湿，可塑～软可塑，切面稍光滑，无摇振反应，干强度中等，韧性中等，中等压缩性土。

⑩砾砂：灰色，密实，饱和，矿物成分为石英长石，颗粒形状为亚圆，分选性一般。

其地质剖面与桩的位置如图 18-12 所示。

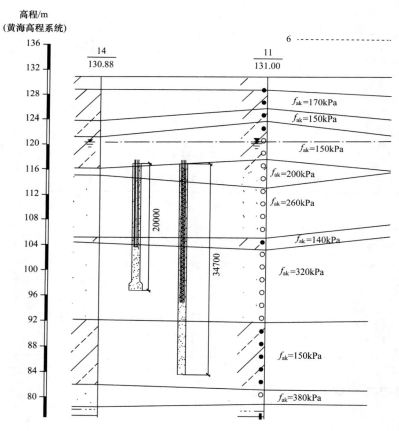

图 18-12　地质剖面与桩的位置

3. 基桩参数

该工程基桩参数见表 18 - 21。

表 18 - 21　基桩参数

地层编号	岩土名称	静压桩		泥浆护壁钻（冲）孔灌注桩		长螺旋压灌桩	
		桩侧阻标准值 q_{sk}/kPa	桩端阻标准值 q_{pk}/kPa	桩侧阻标准值 q_{sk}/kPa	桩端阻标准值 q_{pk}/kPa	桩侧阻标准值 q_{sk}/kPa	桩端阻标准值 q_{pk}/kPa
		规范 JGJ 94—2008		规范 JGJ 94—2008		地标 DB 23/T 360—2007	
①	杂填土	—	—	—	—	—	—
②	粉质黏土	75	—	73	—	73	—
②₁	粉质黏土	90	—	88	—	88	—
③	粉质黏土	68	—	66	—	66	—
④	粉质黏土	70	—	68	—	66	—
④₁	粉质黏土	45	—	43	—	41	—
④₂	细砂	40	—	38	—	36	—
⑤	中砂	55	—	53	—	53	—
⑥	粗砂	80	—	80	—	80	—
⑦	粉质黏土	60	—	58	—	58	—
⑧	粗砂	95	9000 (16m<L≤30m)	93	2500 (15m≤L<30m)	94	2500 (15m≤L<30m)
⑧₁	中砂	75	7000 (16m<L≤30m)	74	1700 (15m≤L<30m)	75	2000 (15m≤L<30m)
⑨	粉质黏土	65	2400 (16m<L≤30m)	63	700 (15m≤L<30m)	63	700 (15m≤L<30m)
			3400 (L>30m)		770 (L≥30m)		770 (L≥30m)
⑨₁	粉质黏土	50	1500 (16m<L≤30m)	48	400 (15m≤L<30m)	48	400 (15m≤L<30m)
			1700 (L>30m)		400 (L≥30m)		400 (L≥30m)
⑨₂	细砂	75	5000 (16m<L≤30m)	73	1400 (15m≤L<30m)	75	1400 (15m≤L<30m)
			6000 (L>30m)		1700 (L≥30m)		1700 (L≥30m)
⑩	砾砂	110	11000 (L>30m)	110	2800 (L≥30m)	110	2900 (L≥30m)

注：L 为桩长（m）。

4. 长螺旋压灌桩与 WZ 桩对比分析

长螺旋压灌桩与 WZ 桩的对比分析见表 18 - 22，WZ 桩相关数据见表 18 - 23。

表 18-22　长螺旋压灌桩（直桩、非挤土灌注桩）

工程名称：哈尔滨市南岗区中山路工程

桩距/m	1.800	桩身混凝土强度等级		C30	桩身直径/mm	600
混凝土 f_c/MPa	14.30	桩端持力层：⑩砾砂层			桩中心距/mm	1800
地质报告高程系：国家高程		室外标高		0.000m	桩身截面面积/m²	0.2826
设计标高±0.000 对应地质报告国家高程标高：				131.230m	桩身混凝土强度等级	C30
桩顶标高（设计标高）	−15.000m	国家高程		116.230m	桩混凝土体积/m³	9.800
桩长/m	34.700	桩底标高	−49.700m	—	成桩系数	0.80
a/mm	0	h/m	0.000	—	桩端扩底直径 D/m	0.60
q_{pk}/kPa	2900	β_p	0.00	—	桩底面积 A_p/m²	0.283
u	—	—	—	—	ψ_p	6.043
土层编号	岩土名称		桩极限侧阻力标准值 q_{sik}/kPa	土层厚度/m	β_{si}	$q_{sik}l_i\beta_{si}$/kN
⑤	中砂		53	2.30	1.00	230
⑥	粗砂		80	7.50	1.00	1130
⑦	粉质黏土		58	2.30	1.00	251
⑧	粗砂		94	11.80	1.00	2090
⑨	粉质黏土		63	9.30	1.00	1104
⑩	砾砂		110	1.50	1.00	311
⑪	基岩		0	0.00	1.00	0
桩长/m	—		—	34.70	—	5116
$Q_{pk}=\psi_p q_{pk}A_p\beta_p$/kN				—	—	820
$Q_{sk}=u\sum q_{sik}l_i\beta_{si}$/kN				—	—	5116
Q_{uk}/kN				—	—	5936
R_a/kN				—	—	2968

表 18-23　WZ桩相关数据

工程名称			哈尔滨市中山路项目高层办公楼			
地质报告 6—6 剖面　11 号孔						
桩距/m	1.800	桩身混凝土强度等级		C30	桩身直径/mm	600
混凝土 f_c/MPa	14.30	桩端持力层：⑧粗砂层			桩中心距/mm	1800
地质报告高程系：国家高程		室外标高		0.000m	桩身截面面积/m²	0.283
设计标高±0.000 对应地质报告国家高程标高：				131.230m	桩身强度	3235
桩顶标高（设计标高）	−15.000m	国家高程		116.230m	桩混凝土体积/m³	6.00
桩长/m	20.000	桩底标高	35.000m	—	配筋率 ρ/%	0.57
成桩系数	0.80	—		—	配筋/mm²	1613.30
a/mm	—	h/m	1.000	—	桩端扩底直径 D/mm	900
q_{pk}/kPa	2500	β_p	1.50	—	桩底面积 A_p/m²	0.636
—		—		—	ψ_p	0.971
土层编号	岩土名称		桩极限侧阻力标准值 q_{sik}/kPa	土层厚度/m	β_{si}	$q_{sik}l_i\beta_{si}$/kN
⑤	中砂		53	2.30	1.30	299
⑥	粗砂		80	7.50	1.50	1696

土层编号	岩土名称	桩极限侧阻力标准值 q_{sik}/kPa	土层厚度/m	β_{si}	$q_{sik}l_i\beta_{si}$/kN
⑦	粉质黏土	58	2.30	1.05	264
⑧	粗砂	94	8.00	1.50	2126
⑨	粉质黏土	63	0.00	0.00	0
⑩	砾砂	110	0.00	0.00	0
桩长/m	—	—	20.10	—	—
$Q_{pk}=\psi_p q_{pk}A_p\beta_p$/kN			—	—	2316
$Q_{sk}=u\sum q_{sik}l_i\beta_{si}$/kN			—	—	4385
Q_{uk}/kN			—	—	6701
R_a/kN			—	—	3351

5. 对比分析（单桩承载力相同的条件下）

单桩承载力相同的条件下的桩型对比分析结果见表 18-24。

表 18-24　单桩承载力相同的条件下的对比分析

项目	桩间距/m	桩径/m	桩数/根	承载力/kN	桩长/m	混凝土量/m³	钻桩出土/m³	出土外运/m³	成桩速度/(根/天)	单价/(元/m³)
长螺旋压灌桩	1.8	0.6	860	6000	34.7	8445	10979	27×10⁴	15（需 57 天）	1000（工程费用 844.5 万元）
WZ 桩	1.8	0.6	860	6000	20	4868	6328	15×10⁴	35（需 25 天）	1050（工程费用 511.1 万元）
WZ 桩与压灌桩对比	—	扩大头直径 0.9	—	—	减少 14.7	减少 3577	减少 4651	节省 12×10⁴	工期缩短 32 天	节省 333.4 万元
总效益对比	效率提高 128%，造价节省 65.23%									

第19章 潜孔冲击高压旋喷桩技术

张 亮 戴 斌 朱允伟 马云飞 刘宏运

19.1 技术原理、特点和施工机械设备

潜孔冲击高压旋喷桩（down-the-hole jet grouting pile）施工技术简称 DJP 工法，产生于 2011 年，为北京某岩土工程股份有限公司自主研发的一种旋喷桩施工新技术。该技术攻克了在卵砾石、抛石填海、建筑垃圾回填、支护桩间扩径等复杂地层条件下施工旋喷桩的技术难题，通过钻进喷射注浆一体化的工艺和设备，可快速、稳定地在复杂地层内形成强度较高、均匀的水泥土固结体，且具有施工效率高、质量稳定、造价低等综合优势，为行业提供了一种在复杂条件下施工旋喷桩的新方法。

19.1.1 技术原理

DJP 工法的技术原理为：利用位于钻杆下方的潜孔锤冲击器在钻进过程中产生的高频振动冲击作用，结合冲击器底部喷出的高压空气破坏土体结构，同时冲击器上部高压水射流切割土体；在高压水、高压气、高频振动的联动作用下，钻杆周围土体迅速崩解，处于流塑或悬浮状态；此时喷嘴喷射高压水泥浆，对钻杆四周的土体进行二次切割和搅拌，加上垂直高压气流的微气爆作用，使已成悬浮状态的土体颗粒与高压水泥浆充分混合，形成直径较大、混合均匀、强度较高的水泥土桩。

1. 成孔机理

如图 19-1 所示，在钻机就位后，开动大功率动力头旋动钻杆，向钻杆底部的冲击器提供高压空气（空气压力不低于 2.0MPa），潜孔锤在高压空气驱动下开始产生冲击效能；同时，由高压泵向喷嘴提供高压水，冲击器上部四周的喷嘴在大于等于 25MPa 的压力下水平喷射高压水流。如地层为粉土、黏土，喷射的高压水流可切割软化四周的土体；如地层为砂土，高压水流和高压空气可使四周砂土悬浮；如遇到碎石、卵石或块体时，则直接冲击破碎。此外，潜孔锤的高频振动冲击和高压空气的联合作用也会在锤底空间内产生气爆效果，进一步加强对黏土、粉土和砂土的冲击破坏能力，对卵石、块石地层通过振动、气爆调整块石位置，打开通道，利于后续水泥浆进入被加固区域。

2. 成桩机理

如图 19-2 所示，成孔完成后提钻，开始注浆。将高压水换为高压水泥浆，同时提升喷射压力至 25～40MPa，由喷射器侧壁的喷嘴向周围土体进行高压喷射注浆。此时，已成流塑或液化状态的土体被喷射器向四周喷射的高压浆充分搅拌、混合，同时锤底喷射的高压气可加大搅拌混合力度，并将浆液往四周挤压，沿着气爆打开的孔隙和通道注入被加固的土体，从而形成均匀的水泥土混合物。这种喷射注浆方式比普通的旋喷工艺效果更好，可形成的桩径也更大。

图 19-1　潜孔锤冲击联合高压气、高压水切割土体示意图　　图 19-2　高压喷射水泥浆成桩过程示意图

3. 适用范围

DJP 工法首创高压水（浆）、高压气、高频振动冲击、微气爆联动的工作机制，形成垂直度好、直径大、强度高的水泥土桩，可广泛应用于基坑止水帷幕及封底、地基处理、水泥土复合桩、基坑支护、水利工程防渗、超前加固等工程中（表 19-1）。

表 19-1　DJP 工法应用范围

项目	应用范围	说明
适用地层	黏土、粉土、砂土、卵石、砾石、抛石填海、建筑垃圾回填等多种地层	无需引孔，钻进喷浆一体化
适用工程	止水帷幕、基坑封底、复合桩、地基处理、超前加固	多种类型的工艺和设备
桩长	5～50m	可实现有限空间内和超深作业
桩径	800～3000mm	采用不同参数，可满足不同工程需求

19.1.2　技术特点

（1）钻进喷浆一体化，工序简化，工效提升一倍以上

现有其他旋喷工艺，除在较软地层外，在砂层、卵砾石层、支护桩扩径等复杂地层和场地条件下均需先引孔，且引孔难度大，极易塌孔，无法保证成桩质量；应用时均需要两套设备，一套引孔设备预先成孔（部分情况下尚需要套管护壁），另一套设备进行高压喷射注浆，工序较为繁琐，工效也必然较低。潜孔冲击高压旋喷桩通过潜孔锤与喷射器有机结合，可同步解决复杂地层条件下的钻进与喷浆成桩难题，一套设备完成全部施工工作，即钻进、喷浆一体完成，工序减少一半，工效提升一倍以上。

（2）较大地拓展了旋喷桩的地层适用性

该项技术采用的钻头钻具有主动冲击能力，钻进效率高，在坚硬块体、岩石、硬地层（卵石地层）中通过能力强，冲击钻头下部主动受力，易于控制钻杆垂直度，成功解决了在软硬相间的复杂地层中的应用问题。其不仅适用于素填土、杂填土、黏性土、砂土等一般地层，而且适用于难以钻进的砂卵石、砾石、漂石、人工填海地层、抛石、混凝土旧基础、基岩等复杂地层，或是在支护桩＋止水帷幕支护体系中，可以在两根支护桩中间位置施工，即使支护桩有扩径现象对其施工也无影响。

（3）成桩质量具有显著优势

旋喷桩成桩质量最关键的影响因素是成孔垂直度和成桩直径。在垂直度方面，DJP工法设备采用上下双动力钻进，潜孔锤牵引导向性可保证在施工过程中不断修正垂直度，钻杆刚度大，钻机自稳能力强，垂直度偏差可控制在±0.5%，比其他工艺提升1倍以上；在成桩直径方面，DJP工法钻进过程中喷射的水流与提升过程中喷射的浆液压力均较高，前者充分切削土体，加大影响范围，后者通过二次高压将浆液与四周土体混合，加之潜孔锤底不断输出的高压气聚集形成微气爆，可以通过挤压、渗透进一步扩大成桩直径，从而形成直径大、均匀的水泥土固结体。

（4）节约材料、减少环境影响

DJP工法的基本原理为加固而非置换，水泥浆可充分充填到地基土中，水泥利用率高于其他旋喷工艺，返浆量得到有效控制，可显著降低水泥用量，节约造价；同时，减少了废弃水泥浆的排放和对环境的影响，降低了后续的二次处理费用（表19-2）。

表19-2　DJP工法技术经济指标

指标	取值	说明
垂直度	±0.5%	垂直度保证率提升2倍
施工效率	120~200m/天	无需接、拆钻杆，施工效率为同类工艺的2倍以上
质量合格率	100%	根据已施工的50余项工程统计
材料利用率	95%	高于行业平均水平30%左右

19.1.3　施工机械及设备

DJP工法采用北京某岩土工程股份有限公司自主研发的施工设备（专利号为 ZL201110293700.0，ZL201110298252.3，ZL201120370314.2）进行施工，DJP钻机机架稳定性好，架身高，动力强，导向性好，钻杆刚度大，效率高。其施工设备的具体连接方式如图19-3所示。

图19-3　DJP工法施工设备连接方式示意图

19.2　施　工　工　艺

19.2.1　工艺参数

DJP工法施工工艺参数见表19-3。

DJP工法止水帷幕桩施工应符合下列规定：

1）钻具喷射注浆时的提升速度不宜大于500mm/min。

2）水泥土桩桩身强度等级应大于或等于1.2MPa，喷射水泥浆的水灰比应为0.8:1~1.1:1。

表 19 - 3 DJP 工法施工工艺参数

介质	参数	DJP 工法
水	压力/MPa	≥25
	喷嘴数量/个	1～2
	喷嘴直径/mm	1.8～3.0
气	压力/MPa	0.7～2.3
	流量/m³/min	0.8～1.2
	喷气方式	水平及锤底竖向喷气
浆	压力/MPa	25～40
	流量/(L/min)	80～160
	密度/(g/cm³)	1.4～1.6

3）用于止水帷幕工程时水泥土桩的水泥掺量宜大于或等于 20%，成桩 28 天后的水泥土固结体渗透系数不应大于 $1×10^{-6}$ cm/s。

19.2.2 工艺流程

DJP 工法止水帷幕桩的施工工艺流程如图 19 - 4 所示。

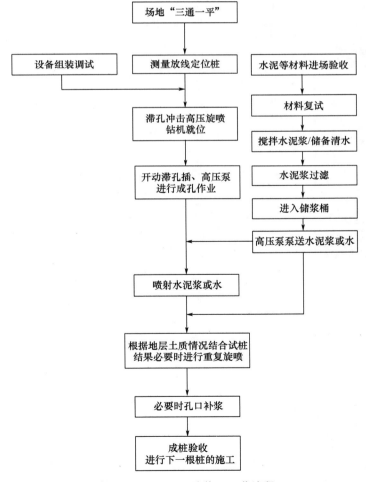

图 19 - 4 DJP 工法施工工艺流程

19.3 工程实例

19.3.1 原基坑止水体系失效的补救处理实例

以大连某基坑止水工程为例说明原基坑止水体系失效的补救处理过程。

1. 工程概况

该工程位于大连市东港商务区，距离海边仅 800m，总占地面积约 71400 ㎡，基坑最大开挖深度为 13.60m。该场地为新近填海区，开挖范围内，素填土回填时间为 1 年以上，主要由粉土及碎石组成，碎石成分多为石英岩、板岩，含量为 40％左右，粒径 20～150mm，大者可达 200～500mm，呈棱角状，均匀性差，可压缩性强；中风化板岩岩体基本质量等级为Ⅳ级，场地均有分布。勘察场地各钻孔均见有地下水，观测到的地下水位标高为 1.10～5.20m，因地下水与海水相连，水位受海水潮汐影响较大（图 19-5）。

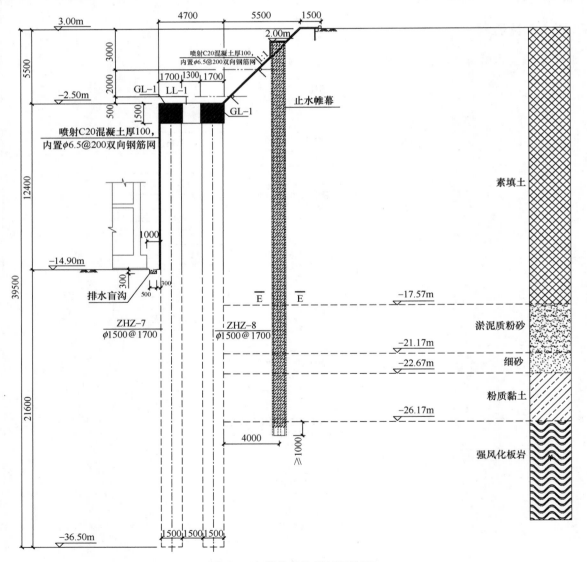

图 19-5 基坑与地层剖面关系

2. 原设计方案

该工程原施工单位采用素混凝土桩加黏土桩形成联合止水体系。因地层障碍物影响，桩位偏差较大，垂直度、桩长、桩径等重要参数均无法保证，止水效果不佳。后采用多种补救方式，均不能有效降低水位，施工停滞近一年，给业主造成了巨大的经济损失（图 19 - 6、图 19 - 7）。

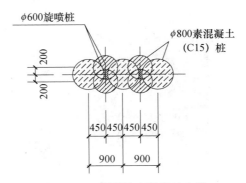

图 19 - 6 原基坑支护设计方案

本工程后采用 DJP 工法施工止水帷幕桩，设计桩长 28～30.5m，桩径不小于 900mm，施工历时四个月，止水效果良好，在辽宁业界引起较大反响。该工程的顺利完工也标志着 DJP 工法相关专利技术具有很高的实用性和稳定性（图 19 - 8）。本工程中采用的 DJP 工法止水帷幕桩设计参数见下文。

图 19 - 7 原基坑支护体系失效，造成
基坑被水浸泡、无法开挖

图 19 - 8 DJP 工法止水帷幕桩保障
基坑内实现干槽作业

3. DJP 工法止水帷幕桩设计参数

1）设计桩长 28～30.5m。

2）旋喷桩桩体抗压强度（28 天）不小于 2.0MPa，旋喷桩有效直径不小于 600mm。

3）旋喷水泥土墙桩体抗压强度（28 天）不小于 2.0MPa，旋喷桩有效直径不小于 500mm。

4）旋喷桩桩长除满足设计桩底标高要求外，还应满足桩端进入强风化岩面或中风化岩面不小于 0.5m。

5）水泥浆液采用强度等级为 42.5R 的普通硅酸盐水泥配制，水灰比为 1：1。

6）浆液喷射压力不小于 30MPa。

7）提升速度为 20～25cm/min，旋转速度为 10～20r/min。

19.3.2 碎石填海地层止水帷幕应用实例

以大连地铁 1 号线 109 标段止水帷幕工程为例说明碎石填海地层止水帷幕的应用。

1. 工程概况

该标段位于大连市东海公园内，为东海公园站—东海新区站区间明挖基坑的止水帷幕，基坑开挖面积 35000m²，开挖深度 11.5m，基坑安全等级为一级，破坏后果很严重（图 19 - 9、图 19 - 10）。

海岸线

图 19-9　工程开工前的场地条件　　　　图 19-10　拟建项目位置（距海边 400m）

2. 工程地质条件

施工范围内上覆第四系人工堆积层（Q_4^{ml}）、第四系全新统海相沉积层（Q_4^m），下伏震旦系长岭子组板岩（Z^{whc}）。各地层分述如下。

1）第四系全新统人工堆积层（Q_4^{ml}），包括①$_1$ 素填土、①$_2$ 杂填土。

2）第四系海相沉积层（Q_4^m），包括②$_3$ 淤泥质粉质黏土、②$_6$ 卵石。

3）震旦系长岭子组板岩（Z^{whc}），包括⑫$_1$ 全风化板岩、⑫$_2$ 强风化板岩、⑫$_3$ 中风化板岩。

3. 地下水特征

该场地地下水按赋存条件主要为孔隙水及基岩裂隙水，属潜水，略具承压性。

孔隙水主要赋存在填土层及卵石层中，基岩裂隙水主要赋存于强风化及中风化板岩中。在勘察期间稳定地下水位埋深 2.64~3.85m，水位高程 1.17~1.66m。年水位变幅为 1~3m。

孔隙水为海水，受潮汐影响。地下水水位随海水水位变化（略有滞后），年平均潮位 -0.066m，年高潮位 1.954m，年最低潮位 -2m，年平均高潮位 0.964m，年平均低潮位 -1.116m。勘察期间稳定水位埋深 1.4~2.0m，水位高程 0.75~1.75m，抗浮水位标高为 2.0m。

4. 施工工艺参数

1）止水帷幕为双排旋喷桩，采用 DJP 工法施工，设计桩径为 700mm，桩长 12.0~25.5m，桩距400mm，两桩之间的搭接长度不小于 150mm。

图 19-11　潜孔冲击高压旋喷桩施工现场

2）旋喷采用强度等级为 42.5 的普通硅酸盐水泥，水泥掺量约为 30%，必须满足《建筑地基处理技术规范》（JGJ 79—2012）的要求，旋喷用水满足《混凝土用水标准》（JGJ 63—2006）的要求。

3）旋喷桩底面埋入至强风化层底面，顶面设置在水位以上 0.5m。

4）桩的垂直度允许偏差在 0.5% 以内。

5）喷射用水泥浆水灰比为 1:1，喷射压力为 25~30MPa。

6）旋喷桩止水帷幕渗透系数 $K \leqslant 1.0 \times 10^{-6}$ cm/s。

7）钻具喷射注浆时的提升速度不得大于 0.5m/min。

8）正式施工前需进行试桩，及时调整施工参数，以便满足施工要求（图 19-11）。

5. 止水效果

旋喷桩止水帷幕施工完成后进行了基槽的开挖，经对帷幕桩进行剥露检查，成桩情况良好，桩径大于或等于 700mm，桩长、桩径、桩身强度等符合设计要求，开挖至基底标高无漏水现象，止水效果良好（图 19 - 12、图 19 - 13）。

图 19 - 12　DJP 工法止水帷幕保障基坑干槽作业

图 19 - 13　地铁主体工程顺利施工

6. 相邻场地其他工艺施工效果

相邻场地采用传统旋喷桩施工方法，但止水效果较差，地下水位无明显变化，无法进行开挖作业，后采用冲击钻施作地下连续墙（图 19 - 14），但施工效果仍然很不理想。在工程停滞近半年后，采用大面积强排的辅助方法，才勉强将基槽开挖至设计标高。

通过在相同场地条件下不同施工工艺的比较，可以看到 DJP 工法和传统旋喷桩的施工效果的差异，DJP 工法对难以钻进的卵砾石层、漂石、水工填海、抛石、混凝土旧基础、基岩等复杂地层的适应性强，其在工程的质量、工期、造价等各方面与传统旋喷桩相比均有较大的优势。

图 19 - 14　同一场地采用的其他工艺施工效果均不理想

19.3.3　巨厚砂层、保护临近地铁止水帷幕应用实例

以北京城市副中心机关办公楼基坑止水帷幕为例说明巨厚砂层、保护临近地铁止水帷幕的应用。

1. 工程概况

北京城市副中心机关办公楼 A2 项目临近地铁一侧，由于场区含水层以砂层为主，降水沉降问题较突出。为确保基坑降水期间地铁 6 号线安全运营，对于邻地铁一侧拟设置一道止水帷幕，以切断基坑降水与地铁隧道周边地下水的水力联系，避免对地铁隧道周边地下水的抽取可能引起的隧道周边地层沉降。新建办公楼、止水帷幕与既有地铁 6 号线隧道的位置关系如图 19 - 15 所示。

2. 工程地质条件

根据勘察报告，场地地层按成因年代分为人工堆积层、新近沉积层和第四纪冲洪积层三大类，按地层岩性进一步分为 10 个大层及其亚层。具体土层分布如图 19 - 16 所示。

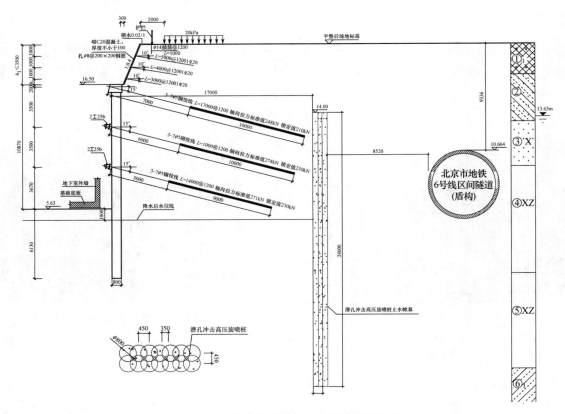

图 19-15 新建办公楼与既有地铁位置关系

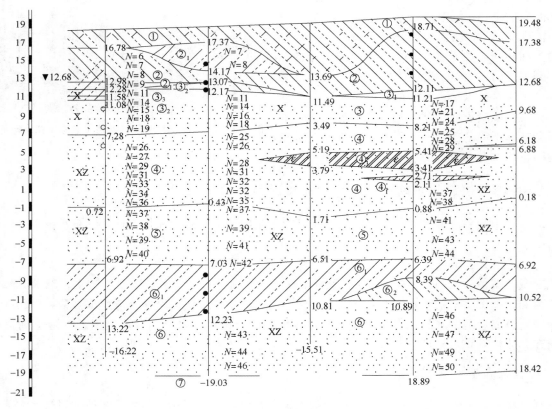

图 19-16 地层剖面

3. 止水帷幕设计方案

止水帷幕平面布置如图 19 - 17 所示。

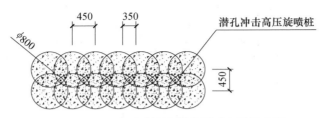

图 19 - 17　DJP 工法止水帷幕平面布置示意图

4. DJP 工法止水帷幕桩工艺参数

浆液采用强度等级为 42.5 的普通硅酸盐水泥，水灰比为 0.9～1.1，水泥掺量为 25%～40%。

高压水泥浆液流的压力为 20～25MPa，流量为 80～120L/min，空气压力为 0.7MPa，提升速度为 20～30cm/min，旋转速度为 21r/min。

5. DJP 工法止水帷幕桩施工过程

DJP 工法止水帷幕桩施工过程如图 19 - 18 和图 19 - 19 所示。

图 19 - 18　DJP 工法一次性成孔成桩

图 19 - 19　现场弃土少，便于处理或回收利用

6. DJP 工法止水帷幕桩检测结果

DJP 工法止水帷幕桩的检测如图 19 - 20 所示，结果见表 19 - 4 和表 19 - 5。

图 19 - 20　钻孔取芯（27m 深度）完整，水泥土混合均匀

表 19-4　抗渗试验结果

试桩组号	1	2	3
渗透系数平均值/(cm/s)	$2.8×10^{-8}$	$2.6×10^{-8}$	$4.2×10^{-8}$

表 19-5　抗压试验结果

试桩组号	1	2	3	4	5	6	7	8
抗压强度平均值/MPa	34.3	24.1	32.9	33.3	32.6	28.6	25.3	36.4

19.3.4　含水层为碎石、进入基岩不透水层止水帷幕实例

以济南地铁 R3 线孟家庄站止水帷幕工程为例说明含水层为碎石、进入基岩不透水层止水帷幕的应用。

1. 工程地质条件

详细勘察报告揭露的部分土层情况如下（图 19-21）：

⑩₃ 层碎石，揭露厚度 0.7～5.3m，母岩成分为灰岩，次棱角状及亚圆状，矿物成分以长石、方解石为主，呈中风化状，直径 2～4cm，最大 8cm。

⑰₁ 层碎石，揭露厚度 2.1～17.7m，矿物成分以长石、方解石为主，呈中风化状，直径 2～8cm，局部夹块石，透水性为中等～强透水。

⑲₁ 层全风化闪长岩，部分钻孔揭露厚度为 0.9～1.2m，层底标高 127.68～132.44m，灰黄色，原岩风化剧烈，结构构造已完全风化破坏，造岩矿物风化蚀变，岩芯呈砂土状，具塑性，手捏易碎。

⑲₂ 层强风化闪长岩，部分钻孔揭露厚度为 2.0～4.6m，层底标高 125.28～136.58m，灰黄色，粒状结构，块状构造，主要矿物成分为角闪石、斜长石，风化强烈，原岩结构构造部分风化破坏，造岩矿物部分风化蚀变，风化不均，锤击易碎，局部碎块状，块径 2～8cm，岩芯采取率为 80%。

⑲₃ 层中风化闪长岩，局部分布，灰黄色，中粗粒状结构，块状构造，主要矿物成分为角闪石、斜长石，节理裂隙发育，岩芯多呈短柱状，少量呈长柱状，采取率为 85%～95%，岩石质量指标 RQD=65～70。

㉑₂ 层中风化石灰岩，分布广泛，全部钻孔揭露该层，未穿透，青灰色，层状构造，矿物成分主要为长石、方解石，岩芯采取率为 80%～92%，RQD=20～80，饱和单轴抗压强度为 29.8～73.3MPa，属较完整的较软岩～较硬岩，岩体基本质量等级为 Ⅲ～Ⅳ 级，作为不透水层考虑。

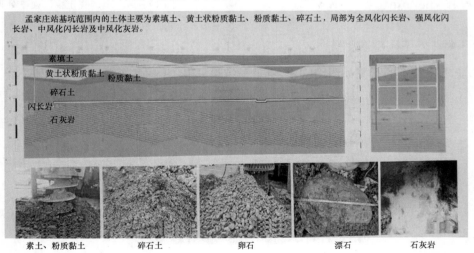

图 19-21　孟家庄站地质情况

2. 止水帷幕设计

车站施工期间抗浮水位为 149.0m，采用旋喷桩桩间止水。根据地质勘察报告，基坑底中风化石灰岩为隔水层，标准段止水采用 φ800@1300 旋喷桩，盾构井段采用 φ800@1200 旋喷桩，旋喷桩桩底与围护桩桩底标高相同（要求进入不透水层不小于 1m），止水帷幕高出施工期间抗浮水位 1m（图 19-22、图 19-23）。

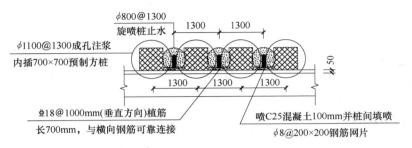

图 19-22　标准段基坑支护及旋喷桩止水帷幕平面示意图

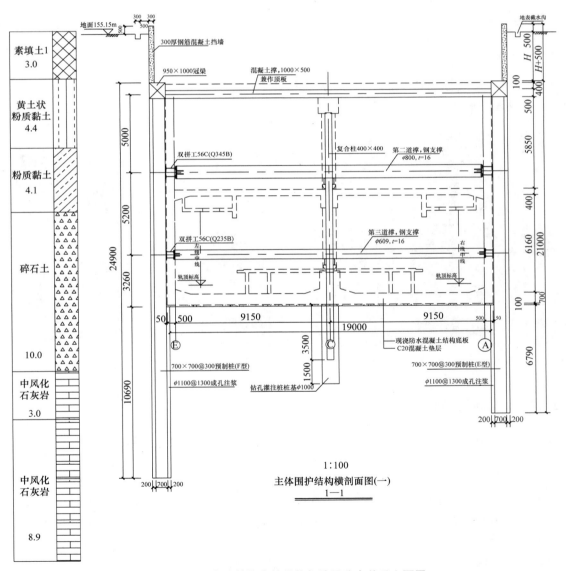

图 19-23　车站基坑支护结构与地层分布关系立面图

481

3. 施工工艺参数

对于富水、渗透性强、大粒径的碎石层，传统旋喷桩工艺易出现塌孔、浆液流失、成孔垂直度与成孔直径难把控等问题，为保证桩径及孔位满足设计要求，决定采用 DJP 工法进行旋喷桩施工。具体质量标准为钻孔的垂直度偏差不应超过 0.5%，桩位偏差不应大于 30mm，旋喷止水要求基坑侧没有水渗流现象，止水帷幕的渗透系数小于 1×10^{-7} cm/s。本工程中 DJP 工法施工参数见表 19 - 6，施工现场情况见图 19 - 24。

表 19 - 6　DJP 工法施工参数

项目	参数	备注	项目	参数	备注
工艺类型	双高压工艺	局部复喷加强	水泥掺量	25%	—
喷水压力	20MPa	下钻	提升速度	0.4m/min	—
钻进时空压机输出压力	1.7MPa	潜孔锤	转速	21r/min	—
喷浆压力	25MPa	提升	喷嘴直径	2.5mm	一个喷嘴
喷浆时空压机输出压力	1.0MPa	—			

4. 成桩质量检测

现场开挖 3 根旋喷桩检测成桩质量，成桩直径大于或等于 1.0m，抗渗强度满足渗透系数小于 1×10^{-7} cm/s 的设计要求（图 19 - 25）。

图 19 - 24　DJP 工法施工现场　　　　　图 19 - 25　DJP 工法成桩效果开挖检测

19.3.5　高水位砂层基坑局部深坑封底应用实例

以北京城市副中心塔式起重机基坑止水＋封底帷幕说明高水位砂层基坑局部深坑封底的应用。

1. 工程概况

北京城市副中心 A2 号办公楼 6 号塔式起重机基坑，塔式起重机基础结构尺寸均为 6.5m×6.5m，塔式起重机基底绝对标高为 7.44m，现状主楼基坑坑底标高为绝对标高 11.0m，塔式起重机基坑开挖深度为 3.56m。A2 主楼基坑已大面积开挖，通过对 6 号塔式起重机基坑周边的观测井进行测量及现场开挖实测，确定现状地下水标高为 9.6m。塔式起重机基坑与地层的关系如图 19 - 26 所示。

结合该工程水文地质条件及工程特点，经多次专家论证，对多种方案了进行分析，结果如下。

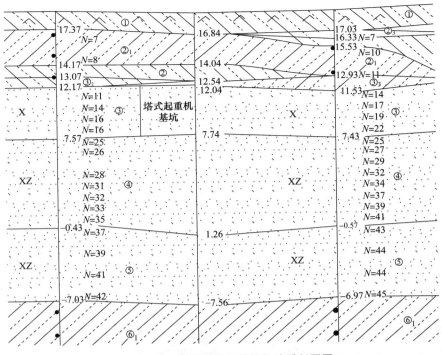

图 19-26　塔式起重机基坑与地质剖面图

1）管井降水：首先，在富含地下水的砂层中成井难度大。其次，由于塔式起重机位于主楼基座内，降水形成的"漏斗"或造成主楼基底砂土流失，影响地基土的天然状态。

2）轻型井点：成井难度大，且地层渗透系数较大，地下水丰富，不宜使用。

3）止水帷幕＋坑底抽降：由于基底以下合理深度范围内无稳定隔水层，仅能设计为悬挂帷幕，无法隔断基坑范围内地下水的垂向补给通道。

通过对以上方案的分析，最终确定使用竖向止水帷幕＋封底帷幕的方案。竖向止水帷幕兼具隔水、支护的双重作用，减少了基坑放坡开挖对主楼地基土的扰动。止水帷幕与封底帷幕形成一个密闭空间，有效阻隔地下水的侧向和垂向补给，以达到塔式起重机基础干槽作业的目的。

2. 设计方案

止水帷幕与封底帷幕均采用 DJP 工法，止水帷幕桩长 4.86m，桩顶标高为 9.900m，封底帷幕桩长 2.4mm，桩顶标高为 7.440m。为减少施工机械对主楼地基土的扰动，采用小型低净空 DJP 钻机施工，帷幕桩桩径均为 700mm，搭接尺寸为 200mm。由于止水帷幕兼作支护结构，设计为双排止水帷幕（图 19-27）。

该方案要求止水帷幕桩体强度大于或等于 0.8MPa，渗透系数不大于 1.0×10^{-6} cm/s。采用普通硅酸盐水泥，掺量为 15%，强度等级为 42.5。注浆压力为 25~30MPa，提升速度为 0.3m/min。

3. DJP 工法止水＋封底帷幕施工过程

DJP 工法一次成孔成桩，现场弃土、泥浆少，如图 19-28 所示。

4. 基坑开挖效果

基坑开挖至基底后渗漏点较少，止水效果良好（图 19-29）。现场情况如图 19-30 所示。

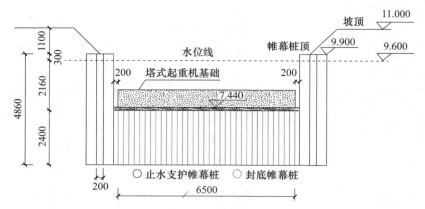

图 19-27 止水+封底方案示意图（标高单位：m，长度单位：mm）

图 19-28 DJP工法一次成孔成桩现场

图 19-29 止水+封底帷幕施工后顺利开挖至基底　　图 19-30 相邻场地未采用封底帷幕，局部深坑涌水涌砂严重

19.3.6 DJP复合桩实例

以北京城市副中心DJP复合桩试验为例说明。

1. 工程概况

该DJP复合桩试桩场地位于通州区潞城镇运河东大街与郝家府路十字路口南约200m，场区尺寸约为 80m×120m。

2. 工程地质条件

根据勘察报告，将场地地层按成因和年代分为人工堆积层、新近沉积层和第四纪冲洪积层三大类，按地层岩性进一步分为 10 个大层及其亚层。

自上而下各地层依次为：粉质黏土～黏质粉土填土①层，粉质黏土～重粉质黏土②层，黏质粉土～砂质粉土②₁层，（有机质）重粉质黏土～黏土②₂层，粉细砂②₃层，细砂③层，粉砂③₁层，粉质黏土③₂层，黏质粉土～砂质粉土③₃层，细中砂④层，粉质黏土～重粉质黏土④₁层，黏质粉土～砂质粉土④₂层，（有机质）重粉质黏土～粉质黏土④₃层，细中砂⑤层，粉质黏土～重粉质黏土⑤₁层，黏质粉土～砂质粉土⑤₂层，（有机质）重粉质黏土～黏土⑤₃层，细中砂⑥层，粉质黏土～重粉质黏土⑥₁层，黏质粉土～砂质粉土⑥₂层，（有机质）重粉质黏土～黏土⑥₃层。

3. 水文地质概况

勘探受施工工艺影响，仅在 30m 深度以上揭露一层地下水，为第四系孔隙潜水（一）。潜水（一）水位埋深为 4.50～8.40m，静止水位标高为 12.10～14.66m，含水层岩性主要为粉细砂②₃层、细砂③层、细中砂④层及细中砂⑤层，整体上地下潜水（一）埋深呈现北深南浅的趋势。勘探期间未揭露上层滞水，但不排除局部存在上层滞水的可能。此外，根据区域水文地质条件，场地 30m 深度以下可能存在承压水，受其上隔水层起伏影响，各处承压性略有不同（图 19-31）。

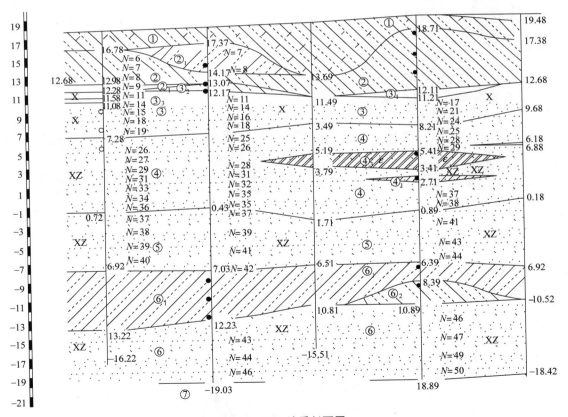

图 19-31　地质剖面图

4. DJP 复合桩试验参数

DJP 复合桩试桩参数见表 19 - 7、表 19 - 8。

表 19 - 7 DJP 复合管桩（编号为 DJP-G）试桩参数

试桩类型	编号	外桩直径/mm	芯桩直径/mm	桩长/m	管桩混凝土强度等级	单桩竖向承载力特征值/kN
抗压桩	DJP-G-Y	1200	600	17	C105	≥5500
抗拔桩	DJP-G-B	1200	600	13	C80	≥1500

表 19 - 8 DJP 复合灌注桩（编号为 DJP-Z）试桩参数

试桩类型	编号	外桩直径/mm	芯桩直径/mm	桩长/m	混凝土强度等级	单桩竖向承载力特征值/kN
抗压桩	DJP-Z-Y	1200	600	17	C60	≥5500
抗拔桩	DJP-Z-B	1200	600	13	C30	≥1500

5. DJP 复合桩施工

DJP 复合桩施工过程如图 19 - 32～图 19 - 34 所示。

（a）DJP 工法施工水泥土桩　　　　　　　　（b）植入管桩

图 19 - 32 DJP 复合管桩施工

（a）DJP 工法施工水泥土桩（b）采用沉管灌注桩工艺施工芯桩

图 19 - 33 DJP 复合灌注桩施工

（a）DJP 复合管桩　　　（b）DJP 复合灌注桩

图 19 - 34　开挖后的 DJP 复合桩

6. DJP 复合桩荷载试验结果

DJP 复合桩静荷载试验结果如图 19 - 35 和图 19 - 36 所示。

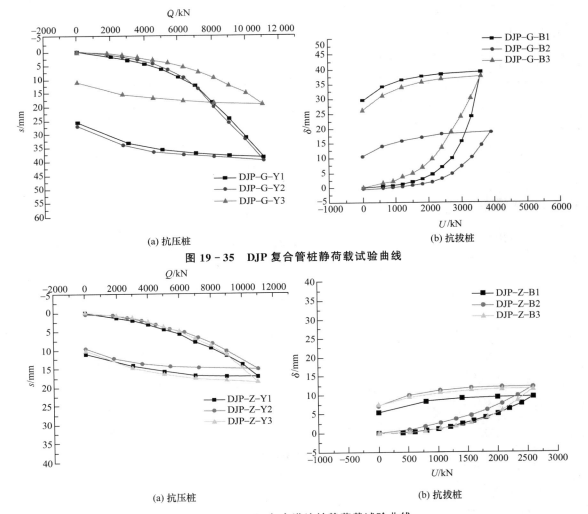

图 19 - 35　DJP 复合管桩静荷载试验曲线

图 19 - 36　DJP 复合灌注桩静荷载试验曲线

7. 水泥土桩取芯结果分析

共对 3 根桩进行钻孔取芯，每组取 2m、4m、6m 深度位置的水泥土进行抗压强度试验。试验结果表明，DJP 工法施工的水泥土外桩，抗压强度均匀性较好，受深度影响较小，最小抗压强度值为 9.5MPa，最大强度值为 12.3MPa，整体强度值较高。具体试验数据见表 19－9～表 19－11。

表 19－9　DJP－G－Y1 水泥土芯样抗压强度

单位：MPa

构件名称	施工日期	芯样抗压强度单个值			芯样抗压强度推定值
		1	2	3	
DJP 复合管桩 1 号水泥土芯样	2016 年 9 月 3 日	9.5	10.6	10.1	9.5

表 19－10　DJP－G－Y2 水泥土芯样抗压强度

单位：MPa

构件名称	施工日期	芯样抗压强度单个值			芯样抗压强度推定值
		1	2	3	
DJP 复合管桩 2 号水泥土芯样	2016 年 9 月 3 日	10.0	10.4	10.6	10.0

表 19－11　DJP－G－Y3 水泥土芯样抗压强度

单位：MPa

构件名称	施工日期	芯样抗压强度单个值			芯样抗压强度推定值
		1	2	3	
DJP 复合管桩 3 号水泥土芯样	2016 年 9 月 3 日	11.9	12.3	12.8	11.9

场地内的细砂③层发生地震液化，液化指数为 2.10～3.94，液化等级为轻微，液化深度为 7.8～12.8m。

19.4　设计要点

19.4.1　止水帷幕设计

支护结构采用排桩时，可采用高压旋喷桩与排桩相互咬合的组合帷幕。对碎石土、杂填土、泥炭质土或地下水流速较大时，宜通过试验确定 DJP 工法的合理工艺参数（图 19－37）。

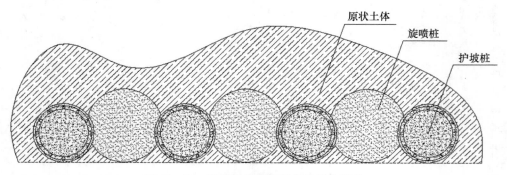

图 19－37　排桩与旋喷桩咬合的组合帷幕

1. 搭接宽度设计

《建筑基坑支护技术规程》（JGJ 120—2012）规定的高压旋喷桩止水帷幕搭接宽度主要考虑桩位偏

差与垂直度偏差两方面的影响因素，其中第 7.2.13 条规定的施工偏差包含 50mm 的孔位偏差和 1‰ 的注浆孔垂直度偏差，两者叠加可以得到搭接长度随止水帷幕长度的变化，如图 19-38 所示。

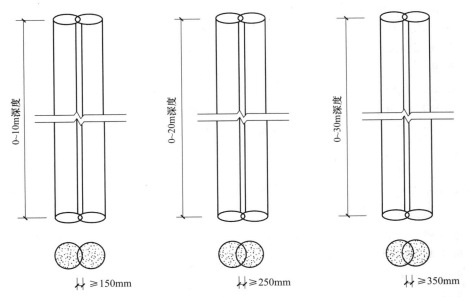

图 19-38　止水帷幕搭接宽度与桩长的关系

由于 DJP 工法采用桩机自动定位系统，桩位偏差可控制在 20mm 以内，垂直度偏差控制在 ±0.5‰，故止水帷幕的搭接宽度与传统旋喷工艺相比可减少 50~100mm，相应地，基坑止水帷幕的旋喷桩总数量也可减少，造价和工期可显著减少。

2. 桩长设计

当坑底以下存在连续分布、埋深较浅的隔水层时，应采用落底式帷幕。落底式帷幕进入下卧隔水层的深度应满足下式要求，且不宜小于 1.5m：

$$l \geqslant 0.2 \Delta h_{\mathrm{w}} - 0.5b \qquad (19-1)$$

式中　l——帷幕进入隔水层的深度（m）；

Δh_{w}——基坑内外的水头差值（m）；

b——帷幕的厚度（m）。

当坑底以下含水层厚度大而需采用悬挂式帷幕时，帷幕进入透水层的深度应满足规范中对地下水沿帷幕底端绕流的渗透稳定性要求，并应对帷幕外地下水位下降引起的基坑周边建筑物、地下管线、地下构筑物沉降进行分析。当不满足渗透稳定性要求时，应采取增加帷幕深度、设置减压井等防止渗透破坏的措施。

19.4.2　旋喷桩复合地基设计

DJP 工法施工的旋喷桩复合地基适用于淤泥、淤泥质土、一般黏性土、粉土、砂土、黄土、素填土及土中含有较多的大粒径块石的地基处理工程。高压旋喷桩形成的增强体的强度和直径应通过现场试验确定。当无现场试验资料时可参照相似土质条件的工程经验进行初步设计。

1. 复合地基承载力计算

旋喷桩复合地基初步设计时可按《建筑地基处理技术规范》（JGJ 79—2012）估算承载力：

$$f_{\mathrm{spk}} = \lambda m \frac{R_{\mathrm{a}}}{A_{\mathrm{p}}} + \beta(1-m) f_{\mathrm{sk}} \qquad (19-2)$$

式中　f_{spk}——复合地基承载力特征值（kPa）；

　　　R_a——复合桩单桩竖向抗压承载力特征值（kN）；

　　　λ——单桩承载力发挥系数；

　　　β——桩间土承载力发挥系数；

　　　A_p——桩的截面面积（m²）；

　　　m——面积置换率，$m=d^2/d_e^2$，d 为桩身平均直径（m），d_e 为一根桩分担的处理地基面积的等效圆直径；

　　　f_{sk}——处理后桩间土承载力特征值（kPa），可按地区经验确定。

单桩竖向承载力特征值应通过现场荷载试验确定，初步设计时也可按下式估算：

$$R_a = u_p \sum_{i=1}^{n} q_{si} l_{pi} + \alpha_p q_p A_p \qquad (19-3)$$

式中　R_a——复合桩单桩竖向抗压承载力特征值（kN）；

　　　U_p——桩的周长（m）；

　　　q_{si}——桩周第 i 层土的侧阻力特征值（kPa）；

　　　l_{pi}——桩长范围内第 i 层土的厚度（m）；

　　　α_p——桩端端阻力发挥系数；

　　　q_p——桩端端阻力特征值（kPa）。

还应同时满足下式的要求，桩身强度折减系数 η 可取 0.33：

$$f_{cu} \geqslant 4 \frac{\lambda R_a}{A_p} \qquad (19-4)$$

式中　f_{cu}——桩体试块（边长为 150mm 的立方体）标准养护 28 天的立方体抗压强度平均值（kPa）。

2. 复合地基变形计算

复合地基变形计算应符合《建筑地基基础设计规范》（GB 50007）的有关规定。复合土层的压缩模量 E_{sp} 可按下式计算：

$$E_{sp} = \zeta \cdot E_s \qquad (19-5)$$

$$\zeta = \frac{f_{spk}}{f_{ak}} \qquad (19-6)$$

以上式中　ζ——各复合土层的压缩模量与该层天然地基压缩模量的比值；

　　　　　f_{ak}——基础底面下天然地基承载力特征值（kPa）。

19.4.3　复合桩设计

1. DJP 复合桩的技术特点

DJP 复合桩在概念上是一种在水泥土固结体中植入刚性芯桩的复合桩，即通过水泥浆液预先切削软化地基土、植入预制桩（或施作灌注桩）、水泥土固化与芯桩（管桩或灌注桩）形成联合体等过程，实现加固桩周地基土、减小芯桩贯入阻力、确保芯桩桩身不受损、提高承载力、控制沉降的综合效果。与其他复合桩工艺不同的是，DJP 工法所形成的水泥土强度的各向同性较好，旋喷桩与周围土体的接触面粗糙度大，并具备一定的处理地层液化能力，因而表现出承载力高、沉降量小、抗震能力提高显著等技术特点。

DJP 复合桩的施工工艺简洁合理，即通过 DJP 工法完成水泥土的施工后，通过不同的方法施工芯桩，形成 DJP 复合桩。具体施工过程如图 19-39 所示。

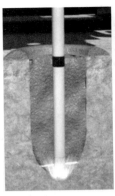   

(a) 钻进切削土体　　　　(b) 提钻喷浆成桩　　　　(c) 植入预制管桩　　　　(d) 施作沉管灌注桩

图 19 - 39　DJP 复合管桩施工工艺流程

2. DJP 复合桩的设计

采用 DJP 工法施工的水泥土复合桩，初步设计时可按如下要求进行：

1）水泥土桩桩径宜为 800～2000mm，芯桩桩径宜为 500～1500mm。

2）复合桩的外芯水泥土部分的厚度宜为 150～350mm。

3）桩间距不应小于 4 倍内芯直径，且不应小于 1.5 倍外芯直径。

4）桩身承载力及裂缝控制宜按内芯进行验算。

5）内芯应与承台连接。

3. DJP 复合桩承载力计算

1）复合桩单桩竖向抗压承载力特征值应根据单桩竖向抗压荷载试验确定，初步设计时单桩承载力特征值应按下式计算：

$$R_a = u^c q_{sa}^c l^c + q_{pa}^c A_p^c \qquad (19-7)$$

式中　R_a——复合桩单桩竖向抗压承载力特征值（kN）；

u^c——复合桩内芯桩身周长（m）；

l^c——复合桩复合段长度（m）；

A_p^c——复合桩内芯桩身截面面积（m²）；

q_{sa}^c——复合桩复合段内芯侧阻力特征值（kPa），可取室内相同配比水泥土试块在标准条件下 90 天龄期的立方体（边长 70.7mm）无侧限抗压强度的 0.04～0.08 倍，当内芯为预制混凝土类桩时宜取较高值；

q_{pa}^c——复合桩内芯桩端土的端阻力特征值（kPa），宜按地区经验取值，对等芯桩也可根据内芯桩型按《建筑桩基技术规范》（JGJ 94—2008）取值。

2）复合桩桩侧破坏面位于外芯和桩周土的界面时，基桩竖向抗压承载力特征值可按下式估算：

$$R_a = u \sum \xi_{si} q_{sia} l_i + \alpha \xi_p q_{pa} A_p \qquad (19-8)$$

式中　u——复合桩复合段桩身周长（m）；

l_i——复合桩复合段第 i 土层厚度（m）；

A_p——复合桩桩身截面面积（m²）；

q_{sia}——复合桩复合段外芯第 i 土层侧阻力特征值（kPa）；

q_{pa}——复合桩桩端阻力特征值（kPa），宜按地区经验取值，也可取桩端地基土未经修正的承载力特征值；

α——复合桩桩端天然地基土承载力折减系数，可取 0.7~0.9；

ξ_{si}，ξ_p——复合桩复合段外芯第 i 土层侧阻力调整系数和端阻力调整系数，宜按地区经验取值，非复合段侧阻力调整系数和端阻力调整系数均取 1.0。

参 考 文 献

[1] 张亮，朱允伟．潜孔冲击高压旋喷桩技术研究 [R]．住房和城乡建设部科技成果鉴定报告，2015．

[2] 张亮，徐祯祥，朱允伟．潜孔冲击高压旋喷桩施工技术研究与应用[C]//第六届桩与深基础国际峰会论文集．上海，2016．

[3] 刘金波．干作业复合灌注桩的试验研究及理论分析 [D]．北京：中国建筑科学研究院，2000．

[4] 任连伟，李建委，肖耀祖．组合桩研究与技术发展探讨 [J]．水利与建筑工程学报，2010，8(4)：96-100，122．

[5] 陈昌斌，张剑锋．加芯水泥土复合桩的工程应用 [J]．电力勘测，2000 (4)：1-3．

第 20 章　三岔双向挤扩灌注桩

沈保汉　贺德新　孙君平　王　衍　刘振亮　蔡　娜

20.1　概　　述

1978 年年初，北京市建筑工程研究所等单位在北京市团结湖小区进行干作业成孔的小直径（桩身直径 300mm、扩大头直径 480mm）两节和一节扩孔短桩（桩长不足 5m）施工工艺及静载试验研究。结果表明，两节和一节扩孔桩的单位桩体积提供的极限荷载分别为直孔桩的 1.28～1.76 倍。

1979 年建设部北京建筑机械综合研究所和北京市机械施工公司在国内首先研制开发出挤扩、钻扩和清虚土的三联机，简称 ZKY-100 型扩孔器，1981 年北京市桩基研究小组在劲松小区对用该机的挤扩装置制作的四节挤扩分支桩（桩身直径 400mm，挤扩分支直径 560mm，每一节为 6 个分支，单支宽度为 200mm，高度为 200mm，桩长 8.70m）和相应的直孔桩（桩径 400mm，桩长 8.85m）进行了竖向受压静载试验，结果表明，前者的极限荷载为后者的 138%。

20 世纪 90 年代，北京某地基基础工程技术集团研制开发出该公司的第一代锤击式挤扩装置（靠冲击锤锤出两支腔的简易设备）和第二代 YZJ 型液压挤扩支盘成型机（单向液压油缸两支腔挤扩机），用于施工挤扩多分支承力盘桩。后者在北京、天津、河南、安徽、湖北、河北及浙江等地的工程中得到应用，取得较显著的技术经济效益。支盘桩的单方承载力一般为相应直孔桩的 2 倍左右。

1998 年贺德新研制开发出新型的三岔双缸双向液压挤扩装置（简称 DX 挤扩装置），用于施工三岔双向挤扩灌注桩（简称 DX 桩），并在北京、山东、天津、湖北、河北、陕西及江苏等地的百余项工程中成功地应用，也取得了较显著的技术经济效益。

挤扩灌注桩按挤扩设备的挤扩原理可分为两大类。第一类挤扩灌注桩包括挤扩多分支承力盘桩（简称挤扩支盘桩或支盘桩）、可变式扩底支盘桩、挤扩分支桩、力宝挤扩桩、单缸单向挤压三支桩和变径灌注桩；第二类挤扩灌注桩包括 DX 挤扩灌注桩。第一类挤扩灌注桩的挤扩盘（支）空腔是采用单向液压缸单向往下挤压的挤扩装置完成的；DX 挤扩灌注桩的挤扩盘（岔）空腔是采用三岔双缸双向 DX 液压挤扩装置（简称 DX 液压挤扩装置）完成的。图 20-1 所示为工艺观摩用的多节三岔挤扩灌注桩。

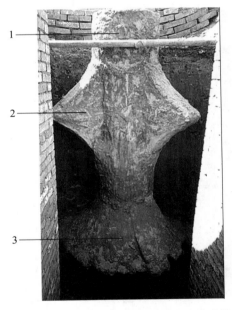

图 20-1　工艺观摩用多节三岔挤扩灌注桩
1. 桩身；2. 承力岔；3. 承力盘

20.2 三岔双向挤扩灌注桩的基本原理和技术特点

20.2.1 基本原理和构造

三岔双向挤扩灌注桩又称多节三岔挤扩灌注桩，简称 DX 挤扩灌注桩或 DX 桩。三岔双向挤扩灌注桩是在预钻（冲）孔内放入专用的三岔双缸双向液压挤扩装置，按承载力要求和地层土质条件在桩身适当部位通过挤扩装置双向液压缸的内外活塞杆作大小相等、方向相反的竖向位移，带动 3 对等长挤扩臂对土体进行水平向挤压，挤扩出互成 120°夹角的 3 岔状或 $3n$ 岔（n 为同一水平面上的转位挤扩次数）状上下对称的扩大楔形腔，或经多次挤扩形成近似双圆锥盘状上下对称的扩大腔，成腔后提出三岔双缸双向挤扩装置，放入钢筋笼，灌注混凝土，制成由桩身、承力岔、承力盘和桩根共同承载的钢筋混凝土灌注桩。

1. 承力岔

用三岔双缸双向液压挤扩装置在桩孔外侧沿径向对称挤扩，形成一定宽度的上下对称的楔形腔，此后岔腔与桩孔同时灌注混凝土，所形成的楔形体称为承力岔。承力岔按同一水平面上的转位挤扩次数可分为 3 岔型（一次挤扩）和 $3n$ 岔型（n 次挤扩）。承力岔可简称"岔"。

2. 承力盘

在桩孔同一标高处用三岔双缸双向液压挤扩装置在桩孔外侧沿径向对称挤扩，经过 7 次以上的转位挤扩，在桩孔周围土体中形成一近似双圆锥盘状的上下对称的扩大腔，此后盘腔与桩孔同时灌注混凝土，所形成的盘体称为承力盘。承力盘可简称"盘"。

桩的等直径部分为桩身，底承力盘以下的桩身部分为桩根。

三岔双向挤扩灌注桩构造示意图如图 20-2 所示。

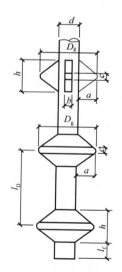

图 20-2 三岔双向挤扩灌注桩的构造示意图

a. 承力盘（岔）宽度；b. 承力岔厚度；c. 承力盘（岔）外沿高度；d. 桩身设计直径；h. 承力盘（岔）高度；D_g. 承力盘（岔）公称直径；l_D. 承力盘竖向间距；l_f. 桩根长度

20.2.2 挤扩装置

20.2.2.1 DX 液压挤扩装置主机结构

三岔双缸双向液压挤扩装置（简称 DX 液压挤扩装置）是在桩周土体中挤扩形成承力岔和承力盘腔

体的 DX 液压挤扩专用设备，其构造示意图如图 20 - 3 所示。

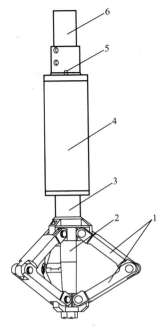

图 20 - 3　三岔双缸双向液压挤扩装置示意图

1. 三岔挤扩臂；2. 内活塞杆；3. 外活塞杆；4. 缸筒；5. 油管；6. 接长杆

20.2.2.2　DX 液压挤扩装置的主要技术参数

DX 液压挤扩装置的主要技术参数见表 20 - 1。

表 20 - 1　DX 液压挤扩装置的主要技术参数

参数	设备型号				
	DX - 400	DX - 500	DX - 600	DX - 800	DX - 1000
桩身设计直径/mm	450～550	500～650	600～800	800～1200	1200～1500
承力盘（岔）公称直径/mm	1000	1200	1400	1900	2400
承力盘（岔）设计直径/mm	900	1100	1400	1900	2400
挤扩公称直径时两挤扩臂夹角/(°)	70	70	70	70	70
挤扩臂收回时最小直径/mm	380	450	580	750	950
液压系统额定工作压力/MPa	25	25	25	25	25
液压缸公称输出压力/kN	1256	1256	2198	4270	4270
液压泵流量/(L/min)	25	25	63	63	63
电动机功率/kW	18.5	18.5	37.0	37.0	37.0

20.2.2.3　DX 挤扩装置的运动轨迹

图 20 - 4 所示是 DX 挤扩装置在盘、支腔挤扩过程中上、下挤扩臂及挤扩臂铰点的运动轨迹。由图 20 - 4 可知，上臂 AB 和下臂 BC 的 A、B、C 三点的运动轨迹如下：

A 点，$\{x=0, y=\downarrow\}$；B 点，$\{x=\rightarrow, y=0\}$；C 点，$\{x=0, y=\uparrow\}$。A 点与 C 点竖向位移方向相反、大小相等，所以 B 点只有水平方向的运动，挤扩臂铰点轨迹即为原位水平线。AB' 和 CB' 所形成的包络线均匀连续、上下对称，受力总是平衡的，使挤扩过程中挤扩腔顶壁不掉土或少掉土，容易获得高质量的空腔，从而提高空腔挤扩的稳定性和可靠性。

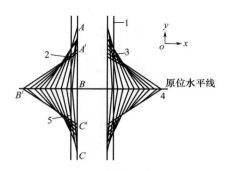

图 20 - 4　DX 挤扩装置的运动轨迹

1. 桩孔壁；2. 上挤扩臂；3. 盘、支（岔）腔壁；4. 挤扩臂铰点轨迹；5. 下挤扩臂

20.2.3　技术特点

（1）沿桩身不同部位设置承力盘（岔）

DX 挤扩灌注桩通过沿桩身不同部位设置承力盘和承力岔使等直径灌注桩成为变截面多支点的端承摩擦桩或摩擦端承桩，从而改变桩的受力机理，显著提高单桩承载力，既能提供较高的竖向抗压承载力，也能提供较高的竖向抗拔承载力。

（2）承力盘（岔）腔体在挤密状态下形成

钻孔扩底桩与人工挖孔桩是在不改变原地基土物理力学特性的情况下将扩底部承压面积扩大，而 DX 桩的承力盘（岔）腔体是在挤密状态下形成的，此后灌入的混凝土与承力盘（岔）腔处的被挤密土体紧密地结合成一体，从而使承力盘（岔）端阻力较大幅度地提高。

（3）承力盘腔的首次挤扩压力值

每个承力盘腔的首次挤扩压力值可反映出该处地层的软硬程度，地面液压站的压力表指示数可以直观准确地显示该数值。在一定量的范围内通过对 DX 液压挤扩装置深浅尺寸的调整，可有效地控制设计所选择的承力盘（岔）持力土层的位置，保证单桩承载力充分满足设计要求，同时还可掌握相关地层的厚薄软硬变化，弥补勘察精度的不足，从而挤扩装置可以容易地借助起重设备的升降进行入孔深浅的调整。这种主动调控性能是 DX 挤扩灌注桩施工工艺的突出特点。

（4）双向挤扩形成的上下对称带坡度的承力盘在受力上的优点

1）抗压性能明显优于传统的直孔桩，且具有非常好的抗拔性能。

2）承力盘的斜面形状使该处的混凝土处于受压状态。承力盘的剪切通过桩身的主筋，使承力盘不会发生剪切破坏。

3）在竖向受力时，承力盘下方的斜面可以增大承力盘施加给土体的附加应力的扩散范围，避免对土体造成剪切。

（5）承力盘深度的调整

承力盘可以根据持力层的深度变化随时调整，确保同一工程中不同 DX 桩的承载力离散性小。

（6）根据承载力要求设置承力盘数量

可在多种土层中成桩，不受地下水位限制，并可以根据承载力要求增设承力盘数量以提高单桩承载力。

挤扩装置入孔过程也可看作对直孔部分的成孔质量（孔径、孔深及垂直度的偏差等）进行二次定性检测。

20.2.4　适用范围及若干基本规定

DX 桩不仅可作为高层建筑、多层建筑、一般工业建筑及高耸构筑物的桩基础，还可作为电厂、机场、港口、石油化工、公路与铁路桥涵等建（构）筑物的桩基础。

可塑～硬塑状态的黏性土、稍密～密实状态的粉土和砂土、中密～密实状态的卵砾石层和残积土层、全风化岩、强风化岩层宜作为抗压三岔双向挤扩灌注桩的承力盘和承力岔的持力土层。

工程实践表明，承力盘（岔）应设置在可塑～硬塑状态的黏性土层中或稍密～密实状态（$N<40$）的粉土和砂土层中；承力盘也可设置在密实状态（$N\geqslant40$）的粉土和砂土层或中密～密实状态的卵砾石层的上层面上；底承力盘可设置在残积土层、全风化岩或强风化岩层的上层面上。对于黏性土、粉土和砂土交互分层的地基土，选用三岔双向挤扩灌注桩是很合适的。宜选择较硬土层作为桩端持力土层。桩端全断面进入持力土层的深度，对于黏性土、粉土不宜小于 $2.0d$（d 为桩身设计直径），砂土不宜小于 $1.5d$，碎石类土不宜小于 $1.0d$。当存在软弱下卧层时，桩端以下硬持力层厚度不宜小于 $3d$。承力盘底进入持力土层的深度不宜小于（$0.5\sim1.0$）h（h 为承力盘和承力岔的高度），承力岔底进入持力土层的深度不宜小于 $1.0h$。淤泥及淤泥质土层、松散状态的砂土层、可液化土层、湿陷性黄土层、大气影响深度以内的膨胀土层、遇水丧失承载力的强风化岩层不得作为抗压三岔双向挤扩灌注桩的承力盘和承力岔的持力土层。

桩根长度不宜小于 $2.0d$。

抗拔三岔双向挤扩灌注桩的承力盘（岔）宜设置在持力土层的下部。

相邻桩的最小中心距不宜小于 $3.0d$，并不宜小于 $1.5D$（D 为承力盘设计直径）。当 D 大于 2m 时，桩的最小中心距不宜小于 $D+1$（m）。

承力盘的竖向中心间距：当持力层为砂土时，不宜小于 $2.5D$；当持力土层为黏性土、粉土时，不宜小于 $2.0D$。

承力岔的竖向中心间距不宜小于 $1.5D$。承力岔与承力盘的竖向中心间距：当持力土层为粉细砂时，不宜小于 $2.0D$；当持力土层为黏性土、粉土时，不宜小于 $1.5D$。

20.2.5　优缺点

1. 优点

1）单桩承载力高，可充分利用桩身上下各部位的硬土层。

2）DX 桩按不同成孔工艺可结合采用潜水钻机、正循环钻机、反循环钻机、冲击钻机及旋挖钻机等进行泥浆护壁法成孔，也可结合采用长螺旋钻机、旋挖钻机及机动洛阳铲等进行干作业法成孔，还可结合采用贝诺特钻机进行全套管护壁法成孔。

3）低噪声，低振动，泥浆排放量减少。

4）挤扩盘、岔腔成形稳定而不坍塌。

5）桩身稳定性好，抗拔力大。

6）机控转角，定位准确，成桩差异性小，并可实施成孔与挤扩装置的车载一体化，挤扩效率高。

2. 缺点

1）因是多节桩，用低应变法检测其完整性难度较大，但有的单位可检测多节桩的完整性。

2）挤扩力还需增大。按现有装置，承力盘和承力岔可设置在标准贯入试验锤击数 $N<40$ 击的粉土和砂土中，也可设置在标准贯入试验锤击数 $N\geqslant40$ 击的粉土、砂土和卵砾石层的顶面上。如果增大挤扩压力，则可在比上述土层更硬的土层中挤扩。

20.3 施 工 工 艺

20.3.1 一般规定

1）DX 挤扩灌注桩的承力盘（岔）挤扩成形必须采用 DX 挤扩灌注桩专用三岔双缸双向 DX 挤扩装置。

2）桩位的放样允许偏差应符合《建筑地基基础工程施工质量验收标准》（GB 50202—2018）中第 5.1.1 条的规定。

3）成直孔的控制深度必须保证设计桩长及桩端进入持力层的深度。

4）承力盘（岔）应确保设置于设计要求的土层。

5）当土层变化时需要调整承力盘（岔）的位置，调整后应确保竖向承力盘（岔）间距符合设计要求。

6）桩的中心距小于 1.5D（D 为承力盘设计直径或承力岔外接圆设计直径）时，施工时应采取间隔跳打。

7）DX 挤扩灌注桩成孔的平面位置和垂直度允许偏差应满足《建筑地基基础工程施工质量验收标准》（GB 50202—2018）中表 5.1.4 的要求。

8）钢筋笼的制作除符合设计要求外，尚应符合相关规范的规定。

9）检查成孔、成腔质量合格后应尽快灌注混凝土。桩身混凝土试件数量应符合《建筑地基基础工程施工质量验收标准》（GB 50202—2018）的规定。

10）为核对地质资料，检验设备、成孔和挤扩工艺及技术要求是否适宜，施工前宜进行试成孔、试挤扩承力盘（岔）腔，了解各土层的挤扩压力变化，检验承力盘（岔）腔的成形情况，并应详细记录成孔、挤扩成腔和灌注混凝土的各项数据，作为施工控制的依据。

11）施工现场所有设备、设施、安全装置、工具、配件及个人劳保用品必须经常检查，确保完好和使用安全。

20.3.2 施工特点

1）挤扩压力值可反映出地层的软硬程度，通过对 DX 挤扩装置深浅尺寸的控制还可掌握各地层的厚薄软硬变化，弥补勘察精度的不足，从而可有效地控制持力层位置及设计盘位尺寸，保证单桩承载力能充分满足设计要求。这种调控性能是 DX 桩成孔工艺的突出特点。

2）挤扩成孔工艺适用范围广，可用于泥浆护壁、干作业、水泥浆护壁及重锤捣扩成直孔工艺。

3）可对直孔部分的成孔质量（孔径、孔深及垂直度的偏差等）进行二次定性检测。

4）一次挤扩三对挤扩臂同时工作，三向支撑，三向同时受力，完成对称的三岔形扩大腔，挤扩装置轴心能准确与桩身轴心对齐。

5）挤扩装置独特的双缸双向液压结构可保证盘腔周围土体的稳定性。

6）在成腔的施工过程中，沉渣能够顺着斜面落下，避免沉渣在空腔底面的堆积。

7）盘腔斜面便于混凝土的灌注，混凝土靠自身的流动性就能充分灌满整个腔体，且不夹泥，利于控制混凝土的密实程度。

20.3.3 泥浆护壁成孔工艺 DX 桩施工程序

1）钻进成直孔。采用不同钻机钻进成直孔的要求分别参见本章参考文献［1］中"潜水钻成孔灌注桩施工程序"中第 5.12.3 节、"正循环钻成孔灌注桩施工程序"中第 5.11.3 节、"反循环钻成孔灌注桩施工程序"中第 5.10.3 节、"旋挖钻斗钻成孔灌注桩施工程序"中第 5.13.3 节、"冲击钻成孔灌注桩施工程序"中第 5.20.3 节，成孔后进行第一次孔底沉渣处理。

　　2）用吊车将 DX 挤扩装置放入孔中。

　　3）按设计位置自下而上依次挤扩形成承力盘和承力岔腔体。

　　4）移走 DX 挤扩装置。

　　5）检测承力盘（岔）腔直径。

　　6）将钢筋笼放入孔中。

　　7）插入导管，第二次处理孔底沉渣。

　　8）水下灌注混凝土，拔出导管。

　　9）拔出护筒，成桩。如果挤扩承力盘（岔）腔后孔底沉渣较厚，在移走 DX 挤扩装置后应进行第二次沉渣处理；如果孔底沉渣不厚，可省略此工序。但对于这两种情况，均需在灌注混凝土前清理孔底沉渣。

　　图 20-5 为泥浆护壁成孔 DX 桩施工工艺示意图。

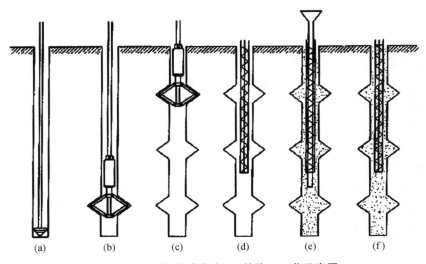

图 20-5　泥浆护壁成孔 DX 桩施工工艺示意图

20.3.4　干作业成孔工艺 DX 桩施工程序

　　1）钻进成直孔。参见参考文献 [1]"长螺旋钻成孔灌注桩施工程序"中第 5.7.3 节。

　　2）用吊车将 DX 挤扩装置放入孔中。

　　3）按设计位置自上而下依次挤压形成承力岔和承力盘腔体。

　　4）移走 DX 挤扩装置。

　　5）检测承力盘（岔）腔的位置和直径。

　　6）放混凝土溜筒。

　　7）将钢筋笼放入孔中。

　　8）灌注混凝土。

　　9）测量桩身混凝土的顶面标高。

　　10）拔出混凝土溜筒，成桩。

20.3.5　施工要点

　　1. 使用 DX 挤扩装置应遵守的规定

　　（1）DX 挤扩装置入孔前必须认真检查油管、接头、螺栓、液压装置及挤扩臂分合情况，一切正常后方可投入运行。

（2）将 DX 挤扩装置在孔中找正对中，使其下放时尽量不碰击孔壁，处于自由落放状态。下放速度要适中，避免下放过程中紧急停机。

（3）DX 挤扩装置放入孔中的深度、接长管的伸缩长度、挤扩过程中转角的控制等均应由专人负责指挥和操作，并做好详细的施工记录。

（4）施工过程中要特别注意液压站和液压胶管的检查和保护，避免杂质进入胶管和油箱，及时检查和更换系统液压油。

2. 挤扩承力岔和承力盘腔体时应遵守的规定

1）直孔部分的钻进施工要点和注意事项分别参见参考文献［1］中"潜水钻成孔""正循环钻成孔""反循环钻成孔""旋挖钻斗钻成孔""冲击钻成孔""长螺旋钻成孔灌注桩"施工要点和注意事项。

2）桩身直孔部分的孔径、孔深和垂直度等检验合格后即将 DX 挤扩装置吊入孔底。

3）直孔部分钻进时泥浆或稳定液的要求见参考文献［1］有关章节；挤扩岔、盘腔时泥浆或稳定液的相对密度应大于 1.20～1.25，以免发生岔、盘腔体坍塌；在灌注混凝土前，即第二次沉渣处理后，孔内泥浆或稳定液的相对密度宜小于 1.15。

4）按设计位置，通常自下而上（泥浆护壁成孔工艺）和自上而下（干作业成孔工艺）依次挤压形成承力岔和承力盘腔体。对不同土层施加不同的压力：黏性土为 7～10N/mm²，粉土为 10～20N/mm²，中密砂土为 13～20N/mm²，密实砂土为 22～25N/mm²。

5）挤扩盘腔前，按盘径和挤扩臂宽度算出分岔挤扩次数（一般不少于 7 次），视孔深不同采用人工或自动转动依次重叠搭接挤扩，用人工读数或微机采集挤扩压力值，转动 120°后，盘腔完成。

6）盘（岔）腔体成形过程中，应认真观测液压表的变化，详细记录各盘腔每岔腔的压力峰值，测量泥浆液面落差、液位计变化量、机体上浮量及每桩孔的承力岔腔和承力盘腔成形时间。

7）接长杆上除有刻度标志外，还应醒目地标出承力岔和承力盘的深度位置。

8）构成盘腔的首岔初压值（首扩压力值）不能满足预估压力值时，可将盘位在上下 0.5～1.0m 高度范围内调整；若调整后地层土质变化很大，仍不能满足设计要求时，应与设计及监理等部门洽商解决。

9）在盘腔成形过程中应及时补充新鲜泥浆，以维持水头压力。

10）当桩距较密时，挤扩盘腔宜采用跳跃式施工流水顺序。

3. 灌注混凝土时应遵守的规定

1）盘（岔）腔成形后，应及时向孔中沉放钢筋笼，插入导管和进行第二次孔底沉渣处理，随后立即灌注混凝土。

2）灌注混凝土时导管离孔底 300～500mm，初灌量除应确保底承力盘空腔混凝土一次灌满外，还应保证初灌量埋深。一般说来，第一项要求满足后，第二项要求往往自然满足。

20.3.6　施工质量管理流程图举例

图 20-6 为正循环钻成孔 DX 挤扩灌注桩施工质量管理流程图。图 20-7 为长螺旋钻孔 DX 挤扩灌注桩施工质量管理流程图。

20.3.7　质量检查要点

三岔双向挤扩灌注桩的施工质量检查的要点包括对成孔、清孔、成腔、钢筋笼制作及混凝土灌注主要工序，以及对承力盘（岔）的数量和盘（岔）的位置的检查，并应符合表 20-2 的规定。

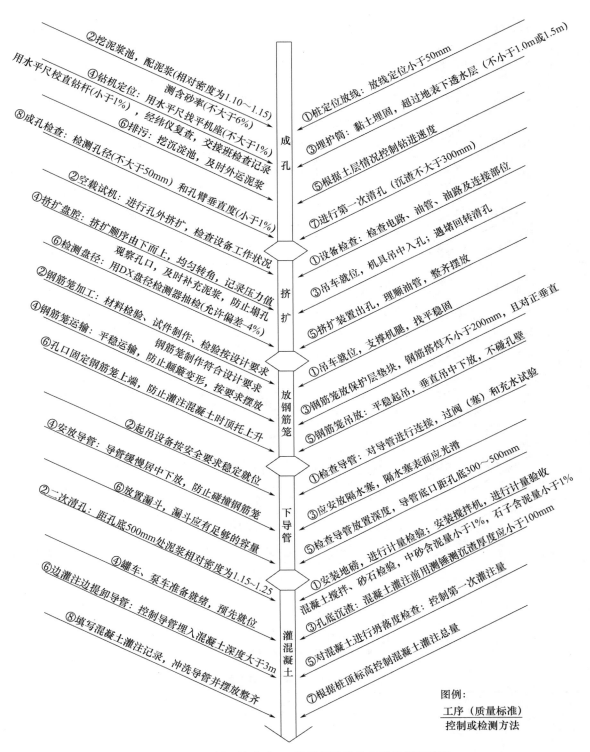

成孔

①桩定位放线：放线定位小于50mm

②挖泥浆池，配泥浆(相对密度为1.10～1.15)，测含砂率(不大于6%)

③埋护筒：黏土埋固，超过地表下透水层(不小于1.0m或1.5m)

④钻机定位：用水平尺找平机座(不大于1%)

⑤用水平尺校直钻杆(小于1%)，经纬仪复查，交接班检查记录

⑥排污：挖沉淀池，及时外运泥浆

⑤根据土层情况控制钻进速度(沉渣不大于300mm)

⑦进行第一次清孔(沉渣不大于50mm)和孔壁垂直度(小于1%)

⑧成孔检查：检测孔径(不大于50mm)和孔壁垂直度(小于1%)

挤扩

①设备检查：检查电路、油管、油路及连接部位；遇堵回转清孔

②空载试机：进行孔外挤扩，检查设备工作状况

③吊车就位，机具吊中入孔；理顺油管，整齐摆放

④挤扩盘腔：挤扩顺序由下而上，均匀转角，记录压力值

⑤挤扩装置出孔，找平稳固

⑥检测盘径：观察孔口，及时补充泥浆，防止塌孔，用DX盘径检测器抽检(允许偏差-4%)

放钢筋笼

①吊车就位，支撑机腿，找平稳固

②钢筋笼加工：材料检验、试件制作、检验按设计要求

③钢筋笼放保护层垫块，钢筋搭焊不小于200mm，且对正垂直

④钢筋笼运输：平稳运输，钢筋笼制作符合设计要求，防止颠簸变形，按要求摆放

⑤钢筋笼吊放：平稳起吊，垂直吊中下放，不碰孔壁

⑥孔口固定钢筋笼上端，防止灌注混凝土时顶托上升

下导管

①检查导管：对导管进行连接，过阀(塞)和充水试验

②起吊设备按安全要求稳定就位

③钢筋笼吊放：平稳起吊，垂直吊中下放，和充水试验

④安放导管：导管缓慢居中下放，防止碰撞钢筋笼

⑤钢筋笼吊放：对导管进行连接，隔水塞表面应光滑

⑥放置漏斗，漏斗应有足够的容量

③应安放隔水塞，导管底口距孔底300～500mm

⑤检查导管放置深度，安装搅拌机，石子含泥量小于1%

灌混凝土

①安装地磅，砂石检验；安装搅拌机，进行计量验收

②二次清孔：距孔底500mm处泥浆相对密度为1.15～1.25

③混凝土搅拌、砂石检验，中砂含泥量小于1%，石子含泥量小于100mm

④罐车、泵车准备就绪，预先就位

③孔底沉渣：混凝土灌落度检查；混凝土灌注前用测锤测沉渣厚度应小于100mm

⑤检查导管放置深度，导管底口距孔底300～500mm，进行计量验收

⑥边灌注边提卸导管：控制导管埋入混凝土深度大于3m

③孔底沉渣：混凝土坍落度检查；控制第一次灌注量

⑤对混凝土进行坍落度检查：控制混凝土灌注总量

⑧填写混凝土灌注记录，冲洗导管并摆放整齐

⑦根据桩顶标高控制混凝土灌注总量

图例：

<u>工序（质量标准）</u>

控制或检测方法

图 20 - 6　正循环钻成孔 DX 挤扩灌注桩施工质量管理流程

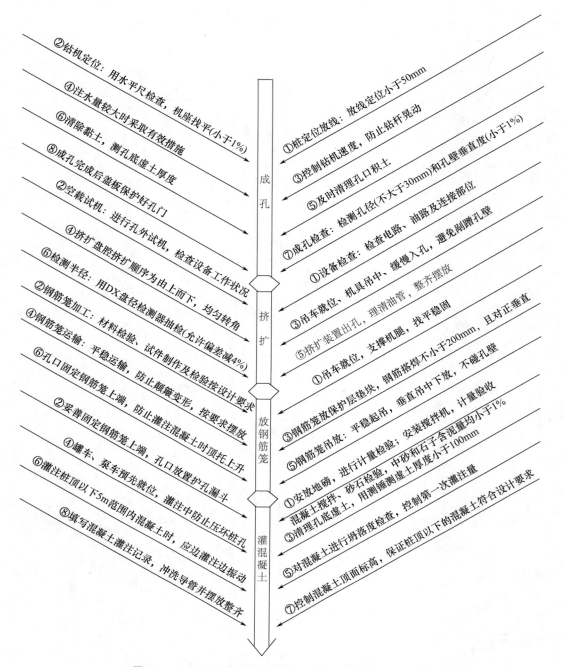

②钻机定位：用水平尺检查，机座找平(小于1%)
④注水量较大时采取有效措施
⑥清除黏土，测孔底虚土厚度
⑧成孔完成后盖板保护好孔门
②空载试机：进行孔外试机，检查设备工作状况
④挤扩盘腔挤扩顺序为由上而下，均匀转角
⑥检测半径：用DX盘径检测器抽检(允许偏差减4%)
②钢筋笼加工：材料检验、试件制作及检验按设计要求
④钢筋笼运输：平稳运输，防止颠簸变形，按要求摆放
⑥孔口固定钢筋笼上端，防止灌注混凝土时顶托上升
②妥善固定钢筋笼上端，孔口放置护孔漏斗
④罐车、泵车预先就位，灌注中防止压坏桩孔
⑥灌注桩顶以下5m范围内混凝土时，应边灌注边振动
⑧填写混凝土灌注记录，冲洗导管并摆放整齐

成孔
挤扩
放钢筋笼
灌混凝土

①桩定位放线：放线定位小于50mm
①控制钻机速度，防止钻杆晃动
③及时清理孔口积土
⑤成孔检查：检测孔径(不大于30mm)和孔壁垂直度(小于1%)
⑦设备检查：检查电路、油路及连接部位
①设备检查：检查电路、油路及连接部位，避免削蹭孔壁
①吊车就位，机具吊出、缓慢入孔，整齐摆放
③挤扩装置出孔，理清油管，找平稳固
⑤挤扩装置出孔，支撑机腿，找平稳固，且对准垂直
①吊车就位，支撑机腿，钢筋搭焊不小于200mm，且不破孔壁
③钢筋笼放保护层垫块，钢筋搭焊不小于200mm，不破孔壁
⑤钢筋笼吊放：平稳起吊，垂直吊中下放，计量验收
①安放地磅，进行计量检验；安装搅拌机，计量验收
混凝土搅拌，砂石检验，中砂和石子含泥量均小于1%
③清理孔底虚土，用测锤测孔底虚土厚度小于100mm
⑤对混凝土进行坍落度检查，控制第一次灌注量
⑦控制混凝土顶面标高，保证桩顶以下的混凝土符合设计要求

图 20－7　长螺旋钻孔 DX 挤扩灌注桩施工质量管理流程

表 20－2　三岔双向挤扩灌注桩施工质量检查标准

检查项目		允许偏差或允许值		检查方法
		单位	数值	
成孔	桩位	—	—	应按国家现行标准执行
	泥浆护壁成孔	mm	±50	用井径仪或超声波孔壁测定仪检测
	干作业成孔	mm	－20	用钢尺或井径仪检测
	孔深	mm	＋300	1. 用重锤测量；2. 测钻杆钻具长度
	成孔垂直度	%	＜1	1. 以挤扩装置自然入孔检查；2. 用测斜仪测量

续表

检查项目		允许偏差或允许值		检查方法
		单位	数值	
清孔	虚土厚度（抗压桩）	mm	＜100	用重锤测量
	虚土厚度（抗拔桩）	mm	＜200	用重锤测量
成腔	盘径	％	－4	用承力盘腔直径检测器检测
	泥浆相对密度	—	＜1.25	用比重计测量
钢筋笼制作	—	—	—	应按国家现行标准执行
混凝土灌注	混凝土坍落度（泥浆护壁）	mm	160～220	用坍落度仪测定
	混凝土坍落度（干作业）	mm	70～100	用坍落度仪测定
	混凝土强度	—	—	应符合设计要求
	混凝土充盈系数	—	＞1	检查混凝土实际灌注量
	桩顶标高	mm	＋30、－50	用水准仪测量

20.4　三岔双向挤扩灌注桩竖向承载力

20.4.1　DX 挤扩灌注桩的类型和特点

1. DX 桩的类型

DX 桩有以下四种类型：多节 3 岔型桩、多节 $3n$ 岔型桩、多节承力盘桩及多节 3 岔（或 $3n$ 岔）与承力盘结合的桩。

2. DX 桩的特点

1）DX 桩通过沿桩身不同部位设置的承力盘和承力岔使等直径灌注桩成为变截面多支点的端承摩擦桩或摩擦端承桩，从而改变桩的受力机理，显著提高单桩承载力，提供较高的竖向抗压承载力和竖向抗拔承载力。

2）DX 桩的承力盘（岔）腔体是在密实状态下形成的，此后灌入的混凝土与承力盘（岔）腔处的被挤密土体紧密地结合在一体，从而使承力盘（岔）端阻力得到较大幅度的提高。

3）每个承力盘腔的首次挤扩压力值可反映出该地层的软硬程度。在一定的范围内通过对 DX 液压挤扩装置深浅尺寸的调整，可有效地控制设计所选择的承力盘（岔）持力土层的位置，保证单桩承载力充分满足设计要求，同时还可掌握相关地层的厚薄软硬变化，弥补勘察精度的不足。

4）挤扩装置入孔的过程也可以看作对直孔部分的成孔质量（孔径、孔深及竖直度的偏差等）进行二次定性检测。

20.4.2　DX 挤扩灌注桩极限承载力的综合评价

20.4.2.1　简述

DX 桩的受力特点与普通等直径灌注桩差别较大，因此对于 DX 桩基础设计而言，恰当地确定其极限承载力从而求得单桩竖向承载力特征值，关系到设计是否安全和经济。

通过对全国各地（北京、天津、湖北、山东、江苏、浙江、陕西、河北、河南、黑龙江及内蒙古等）109 项 DX 挤扩灌注桩基工程施工和应用资料，以及 336 根 DX 挤扩灌注桩静载试验资料的分析，特别是对 198 根 DX 桩竖向抗压静载试验资料和对比的 9 根直孔灌注桩竖向抗压静载试验资料的分析，并逐根对试桩的地质土层柱状图、土的物理力学性能进行核对，发现多数桩的试验资料是不完整的。

从试桩成孔工艺看，多数桩为泥浆护壁法成孔，少数桩为干作业成孔。泥浆护壁法成直孔工艺采用正循环钻机、反循环钻机、潜水钻机、旋挖钻机和冲击钻机钻进；干作业法成直孔工艺采用长螺旋钻机和旋挖钻机钻进。挤扩岔腔和盘腔根据钻孔直径分别采用 DX－400 型、DX－500 型、DX－600 型、DX－800 型和 DX－1000 型 5 种挤扩装置。试桩桩身设计直径为 450～1500mm；相应的承力盘（岔）公称直径为 1000～2550mm，设计直径为 900～2400mm；桩长 9160～60100mm。桩端持力层有黏土混砂姜石、粉质黏土、粉土、粉砂、细砂、中粗砂、粗砂、卵石、全风化闪长岩、强风化闪长岩及全风化辉长岩等。按承载能力要求和地层土质条件，DX 桩有 1 盘、2 盘、3 盘、4 盘、1 岔 1 盘、1 岔 2 盘、1 岔 3 盘和 1 岔 4 盘 8 种类型。岔端持力层有黏土、粉质黏土及粉土等，底盘端部持力层有黏土、粉质黏土、黏土混砂姜石、粉土、粉砂、细砂、粗砂、碎石土、卵石、全风化闪长岩及强风化闪长岩等，上盘及中盘端部持力层有黏土、粉质黏土、粉砂、细砂、粗砂及卵石等。

对于因各种情况未能加载至极限状态的 DX 桩，如何充分利用已有的试桩数据进行极限承载力的合理预估，是十几年来笔者研究课题中的一项重要内容。

一条完整的 Q-s 曲线上有四个特征点：

1）比例极限 Q_p，其定义为 Q-s 曲线上起始的拟直线段的终点所对应的荷载。

2）屈服荷载 Q_y，其定义为 Q-s 曲线上曲率最大点所对应的荷载。

3）极限荷载 Q_u，其定义为 Q-s 曲线呈现显著转折点所对应的荷载。

4）破坏荷载 Q_f，其定义为与 Q-s 曲线的切线平行于沉降 s 轴时所对应的荷载。

根据破坏荷载 Q_f 的定义可知，Q_f 实际上是不存在的，但可用数学方法推算求得。

20.4.2.2 评价竖向抗压承载力的两种常用方法

1. 逆斜率法

逆斜率法又称斜率倒数法，此法由 Christow 和马来西亚的 Chin Fung Kee 先后提出。假设 Q-s 曲线可用双曲线函数表示（图 20-8），即

$$Q=\frac{s}{a+bs} \tag{20-1}$$

式中　a 和 b 均为常数 [图 20-8（b）]。

由式（20-1）可知

$$Q_f=\lim_{s\to\infty}\frac{s}{a+bs}=\frac{1}{b} \tag{20-2}$$

经变换后，式（20-1）可改写为

$$\frac{s}{Q}=bs+a \tag{20-3}$$

由式（20-3）可知，s/Q 与 s 的关系为一条直线，a 为该直线在 s/Q 轴上的截距，该直线的逆斜率等于 $1/b$，即为破坏荷载 Q_f。

由式（20-2）可知，用逆斜率法推求破坏荷载（真正的极限荷载），只能在桩顶沉降量趋向无穷大时才能达到，故不能在实际工程中应用。但当试桩加荷未达到极限荷载时，虽然可用上述方法外推出破坏荷载，然后乘以经验性的修正系数（0.65～0.95）推算出工程上的极限荷载 Q_u，但由于修正系数变化幅度较大，在实用中有很大困难。

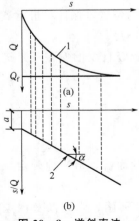

图 20-8　逆斜率法

1. $Q=\frac{s}{a+bs}$；2. $\frac{s}{Q}=bs+a$

2. s-$\lg Q$ 法

沈保汉根据对国内外 2000 多根试桩的分析，提出、验证和发展了确定

极限承载力的 s-$\lg Q$ 法。大量试桩资料表明，用 s-$\lg Q$ 法可确定按所有试桩方法（慢速维持荷载法、快速维持荷载法和循环加载卸载试验法）进行的不同直径的所有施工类型桩（包括各种灌注桩、多节扩孔桩、各种扩底桩、后注浆桩、各种打入式桩和各种埋入式桩等）的极限承载力。

大量试桩资料表明，各类桩的 s-$\lg Q$ 曲线的特征点明确，即该曲线在拐弯后的陡降或坡降直线段比较明显，取直线段的起始点 [图 20-9（b）中的 A 点] 对应的荷载为桩的极限承载力。由图 20-9（b）可知，s-$\lg Q$ 曲线末段直线段 AB 的数学表达式为

$$\lg Q = s\tan\alpha + \lg Q_{\mathrm{g}} \tag{20-4}$$

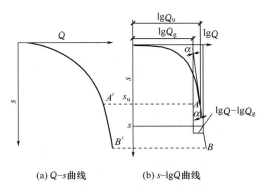

(a) Q-s曲线　　　　(b) s-$\lg Q$曲线

图 20-9　Q-s 与 s-$\lg Q$ 曲线

相应的 Q-s 曲线末段 $A'B'$ 为指数曲线，其数学表达式为

$$Q = Q_{\mathrm{g}}(Q_{\mathrm{u}}/Q_{\mathrm{g}})^{s/s_{\mathrm{u}}} \tag{20-5}$$

式中　Q_{u}——极限承载力；

$\quad\quad Q_{\mathrm{g}}$——$s$-$\lg Q$ 曲线的 AB 直线段在横坐标上的截距；

$\quad\quad s_{\mathrm{u}}$——极限承载力时桩顶沉降量。

为了能准确地确定极限承载力，将人为因素降低到最低限度，可先用 s-$\lg Q$ 图解法，然后用计算法复核。

20.4.2.3　DX 挤扩灌注桩极限承载力 Q_{u} 的确定

1. 按拟合外推结合 s-$\lg Q$ 法确定极限承载力

为了便于分析对比、统一标准，试验完整桩的极限承载力 Q_{u} 均按 s-$\lg Q$ 法确定。

试验不完整桩的极限承载力 Q_{u} 的确定步骤如下：

1）对试桩的一组试验数据（Q，s）用最小二乘法按双曲线函数进行拟合，拟合出 $s/Q = bs + a$ 的列表函数的近似表达式，求得截距 a、直线斜率 b 及逆斜率 $B = 1/b$（B 即桩的破坏荷载 Q_{f}）和拟合的 Q-s 曲线。对整个拟合过程进行数据处理时，拟合误差控制在 3% 以下。

图 20-10（a，b）所示为 TD1-1 号 DX 挤扩灌注桩的 s/Q-s 拟合曲线和 Q-s 的拟合曲线。

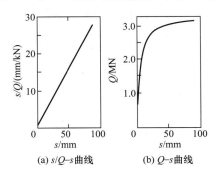

(a) s/Q-s曲线　　(b) Q-s曲线

图 20-10　TD1-1 号桩拟合曲线

2）拟合后的外推数据显示出如下特征：对于桩身设计直径为 450～700mm、承力盘设计直径为 900mm、1100mm、1400mm 的 DX 挤扩灌注桩，当桩顶沉降量在 80mm 以前，其 $s-\lg Q$ 曲线显示出坡降直线段，故对拟合后的外推数据可按 $s-\lg Q$ 法确定极限承载力 Q_u。

按 $s-\lg Q$ 法确定的部分 DX 多节挤扩桩的极限承载力 Q_u 值见表 20-3。

表 20-3　部分 DX 试桩资料汇总

试桩地点	试桩编号	桩身设计直径 d/mm	岔（盘）设计直径 D/mm	岔（盘）数	桩长 L/m	桩侧土层	岔（盘）土层	Q_u/kN	$\dfrac{Q_u}{V}$/(kN/m³)	$Q_{max,s}$/kN	$s_{max,s}$/mm
天津	T191-1	700	1400	4盘	34.50	粉质黏土、淤泥质粉质黏土、粉质黏土与粉土互层、粉砂、粉质黏土、粉砂、黏土、粉质黏土	盘（粉质黏土、粉质黏土、粉砂、黏土）	8000	525	8000	62.73
	T191-2	700	1400	4盘	34.50			6750	443	6000	35.79
大港	TD1	620	1400	3盘	23.00	粉质黏土、黏土、淤泥质黏土、粉土与粉质黏土互层、淤泥质粉质黏土、粉质黏土、粉砂	盘（粉土与粉质黏土互层、粉质黏土、粉砂）	3900	454	4200	105.00
	TD3	620	1400	3盘	23.00			3800	442	4100	92.00
天津	TL1	700	1400	3盘	27.00	粉质黏土与粉土互层、粉砂	盘（粉土、粉质黏土、粉砂）	8000	675	7600	67.76
济南	SJB2	620	1400	1岔 2盘	27.63	淤泥质粉质黏土、粉质黏土、黏土、碎石土、残积土、全风化辉长岩	岔（粉质黏土）、盘（黏土、碎石土）	9295	972	5845	14.87
东营	DJ1	450	900	1岔 2盘	16.50	素填土、粉土、粉质黏土、粉土、粉质黏土与粉土互层、粉土	岔（粉土）、盘（粉土、粉土）	1900	619	1700	11.18
东营	DC1	600	1400	1岔 4盘	26.00	粉土与粉质黏土互层、粉砂、粉质黏土	岔（粉土）、盘（粉质黏土、粉质黏土、粉砂、粉质黏土）	5720	587	4400	14.74
济宁	SLJ1	650	1400	2盘	13.00	黏土、粉土、粉质黏土、粗砂	盘（黏土、粉质黏土）	4637	864	4455	33.84
济南	SJH2	650	1400	1岔 3盘	25.00	粉质黏土、粉土、粉质黏土、粉细砂、卵石、粉质黏土	岔（粉质黏土）、盘（卵石、粉质黏土、粉质黏土）	7050	706	5720	27.48
济南	SJS1-1	650	1400	1岔 1盘	11.58	素填土、粉质黏土、粉土、粉质黏土、全风化闪长岩、强风化闪长岩	岔（粉质黏土）、盘（强风化闪长岩）	2712	1275	4284	16.76
	SJS1-3	500	900	1岔 1盘	13.08			3100	1111	2356	9.51
济南	SJS6-2	500	900	1岔 1盘	9.60	素填土、粉质黏土、粉土、粉质黏土、全风化闪长岩、强风化闪长岩	岔（粉质黏土）、盘（强风化闪长岩）	3650	1738	2250	3.03
	SJS6-3	650	1400	1岔 1盘	11.90			8550	1863	4500	9.44
济南	SJW36	650	1400	1岔 1盘	10.20	黏土、碎石土、黏土、全风化闪长岩	岔（黏土）、盘（全风化闪长岩）	4350	1082	2840	6.69

续表

试桩地点	试桩编号	桩身设计直径 d/mm	岔(盘)设计直径 D/mm	岔(盘)数	桩长 L/m	桩侧土层	岔(盘)土层	Q_u/kN	$\dfrac{Q_u}{V}$ /(kN/m³)	$Q_{max,s}$/kN	$s_{max,s}$/mm
滨州	LB5	650	1400	1岔3盘	29.50	粉质黏土与粉土互层	岔(粉质黏土)、盘(粉质黏土夹粉土、粉土、粉土)	5625	490	4500	17.18
	LB4	650	1400	1岔2盘	27.50	粉质黏土与粉土互层	岔(粉质黏土)、盘(粉质黏土夹粉土、粉土)	4860	472	3600	10.02
	LB2	650	1400	1岔2盘	27.50			4680	455	3600	9.79
	LB3	650	1400	1岔2盘	29.50			3960	362	3600	56.11
济宁	SJSL2	650	1400	1岔2盘	14.00	粉质黏土、黏土、粉土、粉质黏土、中粗砂	岔(粉质黏土)、盘(黏土、粉质黏土)	5200	895	4800	31.93
聊城	SLW1	500	1200	2盘	12.00	粉土、粉质黏土、粉土、细砂	盘(细砂、细砂)	2925	988	2600	11.32
	SLW2	500	1200	1盘	8.00		盘(细砂)	1575	842	1400	8.61
包头	BLC1	500	900	4盘	17.00	粉土-细砂-粉细砂互层、粗砂	盘(粉土、细砂、粉土、粉砂)	2986	732	3206	突然下沉
	BLC2	620	1400	3盘	16.00	粉土、粗砂、粉细砂互层、粗砂	盘(粉土、细砂、粉砂)	4984	807	4984	46.84
东营	SLD1	650	1400	4盘	30.25	素填土、粉土、粉质黏土	盘(粉土、粉土、粉质黏土、粉质黏土)	6300	519	5000	15.26
	SLD2	650	1400	1岔3盘	32.55	粉土、黏土、粉土~粉砂、粉质黏土、粉砂	盘(粉土)、岔(粉土)、盘(粉质黏土、粉质黏土)	4875	390	4500	32.99
	SLD4	650	—	直孔桩	30.80	粉土、黏土、粉土~粉砂、粉质黏土、粉砂	—	3630	356	3267	6.07
邹平	SZC1	800	—	直孔桩	23.60	粉质黏土、粉土、粉质黏土、粉土	—	3850	325	3850	23.56
	SCC5	650	1400	2盘	23.20		盘(粉土、粉质黏土)	5600	639	4550	15.54
唐山	HTW2	700	1400	2盘	34.00	粉细砂、粉质黏土、粉砂、粉细砂	盘(粉细砂、粉质黏土)	11200	797	10400	44.00
	HTW5	700	1400	1盘	21.50	粉细砂、粉质黏土、粉砂、粉细砂	盘(粉细砂)	5600	639	5600	50.48
南京	NLK2	700	1400	3盘	52.70	淤泥质粉质黏土、粉质黏土、粉细砂、强风化粉砂岩	盘(粉质黏土~黏土)	10800	497	11700	持续下沉
	NLK3	700	1400	3盘	51.50	淤泥质粉质黏土、粉质黏土、粉细砂、强风化粉砂岩	盘(粉质黏土~黏土)盘(强风化粉砂岩)	8100	381	9000	持续下沉

注：1岔指1个3分岔；Q_u 为单桩竖向极限承载力；Q_u/V 为单位桩体积提供的极限承载力，V 为桩公称体积；$Q_{max,s}$ 为静载试验最大加载值；$s_{max,s}$ 为相应于最大加载值时的桩顶沉降量；不完整试验结果的极限承载力按照本节方法外推得到。

2. 外推极限承载力的误差分析

现以表 20-4 中 3 根 DX 多节挤扩桩（T191-1 号桩、TD1 号桩和 TD3 号桩）和 1 根泥浆护壁等直径钻孔桩（FU3 号桩，桩径 900mm、桩长 37.10m）为例进行误差对比分析。3 根 DX 桩的主要参数和地层土质情况见表 20-3。表 20-4 中给出了竖向抗压静载试验的荷载 Q 和沉降 s 的数据。

表 20-4 中 4 根试桩的试验结果是完整的，即其极限承载力 Q_u 可按 s-$\lg Q$ 法确定，Q_u 值也列于表中。现假设由试验的某一组 Q、s 值按逆斜率法拟合得出 $s/Q = bs + a$ 的列表函数的近似表达式，而后以拟合后的外推数据按 s-$\lg Q$ 法确定极限承载力 Q_u。依次变换一组 Q、s 值，便可得到另一个 Q_u 值，从中可进行拟合外推的误差分析，见表 20-5。

由表 20-5 可以看出：

1）桩顶沉降量越小，拟合外推的误差越大，其误差在 -20% 左右。

2）桩顶沉降量达到一定值后，拟合外推的误差则在 -10% 以内。

3）拟合后的 Q_u 值小于试验得到的 Q_u 值，表明拟合后的 Q_u 值是偏于安全的。

以上分析表明，表 20-4 中拟合外推得到的极限承载力值在实践中应用是可信的。

《建筑地基基础设计规范》（GB 50007—2002）附录 Q 规定，在分析确定单桩竖向极限承载力时，作荷载-沉降（Q-s）曲线和其他辅助分析所需的曲线，按规定方法判断有困难时，可结合其他辅助分析方法综合判定。由此可见，对试验不完整的桩，根据笔者提出的，先用最小二乘法按双曲线函数进行拟合计算，然后对拟合后的外推数据按 s-$\lg Q$ 法确定极限承载力 Q_u，采用这种综合判定法是合理的。

表 20-4 3 根 DX 桩和 1 根直孔桩的 Q 和 s 值

T191-1 号		TD1 号		TD3 号		FU3 号	
Q/mm	s/mm	Q/kN	s/mm	Q/kN	s/mm	Q/kN	s/mm
1000	1.27	600	0.65	800	1.92	981	0.70
1500	1.53	900	1.47	1200	4.13	2059	2.31
2000	1.90	1200	2.15	1600	8.35	2599	3.59
2500	26.62	1500	3.38	2000	12.60	3138	5.22
3000	4.70	1800	5.35	2400	18.35	3678	6.91
3500	8.13	2100	7.83	2800	25.55	4217	9.71
4000	11.20	2400	12.12	3200	32.20	4756	14.38
4500	14.58	2700	15.98	3500	38.60	5296	18.08
5000	20.09	3000	20.05	3800	47.08	5786	23.34
5500	26.68	3300	25.25	4100	92.00	6718	34.99
6000	30.95	3600	33.35	—	—	7110	38.56
6500	34.98	3900	45.10	—	—	7502*	43.71
7000	42.63	4200	105.00	—	—	7894	48.59
7500	53.11	—	—	8287	84.81	—	—
8000	62.73						

注：* 表示极限承载力 Q_u。

表 20-5　3 根 DX 桩和 1 根直孔桩拟合外推的误差分析

桩号（Q_u 和 s_u）	Q/kN	s/mm	折合后的 Q_u/kN	$\dfrac{\text{折合后的} Q_u}{\text{试验的} Q_u}/\%$	相应于拟合后 Q_u 的 s_u/mm	相应于拟合后 R_a 的 s_a/mm
T191-1 号 $Q_u=8000\text{kN}$, $s_u=62.73\text{mm}$	1000～4500	1.27～14.58	6200	77.5	58.20	5.20
	1000～5000	1.27～20.09	6300	78.8	60.00	5.40
	1000～5500	1.27～26.68	6400	80.0	63.60	5.60
	1000～6000	1.27～30.95	6900	86.3	66.00	7.40
	1000～6500	1.27～34.98	7500	93.8	67.98	9.20
	1000～7000	1.27～42.63	7800	97.5	70.50	10.10
	1000～7500	1.27～53.11	8000	100	70.62	11.20
TD1 号 $Q_u=3900\text{kN}$, $s_u=45.10\text{mm}$	600～2700	0.85～15.98	3100	79.5	45.00	3.50
	600～3000	0.85～20.05	3400	87.2	46.20	4.20
	600～3300	0.85～25.25	3800	97.4	51.00	5.55
	600～3600	0.85～33.35	3900	100	51.25	5.75
	600～3900	0.85～45.10	3900	100	45.10	5.75
TD3 号 $Q_u=3800\text{kN}$, $s_u=47.08\text{mm}$	800～2400	1.92～18.35	3300	86.8	51.00	8.90
	800～2800	1.92～25.55	3500	92.1	51.00	9.50
	800～3200	1.92～32.20	3600	84.7	50.63	10.20
	800～3500	1.92～38.66	3800	100	54.41	11.10
	800～3800	1.92～47.08	3800	100	47.08	11.10
FU3 号 $Q_u=7502\text{kN}$, $s_u=43.71\text{mm}$	981～4756	0.70～14.38	5835	77.8	47.76	4.56
	981～5296	0.70～18.08	6178	82.4	47.50	4.84
	981～5786	0.70～23.34	6276	83.7	43.10	5.22
	981～6718	0.70～34.99	7012	93.4	47.50	6.38

3. DX 挤扩灌注桩极限承载力的综合评价

由于 DX 挤扩灌注桩的承力盘（岔）及桩端通常设置在较好的持力土层上，单桩静荷载试验的 $Q-s$ 曲线一般呈缓变型。单桩承载力的取值宜按沉降控制，并考虑上部结构对沉降的敏感性确定。取值方法是，以对应桩顶沉降量 $s=0.005D$（D 为承力盘设计直径）时的荷载值为竖向抗压承载力特征值和对应于 $s-\lg Q$ 曲线的末段直线段起始点与桩顶沉降量 $s=0.05D$ 时的荷载值为极限承载力综合分析得出。本次统计所收集到的试桩资料，由于受加载量的限制，大部分没有加载至极限荷载，故采用逆斜率法拟合外推，结合 $s-\lg Q$ 曲线的末段直线段起始点法和 $Q_{0.05D}$（桩顶沉降量等于承力盘设计直径 5% 时所对应的荷载）法判定极限承载力。

对于 DX 挤扩灌注桩的承力盘（岔）及桩端设置于一般持力土层上时，单桩静荷载试验的 $Q-s$ 曲线也呈现陡降型的情况，此时按 $Q-s$ 曲线明显陡降的起始点法、$s-\lg Q$ 曲线末段近乎竖向陡降的起始点法和 $s-\lg t$ 曲线尾部明显转折法综合判定极限承载力。

20.4.2.4　结论

1）对于呈缓变型 $Q-s$ 曲线的 DX 挤扩灌注桩，其抗压极限承载力可按 $s-\lg Q$ 曲线的末段直线段的起始点法、$Q-s$ 曲线第二拐点法、$s-\lg t$ 曲线尾部明显转折法和 $Q=0.05D$ 法（桩顶沉降量等于承力盘设计直径 5% 时所对应的荷载）综合判定；对于呈陡降型 $Q-s$ 曲线的 DX 挤扩灌注桩，其抗压极限承载力可按 $Q-s$ 曲线明显陡降的起始点法、$s-\lg Q$ 曲线末段近乎竖向陡降的起始点法和 $s-\lg t$ 曲线尾部明显转折法综合判定。

2）对于试验不完整的 DX 挤扩灌注桩，采用双曲线函数进行拟合计算，然后对拟合后的外推数据按 $s-\lg Q$ 法进行极限承载力 Q_u 的综合判定。

20.4.3　DX 挤扩灌注桩竖向抗压承载力的计算

20.4.3.1　单桩竖向抗压极限承载力标准值 Q_{uk} 的估算公式

DX 多节挤扩灌注桩的荷载传递机理与普通直孔灌注桩差别很大，故其竖向抗压极限承载力标准值 Q_{uk} 的估算公式及极限盘端阻力标准值等的取值也与普通直孔灌注桩有很大差别。

初步设计时，根据土的物理指标与承载力参数之间的经验关系，确定单桩竖向抗压极限承载力标准值 Q_{uk} 估算公式应包括下列四项：

其中

$$Q_{uk} = Q_{sk} + Q_{bk} + Q_{Bk} + Q_{pk} \tag{20-6}$$

$$Q_{sk} = Q_{ssk} + Q'_{bsk} + Q_{bsk}$$

$$Q_{ssk} = u \sum q_{sik} l_i$$

$$Q'_{bsk} = \sum (u - mb) q_{sik} h$$

$$Q_{bsk} = \sum maq_{sik} h$$

$$Q_{bk} = \sum mabq_{bik}$$

$$Q_{Bk} = \eta \sum q_{Bik} A_{pD}$$

$$Q_{pk} = q_{pk} A_p$$

以上式中　Q_{sk}，Q_{bk}，Q_{Bk}，Q_{pk}——单桩总极限侧阻力标准值、单桩总极限岔端阻力标准值、单桩总极限盘端阻力标准值和单桩总极限桩端阻力标准值；

Q_{ssk}——单桩桩身（不计承力岔段的桩身）和桩根的总极限侧阻力标准值；

Q'_{bsk}——单桩承力岔之间的桩身总极限侧阻力标准值；

Q_{bsk}——单桩承力岔总极限侧阻力标准值；

q_{sik}——单桩第 i 层土的极限侧阻力标准值；

q_{bik}——单桩第 i 个岔的持力土层极限岔端阻力标准值；

q_{Bik}——单桩第 i 个盘的持力土层极限盘端阻力标准值；

q_{pk}——单桩极限桩端阻力标准值；

u——桩身或桩根周长；

A_p——桩端设计截面面积；

A_{pD}——承力盘设计截面面积，按承力盘在水平投影面上的面积扣除桩身设计截面面积计算；

l_i——桩穿过第 i 层土的厚度；

m——承力岔单个分岔数，$m = 3n$，n 为挤扩次数；

a——承力岔宽度；

b——承力岔厚度；

h——承力盘（岔）高度。

但估算式(20-6)比较复杂，当式(20-6)中承力岔的承载力忽略不计（忽略理由见 20.4.3.4 节"承力岔的作用"）时，Q_{uk} 可按下式估算：

$$Q_{uk} = Q_{sk} + Q_{Bk} + Q_{pk} = u \sum q_{sik} l_i + \eta \sum q_{Bik} A_{pD} + q_{pk} A_p \tag{20-7}$$

$$A_p = \frac{\pi}{4} d^2, \quad A_{pD} = \frac{\pi}{4} (D^2 - d^2)$$

式中　η——总盘端阻力调整系数，单个和 2 个承力盘时 $\eta = 1.00$，3 个及 3 个以上承力盘时 $\eta = 0.93$；

D——承力盘设计直径；

d——桩身设计直径。

20.4.3.2　DX 挤扩灌注桩的极限侧阻力标准值 q_{sik}

如无当地经验值，可按表 20-6 取值。

表 20-6　DX 挤扩灌注桩的极限侧阻力标准值 q_{sik}

土的名称	土的状态		q_{sik}/kPa
填土	—		16～22
淤泥	—		10～14
淤泥质土	—		16～22
黏性土	流塑	$I_L>1$	20～30
	软塑	$0.75<I_L\leqslant1$	30～40
	可塑	$0.50<I_L\leqslant0.75$	40～54
	硬～可塑	$0.25<I_L\leqslant0.50$	54～66
	硬塑	$0<I_L\leqslant0.25$	66～75
	坚硬	$I_L\leqslant0$	75～83
红黏土	$0.7<a_w\leqslant1$		12～26
	$0.5<a_w\leqslant0.7$		26～60
粉土	稍密	$e>0.9$	20～35
	中密	$0.75\leqslant e\leqslant0.9$	35～54
	密实	$e<0.75$	54～68
粉细砂	稍密	$10<N\leqslant15$	20～35
	中密	$15<N\leqslant30$	35～54
	密实	$N>30$	54～68
中砂	稍密	$10<N\leqslant15$	30～45
	中密	$15<N\leqslant30$	45～60
	密实	$N>30$	60～77
粗砂	稍密	$10<N\leqslant15$	40～60
	中密	$15<N\leqslant30$	60～80
	密实	$N>30$	80～100
砾砂	稍密	$10<N_{63.5}\leqslant15$	60～80
	中密	$15<N_{63.5}\leqslant30$	80～100
	密实	$N_{63.5}>30$	100～120
圆砾、角砾	稍密	$5<N_{63.5}\leqslant10$	65～85
	中密	$10<N_{63.5}\leqslant20$	85～125
	密实	$N_{63.5}>20$	125～170
碎石、卵石	稍密	$5<N_{63.5}\leqslant10$	80～120
	中密	$10<N_{63.5}\leqslant20$	120～160
	密实	$N_{63.5}>20$	160～320

注：1. 对于尚未完成自重固结的填土和以生活垃圾为主的杂填土，不计算其侧阻力。

　　2. a_w 为含水比，$a_w=w/w_L$，w 为天然含水率，w_L 为液限；e 为孔隙比；I_L 为液性指数。

　　3. N 为标准贯入击数；$N_{63.5}$ 为重型圆锥动力触探数。

　　4. 表中数值适用于老沉积土；对于新近沉积土，q_{sik} 应按土的状态降一级取值。

20.4.3.3　DX 挤扩灌注桩的极限盘端阻力标准值 q_{sik} 和极限桩端阻力标准值 q_{pk}

如无当地经验值，可按表 20-7 取值。

表 20-7　DX 挤扩灌注桩的极限盘端阻力标准值 q_{Bik} 和极限桩端阻力标准值 q_{pk}（kPa）

土的名称	土的状态	桩入土深度 l/m					
		$5{\leqslant}l{<}10$	$10{\leqslant}l{<}15$	$15{\leqslant}l{<}20$	$20{\leqslant}l{<}25$	$25{\leqslant}l{<}30$	$l{\geqslant}30$
黏性土	软塑 $0.75{<}I_L{\leqslant}1$	100～150	150～250	200～300	300～375	375～450	450～525
	可塑 $0.50{<}I_L{\leqslant}0.75$	250～350	350～450	450～550	550～625	625～700	700～725
	硬～可塑 $0.25{<}I_L{\leqslant}0.50$	550～700	700～800	800～900	900～975	975～1050	1050～1125
	硬塑 $0{<}I_L{\leqslant}0.25$	750～1000	1000～1200	1200～1400	1400～1550	1550～1700	1700～1850
粉土	中密 $0.75{\leqslant}e{\leqslant}0.9$	250～350	300～500	450～650	575～725	650～800	725～900
	密实 $e{<}0.75$	550～800	650～900	750～1000	800～1000	850～1050	925～1050
粉砂	稍密 $10{<}N{\leqslant}15$	200～400	350～500	450～550	550～625	625～700	725～800
	中密 $15{<}N{\leqslant}20$	400～650	650～800	800～900	900～1000	1000～1100	1000～1150
	密实 $N{>}20$	600～750	750～900	900～1050	1050～1150	1150～1350	1300～1450
细砂	稍密 $10{<}N{\leqslant}15$	350～550	500～650	600～700	700～775	775～850	800～875
	中密 $15{<}N{\leqslant}30$	700～900	900～1000	1000～1150	1150～1300	1300～1450	1450～160
	密实 $N{>}30$	800～1000	1000～1100	1100～1250	1250～1400	1400～1650	1650～1850
中砂	中密 $15{<}N{\leqslant}30$	980～1100	1100～1300	1300～1450	1450～1600	1600～1750	1750～1900
	密实 $N{>}30$	1050～1250	1250～1400	1400～1550	1550～1700	1700～1850	1850～2050
粗砂	中密 $15{<}N{\leqslant}30$	1650～1900	1900～2150	2150～2300	2300～2400	2400～2500	2500～2600
	密实 $N{>}30$	1750～2000	2000～2250	2250～2400	2400～2500	2500～2600	2600～2700
砾砂	中密 $15{<}N{\leqslant}30$	1700～1900	1900～2300	2300～2500	2500～2600	2600～2700	2700～2800
	密实 $N{>}30$	1800～2000	2000～2400	2500～2600	2700～2800	2800～2900	2900～3000
角砾、圆砾	中密、密实 $N_{63.5}{>}10$	1800～2100	2100～2500	2500～2700	2700～2800	2800～2900	2900～3200

续表

土的名称	土的状态	桩入土深度 l/m					
		$5{\leqslant}l{<}10$	$10{\leqslant}l{<}15$	$15{\leqslant}l{<}20$	$20{\leqslant}l{<}25$	$25{\leqslant}l{<}30$	$l{\geqslant}30$
碎石、卵石	中密、密实 $N_{63.5}{>}10$	2000~2300	2300~2700	2700~3900	2900~3000	3000~3100	3100~3300

注：1. 砂土和碎石类土中桩的极限桩端阻力取值，宜综合考虑土的密实度、桩端进入持力层的深度比 h_b/d 及成孔方法；密实的、h_b/d 大的土和干作业成孔时宜取高值。

2. I_L 为液性指数，e 为孔隙比，N 为标准贯入击数，$N_{63.5}$ 为重型圆锥动力触探击数。

3. 极限岔端阻力标准值 q_{Bik} 按同条件的极限盘端阻力标准值 q_{Bik} 取值。

4. 表中数值适用于老沉积土；对于新近沉积土，q_{Bik} 和 q_{pk} 应按土的状态降一级取值。

20.4.3.4 几点说明

式（20-7）、表 20-6 和表 20-7 的建立基于以下分析，现加以说明。

（1）极限承载力的确定

见 20.4.2.3 节。

（2）承载力参数的统计分析

承载力参数统计共收集各地有效试桩资料 83 根，这些试桩分布于北京、天津、山东、黑龙江、河北、山西、福建、江苏、浙江等地。分析时首先对所有试桩逐一核实地层柱状图和土的物理力学特性，然后根据 11 根埋设测试元件的试桩资料，按实测数据划分出桩身侧阻力、承力盘（岔）端阻力和桩端阻力，经统计分析编制成表；此后根据 83 根试桩资料按式（20-7）验算承载力，经统计分析，调整形成表 20-6 和表 20-7。

（3）极限承载力的实测值与估算值对比

为验证估算式（20-7）的可靠性，将极限承载力实测值与估算值之比作为随机变量进行统计分析（图 20-11），其频数分布如图 20-12 所示。由图 20-11、图 20-12 可知，实测值与估算值之比为 1.0~1.2 的占 52%，实测值大于估算值者占 86%。经统计分析，实测值 Q_u 与估算值 Q'_u 之比的平均值为 1.1495，标准差为 0.1554，变异系数为 0.1352，具有 95% 保证率的置信区间为 [0.8760, 1.4466]，说明估算值较实测值略偏小，具有必要的安全储备。

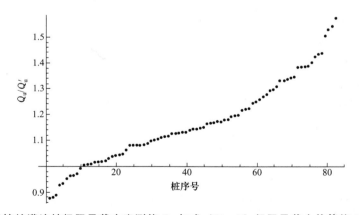

图 20-11 DX 挤扩灌注桩极限承载力实测值 Q_u 与式（20-7）极限承载力估算值 Q'_u 的比值散点

（4）承力岔的作用

承力岔的设置可增加桩的整体刚度，并提供小部分竖向承载力［式（20-6）中的 Q_{bsk} 和 Q_{bk}］，但其量值的估算较为繁琐。为简化估算，将式（20-6）中承力岔的承载力忽略不计，简化省略后为估算式（20-7）。对 30 根设置有一组 3 承力岔的 DX 挤扩灌注桩（其中，1 岔 1 盘 DX 挤扩灌注桩 3 根，1 岔 2 盘 DX 挤扩灌注桩 20 根，1 岔 3 盘 DX 挤扩灌注桩 7 根）按式（20-7）简化估算后发现，估算值减小

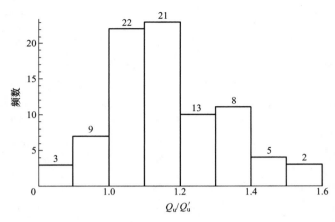

图 20 - 12　DX 挤扩灌注桩极限承载力实测值 Q_u 与
式（20 - 7）极限承载力估算值 Q_u' 的比值频数分布

1.30% ～ 5.60%，平均减小 3.0%，如图 20 - 13 所示。将极限承载力实测值与式（20 - 7）估算值之比作为随机变量进行统计分析，如图 20 - 14 所示，实测值与估算值之比为 1.00 ～ 1.20 的占 54%，实测值大于估算值的占 88%。实测值与估算值之比的平均值为 1.1628 可知，标准差为 0.1600，变异系数为 0.1376，具有 95% 保证率的置信区间为 [0.8760，1.4299]。

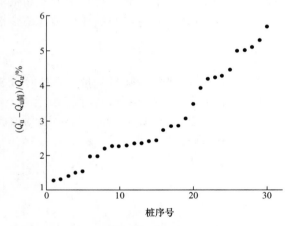

图 20 - 13　DX 挤扩灌注桩的式（20 - 6）极限
承载力估算值 Q_u' 与式（20 - 7）简化的
极限承载力估算值 $Q_{u简}'$ 的比值散点

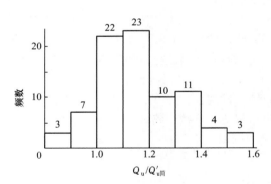

图 20 - 14　DX 挤扩灌注桩极限承载力
实测值 Q_u' 与式（20 - 7）简化的
极限承载力估算值 $Q_{u简}'$ 的比值频数分布

如果设有 3 组或 3 组以上 3 个承力岔的 DX 挤扩灌注桩，在式（20 - 7）中可计入单桩总极限岔端阻力标准值 Q_{bk}，此时 $Q_{bk} = \sum q_{bik} A_{pd}$。

（5）桩侧阻力的考量

单桩总极限侧阻力标准值 Q_{sk} 包含 Q_{ssk}、Q_{bsk}' 和 Q_{bsk} 三项，因 Q_{bsk} 占 Q_{sk} 的比例很小，故可忽略不计。因此，Q_{sk} 为单桩全部桩身和桩根的总极限侧阻力标准值，其表达式为

$$Q_{sk} = u \sum q_{sik} l_i \tag{20 - 8}$$

问题在于桩侧阻力沿桩身全长是否有效。

英国的 Tomlinson 提道："在裂隙黏土中的钻孔桩端部设置扩大头时，如果允许扩大头产生显著的沉降，那么，在一部分桩身上会损失黏着力"；"但是，为谨慎起见，扩大头以上两倍桩身直径的高度范围内桩侧阻力的支承作用可忽略不计"；"若忽视扩大头以上两倍桩身直径高度范围内的桩侧阻力并且对

其余长度上取黏着力系数为 0.30 计算桩侧阻力，那么，带扩大头的桩与直孔桩相比，在多数情况下，就成为没有吸引力的建议"。上述三句话应全面理解。另外，还需要注意的是，Tomlinson 没有研究桩身设置多个扩大头的情况。

沈保汉在分析北京地区钻孔扩底灌注桩的桩侧阻力和桩端阻力的分配试验研究结果后指出，"根据牛王庙、煤炭院和建研所的钻孔扩底试桩实际开挖发现，虽然由于加载引起桩身沉降，扩大头顶面和土体脱开（最大间隙约为 100mm），但土体没有发生塌落现象，土体和桩身结合牢固。因此可以认为，桩侧阻力沿桩身全长是有效的"。

现行《北京地区大直径灌注桩技术规程》（DB J01-502—1999）规定，桩侧阻力沿桩身全长是有效的。

常冬冬研究了具有 4 个承力盘的 DX 挤扩灌注桩在各级桩顶荷载下的桩侧阻力的分布和发展情况，并进行了有限元分析计算。该桩的主要参数为：桩身直径 $d=0.5\text{m}$，承力盘直径 $D=1.50\text{m}$，$D/d=3$，承力盘间距 $S_D=3.60\text{m}$，$S_D/D=2.40$，桩长 $L=15\text{m}$。地基土采用单一的中砂层，天然重度 $\gamma=1.80\text{g}/\text{cm}^3$，弹性模量为 4.23MPa。

计算分析表明：

1）在承力盘位置附近的桩侧阻力发生突变，在承力盘上方 0～0.5m 范围内桩侧阻力急剧减小，甚至在靠近承力盘的上斜面处出现负摩阻力，而在承力盘下方 0.5～1.0m 范围内桩侧阻力有较大增加，这是桩身和承力盘的沉降使承力盘的下方土体被挤密并提高了该处土体的约束力所致。

2）承力盘对桩侧阻力的影响程度随桩顶荷载的增大而增大。

30 余根 DX 挤扩灌注桩实测桩侧阻力结果表明，承力盘的下方斜面一定范围内土体的密实度因挤压而增加，同时在受力时径向力增大，导致该区桩侧阻力增大；虽然承力盘上部桩身与土体的相对位移使土体脱空，有时会使该区桩侧阻力减小，但其减小幅度比承力盘下方区桩侧阻力增大的幅度要小得多。可以认为，综合两方面的因素，对桩侧阻力的影响不大，甚至还处于有利状态。

综上所述，式（20-7）中计算 DX 挤扩灌注桩的总桩侧阻力 Q_{sk} 时，既不考虑承力盘下方区桩侧阻力的增大，也不考虑承力盘上方区桩侧阻力的减小，即桩侧阻力 q_{sik} 沿桩身全长是有效的（承力盘高度范围内不计侧阻力），是偏于安全的。

（6）盘端阻力的考量

1）DX 挤扩灌注桩的承力盘腔是通过三岔双缸双向 DX 液压挤扩装置挤压成孔的，盘端土体经挤压后密度提高，松弛或回弹量很小，这与钻扩成孔或挖扩成孔工艺显著不同，故在式（20-7）中 Q_{Bk} 的计算不考虑端阻尺寸效应系数。

2）根据对 30 余根 DX 挤扩灌注桩实测盘端阻力的分析结果，各承力盘分担桩顶荷载的比例是不一样的。通常情况是，顶承力盘先受力，以下各承力盘逐渐发挥出更大的承载力。基于上述情况，式（20-7）中 Q_{Bk} 为各承力盘端阻力的叠加值乘以总盘端阻力调整系数 η，建议 η 取 0.93，盘数少于 3 个时不考虑折减。

（7）第四纪全新世新近沉积土的考量

按《岩土工程勘察规范》（GB 50021—2001）第 3.3.1 条的规定，晚更新世 Q_3 及以前沉积的土应定为老沉积土，第四纪全新世中近期沉积的土应定为新近沉积土。就北京地区的土质而言，老沉积土的土质比较均匀，压缩性较低，强度较高，层次分布比较有规律；新近沉积土的工程性能明显不如老沉积土，强度较低，黏性土的结构性较差，压缩性较高，砂类土的密实度较差，层次分布通常比较凌乱。《北京地区建筑地基基础勘察设计规范》（DBJ 01-501—1992）中表 6.3.2-1 和表 6.3.2-2 分别为老沉积土和新近沉积土的地基承载力标准值 f_{ka} 取值表，表中显示，在压缩模量 E_s 相同的情况下，后者 f_{ka} 的值要比前者 f_{ka} 的值低 14%～25%。

对主要土层为第四纪全新世新近沉积土的东营、菏泽、滨州、聊城、淮安、广饶、高唐等地区的 39 根 DX 试桩的承载力进行验算，若不考虑地质年代，估算值平均高出实测值 18.97%，标准差为 0.1490；若将第四纪全新世新近沉积土层的状态降一等级后验算，估算值平均低于实测值 14.07%，标准差为 0.1065，具有一定的安全储备，见图 20-15（图中 Q_u 为单桩极限承载力实测值，Q'_u 为单桩极限承载力估算值）。因此，建议当主要土层为第四纪全新世新近沉积土时，应将土层的状态降一等级后按表 20-6 和表 20-7 取值。此外，在承力盘（岔）或桩端应力扩散范围内可能埋藏有相对软弱的夹层时，应引起足够的注意，适当调低相应的计算参数。

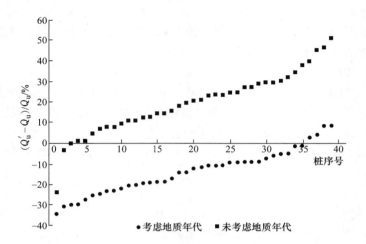

图 20-15 主要土层为第四纪全新世新近沉积土地区 DX 挤扩灌注桩极限承载力的
估算值 Q'_u 与实测值 Q_u 的比值散点

（8）极限盘端阻力标准值的取值

工程实践表明，多数承力盘均设置在 10～30m 的土层中，故表 20-7 中增设了 $15m \leqslant l < 20m$、$20m \leqslant l < 25m$ 和 $25m \leqslant l < 30m$ 三个档次，便于设计中选择应用。

（9）干作业成孔 DX 挤扩灌注桩的考量

考虑到干作业成孔的 DX 挤扩灌注桩桩基工程不多，表 20-6 和表 20-7 中的值未区分干作业成孔和泥浆护壁成孔，统一按泥浆护壁成孔取值，这样对干作业成孔的 DX 挤扩灌注桩更偏于安全，待今后干作业成孔 DX 挤扩灌注桩试验资料增多时再调高取值范围。

20.4.3.5 单桩竖向抗压承载力特征值

单桩竖向抗压承载力特征值 R_a 按下式计算：

$$R_a = \frac{1}{K} Q_{uk} \tag{20-9}$$

式中 K——安全系数，可取 $K=2$；

Q_{uk}——单桩竖向极限承载力标准值。

20.4.3.6 结论

1）提出的单桩竖向抗压极限承载力标准值的估算公式是合理可行的。

2）提出的按不同地质年代 DX 挤扩灌注桩的极限侧阻力、盘端阻力和桩端阻力标准值的取值方法和按桩不同入土深度极限盘端阻力标准值的取值方法也是合理可行的。

20.4.4 DX 挤扩灌注桩的桩身强度

20.4.4.1 桩身承载力与单桩竖向承载力的关系

DX 挤扩灌注桩单桩竖向承载力的确定与其他形式的桩一样取决于以下两个方面：

一方面取决于土层的承载能力，多节 DX 挤扩灌注桩的承载力由多层端阻（岔端阻力、盘端阻力和桩端阻力）与多段侧阻（岔侧阻力、桩侧阻力和桩根侧阻力）组成。按《建筑桩基技术规范》（JGJ 1994—2008）的规定，确定桩数和布桩时，传至承台底面的荷载效应应按荷载效应的标准组合，相应的抗力应采用基桩或复合基桩承载力特征值。

　　另一方面取决于桩体本身的材料强度，桩身横截面上的轴向力不得大于桩身材料所提供的抗力。抗力则取决于桩的工作条件和桩身混凝土轴心抗压强度。按《建筑桩基技术规范》（JGJ 94—2008）的规定，在计算桩基结构承载力、确定尺寸和配筋时，承台顶面荷载取基本组合。混凝土轴心抗压强度设计值按《混凝土结构设计规范》（GB 50010）采用。

　　从荷载传递机理看，DX 挤扩灌注桩可分为端承摩擦桩或摩擦端承桩，而承力盘是 DX 挤扩灌注桩的重要承载部分。为了实现 DX 桩高承载力的要求，可采取以下做法：

　　1）选择结构稳定、压缩性较小、承载能力较高的土层作为承力盘的持力土层。

　　2）对于某一型号的 DX 挤扩装置，即对于固定的承力盘设计直径来说，在满足成孔工艺和结构设计要求的情况下，尽可能选择较小的桩身设计直径，以获得较大的扩大率（承力盘设计截面面积与桩身设计截面面积之比）。

　　3）增加承力盘的数量。

　　因此，对于高承载力 DX 桩的情况，桩身强度的验算就显得十分必要。

　　因 DX 挤扩灌注桩抗压承载力较高，故其配筋应符合以下规定：

　　1）截面配筋率可取 0.65%～0.40%（小直径桩取高值，大直径桩取低值）。

　　2）桩身直径大于 600mm 的桩，主筋长度不宜小于桩长的 2/3。

　　3）纵向主筋应沿桩身周边均匀布置，其净距不应小于 60mm。

　　4）箍筋一般采用 φ6～8@200～300 的螺旋式配筋，桩顶 5d（d 为桩身直径）范围内箍筋应加密。

　　5）当考虑箍筋受力作用时，箍筋配置应符合《混凝土结构设计规范》（GB 50010）的有关规定。

20.4.4.2　影响钢筋混凝土轴向受压桩正截面受压承载力的因素

（1）混凝土标准试块与桩身受力状态的差异

《混凝土结构设计规范》（GB 50010）中定义混凝土抗压强度等级是以没有横向约束的立方体抗压强度标准值作为基本指标，而实际工程中的桩身材料却处于复合受力工作状态。

有学者指出，国内外各研究机构早在 20 世纪 30 年代就采用了圆柱体周围的加液试验，对复合受力作用下的构件做了大量的分析研究，结论是：当侧向液压值不是很大时，最大主压应力轴向极限强度随着侧向压应力数值的增加而提高。如果以 f_{ccc} 表示有侧向压力约束试件的轴向抗压强度，f_{cc} 表示无侧向压力约束试件的轴向抗压强度，f_L 表示侧向约束压应力，则经验公式 $f_{ccc} = f_{cc} + 4.1 f_L$ 可表示其增加的结果，其中 $4.1 f_L$ 就是轴心抗压强度的提高量，这种试验试件的受力状态恰恰比较贴切地模拟了桩身受力的实际情况。

（2）纵向主筋的作用

轴向受压桩的承载性状与上部结构柱相近，较柱的受力条件更有利的是桩周受土的约束，而且侧阻力使轴向荷载随深度递减，因此桩身轴力在桩顶下一定长度内比较大。如在这一区段内箍筋加密，纵向主筋的承压作用是可计入桩身受压承载力的。

（3）箍筋的作用

受压构件的破坏过程实际上是构件内部受压损坏（出现细小裂缝）到连续性地遭受破坏（裂缝贯通），致使整个体系解体的过程，而绝非混凝土组成材料本身的强度耗费（例如，组成混凝土的粗骨料的抗压强度为 90MPa，砂浆抗压强度为 48MPa，混凝土的强度仅为 24MPa）。为了抑制桩内部细小裂缝的开展和贯通，通常在桩头下一定范围（约 2m）加密箍筋。箍筋不仅起水平抗剪作用，更重要的是对混凝土起侧向约束增强作用。图 20-16 为带箍筋和不带箍筋的混凝土轴向压应力-应变关系。

　　由图 20-16 看出，带箍筋的约束混凝土轴压强度较无约束混凝土提高 80% 左右，且其应力-应变关系改善。因此，《建筑桩基技术规范》（JGJ 94—2008）明确规定凡桩顶 5d 范围箍筋间距不大于 100mm 者均可考虑纵向主筋的作用。

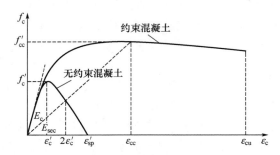

图 20 – 16　约束与无约束混凝土应力-应变关系

（4）成孔成桩的工作条件

桩身混凝土的受压承载力是桩身受压承载力的主要部分，但其强度和截面变异受成孔成桩工作条件的影响。对于 DX 挤扩灌注桩，因其成孔成桩环境、质量可控度不同，工作条件系数 ψ_c 可取 $0.80\sim$ 0.90，泥浆护壁成孔时取低值，干作业成孔时取高值。

20.4.4.3　桩身受压承载力计算

关于钢筋混凝土轴心受压灌注桩正截面受压承载力的计算，不同的规范规定有所不同。

《三岔双向挤扩灌注桩设计规程》（JGJ 171—2009）规定：

$$N \leqslant \psi_c f_c A \tag{20-10}$$

式中　N——相应于荷载效应基本组合时的桩顶轴向压力设计值；

　　　ψ_c——工作条件系数，取 $0.80\sim0.90$，泥浆护壁成孔取低值，干作业成孔取高值；

　　　f_c——混凝土轴心抗压强度设计值，按《混凝土结构设计规范》（GB 50010）取值；

　　　A——桩身设计截面面积。

20.4.4.4　DX 挤扩灌注桩桩身受压承载力及其与静载试验的比较

用式（20 – 10）验算 DX 挤扩灌注桩的桩身强度。将所收集到的 63 组 172 根泥浆护壁成孔 DX 挤扩灌注桩及 4 组 12 根干作业成孔 DX 挤扩灌注桩静载试验结果与桩身受压极限承载力计算值 R_u 进行比较，以检验桩身受压承载力计算公式的合理性和安全性（表 20 – 8、表 20 – 9）。

表 20 – 8　部分泥浆护壁成孔 DX 挤扩灌注桩桩身受压承载力计算和试验结果（考虑主筋和螺旋式箍筋的情况）

试桩地点	桩号	桩径 d /mm	桩长 L/m	岔（盘）数/个	桩身混凝土强度等级	混凝土轴心抗压强度设计值 f_c/MPa	主筋	桩顶以下 $5d$ 范围内螺旋式箍筋	桩顶最大加载值 Q_{max} /kN	最大加载时的桩顶沉降 s/mm	桩身受压极限承载力 R_{u1} /kN	$\dfrac{R_{u1}}{Q_{max}}$	桩身受压极限承载力 R_{u2} /kN	$\dfrac{R_{u2}}{Q_{max}}$
武汉	WW – 2	620	24.0	0（4）	C30	14.3	8Φ16	φ8@100	5554	25.93	4315	0.78	6394	1.15
天津	TL – 3	700	29.7	0（3）	C30	14.3	6Φ18	φ6@100	7200	46.45	5500	0.76	7326	1.02
济南	SJB – 3	620	26.5	0（2）	C30	14.3	8Φ14	φ8@100	5500	19.93	4315	0.78	6233	1.13
东营	DC – 3	600	32.3	0（4）	C20	9.6	8Φ12	φ6@100	3960	22.93	2713	0.69	4176	1.05
王滩	HTW – 1	700	4.3	0（2）	C30	14.3	10Φ18	φ8@100	9000	69.33	5500	0.61	8771	0.97
南京	NLK – 2	700	52.7	0（3）	C35	16.7	16Φ12	φ8@100	10800	30.89	6424	0.59	11460	1.06
孝感	HXL – 3	550	22.0	0（3）	C30	14.3	8Φ16	φ8@100	4840	29.07	3396	0.70	5305	1.10
南阳	HNR – 3	600	11.5	0（1）	C40	19.1	12Φ16	φ8@100	7680	47.37	5398	0.70	9282	1.21

续表

试桩地点	桩号	桩径 d /mm	桩长 L/m	岔（盘）数/个	桩身混凝土强度等级	混凝土轴心抗压强度设计值 f_c/MPa	主筋	桩顶以下 $5d$ 范围内螺旋式箍筋	桩顶最大加载值 Q_{max} /kN	最大加载时的桩顶沉降 s/mm	桩身受压极限承载力 R_{u1} /kN	$\dfrac{R_{u1}}{Q_{max}}$	桩身受压极限承载力 R_{u2} /kN	$\dfrac{R_{u2}}{Q_{max}}$
天津	T191-1	700	34.9	0（4）	C35	16.7	10Φ18	φ8@100	7500	53.07	6424	0.86	9864	1.32
	T191-2	700	34.9	0（4）	C35	16.7	10Φ18	φ8@100	6000	37.55	6424	1.07	9864	1.64
大港	TD-2	620	25.0	1（2）	C30	14.3	10Φ18	φ8@100	4000	49.80	4315	1.08	7368	1.84
德州	SDL-1	650	32.0	0（3）	C35	16.7	8Φ14	φ8@100	4773	37.06	5539	1.16	7682	1.61
东营	DD-1	450	23.8	0（2）	C25	11.9	6Φ14	φ6@100	1870	20.10	1892	1.01	2872	1.54
济南	SJH-1	650	26.3	1（3）	C40	19.1	8Φ14	φ8@100	5720	13.57	6335	1.11	8625	1.51
济南	SJS-1	650	11.6	1（1）	C30	14.3	8Φ14	φ8@100	4284	16.76	4743	1.11	6740	1.57
济南	SJS-4	650	10.1	1（1）	C30	14.3	8Φ14	φ8@100	4500	9.53	4743	1.05	6740	1.50
滨州	LB-1	650	33.2	0（4）	C35	16.7	10Φ16	φ8@100	4500	26.71	5539	1.23	8565	1.90
	LB-3	500	31.5	0（3）	C35	16.7	10Φ16	φ8@100	3600	56.11	3277	0.91	5888	1.64
济南	SJS-4	650	9.6	1（1）	C30	14.3	8Φ14	φ8@100	4200	16.93	4743	1.13	6740	1.60
济南	JWL-1	650	11.8	1（2）	C30	14.3	8Φ14	φ8@100	5000	13.39	4743	0.95	6740	1.35
济宁	SJSL-2	650	18.8	1（2）	C25	11.9	8Φ14	φ8@100	4800	31.93	3947	0.82	5797	1.21
聊城	SLW-1	500	18.0	0（2）	C30	14.3	6Φ14	φ6@100	2600	11.32	2806	1.08	3955	1.52
淮安	JHJ-1	700	27.7	0（4）	C30	14.3	10Φ16	φ8@100	2500	41.74	5500	1.00	8520	1.55
包头	HL-1	500	17.1	0（4）	C30	14.3	8Φ14	φ8@100	2986	33.63	2806	0.94	4447	1.49
	HL-2	620	16.0	0（3）	C30	14.3	8Φ14	φ8@100	4983	40.95	4315	0.87	6233	1.25
	HL-3	500	18.0	0（4）	C30	14.3	8Φ14	φ8@100	3424	27.28	2806	0.82	4447	1.30
	HL-4	620	17.6	0（3）	C30	14.3	8Φ14	φ8@100	3828	28.87	4315	1.13	6233	1.63
	HL-5	620	17.6	0（3）	C30	14.3	8Φ14	φ8@100	4003	40.81	4315	1.08	6233	1.56
	HL-6	500	15.1	0（3）	C30	14.3	8Φ14	φ8@100	2602	25.52	2806	1.08	4447	1.71
	HL-7	500	15.1	0（3）	C30	14.3	8Φ14	φ8@100	2384	30.32	2806	1.18	4447	1.87
王滩	HTW-4	700	22.0	0（1）	C30	14.3	10Φ18	φ8@100	5400	50.80	5500	1.02	8771	1.62
广饶	SGR-1	620	18.8	1（2）	C30	14.3	8Φ16	φ8@100	3960	37.69	4177	1.05	6230	1.57
南阳	HNR-4	700	29.6	0（2）	C40	19.1	12Φ16	φ8@100	8320	42.47	7347	0.88	11590	1.39
东营	SLD-1	650	31.4	0（4）	C25	11.9	8Φ14	φ8@100	5000	15.36	3947	0.79	5797	1.16
	SLD-3	650	31.1	1（3）	C25	11.9	8Φ14	φ8@100	4635	26.48	3947	0.85	5797	1.25
邹平	SZC-2	650	22.2	0（2）	C25	11.9	10Φ16	φ8@100	4900	18.20	3947	0.81	6681	1.36
西安	SXD-1	700	28.2	0（4）	C35	16.7	10Φ16	φ8@100	7200	23.59	6424	0.89	9613	1.34
济南	SJBN-1	650	16.0	0（2）	C30	14.3	8Φ14	φ8@100	3800	15.00	4743	1.25	6740	1.77
高唐	SGS-1	650	29.7	0（3）	C25	11.9	10Φ16	φ8@100	4026	31.55	3947	0.98	6681	1.66
	SGS-2	650	22.2	0（3）	C25	11.9	10Φ16	φ8@100	3250	26.15	3947	1.21	6681	2.06
	SGS-5	650	29.6	0（3）	C25	11.9	10Φ16	φ8@100	3780	23.93	3947	1.04	6681	1.77
平湖	ZPH-1	800	62.0	0（5）	C35	16.7	12Φ18	φ6.5@100	10000	24.74	8390	0.84	13186	1.32
济南	SJBY-1	700	24.9	0（3）	C45	21.1	12Φ25	φ8@100	7000	14.30	8116	1.16	14127	2.02

试桩地点	桩号	桩径 d /mm	桩长 L/m	岔（盘）数/个	桩身混凝土强度等级	混凝土轴心抗压强度设计值 f_c/MPa	主筋	桩顶以下 $5d$ 范围螺旋式箍筋	桩顶最大加载值 Q_{max} /kN	最大加载时的桩顶沉降 s/mm	桩身受压极限承载力 R_{u1} /kN	$\dfrac{R_{u1}}{Q_{max}}$	桩身受压极限承载力 R_{u2} /kN	$\dfrac{R_{u2}}{Q_{max}}$
菏泽	SHJ-2	650	31.9	0 (3)	C40	19.1	9Φ25	φ8@100	5091	14.58	6335	1.24	10041	1.97
济南	SJQS-1	650	12.5	0 (2)	C30	14.3	8Φ22	φ8@100	4681	45.43	4743	1.01	7382	1.58
济南	SJCD-1	500	21.8	0 (4)	C45	21.1	6Φ16	φ8@100	3600	12.74	4141	1.15	5626	1.56
天津	TNF-2	700	46.5	2 (5)	C40	19.1	12Φ16	φ8@100	8250	37.97	7347	0.89	11590	1.40
北京	BHC-1	700	36.1	0 (3)	C35	16.7	10Φ20	φ8@100	6000	14.77	4624	1.07	10115	1.69
厦门	FXCY-1	900	37.6	0 (3)	C40	19.1	22Φ28	φ8@100	9350	54.00	12145	1.30	31384	3.36
厦门	FXCY-2	900	37.0	0 (3)	C40	19.1	22Φ28	φ8@100	12570	54.00	12145	0.97	31384	2.50
济南	SJBN-1	650	16.0	0 (2)	C30	14.3	8Φ14	φ8@100	3800	15.00	4743	1.25	6740	1.77
济南	SJW-1	650	16.0	1 (1)	C30	14.3	8Φ14	φ8@100	2840	18.01	4743	1.67	6740	2.37
菏泽	SLH-1	650	24.0	1 (2)	C35	16.7	10Φ16	φ8@100	3480	12.60	5539	1.59	8565	2.46
菏泽	SCY-1	700	29.8	0 (4)	C40	19.1	8Φ22	φ8@100	5182	19.57	7347	1.42	10465	2.02
济南	SJRT-1	600	11.5	0 (1)	C40	19.1	10Φ16	φ8@100	3700	15.96	5398	1.46	8398	2.27
北京	BGFD-1	700	22.0	0 (3)	C35	16.7	12Φ16	φ8@100	4500	26.45	6424	1.43	9613	2.14
唐山	HTC-1	1500	50.7	0 (3)	C30	14.3	24Φ20	φ10@100	15000	11.72	25257	1.68	41950	2.80
东营	DJ-1	450	17.6	1 (1)	C30	14.3	6Φ14	φ6@100	1700	11.18	2273	1.34	3324	1.96
东营	STSZ-4	650	25.0	1 (2)	C25	11.9	8Φ16	φ8@100	2800	35.30	3947	1.41	5958	2.13
商丘	HMQ-3	700	36.0	0 (3)	C40	19.1	12Φ16	φ8@100	5750	25.58	7347	1.28	11590	2.02
济南	SJCD-6	500	18.1	0 (3)	C45	21.1	6Φ16	φ8@100	2520	15.33	4141	1.64	5626	2.23
乐亭	HYGG-2	1100	20.7	0 (2)	C30	14.3	10Φ22	φ8@100	9600	21.81	13583	1.41	18843	1.96

注：1. 同一组试桩相同的情况仅列出一根试桩的数据。

2. 泥浆护壁成孔含正循环钻成孔、反循环钻成孔及旋挖（钻斗钻）成孔。

3. 试桩桩身受压极限承载力：R_{u1} 未考虑主筋和箍筋的影响；R_{u2} 考虑了主筋和箍筋的影响，基桩成桩工艺系数取 0.80。

对表 20-8 和表 20-9 中的数值作如下说明：

1）R_{u1} 未考虑主筋和箍筋的影响，即 $R_u = f_c A$。

2）R_{u2} 和 R_{u3} 考虑主筋和箍筋的影响，基桩成桩工艺系数取 0.80 和 0.90。

R_u 按如下关系计算：

$$R_u = \frac{2R_p}{1.35} \tag{20-11}$$

$$R_p = \psi_c f_c A + 0.9 f'_y A'_s$$

以上式中　R_u——桩身极限受压承载力计算值；

R_p——桩身受压承载力设计值；

ψ_c——工作条件系数（又称成桩工艺系数）；

f_c——混凝土轴心抗压强度设计值；

f'_y——主筋受压强度设计值；

A——桩身设计截面面积；

A'_s——主筋设计截面面积。

式（20-11）中的 1.35 为单桩承载力特征值与设计值的换算系数（综合荷载分项系数）。

由表 20-8 和表 20-9 可知，在验算 DX 挤扩灌注桩的桩身强度时，工作条件系数 ψ_c 取 0.80～0.90（泥浆护壁成孔时取低值，干作业成孔时取高值）是比较符合工程实际的，是合理、安全的。

表 20-9 部分干作业成孔 DX 挤扩灌注桩桩身受压承载力计算和试验结果（考虑主筋和螺旋式箍筋的情况）

试桩地点	桩号	桩径 d /mm	桩长 L/m	岔（盘）数 /个	桩身混凝土强度等级	混凝土轴心抗压强度设计值 f_c/MPa	主筋	桩顶以下 5d 范围螺旋式箍筋	桩顶最大加载值 Q_{max} /kN	最大加载时的桩顶沉降 s/mm	桩身受压极限承载力 R_{u1} /kN	$\frac{R_{u1}}{Q_{max}}$	桩身受压极限承载力 R_{u2} /kN	$\frac{R_{u2}}{Q_{max}}$	桩身受压极限承载力 R_{u3} /kN	$\frac{R_{u3}}{Q_{max}}$
济宁	SJSL-1	650	18.9	1 (2)	C25	11.9	8Φ14	ϕ8@100	4400	30.48	3947	0.90	5958	1.35	6542	1.49
徐州	JXX-1	450	14.0	0 (3)	C35	16.7	6Φ14	ϕ6@100	1980	7.02	2655	1.34	4428	2.24	4821	2.43
宝日	NBZK-1	700	17.0	0 (3)	C30	14.3	12Φ14	ϕ8@100	6000	29.61	5500	0.92	7797	1.30	8612	1.44
希勒	NBZK-4	700	25.0	0 (4)	C20	14.3	12Φ12	ϕ8@100	7000	10.77	5500	0.79	7797	1.11	8612	1.23

注：1. 干作业成孔含长螺旋钻成孔和旋挖（钻斗钻）成孔。

2. 试桩桩身受压极限承载力：R_{u1} 未考虑主筋和箍筋的影响；R_{u2} 和 R_{u3} 均考虑了主筋和箍筋的影响，基桩成桩工艺系数分别取 0.80 和 0.90。

20.4.4.5 小结

1）DX 挤扩灌注桩因承载力较高，故桩身强度的验算就显得十分必要。

2）影响 DX 挤扩灌注桩正截面受压承载力的因素有混凝土标准试块与桩身受力状态的差异、纵向主筋的作用箍筋的作用和成孔成桩的工作条件。

3）DX 挤扩灌注桩的桩身强度验算时的工作条件系数 ψ_c 取 0.80～0.90（泥浆护壁成孔时取低值，干作业成孔时取高值）是合理且安全的。

20.4.5 DX 挤扩灌注桩的荷载传递特点

20.4.5.1 问题的提出

桩按其桩顶荷载传递给土的方式，即按桩荷载传递机理可分为四种类型，即摩擦桩、端承摩擦桩、摩擦端承桩和端承桩，具体分类标准见表 20-10。

表 20-10 桩按荷载传递机理的分类

分担比例/%	桩的类型			
	摩擦桩	端承摩擦桩	摩擦端承桩	端承桩
$\dfrac{Q_{su}}{Q_u}$	100～95	95～50	50～5	5～0
$\dfrac{Q_{pu}}{Q_u}$	0～5	5～50	50～95	95～100

注：Q_u 为极限承载力；Q_{su} 为桩侧极限摩阻力；Q_{pu} 为桩端极限阻力。

由表 20-10 可知，所谓摩擦桩，是指在极限承载力状态下，桩顶竖向荷载几乎只由桩侧阻力 Q_s 承受，即 $Q_u \approx Q_{su}$，$Q_{pu} \approx 0$；所谓端承桩，是指在极限承载力状态下，桩顶竖向荷载几乎只由桩端阻力 Q_p 承受，即 $Q_u \approx Q_{pu}$，$Q_{su} \approx 0$；所谓端承摩擦桩和摩擦端承桩，是介于摩擦桩与端承桩之间的中间型桩，在极限承载力状态下，桩顶竖向荷载由桩侧阻力和桩端阻力共同承受。对于端承摩擦桩而言，桩顶极限荷载主要由桩侧极限阻力承受，即 $Q_{su} > Q_{pu}$；对于摩擦端承桩而言，桩顶极限荷载主要由桩端极限阻力承受，即 $Q_{su} < Q_{pu}$。

多节 DX 挤扩灌注桩的承载力由多层端阻（岔端阻力、盘端阻力和桩端阻力）和多段侧阻（岔侧阻力、桩身侧阻力和桩根侧阻力）组成，受力情况极为复杂，而且有的阻力之间还存在相互影响，因此要想通过埋有实测应力元件的少数试桩来阐明这类桩型的荷载传递机理是十分困难的。

为了分析和阐明 DX 桩的荷载传递机理的特性，有必要首先了解等直径钻孔灌注桩、钻孔扩底灌注桩和多节扩孔灌注桩的荷载传递机理的特性。

20.4.5.2 等直径钻孔灌注桩的荷载传递

等直径钻孔灌注桩（简称直孔桩或直杆桩）从荷载传递特性看，大多数情况下属于端承摩擦桩和摩擦桩，只有在少数情况下属于摩擦端承桩。

现以直孔桩 BM2 号桩（属于摩擦桩）、JF1 号桩（属于端承摩擦桩）和 AM 号桩（属于摩擦端承桩）为例加以说明，见表 20-11。

由表 20-11 可知，对于摩擦桩（以 BM2 号桩为例），其桩顶荷载几乎只由桩侧阻力 Q_s 承受，即 $Q \approx Q_s$，而桩端阻力 $Q_p \approx 0$。在整个加载过程中，桩侧阻力与桩顶荷载的比值 Q_s/Q 几乎保持不变，即使达到极限荷载也如此。随着桩顶荷载增加，$\Delta s/\Delta Q$ 逐渐增加，达到极限荷载时 $\Delta s/\Delta Q$ 急剧增加，极限荷载为 $s-\lg Q$ 曲线上几乎竖向陡降的起始点。

表 20-11 等直径钻孔灌注桩举例

BM2 号桩：$d=0.32$m；$L=7.10$m						JF1 号桩：$d=0.9$m；$L=31.00$m						AM 号桩：$d=1.00$m；$L=10.00$m					
Q /kN	Q_s /kN	$\frac{Q_s}{Q}$ /%	Q_p /kN	$\frac{Q_p}{Q}$ /%	$\frac{\Delta s}{\Delta Q}$ /(×10⁻³mm/ kN)	Q /kN	Q_s /kN	$\frac{Q_s}{Q}$ /%	Q_p /kN	$\frac{Q_p}{Q}$ /%	$\frac{\Delta s}{\Delta Q}$ /(×10⁻³mm/ kN)	Q /kN	Q_s /kN	$\frac{Q_s}{Q}$ /%	Q_p /kN	$\frac{Q_p}{Q}$ /%	$\frac{\Delta s}{\Delta Q}$ /(×10⁻³mm/ kN)
39.2	39.2	100	0	0	2.86	980.7	980.7	100	0	0	1.02	490	196	40.0	294	60.0	0.68
78.5	78.5	100	0	0	2.35	1471	1468	99.8	3	0.2	1.33	981	329	33.5	652	66.5	2.88
117.7	117.6	99.91	0.1	0.09	6.42	2059	2050	99.5	9	0.5	1.63	1471	435	29.6	1036	70.4	40.58
156.9	156.7	99.87	0.2	0.13	5.91	2599	2573	99.0	26	1.0	2.35	1961	666	34.0	1295	66.0	47.20
196.1	195.9	99.90	0.2	0.10	10.20	3138	3083	98.3	53	1.7	4.49	2452	819	33.4	1633	66.6	36.49
235.4	235.2	99.92	0.2	0.08	16.32	3678	3454	93.9	224	6.1	11.32	2942	1058	36.0	1884	64.0	36.53
274.6	274.4	99.93	0.2	0.07	18.66	4217	3780	89.6	437	10.4	11.42	3432	1115	32.5	2317	67.5	35.41
313.8	313.5	99.90	0.3	0.10	29.88	4756	4089	86.0	667	14.0	15.70	3923*	1230	31.4	2693	68.6	24.02
353.0	352.8	99.94	0.2	0.06	37.53	5001	4126	82.5	875	17.5	19.07	4413	1247	28.3	3166	71.7	29.34
372.7	372.3	99.89	0.4	0.11	67.30	5296	4194	79.2	1102	20.8	16.32	4903	1374	28.0	3529	72.0	20.23
392.3	391.1	99.69	1.2	0.31	119.5	5541	4317	77.9	1224	22.1	18.76	5394	1311	24.3	4083	75.7	32.74
402.1*	399.1	99.25	3.0	0.75	320.2	5786	4359	75.3	1427	24.7	34.26	5884	1350	22.9	4534	77.1	20.77
411.9	407.0	99.81	4.9	1.19	312.0	6325	4541	71.8	1784	28.2	35.08	—					—

注：Q_s、Q_p 为实测的桩侧摩阻力和桩端阻力；Q 为桩顶荷载；Q 列中有 * 者为按 $s-\lg Q$ 法确定的极限荷载 Q_u。

对于端承摩擦桩（以 JF1 号桩为例），桩顶荷载大部分由桩侧阻力承受，小部分由桩端阻力承受。在加荷初期，桩顶荷载几乎只由桩侧阻力承受，没有或者仅有很小的荷载传到桩端；随着桩顶荷载逐渐增大，桩的沉降也逐渐增大，桩侧阻力逐渐在桩的全长上得以发挥，桩端阻力也逐渐增大；再进一步增加桩顶荷载，当桩顶沉降量达到某一数值时，从整体上看，桩侧阻力已被充分动员，并达到最大值 Q_{su}，将此时的荷载定义为 $s-\lg Q$ 法的极限荷载（更确切地宜称为界限荷载）；以后再加大荷载，桩侧极限阻力 Q_{su} 几乎保持不变，荷载的增量直接传到桩端，直至桩端土发挥到最大值，桩身不停地下沉，桩达到真正的破坏。对于这类桩而言，随桩顶荷载增大，Q_s/Q 的比值减小，Q_p/Q 的比值增大。达到

$s - \lg Q$ 法的极限荷载时，Q_p/Q 较明显增大，表明桩端持力层因塑性区的开展而达到某一个限度。

表 20 - 11 中的 AM 号桩为去除桩侧阻力的例子，该桩为等直径钻孔灌注桩，桩径为 1.00m，桩孔深度为 43.50m，自孔底向上灌注桩桩长 33.50m。为消除工程桩的负摩阻力，对该试桩在 23.50m 桩身埋深处采取去除桩侧阻力的措施，这样桩的有效长度仅为 10.00m。静载试验结果表明，该桩从荷载传递机理角度看属于摩擦端承桩。该桩受力的特点：在任意的桩顶荷载下，桩端阻力始终大于桩侧阻力。

20.4.5.3 钻孔扩底灌注短桩的荷载传递

一般来说，钻孔扩底灌注短桩属于摩擦端承桩，现以 N5 号钻孔扩底灌注桩为例加以说明。该桩桩身直径为 0.4m，扩大头直径为 0.8m，桩长 4.33m，实测的桩端阻力、扩大头端部阻力及桩侧阻力见表 20 - 12。

表 20 - 12 钻孔扩底灌注桩举例

Q/kN	Q_{p1}/kN	Q_{p2}/kN	Q_p/kN	$\dfrac{Q_p}{Q}$/%	Q_s/kN	$\dfrac{Q_s}{Q}$/%	$\dfrac{\Delta s}{\Delta Q}$ /(mm/kN)
98	21	1	22	22.5	76	77.5	0.005
196	57	2	59	30.1	137	69.9	0.014
294	117	5	122	41.5	172	58.5	0.035
392	183	22	205	52.3	187	47.7	0.076
490	210	43	253	51.6	237	48.4	0.123
588	236	81	317	53.9	271	46.1	0.174
657*	256	118	374	56.9	283	43.1	0.176
687	265	133	398	57.9	289	42.1	0.270

注：Q_{p1}、Q_{p2} 和 Q_p 分别为实测扩大头的底部阻力、桩端阻力和总桩端阻力；Q_s 为实测的桩侧阻力；Q 为桩顶荷载，表中有 * 者为极限荷载 Q_u。

由表 20 - 12 可知，在加荷初期，扩大头就明显地参与工作，但桩侧阻力占全部桩顶荷载的比例较大，此时桩端阻力（桩根底部阻力）很小；随着荷载逐渐增加，桩侧阻力 Q_s、扩大头底部阻力 Q_{p1} 和桩端阻力 Q_{p2} 都随之增大，但 Q_s/Q 的比值明显减小，Q_p/Q 的比值明显增大；再进一步加荷，桩侧阻力 Q_s 达到最大值，并保持基本不变，荷载增量将由扩大头底部和桩根底部的地基土承担，此时 $\Delta s/\Delta Q$ 明显增大，下沉速率 $\Delta s/\Delta t$ 也明显增加，表明扩大头底和桩根底的地基的塑性区有较明显的开展，但并不意味着这两处的地基丧失承载能力而破坏。为了有相对的评价标准，笔者把此时的荷载定义为 $s - \lg Q$ 法的极限荷载，作为评价钻扩桩极限荷载的强度标准。

图 20 - 17 所示为 N5 号桩的 Q（Q_s、Q_{p1}、Q_{p2}）$- s$ 曲线和 $Q - Q_s$（Q_{p1}、Q_{p2}）曲线。

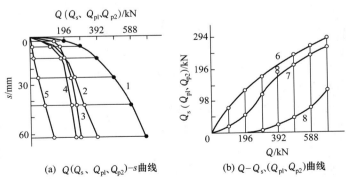

(a) $Q(Q_s、Q_{p1}、Q_{p2})-s$曲线   (b) $Q-Q_s（Q_{p1}、Q_{p2}）$曲线

图 20 - 17 N5 号桩 Q（Q_s、Q_{p1}、Q_{p2}）$- s$ 及 $Q-Q_s$（Q_{p1}、Q_{p2}）曲线

1. $Q-s$；2. $(Q_{p1}+Q_{p2})-s$；3. Q_s-s；4. $Q_{p1}-s$；5. $Q_{p2}-s$；6. $Q-Q_s$；7. $Q-Q_{p1}$；8. $Q-Q_{p2}$

图 20-18 为同一试验场地上的 N3 号桩（直孔桩，桩径 0.4m，桩长 5.05m）的 Q（Q_s、Q_p）-s 曲线。图 20-17 和图 20-18 显著地显示出钻孔扩底桩与相应的直孔桩在荷载传递机理上的差别。

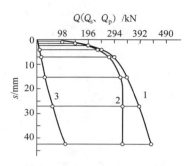

图 20-18　N3 号桩 Q（Q_s、Q_p）-s 曲线

1. Q-s；2. Q_s-s；3. Q_p-s

20.4.5.4　多节扩孔灌注桩的荷载传递

Subhash Chandra 等在黑棉土中对 3 根桩的静载试验结果表明，直孔桩（桩径 254mm，桩长 3.66m）、扩底桩（桩身直径 254mm、扩大头直径 635mm、桩长 3.66m）和两节扩孔桩（桩身直径 254mm、扩大头直径 635mm、扩大头间距 1200mm、桩长 3.66m）的极限承载力分别为 220kN、430kN、650kN，三者比例几乎为 1：2：3。

Г. И. Косаренко 等在顿河罗斯托夫地区进行了直孔桩、扩底桩和两节扩孔桩的对比试验。地层土质情况是：地面以下 5m 内为湿陷性黄土，5～8m 为黄褐色黄土性粉质黏土（弱湿陷性土），8～15m 为密实粉质黏土（非湿陷性土）。3 根桩的静载试验结果表明，直孔桩（桩径 500mm，桩长 9.0m）、扩底桩（桩身直径 500mm，扩大头直径 1200mm，桩长 9.0m，扩大头在 8.75m 处）和两节扩孔桩（桩身直径 500mm，扩大头直径 1200mm，桩长 9.0m，两个扩大头分别在 5.5m 和 8.75m 处）的极限承载力分别为 490kN、1280kN、2000kN，三者比例为 1：2.6：4.1。

印度、英国和苏联有关多节扩孔桩承载力的介绍可见相关文献，不再赘述。

由上可见，多节扩孔桩有显著的技术经济效益，但由于增加了扩大头的数量，也增大了分析其荷载传递机理的困难。

影响多节扩孔桩荷载传递和承载能力的因素有：桩身和扩大头直径的大小；扩大头的数量、间距及位置；地层土质特性及桩的施工质量（包括扩大头、桩底和桩身的质量）等。

从有关文献可以得出以下一些结论：

1）据 D. Mohan 等报道，在黏性土中四节扩孔桩（扩大头间距为 1.3 倍扩大头直径）的二维模型抗压试验表明，其破坏发生原因是沿扩大头四周的剪切破坏和底部扩大头的承压破坏。

2）印度规范（IS：2911）规定：扩大头直径通常为 2.0～2.5 倍的桩身直径，不应超过 3 倍桩身直径；扩大头竖向间距为扩大头直径的 1.5 倍；计算桩侧阻力时，2 个扩大头之间的桩侧面积取扩大头直径侧面积。

3）印度规范（IS：2911）规定：考虑扩大头端部阻力时，对于黏性土中的多节扩孔桩只考虑最底部的扩大头，而在砂土中各个扩大头均可考虑。

4）据 А. Н. Тетиор 报道，两节和三节扩孔桩模型试验表明：最下端的扩大头占桩承载力的份额最大；越靠近桩身上部的扩大头占桩承载力的份额越小；扩大头的间距对邻近桩周土中应力的分布有相当大的影响；扩大头的间距小于 2.5～3 倍扩大头直径时，扩大头底部的土应力区叠加而形成共同应力区；当扩大头间距足够大时，应力区不重叠，每个扩大头独立工作，因此扩大头间距减小到 2～2.5 倍扩大头直径时就不合理。

5）据 Г. И. Косаренко 报道，扩大头间距足够大（大于扩大头直径 2 倍）时，上下两个扩大头独立工作；如果间距减小，则上面 1 个扩大头的承载力减小。

6）据 Г. И. Косаренко 报道，若扩大头间距相当小时，桩的破坏发生在扩大头周边的圆柱体表面上；若扩大头间距相当大（大于扩大头直径的 2～2.5 倍时）时，实际上排除相互作用，每个扩大头独立地承受地基土的抗力；但是如果相邻的上下两个扩大头间距过大，则会减小上面扩大头底部的土抗力。经验表明，当扩大头间距不小于 2.5 倍扩大头直径时，则扩大头得到最有效的利用。

沈保汉等 1979 年在北京团结湖小区进行了多节扩孔桩与相应的直孔桩的竖向抗压承载力试验，试桩参数及试验结果见表 20 - 13。

表 20 - 13　北京团结湖小区试桩参数及试验结果

桩号	桩型	桩身直径 d/mm	扩大头直径 D/mm	桩长 L/mm	桩体积		极限承载力		单方极限承载力		极限侧阻力 Q_{su}/kN	极限端阻力 Q_{pu}/kN
					V/m³	比值/%	Q_u/kN	比值/%	$\dfrac{Q_u}{V}$ /(kN/m)	比值/%		
TU2	直孔桩	300	—	4.67	0.329	100	320	100	973	100	310	10
TU5	2 节扩孔桩	300	480	4.70	0.344	104.6	400	125.0	1163	119.5	340	60
TU8	3 节扩孔桩	300	480	4.63	0.345	104.9	500	156.3	1449	148.9	410	90
TU6	2 节扩孔桩	300	480	3.63	0.269	81.8	430	134.4	1599	164.3	430	70

注：1. 扩大头间距为 900mm（1.875D）。

2. TU2 号桩的 Q_{su} 和 Q_{pu} 为实测值。

3. TU5、TU8 和 TU6 号桩的 Q_{su} 和 Q_{pu} 为 s - lg$Q$ 法的图解值。

4. 表中百分比为以直孔桩为参照值的比值百分率。

分析表明，表 20 - 13 中 3 根多节扩孔桩由于扩大头直径与桩身直径之比不大（为 1.6），扩大头间距与扩大头直径之比也不大（为 1.875），仍属端承摩擦桩，可用 s - lg$Q$ 法划分侧阻力和端阻力。对这类桩的受力状态（图 20 - 19）作如下两点假设：

1）由于扩大头间距不大，桩身的侧阻力分配给三个圆柱体：自桩身入土断面至第一个扩大头之间的桩身圆柱体；第一个扩大头至最下面一个扩大头之间的假设的土-混凝土桩圆柱体，其直径等于扩大头直径；最下面一个扩大头至桩端之间的桩身圆柱体，侧阻力 $Q_s = Q_{s1} + Q_{s2} + Q_{s3}$。

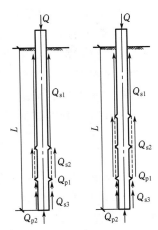

图 20 - 19　北京团结湖多节扩孔桩的受力状态

2）图解划分得到的端阻力 Q_p 不只是桩端阻力，而是桩端与最下面一个扩大头的端阻力之和，即 $Q_p = Q_{p1} + Q_{p2}$。

表 20 - 13 中各试桩在各级荷载下的侧阻力和端阻力的数值可见本章文后的相关文献。

20.4.5.5　DX 挤扩灌注桩的荷载传递

1. 多节 DX 挤扩灌注桩荷载传递特点

多节 DX 挤扩灌注桩是由多段侧阻和多层端阻共同承载的桩型，其荷载传递机理与直孔桩、单一扩大头的钻孔扩底桩显著不同。

多节 DX 挤扩灌注桩与多节扩孔灌注桩相比，在荷载传递机理上有相近之处，因此上文有关多节扩孔灌注桩的荷载传递的论述可供借鉴，但两者也有明显的差别，表现如下：

1）多节扩孔灌注桩的扩大头空腔是用扩孔装置钻削而成的，扩大头腔上下端的土体或多或少地受到扩孔装置的扰动而有所松动并产生应力释放，其力学性能比原状土体差，土的强度也有所下降；而多节 DX 挤扩灌注桩的承力盘腔是用 DX 挤扩装置在承力盘设置部位均匀转角后多次挤扩而成的。在挤扩成岔、盘腔过程中，由地面液压站来控制三岔挤扩臂作水平方向的扩张时，它强迫前方土体向前做水平运动，这部分土体在移动过程中克服周边土体的阻力，将本身携带的部分能量传递给周边土体，迫使其挤密。另外，由于 DX 挤扩装置本身的双向液压油缸的相对位移，挤扩时带动三岔挤扩臂做水平运动，使挤扩臂在挤扩过程中始终与楔形腔的上下端土体紧密挤压接触。挤扩结果是盘（岔）腔上下端土体得到压密、压缩量减少、内摩擦角和变形模量提高，力学性能明显优于原状土。由于岔、盘周边土体预先受到压密，类似于预加应力的作用，这样在承受荷载时，与多节扩孔灌注桩相比，土体的压缩量减少，土体的竖向抗压承载力和抗拔承载力均显著提高。由此可见，岔、盘底部土体的挤密和预压对提高 DX 桩的岔端阻力和盘端阻力发挥着重要作用。

2）多节钻孔灌注桩只能在不同桩身部位设置直径相同的扩大头，而多节 DX 挤扩灌注桩由于本身是一个庞大的家族，根据承载力的需要和地层土质情况可以组成多种桩型，如多节 3 岔型桩、多节 $3n$ 岔型桩（n 为同一水平面上的转位挤扩次数）、多节承力盘桩及多节 3 岔（或 $3n$ 岔）与承力盘组合桩，既可组成 1 个 3 岔和 1 个承力盘桩或两节承力盘桩，特殊情况下也可形成单节承力盘桩。承力岔的作用：可提供部分竖向承载力；增加桩的整体刚度；在桩身上部的较硬土层中设置承力岔可增加对水平荷载的抗力；当在某些地层设置承力盘，可能由于多次挤扩成腔而引起塌孔时，如改设承力岔，就会因挤扩次数大为减少而能保证承力岔腔体直立而不坍塌。由于多节 DX 挤扩灌注桩可以组成多种桩型，在选型上比多节扩孔灌注桩有更大的优势，对于具体工程，可根据结构要求和地层土质特征为建设方优选出一种承载力高、施工方便、节省材料的 DX 桩。

3）首次挤扩压力值是 DX 桩在挤扩成盘腔时的一个重要指标，一般情况下，该值越高，说明土层物理力学性能越好，盘端阻力越大。由于勘探费用的制约，勘探点间距往往不能满足 DX 桩施工的需要，加上地下土层分布的随机性，其物理力学性能随深度变化较大。因此，DX 桩挤扩过程类似于静力触探，可检验勘探资料的可靠性并凭经验初步估算该土层的盘端阻力。当挤扩时，遇挤扩压力值偏低，应及时查阅有关地质资料，并会同有关单位共同采取适当措施（如适当改变承力盘深度、增设岔盘等），以达到设计承载力的要求，这一特点是多节钻孔桩和其他桩型不可比拟的。

2. 多节 DX 挤扩灌注桩荷载传递机理

分析表明，影响多节 DX 挤扩灌注桩荷载传递的因素有：桩身和承力盘（岔）直径的大小，承力盘（岔）的数量、间距和位置，地层土质特性（尤其是承力盘端部土质特性），挤扩压力值（尤其是盘腔的首次挤扩压力值）及成孔成桩的施工质量（包括承力盘、岔、桩身和桩根的质量）等。

（1）盘端阻力

埋有实测内力元件的足尺和大比例模型的 DX 桩现场静载试验及 DX 桩有限元分析结果表明，DX 桩的极限承载力大量或大部分由盘端阻力提供，这是因为：

1）DX 桩依靠承力盘的环状面积显著地增加了桩体与土体的接触面积，从而增加盘端阻力。由相关文献可知，DX 挤扩灌注桩的扩径率（承力盘、岔公称直径 D_g 与桩身设计直径 d 之比）为 1.70～

2.58，扩径率Ⅱ（承力盘、岔设计直径 D 与桩身设计直径 d 之比）为 1.58～2.38，扩大率（承力盘设计截面面积 A_{pD} 与桩身设计截面面积 A 之比）为 1.51～4.64。扩大率的几何意义是单个承力盘设计截面面积与桩身设计截面面积的比率。因此，合理地选择 DX 挤扩灌注桩的尺寸参数是很重要的。对于某一种型号的 DX 挤扩装置，即对某一个承力盘设计直径来说，只要在满足成孔工艺和结构设计要求的情况下尽可能选择较小的桩身设计直径即可获得较大的总盘端阻力标准值 Q_{Bk}；盘数越多，Q_{Bk} 值越大，多节 DX 挤扩灌注桩的效果也越显著。

2）灌注桩中，土层的端阻力不仅取决于土层的物理力学性能，还与成孔工艺有关。如前所述，DX 桩在挤扩成盘腔的过程中，由于盘端部土体受到挤密和预压，成桩后其盘端阻力较多节扩孔桩的扩大头端阻力有较大提高。

3）视土层分布特性，可将多个承力盘设置在不同深度的承载力较高的土层中，多节挤扩形成多层承力盘承载，以获得较高的总盘端阻力。

4）由于土的抗压强度远高于抗剪强度，对桩而言，同一土层的端阻远大于侧阻。现以盘端阻力效率系数 N 来表征 DX 桩在同一深度处土层的端阻力与侧阻力增效倍比关系：

$$\xi = \frac{A_{pD}}{ul} \cdot \frac{q_{Bik}}{q_{sik}} K_e \tag{20-12}$$

式中　q_{Bik}——单桩第 i 个盘的持力土层极限盘端阻力标准值（kPa）；

$\quad\quad q_{sik}$——该土层的极限侧阻力标准值（kPa）；

$\quad\quad A_{pD}$——在水平投影面上承力盘设计截面面积（m²）；

$\quad\quad u$——在该土层中桩身的周长（m），$u=\pi d$；

$\quad\quad l$——桩身单位长度，$l=1m$；

$\quad\quad K_e$——用 DX 挤扩装置挤扩成盘腔时盘端土的挤密系数，即盘端土的干密度提高系数。

K_e 值与盘端土体的物理力学性能有关。沈保汉根据相关试验结果进一步分析后建议：K_e 值取 1.00～1.20；对密实、中密和稍密砂土，K_e 分别为 1.00、1.05 和 1.15；对可塑和硬塑的黏性土，K_e 分别为 1.20 和 1.15。

ξ 值是一个评价承力盘承载效率的系数，其物理意义是：在特定的桩身设计直径、承力盘设计直径及土层的物理力学性能的情况下，在某一深度处的一个承力盘的端阻力相当于多长的桩身段的侧阻力。

为了清楚地阐明盘端阻力效率系数 ξ 的物理意义，下面以桩身设计直径为 800mm、承力盘设计直径为 1400mm 的 DX 桩为例，画出不同地层土质条件和承力盘不同深度（L）下的 ξ-L 关系图，如图 20-20 所示。图 20-20 由式（20-12）计算求得，极限盘端阻力标准值 q_{Bik} 和极限侧阻力标准值 q_{sik} 分别按表 20-6 和表 20-7 取值。图 20-20 中的 ξ 值已隐含 K_e 的影响。由图 20-20 可知，影响 ζ 值的两大因素为土质和承力盘的埋深。

（2）桩侧阻力

桩侧阻力是多节 DX 挤扩灌注桩承载力的重要组成部分，但其如何发挥及发挥值如何评价也是很复杂的。目前，不少文献用普通扩底桩（指以钻孔扩底或人工挖孔扩底及机钻人工扩底等方式成形的、底部支承面扩大的那一类桩型）的桩侧阻力的发挥或损失的概念不加分析地套用到多节 DX 挤扩灌注桩，显然是不全面的。

沈保汉等在分析 Tomlinson、常冬冬的研究成果和《北京地区大直径灌注桩技术规程》（DB J01-502—1999）等文献和规程及 DX 桩桩侧阻力的实测结果后得出：计算 DX 挤扩灌注桩的总桩侧阻力 Q_{sk} 时，既不考虑承力盘下方区桩侧阻力的增大，也不考虑承力盘上方区桩侧阻力的减小，即桩侧阻力 q_{sik} 沿桩身全长是有效的（承力盘高度范围内不计侧阻力）且偏于安全的。

3. 多节 DX 挤扩灌注桩荷载传递的复杂性

为了阐明多节 DX 挤扩灌注桩的荷载传递特点，以下先考量极限承载力的确定和简单的摩擦桩荷载传递的特性。

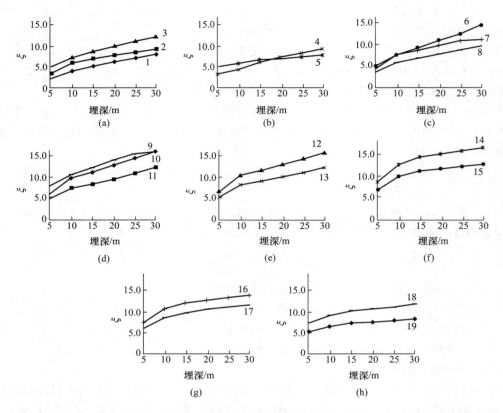

图 20 - 20 盘端阻力效率系数 ξ 与承力盘深度 L 的关系 ($d=800mm$，$D=1400mm$)

1. 软～可塑黏性土；2. 硬～可塑黏性土；3. 硬塑黏性土；4. 中密粉土；5. 密实粉土；6. 稍密粉砂；7. 中密粉砂；8. 密实粉砂；
9. 稍密细砂；10. 中密细砂；11. 密实细砂；12. 中密中砂；13. 密实中砂；14. 中密粗砂；15. 密实粗砂；
16. 中密砾砂；17. 密实砾砂；18. 角砾、圆砾；19. 碎石、卵石

（1）极限荷载的考量

在大多数土力学文献中，在桩体不破坏的情况下，桩的极限承载力是指桩侧土体和桩端土体都达到塑性状态时桩的承载能力，即在此状态下土的阻力完全被调动了，此时无限小的荷载增量将引起无限大的沉降量。如用数学方法表示，真正的极限荷载（称为破坏荷载 Q_f）相当于 $\Delta s / \Delta Q$ 趋向无限大时的荷载，此时桩真正达到破坏。实际试验是不可能使承载力完全达到上述状态的，工程上的极限荷载 Q_u 为 $Q - s$ 曲线呈现显著转折点时所对应的荷载。因各种规范和文献均从实用观点出发，有各自判别极限荷载的标准，故不同标准的极限状态的含义各不相同，实际上反映出桩在达到真正破坏以前的不同工作状态。

文献［6］提出的 $s - \lg Q$ 法是在等直径钻孔灌注桩的单循环慢速维持荷载法竖向抗压静载试验的基础上建立起来的。此法的基本前提是，达到极限荷载时，桩侧阻力已充分发挥；极限荷载以后桩侧阻力不再增加而成定值，荷载增量由桩端阻力增量承担；达极限荷载时，桩端持力层因塑性区的开展达到某一个限度，但桩端阻力并未达到完全极限状态。这一观点的建立对分析直孔桩的荷载传递机理是很重要的。

（2）摩擦桩荷载传递实例

现以北京 B202 - 2 号等直径钻孔灌注桩为例予以说明。该桩用长螺旋钻孔机成孔，桩的基本参数及实测结果如下：桩径 0.395m，有效桩长 8.58m，桩端虚土厚度 1.42m；极限承载力 Q_u 为 1079kN；实测桩侧极限阻力 Q_{su} 为 1070.6kN，$Q_{su}/Q_u = 99.2\%$；实测桩端极限阻力 Q_{pu} 为 814kN，$Q_{pu}/Q_u =$

0.8%。试验结果表明该桩属摩擦桩。图 20-21 为 B202-2 号桩的 $Q-s$ 曲线和荷载传递曲线。

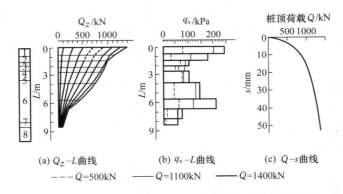

(a) Q_z-L 曲线　　(b) q_s-L 曲线　　(c) $Q-s$ 曲线

---$Q=500$kN　——$Q=1100$kN　——$Q=1400$kN

图 20-21　B202-2 号桩的 $Q-s$ 曲线和荷载传递曲线

1. 粉质黏土填土；2. 细砂；3. 粉质黏土；4. 粉土；5. 粉质黏土；
6. 粉细砂；7. 砂卵石；8. 钻孔后的虚土，厚度为 1.42m

由图 20-21 可知，即便是想象中荷载传递较简单的摩擦桩，也呈现出某种复杂性，具体表现在：同一类土层，由于分布深度不同，侧阻力也不同，图 20-21（b）中第⑥层粉细砂有三段桩身，在同一荷载下，侧阻力相差很大；不同类土，由于分布深度不同，侧阻力发挥程度也不同，尽管第①层粉质黏土填土层的静力触探的平均侧阻力为 74kPa，远小于第⑥层粉细砂层的静力触探的平均侧阻力 107kPa、130kPa、139kPa，但由于粉质黏土填土在最上面一层，而粉细砂层在试桩坑底 3.93m 以下，试验结果是，在同一荷载下，粉质黏土填土的侧阻力比粉细砂层的侧阻力高得多。

由此可见，在工程上的极限荷载作用下，并非所有土层的侧阻力均能够得到充分发挥，桩侧阻力的发挥不仅与土的物理力学特性等有关，还与土层的分布深度有关。

（3）多节 DX 挤扩灌注桩荷载传递实例

多节 DX 挤扩灌注桩由于受力情况的复杂性，加上确定工程上的极限承载力的实用性，其在荷载传递机理上有以下三个显著且主要的特点：

1）各承力盘的端阻力并非同时发挥，其发挥值不仅与盘端持力土层的物理力学特性、盘径和桩身直径的大小、承力盘的间距等有关，还与承力盘端部土层的分布深度有关。

2）由于受承力盘和承力岔的影响，其单位侧阻力达到极限值的时间较相应的直孔桩晚。

3）扩径体（指承力盘和承力岔的总称）承力产生竖向沉降后将挤密、约束其下方的土体，其结果是引起扩径体下方土体单位侧阻力较大幅度的提高。

现以大比例尺现场模型 DX 桩为例加以说明。大比例尺现场模型 DX 桩主要参数和试验资料汇总见文献［22］中的表 2。关于荷载传递的详细内容见文献［22-24］。通过试验研究可以得到以下荷载传递方面的结论：

1）由于 DX 桩的承力岔空腔是通过挤扩装置在较大的压力下挤密周围土体形成的，土的强度和变形模量得以提高。在承受竖向荷载时，承力岔端部土体因事先得到挤密及预压，土体的密实度或稠度得到较显著的提高，与原位状态的土体相比，在桩顶沉降量较小的情况下便提供较大的桩端阻力。随桩顶荷载增大，承力岔的端承作用越来越明显，发挥出较大的端阻力。

2）DX 桩承力岔端阻力是自上而下传递的，第一个承力岔先承力，下部承力岔承力要滞后些。

3）试验中的多分岔型 DX 桩，极限状态时扩径体的端阻力达到总极限荷载的 64.2%～82.9%，属于摩擦端承桩。工作状态下，扩径体的端阻力分担桩顶荷载的比例较其在极限状态下小 5%～12%。

4）随着桩顶荷载的增加，DX 桩上部扩径体分担桩顶荷载的比例逐渐减小，下部扩径体分担桩顶荷载的比例逐渐增大。进一步加载，上部扩径体的端阻力先达到极限，下部扩径体的端阻力进一步发挥，即 Q_{p1} 的值基本保持不变，Q_{p1}/Q 继续减小，Q_{p2}/Q 继续增大。Q_{p2} 的发展变化趋势与 Q_p 几乎相同。

5）在极限状态，DX 桩的下部扩径体端阻力达到总端阻力的 76.0％～88.8％，分担桩顶荷载的比例为 53.4％～72.4％。可见，布置在较深的、承载性能较好的土层中的扩径体能够提供较高的端阻力。

6）试验表明，DX 桩上部扩径体的极限端阻力，9 分岔大于 6 分岔，6 分岔大于 3 分岔；下部扩径体极限端阻力，9 分岔和 6 分岔相差不大。

7）随着桩顶荷载的增加，DX 桩扩径体的单位端阻力逐渐增大；上部扩径体的单位端阻力较早地达到极限值，以后基本保持不变；此后下部扩径体的单位端阻力仍有较大的增长幅度和较长的发挥过程；达到极限荷载后，随桩顶沉降继续增加，下部扩径体的单位端阻力仍略有增加。

8）与直孔桩相比，DX 桩由于扩径体的影响，其单位侧阻力达到极限值的时间较晚（桩顶沉降较大时）。

9）粉质黏土层中 2 号、5 号、6 号 DX 桩极限单位侧阻力分别比 4 号直孔桩提高 2.80 倍、1.45 倍、1.60 倍；细砂层中 2 号、5 号、6 号 DX 桩极限单位侧阻力分别比 4 号直孔桩提高 4.0 倍、4.3 倍、5.0 倍。究其原因，DX 桩的扩径体在承力产生竖向沉降后，将挤密、约束其下方的土体，这种挤密、约束效应引起扩径体下方土体极限单位侧阻力值的大幅提高。可见，扩径体对下方土体的挤密、约束作用对提高桩的极限单位侧阻力有显著效果。砂土的挤密约束增强效应比粉质黏土的更加显著。

20.4.5.6　结论

1）多节 DX 挤扩灌注桩是由多段侧阻和多层端阻共同承载的桩型，其荷载传递机理与直孔桩、单一扩大头的钻孔扩底桩显著不同。

2）多节 DX 挤扩灌注桩与多节扩孔灌注桩相比在荷载传递机理上有相近之处，但两者也有明显的差别。

3）影响多节 DX 挤扩灌注桩荷载传递的因素：桩身和承力盘（岔）直径的大小；承力盘（岔）的数量、间距和位置；地层土质特性（尤其是承力盘端部土质特性）；挤扩压力值（尤其是盘腔的首次挤扩压力值）及成孔成桩的施工质量（包括承力盘、岔，桩身和桩根的质量）等。

4）盘端阻力效率系数可表征 DX 桩在同一深度处土层的单位端阻力与单位侧阻力的增效倍比关系。

5）即便是纯摩擦型的直孔桩，其荷载传递也呈现出某种复杂性。在工程上的极限荷载作用下，并非所有土层的侧阻力均能够得到充分发挥。多节 DX 挤扩灌注桩由于受力情况的复杂性，加上确定工程上的极限承载力的实用性，其在荷载传递机理上各扩径体（承力盘和承力岔）的单位端阻力并非同时发挥。与直孔桩相比，由于扩径体的影响，其单位侧阻力达到极限值的时间较晚。扩径体对下方土体挤密、约束作用对提高 DX 桩的极限单位侧阻力有显著效果。

20.4.6　影响 DX 挤扩灌注桩竖向抗压承载力的因素

由 20.4.3 节可知，DX 挤扩灌注桩从荷载传递机理看属于端承摩擦桩或摩擦端承桩，其极限承载力大量或大部分由盘端阻力提供，与等直径灌注桩显著不同，故影响两者竖向抗压承载力的因素也显著不同。

影响 DX 挤扩灌注桩竖向抗压承载力的因素较多，如桩身、承力盘（岔）的直径大小，扩径率和扩大率，承力盘（岔）的数量、间距和位置，承力盘（岔）端部土层的特性，盘腔的首次挤扩压力值及成孔成桩的施工工艺和施工质量等。

20.4.6.1　扩径率和扩大率

表 20-14 列出了相应于不同的 DX 液压挤扩装置型号的扩径率和扩大率。

由表 20-14 可知，DX 挤扩灌注桩的扩径率 I 为 1.70～2.58，扩径率 II 为 1.58～2.38，扩大率为 1.51～4.64。扩径率和扩大率的大小直接影响单桩总极限盘端阻力和单桩竖向抗压极限承载力的大小。

表 20 - 14　DX 挤扩灌注桩的扩径率和扩大率

参数	设备型号				
	DX - 400	DX - 500	DX - 600	DX - 800	DX - 1000
桩身设计直径 d/mm	450～550	500～650	600～800	800～1200	1200～1500
承力盘（岔）公称直径 D_g/mm	1000	1200	1550	2050	2550
扩径率 I	2.22～1.82	2.40～1.85	2.58～1.94	2.56～1.71	2.13～1.70
承力盘（岔）设计直径 D/mm	900	1100	1400	1900	2400
扩径率 II	2.00～1.64	2.20～1.69	2.33～1.75	2.38～1.58	2.00～1.60
桩身设计截面面积 A/m²	0.159～0.237	0.196～0.332	0.283～0.502	0.502～1.130	1.130～1.766
承力盘设计截面面积 A_{pD}/m²	0.477～0.398	0.754～0.618	1.256～1.036	2.331～1.703	3.391～2.755
扩大率 A_{pD}/A	3.00～1.68	3.85～1.86	4.44～2.06	4.64～1.51	3.00～1.56

注：扩径率 I 为承力盘（岔）的公称直径 D_g 与桩身设计直径之比；扩径率 II 为承力盘（岔）的设计直径 D 与桩身设计直径之比。

现以 DX - 600 型挤扩装置为例加以分析说明。由表 20 - 14 可知，相应于该装置的承力盘（岔）的公称直径 D_g 和设计直径 D 分别为 1550mm、1400mm，该两个直径是固定的，而桩身直径可在 600～800mm 变动。相应于不同的桩身直径，扩径率 I（D_g/d）、扩径率 II（D/d）和扩大率（A_{pD}/A）在一定范围内变动，其中以扩大率变化范围的幅度最为显著。举例来说，对于某一设定桩长，在相同地层土质的情况下的两根 DX 桩，当 $d=600$mm，$D=1400$mm 时，扩大率为 4.44，而当 $d=800$mm，$D=1400$mm 时，扩大率仅为 2.06，两者扩大率之比为 4.44/2.06=2.16，直接影响单桩总极限盘端阻力和单桩竖向抗压极限承载力的差值。承力盘数量越多，两者的差值也越大。因此，合理地选择 DX 挤扩灌注桩的尺寸参数是很重要的。对于某一种 DX 挤扩装置来说，在满足成孔工艺和结构设计要求的情况下应尽可能选择较小的桩身设计直径。

以下结合试桩实例分析上述影响因素，各试桩实例及参数见表 20 - 3。

20.4.6.2　承力盘（岔）直径

1. BLC1 号桩和 BLC2 号桩

包头 BLC1 号 DX 桩和 BLC2 号 DX 桩，前者桩身、承力盘的设计直径分别为 500mm、900mm，桩长 17.00m，4 个承力盘，后者桩身、承力盘的设计直径分别为 620mm、1400mm，桩长 16.00m，3 个承力盘。两者桩侧土层一样，桩长接近，虽然后者承力盘数量比前者还少 1 个，但后者的承力盘直径大于前者，故后者的极限承载力（$Q_u=4984$kN）远远大于前者的极限承载力（$Q_u=2986$kN），两者的单方极限承载力分别为 803kN/m³、732kN/m³，两者的 Q-s 对比曲线如图 20 - 22 所示。

2. SJS1 - 1 号桩和 SJS1 - 3 号桩

济南 SJS1 - 1 号 DX 桩为 1 岔 1 盘桩（1 个承力岔和 1 个承力盘桩），桩身设计直径 d 为 650mm，承力盘设计直径和承力岔外接圆设计直径 D 为 1400mm，桩长 L 为 11.58m；SJS1 - 3 号 DX 桩也为 1 岔 1 盘的 DX 桩，桩的尺寸参数 d、D、L 分别为 500m、900m、13.08m。两者埋置的土层接近，尽管 SJS1 - 1 号桩的长度略短于 SJS1 - 3 号桩，但前者的设计挤扩直径大于后者，故前者的极限承载力（$Q_u=5712$kN）远远大于后者的极限承载力（$Q_u=3100$kN），两者的单方极限承载力分别为 1275kN/m³、1111kN/m³，两者的 Q-s 对比曲线如图 20 - 23 所示。

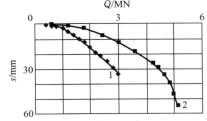

图 20 - 22　BLC1 和 BLC2 号桩的 Q-s 曲线

1. BLC1 号桩；2. BLC2 号桩

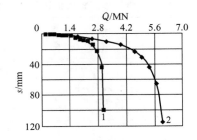

图 20-23 SJS1-1 和 SJS1-3 号桩的 Q-s 曲线
1. SJS1-1 号桩；2. SJS1-3 号桩

3. SJS6-2 号桩和 SJS6-3 号桩

济南 SJS6-2 号桩为 1 岔 1 盘的 DX 桩，桩身设计直径和承力岔、承力盘的设计挤扩直径分别为 500mm 和 900mm，桩长 9.60m；SJS6-3 号桩也为 1 岔 1 盘的 DX 桩，桩身设计直径和承力岔、承力盘的设计挤扩直径分别为 650mm 和 1400mm，桩长 11.90m。两者桩侧土层一样，但后者的挤扩直径大于前者，桩长也大于前者，后者的极限承载力（Q_u=8550kN）远远大于前者的极限承载力（Q_u=3650kN），两者的 Q-s 曲线如图 20-24（a）所示。后者的单方极限承载力（Q_u/V=1863kN/m³）略大于前者的单方极限承载力（Q_u/V=1738kN/m³），两者的 Q/V-s 曲线的对比如图 20-24（b）所示。

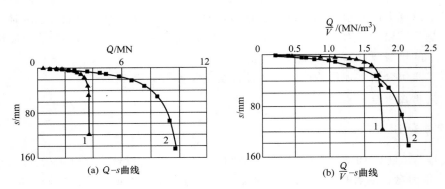

图 20-24 SJS6-2 和 SJS6-3 号桩的 Q-s 曲线和 Q/V-s 曲线
1. SJS6-2 号桩；2. SJS6-3 号桩

20.4.6.3 承力盘数量

1. SLW1 号桩和 SLW2 号桩

聊城 SLW1 号 DX 桩有 2 个承力盘，桩身设计直径 500mm，承力盘设计直径 1100mm，桩长 12.00m；SLW2 号 DX 桩只有 1 个承力盘，桩身、承力盘的设计直径分别为 500mm、1100mm，桩长 8.00m。两者桩侧土层接近，前者的极限承载力（Q_u=2925kN）远远大于后者的极限承载力（Q_u=1575kN），两者的单方极限承载力分别为 988kN/m³、842kN/m³，两者的 Q-s 对比曲线如图 20-25 所示。

2. HTW2 号桩和 HTW5 号桩

唐山 HTW2 号 DX 桩有 2 个承力盘，桩身设计直径 700mm，承力盘设计直径 1400mm，桩长 34.00m；HTW5 号 DX 桩只有 1 个承力盘，桩身和承力盘的设计直径分别为 700mm、1400mm，桩长 21.50m。两者桩侧土层接近，前者的极限承载力（Q_u=11200kN）远远大于后者的极限承载力（Q_u=

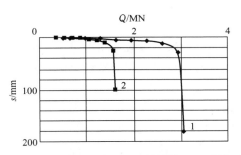

图 20 - 25　SLW1 和 SLW2 号桩的 Q - s 曲线

1. SLW1 号桩；2. SLW2 号桩

5600kN)，两者的单方极限承载力分别为 797kN/m³、639kN/m³，两者的 Q - s 和 Q/V - s 对比曲线如图 20 - 26 所示。

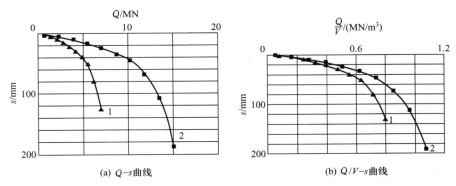

图 20 - 26　HTW2 和 HTW5 号桩的 Q - s 和 Q/V - s 曲线

1. HTW5 号；2. HTW2 号

3. LB5 号桩和 LB2 号桩

滨州 LB5 号 DX 桩为 1 岔 3 盘桩，桩身设计直径 650mm，承力岔和承力盘的设计挤扩直径为 1400mm，桩长 29.50m；LB2 号 DX 桩为 1 岔 2 盘桩，桩身、承力岔和承力盘的设计直径与 LB5 号桩相同，桩长 27.50m。两者桩侧土层接近，前者的极限承载力（Q_u＝5625kN）显著大于后者的极限承载力（Q_u＝4680kN），前者的单方极限承载力（Q_u/V＝490kN/m³）略大于后者的单方极限承载力（Q_u/V＝455kN/m³），两者的 Q - s 曲线的对比如图 20 - 27 所示。

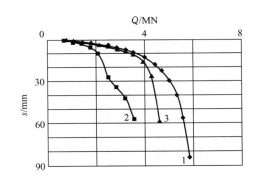

图 20 - 27　LB5、LB3 和 LB2 号桩的 Q - s 曲线

1. LB5 号桩；2. LB3 号桩；3. LB2 号桩

4. DJ1 号桩和 DC1 号桩

由前文可知，增大承力盘直径或增加承力盘数量将会显著地增大 DX 桩的承载能力。

如果既增大承力盘直径又增加承力盘数量，则 DX 桩的承载能力提高幅度更大。下面用试桩实例加以阐明。

东营 DJ1 号 DX 桩为 1 岔 2 盘桩，桩身设计直径、承力岔和承力盘的设计挤扩直径分别为 450mm、900mm，桩长 16.50m；DC1 号 DX 桩为 1 岔 4 盘桩，桩身设计直径、承力岔和承力盘的设计直径分别为 600mm、1400mm，桩长 26.00m。试验结果表明，后者的极限承载力（Q_u＝5720kN）远远大于前者的极限承载力（Q_u＝1900kN），两者的单方极限承载力接近，分别为 587kN/m³、619kN/m³，两者的 Q-s 对比曲线如图 20-28 所示。

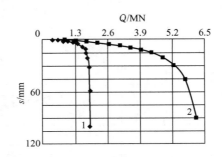

图 20-28　DJ1 和 DC1 号桩的 Q-s 曲线
1. DJ1 号桩；2. DC1 号桩

20.4.6.4　土层物理力学特性

一般说来，DX 桩的承载能力大量或大部分取决于承力盘端部的阻力，因此盘端持力层的物理力学特性对 DX 桩的承载能力产生重大影响。

1. SJS6-3 号桩和 SJW36 号桩

济南 SJS6-3 号 DX 桩为 1 岔 1 盘桩，桩身设计直径、承力岔和承力盘的设计挤扩直径为 650mm、1400mm，桩长 11.90m。桩侧土层见表 20-3，上部承力岔端部持力层为可塑粉质黏土，f_k＝110kPa。下部承力盘端部持力层为强风化闪长岩，其野外特征为：灰绿色，原岩结构不甚清晰，但尚可辨认，矿物成分已显著变化；裂隙较发育，被铁质氧化物及黏性土充填；岩心呈碎块状及密实砂土状，用手可折断。按动力触探指标确定该层地基土层承载力标准值 f_k＝600kPa。

SJW36 号 DX 桩也为 1 岔 1 盘桩，桩身设计直径、承力岔（盘）的设计挤扩直径为 650mm、1400mm，桩长 10.20m。桩侧土层见表 20-3，上部承力岔端部持力层为可塑黏土夹姜石，f_k＝180kPa。下部承力盘端部持力层为全风化闪长岩，其野外特征为：黄褐色～灰褐色夹灰黑色，中粗粒结构，岩心易掰碎，呈粗砂状；主要矿物有长石、辉石、角闪石。根据工程类比，该层地基土层承载力标准值 f_k＝250kPa。

由上可见，SJS6-3 号桩和 SJW36 号桩两者桩型相同，均为 1 岔 1 盘的 DX 桩；桩身设计直径及承力岔与承力盘设计直径相同；桩长接近，由于承力盘端部持力层相差较大，前者为强风化闪长岩，后者为全风化闪长岩。对试验结果的分析表明，前者的极限承载力（Q_u＝8550kN）远远大于后者的极限承载力（Q_u＝4350kN），两者的 Q-s 对比曲线如图 20-29 所示。

2. SJS6-3 号桩和 SJWL3 号桩

济南 SJWL3 号 DX 桩为 1 岔 2 盘桩，桩身设计直径、承力岔（盘）的设计挤扩直径为 650mm、

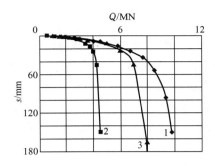

图 20 - 29　SJS6 - 3 号、SJW36 号和 SJWL3 号桩的 Q - s 曲线

1. SJS6 - 3 号桩；2. SJW36 号桩；3. SJWL3 号桩

1400mm，桩长 10.90m。桩侧土层见表 20 - 3，上部承力岔端部持力层为黄土状粉质黏土，$f_k =$ 120kPa。第 1 个承力盘端部持力层为粉土，$f_k = 130$kPa；底承力盘端部位于卵石层顶面，$f_k = 300$kPa。与 SJS6 - 3 号桩相比，尽管 SJWL3 号桩比前者多设置 1 个承力盘，但其底盘持力层的物理力学性能比前者差。试验结果表明，SJWL3 号桩的极限承载力（$Q_u = 7500$kN）小于 SJS6 - 3 号桩的极限承载力（$Q_u = 8550$kN），两者的单方极限承载力差距也较大，分别为 1254kN/m³、1863kN/m³，两者的 Q - s 对比曲线如图 20 - 29 所示。

3. SJB2 号桩和 SJH2 号桩

济南 SJB2 号 DX 桩为 1 岔 2 盘桩，桩身设计直径、承力岔（盘）的设计挤扩直径为 620mm、1400mm，桩长 27.63m，承力盘的设计截面面积为 1.47m²。桩侧土层见表 20 - 3，上部承力岔端部持力层为可塑～硬塑粉质黏土，$f_k = 160$kPa。第 1 个承力盘端部持力层为硬塑黏土，含铁锰结核和姜石，含量为 30% 左右，$f_k = 190$kPa。底承力盘端部位于中密～密实碎石土层顶面，$f_k = 360$kPa。承力岔腔、上盘腔和底盘腔的首次挤扩压力分别为 10MPa、20MPa、21MPa。

SJH2 号 DX 桩为 1 岔 3 盘桩，桩身设计直径、承力岔和承力盘的设计挤扩直径为 650mm、1400mm，桩长 25.00m。承力盘的设计截面面积为 1.44m²。桩侧土层见文献［25］中表 1，其力学性能低于 SJB2 号桩，上部承力岔端部持力层为可塑粉质黏土；自上而下 3 个承力盘端部持力层分别为中密卵石（混有大量黏性土和中细砂，$f_k = 500$kPa）、可塑粉质黏土（$f_k = 200$kPa）和可塑粉质黏土（$f_k = 200$kPa）。承力岔腔及 3 个承力盘腔的首次挤扩压力分别为 12MPa、20MPa、16MPa、17MPa。

上述两根桩相比，尽管桩长接近，SJH2 号桩比 SJB2 号桩还多设 1 个承力盘，但前者的桩侧土层和承力盘端部持力层的物理力学性能均比后者差，所以前者的极限承载力（$Q_u = 7050$kN）显著低于后者的极限承载力（$Q_u = 9295$kN）。两者的 Q - s 对比曲线如图 20 - 30 所示。

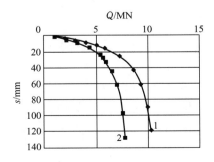

图 20 - 30　SJB2 和 SJH2 号桩的 Q - s 曲线

1. SJB2 号桩；2. SJH2 号桩

4. TD1 号桩和 TL1 号桩

大港 TD1 号 DX 桩为 3 盘桩，桩身和承力盘设计直径分别为 620mm、1400mm，桩长 23.00m，承力盘的设计截面面积为 $1.47m^2$。桩侧土层见表 20-3，上承力盘端部持力层为粉土（稍密，高压缩性，静力触探锥尖阻力 q_c 为 1.04~1.75MPa，侧摩阻力 f_s 为 15.6~23.4kPa）；中承力盘端部持力层为粉质黏土（可塑，中压缩性，静力触探锥尖阻力 q_c 为 4.21~7.91MPa，侧摩阻力 f_s 为 96.1~146.0kPa）；底承力盘端部持力层为粉砂（中密~密实状态，低压缩性，静力触探锥尖阻力 q_c 为 7.74~19.37MPa，侧摩阻力 f_s 为 40.4~223.8kPa）。

天津 TL1 号 DX 桩也为 3 盘桩，桩身和承力盘设计直径分别为 700mm、1400mm，桩长 27.00m。承力盘的设计截面面积为 $1.38m^2$。桩侧土层见表 20-3，上承力盘端部持力层为粉土（可塑，$N=14$，$f_k=160kPa$）；中承力盘端部持力层为粉质黏土（密实，$N=15$，$f_k=150kPa$）；底承力盘端部持力层为粉砂（密实，$N=90$，$f_k=200kPa$）。3 个盘腔的首次挤扩压力分别为 11MPa、13MPa、24MPa。

尽管这两根桩桩长接近，承力盘直径和数量相同，3 个承力盘端部持力土层的名称相同，但土性差别较大，桩侧土层的物理力学性能差别也较大，故 TL1 号桩的极限承载力（$Q_u=8000kN$）远远大于 TD1 号桩的极限承载力（$Q_u=3900kN$），两者的 $Q-s$ 对比曲线如图 20-31 所示。

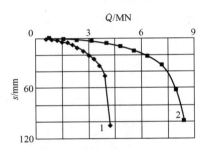

图 20-31 TD1 和 TL1 号桩的 $Q-s$ 曲线

1. TD1 号桩；2. TL1 号桩

20.4.6.5 承力盘和承力岔对单桩承载力的影响

一般说来，从荷载传递的机理看，多节 DX 挤扩灌注桩属于摩擦端承桩，当然，视具体情况（地层土质特性、长径比 L/d 及扩径体直径与桩身直径之比 D/d 等），也可能为端承摩擦桩（如西安的 SXD1 号~SXD3 号 DX 桩等）。

不管属于何种类型的多节 DX 挤扩桩，承力盘的承载作用是显著的，因此当地层土质条件合适时，在满足承载能力的前提下应尽可能合理地多设置承力盘。

承力岔的作用如下：

1）提供部分竖向承载力。

2）增加桩的整体刚度。

3）当在某些地层中设置承力盘可能由于多次挤扩成楔形腔而引起塌孔时，如改设承力岔，会因挤扩次数大为减少而能保证承力岔腔体直立而不坍塌。

4）在桩身上部的较硬土层中设置承力岔可增加对水平荷载的抗力。当然，在一定场合下也可采用多节 3 岔型 DX 桩、多节 $3n$ 岔型（n 为同一水平面上的转位挤扩次数）DX 桩，下文表 20-15 中给出的 BWM2 号、BWM5 号和 BWM6 号 DX 桩就是 2 节 3 岔与 $3n$（$n=2$）岔组成的 DX 桩。

1. SLD1 号桩和 SLD2 号桩

东营 SLD1 号 DX 桩为 4 盘桩，桩身、承力盘设计直径分别为 650mm、1400mm，桩长 30.25m；

SLD2 号 DX 桩为 1 岔 3 盘桩,桩身、承力岔和承力盘设计直径也分别为 650mm、1400mm,桩长 32.55m。桩侧土层及承力盘、承力岔端部持力层见表 20 - 3。

SLD1 号桩自上而下 4 个承力盘端部持力层依次为粉土(中密,$N=1018$,$e=0.67$)、粉土(中密,$N=1217$,$e=0.81$)、粉质黏土(可塑,$I_L=0.37$)和粉质黏土(可塑,$I_L=0.37$);盘位(承力盘最大直径处)自上至下依次为 10.6、14.6、24.6、29.6;4 个盘腔的首次挤扩压力分别为 13MPa、14MPa、14MPa、15MPa。

SLD2 号桩自上而下的 4 个扩径体(盘、岔、盘、盘)的端部持力层与 SLD1 号桩相同,盘(岔)位依次为 10.0m、14.5m、24.5m、29.5m,盘(岔)的首次挤扩压力分别为 12MPa、13MPa、15MPa、16MPa。

试验结果分析表明,前者极限承载力($Q_u=6300kN$)和单方极限承载力($Q_u/V=519kN/m^3$)均明显大于后者的相应值($Q_u=4875kN$,$Q_u/V=390kN/m^3$),其原因一是 SLD2 号桩将 14.5m 的承力盘改为承力岔,二是 SLD1 号桩在成孔后清孔较 SLD2 桩干净。两者的 Q-s 和 Q/V-s 对比曲线如图 20 - 32 所示。

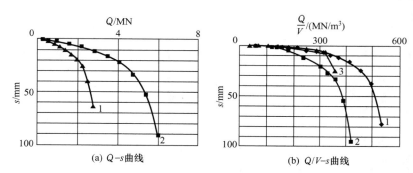

(a) Q-s 曲线　　　　(b) Q/V-s 曲线

图 20 - 32　SLD1 桩、SLD2 桩和 SLD4 桩的 Q-s 和 Q/V-s 曲线
1. SLD1 号桩；2. SLD2 号桩；3. SLD4 号桩

2. SLJ1 号桩和 SJSL2 号桩

济宁 SLJ1 号 DX 桩为 2 盘桩,桩身、承力盘的设计直径分别为 650mm、1400mm,桩长 13.00m;济宁 SJSL2 号 DX 桩为 1 岔 2 盘桩,桩身、承力盘的设计直径也分别为 650mm、1400mm,桩长 14.00m。两者桩长接近,桩侧土层物理力学性质相近,承力盘端部持力层物理力学性质也相近,不同之处是后者比前者多设置 1 个承力岔。

SLJ1 号桩 2 个承力盘端部持力层分别为黏土(可塑~硬塑,$I_L=0.21$,$N=9.1$)和粉质黏土(硬塑,$I_L=0.14$,$N=8.8$),上下承力盘层位为 4.0m、10.5m。SJSL2 号桩承力岔和 2 个承力盘端部持力层分别为粉质黏土(可塑,$I_L=0.145$)、黏土(硬塑,$I_L=0.11$,$N=8.8$)和粉质黏土(可塑~硬塑,$I_L=0.25$,$N=7.6$),3 个扩径体的层位依次为 2.8m、7.0m、11.0m。

SLJ1 号桩的 2 个承力盘腔的首次挤扩压力分别为 14MPa、17MPa;SJSL2 号桩的 1 个承力盘腔和 2 个承力盘腔的首次挤扩压力分别为 12MPa、14MPa、22MPa。

试验结果表明,SJSL2 号 1 岔 2 盘桩的极限承载力($Q_u=5200kN$)和单方极限承载力($Q_u/V=895kN/m^3$)均略大于 SLJ1 号 2 盘桩的极限承载力($Q_u=4637kN$)和单方极限承载力($Q_u/V=864kN/m^3$),这反映出承力岔对竖向承载力的补充作用。两者的 Q-s 对比曲线如图 20 - 33 所示。

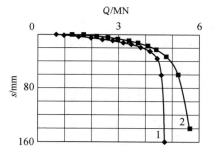

图 20 - 33　SLJ1 和 SJSL2 号桩的 Q-s 曲线
1. SLJ1 号桩；2. SJSL2 号桩

20.4.6.6 同场地 DX 桩与等直径钻孔灌注桩对比试验

1. BWM2 号桩、BWM5 号桩、BWM6 号桩和 BWM4 号桩

北京 BWM2 号桩、BWM5 号桩和 BWM6 号桩为大比例尺的现场模型 DX 桩，BWM4 号桩为相应的直孔桩，4 根桩的参数和试验结果见表 20-15。

表 20-15 大比例尺的现场模型 DX 桩试验资料汇总

桩号		BWM4	BWM2	BWM5	BWM6
桩身直径/mm		200	200	200	200
承力岔直径/mm		—	600	600	600
桩型		直孔桩	2 个 9 分岔桩	1 个 3 分岔 1 个 9 分岔桩	2 个 6 分岔桩
有效桩长/mm		4.05	4.47	4.57	4.01
长径比 L/d		20.3	22.4	22.9	20.1
桩侧土层		人工填土	粉质黏土	细砂、砂砾	—
岔端土层		—	粉质黏土	粉质黏土	粉质黏土
极限承载力	Q_u/kN	221	600	500	456
	比值/%	100	271	226	206
体积	V/m³	0.127	0.191	0.177	0.160
	比值/%	100	150	139	126
单方极限承载力	Q_u/V/(kN/m³)	1740	3141	2825	2850
	比值/%	100	181	162	164

注：表中百分比为以直孔桩为参照值的比值百分率。

由表 20-15 可以看出：

1) 在同等的地质条件下，DX 桩的极限承载力都高于直孔桩。BWM5 号和 BWM6 号 DX 桩的极限承载力比直孔桩分别提高 126% 和 106%，BWM2 号 DX 桩的极限承载力比 BWM4 号直孔桩提高 171%。

2) 共有 18 个分岔的 BWM2 号桩的极限承载力比共有 12 个分岔的 BWM5 号桩或 BWM6 号桩分别提高 100kN（20%）和 144kN（31.6%），可见分岔越多端承面积越大，DX 桩单桩承载力越高。

3) 在同等的地质条件下，DX 桩的单方极限承载力高于直孔桩。试验表明，BWM2 号桩、BWM5 号桩和 BWM6 号桩的单方极限承载力分别比 BWM4 号桩提高 81%、62% 和 64%。4 根试桩的土质条件基本相同，DX 试桩承力岔设置的土层位置也基本相同，可见挤扩分岔的数量越多，单方承载力提高的幅度越大。

BWM4 号直孔桩及 BWM2 号、BWM5 号和 BWM6 号 DX 桩的 $Q-s$ 曲线和 $Q/V-s$ 曲线如图 20-34 所示。

2. SZC5 号桩和 SZC1 号桩

邹平 SZC5 号 DX 桩为 2 盘桩，桩身、承力盘的设计直径分别为 650mm、1400mm，桩长 23.20m；自上而下 2 个承力盘端部持力层分别为粉土（中密～密实，$e=0.647$）和粉质黏土（可塑，$I_L=0.26$）。2 个承力盘腔的首次挤扩压力分别为 22MPa、16MPa。

SZC1 号桩为等直径钻孔灌注桩，桩身设计直径为 800mm，桩长 23.60m，桩端持力层为粉质黏土（可塑，$I_L=0.26$）。

试验结果表明，SZC5 号桩的极限承载力为 5600kN，单方极限承载力为 639kN/m³，SZC1 号桩的

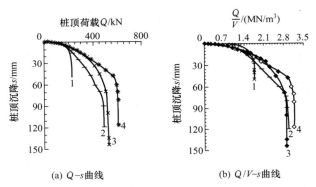

图 20 - 34　BWM2、BWM5、BWM6 的 $Q-s$ 曲线和 $Q/V-s$ 曲线
1. BWM4 号桩；2. BWM6 号桩；3. BWM5 号桩；4. BWM2 号桩

极限承载力为 3850kN，单方极限承载力为 325kN/m³。SZC5 号桩的单方极限承载力为 SZC1 号桩的 1.97 倍。

图 20 - 35（a，b）为 SZC1 号桩和 SZC5 号桩的 $Q-s$ 曲线和 $Q/V-s$ 曲线。

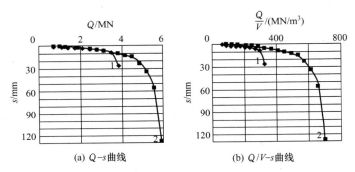

图 20 - 35　SZC1 号桩和 SZC5 号桩的 $Q-s$ 和 $Q/V-s$ 曲线
1. SZC1 号桩；2. SZC5 号桩

20.4.6.7　施工工艺和施工质量对桩承载力的影响

DX 挤扩灌注桩的施工工艺包含成孔（成直孔、清孔、成腔）和成桩（放钢筋笼、下导管、灌注混凝土）两大工序，其中每一大工序中又含有若干小工序，每一道工序细节的施工质量优劣都会影响到 DX 挤扩灌注桩的承载力大小，因此，与所有的其他桩型一样，切实地加强 DX 挤扩灌注桩的施工管理，对确保设计要求的承载力是十分重要的。

1. 试桩桩头未作处理，降低承载力

表 20 - 3 中滨州 LB3 号、LB2 号和 LB4 号 DX 桩均为 1 岔 2 盘桩，桩身设计直径为 650mm，承力岔和承力盘的设计挤扩直径为 1500mm，桩长 27.50m。试桩前，由于业主坚持桩头不做加固，即桩头部分不设加强箍筋网片，也不设加强箍，桩头找平后立即加载。

LB2 号和 LB4 号桩加载千斤顶的轴线基本上与试桩轴线一致，试验正常。LB3 号桩加载千斤顶的轴线与试桩轴线偏心较大，各级荷载下的桩顶沉降均较 LB2 号和 LB4 号桩明显偏大；加载至 2520kN 时，桩身出现竖向裂缝，桩顶稳定沉降急剧增大至 27.34mm；以后 3 级荷载（2880kN、3240kN、3960kN）时桩顶沉降继续增大（33.82mm、41.65mm、56.11mm）。由于桩身破损，桩顶沉降数据严重失真。该桩试验结果表明，一是对于 DX 挤扩灌注桩，试验前必须对桩头认真地进行加固处理；二是加载千斤顶轴线应尽可能与桩身轴线一致，这样可保证试验正常进行。

试验结果表明，LB2号和LB4号桩的极限承载力分别为4680kN、4860kN，LB3号桩的极限承载力为3600kN，分别仅为前两者的76.9%和74.1%。LB3号和LB2号桩的$Q-s$曲线如图20-27所示。

2. 清孔方法不同，极限承载力也不同

表20-3中南京NLK2号和NLK3号DX桩均为3盘桩，桩身设计直径为700mm，承力盘设计直径为1400mm，桩长分别为52.70m、51.50m。在原试桩施工方案中规定挤扩盘腔、下灌注混凝土导管后立即采用反循环清孔方式，但当时施工总包方未准备反循环砂石泵，这样深长桩孔只能采用4PN正循环泥浆泵进行清孔，结果导致NLK3号桩孔沉渣清除不彻底。事后建设方和挤扩施工方对NLK2号桩孔坚持请施工总包方准备反循环砂石泵并在灌注混凝土前进行反循环清孔，因此NLK2号桩清渣较彻底。试桩结果表明，NLK2号桩和NLK3号桩的极限承载力分别为10800kN、8100kN。由此可见，清孔方式不同导致DX桩极限承载力也不同。

20.4.6.8　结论

1）DX挤扩灌注桩是多段侧阻和多层端阻共同承载的端承摩擦桩或摩擦端承桩，其极限承载力大量或大部分由承力盘端部阻力提供。设计DX挤扩灌注桩时应做到精心设计，实施优化设计，充分考虑扩径率与扩大率，将承力盘设置在桩身承载性能好的地层中，并适当增加承力盘数量，以确保获得较大的承载力，满足工程要求。

2）DX挤扩灌注桩施工时应做到精心施工，制定合适的施工工艺，加强施工管理，协调好建设方、总承包方和挤扩方的关系，保证满足设计方对承载力的要求。

20.5　工程实例

20.5.1　南阳HNR热电厂工程单节和两节DX挤扩灌注桩

20.5.1.1　工程概况

拟建的HNR热电厂一期工程装机容量为2×200MW。拟建工程场地平面形状不规则，其东西宽约500m，南北长约620m。拟建场地内无其他高大建筑物，地下无管网设施，工程环境条件较为简单良好，交通便利。

根据初勘的岩土工程勘测资料，地基土以硬塑的黏土为主，总体上地基土强度较高。但是场地内的黏土层全为高液限的膨胀土，上部地层以弱膨胀潜势为主，下部地层以中等膨胀潜势为主，而且场地北部、西南部和主厂房局部地段存在可塑状的夹层③₁，依据可研审查意见，采用泥浆护壁DX挤扩灌注桩基础方案。

为检验DX挤扩灌注桩型对热电厂建筑场地条件的适应性及实际效果，进一步优化设计，为设计和施工提供必要的技术参数，并确定施工工艺及检验手段，进行工程试桩。本次试桩采用静荷载试验和动力检测技术相结合的综合测试方法。

20.5.1.2　DX挤扩灌注桩方案的实施

1. 试验场地土层情况及承力盘端和桩端持力层的选择

（1）岩土地层构成及特征

场地内地基土主要由第四系上更新统及中更新统冲洪积及坡积成因的黏土、中砂层组成。根据地基土物理特征和工程特性的差异，试桩场地在勘探深度范围内的地基土可分为5个主层和1个亚层，地层层号①～⑤为黏土、⑤₁为中砂。表20-16为HNR工程DX桩试验场地各土层的野外描述及部分物理力学指标。表20-17为HNR工程原始标贯击数N'统计成果。

表 20-16　HNR 工程 DX 桩试验场地各土层的野外描述及部分物理力学指标

土层号	①	②	③	④	⑤	⑤₁
土层名称	黏土	黏土	黏土	黏土	黏土	中砂
野外描述	硬塑	硬塑	硬塑	硬塑	硬塑～坚硬	密实
土层厚度/m	2.40～2.70	3.00～4.30	6.30～7.90	10.80～11.60	>10.00	0.50～1.40
含水率 w/%	25.2	24.4	23.9	22.7	18.8	14.5
密度 ρ/(g/cm³)	1.99	2	2.02	2.05	2.07	2.03
孔隙比 e	0.729	0.717	0.692	0.651	0.559	0.514
液限 w_L/%	53.5	55.4	53.1	56.9	54	—
塑限 w_p/%	20.1	20.5	19.8	20.4	17.9	—
塑性指数 I_p	33.4	34.9	33.2	36.5	36.1	—
液性指数 I_L	0.15	0.12	0.12	0.07	0.02	—
压缩模量 E_{s1-2}/MPa	7	9.5	12	14.5	17	14.4
直快剪强度指标　黏聚力 c/kPa	45	60	65	65	79	—
直快剪强度指标　内摩擦角 φ/(°)	11.1	12.9	16	16	16.5	22
承载力特征值 f_{ak}/kPa	170	195	225	250	275	260

表 20-17　HNR 工程原始标贯击数 N' 统计成果

土层号	土层名称	平均值/击	最大值/击	最小值/击	变异系数	频数
①	黏土	13	18	8	0.18	40
②	黏土	17	25	10	0.20	80
③	黏土	23	37	15	0.23	119
④	黏土	32	53	15	0.25	124
⑤	黏土	40	63	21	0.24	55
⑤₁	中砂	56	75	33	0.21	17

（2）地基土膨胀性评价

1）地基土的膨胀潜势。由于地基土中普遍含有灰白或灰绿色黏土矿物斑块和条纹，所以在土工试验时有代表性地选择部分土样进行了室内膨胀试验。试验成果表明，场地内地基土以高液限黏土为主，各黏土层自由膨胀率均大于 40%，为膨胀土。其主要膨胀试验指标统计见表 20-18。

表 20-18　室内膨胀试验自由膨胀率 δ_{ef} 统计成果

土层号	土层名称	平均值/%	最大值/%	最小值/%	变异系数	频数	膨胀潜势
①	黏土	13	18	8	0.18	40	弱
②	黏土	17	25	10	0.20	80	弱～中
③	黏土	23	37	15	0.23	119	弱～中
④	黏土	32	53	15	0.25	124	弱～中

2）场地气候条件和建筑场地条件。根据《膨胀土地区建筑技术规范》（GBJ 112—1987），按当地提供的气象资料，计算得出该地区湿度系数为 0.787，大气影响深度为 3.60m，大气影响急剧层深度为 1.60m。因此，桩基础的桩尖应伸入大气影响急剧层以下的土层中。

3）膨胀土对建（构）筑物的影响。对于主厂房、烟囱和冷却塔等重要建（构）筑物，由于其荷载较重且基础埋深大，已完全穿过大气影响深度而处于地下水位以下，虽然下部地层的膨胀潜势较强，膨胀力达 166kPa，但远处于大气影响深度以下，由于没有含水率的变化而引起膨胀土的胀缩变形，故该部分建（构）筑物可不考虑膨胀土的影响。

（3）地下水评价

试桩场地的地下水为第四系黏土中的裂隙水，地下水类型为上层滞水。勘测期间，地下水稳定水位埋深为 0.30～2.8m。经调查，地下水水量不大，水位变化与大气降水密切相关，一般年变幅在 3～5m。地下水对混凝土结构不具有腐蚀性，在长期浸水条件下对混凝土结构中的钢筋不具有腐蚀性，在干湿交替条件下对混凝土结构中的钢筋具有弱腐蚀性。

（4）承力盘端和桩端持力层的选择

根据主厂房、烟囱和冷却塔等重要建（构）筑物荷载大、沉降控制要求高及埋深较浅的附属与辅助建（构）筑物荷载较轻等特点，单节承力盘的 DX 桩选用第③层硬塑黏土作为承力盘端和桩端持力层；两节承力盘的 DX 桩选用第④层硬塑黏土作为上承力盘端持力层，选用第⑤层硬塑～坚硬黏土作为下承力盘端和桩端持力层。

图 20-36 为 HNR2 号桩和 HNR6 号桩的场地土层柱状图、承力盘位置及钢筋应力计、土压力盒埋设位置示意图。

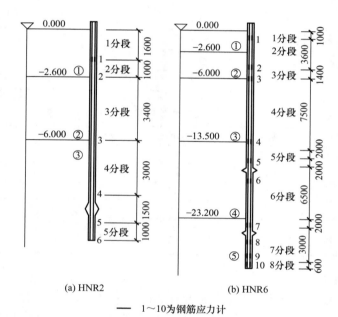

(a) HNR2　　　　　(b) HNR6

— 1～10为钢筋应力计

图 20-36　HNR2、HNR6 号桩土层柱状图、试桩承力盘位置及钢筋应力计埋设位置示意

2. 试桩主要参数

试桩主要参数见表 20-19。

本次 6 根试桩，桩身混凝土强度等级为 C40，3 根单节承力盘 DX 桩，桩身设计直径为 600mm，挤扩承力盘设计直径为 1400mm，承力盘实际直径为 1420mm，原定桩长为 11.50m，实际桩长及其他参数见表 20-19；3 根两节承力盘 DX 桩，桩身设计直径为 700mm，挤扩承力盘设计直径为 1400mm，上承力盘实际直径为 1420mm，下承力盘实际直径为 1430mm，原定桩长为 29.60m，实际桩长见表 20-19。直孔部分用 SPC-100 型正循环钻机成孔，承力盘腔用 DX600 型挤扩装置成形。该挤扩装置的主要技术参数见表 20-1。试桩的承力盘腔的首次挤扩压力值见表 20-20。

表 20-19　试桩主要参数和试验结果

参数	桩号					
	HNR1	HNR2	HNR3	HNR4	HNR5	HNR6
桩长/m	11.80	11.65	11.60	29.63	29.60	39.57

续表

参数	桩号					
	HNR1	HNR2	HNR3	HNR4	HNR5	HNR6
承力盘数/个	1	1	1	2	2	2
灌注充盈系数	1.16	1.17	1.14	1.18	1.17	1.16
沉渣厚度/m	10	5	7	5	10	8
混凝土养护时间/m	44	61	56	57	50	46
主筋	12Φ16	12Φ16	12Φ16	12Φ16	12Φ16	12Φ16
极限承载力 Q_u/kN	2200	2200	2420	7680	7680	7680
对应 Q_u 时的桩顶沉降量 s_w/mm	64.63	29.52	31.76	29.27	30.45	25.78
承载力特征值 R_a/kN	1100	1100	1210	3840	3840	3840
对应 R_a 时的桩顶沉降量 s_w/mm	9.69	1.93	7.50	5.85	7.33	4.72
桩实际体积 V_a/m³	3.91	3.86	3.85	12.40	12.39	12.38
单位桩实际体积的极限承载力 $\dfrac{Q_u}{V_a}$/(kN/m³)	563	570	629	619	620	621

3. 试验方法

试验加载装置采用锚桩横梁（含主梁、次梁和钢枕）反力装置，慢速维持荷载法。对于单节承力盘 DX 桩，荷载分级按预估极限荷载的 1/12 施加；对于两节承力盘 DX 桩，荷载分级按预估极限荷载的 1/13 施加。试验按《建筑地基基础设计规范》（GB 50007—2002）和《建筑基桩检测技术规范》（JGJ 106—2014）的有关要求进行。

表 20-20　试桩承力盘腔的首次挤扩深度和压力值

桩号	承力盘腔深度/m	首次挤扩压力值/MPa	桩号	承力盘腔深度/m	首次挤扩压力值/MPa
HNR1	10.23	18	HNR5	16.55	19
HNR2	10.10	19		25.50	25
HNR3	10.06	19	HNR6	16.50	19
HNR4	16.63	19		25.50	25
	25.50	25			

20.5.1.3　极限承载力的确定

1. DX 挤扩灌注桩极限承载力的评价原则

该工程单节 DX 桩的承力盘设置在第③层硬塑黏土层中，两节 DX 桩的上承力盘和下承力盘分别设置在第④层硬塑黏土层和第⑤层硬塑～坚硬的黏土层中，达到极限荷载后，其 $s-\lg Q$ 曲线末段呈现竖向陡降段。另外，达到极限荷载的下一级荷载时，其 $s-\lg t$ 曲线尾部呈现明显转折，故该工程 DX 桩的极限承载力由 $s-\lg Q$ 曲线末段近乎竖向陡降的起始点法和 $s-\lg t$ 曲线尾部明显转折法综合判定。

2. 本工程 DX 挤扩灌注桩极限承载力的确定

试桩的极限承载力值见表 20-19。图 20-37 为 HNR2 号桩和

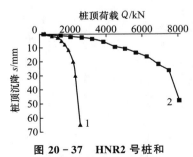

图 20-37　HNR2 号桩和 HNR6 号桩的 $Q-s$ 曲线
1. HNR2；2. HNR6

HNR6 号桩的 Q-s 曲线。图 20-38 为 HNR2 号桩和 HNR6 号桩的 s-$\lg t$ 曲线。

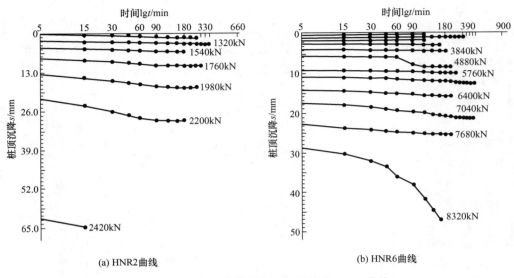

(a) HNR2曲线　　　　　　(b) HNR6曲线

图 20-38　HNR2 号桩和 HNR6 号桩的 s-$\lg t$ 曲线

3. 承力盘数量对承载力的影响

由表 20-19 可知：单节承力盘 DX 桩（HNR1、HNR2 和 HNR3 号桩）的极限承载力分别为 2200kN、2200kN、2420kN，平均值为 2273kN；两节承力盘 DX 桩（HNR4、HNR5 和 HNR6 号桩）比前者增加了一个承力盘，桩长增加了约 18m（增加了 1.50 倍），由此桩体积增加了 2.20 倍，其极限承载力均为 7680kN，比单节承力盘 DX 桩增加了 2.38 倍，单位桩实际体积的极限承载力只增加了 5.6%。由此可见，当需要增大单桩极限承载力时可增加承力盘的数量。

20.5.1.4　HNR2 号桩的荷载传递机理

单节承力盘 DX 桩共 3 根，其中 HNR1 号桩和 HNR2 号桩中均埋设有钢筋应力计和土压力盒。荷载传递机理分析表明，两者结果接近。现以 HNR2 号桩为例进行荷载传递分析等研究。

1. HNR2 号桩的 Q-s 曲线和 s-$\lg Q$ 曲线

HNR2 号桩的 s-$\lg t$ 曲线如图 20-38 所示，Q-s 曲线和 s-$\lg Q$ 曲线如图 20-39 所示。

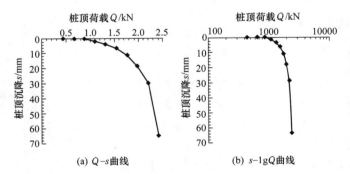

(a) Q-s曲线　　　　　　(b) s-$\lg Q$曲线

图 20-39　HNR2 号桩的 Q-s 曲线和 s-$\lg Q$ 曲线

2. HNR2 号桩的荷载传递曲线（轴力传递曲线）

图 20-40 所示为 HNR2 号桩各级荷载下的轴力传递曲线。由图 20-40 可见，桩身轴力自上而下顺

序发挥，桩的轴力经过承力盘的位置后较大幅度地降低，可见承力盘的端承作用发挥显著。

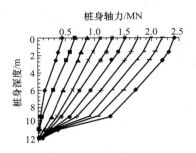

图 20-40   各级荷载下 HNR2 号桩的轴力传递曲线

3. 总侧阻力、总盘端阻力和总桩端阻力的分配

图 20-41 为 HNR2 号桩的总桩侧阻力 Q_s、总盘端阻力、总桩端阻力 Q_p 和总端阻力及各自所分配桩顶荷载 Q 的比例 Q_s/Q、Q_B/Q、Q_p/Q 与 Q_{Bp}/Q 随桩顶沉降 s 变化的曲线。图 20-42 为 HNR2 号桩的总桩侧阻力 Q_s、总盘端阻力 Q_B、总桩端阻力 Q_p 与总端阻力 Q_{Bp} 随桩顶荷载 Q 变化的曲线。

由图 20-38 (a) 和图 20-39 可知，HNR2 号桩达到 2200kN 荷载时桩顶沉降为 29.52mm，超过该级荷载加下一级荷载 2420kN 时，加载仅 15min，沉降增量就达 35.36mm，Q-s 曲线显示出陡降型的特点，故取发生明显陡降的起始点所对应的荷载值 2200kN 为极限承载力。

由图 20-41 和图 20-42 可知，HNR2 号桩单节承力盘 DX 桩的承载大致可分为三个阶段：

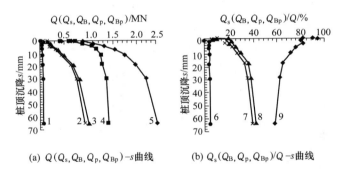

(a) $Q(Q_s, Q_B, Q_p, Q_{Bp})$-s 曲线   (b) $Q_s(Q_B, Q_p, Q_{Bp})/Q$-s 曲线

图 20-41   HNR2 号桩 Q (Q_s，Q_B，Q_p，Q_{Bp}) -s 和 Q_s (Q_B，Q_p，Q_{Bp}) /Q-s 曲线

1. Q_p-s；2. Q_B-s；3. Q_{Bp}-s；4. Q_s-s；5. Q-s；6. Q_p/Q-s；7. Q_B/Q-s；8. Q_{Bp}/Q-s；9. Q_s/Q-s

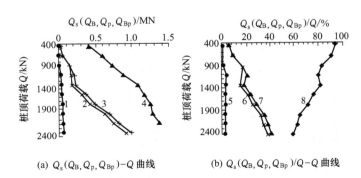

(a) $Q_s(Q_B, Q_p, Q_{Bp})$-Q 曲线   (b) $Q_s(Q_B, Q_p, Q_{Bp})/Q$-Q 曲线

图 20-42   HNR2 号桩 Q_s (Q_B，Q_p，Q_{Bp}) -Q 和 Q_s (Q_B，Q_p，Q_{Bp}) /Q-Q 曲线

1. Q_p-Q；2. Q_B-Q；3. Q_{Bp}-Q；4. Q_s-Q；5. Q_p/Q-Q；6. Q_B/Q-Q；7. Q_{Bp}/Q-Q；8. Q_s/Q-Q

1) 在加载初期，总侧阻力 Q_s 占全部桩顶荷载的比例很大，在前四级荷载（$Q \leqslant 1100$kN）时总侧阻力与桩顶荷载的比值 Q_s/Q 为 79.9%～94.3%；承力盘较明显地参与工作，其总盘端阻力与桩顶荷载

的比值 Q_B/Q 为 5.7%~16.4%；总桩端阻力很小，Q_p/Q 仅占桩顶荷载的 0%~3.7%。

2）随着荷载逐渐增加（$Q=1320\sim1980\text{kN}$），总侧阻力 Q_s 增大缓慢，其所占桩顶荷载的份额 Q_s/Q 明显下降，从 81.7% 降为 64.9%；总盘端阻力 Q_B 快速增长，其所占桩顶荷载的份额 Q_B/Q 明显增加，从 14.7% 增至 31.9%；总桩端阻力 Q_p 增幅很小，Q_p/Q 在 3.2%~3.6% 波动。

3）达到极限荷载 2200kN 时，总桩侧阻力 Q_s 接近定值，但 Q_s/Q 略有下降；总盘端阻力 Q_B 仍有较大增幅，而总桩端阻力的增幅不大。表 20-21 为 HNR2 号桩在极限状态和工作状态（桩顶荷载等于 1/2 极限荷载）时的总侧阻力、总盘端阻力和总桩端阻力。

由表 20-21 可知，在极限状态下，HNR2 号桩显示出承载力以总侧阻力为主的特性，总极限侧阻力为极限荷载的 62.5%，总极限端阻力为极限荷载的 37.5%，属端承摩擦桩；在工作状态下，总侧阻力占桩顶荷载的 79.9%，总端阻力占桩顶荷载的 20.1%，仍显示出承载力以侧阻力为主的特性。

表 20-21　极限状态和工作状态时 HNR2 号桩的总侧阻力、总盘端阻力和总桩端阻力

承载状态	Q/kN	Q_s/kN	Q_B/kN	Q_p/kN	Q_{Bp}/kN	$\dfrac{Q_s}{Q}/\%$	$\dfrac{Q_B}{Q}/\%$	$\dfrac{Q_p}{Q}/\%$	$\dfrac{Q_{Bp}}{Q}/\%$
工作状态	1100	879	180	41	221	79.9	16.4	3.7	20.1
极限状态	2200	1375	751	74	825	62.5	34.1	3.4	37.5

4. 桩身各分段总侧阻力的发展

图 20-43 和图 20-44 为 HNR2 号桩各分段的总侧阻力及其分担桩顶荷载比例随桩顶沉降变化的曲线。图 20-45 和图 20-46 为 HNR2 号桩各分段的总侧阻力及其分担桩顶荷载比例随桩顶荷载变化的曲线。

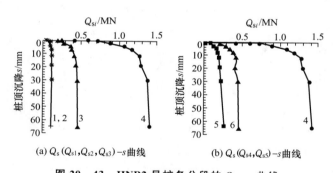

图 20-43　HNR2 号桩各分段的 $Q_{si}-s$ 曲线

1. $Q_{s1}-s$；2. $Q_{s2}-s$；3. $Q_{s3}-s$；4. Q_s-s；5. $Q_{s5}-s$；6. $Q_{s4}-s$

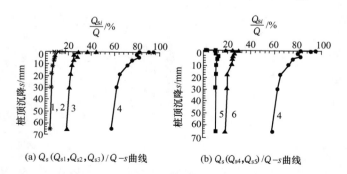

图 20-44　HNR2 号桩各分段的 $Q_{si}/Q-s$ 曲线

1. $Q_{s1}/Q-s$；2. $Q_{s2}/Q-s$；3. $Q_{s3}/Q-s$；4. $Q_s/Q-s$；5. $Q_{s5}/Q-s$；6. $Q_{s4}/Q-s$

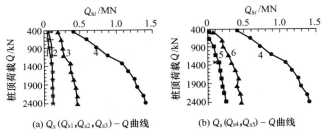

图 20-45　HNR2 号桩各分段的 $Q_{si}-Q$ 曲线

1. $Q_{s2}-Q$；2. $Q_{s1}-Q$；3. $Q_{s3}-Q$；4. Q_s-Q；5. $Q_{s5}-Q$；6. $Q_{s4}-Q$

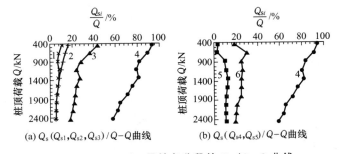

图 20-46　HNR2 号桩各分段的 $Q_{si}/Q-Q$ 曲线

1. $Q_{s2}/Q-Q$；2. $Q_{s1}/Q-Q$；3. $Q_{s3}/Q-Q$；4. $Q_s/Q-Q$；5. $Q_{s5}/Q-Q$；6. $Q_{s4}/Q-Q$

由图 20-43～图 20-46 可见：

1）随桩顶荷载的增加，总侧阻力 Q_s 随之由显著增长转为缓慢增长，达到极限荷载时 Q_s 接近定值。

2）随着桩顶荷载的增加，桩身各分段总侧阻力 Q_{si} 自上而下呈现出动态变化，即呈现出明显的时间和顺序性，各分段总侧阻力均呈现不同程度的增长，但各分段总侧阻力占桩顶荷载的份额 Q_{si}/Q 均呈程度不同的下降趋势（Q_{s5}/Q 除外）；在加载初期（$Q=660\text{kN}$）Q_s/Q、Q_{s1}/Q、Q_{s2}/Q、Q_{s3}/Q、Q_{s4}/Q 和 Q_{s5}/Q 分别为 90.6%、14.4%、7.9%、36.7%、29.7% 和 2.0%；加载至 1100kN 时，Q_s/Q、Q_{s1}/Q、Q_{s3}/Q 和 Q_{s4}/Q 分别为 79.9%、10.1%、24.6% 和 26.2%，但 Q_{s2}/Q 和 Q_{s5}/Q 分别增加至 8.7% 和 10.3%。

3）达到极限荷载 2200kN 时，第 1 分段至第 4 分段的总侧阻力基本不变，但该 4 个分段的总侧阻力占桩顶荷载的份额均呈下降趋势，只有第 5 分段的总侧阻力 Q_{s5} 仍继续增加，Q_{s5}/Q 也略有增加。表 20-22 为 HNR2 号桩在极限状态和工作状态时各分段的总侧阻力。

表 20-22　极限状态和工作状态时 HNR2 号桩各分段的总侧阻力

承载状态	Q_s/kN	Q_{s1}/kN	Q_{s2}/kN	Q_{s3}/kN	Q_{s4}/kN	Q_{s5}/kN	$\dfrac{Q_s}{Q}$ /%	$\dfrac{Q_{s1}}{Q}$ /%	$\dfrac{Q_{s2}}{Q}$ /%	$\dfrac{Q_{s3}}{Q}$ /%	$\dfrac{Q_{s4}}{Q}$ /%	$\dfrac{Q_{s5}}{Q}$ /%
工作状态	879	111	96	271	288	113	79.9	10.1	8.7	24.6	26.2	10.3
极限状态	1375	123	116	461	446	229	62.5	5.6	5.2	21.0	20.3	10.4

5. 承力盘和桩端总阻力的发展

图 20-47 为 HNR2 号桩的承力盘总端阻力和总桩端阻力及其分担桩顶荷载的比例随桩顶沉降变化的曲线。图 20-48 为 HNR2 号桩的承力盘总盘端阻力和总桩端阻力及其分担桩顶荷载的比例随桩顶荷载变化的曲线。

由图 20-47 和图 20-48 可见：

1）随桩顶荷载的增长，总盘端阻力 Q_B 随之由缓慢增长转为显著增长，但总桩端阻力始终呈现出

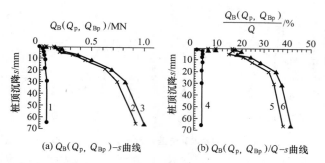

图 20-47　HNR2 号桩 Q_B （Q_p，Q_{Bp}）曲线和 Q_B （Q_p，Q_{Bp}）/Q-s 曲线

1. $Q_p - s$；2. $Q_B - s$；3. $Q_{Bp} - s$；4. $Q_p/Q - s$；5. $Q_B/Q - s$；6. $Q_{Bp}/Q - s$

缓慢增长的趋势；在加载初期（$Q \leqslant 660$kN），Q_B/Q、Q_p/Q 和 Q_{Bp}/Q 分别为 9.4%、0 和 9.4%；加载至 1100kN 时，Q_B/Q、Q_p/Q 和 Q_{Bp}/Q 分别为 16.4%、3.7% 和 20.1%。

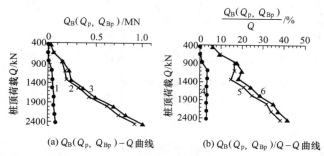

图 20-48　HNR2 号桩 Q_B （Q_p，Q_{Bp}）-Q 曲线和 Q_B （Q_p，Q_{Bp}）/Q-Q 曲线

1. $Q_p - Q$；2. $Q_B - Q$；3. $Q_{Bp} - Q$；4. $Q_p/Q - Q$；5. $Q_B/Q - Q$；6. $Q_{Bp}/Q - Q$

2）达到极限荷载 2200kN 时，总盘端阻力 Q_B 和总桩端阻力 Q_p 还分别以较大幅度和较小幅度继续增加。表 20-23 为 HNR2 号桩在极限状态和工作状态时的总盘端阻力和总桩端阻力。

表 20-23　极限状态和工作状态时 HNR2 号桩的总盘端阻力和总桩端阻力

承载状态	Q_{Bp}/kN	Q_B/kN	Q_p/kN	$\dfrac{Q_{Bp}}{Q}$/%	$\dfrac{Q_B}{Q}$/%	$\dfrac{Q_p}{Q}$/%
工作状态	221	180	41	20.1	16.4	3.7
极限状态	825	751	74	37.5	34.1	3.4

6. 桩身单位侧阻力的发展

图 20-49 为 HNR2 号桩各分段的单位侧阻力 q_s 随桩顶荷载 Q 的变化曲线。

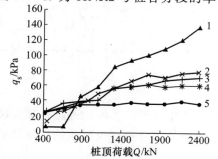

图 20-49　HNR2 号桩各分段 q_{si}-Q 曲线

1. $q_{s5} - Q$；2. $q_{s4} - Q$；3. $q_{s3} - Q$；4. $q_{s2} - Q$；5. $q_{s1} - Q$

图 20-49 中 q_{si}-Q 曲线的变化趋势与图 20-46 中 Q_{si}-Q 曲线的变化趋势相同，不同之处在于后者显示出桩身各分段总侧阻力 Q_{si} 随桩顶荷载 Q 变化的特征，前者则显示出桩身各分段单位侧阻力 q_{si} 随桩顶荷载 Q 变化的特征，q_{si} 因消除了桩身长度的影响，故对它的评价更准确。由图 20-50 可知：第 1 分段在桩身最上部，故单位侧阻力发挥最早也最充分，在整个加载过程中，q_{s1} 的发挥从低到高，发挥平稳，达到极限荷载时 q_{s1} 达到最高值，此后下降；第 2 分段、第 3 分段和第 4 分段的单位侧阻力也得到充分发挥，在整个加载过程中 q_{s2}、q_{s3} 和

q_{s4} "高开高走"，几乎均在极限荷载时达到峰值，过极限荷载后 q_{s2} 和 q_{s3} 几乎不变，q_{s4} 则稍有增长；第 5 分段的单位侧阻力 q_{s5} 在整个加载过程中"低开高走"，达到极限荷载后 q_{s5} 还明显增长。表 20 - 24 为 HNR2 号桩在极限状态和工作状态时桩身各分段的单位侧阻力值。

表 20 - 24　极限状态和工作状态时 HNR2 号桩桩身各分段的单位侧阻力　　单位：kPa

承载状态	桩身分段				
	1 分段	2 分段	3 分段	4 分段	5 分段
工作状态	37	51	42	51	60
极限状态	41	62	72	79	122

7. 单位盘端阻力和单位桩端阻力的发展

图 20 - 50 为 HNR2 号桩的单位盘端阻力 q_B 和单位桩端阻力 q_p 随桩顶荷载 Q 的变化曲线。

图 20 - 50 中 q_B - Q 曲线和 q_p - Q 曲线的变化趋势分别与图 20 - 48 中 Q_B - Q 曲线和 Q_p - Q 曲线的变化趋势相同。在整个加载过程中，q_B 和 q_p 均呈现出"低开高走"的趋势，达到极限荷载时 q_B 和 q_p 仍继续增加。表 20 - 25 给出了 HNR2 号桩在极限状态和工作状态时的承力盘和桩端的单位端阻力。

表 20 - 25　极限状态和工作状态时 HNR2 号桩的承力盘和桩端的单位端阻力　单位：kPa

承载状态	承盘力 q_B	桩端 q_p
工作状态	143	145
极限状态	598	261

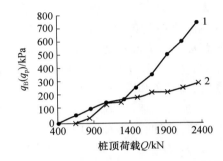

图 20 - 50　HNR2 号桩的 q_B - Q 和 q_p - Q 曲线

1. q_B - Q；2. q_p - Q

20.5.1.5　HNR6 号桩的荷载传递机理

两节承力盘 DX 桩共 3 根，其中在 HNR5 号桩和 HNR6 号桩中均焊接有钢筋应力计，埋设有土压力盒。荷载传递机理分析表明，两者结果接近。现以 HNR6 号桩为例进行荷载传递分析。

1. HNR6 号桩的 Q - s 曲线和 s - $\lg Q$ 曲线

HNR6 号桩的 Q - s 和 s - $\lg Q$ 曲线如图 20 - 51 所示。

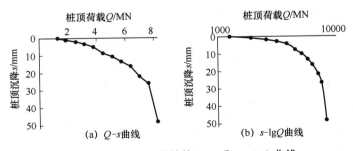

图 20 - 51　HNR6 号桩的 Q - s 和 s - $\lg Q$ 曲线

2. HNR6 号桩的荷载传递曲线（轴力传递曲线）

图 20 - 52 为 HNR6 号桩在各级荷载下的轴力传递曲线。由图 20 - 52 可见，桩身轴力自上而下顺序发挥，桩轴力经上承力盘和下承力盘的位置后有较大幅度的降低，尤其是经下承力盘的位置后轴力降低

幅度更大，可见承力盘的端承作用显著发挥。桩身各分段的示意如图20-36（b）所示。

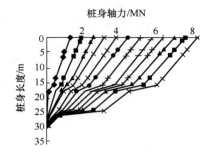

图 20-52　HNR6 号桩在各级荷载下的轴力传递曲线

3. 总侧阻力、总盘端阻力和总桩端阻力的分配

图 20-53 为 HNR6 号桩的总桩侧阻力 Q_s、总盘端阻力 Q_B、总桩端阻力 Q_p 和总端阻力 Q_{Bp} 及各自所占桩顶荷载 Q 的份额 Q_s/Q、Q_B/Q、Q_p/Q 和 Q_{Bp}/Q 随桩顶沉降 s 变化的曲线。图 20-54 为 HNR6 号桩的总桩侧阻力 Q_s、总盘端阻力 Q_B、总桩端阻力 Q_p 与总端阻力 Q_{Bp} 及各自所占桩顶荷载 Q 的份额 Q_s/Q、Q_B/Q、Q_p/Q 和 Q_{Bp}/Q 随桩顶荷载 Q 变化的曲线。

由图 20-53 和图 20-54 可知，HNR6 号两节承力盘 DX 桩的承载力的发挥大致可分为三个阶段：

1）在加载初期，总侧阻力 Q_s 占全部桩顶荷载的份额较大，在前 5 级加载（$Q < 3840 \mathrm{kN}$）时，总侧阻力占桩顶荷载的比例 Q_s/Q 小于 82.2%；承力盘明显地参与工作，两个承力盘的总盘端阻力占桩顶荷载的份额 Q_B/Q 小于 26.4%；总桩端阻力极小，其与桩顶荷载的比值 Q_p/Q 不到 0.1%。

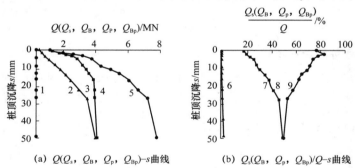

(a) $Q(Q_s, Q_B, Q_p, Q_{Bp})$-s 曲线　　(b) $Q_s(Q_B, Q_p, Q_{Bp})/Q$-s 曲线

图 20-53　HNR6 号桩的 Q（Q_s，Q_B，Q_p，Q_{Bp}）-s 和 Q_s（Q_B，Q_p，Q_{Bp}）/Q-s 曲线

1. Q_p-s；2. Q_B-s；3. Q_{Bp}-s；4. Q_s-s；5. Q-s；6. Q_p/Q-s；7. Q_B/Q-s；8. Q_{Bp}/Q-s；9. Q_s/Q-s

2）随着荷载继续增加（$Q = 4480 \sim 7040 \mathrm{kN}$），总侧阻力 Q_s 增加缓慢，其占桩顶荷载的份额 Q_s/Q 明显减小，从 71.8% 降为 58.4%；总盘端阻力 Q_B 快速增长，其占桩顶荷载的份额 Q_B/Q 明显增大，从 28.1% 增至 41.3%；总桩端阻力 Q_p 增幅很小，Q_p/Q 比值为 0.1%～0.8%。

3）到极限荷载 7680kN 时，总桩侧阻力 Q_s 接近定值，而总盘端阻力仍继续较大幅度地增长，总桩端阻力增长仍很小，总桩侧阻力 Q_s 为 4095kN，Q_s/Q 为 53.3%；总盘端阻力 Q_B 为 3507kN，Q_B/Q 为 45.7%；总桩端阻力 Q_p 为 78kN，Q_p/Q 为 1.0%。表 20-26 为 HNR6 号桩在极限状态和工作状态（桩顶荷载等于 1/2 极限荷载）时的总侧阻力、总盘端阻力和总桩端阻力。

由表 20-26 可知：在极限状态下，HNR6 号桩显示出承载力以总侧阻力为主的特性，总极限侧阻力为极限荷载的 53.3%，总极限端阻力为极限荷载的 46.7%，属端承摩擦桩；在工作状态下，总侧阻力占桩顶荷载的 73.5%，总端阻力占桩顶荷载的 26.5%，仍显示出承载力以总侧阻力为主的特性。

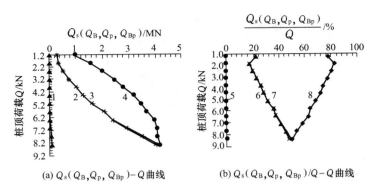

(a) $Q_s(Q_B,Q_p,Q_{Bp})$-Q曲线　　(b) $Q_s(Q_B,Q_p,Q_{Bp})$/Q-Q曲线

图 20-54　HNR6 号桩的 Q（Q_s，Q_B，Q_{Bp}）-Q 和 Q_s（Q_B，Q_p，Q_{Bp}）/Q-Q 曲线

1. Q_p-Q；2. Q_B-Q；3. Q_{Bp}-Q；4. Q_s-Q；5. Q_p/Q-Q；6. Q_B/Q-Q；7. Q_{Bp}/Q-Q；8. Q_s/Q-Q

表 20-26　极限状态和工作状态时 HNR6 号桩总侧阻力、总盘端阻力和总桩端阻力

承载状态	Q/kN	Q_s/kN	Q_B/kN	Q_p/kN	Q_{Bp}/kN	$\dfrac{Q_s}{Q}$/%	$\dfrac{Q_B}{Q}$/%	$\dfrac{Q_p}{Q}$/%	$\dfrac{Q_{Bp}}{Q}$/%
工作状态	3840	2822	1016	2	1018	73.5	26.4	0.1	26.5
极限状态	7680	4095	3507	78	3585	535.3	45.7	1.0	46.7

4. 桩身各分段总侧阻力的发展

图 20-55 和图 20-56 分别为 HNR6 号桩各分段的总侧阻力及其占桩顶荷载的份额随桩顶沉降变化的曲线。图 20-57 和图 20-58 为 HNR6 号桩各分段的总侧阻力及其占桩顶荷载份额随桩顶荷载变化的曲线。

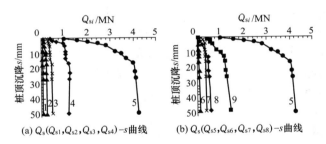

(a) $Q_s(Q_{s1},Q_{s2},Q_{s3},Q_{s4})$-$s$曲线　　(b) $Q_s(Q_{s5},Q_{s6},Q_{s7},Q_{s8})$-$s$曲线

图 20-55　HNR6 号桩各分段 Q_{si}-s 曲线

1. Q_{s1}-s；2. Q_{s3}-s；3. Q_{s2}-s；4. Q_{s4}-s；5. Q_s-s；6. Q_{s8}-s；7. Q_{s5}-s；8. Q_{s7}-s；9. Q_{s6}-s

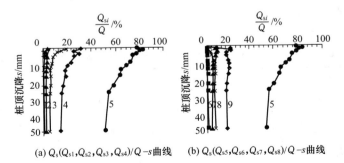

(a) $Q_s(Q_{s1},Q_{s2},Q_{s3},Q_{s4})$/$Q$-$s$曲线　　(b) $Q_s(Q_{s5},Q_{s6},Q_{s7},Q_{s8})$/$Q$-$s$曲线

图 20-56　HNR6 号桩各分段 Q_{si}/Q-s 曲线

1. Q_{s1}/Q-s；2. Q_{s3}/Q-s；3. Q_{s2}/Q-s；4. Q_{s4}/Q-s；5. Q_s/Q-s；6. Q_{s8}/Q-s；7. Q_{s5}/Q-s；8. Q_{s7}/Q-s；9. Q_{s6}/Q-s

由图 20-55~图 20-58 可见：

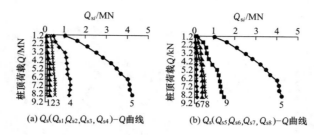

(a) $Q_s(Q_{s1}, Q_{s2}, Q_{s3}, Q_{s4})$-$Q$曲线　　(b) $Q_s(Q_{s5}, Q_{s6}, Q_{s7}, Q_{s8})$-$Q$曲线

图 20-57　HNR6 号桩各分段 Q_{si}-Q 曲线

1. Q_{s1}-Q；2. Q_{s3}-Q；3. Q_{s2}-Q；4. Q_{s4}-Q；5. Q_s-Q；6. Q_{s8}-Q；7. Q_{s5}-Q；8. Q_{s7}-Q；9. Q_{s6}-Q

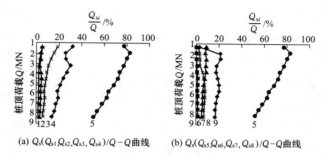

(a) $Q_s(Q_{s1}, Q_{s2}, Q_{s3}, Q_{s4})/Q$-$Q$曲线　　(b) $Q_s(Q_{s5}, Q_{s6}, Q_{s7}, Q_{s8})/Q$-$Q$曲线

图 20-58　HNR6 号桩各分段 Q_{si}/Q-Q 曲线

1. Q_{s1}/Q-Q；2. Q_{s3}/Q-Q；3. Q_{s2}/Q-Q；4. Q_{s4}/Q-Q；5. Q_s/Q-Q；6. Q_{s8}/Q-Q；7. Q_{s5}/Q-Q；8. Q_{s7}/Q-Q；9. Q_{s6}/Q-Q

1）随桩顶荷载的增大，总侧阻力 Q_s 随之由显著增大转为缓慢增大，达到极限荷载时 Q_s 接近定值。

2）随桩身荷载的增大，桩身各分段总侧阻力 Q_{si} 呈现以下五个特征：

① 自上而下呈现出动态变化，即呈现出明显的时间和顺序性。

② 由显著增长转为缓慢增大。

③ Q_{si} 达到峰值的时间不等，Q_{s1} 和 Q_{s3} 在极限荷载 7680kN 时达到峰值，Q_{s2}、Q_{s4} 和 Q_{s5} 在极限荷载的前一级荷载 7040kN 时达到峰值，而 Q_{s6}、Q_{s7} 和 Q_{s8} 即使在极限荷载的后一级荷载 8320kN 也未达到峰值。

④ 各分段总侧阻力占桩顶荷载的份额 Q_{si}/Q 均呈现不同的变化趋势，Q_{s1}/Q、Q_{s2}/Q、Q_{s3}/Q、Q_{s4}/Q 和 Q_{s5}/Q 基本上呈现出程度不等的下降趋势，Q_{s6}/Q、Q_{s7}/Q 和 Q_{s8}/Q 呈现出先增后降的趋势。

⑤ 在加载初期（$Q<1920$kN）Q_s/Q、Q_{s1}/Q、Q_{s2}/Q、Q_{s3}/Q、Q_{s4}/Q、Q_{s5}/Q、Q_{s6}/Q、Q_{s7}/Q 和 Q_{s8}/Q 分别为 82.2%、3.9%、16.1%、4.5%、25.8%、7.7%、20.8%、2.7% 和 0.7%；加载至 3840kN 时，Q_s/Q、Q_{s1}/Q、Q_{s2}/Q、Q_{s3}/Q 和 Q_{s6}/Q 分别降至 73.5%、2.1%、9.3%、3.8% 和 17.1%，Q_{s4}/Q、Q_{s5}/Q、Q_{s7}/Q 和 Q_{s8}/Q 分别增至 26.8%、8.2%、5.2% 和 1.0%。

3）达到极限荷载 7680kN 时，第 1 分段至第 4 分段的总侧阻力基本不变，第 5 分段的总侧阻力略有下降，该 5 个分段总侧阻力占桩顶荷载的份额均呈现下降趋势，第 6 分段至第 8 分段的总侧阻力占桩顶荷载的份额均呈现上升趋势。表 20-27 为 HNR6 号桩在极限状态和工作状态时各分段的总侧阻力。

表 20-27　极限状态和工作状态时 HNR6 号桩各分段的总侧阻力

承载状态	Q_s/kN	Q_{s1}/kN	Q_{s2}/kN	Q_{s3}/kN	Q_{s4}/kN	Q_{s5}/kN	Q_{s6}/kN	Q_{s7}/kN	Q_{s8}/kN
工作状态	2822	79	359	146	1029	315	655	200	39
极限状态	4095	88	451	208	1205	341	1254	481	67

承载状态	$\dfrac{Q_s}{Q}$/%	$\dfrac{Q_{s1}}{Q}$/%	$\dfrac{Q_{s2}}{Q}$/%	$\dfrac{Q_{s3}}{Q}$/%	$\dfrac{Q_{s4}}{Q}$/%	$\dfrac{Q_{s5}}{Q}$/%	$\dfrac{Q_{s6}}{Q}$/%	$\dfrac{Q_{s7}}{Q}$/%	$\dfrac{Q_{s8}}{Q}$/%
工作状态	73.5	2.1	9.3	3.8	26.8	8.2	17.1	5.2	1.0
极限状态	53.3	1.1	5.9	2.7	15.7	4.4	16.3	6.3	0.9

5. 承力盘和桩端总阻力的发展

图 20-59 为 HNR6 号桩的上、下承力盘总盘端阻力和总桩端阻力及其占桩顶荷载的份额随桩顶沉降变化的曲线。图 20-60 为 HNR6 号桩的上、下承力盘总盘端阻力和总桩端阻力及其占桩顶荷载的份额随桩顶荷载变化的曲线。

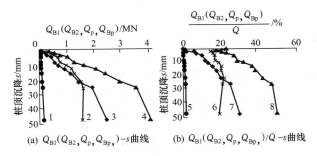

图 20-59　HNR6 号桩 Q_{B1}（Q_{B2}，Q_p，Q_{Bp}）$-s$ 和 Q_{B1}（Q_{B2}，Q_p，Q_{Bp}）$/Q-s$ 曲线

1. $Q_p - s$；2. $Q_{B1} - s$；3. $Q_{B2} - s$；4. $Q_{Bp} - s$；5. $Q_p/Q - s$；6. $Q_{B1}/Q - s$；7. $Q_{B3}/Q - s$；8. $Q_{Bp}/Q - s$

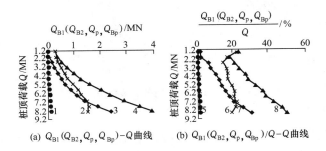

图 20-60　HNR6 号桩 Q_{B1}（Q_{B2}，Q_p，Q_{Bp}）$-Q$ 和 Q_{B1}（Q_{B2}，Q_p，Q_{Bp}）$/Q-Q$ 曲线

1. $Q_p - Q$；2. $Q_{B1} - Q$；3. $Q_{B2} - Q$；4. $Q_{Bp} - Q$；5. $Q_{Bp}/Q - Q$；6. $Q_{B1}/Q - Q$；7. $Q_{B2}/Q - Q$；8. $Q_{Bp}/Q - Q$

由图 20-59 和图 20-60 可见：

1）上、下承力盘的承载呈现出明显的时间和顺序性，加载初期上承力盘承载较下承力盘明显，随桩顶荷载的增加，上承力盘总端阻力的增长速度变慢，下承力盘的总端阻力由缓慢增长转为显著增长，总桩端阻力极小，其承载能力可忽略不计。表 20-28 所示为 HNR6 号桩在加载过程中上、下承力盘的总盘端阻力和总桩端阻力占桩顶荷载份额的变化趋势。

表 20-28　HNR6 号桩在加载过程中上、下承力盘的总盘端阻力和总桩端阻力占桩顶荷载份额的变化

加载值/kN	$Q_{B1}/Q/\%$	$Q_{B2}/Q/\%$	$Q_p/Q/\%$
1280～1920	21.7～16.4	1.0～1.5	0.0～0.0
2560～3840	14.2～16.6	5.9～9.9	0.0～0.1
4480～7040	16.6～21.5	11.5～19.8	0.1～0.8
7680	20.7	25.0	1.0
8320	18.7	29.4	1.3

2）达到极限荷载时，上承力盘的总盘端阻力接近定值，但其占桩顶荷载的份额有所减少；下承力盘的总盘端阻力及其占桩顶荷载的份额均继续明显增长；总桩端阻力略有增加，但其占桩顶荷载的份额仅为 1%。表 20-29 所示为 HNR6 号桩在极限状态和工作状态时上、下承力盘的总端阻力和总桩端阻力。

表 20-29　极限状态和工作状态时 HNR6 号桩上、下承力盘的总端阻力和总桩端阻力

承载状态	Q_{B1}/kN	Q_{B2}/kN	Q_p/kN	Q_{Bp}/kN	$\dfrac{Q_{B1}}{Q}$/%	$\dfrac{Q_{B2}}{Q}$/%	$\dfrac{Q_p}{Q}$/%	$\dfrac{Q_{Bp}}{Q}$/%
工作状态	636	380	2	1018	16.5	9.9	0.1	26.5
极限状态	1587	1920	78	3585	20.7	25.0	1.0	46.7

6. 桩身单位侧阻力的发展

图 20-61 所示为 HNR6 号桩的各分段单位侧阻力 q_{si} 随桩顶荷载 Q 的变化曲线。图 20-61 所示中 q_{si}-Q 曲线的变化趋势与图 20-57 中 Q_{si}-Q 曲线的变化趋势相同，不同之处在于后者显示出桩身各分段总侧阻力 Q_{si} 随桩顶荷载 Q 变化的特征，前者则显示出桩身各分段单位侧阻力 q_{si} 随桩顶荷载 Q 变化的特征，q_{si} 因消除了桩身长度的影响，故对它的评价更准确。

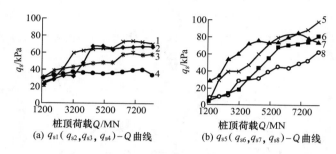

图 20-61　HNR6 号桩各分段的 q_{si}-Q 曲线

1. q_{s4}-Q；2. q_{s3}-Q；3. q_{s2}-Q；4. q_{s1}-Q；5. q_{s6}-Q；6. q_{s7}-Q；7. q_{s5}-Q；8. q_{s8}-Q

由图 20-61 可知：第 1 分段和第 2 分段在桩身最上部，故 q_{s1} 和 q_{s2} 发挥得最早也最充分，在整个加载过程中，两者的发挥从低到高，发挥平稳，达到极限荷载 7680kN 时，q_{s1} 达到峰值，此后下降。q_{s2} 在极限荷载前一级荷载 7040kN 时达到峰值，此后下降。第 3 分段、第 4 分段和第 5 分段的单位侧阻力 q_{s3}、q_{s4} 和 q_{s5} 在整个加载过程中呈现出"低开高走"现象，在极限荷载 7680kN 时 q_{s3} 达到峰值，此后下降，q_{s4} 和 q_{s5} 在极限荷载前一级荷载 7040kN 时达到峰值，此后下降。第 6 分段、第 7 分段和第 8 分段的单位侧阻力 q_{s6}、q_{s7} 和 q_{s8} 在整个加载过程中呈现"低开高走"现象，到极限荷载后仍明显增加。表 20-30 所示为 HNR6 号桩在极限状态和工作状态时桩身各分段的单位侧阻力值。

表 20-30　HNR6 号桩在极限状态和工作状态时桩身各分段的单位侧阻力值　　单位：kPa

承载状态	桩身分段号							
	1	2	3	4	5	6	7	8
工作状态	36	45	47	62	72	46	30	30
极限状态	40	57	68	73	78	88	73	51

7. 单位盘端阻力和单位桩端阻力的发展

图 20-62 所示为 HNR6 号桩的上、下承力盘单位端阻力 q_{B1} 和 q_{B2} 及单位桩端阻力 q_p 随桩顶荷载 Q 变化的曲线。图 20-63 中 q_{B1}-Q、q_{B2}-Q 和 q_p-Q 曲线的变化趋势分别与图 20-61 中 Q_{B1}-Q、Q_{B2}-Q 和 Q_p-Q 曲线的变化趋势相同。在整个加载过程中，q_{B1} 和 q_{B2} 均呈现出程度不同的"低开高走"趋势，其中 Q_{B2}-Q 的"低开高走"程度最明显，达到极限荷载后 q_{B2} 仍继续增加；而 q_{B1} 在极限荷载时达到峰值，此后下降。因桩端为黏性土，受沉渣影响，在整个加载过程中 q_p 值呈现出"低开高走"的趋势，尽管达极限荷载后 q_p 仍继续增大，但 q_p 的绝对值仍然很小。表 20-31 所示为 HNR6 号桩在极限状态

和工作状态时承力盘和桩端单位端阻力。

表 20-31　HNR6 号桩在极限状态和工作状态时承力盘和桩端单位端阻力　　　单位：kPa

承载状态	上承力盘 q_{B1}	下承力盘 q_{B2}	桩端 q_p
工作状态	551	329	5
极限状态	1375	1664	203

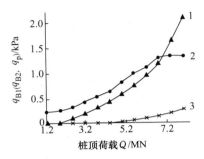

图 20-62　HNR6 号桩的 q_{B1}-Q、q_{B2}-Q 和 q_p-Q 曲线

1. q_{B2}-Q；2. q_{B1}-Q；3. q_p-Q

20.5.1.6　小结

1）本工程在膨胀土地基中，桩身穿越大气影响深度的单节 DX 桩的承力盘设置在第③层硬塑黏土层中，两节 DX 桩的上承力盘和下承力盘分别设置在第④层硬塑黏土层中和第⑤层硬塑～坚硬的黏土层中，达到极限荷载后，其 s-$\lg Q$ 曲线末段呈现出竖向陡降段；另外，达到极限荷载的下一级荷载时，其 s-$\lg t$ 曲线尾部呈现明显转折，故该工程 DX 桩的极限承载力由 s-$\lg Q$ 曲线末段近乎竖向陡降的起始点法和 s-$\lg t$ 曲线尾部明显转折法综合判定。

2）在承力盘设计直径（1400mm）相等的情况下，两节 DX 挤扩灌注桩（桩身设计直径为 700mm、桩长约为 29.60m）的极限承载力约为单节 DX 挤扩灌注桩（桩身设计直径为 600mm、桩长 11.60～11.80m）的 3.38 倍，前者的平均实际桩体积约为后者的 3.20 倍，前者的平均实际单位桩体积的极限承载力（Q_u/V_s）约为后者的 1.056 倍。

3）在极限状态下，单节承力盘 HNR2 号 DX 桩显示出承载力以总侧阻力为主的特性，总极限侧阻力为极限荷载的 62.5%，总极限端阻力为极限荷载的 37.5%，属端承摩擦桩；在工作状态下，总侧阻力占桩顶荷载的 79.9%，总端阻力占桩顶荷载的 20.1%，仍显示出承载力以侧阻力为主的特性。在极限状态下，两节承力盘 HNR6 号 DX 桩也显示出承载力以总侧阻力为主的特性，总极限侧阻力为极限荷载的 53.3%，总极限端阻力为极限荷载的 46.7%，属端承摩擦桩；在工作状态下，总侧阻力占桩顶荷载的 73.5%，总端阻力占桩顶荷载的 26.5%，仍显示出承载力以桩侧阻力为主的特性。

4）HNR2 号桩和 HNR6 号桩的承载特点基本相似：在加载初期，总侧阻力 Q_s 占全部桩顶荷载的份额较大，承力盘明显地参与工作，其总盘端阻力占桩顶荷载的份额较大，总桩端阻力很小；随着荷载逐渐增大，总侧阻力 Q_s 增加缓慢，其与桩顶荷载的比值 Q_s/Q 明显下降，总盘端阻力 Q_B 快速增长，其与桩顶荷载的比值 Q_B/Q 明显增大，总桩端阻力 Q_p 增幅不大，Q_p/Q 仍然很小。达到极限荷载时，总桩侧阻力 Q_s 接近定值，但 Q_s/Q 略有下降，总盘端阻力 Q_B 仍有较大增幅，而总桩端阻力的增幅不大。

5）桩身各分段总侧阻力及单位侧阻力自上而下呈动态变化，其发挥情况具有明显的时间和顺序性。在极限荷载时，并非所有分段的侧阻力均能得到充分发挥。桩侧阻力的发挥情况不仅与土的性质有关，而且与土层的分布深度有关。

6）HNR2 号桩的单位盘端阻力 q_B 和单位桩端阻力 q_p 在整个加载过程中均呈现出"低开高走"的趋势，达到极限荷载时 q_B 和 q_p 仍继续增加。HNR6 号桩的上承力盘单位端阻力 q_{B1} 和下承力盘单位端阻力 q_{B2}

在整个加载过程中均呈现出程度不同的"低开高走"趋势，后者的"低开高走"趋势较前者明显；达到极限荷载后 q_{B2} 仍继续增加，而 q_{B1} 在极限荷载时达到峰值，此后下降。在整个加载过程中，单位桩端阻力 q_p 值呈现出"低开高走"的趋势，尽管达到极限荷载后 q_p 仍继续增长，但其绝对值仍很小。

20.5.2 北京 BGFD 风电场抗压和抗拔两节 DX 挤扩灌注桩

20.5.2.1 工程概况

北京 BGFD 风电场位于北京市西北端、河北省怀来县浪山风口东南端约 160km² 的狭长地带。该地区风力资源非常丰富，是理想的风电场址。

据该工程前期可行性研究报告，拟建场区地质灾害类型较多，地貌类型依次为漫滩阶地、洪积扇或洪积台地；场区地层主要为人工堆积层及第四系冲积、洪积层，地基土承载力低，天然地基承载力和变形不能满足风机基础设计要求。结合现场地层条件和工程经验，该场区风电基础拟采用泥浆护壁 DX 挤扩灌注桩方案。

根据现场钻探、原位测试及室内土工试验成果，按沉积年代、成因类型将试桩区现状地面下 30.0m 范围内的地层划分为人工堆积层及第四系冲积、洪积层，并按地层岩性及物理力学性质指标进一步划分为 7 个大层。表 20-32 为 BGFD 试验场地各土层的野外描述及基本物理力学指标。

该场地所揭露的地下水类型为层间潜水，稳定水位埋深为 4.5m。

表 20-32 试验场地各土层的野外描述及基本物理力学指标

土层号	土层名称	野外描述	平均厚度/m	含水率 $w/\%$	重力密度/(kN/m³)	孔隙比 e	液性指数 I_L	压缩模量 E_{1-2}/MPa	标准贯入试验击数 N/击	压缩性评价
①	素填土	稍密，稍湿	0.70	—	—	—	—	—	3.0	—
②	砂质粉土	中～中上密，湿～饱和	1.40	23.6	20.0	0.66	−2.57	18.8	12.5	中～中低
③	粉细砂	中上密～密实，饱和	1.50 1.80	—	—	—	—	25	32.8	低
③₁	卵石	稍密～密实，湿～饱和	0.90	—	—	—	—	45	52.9	低
④	粉质黏土	软塑～硬塑，饱和	1.70	23.8	19.8	0.69	0.33	17.8	15.2	中～低
④₁	砂质粉土	中密～密实，饱和	1.20	21.3	20.1	0.63	−0.80	33.9	28.8	低
④₂	重粉质黏土	可塑～硬塑，饱和	0.90	31.5	18.8	0.88	0.35	11.3	15.2	中～低
④₃	粉细砂	中密～密实，饱和	0.60	—	—	—	—	32	44.0	低
⑤	圆砾	中密～密实，饱和	2.40 0.70	—	—	—	—	65	79.5	低
⑤₁	重粉质黏土	可塑～硬塑，饱和	0.60	28.5	19.2	0.92	0.32	14.3	18.0	低
⑤₂	粉砂	密实，饱和	0.70 2.60 1.40	—	—	—	—	33	47.0	低

续表

土层号	土层名称	野外描述	平均厚度 /m	含水率 w/%	重力密度 /(kN/m³)	孔隙比 e	液性指数 I_L	压缩模量 E_{1-2} /MPa	标准贯入试验击数 N/击	压缩性评价
⑥	砂质粉土	中上密～密实，饱和	0.90	—	—	—	—	—	—	低
⑥₁	黏质粉土	中上密～密实，饱和	2.60	—	—	—	—	—	—	低
⑥₂	圆砾	密实，饱和	2.10	—	—	—	—	—	—	低

20.5.2.2 DX 挤扩灌注桩方案的实施

（1）试验场地土层情况及承力盘端和桩端持力层的选择

对于抗压 DX 桩选择中上密～密实粉细砂④₄ 层和中上密～密实黏质粉土⑥₂ 层作为上下承力盘端持力土层和桩端持力层。对于抗拔 DX 桩选择砂质粉土④₂ 层和密实粉砂⑤₃ 层作为上、下承力盘端持力土层。图 20-63 为 BGFD 试桩场地土层柱状图、试桩承力盘位置及电阻应变片埋设位置示意图。

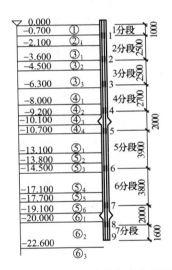

图 20-63 BGFD 试桩场地土层柱状图、试桩承力盘位置及电阻应变片埋设位置示意图

（2）试桩主要参数

试桩主要参数见表 20-33。

表 20-33 试桩主要参数和试验结果

参 数	桩号 BGFD1	BGFD2	BGFD3	BGFD4	BGFD5	BGFD6
桩长/m	22.0	22.0	22.0	22.0	22.0	22.0
桩身设计直径/mm	700	700	700	700	700	700
承力盘数/个	2	2	2	2	2	2
承力盘设计直径/mm	1400	1400	1400	1400	1400	1400
上承力盘实测直径/mm	1520	1550	1520	1530	1500	1520
下承力盘实测直径/mm	1540	1520	1530	1530	1500	1530
桩身混凝土强度等级	C35	C35	C35	C35	C35	C35

参 数	桩号					
	BGFD1	BGFD2	BGFD3	BGFD4	BGFD5	BGFD6
主筋	12Φ16	12Φ16	12Φ16	12Φ16	12Φ16	12Φ16
混凝土充盈系数	1.08	1.07	1.08	1.07	1.07	1.07
静载试验类型	抗压	抗压	抗压	抗拔	抗拔	抗拔
极限承载力 Q_u/kN	4950	4950	5850	2400	2400	2400
对应 Q_u 时的桩顶沉降量（上拔量）/mm	42.37	46.36	71.45	32.15	25.34	17.78
承载力特征值 R_a/kN	2475	2475	2925	1200	1200	1200
对应 R_a 时的桩顶沉降量（上拔量）/mm	6.45	5.90	6.50	2.01	2.11	2.55
桩实际体积 V_s/m³	9.65	9.66	9.64	9.65	9.60	9.64
单位桩实际体积的极限承载力 $\frac{Q_u}{V_s}$/（kN/m³）	513	512	607	249	250	249

（3）试桩施工

桩的直孔部分用 GPS-20 泵吸反循环钻机钻进。承力盘腔用 DX600 型挤扩装置成形，该挤扩装置的主要技术参数见表 20-1。表 20-34 所示为试桩承力盘腔的首次挤扩压力值。

表 20-34　试桩承力盘腔的首次挤扩压力值和深度

参数	桩号											
	BGFD1		BGFD2		BGFD3		BGFD4		BGFD5		BGFD6	
承力盘腔深度/m	9.70	19.40	9.70	19.40	9.70	19.40	9.70	19.40	9.70	19.35	9.70	19.20
首次挤扩压力值/MPa	15	23	14	22	19	22	20	23	15	22	21	22

（4）试验方法及加载方式

抗压桩静载试验采用压重反力架和配重组装成的压重平台，抗拔桩静载试验采用单千斤顶法装置。试验采用慢速维持荷载法，按《建筑基桩检测技术规范》（JGJ 106—2003）的有关要求进行。

20.5.2.3　单桩竖向抗压静载试验结果分析

1. 极限抗压承载力的确定

DX 桩抗压极限承载力评价的原则见 20.4.2.3 节。本次试验 3 根受压试桩（BGFD1、BGFD2 和 BGFD3 号桩）由于受堆载量的限制，加载均未达到极限荷载，故采用逆斜率法拟合外推，结合 s-$\lg Q$ 曲线的末端直线段起始点法判定极限承载力，其数值见表 20-33。图 20-64 所示为 BGFD2 号桩的 s-$\lg Q$ 曲线和 Q-s 曲线。

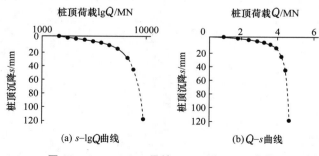

图 20-64　BGFD2 号桩 s-$\lg Q$ 和 Q-s 曲线

2．BGFD2 号受压桩的荷载传递机理分析

（1）BGFD2 号桩的荷载传递曲线（轴力传递曲线）

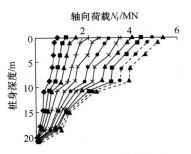

图 20-65　BGFD2 号桩各级荷载下的轴力传递曲线

图 20-65 所示为 BGFD2 号桩各级荷载下的轴力传递曲线。由于加载未达到极限荷载，为了能够更完整地进行荷载传递机理的分析，在图 20-66 中平行拟合外推后两级荷载传递曲线，在图 20-65 中以虚线表示。在图 20-66～图 20-74 中拟合曲线段也用虚线表示。由图 20-65 可以看出，桩身轴力自上而下顺序发挥，桩的轴力经过上承力盘和下承力盘的位置后均发生较大幅度的降低，其中经上承力盘的位置后较下承力盘轴力降低得更多些，可见承力盘的端承作用发挥显著。

（2）总侧阻力、总盘端阻力和总桩端阻力的分配

图 20-66 所示为 BGFD2 号桩的总侧阻力 Q_s、总盘端阻力 Q_B、总桩端阻力 Q_p 和总端阻力 Q_{Bp} 及各自所分配桩顶荷载 Q 的比例 Q_s/Q、Q_B/Q、Q_p/Q 和 Q_{Bp}/Q 随桩顶沉降 s 变化的曲线。图 20-67 所示为 BGFD2 号桩的总侧阻力 Q_s、总盘端阻力 Q_B、总桩端阻力 Q_p 和总端阻力 Q_{Bp} 随桩顶沉降 Q 变化的曲线。

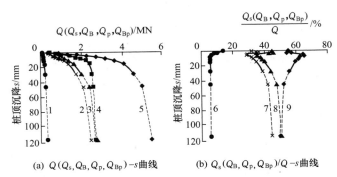

(a) $Q(Q_s, Q_B, Q_p, Q_{Bp})-s$ 曲线　　　(b) $Q_s(Q_B, Q_p, Q_{Bp})/Q-s$ 曲线

图 20-66　BGFD2 号桩 $Q(Q_s, Q_B, Q_p, Q_{Bp})-s$ 和 $Q_s(Q_B, Q_p, Q_{Bp})/Q-s$ 曲线

1. Q_p-s；2. Q_B-s；3. $Q_{Bp}-s$；4. Q_s-s；5. $Q-s$；6. $Q_p/Q-s$；7. $Q_B/Q-s$；8. $Q_{Bp}/Q-s$；9. $Q_s/Q-s$

由图 20-66、图 20-67 可知：

1）加载初期（$Q \leqslant 2250 \text{kN}$），总侧阻力 Q_s 迅速发挥；承力盘明显参与工作，总盘端阻力占桩顶荷载的份额不小，为 28.8%～36.0%，但总侧阻力所占的份额（54.9%～64.6%）大于总盘端阻力；总桩端阻力（该值还包含 116m 桩长的总侧阻力）占桩顶荷载的份额不大（6.6%～13.6%）。

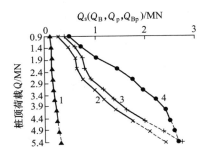

图 20-67　BGFD2 号桩 $Q_s(Q_B, Q_p, Q_{Bp})-Q$ 曲线

1. Q_p-Q；2. $Q_{Bp}-Q$；3. Q_B-Q；4. Q_s-Q

2）进一步加载（$Q=2700～4500 \text{kN}$），荷载明显地向桩身下部传递，总侧阻力和总盘端阻力呈现程度不同的增长，前者占桩顶荷载的份额减少，从 65.4% 降至 55.6%，而后者占桩顶荷载的份额增加，

从 28.6% 增至 38.7%，总桩端阻力呈现缓慢增长，占桩顶荷载的份额依然不大，为 5.7%～6.0%。

3）达到极限荷载 4950kN 时，总侧阻力接近极限值，而总盘端阻力和总桩端阻力还在继续增加。表 20－35 所示为 BGFD2 号桩在极限状态和工作状态（桩顶荷载等于 1/2 极限荷载）时的总侧阻力、总盘端阻力和总桩端阻力。

表 20－35　极限状态和工作状态时 BGFD2 号桩的总侧阻力、总盘端阻力和总桩端阻力

承载状态	Q/kN	Q_s/kN	Q_B/kN	Q_p/kN	Q_{Bp}/kN	$\dfrac{Q_s}{Q}/\%$	$\dfrac{Q_B}{Q}/\%$	$\dfrac{Q_p}{Q}/\%$	$\dfrac{Q_{Bp}}{Q}/\%$
工作状态	2475	1610	710	155	865	65.1	28.7	6.2	34.9
极限状态	4950	2585	2081	284	2365	52.2	42.0	5.8	47.8

由表 20－35 可知：在极限状态下 BGFD2 号桩显示出承载力以总侧阻力为主的特性，总极限侧阻力为极限荷载的 52.2%，总极限端阻力为极限荷载的 47.8%，属端承摩擦桩；在工作状态下，总侧阻力占桩顶荷载的 65.1%，总端阻力占桩顶荷载的 34.9%，也显示出承载力以总侧阻力为主的特性。

（3）桩身各分段总侧阻力的发展

图 20－68 和图 20－69 分别为 BGFD2 号桩的各分段总侧阻力及其分担桩顶荷载的比例随桩顶沉降变化的曲线。图 20－70 为 BGFD2 号桩的各分段总侧阻力随桩顶荷载变化的曲线。

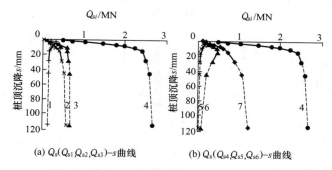

(a) $Q_s(Q_{s1},Q_{s2},Q_{s3})-s$ 曲线　　(b) $Q_s(Q_{s4},Q_{s5},Q_{s6})-s$ 曲线

图 20－68　BGFD2 号桩各分段的 $Q_{si}-s$ 曲线

1. $Q_{s1}-s$；2. $Q_{s2}-s$；3. $Q_{s3}-s$；4. Q_s-s；5. $Q_{s4}-s$；6. $Q_{s6}-s$；7. $Q_{s5}-s$

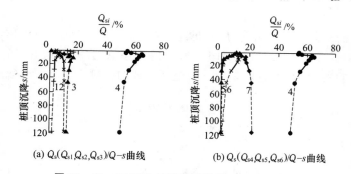

(a) $Q_s(Q_{s1},Q_{s2},Q_{s3})/Q-s$ 曲线　　(b) $Q_s(Q_{s4},Q_{s5},Q_{s6})/Q-s$ 曲线

图 20－69　BGFD2 号桩各分段的 $Q_{si}/Q-s$ 曲线

1. $Q_{s1}/Q-s$；2. $Q_{s2}/Q-s$；3. $Q_{s3}/Q-s$；4. $Q_s/Q-s$；5. $Q_{s4}/Q-s$；6. $Q_{s6}/Q-s$；7. $Q_{s5}/Q-s$

由图 20－68～图 20－70 可见，随桩顶荷载的增加，桩身各分段总侧阻力 Q_{si} 自上而下呈现出动态变化：

1）第 1 分段、第 4 分段和第 6 分段的总侧阻力 Q_{s1}、Q_{s4} 和 Q_{s6} 分别在桩顶荷载为 2250kN、2250kN、4050kN 时达到峰值，然后减小，相应地，其占桩顶荷载的份额也明显减小。

2）第 2 分段、第 3 分段和第 5 分段的总侧阻力 Q_{s2}、Q_{s3} 和 Q_{s5} 一直在增长，其中 Q_{s5} 呈显著增长趋势，Q_{s2}/Q 和 Q_{s5}/Q 呈现程度不同的上升趋势，Q_{s5}/Q 在桩顶荷载为 4050kN 时由上升趋势变为下降趋势。表 20－36 所示为 BGFD2 号桩在极限状态和工作状态时各分段的总侧阻力。

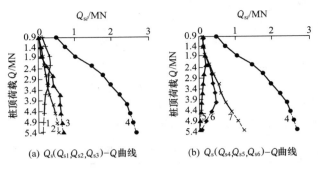

(a) $Q_s(Q_{s1}Q_{s2},Q_{s3})-Q$曲线　　(b) $Q_s(Q_{s4}Q_{s5},Q_{s6})-Q$曲线

图 20 - 70　BGFD2 号桩各分段的 $Q_{si}-Q$ 曲线

1. $Q_{s1}-Q$；2. $Q_{s2}-Q$；3. $Q_{s3}-Q$；4. Q_s-Q；5. $Q_{s4}-Q$；6. $Q_{s6}-Q$；7. $Q_{s5}-Q$

表 20 - 36　极限状态和工作状态时 BGFD2 号桩各分段的总侧阻力

承载状态	Q_s /kN	Q_{s1} /kN	Q_{s2} /kN	Q_{s3} /kN	Q_{s4} /kN	Q_{s5} /kN	Q_{s6} /kN	$\dfrac{Q_s}{Q}$ /%	$\dfrac{Q_{s1}}{Q}$ /%	$\dfrac{Q_{s2}}{Q}$ /%	$\dfrac{Q_{s3}}{Q}$ /%	$\dfrac{Q_{s4}}{Q}$ /%	$\dfrac{Q_{s5}}{Q}$ /%	$\dfrac{Q_{s6}}{Q}$ /%
工作状态	1610	306	183	304	169	338	310	65.1	12.4	7.4	12.3	6.8	13.7	12.5
极限状态	2585	140	512	650	26	1054	203	52.2	2.8	10.4	13.1	0.5	21.3	4.1

（4）承力盘和桩端总阻力的发展

图 20 - 71 为 BGFD2 号桩的上、下承力盘总盘端阻力和总桩端阻力及其分担桩顶荷载的比例随桩顶沉降变化的曲线。图 20 - 72 为 BGFD2 号桩的上、下承力盘总盘端阻力和总桩端阻力随桩顶荷载变化的曲线。由图 20 - 71、图 20 - 72 可见：

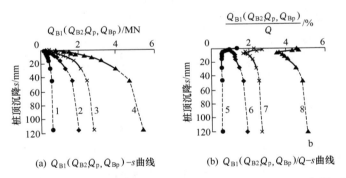

(a) $Q_{B1}(Q_{B2}Q_p,Q_{Bp})-s$曲线　　(b) $Q_{B1}(Q_{B2}Q_p,Q_{Bp})/Q-s$曲线

图 20 - 71　BGFD2 号桩 Q_{B1}（Q_{B2}，Q_p，Q_{Bp}）- s 和 Q_{B1}（Q_{B2}，Q_p，Q_{Bp}）/Q - s 曲线

1. Q_p-s；2. $Q_{B2}-s$；3. $Q_{B1}-s$；4. $Q_{Bp}-s$；5. $Q_p/Q-s$；6. $Q_{B2}/Q-s$；7. $Q_{B1}/Q-s$；8. $Q_{Bp}/Q-s$

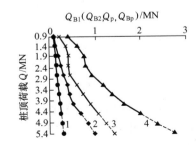

图 20 - 72　BGFD2 号桩 Q_{B1}（Q_{B2}，Q_p，Q_{Bp}）- Q 曲线

1. Q_p-Q；2. $Q_{B2}-Q$；3. $Q_{B1}-Q$；4. $Q_{Bp}-Q$

1）上、下承力盘的承载呈现出明显的时间和顺序性，加之上承力盘的盘端持力土层为中上密～密实粉细砂④₄层，下承力盘的盘端持力土层为中上密～密实黏质粉土⑥₂层，在整个加载过程中，上承力盘承载较下承力盘明显，即上承力盘的总盘端阻力 Q_{B1} 始终大于下承力盘的总盘端阻力 Q_{B2}。

2）在加载中后期，上承力盘总盘端阻力的增长速度大于下承力盘（图 20-73）。

3）总桩端力 Q_p 包含 1.6m 桩根的总侧阻力，故加载初期（$Q<1800kN$）Q_p/Q 较大，为 8.3%～13.6%，此后 Q_p 随桩顶荷载的增加而缓慢增加，Q_p/Q 在 5.6%～6.6%变化。表 20-37 为 BGFD2 号桩在极限状态和工作状态时上、下承力盘的总盘端阻力和总桩端阻力。

表 20-37　极限状态和工作状态时 BGFD2 号桩上、下承力盘的总盘端阻力和总桩端阻力

承载状态	Q_{B1}/kN	Q_{B2}/kN	Q_p/kN	Q_{Bp}/kN	$\dfrac{Q_{B1}}{Q}/\%$	$\dfrac{Q_{B2}}{Q}/\%$	$\dfrac{Q_p}{Q}/\%$	$\dfrac{Q_{Bp}}{Q}/\%$
工作状态	306	183	304	169	12.4	7.4	12.3	6.8
极限状态	140	512	650	26	2.8	10.4	13.1	0.5

（5）桩身单位侧阻力的发展

图 20-73 为 BGFD2 号桩的各分段单位侧阻力 q_{si} 随桩顶荷载 Q 的变化曲线。

图 20-73 中 q_{si}-Q 曲线的变化趋势与图 20-70 中 Q_{si}-Q 曲线的变化趋势相同，不同之处在于后者显示出桩身各分段总侧阻力 Q_{si} 随桩顶荷载 Q 变化的特征，前者则显示出桩身各分段单位侧阻力 q_{si} 随桩顶荷载 Q 变化的特征，q_{si} 因消除了桩身长度的影响，故对它的评价更准确。由图 20-73 可知，第 1 分段在桩身最上部，故 q_{s1} 发挥得最早也最充分，在桩顶荷载为 2250kN 时达到峰值。q_{s2}、q_{s3} 和 q_{s5} 在整个加载过程中呈现出"低开高走"的现象，而 q_{s4} 和 q_{s6} 分别在桩顶荷载为 2250kN、4050kN 时达到峰值。表 20-38 为 BGFD2 号桩在极限状态和工作状态时桩身各分段的单位侧阻力值。

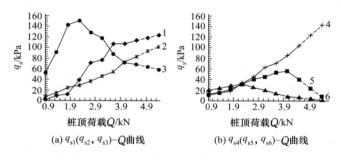

(a) $q_{s1}(q_{s2}, q_{s3})$-Q曲线　　(b) $q_{s4}(q_{s5}, q_{s6})$-Q曲线

图 20-73　BGFD2 号桩各分段的 q_{si}-Q 曲线

1. q_{s3}-Q；2. q_{s2}-Q；3. q_{s1}-Q；4. q_{s5}-Q；5. q_{s6}-Q；6. q_{s4}-Q

表 20-38　极限状态和工作状态时 BGFD2 号
桩承力盘和桩端单位端阻力

单位：kPa

承载状态	上承力盘 q_{B1}	下承力盘 q_{B2}	桩端 q_p
工作状态	313	201	404
极限状态	900	606	738

（6）单位盘端阻力和单位桩端阻力的发展

图 20-74 为 BGFD2 号桩的上、下承力盘单位端阻力 q_{B1} 和 q_{B2} 及单位桩端阻力 q_p 随桩顶荷载 Q 变化的曲线。图 20-74 中 q_{B1}-Q、q_{B2}-Q 和 q_p-Q 曲线的变化趋势分别与图 20-72 中 Q_{B1}-Q、Q_{B2}-Q 和 Q_p-Q 曲线的变化趋势相同。在整个加载过程中，上承力盘单位端阻力 q_{B1} 的发挥早于下承力盘单位端阻力 q_{B2}，两者的发挥从低到高，发挥平稳，达到极限荷载 4950kN 时 q_{B1} 和 q_{B2} 仍略有增大。因桩端设置在中上密～密实黏质粉土⑥₂层中，在整个加载过程中，单位桩端阻力 q_p 的发挥从低到高，发挥平稳，达到极

限荷载时 q_p 仍略有增大。表 20 - 38 为 BGFD2 号桩在极限状态和工作状态时承力盘和桩端单位端阻力。

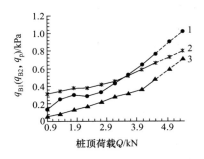

图 20 - 74　BGFD2 号桩的 q_{B1}-Q、q_{B2}-Q 和 q_p-Q 曲线

1. q_{B1}-Q；2. q_p-Q；3. q_{B2}-Q

20.5.2.4　单桩竖向抗拔静载试验结果分析

1. 极限抗拔承载力的确定

本次试验的 3 根抗拔试桩（BGFD4 号、BGFD5 号和 BGFD6 号桩）由于受液压千斤顶最大加载量的限制，加载均未达到极限荷载，故采用逆斜率法拟合外推，结合 δ-$\lg Q$ 曲线的末段直线段起始点法判定极限承载力，其数值见表 20 - 33。图 20 - 75 所示为 BGFD4 号桩的 δ-$\lg Q$ 曲线和 Q-δ 曲线。

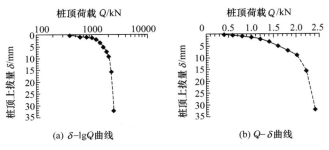

图 20 - 75　BGFD4 号桩的 δ-$\lg Q$ 和 Q-δ 曲线

2. BGFD4 号桩受拔桩的荷载传递机理分析

（1）BGFD4 号桩的荷载传递曲线（轴力传递曲线）

图 20 - 76 为 BGFD4 号桩各级荷载下的轴力传递图。由于加载未达到极限荷载，为了能够更完整地进行荷载传递机理的分析，在图 20 - 76 中平行拟合外推后两级荷载传递曲线，在图 20 - 76 中以虚线表示，图 20 - 77～图 20 - 85 中的拟合曲线段也用虚线表示。

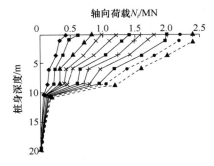

图 20 - 76　BGFD4 号桩各级荷载下的轴力传递曲线

由图 20-76 可见，桩身轴力自上而下顺序发挥，桩的轴力经过上承力盘的位置后发生较大幅度的降低，而经过下承力盘位置后轴力降低幅度很小。

（2）总侧阻力与总盘端阻力的分配

图 20-77 为 BGFD4 号桩的总侧阻力 Q_s 和总盘端阻力 Q_B 及各自所分配桩顶荷载 Q 的比例 Q_s/Q 和 Q_B/Q 随桩顶上拔量 δ 变化的曲线。图 20-78 为 BGFD4 号桩的总侧阻力 Q_s 和总盘端阻力 Q_B 随桩顶荷载 Q 变化的曲线。

由图 20-77、图 20-78 可知：

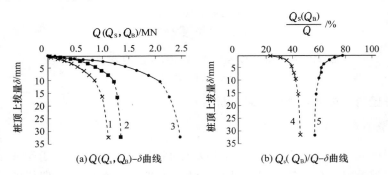

图 20-77　BGFD4 号桩 Q（Q_s，Q_B）-δ 和 Q_s（Q_B）/Q-δ 曲线

1. $Q_B-\delta$；2. $Q_s-\delta$；3. $Q-\delta$；4. $Q_B/Q-\delta$；5. $Q_s/Q-\delta$

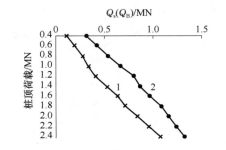

图 20-78　BGFD4 号桩 Q_s（Q_B）-Q 曲线

1. Q_B-Q；2. Q_s-Q

1）加载初期（$Q \leqslant 800\text{kN}$），总侧阻力 Q_s 迅速发挥；承力盘明显参与工作，总盘端阻力 Q_B（指两个承力盘的顶部端阻力之和）占桩顶荷载的份额不小，为 23.0%～33.1%，但总侧阻力所占的份额（66.9%～77.0%）大于总盘端阻力所占的份额。

2）进一步加载（$Q=1000～2400\text{kN}$），Q_s-Q 和 Q_B-Q 曲线中总侧阻力 Q_s 和总盘端阻力 Q_B 几乎同步增长，但总侧阻力占桩顶荷载的份额 Q_s/Q 由 66.9% 逐渐降低为 55.2%，而总盘端阻力占桩顶荷载的份额 Q_B/Q 由 33.1% 逐渐增加至 44.8% ［图 20-77（b）］。表 20-40 为 BGFD4 号桩在极限状态和工作状态（桩顶荷载等于 1/2 极限荷载）时的总侧阻力和总盘端阻力。

表 20-39　极限状态和工作状态时 BGFD4 号桩的总侧阻力和总盘端阻力

承载状态	Q/kN	Q_s/kN	Q_B/kN	$\dfrac{Q_s}{Q}$/%	$\dfrac{Q_B}{Q}$/%
工作状态	1200	803	397	66.9	33.1
极限状态	2400	1325	1075	55.2	44.8

由表 20-39 可知，在极限状态和工作状态下，BGFD4 号桩均显示出抗拔承载力以总侧阻力为主的特性。

（3）桩身各分段总侧阻力的发展

图 20-79 和图 20-80 为 BGFD4 号桩各分段总侧阻力及其分担桩顶荷载的比例随桩顶上拔量 δ 变

化的曲线。图 20 - 81 为 BGFD4 号桩的各分段总侧阻力随桩顶荷载变化的曲线。

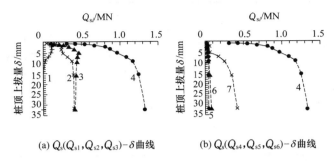

(a) $Q_s(Q_{s1}, Q_{s2}, Q_{s3})$ -δ 曲线　　　(b) $Q_s(Q_{s4}, Q_{s5}, Q_{s6})$ -δ 曲线

图 20 - 79　BGFD4 号桩各分段的 Q_{si} -δ 曲线

1. Q_{s1} -δ；2. Q_{s2} -δ；3. Q_{s3} -δ；4. Q_s -δ；5. Q_{s5} -δ；6. Q_{s6} -δ；7. Q_{s4} -δ

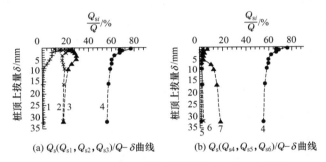

(a) $Q_s(Q_{s1}, Q_{s2}, Q_{s3})$ /Q -δ 曲线　　　(b) $Q_s(Q_{s4}, Q_{s5}, Q_{s6})$ /Q -δ 曲线

图 20 - 80　BGFD4 号桩各分段的 Q_{si}/Q -δ 曲线

1. Q_{s1}/Q -δ；2. Q_{s2}/Q -δ；3. Q_{s3}/Q -δ；4. Q_s/Q -δ；5. Q_{s5}/Q -δ；6. Q_{s6}/Q -δ；7. Q_{s4}/Q -δ

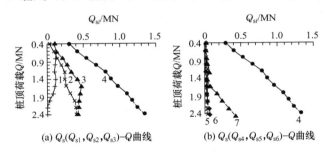

(a) $Q_s(Q_{s1}, Q_{s2}, Q_{s3})$ -Q 曲线　　　(b) $Q_s(Q_{s4}, Q_{s5}, Q_{s6})$ -Q 曲线

图 20 - 81　BGFD4 号桩各分段的 Q_{si} -Q 曲线

1. Q_{s1} -Q；2. Q_{s2} -Q；3. Q_{s3} -Q；4. Q_s -Q；5. Q_{s5} -Q；6. Q_{s6} -Q；7. Q_{s4} -Q

由图 20 - 79～图 20 - 81 可见，随桩顶荷载的增加，桩身各分段总侧阻力 Q_{si} 自上而下呈现出动态变化：

1）第 1 分段、第 2 分段和第 3 分段的总侧阻力 Q_{s1}、Q_{s2} 和 Q_{s3} 分别在桩顶荷载为 1400kN、2400kN、1600kN 时达到峰值，而后减小。

2）Q_{s1}、Q_{s2} 和 Q_{s3} 相应的占桩顶荷载的份额也呈现不同的变化。随桩顶荷载的增加 Q_{s1}/Q 逐渐减小；Q_{s2}/Q 呈马鞍形变化，从 10.0%（Q=400kN）增至 20.9%（Q=1200kN）再减至 16.8%（Q=2400kN）；Q_{s3}/Q 也呈马鞍形变化，从 26.5%（Q=400kN）增至 29.3%（Q=1400kN）再减至 17.1%（Q=2400kN）。

3）在 Q=1600kN 以前第 4 分段的总侧阻力 Q_{s4} 很小，在 13～66kN 变化；Q_{s4}/Q 在 1.6%～5.6% 变化；Q=1800～2400kN 时，Q_{s4} 从 173kN 迅速增至 410kN，Q_{s4}/Q 也从 9.6% 增至 17.1%。

4）在整个加载过程中，第 5 分段的总侧阻力 Q_{s5} 在 26～40kN 变化，Q_{s5}/Q 从 6.8% 降至 1.5%；第 6 分段的总侧阻力 Q_{s6} 在 13～68kN 变化，Q_{s6}/Q 在 1.4%～3.3% 变化。表 20 - 40 所示为 BGFD4 号桩在极限状态和工作状态时各分段的总侧阻力。

表 20-40　BGFD4 号桩在极限状态和工作状态时各分段的总侧阻力

承载状态	Q_s/kN	Q_{s1}/kN	Q_{s2}/kN	Q_{s3}/kN	Q_{s4}/kN	Q_{s5}/kN	Q_{s6}/kN	$\dfrac{Q_s}{Q}$/%	$\dfrac{Q_{s1}}{Q}$/%	$\dfrac{Q_{s2}}{Q}$/%	$\dfrac{Q_{s3}}{Q}$/%	$\dfrac{Q_{s4}}{Q}$/%	$\dfrac{Q_{s5}}{Q}$/%	$\dfrac{Q_{s6}}{Q}$/%
工作状态	803	101	251	331	67	40	13	66.9	8.4	20.9	27.6	5.6	3.3	1.1
极限状态	1325	0	399	411	410	37	68	55.2	0	16.6	17.1	17.1	1.6	2.8

（4）承力盘的顶端总阻力的发展

图 20-82 为 BGFD4 号桩的上、下承力盘的总端阻力（承力盘顶端总阻力）及其分担桩顶荷载的比例随桩顶上拔量变化的曲线。图 20-83 为 BGFD4 号桩的上、下承力盘的总盘端阻力随桩顶荷载变化的曲线。由图 20-82、图 20-83 可见：

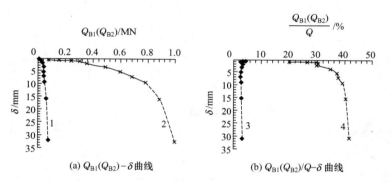

(a) $Q_{B1}(Q_{B2})-\delta$ 曲线　　(b) $Q_{B1}(Q_{B2})/Q-\delta$ 曲线

图 20-82　BGFD4 号桩 Q_{B1}（Q_{B2}）$-\delta$ 和 Q_{B1}（Q_{B2}）$/Q-\delta$ 曲线

1. $Q_{B2}-\delta$；2. $Q_{B1}-\delta$；3. $Q_{B2}/Q-\delta$；4. $Q_{B1}/Q-\delta$

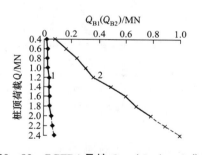

图 20-83　BGFD4 号桩 Q_{B1}（Q_{B2}）$-Q$ 曲线

1. $Q_{B2}-Q$；2. $Q_{B1}-Q$

1）上、下承力盘的承载呈现出明显的时间和顺序性，尽管下承力盘的顶端持力土层（密实粉砂⑤₃ 层）的承载性能和土的物理力学性能优于上承力盘的顶端持力土层（中上密～密实砂质粉土③₂ 层），在整个加载过程中，上承力盘的总盘端阻力 Q_{B1} 远远大于下承力盘的总盘端阻力 Q_{B2}。

2）在整个加载过程中，Q_{B1} 始终快速增长，Q_{B1}/Q 始终显著增大，加载中后期 Q_{B1}/Q 的增长速度大于加载前期；Q_{B2} 缓慢增长，Q_{B2}/Q 在 2.2%～4.3% 变动。表 20-41 为 BGFD4 号桩在极限状态和工作状态时上、下承力盘的总盘端阻力。

表 20 - 41　极限状态和工作状态时 BGFD4 号桩上、下承力盘的总盘端阻力

承载状态	Q_B/kN	Q_{B1}/kN	Q_{B2}/kN	$\dfrac{Q_B}{Q}$/%	$\dfrac{Q_{B1}}{Q}$/%	$\dfrac{Q_{B2}}{Q}$/%
工作状态	397	357	40	33.1	29.8	3.3
极限状态	1075	996	79	44.8	41.5	3.3

表 20 - 42　极限状态和工作状态时 BGFD4 号桩桩身各分段的单位侧阻力　　　　　单位：kPa

承载状态	q_{s1}	q_{s2}	q_{s3}	q_{s4}	q_{s5}	q_{s6}
工作状态	46	46	60	11	5	2
极限状态	0	73	75	69	4	8

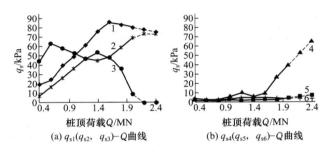

图 20 - 84　BGFD4 号桩各分段 q_{si}-Q 曲线

1. q_{s3}-Q；2. q_{s2}-Q；3. q_{s1}-Q；4. q_{s4}-Q；5. q_{s6}-Q；6. q_{s5}-Q

（5）桩身单位侧阻力的发展

图 20 - 84 为 BGFD4 号桩各分段的单位侧阻力 q_{si} 随桩顶荷载 Q 变化的曲线。图 20 - 84 中 q_{si}-Q 曲线的变化趋势与图 20 - 81 中 Q_{si}-Q 曲线的变化趋势相同。由图 20 - 84 可知，第 1 分段在桩身最上部，故 q_{s1} 发挥最早也最充分，在桩顶荷载为 1400kN 时达到峰值。q_{s2}、q_{s3} 和 q_{s4} 在整个加载过程中呈现出"低开高走"现象，q_{s2} 和 q_{s3} 分别在桩顶荷载为 2400kN、1600kN 时达到峰值，而后减小，而 q_{s4} 未出现峰值。q_{s5} 和 q_{s6} 在整个加载过程中未得到发挥，始终处于低值状态。表 20 - 42 所示为 BGFD4 号桩在极限状态和工作状态时桩身各分段的单位侧阻力。

（6）单位盘端阻力的发展

图 20 - 85 为 BGFD4 号桩的上、下承力盘单位盘端阻力 q_{B1} 和 q_{B2} 随桩顶荷载 Q 变化的曲线。

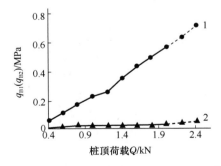

图 20 - 85　BGFD4 号桩的 q_{B1}-Q 和 q_{B2}-Q 曲线

1. q_{B1}-Q；2. q_{B2}-Q

图 20 - 85 中 q_{B1}-Q、q_{B2}-Q 曲线的变化趋势与图 20 - 83 中 Q_{B1}-Q、Q_{B2}-Q 曲线的变化趋势相同。在整个加载过程中，上承力盘单位端阻力 q_{B1} 的发挥早于并远远大于下承力盘单位端阻力 q_{B2}，前者在桩顶荷载达到极限荷载时仍继续增长；后者则未得到发挥，始终处于低值状态。表 20 - 43 所示为 BGFD4 号桩

在极限状态和工作状态时的承力盘单位端阻力。

表 20－43　极限状态和工作状态时 BGFD4 号
桩的承力盘单位端阻力　　　　　　　　单位：kPa

承载状态	上承力盘 q_{B1}	下承力盘 q_{B2}
工作状态	258	29
极限状态	721	57

20.5.2.5　DX 挤扩灌注桩抗压和抗拔承载力机理比较

1. 静载试验结果比较

由表 20－33 和图 20－63 可知：BGFD2 号受压桩和 BGFD4 号受拔桩两者桩长、桩身设计直径、承力盘设计直径和承力盘数都相同，所处土层十分接近，只是承力盘所在的持力土层有差别，前者的上、下承力盘底端持力土层分别为粉细砂和黏质粉土，后者的上、下承力盘顶端持力土层分别为砂质粉土和粉砂，故对两者的静载试验结果进行对比是十分有益的，因为两者承载力机理的比较研究在国内外文献中是罕见的。表 20－44 所示为 BGFD2 号桩和 BGFD4 号桩静载试验结果比较。

表 20－44　BGFD2 号桩和 BGFD4 号桩静载试验结果比较

桩号	Q_u 荷载值/kN	百分数/%	Q_s 荷载值/kN	百分数/%	Q_B 荷载值/kN	百分数/%	Q_p 荷载值/kN	百分数/%	Q_{B1} 荷载值/kN	百分数/%	Q_{B2} 荷载值/kN	百分数/%
BGFD2 号	4950	100	2585	100	2081	100	284	100	1244	100	837	100
BGFD4 号	2400	48.5	1325	51.3	1075	51.7	0	0	996	80.1	79	9.4

2. 抗压和抗拔静载试验结果讨论

由表 20－44 可知，BGFD4 号桩的极限抗拔承载力为 BGFD2 号桩的极限抗压承载力的 48.5%，造成两者差别的原因可归结如下：

1）下压或上拔荷载作用下桩侧阻力是有差异的，影响差异的主要因素为桩径的泊松效应、边界条件、桩周土位移场发展的过程及桩周土的应力途径等。对于受压桩而言，桩径的泊松膨胀及桩周土的剪胀会使侧阻力增加；对受拔桩而言，桩径的泊松收缩及桩周土的剪缩会使侧阻力减小。该试验中，BGFD4 号桩的极限抗拔侧阻力为 BGFD2 号桩的极限抗压侧阻力的 51.3%。从表 20－36 和表 20－40 可见，BGFD4 号桩和 BGFD2 号桩相应的各分段总侧阻力差异也较大。

2）对于 BGFD4 号受拔桩的情况，由于在桩顶存在自由面，随着上拔荷载的施加，桩不断产生上拔位移，土层松动，上承力盘顶端土层受到影响。试验表明，极限状态时，其顶端总阻力仅为 BGFD2 号桩相应的上承力盘底端总阻力的 80.1%；另外，由于桩顶上拔量的增大，BGFD4 号桩较早地达到极限承载力，影响桩顶荷载向下承力盘的传递，故 BGFD4 号桩下承力盘的总顶端阻力仅为 BGFD2 号桩相应的下承力盘底端总阻力的 9.4%。

20.5.2.6　小结

1）在极限状态下 BGFD2 号受压桩显示出承载力以总侧阻力为主的特性，总极限侧阻力为极限荷载的 52.2%，总极限端阻力为极限荷载的 47.8%，属端承摩擦桩；在工作状态下，总侧阻力占桩顶荷载的 65.1%，总端阻力占桩顶荷载的 34.9%，也显示出承载力以总侧阻力为主的特性。

2）BGFD2 号受压桩的承载特点：

① 加载初期，总侧阻力 Q_s 迅速发挥；承力盘明显参与工作，总盘端阻力与桩顶荷载的比值不小，

但总侧阻力大于总盘端阻力；总桩端阻力与桩顶荷载的比值不大。

② 进一步加载，荷载明显地向桩身下部传递，总侧阻力和总盘端阻力呈现程度不同的增长，前者占桩顶荷载的份额减少，而后者占桩顶荷载的比例增加，总桩端阻力呈缓慢增长，其与桩顶荷载的比值依然不大。

③ 达到极限荷载时，总侧阻力接近极限值，而总盘端阻力和总桩端阻力还在继续增加。在整个加载过程中，上承力盘承载较下承力盘明显，即上承力盘的总盘端阻力 Q_{B1} 始终大于下承力盘的总盘端阻力 Q_{B2}。随着桩顶荷载的增加，桩身各分段总侧阻力 Q_{si} 自上而下呈现出动态变化。

3）在极限状态和工作状态下，BGFD4 号受拔桩均显示出抗拔承载力以总侧阻力为主的特征。在极限状态下，总极限侧阻力和总极限盘端阻力分别为极限荷载的 55.2％和 44.8％；在工作状态下，总侧阻力和总盘端阻力分别为工作荷载的 66.9％和 33.1％。

4）BGFD4 号受拔桩的承载特点：

① 加载初期，总侧阻力 Q_s 迅速发挥；承力盘明显参与工作，总盘端阻力 Q_B 占桩顶荷载的份额不小，但总侧阻力所占的份额大于总盘端阻力所占的份额。

② 进一步加载，$Q_s - Q$ 和 $Q_B - Q$ 曲线呈现出总侧阻力 Q_s 和总盘端阻力 Q_B 几乎同步增长的趋势，但总侧阻力占桩顶荷载的份额逐渐降低，而总盘端阻力占桩顶荷载的份额逐渐增加。随桩顶荷载的增加，桩身各分段总侧阻力 Q_{si} 自上而下呈现出动态变化。在整个加载过程中，上承力盘的总盘端阻力 Q_{B1} 远远大于下承力盘的总盘端阻力 Q_{B2}。

5）在 BGFD2 号受压桩和 BGFD4 号受拔桩两者桩长、桩身设计直径、承力盘设计直径和承力盘数相同且所处土层十分接近的情况下，BGFD4 号桩的极限抗拔承载力、总极限侧阻力、总极限盘端阻力大致为 BGFD2 号桩相应值的一半。

参 考 文 献

[1] 沈保汉. 桩基础 [M]// 杨嗣信. 高层建筑施工手册. 3 版. 北京：中国建筑工业出版社，2017.

[2] 沈保汉. 桩基础新技术专题讲座 [J]. 工程机械与维修，2015（04 增刊）：48-52.

[3] 中华人民共和国行业标准. 三岔双向挤扩灌注桩设计规程（JGJ 171—2009）[S]. 北京：中国建筑工业出版社，2009.

[4] 沈保汉，贺德新，孙君平，等. DX 挤扩灌注桩的施工及质量管理 [J]. 工业建筑，2008，38（5）：28-31.

[5] 沈保汉，王衍，刘振亮，等. 南阳 HNR 热电厂工程单节和两节 DX 挤扩灌注桩的试验研究 [J]. 工业建筑，2009，39（2）：26-37.

[6] 沈保汉. 桩基与深基础支护技术进展 [M]. 北京：知识产权出版社，2006.

[7] TOMLINSON M J. Pile design and construction practice [M]. London：Viewpoint Publications，1977.

[8] 沈保汉. 钻孔扩底灌注桩垂直承载能力的评价 [J]. 建筑技术开发，1986（6）：13-36.

[9] 北京市标准. 北京地区大直径灌注桩技术规程（DBJ01-502—1999）[S]. 北京：北京市勘查设计协会工程勘察部，1999.

[10] 常冬冬. DX 桩承载力机理有限元分析 [D]. 北京：清华大学，1999.

[11] 沈保汉. 静载试验确定单桩承载力综述 [J]. 建筑技术科研情报，1978（5）：53-76.

[12] 沈保汉. 桩基与深基坑支护技术进展 [M]. 北京：知识产权出版社，2006.

[13] CHIN FUNG KEE. The Inverse slope as a prediction of ultimate bearing capacity of piles [J]. 3rd Southeast Asian Conferenceon Soil Engineering，1972：83-91.

[14] 沈保汉. 荷载传递实例及荷载传递与位移的关系 [J]. 工业建筑，1991，21（3）：47-52.

[15] S CHANDRA，KHEPAR S D. Double under-reamed piles for foundationsin black cotton soil [J]. Indian Concrete Journal，1964（2）：50-52.

[16] Косаренко Г И，Шленев М А. Исследование Взаимодействия Набивных Свайс Грунтовым Основанием [J]. Основанияи Фундаменты Выпуск 7，1974：45-50.

［17］ MOHAN D，MURTHY V N S，JAIN G S. Design and construction of multi-under-reamed pile ［J］. 7th ICSMFE2，Mexico，1969：183-186.

［18］ Indian Standard Institution. IS：2911-1964 code of practice for design and construction of Pile Foundations PartI. Load Bearing Concrete Piles，Amendment ［S］. 1970.

［19］ Indian Standard Institution. IS：2911（Part Ⅲ）：Code of practice for design and construction of under-reamed piles ［S］. 1973.

［20］ Тетиор А Н. Проектированиеи Сооружение Экономичных Конструкчий Фундаментов，Издательство ［M］. Киев：Будівельник，1975.

［21］ 沈保汉. 多节扩孔灌注桩垂直承载力的评价 ［M］// 中国土木工程学会. 第三届土力学及基础工程学术会议论文选集. 北京：中国建筑工业出版社，1981：354-362.

［22］ 陈轮，王海燕，沈保汉，等. DX桩承载力及荷载传递特点的现场试验研究 ［J］. 工业建筑，2004，34（3）：5-8.

［23］ 沈保汉，陈轮，王海燕，等. DX桩侧阻力和端阻力的现场试验研究 ［J］. 工业建筑，2004，34（3）：9-14.

［24］ 陈轮，沈保汉，王海燕，等. DX桩单位侧阻力和单位端阻力的现场试验研究 ［J］. 工业建筑，2004，34（3）：15-18.

［25］ 沈保汉. DX挤扩灌注桩竖向抗压极限承载力的确定 ［J］. 工业建筑，2008，38（5）：13-17.

第21章 钻孔压浆灌注桩

沈保汉　王景军　张连波　周晓波　季　强

21.1　基本原理、适用范围和技术特点

1. 钻孔压浆桩工法的基本原理

钻孔压浆灌注桩施工法利用长螺旋钻孔机钻孔至设计深度，在提升钻杆的同时通过设在钻头上的喷嘴向孔内高压灌注制备好的以水泥浆为主剂的浆液，至浆液达到没有塌孔危险的位置或地下水位以上 0.5~1.0m 处；起钻后向孔内放入钢筋笼，并放入至少 1 根直通孔底的高压注浆管，然后投放料至孔口设计标高以上 0.3m 处；最后通过高压注浆管，在水泥浆终凝之前多次重复地向孔内补浆，直至孔口冒浆为止。

钻孔压浆桩施工方法可以看成埋入式桩的水泥浆工法和灌注桩（cast-in-place pile，CIP）工法的组合。

埋入式桩的水泥浆工法的基本原理是：用长螺旋钻孔机钻孔至设计深度，在钻孔的同时通过钻头向孔内注入以膨润土为主剂的钻进液，然后注入以水泥浆为主剂的桩端固定液或桩周固定液取代钻进液，同时提升钻杆，最后将预制桩插入孔内，并将其压入或轻打入至设计深度。

CIP 工法的基本原理是：用长螺旋钻孔机钻孔至预定深度（如孔有可能坍塌时要插入套管），提出钻杆，向桩孔中放入钢筋笼和注浆管（1~4 根），投入粗骨料，最后边灌注砂浆边拔注浆管（及套管），成桩。

2. 钻孔压浆桩的成桩机理

1）第一次注浆压力（泵送终止压力）一般为 4~8MPa，水泥浆在此压力作用下向孔壁土层中扩渗，将易于塌孔的松散颗粒胶结，从而有效地防止塌孔，所以此技术能在地下水、流砂和易塌孔的地质条件下，不用套管跟进或泥浆护壁就能顺利成孔。

2）由于高压水泥浆代替了泥浆护壁，还有明显的扩渗膨胀作用，这种桩的桩周不但没有因泥浆介质而减少摩阻力，反而向外"长"出许多树根般的水泥浆脉和局部膨胀生成的"浆瘤"，可显著地提高桩周摩阻力；同时，由于该项技术孔底不但可有效地减少沉渣，而且高压水泥浆在桩底持力层的扩渗作用下形成"扩底桩"的效果，从而使桩端阻力大大提高；施工工艺得当可有效地避免普通灌注桩易出现的缩径、断桩通病。

3）一般灌注桩的混凝土灌注都是由上而下自由落体，混凝土容易产生离析和桩身夹土现象，而该项技术的两次高压注浆（注浆及补浆）都是由下而上，高压浆液振荡，并顶升排出桩体内的空气，使桩身混凝土密实，因此桩身混凝土强度等级能达到 C25 及以上。

4）钻孔压浆桩施工不受季节限制，尤其在严寒的东北等地区可以冬期施工，实践证明，不但成桩质量有可靠保证，而且可操作性强，可以解决严寒地区建筑施工周期短的问题。

3. 钻孔压浆桩的承载机理

1）一般说来，钻孔压浆桩从荷载传递机理看属于端承摩擦桩，即在承载能力极限状态下，桩顶竖

向荷载主要由桩侧阻力承担。

2）钻孔压浆桩由于水泥浆挤密和渗透扩散作用，桩周土和桩端土的强度有所增强。侧阻力达到极限状态所需的桩土相对位移较小（砂类土一般为 10～20mm），而且由于补浆作用，桩身下部的侧阻力能够充分发挥。侧阻力达到极限值后，端阻力随着桩端土体压缩变形的增大而逐渐发挥，由于桩端土已经过压密，所以充分发挥端阻力所需的压缩变形也较小。总之，一般表现为地基土的刺入破坏。

3）埋有滑动测微计的测试结果表明：

① 桩身中部出现很大的侧阻力区。

② 桩身相应土层的单位侧阻力比普通钻孔灌注桩地质勘察报告提供的指标高很多，单位端阻力与预制桩地质勘察报告提供的指标相当。

4）工程桩桩头部位混凝土强度较低的现象普遍存在，桩头开挖后，部分密实度较差或缺少骨料的桩头需要凿除，并用高强度等级普通混凝土进行接桩处理。

4. 补浆作用机理分析

补浆工艺对确保钻孔压浆桩的承载能力起到极为重要的作用，补浆可分为长管补浆、短管补浆和花管补浆三种。

桩孔中的水泥浆受地下水影响，在重力作用下沉淀析水，水泥颗粒向桩身下部聚集，对桩身强度的影响不大；桩身上部的水泥浆容易离析，需要通过多次补浆，桩身强度才能得到加强。因此，在桩身中部补浆比在桩底补浆的效果好。补浆不仅能使骨料与浆液均匀混合，消除空隙，而且第一次注浆后，由于孔壁对浆液的吸收、浆液消失和收缩而引起的空隙得以填充致密，从而大大提高桩的实际强度和质量。上述两种因素正是在桩身中部补浆的钻孔压浆桩承载能力得以提高的主要原因。

5. 适用范围

钻孔压浆桩适用性较广，几乎可用于各种地质土层条件：既能在水位以上干作业成孔成桩，也能在地下水位以下成孔成桩；既能在常温下施工，也能在 -35℃ 的低温条件下施工；采用特制钻头可在单轴饱和抗压强度标准值 $f_{rk} \leqslant 40\text{MPa}$ 的风化岩层、盐渍土层及砂卵石层中成孔；采用特殊措施可在厚流砂层中成孔；还能在紧邻持续振动源的困难环境下施工。

钻孔压浆桩的直径一般为 300mm、400mm、500mm、600mm 和 800mm，常用桩径为 400mm、600mm，桩长最大可达 31m。

6. 技术特点

（1）优点

1）振动小，噪声低。

2）由于钻孔后的土柱和钻杆是被孔底的高压水泥浆置换后提出孔外的，所以能在流砂、淤泥、砂卵石、易塌孔和地下水的地质条件下，采用水泥浆护壁顺利地成孔成桩。

3）由于高压注浆对周围的地层有明显的渗透、加固、挤密作用，可解决断桩、缩径、桩底虚土等问题，还有局部膨胀扩径现象，提高承载力。

4）因不用泥浆护壁，没有因大量泥浆制备和处理而带来的污染环境、影响施工速度和质量等弊端。

5）施工速度快、工期短。

6）单方承载力较高。

7）可紧邻既有建筑物施工，也可在场地狭小的条件下施工。

（2）缺点

1）因为桩身用无砂混凝土，所以水泥消耗量比普通钢筋混凝土灌注桩多。

2）桩身上部的混凝土密实度比桩身下部差，静载试验时可能发生桩顶压裂现象。

3）注浆结束后，地面上水泥浆流失较多。

4）在厚流砂层中成桩困难。

21.2　施工机械及设备

（1）长螺旋钻孔机

国产长螺旋钻孔机经改装和改造后均能满足钻孔压浆桩的施工工艺要求。

（2）导流器

为实现钻到预定深度后不提出钻杆而能自下而上高压注浆，在钻机动力头上部或下部安装 1 个导流器，并通过高压胶管与高压泵出口相连，导流器的出口通过小钢管或高压胶管与钻头连通，在钻头的叶片下有 2～4 个小出浆孔。在动力头输出轴下部安装导流器，不仅能传递较大的扭矩，也能输送具有较高压力的浆液。如果动力头输出轴有通孔，则导流器可以安装在动力头上部，不起传递扭矩的作用，仅在钻杆旋转中输送高压浆液。

（3）钻杆

钻杆的接头也应有通孔，并且要密封可靠，不能漏浆。如果利用钻杆内孔输送浆液，工作效率高，但注浆压力不大；如果利用钻杆内穿过的小钢管或高压胶管输送浆液，则注浆压力高，但每节管的连接一定要可靠，不能漏浆，否则小钢管和高压胶管很难从钻杆中取出。

（4）钻头

钻头的上部要有管接头与钻杆的压浆管相连，钻头叶片下有 2～4 个小出浆孔，保证浆液从孔底压入，其孔径要考虑浆液的流量和压力。在开钻前要将出浆孔堵住，以保证在钻进过程中出浆孔是关闭的。注浆时，出浆孔应及时打开，以保证注浆工序顺利进行。

钻头形式与其他螺旋钻孔机一样，视土层地质情况选用尖底钻头、平底钻头、耙式钻头或凿岩钻头等。

耙式钻头（图 21-1）适应性较强，在砂卵石层中也能钻进。

锥螺旋凿岩钻头（图 21-2）既能钻岩又能钻土，钻头外形与倒锥形双头螺旋相似，回转时稳定性好；刀头的刃部采用硬质合金，其硬度及抗弯、抗剪、抗扭、抗折、抗冲击等强度均大于一般的中硬岩石，从而使钻进中硬岩石成为可能。多刀头的合理组合在钻进中形成阶梯状、多环自由面的碎岩方式，即下方刀头所形成的切槽为上方刀头碎岩提供了自由面，控制新刀头的硬质合金底出刃 4～6mm、外出刃 3～4mm，能较好地解决刀头钻进时在复杂应力状态下的崩刃与出刃（工作高度）之间的矛盾；针对钻头中心部分线速度小、刃口磨损过快、严重影响进尺的情况，底部的刀头采用倾角为 75°～85°的正前角，刀头刃部的正投影偏离并超越钻头轴心，实践中效果显著。

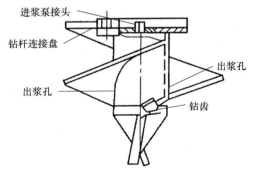

图 21-1　耙式钻头

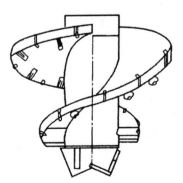

图 21-2　锥螺旋凿岩钻头

（5）注浆泵及管路系统

注浆泵是钻孔压浆成桩法的关键设备，因其工作介质是以水泥浆为主的浆液，通常浆液重度大于16kN/m³，漏斗黏度大于35s，且采用高压注浆工艺，因此对注浆泵的吸程、泵量、泵压及功率储备都有严格的要求。可选用SNC-300水泥注浆泵，当桩径和桩长较小时也可用WB-320泥浆泵替代。SNC-300水泥注浆泵的性能见表21-1。其动力由6135柴油机提供，额定功率为117.6kW，活塞行程为250mm，外形尺寸为2380mm×945mm×1895mm，重量为2.775t。

表 21-1　SNC-300 水泥注浆泵的性能

发动机变速挡位	曲轴转速/(r/min)	缸套直径为100mm		缸套直径为115mm	
		排量/(L/min)	压力/MPa	排量/(L/min)	压力/MPa
V	117	762	6.1	1040	4.47
Ⅱ	26	154	30	220	20.1

高压注浆管是钻孔压浆桩施工中连接注浆泵与螺旋钻杆、实现浆液高速输送和高压注浆的重要工具。该工艺使用的高压注浆管与液压传动机械的高压胶管通用，管路系统应耐高压，并附有快速连接装置。高压胶管的规格及性能见表21-2。

表 21-2　高压胶管的规格及性能

公称内径/mm	型号	外径/mm	工作压力/MPa	最低爆破压力/MPa	最小弯曲半径/mm
19	B19×2S-180	31.5	18	72	265
	B19×4S-345	35	34.5	138	310
22	B22×2S-170	34.5	17	68	280
	B22×4S-300	39	30	120	330
25	B25×2S-160	37.5	16	64	310
	B25×4S-270	41	27.5	110	350
32	B32×4S-210	50	21	84	420
	B32×6S-260	53.8	26	104	490

（6）注水器

注水器是连接注浆管与动力头的高压密封装置，是在实现钻杆旋转的同时进行高压注浆的关键装置。

（7）浆液制备装置

由电器控制柜、电动机、减速器、搅拌器、搅拌叶片及搅浆桶组成，搅浆桶容积为1.2～2.2m³。浆液制备装置配套数量和规格视单桩混凝土体积及施工效率而定，每个机组通常配2套以上。

21.3　施　工　工　艺

1. 施工工艺流程

施工工艺流程如图21-3所示。

2. 施工程序

施工程序如图21-4所示，详述如下：

① 钻机就位。在设计桩位上将钻机放平稳，使钻杆竖直，对准桩位钻进，随时观察并校正钻杆的垂直度。

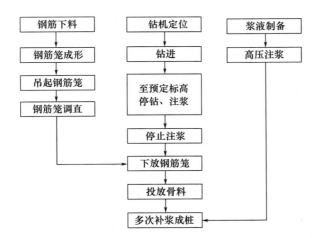

图 21-3　施工工艺流程

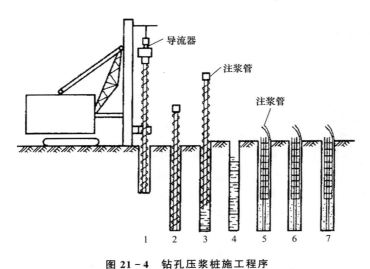

图 21-4　钻孔压浆桩施工程序

1. 钻机就位；2. 钻进；3. 第一次注浆；4. 提出钻杆；5. 放钢筋笼和注浆管；
6. 放碎（卵）石；7. 第二次注浆（补浆）

② 钻进。钻至设计深度后，停止进尺，回转钻具，空钻清底。

③ 第一次注浆。把高压胶管一端接在钻杆顶部的导流器预留管口，另一端接在注浆泵上，将配制好的水泥浆由下而上在提钻的同时在高压作用下喷入孔内。

④ 提出钻杆。对于有地下水的情况，注浆至无坍孔危险位置以上 0.5～1.0m 处，提出钻杆，形成水泥浆护壁孔。

⑤ 放钢筋笼和注浆管。将塑料注浆管或钢注浆管固定在制作好的钢筋笼上，使用钻机的吊装设备吊起钢筋笼，对准孔位，并将其竖直地慢慢放入孔内，下到设计标高后固定钢筋笼。

⑥ 放碎（卵）石。碎（卵）石通过孔口漏斗倒入孔内，用铁棍捣实。

⑦ 第二次注浆（补浆）。利用固定在钢筋笼上的塑料管或钢管进行第二次注浆，此工序与第一次注浆间隔不得超过 45min。第二次注浆通常要多次反复，最后一次补浆必须在水泥浆接近终凝前完成。注浆完成后立即拔管，洗净备用。

3. 施工特点

1) 钻孔压浆桩施工工艺中有两次注浆，所需的水泥浆液是由注浆泵压入的，该泵配有水泥浆的搅拌系统。注浆泵的工作压力应根据地质条件确定，第一次注浆压力一般为 4～8MPa，第二次补浆压力一般为 2～4MPa。以上注浆压力均指泵送终止压力。

在淤泥质土和流砂层中，注浆压力要高；在黏性土层中，注浆压力可以低些；对于地下水位以上的黏性土层，为防止缩径和断桩，也要提高注浆压力。

2）成孔时边注浆边提钻，每次提钻在钻头下所形成的空间必须有足够的水泥浆填充，而且压进水泥浆的体积要略大于提钻所形成的空间，必须保证水泥浆包裹在钻头以上 1m，不得把钻杆提出水泥浆面。

3）两次高压注浆都是由下而上，靠高压浆液振荡，并顶升排出桩体内的空气，使桩身混凝土达到密实，因此桩身混凝土强度等级能达到 C25 及以上。

4）当钻头达到预定持力层标高后，不提钻即注浆，桩端土体未扰动，没有沉渣掉入孔内。水泥浆在高压作用下向孔底持力层内扩渗，使桩端形成水泥土扩大头，提高桩端阻力；同时，水泥浆沿桩体周边土层孔隙向四周扩散渗透，形成网状树根形，提高桩侧阻力。

5）桩头质量控制是钻孔压浆桩施工的关键所在，为解决桩头质量差的弊病，应采取桩头花管补浆并振捣的措施。

6）钻孔压浆桩为钢筋无砂混凝土桩，故其脆性比普通钢筋混凝土桩要大。

4. 施工要点

1）钻机定位时，将钻头的钻尖对准标志桩后，用吊线或经纬仪在互成 90°的两个方向将螺旋钻杆或挺杆调至设计角度，垂直度控制在桩长的 1% 以内。如果地基承载力不能满足长螺旋钻机行走要求，则应采用道渣、废砖块、钢板及路基箱等垫道。

2）钻机挺杆下方必须用硬方木垫实，以避免钻进时钻机晃动，影响桩的垂直度，损坏钻机。

3）制备浆液用的水泥宜采用强度等级不低于 42.5 级的硅酸盐水泥或普通硅酸盐水泥，不宜使用矿渣水泥。当平均气温低于 −20℃ 时，可采用早强型普通硅酸盐水泥。

4）水泥浆液可根据不同的使用要求掺加不同的外加剂（如减水剂、增强剂、速凝剂、缓凝剂或磨细粉煤灰等）。

5）浆液应通过 14mm×14mm～18mm×18mm 的筛子，以免掺入水泥袋屑或其他杂物。

6）水泥浆的水灰比宜为 0.45～0.60。

7）为使第一次注浆和第二次注浆（补浆）两道工序顺利进行，粒径 10mm 以下的骨料含量宜控制在 5% 以内。常用规格为 10～20mm 与 16.0～31.5mm 混合级配，20～40mm 与 31.5～63.0mm 混合级配，其中 20～40mm 最常用；桩径较粗、孔深较大、容易窜孔时，宜用较大粒径的碎石，反之则宜选用较小粒径。骨料最大粒径不应大于钢筋最小净距的 1/2。

8）将投料斗放好，连续投入骨料至设计标高以上 250mm，骨料投入量不得少于桩的理论计算体积。

9）为保证第一次注浆时有足够大的压力，钻杆内应设置小钢管或高压胶管输送浆液。

10）钻进前将钻头的出浆孔用棉纱团堵塞严实，钻头轻轻放入土中，合上电闸，钻头及螺旋钻杆缓慢钻入土中。

11）安放补浆管时，其下端距孔底 1m。当桩长超过 13m 时，应安放一长一短两根补浆管，长管下端距孔底 1m，短管出口在 1/2 桩长处，补浆管组数视桩径而定。补浆管应与钢筋笼简易固定，上部超出笼顶的长度应保证钢筋笼入桩孔后尚能露出施工地坪 0.5m 左右。补浆塑料管上端接上快速接头。

12）钻至设计标高后，钻机空转（桩孔较浅或没有埋钻危险时可停止转动）等待注浆，钻杆不再下放，开始注浆。浆液到达孔底后，边注浆边提钻。提升钻杆过程中应保证注浆量略大于提钻形成的钻孔空间，确保钻头始终浸没在浆面下 1.0m 左右。一般注浆压力为 4～8MPa。钻杆提至没有埋钻危险的标高位置时停止转动，并延续原提钻和注浆速度。

13) 钻杆提升至不塌孔标高位置时停止注浆。孔口清理干净后，将钻杆提出孔外，立即安放孔口护筒，并加盖孔口盖板。上部孔段超径严重时，应将孔口护筒中心固定在原桩位中心。

14) 沉放钢筋笼的做法。长度为 12m 以内的钢筋笼可采用单吊点直接起吊，长度大于 12m 的钢筋笼可采用双吊点起吊。吊点宜设在 1/3 笼长和 2/3 笼长的位置。为减少起吊变形，可采用加焊甚至满焊螺旋箍筋焊点、增大架立箍筋直径的方法以增大钢筋笼整体刚度；也可采用在吊点处绑扎直径 120~180mm、长 4~6m 的干燥杉木，以增大吊点处刚度的综合起吊方法。

15) 钢筋笼就位后立即在孔口安放漏斗，并将装满骨料的铲车开至孔口，铲斗举高对准漏斗，均匀缓慢地往桩孔内倾倒骨料，至骨料高出桩顶标高 0.5~1.0m，投料完成，并做好记录。

16) 补浆分三种情况。

① 长管补浆：投料完成以后约 15min，将注浆管接头与拟补浆桩孔的长补浆管的快速接头连接，开泵补浆（补浆压力为 2~4MPa）后浆面上升。首次补浆应将泥水返净，每次补浆都应见纯净水泥浆液开始从桩孔流出方可终止，停泵后卸开注浆管接头。通常长管补浆一次。

② 短管补浆：长管补浆后约 15min，将注浆管接头与拟补浆桩孔的短补浆管快速接头连接，开泵补浆后浆面上升，见纯净水泥浆液开始从桩孔流出终止补浆。由于水泥浆在桩孔内析水的原因，浆面反复下降，因此必须多次补浆，直至浆面停止下降，方可结束全部补浆工序。

③ 花管补浆：基础桩施工末次补浆前将花管插入桩头下约 4m。末次补浆应采用花管补浆并振捣。

17) 基础桩桩头采用插入式振捣器振捣，快插慢拔，且不得长时间在一处振捣，振捣深度应大于1.5m。振捣完毕的桩头注意防止车辆、钻机碾压。

18) 钻孔压浆桩冬期严寒气候下施工要点。

① 钻孔压浆桩的一个主要优势是能在冬季严寒气候条件下（可达到 -35℃）顺利成孔成桩。

② 应选用特制的钻头，钻进冻土时应加大钻杆对土层的压力，并防止摆动和偏位。

③ 钻进过程中应及时清理孔口周围积土，避免暖土在钻机底护筒下冻结。

④ 钻孔与注浆两道工序必须密切配合，避免孔内土壁结冰，影响成桩质量。

⑤ 水泥浆制备设备放置于暖棚内，用热水搅拌水泥浆，输浆管路用防寒毡垫等包裹严实，设专人对水温、浆温、混凝土入模温度进行监测，并做好冬期施工记录。

⑥ 一般情况下冬期施工成桩时混凝土温度不应低于 -15℃，桩头用塑料薄膜、岩棉被及干土覆盖严密，局部桩孔留有测温管。

⑦ 施工期间气温低于 -20℃ 时，应采取提高水温、增加补浆次数和测温频率、桩头蒸汽加温及添加防冻剂等技术措施。

5. 施工注意事项

1) 水泥浆质量的好坏直接影响钻孔压浆桩的成孔和桩身混凝土的质量，水泥浆的稀稠程度即水泥浆的密度大小是影响水泥浆质量好坏的关键。因此，在施工中应设专人对水泥浆进行管理，经常测水泥浆密度、黏性及 pH 等，尽量减少由于钻孔操作不慎产生的沉渣，防止地下水及清洗注浆管时水流入其中，而使其密度减小。实践经验表明，水泥浆的密度宜控制在 1.25~1.50，当穿过砂砾石层或容易坍孔的地层时可增大至 1.30~1.50。

2) 搅拌后的水泥浆超过 2h 后达到初凝时不得使用。

3) 水泥浆的水灰比宜为 0.45~0.60。若采用水灰比小的浓浆，由于浆液密度大，投料时骨料不易下沉，造成混凝土级配不好；若采用水灰比大的稀浆，则混凝土强度达不到要求。解决办法为注浆和补浆采用不同的水灰比，即补浆时用浓浆并多次补浆，另外可适当地掺加外加剂。

钻孔压浆桩为无砂混凝土灌注桩，其桩身混凝土强度主要取决于水灰比的大小。混凝土强度等级与所采用的最大水灰比的关系见表 21-3。

表 21-3　混凝土强度等级与所采用的最大水灰比的关系

桩身混凝土强度等级	碎石（或卵石）	
	水泥强度等级/MPa	最大水灰比
C25	32.5	0.58
	42.5	0.62
C30	42.5	0.56

4）处理好注浆泵排量与注浆压力的关系。注浆压力以能护住孔并能将孔中稀浆排出孔外为准，而注浆泵排量的大小影响成孔的速度。实际的注浆压力应是注浆管孔口的压力，注浆泵的压力包含了浆液的输送阻力（管路阻力）。注浆泵的压力应综合考虑钻孔深度、地层情况、管路长短及浆液黏度等因素确定。

5）处理好提钻速度与注浆量的关系。在提钻时必须保证水泥浆包裹在钻头以上 1m，不得把钻杆提出水泥浆面，为此要做好注浆量的计量，并保证钻杆提速的均匀性。孔内注浆 1min 后方可提钻，提钻速度控制在 0.5～0.9m/min。

6）钻杆拔出孔口前，先将孔口浮土清理掉，然后安放钢筋笼。

7）慢慢投放骨料，以防投放过快骨料堆积在桩孔半空，造成断桩。骨料高出桩顶标高 0.5～1.0m。

8）钻孔压浆桩由于采用无砂混凝土，桩身强度受到限制，采用高强度等级混凝土一般较困难，而且桩身混凝土上部强度低，下部强度高，而上部混凝土所受压力较大，因此桩顶配筋宜多一点，包括主筋和箍筋都应加大配筋率。

9）加强混凝土质量的控制。根据钻孔压浆桩的成桩工艺，桩身混凝土质量主要与水泥浆的水灰比有关，其混凝土试块的制作过程与实际的成桩相差较大，不具有代表性，因此在施工时一定要严格按照水灰比加水和水泥，并经常抽测水泥浆的密度。

10）补浆过程中要经常检查骨料顶面标高，及时补充骨料至设计和施工要求的标高。

11）为了保证第一次注浆时有足够大的压力，应对长螺旋钻杆进行改造，即在钻杆顶部中间空管道打一个孔，在空管道内放置一根高压胶管，一直通到钻杆底部，在钻头内放一个溢流阀，通过一根钢管与高压胶管相连，在钻头钻尖两侧打对称的两个孔；钻到设计标高时，将高压泥浆泵上两头带丝扣的高压胶管的另一头与钻杆内的高压胶管相连，开动泥浆泵，此时高压水泥浆便通过泵的吸浆管吸到泵内，再通过排浆管、高压胶管流到钻杆内的高压胶管，打开溢流阀，水泥浆便流到钻孔内，边提钻边注浆，直至水泥浆高出地下水 2m 以上，起到护壁作用。

12）桩基越冬措施主要考虑以下两方面的冻害，即混凝土能否被冻坏和桩能否被土层冻切力拔起或拔断，前者的应对措施是在混凝土中加入足量防冻剂，后者的应对措施是松动桩顶以下的桩周土。

13）成桩保护。钻孔压浆桩的施工应根据桩间距和土层渗透情况按编号顺序跳跃式进行，或根据凝固时间间隔进行。桩孔间应防止窜浆，避免造成对已施工完毕的邻桩的损坏。桩施工完毕后 3 天内，应避免钻机或重型机械直接碾压桩头引起桩头破坏。桩头清理应在桩头混凝土凝固后进行，一般施工完毕 3 天以后进行。清理桩头应人工清理，严禁用挖掘机等机械强行清理。桩顶标高要比设计标高至少高出 0.5m。

21.4　钻孔压浆桩的承载力计算

当根据土的物理指标与承载力参数之间的经验关系确定钻孔压浆灌注桩单桩竖向极限承载力标准值时，可按下式计算：

$$Q_{uk} = Q_{sk} + Q_{pk} = u \sum q_{sik} l_i + q_{pk} A_p \qquad (21-1)$$

式中　Q_{uk}——单桩竖向极限承载力标准值；

　　　q_{sik}——桩周第 i 层土的极限侧阻力标准值；

　　　q_{pk}——极限端阻力标准值；

　　　u——桩身周长；

　　　l_i——桩穿越第 i 层土的厚度；

　　　A_p——桩端面积。

q_{sik} 及 q_{pk} 如无当地经验值，可按《建筑桩基技术规范》（JGJ 94—2008）中的表 5.28 - 1 及表 5.28 - 2 取值。

当使用钻孔压浆桩工艺施工时，由于水泥浆在高压作用下对桩端、桩周土的渗透、挤密、加固，桩的 q_{sik} 及 q_{pk} 值均有大幅度提高，所以在计算单桩竖向极限承载力标准值时，桩的 q_{sik} 及 q_{pk} 值均应乘以相应的提高系数，计算公式为

$$Q_{uk} = Q_{sk} + Q_{pk} = u \sum q_{sik} l_i t_{si} + q_{pk} A_p t_p \qquad (21 - 2)$$

式中　t_{si}——桩周第 i 层土受到高压水泥浆渗透、加固作用后的承载力提高系数；

　　　t_p——桩端受到高压水泥浆渗透、加固作用后的承载力提高系数。

t_{si} 及 t_p 可按表 21 - 4 取值。

表 21 - 4　t_{si}、t_p 的取值

土层名称	t_{si}	t_p	土层名称	t_{si}	t_p
粉砂	1.3	1.5	粗砂	1.8	2.0
细砂	1.4	1.6	砾砂	2.0	2.2
中砂	1.6	1.8	—	—	—

钻孔压浆桩承载力在砂层中的提高系数是通过十几年、几百项工程施工的实践总结出来的。

施工实践证明，钻孔压浆桩的桩身进入砂层一定深度，尤其桩端持力层为中粗砂以上的地质条件时，水泥浆的渗透、挤密、加固作用发挥得更加明显，单桩承载力也随之大幅度提高（表 21 - 5）。

表 21 - 5　8 项工程中钻孔压浆桩承载力的提高系数

工程名称	混凝土强度等级	桩径/mm	桩长/m	桩端持力层	理论 Q_{uk}/kN	试验确定的 Q_{uk}/kN	承载力提高系数
哈尔滨东方明珠大厦	C20	400	11.7	粗砂	770	1550	2.0
哈尔滨报业大厦	C25	600	16.0	中砂	1830	3300	1.8
尚志市腾飞建安公司商住楼	C20	600	8.0	砾砂	1795	3950	2.2
佳木斯市世纪广场	C25	800	7.0	砾砂	4640	9750	2.1
哈尔滨龙电花园 G 栋	C20	600	17.0	粗砂	2050	3900	1.9
哈尔滨马迭尔宾馆二期工程	C25	600	27.0	粗砂	2410	4700	1.95
齐齐哈尔市财政大厦	C25	700	16.5	砾砂	2710	5830	2.15
哈尔滨地德里小区 303 号楼	C25	600	20.0	中砂	2910	5100	1.75

注：表中理论单桩竖向极限承载力标准值根据式（21 - 1）按本工程岩土工程勘察报告给定的 q_{sik} 及 q_{pk} 值计算得出。

21.5　工程实例：大庆油田生产指挥中心工程

21.5.1　工程概况

拟建大庆油田生产指挥中心工程位于大庆西建街东、大庆路北，西邻悦园居住小区及大庆第一中

学。拟建建筑物为综合性办公大楼，主楼地下 1 层，地上 21 层。主楼采用桩基础，施工工艺采用钻孔压浆桩。

1. 工程地质概况

施工场地地貌单元为第四纪冲（淤）积平原。场地地层分布情况见表 21-6。

表 21-6　场地地质概况

土层编号	地质类型	岩性描述	层厚/m	q_{sik}/kPa	q_{pk}/kPa
①	粉质黏土	可塑	2.0～6.5	65	—
②	粉土	中密、稍湿～湿	0.3～2.5	65	—
③	粉砂	中密、饱和	2.0～4.2	50	—
④	粉质黏土	可塑	2.5～4.0	50	—
⑤	粉质黏土	软塑～可塑	6.0～8.0	35	—
⑥	黏土	硬塑	2.0～5.0	80	—
⑦	黏土	可塑	1.5～3.3	70	—
⑧	黏土	硬塑	12.5～14.0	85	1400

注：桩端持力层为⑧层（黏土层）；地下水类型为潜水，地下水位埋深为 1.70～2.50m。

2. 施工条件

拟建建筑物±0.00 为 148.70m，桩基工程在基坑内施工，桩顶标高距自然地面约 3.50m，地下水位埋深浅。第一期开挖 1.5～1.7m 深，首先施工工程桩，需要空打 2.00～5.10m。电源、水源由甲方负责引入现场，施工时用电量为 400kW，日用水量为 120t。

3. 主要执行的规范

1）《建筑工程施工质量验收统一标准》（GB 50300—2001）。

2）《建筑桩基技术规范》（JGJ 94—1994）。

3）《混凝土结构工程施工质量验收规范》（GB 50204—2002）。

4）《建筑地基基础工程施工质量验收规范》（GB 50202—2002）。

5）《建筑工程冬期施工规程》（JGJ 104—1997）。

6）《建筑施工安全检查标准》（JGJ 59—1999）。

4. 工程量

工程量见表 21-7。

表 21-7　桩基础工程量一览

桩型	桩径/m	桩长/m	桩顶标高/m	桩数/根	混凝土量/m³
工程桩	0.6	24.00	−8.650～−5.550	485	3323.70
锚桩	0.6	24.00	−5.550	20	137.10
试桩	0.6	24.00	−5.550	5	34.30
合计				510	3495.10

21.5.2 钻孔压浆桩施工

1. 钻孔压浆桩施工工艺流程

钻孔压浆桩施工工艺流程如图 21-5 所示。

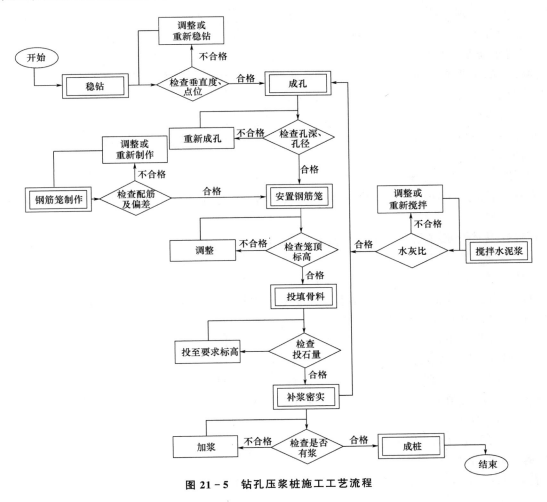

图 21-5 钻孔压浆桩施工工艺流程

2. 测量定位

依据施工图纸及现场给定点位，按直角坐标将桩位施放完毕。

3. 施工工序

（1）稳钻工序（一般工序）

1）确定准备施工的桩位号后，由技术员按图纸找点，以露出圆状白点为准，依据固定点、轴线或其他准确的桩位点，按图示尺寸检查，点位偏差应符合规定。

2）钻机就位后，钻头尖与桩位点垂直对准，并利用钻机的水平气泡或垂球检查钻具的垂直度，反复抄平。如发现钻头尖离开点位，要重新调整、重新稳点、重新抄平，直到钻头尖对准孔位点为止。

（2）成孔工序（关键工序）

1）将钻头喷孔堵严，防止钻进过程中砂土从喷浆孔中进入，造成水泥浆输送管路堵塞。

2）开钻时钻头应离开地面不小于 20cm，钻机启动空转 20s 后下钻，下钻速度要平稳。

3）在可能的情况下进尺越快越好，但要注意电流和返土情况，防止出现埋钻事故。

4）钻进中，如发现不良地质情况或地下障碍，应立即停止钻进，与甲方协商解决处理。

5）钻机钻至设计孔底标高后，开动泵车向孔内注浆，注浆压力控制在 5～10MPa。

6）开始注浆时钻具应在孔底旋转 1min，然后边提钻边注浆，但要保证钻头进入水泥浆中 1m，不得将钻头提出浆面。

7）水泥浆面注到足够支撑孔壁稳定的位置时停止注浆，并将孔周围 1m² 范围内的杂土清理干净。

8）应记录开始注浆时间、注浆结束时间、水灰比、水泥型号、外加剂种类、注浆量、注浆压力。

（3）安置钢筋笼、补浆管工序（一般工序）

1）将预制的钢筋笼抬到孔口，利用钻机自备吊钩放入孔中，用水准仪确定标高，并将其固定在设计笼顶标高处。

2）固定的钢筋笼要保证主筋保护层厚度。

3）钢筋笼固定后，下入两根补浆管，长补浆管不小于桩长的 2/3，短补浆管距桩顶不小于 3m 且不大于 5m（图 21-5）。

（4）投填骨料工序（特殊过程）

1）安置钢筋笼、补浆管工序结束后，灌注工人应马上铺好孔口板，向孔内投填粗骨料，骨料为 20～40mm 的单粒级碎石。

2）骨料投填时不宜过急，应注意观察孔内浆面情况，避免叉孔。骨料投至桩顶标高以上不小于 25～30cm。

3）粗骨料投填系数不小于 0.85。

4）应记录首次投填量、补浆密实后补填量、总投填量、石顶标高、石批次、投填系数等。

（5）补浆密实工序（特殊过程）

1）前两次补浆应用长管，要将桩内的水及杂质拱出桩外。

2）补浆时间间隔不宜超过 20min。

3）进行多次补浆后如发现骨料下沉，应及时补填至石顶标高，直至骨料不下沉为止。

4）补浆压力应控制在 3～5MPa。当水泥浆饱满、不再渗透，在现场技术人员认可的情况下方可终止补浆，拔出短补浆管。

5）补浆密实工序应在水泥浆初凝前完成。

（6）钢筋笼制作工序（关键工序）

1）依据图纸制作工程桩钢筋笼、锚桩钢筋笼，见表 21-8。

表 21-8　钢筋笼制作一览

桩型	配筋情况				数量/个
	主筋	长度/m	箍筋	加强筋	
工程桩	8Φ14	12	φ8 前 2.5m@100 后 9m@200	2φ12@2000	485
锚桩	8Φ22	25	φ8 前 2.5m@100 后 21.5m@200	2φ12@2000	20
试桩	8Φ14	12	φ8 前 2.5m@100 后 9m@200	2φ12@2000	5

2）钢筋笼的制作应符合规范要求，否则不得使用。

（7）搅拌水泥浆工序（一般工序）

1）水灰比严格控制在 0.62。

2）严格按技术要求给定的数量加水及水泥，即每罐水泥 1000kg，水 620kg。

3）水泥浆搅拌时间不得小于 3min。

4）搅拌好的水泥浆经过筛网过滤存放于贮浆罐，并派专人搅拌，防止沉淀，存贮时间应小于水泥初凝时间。

21.5.3　主要技术要求

1. 设计要求

设计要求见表 21-9。

表 21-9　设计要求一览

桩径/m	桩长/m	桩数/根	桩顶标高/m	混凝土强度等级	单桩竖向极限承载力标准值/kN	试桩总数/根
0.6	24.0	510	−8.650～−5.550	C25	3500	5

2. 施工设计要求

水泥浆配比见表 21-10。

表 21-10　水泥浆配比

混凝土强度等级	水泥	清水	水灰比	水泥种类	搅拌时间
C25	1000kg	620kg	0.62	P.O42.5R	≥3min

钢筋笼制作允许偏差见表 21-11。

表 21-11　钢筋笼制作允许偏差

项次	允许偏差项目	允许偏差/mm
1	主筋间距	±10
2	箍筋间距	±20
3	钢筋笼直径	±10
4	钢筋笼长度	±100

钻孔压浆桩施工允许偏差应满足表 21-12 的要求。

表 21-12　钻孔压浆桩施工允许偏差

项次	允许偏差项目		允许偏差
1	点位偏差、稳钻偏差	垂直桩基中心线	20mm
		沿桩基中心线	20mm
2	垂直度		1‰桩长
3	钻孔深度（桩长）		+0.3m
4	钻孔直径（桩径）		个别断面−20mm
5	笼顶标高		±100mm
6	钢筋保护层		±20mm
7	桩位	1～3 根、单排桩基垂直于中心线方向和群桩基础的边桩	100mm
		条形桩基沿中心线方向和群桩基础中间桩	150mm

21.5.4　质量保证措施

1. 严格控制各工序施工质量

关键工序：成孔、钢筋笼制作。
一般工序：稳钻、安置钢筋笼、搅浆。
特殊过程：投填骨料、补浆密实。

对施工过程中的一般工序、关键工序、特殊过程均进行自检，填写"钻孔压浆桩施工记录""钢筋笼制作工序检查记录""水泥浆搅拌记录"。各工序由项目经理部技术负责人统一分工、专人负责，制定标准化管理措施。关键工序由项目质检员按日完成桩数的10%抽检，并不少于三根。严格工序之间的交接制度，保证工序质量。施工中应健全、完善工序自检与工序之间的互检工作，下道工序检查上道工序是否合理，凡不合格者不准转入下道工序。

2. 桩的检查

1）成桩后要随时检查水泥浆是否充实，碎石是否下沉。
2）做好桩顶部分的养护。
3）整个成桩过程要认真做好现场施工记录。

21.5.5　冬期施工措施

1. 准备工作及机械设备保温措施

1）根据供水公司运至施工现场水温的具体情况，确定是否对水进行二次加热。
2）如果水温不能满足要求，现场每个水箱设一个6000W电加热器。
3）搭设暖棚，尽量减少水的热量散失，水温不得低于20℃，不得高于60℃。
4）施工机械设备保温措施如下。
① 钻机：保证油路畅通、正常工作。
② 泵车：置于暖棚中，注浆管路施工后清洗干净，用冷风吹干。
③ 水箱：置于暖棚中，将水箱四周及底部用苯板包好。
④ 搅浆桶及储浆罐：置于暖棚中，保证水泥浆出罐温度不得低于15℃。

2. 施工技术措施

1）工程桩使用普通硅酸盐水泥42.5R。钻孔压浆桩冬期施工时，混凝土质量通过水泥浆出罐温度及混凝土入模温度两方面来控制。规范规定入模温度不低于5℃。
2）水泥浆搅拌时间不少于3min。
3）碎石不得含有冰、雪等冻结物，雪天应用彩条布覆盖。

3. 混凝土养护

1）桩补完浆后应立即用钻孔出土覆盖，保证桩头不受冻。
2）由于本工程桩顶在标准冻深以下，按照规范规定，每工作班施工混凝土量在50m³以内制作一组试块，超过50m³的相应留置。

4. 测温

1）设专人进行测温，并做好记录。

2）测温项目包括室外气温、水温、出罐温度、入模温度、桩顶温度。

3）测温次数：每工作班不少于 4 次。

4）每天留一根测温桩，采取措施保护好测温管。

5. 钢筋工程

1）雪天不宜现场施焊，应采取有效遮蔽措施，焊后未冷却的接头不得碰到冰雪。

2）负温搭接焊。

① 搭接焊时，第一层焊缝应在中间引弧，从中间向两端施焊。各层焊缝应控温施焊。

② 与常温焊接相比，宜增大电流、降低焊接速度。

21.5.6　主要机具设备使用计划

主要机具设备使用计划见表 21-13。

表 21-13　主要机具设备使用计划

序号	名称	型号	单位	数量	用电量/kW
1	钻机	JZL-90	台	2	110×2
2	泵车	SNC-300	台	2	30×2
3	搅浆桶	—	台	4	10×4
4	贮浆桶	—	台	2	10×2
5	电焊机	AX4-300	台	6	10×6
6	装载机	ZL-50	台	2	—
7	经纬仪	DJ2	台	2	—
8	水准仪	DS6	台	2	—

参 考 文 献

[1] 沈保汉. 桩基与深基坑支护技术进展 [M]. 北京：知识产权出版社，2006：867-869.

[2] 沈保汉. 钻孔压浆桩 [J]. 工程机械与维修，2015（04 增刊）：62-66.

[3] 沈保汉. 钻孔压浆灌注桩 [M] //杨嗣信. 高层建筑施工手册. 3 版. 北京：中国建筑工业出版社，687-695.

[4] 王景军，李兆斌. 钻孔压浆桩在砂层中承载力的提高系数[Z]. 黑龙江省桩基础工程公司，2001.

[5] 李兆斌. 大庆油田生产指挥中心桩基础工程施工组织设计[Z]. 黑龙江省桩基础工程公司，2001.

第22章　摇动式全套管灌注桩、咬合桩和嵌岩桩

沈保汉　刘富华　杨　松　鲁　迟　吕夏平　范　磊

22.1　捷程牌 MZ 系列摇动式全套管钻机

22.1.1　简述

全套管钻机又称贝诺特钻机，是由法国贝诺特公司于 20 世纪 50 年代初开发和研制而成的。随后，日本、德国、英国、意大利等国引进和研制，机种和施工方法均有很大发展，产品不断更新换代。根据日本基础建设协会 1993 年对 31 家施工单位的 10.1 万根灌注桩的调查，全套管工法占 26%。20 世纪八九十年代在我国香港地区，各基础施工公司用全套管钻机成桩数已占市场份额的 45% 左右。

全套管钻机按其成孔直径可分为小型钻机（直径在 1.2m 以下）、中型钻机（直径为 1.3～1.5m）和大型钻机（直径为 1.6～2.6m 或更大）。国外在用全套管钻机施工时多用大、中型钻机。

我国于 20 世纪 70 年代开始少量引进摇动式全套管钻机。

贝诺特灌注桩施工法为全套管施工法。该法利用摇动装置的摇动（或回转装置的回转）使钢套管与土层间的摩阻力大大减小，边摇动（或边回转）边压入，同时利用冲抓斗挖掘取土，直至套管下到桩端持力层为止。挖掘完毕后立即进行挖掘深度的测定，并确认桩端持力层，然后清除虚土。成孔后将钢筋笼放入，接着将导管竖立在钻孔中心，最后灌注混凝土成桩。

贝诺特法实质上是冲抓斗跟管钻进法。

全套管钻机是一种机械性能好、成孔深度大、成桩直径大的新型桩工机械，集取土、成孔、护壁、吊放钢筋笼、灌注混凝土等作业工序于一体，效率高，工序辅助费用低。

全套管施工法与采用泥浆护壁的钻、冲击成孔及其他干作业法的大直径灌注桩的施工法相比，在成孔成桩工艺方面有以下优点：

1）绿色施工，环保效果好。噪声低，振动小；由于应用全套管护壁，不使用泥浆，无泥浆污染，施工现场整洁文明，很适合在市区内施工。

2）孔内所取泥土含水量较低，方便外运。

3）成孔和成桩质量高。取土时因套管插入整个孔内，孔壁不会坍落；易于控制桩断面尺寸与形状；含水比例小，较容易处理孔底虚土，清底效果好；充盈系数小，节约混凝土。

4）配合各种类型抓斗，几乎在各种土层、岩层均可施工，当桩端须嵌岩时可采用十字冲锤等进行冲击钻进。

5）可在各种杂填土（含有砖渣、石渣及混凝土块等）中施工，适合旧城改造的基础工程。

6）在挖掘时可确切地弄清摩擦持力层和桩端持力层的土性和岩性，可以选择合适的桩长。

7）可挖掘小于套管内径 1/2 的石块。

8）因用套管护壁，可靠近既有建筑物施工。

9）可避免采用泥浆护壁法的钻、冲击成孔时产生的泥膜和沉渣削弱灌注桩的承载力。

10）由于钢套管护壁的作用，可避免钻、冲击成孔灌注桩可能发生的缩颈、断桩及混凝土离析等质量问题。

11）由于应用全套管护壁，可避免其他泥浆护壁法难以解决的流砂问题。

全套管施工法也存在一些缺点：

1）因是大型机械施工，故要有较大的场地，工地边界到边桩中心的距离也要求较大。

2）桩径受一定限制，因一般的施工单位没有经济实力购置多种直径的钢套管。

3）地下水位下有厚细砂层（厚度 5m 以上）时，拉拔套管较困难。

4）用冲抓斗挖掘时将使桩端持力层松软。

5）当套管外地下水位较高时，孔底容易发生隆起、涌砂现象，使桩端持力层松软。

只要采取一定措施，上述缺点是可以克服的，这已在施工实践中得到验证。

中国建筑科学院北京建筑机械化研究院郭传新认为，全套管钻机是目前世界上适应性最好的钻机之一，从软土地层到岩石层都适用，成桩质量好，且无泥浆污染。

20 世纪七八十年代，我国生产的沉管桩机、夯扩桩机、长螺旋钻孔机、正循环钻机、反循环钻机、潜水钻机、冲击钻机及静压桩机等在南方及北方不同地区的土木建筑及交通运输等领域均得到不同程度的发展和应用，当时旋挖钻机和全套管钻机的应用尚未起步，更谈不上生产制造。

20 世纪 90 年代，为了满足桩基础施工及土木建筑市场发展的需要，适应我国的经济发展水平，国产捷程牌摇动式全套管钻机应运而生，并得到长足发展，随之 MZ 系列全套管灌注桩与软切割咬合桩施工工法也得到很大的发展和创新，并形成多种成熟的工法。目前已研制出全球最大的摇动式全套管钻机捷程 MZ-6（最大直径 4000mm），并于 2021 年成功施工全球沉管直径最大（4000/3320mm）、沉管深度最深（地面以下 106m）的四口钢管竖井。

22.1.2　捷程牌 MZ 系列摇动式全套管钻机的规格、型号和技术性能

表 22-1 所示为捷程牌 MZ 系列摇动式全套管钻机的规格、型号和技术性能。

表 22-1　捷程牌 MZ 系列摇动式全套管钻机的规格、型号和技术性能

性能指标		MZ-1	MZ-2	MZ-3	MZ-4	MZ-5	MZ-6
钻孔直径/m		0.8~1.0	1.0~1.2	1.2~1.5	1.5~2.0	2.0~2.6	2.6~4.0
最大钻孔深度/m		50	55	60	65	70	90
压管行程/mm		550	600	600	600	600	550
摇动推力/kN		1060	1255	1648	1978	4810	9900
摇动扭矩/(kN·m)		1255	1470	2650	3816	6810	22000
提升力/kN		1157	1353	1961	2353	7540	12560
夹紧力/kN		1765	1960	2255	2706	5010	6700
定位力/kN		294	353	490	588	1548	1880
摇动角度/(°)		27	27	27	27	27	24
前后倾角/(°)		8	8	8	8	8	8
钳口高度/mm		450	550	550	550	800	1100
功率/kW		75	75	110	150	150	398
油缸工作压力/MPa		35	35	35	35	35	35
外形尺寸/mm	长度	4700	5500	6000	7802	8950	13030
	宽度	2200	2500	2800	3400	3930	6060
	高度	1500	1540	1600	1800	1970	2688
质量/kg	主机	25000	30000	38000	45000	50000	100000
	液压工作站	2800	3200	3500	3900	3900	12000

续表

性能指标	MZ-1	MZ-2	MZ-3	MZ-4	MZ-5	MZ-6
配合履带式起重机的起重能力/kN	≥500	≥550	≥750	≥900	100	160
锤式抓斗质量/kg	4000	5000	6000	7000	—	—
十字冲锤质量/kg	3000	4000	5000	6000	—	—

注：摇动推力、定位力分别为两缸的合力。

22.1.3 捷程牌 MZ 系列摇动式全套管钻机的组成

捷程牌 MZ 系列摇动式全套管钻机由主机（磨桩机）、钢套管、锤式抓斗和液压工作站等组成，因该钻机属于附着式，故需另配履带式起重机，如图 22－1 所示。

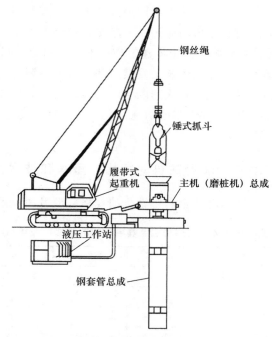

图 22－1　MZ 系列液压摇动式全套管灌注桩机配套设备示意图

图 22－1 为 MZ 系列液压摇动式全套管灌注桩机配套设备示意图。图 22－2 为 MZ 系列液压摇动式全套管灌注桩机俯视图。图 22－3 为 MZ 系列液压摇动式全套管灌注桩机侧视图。图 22－4 为 MZ 系列液压摇动式全套管灌注桩机液压系统示意图。图 22－5 为钢套管结构及连接方式剖面示意图。

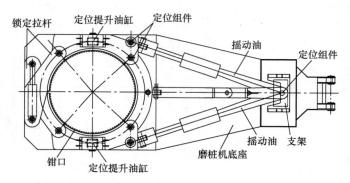

图 22－2　MZ 系列液压摇动式全套管灌注桩机俯视图

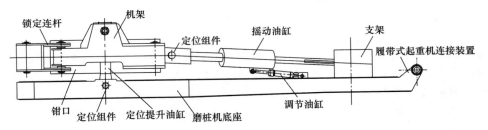

图 22-3　MZ 系列液压摇动式全套管灌注桩机侧视图

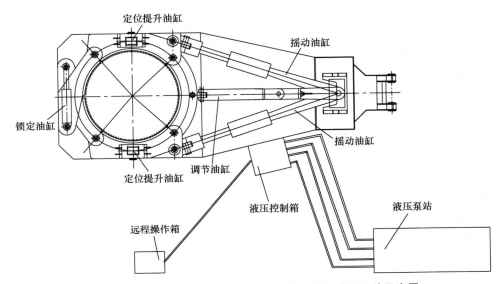

图 22-4　MZ 系列液压摇动式全套管灌注桩机液压系统示意图

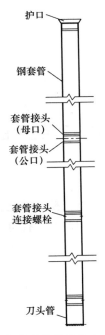

图 22-5　钢套管结构及连接方式剖面示意图

1. 主机（磨桩机）

主机是整套机组中的工作机，由机架、提升油缸、锁定油缸、摇动油缸、调节油缸及定位油缸等组成。在主机底座装有提升油缸和机架，机架随提升油缸升降，控制钢套管上下运动；机架上设有锁定油缸及夹具，以夹紧或放松钢套管；在主机底座的另一端固定一个支架，支架上安装两个摇动油缸及左右摇臂，控制钢套管在一定的角度范围内作周期性反复摇动；支架上的定位调节油缸用于调节钢套管的垂直度；钢套管提升或下放并调整锁定夹具的位置时，为避免钢套管下落，在底座上固定两个定位油缸及定位夹具。

2. 锤式抓斗

锤式抓斗的作用和工作过程：当套管压入土中，抓斗片呈打开状态，卷扬筒突然放松，抓斗以落锤（自由落体）方式向套管内冲入切土；此后闭合抓斗片，提起抓斗移出孔位；打开抓斗片弃土。

抓斗的外径要与套管的内径相匹配。

按桩孔土、岩特性分类，抓斗有万能型、硬质土用型、卵砾石用型及进岩的十字凿锤等形式。

3. 钢套管

标准套管的长度为 6m。套管在入土过程中承受一定的扭矩，桩孔越长所承受的扭矩越大。考虑到 MZ 系列全套管钻机成孔深度不大于 45m，采用 16Mn 钢单层套管，其壁厚为 20mm。套管上下接头均为经过精确加工的公母接头，便于套管准确连接，并用螺栓固定。

在第一节套管底部设有带刃口的切割环，刃口外径比标准套管外径稍微大一些，以减小在下沉过程中标准套管与孔壁间的摩阻力。

4. 液压工作站

液压系统由液压站、钢丝胶管总成及液压控制箱等组成，以控制各类用途的油缸工作。

5. 履带式起重机

起配合作用的履带式起重机的起重能力要求见表 22-1。在磨桩机的底座上设有与履带式起重机固定用的连接装置，履带式起重机的吊臂及钢索连接锤击抓斗。

22.2 摇动式全套管灌注桩

22.2.1 简述

灌注桩按施工方法可分为非挤土灌注桩、部分挤土灌注桩和挤土灌注桩三大类，再细分，灌注桩的施工方法已超过 180 种。各类桩均有各自的适用范围、优点及缺点。在工程建设中应用最广泛的三种非挤土灌注桩分别为旋挖钻斗钻成孔灌注桩（又称旋挖成孔灌注桩）、反循环钻成孔灌注桩和全套管灌注桩（又称贝诺特灌注桩）。

旋挖钻斗钻成孔灌注桩和反循环钻成孔灌注桩均属泥浆（或浆液）护壁成孔灌注桩，其一大缺点是需要制备泥浆（或浆液）、排出泥浆（或浆液），成孔时桩身产生泥膜，孔底产生沉渣，大大影响桩承载力的发挥。

全套管冲抓取土灌注桩成孔成桩的明显优势在于：环保效果好，噪声低，振动小；由于应用全套管护壁，不使用泥浆，无泥浆污染环境，施工现场整洁文明，很适合在市区内施工；孔内所取泥土含水量较低，方便外运；成孔和成桩质量高；可避免采用泥浆护壁法的钻、冲击成孔时产生的泥膜和沉渣削弱灌注桩的承载力。

20 世纪 70 年代初期日本东京高速公路根据贝诺特桩、反循环钻成孔桩和旋挖钻斗钻成孔桩的静载试验结果，将容许承载力与桩埋入土中长度的关系展示出来，如图 22-6 所示，图中阿司特利桩为旋挖钻斗钻成孔桩的音译。

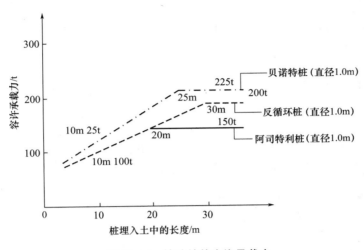

图 22-6　钻孔桩的容许承载力

注：1. 地震时可增加 50%
　　2. 当桩径为 1m 以外时，按桩的截面面积大小成比例增减

由图 22-6 可知，上述三种桩的承载力以全套管灌注桩最优。然而，在我国要采用何种型号的钻机来实现全套管灌注桩的成孔成桩？

冲抓斗跟管钻进全套管灌注桩即贝诺特灌注桩，其自 20 世纪 50 年代在法国问世后，在欧美、日本及我国香港地区得到广泛应用与发展。为了满足我国大直径灌注桩基础施工及土木建筑市场发展的需要，昆明捷程桩工有限责任公司从 1994 年 10 月起至今，结合我国情先后研制开发出 MZ-1 型、MZ-2 型、MZ-2B 型和 MZ-3 型等中、小型 MZ 系列全套管钻机及 MZ-4 型大型全套管钻机共计 34 台（套），具备批量生产 MZ 系列摇动式全套管钻机的能力。

22.2.2　工艺原理、特点和适用范围

1. 工艺原理

利用 MZ 系列全套管钻机摇动装置的摇动使钢套管与土层间的摩阻力大大减小，边摇动边压入，同时利用冲抓斗挖掘取土，直至套管下到桩端持力层为止。挖掘完毕后立即进行挖掘深度的测定，并确认桩端持力层，然后清除虚土。成孔后将钢筋笼放入，接着将导管竖立在钻孔中心，最后灌注混凝土成桩。

2. 特点

全套管钻机具有摇动套管装置，压入套管和挖掘同时进行；锤式抓斗的抓斗片的张开、落下、关闭和拉上可用一根钢丝绳操作；可以避免泥浆护壁法成孔工艺所造成的泥膜和沉渣削弱灌注桩的承载力。

（1）优点

全套管施工法与采用泥浆护壁的钻、冲击成孔及其他干作业法的大直径灌注桩的施工法相比，其成孔成桩工艺除具有 22.1.1 节所述优点外还有以下优点：

1）可以派生出并成功地进行全套管钻孔软切割咬合桩施工，详见 22.3 节。

2）可以派生出并成功地进行全套管嵌岩桩施工，详见 22.4 节。

（2）缺点

1）因全套管钻机是大型机械，施工时要有较大的场地。

2）地下水位有厚细砂层（厚度 5m 以上）时拉拔套管困难。

3）在软土及含地下水的砂层中挖掘，下套管时的摇动使周围地基松软。

4）桩径有限制。

5）无水挖掘时需注意防止缺氧、产生有害气体等。

6）容易发生涌砂、隆起现象。

7）可能发生钢筋笼上升事故。

8）工地边界到桩中心的距离比较大。

3. 适用范围

配合各种类型抓斗，可在各种土层、强风化与中等风化岩层中施工；适用于直径为 0.8m、1.0m、1.2m、1.5m 和 2.0m 及深度在 65m 以下的桩孔施工；在厚度大于 5m 的细砂层中施工时应采取措施。

22.2.3 施工工艺流程、施工程序和施工要点

22.2.3.1 施工工艺流程

捷程 MZ 系列全套管冲抓取土灌注桩施工流程如图 22-7 所示，施工示意图如图 22-8 所示。

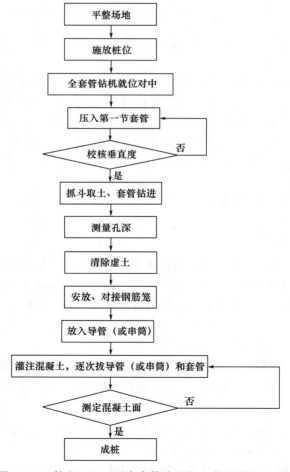

图 22-7 捷程 MZ 系列全套管冲抓取土灌注桩施工流程

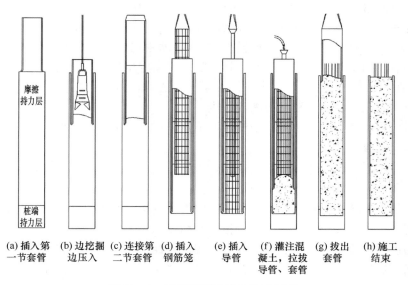

(a) 插入第　　(b) 边挖掘　　(c) 连接第　　(d) 插入　　(e) 插入　　(f) 灌注混　　(g) 拔出　　(h) 施工
一节套管　　边压入　　二节套管　　钢筋笼　　导管　　凝土，拉拔　　套管　　结束
　　　　　　　　　　　　　　　　　　　　　　　　　　　　　导管、套管

图 22 - 8　全套管灌注桩施工示意图

22.2.3.2　施工程序

1. 成孔

1）将磨桩机的底座与履带吊连接，形成一个整体，并移动到桩位上，将底部装有切割环的钢套管对准桩位后，启动定位油缸，用定位夹具夹紧钢套管。

2）将提升油缸提升到最大高度，启动锁定油缸，推动锁定夹具夹紧钢套管，使钢套管定位在由锁定夹具形成的环箍中。

3）检查钢套管垂直度，若偏差超过允许范围，则启动调节油缸，使钢套管垂直度达到要求。

4）收缩提升油缸，使套管插入地层，底座被支起而离开地面。此时摇动油缸开始工作，通过两个摇臂带动套管作周期性反复摇动，使套管底部的切割环钻入土层，加上机架重量，套管逐渐被压入地层中。

5）套管在摇动过程中不断下沉，当底座接近地面，停止摇动油缸的工作，并收缩锁定油缸，以使其放松并脱离套管，底座随之落地。

6）将提升油缸升到最大高度，再启动锁定油缸，使套管固定在由锁定夹具形成的环箍中，而后再次收缩提升油缸，底座又被支起而离开地面，此时摇动油缸重新恢复工作。

7）重复 5）、6）的施工工序，直至需要加装另一节套管。将加装的套管插入已被锁定夹具夹紧的下套管的上端，对准接头螺口，上紧螺栓。

8）重复 5）、6）、7）的施工工序，直至套管达到设计要求的深度为止。

9）在挖掘桩孔过程中，应在套管顶部安设一个护筒，以防止锤式抓斗冲击时损坏套管的上端口，同时悬挂于履带吊吊臂上的锤式抓斗依靠自重下落，不断地从套管中抓取泥土，达到桩的设计深度。

10）挖掘完毕后立即测定桩孔深度，确认桩端持力层，清除孔底虚土。

2. 成桩

造孔结束后，为避免孔壁坍塌，采取拔套管与灌注混凝土交替进行的方法，即边拔套管边灌注混凝土。

1）将钢筋笼放入孔中。

2）将带储料斗的导管放入孔中。视套管内有无水，采用水下灌注混凝土的方式或采用非水下灌注混凝土的方式。

3）将提升油缸伸展拔出一段套管后，停止提升油缸的工作，开始灌注混凝土，然后再拔管、灌注混凝土，如此反复多次，直至提升油缸达到最大高度。

4）启动定位油缸，推动定位夹具夹紧套管，然后收缩锁定油缸，放松并脱离套管，将提升油缸收缩到最小位置，再启动锁定油缸，锁定夹紧套管，随后收缩定位油缸，使定位夹具放松并脱离套管。

5）伸展提升油缸，拔出一段套管，再灌注混凝土。这样，边灌注混凝土，边拔导管和套管，反复多次，直至导管及套管全部拔出，混凝土灌注完成。

在拔出套管时，只需将连接上下两节的螺栓取下，即可取下上面一节的套管。

22.2.3.3 施工要点

1. 桩孔垂直度的保证

埋设第一节、第二节套管时必须竖直，这是决定桩孔垂直度的关键。

与第一节套管组合的第一组套管必须保持很高的精度，细心地压入。全套管桩的垂直精度几乎完全由第一组的垂直精度决定。第一组套管安装好后要用两台经纬仪或两组测锤从两个正交方向校正其垂直度，边校正，边摇动套管，边压入，不断校核垂直度，使套管超前1m，然后开始用锤式抓斗掘凿。规范要求钻孔灌注桩的垂直度偏差不超过1%。如果钻进很深，套管即使有些微误差，也会在孔底产生较大的桩心位移。

2. 摇管与冲抓交替进行

利用 MZ 系列全套管钻机将带有套管钻头的套管逐节小角度往复摇动并压入地层的同时，利用锤式抓斗和凿槽锥及十字凿锥等凿岩器具将套管内的岩土冲凿抓取出地面，摇管和冲抓交替进行，直至套管下到桩端持力层为止。

3. 底套管的刃尖与挖掘底面关系应遵循的原则

1）一般土质的场合，套管刃尖可先行压进，也可在与挖掘底面保持几乎同等深度的情况下压进。

2）在不易坍塌的土质中，若套管压进困难，往往不得已采取某种程度的超挖措施。

3）在漂石、卵石层中挖掘时，套管不可能先行压进，可采取某种程度的超挖措施，但必须使周围土层的松弛最小。

4. 水位以下厚细砂层中成孔应遵循的原则

在水位以下厚细砂层（厚度超过 5m 时）中成孔，摇动套管可能使砂密实而钳紧套管，造成压进或拉拔套管困难。为此在操作时需慎重，可事先制定好以下处理措施：抓斗的落距尽可能低；套管的压进或拉拔应止于最低限度；套管不应长时间放置在地基中作业；预备液压千斤顶以应对套管压拔困难的特殊情况。

5. 在漂石、卵石层中成孔的方法

1）在卵石层中应采用边挖掘边跟管的方法。

2）遇粒径 300mm 的漂石层，应先超挖 400mm 左右；把漂石抓出后，必须向孔内填入黏土或膨润土，填土部分应大于钻孔直径，再插入套管。如此反复操作，突破该土层。

3）遇个别大漂石，用凿槽锥顺着套管小心冲击，把漂石拨到钻孔中间后抓出；也可用十字冲锤予以击碎或挤出孔外；当遇有大于 2 倍桩径的漂石时，可结合人工爆破予以清除。

6. 在硬岩层中成孔的方法

在硬岩层中成孔时，要结合人工处理，如采用风镐破碎或爆破等措施。

捷程 MZ 系列摇动式全套管钻机配合凿岩旋挖钻机或潜孔锤等成熟设备进行岩层钻进，详见 22.4 节。

7. 在含水层中成孔的方法

当遇含水层时，应将套管先摇钻至相对隔水层，再予以冲抓；如果孔内水量较大，则要采用筒式取水器提取泥浆。当在粉质黏土中成孔及承压水层较大时，可采取孔内注水或注水反压＋高抬式旋挖钻机成孔方案，详见本章 22.3.2.12 小节。

8. 孔底处理方法

1）孔内无水，可人工入孔底清底。

2）虚土不多且孔内无水或孔内水位很浅时，可轻轻地放下锤式抓斗，细心地掏底。

3）孔内水位高且沉淀物多时，用锤式抓斗掏完底以后，立即将沉渣筒吊放到孔底，搁置 15～30min（当孔深时，要事先测出泥渣沉淀完了所需时间，以决定沉渣筒搁置时间），待泥渣充分沉淀以后，再将沉渣筒提上来。

4）当采取上述第 3）项办法，仍认为孔底处理不够充分时，可在灌注混凝土之前，采用普通导管的空气升液排渣法或空吸泵的反循环方式等将沉渣清除。

22.2.4　北京地铁 9 号线丰台北路基坑支护工程

22.2.4.1　工程概况

北京地铁 9 号线丰台北路站为双层岛式车站，位于丰台北路与万寿路南延道路交叉口以北，南北向布置，车站中心里程 K6＋180.000。本站（含节点部分）的外包尺寸为 172.8m（长）×21.3m（宽），结构底板埋深为 18.60m，结构底板标高为 27.90m，轨顶标高为 29.50m，顶板覆土厚度约为 3.0m。

图 22-9 为 9 号线丰台北路站基坑支护桩平面布置图。

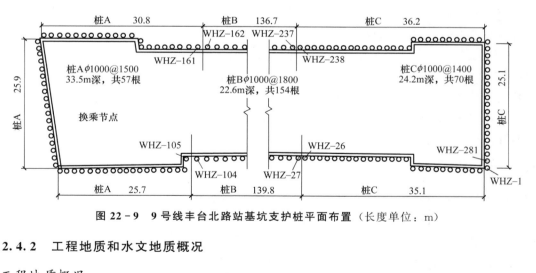

图 22-9　9 号线丰台北路站基坑支护桩平面布置（长度单位：m）

22.2.4.2　工程地质和水文地质概况

1. 工程地质概况

图 22-10 为 9 号线丰台北路站地质剖面图。

地质概况（根据北京城建勘测设计研究院勘测及人工探测结果）：①层，2～3m，杂填土、原状土、砂；②层，3～6m，小碎石层，粒径为 10cm 含量为 60％；③层，6～7m，纯碎石层，粒径为 5～15cm；④层，7～10m，卵石层，卵石粒径为 7～30cm，卵石含量为 60％；⑤层，10～15m，卵石层，粒径为 10～55cm，卵石含量为 60％；⑥层，16～21m，石头含量为 20％，粒径为 5～30cm；⑦层，

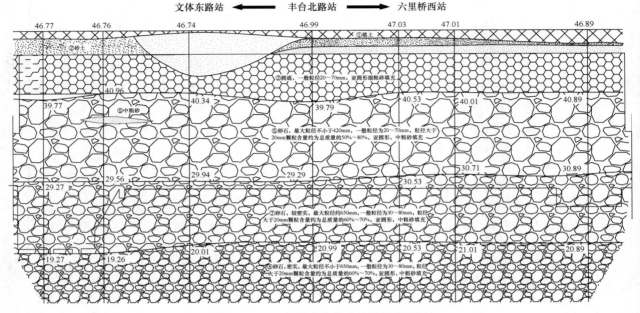

图 22 - 10 9 号线丰台北路站地质剖面图

21～23m，石头含量为 60%，粒径为 5～20cm；⑧层，23～25m，石头含量为 60%，粒径为 5～30cm，基坑底层中含直径不小于 1000mm 的孤石；⑨层，25m 以下，地质情况不明。

2. 水文地质概况

场地地下水埋深：上层滞水 12.2m，潜水 26.2～27.2m。

22.2.4.3 支护桩概况

根据桩长及水文地质概况将桩分为两类：

1) 桩径 1000mm，桩长 24.3m、26.6m，桩数 231 根（此类桩型成桩深度范围内无地下水）。

2) 桩径 1000mm，桩长 34.3m，桩数 50 根（此类桩型成桩深度范围内有地下水 7～8m）。

该车站支护桩穿越大粒径卵石及漂石地层，由于漂石含量多、卵石粒径大，钻孔灌注桩施工难度很大。为了选择适合在大粒径卵石和漂石地层成孔的方法，在丰台北路站进行了旋挖钻进和全套管钻机成孔的试验研究。

1. 旋挖钻进情况

选用 TR220D 旋挖钻机配合专用于砂卵石地层的子弹头合金钻斗，以 WHZ278、WHZ52 为试验桩，对旋挖钻机在大漂石地层成孔的适应性进行试验。

WHZ278 桩第一次试桩钻进速度为 4m/h，泥浆相对密度为 1.2，当钻进深度达到 8.5m 时出现漏浆严重、泥浆供应不及、塌孔等问题。将钻孔回填后，再次试桩时泥浆相对密度加大到 1.4，钻进速度放慢到 2m/h，并保证泥浆供应。10m 以上地层钻进较容易，渣土中卵石粒径多为 10cm 以下。钻进至 10m 左右时，钻机进尺困难，扭矩增大，钻杆抖动加重，渣土中卵石粒径达到 20～25cm，并偶见卵石断裂碎块。钻进至 13.5m 时，钻机采用浮动加压（自动加压）已无法进尺，改为动力头加压（强制加压），钻杆反弹上浮，无法钻进，钻斗内只有少量岩石碎块，同时发现钻头侧齿已崩角。

WHZ52 桩的钻进速度控制在 4m/h，泥浆相对密度为 1.6，钻进 10m 以上地层钻进较容易，渣土中卵石粒径多为 10cm 以下。钻进至 10～12m 时，出现了与 WHZ278 桩钻进时同样的状况，并且钻斗卡死，无法钻进。钻斗提出后发现钻斗侧齿已崩落。试桩结果表明：在大漂石地层采用旋挖钻进，钻斗非正常磨损严重，无法钻进。

2. 全套管钻机成孔情况

为了验证捷程牌 MZ 系列摇动式全套管钻机在北京地铁 9 号线丰台北路站基坑支护桩卵（漂）石层中成孔的可能性，昆明捷程桩工有限责任公司在合肥市进行了模拟试验。

1）试验名称：捷程全套管钻机在砂卵（漂）石层中的成孔工艺试验。

2）设备名称：捷程牌 MZ 系列全套管钻机，型号为 MZ-2B 型，成孔（套管）直径 1000mm；ϕ1000 型冲抓取土器，冲锤重量为 3t。

3）试验地：合肥市一环路畅通工程 E 标。日期：2007 年 12 月 19 日。

4）试验环境：采用 1000mm 桩（管）径，桩（管）长 12m，取土深度 10m，成孔完毕后加入砂卵（漂）石再重新冲抓取土成孔。成孔试验用砂卵（漂）石直径比例按北京地铁 9 号线怡海花园站和花乡站地质报告模拟。

5）试验过程如下。

砂卵（漂）石加入已成孔的套管内。

① 加入前管内深度为 10m，加入后管内深度为 6m。加入量：4m，3m³。

② 取卵石前，用冲锤将卵石压密，且外管提升 1.5m。冲击 9 次，落距 6m，冲击后孔深 6.5m，卵石扩冲压密 0.5m。

③ 砂卵（漂）石规格大致比例。直径 15～30cm，占比为 30%；直径 30～40cm，占比为 20%；直径 40～60mm，占比为 15%；直径≥60cm，5 块。

冲抓斗开始取土工作。

① 取卵石前管内深度为 6.5m，取土后管内深度为 9.9m。取卵石量：4m，3m³。

② 取土开始时间为 16：15，取土结束时间为 17：00，中途暂停测量时间 4min，时间 12min 中途暂停（其他因素），实际取土时间 29min。

③ 成孔过程中，使用冲抓斗次数为 83 次，有效 81 次，无效 2 次，使用冲锤次数为 9 次，落距 6m。

6）试验结果如图 22-11～图 22-14 所示。

图 22-11　大块卵石被冲抓斗取出

图 22-12　试验卵石被取出

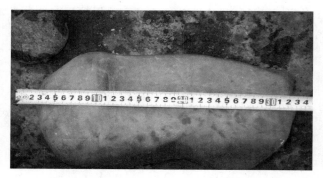

图 22-13　粒径为 30cm 左右的卵石被取出

图 22-14　粒径为 45cm 左右的卵石被取出

22.2.4.4　工期安排

Ⅰ型桩（成桩深度范围内无地下水），桩数为 231 根，预计配备 3 台套全套管钻机，工效为 1 根/（天·台）×3 台，有效工期 77 天。

Ⅱ型桩（成桩深度范围内有地下水），桩数为 50 根，工效为 20m/（天·全部配置设备）（采用全套管钻机与冲击钻机结合，其中全套管钻机 1 台，冲击钻机 4～5 台），有效工期 86 天（在甲方施工场地允许、24h 不间断施工的前提下）。

22.2.4.5　施工工艺

1. 全套管钻孔桩基本施工流程（成桩深度范围内无地下水）

制作井圈→全套管钻机就位对中→吊放第一节套管→测控垂直度→压入第一节套管→校正垂直度→抓斗取土，套管逐节钻进→测量孔深→清除孔底虚土→吊放钢筋笼→吊放混凝土导管→灌注混凝土→测定混凝土面→桩机移位。

（1）钻机就位

定位放样桩中心位置，制作井圈，作为钻机定位控制点。移动套管钻机至正确位置，使套管钻机抱管器中心对准咬合桩桩位中心。

（2）取土成孔

钻机就位后，将第一节管吊装在桩机钳口中，找正桩管垂直度后，摇动桩下压桩管，压入深度为 1.5～2.5m，然后用抓斗从套管内取土，一边抓土一边下压套管，始终保持套管底口与取土深度同步。

第一节套管全部压入土中后（套管高出井圈面 1.2～1.5m，便于接管），检测垂直度，合格后安装第二节套管继续下压取土，如此连续进行，直至达到设计孔底标高。

检查孔底，将孔底的虚土全部清除，然后测量孔深、垂直度，直至满足设计要求。

（3）钢筋笼制作和吊放

1）钢筋笼制作。

① 钢筋笼采用圆形模制作，制作场地平整后进行硬化。

② 钢筋笼制作前清除钢筋表面污垢和锈蚀。

③ 根据钢筋料单准确下料。

④ 钢筋笼主筋连接采用焊接连接，同一截面接头数不超过 50%。

⑤ 钢筋笼两端的加强箍与主筋全部点焊，其余部分按设计要求焊接。

⑥ 钢筋笼底部设置圆形预制钢筋混凝土与 $\phi20$ 十字加强筋封板，固定在钢筋笼上。

2）钢筋笼安放。

钢筋笼吊放标高根据套管顶端标高计算，吊放时必须保证桩顶的设计标高，允许误差为 ±100mm。

钢筋笼下放时对准孔位中心，采用正、反旋转慢慢地逐步下放，放至设计标高后立即固定。

钢筋笼安装入孔时必须保持垂直状态。

（4）灌注混凝土

混凝土灌注采用干孔法。

1）钢筋笼吊放完成后安装导管（直径为 250mm）。导管接头应装卸方便，连接牢固，并带有密封圈，保证不漏水、不透水。导管支承需保证在需要减慢或停止混凝土流动时能使导管迅速升降。

2）无水时采用干孔灌注混凝土，导管距离孔底的距离不大于 1.5m。若孔底有水，应采用水下混凝土灌注，安放混凝土漏斗与隔水橡皮球胆，导管距离孔底不大于 0.5m。混凝土初灌量为 1.1～1.5m³，使混凝土能埋住导管 0.8～1.3m。

3）灌注过程中，导管埋入深度保持在 3～10m，最小埋入深度不得小于 2m。灌注混凝土时随灌随提，严禁将导管提出混凝土面或埋入过深，一次提拔不得超过 6m，由机长负责测量混凝土面上升高度。

4）混凝土灌注中应防止钢筋笼上浮，在混凝土面接近钢筋笼底端时灌注速度适当放慢；当混凝土进入钢筋笼底端 1～2m 后，可适当提升导管；导管提升要平稳，避免出料冲击过大或钩带钢筋笼。

（5）拔管成桩

一边灌注混凝土一边拔管，始终保持套管底低于混凝土面不小于 2.5m。桩顶标高误差为 0～50cm，钢筋笼标高误差为 ±10cm。

2. 全套管钻孔桩与冲击钻配合施工基本施工流程（成桩深度范围内有地下水）

1）在成桩过程中无水或水含量少时同无地下水的施工法。

2）在遇水后冲抓斗无法取出卵石时采用冲击钻施工（全套管钻机施工至无法施工时采用冲击钻施工），上部仍然采用钢管护壁，下部钢管无法钻进，采用泥浆护壁（备用 4～5 套钢管，方便流水作业），直至设计深度。

3）其他工艺与Ⅰ型桩相同，灌注时采用水下灌注法施工。

22.2.4.6　关键技术

1. 设置硬化井圈

因全套管主机自重较大且拔管时对地面有反作用力，如施工部位地基承载力过低，钻机无法保证桩体垂直度，特殊情况下无法正常施工。硬化井圈的作用是提高地基承载力，减小地基的差异沉降，确保钻机正常施工和桩体垂直度满足设计要求。北京地铁 9 号线围护桩施工中，除位于机动车道上的桩位外，对处于绿化带等区域的桩位均进行了井圈加固处理。图 22-15 是硬化井圈的结构示意图，其具体做法是：沿桩位内外两侧各做截面为 300mm×300mm 的钢筋混凝土井圈，内配 $\phi8@150$ 双层双向的钢筋网片；相邻桩位之间做截面为 300mm×300mm 的钢筋混凝土暗梁，内配 $\phi4@20$ 主筋，暗梁距桩位外皮 400mm。

2. 套管顺直度检查和校正

在地面上测放出两条相互平行的直线，将套管置于两条直线之间，用线锤和直尺检测。先检查和校正单节套管的顺直度，然后将按照桩长配置的套管全部连接起来，进行整根套管的顺直度检查，整根套管的顺直度偏差应小于 1/1000。

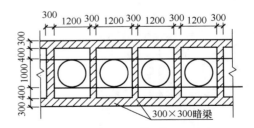

图 22-15　硬化井圈结构示意图（单位：mm）

3. 成孔过程中桩的垂直度监测和检查

1）地面监测。桩的垂直精度几乎完全由第一组套管的垂直精度决定。第一组套管安装好后要用两台经纬仪或两组测锤从两个正交方向校正其垂直度，边校正，边摇动套管，边压入，不断校核垂直度，套管压入深度为2.5～3m，然后开始用锤式抓斗掘凿。正常钻进过程中应及时监测出露在地表的套管的垂直度，不合格时须进行纠偏，直至合格才能进行下一节套管的施工。

2）孔内检查。每节套管压完后安装下一节套管之前，都要停下来用测斜仪或测环进行孔内垂直度检查，不合格时须进行纠偏，直至合格才能进行下一节套管的施工。图22-16是测环法测定垂直度原理示意图，检测时应将测绳沿十字架缓慢移动，直至测环边沿与套管内壁刚好接触为止。

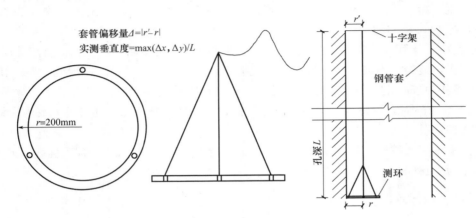

套管偏移量$\Delta=|r'-r|$

实测垂直度$=\max(\Delta x, \Delta y)/L$

图22-16 测环法测定垂直度原理示意图

3）终孔检测。每根桩成孔完毕，必须进行垂直度检测，选两个相互垂直的方向进行测量。垂直度必须达到设计要求，如不合格必须纠偏，使垂直度达到要求为止。

4. 纠偏

成孔过程中如发现垂直度偏差过大，必须进行纠偏调整，纠偏的方法有以下两种：

1）利用钻机油缸纠偏。如偏差不大或套管入土不深（5m以内），可直接利用钻机的两个顶升油缸和两个推拉油缸调节套管的垂直度，即可达到纠偏的目的。

2）桩在入土大于5m时发生较大偏移，可先利用钻机油缸直接纠偏，如达不到要求，可向套管内填砂或黏土，一边填土一边拔起套管，直至将套管提升到上一次检测合格的地方，重新校正套管垂直度，检查合格后再重新下压。

表22-2是丰台北路站10根围护桩的垂直度统计。从表22-2中可以看出，全套管钻机对垂直度的控制很好，完全满足控制标准5‰的要求。

表22-2 丰台北路站10根围护桩的垂直度统计

桩号	Δx/mm	Δy/mm	垂直度/‰	桩号	Δx/mm	Δy/mm	垂直度/‰
WHZ-104	100	85	4.0	WHZ-99	32	14	1.2
WHZ-103	20	40	1.6	WHZ-98	15	32	1.3
WHZ-102	20	26	1.0	WHZ-97	19	43	1.7
WHZ-101	40	80	3.1	WHZ-96	15	37	1.5
WHZ-100	20	50	2.0	WHZ-95	15	29	1.2

5. 克服钢筋笼上浮的方法

由于套管内壁与钢筋笼外缘之间的空隙较小，在上拔套管的时候钢筋笼有可能被套管带着一起上浮，应采取以下预防措施：

1）钢筋混凝土桩混凝土的集料粒径应尽量小一些，不宜大于 20mm。

2）在钢筋笼底端适当位置设置抗浮板（钢板或混凝土板），以增强其抗浮能力。

3）成孔垂直度必须达到设计要求。

4）钢筋笼的制作必须满足设计规范的要求。

5）在保证混凝土强度的条件下，适当增大混凝土坍落度，并改善其和易性。

6）导管密封必须完好，且灌注时导管不能拔出混凝土面，保证导管埋深在 2m 以上。

22.2.4.7　施工难点

1. 两种桩型处理方案

全套管钻机施工过程中遇卵石层是本工程的主要施工难点。本工程卵石含量及卵石直径较大（卵石含量为 60％～80％，直径为 10～80cm），部分孤石直径大于 1m，根据桩型采取不同的处理方法。

1）Ⅰ型桩（成桩深度范围内无地下水）。此类桩型施工时，当卵石（孤石）直径小于 30cm 时可以用冲抓斗直接取出，当遇到直径大于 30cm、小于 80cm 的卵石或孤石（孤石大于 1m）在套管内外各一部分时，采用十字冲锤破碎后取出。

2）Ⅱ型桩（成桩深度范围内有地下水）。此类桩型施工时比无水桩施工难度要大，在未遇水时采用Ⅰ型桩的处理方法，在水下施工时采用冲击钻辅助成孔。此施工方法严重影响施工进度，而且各方面（设备、人员）投入较大，为了提高施工速度，此型桩施工时需配 4～5 套套管，便于冲击钻机配合流水作业。

2. 合理处理套管刃尖与挖掘底面的关系

9 号线桩孔地层一般为填土、粉土、粉砂层、圆砾和卵石层。对于上部的填土、粉土、粉砂层、圆砾层，套管刃尖可先行压进，也可在与挖掘底面几乎保持同等深度的情况下压进。进入卵石层后套管压进困难，挑孔石或探头石对套管端部切割环的磨损严重，此时应采取超挖措施，即先超前冲抓一定深度再压入套管，但超挖量必须使周围土层的松弛最小，一般控制在 0.3m 左右。

3. 套管液压驱动系统操作与冲抓挖掘紧密配合、协调作业

全套管钻进卵石地层时遇到的主要问题是钻进速度明显下降，套管扭矩明显加大，套管外壁与驱动齿轮在强大的咬合力下被拉出深槽，套管下压难度加大，管底环刀及管壁上附加的耐磨条磨损严重，冲抓斗的锥瓣在冲击作用下损毁严重。因环刀、锥瓣属于贵重部件，耐磨条修复费用高，造成施工成本加大。丰台北路站在漂石地层成桩时，由于冲抓斗需要不断地碰撞和冲击，其抓片损坏较严重，特别是在漂石粒径较大的卵石层⑦层，据统计平均每施作 10 根桩会损坏一对抓片；同时，由于套管和卵石之间的不断摩擦，套管的磨损较严重，随着磨损的不断增加，套管逐渐变薄，其抗扭能力减弱，可能出现套管被扭断的危险，当套管壁厚度减小到 15mm 以下（原厚度为 20mm）时就应该考虑报废；钢套管承受往复的摇动，套管之间的连接部分受正反两个方向的扭矩作用，因此用于连接的内六角螺栓很容易损坏（每根桩的套管需要 20 个内六角螺栓进行连接），据统计，平均每施作 1 根桩会损坏 1 个内六角螺栓。

为减小设备损耗，提高钻进速度，降低施工成本，在施工过程中采用边挖掘边沉管的方法，并做到套管液压驱动系统操作与冲抓挖掘密切配合、协调作业。首先选用经验丰富的操作手操作套管液压驱动系统，同时与冲抓锥操作手之间形成默契的配合，当套管操作手感觉到压力和扭矩明显增加时，先停止进尺，并用冲抓斗将孔底抓成漏斗状，然后反复回转套管，通过挤压、环切等手段将卵漂石挤开或切断，再下压套管实现快速进尺。

4. 冲抓斗抓取大粒径卵石的施工措施

一般来说，粒径小于套管 1/2 内径的卵石或漂石可以用冲抓斗抓出（图 22-17），但应合理控制超

图 22-17 冲抓斗抓出的大卵石

挖量。如桩孔直径为 800mm，卵石层中漂石的粒径小于 300mm 时，应先超挖 400mm 左右。把漂石抓出后必须向孔内填入黏土或膨润土，填土高度应大于钻孔直径，以保证孔底的稳定，之后再插入套管。如此反复操作，突破该卵石层。当卵漂石粒径过大，无法切断或挤开时，将冲抓斗换成冲击锤，将卵漂石砸碎后取出。当大粒径卵石位于孔内，但冲抓斗无法取出时，可人工下到孔底将卵石捆绑结实后吊出。

5. 遇坚硬土层、大漂石（孤石）的施工措施

钻机施工过程中遇到坚硬土层冲抓斗无法抓土时，可使用四脚冲锤（图 22-18）或斜冲锤（图 22-19）将坚硬土层冲击松软后使用冲抓斗取土。

图 22-18 四脚冲锤

图 22-19 斜冲锤

如图 22-20 所示，孤石与套管的位置关系主要有下列四种情况：孤石位于套管直径范围内；孤石位于套管边缘且伸入管内不小于 100mm；孤石位于套管边缘且伸入管内小于 100mm；孤石较大，超出套管直径范围。当孤石位于套管直径范围内，可直接用十字冲锤将孤石冲碎后使用抓斗抓出；当孤石位于套管边缘且伸入管内不小于 100mm，用圆形冲锤将孤石冲碎后使用抓斗抓出；当孤石位于套管边缘且伸入管内小于 100mm 时，采用偏心锤反复冲击，击碎后再用抓斗取出；当孤石较大且超出套管直径范围，用"一"字形冲锤配合十字冲锤及圆形冲锤将孤石冲碎后使用抓斗抓出。当用各种冲锤冲击后仍无法出渣时，说明漂石可能外露得很少。各种类型的冲击锤都不适用或遇到其他不明情况时，先向套筒内输送新鲜空气（遇水时，先抽干套管内的积水），然后吊放作业人员进入套管内进行探查拍照，确定障碍情况后，采用相应的工具、设备将其清除即可。人工进行清除作业时，需两人一组，一人在套管内作业，一人负责在套管顶部观察套管内的情况并指挥吊车作业。

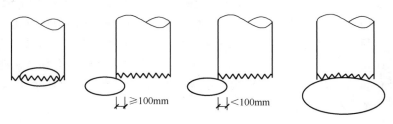

图 22-20 孤石与套管的位置关系

6. 桩孔内存在地下水的处理措施

如桩孔内存在少量地下水，可向孔内投黏土球或回填黏土，黏土吸水后呈塑性状态，保证孔壁稳定，施工时应边回填黏土边用抓斗挖掘；如果孔内水量较大，应回填膨润土进行造浆，并采用筒式取水器提取泥浆，配合抓斗挖掘。

22.2.5　全套管灌注桩在深厚密实砂层中的应用

1. 工程概况

1）南京地铁 2 号线 BT 项目所街站基坑采用明挖施工。
2）围护结构设计为全套管灌注桩，直径为 1000mm。
3）平均桩长 26.7m，最深桩长 28m，总桩数为 897 根。

2. 工程地质和水文地质概况

从地表起，地层土质依次为：①素填土，松散，层厚约 1.50m；②粉质黏土，软塑，局部可塑，层厚约 1.10m；③粉细砂，松散，层厚约 3.60m；④粉细砂，中密，局部稍密，层厚约 13.80m；⑤粉细砂，中密，局部密实，层厚约 10.20m。

根据地质资料，在桩长范围内地面以下 7m 左右就出现中密～密实的饱和粉细砂层，其厚度达 20m。

地下水位在地面以下 1m 左右，地下水丰富，并具有承压性，易出现突涌、流砂等不良地质现象。

3. 机械设备配置

配备捷程牌 MZ-1、MZ-2 和 MZ-3 型全套管钻机 6 台及日本产 ED5500、KH125 和 ED600 型高抬式旋挖钻机各 1 台。

4. 施工难点

进场后，采用捷程牌 MZ 系列液压全套管桩机在坑外进行试成孔试验，当遇到中密～密实粉细砂层（有承压水），出现冲抓取土量稀少、涌砂和套管无法压入现象，乃至出现 30mm 厚全套管被压变形，试成孔陷入停滞状态。

经研究决定，成孔采用液压套管＋注水反压＋高抬式旋挖钻机成孔方案，通过两根试桩得出注水反压高度、不同土层套管超前压入深度、旋挖取土深度等沉渣控制施工参数，并下发作业指导书，用于指导灌注桩施工。实践表明，采用每 2 台捷程牌 MZ 系列液压全套管桩机配置一台旋挖钻机的施工方案（成桩速度为 2 根/天），有效解决了在中密～密实的砂土层中灌注桩施工的难题。

捷程牌 MZ 系列全套管旋挖取土灌注桩施工流程示意图如图 22-21 所示。

5. 施工重要控制点

在全套管进入中密～密实砂层时，因砂土摩阻力大，致使套管压入困难，应向套管孔内注水，注水标高控制在地下水位以上不小于 2.0m，水注满后旋挖钻机才能施工。在旋挖钻机施工过程中要及时向孔内补水，维持水位，以保持反压，平衡承压水的压力，防止管涌。

捷程 MZ 全套管旋挖取土灌注桩施工工法于 2009 年 10 月 19 日由住房和城乡建设部批准为国家级工法（建质〔2009〕162 号）。

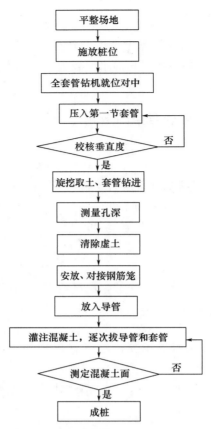

图 22 - 21　捷程牌 MZ 系列全套管旋挖取土灌注桩施工流程示意图

22.3　摇动式全套管钻孔软切割咬合灌注桩

22.3.1　软土地基常用的挡土围护结构

对于地下水位较浅的软土地区，常用的挡土结构主要有以下几种类型：

1）水泥土重力式挡土墙（水泥土搅拌桩和高压喷射注浆桩挡土墙）。

2）以 SMW 工法为代表的劲性水泥土搅拌桩。

3）间隔设置的单排灌注桩和预制桩加上有关止水措施（水泥搅拌土桩、高压喷射注浆桩、MIP 工法桩及桩间注浆等）形成的组合桩排挡土墙。

4）全套管钻孔软切割咬合桩。

5）地下连续墙。

表 22 - 3 为软土地区五种常用挡土结构的技术特性比较。

表 22 - 3　软土地区五种常用挡土结构的技术特性比较

技术特征	挡土结构				
	水泥土搅拌桩	SMW 工法桩	钻孔灌注桩＋止水措施形成的组合桩	全套管钻孔软切割咬合桩	地下连续墙
经济开挖深度/m	6～10	6～14	6～15	10～20	20～40
现场要求	较少	较少	一般	一般	较高

续表

技术特征	挡土结构				
	水泥土搅拌桩	SMW 工法桩	钻孔灌注桩＋止水措施形成的组合桩	全套管钻孔软切割咬合桩	地下连续墙
施工占地	较大	小	较大	小	大
施工工艺	较简单	较复杂	较简单	较复杂	复杂
环保要求	废土外运少，对环境影响较小	废土外运少，对环境影响较小	泥浆对环境影响大	噪声低，无泥浆，对环境影响小	泥浆对环境影响大
整体刚度	一般	较大	较大	较大	大
抗渗漏	较好	较好	一般	好	好
桩（墙）体质量	较好	好	一般	好	好
技术成熟程度	熟练	熟练	熟练	熟练	较熟练
与永久结构的关系	临时结构	临时结构	可作为永久结构的一部分	可作为永久结构的一部分	可作为永久结构或永久结构的一部分
与结构抗浮的关系	与主体结构抗浮无关	与主体结构抗浮无关	与主体结构拉结，对主体结构抗浮有利	与主体结构拉结，对主体结构抗浮有利	与主体结构拉结，对主体结构抗浮有利
费用	低	低	一般	一般	高

针对表 22-3 补充以下几点说明。

1. 水泥土搅拌桩（重力式水泥土墙）

水泥土搅拌桩的优缺点如下。

优点：水泥土实体相互咬合较好，比较均匀，桩体连续性好，强度较高；既可挡土又可形成隔水帷幕；适用于任何平面形状；施工简便。

缺点：坑顶水平位移较大；需要有较大的坑顶宽度。

《建筑基坑支护技术规程》（JGJ 120—2012）规定：① 基坑侧壁安全等级宜为二级、三级；② 水泥土桩施工范围内地基土承载力不宜大于 150kPa；③ 基坑深度不宜大于 7m。

2. SMW 工法桩（型钢水泥土搅拌墙）

型钢水泥土搅拌墙通常称为 SMW（soil mixed wall）工法桩，是一种在连续套接的三轴水泥土搅拌桩内插入型钢形成的复合挡土隔水结构，即利用三轴搅拌桩钻机在原地层中切削土体，同时钻机前端低压注入水泥浆液，与切碎的土体充分搅拌，形成隔水性较高的水泥土柱列式挡墙，在水泥土浆液尚未硬化前插入型钢的一种地下工程施工技术。

SMW 劲性水泥土搅拌桩以水泥土搅拌桩法为基础，凡是适合应用水泥土搅拌桩的场合都可以使用劲性桩。其特别适合以黏土和粉细砂为主的松软地层，对于含砂卵石的地层则要经过适当处理后方可采用。

劲性桩适宜的基坑深度与施工机械有关，国内目前一般应用的基坑开挖深度为 6～10m，国外尤其是日本由于施工钻孔机械较先进，基坑开挖深度达到 20m 以上时也采用 SMW 工法，可取得较好的环境和经济效益。目前在国内此法已用于开挖深度为 14m 的基坑，基坑深度受 H 型钢长度的约束。

型钢水泥土搅拌墙的选择也受到基坑开挖深度的影响。根据上海及周边软土地区近些年的工程经验，在常规支撑设置条件下，搅拌桩直径为 650mm 的型钢水泥土搅拌墙一般开挖深度不大于 8.0m，搅拌桩直径为850mm的型钢水泥土搅拌墙一般开挖深度不大于11.0m，搅拌桩直径为1000mm的型钢水泥土搅拌墙一般开挖深度不大于13.0m。

劲性桩是在水泥土搅拌桩中插入受拉材料构成的，常插入H型钢。目前对水泥土与型钢之间的粘结强度的研究还不充分。水泥土与型钢之间的粘结力难以与混凝土与钢筋的粘结强度对比，即很难认为水泥土与型钢是共同工作的。通常认为：水土侧压力全部由型钢单独承担；水泥土桩的作用在于抗渗止水。试验表明，水泥土对型钢的包裹作用提高了型钢的刚度，可起到减少位移的作用。此外，水泥土起到套箍作用，可以防止型钢失稳，还可以防止H型钢翼缘失稳，这样可使翼缘厚度减小到很薄（甚至可以小于10mm）。

设计中受力计算一般仅考虑由H型钢独立承受作用在挡墙上的内力，水泥土搅拌体仅作为一种安全储备加以考虑。

SMW工法的优点：对周围地层影响小；施工噪声小，无振动，工期短；废土产生量小，无泥浆污染；适用土质范围广；抗渗性好。

SMW工法的缺点：水泥土与型钢组合构件受力机理尚不十分明确，尤其是减摩剂的采用使这种关系变得更加复杂；刚度提高系数、水泥土抗压和抗剪强度设计值及H型钢与水泥土之间单位面积摩擦力μ_f等只能依据工程经验采用；由于减摩剂性能或施工质量等原因，H型钢的拔出存在困难或拔出后较难重复使用，对该工法的经济性造成影响；H型钢的拔出会对水泥土搅拌桩止水帷幕造成一定破坏，在周边环境要求较高的地段H型钢可按不拔出设计。

与地下连续墙、灌注排桩相比，型钢水泥土搅拌墙的刚度较低，因此常常会产生相对较大的变形，在对周边环境保护要求较高的工程中，如基坑紧邻运营中的地铁隧道、历史保护建筑、重要地下管线时，应慎重选用。

当基坑周边环境对地下水位变化较敏感，搅拌桩桩身范围内大部分为砂（粉）性土等透水性较强的土层时，若型钢水泥土搅拌墙变形较大，搅拌桩桩身易产生裂缝，造成渗漏，后果较严重。对于这种情况，如果维护设计采用型钢水泥土搅拌墙，围护结构的整体刚度应该适当提高，并控制内支撑水平及竖向间距，必要时应选用刚度更大的围护方案。

SMW工法桩施工关键在于搅拌桩制作、H型钢的制作及插入和拔出。

3. 钻孔灌注桩加止水措施形成的组合桩

钻孔灌注桩与水泥土搅拌桩结合的柱列式挡墙，钻孔灌注桩为受力结构，水泥土搅拌桩为止水结构。水泥土搅拌桩和钻孔灌注桩结合可形成连拱结构，水泥土搅拌桩作受力拱，钻孔灌注桩作支撑拱角，沿钻孔灌注桩竖向设置适当的支撑。

此类组合桩的优点：能充分发挥所选挡土结构单元的特长；桩体刚度较大；施工工艺较简单；有一定的止水性；可作为永久结构的一部分。

缺点：泥浆对环保影响大；需要有较大的坑顶宽度。

4. 地下连续墙

利用各种挖槽机械，借助于泥浆的护壁作用，在地下挖出窄而深的沟槽，并在其内灌注适当的材料而形成一道具有防渗（水）、挡土和承重功能的连续的地下墙体，称为地下连续墙。这种地下连续墙在欧美被称为混凝土地下墙（continuous diaphragm wall）或泥浆墙（slurry wall），在日本被称为地下连续壁、连续地中壁或地中连续壁等，在我国则称为地下连续墙或地下防渗墙。

要想给地下连续墙下一个严格的定义是困难的，这是因为：

1）由于目前挖槽机械发展很快，与之相适应的挖槽工法层出不穷。

2）有不少新的工法已经不再使用泥浆。

3）墙体材料已经由过去以混凝土为主而向多样化发展。

4) 不再单纯用于防渗或挡土支护,越来越多地作为建筑物的基础。

地下连续墙的优点:低振动,低噪声;刚度大,整体性好,变形小,故周围地层不致沉陷,地下埋设物不致受损;较高的设计强度、较大厚度或深度均能施工;止水效果好;施工范围可达基坑用地红线,故可扩大基坑的使用面积;可作为永久结构的一部分。

地下连续墙的缺点:施工工期长;造价高;采用稳定液挖掘沟槽,废液及废弃土处理困难;需有大型机械设备,移动困难;在一些特殊的地质条件下(如很软的淤泥质土、含漂石的冲积层和超硬岩石等)施工难度很大;如果施工方法不当或地质条件特殊,可能出现相邻墙段不能对齐和漏水的问题。

5. 全套管钻孔咬合桩

全套管钻孔咬合桩又称为全套管切割桩(cased secant pile)。按第二序列桩(Ⅱ序桩)切割第一序列桩(Ⅰ序桩)时,第一序列桩混凝土按凝固情况可分为全套管钻孔硬切割咬合桩和全套管钻孔软切割咬合桩。全套管钻孔硬切割咬合桩指在第一序列桩混凝土硬化后施工第二序列桩,对第一序列桩进行切割;全套管钻孔软切割咬合桩指在第一序列桩混凝土初凝前施工第二序列桩,对第一序列桩进行切割。

全套管钻孔软切割咬合桩是近 20 年来在我国软土地区应用和发展起来的一项实用技术,其采用 A 桩(素混凝土桩或钢筋混凝土桩)或第一序列桩或第一期桩与 B 桩(钢筋混凝土桩)或第二序列桩或第二期桩交错布置、相互咬合的形式,构成桩排式挡土墙。

全套管钻孔软切割咬合桩施工关键:确保成孔垂直度的要求;咬合切割技术;混凝土的配制。捷程 MZ 系列全套管钻孔软切割咬合桩已有 140 余项施工实例,基坑开挖深度一般为 7~22m。

22.3.2　全套管钻孔软切割咬合桩的施工

22.3.2.1　单桩施工工艺流程

图 22 - 22 为全套管钻孔软切割咬合桩的单桩施工工艺流程,图 22 - 23 为该桩型的施工示意图。

图 22 - 22 中吊放钢筋笼有两种情况:

1) 当第一序列桩为素混凝土桩(无筋桩)时［图 22 - 24 (a)］无此工序。

2) 当第一序列桩为钢筋混凝土桩(有筋桩)时［图 22 - 24 (b)］有此工序。

由图 22 - 22 可知,第二序列桩(B 桩)对第一序列桩(A 桩)进行切割,咬合桩桩孔垂直度的保证和超缓凝混凝土的配制是决定全套管钻孔软切割咬合桩施工成效的关键因素。

钻孔咬合桩在施工时不仅要考虑第一序列桩混凝土的缓凝时间控制,要注意相邻的第一序列桩和第二序列桩施工的时间安排,还要控制好成桩的垂直度,防止因第一序列桩强度增长过快而造成第二序列桩无法施工,或因第一序列桩垂直度偏差较大而造成与第二序列桩搭接效果不好,甚至出现基坑漏水、无法止水而导致施工失败的情况。

1. 导墙施工

(1) 导墙的作用

1) 正确控制钻孔咬合桩的平面位置、桩的咬合厚度和桩位走向。

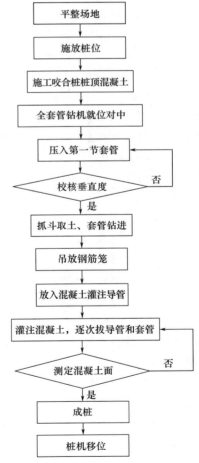

**图 22 - 22　全套管钻孔软切割咬合桩
单桩施工工艺流程**

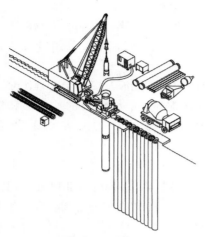

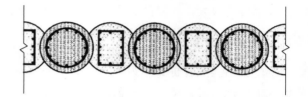

(a) 第一序列素混凝土桩与第二序列钢筋混凝土桩咬合

(b) 第一序列桩和第二序列桩均为钢筋混凝土桩的咬合

图 22 - 23　全套管钻孔软切割咬合桩施工示意图　　　　图 22 - 24　全套管钻孔软切割咬合桩平面示意图

2）支撑机具重量，防止孔口坍塌。

3）确保全套管钻机平正作业。

4）确保咬合桩护筒的竖直。

（2）导墙材料

导墙材料一般为混凝土或钢筋混凝土。

（3）导墙施工步骤

1）平整场地。清除地表杂物，填平、碾压地下管线迁移遗留的沟槽。如遇到杂填土层，应采用置换素土的方法。导墙制作完成后，孔内土层应夯实，以利于钢套管正确就位。

2）测放桩位。根据设计图纸提供的坐标按外放 100mm（为抵消咬合桩在基坑开挖时在外侧土压力作用下向内位移和变形而造成的基坑结构净空减小变化）计算排桩中心线坐标，采用全站仪根据地面导线控制点进行实地放样，并做好护桩，作为导墙施工的控制中线，并报监理复核。

3）导墙沟槽开挖。在桩位放样线符合要求后即可进行沟槽的开挖，采用人工开挖施工。开挖结束后，立即将中心线引入沟槽下，以控制底模及模板施工，确保导墙中心线正确无误。

4）钢筋绑扎。沟槽开挖结束后绑扎导墙钢筋，导墙钢筋按设计布置，经"三检"合格后填写隐蔽工程验收单，报监理验收，经验收合格后方可进行下道工序的施工。

5）模板施工。模板采用自制整体木模，导墙预留定位孔模板直径为套管直径扩大 30～50mm。模板加固采用钢管支撑，支撑间距不大于 1m，确保加固牢固，严防跑模，并保证轴线和净空的准确。混凝土浇筑前先检查模板的垂直度和中线及净距是否符合要求，经"三检"合格后报监理验收，通过验收后方可进行混凝土的浇筑。

6）混凝土浇筑施工。采用商品混凝土，混凝土浇筑时两边对称交替进行，严防走模。如发生走模，应立即停止混凝土的浇筑，重新加固模板，并纠到设计位置，方可继续浇筑。振捣采用插入式振捣器，振捣间距为 600mm 左右，防止振捣不均，也要防止在一处过振而发生走模现象。

7）当导墙有足够的强度后，拆除模板，重新定位放样排桩中心位置，将点位返到导墙顶面上，作为钻机定位控制点。

8）导墙厚度为 350mm（地表层土较好）或大于等于 450mm（地表层土为软土，须回填后分层碾压）。

2. 钻机就位对中

待导墙有足够的强度后，移动套管钻机，使套管钻机抱管器中心定位在导墙孔位中心。定位后，在导墙孔与钢套管之间用木塞固定，防止钢套管端头在施压时位移。液压工作站置放于导墙外平整的地基上。

3. 埋设第一节、第二节套管

第一节、第二节套管的竖直度是决定桩孔垂直度的关键，在套管压入过程中用经纬仪或测锤不断校核垂直度。当套管垂直度相差不大时，固定下夹具，利用上夹具来调整垂直度；当套管垂直度相差较大时，一般应拔出来重新埋设，有时也可将钻机向前后左右稍加移动使之对中。

4. 取土成孔

先压入第一节套管（每节套管长度为 7～8m），压入深度为 2.5～3.0m，然后用抓斗从套管内取土，一边抓土，一边下压套管。要始终保持套管底口超前于取土面且深度不小于 2.5m。第一节套管全部压入土中后（地面以上要留 1.2～1.5m，以便于接管），检测成孔垂直度，如不合格则进行纠偏调整，如合格则安装第二节套管下压取。如此反复进行，直到设计孔底标高。

5. 吊放钢筋笼

如为钢筋混凝土桩，成孔至设计标高后，检查孔的深度、垂直度，清除孔底虚土，检查合格后吊车吊放钢筋笼。安放钢筋笼时应采取有效措施保证钢筋笼的标高。

6. 灌注混凝土

孔内有水时，采用水下混凝土灌注法施工；孔内无水时，采用干孔灌注施工，此时需振捣。开始灌注混凝土时，应先灌入 2～3m³ 混凝土（约 2m 深），将套管搓动后提升 20～30cm，以确定机械上拔力是否满足要求。不能满足时，则应采用吊车辅助起吊。灌注过程中应确保混凝土面高出套管端口不小于 2m，防止上拔过快造成断桩事故。

7. 拔管成桩

一边灌注混凝土一边拔管。应注意始终保持套管底低于混凝土面 2.5m 以上。

22.3.2.2　排桩施工工艺流程

1. 工艺原理

全套管钻孔软切割咬合桩是采用全套管钻机钻孔施工，使桩与桩之间形成相互咬合排列的一种基坑支护结构（图 22-25）。为便于切割，桩的排列方式一般为一根第一序列桩即 A 桩（素混凝土桩或矩形钢筋笼混凝土桩）和一根第二序列桩即 B 桩（圆形钢筋笼混凝土桩）间隔布置，施工时先施工 A 桩后施工 B 桩，A 桩混凝土采用超缓凝混凝土，要求必须在 A 桩混凝土初凝之前完成 B 桩的施工。B 桩施工时采用全套管钻机切割掉与相邻 A 桩相交部分的混凝土，实现咬合（图 22-26）。

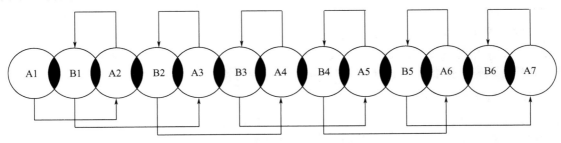

图 22-25　捷程 MZ 系列全套管钻孔软切割咬合桩的排桩施工工艺流程

图 22－25 所示为捷程 MZ 系列全套管钻孔软切割咬合桩的排桩施工工艺流程。

图 22－26 所示为捷程 MZ 系列全套管钻孔软切割咬合桩施工工艺原理。

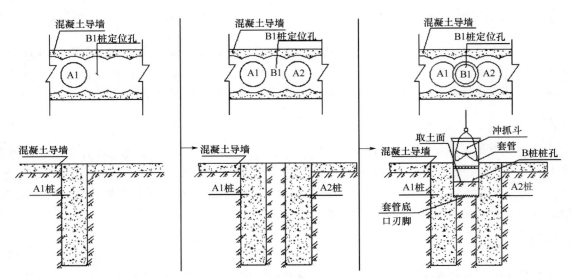

图 22－26　捷程 MZ 系列全套管钻孔软切割咬合桩施工工艺原理

2. 工艺流程

总的原则是先施工 A 桩后施工 B 桩。施工工艺流程是：A1→A2→B1→A3→B2→A4→B3→…→An→B（n－1），如图 22－25 所示。

A 桩的施工只要严格按照单桩施工工艺流程作业，确保垂直精度，就能满足要求。B 桩的施工，除了确保垂直精度，使桩体能充分咬合外，还涉及施工过程中切割的挤压、摩擦等对已成桩 A 桩产生的损害。为克服这一难题，在混凝土中加入缓凝剂，使 A 桩混凝土处于未初凝状态时就施工 B 桩，从而消除对 A 桩的危害。

22.3.2.3　孔口定位误差的控制

为了保证全套管钻孔软切割咬合桩底部有足够的咬合量，应对其孔口的定位误差进行严格的控制，孔口定位误差的允许值可按表 22－4 选择。

表 22－4　孔口定位误差允许值

咬合厚度/mm	孔口定位误差/mm		
	桩长 10m 以下	桩长 10～15m	桩长 15m 以上
100	±10	±10	±10
150	±15	±10	±10
200	±20	±15	±10

为了有效地提高孔口的定位精度，应在全套管钻孔软切割咬合桩桩顶以上设置混凝土或钢筋混凝土导墙，导墙上定位孔的直径宜比桩径大 30～50mm，如图 22－27 所示。钻机就位后，将第一节套管插入定位孔并检查调整，使套管周围与定位孔之间的空隙保持均匀。

22.3.2.4　桩垂直度的控制

为了保证全套管钻孔软切割咬合桩底部有足够厚度的咬合量，除对其孔口定位误差严格控制外，还应对其垂直度进行严格的控制。根据我国《地下铁道工程施工及验收规范》（GB 50299—1999）（2003年版）第 3.1.5 条的规定，桩的垂直度允许偏差为 3‰。

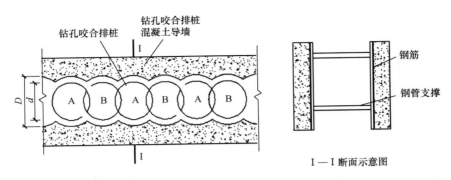

图 22 - 27 钻孔咬合桩导墙平面布置示意图

注：d 为钻孔咬合排桩单桩直径；D 为导墙预留定位孔直径

成孔过程中要控制好桩的垂直度，必须做好以下三个环节的工作。

1. 套管的顺直度检查和校正

钻孔咬合桩施工前在平整地面上进行套管顺直度的检查和校正。首先检查和校正单节套管的顺直度，然后将按照桩长配置的套管全部连接起来，进行整根套管（15～25m）的顺直度检测，偏差宜小于10mm。检测方法：于地面上测放出两条相互平行的直线，将套管置于两条直线之间，然后用线锤和直尺进行检测。

2. 成孔过程中桩的垂直度监测和检查

（1）地面监测

在地面选择两个相互垂直的方向，采用经纬仪或线锤监测地面以上部分的套管的垂直度，发现偏差随时纠正。这项检测在每根桩的成孔过程中应始终坚持，不能中断。

（2）孔内检查

每节套管压完后安装下一节套管之前，都要停下来用测斜仪或测环进行孔内垂直度检查，不合格时须进行纠偏，直至合格才能进行下一节套管的施工。

3. 采用测环法检测钻孔咬合桩垂直度的做法

（1）测环的制作

材料：$\delta=20mm$ 的不锈钢钢板。

尺寸：环带宽 35mm，内半径为 16.5cm，外半径为 20cm。

绳拴孔加工：在环带中间制作三个 $\phi 5mm$ 的小拴孔，各小拴孔按 120°均布。

测环示意图如图 22 - 28 所示。

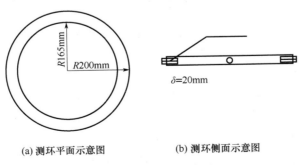

(a) 测环平面示意图　　　(b) 测环侧面示意图

图 22 - 28 测环示意图

（2）十字架的制作

十字架是检测桩孔垂直度时安放在孔口的参照物，采用 $\phi14mm$ 的圆钢根据套管的大小焊接而成，并在十字架的四个端部各设一个卡头，卡头的作用是方便将十字架固定在套管顶部，并使其中心与套管顶口中心准确重合，如图 22－29 所示。

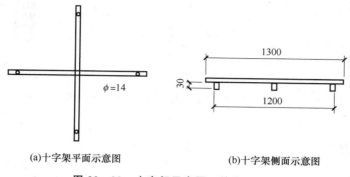

(a)十字架平面示意图   (b)十字架侧面示意图

图 22－29　十字架示意图（单位：mm）

（3）测绳与测环的连接

测绳与测环的连接如图 22－30 所示，三根支绳的长度必须保持一致，主绳的长度根据孔深确定。

（4）测环的质量要求

要求主绳延长线准确穿过测环中心点，且主绳与测环所在平面垂直。因此，要求做到以下两点：

1）测环自身的几何尺寸必须准确，平面没有凹曲，且测环的质量必须均匀分布。

2）三条绳的长度必须相等。

（5）测环使用前的校核

测环在使用前必须经过严格的校核，校核的方法是：在测环上固定两条相互垂直的十字线，十字线的交点为测环的中心，再在图 22－30 所示的主绳下端接一外向线锤，然后将测环悬于空中，检查线锤中心是否对准十字线中心。如有偏差则微调三根支绳的长度，至线锤对准测环中心为止。

图 22－30　测绳与测环连接

4．垂直度偏移量测定步骤

1）清理套管口工作平台，冲洗管壁附泥，为检测工作做好准备。

2）十字架安放在套管顶部，并将其与套管卡牢，检查卡头与套管内壁是否密贴，以确保十字架中心与孔口套管中心重合。

3）检测部位不宜太靠近孔底，一般选择孔底以上 1～2m 的范围为宜。

4）光线的要求。在一般情况下，只要管壁冲洗干净，20 多米的孔深对测环的观察来说不会有困难。晚上或阴天的时候可用手电筒照明进行观察。

5）测环下放时应轻、慢，一是可减少晃动，加快读数速度，二是可防止测环挣断测绳掉落孔内。

6）待测环下放到待检部位后，沿十字架从四个方向检测桩孔偏移量。检测方法是：将测绳沿十字架缓慢移动，至测环边沿与套管内壁刚好接触为止，此时用直尺测量测绳至十字架中心的距离 a，并做好记录。每个方向至少检测三次，然后取其平均值作为计算桩孔偏移量的依据。

7）数据分析。假设套管内半径为 R，测环外半径为 r，则十字架中心距测绳的标准距离为 $R-r$，将各方向所测得的平均值 a' 与标准值相比较，便可以得出桩孔的偏移量 Δa，$\Delta a=a'-(R-r)$，Δa 与所检测部位桩孔深度的比值 $\Delta a/L$ 即为实测垂直度。

5. 纠偏

成孔过程中如发现垂直度偏差过大，必须及时进行纠偏，纠偏的常用方法有以下五种：

1）发现钢套管有倾斜趋势时，立即通过反复摇动及微量扭、挪套管支座等将套管倾斜消除在初始状态。

2）利用钻机油缸纠偏。如果桩孔偏差不大或套管入土不深（5m 以下），可直接利用钻机的两个顶升油缸和两个推拉油缸调节套管的垂直度，即可达到纠偏的目的。

3）A 桩孔纠偏方法。如果 A 桩套管在入土 5m 以下时发生较大偏移，可先利用钻机油缸直接纠偏。如达不到要求，可向套管内充填砂土或黏土，一边填土一边拔起套管，直至将套管提升到上一次检查合格的地方，然后调直套管，检查其垂直度，合格后再重新下压。

4）B 桩孔纠偏方法。B 桩孔的纠偏方法与 A 桩孔基本相同，其不同之处是不能向套管内填土，而应填入与 A 桩相同的混凝土，否则有可能在桩间留下土夹层，从而影响排桩的防水效果。

5）无法利用套管钻机重新成孔时，在待处理桩位的两侧注浆，形成隔渗帷幕拦截地下水，做人工挖孔咬合桩补救。

由以上可知，采用全套管钻机施工钻孔咬合桩有以下两个显著的优点：

1）成孔精度可以得到有效控制。这是由于套管压入地层是靠主机液压油缸行程完成的，每次压入深度约为 250mm，套管每节长度为 8m，可以边压入边纠偏，进行全过程的垂直度控制。

2）成孔垂直度检测可在套管内进行，使检测工作变得更为方便、更易控制且直观。这是其他种类的咬合桩（钻孔灌注咬合桩及 SMW 工法咬合桩等）无法比拟的。

22.3.2.5　咬合厚度的确定

相邻桩之间的咬合厚度 d 根据桩长选取，桩越短咬合厚度越小（但最小不宜小于 100mm），桩越长咬合厚度越大，按式（22-1）计算：

$$d-2(kl+q) \geqslant 50\text{mm} \qquad (22-1)$$

式中　l——桩长；

　　　k——桩的垂直度；

　　　q——孔口定位误差容许值；

　　　d——钻孔咬合桩的设计咬合厚度。

式（22-1）的意义在于保证桩底的最小设计咬合厚度不小于 50mm。

22.3.2.6　克服管涌的措施

在全套管钻孔咬合桩施工中可能会遇到两种性质不同的砂土管涌和混凝土管涌（也可称为混凝土绕流管涌）。

1. 管涌的定义

（1）砂土管涌及其产生条件

1）在桩孔较深处存在松砂层，且作用着向上的渗透水压力时，如果由此产生的动水坡度大于砂土层的极限动水坡度，砂土颗粒就会处于冒出、沸涌状态而形成砂土管涌。

2）在桩孔挖掘过程中，如果软土层深厚，地下水位高，且砂质粉土层或黏性土与粉土层中夹薄层粉砂时，极易在渗透水压作用下产生砂土管涌。

3）在持力层有大量的承压水而孔内水很少或无水的状态下，套管一接近持力层附近的承压水时，承压水就突然把套管超前部分的孔内不透水层突破，向孔内喷水，带走持力层附近的砂和砂砾，使桩端持力层松动。

（2）混凝土管涌及其产生条件

如图 22-31 所示，在 B 桩成孔过程中，由于 A 桩混凝土未凝固，还处于弱流塑状态，随着取土深度的增加，A 桩混凝土有可能从 A、B 桩相交处涌入 B 桩孔内，称为混凝土管涌。

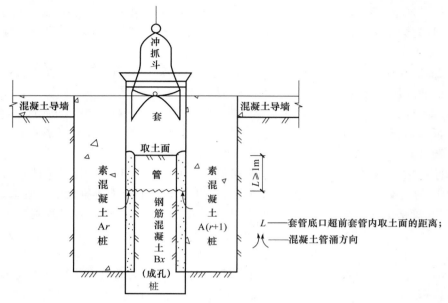

图 22-31　B 桩施工过程中的混凝土管涌现象示意图

2. 克服管涌的技术措施

（1）克服砂土管涌的技术措施

针对上述三种产生砂土管涌的条件，可分别采取以下三种不同的克服砂土管涌的技术措施：

1）随时观察孔内地下水和穿越砂层的动态，按"少取土、多压进"的原则操作，做到套管超前，充分发挥全套管跟进的钻孔工艺特点。

杭州钱江路地下通道四标段和五标段全套管钻孔软切割咬合桩工程，其特点是离居民区较近，土质以砂质粉土为主，地下水位高，施工中容易出现管涌现象，对此在施工中采用接长套管的措施，使套管尽量超前，一般超过设计孔深 3~4m，以克服管涌问题。

2）依据套管的最大切割下压能力，做到套管始终超前，抓土在后，取土面至套管底口的最小距离应保持在 1m 以上，使孔内留足一定厚度的反压土层，防止管涌的产生。

天津地铁 1 号线西南角站全套管钻孔软切割咬合桩工程，由于桩底标高处于粉质黏土层，距细砂层 0.5m，如穿过粉质黏土层会出现翻砂现象，所以在施工时，在距孔底 1.5~2.0m 时往孔内注水 15~20m 深，使内外压力达到平衡。在混凝土灌注过程中再将孔内水逐步抽回积水坑。

3）往孔内灌水，直到相当于承压水头的高度后再钻进。

杭州解放路隧道延伸线全套管钻孔软切割咬合桩工程位于杭州城东贴沙河两岸，采用明挖和暗挖围护结构设计。明挖采用咬合桩工法，最大开挖深度 19m，钢筋混凝土内支撑作为永久性支护，明挖和暗挖节点处设计为咬合堵头桩，先施工明挖段再施工暗挖段。该工程处于闹市区，地下管线密布，距相邻建筑最近距离为 5~6m，近邻沪杭铁路和贴沙河，工程地下水位为 1.0~1.5m，③$_a$、③$_b$、③$_c$ 砂质粉土夹粉砂层厚 11.2~16.0m，砂粒粒径集中在 0.075~0.25mm，占 70%，地下水为潜水，由贴沙河补给。由于存在特殊的粉细砂（厚度较大的亚纳米粉细砂）及高地下水位，该工程采用其他方法（如钻孔桩加深搅帷幕、SMW 工法、地下连续墙）施工极为困难，甚至无法实施。该工程采用全套管钻孔软切割咬合桩，当桩端为黏性土层时采用干法成孔，当桩端为粉细砂时采用注水施工，水头平衡，用水下冲抓器抓砂土，基坑开挖过程中地面变形甚微，得到当地建设主管部门的好评，并将咬合桩工法运用于杭州地铁1号线试验段秋涛路站的围护结构施工。杭州地铁1号线秋涛路车站全套管钻孔软切割咬合桩（堵头桩）工程，由于桩底标高处于粉质黏土和黏质粉土层，距中细砂层0.5m左右，为避免穿过黏土层而出现翻砂现象，在施工至距孔底1.5～2m时向桩孔内灌注水15～20m，使内外压力达到平衡，然后采用水下取土器成孔至设计标高，并在混凝土灌注过程中逐步将水抽回积水坑。

（2）克服混凝土管涌的技术措施

1）桩混凝土的坍落度应尽量小一些，应控制在（16±2）cm的范围内，以降低混凝土的流动性。

2）套管底口应始终保持超前于开挖面一定距离，即依据全套管钻机的最大切割下压能力，做到套管始终超前，抓土在后，以便于造成一段"瓶颈"，阻止混凝土的流动。如果钻机能力许可，这个距离越大越好，但至少不应小于2.5m。

3）如有必要（如遇地下障碍物，套管底无法超前时），可向套管内注入一定量的水，使其保持一定的反压力来平衡A桩混凝土的压力，阻止管涌的发生。

4）桩成孔过程中应注意观察相邻两侧A桩混凝土顶面，如发现A桩混凝土下陷应立即停止B桩开挖，并一边将套管尽量下压，一边向B桩内填土或注水，直到完全制止住管涌为止。

5）掌握施作B桩的最佳时间，避免A桩刚灌注完不久就马上被切割的情况。

总之，B桩宜在A桩坍落度较小时至初凝前灌注混凝土并拔钢套管，这样既可保证A桩的混凝土不管涌到B桩，又可保证A、B桩混凝土凝结成为一个整体，并且能够顺利地拔出钢套管。

22.3.2.7　遇地下障碍物的处理方法

套管钻机施工过程中如遇地下障碍物，处理起来会比较困难，特别是施工全套管钻孔软切割咬合桩还要受时间的限制，因此采用全套管钻孔软切割咬合桩的工程必须对地质情况十分清楚。对于一些比较小（小于1/3套管直径）的障碍物，如卵石层、体积较小的孤石等，相对容易处理。遇到较大的障碍物，不能正常施工时，可以先将冲抓斗换成十字冲锤，击碎障碍物并将其清除。遇到管线、钢筋、工字钢等时，先抽干套管内积水，再吊放作业人员下去，用氧焊工具做吹断处理。遇到特大障碍物，人工不能处理时，只能用套管内爆破法处理。

天津地铁二期工程3号线华苑站全套管钻孔软切割咬合桩工程部分钻孔咬合桩下埋有直径为1000mm的污水管，埋深为－6m，如不处理会对全套管钻孔软切割咬合桩的施工进度、质量、材料等带来较大影响，其具体影响为：

1）在钢筋混凝土桩施工时遇到污水管，套管钻进难度较大，容易出现管涌现象（施工钢筋混凝土桩时素混凝土桩混凝土流入套管内）。

2）在混凝土灌注过程中混凝土会流入污水管内，造成混凝土的浪费。若钢筋混凝土桩的混凝土流入污水管内，会影响后序桩的正常施工，甚至无法切割咬合。

因此，在全套管钻孔软切割咬合桩施工前必须对污水管进行处理，处理方案为二次成孔法。

第一次成孔：污水管处理。待导墙制作好后，用全套管钻机将所有桩成孔至污水管底部（≥6m），成孔过程中用冲抓斗或十字冲锤等进行处理，然后用素土或砂回填夯实，如图22-32（a）所示。

第二次成孔：按全套管钻孔软切割咬合桩正常施工工艺流程施工，如图22-32（b）所示。

杭州地铁1号线秋涛路车站全套管钻孔软切割咬合桩（堵头桩）工程的地质特点是－1.39m为抛石层，为了保证工程质量，采用二次成孔法施工，即先施工钢筋混凝土桩，成孔至10～11m，穿过抛石层，将孔用素土回填，再按全套管钻孔软切割咬合桩的施工工艺进行施工。

22.3.2.8　钢筋笼定位

（1）克服钢筋笼上浮的方法

由于套管内壁与钢筋笼外缘之间的空隙较小，在上拔套管的时候，钢筋笼将有可能被套管带着一起上浮。其预防措施主要有：

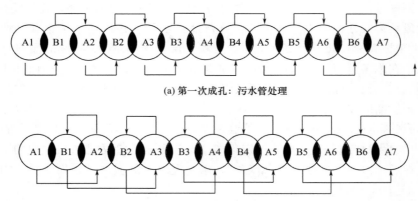

(a) 第一次成孔：污水管处理

(b) 第二次成孔：咬合桩施工工艺流程

图 22-32 二次成孔法施工工艺流程

1）B桩混凝土的骨料粒径应尽量小一些，不宜大于20mm。

2）在钢筋笼底部焊上一块比钢筋笼直径略小的薄钢板以增加其抗浮能力。

3）在钢筋笼外侧加焊定位耳形钢筋，一是利于定位，二是保证保护层厚度，减小钢筋笼与套管内壁的摩擦阻力，有效控制钢筋笼的上浮。

（2）防止钢筋笼扭转变形

起吊钢筋笼时，采用三点同时起吊，可有效地防止钢筋笼产生扭转变形。

（3）钢筋笼固定

钢筋笼吊放至设计标高后，采用悬吊钢筋焊接固定在孔口型钢上，起拔套管时断开。

（4）防止钢筋笼下沉

桩底由于抓斗作业扰动，砾质黏性土易遇水软化，在套管入土深度达到设计高程后，清除孔底虚土及沉渣，投放20~30cm厚碎石，可有效防止钢筋笼的下沉。

22.3.2.9 分段施工接头的处理方法

一台钻机施工往往无法满足工程进度要求，需要多台钻机分段施工，这就存在与先施工段的接头问题。采用砂桩是一个比较好的方法，如图22-33所示。在施工段与段的端头设置一个砂桩（成孔后用砂灌满），待后施工段到此接头时挖出砂灌上混凝土即可。

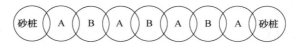

图 22-33 分段施工接头预设砂桩示意图

当出现钻孔咬合桩流水作业中断的情况时，则须迅速移机，对末端成孔进行切割单侧咬合面成孔，然后向孔内灌砂，拔出套管，形成砂桩，待后续施工至该桩位时重新成孔。

深港西部通道深圳侧接线工程围护结构全套管钻孔软切割咬合桩工程Ⅰ标段，因该工程需要6台钻机分段施工，这就存在各施工段的接头问题。在施工段的端头设置一根砂桩，待施工到此接头时挖出砂灌上混凝土。因砂桩施工处会不可避免地产生施工缝，开挖后会出现渗水现象，所以在基坑开挖前施工的砂桩接缝外侧增加一根旋喷桩作为防水处理措施。

上海市污水治理三期工程1.4B标顶管工作井支护结构全套管钻孔软切割咬合桩工程，由于8号井接受井设计为圆形围护结构，共设29根桩，存在第一根桩和最后一根桩施工缝接头处理问题。为此，根据实际情况，先施工图纸编号为26号的A桩（素混凝土桩），后施工27号砂桩，再依次施工24号A桩、25号B桩（钢筋混凝土桩），以后施工的桩的编号顺序为22、23、20、21、18、19、16、17、14、15、12、13、10、11、8、9、6、7、4、5、2、3、29、1、27、28，其中双号为素混凝土桩，单号为钢筋混凝土桩，但是 29、27 号桩为素混凝土桩，28 号桩为钢筋混凝土桩。

在 26 和 27 号桩端头设置一个砂桩，待后施工段到此接头时挖出砂灌上混凝土即可。因砂桩施工处不可避免地产生施工缝，开挖后会出现渗水现象，所以在基坑开挖前施工的砂桩接缝外侧增加一根旋喷桩作为防水处理措施。此加固位置放在洞口处。

22.3.2.10　钻进入岩的处理方法

如前所述，全套管钻孔软切割咬合桩适用于软土地质的情况，当施工中遇到局部小范围区域有少量桩入岩的情况，可采用二阶段成孔法进行处理：第一阶段，不论 A 桩还是 B 桩，先钻进取土至岩面，然后卸下抓斗，改换冲击锤，从套管内用冲击锤冲钻至桩底设计标高，成孔后向套管内填土，一边填土一边拔出套管，即第一阶段所成的孔用土填满；第二阶段，按钻孔咬合桩正常施工方法施工。

22.3.2.11　事故桩的处理方法

在全套管钻孔软切割咬合桩施工过程中，因 A 桩超缓凝混凝土的质量不稳定，易出现早凝现象，或机械设备故障等原因，造成钻孔咬合桩的施工未能按正常要求进行而形成事故桩。事故桩的处理主要分为以下几种情况。

1. 平移桩位侧咬合

如图 22 - 34 所示，B 桩成孔施工时，其一侧 A1 桩的混凝土已经凝固，套管钻机不能按正常要求切割咬合 A1、A2 桩。在这种情况下，宜向 A2 桩方向平移 B 桩桩位，使套管钻机单侧切割 A2 桩施工 B 桩，并在 A1 桩和 B 桩外侧另增加一根旋喷桩作为防水处理措施。

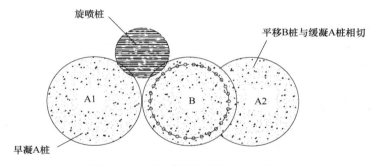

图 22 - 34　平移桩位单侧咬合示意图

2. 跳桩施工，背桩补强

如图 22 - 35 所示，B1 桩成孔施工时，其两侧 A1、A2 桩的混凝土均已凝固，在这种情况下，则放弃 B1 桩的施工，调整桩序，继续后面咬合桩的施工，之后在 B1 桩外侧增加一根咬合桩及两根旋喷桩作为补强、防水处理措施。在基坑开挖过程中将 A1 和 A2 桩之间的夹土清除，喷上混凝土即可。

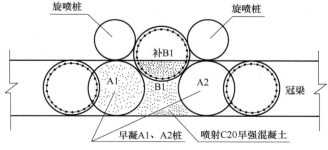

图 22 - 35　咬合桩背桩补强示意图

3. 预留咬合企口

如图 22-36 所示，在 B1 桩成孔施工中发现 A1 桩混凝土已有早凝倾向但还未完全凝固时，为避免继续按正常顺序施工造成事故桩，可及时在 A1 桩右侧施工一砂桩，以预留出咬合企口，待调整完成后再继续后面桩的施工。

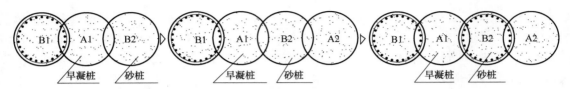

图 22-36 预留咬合企口示意图

22.3.2.12 全套管钻孔软切割咬合桩在深厚密实砂层中的应用

现以南京地铁 2 号线所街站围护结构为例加以说明。

1. 工程概况

南京地铁 2 号线所街站基坑采用明挖施工，基坑深约 14m，基坑安全防护等级为一级。其围护结构设计为直径 1000mm、间距 800mm 的全套管钻孔软切割咬合桩，咬合厚度为 200mm，平均桩长为 26.7m，最深桩长为 28m，总桩数为 897 根。

桩身采用两种形式：一种为无钢筋笼的桩，简称 A 桩；另一种为有钢筋笼的桩，简称 B 桩。在施工时先施工 A 桩，然后施工 B 桩，B 桩施工时要切除两侧已经成型但是尚未初凝的 A 桩的桩身混凝土，以达到桩身咬合的结果。

2. 工程地质和水文地质概况

从地表起，地层土质依次为：①素填土，松散，层厚约 1.50m；②粉质黏土，软塑，局部可塑，层厚约 1.10m；③粉细砂，松散，层厚约 3.60m；④粉细砂，中密，局部稍密，层厚约 13.80m；⑤粉细砂，中密，局部密实，层厚 10.20m。

根据地质资料，在桩长范围内地面以下 7m 左右就出现中密～密实的饱和厚粉细砂层。

地下水位在地面以下 1m 左右，并具有承压性，易出现突涌、流砂等不良地质现象。

3. 施工难点

进场后，采用捷程牌 MZ 系列液压全套管桩机在坑外进行试成孔试验，当遇到中密～密实粉细砂层（有承压水），出现冲抓斗取土量稀少、涌砂和套管无法压入现象，乃至出现 30mm 厚全套管被压变形，试成孔陷入停滞状态。

经研究决定，成孔采用液压套管＋注水反压＋高抬式旋挖钻成孔方案，通过两根试桩总结出混凝土缓凝时间、注水反压高度、不同土层套管超前压入深度、旋挖取土深度等沉渣控制施工参数，并下发作业指导书，指导咬合桩的施工。实践证明，采用 2 台捷程牌 MZ 系列液压全套管桩机配置 1 台旋挖钻机的施工方案（成桩 2 根/天），能有效解决在中密～密实的砂土层中钻孔咬合桩施工的难题（图 22-37）。

4. 施工重要控制点

（1）注水反压控制

在全套管进入中密～密实砂层时，因砂土摩阻力大，套管压入困难，此时应向套管孔内注水，注水标高控制在地下水位以上不小于 2.0m，水注满后旋挖钻机才能施工。在旋挖钻机施工过程中要及时向

图 22 - 37　高抬式旋挖取土作业

孔内补水，维持水位，以保持反压，防止管涌。

（2）管涌的控制

在 B 桩成孔过程中，因 A 桩混凝土尚未凝固，处于流动状态，素混凝土有可能从 A 桩与 B 桩相交处涌入 B 桩桩孔内，形成管涌。防止管涌的方法如下：

1）A 桩的超缓凝混凝土的坍落度应尽量小一些，不宜超过 180mm。

2）套管底口始终保持超前于开挖面一定距离（不宜小于 2.5m），以便于造成一段"瓶塞"，阻止混凝土涌入。

3）要随时往套管内注水，并保持水位维持反压，来平衡 A 桩混凝土和承压水的压力，防止发生管涌或流砂事故。

22.3.2.13　全套管钻孔嵌岩软切割咬合桩

全套管钻孔嵌岩软切割咬合桩（以下简称嵌岩咬合桩）是采用捷程 MZ 系列摇动式全套管钻机，结合特殊凿岩机，在桩与桩之间形成相互咬合排列的一种基坑支护结构（图 22 - 27），其中全套管钻孔软切割咬合灌注桩在国内经过十多年的发展已走向成熟，被广泛应用于地铁车站、区间支护、市政下穿隧道支护、民用建筑基坑支护等。摇动式全套管钻机在凿岩时如不加辅助设备，凿岩有一定难度，工效低。为便于桩与桩之间嵌岩切割，昆明捷程桩工有限责任公司采用摇动式全套管钻机与大功率凿岩旋挖钻机或潜孔锤等成熟设备和技术结合，以实现嵌岩咬合。该工法已获得国家发明专利（专利号为 ZL201010502632.X）。桩的施工顺序和排列方式一般为一根素混凝土桩（A 桩）和一根钢筋混凝土桩（B 桩）间隔布置（特殊情况下 A 桩也可以设置矩形钢筋笼），施工时先施工 A 桩后施工 B 桩，A 桩混凝土采用超缓凝混凝土，要求必须在 A 桩混凝土初凝之前完成 B 桩的施工。B 桩施工时采用摇动式全套管钻机切割掉基岩面以上与相邻 A 桩相交部分的混凝土，再用凿岩机凿取基岩至设计要求孔深。图 22 - 38 为全套管钻孔嵌岩软切割咬合桩施工示意图，图 22 - 39 所示为嵌岩咬合桩施工工艺原理，图 22 - 40 所示为嵌岩咬合桩单桩施工工艺流程，图 22 - 41 为嵌岩咬合桩墙示意图。

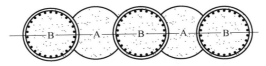

图 22 - 38　全套管钻孔嵌岩软切割咬合桩施工示意图

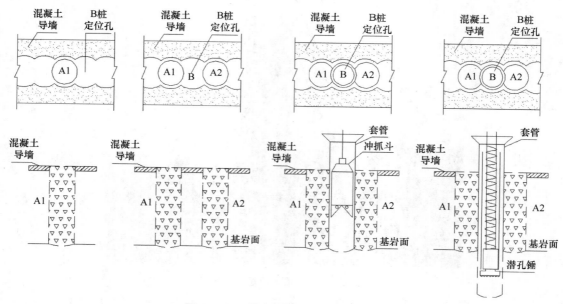

图 22-39　嵌岩咬合桩施工工艺原理

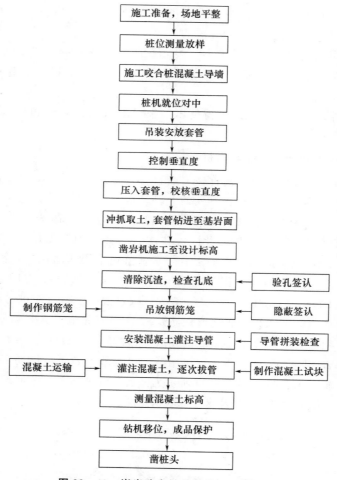

图 22-40　嵌岩咬合桩单桩施工工艺流程

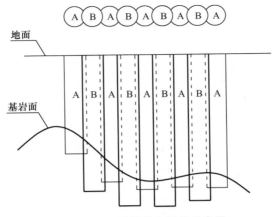

图 22 - 41　嵌岩咬合桩墙示意图

22.3.2.14　全套管钻孔嵌岩软切割咬合桩在深厚砂卵石地层中的应用

现以四川成都市郫县红光大道道路改造工程项目为例加以说明。

1. 工程概况

该项目区域范围内已有成灌高铁，并有犀浦双铁站站前下穿隧道、犀安路口下穿隧道、南北大道下穿隧道工程建设，对本项目有一定影响。采用全套管钻孔软切割咬合桩，形成止水连续墙，兼作基坑围护及止水帷幕。

咬合桩设计桩径为 1200mm，钢筋混凝土桩与素混凝土桩间隔布置，桩长 5～19m，设计桩数为 2410 根，咬合厚度为 200mm。

2. 工程地质和水文地质概况

拟建隧道地处成都平原区，地表均被第四系土层覆盖，分别为浅黄、灰黄色粉质黏土，厚 2～6m，其下卵石土层厚 20～60m，卵石含量为 50%～85%，卵石粒径为 20～150mm。地下水主要为孔隙水，枯水季节地下水埋深 3.10m，洪水季节地下水位埋深 1.56m。地下水及地表水大多水质良好，无侵蚀性。

3. 施工难点

（1）施工中确保铁路周边土应力稳定

全套管桩为非挤土桩，在成孔时有钢套管护壁保护，对周边土体不产生扰动，同时采取有效的措施，保证取土过程中不出现涌砂等现象，最大限度减小了项目施工对周边土应力的改变。

（2）配合铁路的正常运行

为了配合铁路的正常运行，施工过程中在铁路线前 2km 处安排人员全时段观察，有火车经过施工段时提前预警，通知施工段设备全部暂停施工，同时严格限制起重机、旋挖机等较高设备的转位。

（3）砂卵石地层的成孔

该工程的深厚砂卵石地层富含地下水，且水位较高，普通冲抓取土方式效率低，不能满足施工要求。采用特殊的嵌岩旋挖钻机配合取土，在提高施工速度的同时保证了工程质量。

4. 施工重要控制点

（1）导墙施工、垂直度的控制

导墙一般采用混凝土或钢筋混凝土。导墙厚 350mm，软土时需分层碾压，回填后施工导墙，一般回填厚度不小于 450mm，且导墙的孔径一般比套管外径大 20～30mm。垂直度控制方面，除利用设备功能控制垂直度以外，施工时还通过双向吊线观察法校核垂直度。导墙施工与桩垂直度的控制是影响咬合桩咬合质量的关键因素。

（2）砂土管涌、混凝土管涌的预控

预防管涌的措施是套管先行，控制 A 桩混凝土坍落度，施工时密切观察相邻混凝土表面是否下降。

（3）分段施工的接头处理措施

在先施工段的端头设置一根砂桩，待后施工段到此接头时挖出砂灌上混凝土。

22.3.2.15　支护、止水和承重合三为一的全套管钻孔软切割咬合桩施工工艺

现以合肥市一环路综合畅通工程 E 标段全套管钻孔软切割咬合桩为例加以说明。

1. 工程概况

合肥市一环路综合畅通工程 E 标段包含蒙城路与一环路交口和亳州路与一环路交口。

（1）下穿结构

该工程北一环路下穿为路堑式结构，其中在两线相交处设一跨简支 T 梁，以满足亳州路（蒙城路）跨越下穿路交通的需要，下部采用全套管钻孔软切割咬合桩，局部采用高压旋喷止水帷幕桩施工方案，以保证周围建筑物、结构物的安全。该工程咬合桩长度为蒙城路 434m，亳州路 426m。

（2）上部结构

上部结构桥梁位于北一环主路，采用路堑式下穿结构，路堑起讫点桩号为 K11＋402—K11＋836（北一环桩号），全长 434m，其中 181.28m 路堑咬合桩上设有一座一跨 20m 预应力混凝土简支梁，梁高 1.2m。

（3）基础工程

支护体系采用全套管钻孔软切割咬合桩，咬合桩外露小于 5.5m 的采用 1000mm 桩径，中心距为 800mm，咬合桩外露大于 5.5m 的采用 1200mm 桩径，中心距为 1000mm。咬合桩采用钢筋混凝土桩，A 桩与 B 桩的咬合厚度为 200mm。外露大于 4m 的咬合桩采用横向支撑，确保咬合桩不发生失稳。为保证运营阶段路堑结构的防渗，特别是满足周围建筑物的沉降控制要求，保证周围建筑物的安全，咬合桩接缝背后及管线部位设置高压旋喷止水帷幕，出口压力为 20MPa，注浆浆液采用 525 号普通硅酸盐水泥，水灰比（重量比）为 1∶1，并掺入 2.4%～3.4% 的水玻璃，浓度要求以 30～45 波美度为宜，28 天抗压强度为 8.0MPa。先穿越管线，后打高压旋喷桩，出口压力为 10MPa。

（4）咬合桩设计要求

A 桩与 B 桩间隔布置，相互咬合，咬合厚度为 200mm。A 桩内设圆形钢筋笼，B 桩内设扁形钢筋笼。A 桩采用 C30 混凝土，B 桩采用 C25 超缓凝混凝土。桩长 8～21m，最大开挖深度 9m。

2. 工程地质概况

①$_1$ 层为杂填土，①$_2$ 层为素填土，②层为黏土，③层为粉质黏土，④层为粉土，⑤层为粉土夹细砂，⑥层为细砂夹粉土，⑦层为强风化泥质砂岩，⑧层为中风化泥质砂岩。该场地地下水类型主要为勘探期间测得的上层滞水，静止水位水面高程为 17.20～18.60m，水位变化幅度约为 2.0m；其次为分布于④、⑤、⑥、⑦层土中的层间水，具有承压性，承压水头高约 1.0～2.5m，该层间水水位标高为 8.0～10.0m。

3. 工程特点与难点

1）本工程桩径分为 1000mm、1200mm 两种，所有咬合桩均为钢筋混凝土桩。在施工过程中必须控制好成孔垂直度和扁形钢筋笼的定位，防止施工 B 桩时套管切到 A 桩钢筋笼使 B 桩无法成孔。

2）成孔过程中，套管在穿过②层黏土（Q$_4^{al}$）时难度较大，容易出现管涌现象，施工时应少抓

多压。

3）进入⑤层粉土夹细砂（Q_4^{al}）、⑥层细砂夹粉土时，要以最快的速度穿过层面，防止涌砂。桩端持力层进入⑧层中风化泥质砂岩层 0.5～1.0m，套管进入此土层时压入难度较大。

4）该工程咬合桩直接作为主体结构，为了保证桩不侵入道路净空，施工过程中必须严格控制垂直度。

5）超缓凝混凝土的配制。超缓凝混凝土的缓凝时间直接影响咬合桩的成桩质量，所以 A 桩混凝土缓凝时间必须达到 60h。

6）工程位于交通要道，地下管线多，对施工进度产生较大影响，且增加了砂桩接头。

7）由于工程是半封闭式施工，过往车辆、行人多，对施工进度及安全带来较大影响。

22.3.2.16 超缓凝混凝土的应用

2000 年 6 月深圳地铁一期工程会展中心至购物公园区间采用了钻孔咬合桩围护结构，该围护结构用于地铁深基坑支护在国内尚属首次。钻孔咬合桩施工采用捷程 MZ 系列全套管钻机钻孔咬合桩施工工艺。用全套管钻孔施工咬合桩，要求后施工的桩在成孔时要切割两侧相邻的先施工桩的部分桩身混凝土，以达到相邻桩相互咬合的目的。该施工工艺的关键技术在于先施工桩的桩身混凝土凝结时间要长，3 天强度要低（混凝土的 3 天强度值不大于 3MPa），以保证能被后施工桩的钻机套管下沉时切割，同时混凝土的 28 天强度能达到设计强度等级。因此，混凝土能否满足设计与施工要求是该工艺能否成功的关键之一。以深圳地铁一期工程钻孔咬合桩的施工为例，先施工被切割的桩身混凝土均要求凝结时间在 60h 以上，在实际结构施工中采用凝结时间如此长的混凝土在国内外罕见。由于该混凝土比一般缓凝混凝土凝结时间还长两倍以上，故将其称为超缓凝混凝土。

超缓凝混凝土主要用于 A 桩，其作用是延长 A 桩混凝土的初凝时间，以使与其相邻的 B 桩的成孔能够在 A 桩混凝土初凝之前完成。

22.3.3 小结

1. 捷程 MZ 系列全套管钻孔软切割咬合桩施工工艺的研究

捷程 MZ 系列全套管钻孔软切割咬合桩成套技术是近 20 年来课题组自主研究开发的适用于我国软土地区深基坑围护结构的一项技术含量较高的实用新技术。

捷程 MZ 系列钻孔软切割咬合桩是利用超缓凝混凝土的特殊性能，采用高精度的捷程 MZ 系列全套管钻机按专门工艺成孔、成桩的一种特殊桩型，通过桩与桩之间的咬合搭接，可形成挡土截水的连续排桩围护结构或地下防渗墙。钻孔咬合桩与常规的深基坑围护结构形式如地下连续墙加止水措施的钻（挖）孔桩相比，造价较地下连续墙加止水措施的钻孔桩低，与加止水措施的挖孔桩造价相当，但钻孔咬合桩成桩垂直精度高，各桩间咬合，防水效果好；成孔时可做到无泥浆作业，环保效果好，并且可做到无坍孔、振动小，实现文明施工，能够控制桩身质量，保证安全，减少对周边环境的影响。

软土地区五种常用的挡土围护结构的技术特性比较见表 22-3。表 22-3 表明，在软土地区五种常用的挡土围护结构中全套管钻孔咬合桩的综合技术特性最优。

2. 捷程 MZ 系列全套管钻孔软切割咬合桩工程实践

捷程 MZ 全套管钻孔软切割咬合桩于 2000 年 6—10 月首次设计并应用于深圳地铁一期工程会展中心站—购物公园站区间的明挖围护结构中，当时在国内地铁工程中尚无实例可供借鉴，也无规范规程可循。全套管钻孔软切割咬合桩在深圳地铁一期工程中的应用取得成功后，在深圳地铁工程的多个项目及上海、天津、杭州、南京、贵阳、余姚、昆明、合肥、大连和成都等 140 余个项目中得到了推广应用。实践证明，在一定的地质条件及环境条件下应用全套管钻孔软切割咬合桩可取得显著的社会及技术、经济效益。

总之，捷程 MZ 系列全套管钻孔软切割咬合桩的成功实施填补了我国地下工程围护结构的一项空白，开创了在地铁工程及土建工程中施工全套管钻孔软切割咬合桩的先河。

3. 捷程 MZ 系列全套管钻孔软切割咬合桩施工的三大关键因素

20 多年来，课题组在百余项捷程 MZ 系列全套管钻孔软切割咬合桩工程实践中成功地掌握了第二序列桩（B 桩）对第一序列桩（A 桩）进行切割、咬合桩孔垂直度的保证和超缓凝混凝土的配制技术，这是全套管钻孔软切割咬合桩施工的三大关键因素。已有工程开挖结果表明，桩身咬合良好，无渗漏水现象。

4. 技术创新

（1）开发出捷程 MZ 系列全套管钻孔软切割咬合桩施工工法

在工程实践中完整地形成了捷程 MZ 系列全套管钻孔软切割咬合桩施工工法，包含以下内容：

1) 全套管钻孔软切割咬合桩的单桩施工工艺流程。

2) 全套管钻孔软切割咬合桩的排桩施工工艺流程。

3) 导墙施工方案。

4) 孔口定位误差的控制——孔口定位误差允许值的规定。

5) 桩垂直度控制的三个环节，其中包含采用测环法检测钻孔咬合桩垂直度的做法。

6) 全套管钻孔软切割咬合桩咬合厚度的确定。

7) 克服管涌的技术措施。

8) 遇地下障碍物的处理方法。

9) 克服钢筋笼上浮的方法。

10) 分段施工接头的处理方法。

11) 事故桩的处理方法（平移桩位侧咬合、背桩补强及预留咬合企口等）。

（2）超缓凝混凝土的配制

通过对缓凝高效减水剂的合理选用及对粉煤灰的掺量和配合比的合理确定，攻克了初凝时间超过 60h 的超缓凝混凝土的配制技术。

（3）发明嵌岩咬合灌注桩的施工方法

昆明捷程桩工有限责任公司采用摇动式全套管钻机与大功率凿岩旋挖钻机或潜孔锤等成熟设备和技术，实现嵌岩咬合，该工法已获得国家发明专利的授权（专利号为 ZL201010502632.X）。

（4）开发出支护、止水和承重合三为一的全套管钻孔软切割咬合桩施工工艺

该施工工艺的亮点是，采用咬合桩将基础侧墙等承重结构、边坡支护结构和止水帷幕合三为一，经济效益和社会效益显著。

（5）开发出在深厚密实砂层中应用软切割咬合桩的施工工艺

该施工工艺的亮点是成孔采用摇动式全套管钻机＋注水反压＋高抬式旋挖钻成孔方案。

（6）开发出全套管钻机嵌岩软切割咬合桩在深厚砂卵石地层中应用的施工工艺

该施工工艺的亮点是成孔采用摇动式全套管钻机配合采用特殊的嵌岩旋挖钻机成孔。

22.4 摇动式全套管钻孔嵌岩灌注桩

22.4.1 简述

22.4.1.1 岩溶地区的地表形态特征

岩溶地区的地表形态有溶沟、溶槽、石芽和石林，漏斗、落水洞和竖井，溶蚀洼地和坡立谷等。岩

溶地区的地下形态有溶蚀裂隙及溶洞、暗河、石钟乳和石笋等。

我国石灰岩地层形成的岩溶地区分布很广,其中广西、贵州、云南、四川等地最多,湖南、广东、浙江、江苏、山东、山西等省均有规模不同的岩溶地区。此外,我国的西部和西北部地区在夹有石膏、岩盐的地层中也有局部的岩溶分布。

可溶性岩层由于成分、形成条件和组织结构等不同,岩溶的发育分布也不一致。岩溶地区的地貌特征造成工程地质条件的不连续性,大大增加了钻(冲)孔灌注桩施工的难度。岩溶地区的钻(冲)孔灌注桩与普通地质条件下的钻(冲)孔灌注桩基础施工相比具有技术复杂、病害类型较多等特点。

22.4.1.2　桩基础施工诱发次生灾害产生的机制

1. 次生灾害主要类型——溶洞塌陷及覆盖层沉陷

填海岩溶区溶沟、溶槽、基岩裂隙与溶洞相互连通,上覆土层松散且空隙较大,水文地质条件复杂,若施工不当,极易诱发次生地质灾害。易造成的次生灾害主要有溶洞塌陷及覆盖层沉陷两种情况。

2. 钻孔灌注桩施工引起地面塌陷的形成机制

1)潜蚀、崩解作用。场地地下水水位较低时,采用传统钻孔灌注桩方法进行施工,护壁泥浆易沿松散地层或透水性较好的砂、砾砂层等渗透,土体被潜蚀,形成土洞,引起塌陷;或泥浆引起已有土洞周围岩土力学性能降低,土体在钻孔泥浆、水的作用下产生崩解,引起孔壁和已有土洞失稳,导致地面塌陷。

2)迁移作用。钻孔桩钻至基岩面时遇到软流塑状红黏土,软流塑状红黏土向钻孔内迁移,逐步形成空洞,并发展成为塌陷。

3)水压和真空作用。当钻孔穿越无充填、半充填或有少量充填物的溶洞顶板时,桩孔内浆液水头急剧下降,钻孔内失去孔内压力,与外部地下水形成较高的水压差,导致孔壁失稳,引起沿钻孔桩孔壁的地面塌陷。当遇到连通性好的地下洞隙时,钻孔内的护壁泥浆快速向下流动,形成冲击水压,使原有土洞发生破坏,形成塌陷。此外,由于泥浆具有较大的密度,流速较快,在泥浆流失后期可引起较高的真空负压,破坏已有土洞的稳定,形成塌陷。

4)内外渗流作用。地下水位较高或遇岩溶承压含水层时,地下水向孔内渗透,泥浆浓度降低,造成孔壁失稳,引起沿桩孔的地面塌陷。此外,承压含水层向孔内补水,改变了岩溶的水文地质条件,也能诱发地面塌陷。

5)振动作用。钻孔桩施工振动加速了上述过程的发育,有利于塌陷的形成,对塌陷具有诱发作用。

6)当采用冲击等成孔方式时,还会因成孔机械较大的冲击力对孔位及其四周较薄顶板或洞壁的溶洞造成破坏性影响,从而引起溶洞坍塌。

3. 岩溶地区冲击钻成孔灌注桩常遇问题

1)漏浆。岩溶裂隙透水、桩孔与溶洞突然贯通、钢护筒底部土层流失及土洞和溶洞互相贯通等会造成漏浆,漏浆严重时造成孔壁坍塌或钻机倾倒。

2)倾斜。遇滚石层探头石冲孔困难、在倾斜岩面上成孔出现滑锤、钢护筒在成孔时倾斜及施工钢平台支腿扭变滚动等会造成桩孔倾斜。

3)卡钻。产生卡钻的原因:冲击成孔时,由于钻头的抖动往往冲破孔壁,致使孔壁不圆或形成梅花孔等;桩孔倾斜;钻头磨损,未及时补焊,钻孔直径逐渐变小,新钻头或补焊后钻头直径过大;施钻过程中由于冲程过大,突然击穿溶洞顶板,使钻头卡住不能提钻;此外,因地质结构复杂、判断失误等原因造成卡钻。卡钻会造成施工滞懈,严重影响施工进度。

4)埋钻。由于孔壁坍塌造成埋钻。在岩溶地层冲孔,当冲孔穿越的溶洞顶板较薄且埋深较浅时,由于冲程过大，砸击溶洞顶板就可能出现溶洞坍塌，地表下陷，施工不慎造成掩埋钻头的情况。

5）崩塌。由于击穿溶洞或达及裂缝、断层等地层，孔内漏浆，泥浆面迅速下降，造成孔内甚至孔口发生坍塌现象。此外，对于溶洞填充物为软塑状的大孔径溶洞，在冲孔中易发生坍塌。

6）清孔困难。溶洞填充物为流塑状的大孔径溶洞，在冲孔中会因涌浆（填充物回流至孔中）而发生堵孔和孔底沉淀层加厚现象，造成清孔困难。

7）漏混凝土。没有填充物的大孔径溶洞，虽然混凝土灌注前无漏浆现象或漏浆相对较少，但在向桩孔灌注混凝土时容易发生混凝土流失现象。此外，由于灌注水下混凝土时，孔壁侧压力增大，冲破已形成的片石黏土孔壁封闭环而产生混凝土泄露。

8）桩身质量问题。由于地下水流动，加上漏浆等原因造成桩身混凝土离析、夹泥甚至断桩。

4. 岩溶地区人工挖孔灌注桩常遇问题

1）安全度不高。在施工中遇到地下水位较高、涌水量大及流砂等情况而无法继续施工。

2）"流泥"问题。流泥一般是泥浆从孔底新开挖出的一个方向或几个方向同时涌入孔底，无法继续施工。

3）桩身混凝土强度不够。桩身混凝土胶结差，出现蜂窝或孔洞，甚至骨料没有被胶结，结构松散。

总体来说，在岩溶地区的施工中，上述常规的施工方法都会有相对较大的弊端，易造成工期延误、成本提高、环境污染严重等问题。

22.4.2 全套管嵌岩桩基本原理、工艺特点及优越性

22.4.2.1 基本原理

岩溶区的基本特点是：上部多有松散或松软的土层，易塌孔，给嵌岩桩的成孔带来较大的困难；岩溶区岩面起伏大，对桩孔垂直度的控制是一大挑战；岩溶区分布有大量不同形态的溶洞，在嵌岩桩成孔中的处理是一大难点；溶洞发育区桩端持力层存在裂隙等缺陷。针对上述特点和难点，岩溶区嵌岩桩施工工法以全套管成孔为主，采用多工艺的综合施工方法，以有效地克服施工中易塌孔、偏孔、溶洞处理难、入岩难等问题。对岩溶区灰岩持力层存在的裂隙、软弱夹层采用桩底后压浆进行修复、补强的也是该工法的一大特点。

全套管施工法利用摇动装置的摇动（或回转装置的回转）使钢套管与土层间的摩阻力大大减小，边摇动（或边回转）边压入，同时利用冲抓斗挖掘取土，直至套管下到桩端持力层为止。挖掘完毕后立即进行挖掘深度的测定，并确认桩端持力层，然后清除虚土。成孔后将钢筋笼放入，接着将导管树立在钻孔中心，最后灌注混凝土成桩。

全套管嵌岩灌注桩施工是采用摇动式全套管钻机或全回转全套管钻机结合凿岩旋挖钻机完成工程桩施工的一种机械孔桩施工技术，即在全套管钻机遇到较硬的中风化岩层时使用凿岩旋挖钻机在套管内开挖，然后套管跟进成孔，最后放置钢筋笼，灌注混凝土成桩。该工法可有效地解决全套管钻机在较硬的中风化岩层钻孔困难的问题。

22.4.2.2 工艺特点

1）采用全回转全套管钻机或摇动式全套管钻机配合冲抓斗、旋挖钻机、潜孔锤进行嵌岩桩的成孔。

2）利用钢套管护壁，可有效控制上部软弱或松散地层塌孔问题及溶洞内跑水、漏浆的问题。

3）当岩面倾斜面较大，形成半岩半土时，采用套打法将桩位内硬的部分先剔除至设计深度，或者剔除至硬度在同一个水平的基岩面后回填渣土，再在原桩位处施工至设计深度，在钢套管的有效导正下能较好地控制钻孔的垂直度。

4）全套管钻孔桩在穿越大型溶洞、串状溶洞或溶沟、裂隙时，采用反复抛填法，直至穿过溶洞并控制好垂直度为止。

5）当岩层上部有较厚的流塑地层或高填方地层时，为防止管涌或塌孔，可采用套管先行法，以有

效控制嵌岩桩的成孔质量。

6）孔底沉渣采用气举法清渣，可有效地控制孔底沉渣的厚度。

7）灌注桩身混凝土时，为防止混凝土超灌量过大，可在溶洞部分的钢筋笼外侧采用包裹法，以有效地控制桩身混凝土的流失。

8）利用后压浆技术可有效地充填和加固桩端持力层存在的裂隙，提高持力层的完整性及承载力。

22.4.2.3　优越性

1）环保效果好，噪声低，振动小。由于应用全套管护壁，不使用泥浆，无泥浆污染环境的忧虑，施工现场整洁文明，很适合在市区内施工。

2）孔内所取泥土含水量较低，方便外运。

3）由于钢套管的护壁作用，可避免成孔过程中出现塌孔等安全隐患，可避免钻、冲击成孔灌注桩可能发生的缩颈、断桩及混凝土离析等质量问题，可靠近既有建筑物施工。

4）挖掘时可直接判别土层和岩层特性，便于确定桩长。

5）由于应用全套管护壁，可避免其他泥浆护壁法难以解决的流砂问题。

6）成孔和成桩质量高。垂直度偏差小；使用套管成孔，孔壁不会坍落，避免泥浆污染钢筋和混入混凝土，同时避免桩身混凝土与土体间形成残存泥浆隔离膜（泥皮）的弊病；清孔彻底，孔底残渣少，桩的承载力高。

7）成孔直径和挖掘深度大，钻进速度快。

8）成孔直径可以控制，充盈系数小，与其他成孔方法相比可节约大量的混凝土用量。

该工法适用于回填岩溶区、填海岩溶区及有较厚松软上覆土层岩溶区的桩基工程。

22.4.3　摇动式全套管钻机嵌岩桩施工方法

嵌岩桩单桩施工工艺流程如图 22 - 42 所示。

22.4.3.1　施工准备

（1）场地平整

根据现场实际情况平整、夯实施工场地，确保起重机、桩机的施工与移位。

（2）放线定位

根据设计图纸提供的坐标计算桩中心点坐标，采用全站仪根据地面导线控制点进行实地放样，并保护好桩位。

（3）铺设路基板

为了提高全套管灌注桩的定位精度并提高就位效率，应在地面安放特制定位板，即路基板，路基板也可作为钻孔机械的承重结构。路基板结构如图 22 - 43 所示。这是全套管灌注桩施工的必要准备。井圈尺寸一般为 $(D+2m)×(0.3～0.4m)$，D 为桩径如果井圈下土层较差，厚度可适当加大，同时可以考虑适当配筋。定位孔直径比桩径大 20mm。

路基板施工步骤：路基板沟槽开挖，在桩位放样线符合要求后即可进行沟槽的开挖。采用机械开挖施工。开挖结束后，立即将路基板引入沟槽下。

22.4.3.2　桩孔施工要点

（1）钻机就位

桩中心点定位，并测量井圈顶标高，作为钻机定位控制点。移动套管钻机，使套管钻机抱管器中心对准桩中心点。

（2）安装套管、校正垂直度、取土

桩机就位后，吊装第一节管至全套管钻机钳口中，校正套管垂直度后，摇动下压套管，压入深度一

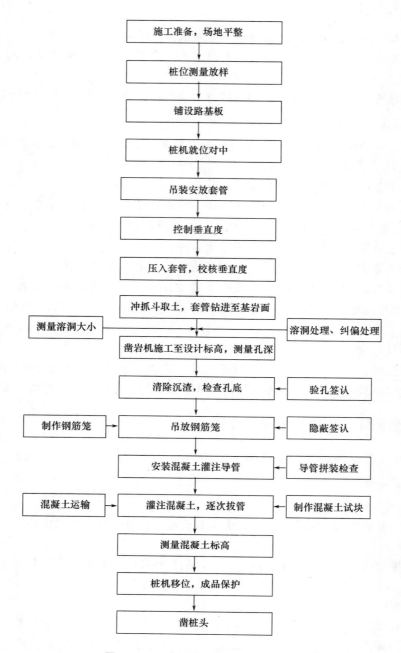

施工准备，场地平整

桩位测量放样

铺设路基板

桩机就位对中

吊装安放套管

控制垂直度

压入套管，校核垂直度

冲抓斗取土，套管钻进至基岩面

测量溶洞大小 → 凿岩机施工至设计标高，测量孔深 ← 溶洞处理、纠偏处理

清除沉渣，检查孔底 ← 验孔签认

制作钢筋笼 → 吊放钢筋笼 ← 隐蔽签认

安装混凝土灌注导管 ← 导管拼装检查

混凝土运输 → 灌注混凝土，逐次拔管 ← 制作混凝土试块

测量混凝土标高

桩机移位，成品保护

凿桩头

图 22－42　嵌岩桩单桩施工工艺流程

般为 2.5～3.5m，然后用抓斗从套管内取土，一边抓土一边继续下压套管，始终保持套管底口超前于开挖面不小于 2.5m。第一节套管全部压入土中后检测垂直度，若不合格则进行纠偏调整，如合格则安装第二节套管，继续下压取土。如此反复进行，施工至中风化板岩面时通知地质勘察单位、监理单位确认岩面。

对不同土层和岩层应采取不同的挖掘方式。

1）对于软弱土层、一般土层，应使套管超前下沉，可超出孔内开挖面，使落锤抓斗仅在套管内挖土，这样便于控制孔壁质量及开挖方向。

2）对于硬砂土层及大卵石层，应使落锤抓斗超前下挖，因为在这种土层中套管的钻进是有困难的，尤其是对于地下水位以下的硬砂层，如不采取超前开挖的措施，将会在套管提升时增加困难。

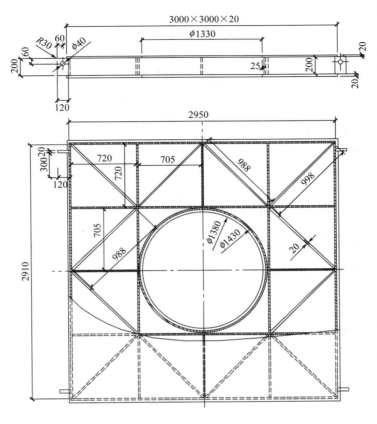

图 22 - 43　路基板结构示意图（单位：mm）

3）对于特坚硬土层，应利用冲击锤击碎，再利用落锤抓斗将土块抓出孔外。

4）对于中风化岩层，可采用凿岩旋挖机超前开挖，套管同步跟进，超前深度一般不大于钻斗高度。

（3）垂直度检测

采用成孔垂直度检测仪对成桩的孔的垂直度进行检测，使垂直度控制在 5‰以内。

22. 4. 3. 3　溶洞处理技术措施

1. 处理原则

1）摸清桩基范围内溶洞的高度、大小和分布情况，按照先短后长、先小后大、先易后难的原则进行桩孔施工。

2）对地质资料不明确或缺少地质资料的桩基，应及时向业主和监理工程师反映，及时安排地质补钻；对已摸清溶洞分布情况的桩基，应按照先短后长、先小后大、先易后难的原则进行桩孔施工。

3）开始成孔前应按照施工方案和制订的预案准备相应的片石、黏土、袋装水泥等溶洞处理材料，同时还应配备装载机、材料运输车辆等施工机械和设备。

2. 处理方法

根据溶洞的具体情况，采用不同抛填物（黏土、块石、水泥及外加剂等）对溶洞进行及时处理。

（1）穿过较小溶洞（高度≤3.0m）

溶洞内填充物为流塑状黏土、其他充填物或为空洞时，采用抛填料的方法夯填挤壁成孔。钻头接近顶板时减小冲程，并提前向孔内抛填片石，使钻锤平衡冲击溶洞顶板。钻头穿透溶洞后，如泥浆漏失，应向孔内及时补浆，并向孔内抛填片石、袋装黏土等填料，然后提升钻头冲击夯挤固壁。在溶洞内钻头冲程应控制在 0.5～0.8m，反复投料钻进，直至穿过溶洞。

（2）穿过中型溶洞（高度为 3～5m）

钻头接近溶洞顶板时减小冲程，并提前向孔内抛填片石，使冲锤平衡冲击溶洞顶板，防止由于溶洞顶板岩层软硬不均造成斜孔，并及时向孔内注浆，以平衡孔壁侧压力，防止塌孔。钻孔内如有孤石和蜂窝状薄岩层或溶洞壁参差不齐，即存在半边溶洞现象，以及部分洞壁有可能侵入桩孔形成探头石、溶沟与倾斜岩面时，钻头底部处于软硬不均的非均质体，极易造成卡钻或偏孔。发现上述问题时应认真分析，分别采取措施进行处理。

（3）穿过大型溶洞（高度为 5～10m）

严格控制桩中心坐标。钻进过程中如发现轻微漏浆，应向孔内抛投片石及黏土再钻进，如此反复抛填钻进。如果漏浆严重，为防止孔壁侧压力增大而发生坍孔，应向孔内大量抛填片石及袋装黏土和水泥，并及时补充泥浆，然后钻进，如此反复钻进。如果采用抛填的方法效果不好，则采用下放钢护筒或回填混凝土的方法处理溶洞。钢护筒应采用优质钢板制成，厚度为 10～16mm，护筒直径为桩径＋0.2m。护筒按 2m 和 4m 长度分节制作，焊接质量应符合要求。钢护筒顶固定十字槽钢，用钻头（或振动锤）打入，打入时严格控制中心位置及垂直度。钢护筒长度应满足桩底至溶洞顶板距离＋2m。钢护筒下至溶洞底板后，再回填 1m 左右高的黏土，防止护筒底部漏浆。

（4）钻孔穿过高度大于 10m 的溶洞的处理方法

此类溶洞位置较深，溶洞较大，根据实际情况采用双层全钢护筒跟进施工或充填混凝土后复钻的方法。双层钢护筒的外层钢护筒采用优质钢板制成，厚度为 10mm，护筒直径为桩径＋0.2m；内护筒厚度为 6mm，直径同桩径。钻进时每钻进 2m 焊接一节外护筒，至溶洞后再焊接 4m 长护筒。钢护筒顶固定槽钢，用振动锤打入，打入时严格控制中心位置及垂直度。内护筒分节焊接，自由下落至孔底。两层护筒之间填砂状物，使两层护筒同时受力。

3. 注意事项

（1）纠偏处理

发现偏孔、斜孔、梅花孔等情况后，主要采用抛石纠偏方法——回填片石、块石的办法（回填高度至偏孔发生位置以上 0.5m），进行冲击修孔。当抛石纠偏无效时采取回填早强混凝土，待达到一定强度后复钻的方法。

（2）岩面倾斜较大情况的处理

为防止钻头摆动撞击孔壁，造成偏孔或塌孔，应回填坚硬片石，以低冲程反复提砸，使孔底岩层出现一个平台后再转入正常冲孔。当所遇岩面倾斜角度较大，填充块石无效后，考虑充填早强混凝土，具有一定强度后进行复钻，再用带薄壁取芯钻头的回转钻机处理，效果较好。

（3）塌孔处理

要求施钻人员根据实际钻孔情况随时量测钻孔深度，并采用小冲程钻进通过溶洞，同时应注意孔内水位的变化。如发生孔壁坍塌，向孔洞内加入黏土、片石或水泥进行复钻，以挤密、加固孔壁。

22.4.3.4　钢筋笼制作及安装

1. 钢筋笼制作

钢筋笼制作即根据设计图纸提前加工成型。一般钢筋笼的加工分为两组类型：无溶洞处使用的钢筋笼按设计图纸加工；有溶洞处使用的钢筋笼在按设计要求加工的基础上，为防止混凝土在灌注过程中流失过多或出现塌孔、断桩，还需根据溶洞位置在成型钢筋笼的主筋保护层外侧包裹一层防护材料。防护材料采用钢丝网、铁皮或土工布，钢筋笼的包裹详见图 22-44。

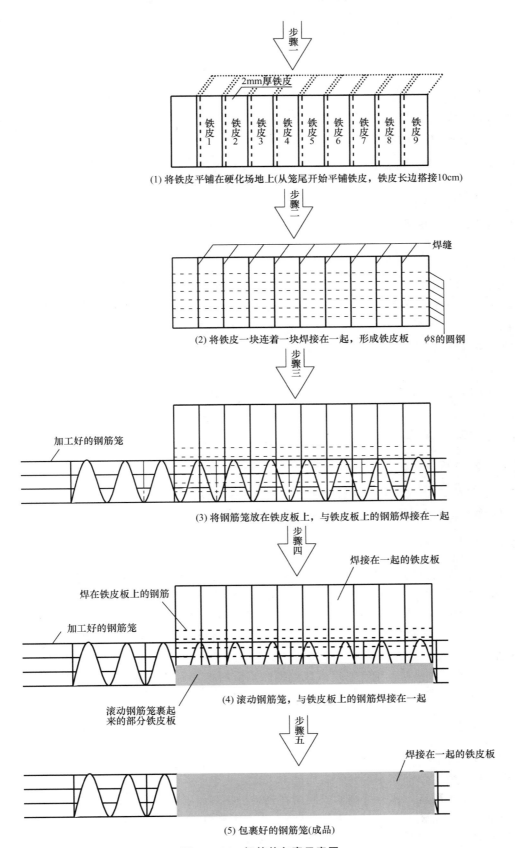

图 22 - 44　钢筋笼包裹示意图

昆明捷程桩工有限责任公司刘富华申请了"防止灌注混凝土桩桩径变异的软包裹钢筋笼"实用新型专利，于2012年7月11日获得国家知识产权局授权，专利号为ZL201120488177.2。

2. 吊放钢筋笼

成孔检测合格后进行钢筋笼验收，再将验收合格的钢筋笼用履带吊车吊入孔内。钢筋笼吊运时应防止扭转、弯曲，缓慢下放，避免碰撞钢套管壁。

22.4.3.5 桩身混凝土灌注

1）安装混凝土导管。钢筋笼安放到位后进行混凝土导管的安装。安装过程中要注意导管接口的密封，防止漏水。

2）清渣处理。混凝土导管安装完成后，采用气举反循环方法进行孔底沉渣的清理。该工艺因采用全套管护壁施工，无泥浆沉淀问题，沉渣也较少，清理的沉渣主要为嵌岩时未全部取出的凿岩粉末或碎块。

3）灌注混凝土。采用预拌混凝土，利用导管进行水下灌注，导管埋深保持在2～6m。施工中要连续灌注，中断时间不得超过45min。导管提升时不得碰撞钢筋笼，并随混凝土的灌注逐段上拔。起拔导管应摇动慢拔，保持导管顺直，严禁强拔，且不得超拔导管，以防止发生漏水断桩现象。

4）起拔钢套管，成桩。钢套管起拔是在桩身混凝土灌注过程中，一边灌注混凝土一边拔钢套管。起拔过程中应始终保持套管底低于混凝土面至少2.0m，防止出现塌孔造成断桩。

22.4.3.6 拔管成桩

一边灌注混凝土一边拔管。在拔出套管时，只需将连接上下两节的螺栓取下，即可取下上面一节的套管。

22.4.3.7 施工注意事项

1. 安装套管的注意事项

第一节、第二节套管的垂直度对整个桩孔垂直度起着决定性的作用，若前两节套管呈良好的垂直状态，在采用正确的挖掘方式及套管连接方法后，则整根桩的垂直度会得到良好的控制。

2. 挖掘注意事项

1）一般情况下，挖掘过程不允许间断，必须连续挖掘。如果由于某种不可避免的原因必须中断挖掘时，也应继续摇动套管，防止套管外侧土体因重塑固结效应而将套管箍紧，给后续施工带来困难。

2）如地下水位以下有较厚的细砂层，应慎重考虑设备选型，一般选择功率较大的钻机。因为全套管钻机是利用摇动装置将套管边摇动边压入土层中，当穿过厚细砂层时，砂土会因受到扰动而被压密，将套管紧紧抱住，从而在提升套管时出现困难。

3）如地下有承压水存在，则在承压水段挖掘时不应超挖，尤其是承压水又处于流塑性土层或者砂层时更应特别注意，否则会形成孔底涌砂。

3. 安放钢筋笼的注意事项

1）引起钢筋笼上拱的原因。
① 成孔垂直度较差，钢筋笼与套管之间阻力太大。
② 钢筋笼制作不顺直，或分节制作安装时在连接处出现了弯曲。
③ 钢筋笼定位卡安装不正确（如呈尖棱状），插入了套管的连接销孔内。
④ 清孔不彻底，钻渣被翻上来以后与钢筋裹在一起，将钢筋笼托起。
⑤ 混凝土的灌注时间掌握不当，前批次混凝土发生凝固，混凝土与套管之间有较大的粘着力，致

使提升套管时钢筋笼一同被带起。

⑥ 套管使用后没有及时清理，有混凝土残块粘结在内表面上，与钢筋笼卡在一起。

⑦ 钢筋笼与套管间的间隙和粗骨料的最大尺寸不相匹配，粗骨料卡在套管与钢筋笼之间。

2）防止钢筋笼上拱的技术措施。

① 使用前检查套管的尺寸，套管提出孔后及时用水清理干净。

② 仔细检查加工好的钢筋笼尺寸。

③ 钢筋笼定位卡应做成圆弧形。

④ 在钢筋笼长度方向适当增加加强箍筋，增加钢筋笼的抗变形能力。

⑤ 在钢筋笼下端焊一个钢筋网片（$\phi16@150$），并在网片上固定两块厚约 10cm 的混凝土块，由导管注入的混凝土积压在混凝土块上，用混凝土的自重防止钢筋笼的上拔。

⑥ 用反复夹紧与放松的办法让套管摇动，用在相同方向转动套管 1～2 次的办法消除套管与钢筋笼之间可能出现的摩阻力。

⑦ 灌注混凝土之前，让套管来回摆动并上下移动 4～5cm，检查钢筋笼是否与套管卡在了一起。

⑧ 套管内径与主筋外径之间的间隙应小于混凝土中粗骨料（石子）最大粒径的两倍。

⑨ 钢筋笼两节对接时不得发生弯曲。

⑩ 安装套管前全面清理套管内壁，安装时套管锁销要充分紧固。

4. 导管法灌注混凝土注意事项

1）导管由孔顶向下插入时，必须用滑阀（或密封球）将卡口封住，否则孔内的泥渣有可能进入桩身混凝土中而影响混凝土的质量。

2）边灌注混凝土边提升套管，但应保证套管埋入混凝土内的深度为 2m。混凝土灌注到标高后将套管全部拔出。

3）如意外地将导管拔出了混凝土顶面，不得马上再插入混凝土中，而应将导管全部拔出孔外，再重复上述第 2）步工序。

4）混凝土实际灌注标高应比设计标高高出 0.5～1.0m，开挖后再予以凿除。

22.4.3.8　岩溶地区嵌岩灌注桩施工的难点

岩溶地区的嵌岩灌注桩在施工中常遇到以下几种地质类型：

1）串珠状溶洞，即设计的工程桩需要穿越多个溶洞，溶洞与溶洞之间多为较硬的中风化岩层 [图 22-45（a）]。该类型地质条件下，对桩的垂直度及钻机在中风化岩层中成孔的能力要求高。采用捷程 MZ 系列钻机，在全套管刀头部分焊接特制合金刀头，同时对设备功率、配重进行调整即能够有效解决。

2）高度较大的溶洞，即在工程桩施工中地质勘察报告显示有高度大于 2m 的溶洞 [图 22-45（b）]。该类型地质条件下易出现灌注混凝土渗漏现象。一般在成孔时采用多次渣石回填的方法，同时对该段钢筋笼采用铁皮或者土工布包裹技术，或采用实用新型专利"防止灌注混凝土桩桩径变异的软包裹钢筋笼"，以达到混凝土充盈系数控制的要求。

3）石芽形基岩面 [图 22-45（c）]。该类型地质条件下孔桩易出现垂直度偏差较大的问题。对于端承型桩，一般可用大直径套管引孔，然后使用渣石回填，再进行二次成孔，以保证孔桩的施工质量。

22.4.3.9　昆明捷程桩工有限责任公司凿岩设备的贡献

对于单轴抗压强度在 60MPa 以内的中风化岩层，交替使用冲抓斗、冲击锤，并采用有特殊的合金刀头的套管，可顺利在岩层中钻进。

对于单轴抗压强度为 60～140MPa 的中风化岩层，在普通旋挖钻机的基础上，对旋挖设备进行特殊的结构改进，使嵌岩旋挖钻机可以与全套管钻机配合，在钢套管内进行旋挖作业。

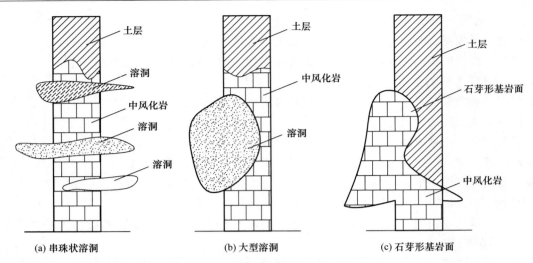

图 22-45 岩溶地区常遇的地质类型

凿岩旋挖钻机是全套管嵌岩灌注桩施工的主要设备之一，可以在较硬的中风化岩层（单轴抗压强度为 60～140MPa）中钻进。凿岩旋挖钻机满足以下三个要求：动力头输出扭矩大于 280kN·m，特制的机锁式钻杆，特制的凿岩钻斗。

22.4.3.10 捷程 MZ 系列全套管钻机岩溶区嵌岩桩施工实例

表 22-5 所示为捷程 MZ 系列全套管钻机嵌岩桩施工实例。

表 22-5 捷程 MZ 系列全套管钻机嵌岩桩（不含嵌岩咬合桩）施工实例

序号	工程名称	桩径/mm	孔深/m	桩数/根	嵌岩深度/m	施工时间
1	北京市地铁 9 号线六标东钓鱼台站和东北区间暗挖竖井支护桩工程	1000	32	300	最深 20	2009 年 4 月
2	贵阳市中医学院花溪新校区工程	1000、1800、2000	15～53	115	2	2013 年 6 月
3	贵阳市师范大学礼堂	1000、1200、1500、1800	16～53	96	2	2013 年 6 月
4	贵阳市利海米兰春天	1000、1200、1500	16～48	393	3～5	2013 年 9 月
5	大连市当代艺术 D16、H02 地块淤泥区桩基础工程	800～1500	30～34	461	1.5	2013 年 9 月
6	贵阳市米兰春天二期 B 区 10～12 工程	1000、1200、1500	16～48	124	3～5	2014 年 3 月
7	大连市东港欧力士中国总部大厦基础工程	900、1700	25～45	488	最深 6.8	2014 年 5 月
8	贵阳市万科金域华府桩基施工项目	1200	19～22	140	8	2014 年 9 月
9	大连市东港 H06 地块项目工程	800、1000、1200	12～26	806	1.2	2014 年 11 月
10	贵阳市万科金域华府 C 区 7 号楼施工项目	1200、1500	18～22	57	8	2015 年 5 月
11	贵阳市综合保税区标准厂房 B4 地块基础桩	1800、2000	21～57	144	8	2015 年 10 月

22.4.4 工程实例

22.4.4.1 贵阳市利海米兰春天岩溶区嵌岩桩工程

1. 工程概况

（1）项目概况

拟建工程位于贵阳市白云区中环路，场区西侧紧邻正在建设的一期 8～13 号楼建筑群，南面为已建

20m 大道，北侧为尖山村，北面为中低山峰及谷地，沿金阳北路北距白云区大山洞 1.2km，南距金阳市级行政中心约 2.0km，交通便利。

（2）地形地貌及地质概况

场地原地貌属低山溶蚀残丘～洼地地貌区，场区内标高为 1273.000～1277.042m，最大高差为 4.042m，场地内为第四系残坡积覆盖土层。

（3）土层分布及特征

经钻探揭露，场地覆盖土层较厚，构成简单，自上而下为杂填土、耕植土、红黏土，详述如下。

杂填土（Q^{ml}）：杂色，为拆迁建筑垃圾和生活垃圾，回填时间较短，未经任何方式压实，成分杂乱，主要分布于 A1-1 栋部分地段，厚度为 0.4～3.0m，平均厚度为 0.98m。

耕植土：遍布场地，含植物根茎，平均厚度为 0.79m。

红黏土（Q^{el+dl}）：遍布场地，呈褐黄色，黏性好，部分地段见基岩土状全风化团块，含水率总体随钻孔深度增大渐增，结构为块状，经过计算，红黏土复浸水特性为 Ⅱ 类；偶见干缩裂隙、镜面、擦痕及铁锰质细脉和结核，厚 3.40～22.10m。按塑性状态的不同可分为硬塑红黏土、可塑红黏土、软塑红黏土和流塑红黏土。

硬塑红黏土（Ⅰ）：遍布场地，似层状产出，厚 1.5～3.3m，平均厚度为 2.4m。

可塑红黏土（Ⅱ）：遍布场地，似层状产出，伏于硬塑红黏土之下，厚 1.0～6.2m，平均厚度为 4.2m。

软塑红黏土（Ⅲ）：主要分布于基面低凹地段和充填于溶蚀裂隙及溶洞中，似层状及透镜状产出，厚 0.8～6.0m，平均厚度为 2.9m。

流塑红黏土（Ⅳ）：主要分布于基面低凹地段和充填于溶蚀裂隙及溶洞中，似层状及透镜状产出，厚 0.4～7.8m，平均厚度为 7.6m。

场地内下伏于第四系土层之下的地层为三叠系大冶组（T_1^d），岩性为灰白色薄层～中厚层灰岩，基岩埋深 4.1～22.8m，呈单斜产出。受构造活动影响，节理发育，岩心呈块状、短柱状、柱状、长柱状。属较破碎～较完整岩体，整体以较破碎岩体为主。根据岩体风化程度不同，可分为强风化灰岩及中风化灰岩。

强风化灰岩：零星分布，分布极不均匀，厚度为 0～2.70m，工程意义不大。

中风化灰岩：构成钻探深度内的主要灰岩岩体。根据在钻探时所取岩样的室内试验，一般单轴饱和抗压强度为 32.94～66.67MPa，单轴饱和极限抗压强度标准值为 42.265MPa，具有较硬岩岩质特征。岩芯采取率为 40%～80%。岩体较破碎，较难钻进。钻探岩芯呈块状～柱状。岩体基本质量等级 BQ=90+3RC+250KV=300.10，基本质量级别为 Ⅳ 级。

（4）不良地质现象

钻探资料表明，钻孔间基岩表面以规模不等的溶蚀沟、槽及石芽为主要特征，导致基岩起伏较大，相邻钻孔间基岩面起伏最大高差大于 10.7m；岩体内表现为针孔状和豆状溶孔、不规则晶洞等大量的微岩溶现象和岩溶规模较大的溶蚀裂隙及溶洞、悬臂，主要以基岩面浅部、竖直发育为特征，局部地段岩溶发育深度大。在施钻的 92 个柱位的钻孔中，遇岩溶现象的钻孔有 21 个。溶蚀裂隙和溶洞为软塑红黏土充填，钻孔遇溶洞、溶蚀裂隙的数量占全部柱位钻孔数量的 22.8%。根据规范及前期对相邻场地的勘察经验，该场地属岩溶强发育区。场地溶洞、裂隙以流塑黏土全充填为主，基岩面起伏大，岩溶发育对拟建建筑物地基的安全使用及基础安全施工存在极大影响。

（5）水文地质概况

1）地表水。场地内及附近无常年性地表水体。

2）地下水。根据区域水文地质资料及本次勘察，场地下伏基岩属区域性可溶岩组，岩体中溶孔、晶洞及溶洞、溶蚀裂隙极发育，为地下水赋存提供了良好的空间条件。综合钻孔中稳定水位的观测情况及附近地段施工经验来看，场地下伏基岩富水性较强，属管道～溶洞含水层，地下水丰富。地下水主要为大气降水补给形成，其水位受降水量影响变化迅速，峰值滞后时间短。地下水沿基岩岩体中的节理裂隙向西南径流，排泄于场地西南侧十二滩水库。按含水介质和水文地质条件及地下水的力学特征，场地地下水属潜水。根据本次勘察对钻孔内稳定水位的观测结果，勘察期间地下水一般标高为 1261.56～1262.50m，平均高程为 1262.00m。一期勘察时，水位在 1064.00m 左右（丰水期）。根据和本场地处于同一水位地质条件的上游恒大绿洲建筑物（相邻 500m）的桩孔施工实测情况，水位标高一般为 1262.00m，部分桩孔无水，部分桩孔施工需 1～2 台潜水泵排水，个别桩孔水位下降不明显，无法人工挖孔。此水位基本代表了场地地下水的常年平水期水位。按现有的设计方案，设计地坪 1277.00m，高于地下水常年平水期水位 $H = 1264.00m$（丰水期），设计时可不考虑地下水的影响。

2. 工程桩施工

（1）整体施工顺序

1）清理、平整施工场地。

2）测量放线，确定工程桩施工坐标。

3）桩机就位，进行桩作业。

4）成孔后检测，安放钢筋笼。

5）灌注混凝土，拔管成桩。

（2）单桩施工工艺流程

单桩施工工艺流程图如图 22－42 所示。

（3）施工工艺

1）场地平整、测放桩位。该工程场地为回填后形成，能够满足桩成孔设备的承压及行走要求。进场后清除现场土堆，平整场地。

测放桩位：根据设计图纸提供的坐标计算桩中心点坐标，采用全站仪根据地面导线控制点进行实地放样，并保护好桩位。

2）路基板施工。为了提高钻孔灌注桩的定位精度，并提高就位效率，应在地面安放特制的定位板，即路基板（图 22－43），路基板也可作为钻孔机械的承重结构。

路基板的尺寸及施工步骤同 22.4.3.1 节。

3）单桩施工。

① 钻机就位。移动全套管钻机至正确位置，使全套管钻机抱管器中心定位在桩位中心。安装好后，测出路基板顶标高，作为钻机定位控制点。移动套管钻机至正确位置，使套管钻机抱管器中心定位在路基板孔位中心。待桩机对好位置，测放桩机 2m 内的外侧控制点，以便施工过程中进行监控。

② 取土成孔。桩机就位后，吊装第一节管至桩机钳口中，找正桩管垂直度后，摇动下压桩管，压入深度为 2.5～3.5m，然后用抓斗从套管内取土，一边抓土一边继续下压套管，并始终保持套管底口超前于开挖面的深度不小于 2.5m。压入深度视具体土质而定，若为较硬的砂性土，水头不高，则压管深度可适当减小；若为淤泥质土或者水头高的粉砂性土，则压管深度可适当加大。第一节套管全部压入土中后（地面以上要留 1.2～1.5m，以便于接管），检测垂直度，如不合格则进行纠偏调整，如合格则安装第二节套管继续下压取土。如此继续，施工至岩面时停止作业，通知监理、业主现场确认岩面，并检测桩孔垂直度。

a. 套管插入初期（自重压入）。套管插入初期的垂直度对整个套管的垂直精度有很大影响，所以必须慎重压入。夹紧套管时，在起重机将套管吊起悬空的状态下抓紧。套管前端插入辅助夹盘之前，先用主夹盘抓住套管，收缩推力油缸，落下套管，以防止钻头与辅助夹盘碰撞。套管插入初期应利用套管的自重压入，禁止强行压入套管。用自重压入套管，首先将发动机设置为高速状态，回转速度设置为中等。高速时速度调整盘为 6，低速时速度调整盘为 10。将液压动力站的压入力调整盘向左旋转到底，液压回路打开，保持压拔按钮在"压入"的状态。此时因为不向推力油缸供油，套管凭借自重持续下降。

在此状态下，套管可以持续下降到推力油缸的最大行程。插入初期不要过度使套管上下动作，应积极配合自重进行下压，在挖掘初期反复上下动作将使地基松动。自重压入速度变慢时方可逐步增加压入力。

b. 挖掘后期（使用液压手动压入）。进入挖掘中期，当采用自重压入速度变慢时，将液压动力站压入力调整盘向右旋转，液压会逐步上升。此时压拔按钮置于"压入"状态，液压油缸向推力油缸供油，压入模式转为液压压入。若压入力调整盘向右旋转到底，液压力过度上升，在超过下部机架自重时会出现下部机架浮起的情况，此时回转钻机将无法工作。若在下部机架浮起的状态下反复进行套管压入操作，在下部机架浮起的瞬间有时会增加使套管倾覆的负荷，导致套管垂直精度变差。为防止下部机架浮起，应在钻机两侧放置配重或使用压入力调整盘调整压入力。随时检查垂直度，合格后用取土器取出渣土。施工至溶洞处或岩面通知监理、甲方等相关部门确认，继续施工至满足设计要求的位置。部分有溶洞的基础桩施工至设计孔深时，拔管至溶洞处，测出溶洞高度，并回填土方夯实，每 2m 一个填充段，回填至溶洞顶部，与黏土层相接。

③ 凿岩成孔。待确认岩面和垂直度合格后，用凿岩机进行嵌岩作业，至设计要求的进入中风化岩 50cm。

④ 沉渣清理。当满足入岩深度后进行沉渣清理，沉渣采用刮渣斗清理（该工程采用全套管护壁，无泥浆沉淀问题，沉渣也较少，沉渣主要为嵌岩时未全部取出的凿岩粉末或碎块），并满足灌注桩规范及沉渣要求。

⑤ 安放钢筋笼。在钢筋笼加工场地将钢筋笼加工成两种，一种是无溶洞处使用的钢筋笼（按设计图纸），另一种是有溶洞处使用的钢筋笼（在按设计要求的基础上，另外在成形钢筋笼的主筋保护层外侧围上一圈铁皮）。成孔检测合格后安放钢筋笼。钢筋笼加工成形后，吊车大臂在作业范围内将钢筋笼吊入桩孔就位。钢筋笼吊运时应防止扭转、弯曲，并缓慢下放，避免碰撞钢套管壁。钢筋笼采用一次性吊装。有溶洞处钢筋笼在溶洞高程处先包上一层漏网，再在漏网外裹上一层铁皮。由于该工程 8～12m 处有一层软塑层、流塑层黏土，以及个别基础桩下有一个或多个串连的溶洞，为控制混凝土的方量，采用钢筋笼保护层外侧包裹铁皮和土工布的方法。

材料：采用两种厚度的铁皮，即 0.6mm 和 3mm。

制作方法：计算出孔深，确定流塑层黏土的位置及溶洞的位置（地面下多少米）。将 3mm 铁皮一张连着一张平铺在硬化的混凝土地面上，以焊接连接，形成一块大铁皮，再在铁皮上焊接钢筋，后将钢筋笼放在铁皮一侧，并与铁皮上的钢筋焊接，边滚动钢筋笼边焊接，直至铁皮全部包裹住钢筋笼。孔深较浅（10m 左右）及溶洞顶板处用 0.6mm 的铁皮，包裹方法同上。由于相邻深桩的浅桩桩长均视深桩而定，故钢筋笼要在成孔后制作。钢筋笼的制作如图 22-44 所示。

⑥ 灌注混凝土。混凝土采用商品混凝土，利用导管灌注。施工中要连续灌注，中断时间不得超过 45min，导管提升时不得碰撞钢筋笼。钢套管随混凝土的灌注逐段上拔，起拔套管应摇动慢拔，保持套管顺直，套管埋深不小于 2.5m。灌注时采用水下混凝土灌注法。有溶洞的桩，拔管至溶洞处停止拔管 30min，后继续灌注。有溶洞处混凝土在施工现场坍落度要求在 160mm 左右。

⑦ 拔管成桩。一边灌注混凝土一边拔管。应注意始终保持套管底低于混凝土面不小于 2.5m，以免溶洞处防止混凝土流失措施不当，造成套管拔空、拔脱等现象。

4）施工工艺流程。测量放点→安装路基板→套管钻机就位对中→吊放第一节套管→测控垂直度→压入第一节套管→校正垂直度→取土，套管逐节钻进至中风化岩→监理垂直度验收→垂直度合格后凿岩机嵌岩至设计孔深→测量孔深→清除孔底沉渣→验孔→吊放钢筋笼→吊放混凝土导管→灌注混凝土→测定混凝土面→空桩部分填土→拔管成桩→桩机移位。

（4）常见问题处理

1）孔口定位误差的控制。为了有效地提高孔口的定位精度，应在钻孔桩处安装路基板。钻机就位后，将第一节套管插入定位孔并检查调整，使套管周围与定位孔之间的空隙保持均匀。

2）桩的垂直度控制。为了保证钻孔桩成桩质量，除对孔口定位误差严格控制外，还应对其垂直度进行严格的控制。根据招标文件的规定，桩的垂直度标准为 0.5%。成孔过程中要控制好桩的垂直度，必须抓好以下两个环节的工作：

① 套管的顺直度检查和校正。钻孔桩施工前进行套管顺直度的检查和校正，检查和校正单节套管的顺直度。

② 成孔过程中桩的垂直度监测和检查。

a. 地面监测。在地面选择两个相互垂直的方向，采用线锤监测地面以上部分套管的垂直度，发现偏差随时纠正。这项检测在每根桩的成孔过程中应自始至终坚持，不能中断。

b. 孔内检查。每节套管压完后，安装下一节套管之前，都要停下来检查孔内垂直度，不合格时须进行纠偏，直至合格，才能进行下一节套管的施工。

c. 终孔检查。在每根桩成孔完毕，必须进行垂直度检测，选择两个相互垂直的方向进行测量。垂直度必须小于 0.5%。

3）纠偏。成孔过程中如发现垂直度偏差过大，必须及时纠偏调整，纠偏的常用方法有以下两种。

① 利用钻机油缸纠偏。如果偏差不大或套管入土不深（5m 以下），可直接利用钻机的两个顶升油缸和两个推拉油缸调节套管的垂直度，即可达到纠偏的目的。

② 桩在入土 5m 以下时发生较大偏移，可先利用钻机油缸直接纠偏，如达不到要求，可向套管内填土，一边填土一边拔起套管，直至将套管提升到上一次检查合格的地方，然后调直套管，检查其垂直度，合格后再重新下压。

4）遇地下障碍物的处理。由贵阳市利海米兰春天二期工程施工过程看，过黏土段（4～7m）会遇到斜岩。套管钻机施工过程中如遇斜岩处理起来比较困难，一般会采用引孔法，即将设计施工桩位的中心向斜岩发育方向平移 50cm，施工 1～2 个黏土桩，将斜岩部分处理掉，以确保原设计桩位下为平整的基岩面，再回填，使基桩移位至原设计桩位施工。

5）溶洞处理方案。根据贵阳市利海米兰春天二期工程处理溶洞的方法，溶洞处钢筋笼保护层外包裹上铁皮，大桩套小桩。部分溶洞顶板基岩层厚大于 5m，先用大桩径的全套管将该层基岩击穿，再按设计桩径的单桩施工工艺施工；部分洞高小于 5m 的，开挖至溶洞处，换填土，将其填满，再按单桩施工工艺施工。

6）克服钢筋笼上浮。钢筋笼上浮是指由于套管内壁与钢筋笼外缘之间的空隙较小，在上拔套管的时候，钢筋笼有可能被套管带着一起上浮，准确地说，应称为钢筋笼的"挂笼"。这是因为钢筋笼垂直向上发生位移，实际原因是，由于外界因素（以钢筋笼为分析对象之外的因素，如套管、混凝土中的粗骨料、土层中的含砂层等），钢筋笼被机械地挂住或卡住，随着外界约束而上移。这是施工过程中最易出现且难以杜绝的问题，影响的因素很多，预防措施主要有：

① 钢筋混凝土桩混凝土的骨料粒径应尽量小一些，不宜大于 20mm。

② 在钢筋笼底部焊上一块比钢筋笼直径略小的薄钢板，以增加其抗浮能力。

③ 成孔垂直度必须达到设计要求。

④ 钢筋笼的制作必须满足规范要求。

⑤ 混凝土坍落度、和易性必须达到规范要求。

⑥ 灌注混凝土时，若孔底水位较高，导管密封必须完好，且不能拔出混凝土面。

⑦ 如土层中砂层较厚，在灌注过程中拔管、拆管速度要快，避免停留时悬浮的砂沉淀、出现板结而造成钢筋笼上浮。

为了确保成桩质量，如钢筋笼出现上浮，必须吊出钢筋笼二次成桩。

3. 施工难点

（1）桩孔垂直度的控制

贵阳市利海米兰春天三期 1～4 号楼建筑群基础桩工程，位于喀斯特地貌区（低洼溶蚀残丘地质），地质条件复杂，溶洞强发育。由于场内斜岩层以上回填土或原土的厚度有限（局部不足5m），施工全套管钻孔灌注桩时，保证垂直度在规定范围内难度很大，基本上所有的桩在施工中套管都处于斜岩上（在套管截面内土质一边硬一边软），下压套管时容易偏离（图 22 - 46）。对于斜岩部分桩基施工，现有的方式只有引孔法较其他方法成本低、时效高。所谓引孔法，即将桩位内硬的部分先剔除至设计深度，或者剔除至硬度在同一个平面的基岩面，后回填渣土，再在原桩位处施工至设计深度。一般在原桩位周边引3～4 个孔。

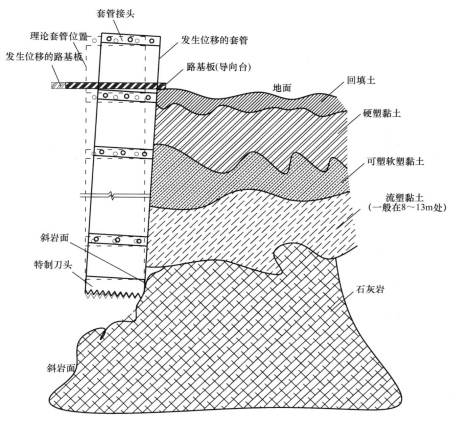

图 22 - 46　套管遇斜岩，下压时套管会偏离

对于三期61～67 号楼、二期10～12 号楼的垂直度控制，所有基桩先分析桩位深浅及回填土或原土的厚度，然后制定摇动式全套管钻机（1200mm、1500mm、2000mm 机型）和全回转全套管钻孔施工计划。

（2）嵌岩

1）基岩强度在60MPa 以上的区域约占场内面积的72.8%，全套管钻孔桩嵌岩部分施工难度大。场内桩基础桩长平均约为20m，每根桩嵌岩10m 左右，平均嵌岩1m 需花费1.5～2.5h，施工费时费力。部分嵌岩施工过程中取芯难度大，因为流塑层起到润滑作用，岩石的抗剪系数大，后期施工采用逐步取芯（先用设计孔径的取芯筒钻取，再用小于设计孔径的取芯筒取芯，个别不完整的岩石采用切齿钻破碎取芯）的方法。

2）施工过程中，由于地质情况复杂，勘察、设计对于深桩和浅桩的要求为：与深桩相邻的浅桩加大埋深（占总桩数的20%），浅桩嵌岩最深达10m 以上。5%桩基深度达35m，最深的桩基深达48m。

（3）孔底沉渣的处理

该工程基础桩施工中，基本每个孔成孔时都能满足干孔浇筑要求，故沉渣清理相对简单。因为桩底有裂隙（或套管嵌岩太深，无法跟进施工，成孔时套管悬空），个别基础桩成孔时孔内有一定深度的泥浆，这时采用注水清孔法：向套管内注入一定量的水（满足压强差，泥浆不再涌入套管内），测得孔深后，再用水下冲抓斗进行清孔作业，边作业边注水边测量孔深，达到设计孔深时，等待 20～30min，再测孔深，直至实际孔深较设计孔深浅 3～5cm，方可终孔。这种方法效果比较理想，一般 2h 就可以清理好孔底沉渣。测孔深时以多点测量，且用钢筋探孔底是否入整岩。

（4）流塑黏性土层、裂隙、溶洞处钢筋笼的加工

具体加工方法如图 22-44 所示。

4. 桩基工程量及施工日期

该工程二期 B 区二组团 1～4 栋和 10～12 栋共计：桩径 1000mm 桩 179 根，桩径 1200mm 桩 35 根，桩径 1500mm 桩 37 根，桩径 1800mm 桩 2 根。施工日期：2013 年 7 月 5 日—9 月 18 日（1～4 栋）；2014 年 4 月 18 日—6 月 30 日（10～12 栋）。

三期 A 区二组团 61～67 栋共计：桩径 1000mm 桩 133 根，桩径 1200mm 桩 151 根，桩径 1500mm 桩 54 根，桩径 1800mm 桩 16 根。施工日期：2013 年 9 月 15 日—2014 年 1 月 30 日。

5. 主要施工机械

针对岩石强度高、流塑层厚、地下水丰富、桩孔截面内半岩半土及溶洞极多等情况，采用以下方法进行处理：

1）针对岩石强度高的情况，采用大功率凿岩设备。
2）使用特制合金刀头，并与大功率凿岩钻机配合。
3）施工中有针对性地使用引孔法、套打法。
4）针对溶洞、部分流塑区采用回填法二次成孔。

本工程投入使用的主要机械设备见表 22-6。

表 22-6　工程投入的主要施工机械

设备名称及型号	制造年份	现状（新的、良好的、破旧的）和数量
捷程 MZ-3B 型（2000）	2012	新，2 套
捷程 MZ-3B 型（2000）	2010	良好，1 套
捷程 MZ-2A 型（1200）	2009	良好，1 套
特制钢套管 ϕ1800	2013	新，5～6 套
特制钢套管 ϕ1500	2012	新，5～6 套
特制钢套管 ϕ1200	2012	良好，5～6 套
特制钢套管 ϕ1000	2010	良好，1～2 套
宇通 300 凿岩机	2012	良好，1 台
雷沃 280 凿岩机	2010	良好，1 台
宇通吊车 55t	2009	良好，5 台
XB-500 交流焊机	2011	良好，10 台
测量设备	2013	新，1 套

注：该项目计划投入全套管设备 5 台套，其中捷程 MZ-3B 型（2000）3 台、捷程 MZ-2A 型（1200）2 台，嵌岩设备 2 台套。

6. 业主对本工程的评价

该工程地质复杂，施工难度大，经业主、监理、设计、地质勘察及质量监督站验收合格。

从该工程施工全过程分析，采用 MZ 系列全套管钻机灌注桩工艺成桩具有以下优点：

1）适用性广（适用于几乎所有土层，含高填方区域、流砂、卵石、溶沟、溶槽及串珠状溶洞等复

杂地层）。

2）成孔和成桩质量好。垂直度控制及孔底沉渣的清理效果非常好，桩身混凝土灌注质量能得到保证。

3）采用全套管护壁安全性高，灌注混凝土时能有效控制充盈系数，降低业主成本控制风险。

4）成孔时对周边地层干扰较小，临近建（构）筑物和地下管线亦可施工，同时在挖掘时可确切地判断摩擦持力层和桩端持力层的土性和岩性。

5）保证工期，提高业主效益，同时具有环保性强、施工现场整洁规范等优点，具有很强的竞争力。

22.4.4.2　北京市地铁 9 号线东钓鱼台盾构始发井全套管嵌岩灌注桩

1. 工程概况

（1）项目概况

北京市地铁 9 号线东钓鱼台站是 9 号线第 11 座车站，与规划的地铁 3 号线换乘。车站位于首都体育馆南路与阜成路丁字路口，沿首体南路跨丁字路口南北向布置，与规划的地铁 3 号线呈"十"字形"岛—岛"换乘，3 号线车站在上，9 号线车站在下。

车站为两端明挖、中间局部单层暗挖，车站主体结构全长 173.5m，其中明挖段长 153.087m，暗挖段长 20.413m，明挖标准段宽 20.9m，高 19.61m。

该工程地质情况复杂，支护桩用全套管钻机冲抓成孔法施工，桩径 1000mm，桩长 29~30.5m，桩数约 300 根。

该工程在昆明捷程桩工有限责任公司未进场前已有国内多家单位采用多种设备进场做试桩，均未获得成功。

（2）工程地质概况

深度 6.5m 以上为黏性土、粉土地层；深度 6.5~11m 为砂卵石层，卵石直径最大不超过 30cm；

深度 11~13.8m 为卵石与砾岩交界过渡层，漂石含量集中，以粒径 20~30cm 为主，分布少量粒径为 50~80cm 的漂石；

14.8~19m 为大粒径砾石集中分布深度，不但粒径 30~50cm 的漂石含量达到总量的 20%（20 块），粒径 50~80cm 的漂石含量也较高（7 块，约占 20%），粒径大于 80cm 的漂石 2 块，约占 12%；

深度 19~27m 砾石粒径一般为 20cm 左右，但在深度 20.3~21.2m 段分布有粒径 30~40cm 的漂石及粒径大于或等于 70cm 的漂石，且胶结程度较好，整体强度相对较高；

27m 以下为强~中风化砾岩，深部砾岩风化程度相对较弱，胶结情况较好，钻进难度较大。最大砾、漂石粒径达 1m。

（3）砾岩及砾岩中砾石强度

该场区内第三纪砾岩的强度主要由碎屑成分及胶结物的成分控制，砾岩中砾石岩性杂乱，多为花岗岩、闪长岩及火山碎屑岩等，矿物成分以石英、斜长石等为主，母岩风化成岩后强度不均。经黏质及砂质胶结的砾岩地层整体表现为软岩~极软岩的强度特点，但局部砾岩坚硬，硅质胶结的砾岩体仍具有硬质岩坚硬的特点。

根据砾岩室内力学试验结果，第三纪砾岩的单轴天然抗压强度为 0.31~0.50MPa，单轴饱和抗压强度为 0.21~0.30MPa，属于极软岩，风化程度为强风化~中等风化。另外，根据本场区及周边砾岩中砾岩石强度试验结果，砾岩中砾岩石强度及风化程度差异很大，其强度及石英含量因砾石岩性的不同而有很大差异，具体数据为：石英含量为 10.28%~48.54%，单轴天然抗压强度为 52.20~100.80MPa，单轴饱和抗压强度为 16.0~139.20MPa，点荷载强度为 0.63~10.15MPa。

（4）水文地质概况

场地地下水埋深较深，上层滞水位于 12.2m。

表22-7为部分地层岩性特征一览，图22-47为实际施工地质柱状示意图。

表22-7 部分地层岩性特征一览

地层代号	岩性名称	地层描述	层厚/m
①	杂填土	深度6.5m以上为黏性土、粉土地层；6.5～11m为砂卵石层，卵石直径最大不超过30cm	11.5左右
⑤	砂砾石	深度11～13.8m为卵石与砾岩交界过渡层，漂石含量集中，以粒径20～30cm为主，分布少量粒径50～80cm的漂石	1.5
⑪	强风化砾岩	深度14～27m，砾石粒径一般在20cm左右，但在深度20.3～21.2m段分布粒径30～40cm的漂石及粒径大于或等于70cm的漂石，且胶结程度较好，整体强度相对较高	13
⑪₁	中风化砾岩	27m以下为强～中风化砾岩，深部砾岩风化程度相对较弱，胶结情况较好，钻进难度较大，最大砾、漂石粒径达1m	6左右

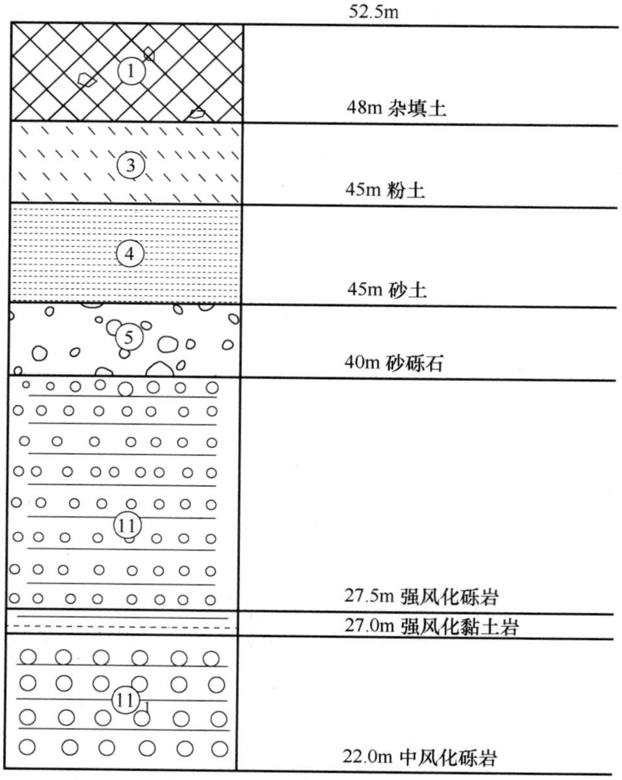

图22-47 实际施工地质柱状示意图

2. 主要机械设备配置

主要机械设备包括：MZ-3型捷程牌全套管钻机，功率为75kW；55t履带式起重机1台；φ1000外套管40m；锥形冲锤，重约3t；环形冲锤，重约3.5t；十字冲锤，重约4t；活瓣冲抓斗，重约3.5t。

3. 工程桩施工工艺流程

施工工艺流程为：测量放点→制作井圈→套管钻机就位对中→吊放第一节套管→测控垂直度→压入第一节套管→校正垂直度→取土，套管逐节钻进至中风化砾岩→监理垂直度验收→测量孔深→清除孔底沉渣→验孔→吊放钢筋笼→吊放混凝土导管→灌注混凝土→测定混凝土面→空桩部分填土→拔管成桩→

642

桩机移位。

4. 施工难点及相应的施工方法

根据成孔过程实测,施工难点在孔深进尺 11m 以下,遇砾岩层时有大量砾岩、漂石(粒径大于 30cm 的含量在 20% 以上)、密度高、强度大,外管无法直接克取。昆明捷程桩工有限责任公司根据现场实际地质情况研制了十字冲锤、锥形冲锤锥、环形冲锤等多种冲锤,采用边冲边抓、外管边跟进的方法克服了这一难题,进岩深度达 20m,单桩成孔时间为 20h 左右。

5. 单桩成孔时间和单桩拔管时间

表 22-8 是全套管单桩纯钻进时间及钻进速度统计表,表中数据未考虑桩机正常围护时间及遇特殊情况的处理时间。根据现场统计,综合考虑各种因素,单桩成孔时间在 31h 左右。

表 22-8　单桩成孔时间统计

序号	钻进深度/m		钻进时间/h		钻进速度/(m/h)
	本次	累计	本次	累计	
1	7.4	7.4	3	3	2.5
2	8	15.4	4.8	7.8	1.7
3	8.2	23.6	7.3	15.1	1.1
4	6.44	30.04	8.7	23.8	0.74

表 22-9 是单桩灌注混凝土及拔管时间统计表。考虑套管清理等时间,单桩拔管时间约为 3.5h。

表 22-9　单桩拔管时间统计

序号	拔管长度/m		拔管时间/h		拔管速度/(m/h)
	本次	累计	本次	累计	
1	10	10	0.7	0.7	14.3
2	8	18	0.5	1.2	16.0
3	8	24	0.5	1.7	16.0
4	6	30	0.5	2.3	12.0

综合单桩作业时间分析,考虑北京市混凝土运输车辆限行、桩机移位和就位等原因,单桩综合施工时间约为 40h。

22.5　摇动式全套管钻机在超大直径、超深钢管井沉井中的运用

1. 工程概况

(1) 项目概况

高藻期苏州城区水源保障工程(西塘河)位于琳桥枢纽即西塘河河口,包括琳桥节制闸和琳桥船闸。工程建设项目主要包括高效可调式涡井取藻器、深潜式高压灭藻井、负压发生器(推流器)及配套的电力系统、远程控制系统、智能监控系统等。其中,4 套深潜式高压灭藻井单套引水规模为 $5m^2/s$,保障高藻期西塘河引水规模能够达到 $20m^2/s$。灭藻井钢制外井管外径为 3320mm,壁厚 30mm,钢制内井管外径为 2236mm,壁厚 18mm,井间距为 15m,单口灭藻井井管深度为 104.4m。

（2）工程地质概况

根据相关部门提供的资料，工程项目所在地地层分为三大层15亚层：

①$_1$层（Q_4^{ml}）：灰黄、灰褐、灰色粉质黏土，夹杂砂壤土，局部含碑石块，含植物根茎，人工填土；全场分布，层厚4.8～6.1m。

②$_1$层（Q_4^{al-pl}）：黄灰、灰色粉质黏土，可塑，干强度高；场地局部分布，层厚2.4～4.7m。

②$_2$层（Q_4^{al-pl}）：灰黄、灰色重粉质砂壤土，夹壤土薄层，局部互层状，松散～稍密状态；场地普遍分布，层厚3.0～3.5m。

②$_3$层（Q_4^{al-pl}）：黄灰、灰色重粉质砂壤土，夹壤土薄层，中密状态，干强度低；全场地分布，层厚4.7～4.9m。

②$_5$层（Q_3^{al-pl}）：灰、黄灰、灰黄夹浅灰色粉质黏土，可塑～硬塑状态，干强度高；场地普遍分布，层厚7.1～8.3m。

②$_6$层（Q_3^{al-pl}）：黄灰、灰色重粉质壤土，偶夹砂壤土薄层，可塑状态，干强度中等；场地局部分布，层厚1.5m。

②$_6'$层（Q_3^{al-pl}）：灰、黄灰色轻粉质壤土、重粉质砂壤土，夹壤土薄层，中密～密实状态，干强度低；场地普遍分布，层厚2.3～2.5m。

②$_7$层（Q_3^{al-pl}）：灰黄、黄灰色粉质黏土，可塑～硬塑状态，干强度高，场地普遍分布，层厚5.7～5.9m。

②8层（Q_3^{al-pl}）：黄灰、灰色粉质黏土，夹砂壤土薄层，软塑状态，局部可塑状态，干强度中等；场地普遍分布，层厚13.8～13.9m。

②$_8'$层（Q_3^{al-pl}）：灰色轻粉质壤土、重粉质砂壤土，夹壤土薄层，中密～密实状态，干强度低。该层以透镜体形式分布于②$_8$层中，层厚6.5～13.9m。

②$_{10}$层（Q_3^{al-pl}）：灰、蓝灰色粉质黏土，夹砂壤土薄层，软塑状态，干强度中等；场地普遍分布，层厚16.5～29.5m。

②$_{10}'$层（Q_3^{al-pl}）：灰色轻粉质壤土、重粉质砂壤土，夹壤土薄层，中密～密实状态，干强度低。该层以透镜体形式分布于②$_{10}$层中，层厚1.5～8.5m。

②$_{11}'$层（Q_3^{al-pl}）：蓝灰色粉质黏土，夹砂壤土薄层，偶含小砂礓。可塑状态，干强度高；场地局部分布，层厚25.5～36.0m。

②$_{11}'$层（Q_3^{al-pl}）：灰色含砾轻粉质壤土、重粉质砂壤土，夹壤土薄层，密实状态，干强度低。该层以透镜体形式分布于②$_{11}$层中，层厚1.0～3.3m。

③$_1$层（Q_3^{al-pl}）：灰色含砾重砂壤土、粉砂，偶夹壤土薄层，密实状态；场地零星揭示分布，最大揭示厚度12m。

2. 主要机械设备配置

配备MZ-6型全套管搓管钻机1台，ϕ4000mm钢套管1套（套管长40m），600H旋挖钻机1台，200t履带式起重机1台，160t一体式液压抓斗履带吊车1台。

3. 施工工艺流程

施工工艺流程为：测量放点→制作井圈→搓管钻机就位对中→吊装第一节ϕ4000套管→测控垂直度→压入第一节套管→校正垂直度→取土至预定深度→吊装ϕ3320外井管→校正垂直度→旋挖机继续成孔并与搓管机交替作业直至井底标高→垂直度、孔深验收→清孔→ϕ2236内井管沉管安装→ϕ4000套管拔出→验收、成品保护。

4. 施工难点及施工方法

施工地点位于河道围堰内，地质条件差；井管直径达 3320mm，长度达 104.4m，必须采用重型设备施工。根据工程特点，施工企业采用自行研制的全国最大的 MZ-6 型搓管钻机、φ4000 钢套管护壁、液压抓斗、旋挖钻机施工工艺进行成孔，采用搓管钻机安装内外井管。

现场施工情况如图 22-48 所示。

图 22-48 现场施工情况

参 考 文 献

[1] 郭传新. 国内桩工机械发展趋势 [J]. 中国工程机械，2003（12）：15-17.

[2] 郭传新，张立新. 国内桩工机械发展趋势 [J]. 建筑机械，2004（1）：40-43.

[3] 刘富华. 液压摇动式全套管灌注桩机：942212495 [P]. 1997-01-08.

[4] 京牟礼和夫. 钻孔桩施工 [M]. 曹雪琴，等，译. 北京：中国铁道出版社，1981.

[5] 沈保汉. 挡土支护结构类型的选择 [J]. 建筑技术开发，1996（5）：23.

[6] 中华人民共和国行业标准. 建筑基坑支护技术规范（JGJ 120—2012）[S]. 北京：中国建筑工业出版社，2012.

[7] 廖少明，李象范. 柱列式挡土墙的设计与施工 [M] // 刘建航，侯学渊. 基坑工程手册. 北京：中国建筑工业出版社，1997.

[8] 刘国斌，王卫东. 基坑工程手册 [M]. 2 版. 北京：中国建筑工业出版社，2009.

[9] 丛蔼森. 地下连续墙的设计施工与应用 [M]. 北京：中国水利水电出版社，2001.

[10] 沈保汉，刘富华. 柱列式桩排挡土墙技术发展与现状 [J]. 施工技术，2006（5）：101-105.

[11] 沈保汉，刘富华. 软土地基常用的挡土围护结构 [J]. 施工技术，2006（6）：103-105.

[12] 沈保汉，刘富华. 捷程 MZ 系列摇动式全套管钻机 [J]. 施工技术，2006（7）：96-98.

[13] 沈保汉，刘富华. 捷程 MZ 系列全套管钻孔咬合桩施工工艺（一）[J]. 施工技术，2006（8）：98-99.

［14］沈保汉，刘富华．捷程 MZ 系列全套管钻孔咬合桩施工工艺（二）［J］．施工技术，2006（9）：98 - 99．

［15］沈保汉，刘富华．捷程 MZ 系列全套管钻孔咬合桩施工工艺（三）［J］．施工技术，2006（10）：90 - 94．

［16］沈保汉，刘富华，陈清志．超缓凝混凝土的研究与实施［J］．施工技术，2006（11）：36．

［17］沈保汉．捷程（MZ）系列全套管钻机喀斯特地层嵌岩灌注桩［J］．工程机械与维修，2014（04 增刊）：132 - 139．

［18］潘秀明，雷崇红．北京地铁砂卵石砾岩地层综合工程技术［M］．北京：人民交通出版社，2012．

第 23 章　全回转全套管嵌岩桩、咬合桩

沈保汉　陈　卫　陈建海　刘富华　章元强　曹薛平　黄　新

23.1　盾安 DTR 和景安重工 JAR 系列全回转全套管钻机

23.1.1　简述

套管钻进工艺最初是由法国贝诺特公司于 20 世纪 50 年代开发成功的施工灌注桩的一种钻进工艺，又称贝诺特（Benote）工法，在日本被称为 SUPERTOP 工法。全回转套管施工工艺是相对于摇动式全套管施工工艺而言的，套管钻进工艺中最初用的套管钻机为摇动式全套管钻机（又称为摆管钻机或搓管钻机）。

20 世纪 80 年代中期，德国、日本的几家公司在摇动式全套管钻机的基础上相继开发出液压全回转全套管钻机。目前研制开发出全回转全套管钻机的主要厂家有日本车辆制造株式会社、三和机工株式会社、德国 Leffer 公司及中国徐州盾安重工机械制造有限公司、徐州景安重工机械制造有限公司等。

全回转全套管钻机的研制成功对贝诺特工法的推广起到了积极作用，使贝诺特工法在钻孔灌注桩的三大工法（贝诺特工法、反循环工法、阿司特利法）中广泛应用，成为技术最先进的工法。该工法可以在各种复杂的地层中施工，不仅可以施工桩孔，还可以施工柱列式桩排挡土墙，并能处理其他工法因施工质量问题造成的桩基事故，因此全回转全套管施工又称为"万能施工工法"。

我国在 20 世纪 70 年代开始引进全回转全套管施工工法，并在东南沿海一带有所应用。其综合施工效率较同等地质条件下其他施工工法有很大提高，成桩质量远高于国家施工验收规范标准，充分显示了这种工法的科学性和先进性。

随着城市化进程的加速，城市改造项目日益增多，全回转全套管钻机作为万能工法，在拔桩、地下清障等方面的优势逐渐显现出来。

全回转全套管钻机是集全液压动力和传动、机电液联合控制于一体的新型钻机，其钻进技术新型、高效、环保，可用于城市地铁、深基坑围护咬合桩、废桩（地下障碍）的清理、高铁、道桥、城建桩施工、水库水坝加固等工程中。如果这种全新的工艺工法研究成功，可帮助施工人员在卵漂石地层、含溶洞地层、厚流砂地层、强缩颈地层以及残留各类桩基础、钢筋混凝土结构等情况下实现灌注桩、置换桩、柱列式桩排挡土墙的施工，并使顶管及盾构隧道无障碍穿越各类桩基础成为可能，解决上述施工情况中的难题。

全回转全套管钻机属装备制造业中的大型桩基础施工装备，对于重大路桥建设项目的基础施工具有关键支撑作用，特别是高速铁路网和高速公路网建设等重大基础建设项目需要大规模地采用全回转全套管钻机，使其钻孔直径、钻孔深度及嵌岩能力更适应铁路立交桥及公路立交桥的桩基础施工。

全回转全套管钻机施工无污染，随着施工环境位置空间的局限及对环保要求的提高，其在市场中的优势日益显现。例如，在城市立交环岛成孔成桩，其他桩机需要泥浆护壁，极易引起泥浆污染，而全回转全套管钻机则无需泥浆护壁，无任何污染。

基于以上情况，我国大量工程中急需大批量的全回转全套管钻机。然而，在 2011 年以前全回转全套管钻机只有德国和日本等少数国家生产，当时我国还没有对该钻机进行进一步的研发，国内进口的同类设备不足 20 台，而且大部分是二手设备，远远不能满足市场需求。

我国第一台全回转全套管钻机于 2011 年 8 月由徐州盾安景泰重工机械制造有限公司生产，型号为

JTR150（亦为景安重工 JAR150）。此后盾安景泰重工于 2012 年 6 月生产了型号为 JDR150 的全回转全套管钻机。钻机型号中的英文字母表示生产厂家，T 为景泰，A 为景安，D 为盾安。

目前，我国自主研发的全回转全套管钻机系列产品已在国内得到广泛应用，而且钻机的技术达到国际先进水平。

23.1.2　全回转全套管钻机的规格、型号和技术性能

表 23-1 所示为盾安 DTR 系列全回转全套管钻机的规格、型号和技术性能。

表 23-1　盾安 DTR 系列全回转全套管钻机的规格、型号和技术性能

型号	类别	技术要求	单位	参数
DTR1305L	工作装置	钻孔直径	mm	600～1300
		回转扭矩/回转速度	kN·m/(r/min)	1770/1.5、1050/2.6、590/4.5
		套管下压力	kN	360＋自重 190
		套管起拔力	kN	2690
		压拔行程	mm	500
		质量	kg	25000
	动力站	电动机型号		Y2-280M-4
		电动机功率	kW/(r/min)	2×90/1480
		质量	kg	4000
		控制方式		有线遥控
DTR1505	工作装置	钻孔直径	mm	800～1500
		回转扭矩/回转速度	kN·m/(r/min)	1500/1.6、975/2.46、600/4.0
		套管下压力	kN	360＋自重 210
		套管起拔力	kN	2444，瞬时 2690
		压拔行程	mm	750
		质量	kg	31000
	动力站	发动机型号		五十铃 AA-6HK1XQP
		发动机功率	kW/(r/min)	183.9/2000
		发动机燃油消耗率	g/kWh	226.6（最大功率时）
		质量	kg	7000
		控制方式		有线遥控
DTR2005H	工作装置	钻孔直径	mm	1000～2000
		回转扭矩/回转速度	kN·m/(r/min)	2965/1.0、1752/1.7、990/2.9
		套管下压力	kN	600＋自重 260
		套管起拔力	kN	3760，瞬时 4300
		压拔行程	mm	750
		质量	kg	45000
	动力站	发动机型号		Cummins QSM11-335
		发动机功率	kW/(r/min)	272/1800
		发动机燃油消耗率	g/kWh	216（最大功率时）
		质量	kg	8000
		控制方式		有线遥控

续表

型号	类别	技术要求	单位	参数
DTR2605H	工作装置	钻孔直径	mm	1200～2600
		回转扭矩/回转速度	kN·m/(r/min)	5292/0.6、3127/1.0、1766/1.8
		套管下压力	kN	830＋自重 350
		套管起拔力	kN	3800 瞬时 4340
		压拔行程	mm	750
		质量	kg	55000
	动力站	发动机型号		Cummins QSX15-500
		发动机功率	kW/(r/min)	441/1800
		发动机燃油消耗率	g/kWh	213（最大功率时）
		质量	kg	12000
		控制方式		有线遥控
DTR3205H	工作装置	钻孔直径	mm	2000～3200
		回转扭矩/回转速度	kN·m/(r/min)	9080/0.6、5368/1.0、3034/1.8
		套管下压力	kN	1100＋自重 600
		套管起拔力	kN	7237，瞬时 8370
		压拔行程	mm	750
		质量	kg	96000
	动力站	发动机型号		Cummins QSM11-335
		发动机功率	kW/(r/min)	2×272kW/1800rpm
		发动机燃油消耗率	g/kWh	216×2（最大功率时）
		质量	kg	13000
		控制方式		有线遥控（选装无线遥控）

表 23-2 所示为景安 JSP、JAR 系列全回转全套管钻机的规格、型号和技术性能。

表 23-2　景安 JSP、JAR 系列全回转全套管钻机的规格、型号和技术性能

型号	类别	技术要求	单位	参数
JSP150H	工作装置	钻孔直径	mm	800～1700
		回转扭矩	kN·m	1880/970/549
		回转速度	r/min	1.0/1.8/3.4
		套管下压力	kN	最大 360（可调）＋自重 180
		套管起拔力	kN	2690
		压拔行程	mm	500
		质量	kg	27000
	动力站	电动机型号		QSC8.3·C280
		电动机功率	kW/(r/min)	223/1800
		质量	kg	6000
		控制方式		有线遥控

型号	类别	技术要求	单位	参数
JAR200H	工作装置	钻孔直径	mm	1000～2100
		回转扭矩	kN·m	3080/1822/1029，瞬时 3525
		回转速度	r/min	1.0/1.6/2.6
		套管下压力	kN	最大 600＋自重 260
		套管起拔力	kN	3760 瞬时
		压拔行程	mm	750
		质量	kg	45000
	动力站	电动机型号		QSM11-335
		电动机功率	kW/(r/min)	272/1800
		质量	kg	8000
		控制方式		有线遥控
JAR200L	工作装置	钻孔直径	mm	1000～2000
		回转扭矩	kN·m	2960/1750/990，瞬时 3390
		回转速度	r/min	1.0/1.7/2.9
		套管下压力	kN	最大 580（可调）＋自重 280
		套管起拔力	kN	3760，瞬时 4300
		压拔行程	mm	500
		质量	kg	34000
	动力站	电动机型号		QSM11
		电动机功率	kW/(r/min)	272/1800
		质量	kg	9000
		控制方式		有线遥控
JAR260H	工作装置	钻孔直径	mm	1200～2600
		回转扭矩	kN·m	5292/3127/1766，瞬时 6174
		回转速度	r/min	0.6/1.0/1.8
		套管下压力	kN	最大 830＋自重 350
		套管起拔力	kN	4160，瞬时 4760
		压拔行程	mm	790
		质量	kg	53000
	动力站	电动机型号		QSX15-520
		电动机功率	kW/(r/min)	368/1800
		质量	kg	12000
		控制方式		有线遥控
JAR350H	工作装置	钻孔直径	mm	2000～3500
		回转扭矩	kN·m	9400/5870/3130，瞬时 10650
		回转速度	r/min	0.5/0.9/1.6
		套管下压力	kN	最大 1100（可调）＋自重 6500
		套管起拔力	kN	7237，瞬时 8370
		压拔行程	mm	750
		质量	kg	98000
	动力站	电动机型号		QSM11-335，2 台
		电动机功率	kW/(r/min)	2272/1800
		质量	kg	13000
		控制方式		有线遥控

23.1.3　盾安 DTR 系列全回转全套管钻机的组成

DTR 系列全回转全套管钻机是集全液压动力和传动、机电液联合控制于一体的新型钻机，该钻机由主要结构和主要辅助机具设备组成。

全回转全套管钻机包括动力站、工作装置和辅助钻具三大部分（专利名称为全套管全回转钻机，专利号为 ZL201120273729.8）。动力站外置，工作装置包括底座、动力支承平台、立柱、升降平台和套管夹紧装置，底座内有支腿油缸进行调平。拉拔油缸、液压马达、变速箱、夹紧油缸和齿轮传动装置是传递动力到套管的主要装置，驱动套管回转、上升和下降。辅助钻具包括各种规格的套管、抓斗、多头抓爪等。

图 23-1 所示为钻机工作装置和液压动力站工作状态。图 23-2 所示为钻机工作装置结构示意图。图 23-3 所示为钻机液压动力站结构示意图。

图 23-1　钻机工作装置和液压动力站的工作状态

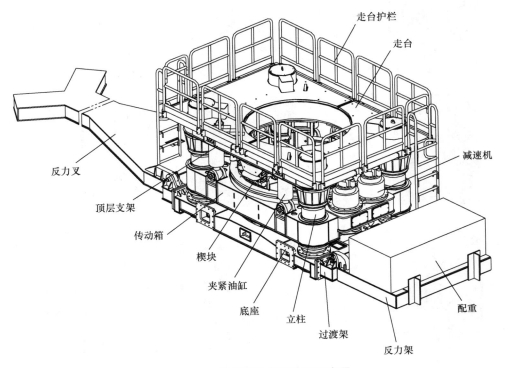

图 23-2　钻机工作装置结构示意图

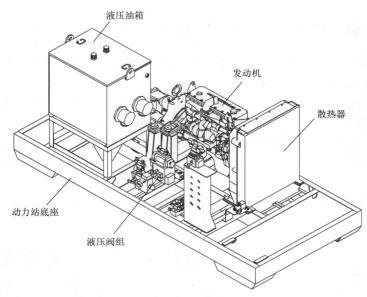

图 23-3　钻机液压动力站结构示意图

23.1.3.1　钻机的主要结构

该系列钻机主要包括楔形夹紧装置［图 23-4（a）］、液压马达和减速机［图 23-4（b）］、液压垂直装置［图 23-4（c）］、孔径变更装置［图 23-4（d）］、辅助夹紧装置［图 23-4（e）］、履带式行走装置［图 23-4（f）］、强大功率发动机［图 23-4（g）］、微电脑操控平台［图 23-4（h）］、刀头荷载自动控制系统［图 23-4（i）］、瞬间增强系统［图 23-4（j）］、应急系统［图 23-4（k）]和动力站行走装置［图 23-4（l）］。

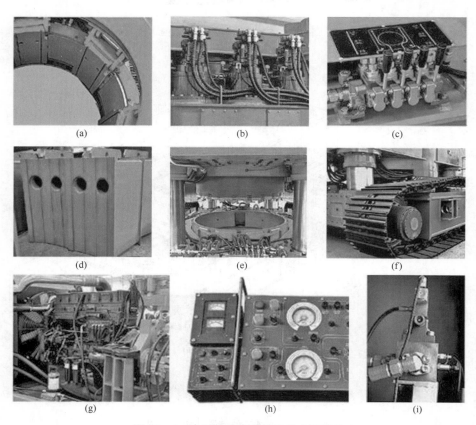

图 23-4　全回转全套管钻机的主要结构

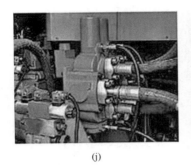
(j)

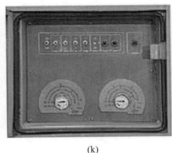
(k)

(l)

图 23 - 4　全回转全套管钻机的主要结构（续）

该系列钻机主要结构的工作性能如下：楔形夹紧装置与传统夹紧机构相比，无论在什么位置都能夹紧套管，并使套管保持较高的垂直精度，而且套管的拉拔阻力越大，夹紧力也越大；液压马达和减速机可以提供足够的扭矩，传递给套管强大的回转力，可适应复杂的地层及切削障碍物；液压垂直装置用于保证钻孔的垂直度，随时纠正套管的角度；孔径变更装置使设备可适应多种口径的变更要求；辅助夹紧装置能更好地保证套管的垂直度，同时在大深度挖掘时弥补配套起重机起吊能力不足的问题；履带式行走装置的液压横向伸缩功能可使设备在场地上方便地自行移动及进行桩心定位；强大功率发动机能够给设备提供巨大的扭矩，使机器获得强大的扭矩，能够适应任何复杂、难以钻进的地层；微电脑操控平台可根据工况调节转速、扭矩、压入力，使机器处于最佳工作状态，极大地提高了工作效率；刀头荷载自动控制系统在切削硬岩时，通过电脑的自动控制，能够很好地保护刀头及有效地提高切削效率；瞬间增强系统能够在碰到障碍物时瞬间加大起拔力和扭矩，有效排除障碍物；应急系统是在动力站上设置的控制系统，出现故障时可使用该系统完成施工作业；动力站行走装置使动力站在施工现场能够自如地行走，很好地完成钻机的对位工作；支撑结构在工作时保证设备的平稳及安全。

23.1.3.2　钻机的主要辅助机具

该系列钻机主要辅助机具设备包括履带式起重机（15t 以上）、钢套管（与不同钻孔直径匹配）、冲抓斗（与不同钻孔直径的钢套管匹配）、冲击锤（与不同钻孔直径的钢套管匹配）。电力配套设备包括 10000V 高压开闭站、1000kVA 箱式变电站和 300kW 发电机，这三种电力配套设备的数量视钻孔直径、钻孔深度及桩数匹配，其他附属机具设备（电焊机及装载机等）根据不同的施工情况匹配。

（1）冲抓斗（图 23 - 5）

冲抓斗是主要的套管内部冲挖装置，依靠吊机的大小吊钩配合完成冲挖作业。

1）作业时冲抓斗沿套管内壁自由落下，下落速度快，冲击力强，硬质地层可直接冲挖，且作业效率高。

2）斗刃成圆弧形，且斗体重，可实现水下冲挖。

3）内置滑轮组，抓紧力随起吊力的增加而成倍增加。

图 23 - 6 所示为冲抓斗的作业状态。

（2）冲抓斗＋重锤（图 23 - 7）

在岩层中或有混凝土桩体，冲抓斗不能冲挖时，用重锤反复冲击，破碎后用冲抓斗挖掘，这是经常用到的冲抓斗和重锤配合作业的工法。

（3）多头爪

多头爪（专利号为 ZL201110234970.4）是一种套管内部挖掘装置，在清除钢筋混凝土、钢桩及破碎块石等地下障碍物时可以发挥巨大的威力，能有效地传递套管的扭矩、压入力。根据需要多头爪可以选配旋挖钻头（图 23 - 8）和螺旋钻头（图 23 - 9）。

多头爪在低噪声、低振动的状态下工作，能够选择悬吊钢丝绳的数量，因此可用小型起重机配合作业。

图 23-5　冲抓斗

图 23-6　冲抓斗的作业状态

图 23-7　冲抓斗+重锤

图 23-8　多头爪+旋挖钻头

图 23-9　多头爪+螺旋钻头

全回转全套管钻机可以拔除钢筋混凝土桩，这是其他机械无法完成的施工。这种工法是用套管套住桩体进行切削作业，依靠套管强大的回转扭矩把桩体扭断，用冲抓斗取出。根据施工条件的不同，可用分割切除、整体拔除、重锤破碎及多头爪搅碎等工法清除桩体。

施工时，套管套住桩体进行切削，用冲抓斗冲挖至桩顶；沿套管内壁放下多头爪，松开悬吊钢丝绳，多头爪顶端的配重及内置弹簧使其固定在套管的内壁。随着套管的回转及压入，螺旋钻头的合金刀头能把钢筋混凝土桩体破碎，钢筋被切断，并直接取出（图 23-10）。此工法也适用于钢管桩、H 型钢桩的清除。

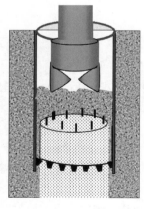

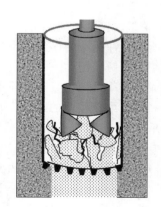

图 23-10　多头爪配套螺旋钻头清除钢筋混凝土桩

（4）十字锤和钎锤

在岩层中或有混凝土桩体，冲抓斗不能冲挖时，用重锤反复冲击，破碎后用冲抓斗挖掘，见图 23-11。

（5）基板、过渡架、反力叉和反力架

基板（图 23-12）可以保证工作装置在工作状态下的水平稳定性，提高对中性。过渡架安装到工作装置底座上，用螺栓锁紧。装配反力叉（图 23-13）、反力架，用销轴连接固定后，再将配重放置在反力架上面。添加配重可固定反力架，克服钻进产生的扭转反力，保证施工过程机体的稳定性，如图 23-14 所示。

图 23-11 十字锤

图 23-12 基板

图 23-13 反力叉

图 23-14 过渡架和反力架

图 23-15 所示为盾安 DTR 全回转全套管钻机的工作装置。图 23-16 所示为盾安 DTR 全回转全套管钻机的液压工作站。

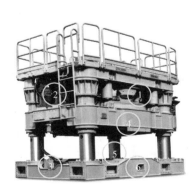
图 23-15 盾安 DTR 全回转全套管钻机的工作装置

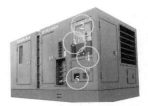
图 23-16 盾安 DTR 全回转全套管钻机的液压工作站

23.1.4 盾安 DTR 系列和景安 JAR 系列全回转全套管钻机的工作原理

DTR 和 JAR 全回转全套管钻机主要有调平、夹紧、回转和压拔四个动作。动力站内的发动机驱动液压泵，通过液压胶管连接工作装置，将动力传递到相应的执行机构。

DTR 和 JAR 全回转全套管钻机采用的是四点定位，导管带动钻头在四点定位的中心位置，受力均匀，即使遇到较硬的地层，产生反向作用力，作用点仍在四点定位的中心位置。依托施工平台，其成孔垂直度偏差较小，成孔垂直度较高。

DTR 和 JAR 全回转全套管钻机的自动控制装置即刀头荷载控制装置，通过微电脑的控制程序，控制推动液压油缸的压力，使刀头荷载不随套管重量、周围阻力的变化而变化，使机器处于最佳工作状态（图 23-17）。

DTR 和 JAR 全回转全套管钻机是国际上非常先进的自动控制系统，其集机、电、液控制于一体，极大地提高了施工的安全性及工效。

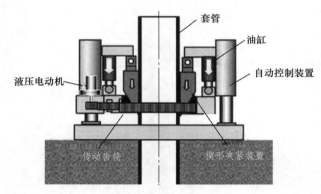

图 23-17 钻机自动控制装置示意图

23.1.5 盾安 DTR 系列全回转全套管钻机的关键技术

1. 安全可靠的液压系统

盾安 DTR 全回转全套管钻机采用了自主研发设计的负载保护装置（图 23-18），包括置于液压油路中的液压驱动入口和电磁比例溢流阀，还包括感测来自液压油路压力并反馈至所述电磁比例溢流阀以实现溢流调压的压力传感器。负载的大小通过液压系统压入管路上的压力传感器并实时反馈，精确控制套管刀头的荷载，防止发生过载的情况。

B-CON 刀头荷载系统（图 23-19）可以使套管的压入力保持一定的数值，不随套管质量的增加而变化，通过维持适宜的压入力，防止刀头因超负荷而损坏。马达泄油的油路中带有超压自卸装置，使油路中的压力维持在设定压力之下，保护电动机等硬件不受损伤。

由于采用了安全稳定的新型液压系统（专利号为 ZL201220627579.0），为钻机提供更稳定的输出，其运行更平稳，安全性更高。

2. 套管防回弹技术

全回转钻机在进行大扭矩高深度施工时，由于地质情况的不可预见性，随着深度的增加，套管所受的阻力逐渐增大，钢管会由于阻力过大发生弹性变形，此时如果停止回转，钢管会在短时间内发生回弹，液压电动机会被扭曲的钢管带动瞬间高速回转，极易导致电动机报废。为了解决这一难题，采用专用液压阀（图 23-20），使钢管的弹性力缓慢释放，有效保护液压电动机。

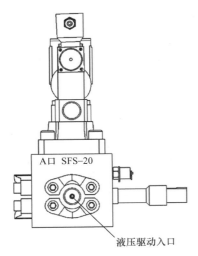

图 23 - 18　负载保护装置

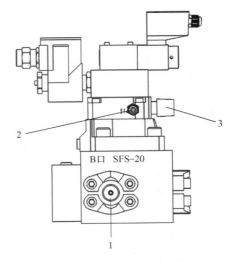

图 23 - 19　刀头荷载系统

1. 刀头负载入口；2. 电磁比例溢流阀溢流口；3. 域值调整装置

3. 自动调平系统

全回转全套管钻机在工作时，由于地基不平，套管的垂直度有偏差，影响成孔垂直度，将给施工带来非常大的危害，也对工程质量带来隐患。为了保证全回转全套管钻机套管的垂直度，增加了套管垂直度检测和调平系统（专利号为 ZL201220628282.6），如图 23 - 21 所示。自动调平系统由安装于钻机工作装置上的角度传感器通过连接线与微处理器相连，微处理器又与水平显示仪表、调平控制开关和比例电磁阀相连。角度传感器通过电缆线将信息实时传递到微控制处理器的信号采集口，同时受调平开关的控制，将得出的数据显示在水平显示仪表上，并根据数据大小输出对应大小的电流，驱动比例电磁铁，由比例电磁铁推动比例液压阀，改变伸缩油缸的状态，从而达到自动调平的目的。

图 23 - 20　钻机防回弹装置

图 23 - 21　调平系统

盾安 DTR 全回转全套管钻机采用自主研发设计的一种全回转全套管钻机调平装置（图 23 - 22），该装置包括驱动全回转全套管钻机工作的液压油路，液压油路又包括动力油路和调平油路以及将液压油路在动力油路和调平油路之间切换的电磁换向阀。新型调平装置在得电状态下保证钻机调平功能的实现，在不得电的情况下来自恒压泵的油路同回转油路连通，提高了恒压变量泵输出能量的使用效率。

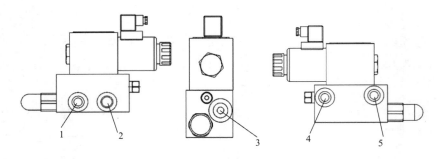

图 23 - 22　调平装置

1. 连接去往液压油箱的回油油路的油口；2. 连接来自恒压变量泵出油口油路的油口；

3. 连接去往接头安装板快速接头端口油路的油口；4. 连接去往回转电液阀块油路的油口；

5. 连接去往接头安装板快速接头端口油路的油口

4. 精准的施工对桩方法（专利号为 ZL201420073791.6，ZL201220627576.7）

全回转钻机在施工现场移动很不方便，只能借助大吨位的吊车辅助，特别是在对桩位的时候，很难找准中心。为了解决这一难题，研发设计了打桩平台装置（图 23 - 23），并为钻机增加了履带行走功能。打桩平台装置的支腿带有支腿油缸，可以起到水平调节作用，方便调节套管与桩位同心，对中性能好，在设备插好钢立柱后还能固定好钢立柱，使设备空闲出来，方便继续下一工序的工作。为全回转全套管钻机添加行走装置（图 23 - 24），可以使全回转全套管钻机自行移动，减少了辅助设施的使用，降低了成本，提高了工作效率，同时能更好地应对复杂的地质路面情况，增强了适应性，扩大了使用范围。

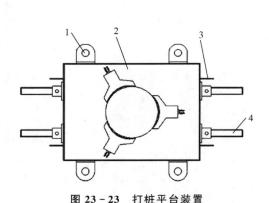

图 23 - 23　打桩平台装置

1. 支腿；2. 台体；3. 起吊板；4. 配重架

图 23 - 24　钻机行走装置

5. 套管楔形夹紧装置（专利号为 ZL201120273730.0）

全回转全套管钻机的工作分为三步骤：夹紧套管，传动系统带动套管旋转，压拔油缸带动套管向下旋进。首先，要解决套管夹紧问题。设计人员广泛收集资料，多方论证，最终成功研发了楔形夹紧装置。其工作原理是：传动装置通过齿轮带动回转锥体旋转，回转锥体与楔块配合，楔块通过铰链顶层支架连接成一个整体，夹紧油缸通过缸杆收回带动顶层支架向回转锥体靠近，楔块沿回转锥体斜面作径向移动，所形成的圆直径随之变小，达到夹紧套管的目的；回转锥体旋转的同时带动套管进行旋转切削，通过压拔油缸使套管向下掘进，达到成桩的目的。经实践检验，楔形夹紧装置（图 23 - 25）成功解决了套管夹紧问题，大大提高了夹紧可靠性。

图 23－25　套管楔形夹紧装置

23.1.6　盾安 DTR 全回转全套管钻机与日本车辆 RT 全回转全套管钻机的对比

与同类型日本车辆 RT 全回转全套管钻机相比，盾安 DTR 全回转全套管钻机具有以下优势。

1. 回转扭矩大，起拔力大

表 23－3 所示为盾安 DTR1505 与日本车辆 RT150AⅡ钻机参数的对比。

表 23－3　盾安 DTR1505 与日本车辆 RT150AⅡ钻机参数的对比

公司名称	型号	钻孔直径 /mm	回转扭矩 /(kN·m)	对应回转速度/(r/min)	套管下压力 /kN	套管起拔力/kN	压拔行程 /mm	质量 /kg
盾安重工	DTR1505	800～1500	1500/975/600，瞬时 1800	1.6/2.46/4.0	360＋210（自重）	2444，瞬时 2690	750	31000
日本车辆	RT150AⅡ	800～1500	1400/480	1.3/3.7	360＋200（自重）	2050	750	26100

由表 23－3 可知，盾安重工 DTR1505 全回转全套管钻机与同型号日车 RT150AⅡ相比，回转扭矩和起拔力更大，能更好地适用于硬岩与恶劣地层的桩施工和深桩及摩擦力较大桩壁的套管起拔。

2. 回转支承承压更大

盾安 DTR 全回转全套管钻机采用三排滚柱式回转支承（图 23－26），可承受较大的压力，稳定可靠。日本车辆 RT150AⅡ采用单排球式回转支承（图 23－27），受压有限。

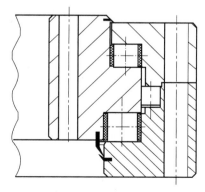

图 23－26　盾安 DTR 钻机三排滚柱式回转支承

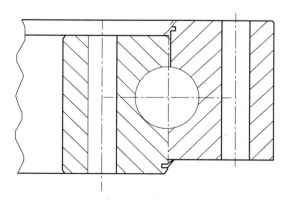

图 23－27　日本车辆 RT 钻机单排球式回转支承

3. 分体式回转锥体

盾安 DTR 全回转全套管钻机回转锥体与回转支承采用分体结构（图 23 - 28），螺栓连接，方便更换和维修。日车 RT150AⅡ采用整体结构，出现故障后需整体更换，造成浪费。

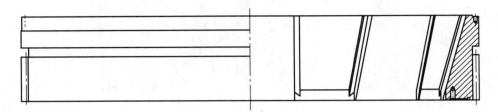

图 23 - 28　盾安 DTR 钻机采用的分体式回转锥体

23.1.7　盾安 DTR 和景安 JAR 系列全回转全套管钻机的施工优势

两种钻机具有以下施工优势：

1）无噪声、无振动，安全性能高。

2）不使用泥浆，作业面干净，环保性好，并避免了泥浆进入混凝土中的可能性，成桩质量高，有利于提高混凝土对钢筋的附着力。

3）施工钻进时可以很直观地判别地层及岩石特性。

4）钻进深度大。采用盾安重工生产的 DTR2605H 全回转全套管钻机施工，成兰铁路实际施工桩深最大达到 143.8m。

5）成孔垂直度便于掌握，垂直度可精确到 1/500。

6）不会产生塌孔现象，成孔质量高。

7）成孔直径标准，充盈系数小，与其他成孔方法相比可节约大量混凝土用量。

8）延时拔桩，有利于混凝土的凝结，特别是岩溶地区，可节约较多的混凝土用量。

9）清孔彻底，速度快，孔底钻渣可清至 30mm 以下。

23.1.8　盾安 DTR 和景安 JAR 系列全回转全套管钻机工法简介

盾安 DTR 和景安 JAR 系列钻机是集全液压动力和传动、机电液联合控制于一体的新型钻机，其工法新型、高效、环保，近年来在城市地铁、深基坑围护咬合桩、废桩（地下障碍）的清理、高铁、道桥、城建桩施工、水库水坝加固和逆作法垂直插入钢立柱施工等项目中得到广泛的应用。

这种全新的工艺工法在卵漂石地层、含溶洞地层及厚流砂地层、强缩颈地层及各类桩基础、钢筋混凝土结构等障碍还没有清除的情况下就可以实现灌注桩、置换桩、柱列式桩排挡土墙的施工和顶管、盾构隧道无障碍穿越各类桩基础。

图 23 - 29 为全回转全套管钻机作业组示意图。图 23 - 30 为全回转全套管钻机常用工法示意图。

1. 全套管钻孔硬切割咬合桩

全套管钻孔硬切割咬合桩采用盾安 DTR 全回转全套管钻机钻孔施工，在桩与桩之间形成相互咬合排列的一种基坑支护结构。其与全套管钻孔软切割咬合桩的不同之处在于：软切割咬合桩要求先施工的 A 桩需采用超缓凝混凝土，必须在 A 桩混凝土初凝之前完成 B 桩（后施工的桩）的切割施工；硬切割咬合桩是在 A 桩混凝土达到一定强度后进行 B 桩对 A 桩的切割，不要求对 A 桩采用超缓凝混凝土施工。

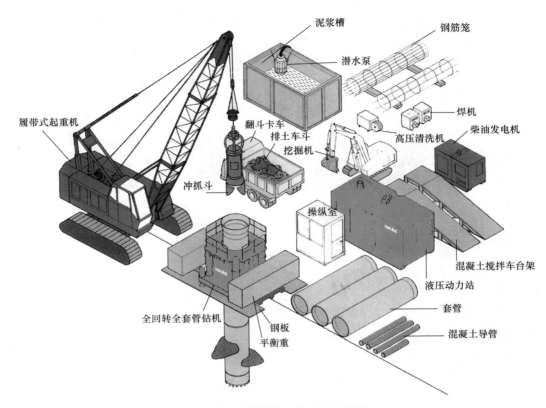

图 23 – 29　全回转全套管钻机作业组示意图

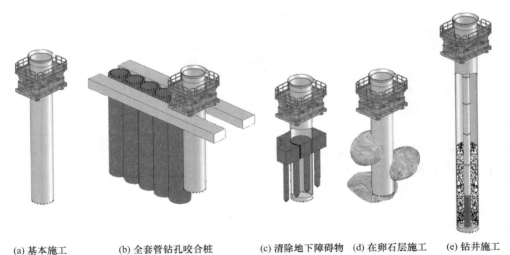

(a) 基本施工　　(b) 全套管钻孔咬合桩　　(c) 清除地下障碍物　(d) 在卵石层施工　　(e) 钻井施工

图 23 – 30　盾安 DTR 全回转全套管钻机常用工法示意图

2. 清除地下障碍物

在城市建设、桥梁改建时，可以直接清除钢筋混凝土桩、钢管桩、H 型钢桩、PC 桩、木桩、孤石、局部岩层等障碍物，就地灌注基础桩或连续墙。图 23 – 31 所示为用盾安全回转全套管钻机清除地下障碍物和废桩基础。

图 23-31　用 DTR 全回转全套管钻机清除地下障碍物

3. 喀斯特地层大直径灌注桩施工

广西河池市俊蒙金地王一期桩基工程，地层复杂，多为岩石和溶洞，溶洞最大直径达 2m。该工地总包单位先采用日本车辆的 RT200 全回转全套管钻机，因操作人员缺乏培训、施工配件不足和操作不当，施工速度很慢。后采用盾安 DTR1505 全回转全套管钻机，盾安重工派遣多名操作人员和工程专家到现场指导施工，工效迅速提高，桩深 35～40m 的桩，每天平均成孔 1.5 根左右，共完成桩孔 200 余个。图 23-32 所示为在施工现场取出的岩石。

图 23-32　用盾安 DTR1505 钻机取出的岩石

4. 无损拔桩

无损拔桩即用盾安 DTR 全回转全套管钻机在不破坏周围土体的情况下把地下桩基础无遗留地整体拔除或置换，主要用于城市建设、旧城改造、地铁建设、地下维护结构、桥梁建设等项目中地下障碍物的清除。图 23-33 所示为用盾安 DTR 钻机拔桩的现场。

图 23-33　用盾安 DTR 钻机整体拔除废桩现场

5. 特殊环境下的成桩施工

北京市良乡高速公路良乡政府门前段是在地铁轻轨桥梁下施工（图 23-34），桥梁高度为 13m，桩距桥梁立柱最近距离为 3m，桩深 35m，直径 1.2m。施工时地铁安全人员每天到现场检测是否对原有的桩基造成影响，施工过程中未发现异常。可见，盾安 DTR 全回转全套管钻机施工对周围土层无扰动，是高效、安全的成桩设备。

图 23-34　盾安 DTR 全回转全套管钻机在北京市良乡地铁轻轨桥梁项目中施工的情况

23.1.9　盾安 DTR 和景安 JAR 全回转全套管钻机的经济效益和社会效益

1. 经济效益

盾安 DTR 全回转全套管钻机的经济效益可以从以下两个方面来描述：

1）徐州盾安重工全回转全套管系列钻机的成功研制打破了外国的技术垄断，并迅速占领国内市场，取代进口机械，迫使进口机械大幅降价，极大地降低了施工单位的购机成本及后续维护费用，使盾安重工与施工单位达到双赢。

2）徐州盾安重工设计生产的全回转全套管钻机通过技术改进，力求在保证功能质量的前提条件下尽可能地节约成本，降低销售价格。

2. 社会效益

盾安 DTR 和景安 JAR 全回转全套管钻机套管刚性好，输出扭矩大，噪声低，可用于流砂、溶洞、岩层、旧桩等各种复杂地质状况下的施工，有利于复杂地质下的开发建设和老城区整改建设。机架由底座、动力支承平台和升降平台三部分组成，可以快速、平稳、大深度、高质量地施工。底座由液压支腿调节水平，对中性能好；可以钻斜孔，适用面广。其结构合理，导向、旋转、润滑良好，使用寿命长，钻机设计力求节能环保。全回转全套管钻机施工过程中无振动，对周围土层无任何扰动，避免对周围建筑造成影响。施工过程中不使用泥浆，不会对地下水质造成污染，作业面干净，环保性好，并避免泥浆进入混凝土中的可能性，成桩质量高，有利于提高混凝土对钢筋的握裹力。可以说，全导管全回转钻机必将带来桩机市场的变革。

3. 部分工程案例

表 23-4 所示为使用盾安 DTR 系列全回转全套管钻机施工的部分工程。

表 23－4　盾安 DTR 系列全回转全套管钻机施工的部分工程实例

序号	施工工程名称	DTR 系列钻机	施工时间
1	广西河池市俊蒙金地王一期工程喀斯特地层施工	DTR1505	2012 年 7 月
2	厦门至漳州高速公路龙海段桩基施工	DTR2005H	2012 年 10 月
3	厦门文园桥桥桩施工	DTR2005H	2013 年 3 月
4	淮南市桥基施工	DTR2605H	2013 年 4 月
5	大连港口维多利亚广场基础桩施工	DTR2005H	2013 年 5 月
6	福州地铁风口咬合桩施工	DTR2005H	2013 年 6 月
7	上海中美信托金融大厦拔桩、清障	DTR2005H	2013 年 6 月
8	大连欧力士大厦基础桩施工	DTR2005H	2013 年 9 月
9	北京良乡高速公路基础桩施工	DTR1505	2013 年 10 月
10	天津市静海县双塘镇崔杨路跨津沧高速立交桥桩基础施工	DTR2005H	2013 年 10 月
11	福建厦门海沧大道咬合桩施工	DTR2005H	2013 年 11 月
12	天津地铁风口咬合桩施工	DTR2005H	2013 年 11 月
13	北京地铁 14 号线平乐园站全回转插钢立柱施工	DTR1505	2013 年 12 月
14	贵阳沪昆线基础桩施工	DTR2005H	2014 年 3 月
15	澳门筷子基公共房屋建设工程	DTR2605H、DTR2005H	2014 年 6 月
16	北京生物基地临近地铁桩基施工	DTR1505	2014 年 7 月
17	上海船厂旧桩拔除施工	DTR1505	2014 年 8 月
18	厦门集美大桥下穿通道维护咬合桩	DTR2005H	2014 年 9 月
19	珠海华发新城项目	DTR2005H	2014 年 9 月
20	江西宜春百尚城项目	DTR2005H、DTR1505	2014 年 10 月
21	上海青浦区盈港大桥坂桩	DTR2005H	2014 年 10 月
22	贵广高铁桂林段施工	DTR2005H、DTR2605H	2014 年 11 月
23	贵广高铁贵阳段施工	DTR2005H	2015 年 5 月
24	苏州塔园路 1 号线地铁站咬合桩	DTR1505	2015 年 6 月
25	珠海横琴岛华策国际大厦	DTR1505	2015 年 7 月
26	江西九江市湖口县中铁 24 局九景衢高铁九江—景德镇段	DTR2005H	2015 年 7 月
27	广东惠州大亚湾炼油厂基建灌注桩	DTR2005H	2015 年 8 月
28	苏州轻轨 2 号线置换桩施工	DTR2005H	2015 年 8 月
29	四川太平站铁路大桥工地成兰铁路	DTR2605H	2015 年 10 月
30	贵州贵阳保税区厂房项目	DTR2005H	2015 年 10 月
31	南京中铁二局地铁站咬合桩	DTR1505	2015 年 10 月
32	成都武侯区红星路综合整治工程	DTR2005H	2015 年 11 月

23.2　全回转全套管钻机嵌岩桩施工方法

23.2.1　工法特点

　　全回转全套管钻机是集全液压动力和传动、机电液联合控制于一体的新型钻机，具有全回转套管装置，压入套管和挖掘同时进行。冲抓斗依靠起重机的大小吊钩配合完成对土层的冲挖作业。作业时，冲抓斗沿套管内壁自由下落，下落速度快，冲击力强，硬质地层可直接冲挖，且作业效率高；斗刃呈圆弧形，斗体重，可实现水下冲挖；内置滑轮组，抓紧力随起吊力的增加而成倍增加。

施工时，在岩层用冲击锤反复冲击，破碎后用冲抓斗挖掘。由于该钻机具有强大的扭矩及压入力，并配备刀头，可完成硬岩层中的施工作业，可在单轴抗压强度为 $100\sim120MPa$ 的硬岩层中顺利钻进。当岩层单轴抗压强度超过 $120MPa$ 时，可采用全回转全套管钻机配合旋挖钻机进行嵌岩成孔。

该钻机在岩溶地层施工，不需要回填块石，不用另外下套管，利用其自重的良好垂直度调节性能及钻速、钻压与扭矩的自动控制性能，可顺利地完成穿过溶洞的钻进任务；在溶洞中灌注混凝土时，在套管内进行，添加速凝剂的混凝土不易散失；钻机具有强大的起拔力，可以延时起拔，从而顺利地完成溶洞中灌注桩的施工作业。

另外，该钻机可以避免泥浆护壁法成孔工艺造成的泥膜和沉渣对灌注桩承载力的削弱。

岩溶地区冲击钻成孔灌注桩及人工挖孔灌注桩常遇问题参见第 22 章 22.4.1.2 节。总体说来，在岩溶地区施工时，常规的施工方法都会有相对较多的弊端，易造成工期延误、成本提高、环境污染严重等施工现象。

23.2.2　工艺流程

DTR 全回转全套管钻机在多层溶洞条件下嵌岩桩施工工艺流程见图 23-35。

23.2.2.1　施工准备

1. 平整场地

施工范围确定后，要对场地进行平整，便于全回转全套管钻机施工。此外，还要准备不小于 $200m^2$ 的场地作为套管堆场。全回转钻机的施工因其主机和配重的重量，易使强度不够的松软地面下陷，造成套管倾斜，无法作业。根据施工场地的不同，通常有以下几种处理方法：浇筑素混凝土面层，以硬化地面；置换土处理，挖掉软弱面层后回填碎石面层；铺设钢板，增大抗压面积。

2. 施放桩位

由专业测量人员用全站仪测定桩位，打好木桩，做好标记。

3. 钻机就位对中

DTR 系列全回转全套管钻机采用履带式行走装置，使设备在场地上方便自行移动及桩心定位。钻机就位后，调整其水平，并保证 4 个支腿油缸均匀受力。

23.2.2.2　桩孔施工要点

1. 安置套管

在主副夹具完全打开的情况下，放入带刃口的套管。吊放套管时应平稳缓慢，避免其与主机机体碰撞。安置套管后使其刃尖与地面之间留有作业空间（150mm 左右），抱紧套管后测定垂直度情况，可做微量调整，并随时用经纬仪或测锤监测。

借助钻机上的楔形夹紧装置，保证无论在什么位置都能夹紧套管，并使套管保持较高的垂直精度。钻机上还设有孔径变更装置，使设备适应各种直径的变径要求。

2. 校核钻孔垂直度

埋设第一节、第二节套管时必须竖直，这是决定桩孔垂直度精度的关键。钻机上设有垂直度装置，可以保证施工中钻孔的垂直度，并随时纠正施工中套管的角度。与第一节套管组合的第一组套管必须保持很高的精度，细心地压入。全套管桩的垂直精度几乎完全由第一组套管的垂直精度决定。第一组套管

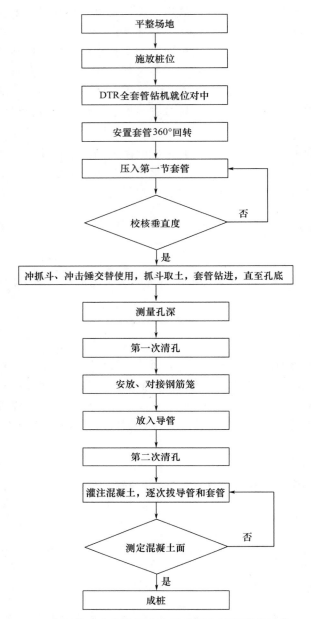

图 23-35　DTR 全回转全套管钻机在多层溶洞条件下嵌岩桩施工工艺流程

安装好后要用两台经纬仪或两组测锤从两个正交方向校正其垂直度，边校正、边回转套管、边压入，不断校核垂直度。

3. 土层钻进

钻机回转钻进的同时观察扭矩、压力及垂直精度的情况，并做好记录。当钻进 3m 时，用抓斗取土，取土前套管上吊装保护套锥头的套管帽；回转钻进的同时进行取土作业，并监测取土深度，不能超挖，管底留有 2 倍套管直径厚度的土。钻机平台上有 1m 的套管没有钻进时，测量取土深度，处理套管接口，准备接套管。管口要进行防锈处理，涂抹油脂，并加一层保鲜膜，以便于拆装。吊装 6m 的套管进行连接，保养过的连接螺栓要对称均匀加力并紧固。连接套管后继续钻进。作业时遇有不均匀地层或卵石层时，应采用蠕动式作业，要多回转少压入，缓慢穿过。

4. 岩层钻进

应根据地质钻探资料提供的溶洞分布情况，按照先短后长、先易后难、先外后内的原则确定各桩施工顺序。

套管下到岩面以下即开始用冲击锤和冲抓斗进行冲、砸、钻、抓等，以组合工艺取出岩渣。溶洞桩基处理方案：① 溶沟、中小溶洞施工。基桩穿过溶沟、中小溶洞（溶洞高度不大于 5m）时，无需任何辅助工作，按全套管常规成孔流程施工，就可以达到设计要求。② 空洞、大溶洞施工。基桩穿过空洞、大溶洞（溶洞高度大于 5m）时，可采用回填或钢套管跟进的办法。

回填方法：将套管底部提至大溶洞上端，使大溶洞大部分完全裸露在套管下方，然后采用回填的方案，利用水压特性将溶洞封死；接着套管钻进，用冲抓斗和冲击锤取土岩，继续钻进。

钢套管跟进方法：先计算好溶洞所在位置的深度、溶洞的高度，沉入钢套筒，待成孔后将钢筋笼下至桩孔内，然后灌注混凝土，最后提拔套管成桩。

钢套筒一般采用 10mm 厚钢板卷制，套筒高度大于溶洞高度 2m，这样可以完全覆盖溶洞高度，以避免不必要的亏方。

采用全回转全套管钻机对溶洞进行处理具有简便、安全、快捷、无污染等特点。全套管施工中，由于套管的护壁作用，可避免施工过程中出现坍塌孔等安全隐患，有效地确保工程质量进度及施工安全。

5. 第一次清孔

钻进至孔底设计标高后进行第一次清孔，及时用冲抓斗细心地掏底，进行孔底处理，翻平整，保证无松渣、污泥及沉淀等软弱层。嵌入岩层深度应符合设计要求，并及时向驻地监理工程师报检。

23.2.2.3　安放、对接钢筋笼

吊装钢筋笼可采用三点式或四点式吊装法，操作安全灵活，钢筋笼不易变形、弯曲，保证其顺直度。桩长较长时，钢筋笼应分节制作、安装，采用焊接连接。若需加钢套筒，则其焊接要准确、牢固。钢筋笼主筋分布要匀称，焊点要牢固，扎丝不能外漏，以防止灌注桩身混凝土后在提拔套管时钢筋笼上浮。

23.2.2.4　放入导管

水下灌注混凝土的情况采用导管法施工。

23.2.2.5　第二次清孔

第二次清孔采用气举反循环施工工艺，即将沉渣从导管内排出的清渣工艺。其原理是：利用空气压缩机产生高压空气，通过安装在导管内的风管送至桩孔内，高压空气与泥浆混合，在导管内形成一种密度小于泥浆的浆气混合物。该混合物因密度小而上升，在导管内的混合器底端形成负压，下面的泥浆在负压的作用下上升，并在气压动量的联合作用下不断补浆，上升至混合器的泥浆与气体形成气浆混合物后继续上升，从而形成流动。因为导管的内截面面积小于导管外壁与桩壁间的环状断面面积，便形成了流速、流量极大的反循环泥浆流，携带沉渣从导管内返出，排出导管。

气体反循环排渣的设备主要是 $9\sim20m^3/h$ 空气压缩机、风管、排渣金属管、排渣软管及法兰盘接头等。

23.2.2.6　灌注混凝土

1. 导管法灌注混凝土的施工程序

1）沉放钢筋笼。

2）安设导管，将导管缓慢地沉到距孔底 300~500mm 的深度处。

3）悬挂隔水塞，并将其放在导管内的水面之上。

4）灌入首批混凝土。

5）剪断悬挂隔水塞的铁丝，使其和混凝土拌和物顺导管而下，将管内的水挤出来，隔水塞留在孔底混凝土中。

6）连续灌注混凝土。随着灌注量的增大，慢慢同步提拔导管和套管，并同步拆除套管和导管。

7）灌注结束后，应立即清洗每节套管的螺栓连接和导管，以备下一次灌注使用。

2. 导管法施工注意事项

1）根据桩径、桩长和灌注量，合理选择导管、隔水塞、混凝土泵车及起吊运输车等机具设备的规格、型号。

2）导管吊放入孔时，应将橡胶圈或胶皮垫安放周整、严密，确保密封良好。导管在桩孔内的位置应保持居中，防止跑管、撞坏钢筋笼并损坏导管。导管底部距孔底（或孔底沉渣面）的高度以能放出隔水塞及首批混凝土为宜。导管全部入孔后，计算导管柱总长和导管底部位置，并再次测定孔底沉渣厚度，若超出规定应再次清孔。

3）首批混凝土埋管深度为 1.0～2.0m。灌注混凝土必须连续进行，混凝土质量应满足有关灌注和泵送混凝土的规范要求。设专人负责测量孔内混凝土面的高度，导管和套管在混凝土内的埋深应保证在 2.0～4.0m。每次提拔导管和套管的高度不宜过大，约 500mm 即可。

23.2.2.7 拔管成桩

一边灌注混凝土一边拔管。拔出套管时，只需将连接上下两节套管的螺栓取下，即可取下上面一节的套管。

23.2.3 适用范围

配合冲抓斗和冲击锤，全回转全套管钻机可在各种土层、黏性土、砂土及砂卵石层、岩溶地层及强风化与中风化岩层中施工，可在单轴抗压强度小于 100MPa 的硬岩层中钻进；适用于直径 800～1500mm（DTR1505H 钻机）、1000～2000mm（DTR2005H 钻机）、1200～2600mm（DTR2605H）及深度在 80m 以下的桩孔的施工。对于单轴抗压强度大于 100MPa 的硬岩，DTR 全回转全套管钻机可配合旋挖钻机进行钻进作业。

23.2.4 工程实例

23.2.4.1 广西河池市俊蒙金地王一期岩溶区嵌岩桩工程[*]

1. 工程概况

（1）项目概况

工程项目位于广西河池市金城江区河池高中南侧。

（2）地形地貌及工程地质概况

根据钻探资料，该场地覆盖层主要由第四系冲积成团（Q^{el}）的粉质黏土组成，下伏基岩为二叠系中统茅口组（P^{2m}）灰岩地层。各层岩土的分布及工程特征自上而下分述如下：①粉质黏土层，黄褐色至棕褐色，土体颗粒较细，局部含粉砂透镜体及 20% 以内的粗粒成分，黏性及韧性中等，无摇振反应，切面稍粗糙，局部较软，湿层厚 8.00～11.60m；②微风化灰岩，青灰色，细晶至微晶结构，岩体完整性较好，节理裂隙较发育，充填方解石脉，溶蚀轻微，岩心柱状，清水钻进平稳，岩体基本质量等级为Ⅲ级，揭示厚度为 5.85～52.30m；③在粉质黏土层和微风化灰岩之间为溶洞与溶蚀破碎带，层厚为

---

[*] 本工程实例由沈保汉、陈卫、李景峰撰写。

1.30～18.40m。

（3）不良地质现象

该工程场地平坦，上覆第四系粉质黏土分布厚度不均，局部基岩面起伏较大，不良地质现象主要为岩溶。地勘结果表明，在该场地揭露的溶洞、溶槽及溶蚀破碎带数量大，显示该场地岩溶非常发育，根据 132 个钻孔统计，遇洞（槽）率高达 97.0%；从岩溶发育规模上看，溶洞（槽）或破碎带高 0.2～20.4m 不等，一般溶洞（槽）高度在 1～2m，溶槽、溶洞规模不等，分布无规律，溶洞（槽）以充填可塑至软塑状黏性土为主，个别无充填。

（4）水文地质概况

根据地下水赋存条件及水动力特征，场地内地下水可分为上层滞水和灰岩岩溶裂隙水。上层滞水赋存于土层中，主要接受大气降水及附近生产生活排水渗漏的补给，其水位及水量主要受大气降水影响，水量少，水位埋深浅，分布不均匀。岩溶裂隙水主要赋存于基岩溶洞、溶隙中。由于场地内岩溶普遍发育较强，单桩孔涌水量可达 15～30m³/h 或以上。根据勘察，初见水位一般在 3～5m（高程为 -13.0～-15.0m），而终孔稳定水位普遍为 0.5m 左右（高程约为 -10.3m）。

2. 工程桩施工

该场地为素填土，溶蚀破碎带及卵石土厚度大，微风化灰岩持力层埋深较大，地下水较丰富，成桩质量条件差，若采用钻（冲）孔灌注桩，容易产生桩孔垮塌的后果，设计方推荐采用全回转全套管钻机施工工法。

采用盾安 DTR1505H 全回转全套管钻机施工的基桩总数为 57 根，桩径为 1200mm 和 1500mm，桩长 12.67～33.00m。

该高层住宅楼以微风化灰岩作桩端持力层，按嵌岩桩考虑，依据《建筑地基基础设计规范》（GB 50007—2002），单桩竖向承载力特征值估算结果如下：$R_a = 11310$kN（桩径 $d = 1200$mm）和 $R_a = 17670$kN（桩径 $d = 1500$mm）。

DTR 全回转全套管钻机施工工艺流程及施工要点按本章 23.2.2 节的要求。

采用低应变法对 57 根桩进行成桩检测，结果表明全部为 I 类桩。

23.2.4.2　四川茂县成兰铁路太平四线大桥嵌岩桩工程[*]

1. 工程概况

四川茂县新建成兰铁路太平四线大桥嵌岩钻孔灌注桩，桩径 1.5m，采用全回转全套管钻机工法。其中，I 级护筒外径为 2.0m，壁厚 40mm，长 50m，全部回收重复利用；II 级护筒外径为 1.5m，材质为 Q460C，壁厚 28mm，为永久性套管。桩身采用 C35 水下耐腐蚀钢筋混凝土，设计桩长 120m，入弱风化基岩超过 15m，最大深度达 143.8m。

2. 工程地质和水文地质条件

地质情况：0～4m 为角砾土、块石土；4～90m 为可塑～软塑的粉质黏土；90～96m 为碎石土；96m 以下为砂岩夹千枚岩。在 35m、90m、120m 有三层承压水。

3. 施工难点

1）古堰塞湖淤积体存在高承压水，90m 承压水压力为 1MPa 左右（图 23-36）。

2）松软土地基。由于土质主要为粉质黏土，当承压水压力过大、冲出地面时，会造成孔内坍塌。

---

* 本工程实例由曹薛平、许金星、张鑫、何从军撰写。

采用全回转全套管跟进方式，可用钢套管隔断承压水，继续钻进，在套管保护下成孔成桩。

图 23-36　高承压水

4．重点控制部位

1）钢套管的垂直度控制。钢套管的垂直度一般为 1/500～1/300，Ⅱ级护筒外径为 1.5m，壁厚 28mm，连接采用 CO_2 气体保护焊焊接，经过第三方无损探伤检测合格后继续钻进。

2）封底控制。首灌料必须大于 3.5 m^3，首灌后连续灌入 15 m^3 混凝土封底，压住孔底的承压水。水下混凝土灌注必须连续施工，加快灌注混凝土的速度。每次灌注时要有足够数量的混凝土，保证埋管深度不小于 3～5m。严禁将导管提出混凝土面，但也不能埋管太深，以免造成提管困难。

5．设备情况

进场 1 台盾安 2605H 全回转全套管钻机，1 台神钢 BMS1000 起重机，1 台小松 PC200-8 挖机。

6．施工方案

（1）施工准备

施工准备的主要工作为平整场地。由于钻机设备较大且相关辅助设备较多，对进出通道及作业平台有一定的要求，故施工准备需考虑如桩基钢筋笼加工制作、渣土转运、钢筋笼起吊安装、桩基混凝土灌注等作业必需的施工通道和作业平面。

施工前做好各种管线标识及防护，地上、地下的电缆、管线、旧建筑物、设备基础等障碍物均已排除处理完毕，各项临时设施如照明、动力、安全设施准备就绪。

（2）平整场地

在桩基施工前，河道围堰并填平，用建筑垃圾等硬化，把桩基位置垫平，用装载机找平，夯填密实，使机械顺利进场，并保证施工中钻机的稳定。钻孔场地为陡坡时应挖成平坡。

（3）桩位放样

首先对设计图纸提供的坐标、高程等有关数据进行认真复核，确认无误后采用全站仪进行桩位放样；桩中心放样完毕后，沿桩中心拉十字线至 1.5m 以外并做好护桩标记。经检查无误后，埋设十字护桩。十字护桩必须用砂浆或混凝土加固保护，以备开挖过程中对桩位进行检验。

（4）施工工艺

1）钻机就位。技术人员用全站仪放出中心桩位后，经监理工程师复查确认无误后安装钻机。钻机就位前要先检查钻机上方及周边有无电线及障碍物，确认无误后方可进入下道工序施工。钻机就位前，对钻孔前的各项准备工作进行检查，包括主要机具设备的检查和维修。机具设备底座和顶端应平稳，不得产生位移或沉陷。点位放出后，吊放全回转底盘，底盘中心要和桩中心点重合。然后吊放主机，安装在底盘上。最后安装反力叉。

2）吊装安放钢套管。钻机就位后开始进行套管的埋设和钻进作业。施工过程中每节套管压入的精度都将直接影响钻孔的施工质量。每节套管放入夹管装置，收缩夹管液压缸，利用钻机和导向纠偏装置将套管的垂直精度调整到要求的范围内。钢套管的垂直度控制见上文。

3）测量调整垂直度。旋钻主机就位后，进行回转钻进，回转驱动套管的同时下压套管，实现套管快速钻入地层。钢套管钻进时，在 X、Y 两个方向使用线锤调整套管垂直度。钻进过程中随时利用设备自带的水平监测系统检验套管垂直度，并在接管的两个垂直方向架设经纬仪，进行垂直度复核控制。钢套管的垂直度一般为 1/500～1/300。

4）钻进。开孔的孔位必须准确。应使初成孔孔壁竖直、圆顺、坚实。钻孔时，起、落钻头速度宜均匀，不得过猛或骤然变速，孔内出土不得堆积在钻孔周围。钻进过程中遇到坚硬土、岩石时，严禁用锤式抓斗冲击硬层，应用十字锤将硬层有效破坏后再继续掘进。

每节套管连接好并检查垂直度后，通过全回转全套管钻机的回转装置使套管作不小于 360°的旋转，以减少套管与土体的摩阻，并随即利用套管端部的刀齿切割土体或岩石，压入土中，开始正常作业。套管施工中接管高度为钻机机高＋1.2m，以便施工人员接管。在利用冲抓斗抓除套管内的土体时，如遇到大块坚硬石头，则利用重锤破碎后抓出。

当钻孔深度达到设计要求时，对孔深、孔径、孔位和孔形等进行自检，确认满足设计要求后立即填写终孔检查证，并经驻地监理工程师认可，方可进行孔底清理的准备工作。

5）清孔。二次清孔采用气举反循环。应保持孔内水位，严禁以加深钻孔深度的方法代替清孔。灌注水下混凝土前检查沉渣厚度，沉渣厚度符合要求后才能灌注混凝土。

（5）钢筋笼的制作和安放

1）钢筋笼加工。按照设计要求制作钢筋笼，并按照相关规范验收，在自检合格的前提下通知监理方对钢筋笼进行验收。

2）钢筋笼固定措施。

① 钢筋笼每 6m 一道，每道东西南北四个方向各设一层砂浆限位保护层，确保钢筋笼始终定位在孔内中心位置。

② 钢筋笼连接采用单面焊接，焊接长度为 10d（d 为钢筋直径），并按 50％接头错缝连接。

3）钢筋笼的起吊、就位和对接。

① 为确保钢筋起吊时不变形，采用两吊点起吊，第一吊点设在钢筋笼的上端，第二吊点设在钢筋笼的中点和 1/3 点之间。

② 同时起吊两个吊点，使钢筋笼离开地面 2m 左右，此时停吊第二吊点，继续起吊第一吊点，使钢筋笼垂直；解除第二吊点，将钢筋笼徐徐放入钻孔中，并临时托卡于孔口，以便于第二节钢筋笼对接；解除起吊钢丝绳，用同样的方法将第二节钢筋笼吊于孔口上方，然后采用搭接焊对接。每根桩由 2~3 个电焊工焊接。

③ 下放钢筋笼时需设置保护层垫块，每个截面不少于 3 块，每节钢筋笼不少于 3 组。如钢筋笼无法下放至设计标高，用吊车提拔钢筋笼，并重新扫孔，再安放钢筋笼。

（6）声测管的连接

声测管采用液压连接或者焊接，以保证声测管内顺直畅通。在埋设过程中应检查声测管是否畅通，并事先灌满清水，做好管底封闭、管口加盖等工作。

（7）水下混凝土施工

1）导管。选用 5mm 厚无缝钢管制作，内径 300mm，底节尺寸定为 4.0m，标准段每节为 3.0m，另有 0.5~1.0m 长的辅助导管。接头采用快速螺旋接头并设置导向装置，防止挂住钢筋笼。

2）料斗。

① 钻孔灌注桩初灌量应满足设计及有关规范要求。混凝土初灌量应能保证混凝土灌入后导管埋入混凝土深度不小于 1.0m，导管内混凝土和管外泥浆柱应保持平衡。

② 在导管内设置球胆作为隔水栓。

③ 施工时，采用 8mm 钢板加工漏斗，漏斗体积必须确保导管埋入首批混凝土 1.0m 以上。

3）水下混凝土灌注。混凝土导管安置完毕后，利用导管卡扣固定在钢套筒顶部。灌注前的准备包括上料及用水湿润贮料斗，进行现场混凝土坍落度试验并制作混凝土试块。如发现混凝土和易性变差、坍落度达不到规范要求，严禁直接将水注入混凝土罐车；该车混凝土应予退回，检查完毕、一切正常后进行首次上料。首灌料必须大于 3.5m³，首灌后连续灌入 15m³ 混凝土封底，压住孔底的承压水。水下混凝土灌注必须连续施工，加快灌注混凝土的速度。每次灌注时要有足够数量的混凝土，保证埋管深度不小于 3~5m。严禁将导管提出混凝土面，但也不能埋管太深，以免造成提管困难。

4）混凝土灌注注意事项。

① 水下混凝土初凝时间不少于 4 小时，坍落度控制在 180mm±20mm，检查坍落度合格后才能放入漏斗。灌注水下混凝土时，将导管提高至距孔底 30～40cm。在混凝土灌注过程中，实时测量正在灌注的混凝土面的标高，控制导管深入混凝土 3～5m，最小不小于 2m。混凝土灌注应连续进行，不得中断。水下混凝土的强度应按比设计强度高一级进行配置。

② 桩的灌注时间不宜过长，严禁将导管提出混凝土面。导管应勤提勤拆，一次提管拆管不得超过 6m。灌注混凝土时导管应随灌随提，导管的安装和拆卸应分段进行，其中心力求与钢筋笼中心重合。当出现堵塞情况时，可将导管少量上下升降以排除故障，但不得左右摇晃移动。当混凝土灌至钢筋笼底部时，应放慢混凝土入管速度，减少混凝土上升顶力对钢筋笼的影响，避免钢筋笼上浮。做好混凝土灌注记录备查。

③ 本工程桩基混凝土全部灌注至桩顶标高以上 1.5m，单桩灌注时间不宜超过 8h。

④ 混凝土配合比必须经监理工程师认可，施工现场按技术规范规定的频率全面检查混凝土的坍落度指标。严禁将不符合要求的混凝土送入漏斗灌注。

⑤ 本工程桩混凝土方量大，需重点控制混凝土的初凝时间。

5）对混凝土的要求。

① 采用商品混凝土。

② 混凝土的和易性要求。混凝土按水下混凝土的要求，坍落度为 180mm±20mm。每车混凝土均应现场做坍落度试验并记录。如发现坍落度不能达标，严禁现场将清水注入混凝土罐车搅拌后再用，应作为不合格产品，将该车混凝土退回。每次出料时，上料斗上应有 10cm 间距的格栅状钢筋滤网，防止混凝土罐车内流出块石及水泥结晶体，堵塞混凝土导管。

混凝土应充分搅拌，防止部分混凝土砂率过高或过低。砂率过高或过低的直接后果是该部分混凝土的和易性发生改变，使钢筋笼有可能跟管上浮。因此，现场混凝土应充分搅拌。施工过程中需进行多次测量。严格控制混凝土面及泥浆面的高度，符合要求后方可进行下一步施工。

6）坍落度及试块。施工作业中应按规范要求进行坍落度试验并将试块送检。

① 坍落度：按规范要求，控制在 18～22cm。

② 试块数量：每灌注 50m³ 必须有一组试件，小于 50m³ 的桩，每根桩必须有一组试件，每组应有 3 个试件。

③ 试件取样应取自实际灌注的混凝土，同组试件应取自同车混凝土。

7）套管的拔除。钢筋笼为圆笼，吊放钢筋笼、安装导管、清孔、灌注混凝土开始后一边灌注一边拔除导管。混凝土灌注结束后，在Ⅰ级套管和Ⅱ级套管之间填石子，一边回填石子一边提起Ⅰ级外套管。

8）土石方外运。钻机套管下沉过程中，采用 100t 履带吊，利用冲抓斗进行取土作业，取出的渣土暂时堆放在施工区域内的渣土临时堆放点。渣土堆放高度不得高于 1.5m，并及时外运。

7. 施工要点

1）对于厚度超过 20m 的软塑黏土层，应使套管超前下沉，可超出孔内开挖面 1～1.5m（结合含水量而定）。落锤抓斗仅挖除套管底部上方的土体，以便于控制孔壁质量及开挖方向。保持一定高度的土柱，可以避免管外淤泥进入管内。

2）对于硬质砂土及岩石层，应使落锤抓斗超前下挖 20～30cm，因为在这种土层中套管的下沉是非常困难的，尤其是地下水位以下的硬砂层。如不采取超前开挖的措施，利用夹持压力勉强将套管压入土层中，由于土和套管壁之间的阻力较大，会磨损套管和刀头，且在最后成桩阶段造成提升套管困难。

3）在承压含水层中施工，尽可能将套管钻进至相对隔水层，然后抽除套管内的水，再用冲抓斗取土。

8. 采用全回转施工的优点

1）能解决特殊场地、特殊工况、复杂地层的桩施工难题，无噪声、无振动，安全性高。

2）不使用泥浆，作业面干净，可避免泥浆进入混凝土中，有利于提高混凝土对钢筋的握裹力；防止土体回涌、提钻和下钢筋笼时刮擦孔壁，钻渣较少。

3）钻机施工时可以直观地判别地层及岩石特性。

4）钻进速度快，对于一般土层，可以达到 14m/h 左右。

5）钻进深度大，根据土层情况，最深可达到 140m 左右。

6）便于掌握成孔垂直度，垂直度可以精确到 1/1000。

7）不易产生塌孔现象，成孔质量高，清底干净、速度快，沉渣可清至 30mm 左右。

8）成孔直径标准，充盈系数小，与其他成孔方法相比可节约大量的混凝土用量。

本工程中，全回转全套管钻机首次在高承压水、松软土地基条件下成孔。经超声波检测，Ⅰ类桩达到 100%。全回转全套管冲抓成孔技术可以有效地进行成桩施工，尤其适用于复杂地质条件和周边环境复杂的情况，近年来已被工程界广泛采用。该技术能解决特殊场地、特殊工况、复杂地层的桩施工难题，在高承压水、岩溶地区、高填方等复杂地层中取得了很好的成桩效果。

23.2.4.3 贵阳综合保税区标准厂房项目嵌岩桩工程[*]

1. 工程概况

拟建的贵阳综合保税区标准厂房一期建设项目 B2 地块标准厂房由 4 栋标准厂房组成，厂房为框架结构，基础形式为桩基础，基础对沉降敏感。根据设计要求，桩基采用嵌岩桩，全回转全套管钻机施工的桩径分为 1.8m 和 2.0m 两种，平均桩长为 30～45m，以中风化泥质白云岩为桩端持力层，嵌入基岩深度分别为 6.0m 和 8.0m。根据场地地勘报告，泥质白云岩岩石单轴饱和抗压强度标准值为 27.756MPa，属于较软岩，中风化泥质白云岩极限端阻力为 $Q_{pr}=12000$kPa。

2. 工程地质条件

根据勘察资料，场地内桩基采用一桩一勘。场地内主要分布的地层见表 23-5。

表 23-5 地层分布

编号	时代成因	土层名称	土层厚度/m	说明
①	Q^{ml}	素填土	5.5～37.4	灰色～深灰色，主要由块石、碎石和砂组成，硬质含量为 65%～85%，结构松散，硬质块径为 0.1～80cm 不等，分布于整个场地，堆填时间为 2 年左右
②	Q^{el+dl}	红黏土	0.0～3.0	残坡积成因，褐黄色，裂隙发育，土体呈块状，土质均匀，但分布不均，大部分地段缺失，为可塑红黏土，位于填土下及溶蚀裂隙中
③	Q^h	淤泥	0.0～2.0	灰黑色，软塑，含有较多腐殖质及植物根须，有腥臭味，含水量极高，位于素填土以下
④	T^{sz}	基岩	本层未揭穿	为三叠系松子坎组，灰色，存在中厚层状泥质白云岩、泥灰岩两个岩体质量单元

3. 工程重点和难点

根据本工程的设计图纸及工程地质条件，本工程成孔灌注桩施工的重点和难点如下：

---

[*] 本工程实例由章元强、付世庆、陈建海撰写。

1）场地内素填土层容易出现塌孔、缩颈等问题。但该地层中开山石的含量较高，为 $65\% \sim 85\%$，且含有较大粒径的块石，虽然回填时间较长，但使用普通的旋挖钻机成孔，无法破碎较大的块石，若在成孔过程中块石垮下来，极易出现塌孔，从而带动周围土体一起垮塌，造成孔径扩大，使混凝土用量增加，充盈系数增大。

淤泥层分布于个别钻孔中，处于填土层的下部。勘察资料表明，淤泥层含水量极高，且个别孔位处淤泥厚度较大，最厚达 2m。成孔过程中进入淤泥层后，如果不采用有效的护壁措施，有可能发生缩颈、塌孔，严重时可能造成卡钻、埋钻等。

2）设计要求的桩径分别为 1.8m 和 2.0m，桩长平均在 32m 以上，桩径大，桩长也较长。嵌入基岩的桩长分别为 6m 和 8m，选用普通旋挖钻机成孔，采用传统的泥浆护壁和化学泥浆护壁，极易出现垮孔、缩颈等问题，无法成桩。

综合考虑工程地质条件及设计要求，回填土较厚，平均都在 25m 以上，且含有较多块石；部分钻孔中存在淤泥，含水量极高，如不采用有效的护壁措施，可能出现垮孔、缩颈、断桩等问题，不能确保成桩的质量。

经现场试桩，采用旋挖成孔素混凝土护壁后，尤其是桩径为 2.0m 的灌注桩成孔时，效果不佳，无法解决孔壁坍塌问题。如图 23-37 所示，素混凝土护壁后，遇块石时不可避免地出现了侧壁坍塌，使得孔径扩大，没有起到护壁作用；下钢筋笼时，孔壁若继续坍塌，此时无法进行清孔，将造成孔底沉渣过厚，影响桩端阻力的发挥，使得桩基承载力降低。如图 23-38 所示，旋挖干作业成孔后，较多的块石仍处于"悬浮"在孔中的状态，旋挖对块石无法形成有效的破碎、切割作用，严重时会造成桩身倾斜，垂直度无法保证。

4. 施工方案

采用盾安 DTR2005H 全回转全套管钻机，主要基于以下方面的考虑：全回转动力足，扭转力矩最大可达 2965kN·m，下压力最大达 600kN＋自重 260kN；在回转的同时下压套管，首节套管附带刀头，能对土体和岩石进行有效切割，同时套管形成护壁，孔壁不易坍塌，套管壁紧贴周围土体，使孔径不扩大；能有效减小混凝土充盈系数，且成孔过程中不产生泥浆，绿色环保；全回转下压套筒时能够随时监测，保证桩身的垂直度。

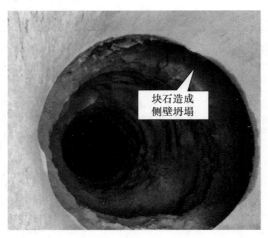

图 23-37　素混凝土护壁，遇块石造成孔壁坍塌　　图 23-38　干作业成孔，块石较多时无法有效切割

（1）施工准备

施工准备主要是使用挖机平整拟施工桩位周围的场地，以满足全回转全套管钻机在钻进过程中调整垂直度的要求，保证钻机的起拔力与下压力，同时方便摆放各大型施工机械设备。

（2）测量放点与点位保护

测量放点采用全站仪，桩位放出后要采取保护措施，如在桩位处可将钢筋插在桩中心点上，并标以醒目的标志，以免邻近桩施工或大型机械移动时桩点被破坏。

（3）吊放底板及点位对中

点位放出后，吊全回转底板。进行点位对中时，可沿全回转底板放置相互垂直的角线（或焊接相互垂直的钢筋，但钢筋的长度要大于底板孔径）；吊放底板时，将角线相交的中心点位置和桩的中心点位置对齐，底板即安装完成，同时完成点位对中。

（4）吊放全回转主机、动力站及操作室

底板安放完成后即可吊主机、动力站及操作室。主机安放完成后即可吊放反力叉和配重装置。

（5）吊放套管、全回转钻进

套管安装前，用钢丝刷将套管连接处的杂物清理干净，并涂抹黄油，检查套管刀头是否磨损，并更换磨损严重的刀头。首节带刀头套管安装完成，吊套管台帽，台帽安放后吊冲抓斗进行冲抓，同时启动动力站，进行全回转钻进。

套管钻进过程中要调整和矫正垂直度，采用的方法是在垂直于水平面的两个方向用钢筋焊接支架，绑上线锥进行监测（监测装置如图 23－39 所示），观察套管的边线。若线锤的线与套管的边线一致，则垂直度不用调整；若二者成一定的角度，则应调整全回转钻机的水平油缸，进行垂直度的调整，最终使垂直度控制在设计和规范要求的范围以内。

（6）套管钻进取土

启动全回转钻机，边回转边下压套管，套管钻入地层的同时使用履带吊沿套管内壁释放冲抓斗至孔底，实现冲抓取土或利用旋挖钻机取土。

钻进过程中遇孤石的处理措施：利用冲锤在套管内冲击破碎孤石，套管内的孤石部分被快速冲碎。随着套管的持续钻进，套管外的孤石部分被切割挤入孔壁，然后利用抓斗将套管内被冲碎的孤石捞出。

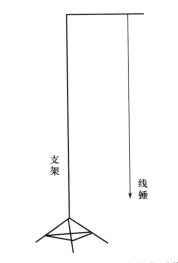

图 23－39　全回转护筒垂直度监测装置

成孔后要及时用挖机将全回转钻机周边的渣土清理干净。

（7）下放钢筋笼、混凝土导管及灌注混凝土

钢筋在现场加工制作，按设计和施工验收规范进行施工。对钢筋制作加工、绑扎、安装的各个环节进行质量控制。

钢筋笼安装完毕后，下放混凝土导管，然后灌注混凝土。

（8）拔套管、灌注成桩

混凝土灌注到一定高度后，起拔套管。起拔套管前要用测绳准确测量混凝土面标高，预估起拔当前节套管混凝土面下降的高度，保证混凝土面始终高于套管。

拔套管注意事项：

1）套管起拔时要缓慢，不能带动钢筋笼。

2）起拔出的套管及连接头要及时清理，套管壁附着的混凝土要用高压水枪及时清洗。

套管完全拔除后，及时测量当前混凝土面的标高，预估灌注混凝土方量，灌注成桩。

5. 成桩质量分析

（1）全回转全套管工法在高填方地层中护壁效果分析

图 23－40 所示为使用全回转全套管下压护筒后的效果，套管壁完全与土体接触，套管在全回转下

压力和自身切割作用下穿过回填土层中的块石，套管内的土体使用旋挖或冲抓斗取出，从而实现了护壁和成孔，解决了使用素混凝土护壁成孔过程中遇块石孔壁坍塌的问题，保证了成孔直径在设计范围之内，减小了充盈系数。

图 23-40　全套管护壁效果

（2）全回转成孔桩位偏差分析

全回转全套管钻机自身重量较大，且在回转过程中有反力叉，能有效防止全回转钻机在回转下压套管过程中移位，故全回转下压套管过程中孔位偏差很小。图 23-41 所示为该项目带有桩基承台的灌注桩砖胎模砌筑后的情况，该桩使用全回转全套管钻机成孔灌注。从图中可以看出，灌注桩钢筋完全在该承台之内，且分布距离较为均匀，说明孔位偏差很小，这也是全回转全套管成孔灌注桩的优势之一。

（3）全回转全套管灌注桩钻芯取样质量分析

根据设计要求，成桩后采用钻芯法检测成桩质量。图 23-42 所示为全回转全套管灌注桩钻芯后的芯样。从图中可以看出，该芯样呈长柱状，说明成桩灌注质量较高；芯样孔壁光滑，孔洞较少，无麻面，没有夹泥，说明灌注过程中未发生塌孔现象；桩端几乎看不到沉渣，说明使用全回转全套管灌注桩沉渣厚度很小，能完全满足设计和相关规范要求。

图 23-41　砌筑桩承台后的桩位

此线以右部分
为桩端基岩层

图 23-42　全回转工法成孔灌注桩钻孔取芯芯样

（4）全回转全套管灌注桩充盈系数及沉渣厚度统计分析

根据现场施工记录，对部分灌注桩的成孔和沉渣厚度及充盈系数进行了统计，见表 23-6。

表 23 - 6 全回转全套管灌注桩充盈系数及沉渣厚度统计分析

桩号	桩径/m	施工桩长/m	沉渣厚度/cm	理论灌注混凝土方量/m³	实际灌注混凝土方量/m³	充盈系数
4-44	1.8	34.3	2.5	87.2	99.2	1.1
4-16	1.8	35.3	1.8	89.7	97.7	1.09
4-39	1.8	40.0	2.5	101.8	108.8	1.07
4-7	2	40.9	1.2	128.4	139.4	1.09
2-15	2	41.3	1.8	129.7	144.7	1.12
4-20	2	41.4	2.6	129.9	142.9	1.10
3-30	2	44.7	1.5	140.4	152.4	1.09
3-75	2	45.9	3.2	144.1	152.1	1.06
3-73	2	43.8	3	137.4	155.4	1.13
3-13	2	43.7	2.4	137.2	147.2	1.07

由表 23-6 可以看出，使用全回转工法成桩后，孔底沉渣在 1.5～3.2cm，根据现行桩基规范端承型桩沉渣厚度不应大于 5cm 的规定，完全满足孔底沉渣厚度要求。混凝土充盈系数为 1.07～1.13，充盈系数不大于 1.2，减少了混凝土材料的浪费。

6. 全回转全套管工法成桩特点分析

通过分析本工程中全回转工法在高填方地层施工大直径嵌岩灌注桩的施工工艺及成桩质量，可以得到如下结论：

1）使用全回转全套管工法，由于全套管护壁，解决了本场地高填方条件下遇块石及淤泥层容易造成塌孔、缩颈等影响灌注桩成孔的问题。

2）使用全回转全套管工法在高填方、大块石、含淤泥地层成孔灌注桩，桩位偏差极小，桩深垂直度可控。

3）从钻芯取样效果看，使用全回转全套管工法在高填方地层中成孔后，桩身灌注混凝土质量较好，孔底沉渣厚度小，保证了单桩承载力。

4）高填方地层中使用全回转全套管工法，能够施工大直径、桩长较长的嵌岩灌注桩。

5）高填方地区使用全回转全套管工法，能有效减小混凝土的充盈系数，节约混凝土材料，从而降低造价。

6）使用全回转全套管护壁施工，采用了和传统取土方式不同的施工机械，即冲抓取土，简单易操作，能提升较大的高度，冲抓下落能量大，能抓起较大的土石块，施工速度快。嵌岩也可采用旋挖钻机配合施工，清理孔底沉渣等，保证了施工效率和质量。

7）使用全回转全套管护壁施工灌注桩，施工过程中完全不使用泥浆，便于渣土的及时清运，为后续施工创造了便捷条件；同时，不会产生泥浆污染，绿色环保，适合在市区及对环境保护要求较为严格的区域使用。

8）全回转全套管工法在起拔套管时起拔速度可控，可搓动起拔或不搓动起拔，有效避免了起拔套管时带动钢筋笼和浇筑混凝土时"浮笼"现象的发生。

7. 小结

该工程实例表明，全回转全套管工法解决了高填方、大块石且含淤泥地层中灌注桩成孔过程中塌孔、缩颈等问题，成桩质量较高；在使用过程中不产生泥浆，绿色环保，特别适合在城市市区应用；孔位偏差小，成桩过程中垂直度可控，对成桩偏差和垂直度有较高要求的桩基也可以考虑使用全回转全套管工法施工灌注桩。该工程为在类似的工程地质条件下完成大直径灌注桩施工提供了有益的经验。

23.2.4.4 成都经济区环线高速公路简阳至浦江段 JPTJ-11 标段全回转全套管灌注桩工程 *

1. 工程概况

成都经济区环线高速公路简阳至浦江段 JPTJ-11 标段项目，工程地点位于眉山市东坡区悦来镇，拟建项目为永丰枢纽互通立交跨成乐高速公路桥梁。

本工程为桥梁墩基础，采用钢筋混凝土嵌岩桩，桩径 1.8m，成桩工艺为全回转全套管护壁混凝土灌注桩。施工桩数为 15 根，有效桩长为 33～37m。要求桩端进入基岩至少 3 倍桩径。

2. 地质情况

本工程地层结构主要为：上部填土及黏性土，层厚 2～8m；粉细砂，层厚 1～2.8m；卵石，层厚 8～18m；下部为粉砂质泥岩。

本工程初见水位为 3m 左右，主要为赋存于卵石层中的孔隙潜水，水量较大。

3. 工程重点和难点

本工程位于既有成乐高速公路中央分隔带内，场地狭窄，在桩基施工范围内埋藏有军用电缆、铁路通信电缆及各种重要管线，距离桩位仅 70cm。该工程为重点工程，工期紧，要求 15 天完成；地层条件复杂，粉细砂层及较厚的稍密卵石层采用传统机械施工成孔过程中容易出现塌孔、缩颈等问题；传统的机械由于场地原因，无法展开施工，施工作业受到局限，极易造成地下管线破坏，加之水位较高，含水层较厚，水量大，采用传统的泥浆护壁施工效果不理想，故采用了全回转全套管 DTR2005H 钻机施工灌注桩方案。

4. 施工效果

采用全回转全套管施工，占用的施工场地较小，工程机械施工的活动范围小，适合本工程的场地条件，地下军用电缆、铁路通信电缆及各种管线得到了有效的保护。采用水下冲抓取土配合全回转全套管切削砂卵石中的漂石，穿过了巨厚层的砂卵石层，并形成了有效护壁，成孔直径标准，混凝土充盈系数小，对高速公路环境未造成泥浆污染，保护了环境，同时解决了传统工艺在粉细砂层、砂卵石层中施工成孔过程中容易出现的塌孔问题，成桩质量较高，施工进度快，保证了工期。

23.2.4.5 广安市广安区滨江路综合改造工程框廊平台部分基础桩全回转全套管灌注桩工程 *

1. 工程概况

广安市广安区滨江路综合改造——框廊平台工程，设计以火柴厂（建设路口）为起点，里程号为 K0+120，终点里程号为 K2+320，全长 2.2km。根据地质情况及对周边环境的影响，计划采用 DTR2005H 全回转全套管钻机施工桩共计 125 根，其中 2m 直径的桩为 16 根，1.8m 直径的桩为 97 根，1.5m 直径的桩为 12 根。

2. 环境条件

本工程场地位于广安市城区，紧邻渠江，周边为住宅群，人口密度大，交通繁忙复杂。

3. 地质情况

桩基场地位于渠江河床人工填筑江堤，人工填土厚度为 14.6～26m，填土材料以生活垃圾、土及石

---

* 本工程实例由章元强、付世庆撰写。

块为主，结构松散、透水率高，局部有掏空现象。施工区域内影响施工的地下水、电、通信线路已完成改道，除局部有废弃下水管线外，无其他在用管线。人工填土层下为 2.1～10.2m 厚砂卵石层，卵石直径为 20～150mm，强风化砂质岩层（砂质泥岩）厚度为 1～1.5m，强风化砂质岩层（砂质泥岩）以下为本工程桩锚固端，为中风化层。设计要求工程桩锚入中风化层深度为 3 倍桩径。

4. 选择全回转全套管施工的原因

前期施工采用旋挖钻机及冲击钻机成孔方式已施工部分桩基，采用冲孔和抓斗完成了 90％防渗墙的施工。

施工中由于受地质情况影响，部分地段塌孔、塌槽严重，施工过程中采用泥浆护壁、回填混凝土等方式均不能有效控制坍塌，对工程成本及进度造成巨大影响。特别是由于人工填土层结构松散、局部有掏空现象，施工中码头段出现路面整体塌陷，邻近建筑物出现 10～30cm 的不均匀沉降，危及住户的安全，造成人员恐慌，严重影响了场区周边居民的正常生活。

在冲击、旋挖、人工等成孔方式均不满足 K0＋320—K0＋740 段要求的施工振动小、不坍塌、确保施工安全、工期短的特定情况下，业主方和承包方经过反复比较选择，决定采用全回转全套管方法施工。

5. 施工效果

K0＋320—K0＋740 施工段采用全回转全套管施工后，解决了施工成孔过程中的塌孔问题。在成孔过程中，进入基岩后，由于部分桩基进入微风化泥质砂岩中，抗压强度达 30MPa，全回转入岩进度慢。为提高施工效率，采用旋挖双层筒钻配合作业，然后全套管跟进作业，加快了施工进度。采用旋挖双层筒钻配合全回转作业，作为全套管入岩提高施工效率的新的探索，顺利完成了施工作业任务。由于全套管施工要求的作业面小，不产生泥浆污染，对周边环境影响小，且在施工过程中振动小，路面未发生裂缝、沉降等现象，对周边老居民楼建筑亦未产生影响，有效地保护了场地周边已有建筑，是全回转全套管灌注工法在特殊地层、特殊环境、特殊地段施工的一个成功案例。该施工方法特别适合在城市市区应用。

23.2.4.6　江西宜春百荣百尚工程桩基项目 [*]

1. 工程概况

江西宜春百荣百尚工程桩基项目场地位于江西省宜春市中山中路南侧、二符路西侧，工程总用地面积为 35616m²，其中地下室占地面积约为 33295m²，总建筑面积约为 19.31 万 m²。

场地内的 1 号、2 号楼均为高层建筑，拟采用灌注桩基础，共设工程桩 83 根，抗拔桩 86 根。在工程桩位置进行了超前钻勘探，共设超前钻探孔 243 个。根据超前钻钻探资料，除 6 个孔未发现溶洞外，其他探孔均发现有溶洞。揭露三层以上溶洞的探孔 98 个，占 40％以上；3m 高以上的大溶洞 51 个，约占 21％。溶洞为全充填或半充填，属于岩溶特别发育场地。场地内有 65 根桩的超前钻探终孔深度超过 60m，其中 15 根桩超前钻的钻探深度超过 80m。

本项目地质条件复杂，岩溶极其发育，溶洞多呈串珠状发育，给桩基施工带来了极大的不便。前后共有十余家桩基施工单位试桩，采用了旋挖钻机、冲孔钻机、循环钻机等施工工艺，均未获得成功。最终采用全回转全套管钻机施工，成功地解决了在岩溶地区钻孔灌注桩施工的难题。

2. 施工重点与难点

钻探过程中发现场地中下部分布有溶洞（仅有个别超前钻孔未揭露有溶洞），溶洞多呈串珠状发育，

---

[*]　本工程实例由黄新、郑延正、陈枝东撰写。

最大溶洞高度为35m；溶洞多呈半充填～全充填状，部分无充填；充填物为松散角砾、软塑状含砾粉质黏土等物质，力学性质差～极差。因此，本场地工程地质条件差，可能会引起地基承载力不足、不均匀沉降、地基滑动和塌陷等地基变形破坏的不良后果。

1）本场地岩溶极其发育，风化孤石较多，施工中如何保证桩基的垂直度、如何确保不出现塌孔、卡钻、埋钻是本工程的重点和难点之一。

措施：采用DTR2005H全回转全套管钻机钻进。全回转全套管钻机的主要特点是：

① 全套管护壁（无需泥浆），不会塌孔、缩颈，对周边环境无影响。

② 遇孤石及斜岩面不易发生偏斜，垂直度可以精确到1/1000，成孔质量好，施工过程中发现桩垂直度有偏差时可以通过调节全回转钻机的支腿油缸进行调整。

③ 在承压水地层中能有效地隔离地下承压水，减少地下水对施工的影响。

④ 施工过程中遇到孤石等特殊地层时，可以采用重锤冲击破岩，加快施工进度。

⑤ 全回转钻机采用冲抓斗套管内取土，一般不会发生卡钻、掉钻事故。

2）本场地存在较大的半充填溶洞及空溶洞，如何保证混凝土的充盈系数及混凝土的灌注质量是本项目的另一个难点。

措施：

① 施工前先熟悉超前钻地质资料，了解每一个桩位的溶洞发育情况。

② 根据全回转全套管钻机钻进的情况，钻穿溶洞顶板后，向溶洞内回填渣土或黏土，至超出顶板至少5m，在套管内用重锤夯实，再重新钻进。

③ 下一层溶洞重复钻穿、回填、再钻进工序，可以很好地处理空溶洞及半充填溶洞，确保混凝土充盈系数在合理的范围内。

④ 混凝土灌注时，应在混凝土面超过倒数第二节套管顶之后进行拔管作业，拔管和灌注混凝土同时进行。灌浆导管埋深应超过起拔的一节套管长度，以防混凝土在溶洞中突然塌落造成断桩。

3）由于桩长较长，且桩径较大，方量均在200m³以上，如何缩短混凝土的灌注时间，保证灌注混凝土过程中不发生初凝，起拔钢套管时不会将桩拔断、不会挂出钢筋笼是本项目的又一个难点。

措施：

① 根据桩长、桩径计算出理论方量，并估算混凝土灌注所需的时间。

② 根据估算的灌注时间，通知搅拌站按要求配制混凝土，一般混凝土的初凝时间大于12h，并大于估算的浇筑时间2h以上。

③ 起拔套管时，为防止将桩拔断，应采用小角度（约10°）来回搓动套管几个来回，再一边搓管一边低速起拔。

④ 为防止起拔套管时底管刀头挂住钢筋笼，钢筋笼制作时外径应小于套管内径10cm，同时钢筋笼上应每隔4m安装一道圆形的预制混凝土保护块，以确保钢筋笼在套管中心而不被刀头挂出。

3. 工艺流程

（1）全回转全套管钻机就位

1）场地硬化。全回转全套管钻机的施工因其主机、配重的重量易使强度不够的地面基础下陷，造成钢套管倾斜，无法作业。根据施工场地的不同，通常有几种处理方法：

① 条件允许的情况下浇筑混凝土路面。

② 处理置换土，挖掉软基础，回填碎石料。

③ 铺设钢板，增大抗压面积。

2）桩孔定位。由专业测量人员用全站仪测定桩位，打好木桩，做好标记。

3）移机对位。移机对位按以下工序进行：

① 用两条线做十字交叉定中点，线间距比钻机路基板内径稍小。

② 将路基板吊到桩位上，其内孔正好框住十字线。

③ 请测量人员复位，如无偏差则可将全回转全套管钻机吊放（开动）到位。

④ 起重机一侧吊装反力架，并用履带式起重机抵住。根据不同的施工压力和扭矩，钻机两侧可以加放小于 15t 的配重。

4）调整水平及垂直度。

① 调整机器水平，并保证四个支脚油缸均匀受力。钻进时在距钻机十多米处安置两夹角为 90°的吊绳进行观察，随时纠偏。

② 在主副夹具完全打开的情况下放入刀头节套管 7.5m（此长度可根据现场地层情况调整），吊放过程中不要与主机机体碰撞。

③ 保证套管刀头与地面有 150mm 的距离，夹紧套管，同时观察水平情况。可做微量调整，并随时监测。

（2）冲抓斗取土

1）钻机回转钻进时需观察扭矩、压力及垂直度的情况，并做记录。回转钻进的同时进行取土作业，每钻进 1～3m，保持套管继续旋转且不下压，同时采用抓斗取土。取土后监测取土深度，不能超挖取土，管底留有两倍直径的土，如直径 1000mm 的钢套管底留有 2～2.5m 土不取即可。

2）钻机平台上留有 1m 的套管没有钻进时，测量取土深度，处理套管接口，准备接套管。管口要进行除锈，涂抹油脂，并加一层保鲜膜，以便于拆装。

3）吊装 6m 的套管进行连接。保养过的连接螺栓要对称均匀加力并紧固。连接套管后继续钻进，同时进行取土作业。

4）重复以上操作过程。

（3）旋挖钻机就位

1）在全回转全套管钻机旁的合适位置安设旋挖机施工平台（钢桁架货叉式双联平台）。

2）旋挖钻机开上施工平台，将旋挖钻机钻头放入钢护筒中续钻。钻进过程中保持旋挖钻机钻杆与钢护筒中心同轴，一是保证桩的垂直度，二是避免旋挖钻机钻头与钢套管碰撞而产生不必要的磨损。

3）当钻进到设计深度（或达到终孔要求）后，如发现旋挖段成孔垂直度不满足设计要求，用旋转钻机进行修孔，确认旋挖段的桩孔垂直度与上部钢套管的垂直度基本一致时可开始下一步的清孔工作。

（4）清孔

1）旋挖成孔至设计桩底后的清孔方式：第一次清孔，终孔后采用旋挖钻机，放慢钻速，利用双底捞渣钻头将悬浮沉渣全部掏出；第二次清孔，混凝土灌注前采用空压机进行气举反循环清孔。

2）气举反循环工艺流程。钢筋笼下放完毕后，下入灌注导管至距孔底 10mm 处。将风管从灌注导管内下放至导管深度 2/3 处，并将风压管的另一端从中引出，与空压机组连接；将接渣篮放在出渣口下，并保证孔内泥浆高度，以防塌孔。开动空压机清孔，风量、风压由小到大，并根据实际情况确定。待接渣篮中无沉渣时，用测绳测量孔内沉渣厚度，若满足设计要求，再用泥浆比重计量测泥浆比重，确认泥浆达到质量标准后，关空压机，卸下导管帽，拔出风压管，准备进行后续混凝土的灌注。

（5）钢筋笼吊放

1）钢筋笼的制作依据全回转全套管钻机套管的内径确定，钢筋笼的外径以比钢套管的内径小 10～20cm 为宜。

2）因全套管钻进，不会塌孔，不会缩径，所以钢筋笼制作时不需要焊保护层，否则会影响套管的拔出。

3）将制作好的钢筋笼用起重机吊入套管内，按要求焊接。

（6）混凝土灌注

混凝土灌注前必须重新检查成孔深度并填写混凝土灌注申请，合格后方可灌注。混凝土灌注前必须检查坍落度、和易性并记录。混凝土运到灌注点时不能产生离析现象。

混凝土灌注完成后及时拔出护筒。在最后一次拔管时要缓慢提拔导管，以避免孔内上部泥浆压入桩中。灌注混凝土过程中及时测量混凝土面的标高，严格控制超灌高度，确保有效桩长和保证桩头的高度。

（7）钢套管起拔

在起拔的时机上可遵循如下原则：

1）在混凝土初凝之前起拔钢套管。

2）起拔套管前，先以10°的角度来回搓动套管约一两分钟，以保证混凝土和套管壁充分脱离。

3）混凝土进入套管内约一节套管的长度时，应进行套管的起拔作业。

4）岩溶地层区域，在钢护筒穿过空溶洞的位置，其对应位置的钢筋笼段外侧应包裹一层细铁丝网或者一层质量好的塑料网，避免在拔钢护筒后还没有初凝的混凝土向溶洞中流散。

4．小结

岩溶地区的桩基施工一直是岩土工程界的一大难题，国外岩溶地区施工一般采用旋挖钻机配长套管，由于旋挖钻机起拔力有限，多数工程外套管都是留在桩体中，造成工程造价偏高。当灰岩强度较高时，或桩长大于30m时，旋挖配长套管施工已不能适合，通常采用气动流动潜孔锤进行施工，但因为灰岩中存在溶蚀裂隙，漏风严重，效果并不理想，且造价太高。

国内岩溶地区的桩基施工主要采用冲孔钻机，因为在溶洞中造壁困难，采用人工填石复冲造壁，不仅施工工期长，而且施工费用高。采用旋挖成孔，无法解决溶洞中的斜岩问题，也无法造壁，成桩困难，或是成桩后桩身质量问题较多。

采用全回转全套管钻机施工，解决了岩溶地区无法护壁的问题，且由于钢套管的护壁，无孔内事故，可以确保桩身质量。全回转全套管钻机的垂直精度可以达到0.1%，施工过程中桩身的垂直度可控，可以解决旋挖施工的斜岩问题，而且更节省费用。另外，该钻机施工中无需泥浆护壁，可以做到绿色环保施工。

23.2.4.7 南京市宁和城际轨道交通涉铁段工程基础桩[*]

1．工程概况

宁和城际轨道交通工程刘村站—马骡圩站—兰花塘站区间为过江高架区间，以下专项施工方案针对板桥河段6个桥墩。

（1）地质情况

各岩土层依次为杂填土、素填土、粉质黏土、粉砂、淤泥质粉质黏土、粉质黏土、粉土、粉砂、粉质黏土、强风化粉砂岩、中风化粉砂岩、强风化安山岩。

（2）桩基入岩情况

根据业主提供的地质报告中的地层信息，桩基进入的地层主要为粉质黏土、粉砂土和强风化粉砂岩，具体见表23-7。

表 23-7　各桥墩下的桩数、规格、岩土情况

桥墩号	桩数/根	桩径/m	桩长/m	桩底标高/m	桩顶标高/m	淤泥质粉质黏土层厚/m	粉砂层厚/m	强风化粉砂岩层厚/m	备注
SBZ001	6	1.5	51	−45.739	5.261	20.491	18.9	11.609	跟进到底
SBZ004	6	1.5	66	−45.739	20.261	35.491	18.9	11.609	跟进到底

---

* 本工程实例由李景峰、许群奇、铁栋撰写。

续表

桥墩号	桩数/根	桩径/m	桩长/m	桩底标高/m	桩顶标高/m	淤泥质粉质黏土层厚/m	粉砂层厚/m	强风化粉砂岩层厚/m	备注
SBZ005	4	1.5	66	−59.759	6.241	21.471	24.9	19.629	跟进到底
SBY020	4	1.0	60	−50.689	9.311	24.541	24.9	10.559	跟进到底
SBY021	6	1.5	61	−54.396	6.604	21.834	24.9	14.266	跟进到底
SBY024	6	1.5	58	−50.3	7.7	22.93	24.9	10.17	跟进到底

（3）全套管跟进桩基情况说明

根据设计图纸要求，本标段涉及的全套管跟进桩基础施工为板桥河平行段临近高铁桥墩的 SBZ001、SBZ004、SBZ005、SBY020、SBY021、SBY024 共 6 个墩的 32 根桩基，合计 35 根桩基。

2. 主要机具设备及用途

1）全回转全套管钻机：成孔。

2）钢套管：护壁。

3）动力站：为全回转全套管钻机提供动力。

4）反力叉：提供反力，防止全回转全套管钻机钻进过程中主机移位。

5）冲抓斗：取土、入岩、清孔。

6）履带式起重机：吊运主机、动力站、反力叉等，给反力叉提供支撑力，吊装导管、钢套管，取土。

7）挖掘机：平整场地、清渣运土。

根据本项目实际情况，钻机选用景安重工 JAR200H 型全回转全套管钻机，其施工特点为：① 环保效果好，噪声低、振动小；② 成桩、成孔质量高；③ 施工安全性高；④ 钻进扭矩大，可应对各种地层等。JAR200H 全回转全套管钻机的技术性能参数见表 23-2。

3. 施工流程

（1）场地平整

全回转全套管钻机的施工因其主机、配重的重量易使强度不够的地面基础下陷，造成套管倾斜，无法作业。根据施工场地情况，需对路面进行硬化，增强地面的抗压能力。

（2）桩心定位

由专业测量人员用全站仪测定桩位，打好木桩，做好标记。

（3）移机对位

1）用两条线做十字交叉定中点，线间距比钻机路基板内径稍小。

2）将路基板吊到桩位上，其内孔正好框住十字线。

3）请测量人员复位，如无偏差则可将全回转全套管钻机吊放（开动）到位。

4）吊车一侧吊装反力架，并用履带式吊机抵住。根据不同的施工压力和扭矩，钻机两侧可以加放小于 20t 的配重。

（4）调整水平及垂直度

由于本工程紧邻京沪高铁，对成孔桩基的垂直度要求很高。全回转全套管钻机可将垂直度控制在 1/1000，并具备多个调节油缸。

1）调整机器水平，并保证四个支脚油缸均匀受力，钻进时在距钻机十多米处安置两夹角为 90°的吊绳进行观察，随时纠偏。

2）在主副夹具完全打开的情况下放入刀头节套管 7.5m，吊放过程中不要与主机机体碰撞。

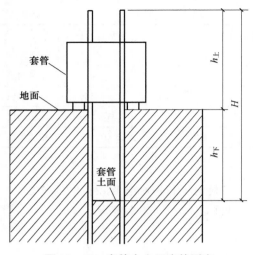

图 23-43　套管内土深度的测定

3）保证套管刀头与地面有 150mm 的距离，夹紧套管，同时观察水平情况。可做微量调整，并随时监测。

（5）套管钻进取土

施工过程中每节套管的垂直度都直接影响钻孔的施工质量。每节套管放入夹紧装置内时，利用钻机纠偏装置将套管的垂直度调整到要求的范围内。在钻进的过程中随时观察钻机的水平检测系统和检验套管垂直度，并在每个桩孔成孔的全过程中在套管的两个垂直方向架设经纬仪，进行垂直度复核测试。

抓土过程中实时检测套管内土体的标高，利用绳尺量取地面套管高度（$h_上$）及套管内的深度（H），然后反算地下入土深度（图 23-43），计算公式为 $H = h_上 + h_下$。表 23-8 所示为接管、压入套管和取土用时。

表 23-8　接管、压入套管和取土用时

层厚/m	地质情况	施工内容	用时/h
0～10	填土，粉质黏土	接管，压入套管，取土	5
10～20	粉质黏土	接管，压入套管，取土	9
20～24	粉砂	接管，压入套管，取土	6
24～50	粉砂	接管，压入套管，取土	65
50～55	砂岩	接管，压入套管，取土	35
总计			120

（6）钢筋笼吊装

为确保钢筋在起吊过程中不发生变形，采用两点起吊，第一吊点在钢筋笼的上端，第二吊点在钢筋笼的中间点或者 1/3 点之间。同时起吊两点，使钢筋笼离地面 2m 左右，然后第二吊点停吊，第一吊点继续起吊，使钢筋笼垂直，再解除第二吊点，将钢筋笼徐徐放入孔中，并临时托卡于孔口，以便于第二节钢筋笼对接。解除钢丝绳，采用同样的方法将第二节钢筋笼起吊，进行搭焊对接。工艺流程见图 23-35。

4．施工过程中的检测

（1）SBZ001-1 桩施工中土压力的监测及分析

1）测点布置。考虑到桩基施工过程对周围土体的影响范围有限，为对施工过程中的桩周土体应力及水平位移进行有效监控，在距桩中心 5m、8m 处布置测点进行土体监控。测点的平面布置及剖面布置见图 23-44。

2）钻进取土过程中土体应力的监测。2016 年 6 月 15 日 6 时至 19 日 12 时为全回转钻机取土阶段，重点利用测点 DT1 和 DT2 处的土压力传感器对土体的水平向压力进行监测（土压力传感器测试面的法线朝向桩中心线），监测结果如图 23-45 所示。

由图 23-45 中各测点的土压力变化趋势可知，6 月 15—17 日凌晨各测点的土压力值保持稳定，取土深度小于 34.5m。从 6 月 17 日凌晨起，各测点的土压力值均呈现出不断增长的趋势，至 6 月 19 日中午达到最大值，此时取土深度已达到设计值。从 19 日中午至 20 日凌晨，主要进行钢筋笼吊装、灌注混凝土等工作，土压力值也逐步回落，这主要是由于孔隙水压力逐步消散。

3）钢套管上拔过程中桩基的土体应力。2016 年 6 月 20 日上午 6 时，套管内灌注混凝土 22.5m³，之后立即上拔套管。上拔过程中仅有上拔力，无扭矩，分两次上拔，共上拔 6m。上拔过程中对 DT1 的

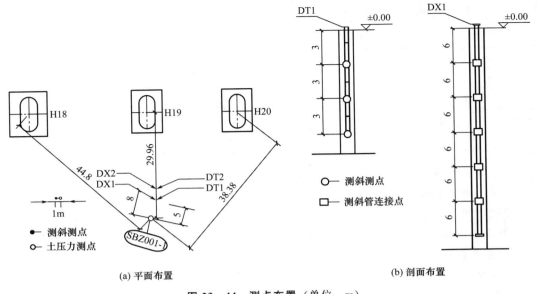

(a) 平面布置　　　　　　　　　　　　　(b) 剖面布置

图 23-44　测点布置（单位：m）

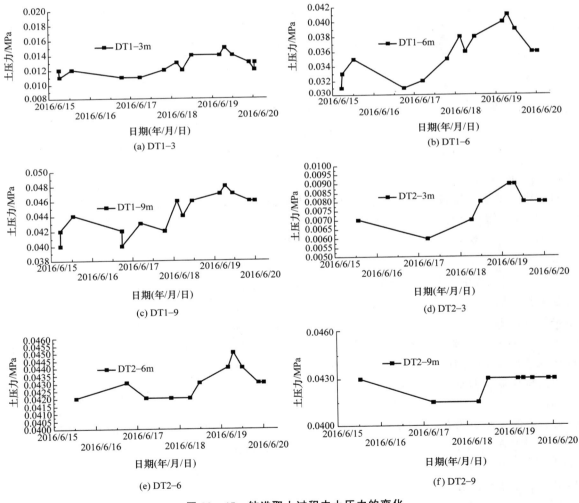

(a) DT1-3　　　　　　　　　　　　　(b) DT1-6

(c) DT1-9　　　　　　　　　　　　　(d) DT2-3

(e) DT2-6　　　　　　　　　　　　　(f) DT2-9

图 23-45　钻进取土过程中土压力的变化

3个测点进行了土压力的监测，监测结果见表 23 - 9。

表 23 - 9　距 SBZ001-1 桩中心线 5m 范围土压力测试结果（MPa）

起拔力 /kN	土压力测试深度/m					
	3		6		9	
	初始值	最大值	初始值	最大值	初始值	最大值
200t	13	25	36	53	46	57
180t		17		46		51

由表 23 - 9 可知，钢套管上拔过程中全套管钻机坐落的平台承受了所有向上的反力，并施加到下面的土层中，造成了周围土体明显的挤压，在距桩中心线 5m 范围处 3m 深度的土压力增长了将近一倍。但是随着深度的增加，对土体的挤压效应明显降低，当深度达到 9m 时土压力增长不到 1/4。

（2）SBZ001-1 桩施工中土体的位移监测及分析

1）施工全过程机位处土体的沉降监测。SBZ001-1 桩施工全过程中，利用全站仪并取离场地较远处的固定点为参考点对机位处土体的沉降进行监测。分别选取旋挖钻机底座上靠板桥河方向的两个角点为监测点，记为测点 1 及测点 2，施工全过程中机位处土体沉降变化如图 23 - 46 所示。

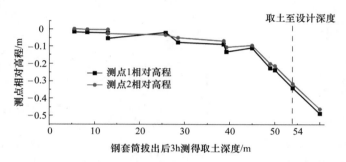

图 23 - 46　施工全过程中机位处土体的沉降变化

由图 23 - 46 可知，桩基施工后机位处土体沉降明显，且沉降主要发生在取土深度至 45m 后及钢套管拔出过程中。取土深度较浅时，机位处表层土体沉降速度相对较慢；取土深度达 45m 后，表层土体沉降速度加快，随着钢护筒入岩、拔出，沉降持续发展。实测结果表明，该工法并不适用于地下水位较高的砂土场地，该工法对场地土敏感性较高。钢套管入岩后，拔出钢套管对土体的影响较大，需引起注意。

2）取土下沉过程中桩基附近土体的水平位移监测及分析。SBZ001-1 桩附近土体水平位移监测针对全回转全套管钻机施工全过程开展，由测斜仪配套软件进行数据处理。结果为正，表示水平位移靠近桩身；结果为负，表示水平位移远离桩身。6 月 16—19 日，实测桩周土体次变化量如图 23 - 47 所示。

由图 23 - 47 可知，施工过程中，测点 1 与测点 2 土体水平位移次变化情况不尽相同。测点 1 处的水平位移次变化量随时间的推移正负交替出现，测点 2 处水平位移次变化量则明显表现出靠近桩身的趋势，期间交替伴随反向水平位移变化。分析表明，测点 1 距机位更近，受施工过程的影响更为复杂，同时打桩过程并不连续，土体孔隙水压力的消散对土体水平位移产生影响，因此测点 2 的数据对桩周土体水平位移趋势的刻画更为合理。DX2 次变化量曲线表明，打桩过程中桩周土体水平位移整体趋势为朝向桩身方向。综合 DX1 及 DX2 次变化量曲线可以看出，该工法对土体的扰动程度由浅至深逐渐减小，桩周 5～8m 范围内表层土体水平位移在 1cm 以内。为深入分析桩周土体累计水平位移的状况，绘制水平位移累计变化曲线，如图 23 - 48 所示。

由 DX1 水平位移累计变化曲线可以看出，打桩过程中土体水平位移累计变化曲线基本朝向桩身方向。6 月 19 日 14 时最终测试数据（加粗）表明，距桩中心 5m 处表层土体水平位移朝向桩身，中间土

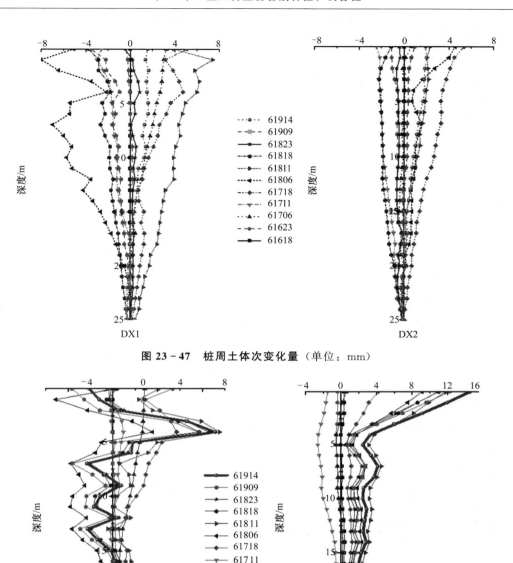

图 23-47　桩周土体次变化量（单位：mm）

图 23-48　桩周土体水平位移累计变化曲线（单位：mm）

体由于地下水位受到钢套管阻挡作用影响，挤压中间土体，导致中间土体一定程度上远离桩身，但最终累计偏移量较小。综合下部土体偏移情况，可以发现中下部土体累计水平位移大致绕初始位置呈波动状。DX2 曲线由于距桩中心较远，受到施工不确定性因素的影响较小，随时间推移土体水平累计位移变化规律明显。可以看出，随着施工的进行，地表沉降加大，影响范围不断扩展，桩周土体水平累计位移逐渐加大并偏向桩身，位移程度由浅至深逐渐缩小。打桩结束后的现场勘查表明，DX2 测点恰好位于混凝土板开裂处，也即表层土体沉降影响范围包线位置，其水平累计位移值较 DX1 处偏大。

　　3）钢套管上拔过程中土体的位移。钢套管上拔后土体的水平位移变化如图 23-49 所示。由图 23-49 可知，钢套管拔出时表层土体沉降较大，从侧面说明了钢套管拔出对桩周土体存在较大影响，因此有必要对钢套管拔出过程进行监控，以便于为日后类似工程的施工提供参考。

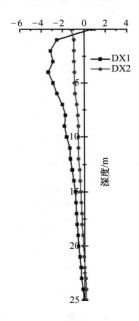

图 23-49 钢套管上拔后土体的水平位移（单位：mm）

由图 23-49 可知，钢套管上拔过程中桩周 5m 范围内土体最大水平位移为 4mm，8m 范围降低为 1mm。可以看出，挤压作用造成的水平位移随距桩中心的距离和土体深度的增大而显著减小，影响范围不超过 8m。

23.3 逆作法垂直植入钢立柱施工工法

23.3.1 工法特点、适用范围和工作原理

1. 施工特点

1）全回转全套管钻机是集全液压动力和传动、机电液联合控制于一体的新型钻机。

2）具有全回转套管装置，压入套管和挖掘同时进行。

3）冲抓斗依靠吊机的大小与吊钩配合完成对土层的冲挖作业。作业时，冲抓斗沿套管内壁自由下落，下落速度快，冲击力强，硬质地层可直接冲挖，且作业效率高；斗刃呈圆弧形，且斗体重，可实现水下冲挖；内置滑轮组，抓紧力随起吊力的增加而成倍增加。

4）在岩层用冲击锤反复冲击，破碎后用冲抓斗挖掘。由于该钻机具有强大的扭矩、压入力及刀头，可完成硬岩层中的施工作业，可在单轴抗压强度为 150～200MPa 的硬岩层中顺利施工。

5）可以避免泥浆护壁法成孔工艺造成的泥膜和沉渣对灌注桩承载力的削弱。

6）全回转全套管钻机通过压拔装置和主、副夹紧装置配合，把钢立柱快速植入桩孔混凝土中，效率高、质量好。

2. 与传统施工方法的比较

全回转全套管钻机是一种机械性能好、成孔深度大、成孔直径大的新型桩工机械，集取土、进岩、成孔、护壁、吊放钢筋笼、灌注混凝土、植入钢立柱等作业工序于一体，具有效率高、工序辅助费用低的特点。

在盖挖逆作法施工中全回转全套管钻机成孔与植入钢立柱一体化作业，与其他工法相比成孔精度高、效率高、安全性高。

3. 适用范围

全回转全套管钻机成孔与钢立柱植入施工工法用于基础盖挖逆作施工，适用于城市繁华地区、地层软弱、地基承载力较低条件下的大型地下工程施工。

4. 工作原理

该施工方法先用全回转全套管钻机成孔，钻机动力由液压动力站提供，动力站带动回转电动机转动，回转马达通过减速箱带动主夹紧装置，再带动套管回转，完成切削；压拔装置带动套管向下掘进，并重复压拔，完成套管持续下压的过程。钻孔完成后，采用两点定位的原理，通过全回转全套管钻机上的主夹紧装置、压拔装置和副夹紧装置、定位板上的套管固定装置，在基础桩混凝土灌注后、混凝土初凝前将底端封闭的永久性钢立柱垂直插入基础桩混凝土中，直到插入至设计标高。

23.3.2　工艺流程及操作要点

1. 工艺流程

施工工艺流程见图 23 - 50。

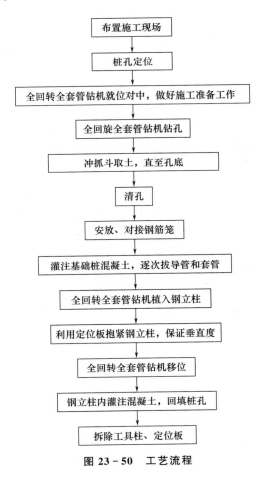

布置施工现场

桩孔定位

全回转全套管钻机就位对中，做好施工准备工作

全回旋全套管钻机钻孔

冲抓斗取土，直至孔底

清孔

安放、对接钢筋笼

灌注基础桩混凝土，逐次拔导管和套管

全回转全套管钻机植入钢立柱

利用定位板抱紧钢立柱，保证垂直度

全回转全套管钻机移位

钢立柱内灌注混凝土，回填桩孔

拆除工具柱、定位板

图 23 - 50　工艺流程

2. 操作要点

1）合理布置施工现场，清理场地内影响施工的障碍物，保证机器有足够的操作空间。

2）钻孔前使用全站仪采用逐桩坐标法施放桩位点，放样后四周设护桩并复测，误差控制在 5mm 以内，待甲方或监理验收合格后方可进行成孔施工。

3）桩孔定位后，把定位板放在桩孔指定位置，定位板中心要和桩孔中心重合。再把全回转全套管钻机吊放到定位板上，同样，钻机中心要与定过位的桩孔中心重合。然后安装全回转全套管钻机辅件，钻机两侧各安装一件反力架和反力叉，反力架上放置配重块。反力叉施工时，用履带吊的履带挡住叉尾，防止机器在工作时因扭矩过大钻机摆动。接着安装钻具套管，用履带吊把套管吊放进全回转全套管钻机中心孔，启动夹紧装置，把套管夹紧，调整好钻机垂直度后方可钻孔。全回转全套管钻机安装了自动调平装置，自动调平装置中的角度传感器采集信号，反映到地面数据采集仪上，从而检测套管的垂直度，保证桩孔达到要求的垂直度。

4）启动钻机，打开钻机回转动作，回转的同时将压拔装置往下压，达到掘进桩孔的目的。压拔装置压入行程后，启动副夹紧装置夹紧套管，同时松开主夹紧，把压拔装置提起，恢复到压拔装置最大行程状态，再启动主夹紧装置夹紧套管，松开副夹紧，然后重复上述动作。当掘进到一定深度时，用履带吊吊住冲抓斗，把套管掘进的土、石抓出来，直到把整个桩孔清理干净。

5）成孔后，把钢筋笼吊放进桩孔里，钢筋笼下放至设计深度后，立即安装混凝土灌注导管，安装时避免导管与钢筋笼碰撞，遇导管下放困难应及时查明原因。导管一般由直径为 200～300mm 的钢管制作，内壁表面应光滑，并有足够的强度和刚度，管段的接头应密封良好和便于装拆。开始灌注基础桩混凝土，灌注的同时用全回转全套管钻机起拔套管，直至灌注至设计标高。此时应保证套管底端位于混凝土液面以下，以确保不塌孔。桩孔灌注完毕后，利用全回转全套管钻机和履带吊配合拔出套管。

6）将钢立柱垂直吊起到全回转全套管钻机上，主夹紧和副夹紧油缸同时向下收缩，带动主、副夹紧装置中的楔块将钢立柱抱紧。吊装时，对于长度较长的钢立柱，为保证吊装时不产生变形、弯曲，一般采用主、副钩多点抬吊，将钢立柱垂直缓慢放入全回转全套管钻机。钢立柱吊放进全回转全套管钻机，下入孔内至第一道法兰后，由全回转全套管钻机抱紧钢立柱，开始下放钢立柱。由于存在自重，钢立柱能自由下入孔内一定深度。当浮力大于钢立柱的重力后，由全回转全套管钻机将钢立柱抱紧，由压拔装置将钢立柱下压插入孔内。当插至混凝土顶面后，复测钢立柱垂直度，此时再根据钻机上自动调平装置中采集仪上的数据检测钢立柱的垂直度，满足垂直度要求后继续下压，将钢立柱插入混凝土中。

7）钢立柱安装完成后，钻机停止工作，使基础桩内的混凝土慢慢凝固，凝固时间不少于 10h。在此期间，全回转钻机定位板上的夹紧装置紧紧抱住钢立柱，使钢立柱的垂直度能够很好地得到保证，不会发生偏斜。这时可以把全回转全套管钻机用吊车移到其他地方继续施工。

8）钻机移位后向钢立柱内灌注混凝土，灌注至要求的深度，当混凝土达到凝固强度后，用细砂填充钢立柱四周至柱顶，并将孔内泥浆排除。

9）当回填至柱顶标高后即可拆除工具柱和定位板，并回填砂石至孔口。

3. 效益分析

该工法的成功实践为我国在城市繁华地段修建大型地下构筑物开拓了新的思路。

1）全回转全套管钻机成孔避免了其他设备成孔带来的泥浆污染，保护了周围环境。

2）全回转全套管钻机植入钢立柱工法用在盖挖逆作施工中，大大缩短了城市路面的占用时间，最大限度降低对环境的干扰，保证了市容美观。

3）其他钻机施工需要泥浆、泥浆池，而全回转全套管钻机钻孔不需要泥浆，减少了工程费用。直接采用全回转全套管钻机冲孔与植入钢立柱，减少了先用其他钻机成孔再换钻机植入钢立柱的施工时间，可直接节省工期 1/5。

4. 工程应用

图 23 - 51 所示为北京市地铁 14 号线平乐园站钢立柱植入施工，采用该工法，取得了较好的成果。

图 23 - 51　北京市地铁 14 号线平乐园站钢立柱植入施工

23.3.3　万科滨海置地大厦全回转全套管钻机逆作法垂直插入钢立柱施工技术[*]

1. 工程概况

万科滨海置地大厦工程场地位于深圳市福田区滨河大道与泰然九路交叉处的东北角，拟建建筑高 185m，基坑深 20m，设四层地下室，采用半逆作法施工。其中，核心筒主楼部分有 17 根桩，需采用后插钢立柱法施工。工程桩直径 2.5m，中间插入直径 1.6m、壁厚 35mm 的钢立柱，钢立柱长 27m，重 36.45t。钢立柱的平面误差为 10mm，垂直度误差不超过 1‰，钢管内灌注 C60 自密实混凝土。该工程中钢立柱的直径长度和施工的精度要求在国内均为首次，难度极大。施工方拟采用万能平台＋全回转全套管钻机结合垂直度仪进行自动监测施工。

2. 施工重点与难点

（1）灌注桩垂直度偏低，钢立柱垂直度要求较高

难点：由于基坑开挖深度大，钻孔桩上部空钻最大深度达 19m 左右。灌注桩的垂直度偏差为不大于 1%，而钢立柱垂直度偏差为不大于 1‰，灌注桩的垂直度偏低，造成钢立柱插入的垂直度难以保证，采取何种措施保证钢管和灌注桩部位的平面误差是本工程的一大难点。

措施：启用先进的施工设备和技术经验丰富的操作人员，采用大功率旋挖钻机成孔，旋挖钻机的最大扭矩在 400kN·m 以上，并将工程桩的垂直度提高到不大于 3‰，尽量为钢立柱的插入提供方便。

（2）要求工程桩混凝土的缓凝时间长

难点：考虑到插入钢管的时间较长，要求混凝土必须有足够的缓凝时间，保证混凝土的凝结在插入钢立柱完成之后，以保证钢立柱能够顺利插入，而一般的混凝土凝结时间无法满足要求。

措施：混凝土的缓凝时间至关重要，缓凝时间过短会使后续的钢立柱插入困难，缓凝时间过长则会影响钢立柱插入后的稳定性。所以，控制好混凝土的缓凝时间是全部钢立柱正常插入的重点。全面分析各种因素并经过认真的计算后，最终确定采用缓凝时间不小于 36h 的超缓凝混凝土。

（3）地下水位高，浮力大，下插困难

难点：由于地下水位高，钢立柱的自重相对较小，而钢立柱底部封闭插入桩基混凝土中，且钢立柱直径较大，达到 1.6m，增大了向上的浮力，造成钢立柱无法靠自重支撑插入设计标高，必须有可靠的

＊　本节由黄新、李正龙撰写。

技术措施。

措施：根据计算，直径为 1.6m 的钢立柱长度为 27m，重量为 36.45t，在下插至桩孔深度 17m 左右时，泥浆的浮力已经基本和钢管自重相等，必须采取措施才能顺利下沉钢立柱。采用 DTR2005H 型液压全回转平台，该平台再配置万能平台，可以达到 60t 的自重，并配置 40t 的配重块，下沉的压力可以达到 100t，可以克服混凝土的阻力，使钢管顺利插入至设计标高。

（4）钢立柱植入垂直度控制难度大

难点：要求钢立柱的平面误差为 10mm，垂直度误差不超过 1‰，但是钢立柱在植入过程中是不断活动变化的，其垂直度难以掌握，给其垂直度的控制造成困难。

措施：为确保钢管垂直度误差不超过 1‰，从以下两方面解决该难题：

1）采用全回转平台抱管静力插入施工，该全回转平台施工工艺具有以下优点：

① 无噪声、无振动、无泥浆，安全性高，环保性好。

② 成孔垂直度便于掌握，垂直度可以精确到 1/1000。

2）采用高精度垂直度测斜传感器实时测量监控。同时采用两台经纬仪和两台倾角垂直度监测传感器进行实时监测。首先在两个不同的方向同时使用两台经纬仪观测并校正钢立柱垂直度，以保证其在 X、Y 两个方向的垂直，并在钢立柱的中上部管壁相互呈 90°角的两个位置安装两个垂直度检测传感器，将传感器与电脑连接。传感器将监测数据传送到电脑上，电脑对接收的数据进行分析，判断钢立柱的垂直度。在没有附加监测系统的情况下，液压插入机自身的施工精度可以达到 1‰，如果配置高精度测斜传感器（精度可以达到 0.087‰，如图 23-52 所示），则可以使钢立柱的垂直度得到有效保障。

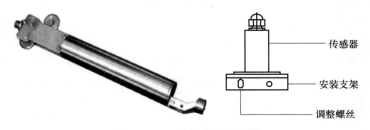

图 23-52　测斜传感器大样

3. 技术原理

钢立柱后植入施工技术的核心是根据两点定位的原理，通过全回转平台和万能平台机身上的两套液压垂直植入装置，在柱下桩混凝土灌注完成后、混凝土初凝前将底端封闭的永久性钢柱垂直植入支撑桩混凝土中，下沉至设计标高。具体施工方法为：

1）使液压植入机准确就位、定位，根据液压植入机机身上的垂直调校装置调整垂直度和水平度。

2）液压植入机定位垂直后，将钢立柱用大吨位的履带吊车垂直吊起到液压植入机上，由液压植入机将钢立柱抱紧，根据两点定位原理，抱紧钢柱后复测垂直度。

3）在保证垂直度后、混凝土初凝前，上下两个液压垂直植入装置同时驱动，通过其向下的压力将钢立柱植入灌注桩混凝土中，直至达到设计标高及标准要求为止。

4）液压定位器将钢立柱抱紧后，按照从下到上的顺序依次松开，再由两个液压垂直植入装置同时将钢立柱向下植入。

5）重复上述步骤，直至植入设计深度要求，如图 23-53 所示。

设备装置：液压定位器 2 个、垂直植入系统 2 个、水平调校装置 4 个、垂直调校装置 1 个、垂直仪 1 台。

DTR 系列全回转钻机的上下抱紧装置能实现在钢立柱植入的过程中交替进行抱紧和松开过程，实现了两台全回转钻机同时作业才能满足的下植功能（图 23-54）。

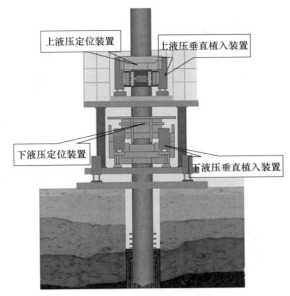

图 23-53　液压垂直植入钢立柱施工示意图

图 23-54　DTR 全回转全套管钻机平台

4. 工艺流程

采用后植法植入钢立柱的施工工艺如下：

放线定位→旋挖钻机就位→土层采用旋挖钻机配捞砂斗钻进成孔→岩层采用旋挖钻机配牙轮钻头及入岩筒钻分级扩孔钻进→第一次清孔→吊放钢筋笼→下放导管→第二次清孔→灌注混凝土至设计标高→桩位复核→DTR 回转平台就位→吊放钢立柱→全回转平台下放钢立柱→钢立柱下沉至设计标高→钢立柱外侧填筑砂石→钢立柱内灌注混凝土→桩孔混凝土终凝后移开全回转平台→施工下一根钢立柱，如图 23-55 所示。

（1）桩基础施工

柱下直径 2.5m 的工程桩施工参照桩基础施工方案，考虑到混凝土灌注后植入钢立柱的工艺要求，混凝土的初凝时间控制在 30h。灌入过程中应认真做好灌注原始记录，并及时分析整理。

（2）全套管全回转钻机就位对中

混凝土灌注完成后，重新放出桩位中心，并将十字线标记在护筒上。复核桩位后，使液压植入机械的定位器中心与基础桩桩位中心在同一垂直线上，然后吊装万能平台就位，全回转全套管钻机就位对中。万能平台可实现桩心的精准对位，并有三个独立伸缩的夹紧装置。

就位对中后，全回转全套管钻机可手动、自动调整水平度，满足要求后即可吊装钢立柱入孔，并重新复核中心位置。

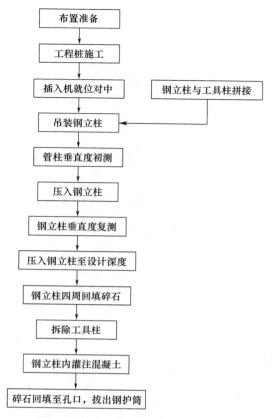

图 23-55 后植法施工钢立柱的工序

（3）吊装钢立柱

1）根据对本工程的吊装性能分析，钢柱采用 150t 履带式起重机进行吊装。起重机进场前应做好起重机行走线路规划和地面硬化，规划好起重机进场时间。起重机进场后应对起重机司机和吊装工人进行安全技术交底，保证整个吊装的技术和安全措施落实到位。

2）钢柱的吊装采用单机回转法，起重机边起钩边回转边使柱子绕柱脚旋转而将整根钢柱吊起。钢柱通过卡环将钢丝绳固定到柱顶焊接的吊耳上。为了保证吊装的安全，应对首节柱进行试吊，以保证钢柱起吊过程中的各项控制措施到位。

3）根据本工程钢立柱的长度（约 27m），为保证吊装时不产生变形、弯曲，采用一台 150t 的履带式起重机和一台 55t 的履带式起重机进行两点抬吊，其中 150t 的主起重机位于钢立柱顶部的两个吊耳上，55t 的副起重机位于钢管底部的抱管钢丝绳上。然后主起重机缓慢起吊，副起重机一同缓慢上升。在起吊的过程中，钢立柱始终以底端地面为轴心旋转上升。当钢立柱与地面成 60°时，副起重机退出，由主起重机缓慢将钢立柱竖直吊起，将永久性钢立柱垂直缓慢放入液压植入机上。抬吊的设计是保证钢立柱不产生变形、弯曲的前提。

4）钢立柱吊放至植入机内，利用钢管的自重下放到孔内一定深度后，安装定位抱紧装置，由垂直植入机抱紧钢立柱，采用两台经纬仪双向初测钢立柱垂直度。满足设计要求后，为绝对保证钢立柱的垂直度不大于 1/1000，在钢立柱上再安装两个垂直传感器，双重监测钢立柱垂直植入的精度。

5）主起重机吊放钢立柱至全套管机内，全套管机下植之前，采用两台经纬仪在成 90°的两个方向观察钢立柱的垂直度（图 23-56）。如果开始抱紧下植之前钢立柱不能满足设计要求的 ±1/1000 的垂直度，则利用全套管机四个支腿油缸进行垂直度调整，直至钢立柱垂直度控制在 1/1000 以内，然后传感器开始采集数据，利用抱管机下植钢立柱。

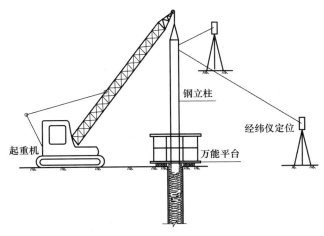

图 23 - 56　钢立柱垂直度初测

（4）全回转全套管钻机就位对中

钢立柱吊放至全套管机内，刚开始下放钢立柱时，由于钢立柱的自重，其能自由下入孔内一定深度，当浮力大于钢立柱重量后，由全套管机将钢立柱抱紧，用液压植入装置的下压力将钢立柱下压植入孔内。当钢立柱柱顶标高在地面以下一定的深度时，在钢立柱顶部连接一根同直径的工具柱，利用工具柱将钢立柱植入至设计标高。

当钢立柱植至混凝土顶面后，复测钢立柱的垂直度，此时由垂直仪检测钢立柱的垂直度，由电脑根据测定数据分析确定钢立柱的垂直度，满足垂直度要求后继续下压植入至混凝土中；如不满足要求，可调整全套管机的水平度，直至钢立柱的垂直度满足要求。

（5）钢立柱四周回填碎石

液压垂直机垂直植入永久性钢立柱后，即可对永久性钢立柱四周进行砂或碎石回填。在钢立柱外侧设置溜槽，回填时在钢立柱四周均匀填入碎石，防止单侧填入过多造成钢立柱偏位、弯曲，边回填边将孔内泥浆排除。碎石回填高度在永久性钢管顶标高以下 300～500mm。钢立柱上部待工具柱拆除后回填，回填时排出的稳定液用泥浆泵抽至废浆池后外运清除。

（6）钢立柱内灌注混凝土

钢立柱四周回填后，仍由植入机抱紧永久性钢立柱，控制好柱顶标高后即可向永久性钢立柱内灌注混凝土。采用泵车灌注 C60 微膨胀自密实混凝土，灌注至钢管顶位置停止。灌注完成后，必须待桩孔内混凝土终凝后才可以对钢管顶部以上周边再次回填碎石。

（7）拆除工具柱

当钢立柱四周回填并灌注钢立柱内混凝土后，四周回填碎石已固定永久性钢立柱的位置，此时拆除上部送柱工具柱，割除永久性钢立柱与送柱工具柱连接的部位，拆除送柱工具柱后由起重机将植入机移位即可。

（8）回填孔口，拔除钢套管

永久性钢立柱内的混凝土达到初凝后，对钢立柱内上口 350～500mm 未灌注混凝土的部位回填细砂，便于今后开挖清理，其余部位回填碎石或易密实的砂土至孔口，然后拔除钢套管。

在钢立柱外侧设置溜槽，回填时碎石在钢立柱四周均匀填入。

柱下桩基础施工时，因为旋挖灌注桩要求达到 1‰ 的垂直度，而钢立柱的垂直度要求为 0.1‰，为了使钢立柱顺利植入桩体且不偏斜，柱下桩基的施工垂直度应不小于 0.3‰。柱下桩基水下混凝土的初凝时间不小于 36h，且在钢立柱下植完成前混凝土流动性不能降低，36h 内混凝土不能发生分层。为确保钢立柱顺利下压，下压过程中可以在钢立柱内注水，以增大钢立柱的自重，确保下植到位。钢立柱下沉过程中应用垂直度仪一直监测，发生偏差时应立即调节纠偏。

23.4 全回转全套管钻孔硬切割咬合灌注桩

全套管钻孔咬合桩墙是近十多年来常用的一种新型深基坑围护（支护）结构，随着我国经济的高速发展和城市建设的需要，广泛应用于深基坑围护（支护）工程中。全套管钻孔咬合桩墙采用全套管钻机施工，垂直度高，各桩间止水效果好，成孔时无需泥浆护壁；易于文明施工、控制桩身质量、保证安全，可减少对周边环境的影响，具有良好的社会、经济效益。全套管钻孔咬合桩墙按施工方法可分为软切割咬合桩墙和硬切割咬合桩墙两种。

摇动式全套管钻孔软切割咬合灌注桩 2000 年 5 月由昆明捷程桩工有限责任公司在深圳市地铁一期工程会展中心至购物公园区间率先应用，在国际上开创了应用全套管软切割咬合桩的先河。从 2002 年 1 月起又开发出支护、止水和承重三合一的摇动式全套管钻孔软切割咬合桩施工工艺，2010 年 6 月开发出摇动式全套管钻孔嵌岩软切割咬合桩施工工艺。截至 2016 年 8 月，昆明捷程桩工有限责任公司已在 200 余项深基坑工程中应用摇动式全套管钻孔软切割咬合灌注桩施工工艺。

2015 年 10—12 月，昆明捷程桩工有限责任公司在厦门市地铁 2 号线大兔屿风井实施国内第一个全回转全套管钻孔硬切割咬合桩工程。

本书第 22 章详细论述了摇动式全套管钻孔软切割咬合灌注桩的单桩施工工艺流程、排桩施工工艺流程、全套管钻孔嵌岩软切割咬合桩及其施工工法、施工的三大关键因素及超缓凝混凝土的配制技术等，详见相关内容。

23.4.1 软切割咬合桩墙与硬切割咬合桩墙的区别

1. 工艺区别

全套管钻孔咬合桩墙 B 桩（钢筋混凝土桩）成孔切割相邻 A 桩（素混凝土桩）时，根据此时 A 桩混凝土的凝固情况可分为软切割咬合与硬切割咬合两种工艺。软切割咬合工艺是指在 A 桩混凝土初凝前 B 桩对 A 桩进行切割，硬切割咬合工艺是指在 A 桩混凝土初凝硬化后 B 桩对 A 桩进行切割。

2. 优缺点及适用范围

（1）软切割咬合工艺

1）优点。

① 软切割咬合工艺进行 B 桩咬合施工时，相邻 A 桩混凝土处于半流动状态，还未初凝，B 桩混凝土灌注完毕后，A、B 桩混凝土咬合凝为一体，无施工缝，咬合桩墙整体性和止水性好。

② 软切割咬合工艺进行 B 桩咬合施工时，相邻 A 桩混凝土还未初凝，此时混凝土强度低，刀齿磨损较小，沉管成孔速度较快，施工成本较低。

③ 软切割咬合工艺可采用摇动式全套管钻机配置相应取土机具，能在一般土层、中风化软岩地层、大粒径砂卵石层、大粒径砾石层等较复杂地层中成桩，土层适用性较广。

2）缺点。

① A 桩混凝土对缓凝时间要求较高。

② B 桩咬合施工时，相邻 A 桩混凝土为初凝前的状态，B 桩成孔过程中如不采取特殊措施（套管超前法、注水反压法等），易出现混凝土管涌现象而影响成桩质量。

（2）硬切割咬合工艺

1）优点。

① B 桩咬合施工时，相邻 A 桩为普通混凝土，且为初凝后的硬化状态，避免了相邻 A 桩混凝土发生管涌而造成质量事故。

② 无需在分段施工接头处预设砂桩。

③ 桩身垂直精度高。

④ 采用大功率全回转全套管钻机配合相应取土机具，能在一般土层中成桩，也能在岩溶地层、大粒径砂卵石层、大粒径砾石层、高强度基岩等复杂地层中成桩，土层适用性较广。

2）缺点。

① B 桩咬合施工时，相邻 A 桩混凝土处于初凝后、终凝前的状态，甚至已经达到终凝状态，加大了成孔难度，需采用大功率全回转全套管钻机进行硬切割咬合，刀齿磨损较大，成孔速度较慢，施工成本高。

② 由于相邻 A 桩混凝土初凝后再进行 B 桩咬合施工，A、B 桩咬合面处会形成施工冷缝，如不采取处理措施，可能会产生渗水现象。

23.4.2　硬切割咬合桩施工工法

硬切割咬合桩施工工法是在软切割咬合桩施工工艺的基础上，通过采用先进的设备机具（使用全回转全套管钻机），采用硬切割的施工方法成桩，其施工步骤、施工工艺流程等与软切割大致相同。

下文的工程实例中将详细介绍硬切割咬合桩施工工法。

23.4.3　工程实例

23.4.3.1　厦门市地铁 2 号线大兔屿风井咬合桩工程[*]

1．工程概况

本项目施工任务为两站一区间，分别为海沧大道站、海东区间及东渡路站。其中，海东区间为跨海区间，主要采用盾构法+暗挖法施工。根据总体统筹安排，为满足通风需要，在大兔屿设置一座风井及风道，通过钢栈桥与海沧大道连接。竖井利用风道与区间隧道连接，竖井采用明挖顺作法施工，结构内净空尺寸为 10.6m×5.9m，开挖深度为 32m。设计支护形式为钻孔咬合桩，桩径 1500mm，桩长 39m，咬合厚度 400mm，桩数 42 根。素桩（无筋桩）混凝土为 C20，荤桩（有筋桩）混凝土为 C35。大兔屿风井围护桩平面布置示意图见图 23-57。

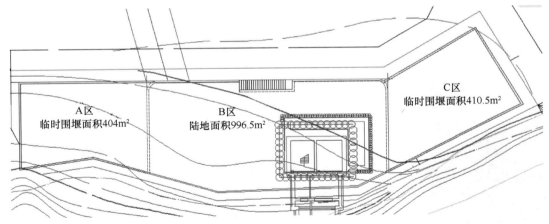

图 23-57　大兔屿风井围护桩平面布置示意图

---

* 本工程实例由刘富华、杨建明、漆增文撰写。

2. 地质特征

工程场区土层从上到下依次为：人工填砂；人工填块石；碎裂状强风化泥岩，点荷载抗压强度为10～17MPa；碎裂状强风化砂质泥岩，点荷载抗压强度为3～4MPa。

大兔屿风井地质剖面示意图见图23-58。

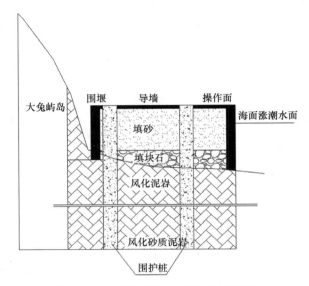

图 23-58　大兔屿风井地质剖面示意图

3. 钻孔咬合桩施工工艺比选

目前在国内有两种形式的钻孔咬合桩施工工艺，即全套管软切割咬合桩（见本书第22章22.3节）和硬切割咬合桩，这两种工艺均采用全套管施工工法，施工成孔过程中均采用全套管（钢护筒）全程跟进，无需泥浆护壁，成孔成桩过程中不会产生塌孔、缩径、扩径现象。软切割咬合桩和硬切割咬合桩施工工艺（工法）的选择主要取决于施工地层的软硬复杂程度。软切割钻孔咬合桩一般适用于软土地区或桩端嵌岩不超过1.5m的工程地质条件，硬切割钻孔咬合桩适用于硬质地层且嵌岩深度深、单桩成孔时间长的特殊工程支护结构施工。

根据软切割咬合桩和硬切割咬合桩施工工艺的特点和适用性，结合本项目的实际地质情况和施工环境，经过认真研讨和模拟推演，确定本项目采用硬切割咬合桩施工工艺。

4. 设备投入

厦门市地铁2号线大兔屿风井设计在大兔屿岛边缘，通过人工围堰，回填大粒径块石及海砂，作为施工场地。受场地的限制，本项目投入一台DTR2005H全回转全套管钻机，一台280型旋挖钻机，一台130t履带式起重机，配套辅助设备若干。

考虑本项目的地质土层结构、地层的单轴抗压强度和桩体的垂直度要求（控制在3‰以内），采用硬切割咬合工法，选用大功率扭矩的全套管全回转钻机，配合带合金刀齿的刀头管（图23-59）。

通过全回转全套管钻机的扭矩和压力使带合金刀齿的刀头管压入土体，穿越填砂、填石层进入风化泥岩，旋挖钻机配合取渣，然后接

图 23-59　带合金刀齿的刀头管

管，继续下压加厚套管超前，旋挖钻机取渣成孔。施工中，全回转全套管钻机能够很好地保证桩体的垂直度。

5. 项目控制重点

1）导墙定位、施工。
2）刀头管垂直度调整，确保成孔垂直度控制在 3‰以内。
3）套管逐节检测一次垂直度及咬合面。
4）终孔时对沉渣、垂直度、咬合面进行检测。
5）导管密封试验检测。
6）控制水下混凝土的灌注。

6. 项目难点

1）受场地限制，基坑外放尺寸受限，垂直度必须控制在 3‰以内。
2）单桩成桩时间约 36h，素桩为 C20 水下灌注混凝土，荤桩施工时左右两侧被切割的素桩强度需基本一致（3 天的强度约为 15MPa），才能有效控制荤桩的垂直度及咬合面。
3）咬合面的控制。设计桩长为 39m，基坑开挖深度约为 32m，创目前咬合桩领域开挖深度之最；垂直度的控制从刀头管开始，刀头管的调整关系到单桩垂直度、整体咬合封闭；刀头管压入土层的垂直度不满足要求时，不允许继续接管往下施工。
4）土层特殊，刀头管必须压穿回填海砂、块石层，到风化泥岩层，才能取渣，如控制不好将出现涌砂现象，周边填砂坍塌，导致导墙破坏，影响后续施工，还会发生安全事故。

7. 全套管钻孔灌注施工方法的优势

1）静态无振动取渣，克服了其他机械对周边环境的影响。
2）全程套管跟进，无需泥浆护壁，施工现场整洁文明，环保效果好。
3）钢套管护壁，孔壁不会坍方，易于控制桩断面尺寸与形状，成桩直径和垂直度精度好，能保证桩间紧密咬合，形成良好的整体连续结构，起到良好的止水作用。
4）旋挖钻机取渣在钢套管内进行，不会对周边土体产生扰动，沉降及变形容易控制。

8. 小结

硬切割咬合桩施工工法在软切割咬合桩施工工艺的基础上使用全回转全套管钻机，采用硬切割的施工方法，施工步骤大致与软切割咬合桩的相同，即采用咬合桩施工机械先施工钢筋混凝土桩（B 桩）两侧无钢筋笼的素混凝土桩或有方笼的 A 桩，等 A 桩桩身混凝土达到一定强度后再用全套管施工机械按设计要求切割 A 桩成孔，然后下放钢筋笼并灌注混凝土形成咬合桩。这种工艺在施工原理方面有两大突破：

1）避免了采用超缓凝混凝土咬合桩工艺在完成切割咬合时相邻孔混凝土容易产生管涌现象而造成质量事故，同时由于采用了常规混凝土，降低了对混凝土的要求，节约了成本。
2）由于采用硬切割工艺，允许混凝土 A 桩强度正常发展，无需依赖缓凝剂控制混凝土 3d 强度值不大于 3MPa，并且不会出现由于单桩成桩时间过长（超过超缓凝剂能够控制的混凝土凝结时间），A 桩混凝土强度超过 10MPa 导致无法进行 B 桩咬合施工的弊病，具备超强切割能力的成孔机械应对终凝后的 C20 以上混凝土绰绰有余。

硬切割咬合桩施工工法可以扩充既有的围护施工技术，并提高在复杂地带成桩的技术水平，特别在环境保护和提高社会经济效益方面有着显著的优势，是一种集止水和围护功能于一体的新型绿色围护施工技术。

捷程桩工有限责任公司通过科学、专业的施工技术方案，合理的设备配置，规范的现场管理，最终以安全、优质、满足工期要求的目标圆满竣工，得到监理、总包单位的好评。

23.4.3.2 徐州市地铁2号线文博园站咬合桩工程*

1. 工程概况

徐州市地铁2号线文博园站止水帷幕围护结构嵌岩咬合桩工程位于徐州市云龙区昆仑大道和万安路交叉口东南侧，徐州娃哈哈厂房前方，车站长约290m，中心里程为右 K17+274.270。主体结构拟采用明挖法施工，基底标高为21.87m，基坑深约19m，围护结构采用全套管嵌岩咬合桩。桩径1000mm，咬合200mm，全套管咬合桩总桩数为991根，桩长24～27m，素桩嵌岩不少于1.5m，荤桩嵌岩最深处约7m，普遍嵌岩约3.5m。地下水丰富，中风化石灰岩强度为63～83MPa。

2. 地质概况

根据钻探揭示的地层情况可知，覆盖层均为第四系全新统人工堆积物（Q_4^{ml}）、第四系全新统冲积层（Q_4^{al}）、第四系晚更新冲积层（Q_3^{al}），在场地内均匀分布，厚度随地表起伏有所不同，下伏基岩奥陶系石灰岩等。

按照《岩土工程勘察规范》（GB 50021—2001）（2009年版）中地基土的分类定名原则，结合地貌特征，勘察场区地层自上而下依次为：

①₁杂填土，平均厚度为2.1m；②₃₋₁淤泥质黏土，平均厚度为2.1m；②₃₋₂黏土，平均厚度为3.8m；②₃₋₃黏土，平均厚度为1.7m；②₅₋₃粉土，平均厚度为2.0m；②₆₋₃粉砂，平均厚度为2.7m；②₃₋₃黏土，平均厚度为10.8m，平均压缩模量为12.9MPa；⑪₁₋₃中风化石灰岩，灰白～青灰色，层状构造，隐晶质结构，较硬岩，岩体较完整，局部破碎，单轴天然抗压强度为74.3MPa，单轴饱和抗压强度为60.68MPa；⑪₂₋₃中风化石灰岩，灰白～青灰色，中厚层状构造，隐晶质结构，夹白云质灰岩，较硬岩，岩体较完整，局部破碎，单轴天然抗压强度为63.5MPa，单轴饱和抗压强度为82.80MPa。

3. 水文概况

本车站勘察期间观测到的地下水类型分别为潜水（孔隙水）和承压水（碳酸盐岩裂隙岩溶水）。

潜水为第四系松散层孔隙水，水位埋深为0.3～4.2m，主要赋存于杂填土①₁层及粉土②₅₋₃层，局部位于黏土②₃₋₂层、淤泥质黏土②₃₋₁层。地下水季节性动态变化显著，变化幅度为1.0～2.0m。

承压水属于碳酸盐岩裂隙岩溶水，主要赋存于灰岩裂隙中。

4. 主要设备投入

本工程采用国内开发的捷程MZ系列摇动式全套管钻机和盾安DTR系列全回转全套管钻机进行咬合桩施工，主要施工机械设备见表23-10。

表23-10 主要施工机械设备

序号	机械设备名称	规格型号	单位	数量
1	摇动式全套管钻机	捷程 MZ-2	台	4
2	全回转全套管钻机	DTR1305	台	1
3	全回转全套管钻机	DTR1505	台	2
4	凿岩旋挖钻机	宝峨 25C	台	1

---

* 本工程实例由刘富华、陈丕元、漆增文撰写。

续表

序号	机械设备名称	规格型号	单位	数量
5	凿岩旋挖钻机	雷沃 FR626D	台	1
6	凿岩旋挖钻机	雷沃 FR628D	台	1
7	凿岩旋挖钻机	徐工 XG360	台	1
8	履带式起重机	日立 KH180	台	3
9	履带式起重机	神冈 7045	台	1
10	履带式起重机	神冈 7055	台	1
11	履带式起重机	住友 50	台	1
12	履带式起重机	徐工 QUY50	台	1
13	履带式起重机	扶挖 QUY80	台	1

5. 施工难点及针对性施工工艺

1）根据本项目的特点，改进、创新摇动式全套管钻机，与全回转全套管钻机配合使用。车站主体岩土种类较多，不均匀，性质变化较大；咬合桩施工成孔过程中需穿过人工填土、软土、砂土、膨胀土等特殊性质岩土，易出现塌孔现象。工程周边环境风险等级为二级，周边环境与工程相互影响大，破坏后果严重。根据现场情况，改进、创新摇动式全套管钻机，与全回转全套管钻机配合使用，解决了成孔过程中易塌孔的问题，同时提高了凿岩工效，满足了工期要求。

2）为保证嵌岩咬合桩有效咬合，采用变径咬合桩工法进行施工。本项目嵌岩咬合桩桩径为1000mm，咬合 200mm，桩长 24～27m，岩层较硬（单轴饱和抗压强度为 60.68～82.80MPa），嵌岩较深（其中素混凝土桩嵌岩不少于 1.5m，钢筋混凝土桩嵌岩最深处达 7m，普遍嵌岩约 3.5m），配备一般设备很难达到入岩要求。根据本项目的施工特点，采用全套管工艺配套大功率凿岩机具进行施工，同时针对石灰岩对凿岩钻具进行改进，以满足成桩质量和工期要求。全套管进入中风化岩层难度较大，在施工时套管只需进入中风化岩层 0.5m 即可，嵌岩部分采用凿岩机具施工。

3）车站主体结构底板大部分位于奥陶系中风化石灰岩中。车站钻探揭露岩溶为弱发育，且均为充填型溶洞，充填物为黏性土、碎石和姜石等。本项目嵌岩咬合桩部分桩成孔过程中遇到中小型溶洞（洞体高度不超过 5m），且溶洞内有填充物（与地勘揭示基本相同），基本无空隙，成孔过程中无需填充其他材料充实洞体，直接采用钢套管穿越洞体，之后采用凿岩旋挖钻机配合成孔至设计深度。

4）咬合桩硬切割工艺的应用。在本项目嵌岩咬合桩施工过程中，因超缓凝混凝土的质量不稳定，多次造成素混凝土桩桩身混凝土早凝现象，以及机械设备故障，使钻孔咬合桩的施工未能按正常要求进行（咬合桩软切割工艺），造成事故桩（特殊原因造成素混凝土桩已达龄期而未施工相邻的钢筋混凝土桩）。当出现以上情况时，采用全回转全套管钻机实施硬切割咬合桩施工，作为软切割咬合桩工法的补充。

5）防止"管涌"现象发生。"管涌"是指在钢筋混凝土桩成孔过程中，由于素混凝土桩的混凝土未凝固，还处于流动状态，且本项目为嵌岩咬合桩，钢筋混凝土桩施工时钢套管超前难度较大，素混凝土桩的混凝土极易从两桩相交处涌入钢筋混凝土桩孔内。为克服"管涌"，施工过程中采用了以下几个措施：

① 素混凝土桩混凝土的坍落度控制在 160～180mm，以降低混凝土的流动性。

② 非嵌岩咬合桩钢套管底口应始终保持超前于取土面一定距离，以形成一段"瓶颈"，阻止混凝土的流动。钢套管超前不小于 1.5m。

③ 嵌岩咬合桩钢筋混凝土桩施工时，严格控制素混凝土桩混凝土的初凝和终凝时间，当钢筋混凝土桩成孔钢套管进入岩面前，保证素混凝土桩的混凝土在初凝后、终凝前切割。

6. 小结

在徐州市地铁文博园站项目中，根据该项目特殊的地质情况及现场施工环境，改进、创新摇动式全套管钻机与全回转全套管钻机，并配合特殊凿岩机使用；针对石灰岩层改进凿岩钻具，提高了凿岩效率；特殊情况下硬切割咬合桩工法作为软切割咬合桩工法的补充在本项目中得到成功应用，从而确保入岩部分的相邻桩能够有效咬合。

徐州市地铁文博园站项目表明，全套管咬合桩施工工法不仅可用于一般地质条件，也可用于上土下岩复杂地层、填海抛石地区及岩溶强发育地区。当桩底端入岩时，可以采用全套管钻机结合凿岩旋挖钻机或潜孔锤等凿岩机具凿岩施工，既保持了全套管钻孔咬合桩的优点，又有效解决了快速凿岩的问题。与地下连续墙相比，该工法设计桩长更加灵活，钢筋混凝土桩根据受力要求嵌岩深一些，素混凝土桩根据止水要求嵌岩浅一些，长短结合，且可根据岩性实行单桩变径法施工，凿岩量大大降低。该工法在环境保护和提高社会、经济效益方面有着显著的优势，是一种集止水和支护功能于一体的新型环保施工技术。

23.4.3.3 贵阳市地铁 1 号线望城坡站及望城坡站—沙冲路明挖段咬合桩工程[*]

1. 工程概况

本项目为一站一区间，其中望城坡站是贵阳市地铁 1 号线的一个中间站，为地下两层岛式车站，标准段宽 19.4m，开挖深度为 17～22m。望城坡站—沙冲路明挖段，主体沿珠江路南北方向布置，标准段宽 20m，开挖深度为 22～27m。

本项目全套管钻孔咬合桩总计 1130 根（桩径 1200mm，桩长 14～33m，嵌岩深度为 6.8～27m）。根据嵌岩深度不同，采用摇动式全套管钻机和全回转全套管钻机两种全套管施工设备相互配合施工，其中摇动式全套管钻机共计完成 946 根桩，占总桩数的 84%；全回转全套管钻机配合施工共计完成 184 根桩，占总桩数的 16%（在高嵌岩量施工段）。计划总工期 130 天，实际工期 118 天（每个工作日施工时段为 5：30～22：30，计 17h）。

2. 地质概况

1）回填层：表层以建筑垃圾和杂土为主要填充物，其下均由大粒径灰岩石块（比重约为 80%）及砂砾组成，回填时间较短，结构松散，块石粒径为 0.3～1.1m，层厚为 5.1～19.6m，含水量大。

2）泥岩层：灰褐色，强度为 10～17MPa，结构完整，层厚为 2.1～6.4m。

3）中风化砂岩层：黄色～褐色，石英含量大，场区分布不均匀，结构不完整，含水量大，层厚为 0.7～3.3m，强度为 12～20MPa。

4）中风化石灰岩：强度为 33～68.2MPa，岩面起伏落差大，溶洞较发育。

3. 水文概况

场地内地下水平均水位在 6.8m 处，地下水丰富，岩溶裂隙水量大。

4. 主要设备投入

望城坡站基坑支护桩原采用旋挖灌注桩施工。支护桩完成后，局部开挖时，由于地下水丰富，降水工作难度大，降水时基坑侧壁支护桩间伴有坍塌现象。为确保施工及周边紧邻建（构）筑物的安全，望城坡站部分段在原支护结构（旋挖灌注桩）外围采用全套管钻机施工一排咬合桩，望城坡—沙冲路明挖段的基坑支护桩全部改为咬合桩，采用全套管钻机施工。根据该项目的地质情况、施工环境及工期要

---

* 本工程实例由刘富华、刘定发、杨静生撰写。

求，采用的主要施工设备见表 23-11。

表 23-11　主要设备配置

序号	名称	规格	单位	数量
1	摇动式全套管钻机	捷程 MZ-2B	台	4
2	全回转全套管钻机	DTR-2005H	台	1
3	全回转全套管钻机	DTR-1305H	台	1
4	履带式起重机	神冈 7080-2	台	1
5	履带式起重机	宇通	台	5
6	嵌岩旋挖钻机	YTR300	台	2
7	钢套管	ϕ1200	mm	200

5. 施工难点及针对性施工工艺

（1）施工难点

根据地质勘探资料，在本项目全套管钻孔咬合桩施工范围内：

1）场地内回填层较深，以建筑垃圾和杂土为主要填充物，平均填方厚度为 12.5m，局部咬合桩施工段回填层最深达 19.6m，回填层中石料粒径大、密度高。

2）岩面起伏较大，岩体强度高，桩端入岩深，平均嵌岩深度约为 11.6m，部分咬合桩施工段嵌岩深度达 17～27m。

3）局部有溶洞，且规模较大。岩溶区段嵌岩咬合桩成孔过程中易塌孔、偏孔，溶洞处理难，入岩难，要确保精准控制桩身的垂直度，桩体不发生位移及变形，同时应有效控制溶洞内混凝土的用量。

施工过程中 76 号桩（钢筋混凝土桩）施工至 19.8m 时发现溶洞，揭开溶洞侧壁顶板，经施工人员井下观测，发现该洞发育不规则，呈狭长状，洞长 7.2m，宽 0.5～1.3m，洞深 1.2～3.4m，洞内有少量积水，为红色、棕红色软塑黏土半填充（图 23-60）。咬合单桩 103 号桩（素混凝土桩）施工至 14.3m 发现溶洞，揭开溶洞侧壁顶板，经施工人员井下观测，发现该洞发育不规则，呈葫芦状，洞长 6.8m，宽 3.5～5.3m，洞深约 7m，洞内有少量积水，为红色、棕红色软塑黏土局部少量填充（图 23-61）。

图 23-60　施工至 19.8m 时的溶洞

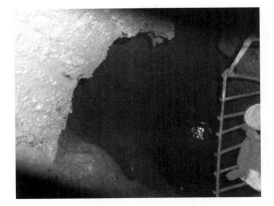

图 23-61　施工至 14.3m 时的溶洞

（2）针对性施工工艺

为确保施工质量及满足进度要求，根据现场地质情况及桩端嵌岩深度的不同，分段采取以下施工方法：

① 填方浅、桩端嵌岩量大的咬合桩施工段，采用摇动式全套管钻机施工素混凝土桩，全回转全套管钻机配合施工钢筋混凝土桩。

② 填方深、桩端嵌岩量少的咬合桩施工段，采用摇动式全套管钻机独立施工。

③ 岩溶地层中遇溶洞等特殊情况，咬合桩施工段均采用全回转全套管钻机。

施工过程中，为达到快速凿岩的目的，使用大功率凿岩设备配置特殊钻齿凿取岩芯。

岩溶区段嵌岩咬合桩施工主要以全回转全套管钻机成孔为主，采用多工艺的综合施工方法可有效克服成孔过程中易塌孔、偏孔、溶洞处理难、入岩难等问题。本项目具体的施工方法如下：先按全套管钻孔嵌岩咬合桩单桩施工流程施工至溶洞顶板并凿穿顶板，用全回转全套管钻机抱紧钢套管，防止钢套管下落，检查溶洞是否处于全充填、半充填或空洞，若是全充填则继续下压钢套管，若是半充填或空洞则回填较细颗粒的岩、土渣至溶洞内，边回填边用冲具冲击夯实，充分填充溶洞内的空隙，重复分层夯实至洞顶后，再下压钢套管，按工序继续施工，直至设计深度。

6. 施工现场情况

图 23-62～图 23-68 所示为施工现场的情况。

图 23-62 冲抓斗挖掘出大石块

图 23-63 施工现场文明、整洁

图 23-64 凿岩机械施工

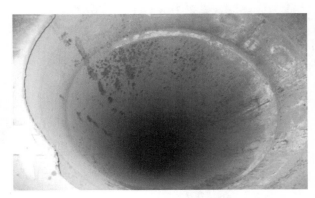

图 23-65 施工近乎干作业

图 23 - 66　使用大功率凿岩设备配置特殊钻齿凿取岩芯

图 23 - 67　凿岩设备取出的岩芯

图 23 - 68　基坑开挖效果

7. 小结

本项目采用全套管钻孔咬合桩，由于钢套管全程护壁，桩体整齐、顺直，无严重鼓包现象，桩体定位精准，基本不占用主体结构空间。在开挖及主体施工过程中，止水、支护效果极佳，受到建设、监理、设计、施工等单位的一致好评。

综上所述，全套管钻孔咬合桩施工工艺在贵阳市地铁 1 号线望城坡站止水工程及望城坡站—沙冲路明挖段的基坑支护工程中首次应用并获得了成功，说明该工艺不仅适用于一般地质条件，亦可用于上土下岩（高填方区）及岩溶地层等复杂地质条件，与地下连续墙相比，设计桩长更加灵活（钢筋混凝土桩根据受力要求嵌岩深一些，素混凝土桩根据止水要求嵌岩浅一些，长短结合），在环境保护和提高社会、经济效益方面有着显著的优势。

全套管钻孔咬合桩墙采用全套管钻机施工，在桩与桩之间形成相互咬合排列的一种基坑围护（支护）结构，是一种集止水和支护功能于一体的新型环保施工技术，在环境保护和提高社会、经济效益方面有着显著的优势。全套管钻孔咬合桩 B 桩成孔切割相邻 A 桩时，根据 A 桩混凝土的凝固情况可分为软切割咬合与硬切割咬合两种工艺。在实际工程中，需根据现场地质情况的复杂程度及桩径、桩长、开挖深度、嵌岩深度等，综合考虑经济效益，合理选择咬合工艺。总的来说，进行 B 桩咬合施工时，能保证相邻 A 桩超缓凝混凝土为初凝前状态，即可选择软切割咬合工艺进行咬合桩施工，否则选择硬切割咬合桩工艺进行咬合桩施工。硬切割咬合工艺同时可作为软切割咬合工艺的一种补充应用，两种工艺配合使用，不但能降低成本，还能有效提高工效。

23.5　拔桩、清除地下障碍物

在城市建设、桥梁改建等工程中，可以用全回转全套管钻机直接清除钢筋混凝土桩、孤石、局部岩层等障碍物。

23.5.1　拔除旧桩技术基本原理

采用盾安 DTR 系列和景安重工 JAR 系列全回转全套管钻机拔除埋在地下的旧桩的基本原理是：该类设备是能够驱动钢套管作周回转，以将钢套管压入和拔除旧桩的施工机械。作业时产生的下压力和回转扭矩驱动钢套管转动，利用管口的高强刀头对土体、岩层及钢筋混凝土等障碍物进行切削，使套管套住桩体并下压，然后将旧桩分段或整体拔除，最后向套管内回填水泥土，并在回填的同时逐节拔除钢套管。

23.5.2　杭州市地铁 4 号线 5 标段地铁盾构通道旧桩基础清障拔桩施工[*]

1．工程概况

地铁 4 号线 5 标段地铁盾构通道旧桩基础清障拔桩项目位于杭州市上城区富春路与候湖路交叉口，由东向西，紧邻钱塘江，桩径为 1.2m，桩深约 38m，共计 73 根，地层为典型性平原淤泥地层。

考虑对周边环境的影响以及在灌注桩成孔时较易产生扩径，根据常规经验，所选的施工设备与工艺必须具有扩径及旋转切割混凝土的功能，因此选用全回转全套管工法。由于工程位置特殊，全部采用低噪声施工设备，噪声小于 70dB。

因拔桩清障位置比较特殊，一侧紧邻钱塘江，一侧紧邻马路，在施工过程中对地质扰动和安全要求严格，必须采用对地质扰动极小的全套管切割及跟进作业，在拔除套管内的桩基障碍物后及时回填水泥拌和土，边回填边拔管，对地质及地下构筑物做到无扰动，确保拔桩区域构筑物和附近人员的安全。

针对以上情况，结合类似工程施工经验，采用 150t 履带式起重机配合 JAR200H 型全回转全套管钻机进行施工作业，钻机驱动 $\phi1800\text{mm}$ 钢套管对灌注桩周边土体进行切割。由于全回转钻机具有强大的驱动力，对钢套管施加下压力，能有效切割混凝土、钢筋。钻机的参数见表 23-12。

表 23-12　JAR200H 钻机的技术性能

技术性能	参数
钻孔直径及适用拔桩外径/mm	600～2100
回转扭矩/(kN·m)	3080/1822/1029（瞬时 3525）
回转速度/(r/min)	1.0/1.7/2.9
压入力/kN	860

---

[*]　本节由陈卫、魏垂勇、谷晓东撰写。

续表

技术性能	参数
拉拔力/kN	3760
瞬时（3s）拉拔力/kN	4300
压拔行程/mm	750
本体（含辅助夹具）重/t	45
履带重/t	9
行走重量/t	54

履带式起重机的技术参数见表 23-13。

表 23-13　履带式起重机的技术参数

吊臂长度/m	半径/m	角度/(°)	荷重/t
27.43	7	79.2	103
	8	77	97
	9	74.9	82.2
	10	72.7	70.2
	12	68.2	54.2
	14	63.6	44
	16	58.8	37
	18	53.7	31.8
	20	48.3	27.8
	22	42.3	24.7
	24	35.5	22

2. 施工流程

清障、拔桩施工的流程如图 23-69 所示。

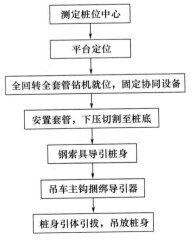

图 23-69　清障、拔桩施工的流程

3. 施工方法及步骤

（1）测定桩位中心，铺设自制专用钢平台

找到桩位后测定桩位中心。挖机清理桩身上部覆土，清除土体，露出桩头，便于全回转钻机就位对中作业。

（2）全回转全套管钻机定位

铺设钢平台，全回转全套管钻机移机定位，调整钻机的水平和垂直度，使钻机配置的钢套管中心与桩中心保持一致，再次复核即可进行切割清障。

（3）钢套管旋转切割切削钻进

拔桩采用 JAR-200H 型回转钻机，配备 $\phi1800$mm 钢套管，由回转钻机驱动钢套管旋转切割切削钻进沉入，将桩与四周土体分离，减小桩侧摩阻力。

由于钢套管底端镶嵌锯齿状的钛合金刀头，在旋转驱动装置的驱动下，摇管旋转压入套管，即使桩身周边存在其他障碍物，也能一并切割穿透，直至沉到预定深度。

（4）钢套管沉入一定深度后拔桩

钢套管旋转沉入桩身深度后，使桩与四周土体分离，便可使用起重机利用引体型钢捆绑桩身，将旧桩拔出清除。拔桩时先通过专用设备将钢丝绳导引到桩身，桩身引体型钢锁扣桩身上下两端牢固后即用起重机辅助摇管消除真空吸力，减阻后即可吊桩。起拔时速度不宜过快，待起拔到一定高度后，为保证安全，以多点捆绑将旧桩拔出，堆放一定数量后及时外运。

拔桩施工现场情况如图 23-70 所示。

(a)　　　　　　　　　(b)

(c)　　　　　　　　　(d)

图 23-70　拔桩施工现场

参 考 文 献

［1］沈保汉，刘富华．捷程 MZ 系列全套管钻孔咬合桩施工工艺（一）［J］．施工技术，2006（8）：98-99．

［2］沈保汉，刘富华．捷程 MZ 系列全套管钻孔咬合桩施工工艺（二）［J］．施工技术，2006（9）：98-99．

［3］沈保汉，刘富华．捷程 MZ 系列全套管钻孔咬合桩施工工艺（三）［J］．施工技术，2006（10）：93-94．

［4］沈保汉．盾安 DTR 全套管全回转钻机喀斯特地层大直径灌注桩施工工法［J］．工程机械与维修，2015（04 增刊）：201-208．

［5］沈保汉．捷程 MZ 系列全套管钻机喀斯特地层嵌岩灌注桩施工工法［J］．工程机械与维修，2015（04 增刊）：226-233．

［6］庄研，牟凡，等．全护筒灌注桩在临近地铁隧道的暗桥桩基工程中的应用［J］．岩土工程学报，2015，37（增刊 2）：41-45．

第 24 章　振动桩锤及工法应用

曹荣夏　沈保汉

24.1　概　　述

24.1.1　振动桩锤的作用

振动桩锤是桩基础施工中的重要设备之一，它通过偏心体转动产生的振动将桩体周围的土"液化"，减小桩土阻力，达到迅速沉拔桩的目的。与其他桩工机械相比，振动桩锤同时具有沉桩和拔桩两种功能，可施工预制桩和灌注桩。由于振动桩锤施工效率高、效果好，沉桩时桩的横向位移和变形小，不损伤桩头，费用低，因此一直是桩工机械大家庭的重要成员之一。随着国民经济的迅速发展，振动桩锤技术取得了很大的发展，在工程建设中发挥了不可替代的作用，也为我国桩工机械行业的发展注入了新的活力。

24.1.2　振动桩锤的发展历程

振动桩锤是苏联的巴尔坎教授于 1934 年发明的，最初用于打木桩和钢板桩，在建设工程中普遍使用是在第二次世界大战以后。

1950 年苏联专家设计出 VP 型振动桩锤，用于下沉钢筋混凝土桩，当时用于代替 D-40 型柴油锤施打重型桩。

1953 年沈阳桥梁厂仿制了 VP 型振动桩锤，1954 年在修建武汉长江大桥试验墩时使用，效果良好。其后，在苏联专家的指导下先后制造了 VP 型号的若干新机种，并在 1957 年成功用于武汉长江大桥下沉大型钢筋混凝土管桩的施工。由于在这一工程中仅以 12 个月的工期就完成了深达 30～76m 的桩的沉入工作，受到国际的瞩目，影响很大，并掀开了振动桩锤发展历史上的重要一页。

第二次世界大战后在苏联发展起来的振动沉入桩和振动拔出桩的施工技术推动法国、德国、波兰、美国及日本等国制造了多种振动桩锤。尤其是日本，1960 年以日本东洋绵花公司进口苏联的 VP 型振动桩锤为起点，日本多家企业的振动桩锤制造技术迅速发展，揭开了日本振动桩锤发展的序幕。后来的过程均能说明日本在振动桩锤特别是振动桩锤工法研究方面在世界上是影响力很大的国家之一。

1958 年我国开始将振动桩锤用于工业及民用建筑的基础施工。振动灌注桩是振动桩锤在灌注混凝土工程中的成功应用，它具有效率高、成本低、适用范围广的优点，在我国逐步得到推广。我国还创造了振动桩锤加压的方法，大大提高了振动桩锤的贯入能力。

振动桩锤在我国真正得到迅速发展是在改革开放以后。20 世纪 80 年代，由于国民经济的持续增长，多项建设工程的投资规模不断扩大，对振动桩锤的需求量大大增加，仅浙江省瑞安市一地就曾涌现出 20 余家振动桩锤制造厂。从此，振动桩锤的发展进入了黄金时代，先后开发了中孔式振动桩锤、可调偏心矩式振动桩锤、液压驱动式振动桩锤等多种新产品。特别是 EP（DZJ）型偏心矩无级可调免共振电振动桩锤，它是 20 世纪 90 年代由北京建筑机械化研究院、浙江振中工程机械股份有限公司和日本建调株式会社共同开发的以免共振为特征的第二代振动桩锤。在初期，该型产品主要出口到日本等发达国家，并被誉为"新时代振动桩锤"。近年来，由于在节能、环保、高效、安全等方面要求的提高，国内使用 EP（DZJ）型振动桩锤的比例逐渐增大。

现在，我国生产的振动桩锤单机功率已达 1200kW，激振力达 7000kN。目前我国已成为世界上生产和使用振动桩锤最多的国家，振动桩锤的研发水平也是世界领先的。

24.1.3　振动桩锤的发展现状与趋势

如今振动桩锤的发展已达到非常成熟的水平，但不同区域使用的振动桩锤有所不同，目前在欧美地区以液压振动桩锤为主，而亚洲地区则以电动振动桩锤为主。

欧美地区液压振动桩锤的制造厂商主要有美国 ICE、荷兰 ICE、美国 APE、法国 PTC、英国 BSP、德国 MGF 和穆勒（MULLER）等公司。液压振动桩锤在我国也有少量使用，主要是 APE（美）和 ICE（美、荷）产品。APE 液压振动桩锤偏心矩固定不变，但振动频率可调，最大型号的振动桩锤激振力达 500t。ICE 液压振动桩锤有偏心矩固定不变的系列，也有无级可调的系列（如美国 ICE-ZR 系列、荷兰 ICE-RF 系列）。偏心矩无级可调系列振动桩锤由于偏心矩零启动、零停机，能避免共振的出现。

亚洲地区目前主要使用电动振动桩锤，制造厂商以日本、中国厂商为主。日本的主要厂商是建调、调和两家，生产的电动振动桩锤以偏心矩可调式为主。

我国是世界上生产和使用电动振动桩锤最多的国家。经过多年的发展，我国在电动振动桩锤的制造和应用等方面都已经比较成熟，达到了国际水平。

目前常用的电动振动桩锤有四种，即普通型 DZ 系列、中孔型 DZKS 系列、偏心矩可调免共振型 EP（DZJ）系列及变频共振型 DZP 系列。DZ 系列是应用最广的一种振动桩锤，当前该系列振动桩锤大都配用了耐振电动机，使其性能和可靠性得到了较大提高。但该系列振动桩锤在沉管混凝土灌注桩施工中存在长钢筋笼置入和混凝土灌注较困难的问题，因此人们研究开发了中孔型 DZKS 系列振动桩锤。它采用双电动机，并在原有振动桩锤的中间位置设计了一个由上向下的通孔，解决了上述问题，从而大大提高了施工效率。目前生产普通型 DZ 系列和中孔型 DZKS 系列的主要厂家有浙江振中工程机械有限公司、浙江瑞安八达工程机械有限公司和浙江瑞安永安工程机械有限公司等。

EP（DZJ）系列偏心矩可调免共振型电动振动桩锤利用液压控制偏心矩变换装置，使振动桩锤在启动、停机和运行过程中从零至最大值可随时无级调节偏心矩。由于在零偏心矩状态下启动和停机，避免了共振的出现，并且可通过改变振幅适应土质的变化，因此适应性强，应用范围广。目前该系列产品是电动振动桩锤中最先进的产品，已出口到日本等发达国家。该系列产品属专利技术产品，目前有上海振中建机科技有限公司和浙江振中工程机械有限公司制造该系列产品。

近几年我国又开发了变频免共振型 DZP 系列电动振动桩锤，该系列免共振振动桩锤通过变频启动、停机时由能量转化装置快速实现转动动能的转化，避免停机过程中出现共振，具有明显的节能、环保、高效、安全等特点，为电动振动桩锤的发展指出了新的方向。

随着时代的发展，人们对节能、环保、高效、安全的要求越来越重视，以免共振为特征的新一代 EP（DZJ）系列、DZP 系列振动桩锤今后使用会越来越广、越来越多，而普通型 DZ 系列振动桩锤由于启动、停机有共振危害，且振动噪声大等，使用比例将会受到限制而减少。液压振动桩锤由于制造成本高等，目前在我国使用还不多，但近年来我国桩工机械迅速发展，特别是以旋挖钻机为代表的新型桩机在我国市场占有量已达万台以上，将为中、小型液压振动桩锤的发展带来机会。旋挖钻机有充足的液压动力源，可满足液压振动桩锤的工作，这样作为配套使用的液压振动桩锤就不需专配动力站，产品成本大大下降，再加上液压振动桩锤本身具有很多优点，中、小型液压振动桩锤的使用范围将有较大的拓展。另外，海上风电在未来将有很大的发展，海上风电场基础桩属大型、重型桩，冲击锤沉桩存在施工效率、散热及环保等问题，而振动桩锤振沉桩的施工效率较高且安全、环保等，将为大型、特别超大型振动桩锤和多锤联动振动桩锤带来新的发展机会。

24.2　振动桩锤的分类和代号

振动桩锤的分类及代号见图 24-1。

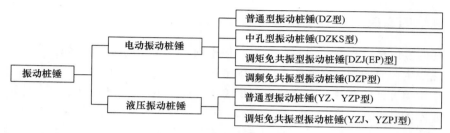

图 24-1　振动桩锤的分类及代号

振动桩锤根据产生振动的方式又可分为两大类，即通过偏心轴旋转运动而产生振动的回转式振动桩锤和通过液压油缸驱动活塞在缸体中往复运动而产生振动的往复式振动桩锤，但往复式振动桩锤目前使用很少，故本章介绍的振动桩锤不包含往复式振动桩锤。

不同生产厂家、不同国家，振动桩锤产品的代号会有不同，按我国原国家标准，产品代号含义如下：

DZ——普通电动式；

DZJ——调矩电动式；

DZP——调频电动式；

DZKS——中孔双电机式；

YZ——普通液压式；

YZP——调频液压式；

YZJ——调矩液压式。

调矩电动振动桩锤在日本被誉为"新时代振动桩锤"，EP 表示"新时代（epoch）"，故 DZJ 型振动桩锤在国外也称为 EP 型振动桩锤。

根据我国标准 JB/T 10599—2006，取消产品代号标准，即各生产厂家可以有自己的产品代号。但这也带来了混乱，如有的厂家将不具有调矩功能的振动桩锤也称为 DZJ 型，故在选择产品时不能仅凭代号判定产品性能。

24.3　振动桩锤的工作原理与构成

24.3.1　振动桩锤的工作原理

振动桩锤工作时两轴（或双数多轴）上对称装置的偏心体在同步齿轮的带动下相对反向旋转，每成对的两轴上偏心体产生的离心力相互合成，则水平方向的离心力相互抵消，垂直方向的离心力相互叠加，成为一个按正弦曲线变化的激振力，如图 24-2、图 24-3 所示。

当振动桩锤和桩连接在一起进行沉桩时，激振力使桩产生和激振频率一致的振动，振动时桩侧面土体的摩擦阻力和桩端部阻力将迅速降低，在振动桩锤和桩的总重力大于土体对桩端部阻力的情况下，桩便开始下沉。这里需指出的是，桩是在重力的作用下下沉的，振动只是降低了土对桩的阻力（包括侧面摩擦阻力和端部阻力）。

如将振动桩锤和桩水平放置 [图 24-4（a）]，忽略摩擦阻力，启动振动桩锤带动桩振动，这时桩在水平方向左右振动的振幅是相同的，停止振动后振动桩锤和桩会停止在最初开始振动的位置。而在振

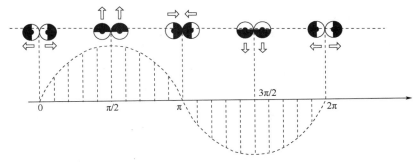

图 24 - 2　随偏心体转动离心力合成激振力的过程

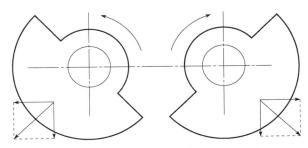

图 24 - 3　随偏心体转动离心力合成产生激振力示意图

动桩锤和桩处于竖直位置时 [图 24 - 4 （b）]，作用于桩上的正弦变化的激振力向下作用时和重力相加，向上作用时与重力相减，这样振动桩锤和桩的振幅实际上向下时变大一些，向上时变小一些。当进入土体沉桩时，在振动桩锤和桩的重力大于土体对桩端部阻力的情况下，每一个振动周期中桩向下的振幅都会大于向上的振幅，桩也就不断地下沉。当桩下沉到某一土层时，如果振动桩锤和桩的重力等于或小于土体的端部阻力，这时桩向下的振幅不再大于向上的振幅，桩也就停止下沉了。

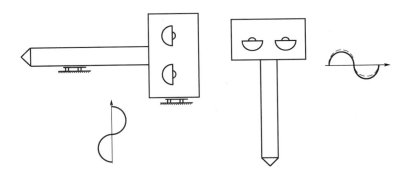

(a) 振动桩锤水平放置振动　　　　　　(b) 振动桩锤竖直放置振动

图 24 - 4　振动桩锤和桩的放置与振动方向

24.3.2　振动桩锤的构造

24.3.2.1　DZ 型普通振动桩锤

DZ 型普通振动桩锤的构造如图 24 - 5 所示：激振器 2 上的电动机 7 上的主动轮 11 通过传动皮带 12 带动从动轮 13 旋转，然后通过偏心轴 16 上的同步齿轮 18 带动另一偏心轴 16 反向旋转。偏心块 17 由偏心块盖板（图中未画出）压紧在偏心轴 16 上，偏心轴 16 通过轴上的键带动偏心块 17 旋转，偏心轴 16 支承于轴承 14 上的偏心块 17 作相向转动，产生的激振力使激振器 2 上下振动。由于减振装置 1 上的上、下弹簧 5、9 具有吸振减振作用，减振装置 1 的振动通过上、下弹簧 5、9 减振后对减振横梁 4 及吊环 3 的影响很小，从而达到减振的作用。

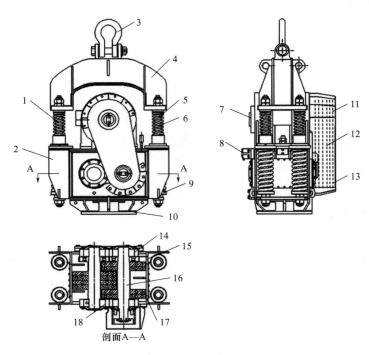

图 24-5 DZ 型普通振动桩锤的构造

1. 减振装置；2. 激振器；3. 吊环；4. 减振横梁；5. 减振上弹簧；6. 弹簧轴；7. 电动机；
8. 防碰架；9. 减振下弹簧；10. 连接法兰；11. 主动轮；12. 传动皮带；13. 从动轮；
14. 轴承；15. 箱体；16. 偏心轴；17. 偏心块；18. 同步齿轮

24.3.2.2 EP（DZJ）型偏心矩无级可调免共振电动振动桩锤

EP（DZJ）型偏心矩无级可调电动振动桩锤的构造如图 24-6 所示。振动桩锤具有结构紧凑、使用方便、高效等特点，但传统的普通振动桩锤也存在一些问题，其中最突出的有：一是由于在启动、停止时都要经过共振区域而产生共振现象，会产生噪声污染，还会使机器承受额外的荷载，影响振动桩锤本身及相关设备的有效工作寿命；二是振幅均为固定式，除启动困难外还无法满足针对不同地质条件选用不同最佳振幅、以实现最佳施工振幅的要求。

EP（DZJ）型偏心矩无级可调免共振电动振动桩锤可以在启动、停止及运行过程中非常平稳自如地实现偏心矩 0→最大或最大→0 的无级调节，实现了机器在工作过程中对不同工况、土质等自如地调节偏心矩。

偏心矩调整机构的工作原理：在平时非工作状态下，四个转轴上的偏心块在重力作用下都处于垂直向下的位置，活塞杆处于推伸到底的位置，此时偏心矩最大（图 24-6）；启动时，由液压油缸向小腔供油，活塞杆受阻退回，调整轴随之被拉出，此时调整轴上的前后矩形螺旋外花键套相背旋转 90°，经相互啮合的齿轮传动扭矩，使四根带偏心体的转轴相背转动 90°，此时惯性力相互抵消，偏心矩为零，从而实现偏心矩最大→0 的无级连续调控；当液压油缸改向大腔供油时，驱使活塞杆外伸，将调整轴向里推，四根转轴上的偏心块返向垂直向下的位置，此时偏心矩最大，实现偏心矩 0→最大的无级连续调控。所以，通过调节控制液压油缸向大腔或小腔的供油量便可控制活塞杆的伸缩位置，实现偏心矩 0→最大、最大→0 的无级连续调控和零偏心矩启动、零偏心矩停机，从而实现振动桩锤振幅按需调节和启动、停机过程无共振出现。

EP（DZJ）型偏心矩无级可调免共振电动振动桩锤与传统普通电动振动桩锤相比显示出以下优越性：

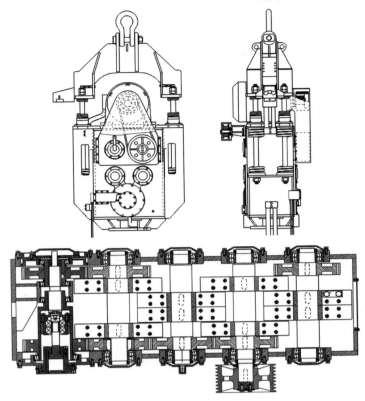

图 24 - 6　EP（DZJ）型偏心矩无级可调电动振动桩锤的构造

1）该机可以在无偏心矩条件下启动，即空载启动，解决了以前大量使用普通电动振动桩锤带偏心矩启动而需要大容量电源的问题。

2）克服了带偏心矩启动和停止产生的共振，使机器能平稳自如地启动和停止，防止了由共振产生的剧烈振动噪声和对其他零部件产生破坏现象的发生。

3）大型振动桩锤采用调频耐振电动机双出轴，激振器前后皮带轮对称安装传动皮带，使轴承受的力分散、均匀，且减少对轴承的压力，使轴承温升低而不易损坏。

上海振中建机科技有限公司近几年对 EP（DZJ）型偏心矩无级可调免共振电动振动桩锤进行了再创造，相继开发了 EP120KS、EP160、EP160KS、EP200、EP240、EP240KS、EP320、EP320KS、EP400、EP550、EP650、EP800、EP1100、EP1600 等型号的电动振动桩锤，特别是对大型电动振动桩锤优化了机械构造（图 24 - 7），使其适用范围更广、产品品质更高。

大型振动桩锤整体结构从传统的立式改为卧式，这种新型的结构重心降低了，作业更平稳、安全，且工作噪声低；油飞溅润滑效果好，不需安装强制润滑装置；箱体内液压油面积大，散热效果好、温升低，能满足长时间连续工作的要求。

采用新型横梁式独立结构形式的减振装置，并与激振器直接连接，使整机的高度大为降低，同时避免了传统的大型电动振动桩锤采用悬挂式减振结构与电动机相撞的情况出现。这种新型的横梁式减振结构重量大，更有利于沉桩作业，具有独立结构的减振装置与激振器连接或拆装简单，机器运输方便。

24.3.2.3　DZP 型变频免共振电动振动桩锤

DZP 型变频免共振电动振动桩锤是近几年出现的新型免共振振动桩锤，它以电控元件实现能量的快速转化，从而避免共振的出现。目前仅上海振中建机科技有限公司制造该型桩锤（图 24 - 8）。其结构原理及停机过程能量转换系统示意图如图 24 - 9 所示。

整个机器包括振动桩锤和电控器两大部分，仅从振动桩锤外观上看，与普通电动振动桩锤差别不

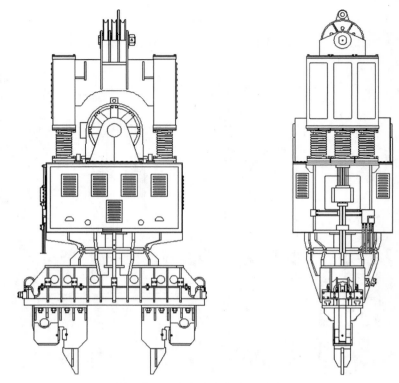

图 24 - 7　大型卧式电动振动桩锤

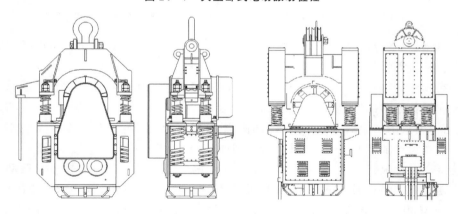

(a) DZP型中小型锤　　　　　　　　　　　(b) DZP型大型锤

图 24 - 8　DZP 型变频免共振电动振动桩锤

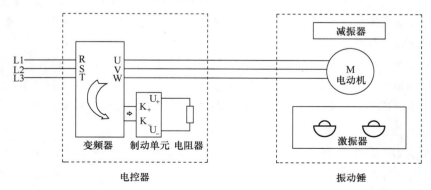

图 24 - 9　变频免共振振动桩锤的结构原理及停机过程能量转换系统示意图

大，但振动桩锤的电动机是变频耐振电动机，与普通耐振电动机相比，其绕组线圈具有更高的绝缘性，电动机带有风叶盏，使电动机内部散热效果更好。

振动桩锤的免共振技术主要通过振动桩锤电动机和电控器内的电控元件完成。启动时，变频器输出电压驱动电动机，振动桩锤开始转动。随着变频器频率的提高，振动桩锤转速越来越快，此时变频器直流母线正负端连接制动单元，变频器直流母线正负端电压未达到触发制动单元的设定电压而不动作。当停机或减速时，在变频器频率减小的瞬间，电动机的同步转速随之下降，而由于机械惯性的原因，电动机转子转速未变，当同步转速小于转子转速时，转子电流的相位几乎改变了180°，电动机从电动状态变为发电状态。同时，电动机轴上的转矩变成了制动转矩，使电动机的转速迅速下降，电动机处于再生制动状态，再生的电能经变频器内的二极管全部整流后反馈到直流母线电路。由于直流电路的电能无法通过整流桥回馈到电网，仅靠变频器本身吸收，虽然其他部分能消耗一部分电能，但电容仍有短时间的电荷堆积，形成"泵升电压"，使直流母线电压升高。这时，制动单元开启工作，将负载拖动电动机产生的再生电能传导并通过发热方式消耗在制动电阻上，以提高变频器的制动能力，确保电动机能在设置的时间内快速停车。电动机的快速停车可以有效避免振动桩锤机械端的共振，达到保护变频器、电动机及相关机械部件和机械设备的目的。

DZP 型免共振变频振动桩锤显示出以下优越性：

1）使用变频器变频启动，降低启动能耗。配置电源功率一般在振动桩锤电动机功率的 2 倍以内，符合节能减排的要求。

2）使用变频器变频，能调节振动频率，满足针对不同地质条件选用不同最佳频率，以实现最佳施工频率的要求。

3）停机时，通过能量转换系统实现了转动动能快速转化为电能，电能再转化为热能释放，使停机过程既快速又平稳，避免了共振的产生，防止了由共振产生强烈的振动噪声和破坏振动桩锤本身及相关设备现象的发生。

4）配置专用的变频耐振电动机，与普通耐振电动机相比使用寿命更长。

24.3.2.4　中孔型电动振动桩锤

20 世纪 80 年代末，我国根据实际施工的需要开发了中孔型电动振动桩锤。该桩锤在原有电动振动桩锤的中间位置设计了一个由上向下的通孔，进行灌注桩施工时可以从中孔直接插入钢筋笼，大大方便了施工。由于施工效率高，这种振动桩锤在我国迅速得到了普及。

中孔型电动振动桩锤的结构如图 24-10 所示，中孔管 1 位于桩锤的中间，两根偏心轴位于中孔管

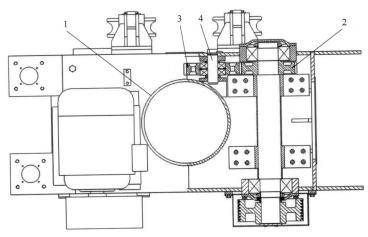

图 24-10　中孔型振动桩锤的结构

1. 中孔管；2. 同步齿轮；3. 过桥齿轮；4. 过桥齿轮轴

的两侧，同步齿轮 2 之间增加了一对过桥齿轮 3，过桥齿轮轴 4 是固定的，过桥齿轮 3 中装有轴承。中孔型振动桩锤由于中孔管长度尺寸比较大，一般采用双电动机同时驱动两根偏心轴，每根偏心轴上都装有皮带轮，其他部分和普通的振动桩锤基本相同。

近几年，上海振中建机科技有限公司将免共振技术应用在传统的中孔型振动桩锤上，成功开发出变频免共振中孔型电动振动桩锤和偏心矩无级可调中孔型振动桩锤（图 24 - 11），并配置特制的中孔型钢管夹具，使中孔型振动桩锤的使用范围更广。由于无共振，中孔型振动桩锤可与钻孔机组合施工（图 24 - 12），用振动桩锤沉拔钢护筒，同时用钻孔机钻取钢护筒内的土，完成带套管钻孔的施工。与传统的钻机泥浆护壁施工相比，该工法具有环保、高效等特点。

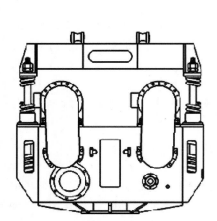

图 24 - 11　偏心矩无级可调中孔型振动桩锤

图 24 - 12　振动套管长螺旋钻机

24.3.2.5　液压振动桩锤

液压振动桩锤一般由振动桩锤、液压夹具、动力站三部分组成，工作时用液压软管相连接（图 24 - 13）。

动力站由柴油发动机、液压泵、液压控制阀、油箱等组成，一般有多台液压泵。驱动振动桩锤的液压马达主泵为一台或多台，小的桩锤一般用一台主泵，大的桩锤利用两台或三台主泵并联供油。主泵有的为定量泵，有的为变量泵。在动力站可以通过调节柴油发动机转速、改变主泵工作台数或对变量泵进行调整等方式改变振动桩锤液压马达的传油量，使液压马达转速发生变化，从而改变振动桩锤的振动频率，以取得在不同土质条件下的最佳频率。

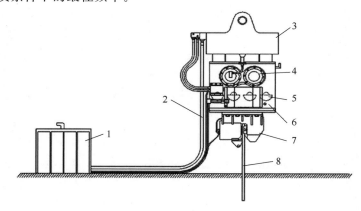

图 24 - 13　液压振动桩锤的组成

1. 动力站；2. 液压软管；3. 减振器；4. 液压马达；5. 偏心块；6. 激振器；7. 液压夹具；8. 桩

动力站中还有一台小的油泵，专用于给液压夹具传油。为了防止液压夹具在工作中松脱，必须保证液压夹具的油缸维持足够的压力。在有的振动桩锤上用压力继电器控制，当油缸压力达到要求值时，压力继电器控制电磁换向阀动作，将油泵的压力油排回油箱；当油缸压力低于某一值时，压力继电器又控制电磁换向阀动作，将油泵的压力油输往油缸。如此反复，从而将液压夹具的压力控制在给定的范围内。另外，有些振动桩锤采用溢流阀保持液压夹具的压力。这时小油泵通过换向阀持续地向液压夹具的油缸供油，当压力超过额定压力时，溢流阀开启，多余的液压油从溢流阀流回油箱。如图 24 - 14 所示是一款偏心矩无级可调液压振动桩锤和液压系统原理图。

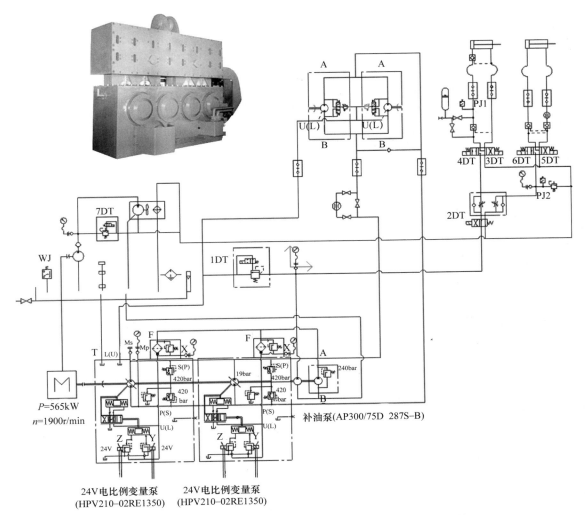

图 24 - 14　一款偏心矩无级可调液压振动桩锤和液压系统原理图

液压振动桩锤主要由激振器和减振器两大部分组成。

液压振动桩锤的激振器和电动振动桩锤的激振器基本相同，都是由偏心轴上成对的偏心块相对旋转而产生振动，不同的是液压振动桩锤由液压电动机取代电动机进行驱动。

有些液压振动桩锤的偏心矩是可以调节的，国内的如上海振中制造的 YZPJ 型液压振动桩锤，其偏心矩是无级可调的；国外的如荷兰的 ICE-RF 型、美国的 ICE-ZR 型、德国穆勒（MULLER）的 MS-HFV 型液压振动锤，其偏心矩也是无级可调的。液压振动桩锤将振动频率的调节与偏心矩的调节相结合，可以极大地提高液压振动桩锤适应多种土质条件的能力，获得最佳的沉拔桩效果。

液压振动桩锤的激振器箱体下部一般都预留有多种液压夹具的安装孔，用于选装不同的液压夹具。

减振器用于在桩锤激振器和悬挂桩锤的桩架或起重机之间隔离振动。由于液压振动桩锤振动频率一般都较高，且拔桩力的最大值也大，一般金属螺旋弹簧很难满足其减振的要求，故液压振动桩锤的减振器一般采用由减振橡胶块组成的减振器（图24－15）。

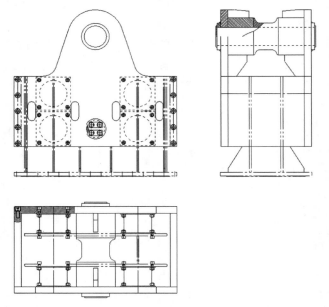

图 24－15　液压振动桩锤减振机构示意图

由于液压振动桩锤采用液压电动机提供动力，其体积小、重量轻、转速高，偏心块体积小、偏心矩小，故液压振动桩锤整体结构相对电动振动锤桩具有重量轻、偏心矩小、振动频率高等特点。

小型液压振动桩锤可利用其他液压工程机械提供动力源，如液压振动桩锤与挖掘机配合，利用挖掘机液压动力源工作（图24－16），也可利用旋挖钻机的动力源工作（图24－17）。

液压振动桩锤与其他液压工程机械的组合使用是今后中小型液压振动桩锤的发展方向之一。

图 24－16　小型液压振动桩锤利用挖掘机
液压动力源工作

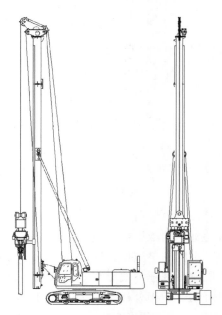

图 24－17　小型液压振动桩锤利用旋挖钻机
动力源工作的结构示意图

24.4　振动桩锤的技术参数

24.4.1　振动桩锤的主要技术项目

决定振动桩锤技术性能的项目参数、符号及单位见表 24 - 1。

表 24 - 1　振动桩锤技术性能项目参数及符号

项目	符号	单位
功率	P	kW
偏心矩	K	kg · m（kg · cm）
振动频率	f	Hz（r/min）
振动质量	m	kg（t）
激振力	F	kN（t）
振幅	A	m（mm）
振动加速度	a	m/s²（g）

注：括号中的单位不是统一的国际单位，但经常使用。

需要说明的是，沉桩、拔桩所必要的激振力、振幅、振动加速度是由振动桩锤的偏心矩、振动频率、振动质量决定的。

1. 功率

电动振动桩锤的功率是指所配电动机的额定功率。在我国，电动机的功率是振动桩锤的主要参数，按电动机的功率序列可以形成一个振动桩锤的系列。

液压振动桩锤的功率是指液压功率，它由液压电动机的进口和出口的压强差及进入电动机的液压油流量决定。

（1）电动机输出功率的计算公式

$$P = \sqrt{3} \, IU\cos\varphi \cdot \eta \times 10^{-3} \qquad (24-1)$$

式中　P——施工运转时电动机的实际输出功率（kW）；

　　　I——电流值（A）；

　　　U——电压值（V）；

　　$\cos\varphi$——功率因数；

　　　η——电动机的效率。

（2）液压电动机输出功率的计算公式

$$P = \Delta Pq\eta \times 10^{-3} \qquad (24-2)$$

式中　P——施工运转时液压电动机的实际输出功率（kW）；

　　ΔP——液压电动机进口和出口的压强差（MPa）；

　　　q——进入液压电动机的液压油流量（m³/s）；

　　　η——液压效率。

（3）电动机运转时的注意点

1）振动桩锤的电动机应采用能承受巨大负荷和振动的耐振电动机或变频耐振电动机。

2）耐振电动机在额定电流下的额定连续工作时间为 60min，在 150% 负荷下的限制时间为 10min；带风叶的变频耐振电动机在额定电流下的额定连续工作时间为 120min，在 150% 负荷下的限制时间为 15min。

3）为了防止电动机被烧毁，最好能控制电动机工作时的电流值。

2. 偏心矩

偏心矩是振动桩锤产生激振力、振幅、振动加速度的源头。如图 24-18 所示，偏心体的偏心矩可由下式求出：

$$K = m \cdot r \tag{24-3}$$

式中　K——振动桩锤的偏心矩（kg·m）；

　　　　m——偏心体的质量（kg）；

　　　　r——从偏心体的旋转中心到偏心体质心的距离（m）。

振动桩锤一般是把偏心体以左右对称的形式设置于两轴上，或以偶数轴进行设置，以相同的转速作方向相反的旋转。

偏心体的转动与产生的离心力的变化情况如图 24-19 所示。

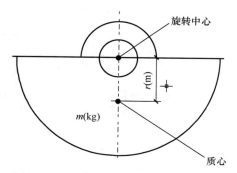

图 24-18　偏心体的偏心矩概念图

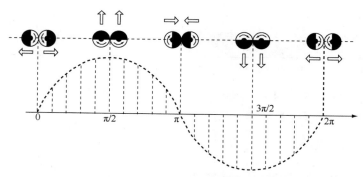

图 24-19　偏心体的转动与产生的离心力的变化关系

3. 振动频率

振动桩锤的振动频率（f）表示的是偏心体以某种转速转动时，振动桩锤本体在每一秒中周期性上下运动的次数。

此振动状态可用弹簧悬挂的锤体表示，如图 24-20 所示。

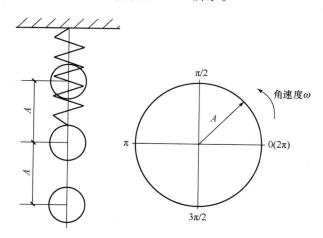

图 24-20　振动频率

弹簧下端悬挂的小锤体的上下周期性运动称为振动，它等同于一质点以一定的角速度在半径为 A 的圆圈上运动的质点的水平投影。此振动的频率为 f。图 24-21 中 T 为周期，它表示质点在圆圈上环绕一圈的时间。

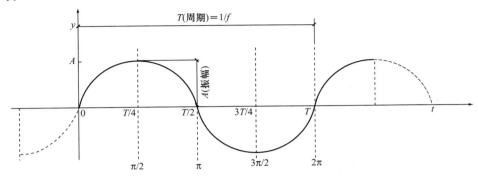

图 24-21 按正弦曲线变化的振动图像

4. 质量

振动桩锤的质量是决定沉桩、拔桩性能的重要因素，分为总质量和振动质量。总质量表示的是包含振动桩锤减振装置在内的所有质量之和，振动质量表示的是参与振动的所有质量之和。振动桩锤的振动质量和夹具、桩的质量之和决定了振幅及振动加速度的大小。

5. 激振力

激振力（引起振动的力）是偏心体旋转时产生的离心力的合力。激振力主要用来克服桩侧面的摩擦力，以使桩体能持续作上下振动。激振力由式（24-4）求解：

$$F = K\omega^2 \times 10^{-3} \tag{24-4}$$

式中　　F——振动桩锤的激振力（kN）；

　　　　K——振动桩锤的偏心矩（kg·m）；

　　　　ω——振动桩锤的角速度（s^{-1}），其计算公式为

$$\omega = 2\pi f \tag{24-5}$$

式中　　π——圆周率；

　　　　f——振动桩锤的振动频率（Hz）。

6. 振幅

振动桩锤的振幅按下式求解：

$$A = \frac{K}{m} \times 10^3 \tag{24-6}$$

式中　　A——桩锤振动时的振幅（mm）；

　　　　K——振动桩锤的偏心矩（kg·m）；

　　　　m——振动桩锤的振动质量和桩的质量之和（kg）。

需要指出的是，关于振幅的概念，我国和日本有相同的定义，但欧美国家却与中国、日本等国不同，欧美国家关于振动桩锤的振幅实际是指上下振动的范围，应是中国、日本等国所指振幅的 2 倍。

7. 振动加速度

桩锤振动时的振动加速度由下式求得：

$$a = \frac{F}{m} \times 10^3 \tag{24-7}$$

式中　　a——桩锤振动时的振动加速度（m/s²）；

F——振动桩锤的激振力（kN）；

m——振动桩锤的振动质量和桩的质量之和（kg）。

振动桩锤的振动加速度单位以 SI 标准（国际标准）表示为 m/s²，但是习惯用重力加速度（9.8m/s²）去除的值，即重力加速度 g 的倍数作为振动加速度的大小。

振动加速度的计算例子：

振动桩锤 EP200，激振力 $F=1021$kN，振动质量 $m=7660$kg，按 SI 标准，$a=F/m\times10^3=1021\div7660\times10^3=133.3$（m/s²），基于习惯，$a=133.3$m/s²$\div9.8$m/s²$=13.6g$，即用重力加速度 g 的 13.6 倍作为振动加速度的大小。

24.4.2 振动桩锤主要产品系列的技术参数

振动桩锤主要产品系列的技术参数见表 24-2～表 24-7。

表 24-2　浙江振中普通耐振电动机 DZ 系列振动桩锤的参数

型号	电动机功率/kW	偏心矩/(kg·m)	振动频率/(r/min)	激振力/kN	空载振幅/mm	允许拔桩力/kN	振动质量/kg	空载加速度/(×g)	外形尺寸		
									长/m	宽/m	高/m
DZ45A	45	25	1150	363	8.9	200	3800	13.2	1.29	1.23	2.12
DZ60A	60	37	1100	486	9.6	200	5110	12.9	1.21	1.37	2.24
DZ90A	90	47	1050	570	10.3	240	6160	10.3	1.25	1.53	2.60
DZ120A	120	71	1000	657	10.5	400	7600	11.5	1.72	1.40	2.60
DZ150A	150	150/200/250	620/800	645/860/1075	17.6/23.5/29.4	450	10250	12.6	1.91	1.42	5.62
DZ60KSA	60	37	1050	460	10.0	200	5540	12.4	2.10	1.28	2.10
DZ90KSA	90	47	1000	514	8.3	240	7500	9.3	2.50	1.42	2.21
DZ120KSA	120	71	1000	786	8.3	400	11760	9.3	3.12	1.69	2.54

表 24-3　浙江八达普通耐振电动机 DZ 系列振动桩锤的参数

型号	电动机功率/kW	偏心矩/(kg·m)	振动频率/(r/min)	激振力/kN	空载振幅/mm	允许拔桩力/kN	振动质量/kg	外形尺寸		
								长/m	宽/m	高/m
DZ45A	45	25	1150	361	8.9	160	3200	1.32	1.15	2.10
DZ60A	60	37	1100	487	9.8	200	4000	1.43	1.25	2.30
DZ90A	90	47	1050	570	10.3	240	5200	1.53	1.37	2.50
DZ120A	120	54	1050	658	11.6	350	7000	1.72	1.54	2.80
DZ150A	150	122/90	900/1050	1082	12.2	350	9000	1.43	1.60	2.90
DZ60KSA	60	38	1100	370	7.6	200	5600	2.05	1.50	2.10
DZ90KSA	90	44	1050	570	—	320	7800	2.80	1.60	2.20
DZ120KSA	120	64	1050	775	—	320	11600	2.95	1.65	2.30

表 24-4　上海振中 DZP 系列变频免共振电动振动桩锤的参数

型号	电动机功率/kW	偏心矩/(kg·m)	最大振动频率/(r/min)	最大激振力/kN	最大空载振幅/mm	最大空载加速度/(×g)	允许拔桩力/kN	振动质量/kg	总质量/kg	外形尺寸 长×宽×高/(mm×mm×mm)
DZP45	45	25	1150	370	8.9	13.0	200	2800	3820	1190×1100×2340
DZP60	60	37	1100	500	9.8	13.5	200	3744	5109	1370×1250×2395

续表

型号	电动机功率/kW	偏心矩/(kg·m)	最大振动频率/(r/min)	最大激振力/kN	最大空载振幅/mm	最大空载加速度/(×g)	允许拔桩力/kN	振动质量/kg	总质量/kg	外形尺寸 长×宽×高/(mm×mm×mm)
DZP90	90	47	1050	580	10.2	12.1	250	4560	6160	1523×1250×2330
DZP90KS	45×2	52	1000	580	9.7	10.8	250	5370	7190	2390×1420×2060
DZP120	120	71	1000	800	13.8	12.9	400	5195	7190	1720×1310×2640
DZP120KS	60×2	71	1000	800	8.3	9.3	400	8610	11780	3120×1690×2540
DZP150	150	97	970	1030	14	14.9	400	6900	8800	1975×1425×3061
DZP180	180	250 / 150	660 / 850	1210	25.7 / 15.4	12.8	600	9700	12800	1980×1500×3570
DZP240	240	300 / 220	690 / 810	1620	21.7 / 15.4	11.1	800	14280	19100	2190×1730×4040
DZP240KS	120×2	140	1000	1600	8.3	9.3	800	17220	21500	3585×1746×3470
DZP300	300	400 / 300	660 / 760	1950	19.0 / 14.3	9.3	1200	21010	27200	2320×1963×4580
DZP500	500	580 / 480	680 / 750	3000	20.5	10.6	1200	28300	35900	2580×2241×5185
DZP600	300×2	560	750	3500	19.5	12.1	1400	28725	32640	3060×1910×6690

表 24-5　上海振中、浙江振中 EP（DZJ）系列偏心矩无级可调电动振动桩锤的参数

型号	电动机功率/kW	偏心矩/(kg·m)	振动频率/(r/min)	激振力/kN	空载振幅/mm	允许拔桩力/kN	振动质量/kg	总质量/kg	最大空载加速度/(×g)	外形尺寸 长×宽×高/(mm×mm×mm)
EP60	45	0~21	1200	0~340	0~6.6	180	3180	4050	10.8	2370×1650×1100
EP80	60	0~36	1100	0~490	0~7.0	220	4340	5150	11.2	2530×1710×1200
EP120	90	0~41	1100	0~560	0~8.0	250	5100	6300	10.9	1520×1265×2747
EP120KS	45×2	0~70	950	0~710	0~7.8	400	9005	10860	7.9	2580×1500×2578
EP160	120	0~70	1000	0~780	0~9.7	400	7227	8948	10.8	1782×1650×2817
EP160KS	60×2	0~70	1030	0~830	0~6.0	400	11830	16520	7.0	2740×1755×2645
EP180	135	0~77	1000	0~860	0~10.7	400	7190	8900	12.0	3420×1930×1350
EP200	150	0~77	1100	0~1040	0~10.2	400	7660	9065	13.5	1963×1350×3520
EP240	180	0~150	860	0~1240	0~13.3	600	13320	16640	11	2450×1630×3850
EP240KS	90×2	0~120 / 0~180	960 / 780	0~1230	0~6.7 / 0~10.0	600	17870 / 17980	22630	6.9 / 6.8	3350×2066×3187
EP270	200	0~300	660	0~1460	0~21	600	14280	17000	10.2	6540×1650×1730
EP320	240	0~300 / 0~220	690 / 810	0~1610	0~18.4 / 0~13.5	900	16280 / 15800	21500 / 21100	10.0 / 10.2	2490×1730×3660
EP320KS	120×2	0~180 / 0~240	880 / 750	0~1560 / 0~1510	0~8.5 / 0~10.7	900	21170 / 22470	26070 / 27370	7.4 / 6.7	3350×2066×3187
EP400	300	0~400 / 0~300	660 / 760	0~1950	0~18.5 / 0~14.0	900	21600 / 21000	28300 / 27700	9.0 / 9.2	2697×1880×4710

型号	电动机功率/kW	偏心矩/(kg·m)	振动频率/(r/min)	激振力/kN	空载振幅/mm	允许拔桩力/kN	振动质量/kg	总质量/kg	最大空载加速度/(×g)	外形尺寸 长×宽×高/(mm×mm×mm)
EP550	400	0~300	820	0~2250	0~13.8	900	21500	28700	10.2	2697×1880×4710
		0~400	700		0~18.1		22100	29200	8.9	
EP650	240×2	0~580	680	0~3000	0~18.0	120	32000	40100	9.4	3250×2160×5255
		0~480	750		0~15.0		31700	39800	9.5	
EP800	300×2	0~560	750	0~3500	0~15.9	180	35200	48300	9.9	3350×2160×5350
EP1100	400×2	0~560	820	0~4200	0~15.7	180	35700	49700	11.8	3350×2160×5350
EP1300L	240×4	0~1160	680	0~6000	0~14.3	360	81000	108000	7.4	3010×4300×8900
EP1600L	300×4	0~1120	750	0~7000	0~12.0	360	93000	120000	7.5	3540×4310×6050
EP1600	600×2	0~1129	750	0~7000	0~18.1	360	61670	90850	11.3	5655×2240×5360

表 24-6　上海振中 YZPJ 系列无级调频调矩液压振动桩锤的参数

型号	偏心矩/(kg·m)	最大转速/(r/min)	激振力/kN	空载振幅/mm	最大空载加速度/(×g)	最大拔桩力/kN	最大流量/(L/min)	最大压强/MPa	最大液压功率/kW	振动质量/kg	总质量/kg
YZPJ50	0~8	2400	0~530	0~4.0	26.3	180	200	31.5	105	2000	2850
YZPJ50A	0~14	1800	0~510	0~4.1	15	200	266	23	102	3400	4200
YZPJ80	0~22	1800	0~800	0~4.8	17.4	450	343	28	160	4600	5850
YZPJ100	0~46	1400	0~1000	0~6.7	14.9	600	463	28	216	6718	8470
YZPJ150	0~68	1400	0~1500	0~7.6	16.7	900	642	28	300	9000	11540
YZPJ200	0~92	1400	0~2000	0~9.1	20.1	1200	797	31.5	418	9946	12980

表 24-7　欧美几种主要液压振动桩锤的参数

项目	单位	荷兰 ICE			美国 ICE			美国 APE		
		815C	1412C	28RF	44B	V360	18ZR	100	200T	600
偏心矩	kg·m	46	110	0~28	51	130	0~18	25	60	230
激振力	kN	1250	2300	0~1624	1844	3720	0~1044	783	1788	4952
频率	r/min	1570	1380	2300	1800	1600	2300	400~1650	400~1650	400~1400
总质量	kg	8550	13250	7100	5647	11750	3160	3583	7483	17236
长	cm	270	268	264.7	246	244	164	223	256	432
宽	cm	92	108	55.2	55	107	50	35.5	35.5	91.4
高	cm	325	468.7	337.6	254	379	220	173	226	259

24.5　振动桩锤的选型及应用

使用振动桩锤对钢管桩、钢板桩、H 型钢桩等现成桩材进行打入或拔出施工时，要事先就下面几项进行充分的调查、检讨、分析，判断其适用性。

1）施工现场及地形。

2）气象及海相条件。

3）周边环境条件。

4）对象桩的形状大小、质量及构造形式（如锁口形状、锁口数量等）。

5）地层土性及基于标准贯入试验的标贯数 N 值。

6）振动沉桩时作用在桩上的力和桩的应力的关系。

7）工期及施工时间。

24.5.1　振动桩锤的选型

24.5.1.1　振动沉桩的条件

在满足沉桩所需必要的振幅条件下，通过振动桩锤的振动，将作用于桩的静力阻力（静侧阻力和静端阻力）减小为动力阻力（动侧阻力和动端阻力）。在同时满足振动桩锤的激振力大于桩动侧阻力和包含桩、夹具在内的振动桩锤全装备重量大于桩动端阻力的条件下，桩下沉才成为可能（图 24-22）。

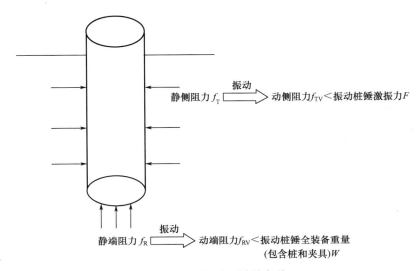

图 24-22　振动沉桩的条件

振动沉桩条件要素如下。

（1）必要的振幅（实际振幅与临界振幅的关系）

桩的振沉和拔出存在经验上的最小必要振幅值。基于设定的振动频率和地质条件，按照经验，这些最小必要振幅可以确定为临界值。表 24-8 中为这些最小必要振幅即临界振幅 A_0 的参考值。

表 24-8　最小必要振幅 A_0 参考值（mm）

地质条件		砂质土				黏性土			
		松 $N \leqslant 10$	中等 $10 < N \leqslant 30$	密 $30 < N \leqslant 50$	极密 $N > 50$	极软 $N \leqslant 1$	柔软 $1 < N \leqslant 4$	中等 $4 < N \leqslant 8$	坚硬 $8 < N \leqslant 20$
振动频率	$f \leqslant 15\text{Hz}$ （$n \leqslant 900\text{r/min}$）	3	5	7	8	4	5	6	7
	$15\text{Hz} \leqslant f \leqslant 25\text{Hz}$ （$900\text{r/min} < n \leqslant 1500\text{r/min}$）	3	4	5	6	2	3	4	5

振动桩锤振动桩时产生的振幅值必须不能比振动沉拔桩所必要的临界振幅值小，此关系用公式表示为

$$A_V \geqslant A_0 \tag{24-8}$$

式中　A_V——振动桩锤振动桩时的振幅值（mm），其计算公式为

$$A_V = (K \times 10^3)/m \qquad (24-9)$$

式中　K——振动桩锤的偏心矩（kg·m）；

　　　m——总振动质量，即振动桩锤的振动质量和夹具、桩的质量之和（kg）。

（2）必要的激振力（激振力和摩擦阻力的关系）

桩在贯入土中后，静止时桩和土之间存在某种大小的静态摩擦力。

桩在振动桩锤的激振力作用下会产生稳定的调和振动，这种调和振动又传递到和桩接触的土粒子。土粒子的振动会使粒子间的内部摩擦力减小，即激振力作用前存在的静侧摩擦力转变为动侧摩擦力（动侧阻力）而急速减小。

由于桩在土中的振动属于阻尼振动，为使桩获得稳定的调和振动，振动桩锤的激振力必须比桩与土之间存在的动侧阻力大，此关系用公式表示为

$$F > f_{TV} \qquad (24-10)$$

式中　F——振动桩锤的激振力（kN）；

　　　f_{TV}——桩的动侧阻力（kN），其计算公式为

$$f_{TV} = U \sum L_i f_i \mu_i \qquad (24-11)$$

式中　U——桩的外周长（m）；

　　　L_i——桩的入土深度（m）；

　　　f_i——各土质层的桩侧表面摩擦力度（kN/m²），见表24-9；

　　　μ_i——由振动加速度决定的各土质桩表面摩擦阻力的减小率，其计算公式为

$$\mu_i = \delta_i + (1-\delta_i)e^{-\beta a} \qquad (24-12)$$

式中　δ_i——基于经验的振动，各土质的土粒子间结合力的减小系数；

　　　e——自然对数的底；

　　　β——依据经验的表面摩擦阻力减小系数（钢桩$\beta=0.52$）；

　　　a——振动加速度a_V与重力加速度的比值，计算公式为

$$a = a_V/g \qquad (24-13)$$

$$a_V = F/m \qquad (24-14)$$

各土质条件的减小系数δ_i参见表24-10。

表24-9　表面摩擦力度参考值

土质类别	砂质土	粉土、淤泥土、黏土
表面摩擦力度	2N	5N

注：N为各土质层标贯击数的平均值。

表24-10　减小系数（δ_i）

土质	砂质土	粉土、淤泥土	黏质土
δ_i	0.05	0.06	0.13

（3）必要的重量（重量和桩端阻力的关系）

振动沉桩时，桩会给予桩顶端相接触的土层冲击，使得土粒子间的结合力降低，使沉桩变得容易。

但是桩的振幅过小，桩端的微小振幅振动压密桩顶端的土，反而会使土的压缩强度变大，导致桩更不容易下沉，这种情况应该引起注意。

此外，直径较小的钢管桩贯入承载层时，把被压缩的土闭塞于管内顶端部分，使桩的端阻力增大，甚至使桩无法沉入指定深度。

虽然振动使桩端的静阻力转变为动阻力，从而使桩的端阻力减小，但桩能否下沉还涉及桩、振动锤全装

备的重量能否足以抵抗桩的端阻力。因此，桩、振动锤全装备的重量与端阻力的关系必须满足如下关系：

$$W > f_{RV} \tag{24-15}$$

式中　W——振动桩锤、夹具、桩的总重量（kN）；

　　　f_{RV}——桩的动端阻力（kN），计算公式为

$$f_{RV} = f_R \cdot e^{-\alpha\sqrt{I}} \tag{24-16}$$

$$f_R = \sigma_i N_i A_i \tag{24-17}$$

式中　f_R——桩的静端阻力（kN）；

　　　α——桩端阻力减小系数，对于钢桩，$\alpha = 0.0208$；

　　　σ_i——各土质的桩端阻力系数（kN/击数），见表 24-11；

　　　N_i——桩端土层的标贯击数平均值；

　　　A_i——桩端的有效截面面积（m^2）。

$$I = K\omega \tag{24-18}$$

式中　I——振动桩锤的振动冲量（kg·m/s）；

　　　K——振动桩锤的偏心矩（kg·m）；

　　　ω——角速度（s^{-1}），计算公式为

$$\omega = 2\pi f \tag{24-19}$$

式中　f——振动桩锤的振动频率（Hz）。

表 24-11　桩端阻力系数（kN/击）

符号	土质情况	系数
σ_1	砂质土	4×10^2
σ_2	粉土、淤泥土	8×10^2
σ_3	黏质土	

（4）必要的功率（电动机额定功率与实际消耗功率的关系）

对于振动桩锤，功率是主要的参量。施工所选的振动桩锤功率过大而负载不足，会使效率低、耗能大，所选的振动桩锤功率过小又容易使负载过大而无法使用，甚至电动机被烧坏。通常认为，如实际负载为额定负载的 0.6～0.8 倍，无论从设备使用效率还是从设备使用寿命等方面考虑，均是最合理的。但地下情况千变万化，异常复杂，用振动桩锤沉桩时遇到的复杂地层实际负载往往变化很大，所以根据勘察的地质情况，结合沉桩要求，合理地选配振动桩锤是非常重要的。

振动桩锤实际消耗的功率由两部分组成：一部分是振动桩锤本身消耗的，即使振动桩锤空载运转，振动桩锤也要消耗能量；另一部分是振动桩锤带着桩振动下沉过程中克服土的阻力做功而消耗的能量，这部分能量是主要部分，也是直接用于打桩的部分。把这两部分消耗的功率分别用 P_{V1}、P_{V2} 表示，总消耗功率用 P_V 表示，则

$$P_V = P_{V1} + P_{V2} \tag{24-20}$$

振动桩锤额定功率对电动振动桩锤来说就是电动机的额定功率，设额定功率为 P_0，则实际消耗的功率 P_V 与额定功率 P_0 的关系为

$$P_V \leqslant 1.5 P_0 \tag{24-21}$$

式（24-21）表明，电动振动桩锤在使用时可以超载，但一般不得超载 50%。

电动机实际输出功率可表示为

$$P_V \approx 1.3 I_A U \times 10^{-3} \tag{24-22}$$

式中　P_V——电动机实际输出功率（kW）；

　　　I_A——电动机的电流强度（A）；

U——电动机的电压（V）。

所以，根据安装在电控箱中电流表、电压表的读数可知电动机实际输出功率的情况。

24.5.1.2　振动桩锤的选型要素

选择一种合适的振动桩锤对于在既定工况下打桩起着决定性作用。如果选择电动机功率过小的振动桩锤打桩，会出现桩打不下去或者沉桩过程很慢的情况；反之，若选择电动机功率过大的振动桩锤打桩，其相对能耗大，不能达到经济、环保的理想效果。那么，振动桩锤如何选型才能使其最大限度地发挥功效，既能快速有效沉桩又能做到低能耗？

振动桩锤的选型一方面取决于桩的参数和土质情况，其中的决定性因素有三个，即临界振幅、静侧阻力和静端阻力，另一方面也与振动桩锤的参数有着密不可分的联系，这些参数主要有振动桩锤的偏心矩、转速、激振力、振动质量、总质量和额定功率。振动桩锤的实际振幅只有大于或者等于其临界振幅时桩才有可能下沉，这是桩下沉需要满足的振幅条件。桩在振动下沉过程中主要克服的是动侧阻力和动端阻力，只有振动桩锤的激振力大于动侧阻力、振动桩锤的总装备重量大于动端阻力时才能沉桩，这是桩下沉需要满足的动端、动侧阻力条件。当然，为了保证振动桩锤能够安全、有效地施工，其输出功率不得超过额定功率的 1.5 倍。因此，总的来说，振动桩锤的选型主要考虑四大因素，即满足振幅条件、激振力条件、重力条件和实际的能耗条件。

对于振动桩锤的理解可能会存在一些认识误区。例如，转速或频率越高的振动桩锤，打桩的效果就越好，这里所说的效果好主要是指沉桩效率高和能耗低两方面。然而，这不是一个正确的观点。在振动桩锤频率偏大的情况下其偏心矩往往偏小，从而导致振动桩锤的振幅偏小，而在振幅过小的情况下土层往往不能"液化"，或土层的土被振动得更加密实而使桩不能下沉。如果振动桩锤的频率偏小，偏心矩偏大，从而导致振动桩锤的振幅偏大，过大的振幅带来的问题往往是能耗大、振感强。由大量的沉桩经验得知，不同的土层存在不同的谐振频率，只有当振动桩锤的振动频率等同或者接近于土层谐振频率时，才能达到最理想的沉桩效果，即低能耗、高效率。

也有不少人认为振动桩锤的重量越轻越好，这同样是一个认识误区。如果振动桩锤过轻，会导致其总重力小于动端阻力而不能满足沉桩条件，桩不能下沉。如果振动桩锤的重量过重，会导致振动加速度过小及振幅偏小，土也就不能"液化"。因此，振动桩锤的重量大小在沉桩过程中起着不可忽视的作用，在选择时不可盲目取轻或重，应视具体情况而定。

需要指出的是，目前有不少人认为液压振动桩锤优于电动振动桩锤，这实际上也是误区。电动振动桩锤和液压振动桩锤除了驱动方式不同外，电动振动桩锤的特点是重量重、频率低、振幅大，液压振动桩锤的特点是重量轻、频率高、振幅小。正是因为以上不同的特点，在激振力或功率相当的情况下，一般电动振动桩锤更有利于沉桩，而液压振动桩锤更有利于拔桩；电动振动桩锤更有利于在黏性土层中沉拔桩，而液压振动桩锤更有利于在砂性土层中沉拔桩；电动振动桩锤更有利于在桩端面积大的情况下沉桩，而液压振动桩锤更有利于在桩端面积小的情况下沉桩；电动振动桩锤更有利于沉重型桩，而液压振动桩锤更有利于沉轻型桩。

因此，需要根据土层地质和沉拔桩的具体情况进行分析比较，并结合性价比合理地选择振动桩锤的锤型。

24.5.2　振动桩锤的应用

24.5.2.1　一般应用

1. 振动沉拔预制桩

预制桩是指桩在工厂预先制造后运输到工地，由专用设备将预制桩沉入地下。

预制桩分为预制钢管桩、预制钢板桩、预制 H 型钢桩及预制混凝土桩。

用振动桩锤沉拔预制钢管桩时一般先用专用双夹头钢管夹具夹住钢管，然后进行沉拔（图 24-23）。

如果钢管桩直径较小（如小于 500mm），就可以在钢管上端焊接如图 24-24 所示的钢板，用装在锤上的单夹头标准夹具进行沉拔桩。

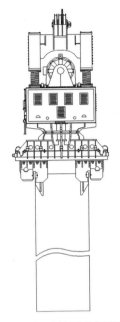

图 24-23　振动桩锤带钢管双夹头
夹具沉钢管桩

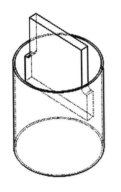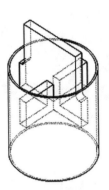

图 24-24　小钢管桩上端焊接钢板

注意：用装在振动桩锤上的夹具振动沉拔的钢桩时，无论是单夹头还是双夹头，其总夹紧力应大于或等于振动桩锤激振力的 1.2 倍。

预制钢板桩有 U 型槽钢桩、U 型拉伸钢桩、Z 型拉伸钢桩及平板形拉伸桩，如图 24-25 所示。

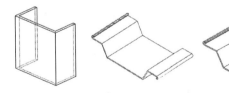

图 24-25　预制钢板桩

U 型槽钢桩、U 型拉伸钢桩及平板形拉伸桩均用单夹头标准夹具进行沉拔桩，Z 型拉伸钢桩应用专用异形双夹头夹具进行沉拔桩（图 24-26）。

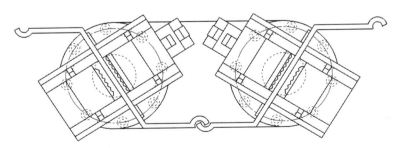

图 24-26　异形双夹头夹具

预制 H 型钢桩应用单夹头标准夹具进行沉拔桩（图 24-27）。

预制混凝土桩可分成预制混凝土管桩（如 PC、PHC 管桩）、预制混凝土方形桩及预制混凝土板桩

（预制混凝土板桩又分为平板桩和 U 型板桩）。用振动桩锤沉拔预制混凝土管桩（PC、PHC 管桩），使用如图 24-28 所示的专用夹具。沉拔预制混凝土板桩也使用专用的混凝土板桩夹具（图 24-29）。

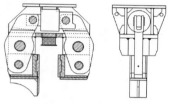

图 24-27　用标准夹具沉拔预制 H 型钢桩　　图 24-28　预制混凝土管桩专用夹具　　图 24-29　预制混凝土板桩专用夹具

2. 振动沉管灌注桩

用振动桩锤可进行振动沉管灌注桩施工。振动沉管灌注桩又分为振动沉管混凝土灌注桩、振动沉管碎石桩和振动沉管砂石桩。振动沉管混凝土灌注桩施工的基本方法：利用振动桩锤将带有锥形活瓣桩尖（图 24-30）的桩管沉入土中，然后将钢筋笼放入管内并予以固定，边灌注混凝土边用振动桩锤振动桩管，并将其拔出孔外，从而形成钢筋混凝土灌注桩。为方便下放钢筋笼，小径（$d < 600\text{mm}$）可用中孔型振动桩锤与桩管通过法兰直接连接沉拔（图 24-31），大径（$d \geq 600\text{mm}$）可用带有双夹头的钢管夹具的振动桩锤通过夹头夹住桩管进行沉拔（图 24-32）。

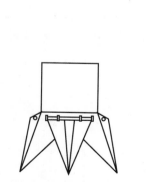
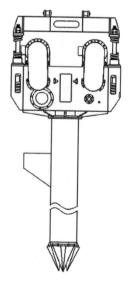
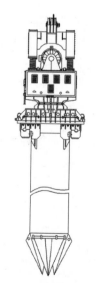

图 24-30　锥形活瓣桩尖　　图 24-31　中孔型振动桩锤与　　图 24-32　振动桩锤与桩管
桩管通过法兰连接　　　　　通过夹具连接

振动沉管碎石灌注桩施工的基本方法：采用振动桩锤将带有锥形活瓣桩尖的桩管沉入土中，并将碎石贯入桩管内，然后边用振动桩锤振动桩管边上拔，直至将桩管拔出（图 24-33）。

振动沉管砂石灌注桩施工基本方法：用振动桩锤将带有锥形活瓣桩尖的桩管沉入土中，并将砂石灌入桩管内，然后封闭桩管，注入高压空气，边用振动桩锤振动桩管边上拔，将砂石挤密在土中。这种灌注砂石的方法也称为振动挤密砂桩法（图 24 - 34）。

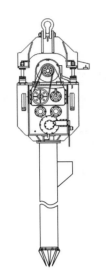

图 24 - 33　振动沉管碎石灌注桩

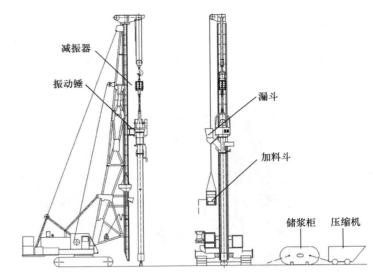

图 24 - 34　振动挤密砂桩法示意图

注意：振动沉管灌注桩由于桩管底部封闭，桩端面积大，端阻力大，振动桩锤宜采用低频大偏心矩的重型锤，必要时还需要加压下沉桩管。

24.5.2.2　振动桩锤多锤联动

随着海洋工程建设的发展，特别是海上人工岛和海上风电工程的开发建设，其基础桩呈现出以下特点：

1）超大化。桩直径超 5m，甚至达 20m，如我国港珠澳大桥项目中人工岛建设的大圆筒桩直径达 22m，日本大圆筒桩的最大直径达 26m。

2）超深化。海上风电桩基础的持力层深度往往超过 50m，甚至达 100m。

3）超重化。由于这种超大、超深桩的壁厚达 40～80mm，整根桩的重量往往在 500t 以上，甚至达 1000t。

为了使振动桩锤有足够的振幅和激振力下沉超大型桩，就需要非常大的振动桩锤，其功率达几兆瓦以上，外形尺寸达数十米。要制造出如此大的振动桩锤，无论是工厂加工能力还是诸如专用电动机、轴承等配套产品的采购，其难度之大可想而知。即使工厂能制造出这样超大型的振动桩锤，由于超高、超宽、超重，也无法运输到施工场地。为解决这些矛盾及困难，在国外特别是在日本，通常采用振动桩锤多锤联动技术进行施工。

多锤联动就是通过联动技术使多台振动桩锤成为一个大的振动系统，这就要求多台振动桩锤在振动时具有高度的同步性。

在日本，为了解决海上人工岛和围堰工程下沉大圆筒钢管桩的问题，采用若干台相同规格的振动桩锤，按辐向均布在振动圈梁上，相邻的各台用联轴器和万向节连接，确保各锤工作时各转动轴转动（或相位）的同步，如图 24 - 35、图 24 - 36 所示。

在海上风电桩基础施工中，由于受空间位置限制，多锤的联动按平行向布置（图 24 - 37）。

目前国内外联动的振动桩锤大都是偏心矩固定式的。这种偏心矩固定式的振动桩锤的联动技术只能解决多台振动桩锤的转动相位同步的问题，在实际施工过程中还会出现共振现象，超大型振动系统的共振对施工设备特别是对大型起重机会造成很大的伤害，影响其寿命，并给施工安全留下隐患。

目前，上海振中建机科技有限公司采用偏心矩可调振动桩锤进行联动，可完全避免施工过程中

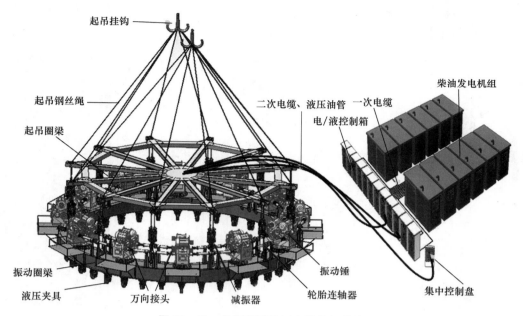

图 24 - 35　多锤联动下沉大圆筒钢管桩

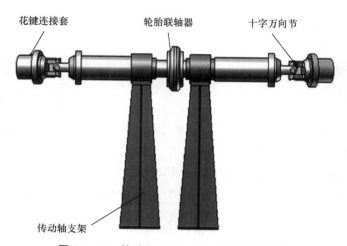

图 24 - 36　转动相位同步的机械连接示意图

出现共振现象。多台偏心矩可调振动桩锤联动技术的关键是偏心转轴的转动同步和偏心矩调整机构的调矩同步。转动同步是将各锤偏心转轴通过联轴器连接，确保各锤在工作时振动相位相同。调矩同步是通过安装在各锤调整机构中的传感器，利用传感技术保证各调整机构调整偏心矩动作的同步性（图 24 - 38）。

24.5.3　振动桩锤新工法

24.5.3.1　振动桩锤吊打工法

1. 施工设备

使用的设备包括免共振振动桩锤 1 套、钢管夹具 1 套、钢管若干节、履带式起重机或汽车起重机 1 台、经纬仪 2 台。

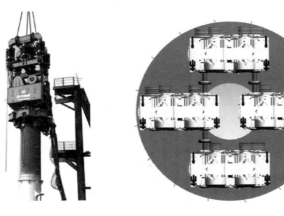

(a) 两锤联动施工图　　　　　(b) 四锤联动概念图

图 24 - 37　多锤联动的情形

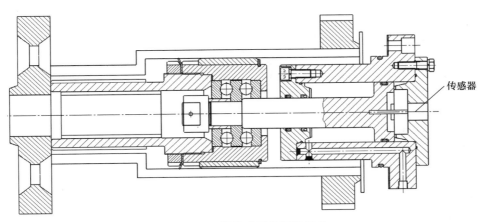

图 24 - 38　带传感器的调整机构

2．施工设备的布置

施工设备的布置如图 24 - 39 所示。

3．工法步骤

（1）定桩位

用定位架准确确定桩位。

（2）吊桩、"喂"桩、夹桩

1）吊机吊起振动桩锤，移动至水平放置在地面上的钢管桩的一端，用两条钢丝绳两端分别以卸扣连接夹具两端吊环和钢管桩一端的吊环。

2）使钢管桩一端着地，另一端随振动桩锤上升，直至垂直立起。

3）稍下放振动桩锤，使钢管"喂"进夹具夹口中。

4）调整垂直度，夹紧夹具。

5）吊机吊起振动桩锤，振动桩锤夹住钢管移到桩位上方。稍下放，使钢管下端放在定位架中，再稍下移，利用重力使钢管桩自沉入土层中。稍松开夹具，重新夹紧，再次调整垂直度。

（3）振动下桩

1）开启振动桩锤（偏心矩调为零），待正常运转后逐渐增大偏心矩。

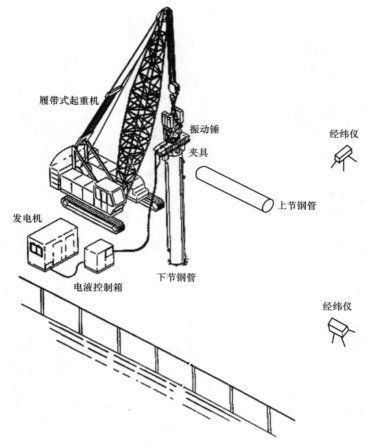

图 24 - 39　施工设备的布置

2）先使振动桩锤以 40％～60％的最大偏心矩振动，保持吊机起吊力为总重的 40％～50％，缓慢释放吊机主钩，钢管开始振动下沉，检查、调整垂直度。

3）增大偏心矩，使振动桩锤以 60％～80％的最大偏心矩振动，同时保持吊机起吊力为总重的 20％～30％，释放主钩，使钢管继续下沉，检查、调整垂直度。

4）增大偏心矩，使振动桩锤以最大偏心矩振动，同时保持吊机起吊力为总重的 5％～20％，释放主钩，使钢管继续下沉。

5）在钢管将下沉至标高处时用吊机提吊振动桩锤，停止下沉，停止振动桩锤的振动（偏心矩恢复为零），直至振动桩锤停止转动。

6）松开连接振动桩锤与钢管的钢丝绳卸扣，拿掉钢丝绳，松开夹具夹爪，上提振动桩锤，移开钢管，完成钢管的下沉。

说明：

1）如果钢管有多节，在第一节下沉到土中后，用吊机上的振动桩锤吊着第二节钢管与第一节钢管进行竖直对接焊接，对接焊接完成后再开启振动桩锤振动，继续下沉钢管直到标高，完成沉桩作业。

2）振动桩锤吊机带力吊打方法中竖直下沉管桩的垂直度是由重力的作用方向保证的，它对振动桩锤的制造要求很高，即要求振动桩锤的质心、振动中心、悬挂中心在同一竖直线上，只有这样才能使下沉的管桩具有较高的垂直度。

4. 施工实例

振动桩锤吊打工法施工实例如图 24 - 40 所示。

(a) 吊打工法振沉海上风电钢管桩　　(b) 吊打工法振沉大口径PHC管桩　　(c) 吊打工法振沉大口径钢管护筒

图 24 - 40　振动桩锤吊打工法施工实例

24.5.3.2　振动套管长螺旋钻孔成桩工法

1. 施工设备

使用的设备包括免共振中孔型振动桩锤 1 套、中孔钢管夹具 1 套、长螺旋钻机及钻杆 1 套、桩架 1 套、钢套管 1 套。

2. 设备安装过程

1）在安装好的桩架上依次安装钻机动力头、免共振中孔型振动桩锤、中孔钢管夹具（图 24 - 41）。

2）安装钢套管。上升钻机动力头至立柱上端，取适当长度的钢丝绳，其一端的卸扣扣在振动桩锤夹具的吊耳上，另一端的卸扣扣在钢管一端的吊耳上。启动吊振动桩锤的主卷扬机，上移振动桩锤，使钢套管一端支地，另一端被吊起，随振动桩锤上移而上升，直至钢套管至竖直位置并被"喂"进夹具。夹具夹紧钢套管（图 24 - 42）。

3）安装螺旋钻杆。移动桩架至合适位置（桩位或临时位置），稍松开夹具，调整垂直度，重新夹紧夹具。开启振动桩锤，振动下沉钢套管。钢套管下沉至土层中一定深度，停止振动。用桩架副吊吊起一节螺旋管，放进钢套管中，下移钻机动力头，使螺旋管上接头与钻机动力头下接头连接。上移钻机动力头及连接上的第一节螺旋杆至一定高度，再用副吊吊起第二节螺旋管，放进钢套管里。稍下移钻机，将第一节螺旋管下接头与第二节螺旋管上接头连接，按此方法依次连接第三节、第四节螺旋管……直至全部接上（图 24 - 43）。

4）开启振动桩锤，振动上拔钢套管，直至全部拔出（图 24 - 44）。

3. 工法步骤

（1）方法一（相应的步骤示意如图 24 - 45 所示）

1）将组装好的全套桩机移到正式桩位，定好桩位，调整垂直度。

2）开启免共振振动桩锤，使钢套管在振动状态下下沉。

3）开启钻机，转动跟进，将钢套管内的土通过钻机钻进排出。

4）中孔型振动桩锤带着钢套管振沉到规定深度后停止振动。

5）钻机带着钻具也钻进到规定深度，然后边转动边上拔钻杆。

6）将钢筋笼放入钢套管内。

7）向钢套管内灌注混凝土。

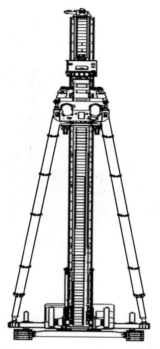

图 24 - 41　在桩架上安装振动桩锤、钻机

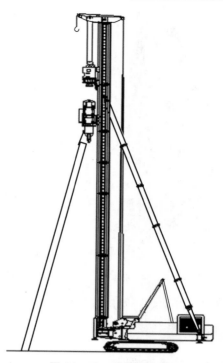

图 24 - 42　安装钢套管

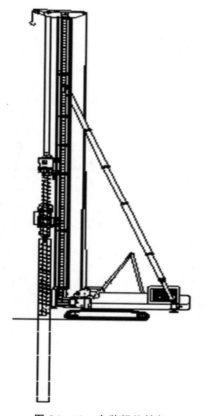

图 24 - 43　安装螺旋钻杆

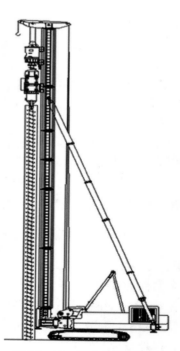

图 24 - 44　振动上拔钢套管

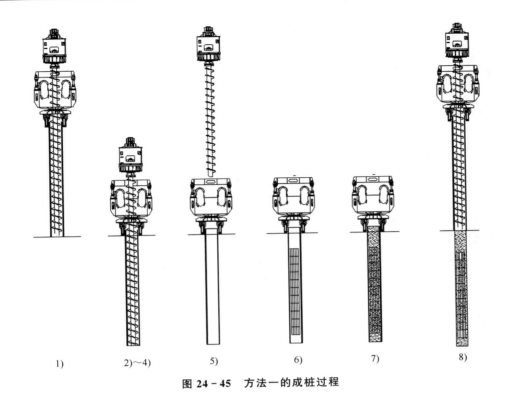

1)　　　　2)~4)　　　5)　　　　6)　　　　7)　　　　8)

图 24 - 45　方法一的成桩过程

8）重新开启振动桩锤，边振动边上拔钢套管，完成桩的施工。

（2）方法二（相应的步骤示意如图 24 - 46 所示）

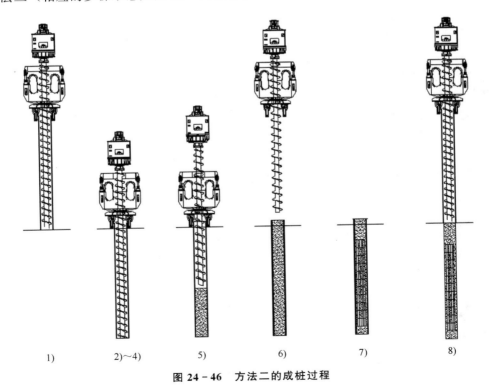

1)　　　　2)~4)　　　5)　　　　6)　　　　7)　　　　8)

图 24 - 46　方法二的成桩过程

1）将组装好的全套设备移到正式桩位，定好桩位，调整垂直度。

2）开启免共振振动桩锤，使钢套管在振动状态下下沉。

3）开启钻机，转动跟进，将套管内的土通过钻机钻进排出。

4）中孔型振动桩锤带着钢套管振沉到规定深度后停止振动。

5）钻机带着钻具钻进到规定深度，然后边转动钻杆上拔边经钻杆内腔管向钢套管内灌注混凝土。

6）松开夹具，提升中孔型振动桩锤，同时提升钻机，并将钻杆移出钢套管。

7）将钢筋笼振入已灌注混凝土的钢套管内。

8）下放中孔型振动桩锤，用夹具重新夹住钢套管，边振动边上拔钢套管，完成桩的施工。

4. 工法特点

1）可用于任何土层，在套管的护壁下可在流砂、淤泥、砂卵石、易塌孔和地下承压水地质条件下顺利成桩。

2）无共振危害，护壁、取土同时进行，成桩效率高。

3）因不用泥浆护壁，避免了大量泥浆制备和处理带来的污染环境、影响施工速度和质量等弊端。

24.5.3.3 内钻振动大直径 PHC 管桩沉桩工法

1. 工法背景

PHC 管桩由于安装快捷、方便，质量稳定，节省施工时间等优点，运用越来越广。目前沉 PHC 管桩的主要施工方法如下：

1）压入法。如静压桩机靠自身重力将 PHC 管桩压入地下。它的优点是静音环保，缺点是设备庞大、笨重，在硬层特别是中粗砂以上的土层压入桩很困难。

2）打入法。用柴油锤或液压锤打击沉入。它的优点是效率高，缺点是噪声、振动大，且在中粗砂以上的土层打入桩很困难。

3）植入法。此方法国外用得较多，在国内施工不多。它是先用钻机钻孔，在孔内灌注水泥浆，再将 PHC 管桩植入孔内。它的优点是非挤土且环保，缺点是施工效率较低，且在寒冷天气由于冻浆无法施工。

4）中掘法。此方法是由日本发明的，它特别适用于大直径的 PHC 管桩的施工。它的优点是非挤土且环保，缺点是设备系统庞大、设备和施工成本高、效率低。

5）振动法。此方法利用振动使桩土阻力减小，在重力作用下达到沉桩目的。它的优点是设备简单，施工效率高，但有振动，影响环保，且一般不能沉入强风化以上的土层。

当今，PHC 管桩在大型工程的基础中的应用越来越多，而大型工程的基础桩往往需要大直径 PHC 管桩，要将大直径 PHC 管桩沉入土层、特别是沉入中粗砂以上的土层，用现有的方法是很困难的，且成本高、效率低。

2. 设备及装置

使用的设备及装置包括免共振中孔型振动桩锤 1 套、中孔 PHC 管桩夹具 1 套、长螺旋钻机及钻杆 1 套、桩架 1 套，如图 24-47 所示。

3. 工法步骤

1）上移钻机和中孔型振动锤，使中孔型振动锤的夹具下端距地面比桩长稍大些。

2）用吊机或桩架副吊将管内插有钻杆的管桩"喂"进夹具，下移中孔型振动锤，使钻杆接头伸出中孔型振动锤，夹具夹紧管桩。

3）下移钻机，使钻机接头与钻杆接头连接。

4）对准桩位，调整竖直度。

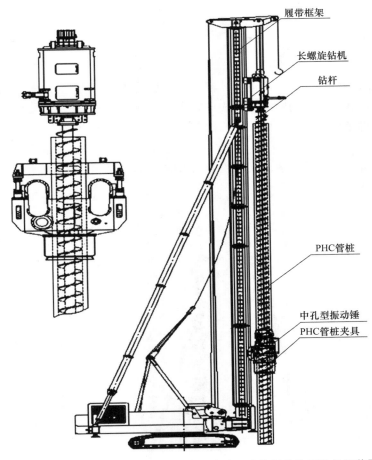

图 24 - 47　内钻振动大直径 PHC 管桩成桩工法使用的施工设备及装置

5）开启振动锤，下沉管桩，再开启钻机，桩管内取土排土。也可先开启钻机转动取土排土，再开启振动锤下沉管桩，或钻机转动取土排土和振动桩锤振动沉管交替进行。

6）管桩下沉至标高处，中孔型振动锤停止振动，钻机继续转动排土，直至钻头钻进管桩内孔底部时钻机停止转动。

7）卸掉钻机与钻杆的连接，松开夹具，上移钻机和中孔型振动锤，使夹具下端口与钻杆接头的距离大于管桩长度。

8）将第二节内插有钻杆的管桩再"喂"进夹具，下移中孔型振动锤，夹具夹紧管桩。

9）使第二节管桩里的钻杆与第一节管桩里的钻杆和钻机接头连接，再下移第二节管桩与第一节管桩连接（使用连接扣或焊接）。

10）开启振动锤，下沉管桩，再开启钻机，桩管内取土排土。也可以先开启钻机转动取土排土，再开启振动锤下沉管桩，或钻机移动取土排土和振动锤振动沉管交替进行。

11）管桩下沉至新标高处，中孔型振动锤停止振动，继续使钻机边转动边上移排土，直至新接上的钻杆下端接头从第二节管桩口出来，钻机停止转动，用凹型板将桩管中的第一节钻杆固定在桩管口。

12）用起重机或桩架副起重机绳索吊住原被接上的第二节钻杆，卸掉该钻杆与钻机和第一节钻杆的连接，将该钻杆吊走。

13）下移钻机，使钻机接头与第一节钻杆上接头连接，钻机边转动边上移排土，直至钻杆从桩管中全部出来，用起重机或桩架副吊绳索吊住第一节钻杆，卸掉该钻杆与钻机的连接，将该钻杆吊走。

14）松开夹具，上移中孔型振动锤，完成共两节管桩的振沉。

说明：如加接第三节、第四节等管桩，则先重复步骤 7）～10）；后按步骤 11）～14）完成多节管桩的振沉。

4．工法特点

1）可用于任何土层，可在流砂、淤泥、砂卵石及易坍孔和地下承压水地质下顺利地成桩。

2）无共振危害，护壁、取土同时进行，成桩效率高。

3）钻机取土取的只是管桩内孔中的土，属部分取土，既能保证足够的侧摩阻力，又减小了全挤土带来的不利影响。

4）不需泥浆等，施工既文明整洁，又不受天气影响。

5．施工实例

施工实例如图 24-48 所示。

图 24-48　内钻振动大直径 PHC 管桩沉桩施工实例

24.5.3.4　振动冲击挤密成孔成桩工法

1．工法背景

近年来，我国沿海地区经济社会持续快速发展，工业化、城镇化进程加快，建设用地、用海需求日益增大，围、填海造地成为沿海地区拓展发展空间、落实耕地占补平衡、促进经济持续较快发展的有效途径。

围、填海造地后进行工程建设，基础加固及桩基础施工是重要的基础工程。目前，在围、填海造地后的工程建设用地上进行桩基础施工的设备与方法主要有：

1）冲击钻法。该方法设备简单，但施工效率很低，且需要泥浆护壁和泥浆排渣，泥浆污染大。

2）全套管回转钻机法。该方法设备投入大，施工效率低，费用高。

3）旋挖钻机法。该方法设备投入大，施工效率低，设备损耗费用高。

4）双动力气动潜孔锤凿岩钻机法。该方法设备投入大，施工成本高，费用高，尘土污染大。

可见，在围、填海造地上打桩施工是很不容易的，且存在设备投入大、施工效率低、环境污染等问题。本节拟提供一种施工费用低、效率高、无环境污染的新工法。

2. 设备与装置

使用的设备与装置包括中孔型振动冲击锤 1 套、中孔式夹桩器 1 套、冲击双套管（内套管下端是实心锥体）1 套、履带或步履桩架 1 套，如图 24-49 所示。

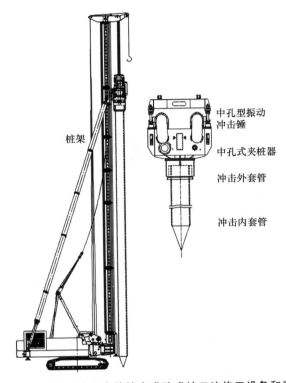

桩架　　　　中孔型振动冲击锤　　　中孔式夹桩器　　　冲击外套管　　　冲击内套管

图 24-49　振动冲击套管挤密成孔成桩工法施工设备和装置

3. 工法步骤

1）按图 24-49 装配施工设备和装置。

① 连接中孔型振动冲击锤和中孔式夹桩器，并将它们装置在桩架上。

② 将冲击内管套在冲击外管上。

③ 将套在一起的冲击双套管上端吊起，"喂"进中孔式夹桩器中，并用夹桩器同时夹住内外套管。

④ 移动桩架，对准桩位，调整垂直度。

2）开启振动冲击锤，通过振动冲击作用使内外冲击套管下沉到标高位置。

3）停止振动冲击，松开夹桩器，开启卷扬机，将冲击内管从外管中拔出。

4）在外管内插入钢筋笼，灌注混凝土。

5）下移中孔型振动冲击锤，中孔式夹桩器夹抱住冲击外套管，开启振动冲击锤，使冲击外套管在振动状态下被上拔，直至全部拔出，完成混凝土灌注桩的施工；同时，冲击外套管在上拔时又重新使冲击内套管与冲击外套管套在一起。

4. 工法延伸

1）该振动冲击套管方法也可用于在卵石层成孔成桩。

2）该振动冲击套管方法也可用于回填土层地基的加固改良，可在外管中灌注碎石，通过振动冲击挤密回填土和碎石，达到密实回填层的目的。

3）该振动冲击套管方法作为能在抛石回填层、卵石层等复杂地层高效率、低成本成孔成桩的方法，还可结合长螺旋钻机、旋挖钻机等在成孔护壁的外套管中施工更深层的长桩，所施工的桩既可以是灌注桩也可以是埋入式桩。

5．施工实例

振动冲击套管挤密成孔成桩施工实例如图 24－50 所示。

图 24－50　振动冲击套管挤密成孔成桩工法实例

24.5.3.5　双管振沉灌注桩工法

1．基本原理

用振动桩锤夹具夹住下端开口的内、外钢管一起振动，使土的阻力减小，重力克服土的阻力，将内、外钢管一起沉入土中。由于内、外钢管间隙小，且下端开口，土基本上都进入内管，而内、外管间几乎无土。

静拔内管时，由于内管中的土与管内壁间的静摩擦力作用能平衡土的重力，内管中的土在静拔时不会被倒出。

振动内管，内管中土的摩擦力减小而不能平衡重力，在重力的作用下，土从内管中被倒出。

2．设备及装置

使用的设备及装置包括偏心矩无级可调电振动桩锤、钢管夹具、内外钢套管、打桩架或起重机，如图 24－51 所示。

3．工法步骤

（1）夹双管

将内管套在外管中，用夹桩器夹住内外管（内外管间隙为 10～20mm）。

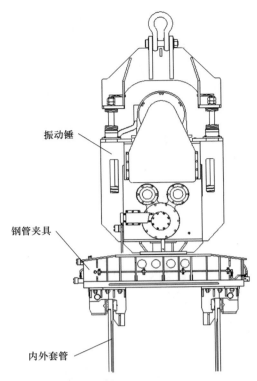

振动锤

钢管夹具

内外套管

图 24－51　双管振沉灌注桩工法施工设备及装置

（2）振沉双管

开启振动桩锤，将内外管下沉入土层中，至距标高约 50cm 时，减小偏心矩（一般减小一半），降低钢管下沉速度，以保证下端土层充分密实，振动 1～2min 后关停振动桩锤（这个过程也叫振动收锤）。

（3）静拔内管

变化夹桩方法，使夹桩器仅夹住内管，开动卷扬机，使振动桩锤在无振动状态下上拔内管，直到完全拔出，关停卷扬机（内管下口距外管上口 500～1000mm）。由于内管中的土与内管内壁间的静摩擦力作用，内管中的土在静拔内管时不会被倒出。

（4）内管排土

移动桩架或起重机，使内管移开外管口，开动振动锤振动，使内管中的土在振动状态下不断排出，直到全部土都排出。

（5）放钢筋笼、灌混凝土

将排空土的内管放在外管中，用起重机或桩架副吊竖直吊起钢筋笼放入内管；在内管中灌注混凝土，直至灌满。

（6）振拔双管

用夹具夹住内外管后，开启振动桩锤，在振动状态下上拔出内外管（根据外管外径与内管内径的差值，估算体积差，在振动上拔过程继续补灌进一定量的混凝土），即完成了灌注桩的施工。

4. 双管振沉施工埋入式桩

双管振沉埋入式桩施工示意如图 24－52 所示，具体施工步骤如下：

1）定桩位中心点。

2）桩架就位。

3）将带有专用夹具的振动桩锤固定在桩架顶部。

4）用专用夹具牢固地夹住内外钢管顶部。

5）开启振动桩锤，将内外管同时振沉至桩端持力层。

6）静力拔出内管，外管仍留在桩孔中。

7）内管移位，用振动桩锤振动卸除挤入内管的土块和土粒。

8）将内管再次插入外管中。

9）将水泥浆或水泥土浆注入内管。

10）将底部封闭的预应力管桩或预应力空心方桩插入内管并固定。

11）用夹具夹住内外管，开启振动桩锤，边振动边拔出内外管。

12）继续注浆，充填因拔出内外管造成的空隙，完成植桩。

13）桩架、夹具、振动桩锤及内外管等移至下一个桩位。

该工法为高承载力埋入式桩，为预应力管桩或预应力空心方桩开创了一种新的工法，扩展了其应用范围。

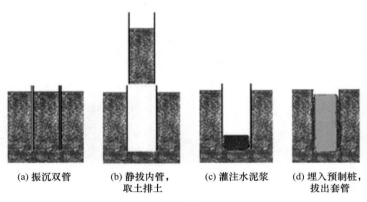

(a) 振沉双管　　(b) 静拔内管，　　(c) 灌注水泥浆　　(d) 埋入预制桩，
　　　　　　　　　　取土排土　　　　　　　　　　　　　　拔出套管

图 24 - 52　双管振沉埋入式桩施工示意图

5. 双管振沉定向挤密扩底桩

双管振沉定向挤密扩底桩施工示意如图 24 - 53 所示，主要施工步骤如下：

1）振沉双管 [图 24 - 53（a）]。

2）内管取土，静拔内管后振动排土 [图 24 - 53（b）]。

3）内管重新放进外管中。

4）固体填充料或干硬性混凝土投放在内管管底 [图 24 - 53（c）]。

5）落锤，反复夯击固体填充料或干硬性混凝土，形成扩大头 [图 24 - 53（d）]。

6）放钢筋笼，灌注混凝土，振拔内外管，形成扩底桩 [图 24 - 53（e）]。

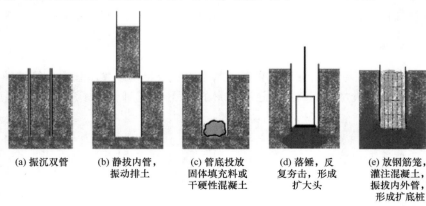

(a) 振沉双管　　(b) 静拔内管，　　(c) 管底投放　　　(d) 落锤，反　　(e) 放钢筋笼，
　　　　　　　　　　振动排土　　　　固体填充料或　　　复夯击，形成　　　灌注混凝土，
　　　　　　　　　　　　　　　　　　干硬性混凝土　　　扩大头　　　　　振拔内外管，
　　　　　　　　　　　　　　　　　　　　　　　　　　　　　　　　　　形成扩底桩

图 24 - 53　双管振沉定向挤密扩底桩施工示意图

6. 用双管振沉法清除旧桩或断桩

用双管振沉法清除旧桩或断桩的施工示意如图 24 - 54 所示，主要施工程序如下：

1）用专用夹具牢固地夹住内外钢管顶部。

2）内外管对准旧桩或断桩位，开启振动桩锤，将内外管同时振沉，并使旧桩或断桩全部进入内管 ［图 24 - 54（a）］。

3）关停振动，静力拔出内管 ［图 24 - 54（b）］。

4）内管移位，用振动桩锤边振动边上提，旧桩或断桩从内管中被排出 ［图 24 - 54（c）］。

5）将内管再次插入外管中。

6）将干拌砂土注入内管。

7）用夹具夹住内外管，开启振动桩锤，边振动边拔出内外管，完成旧桩或断桩的清除。

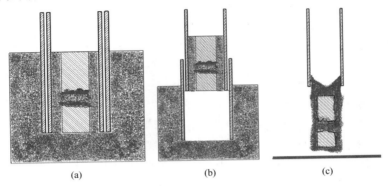

(a)　　　　　　　　(b)　　　　　　　　(c)

图 24 - 54　双管振沉清除旧桩或断桩

24.6　振动桩锤的使用与维护保养

24.6.1　振动桩锤的使用

1. 选择合适的振动桩锤

对于需要振动桩锤打桩的工程，选择合适的振动桩锤是很重要的。根据地质条件和桩的尺寸、要求、深度，可以参照本章 24.5.1 节有关振动桩锤的选择要点对选择的振动桩锤进行校核。

2. 供电容量的确定

为了使振动桩锤能够正常工作，足够的供电容量是不可缺少的。为了顺利启动和满足沉桩中的短时超载，对于普通振动桩锤，供电容量必须在振动桩锤电动机额定功率的 3 倍以上，即如果是一台 60kW 以上的振动桩锤，则专用的发电机组应当在 180kW 以上，如果是由变压器供电，则变压器的容量减去其他负荷占用的容量后应在 180kW 以上。而对于 EP 型可调偏心矩免共振振动桩锤，由于零负载启动，供电容量为振动桩锤电动机额定功率的 2 倍即可。

除了供电容量，施工地点距变压器或发电机组的距离对振动桩锤的正常工作也有较大的影响。其主要原因是，由于远距离输电时电缆上的电压降增加，振动桩锤电动机实际的电压不足，这种情况在启动时和电动机负荷大时就会明显表现出来。在非工作状态下，振动桩锤一端的电压可能是完全正常的，而当一启动或电动机负荷一增加，电压就迅速降低，以致无法启动。一般来说，供电距离在 100m 以内为佳。

根据电动机的功率可选择合适的电缆，参见表 24 - 12。

表 24-12　电缆要求的横截面面积（mm²）

电动机功率/kW	电力变压器至控制箱的距离		电动机功率/kW	电力变压器至控制箱的距离	
	100m	200m		100m	200m
60	35	50	180	90	120
90	50	70	240	120	150
120	50	70	300	150	180
150	70	90	—	—	—

24.6.2　振动桩锤的维护保养

1. 维护保养工作的主要注意事项

在对施工机械进行维护时，应注意所有适用的安全守则。对机器设备进行充分保养可以最大限度地确保重要部件的工作可靠性，延长其使用寿命。相对未遵照保养说明而引发的故障而言，保养需要做的工作和花费的时间是微小的。

1）在开始保养工作时将机器放在平坦、坚实的地面上。

2）在进行保养工作前彻底清洁机器。

3）在液压系统上进行保养工作之前先将管路卸压。

4）对电气系统的保养必须由专业电工进行。

5）对位置较高的零部件进行保养时，应使用安全可靠的登高平台或踏脚。

6）将流出的润滑油和液压油收集起来，不要让它们渗入地下或流入下水道或河道，应以环保的方法进行处置。

2. 液压系统保养的注意事项

在液压系统维护期间，清洁是至关重要的。要确保没有污物或其他不洁物质进入系统内，否则细小的颗粒会将阀体拉毛，造成阀或油泵咬死。

1）如果每天在检查油位时发现油位下降，应检查所有管路和液压件上是否有泄漏。

2）如有泄露，应将外部泄漏处立即封住，如有需要则应通知相关的服务部门。

3）在拧开接头、油箱盖之前先将其和周围表面清洁干净，以防污物进入。

4）在没有必要时不要将液压油箱的加油口敞开，应关上，以防止污物掉入。

5）添加液压油时需使用过滤器将油加入，以保证液压油的清洁度。

3. 润滑油和液压油

选择合适的润滑油和液压油，并且按时定期更换，这对提高相关零部件的使用寿命和确保振动桩锤工作可靠是至关重要的。表 24-13 为振动桩锤推荐使用的润滑油和液压油。

表 24-13　推荐使用的润滑油和液压油

部位	燃油或润滑油	用量	更换周期
激振器	N-200 工业齿轮油	按照油位刻度指示，DZP90 约为 17kg，DZP120 约为 30kg	初次换油时间间隔为 40h，以后间隔 300h 换油一次
液压油箱	N-46 抗磨液压油	按照油位刻度指示	1000h
导套起吊滑轮 加压滑轮 导向滑轮	钙基润滑油脂	视需要	每班

4. 初次运行使用说明

新机器或经过大修后的机器初次投入使用时，除了规定的日常保养工作以外，还必须进行以下保养工作：

1）在完成第一根桩的作业后检查皮带张紧程度，必要时进行张紧；

2）在工作 40h 后更换激振器内的润滑油。

5. 保养表

按表 24 - 14 中的项目对振动桩锤进行保养。在进行保养工作的同时也要在此期间进行间隔时间更短的各项保养项目。

表 24 - 14　保养表

编号	保养项目	备注
	每隔 8 个工作小时	
1	检查振动桩锤各个零部件连接的螺栓是否有松动，若有松动，按螺栓的额定拧紧力矩将其拧紧	并采取适当的防松措施
2	向导向座尼龙套、加压滑轮、起吊滑轮、导向滑轮和耐振电动机上的各个润滑点及滑轮槽内注钙基润滑油脂	视需要适量
3	检查激振器体内润滑油的油位	通过油位镜检查
4	检查液压操纵箱内液压油的油位	通过油位观察窗检查
5	检查电缆线连接是否有松动，压板是否压紧，以及是否有损伤。若有松动，将其紧固；若导线有损伤，用绝缘胶带包扎后再用聚氯乙烯胶带缠扎；若损伤严重则需更换	—
6	检查液压胶管接头是否松动漏油，胶管是否有损伤。若有松动漏油，将其拧紧或更换密封圈；若胶管损坏则更换	—
7	检查电动机传动三角胶带是否因磨损打滑，若有打滑则进行张紧	—
8	检查电动机传动三角胶带的状况，若胶带表面有损坏和裂缝，则进行更换	—
9	检查操纵控制箱仪表板（Ⅱ）上的液压油回油滤清器，"堵塞"报警指示灯是否点亮报警，若灯亮则清洗滤清器	—
	每隔 300 个工作小时	
1	更换激振器体的润滑油	每年至少一次
2	清洗液压油箱内的进油和回油滤清器	每年至少一次
	每隔 1000 个工作小时	
1	更换液压油箱内的液压油	每年至少一次

注：关于操纵控制箱、变频器和耐振电动机的维护保养，请参阅并按相关使用说明书的规定进行。

6. 张紧和更换电动机传动三角胶带

必须在振动桩锤停机并切断电源后才能进行此项工作，否则可能会发生人身伤害事故。

（1）张紧三角胶带

若检查发现电动机传动三角带打滑，应进行张紧工作，步骤如下：

1）将桩锤从振动桩架上下放到地面，切断电源，或从起重机上下放到固定支架上，并切断电源。

2）用 S75 扳手分别松开耐振电动机底脚上的固定螺母。只需松开若干圈，不必取下。

3）用四根 M30×150～200 长的六角头顶紧螺栓，拧入电动机底脚上的四个 M30 螺孔。

4）均匀地拧四根顶紧螺栓，将电动机均衡地从箱体安装台上顶起，从而将皮带张紧。

5）测量电动机底脚与箱体安装面之间的间隙 δ。

6）将适当厚度的调整垫片塞入此间隙中。

7）松开并取下四根螺栓。松螺栓时注意四根螺栓应交替地旋松后取下。

8）重新拧紧电动机底脚上的固定螺母，拧紧扭矩应符合下文表 24 - 15 中规定的螺栓额定拧紧扭矩。

（2）更换三角胶带

若三角胶带磨损严重或有损伤裂缝，则必须及时更换。建议整组更换并进行选配，同组三角胶带长度基本相同，并注意以下几点：

1）新的三角胶带必须与原装三角胶带为同一型号规格，不得混用不同型号的胶带。

2）检查新的三角胶带，其表面必须完好无损，橡胶层没有老化。

3）更换时必须使用专用工具，不准以任何钢筋、钢丝绳等作为工具，以防损伤三角胶带。

更换三角胶带的方法（图 24 - 55）如下：

1）拆下皮带轮罩壳，取下旧的三角胶带。

2）拆下被动皮带轮的压板螺栓和压板。

3）将自制的专用工具（长柄杠杆）用螺栓固定在被动皮带轮的轴端上。

4）套入新的三角胶带。

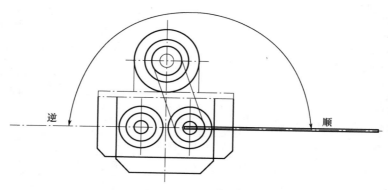

图 24 - 55 更换三角胶带的方法

5）用长柄杠杆带动皮带轮及偏心块旋转约 180° 后，将三角胶带的上部套入主动皮带轮槽内，并将三角胶带的下半部分卡入被动皮带轮槽内，用头部圆滑的钢钎卡入槽内，以防胶带滑出。

6）转动长柄杠杆，回复到原水平位置。由于钢钎随皮带轮和三角胶带同时转动，三角胶带就顺利滑入槽内。

专用工具（长柄杠杆）如图 24 - 56 所示。

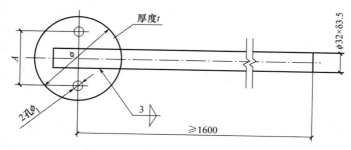

图 24 - 56 长柄杠杆（单位：mm）

注：法兰板尺寸（ϕ，ϕ_1，t 和 A）与被动皮带轮的轴端压板相同

说明：

1）按图 24 - 55 所示，将三角胶带装入后，先将杠杆按逆时针方向转动 180°，待胶带初步卡入被动皮带轮后，再将杠杆按顺时针方向转动，直至三角胶带全部卡入槽内。

2）三角胶带和钢钎之间要垫厚 1～1.5mm 的橡胶板，以防损伤三角带。

3）在转动长柄杠杆时，由于箱体内的偏心块同时转动，操作人员不得松手，以防杠杆随偏心块被动回转而发生将人击伤的意外事故。

4）工作时禁止将手放入皮带槽内和三角胶带的下方，以免轧伤手指。

7. 更换激振器体内的润滑油

由于只能在工作温度下更换润滑油，为此让振动桩锤空运转一段时间，待油温上升后再换油，且勿将旧油放干净。收集排放出来的润滑油，并以环保的方式处置。

换油步骤如下：

1）将一合适的容器置于放油口的下方。

2）拧下加油口（通气口）螺栓。

3）拧下放油塞及密封垫圈，放掉并收集所有的润滑油。

4）在润滑油放完后，清洁放油塞和垫圈，然后重新拧上并拧紧。

5）拧下油位镜，并从加油口加入润滑油，直到有油从油位孔溢出为止。润滑油的规格及用量参见表 24 - 13。

6）将油位镜和加油口螺栓及垫圈清洗干净，并重新拧紧。

7）使机器试运转数分钟，检查是否有渗漏油。若加油太多，也会引起振动轴承过热。

注意：若是新机器或旧机大修使用 40 个工作小时后初次换油，在将旧的润滑油放净以后，应将激振器体两边的侧盖打开，将箱体内底部的油污、尘埃、金属粉末清理干净，再重新装妥侧盖。在装侧盖时应检查密封垫是否完好无损。

在空运转 60min 以后，激振器体内的润滑油的固体污染清洁度应符合《振动桩锤》（JB/T 10599—2006）的规定。

8. 螺栓的额定拧紧扭矩

螺栓的额定拧紧扭矩见表 24 - 15。

表 24 - 15　螺栓的额定拧紧扭矩

螺栓尺寸	拧紧扭矩/(N·m)		
	8.8 级	10.9 级	12.9 级
M8	25	35	45
M10	50	75	83
M12	88	123	147
M14	137	196	235
M16	211	300	358
M18	290	412	490
M20	412	578	696
M22	560	785	942
M24	711	1000	1200
M27	1050	1480	1774

续表

螺栓尺寸	拧紧扭矩/(N·m)		
	8.8级	10.9级	12.9级
M30	1420	2010	2400

注意：螺栓的强度等级印在螺栓的六角头部。

9. 机器的贮存

需要长期贮存的振动桩锤应放在干燥、通风、防晒、防蚀的场所，并定期检查。电液操作控制箱应放在通风、干燥、防蚀的室内，且只能正立安放，室内不得堆放易燃、易爆和有挥发腐蚀性气体的杂物。因电液操作控制箱内装有变频器，若该机器暂不使用，为了使产品能够符合生产公司的保修条件以及日后便于维护，贮存时务必注意下列事项：

1）必须置于无污垢、干燥的环境。

2）贮存环境的温度必须为−20℃～+65℃。

3）贮存环境的相对湿度必须为0～95％，且无结露。

4）避免贮存在含有腐蚀性气体、液体的环境中。

在振动桩锤维修时必须先切断电源，并在醒目的地方放上警示牌，严禁他人通电和启动。在高处作业时应系上安全带。

10. 故障诊断表

振动桩锤常见故障及其诊断见表24-16。

表24-16 振动桩锤常见故障及其诊断

故障	可能原因	排除方法
电动机不运转，振动桩锤不振动	(1) 电源未接通 (2) 保险丝烧坏 (3) 电缆线断线或接线松脱 (4) 电源容量不足 (5) 变频器失灵 (6) 电动机烧坏	(1) 接通电源 (2) 更换保险丝 (3) 更换电缆线，拧紧接线 (4) 按说明书要求提供电源容量 (5) 联系生产厂售后服务部门维修 (6) 更换电动机或请生产厂修理
电动机转速太低，振动桩锤振动微弱	(1) 电压太低，电缆线过长或过细，电压压降太大 (2) 变频器电流频率未正确调整 (3) 激振体内加入的润滑油过多 (4) 传动三角胶带过松	(1) 缩短电缆线或更换截面面积较大的合适电缆线 (2) 正确调整电流频率 (3) 按油位排放过多的润滑油 (4) 调节或更换三角胶带
经常烧坏保险丝	(1) 因地基过硬，对桩的阻力太大，引起电流过大 (2) 电源容量不够 (3) 电缆线过长或太细	(1) 放慢卷扬机的绳速或更换使用更大的振动桩锤 (2) 加大电源容量 (3) 缩短电缆线或更换截面面积较大的合适电缆线

续表

故障	可能原因	排除方法
液压夹桩器夹板烧坏	(1) 操作失误，即未先将桩夹紧后再启动桩锤，未将桩锤停止后再松桩 (2) 压力继电器开关失灵，未自动补压 (3) 压力阀失灵，压力过低 (4) 油泵磨损严重，压力打不上去 (5) 电磁阀失灵，位置失控 (6) 远程调压阀失灵，压力调不上去	(1) 更换夹板后，再仔细阅读说明书中相关操作，并按说明步骤正确操作 (2) 更换压力继电开关 (3) 更换压力阀，或进行清洗修理 (4) 更换油泵 (5) 更换电磁阀，或进行清洗修理 (6) 更换远程调压阀，或进行清洗修理
振动轴承温升过大	激振器体内润滑油不足或过多	按油位加入润滑油或排放过多的润滑油
桩锤工作时晃动过大	导向滑轮磨损过大，与桩架立柱导向杆间隙过大	更换导向滑轮，并在导向滚动表面抹上润滑油脂
弹簧立轴晃动大	导向尼龙套磨损过大	更换导向尼龙套，并注入润滑油脂
振动频率不正确	变频器未正确调整	调整变频器电流频率
电磁阀失灵，位置失控	(1) 阀芯咬死 (2) 电线线圈接线松脱或断线	(1) 更换或清洗修理 (2) 重新接线
油泵压力上不去	(1) 油泵磨损 (2) 油太脏，吸油滤清器堵塞，油泵运转时发出尖叫声	(1) 更换 (2) 更换液压油，清洗滤清器
弹簧断裂	(1) 疲劳损坏 (2) 在硬地基施工，拔桩阻力过大时，卷扬机拔桩力过大，绳速太快，造成弹簧压死、超载损坏	(1) 更换新弹簧 (2) 放慢卷扬机绳速，降低拔桩力，或更换更大的桩锤施工
螺栓常松动	未按规定力矩拧紧，无防松措施	按规定力矩拧紧，并采取防松措施

参 考 文 献

[1] 日本振动桩锤工法技术研究会. 振动桩锤工法的设计施工手册 [Z].

[2] 日本建调株式会社. 钢管桩振动下沉计算 [Z].

[3] 邓明权，陶格兰. 现代桩工机械 [M]. 北京：人民交通出版社，2004.

[4] 中华人民共和国质量监督检验检疫总局，中华人民共和国建设部. 振动桩锤（JB/T 10599—2006）[S]. 北京：机械工业出版社，2008.

[5] 中华人民共和国工业和信息化部. 振动桩锤耐振三相异步电动机（JB/T 11680—2013）[S]. 北京：机械工业出版社，2014.

[6] 田广范，等. 振动桩锤新标准解释 [J]. 建筑机械，2007（10）：32－35.

[7] 郭传新. 中国桩工机械现状与发展趋势 [J]. 建筑机械化，2011（6）：16－21.

[8] 沈保汉. 桩基础施工技术讲座第十九讲：振动法沉桩 [J]. 施工技术，2001（11）：44－45.

[9] 曹荣夏. 上海振中 EP400 免共振调幅电振动桩锤 [J]. 建筑机械，2014（8）：44－45.

[10] 曹荣夏. 上海振中 DZP 系列免共振变频振动桩锤 [J]. 建筑机械，2014（10）：50.

[11] 沈保汉. 双管振沉灌注桩 [J]. 工程机械与维修，2015（04 增刊）：257－264.

第 25 章 内夯式沉管灌注桩和非取土复合扩底桩

沈保汉 朱建新 包自成 樊敬亮 陆俊杰

25.1 概 述

工程实践表明，当地基上部为软弱土层或较软弱土层，而在不深处（一般 20m 以内）有一层物理力学性质较好的桩端持力层时，如果采用扩底桩，就能有效地发挥扩底的支承效能，可获得较高的单桩承载力和较好的技术经济效益。因此，扩底桩广泛应用于各类工程基础中。扩底的成形工艺有钻扩、爆扩、振扩、锤扩、压扩、冲扩、夯扩、挖扩及挤扩等十大类型，沉管夯击式扩底灌注桩为其中的一大类。

表 25-1 列出了国内外夯扩桩与沉管扩底桩的类型和基本原理。

表 25-1 国内外夯扩桩与沉管扩底桩的类型和基本原理

桩型		基本原理
国外第一类夯扩桩	打孔灌注桩，麦克阿瑟桩，西方扩底桩，GKN桩，得尔塔桩，维斯特雷顿桩，阿尔法桩，辛普莱克斯桩	用桩锤把底端用桩尖（平板式钢桩尖、预制钢筋混凝土桩尖或铸铁桩尖等）临时封闭的厚壁钢管（带芯轴或内管）打入到设计深度，然后多次拔出，插入和锤击芯轴（或内管），使灌入钢管内的混凝土先后形成扩大头和桩身，最终成桩
国外第二类夯扩桩	福兰克桩，道赛提桩	用落锤锤击投入钢套管内的碎石或干硬性混凝土形成的土塞柱，依靠土塞柱与管壁的摩擦阻力将钢管沉入土中，直至设计深度，然后投入一定数量的混凝土，在桩端锤成扩大头，最后插入钢筋笼，换上轻锤，边灌注混凝土边锤击，边拔出钢管，直至设计桩顶标高，最终成桩
国内夯扩桩	夯扩桩	在锤击沉管灌注桩机械设备与施工方法的基础上加以改进，增加一根内夯管，按照拟定的施工工艺（无桩尖或钢筋混凝土预制桩尖沉管），采用夯扩的方式（一次、二次、多次夯扩与全复打夯扩等）使桩端现浇混凝土扩成大头形，桩身混凝土在桩锤和内夯管的自重作用下压密成形
	全夯式扩底灌注桩	采用双管套合夯击成孔，沉管达到设计深度后拔出内管，在外管内灌注一定高度的混凝土，插入内管并不断锤击内管，使外管内的混凝土夯挤出管外，形成圆柱形扩大头，然后再次拔出内管，灌注桩身混凝土，再插入内管并多次重锤低击，同时不断上拔外管，产生二次挤土效应，最终形成桩身直径比外管管径稍大且混凝土密实的桩
国内沉管扩底桩	锤击振动沉管扩底桩	利用振动锤或振动锤与内击锤的共同作用沉管，达到设计持力层后再用内击锤进行夯击处理，然后吊放钢筋笼，灌注混凝土，振拔桩管，成桩
	静压（振动）沉管扩底桩	通过静压系统将套管（外管）沉至设计标高，用内夯管将管内的混凝土击出管外，形成扩大头，然后灌入桩身混凝土，安放钢筋笼，最后拔出套管，成桩
静压沉管复合扩底桩		用顶压式压桩机将内外套管同时压入到设计深度后提出内管，分批将填充料和干硬性混凝土或低坍落度混凝土投入外管内，再用内管分批将填充料和干硬性混凝土或低坍落度混凝土反复压实，在桩端形成复合扩大头。再次拔出内管，往外管中放置钢筋笼，灌满桩身混凝土。将内管压在桩身混凝土上，继续加压，最后拔出外管和内管，成桩

桩型	基本原理
载体桩（曾称为复合载体桩）	通过柱锤夯击、反压护筒成孔或沉管设备成孔，达到设计标高后分批向孔内填入砖、碎石等填充料，夯实挤密。当达到设计要求的三击贯入度后，再填入干硬性混凝土，夯实，形成载体，然后放置钢筋笼、灌注混凝土，或直接放置预应力管节，成桩

表 25-1 中国内外夯扩桩和沉管扩底桩均存在不同的问题。以夯扩桩为例，该桩型受施工设备和施工工艺的制约：一是施工过程中会产生噪声、振动、柴油锤油烟污染；二是受夯击能量的限制，单桩承载力提高有限，不能适应环保和高承载力的要求，限制和影响了夯扩桩的发展与应用。

江苏中海基础工程研究所朱建新所长经过多年的实践与摸索，在夯扩桩、载体桩和劲性复合桩的基础上先后研发出内夯式沉管灌注桩和非取土复合扩底桩，并获得国家知识产权局发明专利的授权，专利号分别为 ZL200610039707.9 和 ZL201010130246.2。

25.2　内夯式沉管灌注桩

25.2.1　基本原理、特点和适用范围

内夯锤反复夯击外管内的混凝土或填充料，形成扩大头的桩型，称为内夯式沉管扩底灌注桩，又称为内夯式沉管灌注桩，简称内夯桩。

内夯式沉管灌注桩成孔过程中噪声低、振感弱、无油烟污染、无泥浆排放，环保效果好。在夯扩过程中，可通过调整内夯锤的重量与落距提高夯击能量，获得较高的承载力。该工法既可用作抗压桩，也可用作抗拔桩。

通过外管沉拔装置与内夯锤的互相协调作用，既可提高沉拔管的能力，也能解决传统夯扩桩不能穿越硬土层，或硬土持力层混凝土夯扩不出去、外管拔不出来的问题，从而拓展了传统夯扩桩的应用范围。

内夯式沉管灌注桩的直径可采用 400mm、426mm、450mm、480mm、500mm、530mm 和 600mm，成桩深度一般不宜大于 20m。若桩周土质较好，成桩深度可适当加深，但最大成桩深度不宜大于 25m。

内夯式沉管灌注桩的桩端持力层宜选择稍密～密实的砂土（含粉砂、细砂和中粗砂）与粉土、砂土、粉土与黏性土交互层，可塑～硬塑黏性土，稍密～中密砾卵石层及花岗岩残积黏性土。桩端以下持力层的厚度不宜小于桩端扩大头设计直径的 3 倍。当存在软弱下卧层时，桩端以下持力层的厚度应通过强度与变形验算确定。

25.2.2　施工机械与设备

1. 桩架与桩锤

桩架示意图如图 25-1 所示，其具有结构合理、环保、施工方便等特点。由图 25-1 可以看出，机架上装一根竖直设置的滑轨杆，滑轨杆上套装中空振动桩锤，该振动锤与沉管固定连接，沉管内设置内夯锤，内夯锤与提升装置连接。

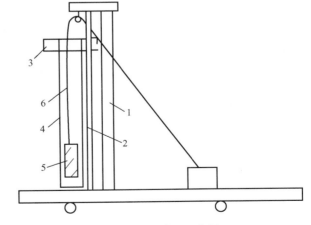

图 25-1　桩架示意图
1. 机架；2. 滑轨杆；3. 中空振动桩锤；4. 沉管；
5. 内夯锤；6. 提升装置

中空振动桩锤可采用 DZ45KS、DZ60KS、DZ75KS 和 DZ110KS 等型号,采用双电动机,功率分别为 2×22kW、2×30kW、2×37kW、2×55kW。桩锤中间开有一个通孔,便于与沉管连接,电动机装置于沉管顶部。

内夯锤有上下两段,上段呈柱体形,下段呈锥体形,上下两段通过螺纹或连接件连接。

2. 桩管(又称沉管、护筒、外管)

桩管可采用直径为 400mm、426mm、450mm、480mm、500mm、530mm 和 600mm 的钢管,相应的内夯锤一般采用直径为 355mm、377mm、426mm、450mm、530mm 的钢柱,二者配套使用。内夯锤质量在 3500~5000kg。

25.2.3 施工工艺

采用外管和内夯锤,通过锤击跟管工艺,交互内夯土体与下沉外管,成孔至设定深度,然后上提内夯锤,在外管内投放填充料(固体填充料、干硬性混凝土或低坍落度混凝拌和料),内夯锤反复夯击填料,形成扩大头,再下放钢筋笼,灌注桩身混凝土,形成带扩大头的钢筋混凝土灌注桩。

1. 施工流程

由图 25-2 可知,采用夯击填充料方式的内夯式沉管灌注桩施工流程如下:

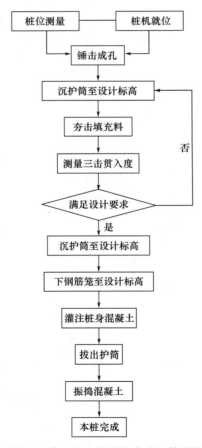

图 25-2 采用夯击填充料方式的内夯式沉管灌注桩施工流程

1)桩位测量。根据桩位图,在施工前进行桩位放样。

2)桩机就位。使护筒(沉管)中心与桩位中心对齐,然后将护筒放置在地面上,并调整护筒的垂直度。

3）锤击成孔。柱锤（内夯锤）在护筒内作自由落体运动，锤击成孔。

4）沉护筒至设计标高以上 600mm。当护筒底端位于桩底标高以上 600～800mm 时，控制柱锤落距，准确地将护筒维持在此标高。

5）夯击填充料。沉护筒至上述标高后提起柱锤，按设定投料量，通过护筒投料孔向孔底分次投入填充料，并进行大能量反复夯击，形成扩大头。

6）测量三击贯入度。扩大头达到密实状态后，柱锤以 6m 落距作自由落体运动，测量三击贯入度。每击贯入度应比前击小或二者相等，三击总贯入度应满足设计要求。如不满足设计要求，则应继续填充填料，夯击至满足三击贯入度要求为止。

7）沉护筒至设计标高。完成干料夯击并使三击贯入度满足设计要求后，将护筒沉至设计标高。

8）下钢筋笼至设计标高。在护筒内放入预制的钢筋笼，测量钢筋笼顶标高，使钢筋笼沉至设计标高。

9）灌注桩身混凝土。从护筒填料口灌入混凝土，一次灌至桩顶标高（含余桩部分）。混凝土充盈系数应≥1。

10）拔出护筒。混凝土灌注完毕后，启动振动锤，将护筒振动拔出。拔管速度应控制在 0.5m/min，同时注意观察钢筋笼是否有位移。在用振动桩锤振拔护筒的同时，对护筒内的混凝土可起到振捣作用。成桩后，将桩机移至下一个桩位。

2. 施工特点

1）采用外管下沉的方式。将外管的内夯锤提起，作自由落体运动，内夯土体，冲剪外管下的土体，形成土体剪切口。此后，采取下列方法之一使外管下沉：① 在自重力下，外管沿土体剪切口下沉；② 启动外管上的加压装置，外管沿土体剪切口加压下沉；③ 启动外管上的振动装置，外管沿土体剪切口振动下沉；④ 同时启动外管上的振动和加压装置，外管沿土体剪切口振压下沉。交互内夯土体和外管下沉步骤，直至外管下沉至设定深度。

2）合理选择内夯锤是保证施工顺利进行的重要因素。内夯锤应根据工程地质条件、桩端持力土层、桩径、桩长、单桩竖向承载力、布桩密度及现场施工条件等因素，通过试成桩合理选择使用。

3）合理选择夯击填充料。填充料是碎砖、碎石、矿渣、卵石、水泥料拌和物、混凝土中的一种或几种。根据工程地质条件、桩端持力层及单桩竖向承载力等因素，填料可分为固体填充料、干硬性混凝土和低坍落度混凝土拌和料。

4）夯扩成形时，施工工艺参数（H、h、c、E、D、V）的正确选择是衡量设计是否合理、施工是否切实可行的重要指标。上述施工工艺参数中，H 为投料高度，h 为护筒上拔高度，c 为夯扩完成时至护筒底的距离，E 为夯扩完成时内夯锤底距护筒底的距离，D 为贯入度（含三击贯入度），V 为填料的体积。通过调整夯实系数（D 和 V）来调整土体的挤密程度，通过调整工艺参数（H、h、c、E、D、V）来调整夯扩头的大小和形状。

5）内夯式沉管灌注桩与夯扩灌注桩的差别见表 25 - 2。

表 25 - 2　内夯式沉管灌注桩与夯扩灌注桩的差别

对比项目	内夯式沉管灌注桩	夯扩灌注桩
设备装置	双锤（内夯锤、振动锤）、单外管	单锤（柴油锤）、双管（外管、内管）
成孔工艺	通过交互内夯土体与外管下沉，成孔至设定深度	通过柴油锤直接锤击套叠的内、外管成孔
扩大头夯扩工艺	内夯锤直接夯击填料，形成扩大头	柴油锤夯击内管下部混凝土，形成扩大头
夯击能量	内夯锤质量在 3500kg 以上，自由落体，锤落距为 8～10m，夯击能量大	柴油锤质量为 2500kg、3500kg，冲程为 2.3～2.5m，夯击能量小

对比项目	内夯式沉管灌注桩	夯扩灌注桩
桩身混凝土成形	在用振动锤振拔外管的同时，对外管内的桩身混凝土起到振捣作用	桩身混凝土在桩锤和内夯管的自重作用下压密成形
环保情况	噪声低、振感弱、无油烟污染	噪声大、振动大、柴油锤有油烟污染

由表 25-2 可以看出，内夯式沉管灌注桩优于夯扩灌注机，主要表现在：

① 前者夯击能量大，可以穿越硬土层，并在硬土持力层中夯扩出扩大头。

② 桩身混凝土在振捣过程中成形，混凝土密实度好。

③ 钢筋笼可以插入扩大头内，可以用作抗拔桩。

④ 成桩过程中噪声低、振感弱、无油烟污染，环保效果好。

⑤ 沉管和拔管方便。

3. 施工要点

（1）施工准备要点

施工前必须进行现场踏勘，着重检查地质报告与现场实际情况是否吻合，对工程现场的地质状况进行认真研究和评估，这是内夯式沉管灌注桩施工的首要条件。在正式施工前，应在相同的地质区域内，在工程桩外进行试打桩施工，以检验桩机的机械性能及确定各项施工参数。成桩机械设备进场前，应保证场地地表土强度特征值满足设备的自重和行走的要求，同时场地坡度、桩中至两侧的最小距离等应满足设备行走的要求。

（2）打桩顺序

打桩顺序的安排应有利于保护已打入的桩不被压坏或不产生较大的桩位偏差。打桩顺序应符合下列规则：可采用横移退打的方式自中间向两端对称进行，或自一侧向另一侧单一方向进行。根据基础设计标高，按先深后浅的顺序进行打桩。根据桩的规格，按先大后小、先长后短的顺序进行打桩。当持力层埋深起伏较大时，宜按深度分区进行施工。当桩中心距大于 4 倍桩身直径时，按顺序作业打桩，否则采用跳打法，以减少相互影响。

（3）成孔施工要点

成孔采取锤击跟管工艺交互内夯土体与外管下沉，成孔至设定深度。当成孔达到设定深度后，提出内夯锤，检查外管下端是否干燥，管内有无水进入。若孔底有水或沉淤，则视不同情况可采取加快沉管速度、用干硬性混凝土封底、用水泥封底或打入预制桩尖等措施止水止淤。

（4）夯击扩大头施工要点

夯击扩大头采取贯入度（或三击贯入度）和填料量双重控制。内夯锤锤出的护筒深度如下：夯击固体填充料为 50～100mm，夯击干硬性混凝土和低坍落度混凝土拌合料为 30～50mm。贯入度的控制一般以试成桩时相应的锤重与落距确定的贯入度为主，以设计持力层标高相对照为辅。

图 25-3 内夯桩（球状扩大头与桩身）

1）通过调整形态系数 $\alpha = h/H$ 来调整夯扩头的大小、形状，其中 α 在 $[0, 1]$ 取值，形成纺锤状夯扩头。

2）通过调整形态系数 $\alpha \in (H, h, c)$ 调整夯扩头的大小、形状，其中 H 为 2.0～3.6m，h 为 1.0～1.8m，c 为 0.15～0.25m，形成柱状夯扩头。

3）通过调整形态系数 $\alpha \in (E, D, V)$ 调整夯扩头的大小、形状，其中 E 为 0.05～0.15m，$D \leqslant 0.3m$，$V \geqslant 0.5m^3$，形成球状夯扩头（图 25-3～图 25-5）。

图 25 - 4　内夯桩的球状扩大头

图 25 - 5　用作抗拔桩的内夯桩

（5）桩身混凝土施工要点

桩身混凝土的配合比应符合设计要求，坍落度控制在 120～140mm。原材料投量允许偏差：水泥为 ±2％，砂石为 ±3％，水、外加剂为 ±2％。桩身混凝土采用振捣法成形，具体做法为：桩管内灌满混凝土后，先振动 5～10s，再开始拔管。应边振边拔，每拔 0.5～1m 停 5～10s，但保持振动。如此反复，直至桩管全部拔出。拔管速度在一般土层中以 1.2～1.5m/min 为宜，在软弱土层中应控制在 0.6～0.8m/min。在拔管过程中，桩管内应至少保持高 2m 的混凝土，或不低于地面，可用吊铊测量。桩管内混凝土的高度不足 2m 时要及时补灌，以防混凝土中断，形成缩颈。要严格控制拔管速度和高度，必要时可采取短停拔（0.3～0.5m）、长留振（15～20s）措施，严防缩颈或断桩。当桩管底端接近地面标高 2～3m 时，拔管应尤其谨慎。充盈系数应按试成桩时各类土的参数，结合工程桩施工的实际情况决定，一般宜按下列情况予以控制：淤泥质土、素填土和杂填土，混凝土灌注的充盈系数宜控制在 1.3～1.4；流塑状淤泥土可适当增大；其他土层，混凝土灌注的充盈系数宜控制在 1.2～1.3。

（6）钢筋笼制作要点

钢筋笼加工制作时应采用焊接连接。定位箍宜设在主筋内侧，与主筋焊接。主筋不宜设弯钩，以免阻碍混凝土的下坠和外挤。

4．施工注意事项

1）施工现场主要道路必须进行硬化处理。

2）移桩机就位，调整护筒垂直度，其垂直度偏差不大于 1％。

3）放置钢筋笼时用水平仪测量其标高，确保钢筋笼顶标高在允许误差范围内。提升护筒时，观察钢筋笼是否有竖向位移。钢筋笼制作完成后，复测主筋直径、长度及箍筋间距，确保其在误差范围内。运输吊放过程中严禁高起高落，以防弯曲、扭曲变形。

4）测三击贯入度时严禁带刹车和离合，测量要细致、准确，如实记录测量数据。

5）成桩过程中随时观测对邻桩的影响，发现邻桩水平及竖向位移超过 30mm 则停止夯击。

6）成桩过程中应随时观察地面的隆起，当隆起超出规范要求（大于 50mm）时应立即停止施工，报告技术人员解决。

7）当相邻桩施工互有影响时应跳打基桩。

25.3　非取土复合扩底桩

25.3.1　基本原理、施工流程和适用范围

非取土复合扩底桩是由以水泥土桩作为外层桩与以内夯式沉管扩底灌注桩作为内芯桩组成的非取土内夯式劲性复合扩底桩，简称水泥土内夯扩桩或非取土扩底桩。其施工流程如下：

759

1）在设定桩位上形成水泥土桩（图25-6）。

2）用内夯锤交互内夯水泥土体与外管，下沉至设定深度。

3）上提内夯锤，按设定投料量投放混凝土于孔内，内夯锤反复夯击非取土孔内的混凝土，形成扩大头，夯扩成形。

4）提出内夯锤，放置钢筋笼，灌注桩身混凝土。

5）拔出外管，桩成形（图25-7）。

图25-6　在设定桩位上形成水泥土桩　　　　图25-7　桩成形

图25-8所示为非取土复合扩底桩施工流程示意图。

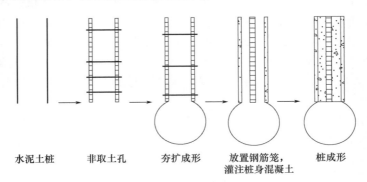

水泥土桩　非取土孔　夯扩成形　放置钢筋笼，　桩成形
　　　　　　　　　　　　　　灌注桩身混凝土

图25-8　非取土复合扩底桩施工流程示意图

水泥土桩是各种工法形成的干湿水泥土桩，作为外层桩，包括深层搅拌桩和粉喷桩。

水泥土桩的成桩方法可分为深层搅拌法（以下简称湿法）和粉体喷搅法（以下简称干法）。水泥土搅拌法适用于处理正常固结的淤泥与淤泥质土、粉土、饱和黄土、素填土、黏性土及无流动地下水的饱和松散砂土等地基。当地基土的天然含水量小于30%（黄土含水量小于25%）、大于70%或地下水的pH小于4时不宜采用干法。

选用水泥土桩应进行拟处理土的室内配比试验。针对现场拟处理的最弱层软土的性质，选择合适的固化剂、外掺剂及其掺量，为设计提供各种龄期、各种配比的强度参数。

湿法的加固深度不宜大于20m，干法不宜大于15m。水泥土搅拌桩的桩径不应小于500mm。

25.3.2　深层搅拌机

我国常用的陆上作业的深层搅拌机的技术参数见表25-3。

表25-3　几种类型深层搅拌机的技术参数

技术参数	SJB-Ⅰ	SJB-Ⅱ	SJB-22D	SJB-37D	DSJ-Ⅱ	SJ22	SJ37	PH-5
电动机功率/kW	2×30	2×40	22	2×18.5	22或30	22	37	37
搅拌头直径/mm	2×700	2×700	600	700	500(400~700)	—	—	500

技术参数	SJB－I	SJB－Ⅱ	SJB－22D	SJB－37D	DSJ－Ⅱ	SJ22	SJ37	PH－5
搅拌轴数	2	2	1	1	1 或 2	1	1	1
搅拌转速/(r/min)	43	43	46	45	59	57	57	71.3～24.4
额定扭矩/(N·m)	2×6400	2×8500	4560	7500	—	3320	5600	2900～8600
最大施工深度/m	12	18	15	18	22	15	15	20
一次处理面积/m²	0.710	0.710	0.283	0.483	—	0.200	0.500	0.200
喷注介质	浆液	浆液	浆液两用	浆液两用	浆液	浆液	浆液	喷粉

以 DSJ－Ⅱ型单轴深层搅拌机为例，喷浆型深层搅拌机主要由变速器、旋转接头、搅拌轴、搅拌头及叶片、导向滑块、限位器、卷扬机、机架、移动走管、配电盘等组成，配套设备有水泥浆拌和机、储浆筒、可调灰浆量的灰浆输送泵、送浆橡胶管等。

25.3.3　水泥土搅拌法施工步骤

主要施工步骤如下：

1）搅拌机械就位、调平。

2）预搅下沉至设计加固深度。

3）边喷浆（粉）边搅拌提升，直至预定的停浆（灰）面。

4）重复搅拌，下沉至设计加固深度。

5）根据设计要求，喷浆（粉）或仅搅拌提升，直至预定的停浆（灰）面。

6）关闭搅拌机械。

水泥土搅拌桩施工前应根据设计进行工艺性试桩，数量不得少于 2 根。当桩周为成层土时，对相对软弱的土层应增加搅拌次数或增加水泥掺量。固化剂宜选用强度等级为 32.5 级及以上的普通硅酸盐水泥。

水泥掺量宜为被加固湿土质量的 12%～20%。湿法的水泥浆水灰比可选用 0.45～0.55。外掺剂可根据工程需要和土质条件选用具有早强、缓凝、减水及节省水泥等作用的材料，但应避免污染环境。

25.3.4　深层搅拌法（湿法）施工要点

1）施工前应确定灰浆泵输浆量、灰浆经输浆管到达搅拌机喷浆口的时间和起吊设备提升速度等参数，并根据设计要求通过工艺性成桩试验确定施工工艺。

2）所使用的水泥都应过筛，制备好的浆液不得离析，泵送必须连续。拌制水泥浆液的罐数、水泥和外掺剂的用量及泵送浆液的时间等应有专人记录。喷浆量及搅拌深度必须采用经国家计量部门认证的监测仪器自动记录。

3）搅拌机喷浆提升的速度和次数必须符合施工工艺的要求，并应有专人记录。

4）当水泥浆液到达出浆口后，应喷浆搅拌 30s，在水泥浆与桩端土充分搅拌后再开始提升搅拌头。

5）搅拌机预搅下沉时不宜冲水，当遇到硬土层、下沉太慢时方可适量冲水，但应考虑冲水对桩身强度的影响。

6）施工时如因故停浆，应将搅拌头下沉至停浆点以下 0.5m 处，待恢复供浆时再喷浆搅拌提升。若停机超过 3h，宜先拆卸输浆管路，并清洗。

25.3.5　粉体喷搅法（干法）施工要点

1）喷粉施工前应仔细检查搅拌机械、供粉泵、送气（粉）管路、接头和阀门的密封性、可靠性。

送气（粉）管路的长度不宜大于 60m。

2）水泥土搅拌法（干法）喷粉施工机械必须配置经国家计量部门确认的能瞬时检测并记录出粉量的粉体计量装置及搅拌深度自动记录仪。

3）搅拌头每旋转一周，其提升高度不得超过 16mm。

4）搅拌头的直径应定期复核检查，其磨耗量不得大于 10mm。

5）当搅拌头到达设计桩底以上 1.5m 时，应立即开启喷粉机，提前进行喷粉作业。当搅拌头提升至地面下 500mm 时，喷粉机应停止喷粉。

6）成桩过程中因故停止喷粉，应将搅拌头下沉至停灰面以下 1m 处，待恢复喷粉时再搅拌、提升。

非取土复合扩底桩的内芯桩为内夯式沉管扩底灌注桩，有关该桩的基本原理、特点、施工机械与设备、施工流程、施工特点、施工要点及施工注意事项见 25.2 节的相关内容。

图 25-9 所示为非取土复合扩底桩，图 25-10 为挖出来的非取土复合扩底桩，图 25-11 为非取土复合扩底桩的施工工地，图 25-12 为成桩后的开挖现场。

图 25-9　非取土复合扩底桩
注：外层为水泥桩，内层为内夯扩底桩

图 25-10　挖出来的非取土复合扩底桩

图 25-11　施工工地

图 25-12　开挖现场

25.3.6　非取土复合扩底桩与夯扩桩、载体桩和劲性复合桩的比较

1. 与夯扩桩的比较

1）水泥土中打入内夯桩是对内夯桩的延伸和发展，其成孔过程噪声低、振感弱，无油烟污染，无泥浆排放，环保效果好，时效性好，工效高。在水泥土外桩未完全凝固时，内桩迅速成孔，内夯扩大头载体时仅存在短暂的深层振动。

2）成孔过程中通过调整水泥土搅拌法的参数可大幅提高桩侧阻力。

3）水泥土具有较好的握裹能力，提高桩身抗水平荷载的能力，使其水平承载力大幅提高。

4）夯扩过程中，可通过调整内夯锤的重量与落距提高夯击能量，从而大幅度提高桩端阻力。

5）通过外管沉拔装置与内夯锤系统的互相协调作用，既可提高沉拔管能力，也能解决传统夯扩桩不能穿越硬土层，或硬土持力层混凝土夯扩不出去、外管拔不出来的问题，从而拓展了传统夯扩桩的应用范围。

6）既可用作抗压桩，也可用作抗拔桩。

2. 与载体桩的比较

水泥土中打入载体桩是对载体桩的发展和延伸，非取土扩底桩除具备载体桩的优点以外，还具有如下特点：

1）非取土扩底桩可大幅提高桩侧阻力。载体桩的承载力主要来源于载体，桩侧阻所占比例比较小，不参与计算，仅作为安全储备，而非取土扩底桩由于外桩（水泥土桩）的存在，桩侧阻增加明显，这在很大程度上提高了单桩抗压和抗拔承载力。

2）非取土扩底桩的单桩水平承载力显著提高。水泥土外桩施工后，内夯式沉管的压入挤密了桩周水泥土、桩周土体及桩端水泥土，加上外桩对内桩的"握裹"约束作用，不但提高了桩身的抗压能力，也显著提高了桩的水平承载能力。

3）非取土扩底桩施工质量更易控制。因水泥对加固土层的稳固作用，避免了施工过程中可能造成的径缩，且该技术施工速度快，施工质量易保证，尤其在上部存在淤泥层的地区具有很高的应用价值。

4）非取土扩底桩在腐蚀性地质条件的地区优势凸显。因水泥土外桩对钢筋混凝土内桩的保护作用，桩体具有抗腐性能，耐久性好，在沿海地区尤为适用。

3. 与劲性复合桩的比较

与同条件的劲性复合桩［见天津市工程建设标准《劲性搅拌桩技术规程》（J 10469—2004）］相比，非取土复合扩底桩的扩底技术可大幅提高桩端承载力，从而提高其单桩的承载力。

非取土扩底桩施工效率更高。劲性复合桩内芯桩和外层水泥土桩施工的时间间隔有限制，内芯桩宜在外层水泥土桩施工后 6～12h 内施工。若间隔时间过长，内芯桩便插不进外层水泥土桩中。另外，若采用普通静压桩机施工内芯桩，过早施工则受场地地面承载力要求的制约，过晚施工则施工效率低。非取土扩底桩则克服了以上缺点。实践证明，内芯桩在水泥土外层桩施工后 4d 内施工均可保证施工质量。由于内芯桩施工机械自重小，移动便捷，施工效率要远远高于劲性复合桩。

4. 非取土复合扩底桩的局限性

非取土扩底桩是在夯扩桩、载体桩、劲性复合桩的基础上传承与发展的结果，但也存在一定的局限性，如施工过程中对周边建筑物和地下管道有一定的挤土效应，地下水位较高时，尤其是在有承压水地区，成桩时有一定困难。

25.4 非取土复合扩底桩工程应用实例

1. 工程实例 1

江苏某工地，18 层高层住宅。地层土质如下：①层为杂填土，f_a＝50～60kPa；②层为粉土，f_a＝120～130kPa；③层为粉土，f_a＝150～160kPa；④层为粉砂，f_a＝160～170kPa。设计参数：外层水泥土桩（深层搅拌法），桩径 700mm，桩长 8m，桩端设在第③层粉土中，固化剂采用强度等级为 42.5 的普通硅酸盐水泥，掺入比 λ＝15％。内层桩为内夯式沉管扩底灌注桩，桩身直径 400mm，混凝土强度等级 C25，配筋 6φ12，桩长 8m。单桩极限承载力标准值（试验值）为 2300kN。

2. 工程实例 2

江苏某工地，32 层高层住宅。地层土质如下：①层为杂填土，f_a＝70～80kPa；②层为粉土，f_a＝130～140kPa；③层为粉土，f_a＝150～160kPa；④层为中细砂，f_a＝180～200kPa。设计参数：外层水泥土桩（粉体喷搅法），桩径 800mm，桩长 15m，桩端设在第④层中细砂中，固化剂采用强度等级为 42.5 的普通硅酸盐水泥，掺入比 λ＝15％。内层桩为内夯式沉管扩底灌注桩，桩身直径 500mm，混凝土强度等级 C35，配筋 8ϕ12，桩长 15m，扩大头填料量 V＝1.0m³（H＝5.0m），三击贯入度 15mm，采用填料量和三击贯入度双控。单桩极限承载力标准值（试验值）为 6000kN。

近年来，我国桩基础施工技术呈现新的发展趋势，如环保、低碳、高效、扩底、多种材料、组合式工艺等。朱建新团队通过不断地传承、发展、创新，提出了内夯式沉管灌注夯扩桩（没有噪声的夯扩桩，专利号为 ZL200610039707.9）、非取土复合扩底桩（水泥土内夯扩底桩，专利号为 ZL201010130246.2）、复合桩（劲性复合桩，专利号为 ZL201410088076.4）专利技术，包括设备专利、内夯工艺专利、扩底技术专利，形成了设备、工法组合专利成套技术体系，拓展了桩基础的适用范围。

参 考 文 献

[1] 沈保汉. 桩基础施工技术发展方向 [J]. 工程机械与维修，2015（04 增刊）：24-30.

[2] 沈保汉. 挤土及部分挤土灌注桩的施工 [M] // 《桩基工程手册》编写委员会. 桩基工程手册. 北京：中国建筑工业出版社，1995：683-741.

[3] 沈保汉. 静压沉管灌注桩和静压沉管扩底灌注桩 [J]. 工程机械与维修，2015（04 增刊）：124-131.

[4] 沈保汉. 桩基与深基坑支护技术进展 [M]. 北京：知识产权出版社，2006：771-776.

[5] 沈保汉. 载体桩 [M] // 杨嗣信. 高层建筑施工手册. 3 版. 北京：中国建筑工业出版社，2017：648-657.

[6] 中华人民共和国行业标准. 建筑地基处理技术规范（JGJ 79—2012）[S]. 北京：中国建筑工业出版社，2012.

第 26 章　根 式 基 础

殷永高　余　竹

根式基础是在传统基础周边锚固根键而形成的，其构造由主体结构与水平向构件（根键）组成。按照主体结构的不同，根式基础分为四类：根式钻孔灌注桩基础（外径 1～3m）、根式钻孔空心桩基础（外径 3～6m）、根式钻孔沉管（根式沉井）基础（外径大于 6m）及根式锚碇基础（图 26-1）。其中，根式钻孔灌注桩基础为实心基础，其余为空心结构；根式沉井基础为预制接高下沉基础，其余为现浇基础。根式锚碇基础为组合式结构，由多根根式基础排列组成。系列根式基础可满足不同桩径、不同工程的基础选择。

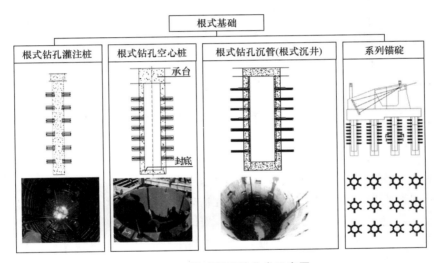

图 26-1　根式基础的分类示意图

26.1　根式基础的受力机理

26.1.1　根式基础的受力模式

根式基础承载效应除桩侧承载力和桩端承载力外，在基础本身"嫁接"水平向的钢筋混凝土根键，利用土体对根键的握裹力和抗力提高基础的稳定性和承载力。它是一种整体扩大的桩，整体刚度大，发挥了基础的尺寸效应。从刚度组合来讲，它是一种刚性体、有限刚度梁（根键）和弹塑性体（土体）的组合，有限刚度梁起到了很好的刚度过渡及应力分配和传递作用。

1. 竖向承载力受力模式

根式基础的竖向承载力包含三部分，即桩身侧壁摩阻力、基础底面承载力和各层根键单元承载力（包括根键侧面摩阻力和根键底面承载力）。竖向荷载下根式基础的受力模式如图 26-2 所示。

根键布置分为等角度的交错布置与非交错布置，如图 26 - 3 所示，前一种布置方式可减小重叠效应，提高土体对根键的整体承载力。

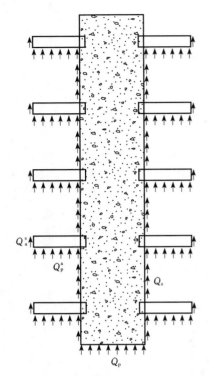

图 26 - 2 竖向荷载下根式基础受力模式

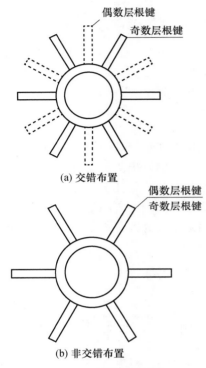

(a) 交错布置

(b) 非交错布置

图 26 - 3 根键布置示意图

2. 水平承载力受力模式

根式基础水平向承载力包含桩身水平承载力和根键产生的水平承载力两部分。桩身水平承载力的受力模式可根据基础刚性或弹性变形性状，参考普通桩基础分析。

根键的水平承载效应考虑基础整体平动和转动。根键锚固于基础侧壁，随基础产生平动或转动，根键周围土体产生不同的反力模式。为计算简便，忽略二者的耦合效应，单独计算根键整体平动和根键转动时各自的根键反力，再将二者求和，即为根键的总水平承载力。

26.1.2 根式基础的破坏模式

根式基础的破坏分为周围土体破坏和基础结构破坏两类。其破坏模式与根键的布置、侧壁土层分布及各土层的力学性能、基础底部土体的性能、桩基础和根键的强度等因素有关。

根式基础的结构破坏包括桩身破坏和根键破坏。基础周围土体的破坏分为竖向荷载作用下的土体破坏和水平荷载作用下的土体破坏，前者包括局部土体塑性破坏、根键及桩体周边土体剪切破坏和整体冲剪破坏，后者包括根键局部土体破坏、根键周围及桩侧土体塑性破坏引起根键或桩体强度破坏两个阶段的破坏。

26.2 根式基础的计算方法

采用荷载传递解析分析法，基于 Winkler 地基模型，考虑桩-土作用的非线性特性，利用剪切位移法和传递矩阵法建立分层土中单桩的荷载-位移传递矩阵。将基础周围土体离散为一个个单独作用的弹簧，然后根据弹性地基上的梁的挠曲微分方程求解桩的位移和内力。考虑到解析方法计算比较复杂，不便于工程设计，本章 26.4.1.2 节仅介绍依据现有的设计规范和《根式基础技术规程》（DB34/T 2157—2014）给出的根式基础承载力的简化计算公式，方便设计使用。

根式基础竖向承载力的发挥包含三个部分，即各层桩单元桩身侧壁的摩阻力、各层根键单元承载力和基础底面承载力，计算公式为

$$Q_{uk} = Q_{sk} + Q_{pk} = u \sum q_{sik} l_i + \psi \sum q_{pik} A_{pi} + q_{pk} A_p \tag{26-1}$$

式中 Q_{uk}——单桩竖向极限承载力标准值（kN）；

      Q_{sk}——单桩总极限侧阻力标准值（kN）；

      Q_{pk}——单桩总极限端阻力标准值（kN）；

      u——主桩桩身周长（m）；

      q_{sik}——桩侧第 i 层土的极限侧阻力标准值（kPa）；

      l_i——桩穿越第 i 层土的厚度，计算时应减去根键段高度（m）；

      q_{pik}——桩身上第 i 层根键处土的极限端阻力标准值（kPa）；

      q_{pk}——主桩底处土的极限端阻力标准值（kPa）；

      A_{pi}——扣除主桩桩身截面面积的根键的水平投影面积（m²）；

      A_p——主桩桩端面积（m²）；

      ψ——根键极限端阻力标准值的修正系数，受根键入土深度、根键分布密度等影响，取值范围为 0.6～0.7。

ψ 的物理意义中包含了所有根键增加的侧摩阻力与根键端阻力的作用。

根式基础的水平承载力主要由桩身水平承载力 R_{ha} 和根键水平承载力 R_{hg} 两部分组成：

$$R_h = R_{ha} + R_{hg} \tag{26-2}$$

其中，桩身水平承载力 R_{ha} 的简化计算可参考普通桩基础。根键水平承载力 R_{hg} 的简化计算公式可由量纲分析方法得出，具体方法可参阅本章参考文献 [6]。

26.3 根式基础的施工工艺

26.3.1 根式基础的施工要求

出于施工装置及根键受力合理化的考虑，目前根式钻孔桩基础桩径的可选范围为 1.5～3.0m。

1. 根式钻孔桩基础的平面形状及尺寸

根式钻孔桩的平面形状一般为圆形，主要依据根键的顶进作业空间及水中基础的水阻截面选择。

桩孔的布置和大小应满足根键施工顶进平台及吊装的需要，桩孔大小应满足一根根键（非对称顶进）或一对根键（对称顶进）及根键顶进装置初始长度、顶进反力支垫等的长度要求。

2. 根式钻孔桩的材料类型、混凝土的强度等级及最小配筋率要求

根式钻孔桩材料可以采用钢筋混凝土（配筋率不应小于 0.2%）、钢材等。桩顶 3.0～5.0m 内设构造钢筋。为防止钢筋骨架在成形或吊装过程中产生过大的变形，一般规定主筋的最小直径不应小于 16mm，且每桩主筋数量不应少于 8 根。为使灌注的混凝土能顺畅地从钢筋笼骨架内溢出，主筋的净距不应小于 80mm，但也不应大于 350mm。

3. 根键的截面形式及尺寸

根据地质及地下水情况，根键可采用等截面或变截面形式。可以选择矩形、梯形、圆形（椭圆形）、

十字形、菱形等基本截面形式。截面尺寸应做到混凝土体积一定时抗弯、抗扭惯性矩的优化，同时做到根键布置形式与具体尺寸的统一匹配。

4. 根键的材料类型、混凝土的强度等级及最小配筋率要求

根键为钢筋混凝土或钢混组合结构，混凝土强度等级不低于 C30，并不低于桩身混凝土的等级。当为钢筋混凝土结构时，根键最小配筋率不低于 1%。根键的材料组合应满足结构受力、工艺要求，局部节点可采用钢混组合结构加强。

5. 根键的布置形式及间距要求

根键上下两层在桩侧成梅花状交错布置。根键布置中心距应满足施工不相互干扰的要求，并尽量使各根键的正面压力分布范围不相重叠或少重叠，一般宜取 0.75～1.5 倍根键悬臂长度。单个根式钻孔灌注桩的根键层数、每层数量应根据具体的承载力要求和地质情况确定。

根键长度应根据钻孔桩的孔径及施工要求确定，即根键长度与施工顶进设备、辅助顶进装置长度之和应不大于桩径，根键孔不应过度削弱桩身的整体性。

6. 根式钻孔灌注桩的整体构造

根式钻孔灌柱桩的构造示意图见图 26-4。

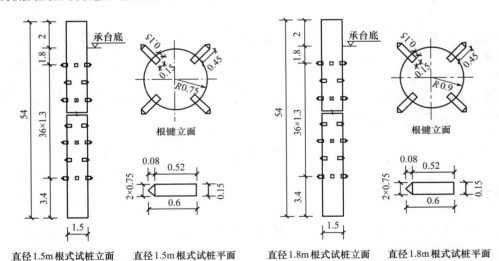

直径1.5m根式试桩立面　直径1.5m根式试桩平面　直径1.8m根式试桩立面　直径1.8m根式试桩平面

图 26-4　根式钻孔灌注桩构造示意图（单位：m）

26.3.2　根式钻孔灌注桩基础施工工艺

26.3.2.1　施工工艺流程

根式钻孔灌注桩基础施工流程见图 26-5。

26.3.2.2　钻进成孔

1. 钻机就位

待钢护筒埋设就位完毕，且经过复测，护筒偏位符合设计及规范要求后，可以进行钻机就位工作。旋挖钻机自行履带移位，在旋挖钻机行进到桩位处时，将钻杆调整竖直就位并锁定，调好钻杆的垂直度。为确保钻头轴线与桩位中轴线重合，采用全站仪进行对中观测和竖直度校正。

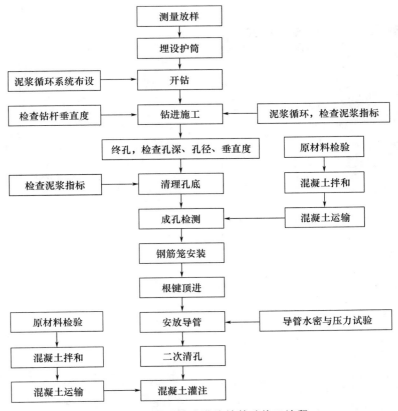

图 26 - 5　根式钻孔灌注桩基础施工流程

2. 钻机钻进

钻孔时先使钻斗着地，通过显示器上的清零按钮进行清零操作，记录钻机钻头的原始位置。此时，显示器显示钻孔当前位置的条形柱和数字，操作人员可通过显示器监测钻孔的实际工作位置、每次进尺及孔深位置，从而进行钻孔作业。

3. 清孔及成孔检测

（1）清孔

清孔是逐步将孔内泥浆中的钻渣包括粒径大于 0.074mm 的颗粒等悬浮物分离出来，并将泥浆稀释，达到稳定性好、相对密度符合清孔阶段泥浆基础配合比要求的状态，同时保证混凝土灌注前孔底沉淀层的厚度满足设计要求。

（2）成孔检测

当钻孔达到设计深度、泥浆指标和沉淀厚度达到设计要求之后，采用超声波探孔仪检测孔深、孔径和垂直度，验收合格后开始进行首次清孔。

26.3.2.3　桩基钢筋笼施工

1. 钢筋笼连接方式及胎架布置

钢筋笼在钢筋棚内加工成形。采用内外胎架结合绑扎工艺及滚轧直螺纹对接工艺进行钢筋笼的对接。

桩基钢筋笼根键以上部位采用胎具加工法（图 26 - 6、图 26 - 7），根键位置钢筋笼采用滚焊机加工。

图 26-6 制作好的钢筋笼长线胎架

图 26-7 钢筋笼胎架验收

2. 钢筋笼的制作

为防止钢筋笼在下放吊装过程中变形，以钢筋制作十字撑作为内支撑，焊接在钢筋加劲衬箍内，钢筋笼下放时逐个拆除（图 26-8、图 26-9）。

图 26-8 制作好的钢筋笼

图 26-9 钢筋笼使用内支撑

3. 钢筋笼接头连接

钢筋笼主筋的连接采用滚轧直螺纹套筒连接工艺。

4. 根键预留孔设置

钢筋笼螺旋钢筋成型后开始进行根键预留孔位的设置。为了便于分辨和统计，将钢筋笼的根键预留的主筋空档分别按照角度编号，预留孔的定位从桩顶钢筋反算孔位开设，将箍筋割除，并加强定位（图 26-10）。

5. 钢筋笼的存放

钢筋笼按要求分节、分类制作好后，也应按要求分节、分类存放。在钢筋笼存放区内沿场区纵向设置半圆弧形混凝土条形基础，以免钢筋笼在存放时发生扭曲（图 26-11）。

6. 钢筋笼的验收和运输

钢筋笼制作完成，验收合格后运输至施工现场，进行对接、下放。在转运时必须设置固定钢筋笼用的型钢支架。

图 26-10　根键预留孔位

图 26-11　钢筋笼的存放

7. 钢筋笼的安装

当成孔并按照规范要求进行孔深、孔径检测，符合要求后，及时下放钢筋笼（图 26-12）。钢筋笼在下放过程中应及时割除笼内的固定支撑。当一节钢筋笼下放至护筒口位置后，将专用托架上的 8 个插销插入钢筋笼加强箍圈位置，待插销受力均匀后，松开起吊钢绳。当最后一节钢筋笼下放接近孔口时，以 4 根钢筋作为吊筋，采用直螺纹与钢筋笼主筋连接，将钢筋笼悬吊于护筒上方，并检查钢筋笼是否对中。

26.3.2.4　根键施工

1. 根键模板

根键模板采用 6mm 钢板制作，考虑拆装方便，采用螺栓连接（图 26-13）。

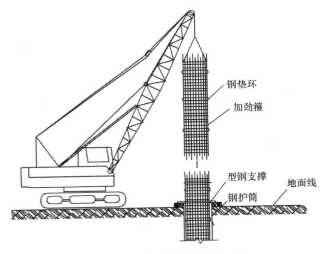

图 26-12　钢筋笼下放示意图

图 26-13　根键模板检查

2. 根键制作与检查

制作根键使用的钢筋及根键成品检查如图 26-14 所示。

图 26 - 14　根键钢筋及成品检查

3. 根键顶进装置

预制成型的根键采用旋挖钻与专用顶进装置配合进行顶进施工。根键顶进装置主要由反力架、千斤顶、锥压件三大部分组成，其中反力架由上顶板、滑台和四根连杆连接而成。根键顶进装置示意图如图 26 - 15 所示。

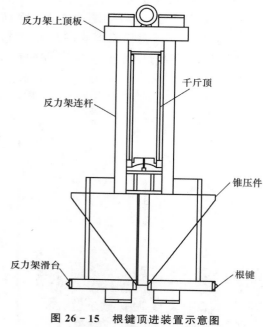

反力架上顶板

千斤顶

反力架连杆

锥压件

反力架滑台

根键

图 26 - 15　根键顶进装置示意图

四个滑台通过加强环形成一体，中间有十字形开槽，槽内放置滑块及根键，滑块卡在滑台的卡槽内，使其只能径向移动。

俯视锥压件为十字形，放置在滑台的十字形开槽内，上端与千斤顶相连，在反力架内可轴向移动。

滑块斜面与锥压件的斜面相切，当锥压件受力、向下移动时将对滑块产生向下及径向向外的两个分力。其中，向下的分力作用在滑台上，通过连杆对上顶板产生向下的作用力，而千斤顶向下顶压锥压件时会对上顶板产生向上的作用力。对反力架而言，此二力为相互平衡的内力，在轴向上形成一自平衡系统。滑块径向向外的分力作用在根键上，将其向外顶出。

小直径自平衡根键顶推设备目前已研发并制作了适用于直径 1.5m、1.8m 及 2.5m 根式钻孔灌注桩的装置。

另外，研发了旋挖钻机一体化顶进装置（图 26 - 16）。目前还研发了钢筋笼根键预留孔位置检测及根键顶进深度显示技术，钻机自带的智能化操作平台使顶推根键可视

化，达到精确定位、顶进的效果。

4. 根键顶进装置与旋挖钻系统连接

在进行根键顶进施工前，拆除旋挖钻头，安装过油体（图 26 - 17），再将顶进装置与钻杆连接（图 26 - 18）。

5. 根键顶进

顶进装置与旋挖钻钻杆连接后，人工安装好根键（图 26 - 19），旋挖钻行走至孔边，精确调整钻杆，使顶进装置位于钢筋笼中心。对中后，旋转钻机至孔的一侧，安装根键，钻机回转到位，旋转钻杆调整，使根键与钢筋笼上的预留孔对应（图 26 - 20）。

图 26 - 16　旋挖顶进一体化装置

图 26 - 17　过油体

图 26 - 18　过油体与旋挖钻连接

图 26 - 19　根键安装

图 26 - 20　顶进装置对中

　　在根键下放至顶进位置后，启动液压系统，进行根键顶进（图 26 - 21）。当油表压力读数稳定，且油量不再下降时，表示根键顶进到位（图 26 - 22）。顶进完成后，提升钻杆，将顶进装置提升至孔外，安装根键，重复上述步骤，从下至上依次完成所有根键的顶进。

图 26-21　按照标高下放根键　　　　　　　　图 26-22　根键顶进到位

26.3.2.5　水下混凝土灌注

首批混凝土灌注采用拔塞法施工工艺，使用集料斗配合小料斗进行灌注。

首批混凝土灌注成功后随即转入正常灌注阶段。将大料斗撤掉，改用小料斗，配合导管进行水下混凝土的正常灌注。混凝土经罐车直接下放到灌注料斗及导管，灌注至水下，直至完成整根桩的灌注。

26.3.3　根式钻孔空心桩基础施工工艺

根式钻孔空心桩是在根式钻孔灌注桩的基础上，通过设置桩身内模系统形成环形薄壁结构，从而减轻结构自重、节省混凝土材料，实现经济、节约的目的。与根式钻孔灌注桩相比，其主要区别在于大直径桩基成孔和大直径钢筋笼制作、安装要求较高，增加了内模的制作与安拆工序，且环形薄壁水下混凝土的灌注质量控制要求高。

26.3.3.1　施工工艺流程

根式钻孔空心桩基础施工工艺流程见图 26-23。

26.3.3.2　钻孔平台搭设及护筒埋设

根据桩基所处的地理环境，按照常规桩基成孔的要求，合理选用型钢平台或筑岛平台等钻孔平台形式，以满足材料、机械设备进场要求和钻机正常施工要求。

由于根式钻孔空心桩桩径一般都比较大，大直径钢护筒径厚比也较大，而其自身刚度小，极易变形，也没有如此大的夹具匹配。护筒如不能采用挖埋施工，宜采用型钢和小直径钢护筒加工制作井字支架联动装置，并配合振动锤进行护筒的埋设。

26.3.3.3　大直径成孔

根式钻孔空心桩基础利用液压回旋钻反循环成孔，为加快大直径成孔的速率，可采用小直径钻头掏孔、再换大直径钻头二次成孔的工艺。

（1）泥浆制备

根式钻孔空心桩施工周期较长，钢筋笼下放和根键顶进均会对孔壁产生扰动，不良的地层极易发生塌孔等事故，因此对泥浆的要求更高。

施工时宜采用优质 PHP 泥浆，并在施工过程中不断反循环，对泥浆进行过滤、净化，使泥浆始终保持相对密度低、黏度高、悬浮率高。

（2）成孔施工

采用回转钻机反循环成孔（图 26-24）。为控制超大直径孔的精度，钻进过程中使用全站仪复测钻杆垂直度不少于三次。桩基成孔后按要求进行成孔检查。

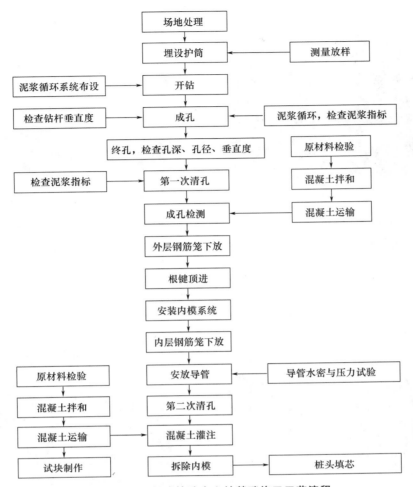

图 26－23　根式钻孔空心桩基础施工工艺流程

图 26－24　大直径液压回转钻机成孔

26.3.3.4　基桩钢筋笼施工

根式钻孔空心桩的钢筋笼分为外层钢筋笼和内层钢筋笼。钢筋笼直径大、容易变形，加工困难，根键顶进对钢筋笼的制作精度也提出了更高的要求。钢筋笼统一在专用胎架上采用长线法加工成型，内部采用槽钢设置加强圈和三角撑（图 26－25），以提高钢筋笼的刚度，并采用吊车配合专用吊架进行吊装和下放（图 26－26）。

图 26-25 钢筋笼制作示意图

图 26-26 钢筋笼下放示意图

钢筋笼制作前，提前根据钢筋笼设计情况并结合根键预留孔的位置等规划好钢筋笼的分节。根式空心桩成孔后先安装外层钢筋笼，在根键顶进、内模安装完成后再下放内层钢筋笼。

26.3.3.5 根键施工

根键安放在机械化安装平台（图 26-27）上后，根键顶进装置旋转对准、下放并伸出根键托盘，完成根键的机械化安装（图 26-28）。

图 26-27 根键机械化安装平台

图 26-28 根键的机械化安装

根键顶进装置携带根键下放至外层钢筋笼根键预留孔位置，精确对中（图 26-29）后开始进行根键顶进。根键顶进分三级对称顶进（图 26-30）。通过在顶进装置千斤顶上安装行程传感器，在每一级顶进过程中，在根键顶升平台操作室内均可以直接监测到根键顶进深度情况，便于施工控制。

图 26-29 根键对中

根键顶进完成后，利用特制的探孔器对顶进效果进行检测，并保证两侧根键顶进深度不平衡差值均控制在 5cm 以内，为后续环节的施工提供有利条件。

26.3.3.6　水下混凝土超高压可重复使用内模系统

1. 设计原理

内模采用双壁环形封闭结构，平面分块、竖向分节，通过立柱和十字撑配合对模板进行定位，使内模形成整体环形结构，具有良好的受力性能。同时，通过精确计算，严格控制内模的自重约等于浮力，使模板实现自浮，便于安拆。

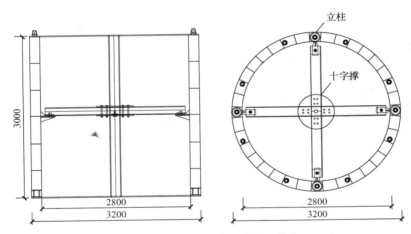

图 26-30　根键顶进

2. 设计构造

内模分为底模、标准节模板和顶节模板三种。底模为标准节模板的定位基模，使用后不可拆除。标准节采用自浮式构造，设计自重约等于浮力，可回收重复利用。顶节模板与标准节模板相似，但在顶部设置注水、抽水孔，模板下放时注水辅助下沉，模板提升时抽水辅助上浮。

内模平面分为 4 块，竖向按 3m 进行分节。单节平面 4 块模板通过 4 根立柱与 1 个十字撑组合连接成封闭圆环。模板和立柱的底面和顶面分别设置阴榫、阳榫，并内穿钢绞线，将模板节段连接成整体。内模标准节构造示意图如图 26-31 所示。

图 26-31　内模标准节构造示意图（单位：mm）

3. 模板制作

模板内外采用 5~6mm 钢板作为壁板，竖向每隔 500mm 设置一道加劲环肋，环向每 270mm 设置一道加劲竖肋，加劲肋板厚 8mm，顶、底板厚 12mm。壁板、顶底板和肋板间通过满焊连接成封闭结构，实现模板的上浮。内模由专业钢结构公司采用数控设备在定型胎架上加工制作（图 26-32）。

4. 内模安装

内模安装时，以外层钢筋笼为参照，根据钢筋笼的中心和内模尺寸，在孔口设置模板安装限位架并调平，保证模板安装的定位精度，同时避免内模与外层钢筋笼相对位置偏离，出现内模或内层钢筋笼下放安装时剐蹭已顶进根键的尾部而无法安装的现象。内模的安装见图 26-33。

模板以立柱作为竖向安装的导向，上下两节通过阴阳榫头对接，并用分节钢绞线配合连接器串联成整体，以保证安装精度。顶节模板下放时注水辅助下沉，拆除时抽水辅助上浮。

26.3.3.7　环形薄壁水下混凝土灌注

环形薄壁水下混凝土首次灌注前宜进行现场灌注模拟试验（图 26-34），以确定合适的混凝土坍落

777

图 26-32　内模标准节加工示意图

图 26-33　内模安装

度等指标和导管布置间距等工艺参数。

环形薄壁水下混凝土通过均匀布置的多根导管，利用泵车同步泵送供料进行灌注（图 26-35）。灌注过程中，每根导管位置必须安排一组人员测量混凝土的灌注速度和拔管速度，确保环形薄壁混凝土面整体抬升速度尽可能保持一致，保障混凝土的灌注质量。

图 26-34　混凝土灌注模拟试验

图 26-35　水下混凝土灌注示意图

混凝土灌注完成，终凝后适当提拔、松动立柱，然后拆除十字撑，拔出立柱，回收顶节模板和标准节模板，修整后重复利用。

26.3.4　根式钻孔沉管基础施工工艺

26.3.4.1　施工工艺流程

根式钻孔沉管基础主要由钢壁结构、管身混凝土及顶入的钢筋混凝土根键组成。钢壁由内外层钢壁板、壁板环向加劲、壁板竖向加劲、径向连接件及桩体钢筋组成，内外层钢壁板、壁板环向加劲、径向连接件和钢筋共同参与桩体的受力，如图 26-36 所示。

根式钻孔沉管基础的施工流程如图 26-37 所示。

26.3.4.2　钢壁制作

根据根键位置和机械起吊能力合理划分钢壁的节段。钢壁节段的制作分为如下六个步骤。

（1）内胎架制作

内胎架的制作如图 26-38 所示。

（2）内层钢壁制作

内层钢壁的制作如图 26-39 所示。

（3）内外环向加劲肋与镜像撑组合件加工

首先在内层钢壁上开孔，如图 26-40 所示；然后加工加劲肋与径向撑组合件，安装环向加劲肋，

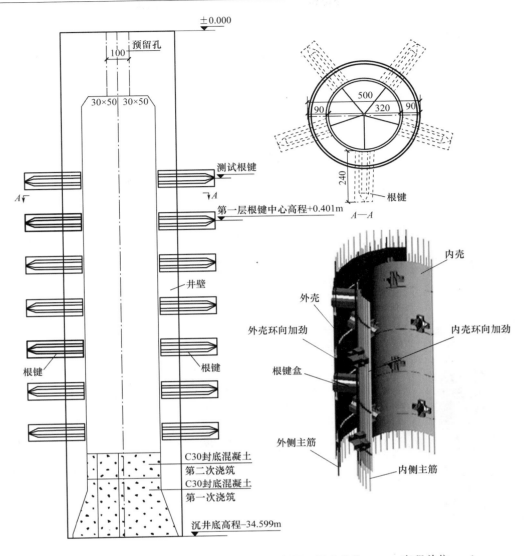

图 26 - 36　根式钻孔沉管基础及管身钢壁结构示意图（尺寸单位：cm；高程单位：m）

如图 26 - 41 所示。

（4）内壁主钢筋安装及根键盒临时固定

内壁主钢筋安装及根键盒临时固定如图 26 - 42 所示。

（5）外钢壁加工、根键盒焊接、外壁主筋及环向钢筋安装

外钢壁加工、根键盒焊接、外壁主筋及环向钢筋安装如图 26 - 43 所示。

（6）外壁压浆管、剪力钢筋及挡水板安装

压浆管的临时固定如图 26 - 44 所示，挡水板的安装如图 26 - 45 所示。图 26 - 46 所示为单节钢壁加工完成后的情形，图 26 - 47 所示为焊缝的超声探伤检测。

由于内层钢壁为外露面，管身钢壁节段加工完成后，需对内层钢壁进行防腐处理，先喷砂除锈，然后做防腐涂装（图 26 - 48）。

26.3.4.3　根键预制

钢壁根键外钢套与内套管匹配加工，一个内钢套对应加工一个外钢套，做到内外钢套一一匹配。根键预制台座为三个条形混凝土基础，用于根键模板的安装定位，按根键纵向线形设置坡度，确保每根根键轴线水平，截面尺寸标准（图 26 - 49）。

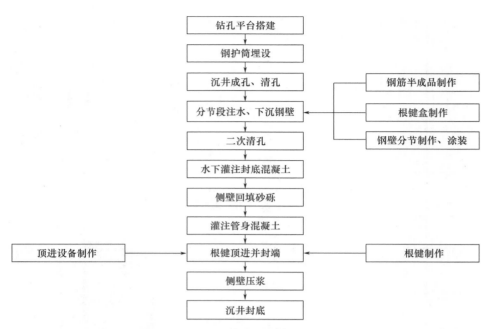

图 26－37　根式钻孔沉管基础施工流程

图 26－38　内胎架制作

(a) 内钢壁制作中　　　　　　　(b) 内壁加工完成

图 26－39　内层钢壁制作

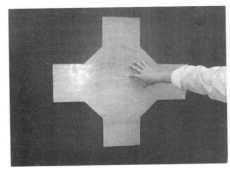

图 26 - 40 内壁开孔

(a) 加劲肋与径向撑组合件定型加工   (b) 环向加劲肋安装

图 26 - 41 加劲肋与径向撑组合件的加工、安装

(a) 内壁主钢筋安装   (b) 根键盒临时安装固定

图 26 - 42 内壁主钢筋安装及根键盒临时固定

(a) 外钢壁加工及根键盒安装固定   (b) 钢壁钢筋安装完成

图 26 - 43 外钢壁加工、根键盒焊接、外壁主筋及环向钢筋安装

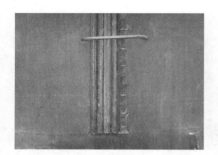

图 26-44　压浆管临时固定

图 26-45　挡水板的安装

图 26-46　单节钢壁加工完成

图 26-47　焊缝的超声探伤检测

图 26-48　防腐涂装及涂装检测

图 26-49　根键预制台座

　　根键在预制场集中预制，并一一对应编号，保证根键顶进时内外钢套紧密结合（图 26-50、图 26-51）。因根键内钢筋密集，采用小直径振捣棒振捣。

26.3.4.4　成孔施工

　　成孔施工流程如图 26-52 所示。

图 26-50　根键钢筋制作

图 26-51　根键混凝土浇筑

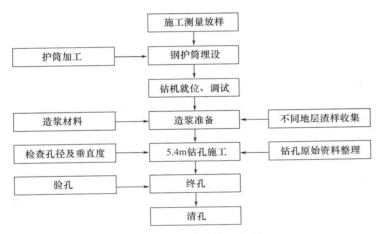

图 26-52　成孔施工流程

26.3.4.5　钢壁下沉

管身钢壁采用注水下沉的方式。采用龙门吊提升，先利用自重下沉到平衡深度，再分别从管身四个方向同时注水，注水速度不宜过快。

管身钢壁节段下放时，为保证管身钢壁顺利下放，在首节钢壁外壁下口设置前导向设施（图 26-53），在平台上再设置一道限位型钢，从而保证钢壁下沉过程中不刮孔壁。

图 26-53　钢壁前导向结构

首节钢壁按设计中心位置下放到位，临时固定，复测中心坐标并调整到位；其余钢壁节段下沉时，内钢壁下放至导向钢板，使上、下内钢壁的位置大致重合，然后用全站仪测量，中心对中后对接焊接（图 26-54）。

钢壁下沉到位（图 26-55）后，上口需要固定对中，保证钢壁在孔内顺直。由于顶口低于原地面孔口，需要用型钢焊接在钢壁上，并延长倒挂在钻孔平台的型钢上固定（图26-56）。

图26-54　钢壁节段对接

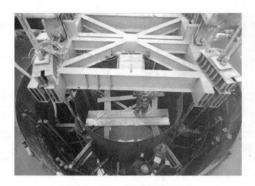

图26-55　钢壁下沉到位　　　　　　　　　图26-56　钢壁上口支撑固定

26.3.4.6　管身施工

钢壁安装完成，下放到位后进行封底混凝土的灌注。封底混凝土采用"埋管法"灌注，首批料采用3个储料斗同步下料的方法，保证封底混凝土灌注的均匀同步性（图26-57、图26-58）。为保证在灌注混凝土的过程中钢壁不上浮，采取上口固定的措施。

封底混凝土强度达到设计要求后，侧壁回填碎石，再清除管身内沉渣，最后灌注管身混凝土。

图26-57　3根导管封底混凝土施工　　　　　图26-58　首批料5个料斗同步下料

26.3.4.7　根键施工

根式钻孔沉管基础的根键施工与前述根式基础的根键施工方法类似，此处不再赘述。

26.3.5　根式沉井基础施工工艺

根式沉井基础是在传统的预制沉井的基础上通过锚固根键而形成的一种新型沉井基础，可充分发挥基础与土体的共同作用，有效提高材料利用率和基础承载力。

26.3.5.1　施工工艺流程

根式沉井基础的施工主要包括六个步骤：沉井立模、制作、沉井下沉、封底、根键顶进、内衬灌注。主要施工步骤如图 26-59 所示。

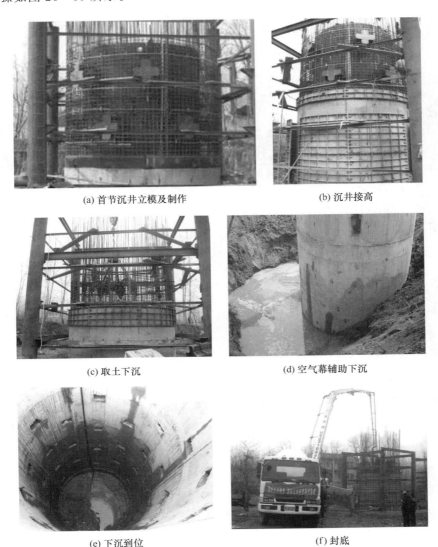

(a) 首节沉井立模及制作　　　　　　(b) 沉井接高

(c) 取土下沉　　　　　　(d) 空气幕辅助下沉

(e) 下沉到位　　　　　　(f) 封底

图 26-59　根式沉井基础施工步骤

26.3.5.2　根式沉井的制作

首节沉井的施工包括地基处理、内外模板支立、钢筋绑扎和混凝土灌注四个步骤，如图 26-60～图 26-64 所示。

沉井其他节段的施工按照立内模、绑扎钢筋、预埋根键外钢套及空气幕管道、立外模、灌注混凝土的顺序进行。沉井接高过程中若不稳定，采取对刃脚回填砂土的措施，以满足稳定性要求（图 26-65）。

图 26-60　首节沉井地基处理

图 26-61　首节沉井内模安装

图 26-62　首节沉井外模安装

图 26-63　沉井钢筋绑扎

图 26-64　沉井混凝土浇筑

26.3.5.3　沉井下沉

沉井下沉过程中可以采取设置导向架、设置空气幕、布置降水井等辅助措施。

1. 首节沉井下沉施工

首节沉井灌注完成并达到 90% 强度后，即可开始下沉施工。首节沉井宜采用 50t 履带吊车悬吊 1.4m³ 抓斗进行取土下沉施工。取土按从沉井中心到刃脚的顺序进行，在中间形成锅底形状。开挖至刃脚处后，由人工开挖。

当沉井入土 5m 时，不再挖除刃脚下方的土体，保持刃脚的全截面支撑，防止沉井继续下沉。

2. 其他各节沉井下沉施工

井内出土主要采用抓斗取土工艺。

最初几个节段沉井依靠自重就能下沉，剩余节段采取降水、空气幕、加配重的助沉方式下沉到位。沉井下沉到距设计标高 2m 左右时，放慢下沉速度，以平稳下沉为主，严格控制周边的高差、位移，做到有偏必纠。为了控制基底的土面高程，以清基为主，严防深坑、"锅底"情况的发生。

沉井下沉施工过程中，在东、南、西、北四个方向分别吊铅锤，用于观测沉井在下沉过程中的偏斜情况（图 26-66），并及时采取纠偏措施，对沉井的偏差进行纠正，并最终定位。

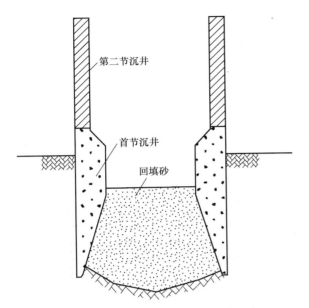

图 26-65　第二节沉井接高前回填刃脚

图 26-66　沉井下沉垂直度观测

26.3.5.4　根键施工

根式沉井基础的根键施工与前述根式基础的根键施工方法类似，此处不再赘述。

26.4　工 程 实 例

26.4.1　池州长江公路大桥根式基础工程

1. 工程简介

池州长江大桥南岸引桥全长 1083.5m，桥跨布置为 36 跨×30m，单幅桥宽 16.25m，上部结构采用装配式预应力混凝土小箱梁，下部结构中，桥墩采用桩柱式，配钻孔灌注根式桩基础，桥台采用肋板式。

长江大桥南岸引桥覆盖层厚度大，厚 40.5～65.0m，主要为粉质黏土、粉细砂、砾砂、中砂，基桩采用摩擦桩设计，非常适宜采用根式桩基础。

以 S10 号墩基础为例，该基础为单排桩，采用 2 根直径 1.8m 的灌注根式桩，桩径 1.8m，桩长 49m，根键沿桩身从上到下按 1.3m 间距布置，每层 4 根，交错布置。桩根键长 62cm，均采用矩形截面，外轮廓尺寸为 15cm×15cm。根键的布置如图 26-67 所示。

2. 竖向承载力计算

结合《根式基础技术规程》（DB34/T 2157—2014）的相关规定，计算根式基础的竖向承载力。

（1）设计荷载

根据上部结构计算，按照公路桥涵的相关规范，计算得墩底截面处的反力为 $N = 8859kN$。

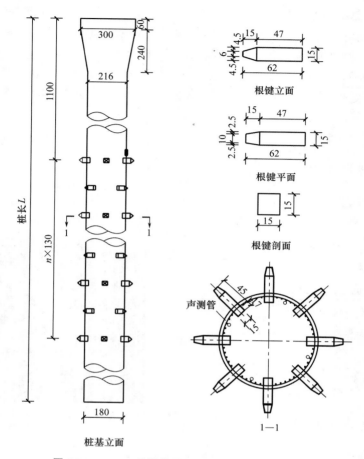

图 26 - 67　S10 号墩基础地质钻孔图（单位：cm）

桩基础自重按照浮容重考虑，计算得基础总重为 674.5kN。

相应地，基底反力 $N_1 = 8859kN + 674.5kN = 9533.5kN$。

（2）土层参数

根据各岩土层的工程地质特征及室内试验、原位测试结果，经统计分析，参考《公路桥涵地基与基础设计规范》（JTG D63—2007）的相关推荐值，并结合本地同类工程经验，拟定各岩土层基础设计参数建议值，见表 26 - 1。

表 26 - 1　地质参数

序号	土层名称	土层厚度/m	极限摩阻力 q_{ki}/kPa	承载力基本容许值/kPa
1	粉质黏土（软塑）	3.031	25	120
2	淤泥质粉质黏土	6	−15	120
3	粉细砂（松散）	3.8	35	150
4	粉细砂（中密）	10	40	160
5	粉细砂（密实）	17.41	60	150
6	圆砾	5.69	160	150
7	中风化泥质粉砂岩	3.069	150	150

（3）竖向承载力计算

竖向承载力按照《根式基础技术规程》（DB34/T 2157—2014）中的方法，分为三个部分，即桩侧和根键侧摩阻力、桩基底承载力和根键正面承载力。

1）桩侧和根键侧摩阻力计算。桩侧和根键侧摩阻力为

$$R_1 = \frac{1}{2}\pi D \sum_{i=1}^{n} q_{ki}l_i + m_g l_g h_g \sum_{j=1}^{n_g} q_{kj} \qquad (26-3)$$

式中　D——单桩直径（m）；

n——土的层数；

l_i——承台底面或局部冲刷线到桩端土层的厚度（m），扩孔部分不计；

q_{ki}——与 l_i 对应的各土层与单桩侧壁的摩阻力标准值（kPa），宜采用单桩摩阻力试验确定，当无试验条件时按《根式基础技术规程》附录 A 附表 1 选用；

n_g——根键层数；

m_g——每层根键的布置数量；

l_g——根键长度（m）；

h_g——根键高度（m）。

桩侧摩阻力的计算见表 26-2，桩直径按 1.8m。

表 26-2　桩侧摩阻力的计算

序号	土层名称	土层厚度/m	极限摩阻力 q_{ki}/kPa	桩周长/m	计算摩阻力/kN
1	粉质黏土（软塑）	3.031	25	5.6549	214.25
2	淤泥质粉质黏土	6	−15	5.6549	−254.45
3	粉细砂（松散）	3.8	35	5.6549	376.05
4	粉细砂（中密）	10	40	5.6549	1130.95
5	粉细砂（密实）	17.41	60	5.6549	2953.55
6	圆砾	5.69	160	5.6549	2574.1
7	中风化泥质粉砂岩	3.069	150	5.6549	1301.6
	合计	49	—	—	8296.1

根键侧摩阻力的计算见表 26-3。其中，根键层号按照从上到下的顺序排列。根键截面为矩形，侧摩阻力考虑截面的两个侧边［一侧高 0.15m，即式（26-3）中 $h_g = 0.15$m］；根键顶入土的深度为 45cm，即公式中 $l_g = 0.45$m；每层根键数量 $m_g = 4$。

表 26-3　根键侧摩阻力的计算

层号	土层名称	极限摩阻力 q_{ki}/kPa	根键侧面面积/m²	计算摩阻力/kN
1	粉细砂（松散）	35	0.54	9.45
2	粉细砂（松散）	35	0.54	9.45
3	粉细砂（中密）	40	0.54	10.8
4	粉细砂（中密）	40	0.54	10.8
5	粉细砂（中密）	40	0.54	10.8
6	粉细砂（中密）	40	0.54	10.8
7	粉细砂（中密）	40	0.54	10.8
8	粉细砂（布密）	40	0.54	10.8
9	粉细砂（中密）	40	0.54	10.8
10	粉细砂（中密）	40	0.54	10.8
11	粉细砂（密实）	60	0.54	16.2

层号	土层名称	极限摩阻力 q_{ki}/kPa	根键侧面面积/m²	计算摩阻力/kN
12	粉细砂（密实）	60	0.54	16.2
13	粉细砂（密实）	60	0.54	16.2
14	粉细砂（密实）	60	0.54	16.2
15	粉细砂（密实）	60	0.54	16.2
16	粉细砂（密实）	60	0.54	16.2
17	粉细砂（密实）	60	0.54	16.2
18	粉细砂（密实）	60	0.54	16.2
19	粉细砂（密实）	60	0.54	16.2
20	粉细砂（密实）	60	0.54	16.2
21	粉细砂（密实）	60	0.54	16.2
22	粉细砂（密实）	60	0.54	16.2
23	粉细砂（密实）	60	0.54	16.2
合计				315.9

合计桩基侧及根键侧壁摩阻力为 $R_1 = 8296.1 \text{kN} + 315.9 \text{kN} = 8612.0 \text{kN}$。

2）桩基底承载力计算。桩基底承载力为

$$R_2 = \frac{\pi D^2 q_r}{4} \tag{26-4}$$

$$q_r = m_0 \lambda [[f_{aj}] + \kappa_2 \gamma_2 (h_j - 3)]$$
$$= 0.8 \times 0.85 \times [700 + 4 \times 11 \times (40 - 3)] = 1583.0 (\text{kPa})$$
$$R_2 = 3.14 \times 0.9 \times 0.9 \times 1583.0 = 4026.2 (\text{kN})$$

以上式中 q_r——根键底面土的承载力容许值（kPa）；

m_0——清底系数，按《根式基础技术规程》附录 A 附表 3 选用，对于根键，该系数为 1；

λ——修正系数，按《根式基础技术规程》附录 A 附表 4 选用，对于根键，该系数为 1；

$[f_{aj}]$——桩端、支端和盘端土的承载力基本容许值（kPa），按地质勘查试验报告取值，当无试验条件时按《根式基础技术规程》附录 A 附表 5 选用；

κ_2——容许承载力随深度的修正系数，按《根式基础技术规程》附录 A 附表 6 选用；

γ_2——桩端、盘端和支端以上各土层的加权平均重度（kN/m³），具体可参照《公路桥涵地基与基础设计规范》（JTG D63—2007）；

h_j——基底、根键的埋置深度（m），大于 40m 时按 40m 计算。

3）根键正面承载力计算。根键正面承载力为

$$R_3 = m_g b_g l_g \eta_g \sum_{j=1}^{n_g} q_{rj} \tag{26-5}$$

式中 η_g——根键相互影响效应系数，计算公式为

$$\eta_g = \left\{ \begin{array}{l} 1, s_g/h_g > 6 \\ \dfrac{\left(\dfrac{s_g}{d}\right)^{0.015 m_g + 0.45}}{0.15 n_g + 0.10 m_g + 1.9}, s_g/h_g \leq 6 \end{array} \right\} \tag{26-6}$$

式中 s_g——相邻层根键之间的距离（m）。

由于 $\dfrac{s_g}{h_g} = \dfrac{360}{15} = 8.67 > 6$，根键正面承载力计算的相互影响系数 η_g 取 1。

各层根键正面承载力计算结果见表 26-4。其中，正面承载力容许值按照 q_r 采用相同的修正公式。根键正面面积考虑了根键之间的影响系数。

表 26-4　根键正面承载力的计算

层号	土层名称	承载力基本容许值/kPa	正面承载力容许值 q_r/kPa	根键正面面积/m²	计算承载力/kN
1	粉细砂（松散）	100	116.5	0.133	29.64
2	粉细砂（松散）	100	126.3	0.133	32.12
3	粉细砂（中密）	110	168.4	0.133	43.02
4	粉细砂（中密）	110	181.6	0.133	46.27
5	粉细砂（中密）	110	194.7	0.133	49.71
6	粉细砂（中密）	110	207.8	0.133	52.96
7	粉细砂（中密）	110	220.9	0.133	56.41
8	粉细砂（中密）	110	234.0	0.133	59.66
9	粉细砂（中密）	110	247.1	0.133	63.10
10	粉细砂（中密）	110	260.2	0.133	66.35
11	粉细砂（密实）	200	406.0	0.133	103.44
12	粉细砂（密实）	200	424.2	0.133	108.22
13	粉细砂（密实）	200	442.4	0.133	112.81
14	粉细砂（密实）	200	460.6	0.133	117.40
15	粉细砂（密实）	200	478.8	0.133	122.18
16	粉细砂（密实）	200	497.0	0.133	126.77
17	粉细砂（密实）	200	515.2	0.133	131.36
18	粉细砂（密实）	200	533.4	0.133	135.95
19	粉细砂（密实）	200	551.6	0.133	140.73
20	粉细砂（密实）	200	569.8	0.133	145.32
21	粉细砂（密实）	200	602.0	0.133	153.54
22	粉细砂（密实）	200	639.4	0.133	163.10
23	粉细砂（密实）	200	677.9	0.133	172.85
合计					2232.70

4）承载力合计。根式基础总计允许承载力 $[R_a]$ 为

$$[R_a] = 8612.0 + 4026.2 + 2232.7 = 14870.9(\text{kN})$$

计算得到的竖向设计荷载为 9533.5kN，计算承载力 14870.9kN＞竖向设计荷载 9533.5kN，计算承载力满足要求。

3．有限元分析

使用 FLAC 3D 分析池州 S10 号墩根式基础的竖向承载力，并与现场试桩试验结果、理论计算结果比较分析。在进行模拟加载前需完成以下三个步骤。

（1）建立有限元网格

在根式基础建模过程中考虑采用 AutoCAD、ANSYS 及相应的 ANSYS-to-FLAC 3D 程序建立根式有限元网格单元。鉴于基础的对称性，仅考虑 1/2 根式基础及土体。土层平面建模范围取桩四周 15m，土层厚度建模范围取至桩底以下 30m。

（2）设置本构关系和材料特性

数值模拟计算中，土体的材料单元设置为 Mohr – Coulomb 模型，根式基础钢筋混凝土等材料结构单元设置为各向同性弹性模型。

（3）设置边界条件

在分析中，过桩轴线的一个垂直面是对称面。FLAC 3D 模型的坐标轴原点位于桩顶，Z 轴平行于轴线，方向以向上为正。模型的顶部 $Z=0$，是一个自由面；模型的底部 $Z=-79\text{m}$，固定于 Z 方向；$X=\pm15$，$Y=0$，$Y=15$ 处模型侧面上施加滚支边界条件（只限制法向位移）。

建立的有限元模型如图 26 – 68 和图 26 – 69 所示。

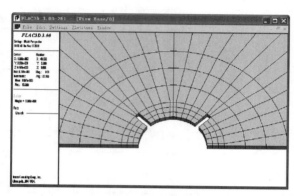

图 26 – 68　FLAC 3D 中基础周围土体的三维模型（有根键土层，局部大样）

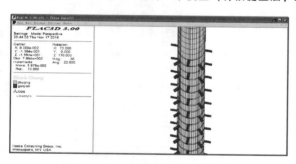

图 26 – 69　根式基础与根键模型

计算分析主要包括以下步骤：

1）模拟地基的自然沉降，完成初始地应力的模拟。

2）与试桩过程对应，逐步进行桩基础加载分析。

3）检测桩顶、桩身位移及应力。

对计算结果进行分析，可得出以下结论：

1）根式基础竖向荷载作用下的 Q-s 曲线，有限元计算和试验分析基本吻合。接近极限状态下，土体采用 Mohr – Coulomb 模型，桩顶位移变化速率增大。

2）根键的沉降与桩身基本相同，根键的弹性变形较小，呈刚性状态，根式基础带动其周围一定范围内的土体沉降。

3）在接近极限荷载工况下，根键周围和桩基础底部土体发生塑性破坏。

4）根式基础周围土体的应力成凹槽状；桩身中心应力较大，边缘应力变小，桩基础断面应力具有不均匀性。

4. 承载力试验结果

S10 号墩基础静载试验分两次进行，第一次采用自平衡法，第二次采用堆载法，具体操作过程如下。

（1）自平衡试验

在试桩最底层根键下方 4m 处埋设一个荷载箱，待桩身混凝土龄期达到测试要求后加载，用于量测根键以下桩段的极限承载力。

（2）堆载试验

在桩顶部利用反力梁堆载混凝土预制块，作为反力进行加载。预估 ZS8-2 桩堆载 13000kN，YS10-1 桩堆载 15000kN，堆载的目的是测量试桩含根键部分的桩身侧阻力。

两次试验测试值与理论计算值的对比结果见表 26-5 和表 26-6。

表 26-5　S10 号墩桩自平衡试验结果汇总

桩号	测试日期	上段桩加载极限值 Q_{us} /kN	下段桩加载极限值 Q_{ux} /kN	荷载箱上部桩自重 W_1 /kN	根键自重 W_2 /kN	试桩的修正系数	单桩竖向极限承载力 P_u /kN	计算竖向承载力 /kN	终止加载原因
S10	2016 年 7 月 10 日	15200	52.81	42.73	19.09	0.8	(13000-1683)/0.8+14000=28146	14873	达到破坏条件

S10 号墩桩的单桩竖向抗压极限承载力不小于 28146kN，荷载箱以下桩段（4m 侧阻力＋桩端阻力）的极限值不小于 14000kN。根据试验结果与理论计算的对比分析，极限承载力的实测值 28146kN 远大于理论计算值 14873kN，说明根式桩承载力计算公式较保守，安全性和可靠性能够得到保证。

表 26-6　S10 号墩桩堆载试验结果汇总

桩号	测试日期	试验荷载 Q_{max}/kN	最大试验荷载对应的沉降量 s_{max} /mm	残余沉降量 /mm	回弹率 /%	实测桩身侧摩阻力 /kN	计算桩身侧摩阻力 /kN	终止加载原因
S10	2016 年 9 月 24 日	15200	52.81	42.73	19.09	15200	8612	达到试验目的

S10 号墩桩的桩身侧摩阻力（含根键部分）为 15200kN。根据试验结果与理论计算的对比分析，桩身侧阻力（含根键部分）的实测值 15200kN 远大于理论计算值 8612kN，说明根式桩承载力计算公式中桩侧摩阻力和根键侧摩阻力的计算值较保守，其安全性和可靠性得到保证。

26.4.2　马鞍山长江大桥根式基础工程

根式沉井基础在马鞍山长江大桥跨堤（65＋70＋65）m 连续梁的 Z1 号墩中得到了应用。考虑桥墩位于大堤外，施工中存在水位变化的影响，根式沉井基础采用预制下沉方案，有效减少了施工承台围堰等临时措施。沉井外径 6m，壁厚 0.8m，总长 47m，以圆砾土层为持力层；沉井底部设置 3.5m 厚的封底，顶部设置 3m 厚的盖板，墩身直接落在沉井顶部。根键沿沉井井身从上到下共布置 13 层，每层根键 6 根，在井身呈梅花形布置。根键长 3.55m，采用十字形截面，外轮廓尺寸为 0.8m×0.8m，如图 26-70 所示。

采用与 26.4.1 节相同的方法可以得出根式沉井的计算承载力为 71555kN，大于竖向设计荷载 67223kN，承载力满足要求。

Z1 号墩的根式沉井基础与其他墩的普通沉井基础的造价比较分析见表 26-7。对比结果表明，在承载力相同的条件下，与普通沉井相比，根式沉井基础可节约工程造价 15％以上，表明根式沉井基础有较大的优势。

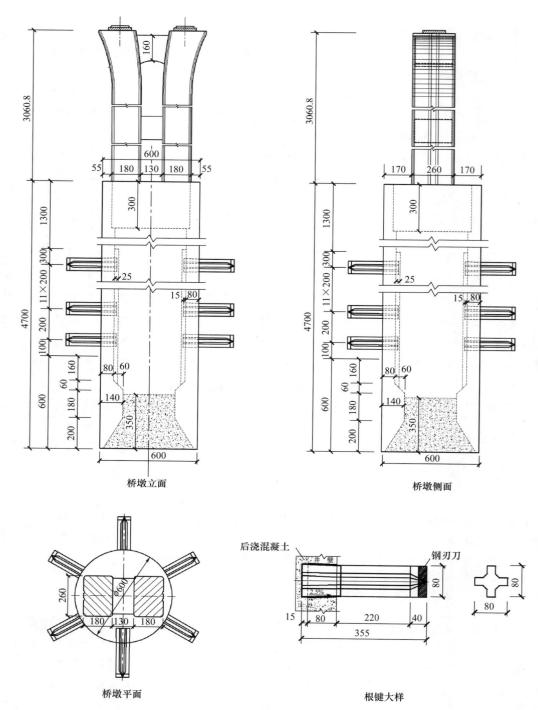

桥墩立面

桥墩侧面

桥墩平面

根键大样

图 26-70　Z1 号墩根式沉井基础的结构（单位：cm）

表 26-7　根式沉井基础造价对比明细

序号	名称	单位	根式沉井造价			普通沉井造价			增收节支
			数量	单价/元	金额/元	数量	单价/元	金额/元	金额/元
1	沉井钢材	t	275.50	5900	1625450	100	5900	590000	-1035450
2	钢筋	t	709.90	5550	3939945	1365	5550	7575750	3635805
3	混凝土	m³	5008.00	2178	10907424	8715	2178	18981270	8073846

序号	名称	单位	根式沉井造价			普通沉井造价			增收节支
			数量	单价/元	金额/元	数量	单价/元	金额/元	金额/元
4	地基处理	项	1.00	600000	600000	1	600000	600000	0
5	根键顶进	项	1.00	1500000	1500000	1	0.00	0	−1500000
6	栈桥、平台	项	1.00	5550000	5550000	1	0.00	0	−5550000
	小计	—	—	—	24122819	—	—	27747020	3624201

注：有 2 处根式沉井基础为探索水中施工的可行性搭设了栈桥、平台。

26.4.3　望东长江大桥根式基础工程

望东长江公路大桥江内引桥 30～34 号墩为根式钻孔沉管基础，外径 5.0m，内径 3.2m，壁厚 0.9m，长 43～59m 不等。钢壁根式沉井的管身采用钢混结构，根键为矩形断面构造，以梅花形布置在管壁四周，分别布置为 12～18 层，每层 5 根。其结构尺寸如图 26-71 所示。

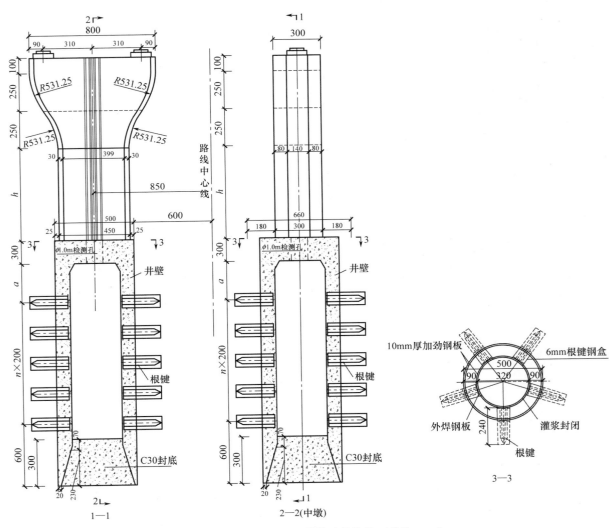

图 26-71　根式钻孔沉管基础的构造（单位：cm）

根式钻孔沉管基础和普通钻孔桩基础的造价对比如表 26-8 所示。钻孔沉管基础的费用合计为

2616 万元，原设计单个沉井对应四根直径 3m 钻孔灌注桩费用（参照 35～39 号墩实际费用计算）合计为 3487 万元，可见采用根式沉井基础节约的费用为 871 万元，节省费用约 25%。

表 26-8　30～34 号墩根式钻孔沉管基础和 φ3m 钻孔桩基础造价对照

序号	项目名称	单位	工程量	单价/元	金额/万元	序号	项目名称	单位	工程量	单价/元	金额/万元
			根式沉井						φ3m 钻孔桩		
1	根式基础钢筋	kg	221734	5.8	128.6	10	φ3m 钻孔桩	m	1130	16233.16	1834.3
2	根式基础钢壁	kg	595745	8.84	526.6	11	钢护筒	kg	758286	7.71	584.6
3	井壁混凝土（水下 C30）	m³	3854	3374.31	1300.5	12	光圆钢筋	kg	41983	5.99	25.1
4	封顶混凝土（C30）	m³	471	597.44	28.2	13	带肋钢筋	kg	996380	5.85	582.9
5	封顶混凝土（水下 C30）	m³	332	499.3	16.6	14	声测管	m	4631	31.7	14.7
6	根键制作	根	570	6284.83	358.2	15	封底混凝土	m³	869	453.91	39.4
7	根键顶进	根	570	2134.02	121.6	16	承台混凝土	m³	1722	2359.21	406.3
8	侧壁回填（含注浆）	m³	1215	1039.36	126.3						
9	声测管（含注浆）	m	3040	30.49	0.9						
合计					2616	合计					3487

参 考 文 献

[1] 殷永高．根式基础及根式锚碇方案构思 [J]．公路，2007（2）：46-49．
[2] 殷永高，孙敦华，张立奎，等．新型基础——根式基础的施工工艺及试验 [C]．第十八届全国桥梁学术会议，2008．
[3] 安徽省地方标准．根式基础技术规程（DB34/T 2157—2014）[S]．安徽省质量技术监督局，2014．
[4] 殷永高，孙敦华．悬索桥根式锚碇基础初步分析 [J]．土木工程学报，2010，43（11）：102-113．
[5] 殷永高，孙敦华，龚维明．根式基础承载特性的试验与数值模拟研究 [J]．土木工程学报，2009，42（12）：162-169．
[6] 谈庆明．量纲分析 [M]．合肥：中国科学技术大学出版社，2005．

第 27 章　全夯式沉管扩底灌注桩

刘献刚　　沈保汉

27.1　基本原理、适用范围和工法的优缺点

1. 基本原理

全夯式扩底灌注桩系列技术是除在桩底设置扩大头外，还可根据岩土层埋藏条件及上部荷载的需要，在桩身适当位置再增设一个或多个扩大头，桩底端扩大头、桩身及桩身扩大头混凝土灌注全过程均采用夯击或振动成型的混凝土灌注桩的一种施工工艺。

全夯式扩底灌注桩系列技术采用双管套合夯击成孔，沉管达到设计深度后拔出内管，在外管内灌注一定高度的混凝土后插入内管，并不断锤击内管，使外管内的混凝土夯挤出管外，形成圆柱形扩大头，然后再次拔出内管，灌注桩身混凝土，再插入内管并多次重锤低击，同时不断上拔外管，产生二次挤土效应，使桩身直径比外管管径稍大，且混凝土更加密实。根据设计要求，在基桩深度范围内适当位置再次采用与桩底扩大头成型相同的方法形成桩身扩大头，最终形成一个由桩底扩大头、桩身扩大头、直径比外管稍大的密实的混凝土桩身组成的类似糖葫芦状的基桩。

2. 适用范围

全夯式扩底灌注桩系列技术主要适用于地下水位以上或地下水位以下的岩土层、软夹层的岩土层、孤石或障碍物不多的岩土层，有坚硬夹层、桩管无法穿透而难以成孔时不宜采用或慎用。

适用该技术的岩土层尚需根据拟建建筑物的特点综合选用单头扩底灌注桩或多扩头灌注桩。无当地施工经验时，需选择典型的地层进行试施工，以确定设计及施工参数。

全夯式扩底灌注桩使用的不同型号的桩机在不同岩土层中的适用性见表 27-1。

3. 优缺点

（1）优点

与其他同类桩型相比，全夯式扩底灌注桩系列技术施工的桩基工程在质量、造价、工期上具有明显的优势。该系列技术成桩过程中均全程夯扩，成桩质量能得到有效保证。全夯式多头桩充分利用桩身长度范围内的岩土层，在桩端和桩身设置一个或多个扩大头，结合后置钢筋笼施工工艺，最终形成糖葫芦状的桩体。该技术具有单桩竖向抗压和抗拔承载力高、水平承载力大的特点；单位工程所需桩基数量、桩长等均有减少，可大幅度节约工程建设成本，缩短工期。

（2）缺点

施工机械设备重量较大，对场地平整度要求较高；用电负荷较大；施工时存在噪声，在噪声管制区域不便使用。

表 27 - 1　全夯式扩底灌注桩设桩工艺选择参考

桩机类型	桩径 桩身直径/mm	桩径 扩大头直径/mm	桩长/m	电动锤质量/kg	穿过土层 杂填土、淤泥和淤泥质土	穿过土层 一般黏性土(软、可塑)	穿过土层 粉土(稍密、中密)	穿过土层 粉细砂(松散、稍密、中密)	穿过土层 中、粗砂(松散~中密)	穿过土层 季节冻土、膨胀土	穿过土层 非自重湿陷性黄土	穿过土层 自重湿陷性黄土	穿过土层 中间有硬夹层(厚度1m以上)	穿过土层 中间有硬夹层(厚度2m以上)	扩大头进入持力层 中、低压缩性黏性土	扩大头进入持力层 中、低压缩性粉土	扩大头进入持力层 稍密砂土、碎石土	扩大头进入持力层 中密砂土、碎石土	扩大头进入持力层 密实砂土	扩大头进入持力层 密实碎石土	扩大头进入持力层 软质岩石和风化岩石	地下水位 以上	地下水位 以下	对环境的影响 振动和噪声	对环境的影响 排污、浆及有害气体	孔底有无挤密
QH-400	350	600~700	≤16	3000	○	○	○	△	○	○	○	△	△	□	○	○	○	○	△	□	×	○	○	轻度	无	有
QH-400	400	700~800	≤16	4000	○	○	○	△	○	○	○	△	△	□	○	○	○	○	△	□	×	○	○	轻度	无	有
QH-500	450	750~850	≤18	5000	○	○	○	△	○	○	○	△	△	□	○	○	○	○	△	□	×	○	○	轻度	无	有
QH-500	500	800~900	≤18	6000	○	○	○	△	○	○	○	△	△	□	○	○	○	○	△	□	×	○	○	轻度	无	有
QH-600	550	850~1000	≤25	6000	○	○	○	△	○	○	○	△	△	□	○	○	○	○	△	□	×	○	○	轻度	无	有
QH-600	600	950~1100	≤25	7000	○	○	○	△	○	○	○	△	△	□	○	○	○	○	△	□	×	○	○	轻度	无	有

注：表中符号○表示比较适合采用；△表示有可能采用；□表示需谨慎采用；×表示不宜采用。

27.2　施工机械和施工工艺

27.2.1　施工机械

全夯式扩底灌注桩系列技术的施工机械利用双管套合夯击成孔，重锤低击内管形成桩端(和桩身)扩大头及密实的混凝土桩身，最后利用钢筋笼后置振密装置将钢筋笼沉至设计标高。上述各工序互相衔接，由一机连续作业完成。其施工机械的选型见表 27 - 2。

表 27 - 2　全夯式扩底灌注桩的施工机械选型

桩机型号	设计桩身直径/mm	电动锤质量/kg	桩机总质量(含配重)/kg	锤击频率/(r/min) 低频	锤击频率/(r/min) 高频	桩架高度/m	底座尺寸 长/m	底座尺寸 宽/m	桩外管规格 长度/m	桩外管规格 外径/mm	桩外管规格 内径/mm	内管外径/mm	可打桩长/m	可打桩径/mm	打桩现场最低要求 场地坡度(≤)/%	打桩现场最低要求 桩中至两侧最小间距/m	打桩现场最低要求 桩前最小距离/m	打桩现场最低要求 地表土强度/kPa
QH-400	350	3000	60000	20~25	30~40	32	10.0	4.5	18	325	295	203	16	350~370	1	3.5　8	1.5	80
QH-400	400	4000	60000	20~25	30~40	32	10.0	4.5	18	377	347	245	16	400~420	1	3.5　8	1.5	80
QH-500	450	5000	80000	20~25	30~40	34	12.0	4.5	20	402	372	299	18	450	1	3.5　8	2.0	100
QH-500	500	6000	80000	20~25	30~40	34	12.0	4.5	20	426	396	325	18	500	1	3.5　8	2.0	100
QH-600	550	6000	100000	20~25	30~40	38	13.5	4.8	22	480	450	377	20~25	550	1	4.0　10	2.5	120
QH-600	600	7000	100000	20~25	30~40	38	13.5	4.8	27	530	500	426	20~25	600	1	4.0　10	2.5	120

27.2.2　施工工艺流程

全夯式沉管扩底灌注桩施工工艺流程如图 27-1 所示，单头扩底灌注桩施工工艺流程如图 27-2 所示，多扩头灌注桩施工工艺流程如图 27-3 所示。

表 27-2 中为电动锤的参数，现推向市场的第四代技术中已采用振动锤，可充分减少锤击噪声，有利于夜间施工作业。

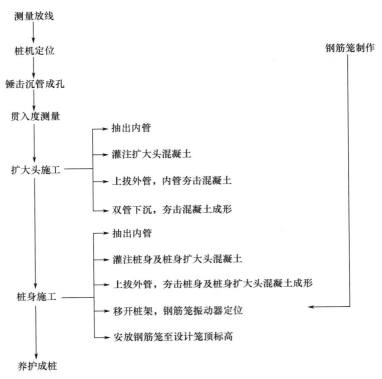

图 27-1　全夯式沉管扩底灌注桩施工工艺流程

27.2.3　施工工艺特点

1. 独特的基桩施工技术

该技术的创新性在于全程夯扩、有一个或多个扩大头、后置钢筋笼系列技术。从理论上建立依据到拟定施工工艺，从设计计算到确定施工技术参数，从施工机具发明到施工工艺改进，该技术实现了全面、系统的创新，主要体现在以下方面：

1) 通过提高夯击力和桩体混凝土强度等技术措施，可以增大桩端扩大头的承载面积，提高单桩竖向承载力。成桩时的低锤密击作用彻底解决了以往成桩时的质量通病，确保桩身混凝土质量。

2) 采取桩身夯扩挤密工艺，根据需要设置一个或多个扩大头，可以发挥桩体的比表面积、长径比等几何特征，增加桩的总侧阻力和总端阻力，在不增加或少增加设备、材料用量和工程造价的情况下达到大幅度提高单桩竖向承载力的效果。

3) 采用形成糖葫芦形桩体和多个扩大头的技术措施，从而较大幅度地提高单桩抗拔力（其抗拔力与其他同类型桩相比可提高 1~2 倍），为用户提供了一种理想的抗拔型桩（图 27-4）。

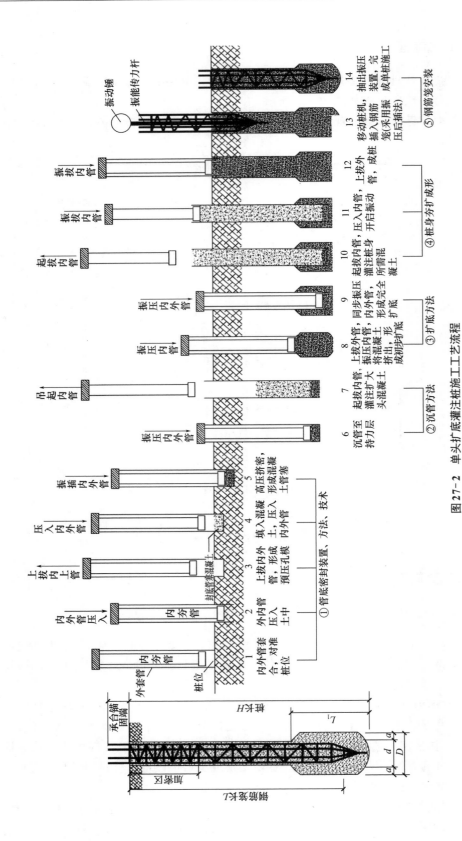

图 27-2　单头扩底灌注桩施工工艺流程

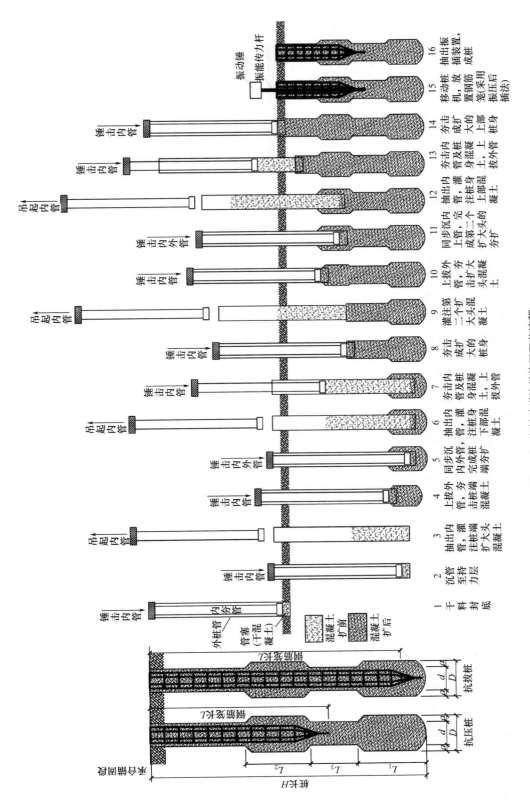

图 27-3　多扩头灌注桩施工工艺流程

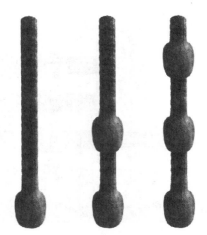

图 27-4　全夯多个扩大头灌注桩示意图

4）可以按照设计要求的标高和土层承载性能夯扩成一个或多个扩大头，达到单桩承载力与桩身混凝土抗压强度的充分匹配，确保最大限度的强度利用。

5）对扩大头间距、桩顶扩大头距地面的距离、扩大头的构造要求、混凝土的强度等级和坍落度等技术要求和参数进行了规范。

6）解决了现场灌注桩的成桩质量的通病，如吊脚、沉渣、混凝土离析、颈缩、进水进泥等问题。

2. 充分利用地基土的综合承载性能

全夯式扩底灌注桩系列技术施工过程中多次挤土和振密土层，达到了夯实桩端土和挤（振）密桩周土的效果，增强了桩端土的端阻力和桩周土的摩阻力，从而充分利用桩端土、桩周土、桩身扩大头下的地基土的综合承载性能，最终达到大幅度提高单桩承载力的效果，具体表现在以下三个方面：

1）充分利用挤土桩地基土的承载性能，实现综合承载的理念。

2）根据各岩土层的特性及桩长变化，可设置一个或多个扩大头，综合利用承台以下各层土的承载性能。该技术特别适合桩端土层端阻力不高，而承台以下存在一层或多层强度相对较高的土层的情况，此时可充分利用该较硬土层，作为桩身扩大头的持力层。

3）根据各种土层的性能特征，利用不同的混凝土充盈系数（通过内夯能调节）协调土层的收缩应力变化，确保达到设计计算的桩身直径。

3. 采取"导轨后置法"钢筋笼安装施工技术

钢筋笼安装一直是困扰沉管类灌注桩、夯扩类灌注桩和全夯式扩底灌注桩发展的技术难题，采取"导轨后置法"钢筋笼安装施工技术（在桩身混凝土灌注完成后，内外管拔出后移开，再将钢筋笼振插入桩体内）成功地解决了这一难题。其创造性表现在：①该施工工艺技术解决了沉管类、夯扩类灌注桩钢筋笼不能通长配筋的技术难题；②可以满足规范对端承型桩、抗拔桩及因地震作用、冻胀或膨胀力作用而受上拔力的桩钢筋笼通长配筋的要求；③能够准确控制钢筋笼标高；④能够二次振搅密实桩身混凝土，进一步消除桩身质量通病。

该技术的先进性表现在：①解决了安装钢筋笼时撞笼、扭笼和墩笼而造成钢筋笼屈曲变形损坏的施工问题；②消除了钢筋笼安装标高及保护层失控、钢筋笼倾斜和钢筋笼拔起等质量通病；③钢筋笼通长配筋可提高工程桩的单桩竖向承载力、抗拔和水平承载力；④钢筋笼后置技术为多扩大头施工工艺技术提供了技术依据和前提条件；⑤使全夯实多头扩底灌注桩施工工艺变得流畅、高效和合理。

27.2.4　工艺技术的实施

1）施工组织设计。对设计文件和工程地质勘察资料进行深入研究，按设计文件的工程桩单桩承载力要求及持力层的规定和施工组织设计编制程序编制施工组织设计。

2）根据企业标准《全夯式多头扩底灌注桩技术规程》、国家相关规范及标准的规定和设计图，提出全夯式多头扩底灌注桩的具体技术参数和施工工艺程序。

3）按国家标准和规范要求进行工程桩试桩。

① 按设计要求进行工程桩试施工。

② 按施工中的具体实施步骤和参数施工，特别是要重视有变化的参数的分析研究，并做好记录。

③ 对施工中出现的问题和变异参数作出判断及给出处理意见。

④ 按规定进行荷载试验。

⑤ 确定施工程序和各项施工参数，包括夯击次数、拔管速度、各扩大头埋置深度及与地质勘察报告的对应性、混凝土的强度等级、夯灌量、各段夯击停锤标准、分段桩长、充盈系数和荷载试验承载力、变形沉降等。上述工作需得到设计和监理单位的认可。

⑥ 填写"全夯式扩底灌注桩施工记录"。

4）测量放线及桩机就位。根据建设单位提供的建筑物红线测定轴线桩，施放每个桩位，将做好标记的竹钎或钢筋打入土中，并用混凝土包住、固定，经相关单位验收合格后使桩基就位。

5）沉管至持力层，封底止水。

① 锤击沉管前应在桩位放置足够的干硬性混凝土，混凝土的数量应以填满管底空腔为准，以保证止水阻淤的效果。

② 锤击沉管时按地质报告的持力层埋深指标控制沉管和最后贯入度，以确保桩端置于设计要求的持力层内。

③ 锤击沉管宜采用重锤低击的办法施打，落锤高度为 1.0m，正负偏差控制在 0.1m 以内。

④ 收锤标准：

a. 最后贯入度（3 阵）小于 10cm，按设计要求为每阵 10 击。

b. 与地质勘察报告揭示的持力层埋深相对照。

⑤ 停锤后应抽内夯管，检查内管下端是否干燥，外管内是否有泥、水进入。

6）抽出内管，灌注桩端混凝土，进行桩端扩大头的夯扩。扩大头混凝土灌注量应按夯扩程序、夯扩参数确定，扩大头混凝土的强度宜大于 C30，坍落度应控制在 80mm 以内。

7）上拔外管，同步下沉内管，完成桩端扩大头混凝土的夯击。扩大头锤击夯扩时夯扩时间不得超过 45min。

8）抽出内管，灌注桩身下部混凝土。桩身混凝土的用量应根据桩长、桩径、地质条件及相关参数确定。拔内管时速度应均匀，且应控制在 1.5～2.0m/min。在软弱土层内、软硬土层交界处及有承压水的土层内应减慢拔管速度，并控制在 0.8～1.0m/min 范围内。

桩身混凝土夯击拔管成桩时，应将内夯管压在外管内的混凝土上。当外管均匀上拔时，锤击内管，使之徐徐下夯。

夯击拔管时宜采用低锤密击的办法。在软弱土层中应适当减少锤击次数，同时必须保证在外管上拔时内管均匀下沉。在流塑性淤泥层中，如内管下沉过快，宜停止锤击，只需依靠桩锤重力及内管压力便可达到夯击的效果。

9）上拔外管至预设扩大头部位，进行桩身扩大头的施工。

① 多节扩大头应按照地质勘察报告数据，使桩身范围内的多个扩大头底部落在相对较好的持力层。

一般宜选取上软下硬位置，以下部较硬土层作为多个扩大头的持力层。不应将多个扩大头设置在上硬下软位置，以免将下部较软土层作为扩大头的持力层。

②当地质勘察资料中横向土层坡度较大时，施工时应做相应处理，保证桩身扩大头进入持力层规定的深度。

③详细记录扩大头标高、混凝土夯入量和停夯条件，特别是发现异常情况时要具体记录。

10）夯击桩身混凝土，并在预设扩大头位置形成倒锥形扩大头。倒锥形多个扩大头的施工工艺同桩端扩大头。

11）根据设计要求，重复上述工序6）、7），在桩身部位得到多个扩大头。

12）抽出外管，完成全桩身混凝土的夯击。桩身混凝土用量、拔管速度、锤击方法同工序5）。

13）吊装钢筋笼。

①移外立架，钢筋笼吊装就位，并安放在导轨上。

②插入振动器，将振能传力杆（振动能量传递杆）与振动器螺栓相连，并使振能传感器、导轨中心与基桩中心轴重合，以保证钢筋笼插入时的中心不变。同时，调整导轨位置，使导轨在钢筋笼插入时起到扶正作用，以避免钢筋笼下沉过程中发生偏移。

③将振能传力杆端部与钢筋笼底部紧密连接。

14）开启振动器，随着振能传力杆的振动，钢筋笼插送下沉，直至插入桩体中的设计标高。

15）完成单根全夯式多节扩头基桩的施工。

27.2.5 施工关键控制点

（1）测量放线

根据总平面图及桩基础平面布置图进行桩位放样，其偏差须控制在20mm以内。自检完成后，须会同建设、监理单位现场复验、签证。

（2）桩机定位

桩机定位时须检查桩机的垂直度，复查桩位尺寸。

（3）成孔、贯入度测量

锤击沉管成孔以贯入度控制为主，确保桩端置于设计要求的持力层，须保证止水阻淤的效果。锤击沉管采用重锤低击的办法施打。收锤标准：①最后3阵（每阵10击）贯入度小于10cm；②与地质勘察报告揭示的持力层埋深相对照。

（4）扩大头施工

扩大头的混凝土灌注量根据夯扩公式计算：

$$D = \alpha d_0 \sqrt{(H+h-c)/h} \qquad (27-1)$$

式中 D——夯扩的扩大头计算直径（m）；

α——扩大头直径计算修正系数，取1.0；

d_0——外管内径（m）；

H——夯扩前外管内灌注混凝土的高度（m）；

h——夯扩头高度（m）；

c——夯扩时外管底端下沉到设计桩底深度的距离，取0.2m。

扩大头的混凝土实际用量须大于计算值，以保证扩大头的直径及高度，确保扩大头端承载力达到要求。双管下沉的深度相对扩大头高度要低20cm左右，夯扩时间不宜超过45min。

（5）桩身施工

桩身及桩身扩大头的混凝土灌注量根据以下公式计算：

$$L_0 = (d^2/d_0^2 \cdot L + 1.0)\Gamma \qquad\qquad (27-2)$$

式中　d——桩身直径（m）；

　　　d_0——外管内径（m）；

　　　L_0——桩管内混凝土灌注总高度（m）；

　　　L——桩身长度（m）；

　　　Γ——桩身混凝土充盈系数，不小于 1.15，取 1.3；

　　　1.0——保护厚度加浮浆高度（m）。

桩身及桩身扩大头的混凝土灌注量根据公式计算。其实际用量须大于计算值，以保证桩身及扩大头的直径和高度。混凝土灌注的充盈系数 Γ 宜控制在 1.3 左右，最低不得小于 1.15，且应保证桩顶以上有约 500mm 的浮浆厚度，以保证桩顶混凝土的强度。

桩身混凝土夯击拔管成桩时，应将内夯管压在外管内的混凝土上。当外管均匀上拔时，锤击内管，使之徐徐下夯，直至同步终止于所要求的混凝土顶面标高以上，然后将内外管一齐拔出地面。夯击拔管时宜采用低锤密击的办法，同时必须保证在外管上拔的同时内管均匀下沉。

桩身扩大头施工时须按与桩端扩大头施工相同的方式进行。

施工过程中按规范要求抽样制作混凝土试件，测定 28 天的强度。

认真做好施工过程中桩号、桩长、贯入度、混凝土灌注量、钢筋笼安放情况等各项施工参数的记录。

（6）钢筋笼制作安装

钢筋笼制作时底部采用笼尖，并增加相对较粗的导向钢筋，一般为 Φ18 螺纹钢，用于固定振动器导向杆，约束钢筋的变形。钢筋笼采用电焊焊接，有接头时须保证在同一截面上钢筋接头少于主筋的一半，且接头之间的距离应 $\geqslant 40d_c$（d_c 为钢筋的直径）。钢筋笼的制作满足设计及规范的要求，钢筋原材料须检测合格后才能用于施工。

在桩身混凝土施工成形后，将钢筋笼与振动器连接，移开桩架，将桩架边的钢筋笼振动器定位至桩身混凝土中心，提升后放置在桩身混凝土上，然后由振动器将钢筋笼徐徐振动，插入混凝土，安装至设计笼顶标高。

钢筋笼在安装时不能产生偏心及倾斜，并确保振动器导向杆的垂直度，避免钢筋笼偏离桩身混凝土。

27.3　技术特点及专利

相对于沉管灌注桩、夯扩桩等传统混凝土灌注桩技术而言，全夯式沉管扩底灌注桩的技术特点主要表现在以下方面：

1）通过提高内管夯击力和桩身混凝土强度等级等技术措施，可以增大桩端扩大头的承载面积，从而提高单桩竖向承载力。

2）根据上部建筑物的特点及荷载需要，结合岩土层条件，还可在桩身（相对较好的土层段）夯扩形成一个或多个扩大头，发挥桩体的比表面积、长径比等几何特征，增加桩的总侧阻力和总端阻力，在不增加或少增加设备、材料用量和工程造价的情况下达到大幅度提高单桩竖向承载力的效果。

3）可以形成糖葫芦状桩体，从而较大幅度地提高单桩抗压力和抗拔力，其抗拔力比其他同类型桩可提高 1～2 倍。

4）由于成桩全过程夯击和钢筋笼后置振插安装，桩身混凝土密实度和混凝土抗压、抗拉强度设计值 f_t 得到提高，从而单桩水平承载力特征值 R_a 得到较大幅度的提高。

第一代桩基技术"全夯式扩底灌注桩（钢筋笼内装法）"获得国家发明专利（专利号为 ZL99101432.4）。

第二代桩基技术"全夯式扩底灌注桩（钢筋笼后插法）"获得国家实用新型专利（专利号为ZL200920188563.2）。

第三代桩基技术"全夯式多头扩底灌注桩技术"获得国家实用新型专利（专利号为ZL201220126480.2）。

27.4 工程实例

27.4.1 江西省余干县某住宅楼桩基工程

1. 工程概况

江西省余干县某住宅楼工程位于江西省余干县迎宾大道西侧、横四路南侧、横三路北侧范围内，场地地形开阔，地势经平整后较平坦。

2. 地层情况

工程地层情况见表27-3。

表27-3 工程地层情况

土层编号	土层名称	色泽	状态	层厚/m	层顶埋深/m	层顶高程/m	承载力特征值 f_{ak}/kPa
①	杂填土	褐灰色	松散～稍湿	1.0～6.0	/	/	60
②	淤泥	褐黑色	流塑	0～4.8	0.5～6.0	/	30
③	粉质黏土	浅黄色	可塑	0～7.4	0.4～7.0	8.40～14.20	160
④	中砂	黄灰～黄色	可塑	0～3.6	5.2～8.2	/	140
⑤	砾砂	黄灰～黄色	饱和、中密	10.2～14.8	5.7～10.2	16.10～9.30	200
⑥	全风化砂岩上段	紫红色	泥状、砂状	2.9～15.8	19.3～31.9	/	1800
⑦	全风化砂岩下段	紫红色	砂状	7.5～23.4	29.5～37.0	/	2200
⑧	中风化灰岩	青灰色	长柱、短柱状	5.0～8.0	47.0～56.2	/	/

3. 设计要点

该项目设计时考虑到中风化层埋置较深，采用机械钻孔桩不经济，经多方研究分析后拟采用预制管桩。在试桩过程中发现，管桩打入约20m后仍不能满足贯入度要求，而该长度的管桩进入砾砂层已超过10m，此时尚无法判断还需置入多深的管桩方能满足设计要求。经建设、监理及设计等单位会商后，对桩型进行了修改，全部采用全夯式多扩头灌注桩。

该项目的2号、3号楼分别为21层及28层建筑，采用全夯式多扩头灌注桩，设计参数如下：桩长不小于8.0m，持力层为砾砂层，最后3阵（每阵10击）贯入度小于10cm，单桩承载力特征值为2200kN，桩身直径为500mm，扩大头直径为900mm，扩大头高度为1400mm。桩身配筋：钢筋笼主筋为6Φ14，箍筋为ϕ8@250/200。所有桩纵筋均采用电焊连接，桩身混凝土采用预拌混凝土，混凝土强度等级为C35。

2号楼和3号楼全夯式多扩头灌柱桩的承载力见表27-4。

表27-4 2号楼和3号楼全夯式多扩头灌注桩的承载力

检测桩号	桩长/m	桩径/m	设计承载力特征值/kN	检测最大加载值/kN	检测最大沉降量/mm	卸载回弹量/mm	极限承载力取值/kN	结论
2号楼27号	7.3	0.5	2200	4400	26.70	8.38	4400	满足设计要求
2号楼206号	7.3	0.5	2200	4400	19.52	7.18	4400	满足设计要求

续表

检测桩号	桩长 /m	桩径 /m	设计承载力 特征值/kN	检测最大加 载值/kN	检测最大沉降 量/mm	卸载回弹量 /mm	极限承载力取值 /kN	结论
2 号楼 222 号	7.6	0.5	2200	4400	30.52	9.05	4400	满足设计要求
3 号楼 34 号	6.7	0.5	2200	4400	21.40	9.23	4400	满足设计要求
3 号楼 86 号	7.4	0.5	2200	4400	19.63	7.18	4400	满足设计要求
3 号楼 116 号	7.4	0.5	2200	4400	24.62	5.98	4400	满足设计要求

27.4.2　恒茂红谷新城三期桩基工程

1. 工程概况

恒茂红谷新城三期项目位于南昌市新建县蔡家桥，昌樟高速公路与长堎大道交会处北侧地块，拟建恒茂红股新城住宅小区，项目分期开发建设，三期工程总用地面积为 802239.45m² 。拟建建筑为 11~30 层住宅楼 12 幢，三层幼儿园一幢，一层地下车库，采用框架-剪力墙结构，设计地坪标高约为 19.50m。

2. 地层情况

工程地层情况见表 27-5。

表 27-5　工程地层情况

土层编号	土层名称	土层厚度/m	地基承载力特征值 f_{ak}/kPa	压缩或变形模量建议值 $E_{s0.1\sim0.2}$/MPa
①	素填土	0~3.3	70	2.80
②	粉质黏土	1.3~8.6	140	4.85
③	细砂	0~6.4	105	6.00
④	粗砂	0~2.3	180	19.50
⑤	砾砂	0~4.2	220	28.50
⑥	强风化砂砾岩	3.0~5.8	300	—
⑦	中风化砂砾岩	1.2~18.6	900	—

3. 设计要点

该项目的 12 号、20~23 号楼为 18 层建筑，均含有一层地下室，采用全夯式多扩头灌注桩，设计参数如下：桩长不小于 6.0m，持力层为圆砾或强风化砂砾层，最后 3 阵（每阵 10 击）贯入度小于 10cm，单桩承载力特征值分别为 ZH1 （φ400mm） 1400kN，ZH2 （φ450mm） 1800kN，ZH3 （φ500mm） 2200kN。桩基分别设计为：ZH1 （φ400mm）桩身直径为 400mm，扩大头直径为 750mm，扩大头高度为 1400mm；ZH2 （φ450mm）桩身直径为 450mm，扩大头直径为 800mm，扩大头高度为 1500mm；ZH3 （φ500mm）桩身直径为 500mm，扩大头直径为 850mm，扩大头高度为 1600mm。桩身配筋分别为：ZH1 （φ400mm）钢筋笼主筋为 4Φ14，箍筋为 φ6@250/200；ZH2 （φ450mm）钢筋笼主筋为 5Φ14，箍筋为 φ6@250/200；ZH3 （φ500mm）钢筋笼主筋为 6Φ14，箍筋为 φ8@250/200。所有桩纵筋均采用电焊连接，桩身混凝土采用预拌混凝土，混凝土强度等级为 C35。

20 号楼和 22 号楼生夯式多扩头灌注桩的承载力见表 27-6。

表 27-6 20 号楼和 22 号楼全夯式多扩头灌注桩的承载力

检测桩号	桩长 /m	桩径 /m	设计承载力特征值/kN	检测最大加载值/kN	检测最大沉降量/mm	卸载回弹量/mm	极限承载力取值/kN	结论
20 号楼 31 号	8.7	0.4	1400	2800	16.14	5.13	≥2800	满足设计要求
20 号楼 41 号	8.7	0.45	1800	3600	14.09	4.65	≥3600	满足设计要求
20 号楼 50 号	8.9	0.5	2200	4400	17.71	5.87	≥4400	满足设计要求
22 号楼 117 号	9.3	0.4	1400	2800	10.74	3.49	≥2800	满足设计要求
22 号楼 98 号	9.9	0.45	1800	3600	9.44	3.35	≥3600	满足设计要求
22 号楼 134 号	9.5	0.5	2200	4400	13.95	3.76	≥4400	满足设计要求

27.4.3 奥克斯盛世华庭桩基工程

1. 工程概况

奥克斯盛世华庭项目位于南昌经济技术开发区黄家湖以南、花园北路以北、宏远路以东、东湖北路以西，总用地面积 92203.2m²，建筑用地面积 2766.1m²，总建筑面积 251112.72m²，地上建筑面积 260622.0m²。其中，地下车库一层，高 3.60~4.15m，建筑面积 66141m²。拟建建筑物共 29 栋，其中 26 层住宅 5 栋、18 层住宅 5 栋、9 层住宅 4 栋、6 层住宅 8 栋、3 层住宅 5 栋、2 层商业及幼儿园共 2 栋。

2. 地层情况

工程地层情况见表 27-7。

表 27-7 工程地层情况

土层编号	土层名称	土层厚度 /m	层面埋深 /m	层顶标高 /m	地基承载力特征值 f_{ak}/kPa	压缩或变形模量建议值 $E_{S0.1-0.2}$/MPa
①	素填土	0.7~9.2	/	/	60	1.50
②	粉质黏土	0~8.3	4.3~9.2	15.340~20.623	212.5	5.83
③	粉质黏土	0~5.9	0.7~7.3	17.119~22.806	235	6.53
④	角砾	0~4.5	4.5~14.1	8.790~18.878	400	24.00
⑤	全风化千枚岩	4.0~10.0	5.3~15.6	7.380~17.630	250	10.00
⑥	强风化千枚岩（上段）	2.9~8.0	14.8~20.9	2.190~9.223	400	/
⑦	强风化千枚岩（下段）	0~6.0	22.0~26.8	−3.747~1.359	750	/
⑧	中风化千枚岩	0~16.1	27.3~31.8	−8.699~−4.041	1100	/

3. 设计要点

该项目的 31、37~42、48、49 号楼为 11 层或 18 层建筑，均含有一层地下室，采用全夯式多扩头灌注桩，设计参数如下：桩长不小于 8.0m，持力层为全风化千枚层，最后 3 阵（每阵 10 击）贯入度小于 5cm，单桩承载力特征值为 2100kN。桩身直径为 500mm，扩大头直径为 850mm，扩大头高度为 1600mm。桩身钢筋笼主筋为 8Φ12，箍筋为 φ8@250/100。所有桩纵筋均采用电焊连接，桩身混凝土采用预拌混凝土，混凝土强度等级为 C35。

31 号楼和 40 号楼全夯式多扩头灌注桩的承载力见表 27-8。

表 27 - 8　31 号楼和 40 号楼全夯式多扩头灌注桩的承载力

检测桩号	桩长/m	桩径/m	设计承载力特征值/kN	检测最大加载值/kN	检测最大沉降量/mm	卸载回弹量/mm	极限承载力取值/kN	结论
31 号楼 16 号	13.30	0.5	2100	4200	16.84	4.11	4200	满足设计要求
31 号楼 29 号	12.80	0.5	2100	4200	15.83	3.57	4200	满足设计要求
31 号楼 40 号	12.70	0.5	2100	4200	16.60	4.17	4200	满足设计要求
40 号楼 111 号	10.95	0.5	2100	4200	17.41	5.00	4200	满足设计要求
40 号楼 113 号	10.85	0.5	2100	4200	16.05	5.03	4200	满足设计要求
40 号楼 146 号	11.05	0.5	2100	4200	13.22	3.77	4200	满足设计要求

参 考 文 献

[1] 江西省地方标准.全夯式扩底灌注桩技术规程（JQB-01—2005）[S].江西省土木建筑学会，2005.

[2] 徐升才，乐平.论全夯式扩底灌注桩施工的技术措施 [G] //滕延京.地基基础工程技术新进展.北京：知识产权出版社，2006.

[3] 熊孝波，桂国庆，刘献江，等.基于 ANFIS 的全夯式扩底灌注桩极限承载力预测研究 [J].工程地质学报，2008，16（S1）：340 - 344.

[4] 刘献江，乐平.全夯式多头扩底灌注桩的理论研究与应用 [Z].江西，2014.

[5] 徐至钧，张晓玲，张国栋.挤扩支盘灌注桩设计施工与工程应用 [M].北京：机械工业出版社，2007.

[6] 沈保汉.全夯式沉管扩底灌注桩 [J].工程机械与维修，2015（04 增刊）：94 - 98.

第 28 章 湖南变截面钻埋预制空心桩

上官兴　林乐翔

28.1 概　　述

28.1.1 钻埋大直径空心桩发展历程

1964 年河南省利用民间打井的设备建造了全国首座钻孔灌注桩基 T 梁桥，经交通部验收后在全国公路、铁路工程中得到全面推广。经过多年的发展，钻孔灌注桩已成为交通工程建设基础工程中首选的基桩形式。钻孔桩径从 1m 发展到 5m，深度达百余米，已有数十万座桥梁钻孔灌注桩基的应用规模。但是现浇钻孔灌注桩自始至终都存在两大缺陷：一是桩身混凝土质量难以控制；二是桩底存在软弱沉渣，影响桩端承载力。

1962 年在南美洲委内瑞拉修建马开拉波斜拉桥（235m）基础工程中，率先使用钻埋预制混凝土空心桩，一举克服了钻孔灌注桩的两大缺陷。但由于全长预制管桩重近百吨，要用大型机械才能完成施工，这阻碍了它的推广。

从 20 世纪 60 年代末起，河南省公路局总工程师范磊带领洛阳总段和交通部科学研究院合作，先后研发了"钻埋钢内模填石注浆混凝土空心桩"和"钻埋预应力混凝土空心桩"两项新技术，并首次提出底节用钢板封底形成浮筒，在钻孔桩内泥浆中自浮承担管节自重，然后在桩壳内注水下沉再接高……这种具有中国特色的方法终于攻克了预制桩壳起重安装的难关。1992 年钻埋预制空心桩通过交通部的技术鉴定，成为交通部"七五"科技推广技术项目。

1995 年湖南省公路局、公路设计公司承担了交通部"八五"行业联合科技攻关项目"洞庭湖区桥梁建设新技术的开发研究"课题。考虑到洞庭湖区湖河交错、地基软弱，缺乏砂石材料，修路不易，建桥更难，课题组在学习河南省公路局和交通部公路科学研究院钻埋预制空心桩专利的基础上，结合湖南省多座无承台变截面大直径桩的工程实践，通过结构和工艺的改进，终于形成了具有湖南特色的"变截面钻埋预制空心桩基"。"八五"期间，课题组在湖南省公路局的支持下，解放思想、奋力拼搏，将交通部"七五"科技成果"无承台大直径钻埋预制空心桩墩"推广落实得有声有色。到 1999 年年底，在湘北干线哑巴渡、南华渡和石龟山三座大桥中已完成 $\phi3/\phi2.5m$、$\phi3.8/\phi3m$ 和 $\phi5/\phi4m$ 三种无承台变截面钻埋空心桩柱 84 根（其中有独桩柱 32 根），总桩长达 2293m。其中，常德石龟山大桥 80m PC 连续梁桥实现 $\phi3.5m$ 独柱和变截面（$\phi5/\phi4m$）钻埋空心桩的施工，桩长 40m，承载力达 30000kN，引领中国空心桩技术达到国际先进水平。在苏通大桥工程中中国钻埋预制空心桩得到美国专家的高度评价。

1998 年国内钻孔灌注桩资深专家王伯惠在其研究十年而成的《桩基计算统一解》著作中将湖南无承台变截面钻埋预制空心桩的成果写入《中国钻孔灌注桩新发展》中出版。

2000 年交通部第一公路工程总公司编写的《公路施工手册：桥涵（上册）》第十章"大直径桩基础"中也列出了湖南变截面大直径预制空心桩的成果。

长安大学教师冯忠居师从华东交通大学上官兴教授，经过 3 年苦读，完成博士论文《大直径钻埋空心桩特性研究》，获得优秀博士论文奖励，并得到资助出版。

上述技术成果全面阐述了具有中国特色的无承台钻埋变截面预制空心桩的原理和计算方法，介绍了其在结构上与承台＋群桩基础比较具有节省 30％混凝土用量的优越性，并详细介绍了预制空心桩施工的全过程。这是我国桩基领域中一项重大的创新成果，达到了国际先进水平。

28.1.2　湖南钻埋空心桩技术的进步

河南省相关科研、工程人员研制钻埋空心桩近 30 年，制作了数十根试桩，其中最大直径为 1.7m（洛阳光华桥）。但这项珍贵的开创性成果未能得到推广普及，主要原因是：

1）受钻机设备限制，桩径过小，桩空心率不高，效益提高不显著。

2）预制桩、接头采用钢法兰工艺，制作工艺烦琐、成本高、联结形式突变，使混凝土结构不连续。

3）受到设计单位抵制。因设计人员不熟悉工艺全过程，心中无底，需要承担较高的风险；空心桩节省投资，设计上几无利润可言。

湖南钻埋空心桩技术的进步主要表现在以下几个方面：

1）钻机。湖南路桥界利用进口的 3 台德国钻机及其他钻机通过扩孔方法能快速完成 $\phi 3 \sim \phi 4m$ 钻孔，在施工总承包中将实现无承台措施所节省的资金补贴到空心桩研究方面，从而促进了新技术的推广。

2）缆吊。湖南路桥界拥有 8 台缆索起重机用于修建拱桥，在 20 世纪 80 年代末修建 PC 连续梁时也将缆吊用在桥墩桩基和箱梁上。例如，在石龟山大桥通航孔（4×80m）中，用 40t 缆吊能轻松吊起 $\phi 3.5m$ 预制桩节段（高 4m、重 32t），分十段可完成 40m 长预制桩的拼装，历时 3 天，解决了大直径预制空心桩节段起重设备的问题。

3）接头。预制空心桩的接头好坏是关键，通常如采用精轧螺纹钢（54t/根）张拉接缝，费用较高。课题组在北京建筑研究院的指导下，将二级钢筋 Φ32 两头制成锥形，再用双头锥形套管接长，在外套上加螺母锚固，是一种具有中国特色的接头新工艺。通过环氧树脂胶缝和纵向 Φ32 钢筋的张拉（25t/根），预制空心桩全长连续，既方便施工又节省费用。

4）变截面桩利用钻孔桩的钢护筒作为上端，钢护筒直径比钻孔大 1cm，能够承担桩顶较大的弯矩，并且要求施工中使用膨润土作为泥浆的基本原料，再掺入 PHP 或 CMC 等高效粘结剂，从而形成优质、相对密度小、黏度高的油田泥浆，才能保证水下混凝土与钢护筒之间较好地粘合而形成整体。苏通长江大桥在试桩中发现，使用黄土泥浆致使水下混凝土与钢护筒不能结合成整体，因此明文禁止钻孔桩使用普通黏土做泥浆。可以说，使用优质 PHP 油田泥浆是钢护筒形成变截面桩设计的关键所在。

5）桩计算理论的突破。在目前我国的桩基工程监理中，以 1cm 沉降量为桩沉降质检指标，超过 1cm 则视为不合格。而德国桥梁规范 DIN4014 明确桩允许沉降量 $\Delta = 0.01\phi$，由此 $\phi 4m$ 空心桩容许沉降量 $\Delta = 0.01 \times 400 = 4(cm)$。桩基沉降量的这个指标已经被美国、日本等发达国家的桥梁规范所接受，但是我国的桥梁规范尚未采纳以上标准。湘北干线三座桥变截面空心桩施工后沉降量超过 1cm，被要求停工。后经过专家会议研究，勉强同意几座超 $\phi 2.5m$ 大直径空心桩可暂按德国规范 DIN4014 处理并复工。由于变截面空心桩承载力计算方法的理论缺失，其推广受到阻碍。鉴于此，课题组学习德国桥规按沉降量确定承载力的方法，研究提出了钻埋空心桩 $N - s$ 沉降曲线制作方法，并以缆索起重机吊装箱梁重量为荷载（N），测量相应的桩沉降量（s），再与理论值（$N - s$）相校核，验证了可靠性。该方法在苏通长江大桥 17 根试桩中进行了补充修订，提出了桩顶应力的计算（$\sigma = N/A$）和相对沉降量（$y = s/D$）相关曲线（$\sigma - y$）的绘制方法。该方法适用于超长桩（$L/D > 40$）。

总之，具有中国特色的变截面钻埋空心桩柱基础最突出的优点是取消了难以施工的大体积承台混凝土，与群桩＋承台相比节省混凝土用量 30％～50％。它具有结构新颖、受力合理、可实现装配化施工、施工进度快的特点，经济效益十分显著。预制钻埋空心桩的出现从根本上解决了钻孔灌注桩桩尖软垫层及桩身质量难以控制的两大难题，它的产生和发展是我国桥梁桩基工程的重大突破。

28.2 湖南变截面钻埋预制空心桩

28.2.1 湖南钻埋空心桩概况

1993—1997 年的 4 年间，由湖南省公路设计有限公司在湘北干线的三座大桥（哑巴渡大桥、南华渡大桥、石龟山澧水大桥）推广建成钻埋填石注浆混凝土空心桩 84 根（2293m），由湖南路桥建设集团有限责任公司和湖南环达公路桥梁建设总公司施工，其间福建厦（厦门）—漳（漳州）高速公路建成一座翠林桥（福建省交通规划设计院设计、陕西路桥集团有限公司施工），四桥合计施工预制空心桩 92 根（2517m），见表 28-1。图 28-1～图 28-4 所示为哑巴渡大桥等三座大桥空心桩的应用情况。

表 28-1 变截面钻埋填石注浆混凝土外包预制空心桩一览

项目		桥名			
		哑巴渡大桥	南华渡大桥	石龟山澧水大桥	翠林桥
通航孔	梁跨/m	2×30＝60	2×53＝106	55＋3×80＋55＝350	32＋3×50＋46＝228
	桥宽/m	12	17	10	26
	梁工艺与结构	顶推连梁	独塔斜拉	悬拼连续梁	现浇连续梁
	桩径/cm	$\phi380/\phi300$	$\phi300/\phi250$	$\phi500/\phi400$	$\phi300/\phi250$
	桩长/m	35	30	15～35	26～30
	桩数/根	3	7	5	8
	长度/m	105	210	123	224
主桥	梁跨/m	多孔 20～25，100	多孔 20～30，260	21×30＝630	
	桥宽/m	12	12	10	
	梁工艺与结构	顶推连梁	滚移连梁	逐孔现浇连梁	
	桩径/cm	$\phi300/\phi250$	$\phi300/\phi250$	$\phi350/\phi300$	—
	桩长/m	15～24	30	30～36	
	桩数/根	14	8	15	
	长度/m	265	240	480	

图 28-1 哑巴渡大桥 250m（顶推三箱连续梁，$\phi3/\phi2.5$m 钻埋空心桩）

图 28-2 南华渡大桥（2×50 独塔斜拉桥，4$\phi3/\phi2.5$m 空心桩）

28.2.2 空心桩承载力计算

图 28-5 为（$\phi5/\phi4$）变截面钻埋空心桩荷载-沉降量（$N-s$）关系曲线，图中计算值如下：

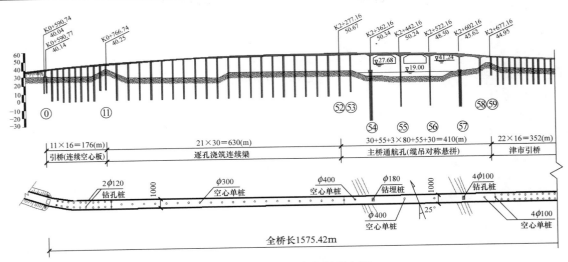

图 28-3 石龟山大桥桥型布置

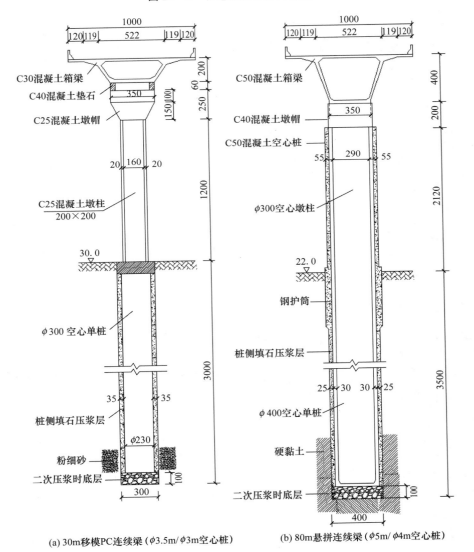

(a) 30m移模PC连续梁（φ3.5m/φ3m空心桩）

(b) 80m悬拼连续梁（φ5m/φ4m空心桩）

图 28-4 石龟山大桥桩基剖面图（单位：cm）

1）在弹性阶段 I，$N_1 = 15386$kN，$s = 23$mm。

2）在摩阻力极限阶段 II，$N_2 = 39022$kN，$s = 66$mm。

3）桩端刺入、桩变形 5‰时，相应桩顶极限承载力 $N_3 = 55722$kN，$s = 200$mm。

由图 28-5 可见，实测施工荷载 $G = 22730$kN 时的沉降量为 36mm，与理论值基本吻合。

2.80m 桥跨墩作用在空心桩顶的轴向力 $P = 30000$kN，在 N-s 关系曲线上内插得到相应沉降量 $s = 46$mm。将 s 计入 80m PC 连续梁的支座沉降，附加内力计算。

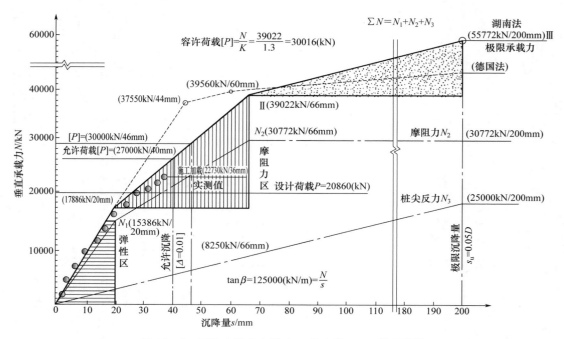

图 28-5 石龟山澧水大桥 ϕ4m 空心桩 N-s 关系曲线

28.2.3 ϕ4m 钻埋预制空心桩工艺

图 28-6 空心桩及 PC 连续梁缆索吊装

图 28-6 所示为石龟山大桥采用 $L = 380$m 缆索起重机进行下、上部预制构件的拼装起重设备，设计吊重 40t。原设计 34 号和 37 号墩（4ϕ1.8m 群桩基础＋承台）施工后桥墩改为 ϕ3.5m 空心桩，其余 5 个桥墩施工中按科研要求均改为 ϕ5/ϕ4m 空心桩。现将两者混凝土体积比较如下：

1）4ϕ1.8 群桩 662m³＋承台 128m³＝790m³（100%）。

2）变截面空心桩 ϕ5 上端 196m³＋ϕ4 下端 390m³－空心桩减少 218m³＝368m³（47%）。

两者相比较，无承台空心桩比群桩承台节省混凝土用量 53%，即 422m³（1012000kg），可见成效显著，值得推广。

现以常德石龟山澧水大桥（55m＋3×80m＋55m＝350m）五跨 PC 单箱连续梁通航孔 36 号中墩为例说明湖南省变截面大直径钻埋预制空心桩的成桩工艺。如图 28-7 和图 28-8 所示，空心桩施工有成孔、放桩、桩侧注浆、桩尖二次压浆、成桩五个工艺流程。

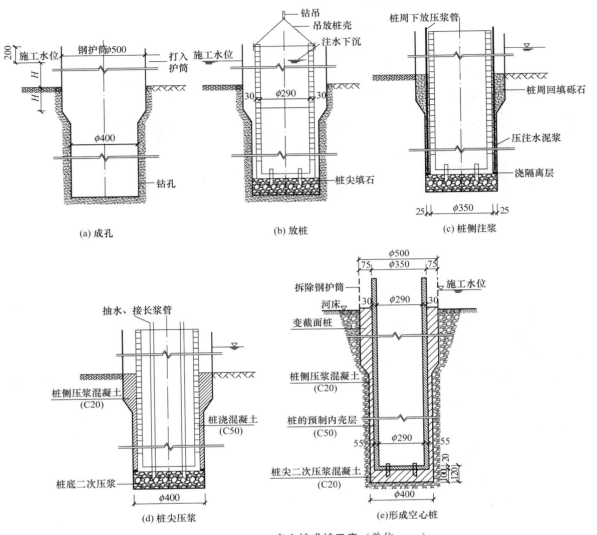

图 28-7　φ400cm 空心桩成桩工序（单位：cm）

(a) 成孔　　(b) 放桩　　(c) 桩侧注浆

(d) 桩尖压浆　　(e) 形成空心桩

(a) 用缆索起重机起吊32t重预制桩壳

(b) 在缆索起重机下方垂直方向设φ3.5m桩壳预制场

图 28-8　钻埋 φ5/φ4m 预制空心桩

$\phi^{T}32$钢筋竖向张拉锚固

(c) 张拉竖向预应力钢筋($\phi^{T}32$)　　　　(d) 钻孔壁与桩壳之间填石注浆

图 28 - 8　钻埋 $\phi5/\phi4m$ 预制空心桩（续）

参 考 文 献

［1］范磊. 钻埋活动钢内模填石注浆混凝土空心桩［C］. 中国钻孔桩 30 年学术会议，洛阳，1992.

［2］张书挺. 无承台、大直径钻埋空心桩墩施工技术成果鉴定书［Z］. 交通部科学研究院，河南省交通厅公路管理局，1992.

［3］王伯惠，上官兴. 中国钻孔灌注桩新发展［M］. 北京：人民交通出版社，1998.

［4］交通部第一公路工程总公司. 公路施工手册：桥涵（上册）［M］. 北京：人民交通出版社，2000.

［5］冯忠居，谢永利，上官兴. 桥梁桩基新技术：大直径钻埋预应力空心桩［M］. 北京：人民交通出版社，2005.

［6］上官兴. 用荷载（N）-沉降（s）曲线确定桩垂直承载力［C］. 全国大口径工程井会议，南京，1999.

［7］熊国辉，蒋伟，曹圣华，等. 超长钻孔桩沉降曲线（$\sigma - y$）（苏通法）［C］. 中国公路学会桥梁和结构工程分会全国桥梁学术会议，常熟，2006.

第 29 章　超大直径钻埋钢管空心桩

上官兴　林乐翔

29.1　概　　述

29.1.1　大直径桩在桥梁工程中的应用

党的十八大制定的"十三五"规划纲要提出了全面建成小康社会的新目标，在交通领域，要求铁路和公路基本建设速度从高速转型到中高速，发展方式从规模速度型转向质量效率型，发展动力从加大投入转向创新驱动。在这种新形势下，桥梁大直径桩基产生了 20 余年的重大突破，例如：

2013 年嘉绍大桥建成通车，在 66 孔×70m＝4620m 刚构桥下部构造中，完成 134 根（$\phi4.1/\phi3.8$m）大直径钻孔桩。

中铁大桥局生产的 KTY5000 全液压钻机，在福建平潭海峡公铁两用桥（通航孔桥跨 $l＝532$m）中完成大直径钻孔桩 194 根（其中 $\phi4.5$m 50 根，$\phi4$m 144 根）。

中交第二航务工程局有限公司在海南铺前大桥工程中使用宁波中锐重工 ZJB5000 全液压钻机完成多根 $\phi4.5$m 大直径嵌岩桩。

中交公路规划设计院在广东（深圳—中山）跨江通道中泄洪区（44×110m＝4840m）钢箱组合分离式（2×20m）宽箱梁中设计了 2×$\phi5$m 大直径单桩独柱桥墩，共 88 根桩，在浅滩区（49×50m＝2450m）分离式（2×20m）宽 PC 连续箱梁中设计了 2×$\phi3.8$m 共 98 根桩。

综上所述，诸多的交通企业不约而同地采用大直径桩，必将推动全国桥梁大直径桩的技术进步。

29.1.2　大直径空心桩的推广前景

改革开放 30 多年来，我国国民经济持续以 8% 的高速度发展。伴随着中国制造能力的腾飞，我国自主生产的全液压大直径 $\phi5$m 钻机，其扭矩高达 450kN·m，钻深可达 200m，而价格仅为进口钻机的 1/4，性价比已超过国外钻机，这为大直径桩的施工奠定了雄厚的物质基础。

30 年间我国修建高速公路达 12×10^4km，高速铁路 2.2×10^4km，大小桥梁 30 余万座。在悬索、斜拉、拱桥和 PC 预应力桥等各类桥梁的世界纪录中，在前十名中中国占六成以上，我国已经是名副其实的世界桥梁大国。丰富的桥梁建设实践经验为创新发展提供了技术保证。在"十三五"期间，每年建设万座桥梁的市场规模为技术创新提供了坚实的土壤。

桩直径越大，空心效果越好，施工工序越少，建设速度越快。在总结湖南钻埋变截面填石注浆混凝土外包预制空心桩经验的基础上，宁波易通建设有限公司牵头组织衡水益通金属制品有限责任公司、华东交通大学、湖南省公路设计有限公司等单位共同提出钻埋波纹钢内模填石注浆混凝土空心桩专利，用厚 5mm 的波纹钢板做内模，代替笨重的混凝土预制块进行填石注浆，形成空心桩。专利效益报告指出：在 80m 桥梁中用 $\phi7/\phi5$m 空心桩比 $\phi4$m 钻孔桩体积减小 34%；在 130m 波形钢腹板 PC 梁中用 $\phi7/\phi6$m 空心桩比采用 $5\phi2.5$m 群桩＋承台体积减小 45%；在 220m 钢管拱桥中用 $\phi11/\phi9$m 的空心桩和 $8\phi2.5$m＋$\phi4$m 群桩＋承台，体积可减小 57%。如果将该专利技术用在广东（深圳—中山）过江通道的通航孔 1666m 钢箱悬索桥主塔基础中，可将 $52\phi3$m 钻孔桩设计优化为 18 根 $\phi5/\phi3$m 桩，采用波纹钢内模填石注浆混凝土空心桩，工序可减少 52－18＝34（项），相当于减少了 65％的工序，可缩短工期半年以上。ϕ3m 波纹钢内模可减少 34×7.07＝240（m²），相当于桩混凝土节省 240×65＝1.56×10⁴（m³），质量减少 1.56×10⁴×2.4＝3.74×10⁴（t），即相当于每根桩增加承载力 20830kN。一个主墩节省的费用达数千万，如果全桥都采用钻埋波纹钢内模空心桩，其效益在亿元以上。

应当指出，波纹钢内模钻埋填石注浆混凝土空心桩技术工序多、工程进度慢、桩的强度不高，在我国当前创新的大好形势促进下，应当用高强钢管桩来代替，这是本章的中心内容。

29.1.3　钢结构的发展形势

21 世纪以来我国钢铁年产量持续保持在 12 亿吨级水平，占世界总量的 50％以上。随着国民经济的快速发展，我国桥梁建造技术也突飞猛进地发展，在万里长江上先后修建了 100 多座特大桥。在世界排名前十位的悬索桥、斜拉桥和跨海长桥中，中国分别占 6 座、5 座、6 座（平均约占 55％）。在大跨径桥梁领域，中国钢桥发展的速度之快举世瞩目，在技术上不断书写新的篇章。应当指出：在世界大跨径桥梁的基础工程中，混凝土结构仍然是主角，因此在中国大直径钻埋预应力混凝土空心桩技术中引入钢管空心桩是形势发展的必然，也是中国桥梁技术进入创新阶段的标志。在 21 世纪的桩基础工程中，发展超大直径钻埋钢空心桩恰逢其时，拥有诸多的积极因素。

（1）大扭矩、超大直径回旋钻机的产能

经过近 40 年的引进、消化吸收、创新发展的历程，以武桥重工集团股份有限公司、中锐机械设备有限公司、湖南山河智能机械股份有限公司和宁波易通建设有限公司等为代表的钻机研发制造企业所生产的全液压超大直径钻机，其扭矩高达 450kN·m，一次成孔直径可达 5m，钻孔深度可达 200m，入岩强度达 200MPa，最大提升力达 3500kN，这些性能已达到国际先进水平。该钻机目前已成功在福建平潭海峡公铁两用大桥、海南铺前大桥等 ϕ4～ϕ5m 桩基础中得到推广应用，并取得了良好的效果。由此可见，中国超大直径、全液压高性能钻机的研发为我国发展超大直径空心桩奠定了坚实的物质基础。

（2）建桥设备的大发展

大型浮吊是江河湖海中桥梁桩基施工的重要装备之一，随着桥梁装备制造业的发展，浮吊起升高度和起升重量有了大幅提升。例如，中铁大桥局集团有限公司在福建平潭海峡公铁两用大桥中施工应用了三台浮吊，其中两台起吊质量为 1400t，另一台起吊质量为 3600t，起重高度超过了 90m，可将长 70m 的钢管桩一次插入钻孔桩内，这是在此之前我国从来没有过的。随着"一带一路"倡议的推进，桥梁机械化施工的水平将不断提高，在桥梁下部基础工程中大量推广应用钢桩基础来实现装配化施工指日可待。

（3）产业政策扶持

钢结构具有自重轻、各向强度均匀、质量稳定、易于工厂化制造、可实现装配化施工和便于回收利用、低碳环保等优点，为世界桥梁界所推崇。法国、日本、美国等国家的钢结构桥梁占比分别为 85％、41％和 35％，我国受经济社会发展水平和钢材产能的制约，钢结构主要用于特大跨径桥梁。截至 2015 年年底，我国公路钢结构桥梁占比不足 1％。随着我国钢铁产能的提高和钢结构桥梁建设技术的进步，我国已经具备全面推广钢结构桥梁的物质基础和技术条件。我国每年新建桥梁近 3 万座，特大桥百余座，其中桩基础数量每年约为 50 万根，在下部构造中推广钢结构大有可为。当前正是推进钢结构桥梁建设、提升公路桥梁建设品质的良好契机，也是落实国务院《关于钢铁行业化解过剩产能实现脱困发展的意见》（国发〔2016〕6 号）要求，促进钢铁行业转型升级的重要举措。为推进钢结构桥梁建设，交通运输部发布了《关于推进公路钢结构桥梁建设的指导意见》。这些政策的出台对于推广钢结构在桥梁上的应用起到了很好的引导效果。在这个万众创新的新时代，我们对超大直径钻埋填石注浆混凝土外包的钢管空心桩在大型基础工程中的推广充满信心。

29.2　钻埋钢管空心桩结构设计

29.2.1　总体结构

群桩基础自上而下由承台浮箱、$\phi6m$ 钢护筒、$\phi5m$ 钻孔、填石注浆混凝土外包 $\phi4.5m$ 钢管空心桩的成桩和桩底二次注浆五个部分组成，如图 29-1 所示，其中 $\phi6m$ 钢护筒和 $\phi4.5m$ 钢管桩为主体钢结构。

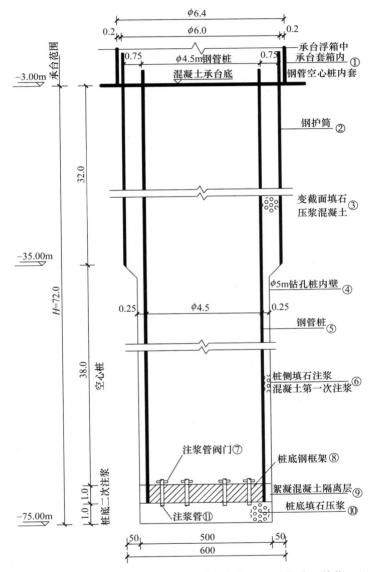

图 29-1　72m 钻埋填石注浆混凝土外包钢管空心桩构造（单位：m）

29.2.2　钢护筒构造设计

1）钢护筒如图 29-2 所示。其设计直径应大于钻孔桩直径 1m 以上；为防止筒内泥浆筒底翻浆，钢护筒埋入覆盖层中的深度应不小于水的深度（h）。该专利技术与一般专利技术的不同之处在于其将钢护筒作为变截面桩的结构组成部分，因此要求钻孔施工中所使用的泥浆必须采用膨润土（不能使用黄土）。设计要求清孔后泥浆相对密度小于 1.05，以保证钢管桩外侧填石注浆混凝土与钢护筒内壁粘结牢固。在钢护筒内壁还设置有竖向注浆管和横钢箍，与填石注浆混凝土形成钢筋混凝土结构。考虑到钢护筒用大吨位振动锤打入河床覆盖层的刚度需要，钢护筒外壁钢板厚10～20mm，在内壁约4m高位置设置水平加劲圈（厚度为30～50mm），在竖向还要加设8根H型钢竖向加劲肋，来传递强大的振动力。

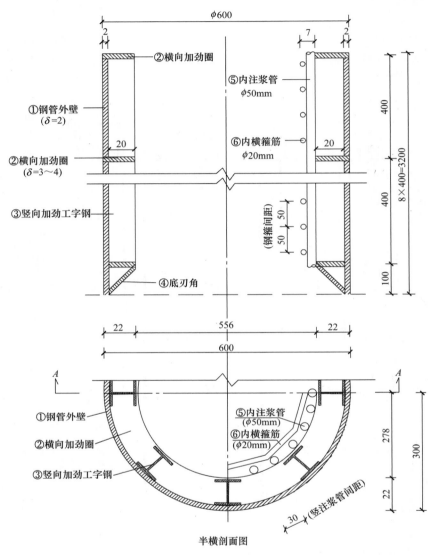

图 29-2 $\phi6$ 钢护筒分节结构（单位：cm）

2）钢护筒的功能是承担桩顶弯矩 M 和水平力 Q 所产生的内力。在钢管桩与钢护筒之间还有0.75m厚的填石注浆混凝土，它与钢管空心桩共同作用，从而形成变截面桩，能大幅度增加桩顶截面的惯性矩，以减轻钢管桩的负担。$\phi4.5m$ 和 $\phi6m$ 钢管桩利用钢护筒形成变截面空心桩是本专利技术的特色之一。

29.2.3 钢管桩构造设计

钢管桩由桩身和桩底筒两部分组成，钢管桩外壁厚度由桩的竖向力大小决定。

1）钢管桩桩身如图29-3所示。采用Q345钢，厚度 $\delta=20～40mm$。钢管桩和钻孔桩内壁之间有0.25m的空隙，因此钢管桩外径小于钻孔直径0.5m。钢管桩有条件时应尽量采用大节段制作；再在全长卷制的钢管内焊接水平加劲圈（宽200mm，厚30～50mm），其中竖向还要焊接8根H型钢竖向加劲肋。每节钢管桩在工厂制作后运至码头和驳船上接长到设计桩长，有条件时可以采用大型浮吊全长整根插入钻孔桩孔内，减少拼接时间，缩短工期。

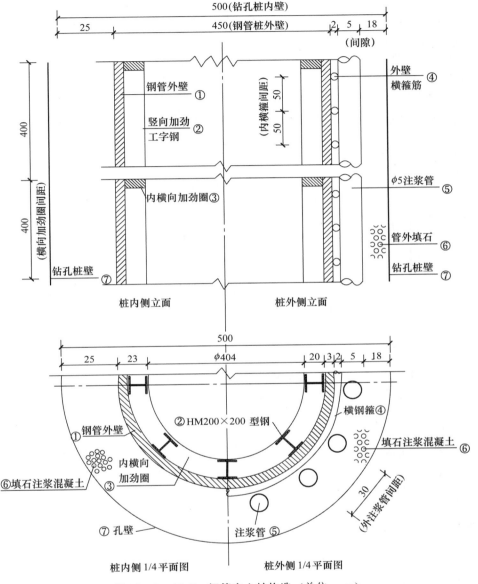

图 29-3　φ4.5m 钢管空心桩构造（单位：cm）

2）外壁焊接注浆管。在钢管桩外壁沿高度 0.5m 焊接横向箍筋（φ20）和竖向注浆管（φ50），其间距约为 6 倍注浆管直径（30cm）。这些钢材都用作 0.25m 厚填石注浆混凝土的钢筋。

3）桩底节如图 29-4 所示。桩底面用 2cm 厚钢板封闭，形成浮筒。底板厚 20～40mm，再用正交竖钢板（厚 20～40mm，高 1m）加劲形成框架结构，然后在底板中安装桩底二次注浆的 8～12 根注浆管和流量阀门。应当指出，在焊接全高钢管桩前，底节框架的空隙要用混凝土填充（质量 37t），使钢管在泥浆中沉放时能保持垂直。

29.3　钻埋填石注浆外包钢管桩工艺

超大直径钻埋钢管空心群桩基础在完成承台浮箱后还要进行钻埋钢管空心桩的五个施工工序，

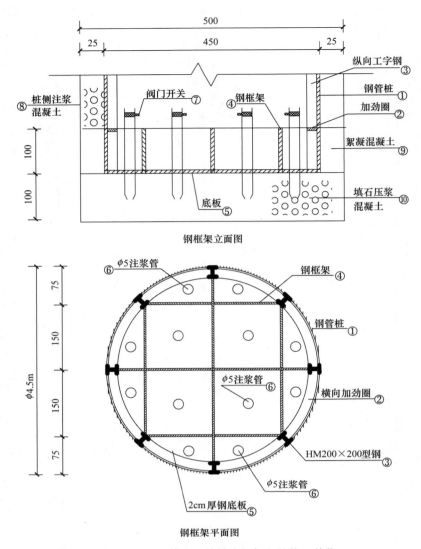

图 29 - 4　φ4.5m 钢管空心桩桩底钢框架结构（单位：cm）

如图 29 - 5 所示。

29.3.1　成孔

1）钻机平台可利用承台浮箱做施工平台，通过液压振动锤（APE400）打入 φ6m 钢护筒支承浮箱承台。

2）成孔。在配置完善泥浆循环系统后，采用国内已研制和应用的超大直径全液压钻机，就能进行 φ5m 超大直径钻孔工作。在砂土、黏土等覆盖层中钻孔进度为 3～5m/h，1 天钻进可达 60m，到达风化岩面后再进行嵌岩工作，钻孔进度为 0.03～0.1m/h，1 天可钻 1～2m。

3）在 PHP 泥浆中进行百米长桩施工已是一种常规技术。对于 φ5m 超大直径钻孔而言，不同的是要加强泥浆循环管理工作，即配置与钻机流量相同的泥浆净化器来提高钻孔效率。

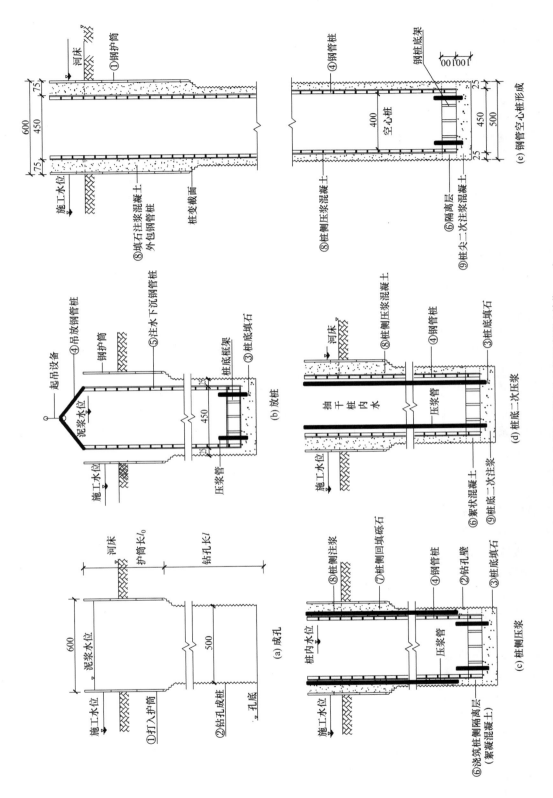

图29-5 钻埋填石压注浆混凝土外包钢管空心桩施工步骤（单位：cm）

4）换浆完成设计桩长钻孔后，在清孔中要对全孔泥浆进行正循环换浆，即将孔内相对密度为 1.1～1.2 的泥浆相对密度降低到 1.04，含砂率小于 0.5%。这样做才能从根本上实现无沉渣（沉渣厚度小于 1cm，在测量误差范围之内），而且同时可以将钻孔桩孔壁的泥皮厚度由 5mm 降低到 1mm，从而大幅度提高（1.2～1.4 倍）填石注浆混凝土与孔壁之间的摩阻力。

目前我国桥梁桩基专业施工单位在长江上已能够实现 72h（3 天）完成钢护桩筒以下的钻孔的成孔工作，达到世界先进水平。

29.3.2 钢管桩的吊装、沉放

1）孔内桩底填石。在钢管桩埋进钻孔桩内之前，要先在孔底回填大粒径的石料，其厚度一般不小于 1m（或按 0.25～0.3 倍桩径计算）。孔底是砂性土壤时，可减小抛石的厚度。抛石材料要求为石质坚硬、无风化、洗净的 3～5cm 等粒径碎（砾）石（不需要级配）。抛石后的底面要大致平整，用测孔仪测定的高差应小于 5cm。此项工作可在 1 天之内完成。

2）在现场制作焊接钢管桩。在工厂按照设计图纸加工制作分节长 10～20m 的钢管，再在钢管内部焊接水平加劲圈和竖向加劲工字梁。每节钢管运输至施工现场组装再接长，有起重条件时在 80m 长度内将钢管纵向焊接成全长，用大浮吊整根沉放入孔内，历时 2 天左右。如受吊装设备限制，可将钢管桩做成 20～40m 一段，在首节管底钢护筒尚露出护筒时进行第二节安装和外壁电焊接长，再注水下沉……用同样的方法逐节接长，直到设计长度放置到孔底的填石层上，桩全长分节接长再下沉，历时 1～2 天。

3）桩侧注浆。钢管桩桩底放置在孔底填石层后（注浆管插入填石层），再在钢管桩桩周灌注絮凝混凝土。絮凝混凝土是在混凝土中加入了水下不分散混凝土絮凝剂，目的是在桩端周底部位置形成一圈隔离层，阻止桩侧水泥浆渗入桩底。然后在钢管桩外壁与钻孔桩内壁之间（0.25m）填充粒径大于 3cm 的等粒径的卵（碎）石，形成碎石桩，以保证孔壁不塌孔。在其后任一天，在施工平台上拌制水泥浆，从钢管桩外围的注浆管内压注浆（按 10m 高度，分层分根注入），形成填石注浆混凝土外包的钢管空心桩，历时约 1 天。

4）桩底二次注浆。在桩侧注浆一个月（达到部分强度）后，抽干空心桩内积水，接好钢管桩底节压浆管和回流管，再进行桩底二次注浆。先通过压浆机的压浆管和回流管清洗桩端碎石之间的淤泥，当回流管出现新鲜水泥浆后，关闭回流管继续注浆。水泥浆使空心桩发生上抬现象；测量桩顶抬高量，直到压浆压力和上抬量达到稳定时结束注浆，历时约 1 天。应当指出，当桩底层地基为砂性土壤时，桩底二次注浆会渗入砂层形成"大蒜头"，提高了承载力。在硬黏土和微风化岩石基底地基中，二次注浆将对钢空心桩桩底产生向上的压力 [压应力 σ（MPa）× 桩端面积（A）]，从而得到桩底抗力 R（$=\sigma \cdot A$）。通过所测量的桩顶的抬高量（S）和钢管壁上的应变值可计算桩侧的摩阻力（N）和相应的桩承载力（N）。桩底二次注浆相当于进行了一次桩承载力（N）和桩上升量（S）的试验。根据得到的 N-S 关系曲线，由程序计算可得到超大直径钻埋钢空心桩的设计承载力（$P=N+R$）。有关超大直径钻埋钢空心桩由沉降曲线（S）和荷载（N）关系曲线求得桩的理论承载力的计算方法可参考相关文献。

5）工程进度及效益。单根钻埋填石注浆混凝土外包钢管空心桩的工艺中钻、埋、桩侧和桩底二次注浆四道工序的总用时为 5～10 天，比正常钻孔桩的 10～15 天要快约 1 倍。此外，承台中总桩数可减少 60% 以上，所以在一个墩承台浮箱平台上只需要 2 台 $\phi5m$ 液压钻机（比小直径桩常用钻孔所需的 8 台少 3 倍），这是工期缩短的重要原因所在。需要特别指出，采用钢结构和填石注浆混凝土新工艺可免除超大直径桩数量巨大的（千方）水下混凝土灌注工作，减少了大量混凝土拌和、运输设备，这是水下工程的一项重大革新工艺。应当指出：钻埋钢管空心桩的四个工序可以错开时间安排施工，因此所用的大型机具设备可以均匀使用，充分发挥效益，从而使施工单位减轻负担，降低了成本；业主则可以节约宝贵的工期，从而使桩基工程在全局上得到控制。

29.4　大跨桥梁钢管空心群桩基础

29.4.1　承台施工方案

大跨径桥梁群桩顶面必须设承台，而承台混凝土体积动辄数万方，几乎和桩基总体积相当（占基础混凝土总体积的 50% 左右），因此承台结构的合理性和施工方法的正确性是一件十分重要的事情。综合近 30 年我国在珠江和长江流域近百座大桥群桩施工平台和承台浇筑的工程实践，群桩基础承台施工方法有下面三种类型可供比选：

1）利用双壁钢围堰作桩施工平台。双壁钢围堰是江西九江长江大桥施工中创造的模式，其特点是利用双壁自浮，壁内灌水下混凝土下沉到河床面；在水中抓砂挖土，使围堰下沉到岩面，再利用围堰作施工平台，进行钻孔桩施工；最后在围堰内浇筑承台和墩身。该方法安全可靠，可以渡洪，使长江上大桥基础可以全年施工，风靡我国 30 多年。其缺点是钢围堰高度大、钢材用量多、造价高，但施工安全可靠。

2）利用钢护筒作钻孔桩施工平台。这是苏通长江大桥施工中创造的施工方法。除水流方向上游、下游和两侧要施加一排钢管桩用于材料堆放、机械设备和施工人员工作及作防撞用外，在承台平面范围内可全部取消临时钢管桩。直接在钢护筒侧面加焊牛腿，再铺设横桁和纵梁，形成钻孔桩施工平台。此方法可节省数千吨钢管桩，效益甚高。在以钢护筒为主体的施工平台上可安装龙门吊机和泥浆循环系统及大直径钻机，进行 131 根 $\phi2.5m$ 钻孔施工；接着在平台上制作承台双壁钢套箱；在接长的钢护筒上安装多台提升千斤顶，同步起升承台钢套箱后再拆除平台面板，将钢套箱（5800t）吊放入水中。灌注封底水下混凝土后，抽水再灌注 4 万 m^3 的混凝土承台。此种承台套箱施工方法在深水中的应用降低了围堰的高度，节省了很多钢材，但工序较多，工期较长。

3）利用承台浮箱作施工平台。这是广东九江西江大桥和南京长江三桥施工中创造的模式。先将承台做成底板带孔筒的浮箱，拖至墩位上，用驳船定位后再用浮吊插打钢护筒固定。利用承台浮箱作钻孔施工平台后，再在浮箱内浇筑承台混凝土。实践表明，利用承台浮箱做施工平台，节省材料，工序较少，进度较快。特别应当指出，承台浮箱外缘双壁围堰可以与防撞设施相结合，此时总费用最低，也是本章推荐的施工方法。

29.4.2　钢浮箱大直径钢管空心群桩方案

该专利技术推荐采用 $2×9$ 根（$\phi6/\phi5m$）钻埋钢管空心桩的双哑铃形承台，如图 29-6 所示。1666m 悬索桥两塔柱中心距为 58m，两端圆形围堰外径为 40m，横向总长度为 98m（比原设计 103.5m 缩短 5.5m）。设计塔柱承托平面尺寸为 24m 宽×30m 长，其下正对中为 9 根（$\phi6/\phi5m$）变截面钢管空心桩，受力明确，结构合理。其构造特点如下：

1）混凝土圆形承台直径为 36m（圆形有利于水流通畅），高度为 7m。其外缘是厚 2m 的双壁钢围堰（外径为 40m）。围堰内部填砂后可作防船舶碰撞用。将承台外钢模板和防撞设施结合使用，不但节省了钢材，而且减少了一道工序，缩短了几个月的工期。

2）$\phi40m$ 双壁钢围堰（厚 2m）外径为 40m，内部设有井字形纵横撑形成内仓，与钢护筒周边焊接的牛腿共同作为支撑，在其上再铺设钢面板可作为钻孔桩平台。钻孔完成后在浇筑超大体积承台混凝土时可分仓使用，能减少一次性浇筑混凝土的数量。

3）承台围堰全高 10m，其中混凝土高 7m，承台下方 2m 为水下封底混凝土，承台上方围堰高出 3m，是为了防止涨水和波浪影响承台上承托的施工。

4）临时设施。浮箱承台（98m 宽×40m 长×10m 高）是为满足结构需要兼考虑防撞要求而设计的。施工时两侧要安置临时大型施工拖船、浮吊和泥浆船、混凝土拌合船等，相比固定平台的数千吨的钢管桩，可节省费用数千万元。

5）通用性。图 29-6 所示 2×9＝18 根超大直径钻孔桩的结构具有通用性，即在保持桩数（9 根）不变的情况下可改变桩径和围堰外径。

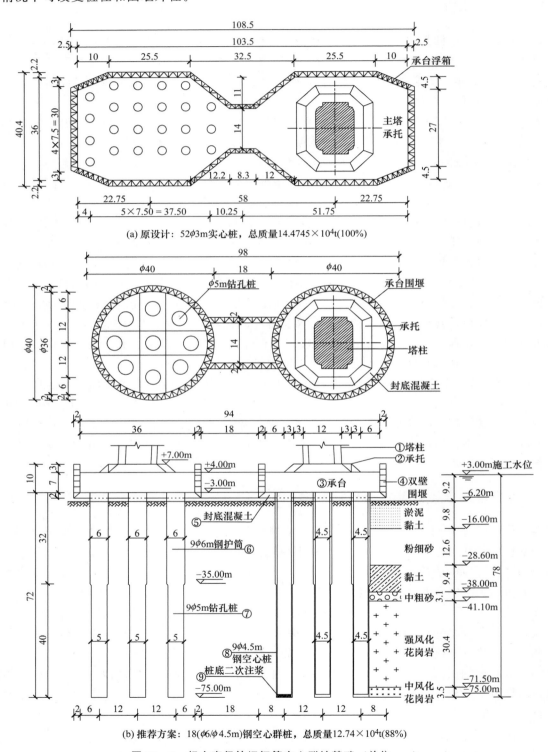

(a) 原设计：52φ3m实心桩，总质量14.4745×10⁴t(100%)

(b) 推荐方案：18(φ6/φ4.5m)钢空心群桩，总质量12.74×10⁴t(88%)

图 29-6　超大直径钻埋钢管空心群桩基础（单位：m）

① 根据塔柱的不同尺寸，选择合适的钢围堰直径。

② 根据塔柱垂直力 P 的大小选择不同的桩径和相应的钢管桩壁厚（2～6cm）及合适的桩嵌岩深度。这为设计的标准化提供了可行性。

29.4.3　钻埋钢管空心桩的效益

为了说明超大直径钢管空心群桩的效益，现以广东深圳—中山通道 1666m 悬索桥第三方案（平行缆＋整体钢箱梁）的东主塔基础为例，进行方案概算对比。在三种不同桩基形式中，承台外缘所采用的双壁围堰（钢套箱）形式，除作承台混凝土的底板和侧模板外还兼作防撞结构，用钢量都在 4000t 左右，故暂不参与比较。表 29 - 1 中列出了三种不同桩型的技术经济比较结果。

表 29 - 1　1666m 悬索桥主塔基础方案比较

结构分类			方案		
			A. 52φ3m 群桩基础	18φ6/φ5m 群桩基础	
				B. 实心桩	C. 空心桩
1. 承台（混凝土）	外形/m		36×103.5×9	36×94×9	36×94×9
	体积/($\times 10^4$ m³)		2.87	2.11	2.11
	质量/($\times 10^4$ t)		6.90（100%）	5.10（74%）	5.10（74%）
2. Z_A 桩（钢）/($\times 10^4$ t)	①钢护筒		0.4160	0.3456	0.2160
	②钢管桩		—	—	0.5400
	③注浆管		—	—	0.0270
	④钢筋		0.2985	0.3204	0.0198
	小计：$\sum G_A$		0.7145（100%）	0.6660（93%）	0.8028（112%）
2. Z_B 桩（混凝土）	⑤钻埋填石注浆混凝土	体积/($\times 10^4$ m³)	—	—	1.046
		质量/($\times 10^4$ t)	—	—	2.41
	⑥钻孔桩水下混凝土	体积/($\times 10^4$ m³)	2.9796	3.05	—
		质量/($\times 10^4$ t)	6.8531	7.000	—
	小计：$\sum G_B$（$\times 10^4$ t）		6.8531（100%）	7.000（102%）	2.41（35%）
桩合计 $\sum G_L = G_A + G_B$/($\times 10^4$ t)			7.5745（100%）	7.66（101%）	3.213（42%）
总计：承台＋桩基	总质量/($\times 10^4$ t)		14.4745	12.76	8.31
	比例		100%	88%	57%
直接费	费用/亿元		1.253	1.141	1.058
	比例		100%	91%	84%

1. 承台工程量

众所周知，桩径越小桩数越多，承台平面面积和总体积越大。例如，52φ3m 群桩承台体积 $V_0 = 2.87 \times 10^4$ m³，采用超大直径（18φ5m）群桩承台，体积 $V = 2.11 \times 10^4$ m³，节省 0.76×10^4 m³（26%），效益十分显著。此外，超大直径桩集中布置，能对中塔柱，受力明确，外形尺寸减小，有利于渡洪。混凝土承台高度为 7m，其下还有 2m 高的封底水下混凝土，总高达 9m。承台上塔柱和承托都不在比较之列。

2. 桩基础的工期和质量

在 1666m 悬索桥塔底承台面上垂直荷载 $P = 26 \times 10^4$ t 不变的情况下，按嵌岩桩设计的总承压面积

$A＝368m^2$，不会因桩径大小而改变（$52\phi3m＝368m^2＝18\phi5m$）。由表 29－1 可见，$\phi3m$ 和 $\phi5m$ 两种不同桩径的水下混凝土体积（$2.98\times10^4m^3$ 和 $3.05\times10^4m^3$）差别仅为 2.3％。但是从工程进度来看，桩径越大，桩数越少，工期越短；$18\phi5m$ 钻孔桩数比 $52\phi3m$ 钻孔桩数减少 65％，因此施工工期要缩短约 1/3，从而节省了不少管理费用。这种高效快速的施工方法的前提是采用了性能好、价格高的 $\phi5m$ 全液压大直径钻机（约 600 万元/台）以代替一般性能的 $\phi3m$ 钻机（约 250 万元/台）。两者之间的综合比较还要视业主的工期要求和施工单位机具设备能力及作业人员的基本技术素质而定。笔者多年的工程实践表明：在长江、珠江、黄河三大流域中修建跨江大桥工期一般为 3～6 年，其中基础工程施工需要 2～3 年。由于各地的水文、地质等各种因素不同，很难进行同精度的比较。实践表明，大多数基础工程工期往往都要延长，因此如何采用钢结构加快桩基础施工的进度、缩短工期，是目前特大跨径桥梁基础设计中一项重要的科研任务。钻埋填石注浆混凝土外包钢管空心桩专利的出现恰逢其时。众所周知，钢管桩能在工厂集中制作，质量可靠，能从根本上避免水下混凝土桩身质量不稳定的弊病；桩外侧和桩底采用填石注浆代替水下混凝土，省去了大量复杂的水下混凝土拌合、运输和灌注等设备。桩采用整根吊入，质量可靠，缩短了工期；桩底实施二次压浆，解决了钻孔底的软弱沉渣问题，极大地提高了承载力。总之，钻埋填石注浆混凝土外包钢空心桩技术取得了质量提升和工期缩短的双丰收。

3. 钢管空心桩的效益

从质量和钢结构推广两方面来分析。

1）总质量减少 43％。采用高强钢结构代替低强度的混凝土是减轻群桩承台总质量的决定性因素，见表 29－1。$\phi5m$ 钻埋空心桩填石注浆混凝土体积（$1.046\times10^4m^3$）仅为 $\phi5m$ 钻孔桩水下混凝土体积（$3.05\times10^4m^3$）的 34.3％，节省混凝土体积高达 65.7％，这在中国桥梁下部构造的发展历程中是空前的。钻埋钢空心桩新技术的出现使承台和群桩总重量由原设计的 14.5×10^4t 下降到 8.3×10^4t，降幅达到 43％，在世界桥梁基础工程中也是罕见的。可以说，钻埋钢管空心桩是世界桩基工程领域的一项重大突破，标志着中国桥梁桩基础技术进入创新发展的新阶段。

2）促进钢结构在下部桩基础中的推广。由表 29－1 可见，钻埋钢空心群桩用钢总量 $G_C＝0.80\times10^4t$，比钻孔桩群桩总用钢量 $G_A＝0.71\times10^4t$ 多出 900t，这对贯彻落实国务院《关于钢铁行业化解过剩产能实现脱困发展的意见》政策有极大的意义。应当指出，交通运输部《关于推进公路钢结构桥梁建设的指导意见》中主要表达了在钢箱梁、钢桁梁、钢-混凝土组合梁等上部构造中采用钢结构，如果在全国高速公路和干线公路中大力推广使用钢结构，每年将多用 2000×10^4t 钢材。将钻埋钢管空心桩新技术推广到桥梁下部桩基础中，预计还可多用 1000×10^4t 钢材，足见意义重大。

4. 方案的直接费比较

1）直接费单价。由于工程造价涉及的因素甚多，而且各种工地的条件差别很大，很难用统一的标准进行精准的概算比较，所以此处只以材料综合单价作为直接费的标准进行比较，定性地说明三种方案的相对造价差异，仅供参考。直接费单价计算如下。

① 钢护筒制作、打入：1.00 万元/t。钢管桩制作、埋入：0.80 万元/t。
② 回旋钻机成孔：$\phi3m$ 为 0.80 万元/m，$\phi5m$ 为 1.00 万元/m。
③ 钢筋制作、吊装：0.60 万元/m^3。
④ 承台混凝土灌注：0.08 万元/m^3。
⑤ 水下混凝土灌注：0.10 万元/m^3。
⑥ 填石注浆混凝土：0.08 万元/m^3。

2）三种钻孔方案（A、B、C）基础工程直接费列在表 29－1 中最下方。以 A 方案 $\phi3m$ 群桩直接费 1.253 亿元为基数（100％），B 方案 $\phi5m$ 大直径钻孔灌注桩直接费为 1.141 亿元，比 A 方案节省 0.112 亿元（9％），效益不显著；C 方案 $\phi5m$ 钢管空心桩直接费为 1.058 亿元，比 A 方案节省 0.195 亿元

（16％），效益较好。

5. 效益小结

综上所述，超大直径钻埋钢管空心桩群桩的有益效果有如下几点：

1）工程量和总质量的节省比例大（43％），而直接费节省比例较小（16％）。这是正常的，因为高强度钢材的单价远比混凝土单价高，抵消了混凝土工程节省的部分费用。

2）特大桥梁主塔（墩）群桩基础的质量和工期对整个工程影响甚大。超大直径钻埋填石注浆混凝土外包钢管空心群桩基础能缩短 3～6 个月的工期，可节省约 10％ 的工程管理费，又可提前收取 10％ 的运营费用，这两项的总经济效益远远超过材料节省的直接费。

3）该技术将推动中国桥梁桩基础的技术更新，促进桥梁下部构造钢结构的推广和发展，其意义深远、前景无限。

参 考 文 献

[1] 王仁贵，孟凡超 . 嘉绍大桥设计创新 ［M］. 北京：人民交通出版社，2011.
[2] 张立超 . 平潭海峡公铁两用大桥大直径钻孔桩施工技术 ［C］. 第十一届国际大口径工程井（桩）平潭海峡峰会，福州，2016.
[3] 中交公路规划设计院，等 . 深圳—中山跨江通道 A 合同初步设计 ［Z］. 广东省交通运输厅，2016.
[4] 上官兴，等 . 湖南变截面钻埋预制空心桩 ［C］. 2017 年全国桥梁学术会议，广州，2017.
[5] 冯忠居，谢永利，上官兴 . 桥梁桩基新技术——大直径钻埋预应力混凝土空心桩 ［M］. 北京：人民交通出版社，2005.
[6] 上官兴，等 . 桥梁钻埋"波纹钢内模填石注浆混凝土"空心桩专利说明 ［C］. 第十一届国际大口径工程井（桩）平潭海峡峰会，福州，2016.
[7] 苏通长江大桥工程指挥部 . 苏通长江大桥群桩基础技术总结 ［R］. 2005.
[8] 湖南路桥集团长江分公司 . 南京长江三桥钢承台浮箱施工技术总结 ［R］. 2006.
[9] 谭之抗，上官兴 . 广东九江大桥 160m 斜拉桥主墩设计和施工 ［C］. 东亚桥梁会议，曼谷，1989.

第30章 内击沉管压灌桩

毕建东 袁志仁 董旭恒 卞延彬 李向群

30.1 基本原理和技术特点

30.1.1 基本原理

内击沉管压灌桩（以下简称 JD-A 桩）是采用内击沉管成孔、压灌混凝土后振插钢筋笼或钢管形成的异形截面钢筋混凝土灌注桩或钢管混凝土灌注桩。

JD-A 桩的技术核心是内击沉管和压灌混凝土，利用现有技术振插钢筋笼或钢管。

现有锤击类桩一般是将锤击能量输入桩或桩管顶部，锤击时桩或桩管受压，其变形（主要是侧向弯曲）消耗掉很大一部分能量，余下的能量用于沉桩，桩管获得的有效能量较小，桩或桩管端部很难沉入坚硬持力层，因此难以形成较高的桩端承载力。

JD-A 桩采用内击沉管，锤击桩管底部，锤击能量直接输入管底。锤击时桩管受拉，桩管主要起护筒作用，消耗的能量较小，主要能量作用于桩端的坚硬土层或岩层，使桩管能够穿透较硬的夹层，桩端能够沉入坚硬持力层（如中风化泥岩层），且锤击能量使桩端持力层被挤密、击实，所以其桩端承载力很高。

JD-A 桩通过主管外面的灌注管向底板下泵送灌注混凝土。泵送混凝土时，灌注管类似一个液压油缸，在控制好拔管与泵送速度的前提下，泵送到桩孔里面的混凝土压力大于桩周水土压力，所以 JD-A 桩能够避免桩身缩径。JD-A 桩沉管时桩管端部设置钢垫板，其作用有两个：一是封堵灌注管下口，防止沉管时水土进入桩管；二是隔离桩管底板和土。成桩后垫板留在桩底，加之压力灌注，故 JD-A 桩成桩时不会产生桩身夹泥的缺陷。

因此，JD-A 桩的成桩质量很好，再加上 JD-A 桩一般要求采用 C40～C60 的高强度等级的自密实混凝土，所以 JD-A 桩的桩身承载力很高。

30.1.2 适用范围

JD-A 桩适用于桩端有坚硬持力层且埋深不太大的地层。持力层最好是密实砂层、强风化安山岩、中风化泥岩等类似的坚硬土层或岩层。考虑内击沉管锤击时的冲击拉力可能拉断桩管，以及钢筋笼或钢管振插施工的难度，JD-A 桩的桩长不宜超过 20m。

JD-A 桩成桩不受地下水和桩周土性状的影响，可以在软弱、杂填、有建筑垃圾等的土层或有硬夹层甚至有一定尺寸的孤石等几乎所有性状的土中成桩。

JD-A 桩由于单桩承载力高，在场地地层合适的前提下可用于各类建筑结构、构筑物的基础。该桩型用于建筑工程的多层框架结构，可实现柱下单桩；用于高度在百米以内的剪力墙结构的住宅，可实现剪力墙下单排布桩，由此大幅度降低承台和筏板造价，提高基础的经济性。

30.1.3 优缺点

1. 优点

（1）能量利用率高、承载力高、穿透能力强

JD-A 桩采用内击方式直接锤击桩管端部，较一般锤击类桩的能量利用率高 3～5 倍，可大幅度提高桩

管穿越硬夹层、到达坚硬持力层的能力，故该桩的桩端承载力很高，桩端阻力特征值可达到 20MPa 以上。

等效直径（按等面积原则，把异形桩换算为圆形桩的直径）d_e＝530mm、采用强度等级为 C40～C60 自密实混凝土的 JD-A 桩，单桩竖向承载力特征值可达到 3000～4300kN，较同直径的静压或锤击 PHC 管桩的承载力高 50%～100%，较同直径、同长度的长螺旋钻孔压灌桩或其他灌注桩的承载力高 3～5 倍，可实现建筑工程多层框架柱下的单桩或高度在百米以内高层住宅建筑剪力墙下的单排布桩，大量节省承台或筏板造价。

能量利用率高也意味着穿透能力强，JD-A 桩几乎可简单地穿过任何硬夹层。

（2）成桩质量好

JD-A 桩采用泵送混凝土，反顶桩管，是真正的压灌成桩，可在软弱土层、杂填土或有建筑垃圾、有一定尺寸的孤石等土中成桩，没有缩颈、夹泥、断桩等质量问题。成桩时要控制好混凝土泵送压力，避免压力过大造成过大胀径甚至混凝土外窜，浪费混凝土。而长螺旋钻孔压灌桩则不同，泵送混凝土量大而提钻速度相对较慢时，混凝土会沿螺旋叶片上升，压力上不来；反之，混凝土会沿螺旋叶片下降，有可能将叶片上的土带到桩身混凝土中，造成夹泥等质量问题。

（3）小桩机做大桩

100kN 的内击锤，可施工 d_e＝530mm、单桩竖向抗压极限承载力近 9000kN 的 JD-A 桩，而桩机总质量不超过 110t，成本不超过 180 万元，与现有的静压或锤击方式成桩相比具有明显的优势。对静力压桩而言，要达到这个承载力至少要 1000t 的静压桩机，总投资大；另外，桩机体积庞大，对场地的要求较高，转场费用也高。

（4）挤土影响相对较小

就单根桩而言，JD-A 桩的挤土效应是很高的，但因其承载力高、桩数少，整体的挤土影响相对较小。

（5）经济效益高

采用 JD-A 桩可降低基础工程综合成本 30% 以上。首先，由于 JD-A 桩的桩径小、单桩承载力高而桩数少，承台尺寸可显著减小或无需采用承台、筏板，从而大幅度减少基础工程的造价。其次，采用小桩机施工高承载力桩节约了桩机费用。

（6）环保效果明显

JD-A 桩施工过程中没有泥浆、没有弃土、没有油烟污染；采用高强混凝土或高性能混凝土，可大幅度节省水泥等建筑材料，减少二氧化碳排放。

（7）单桩成桩时间相对较长，但总工期短

等效直径 d_e＝530mm、长 10～15m 的 JD-A 桩，单桩成桩时间可控制在 60min 以内；由于承载力高、桩数少，不存在硬夹层穿不过去等不确定性因素；其检测简单，承台或筏板工程量大大减少，基础工程总工期短且可控。

2. 缺点

1）有一定的噪声、振动。JD-A 桩施工过程中有一定的噪声和振动，但由于是在管内锤击，能量利用率高，故噪声、振动远小于其他锤击类桩。若采用液压锤，噪声控制效果会更理想。

2）由于采用的是高强度等级的自密实混凝土，所以对混凝土的泵送等性能要求较高，堵管的风险要高一些。

30.1.4　技术特点和专利

1. JD-A 桩的技术特点

1）从荷载传递机理看，JD-A 桩桩身不长（不大于 20m），且桩端持力层为强风化、中风化泥岩或砂岩，等效直径为 550mm 时极限承载力超过 12000kN，属于端承型桩。

2）从成桩工艺看，JD-A 桩属于挤土桩，每立方米桩体积提供的承载力较高。

从锤击沉桩工艺看，JD-A 桩的锤击能量直接输入桩管底部，桩管受拉，能量损失小，正是该桩型技术的核心所在，因此得以实现承载力高、穿透能力强的目标。而常用的锤击灌注桩属于外击沉桩工艺，沉桩时将能量输入管顶（桩顶），锤击时桩管或桩的弯曲变形消耗掉相当多的锤击能量，余下的用于沉管或沉桩的有效能量较小。

3）从技术经济效益看，JD-A 桩单桩承载力高，100m 以内的高层建筑的剪力墙下可做到单排桩基础，此场合下承台只需做成构造承台，这样整个基础（桩基础＋承台）的造价可大大降低。

4）从压灌混凝土工艺看，JD-A 桩泵送混凝土反顶桩管，可在软弱土层中成桩，消除了缩颈、夹泥及断桩等质量问题。另外，泵送混凝土时要控制好压力，避免过大胀径甚至混凝土外窜、浪费混凝土。

5）从环保角度看，JD-A 桩没有泥浆排放、没有弃土、没有油烟污染；采用高强自密实混凝土，可大幅度节省钢筋、水泥等建筑材料，节约资源，减少二氧化碳排放。

2．JD-A 桩涉及的专利

发明专利有三项：

1）沉管灌注桩全过程施工方法及其专用装置（专利号为 201110172486.3）。

2）沉管压灌桩全过程施工用组合桩管及其使用方法（专利号为 201110394473.0）。

3）沉管压灌桩的做桩方法和专用装置及应用（专利号为 201210531962.0）。

实用新型专利有两项：

1）兼顾拔力、边桩距和稳定性的桩机（专利号为 201620000396.4）。

2）插板式拔桩装置（专利号为 201620117802.5）。

30.2　施工机械及设备

JD-A 桩的施工机械及设备主要有内击式液压锤、专用桩架和混凝土泵，混凝土泵可根据需要选择不同型号的通用混凝土泵，以下主要介绍内击式液压锤和专用桩架。

30.2.1　内击式液压锤

内击式液压锤是 JD-A 桩施工的核心装置，如图 30-1 所示，是由吉林建东科技开发有限公司提供方案，中机锻压江苏股份有限公司设计、制造的，主要由主管、灌注管、护管、底板和主管内部的提升油缸、锤头及连杆组成。$d_e=$ 530mm 的 JD-A 桩施工用的内击式液压锤，锤芯质量为 10000kg，油缸最大落距为 1.8m，锤击频率为 15～30r/min。主管与灌注管、护管之间有约 30mm 的间隙，每隔 1.7m 设一组连接板。

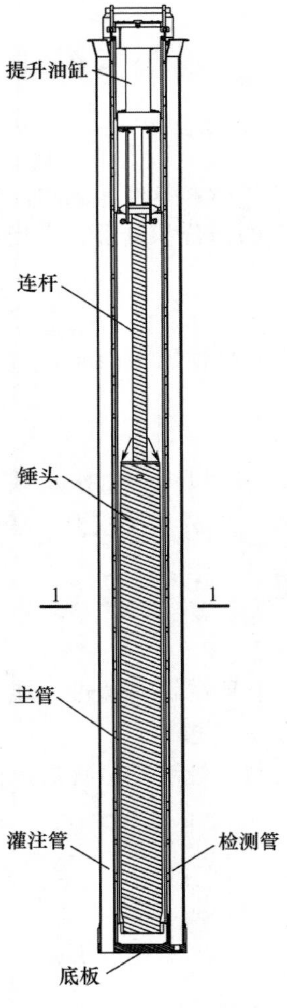

提升油缸

连杆

锤头

1　　　　1

1—1

主管

灌注管　　检测管

底板

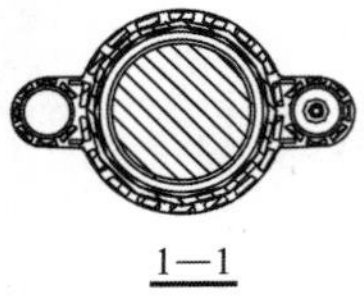

图 30-1　内击式液压锤

30.2.2　JD-A 桩专用桩架

JD-A 桩桩架为长船横置、在长船里侧成桩且配有拔桩器的步履式桩架，如图 30-2 所示。该桩架是由吉林建东科技开发有限公司提供方案，河北新河双兴桩工机械有限公司设计、制造的。因为拔出内击式液压锤的拔桩力较大，接近 2000kN，采用长船横置、在长船里侧成桩的步履式桩架，可提供较大的拔桩力，桩架的稳定性较好、成本较低。拔桩器为插板式拔桩器，用插板油缸将插板插到内击式液压锤的主管与灌注管、护管之间的间隙中，用拔桩油缸上抬连接板，拔出内击式液压锤。拔桩油缸的最大行程为 1.8m。

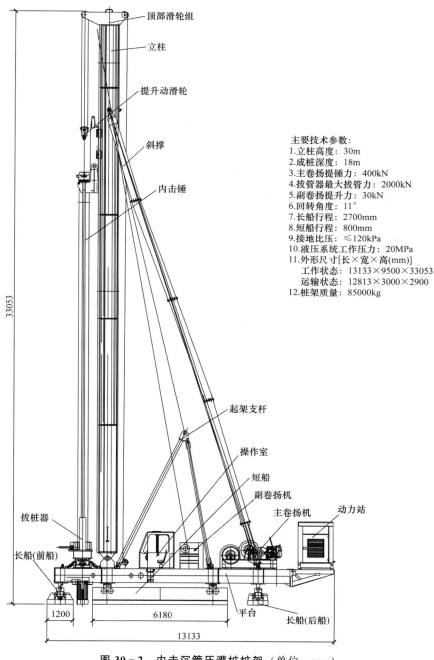

主要技术参数：
1.立柱高度：30m
2.成桩深度：18m
3.主卷扬提锤力：400kN
4.拔管器最大拔管力：2000kN
5.副卷扬提升力：30kN
6.回转角度：11°
7.长船行程：2700mm
8.短船行程：800mm
9.接地比压：≤120kPa
10.液压系统工作压力：20MPa
11.外形尺寸[长×宽×高(mm)]
　工作状态 13133×9500×33053
　运输状态 12813×3000×2900
12.桩架质量：85000kg

图 30-2　内击沉管压灌桩桩架（单位：mm）

JD-A 专用桩架的最小边桩距为 1.65m，最小角桩距为 1.65×3.3m。

30.3 施 工 工 艺

30.3.1 施工顺序

桩机就位后，内击锤压在桩点的垫板上，然后启动液压锤内击成孔，达到贯入度要求后结束内击，泵送混凝土的同时上拔桩管至地面，在灌筑完的桩内振插钢筋笼或钢管，完成桩施工。垫板如图 30-3 所示。

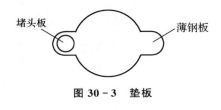

图 30-3 垫板

30.3.2 施工准备

1）应根据岩土工程勘察报告、设计要求和工程情况合理选择设备数量。

2）应事先确定设备进场路线。

3）设备进场组装后应试运行。

4）在基坑内施工时，应根据设备要求确定坡道坡度和做法。

5）应根据施工现场条件确定混凝土的供应路线，制定保证混凝土质量的相关技术措施。

6）查清施工现场及周边区域内的地下与地上管线、地下建筑物或构筑物及障碍物，清除场地内影响施工的高空、地面及地下障碍物。

7）施工场地应平整，排水应通畅，场地坡度不宜大于 1‰，地面高出桩顶标高不宜小于 300mm。

8）场地土的承压能力应满足桩机正常运行的要求，承载力不宜低于 120kPa。

30.3.3 施工要点

1）经试桩确定成桩可行性、施工工艺参数，且试桩的成桩质量、承载力检验合格后方可施工 JD-A 桩。

2）对有基坑的工程，宜先开挖基坑、后施工 JD-A 桩。

3）毗邻基坑边坡内击沉管时，应随时注意施工对边坡的影响，必要时应采取有效措施保证边坡稳定。

4）JD-A 桩施工可能影响附近管线、建筑物或构筑物的正常使用和安全时，应采取有效措施减少或消除影响；必要时，应对这些管线、建筑物或构筑物进行监测。

30.3.4 施工注意事项

1）内击时泵管内的混凝土须清空，否则锤击可能导致泵管振脱或堵管。

2）JD-A 桩为端承桩或摩擦端承桩，应严格控制贯入度，以保证承载力。

3）JD-A 桩的承载力较高，对混凝土的质量要求高，须严格控制混凝土配合比，确保混凝土强度和性能，尽可能使用自密实混凝土。

4）泵送混凝土期间要保持排气畅通。

5）拔锤时要控制拔锤速度不超过混凝土泵送速度，以防出现断桩、夹泥、缩颈等质量问题。

6）中心距不大于 $6d_e$ 的桩应跳打施工，相邻桩施工时间间隔不少于 2～3 天，避免对已施工完的桩产生不利影响。

7）振插钢筋笼或钢管后应下挖桩头 200～300mm。

8）越冬维护应注意避免未处理的桩头受土冻胀产生的上拔力的不利影响，尽量不裸桩越冬。

30.4　工程实例

从 2012 年开始先后在吉林省、辽宁省和山东省做了近 50 根 JD-A 桩的试验桩，持力层分别为中风化泥岩或砂岩层、密实砾砂层和强风化安山岩层。这三个省已经编制并发布了 JD-A 桩技术规程。

下面介绍 JD-A 桩在吉林省长春市的试验桩情况。

长春市内伊通河阶地比较典型的地层情况：①杂填土层；②淤泥质黏性土层；③一般黏性土层；④砂层；⑤全风化泥岩或砂岩层；⑥强风化泥岩或砂岩层；⑦中风化泥岩或砂岩层。

2012—2014 年，在长春市内做了 3 批共 30 多根 JD-A 桩试验桩，持力层为中风化泥岩与砂岩，标贯 100～150 击，从自然地面起算的桩长为 7～18m，等效直径 $d_e = 550$mm。

2014 年，在吉林建筑大学院内完成了 10 根试验桩，采用在山河智能公司定制的、带内击功能的静压桩机，内击锤质量为 6000kg，用自由下落卷扬提锤，最大落距 3m，最后 10 击贯入度为 20～80mm；桩身混凝土采用 C70 自密实混凝土，混凝土配合比由清华大学提供。试验桩桩长 8～12m。试验桩桩身质量检测均为 Ⅰ 类桩。竖向抗压承载力检测分两批进行，第一批次单桩竖向抗压极限承载力目标为 8000kN，用静压桩机提供反力，因桩机配重有限，所有桩均未加载到极限承载力；第二批次单桩竖向极限承载力目标为 12000kN，由堆载提供反力，堆载总质量为 14000kN，共检测了四根试验桩，采用慢速维持荷载法检测，加载至 12000kN 时，桩均未破坏，但沉降已接近 40mm，判断桩承载力已经接近或达到极限值。各试验桩承载力极限标准值均达到预期的 8000kN，且承载力特征值对应的桩顶沉降均不超过 15mm，相应的沉降与同场地下静压预应力高强管桩相比略小，和锤击沉桩的管桩持平。最后十击贯入度达到 80mm 的桩，快速加载试验结果仍比较好，说明锤击的能量直接作用于桩管端部，桩管获得的下沉能量巨大，使桩管下沉到中风化泥岩的同时对桩端土层形成挤密击实效应，大幅度提高了桩端阻力，减小了桩顶沉降。

30.5　设　计　要　点

30.5.1　持力层、桩端承载力和桩中心距

1. 持力层

JD-A 桩的最佳持力层是密实砂层、强风化安山岩层、中风化泥岩层或类似的坚硬土层或岩层，其地基承载力特征值一般为 500～550kPa。

JD-A 桩采用内击沉管，主要目的是提供较高的桩端承载力，需要较好的持力层，否则无法充分发挥 JD-A 桩的优势。

2. 桩端承载力

桩的竖向抗压承载力应根据试桩确定。当初步设计估算持力层为密实砂层、强风化安山岩层、中风化泥岩层或类似的坚硬土层或岩层的 JD-A 桩的单桩竖向抗压承载力时，桩的端阻力特征值可取 20～22MPa，这是在辽宁沈阳、山东临沂和吉林长春三个城市的试验中取得的取值偏于安全的结果。

3. 桩中心距

桩最小中心距取值见表 30-1。

表 30-1　JD-A 桩的最小中心距

序号	桩基情况	最小中心距
1	2 桩承台	$2.5d_e$
2	3 桩承台或多于 2 桩的单排桩条形承台	$3d_e$
3	4～6 桩承台或两排桩条形承台	$3.5d_e$
4	7～9 桩承台	$4d_e$
5	多于 9 桩承台或大面积群桩	$4.5d_e$

注：1. 2 桩承台桩中心距不大于 $2.5d_e$ 时，宜经现场试打验证或采取解决挤土影响的措施。

2. 中心距不大于 $6d_e$ 的桩应跳打施工，相邻桩施工时间间隔不少于 2～3 天。

从表 30-1 中可以看出，在间隔（2～3）d_e 后跳打的前提下，序号 1、序号 2 给出的桩的最小中心距是小于《建筑桩基技术规范》（JGJ 94）的规定的。

JD-A 桩的研发目标之一是百米以内高层住宅剪力墙下单排布桩，与一般桩相比，其特点是总桩数少、剪力墙下线性布桩。就挤土效应而言，虽然剪力墙下桩距有可能较小，但总体挤土效应降低。针对这个特点，在 JD-A 桩的研发中对最小中心距进行了专题研究，结果表明，JD-A 桩可以按表 30-1 的规定执行。

30.5.2　混凝土及成桩工艺系数

1）JD-A 桩宜采用自密实混凝土，强度等级不宜低于 C40、不宜高于 C60。

JD-A 桩与长螺旋钻孔压灌桩一样，桩身混凝土在成桩过程中没有振捣，因此宜采用目前技术成熟的自密实混凝土。

JD-A 桩的承载力很高，采用高强度等级的自密实混凝土，桩身上下的混凝土均匀，利于高承载力的发挥和钢筋笼的插入，原因是高强度等级的自密实混凝土稠度较高，石子分布较均匀。长螺旋钻孔压灌桩的承载力较低，一般采用 C25～C35 的低强度等级的混凝土，成桩时混凝土易发生离析，影响桩身质量，钢筋笼往往难以插到桩下部。

2）采用自密实混凝土时，插入钢筋笼的 JD-A 桩的成桩工艺系数 ψ_c 可取 0.9；插入钢管的 JD-A 桩，钢管内混凝土的成桩工艺系数 ψ_c 可取 0.9～1.0，钢管外混凝土的成桩工艺系数 ψ_c 可取 0.7。

由于采用高强度等级的自密实混凝土，成桩工艺利于实现压力灌注，JD-A 桩的成桩质量较好，没有缩颈、夹泥、断桩等一般灌注桩的质量通病，所以 JD-A 桩的成桩工艺系数可取较高的数值。对于插入钢管的 JD-A 桩，钢管外的混凝土厚度较小，质量瑕疵对其影响相对较大，成桩工艺系数取值自然就低一些。

对于长螺旋钻孔压灌桩，压灌混凝土时混凝土上表面实际是开口的，混凝土在基本没有有效压力的情况下灌注，另外钻头和叶片的构造难以避免桩身夹泥，所以其成桩工艺系数低于 JD-A 桩。

3）采用非自密实混凝土时，插入钢筋笼的 JD-A 桩的成桩工艺系数 ψ_c 可取 0.8；插入钢管的 JD-A 桩，钢管内混凝土的成桩工艺系数 ψ_c 可取 0.8～0.9，钢管外混凝土的成桩工艺系数 ψ_c 可取 0.6。

30.5.3　钢筋笼

1. 钢筋笼长度

当桩端以上为厚度不小于 3m 及 $6d_e$，且承载力特征值不低于 250kPa 的土层或岩层时，钢筋笼底端进入其中的深度不应小于 $3d_e$，且钢筋笼长度不应小于 3/4 桩长；其他情况下的钢筋笼应通长配置。

JD-A 桩一般为端承桩或摩擦端承桩，按《建筑桩基技术规范》（JGJ 94）的规定，钢筋笼一般要通长配置。

JD-A 桩的桩端持力层一般为地基承载力特征值在 $450 \sim 550$kPa 的坚硬土层或岩层，持力层以上往往也是比较坚硬的土层或岩层，钢筋笼插入这种土层一定长度，适当减短钢筋笼长度，既不影响安全又节省钢筋、方便施工。

2. 配筋率

桩顶以下 $6d_e$ 长度范围内，纵筋配筋率宜在《建筑桩基技术规范》（JGJ 94）规定的基础上提高不小于 20%，目的是在钢筋增加很少的前提下提高桩上段的抗压、抗弯、抗剪及变形等方面的性能，进一步提高安全性。

桩其余部分的配筋率可按《建筑桩基技术规范》（JGJ 94）的规定执行。

配置钢筋笼的 JD-A 桩轴心正截面受压承载力计算方法按照《建筑桩基技术规范》（JGJ 94）第 5.8.2 条的规定执行。

30.5.4　钢管

1）宜采用无缝钢管或螺旋钢管。按钢管混凝土规范的规定一般是可以采用直缝钢管的，但考虑到桩的隐蔽性、安全性、重要性，插入钢管的 JD-A 桩最好采用无缝钢管或螺旋钢管，不宜采用直缝钢管。

2）钢管底端距桩底的距离应控制在 $d_e \sim 2d_e$ 范围内，这是考虑到钢管混凝土部分底端的应力扩散及方便施工两个方面的需要而确定的。

3）钢管壁厚不宜大于 5mm，套箍系数不宜大于 0.72。目前插入钢管的 JD-A 桩的研究成果有限，尚未有厚度更大、套箍系数更高的研究成果。

4）混凝土保护层厚度应达到一般灌注桩的要求。

5）插入钢管的 JD-A 桩的正截面受压承载力可内外分算后相加，钢管及其内部混凝土部分的承载力按钢管混凝土构件计算，其轴心正截面受压承载力计算方法按照《钢管混凝土结构技术规程》（CECS 28—2012）第 5.1.2 条的规定执行，其承载力按钢管混凝土轴心受压短柱计算；钢管外部按混凝土构件计算，取各自的成桩工艺系数。

参 考 文 献

[1] 中国工程建设标准化协会标准.高性能混凝土应用技术规程（CECS 207—2006）[S].北京：中国计划出版社，2006.

[2] 中华人民共和国行业标准.建筑桩基技术规范（JGJ 94—2008）[S].北京：中国建筑工业出版社，2008.

[3] 中国工程建设标准化协会标准.钢管混凝土结构技术规程（CECS 28—2012）[S].北京：中国计划出版社，2012.

第 31 章　双旋灌注桩

王庆伟

31.1　基本原理、适用范围和优缺点

31.1.1　基本原理

双旋灌注桩是旋喷扩径螺旋灌注桩的简称，它是通过竖向高压射流和螺旋组合钻具协同钻进成孔，横向高压射流旋喷扩径形成的一种新型桩。

其施工工艺利用钻头端部竖向喷嘴高压射流可以达到切割土体、超前乳化、冷却钻头、减小阻力的效果；利用横向喷嘴高压旋喷射流可以形成螺纹形等多种形式的水泥土外桩。双旋灌注桩是在螺旋叶片挤扩钻进过程中，利用高压旋喷及钻头端部旋搅翅的搅拌功能在成孔的同时完成水泥土外桩；钻进至设计深度后，边提钻边压灌混凝土，至桩顶标高以上，形成混凝土芯桩；最后可以根据设计要求在混凝土芯桩中植入钢筋笼。

双旋灌注桩施工工艺形成的混凝土芯桩与水泥土外桩在界面处交错相融，粘结紧密；水泥土外桩与周边土无明显界面，增加了桩与土的接触面积，并且整个桩身的刚度由内向外逐渐变化，最终形成劲性复合一体桩，提高了单桩承载力。

31.1.2　适用范围

就土性而言，双旋灌注桩适用于淤泥、淤泥质土、流塑、软塑或可塑黏性土、粉土、砂土、素填土和碎石土层、风化岩，也适用于有地下水的各类土层。

就基础形式而言，双旋灌注桩既可用于独立基础和条形基础，又可用于满堂布桩的箱形和筏形基础。

该桩型施工中可避免缩颈、断桩或桩身不规则现象；随着桩距减小，地表不会出现隆起现象；施工时无泥浆外运和污染问题；无振动，噪声小，不受环境和位置的影响。因此，双旋灌注桩是一种值得推广的环保型桩基形式，特别适用于城市居民密集区桩基工程的施工。

31.1.3　优缺点

1. 优点

（1）工艺先进、施工速度快、经济性好

高压旋喷形成的水泥土外桩和混凝土芯桩一次成型，简化了复合桩的流程，工期短，经济效益明显。通过钻头前端竖向喷嘴高压射流，达到切割土体、超前乳化、冷却钻头、减小阻力的要求，可实现减小扭矩、提升钻进速度的目的（表 31-1）。

表 31-1 竖向喷嘴高压射流压力与钻进用时对照

注浆泵调节压力范围 /MPa	启动电流 /A	平稳电流 /A	最大电流 /A	钻进用时 /min	提钻电流 /A	提钻用时 /min
0.5~0.6	80	100	130	12	60	4.5
4	75	70~90	120	8.5	60	4.5
6	60	60	80	5	60	4.5

（2）承载力高

由单桩静载试验可知，在相同条件下双旋灌注桩与普通长螺旋钻孔灌注桩相比，其竖向承载力提高20%以上，原因主要有三个：一是在钻进过程中，利用钻头前端的横向喷嘴高压喷射浆液，可以形成水泥土外桩。通过横向旋喷使浆液最大限度地渗入周围土体，形成的水泥土外桩受土层土质影响，渗透程度不同，形成的粗糙桩身增大了桩侧阻力，单桩竖向抗压承载力、抗拔力都有明显的提升。二是横向高压旋喷使桩周横向从内到外强度逐级减弱，形成四个分区，即混凝土芯桩区、高压旋喷浆核心固结区、旋喷水泥土固结区和高压旋喷浆液压密渗透区，最终形成一个组合桩，使桩的横向受力更加合理，提高桩的抗剪、抗弯承载力。三是双旋灌注桩可在承载性能好的土层上扩径，使桩体与土体的接触面积增大，在承受荷载时扩径部分就显示出较大的端阻力，因而能充分调动地基土的储备承载力，从而提高单桩承载力。上述多项正效应使单桩承载力得到明显提升。

（3）适用性广

双旋灌注桩适用于淤泥、淤泥质土、流塑、软塑或可塑黏性土、粉土、砂土、素填土和碎石土层，也适用于有地下水的各类土层。

（4）环境污染小

双旋灌注桩施工时噪声低、不扰民、不排土、不降水，施工现场较整洁，对环境造成的污染小，从而降低施工成本。

2. 缺点

1）设计参数及承载力计算公式尚需进一步完善。

2）施工注意事项尚需进一步补充完整。

31.2 施工机械设备及工艺

31.2.1 施工机械设备

双旋灌注桩桩机主要包括桩架、钻进和旋喷系统三部分。钻进系统中的螺旋挤土钻具动力头下端设置喷浆旋转接头，再连接钻杆。钻杆外径为245mm（钻具结构最粗处为ϕ360mm），螺纹钻杆长3m，光杆长12m，钻具总长16m。钻头外径为400mm，长1m，钻头保护喷嘴处为ϕ500mm，带有侧喷、竖喷两个喷嘴。钻头部位设置竖向喷嘴和横向喷嘴，可以进行竖向喷浆和径向喷浆，喷浆管设置在钻具外侧或外管与芯管之间。双旋灌注桩钻头平面、喷嘴实物及钻杆立面示意图如图31-1所示。

31.2.2 施工工艺流程

双旋灌注桩的施工主要包括在钻进成孔的同时高压旋喷形成水泥土外桩、灌注混凝土、根据设计需要后置钢筋笼等工序，其施工工艺流程如下：

平整场地→桩位放样→组装设备→钻机就位→旋喷测试→螺旋钻进，同时高压旋喷形成水泥土外桩→钻至设计深度停止钻进→边提钻边用混凝土泵经由内腔向孔内泵注混凝土，同时对钻孔侧壁旋喷补浆→

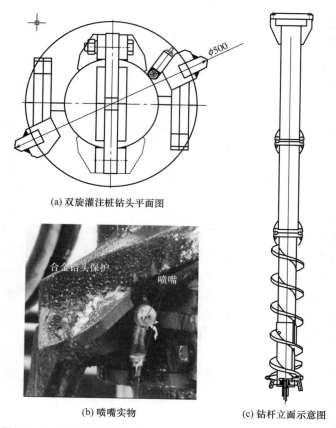

(a) 双旋灌注桩钻头平面图

(b) 喷嘴实物　　　　(c) 钻杆立面示意图

图 31-1　双旋灌注桩钻头平面图、喷嘴实物及钻杆立面示意图

提钻至桩顶标高以上→移开钻杆，放入钢筋笼→成桩→桩头处理→桩顶保护措施。

双旋灌注桩施工时，可以在土质较好的地层放慢钻进速度，增大旋喷压力，从而增加水泥土外桩的桩径，提高桩侧摩阻力。

31.2.3　桩基施工方法

（1）桩机就位、对中

在实际施工前，保证实际桩位与理论桩位的偏差不超过 10mm；桩位定好后，按设计要求在桩中心点上插一根标杆，放好桩位后，移动桩机到达指定桩位，对中。

（2）调整钻杆垂直度

桩机就位后，应用桩机塔身前后和左右的垂直标杆检查塔身导杆，校正位置，使钻杆垂直对准桩位中心，确保垂直度偏差小于 1.0％桩长。

（3）钻进

钻孔开始时，检查设备的完好性，调试水泥浆液，进行地面旋喷测试，关闭钻头阀门，稳定、调平钻机，调整组合钻具的垂直度，启动钻机，进行旋转钻进，同时进行竖向和横向高压喷浆，高压泥浆泵以 20MPa 左右的压力将水泥浆喷出。

（4）钢筋笼制作

1）根据设计要求，计算箍筋用料长度、主筋分布段长度，将所需要的钢筋调直后用切割机成批切好备用。由于切断待焊的主筋、箍筋的规格、尺寸不尽相同，注意分别摆放，防止错用。

2）架立筋与主筋电焊牢固，在钢筋笼吊点处应加强，避免出现吊装时开焊。

3）钢筋笼主筋连接应符合国家现行标准《混凝土结构工程施工质量验收规范》（GB 50204—2015）

的要求，按规定做焊接强度试验。

4）在使用前要抽样检验钢筋的机械性能，合格后方可使用。

（5）钢筋笼套穿钢管与振动装置

钻孔的同时，将振笼用的钢管在地面水平方向穿入钢筋笼内腔。确保钢管与专用振动装置连接良好，钢筋笼与振动装置用钢丝绳柔性连接。

（6）安放钢筋笼

钢筋笼采用后置式安装。当钻头提至孔口时停止灌筑混凝土，将钻头提出，安放钢筋笼。利用钻机自备吊钩，用塔式起重机或吊车将钢筋笼竖直吊起，垂直于孔口上方。钢筋笼要保证居中安放，并在钢筋笼上安装振动器，把钢筋笼下端插入混凝土桩体中。采用不完全卸载方法，使钢筋笼下沉到预定深度。固定后调整钢筋笼位置，使钢筋笼保护层满足《建筑地基基础工程施工质量验收标准》（GB 50202—2018）的规定。钢筋笼沉放完成后，振动拔出钢管，放置于地面。准备下一循环作业。

（7）移位、施工下一根桩

对施工完成后的桩做好现场成品保护。重复以上步骤，进行下一根桩的施工。

31.3　工程实例和经济分析

31.3.1　同桩径不同桩型单桩极限承载力比较

某住宅工程位于台安县，勘察期间实测稳定水位深度为 5.30～6.40m，场地各岩土层的岩性特征自上而下依次为：

①杂填土：不均匀，稍湿，松散状态，主要由建筑垃圾等组成，层厚 1.10～3.00m。

②粉土：层厚 0.40～2.30m，黄色，湿，中密状态，摇振反应中等，无光泽，干强度低，韧性低，含粉质黏土和粉砂。地基承载力特征值 $f_{ak}=130kPa$，压缩模量 $E_{s1-2}=4.95MPa$。

③粉质黏土：层厚 0.40～3.20m，可塑状态，干强度中等，韧性中等，$f_{ak}=130kPa$，$E_{s1-2}=4.79MPa$。

④粉砂：稍密状态，级配较差，层厚 0.90～4.70m，$f_{ak}=140kPa$，变形模量 $E_0=10.0MPa$。

⑤细砂：饱和，中密状态，级配较差，厚度 1.50～5.50m，$f_{ak}=160kPa$，$E_0=12.0MPa$。

⑥细砂：饱和，中密～密实状态，级配较差，最大钻入厚度 19.00m，未揭穿，$f_{ak}=200kPa$，$E_0=16.0MPa$。

各层土的单桩端阻力和侧阻力特征值见表 31-2。

表 31-2　各层土的单桩端阻力和侧阻力特征值

土层名称	端阻力特征值 q_{pa}/kPa	侧阻力特征值 q_{sa}/kPa
②粉土	—	22
③粉质黏土	—	21
④粉砂	350	16
⑤细砂	450	18
⑥细砂	600	22

工程勘察报告建议的桩基方案为：

1）压灌桩，以第⑥层细砂为桩端持力层。

2）CFG 桩，以第④层粉砂、第⑤层细砂或第⑥层细砂为桩端持力层。

3）水泥土搅拌桩，设计参数参考 CFG 桩。

根据工程条件，进一步进行了压灌桩、螺杆桩与双旋灌注桩三种桩型的试验对比分析，见表 31-3。

表 31 - 3　桩型对比分析

桩型	桩身尺寸		单桩承载力极限值/kN	最大沉降量/mm
	桩径/mm	桩长/m		
双旋灌注桩	400	12	3000	10
长螺旋压灌混凝土桩	400	18.5	1800	29
螺杆桩	400	14	2000	20

由表 31 - 3 中的数据可以看出，相同条件下相比其他桩型，双旋灌注桩通过增大桩体与土体的接触面积，充分调动了地基土的作用，使单桩极限承载力得到了明显提升。

31.3.2　同桩型不同桩径单桩极限承载力比较

以阜新橡胶集团商住楼为例说明双旋灌注桩基础静荷载试验效果（表 31 - 4）。

表 31 - 4　双旋灌注桩基础静荷载试验检测资料

桩号	桩径/mm	桩长/m	试桩类型	单桩极限承载力/kN		沉降量/mm	备注
				设计值	试压结果		
1 号	400	9	单桩竖向静载	1300	≥2600	11.69	试验加载至最大加载量时，未达到极限荷载，结合试验结果和控制沉降量，取终载为极限荷载
3 号	500	9	单桩竖向静载	1900	≥3800	23.84	
2 号	600	9	单桩竖向静载	2500	≥5000	23.00	

注：检测时间为 2016 年 6 月 28 日—7 月 10 日。

31.3.3　经济分析

1）成桩效率高，施工速度快，可大大缩短施工工期。根据现场施工实际测定，对于 15～16m 深的桩，单桩成桩所需时间约为 20min，移机对位约 5min，以此测算，正常情况下每天可完成 25～30 根桩的施工。同等条件下的成桩速度，相较于夯扩桩（或振动沉管灌注桩），在保证施工质量的前提下，将提高 1.2～1.5 倍。如果配备两台搅拌机供应混凝土，成桩速度还会大大加快。

2）由于桩和桩周土同时受力，充分发挥桩土各自的优势，可大幅度提高承载力，同其他软基处理手段相比具有复合地基承载力高、沉降差小、沉降稳定等优势；且因桩数和桩长减少，比其他形式的复合地基节省造价 5%～10%，经济效益明显。

3）根据防震及结构要求，配制钢筋笼的桩，其承载力大幅度提高，而且施工效率高，同等条件下与夯扩桩、振动沉管灌注桩相比，工程造价较低，综合优势明显。因此，此桩型的广泛采用将会带来明显的社会效益。

31.4　常见质量缺陷的原因及控制措施

1. 导管堵塞

由于混凝土配合比或坍落度不符合要求、导管过于弯折或者前后台配合不够紧密而使导管堵塞。控制措施如下：

1）保证粗骨料的粒径、混凝土的配合比和坍落度符合要求。

2）灌注管路避免过大的变径和弯折，每次拆卸导管都必须清洗干净。

3）加强施工管理，保证前后台配合紧密，及时发现和解决问题。

2. 偏桩

偏桩一般有桩平移偏差和垂直度超标偏差两种，多由于场地原因、桩机对位不仔细、地层原因使钻孔对钻杆跑偏等造成。

控制措施如下：

1）施工前清除地下障碍，平整压实场地以防钻机偏斜。

2）放桩位时认真仔细，严格控制误差。

3）在开钻前和钻进过程中注意检查复核桩机的水平度和垂直度。

3. 断桩、夹层

由于提钻太快，泵送混凝土跟不上提钻速度或者是相邻桩太近窜孔造成。

控制措施如下：

1）保持混凝土灌注的连续性，可以采取加大混凝土泵量、配备储料罐等措施。

2）严格控制提速，确保中心钻杆内有 0.1m³ 以上的混凝土。如灌注过程中因意外造成灌注停滞时间大于混凝土的初凝时间，应重新成孔灌桩。

4. 桩身混凝土强度不足

压灌桩受泵送混凝土和后插钢筋的技术要求限制，坍落度一般不小于 180～200mm，因此要求和易性好。配比中一般加入粉煤灰，这样使得混凝土前期强度低，加上粗骨料粒径小，如果不注意控制用水量，很容易造成混凝土强度低。

控制措施如下：

1）优化粗骨料级配。大坍落度混凝土一般用 5～15mm 碎石，根据桩径和钢筋长度及地下水情况可以加入部分粒径 20～40mm 的碎石，并尽量不要加大砂率。

2）合理选择外加剂。尽量用早强型减水剂代替普通泵送剂。

3）粉煤灰的选用要通过配比试验确定掺量，粉煤灰至少应选用Ⅱ级灰。

5. 桩身混凝土收缩

桩身回缩是普遍现象，一般通过外加剂和超灌予以解决，施工中保证充盈系数大于1。

控制措施如下：

1）桩顶至少超灌 1.0m，并防止孔口土混入。

2）选择减水效果好的减水剂。

6. 桩头质量问题

多为夹泥、气泡、混凝土不足、浮浆太厚等，一般是由于操作控制不当造成的。

控制措施如下：

1）及时清除或外运桩口出土，防止下笼时混入混凝土中。

2）保持钻杆顶端气阀开启自如，防止混凝土中积气造成桩顶混凝土含气泡。

3）桩顶浮浆多因孔内出水或混凝土离析造成，应超灌排除浮浆后再终孔成桩。

4）按规定要求进行振捣，并保证振捣质量。

7. 钢筋笼下沉

一般随混凝土收缩而出现，有时由桩顶钢筋笼固定措施不当造成。

控制措施如下：

1）避免混凝土收缩，从而防止钢筋笼下沉。

2）笼顶必须用铁丝加支架固定，12h后才可以拆除。

8. 钢筋笼上浮

这是由于相邻桩间距太近，在施工时混凝土窜孔或桩周土的挤密作用造成前一根桩钢筋笼的上浮。

控制措施如下：

1）在相邻桩间距太近时进行跳打，保证混凝土不串孔，桩初凝后钢筋笼一般不会再上浮。

2）控制好相邻桩的施工时间间隔。

9. 单桩承载力低

主要与钻孔入岩和桩底嵌固情况有关，在黏性土地层中施工时与施工速度也有一定的关系。

控制措施如下：

1）增大入岩深度是最好的措施。

2）对嵌岩桩一定要在混凝土带压灌注一定量后才可以提钻，以保证桩底嵌固良好。

3）在黏土层中钻孔时要加快施工速度，增大横向喷嘴压力，以防螺旋钻的离心作用在钻孔壁上造成泥皮而降低桩摩阻力。

4）尽量增大泵送时孔内的压力，提高混凝土的充盈性。

参 考 文 献

[1] 王庆伟，林红艳. 旋喷扩径螺旋挤土组合灌注桩及其成桩方法：20120159584.8[P]. 2013-12-04.

[2] 中华人民共和国行业标准. 螺纹桩技术规程（JGJ/T 379—2016）[S]. 北京：中国建筑工业出版社，2016.

[3] 史佩栋. 桩基工程手册 [M]. 北京：人民交通出版社，2008.

第32章　深厚填石层潜孔锤全套管跟管钻孔灌注桩施工工法

尚增弟　雷　斌　沈保汉

32.1　工法形成的原因和过程

32.1.1　工法形成的原因

随着工程建设规模的日益增大，特别是临近海岸各类储油罐、码头及其附属设施等工程的建设，经常会遇到开山填海造地或人工填筑地基的工程建设项目，此时建（构）筑物桩基础由于受深厚填石层的影响，施工极其困难，使用冲击成孔工艺会出现泥浆漏失、坍孔、掉锤、卡锤、灌注混凝土充盈系数大、效率低、工期长等问题，而采用回转钻进成孔基本无法进行，从而给工程施工和项目建设带来严重困扰。

目前常用于硬岩基桩桩孔的钻进方法见表32-1。

表 32-1　目前常用于硬岩基桩桩孔的钻进方法

钻进方法	钻头组成	钻进特点	适用地层	优缺点
正反循环双腰带翼状钻头钻进	上腰带为钻头扶正环，下腰带为导向环，两腰间的距离为钻头直径的1.0～1.2倍，硬质合金刮刀式翼板焊接在钻头体中心管上。钻头下部带有钻进时起导向作用的小钻头	在钻压和回转扭矩的作用下，合金钻头切削破碎岩土而获得进尺。切削下来的钻渣由泥浆携出桩孔。对第四纪地层的适应性好，回转阻力小，钻头具有良好的扶正导向性，有利于清除孔底沉渣	黏土层、砂土层、砾砂层、粒径小的卵石层和强风化基岩	钻头结构简单，成本低、购买方便，也可自行设计制造，对于钻井软质地层效果好，辅助设备少，操作简便；对钻机要求低，可将地质勘探钻机改造后使用。钻进硬岩层时，不仅效率低，钻头磨损严重，而且无法进尺。合金回转钻进也不适合钻进卵砾石层
正循环取芯钻头钻进	钻头由钻杆接头、筒状钻头体、加强筋板、肋骨块和硬质合金片组成	主要用于某些基岩（如比较完整的砂岩、灰岩等）地层钻进，以减少破碎岩石的体积，增大钻头比压，提高钻进效率	砂土层、卵石层和一般岩石地层	钻头结构简单，成本低，制造简便，对钻机要求低。钻进硬岩层时，不仅效率低，而且钻头磨损严重，无法进尺
正循环钢粒环状钻进钻头钻进	钻头由筒状钻头体、钻杆接头、加强筋板、短钻杆（或钢管）和水口组成。大直径硬质基岩用钻头可以是筒形的，也可以是全面钻进的	钢粒钻进利用钢粒作为碎岩磨料，破碎岩石进尺。泥浆的作用不仅是悬浮携带钻渣、冷却钻头，还要将磨小、磨碎、失去作用的钢粒从钻头唇部冲出。钻进过程当中钢粒消耗后可以继续补给，获得较长的钻程	主要适用于中硬以上的岩层，也可用于大漂砾或大孤石	用于大直径坚硬岩石钻进有一定的优点，可以钻进可钻性为7级以上的坚硬致密的或研磨性很强的岩层。当嵌岩桩直径大时，钢粒磨损消耗大，钻屑多，需要的冲洗液量也多

钻进方法	钻头组成	钻进特点	适用地层	优缺点
正反循环滚轮钻头（牙轮/滚刀钻头）钻进	大直径滚轮钻头采用石油钻井的滚轮组装焊接而成，可根据不同的地层条件和钻进要求组焊成不同的形式，钻进软岩时多采用平底式，钻进较硬岩层和卵砾石层时多采用平底式或锥底式	滚轮钻头在孔底既有绕钻头轴心的公转，又有滚轮绕自身轴心的自转。钻头与孔底的接触既有滚动又有滑动，还有钻头回转对孔底的冲击振动。在钻压和回转扭矩的作用下，钻头不断冲击、刮削、剪切破碎岩石而获得进尺。滚轮钻进硬质基岩必须有足够的压力做保证，如用加重钻铤和配重块等	软岩、较硬的岩层和卵砾石层，也可用于一般地层	普通回转钻机配备滚轮钻头即可实现嵌岩钻进，便于推广；钻头回转时由于切削齿与孔底接触过程中高低位置变化而产生一定的孔底冲击荷载，有利于碎岩；钻头形式很容易实现组合多样化和规格化，并且碎岩单元体可在施工现场适时更换，因而具有广泛的适用性、较低的制造成本和使用成本；钻进工艺简单，操作容易
钢丝绳冲击钻头钻进	钻头体提供钻头所必需的重量和冲击动能，并起导向作用。冲击钻头形式有十字形、一字形、工字形、人字形、圆形和管式等	采用连杆机构或卷扬机带动钢丝绳提升冲击钻头，利用冲击钻头下落的动能产生冲击作用，破碎岩土实现钻进	填土层、黏土层、粉土层、淤泥层、砂土层和碎石层，也适用于漂石、卵砾石层的钻进，还可用于钻进部分强风化、中风化基岩	优点：冲击土层时的冲挤作用形成的孔壁较坚固；在含有较大卵砾石层、漂砾石层中成孔效率较高；设备简单，操作方便；泥浆不是循环的，故泥浆用量少、消耗小；只有在提升钻具时才需要动力，能耗小；在流砂层中亦能钻进。缺点：大部分作业时间消耗在提放钻头和掏渣上，故钻进效率低；容易出现桩孔不圆及孔斜、卡钻和掉钻等情况；由于冲击能量的限制，孔深和孔径均比反循环钻成孔施工法小；岩屑多次重复破碎
冲击反循环钻进	冲击反循环钻机，配有棘轮式冲击反循环钻头，主、副卷扬机，潜水泵、排渣管、泥浆泵及离心泵等设备	用两根钢丝绳对称地提引冲击钻头，通过同步卷筒卷扬机的自动调整使两根钢丝绳受力相等；在两根钢丝绳之间设置排渣管，在钻头作往复冲击运动时，用砂石泵连续排出孔底破碎下来的岩渣，实现冲击反循环钻进	主要应用在回转钻进无法正常钻进的各种复杂地层，如卵砾石层、泥岩、砂岩及强、中风化等各类岩石层。该工艺除在个别的弱风化、微风化坚硬岩石层钻进效率较低外，其他大多数地层都适合采用	优点：适应性强，解决了回转钻进工艺无法克服复杂地层钻进的难题；效率高；质量好（孔底沉渣少，钻孔垂直度高）；市场占有率高。缺点：需要专用钻机设备，不能与回转钻机直接配套应用；配套钻机较笨重，成本较高；冲击振动产生的噪声大；钻机功率大，耗电量高；结构复杂，体积大
气动潜孔锤反循环钻进	气动冲击器（主要钻具）、钻头（以冲击器的能量通过钻头破碎岩石）	将潜孔锤碎岩钻进与流体介质反循环相融合，利用双壁或三通道钻具使流体介质沿中心通道构成反循环，有效保护孔壁，彻底排除孔内岩渣屑，钻进中实现反循环连续取芯，并有效解决孔口粉尘污染	几乎适用于所有的火成岩和变质岩及中硬度以上的沉积岩，尤其适用于硬岩和坚硬岩层、易斜地层，还能解决某些卵砾石层、漂砾层的钻进难题	潜孔锤钻进被认为是目前应对硬地层最合理和先进的方法，钻进效率高，能保持稳定的钻速，钻具转速低，可减少对孔壁的碰撞；排渣风速高，孔底干净，无二次碎岩；钻头寿命长；所需的钻压和扭矩比回转钻进小得多。但是全断面大直径破岩钻进所需功率大，效率低，成本高，配套设备昂贵

为了寻求在深厚填石层中钻孔灌注桩有效、快捷、高效施工的新工艺、新方法，节省投资，加快施工进度，笔者提出了深厚填石层大直径潜孔锤全套管跟管钻孔灌注桩施工工法。

32.1.2　工法形成的过程

32.1.2.1　工程概况

2011 年 11 月，中国海洋石油南海深水天然气珠海高栏终端生产区建造工程球罐桩基础工程开工。该工程位置倚山临海，场地为开山填筑而成，填石块度一般为 20～80cm，个别填石块度大于 2m；填石厚度最浅 7m 左右，最厚处达 40m，平均厚度约 18m。

生产区建造项目桩基础工程包括：4000m³ 丙烷储罐、4000m³ 丁烷储罐、4000m³ 稳定轻烃储罐、分馏框架平台装置、闪蒸塔、吸收塔、再生塔等桩基。桩基设计为钻（冲）孔灌注桩，桩身直径 550mm，桩端持力层为入中风化花岗岩或微风化花岗岩大于等于 1500mm，平均桩长 27m 左右，最大桩长约 45m。4000m³ 储罐单桩竖向承载力特征值预估为 4200kN，单桩水平承载力特征值预估为 100kN。

场地地层条件复杂，自上而下主要分布的地层有开山填石、素填土、杂填土、花岗石残积土及强风化岩、中风化岩、微风化花岗石。

场地主要工程地质问题为深厚填石，填石整体块度离散，填石场地虽经过前期分层强夯处理，但填石间的缝隙空间大、渗透性强，严重影响桩基础正常施工。

场地地形特征和现场填石情况如图 32-1、图 32-2 所示。

(a)　　　　　　　　　　　　　　(b)

图 32-1　场地地形特征（桩基施工作业面）

(a)　　　　　　　　　　　　　　(b)

图 32-2　场地填石情况

32.1.2.2　大直径潜孔锤全套管跟管钻进方案的选择

针对该场地的工程地质特征和桩基设计要求，现场开展了潜孔锤全套管跟管钻进成孔施工工艺的研究和试验。新工艺主要采用大直径潜孔锤风动钻进，发挥潜孔锤破岩的优势；配置超大风压，最大限度地将孔内岩渣直接吹出孔外；在钻进过程中，采用全套管跟管钻进，避免了孔内垮塌，确保顺利成孔。此外，全套管跟管钻进不仅可以隔开孔外的松散地层、地下水、探头石，防止泥浆漏失等，而且在其灌注完混凝土后立即振动起拔全套管的过程中可以起到对桩芯混凝土进行二次振实的作用，桩身混凝土的密实性更好，强度得到有效保证，桩身直径也有保证。

2012年4月进场施工了3根试桩。试桩根据场地工程勘察资料，选择了三个不同位置进行。试桩完成、桩身达到养护龄期后，进行了低应变动力测试、抽芯和静载试验，试验结果均满足设计和规范要求，试验取得了成功，新的技术和工艺得到监理单位和业主的一致好评。

32.1.3 大直径潜孔锤全套管跟管钻进工艺的可靠性验证

1. 完成的工程量情况

现场经过试成孔和不断改进完善，在钻头选型与钻杆配套、护身制作与跟进、风压配置与空压机选择、工序流程与质量控制、安全文明与环境保护措施等方面形成了完备、可靠、成熟的潜孔锤全套管跟进成孔施工方法，保证了施工的顺利进行。

试桩检测合格后签订了施工合同，并按期完成工作任务，整体施工过程比较顺利。

2. 工程桩检测情况

施工期间共开动2台套潜孔锤桩机，采用大直径潜孔锤跟管钻进，平均以2根/（天·台）的速度成孔，是前期冲击成孔效率的30倍以上。桩基施工完工、达到养护条件后，经过桩头开挖验桩、低应变测试、抽芯、静荷载检测及桩身混凝土试块试压，检测结果表明桩身完整性、桩身混凝土强度、桩承载力、孔底沉渣等全部满足设计和规范要求，能够完全取代原设计的钻（冲）孔灌注桩方案，并为整个工程赢得了宝贵的时间，设计单位、业主和监理方均给予了极高的评价。

3. 桩基础竣工验收后工程进展情况

桩基础经过各项严格检测、评估及验收后，对基础承台进行了开挖。部分承台进入混凝土灌注阶段，有的已经完成承台施工，有4座4000m³丙烷储罐已完成初步罐体安装，现场施工进展顺利。罐体、塔体安装后的沉降观测资料显示，其沉降量均满足设计要求。

32.2 工艺特点和工艺原理

32.2.1 工艺特点

1. 成孔速度快

潜孔锤破岩效率高是业内的共识，大直径潜孔锤全断面能一次钻进到位；超大风压使得破碎的岩渣一次性直接吹出孔外，减少了孔内岩渣的重复破碎，加快了成孔速度；全套管跟进使得孔内事故极大地减少，避免了冲击钻成孔过程中常见的如卡锤、掉锤、塌孔、漏浆等事故；冲击钻在正常情况下20～25天成桩1根；回转或旋挖钻机在有大量石块的情况下成孔效率极低甚至无法成孔；潜孔锤全套管跟进工法可实现1天成桩2根的效率，成桩速度是冲击钻或其他常规手段的30倍及以上。

2. 质量有保证

表现在以下五个方面：
1）成孔孔形规则，避免了冲击成孔过程中钻孔孔径随地层的变化或扩径、缩径情况的发生。
2）桩芯混凝土密实度较高。
3）不需要泥浆护壁，避免了混凝土灌筑过程中的夹泥通病。
4）钢筋笼沿着光滑的套管内壁可顺利地下入孔底，不会出现钢筋笼难下的状况。钢筋笼的保护层更容易得到保证，桩的耐久性得到保证。

5）冲击成孔往往受夹层或操作人员的影响，持力层往往容易误判。采用潜孔锤跟管工工艺后，钻硬岩或完整岩石不再是问题，桩端入岩情况可凭返回孔口的岩屑精准判断，桩的承载力和持力层得到很好的保证。

3. 施工成本相对低

相较于冲击、回转等其他方式成孔，大直径潜孔锤全套管跟管钻进成孔的特点如下：

1）施工速度快，单机综合效率高。

2）事故成本低。该工法的事故一般表现为地表的机械故障和组织协调问题，孔内事故极少。

3）潜孔锤钻进时凭借超大风压直接吹出岩渣，岩渣在孔口套管附近堆积，呈颗粒状，可直接装车外运，省去了冲击成孔大量泥浆制作、处理等费用；同时，钻孔施工不需要施工用水，可节省用水费用。

4）混凝土超灌量少。冲击成孔在相应地层中的充盈系数平均为 2.5～3.0，而该工法的充盈系数平均一般为 1.3～1.5。

4. 场地清洁，现场管理简化

1）潜孔锤跟管工法不使用泥浆，现场不再泥泞，场地更清洁，现场施工环境得到极大的改善。

2）省去了泥浆的应用，减少了如泥浆的制作、外运等日常管理工作，现场临时道路、设备摆放更加有序，相应的管理环节得到极大的简化。

5. 该工法的不可替代性

由于大量地下障碍物的存在，许多常规技术手段（如回转钻进、旋挖等）往往无法实现成孔，而冲击成孔效率低、成本高，所以该工法具有其他手段无法替代的优越性。

6. 该工法突破了以往的大直径界限

由国内外相关资料可知，目前运用较成功的潜孔锤套管跟进技术的直径都集中在 150～300mm，而该工法的运用直径达到 550～600mm，深度达到 46m。该工法已有 520 余根桩的施工实践，表明该工法具有相当的先进性，尤其是在机具的组合和工艺参数方面有了较大的突破。

32.2.2　适用范围

1）适用于地层中存在大量的破碎岩石、卵砾石、建筑垃圾及地下水丰富、软硬互层较多的复杂地层的灌注桩工程。

2）钻孔直径 300～600mm，成孔深度≤50m。

3）在其孔径范围内的普通地层的灌注桩工程。

32.2.3　工艺原理

1. 大直径潜孔锤破岩

该工法选用与桩孔直径相匹配的大直径潜孔锤，一径到底，一次性完成成孔。大直径潜孔锤的冲击器是在高压空气带动下对岩石进行直接冲击破碎，其特点是冲击频率高、冲程低，冲击器在破岩时可以将钻头遇到的物体特别是硬物体粉碎，破岩效率高；破碎的岩渣在超高压气流的作用下沿潜孔锤钻杆与套管间的空隙被直接吹送至地面，为保证岩屑上返地面顺利，在钻杆四周侧壁沿通道方向上设置分隔条，人为地制造上返风道，使岩屑不至于在钻杆与套管的环状空隙中堆积，有利于降低地面空压机的动力损耗，进而实现高速成孔。具体情况如图32-3所示。

(a) 大直径潜孔锤钻头及钻杆　　　(b) 制造超大风压　　　(c) 潜孔锤破岩套管口地面返渣

图32-3　大直径潜孔锤超大风压破岩情况

2. 全套管跟管钻进

潜孔锤在套管内成孔，在超高压、超大气量的作用下，潜孔锤的牙轮齿头可外扩超出套管直径，在潜孔锤破岩成孔过程中，随着钻头向下延伸，套管也逐渐深入，及时地隔断不良地层，使钻孔之后的各工序可在套管的保护下完成，避免了地下水和分布于各地层中的块石、卵砾石、建筑垃圾及淤泥等对成桩不同阶段的影响，使得成桩的各阶段质量、安全都有保证。

3. 安放钢筋笼、灌注导管、水下灌注混凝土成桩

钻孔至要求的深度后，将制作好的钢筋笼放入孔，再下入灌注导管，采用水下回顶法灌注混凝土至孔口，随即利用装有专门夹持器的振动锤逐节振拔套管。在振拔过程中桩内的混凝土面会随着振动和套管的拔出而下降，此时应及时补充相应量的混凝土，如此反复，至套管全部拔出，完成成桩。

32.3　施工工艺流程和操作要点

32.3.1　施工工艺流程

大直径潜孔锤全套管跟管钻进灌注桩施工工艺流程如图32-4所示。

32.3.2　操作要点

32.3.2.1　桩位测量、桩机就位

1）钻孔作业前，按设计要求将钻孔孔位放出，打入短钢筋，设立明显的标志，并保护好。
2）桩机移位前，事先对场地进行平整、压实。
3）利用桩机的液压系统、行走机构移动钻机至钻孔位置，校核准确后对钻机进行定位。
4）桩机移位过程中派专人指挥；定位完成后，锁定机架，固定好钻机。
桩位现场测量、桩机移位情况如图32-5、图32-6所示。

32.3.2.2　套管及潜孔锤钻具安装

1）用吊车分别将套管和钻具吊至孔位，调整桩架位置，确保钻机电动机中轴线、套管中心点、潜孔锤中心点"三点一线"。
2）套管安放过程中，其垂直度可采用测量仪器控制，也可采用在相互垂直的两个方向吊垂直线的方式校正。

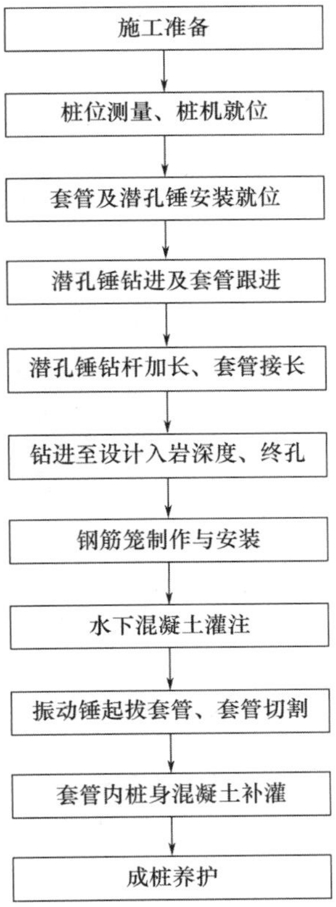

```
┌─────────────────┐
│     施工准备      │
└────────┬────────┘
         ↓
┌─────────────────┐
│  桩位测量、桩机就位 │
└────────┬────────┘
         ↓
┌─────────────────┐
│  套管及潜孔锤安装就位│
└────────┬────────┘
         ↓
┌─────────────────┐
│ 潜孔锤钻进及套管跟进 │
└────────┬────────┘
         ↓
┌─────────────────┐
│ 潜孔锤钻杆加长、套管接长│
└────────┬────────┘
         ↓
┌─────────────────┐
│ 钻进至设计入岩深度、终孔│
└────────┬────────┘
         ↓
┌─────────────────┐
│   钢筋笼制作与安装  │
└────────┬────────┘
         ↓
┌─────────────────┐
│    水下混凝土灌注   │
└────────┬────────┘
         ↓
┌─────────────────┐
│ 振动锤起拔套管、套管切割│
└────────┬────────┘
         ↓
┌─────────────────┐
│  套管内桩身混凝土补灌 │
└────────┬────────┘
         ↓
┌─────────────────┐
│     成桩养护      │
└─────────────────┘
```

图 32-4　大直径潜孔锤全套管跟管钻进灌注桩施工工艺流程

图 32-5　桩位现场测量

图 32-6　桩机移位

3）潜孔锤吊放前进行表面清理，防止风口被堵塞。

套管、潜孔锤安放情况如图 32-7～图 32-9 所示。

图 32-7　潜孔锤安放前的清理

图 32-8　吊放潜孔锤　　　图 32-9　套管、潜孔锤就位

32.3.2.3　潜孔锤钻进及全套管跟管

1）开钻前对桩位、套管垂直度进行检验，合格后即可开始钻进作业。

2）先将钻具（潜孔锤钻头、钻杆）提离孔底 20～30cm，开动空压机、钻具上方的回转电动机，待套管口出风时将钻具轻轻放至孔底，开始潜孔锤钻进作业。

3）钻进的作业参数如下。

① 钻压：钻具自重。

② 风量：根据地层岩性，风量控制在 20～60m³/min。

③ 风压：1.0～2.5MPa。

④ 转速：5～13r/min。

4）潜孔锤启动后，其底部的四个均布的活动钻块外扩并超出套管直径，随着破碎的渣土或岩屑被吹出孔外，套管紧随潜孔锤跟管下沉，进行有效护壁。

5）钻进过程中，从套管与钻具之间的间隙返出大量钻渣，并堆积在孔口附近，当堆积至一定高度时应及时进行清理。

潜孔锤风动成孔跟管钻进、孔口清渣情况如图 32-10、图 32-11 所示。

图 32-10　潜孔锤风动钻进、套管跟管下沉　　　图 32-11　套管口钻渣堆积及清理

32.3.2.4　潜孔锤钻杆加长、套管接长

1）当潜孔锤持续破岩钻进、套管跟管下沉至孔口 1.0m 左右时，需将钻杆和套管接长。

2）将主机与潜孔锤钻杆分离，钻机稍稍让出孔口，先将钻杆接长。钻杆接头采用六方键槽套接连接，当上下两节钻杆套接到位后，再插入定位销固定。接钻杆时，控制钻杆长度始终高出套管顶。

　　3）钻杆接长后，将下一节套管吊起，置于已接长的钻杆外的前一节套管处，对接平齐，将上下两节套管焊接好，并加焊加强块。焊接时，采用两人两台电焊机同时作业，以缩短焊接时间。

　　4）由于套管在拔出时采用人工手动切割操作，切割面凹凸不平，使得套管再次使用时无法满足套管同心度要求。因此，套管在接长作业前需对接长的套管接口采用专用的管道切割机进行自动切割处理，以确保其坡口的平整度和圆度。

　　5）套管孔口焊接时，采用两个方向吊垂直线控制套管的垂直度。

　　6）当接长的套管再次下沉至孔口附近时，重复加钻杆、接套管作业。如此反复，接长、钻进至要求的钻孔深度。

　　潜孔锤钻杆接长、套管口处理、孔口套管焊接等如图 32-12～图 32-15 所示。

图 32-12　潜孔锤钻杆起吊

图 32-13　潜孔锤钻杆孔口接长

图 32-14　套管坡口自动切割处理

图 32-15　孔口套管焊接接长

32.3.2.5　钻进至设计深度、终孔

　　1）钻孔至要求的深度后即可终止钻进。

　　2）终孔前需严格判定入岩岩性和入岩深度，以确保桩端持力层满足设计要求。

　　3）终孔时要不断观测孔口上返岩渣、岩屑性状，参考场地钻孔勘探资料进行综合判断，并报监理工程师确认。

　　4）终孔后将潜孔锤提出孔外，桩机可移出孔位，施工下一孔位。

　　5）终孔后，用测绳从套管内测定钻孔深度，以便加工钢筋笼等。

　　桩端岩渣判断及终孔后桩孔深度的测量如图 32-16、图 32-17 所示。

图 32－16　终孔时判断桩端岩性

图 32－17　终孔后测量桩孔深度

32.3.2.6　钢筋笼制作安装

1）钢筋笼按终孔后测量的数据制作，一般钢筋笼长在 30m 以下时按一节制作，安放时一次性由履带式起重机吊装就位，以减少工序的等待时间。

2）由于钢筋笼偏长，在起吊时采用专用吊钩多点起吊。

3）由于起吊高度大，钢筋笼加工时采取临时加固措施，防止钢筋笼起吊时散脱。

4）钢筋笼底部制作成楔尖形，以方便下入孔内；钢筋笼顶部制作成外扩形，以方便笼体定位，确保钢筋混凝土保护层厚度满足要求。

钢筋笼制作、起吊、安放等情况如图 32－18～图 32－21 所示。

图 32－18　钢筋笼制作

图 32－19　钢筋笼起吊

图 32－20　钢筋笼底部尖口

图 32－21　钢筋笼顶外扩定位

32.3.2.7　水下灌注导管安放

1）混凝土灌注采用水下导管回顶灌注法，导管管径 200mm，壁厚 4mm。

2）导管首次使用前经水密性检验，连接时对螺纹进行清理，并安装密封圈。

3）灌注导管底部保持距桩端 30cm 左右。

4）导管安装好后，在其上安装接料斗，在漏斗底口安放灌注塞。

导管安放情况如图 32-22～图 32-25 所示。

图 32-22　灌注导管起吊

图 32-23　灌注导管孔口连接

图 32-24　灌注斗孔口对接

图 32-25　灌注斗孔口固定

32.3.2.8　水下混凝土灌注

1）混凝土的配合比按常规水下混凝土的要求设计，坍落度为 180～220mm。混凝土到场后，对其坍落度、配合比、强度等指标逐一检查。

2）灌注方式根据现场条件可采用混凝土罐车出料口直接下料，或采用灌注斗吊灌。

3）在灌注过程中及时拆卸灌注导管，保持导管埋置深度控制在 2～4m，最大不超过 6m。

4）在灌注混凝土过程中不时上下提动料斗和导管，以便管内混凝土能顺利下入孔内。

5）灌注混凝土至孔口并超灌 1.5m 后及时拔出灌注导管。

6）在混凝土灌注时，要将混凝土面灌至与套管口平齐，并使最上部最初的存水和混凝土浮浆溢出套管，确保露出的混凝土面为新鲜混凝土，为后续的混凝土补灌提供良好的胶结条件。

桩身混凝土灌注情况如图 32-26～图 32-29 所示。

图 32-26　混凝土罐车直接下料灌注

图 32-27　灌注斗吊车灌注混凝土

图 32-28　及时拆卸灌注导管　　　　　　图 32-29　灌注导管清洗、堆放

32.3.2.9　振动锤起拔套管、套管切割

1）套管起拔用中型或大型振动器，配套相应的夹持器。由于激振力和负荷较大，根据套管埋深选择 50～80t 的履带式起重机将振动锤吊起，对套管进行起拔作业。

2）根据套管长度选择激振力为 20～50t 的振动锤作业。

3）振动锤起拔套管焊接接口至孔口 1.0m 左右时，停止振拔，随即进行套管切割。

4）套管切割位置一般在原接长焊接部位，用氧炔焰切割。

5）套管切割完成后，观察套管内混凝土面的位置。随着套管的拔出及振动，桩身混凝土逐渐密实；同时，底部套管上拔后，混凝土会向填石四周扩渗，造成套管内混凝土面的下降。此时需及时向套管内补充相应量的混凝土（所需的条件在 32.3.2.8 节第 5）点中给出）。套管在拔出前，套管混凝土还未初凝，且无地下水进入，补充混凝土直接从套管顶灌入即可。

6）重复以上操作，直到拔出最后一节套管。

套管起拔、套管切割、补灌混凝土等工序操作如图 32-30～图 32-34 所示。

图 32-30　振动锤起拔套管（单夹具、双夹具）

图 32-31　套管孔口切割　　　　　　图 32-32　起拔套管后混凝土面下降

图 32 - 33　套管内桩身混凝土补灌

图 32 - 34　套管全部拔出

32.4　设 备 机 具

32.4.1　机械设备选择

32.4.1.1　钻机选型

钻机的选型考虑的要点是稳定性好，便于行走和让出孔口，有利于减少施工过程中的操作环节，主要表现在减少套管接长次数。基于上述考虑，可选择的机型主要为具有履带式或步履式行走机构的钻机，机架尽量高，以减少套管、钻杆的接长次数。

在该工法中，笔者团队对河北新河 CDFG26 型长螺旋钻机进行了改造，利用其机架和动力，调整了输出转速。钻机包括主机架、旋转电动机、液压行走装置等，全套管钻机功率约为 110kW。改造后的钻机底盘高，靠液压机械行走，可就地旋转让出孔口，整机重量大，机架高（26m），且稳定性好，负重大，过载能力提高。

桩机全貌如图 32 - 35 所示。

图 32 - 35　改造后的潜孔锤桩机全貌

857

32.4.1.2 潜孔锤钻头、钻杆选择

1）选择大直径潜孔锤，一径到底，钻头直径与桩径匹配，如某工程桩径为550mm，潜孔锤钻头外径为500mm。

2）潜孔锤钻头底部均匀布设4个可活动的钻块，在超大风压作用下，当破岩钻进时，钻具的重量作用于钻块底部，钻块沿限位的斜面同时将力转化为一定的水平向作用力，在高频、反复地向下破岩的同时实现了水平向的扩径作业，提供了套管跟进所需的间隙，从而保证了钻孔在破碎地层的套管跟进。当提钻时，4个钻块在重力的作用下回收，并可在套管内上下自如活动。

3）钻杆直径为420mm，钻杆接头采用六方键槽套接连接，当上下两节钻杆套接到位后，再插入定位销固定。

4）钻杆上设置六道风道，以便超大风压将吹起的岩渣沿着风道集中吹至地面。

潜孔锤钻头、钻杆及风道的设置等如图32-36～图32-38所示。

图32-36 大直径潜孔锤钻头

图32-37 潜孔锤钻杆连接　　　　图32-38 钻杆风道设置

32.4.1.3 空压机选择

1）潜孔锤钻进时所需的压力一般为0.8～1.5MPa，当孔深或钻具总重加大时取大值。由于沿程压力损失，地面提供的压力一般为1.0～2.5MPa。当孔较深、地层含水率高、孔径较大和破岩时，选用较大的压力，反之选用较小的压力。

2）操作中，视套管顶的返渣情况，对空压机的压力进行调节。

3）风量因钻孔的深度和钻孔孔径的不同而差别较大，为使潜孔锤正常工作而又能排除岩粉，要求钻杆和孔壁环状间隙之间的最低上返风速为15m/s，地面提供的风量一般为60m³/min左右。如一台空压机不能提供要求的风量，可采用2～3台空压机并行送风。

4）某桩基工程施工过程中选用了英格索兰XHP900和XHP1070型空压机。2台XHP1170或3台XHP900空压机并行送风时，可保持压力的稳定和所需的送风量，顺利地将岩屑、钻渣吹至地面。

5）英格索兰 XHP 系列空压机自带动力，可在电力提供不便的条件下使用；其螺杆为两级压缩形式，满足了较高送气压力的要求。其参数见表 32 - 2。实际工程中可采用多台空压机并联产生超大风压，如图 32 - 39 所示。

表 32 - 2　英格索兰 XHP 系列空压机参数

参数	机型		
	XHP900	XHP1170	XRS451
排气量/（m³/min）	25.5	30.3	20.0
压力范围/MPa	1.03～2.58	1.03～2.58	1.03～2.30
气体压缩形式	旋转螺杆/两级	旋转螺杆/两级	旋转螺杆/两级
排气口尺寸/mm	76.2	76.2	76.2
动力	柴油	柴油	柴油
行走方式	带行走轮	带行走轮	带行走轮
质量/kg	6181	6318	6356

图 32 - 39　多台空压机并联产生超大风压

32.4.1.4　套管的选择

1）采用相应规格的无缝钢管，也可用 8～12mm 的钢板卷制。卷制时，要对内壁的焊缝进行打磨，确保内壁光滑。

2）本章工法一般选用直径为 550mm、壁厚为 14mm 的无缝钢管。

3）套管单节长度为 9～20m，最底部套管设置加固筒靴。

4）套管需要在孔口焊接，套管的同心度对套管的切割面和坡口的要求高。套管在切割起吊后，需对切割口进行坡口处理。实际施工过程中采用专用的管道切割机，自动对套管接口进行切割处理，确保套管口平顺圆正。切割形成的坡口可保证孔口焊接时的焊缝填埋饱满，有利于保证焊接质量。

套管及套管切割具体情况如图 32 - 40～图 32 - 42 所示。

图 32 - 40　钢套管　　　　图 32 - 41　底节钢套管加固筒靴　　　图 32 - 42　利用管道切割机
进行套管口处理

32.4.1.5　起重机械的选择

1）本章工法起重机械使用的条件：为节省钢筋笼孔口焊接时间，施工时采取钢筋笼一次性吊装到位；钻具需要从已安装好的套管顶下入套管内，吊车的臂长要求较长，所吊的器具重量较大；振拔套管的激振力较大。

2）为满足现场施工需求，实际施工过程中，现场配备一台150t履带式起重机，负责钢筋笼安放、灌注混凝土、起拔套管等。吊车起吊能力强、力臂长，施工期间固定在一个位置就可以满足现场施工需求。另外，配备一台普通25t汽车起重机，负责潜孔锤、钻杆、套管的吊装，以及机械的转场、材料搬运和其他的辅助性工作。

现场配备吊车情况如图32-43所示。

图 32-43　现场配备吊车情况

32.4.2　机械设备配套

大直径潜孔锤机械设备按单机配备，其主要施工机械设备配置见表32-3。

表 32-3　大直径潜孔锤全套管跟管钻进灌注桩主要机械设备配置

序号	设备名称	型号	数量	备注
1	桩架	专用设备	1台套	由CFG桩机、搅拌桩机、长螺旋钻机改造而成，机架高26m
2	潜孔锤钻头	直径500mm	3个	平底、可扩径钻头
3	钻杆	直径420mm	70m	配置专用钻杆和接头，外壁加焊钢筋设置风道
4	吊车	100~150t履带式起重机、25t汽车起重机	各1台	用于下笼、钻具吊装、起拔套管、混凝土灌注、现场辅助作业等
5	空压机	XHP900、XHP1170、XRS451	2~3台	单机25.5~30.3m³/min，多台并联，为超大潜孔锤提供动力
6	储气罐	—	1个	储压送风，用于并接空压机
7	套管	内径530mm	70m	全孔护壁
8	振动锤	永安STORKE360P	20t单80t双	配单或双夹持器，当套管埋深大于30m时，选择永安20t振动锤起拔困难
9	灌注导管	直径200mm	60m	灌注水下混凝土
10	灌注斗	2m³	2个	孔口灌注混凝土，或送料
11	管道切割机	可附着式CG2-11C	1台	自动切割套管
12	电焊机	BX1	8台	焊接套管2台、制作钢筋笼6台
13	空压机	AW3608	2台	凿桩头
14	挖掘机	CAT20	1台	开挖桩头

续表

序号	设备名称	型号	数量	备注
15	氧炔焰枪	HR35	1台	切割套管
16	测量仪器	莱卡全站仪	1套	测量孔位、校正套管垂直度
17	测绳	50m、100m	5根	测量孔深
18	坍落度仪	标准	1个	测试混凝土坍落度
19	混凝土试块模	150mm×150mm×150mm	4组	现场制作混凝土试块

32.5 质量控制和安全、环保措施

32.5.1 质量控制措施

1）施工前，根据所提供的场地现状及建筑场地岩土工程勘察报告，有针对性地编制施工组织设计（方案），报监理、业主审批后用于指导现场施工。

2）基准轴线的控制点和水准点设在不受施工影响的位置，经复核后妥善保护；桩位测量由专业测量工程师操作，并做好复核，桩位定位后报监理工程师验收。

3）潜孔锤桩机设备底座尺寸较大，桩机就位后必须始终保持平稳，确保在施工过程中不发生倾斜和偏移，以保证桩孔垂直度满足设计要求。

4）成孔过程中，如实际地层与所描述地层不一致时，及时与设计部门沟通，共同提出相应的解决方案；入持力层和终孔时，准确判断岩性，并报监理工程师复核和验收。

5）套管下沉对接时，采用两个方向吊垂线控制套管垂直度。

6）钢筋笼制作及其接头焊接严格遵守国家现行标准《钢筋机械连接技术规程》（JGJ 107—2016）、《钢筋焊接及验收规程》（JGJ 18—2012）、《混凝土结构工程施工质量验收规范》（GB 50204—2015）。

7）钢筋笼隐蔽验收前报监理工程师验收，合格后方可用于现场施工。

8）搬运和吊装钢筋笼时防止变形，安放时对准孔位，避免碰撞孔壁和自由落下，就位后立即固定。

9）商品混凝土的水泥、砂、石和钢筋等原材料及其制品的质检报告齐全，钢筋进行可焊性试验，合格后用于制作。

10）检查成孔质量合格后尽快灌注混凝土；灌注导管在使用前进行水密性检验，合格后方可使用；灌注过程中严禁将导管提离混凝土面，埋管深度控制在2~6m；起拔导管时不得将钢筋笼提动。

11）起拔套管、切割套管过程中，注意观测孔内混凝土面的位置，及时补充灌注混凝土，确保桩身混凝土量充足。

12）灌注混凝土过程中，派专人做好灌注记录，并按规定留取一组三块混凝土试件，按规定进行养护。

13）灌注混凝土至桩顶设计标高时，超灌150cm，以确保桩顶混凝土强度满足设计要求。

14）灌注混凝土全过程中，监理工程师旁站监督，保证混凝土灌注质量。

15）桩施工、检测及验收严格执行《建筑桩基技术规范》（JGJ 94—2008）、《建筑基桩检测技术规范》（JGJ 106—2014）的要求，设计有规定时执行相应要求。

32.5.2 大直径潜孔锤全套管跟管钻进灌注桩质量检验标准

大直径潜孔锤全套管跟管钻进灌注桩质量检验标准应符合表32-4的规定。

表 32 – 4 大直径潜孔锤跟管钻进灌注桩质量检验标准

项目	序号	检查项目		允许偏差或允许值		检验方法
				单位	数值	
主控项目	1	桩位	1～3根、单排桩、群桩、边桩	mm	D/6，且不大于 100	基桩开挖前量套管，开挖后量桩中心
			条形桩、群桩的中间桩	mm	D/4，且不大于 150	
	2	孔深		mm	300	只深不浅，用重锤或钻杆测量嵌岩桩，应确保进入设计要求的基岩深度
	3	桩体质量检验		按《建筑基桩检测技术规范》(JGJ 106—2014)；如钻芯取样，大直径嵌岩桩应钻至桩尖下 1m		按《建筑基桩检测技术规范》(JGJ 106—2014)
	4	混凝土强度		设计要求		试件报告或钻芯取样送检
	5	承载力		按《建筑基桩检测技术规范》(JGJ 106—2014)		按《建筑基桩检测技术规范》(JGJ 106—2014)
	6	钢筋笼主筋间距		mm	±10	用钢尺量
	7	钢筋笼长度		mm	±100	用钢尺量
一般项目	1	垂直度		%	<1	测立轴线钻杆
	2	桩径		mm	±50	井径仪或超声波检测
	3	沉渣厚度	端承桩	mm	≤50	用测绳测量
			摩擦端承桩、端承摩擦桩	mm	≤100	抽样送检
	4	钢筋笼	钢筋笼材质检验	mm	符合设计要求	
			箍筋间距	mm	±20	用钢尺量
			直径	mm	±10	用钢尺量
			安装深度	mm	±100	用钢尺量
	5	混凝土坍落度		mm	160～220	坍落度测量
	6	混凝土充盈系数		≥1	检查桩的实灌混凝土量	—
	7	桩顶标高		mm	+30、-50	水准仪测量，扣除浮浆

32.5.3 安全措施

1）机械设备操作人员必须经过专业培训，熟练操作机械，并经专门的管理部门考核取得操作证后上机操作。

2）潜孔锤使用的专业机械设备多，机械设备操作人员和指挥人员须严格遵守安全操作技术规程，工作时集中精力，谨慎工作，不擅离职守，严禁酒后操作。

3）作业前，检查机具的紧固性，不得在螺栓松动或缺失状态下启动；作业中，保持钻机液压系统处于良好的润滑状态。

4）当钻机移位时，施工作业面保持基本平整，设专人现场统一指挥，无关人员撤离作业现场，避免发生桩机倾倒伤人事故。

5）空压机管路中的接头采用专门的连接装置，并将所要连接的气管（或设备）用细钢丝或粗铁丝相连，以防冲脱摆动伤人。

6）机械设备发生故障后及时检修，严禁带故障运行和违规操作，杜绝机械事故。

7）钻杆接长、套管焊接时，需要操作人员登高作业，要求现场操作人员做好个人安全防护，系好安全带；电焊、氧焊特种作业人员佩戴专门的防护用具（如防护罩）。

8）潜孔锤作业时，孔口岩屑、岩渣扩散范围大，孔口清理人员必须佩戴防护镜和防护罩，防止孔内吹出的岩屑伤害眼睛和皮肤。

9）钢筋笼的吊装须设专人指挥，吊点设置合理；钢筋笼移动过程中，起重机旋转范围内不得站人。

10）氧气罐、乙炔罐要分开放置，切割作业由持证专业人员进行。

11）现场用电由专业电工操作，持证上岗；电器必须严格接地、接零和使用漏电保护器。现场用电电缆架空 2.0m 以上，严禁拖地和埋压土中；电缆、电线必须有防磨损、防潮、防断等保护措施；电工有权制止违反用电安全规章的行为，严禁违章指挥和违章作业。

12）施工现场所有设备、设施、安全装置、工具配件及个人劳动保护用品必须经常检查，确保完好和使用安全。

13）对已施工完成的钻孔，采用孔口覆盖、回填泥土等方式进行防护，防止人员落入孔洞受伤。

14）暴雨时停止现场施工；台风来临时做好现场安全防护措施，将桩架固定或放下，确保现场安全。

32.5.4　环保措施

1）受工程影响的一切公用设施与结构物，在施工期间采取适当措施加以保护。

2）潜孔锤作业时，空压机噪声较大，需采取降噪措施尽量减少噪声、废气等的污染，施工场地的噪声符合《建筑施工场界环境噪声排放标准》（GB 12523—2011）的规定。

3）根据现场周边环境，在早晨、中午、夜间合理安排施工时间，减少对周边的噪声干扰。

4）潜孔锤作业时，采取措施减少孔口岩屑、岩渣的扩散；孔口的岩屑及时派人清理，集中堆放或外运。

5）所有机械设备采取措施，防止漏油污染。

6）做好现场排水工作。

7）近海施工时，严禁将污水排入海中。

32.6　工程应用实例

1. 工程概况

中国海洋石油南海深水天然气珠海高栏终端是国内第一座深水天然气处理终端，位于广东省珠海市高栏港经济开放区，占地约 144 万 m^3。该项目是目前国内类似设计中规模最大、进出站压力最高、设计工况最复杂、C3 收率最高的陆上终端，是一座集天然气脱碳、脱水及深冷处理、产品分馏加工及调和、轻烃产品装车装船、天然气增压外输及供气调峰、凝析油稳定、污水处理于一体的大型多功能综合处理厂，在设计中进行了多项技术创新，优化并提高了系统效率，其中一些先进技术为国内首次使用，同时在节能减排方面也实现了突破性进展。

该工程由中国石油天然气第六建设公司总承包，监理单位为广东国信工程监理有限公司，深圳工勘岩土工程有限公司和深圳华兴建安工程有限公司承担桩基施工分包工程。

2. 桩基设计及工程量

桩基设计为钻（冲）孔灌注桩，桩身直径 550mm，桩端持力层入中风化花岗岩或微风化花岗岩不小于 1500mm，平均桩长 27m 左右，最大桩长约 45m。4000m^3 储罐单桩竖向承载力特征值预估为 4200kN，单桩水平承载力特征值预估为 100kN。

生产区建造项目桩基础工程包括 4000m³ 丙烷储罐、4000m³ 丁烷储罐、4000m³ 稳定轻烃储罐、分馏框架平台装置、闪蒸塔、吸收塔、再生塔等的桩基，共施工 520 根桩，长 16752m。

3. 桩基础施工

该工程施工前期采用冲击成孔工艺，施工中遇到极大的困难，出现了工程进度缓慢、项目成本激增、质量无法保证的不利局面。

根据现场地层条件，经论证，大胆尝试采用大直径潜孔锤全套管跟管钻进新技术新工艺，开动了 2 台套潜孔锤桩机，用超大风压直接将破碎岩渣吹出孔外；用全套管跟管钻进，避免了泥浆漏失和坍孔事故，克服了在场地内穿过深厚填石成孔的困难，以出人意料的 2～3 根桩/天的速度顺利成孔，场内施工井然有序。

4. 桩基检测

桩基完工后，每罐、每塔均进行了各种检测，包括桩头开挖验桩、低应变测试、静荷载检测、抽芯、抗水平剪切试验等。检测结果表明，桩身完整性、桩身混凝土强度、桩端承载力、孔底沉渣等均满足设计和规范要求，质量合格。

第 33 章　全自动智能夯实挤密新技术及其应用

司建波　张彦飞　刘增荣　鲁晨阳

33.1　研　发　背　景

黄土是在干旱气候条件下形成的特种土，一般为浅黄、灰黄或黄褐色，具有目视可见的大孔和垂直节理。我国黄土的分布，西起甘肃祁连山脉的东端，东至山西、河南、河北交界处的太行山脉，南抵陕西秦岭，北到长城，主要分布在北纬 $30°\sim48°$ 自西向东的条形地带上，面积约 $64\times10^4\,km^2$。其中，山西、陕西、甘肃等省是典型的黄土分布区。黄土具有遇水湿陷的特性。在建造建（构）筑物、机场、公路及铁路时，需要对地基进行处理，消除湿陷性黄土地基的湿陷性，提高地基土的承载能力。

在众多的地基处理方式中有一种是 DDC 地基处理方法。DDC 是孔内深层强夯（down hole dynamic compaction）的简称，是一种以强夯重锤对孔内深层填料进行分层强夯或边填料边强夯的孔内深层作业，施工时由深及浅、自下而上均匀加固地基，最深可达 30m。DDC 工法在工程上应用时大多采用成孔直径 400mm、成桩直径 550mm。由于桩锤直径小，在相同夯锤重和落距条件下，孔内深层强夯的单位面积夯击能量比强夯法大很多。DDC 工法自司炳文先生于 20 世纪 90 年代末创建以来，在消除湿陷性黄土的湿陷性、降低软土的可压缩量、提高天然地基的承载力方面获得了很好的发展，得到了比较广泛的应用。

DDC 工法的成孔分为沉管成孔和长螺旋成孔两种方式；在填料夯实方面，长期以来多采用人工分层填料、人工落锤分层夯击压实的方式。图 33-1 所示为人工制动夯实机。

人工制动夯实设备在使用中存在下述问题：

1）一般成孔的速度数倍于夯实速度，一台成孔机往往要配数台夯实设备。目前所有的重夯机都由人工操作，手动施工，安全隐患大，劳动强度高。

2）钻孔挤密桩工法主要依靠夯扩部分的桩径使桩间土得到有效挤密，一般成孔直径有保证，但在实际夯扩成桩过程中，由于施工原因（人工操作，计件收益，只追求夯填速度、不重视夯填质量，施工质量监管难度大），夯扩后的直径往往达不到设计要求，有的仅比钻孔直径大 $5\sim10cm$（现场经常出现钻出土填不完的状况），夯扩桩径不足、挤密效果差是钻孔挤密桩工法存在的主要问题。

图 33-1　人工制动夯实机

33.2　全自动智能夯实机的研发与挤密新技术

33.2.1　全自动智能夯实机的研发

受以上问题的长期困扰，陕西某公司萌生了研发一种能够连续自动提升重锤、自动落锤，并能根据孔径、孔深自动调整送料量，使之与夯击频率相匹配的全自动重夯机的想法。公司上下一心，经合力攻关、反复试验、反复改进，终于研制成功了一种智能化的全自动地基处理夯实机。该设备以自动化机械代替人力，减少了用工数量，降低了劳动强度，提高了施工效率，并能自动记录填料量和夯击次数，便于监管，从而消除了人为操作对施工质量的影响，确保了工程质量。

该全自动智能夯实机由履带行走系或轮系、夯机平台、立柱、卷扬机、电控系统等组成，如图33-2所示。

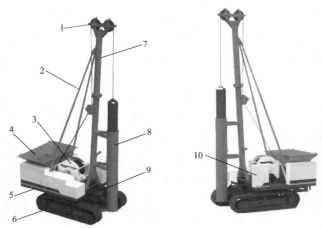

图33-2 全自动智能夯实机侧面图

1. 油轮；2. 防倾杆；3. 卷扬机；4. 料斗；5. 平台；6. 底座；7. 臂架；8. 护筒；9. 传送带；10. 电控柜

33.2.2 全自动智能夯实机的特点与优势

1）全自动智能夯实挤密流程（图33-3）。

图33-3 全自动智能夯实挤密流程

2）手自一体（图33-4）。

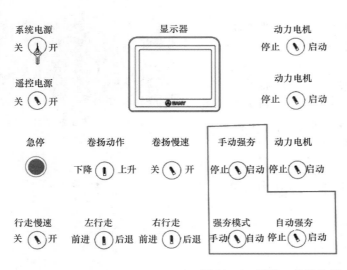

图33-4 手自一体操作屏

3）重要参数汇集（图 33-5）。

最大夯锤重量为3t

最大施工深度为50m

最大起拔力为60kN

最大提升速度为36m/min

最大行驶速度为2000m/h

最大臂长7m

主要运输重量为8t

运输宽度为2.4m

图 33-5 重要参数汇集

4）自动控制参数设置（图 33-6）。可设置送料时间、送料高度、夯击高度、夯击次数等参数。

5）自动送料（图 33-7、图 33-8）。

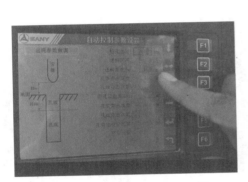

图 33-6 自动控制参数设置屏

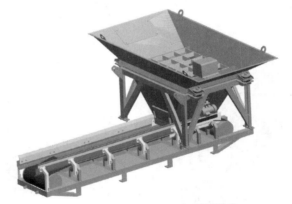

图 33-7 自动送料漏斗和传送带

图 33-8 填料经漏斗和传送带自动送入孔内

6）无线遥控（图 33-9）。可远程遥控设备行走、转弯、提升、下放、自动夯击等，能够精确地控制设备微动，减少对点时间。

7）自动对点落锤（图 33-10）。

8）行走速度无级可调（图 33-11、图 33-12）。

9）具有自起落臂功能（图 33-13）。

10）自由落钩，液压卷扬（图 33-14）。

图 33-9　无线遥控操作仪

(a)　　　　　　　　　(b)　　　　　　　　　(c)

图 33-10　自动对点落锤

(b)提升机构

(a)夯实机　　　　　(c)行走机构

图 33-11　提升和行走机构

(a)

(b)

图 33 - 12　无线遥控夯实机行走

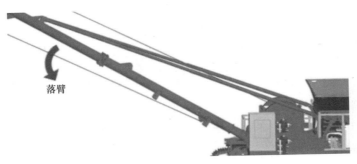

图 33 - 13　自起落臂示意图

图 33 - 14　自由落钩液压卷扬设备

11) 臂架系统钢管连接，可侧向折叠（图 33 - 15、图 33 - 16）。

图 33 - 15　臂架系统

图 33 - 16　臂架系统折叠示意图

12) 具有数据记录存储功能（图 33 - 17、表 33 - 1），可导出每天的工作记录，便于项目管理。

图 33 - 17　自动存储设备元件

表 33 - 1　自动记录表格

日期：　年　月　日　　夯击高度：　m　　夯击级数：　级　　填料时间：　s

序号	孔编号	孔深/m	开始时间	结束时间	填料次数	夯击总数
1						
2						
3						
4						
5						
⋮						

13）与人工制动夯实机相比，单项与整体效率提升显著（图 33 - 18～图 33 - 21）。

(a)人工制动夯实机

(b)全自动智能夯实机

图 33 - 18　人工制动夯实机与全自动智能夯实机

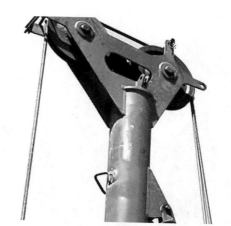

图 33 - 19　自动提锤及落锤

概括起来，全自动智能夯实新技术的特点和优势有以下五点：

1）按钮控制，实现夯实成桩施工全程自动化。人工通过远程操作将设备对孔，设置夯填程序参数（夯锤落距、击数、单次填料量等），开启启动按钮后自动提锤，按预设落距自动落锤，达到预设击数后自动送料，送料完毕后继续自动夯填，直至夯填到设计标高，按下停止按钮，在全国范围内首次实现挤密桩复合地基夯实施工机械智能化、自动化。

图 33 - 20　对桩孔准确

图 33 - 21　施工全景

2）液晶显示屏显示控制参数，实现落锤深度和锤击遍数自动调节和控制，设计桩长、桩径得到有效保证。夯扩直径可达 550mm、600mm、650mm、700mm、750mm、800mm、850mm、900mm，夯击深度可达 40～60m，能够满足挤密桩复合地基对各种不同成桩直径和桩长的要求。同时，避免了人为因素对成桩质量的影响，能够保证各种设计指标的落实，最大限度地满足工程质量的技术标准和要求。

3）一人可控制数台设备施工，施工效率提高 2～4 倍，经济效益显著。

4）远程操作，液压弱电控制设备控制，机械操作安全性成倍增长。

5）处理深度大，可处理厚度超过 60m 的深厚软土、湿陷性黄土、液化土、杂填土和砂层，特殊土中应用优势明显。

33.2.3　全自动智能夯实挤密新技术

陕西某地基基础公司在地基处理工程实践中充分发挥全自动智能夯实机所具有的特点和优势，使其在处理深厚软土、湿陷性黄土、液化土、杂填土和砂土等特殊土层中得到了广泛的应用，显示出 DDC 工法中人工制动夯实机无法比拟的特点和优势，尤其实现了落锤深度和锤击遍数自动调节和控制，设计桩长、桩径得到有效保证；夯扩直径可达 550mm、600mm、650mm、700mm、750mm、800mm、850mm、900mm，夯击深度可达 40～60m，能够满足挤密桩复合地基对各种不同成桩直径和桩长的要求，特点明显，优势显著。此外，在全自动智能夯实机不断应用的过程中，经过摸索发现，若更换夯锤和护筒，还可将全自动智能夯实机拓展应用到 SDDC 工法（孔内深层超强夯工法）中。在挤密桩工程实践中，不仅将全自动智能夯实机应用于 DDC 工法中，而且应用于 SDDC 工法中，创建形成了一种以全自动智能夯实机为依托、特点和优势明显的全自动智能夯实挤密新技术。

33.3 全自动智能夯实挤密新技术的机理

33.3.1 竖向夯实效应分析

33.3.1.1 夯实过程中的竖向应力云图与竖向位移云图

土体在强力夯击过程中内部应力的分布能够反映土体受荷后的加固情况，通过一定能级的夯击作用可以得到土体竖向应力等值云图和符号图，如图 33 - 22 所示。

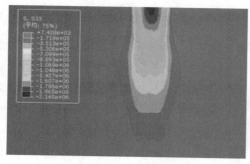
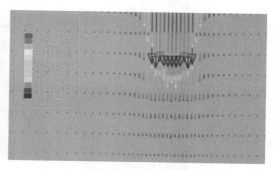

(a) 土体竖向应力等值云图　　　　　　(b) 土体位移应力符号图

图 33 - 22　土体竖向应力等值云图及符号图

从图 33 - 22 中可以看出：土体竖向应力以椭圆形应力泡的形式向深处传播，随着夯击次数的增加，应力泡不断向外扩散，形成如图 33 - 22（a）所示的等值云图。最大竖向应力发生在夯锤底部，应力值为 2.145×10^6 Pa。夯锤通过锤土接触面将动能转化为土体颗粒的振动，土体颗粒振动较充分的位置发生较大的塑性变形。随着深度的增加，夯击能越来越多地被消耗，土体颗粒振动的幅度也越来越小，竖向应力随之减小，土体塑性变形不再发展。从图中还可以看出：土体竖向应力较大区域影响深度大约为 2.0m。如果将土体竖向应力较大区域看作冲击荷载作用下土体的影响范围，则在夯击能 2265kN·m/m² 下重复夯击 7 次，土体竖向影响范围为 $4L$（L 为夯锤的入土深度）。

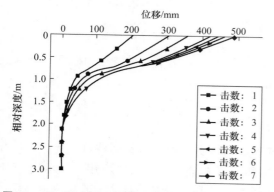

图 33 - 23　锤心下土体竖向位移随深度变化的曲线

33.3.1.2 土体竖向位移随夯实击数的变化

全自动智能夯实技术施工中，多次夯击作用使地基土产生足够的竖向位移。锤心下土体竖向位移随深度变化的曲线如图 33 - 23 所示。

由图 33 - 23 可以看出：在第一次夯击时土体最大竖向位移发生在锤心下，最大位移为 0.21m；随着深度增加，土体竖向位移迅速减小，至夯击面以下 1.5m 处土体竖向位移接近于 0。第二次、第三次和第四次夯击土体最大竖向位移增大至 0.31m、0.36m 和 0.42m，夯击面以下 1.5m 处土体竖向位移较第一次夯击分别增大 0.009m、0.015m 和 0.022m。根据以上土体竖向位移随深度的变化规律可得：随着夯击次数的增加，土体竖向位移不断增大，但增大幅度不断减小。从图 33 - 23 中可以看出：在最后三击，土体竖向位移增加量已经非常小，增加幅度均小于 7%，绝对增量平均值小于 50mm，说明在夯击能为 2265kN·m/m² 的情况下，土体加固在第四击时已经达到设计标准。

33.3.1.3 夯锤中心不同深度处土体竖向应力变化曲线

由图 33 - 24 所示竖向应力随深度变化的曲线可以看出：在夯锤中心，竖向应力随深度的增加迅速衰减，单次夯击时应力影响深度可达 $7d$。最大竖向应力变化可以分为两个部分：第一部分为前四次夯击，竖向应力随夯击次数的增加不断增大；第二部分为后三次夯击，竖向应力随夯击次数的增加不断减小。但两部分有一个共同特征，即竖向应力的影响深度在锤底以下 $2\sim3m$，也即夯锤底部下方 $2\sim3m$ 的土体将不同程度地得到压密。

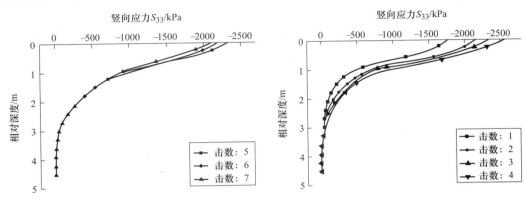

图 33-24　竖向应力随深度变化的曲线

33.3.2　水平夯实效应分析

33.3.2.1　夯实过程中的水平应力云图与水平位移云图

采用全自动智能夯实挤密新技术处理地基，一定夯击能作用下重复夯击土体 7 次，累积各次夯击结果，得到土体水平应力等值云图和符号图，如图 33-25 所示。

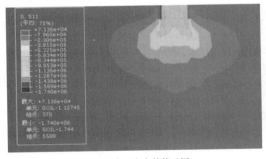
(a) 土体水平应力等值云图

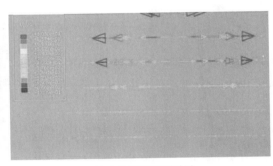
(a) 土体位移应力符号图

图 33-25　土体水平应力等值云图及符号图

从图 33-25 （a）中可以看出水平应力的分布规律，即水平应力以夯锤为中心，以类似于椭圆形的应力泡在土中传播；随着夯击次数的增加，应力泡不断向外扩散，形成如图 33-25 （a）所示的等值线。

从图 33-25 （b）中可以看出夯击挤密作用加固地基的形状和一根桩的水平影响范围。图 33-25 （b）清楚地反映了水平应力的分布规律。工程实践中可以一定的塑性变形区域作为有效加固区，以不能充分承载但受到加固影响的区域作为加固影响区。

33.3.2.2　不同深度处水平应力随水平距离的变化

研究夯实挤密过程中水平应力的分布，可以观察不同深度处不同击数下水平方向塑性区的发展，判断加固性状，确定挤密范围。水平应力随水平距离的变化如图 33-26 所示。

由图 33-26 可以看出：最大水平应力出现在夯锤边缘处；随着水平距离的增加，水平应力迅速减小，直至距夯锤中心 $5d$ 处；不同深度处水平应力均接近于 0。

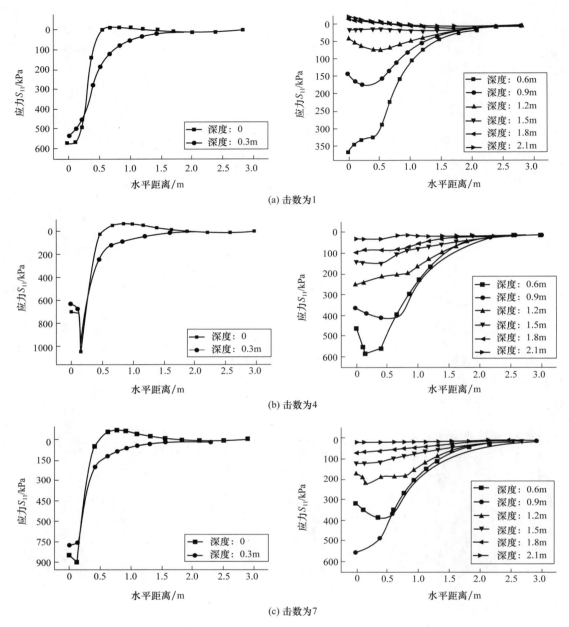

图 33 - 26　水平应力随击数与水平距离的变化

　　比较图 33 - 26 中不同深度处水平应力随水平距离的变化曲线可以看出：深度对水平应力的分布和传递有很大影响，在夯击面下 d 范围内水平应力随水平距离变化剧烈，夯击面下深度超过 1.5m 后水平应力随水平距离变化不大，在夯击面下深度 1.8m 处水平应力接近于 0。

33. 3. 2. 3　不同击次水平应力随水平距离的变化

　　全自动智能夯实挤密成桩是在数次夯击下完成的，相同夯击能下各次夯击所起的作用不尽相同，研究不同夯击次数下土体的挤密程度可以确定最佳夯击次数和最大挤密范围。不同击数下水平应力随水平距离的变化如图 33 - 27 所示。

　　通过比较图 33 - 27 给出的不同击数下水平应力随水平距离的变化曲线，可以看出：在前四次夯击下，最大水平应力随夯击次数的增加而增大，最大应力并不总是发生在夯锤底部或夯锤边缘。在夯击面，最大水平应力发生在夯锤边缘。在夯击面以下 0.3m，最大水平应力发生在夯锤底部。在夯击面以

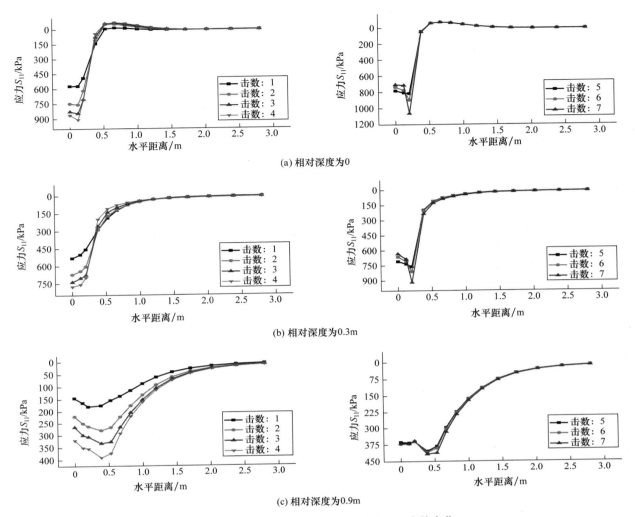

(a) 相对深度为0

(b) 相对深度为0.3m

(c) 相对深度为0.9m

图 33 - 27　不同击数下水平应力随水平距离的变化

下 0.9m，最大水平应力发生在距夯锤边缘一定距离处。后三次夯击水平应力变化较小，夯锤底部最大水平应力随夯击次数增加略有减小。

　　分析不同夯击次数可得：在夯击面一定范围内土体塑性变形在前四次夯击下已基本完成，塑性区的扩展尤其是夯击面的水平位移不会随着夯击次数的增加而一直增加，夯击面的水平位移只是在前几夯时受到较大影响，后面的夯击对夯击面水平位移几乎不造成影响。

33.4　工 程 实 例

　　近年来，依托全自动智能夯实挤密新技术，陕西某地基基础公司将挤密桩工法应用于处理湿陷性黄土地基超过 500 余例，与建设单位形成了长期使用该项技术的良好协作关系，在西安占据了挤密桩技术应用的大半个市场，并将技术推广到甘肃、宁夏、山西、河南、河北等地。

　　该公司应用全自动夯实机新技术处理自重湿陷性黄土地基，配合钢筋混凝土灌注桩、管桩、素混凝土灌注桩等传统桩基础形式一起应用，成功地解决了自重湿陷性黄土地层中桩侧负摩阻力大、影响单桩承载力，进而影响桩长、影响工程造价的问题，使得该项技术成为自重湿陷性黄土场地消除自重湿陷性、削弱桩侧负摩阻力、提高单桩承载力、降低工程造价的一种有效预处理方式。

　　此外，近年来随着建设用地逐渐向城市边缘扩展，该公司又将全自动智能夯实机新技术应用于处理饱和软黄土、沙漠边缘场地土、河湖边缘场地土、大厚度杂填土、多层厚砂土、卵石层等特殊土层，解决了多例在饱和软黄土、沙漠边缘场地土、河湖边缘场地土、大厚度杂填土、多层厚砂土、卵石层场地上建造高层、超高层建筑时桩基无法成孔、桩长过长、造价太高的技术难题，成为特殊土地基处理中一种有效的处理或预处理方式。

33.4.1 黄土梁峁沟壑挖填方区处理

1. 工程概况

该挤密桩工程涉及延安市新区北区 27 号路市政工程的路基处理和永利紫玉明珠项目 1~19 号楼、21 号楼和 22 号楼区域的地基处理。工程地点位于陕西省延安市新区。场地原始地貌为黄土梁峁沟壑，两项工程皆跨越"削山填沟"形成的挖方区与填方区。

场地地层：①$_1$~①$_3$ 层为压实填土（最厚处为 46.30m）、②$_1$~②$_2$ 层为黄土（Q$_3$）和古土壤、③$_1$~③$_2$ 层为黄土（Q$_2$）和古土壤、④层为黄土（Q$_2$）和古土壤、⑤层为粉质黏土。

地下水埋深为 51.00m，水位高程为 1056.86m。

设计要求：挤密桩成孔采用冲击成孔或长螺旋钻成孔，成孔直径 400mm，成桩扩夯不小于 550mm。桩间距为 1.0m 和 1.2m，等边三角形布桩。采用 3t 的长圆柱形夯锤，桩长不小于 10.15m。填料为 3:7 灰土，桩体的压实系数不小于 0.97，桩间土的平均挤密系数不小于 0.93，最小挤密系数不小于 0.88，处理后的复合地基承载力特征值不小于 200kPa。

工程量：27 号路市政工程路基处理宽度为 5m，长 40m，挤密桩桩长 110000 延米；永利紫玉明珠项目涉及 21 栋高层建筑的地基预处理，挤密桩桩长 426123m（其中桩间距为 1.0m 的桩长 228000m，桩间距为 1.2m 的桩长 198000m）。

设备投入与工期完成：依托全自动智能夯实挤密新技术在工效方面所具有的独特优势，单套设备日成桩效率可达 1000~1500m，路基处理和地基处理分别投入全自动智能夯实机 10 台和 18 台，施工工期分别为 16 天和 35 天。在黄土梁峁沟壑区施工条件和环境较恶劣的情况下，按时、优质、高效地完成了全部施工任务（图 33-28、图 33-29）。

图 33-28　27 号路市政工程路基处理施工

图 33-29　永利紫玉明珠项目地基处理施工

2．处理结果

检测单位进行了单桩复合地基静荷载试验和探井及室内土工试验，检测结果如下：

桩体的压实系数不小于 0.97，桩间土的平均挤密系数不小于 0.93，最小挤密系数不小于 0.88，处理后的复合地基承载力特征值不小于 200kPa。

检测结论：满足设计要求。

33.4.2　杂填土地基处理

1．工程概况

中国智能骨干网西北核心节点项目（一期）桩基工程位于西咸新区沣东新城区内，石化大道以南，建章三路以西，超越四路以北。

项目建筑面积约 13.74 万 m²，结构类型为钢结构、框架结构。工程单体：两栋单层体验中心、四栋单层电商物流中心及一栋配套楼、一栋宿舍楼、一栋食堂楼、两栋动力中心、三栋门卫室及其他附属设施。

项目桩基工程涉及 A1～A6 区域的挤密桩工程。设计有效桩长为 5m，成孔直径为 0.4m，夯实后桩体直径为 500～550mm。桩间距 1.2m，等边三角形布置；桩孔填料均采用 3∶7 灰土，压实系数不应低于 0.97；桩间土的平均挤密系数不小于 0.93，最小挤密系数不小于 0.88。复合地基承载力不小于 200kPa，处理范围内的压缩模量不小于 10MPa。

工程地质状况：场地地形整体较开阔平坦，场地南侧有一个深约 6m 的取土坑，地貌单元属渭河 I 级阶地。地层自上而下为：①层杂填土（Q_4^{ml}）、②层黄土状土（粉质黏土，Q_4^{al}）、③层细砂（Q_4^{al}）、④层中砂（Q_4^{al}）、⑤层中砂（Q_4^{al}）、⑥层中粗砂（Q_4^{al}）。

工程量：36509 延米。

设备投入与工期完成：依托全自动智能夯实挤密新技术在工效方面所具有的独特优势，单套设备日成桩效率可达 1000～1500m，投入全自动智能夯实机 12 台，施工工期为 16 天。在甲方因自身原因开工日期推迟 10 天的情况下仍然赶在甲方原定完工日期前优质、高效地完成了全部施工任务（图 33-30）。

图 33-30　中国智能骨干网西北核心节点项目（一期）挤密桩施工

2. 处理效果

检测单位进行了单桩复合地基静荷载试验和探井及室内土工试验，检测结果如下：

桩体的压实系数不小于 0.97，桩间土的平均挤密系数不小于 0.93，最小挤密系数不小于 0.88，处理后的复合地基承载力特征值不小于 200kPa。

检测结论：满足设计要求。

33.4.3　西银高铁路基处理

1. 工程概况

银川至西安铁路（陕西段）站前工程正线路基起讫里程为 DK49＋621.81—DK52＋117.83，全长 1770.217m。其中，DK50＋473.527—DK51＋200 短链为 726.473m。工程经过黄土台塬，地形平坦，地表为耕地，两侧为村庄，地形平坦。

（1）工期目标

该单位工程于 2016 年 11 月 16 日开始进行施工准备，计划开工日期为 2016 年 12 月 1 日，计划竣工日期为 2018 年 8 月 31 日，施工工期为 25 个月（含施工准备期），总工期、节点工期均满足业主要求。

（2）主要工作内容

该段路基采用柱锤冲扩桩加固地基，路堤段桩顶设置 0.8m 厚水泥改良土垫层（P.O42.5 水泥的掺量为干土含量的 6％），垫层内加铺两层单向土工格栅。路堤段基床以下填筑 4％水泥改良土，基床底层填筑 6％水泥改良土，基床表层填筑级配碎石。路堑于基床底层内铺设两层单向土工格栅。双侧路肩设 C25 混凝土护肩，空心砖防护，拱形骨架护坡，反坡排水段采用路堤式路堑，排水坡度小于 5％。

（3）集中填料拌合站

该工程在 DK50＋400 右侧设置一座占地为 13.4 亩（约 8933.78m²）的 2 号集中填料拌合站，该站承担 DK49＋621.81—DK52＋117.83 段及礼泉联络线路基范围内 57.5×10⁴m³ 改良土及 10.2×10⁴m³ 级配碎石的供应。

2. 工程施工

（1）桩位布置

1）路堑开挖或路堤清表完成后，采用刮平机及压路机对作业场地进行整平碾压。

2）测量班按桩位布置图测量放样，每个桩位用 ϕ25cm 钢钎打眼，打入深度为 20cm，并灌入白灰标注。

3）桩位放样完成后技术人员对已放好的桩位进行尺量复核，保证桩位间距满足设计要求。

（2）柴油锤夯扩成孔

1）选用质量为 4.5t 的柴油锤打桩机冲击成孔，移动柴油锤桩基至孔位置，并调整机具作业杆与地面的垂直度，垂直度偏差不得大于 1.5％。

2）柴油锤冲击沉管至设计桩底标高，成孔直径 45cm，由外向内隔排隔桩跳打施工。

3）冲击成孔后质检员对桩孔深度、桩径、垂直度进行检验，合格后填写验收记录表并上报监理工程师验收。

（3）全自动智能夯实挤密新技术分层夯扩

1）孔内冲击完成后，移走柴油锤打桩机，选用锤重 3t、直径 35cm 的 SQH60 孔内强夯机分层填料夯扩。

2）填料夯扩前，对桩孔深度进行两次测量。

3）夯击就位后机身应平稳，柱锤应与桩孔对正，能自由落入孔内，并确保施工中不发生倾斜、位移。

4）根据工艺性试验，施工时每层填料为 110kg，原地面 3m 以下重锤落距 5m，锤击次数为 8 击；原地面 3m 内落距 3m，锤击次数为 12 次。

5）桩孔填料应高出施工图桩顶标高至少 0.5m，其余上部采用原土夯封至地面。

6）水泥土混合料回填应连续施工，不得间隔停顿或隔夜施工，以免降低桩的承载力。

依托全自动智能夯实挤密新技术在工效方面所具有的独特优势，单套设备日成桩效率可达 1000～1500m，投入 6 台全自动智能夯实机（图 33 - 31）。

图 33 - 31　西银高铁路基处理施工

33.4.4　寒区高原两条冲沟之上大厚度填土处理

1. 工程概况

兰州保利·领秀山项目四区及学校地基处理工程位于兰州市皋兰县忠和镇盐池村。

设计要求：场地处理采用素土挤密法，挤密桩成孔采用沉管法，整片处理。场地处理范围：深度不超过 8m 的土层，处理深度至基岩表面；深度超过 8m 的土层，处理 8m。挤密桩成孔直径为 400mm，成桩直径为 630mm，间距 1200mm，正三角形布置。孔间土平均挤密系数不小于 0.93，孔间土最小挤密系数不小于 0.88，孔内填料压实系数不小于 0.95。

2. 场地地形地貌特征和地层特征

四区地块场地总体地势东高西低，高程为 710.81～1722.72m，自东向西呈缓坡。勘察场地主要发育为 Ⅳ 级阶地（图 33 - 32）。勘察区总体地貌单元为黄土梁峁沟壑区中低山地貌，规划区场地为挖山填沟整平场地。根据现场钻探情况，场地砂岩层面起伏较大，体现了拟建场地内存在两条较大的原始冲沟，一条冲沟位于场地西侧，走向为南北向，另一条位于场地中部，走向为东西向。场地填方区主要位于此两条冲沟处，填方最大厚度为 37.80m。

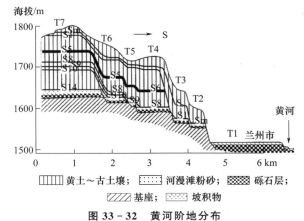

图 33 - 32　黄河阶地分布

四区地块基岩面整体呈南北高、中间低的分布趋势。该层在场地南侧局部区域直接出露，该区域砂岩层面较平坦。该层在西侧冲沟区层面高程为 1673.60～1708.30m，冲沟斜坡基岩最大起伏率为 69.2%。场地中部冲沟区层面高程为 1703.1～1719.3m，冲沟斜坡基岩最大起伏率为 90.3%。

地层自上而下分布如下：

素填土层（Q_4^{ml}），主要分布于场地两条冲沟处，厚度为 0.50~37.80m；马兰黄土层（Q_3^{eol}），非填方区直接出露，填方区埋深为 0.70~37.80m，厚度为 0.60~23.40m；卵石层（Q_3^{al+pl}），埋深为 16.00~41.00m，厚度为 0.40~3.40m；强风化砂岩层（E），埋深为 0~41.80m，厚度为 2.80~4.50m。

3. 场地稳定性

场地位于黄土沟谷坡麓填挖改造区，原始地面起伏较大，经过前期大面积挖方和填方，场地基本整平。拟建场地内无可液化地层，场地附近无构造断裂分布，未发现全新世地质活动遗迹。

但场地存在以下不良地质现象：场地西侧及中部区域存在大厚度填土，呈欠固结状态，稳定性一般，在将来的固结沉降过程中，由于水平和垂直方向均匀性较差，可能产生一定的侧向力，在拟建建筑物基础设计时应考虑承受一定的水平推力。场地内除填土外的其他地层较稳定，但场地内基岩层面起伏较大，拟建物基础应进入基岩层一定深度，以保证基底稳定。

4. 场地内土层湿陷性及压缩性评价

（1）场地内土层湿陷性评价

室内土工试验表明，场地土层具湿陷性，湿陷性土层分布深度为 5.8~32.3m；场地素填土湿陷系数 δ_s＝0.001~0.173，自重湿陷系数 δ_{zs}＝0.001~0.163；场地马兰黄土湿陷系数 δ_s＝0.001~0.173，自重湿陷系数 δ_{zs}＝0.001~0.170。总湿陷量 Δ_s＝173~4381mm，自重湿陷量 Δ_{zs}＝23~3195mm。场地为Ⅱ~Ⅳ级自重湿陷土层。

（2）场地内土层压缩性评价

根据土工试验报告，填土压缩系数 α_{1-2}＝0.06~0.44MPa^{-1}，平均值为 0.16MPa^{-1}，整体呈中压缩性；稍密马兰黄土压缩系数 α_{1-2}＝0.08~0.28MPa^{-1}，平均值为 0.12MPa^{-1}，整体呈中压缩性；中密~密实马兰黄土压缩系数 α_{1-2}＝0.07~0.16MPa^{-1}，平均值为 0.10MPa^{-1}，整体呈低~中压缩性。

5. 场地填土的固结特性

场地填土层属新近回填土，呈欠固结状态，性质不均，压缩变形大，具有湿陷性大、强度低、物理力学性质差等特点。建议对场地四区西侧及场地中部大厚度填土区域进行挤密或强夯处理，避免在今后的使用过程中出现地面不均匀塌陷，影响建（构）筑物的正常使用。

6. 工程量

地基处理面积约为 101294.49m^2。学校总桩长 257616 延米，四区总桩长 616239 延米。

7. 设备投入

依托全自动智能夯实挤密新技术在工效方面所具有的独特优势，单套设备日成桩效率可达 1000~1500m，路基处理和地基处理分别投入全自动智能夯实机 10 台和 20 台。

33.4.5 Ⅳ级自重湿陷性黄土处理

1. 工程概况

海亮地产西安唐宁府项目一期桩基工程场地位于西安市长鸣路东侧、东月路南侧，场地地形稍有起伏，总体自西向东至浐河，地势逐渐减低，勘探点地面高程为 443.02~448.84m，高差为 5.82m。

地基预处理采用素土挤密桩，长螺旋钻成孔，孔径 400mm，重锤夯扩至不小于 550mm，桩长

18m；桩孔内填料为素土，压实系数≥0.95。成孔后三个桩孔之间土的平均挤密系数应大于0.93。

2. 地形地貌

场地东侧为当地村民的苗圃园，西侧为商铺及库房。现场钻探发现，拟建场地大部分钻孔上部黄土地层有两层古土壤，该地段地貌单元划为浐河Ⅲ级阶地。黄土下部的粉质黏土层夹有圆砾透镜体，对应地面建筑物 A-1 号楼，该地段地貌单元划为浐河Ⅱ级阶地。场地总体地貌单元属于浐河Ⅱ级阶地与浐河Ⅲ级阶地结合地段。根据西安地裂缝研究报告，拟建场地北侧分布有已查明的 f8 地裂缝。

3. 场地地层

①填土（Q_4^{ml}）：黄褐～杂色，土层厚0.30～2.00m，层底标高442.79～448.34m。

②黄土（Q_3^{eol}）：黄褐色，可塑～坚硬，湿陷系数为0.075，具强烈湿陷性；压缩系数为0.35MPa^{-1}，属中压缩性土。土层厚度为7.30～10.90m，层底深度为7.80～12.10m，层底标高432.62～439.43m。

③古土壤（Q_3^{el}）：褐红色，可塑～坚硬，湿陷系数为0.034，具中等湿陷性；压缩系数为0.27MPa^{-1}，属中压缩性土。土层厚度为1.70～5.30m，层底深度为11.00～15.00m，层底标高428.79～436.64m。

④黄土（Q_3^{eol}）：褐黄色，可塑～坚硬，湿陷系数为0.032，具中等湿陷性；压缩系数为0.24MPa^{-1}，属中压缩性土。土层厚度为7.00～13.90m，层底深度为20.50～28.20m，层底标高417.76～427.62m。

⑤古土壤（Q_2^{el}）：棕红色，可塑～坚硬；湿陷系数为0.016，具轻微湿陷性；压缩系数为0.22MPa^{-1}，属中压缩性土。土层厚度为1.20～4.30m，层底深度为23.20～26.80m，层底标高417.92～424.26m。

⑥黄土（Q_2^{eol}）：褐黄色，局部褐红色，可塑～硬塑，湿陷系数为0.008，压缩系数为0.21MPa^{-1}，属中压缩性土。土层厚度为2.00～8.30m，层底深度为26.50～31.80m，层底标高414.54～418.84m。

⑦粉质黏土（Q_2^{al}）：褐黄色，局部为褐红色，可塑～硬塑；压缩系数平均值为0.20MPa^{-1}，属中压缩性土。土层厚度为3.20～9.10m，层底深度为31.50～39.30m，层底标高407.28～412.97m。

⑧圆砾（Q_2^{al}）：杂色，中密～密实。土层厚度为2.90～8.20m，层底深度为38.50～45.30m，层底标高401.58～406.78m。

⑨粉质黏土（Q_2^{al}）：褐黄色～褐红色，可塑～硬塑；压缩系数平均值为0.18MPa^{-1}，属中压缩性土。该层夹有⑨₁圆砾或透镜体。土层厚度为2.80～8.90m，层底深度为43.50～52.30m，层底标高394.58～400.72m。

⑩圆砾（Q_2^{al}）：杂色，密实，颗粒母岩成分以石英岩、花岗岩为主，中粗砂及少许黏性土充填，局部夹有卵石层或中粗砂薄层。土层厚度为2.30～8.30m，层底深度为47.80～57.60m，层底标高389.43～397.10m。

⑪粉质黏土（Q_2^{al}）：褐黄色～褐红色，可塑～硬塑，含氧化铁斑点及钙质结核，压缩系数平均值为0.16MPa^{-1}，属中压缩性土。土层厚度为7.30～13.30m，层底深度为57.30～68.20m，层底标高378.75～386.52m。

⑫圆砾（Q_2^{al}）：杂色，密实，颗粒母岩成分以石英岩、花岗岩为主，中粗砂及少许黏性土充填，局部夹有卵石层或中粗砂薄层。土层厚度为5.60～10.10m，层底深度为70.80～74.20m，层底标高371.86～376.08m。

⑬粉质黏土（Q_2^{al}）：褐黄色～褐红色，可塑～硬塑，含氧化铁斑点及钙质结核，压缩系数平均值为0.14MPa^{-1}，属中压缩性土。该次勘察未钻穿此层，最大揭露厚度为4.20m，最大揭露深度为75.00m。

4. 工程量

DDC 素土挤密桩 126739.77m³，桩间土外运 1995m³。

5. 设备投入与工期

依托全自动智能夯实挤密新技术在工效方面所具有的独特优势，单套设备日成桩效率可达 1000～1500m，投入自动智能夯实机 16 台，施工工期 30 天，按时、优质、高效地完成了 Ⅳ 级自重湿陷性黄土场地的地基预处理施工任务。

6. 处理结果

检测单位进行了单桩复合地基静荷载试验和探井及室内土工试验，检测结果为桩体的压实系数不小于 0.97，桩间土的平均挤密系数不小于 0.93，最小挤密系数不小于 0.88，处理后的复合地基承载力特征值不小于 200kPa，满足设计要求。

参 考 文 献

[1] 沈保汉 . 孔内深层强夯法和孔内深层超强夯法 [J]. 工程机械与维修，2015(04 增刊)：242 - 248.
[2] 中华人民共和国国家标准 . 湿陷性黄土地区建筑规范 (GB 50025—2004)[S]. 北京：中国建筑工业出版社，2004.
[3] 中华人民共和国行业标准 . 建筑地基处理技术规范 (JGJ 79—2002)[S]. 北京：中国建筑工业出版社，2002.
[4] 龚晓楠 . 地基处理手册 [M].3 版 . 北京：中国建筑工业出版社，2008.
[5] 中国工程建设标准化协会标准 . 孔内深层强夯法技术规程 (CECS 197—2006)[S]. 北京：北京计划出版社，2006.
[6] 徐至钧，司炳文 . 地基处理新技术——孔内深层强夯 [M]. 北京：中国建筑工业出版社，2006.

第34章　大直径现浇混凝土筒桩

陈东曙　沈保汉　胡少捷

34.1　筒桩的原理、分类及受力分析

大直径现浇混凝土筒桩简称筒桩，已成功应用于海港工程、高速公路、建筑工程和市政工程等，充分显示了该技术的优越性。筒桩是中国人首创采用环形桩尖＋双钢管护筒＋中高频振动锤（图 34-1），把双钢管护筒振（或压、楔）沉入土中，在地下形成管桩形状的环形空隙体，再在环形空隙体内进行钢筋混凝土现场灌注，完成施工大直径现浇管桩的技术。

(a) 环形桩尖　　　　　(b) 双钢管护筒　　　　　(c) 中高频振动锤

图 34-1　环形桩尖＋双钢管护筒＋中高频振动锤

筒桩是谢庆道教授在长期的地基与基础工程研究中，以及在大量工程实践的基础上，充分吸收了钻孔灌注桩、沉管灌注桩和预应力管桩的优点发明的一项技术，于 1998 年申报国家专利（专利号为 ZL98113070.4）。联体筒桩于 2004 年申请并获得美国专利（专利号为 US6,749,372B2）。

34.1.1　筒桩的原理

筒桩是一种现浇大直径管桩形式，其成桩原理为：以双层钢管组成的同心圆双套管护筒为筒桩成孔器（图 34-2），在筒桩成孔器下部安装预制好的钢筋混凝土环形桩尖，起固定和密封作用，在筒桩成孔器的上部安装特制的夹持器夹持固定，这样双层钢管得以上下固定，成为一个整体成孔器；夹持器的上方连接有中高频振动器，整体成孔器在中高频振动器及桩架自重等压力组合作用下通过多种形式的作用力（振或压、楔）把筒桩成孔器沉入土中，直至环形桩尖底部达到设计标高，这样就在地基土内产生一个由筒桩成孔器挤扩形成的环形空隙体。

在筒桩成孔器下沉、地下环形腔体形成过程中，因为环形桩尖的

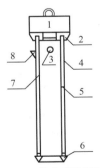

**图 34-2　带中高频振动器
与环形桩尖的筒桩成孔器**

1. 中高频振动器；2. 夹持器；3. 出泥孔；
4. 外管；5. 环形空隙；6. 环形桩尖；
7. 内管；8. 混凝土受料槽

导向，成孔器内管不断有地下土体套入其中，形成成孔器内管的内部土芯。大多数情况下因为弱挤土工况及土体应力场的变化，套入成孔器内管的土芯会高出地面，过高的部分多余土芯土体从连接导管的出泥孔中排出，连接导管安装在成孔器上部的位置，在成孔器下沉至设计标高时连接导管约高出地面0.5m。出泥口的排土有利于减小土芯上顶夹持器产生的下沉阻力，更有效地把筒桩成孔器下沉至设计标高。

筒桩成孔器下沉至设计标高后，移开上部的夹持器，放入钢筋笼，通过在外钢管安装的送料槽灌入混凝土。当混凝土灌入至筒桩成孔器环形空隙体总高度的1/3后开始边拔管、边振动、边送料。在振动情况下混凝土的自重把底部环形桩尖推开，桩尖脱落混凝土连续导入至地下的环形空隙体中。双层钢管振动拔出后，第一阶段作为现浇混凝土模板的双层钢管（成孔器），转换成由双层钢管的外管土体及双层钢管内管的土芯代替，作为地下现浇混凝土的养护环境，直至双层钢管（成孔器）全部拔出地面，即在地下形成一根现浇混凝土筒桩（大直径管桩）。

如果施工无钢筋配置的素混凝土筒桩，因为没有放入钢筋笼的过程，所以省略了移开夹持器的过程，可直接在送料槽（漏斗）中灌入混凝土。也可以把筒桩成孔器的双层钢管护筒通过肋板直接焊接成为一体，让成孔器双层护筒同心圆的相对位置更加稳定，在施工中更加方便操作。

素混凝土筒桩的其他施工过程与钢筋混凝土筒桩相同。

34.1.2 筒桩分类

筒桩根据有没有设置钢筋笼分为钢筋混凝土筒桩与素混凝土筒桩。

在承受较大水平力的情况下应设置钢筋笼。配置钢筋笼并现场灌注混凝土而成形的筒桩简称有筋筒桩，不配置钢筋笼直接灌注混凝土的筒桩简称素筒桩。

在承受的竖向力不大的情况下（如作为复合地基的增强体）可采用素筒桩。素筒桩的直径通常为900～2000mm，有筋筒桩的直径通常为1000～1500mm。钢筋的配置及混凝土的强度等级根据具体工程情况而定。

筒桩根据布置方式可分为单体筒桩和联体筒桩。以单体分散布局的称为单体筒桩；在两根单体筒桩之间以联体的方式紧密咬合在一起形成连续墙的称为联体筒桩。联体筒桩咬合厚度为50～100mm，形成的空心连续墙既可抗水平力又可用作防渗墙。这种联体筒桩在海洋工程或深基坑支护中拥有良好的应用前景。图34-3为联体筒桩组成的地下连续墙示意图。

图 34-3 联体筒桩组成的地下连续墙

筒桩可根据受力要求自由地组合成各种形式，如单排联体结构［图34-4（a）］、单面插板双排框架结构［图34-4（b）］及双面插板双排框架结构［图34-4（c）］等。桩顶可用现浇钢筋混凝土压顶梁连接，两排桩之间用系梁连接。在水深较大的海域或软土较深地区，水平方向荷载较大，多采用双排框架结构（若为挡土结构，可不用系梁，排桩间土体用土工织物或其他方法处理），其稳定性好，强度高，抗冲击能力强。

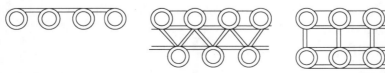

(a) 单排联体结构　　　(b) 单面插板双排框架结构　　　(c) 双面插板双排框架结构

图 34-4 单排联体结构和双排框架结构的筒桩

34.1.3　筒桩的技术特点

从桩型结构特点来看，筒桩属于现场灌注薄壁圆形结构，且有较强的抗压抗弯性能。一般灌注桩竖向受力并不需要实心全断面受力，只要部分面积的混凝土发挥抗压能力即满足设计要求。根据抗弯能力计算，断面中心部位混凝土所起的作用更可以忽略不计。筒桩作为环形竖向结构正是以环形空心节省了中心部位的混凝土，以合理的材料获得有效的结构效应。

从桩的形态来看，筒桩属于大直径薄壁筒形桩，突破了普通沉管桩和普通预制桩直径在 600mm 以内的限制，使桩径大大增加，可充分发挥大直径桩稳定和高强度的作用。

从桩的排土性能来看，筒桩属于少量挤土桩。在成桩的过程中大量土石不是挤向周围土体，而是被内管套入其中。对于土质较软的黏土，当内管土挤到一定程度时便从上部泄口中溢出。桩周土受挤程度较轻，可克服沉管桩和预制桩的桩身受施工桩的挤土作用，从而避免地基土的隆起和桩身向上的位移。

从成桩机理来看，筒桩有如下三大作用：

1）模板作用。在振动力的作用下环形腔体成孔器沉入土中后灌注混凝土，当振动模板提拔时，混凝土从成孔器下端进入环形槽孔内，空腹模板起到了护壁作用，因此不易出现缩壁和塌壁现象，从而成为成孔、护壁、灌注一次性直接形成筒桩的工艺。

2）振捣作用。成孔器振动提拔时对混凝土有连续振捣作用，使桩体充分振动密实。由于混凝土向两侧挤压，筒桩壁厚度得以保证，混凝土密实。

3）挤密作用。在施工过程中由于振动、挤压和排土等原因，可对桩间土起到少量的挤密作用。

从桩的承载能力来看，筒桩具有较高的竖向极限承载力。在相同混凝土用量的情况下，圆筒形结构比圆柱形结构具有大得多的外表面积和惯性矩。作为摩擦型桩使用时，单方混凝土可以发挥效能更高的承载力，有利于大量减少混凝土用量，并有效提高桩基承载力，有效控制软土地基沉降。软土地区现场试验显示，直径为 1000mm、壁厚为 120mm、桩长为 18m 的素混凝土筒桩，其极限承载力为 1400～1500kN。以壁厚 200mm、直径 1500mm 的筒桩与直径 1000mm 的钻孔灌注桩相比，两者混凝土用量大体相等，在相同桩长的情况下，前者的极限承载力是后者的 1.55 倍左右。筒桩作为支护桩使用时，抗弯强度可以达到 2000kN·m。

从施工角度来看，由于筒桩是连续灌注而成的，而且是在中高频振动下起拔的，整体性和混凝土振捣质量良好。由于采用中高频振动，对地表及地下的振动影响较小，对地基土体及地基土的力学指标的降低没有影响，反而有所改善。其施工中没有泥浆排放，故对环境无污染。

34.1.4　筒桩的优缺点

与其他桩型相比，筒桩具有很多突出的优点。浙江某工程技术有限公司与河海大学多年来一直专注于筒桩技术的研究和创新，筒桩作为节能效益明显的大直径管桩取得了长足的进步，被专家称为"现浇大直径桩基领域的一场革命"。

1. 优点

1）筒桩采用双层套管护壁，能很好地保持两侧土体的稳定性，同时振动沉入大直径钢管；干式作业，施工时现场无泥浆污染；一次成孔灌注成桩，桩身灌注时钢管模板质量可靠；设计深度 30m 以内的桩一般 20～30min 完成施工，与常规钻孔灌注混凝土桩相比，其施工功效提高 10 倍以上，施工快捷。

2）环形桩靴套入的软土通过内层钢管内侧多余部分的抬升而自动排出，构成了自动排土技术，因而外钢管外侧土体基本不受挤压，大大减少地面隆起、桩体被拉长、拉裂等问题，施工质量易控制。

3）采用环形桩尖，可以选择对称刃角桩尖或内套土刃角桩尖，施工时贯入阻力小。另外，环形桩尖外径可根据工程需要或承载力要求适当扩大，以扩大头环形桩尖的方式调节承载力。

4）与相同有效截面面积的实心桩相比，大直径环形空心桩可节省非常可观的混凝土用量；筒桩与桩周土接触面积较大，可大幅提高桩侧摩阻力，在不考虑筒桩土芯闭塞端阻力时可以计入筒桩内壁的侧摩阻力，因此侧摩阻力得到有效提高，且大大降低了刚性桩复合地基的工程造价。

5）专用的振动压入式一次成孔器结构简单，对设备要求不高，易于安装；施工时对材料要求低，材料运输工作量小，散体运输，随意性好；施工时无需造浆，无废土运进运出的问题，环境效益好。

6）无桩侧泥皮与桩底沉渣，相同条件下的承载力较高。如果成桩后将顶部振捣密实并浇筑混凝土盖板，承载效果更好。

7）对于传统桩型无法施工的工程地质条件或施工难度较大的工程，如地基施工中遇到流砂，亦会因现浇薄壁筒桩技术的采用易于解决，起到事半功倍的效果。

2．缺点

1）桩架设备尺寸及质量比较大，故对施工场地的承载力有一定要求。

2）现浇作业筒桩半成品的保护比预制桩要求高，施工中桩架行走时应避免对没有达到养护时间的已施工筒桩区的影响。

3）需用功率较大的变压器，以满足用电负荷的要求。

34.1.5 筒桩的适用范围与受力分析

34.1.5.1 筒桩的适用范围

筒桩适用于软弱土层及第四纪松散地层，具体来说适用于软黏土、黏土、粉质黏土、砂土、砂砾土及严重风化的岩层，软土层厚度小于35m，桩端持力层为较厚的强风化或全风化岩层、硬塑～坚硬黏性土层、中密～密实碎石土、砂土和粉土层。

素混凝土筒桩研发的主要意图是将其用于刚性桩复合地基中，尤其是应用于以承受竖向荷载为主的大面积软土地基加固工程中，如公路、铁路的路基处理，港口、机场、堆场的地基处理，大型油罐及煤气柜地基处理，污水处理厂大型曝气池、沉淀池基础处理等。

筒桩对于嵌岩桩暂时还无能为力，因为筒桩的桩端是一个混凝土预制的管靴，当基岩硬度超过混凝土硬度时无法进入基岩，满足不了桩基嵌岩深度的要求。对于要求达到嵌岩深度的筒桩，只能将钢管内的土体挖除，用人工方法掘岩扩底，然后灌注成桩。

筒桩不仅适用于陆地，更适用于海洋。筒桩可应用于道路工程中的软基处理及桥涵的桩基工程，海洋工程中的支护结构及软基处理，工业和民用建筑中深基坑支护工程及多层建筑桩基础，以及其他重要建筑物的地基加固，如机场跑道、停机坪、发射场软基加固等。钢筋混凝土筒桩可广泛应用于城市地下工程、沿海工程和护岸工程中的地下连续墙工程。

34.1.5.2 筒桩受力分析

筒桩为端承摩擦桩，它和其他桩型的不同点在于它从上到下有一个巨大的内腔，由于地基土的性质不同，会造成空腔内不同程度地充满土芯，甚至直接在端部堵塞，形成筒桩内腔的不同工作状态。

当地基土为软黏土时，在桩顶竖向荷载作用下，桩身上部受到压缩而产生相对于桩周土体的向下位移，桩身外侧表面受到桩周土向上的摩阻力，摩阻力由上而下逐渐发挥作用。随着桩体下部摩阻力的逐渐发挥，桩体下部产生压缩，并将一部分荷载传给桩端土，使其压缩而产生端阻力。端阻力先作用于环形截面上，在环形截面上的反力完全发挥后，作用在土芯部分的反力使土芯压缩。随着荷载的增大，土芯压缩量增大，于是土芯开始相对于内壁向上移动，筒桩便达到承载力极限状态。在这种情况下筒桩的竖向承载力主要由外侧摩阻力、环形基面上的端阻力和内侧摩阻力组成。在这种状态下土芯从下往上大量涌出桩外，此时的内侧摩阻力很小，可以忽略不计。

在实际工程中筒桩的顶部往往设有盖板，当腔内充满土芯时，在顶部荷载作用下，桩身外侧和内侧阻力、桩身端阻力和土芯对盖板的阻力四个部分组成桩的竖向承载力。如果计算中只取外侧阻力和端阻力，理论计算值通常小于实际值，偏于安全。

当地基土为较好的土层，如硬黏土、砂黏土或砂土等时，在顶部竖向力作用下桩外土体不再进入桩内，桩内土体也不再向上移动，形成土芯闭塞。此时的承载力由外侧摩阻力、环形截面上的端阻力和土芯与桩内侧的内侧摩阻力组成。

这两种计算模式的区别在于：下部在土芯上的端阻力克服土芯自重和侧阻力，推动土芯涌出桩外，则计算时内侧阻力可不考虑；如果端阻力使土芯压缩，产生闭塞效应，则在上部荷载作用下，这部分端阻力转化为土芯与桩间的内侧摩阻力，此时内侧阻力则需考虑。

筒桩在水平荷载作用下的受力机理相对于竖向受力情况下要复杂得多，对于这方面的研究相对较少，但是在实际应用中却是大量存在的。

筒桩所受水平荷载主要是土压力和水压力。筒桩直立式海堤根据结构形式和工程所处地区的不同有可能受到填土压力、水压力、波浪压力、风压力、浮冰撞击力等水平向荷载的作用。在设计计算中应根据结构特点及设计要求选取荷载的最不利组合进行验算。

水平承载桩的工作性能主要是桩土相互作用问题。无论是主动桩还是被动桩，无论是部分埋置桩还是完全埋置桩，都是利用桩周土的抗力来承担水平荷载，它的受力情况都是在水平荷载和力矩的作用下受弯，桩身产生水平变位和弯曲，致使桩周土产生侧向挤压变形而产生抗力，阻止桩侧向变位的进一步发展。当水平荷载较小时，抗力主要由地表附近的桩周土提供，而且土体的变形主要表现为弹性，即桩周土处于弹性压缩阶段；随着水平荷载加大，桩的变形加大，表层土逐渐产生塑性屈服，从而使水平荷载向更深处的土层传递；当变形增大到桩身开裂或桩周土失去稳定时，桩-土体系便趋于破坏。

桩的相对刚度不同，工作性状也不同，主要分为两类：

1）当桩径较大、桩的入土深度较小，或者桩周土质较差、桩土刚度比较大时，在水平荷载作用下，桩体本身一般不发生弯曲，而是绕某点整体性转动，视为刚性桩。

2）当桩径较小、桩的入土深度较大、桩周土质较密实、桩土刚度比相对较小时，在水平荷载作用下，由于桩周土体的反力作用，桩的变形呈波浪状，且由桩顶向深处逐渐消失，此时称为弹性桩或柔性桩。刚性桩的水平承载力一般由桩周土的强度控制，弹性桩的水平承载力则主要由桩身材料的抗弯强度和桩周土抗力控制。

与单桩竖向承载力相比，单桩水平承载力问题显得更加复杂。影响水平承载力的因素有很多，包括桩的截面刚度、材料强度、桩侧土质条件、桩的入土深度、桩顶约束情况等。对于抗弯性能差的桩，其水平承载力由桩身强度控制，通常是桩身首先出现裂缝，然后断裂破坏；对于抗弯性能好的桩，桩身虽未断裂，但当桩侧土体显著隆起，或桩顶水平位移大大超过上部结构的允许值时，也应认为桩已达到水平承载力的极限状态。单桩水平承载力的确定方法大体上有水平静载试验和计算分析两类，其中以水平静载试验最能反映桩的实际情况。薄壁筒桩在水平荷载作用下表现为受弯混凝土构件的特性，在一定的地基条件下其承载能力主要取决于混凝土和钢筋的抗拉强度。在我国目前的设计规范中，水平荷载作用下桩基的计算仍采用线性弹性地基反力法中的 m 法，然后对筒桩按环形钢筋混凝土结构截面进行抗弯验算。

34.2　筒桩桩基、支护结构和复合地基设计

34.2.1　桩基设计

（1）群桩中单桩桩顶竖向力的计算

1）轴心竖向力作用下。

$$N_k = \frac{F_k + G_k}{n}$$

（34-1）

式中　F_k——荷载效应标准组合时作用于桩基承台顶面的竖向力；

　　　　G_k——桩基承台自重及承台上土的自重标准值；

　　　　N_k——荷载效应标准组合时轴心竖向力作用下筒桩单桩的平均竖向力；

　　　　n——桩基中的桩数。

　2）偏心竖向力作用下。

$$N_{ik}=\frac{F_k+G_k}{n}\pm\frac{M_x y_i}{\sum y_i^2}\pm\frac{M_y x_i}{\sum x_i^2}$$ （34－2）

式中　N_{ik}——荷载效应标准组合时偏心竖向力作用下第 i 根桩的竖向力；

　　M_x，M_y——荷载效应标准组合时作用于承台底面通过桩群形心 x、y 轴的力矩；

　　x_i，y_i——桩 i 至桩群形心的 y、x 轴线的距离。

　3）水平力作用下。

$$H_{ik}=\frac{H_k}{n}$$ （34－3）

式中　H_k——荷载效应标准组合时作用于承台底面的水平力；

　　　　H_{ik}——荷载效应标准组合时作用于第 i 根筒桩桩顶处的水平力。

（2）单桩竖向承载力的计算

1）荷载效应标准组合。

轴心竖向力作用下：

$$N_k\leqslant R$$ （34－4）

式中　R——单桩竖向承载力特征值。

偏心竖向力作用下除满足式（34－4）外尚应满足式（34－5）的要求：

$$N_{kmax}\leqslant 1.2R$$ （34－5）

式中　N_{kmax}——荷载效应标准组合时偏心竖向力作用下筒桩桩顶的最大竖向力。

2）地震作用效应和荷载效应标准组合。

轴心竖向力作用下：

$$N_{Ek}\leqslant 1.25R$$ （34－6）

式中　N_{Ek}——地震作用效应和荷载效应标准组合下筒桩单桩的平均竖向力。

偏心竖向力作用下除满足式（34－6）外尚应满足式（34－7）的要求：

$$N_{Ekmax}\leqslant 1.5R$$ （34－7）

式中　N_{Ekmax}——地震作用效应和荷载效应标准组合下筒桩桩顶的最大竖向力。

（3）单桩竖向承载力特征值 R 的计算

按式（34－8）计算：

$$R=\frac{1}{K}Q_{uk}$$ （34－8）

式中　Q_{uk}——单桩竖向极限承载力标准值；

　　　　K——安全系数，取 $K=2$。

（4）单桩竖向极限承载力标准值的确定

单桩竖向极限承载力标准值应按以下规定确定：

1）设计等级为甲级的建筑桩基应通过单桩静载试验确定，试验方法按《建筑基桩检测技术规范》（JGJ 106）执行。

2）设计等级为乙级的建筑桩基应通过单桩静载试验确定，当地质条件简单时可参照地质条件相同的试桩资料，结合静力触探、标准贯入和经验参数综合确定。

3）设计等级为丙级的建筑桩基，可根据原位测试和经验参数确定。

4）设计等级为乙级、丙级的建筑桩基单桩竖向极限承载力标准值，无当地经验时可按式（34-9）计算：

$$Q_{uk} = \xi_1 Q_{sk} + \xi_2 Q_{pk} + \xi_3 Q_{psk} = \xi_1 U_p \sum q_{sik} l_i + \xi_2 q_{pk} A_p + \xi_3 q_{pk} A_{ps} \qquad (34-9)$$

式中　　Q_{uk}——筒桩单桩竖向极限承载力标准值（kN）；

Q_{sk}，Q_{pk}——单桩总极限侧阻力、总极限端阻力标准值（kN）；

Q_{psk}——单桩总极限桩芯端阻力标准值（kN）；

ξ_1，ξ_2——桩侧阻力和桩端阻力修正系数；

ξ_3——桩芯土柱承载力发挥度；

U_p——桩身外截面周长；

q_{sik}——第 i 层土的极限侧阻力标准值（kPa）；

l_i——桩身穿越第 i 层土的厚度（m）；

q_{pk}——单桩的极限端阻力标准值（kPa）；

A_p——桩端环形截面面积，$A_p = \dfrac{\pi}{4}(D^2 - d^2)$，$D$、$d$ 分别为筒桩外、内直径；

A_{ps}——桩以内径计算的横截面面积，$A_{ps} = \dfrac{\pi}{4} d^2$。

筒桩桩侧阻力和桩端阻力修正系数 ξ_1、ξ_2 应考虑桩长、土层分布及土的物理力学性质、桩端进入持力层深度、锤重等因素，通过综合分析确定。

桩芯土柱承载力发挥度 ξ_3 与桩端进入持力层深度、筒桩内直径和持力层物理力学性质有关，通过综合分析确定。

单桩水平承载力特征值取决于桩的材料强度、截面刚度、入土深度、土质条件、桩顶水平位移允许值和桩顶嵌固情况等因素，应通过现场水平荷载试验确定。试验宜采用慢速维持荷载法。必要时可进行带承台桩的水平荷载试验。

当桩基承受拔力时，应对桩基进行抗拔验算及桩身抗裂验算。

桩身混凝土强度应满足桩的承载力设计要求。桩轴心受压时，桩身强度应符合式（34-10）的要求：

$$Q \leqslant A_p f_c \psi_c \qquad (34-10)$$

式中　　f_c——混凝土轴心抗压强度设计值，按现行《混凝土结构设计规范》（GB 50010—2002）取值；

Q——荷载效应基本组合时的单桩竖向力设计值；

ψ_c——工作条件系数，取 0.6～0.8。

筒桩桩基沉降验算和桩基承台设计可参照现行《建筑地基基础设计规范》（GB 50007）和《建筑桩基技术规范》（JGJ 94）的有关规定进行。

34.2.2　围护结构设计

筒桩围护结构的稳定性验算可按现行《建筑基坑支护技术规程》（JGJ 120）的有关规定进行。

围护结构的计算简图应符合结构实际的工作条件，反映结构与土层（被支护介质）的相互作用。根据计算目的、结构特点、围护结构的规模、土层条件及围护结构变形后土层的应力状态等因素，结合工程经验，合理选择计算方法。

应根据筒桩围护结构的使用目的，就其在施工和使用过程中的不同阶段可能出现的最不利内力进行截面设计。筒桩构件承载力应满足式（34-11），即

$$S_W \leqslant R_W \qquad (34-11)$$

式中　　S_W——围护结构构件的内力组合设计值；

R_W——围护结构构件的承载力设计值。

筒桩的设计可按圆环形截面受弯构件或受弯压构件计算。

筒桩结构防护堤设计需遵循下列原则：

1）根据地质条件，按《港口工程混凝土结构设计规范》（JTJ 267—1998）的相关规定进行筒桩结构稳定性计算。

2）计算分析工程区域施工前的流场分布特征，并采用数值模拟方法分析工程完工后的流场变化及其对工程造成的后期影响。

3）采用物理模型试验，合理选用与结构物受力及波浪消减效果有关的计算参数。物理模型试验的条件应与现场地形地貌条件、水文条件、风向、海底地质条件等相符。

4）应进行各种工况条件下考虑波浪力组合的受力验算。

5）防波堤轴线应垂直于主浪波入射线，以达到较满意的消浪效果。

6）应验算各施工阶段筒桩结构的稳定性，确保施工阶段的安全。

34.2.3 复合地基设计

筒桩复合地基设计应包括复合地基承载力计算和沉降计算。

筒桩复合地基竖向承载力特征值 f_{ck} 应通过现场复合地基荷载试验确定，初步设计时也可按式（34-12）计算：

$$f_{ck} = m\frac{R}{A} + \lambda(1-m)f_{sk} \qquad (34-12)$$

式中　f_{ck}——筒桩复合地基竖向承载力特征值（kPa）；

$\quad\quad f_{sk}$——桩间土承载力特征值（kPa）；

$\quad\quad m$——复合地基置换率，$m = D^2/d_e^2$，D 为筒桩桩身外径，d_e 为单桩分担的处理地基面积的等效圆直径，等边三角形布桩时 $d_e = 1.05S_p$，正方形布桩时 $d_e = 1.13S_p$，矩形布桩时 $d_e = 1.13\sqrt{S_{1p}S_{2p}}$，$S_p$、$S_{1p}$、$S_{2p}$ 为桩间距、纵向桩间距和横向桩间距；

$\quad\quad R$——单桩竖向承载力特征值，可按相关规定选用；

$\quad\quad A$——包括桩芯土的桩身全截面面积（m²）；

$\quad\quad \lambda$——复合地基桩间土承载力发挥度，可取 0.4～1.0，与桩间土性质、置换率、垫层和上部结构刚度等因素有关。

复合地基沉降计算值不应大于地基沉降允许值。

复合地基沉降量 s 宜分为两部分计算，即分为加固区压缩量 s_1 和加固区下卧层压缩量 s_2：

$$s = s_1 + s_2 \qquad (34-13)$$

加固区压缩量 s_1 宜采用分层总和法计算，即

$$s_1 = \sum_{i=1}^{n_i} \frac{\Delta p_i}{E_{csi}} l_i \qquad (34-14)$$

式中　Δp_i——第 i 层复合土层上的平均附加应力；

$\quad\quad l_i$——桩身穿越第 i 层土（复合土层）的厚度；

$\quad\quad n_i$——桩长范围内的土层数；

$\quad\quad E_{csi}$——复合压缩模量，计算公式为

$$E_{csi} = mE_p + (1-m)E_{si} \qquad (34-15)$$

其中，E_p——桩体压缩模量；

$\quad\quad E_{si}$——土体压缩模量。

加固区下卧层压缩量 s_2 采用分层总和法计算，作用在下卧层土体上的荷载按应力扩散法计算，即

$$p_b = \frac{LBp}{(B+2h\tan\beta)(L+2h\tan\beta)} \qquad (34-16)$$

式中　p_b——作用在下卧层土体上的荷载；

p——复合地基上的附加应力；

B，L——复合地基上荷载作用宽度、长度；

h——复合地基加固区厚度；

β——复合地基压力扩散角。

34.3　筒桩的施工机械设备和施工工艺

34.3.1　施工机械设备

筒桩施工机械设备基本组成包括步履式桩架（含路基板、底盘、卷扬机、液压系统、桅杆、支撑杆等）双层钢管空腔结构成孔器、振动锤（含夹持器）、环形桩尖或活瓣桩靴结构等。其主要构成及作用介绍如下。

1. 步履式桩架

因为筒桩施工机械设备自重较大，故优先选用步履式筒桩桩架。步履式筒桩桩架触地面积比履带式及走管式桩架大许多，容易满足施工时桩架设备接地压力对地基承载力的要求；同时，桩架必须满足桩长、桩径、振动锤的形态和装载重量及稳定性的需要，并且要求移位机动性强，调整位置和角度方便。此外，选择桩架时还要考虑地面坡度等因素。在水上施工时可把桩架设置在船体上或搭设的排架上。

2. 双层钢管空腔结构成孔器

双层钢管空腔结构成孔器可分为单桩成孔器和联体筒桩成孔器，分别用于单体筒桩和联体筒桩的施工。成孔器上部与夹持器、中高频振动锤相连接，下部与环形桩尖安装连接并密封。单桩成孔器包括内管、外管、混凝土送料斗及环形空隙等，联体筒桩成孔器由单桩成孔器相互连接而成（图 34-5）。

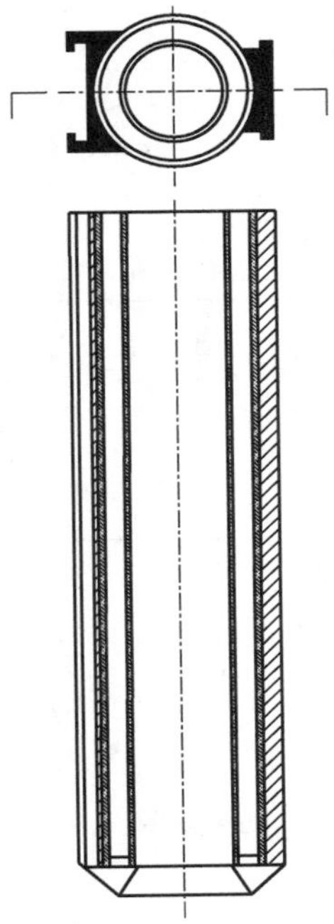

3. 振动锤

选择合适的振动锤通常是工程顺利进行的关键，选择时考虑的因素是多方面的，包括发动机的功率、偏心力矩、振幅、振频、吊重、拔桩力、振动力、土壤性质和埋深等，其中振动力和最低可接受振幅是两个最关键的因素。

图 34-5　联体筒桩成孔器结构示意图

各种类型的土质对最小振幅的要求有所不同。在砂质土体中振动造成的液化程度较高，要求振幅比较小，只需要 3mm。在黏土中，由于土体会跟随桩壁运动，振幅要求达到 6mm。在水下的砂质土体，振幅只需要 2mm。

桩阻力在振动时因为土体液化的作用比静止时大幅度减弱，减弱程度由振频大小和土质决定。

振动锤激振力 F 和振幅 d 应按式（34-17）和式（34-18）计算：

$$F = EM \cdot \left(\frac{2\pi f}{60}\right)^2 \tag{34-17}$$

$$d = 2000 \cdot \frac{EM}{VM} \tag{34-18}$$

式中　EM——偏心力矩；

f——频率；

d——振幅；

VM——振动部分的质量，计算公式为

$$VM=A+B+C$$

式中 A——桩的质量；

B——夹持器的质量；

C——振动锤振动部件的质量。

目前工程上应用的振动锤的性能可参考表 34-1。

表 34-1　桩锤选择参考

锤　型		国　内				国　外	
		电动锤		液压振动锤		液压振动锤	
锤的动力性能	偏心力矩/(kg·m)	35	57	40	83	50	230
	工作频率/(r/min)	1470	1470	2100	1800	1650	1400
	最大激振力/kN	1800	2900	2400	3000	1800	4800
	最大空锤振幅/mm	20	22	24	36	—	—
	最大拔桩力/kN	700	1150	1200	1200	1300	2200
适用的筒桩外径/mm		1500 及以下		800～2000		800～6000	

我国目前已生产出拥有完全自主知识产权的新一代桩工机械。国内液压振动锤设备主要技术参数见表 34-2。

表 34-2　HFA 系列大吨位高频液压振动锤主要性能参数

项目		HFA160-80	HFA160T-80	HFA240-120	HFA240-120
高频液压振动锤	偏心力矩/(kg·m)	32.5	40.5	48.6	82.7
	工作频率/Hz	35	35	35	30
	最大激振力/kN	1600	2000	2400	3000
	最大空锤振幅/mm	24	28	24	36
	最大拔桩力/kN	800	800	1200	1200
	发动机功率/kW	448	522	550	670
	液压油最大流量/(L/min)	525	756	756	900
	最高工作压力/MPa	42	42	42	42
配套液压步履式桩架	筒桩最大有效深度/m	26	26	32	32
	筒桩最大有效直径/m	1.5	1.5	2.0	2.0
	桩架最大拉压力/kN	800	800	1200	1200
	接地比压/MPa	≤0.6	≤0.6	≤0.6	≤0.6
	外形尺寸（长×宽×高）/mm	12000×10000 ×31000	12000×10000 ×31000	12800×10800 ×37000	12800×10800 ×37000
	总质量（不含配重）/kg	95000	95000	115000	115000
	配电总功率/kW	114	114	114	114

4. 环形桩尖

环形桩尖形状及质量是筒桩施工工艺技术的关键，刃口形状决定筒桩施工排土量大小及沉管阻力，施工中必须按照现场工程地质条件、设计要求、筒桩排土量的具体情况设计桩尖的刃口形状。一般桩尖采用 C30 混凝土预制。为减少施工中的挤土效应，并兼顾桩尖抗拉作用，一般情况下采用对称刃口形状的桩尖。

34.3.2　施工工艺

筒桩的施工工艺流程如图 34-6 所示。

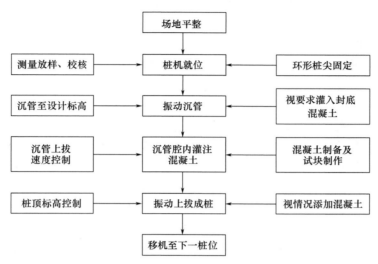

图 34-6　筒桩施工工艺流程

（1）测量放样

根据施工设计图纸中的地基处理要求及处理范围，按照设计尺寸放出筒桩的位置，并在每个桩位上放置环形桩尖，单桩的中心位置偏差不得大于 10cm。在场地周边设置若干数量的参考定位点，以便校核修正桩位因振动或地表土体挤压引起的位移偏差。

（2）桩机就位

根据已经放出的桩位移机就位，此时应调整桩机水平度和垂直度。其垂直度用经纬仪测量，误差应小于 1%；水平度以水平尺测量，误差应小于 1%。

（3）环形桩尖固定

在成孔器底部利用环形桩尖固定内外套管，并且封闭成孔器环形空隙体，使土体不能进入。当成孔器到达设计位置时，环形桩尖在混凝土的自重冲击下自动脱落，使得混凝土顺利导入成孔器在地下土体中形成的环形腔体内。

（4）振动沉管

根据不同的地质条件，可利用桩架自身的重量把成孔器先沉压到一定的深度，再开启振动锤，直至到达设计桩的深度。

成孔器下沉速度要均匀，速度为 1.0～2.5m/min；振动起拔速度需要根据混凝土灌注的能力控制，一般与下沉速度相当。

停拔时避免连续振动，因为连续振动可能导致混凝土离析。原则上持续拔管才可以持续振动，每停拔 5min 以上应该振动 20s。

（5）混凝土灌注

成孔器底部沉到设计深度后应及时灌注混凝土，避免地下水渗入环形空隙体内。混凝土灌注优先采用泵送混凝土进行，如果现场条件不具备，可以通过桩架自带的卷扬系统提升送料斗的方法将混凝土一斗一斗送入成孔器壁腔内。首次灌注应灌至 1/3 桩长处，即开始第一次上拔沉管。当第一次拔管结束后，即开始第二次灌注混凝土，建议灌注方量为 1/2 桩长的用量，然后开始第二次拔管。继续进行灌注，边灌注边拔管，直至成桩。

（6）振动拔管

拔管是影响桩身质量的关键工序，也是造成扩、缩颈甚至断桩的关键，施工前应充分参考试桩取得的数据，确定拔管速度、停止时间、位置等施工参数。

混凝土灌注前，应首先开启振动锤振动 10s，再开始混凝土灌注。当混凝土灌至 1/3 桩长处可以第一次拔管，拔管速度不能太快，因为初始拔管阻力大，同时兼顾成孔器内的混凝土预留方量与流出成孔器方量速度匹配，初始阶段始终让成孔器内的混凝土预留方量大于 4m 桩长以上。根据灌注混凝土的速度确定对应振动上拔速度，以保证成孔器内混凝土体的完整性及混凝土作业的连续性。拔管速度为 1.0～2.5m/min。在拔管过程中，现场人员应经常敲击管壁，判断成孔器腔体中是否留有混凝土，确保混凝土用量的可靠，以及成孔器拔出地面时地表下 3m 深度范围的筒桩成形对混凝土的需求。筒桩混凝土的充盈系数不得小于 1.05。

（7）桩机移位，循环施工

施工完后，桩机移至下一桩位，对刚施工完的桩进行初步的处理，多余的混凝土应及时清运。成孔器出泥口排出的土体除对桩头堆土养护外，其余的外运。

（8）桩头处理

待桩强度达到 70％时凿去上部浮浆至桩顶标高，另将桩顶标高 30cm 的桩芯土体取出，并重新回填 30cm 厚 C20 素混凝土至设计标高封顶。根据设计需要，施工钢筋混凝土压顶梁或方形钢筋混凝土盖板。

34.4　筒桩质量控制要点和桩身质量检测

34.4.1　质量控制要点

1. 桩尖制作

桩尖制作质量应符合下列规定：

1）桩尖表面应平整、密实，掉角深度不应超过 20mm，且局部蜂窝和掉角的缺损总面积不得超过该桩尖表面全部面积的 1％。

2）桩尖内外面圆度偏差不得大于桩尖直径的 1％，桩尖上端内外支承面高差不得超过 5mm。

3）桩尖混凝土强度等级不宜小于 C30。

4）预制桩尖上应标明编号、制作日期，桩尖养护时间应达到 28 天。使用前必须复核桩尖混凝土强度，确保已经达到设计要求。

2. 成孔器的技术要求

1）成孔器的内外钢管要求采用优质锰钢制成，钢管壁厚内管不得小于 10mm，外管不得小于 12mm，其圆度达到 0.5％。内外钢管的直径越大，钢管的壁厚也应该越厚。

2）成孔器在打入前应在成孔器外管的侧面或桩架上设置标尺。

3）成孔器的安装是筒桩施工的关键工序，安装上端法兰或缩压夹持器时需控制成孔器底部套筒环形空隙的安装精度，即套筒同心圆的均匀性。要求精确测试内、外套管的环隙，达到精度要求（偏差小于 5mm）后才能固定上端法兰或夹持器。

4）检查成孔器下端密封情况。沉孔之前必须使桩尖与成孔器内外钢管套筒的空腔密封。根据实际情况选取合适的止水方法，可在桩尖与成孔器接触处用止水纤维布或者其他止水胶布防水，防止地下水渗入壁腔内等。

3．沉孔时应符合的规定

1）开始激振时应保持成孔器垂直（垂直度按 0.5％控制，可用经纬仪校测），保持成孔器定位位置正确。初始下沉阶段成孔器下沉速度应慢，可以适当利用桩架自身重量加压，以防止成孔器倾斜，同时初始激振力不宜过大。

2）成孔器下沉速度应根据电流值的变化及时调整，一般土层维持 1.0～2.5m/min，遇到硬地层可适当降低速度，同时充分利用桩架自身重量加压沉孔，但应避免损坏成孔器。下沉过程中保持顶部排土出口通畅。沉孔速度要均匀，避免突然加力与加速的情况。

3）成孔器提升速度控制在 1.0～2.5m/min，提升中不宜过度振动而造成混凝土离析。

4）灌注混凝土前应测量孔底有无渗水和淤泥挤入，用测绳测得挤入淤泥厚度小于 200mm 时不予处理，当淤泥厚度大于 200mm 时应拔出成孔器，重新下桩尖成孔。

4．灌注混凝土

1）混凝土的粗骨料粒径，卵石不宜大于 50mm，碎石不宜大于 40mm，坍落度以 80～120mm 为佳。

2）当气温低于 0℃时应采取保温措施，灌注时混凝土的温度不得低于 5℃。在桩顶混凝土未达到50％设计强度时不得受冻。当气温高于 30℃时应根据具体情况对混凝土采取缓凝措施。

3）成孔器在灌注混凝土前先振动 10s，避免成孔器起拔阻力过大；当混凝土灌至 1/3 成孔器桩长时可以第一次拔管，拔管速度不能太快，随后边振边拔，始终保持成孔器内混凝土的高度不小于 3m。

5．成孔终止的要求

1）桩端位于坚硬、硬塑的黏性土、卵砾石、中密以上的砂土或风化岩等土层时，以贯入度控制为主，桩端标高控制为辅。

2）桩端标高未达到设计要求时应连续激振 3 阵，每阵持续 1min，再根据平均贯入度大小研究确定。

3）桩端位于软土层时以桩端设计标高控制为主。

4）打桩时如出现异常情况，应会同有关单位研究处理。

成孔达到设计要求后应验收深度并做好记录。

34.4.2　桩身质量检测

1．低应变反射波法

按照要求进行一定比例的抽检，主要目的是检测桩身完整性和成桩混凝土质量。由于筒桩桩型不同于实心桩，要求桩顶至少均匀对称测试 4 点，按现行低应变测试规范执行。击发方式采用尼龙棒、铁锤两种，选择最佳击发与接收距离，采用反射波法对桩身完整性进行检测，检测数量为总桩数的 5％。

2．静载试验

筒桩承载力检测：采用单桩静荷载试验检测筒桩承载力，检测数量由设计单位结合具体工程确定。对复合地基承载力和单桩承载力进行检测，检测数量为 3 根桩。对筒桩的群体性承载力进行评估时，可按需要进行群桩的静载试验。

3．筒桩内壁直接观察法

现场开挖是检测筒桩质量最直观、最有效的方法，可以采用人工开挖，自上而下直接观察混凝土的桩身完整性。该项工作在桩基完工 14 天后进行，检查 1 根。

4. 筒桩的质量检验标准

筒桩的质量检验参照表 34-3 并结合具体工程由设计单位提出具体要求。

表 34-3　筒桩质量检验标准

项目	检查项目		允许偏差或允许值		检查方法
			单位	数值	
主控项目	桩长		不小于设计桩长		测桩管长度
	混凝土充盈系数		>1.1		测每根桩的实际灌注量
	桩身质量检验		5%~30%		低应变试验
	混凝土强度		设计要求		试块报告
	承载力		设计要求		静载试验
一般项目	桩位	单桩	mm	150	开挖后量桩中心
		群桩	mm	250	
	垂直度		<1%		测桩管垂直度
	桩径		mm	±20	开挖后实测桩头直径
	壁厚		mm	±10	开挖后用尺量筒壁厚度，每个桩头取三点计算平均值
	桩顶标高		mm	+30~50	需扣除桩顶浮浆层

5. 筒桩的分项工程质量验收应提交的资料

1）地质勘察报告、桩基施工图、图纸会审及设计交底纪要、设计变更等。
2）原材料的质量合格证和复检报告。
3）桩位测量放线图，包括工程桩位线复核签证单。
4）混凝土试块试验报告。
5）施工记录及隐蔽工程验收报告。
6）监督抽查资料。
7）桩体质量检测报告。
8）单桩承载力检测报告；形成复合地基时还应提交复合地基检测报告。
9）基桩竣工平面图。

6. 分项工程质量验收要求

1）各检验批工程质量验收合格。
2）主控项目必须符合验收标准规定。

34.5　筒桩复合地基在软基处理中的应用

筒桩复合地基属于刚性桩复合地基，与柔性桩复合地基、散粒体桩复合地基相比，地基承载力大，桩体质量好，可有效控制软土地基的沉降。以高速铁路与高速公路的路基为例，时速为 100~200km 的高速铁路线路，工后沉降控制在 100~150mm；时速为 120km 的高速公路线路，工后沉降控制在 200mm 以内，采用筒桩复合地基都能满足沉降要求。另外，筒桩复合地基对港口、机场、堆场的地基处理，大型油罐及煤气柜地基处理，污水处理厂大型曝气池、沉淀池地基处理也具有非常好的适用性。

34.5.1　筒桩复合地基的常规形式

在筒桩复合地基中，筒桩桩径通常采用 1000mm，也可以做直径 800～1500mm 的任意直径的筒桩，相应的壁厚分别为 100～150mm；混凝土强度等级为 C20，素混凝土桩。

桩间距根据设计要求调整，一般为 2.5～4.0m，路基填土较高时可以做到 5.0m 的桩间距。桩位布置有两种形式，即正方形和梅花形。

桩头可以用 300～500mm 厚素混凝土直接封顶作为桩顶，也可以采用大于桩径的方形盖板成为扩大头作为桩顶。方形盖板边长为 1500mm 较常见。在盖板上面一般会铺设 1～2 层土工格栅（图 34-7），以提高沉降均匀性及稳定性，充分发挥桩体和桩间土的联合承载能力。

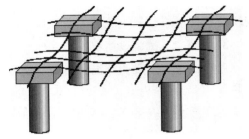

图 34-7　筒桩桩网复合地基构造设计

34.5.2　筒桩桩网复合地基力学模型

筒桩桩网复合地基是指将筒桩作为竖向增强体、土工合成材料作为水平增强体构成的复合地基。它能充分利用并发挥竖向增强体和水平增强体各自的优势。桩网复合地基的作用机理如下：

1）土拱效应和张拉薄膜效应。桩顶面与软土地基顶面少量的沉降差促使填土层中形成土拱效应（图 34-8）。

2）土工材料的提拉作用可将上部荷重的大部分转移到桩顶，从而减小桩间土的压力；加筋垫层还可以约束地基的侧向变形，改善地基内的应力分布，提高地基的稳定性。如图 34-9 所示，T 为水平增强体土工材料的张拉力；W_1 与 W_2 为桩间土与桩顶分别承担的荷载；q_0 为上部荷载传递的压应力；σ_s 与 σ_c 为土拱效应下方桩间土与桩顶的应力；P_b 为土拱效应上方的土压力。

图 34-8　土拱效应示意图
（谭氏土拱模型）

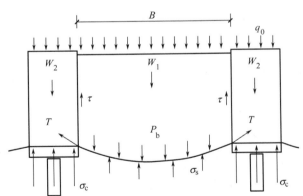

图 34-9　荷载传递机制

34.5.3　筒桩处理高填土下软基路段应用实例（杭宁高速）

34.5.3.1　工程概况

杭宁高速公路工程全长 98.8km，其中不少地段土体含水率高、强度低，需要加固处理的软土地基路段为 48km。软基处理最大深度为 20m，设计预压期最长为 12 个月，这对高填土路段尤其是桥台高填土路段的施工进度安排（属于关键线路）带来极大的不利。软基处理的质量既直接影响路基工后沉降的大小，又影响桥头跳车问题的解决，并且严重影响整个工程的施工质量与按时竣工。

因此，选择一种施工速度快、安全性高、处理效果好、质量可靠，并且较经济的软土加固方法是工程技术人员的迫切愿望。

根据国家海洋局第二海洋研究所的推荐，经浙江省交通厅于 2000 年 5 月 31 日批准立项，并经杭宁高速公路管理委员会批准，筒桩加固软土地基试验成为杭（州）—宁（南京）高速公路浙江段二期工程的一个重要科研课题。杭宁高速公路二期工程三合同段白溪港大桥南端 K16＋678—K16＋728 路段成为现浇薄壁筒桩进行软土地基加固的试验段。

34.5.3.2 试验段情况简述

原设计加固路段为溪港大桥桥头路段，里程桩号为 K16＋678—K16＋728，路基设计宽度 34m，填土高度 4.5m，路堤底宽 46m。原设计采用塑料排水板软基处理，处理深度 17m，预压期 12 个月。

该加固路段地层为冲洪积形成，自上而下各土层的物理力学性质见表 34－4。

表 34－4 加固路段土体物理力学指标

层号	土层名称	厚度/m	$w/\%$	$\rho/(g/cm^3)$	e	l_p	E_s/MPa	c_{uu}/kPa	$\varphi_{uu}/(°)$
①₂	黏土	1.3	35.4	1.8	1.061	15.2	3.26	—	—
①₃	粉砂	2.7	34.7	1.86	0.956	—	7.81	21.0	6.0
②₁	淤泥质粉质黏土	13.5	46.1	1.75	1.274	13.57	1.94	16.8	4.38
④₁	粉质黏土	2.2	23.0	2.04	0.631	10.95	5.85	42.0	16.7
⑤₁	粉质黏土	3.1	21.5	2.04	0.614	—	8.13	38.3	17.6
⑤₂	粉砂	10.6	—	—	—	6.96	—	—	—
⑦₁	粉质黏土	10.5	30.3	1.92	0.855	13.20	6.52	33.1	12.9
⑦₂	黏土	7.2	32.4	1.89	0.929	18.50	7.93	39.1	16.2
⑧	粉质黏土	2.6	18.4	1.96	0.793	—	8.78	48.0	15.0
⑨₁	中砂	—	20.3	1.99	0.624	—	11.6	17.0	30.8

场地地基土层情况自上而下分述如下：

①₂ 黏土，灰黄色，软塑，厚层状，含铁锰质，顶部含植物根茎。

①₃ 粉砂，浅绿灰～灰色，稍密，粉粒含量高。

②₁ 淤泥质粉质黏土，灰色，流塑，厚层或薄层状，底部含少量贝壳。

④₁、⑤₁ 粉质黏土，褐灰色，软塑，厚层状，含腐殖质，粉粒含量高。

⑤₂ 粉砂，青灰～灰色，稍密～中密，厚层状，粉粒含量高，局部含粉砂。

⑦₁ 粉质黏土，浅灰绿色，软塑，厚层状，含亚砂土团块。

⑦₂ 黏土，灰绿～灰黄色，硬塑，厚层状，土质均一，含铁锰质斑点。

34.5.3.3 设计与施工

根据施工图设计，混凝土筒桩直径为 1000mm，壁厚 120mm，桩间距为 2500mm，桩身混凝土强度等级为 C25。为减少桥头跳车问题，接桥路段 K16＋678—K16＋703 桩长 18.1m，筒桩桩端打至持力层，并在桩顶设混凝土盖板；过渡段 K16＋706—K16＋728 桩长 15～17m，不设盖板，但增设两层土工格栅加固；加固区内梅花形布桩共 419 根。具体筒桩设计的桩长、工后沉降量及极限承载力见表 34－5。

表 34 - 5　筒桩设计参数

路段	K16+678—K16+702	K16+702—K16+711	K16+711—K16+720	K16+720—K16+726
桩长/m	18.1	17.1	16.1	15.1
工后沉降量/cm	9.18	11.10	12.10	14.10
极限承载力/kN	1000	860	720	600

2000 年 6 月 24 日完成全部准备工作（含细宕渣 500mm 垫层），6 月 26 日正式进行试桩试验，6 月 28 日完成 3 根试桩的施工。试桩完成 7 天后以现场开挖、钻探取芯和低应变动测三种方法检验成桩质量。根据成桩情况，选择最合理的施工参数。7 月 6 日批复开工报告后，施工单位每天施工完成 8～16 根桩，至 2000 年 9 月 6 日完成全部桩基施工任务，共施工筒桩 419 根。

2000 年 9 月 30 日完成全部盖板铺设工作。10 月 1—31 日完成了土压力计、孔隙水压力计、沉降板、分层沉降环、测斜管及边桩等原位监测元件和筒桩检测（现场开挖，壁厚测量，高、低应变测试和单桩、群桩静载试验）。

原位监测元件和筒桩检测完成后，铺设土工格栅布，进行正常的路基填筑。填筑自 2000 年 11 月 1 日开始，至 2001 年 8 月 10 日结束，填筑高度为等载标高。路基一次性填筑至等载标高，平均高度为 4.5m。

34.5.3.4　试验研究主要内容

拟通过现浇混凝土筒桩的荷载试验、路基的原位观测及计算分析研究以下内容：

1）高速公路路堤在荷载作用下的筒桩加固软基的沉降、位移规律。

2）筒桩单桩承载力与桩径、桩长、地质条件的关系，探讨现浇混凝土筒桩承载力理论计算模型。

3）筒桩加固地基设置土工织物和盖板后的桩土应力分担比的变化情况，探讨土工织物和盖板的受力状况。

4）相同的地质与荷载条件下，筒桩与粉喷桩、塑料排水板加固软基的效果及效益比较，探索桥头软基最合适的加固方法。

34.5.3.5　试验实测数据

（1）加固路基沉降规律分析

沉降监测分为两项内容：使用沉降板和沉降环观测（不同深度土层观测），分别进行桩顶沉降观测和桩间土沉降观测。

如图 34 - 10 所示，填土高度为 2.85m 时，桩顶总沉降量仅为 45mm；填土高度为 4.5m 时，桩顶总沉降量仅为 97mm，沉降量不大。在填方荷载全部到位后，连续观察 125 天，沉降量总的变化在 7mm 以内趋于稳定。这表明筒桩加固区沉降速率快且沉降量小，填方荷载全部到位后沉降量很快趋于稳定。

如图 34 - 11 所示，填土至标高时，沉降变化基本发生在桩浅部 4m 以内；填土高度为 2.85m 时，桩土总沉降量为 61mm；填土高度为 4.5m 时，桩周土总沉降量为 100mm。由此也证明了桩浅部 4m 以上土体已经形成土拱效应。下部桩周土也是土拱以下土体，因为上部土体挤密并且形成土拱效应后，即使填土荷载不断增加，新增加的填土荷载全部由刚性筒桩承担，下部桩周土并没有附加承担，因此桩周下部土体基本无压缩变形。

（2）筒桩加固路基受力分析

从两个方面加以阐述。

1）桩顶、桩间土压力随荷载加大而提高。如图 34 - 12 所示，随填土荷载的增大，桩土应力相继增大，填土初期复合地基受力以桩间土为主。当桩间土与土工格栅紧密结合后，路基荷载大部分转移到筒桩。

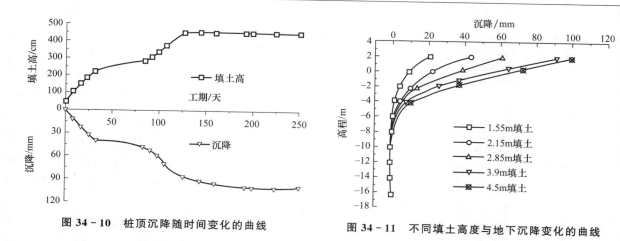

图 34-10 桩顶沉降随时间变化的曲线　　　　图 34-11 不同填土高度与地下沉降变化的曲线

2）路基不同深度的孔压随荷载的加大而逐渐增大。如图 34-13 所示，路基内部的孔隙水压力逐渐增大，在不同深度位置筒桩加固路基的孔压变化幅值均匀且较小。

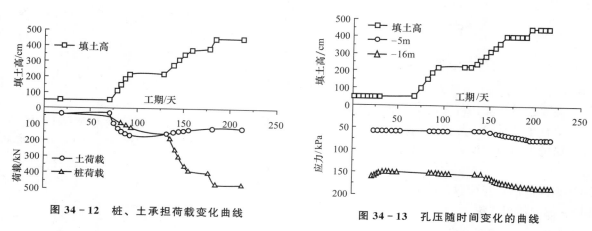

图 34-12 桩、土承担荷载变化曲线　　　　图 34-13 孔压随时间变化的曲线

（3）单桩竖向静载试验

单桩竖向静载试验共做了 3 根。其中，试桩 A2-16 的土芯 18m 全部挖去，以便进行对比试验。

各试桩均按慢速维持荷载法进行，试桩结果如图 34-14 所示。桩荷载与沉降性状均呈缓变型。试桩 A-19 和 C-19f 的实际单桩极限承载力均大于设计值 1000kN。

试桩 A2-16、A-19 和 C-19f 的比较表明，筒桩土芯全部挖去与没有挖去承载力差别明显，证明土芯内侧摩阻力是客观存在的。

（4）加固路基变形分析

测斜仪监测结果如图 34-15 所示，不同深度水平位移均小于 5mm，且集中在浅部。这说明筒桩加固区的桩间土侧向压缩变形小，筒桩加固区土体抗侧向滑移能力强，路基比较稳定，从而可以较快的土体填筑速度缩短施工工期。在筒桩加固区，桥台、路基滑移现象一般不会发生。

34.5.3.6　试验研究主要成果

1）现浇混凝土薄壁筒桩处理高填方桥头路堤软基设计构思新颖、合理和可行。试验研究证明，该方案工后沉降小，在解决桥头跳车技术难题方面有了新的突破，为解决高等级公路软土地基桥头跳车及其他建筑物地基加固问题提供了一种全新的方法，具有普遍推广意义。

2）筒桩与粉喷桩、塑料排水板的加固性能不同，前者比后两者处理的软基强度和刚度大大增强，因而能适用于快速填筑，无须超载预压，具有粉喷桩和塑料排水板无法比拟的优越性。其在高速公路软基施工中工期可比塑料排水板和粉喷桩提前 6～12 个月，经济效益和社会效益十分明显。

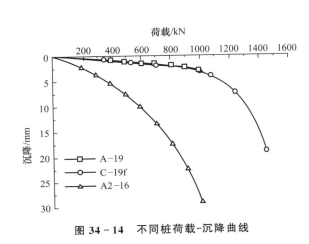

图 34-14　不同桩荷载-沉降曲线

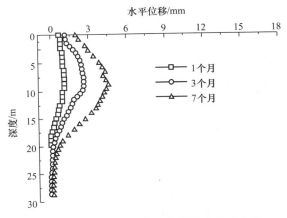

图 34-15　土体水平位移随深度变化的曲线

3）筒桩的试验研究充分证明了它的双重性能，即具有良好的群桩基础承载性能，可有效地防止软土地基的侧向滑移，故在高填方软土路段具有良好的抗滑性能。

4）筒桩处理后的软基变形小，工后沉降也小，避免了桥头接线处路基二次开挖及补填方等问题。

5）根据课题的大量研究结果，提出了筒桩加固软基沉降理论计算模型——桩土复合地基分段计算模型。

6）在筒桩静荷载试验的基础上得出了筒桩极限承载力标准值的计算方法及公式，可供类似工程计算筒桩单桩及群桩承载力时参考。

7）虽然筒桩在处理软基路段中的工程造价要高于粉喷桩，但具有工后沉降小、运营后综合维修养护费用低、施工工期短等优点，仍具有较好的经济效益和社会效益。

8）荷载试验表明，在刚性承台作用下荷载增加到一定值时，桩间土平均应力变化不明显；桩顶应力随荷载的增加近线性增加，承载力主要由筒桩承担。路堤荷载下，桩间土应力经历了由小变大再由大变小的过程，动态反映了桩间土应力向桩转移的过程。

9）桩-土总的沉降小，但地表桩间土的沉降大于桩顶沉降，桩顶一定深度范围内存在负摩阻区；复合地基沉降主要发生于表层桩间土内，且沉降沿深度递减，表现出较好的规律性。

10）筒桩复合地基排水畅通，孔隙水压力消散迅速，有利于主固结的迅速完成，明显地提高土体的强度，从而有利于提高地基整体稳定性。

11）地基侧向位移小，侧向位移并未在加固区范围内发生，而只发生在土质较差的地表下 12m。变形速率在时间和深度上呈递减趋势，且侧向位移有局部增大和回缩现象。

34.5.4　甬台温铁路台州站车站软土地基加固实例

甬台温铁路位于浙江东部沿海，全线按照客运专线标准建设，设计速度为 200km/h，预留进一步提速条件。台州站四周低山，中间是较大的冲海积盆地，地势平坦，软土地层厚 20～30m，为软塑状淤泥或淤泥质黏土。设计要求工后沉降控制值正线为小于 150mm，沉降速度小于 40mm/年，桥过渡段小于 80mm。考虑列车荷载时最小稳定安全系数为 1.15，不考虑列车荷载时最小稳定安全系数为 1.25。

原方案为预制管桩复合地基，因为桩长起伏不定，导致大量截桩。变更设计方案为筒桩复合地基，可以灵活地适应地下持力层深度的起伏变化，由桩长与贯入度两个指标联合控制。

设计采用的筒桩直径为 1000mm，壁厚为 120mm，桩长 21～28m，正方形布置，桩间距 3.2m，混凝土强度为 C20。

筒桩桩顶设 C30 钢筋混凝土盖板，正方形，尺寸为 1.8m×1.8m×0.35m。盖板与桩体采用钢筋混凝土实心连接，实心部分高 0.5m。

质量检测情况：低应变检测，抽查部分均为Ⅰ类完整桩。

单桩承载力试验桩2根，设计承载力为900kN，经检测筒桩竖向抗压承载力满足设计要求。试验结果见表34-6。

表34-6　单桩静荷载试验结果

序号	里程	桩号	桩径/m	桩长/m	最大加载值/kN	总沉降量/mm	承载力特征值/kN
1	DK147+066.231	1	1	26.0	2340	37.20	1170
2	DK147+049.682	6	1	25.5	2340	38.75	1170

筒桩复合地基承载力试验结果见表34-7，设计复合地基承载力为146.6kPa，最大加荷293.2kPa，承压板面积为3.6m×3.6m。

表34-7　多桩复合地基静荷载试验结果

试验桩号	最大加载值/kPa	总沉降量/mm	多桩复合地基承载力特征值/kPa
b	293.2	18.69	146.6

大直径现浇筒桩复合地基加固软基技术可靠、工艺成熟。根据甬台温铁路试验结果，单桩承载力、桩身强度及完整性等各项指标均满足设计要求，表明采用筒桩加固深厚层软土地基在技术上是可行的。运行多年的甬台温铁路台州站经过施工和运营的考验，实际运营情况完全满足设计与使用要求。

34.6　筒桩在直立支护工程中的应用

在地下基坑支护的结构形式中常见的支护形式如排桩、土钉墙、原状土放坡或采用上述形式的组合已不能满足地质条件差、环境恶劣的场地要求，预制桩、沉管灌注桩和钻孔灌注桩等也各有其局限性。本章介绍的现浇混凝土薄壁筒桩新技术改变了传统的施工方法，克服了预制桩、沉管灌注桩和钻孔灌注桩成本高、缩径、污染环境等缺点，且具有在基坑四周不具备放坡条件时可以直立支护等优点，使其在地下基坑支护工程中的应用得到一席之地。

34.6.1　双层地下室直立支护筒桩一道支撑

34.6.1.1　工程概况

漳州悦华商业广场——都市阳光项目位于漳州市芗城区南昌路南侧、丹霞路西侧的交叉路口，地下2层，地上20层，建筑高度为99.8m。地下室为设备用房及车库，1~3层为商场，4层为物业管理房，5~20层为公寓（设夹层）。

建筑结构为钢筋混凝土框架剪力墙结构，基础为桩基础，地下室底板标高为-7.9m，承台厚度最大为2.5m，基坑开挖深度最深为10.4m。

基坑东侧紧邻丹霞路，北侧紧邻南昌路，南侧西段为1~3层民房，南侧东段为丹霞园C区3号楼的6层混凝土框架结构。基坑四周紧邻已有建筑或市区主要道路，不具备放坡开挖的条件。

开挖场地自上而下分布的岩土层状况如下：

杂填土，松散~稍密，厚1.6~3.2m；淤泥，流塑，厚7.3~11.2m；粉质黏土，软塑~可塑，厚0.8~5.0m；中砂，松散~稍密，厚0.6~4.5m；黏土，软塑，厚0.6~3.4m。

如图34-16所示，该工程四周紧邻市区主要道路和已有建筑物，距相邻建筑物最近的距离仅5m，场地局促，常见的支护形式较难满足场地要求。

图 34 - 16　角支撑形式的双层地下室基坑支护

34.6.1.2　支护方案比较

通过公开招标，共有十多家施工和设计单位参加该工程深基坑支护方案的投标，经过初选确定四家单位入围参加最后的竞标。

其中，第一方案和第二方案都是在基坑四周全部使用钻孔灌注桩挡土，外加深层水泥搅拌桩止水；第三方案是在基坑四周全部采用钢板桩；第四方案是采用现浇薄壁筒桩作为基坑支护的围护桩。

经过反复的技术经济比较和缜密的计算评估，认为第一方案和第二方案虽然施工技术成熟，安全可靠，但较浪费。

第三方案的优点在于地下室完成后钢板桩可以拔出重复使用，造价相对较经济，而且施工方便，工期短，但由于钢板桩刚度相对较小，要求必须增加水平支撑，使支撑间净空高度减小，不利于地下室挖土施工，将影响土方开挖的进度。

第四方案是采用大直径现浇钢筋混凝土筒桩作为围护桩的深基坑围护方案。虽然第四方案是新技术、新工艺，还存在一系列技术问题需解决，但经过调研与分析，认为筒桩的弱挤土及把原位土套入成孔器双层钢护筒的内筒是可行的。

经过综合评定，认为第四方案既吸取了第一和第二方案的优点，又弥补了它们的缺点，是几个方案中的最佳选择，最终选定了第四方案。

34.6.1.3　基坑围护工程的设计

基坑支护的基本结构如下：

围护结构周长为 276.475m，四周采用外径 1500mm、内径 1100mm、壁厚为 200mm 的钢筋混凝土筒桩做围护桩，桩身混凝土强度等级为 C30。

桩顶标高 -2.60m，桩长 12.6m，92 根；桩长 14.2m，9 根，共 101 根。

桩顶以上至自然地坪段厚约 2m 的土层按 1:1 放坡进行卸载。

在围护桩顶设置一道环梁和一道钢筋混凝土水平内支撑，混凝土强度等级为 C30。

在水平支撑的节点处设置竖向支撑桩，以粗砂层为持力层，截面尺寸同围护桩，共 9 根，用于在竖直方向支撑水平支撑。

围护排桩间距约 2.7m，间隙采用 3 根桩径 600mm 的水泥搅拌桩向基坑外侧成拱形布置进行挡土、止水，即围护桩筒桩之间采用水泥搅拌桩作为止水形式，如图 34 - 16 所示。

34.6.1.4　筒桩基坑安全监测

在基坑施工过程中，相关单位对基坑围护工程的围护桩水平位移、环梁及坡顶水平位移、邻近主要建筑物的沉降及围护桩和支撑梁的钢筋应力进行了动态监测，累计监测次数为 32 次，侧向位移监测结果见表 34 - 8。

表 34 - 8　筒桩侧向位移监测结果

监测桩号	最大侧移/mm	最大侧移位置（桩顶下）/m	
27	21.36	桩顶	5.0
10	36.10	桩顶	6.5
93	28.41	桩顶	4.5
75	14.52	桩顶	桩顶
56	37.00	桩顶	5.5

测斜管反映的围护桩水平位移在观测期间累计最大值为 37.00mm，为 56 号监测桩，日均侧移为 0.170mm；环梁及坡顶水平位移累计最大值为 22mm，日均位移为 0.180mm；围护桩、支撑梁钢筋最大拉应力为 181.44MPa；南面东侧丹霞园 C 区 3 号楼安置房沉降量累计最大为 9.8mm，日均沉降量为 0.080mm。

监测结果显示基坑变形均比较小，体现了本支护方案质量有保证、安全可靠的优越性。

侧向位移监测结果表明，该桩的变形小，除一根桩最大位移发生在桩顶，其余桩的最大位移均发生在桩顶下 4.5～6.5m。这在一般的沿海软土地区基坑围护工程中属于偏小值，表明基坑安全可靠，达到了预期的效果。

34.6.2　单层地下室直立支护筒桩无支撑

该工程位于温州市市区地段，周边建筑物和道路对基坑开挖的变形限制较严格。基坑实际开挖深度为 5.40～6.10m。

在基坑围护深度范围内的土层条件如下：

土层①为填土，松散，大部分为拆除后的建筑和生活垃圾；土层②为黏土，软塑，高压缩性；土层③为淤泥，流塑，高压缩性，高灵敏度，含水率大；土层④为黏土，可塑，中压缩性，干强度高，韧性大。

该基坑的施工有以下几个难点：

1）基坑地质条件差，开挖深度范围内几乎全是淤泥质土。

2）基坑紧靠新兴河，排水止水工作突出。

3）基坑工期紧，且周边的环境对于基坑的变形有严格的要求。

考虑到上述因素，结合该工程的实际情况，基坑围护工程采用钢筋混凝土筒桩作为支护桩，辅以基坑内侧被动土加固及基坑外侧设置水泥搅拌桩止水措施。基坑围护中，支护桩主要承受水平向力，钢筋混凝土筒桩符合要求。由于壳体效应，单根筒桩所能承受的弯矩远远超过了相同混凝土量的实心灌注桩。

围护结构的排桩采用外径 1500mm、内径 1100mm、现浇一次成形的现浇筒桩（图 34-17）。

图 34 - 17　单层地下室悬臂直立无支撑筒桩

测斜观测施工期间两个月内的监测数据。从图 34-18 所示施工期间 11、13 号测斜孔的位移监测图可以看出，施工期间围护桩的侧向变形较小，其测斜监测点的最大位移不足 30mm，且最大值均不在桩顶，而在桩顶下 4.0～6.0m 处。这体现出筒桩刚度大、抗侧向位移能力强的优点。

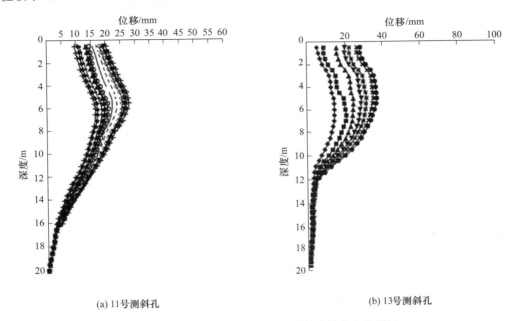

(a) 11号测斜孔　　　　　　　　　(b) 13号测斜孔

图 34-18　施工期间 11、13 号测斜孔的位移监测图

34.6.3　技术经济对比分析（同一基坑不同桩基形式）

统一按照 10m 深基坑、桩长或连续墙深度为 15m 分析技术经济指标。

筒桩与不同桩径的实心桩对比见表 34-9。

表 34-9　同一基坑不同桩径主要材料用量对比

桩型	桩径/mm	桩距/m	混凝土用量/(m³/m)	钢筋用量/(kg/m)	指标对比/% 混凝土	指标对比/% 钢筋
沉管桩	700	1.0	5.78	915	132.00	149.51
	800	1.1	6.86	1035	157.00	169.12
冲、钻孔桩	1000	1.5	7.85	849	179.00	138.73
	1200	2.0	8.48	710	194.00	116.01
	1500	2.5	9.47	583	216.00	95.26
薄壁筒桩	1500	2.5	4.38	612	100	100

筒桩与地下连续墙对比见表 34-10。

表 34-10　地下连续墙与联体筒桩主要材料用量对比

类型	桩径/mm	桩距/m	混凝土用量/(m³/m)	钢筋用量/(kg/m)	指标对比/% 混凝土	指标对比/% 钢筋
地下连续墙	1000	—	15.00	1178	172.61	168.29
联体薄壁筒桩	1500	1.8	8.69	700	100	100

由表 34-9 可见，筒桩与直径 700mm 的沉管灌注桩比较，节省混凝土 32%，节省钢材 49.5%；与直径 1200mm 的钻孔灌注桩比较，节省混凝土 94%，节省钢材 16.0%。

由表 34-10 可见，筒桩与 1000mm 地下连续墙相比，节省混凝土 72%，节省钢材 68.3%。

34.6.4　小结

1) 采用大激振力液压高频振动锤，进行现浇筒桩的施工，可避免普通电动锤施工对周边建筑变形和居民家用电器的不利影响。

2) 筒桩作为围护桩的基坑工程实例表明，现浇筒桩施工质量良好，且社会和经济效益明显。

3) 筒桩作为围护桩的基坑工程实例表明，周边的沉降、支护构件的变形监测结果满足设计要求，基坑安全可靠，达到了预期的效果。

4) 在软土地基的基坑工程中采用大直径筒桩作为围护桩，优势明显，特别是运用于沿海深厚软土地基地区时有较高的经济和社会效益，具有广泛的应用前景和推广价值。

参 考 文 献

[1] 龚晓南. 复合地基理论及工程应用 [M]. 北京：中国建筑工业出版社，2002.

[2] 谢庆道. 一种用于软土地基中的混凝土筒桩施工的压入式一次成孔器：ZL98233440.0 [P]. 1999-12-08.

[3] 杭宁高速公路项目组. 现浇混凝土薄壁筒桩加固桥头软基试验研究报告 [R]. 2001.

[4] 杭州市公路管理局，国家海洋局第二海洋研究所. 现浇混凝土薄壁筒桩处理桥头软土地基实践与应用研究 [Z]. 2005.

[5] 陈东曙，胡少捷. 大直径现浇混凝土薄壁筒桩在复合地基中的探讨 [J]. 科技通报，2012，28 (9)：132-137.

[6] 蔡金荣，应齐明，谢庆道. 现浇混凝土薄壁筒桩加固桥头软基试验研究 [J]. 公路，2003 (5)：73-76.

[7] 朱向荣，叶俊能，姜贤放，等. 沉管灌注筒桩荷载-沉降曲线的拟合分析 [J]. 科技通报，2003，19 (6)：481-484.

[8] 周平，叶楠. 现浇混凝土薄壁筒桩加固桥头软基在杭宁高速公路的应用 [J]. 浙江交通职业技术学院学报，2003 (3)：21-23，69.

[9] 刘汉龙，费康，马晓辉，等. 振动沉模大直径现浇薄壁管桩技术及其应用 (Ⅰ)：开发研制与设计理论 [J]. 岩土力学，2003，24 (2)：164-168.

[10] 中华人民共和国行业标准. 现浇混凝土大直径管桩复合地基技术规程 (JGJ/T 213—2010) [S]. 北京：中国建筑工业出版社，2010.

[11] 中华人民共和国行业标准. 建筑桩基技术规范 (JGJ 94—2008) [S]. 北京：中国建筑工业出版社，2008.

[12] 《桩基工程手册》编写委员会. 桩基工程手册 [M]. 北京：中国建工业出版社，1995.

[13] 刘汉龙，张建伟. PCC 桩水平承载特性足尺模型试验研究 [J]. 岩土工程学报，2009，31 (2)：161-165.

[14] 马志涛. 现浇混凝土薄壁管桩水平特性试验研究 [D]. 南京：河海大学，2007.

[15] 杜红志. 单根嵌岩桩在水平荷载作用下原型测试分析 [J]. 土工基础，1999，13 (3)：45-50.

[16] 朱碧堂. 土体的极限抗力与侧向受荷桩性状 [D]. 上海：同济大学，2005.

[17] 张晓健. 现浇混凝土薄壁管桩负摩阻力特性试验研究与分析 [D]. 南京：河海大学，2006.

[18] 陆明生. 桩表面负摩阻力的试验研究及经验公式 [J]. 水运工程，1997 (5)：54-58.

[19] 刘吉福. 路堤下复合地基桩、土应力比分析 [J]. 岩石力学与工程学报，2003，22 (4)：674-677.

[20] 陈仁朋，许峰，陈云敏，等. 软土地基上刚性桩-路堤共同作用分析 [J]. 中国公路学报，2005，18 (3)：7-13.

[21] 王哲，龚晓南，丁洲祥，等. 大直径薄壁筒桩土芯对承载性状影响的试验及其理论研究 [J]. 岩石力学与工程学报，2005，11 (21)：3916-3921.

[22] 《地基处理手册》(第 2 版) 编写委员会. 地基处理手册 [M]. 2 版. 北京：中国建筑工业出版社，2000.

[23] 谢庆道，郑尔康. 大直径现浇混凝土薄壁筒桩概论 [J]. 地基处理，2008 (3)：3-10.

[24] 周建，焦丹. 大直径现浇薄壁筒桩竖向受力性状分析 [J]. 地基处理，2008，19 (3)：11-16.

[25] 李文虎，李同春. 混凝土薄壁筒桩水平受力机理 [J]. 江苏大学学报 (自然科学版)，2005，26 (6)：533-536.

[26] 中华人民共和国国家标准. 混凝土结构设计规范 (GB 50010—2002) [S]. 北京：中国建筑工业出版社，2002.

[27] 章巧怡，陈泉. 现浇混凝土薄壁筒桩在漳州都市阳光基坑支护工程中的应用 [J]. 福建建筑，2008，121 (7)：56-57.

［28］陈晨，姜方敏，陈福兴．现浇薄壁混凝土筒桩在温州某基坑工程中的应用 ［J］．岩土工程学报，2010（31）：280-283.

［29］简洪钰，陈福全，朱俊向．现浇薄壁灌注桩在某基坑支护中的设计和应用 ［J］．福建工程学院学报，2008（6）：280-286.

［30］沈保汉．大直径现浇混凝土薄壁筒桩 ［J］．工程机械与维修，2015（04 增刊）：82-87.

［31］沈保汉．现浇混凝土大直径管桩（PCC 桩）［J］．工程机械与维修，2015（04 增刊）：88-93.

第 35 章 现浇混凝土大直径管桩

丁选明 孔纲强

35.1 PCC 桩的原理、技术特点和部分专利

现浇混凝土大直径管桩（large diameter pipe pile using cast-in-place concrete，简称 PCC 桩）及其复合地基技术是在广泛的工程实践的基础上自主开发研制而成的一种地基处理新技术，目前已获得国家专利授权 10 项，并编制了国家行业标准《现浇混凝土大直径管桩复合地基技术规程》（JGJ/T 213—2010）和江苏省省级工法《现浇混凝土大直径管桩施工工法》（JSGF-28—2008）。PCC 桩与传统的实心灌注桩相比具有众多优点，如：桩表面积大，单方混凝土承载力高；桩间距大，总桩数少，挤土效应小，成桩质量稳定；单根桩控制的处理面积大，桩体可与桩间土形成刚性桩复合地基，承载力提高幅度大，沉降小等。其已在工程中得到广泛的应用。本章从 PCC 桩的技术原理、设计要点、施工机械、施工工艺及应用范围等方面进行介绍。

35.1.1 PCC 桩的研发思路

散体材料桩复合地基和柔性桩复合地基造价相对低廉，但其加固效果有限，即提高承载力和控制沉降效果一般；而刚性桩复合地基则相反，加固效果好，但处治费用高。现有的刚性桩复合地基中，桩体通常采用实心混凝土桩或预应力管桩，造价比散体材料桩或者柔性桩要高得多，尤其是对于大面积软弱地基处理工程来说更是如此。因此，研发一种具有刚性桩的加固效果和柔性桩的加固成本的新型桩基复合地基技术成为当前岩土工程科技工作者努力的方向。

图 35-1 所示为小直径实心混凝土桩和相同截面面积的大直径空心管桩受力比较。由图 35-1 可见，由于大直径空心管桩的桩侧面积明显增大，其侧摩阻力 P_2 远大于实心桩侧摩阻力 P_1。对于大直径管桩，一方面，由于桩身长，开口的管桩具有土塞效应，使得管桩端承力 Q_2 大于实心桩的端承力 Q_1；另一方面，由于桩径大，在上部荷载作用下，下端开口的管桩内壁具有摩擦力 P_3，两者总有其一在发挥作用。因此，在同等混凝土用量的前提下，大直径空心管桩的承载力远大于小直径实心桩。PCC 桩就是利用这个思路开发的，通过研发

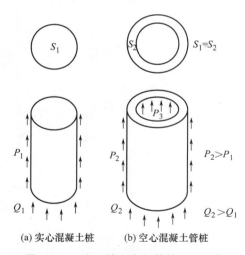

图 35-1 实心桩和空心管桩受力比较

新的关键技术设备和施工工艺，可以充分发挥单方混凝土的效能，大量节省混凝土用量，并有效地提高桩基承载力，减少地基沉降。

35.1.2 PCC 桩的技术原理

基于上述思路，刘汉龙教授科研团队研发了 PCC 桩及其复合地基处理技术。PCC 桩成桩的关键技

术是在地基中形成环状空腔桩孔。经过大量对比性试验研究，选择在常规沉管灌注桩机械的基础上进行研发，打桩动力采用振动锤，桩管采用双层钢管组成的空腔结构。振动锤产生强大的冲击能量，将环形空腔模板沉入地层。腔体模板的沉入速度与振锤的功率大小、振动体系的质量和土层的密度、黏性、粒径等因素有关。在不考虑模板自重的条件下，当激振力 R 大于刃面的法向力 N 的竖向分力、刃面的摩擦力 F 的竖向分力和腔体模板周边的摩阻力 P 三种阻力的合力时，模板即能沉入地层，其受力情况如图 35-2 所示。由于腔体模板在振动力作用下使土体受到强迫振动，产生局部液化破坏或扰动破坏，土体内摩阻力急剧降低，阻力减小，提高了腔体模板的沉入速度。同时，挤压、振密作用使得环形腔体模板中土芯和周边一定范围内的土体更加密实。由此，PCC 桩的成桩机理可总结为：

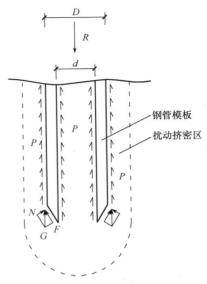

图 35-2　PCC 桩振动沉模时的受力示意图

1）模板作用。混凝土的灌注是在双层钢管组成的环形体模板的保护下进行的。当振动提拔模板时，混凝土从环形腔体模板下端注入环形槽孔内，模板起到护壁作用，因此不易出现缩壁和塌壁现象，从而形成了造槽、扩壁、灌注一次性直接成管桩的新工艺，保证了混凝土在孔内良好的充盈性和稳定性。

2）振捣作用。环形腔体模板在振动提拔时对注入环形空腔内的混凝土有连续振捣作用，使桩体充分振动密实，同时使混凝土向两侧挤压，增加管桩的壁厚，保证成桩质量。

3）挤密作用。PCC 桩在施工过程中由于振动、挤压和排土等原因，可对桩间土起到一定的密实作用，挤压、振密范围与环形腔体模板的厚度及原位土体的性质有关。

35.1.3　PCC 桩的技术特点和适用范围

PCC 桩结合了预应力管桩、振动沉管桩和振动沉模薄壁防渗墙等技术的优点，施工工艺相对简单，可操作性强，是一种适合软土地区的新型高效优质桩型，具备节约混凝土材料及提高机械效能的双重优点，已广泛应用于高速公路软基、地基加固、护岸工程等。施工时在设备底盘和龙门支架的支撑下，依靠上部振动头的振动将双层钢质套管组成的空腔结构及焊接成一体的下部活瓣桩靴沉入预定的设计深度，形成地基中空的环形域，之后在腔体内均匀灌注混凝土，振动拔管，灌注于内管中的混凝土与外部的土体之间便形成混凝土管桩。成模造浆器在沉桩和拔桩过程中通过压入润滑泥浆保证套管顺利工作。活瓣桩靴在管桩打入时闭合，在拔桩时自动分开。

与其他桩型相比，PCC 桩具有很多突出的优点。由于采用双层套管护壁，能很好地保持两侧土体的稳定性，因此 PCC 桩能适应各种复杂的地质条件，且沉桩深度较大。双层钢管空腔结构可以形成桩径较大的管桩，且桩径和管桩壁厚可以根据需要调节。与有效截面面积相同的实心桩相比，PCC 桩与桩周土接触面积较大，可大幅提高桩侧摩阻力，节省桩身混凝土用量，降低工程造价。PCC 桩桩机带有活瓣桩靴结构，克服了使用预制钢筋混凝土桩头的缺点，不仅能降低成本，而且可加快施工进度。可以通过设置桩靴的倾斜方向来调整沉模过程中的挤土方向。通过造浆器造浆，可以减小沉模时环形套模的内外摩擦阻力，保护桩芯土和侧壁土稳定。由于采用振动双层套管成模工艺，施工质量稳定，也容易控制。由于现浇混凝土大直径管桩具有适应性强、适用范围广、施工质量易于控制、单位面积造价低、加固效果突出等优点，具有很好的推广应用价值，并已在工程中得到广泛应用。

PCC 桩也有不足之处，如施工过程中会有噪声污染，挤土对周围建筑物会产生一定程度的影响等。

PCC 桩研发的主要意图是将其用于刚性桩复合地基中，尤其是应用于以承受竖向荷载为主的大面积软土地基的加固工程中。因此，其应用范围大致可以确定为以下几类工程：

1) 公路、铁路的路基处理。

2) 港口、机场、堆场的地基处理。

3) 大型油罐及煤气柜地基处理。

4) 污水处理厂大型曝气池、沉淀池基础处理。

5) 多层及小高层建筑地基处理。

6) 江河堤防的软土地基加固等。

35.1.4　PCC 桩的部分专利

1) 软基处治大直径现浇管桩复合地基施工方法，专利号为 ZL02112538.4，授权公告日为 2004 年 7 月 21 日。

2) 用于软基处治的套管成模大直径现浇管桩机，专利号为 ZL01273182.X，授权公告日为 2002 年 10 月 9 日。

3) 现浇混凝土薄壁管桩机，专利号为 ZL02263293.X，授权公告日为 2003 年 7 月 16 日。

4) 提高现浇混凝土薄壁管桩承载力的灌浆装置，专利号为 ZL200420078136.6，授权公告日为 2005 年 8 月 3 日。

5) 地基加固现浇桩墙施工多功能一体机，专利号为 ZL02219218.2，授权公告日为 2003 年 1 月 22 日。

6) 一种螺旋成孔大直径现浇混凝土薄壁管桩机，专利号为 ZL200520054396.1，授权公告日为 2007 年 2 月 14 日。

7) 一种现浇大直径管桩混凝土快速浇筑装置及施工方法，专利号为 ZL200810019690.X，授权公告日为 2009 年 12 月 2 日。

8) 一种现浇大直径管桩活瓣桩靴及使用方法，专利号为 ZL200810019689.7，授权公告日为 2010 年 6 月 9 日。

9) 一种 PCC 桩桩芯土上升的处治方法，专利号为 ZL200910183523.3，授权公告日为 2011 年 4 月 20 日。

10) 一种 PCC 桩桩模及超长 PCC 桩的施工方法，专利号为 ZL200910183526.7，授权公告日为 2011 年 1 月 19 日。

35.2　施工机械及设备

图 35-3　PCC 桩施工机具

PCC 桩的施工机具如图 35-3 和图 35-4 所示。设备基本组成包括：底盘（含卷扬机等）、支架、振动头、钢质内外套管空腔结构、活瓣桩靴结构、混凝土分流器、沉模造浆器和进料斗等。主要机具构成及作用简要介绍如下。

1) 底盘。用 I 20 工字钢焊接成长 5～8m、宽 9～12m 的矩形框架，用于支撑和摆放所有装置。

2) 支架。与普通沉管桩和深层搅拌桩相比，PCC 桩在提升过程中，因环形腔体模板受到管壁内外摩阻力作用，需要较大的提升力。因此，塔架在施工过程中除满足稳定性外，还应满足较大的纵向

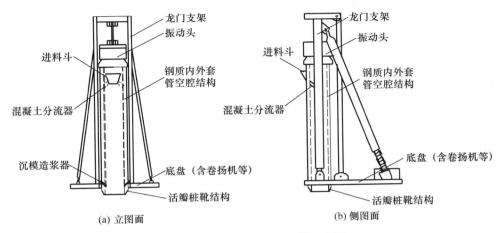

(a) 立图面　　　　　　　　　　(b) 侧图面

图 35 - 4　PCC 桩施工机具示意图

压力的要求。

3）加压措施（振动头）。在桩头满足强度要求的前提下，考虑现场提供动力，在振动力不能满足沉桩要求时，可以通过附加压力即依靠设备自重使沉管带动桩头边振动边加压，从而迅速沉桩。

4）环形腔体模板。以 1000mm 直径 PCC 桩为例，由两个壁厚 8mm 的同心钢管组成，外管和内管的直径分别为 1000mm 和 760mm，即在土体内形成的环形空腔壁厚为 120mm，套管的尺寸可调。在桩体不要求配置钢筋笼的情况下可以将内、外管焊接固定，这样可以大大简化施工工艺。灌注混凝土时空腹模板起到护壁作用。

5）活瓣桩靴结构。由 12 块或 16 块梯形钢片组成，钢片的长度可以调整，以获得不同的桩靴角度。在钢套管的打入过程中桩靴封闭，阻止土体和地下水进入环形空腔内；在套管抽出时桩靴打开，便于混凝土的灌注成形。

6）沉模造浆器。造浆器由连通的引水管和喷管组成，引水管位于桩模内管内外壁，上端与高压水源连接，下端与喷管连接；喷管呈圆形紧贴在桩模内外管壁底部，由镀锌管制成，在喷管管壁上下各均匀分布有一组喷水孔，使水能自由喷出。在喷管上下各设置一组锯齿，在桩模上下运动时锯齿能切割周围土体，同时喷管喷水，在桩模套管表面形成泥浆，有效降低土体与管壁的摩擦系数，从而减小桩模受到的侧摩阻力。将锯齿设于喷水孔正上方和正下方，在喷管喷水形成泥浆时锯齿还起到保护喷管的作用。

7）混凝土分流器。在进料口的位置设置混凝土分流器。混凝土分流器为一半环形钢片，钢片的一端正好对齐进料口一半的位置，钢片的另一端伸展到内外套管之间环形腔体的另一侧。混凝土分流器倾斜一定角度，使部分混凝土滑落到桩模另一侧后再下落，使混凝土的灌注更加均匀。

8）超长桩连接段。对于桩长大于 25m 的 PCC 桩，或者当施工场地上方有障碍物，施工净高不足时，可采用超长桩连接技术。采用内长外短、先内后外的连接方法实现超长桩模的连接（图 35 - 5）。桩模由依次连接的进料段、一段或多段中间段和桩尖段组成，各段间的连接可拆卸；各段桩模均由内外两层套管组成，在内外两层套管之间设置中隔板，中隔板两端分别与内外套管固定连接；各段连接管的内管和外管均设置加强段，各双层沉模段在连接段内管长于外管，内管通过各段的内管加强段直接连接，外管通过两个半圆形曲面钢模组成的外管连接段连接。施工时，先将桩模的桩尖段沉入地基中，再沉入一段或多段中间段，直到沉入的桩模达到设计桩长；灌注混凝土后，分段拔出桩模。

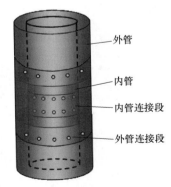

图 35 - 5　超长桩桩模连接段示意图

35.3 施 工 工 艺

35.3.1 施工流程

PCC 桩的施工工艺流程如图 35-6 和图 35-7 所示。PCC 桩的施工流程主要包括场地平整、桩机就位（图 35-8）、振动沉管、灌注混凝土、振动上拔成桩等。成桩后，开挖 50cm 桩芯土（图 35-9），回灌混凝土形成盖板（图 35-10、图 35-11），铺设加筋垫层（图 35-12），形成复合地基。

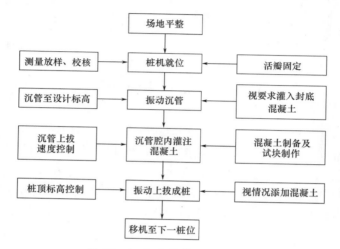

图 35-6 PCC 桩施工工艺流程

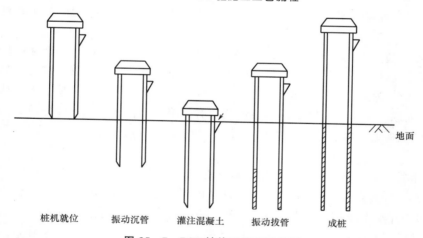

图 35-7 PCC 桩施工流程示意图

图 35-8 桩机就位

图 35-9 开挖桩头

图 35 - 10　浇筑盖板

图 35 - 11　盖板成形

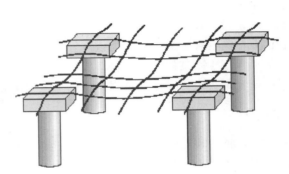

图 35 - 12　铺设垫层

1. 测量放样

根据施工设计图纸地基处理要求及处理范围，按照设计尺寸放出 PCC 桩的位置，并在每个桩位上钉桩位标记，单桩的中心位置偏差不得大于 10cm。在场地周边设置一定数量的护桩，以便随时校核桩位因振动或挤压引起的位移偏差。

2. 桩机就位

根据已经放出的桩位，移机就位，调整桩机水平度和垂直度。垂直度用经纬仪测量，误差应小于 1%；水平度用水平尺测量，误差应小于 1%。

3. 活瓣固定

在沉管底部设有活瓣装置，其目的是在沉管的过程中封闭活瓣，土体不能进入 12cm 厚的外壁腔。当沉管到达设计位置，灌注混凝土时，在混凝土的自重冲击下活瓣自动打开，以利于沉管的拔出。桩机就位后，开始沉管前，用 12 号铁丝将活瓣捆在内沉管上，其松紧程度以活瓣不再外张为宜，以防止灌注混凝土时活瓣不能打开。

4. 振动沉管

根据不同的地质条件，沉管在下沉过程中可先沉压到一定的深度，再开启振动锤，直至到达桩的设计深度。沉孔速度要均匀，避免突然加力与加速的情况。沉孔速度应小于 2.5m/min，每起拔 0.5～1.0m 需停拔，振动 5～10s，再拔管 0.5～1.0m，停拔，再振动 5～10s，如此循环施工，直至到达地面。必须严格控制最后 30s 的电流、电压值，其值根据试桩参数决定。

沉管必须一次到达设计要求的深度，严禁上拔再下沉，如沉管中途上拔，必须拔出地面，清除沉管头部的淤土，固定活瓣，再沉管。若地下水丰富，水量较大，宜沉管到一定深度，在桩长的 2/3 或 1/2 处加入适量的干拌混凝土，再继续下沉到设计深度。

5. 混凝土灌注

沉管到设计深度后应及时灌注混凝土，尽量缩短停歇时间。混凝土灌注时通过提升料斗的方法将混凝土送入成孔器壁腔内。首次灌注应灌至 1/10 桩长处即开始第一次上拔沉管，当第一次拔管结束后即开始第二次灌注混凝土，灌注深度为（1/5～2/5）桩长，然后开始第二次拔管，以此类推，进行灌注、拔管，直至成桩。在施工过程中，现场人员应经常敲击管壁，判断是否需要添加混凝土。实际灌注量的充盈系数不得小于 1。

6. 振动拔管

拔管是影响桩身质量的关键工序，也是造成扩颈、缩颈甚至断桩的关键。施工前应充分参考试桩得到的数据，确定拔管速度、停止时间、位置等施工参数。

当管内灌注满混凝土后，开始上拔沉管前，应首先开启振动锤振动 10s，再开始拔管。应边振动边拔管，以保证混凝土有良好的密实度。拔管速度应为 1m/min。每拔 1m 应停拔并振动 5～10s，如此反复，直至沉管全部拔出。在拔管过程中根据土体的实际情况添加混凝土，以满足桩顶混凝土标高要求。

7. 桩机移位，循环施工

施工完后，桩机移至下一桩位，对刚施工完的桩进行初步的处理，多余的混凝土应及时清运，带出的土体除用于桩头堆土养护外，其余的全部外运。

8. 桩头处理

待桩强度达到 70％时凿去上部浮浆至桩顶标高，另将桩顶标高 50cm 以内的桩芯土体取出，并重新回填 50cm 厚 C20 素混凝土至设计标高，封顶后开始施工 20cm 厚方形（或圆形）钢筋混凝土盖板，其尺寸（边长或直径）为 1.5m。

35.3.2 施工特点

PCC 桩的主要施工特点为采取振动沉模、自动排土、现场灌注混凝土而成管桩。具体施工步骤是：依靠沉腔上部振动锤的振动力，将由内外双层套管形成的环形腔体在活瓣桩靴的保护下打入预定的设计深度，然后在腔体内浇筑混凝土，边振动边拔管，拔管的同时视情况添加混凝土，从而在环形空腔中形成混凝土管桩。根据设计要求，也可以在环形空腔内放入钢筋笼，以形成现浇钢筋混凝土大直径管桩。为了保证桩、土共同承担荷载，调整桩与桩间土竖向荷载及水平荷载的分担比例，并减少基础底面的应力集中，在桩顶设置褥垫层，从而形成现浇混凝土大直径管桩复合地基。

35.3.3 施工准备

《现浇混凝土大直径管桩复合地基技术规程》（JGJ/T 213—2010）规定，应根据设计要求的数量、位置打试桩，进行施工工艺参数试验。笔者以江苏盐通高速公路 PCC 桩加固试验段为例进行分析。选择区段为盐城—南通高速公路大丰一标大丰南互通主线桥的南北两侧桥头，加固范围为 K30＋740—K30＋898、K31＋509—K31＋600，加固区共长 249m。根据试验结果，从坍落度、拔管速度、充盈系数、施打顺序四个方面进行分析。

1. 坍落度对管桩施工的影响

在灌注桩的施工过程中，坍落度的大小直接影响成桩后桩身的强度，尤其是处理含水量较高的土层时，宜选择坍落度较小的混凝土。混凝土的坍落度是混凝土灌注时一个重要的控制指标，而 PCC 桩由于钢模空腔的厚度较小（一般为 12cm 左右），且主要针对含水量较高的软弱地基，混凝土的坍落度控制就显得更为重要。过小的坍落度不利于混凝土在钢模腔内的流动，坍落度过大则因振动的影响而易形成离析，造成混凝土卡管，如何根据不同的地质条件及不同空腔厚度选择合适的坍落度尤为关键。本次选择 30～50mm、50～70mm、70～90mm、90～130mm 四种坍落度进行了试验，在施工场地选择壁厚为 12cm、10cm，桩径 1.0m 的 10 根桩进行了试验。不同的坍落度试验结果见表 35-1。

表 35-1　混凝土坍落度对施工过程的影响

桩号	里程桩号	坍落度/mm	桩径/mm	壁厚/cm	拔管速度/（m/min）	管内混凝土下落速度/（m/min）	卡管次数/次
A17-8	K31+509—K31+559	30～50	1000	10	1.2	1.7	2
A1-8	K31+509—K31+559	30～50	1000	10	1.2	1.9	2
A17-9	K31+509—K31+559	70～90	1000	10	1.2	1.8	0
A17-10	K31+509—K31+559	50～70	1000	10	1.2	1.8	0
A17-12	K31+559—K31+600	100	1000	12	1.2	2.0	1
A2-10	K31+559—K31+600	100	1000	12	1.2	2.1	0
A2-10	K31+559—K31+600	90	1000	12	1.2	2.1	1
A2-11	K31+559—K31+600	30～50	1000	12	1.2	2.1	1
A16-8	K31+559—K31+600	30～50	1000	12	1.2	2.1	1

表 35-1 中不同坍落度现场试验的结果表明：坍落度过大与过小都不利于桩的成形；坍落度过小在成桩的过程中易造成卡管，从而出现断桩或缩颈，从局部开挖的桩头可以看出存在桩壁厚度一边厚一边薄的现象；混凝土的坍落度过大，在运输及振动拔管过程中易形成混凝土离析，造成卡管现象，且开挖的桩身上出现在加料口一侧混凝土的石子多而另一侧混凝土砂子多的现象。因此，《现浇混凝土大直径管桩复合地基技术规程》（JGJ/T 213—2010）限定了坍落度的范围：现场搅拌混凝土坍落度宜为 8～12cm；如采用商品混凝土，非泵送时坍落度宜为 8～12cm，泵送时坍落度宜为 16～20cm。

2. 拔管速度的影响

对于沉管灌注桩而言，拔管速度必须保证桩身混凝土的用量，防止因拔管速度过快造成缩颈与断桩，以及拔管速度过慢影响施工工效，因而沉管桩的拔管速度一般控制在 1.2m/min 以内。PCC 桩由于受到桩芯土塞的影响，拔管速度的大小对桩身混凝土的影响更加明显。根据施工经验，拔管速度过快或过慢对施工都不利。本次试验结合机械设备及施工场地的土层分布特点对拔管速度与停顿位置等进行了研究。设定拔管速度为 1.5m/min 与 1.8m/min，并分别用壁厚 12cm 和 10cm 的两种桩进行试验，工程桩的拔管速度控制在 1.2m/min 左右。根据土层的分布情况，停顿的位置分别选择 6m 以下的粉质黏土和 6m 以下的砂质粉土，停顿时间设定为 10s、15s 和 20s 三种情况。试验中对拔管速度与混凝土的投量及拔管速度与管内混凝土的下落关系进行了测试。拔管速度与混凝土投量（充盈系数）的关系见表 35-2，停顿时间、停顿位置与混凝土的下落量之间的关系见表 35-3。

表 35-2　拔管速度对混凝土用量的影响

桩　号	编号	桩径/mm	壁厚/cm	拔管速度/(m/min)	充盈系数
K31+509—K31+559	A16-8	1000	10	1.5	1.45
K31+509—K31+559	A16-9	1000	10	1.5	1.48
K31+509—K31+559	A3-8	1000	10	1.5	1.45

续表

桩　号	编号	桩径/mm	壁厚/cm	拔管速度/(m/min)	充盈系数
K31＋509—K31＋559	A17－9	1000	10	1.5	1.48
K30＋808—K30＋898	A1－7	1240	12	1.5	1.45
K30＋808—K30＋898	A2－7	1240	12	1.5	1.47
K30＋808—K30＋898	A3－7	1240	12	1.5	1.49
K30＋808—K30＋898	A1－17	1240	12	1.8	1.44
K30＋808—K30＋838	A4－24	1000	12	1.8	1.45
K30＋808—K0＋838	A11－1	1000	12	1.8	1.46
K30＋838—K30＋868	A9－22	1000	12	1.8	1.45

表 35 - 3　停顿对混凝土用量的影响

桩号	停顿深度/m	停顿时间/s	统计次数/次	平均下落混凝土量/m³
K30＋808—K30＋838	4.5～5.0	20	5	0.3
K30＋724—K30＋808	4.5～5.0	20	5	0.3
K30＋724—K30＋808	8.5～9.0	15	4	0.2
K30＋724—K30＋808	9.0～9.5	15	5	0.18
K30＋724—K30＋808	10.0～11.0	10	4	0.11

通过对上述两种试验结果的分析，可得出如下结论：

1）拔管速度对充盈系数的影响较小，在一定的范围内拔管速度对混凝土的用量并无明显影响。

2）停顿对混凝土用量的影响研究表明，停顿时间在 10s 以上时混凝土用量急剧增大，尤其是在 5m 深度以上，由于土层对沉管振动的阻力大幅降低，且土体的自重对管中混凝土的压力大幅减小，在此位置之上停顿时极易导致沉管中心的土芯上升，从而加大混凝土的用量。

3. 充盈系数的影响

本次试验管桩的充盈系数统计表明桩的充盈系数一般为 1.5～1.6，远大于其他类型的桩。从理论上分析，以 PCC 桩的混凝土圆环的厚度作为理论计算量，其壁厚的微小增加将导致混凝土的用量增大很多。因为壁的厚度内缩外扩，PCC 桩比普通桩增加了扩大的空间，混凝土用量也相应增加。因此，PCC 桩的充盈系数应比一般的实心桩大。从试验结果分析，PCC 桩的充盈系数主要受以下因素影响：

1）桩的直径和壁厚。桩外径越大，壁厚越薄，充盈系数越大，反之亦然。

2）土层的性质。土层的孔隙率越大，含水率越高，则充盈系数越大，反之则越小。

3）桩芯土的高度。根据现场情况，桩芯土塞上升是由于混凝土的振动挤压造成的，因此桩芯土越高，混凝土的用量越大。

4）拔管速度。拔管速度的快慢对混凝土的用量有一定的影响，尤其对饱和的粉质黏土影响较大，对强度较高的土层影响较小。

5）停顿的次数和停顿时间的长短。停顿的时间越长，充盈系数增大越明显。在上部 6m 以内的土层中振动停拔大于 20s 时，桩芯土塞上升，混凝土用量明显增大。

6）其他。针对加料过程中的浪费和桩顶混凝土量的多余量控制，可考虑采用以下公式计算实际的混凝土用量：

$$V = \delta_1 V_0 + \delta_2 V_0 + 0.15 V_1 + V_2 \tag{35-1}$$

式中　V——实际混凝土用量；

　　　V_0——理论混凝土用量；

V_1——桩芯土高出地面的体积；

V_2——加料时的浪费量与冒出桩头的混凝土量；

δ_1，δ_2——由土层充盈系数决定的参数。

δ_1 的取值：可塑～硬塑的粉质黏土、黏土，孔隙比 $e<0.75$，$\delta_1=1.05\sim1.10$；软塑的粉质黏土、黏土，$\delta_1=1.15\sim1.20$；流塑的淤泥质粉质黏土，$\delta_1=1.3\sim1.35$；饱和中密的软粉质黏土，$\delta_1=1.25\sim1.30$。

δ_2 为拔管速度与停振次数的充盈系数，停振的时间以大于 10s 计算一次，每一次增加 0.05。全桩的充盈系数可以用土层厚度的加权平均值计算。

4. 施打顺序的影响

在以前的工程中管桩施工顺序的确定主要考虑保证施工的便利性，很少对管桩施工对邻桩的影响加以考虑。该试验工程在施工组织设计中计划按沿垂直于道路中心线方向左右平移施打，后为满足科研要求，对施打的顺序作了调整。图 35-13 和图 35-14 是该工程部分区段的施打顺序示意图。

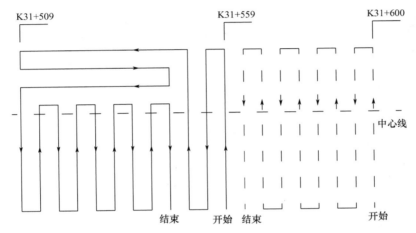

图 35-13　1 号桩机施打顺序示意图

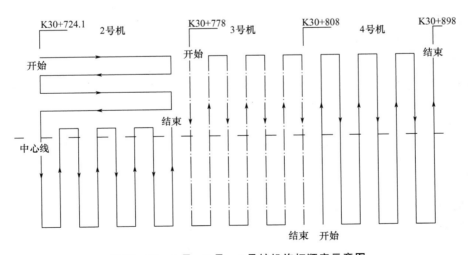

图 35-14　2 号、3 号、4 号桩机施打顺序示意图

上述不同的施工顺序导致在施工中出现了不同的现象。如图 35-13 中虚线所示，1 号桩机的施打按单一的施工顺序进行，以同一方向逐步前进，周围无其他的桩机施工，施工中没有出现场地局部冒水等不良现象。后调整施工顺序，1 号桩机采用如图 35-13 中实线所示的施工顺序，先在场地

的三面打桩，留下一面缺口，再由四周逐步向中心逼近，在施工至中心场地 15m 左右间距时，施工区场地下陷 0.1～0.15m，中心区局部场地产生了冒水现象。采用图 35-14 所示的施工顺序，2 号、3 号、4 号桩机同时在三块场地施工，3 号桩机在施工至剩余 3 排桩时出现了地下水流出的现象，未见地面沉陷。

从以上情况看，最有利的施工顺序是图 35-13 中虚线所示的顺序，即沿一面逐步向前推进；图 35-14 所示的顺序效果最差，即从四周向中心包围的顺序。因此，PCC 桩的施工顺序宜按照以下规则安排：

1）如桩布置较密集且离建（构）筑物较远，施工场地较开阔，宜从中间向外进行。

2）如桩布置较密集且场地较长，宜从中间向两端进行。

3）若桩较密集且一侧靠近建（构）筑物，宜从靠建（构）筑物一边由近向远进行。

4）在较密集的群桩施工中，为减少桩的挤土现象，可采用控制打桩速率、优选打桩顺序等措施。

5）根据桩的长短，宜先长后短；根据桩径大小，宜先大后小。

6）靠近边坡的地段，应从靠近边坡向远离边坡方向进行。在边坡坡肩施工时应采取可靠的防护措施，防止边坡失稳，保证机械的施工安全。

通过本次工艺性试验得出的结论如下：

1）施工中应充分考虑施打顺序的可能影响，一般的顺序以从中心向周边扩展为宜。对类似该工程这种 10m 以内有饱和砂性土的地层，施工时应留有三个方向的孔隙水排水通道。

2）拔管速度可以通过现场试桩获得；在土层分界面附近应适当停顿。

3）振动停拔是防止土层交界面处断桩缩颈的有效方法。停顿时间大于 20s 时会造成混凝土向内挤压桩芯土而形成实心桩，增大了桩的混凝土用量，但利用好这一点可在桩端部加长停振时间，形成混凝土封底与扩大头。若在桩身中部停顿数次并延长每一次停顿的时间，还可形成"竹节桩"，进一步提高单桩的承载力。

35.3.4 施工要点与注意事项

施工中应注意以下七个问题。

（1）测量放样

单桩的中心位置偏差不应大于 20cm，现场应以经纬仪施放，并多次复核；在场地周边应设置一定数量的桩点，以便随时校核桩位因振动或挤压引起的位移偏差。在桩中心点确定后，应画出桩外侧的圆线（可用石灰或 4～6 根基准桩确定）。

（2）桩机就位

根据桩位的情况，移机至设计桩位。此时应调整桩机的水平度和垂直度。垂直度以桩塔的垂线控制，偏差应小于 1%；水平度应以水平尺控制，误差应小于 1%。

（3）活瓣桩靴固定

应在桩机就位后用铁丝固定活瓣，固定活瓣的铁丝为 12 号，其松紧程度以活瓣不再外张为宜，且不宜过紧。

（4）振动沉模

根据不同的地质条件，套管可先静压到一定的深度，再开启振动锤，直至桩的设计深度。若以贯入度控制，则宜以最后的下沉深度或电流控制最终的沉管深度。沉管上应有明显的长度标记。

在沉管过程中应注意以下三个问题：

1）沉管必须一次性打到设计要求的深度，严禁上拔再下沉。如沉管中途上拔，必须拔出地面，清除沉管中的淤土，固定活瓣后再进行沉管。

2）若地下水丰富，宜沉管到一定深度后加入适量的干拌混凝土，再继续下沉到设计深度。

3）如遇到较硬夹层，可利用专门设计的沉模造浆器在沉桩过程中注入泥浆。

（5）混凝土搅拌及灌注

混凝土制作、用料标准应符合现行相关规范的要求。混凝土施工配合比由试验室根据混凝土用料试验确定。现场搅拌混凝土坍落度宜为 8～12cm，如用商品混凝土，非泵送混凝土坍落度宜为 8～12cm，泵送混凝土坍落度宜为 16～20cm。

在混凝土灌注过程中应注意：

1）沉管到设计桩深时应立即灌注，停机时间不宜过长。

2）混凝土适当超灌，一般不少于 50cm，使桩顶混凝土强度等级在凿除桩顶浮浆后满足设计要求。

3）拔管过程中现场人员应利用敲击管壁法判断管内混凝土量，判断是否继续添加混凝土，避免造成浪费或混凝土量不足。

（6）振动拔管

拔管是影响桩身质量的关键工序，施工前应充分考虑地质条件及混凝土状态等多方面因素，确定拔管的速度、停止的时间和位置等施工参数。

主要要求和注意事项有：

1）在软弱土层内拔管速度宜为 0.6～0.8m/min，在松散或稍密砂土层内拔管速度宜为 1.0～1.2m/min，在软硬土层交替处拔管速度不宜大于 1.0m/min，并在该位置停拔留振 10s。

2）管腔内灌满混凝土后，应先振动 10s，再开始拔管，且应边振动边拔管，每拔 1m 应停拔并振动 5～10s，如此反复，直至沉管全部拔出。

3）在拔管过程中应根据土层的实际情况二次添加混凝土，以满足桩顶混凝土标高要求。

4）距离桩顶 5.0m 时宜一次性成桩，不宜停拔。

（7）移机

移机后应对桩头进行初步的处理，多余的混凝土应及时清运，带出的土体也应外运，防止破坏桩头。

35.3.5　施工技术要求

（1）PCC 桩成孔技术要求

1）沉管时应保证机架底盘水平、机架垂直，垂直度允许偏差应小于 1%。

2）在打桩过程中如发现有地下障碍物应及时清除。

3）在淤泥质土及地下水丰富区域施工时，第一次沉管至设计标高后应测量管腔孔底有无地下水或泥浆进入；如有地下水或泥浆进入，则在每次沉管前应先在管腔内灌入高度不小于 1m、与桩身同强度的混凝土，并应防止沉管过程中地下水或泥浆进入管腔内。

4）沉管桩靴宜采用活瓣式，且成孔器与桩靴应密封。

5）应严格控制沉管最后 30s 的电流、电压值，其值应根据试桩参数确定。

6）沉管管壁上应有明显的长度标记。

7）沉管下沉速度不应大于 2m/min。

（2）PCC 桩终止成孔的控制规定

1）桩端位于坚硬、硬塑的黏性土、砾石土、中密以上的砂土或风化岩等土层时，应以贯入度控制为主，以桩端设计标高控制为辅。

2）桩端位于软土层时，应以桩端设计标高控制为主。

3）桩端标高未达到设计要求时，应连续激振 3 阵，每阵持续 1min，并应根据平均贯入度大小确定终止成孔的位置。

（3）桩身混凝土灌注要求

1）沉管至设计标高后应及时灌注混凝土，并尽量缩短间歇时间。

2）混凝土制作、用料标准应符合国家现行有关标准的要求。坍落度要求见 35.3.4 节。

3）混凝土灌注应连续进行，实际灌注量的充盈系数不应小于 1.1。

4）混凝土灌注高度应高于桩顶设计标高不小于 50cm。

（4）振动上拔成桩要求

具体要求见 35.3.4 节。

35.3.6 桩基检测

1）现场开挖。检查桩身外观质量。该项工作在桩基完工 14 天后进行，检查 1 根。

2）低应变检测。采用反射波法对桩身完整性进行检测，检测数量为总桩数的 5%。

3）静荷载试验。对复合地基承载力和单桩承载力进行检测，检测数量为 3 根桩。

35.4　工　程　实　例

PCC 桩复合地基属刚性桩复合地基，与柔性桩复合地基、散粒体桩复合地基相比，地基承载力提高幅度大，桩体质量易于保证，可有效控制地基沉降。目前，PCC 桩复合地基技术已广泛应用于我国江苏、浙江、上海、安徽、天津、河北等多个省市的高速公路、高速铁路、港口和市政道路等工程的大面积软土地基处理，如京沪二期高速公路天津段、京沪高速铁路南京南站连接线、江苏盐通高速公路、南京绕城高速公路、镇江金阳市政大道、上海北环高速公路、浙江杭千高速公路、天津威武高速公路、河北沿海高速公路、湖南常张高速公路、南京河西滨江大道、长江华菱钢厂港口工程等，有效解决了构筑物的工后沉降和不均匀沉降等难题，节省了大量混凝土材料，减少了碳排放，加快了工程进度，取得显著的社会和经济效益。

本节简要介绍其中两个代表性工程的应用，便于类似工程参考。

35.4.1　PCC 桩复合地基在高速公路软基处理中的应用

35.4.1.1　工程概况

盐通高速公路（图 35-15）是我国沿海大通道在江苏境内的重要组成部分，沿线的地面高程为 2.8～4.0m，地下水位高；高速公路经过区域河沟纵横，水系发达，为水网化地区；线路所经区域在地形地貌上属于滨海平原，东为黄海，西为苏北里下河潟湖洼地，南与长江三角洲衔接。由于独特的地理环境，该地区软土层为淤泥及淤泥质土，层理构造为滨海相、潟湖相两大成因，部分地段存在超软、深厚的软土，技术指标差，灵敏度高，受扰动后强度降低幅度大。大丰南互通主线中桥桥头及其过渡段（K30+740—K31+600）共 249m 长，原设计处理方案为 CFG 桩，后经技术及经济性比较，变更为混凝土强度等级为 C15 的 PCC 桩加固处理。

35.4.1.2　工程地质条件

（1）场地地形地貌、地下水位

图 35-15　江苏盐通高速公路

该路段位于滨海冲积平原，地势平坦，地面高程为 2.9～3.6m。勘察期间揭示钻孔地下稳定水位高程约 1.0m（1985 年国家高程基准）。

（2）地质条件

基岩埋藏深，第四系厚度在 200m 以上，地表无构造痕迹。PCC 桩加固区钻孔揭示深度内为第四系地层，加固区广泛分布①₂层淤泥质粉质黏土，该土层为流塑状态，强度低，压缩性高，为不良地质层。该层顶面标高-0.050～

1.900m，底面标高 $-9.700 \sim -10.800$m，内夹①$_a$ 层软～流塑状粉质黏土夹粉砂。软土被①$_b$ 层分隔为上下两层，累计层厚为 $6.30 \sim 10.50$m。

35.4.1.3　PCC 桩复合地基的设计

该试验段共设置了 7 个不同参数的加固区，在各区中分别采用了如下几种设计参数：桩径 1000mm、1240mm；壁厚 100mm、120mm；桩间距 2.8m、3.0m、3.3m，正方形布置；垫层，50cm 碎石加两层土工格栅、60cm 灰土加两层土工格栅；桩长 16.0m、18.0m。现场在 K31＋509—K31＋559 段打设试桩时发现沉管在沉到 15.5m 左右时便无法下沉，该位置已到达③层粉质黏土层，后均通过试桩将各区段桩长改为 15.0m 和 15.5m 两种。

35.4.1.4　PCC 桩的质量检测

PCC 桩桩径较大，桩间距也较大，单方混凝土提供的承载力较其他桩型有了较大的提高，但由于 PCC 桩的壁厚相对较薄，质量要求比较严格。除了要严格执行施工要求外，成桩以后的质量检测也非常重要。采用适当的检测方法可及早发现软基处理隐蔽工程的施工质量问题，以便及早采取补救措施。参照其他类型沉管桩的检测方法并考虑 PCC 桩的一些特点，其成桩质量检测可采用低应变反射波法、静荷载试验、开挖检测、桩身强度试验等。

1. 低应变反射波法

该工程在现场进行了约 60 根桩的小应变试验，采用反射波进行检测，主要目的是检测桩身结构完整性、成桩类型；同时，将小应变检测结果和其他检测方法相结合，以探讨反射波法对 PCC 桩质量检测的适用性及具体检测方法。根据桩的弹性波振动的时域曲线和频域曲线的表现特征，分析桩身混凝土质量及桩身完整性，对桩身质量作出评价。

试验采用的仪器为 PDI 动测仪，信号采集传感器为加速度计。为了使检测更具有代表性，每根桩进行了多次测试，并采用不同的击发装置和不同的击发与接收距离，通过多次试验，选择适宜的击发、接收措施。

从检测结果来看，本次小应变试验效果较好，测试的典型波形如图 35－16 所示。检测结果表明：该工程测试波速正常，平均波速均在 3200m/s 左右，各桩桩身质量良好，桩底反射明显。测试结果表明，基于合适的击发和接收装置，采用小应变动测技术测试 PCC 桩的施工质量是可行的，检测结果能较好地反映 PCC 桩的施工质量。

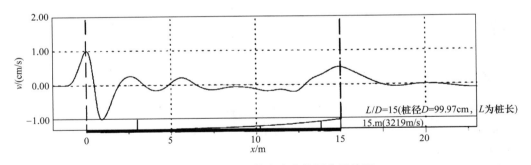

图 35－16　PCC 桩小应变检测典型波形

2. 静荷载试验

试验采用慢速维持荷载法，最大荷载采用设计荷载的 2.0 倍。试桩前应进行下列准备工作：对 PCC 桩进行封顶处理，凿除桩顶损坏或混凝土强度不足处，挖空桩顶管桩 1.5m 以内土，灌以实心混凝土，修补平整桩顶。

静荷载试验的目的是确定单桩竖向抗压极限承载力和单桩复合地基竖向抗压极限承载力。试验采用压重平台反力装置，静荷载由安装在桩顶的油压千斤顶提供，桩顶沉降由百分表测量，单桩及单桩复合地基静荷载试验均按慢速维持荷载法进行。

在 PCC 桩施工结束后委托江苏省建筑工程质量检测中心对 PCC 桩的承载力进行了检测。试验于 2003 年 6 月 20 日开始，7 月 24 日结束。共进行了 3 根单桩、2 根单桩复合地基静荷载试验，具体的桩位及试验内容见表 35-4。

表 35-4 PCC 桩静荷载试验内容

桩号范围	序号	编号	桩径/mm	桩长/m	混凝土强度等级	试验类型
K30+778—K30+808	1	A5-18	1240	15.0	C15	单桩静荷载
	2	A6-20	1240	15.0	C15	单桩静荷载
	3	A7-12	1240	15.0	C15	单桩复合地基
K30+868—K30+898	4	A7-18	1000	15.5	C15	单桩复合地基
	5	A8-16	1000	15.5	C15	单桩静荷载

通过对现场静荷载试验结果的汇总、整理，得出静荷载试验成果，见表 35-5。

表 35-5 静荷载试验成果

桩号范围	编号	最大试验荷载/kN	是否破坏	单桩极限承载力/kN	复合地基承载力特征值/kPa	极限承载力对应的沉降量/mm	最大回弹量/mm
K30+778—K30+808	A5-18	1650	否	1650	—	13.63	7.53
	A6-20	1800	是	1650	—	42.74	21.64
	A7-12	2995	否	—	137.5	13.61	7.40
K30+868—K30+898	A7-18	2700	否	—	124.0	12.11	6.18
	A8-16	1500	是	1350	—	50.98	12.81

由表 35-5 中的静荷载试验结果可以看出，在多数桩静荷载试验没有达到破坏的前提下，桩长 15.5m、桩径 1000mm 的 PCC 桩的单桩极限承载力在 1350kN 左右，比理论设计值 1215kN 提高 11%；桩长 15m、桩径 1240mm 的 PCC 桩的单桩极限承载力在 1650kN 左右，比理论设计值提高 11% 左右；复合地基的承载力特征值为 124～140kPa，比理论计算值提高约 6%。典型的单桩及单桩复合地基的静荷载试验曲线如图 35-17 及图 35-18 所示。静荷载试验的结果说明本次试验 PCC 桩的施工质量是合格的。

3. 桩芯土开挖检测

由于 PCC 桩直径较大且内部呈中空状，可采用人工将桩芯土挖除的方法对 PCC 桩的施工质量进行检测。现场开挖是检测 PCC 桩质量最直观、最有效的方法，在人工将桩芯土挖除后可自上而下直接观察桩身的完整性。该项工作应在桩基施工完工 14 天后进行，用于开挖检测的 PCC 桩应随机选取。

本次 PCC 桩软基加固段长 249m，共分为 7 个不同的设计参数区段，根据试验计划，在每一区段选择 2 根桩进行开挖检测，共计开挖了 14 根桩，结合 14 根桩的开挖检测进行了如下试验工作。

（1）开挖深度的确定

在拟开挖的桩中选取 2 根进行全桩开挖检测，选取 6 根开挖至地表以下 5～6m，选取 6 根开挖至地表以下 10～11m。每根桩桩顶外侧土体均下挖 1～2m，使桩头暴露。

（2）外观评价

对开挖裸露的桩身进行检测，检查是否有断裂、缩颈等现象。

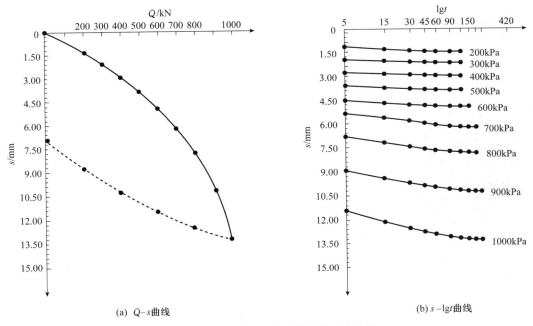

图 35 - 17　A14 - 10 单桩静荷载试验结果

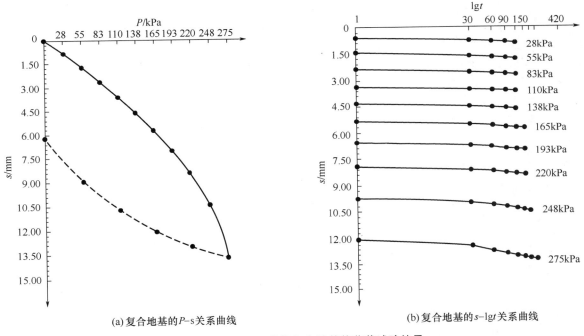

图 35 - 18　A7 - 12 单桩复合地基静荷载试验结果

（3）钻孔量壁厚

PCC 桩直径较大，单方混凝土提供的承载力较高，但其壁厚相对较薄，施工时如混凝土灌注量不足或拔管速度过快，很容易导致 PCC 桩的壁厚得不到保证。壁厚均匀与否直接关系 PCC 桩的抗压承载能力，只有在壁厚均匀的情况下才能保证单桩承载力得到最大限度的发挥。结合 PCC 桩的开挖检测工作，对该工程 PCC 桩成桩后的壁厚进行了检测。具体方法是：在开挖后的桩身上从桩顶向下每 2m 用冲击钻钻一个小孔，量取钻孔部位桩体的壁厚。

（4）取芯检测

PCC 桩承载力的高低取决于两个方面的因素：场地土体的特性和桩体混凝土的强度特性。如施工时混凝土搅拌不均匀或灌注时混凝土产生了离析现象，均会导致 PCC 桩的桩身混凝土强度得不到保证。混凝土的搅拌质量已经在施工过程中留置了试块进行检测。该工程还在成桩后的桩身上取样并进行了室

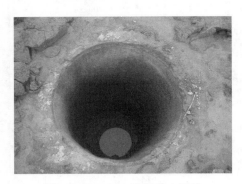

图 35 - 19　PCC 桩桩芯土开挖

内抗压强度试验，以对成桩后的桩身混凝土质量进行评价。桩身取样结合 PCC 桩的开挖进行。在每根开挖的桩上取 1 个试样，共取样 14 个。取样位置在土层分界面附近，即地下 2m 及 10m 附近。因 PCC 桩内部空间较小，用手提式取芯机极难操作，后改用冲击钻在周边打孔，取得较大的一块，送室内切割的方法制备试样。取样后的桩身空洞均用混凝土进行了填补。

图 35 - 19 所示为现场开挖后的 PCC 桩。从开挖的情况看，本次施工的 PCC 桩内外壁光滑完整，没有出现断桩、离析、夹泥、凹陷、缩颈等不良现象，施工质量较好，也可以看出桩体成型良好。

35.4.2　PCC 桩复合地基在高速铁路软基处理中的应用

35.4.2.1　工程概况

2008 年开工建设的京沪高速铁路为轮轨式铁路，正线全长约 1318km，设计时速达 350km，于 2011 年建成完工。京沪高速铁路是我国中长期铁路网规划中投资规模较大、技术含量较高的一项工程，也是我国第一条达到世界先进水平的高速铁路。京沪线南段（南京至上海）软土地基分布的特点是由薄到厚，其工程地质条件也相应地由好到差，路堤填筑高度由高到低。根据地质、土质条件和路堤高度大致可以分为两个大段：①南京—访仙段，剥蚀低山丘陵区及长江阶地，属谷地相洪积成因与河流冲积成因，软土层厚 2～9m，路堤填土高 3～5m；②访仙—上海段，长江三角洲平原区，地形平坦开阔，水渠河流纵横交错，地势低平，西部略高，东部渐低。2008 年京沪高铁南京 L1DXK10＋260—L1DXK10＋610 段采用 PCC 桩复合地基进行加固。

35.4.2.2　工程地质条件

（1）地形地貌

秦淮河一级阶地，地势平坦开阔，水塘沿线路中心分布。其中，L1XDK10＋315—L1XDK10＋511、L1XDK10＋530—L1XDK10＋570、L1XDK10＋767—L1XDK10＋803 为水塘，水塘宽一般为20～30m，局部最大达 40～50m，塘埂高程 8.000m，水深 1～2m，淤泥厚 0.5m。

（2）地层岩性

⓪人工填土；①$_1$Q$_4^{al+pl}$ 淤泥质粉质黏土，褐灰色，流塑（Ⅱ）；①$_2$Q$_4^{al+pl}$ 粉质黏土，褐黄～灰色，软塑（Ⅱ）；①$_3$Q$_4^{al+pl}$ 粉质黏土，褐黄色，软塑（Ⅱ）；①$_4$Q$_4^{al+pl}$ 粉质黏土，褐黄色，硬塑，土质均匀（Ⅲ）；②Q$_3^{al}$ 粉质黏土，褐黄色，硬塑（Ⅲ）；③Q$_3^{al}$ 粉质黏土夹碎石，粉质黏土，褐黄色，硬塑（Ⅲ）；④$_1$ 泥质砂岩，全风化，棕红色（Ⅲ）；④$_2$ 泥质砂岩，强风化，紫红～棕红色（Ⅳ）。

（3）水文地质

地下水不发育，检测时水位埋深为 1.0～2.0m；对混凝土无侵蚀性。

（4）土体物理力学参数

⓪填土：$\gamma=19kN/m^3$，$c_u=10kPa$，$\varphi_u=30°$。

①$_1$ 淤泥质粉质黏土，流塑，$w=49.14\%$，$\gamma=19.5kN/m^3$，$e=1.35$，$c_u=7.54kPa$，$\varphi_u=4.29°$，$c_{cu}=17.6kPa$，$\varphi_{cu}=18.94°$，$E_s=2.19MPa$。

①₂ 粉质黏土，软塑，$w=30.3\%$，$\gamma=19.6\mathrm{kN/m^3}$，$e=0.73$，$c_u=25\mathrm{kPa}$，$E_s=4.95\mathrm{MPa}$。

① 粉质黏土，硬塑，$w=28.28\%$，$\gamma=20.2\mathrm{kN/m^3}$，$e=0.81$，$c_u=24.63\mathrm{kPa}$，$\varphi_u=14.4°$，$c_{cu}=43.67\mathrm{kPa}$，$\varphi_{cu}=22.0°$，$E_s=8.66\mathrm{MPa}$。

35.4.2.3　PCC 桩复合地基的设计

试验段采用 PCC 桩复合地基加固，梅花形布置，桩间距 2.5m。PCC 桩桩身混凝土强度等级为 C20，桩径为 1m，壁厚 15cm，桩长 8～15.5m，打入持力层 1.5～2m。桩顶设 0.6m 厚碎石垫层，内铺一层土工格栅，厚 10cm，土工格栅片屈服强度大于等于 180MPa，断裂延伸率小于 15%，网格尺寸为 25cm×25cm。

路基面形状直线地段为人字形，基床表层厚 0.6m。路堤基床表层换填 A 组填料；路堑基床表层换填 0.5m 填料＋0.1m 中粗砂，中粗砂中夹铺一层复合土工膜。路堤基床底层 1.90m 采用 A 组、B 组填料，路基基床表层及底层的底部均做成向两侧倾斜 4% 的横向排水坡。

35.4.2.4　PCC 桩的质量检测

1. 低应变反射波法

低应变反射波法主要用来检测桩身完整性和成桩混凝土的质量。根据《建筑基桩检测技术规范》（JGJ 106—2014）的规定，对桩身完整性进行检测，检测数量按 10% 的比例控制。由于大直径管桩桩型不同于实心桩，动力检测时在桩顶应均匀对称测试四点，击发可采用尼龙棒、铁锤等，选择最佳击发与接收距离，采集测试波曲线。图 35-20 为典型的检测曲线，可以看出，桩两端间曲线平稳，没有波峰和波谷，表示没有裂缝及断桩现象，桩身完整。

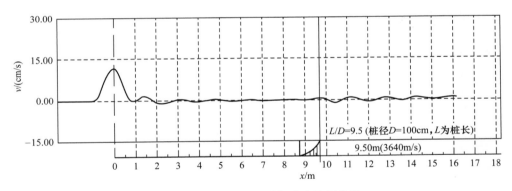

图 35-20　典型工程桩低应变检测曲线

2. 静荷载试验

静荷载试验应在管桩封顶后进行。试验采用慢速维持荷载法，最大荷载采用设计荷载的 2.0 倍。试桩前应进行下列准备工作：凿除桩顶损坏或混凝土强度不足处，挖空桩顶管桩 1.5m 以内桩芯土，灌注混凝土，修补平整桩顶。检测桩号为 63-5 号，桩长 15m，静载检测结果如图 35-21 所示。

从结果来看，桩长 15m、桩径 1.0m、壁厚 150mm 的 PCC 桩的单桩复合地基极限承载力在 1440kN 左右。破坏性荷载试验的荷载-沉降曲线呈陡降型，正常工作荷载下桩的沉降很小，表明深厚软土中的 PCC 桩主要为摩擦桩。静荷载试验表明本工段 PCC 桩的施工质量良好。

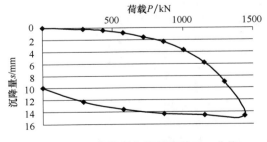

图 35-21　单桩复合地基静载 P-s 曲线

3. 桩芯土开挖检测

桩芯土开挖检测如图 35 - 22 所示。开挖检测表明，施工的 PCC 桩内外壁光滑完整，没有出现断桩、离析、夹泥、凹陷、缩颈等不良现象，施工质量较好。

图 35 - 22　PCC 桩桩芯土开挖检测

PCC 桩在京沪高速铁路软基处理中首次应用，对 PCC 桩设计理论、施工工艺及质量检测等进行了较详细的研究，并对加固效果进行了评价。从现有的试验成果来看，PCC 桩具有加固机理清晰、施工质量易于控制、成桩质量好、桩体的承载力高、检测方便，节省检测费用、经济性优越等优点。考虑该方法的优越性，建议在其他高速铁路建设中尽早予以推广，以产生更大的社会、经济效益。

35.5　PCC 桩的设计要点

35.5.1　PCC 桩复合地基的几何尺寸设计

1. 横截面设计

设 PCC 桩外径为 D_1，内径为 D_2，壁厚为 h，同等截面面积圆形桩直径为 d，则有

$$\pi(D_1^2 - D_2^2)/4 = \pi d^2/4 \tag{35-2}$$

$$d = \sqrt{D_1^2 - D_2^2} \tag{35-3}$$

PCC 桩与等截面的圆形桩周长比为

$$\frac{\pi D_1}{\pi d} = \frac{D_1}{\sqrt{D_1^2 - D_2^2}} \tag{35-4}$$

2. 桩间距设计

桩间距的设计与桩本身的尺寸有关，PCC 桩为大直径桩，根据《建筑桩基技术规范》（JGJ 94—2008）第 3.3.3 条，基桩的布置宜符合下列条件：排数不少于 3 排且桩数不少于 9 根的摩擦型部分挤土桩基，其最小桩间距为 3～3.5 倍桩径。由于 PCC 桩属大直径桩，通过现场试验，考虑复合地基承载力、土性、位置及施工工艺等，确定 PCC 桩的桩间距为 2.5～4 倍桩径。

3. 桩长设计

作为承担竖向荷载的 PCC 桩，桩长的设计需同时满足承载力和沉降的要求。理论上，PCC 桩能施工的桩长可达 25m 以上，但是由于施工桩长的增加势必导致打桩成本的增加，在经济上没有优势。进一步，考虑施工工艺的成熟性，《现浇混凝土大直径管桩复合地基技术规程》（JGJ/T 213—2010）规定 PCC 桩最大桩长为 25m。PCC 桩设计时，宜选择较好的土层作为持力层，因此设计桩长宜穿过软土层。当软土层较深，超过 PCC 桩的最大沉桩深度时，也可在沉降验算满足要求的基础上不穿过软土层，沉

降计算时需验算软弱下卧层的承载力和沉降。当采用 PCC 桩处理后沉降仍不能满足要求时，也可施加部分超载预压。

4. 盖板设计

盖板尺寸与桩间距及上部填土高度有关。对于路堤下的 PCC 桩复合地基，因在路堤中存在土拱效应，填土荷载经土拱效应调节后作用于复合地基。在土拱上部存在一等沉面。当然，土拱的形成是有条件的，研究表明，拱顶高度必须大于 1.5 倍拱跨，才能形成土拱，因此路堤填土高度必须大于桩边缘净间距的 1.5 倍，否则填土中不能形成土拱，填土表面会有差异沉降，影响上部结构的施工。在这种情况下，桩顶必须设置盖板，以减小桩与桩之间的净间距，协调桩与土的差异沉降。

5. 垫层设计

垫层厚度与桩间距及上部填土高度有关。复合地基的桩顶应铺设褥垫层。铺设褥垫层的目的是调整桩土应力比，减少桩头应力集中，有利于桩间土承载力的发挥。褥垫层的设置是刚性桩复合地基的关键技术之一，是保证桩、土共同作用的核心内容。

《现浇混凝土大直径管桩复合地基技术规程》（JGJ/T 213—2010）根据大量的工程实践总结，褥垫层的厚度取 30～50cm，一般上部填土较厚时取大值（荷载大，调整荷载分担），桩间距大或桩间土较软时取大值。为充分发挥 PCC 桩的承载作用，桩顶褥垫层中应铺设加筋材料。褥垫层内设加筋材料 1～2 层，褥垫层厚度大时设 2 层。

35.5.2　PCC 桩复合地基承载力计算

《现浇混凝土大直径管桩复合地基技术规程》（JGJ/T 213—2010）规定 PCC 桩复合地基竖向承载力特征值应通过现场单桩复合地基荷载试验确定，初步设计时也可按下列公式估算：

$$f_{spk} = m \frac{R_a}{A_p} + \beta(1-m)f_{sk} \qquad (35-5)$$

$$R_a = \frac{1}{K}Q_{uk} \qquad (35-6)$$

$$Q_{uk} = u \sum_{i=1}^{n} q_{sik} l_i + \xi_p q_{pk} A_p \qquad (35-7)$$

$$m = d^2/d_e^2 \qquad (35-8)$$

以上式中　f_{spk}——复合地基竖向承载力特征值（kPa）；

　　　　　m——桩土面积置换率；

　　　　　d——桩身外径（m）；

　　　　　d_e——一根桩分担的处理地基面积的等效圆直径（m），按等边三角形布桩时 d_e 可按 1.05D 取值，按正方形布桩时 d_e 可按 1.13D 取值，按矩形布桩时 d_e 可按 1.13 $\sqrt{D_1 D_2}$ 取值，D、D_1、D_2 分别为桩间距、纵向桩间距和横向桩间距（m）；

　　　　　R_a——单桩竖向承载力特征值（kN）；

　　　　　A_p——包括桩芯土在内的桩横截面面积（m²）；

　　　　　β——桩间土承载力折减系数，宜按地区经验取值，无经验时可取 0.75～0.95，天然地基承载力高时宜取大值；

　　　　　f_{sk}——处理后桩间土承载力特征值（kPa），宜按当地经验取值，无经验时可取天然地基承载力特征值；

　　　　　Q_{uk}——单桩竖向极限承载力标准值（kN）；

K——安全系数，取 $K=2$；

u——桩身外周长（m）；

n——桩长范围内划分的土层数；

ξ_p——端阻力修正系数，与持力层厚度、土的性质、桩长和桩径等因素有关，可取 $0.65\sim$ 0.90，桩端土为高压缩性土时取小值，端土为低压缩性土时取大值；

q_{sik}——桩侧第 i 层土的极限侧阻力标准值（kPa），当无当地经验时可按现行行业标准《建筑桩基技术规范》（JGJ 94—2008）的规定取值；

q_{pk}——极限端阻力标准值（kPa），当无当地经验时可按现行行业标准《建筑桩基技术规范》（JGJ 94—2008）的规定取值；

l_i——桩穿过第 i 层土的厚度（m）。

35.5.3 PCC 桩桩身混凝土强度验算

由于 PCC 桩单桩承载力高，但桩身环形净截面面积较小，桩身中的竖向应力相对较大。PCC 桩属于刚性桩，在设计时需验算 PCC 桩的桩身混凝土强度。《现浇混凝土大直径管桩复合地基技术规程》（JGJ/T 213—2010）规定桩身混凝土强度验算应符合式(35-9)的规定：

$$R_a \leqslant \psi_c A_p' f_c \tag{35-9}$$

式中　f_c——混凝土轴心抗压强度设计值（kPa），按现行国家标准《混凝土结构设计规范》（GB 50010—2010）的规定取值；

ψ_c——桩工作条件系数，取 $0.6\sim0.8$，根据《建筑地基基础设计规范》（GB 50007—2002）第 8.5.9 条的规定，对于灌注桩取 $0.6\sim0.7$，PCC 桩作为复合地基使用时工作条件系数适当放宽；

A_p'——桩管壁横截面面积（m²）。

35.5.4 PCC 桩复合地基沉降计算、稳定性计算和软弱下卧层承载力验算

不同的建筑类型对沉降的要求不同。PCC 桩复合地基在高速公路软基处理中应用广泛，对于高速公路，桥头工后沉降需控制在 10cm 以内。PCC 桩复合地基设计需进行沉降计算，通过沉降控制设计参数。对于刚性桩复合地基，只要沉降能满足要求，承载力一般也能满足要求。

刚性桩复合地基的稳定安全系数采用圆弧法计算，将分析区域内的土体分条，复合地基加固区考虑 PCC 桩桩体抗剪强度的影响。对于梅花形布桩，简化为平面问题分析时可采用等效置换法计算。

当地基受力层范围内有软弱下卧层时，应按国家标准《建筑地基基础设计规范》（GB 50007—2002）的规定验算下卧层的承载力。

参 考 文 献

[1] 龚晓南. 复合地基理论及工程应用 [M]. 北京：中国建筑工业出版社，2002.

[2] 王启铜. 柔性桩的沉降（位移）特性及荷载传递规律 [D]. 杭州：浙江大学，1991.

[3] 段续伟. 柔性桩复合地基沉降的数值分析 [D]. 杭州：浙江大学，1993.

[4] 刘汉龙，费康，马晓辉，等. 振动沉模大直径现浇薄壁管桩技术及其应用（Ⅰ）：开发研制与设计理论 [J]. 岩土力学，2003，24（2）：164-168.

[5] 刘汉龙，高玉峰. 一种螺旋成孔大直径现浇混凝土薄壁管桩机：200520054396.1 [P]. 2007-02-14.

[6] 刘汉龙，高玉峰，马晓辉. 一种现浇大直径管桩混凝土快速浇筑装置及施工方法：200810019690.X[P]. 2009-12-02.

[7] 刘汉龙，高玉峰，马晓辉. 一种现浇大直径管桩活瓣桩靴及使用方法：200810019689.7 [P]. 2010-06-09.

[8] 中华人民共和国行业标准. 现浇混凝土大直径管桩复合地基技术规程（JGJ/T 213—2010）[S]. 北京：中国建筑工

业出版社，2010.

[9] 费康.现浇混凝土薄壁管桩的理论与实践 [D].南京：河海大学，2004.

[10] LIU H，FEI K，DENG A，et al. Erective sea embankment with PCC piles [J]. China Ocean Engineering，2005，19 (2)：339-348.

[11] 中华人民共和国行业标准.建筑桩基技术规范 (JGJ 94—2008) [S].北京：中国建筑工业出版社，2008.

[12]《桩基工程手册》编写委员会.桩基工程手册 [M].北京：中国建筑工业出版社，1995.

[13] 刘汉龙，张建伟.PCC桩水平承载特性足尺模型试验研究 [J].岩土工程学报，2009，31 (2)：161-165.

[14] 马志涛，刘汉龙，张霆，等.现浇薄壁管桩水平受力特性试验研究 [J].岩土力学，2006，27 (S2)：818-821.

[15] 何筱进，费康，周云东.大直径现浇混凝土薄壁管桩水平承载力数值分析计算研究 [C].第一届研究生土木工程论坛，2003.

[16] 马志涛.现浇混凝土薄壁管桩水平特性试验研究 [D].南京：河海大学，2007.

[17] 张建伟.PCC桩水平受力特性足尺试验与计算方法研究 [D].南京：河海大学，2009.

[18] 陶学俊.PCC桩复合地基和群桩基础水平承载特性研究 [D].南京：河海大学，2009.

[19] 杜红志.单根嵌岩桩在水平荷载作用下原型测试分析 [J].土工基础，1999，13 (3)：45-50.

[20] 朱碧堂.土体的极限抗力与侧向受荷桩性状 [D].上海：同济大学，2005.

[21] ISMAEL N F，KLYM W. Behavior of rigid piles in layered cohesive soils [J]. J. Geotech. Engrig. Div.，ASCE，1978，GT8：1061-1074.

[22] 张晓健.现浇混凝土薄壁管桩负摩阻力特性试验研究与分析 [D].南京：河海大学，2006.

[23] 刘汉龙，张晓健.负摩擦作用下PCC桩沉降计算 [J].岩土力学，2007，28 (7)：1483-1486.

[24] 陆明生.桩基表面负摩阻力的试验研究及经验公式 [J].水运工程，1997 (5)：54-58.

[25] KLOS J，TEJCHMAN A. Analysis of behaviour of tubular piles in subsoil [J]. Proc. 9th ICSMFE，International Society of Soil Mechanics and Foundation Engineering，1977 (1)：605-608.

[26] 刘吉福.路堤下复合地基桩、土应力比分析 [J].岩石力学与工程学报，2003，22 (4)：674-677.

[27] 陈仁朋，许峰，陈云敏，等.软土地基上刚性桩-路堤共同作用分析 [J].中国公路学报，2005，18 (3)：7-13.

[28] 费康，刘汉龙.桩承式加筋路堤的现场试验及数值分析 [J].岩土力学，2009，30 (4)：1004-1012.

[29] 刘汉龙，谭慧明.加筋褥垫层在PCC桩复合地基中的影响研究 [J].岩土工程学报，2008，30 (9)：1270-1275.

[30] 刘汉龙，张波.现浇混凝土薄壁管桩复合地基桩土应力比影响因素分析 [J].岩土力学，2008，29 (8)：2077-2080，2086.

[31] 费康，刘汉龙，高玉峰.路基荷载下PCC刚性桩复合地基沉降简化计算 [J].岩土力学，2004，25 (8)：1244-1248.

[32] 周云东，彭贵，刘汉龙，等.现浇薄壁管桩 (PCC) 复合地基荷载变形特性 [J].岩土力学，2005，26 (S)：237-240.

[33] 戴民.桩间距对PCC桩复合地基软基加固性状的影响分析 [D].南京：河海大学，2006.

[34] 王哲，龚晓南，丁洲祥，等.大直径薄壁筒桩土芯对承载性状影响的试验及其理论研究 [J].岩石力学与工程学报，2005，11 (21)：3916-3921.

[35]《地基处理手册》(第2版) 编写委员会.地基处理手册 [M].2版.北京：中国建筑工业出版社，2000.

[36] 谭慧明.PCC桩复合地基褥垫层特性足尺模型试验研究与分析 [D].南京：河海大学，2008.

[37] 杨寿松.现浇混凝土薄壁管桩复合地基现场试验研究 [D].南京：河海大学，2005.

[38] 沈保汉.现浇混凝土大直径管桩 (PCC桩) [J].工程机械与维修，2015 (04 增刊)：88-93.

第36章　现浇 X 形混凝土桩

孔纲强　丁选明

为响应国家节能减排号召，利用等截面异形周边扩大原理，在传统圆形沉管灌注桩的基础上经过改进发展，刘汉龙教授等提出了现浇 X 形混凝土桩专利技术（ZL200710020306.3、ZL200720036892.6、ZL200910213162.2、ZL201010215965.4 和 ZL201010215957.X），研发了现浇 X 形混凝土桩施工机械与设备、施工工艺，提出了现浇 X 形混凝土桩施工工艺和质量检测方法，建立了现浇 X 形混凝土桩承载力和沉降设计与计算方法。该技术在南京长江第四大桥北接线软基加固工程、G312 国道（南京—镇江段）公路拼宽软基加固工程等项目中得到推广运用，并于 2017 年获批为中华人民共和国行业标准《现浇 X 形桩复合地基技术规程》（JGJ/T 402—2017），于 2011 年获批为江苏省省级工法《现浇 X 形混凝土桩施工工法》（JSGF—2011-490-31）。

36.1　技术原理和优缺点

1. 技术原理

现浇 X 形混凝土桩根据等截面的异形扩大原理，将常规等截面桩的正圆弧面变成反向的圆弧，形成 X 形横截面（图 36-1），以达到提高单位材料桩侧摩阻力和节约桩身材料的目的。现浇 X 形混凝土桩的加固技术原理主要包括以下三点：

 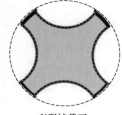

圆形桩截面　　　　X形桩截面

图 36-1　技术原理

1) 桩模护壁作用。在振动力的作用下桩尖封闭的 X 形模板沉入土体，然后灌注混凝土；当振动模板提拔时，混凝土从 X 形模板下端注入 X 形槽孔内，一次成孔成桩，空腹模板起到护壁作用。

2) 桩体置换作用。现浇 X 形混凝土桩属于刚性桩，与碎石桩、CFG 桩等相比具有更高的桩体模量、强度和承载能力；桩体的置换作用显著，复合地基承载力提高幅度较大。

3) 挤土密实作用。现浇 X 形混凝土桩在施工过程中由于振动、挤土等原因，可对桩间土起到一定的挤密作用，改善桩间土的特性。

2. 适用范围

现浇 X 形混凝土桩研发的主要意图是将其用于刚性桩复合地基中，尤其是应用于承受竖向荷载为主的大面积软土地基加固工程中。其应用范围大致可以分为以下六类：

1) 公路、铁路的路基处理。

2) 港口、机场、堆场的地基处理。

3) 大型油罐及煤气柜地基处理。

4) 污水处理厂大型曝气池、沉淀池基础处理。

5) 多层及小高层建筑物地基处理。

6) 江河堤防的软土地基加固等。

3. 优缺点

现浇 X 形混凝土桩适用于加固黏性土、粉土、淤泥质土、松散或稍密砂土及素填土等地基，处理深度不宜超过 25m。对于十字板抗剪强度小于 10kPa 的软弱土及斜坡上的软土地基，应根据地区经验或现场试验确定其适用性；对于含中密砂土夹层的土层，厚度不宜大于 4m。

现浇 X 形混凝土桩加固软土地基具有如下几方面的优点：承载力高，无泥浆护壁要求，因而环境友好，节省混凝土材料用量，工程造价低，施工速度快，质量可控，有效加固深度大，工后沉降小。其也存在如下几方面不足：施工机具宽度大、高度高，因此施工时需要较大面积的场地；由于受施工机具高度的限制，目前沉桩深度限制在 25m 以内；施工中产生振动，对周围环境有一定的影响。

36.2　施工机械设备及施工工艺

36.2.1　施工机械设备

根据技术原理提出思路与设想之后，在对该项新技术的作用机理进行初步探讨的基础上进行装备的研制，这也是工程应用之前的必需步骤。关于这方面的工作，需要创造条件与工业界合作。现浇 X 形混凝土桩机械设备包括底盘、卷扬机、控制台、龙门架、振动锤和桩身模板等部分（图 36 - 2）；桩机系统自动化程度高，操作方便，可控性强。底盘由型钢焊接而成，具有整体刚度大、稳定性好等特点，为上部设备提供了一个平台，并且可以有效降低整个机械设备的重心，使整个机械保持稳定。卷扬机是整个机械的动力核心，不仅在移动桩机时提供动力来源，并且在上拔桩身模板时提供上拔力。振动锤是将电能转化为机械能的核心装置，在穿越较坚硬的夹层，依靠桩基自身的重力不能将桩身模板打设到指定标高时，可以开动振动锤，依靠振动锤的激振力穿越夹层。控制台可以控制整个机械设备的移动、设备的开关、振动锤的振动频率及桩身模板的上拔速度。龙门架是整个设备的重要组成部分，是振动锤及桩身模板的运行平台。

桩身模板是整个机械的核心，主要由法兰盘、加强肋、进料口、内部加强板及活瓣桩靴等组成。法兰盘主要起连接作用，通过法兰盘 X 形桩模与上部的振动锤形成一个整体。为了加强法兰盘与下部模板的连接强度，避免发生疲劳破坏，在法兰盘与下部模板之间设置加强肋，以增强其整体刚度。通过进料口可以将混凝土等填充料添加进桩身模板内部。整个施工过程中桩身模板的受力过程是比较复杂的。在沉模的过程中，由于内部没有填充料，桩身模板只受到外部土体的压力，是一个受压的过程；在灌注混凝土时混凝土的高度通常大于地面的标高，地面以下部分桩模内外压近似平衡，而地面以上部分又处于张拉的状态，由于整个桩身模板由钢板焊接加工而成，在这种复杂的重复荷载作用下，桩身模板很容易发生疲劳破坏。根据已有的经验，为了避免在重复荷载作用下发生疲劳破坏，在桩身模板内部设置加强板以增强其整体的抗疲劳荷载强度。由于新工艺采用了活瓣桩靴，与已有工艺相比，整个施工过程得到了很大的改善。本设备 X 形沉模外包圆桩外径为 600～1000mm，沉模长度为 30m。

现浇 X 形活瓣桩靴主要由曲面三角形钢板、加强肋、连接铰、倒梯形段、连接段组成。现浇 X 形混凝土桩活瓣桩靴是一种整体桩靴结构，密封性和整体性好，闭合时不会变形，不会卡壳、损坏。活瓣桩尖可以重复利用，与预制桩尖相比大大减少了成本。已有的工法需要在打设前先将预制桩尖在工厂制作完毕，然后运至现场，打设前还需要人工将预制桩尖定位，并在桩身模板与预制桩尖之间设置草绳或橡胶垫圈，以减小桩身模板对预制桩尖的压力，避免发生剪切破坏，造成卡管或成桩失败。为增加刚性，还要在内部设置加强钢筋，以避免在搬运或打设过程中发生桩尖剪切破坏而造成卡管。因为预制桩靴需要在工厂预制，耗时长，体积大（一般灌注桩直径至少为 50cm），运输不便。施工时还要在桩模与预制桩尖之间设置橡胶垫圈或草绳，进行相应的保护，且不能回收，造价高。采用活瓣桩靴则很好地解决了这些问题。首先，活瓣桩靴在设备制作时与桩身模板同时制作完成，解决了预制桩尖需要提前制作的问题。其次，活瓣桩尖由于与桩身模板连接成为整体，解决了预制桩尖需要设置保护橡胶垫圈或草绳的问题，并且可以随桩身模板自由移动，在打桩过程中不需要人工搬运及定位，有效地降低了人工成本。由于可重复利用，降低了材料费、运输费及打设时的人工成本，每延米的造价与预制桩尖相比大大降低。

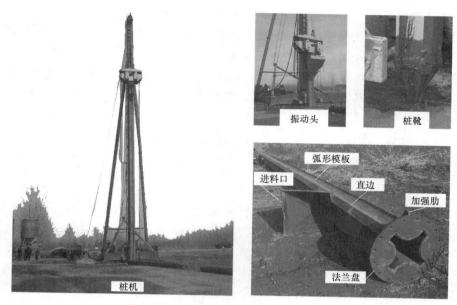

图 36-2　现浇 X 形混凝土桩桩机设备

36.2.2　施工工艺

现浇 X 形混凝土桩采用常规振动沉管桩机静压辅助振动，将具有一定截面形状（如 X 形）的钢模打入地基设计深度，投放填充料，振动拔管，空中补填充料，填充料固结成桩，同时可根据设计要求设置钢筋笼。现浇 X 形混凝土桩现场施工流程图、施工操作示意图如图 36-3 和图 36-4 所示。

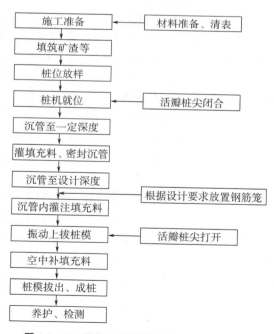

图 36-3　现浇 X 形混凝土桩现场施工流程

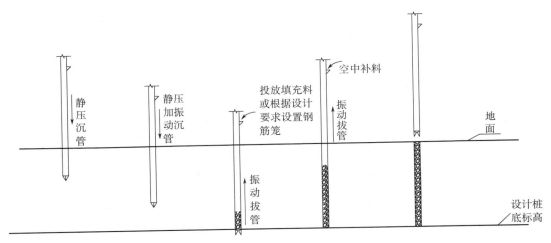

图 36 - 4 现浇 X 形混凝土桩现场施工操作示意图

现浇 X 形混凝土桩的施工工艺流程包括以下工序。

（1）设备就位

成 X 形孔可以采用常规振动沉管桩机，配装 X 形钢模。设备进场后，按照装配图纸进行组装。根据桩位点进行振动沉管桩机就位。设备就位后应调整平稳，施工作业人员应从设备正面与侧面两个相互垂直的方向采用吊锥线或利用设备平台用水平尺进行垂直检查，及时调整设备位置，保证机具垂直，并对准桩位中心点（图 36 - 5）。

图 36 - 5 设备就位、活瓣桩尖闭合

（2）沉 X 形桩模到一定深度，灌注填充料，密封沉管

先借助机架自重将 X 形桩模沉入地基一定深度，一般把桩模沉入土中 3.0～5.0m，然后向沉管空腔内注入一定量的混凝土，以利于密封桩模，防止地下水涌入沉管空腔内。

（3）沉 X 形桩模到设计深度

静压辅助振动沉 X 形桩模，开始时先慢后快，同时检查 X 形桩模的偏差并及时纠正。在 X 形桩模沉入过程中发现机具摇晃或难进时，应放慢进尺，防止桩孔偏斜、位移和机具损坏。为达到少扰动地层、低填充料灌入量的目的，沉管穿透表层硬土后改为静压沉管（图 36 - 6）。

（4）下放钢筋笼或监测仪器

若 X 形桩中设置有钢筋笼，则当桩模沉到设计深度后采用机架上的钢丝绳将绑扎好的钢筋笼吊起，

图 36－6　桩模沉入设计深度

并通过振动头中心的圆孔下放到桩模内。当桩身中需要埋设测试仪器时，也可采用类似的方法将仪器绑扎在钢筋上，然后吊放到桩模内（图 36－7）。

图 36－7　下放钢筋，钢筋穿过法兰盘

（5）灌注填充料

通过进料口向桩模内灌注填充料。填充料有足够的自重，向上拔管时活瓣桩尖能在填充料的自重压力下完全打开（图 36－8）。

图 36－8　灌注填充料

（6）振动上拔桩模

灌注一定量的填充料后，先振动 5～10s，再开始拔管，同时应边振边拔，每拔 0.5～1.0m，停拔振动 5～10s。在一般土层内拔管速度宜为 1.2～1.5m/min，在较软弱土层中不得大于 0.8～1.0m/min。

拔管时采用轻振拔管。

（7）空中补填充料

拔管时通过桩模上部的进料口向桩模内不断灌注填充料，且要使桩模内填充料保持一定的高度，直至沉管全部拔出。

（8）桩模拔出，成桩，移机到下一桩位

桩模完全拔出后，活瓣桩尖是打开的（图 36 - 9）。这时可移机到下一桩位，准备进行下一根桩的施工。

图 36 - 9　完全拔出后呈打开状态的桩尖及新浇筑形成的 X 形桩

（9）插连接钢筋，浇筑盖板，铺设加筋垫层

现浇 X 形混凝土桩目前应用中较多采用复合地基的形式，这时需要在桩顶混凝土凝固前插入连接钢筋（图 36 - 10），待混凝土达到一定强度后浇筑盖板，盖板养护达到强度要求后铺设加筋垫层，形成复合地基。

图 36 - 10　桩头插入连接钢筋

36.3　工程实例

现浇 X 形混凝土桩技术自 2007 年研制开发至今，已在高速公路、市政道路工程中推广应用，在实践中不断加强和完善设计理论、施工工艺和技术经济分析等工作。现浇 X 形混凝土桩技术先后应用于南京河西江山大街、南京长江四桥北接线、G312 国道（南京—镇江段）公路拼宽等工程深厚软基处理中。该技术的应用加快了整体工程进度，保证路堤快速施工的稳定性，并且节省工程造价，取得了较好的社会和经济效益。

1. 现浇 X 形混凝土桩技术在南京长江第四大桥北接线软基加固工程中的应用

南京长江第四大桥北接线工程 K3＋106.4—K3＋254 段分布有较深的淤泥质黏土层，层厚为 5～13m。该路段前后相邻路段的地基处理方式差别较大，为减小不均匀沉降，采用现浇 X 形混凝土桩处理方案对桥头过渡段进行处理，其中，K3＋229—K3＋241.5 段采用长 12m 的现浇 X 形混凝土桩，桩间距 2.2m，K3＋241.5—K3＋254 段采用长 18m 的现浇 X 形混凝土桩，桩间距 2.2m。现浇 X 形混凝土桩的设计外包正方形边长 a 为 0.61m，开弧间距 b 为 0.12m，开弧角度 θ 为 130°，X 形桩的设计截面面积为 0.1425m²。

K9＋764—K9＋888.3 段分布有较深厚的淤泥质黏土层，深度为 20～23m。为了便于进行施工质量控制，且达到经济高效的目标，K9＋764—K9＋794.3 段采用现浇 X 形混凝土桩复合地基进行处理，桩长 20m，桩间距为 1.8m；K9＋794.3—K9＋818.3 段桩长 16～18m，桩间距为 2.0m；K9＋818.3—K9＋848.3 段桩长 14m，桩间距为 2.2m；K9＋848.3—K9＋888.3 段桩长 12m，桩间距为 2.2m（图 36－11）。

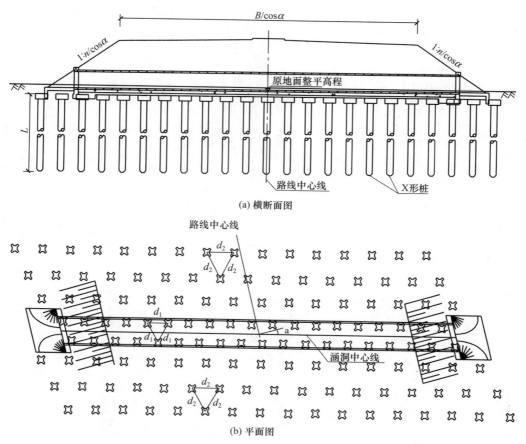

(a) 横断面图

(b) 平面图

图 36－11　现浇 X 形混凝土桩加固 N3 标路基设计图

通过现场施工工艺试验、现场检测等可以全面了解技术的适应性和确定施工工艺参数，为后续工程的应用提供依据。试验段于 2010 年 3 月开始施工，路堤填土高度达 6m，施工期进行了全断面监测。试验结果表明，采用现浇 X 形混凝土桩复合地基处理后，路基总沉降量小，稳定速度快，能够缩短路堤的施工工期，避免了路基工后沉降过大引起的不均匀沉降问题，取得了良好的加固效果（图 36－12、图 36－13）。此外，本次现场试验还开展了现浇 X 形混凝土桩的挤土效应监测、土压力监测、水平位移监测、孔隙水压力监测、深层沉降监测等。

2. 现浇 X 形混凝土桩技术在江山大街软基加固工程中的应用

南京河西江山大街为南京青奥村选址地。江山大街（滨江大道—绕城立交）新建工程经江山广场西延，西连滨江大道，东通绕城高速，为 2014 年南京青年奥林匹克运动会的重要公路通道。其中，红旗南河桥的东、西桥头（中心桩号 K1＋957.245）和江东南河桥的西桥头（中心桩号 K0＋498.729）都采用现浇 X 形混凝土桩进行软基处理，控制桥头过渡段的沉降。

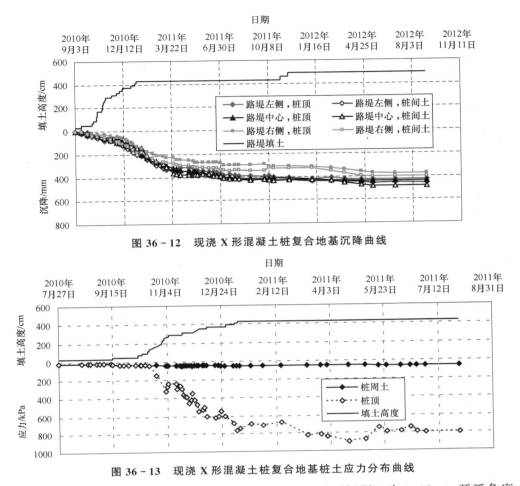

图 36 - 12　现浇 X 形混凝土桩复合地基沉降曲线

图 36 - 13　现浇 X 形混凝土桩复合地基桩土应力分布曲线

现浇 X 形混凝土桩的设计外包正方形边长 a 为 0.61m，开弧间距 b 为 0.12m，开弧角度 θ 为 130°，X 形混凝土桩的设计截面面积为 0.1425m²。设计桩长为 13～15m，桩间距 1.8～2.1m，桩顶插构造钢筋，并设置 1m×1m 的钢筋混凝土盖板，盖板上铺设加筋碎石垫层，形成复合地基。

试验段于 2009 年 7 月开始施工，施工结束后进行了低应变检测和静荷载试验。试验结果表明，现浇 X 形混凝土桩承载力满足设计要求。对现浇 X 形混凝土桩加固桥头软土地基的监测结果表明，地基经现浇 X 形混凝土桩处理后，路基总沉降量小，稳定速度快，能够缩短路堤的施工工期，避免了路基工后沉降过大引起的"桥头跳车"问题。

3. 现浇 X 形混凝土桩技术在高速公路拼宽软基加固工程中的应用

南京长江第四大桥南接线栖霞互通位于与 G312 国道相交处，其中 NK308＋880—NK309＋080 段为公路拼宽段。根据地质资料，路基分布有厚 10～12.5m 的软土层，深度为 12～17.5m，压缩性高，强度低，土质较差。由于该路段为公路拼宽段，且存在箱涵及其过渡段，应严防新路基与老路基之间的不均匀沉降。现浇 X 形混凝土桩属于刚性桩，且施工质量容易控制，检测费用低，适用于该路段的软基处理。

设计方案：NK308＋880—NK308＋935 为一般拼宽段，采用现浇 X 形混凝土桩，桩长 10m，桩间距 2.2m；NK308＋935—NK308＋950 为管涵过渡段，采用现浇 X 形混凝土桩，桩长 13m，桩间距 2.0m；NK308＋950—NK308＋958 为管涵段，采用现浇 X 形混凝土桩，桩长 12.5m，桩间距 2.0m；NK308＋958—NK308＋973 为管涵过渡段，采用现浇 X 形混凝土桩，桩长 13m，桩间距 2.0m；NK308＋973—NK309＋030 为一般拼宽段，采用现浇 X 形混凝土桩，桩长 13m，桩间距 2.0m；NK309＋030—

NK309＋063 为一般拼宽段，采用现浇 X 形混凝土桩，桩长 12m，桩间距 2.0m；NK309＋063—NK309＋080 为一般拼宽段，采用现浇 X 形混凝土桩，桩长 10m，桩间距 2.2m（图 36-14）。

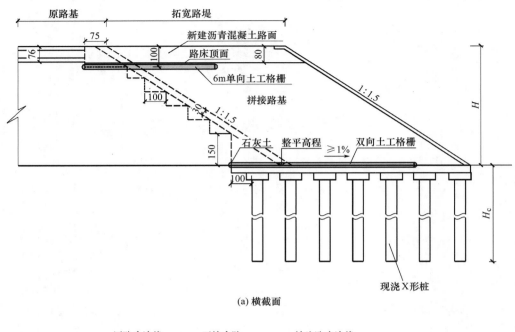

(a) 横截面

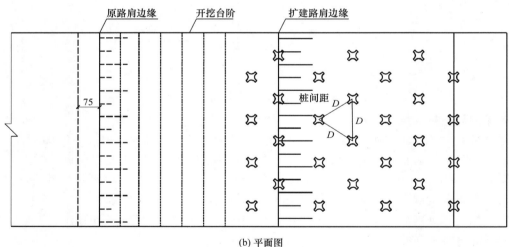

(b) 平面图

图 36-14 现浇 X 形混凝土桩加固南接线 S1 标设计图（单位：cm）

试验段于 2010 年 7 月开始施工，路堤填土高度达 4m，施工期间进行了沉降监测。监测结果表明，地基经现浇 X 形混凝土桩复合地基处理后，路基总沉降量小，稳定速度快，能够缩短路堤的施工工期，避免了路基工后沉降过大引起的新老路堤不均匀沉降问题，取得了很好的加固效果。

36.4 设 计 要 点

36.4.1 现浇 X 形混凝土桩设计与计算

现浇 X 形混凝土桩的截面尺寸应符合下列规定：

现浇 X 形混凝土桩的截面尺寸主要由外包圆直径、开弧间距和开弧角度控制（图 36-15），其中桩身截面周长和截面面积可分别按式(36-1) 和式(36-2)计算。

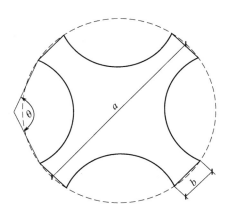

图 36 - 15　现浇 X 形混凝土桩截面参数

$$u = \frac{\sqrt{2}\,\theta(\sqrt{a^2 - b^2} - b)}{\sin\left(\dfrac{\theta}{2}\right)} + 4b \qquad (36-1)$$

式中　u——桩身截面周长（m）；

　　　a——外包圆直径（正方形边长，mm）；

　　　b——开弧间距（mm）；

　　　θ——开弧角度（°）。

$$A_{ps} = \frac{a^2 - 2b^2 + 2b\sqrt{a^2 - b^2}}{2} - \frac{(a^2 - 2b\sqrt{a^2 - b^2})(\theta - \sin\theta)}{4\sin^2\left(\dfrac{\theta}{2}\right)} \qquad (36-2)$$

式中　A_{ps}——现浇 X 形混凝土桩截面面积（m²）；

　　　其他符号含义同上。

实际工程设计中可以根据常用圆形桩直径（如直径为 377mm、426mm 或 700mm 等）换算、设计现浇 X 形混凝土桩的截面参数。现浇 X 形混凝土桩截面面积 A_{ps} 与等横截面面积的圆形桩等效直径 D_e 可按式（36-3）计算。例如，对应等效直径 D_e 为 377mm、426mm 和 700mm 的现浇 X 形混凝土桩截面参数可以按照表 36-1 取值，也可以采用其他截面参数组合。

$$D_e = 1.128\sqrt{A_{ps}} \qquad (36-3)$$

式中　D_e——圆形桩等效直径（m）；

　　　其他符号含义同上。

表 36 - 1　现浇 X 形混凝土桩截面参数建议取值

序号	圆形桩	现浇 X 形混凝土桩截面参数建议尺寸				
	D_e/mm	a/mm	b/mm	θ/(°)	u/m	A_{ps}/m²
1	377	513.8	120	130	1.824	0.1116
2	426	622.8	120	130	2.219	0.1425
3	700	960.7	220	130	3.412	0.3849

现浇 X 形混凝土桩单桩竖向极限承载力应通过单桩静荷载试验确定，单桩竖向承载力特征值应按单桩竖向极限承载力的 0.5 倍取值。对于初步设计，单桩竖向承载力特征值可按下列公式估算：

$$R_a = \frac{1}{K} Q_{uk} \qquad (36-4)$$

式中　R_a——单桩竖向极限承载力特征值（kN）；

K——安全系数，宜取 2.0；

Q_{uk}——单桩竖向极限承载力标准值（kN），计算公式为

$$Q_{uk} = \xi_s \beta_X u \sum_{i=1}^{n} q_{sik} l_i + \xi_p q_{pk} A_{ps} \tag{36-5}$$

式中　q_{sik}——桩侧第 i 层土（岩）的极限侧阻力标准值（kPa），当无当地经验时可按现行《建筑桩基技术规范》（JGJ 94）的规定取值；

　　　l_i——桩穿越第 i 层土的厚度（m）；

　　　q_{pk}——极限端阻力标准值（kPa），当无当地经验时可按现行《建筑桩基技术规范》（JGJ 94）的规定取值；

　　　n——桩长范围内划分的土层数；

　　　ξ_s——桩侧阻力异形效应修正系数，可取 0.9；

　　　ξ_p——桩端阻力修正系数，可取 1.0；

　　　β_X——充盈折减系数，按表 36-2 取值；

其他符号含义同上。

表 36-2　现浇 X 形混凝土桩充盈折减系数 β_X

充盈系数	$D_e=377\text{mm}$	$D_e=426\text{mm}$	$D_e=700\text{mm}$
1.10	0.960	0.967	0.961
1.15	0.942	0.952	0.943
1.20	0.924	0.937	0.925
1.25	0.908	0.923	0.910

桩身填充料强度应满足桩的设计承载力要求。对于轴心受压桩，其正截面受压承载力应符合下列规定：

$$f_{cu,k} \geqslant \frac{3R_a}{A_{ps}} \tag{36-6}$$

式中　$f_{cu,k}$——桩体混合料试块标准养护 28 天立方体抗压强度标准值（kPa）；

其他符号含义同上。

36.4.2　现浇 X 形混凝土桩复合地基设计与计算

现浇 X 形混凝土桩宜在复合地基加固场地边线内布桩，加固场地边线到桩轴线的最小距离不应小于 1 倍外包圆直径。现浇 X 形混凝土桩桩中心间距宜取 2.5～4.0 倍外包圆直径，外包圆直径大时宜取小值。

现浇 X 形混凝土桩复合地基承载力特征值应通过现场单桩复合地基荷载试验确定，初步设计时也可按式（36-7）估算：

$$f_{spk} = m_X \frac{R_a}{A_{ps}} + \lambda(1-m_X)f_{sk} \tag{36-7}$$

$$m_X = D_e^2/d_e^2 \tag{36-8}$$

式中　f_{spk}——复合地基承载力特征值（kPa）；

　　　m_X——现浇 X 形混凝土桩的面积置换率；

　　　d_e——单根桩分担的处理地基面积的等效圆直径（m），等边三角形布桩时 $d_e=1.05d_0$，正方形布桩时 $d_e=1.13d_0$，矩形布桩时 $d_e=1.13\sqrt{d_1 d_2}$，d_0 为桩间距（m），d_1 为纵向桩间距（m），d_2 为横向桩间距（m）；

　　　λ——桩间土承载力折减系数，宜按地区经验取值，无地区经验时可取 0.75～0.95，天然地基

承载力较高时取大值；

f_{sk}——处理后桩间土承载力特征值（kPa），宜按当地经验取值，无地区经验时可取天然地基承载力特征值；

其他符号含义同上。

现浇 X 形混凝土桩复合地基的沉降量按式（36-9）计算：

$$s = s_1 + s_2 \qquad (36-9)$$

式中 s——现浇 X 形混凝土桩复合地基的沉降量（mm）；

s_1——现浇 X 形混凝土桩处理深度内复合加固层的沉降量（mm）；

s_2——下卧层的沉降量（mm）。

加固层的沉降量 s_1 可采用分层总和法按式（36-10）计算：

$$s_1 = \psi_s s_1' = \psi_s \sum_{i=1}^{n} \frac{p_0}{\xi E_{si}} (z_i \bar{\alpha}_i - z_{i-1} \bar{\alpha}_{i-1}) \qquad (36-10)$$

式中 ψ_s——沉降计算经验系数，根据地区沉降观测资料及经验确定，无地区经验时可按表 36-3 取用；

s_1'——按分层总和法计算的加固区沉降量（mm）；

p_0——对应于荷载效应准永久组合时作用在复合地基上的平均压力值（kPa）；

ξ——地基压缩模量提高系数；

z_i，z_{i-1}——计算点至第 i 层、第 $i-1$ 层土底面的距离（m）；

$\bar{\alpha}_i$，$\bar{\alpha}_{i-1}$——计算点至第 i 层土、第 $i-1$ 层土底面范围内的平均附加应力系数，可按现行国家标准《建筑地基基础设计规范》（GB 50007—2011）的规定取值；

E_{si}——第 i 层天然地基的压缩模量（MPa）；

其他符号含义同上。

表 36-3 沉降计算经验系数 ψ_s

$\bar{E}_s$/MPa	2.5	4.0	7.0	15.0	20.0
ψ_s	1.1	1.0	0.7	0.4	0.2

$$\xi = \frac{f_{spk}}{f_{ak}} \qquad (36-11)$$

式中 f_{ak}——天然地基承载力特征值（kPa）；

其他符号含义同上。

$$\bar{E}_s = \frac{\sum A_i}{\sum \dfrac{A_i}{\xi E_{si}}} \qquad (36-12)$$

式中 $\bar{E}_s$——沉降计算深度范围内压缩模量的当量值（MPa）；

A_i——第 i 层土附加应力系数沿土层厚度的积分值（m）；

其他符号含义同上。

下卧层的沉降量 s_2 采用分层总和法计算，作用在下卧层土体上的荷载按式（36-13）计算；对于平面应变情况，按式（36-14）计算：

$$p_b = \frac{BDp_0}{(B + 2H\tan\theta_0)(D + 2H\tan\theta_0)} \qquad (36-13)$$

$$p_b = \frac{Bp_0}{B + 2H\tan\theta_0} \qquad (36-14)$$

式中　p_b——作用在下卧层顶面的荷载（kPa）；

　　　B——复合地基上荷载作用宽度（m）；

　　　D——复合地基上荷载作用长度（m）；

　　　H——复合地基加固区厚度（m）；

　　　θ_0——复合地基压力扩散角，可按现行国家标准《建筑地基基础设计规范》（GB 50007—2011）的规定取值（°）；

其他符号含义同上。

地基沉降计算深度应大于加固区的厚度，并应符合现行国家标准《建筑地基基础设计规范》（GB 50007—2011）关于地基沉降计算深度的有关规定。当地基受力层范围内有软弱下卧层时，应按现行国家标准《建筑地基基础设计规范》（GB 50007—2011）的规定验算下卧层承载力。复合地基荷载试验应符合《建筑地基处理技术规范》（JGJ 79—2012）附录 B 的规定。

36.5　质量检测与效果评价

1. 成桩的质量检查

1）现浇 X 形混凝土桩的成桩质量检查主要包括沉 X 形钢模、灌注填充料等工序的质量检查，并填写相应的质量检查记录，且应符合表 36－4 的规定。

2）现浇 X 形混凝土桩的桩位、尺寸参数、垂直度偏差应按表 36－4 的规定检查。

表 36－4　现浇 X 形混凝土桩质量检验标准

项目	序号	检查项目	允许偏差或允许值	检查方法
主控项目	1	桩长	+300mm	测 X 形钢模长度，查施工记录
	2	填充料充盈系数	$1.0 \leqslant \lambda \leqslant 1.25$	检查每根桩的实际灌注量
	3	桩体质量检验	设计要求	开挖不少于 3 根，低应变检测不少于 10%
	4	填充料强度	设计要求	试块报告或切割取样送检
	5	承载力	设计要求	荷载试验
一般项目	1	桩位	±200mm	开挖后量桩中心
	2	垂直度	<1%	测 X 形钢模垂直度
	3	桩顶标高	−50～30mm	需扣除桩顶浮浆层及劣质桩体
	4	拔管速度（软弱土层）	0.6～0.8m/min	测量机头上升距离和时间

2. 桩身质量检测

1）施工结束后现场开挖检查桩身质量，可在成桩 14 天后开挖暴露桩头，测试桩尺寸和观察成型情况。

2）竣工后采用低应变检测，对设计等级为甲级或地质条件复杂、成桩质量可靠度低的工程桩，抽检数量不得少于总数的 20%，其他情况不得少于总数的 10%。

3. 承载力检测

对设计等级为甲级或地质条件复杂、成桩质量可靠度低的工程桩，应采用复合地基和单桩静荷载试验方法进行检测。检测数量不得少于总数的 0.2%～0.5%，且不得少于 3 根，当总桩数少于 50 根时不得少于 2 根。

4. 现浇 X 形混凝土桩工程的质量验收

1) 当桩顶设计标高与施工场地标高相近时，基桩工程的验收应待成桩完毕后进行；当桩顶设计标高低于施工场地标高时，待开挖至设计标高后进行验收。

2) 构成桩基子分部工程的一个分项工程，其检验批原则上按相同机械、相同规格桩、轴线等来划分。检验批按主控项目和一般项目验收。

3) 桩基子分部工程应由总监理工程师（建设单位项目负责人）组织勘察、设计单位及施工单位的项目负责人、技术质量负责人进行验收。

4) 桩基的分项、子分部工程质量验收均应在施工单位自检合格的基础上进行。施工单位自检合格后提出工程验收申请。验收应提供下列资料：

① 工程地质勘测报告、桩基施工图、图纸会审及设计交底纪要、设计变更等。

② 原材料的质量合格证和复检报告。

③ 桩位测量放线图，包括工程桩位线复核签证单。

④ 混凝土试件试验报告。

⑤ 施工记录及隐蔽工程验收报告。

⑥ 监督抽检资料。

⑦ 桩体质量检测报告。

⑧ 复合地基和单桩承载力检测报告。

⑨ 基础开挖至设计标高的基桩竣工平面图。

⑩ 工程质量事故及事故调查处理资料。

5) 现浇 X 形混凝土桩分项工程质量验收应符合下列要求：

① 各检验批工程质量验收合格。

② 应有完整的质量验收文件。

③ 有关结构安全的检验及抽样检测结果应符合要求。

6) 验收工作应符合下列规定：

① 检验批工程的质量应分别按主控项目和一般项目验收。

② 现浇 X 形混凝土桩分项工程的验收，应在各检验批通过验收的基础上对必要的部分进行见证检验。

③ 主控项目必须符合验收标准的规定，发现问题应立即处理，直至符合要求。一般项目应有 80% 的合格率。

参 考 文 献

[1] 中华人民共和国行业标准. 现浇 X 形桩复合地基技术规程（JGJ/T 402—2017）[S]. 北京：中国建筑工业出版社，2017.

[2] 江苏省推荐性标准. 现浇 X 形桩复合地基技术规程（JG/T 047—2011）[S]. 南京：江苏科学技术出版社，2011.

[3] 刘汉龙. 现浇 X 形钢筋混凝土桩施工方法：200710020306.3[P]. 2010-07-28.

[4] 刘汉龙，王智强，丁选明，等. 一种现浇 X 形混凝土桩活瓣桩尖结构装置及使用方法：200910213162.2[P]. 2011-06-01.

[5] 孔纲强，丁选明，刘汉龙，等. 一种现浇 X 形大直径空心混凝土桩及其施工方法：201010215965.4[P]. 2012-05-09.

[6] 丁选明，孔纲强，刘汉龙，等. 一种防止现浇 X 形混凝土桩拔模时带出周围土体的装置和方法：201010215957.X[P]. 2011-08-10.

[7] 孔纲强，刘汉龙，周航，等. 现浇 X 形混凝土桩异形截面应力分布计算软件 V1.0：2012SR017664[CP]. 2012-03-07.

［8］孔纲强，刘汉龙，于陶，等．现浇 X 形混凝土桩截面特性分析计算软件 V1.0：2011SR076819［CP］. 2011 - 10 - 25.

［9］周航，孔纲强，刘汉龙，等．水平荷载作用下现浇 X 形混凝土桩的水平承载力计算软件 V1.0：2013SR121479［CP］. 2013 - 11 - 08.

［10］孔纲强，丁选明，杨庆．一种现浇 X 形大直径空心混凝土桩活瓣桩尖结构装置：201120220395.8［P］. 2012 - 02 - 01.

［11］KONG G Q，ZHOU H，DING X M，et al. Measuring effects of X- section pile installation in soft clay［J］. Proceedings of ICE-Geotechnical Engineering，2015，168（4）：296 - 305.

［12］KONG G Q，ZHOU H，DING X M，et al. Comparative study on landslide disaster treatment effect by using XCC pile and traditional circular pile［J］. Disaster Advances，2013，6（S1）：151 - 155.

［13］LIU H L，ZHOU H，Kong G Q. XCC pile onstallation effect in soft soil ground：a simplified analytical model［J］. Computers and Geotechnics，2014，62（7）：268 - 282.

［14］LV Y R，LIU H L，DING X M，et al. Field tests on bearing characteristics of X-section pile composite foundation［J］. Journal of Performance of Constructed Facilities，ASCE，2012，26（2）：180 - 189.

［15］ZHOU H，LIU H L，RANDOLOPH M F，et al. Experimental and analytical study of X- section cast-in-place concrete pile installation effect［J］. International Journal of Physical Modelling in Geotechnics，2017：1 - 19.

［16］孔纲强，刘汉龙，丁选明，等．现浇 X 形混凝土桩复合地基桩土应力比及负摩阻力现场试验［J］. 中国公路学报，2012，25（1）：8 - 12，20.

［17］孔纲强，周航，刘汉龙，等．任意角度水平向荷载下现浇 X 形混凝土桩力学特性研究（Ⅱ）：截面应力分布［J］. 岩土力学，2012，33（S1）：8 - 12.

［18］丁选明，孔纲强，刘汉龙，等．现浇 X 形混凝土桩桩-土荷载传递规律现场试验研究［J］. 岩土力学，2012，33（2）：489 - 493.

［19］周航，孔纲强，刘汉龙，等．任意角度水平向荷载下现浇 X 形混凝土桩力学特性研究（Ⅰ）：惯性矩［J］. 岩土力学，2012，33（9）：2754 - 2758.

［20］陈力恺，孔纲强，刘汉龙，等．基于极限平衡法的现浇 X 形混凝土桩群桩负摩阻力计算分析［J］. 岩土力学，2012，33（S1）：200 - 204.

［21］吕亚茹，丁选明，孙甲，等．刚性荷载下现浇 X 形混凝土桩复合地基极限承载力特性研究［J］. 岩土力学，2012，33（9）：2691 - 2696.

［22］周航，孔纲强．水平荷载作用下现浇 X 形混凝土桩桩周土体响应理论分析［J］. 岩土力学，2013，34（12）：3377 - 3383.

［23］陈力恺，孔纲强，刘汉龙，等．现浇 X 形混凝土桩桩承式加筋路堤三维有限元分析［J］. 岩土力学，2013，34（S2）：428 - 432.

［24］於慧，丁选明，孔纲强，等．高速公路拓宽工程现浇 X 形混凝土桩与圆形桩变形特性数值模拟对比分析［J］. 岩土工程学报，2013，35（S2）：170 - 176.

［25］曹兆虎，孔纲强，周航，等．极限荷载下 X 形桩和圆形桩破坏形式对比模型试验研究［J］. 中国公路学报，2014，27（12）：10 - 15.

［26］孙广超，刘汉龙，孔纲强，等．振动波型对 X 形桩桩-筏复合地基动力响应影响的模型试验研究［J］. 岩土工程学报，2016，38（6）：1021 - 1029.

［27］卢一为，丁选明，刘汉龙，等．循环加载下 X 形桩竖向承载特性模型试验研究［J］. 岩土力学，2016，37（S1）：281 - 288.

［28］刘汉龙，孙广超，孔纲强，等．无砟轨道 X 形桩-筏复合地基动土压力分布规律试验研究［J］. 岩土工程学报，2016，38（11）：1933 - 1940.

［29］孔纲强，丁选明，陈育民，等．现浇 X 形钢筋混凝土群桩竖向抗拔特性及影响因素分析［J］. 建筑科学与工程学报，2012，29（3）：49 - 54.

［30］於慧，丁选明，刘汉龙，等．路堤荷载下现浇 X 形混凝土桩复合地基承载特性数值分析［J］. 建筑科学与工程学报，2013，30（2）：87 - 92.

［31］丁选明，孔纲强，卢一为．现浇 X 形混凝土桩质量检测现场试验研究［J］. 地下空间与工程学报，2013，9（S2）：1989 - 1995.

第 37 章　长螺旋旋喷搅拌水泥土桩

何世鸣　陈雪华

水泥土搅拌桩由于施工简便、成本低廉而被广泛应用于软土地基处理、基坑支护及止水帷幕等领域，但搅拌桩在现有设备条件下施工，如遇到类似北京地区的硬土层时会受到很大限制，可概括为"搅不动"。单纯的旋喷桩，无论单管、双管还是三管，在现有设备条件下施工较硬土层时，同样受到这样或那样的限制，可概括为"喷不动"。地下连续墙造价较高，不为大多数业主接受。为此，人们开始积极地改进方法，以期采用复合的方式解决问题。目前已有在长螺旋钻具上设置旋喷装置的方法、深层搅拌法与高压喷射法相结合的喷浆处理方法，虽然进行了技术改进和提高，但在硬土地区工程应用中都存在一定的局限性。为了克服前述技术的局限性，可采用长螺旋旋喷搅拌水泥土桩施工的方法，其结合了长螺旋钻机、搅拌钻机和高压旋喷钻机的优点，克服了既有技术的局限性，解决了硬土地层帷幕施工的难题。

37.1　基本原理、技术特点和相关专利

37.1.1　基本原理

其工艺原理是在已施工的钢筋混凝土护坡桩之间先用长螺旋钻机引孔，大部分土留在孔内，然后用长螺旋旋喷搅拌桩机以旋喷＋搅拌复合的方式形成水泥土帷幕桩，与护坡桩共同形成止水帷幕。

长螺旋旋喷搅拌桩钻机在长螺旋钻机上加上搅拌杆，钻头上带有搅拌叶，搅拌叶两侧带有水平方向的高压喷头，在喷射高压水泥浆液的同时机械搅拌土与水泥浆。该技术结合了长螺旋钻机、搅拌钻机和高压旋喷钻机的优点，发挥了长螺旋钻机大动力、大扭矩的特点，解决了在硬土层基坑维护施工中"搅不动""喷不动"等难题。

根据不同的操作工艺施工可以形成三种不同形状的水泥土固结体，如图 37-1 所示。

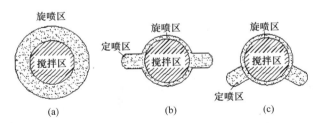

图 37-1　长螺旋旋喷搅拌水泥土桩桩型示意图

长螺旋旋喷搅拌桩形成的水泥土固结体的有效直径主要取决于：

1）土的类别及密实程度。

2）喷射参数（包括泵压与流量、喷嘴个数、喷嘴直径、喷搅施工时的钻进和提升速度、喷搅施工时的钻头旋转速度、复喷搅次数）。

3）操作工艺。

4）引孔半径。

施工时，需要根据工程特点及技术要求选择合适的桩型及桩的有效直径，并通过现场试验确定与之匹配的施工参数。

根据长螺旋旋喷搅拌水泥土桩的桩型、帷幕组成方式及桩体布置形式的不同，长螺旋旋喷搅拌水泥土桩帷幕可分为多种类型，见表 37-1。

表 37-1　长螺旋旋喷搅拌水泥土桩帷幕类型

名称	水平断面简图	组成与特点
一字搭接		交叉成孔，先施工喷搅水泥土桩，后施工护坡桩，两者相互搭接，形成帷幕
交错搭接		交叉成孔，先施工护坡桩，后施工喷搅水泥土桩，两者相互搭接，形成帷幕，其刚度较一字搭接的大
喷搅水泥土桩中插型钢		在喷搅水泥土桩尚未凝固时插入承力工字钢，既可止水又能挡土，限用于浅基坑
复合土钉墙		用插入一定深度的喷搅桩和复合土钉墙构成挡土截水墙

续表

名称	水平断面简图	组成与特点
栅格	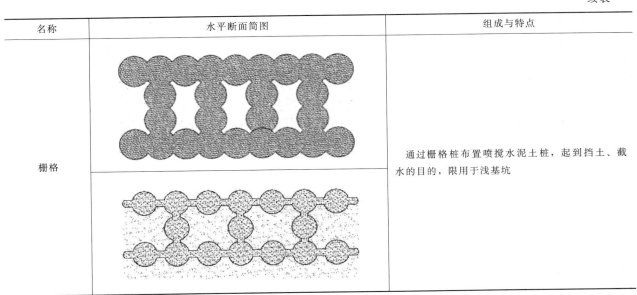	通过栅格桩布置喷搅水泥土桩，起到挡土、截水的目的，限用于浅基坑

长螺旋旋喷搅拌帷幕桩适用于素填土、粉土、黏性土、砂土及可钻进的砂层、卵砾石层等，引孔直径不大于 800mm，桩长不大于 30m。

37.1.2　工艺特点

1）长螺旋旋喷搅拌水泥土帷幕桩主要用于在已施工的护坡桩之间做止水帷幕桩，先用长螺旋钻机引孔，然后用长螺旋旋喷搅拌桩机以"旋喷＋搅拌"复合的方式形成水泥土帷幕桩，大部分土留在孔内，通过旋喷搅拌使之均匀。

2）长螺旋旋喷搅拌桩孔内土不全部置换，水泥用量小，比普通深层搅拌水泥土桩节省 15％的水泥，比旋喷桩及防水桩挡墙的成型方法节省 50％的水泥。

3）该技术采用的复合钻具的特征是上部 1/4～1/3 为长螺旋钻杆，下部为搅拌钻具，孔内进行部分取土，孔口少返浆或不返浆，保证现场文明施工，施工满足绿色环保的要求。

4）利用长螺旋钻机强大的动力和扭矩穿透硬土层，钻头上除侧面对称设置 2～6 个喷嘴外，在底部设置一个或多个喷嘴，提高其切削、翻搅的能力，在硬土层中也可快速钻进，大大减小其搅拌下钻的阻力，解决了硬土地层帷幕施工的难题。

5）该技术结合了长螺旋钻机、搅拌钻机和高压旋喷钻机的优点，施工速度快，比普通深层搅拌桩或旋喷桩可缩短 30％～50％的工期。

6）在工程实践及施工要点上，长螺旋旋喷搅拌桩施工能达到设计的直径和深度，有其独特的优越性；在质量上容易控制，根据工程地质状况，合理确定施工参数，合格率可达 100％。

37.1.3　技术特点

该技术结合了长螺旋钻机、搅拌钻机和高压旋喷钻机的优点，克服了既有技术的不足，解决了硬土地层帷幕施工的难题，并被迅速推广应用。目前该技术已获国家发明专利一项、实用新型专利两项，并经国内外数据库查新，具有独创性、新颖性、实用性，达到国内外先进水平。

该技术先后应用于北京大学留学生公寓楼基坑工程、凯迪克大酒店基坑工程、清华大学科研综合楼及清华同方广场二期基坑工程、中国人民大学百年讲堂基坑工程、北京协和医院门急诊楼基坑工程、山东滕州九州清晏住宅小区基坑工程、云南省军区机关二期经济适用住房基坑工程、中国建筑科学研究院科研试验大楼基坑工程、内蒙古呼和浩特鄂尔多斯广场基坑工程、北京地铁 7 号线百子湾明挖车站帷幕、广华新城居住区 616、617 地块（污染土）职工住宅建设项目基坑帷幕、中国航空集团总部大厦护坡土方帷幕工程、中国农业银行北方数据中心基坑支护帷幕土方抗浮桩工程、中国人寿二期基坑支护土方帷幕抗浮桩工程等数十项基坑工程，均收到了较好的效果。目前在北京地区其已成为常规做帷幕的方法。北京建材地质工程公司编制了企业标准《长螺旋旋喷搅拌水泥土帷幕桩技术规程》（QB 201201），并编制了北京市地方标准《城市建设工程地下水控制技术规范》（DB 11/1115—2014）。工程实践表明，该技术经济效益明显，环保效益和社会效益较好。

37.1.4 专利和工法

相关专利如下：

1）长螺旋旋喷搅拌帷幕桩的施工工艺（ZL201010238461.4）。

2）长螺旋旋喷搅拌桩复合钻具（ZL200820108775.0）。

3）长螺旋搅拌定喷异型水泥帷幕桩及其施工用钻具（ZL200920109784.6）。

相关工法被列入 2013—2014 年度国家级工法，名称为长螺旋旋喷搅拌桩帷幕施工工法。

37.2 施工机械设备和施工工艺

37.2.1 施工机械设备

1）成孔及喷搅设备。长螺旋钻机动力性能满足成孔直径、成孔深度要求。喷搅钻机提升速度不大于 1.2m/min。喷搅钻机设有护筒等导正装置。

2）搅浆储浆过滤设备。搅浆机功率不宜小于 2.5kW；搅浆桶及储浆桶可选用 1.5～1.8m³ 规格，或根据工程需要选用；过滤筛应选用过滤网或电动振动筛，过滤网采用 60 目细。

3）高压泵及启动柜。高压泵功率不小于 90kW，额定泵压不小于 24MPa，额定泵量不小于 200L/min。启动柜额定电压 380V，额定电流不小于 90A。

4）高压胶管。能满足 40MPa 压力。

5）钻头、钻具。钻头直径一般为 300～800mm；喷嘴直径、数量等满足工程需要，喷嘴数量一般为 4～9 个；钻具为厚壁钢管丝扣连接。

6）测量仪器等其他辅助工具。应满足工程需要。

主要施工机具的性能参数见表 37-2～表 37-5。

表 37-2 钻机性能参数

型号	KLB632	钻杆转速/(r/min)		21
钻孔直径/mm	400～600	输出扭矩/(kN·m)		48
钻孔深度/m	32	工作面最大坡度/(°)		2
许用拔钻力/kN	390	外形尺寸 /m	工作状态	10.4×13.32×38.9
移动方式	液压步履式		运输状态	13.29×3.1×2.5
动力头功率/kW	55×2	整机质量/kg		53600

表 37-3 高压泵电动机性能参数

型号	Y280M-4 三相异步电动机		功率/kW	90
电压/V	380	额定电流/A	164.3	1480r/min
50Hz		IP	44	Lw90d（A）
工作制	S_1	绝缘等级	B	667kg

表 37-4　往复式 XPR-90E 型高压注浆泵性能参数

柱塞直径/mm	80	排出管直径/mm	10~25
排出流量/(L/min)	217	额定功率/kW	90
工作压力/MPa	23	$r=1.00$	

表 37-5　XL21 启动柜性能参数

额定电压/V	380	额定电流/A	100

37.2.2　施工工艺

长螺旋旋（定）喷搅拌帷幕桩施工工艺流程如图 37-2 所示。

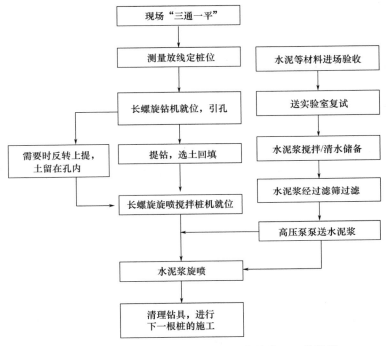

图 37-2　长螺旋旋（定）喷搅拌帷幕桩施工工艺流程

施工要点有以下几个。

（1）测量放线，定桩位

帷幕桩放桩位前将已施工护坡桩桩头全部露出。按桩位设计图纸要求测设桩位轴线、定位点，可采用直径不小于 25mm 的钢筋在桩位处扎入深度不小于 300mm 的孔，填入白灰并插上钢筋棍，标识桩位。所有桩位宜一次全部放完，并由技术负责人组织质检员、班组长共同对桩位进行检查，确认准确无误后，与甲方或监理办理预检签字手续。

（2）长螺旋钻机就位引孔

1）钻机就位。根据桩长安装适宜的钻臂及钻杆，连接稳固，钻机定位后四支腿支垫平稳，保持钻塔的垂直。钻杆垂直度由钻机自身配备的双线锤和钻机上的水平尺进行双控，垂直度偏差不大于0.5%。必要时采用经纬仪协助监测。

钻机定位后进行复检，钻尖与桩点的偏移不得大于 20mm。钻机启动前应将钻杆、钻尖内的土块等清理干净。

2）钻机引孔。启动钻机，钻进成孔。刚接触地面时下钻速度要慢，施工中严格控制钻进速度，钻进速度根据地层情况按成桩工艺试验确定的参数控制，达到设计标高后停钻，由质检员验收。

（3）提钻，选土回填

提出引孔钻机的钻具，用人工或小型机械配合回填钻出的虚土，至适当标高为止。遇大石块等需进行分拣，必要时选择好土回填。如邻近建（构）筑物道路地下管线等，为防止取土对周围环境造成影响，可反转上提，土留在孔内。

（4）长螺旋旋喷搅拌桩机就位

引孔完毕后，使长螺旋旋喷搅拌桩机就位或将长螺旋钻具更换为喷搅复合钻具，组装调试旋喷搅拌设备，确保设备运转正常，注浆管路畅通。钻杆垂直度由钻机自身配备的双线锤和钻机上的水平尺进行双控，垂直度偏差不大于0.5％。必要时采用经纬仪协助监测。

（5）水泥浆的配制及过滤

按照设计水灰比对水和水泥重量进行计量，水灰比宜为1.0～1.5。在搅浆桶里搅拌均匀后，经60目筛过滤，放入储浆池中。储浆池中放置泥浆泵，对水泥浆进行不间断搅拌，防止水泥浆沉淀。注浆泵泵头用细目纱网罩罩住，防止吸入粗颗粒物而堵塞钻头喷嘴。

（6）水泥浆旋喷

复合喷搅钻具向下钻进，同时开动注浆泵，泵送高压水泥浆至孔内。泵压宜为10～20MPa，边旋喷边搅拌，进给至设计标高，按设计提升速度提升钻具，同时旋喷搅拌，至设计标高时停止泵送水泥浆和搅拌。遇砂卵石层等特殊情况，进行重复旋喷搅拌或定喷，采用多遍搅喷或定喷增大成桩直径或定喷控制宽度，提高止水性能。

（7）清理钻具，进行下一根桩的施工

钻具提出后，将钻具上的浮土人工清理干净，检查并确保钻头上喷嘴畅通，然后移至下一桩位，进行下一根桩的施工。

37.3 工程实例

1. 北京大学留学生公寓楼基坑工程

该工程于2007年5月施工，基坑深大部分为13.2m，局部最深为15.8m。1～3号楼基坑西侧（距既有5栋6层住宅楼最近5m）支护形式为上部2m土钉墙支护，下部桩锚支护，桩直径800mm，桩间距1.6m。护坡桩间采用长螺旋旋喷搅拌水泥土桩帷幕止水，桩径大于900mm，桩长15.5m，共83根。部分桩间距较大部位采用了定喷工艺。经试验发现，定喷较旋喷控制尺寸大（图37-3）。该工程旋喷直径在900～1000mm，定喷长度可达1300mm，如图37-4所示。经整个施工过程监测，西侧5栋6层住宅楼变形几乎为零（图37-5）。该项目获得了詹天佑奖住宅小区金奖，其中一个亮点就是采用了长螺旋旋喷搅拌桩帷幕发明专利，取得了很好的效果。此工程也改变了此前"北京地区不适合做帷幕"的观点。

图37-3 帷幕桩与护坡桩连接处

图 37 - 4　定喷工艺开挖后的情形

图 37 - 5　开挖后的整体效果

2. 中航技大厦（凯迪克大酒店）基坑工程

该工程于 2007 年 7 月施工，地下 3 层，地上 11 层，框架-剪力墙结构，基础埋深－16.0m。南侧为凯迪克大酒店，拟建物与凯迪克大酒店相接。凯迪克大酒店 23 层，地下 2 层，基础埋深－10.27m。两者高差为 5.73m。为保证地下车库施工及凯迪克大酒店安全，基坑开挖时进行边坡支护并做止水帷幕。帷幕采用了长螺旋旋喷搅拌桩专利技术。止水帷幕南侧长 100m，底部深入基础底部 2m（－18.0m），顶部标高为帽梁底部（－10.5m）。共施工 71 根桩。该基坑到底后专门进行了质量评估（图 37 - 6），建设单位、监理方、总包方、专业分包方及参加评估的专家均表示满意。建设单位代表指出，在北京地区采用该专利技术克服了硬土层的限制，找到了一种在硬土地区做帷幕的可靠而经济的方法，意义重大。

3. 廊坊管道中学宿舍楼基坑支护工程

该宿舍楼地上 8 层，地下 1 层，剪力墙结构，筏板基础。基底埋深建筑标高为－6.85m，坑深为 6.1m。宿舍楼基础边距南侧临建房墙边 1.05m。地下稳定水位－2m。该工程基坑西侧和南侧拟采用桩锚支护，桩径 600mm，桩间距 1.1m。护坡桩间施工长螺旋旋喷搅拌桩止水帷幕，桩径大于 900mm，桩长分别为 10.1m、11.5m 和 12m，共 98 根。该工程原采用不引孔的工艺，效果较差（图 37 - 7）。为进行补救和堵漏，发明了一种简易的堵漏方法：针对漏洞采用钻孔方法，将水管插入，管周围封堵，将水有序排出，之后在管周围支简易模板，填充混凝土，待混凝土凝固，达到一定强度后，将水管阀门关闭（图 37 - 8、图 37 - 9）。工程实践表明该方法止水效果较好。

图 37 - 6　凯迪克大酒店基坑到底情形

图 37 - 7　桩间漏水情况

图 37-8　桩间止水模板混凝土封闭

图 37-9　桩间止水拆除模板后的情况

4. 北京顺义西单商场扩建工程

该工程地上 6 层，地下 2 层，采用筏板基础，框架结构。基础平面近似呈长方形，南北轴线长 68.7m，东西宽 27.6m，基坑深 9~11m。既有顺义西单商场上部结构为 6 层，基础埋深为 -2.5m 和 -3.5m，结构形式为框架结构，基础形式为条形基础。扩建工程与该基坑紧临，桩位在两根护坡桩桩心的正中。

按照现场的实际情况，在 110~135 号桩（相邻建筑物为原西单商场扩建工程一期），水泥土止水帷幕桩引孔直径为 600mm，水泥土桩有效直径不小于 800mm。在 136~156 号桩（相邻建筑物为原西单商场，条形基础），止水帷幕水泥土桩引孔直径为 450mm，水泥土桩有效直径不小于 800mm。桩间距：北段 1100mm，南段 1200mm。桩数为 43 根（每 2 根护坡桩中间布置 1 根帷幕桩）。桩长：北段 9.7m，南段 12.8m，进入基坑基础下长度不小于 3.8m。

该工程由于场地限制，将原西单商场一期工程阳台凿掉，为长螺旋钻机提供施工工作面，桩间帷幕桩只能设计为定喷。开挖后证明采用上述施工措施效果较好，如图 37-10、图 37-11 所示。

图 37-10　西单商场基坑开挖桩咬合情况

图 37-11　西单商场基坑开挖到底情况

5. 北京以太广场基坑工程

以太广场工程位于北京市朝阳区光华路 7 号，为框架结构，高 91.5~99.4m，地上 15~19 层，地下 4 层，基础埋深 -20.90m。地表下 10~20m 为砂卵石地层。上部 2~3m 为土钉墙支护，下部为桩锚支护。设计护坡桩直径为 800mm，桩间距 1.5~1.6m，桩长 22.5m，锚杆 5 道。帷幕桩设于护坡桩之间偏后 10cm，桩径大于 900mm，桩长 20m。共布帷幕桩 346 根。该工程证明了在厚大砂卵石地层采用上述方法的可行性，如图 37-12 所示。

6. 北京协和医院门急诊楼基坑工程

北京协和医院门急诊楼基坑深 20m，上部采用 4～7m 土钉墙支护，下部采用桩锚支护。西侧为 1：0.6 土钉墙支护，墙后单独做一排帷幕桩。其余三侧在护坡桩间设帷幕桩，帷幕桩桩长分别为 20m 和 16.65m，桩径 1000mm。共布帷幕桩 516 根。埋深 13.50～20.50m 为砂卵石地层，$N_{63.5}>30$，冬期施工。西侧单独做一排帷幕，见表 37－1 中复合土钉墙情况。为克服深大卵石层，采取跳打方案，并采用特殊钻头，避免水泥浆漏失严重。改用膨润土水泥浆液，提高浆液悬浮性。冬期施工必须 24h 施工，否则整个管路会全部冻结。经开挖后检验，止水效果较好。

7. 清华同方广场二期科技楼基坑工程

清华同方广场二期科技楼基坑深 15.2m，南侧采用上部 2m 砖墙支护、下部桩锚支护方案，桩径 800mm，桩间距 1.6m。基坑东侧采用上部 8m 土钉墙支护、下部桩锚支护方案。西侧和北侧采用 1：0.3 复合土钉墙支护方案。基坑边距南侧 2 栋 6 层居民楼分别为 7.2m 和 11.2m。桩间布长螺旋旋喷搅拌帷幕桩，桩长 15.5m，桩径 1000mm，共 88 根。需要说明的是，南侧距离 2 栋 6 层居民楼很近，居民对在其临近楼下挖土十分抵触，即使轻微的沉降或裂痕，也将造成重大的灾难。经过精心设计、精心施工，确保了该侧住宅楼位移基本为零，也没有发生失水导致的沉降或裂痕。该基坑工程被评为部级一等奖。基坑开挖到底情形如图 37－13 所示。

图 37－12　以太广场基坑开挖后的情形　　　　**图 37－13　清华同方广场基坑开挖到底情形**

8. 中国人民大学国学馆基坑工程

中国人民大学国学馆基坑深 10m，上部 3m 土钉墙支护，下部桩锚支护，桩径 600mm，间距 1.2m。护坡桩间布设帷幕桩，桩径不小于 900mm，共布桩 400 根。埋深 −5.5～−3.5m 为细砂，含水较丰富。该工程采用了长螺旋旋喷桩帷幕专利技术，起到了很好的示范作用。

9. 山东滕州九州清晏住宅小区基坑工程

山东滕州九州清晏住宅小区基坑深 9～14m，大部分采用桩锚支护，局部采用放坡，在基坑外单独做一排止水帷幕桩。护坡桩直径 600mm，桩间距 1.2m。在护坡桩之间布帷幕桩，采用旋喷与定喷结合的工艺，共布设 3000 根桩。该工程规模较大，基坑内有 9 栋楼，正式施工前在现场邻近建筑物一侧进行了试验，开挖后得到了建设单位和监理等的认可。

10. 云南省军区机关二期经济适用住房基坑工程

云南省军区机关二期经济适用住房位于昆明市环城东路与白塔路延长线交叉位置。拟建的地块建筑工程为功能齐备、环境较好的大型高级商住社区，总建筑面积86758m²，其中地上建筑面积70471m²，地下建筑面积16287m²。建筑规划以高层商住楼为主，一栋为19层，框架-剪力墙结构，靠环城东路；另一栋为33层，框架-剪力墙结构，靠场地西北角；其余地段为2层建筑，通设2层地下室。主要含水层及强透水层为③层圆砾，含水量较大；稳定的地下水位在现地面下0.60～2.60m。③层圆砾层厚达10.00m。基坑深9m，护坡桩直径600mm，间距为1.1m，桩长20.5m，钢筋笼长18.5m。帷幕桩位于护坡桩之间，直径大于800mm，桩间距1.1m，桩长20.5m。该项目是云南省第一个采用长螺旋旋喷桩帷幕专利技术的基坑工程。基坑开挖后采用该技术的一侧效果较好，另外三侧采用搅拌桩和旋喷桩，效果不如采用长螺旋旋喷桩，两者形成了鲜明的对比。

11. 中国建筑科学研究院科研试验大楼基坑工程

拟建中国建筑科学研究院科研试验大楼位于北京市朝阳区北三环东路30号中国建筑科学研究院院内。拟建建筑物由两栋科研主楼、裙房、地下车库组成，形成大底盘多塔楼联体结构；科研主楼部分地上20层，为钢筋混凝土框架-剪力墙结构，裙房部分地上2层，裙房及地下部分为钢筋混凝土框架结构；主楼、裙房及地下车库地下均为4层，采用筏板基础，基础埋深为19.11m。需要特别注意的是：基坑东侧北部5m远处为6层办公楼，1层地下室，天然地基；基坑东侧中部5m远处为16层住宅楼，1层地下室，基础埋深约5m，采用预制桩基础，桩长10m；基坑东侧南部7m处为3层办公楼，无地下室，天然地基。

拟建建筑基坑开挖时为保证已有建筑的安全，采用了桩锚局部内支撑支护结构。在护坡桩之间采用了长螺旋旋喷搅拌水泥土帷幕桩进行止水，共布置帷幕桩488根。

拟建场地在勘察深度范围内分布有三层地下水：第一层为潜水，静止水位埋深4.1～6.4m；第二层为层间潜水，水位埋深13.0～15.5m；第三层为微承压水，水位埋深20.1～22.5m。

帷幕桩设计桩长20.0m（从地表下4.0m计算），在现有的每两根护坡桩中间布置一根喷搅桩。在该工程中首次采用了变频器调节提升速度。变频器采用多段速运行设定，在含水层采用0.5m/min的提速，含水层以外采用1m/min的提速，以增加含水层处帷幕桩的桩径，提高止水的可靠性，达到理想的止水效果。长螺旋钻机通过添加变频器，可以控制钻杆提升速度，使成桩质量得以进一步提高。从基坑开挖后的效果来看，帷幕止水效果较好，达到设计要求，没有出现明显的锯齿形桩。与原先采用两组动滑轮组方法相比，采用变频器，施工组装方便，省时省力，同时发电机功率减小，施工过程中电动机电流减小，施工难度降低。之后变频器在长螺旋旋喷搅拌钻机上开始广泛使用。由于先施工钢筋混凝土护坡桩，导致部分桩间距偏小，采用了图37-1（c）所示的桩型，使止水效果更有保障。该工程帷幕桩基坑到底时的情形如图37-14所示。

图37-14 科研试验大楼基坑到底时的情形

12. 内蒙古呼和浩特市鄂尔多斯广场基坑工程

内蒙古呼和浩特市鄂尔多斯广场基坑工程原设计采用三重管旋喷桩止水帷幕，考虑存在深厚密实的卵砾石地层，设计事先采用地质钻机引孔，孔内下入劣质带孔PVC管，基坑内钻机最多时达30台。但在三重管旋喷帷幕桩施工约200根时，进行多处取芯，发现只有上部5m可取到水泥土芯，下部即为砂土，于是紧急停止施工，调查原因，研究对策。经过多方比较，决定引进长螺旋旋喷搅拌桩专利技术。

勘探期间测得场地内地下水位埋深为 5.75～8.20m，标高为 1040.94～1042.81m。根据调查及以往的勘察资料，地下水自然埋深为 4.50～5.00m，由于受场地附近施工降水的影响，水位变幅较大。含水层 16.00m 以上以孔隙潜水为主，主要赋存于圆砾、砾砂层，其补给以山前侧向径流和大气降水入渗为主，水位受季节性影响变化，年变幅为 1.5～2.0m。该层地下水严重影响基坑工程施工，渗透系数为 80～120m/天。

根据基坑支护工程方案，该工程基坑采用止水帷幕桩止水，帷幕桩设计两排，第一排布置在两根护坡桩中间，采用直径 900mm 的帷幕桩，第二排布置在护坡桩后面，帷幕桩直径为 900mm，桩间距为 0.75m。第一排帷幕桩的桩长为 14.3m，第二排为 13.8m。共设计帷幕桩 1685 根。

试验桩完成后准备工程桩正式施工，但突遇下雪降温，待天气放晴时气温依然偏低，正常施工困难，于是决定春节前只做引孔，春节后气温回暖再施工工程桩，这样可最大限度地节省工期。经过 4 台设备 2 个月的施工，于 2011 年 5 月底完成了 1685 根帷幕桩的施工。通过该工程可以看到地质钻机引孔配合三重管高压旋喷桩方法与长螺旋旋喷搅拌桩方法在硬土层施工的效果，后者优于前者。

13. 北京地铁 7 号线百子湾明挖车站帷幕工程

北京地铁 7 号线百子湾站位于广渠路和煤炭机械厂西路三岔路口南侧的原北京化工二厂北侧（规划为市政绿地），现况半壁店明沟上方，东西走向。车站主体标准段为双层双柱三跨箱形结构，两端头处为双层 4 跨及 5 跨箱形结构，主体总长 235m。标准段结构总宽 20.9m，总高 13.5m，顶板覆土厚 2.965m（车站有效站台中心处）。主体采用桩撑支护体系，车站两端接盾构区间，车站西端设盾构始发井，东端设盾构接收井。采用明挖法施工，桩撑支护体系。

根据岩土工程报告（2009 勘察 067-12），本次勘察深度范围内发现两层地下水，地下水类型分别为潜水（二）和承压水（四）。本次勘察过程中未发现上层滞水，但考虑大气降水、管线渗漏等因素，不排除场地内局部存在上层滞水的可能性。地下水详细情况见表 37-6。

表 37-6　地下水详细情况

地下水性质	水位/水头埋深 /m	水位/水头标高 /m	观测时间	含水层	分布特征
潜水（二）	11.70～13.10	23.22～21.79	2009 年 11 月	粉细砂④$_3$ 层、中粗砂④$_4$ 层、圆砾⑤层	连续分布
承压水（四）	24.80～25.40	9.79～9.14	2009 年 11 月	圆砾⑦层、粉细砂⑦$_2$ 层、中粗砂⑦$_1$ 层	连续分布，水头约 1m

车站主体基坑长 235.2m，标准段宽 21.1m，深 16.3～16.7m，西端盾构井宽 30.65m、深 16.7～18.4m，东端盾构井宽 24.65m、深 16.3～17.3m；一号风道基坑长 61.8m，标准段宽 14.6m，深 16.7～16.9m，盾构井宽 15.75m，深 18.9m。围护桩采用两种形式：车站主体及一号风道采用 $\phi800@1300$mm 钻孔灌注桩及 $\phi1000@1500$mm 钻孔灌注桩，桩间施作 $\phi900$ 旋喷搅拌水泥土桩，嵌固深度为 5.3～5.9m。内支撑采用 $\phi609\times16$ 钢管，支撑间距 2.5～3.5m，局部设锚索。

在长螺旋旋喷搅拌桩技术中引进风动潜孔锤技术，以达到克服地下硬物至设计深度的目的。为实现风动潜孔锤与现有长螺旋钻机施工用钻具的连接，经过分析考察，选择了 HTG360 型风动潜孔锤，其外径为 136mm，总长 1450mm，质量为 126kg，风压为 7～21kg/cm^2，耗风量为 8.5～25m^3，配用钎头直径为 203mm。钻杆为外平厚壁钻杆。为了协调潜孔锤与旋喷的功能，将喷嘴设在潜孔锤上面的钻杆底部；同时，为了协调风管与浆管的位置，将风管进口设在钻杆侧面，浆管与风管分别安装单动装置，保证了两者正常工作。另外，配备了最大风量为 24m^3、最大风压为 2.07MPa 的空压机及相应的增压器。

由于围护桩施工采用旋挖钻机，孔口护筒直径大于桩设计直径，加之为防止凝固而提前拔出护筒，混凝土流动形成"大脑袋"，两围护桩间距更小，有的部位只有200mm，造成直径600mm的长螺旋钻头下钻困难。东端E01～E50围护桩由于为杂填土地层，人工护壁挖孔达10m深，不能靠人工二次凿除护壁。旋挖钻机施工厚砂卵石地层，形成坍塌，灌注混凝土后形成"大肚子"，也使得长螺旋钻具不能顺利按设计桩位下钻，后移同样造成止水效果差。

为了克服上述"大脑袋""大肚子"等问题，采用长螺旋潜孔锤振动旋喷桩方法进行钻进，钎头直径为203mm。为了解决桩位不准的问题，并最大限度地封闭两围护桩之间的空间，将帷幕桩布置在两护坡桩正中。这样做还有一个好处，即使在开挖后出现局部渗漏，也能较清楚地看见漏水部位，便于堵塞，且便于开挖后取样进行强度和渗透性测试。

现场采用了"三遍水，五遍浆"工艺，每天可完成10～12根桩，加之原有的3台长螺旋旋喷搅拌钻机施工，可满足总体进度要求。开挖后止水效果较好。该工程的一个亮点是引进了风动潜孔锤，改造成长螺旋风动潜孔锤，振动旋喷桩克服了硬地层，取得了较好的效果，如图37-15、图37-16所示。

图37-15 长螺旋风动潜孔锤
振动旋喷桩施工

图37-16 基坑内支撑
开挖到底情形

37.4 设计要点

1）长螺旋旋（定）喷搅拌帷幕桩28天桩体强度宜不小于0.8MPa，桩体渗透系数不大于1.0×10^{-6}cm/s。

2）取样可利用钻机竖向钻取或开挖后水平取样，在含水层部位或其他有代表性的部位取样。不可将帷幕钻穿，以免漏水。

3）施工允许偏差见表37-7。

表37-7 施工允许偏差

序号	内容	允许偏差或允许值	检查方法
1	桩径	不小于设计桩径	钢尺量
2	桩长	+200mm	测钻杆
3	桩顶标高	+30mm，-20mm	水准仪测量
4	垂直度	不大于0.5%	测钻杆
5	桩位允许偏差	护坡桩间为20mm，单独成排为40mm	钢尺量
6	桩搭接	不小于100mm	钢尺量

4）当设计桩顶在地面以下一定深度，不便直接量测时，可以每20根为一个检验批，抽取1根施工至易检测标高处，进行桩径及桩搭接检测，桩顶标高可通过量测钻杆长度检测；当设计为成排帷幕桩时每20根设2根相邻检测桩，施工至易检测标高处，进行桩径及桩搭接检测，桩顶标高可通过量测钻杆长度检测。

参 考 文 献

［1］何世鸣，李江，孙根岩，等．长螺旋旋喷搅拌水泥土帷幕桩及其应用［J］．探矿工程（岩土钻掘工程），2008，35（8）：31-35．

［2］何世鸣，孙根岩，贾城，等．长螺旋旋喷搅拌水泥土帷幕桩技术及在中航技大厦（凯迪克大酒店）改造工程中应用［J］．岩土工程界，2008（11）：43-46．

［3］何世鸣，李江，孙更元，等．长螺旋旋喷搅拌水泥土帷幕桩技术研究与应用［J］．探矿工程（岩土钻掘工程），2009，36（Z1）：273-277．

［4］赵晓东，何世鸣．长螺旋旋喷搅拌桩成桩直径影响因素理论研究［J］．科学研究月刊，2010（5）：56-58．

［5］何世鸣，赵晓东，李德江，等．节能型变频器在长螺旋旋喷搅拌桩止水帷幕中的应用［G］//2010全国探矿工程学术论坛——新能源与低碳生活下的探矿工程技术论文集．2010．

［6］何世鸣，李江，贾城，等．长螺旋系列水泥土帷幕桩技术研究与应用［G］//中国地质学会探矿工程专业委员会．第十六届全国探矿工程（岩土钻掘工程）技术学术交流会论文集．北京：中国地质出版社，2011．

［7］何世鸣，张爱军，裴保国，等．风动潜孔锤在北京地铁长螺旋旋（定）喷搅拌帷幕桩施工中的应用［J］．探矿工程（岩土钻掘工程），2012，39（Z1）：73-76．

［8］靖向党，何世鸣，陈鹏，等．柔壁渗透仪在防渗工程中的应用［J］．探矿工程（岩土钻掘工程），2012，39（2）：53-55．

［9］何世鸣．长螺旋旋喷搅拌水泥土帷幕桩研究与应用技术总结［J］．中国建材资讯，2013（4）：40-45．

［10］何世鸣．长螺旋旋喷搅拌帷幕桩的施工工艺：201010238461.4［P］．2011-11-17．

［11］2013—2014年度国家级工法．长螺旋旋喷搅拌桩帷幕施工工法［S］．北京建材地质工程公司．

第 38 章 长螺旋压灌水泥土桩

何世鸣

随着城市化的发展，建筑物向高处及地下不断"生长"。深度大于 5m 的深基坑支护是建筑施工过程中必不可少的一环，淤泥类土深基坑支护是基坑支护施工中比较棘手的难题，而泥炭质土层深基坑支护更加复杂。

主要分布于云南滇池、洞庭湖地区的泥炭质土是天然孔隙比大于 1.5、有机质含量为 10%～60% 的高有机质土，呈深褐～黑色，其含水率极高，压缩性很大，且不均匀，层厚大于 2m，常规的基坑支护方法（如常规搅拌桩、旋喷桩）无法在较短时间内很好地解决泥炭质土层深基坑侧壁止水、安全稳定问题。根据在建工程的土质特点，工程技术人员成功开发了一种新型压灌水泥土桩，其不依赖原地泥炭质土成桩，止水效果好，深基坑侧壁位移符合规范要求，基础施工安全稳定。该关键核心技术已获发明专利授权。

目前水泥土桩一般分为三类：搅拌水泥土桩（喷浆、喷粉）、旋喷水泥土桩（含定喷、摆喷）、夯实水泥土桩。工程技术人员发明的新型水泥土桩克服了搅拌水泥土桩和旋喷水泥土桩依赖原地土的特点，克服了夯实水泥土桩受地下水和深度限制的缺点，尤其当用于泥炭土等有机质含量高、孔隙比大、含水率高的土层时，有其独特的优越性。该桩型广泛适用于止水帷幕桩、复合地基桩（及母桩）、护坡桩（及母桩）、抗拔抗浮桩母桩等。

38.1 基本原理、技术特点和相关专利

38.1.1 基本原理

在工程所在地区选择质地均匀的好土（如粉土、黏性土），采用强制式或滚筒式搅拌机，按照试配的配合比，在地表将水泥、土及外加剂等各组分的原料加到搅拌机内加水搅拌成混合料，采用中空式长螺旋钻具在桩位处打成桩孔；用混凝土输送泵将搅拌好的混合料通过输料管输送至中空式钻具的内管，边起拔钻具边泵入搅拌好的混合料至孔内，在孔内形成压灌水泥土桩。

长螺旋压灌水泥土桩适用于素填土、粉土、黏性土、砂土及可钻进的砂层、卵砾石层等；引孔直径不大于 800mm，桩长不大于 30m。长螺旋压灌水泥土桩可用于复合地基桩、护坡桩、止水帷幕桩等，还可应用于劲芯水泥土复合桩的母桩，用于基础桩、护坡桩、抗拔抗浮桩，并广泛适用于泥炭土、淤泥、流砂及砂卵石等常规搅拌桩、旋喷桩不能适用的地层。

38.1.2 工艺特点

1）新型压灌水泥土桩在地表由水泥与土通过机械强制拌合后灌入桩孔内。

2）新型压灌水泥土的浆液密度稍大于泥炭质土，远小于素混凝土的密度，与泥炭质土很好地协调，满足了泥炭质土层支护止水、安全稳定的护壁要求。

3）新型压灌水泥土桩在高水位地区泥炭质土层深基坑支护中的应用优于深层水泥土搅拌桩、旋喷

桩支护，解决了深层水泥土搅拌桩、旋喷桩无法解决的问题。

4）新型压灌水泥土桩的施工工期、质量、安全性完全满足施工需要，工程造价是深层水泥土搅拌桩的 60%，是素混凝土桩的 30%。

5）就地取材，选材简便，施工无振动、无污染，符合绿色、环保、节能的要求。

38.1.3　技术特点

多项工程实践表明，在泥炭质土层、淤泥土层、流砂土层、卵石层中新型压灌水泥土桩与新型压灌水泥土桩复合支护形式是可行的，新型压灌水泥土桩解决了泥炭土地层常规搅拌桩、旋喷桩等水泥土桩不能有效挡土止水的难题，施工质量完全可控，经济效益显著。

该新型水泥土桩能应用于基坑支护桩、止水帷幕桩及复合地基桩，还可应用于劲芯水泥土复合桩的母桩，用于基础桩、护坡桩、抗拔桩，并能广泛适用于泥炭土、淤泥、流砂及砂卵石等常规搅拌桩不能适用的地层，显示了极大的优越性。该技术已通过技术鉴定，鉴定结论为："本成果具有新颖性、独创性，属国内外首创""达到国际先进水平，具有很高的推广应用价值"。

38.1.4　专利和工法

相关专利如下：

1）2008 年 5 月 7 日被国家知识产权局授予发明专利，专利号为 ZL200510082950.4，名称为"一种新型水泥土桩及施工方法"。

2）2006 年 10 月 4 日被国家知识产权局授予实用新型专利，专利号为 ZL200520112664.3，名称为"新型异型水泥土桩"。

压灌水泥土桩构筑泥炭土地层基坑截水帷幕施工工法于 2009 年 10 月获批国家级工法，工法编号为 GJEJGF 011—2008。

38.2　施工机械设备及施工工艺

38.2.1　施工机械设备

1）成孔及压灌设备。长螺旋钻机动力性能满足成孔直径、成孔深度要求。喷搅钻机提升速度不大于 1.2m/min。喷搅钻机设有护筒等导正装置。

2）钻头钻具。钻头直径一般为 300～800mm；钻具为厚壁钢管丝扣连接。

3）其他机械设备，包括强制式或滚筒式混凝土搅拌机、混凝土地泵、插入式混凝土振捣棒、磅秤、手推车、铁铲、施工用电缆、移动配电箱、砂浆试模等。

4）测量仪器等其他辅助工具，满足工程需要。

施工机具性能参数见表 38-1～表 38-3。

表 38-1　钻机性能参数

型号	KLB632	钻杆转速/(r/min)		21
钻孔直径/mm	400～600	输出扭矩/(kN·m)		48
钻孔深度/m	32	工作面最大坡度/(°)		2
许用拔钻力/kN	390	外形尺寸 /m	工作状态	10.4×13.32×38.9
移动方式	液压步履式		运输状态	13.29×3.1×2.5
动力头功率/kW	55×2	整机质量/kg		53600

表 38 - 2　JS1000 强制式混凝土搅拌机的技术参数

型号	JS1000	卷扬电动机	型号	YEZ160S - 4
出料容量/L	1000		功率/kW	13
进料容量/L	1600	水泵电动机	型号	KQW65 - 100I
生产率/(m³/h)	≥50		功率/kW	3
骨料最大粒径（卵石、碎石）/mm	80/60	料斗提升速度/(m/min)		21.9
搅拌叶片	转速/(r/min)	21	外形尺寸 （长×宽×高）/mm	运输状态	4640×2250×2250
	数量	2×7		工作状态	8765×3436×9540
搅拌电动机	型号	Y225S - 4	整机质量/kg		8700
	功率/kW	2×18.5	卸料高度/mm		2700 或 3800 或 4100

表 38 - 3　电动机拖式混凝土输送泵系列技术参数

型号	HBT60.13.90ES	HBT80.13.110ES	HBT80.16.110ES
最大理论混凝土输送量/(m³/h)	60	80	80
最大泵送混凝土压力/MPa	13	13	16
功率/kW	90	110	110
液压系统形式	开式	开式	开式
混凝土输送缸缸径/行程/mm	200/1650	200/1650	200/1800
料斗容量/m³	0.8	0.8	0.8
上料高度/mm	1400	1400	1400
外形尺寸/mm	600×2000×2200	6300×2000×2200	6500×2000×2200
整机质量/kg	6000	6100	6500

38.2.2　施工工艺

长螺旋压灌水泥土桩施工工艺流程如图 38 - 1 所示。

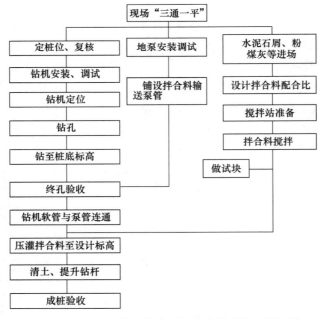

图 38 - 1　长螺旋钻孔管内泵压拌合料成桩工艺流程

施工要点有以下几个。

1. 施工准备

1）施工现场进行场地平整，清除桩位处地上、地下一切障碍物，并进行场地硬化。

2）选用的普通硅酸盐类水泥具有出厂质保单及出厂试验报告，进场时取样，送有资质的检测试验单位复试，取得复试合格报告结果。严禁使用过期、受潮、结块、变质的水泥。

3）在工程所在地选择适宜的土，土的质量、含水率要满足施工要求。要进行水泥土浆配合比试配。

4）现场搭设水泥仓库、土的堆放仓库及其他添加剂堆放库，材料入库。

5）初步检查中空管式长螺旋钻机的性能。

2. 放线、定桩位孔

按照基坑支护设计要求，在施工现场对桩位进行放样。水泥土桩径一般为 400mm、600mm、800mm，根据需要也可设计为 300mm、500mm、700mm 等直径。作为基坑支护止水挡土桩，与钢筋混凝土桩间隔设置，由钢筋混凝土桩切割水泥土桩，形成两两咬合。

3. 长螺旋钻机安装、就位

（1）就位

钻机安装按照要求进行，钻机就位后使钻机机具的回转中心尽量与待钻孔中心重合，确保其偏位符合规范要求。

（2）检查与试机

1）检查钻机传动机构工作是否正常，检查泵送机构工作状态是否正常。

2）开钻前，用自来水清洗整个管道，并检查管道中有无堵塞现象，待水排完后方可开钻。

3）钻机就位后必须平整，确保施工过程中不发生倾斜、移动。要注意保证机架和钻杆的垂直度，其垂直度偏差不得大于 1%。施工中采用吊锤观测钻杆两个方向的垂直度，用水平尺测量机架的调平情况，如发现偏差过大应及时调整。

4. 钻孔，制备水泥土浆

长螺旋钻机以正转钻进，钻机工作时，根据地层结构控制钻机的工作速度和进度，第一次下钻时一律采用低挡操作。

按配合比要求，将选择的土和水泥及添加剂倒入强制式搅拌机，加水混合，搅拌均匀。每盘搅拌时间不得少于 1.5min，使水泥和土充分拌合、均匀、无结块。

5. 提钻压灌水泥土浆，成桩

钻孔至设计深度后，慢速提升钻头，同时将已充分拌合的水泥土浆料通过地泵泵送的方式压灌入已钻成型的桩孔内。灌入水泥土浆应连续作业，不得断浆。

水泥土拌合料不得离析。制备好的混合料不得有离析现象，放置时间不得超过 2h。若放置时间过长，不得使用。

6. 桩头振捣

当水泥土浆灌入桩顶部分时，插入振捣棒对桩头进行人工振捣，插入深度为 2~3m，待水泥土浆不冒气泡后慢拔振捣棒。

38.3　质　量　控　制

38.3.1　检验方法

1）试开挖，观测钢筋混凝土桩与压灌水泥土桩咬合接触的情况，如是否紧密、不漏水。

2）成桩7天后可采用轻便触探器进行桩身质量检验。

检验搅拌均匀性：用轻便触探器中附带的勺钻在水泥土桩身中心钻孔，取出桩芯，观察其颜色是否一致，是否存在水泥浆富集的"结核"或未被搅匀的土团。

3）触探试验。根据现有的轻便触探击数（N_{10}）与水泥土强度的对比关系判断，当桩身1天龄期的击数 N_{10} 大于15击时，则桩身强度已能满足设计要求；或者7天龄期的击数 N_{10} 大于30击时，桩身强度也能达到设计要求。轻便触探的深度一般不超过4m。

4）成桩28天后，用钻孔取芯的方法检查其完整性、均匀程度及桩的施工长度。每根桩取出的芯样由监理工程师现场指定相对均匀的部位，送实验室做（3个一组）28天龄期的无侧限抗压强度试验，留一组试件做3个月龄期的无侧限抗压试验，以测定桩身强度；同时做水泥土渗透系数试验，要求渗透系数不小于 1.0×10^{-6} cm/s。钻孔取芯率为1‰～5‰。

5）对取芯后留下的空间应采用同等强度的水泥砂浆回灌密实。

38.3.2　外观鉴定

1）桩体圆匀，无缩颈和回陷现象。

2）搅拌均匀，凝结体无松散。

3）压灌水泥土桩与钢筋混凝土桩咬合接触紧密，不漏水。

4）群桩顶齐，间距均匀。

38.4　工　程　实　例

38.4.1　云南省委新建办公大楼人防基坑工程

该工程位于昆明市广福路与滇池路交会处附近，十里长街与广福路间。拟建建筑物总建筑面积约8000m²，为框架-剪力墙结构，地下室埋深为-6.1m，局部为-5.4m，包括600mm厚换填垫层。地表标高为±0.00，局部-0.7m，坑深6.1m和5.4m，基础设计形式为桩筏基础。

拟建场地处于滇池盆地东北部，属湖积平原地貌单元。根据80m钻孔揭露地层，按照成因类型及沉积规律、土层物理力学性质，将地基土层分为六个大层。

一类：人工填土和耕植层（Q^{ml+pd}），为①大层，包括①$_1$、①$_2$亚层。

二类：第四系冲积、沟塘静水沉积层（Q^{al+h}）粉土，为②大层，包括②$_1$亚层及透镜体。

三类：第四系湖沼相、湖相交替沉积层（Q^{l+h}），包括③、④、⑤、⑥大层，主要由泥炭质土、粉土、粉砂、黏性土组成。

各地层自上而下分述如下。

①$_1$素填土：褐黄、灰黄、褐红等色，湿，以可塑状态的黏性土为主，夹少量砾石，为近期回填土，厚约1.50m。

①$_2$耕土：深灰、褐灰、灰褐色，很湿，软～可塑状态，高压缩性，局部为软塑状态的泥炭质土，厚0～1.50m，层间夹②$_1$层淤泥透镜体。

②$_1$淤泥：深灰、黑灰色，饱和，软～流塑状态，主要为原采莲河底部的沉积物，仅局部存在，最

厚约 2.9m。

③泥炭质土：黑～黑灰夹褐色，饱和，软～流塑状态，高压缩性，孔隙大，极松散，孔隙比 $e=$ 3.01～8.04，平均值为 5.63，平均含水量为 267%，有机质含量平均值达 45.4%，为强泥炭质土，埋深约 3.5m，平均厚度约 6.0m。

④$_1$ 黏土：浅蓝灰～灰色，很湿，流塑～软塑状态，局部可塑，高压缩性，静探锥尖阻力 $q_c=$ 0.48MPa，层间夹④$_{11}$、④$_{12}$ 层透镜体。

④$_{11}$ 粉土：蓝灰、深灰、灰色，很湿，中密～稍密，中等压缩性。

④$_{12}$ 泥炭质土：黑～黑灰色，饱和，软塑状态，仅局部存在。

④$_2$ 粉土：灰、褐灰、深灰色，湿，稍密～中密，中等压缩性，夹薄层粉细砂～中砂，标准贯入锤击数平均值为 10 击，层间 143、135 处孔夹④$_{21}$ 层透镜体。

④$_{21}$ 粉质黏土：灰～蓝灰色，湿，可塑状态，夹有少量钙质胶结团块。

④$_3$ 黏土：蓝灰～深灰色，很湿，可塑状态，中～高压缩性，局部夹薄层有机土及钙质胶结团块，层间夹④$_{31}$、④$_{32}$ 层透镜体。

④$_{31}$ 粉土：灰色，稍密～中密，中等压缩性。

④$_{32}$ 泥炭质土：深灰～褐灰色，很湿，可塑状态，高压缩性，有机质含量约 10.3%，为低泥炭质土。

④$_4$ 粉土：灰、深灰、蓝灰色，湿，稍密～中密，中等压缩性。

④$_5$ 黏土：灰～浅灰色，湿，中密，中等压缩性，层间夹④$_{51}$、④$_{52}$ 层透镜体。

④$_{51}$ 粉土：灰～浅灰色，湿，中密，中等压缩性，层间夹薄层粉细砂。

④$_{52}$ 黏土：灰黑、灰、蓝灰色，很湿，软塑状态，局部为流塑，高压缩性，夹薄层泥炭质土和有机质黏土。

⑤$_1$ 泥炭质土：黑灰～深灰色，饱和，可塑状态，厚度为 0～1.50m，平均孔隙比 $e=4.27$，有机质含量平均值为 24.0%。

⑤$_2$ 黏土：灰、蓝灰、深灰色，很湿，可塑状态，高压缩性土，间夹⑤$_{21}$、⑤$_{22}$、⑤$_{23}$ 层透镜体。

⑤$_{21}$ 粉土：灰色，湿，中密，中等压缩性，标贯锤击数为 8～16 击。

⑤$_{22}$ 细砂：灰～褐灰色，饱和，稍密，夹薄层中砂和胶结块，标准贯入锤击数平均值为 12.7 击。

⑤$_{23}$ 泥炭质土：黑色，很湿，软～可塑状态，高压缩性，有机质含量为 11.3%。

⑤$_3$ 粉土：灰～深蓝色，湿，密实～中密，中等压缩性，多与粉砂呈互层状，夹有钙质胶结块，标准贯入锤击数为 14～73 击，平均值为 28.5 击（未考虑测试段不足 30cm 的较大锤击数），层顶埋深 33.30～36.40m，厚 2.80～5.80m，层间夹⑤$_{31}$、⑤$_{32}$ 层透镜体。

⑤$_{31}$ 泥炭质土：黑色，很湿，可塑状态，仅局部出现。

⑤$_{32}$ 黏土：灰色，湿，软塑状态，中偏高压缩性，仅局部出现。

⑤$_4$ 泥炭质土：黑～黑灰色，饱和，可塑状态，局部软塑，高压缩性，平均孔隙比 $e=2.72$，平均含水量为 122%，有机质含量平均值为 29.9%，为泥炭质土，层顶埋深 38.5～40.60m，层间夹⑤$_{41}$ 层透镜体。

⑤$_{41}$ 黏土：深灰色，很湿，可塑状态，高压缩性。

⑤$_5$ 黏土：深蓝灰，灰色，很湿，可塑状态，中～高压缩性，层间夹⑤$_{51}$、⑤$_{52}$ 层透镜体。

稳定水位在地表下 0.8～10m，主要为潜水，微具承压性，含水层为粉土，主要为大气降水及含水层的侧渗补给。

设计采用钢筋混凝土桩与压灌水泥土桩相结合的挡土止水复合支护方案，同时在有条件的地方卸载，在被动区打素混凝土桩及压灌水泥土桩加固，并辅以拉锚进行复合支护。经过近 1 个月两台钻机施工，共施工完成 1426 根桩，其中钢筋混凝土桩 475 根，素混凝土桩 273 根，压灌水泥土桩 678 根。开挖后发现钢筋混凝土桩与压灌水泥土桩结合紧密，止水效果好，桩顶位移观测稳定。施工中打了

900mm 厚钢筋混凝土底板，顺利完成了基坑支护任务。施工效果如图 38-2 所示。

图 38-2 云南省委新建办公大楼人防基坑工程开挖至槽底情况

38.4.2 云南东佑房地产开发有限公司东环大厦内支撑基坑工程

拟建场地位于昆明市白龙路与白云路交会处东南侧，属拆旧新建项目。

拟建东环大厦场地总用地面积为 9291.37m²，为一幢地上 29 层的建筑物，建筑底面呈三角形，建筑总高度为 98.90m，以建筑物为中心向四周扩展设置三层地下室（地下室基底埋深为 15.00～15.70m），用途为地下停车场及辅助功能设施（表 38-4）。

表 38-4 地下结构标高与自然地面下深度、绝对标高对照

地下结构位置	相对标高/m	自然地面下深度/m	基底绝对标高/m
ABC/CD/DE/EFG 段基础垫层底面	-15.6	15	1880.35
GA 段基础垫层底面	-16.3	15.7	1879.65

（1）周边环境概况

拟建项目位于昆明市盘龙区东二环石闸立交桥西南侧，周边既有的市政工程和居民住宅密集，人员、车辆流动大，紧邻的北侧白龙路和西南侧白云路为城市交通主干道。

基坑周边建筑物和道路较多，环境复杂，周边环境情况见表 38-5。

表 38-5 基坑周边环境情况

方位	具体说明
北侧	开挖边线长约 90.0m，与白龙路紧邻、平行，基坑边线距离用地红线 5.7～9.3m，距离白龙路人行道 8.0～12.0m
东南侧	紧依省交通警察培训中心职工住宅楼，职工住宅楼为一幢砖混结构板式房，层数为 7 层，长度为 67.50m，基础形式为复合地基，基础埋深约 3m。开挖基坑壁与职工住宅楼长边平行，基坑边线距离用地红线 5.4～6.3m
西南侧	紧靠白云路，并与白云路平行，基坑边线距离用地红线 5.7m
东北侧	与一幢 3 层独立小楼紧邻、平行，其基础为浅基础，埋深约 1.5m。基坑边线距用地红线最小距离为 2.17m

（2）工程地质条件

拟建场地属拆旧建新场地，地面平坦，地势开阔，场地整平标高 1895.95m。场地处于古滇池断陷湖积盆地北部，属新生界第四系湖沼相沉积，主要以第四系湖沼相沉积的厚大松弱土层为主。场地浅部为人工填积（Q^{ml}）的杂填土和素填土及第四系冲洪积（Q^{al+pl}）黏土；地基上部为第四系湖沼相沉积（Q^{l+h}）的软弱泥炭质土、有机质黏土、粉质黏土和粉土；地基中上部以第四系湖沼相沉积（Q^{l+h}）软～可塑状态的粉质黏土为主，间夹中密状态的粉土层；地基中部以第四系冲湖积（Q^{al+l}）圆砾层为主，间夹黏土和粉土；地基下部以第四系冲湖积（Q^{al+h}）可塑～硬塑状态的黏性土与中密状态的粉土呈互层状产出。

（3）场地水文地质条件

基坑范围地下水位埋藏深度为 0.60～1.20m，水位标高为 1894.29～1895.05m。基坑开挖深度范围内揭露的土层性质：①杂填土，结构松散，属强透水层；③₁层、⑤层和⑧层粉土为弱透水层；③₂层黏土、③₃层泥炭质土、④层粉质黏土、⑥层有机质黏土和⑦层粉质黏土均属微透水～不透水层。为求取基坑开挖深度内所涉及地层的渗透性及基坑开挖降水参数，选取钻孔 ZK18 和 ZK24 进行了抽水试验，得到基坑开挖深度范围内各土层综合渗透系数 $K = 0.176～0.185m/天$，影响半径 $R = 39.8～47.5m$，属弱透水层。

（4）支护方案选择

根据招标文件，基坑支护禁止使用锚杆和锚索结构，结合基坑周边环境情况和工程地质条件，经分析比较，本着安全、经济的原则，本基坑拟采用支护桩＋环撑支护方案，地下水治理采用明排和支护桩间压灌水泥土桩止水帷幕措施。

排桩桩径为 1.2m，间距为 1.5m，桩长 30～35m。

考虑地下室深度和形状，采用三道内支撑，每道内支撑由两个圆环构成。每两根支护桩桩间施工 $\phi 600$ 压灌水泥土止水桩一根。先施工帷幕桩，后施工支护桩。支护桩采用旋挖钻机施工。

内支撑基坑工程侧壁如图 38-3 所示，施工至槽底的情况如图 38-4 所示。

图 38-3 东环大厦内支撑基坑工程侧壁

图 38-4 东环大厦内支撑基坑到底情况

38.4.3 其他工程实例

1）某淤泥土层厚 8～11m，其下为 4～6m 厚淤泥质黏土，基坑深 6～7m，基坑面积约 40000m²，采用钢筋混凝土桩与压灌水泥土桩相结合的挡土止水复合支护方案，代替原 6 排搅拌桩支护方案，有效降低了成本，缩短了工期，保证了质量。

2）某流砂层，厚 5～6m，地下水埋深较浅，基坑深 12m，采用钢筋混凝土桩与压灌水泥土桩相结合的挡土止水复合支护方案，有效防止了桩间土流失，保证了基坑支护的成功。

3）北京某地铁砂卵石地层，厚 3～5m，卵石粒径达 20cm，坑深 15～18m，水位较浅，采用钢筋混凝土桩加锚杆与压灌水泥土桩相结合的挡土止水复合支护方案，有效地解决了搅拌桩或旋喷桩"搅不动""喷不动"问题，确保止水成功，并且施工速度快，节约造价，还利于现场文明施工。

4）某小区上部杂填土厚 2m，下部为泥炭土，厚 5～7m，再下一层为粉质黏土，地上为 6 层住宅和 3～5 层厂房。采用压灌水泥土桩作母桩，利用当地价廉的振动沉管工艺在该水泥土桩中心做成低强度等级的 CFG 桩，形成复合地基，大幅度提高了单桩承载力，达到了造价低、工期短、质量好的目的，也十分有效地解决了 CFG 桩拌合料成桩充盈系数大的难题。

参 考 文 献

［1］何世鸣，俞春林，胡云平，等．某办公楼深基坑支护实例［J］．探矿工程，2005（增刊）：113-118.

［2］何世鸣，胡云平，俞春林，等．压灌水泥土桩及其施工实例［J］．科学研究月刊，2008（5）：72-73.

［3］何世鸣，贾城，程金霞，等．北京地区地基处理及桩基施工方法的新进展［J］．探矿工程（岩土钻掘工程），2007，34（Z1）：187-190.

［4］何世鸣，李江，贾城，等．长螺旋系列水泥土帷幕桩技术研究与应用［G］//中国地质学会探矿工程专业委员会．第十六届全国探矿工程（岩土钻掘工程）技术学术交流会论文集．北京：中国地质出版社，2011.

［5］何世鸣．新型压灌水泥土桩加固泥炭质土层深基坑支护施工技术［J］．中国建材资讯，2012（4）：57-60.

［6］何世鸣，葛培东，郑秀华，等．长螺旋压灌水泥土桩冻融性试验研究［J］．探矿工程（岩土钻掘工程），2013（Z1）：316-318.

［7］何世鸣．一种新型水泥土桩及施工方法：200510082950.4［P］.2006-01-11.

［8］压灌水泥土桩构筑泥炭土地层基坑截水帷幕施工工法（GJEJGF 011—2008）［S］．北京建材地质工程公司.

第 39 章　预制高强混凝土薄壁钢管桩

王怀忠　姜平平

39.1　概　　述

预制高强混凝土薄壁钢管桩（precast thin-wall steel and spun concrete composite pile）也称薄壁钢管离心混凝土管桩，简称 TSC 桩。

预制高强混凝土薄壁钢管桩是将薄壁钢带经卷曲成型、焊接制成的钢管内灌注混凝土，经离心成型，混凝土抗压强度不低于 80MPa，能够承受较大竖向荷载和水平荷载的新型基桩制品。预制高强混凝土薄壁钢管桩具有以下特点：

1）充分利用了混凝土抗压能力强、钢管抗拉能力强的特点，具有良好的抗压、抗弯、抗剪受力的特征。

2）TSC 桩的外钢管对混凝土起到套箍和约束作用，使混凝土处于三向受力状态，显著提高了混凝土的抗压强度和抗裂能力。

3）混凝土受外钢管的约束，具有很强的延性和抗冲击、抗震动性能。

4）适合复杂的工况条件，施工时，即使锤击沉桩偶有偏心锤击，混凝土也不致破碎，确保了沉桩质量。

39.1.1　预制高强混凝土薄壁钢管桩的分类

按照混凝土内配置钢筋的情况，预制高强混凝土薄壁钢管桩可分为未配置全长纵向钢筋的 TSC-C 管桩、配置全长纵向普通钢筋的 TSC-R 管桩及配置全长纵向预应力钢筋的 TSC-P 管桩。

按照桩的外直径尺寸，预制高强混凝土薄壁钢管桩可分中小直径 TSC 桩（公称直径＜800mm）和大直径 TSC 桩（800mm≤公称直径≤1400mm）。大直径 TSC 桩具有较大的侧向刚度，通常可用于水中自由段较长的桥梁或码头工程，还可用于抗震和抗风要求较高的高层建筑工程。

39.1.2　预制高强混凝土薄壁钢管桩的发展及应用概况

预制高强混凝土钢管桩于 1972 年在日本研制成功，并于 1977 年开始较大规模的应用。

2004—2005 年，宝钢集团有限公司（以下简称宝钢）借鉴日本预制高强混凝土钢管桩技术，在三热轧和四连铸项目中完成现场单桩静载压力和抗拔试验、构件和接头抗弯试验、短柱抗压试验和推出试验、打桩监测和高低应变检测试验，并经过研究论证，推广应用超过 6000 根（400000m）由 Q235B 钢管内衬 C80 级离心混凝土的 TSC 桩。该项目中 TSC 桩长度为 62～84m，外直径有 400mm 和 600mm 两个规格，由中国第二十冶金建设公司（以下简称二十冶）以及后来的苏州海宏水泥制品有限公司加工制造。用 TSC 桩替代钢管桩和钢管混凝土灌注桩节省了大量投资，其中三热轧项目获国家优质工程"鲁班奖"。

2008 年厦门"汇金国际中心"大楼基础工程使用了 TSC 桩。

2010 年颁布了国家建筑工程行业标准《预制高强混凝土薄壁钢管桩》（JG/T 272—2010）。

2010 年国鼎（南通）管桩有限公司研发了适合在水运工程中使用的预应力 TSC 桩，并陆续在沿江码头中用外径为 800～1000mm 的 TSC 桩作为防撞桩。

2013—2014 年，宝钢曾在一个焦炉环保改造项目中完成现场单桩静载压力试验、构件和接头抗弯试验、打桩监测和高低应变检测试验，并经过研究论证，使用 1800 根由 Q500C 钢管内衬 C80 级离心混凝土的 TSC 桩。其中，TSC 桩长 10m，外直径为 355.6mm，钢管壁厚 5.2mm。用 TSC 桩与上方直径 600mm 的 PHC 桩形成组合桩，替代全长 60～70m 的 φ400mm TSC 桩，保证了质量且节省了大量投资。

2014 年外直径为 1200mm 的 TSC 桩在泰兴某码头（5 万吨）主结构中使用。

2016 年外直径为 800mm、1000mm 的 TSC 在舟山某 LNG 码头中大规模使用。

39.2　预制高强混凝土薄壁钢管桩的制造和检验

39.2.1　预制高强混凝土薄壁钢管桩的制造

以 TSC–C 管桩为例，主要加工流程如下：

1）采用 Q235B、Q345B 或更高强度等级的热轧钢带，以常温弯曲成型，以直缝或螺旋焊缝工艺焊接，加工成焊缝钢管。

2）采用 Q235B 或 Q345B 钢板制作加工端板，并将锚固钢筋和螺旋箍筋焊接在端板上。

3）将端板焊接在钢管两端，然后放入钢模内。

4）以规定的配合比通过搅拌机强制搅拌成混凝土拌和物。

5）采取泵送机械将混凝土拌和物均匀灌入焊接有端板的焊缝钢管。

6）将已灌入混凝土拌和物的焊缝钢管连同钢模按照规定的程序离心成型。

7）离心成型后，连同钢模按照规定的静停、升温、恒温、降温工艺参数进行常压蒸养。

8）脱除钢模后，按照规定的停放、升温、恒温、降温工艺参数进行高温高压蒸养。

9）焊接桩尖、隔板等配件，进行桩材质量检验，出厂。

在以上流程中，焊缝钢管、端板和钢筋通常为采购的制成品。

TSC–R 管桩需要配置全长纵向普通钢筋，其加工流程基本类似于 TSC–C 管桩。

TSC–P 管桩需要配置全长纵向预应力钢筋，其加工流程基本类似于 TSC–C 管桩，但需要在其一端设置可纵向伸缩的构造措施，在混凝土离心成型之前对钢筋施加预应力，还要在常压蒸养之后和高压蒸养之前放张预应力。

39.2.2　桩材质量检验

为了控制预制高强混凝土薄壁钢管桩的桩材质量，宝钢于 2005 年制定了企业标准《TSC 桩（薄壁钢管离心混凝土管桩）产品质量验收规程》（Q/BGJ 019—2005）用来指导桩材的质量检验。现在可以依照行业标准指导桩材的质量检验。

预制高强混凝土薄壁钢管桩的检验通常分为出厂检验和型式检验。

39.2.2.1　出厂检验

出厂检验项目包括混凝土抗压强度、外观质量、尺寸允许偏差等。

采用高温高压蒸养工艺的混凝土强度等级龄期为出釜后 1 天。根据高温高压蒸养混凝土强度增长的特点，规定每拌制 100 盘或一个工作班拌制同配合比混凝土不足 100 盘时，应制作两组试件检验混凝土的质量。其中，一组试件用于检验常压蒸养后的混凝土抗压强度，另一组试件用于检验高温高压蒸养出釜后 1 天的混凝土抗压强度。

外观质量可以全部或抽样进行检查，尺寸允许偏差一般抽样进行检查。

39.2.2.2　型式检验

在特定条件下需要进行预制高强混凝土薄壁钢管桩的型式检验。例如，企业标准《TSC 桩（薄壁钢管离心混凝土管桩）产品质量验收规程》（Q/BGJ 019—2005）要求发生下列情况之一时均应进行型式检验：

1）新产品投产或老产品转厂生产的试制定型鉴定。

2）当结构、材料、工艺有较大改变时。

3）停产六个月以上恢复生产时。

4）出厂检验结果与上次型式检验有较大差异或连续发生打桩破损事故时。

5）合同规定时。

检验项目包括混凝土抗压强度、外观质量、尺寸偏差、桩孔内窥质量检查和桩节非破坏性抗弯性能检验，必要时可以协商增加桩节和接头破坏性抗弯性能检验等试验项目。

在同品种、同规格、同型号的桩节中随机抽取 10 根桩节进行外观质量、尺寸偏差、桩孔内窥质量检查，随机抽取 2 根桩节进行非破坏性或破坏性抗弯性能检验。根据协商，可将 2 根已破坏的桩节对接焊接，再进行 1 组接头部位破坏性抗弯性能检验。

39.2.2.3　TSC 桩材抗弯试验

TSC 桩材抗弯试验属于型式检验项目。

为确定桩身抗弯承载力，采用自平衡法对 3 根 5m 长 TSCφ400 短梁和 3 根 5m 长 TSCφ600 短梁进行了抗弯承载力试验，加载至构件破坏。试件钢材为 Q235B，壁厚为 6mm；离心成型的混凝土强度等级为 C80，TSCφ400 构件混凝土厚度不小于 87mm，TSCφ600 构件混凝土厚度不小于 107mm。

试验中取短梁中段 1.5m 的两端施加向下的集中荷载作为纯弯段（图 39-1），两侧向外各 1.5m 处下方设置支座。加载时计入构件和加载装置自重的影响。初期加载量不超过使用状态短期试验荷载值的 20%；超过使用状态短期试验荷载值后，每级加载值不宜大于使用状态短期试验荷载值的 10%；加载到达承载力试验荷载极限值的 90% 后，每级加载值不宜大于使用状态短期试验荷载值的 5%。卸载可按加载量的两级为一级。

图 39-1　TSC 桩材的纯弯试验

根据试验数据得出六组试件的弯矩-挠度（$M-f$）曲线。试件破坏形式属于延性破坏，其受拉区混凝土逐步开裂，钢管拉伸屈服。试件的弯矩-挠度（$M-f$）曲线上出现了比较明显的拐点，取出现拐点荷载的前一级荷载对应的弯矩作为弹性极限弯矩。TSC 桩材抗弯试验结果参见表 39-1，TSCφ400 桩材的纯弯试验 $M-f$ 曲线参见图 39-2，TSCφ600 桩材的纯弯试验 $M-f$ 曲线参见图 39-3。

TSC 桩材和 PHC 桩材弯曲强度对比列于表 39-2 中。对比结果说明，相近直径的 TSC 桩材比 PHC 桩材的抗裂弯矩和极限弯矩要大得多，而且图 39-2 和图 39-3 表明 TSC 桩材有比较好的弯曲延性，因此 TSC 桩可以用于存在较大侧向压力或需要抵抗较大地震作用的工程项目。

表 39 - 1   TSC 桩材抗弯承载力试验结果

试件编号	弹性极限弯矩 /(kN·m)	弹性极限弯矩 对应的挠度/mm	试验最大弯矩 /(kN·m)	最大弯矩对应 的挠度/mm	卸载后的残余 挠度/mm
B4 - 1（TSCφ400）	241.50	11.93	381.00	136.79	115.61
B4 - 2（TSCφ400）	241.50	16.13	381.00	144.94	122.26
B4 - 3（TSCφ400）	264.00	12.60	392.25	91.54	51.10
B6 - 1（TSCφ600）	569.25	7.92	898.50	86.20	73.31
B6 - 2（TSCφ600）	517.50	4.32	821.25	37.90	32.65
B6 - 3（TSCφ600）	569.25	5.03	898.50	26.39	20.33

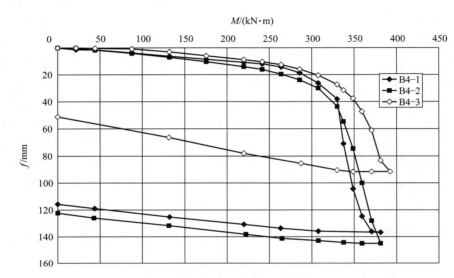

图 39 - 2   TSC φ400 桩材的纯弯试验 M - f 曲线

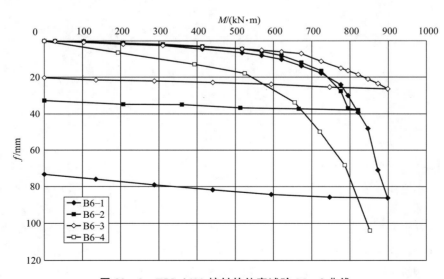

图 39 - 3   TSC φ600 桩材的纯弯试验 M - f 曲线

表 39 - 2　TSC 桩材和 PHC 桩材弯曲强度对比　　　　　　单位：kN·m

弯矩	桩材型号			
	TSC80P400	PHC400AB	TSC80P600	PHC600AB
抗裂弯矩	240	63	510	201
极限弯矩	>350	104	>800	332

39.2.2.4　TSC 桩材反弯构件和接头抗弯试验

TSC 桩材反弯构件和接头抗弯试验属于比较特殊的型式检验项目。

1. TSC 桩材反弯构件和接头抗弯试验

为确定桩材反弯后再次抗弯和桩接头的抗弯承载力，采用自平衡法对一根 TSCφ400 桩材和一根 TSC φ600 桩材进行反弯后再次抗弯承载力试验，以及对一根 TSCφ400 焊接桩材进行抗弯承载力试验。试件钢材为 Q235B，壁厚为 6mm；离心成型的混凝土强度等级为 C80，TSCφ400 混凝土厚度不小于 87mm，TSCφ600 混凝土厚度不小于 107mm。其中，试件 B4 - 4 和 B6 - 4 是将以前抗弯试验的弯曲构件经过反向恢复后所得，B4 - 5 是将两节 TSC φ400 桩材采用手工电弧焊焊接加工的试件。构件分级加载至破坏。B4 - 4、B4 - 5 与 B4 - 2 的纯弯试验 $M - f$ 曲线对比参见图 39 - 4，B6 - 4 的纯弯试验 $M - f$ 曲线参见图 39 - 3。

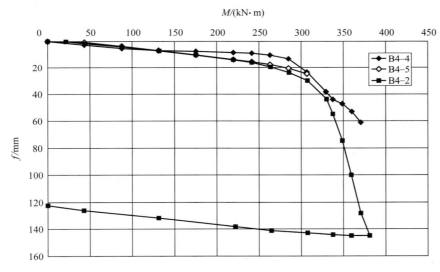

图 39 - 4　TSC φ400 桩的纯弯试验 $M - f$ 曲线对比

根据试验数据得出的三组试件的弯矩-挠度（$M - f$）关系可以看出，试件延性良好，弯矩-挠度（$M - f$）曲线上出现了比较明显的拐点，取出现拐点荷载的前一级荷载对应的弯矩作为弹性极限弯矩。TSC 桩材反弯构件和接头抗弯试验结果参见表 39 - 3。

表 39 - 3　TSC 桩材反弯构件和接头抗弯承载力试验结果

试件编号	弹性极限弯矩 /(kN·m)	弹性极限弯矩对应的挠度/mm	试验最大弯矩 /(kN·m)	最大弯矩对应的挠度/mm	卸载后的残余挠度 /mm
B4 - 4（TSC φ400）	285.00	13.22	403.50	94.74	63.33
B4 - 5（TSC φ400）	264.00	17.66	307.50	24.90	—
B6 - 4（TSC φ600）	524.40	17.92	852.15	103.88	—

2. TSC－PHC 组合桩接头抗弯试验

为检验 TSC－PHC 组合桩接头的连接性能，宝山钢铁股份有限公司委托中国第二十冶于 2013—2014 年完成了两种桩材接头抗弯试验。TSC 桩长 10m，外径为 355.6mm，Q500C 等级的钢管壁厚 5.2mm，C80 等级的混凝土壁厚 77.6mm；PHC 桩长度为 5m，外径为 600mm，混凝土壁厚 110mm，为 PHC600AB110 型桩。与 PHC 桩连接的 TSC 桩端板和肋板材质为 Q345B，TSC－PHC 组合桩接头采用药芯焊丝 CO_2 气体保护焊。TSC－PHC 组合桩纯弯试验采用侧向加载方式，不需做重力因素修正，试验简图见图 39－5。

主要试验结果和弯矩-挠度曲线见表 39－4 和图 39－6。

试件 f01 和 f03 持荷 245.3kN·m 后桩焊接接头未出现裂缝等现象，卸荷。

试件 f02 持荷 301.05kN·m 后 PHC 桩距中心 400mm 处出现一道裂缝，初始缝宽 0.05mm；持荷 355.3kN·m 后 PHC 桩距中心 900mm 处出现第二道裂缝，初始缝宽 0.05mm；加荷 392.7kN·m 时 PHC 桩距中心 600mm 处出现第三道裂缝，初始缝宽 0.25mm；加荷 411.4kN·m 时主筋镦头断裂，停止加荷。

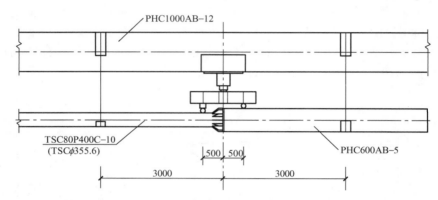

图 39－5　TSC－PHC 组合桩纯弯试验简图（长度单位：mm）

表 39－4　主要试验结果

试件编号	试验构件	抗裂弯矩 M_1 /(kN·m)	挠度 Δ_1 /mm	最大弯矩 M_2 /(kN·m)	挠度 Δ_2 /mm
f01	TSC355.6＋PHC600	＞245.30	25.5	—	—
f02	TSC355.6＋PHC600	301.05	21.0	392.7	38.5
f03	TSC355.6＋PHC600	＞245.30	25.0	—	—
f04	TSC355.6＋PHC600	289.90	27.3	448.8	42.5

试件 f04 持荷 289.9kN·m 后 PHC 桩距中心 500mm 处出现一道裂缝，初始缝宽 0.05mm；持荷 323.35kN·m 后 PHC 桩距中心 950mm 处出现第二道裂缝，初始缝宽 0.05mm；加荷 448.8kN·m 时连接肋板出现裂缝；加荷 467.5kN·m 时连接肋板裂开，停止加荷。

39.2.2.5　钢管与混凝土的粘结强度推出试验

钢管与混凝土的粘结强度推出试验属于比较特殊的型式检验项目。

为确定 TSC ϕ400 桩钢管与混凝土的侧壁粘结强度，采用自平衡法对两组 TSC ϕ400 桩钢管与混凝土的粘结强度进行推出试验。试验用 TSC ϕ400 桩长 0.5m，两端平整；钢材为 Q235B，壁厚为 6mm，离心成型的混凝土强度等级为 C80，厚度不小于 87mm。

在试件端部垫一块厚 5cm、直径为 340mm 的钢板；以长度为 1m 的相同规格的桩通过焊接在钢管上的钢筋连接提供反力；用千斤顶均匀加载，每级荷载加载后持荷至少 5min，待系统稳定，未出现破坏后再加下一级荷载。

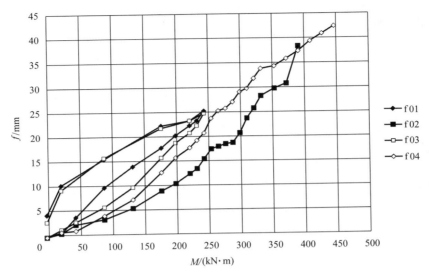

图 39 - 6　TSC - PHC 桩接头抗弯试验 M - f 曲线

加载至破坏荷载后，试件破坏，混凝土被顶出，钢管完好，混凝土与钢管之间产生相对滑移，相对位移迅速增大。根据试验数据得出两组试件的荷载-相对位移关系曲线。取曲线发生明显陡降的起始点所对应的荷载为极限荷载，并计算混凝土与钢管之间的粘结强度，结果参见表 39 - 5。

表 39 - 5　钢管与混凝土的粘结强度推出试验结果

试件分组	极限荷载/kN	侧壁面积/cm²	粘结强度/MPa
第一组	1200	6031.86	1.99
第二组	2100	6031.86	3.48

39.2.2.6　短柱轴向压力试验

桩身轴向抗压强度的研究可参考文献 [4] - [8]。参照文献 [2] 和文献 [4] 所列标准，桩身轴向抗压强度可采用下面的公式计算：

$$Q'_d \leqslant (0.7 \sim 0.8)(f_s A'_s + 1.3 f_c A_c)$$

式中　f_s——钢材的抗拉和抗压强度设计值（kPa）；
　　　　A'_s——钢管扣除腐蚀影响后的有效面积（m²）；
　　　　f_c——混凝土的抗压强度设计值（kPa）；
　　　　A_c——混凝土的横截面面积（m²）。

验证桩身强度最直接的方法就是进行短柱轴向压力试验，短柱轴向压力试验属于比较特殊的型式检验项目。

在型式检验中，采用自平衡加载方式进行了五组钢管离心混凝土短柱轴向静荷载压力试验，短柱长 1200 mm，其中三组采用壁厚 6mm 的 Q235B 钢管，另外两组采用壁厚 4mm 的 Q345B 钢管。所有试件均内衬壁厚 87mm 的 C80 离心混凝土。加载分级参见表 39 - 6。

表 39 - 6　TSC φ400 短柱轴向压力试验加载分级

分级	1	2	3	4	5	6	7	8
荷载/kN	1200	1800	2400	3000	3600	4200	4800	5400
分级	9	10	11	12	13	14	15	加载至破坏
荷载/kN	6000	6600	7200	7800	8400	9000	9600	

由于自平衡加载装置自身刚度较小，试件在加载至破坏荷载后呈脆性破坏，取前一级加载值为极限荷载值，试验结果参见表 39-7。部分短柱轴向静荷载压与沉降的关系曲线试验结果参见图 39-7。

表 39-7　TSC φ400 短柱轴向压力试验结果

试件编号	C4-1	C4-2	C4-3	C4-4	C4-5
试件钢管外径/m	0.396	0.396	0.396	0.396	0.396
试件钢管壁厚/m	0.006	0.006	0.006	0.004	0.004
试件钢管材质	Q235B	Q235B	Q235B	Q345B	Q345B
试件混凝土强度等级	C80	C80	C80	C80	C80
试验极限荷载/kN	7200	8400	9000	9600	8750

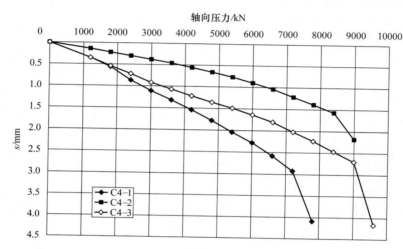

图 39-7　部分短柱轴向静荷载压力与沉降的关系曲线试验结果

39.3　中小口径 TSC 桩及其工程应用

39.3.1　现场条件的需求

自 2002 年"十五"规划项目开始大规模使用 PHC 桩作为深达 60m 的长桩取得成功之后，宝钢在没有软弱地层分布地质条件的大部分建设场地都使用 PHC 桩代替钢管桩和钢管混凝土灌注桩。

宝钢"十一五"规划的二炼钢改造、四连铸、三热轧项目大部分场地属于典型地层分布Ⅲ，见图 39-8。典型地层分布Ⅲ的特点是在粉细砂层⑨上方存在较厚（一般大于 5m）且相对软弱（一般 $N<30$）的粉质黏土层⑧₁ 或⑧₃，而在地层⑧上方普遍存在较厚较硬的土层⑦₁ 和⑦₂。

对于典型地层分布Ⅲ，实践证明 PHC 桩在穿透较硬较厚的土层⑦₁ 时发生较多的断桩现象。为了应对普遍存在的较厚较硬土层⑦₁ 和⑦₂，并解决在设计长桩持力层⑨₁ 上普遍存在软弱夹层⑧₁ 的四连铸和三热轧项目区域打桩问题，满足工程建设质量要求且节省投资，宝钢组织相关单位借鉴日本离心混凝土管桩技术研究开发出一种抗锤击能力比 PHC 桩强而造价比钢管混凝土桩节省的薄壁钢管离心混凝土管桩（TSC 桩），并进行了 TSC 桩的打桩试验和静荷载试验。

TSC 桩主要有两种尺寸规格：TSC φ400 桩是以外直径 396mm、壁厚 6mm 的钢管灌入混凝土离心成型后形成 87mm 厚的内衬混凝土断面桩材；TSC φ600 桩是以外直径 596mm、壁厚 6mm 的钢管灌入混凝土离心成型后形成 107mm 厚的内衬混凝土断面桩材；离心混凝土的强度等级为 C80，钢管材质为 Q235B 或 Q345B。

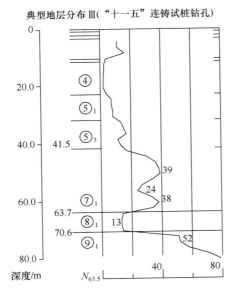

典型地层分布Ⅲ("十一五"连铸试桩钻孔)

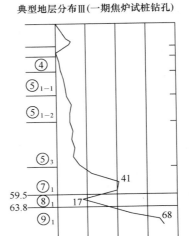

典型地层分布Ⅲ(一期焦炉试桩钻孔)

图 39-8　宝钢建设场地典型地层分布Ⅲ

39.3.2　TSC 桩的打桩试验和静荷载试验

39.3.2.1　试验地点

拟建四连铸区域钻孔 E1 附近布置 1 根试验桩 TSC4-1 及 6 根同规格锚桩 M4-11～M4-16；后为检验 TSC600 桩的抗打击能力，又在钻孔 E1 附近增设 4 根试打桩 P6-75、P6-78、P6-81 和 P6-84。

三轧机区域钻孔 E2 附近布置 1 根试验桩 TSC4-2 及 6 根同规格锚桩 M4-21～M4-26，钻孔 E3 附近布置 1 根试验桩 TSC4-31 及 6 根同规格锚桩 M4-31～M4-36。由于试验桩 TSCS4-31 在打桩过程中因桩材质量问题而发生破损，增设 1 根试验桩 TSCS4-3 及 2 根同规格锚桩 M4-37 和 M4-38，所以钻孔 E3 附近布置 2 根试验桩及 8 根锚桩。

四连铸区域钻孔 E4 附近布置 3 根试验桩 TSC6-1、TSC6-2、TSC6-3 及 10 根同规格锚桩 M6-1～M6-10。由于 TSC6-3 在打桩过程中因桩材质量问题而发生破损，在其附近 1.2m 处增设 1 根试验桩 TSC6-4。钻孔 E4 的各地层深度分布及标准贯入度随深度的变化可参见图 39-8。

试桩附近钻孔土层名称及深度见表 39-8。

表 39-8　试桩附近钻孔土层层底深度　　　　单位：m

土层编号	土层名称	钻孔编号及孔口坐标			
		E1 a：1579.63 b.5802.32 z.4.15	E2 a：1533.00 b：6210.00 z：4.61	E3 a：1513.00 b：6835.00 z：4.60	E4 a：1533.00 b：5805.00 z：4.04
①	杂填土	2.20	3.05	2.65	2.10
②	粉质黏土	3.90	4.75	4.80	3.30
③$_2$	黏质粉土	9.60	10.60	10.25	10.30
③$_3$	淤泥质粉质黏土	11.30	12.50	12.50	11.40
④	淤泥质黏土	21.90	22.80	21.80	22.75
⑤$_1$	粉质黏土	30.70	32.45	33.40	31.60

土层编号	土层名称	钻孔编号及孔口坐标			
		E1 a: 1579.63 b.5802.32 z.4.15	E2 a: 1533.00 b: 6210.00 z: 4.61	E3 a: 1513.00 b: 6835.00 z: 4.60	E4 a: 1533.00 b: 5805.00 z: 4.04
⑤₃	粉质黏土	43.10	42.45	41.50	41.50
⑦₁	砂质粉土	72.70	74.45	71.40	63.70
⑧₁	粉质黏土	81.60	77.80	74.00	70.60
⑨₁	粉细砂	未钻穿	80.45	81.30	78.70
⑨₂	中砂	—	未钻穿	未钻穿	未钻穿

39.3.2.2 打桩锤击参数

宝钢于2004年9—12月在待建四连铸和三热轧区域组织试打入24根TSCϕ400桩和18根TSCϕ400桩,桩长为72~84m。地质钻探资料表明试打桩桩位处于打桩非常困难的场地。例如,E1地质钻孔砂质粉土层⑦₁厚达29.6m,层顶部最大标贯击数为75击,层底部最大标贯击数为67击;⑦₁土层下为8.9m厚的软弱夹层粉质黏土⑧₁,其最小标贯击数为21击;在地下81.6m处才出现长桩的设计持力层粉细砂⑨₁。

试打桩选用D80锤型。为检验TSC600桩的抗打击能力,又在钻孔E1附近增设4根试打桩P6-75、P6-78、P6-81和P6-84,用D100锤型打入。

采用高应变测试方法对打桩过程中锤击力及阻力进行了测试和分析,最大压应力和最大拉应力都出现在桩顶附近位置。TSC桩的试打桩锤击参数可参见表39-9。

表39-9 TSC桩的试打桩锤击参数

桩号	打入深度/m	β/%	最大锤击力/kN	最大锤击压应力/MPa	最大锤击拉应力/MPa	最大锤击能量/(kN·m)	总锤击数/击	贯入度/(cm/10击)
M4-14	84	100	4166	47.4	7.23	100.9	3187	7.0
M4-11	84	84	4041	46.0	7.03	92.4	2442	7.0
M4-15	84	100	4048	46.1	7.35	100.6	1631	9.0
M4-12	84	88	3502	39.8	7.24	75.1	2561	7.0
M4-13	84	88	4577	52.1	6.04	97.5	2154	6.8
M4-16	84	100	3370	38.4	7.02	70.8	1646	6.0
TSC4-1	84	100	4192	47.7	6.43	95.1	1763	6.5
M4-36	79	100	4500	52.1	3.06	130.7	1794	5.0
M4-35	79	100	4046	46.1	1.75	100.7	1730	7.0
TSC4-3	69	63	3953	45.0	7.11	119.5	971	—
M4-34	79	100	3805	43.3	1.78	94.1	1714	8.0
M4-32	79	100	3789	43.1	2.22	90.2	1709	6.0
M4-33	79	100	3662	41.7	4.36	84.7	1209	0
TSC4-31	79	100	4582	51.8	2.65	130.9	1910	6.9
M4-37	79	100	4273	48.6	1.23	110.2	1470	10.0
M4-31	79	100	4494	51.1	2.52	118.2	1707	3.4
M4-38	79	100	3724	42.4	1.35	74.1	2100	8.0

续表

桩号	打入深度/m	β/%	最大锤击力/kN	最大锤击压应力/MPa	最大锤击拉应力/MPa	最大锤击能量/(kN·m)	总锤击数/击	贯入度/(cm/10 击)
M4-26	71.5	100	3268	37.2	6.86	66.2	1070	17.0
M4-25	76	100	3471	39.5	5.45	76.4	1062	10.0
M4-24	76	100	3647	41.5	6.93	69.0	1072	16.0
TSC4-2	76	100	3978	44.9	7.93	95.7	1066	16.5
M4-21	76	88	3751	42.7	7.76	85.0	1054	9.0
M4-22	76	100	4033	45.9	6.26	107.1	1051	14.0
M4-23	76	86	3742	42.6	8.42	87.5	995	15.5
TSC6-1	72	82	7095	41.4	5.10	80.2	1812	10.3
TSC6-2	72	100	7069	41.2	8.50	99.6	1800	5.0
TSC6-3	60	61	8251	48.1	12.10	106.2	1766	—
TSC6-4	72	82	8354	48.7	7.70	116.4	1738	4.0
M6-1	71	73	6864	40.0	4.00	80.9	3503	2.0
M6-2	71	89	5854	34.1	4.10	68.4	2564	4.0
M6-3	71	100	6071	35.4	4.50	64.8	3464	1.0
M6-4	71	100	7518	43.8	5.10	107.8	2701	2.3
M6-5	62	80	7408	43.2	1.90	94.5	4268	1.5
M6-6	71	85	6733	39.3	2.4	85.6	2802	4.5
M6-7	71	82	7277	42.4	6.1	91.1	1980	7.0
M6-8	71	84	7201	42.0	8.4	87.5	1569	11.3
M6-9	71	81	7592	44.3	7.1	93.8	2149	1.0
M6-10	71	80	7425	43.3	8.8	96.4	1479	3.8
P6-75*	75	100	7788	45.4	8.8	122.5	1700	4.0
P6-78*	78	100	7543	44.0	7.9	114	1893	3.5
P6-81*	81	82	7560	44.1	8.8	106.2	2259	3.0
P6-84*	84	—	—	—	—	—	2259	3.0

注：* 表示采用 D100 锤型打入。

试打桩发现有 2 根桩在中部出现混凝土异常。其中，TSC4-3 桩在桩顶 50m 以下的桩节锚固钢筋部位混凝土出现异常，探测时发现钢筋出露；TSC6-3 桩在桩顶 10m 以下的桩节中部混凝土破碎，钻芯取样发现有涌入的淤泥质黏土、软弱的水泥砂子混合物及坚硬的混凝土块。出现异常的桩，锤击次数都不超过 2000 击，锤跳高度都不大，也没有偏打和桩垫厚度不足的问题，因此这些现象都与桩材质量有一定的关系。

剔除因桩材质量问题导致打入异常的 TSC4-3 和 TSC6-3 桩以及因停锤时间接近深夜而没有进行监测的 P6-84 桩，其他 23 根 TSC400 桩和 16 根 TSC600 桩反映桩身完整性的指标 β 值的统计参数可参见表 39-10。统计结果表明，TSCϕ400 桩的抗击打能力比 TSCϕ600 桩要好。

表 39-10 TSC 桩的试打桩 β 值统计参数

桩公称直径/mm	最大值/%	最小值/%	平均值/%	均方差/%	变异系数	样本数
400	100	84	97.13	5.62	0.058	23
600	100	73	87.5	9.27	0.106	16

39. 3. 2. 3 单桩轴向静荷载试验

在工程建设场地采用慢速维持荷载法进行了 TSC 桩的单桩轴向静载压力试验和单桩轴向静载抗拔力试验,其中单桩轴向静载压力试验和单桩轴向静载抗拔力试验结果可分别参见表 39 - 11 和表 39 - 12,TSC 桩的单桩轴向静载压力试验中锚桩最大提升量参见表 39 - 13。

表 39 - 11　TSC 桩的单桩轴向静载压力试验结果

试验桩编号	打入深度 /m	加载分级	卸载分级	最大压力 Q_{max} /kN	最大沉降值 s_{max} /mm	残余沉降值 s_{res} /mm
TSC4 - 1	84	10	6	6600	71.96	19.91
TSC4 - 2	76	10	6	6600	58.68	9.58
TSC4 - 31	79	10	6	6600	48.73	17.66
TSC6 - 1	72	10	6	8800	40.18	13.02
TSC6 - 2	72	10	6	8800	38.91	17.31
TSC6 - 4	72	9	5	8000	37.52	8.41
TSC4 - 3R	69	10	5	6600	39.92	10.06

表 39 - 12　TSC 桩的单桩轴向静载抗拔力试验结果

试验桩编号	打入深度 /m	加载分级	卸载分级	最大拔力 U_{max}/kN	最大提升值 Δ_{max}/mm	残余提升值 Δ_{res}/mm
TSC4 - 1	84	11	6	1200	16.14	4.82
M4 - 22	76	11	6	1200	5.58	1.21
M4 - 25	76	11	6	1200	7.47	0.81
TSC6 - 1	72	9	5	1500	8.40	3.36
M6 - 4	72	9	5	1500	3.24	1.79
M6 - 9	72	9	5	1500	6.58	1.39

表 39 - 13　TSC 桩的单桩轴向静载压力试验中锚桩最大提升量

试验桩编号	最大压力 Q_{max} /kN	锚桩数量	最大上拔锚桩编号	打入深度 /m	最大提升值 Δ_{max}/mm	残余提升值 Δ_{res}/mm
TSC4 - 1	6600	6	M4 - 11	84	10.39	4.28
TSC4 - 2	6600	6	M4 - 22	76	7.35	3.38
TSC4 - 31	6600	6	M4 - 37	79	17.13	8.43
TSC6 - 1	8800	6	M6 - 6	72	7.28	3.09
TSC6 - 2	8800	6	M6 - 3	72	9.52	5.89
TSC6 - 4	8000	6	M6 - 9	72	14.30	6.24

1. TSCϕ400 长桩单桩轴向静载压力试验

以 600kN 为加载增量,对三根长度分别为 84m、79m 和 76m 的 TSCϕ400 长桩采用锚桩法提供反力进行轴向静载压力试验,考虑到锚桩抗拔能力,在加载至 5400kN 满足设计要求的情况下继续加载至轴向压力 6600kN 时,桩身和地基土都未破坏。

三组试桩的 Q - s 曲线呈缓变形,承载力均满足设计要求。根据《建筑地基基础设计规范》(GB 50007—2002) 的要求,Q - s 曲线呈缓变形时,取桩顶总沉降量 $s = 40$mm 对应的荷载值,当桩长大于

40m 时，宜考虑桩身的弹性压缩。由于待建项目对绝对沉降和差异沉降要求很高，可取单桩极限抗压承载力为 6000kN，大于设计要求的 5400kN。3 根 TSCφ400 桩的单桩静载压力试验 Q-s 曲线参见图 39-9。

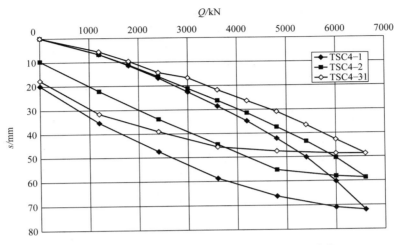

图 39-9　TSC φ400 桩单桩静载压力试验 Q-s 曲线

对于打桩阶段发现 50 余米深处桩身破坏的 TSC4-3R 桩，采取灌入混凝土的方法进行加固，然后继续进加载至 6600kN，所加荷载已大于设计要求。该试桩最大沉降量为 39.92mm，承载力满足设计要求，为断桩处理提供了案例和试验依据。TSC4-31、TSC4-3R 桩和直径相近的钢管混凝土灌注桩的单桩静载压力试验 Q-s 曲线参见图 39-10。

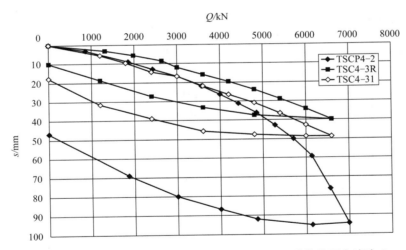

图 39-10　TSC φ400 桩和直径相近的钢管混凝土灌注桩单桩静载压力试验 Q-s 曲线

2. TSCφ600 长桩单桩轴向静载压力试验

以 800kN 为加载增量，对三根长 72m 的 TSCφ600 长桩采用锚桩法提供反力进行轴向静载压力试验，试验桩 TSC6-1、TSC6-2 均加载至 8800kN。试验桩 TSC6-4 加载至 8000kN 且稳定后，因锚桩提升较大而不再加载至 8800kN，桩身及地基土均未破坏。图 39-11 为三根试验桩和直径相近的 SCP 桩单桩静载压力试验 Q-s 曲线。三组试桩 Q-s 曲线平滑，单桩极限承载力均满足设计要求的 8000kN。

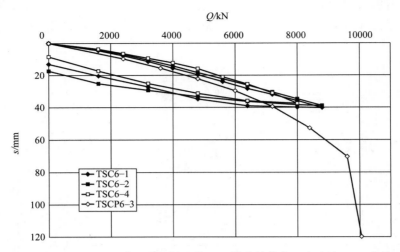

图 39-11　TSCϕ600 桩和直径相近的 SCP 桩单桩静载压力试验 Q-s 曲线

3.TSCϕ400 长桩单桩轴向静载抗拔力试验

以 100kN 为加载增量，对三根打入深度分别为 84m、76m 和 76m 的 TSCϕ400 长桩采用锚桩法提供反力进行轴向静载抗拔力试验。

三个抗拔力试验桩变形相对稳定，上拔力-提升值（U-Δ）曲线及 Δ-$\lg t$ 曲线相对平滑，未出现明显的拐点和向下曲折，其单桩竖向抗拔承载力达到 1200kN 时桩身及地基土体未破坏，极限承载力大于或等于 1200kN。

4.TSCϕ600 长桩单桩轴向静载抗拔力试验

以 150kN 为加载增量，对三根长为 72m 的 TSCϕ600 长桩采用锚桩法提供反力进行轴向静载抗拔力试验。

三个抗拔力试验桩变形相对稳定，上拔力-提升值（U-Δ）曲线及 Δ-$\lg t$ 曲线相对平滑，未出现明显的拐点和向下曲折，其单桩竖向抗拔承载力达到 1500kN 时桩身及地基土体未破坏，极限承载力大于或等于 1500kN。

39.3.2.4　工程应用

在大规模应用 TSC 桩前，宝钢还组织了纬十二路管廊搬迁项目的板坯库中 140 根 TSC400 桩的小规模工程试验。TSC400 桩打入深度大于 70m，大部分桩桩顶送入地下深度超过 13m，打桩结果全部满足停锤标准。

经过试打桩和小规模工程试验，施工单位基本掌握了 TSC400 桩的主要施工技术参数，选用 D80 或 D62 锤型，锤跳高度控制在 2.5~2.8m，在较硬土层⑦₁层之下接桩后检查，确保纸垫厚度＞10cm，打冷锤待桩周土被打松动后再连续锤击。停锤标准为打入设计标高，或打入软夹层⑧₁层中下部后每击贯入度＜3mm。实践证明这样的停锤标准是可行的。

宝钢"十一五"规划期间在国内首次大规模应用 TSC 桩并取得巨大的经济效益。桩材由上海二十冶以及后来的苏州海宏水泥制品有限公司加工制造；参加宝钢建设的宝冶、五冶、十三冶和二十冶四家主要施工单位都参加了 TSC 桩的大规模打桩施工，共打入 TSCϕ400 桩逾 5500 根、TSCϕ600 桩 69 根，取得 TSCϕ400 桩的桩头破损率小于 0.36‰、断桩率小于 0.18‰的成绩。

39.4　中小口径 PHC-TSC 组合桩及其工程应用

39.4.1　试验场地

宝钢一焦炉于 1978 年年底开始打桩，1985 年建成投产，焦炉主体基础钢管桩的规格为 $\phi609.6 \times$ 9.0mm，以粉细砂层⑨₁作为桩的设计持力层，打入深度为 60~70m。由于焦炉荷载较大，钢管桩布置较密，平行于焦炉中心线方向桩间距为 2.6m，垂直方向桩间距为 2.7m。

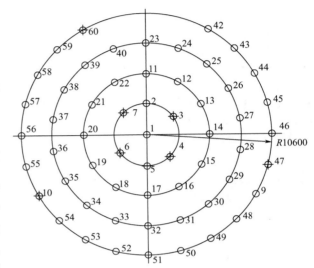

因节能环保需要，一焦炉于 2013 年进行大修改造，效率更高且容量更大的新焦炉对桩基的承载力和沉降提出了更高的需求。新焦炉与原焦炉平面设计尽可能重合，充分利用原有钢管桩并灌入混凝土进行增强；多出的投影区域拟采用 PHC ＋TSC 组合桩，尝试打入与原钢管桩相同的持力层。

宝钢一焦炉也属于典型地层分布 Ⅲ，见图 39-8；试验桩位的布置见图 39-12。

研究 PHC 桩、PHC＋TSC 组合桩穿透较厚砂质粉土层⑦₁及软弱夹层粉质黏土层⑧₁进入设计持力层粉细砂层⑨₁的可能性，以便确定桩型和构造，确定施打方法和控制标准，确定桩的承载力，为相同或相近地质条件下桩的承载力估算、取值提供依据和参考。试桩选在 1A 焦炉烟囱基础下进行，共计 58 套，其中 PHC AB500 桩（试验桩 3

图 39-12　试验桩桩位布置（长度单位：mm）

根）、PHC AB500＋TSC80P400S 组合桩（试验桩 2 根）、PHC AB600＋TSC80P400S 组合桩（试验桩 3 根）、TSC80P400 桩（试验桩 2 根）四种桩型共 10 套进行试桩，桩顶标高为 0.500m；另利用 48 根 PHC AB500 125 工程桩进行试桩，桩顶标高为 -6.900m。试桩位置关系如图 39-12 所示。其中，10 套双重圆标记为试验桩，其余为工程桩。外圆半径为 10.6m。为反映群桩挤密效果，打桩顺序为先外后内。因原桩号为 8、61、41 的三根桩受场地限制不能沉入，以 60 号桩代替 8 号桩，以 47 号桩代替 9 号桩。

试桩选用 D80 锤组成一台套打桩设备。试桩施工过程中总锤击数、锤跳高度、土芯高度等详细数据见表 39-14。

表 39-14　部分试桩技术参数

桩号	桩型	桩长/m	总锤击数	锤重/kg	锤跳高度/m	最后 10 击贯入度/mm	标高偏差/cm	土芯高度/m
1	PHC AB600＋TSC80P400S	67.4	1345	8.0	2.5	8	0	10.4
2	PHC AB500＋TSC80P400S	67.4	1589	8.0	2.5	5	0	10.4
3	TSC80P400	67.6	1341	8.0	2.5	5	0	7.6
4	PHC AB600＋TSC80P400S	67.4	1736	8.0	2.5	4	0	10.4

桩号	桩型	桩长 /m	总锤击数	锤重 /kg	锤跳高度 /m	最后10击 贯入度/mm	标高偏差 /cm	土芯高度 /m
5	PHC AB500＋ TSC80P400S	67.4	1826	8.0	2.7	1	0	10.4
6	TSC80P400	67.6	1178	8.0	2.5	10	0	23.3
7	PHC AB600＋ TSC80P400S	67.4	1304	8.0	2.5	5	0	10.4
60	PHC AB500	67.7	1434	8.0	2.5	4	0	8.0
47	PHC AB500	67.7	1694	8.0	2.5	5	0	17.0
10	PHC AB500	67.7	1499	8.0	2.4	18	0	7.0

39.4.2 PHC＋TSC 组合桩的静载压力试验

打桩试验证明，PHC＋TSC 组合桩（57m 长 PHC AB600＋10.7m 长 TSC80P400S）比打入深度为 67.6~67.7m 的 PHC AB500 桩更容易施打。为分析 PHC＋TSC 组合桩的承载能力，按照计划进行单桩静载压力试验。

三根 PHC＋TSC 组合桩（57m 长 PHC AB600＋10.7m 长 TSC80P400S）与宝钢宽厚板连铸项目试验桩 AS600（61.9m 长 PHC AB600）的单桩轴向静载压力试验 Q-s 曲线见图 39-13。

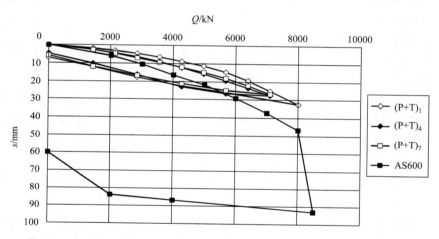

图 39-13　三根 PHC＋TSC 组合桩与 AS600 静载压力试验 Q-s 曲线对比

三根 PHC＋TSC 组合桩的最大加载力大于 7100kN，超过设计要求。PHC＋TSC 组合桩的早期轴向压缩刚度大于试验桩 AS600 的相应值。

39.4.3 组合桩桩型方案确定和工程应用效果

对多种桩型的试桩结果分析表明，考虑必须穿透较厚砂质粉土层⑦₁进入设计持力层粉细砂⑨₁，桩基设计既要考虑良好的穿透性，更要考虑节约成本；旧有钢管桩尤其是焦炉底板下桩距为 4.5d 左右，比较密集。试验结果表明，10m 的长桩尖 TSC400 表现出良好的穿透性，单桩承载力特征值均达到设计要求。

本着尽量少补桩、尽量最大限度地利用原有钢管桩桩身强度的要求，经过多次设计选型优化和多桩型试桩结果分析，将长桩尖的 PHC AB600 130＋TSC80P400 组合桩（简称 PHC 600 组合桩）作为主力桩，单桩承载力特征值均超过 3550kN；煤塔区域因设有深基坑，采用 TSC80P400 桩。试桩结果表明，该桩较好地满足了设计所需的承载力（单桩承载力特征值均超过 3550kN），并且穿透砂质粉土层的能力较强，适用于锤击进入设计持力层粉细砂层⑨₁。在一些原有钢管桩特别密集的区域则采用 TSC80P400 桩。

为了指导大规模的工程应用，项目团队组织中冶赛迪工程技术公司编制了宝山钢铁股份有限公司工程通用图集《预制薄壁钢管离心混凝土桩》（BS－018—2013），结合宝山钢铁股份有限公司企业标准《TSC 桩（薄壁钢管离心混凝土管桩）产品质量验收规程》（Q/BGJ－019—2005）和《TSC 桩（薄壁钢管离心混凝土管桩）施工与质量验收规程》（Q/BGJ－020—2005）指导一焦炉项目 PHC AB600＋TSC80P400C 组合桩的工程应用。

一焦炉项目共使用 PHC AB600＋TSC80P400C 组合桩 1800 根，由上海二十冶工程技术公司和国鼎（南通）管桩有限公司生产加工，由上海五冶施工，全部顺利打入预定设计深度。值得注意的是，因缺乏 TSC80P400C 桩节而采用的数十根全长 PHC AB600 基本不能打入预定设计深度，而且多数高出 5～10m。

39.5　大口径 TSC 桩的工程应用

39.5.1　全长大口径 TSC 桩的工程应用

以下两个使用大口径 TSC 桩工程案例由国鼎（南通）管桩有限公司提供。

1. 舟山某 LNG 码头项目

舟山某 LNG 码头由中交三航勘察设计院设计，项目区域水深、浪大、淤泥层浅，海况复杂。

该码头设计吨位仅为 5000t，通常情况下 5000t 级的码头用直径 800mm 的 PHC 桩即可，但由于该海域工况条件复杂，初步设计采用钢管桩，后经过技术经济对比，最终设计采用全长 TSC 桩方案。

该项目采用直径 800mm、钢管厚 12mm、长 54m 的 TSC 桩 456 根，采用直径 1000mm、钢管壁厚 16mm、长 53m 的 TSC 桩 53 根，既有竖直桩也有斜桩，施工情况良好。

2. 舟山某海洋工程电缆项目

舟山某海洋工程电缆项目为陆地施工项目，采用直径 800mm 的 TSC 桩，钢管壁厚 12mm，桩长 63m，分 4 节电焊焊接施工。施工采用 D100 筒式柴油锤，总锤击数为 7020 击，最后几乎为零贯入度。

停锤后观测桩身质量发现，TSC 桩内壁混凝土无脱落、无裂纹，钢混无开裂分离现象，桩身质量良好。经静荷载试验，桩身竖向承载力达 18000kN。

39.5.2　大口径 TSC－PHC 组合桩的工程应用

以下前两个使用大口径 TSC－PHC 组合桩的工程实例由国鼎（南通）管桩有限公司提供，后两个工程实例由建华建材（安徽）有限公司提供。

1. 舟山某跨海大桥防撞项目

舟山某跨海大桥防撞项目采用直径 1200mm TSC 与同直径 PHC 组合桩，总桩长 55m，既有竖直桩也有斜桩。其中，上端防撞抗弯部采用长 25m、钢管厚 18～22mm 的 TSC 桩，充分利用 TSC 桩抗弯能力强的特点；下端承载部分采用造价经济、抗压性能好的 PHC 桩，不同受力部分采用不同的桩材。TSC 桩与 PHC 桩的组合使用不仅充分利用了桩材的性能，也降低了工程造价。

2. 泰兴某码头升级改造项目

泰兴某码头升级改造项目，升级后码头吨位为 5 万 t 级。该项目采用直径 1200mm TSC 与同直径 PHC 组合桩，总长 49～52m，其中上端防撞抗弯部采用长 32m、钢管壁厚 20mm 的 TSC 桩。

该项目既有竖直桩也有斜桩，打桩采用 D138 筒式柴油锤，总锤击数超过 1600 击，最后贯入度为 2～5mm。沉桩完毕后，桩内壁完整，混凝土无脱落、分离现象，经高应变检测，桩身完整。

3. 镇江某预制厂码头

镇江大港某预制厂码头，采用直径 1000mm TSC 与同直径 PHC 组合桩，干湿交替区桩身涂刷防腐涂层，配桩长 42～45m。桩位设计既有竖直桩也有斜桩，满足水平抗力要求。采用筒式柴油锤施工，终锤贯入度控制在 5cm，且保障桩端进入强风化花岗岩层（图 39－14）。

图 39－14 水中打入 PHC＋TSC 组合桩

4. 江苏南通某浮码头工程

江苏南通某浮码头工程建设规模为 100t 级浮码头，定位桩和防护桩使用直径 800mm TSC 与同直径 PHC 组合桩，均为竖直桩。其中，TSC 桩钢管壁厚 10mm、混凝土壁厚 110mm，长 15m；PHC 混凝土壁厚 110mm，C 型，长 20m。混凝土强度等级为 C80，TSC 桩钢管外壁所用钢材等级为 Q345。TSC 桩的桩身受弯极限弯矩为 2024kN·m，桩身轴向承载力设计值为 11395kN。PHC 桩的桩身混凝土的有效预压应力为 11.76MPa，按标准组合计算的抗裂弯矩为 685 kN·m，桩身受弯承载力设计值为 983 kN·m。TSC 桩钢管外壁预留腐蚀厚度为 2mm，采用涂层保护的方式进行防腐，防腐涂层的设计使用年限为 10 年。沉桩均采用锤击施沉，以标高控制，沉桩偏差符合桩顶设计标高处平面位置偏差不大于 100mm 的要求（图 39－15）。

图 39－15 驳运 PHC＋TSC 组合桩

39.6 轴向冲击作用下 TSC 桩应力波解析解

在 TSC 桩中，钢的纵波波速约为 6000m/s，混凝土的纵波波速约为 4200m/s，锤击和采用高应变法检测 TSC 桩时需掌握其波的传播特点和波速，还要探明在冲击作用下钢管与混凝土之间的相互作用力，以分析两者在界面处是否会发生破坏。

对于非均匀介质厚柱壳比较复杂的波动问题，封闭的解析解方面的文献很少。采用有限单元法求解冲击作用下的薄壁钢管-混凝土桩波动问题，划分单元和处理边界条件时会遇到困难，且不易揭示规律。

文献 [1] 采用一维波理论，研究冲击作用下空心钢管混凝土桩的动力相互作用机理，得出空心钢管混凝土桩的波速和钢管与混凝土之间的剪切作用力，但一维波模型过于简单，对两种介质波传播和相互作用的特点揭示不够透彻。文献 [9] 运用空间轴对称弹性动力学理论，将分离变量得出的波动方程分解为两个带有待定特征值的方程，根据钢管与混凝土界面运动协调一致的边界条件，求出空心钢管混凝土桩的波速及界面上相互作用力的解析解，并与有限元计算结果进行比较。

39.6.1　轴向冲击下空心厚壁圆柱波动方程

根据 TSC 桩几何和受力的对称性，采用空间轴对称弹性动力学方法研究其动力学性质。取桩顶圆心为原点，对称轴为 z 轴以向下为 z 轴正向建立柱坐标系，将单元体的六面所受的各向力投影到竖向（z 轴方向）和径向（r 轴方向），列平衡方程并整理，得

$$\frac{\partial \sigma_z}{\partial z} + \frac{\partial \tau_{rz}}{\partial r} + \frac{\tau_{rz}}{r} = \rho \ddot{w} \tag{39-1}$$

$$\frac{\partial \sigma_r}{\partial r} + \frac{\partial \tau_{zr}}{\partial z} + \frac{\sigma_r - \sigma_\theta}{r} = \rho \ddot{u}_r \tag{39-2}$$

式中　σ_r，σ_θ，σ_z，τ_{zr}——柱坐标下的应力分量；

$\quad\quad\quad u_r$，w——径向位移和竖向位移分量；

$\quad\quad\quad \rho$——质量密度。

承受轴向打击力的桩体，其轴向能量和运动量远远大于径向能量和运动量，因此仅研究式 (39-1)。将空间轴对称弹性力学问题的几何方程和物理方程代入式 (39-1)，可得

$$(\lambda + 2G)\frac{\partial^2 w}{\partial z^2} + G\left(\frac{\partial^2 w}{\partial r^2}\right) + \frac{G}{r}\left(\frac{\partial w}{\partial r}\right) + (\lambda + G)\left(\frac{\partial^2 u_r}{\partial z \partial r} + \frac{1}{r}\frac{\partial u_r}{\partial z}\right) = \rho \ddot{w} \tag{39-3}$$

式中　G，λ——弹性体的拉梅（Lame）常数。

与轴向位移相比，径向位移及其偏导数为可以忽略的高阶小量，这样式 (39-3) 可简化为如下动力平衡方程：

$$(\lambda + 2G)\frac{\partial^2 w}{\partial z^2} + G\left(\frac{\partial^2 w}{\partial r^2} + \frac{1}{r}\frac{\partial w}{\partial r}\right) = \rho \ddot{w} \tag{39-4}$$

39.6.2　分裂方程和贝塞尔方程

39.6.2.1　第一种分裂方程法和贝塞尔函数

对于单一介质 m 构成的空心厚壁圆筒，令其竖向位移为 $w_m = \eta(r)\xi(z)\exp(i\omega t)$，其中 ω 为振动圆频率，下标 m 代表介质 m。代入式 (39-4)，可得

$$(\lambda_m + 2G_m)\frac{\mathrm{d}^2 \xi(z)}{\mathrm{d}z^2}\eta(r)\exp(i\omega t) + G_m\left[\frac{\mathrm{d}^2 \eta(r)}{\mathrm{d}r^2} + \frac{1}{r}\frac{\mathrm{d}\eta(r)}{\mathrm{d}r}\right]\xi(z)\exp(i\omega t) +$$

$$\omega^2 \rho_m \eta(r)\xi(z)\exp(i\omega t) = 0 \tag{39-5}$$

经过分离变量得到的方程式 (39-5) 仍无法求解。当 $q_m^2 \geqslant 0$ 时，可采用如下方法将式 (39-5) 分解为两个方程构成的方程组：

$$\left.\begin{array}{l} \dfrac{\mathrm{d}^2 \xi(z)}{\mathrm{d}z^2} + (1 - q_m^2)\dfrac{\omega^2}{c_{mp}^2}\xi(z) = 0 \\[2mm] \dfrac{\mathrm{d}^2 \eta(r)}{\mathrm{d}r^2} + \dfrac{1}{r}\dfrac{\mathrm{d}\eta(r)}{\mathrm{d}r} + q_m^2 \dfrac{\omega^2}{c_{mq}^2}\eta(r) = 0 \end{array}\right\} \tag{39-6}$$

其中，$c_{mp}^2 = \dfrac{\lambda_m + 2G_m}{\rho_m}$，$c_{mq}^2 = \dfrac{G_m}{\rho_m}$ 分别为单一介质 m 压缩波和剪切波波速的平方。令待定特征值

$$\left.\begin{array}{l} \alpha_m^2 = q_m^2 \dfrac{\omega^2}{c_{mq}^2} \\[2mm] \beta_m^2 = p_m^2 \dfrac{\omega^2}{c_{mp}^2} \end{array}\right\} \tag{39-7}$$

其中，$p_m^2 = 1 - q_m^2$，则方程组（39-6）可转化为两个带有待定特征值的方程组成的方程组：

$$\left.\begin{aligned}\frac{\mathrm{d}^2 \xi(z)}{\mathrm{d}z^2} + \beta_m^2 \xi(z) &= 0 \\ \frac{\mathrm{d}^2 \eta(r)}{\mathrm{d}r^2} + \frac{1}{r}\frac{\mathrm{d}\eta(r)}{\mathrm{d}r} + \alpha_m^2 \eta(r) &= 0\end{aligned}\right\} \qquad (39-8)$$

考虑水上打桩桩身自由段较长的情况，方程组（39-8）的第一个方程仅保留向下传播的应力波的解，则有

$$\xi(z) = D_m \exp(-i\omega p_m z / c_{mp})$$

方程组（39-8）的第二个方程为零阶贝塞尔（Bessel）方程，其通解为

$$\eta(r) = C_m J_0(\alpha_c r) + B_m Y_0(\alpha_c r)$$

其中，$J_0(x)$ 为零阶第一类贝塞尔函数，$Y_0(x)$ 为零阶第二类贝塞尔函数，其一阶导函数分别为

$$\frac{\mathrm{d}J_0(x)}{\mathrm{d}x} = -J_1(x), \quad \frac{\mathrm{d}Y_0(x)}{\mathrm{d}x} = -Y_1(x)$$

则式（39-5）的解为

$$w_m = \eta(r)\xi(z)\exp(i\omega t) = [C_m J_0(\alpha_m r) + B_m Y_0(\alpha_m r)] D_m \exp[i\omega(t - p_m z / c_{mp})] \qquad (39-9)$$

其 rz 平面内的剪切应力为

$$\tau_m = G_m \left(\frac{\partial w_m}{\partial r}\right) = -G_m \alpha_m [C_m J_1(\alpha_m r) + B_m Y_1(\alpha_m r)] D_m \exp[i\omega(t - p_m z / c_{mp})] \qquad (39-10)$$

其纵波波速为

$$c_{\mathrm{mw}} = c_{\mathrm{mp}} / p_{\mathrm{m}} > c_{\mathrm{mp}} \qquad (39-11)$$

作为特例，对于单一材料的空心混凝土桩，在其内表面 $r = r_j$ 和外表面 $r = r_k$ 处，有边界条件 $\tau_m(r_k, z, t) = 0$，$\tau_m(r_j, z, t) = 0$。根据式（39-10）可以确定 $\alpha_m = 0$，且有

$$q_m = 0, \quad p_m = 1$$

则空心混凝土桩波动问题简化为一维波动问题。

39.6.2.2 第二种分裂方程法和修正贝塞尔函数

对于单一种介质 n 构成的空心厚壁圆筒，令其竖向位移为 $w_n = \eta(r)\xi(z)\exp(i\omega t)$，其中下标 n 代表圆筒介质 n。代入式（39-4），可得

$$(\lambda_n + 2G_n)\frac{\mathrm{d}^2 \xi(z)}{\mathrm{d}z^2}\eta(r)\exp(i\omega t) + G_n\left[\frac{\mathrm{d}^2 \eta(r)}{\mathrm{d}r^2} + \frac{1}{r}\frac{\mathrm{d}\eta(r)}{\mathrm{d}r}\right]\xi(z)\exp(i\omega t) +$$
$$\omega^2 \rho_n \eta(r)\xi(z)\exp(i\omega t) = 0 \qquad (39-12)$$

对于 $q_n^2 \geqslant 0$，可采用另外一种方法将式（39-12）分解为方程组：

$$\left.\begin{aligned}\frac{\mathrm{d}^2 \xi(z)}{\mathrm{d}z^2} + (1 + q_n^2)\frac{\omega^2}{c_{np}^2}\xi(z) &= 0 \\ \frac{\mathrm{d}^2 \eta(r)}{\mathrm{d}r^2} + \frac{1}{r}\frac{\mathrm{d}\eta(r)}{\mathrm{d}r} - q_n^2\frac{\omega^2}{c_{nq}^2}\eta(r) &= 0\end{aligned}\right\} \qquad (39-13)$$

其中，$c_{np}^2 = \dfrac{\lambda_n + 2G_n}{\rho_n}$，$c_{nq}^2 = \dfrac{G_n}{\rho_n}$，分别为单一介质 n 压缩波和剪切波波速的平方。令待定特征值

$$\left.\begin{aligned}\alpha_n^2 &= q_n^2\frac{\omega^2}{c_{nq}^2} \\ \beta_n^2 &= p_n^2\frac{\omega^2}{c_{np}^2}\end{aligned}\right\} \qquad (39-14)$$

其中，$p_n^2 = 1 + q_n^2 \geqslant 1$。同样，方程组（39-13）可转化为带有待定特征值的方程组：

$$\left.\begin{aligned}\frac{\mathrm{d}^2 \xi(z)}{\mathrm{d}z^2} + \beta_n^2 \xi(z) &= 0 \\ \frac{\mathrm{d}^2 \eta(r)}{\mathrm{d}r^2} + \frac{1}{r}\frac{\mathrm{d}\eta(r)}{\mathrm{d}r} - \alpha_n^2 \eta(r) &= 0\end{aligned}\right\} \qquad (39-15)$$

方程组（39-15）的第二个方程为零阶修正贝塞尔方程，其通解为

$$\eta(r) = C_n I_0(\alpha_n r) + B_n K_0(\alpha_n r)$$

其中，$I_0(x)$ 为零阶第一类修正贝塞尔函数，$K_0(x)$ 为零阶第二类修正贝塞尔函数，其一阶导函数分别为

$$\frac{\mathrm{d}I_0(x)}{\mathrm{d}x} = I_1(x), \quad \frac{\mathrm{d}K_0(x)}{\mathrm{d}x} = K_1(x)$$

同样仅保留向下传播的应力波的解，则式（39-12）的解为

$$w_n = \eta(r)\xi(z)\exp(i\omega t) = [C_n I_0(\alpha_n r) + B_n K_0(\alpha_n r)]D_n \exp[i\omega(t - p_n z/c_{np})] \tag{39-16}$$

其 rz 平面内的剪切应力为

$$\tau_n = G_n\left(\frac{\partial w_n}{\partial r}\right) = G_n \alpha_n [c_n I_1(\alpha_n r) + B_n K_1(\alpha_n r)]D_n \exp[i\omega(t - p_n z/c_{np})] \tag{39-17}$$

其纵波波速为

$$c_{nw} = c_{np}/p_n < c_{np} \tag{39-18}$$

39.6.3　边界条件

空心钢管混凝土桩受到刚度较大的桩锤打击，桩顶各质点的位移相等。当钢管与混凝土界面的运动协调一致时，可以得出类似于乐甫（Love）波在界面上位移、波速和剪切应力都相等的边界条件。

39.6.3.1　界面处波速相等

以下标 c 代表混凝土圆筒，下标 s 代表钢管。钢材的纵波和横波波速分别大于混凝土材料的纵波和横波波速，即

$$c_{sp}^2 > c_{cp}^2, \quad c_{sq}^2 > c_{cq}^2$$

将空心钢管混凝土桩考虑为双层厚壁圆筒，空心混凝土的内半径为 r_j，外半径为 r_l；外层钢管内半径为 r_l，外半径为 r_k；两种介质在半径为 r_l 的圆柱形界面处紧密连接，如图 39-16 所示。

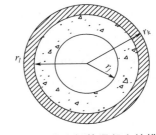

类似于乐甫波在界面上波速相等的条件，考虑空心钢管混凝土桩顶端受轴向冲击荷载，在两种介质界面 $r = r_l$ 上，钢管部分和混凝土圆筒部分的纵波波速一致，记为 c_{lw}，所以有

$$c_{lw}^2 = c_{sw}^2 = c_{cw}^2 \tag{39-19}$$

图 39-16　空心钢管混凝土桩横截面

令 $\beta^2 = \omega^2/c_{lw}^2$，由式（39-7）、式（39-11）、式（39-14）、式（39-18）和式（39-19）可得

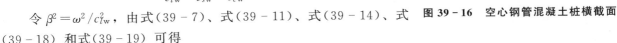

$$\frac{\omega^2}{c_{lw}^2} = p_s^2\frac{\omega^2}{c_{sp}^2} = p_c^2\frac{\omega^2}{c_{cp}^2} \tag{39-20}$$

为满足式（39-20），必有 $c_{sp}^2 > c_{lw}^2 > c_{cp}^2$，$p_c^2 \leqslant 1$ 和 $p_s^2 \geqslant 1$。

所以，对于顶端受锤击荷载作用的空心钢管混凝土桩，其混凝土圆筒部分满足 $p_c^2 = 1 - q_c^2 \leqslant 1$，其运动适合用贝塞尔函数表示；钢管部分满足 $p_s^2 = 1 + q_s^2 \geqslant 1$，适合用修正贝塞尔函数表示。

39.6.3.2　界面处位移和剪切应力相等

考虑空心钢管混凝土桩内表面和外表面都不受任何作用力，则其边界条件为

$$[C-1]: \tau_c(r_j, z, t) = 0$$

$$[C-2]: \tau_s(r_k, z, t) = 0$$

$$[C-3]: w_s(r_l, z, t) = w_c(r_l, z, t)$$

$$[C-4]: \tau_s(r_l, z, t) = \tau_c(r_l, z, t)$$

边界条件 [C-3] 和 [C-4] 类似于乐甫波在界面上位移和剪切应力相等的条件。

由 ［C-1］、［C-2］ 和式（39-10）、式（39-17）可得

$$G_c \alpha_c [C_c J_1(\alpha_c r_j) + B_c Y_1(\alpha_c r_j)] = 0$$

$$G_s \alpha_s [C_s I_1(\alpha_s r_k) + B_s K_1(\alpha_s r_k)] = 0 \tag{3-21}$$

及

$$\left. \begin{array}{l} B_c = -C_c \dfrac{J_1(\alpha_c r_j)}{Y_1(\alpha_c r_j)} \\[3mm] B_s = -C_s \dfrac{I_1(\alpha_s r_k)}{K_1(\alpha_s r_k)} \end{array} \right\} \tag{39-22}$$

由 ［C-3］ 和式（39-9）、式（39-16）可得

$$[C_c J_0(\alpha_c r_l) + B_c Y_0(\alpha_c r_l)] D_5 = [C_s I_0(\alpha_s r_l) + B_s K_0(\alpha_s r_l)] D_s \tag{39-23}$$

同样，由 ［C-4］ 和式（39-10）、式（39-17）可得

$$-G_c \alpha_c [C_c J_1(\alpha_c r_l) + B_c Y_1(\alpha_c r_l)] D_c = G_s \alpha_s [C_s I_1(\alpha_s r_l) + B_s K_1(\alpha_s r_l)] D_s \tag{39-24}$$

将式（39-22）代入式（39-23）和式（39-24），可得关于 $C_c D_c$ 和 $C_s D_s$ 的齐次方程组

$$\left[J_0(\alpha_c r_l) - \frac{J_1(\alpha_c r_j)}{Y_1(\alpha_c r_j)} Y_0(\alpha_c r_l)\right] C_c D_c = \left[I_0(\alpha_s r_l) - \frac{I_1(\alpha_s r_j)}{K_1(\alpha_s r_j)} K_0(\alpha_s r_l)\right] C_s D_s$$

$$-G_c \alpha_c \left[J_1(\alpha_c r_l) - \frac{J_1(\alpha_c r_j)}{Y_1(\alpha_c r_j)} Y_1(\alpha_c r_l)\right] C_c D_c = G_s \, \alpha_s \left[I_1(\alpha_s r_l) - \frac{I_1(\alpha_s r_j)}{K_1(\alpha_s r_j)} K_1(\alpha_s r_l)\right] C_s D_s \tag{39-25}$$

39.6.4 待定特征值的关系

令齐次方程组（39-25）的系数行列式为零，可得

$$G_s \, \alpha_s \left[I_1(\alpha_s r_l) - \frac{I_1(\alpha_s r_k)}{K_1(\alpha_s r_k)} K_1(\alpha_s r_l)\right] \left[J_0(\alpha_c r_l) - \frac{J_1(\alpha_c r_j)}{Y_1(\alpha_c r_j)} Y_0(\alpha_c r_l)\right]$$

$$= -G_c \alpha_c \left[I_0(\alpha_s r_l) - \frac{I_1(\alpha_s r_k)}{K_1(\alpha_s r_k)} K_0(\alpha_s r_l)\right] \left[J_1(\alpha_c r_l) - \frac{J_1(\alpha_c r_j)}{Y_1(\alpha_c r_j)} Y_1(\alpha_c r_l)\right] \tag{39-26}$$

通常求解含贝塞尔函数的方程式（39-26）是非常困难的。根据实测结果，顶端承受轴向冲击荷载的空心钢管混凝土桩，由于其半径通常小于 0.7m，其压缩波波速通常大于 4200m/s，而常规的打桩冲击主频率为 1～10rad/s，由式（39-7）和式（39-14）可得 $\alpha r \to 0$。而当 $x \to 0$ 时，贝塞尔函数有如下近似表达式：

$$\left. \begin{array}{l} J_0(x) \approx 1 \\[2mm] J_1(x) \approx \dfrac{x}{2} \\[2mm] Y_0(x) \approx \dfrac{2}{\pi} \ln \dfrac{x}{2} \\[2mm] Y_1(x) \approx -\dfrac{2}{\pi x} \end{array} \right\} \tag{39-27}$$

$$\left. \begin{array}{l} I_0(x) \approx 1 \\[2mm] I_1(x) \approx \dfrac{x}{2} \\[2mm] K_0(x) \approx -\ln \dfrac{x}{2} \\[2mm] K_1(x) \approx \dfrac{1}{x} \end{array} \right\} \tag{39-28}$$

将贝塞尔函数的近似表达式（39-27）和式（39-28）代入式（39-26），并略去高阶小量，整理可得

$$G_s \, \alpha_s \left[\frac{\alpha_s r_l}{2} - \frac{(\alpha_s r_k)^2}{2(\alpha_s r_l)}\right] = -G_c \, \alpha_c \left[\frac{\alpha_c r_l}{2} - \frac{(\alpha_c r_j)^2}{2(\alpha_c r_l)}\right] \tag{39-29}$$

令 A_s 和 A_c 分别为钢管和混凝土圆筒的横截面面积，即 $A_s = \pi(r_k^2 - r_l^2)$，$A_c = \pi(r_l^2 - r_j^2)$。代入

式(39-29)，可得待定特征值的关系式为

$$G_s \alpha_s^2 A_s = G_c \alpha_c^2 A_c \tag{39-30}$$

39.6.5　空心钢管混凝土桩的波速

将式(39-7)和式(39-14)代入式(39-30)，得

$$q_s^2 A_s \rho_s = q_c^2 A_c \rho_c \tag{39-31}$$

整理式(39-20)和式(39-31)，解得待定参数为

$$\left. \begin{array}{l} p_c^2 = \dfrac{c_{cp}^2 (A_s \rho_s + A_c \rho_c)}{c_{sp}^2 A_s \rho_s + c_{cp}^2 A_c \rho_c} \\[3mm] q_c^2 = \dfrac{(c_{sp}^2 - c_{cp}^2) A_s \rho_s}{c_{sp}^2 A_s \rho_s + c_{cp}^2 A_c \rho_c} \end{array} \right\} \tag{39-32}$$

$$\left. \begin{array}{l} p_s^2 = \dfrac{c_{sp}^2 (A_s \rho_s + A_c \rho_c)}{c_{sp}^2 A_s \rho_s + c_{cp}^2 A_c \rho_c} \\[3mm] q_s^2 = \dfrac{(c_{sp}^2 - c_{cp}^2) A_c \rho_c}{c_{sp}^2 A_s \rho_s + c_{cp}^2 A_c \rho_c} \end{array} \right\} \tag{39-33}$$

将式(39-32)和式(39-33)代入式(39-20)，整理得空心钢管混凝土桩的纵波波速为

$$c_{lw}^2 = \frac{c_{sp}^2}{p_s^2} = \frac{c_{cp}^2}{p_c^2} = \frac{c_{sp}^2 A_s \rho_s + c_{cp}^2 A_c \rho_c}{A_s \rho_s + A_c \rho_c} \tag{39-34}$$

其结果与用简化的一维波理论得出的波速结果一致。

39.6.6　空心钢管混凝土桩的运动量和应力

1. 质点位移、速度和加速度

为研究钢管与混凝土圆筒界面的动力相互作用，将系数关系式(39-22)和贝塞尔函数的近似表达式(39-27)、式(39-28)代入位移表达式式(39-9)和式(39-16)，钢管与混凝土圆筒的质点位移为

$$\left. \begin{array}{l} w_c(r,z,t) = C_c D_c \exp[i\omega(t - p_c z/c_{cp})] \\ w_s(r,z,t) = C_s D_s \exp[i\omega(t - p_s z/c_{sp})] \end{array} \right\} \tag{39-35}$$

将式(39-34)代入式(39-35)，得

$$w_c = w_s = w_l = CD \exp[i\omega(t - z/c_{lw})] \tag{39-36}$$

其中，$CD = c_c D_c = c_b D_b$，因为界面处两种介质的质点位移相等。质点速度和加速度可表达为

$$\left. \begin{array}{l} \dot{w}_c = \dot{w}_s = \dot{w}_l = i\omega CD \exp[i\omega(t - z/c_{lw})] \\ \ddot{w}_c = \ddot{w}_s = \ddot{w}_l = -\omega^2 CD \exp[i\omega(t - z/c_{lw})] \end{array} \right\} \tag{39-37}$$

式(39-36)和式(39-37)显示在每个横截面上质点位移、速度和加速度都相等，以平面波的形式沿对称轴向下传播，因此可以用常规的高应变法对空心钢管混凝土桩进行检测。

2. 剪切应力

同样，由剪切应力表达式式(39-10)和式(39-17)可得钢管与混凝土圆筒的剪切应力为

$$\left. \begin{array}{l} \tau_c(r,z,t) = -G_c q_c^2 \dfrac{r}{2c_{cq}^2} \left[1 - \dfrac{(r_j)^2}{(r)^2}\right] CD \omega^2 \exp V[i\omega(t - z/c_{lw})] \\[3mm] \tau_s(r,z,t) = G_s q_s^2 \dfrac{r}{2c_{sq}^2} \left[1 - \dfrac{(r_k)^2}{(r)^2}\right] CD \omega^2 \exp[i\omega(t - z/c_{lw})] \end{array} \right\} \tag{39-38}$$

将式(39-37)代入式(39-38)，可得

$$
\left.\begin{aligned}
\tau_c(r,z,t)&=\frac{G_c q_c^2}{2\pi r c_{cq}^2}(\pi r^2-\pi r_j^2)\ddot{w}_l\\
\tau_s(r,z,t)&=\frac{G_s q_s^2}{2\pi r c_{sq}^2}(\pi r_k^2-\pi r^2)\ddot{w}_l
\end{aligned}\right\}
\tag{39-39}
$$

由式（39-39）可知，剪切应力与质点的加速度成正比。

3. 压应力

由式（39-37）可得 z 轴方向（波传播方向）的压应力为

$$
\left.\begin{aligned}
\sigma_c&=2(1+\mu_c)G_c\frac{\partial w_c}{\partial z}=-2(1+\mu_c)G_c\frac{\dot{w}_l}{c_{lw}}\\
\sigma_s&=2(1+\mu_s)G_s\frac{\partial w_s}{\partial z}=-2(1+\mu_s)G_s\frac{\dot{w}_l}{c_{lw}}
\end{aligned}\right\}
\tag{39-40}
$$

式（39-40）显示压应力与质点的速度成正比。在每个横截面上，压应力在同一种介质中均匀分布，但是在界面处不连续。

39.6.7 界面处的动力相互作用

对式（39-39）的剪切应力求关于 r 的偏导数，可得

$$
\left.\begin{aligned}
\frac{\partial\tau_c}{\partial r}&=\frac{G_c q_c^2}{2c_{cq}^2}\frac{r^2+r_j^2}{r^2}\ddot{w}_l\\
\frac{\partial\tau_s}{\partial r}&=-\frac{G_s q_s^2}{2c_{sq}^2}\frac{r^2+r_k^2}{r^2}\ddot{w}_l
\end{aligned}\right\}
\tag{39-41}
$$

由式（39-41）可知，在钢管与混凝土圆筒界面 $r=r_l$ 处，剪切应力关于 r 的偏微分正负符号相反。剪切应力在界面处连续，并达到各自绝对值的最大值，即

$$
\left.\begin{aligned}
\tau_c(r_l,z,t)&=\frac{G_c q_c^2}{2\pi r c_{cq}^2}A_c\ddot{w}_l\\
\tau_s(r_l,z,t)&=\frac{G_s q_s^2}{2\pi r c_{sq}^2}A_s\ddot{w}_l
\end{aligned}\right\}
\tag{39-42}
$$

将等式（39-33）代入式（39-42），可得界面处的相互作用力为

$$
\tau_c(r_l,z,t)=\tau_s(r_l,z,t)=\frac{A_c A_s}{2\pi r_l}\frac{\rho_s\rho_c(c_{sp}^2-c_{cp}^2)}{c_{sp}^2 A_s\rho_s+c_{cp}^2 A_c\rho_c}\ddot{w}_l
\tag{39-43}
$$

39.6.8 算例

39.6.8.1 有限元与解析解对比算例

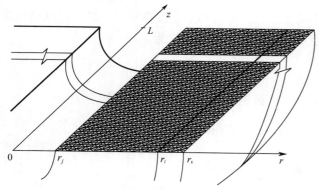

图 39-17 空心钢管混凝土桩纵剖面与有限单元

以下给出轴向冲击作用下 TSC 桩的有限元算例，将有限元计算结果与本书的解析解结果对比。为方便单元划分，加大了两种材料的厚度。

TSC 桩长 15m，其外半径、内半径和界面半径分别为 $r_k=0.40\mathrm{m}$，$r_j=0.10\mathrm{m}$ 和 $r_l=0.34\mathrm{m}$（图 39-17）。钢管的力学参数为 $G_s=8.077\times10^{10}$ Pa，$\lambda_s=1.212\times10^{11}$ Pa，$\rho_s=7.85\times10^3\mathrm{kg/m^3}$。混凝土筒体的力学参数为 $G_c=1.583\times10^{10}$ Pa，$\lambda_c=1.055\times10^{10}$ Pa，$\rho_c=2.40\times10^3\mathrm{kg/m^3}$。桩顶（$z=0$）处受到冲击作用而产生位移 $w=[1-\cos$

$(1250\pi/3)\ t]\times10^{-3}$ m，另一端固定。有限元分析运用 Mastran 软件，考虑到几何和受力的对称性，采用 40000 个轴对称有限单元来模拟空心钢管混凝土桩，所有单元都是等边直角三角形，直角边长度都是 0.015m。采用直接积分法求瞬态解，时间步长都取为 0.0002s。

表 39-15 给出了轴向冲击作用下 TSC 桩解析解的计算参数。图 39-18 给出了在两种介质界面 $z=$ 1.8m 和 3.6m 处质点的轴向位移随时间变化的解析解与有限元计算结果的对比。图 39-19 给出了在桩横截面 $z=1.8$m 处，轴向应力在其接近极值的 $t=0.0016$s 时刻沿半径变化的两种计算结果对比。图 39-20 给出了在桩横截面 $z=1.8$m 处 r-z 平面剪切应力在其接近极值的 $t=0.0028$s 时刻沿半径变化的两种计算结果的对比。可以发现，解析解与有限元计算结果非常接近。

表 39-15　轴向冲击作用下空心钢管混凝土桩计算参数

部位	G/Pa	λ/Pa	ρ /(kg/m³)	A /m²	p^2	q^2	$c_p{}^2$ /(m²/s²)	c_p/p /(m/s)
内层混凝土筒	1.583×10^{10}	1.055×10^{10}	2.40×10^3	0.3318	0.6226	0.3774	17.59×10^6	5316
外层钢管	8.077×10^{10}	1.212×10^{11}	7.85×10^3	0.1395	1.2744	-0.2744	36.01×10^6	5316

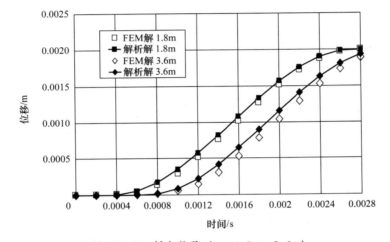

图 39-18　轴向位移（$z=1.8$m，3.6m）

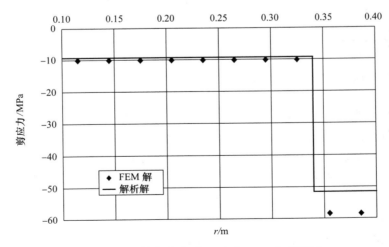

图 39-19　轴向应力（$z=1.8$m，$t=0.0016$s）

39.6.8.2　解析解实用算例

以下给出轴向冲击作用下工程中常用的五种空心钢管混凝土桩的实用算例。由于钢管壁厚与混凝土壁厚之比很小，只有 0.07～0.15，很难均匀地划分有限元进行计算，本书仅给出解析解的结果。

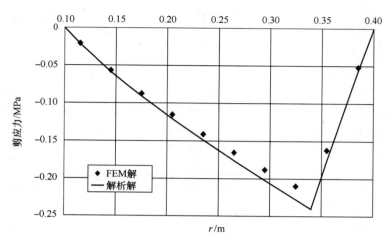

图 39-20　剪切应力 ($z=1.8\text{m}$, $t=0.0028\text{s}$)

空心钢管混凝土桩长 60m，其外半径 r_k、内半径 r_j 和界面半径 r_l 见表 39-16。钢管和混凝土筒体的力学参数同上例。根据实测结果，取锤击桩体最大加速度值为 2000m/s^2。

表 39-16 给出了轴向冲击作用下五种空心钢管混凝土桩解析解的计算参数。由式(39-43)可计算得出在钢管与混凝土圆筒界面处相互作用的剪切应力最大值为 $0.183\sim0.470\text{MPa}$，远小于由试验得出的钢管与混凝土之间的粘结强度值 $2.0\sim3.5\text{MPa}$。所以，在锤击轴向荷载作用下，钢管与混凝土桩界面不会发生剪切错动问题。

表 39-16　轴向冲击作用下五种空心钢管混凝土桩计算参数

桩型规格	r_k /m	r_l /m	r_j /m	A_s /m²	A_c /m²	c_{lw} /(m/s)	$\ddot{w}_{max}$ /(m/s²)	τ_{max} /MPa
TSC400-A	0.198	0.192	0.105	0.0074	0.0812	4669	2000	0.183
TSC600-A	0.298	0.292	0.185	0.0111	0.1603	4582	2000	0.196
TSC800-A	0.398	0.392	0.288	0.0149	0.2222	4572	2000	0.198
TSC1000-D	0.498	0.478	0.368	0.0613	0.2924	5009	2000	0.433
TSC1200-D	0.598	0.578	0.448	0.0739	0.4190	4932	2000	0.470

39.6.9　轴向冲击作用下 TSC 桩应力波分析小结

1) 在锤击轴向荷载作用下，空心钢管混凝土桩在每个横截面上质点位移、速度和加速度都相等，以平面应力波的形式沿对称轴向下传播。

2) 平面应力波的传播速度介于钢管压缩波速度和混凝土压缩波速度之间，既包含纵轴方向的轴向应力波，还包含轴向-径向的平面剪切应力波。

3) 钢管与混凝土两种介质的轴向应力与质点速度成正比，在每个横截面上轴向应力在每种介质中均匀分布，但在两种介质的界面处不连续。

4) 钢管与混凝土两种介质的轴向-径向平面剪切应力与质点加速度成正比，在每个横截面上剪切应力连续分布，且在两种介质的界面处达到极值。钢管与混凝土圆筒界面处，相互作用的剪切应力最大值远小于由推出试验所得出的钢管与混凝土之间的粘结强度值，所以两种介质界面不会发生剪切错动问题。

5) 轴向冲击作用下空心钢管混凝土桩应力的有限元解与本文的解析解计算结果非常接近。

39.7　预制高强混凝土薄壁钢管桩发展展望

1）预制高强混凝土薄壁钢管桩推广应用的瓶颈是设计规范和从业人员的认知。近年来交通运输部正在组织编制关于水运工程预制高强混凝土薄壁钢管的技术规程，大口径桩在港口工程中替代钢管桩或钢管混凝土灌注桩已经取得可喜的进步，相信很快会在跨越江海的桥梁工程中得到推广应用。

2）目前预制高强混凝土薄壁钢管桩的钢管材质主要是 Q235B 及 Q345B 两种等级，随着冶金工业的技术进步，大批量供应优质且价差不大的高等级钢材已经不存在技术上的困难。例如，2013 年宝钢股份在应用 TSC 桩时使用了 18000m Q500C 等级的优质钢材加工的直径为 335.6mm、壁厚为 5.2mm 的钢管，其可焊接性能、强度、屈强比和延伸率等指标都很稳定。另外，钢管材质还可以选用耐腐蚀钢材。

3）目前预制高强混凝土薄壁钢管桩的混凝土强度等级为 C80，在需要时提高混凝土强度等级至 C100 已经不存在技术上的困难。

4）预制高强混凝土薄壁钢管桩有很高的抗弯强度和很好的延性，而且在一定条件下可以重复使用，在深基坑工程中作为围护结构具有广阔的应用前景。

参 考 文 献

[1]　王怀忠. 宝钢工程长桩理论与实践 [M]. 上海：上海科学技术出版社，2010：183 - 185.

[2]　嘉兴学院管桩应用技术研究所，等. 预制高强度混凝土薄壁钢管桩（JG/T 272—2010）[S]. 北京：中国标准出版社，2010.

[3]　周国钧. 钢管桩及其发展动向 [J]. 宝钢工程技术，1980（6）：25 - 29.

[4]　浙江省电力设计院. 薄壁离心钢管混凝土结构技术规程（DL/T 5030—1996）[S]. 北京：中国电力出版社，1996.

[5]　钟善桐. 钢管混凝土结构 [M]. 3 版. 北京：清华大学出版社，2003：234 - 251.

[6]　韩林海. 钢管混凝土结构：理论与实践 [M]. 北京：科学出版社，2007：1 - 26.

[7]　金伟良，袁伟斌，干钢. 离心钢管混凝土的等效本构关系 [J]. 工程力学，2005，22（2）：110 - 115.

[8]　王怀忠. 轴向压力作用下钢管混凝土桩体空间轴对称问题解析解 [J]. 岩土工程学报，2013，35（S2）：763 - 767.

[9]　王怀忠. 轴向冲击作用下空心钢管混凝土桩应力波解析解 [J]. 工程力学，2017，34（4）：111 - 113.

[10]　MARKUS S, MEAD D J. Wave motion in a three - layered, orthotropic - isotropic - orthotropic composite shell [J]. Journal of Sound and Vibration, 1995（181）：127 - 147.

[11]　HOSSEINI S M, ABOLBASHAI M H. General analytical solution for elastic radial wave propagation and dynamic analysis of functionally graded thick hollow cylinders subjected to impact loading [J]. Acta Mechanica, 2010, 212（1 - 2）：1 - 19.

[12]　WANG HUAIZHONG. Incidence - radiation condition of an artificial boundary [J]. Computers & Structures, 1996, 59（4）：743 - 749.

[13]　钱伟长. 微分方程的理论及其解法 [M]. 北京：国防工业出版社，1992：434 - 466.

[14]　阿肯巴赫. 弹性固体中波的传播 [M]. 徐植信，洪锦如，译. 上海：同济大学出版社，1992：216 - 218.

[15]　徐攸在，刘兴满. 桩的动测新技术 [M]. 北京：中国建筑工业出版社，1989：258 - 316.

第40章 钢管混凝土灌注桩

王怀忠

钢管混凝土灌注桩（concrete filled steel tubular pile）或称钢管混凝土桩，是在已经沉入的钢管桩内灌注混凝土而形成的桩体的统称。与钢管桩相比，钢管混凝土灌注桩强度和刚度得到显著提高，在沿海、沿江软土工程地质条件或抗震、抗冲击力要求较高的工程项目中使用钢管混凝土灌注桩替代钢管桩可以改善桩体的受力条件，提高承载力，并显著节省工程投资。

钢管混凝土灌注桩的应用应着重考虑地基土、钢管、桩内土芯和桩内混凝土四个要素。其中，地基土和钢管属于钢管桩的要素，桩内土芯和桩内混凝土是钢管混凝土灌注桩特有的要素。

以下主要借助宝山钢铁股份有限公司（上海）（以下简称宝钢）钢管混凝土灌注桩技术的研究、发展和工程应用实例介绍钢管混凝土灌注桩技术的特点。

40.1 钢管桩及基坑开挖引起的桩顶位移问题

40.1.1 钢管桩顶部侧弯位移问题

宝钢工程场地处于长江河口南岸，场地大部分地段地形平坦，地下 60～75m 深度以上由第四系河口-滨海-浅海相沉积物构成，主要为比较软弱的黏性土，60～75m 以下由第四系长江河口相沉积物构成，主要由粉细砂及含砾砂层组成。

宝钢一期工程于 1978 年年底开始打桩，钢管桩主要有 406.4mm、609.6mm 和 914.4mm 三种直径规格，钢管壁厚 9～16mm，打入深度为 60～70m，共计 21352 根（186886t）。随着打桩施工结束和各个项目陆续进入基坑开挖阶段，现场于 1979 年年底和 1980 年年初开始暴露出桩顶位移问题，并引起国内学术界甚至国家领导人的关注。为了识别、评估和应对这一风险因素，宝钢工程指挥部组织对桩基侧弯位移问题进行调查研究，并有如下发现：

1）产生桩基侧弯位移的原因之一为后续打桩挤土作用，如某处密集打桩引起的部分桩顶部位移达 200mm。

2）产生桩基侧弯位移的主要原因为基坑开挖时边坡软弱土层位移或滑坡。边坡土层推动桩基向基坑方向移动，形成桩基靠坡底侧紧密接触，靠坡顶侧桩基与地层出现月牙形裂隙现象。据报告，桩基位移量最大的是边坡上的桩，且桩顶位移较大，为基坑深度的 1‰～2‰，约 10% 的桩桩顶位移达基坑深度的 3‰。边坡坡度越缓，相应边坡和桩基的位移越小。表 40-1 中为部分设备基础水平位移现场观测值。

表 40-1 宝钢一期工程部分设备基础水平位移

基础名称	高炉基础	热风炉基础	转炉基础	均热炉基础	初轧机基础
基础位移/mm	2～5	6～9	10～20	2～30	7～27

在初轧厂铁皮坑开挖边坡上，由于开挖坡度较陡引起失稳并导致附近钢管桩侧弯，大部分桩的桩顶侧移为 100～200mm，少部分为 200～300mm，个别达 500mm。在初轧厂已经开挖的地面标高约为

−8.2m 的基坑内取 6 根钢管桩采用陀螺测斜仪实测，得出侧弯钢管桩的变形规律属于挠曲变形，变形零点约在 −30～−35m 区域。另外，在初轧厂未经开挖的场地，挖除地面 1.5m 的覆土，取 2 根钢管桩采用陀螺测斜仪测量其变形曲线。

40.1.2　顶部位移钢管桩的处理

为评估桩顶有较大初始侧弯缺陷的钢管桩的承载力，在初轧厂项目现场选择 CZ−46 和 CZ−44 两根桩进行静载压力试验，采用日本土质工学会《桩的垂直荷载试验标准》（1971）的 B 类多循环加载方式，与 Tsp4 桩对比的主要结果见表 40−2。

表 40−2　钢管桩静载压力试验主要结果

桩号	截面尺寸/mm	Y_t/mm	L_1/m	B_p/mm	B_b/mm	t_t/天	Q_y/kN	σ_y/MPa
CZ−46	$\phi406.4\times10$	361	58.0～8.3	3.42	39	343	＞2205	＞177
CZ−44	$\phi406.4\times10$	376	62.0～8.3	3.48	40	348	＞2450	＞197
Tsp4	$\phi406.4\times12.7$	0	63.00	2.0	25	24	2744	134

表 40−2，中 Y_t 为桩顶位移量；L_1 为试桩时桩长，$L_1=L-8.3$，试桩处标高为 −8.3m；t_t 为从打桩至静载压力试验的间歇时间，B_p 为停锤时桩的每击贯入量，B_b 为停锤时桩的每击回弹量，Q_y 为桩的屈服荷载，σ_y 为对应屈服荷载的桩身平均压应力。两根桩的最大加载应力是单桩长期容许应力的 1.27 和 1.41 倍。

考虑到 Tsp4 桩因贴应变片外侧焊接通长槽钢，其桩身弹性压缩变形相应减小，3 根桩的 $Q-s$ 曲线相近，两根桩顶有较大位移的钢管桩承载力仍满足设计要求，不需加固处理。

为了从理论上分析具有初始侧弯缺陷的桩的承载力，通常的做法是根据实测钢管桩侧弯位移形状计算得出或假定桩的初始变形函数 y_1，然后假定桩与地基土的相互作用按照弹性地基梁模型，分析得出桩顶竖向荷载作用下桩的轴力和弯矩，并与初始弯矩叠加，即可得出总内力。虽然不同的假定初始变形函数 y_1 与实测钢管桩侧弯位移形状误差很小，但经过沿轴向两次微分后初始弯矩 $M_1=EJ\,y_1''$ 可能有较大的差别；由于钢管桩侧向弯曲刚度 EJ 相对较小，且抗弯强度较大，这项误差对桩顶位移较小的钢管桩来说可以接受。当时国内专家提供了两种分析方法，日本提供了一种分析方法，对处理宝钢工程初始侧弯缺陷钢管桩的承载力问题发挥了重要的指导作用。

国内外专家的理论分析和钢管桩 CZ−46 及 CZ−44 的静载压力试验为研究处理顶部位移钢管桩提供了必要的依据。具体措施如下：

1）采取先中央再向两侧推进，或由一侧向另一侧推进的打桩施工顺序。

2）必要时采取先钻孔后打桩、设排水砂井或排水板、放慢打桩进度等方法减小超孔隙水压力。

3）对桩附近的深基坑如条件允许应采取合理的支护体系控制土体侧移。

4）对桩附近进行放坡大开挖的深基坑，应根据深度留出合理的坡度。

5）基坑内开挖临时边坡时也应留出合理坡度，大型基坑为维持合理坡度还应采取多级开挖的措施。

6）对少量桩顶侧移较大、如大于 500mm 钢管桩，可以采取先用高压水枪冲开桩侧土体，然后用滑轮将桩顶拉回，再向桩内灌 C30 级混凝土的加固措施。

40.2　桩内土芯问题和钢管混凝土灌注桩的早期试验

40.2.1　桩内土芯问题

既然可以采取灌入混凝土的方法加固顶端位移较大的钢管桩，是否可以对所有的钢管桩灌入混凝土来提高桩的承载力？在宝钢二期工程初期，人们开始提出这样的设想，但始料未及地遭遇到桩内土芯问题。

宝钢于 1978 年开工之前进行了钢管桩打桩试验和单桩静载压力试验，共打入 17 根试验桩和锚桩，三种直径规格钢管桩内土芯长度与桩长之比的统计结果参见表 40-3，试验场地地基土的标贯值和试验桩内土芯栓塞情况见图 40-1。

表 40-3　钢管桩内土芯长度与桩长之比

钢管桩直径/mm	最小值	最大值	平均值	标准差	变异系数	样本数
406.4	0.527	0.582	0.547	0.020	0.037	7
609.6	0.650	0.758	0.706	0.046	0.066	5
914.4	0.840	0.861	0.854	0.008	0.010	5

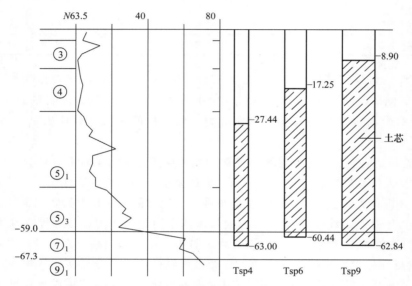

图 40-1　试验场地地基土的标贯值和试验桩内的土芯（单位：m）

以两根试验桩为例，Tsp4 入土深度为 63.00m，钢管桩内原土芯表面距桩顶的深度为 27.44m；试验桩 Tsp6 入土深度为 60.44m，钢管桩内原土芯表面距桩顶的深度 17.25m。

由于宝钢厂区地下 -5～-20m 为软弱的淤泥质粉质黏土和淤泥质黏土，所提供的桩侧摩阻力较小，桩顶承受的轴向压力在 20m 深度内很少通过桩侧摩阻力传给周围地层，所以使桩身保持了较大的压力，为提高桩的承载力，必须在较长深度内灌入混凝土。

40.2.2　主要试验内容和试验场地

1985 年 5 月在宝钢二期工程即将开始的时候，为了挖掘地基承载力方面的潜力，宝钢工程指挥部决定进行钢管混凝土灌注桩（SCP 桩）的静载压力试验。试验包括以下主要内容：

1）两根钢管桩土芯处理和桩内灌入混凝土试验。

2）两根钢管混凝土桩轴向静荷载压力试验。

这次试验利用了 1978 年宝钢一期工程原钢管桩试验场地。试验场地平面布置见图 40-2，试桩与锚桩间距均大于 3 倍试验桩直径。

将钢管桩内的土芯清除到一定深度后灌注混凝土至桩顶面，自然养护 28 天龄期后随即进行轴向荷载试验。

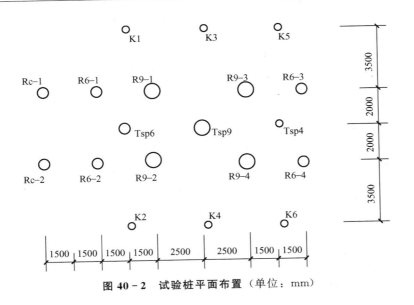

图 40 - 2　试验桩平面布置（单位：mm）

40.2.3　试验桩的基本情况

40.2.3.1　试验桩 Tscp4

原钢管桩 Tsp4 土芯表面距桩顶的深度为 27.44m，挖除至 44m；钢管中灌入混凝土，设计标号为 225 号（约相当于 C22 等级），没有振捣。

40.4.3.2　试验桩 Tscp6

原钢管桩 Tsp6 土芯表面距桩顶的深度为 17.25m，土芯挖除至约 40m 时发生涌动，涌动后土芯恢复至原标高；土芯表面至桩顶的空心段填充混凝土，设计标号为 225 号（相当于 C22 等级），没有振捣。

表 40-4　试验桩参数对比

试验桩编号	Tsp4	Tsp6	Tscp4	Tscp6
钢管尺寸/mm	$\phi406.4\times12.7$	$\phi609.6\times12.7$	$\phi406.4\times12.7$	$\phi609.6\times12.7$
钢管材质①	STK-41	STK-41	STK-41	STK-41
灌入混凝土深度/m	—	—	44	17.25
混凝土强度等级	—	—	C22	C22
混凝土横截面面积/mm²	—	—	113950	267900
入土深度/m	63.00	60.44	63.00	60.44

注：①日本钢材 STK-41，含 C 量<0.25%，含 P 量<0.04%，含 S 量<0.04%，抗拉强度为 401.8MPa，屈服强度为 235.2MPa。

40.2.4　试验方法和主要结果

试验设备采用与 1978 年试桩时相同的装备。用钢反力架、油压千斤顶、电动油泵作遥控加荷，用测试仪进行数据的自动采集记录。

加载方法采用与 1978 年试桩时相同的多循环加载方法，Tscp4 桩共施加 11 级循环荷重，Tscp6 桩共施加 6 级循环荷重。

试验桩 Tsp4 和 Tscp4 的 $Q-s$ 包络曲线见图 40-3，试验桩 Tsp6 和 Tscp6 的 $Q-s$ 包络曲线见图 40-4。

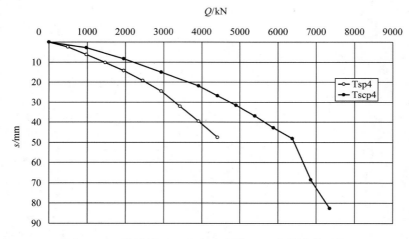

图 40 - 3　试验桩 Tsp4 和 Tscp4 的 Q - s 包络曲线对比

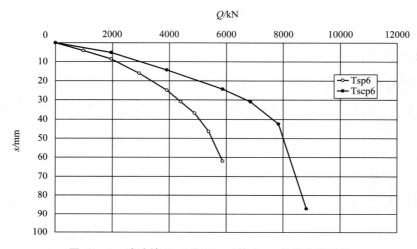

图 40 - 4　试验桩 Tsp6 和 Tscp6 的 Q - s 包络曲线对比

40.2.5　工程应用

对于宝钢这样大规模的桩基工程,逐一测量并清除桩内土芯既花费高,又不能保证质量和进度,所以 1986 年版的设计规定未考虑 $\phi 609.6$mm 的钢管混凝土桩,而只列入了灌入混凝土至 -30m 的 $\phi 406.4$mm 钢管桩的轴向承载力。宝钢 1986 年的设计规定中钢管桩与灌入混凝土至 -30m 的钢管混凝土桩轴向承载力对比如表 40 - 5 所示。

表 40 - 5　钢管桩与灌入混凝土至 -30m 的钢管混凝土桩轴向承载力对比

桩规格	sp$\phi 406.4 \times 12.7$	sp$\phi 406.4 \times 10$	scp$\phi 406.4 \times 12.7$	scp$\phi 406.4 \times 10$
轴向承载力/kN	2100	1600	2250	1900
提高幅度/%	—	—	7.1	18.8

由于灌入混凝土至 -30m 深的 $\phi 406.4$mm 钢管混凝土桩轴向承载力与钢管桩轴向承载力相比提高幅度不到 20%,加之其他因素,限制了宝钢二期工程大规模推广应用钢管桩混凝土桩。在处理未扣除钢管桩锈蚀量的设计问题和打桩质量问题时,采用钢管桩内灌入混凝土作为加固补强措施,钢管混凝土灌注桩侧向承载力得到较大幅度的提高。同期国内其他一些建设项目则利用钢管混凝土灌注桩抵抗风载和地震作用等侧向荷载,如 1993 年通车的杨浦大桥主塔基下共打入 192 根直径 900mm 的钢管桩,桩长

55m，其桩孔内 27m 深度范围的土芯被挖出，然后放入钢筋笼并灌入混凝土，以提高其抗震能力。

40.3　封闭桩尖 ϕ406.4mm 钢管混凝土灌注桩试验

40.3.1　钢管桩底端封闭和全长灌入混凝土

既然开口钢管桩会导致桩孔内涌入土芯，是否可以采用封堵钢板和锥形桩尖封闭钢管桩底端，钢管桩全长内灌入混凝土，形成没有土芯的空腔？在宝钢三期工程初期，人们又开始提出这样的设想。

钢管桩内通常是既无土芯也无水的空腔，是否可以采用简单的自然抛落法灌入混凝土？现场试验对这些问题给出了答复。

将一根长 40m 的 ϕ325×8mm 钢管插入已经打入的底端封闭的 ϕ406.4mm 钢管桩内，用混凝土泵车向钢管内抛落灌入水灰比为 0.5、坍落度为 160mm 的 C25 混凝土，没有振捣。混凝土凝固后，其顶面比灌入结束时下降约 300mm。灌入 8 天后取出钢管剖开检查，发现管内混凝土密实，没有孔洞和离析现象，但底端 1m 长范围内混凝土表面有蜂窝麻面。

为了保证桩内灌入混凝土的质量，宝钢专门制定了技术标准，对于进入地下水的桩孔要求采用导管法灌入水下混凝土，对于没有进入地下水的桩孔要求采用溜槽或串筒法灌入普通混凝土。对于桩顶混凝土收缩下沉，则采取二次灌入混凝土的方法进行补偿。

40.3.2　主要试验内容和试验场地

在宝钢三期工程初期的 1991 年 9 月—1992 年 9 月，宝钢工程指挥部组织重庆钢铁设计研究院、宝钢冶金建设公司和交通部第三航务工程局科研所进行了全长灌入混凝土的 ϕ406.4mm 钢管桩施工试验和静载试验。

试验包括以下主要内容：

1）3 根封闭桩尖型 ϕ406.4mm 钢管桩打入试验。

2）3 根封闭桩尖型 ϕ406.4mm 钢管桩灌入混凝土试验。

3）3 根桩尖型 ϕ406.4mm 钢管混凝土灌注桩轴向静荷载试验。

4）2 根桩尖型 ϕ406.4mm 钢管混凝土灌注桩侧向静荷载试验。

试验工作以宝钢三号高炉上料通廊固定支架基础处作为试验场地，以支架基础钢管桩 ϕ609.6×9 作为锚桩。试验桩的平面布置见图 40-5，试验桩与锚桩间距均大于 3 倍试验桩直径。试验场地地基土的柱状图见下文图 40-8。

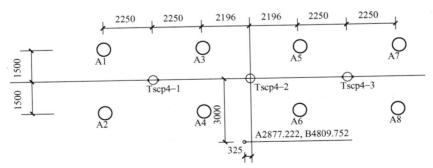

图 40-5　试验桩平面布置（单位：mm）

40.3.3　试验桩基本情况

打入 3 根封闭桩尖的钢管桩 ϕ406.4×10mm，灌入混凝土，作为试验桩（记为 T 桩）；打入 8 根开

口钢管桩 $\phi 609.6 \times 9$ mm 作为锚桩（记为 R 桩）；打入 2 根基准桩。钢管桩混凝土试验桩参数见表 40-6。

表 40-6　钢管混凝土试验桩参数

试验桩编号	Tscp4-1	Tscp4-2	Tscp4-3
钢管材质	Q235	Q235	Q235
试验时钢管外周长/mm	1576	1276	1576
试验时钢管横截面积/mm²	18220	12450	18220
混凝土强度等级	C30	C25	C30
混凝土横截面积/mm²	117200	117200	117200
桩端面积/mm²	145000	129700	145000
入土深度/m	60.7	60.0	59.5

40.3.4　打入试验

打入 3 根封闭桩尖的钢管桩 $\phi 406.4 \times 10$ mm 时选用 KB-45 柴油锤，锤的最大跳高为 2.85m，最大额定能量为 125.81kJ，锤芯重 4.5t。三根试验桩总锤击次数分别为 1644 锤、1184 锤、1495 锤。试验桩 Tscp4-1 和 Tscp4-2 随着打入深度增加，每击贯入量逐渐减小，当桩尖进入地面下 59m 深的粉细砂层后每击贯入量小于 10mm，两根试验桩停锤时平均每击贯入量分别为 2.3mm、4.2mm。Tscp4-3 停锤时平均每击贯入量为 25mm，说明尚未达到较密实的粉细砂层。三根试验桩总锤击数与打入深度的关系见图 40-6。试验桩打入施工参数见表 40-7。

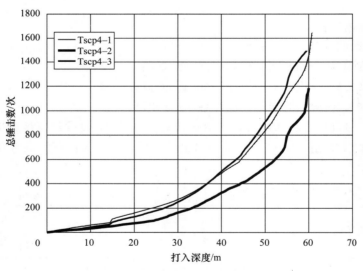

图 40-6　试验桩总锤击数与打入深度的关系

表 40-7　试验桩打入施工参数

试验桩编号	Tscp4-1	Tscp4-2	Tscp4-3
入土深度/m	60.7	60.0	59.5
总锤击数/次	1644	1184	1495
最后平均贯入度/mm	2.3	4.2	25

40.3.5 锤击应力试验

在试验桩 Tscp4-1 的不同深度贴电阻应变片，在打入试验桩的同时测定锤击过程中桩在各打入深度位置上的应变值，推导出其打击应力。同时，采用 PDA 打桩分析仪对三根试验桩进行打桩监测。试验桩打入锤击应力见表 40-8。

表 40-8 试验桩打入锤击应力

测阵	桩尖深度/m	桩尖所在土层	每击贯入度/mm	锤跳高度/m	最大压应力 σ_y/MPa	最大拉应力	
						σ_1/MPa	距桩顶/m
1	46.0	粉质黏土⑤₁	20.8	1.81	134.9	10.2	60.1
2	49.0	粉质黏土⑤₃	25.0	1.76	123.7	5.9	60.1
3	52.0	砂质粉土⑦₁	16.7	1.86	135.5	0.0	—
4	55.0	砂质粉土⑦₁	14.3	2.07	138.8	0.0	—
5	58.0	粉质黏土⑧₁	19.3	2.07	141.3	0.0	—
6	60.0	粉细砂⑨₁	6.3	2.28	151.5	19.3	56.2
7	60.5	粉细砂⑨₁	4.2	2.34	144.9	16.7	56.2
终	60.7	粉细砂⑨₁	2.3	2.34	—	—	—

实测 Tscp4-1 桩的最大锤击压应力为 151.5MPa，最大压应力测点在桩顶下 0.97m 处；最大锤击拉应力为 19.3MPa，最大拉应力测点在桩顶下 56.2m 的桩尖处；此时打入深度为 60m。采用 PDA 打桩分析仪监测得到试验桩 Tscp4-1 和 Tscp4-3 的最大锤击压应力分别为 130.9MPa 和 129.2MPa，对应的打入深度都为 58m；Tscp4-2 的最大锤击压应力为 152.6MPa，对应的打入深度为 55m。锤击压应力和拉应力均小于材料的屈服应力。

三根试验桩停锤时测得由打桩锤传入的能量为 32.6kJ、37.6kJ 和 35.9kJ，分别为打桩锤额定能量 125.81kJ 的 25.9%、29.9% 和 28.5%。三根试验桩的 PDA 打桩监测波形无异常反射，表明桩身质量良好。试验桩在打入后 4～7 天无地下水进入，表明桩身焊缝无损坏。只有 Tscp4-1 桩因靠地面附近固定打桩监测元件的钻孔未封堵，导致地面雨水积水流入，对桩内灌入混凝土造成困难。

40.3.6 桩内灌入混凝土试验

试验桩 Tscp4-1 采用套管水下浇筑法，试验桩 Tscp4-2 和 Tscp4-3 采用抛落法浇灌混凝土，结果参见表 40-9。混凝土顶面泌水收缩下沉部分用 C30 混凝土补灌，距桩顶 50～100mm 再用 BY-40 灌浆料补灌平整。

表 40-9 试验桩内灌入的混凝土参数

试验桩编号	混凝土水灰比	混凝土等级	坍落度/mm	浇筑方法	混凝土用量/m³		顶面下沉/mm	试块强度/MPa	
					设计用量	实际用量		室内28天	室外60天
Tscp4-1	0.506	C30	120±20	水下	7.22	7.5	374	29.5	53.8
Tscp4-2	0.574	C25	120±20	抛落	7.15	7.5	483	20.9	44.7
Tscp4-3	0.506	C30	120±20	抛落	7.08	7.5	310	21.0	45.2

40.3.7 单桩轴向静荷载试验

对三根试验桩进行轴向静荷载试验，加载方式采用慢速维持荷载法。在此之前宝钢历次约 60m 长桩的轴向静荷载试验都没有得到极限荷载，而本次试验因桩材强度提高，首次将地基压至极限状态。三根试验桩的 $Q-s$ 曲线及与1978年钢管桩和1984年钢管混凝土桩试验的 $Q-s$ 包络曲线的对比见图40-7。按照不同方法推断试验桩极限承载力 Q_u 的结果见表40-10。

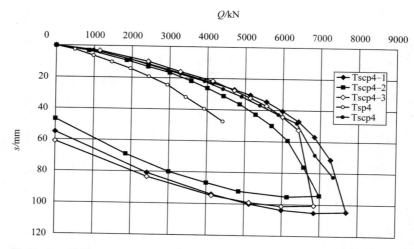

图40-7 直径406.4mm的钢管桩和钢管混凝土桩试验 $Q-s$ 包络曲线对比

表40-10 试验桩轴向静荷载试验结果

试验桩编号	最大荷载	GBJ 7—1989	JTJ 219—1987	$Q-s$	$s-\lg t$	$\lg Q-\lg s$
Tscp4-1	$Q=7702kN$	$Q_u=5950kN$	$Q_u=6940kN$	$Q_u=6847kN$	$Q_u=7275kN$	$Q_u=6800kN$
	$s=104.64mm$	$s=40mm$	$s=60mm$	$s=56.83mm$	$s=71.44mm$	$s=55.76mm$
Tscp4-2	$Q=6989kN$	$Q_u=5090kN$	$Q_u=6150kN$	$Q_u=6135kN$	$Q_u=6562kN$	$Q_u=6000kN$
	$s=94.34mm$	$s=40mm$	$s=60mm$	$s=59.25mm$	$s=76.24mm$	$s=56.31mm$
Tscp4-3	$Q=6847kN$	$Q_u=5740kN$	$Q_u=6486kN$	$Q_u=6420kN$	$Q_u=6420kN$	$Q_u=6400kN$
	$s=100.65mm$	$s=40mm$	$s=60mm$	$s=52.57mm$	$s=52.57mm$	$s=52.18mm$

根据试验桩 Tscp4-1 桩身上的电阻应变片测出的应变值推定不同桩顶荷载下桩侧阻力的分布和变化，见图40-8。试验桩 Tscp4-3 桩身下部的电阻应变片导线损坏，未能测出其应变值。

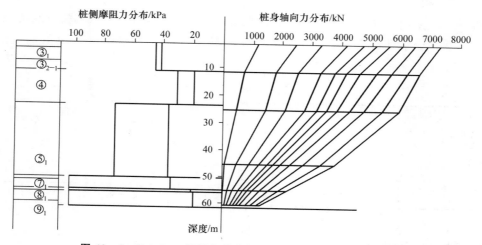

图40-8 Tscp4-1桩轴向静荷载试验轴力和桩侧摩阻力分布

桩尖处端阻力与桩顶轴向压力的比值随桩顶轴向压力的增加而增大，在试验荷载范围内桩尖处端阻力约占桩顶轴向压力的 1‰～17‰。

40.3.8　侧向静荷载试验

对试验桩 Tscp4-1 和 Tscp4-3 采用慢速维持荷载法进行侧向静荷载试验，试验结果见表 40-11 和表 40-12。

表 40-11　试验桩 Tscp4-1 侧向静荷载试验结果

侧向荷载 H/kN	20	40	60	80	100	120
地表处桩侧移 Y/mm	1.54	4.45	9.2	14.64	20.92	28.23
最大弯矩 M_{max}/(kN·m)	33	73	120	167	215	275

表 40-12　试验桩 Tscp4-3 侧向静荷载试验结果

侧向荷载 H/kN	20	40	70	100	130	160
地表处桩侧移 Y/mm	1.81	4.87	13.09	23.33	34.11	46.06
最大弯矩 M_{max}/(kN·m)	29.2	62.2	125	204	276	350

根据试验结果，应用张氏法和 m 法推算的地基基床系数 k_h 和地基反力比例系数 m 及对应的最大弯矩 M_{max} 见表 40-13。建议取地表处桩基侧移 $\Delta = 5～6mm$，取 $k_h = 12kN/cm^3$ 或 $m = 5000kN/m^4$ 计算。采用 m 法推算的最大弯矩 M_{max} 比张氏法的推算值更接近实测值。

表 40-13　推算的地基侧向反力参数及对应的最大弯矩

试验桩编号	侧向荷载/kN	实测弯矩/(kN·m)	张氏法推算结果		m 法推算结果	
			k_h/(kN/cm³)	M_{max}/(kN·m)	m/(kN/m⁴)	M_{max}/(kN·m)
Tscp4-1	40	73	13.8	41	6182	58
	60	120	9.1	62	3622	97
Tscp4-3	40	62.2	12.2	43	5320	60
	70	125	6.9	86	2602	117

40.4　打桩引起的桩底端侧弯

40.4.1　桩底端侧弯情况

1991—1992 年全长灌入混凝土的封闭桩尖型 $\phi406.4mm$ 钢管桩试验取得成功，大规模工程应用还会遇到什么问题呢？

1994 年宝钢三期工程初期，在 1580mm 带钢热轧、焦化等建设场地打桩施工中发现待灌混凝土的钢管桩的底端出现侧弯现象，部分桩内出进水和进泥现象。宝钢组织对桩底端侧弯位移问题及钢管桩内进水和进泥问题进行了调查研究。

随机抽查 48 根（热轧 42 根、焦化 6 根）闭口桩尖钢管桩，用陀螺测斜仪实测桩的侧弯偏移情况。表 40-14 为钢管桩的桩尖偏移情况，表 40-15 为钢管桩发生侧弯的深度。结果表明，90% 以上的桩都有桩尖偏移现象，桩尖偏移小于 1m 的约占 60%，小于 1.5m 的约占 90%。热轧 53 号桩（2H-53）、焦化 1366 号桩（3C-1366）的偏移随深度变化的曲线见图 40-9，其中 2H-53 桩的偏移方位角变化范围为 110°～117°，3C-1366 桩的偏移方位角变化范围为 320°～348°。

表 40－14　钢管桩的桩尖偏移情况

桩尖偏移 Y_b/m	$Y_b=0$	$0<Y_b\leqslant0.5$	$0.5<Y_b\leqslant1.0$	$1.0<Y_b\leqslant1.5$	$1.5<Y_b\leqslant2.0$	$Y_b=2.179$
桩数/根	4	8	17	14	4	1
发生概率/%	8.33	16.67	35.42	29.17	8.33	2.08

表 40－15　钢管桩发生侧弯的深度

始弯深度/m	−5	−10	−15	−20	−25	−30	−35	−40	−45	−50	无偏
桩数/根	10	8	8	6	4	2	2	1	2	1	4
发生概率/%	20.83	16.67	16.67	12.5	8.33	4.17	4.17	2.08	4.17	2.08	8.33

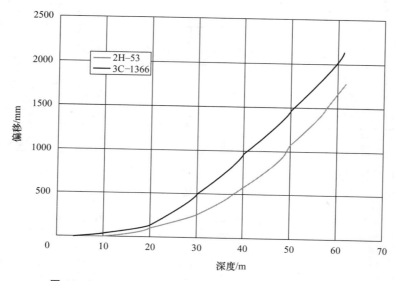

图 40－9　2H－53 和 3C－1366 桩偏移随深度变化的曲线

　　分析认为，由于钢管混凝土桩最初采用锥形闭口桩尖，桩尖制造偏差或桩尖偶遇地下障碍物及密集群桩挤土易使桩尖偏向，并经较长深度的打入，导致长桩底端发生较大的侧弯缺陷。

　　根据 1994 年 6 月初的统计，进水进泥钢管桩占已打入桩总数的 1% 左右，此后未再出现此类问题。除 3 根桩因焊缝缺陷导致进水进泥外，其余是因为打入闭口桩尖型钢管桩时桩尖偏向，与邻近已打入的桩相互挤压甚至碰撞，导致钢管桩局部损坏而进水进泥。

　　宝钢所有打入的钢管桩都是细长桩，难免产生下端侧弯现象，即常规非闭口钢管桩也有可能产生下端侧弯，但因为钢管桩内涌入土芯而难以被发现。封闭桩尖型钢管桩提供了识别是否侧弯或损坏的条件。

40.4.2　下端侧弯钢管混凝土桩静载压力试验及改进措施

　　为了检验评估下端发生较大侧弯的桩的承载力风险，宝钢进行了两组钢管混凝土桩静载压力试验，加载方式采用慢速维持荷载法，主要结果见表 40－16，图 40－10 为发生下部侧弯的钢管混凝土桩的 $Q-s$ 曲线。

表 40－16　钢管混凝土桩静载压力试验主要结果

桩号	截面尺寸/mm	W_h/t	L/m	Y/mm	B_p/mm	混凝土	Q_m/kN	s_m/mm
2H－53	scpϕ406.4×10	4.5	63.2	1863	1.2	C30	4000	28.80
3C－1366	scpϕ406.4×10	4.5	63.0	2176	2.0	C40	3240	18.40

表 40-16 中，W_h 为锤重；L 为桩长；Y 为桩尖位移量；B_p 为停锤时的锤击贯入度；Q_m 为最大加载值；s_m 为对应加载至 Q_m 的桩顶沉降。极限承载力 $Q_u > Q_m$。

试验表明，2H-53 桩和 3C-1366 桩的 $Q-s$ 曲线与 Tscp4-1、Tscp4-2 和 Tscp4-3 桩的 $Q-s$ 曲线相近，两根底端有较大侧弯的钢管混凝土桩的承载力仍满足设计要求，不需加固处理。根据桩的轴向荷载传递规律，在静载压力作用下，桩身轴力随深度的增大而逐渐减小，且桩材的强度还有余量，因此长桩底端的侧弯缺陷对钢管混凝土桩承载力的影响较小。

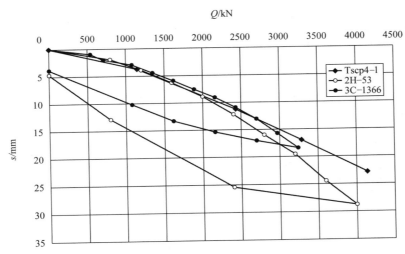

图 40-10　发生下部侧弯的钢管混凝土桩 $Q-s$ 曲线

根据以上现场调查和试验工作，宝钢采用如下临时改进措施：

1）取消封闭桩尖，并在桩尖上 10～15m 处设钢隔板，以形成空腔，用来浇筑混凝土。实践证明，这样可以有效避免底端的侧弯缺陷。

2）对已经发生底部侧弯位移的桩经研究不再采取更多措施。

40.5　隔板型 ϕ609.6mm 钢管混凝土灌注桩试验

40.5.1　主要试验内容

在宝钢三期工程施工的 1995 年 1—7 月，宝钢工程指挥部在封闭桩尖型钢管混凝土桩和隔板型 ϕ609.6mm 钢管混凝土桩应用经验的基础上组织当时的重庆钢铁设计研究院、北京钢铁设计研究院、宝钢十三冶、二十冶设计研究院进行了隔板型 ϕ609.6mm 钢管混凝土桩的施工试验和静载试验。这次试验包括以下主要内容：

1）4 根隔板型 ϕ609.6mm 钢管桩打入试验。

2）4 根隔板型 ϕ609.6mm 钢管混凝土桩轴向静荷载试验。

3）2 根 ϕ609.6mm 钢管混凝土桩侧向静荷载试验。

4）桩顶与承台连接构造模型试验。

40.5.2　试验场地和试验桩基本情况

试验工作利用宝钢三期工程的 1450 板坯连铸项目额 E 列 19 线厂房柱基处作为试验场地，以 8 根柱基钢管桩 ϕ914.4×12mm 作为锚桩，最初设置规格为 ϕ609.6×10mm 的试验桩 Tscp6-1 和 Tscp6-2。后因 Tscp6-1 和 Tscp6-2 停打时贯入度较大，轴向静荷载试验得到的承载力偏小，经研究增补试验桩 Tscp6-3 和 Tscp6-4，且因 ϕ609.6×10mm 钢管缺货而以 ϕ609.6×12mm 钢管替代。隔板构造可参见

图 40-11，试验场地地基土的柱状图见下文图 40-15。

打入 2 根 ϕ609.6×10mm 和 2 根 ϕ609.6×12mm 隔板型钢管桩，灌入混凝土，作为试验桩（记为 T 桩）；打入 8 根钢管桩 ϕ609.6×9mm 作为锚桩（记为 M 桩）；打入 2 根基准桩。

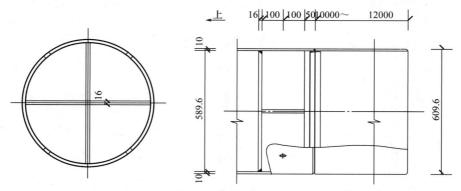

图 40-11　钢管混凝土灌注桩隔板构造（单位：mm）

表 40-17　钢管混凝土试验桩参数

桩号	Tscp6-1	Tscp6-2	Tscp6-3	Tscp6-4
钢管材质	Q235	Q235	Q235	Q235
试验时钢管外周长/mm	1914	1914	1914	1914
试验时钢管横截面面积/mm²	18800	18800	22500	22500
混凝土强度等级	C30	C30	C30	C30
混凝土横截面面积/mm²	272900	272900	269200	269200
桩端面积/mm²	291700	291700	291700	291700
入土深度/m	65.9	65.5	69.8	68.9

40.5.3　打入试验

打入 2 根 ϕ609.6×10mm 和 2 根 ϕ609.6×12mm 隔板型钢管桩时选用 62 型柴油锤，4 根试验桩总锤击次数分别为 1946 锤、1601 锤、2445 锤和 2985 锤。因 Tscp6-1 和 Tscp6-2 桩停打时平均每击贯入度分别为 4.6mm 和 3.8mm，桩尖距预定的粉细砂持力层距离分别为 4.23m 和 4.63m，轴向静荷载试验得到的承载力偏小。增补试验桩 Tscp6-3 和 Tscp6-4，停打时平均每击贯入度分别为 1.25mm 和 0.8mm，桩尖距预定的粉细砂持力层距离分别为 0.33m 和 1.23m。

表 40-18　试验桩打入施工参数对比

桩号	Tscp6-1	Tscp6-2	Tscp6-3	Tscp6-4
入土深度/m	65.9	65.5	69.8	68.9
总锤击数/锤	1946	1601	2445	2985
最后平均贯入度/mm	4.6	3.8	1.25	0.8
桩尖入砂质粉土深度/m	1.17	0.77	5.07	4.17
桩尖距粉细砂层距离/m	4.23	4.63	0.33	1.23

测得试验桩 Tscp6-3 的最大锤击力为 33.6MPa，试验桩 Tscp6-4 的最大锤击力为 28.2MPa，都远小于桩材的屈服强度 235MPa。在浇筑混凝土之前桩内未进入地下水，表明桩材焊缝无损坏漏水现象。

锤击桩 2500～3000 锤，每击贯入度约 1mm，最大锤击力小于 35MPa，而桩尖未打入粉细砂持力层，表明 62 型柴油锤偏小。在 1995 年时 62 型柴油锤属于偏重的锤型，约 2000 年后国产 80 型和 100 型等更重型的柴油锤才开始出现。

40.5.4　轴向静荷载试验

试验桩 Tscp6-1 的第一次轴向静荷载试验的加载方式采用慢速维持荷载法。试验桩 Tscp6-1 的第二次轴向静荷载试验的加载方式采用宝钢一期工程钢管桩轴向静荷载试验中应用的日本土质工学会 B 类多循环加载法，且试验桩 Tscp6-2、Tscp6-3 和 Tscp6-4 也采用多循环加载法。在此之前宝钢历次约 60m 长的 ϕ609.6mm 桩的轴向静荷载试验都没有得到极限荷载，而本次试验因桩材强度提高首次将地基压至极限状态。试验桩 Tscp6-1 的第一次 Q-s 曲线和试验桩 Tscp6-1、Tscp6-2 的 Q-s 包络曲线见图 40-12。3 根试验桩的 Q-s 包络曲线及与 1978 年钢管桩和 1984 年钢管混凝土桩试验的 Q-s 曲线对比见图 40-13。试验桩 Tscp6-3 的多循环 Q-s 曲线和包络曲线对比见图 40-14。按照多种判断方法得出的极限承载力 Q_u 结果见表 40-19。

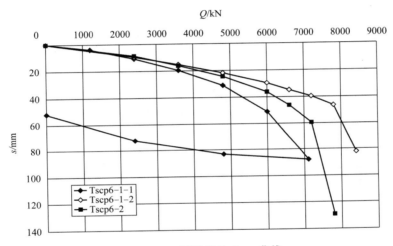

图 40-12　试验桩的 Q-s 曲线

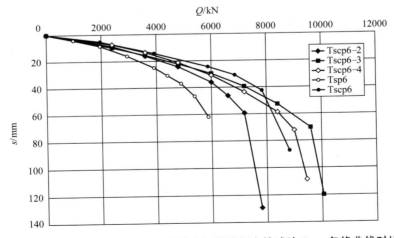

图 40-13　直径 609.6mm 的钢管桩和钢管混凝土桩试验 Q-s 包络曲线对比

根据试验桩 Tscp6-1 和 Tscp6-2 桩身上的电阻应变片测出的应变值推定不同桩顶荷载下桩侧阻力的分布和变化，图 40-15 为试验桩 Tscp6-1 第二次轴向静荷载试验轴力和桩侧阻力分布情况。

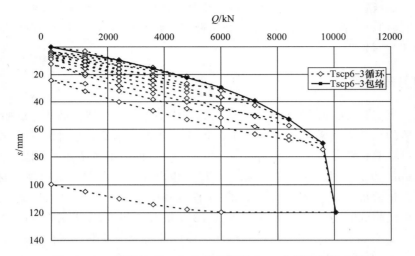

图 40 - 14 试验桩 Tscp6 - 3 的多循环 $Q - s$ 曲线和包络曲线

表 40 - 19 极限承载力结果

试验桩编号	试验最大加载		$Q - s$ 和 $s - \lg t$ 法推定 Q_u		加载方法
	荷载/kN	桩顶沉降/mm	荷载/kN	桩顶沉降/mm	
Tscp6 - 1 - 1	7100	87.98	6000	51.00	慢速维持荷载法
Tscp6 - 1 - 2	8400	82.23	7800	46.38	B 类多循环加载法
Tscp6 - 2	7800	129.25	7200	59.40	B 类多循环加载法
Tscp6 - 3	10050	119.83	9600	70.34	B 类多循环加载法
Tscp6 - 4	9450	108.56	9000	72.31	B 类多循环加载法

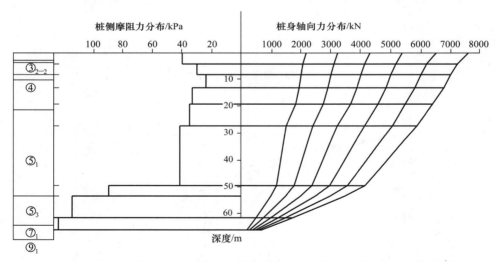

图 40 - 15 试验桩 Tscp6 - 1 第二次轴向静荷载试验轴力和桩侧阻力分布情况

与直径 406.4mm 的桩尖型钢管混凝土桩不同，直径 609.6mm 的隔板型钢管混凝土桩桩尖处端阻力与桩顶轴向压力的比例不随桩顶轴向压力的增大而变化，占桩顶轴向压力的 9%～11%。

40.5.5 侧向静荷载试验

对于试验桩 Tscp6 - 1 和 Tscp6 - 2，采用单向多循环加载法进行侧向静荷载试验，试验结果见表 40 - 20 和表 40 - 21。

表 40 - 20　试验桩 Tscp6 - 1 侧向静荷载试验结果

侧向荷载/kN	50	100	150	200	230	260	290
加载处桩侧移 Δ/mm	2.34	8.12	16.45	25.47	28.75	35.95	44.75
加载处桩转角 θ/rad	0.001	0.003	0.005	0.008	0.012	0.014	0.018

表 40 - 21　试验桩 Tscp6 - 2 侧向静荷载试验结果

侧向荷载/kN	30	60	90	120	150	180	210	240	270	300
加载处桩侧移 Δ/mm	1.17	3.08	7.14	10.49	16.37	21.64	26.61	32.01	38.86	47.87
加载处桩转角 θ/rad	0.0007	0.001	0.003	0.004	0.005	0.007	0.008	0.009	0.011	0.013

根据试验结果，应用张氏法和 m 法推算的地基基床系数 k_h 和地基反力比例系数 m 及对应的最大弯矩 M_{max} 见表 40 - 22。建议工程应用中取地表处桩基侧移 $\Delta=5\sim6$mm，取 $m=5000$kN/m^4 计算。采用 m 法推算的最大弯矩 M_{max} 比张氏法的推算值更接近实测值。

表 40 - 22　推算的地基侧向反力参数及对应的最大弯矩

试验桩编号	侧向荷载/kN	实测弯矩/(kN·m)	张氏法推算		m 法推算	
			k_h/(kN/cm^3)	M_{max}/(kN·m)	m/(kN/m^4)	M_{max}/(kN·m)
Tscp6 - 1	50	81.62	21.8	50.24	10002	72.63
	100	192.3	10.5	83.63	3992	174.64
Tscp6 - 2	60	82.3	19.3	58.46	8574	89.88
	90	194.2	10.8	75.85	4149	156.12

40.5.6　工程应用

宝钢三期工程大规模推广钢管混凝土灌注桩代替钢管桩取得了巨大的经济效益。以同样的承载力比较，钢管混凝土灌注桩代替钢管桩五节省工程投资 1.7 亿元。宝钢"十五"和"十一五"规划项目也有少量重要设备基础应用钢管混凝土桩。二炼钢项目中偶然暴露出隔板型 ϕ609.6mm 钢管混凝土桩的隔板在打桩过程中被顶起的现象，后来的电厂 4 号机组等项目又发现了同样的现象，这是钢管混凝土桩需要改进的地方。

40.6　灌注混凝土的 35 年龄期钢管桩试验

宝钢一焦炉于 1978 年底开始打桩，1985 年建成投产，焦炉主体基础钢管桩的规格为 ϕ609.6×9.0mm，打入深度为 60~70m。由于焦炉荷载较大，钢管桩布置较密，平行于焦炉中心线方向桩间距为 2.6m，垂直方向桩间距为 2.7m。

因节能环保需要，一焦炉于 2013 年进行大修改造。为了利用原有钢管桩，新焦炉与原焦炉平面设计尽可能重合，效率更高且容量更大的新焦炉对桩基的承载力和沉降提出了更高的需求。宝钢委托宝冶工程技术公司对具有 35 年龄期的钢管桩进行了钢材厚度、钢材强度检测，并进行了灌注混凝土和未灌入混凝土的钢管桩单桩静载压力试验。

文献［14］和文献［15］给出了诸多国内外钢管混凝土轴向受压承载力公式。对于原一焦炉 ϕ609.6×9.0mm 钢管桩和 40.2.3 节试验所用的 ϕ609.6×12.7mm 钢管桩，考虑无腐蚀和壁厚扣除 2mm 腐蚀，采用偏于保守的福泽公夫公式计算钢管混凝土灌注桩的轴向承载力。由于原一焦炉钢管桩壁厚相对较薄，灌注混凝土后桩的承载力提高比例超过 50%。钢管混凝土灌注桩桩身轴向承载力的估算见表 40 - 23。

表 40 - 23　钢管混凝土灌注桩桩身轴向承载力估算

考虑腐蚀工况	未腐蚀	扣除 2mm 腐蚀	未腐蚀	扣除 2mm 腐蚀
壁厚/m	0.009	0.007	0.0127	0.0107
外径/m	0.6096	0.6056	0.6096	0.6056
内径/m	0.5916	0.5916	0.5842	0.5842
A_c/m^2	0.27488	0.27488	0.26805	0.26805
A_s/m^2	0.01698	0.01316	0.02382	0.02000
$A_c f_c$/kN	3930.8	3930.8	3833.1	3833.1
$A_s f_s$/kN	3566.1	2764.4	5001.2	4199.5
$A_c f_c + A_s f_s$/kN	7496.9	6695.2	8834.3	8032.6
$A_c f_c / (A_c f_c + A_s f_s)$	0.524	0.587	0.434	0.477

　　根据 40.2 节和 40.5 节钢管混凝土灌注桩的轴向压力试验结果可知，地下 10m 以上粉质黏土层和淤泥质粉质黏土层提供的桩侧摩擦阻力比地下 10～20m 深的淤泥质黏土提供的桩侧摩擦阻力大。现场测量表明，大量钢管桩无土芯的空腔为 11～12m 深。为控制工程进度和成本，还需要试验验证灌注混凝土 11～12m 深的钢管桩的承载力。

40.6.1　钢材厚度和强度检测

　　为了解钢管桩的腐蚀情况以及力学性能，在原焦炉拆除前分别从 2A、2B 焦炉下方各取得 2 个钢管桩样件，在原焦炉拆除后分别从 2B、2A 焦炉下方又各随机取得 25 个试样进行试验。原有钢管桩试样试验成果见表 40 - 24。

表 40 - 24　钢管桩取样试验综合结果

检测指标	平均厚度/mm	屈服强度/MPa	抗拉强度/MPa
最大值	9.159	408	510
最小值	8.574	247	368
总平均值	8.953	322.6	444.4
均方差	0.101	42.2	36.8

　　取样位置在炉床混凝土基础下桩顶部位，长期处于地下水位之下。从所抽检的 54 个钢管桩样件试验结果来看：厚度总平均值为 8.953mm，因无从追溯原钢管桩的原始厚度资料，按公称厚度 9.000mm 计算，沉桩按 35 年计算，年腐蚀率为 (9.000－8.953)/35＝0.0013 (mm/年)，腐蚀率很小。根据抗拉强度试验，屈服强度为 247～408MPa，抗拉强度为 368～510MPa，均超过 STK41 和 Q235 钢的要求。根据检测结果，焦炉本体下方的钢管桩总体保护较好，腐蚀轻微，强度较大。

40.6.2　单桩静载压力试验

　　为利用原有钢管桩，在原 2B 焦炉区域随机选择 4 根钢管桩，在 1B 焦炉区域随机选择 2 根钢管桩，规格都是 ϕ609.6×9.0mm，用慢速维持荷载法进行单桩静载压力试验。其中，3 根桩内事先灌入 C30 级混凝土，待龄期超过 28 天后再进行试验。钢管桩和钢管混凝土灌注桩试验基本情况见表 40 - 25。

表 40 - 25　钢管桩和钢管混凝土灌注桩试验基本情况

桩号	灌芯情况	最大加载量 /kN	最大沉降量 /mm	最大回弹量 /mm	回弹率 /%	极限承载力 /kN
2B - SC1	灌芯 11.0m	6000	42.11	23.60	56.0	≥6000
2B - S2	未灌芯	4400	81.29	20.29	25.0	≥4400
2B - SC3	灌芯 17.2m	6000	92.47	47.19	51.0	5400
2B - S4	未灌芯	4400	35.70	19.95	55.9	≥4400
1B - S5	未灌芯	4400	62.63	—	—	4200
1B - SC6	灌芯 13.6m	6000	47.68	26.27	55.1	≥6000

现场检测试桩 2B - S2 加载至 2000kN 时，桩顶沉降突然陡降，本级沉降超过 29mm，其后 Q - s 曲线又逐渐变缓，直至最大加载量 4400kN。经现场观测发现桩头一圈发生明显的塑性变形，因为该试桩桩帽被切割，后经灌浆处理，在加载过程中（2000kN 时）桩头发生变形，后来桩头压平整，静载曲线呈缓变型。综合分析，该试桩极限承载力不小于 4400kN。

试桩 2B - S3 加载至 6000kN 时达到终止试验条件，桩顶累计最大沉降为 92.47mm，Q - s 曲线及 s - $\lg t$ 曲线出现明显的拐点和曲折，经分析判断：该试桩的极限承载力为最大加载值前一级荷载，即 5500kN。

试桩 1B - S5 加载至 4400kN 时达到终止试验条件，桩顶累计最大沉降为 62.63mm，Q - s 曲线及 s - $\lg t$ 曲线出现明显的拐点和曲折。经分析判断：该试桩的极限承载力为最大加载值前一级荷载，即 4200kN。

其他 3 根试桩加载至最大加载值时，Q - s 曲线及 s - $\lg t$ 曲线相对平滑，未出现明显的拐点和曲折。经分析判断：该试桩的极限承载力不小于其最大加载值。

钢管桩和钢管混凝土灌注桩试验 Q - s 曲线见图 40 - 16 和图 40 - 17。

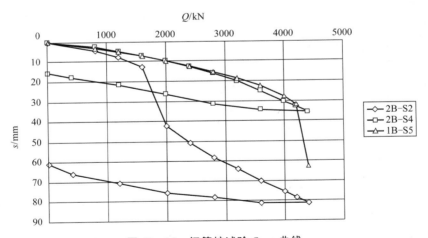

图 40 - 16　钢管桩试验 Q - s 曲线

为测量桩身压力随深度的变化，对 3 根试验桩 2B - S2、2B - S4 和 1B - S5 在灌入混凝土之前分别放置 6 根 ϕ25mm 钢筋和构造箍筋构成的钢筋笼，约每间隔 1m 设置 1 组钢筋应力计。试验桩 2B - S4 的钢筋笼埋设 17m 深，其他两根试验桩的钢筋笼埋设 8m 深。假定钢管、钢筋、混凝土共同工作下三种材料应变一致，测得 3 根试验桩在各级试验荷载下不同深度的应变。在桩顶下 10m 深处应变减小约 10%。试验桩 2B - SC1、2B - SC3、1B - SC6 在 3000kN 和 6000kN 荷载下不同深度的应变见表 40 - 26。

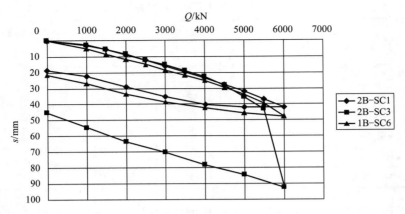

图 40-17 钢管混凝土灌注桩试验 Q-s 曲线

表 40-26 试验桩在 3000kN 和 6000kN 荷载下不同深度的应变

深度/m	2B-SC1		2B-SC3		1B-SC6	
	3000kN	6000kN	3000kN	6000kN	3000kN	6000kN
—0.5	10252	20557	10218	20179	10208	20512
—1.5	10108	20413	10074	20035	10064	20368
—2.5	9971	20296	9957	19918	9947	20251
—3.5	9875	20179	9841	19801	9830	20135
—4.5	9754	20059	9720	19681	9713	20018
—5.5	9573	19877	9538	19499	9525	19829
—6.5	9387	19691	9353	19314	9343	19647
—7.5	9205	19509	9171	19132	9154	19458
—8.5	—	—	8989	18950	—	—
—10.0	—	—	8803	18764	—	—
—11.5	—	—	8542	18503	—	—
—12.5	—	—	8278	18239	—	—
—13.5	—	—	8020	17981	—	—
—14.5	—	—	7756	17726	—	—
—15.5	—	—	7495	17475	—	—
—16.5	—	—	7230	17220	—	—

40.6.3 工程应用

抽样检测结果表明，钢管桩的腐蚀微小，钢材的物理、化学指标合格。单桩静载压力试验结果表明，灌注混凝土后钢管桩的极限承载力由最低 4200kN 提高到最低 5400kN。考虑原桩之间桩距较密，补桩比较困难，施工图阶段设计调整为采用原钢管混凝土灌注桩。共利用原 1006 根 ϕ609.6×9.0mm 钢管桩灌入 11m 深 C30 混凝土，其中 1A 焦炉基础利用 263 根，1 号煤塔 25 根，1B 焦炉 241 根，2A 焦炉 248 根，2 号煤塔 78 根，2B 焦炉 151 根，效果良好。

40.7　桩顶与承台连接构造

40.7.1　试验模型

1992 年宝钢委托同济大学等单位进行钢管混凝土桩顶与承台连接节点构造模型试验，以确定桩顶与承台的连接形式。

桩顶与承台连接节点构造分为 A 型和 B 型，两者的差异是 A 型在桩顶增设 2～4 层加强型钢筋网片，scpφ406.4 桩顶与承台连接节点 A 型构造可参见图 40-18。

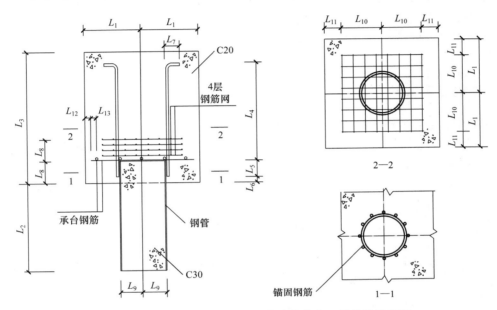

图 40-18　钢管混凝土桩顶与承台连接节点 A 型构造示意图

对于 scpφ406.4mm，试验模型与原型尺寸比为 0.65∶1；对于 scpφ609.6mm，试验模型与原型尺寸比为 0.50∶1；钢管混凝土桩顶与承台连接节点构造模型试验结果参见表 40-27。

表 40-27　桩顶与承台连接节点构造模型试验

scp 桩直径 /mm	试件编号	开裂荷载/kN		极限荷载/kN	
		试件	相当于原型	试件	相当于原型
406.4	A1	2400	6243	3569	8194
406.4	A2	2200	5723	3174	7287
406.4	B1	2200	5723	2856	6556
406.4	B2	2200	5723	2982	6845
609.6	A	2300	9200	2800	11200
609.6	B	2400	9600	3000	12000

40.7.2　桩顶与承台连接构造

钢管桩采用仰球壳形或平钢板形桩帽，使基础荷载传递给管壁，而钢管混凝土桩的基础荷载既要传递给管壁还要传递给桩内填充的混凝土。对于钢管桩混凝土桩，设计计算考虑的荷载传递路径是：钢管所受荷载由锚固钢筋传递，钢管内混凝土所受荷载由承台混凝土传递。试验结果表明，荷载传递路径与设计计算考虑的荷载传递路径是一致的。A 型和 B 型承台构造应用在工程中都是足够安全的，对于要求较高的钢管桩混凝土桩，可以采用增设钢筋网片的 A 型承台构造形式。

40.8 马迹山港工程 $\phi 2800mm$ 嵌岩桩试验

除在宝钢工程、杨浦大桥等项目应用之外，钢管混凝土桩技术还被应用于海港码头嵌岩桩施工，如宝钢马迹山港一期工程完成国内首次在外海深水环境中的大直径嵌岩桩试验，在 30m 水深岩石裸露区段采用砂箱稳桩法进行了 25 万～30 万吨级卸船泊位 8 根 $\phi 2800mm$ 嵌岩桩施工工艺和侧向推力试验。嵌岩桩的岩面以上部分就是在 $\phi 2800mm$ 钢管内放置钢筋笼并灌入水下混凝土的钢管混凝土桩。这里将笔者亲历的 $\phi 2800mm$ 嵌岩桩试验作一简单介绍。

40.8.1 嵌岩桩施工试验

马迹山矿石中转港卸船码头一部分区段有较厚的覆土层，可以打入钢管桩作为高桩码头基础。而另一部分区段岩石出露，上面基本没有覆土层的岩基段无法进行打入桩施工，只能采用人工基床临时稳桩再进行嵌岩桩施工。为此，宝钢于 1997—1998 年组织勘察、设计、施工、监理和试验检测单位进行了嵌岩桩试验。

地质钻孔揭示出露岩石为灰绿色、坚硬的强风化层，厚约 1m，其原岩为晶屑凝灰岩，含大量未完全风化的碎石块。其下为厚度未穿透的灰绿色、坚硬的中微风化层，原岩为晶屑凝灰岩，隐晶质结构，其节理裂隙发育，岩芯较破碎，局部夹有软弱薄层。

试验区域岩石或覆土表面深度为 $-30\sim-28m$，沉放 4 只长 16m、宽 8.5m、高 7m 的钢筋混凝土套箱，然后进行套箱底部边缘封闭、灌入并振冲加密粗砂、灌石压砂等工作。待前期工作完成后利用打桩船垂直打入 8 根长 34～37m、截面尺寸为 $\phi 2800\times 20mm$ 的钢管桩（或称钢套管），钢管桩轴心平行于卸船码头轴线方向间距 12m，垂直于码头轴线方向间距 10m，岸侧 4 根桩 M1～M4 连在一起，组成侧向荷载试验施加荷载的反力桩，海侧 2 根桩 C1、C2 连在一起，作为侧向荷载试验位移观测的基准桩，夹在反力桩 M1～M4 及基准桩 C1 和 C2 之间的 2 根桩 S1 和 S2 为试验桩。打入 8 根钢管桩后，再进行嵌岩施工，包括在中～微风化岩层钻入深约 5m/直径为 2600mm 的嵌岩孔，清除底部残渣，放入钢筋笼，灌入水下混凝土等。

40.8.2 嵌岩桩侧向荷载试验

完成嵌岩桩施工后，对试验桩 S3 和 S4 各自进行侧向荷载试验，其中试验桩 S4 所在套箱内的粗砂在荷载试验前采用钻机反循环排渣系统吸收并排放到海里，通过试验比较有套箱和无套箱内砂的影响。试验桩 S3 和 S4 的侧向荷载试验结果可参见表 40－28 和图 40－19、图 40－20。套箱内有砂和无砂的对比结果可参见表 40－29。

表 40－28 嵌岩桩侧向荷载试验主要试验结果

试验桩编号	最大侧向力 H_{max}/kN	最大侧移 Y_{max}/mm	最大转角 $\theta_{max}/(\times 10^{-3})$	残余侧移 Y_{res}/mm	残余转角 $\theta_{res}/(\times 10^{-3})$	临界侧向力 H_{cr}/kN
S3	570	79.22	3.22	10.29	0.23	342
S4	446	68.25	2.44	6.61	0.06	312

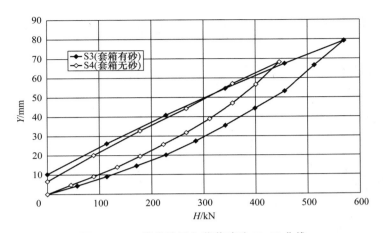

图 40-19　嵌岩桩侧向荷载试验 H-Y 曲线

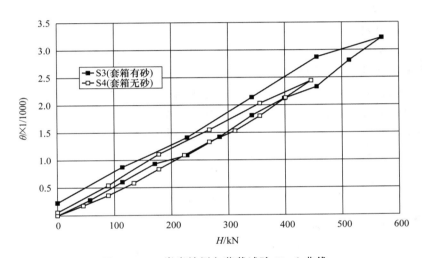

图 40-20　嵌岩桩侧向荷载试验 H-θ 曲线

表 40-29　套箱内有无砂的影响对比结果

试验桩编号	对比侧向力 H/kN	侧移 Y/mm	转角 θ/($\times 10^{-3}$)	嵌岩面弯矩 /(kN·m)	桩底部弯矩 /(kN·m)	桩内钢筋拉应变 /($\times 10^{-6}$)
S3	456	53.18	2.33	14 326	1682	232
S4	446	68.25	2.44	14 842	5457	281

表 40-28 中的临界侧向力 H_{cr} 是通过 H-Y 曲线、$\lg H$-$\lg Y$ 曲线等试验结果推定的。根据试验结果，推定 S3 所在套箱内粗砂的 m 值为 $1.13 \times 10^4 \, \text{kN/m}^4$，强风化层中微风化层的 m 值为 $4.132 \times 10^5 \, \text{kN/m}^4$。

40.8.3　工程应用

宝钢马迹山港一期工程于 1997—1998 年完成 8 根 ϕ2800mm 嵌岩桩施工工艺和侧向推力试验后，宝钢马迹山港二期工程于 2005 年采用人工基床稳桩法进行了 30 万吨级卸船泊位 136 根 ϕ2800mm 嵌岩桩的大规模施工。

40.9 轴向冲击下钢管混凝土灌注桩界面波速

在高应变检测中需要考虑桩的压缩波速，因为钢管和混凝土各自的压缩波速差异很大，所以需要研究钢管混凝土桩的压缩波速。文献［18］采用弹性动力学方法求解了轴向冲击下空心钢管混凝土桩弹性波动问题，但在分析中仅考虑轴向运动和应力，忽略了径向位移和应力，从而导致弹性波速偏小。本节采用亥姆霍兹（Helmholz）势函数建立钢管和混凝土两种介质应力波传播的方程，全面考虑轴向、径向位移和应力，研究实心钢管混凝土桩的界面波速。

40.9.1 基本假设及波动方程

40.9.1.1 基本假设

1）钢管和混凝土两种介质都是均质、各向同性的弹性材料。

2）混凝土为半无限长垂直实心圆柱，钢管为半无限长垂直空心圆柱。

3）桩顶承受低频轴向谐振扰动。

4）钢管和混凝土两种介质界面运动协调一致，相互作用的应力平衡。

40.9.1.2 三维轴对称波动方程

采用亥姆霍兹势函数建立钢管和混凝土两种介质应力波传播的方程。对于中心轴对称的弹性介质 j，径向位移 u_j 和轴向位移 w_j 可通过式（40-1）由亥姆霍兹势函数 $\phi_j = \phi_j(r, z, t)$ 和 $\chi_j = \chi_j(r, z, t)$ 给出，即

$$
\left.
\begin{aligned}
u_j &= \frac{\partial \phi_j}{\partial r} + l \frac{\partial^2 \chi_j}{\partial r \partial z} \\
w_j &= \frac{\partial \phi_j}{\partial z} - l \frac{1}{r} \frac{\partial}{\partial r}\left(r \frac{\partial \chi_j}{\partial r}\right)
\end{aligned}
\right\}
\tag{40-1}
$$

其中，l 为具有长度量纲的常量。亥姆霍兹势函数 ϕ_j 和 χ_j 满足方程

$$
\left.
\begin{aligned}
\frac{1}{r} \frac{\partial}{\partial r}\left(r \frac{\partial \phi_j}{\partial r}\right) + \frac{\partial^2 \phi_j}{\partial z^2} &= \frac{1}{c_{jp}^2} \frac{\partial^2 \phi_j}{\partial t^2} \\
\frac{1}{r} \frac{\partial}{\partial r}\left(r \frac{\partial \chi_j}{\partial r}\right) + \frac{\partial^2 \chi_j}{\partial z^2} &= \frac{1}{c_{js}^2} \frac{\partial^2 \chi_j}{\partial t^2}
\end{aligned}
\right\}
\tag{40-2}
$$

其中，c_{jp} 和 c_{js} 分别为介质 j 的压缩波速和剪切波速。介质 j 的 rz 平面剪切应力 τ_j、轴向应力 σ_{jz} 及径向应力 σ_{jr} 可通过式（40-3）求得：

$$
\left.
\begin{aligned}
\tau_j &= \mu_j\left(\frac{\partial u_j}{\partial z} + \frac{\partial w_j}{\partial r}\right) \\
\sigma_{jz} &= 2\mu_j \frac{\partial w_j}{\partial z} + \lambda_j e_j \\
\sigma_{jr} &= 2\mu_j \frac{\partial u_j}{\partial r} + \lambda_j e_j
\end{aligned}
\right\}
\tag{40-3}
$$

其中，$e_j = \dfrac{\partial w_j}{\partial z} + \dfrac{1}{r}\dfrac{\partial(ru_j)}{\partial r}$，$\mu_j$ 和 λ_j 为介质 j 的拉梅（Lame）常数。拉梅常数与杨氏模量 E_j 和其泊松比 v_j 之间有关系式 $\mu_j = \dfrac{E_j}{2(1+v_j)}$ 和 $\lambda_j = \dfrac{v_j E_j}{(1+v_j)(1-2v_j)} = \dfrac{2v_j \mu_j}{(1-2v_j)}$。弹性波速与拉梅常数有关系式

$$
c_{jp}^2 = \frac{\lambda_j + 2\mu_j}{\rho_j}, \quad c_{js}^2 = \frac{\mu_j}{\rho_j}, \quad \frac{c_{jp}^2}{c_{js}^2} = \frac{\lambda_j + 2\mu_j}{\mu_j}
\tag{40-4}
$$

其中，ρ_j 为介质 j 的质量密度。由此可将式（40-3）转化为

$$\tau_j = \mu_j\left(\frac{\partial u_j}{\partial z} + \frac{\partial w_j}{\partial r}\right)$$

$$\sigma_{jz} = 2\mu_j\left[\frac{\partial w_j}{\partial z} + \left(\frac{c_{jp}^2}{2c_{js}^2} - 1\right)e_j\right] \tag{40-5}$$

$$\sigma_{jr} = 2\mu_j\left[\frac{\partial u_j}{\partial r} + \left(\frac{c_{jp}^2}{2c_{js}^2} - 1\right)e_j\right]$$

设弹性介质 j 受到圆频率为 ω 的波的扰动，则有亥姆霍兹势函数

$$\phi_j(r,z,t) = \Phi_j(r,z)-(-i\omega t)$$

$$\chi_j(r,z,t) = X_j(r,z)-(-i\omega t) \tag{40-6}$$

代入式(40-2)，可得

$$\frac{\partial^2 \Phi_j}{\partial r^2} + \frac{1}{r}\frac{\partial \Phi_j}{\partial r} + \frac{\partial^2 \Phi_j}{\partial z^2} + \frac{\omega^2}{c_{jp}^2}\Phi_j = 0$$

$$\frac{\partial^2 X_j}{\partial r^2} + \frac{1}{r}\frac{\partial X_j}{\partial r} + \frac{\partial^2 X_j}{\partial z^2} + \frac{\omega^2}{c_{js}^2}X_j = 0 \tag{40-7}$$

在下文中，对于钢管取 $j=n$，对于混凝土介质取 $j=m$。

40.9.1.3　边界条件

设桩顶与地面齐平，建立以桩顶圆心为原点的柱坐标系，z 轴向下为正向，以此为基础确定边界条件（图 40-21）。

1. 桩顶端

桩顶端 $z=0$ 处受到圆频率为 ω 的轴向激振扰动：

$$w_n(r,0,t) = f(r)\exp(i\omega t) \tag{40-8}$$

2. 钢管表面

钢管表面 $r=r_k$ 处剪切应力和径向应力为零，即

$$\tau_n(r_k,z,t) = 0, \quad \sigma_{nr}(r_k,z,t) = 0 \tag{40-9}$$

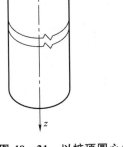

图 40-21　以桩顶圆心为原点的柱坐标系

3. 钢管-混凝土两种介质界面

钢管-混凝土两种介质界面 $r=r_I$ 处运动协调一致，并且剪切应力和径向应力相互作用应力平衡，即

$$u_m(r_I,z,t) = u_n(r_I,z,t), w_m(r_I,z,t) = w_n(r_I,z,t)$$

$$\tau_m(r_I,z,t) = \tau_n(r_I,z,t), \sigma_{mr}(r_I,z,t) = \sigma_{nr}(r_I,z,t) \tag{40-10}$$

40.9.2　混凝土介质的界面波

40.9.2.1　界面波的势函数

为满足钢管-混凝土两种介质界面 $r=r_I$ 处运动协调一致且相互作用应力平衡的边界条件，构造一种解，描述沿着 z 轴向下以相同的波速 c_z 传播的界面波。对于实心混凝土柱，略去 $r=0$ 处的奇异性解，可令其势函数取

$$\Phi_m = 2A_m\cos(\eta z)J_0(\alpha_{mp}r)$$

$$X_m = 2C_m\cos(\eta z)J_0(\alpha_{ms}r) \tag{40-11}$$

其中，$J_0(x)$ 为零阶贝塞尔（Bessel）函数。为求解偏微分方程（40-7），需要采取合适的方式将其分解为常微分方程。例如，式(40-7) 可分解为

$$
\left.\begin{array}{l}
\dfrac{\mathrm{d}^2 \Phi_j}{\mathrm{d}r^2} + \dfrac{1}{r}\dfrac{\mathrm{d}\Phi_j}{\mathrm{d}r} + (1-p_j^2)\dfrac{\omega^2}{c_{jp}^2}\Phi_j = 0, \quad \dfrac{\mathrm{d}^2 \Phi_j}{\mathrm{d}z^2} + p_j^2 \dfrac{\omega^2}{c_{jp}^2}\Phi_j = 0 \\[2mm]
\dfrac{\mathrm{d}^2 X_j}{\mathrm{d}r^2} + \dfrac{1}{r}\dfrac{\mathrm{d}X_j}{\mathrm{d}r} + (1-s_j^2)\dfrac{\omega^2}{c_{js}^2}X_j = 0, \quad \dfrac{\mathrm{d}^2 X_j}{\mathrm{d}z^2} + s_j^2 \dfrac{\omega^2}{c_{js}^2}X_j = 0
\end{array}\right\}
\tag{40-12}
$$

其中，$p_j < 1$，$s_j < 1$。将式（40-11）代入式（40-12），可得

$$
\left.\begin{array}{l}
(1-p_m^2)\dfrac{\omega^2}{c_{mp}^2} = \alpha_{mp}^2, \quad p_m^2 \dfrac{\omega^2}{c_{mp}^2} = \eta^2 \\[2mm]
(1-s_m^2)\dfrac{\omega^2}{c_{ms}^2} = \alpha_{ms}^2, \quad s_m^2 \dfrac{\omega^2}{c_{ms}^2} = \eta^2
\end{array}\right\}
\tag{40-13}
$$

令 $p_m^2 \dfrac{\omega^2}{c_{mp}^2} = s_m^2 \dfrac{\omega^2}{c_{ms}^2} = \eta^2 = \dfrac{\omega^2}{c_{lw}^2}$，即描述界面波以波速 c_{lw} 沿着 z 轴传播。

40.9.2.2　界面波的位移

将混凝土介质界面波的势函数（40-13）代入式（40-1），可以得出混凝土介质界面波的位移，即

$$
\left.\begin{array}{l}
u_m = [-2A_m\alpha_{mp}\cos(\eta z)J_1(\alpha_{mp}r) + 2C_ml\alpha_{ms}\sin(\eta z)J_1(\alpha_{ms}r)]\exp(-i\omega t) \\[2mm]
w_m = [-2A_m\eta\sin(\eta z)J_0(\alpha_{mp}r) + 2C_ml\alpha_{ms}^2\cos(\eta z)J_0(\alpha_{ms}r)]\exp(-i\omega t)
\end{array}\right\}
\tag{40-14}
$$

以及

$$
\begin{aligned}
e_m &= -2A_m(\alpha_{mp}^2 + \eta^2)\cos(\eta z)J_0(\alpha_{mp}r)\exp(-i\omega t) \\
&= -2A_m(\omega^2/c_{mp}^2)\cos(\eta z)J_0(\alpha_{mp}r)\exp(-i\omega t)
\end{aligned}
\tag{40-15}
$$

40.9.2.3　界面波的应力

将界面波的位移公式式（40-14）和式（40-15）代入式（40-4），可以分别得出混凝土介质界面波的应力，即

$$
\begin{aligned}
\tau_m = \mu_m\big[&4A_m\eta\alpha_{mp}\sin(\eta z)J_1(\alpha_{mp}r) + \\
&2C_ml\alpha_{ms}(\eta^2-\alpha_{ms}^2)\cos(\eta z)J_1(\alpha_{ms}r)\big]\exp(-i\omega t) \\
\sigma_{mz} = 2\mu_m\big[&-2A_m\eta^2\cos(\eta z)J_0(\alpha_{mp}r) - \\
&2C_ml\eta\alpha_{ms}^2\sin(\eta z)J_0(\alpha_{ms}r) - \\
&2A_m\left(\dfrac{\omega^2}{2c_{ms}^2} - \dfrac{\omega^2}{c_{mp}^2}\right)\cos(\eta z)J_0(\alpha_{mp}r)\big]\exp(-i\omega t) \\
\sigma_{mr} = 2\mu_m\Big[&-2A_m\alpha_{mp}^2\cos(\eta z)\left(J_0(\alpha_{mp}r) - \dfrac{J_1(\alpha_{mp}r)}{\alpha_{mp}r}\right) + \\
&2C_ml\eta\alpha_{ms}^2\sin(\eta z)\left(J_0(\alpha_{ms}r) - \dfrac{J_1(\alpha_{ms}r)}{\alpha_{ms}r}\right) - \\
&2A_m\left(\dfrac{\omega^2}{2c_{ms}^2} - \dfrac{\omega^2}{c_{mp}^2}\right)\cos(\eta z)J_0(\alpha_{mp}r)\Big]\exp(-i\omega t)
\end{aligned}
\tag{40-16}
$$

界面波在混凝土介质表面上 rz 平面的剪切应力和轴向应力分别为

$$
\left.\begin{array}{l}
\tau_m(r,0,t) = 2C_m\mu_ml\alpha_{ms}(\eta^2-\alpha_{ms}^2)J_1(\alpha_{ms}r)\exp(-i\omega t) \\[2mm]
\sigma_{mz}(r,0,t) = -2A_m\mu_m(\alpha_{ms}^2+\eta^2-2\alpha_{mp}^2)J_0(\alpha_{mp}r)\exp(-i\omega t)
\end{array}\right\}
\tag{40-17}
$$

40.9.3　钢管中的界面波

40.10.3.1　界面波的势函数

对于钢管，可令其势函数取

$$
\left.\begin{array}{l}
\Phi_n = 2[B_{n1}I_0(\alpha_{np}r) + B_{n2}K_0(\alpha_{np}r)]\cos(\eta z) \\[2mm]
X_n = 2[D_{n1}J_0(\alpha_{ns}r) + D_{n2}Y_0(\alpha_{ns}r)]\cos(\eta z)
\end{array}\right\}
\tag{40-18}
$$

其中，$I_0(x)$ 和 $K_0(x)$ 为零阶修正贝塞尔函数，$Y_0(x)$ 为零阶诺伊曼（Neumann）函数。将方程（40-7）分解为

$$
\left.
\begin{array}{ll}
\dfrac{d^2\Phi_j}{dr^2}+\dfrac{1}{r}\dfrac{d\Phi_j}{dr}-(p_j^2-1)\dfrac{\omega^2}{c_{jp}^2}\Phi_j=0\,, & \dfrac{d^2\Phi_j}{dz^2}+p_j^2\dfrac{\omega^2}{c_{jp}^2}\Phi_j=0 \\[3mm]
\dfrac{d^2X_j}{dr^2}+\dfrac{1}{r}\dfrac{dX_j}{dr}+(1-s_j^2)\dfrac{\omega^2}{c_{js}^2}X_j=0\,, & \dfrac{d^2X_j}{dz^2}+s_j^2\dfrac{\omega^2}{c_{js}^2}X_j=0
\end{array}
\right\}
\tag{40-19}
$$

其中，$p_j>1$，$s_j<1$。再将式（40-18）代入式（40-19），可得

$$
\left.
\begin{array}{l}
(p_n^2-1)\dfrac{\omega^2}{c_{np}^2}=\alpha_{np}^2\,,\ p_n^2\dfrac{\omega^2}{c_{np}^2}=\eta^2 \\[3mm]
(1-s_n^2)\dfrac{\omega^2}{c_{ns}^2}=\alpha_{ns}^2\,,\ s_n^2\dfrac{\omega^2}{c_{ns}^2}=\eta^2
\end{array}
\right\}
\tag{40-20}
$$

令 $p_n^2\dfrac{\omega^2}{c_{np}^2}=s_n^2\dfrac{\omega^2}{c_{ns}^2}=\eta^2=\dfrac{\omega^2}{c_{lw}^2}$，即描述界面波以波速 c_{lw} 沿着 z 轴传播。

40.9.3.2　界面波的位移

将钢管界面波的势函数式（40-18）代入式（40-1），可以分别得出桩界面波的位移，即

$$
\left.
\begin{array}{l}
u_n=2\{\alpha_{np}[B_{n1}I_1(\alpha_{np}r)+B_{n2}K_1(\alpha_{np}r)]\cos(\eta z)+ \\[2mm]
\quad l\eta\alpha_{ns}[D_{n1}J_1(\alpha_{ns}r)+D_{n2}Y_1(\alpha_{ns}r)]\sin(\eta z)\}\exp(-i\omega t) \\[3mm]
w_n=2\{-\eta[B_{n1}I_0(\alpha_{np}r)+B_{n2}K_0(\alpha_{np}r)]\sin(\eta z)+ \\[2mm]
\quad l\alpha_{ns}^2[D_{n1}J_0(\alpha_{ns}r)+D_{n2}Y_0(\alpha_{ns}r)]\cos(\eta z)\}\exp(-i\omega t)
\end{array}
\right\}
\tag{40-21}
$$

以及

$$
\begin{aligned}
e_{n\alpha}&=2(\alpha_{np}^2-\eta^2)[B_{n1}I_0(\alpha_{np}r)+B_{n2}K_0(\alpha_{np}r)]\cos(\eta z)\exp(-i\omega t) \\
&=-2(\omega^2/c_{np}^2)[B_{n1}I_0(\alpha_{np}r)+B_{n2}K_0(\alpha_{np}r)]\cos(\eta z)\exp(-i\omega t)
\end{aligned}
\tag{40-22}
$$

40.9.3.3　界面波的应力

将桩界面波的位移函数式（40-21）和（40-22）代入式（40-5），可以分别得出桩界面波的应力为

$$
\left.
\begin{array}{l}
\tau_n=\mu_n\{-4\eta\alpha_{np}[B_{n1}I_1(\alpha_{np}r)+B_{n2}K_1(\alpha_{np}r)]\sin(\eta z)+ \\[2mm]
\quad 2l(\eta^2-\alpha_{ns}^2)\alpha_{ns}[D_{n1}J_1(\alpha_{ns}r)+D_{n2}Y_1(\alpha_{ns}r)]\cos(\eta z)\}\exp(-i\omega t) \\[3mm]
\sigma_{nz}=2\mu_n\{-2\eta^2[B_{n1}I_0(\alpha_{np}r)+B_{n2}K_0(\alpha_{np}r)]\cos(\eta z)- \\[2mm]
\quad 2l\eta\alpha_{ns}^2[D_{n1}J_0(\alpha_{ns}r)+D_{n2}Y_0(\alpha_{ns}r)]\sin(\eta z)- \\[2mm]
\quad 2\left(\dfrac{\omega^2}{2c_{ns}^2}-\dfrac{\omega^2}{c_{np}^2}\right)[B_{n1}I_0(\alpha_{np}r)+B_{n2}K_0(\alpha_{np}r)]\cos(\eta z)\}\exp(-i\omega t) \\[3mm]
\sigma_{nr}=2\mu_n\{2\alpha_{np}^2\left[B_{n1}\left(I_0(\alpha_{np}r)-\dfrac{I_1(\alpha_{np}r)}{\alpha_{np}r}\right)+B_{n2}\left(K_0(\alpha_{np}r)-\dfrac{K_1(\alpha_{np}r)}{\alpha_{np}r}\right)\right]\cos(\eta z)+ \\[3mm]
\quad 2l\eta\alpha_{ns}^2\sin(\eta z)\left[D_{n1}\left(J_0(\alpha_{ns}r)-\dfrac{J_1(\alpha_{ns}r)}{\alpha_{ns}r}\right)+D_{n2}\left(Y_0(\alpha_{ns}r)-\dfrac{Y_1(\alpha_{ns}r)}{\alpha_{ns}r}\right)\right]- \\[3mm]
\quad 2(\dfrac{\omega^2}{2c_{ns}^2}-\dfrac{\omega^2}{c_{np}^2})[B_{n1}I_0(\alpha_{np}r)+B_{n2}K_0(\alpha_{np}r)]\cos(\eta z)\}\exp(-i\omega t)
\end{array}
\right\}
\tag{40-23}
$$

界面波在桩顶表面上 rz 平面的剪切应力和轴向应力分别为

$$
\left.
\begin{array}{l}
\tau_n(r,0,t)=2\mu_n l(\eta^2-\alpha_{ns}^2)\alpha_{ns}[D_{n1}J_1(\alpha_{ns}r)+D_{n2}Y_1(\alpha_{ns}r)]\exp(-i\omega t) \\[2mm]
\sigma_{nz}(r,0,t)=-4\mu_n(\eta^2+\dfrac{\omega^2}{2c_{ns}^2}-\dfrac{\omega^2}{c_{np}^2})[B_{n1}I_0(\alpha_{np}r)+B_{n2}K_0(\alpha_{np}r)]\exp(-i\omega t)
\end{array}
\right\}
\tag{40-24}
$$

40.9.4　钢管-混凝土界面波的协调及界面波速

钢管表面 $r=r_k$ 处，rz 平面的剪切应力分量和径向应力分量为零：

$$-4\eta\alpha_{np}[B_{n1}I_1(\alpha_{np}r_k)+B_{n2}K_1(\alpha_{np}r_k)]\sin(\eta z)+$$

$$2l(\eta^2-\alpha_{ns}^2)\alpha_{ns}[D_{n1}J_1(\alpha_{ns}r_k)+D_{n2}Y_1(\alpha_{ns}r_k)]\cos(\eta z)=0$$

$$2\alpha_{np}^2\left[B_{n1}\left(I_0(\alpha_{np}r_k)-\frac{I_1(\alpha_{np}r_k)}{\alpha_{np}r_k}\right)+B_{n2}\left(K_0(\alpha_{np}r_k)-\frac{K_1(\alpha_{np}r_k)}{\alpha_{np}r_k}\right)\right]\cos(\eta z)+ \qquad (40-25)$$

$$2l\eta\alpha_{ns}^2\sin(\eta z)\left[D_{n1}\left(J_0(\alpha_{ns}r_k)-\frac{J_1(\alpha_{ns}r_k)}{\alpha_{ns}r_k}\right)+D_{n2}\left(Y_0(\alpha_{ns}r_k)-\frac{Y_1(\alpha_{ns}r_k)}{\alpha_{ns}r_k}\right)\right]-$$

$$2\left(\frac{\omega^2}{2c_{ns}^2}-\frac{\omega^2}{c_{np}^2}\right)[B_{n1}I_0(\alpha_{np}r_k)+B_{n2}K_0(\alpha_{np}r_k)]\cos(\eta z)=0$$

界面波在钢管和混凝土两种介质界面 $r=r_j$ 处，径向和轴向位移协调一致，且 rz 平面剪切应力分量和径向应力分量平衡，即有边界条件式（40-10），可得

$$2\{\alpha_{np}[B_{n1}I_1(\alpha_{np}r_I)+B_{n2}K_1(\alpha_{np}r_I)]\cos(\eta z)+l\eta\alpha_{ns}[D_{n1}J_1(\alpha_{ns}r_I)+D_{n2}Y_1(\alpha_{ns}r_I)]\sin(\eta z)\}-$$

$$[-2A_m\alpha_{mp}\cos(\eta z)J_1(\alpha_{mp}r_I)+2C_ml\eta\alpha_{ms}\sin(\eta z)J_1(\alpha_{ms}r_I)]=0$$

$$2\{-\eta[B_{n1}I_0(\alpha_{np}r_I)+B_{n2}K_0(\alpha_{np}r_I)]\sin(\eta z)+l\alpha_{ns}^2[D_{n1}J_0(\alpha_{ns}r_I)+D_{n2}Y_0(\alpha_{ns}r_I)]\cos(\eta z)\}-$$

$$[-2A_m\eta\sin(\eta z)J_0(\alpha_{mp}r_I)+2C_ml\alpha_{ms}^2\cos(\eta z)J_0(\alpha_{ms}r_I)]=0$$

$$\mu_n\{-4\eta\alpha_{np}[B_{n1}I_1(\alpha_{np}r_I)+B_{n2}K_1(\alpha_{np}r_I)]\sin(\eta z)+2l(\eta^2-\alpha_{ns}^2)\alpha_{ns}[D_{n1}J_1(\alpha_{ns}r_I)+$$

$$D_{n2}Y_1(\alpha_{ns}r_I)]\cos(\eta z)\}-\mu_m[4A_m\eta\alpha_{mp}\sin(\eta z)J_1(\alpha_{mp}r_I)+$$

$$2C_ml\alpha_{ms}(\eta^2-\alpha_{ms}^2)\cos(\eta z)J_1(\alpha_{ms}r_I)]=0$$

$$2\mu_n\left\{2\alpha_{np}^2\left[B_{n1}\left(I_0(\alpha_{np}r_I)-\frac{I_1(\alpha_{np}r_I)}{\alpha_{np}r_I}\right)+B_{n2}\left(K_0(\alpha_{np}r_I)-\frac{K_1(\alpha_{np}r_I)}{\alpha_{np}r_I}\right)\right]\cos(\eta z)+$$

$$2l\eta\alpha_{ns}^2\sin(\eta z)\left[D_{n1}\left(J_0(\alpha_{ns}r_I)-\frac{J_1(\alpha_{ns}r_I)}{\alpha_{ns}r_I}\right)+D_{n2}\left(Y_0(\alpha_{ns}r_I)-\frac{Y_1(\alpha_{ns}r_I)}{\alpha_{ns}r_I}\right)\right]-$$

$$2\left(\frac{\omega^2}{2c_{ns}^2}-\frac{\omega^2}{c_{np}^2}\right)[B_{n1}I_0(\alpha_{np}r_I)+B_{n2}K_0(\alpha_{np}r_I)]\cos(\eta z)\right\}-2\mu_m\left[-2A_m\alpha_{mp}^2\cos(\eta z)\left(J_0(\alpha_{mp}r_I)-\right.\right.$$

$$\left.\frac{J_1(\alpha_{mp}r_I)}{\alpha_{mp}r_I}\right)+2C_ml\eta\alpha_{ms}^2\sin(\eta z)\left(J_0(\alpha_{ms}r_I)-\frac{J_1(\alpha_{ms}r_I)}{\alpha_{ms}r_I}\right)-2A_m\left(\frac{\omega^2}{2c_{ms}^2}-\frac{\omega^2}{c_{mp}^2}\right)\cos(\eta z)J_0(\alpha_{mp}r_I)\right]=0$$

$$(40-26)$$

上述式（40-25）和式（40-26）构成六元齐次线性代数方程组。欲使此齐次线性代数方程组没有平凡解，须使其系数行列式为零。

顶端承受轴向冲击荷载的混凝土桩，由于其半径通常小于 1.5m，桩的压缩波波速通常大于 4000m/s，对于主频率为 1~10rad/s 的低频扰动，由式（40-13）和式（40-20）可得 $\alpha r\rightarrow 0$。而当 $x\rightarrow 0$ 时，贝赛尔函数有如下近似表达式

$$J_0(x)\approx 1,\quad J_1(x)\approx\frac{x}{2},\quad Y_0(x)\approx\frac{2}{\pi}\ln\frac{x}{2},\quad Y_1(x)\approx-\frac{2}{\pi x}$$

$$I_0(x)\approx 1,\quad I_1(x)\approx\frac{x}{2},\quad K_0(x)\approx-\ln\frac{x}{2},\quad K_1(x)\approx\frac{1}{x}$$

将以上近似表达式代入式（40-25）和式（40-26），可得齐次代数方程组的系数行列式。略去含高阶小量的项，整理得出齐次线性代数方程组系数行列式为零的条件为

$$\mu_m(\eta^2-\alpha_{ms}^2)r_I^2+\mu_n(\eta^2-\alpha_{ns}^2)(r_k^2-r_I^2)=0 \qquad (40-27)$$

将式（40-4）、式（40-13）和式（40-20）代入式（40-28），得

$$\rho_m(2s_m^2-1)a_m+\rho_n(2s_n^2-1)a_n=0 \qquad (40-28)$$

其中 $a_m=\pi r_I^2$，$a_n=\pi(r_k^2-r_I^2)$，分别为混凝土和钢管的横截面面积。再由式（40-13）和式（40-20）得

$$s_m^2=\frac{c_{ms}^2(\rho_m a_m+\rho_n a_n)}{2(c_{ms}^2\rho_m a_m+c_{ns}^2\rho_n a_n)},\quad s_n^2=\frac{c_{ns}^2(\rho_m a_m+\rho_n a_n)}{2(c_{ms}^2\rho_m a_m+c_{ns}^2\rho_n a_n)} \qquad (40-29)$$

进而可求得界面波的波速为

$$c_{\mathrm{lw}}^2 = \frac{c_{ms}^2}{s_m^2} = \frac{c_{ns}^2}{s_n^2} = \frac{2c_{ms}^2 \rho_m a_m + 2c_{ns}^2 \rho_n a_n}{\rho_m a_m + \rho_n a_n} \tag{40-30}$$

本节全面考虑轴向、径向位移和应力，与文献 [18] 中的波速 $c_{\mathrm{lw}} = \dfrac{c_{np}^2 a_n \rho_n + c_{mp}^2 a_m \rho_m}{a_n \rho_n + a_m \rho_m}$ 接近但仍有

区别，因 $\dfrac{c_{jp}^2}{c_{js}^2} = \dfrac{\lambda_j + 2\mu_j}{\mu_j}$，所以本节求得的界面波的波速略小。

40.10　轴向冲击下实心长桩-土界面波速

软土地区采用钢管桩通常要打入到较深的持力层，灌入混凝土后，钢管混凝土灌注桩成为较深的实心桩，在高应变检测中需要考虑桩-土相互作用的界面波速，本节研究半无限长桩-土的轴向稳态波动问题解析解。与目前研究中假定地基土为一系列相互独立的无限薄层或不考虑径向位移的弹性材料不同，本节采用弹性动力学亥姆霍兹势建立桩-土两种介质应力波传播的方程，考虑桩-土两种介质界面运动协调一致，研究桩-土两种介质相互作用情况下桩的波速，对桩的波动检测及桩基础的抗震或振动研究都有借鉴意义。

40.10.1　基本假设和边界条件

1. 基本假设

1）桩和土两种介质都是均质、各向同性的弹性材料。
2）桩为半无限长垂直实心圆柱，土为占据半无限空间的介质。
3）桩顶承受低频轴向谐振扰动。
4）桩和土两种介质界面运动协调一致，相互作用应力平衡。

2. 边界条件

设桩顶与地面齐平，建立以桩顶圆心为原点的柱坐标系，z 轴向下为正向，以此为基础确定边界条件。在以下内容中，对于长桩，取 $j=n$；对于土介质，取 $j=m$。

（1）桩顶端

桩顶端 $z=0$ 处受到圆频率为 ω 的轴向激振扰动：

$$w_n(r,0,t) = f(r)\exp(i\omega t) \tag{40-31}$$

（2）土介质表面

土介质表面 $z=0$ 处，剪切应力和轴向应力为零：

$$\tau_m(r,0,t) = 0,\ \sigma_{mz}(r,0,t) = 0 \tag{40-32}$$

（3）土介质无限深处

土介质无限深处 $z=\infty$，轴向和径向位移、剪切应力和轴向应力为零：

$$\left. \begin{array}{l} u_m(r,\infty,t) = 0,\ w_m(r,\infty,t) = 0 \\ \tau_m(r,\infty,t) = 0,\ \sigma_{mz}(r,\infty,t) = 0 \end{array} \right\} \tag{40-33}$$

（4）桩-土两种介质界面

桩-土两种介质界面 $r=R$ 处运动协调一致且相互作用应力平衡：

$$\left. \begin{array}{l} u_m(R,z,t) = u_n(R,z,t),\ w_m(R,z,t) = w_n(R,z,t) \\ \tau_m(R,z,t) = \tau_n(R,z,t),\ \sigma_{mr}(R,z,t) = \sigma_{nr}(R,z,t) \end{array} \right\} \tag{40-34}$$

40.10.2 土介质的界面波

40.10.2.1 界面波的势函数

为满足桩-土两种介质界面 $r=R$ 处运动协调一致且相互作用应力平衡的边界条件，构造一种解，描述沿着 z 轴向下以相同的波速 c_α 传播的界面波（称为 α 波）。因为土中界面波只向外散射，可令其势函数取

$$\left.\begin{array}{l}\varphi_{ma}=2A_\alpha\cos(\eta z)H_0^{(1)}(\alpha_{mp}r)\exp(-i\omega t)\\[4pt]\chi_{ma}=2C_\alpha\cos(\eta z)H_0^{(1)}(\alpha_{ms}r)\exp(-i\omega t)\end{array}\right\} \tag{40-35}$$

其中，汉克尔（Hankel）函数 $H_v^{(1)}(x)=J_v(x)+iY_v(x)$，$v=0,1,\cdots$。将势函数代入分解的方程，可得

$$\left.\begin{array}{l}(1-p_{ma}^2)\dfrac{\omega^2}{c_{mp}^2}=\alpha_{mp}^2,\quad p_{ma}^2\dfrac{\omega^2}{c_{mp}^2}=\eta^2\\[8pt](1-s_{ma}^2)\dfrac{\omega^2}{c_{ms}^2}=\alpha_{ms}^2,\quad s_{ma}^2\dfrac{\omega^2}{c_{ms}^2}=\eta^2\end{array}\right\} \tag{40-36}$$

令 $p_{ma}^2\dfrac{\omega^2}{c_{mp}^2}=s_{ma}^2\dfrac{\omega^2}{c_{ms}^2}=\eta^2\dfrac{\omega^2}{c_\alpha^2}$，即描述界面波以波速 c_α 沿着 z 轴传播。

40.10.2.2 界面波的位移

将土介质界面波的势函数式(40-35) 代入式(40-1)，可以分别得出土介质界面波的位移分量：

$$\left.\begin{array}{l}u_{ma}=\left[-2A_\alpha\alpha_{mp}\cos(\eta z)H_1^{(1)}(\alpha_{mp}r)+2C_\alpha l\eta\alpha_{ms}\sin(\eta z)H_1^{(1)}(\alpha_{ms}r)\right]\exp(-i\omega t)\\[4pt]w_{ma}=\left[-2A_\alpha\eta\sin(\eta z)H_0^{(1)}(\alpha_{mp}r)+2C_\alpha l\alpha_{ms}^2\cos(\eta z)H_0^{(1)}(\alpha_{ms}r)\right]\exp(-i\omega t)\end{array}\right\} \tag{40-37}$$

以及

$$\begin{aligned}e_{ma}&=-2A_1(\alpha_{mp}^2+\eta^2)\cos(\eta z)H_0^{(1)}(\alpha_{mp}r)\exp(-i\omega t)\\&=-2A_\alpha(\omega^2/c_{mp}^2)\cos(\eta z)H_0^{(1)}(\alpha_{mp}r)\exp(-i\omega t)\end{aligned} \tag{40-38}$$

40.10.2.3 界面波的应力

将土介质界面波的位移式(40-37) 和式(40-38) 代入式(40-5)，可以分别得出土介质界面波的应力分量：

$$\left.\begin{array}{l}\tau_{ma}=\mu_m\Big[4A_\alpha\eta\alpha_{mp}\sin(\eta z)H_1^{(1)}(\alpha_{mp}r)+\\[4pt]\qquad 2C_\alpha l\alpha_{ms}(\eta^2-\alpha_{ms}^2)\cos(\eta z)H_1^{(1)}(\alpha_{ms}r)\Big]\exp(-i\omega t)\\[8pt]\sigma_{maz}=2\mu_m\Big[-2A_\alpha\eta^2\cos(\eta z)H_0^{(1)}(\alpha_{mp}r)-2C_\alpha l\eta\alpha_{ms}^2\sin(\eta z)H_0^{(1)}(\alpha_{ms}r)-\\[4pt]\qquad 2A_\alpha\Big(\dfrac{\omega^2}{2c_{ms}^2}-\dfrac{\omega^2}{c_{mp}^2}\Big)\cos(\eta z)H_0^{(1)}(\alpha_{mp}r)\Big]\exp(-i\omega t)\\[8pt]\sigma_{mar}=2\mu_m\Big[-2A_\alpha\alpha_{mp}^2\cos(\eta z)\Big(H_0^{(1)}(\alpha_{mp}r)-\dfrac{H_1^{(1)}(\alpha_{mp}r)}{\alpha_{mp}r}\Big)+\\[4pt]\qquad 2C_\alpha l\eta\alpha_{ms}^2\sin(\eta z)\Big(H_0^{(1)}(\alpha_{ms}r)-\dfrac{H_1^{(1)}(\alpha_{ms}r)}{\alpha_{ms}r}\Big)-\\[4pt]\qquad 2A_\alpha\Big(\dfrac{\omega^2}{2c_{ms}^2}-\dfrac{\omega^2}{c_{mp}^2}\Big)\cos(\eta z)H_0^{(1)}(\alpha_{mp}r)\Big]\exp(-i\omega t)\end{array}\right\} \tag{40-39}$$

界面波在土介质表面上的 rz 平面剪切应力分量和轴向应力分量分别为

$$\left.\begin{array}{l}\tau_{ma}(r,0,t)=2C_\alpha\mu_m l\alpha_{ms}(\eta^2-\alpha_{ms}^2)H_1^{(1)}(\alpha_{ms}r)\exp(-i\omega t)\\[4pt]\sigma_{maz}(r,0,t)=-2A_\alpha\mu_m(\alpha_{ms}^2+\eta^2-2\alpha_{mp}^2)H_0^{(1)}(\alpha_{mp}r)\exp(-i\omega t)\end{array}\right\} \tag{40-40}$$

40.10.3 桩的界面波

40.10.3.1 界面波的势函数

对于实心桩，略去 $r=0$ 处的奇异性解，可令其势函数取

$$\left.\begin{array}{l}\phi_{na}=2B_a\cos(\eta z)I_0(\alpha_{np}r)\exp(-i\omega t)\\\chi_{na}=2D_a\cos(\eta z)J_0(\alpha_{ns}r)\exp(-i\omega t)\end{array}\right\} \quad (40-41)$$

其中，$J_0(x)$ 和 $I_0(x)$ 分别为零阶贝塞尔函数和零阶修正贝塞尔函数。将势函数代入分解的方程，可得

$$(p_{na}^2-1)\frac{\omega^2}{c_{np}^2}=\alpha_{np}^2,\quad p_{na}^2\frac{\omega^2}{c_{np}^2}=\eta^2$$

$$(1-s_{na}^2)\frac{\omega^2}{c_{ns}^2}=\alpha_{ns}^2,\quad s_{na}^2\frac{\omega^2}{c_{ns}^2}=\eta^2 \quad (40-42)$$

令 $p_{na}^2\dfrac{\omega^2}{c_{np}^2}=s_{na}^2\dfrac{\omega^2}{c_{ns}^2}=\eta^2=\dfrac{\omega^2}{c_a^2}$，即描述界面波以波速 c_a 沿着 z 轴传播。

40.10.3.2　界面波的位移

将桩的界面波的势函数式(40-41) 代入式(40-1)，可以分别得出桩界面波的位移分量

$$\left.\begin{array}{l}u_{na}=[2B_a\alpha_{np}\cos(\eta z)I_1(\alpha_{np}r)+2D_al\eta\alpha_{ns}\sin(\eta z)J_1(\alpha_{ns}r)]\exp(-i\omega t)\\w_{na}=[-2B_a\eta\sin(\eta z)I_0(\alpha_{np}r)+2D_al\alpha_{ns}^2\cos(\eta z)J_0(\alpha_{ns}r)]\exp(-i\omega t)\end{array}\right\} \quad (40-43)$$

以及

$$\begin{aligned}e_{na}&=2B_1(\alpha_{np}^2-\eta^2)\cos(\eta z)I_0(\alpha_{np}r)\exp(-i\omega t)\\&=-2B_a(\omega^2/c_{np}^2)\cos(\eta z)I_0(\alpha_{np}r)\exp(-i\omega t)\end{aligned} \quad (40-44)$$

40.10.3.3　界面波的应力

将桩界面波的位移式(40-43) 和式(40-44) 代入式(40-5)，可以分别得出桩界面波的应力为

$$\left.\begin{array}{l}\tau_{na}=\mu_n[-4B_a\eta\alpha_{np}\sin(\eta z)I_1(\alpha_{np}r)+\\\quad 2D_al(\eta^2-\alpha_{ns}^2)\alpha_{ns}\cos(\eta z)J_1(\alpha_{ns}r)]\exp(-i\omega t)\\\sigma_{nza}=2\mu_n\Big[-2B_a\eta^2\cos(\eta z)I_0(\alpha_{np}r)-2D_al\eta\alpha_{ns}^2\sin(\eta z)J_0(\alpha_{ns}r)-\\\quad 2B_a\Big(\dfrac{\omega^2}{2c_{ns}^2}-\dfrac{\omega^2}{c_{np}^2}\Big)\cos(\eta z)I_0(\alpha_{np}r)\Big]\exp(-i\omega t)\\\sigma_{nra}=2\mu_n\Big\{2B_a\alpha_{np}\cos(\eta z)\Big[I_0(\alpha_{np}r)-\dfrac{I_1(\alpha_{np}r)}{\alpha_{np}r}\Big]+\\\quad 2D_al\eta\alpha_{ns}^2\sin(\eta z)\Big[J_0(\alpha_{ns}r)-\dfrac{J_1(\alpha_{ns}r)}{\alpha_{ns}r}\Big]-\\\quad 2B_a\Big(\dfrac{\omega^2}{2c_{ns}^2}-\dfrac{\omega^2}{c_{np}^2}\Big)\cos(\eta z)I_0(\alpha_{np}r)\Big\}\exp(-i\omega t)\end{array}\right\} \quad (40-45)$$

界面波在桩顶表面上的 rz 平面剪切应力分量和轴向应力分量分别为

$$\left.\begin{array}{l}\tau_{na}(r,0,t)=2D_a\mu_nl(\eta^2-\alpha_{ns}^2)\alpha_{ns}J_1(\alpha_{ns}r)\exp(-i\omega t)\\\sigma_{nza}(r,0,t)=-4B_a\mu_n\Big(\dfrac{\alpha_{ns}^2+\eta^2}{2}+\alpha_{np}^2\Big)I_0(\alpha_{np}r)\exp(-i\omega t)\end{array}\right\} \quad (40-46)$$

40.10.4　桩-土界面的协调及界面波速

桩-土界面波（a 波）在两种介质界面 $r=R$ 处径向和轴向位移协调一致，且 rz 平面剪切应力分量和径向应力分量平衡，即有边界条件方程式(40-10)，可得以下代数方程组：

$$\mu_n[-4B_a\eta\alpha_{np}\sin(\eta z)I_1(\alpha_{np}R)+2D_al(\eta^2-\alpha_{ns}^2)\alpha_{ns}\cos(\eta z)J_1(\alpha_{ns}R)]-$$

$$\mu_m[4A_a\eta\alpha_{mp}\sin(\eta z)H_1^{(1)}(\alpha_{mp}R)+2C_al\alpha_{ms}(\eta^2-\alpha_{ms}^2)\cos(\eta z)H_1^{(1)}(\alpha_{ms}R)]=0$$

$$\mu_n\Big\{B_a\cos(\eta z)\Big[\alpha_{np}^2\Big(I_0(\alpha_{np}R)-\dfrac{I_1(\alpha_{np}R)}{\alpha_{np}R}\Big)+\Big(\dfrac{c_{np}^2}{2c_{ns}^2}-1\Big)(\alpha_{np}^2-\eta^2)I_0(\alpha_{np}R)\Big]+$$

$$D_a l \eta \alpha_{ns}^2 \sin(\eta z) \left(J_0(\alpha_{ns}R) - \frac{J_1(\alpha_{ns}R)}{\alpha_{ns}R} \right) \Big\}$$

$$\mu_m \Big\{ -A_a \cos(\eta z) \left[\alpha_{mp}^2 \left(H_0^{(1)}(\alpha_{mp}R) - \frac{H_1^{(1)}(\alpha_{mp}R)}{\alpha_{mp}R} \right) + \left(\frac{c_{mp}^2}{2c_{ms}^2} - 1 \right)(\alpha_{mp}^2 + \eta^2) H_0^{(1)}(\alpha_{mp}R) \right] +$$

$$C_a l \eta \alpha_{ms}^2 \sin(\eta z) \left(H_0^{(1)}(\alpha_{ms}R) - \frac{H_1^{(1)}(\alpha_{ms}R)}{\alpha_{ms}R} \right) \Big\} = 0$$

$$B_a \alpha_{np} \cos(\eta z) I_1(\alpha_{np}R) + D_a l \eta \alpha_{ns} \sin(\eta z) J_1(\alpha_{ns}R) +$$

$$A_a \alpha_{mp} \cos(\eta z) H_1^{(1)}(\alpha_{mp}R) - C_a l \eta \alpha_{ms} \sin(\eta z) H_1^{(1)}(\alpha_{ms}R) = 0$$

$$B_a \eta \sin(\eta z) I_0(\alpha_{np}R) - D_a l \alpha_{ns}^2 \cos(\eta z) J_0(\alpha_{ns}R) -$$

$$A_a \eta \sin(\eta z) H_0^{(1)}(\alpha_{mp}R) + C_a l \alpha_{ms}^2 \cos(\eta z) H_0^{(1)}(\alpha_{ms}R) = 0$$

上述方程构成四元齐次线性代数方程组。欲使此齐次线性代数方程组没有平凡解，须使其系数行列式为零。根据实测结果，钢管混凝土灌注桩由于半径通常小于 1.5m，桩的压缩波波速通常大于 4000m/s，土的压缩波波速通常大于 500m/s，而常规低频冲击主频率为 $1 \sim 10$ rad/s，由式（40-14）和式（40-21）可得 $\alpha r \to 0$。而当 $x \to 0$ 时，汉克尔函数有如下近似表达式：

$$H_0^{(1)}(x) \approx i\frac{2}{\pi}\ln\frac{x}{2}, \quad H_1^{(1)}(x) \approx -i\frac{2}{\pi x} \tag{40-47}$$

与 $\alpha H_1^{(1)}(x)$ 相比较，$\alpha^2 H_0^{(1)}(x)$ 为高阶小量，略去含 $\alpha^2 H_0^{(1)}(x)$ 的项及其他高阶小量，整理得齐次线性代数方程组系数行列式为零的条件为

$$\mu_n(\alpha_{np}^2 + \alpha_{ns}^2 - \eta^2) - \mu_m \alpha_{np}^2 = 0 \tag{40-48}$$

再结合式（40-42），可得出界面波的波速为

$$c_a^2 = \frac{\mu_n + \mu_m}{\lambda_n + \mu_n + \mu_m} c_{np}^2 \tag{40-49}$$

由此可知，本节全面考虑轴向、径向位移和应力，按照弹性动力学理论，根据桩-土界面波在两种介质界面 $r = R$ 处径向和轴向位移协调一致，且 rz 平面剪切应力分量和径向应力分量平衡的条件，得出界面波的波速接近但略小于桩的自由压缩波波速。

由式（40-40）可知，界面波在土介质表面上 rz 平面剪切应力分量和轴向应力分量不为零，可以寻求表面衍射波来平衡桩-土界面波在土介质表面产生的应力，以满足边界条件。

40.11　钢管混凝土灌注桩技术展望

1）目前钢管混凝土桩的钢管材质主要有 Q235B 及 Q345B 两种等级，随着冶金工业的进步，大批量供应优质且价差不大的高等级钢材已经不存在技术上的困难，钢管材质还可以选用耐腐蚀钢材。因低合金钢存在延迟裂纹问题，需要在焊接 24h 后进行焊缝探伤，预先焊接的水上长桩可以事先进行焊缝检测，而陆上逐节沉入焊接的高强度钢管则需要对焊接工艺和焊缝检测进行研究。

2）为提高钢管与混凝土的 ohk 结强度，可以采用内壁一侧带肋或由花纹钢带加工的钢管。

3）控制钢管内土芯高度的技术需要研究发展。

4）对于吊装和施工较长 PHC 桩或 TSC 桩存在困难的水域，采用钢管混凝土灌注桩替代钢管桩，可降低钢材用量，节省投资，是很有优势的技术方案。

5）采用钢管混凝土灌注桩技术加固原有钢管桩，提高其强度和刚度，也是很有优势的技术方案。

参 考 文 献

[1] 王怀忠. 宝钢工程长桩理论与实践 [M]. 上海：上海科学技术出版社，2010：7-16.

［2］李国豪. 关于桩的水平位移、内力和承载力的分析［J］. 宝钢工程技术，1980（6）：1-13.

［3］王铁梦，周志道，管震国，等. 桩基位移的试验研究与理论分析［J］. 宝钢工程技术，1981（4）：1-14.

［4］王复明. 宝钢钢管桩基础的设计和分析［J］. 宝钢工程技术，1985（4）：9-26.

［5］中华人民共和国行业标准. 钢管桩施工技术规程（YBJ 233—1991）［S］. 北京：冶金工业出版社，1992.

［6］俞振全. 钢管桩的设计与施工［M］. 北京：地震出版社，1993：10-18.

［7］陆兆琦. 钢管桩的腐蚀及其防护对策［J］. 宝钢工程技术，1991（6）：1-10.

［8］任嘉鼎. 钢管混凝土桩试验研究与工程应用概况［J］. 宝钢工程技术，1994（6）：16-20.

［9］宝钢工程指挥部试桩小组. 钢管混凝土桩试验报告［J］. 宝钢工程技术，1994（6）：33-47.

［10］孔祥恭. 1580 热轧、炼焦工程钢管混凝土桩的质量分析和改进意见［J］. 宝钢工程技术，1994（6）：1-7.

［11］钟金铭，胡琦，任嘉鼎. ϕ600mm 钢管混凝土桩试验综合分析［J］. 宝钢工程技术，1999（6）：1-11.

［12］中国工程建设标准化协会标准. 钢管混凝土结构设计与施工规程（CECS 28：1990）［S］. 北京：中国计划出版社，1992.

［13］LIN YUANPEI. The world record cable-stayed bridge-the Yangpu bridge［C］. Proceedings of the International Conference on Computational Methods in Structural and Geotechnical Engineering. Hong Kong，1994.

［14］钟善桐. 钢管混凝土结构［M］. 3 版. 北京：清华大学出版社，2003：234-251.

［15］韩林海，钢管混凝土结构：理论与实践［M］. 北京：科学出版社，2007：1-26.

［16］徐攸在. 刘兴满. 桩的动测新技术［M］. 北京：中国建筑工业出版社，1989：258-316.

［17］ZHENG CHANG JIE，LIU HANLONG，DING XUANMING，et al，Vertical vibration of a large diameter pipe pile considering transverse inertia of pile［J］. Journal of Central South University，2016，23：891-897.

［18］王怀忠. 轴向冲击作用下空心钢管混凝土桩应力波解析解［J］. 工程力学，2017，34（4）：111-113.

［19］A C 艾龙根，E S 舒胡毕. 弹性动力学（第二卷 线性理论）［M］. 戈革，译. 北京：石油工业出版社，1984：467-480.

［20］中华人民共和国国家标准. 钢结构工程施工质量验收规范（GB 50205—2001）［S］. 北京：中国计划出版社，2002.

第41章 滚压式异形挤土桩

凌国滨　王凤良

41.1　旋转挤土灌注桩技术存在的问题

随着我国建筑业的快速发展，对桩基础的要求也越来越高，尤其是近几年来高承载力、节能环保的挤土桩逐渐得到了重视和发展，但打入式预制桩和振动沉管的发展逐渐受到限制，而旋转挤土灌注桩如螺杆桩、螺旋挤土桩及双向螺旋挤扩桩等得到了快速发展。目前，其应用已由民用建筑发展到高速铁路的基础处理。它具有承载力高、成桩质量好、不排土或少排土等优点，但是存在的问题也是不容忽视的。

1. 挤土效应

由于此种工法存在挤土效应，易产生浮桩或断桩等事故。由于地质条件或设备原因，其桩径无法做得太大，大多在600mm以内，超过800mm直径的挤土桩施工难度大，对施工设备的要求高，工艺复杂且成本高昂。如何以最小的挤土量做出足够大的桩身外表面积，且操作简单高效，是工程技术人员需要解决的棘手问题。

2. 混凝土强度利用率低

试桩时绝大多数情况下是土破坏，桩身强度没有充分发挥出来。所以，提高土体与桩身之间的摩擦力，缩小桩破坏与土破坏极限荷载的差值，增大桩身与土的接触面积应该是最为有效的一个途径。

3. 设备及施工要求高

众所周知，现有的螺杆桩（螺纹桩）对成螺要求是很严格的，一个螺扣破坏了就等于所有螺扣都破坏了，即使回程成螺原状土也容易被破坏，严重影响承载力。即使是现有的螺旋挤扩或双向挤扩技术，也要求桩机必须有足够大的扭矩和加压力，要求设备必须有严格的同步控制系统、足够的功率和耐磨的钻具，才能胜任这项任务，而且成孔效率也不尽理想。

41.2　滚压式异形挤土桩技术简介

滚压式异形挤土桩技术是一种利用旋转成形的异形挤土桩，由于特殊的传动原理，旋转形成的孔不是圆形，而是特定的（多翅）几何形状。如果以八角桩为例，与现有圆形取土桩或挤土桩相比，相同桩表面积情况下该技术可节省混凝土方量55％以上，而在相同混凝土方量情况下增加桩身表面积50％以上，这就大幅度地减少了挤土效应，克服了目前挤土桩存在挤土效应的缺点。在成孔原理方面，由于采用了滚压成形原理，钻具除钻尖部分参与定位切削外，其他部分与土体几乎没有相对滑移，滚压轮主要起挤密作用。实地测试表明，其大幅减小了钻具磨损和功率消耗，同时提高了工作效率。这种滚压挤孔方式最大限度地减少了钻具对土体的扰动和破坏，提高了承载力，故综合性能指标优于现有技术，是中小直径高承载挤土桩的替代桩型。

41.2.1　基本原理

41.2.1.1　异形桩孔形成原理

滚压式异形桩的形成原理建立在多元数学模型基础上，具体结构上是在导向器的限制下由一个多翅滚动轮的自转和公转组合，旋转形成包络线的外扩，即异形桩的外形。因此，其成形原理可归结为一个数学方程，调整不同的特征参数即可得到三翅以上的多翅桩（图 41-1）。但由于多边图形的周长并不是随翅数的增加而增加的，还要考虑钢筋笼直径、土体结构、滚压机构的结构及施工工艺等诸多因素才能选出合理的几何参数。其钻具的主要技术参数由以下方程解出：

$$X = (a+b)\cos\varphi - L\cos[(a+b)/(b\varphi)]$$
$$Y = (a+b)\sin\varphi - L\sin[(a+b)/(b\varphi)]$$
$$\varphi_1 = (a+b)/(b\varphi)$$

式中　a——基圆半径（mm）；

　　　b——滚圆半径（mm）；

　　　φ——公转角（°）；

　　　φ_1——自转角（°）；

　　　L——偏心距（mm）。

其他技术参数在结构设计阶段设定，并通过优化处理给出合理的参数。

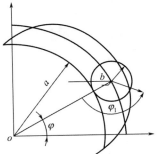

图 41-1　异形桩孔形成原理

41.2.1.2　提高承载力和节省混凝土方量的原理

下面以八角桩为例分析承载力提高的原理。经过计算机优化处理，选取八角桩形面积为196349mm²，其相当于直径500mm 的圆桩面积（数字间接代表了混凝土用量），如图 41-2 所示。根据数学原理，同周长围成的图形圆形面积最大，我们的目的是在保证钢筋笼允许的最小直径的条件下使桩截面面积最小。经过计算优化，所选图形的周长为2318mm，面积为196349mm²，相当于直径500mm 的圆桩，但圆桩周长只有1570mm。如果将优化的八角桩面积换算成圆桩，直径应为738mm，可见异形桩为同面积的圆形桩周长的 1.48 倍，而挤土方量仅为同面积桩的 45%，也就是成桩侧表面积更大，所以与土的接触面积更大。对于摩擦桩而言，理论上桩身与土的接触面积与承载力成正比，这使在同样的混凝土用量下可获得更大的承载力和抗弯能力（抗弯能力由几何图形决定）。换个角度说，就是同样大的桩表面积，土体的挤压变形量仅为圆形桩的 45%，大大减轻了挤土效应，并可以在地质条件允许的情况下不增加设备功率就可以使桩做得更大，抗压及抗拔承载力均得到大幅提升。同时，由于几何形状的原因，桩身抗弯能力得到进一步提高。

多角形桩与圆形挤土桩相比，在相同的混凝土用量情况下桩身侧表面积更大，混凝土强度的利用率更高。同时，可以利用现有桩架为平台提供一种平稳高效、工作可靠的滚压成桩设备和施工工艺。因此，异形桩可以大幅度地减少施工方的初期投资，并且具有成桩效率更高、侧表面积更大、挤土负面效应更小及大幅节省混凝土、不出土、承载力高的特点。其与取土桩比较承载力可成倍提高。

图 41-2 显示了直径500mm 的圆桩等截面积变换成八角桩形，再由八角桩形等周长变换成ϕ738mm 的圆桩，等周长变换成圆柱三维图如图 41-3 所示。如果将滚压头齿与导向齿制成螺旋状，即可滚压出螺旋异形桩。根据需要可制成多角桩或螺旋多角桩（图 41-4 右图）。

41.2.1.3　节能原理

在成孔原理方面，由于采用了滚压成型原理，钻具除钻尖部分参与定位切削外，其他部分与土体几乎没有相对滑移。滚压轮主要起挤密作用。经过实地测试，该工艺成孔中所用功率仅为长螺旋施工的30%，但进尺速度基本相当。这也大幅减少了钻具磨损和功率消耗，同时提高了工作效率。这种滚压挤孔方式最大限度地减少了钻具对土体的扰动和破坏，提高了承载力。

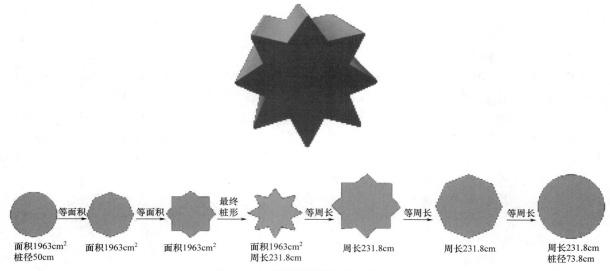

图 41-2 等面积及等周长变换截面

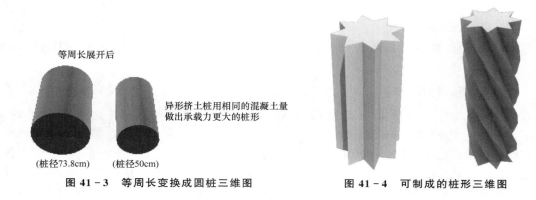

图 41-3 等周长变换成圆桩三维图   图 41-4 可制成的桩形三维图

41.2.2 适用范围和优缺点

1. 适用范围

滚压式异形桩适用的基础形式主要有独立柱基、桩筏基础和复合地基，适用的地层有黏土、粉土、砂土、松散～中密卵石和全～强风化岩。

2. 优点

1) 替代或部分替代使用量最大的非挤土桩，开拓新的桩基市场。

2) 能够在多个环节上降低工程成本，与旋挖桩、冲孔桩、钻孔桩和 CFA 桩相比，按承载力核算直接成本可以大幅降低。

3) 全部使用国产钻机设备或市场存量设备，节约投资、投入施工快。

4) 节约建筑原材料（包括水泥、砂、石子）。

5) 节能减排显著，所需功率小，节约国土资源（无需弃土场地）。

6) 推动环境保护，减少和避免噪声、振动、泥浆污染。

7) 与现有技术相比，施工钻机装备不要求复杂的同步设备，价格较低。

8) 施工速度快，施工不需要同步控制，操作简单、快捷。

9) 成桩质量控制效果好，施工质量可控、可靠；不扰动土体。

10）相比长螺旋钻具钻头穿透力更强，桩孔密实度高。

11）由于纯滚压，动力头输出扭矩要求低，负荷小，钻具寿命更长。

12）在同样地层、同样动力头条件下成桩更长或桩表面积更大。

13）同样地层、同样长度、同样混凝土方量的桩承载力更高、变形量更小。

14）容易推广。现有普通 JU90、JU120、JU180 长螺旋钻机简单改动后均可作为主机使用，减少初期投入，易于推广。

3．缺点

目前试验数据不够完善，无法给出准确的试桩数据。

41.2.3　技术特点、专利及工法

如今建筑施工已经开始向节约、环保、节能低碳方向发展，滚压式异形桩正是符合当今经济发展趋势的一种原创新型桩。该桩型凭借承载力高、节能高效、易推广及社会效益显著等特点，相信未来可以代替大部分现有技术，成为中小桩型中的主力桩型，同时还可以向螺旋方向发展，使土体承载由纯摩擦向摩擦加剪切的方向发展，并充分提高混凝土强度的利用率，使得桩破坏与土破坏的荷载值尽量接近。

该桩型有利于延长钻具寿命，并具有节能及对土体扰动小等优点；其施工可以实现复打，从而使桩端承载力得到提高；与现有技术相比，除具备其他挤土成桩技术的优点外，还具有外表面积更大、效率高、挤土效应更小及对设备要求更低等优点，适用于其他挤土工法适用的范围。目前该技术已获得国家实用新型专利（专利申请号为 201620529380.2）。

当然，新技术总会存在不足之处，会在今后的发展中不断得到完善、改进。

41.3　滚压式异形桩施工设备和施工工艺

41.3.1　施工设备

41.3.1.1　设备构成

本着尽可能利用现有技术、减少新增投资的原则，笔者设计了异形桩施工设备改造的技术方案，即采用一台带有加压功能的长螺旋桩架（JU90 履带桩架），由常规动力头提供动力，保留注浆器，并有钻杆及滚压机构。滚压机构为新增投资。加压卷扬机施工时通过动力头为滚压机构的钻进提供轴压力。如果是中空动力头，则可以加长钻杆，使得成桩深度更深（深度可超过 33m）。注浆器（普通长螺旋用）用于提钻时灌注混凝土。滚压机构底部设有钻头，钻杆通过六角接头连接。滚压机构是一套整体部件，用于挤密成孔，机构底部设有钻头和混凝土活动门，用于混凝土通道的关闭和开启。

41.3.1.2　结构原理

当动力头旋转时钻杆带动滚压中心轴旋转，芯轴带动滚压轮实现展成运动，由于滚轮的几何形状不同，其包络线形成的桩形也不同，在导向体固定的情况下形成多角桩。钻头将孔底土挖开并排到孔壁，滚压轮再将土挤密到孔壁。选择不同的滚轮形状即可滚出各种异形桩。当滚轮与导向体做成大螺旋角，即可形成螺旋多角桩，如三角桩、四角桩、五角桩、六角桩，直至十几个角桩及其螺旋多角桩。但由于角的个数过多，表面积减小（周长变小），通常要进行优化处理才能确定角数。实地挤孔试验证明：由于是纯滚压挤土成形，所以施工过程中摩擦阻力小（只有钻尖处于切削和摩擦状态）；滚压机构运动部件均采用滚动轴承，齿轮箱的传动机构全部采用浸油全密封形式，以保证传动系统的高效运行，所需扭矩和消耗的功率也较小。

41.3.1.3　设备技术要求

扭矩为 180kN·m，转速为 18r/min，提拔能力为 400kN，加压力为 200kN，质量为 80000kg，当

于现有长螺旋型号为 JU90 型的桩架。

41.3.1.4　试验情况

图 41-5～图 41-9 所示是在山东卓力桩机有限公司在施工场地做钻进试验时的设备和钻进成孔情况，试验桩形是八角桩。由于试验地点是砂土，故成形不够规则，但从钻进效果和速度来看，成孔原理是可行的。由于是样机试验，所以施工过程中使用功率只有 40kW，但进尺速度已和长螺旋成孔接近，这证明了其具有高效节能的效果。

图 41-5　滚压头

图 41-6　钻进

图 41-7　成孔

图 41-8　整体桩机三维视图

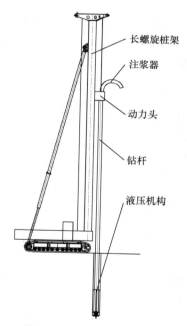

长螺旋桩架

注浆器

动力头

钻杆

液压机构

图 41-9　整体布局示意图

笔者团队下一步准备将改进的装置进行一系列的试桩及检测，并在转速、扭矩、加压力等参数进行测试。另外，要在同一地点制成多种桩型进行对比试验，如相同混凝土用量承载力的对比、相同表面积承载力的对比、与灌注桩及现有挤土桩的对比、与管桩的对比、施工速度的比较、能耗等方面的对比。之后，再从数据上做统计分析，以便找出最佳桩型及完善的设备功能。总之，笔者团队与山东卓力桩机有限公司联合试制的这套设备进行的初步实地试验，效果令人满意，相信经过改进的设备会更加适用。

41.3.2　施工工艺

滚压式异形桩的施工工艺与普通长螺旋后插钢筋笼相近，施工步骤如下：

1）行驶桩机，使钻杆及滚压钻头对准桩位，落钻加压，直至钻杆和滚压钻头不再继续下沉为止。

2）开启动力头进行钻进，并持续加压进尺，通过入土的限位导向机构，滚压轮开始滚压运动，使土体挤密成形，直至预定深度。

3）提升钻杆和滚压钻头 0.5m，使位于桩孔底部的滚压钻头下端的钻头门打开，同时打开注浆的混凝土泵，通过注浆器加注混凝土；需要复打时可以提高 1～2m 再加压到上一次的孔深位置。

4）边提升边旋转钻杆及钻头，对多翅异形桩桩孔进行二次滚压成形的同时继续通过注浆器加注混凝土，直至到达地面标高位置。

5）停止钻杆和滚压钻头的提升，混凝土加注完毕。

6）桩机移位，下钢筋笼，成桩。

参 考 文 献

[1] 陆学文．我国桩工机械的十年发展回顾与展望 [J]．建筑机械化，2010（4）：4．

[2] 凌国滨．一种多翅异形桩滚压成型装置：201620529380.2 [P]．2016-06-03．

第42章 免共振振动全套管长螺旋钻机及其施工工法

马庆松 曹荣夏 王建军

42.1 基本原理、适用工况及优缺点

1. 基本原理

免共振振动全套管长螺旋钻机是一种采用免共振中孔振动锤作为外动力的全套管长螺旋钻机。这种长螺旋钻机钻进系统采用振动-回转双动力结构，其中外动力头为力矩可调免共振中空电动振动锤，内动力头为行星减速机电机动力头。主机桩架采用振动全套管长螺旋专用桩架，为钻进系统提供工作平台，是主机钻进系统工作的辅助装置，为钻进系统的运行提供反力和工作自由度。

2. 适用工况

图42-1 免共振振动全套管长螺旋钻机钻进情况

免共振振动全套管长螺旋钻机适宜在粉细砂层、流砂层、松散卵石层等松散地层和淤泥质土层等软土地层中高效、高质量地实施长螺旋钻孔灌注桩及长螺旋后插筋工法，也可实施咬合桩软咬合、钢管咬合引孔、斜桩等施工工艺。图42-1所示为免共振振动全套管长螺旋钻机钻进情况。

3. 优缺点

（1）优点

1）振动桩锤是桩基施工中常用的一种设备，可以较小的能量达到沉桩的目的。振动桩锤类型众多，选用合适的振动桩锤与长螺旋钻机配合可实现振动套管长螺旋新型施工工法，解决现有长螺旋无套管护壁施工导致的种种工程问题。

2）桩基成桩方法有回转、人工挖孔、旋挖、冲击、水射流、振动、静压、振冲、长螺旋等，免共振振动全套管长螺旋施工工法将长螺旋和振动沉管两种工法相结合，在保证施工安全、效率和成本未大幅度提升的前提下解决了长螺旋后插筋工法中混凝土灌注质量和钢筋笼施工质量问题，是一种有市场前景和拓展性的工法。

3）通过工程实践可知，免共振振动全套管长螺旋钻机及其施工工法通过采用免共振全套管与长螺旋施工工法结合，解决了普通振动全套管长螺旋对桩架的损害问题，在饱和软土、流砂、松散卵石层等地层中施工桩径600~800mm、深度30m以内的桩基时具有很大的优势。

（2）缺点

免共振全套管长螺旋设备作为一种振动全套管护壁施工设备，在施工过程中存在振动全套管护壁工法普遍存在的问题，如在淤泥层施工时钢筋笼与混凝土的下沉问题、套管外壁粘泥问题、在饱和砂层中

施工时的管涌问题等。

42.2　免共振振动全套管长螺旋钻机钻进工艺的特点及设备选型

在免共振振动全套管长螺旋钻机钻进中，设备型号的选择至关重要，其中免共振振动锤的选择是重中之重，直接关系到钻进施工中套管下放与起拔的效率，进而影响整体施工效率。免共振振动锤应根据地层情况及桩基础参数从以下几个方面确定型号。

42.2.1　必要振幅、实际振幅与临界振幅的关系

桩的振沉和拔出存在着经验上的最小必要振幅值。基于设定的振动频率和地质条件，按照经验，这些最小必要振幅可以确定为临界值。表 42-1 中为最小必要振幅即临界振幅 A_m 的参考值。

表 42-1　最小必要振幅参考值　　　　　　　　　单位：mm

振动频率	砂质土			黏性土			
	松 $N \leqslant 10$	中等 $10 < N \leqslant 30$	密 $30 < N \leqslant 50$	极软 $N \leqslant 1$	柔软 $1 < N \leqslant 4$	中等 $4 < N \leqslant 8$	坚硬 $8 < N \leqslant 20$
$f \leqslant 15\text{Hz}$（$n \leqslant 900\text{r/min}$）	3	5	7	4	5	6	7
$15\text{Hz} \leqslant f \leqslant 25\text{Hz}$（$900\text{r/min} < n \leqslant 1500\text{r/min}$）	3	4	5	2	3	4	5

用振动桩锤振动桩时产生的振幅值不能比振动沉拔桩所必要的临界振幅值小，即

$$A_v \geqslant A_m \tag{42-1}$$

式中　A_m——用振动桩锤振动沉拔桩时基于经验的临界振幅（mm）；

A_v——用振动桩锤振动桩时的振幅（mm），按下式计算：

$$A_v = (K \times 10^3)/(mg) \tag{42-2}$$

式中　K——振动桩锤的偏心力矩（N·m）；

m——总振动质量，即振动桩锤的振动质量和夹具、桩的质量之和（kg）；

g——重力加速度，取 9.8m/s^2。

42.2.2　必要激振力、激振力和摩擦力及锁口阻力的关系

桩在贯入土中后，静止时桩和土之间存在着某种静摩擦力。

桩在振动桩锤的激振力作用下会产生稳定的调和振动，这种调和振动又传达到和桩接触的土粒子。土粒子的振动会使粒子间的内部摩擦力减小，即激振力作用前存在的静摩阻力转变为动摩阻力（动侧阻力）而急速减小。

由于桩在土中的振动属于阻尼振动，为使桩获得稳定的调和振动，振动桩锤的激振力必须比桩与土之间存在的动摩阻力大，此关系用公式表示为

$$F > f_{tv} \tag{42-3}$$

式中　F——振动桩锤的激振力（kN）；

f_{tv}——桩的动侧阻力（kN）。

$$f_{tv} = \mu_i U \sum L_i f_i \tag{42-4}$$

式中　μ_i——由振动加速度决定的各土质桩表面摩擦阻力的减小率；

U——桩的外周长（m）；

L_i——桩的入土深度（m）；

f_i——各土质层的桩侧表面静摩阻力（kN/m²），其取值参见表 42-2。

表 42-2　表面静摩阻力的取值

表面静摩阻力	土质类别	取值
f_1	砂质土	2N
f_2	粉土、淤泥土	5N

注：N 为各土质层的标贯击数的平均值。

$$\mu_i = \delta_i + (1-\delta_i)e^{-\beta a} \tag{42-5}$$

式中　δ_i——基于经验的振动使各土质土粒子间结合力减小的系数；

β——钢桩依据经验的表面摩擦阻力减小系数，$\beta=0.52$；

a——振动加速度与重力加速度的比值。

各土质条件下减小系数 δ_i 的取值见表 42-3。

表 42-3　减小系数 δ_i 的取值

土　质	砂质土	粉土、淤泥土	黏质土
δ_i	0.05	0.06	0.13

振动桩锤振动时桩的振动加速度为 a_v（m/s²），$a_v = F/m$，m 为振动桩锤全装备振动质量（包含夹具、桩）。

带锁口钢板桩施工时，嵌合锁口部分产生的锁口间阻力与桩土间的动摩阻力之和必须小于激振力。因此，振沉带锁口的钢板桩时激振力与摩擦力的关系式为

$$F > f_{tv} + f_{sv} \tag{42-6}$$

式中　F——振动桩锤的激振力（kN）；

f_{tv}——桩的动摩阻力（作为钢管、钢板桩主要材料的阻力，不考虑锁口部分的表面积，单位为 kN）；

f_{sv}——锁口嵌合阻力，依据经验由下式求得，即

$$f_{sv} = f_t/10(kN) \tag{42-7}$$

式中　f_t——桩的静摩阻力（kN），其计算公式为

$$f_t = U\sum L_i f_i \tag{42-8}$$

式中　U——桩的外周长（不含锁口部分，单位为 m）；

L_i——入土深度（m）；

f_i——各土质的桩表面静摩阻力（kN/m²）。

42.2.3　必要重量和桩端阻力的关系

振动沉桩时，桩会对与桩顶端接触的土层产生冲击，使得土粒子间的结合力降低，使沉桩变得容易。

桩的振幅过小时，桩端的微小振幅振动压密桩顶端的土，反而会带来土的压缩强度变大的情况，导致桩更不容易下沉，这种情况应该引起注意。

此外，直径较小的钢管桩贯入承载层时，会把被压缩的土闭塞于管内顶端部分，使桩的端阻力增大，甚至使桩无法沉入指定深度。

虽然振动使桩端的静-阻力转变为动阻力，从而使桩的端阻力减小，但桩能否下沉还涉及桩、振动

锤全装备的重量能否足以抵抗桩的端阻力。因此，桩、振动锤全装备的质量与端阻力的关系必须满足如下关系：

$$W > f_{Rv} \tag{42-9}$$

式中　W——振动桩锤、夹具、桩的总质量（$\times 10^2$ kg）；

　　　f_{Rv}——桩的动端阻力（kN）。

$$f_{Rv} = f_R \cdot e^{-\alpha\sqrt{I}} \tag{42-10}$$

式中　f_R——桩的静端阻力（kN）；

　　　α——桩端阻力减小系数，对于钢桩，$\alpha = 0.0208$；

　　　I——振动桩锤的振动冲量（kg·m/s）。

$$f_R = \sigma_i N_i A_i \tag{42-11}$$

式中　σ_i——各土质的桩端阻力系数（kN/击数），见表 42-4。

　　　N_i——桩端土层的标贯击数平均值；

　　　A_i——桩端的有效截面面积（m^2）。

表 42-4　桩端阻力系数

符号	土质情况	系数/(kN/击数)
σ_1	砂质土	4×10^2
σ_2	粉土、淤泥土	8×10^2
σ_3	黏质土	

$$I = K\omega/g \tag{42-12}$$

式中　K——振动桩锤的偏心力矩（N·m）；

　　　ω——角速度（s^{-1}）；

　　　g——重力加速度，取 9.8m/s^2。

$$\omega = 2\pi f \tag{42-13}$$

式中　f——振动桩锤的振动频率（Hz）。

42.2.4　必要功率、额定功率与实际消耗功率的关系

对于振动桩锤，功率是一个主要的参数。施工所选的振动锤的功率过大而负载不足，会使效率低、耗能大，但所选的振动锤的功率过小又容易使负载过大而无法使用，甚至发动机被烧坏。通常认为，当实际负载为额定负载的 0.6～0.8 倍时，无论从设备使用效率还是从设备使用寿命等角度来看，均是最合理的。但地下情况千变万化、异常复杂，用振动桩锤沉桩，遇到复杂地层时其实际负载往往变化很大，所以能根据勘察的地质情况，结合所沉桩的要求，合理地选配振动桩锤是非常重要的。

振动桩锤实际消耗的功率由两部分组成：一部分是振动桩锤本身消耗的能量（功率），即使振动桩锤空载运转时，其本身也要消耗能量；另一部分是振动桩锤带着桩振动下沉过程中克服土的阻力做功而消耗的能量（功率），这部分能量是主要部分，也是直接用于打桩的部分。设这两部分消耗的功率分别为 P_{v1}、P_{v2}，而总消耗功率为 P_v，则

$$P_v = P_{v1} + P_{v2} \tag{42-14}$$

振动桩锤的额定功率对电动振动桩锤来说就是电动机的额定功率，设额定功率为 P_0，则实际消耗功率 P_v 与额定功率 P_0 之间的关系为

$$P_v \leqslant 1.5 P_0 \tag{42-15}$$

式（42-15）表明，电动振动桩锤在使用时可以超载，但一般不得超载 50%。

电动机实际输出功率 P_v 可表示为

$$P_v \approx 1.3 I_A U \times 10^3 \qquad\qquad (42\text{-}16)$$

式中　I_A——电动机电流值（A）；

$\quad\quad\ U$——电动机电压值（V）。

因此，根据安装在电控箱中的电流表、电压表的读数可以知道电动机实际输出功率的情况。

依据以上四项主要指标选择免共振振动桩锤型号后，再根据振动桩锤的质量、尺寸及地层情况、桩孔参数等选定长螺旋设备。

42.3　施工机械设备与施工工艺

42.3.1　施工机械设备

免共振全套管长螺旋钻机由钻进系统和主机桩架两部分组成（图 42 - 2、图 42 - 3）。

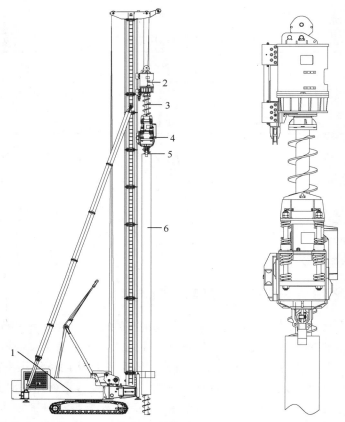

图 42 - 2　免共振振动全套管长螺旋钻机及钻进系统的结构

1. 专用桩架；2. 内动力头；3. 螺旋钻杆；4. 免共振振动锤；5. 夹紧装置；6. 套管

设备的关键部件为力矩可调免共振振动中孔电动振动锤，中孔电动振动锤的中孔管位于桩锤的中间，两根偏心轴位于中孔管的两侧，同步齿轮之间增加了一对过桥齿轮，过桥齿轮轴是固定的，过桥齿轮中装有轴承。中孔式振动锤由于中孔管长度比较大，一般采用双电动机同时驱动两偏心轴，所以每根偏心轴上都装有皮带轮。中孔式振动锤的其他结构和 EP（DZJ）型偏心力矩无级可调免共振电振动桩锤基本相同。

EP（DZJ）型偏心力矩无级可调免共振电振动桩锤可以在启动、停止及运行过程中非常平稳自如地实现偏心力矩 0→最大或最大→0 的无级调节，实现了机器在工作过程中针对不同工况、土质等自如地

图 42 - 3　免共振振动全套管长螺旋钻机

调节偏心力矩。

　　偏心力矩调整机构的主要工作原理：在平时非工作状态下，四个转轴上的偏心块在重力作用下都处于垂直向下的位置，活塞杆处于推伸到底的位置，此时偏心力矩最大（图 42 - 4）；启动时，由液压油缸向小腔供油，活塞杆受阻退回，调整轴随之被拉出，此时调整轴上的前后矩形螺旋外花键套相背旋轴 90°，经相互啮合的齿轮传动扭矩，四根带偏心体的转轴相背转动 90°，惯性力相互抵消，偏心力矩为 0，从而实现偏心力矩由最大→0 的无级连续调控；当液压油缸改向大腔供油时，驱动活塞杆外伸，将调整轴向里推，四根转轴上的偏心块返回垂直向下的位置，此时偏心力矩最大，实现了偏心力矩 0→最大的无级连续调控。所以，通过调节液压油缸向大腔或小腔的供油量便可控制活塞杆的伸缩位置，实现偏心力矩由 0→最大、最大→0 的无级连续调控和零力矩启动、零力矩停机，实现振动锤振幅按需调节和启动、停机过程无共振。

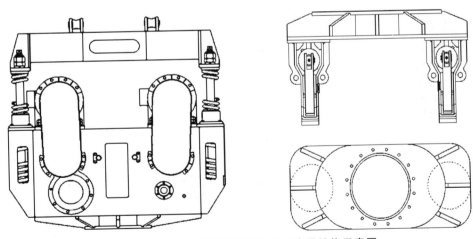

图 42 - 4　中孔免共振振动锤及液压夹具结构示意图

　　振动全套管长螺旋钻机基本性能如下：

　　1）采用双动力头钻进系统，内动力头总功率为 110kW，外动力头为偏心力矩可调免共振中孔振动锤。

2）可在淤泥质土层、流砂层、松散及稍密实卵石层等不良地层，采用全套管长螺旋钻机施工工艺有效完成桩径不大于 600mm、桩深不大于 20m 的钻孔灌注桩的成孔施工。

3）可完成仰斜施工 10°以内、桩径不大于 600mm、桩深不大于 20m 的全套管钻孔灌注桩成孔试验。

4）可在常规长螺旋适宜地层中完成桩径不大于 800mm、桩深不大于 20m 的非全套筒钻孔灌注桩成孔施工。

5）可在常规长螺旋适宜地层中高效施工，钻进效率与传统长螺旋钻机设备相当。

42.3.2 施工工艺

施工中采用的设备主机及附件主要有免共振中孔振动锤 1 套、中孔钢管夹具 1 套、长螺旋钻机及钻杆 1 套、桩架 1 套、钢套管若干套。

42.3.2.1 两种施工工艺

工法及工艺流程如图 42-5 所示。

1）工艺 1。

① 采用副卷扬辅助，夹具夹紧套管。

② 开启免共振振动锤，使套管在振动状态下下沉。

③ 开启钻机转动跟进，使套管内的土通过钻机钻进排出。

④ 中孔振动锤带着套管振沉到规定深度后停止振动。

⑤ 钻机带着钻具钻进到规定深度后，边转动钻杆上拔，边经钻杆内腔向套管内灌注混凝土。

⑥ 松开夹具，提升中孔锤，同时将钻杆提出套管。

⑦ 将钢筋笼振入已灌注混凝土的套管内。

⑧ 下放中孔锤，用夹具重新夹住套管，边振动边上拔套管，完成桩的施工。

2）工艺 2。

步骤①～④与工艺 1 相同。

⑤ 钻机带着钻具钻进到规定深度后，边转动边上拔钻杆。

⑥ 将钢筋笼放入套管内。

⑦ 将混凝土灌入套管内。

⑧ 重新开启振动锤，边振动边上拔套管，完成桩的施工。

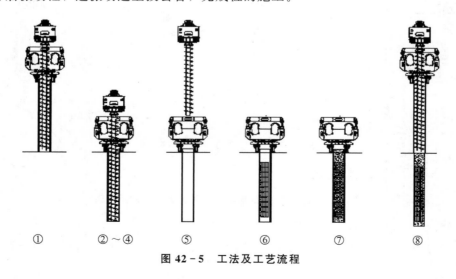

①   ②～④   ⑤   ⑥   ⑦   ⑧

图 42-5 工法及工艺流程

当桩底为流砂、淤泥等易引起管涌的地层，且项目允许采用后插筋施工方案时，优先选用工艺 1；当桩底地层条件较好或项目不允许采用后插筋施工方案时，选用工艺 2。

42.3.2.2　施工注意事项

（1）排土问题

由于套管将长螺旋钻杆与桩周土隔离，本工法为典型的非挤土工法，在黏土中施工时，螺旋钻杆上的渣土在振动锤部位如何有效排出直接影响施工效率与施工安全。

在传统长螺旋工艺施工过程中，渣土随螺旋叶片的旋转而被输送至桩孔外，振动全套管长螺旋工艺的渣土则随着螺旋钻杆被带到套管顶部振动锤位置。渣土的外撒有两种方案：①在振动锤顶部将渣土导出套筒；②在振动锤中间开设出土口，将渣土导出套筒。在振动锤顶部将渣土导出套筒可降低免共振中孔振动锤的设计难度，但是施工过程中如果有渣土残留在振动锤顶部，移机或下一桩孔振动锤开动施工过程中易导致残余渣土掉落而造成工程事故，所以中国建筑股份有限公司技术中心与厂家和分包商讨论后决定，在振动锤中间另开出土孔。

在振动锤中间开设出土孔后，在黏土地层中施工时，应在套管下钻到位后保持振动锤的启动状态，以保证渣土从振动锤中间的出土口输出。

（2）钢筋笼上浮与下沉问题

起拔套管钢筋笼的上浮或下沉是贝诺特工法的通病。在回转贝诺特工法中，起拔套管时套管内壁与混凝土的静摩擦力会使混凝土带动钢筋笼上浮，导致断桩；在振动锤施工贝诺特工法起拔套管时，如果振动锤振动频率及振幅较小，会导致钢筋笼上浮，在淤泥质地层施工时，如果振动锤振动频率及振幅较大，套管与混凝土之间的摩擦力急剧下降，由于混凝土的重度远大于地层原状土的重度，会导致混凝土柱的下沉，带动钢筋笼下沉。

控制混凝土既不上浮也不下沉较难把握，尤其对于回转贝诺特工法中的混凝土上浮问题，几乎没有有效的解决方案。对于免共振振动全套管工法，可以根据经验调节振动锤参数，以保证混凝土不上浮（轻微下沉），并将钢筋笼点焊在长螺旋钻头上，提出套管后补足桩头混凝土即可（或在混凝土灌注时少量超灌）。

（3）涌土问题

涌土问题与钢筋笼下沉上浮一样，是贝诺特工法的通病，解决的关键在于如何在钻孔完毕且未灌注混凝土时保持孔内外的压力平衡，可采取的措施主要为孔内灌注可循环利用的高比重泥浆。

（4）套管壁糊壁问题

套管外壁糊壁问题（图 42-6）是贝诺特工法在黏土地层中施工时的通病，目前在工艺上还没有有效的解决手段，国内外有关学者拟从仿生学的角度来解决此问题，如仿效穿山甲体表的宏观凹凸不平及

图 42-6　套管外壁糊壁

微观棱纹波形解决钻头和套管沾泥问题，但还未能解决仿生构造的耐磨问题，还未在工程上有效地推广应用。套管内壁糊壁问题目前可采用设置孔内刮土器的方法进行处理。

（5）孔内沉渣等其他问题

孔内沉渣问题是长螺旋工法施工的固有问题。长螺旋施工时，钻头会搅拌桩孔底部土体，且钻头部位的导土不畅使得扰动后的土体残留在桩底，造成桩底沉渣。贝诺特长螺旋工法可采取套管内自由落体重锤夯实的方法解决孔底沉渣问题。

42.4 工程实例

42.4.1 工程概况

上海浦东机场三期扩建工程由两座相连的卫星厅（S1 和 S2）组成，形成工字形的整体构型，年接待旅客设计能力为 3800 万人次，建成后浦东机场年旅客吞吐量保障能力将达到 8000 万人次，工程总投资约 206 亿元。

卫星厅总建筑面积为 $62.2 \times 10^4 m^2$，为目前世界上最大的单体卫星厅，其建筑面积比浦东机场 T2 航站楼（$48.55 \times 10^4 m^2$）还大近 $14 \times 10^4 m^2$。卫星厅采用国内出发到达混流、国际分流的基本剖面布局，为基地航空公司的枢纽化运作提供方便。卫星厅设有 83 座各类登机桥固定端，能够提供 86～125 个各型机位，并考虑了未来的适当预留（图 42 - 7）。

图 42 - 7　上海浦东机场三期扩建工程效果图

1. 地质概况

拟建场地地基基础影响深度范围内的地层均属第四纪全新世至中更新世长江三角洲滨海平原型沉积土层，主要由黏性土、粉性土、淤泥质土及砂土组成，桩长范围内主要为淤泥质土、粉质黏土、黏土等地层（图 42 - 8）。

2. 桩基工程概况

卫星厅的桩基础类别有以下几种：PHC 抗压桩，设计承载力为 2200kN；PHC 抗拔桩，设计承载力为 900kN；灌注桩，直径为 700mm，抗压承载力为 3000kN；灌注桩，直径为 600mm，抗压承载力为 1600kN；灌注桩，直径为 600mm，抗拔承载力为 1000kN；灌注桩，直径为 800mm，抗压承载力为 3500kN（图 42 - 9）。桩基工程总造价 4.13 亿元。

本工程地质情况恶劣，淤泥质黏土含水量高，普通桩基施工工法易塌孔缩颈。鉴于本工程为上海市重点工程，甲方要求采用贝诺特工法进行施工，现场桩基础施工设备主要有金泰双动力钻机（图 42 - 10）、全回转钻机及研发的免共振全套管长螺旋钻机。

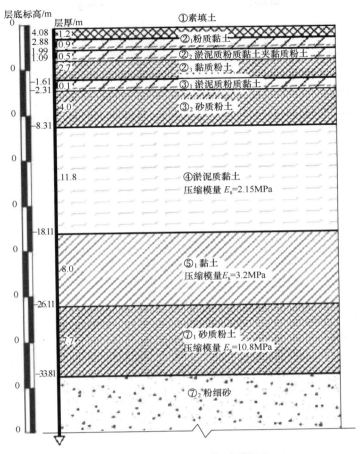

层底标高/m　层厚/m

①素填土
②粉质黏土
②₂淤泥质粉质黏土夹黏质粉土
②₃黏质粉土
③₁淤泥质粉质黏土
③₂砂质粉土

④淤泥质黏土
压缩模量 $E_s = 2.15\text{MPa}$

⑤₁黏土
压缩模量 $E_s = 3.2\text{MPa}$

⑦₁砂质粉土
压缩模量 $E_s = 10.8\text{MPa}$

⑦₂粉细砂

图 42-8　浦东机场三期地质概况

图 42-9　浦东机场三期桩基础的施工

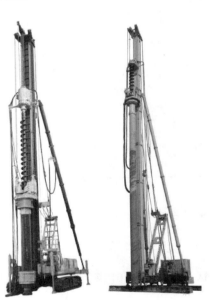

图 42-10　双动力钻机

42.4.2　施工工艺

桩基工程于 2016 年 5—6 月施工，采用 120 型免共振振动全套管长螺旋钻机。免共振振动锤和螺旋桩架的技术参数见表 42-5 和表 42-6。

表 42-5　免共振振动锤的技术参数

型号		EP120KS	EP160KS	EP240KS	DZP90KS	DZP120KS
电动机功率/kW		45×2	60×2	90×2	45×2	60×2
静偏心力矩/（kg·m）		0~70	0~70	0~120	52	71
最大转速/（r/min）		950	1033	960	1000	1000
激振力/t		0~70.6	0~83	0~123	58	80
空载振幅/mm		0~8.0	0~6.5	0~6.7	9.7	8.3
空载加速度/（×g）		9.2	7.7	6.9	10.8	9.3
允许最大拔桩力/t		40	40	60	25	40
振动质量/kg		9005	10830	17871	5370	8610
总质量/kg		10862	12850	22524	7190	11780
外形尺寸/mm	长	2580	2740	3350	2390	3120
	宽	1500	1755	2066	1420	1690
	高	2578	2645	3187	2060	2540

表 42-6　螺旋桩架的技术参数

参数		单位	参数取值	参数		单位	参数取值
发动机功率		kW	240	主卷扬	最大单绳拉力	kN	90
动力头扭矩		kN·m	180		绳速	m/min	60
动力头转速		r/min	6~25		钢丝绳直径	mm	22
最大成孔深度		m	30	副卷扬	最大单绳拉力	kN	50
最大成孔直径		mm	1000		绳速	m/min	35
最大拔钻力		kN	600		钢丝绳直径	mm	16
最大加压力		kN	100	履带底盘	工作宽度	m	6000
桅杆长度		m	39		轮距	m	5000
立柱导轨中心距		mm	600×ϕ102		行走速度	km/h	2
立柱微调距离		mm	±100		上车回转速度	r/min	3
桅杆倾角	左右倾	(°)	±2		上车回转角度	(°)	360
	前倾	(°)	15	总质量		t	100
	后倾	(°)	5	整机允许最大行走质量		t	140

1. 钻机组装

本工程使用的设备如图 42-2 所示。

2. 钢套管连接

施工前，先将连接好的钻杆水平套入钢套管内，用吊机或桩架副吊将套管"喂"进中孔振动锤夹具里，使用升降机将安装人员升到一定高处，将钻杆接在钻机上，并用夹具加紧套管。

3. 钻机就位

钻机摆放就位后对机具及机座稳固性进行全面检查，用水平尺检查钻机摆放是否水平，吊线检查钻机摆放是否正确（图 42-11）。桩中心定位采用在护筒外侧四个方向设四个点，以拉线定位的方式，以便随时校核。

4. 钻进

开启振动锤，下沉套管直至下沉困难时，关停振动锤；开启钻机，下钻螺旋杆，并排土排渣；上拔钻机至一定高度，关停钻机；再次开启振动锤，继续振沉套管，直至下沉困难时关停振动锤；再次开启钻机，继续下沉螺旋杆，并排土排渣；重复以上操作过程，直至钻进到标高位置；边转动边上拔钻机，直至全部拔出钻杆；松开夹具，上提振动锤至距离地面约 1m 处，移动桩机一定距离（1~2m），以便完成桩基的灌注（图 42-12~图 42-16）。

图 42-11　钻机就位

图 42-12　启动振动锤，套管钻进

图 42-13　挖机清土

图 42-14　松开振动锤夹具

5. 下钢筋笼及导管

钢筋笼按设计及规范要求制作，并均匀设置吊环和保护层厚度控制件，同时在钢筋笼顶端根据桩顶设计标高与护筒标高差值焊接挂钩。下放钢筋笼的操作如图 42-17 所示。要求钢筋平直、无局部弯折、表面洁净、无油渍、焊接长度满足规范要求等。钢筋笼制作完成后，用吊车吊放钢筋笼，在起吊过程中应避免钢筋笼变形，达到设计深度后调整好钢筋笼的位置，将挂钩挂在护筒上。钢筋笼吊装完成后及时拼接吊装导管，导管每节长 2~3m，配 1~2 节 1~1.5m 短导管。导管必须进行气（水）密性试验，试验合格后方能下管。导管底距孔底 300~500mm。

图 42-15　施工完毕的套管

图 42-16　施工完毕的套管内壁

6. 灌注水下混凝土

灌注水下混凝土采用内径为 0.25m 的刚性导管、容量为 2m³ 的漏斗。二次清孔至混凝土灌注的时间不得超过 30min，否则应重新清孔。混凝土灌注（图 42-18）必须连续进行，并经常用测绳探测孔内混凝土高度，及时调整导管埋深。导管埋深控制在 2~6m。采用桩机卷扬机上的钢丝绳提升导管。当混凝土面接近和进入钢筋骨架时，保持导管较大埋深，放慢灌注速度，减少混凝土对钢筋笼的冲击。当混凝土面进入钢筋骨架一定深度后，适当提升导管，使钢筋笼骨架在导管下有一定的埋深。施工时应尽量减少拆管时间。灌注混凝土工作应在 2h 之内完成。在灌注接近设计标高时保持导管上端比护筒顶高 4~5m，实际灌注的混凝土高度应高出设计桩顶标高 0.5~1.0m。

图 42-17　下放钢筋笼

图 42-18　混凝土灌注

7. 起拔套管

重新安装套管，进行下一个桩孔的施工。此桩孔施工完毕且上一桩孔灌注完成后，移机至上一桩孔，并将免共振中孔振动锤下放至套管顶端，使用夹紧装置夹紧套管，开启振动锤，直至套管完全提出为止（图 42-19）。机位较远时可采用振动锤辅助起拔，如图 42-20 所示。施工效果如图 42-21 所示。

图 42-19　起拔套管

图 42-20　机位较远时可采用振动锤辅助起拔

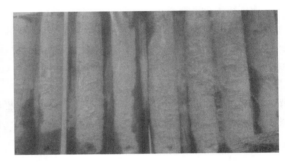

图 42-21　施工效果

　　本工程免共振全套管长螺旋钻机施工工法单桩施工时间为 1.5h，同样桩型金泰双动力全套管工法施工时间为 4.5h，回转钻机施工时间为 6h。本工法在上海市淤泥质黏土地层中的施工效率约为传统双动力工法的 3 倍，为回转工法的 4～5 倍。

　　本工程中采用的施工工艺也可应用到以下工法中：

　　1）潜孔锤施工，可将长螺旋钻杆与钻头替换为潜孔锤钻杆与锤头。

　　2）植入桩施工，完成引孔后可实施植入桩施工。

　　3）咬合钢管桩施工，可高效完成需引孔的咬合钢管桩施工。

　　4）斜桩施工（图 42-22）。

图 42-22　斜桩施工

42.4.3 小结

国内桩基的施工尤其是非特大直径桩基的施工，工艺好坏不一，质量参差不齐。长螺旋施工工法是国内桩基重要的施工工法之一，针对长螺旋施工工法中出现的问题进行研究，成功研发出一整套解决长螺旋施工质量问题并可拓展长螺旋适用地质条件范围的免共振全套管长螺旋钻机设备及施工工法，可构成长螺旋再开发技术体系。

长螺旋施工工法由于施工效率高、成本低，作为我国深度在 30m 以内、直径在 1m 以下桩基施工的主力工法，为我国的基础工程建设提供了巨大的技术支持。虽然该工法还存在一些问题，但随着技术的发展，长螺旋施工工艺会日益完善，长螺旋施工工法也会在未来的基础工程建设中发挥越来越重要的作用。

参 考 文 献

[1] 刘家荣. 复杂地层桩孔钻进工艺及机具研究 [D]. 北京：中国地质大学，2010.

[2] 董天亮. 基础桩孔施工中旋挖钻具的选择 [J]. 探矿工程（岩土钻掘工程），2005，32（5）：49-51.

[3] 董欣. GJD-1500 型工程施工钻机 [J]. 探矿工程，1987（5）：61-63.

[4] 方国球. 德国新型基础桩施工设备 [J]. 探矿工程，1996（2）43-46.

[5] 刘守进. 长螺旋钻机的发展趋势探析 [J]. 硅谷（*Silicon Valley*），2014（3）：89-90.

[6] 彭健，滕金领. 长螺旋成孔灌注桩提高单桩承载力的新方法 [J]. 煤炭与化工，2013（8）：66-67.

[7] 郭传新. 我国桩工机械行业的发展回顾与展望 [J]. 建筑机械化，2015（3）：29-31.

[8] 于好善. 桩基础施工设备及施工工艺探讨 [J]. 工程机械文摘，2016（1）：71-73.

第 43 章　变径灌注桩和夯底胀径干硬性混凝土灌注桩

张永久　沈保汉　韩　荣　李广信　包自成

43.1　变径灌注桩

变径混凝土灌注桩（ZH 紧固桩，又称紧固桩，其中"ZH"是"中华"的拼音第一个字母，表示中国发明的桩型，"紧"是指围压，"固"是指固结）是指采用计算机、传感器、振动锤组合而成的振动杆自动控制系统制桩，由垫层、扩径段和非扩径段三部分组成；ZH 桩指在制桩时已将桩端土和桩周土按设计荷载固结完毕的桩。

1) 振动杆：用于振动加压的杆件，采用外径 273～426mm、壁厚 16～20mm 的无缝钢管制成。

2) 雁翅头：雁翅头顶端为正圆锥形，锥角为 40°～60°，颈部装有 4 层、每层 4 个"雁翅"。

3) 垫层：位于桩端下部，经振动杆雁翅头对土层和拌和料施加振动力形成加强体，用于消除孔底虚土，解决桩端土质不均的问题，可大幅度提高单桩竖向承载力，减少桩基沉降量。

43.1.1　制桩原理

变径灌注桩提供了一种可以将桩基设计、施工中遇到的多种不确定因素全部予以确定的设计施工方法，从而可以定量地、可靠地反映桩基础的实际情况，保证建筑物桩基础的安全可靠性。

该技术提供的制作变径灌注桩的关键设备雁翅头（图 43-1）是基于库仑定律 $\tau = c + \sigma\tan\varphi$ 的解 $\tau = \frac{1}{2}(\sigma_1 - \sigma_3)\sin 2\alpha$ 中的 $\sigma_3 = \sigma_1$ 设计并制造的。雁翅头 + 计算机 + 传感器组合而成的振动杆自动控制系统是制作变径灌注桩的专用设备，雁翅头是振动杆头部的锥尖和雁翅的总称（图 43-2）。变径灌注桩施工设备最具特色的是它的雁翅形锥头，亦称雁翅头。

雁翅头的设计原则是 $\sigma_3 = \sigma_1$（图 43-3），振动杆上端装有力传感器，振动杆在计算机的控制下运行。雁翅头能将桩端土和桩侧土按设计压力压密实，能在桩端以下按设计压力打出密实的垫层。

根据振动杆雁翅头的结构原理，垫层在制作时 $\sigma_3 = \sigma_1$，力的方向是向外的，如图 43-4 所示，即 σ_1 指向垫层底部土层，σ_3 指向垫层周围土层。$\sigma_3 = \sigma_1$ 是通过雁翅头部特殊的结构形式强加给土的。由于振动杆头部的竖向分力和水平力最大可达 1.2MPa，远大于一般天然土的抗压强度（0.1～0.2MPa），垫层周围的土体在振动杆强大的竖向分力和水平分力的作用下只得后退，让出一个空间给雁翅头，从而满足垫层的需要。

垫层制作完毕以后，根据作用力与反作用力互等原理，$\sigma_3 = \sigma_1$，力的方向是向内的，见图 43-5。也就是说，σ_1 是空缺的，只有当上部结构封顶后才能实现 $\sigma_3 = \sigma_1$，即实现了垫层内剪应力等于零，且受压土体的竖向应变和水平向应变均已发生完毕。因此，当桩顶再承受设计荷载时，其理论沉降值 $s = 0$。

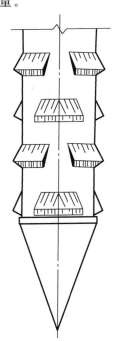

图 43-1　雁翅的结构

在实际进行静荷载试验时 $s \neq 0$，这是由于桩身、垫层和垫层之下压缩后的土层发生了微小的弹性变形。试验证明，这三部分变形值的总和不大于 5.0mm。

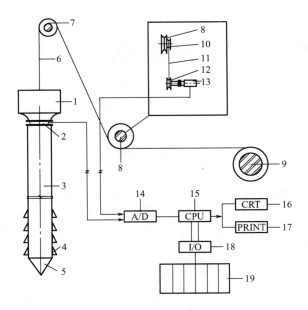

图 43-2 紧固桩设备系统

1. 振动锤；2. 传感器；3. 振动杆；4. 雁翅；5. 锥头；

6. 钢丝绳；7. 定滑轮；8. 下部定滑轮；9. 主卷扬机；10,12. 码盘传动轮；

11. 三角带；13. 码盘；14. 转换器；15. 中央处理单元；16. 显示器；

17. 打印机；18. 输入输出线；19. 信号显示器

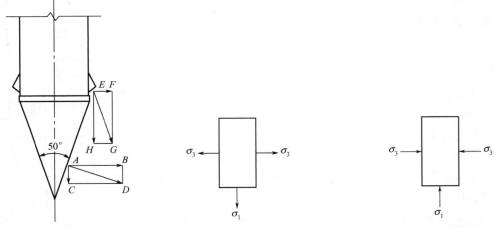

图 43-3 雁翅头的受力　图 43-4 垫层制作时力的方向　图 43-5 垫层制作完毕后力的方向

变径灌注桩及其制造工艺已获批为国家专利（专利号为 ZL95110003.3）。该专利的成功主要是雁翅头的作用。雁翅头同时给土加上两个互相垂直且相等的力，实现了土体内剪应力等于零，才出现了"剪应力等于零理论"和变径灌注桩制桩工艺（图 43-6）。

变径灌注桩在制桩过程中，雁翅头产生的竖向分力和水平分力将桩端土垫层和孔壁土挤压密实，使桩孔径扩胀，单桩竖向承载力特征值大幅度提高（一般提高 3~4 倍），桩的竖向变形值明显减小，实现了成桩与桩身质量监控同步完成，并将计算机引入制桩工艺，为桩基施工自动化开辟了广阔的前景。

通过对桩端土垫层和孔壁土实行预压缩，垫层强度达到均一，彻底消灭了孔底虚土，解决了桩端土质不均和土物理力学参数复杂的难题。

由于采用计算机控制制桩，减少了人为因素的影响，把基桩质量通病消灭在制桩过程中，将桩的三率（合格率、检测率、存档率）提高到一个前所未有的水平。

通过雁翅头创立的剪应力等于零理论和"σ 为土的人为抗剪强度指标"新概念具有重大的实用价值和理论价值。剪应力等于零理论为桩基消除了差异沉降，不必再考虑"预应力土力学"。

43.1.2　成桩工艺过程

1. 变径混凝土灌注桩施工流程

变径混凝土灌注桩施工流程见图 43 - 6。

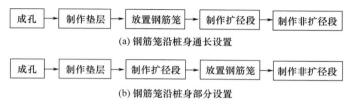

(a) 钢筋笼沿桩身通长设置

(b) 钢筋笼沿桩身部分设置

图 43 - 6　变径混凝土灌注桩施工流程

2. 垫层制作工艺要求

垫层制作工艺要求见图 43 - 7。

1）启动振动锤，并将振动杆沉入孔底以下预定深度，见图 43 - 7（a）。

2）提升振动杆，提升高度大于垫层厚度 500mm。

3）填入拌和料，填料高度不应超过垫层厚度，见图 43 - 7（b）。

4）下沉振动杆，挤密拌和料，留振 1～2min，见图 43 - 7（c）。

5）重复提升→填入拌和料→下沉→留振过程，直至达到设计加载力和垫层高度，见图 43 - 7（d, e）。

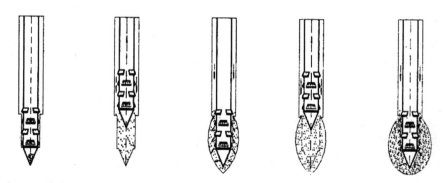

(a) 成孔沉入锥头　(b) 提升锥头并填料　(c) 下沉振动杆　(d) 再提升振动杆　(e) 再下沉振动杆

图 43 - 7　制作垫层施工流程

3. 桩体扩径段制作工艺要求

桩体扩径段制作工艺要求见图 43 - 8。

1）垫层制作完毕后，振动杆雁翅头停在成桩工艺［图 43 - 8（a）所示］的位置。

2）填入干硬性混凝土，高度应比第四层雁翅高出 3～4m，见图 43 - 8（a）。

3）提升振动杆 1.0～1.5m，空振，落下干硬性混凝土，见图 43 - 8（b）。

4）下沉振动杆，挤胀成桩，留振 1～2min，见图 43 - 8（c）。

5）重复提升→填料→下沉→留振过程，直至达到设计加载力和扩径段高度，见图 43-8（d，e）。

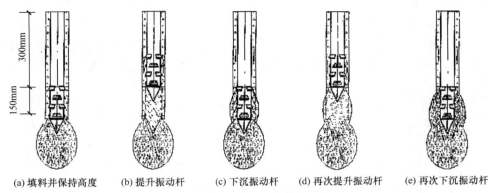

(a) 填料并保持高度　　(b) 提升振动杆　　(c) 下沉振动杆　　(d) 再次提升振动杆　　(e) 再次下沉振动杆

图 43-8　制作扩径段施工流程

4. 桩体非扩径段制作工艺

扩径段制作完毕后，非扩径段灌注普通混凝土至桩顶设计标高，振捣密实。普通混凝土与干硬性混凝土结合处用振动杆反插 1～2 次。

43.1.3　变径灌注桩的特点及适用范围

1. 变径灌注桩的特点

1）变径灌注桩将计算机引入制桩工艺，创立了计算机＋传感器＋振动锤组合而成的振动杆自动化系统。

2）有意识地给桩设置一个垫层，这在桩基结构和设计思想上是一次重大变革。在同一幢建筑物的所有桩端下均可以打出均一（强度）的垫层，从而简化并解决了天然土层土的物理力学性质复杂、均一性差的难题。

3）由计算机控制制桩，减少了人为因素的影响，将基桩质量通病消灭在制桩过程中，使桩身工程质量得到保证。

4）由计算机控制制桩，同一幢建筑物可打出各单桩竖向承载力设计值近乎相等（且是已知的）的桩，彻底消灭了基桩承载力设计值不足和不均匀沉降问题。

5）在制桩时各单桩竖向承载力设计值可以不受天然土层物理力学性质的约束。

6）由于计算机控制制桩，沿桩的高度自上而下每一个断面的受力情况都有记录，可以绘制曲线，可以打印出数据，实现了每桩一份档案，100％检测，100％合格。

7）由于计算机控制制桩，在制桩过程中即将桩端土和孔壁土按设计压力压缩完毕，因此当桩顶再承受设计荷载时（如做静载试验时），桩顶沉降值恒小于 5.0mm。这个沉降值适合任何建筑物，且对任何建筑物均不产生任何不良影响。

8）由于采用计算机控制制桩，变径灌注桩的单桩竖向承载力设计值与同一层位天然土层承载力标准值相比，一般是后者的 4～5 倍，且是已知的。

9）由于采用计算机控制制桩，变径灌注桩的单桩竖向承载力设计值可以直接采用库伦公式计算，即老公式新算法，科学、有效地解决了桩基计算中承载力计算公式的不确定性问题。

10）变径灌注桩的桩距 $s \geqslant 6d$（d 为孔径），以避免振动挤密对邻桩的扰动；在干硬性混凝土中加入缓凝剂，使其初凝时间为 6～8h，以防止在打邻桩时对已成桩产生不良影响；钢筋可通长设置或设置为桩长的一半。由于钢筋笼内径与雁翅头外径距离约为 150mm，所以雁翅头的反插运行对钢筋笼没有影响。变径灌注桩采用"计算机＋传感器＋振动锤"组合而成的振动杆自控系统制桩，在桩端下设有人造垫层，用压电式力传感器测量激振力，计算模拟控制系统操作平台以中文人机对话的方式进行操作，为桩基领域开创了新途径。另外，桩的端阻和侧阻可由设计者任选。

2. 适用范围及基本规定

变径混凝土灌注桩可用作建筑物的桩基础，也可用作复合地基的竖向增强体，适用于地下水位以上、天然含水量小于或等于 30%，液性指数为 0～0.75 的黏性土、粉土等。当应用于粉细砂、填土、软土等土类时，应采取护壁措施，并宜进行试验。变径混凝土灌注桩在应用时应综合考虑地质条件和环境条件。地质条件是指施工场地能够成孔，成孔后不塌方，桩所穿越的土层具有良好的挤密性；环境条件是指不宜在居民区内或对振动敏感的建（构）筑物附近施工。

1）桩身构造应符合下列规定：

① 扩径段桩身混凝土强度等级不应低于 C25。

② 主筋混凝土保护层厚度不宜小于 40mm。

③ 在下列情况下钢筋笼应通长配筋并进行钢筋计算：抗拔桩，抗震设防烈度为 8 度或 8 度以上地震区的桩基，被加固土层为软土层或较厚人工填土层。

④ 钻孔直径为 400～1000mm 时，桩身最小配筋率不宜小于 0.20%～0.65%（小直径桩取高值，大直径桩取低值），主筋伸入承台的锚固长度不得小于 35 倍主筋直径。

⑤ 钢筋可以沿桩身通长设置，也可以部分设置。当钻孔直径小于 600mm 时，构造钢筋的长度不宜小于 5d；当钻孔直径大于 600mm 时，构造钢筋的长度不宜小于桩长的 2/3。

⑥ 当钢筋笼伸入桩身扩径段时，环筋、加固箍筋与主筋节点应焊接。

2）变径混凝土灌注桩最小中心距不得小于 3.5d。

3）变径混凝土灌注桩垫层厚度 h_c 宜取 2d～3d。

4）变径混凝土灌注桩非扩径段高度一般取 2.0m。

当桩端平面以下存在软弱下卧层时，应按《建筑地基基础设计规范》（GB 50007—2011）的规定验算软弱下卧层的承载力。

5）变径混凝土灌注桩钻孔直径 d 宜选用 400～1000mm。

6）变径混凝土灌注桩的最大设计桩长不宜超过 15.0m。

43.1.4　对变径灌注桩的评价

2003 年以黄熙龄院士为主任的鉴定委员会关于变径灌注桩的主要鉴定意见如下：

1）变径灌注桩成桩技术将计算机引入制桩工艺是成功的。变径灌注桩在制桩过程中通过振动杆锥尖和雁翅产生的竖向分力和水平分力将桩端土、垫层和孔壁土挤压密实，使桩体扩胀，单桩竖向承载力特征值大幅度提高，桩竖向变形明显减小，同时实现了成桩与桩身质量监控同步完成。其设计思想新颖、技术先进，具有较高的实用价值。

2）变径灌注桩在灌注混凝土的同时对桩端土、垫层和孔壁土进行压缩，使垫层强度变得均匀，彻底消灭了孔底虚土，解决了桩端土层不均匀和土的物理力学参数复杂的难题。

3）变径灌注桩经济和社会效益显著，施工效率明显提高。

4）变径灌注桩可在地下水位以上的一般黏性土场地推广应用，但应符合当地有关振动和噪声控制的规定。

5）该课题的研究成果在灌注桩信息化施工方面处于国际领先水平。

6）建议进一步完善机具设备及施工工艺，对一些参数和计算方法继续进行研究。

1999 年 3 月哈尔滨市建设委员会组织技术专家对变径灌注桩成桩应用进行技术论证，主要意见如下：

1）采用计算机控制系统，计算机＋力传感器＋振动锤，立意新颖、技术先进、功能可靠且有较高的实用价值。

2）变径灌注桩由于振动杆上多层雁翅水平推力的作用，桩的孔壁土受挤压，使桩径胀大，成桩机理、技术路线可靠、可行。

3）变径灌注桩由于在桩端设置了灰土碎石垫层，且在成桩过程中桩端的垫层和孔壁土被挤密，桩的端阻力及侧摩阻力均有很大的提高，桩的承载力提高幅度较大，经济效益明显。

4）引入计算机控制成桩全过程，不仅将桩的质量隐患消除在制桩过程中，而且减少了人为因素的影响，提高了科技含量，对推动桩基的技术革新具有重要的现实意义。

需要改进和完善的问题：

1）制桩设备较大，作业现场有局限性；高频振动成桩振动较大，对毗邻建筑有一定影响；现场施工有一定噪声，不宜在旧城区应用和施工。建议改进制桩设备，尽量小型化，使其运输方便、应用灵活、适应性更强。

2）该桩目前只适用于一般黏性土地基成桩，并采用干硬性混凝土，不能在地下水位以下施工。

43.1.5　工程实例——保定市交通局保定中转站沥青罐区

43.1.5.1　竖向抗压静荷载试验

1）工程地质概况见表 43-1。地层为第四系全新统冲洪积相，自上而下描述如下。

① 素填土，主要为粉质黏土，混有砖块，部分为耕土，厚 0.4～1.2m，普遍分布。

② 粉质黏土，褐黄色，硬塑～可塑，中下部泥炭土较多，含腐殖质，厚 1.8～4.6m，西南区分布。

②₁ 粉土，褐黄色，稍湿，中密，含氧化铁，厚 1.8～4.6m，东北区分布。

③ 细砂，灰白色，由长石、石英组成，稍密，厚 1.3～4.6m，全区分布。

④ 粉质黏土，褐黄色，可塑，含姜石，层厚 1.7～3.9m，全区分布。

勘察期钻探 20m 未见地下水，地震基本烈度为 7 度，可不考虑地震液化；中软场地土，Ⅱ类建筑场地；标准冻深 0.55m；场地应视为不均匀地基。

表 43-1　各土层主要试验参数统计

土层编号	土层名称	底板埋深/m	承载力标准值/kPa	标准贯入击数/击	压缩模量 E_s/MPa
①	素填土	0.60	—	—	—
②₁	粉土	3.50	120	7.4	11.9
②₂	粉质黏土	1.60	90	2.1	2.70
③	细砂	7.00	110	8.8	—
④	粉质黏土	9.50	150	6.7	4.80

2）3 根试桩，分别为试 1-西、试 2-东、试 3-中，均为变径灌注桩，桩身直径为 440mm，桩身长度为 5.0m。试桩竖向抗压静荷载试验成果见表 43-2。

表 43-2　单桩竖向抗压试验成果

试桩编号	极限承载力实测值/kN	极限承载力对应沉降/mm	桩基承载力设计值/kN	设计承载力对应沉降/mm	预估抗力分项系数	锚桩平均上拔量/mm	残余沉降/mm
试 1-西	1800	7.13	1058	2.07	1.70	0.01	—
试 2-东	1800	6.52	1058	2.06	1.70	0.15	1.74
试 3-中	1800	6.96	1058	2.57	1.70	—	4.52

43.1.5.2　沥青储罐充水预压沉降监测

1. 自然地理条件

新建沥青储罐位于保定市满城县北奇村附近，属保定市交通局沥青库的新增工程项目。新建的沥青罐共有 6 个，其中 $1000m^3$ 的有 2 个，$10000m^3$ 的有 4 个，每罐直径为 28m，高 17m。本次只对 3 个 $10000m^3$ 的罐进行测量。

在新建沥青罐前地基的地质条件比较差，由古老的河道淤积而成。建罐前辽宁盘锦某桩基公司对沥青储罐的地基采用了变径灌注桩基础，对地基进行加固处理。为了更好地提高地基的承载力，以便在使用过程中沥青储罐的沉降值更小，变形值更小，使用寿命更长，采用了充水预压的方法对地基进行进一步加固，以期达到更加良好的效果。

2. 工程地质情况

工程的地基基础设计参数见表 43-3。

表 43-3　地基基础设计参数一览

地层编号	地层名称	地基土承载力标准值/kPa	压缩模量标准值（0.1～0.2MPa）	桩极限侧阻力标准值/kPa	桩极限端阻力标准值/kPa
②₁	粉土	120	11.9	30	—
②₂	粉质黏土	90	2.7	20	—
③	细砂	110	—	25	—
④	粉质黏土	150	4.8	50	—
⑤	粉土	160	7.9	50	—
⑥	粉质黏土	170	7.5	70	800
⑦	粉土	160	9.2	50	500
⑧	粉质黏土	180	6.8	70	600

结论与建议：场地上部为新近沉积土，强度低，均匀性差。④层以下土层工程力学性质较好。油罐荷重较大，场地不具备天然地基条件，勘察报告建议宜采用混凝土灌注桩基础，以⑦层粉土层作为桩端持力层。

3. 桩型选择

工程原设计为沉管灌注桩，选择⑦层粉土层作持力层，符合地勘部门提供的地质资料。但在改变设计后，变径灌注桩选择③层细砂层作为持力层，设计单桩竖向承载力标准值为 1000kN，这是地质勘察部门和原设计单位想象不到的。为什么敢做这样的选择呢？这是因为在变径灌注桩的每根桩端下都设有一个垫层，垫层是在计算机的控制下按照设计桩端阻力的大小压密过的。因此，垫层的端阻是均一的，垫层彻底解决了桩端土质不均和土的物理力学参数复杂的难题。

变径灌注桩的单桩竖向极限承载力标准值 $Q_{uk}=1700kN$，桩长 5.0m，垫层厚 1.0m，桩孔径为 0.46m。$10000m^3$ 罐，每罐 233 根变径灌注桩。

4. 变径灌注桩设计

以保定沥青中转站桩基础为例：

1）根据工程需要和桩机垂直激振力确定设计荷载 R_a（单桩竖向承载力设计标准值为 1000kN），垫层加载力 $\sigma_V=1.2MPa$，扩径段水平加载力 $\sigma_H=1.0MPa$。

2）确定桩端阻力 Q_{pk} 和桩侧阻力 Q_{sk}。

桩端阻力 $Q_{pk}=A_p\sigma_V=3.14\times\left(0.46\times\dfrac{1}{2}\right)^2\times1.2\approx200$（kN）。

桩侧阻力 $Q_{sk}=1000-200=800$（kN）。

3）计算扩径段桩侧单位面积摩阻力。$\tau_s=K_b\sigma_H\tan22°=0.45\times1.0\times0.404\approx182$（kPa）。

4）计算 1m 高桩侧表面积。$A_s = A_{s \cdot 1m} = 3.14 \times 0.52 = 1.663$（m²）。

5）计算 1m 高桩侧摩阻力 $Q_{sk} \times 1m$。

$$Q_{sk} \times 1m = \tau_s A_{s \cdot 1m} = 0.182 \times 1.663 \approx 303 \ (kN)。$$

6）计算扩径段桩长。$L_1 = Q_{sk}/Q_{sk \cdot 1m} = 800/303 \approx 3.0$（m）。

7）顶部直线段长 $L_1 = 2.0m$，垫层厚 1.0m。

8）钻孔深度 $= L_1 + L_2 = 2.0 + 3.0 = 5.0$（m）。

5．充水预压沉降观测

图 43-9～图 43-11 所示分别为 1 号罐、2 号罐和 3 号罐沉降量和水位与时间的关系。储罐充水预压沉降观测结果见表 43-4。

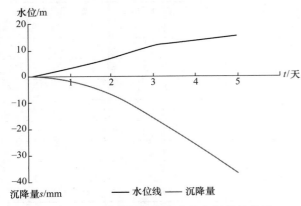

图 43-9　1 号罐沉降量和水位与时间的关系

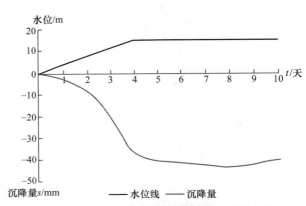

图 43-10　2 号罐沉降量和水位与时间的关系

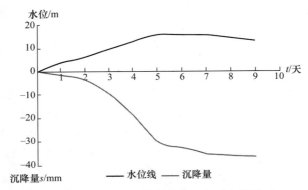

图 43-11　3 号罐沉降量和水位与时间的关系

表 43-4　保定沥青中转站沥青储罐充水预压沉降观测结果

罐号	平均沉降值 /mm	径向差异沉降最大值 Δh_{max}/mm	$K = \dfrac{\Delta h_{max}}{D}$ /($\times 10^{-3}$)	罐周边相邻两测点间差异沉降最大值 Δs_{max} /mm	$\delta = \dfrac{\Delta s_{max}}{l}$ /($\times 10^{-3}$)	回弹值 /mm
1	35.98	3.8	0.136	2.70	0.369	—
2	35.99	1.9	0.068	1.50	0.205	4.70
3	33.14	3.3	0.118	1.30	0.178	4.93
平均值	35.04	3.0	0.107	1.83	0.251	4.82
规范允许值	—	112.0	4.000	16.10	2.200	—

注：D 为 10000m³ 沥青储罐的直径，$D = 28.0m$。l 为罐周边相邻两测点间的弧长，$l = 7.32m$。

说明：

1）本次沉降观测执行《国家一、二等水准测量规范》（GB 12879—1991）中的二等水准测量标准和《石油化工钢储罐地基充水预压监测规程》（SHJ 3123—2001）。

2）每罐布桩 233 根，桩长 5.0m，垫层厚 1.0m，桩径 0.46m，成正三角形布桩，桩中心距为 1.68m，单桩竖向承载力设计值 $R=1000kN$，桩端持力层为细砂层，$f_k=110kPa$。

结论：

1）沥青罐充水过程中上水加荷合理，沉降值没超过控制指标。

2）充水预压后，地基得到进一步加固，提高了地基的抗剪强度和承载力，达到了充水预压加固地基的目的，也表明在软土地基上采用变径灌注桩基础获得圆满成功。

3）罐体基础不均匀变形小。

根据《石油化工钢储罐地基充水预压监测规程》（SHJ 3123—2001）的规定，10000m³ 钢储罐，直径 28.0m，平面倾斜允许值为 $4×10^{-3}d=4×28000×10^{-3}=112.0$（mm）；罐周边两测点间的非平面倾斜允许值为 $2.2×10^{-3}l=2.2×10^{-3}×7320=16.1$（mm）。而该三罐实际观测结果显示，平面倾斜平均值为 3.0mm，$≪16.1mm$，说明采用变径灌注桩作为 10000m³ 钢储罐桩基础稳定可靠。

43.1.6　承载力提高的机理

变径灌注桩的设计和施工与传统工艺有很大区别：①紧固桩桩端下设有均一的垫层，垫层厚 1～2m，垫层强度达 1～2MPa，解决了桩端虚土和桩端土端承力不足的问题。②扩径段采用回填再压缩措施给孔壁土预先施加上高围压。

变径灌注桩同时加固了桩端与桩侧土。其中在桩端设有厚度为 1～2m 垫层，垫层在雁翅锥头的下插与振动作用下使桩底土体向外扩张，形成扩底，干硬性混凝土中的竖直应力与水平应力可达到 $s_{vb}≫s_{hb}≫1～2MPa$，使地基土加密，端承力提高。这与载体桩十分相似。由于桩底应力的扩散作用，对于具有不同承载力的桩底原状土持力层，端承力特征值几乎均可以达到 1～2MPa。

桩侧的地基土受到干硬性混凝土的挤压，其径向水平应力大大提高，土的密度增加。在图 43-12 中，紧靠混凝土桩身外是互相渗透层，亦即土与混凝土混杂，桩表面凹凸不平。

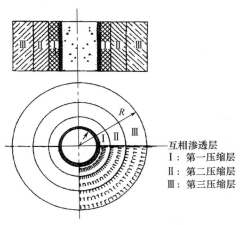

图 43-12　桩周挤密示意图

图 43-12 表示的是一个圆孔扩张的情况。在第一压缩层处，内侧的径向应力 s_{hb} 远高于地基土的静止土压力 $s_h=K_0gz$。其中，竖向应力 $s_z=gz$，z 为从地面起算的深度；在弹性范围内其径向应力 s_r 与切向应力 s_q 为

$$\sigma_{r\theta}=\frac{R^2K_0\gamma z-r_i\sigma_{hb}\pm R^2r_i^2(\sigma_{hb}-K_0\gamma z)}{R^2-r_i^2}$$

式中　r_i——扩张孔的内径；

　　　s_{hb}——r_i 处的径向应力；

　　　R——影响半径；

K_0gz——R 处的水平应力。

图 43-13 反映 $j=30°$ 的正常固结地基土在施工过程中被挤压的桩周土的应力路径，其中 p 为平均主应力，$p=(s_1+s_2+s_3)/3$；q 为广义剪应力，$q=\dfrac{1}{\sqrt{2}}[(\sigma_1-\sigma_2)^2+(\sigma_2-\sigma_3)^2+(\sigma_3-\sigma_1)^2]^{\frac{1}{2}}$；$K_f$ 为其强度线（破坏主应力线）的斜率；K_0 为静止土压力线的斜率。

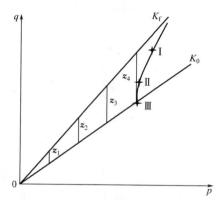

图 43-13　桩孔扩张时桩周土挤密应力路径

图 43-13 中 z_1，z_2，z_3，z_4 表示桩周土距地面的不同深度，深度小于时不振动挤压，只灌注普通混凝土；图中竖直向上的与强度线相连的路径表示的是土为线弹性-理想塑性模型计算的应力路径。由于这种应力路径垂直于 p 轴，亦即 $\mathrm{d}p=0$，所以在弹性阶段不会挤密桩周土。以 z_4 为例绘出了土的弹塑性模型的计算应力路径，见Ⅰ、Ⅱ、Ⅲ。这表明，随着在孔径内振动加载，桩周土被扩张，也被挤密压实。其中，在Ⅲ层以外，半径为 R，内压的影响已经很微弱，可以认为是原状土；Ⅰ区是被高压力压缩与扩张的紧靠桩身的土体，施工时达到 $s_r \gg s_{hb}$，这也是摩阻力提高的主因。

这类桩承载力提高的另一个因素是其中的预应力。对干硬性混凝土的反复加载使它被压缩，在它凝固以后就保留了预应力。这种预应力一种是周边土对桩身的紧固力，它远大于正常固结桩周土的静止土压力 $s_h=K_0gz$；另一种是当混凝土桩身硬化后有回弹的趋势，但它被桩周土的负摩阻所限制。其原理见图 43-14。

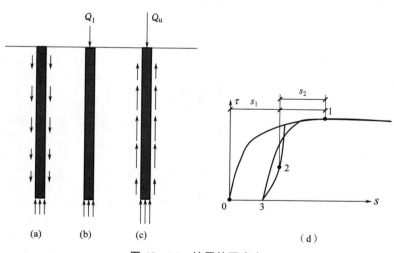

图 43-14　桩周的预应力

图 43-14（a）表示的是成桩后桩周土对桩身的预应力——负摩阻力，与一般负摩阻不同，它是由于桩的回弹趋势形成的；图 43-14（b）表示的是在施加一定桩顶荷载 Q_1 后，由于桩身压缩、下移，负摩阻消失；图 43-14（c）表示在极限荷载下的情况。图 43-14（d）表明，在没有预应力的情况下，加到极限荷载时桩周与土的剪应力达到极限，需要位移 s_1，由于存在预应力，从图 43-14（a）到图 43-14（c）发生的位移仅为 s_2。图 43-15 表示的是在哈尔滨某黏性土场地进行的两根试桩荷载试验的 Q-s 曲线，2 号桩为常规灌注桩，3 号为同样孔径的变径灌注桩，一方面可见承载力的提高，另一方面可见在初始阶段的沉降明显减小，这应与桩身的预应力有关。

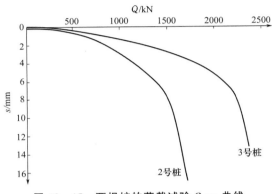

图 43-15　两根桩的荷载试验 Q-s 曲线

43.1.7　荷载试验的结果与对比

1998 年在哈尔滨香坊区对这种桩型进行了 4 根桩的荷载试验，结果见表 43-5 与表 43-6。

表 43-5　哈尔滨某场地土层主要参数

土层编号	土层名称	状态	底部深度/m	含水率 ω/%	塑性指数 I_L	压缩模量 E_s/MPa
①	杂填土	垃圾、炉渣	0.4	—	—	—
②	粉质黏土	硬塑	2.5	18.5	0.03	5.9
③	粉质黏土	可塑	5.7	25.0	0.49	28.0
④	粉质黏土	硬塑	7.0	19.6	0.01	31.0
⑤	粉质黏土	可塑	12.0	24.8	0.51	20.0

表 43-6　哈尔滨某工程试桩的结果

试桩编号	桩长/m	孔径/mm	极限承载力 Q_u/kN	对应沉降/mm	按规范计算的 Q_u/kN
1 号	2	1000	1350	43.8	1178
2 号	4	1000	1700	23.9	1750
3 号	4	1000	2600	41.4	1750
4 号	5	1000	5400	42.1	2645

43.1.8　单桩承载力与桩基的沉降计算

由于这种桩型的实用案例还不多，没有形成技术标准，其承载力与沉降计算的方法尚不成熟，只要是地下水位以上的可加密土层即可应用。根据已有的现场荷载试验，其单桩承载力的估算方法建议如下：

1）单桩的桩径可分别按扩径 $\Delta R_1 = 30\text{mm}$（桩径 460mm）和 $\Delta R_2 = 60\text{mm}$（桩径 1000mm）计算。

2）桩的侧阻力除最上部 2m 以外，其下部土层可按《建筑桩基技术规范》（JGJ 94—2008）中的表 5.3.5－1 取值后扩大 K_p/K_0 倍，其中 K_p 为被动土压力系数，K_0 为静止土压力系数。

3）桩端位于粉土、砂、砾层时，其端阻力可按《建筑桩基技术规范》（JGJ 94—2008）中的表 5.3.5－2 的"密实状态"取值。

4）桩端位于黏性土层时，其端阻力可根据含水量，按《建筑桩基技术规范》（JGJ 94—2008）中的表 5.3.5－2，将其状态提高 1～2 级取值。

这样估算的单桩承载力与荷载试验值相当接近。

由于其桩距 $s \geqslant 6d$，可按《建筑桩基技术规范》（JGJ 94—2008）中的 5.5.14 条进行疏桩基础沉降计算，即将沉降计算点水平面影响范围内单个基桩对压力计算点产生的附加应力进行叠加，采用单向压缩分层总和法计算土层的沉降，并计入桩身压缩量 s_e。

43.1.9 小结

1）对位于地下水位以上、排水性与压缩性好的土层，变径灌注桩（紧固桩）具有很大的提高承载力、降低沉降的潜力。

2）变径灌注桩可以同时压密桩端和桩周土，设计理念先进。

3）这种桩型可用于小型的建筑物桩基础，也可用于复合地基中的单桩。

4）这种桩型还存在一些有待研究的问题，也具有很大的提升空间，如干硬性混凝土所加振动荷载的范围及其与深度间的关系还需要进一步研究，需要总结经验，进一步实现信息化施工。

5）其应用有待于努力推广，在实际工程应用中积累和总结经验。

43.2 振动夯底胀径干硬性混凝土灌注桩

按施工方法，桩基可分为挤土桩、非挤土桩和部分挤土桩三大类。挤土桩包括预先设置桩、沉管灌注桩、福兰克桩等几十种。其中，振动沉管灌注桩是一种广泛适用于普通混凝土环境的施工方式。振动沉管灌注桩是利用振动桩锤、振动冲击桩锤将桩管沉入土中，然后灌注混凝土而成的。

振动灌注桩可采用单打法、反插法或复打法施工。

单打法是一般的沉管方法，它是将桩管沉到设计要求的深度后，边灌注混凝土边拔管，最后成桩，适用于含水量较小的土层，且宜预先设置桩尖。桩内灌满混凝土后，先振动，再开始拔管，边振边拔，每拔一段距离停拔，再振动 5～10s，如此反复进行，直至桩管全部拔出。

反插法是在拔管过程中边振边拔，每次拔管 0.5～1.0m，向下反插 0.3～0.5m，如此反复并保持振动，直至桩管全部被拔出。在桩尖 1.5m 范围内，宜多次反插以扩大桩的局部端面。

复打法是在单打法施工完拔出桩管后，立即在原桩位再放置第二桩尖，第二次下沉桩管，将原桩位未凝结的混凝土向四周土中挤压，扩大桩径，然后第二次灌混凝土和拔管。采用全长复打的目的是提高桩的承载力。

在工程实践中，由上述各方法形成的振动灌注桩普遍存在单位桩体积承载力较低的问题。

因此，如何克服现有技术中的振动灌注桩单位桩体积承载力低的问题，是本领域亟待解决的技术问题。

常用的就地灌注桩，成孔时孔壁处于松弛状态，桩所穿过的土层的侧壁摩阻力未能发挥出来；孔底土层亦处于松弛状态，加之成孔时清孔不彻底，孔底或多或少留有虚土，桩端阻力亦不能发挥出来。上述两个原因导致常用的就地灌注桩的单位桩体积所提供的承载力较低。

为解决上述问题，出现了夯底胀径干硬性混凝土灌注桩技术。

43.2.1　基本原理

振动夯底胀径干硬性混凝土灌注桩是由夯底胀径桩机（该桩机由机架、振动锤组合和操作控制系统三部分组成）实施夯底层、胀径层和振捣层施工作业所形成的灌注桩。

振动夯底胀径干硬性混凝土灌注桩是在变径灌注桩基础上发展起来的，前者是对后者的扬弃。振动夯底干硬性混凝土灌注桩施工设备获得了实用新型专利。与此同时，还提出了振动夯底变径干硬性混凝土灌注桩施工方法发明专利的申请。

1）振动锤组合由免共振变频电动振动桩锤、振动杆和金枪头（又名等力头）组成。

2）操作控制系统由变频器、I/O 转换器、CPU（中央处理器）、显示器及 GPRS 通信模块组成。

3）夯底层位于桩的下部，胀径层位于桩的中部，振捣层位于桩的上部。

43.2.2　施工设备

振动夯底胀径干硬性混凝土灌注桩施工设备见图 43-16。

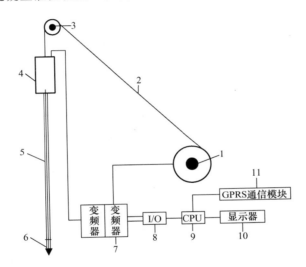

图 43-16　振动夯底胀径干硬性混凝土灌注桩施工设备

1. 变频电动机卷扬；2. 钢丝绳；3. 顶部定滑轮；4. 免共振变频振动桩锤；5. 振动杆；
6. 金枪头；7. 变频器；8. I/O 转换器；9. 中央处理器；10. 显示器；11. GPRS 通信模块

1. 桩机主体

图 43-16 中的设备包括桩机主体，桩机主体主要对其他部件起支撑作用，具有比较高的强度和刚度，其具体结构可以参考现有技术，在此不做详述。

2. 振动锤

图 43-16 中的振动锤为免共振变频电动振动桩锤，优选使用 DZP 系列免共振变频电动振动桩锤。在相同的电动机功率情况下，该桩锤与变径灌注桩采用的 DZ 系列电动振动桩锤相比，更加环保、节能、安全、高效等，其具体优势如下：

1）前者因无共振，故噪声减小，为后者的 1/3～1/2。

2）前者因无共振，故振动振幅为后者的 1/15 左右。

3）前者可变频，故能量消耗为后者的 2/3 左右，即节能 1/3。

4）后者在共振时对整体机架损害较大，甚至造成事故；前者因无共振，设备的安全性较后者好。

5）前者具有能量转化系统，停机只需几秒钟，也可平稳快速启动；后者没有能量快速转化系统，停机过程历时长，因此前者效率比后者高很多。

3. 振动杆

根据施工要求选取合适规格的振动杆。在一种具体应用环境中，振动杆选用壁厚不小于16mm的无缝钢管。

振动杆的末端还进一步设置了金枪头，金枪头的作用是使振动杆顺利插入桩孔底部以下，提高夯实质量。

4. 金枪头

金枪头的结构与变径灌注桩的雁翅头截然不同，金枪头在反插作业过程中，其外壁所承受的竖向总压力等于水平总压力，即 $\sum X = \sum Z$，这样金枪头在反插运行过程中可实现对混凝土的各向等压缩。图43-17为金枪头的结构示意图。

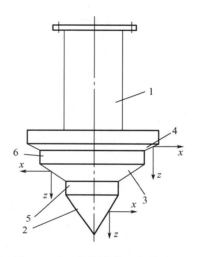

图43-17 金枪头的结构示意图
1. 连接本体；2. 锥形底部；3. 第一圆锥台部；4. 第二圆锥台部；
5. 第一圆柱部；6. 第二圆柱部

金枪头由若干锥状结构连接构成，包括连接本体，连接本体的底端自上而下依次设有第二圆锥台部、第一圆锥台部和锥形底部，第一圆锥台部、第二圆锥台部由上向下直径依次减缩。其中，锥形底部的锥角范围为55°～65°，第一圆锥台部的锥角范围为105°～115°，第二圆锥台部的锥角范围为115°～125°。在反插作业时，其所受的竖向总压力和水平总压力相等。

以上仅介绍了金枪头为锥形结构实现上述技术效果的一种实施方式，金枪头还可以为其他结构。

金枪头的锥形底部、第一圆锥台部、第二圆锥台部相邻两者之间均设有圆柱部，如图43-17所示：锥形底部和第一圆锥台部之间设置有第一圆柱部，第一圆锥台部和第二圆锥台部之间设置有第二圆柱部，相邻两者通过相应的圆柱部连接，这样可以简化金枪头的加工工艺。

43.2.3 操作控制系统

1. 作用和目的

提供操作控制系统可以避免人为因素的影响，实现制桩工艺自动化，提高单桩设计承载力和制桩质量。在施工中利用振动锤变频电动机的变频器确定加载力，利用卷扬变频电动机的变频器确定振动杆上、下行高度，因而实现了施工工艺自动化，避免了人为因素的影响。

2. 组　成

由图 43-16 可知操作控制系统由 11 个部分组成，I/O 转换器、CPU、显示器、GPRS 通信模块同属配套计算机系统，变频电动机卷扬、钢丝绳、顶部定滑轮、变频电动机振动锤、变频器均为长螺旋系列桩机上的原有部件或替换部件。

在该系统中加入 GPRS 通信模块实现了自动控制、程序化、网络化，操作简单、效率高。该系统可准确控制加载合力的大小，确保整个施工过程中竖向合力 $\sum Y$ 与水平合力 $\sum X$ 相等。此外，该系统可准确控制金枪头反插运行的高度。

该自控系统充分利用变频电动机的数字控制功能，不仅节省了传感器，而且提高了操作控制的准确性，同时将施工数据传输到数据平台，再传输给与该工程施工有关的技术人员和监督管理人员，实现了施工数据透明化，从而确保了施工质量。

43.2.4　施工工艺

43.2.4.1　施工程序（步骤）

振动夯底胀径干硬性混凝土灌注桩施工程序（步骤）如图 43-18 所示。

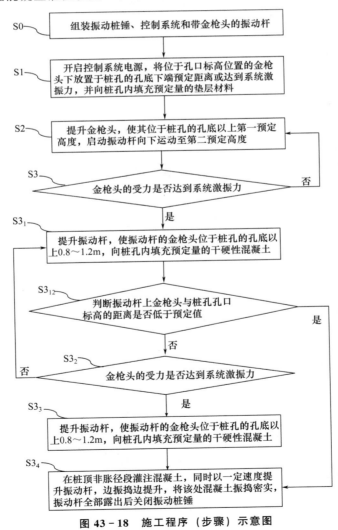

图 43-18　施工程序（步骤）示意图

1. 施工准备（S0）

S0₁：定位放线。成桩前，在施工场地按设计要求的尺寸定位放线。

S0₂：螺旋钻孔机就位，对准桩位标记。

S0₃：开动螺旋钻孔机成孔，达到设计深度后停钻，提出钻杆，放好孔口护筒。

S0₄：沉放钢筋笼至设计要求的深度。

S0₅：将免共振变频电动振动锤、专用控制系统和带金枪头的特制振动杆组装后入孔，将振动杆放置于孔底。

2. 夯底制作垫层作业阶段（S1～S3）

S1：开启控制系统电源，将位于孔口标高位置的金枪头下放置于桩孔内距孔底预定距离处或达到系统激振力，并向桩孔内填充预定量的混凝土。

一般地，金枪头放置于桩孔的孔底以下 1m 左右，此时桩孔底端内填充料可以为干硬性混凝土或生石灰、黏土与碎石的拌和料，这样有利于彻底消除孔底虚土和排除桩端土产生塑性变形的可能性。

S2：提升金枪头，使其位于桩孔的孔底以上第一预定高度，启动振动杆，向下运动至第二预定高度。具体地，提升金枪头，使其位于桩孔的孔底以上 0.4～0.6m，启动振动杆向下运动 0.8～1.2m。

一般地，桩机包括桩机主体和卷扬，卷扬中缠绕有钢丝绳，桩机主体的顶部设置有定滑轮，卷扬钢丝绳的自由端绕过定滑轮连接振动锤，振动杆的上下位移是通过控制卷扬钢丝绳的收放实现的，卷扬钢丝绳的收放是通过变频电动机的转动实现的。

S3：判断金枪头的受力是否达到系统激振力，如果达到系统激振力，则继续进行胀径作业，否则重复步骤 S2。这样有利于在桩端夯出扩大头，以增大桩端承载面积。

步骤 S3 中是否达到系统激振力的判断依据为：判断所述振动杆的向下位移速度是否大于预设速度，如果此时振动杆的位移速度小于等于预设速度，则达到系统激振力，否则未达到系统激振力。例如，在一种具体施工环境中，预设速度为 10mm/s，当振动杆向下的位移速度小于等于 10mm/s 时，控制系统认为金枪头的受力达到系统激振力；当振动杆向下的位移速度大于 10mm/s 时，控制系统认为金枪头的受力未达到系统激振力，继续进行步骤 S2。

激振力的判断不局限于速度，还可以为直接测量力等方式。

在上述实施例的基础上，当夯底阶段结束后，进入胀径作业阶段。

3. 胀径作业阶段（S31～S33）

S31：提升振动杆，使振动杆的金枪头位于桩孔孔底以上 0.8～1.2m，向桩孔内填充预定量的干硬性混凝土。

S32：将振动杆下沉 0.8～1m，判断金枪头所受的力是否达到系统激振力，如果达到系统激振力则进入步骤 S31，否则进入步骤 S33。该处系统激振力的判断与上述夯底阶段的判断相同，在此不做赘述。

S33：再次提升振动杆，使振动杆的金枪头位于桩孔孔底以上预定的距离，然后重复步骤 S32。预定距离可以为 1m，也可以为其他数值。

所述步骤 S31 结束，进入步骤 S32 之前，还要进一步增加以下判断条件。

S312：判断振动杆上金枪头与桩孔孔口标高的距离，当振动杆的金枪头与桩孔孔口标高之间的距离小于预定值（预定值优选 1m）时，将振动杆金枪头的高度放置在距离桩孔孔口标高预定值的位置，并结束胀径，否则进入步骤 S32。

桩身向外扩张一定直径（胀径），将桩侧土的摩阻力改变为桩侧土对桩的挤压力（成剪力形式）。桩身可以采用强度等级为 C40 的干硬性混凝土制成，以增大桩身混凝土的刚度和强度。

胀径作业结束。

4. 振捣作业阶段（S3₅）

S3₅：在桩顶非胀径段灌注混凝土，同时以一定速度提升振动杆，边振捣边提升，将该处混凝土振捣密实，振动杆全部露出后关闭振动锤。

43.2.4.2　施工流程

振动夯底胀径干硬性混凝土灌注桩施工各阶段流程示意图如图 43-19 所示。

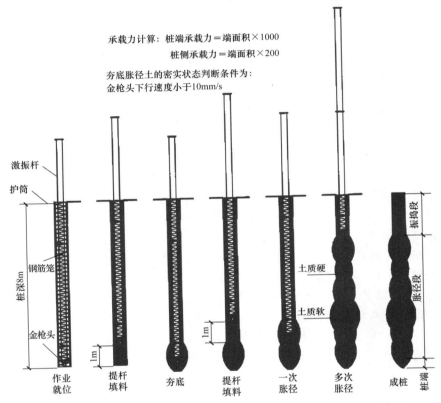

承载力计算：桩端承载力＝端面积×1000
　　　　　　桩侧承载力＝端面积×200

夯底胀径土的密实状态判断条件为：
金枪头下行速度小于10mm/s

图 43-19　振动夯底胀径干硬性混凝土灌注桩施工各阶段流程示意图

43.2.5　施工要点

1. 夯底阶段

1）金枪头尖放置于孔口标高时开启控制系统电源。

2）金枪头尖放置于孔底，启动振动锤，使金枪头尖向下位移 1m，且向下位移的速度大于 10mm/s。

3）卷扬钢丝绳向上提升，使金枪头尖到高于孔底 500mm 的位置。

4）再次向下，使金枪头尖到达距离孔底低于 1m 的位置，且向下位移的速度仍然大于 10mm/s。

5）重复步骤 3）。

6）重复步骤 4），直至向下位移的速度小于 10mm/s。

夯底层位于桩的下部，经振动锤组合对干硬性混凝土施加振动力形成加强体，用于夯实孔底虚土，解决桩端土质不均的问题，提高桩端承载力。

2. 胀径阶段

1）提升金枪头尖到孔底以上 1m 的位置。

2）向下位移 1m 且向下位移的速度大于 10mm/s。

3）卷扬钢丝绳向上提升 1m。

4）再次向下 1m，并且向下位移的速度仍然大于 10mm/s。

5）重复步骤 3）。

6）重复步骤 4），直至金枪头向下位移的速度小于 10mm/s。

7）再提升金枪头尖至高度为孔底上 1m 的数倍位置，重复步骤 2）～6），直至距离孔口标高 1m 的位置。

胀径层位于桩的中部，经振动锤组合对干硬性混凝土施加振动力形成加强体，用于挤密桩径虚土，解决桩径土质不均的问题，提高桩侧承载力。

3. 振捣阶段

提升振动杆，使金枪头尖回到孔口标高位置，关闭振动锤。

4. 操作控制系统施工要点

振动夯底胀径干硬性混凝土桩机操作控制系统充分利用卷扬变频电动机的功能，节省传感器，实现操作控制的准确性，同时将施工数据传输到数据平台，再传输给与该工程施工有关的技术人员和监督管理人员，实现了施工数据透明化，从而确保了施工质量。操作控制系统决定了夯底胀径桩施工的三个阶段。在这三个阶段的施工过程中要保证干硬性混凝土在孔内始终是充满的状态。

信息记录和传输单元的内容包括设备代码（设备内置）、桩点坐标（设备内置）、孔底深度（孔口标高到孔底的距离）、夯底情况（胀径阶段向下位移 1m 动作的次数）、胀径情况（胀径阶段动作的个数及个数中的次数）、完工时间（平台收到信息时间）。

前五项数据记录于 U 盘并发送给桩基础工程施工数据平台（简称数据平台），数据平台同步把六项数据（实际是工作设备、桩点位置、桩长尺寸、土层状态、完工时间）发送至项目经理和相关人员，实现数据的透明，便于监管，并为判断每根桩的施工是否满足设计要求提供依据。

43.2.6 一般规定、适用范围和施工特点

1. 一般规定

1）干硬性混凝土强度等级不应低于 C25。

2）主筋混凝土保护层厚度不宜小于 40mm。

3）钢筋笼应通长配筋，并与箍筋焊接。

4）桩的胀径层段的间距一般取 1m。

5）桩的振捣层高度一般取 2m。

6）桩钻孔直径宜选用 400～1000mm。

7）桩的最大设计桩长不宜超过 15m。

8）桩间距离不得小于 3.5 倍钻孔直径。

2. 适用范围

夯底胀径桩可用作建（构）筑物的桩基础，也可用作复合地基的竖向增强体，适用于地下水位以上、天然含水量小于 30％或液性指数为 0～0.75 的黏性土、粉土等。

3. 施工特点

1）制桩过程中，先将金枪头尖放置在孔口标高，然后放松卷扬机，将金枪头尖沉入孔底；开启振动锤，振动杆自动下行 1m 沉入土中，而后自动上升 1.5m，又自动下行 2m，留振 2min，又自动上行 1.5m。这样经过几次，反插夯底胀径桩桩底的扩大头即可达到设计压力 P_A，振动杆便自动进入胀径段工作。胀径段施工完毕，又自动进入振捣段工作。在上述自动施工过程中，振动杆每次上行、下行的高度（卷扬机钢丝绳行程）均由卷扬机的变频电动机的变频器提供，并由计算机控制；施工压力（加载力）均由振动锤的变频电动机的变频器提供，并由计算机根据金枪头实际尺寸控制振动锤激振频率来实现。

2）制桩过程中，利用振动锤变频电动机的变频器确定加载力，利用卷扬变频电动机的变频器确定振动杆上、下行高度，因而不仅实现了施工工艺自动化，避免人为因素影响，而且可以将灌注桩端阻和侧阻做到定量控制，从而提高制桩效率和质量。

3）制桩过程中采用干硬性混凝土，因为干硬性混凝土是散粒体，在金枪头反插运行过程中散粒体可以自由地向压力较低的部位流动，是将一般黏性土打造为超压密土不可代替的可靠的"桥梁"。

4）振动杆下端设置台阶状的金枪头，底端成 40°圆锥角。金枪头是对土施加各向等压（高围压）压缩的专用设备。金枪头按通过锥尖和台阶状产生的竖向总压力和水平总压力相等的原理设计，这样金枪头在反插运行过程中实现对土的各向等压压缩。

5）采用专用的控制系统，在该系统中加入 GPS 通信模块实现自动控制、程序化、网络化，操作简单、效率高。该系统可准确控制加载合力的大小，确保整个施工过程中竖向合力（ΣZ）和水平合力（ΣX）相等。此外，该系统可准确控制金枪头反插运行的高度。

由上可知，夯底胀径干硬性混凝土灌注桩在制桩过程中实现制桩工艺自动化的同时解决了桩端虚土和桩端土承载力不足的问题，孔壁土预先施加高围压，从而大大地提高了桩的承载力。

4. 优 缺 点

（1）优点

1）实现制桩过程自动化，施工作业安全透明，技术先进，经济合理，确保桩的施工质量，消除人为因素的影响。

2）桩的承载力比同等桩长、同等桩径的普通灌注桩大大提高。

（2）缺点

1）还需解决水下施工问题。

2）桩径、桩长不足。

参 考 文 献

[1] 河北省工程建设标准. 变径混凝土灌注桩技术规程（DB13（J）38—2003）[S]. 2003.

[2] 河北省建设厅科学技术成果鉴定证书（冀科鉴字〔2003〕第 06 号）. 变径灌注成桩技术的研究 [Z]. 2003-03-29.

[3] 哈尔滨市建设委员会会议纪要（哈建纪发〔1999〕4 号）. 变径灌注成桩应用技术论证 [Z]. 1999-03-23.

[4] 黑龙江省工程质量基础专业检测中心变径灌注桩"中试". 单桩竖向静载试验报告 [R]. 1998-12-28.

[5] 中国石化集团勘察设计院. 沥青储罐充水预压沉降检测技术报告 [R]. 2002.

[6] 李广信. 土的三维本构关系的探讨与模型验证 [D]. 北京：清华大学，1985.

[7] 沈保汉. 一种振动夯底胀径干硬性混凝土灌注桩施工设备：ZL201520684080.7 [P]. 2015-09-06.

第 44 章　DH 先进型快速预应力混凝土管桩

李胜男[*]　沈保汉

44.1　基本原理和适用范围

DH 先进型快速预应力混凝土管桩主要改进自预先钻孔法埋入式管桩（或称植入式管桩）的预制及施工工艺。

44.1.1　管桩的发展历程

先张式预应力混凝土管桩（以下简称管桩）自 20 世纪 60 年代开始在日本实际运用以来（世界上第一部管桩标准是 JIS A5335）即迅速成为全世界最普及的基础桩形式之一。20 世纪 70 年代开发的离心预应力高强度混凝土管桩（PHC 桩）进一步奠定了现代化管桩的基础。

管桩的施工工艺经工程界数十年的演化，主要有锤击式（或称打击式）、静压入式及埋入式（或称植入式）三种，各有其独特的优缺点，并按照工程界及社会需求而逐步演进。其中，锤击式工艺问世时间最长，达百年；静压入式次之；埋入式工艺则是最晚问世的施工工艺，大约产生于 20 世纪 80 年代。

DH 先进型快速预应力混凝土管桩（以下简称 DH 快速管桩）发展于 21 世纪初，主要是改良了埋入式管桩的预制及施工工艺，在前者的基础上加以强化、简化、精细化，以追求更高的质量及更短的施工工期，并利用整合工程的手段，进一步降低桩及基础工程的整体成本，是当前新型的管桩工法之一。

44.1.2　埋入式管桩的施工工艺

由于 DH 快速管桩的原理源自埋入式管桩，在此先简单介绍埋入式管桩的原理。

埋入式管桩有预钻孔式（外钻掘式）、中钻掘式、旋转压入式等不同的施工方法。以最普遍的外钻掘埋入式管桩为例，其钻孔设备以长螺旋钻孔机为主，先在桩位上预钻一个略大于欲埋入管桩桩身外径的桩孔（直径一般大 10～20cm，通常略大 10cm），以钻头配上螺旋钻杆，以驱动马达带动钻杆旋转，并配合钻进液将土层钻孔至设计深度，再由钻杆中空部分以注浆泵打入固定液（常用水灰比为 1∶1 的水泥浆液），注浆量以填充管桩中空内孔部分、管桩与桩孔间空隙为准（一般可以以预钻桩孔体积每立方米 6～8 袋水泥估计水泥浆用量），待固定液与土壤充分拌和后，将管桩桩身埋入预钻桩孔内的设计高程，达成沉桩的目的；待打入的固定液凝固后，便完成了一根管桩的植桩工作。

44.1.3　DH 快速管桩的原理

DH 快速管桩在工厂预制中沿用了一般管桩的制作工艺，但加上了桩头的配件来达成中空桩头的形成及桩头水平钢筋的锚固；沿用了埋入式管桩的施工工艺，但改进了后段桩头加强（或称桩头处理）的方式，使桩头填芯段的抗拉拔力改为桩头预置水平钢筋的锚固力，而非传统上依靠桩头填芯膨胀混凝土

---

　　* 李胜男，台湾德翰智慧科技有限公司副董事长。

与桩内孔壁间的摩擦力。

44.1.4　DH 快速管桩的适用范围

在管桩施工工艺的设计选用上，DH 快速管桩尤其适用于冲积层至软弱泥层的岩土条件，对于岩质地层及粗砾地层的适用效益则相对较低。这主要是因为 DH 快速管桩使用了与埋入式管桩相同的施工工艺，当然也就有着和埋入式管桩相同的岩土土层适用上的优点及缺点。

近年来，许多近海近河城市的开发，由于所在地点都是软厚冲积平原，不论是住宅还是工业建筑，都是 DH 快速管桩特别适用的领域。

44.2　优　缺　点

本节根据管桩施工的工程演进过程，按照出现的顺序依次介绍传统的三大桩种（锤击式、压入式、埋入式）施工工艺的优缺点，最后介绍 DH 快速管桩的优缺点。

44.2.1　锤击式管桩的优缺点

管桩的工厂预制大多已经实现制式流程化、生产机械化，且为多数的预制工厂所接受，其差异主要是工厂质量管控的精确度及成本的降低。

锤击式管桩是最早出现的管桩施工工艺，也是成本最低廉的工艺。它主要是使用外加的力量（如锤击头的重量及动能）将管桩击入土层中的设计位置，或达到一定的贯入度而中止。

44.2.1.1　锤击式管桩的优点

锤击式管桩成本低廉、施工机械简单，三节以上长桩的接桩容易。

44.2.1.2　锤击式管桩的缺点

1. 施工噪声污染及油溅污染

这是锤击式管桩最受诟病的缺点。一般的锤击式管桩施工时可产生 100～130dB 的噪声（依施工机械而异），虽然现代的锤击施工机械已大大改良以降低噪声，但多已超出了居民日常生活所能忍受的范围。这也是在高密度人口居住的城市中无法以锤击式管桩施工的主因。在日本，锤击桩几乎已经绝迹。

2. 振动污染

这是锤击式施工所带来的间歇性振动能量释放至地面而致。之所以特别提出有两个原因：一是在居住区或商业区施工时会使人们感到不适及不安全；二是在工业区，特别是高精密或高风险的工业区（如电子业、石化工业、精密机械业、制药业等，尤其是不能中断的连续生产线作业），若击桩距离太近（如 70m 内），因工厂生产设备对振动的高敏感性，会导致机械跳机或产生高不良率，有时甚至被迫停止生产。

3. 挤土效应

锤击式施工将具有一定体积的管桩贯入土层中，必然会对原有土层进行体积上的挤压，大部分会造成土体上挤的现象，有时会使先击入的管桩位移。因此，在全区域或部分区域打桩后必须等待一段时间（静置期），让土层稳定及桩头浮起，再进行后续施工工作。这主要是因为锤击桩的施工属于"扰动式"施工方式，其影响有以下几个方面。

（1）静置期长会造成工期拖延

依土层岩土性质不同，静置期一般长达 0.5～1.5 个月，工区其他施工必然中断，工期损失是必然的。施工方的解决方法是提早进行打桩作业，让最耗费工期的打桩工作及静置期自然消失。在楼盘建筑中，一般会提前3～6月打桩。但这种方式一般都是在核准建筑施工之前先行施工，有时可能连设计方案都还没有全部完成，这会无法让政府建筑核准管理流程完整发挥及达到安全保证的目的。

锤击式管桩静置期过长的缺点在埋入式管桩工艺上略有改善，但是静置期仍然太长。DH 快速管桩针对此点大力改进，以期达到压缩工期的效果。

（2）桩头浮起造成管桩截桩的比例增高

当然，桩头截桩的原因并不只是桩头浮起。在工程施工上，桩头高程的精准是相当重要的，一旦桩头浮起的程度达到容许值，会影响后续施工工序的精准度及成本。若加上静置期不足（一定发生在施工抢快时），因管桩的垂直位移量仍在变化中，则会留下更多的隐患。

这属于扰动桩的特性，土体受压力后将缓慢恢复，但速度非常慢。若抢快施工，不待土层恢复，则日后反而会有桩身负摩阻力的不良影响。这在埋入式管桩的非扰动性施工工艺上已有很大的改善，DH 快速管桩也与此相同。

4. 因锤击造成的管桩桩头及桩壁的破裂和裂纹隐患

锤击式施工是将外加力通过锤头施加在桩头上，桩头及桩身会因击打而产生破裂、裂纹或目测不到的小裂纹。明显的破裂或裂纹会使管桩被判定为不合格，而须截桩及重打，会增加成本、拉长工期。目测不到的小裂纹则会让深埋地下的管桩在使用年限期间（如 50 年或 100 年）桩壁的承载力减小，或增加预应力钢桩锈蚀断裂的可能性。而较粗松的施工质量管理及人为判断上的疏失或故意疏漏更会使这些隐患容易被蒙蔽。因为可能发生损害的时日久远（如 10 年或 20 年后），等到损害事件发生时，除可能造成伤亡损失外，请求补偿的对象或许也消失了。这在小尺寸的管桩上更加明显（因桩壁薄，混凝土保护层厚度更薄，裂纹更易被侵入），这也是管桩的设计尺寸越来越大的原因之一。

管桩桩身的裂纹隐患是设计师对其最大的排斥点，管桩无法运用在重大工程（如重大桥梁等）中，这是主因之一。这一点在埋入式管桩的非扰动性施工工艺上已有很大的改善，植桩施工后桩身几无裂纹，DH 快速管桩也与其相同。

5. 因管桩桩头截桩造成的桩壁混凝土预应力损失隐患

管桩锤击式施工方式使得在大多数工程中都必须将桩头做截桩处理，以使桩头高程达到设计高程。这种桩头截桩的处理方式改变了管桩在工厂预制后的出厂形态，使桩端板脱离了桩身顶部，失去了原来施加在预应力钢棒端头的锚固力。这也使得近桩头部位（如 2m 长度内）的预应力钢棒逐渐失去锚固力，使得该处的桩壁混凝土逐渐失去预应力。

埋入式管桩采用非扰动性施工工艺，桩头高程可以准确定位，且不会有浮桩的隐患，因此上述缺陷已有很大的改善，DH 快速管桩也与此相同。

6. 管桩的桩头加强仍有失效隐患

锤击式管桩的桩头加强方式一般有两种。

（1）桩头填芯段仍以膨胀混凝土的摩擦力连接

这种以传统的桩头填芯段膨胀混凝土与管桩壁混凝土间的摩擦力作为上方基础和管桩间连接的方式，除了膨胀混凝土的质量管理相当重要外，混凝土间摩擦力可能的丧失或耗损都是安全方面的隐患。2008 年上海楼房倒塌案例中即有明显的桩头填芯段失效的证据（图 44-1）。

（2）以钢筋焊接（或栓接）于端板达到锚固目的

在安全的工程设计中管桩的端板被视为一种不稳定的零件，因为端板材质是一般的碳钢材，易锈蚀，特别是在地下环境中，而且其不能像钢筋一样被混凝土稳定保护以维持其耐久性，因此不论锚固钢筋是用焊接还是用栓接的方式固定，只能提供一定年限内的锚固力。

图 44-1　大楼倒塌事件中管桩受拉力而破坏的情形——填芯段被拉出失效

这一点在 DH 快速管桩的中空桩头和预置水平筋工艺上有很大的改善，桩头填芯段的抗拉拔全部依靠桩头预置水平筋，且不再依赖摩擦力。管桩工程的改进演化经历了很长时间，许多业界前辈也都尽心尽力改善先前的技术，以求技术上更精进。DH 快速管桩的许多技术点也是改良自先前的打击式桩、埋入式桩技术，故在此先介绍先前的技术。

44.2.2　静压入式管桩的优缺点

静压入式管桩的出现是为了克服锤击式管桩的一些缺陷。其主要降低了施工噪声污染、振动污染，满足了在城市中施工的基本条件。但是静压入式管桩也相应产生了其他的缺点，如成本增高、工期拉长、施工机具巨大、偶尔会受限于施工工地形状等。

44.2.3　埋入式管桩的优缺点

埋入式管桩有很多种类，此处仅介绍常见的预钻孔埋入式管桩（植入式管桩）。

44.2.3.1　埋入式管桩的缺点

埋入式管桩的缺点主要有成本较高、植桩后仍须有足够的养桩期（如 28 天）、须二次钻心清孔及弃土、三节以上长桩的接桩不易施行等。由于埋入式管桩使用了水泥浆与土体拌和液作为桩孔稳定液及桩壁与土体间的强化结合物，大量的水泥用量使其施工成本增加，成为其最大的缺点。而必须实施桩头的二次钻心清孔，采用了大量的人工操作及人工判断，则是造成桩头加强的填芯段摩擦力失效或减损的主因，钻心清孔工法的选用及施工作业人员素质则是影响施工质量的重要因素（图 44-2～图 44-4）。

44.2.3.2　埋入式管桩的优点

埋入式管桩的出现改进了锤击式管桩的缺点，其优点主要有以下几点。

1. 噪声低，几无振动污染

由于埋入式管桩的施工工艺属于非扰动桩模式，施工时的噪声低（比一般的公路行车噪声还低），在城市中施工不会引起居民的不安，克服了大部分打击桩的缺陷。

图 44-2　传统埋入式管桩的二次钻芯处理及机具

图 44-3　传统埋入式管桩钻芯清孔后的桩内壁

图 44-4　传统埋入式管桩桩头置入钢筋笼及灌填芯混凝土

2. 无挤土效应

埋入式管桩属于"非扰动桩",管桩与土体间的空隙皆以水泥浆与土壤拌和液填塞,不会有挤土浮桩,也不会有土层陷落之虞,植定后的桩头不会再移动。

3. 植桩施工的桩头高度控制良好,一般无需进行截桩处理

由于现代植桩施工机械的改进,植桩施工的精度比以前有较大的提高。目前植桩的水平及高程的误差多能控制在 5cm 之内,绝大多数的情形都不需要进行截桩处理,也因此,一般在植桩后无需等待截桩处理,避免了工期及成本的浪费。

4. 植桩施工速度快

现代植桩施工机械进步，且因植桩施工属非扰动性施工，施工速度快。一般 1 个植桩工班是 7 人 3 机（钻孔机、吊车、机械手）作业，施工现场干净整齐。在实际案例中，$\Phi 800\mathrm{mm}\times 26\mathrm{m}$ 桩（二节接桩）可达到 1 工班 10 小时工作量 18 组/天。当然，施工速度仍须依土层的岩土性质而定。

5. 管桩桩身几无破损及裂纹

植桩施工属"非扰动性"施工，由桩体自重控制沉桩，无需以外力撞击或加载，所以在植桩后桩身均无损伤。这个优点是埋入式管桩广受工程师信赖的主因。其桩身无破损或裂纹，表明植桩后的桩身与预制出厂时的状态是一致的，在结构安全上的保证是合格的。

植桩工作中仍偶有桩体损伤发生，主要发生在管桩自拖运车卸货时吊装跌落的情形。

44.2.4　DH 快速管桩的优缺点

DH 快速管桩源自埋入式管桩（详见 44.2.3 节），其技术改良，保留了后者所有的优点，但也有一些变化，所以读者要先阅读 44.2.1 及 44.2.3 节的说明，才能详知其脉络。

44.2.4.1　DH 快速管桩的优点

DH 快速管桩除具备 44.2.3 小节介绍的埋入式管桩的优点外还有以下优点。

1. 更可靠、更耐久的桩头填芯段抗拉拔力

为改良传统埋入式管桩的缺点，DH 快速管桩在桩头设置了中空桩头及预置水平钢筋，二者各有其优点。

（1）中空桩头的优点

中空桩头由桩壁与下挡板、上盖板及通气管等零件组成，主要目的是使管桩埋入土层时，管桩内孔中的空气得以借由通气管从桩顶排出（克服浮力，以免无法沉桩），并使下挡板与上盖板间保持干净（无需二次钻心清孔，以维持桩内孔孔壁的洁净及粗糙度）。

中空桩头的采用可节省二次钻心清孔费用，并节省工期；最重要的是借由工期的压缩，可以在其他后续工序上获得更多的效益。

（2）桩头预置水平钢筋的优点

桩头预置水平钢筋是嵌入桩壁混凝土之中的，可以发挥其锚固效果，为桩头填芯段提供抗拉拔力。在管桩桩身结构上，中空内孔的空间有限且周围受到桩壁（预应力钢棒、螺旋筋及高强度混凝土，为工厂预制）的围束与保护，当桩头水平筋伸入桩壁混凝土中时，虽然伸入长度并不长（受到桩壁厚度的限制），但此水平筋只是用其抗剪力来承受桩头填芯段的抗拉拔力，相对的是水平钢筋对于桩壁混凝土的承压力相当单纯（图 44-5～图 44-13）。

在大尺寸管桩（如 $\phi 800\mathrm{mm}$ 以上者）中，因桩壁厚度较大，提供的混凝土保护层较厚，可使用带有弯钩的预置水平筋，增加其锚固力及稳定性。

（3）桩头填芯段与上方基础承台混凝土一同灌注的优点

传统的管桩桩头加强的填芯段混凝土通常都是独立灌注的，待稍干硬后，再进行上方基础承台的组模、绑筋、再一次灌注混凝土。这会在桩头与承台接口处形成一个灌注工作缝，降低构件结合的强度，并延长施工时间。

DH 快速管桩由于植桩后中空桩头的露出非常迅速，桩头加强的填芯段钢筋通常可与上方基础的钢筋一同组立；且因中空桩头不深，常会一并灌注混凝土。这有助于界面强度的提高，也有助于工期的缩短（压缩）。

图 44 - 5   DH 快速管桩桩头填芯段抗拉拔试验

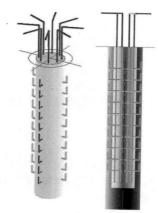

图 44 - 6   DH 快速管桩桩头水平筋
（大尺寸管桩适用）

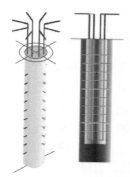

图 44 - 7   精简型 DH 快速管桩桩头水平筋
（一般尺寸管桩适用）

图 44 - 8   DH 快速管桩桩头水平筋组立

图 44 - 9   DH 快速管桩桩头水平筋嵌入桩壁

　　DH 快速管桩设计了中空桩头及桩头部位多层的预嵌水平筋，作为与上方结构体的结合界面。这种设计改进了传统埋入式管桩桩头内孔摩擦力的形式（可能只能承受约 200kN 的拉力，视情形而定），进而可以承受 1750kN 以上的稳定拉力（图 44 - 5）。（注：是桩头填芯段承受的拉力，并非桩身承受的拉力。）

　　当然，管桩在工程中的实际用途仍以垂直压力承载为主，拉力承载的设计并非重点，实务上也无需设计过高的承拉量，DH 快速管桩内孔填芯段 1000～3000kN 的承拉量已经足够满足工程师的要求。在

2009 年的上海某大楼倒塌事件中（图 44-1）也可以看到管桩受拉力而破坏的情形——填芯段被拉出。

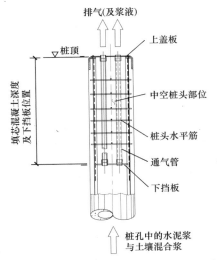

图 44-10　DH 快速管桩的中空桩头设计

图 44-11　DH 快速管桩可迅速打开顶盖

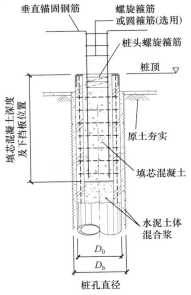

图 44-12　DH 快速管桩桩头的加强处理

图 44-13　桩头水平筋、垂直锚固筋及螺旋箍筋的绑扎

在预置水平钢筋结合桩头加强的垂直钢筋及混凝土后，形成完整的钢筋混凝土结构构件，即成为力学上更为完美的承力构件。这是最受工程师欢迎的安全结构，也是开发 DH 快速管桩的初衷。这一改良技术距离管桩出现的 20 世纪 70 年代已近 50 年，我们也期待日后工程界有更好的技术出现。

2. 更快的施工速度

实际施工中 DH 快速管桩的工地植桩施工速度与传统埋入式管桩相比并没有加快，真正节省的是后续工序的时间（包含工期的等待时间）。

由于中空桩头的设置，DH 快速管桩在土层中植定后即可打开上盖板，并抽出通气管，中空桩头立即露出。此时即可开始进行后续的桩头加强工序及上方基础承台工序（通常此二者可以选择同时进行混凝土灌注，也有利于钢筋的绑扎，可再节省 2～3 天工期），相当节省工期。由于工班等待的空档时间大幅缩短，提高了劳务效率，降低了人员流动率，也会使项目的工地管理更为流畅。

在传统埋入式桩的施工中，管桩植定后通常需要 28 天的养桩期才能进行后续工序（包含二次钻心清孔等），这会造成工程的中断，相当浪费工期。DH 快速管桩在植定后，只需利用人工及普通扳手即可打开上盖板（原设计是使用气动或电动扳手开启，但在实际施工上，只需简易人工即可达成，这一部分称为管桩的"易拉瓶"工法），进行后续工序，缩短了工期（图 44-10～图 44-13）。

土木工程中"地下工作"是花费时间最多的。若以埋入式管桩作基础桩，则埋桩（植桩）的工序最耗费工期。在 DH 快速管桩的发展中，原是以发展一种更加安全的管桩为目的，追求更高的质量、更好的力学性能（工程师的角度），后期反而以快速的工期为要求（管理者的角度），并借以减小资金压力（投资者的角度），可以说是无心插柳（图 44-14～图 44-16）。

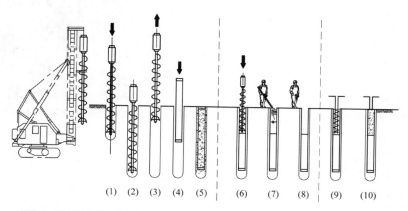

传统的预先钻孔法埋入式管桩施工工序：
(1) 用长螺旋钻孔机成孔
(2) 排出钻土，钻至设计深度
(3) 钻孔完成，拔出钻杆
(4) 补入水泥砂浆，并植入管桩
(5) 将管桩植入至设计深度，并养护
(1)～(5)为标准情形，桩孔养护28天才能进行后续工序

(6) 用长螺旋钻孔机在桩顶部二次钻孔，桩头清孔
(7) 排出钻土，钻至桩头处理深度，人工清理(高压水冲洗及手工刷洗)桩体内壁
(8) 桩头除水，清理二次钻孔，余土运弃。通常需要一个较大的区域，桩头清孔工作完成才能进行后续工序
(9) 将垂直锚锭钢筋置入桩头部位
(10) 灌注膨胀混凝土并养护

(a) 传统的预先钻孔法埋入式管桩施工工序

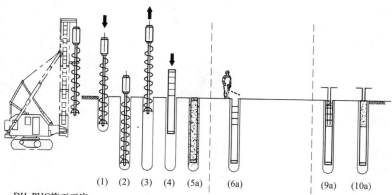

DH-PHC施工工序：
(1) 用长螺旋钻孔机成孔
(2) 排出钻土，钻至设计深度
(3) 钻孔完成，拔出钻杆
(4) 补入水泥砂浆，并植入DH-PHC管桩
(5a) 将DH-PHC管桩植入至设计深度
桩孔中水泥浆的养护是与工序(6a)～(10a)同时进行的

(6a) 以气动或电动工具迅速移除上盖板/PVC通气管，干净的中空桩头和嵌入桩壁的钢筋立即露出(不使用大型机具施作及搅动)；通常只需基桩植定后12～24h，各桩即可分别施作
(9a) 将垂直锚锭钢筋插入中空桩头部位
(10a) 灌注混凝土并养护

(b) DH-PHC埋入式管桩的施工工序

图 44-14 传统的预先钻孔法埋入式管桩与 DH-PHC 快速管桩埋入式工法的工序比较

管桩植桩速度因各地土层/桩径而异。
未包含加速整合土木基础工法及其他超（超）快速植桩工法。
范例：单一建筑物，600根-φ600×24m。植桩速度约12根/天(第一工班组)

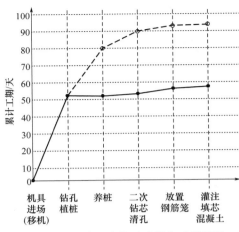

图例：
○---- 传统管桩
●—— DH-PHC管桩

说明：
1.传统工法中，未计入个别工种工班间的清场(离场)、进场(动员)及等待时间的工期浪费
2.以一略具规模性的400根二节桩而论，自管桩施工组入场起至基础施工组接手需2.5～3个月，而用OH-PHC工法，仅需1～1.5个月工期(不计入管桩工厂生产误差)。可作为工法速度的比较参考

图 44 - 15　传统的预先钻孔法埋入式管桩及 DH - PHC 快速管桩的埋入式工法的工期比较

管桩植桩速度因各地土层/桩径而异。
土木基础/承台整合施工，施工速度因基地地形、开挖状况、规模、各工种整合而异。
范例：单一建筑物，600根-φ600×24m。植桩速度12根/天(每一工班组)

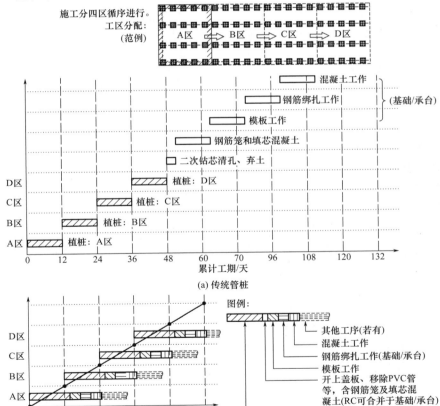

(a) 传统管桩

(b) DH-PHC管桩

图例：
其他工序(若有)
混凝土工作
钢筋绑扎工作(基础/承台)
模板工作
开上盖板、移除PVC管等，含钢筋笼及填芯混凝土(RC可合并于基础/承台)
植桩

说明：
1.快速植桩工法：DH-PHC管桩植定后12～24h，即可开盖施行后续工序/工种作业。
2.超快速植桩工法、超超快速植桩工法：可进一步配合工地全面施工，循序分区进行开挖、植桩、土木、回填等工作，以加速整合后续土木基础/承台施工，缩短工期，并降低土方作业空间要求。

图 44 - 16　DH - PHC 快速管桩和传统的预先钻孔法埋入式管桩的工期比较（工序整合）

3. 桩头加强工序的填芯段混凝土只需使用普通混凝土

填芯段混凝土只需使用普通混凝土，是与传统的填芯段混凝土须使用膨胀混凝土相比较而言的。在成本上，普通混凝土比膨胀混凝土便宜。而在质量管理上，膨胀混凝土的使用一般较不容易判知，且检验较难；各厂家配方有所不同，易造成混乱及失误（或故意失误），反而形成监理盲点。

传统埋入式桩的桩头填芯段抗拉拔功能必须由填芯混凝土与桩壁间的摩擦力提供，而 DH 快速管桩桩头填芯段的抗拉拔功能已由桩头预置水平钢筋的抗剪力取代，所以使用膨胀混凝土并无意义，而使用普通的商品混凝土在质量管理上相对容易。

44.2.4.2　DH 快速管桩的缺点

1. 管桩工厂预制成本增加

DH 快速管桩在桩头部位做了改变，必须加入更多零件以完成中空桩头及预置水平筋的设置，所以成本必然会增加。目前 DH 快速管桩使用的是很普通的材料，如钢板、竹节钢筋、PVC 通气管等，使成本的增加降到最低。

DH 快速管桩在预制上增加最多的成本是劳务成本，但也极为有限。

现阶段 DH 快速管桩预制上最麻烦的是管桩工厂生产线的调配。因为工厂必须为众多客户生产多样性的管桩成品，生产线多已达到半自动化，大量使用机械取代人工，而 DH 快速管桩的桩头制作必须以人力进行，会使生产流程慢下来。但这是其尚未普及时的短暂现象，需求量增大后将会改善。

由于类似组装式建筑构件的推广普及，构件的工厂预制化是必经的阶段。工厂制作因作业不受气候环境影响，辅助、机具齐全及自动化，在质量管理、成本控制、工作效率上都远优于工地操作，甚至可以全天轮班生产，提高生产率。DH 快速管桩的优势之一即将原本必须在工地施行的工序先一步在工厂预制时准备齐全，待运至工地植桩时可迅速展开后续工序，减少工地闲散劳务，除节省时间外还可以降低成本。DH 快速管桩所增加的零件均已规格化，可工业化大量生产，所以，少量零件增加的成本实不足虑。由于 DH 快速管桩的精确度高、安全性高、工期短，将在未来装配式建筑中的地下构件领域发挥其特长。

将 DH 快速管桩桩头处理的大部分工序移至工厂内处理，在工地植桩后，一打开上盖，干净的桩头内孔即具体呈现，如同精心塑造一般。PC/PHC 管桩、填芯混凝土、土建基础等各部分的物料（或部品）都能够在最短的时间内集中到施工工地或使其停留的时间降至最少，类似于使生产线上的各部品都能及时到达。这在工地的用地管理、用人管理、分包商管理上都与传统的施工不同，呈现出技术的进步。

2. 施工管理的精进配合

DH 快速管桩最大的优势是可在项目上进行大量的工期压缩，这有赖于工地管理人员的素质。如果仅依靠 DH 快速管桩的加速，而其他工序或工程进度跟不上，仍会造成窝工，无法达到项目工期最大限度的压缩。在业界尚未熟悉 DH 快速管桩的作业速度时就会出现上述现象，一旦熟悉了，就不会有此状况。

44.3　施工机械设备及施工工艺

DH 快速管桩施工工艺主要改进自预钻孔埋入式管桩（植入式管桩）的施工工艺，与后者并无太大差异。工地植桩施工属于非扰动性施工，施工速度快，一般 1 个植桩工班是 7 人 3 机（长螺杆钻孔机、吊车、机械手）作业，所需设备则辅以一套水泥储槽（散装水泥用）、水泥浆拌和槽及压力泵送机（将水泥浆泵送至桩孔位置上的钻孔机钻杆）。其施工机械可以说相当简便易取得（图 44-17）。

(a) 桩身运输　　　　　　(b) 吊车、长螺杆钻孔机及机械手

图 44-17　DH 快速管桩的主要施工机械

　　DH 快速管桩施工工艺主要是改进自预钻孔埋入式管桩（植入式管桩）的施工工艺，二者并无差异，但改善了管桩植定后与上方基础承台间的接口整合，以加速压缩工期（图 44-9、图 44-17）。

　　DH 快速管桩的核心专利工法主要刊列于中国发明专利 CN102102363B 中，其他相应的技术专利仍在不断的研发及补充中。

参 考 文 献

[1] 廖振中 . 管桩简明手册 [M]. 成都：四川大学出版社，2012.

[2] 梁濑久和，芳贺孝成 . 埋込み杭工法 [M]. 东京：森北出版株式会社，1984.

[3] 沈保汉 . 高层建筑施工手册 [M].3 版 . 北京：中国建筑工业出版社，2017：732-744.

[4] 沈保汉 . 桩基与深基坑支护技术进展 [M]. 北京：知识产权出版社，2006.

[5] 李胜男 . 预力管桩桩头接头的改进——以上海大楼倒塌案为例 [C].2016 亚太城市建设实务论坛（香港），香港，2016.

[6] 彦通工程有限公司 . 德翰智慧科技公司 PC 桩桩头拉拔试验报告书 [R]. 高雄，2014.

第 45 章　静钻根植桩

吴磊磊

离心成型的先张法高强预应力混凝土管桩具有质量易保证、耐打性好、造价低、施工速度快、易于检测等优点，于 20 世纪 80 年代中期开始在广东、上海、浙江等地逐步推广应用，目前已成为国内使用最广泛的桩型之一。根据我国预应力混凝土管桩的生产量估算，其总使用量已超过 20 亿 m，有力地支撑了我国经济的发展。

随着城市化进程的快速推进，因现有预应力混凝土管桩在产品方面存在开挖时易出现偏位及开裂、软土地区桩身强度利用率较低、作为抗拔桩使用时节点质量难控制等问题，在施工工艺方面存在挤土效应明显、穿透坚硬夹层有难度、打入法施工时产生噪声和空气污染等问题，其应用受到了一定的限制。

另外，在软土地区，泥浆护壁钻孔灌注桩虽然单位承载力造价比预应力混凝土管桩高较多，但因对地质条件适应性更强、桩径可调范围大、较为机动灵活，在城市建设中仍得到了广泛的应用。随着建设工程向绿色施工、工业化方向发展，对桩基工程也提出了更高的环保、节能、减排及构件部品化等要求。在此背景下，泥浆护壁钻孔灌注桩因影响成桩质量的不确定因素多、大量泥浆难以处置等问题，应用发展的局限性日益凸显。

针对上述现有预应力混凝土管桩产品及施工工艺存在的问题，通过研究日本等国的预应力混凝土管桩产品及施工方法，并分析国内软土地区泥浆护壁钻孔灌注桩的优缺点，开发了采用埋入法施工预制桩的静钻根植桩技术。

45.1　概　　述

45.1.1　基本原理

静钻根植桩技术主要包括预制桩产品和施工工艺两方面内容。产品方面：复合配筋高强混凝土管桩（简称复合配筋桩，代号为 PRHC）通过在预应力混凝土管桩中增加配置非预应力普通钢筋，大幅度提高桩身抗拉、抗弯性能，并改善桩身延性；预应力高强混凝土竹节桩（简称竹节桩，代号为 PHDC）是在桩身等间距设置竹节状突起的异形预制桩产品，竹节状部位外径比桩身外径大 150～200mm，可大幅度提高桩与周围土体的摩阻力。施工工艺方面：通过单轴钻机注水（或膨润土混合液）搅拌成孔消除挤土效应；通过液压设备进行桩端扩底，增大桩端与持力层接触面积，提高端阻力；通过注浆固化桩端、桩周部位土体，提高土体强度；通过依靠桩自重完成沉桩了保证植入的预制桩的完整性。

45.1.2　适用范围

静钻根植桩技术在浙江、上海等地区已成功应用于近百个高层办公楼、高层住宅、轨道交通、高架桥梁、电力等工程中，所涉及的场地的地基土包括填土、淤泥、淤泥质土、黏性土、粉土、砂土、碎（砾）石土、全风化岩、强风化岩及中风化软质岩等地层，均表现出了良好的适用性。

当地基中水、土具有中、强腐蚀性时，静钻根植桩与传统工艺施工的预制桩、钻孔灌注桩相比均具有更好的适用性，主要表现在以下三方面：①施工过程对植入的预制桩无损伤，可充分发挥高强混凝土的耐久性能；②碱性的桩周水泥土可延缓腐蚀性介质向桩身迁移的速率；③防腐要求高时，可在预制桩桩身外侧涂刷防腐涂料，植桩时涂层不会受到破坏。

对于城市中心区的工程，项目场地周边建筑物密集，道路网密布，交通流量大，且地下分布有较多管线，通常对挤土的控制、泥浆排放的控制要求较高，适合静钻根植桩发挥其无挤土、无泥浆外排的优点。

目前，该桩型常用的植入桩桩径为 0.4～1.0m，最大钻孔深度可达 80m。

45.1.3　技术特点

1. 优点

静钻根植桩技术作为非挤土桩基础技术，可有效解决钻孔灌注桩施工时泥浆带来的严重环境污染问题和工程质量不稳定问题。其主要具有以下优点。

（1）桩身质量可靠

预应力混凝土管桩等预制桩产品符合当前建筑工业化的要求，桩材工厂化规模生产，混凝土强度等级可达到 C100，与现场灌注桩相比，桩身质量更稳定、可控。

（2）桩身结构性能充分发挥

基桩的受力特点为：桩顶部承受的竖向荷载或水平荷载最大，桩端部承受的竖向荷载或水平荷载最小。静钻根植桩配桩时根据该特点进行桩的灵活组合，下段桩采用竹节桩，充分发挥竹节桩的特点，增强桩身和土体的咬合能力，提高侧摩阻力，并使桩身和桩端部扩大头有效结合，为桩端承载力的发挥提供保障。根据不同的抗拔和抗水平力需要，上段桩可以采用大直径桩或复合配筋桩，从而实现最佳组合，充分发挥各桩型的优势。

（3）桩身无损伤

传统预制桩施工，无论是静压还是锤击，都不同程度地对桩身材料带来损伤，而且微观的损伤通常不易发现，存在一定的质量和安全隐患。静钻根植桩工艺为预先钻孔后，使桩主要依靠自重沉入桩孔至设计标高，不需要对桩施加任何外力，对桩材无任何损伤。

（4）地质条件适应性强

依靠设备的先进性和强劲动力，静钻根植桩工艺解决了预制桩碰到坚硬夹层施工难度大的难题。其施工时可控制钻孔深度以确定桩长，确保桩顶标高满足设计要求，并避免了因持力层变化造成桩底达不到持力层的问题。

（5）长期耐久性可靠

成桩后，高强、高度密实的混凝土桩身未受到损伤，且桩身内外皆有碱性的水泥土包裹，防腐性能优于传统桩型。在防腐要求较高的环境中，传统管桩施工时采用的方法是在焊接接口等部位涂刷防腐材料，但是在施工过程中，防腐材料与桩周土体摩擦后所剩无几，难以起到防腐作用。静钻根植桩在植桩过程中，孔内为流动状态的水泥土，对桩周的摩擦力很小，不会对防腐层造成破坏，通过刷防腐涂料加强防腐效果的目的可以实现。

（6）施工过程可控

施工设备先进，施工过程中的各工序皆通过相关设备进行实时监控和数据的存储，包括钻孔速度、钻孔深度、水泥浆注入量、扩底尺寸、植桩重量、拔钻速度、持力层状况等，从而实现了施工过程可视化，通过监控设备可以监视每个工序的执行情况和效果，真正做到施工全过程自动监控，符合桩基施工发展的趋势。

（7）施工速度快

依靠先进的施工设备和施工工艺及工厂化生产的标准化，施工速度大幅提高，单台套设备每 24h 可施工 250～300m。

（8）无噪声、无挤土

静钻根植桩施工过程中不产生噪声，在城市居民区亦可正常施工。同时，其非挤土的特性使得该技术适应能力很强。传统意义上的钻孔灌注桩是非挤土桩，但是在其施工过程中，对周围土体也有不同程度的影响：钻孔过程中，孔周土体应力释放，周边土体向桩孔方向发生变形；混凝土灌注过程中，会对孔周土体产生一定的挤压作用，对变形较敏感的工程（如地铁工程）产生较明显的影响。静钻根植桩在钻孔过程中，原桩孔部位土体大部分留在孔内，大幅度削弱了孔周土体的应力释放；在植桩过程中，植桩施加的压力会随着流态水泥土的溢出得到释放，不会对孔周的土体造成影响，是真正意义上的非挤土施工技术。

（9）无泥浆外运

桩位处的土体大部分保留在孔内，在植桩过程中排出的少量泥土经过硬化后可以土方的形式运出，无泥浆外排，解决了泥浆排放的问题。

2. 缺点

用于静钻根植桩施工的设备包含大型桩机和吊机，重量大，因而施工时对地面承载力要求较高；当桩端需进入硬质岩时，钻头磨损较大，效率较低，整体效益下降较多。

45.1.4 专利情况

截至目前，静钻根植桩技术已获得专利授权 33 项，其中发明专利 11 项，实用新型专利 22 项。此外，还申报了发明专利 5 项，处于实质审查阶段。

该系列专利主要涉及管桩、复合配筋先张法预应力混凝土管桩、静钻根植先张法预应力混凝土竹节桩等的生产、静钻根植桩施工工艺等内容。

45.2 静钻根植桩的施工

45.2.1 主要机具设备

用于静钻根植桩施工的主要设备见表 45-1。

表 45-1 主要设备清单

序号	设备名称	用途	常用规格、型号
1	单轴钻机	钻孔	D-150HP、SDP110
2	桩架	悬挂钻机	DH558
3	吊车	植桩	80t、100t
4	挖掘机	挖沟槽及排土	0.8～1.0m³
5	供浆系统	泵送水泥浆	BL20
6	发电机	发电	400kV·A

45.2.2 工艺流程

静钻根植桩工法的主要工艺流程如图 45-1 所示，图 45-1 中的具体施工流程如下：

①钻机定位，钻头钻进。

②钻头钻进，对孔体进行修整及护壁。

③、④钻孔至持力层后打开扩大翼，进行扩孔。

⑤注入桩端固化水泥浆并搅拌。

⑥收拢扩大翼，边提升钻杆边注入桩身固化水泥浆。

⑦、⑧利用自重将桩植入钻孔，调整桩身垂直度，将桩植入桩端扩底部位。

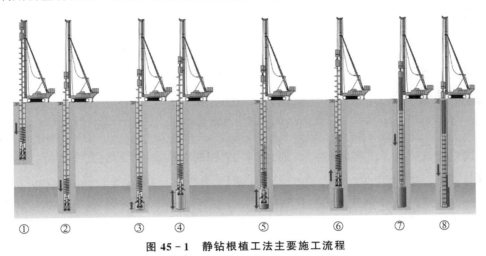

图 45 - 1　静钻根植工法主要施工流程

45.2.3　施工准备

静钻根植桩基础施工前应做好下列准备工作：

1) 当地基浅部分布有淤泥、淤泥质土等软土层时，应预先进行场地回填等处理，提高地基承载力，以满足大型施工设备安全施工的要求。

2) 影响施工的高压架空线、地下电缆、位于桩位处的旧建筑物基础、地下管线和杂填土中的石块等障碍物应在施工前清除或妥善处理。

45.2.4　操作要点

1. 钻孔

钻孔施工过程应符合以下要求：①钻孔位置偏差不应大于 20mm；②通过钻杆垂直度校正系统保证钻杆垂直度偏差不超过 0.5%，以保证孔的垂直度；③根据钻进速度和地质情况调整水的用量；④对地基中存在深厚砂层且承压水水头较大的情况，成孔过程中穿越该含水层时，应根据经验采用适量的膨润土加强护壁作用；⑤根据钻进速度和钻机电流变化，结合岩土工程勘察报告判断进入持力层的情况；⑥钻至设计深度后升、降钻杆修整孔体 2～4 次。

2. 扩底

静钻根植桩端部的扩底固化对其发挥承载力非常重要，在施工过程中如何实现并确认设计所要求的扩大尺寸是确保承载力发挥的关键之一，因此扩底要求做到：①使用液压扩大系统，在钻杆中埋入液压回路进行端部扩底作业；②钻孔施工前，在地面上操作打开扩大机构，确认设备工作状况；③扩底作业时，根据所在土层的强度指标分 3～5 次逐步扩大至设计要求的尺寸，并通过管理装置仪表进行实时监控。

3. 注浆

桩端、桩周注浆应满足以下要求：①桩端水泥浆水灰比一般为 0.6～0.7，用量为扩底部位体积的

100％；②桩周水泥浆水灰比一般为 1.0～1.2，用量为扩底部位以上钻孔体积的 30％；③注浆速度应和钻杆升降速度相匹配；④应先在孔底处注入桩端水泥浆设计用量的 1/3，然后反复提升、下降钻头，将剩余的 2/3 水泥浆注入至扩底部位，钻头提升、下降幅度为扩底部位的高度；⑤桩端、桩周水泥浆注入后应与土体搅拌混合均匀；⑥注浆终止位置应保证植桩后含水泥的浆液溢至设计桩顶标高处。

4. 接桩

桩与桩连接时，应满足以下要求：①条件许可时宜在预埋孔处进行预拼接；②采用焊接连接时，焊好的接头应对焊缝拍照存档。

5. 植桩

植桩时应满足以下要求：①桩的植入应和注浆保持连续，植桩应在桩端水泥浆初凝前完成；②采用检测尺对桩进行定位，桩位允许偏差为 30mm；③桩的垂直度允许偏差为 0.5％；④孔口接桩时，应采用专用工具将已沉桩节固定，然后吊装上节桩；⑤当最后一节桩沉至地面附近时，应采用送桩器将桩进行固定、校正和送桩。

45.3 静钻根植桩的设计

45.3.1 植入桩的组合

植入桩是竹节桩、复合配筋桩、预应力混凝土管桩等按一定形式组合的预制桩，具体组合方式一般根据桩基承受荷载的类型及大小确定。一般情况下，组合形式应符合下列要求：①桩端扩底时，植入桩的最下节桩应采用 PHDC 桩；②主要承受竖向压力时，最上节桩宜采用 PHC 桩；③承受较大竖向拔力或较大水平荷载时，最上节桩宜采用 PRHC 桩。

45.3.2 静钻根植桩的构造

静钻根植桩的构造要求主要包含以下内容：①钻孔直径应大于植入桩外径，钻孔直径与植入桩外径之差不应小于 50mm 且不应大于 150mm，一般可取 100mm；②当持力层为可塑～硬塑黏土、中密～密实粉土、砂土、砾（卵）石或全风化岩、强风化岩时，桩端宜扩底；当持力层为极软中风化岩时，桩端可扩底；③桩端扩底时，扩底直径不宜大于钻孔直径的 1.6 倍，扩底高度不宜小于钻孔直径的 3 倍。扩底部位示意图如图 45-2 所示。

45.3.3 抗压桩设计

根据国外大量试验资料，在与静钻根植工法相近的工法施工的桩基中，上节桩采用 PHC 桩或 PRHC 桩时，极限荷载作用下，桩周破坏面一般位于桩身与水泥土之间，而中下节的 PHDC 桩部位的破坏面位于竹节外侧的水泥土或水泥土和钻孔孔壁原状土之间。对于桩端部的破坏形态，根据国外的室内模型试验和对静载极限荷载试验后开挖出的桩端部进行确认：当下节桩使用 PHDC 桩时，试验桩的桩顶沉降量达到桩身外径的 10％时，桩端水泥土与竹节桩之间仍能保持一体；当下节桩使用 PHC 桩等圆面桩时，加载至一定荷载时桩端部易因桩身与水泥土间粘结力不足而发生刺入破坏现象。因此，在抗压承载力计算时，PHDC 桩的周长按节外径计算，其他类型桩按桩外径计算；在使用竹节桩的条件下，桩端面积取扩底部投影面积。计算公式为

$$Q_{uk} = \sum u_i q_{sik} l_i + A_p q_{pk} \tag{45-1}$$

式中　　u_i——桩身周长，PHDC 桩按节外径计算，其他类型桩按桩外径计算；

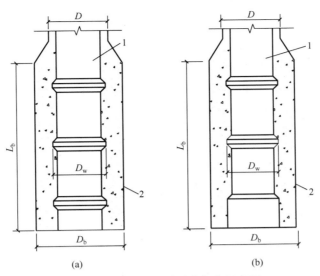

图 45 - 2　静钻根植桩扩底部位示意图

1. PHDC 桩；2. 扩孔边界线；D. 钻孔直径；D_w. PHDC 桩节外径；D_b. 扩底直径；L_b. 扩底高度

q_{sik}——桩周第 i 层土的极限侧阻力标准值，按岩土工程勘察报告提供的预制桩极限侧阻力标准值取值；

q_{pk}——极限桩端阻力标准值，桩端扩底时可按岩土工程勘察报告提供的预制桩极限端阻力标准值乘以表 45 - 2 中对应的折减系数取值，桩端不扩底时折减系数取 0.6；

l_i——第 i 层土的厚度；

A_p——桩端截面面积，不扩底时取钻孔底部截面面积，扩底时取扩底部位截面面积。

表 45 - 2　扩底静钻根植桩端阻力折减系数

土层名称	黏土、粉土、全风化岩	粉砂、细砂、中砂	粗砂、砾砂、强风化岩	砾石、卵石、中风化岩
折减系数	0.45～0.50	0.50	0.55	0.60

目前静钻根植桩已经完成超过 350 根桩的静载试验，通过验算和复核，承载力的估算结果与试验结果能够吻合并具有一定的安全储备，如图 45 - 3 所示。

考虑到用于静钻根植桩的植入桩在沉桩时无损伤，在桩身正截面受压承载力计算时适当提高成桩工艺系数，即

$$N \leqslant \psi_c A f_c \qquad (45-2)$$

式中　N——相应于荷载效应基本组合时，作用于单节桩的竖向压力设计值，对非最上节桩，宜按桩顶荷载扣除其上部桩节的侧摩阻力后取值；

ψ_c——成桩工艺系数，取值不宜大于 0.90；

A——桩身截面面积，对 PHDC 桩取非竹节状突起部位桩身截面面积；

f_c——桩身混凝土轴心抗压强度设计值。

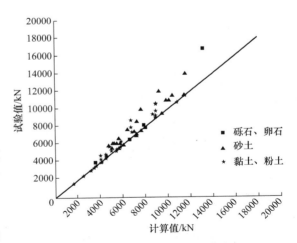

**图 45 - 3　静钻根植桩竖向承载力
试验值与计算值对比**

45.3.4　抗拔桩设计

静钻根植桩用作抗拔桩时，在桩端进行扩底，并在扩底部位注入同体积的水灰比为 0.6 的水泥浆，

可提高地基土提供的抗拔承载力。单桩抗拔极限承载力标准值可按下式计算：

$$T_{uk} = \sum \lambda_i u_i q_{sik} l_i \tag{45-3}$$

式中　T_{uk}——单桩抗拔极限承载力标准值；

　　　q_{sik}——桩侧表面第 i 层土（岩）的抗压极限侧阻力标准值，按预制桩参数取值；

　　　u_i——桩身周长，扩底时应按表 45-3 取值；

　　　l_i——桩穿越第 i 层土（岩）的厚度；

　　　λ_i——抗拔系数。

表 45-3　扩底时破坏表面周长

自桩底起算的长度 l_i	$\leqslant (4\sim10) D_w$	$> (4\sim10) D_w$
πD_b	πD_b	πD_w

45.4　承载性能

45.4.1　抗压承载力

表 45-4 给出了部分工程静钻根植桩的极限抗压承载力的数据，由数据可知，通过桩端扩底、注浆、采用 PHDC 桩，且因埋入式施工对桩身无损伤，静钻根植桩可以达到良好的抗压承载力性能，基本由桩身强度控制单桩承载力取值。

表 45-4　若干工程中静钻根植桩的极限抗压承载力

项目名称	桩长/m	桩径/mm	桩端持力层	极限抗压承载力试验值/kN
宁波中心	73	800	粉质黏土	10697
宁波轨道交通 1 号线二期工程	64	800	圆砾	16773
象山博浪海港城	48	800	含黏性土砾砂	11550
宁波戚隘桥综合体工程	70	600	粉质黏土	9500
上海彩虹湾医院工程	55	600	砂质粉土与粉质黏土互层	8800
	53	500		6500
杭州—下沙天然气枢纽工程	57	500	全风化岩	6000

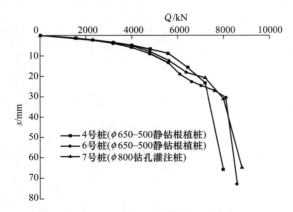

图 45-4　$\phi650-500$ 静钻根植桩与 $\phi800$
钻孔灌注桩竖向抗压承载力试验结果

图 45-4、图 45-5 为在宁波鄞州区的同一场地进行的 4 根静钻根植桩与 2 根钻孔灌注桩的竖向抗压静载试验结果。6 根试验桩的桩长均为 64m，以第⑧层粉砂层作为持力层，桩端进入持力层 2m，各桩的桩间距为 3m。按式（45-1）估算的 $\phi650-500$ 静钻根植桩与 $\phi800-600$ 静钻根植桩的极限承载力分别为 6650kN、8630kN。从试验结果来看，$\phi650-500$ 静钻根植桩与 $\phi800-600$ 静钻根植桩的极限承载力均高于式（45-1）的估算结果。$\phi650-500$ 静钻根植桩的极限承载力试验结果与 $\phi800$ 钻孔灌注桩相近，而 $\phi800-600$ 静钻根植桩的极限抗压承载力试验结果与 $\phi1000$ 钻孔灌注桩相近。

结合静钻根植桩在某轨道交通工程高架桥梁项目的应用研究，在 2 根非原位试桩中进行了桩端扩底部位承载力性能试验（图 45-6）。试验采用自平衡法进行加载，荷载箱位于桩底以上 7.0m 处，荷载箱以下为 PHDC 桩，荷载箱以上为 57m 提供反力的 PHC 桩。植入桩外径为 0.80m，钻孔直径为 0.90m，扩底直径为 1.35m，扩底高度为 3.0m。持力层为圆砾层，岩土工程勘察报告提供的该土层的极限端阻力标准值为 7500kPa。向下加载值达到 7800kN 时，加载箱底部向下位移分别为 7.23mm、6.94mm，桩端变形量仍较小。试验结果表明，加载过程中静钻根植桩扩底部位的 PHDC 桩与扩底固化体处于共同工作状态，加载至 7800kN 时 2 根桩的端部均尚未达到承载力极限状态，体现了当持力层为圆砾层时扩底对提升静钻根植桩抗压承载力的显著作用。

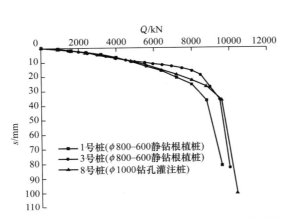

图 45-5　ϕ800-600 静钻根植桩与 ϕ1000 钻孔灌注桩
竖向抗压承载力试验结果

图 45-6　桩端自平衡加载试验

45.4.2　抗拔承载力

表 45-5 给出了部分工程静钻根植桩的极限抗压承载力的数据，由数据可知，采用静钻根植工法施工，通过桩端扩底、采用 PRHC 桩等措施，可保证桩身及节点的抗拔性能，大幅度提高单桩抗拔承载力。

表 45-5　若干工程中静钻根植桩的抗拔承载力

项目名称	桩长/m	上节桩规格	抗拔极限承载力试验值/kN	对应桩顶上拔量/mm
宁波中心	62	PRHC800（110）Ⅰ	3200	15.19
宁波轨道交通 1 号线二期工程	64	PRHC800（130）Ⅱ	4000	24.93
宁波市公安局业务技术用房迁建工程	62	PRHC800（110）Ⅲ	3800	14.66
	61	PRHC600（130）Ⅲ	2560	13.44
	61	PRHC500（125）Ⅲ	2300	15.26
宁波市中医院扩建工程	61	PRHC500（125）Ⅱ	2000	12.80
上海彩虹湾医院工程	43	PHC500 C（125）	3000	38.23

45.4.3　水平承载力

图 45-7 为在宁波市东部地区进行的 2 根静钻根植桩的水平承载力试验的 $\Delta x/\Delta H$ 曲线。植入桩的

下节均采用 PHDC 桩，中上部使用的桩型分别是 PHC800AB（110）管桩、PRHC800（110）Ⅱ型复合配筋桩。由于 PRHC 桩的桩身抗弯性能比 PHC 桩大幅提高，其水平临界荷载为 330kN，比同直径 PHC 管桩的临界荷载高出近 100％。

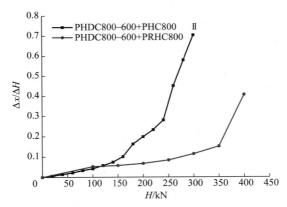

图 45 − 7 静钻根植桩水平承载力试验 $H − \Delta x / \Delta H$ 曲线

45.5 工 程 实 例

45.5.1 静钻根植桩在桩顶埋深大的轨道交通邻近工程中的应用

1. 工程概况

宁波中心三期商业工程位于宁波市东部新城核心区（图 45 − 8），包含 A3-22、A3-23、A3-25 地块，总建筑面积约为 32 万 m^2，主要建筑物为超高层写字楼及大型商业裙房。地下室为地下整体三层，送桩深度为 15.7～19.0m。

该工程邻近已通车的地铁 1 号线隧道区间和海晏北路站及未施工的 5 号线，周边环境较复杂，桩基础设计等级为甲级。通过方案对比和优化，静钻根植桩应用于裙房及地下室区域，数量约为 1450 根。

植入桩的外径为 0.80m，钻孔直径为 0.90m，扩底直径为 1.35m，扩底高度为 2.70m。其中，承压桩 P1 有效桩长为 56m，桩端持力层为 $⑧_1$ 粉质黏土层，单桩抗压承载力特征值为 4450kN，最大成孔深度达 75m；抗拔桩 P2 有效桩长为 46m，桩端持力层为 $⑥_3$ 粉质黏土层，单桩抗拔承载力特征值为 1400kN。

2. 技术措施

因该工程桩顶埋深大，最大孔深达 75m，桩顶标高控制难度大。静钻根植桩施工过程中，首先，通过配置桩架垂直度监控校正系统控制成孔的垂直度；其次，在植桩过程中，预制桩依靠自重沉入已成孔内；最后，送桩时，通过钻杆连接专用送桩器，送桩器卡住焊接于桩顶的卡块，适当施加压力（动力头、钻杆自重），使桩达到设计标高位置（图 45 − 9）。

轨道交通工程隧道区间对变形极为敏感，因此要求周边工程严格控制地下结构施工过程中对土体的扰动。静钻根植桩为非挤土桩，为充分保证不对轨道交通 1 号线造成不利影响，邻近隧道区间的静钻根植桩在施工过程中均按照正常工艺流程操作，但植桩时适当降低预制桩沉入已成孔内的速度。

3. 应用效果

该工程通过上述措施，桩顶标高得到了良好的控制，基本做到了不截桩。图 45 − 10 为超高层塔楼区域的灌注桩和裙楼及地下室区域的静钻根植桩在开挖至坑底时的对比。

图 45-8　宁波中心商业地块位置

图 45-9　宁波中心工程静钻根植桩施工现场

(a) 钻孔灌注桩

(b) 静钻根植桩

图 45-10　钻孔灌注桩和静钻根植桩开挖后情况对比

由图 45-10 可知，钻孔灌注桩施工时进行的超灌一方面影响接近坑底时的土方开挖，另一方面后续需要大量截桩头，增加费用和工期，且截除的桩头会形成难以处理的建筑垃圾。

整个工程施工期间，轨道交通 1 号线的变形监测数据均无异常情况发生，充分证明了静钻根植桩的非挤土特性，表明静钻根植桩适用于对变形敏感的建（构）筑物周边工程。

对于商业裙房和地下室区域，通过测算，静钻根植桩方案比同条件下的钻孔灌注桩方案节约总造价约 1000 万元，混凝土用量减少 71%，用水量减少 79%，泥浆量减少 71%，人工消耗量减少 60%，体现了良好的经济效益和社会效益。

4. 结语

桩顶埋深较大时，锤击、静压法施工预制桩通常难以控制，钻孔灌注桩需要超灌后截桩头，而静钻根植桩通过预先成孔后植桩，只要做好过程管理，就可以控制好桩顶标高。

邻近轨道交通工程时，需严格控制桩基施工对土体变形的影响。实践表明，静钻根植桩是严格意义上的非挤土桩，可以很好地满足该敏感性环境的要求。

45.5.2　静钻根植桩在地基中有密集老桩的工程中的应用

1. 工程概况

（1）工程简介

浙江浙能温州电厂四期工程是在拆除一期 2 台 135MW 机组基础上，按"上大压小"方式建设 2×

660MW 超超临界燃煤发电机组，同步安装脱硫、脱硝装置（图 45-11）。本期一号机的汽机房、锅炉房位于拆除的一期主厂房场地上。一期主厂房采用的预制方桩较多，由于老桩密集，且偏位情况较严重，在老桩与老桩之间的间隙进行桩基础的施工，难度非常大。

图 45-11　浙能温州电厂远景（二期、三期、四期）

（2）地质条件

该工程场地地基土的典型分布情况见表 45-6，上部约 30m 厚的土层以淤泥、淤泥质土为主，下部土层以粉土、粉质黏土为主。

表 45-6　各土层分布及其桩基设计参数

层号	地层名称	层厚/m	预制桩极限侧阻力标准值 q_{sik}/kPa	预制桩极限端阻力标准值 q_{pk}/kPa
①	黏土	0.5	60	—
②₁	淤泥	14.8	14	—
②₂	淤泥	12.9	18	—
③₁	淤泥质粉质黏土	1.6	22	—
③₂	粉细砂	2.8	40	—
③₃	粉质黏土	8.3	30	—
④₁	粉土	2.6	40	2500
④₂	粉质黏土	1.3	40	—
④₃	粉土	2.5	40	—
⑤₁	砾（卵）石	2.4	200	10000
⑥₁	粉质黏土	3.4	50	—
⑥₂	粉质黏土	3.6	60	3000
⑥₃	粉土	3.1	40	—
⑦	砾（卵）石	5	200	11500

2. 桩基选型及施工质量控制

（1）选型分析

该工程若采用打入桩方案，挤土效应非常复杂，会对邻近厂房有一定影响。在打入施工过程中如碰到原有桩基础会造成桩偏位、折断等质量事故，施工质量无法保证，且桩在折断的瞬间会快速下沉，桩锤会跟着高速下落，存在一定的安全隐患。若采用钻孔灌注桩，碰到老桩时需要重新定位避开老桩，桩孔需要进行回填处理，且在回填桩孔附近成孔难度大，钻杆会向旧桩孔倾斜，施工进度和质量无法保证。

静钻根植桩在施工过程中碰到老桩可及时注浆固化已成孔，并通过调整桩位最大限度降低对工期和造价的影响，将损失降到最低。通过技术、经济比较，最终选择静钻根植桩作为本工程的基桩。

（2）质量控制措施

1）桩机正式施工前，首先由钻机在桩位处向下试钻，并注意观察钻机的状态。如在距离地表较浅处发现桩位处存在老桩，则确认偏移方向及偏移距离后在新的桩位处施工。

2）在钻孔至接近方桩桩底深度时碰到方桩，可充分发挥施工设备优势，利用钻机强大的扭矩继续钻进，依靠钻头反复不停的摩擦，破碎局部桩身混凝土，在不改变钻孔位置并且不影响钻孔垂直度的同时完成钻孔过程。

若钻孔过程中不能完全磨碎方桩混凝土，会造成钻头部位向方桩相反方向轻微倾斜，钻孔垂直度发生偏差。在这种情况下，可通过修孔过程对钻孔垂直度进行调整，使其满足要求。当实际钻孔直径略大于设计钻孔直径时，根据实际钻孔直径计算注浆量，通过增加注浆量的方法对增大部分的孔体进行处理。在这种情况下，桩位可能有微量偏差，桩基础承载力及桩身完整性能够满足要求。

3）当钻孔深度达到方桩桩身中部位置时如碰到方桩，导致不能继续钻进，可发挥静钻根植施工的工艺特点，在此处拔出钻杆，同时在钻孔中注入水泥浆埋孔。待此钻孔的水泥土达到该区域原状土强度后，按照偏移方向和偏移距离重新钻孔。

3. 应用效果

该工程的静钻根植桩施工过程中，共计 350 根桩在不同深度碰到老桩，根据碰到老桩位置的不同采取了前述处理措施，均顺利完成施工。

此外，该工程中烟囱的高度达 235m，为高耸构筑物，荷载大，沉降控制要求高。该部位静钻根植桩的单桩桩长为 56m，持力层为砾（卵）石层，配桩形式由上向下为 PRHC800（130）Ⅰ-15 C80＋PHC800（130）AB-12，14 C80＋PHDC800-600（110）AB-15 C80，钻孔直径为 0.90m，扩底直径为 1.35m，扩底高度为 2.70m，单桩抗压承载力特征值为 5500kN。

烟囱部位共设置了 4 个沉降观测点，开始加荷直至封顶的沉降数据见表 45-7。

表 45-7　烟囱部位沉降观测数据

序号	烟囱高度/m	观测结果	观测点			
			测点 1	测点 2	测点 3	测点 4
1	9	增量/mm	0	0	0	0
		累计/mm	0	0	0	0
2	15	增量/mm	0.09	0.18	0.99	0.73
		累计/mm	0.09	0.18	0.99	0.73
3	50	增量/mm	0.77	0.75	0.84	0.71
		累计/mm	0.86	0.93	1.83	1.44
4	79.5	增量/mm	5.90	6.06	6.37	6.70
		累计/mm	6.76	6.99	8.20	8.14
5	210	增量/mm	6.91	7.11	6.61	6.91
		累计/mm	13.67	14.10	14.81	15.05
6	225	增量/mm	0.73	0.95	0.31	0.69
		累计/mm	14.4	15.05	15.12	15.74
7	235	增量/mm	0.38	0.36	0.16	0.21
		累计/mm	14.78	15.41	15.28	15.95

由表 45 - 7 中数据可知，4 个观测点的总沉降量均较小，差异沉降仅为 1.17mm，对比相邻的二期工程以管桩作为桩基础的烟囱、三期工程以钻孔灌注桩作为桩基础的烟囱，本工程的烟囱同期的总沉降及差异沉降均更小。

4. 结语

1）工程实践表明，在有老桩等地下障碍的复杂地质区域，静钻根植桩因其工艺特点而具有良好的适用性。

2）静钻根植桩在桩端为卵砾石的地质条件下，通过桩端扩底和注浆有效提高了桩端、桩侧阻力，充分发挥了根植桩的特点。

3）静钻根植桩质量可控性好，构筑物的累计沉降量和差异沉降量均较小。

45.5.3 静钻根植桩在城市轨道交通工程中的应用

1. 工程概况

城市轨道交通工程是城市公共交通的主干线，是城市的生命线工程，具有建设规模大、周期长、技术要求高等特点。作为世界公认的低能耗、少污染的绿色交通，其建设过程中通常也要求践行绿色施工理念，以减少施工过程对周边环境的影响。

在前期开展了"静钻根植工法非工程部位力学性能试验研究"，确认了静钻根植桩的抗压、抗拔、水平承载性能满足轨道交通工程要求的基础上，于宁波市轨道交通 3 号线 1 期甬江北站后折返线工程和市域线奉化线高塘桥站—姜山站明挖区间工程进行了工程应用。

甬江北站后折返线工程的主体结构基坑深 24.60~25.00m，桩型原设计采用直径 1000mm 的钻孔灌注桩，有效桩长 48.00m，单桩抗拔承载力特征值 2736kN，后设计文件将 15 根直径 1000mm 的钻孔灌注桩变更为 30 根直径 600mm 的静钻根植桩，配桩形式由上向下为 PRHC600(130)Ⅳ-13 C80＋PHC600(130)B-10 C80＋PHDC650-500(125)B-15 C80，单桩有效桩长为 38m。该工程中基桩受力主要由抗拔工况控制，对桩接头的质量、接头焊缝的耐久性等要求高。

市域线奉化线高塘桥站—姜山站明挖区间工程中桩顶标高为 -9.48~2.40m，标高变化大，对送桩控制要求高。该工程中静钻根植桩数量为 195 根，植入桩外径均为 800mm，单桩有效桩长为 35m、45m，单桩抗压承载力为 1000~1600kN，单桩抗拔承载力为 900~1000kN。

上述两个工程的结构设计使用年限均为 100 年，因此对桩基的耐久性要求高。

2. 技术措施

为保证抗拔为主的工况下静钻根植桩的承载力和长期耐久性，对关键节点均采取了增强措施，并加强了施工管理：①桩接头采用 CO_2 气体保护焊焊接，在预埋孔位置每两节桩预拼接；②严格控制焊缝冷却时间，并对焊缝拍照留证；③焊缝处涂刷环氧沥青；④端板与桩身混凝土连接处设置锚固钢筋。

3. 应用效果

根据实际渣土外排量与钻孔灌注桩方案的对比，上述两个工程静钻根植桩施工后的废弃物外排量仅为灌注桩的 30%~35%，大大降低了对环境的影响，带来了良好的社会效益，满足了轨道交通工程绿色施工的要求。

同时，通过一系列技术措施和精细化施工管理，抗拔桩的承载性能很好地满足了设计要求，不受损伤的高强混凝土桩身、防腐涂层保证了桩的耐久性。

4. 结语

城市轨道交通工程对桩基的质量控制、耐久性、绿色施工均要求较高，静钻根植桩工法很好地契合了这些要求，在该类工程中具有良好的适用性。

45.5.4　静钻根植桩在高架桥梁工程中的应用

1. 工程概况

建筑桩基础主要承受竖向荷载，对桩基的抗压或抗拔要求较高。高架桥梁由于受车辆等水平动荷载的作用，对其桩基础既有较高抗压承载力的要求，也有着较高的抗水平力要求。上海 S26 公路入城段（G15—嘉闵高架）工程位于青浦区、闵行区，西接 S26 公路，跨越华徐公路后南折，在华徐公路与 G15 公路间延伸，在凤溪塘南落地进入收费站，出收费站后形成入城段高架，线位在 G15 西侧延伸，至北青公路后东折，沿北青公路向东连接嘉闵高架（嘉闵高架—嘉闵高架立交），主线全长约 7.08km。

该工程 R6 标段采用静钻根植桩，植入桩外径为 800mm，桩长为 50m，送桩深度为 3~8m，桩数为 352 根。

2. 地质条件

地面以下 40m 范围内主要为黏性土、粉土，再往下为持力层粉砂层，桩端进入该承压水含水层厚度达 10~15m，该范围内较易发生塌孔现象，影响桩的顺利植入。

3. 技术措施

该工程的静钻根植桩采用 PRHC、PHC、PHDC 桩组合的方式，其中 PRHC 桩位于最上节，其长度不小于 10m，相邻的接头错开，满足了承受较大的水平荷载的要求；在钻孔穿越较厚砂层时，钻孔用水中掺入 5%~7% 的膨润土，马氏漏斗黏度计测量黏度不小于 40s，保证孔体的稳定性。

4. 应用效果

通过配置 PRHC 桩，提高了桩身的抗弯、抗剪性能，很好地满足了高架桥梁工程桩基的受力要求；通过采用膨润土泥浆加强护壁，解决了穿越较厚砂层时孔体稳定性的问题，使预制桩均能够顺利植入已成孔内。

5. 结语

根据受荷要求和预制桩的力学性能进行合理的组合，可以使静钻根植桩的承载性能得到充分发挥。高架桥梁桩基同时承受水平荷载和竖向荷载作用，配桩时宜在上部采用 PRHC 桩。当桩身范围内有深厚砂层时，通过加强护壁措施，可以保证成孔质量。

45.6　小　　结

静钻根植桩技术采用钻孔后依靠桩身自重将预制桩埋入桩孔的施工方法，兼具埋入式施工方法及工厂化生产预制桩之长，且采用了桩端、桩周注浆的方式，并对桩端进行扩底处理，兼具搅拌桩、扩底桩的优点，是一种集多种施工方法的优点于一体的技术。

工程实践表明，其适用范围广、优点多、综合效益高，符合国家节能减排的政策要求，也符合建筑工业化的趋势要求，是一种具有较高推广价值的绿色桩基技术。

参 考 文 献

［1］ KON H. Confirmation of quality by excavation investigation of root solidify bored precast piles ［C］. Proceedings of the 45th Geotechnical Conference in Japanese，2010.

［2］ OGURA H，et al. Enlarged boring diameter and vertical bearing capacity by root enlarged and solidified prebored piling method of precast pile ［J］. GBRC，2007，32（1）：10 - 21.

［3］ 张日红，吴磊磊，孔清华. 静钻根植桩基础研究与实践 ［J］. 岩土工程学报，2013，35（S2）：1200 - 1203.

［4］ 张忠苗，等. 新型混凝土管桩抗弯抗剪性能试验研究 ［J］. 岩土工程学报，2011，33（S2）：271 - 277.

［5］ 浙江大学滨海和城市岩土工程研究中心. 静钻根植桩基础技术规程（DB/T 3314—2017）［S］. 北京：中国计划出版社，2017.

第46章　自平衡下沉大直径管桩

张子良　沈保汉　周晓波　樊敬亮　曹彦荣　唐　俊

46.1　概　　述

桩基础施工方法可分为三大类：非挤土灌注桩（干作业法、泥浆护壁法和套管护壁法）、部分挤土桩（部分挤土灌注桩及埋入式桩等）和挤土桩（挤土灌注桩和挤土预制桩）。细分后桩的施工方法已超过300种。桩的施工方法的变化、完善及更新日新月异、与时俱进。

一些常用桩的设桩工艺的选择可详见本书第1章，表46-1列出了常用桩型的桩径（桩宽）和桩长。

表 46-1　常用桩型的桩径和桩长

桩型	桩径或桩宽/mm	桩长/m
长螺旋钻孔灌注桩	300～1500	≤30
短螺旋钻孔灌注桩	300～3000	≤80
小直径钻孔扩底灌注桩（干作业）	桩身300～600，扩大头800～1200	≤30
机动洛阳铲成孔灌注桩	270～500	≤20
人工挖（扩）孔灌注桩	800～4000	≤60
潜水钻孔成孔灌注桩	450～4500	≤80
旋挖钻斗钻成孔灌注桩	800～4000	≤100
反循环钻成孔灌注桩	400～4000	≤150
正循环钻成孔灌注桩	400～2500	≤90
大直径钻孔扩底灌注桩（泥浆护壁）	桩身800～4100，扩大头1000～4380	≤70
贝诺特灌注桩	600～3000	≤90
冲击成孔灌注桩	600～2000	≤50
桩端压力注浆桩	400～2000	≤130
钻孔压浆桩	400～800	≤30
长螺旋钻孔压灌桩	400～1000	≤30
锤击沉管成孔灌注桩	270～800	≤35
振动沉管成孔灌注桩	270～700	≤50
振动冲击沉管成孔灌注桩	270～500	≤25
夯扩桩	325～530	≤25
福兰克桩	325～600	≤20
载体桩	300～600	≤25
DX挤扩灌注桩	桩身400～1500，承力盘800～2500	≤60
预钻孔打入式预制桩	300～1200	≤70

桩型	桩径或桩宽/mm	桩长/m
中掘施工法桩	300～1500	≤80
打入式钢管桩（开口）	300～1500	≤80
打入式 RC 桩	250～800	≤60
打入式管桩	300～1000	≤60
静压桩	300～600	≤70

筒式柴油锤打入式钢筋混凝土预制桩和管桩虽然具有桩身质量较可靠、施工速度快及承载力高等优点，但由于其具有施工时噪声大、振动大和油污飞溅等缺点，在城区施工中受到很大限制。静压桩由于桩机性能的限制，桩径和桩长不可能很大。钢管桩因耗钢量大，目前很少应用，只在部分成桩困难或有特殊要求的情况下如需较强穿透力的地层中还有应用。

振动下沉管桩自 1957 年武汉长江大桥成功使用直径 1550mm 的混凝土管桩后，在深水桥梁基础中发展较快，由武汉长江大桥直径 1550mm 的混凝土管桩到南京长江大桥直径 3600mm 的预应力混凝土管桩，再发展到赣江大桥最大直径 5800mm 的管桩。但由于管桩下沉需要施加强大的振动力，其振动力要求大于 2 倍的管桩重力，使振动沉桩机功率太大，受振动力制约，管桩的长度和直径都不可能太大，同时因振动力对周边建筑物（如护岸等）造成影响，并对管桩本身造成损伤等，目前已很少使用。

钻孔沉埋空心桩近 20 年来在河南、湖南等地试用，其施工流程是先成孔，后分节沉入管桩，最后环形间隙填石压浆成桩。受钻孔制约，其最大直径在 4m 左右，环形间隙填石压浆与空心桩壳结成一体。其质量可靠性和稳定性受多种因素影响，尚待进一步探索，多年来只在湖南常德澧水大桥等几座桥梁中试用，见本书第 28 章。

钻孔灌注桩是先成孔后灌注混凝土成桩，近 30 年来在施工工艺、机械设备及检测技术等方面都取得了长足进展，直径 2.5～5.0m、桩长超过 100m 的大直径超长桩成功使用，在深基础中显示出强大的优势，成为桥梁基础中的首选形式。但钻孔灌注桩存在以下问题：①随着桩径的增大，成孔设备及施工稳定性控制难度增大。②桩径增大，混凝土用量太大，从而使空心钻孔桩备受关注，但空心成桩问题始终没有突破。③钻孔桩受桩径制约，大中跨桥梁的桩基只能采用群桩承台的结构形式，群桩在轴力、弯矩荷载作用下单桩承载力极不均匀，其最大、最小值之比达到 3～4，甚至出现负值（一侧桩受压、另一侧桩受拉），既增大了桩长，又增加了基础混凝土工程量。④钻孔桩在深水和很厚的湖海相沉积软土覆盖层中都需设置很长的护筒。例如，海湾大桥直径 2.5～2.8m、长 125m 的桩基中护筒长 45m；南京长江二桥护筒长 42m；舟山连岛工程桩长 110m，护筒长 45～60m，有些长桩永久性钢护筒已接近桩长的 1/3～1/2。⑤钻孔桩先天存在的泥浆中灌注混凝土成桩，混凝土强度的稳定性、可靠度低及桩侧阻、端阻的降低和钻孔排污问题少有突破。以上的问题制约着钻孔桩的发展。

沉井基础一般用于入土较深、荷载很大的大型深基础。其主要靠自重克服井壁摩阻、井内全断面除土降低端阻下沉。因壁厚受自重和沉入阻力制约，井壁较厚。在跨径 100m 以下的桥梁中，桥墩桩基竖向荷载在 15000kN 以下，直径 3～8m 的沉井采用壁厚 1.5～2.5m，混凝土用量太大，一般很少使用。只有在荷载很大、入土较深、截面很大的情况下，沉井才有使用价值。

上述分析表明，目前运用各种施工方法和施工机械成桩的共同特点是：在整个成桩过程中需要克服的对象自始至终是"桩的整体"。灌注桩需通过钻（孔）形成完整的桩孔，然后放置钢筋笼，灌注混凝土成桩；挤土预制桩和管柱在成桩的全过程中，通过重锤击和强振动克服全桩的侧摩阻和端阻成桩；沉井依靠其巨大的自重在整个下沉过程中克服全部侧摩阻完成深基础。由于工程建设的需要，桩径和桩长不断增大，桩的整体日益庞大，现有的成桩手段越来越力不从心甚至失去生命力。

通过上述分析还可以看出：桩径 3～15m 的超大直径桩，成桩问题成为难点，而超大直径桩只有采用空心截面才经济合理。

北京某工程项目管理有限公司张子良总工程师按照创新、变革的观点提出"自平衡下沉大直径管桩及其施工方法"全新的成桩模式，在成桩全过程中不再把桩的整体作为施工过程中克服的对象，而是将桩的整体分解为简单的几个部分进行作业。

将桩的整体分解为简单的几个部分（绝大多数情况下分解为两个部分就足以满足成桩施工要求），在整个成桩过程中需要克服的对象自始至终是桩的某个部分，而且在这个过程中其他部分还可以起协助作用。当管桩沉放到预定位置时再将各部分连接为整体，形成完整的桩基础。

46.2　自平衡下沉大直径管桩的基本原理和技术特点

46.2.1　工艺原理

自平衡下沉大直径管桩施工技术是采用全断面除土和改进的顶拉工艺，将管桩沉放到预定深度。具体做法是：将管桩分节预制，管桩各节节间设中继间，安装顶压千斤顶，管壁预留孔道，穿入拉杆，通过管桩顶设置的穿心式千斤顶将管桩各节连接为一体［图 46-1（a）］。以上节管桩与土体间的摩阻和自重作支撑，顶压下节管桩下沉，然后利用下节管桩的摩阻和自重拉上节管桩跟进，管桩各节互为支撑，交替顶压下沉，利用自身摩阻和自重实现自平衡下沉。管桩下沉至预定深度后封底，张紧、锚固拉杆，封闭中继间，浇筑顶板，使管桩连接为整体［图 46-1（b）］。

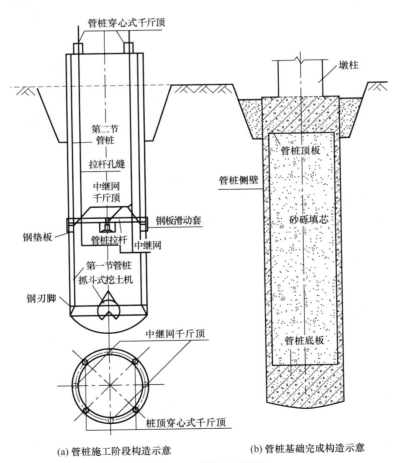

(a) 管桩施工阶段构造示意　　(b) 管桩基础完成构造示意

图 46-1　管桩工艺原理

46.2.2　技术特点

1）从桩的形态来看，自平衡下沉大直径管桩打破了传统成桩模式的束缚，实现了新的成桩方式，解决了大直径、薄壁、空心桩的成桩问题。自平衡下沉大直径管桩为非挤土静压桩，适宜桩径 3～15m，桩长可大于 100m，壁厚可选用 1/20 桩径。在桥梁基础中，可采用桩柱合一的结构形式，不设承台。

2）从桩的承载能力来看，可大大提高单桩竖向承载力，合理利用地基持力层，有效减小桩长。桩径大，桩底无沉渣，如有必要可扩底，以增大端承面积，充分利用端阻，单桩承载力可达 20 万 kN 以上，为桩柱合一、取消承台、简化基础结构创造条件；桩的抗弯、抗推、抗扭刚度大，可充分利用土的弹性阻抗；采用大直径环形截面，抗水平作用和扭矩能力强。

3）从桩型的结构特点来看，单柱单桩解决了群桩承台各桩受力不均，甚至出现部分桩受拉的问题；维护结构与受力结构合一，可应用于 50m 以上水深的基础工程。

4）从施工角度来看，该大直径管桩正常使用时的受力结构同时也是施工时的维护结构，施工过程安全可靠，不存在安全隐患；施工方法简便，易于推广。施工全过程采用机械化施工，但应用的主要是千斤顶及油泵等简单机械，费用低廉，易于运输，维修简单，耗能低，减少了对大型成桩设备的依赖，从而加快施工进度。在水中施工时可预拼浮运，取消钢护筒、钢套箱和钢围堰，无需泥浆护壁。管桩采用先预制后下沉的方法，妥善地解决钻孔桩空心成桩的难题。此外，管桩因采用临时支护与永久结构合一，下沉过程可彻底消除临时支护垮坍、坍孔的风险，施工安全有可靠保障。

46.2.3　优势和适用范围

1. 优势

1）与钻、挖孔灌注桩相比，自平衡下沉大直径管桩彻底打破了大直径钻孔灌注桩不易成孔的困境，克服了钻孔灌注桩无法有效利用桩端阻力及桩身混凝土质量不易保障等难题，彻底消除了挖孔桩施工中的安全隐患。

2）与打入式桩和管柱相比，该大直径管桩可解决打入式桩和管柱因受设备性能和工程地质制约桩径和桩长无法加大的问题，消除了该类桩高耗能、重锤击与强振动的弊端。

3）与沉井相比，该大直径管桩实现了自平衡下沉，可克服沉井只能依靠自重自由下沉，壁厚受自重制约无法减小，使得小型薄壁沉井难以实现的不足。自平衡下沉属于强迫下沉，施工下沉过程更容易控制。管桩下沉不受自重制约，管壁厚度取决于结构受力和构造要求，因此这种环形截面偏心受压构件可充分利用高强混凝土的强度，壁厚可做到外径的 1/20 左右，较多地减小壁厚，并为水中浮运创造条件。

4）该大直径管桩成桩过程中，混凝土为现场预制，可以使用高强混凝土，钢筋工程和混凝土工程易于检查，质量有可靠保证。

5）自平衡下沉大直径管桩的施工过程符合现代环保理念。成桩过程无需泥浆护壁，施工现场不设泥浆池，从根本上消除了泥浆对环境的污染。

6）成桩设备简单，主要是千斤顶和油泵系统，施工噪声很低，消除了传统成桩设备由于重锤击、强振动、高功率造成的噪声污染。在获得相同承载能力的前提下，较传统桩基类型混凝土和钢筋用量大大减少，并且不采用大型的高耗能成桩设备，从而大大降低能源的消耗。由上可知，自平衡下沉大直径管桩是具有低能耗、无噪声、无振动、薄壁特点的新桩型。

7）自平衡下沉大直径管桩的设计和施工按现行规范进行，可利用成熟的施工方法和工艺。

2. 适用范围

自平衡下沉大直径管桩可在无水地层、含水地层和深水条件下成桩。在含水地层和深水基础中成桩时无需泥浆护壁，在深水中可采用预拼、浮运、水中扶正下沉，不需要钢护筒、防水钢围堰及钢套箱等防水工程和大型施工平台。在含水地层和深水基础中成桩时可带水施工，无需提前排水。

自平衡下沉大直径管桩及其施工方法为国内外首创，已获国家发明专利，专利号为 200910312282.8。

自平衡下沉深基础系列见图 46-2。

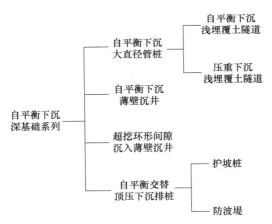

图 46-2　自平衡下沉深基础系列

46.3　自平衡下沉大直径管桩的施工工艺

根据不同的工程条件和工程的具体情况，自平衡下沉大直径管桩的施工工艺可归纳为如下七种：①无水地层自平衡下沉大直径管桩锚桩顶压法工艺；②无水地层自平衡下沉大直径管桩（扩底）锚桩顶压法工艺；③无水地层自平衡下沉大直径管桩预挖基坑填埋法工艺；④无水地层自平衡下沉大直径管桩（扩底）预挖基坑填埋法工艺；⑤含水地层自平衡下沉大直径管桩锚桩顶压法工艺；⑥浅水河床（水深≤3m）自平衡下沉大直径管桩锚桩顶压法工艺；⑦深水河（海）床（水深 3～30m）自平衡下沉大直径管桩锚桩顶压法工艺。

本章仅介绍无水地层自平衡下沉大直径管桩锚桩顶压法工艺。

46.3.1　施工机械设备

自平衡下沉大直径管桩与小断面沉井的施工在制作和初始下沉阶段有相似之处，主要差别是前者沿竖向分节，设中继间，安装千斤顶，上下节间设拉杆，靠千斤顶顶拉强迫下沉。

主要的施工机械设备包括：①混凝土搅拌、运输和浇筑设备，如混凝土运输罐车、混凝土输送泵车、混凝土振捣设备。②除土下沉设备，如抓斗式挖掘机、吸泥机、高压水泵和水枪冲射设备。③强迫下沉顶压设备，如液压千斤顶、高压油泵、控制阀、高压输油钢管及超高压胶管。

钢丝绳抓斗式挖掘机是用钢丝绳借助斗体自重的作用打开和关闭斗门，以便挖去土体，并将其带出孔外的一种挖土机械。这种抓斗用两个钢丝绳卷筒上的两根钢丝绳来操作，其中一根钢丝绳用来提升或下放抓斗，另一根钢丝绳则用来打开和关闭抓斗。其结构简单，耐用，价格低廉，特别适用于在含有大量漂石的地基中挖槽。

不排水下沉时，当水深大于 5m 时宜用吸泥机除土。吸泥机包括空气吸泥器（机头）、吸泥管、排泥管、风管，并另配相应排量的空气压缩机（表 46-2）。

表46-2　吸泥机与配套的空气压缩机

吸泥管直径/mm	100	150	250
配套的空气压缩机排量/(m³/min)	6	9	20

中继间安装活塞式千斤顶，顶力为1000～2000kN（依具体工程情况而定）。桩顶拉杆安装穿心式千斤顶，顶力为600～1200kN（依具体工程情况而定）。高压油泵工作压力为32～72kN/mm²，排量为2.1～4L/min。

46.3.2　无水地层自平衡下沉大直径管桩锚桩顶压法工艺

（1）锚桩和基坑

① 在大直径管桩周边距管桩1500mm处钻孔浇筑直径600～800mm、长约6000mm、呈正交的锚桩4根，桩顶与基坑底平。

② 管桩位置挖2.5～3.0m深的基坑，基坑底高程与管桩顶盖板底面高程一致。

③ 在基坑内预制第一节管桩。

④ 锚桩内钢筋与桩顶拉杆连接。

⑤ 拉杆顶端安装穿心式千斤顶压紧顶压钢横梁。

（2）安装钢刃角

① 铺设砂砾垫层，其厚度为250mm，宽度为管桩厚度+1000mm，洒水夯实。

② 在砂砾垫层上安装组焊的钢刃角，位置要准确，支撑稳定、牢固。

（3）砌筑砖底模

① 在砂砾垫层上砌筑砖底模，底宽为管桩厚度+500mm，顶宽为管桩厚度+250mm，高500mm。

② 钢刃角与砖砌体间要填塞严密。

③ 钢刃角外侧、砖砌底模内侧填土夯实。

（4）预制第一节管桩

① 在砖砌底模及钢刃角上安装、绑扎管桩钢筋。

② 安装管桩内、外侧模板。

③ 预留中继间千斤顶槽，并预埋钢垫板。

④ 预埋 $\phi40$ 螺纹钢拉杆，顶端安装锥形连接螺母，与预埋拉杆拧紧，顶面与管桩顶面齐平，螺母孔内填塞，防止混凝土流入堵塞。

（5）第一节管桩下沉

① 第一节管桩混凝土强度达到设计强度的70%后即可开始在孔内挖土下沉。

② 抓斗式挖土机在孔内挖土，呈锅底形，深度达钢刃角下1.5m后，由人工清挖刃角。

③ 人工清挖钢刃角，清挖外边线，与钢刃角外侧齐平，深300～500mm，沿管桩环向分段、对称开挖，防止管桩倾斜。

④ 边清挖刃角，管桩靠自重边下沉，沉入深度约2m后即停止第一阶段下沉。

（6）接高预制第二节管桩

① 第一节管桩沉入2m左右后下沉困难，不再挖土下沉，准备接高预制第二节管桩。

② 第一节管桩桩顶清理干净，涂刷隔离剂；清理预埋拉杆连接螺母，接长拉杆并套上波纹管；绑扎钢筋，并与连接钢板焊接，安装第二节管桩模板。

③ 浇筑第二节管桩的第一段混凝土，在管桩顶预留接高钢筋、拉杆及孔道。

④ 安装外模前预埋中继间千斤顶。

（7）管桩继续下沉

① 开始第二阶段下沉。靠两节管桩自重可使管桩下沉 4～5m。

② 第二阶段下沉重复第一阶段工序，机械挖土，人工清挖钢刃角，清挖时保持对称、分段、同步，保证管桩平稳下沉。

③ 管桩下沉达到 5m 左右后，因阻力增大，很难继续下沉，即停止第二阶段下沉，准备接高管桩。

（8）接高第二节管桩

① 管桩入土 5～6m 后下沉困难，准备接长第二节管桩。

② 清理管桩顶面、凿毛、清洗，接长第二节管桩的第二段钢筋、拉杆及孔道波纹管，安装管桩模板。

③ 浇筑混凝土前做好施工缝的处理，浇筑管桩混凝土，完成管桩预制工作。

④ 接长锚桩拉杆，在管桩顶安装顶压横梁，安装锚桩顶穿心式千斤顶，由管桩自重及锚桩提供辅助顶压力，开始分节顶压管桩下沉。

（9）安装顶压设备，预压下沉

① 中继间千斤顶槽安装 4 台 1000kN 千斤顶，调整为最小行程状态。

② 管桩顶拉杆位置安装穿心式千斤顶，拉杆穿过中心孔，千斤顶调整为最大行程状态，拉杆螺母压紧千斤顶活塞柱。

③ 高压油管要固定在管桩内壁上，中继间与管桩顶千斤顶由一组油泵供油，由同一组滑阀控制，中继间千斤顶给油时（顶压下节）穿心式千斤顶同步回油、卸载，拉杆随下节管桩下移一个行程。

④ 清挖钢刃角土方，启动中继间千斤顶，顶压下节管桩沉入一个行程，中继间拉开 200mm 的间隙，第一次顶开后立即清理隔离层及拉杆孔道，保证压浆孔道为畅通状态。

（10）管桩自平衡下沉

① 管桩入土 10m 以后即可实现自平衡下沉，可拆除锚桩顶压设备。启动中继间千斤顶，使下节管桩下沉一个行程，然后启动管桩顶穿心式千斤顶，使上部管桩跟进一个行程，如此往复进行。

② 机械挖土至刃角以下 1.5～2.0m 后，人工清挖刃角，刃角下清挖外边线与刃角边齐平，避免管桩下沉过程中刃角"吃土"，给下沉增加阻力。清挖深度达 300～500mm，即可开始顶压。

③ 刃角清挖后，启动中继间千斤顶，管桩顶穿心式千斤顶同步回油，顶压下节管桩下沉一个行程（200mm），然后中继间千斤顶回油，同步启动管桩顶穿心式千斤顶，顶压上节管桩跟进下沉一个行程。

④ 重复步骤③，交替顶压操作，连续顶压 5～6 个行程，管桩下沉 1m 后暂停顶压下沉，继续用机械挖土，挖土深度超过刃角以下 1.5～2.0m 后清挖刃角，再次顶压下沉，直至管桩下沉到预定深度。

（11）清挖管桩底板基坑

① 管桩经全断面除土交替顶压下沉到预定深度后停止下沉，中继间千斤顶回油并启动桩顶穿心式千斤顶，将中继间接缝压合紧密，同时用螺母将拉杆锚固在桩顶。

② 人工清挖刃角下基坑达刃角下 1m 深，平整基坑底，清除松土，准备浇筑底板混凝土。

（12）浇筑管桩底板混凝土

① 管桩底板基坑清挖并经验槽满足设计要求后绑扎底板钢筋，周边要伸入刃角下。

② 浇筑底板混凝土，刃角下混凝土必须填满，并振捣密实。

（13）拆除千斤顶，封闭中继间

① 用桩顶穿心式千斤顶张紧拉杆，并锚固于桩顶，然后拆除管桩顶穿心式千斤顶及中继间千斤顶。

② 在中继间接缝处，将上、下节管桩预埋的连接钢板清理干净，在管桩内壁贴焊环形连接钢板，连接上下节管桩内侧钢筋。

③ 中继间千斤顶槽内，上下节管桩钢垫板之间焊接连接钢筋。

④ 在中继间千斤顶槽及环形连接钢板处支模浇筑混凝土，并留凸出管壁 150mm 左右的杯口，保证混凝土浇筑密实。

⑤ 拉杆孔道及中继间接缝处压水泥浆，填实、锚固。

（14）管桩空心回填砂砾，浇筑顶板混凝土

① 管桩空心回填砂砾，分层回填，洒水，振捣密实。

② 回填到管桩顶，平整后浇筑 50～70mm 厚的垫层混凝土。

③ 管桩顶接长绑扎钢筋，支外侧模板，预留墩柱预埋钢筋，检验合格后浇筑顶板混凝土。

（15）管桩顶接墩柱施工

① 管桩顶板混凝土脱模后，回填肥槽，管桩基础工程全部完成。

② 清理管桩顶板表面并凿毛，绑扎墩柱钢筋，安装墩柱模板，经检验合格后，浇筑墩柱混凝土，完成桩、柱合一的桥梁下部结构。

46.3.3　无水或不透水地层大直径管桩自平衡下沉施工要点

（1）管桩预制

自平衡下沉大直径管桩可在工厂或现场分节（分段）预制，运至沉桩位置安装、拼接，或在桩位就地预制，分节接高下沉。管桩第一、第二节应等长，以 4～5m 为宜，第三节及以后各节可依需要加长到不超过第一、第二节之和的长度。

（2）管桩下沉除土

管桩下沉采用全断面除土，初始阶段管桩靠自重只能下沉 4～5m，此时第二节管桩尚未入土，不具备自平衡下沉条件。初始阶段的下沉可采用以下三种方法：

①预挖基坑填埋法。在桩位处预挖 4～5m 深基坑，在基坑底面上安装或浇筑第一、二节管桩，靠自重由基坑底深入 4～5m，然后回填肥槽，将第二节管桩埋入土中。接高第三节管桩后，启动中继间千斤顶，开始分节自平衡下沉。

②加大底节自重法。将底节管桩压缩到最短（3m），加厚底节管桩壁厚到（1/10～1/8）D，使底节自重增加到一般情况的 2～3 倍，靠自重深入地面以下；接高第二节管桩，第二节管桩靠自重可下沉 6～7m，然后启动中继间千斤顶，开始分节自平衡下沉。

③锚桩加压法。沿管桩外侧环向对称设置 4 根锚桩，锚桩顶预埋拉杆与管桩顶面横梁连接，安装 4 台穿心式千斤顶（YC-60），用千斤顶加压辅助管桩下沉，第二节管桩入土后启动中继间千斤顶，开始分节自平衡下沉。

（3）管桩下沉到位

管桩下沉到预定位置后，先封底，然后拆除中继间千斤顶，封闭中继间，紧固拉杆，孔道压浆，使各节管桩连成整体。

（4）管桩空心回填

管桩空心可用贫混凝土、片石或砂砾回填，按设计要求也可以不回填，管桩顶盖板要考虑桩柱合一结构受力要求和桩与墩柱连接的需要。

46.4　自平衡下沉大直径管桩的设计

自平衡下沉大直径管桩是将管桩合理分节，靠自身阻抗互为支撑，交互顶压下沉，然后连接各节为一整体成桩［图 46-1（a）］。管桩采用全断面除土下沉，其适用桩径为 3～10m，最大可达 15m。管桩断面和自重不受沉入摩阻力制约，可按结构受力和构造需要选择截面，一般壁厚为管桩外径的 1/20 左右，最小壁厚不宜小于 180mm。管桩的设计和施工可完全按照现行基础及结构规范实施。

自平衡下沉大直径管桩作为桥梁基础，首先要考虑桩柱合一的结构形式，墩柱与桩直接连接，不设承台，根据墩柱断面尺寸及荷载选择桩径及桩长。

计算管桩竖向及水平承载能力时，应验算地基基础及围岩摩阻的容许承载力和桩侧弹性阻抗。管桩桩身多数为环形偏心受压构件。桩身应验算竖向轴心受压、受弯及水平荷载作用下的强度、刚度和变形。

管桩采用静力强迫下沉工艺沉入，沉入过程中采用全断面除土，管桩下端设钢刃角，刃脚外径应比管桩外径大 40～50mm。管桩分节处设中继间，安装千斤顶，其顶力为下节摩阻的 1.2～1.5 倍，确保下节管桩在静压下沉入。中继间部位的上节管桩预埋 600mm 高的钢板滑动套筒，作为上下节间的滑动连接，防止下沉过程中接缝处进土。在管桩断面中线环向对称设置的直径 50～70mm 的预留拉杆孔道中设置拉杆，拉杆总拉力应大于上节管桩摩阻力，拉杆下端锚固在下节管桩内，顶端在上节管桩顶连接穿心式千斤顶。下节管桩沉入一个行程后由拉杆千斤顶上节管桩跟进下沉，实现交替下沉。

管桩排水下沉或封底后排水时，应验算环形截面承受水压力、土压力作用下的强度、刚度。

无水河床上管桩可以易地预制，吊装就位连接，桩径较大时宜在桩位就地预制，边下沉边接高。有水或深水河床宜在工厂或现场易地分段预制，预拼到需要的桩长后浮运至桥墩位置，起吊、扶正、就位。

46.5　工　程　实　例

2010 年，在北京阜石路改建项目高架桥工程 91～96 号桥墩运用自平衡下沉大直径管桩完成桥梁基础工程，取得圆满成功。该工程采用一根桩径 7m、桩长 18m 的自平衡下沉大直径管桩，成功取代了原先设计的 4 根桩径 1.8m、桩长 45m 的灌注桩承台基础（图 46-3）。

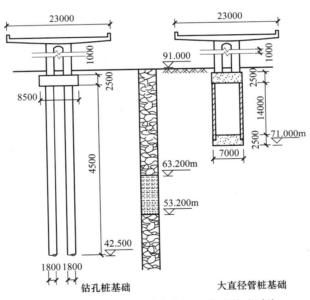

图 46-3　钻孔桩基础和大直径管桩基础对比

工程地质情况：表层～-25m 为卵石层，-25m～-35m 为 10m 厚黏土层，-35m 以下为卵石层，地下水位位于 -23m 左右。

该部分基础原设计为 4 根直径 1800mm 的钻孔桩，桩长 45m，承台尺寸为 8m×8m×2.5m，承台顶面 $N=23700kN$，$M=90200kN \cdot m$，$H=5260kN$。单桩承载力 $N_{max}=16000kN$，$N_{min}=4097kN$（抗拔）。高架桥上部结构为独柱大悬挑盖梁，造成原设计灌注桩承台基础中部分桩受拉。

上述基础改为自平衡下沉大直径管桩，桩柱合一，不设承台。π 形桥墩截面外缘尺寸为 6m×2m，需要选用直径 7000mm、长 18m、壁厚 350mm 的管桩。管桩承载力容许值 $[R_a]=73050kN >$

40700kN。自平衡下沉大直径管桩桩柱合一，取消承台，既简化了基础结构，又消除了原基础结构受力不合理的不足，充分利用桩端阻力，合理选择持力层，使桩长减少60%，使原本复杂的施工问题得以简化。

钻孔灌注桩基础总造价为80.2万元，大直径管桩基础总造价为55.1万元，后者较前者节省直接费31%。

钻孔灌注桩基础工期为38天，大直径管桩基础工期为29天，后者较前者工期大大缩短。该工程的施工情况见图46-4。

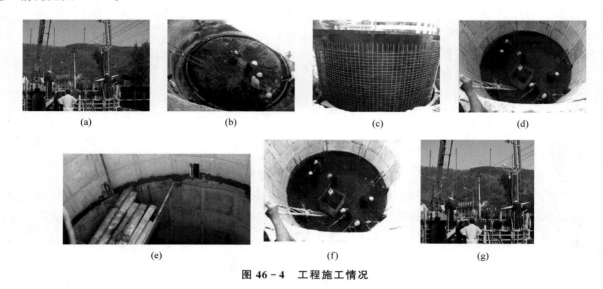

(a)   (b)   (c)   (d)

(e)   (f)   (g)

图 46-4　工程施工情况

参 考 文 献

[1] 张子良，张恽. 自平衡下沉大直径管桩研究 [J]. 市政技术，2010 (6)：52-56，60.

[2] 张子良. 自平衡下沉大直径管桩及其施工方法：200910312282.8 [P]. 2012-02-01.

[3] 沈保汉. 自平衡下沉大直径管桩施工方法 [C]. 工程机械与维修，2015 (04 增刊)：234-241.

[4] 沈保汉. 桩基础施工技术现状 [C]. 工程机械与维修，2015 (04 增刊)：20-23.

第 47 章　钢管桩的制造及应用

何文坤　李海军

近半个世纪以来，钢管桩逐渐成为基础工程中的主要桩型之一，目前在桥梁、码头、铁路、地铁、海上风电等基础建设领域已得到广泛应用。

47.1　钢管桩的分类和规格

47.1.1　钢管桩的优缺点

1. 优点

1）耐打性好，即打入土中时可承受强大的打击力，穿透硬土层的能力强，能有效地打入坚硬的桩端持力层，因此可期待获得相当大的竖向承载力，适用于作为高、重、大建（构）筑物的基础桩。

2）水平承载力大，适合作为受地震力、波浪力和土压力等水平力的建（构）筑物的基础桩。

3）外径和壁厚的种类多，便于选用合适的桩的尺寸。

4）从施工角度看，按桩端持力层不同容易变更桩长，现场焊接的可靠性高，桩基础与上部结构连接容易，开口桩的场合打桩的挤土量少，因而对邻近的现有建筑物不会产生不良影响。

5）重量轻，刚性好，装卸、运输方便，不易破损。

2. 缺点

1）造价高。

2）用作较短的摩擦桩或不承受水平力的桩时不太经济。

3）当采用锤击式沉桩时噪声大、振动高。

4）当采用大直径开口桩时，闭塞效应不够好。

47.1.2　钢管的分类

钢管可分为无缝钢管和焊接钢管两大类。常用的钢管桩为焊接钢管，其中螺旋埋弧焊钢管占大多数，直缝埋弧焊钢管（JCOE 钢管和卷板钢管）占一部分，高频电阻焊钢管仅用于较小直径的钢管桩（外径 610mm 以下，壁厚 16mm 以下），数量很少。各种钢管的尺寸和特点见表 47-1。

表 47-1　各种钢管的尺寸和特点

种类		螺旋钢管	JCOE 钢管	卷板钢管	电阻焊钢管
尺寸/mm	外径	219~4000	406~1422	350~10000	318~610
	壁厚	6.0~25.4	6.0~50.0	6.0~120.0	6.0~16.0
	最大长度	100000	12200	6000	18000

种类	螺旋钢管	JCOE 钢管	卷板钢管	电阻焊钢管
特点	能得到自由长度钢管；通过调节螺旋成形角度，可制作不同直径的钢管；尺寸的精度、圆度、直度均很高	单支钢管只有一条纵焊缝，内、外焊可采用多丝焊接，生产效率高，焊缝可靠性高；可生产小管径大壁钢管；外径精度高	调整轧辊的位置，可生产超大管径、超大壁厚的钢管；外径、圆度精度高	能得到自由长度钢管；焊接部位性能一致；生产效率高

47.1.3 钢管的材质

钢管桩最常用的材质一般为碳素结构钢 Q235 和低合金高强钢 Q355，或按设计要求选用。其化学成分和力学性能见表 47-2～表 47-4。

表 47-2 钢管桩材质化学成分

材质种类	化学成分（最大值）/%								
	C	Si	Mn	P	S	Cr	Ni	Cu	N
Q235B	0.20	0.35	1.40	0.045	0.045	—	—	—	—
Q355B	0.24	0.55	1.60	0.035	0.035	0.30	0.30	0.40	0.012

表 47-3 Q235B 材质的力学性能

材质种类	屈服强度 R_{eH}/(N/mm²)				抗拉强度 R_m /(N/mm²)	断后伸长率/%				V 形缺口冲击试验	
	厚度（或直径）/mm					厚度（或直径）/mm				温度 /℃	冲击吸收功 /J
	≤16	>16～40	>40～100	>100～150		≤40	>40～60	>60～100	>100～150		
Q235B	≥235	≥225	≥215	≥195	370～500	≥26	≥25	≥24	≥22	20	≥27

表 47-4 Q355B 材质的力学性能

材质种类	屈服强度 R_{eH} /(N/mm²)						抗拉强度 R_m /(N/mm²)		断后伸长率/%			V 形缺口冲击试验	
	公称厚度（或直径） /mm						公称厚度（或直径） /mm		公称厚度（或直径） /mm			温度 /℃	冲击吸收功 /J
	≤16	>16～40	>40～63	>63～80	>80～100	>100～150	≤100	>100～150	≤40	>40～63	>63～100		
Q355B	≥355	≥345	≥335	≥325	≥315	≥295	470～630	450～600	≥22	≥21	≥20	20	≥34

47.1.4 钢管桩的分类

钢管桩根据焊缝特点分为直缝钢管桩和螺旋钢管桩，根据使用情况可分为码头和桥梁钢管桩、海上风电钢管桩、围堰锁扣钢管桩、地铁建设用钢板锁扣钢管桩、高铁及城市建设用陆地全回转钢管桩。

47.1.5 钢管桩的规格

钢管桩规格数量繁多，同一管径允许由不同的壁厚相匹配，同一壁厚也允许由不同的管径相匹配。江苏某钢管有限公司制造的钢管桩的规格见表 47-5～表 47-7。钢管桩的长度应满足桩架的有效高度、运输和装卸能力的要求。目前一些公司生产的螺旋钢管桩，单支最长可达 120m，可在线连续生产，无对接环焊缝；JCOE 和三辊卷板直缝埋弧焊钢管桩可按用户要求的长度通过环焊缝对接而成，单支最长可达 150m，单支质量最大可达 1200t。

表 47-5　JCOE 钢管桩的规格

外径 d/mm	壁厚/mm	截面面积 A/cm²	单位质量/(kg/m)	桩周面积/(m²/m)
406	12	148.5	116.592	1.275
460	20	276.5	217.008	1.445
500	24	358.9	281.716	1.571
600	26	468.9	368.026	1.885
700	30	631.5	495.666	2.199
800	34	818.2	642.245	2.513
900	36	977.2	767.025	2.827
1000	40	1206.4	946.944	3.142
1100	44	1459.7	1145.802	3.456
1200	46	1667.7	1309.051	3.770
1300	50	1963.5	1541.250	4.084
1400	50	2120.6	1664.550	4.398
1500	50	2277.7	1787.850	4.712
1600	50	2434.7	1911.150	5.027
1700	50	2591.8	2034.450	5.341
1800	50	2748.9	2157.750	5.655
1900	50	2906.0	2281.050	5.969
2000	50	3063.1	2404.350	6.283

注：钢管外径为部分常用规格，壁厚为设备生产能力最大值，钢管外径和壁厚可由用户根据需求自由选定。

表 47-6　螺旋钢管桩的规格

外径 d/mm	壁厚/mm	截面面积 A/cm²	单位质量/(kg/m)	桩周面积/(m²/m)
219	8	53.0	41.626	0.688
273	10	82.6	64.856	0.858
325	10	99.0	77.679	1.021
426	12	156.1	122.511	1.338
529	14	226.5	177.799	1.662
600	16	293.6	230.423	1.885
700	20	427.3	335.376	2.199
800	20	490.1	384.696	2.513
900	20	552.9	434.016	2.827
1000	22	675.9	530.585	3.142
1200	24	886.7	696.004	3.770
1400	25.4	1096.9	861.000	4.398
1600	25.4	1256.5	986.273	5.027
1800	25.4	1416.1	1111.546	5.655
2000	25.4	1575.7	1236.818	6.283
2200	25.4	1735.3	1362.091	6.912

续表

外径 d/mm	壁厚/mm	截面面积 A/cm²	单位质量/(kg/m)	桩周面积/(m²/m)
2400	25.4	1894.9	1487.364	7.540
2500	25.4	1974.6	1550.000	7.854
2600	25.4	2054.4	1612.637	8.168
2800	25.4	2214.0	1737.910	8.796
3000	25.4	2373.6	1863.182	9.425
3200	25.4	2533.2	1988.455	10.053
3400	25.4	2692.8	2113.728	10.681
3600	25.4	2852.4	2239.001	11.310
3800	25.4	3012.0	2364.274	11.938
4000	25.4	3171.6	2489.546	12.566

注：钢管外径为部分常用规格，壁厚为设备生产能力最大值，钢管外径和壁厚可由用户根据需求自由选定。

表 47-7 三辊卷板钢管桩的规格

外径 d/mm	壁厚/mm	截面面积 A/(cm²)	单位质量/(kg/m)	桩周面积/(m²/m)
500	20	301.6	236.736	1.571
600	22	399.5	313.577	1.885
700	24	509.7	400.084	2.199
800	26	632.2	496.258	2.513
900	30	820.0	643.626	2.827
1000	32	973.1	763.868	3.142
1200	34	1245.5	977.621	3.770
1400	36	1542.7	1210.905	4.398
1600	40	1960.4	1538.784	5.027
1800	50	2748.9	2157.750	5.655
2000	60	3656.8	2870.424	6.283
2200	65	4359.8	3422.192	6.912
2400	65	4768.2	3742.772	7.540
2600	70	5563.8	4367.286	8.168
2800	70	6003.6	4712.526	8.796
3000	80	7338.8	5760.576	9.425
3200	80	7841.4	6155.136	10.053
3400	85	8852.2	6948.572	10.681
3600	85	9386.3	7367.792	11.310
3800	90	10489.8	8233.974	11.938
4000	90	11055.3	8677.854	12.566
4200	95	12251.5	9616.784	13.195
4400	95	12848.4	10085.324	13.823
4600	100	14137.2	11097.000	14.451
4800	100	14765.5	11590.200	15.080
5000	110	16898.7	13264.614	15.708

续表

外径 d/mm	壁厚/mm	截面面积 A/(cm²)	单位质量/(kg/m)	桩周面积/(m²/m)
5200	120	19151.2	15032.736	16.336
5400	130	21523.1	16894.566	16.965
5600	135	23177.9	18193.532	17.593
5800	140	24894.0	19540.584	18.221
6000	150	27567.5	21639.150	18.850
6200	150	28510.0	22378.950	19.478
6400	150	29452.5	23118.750	20.106
6600	150	30395.0	23858.550	20.735
6800	150	31337.5	24598.350	21.363
7000	150	32279.9	25338.150	21.991
7200	150	33222.4	26077.950	22.620
7400	150	34164.9	26817.750	23.248
7600	150	35107.4	27557.550	23.876
7800	150	36049.9	28297.350	24.504
8000	150	36992.3	29037.150	25.133
8200	150	37934.8	29776.950	25.761
8400	150	38877.3	30516.750	26.389
8600	150	39819.8	31256.550	27.018
8800	150	40762.3	31996.350	27.646
9000	150	41704.7	32736.150	28.274
9200	150	42647.2	33475.950	28.903
9400	150	43589.7	34215.750	29.531
9600	150	44532.2	34955.550	30.159
9800	150	45474.7	35695.350	30.788
10000	150	46417.1	36435.150	31.416

注：钢管外径为部分常用规格，壁厚为设备生产能力最大值，钢管外径和壁厚可由用户根据需求自由选定。

47.2　钢管桩的生产

47.2.1　螺旋钢管桩的生产工艺

螺旋钢管生产时一般采用单丝埋弧焊和双丝埋弧焊两种工艺，壁厚 $t \leqslant 10$mm 的钢管通常采用单丝埋弧焊工艺，壁厚 $t > 10$mm 的钢管通常采用双丝埋弧焊工艺。根据螺旋钢管的生产特点，埋弧焊机通常选用美国林肯公司的 DC-1500A 直流焊机和 AC-1200 交流焊机。

某工程项目使用的 $\phi 800 \times 10 \times 36000$mm Q235B 螺旋钢管桩采用单丝埋弧焊接工艺，其焊接工艺参数见表 47-8。

表 47 - 8 螺旋钢管桩单丝埋弧焊工艺参数

焊丝牌号	焊丝直径/mm	焊剂牌号	焊剂规格/目	焊剂烘烤温度/℃	烘烤时间/h
H08A	4.0	SJ101	10～60	300～350	2
焊接位置	电源极性	焊接电流/A	电弧电压/V	焊接速度/(cm/min)	
内焊	DCEP	700～750	32±2	150±10	
外焊	DCEP	900～950	34±2	150±10	

南京五桥项目使用的 $\phi3248\times24\times37000$mm Q345C 螺旋钢管桩采用双丝埋弧焊接工艺，其焊接工艺参数见表 47 - 9。

表 47 - 9 螺旋钢管桩双丝埋弧焊工艺参数

焊丝牌号	焊丝直径/mm	焊剂牌号	焊剂规格/目	焊剂烘烤温度/℃	烘烤时间/h
H10Mn2	4.0	SJ101	10～60	300～350	2
焊接位置	焊丝位置	电源极性	焊接电流/A	电弧电压/V	焊接速度/(cm/min)
内焊	前丝	DCEP	1100～1250	32±2	100±10
	后丝	AC	500～650	36±2	
外焊	前丝	DCEP	1100～1250	34±2	100±10
	后丝	AC	500～650	36±2	

47.2.2 JCOE 直缝钢管桩的生产工艺

JCOE 直缝钢管生产时，内焊设备 4 丝，外焊设备 5 丝，内、外焊均可采用多丝埋弧焊焊接工艺。壁厚 $t\leqslant20$mm 的钢管通常采用内焊 2 丝、外焊 2 丝或 3 丝埋弧焊工艺；20mm$<t\leqslant36$mm 的钢管通常采用内焊 3 丝、外焊 3 丝或 4 丝埋弧焊工艺；$t>36$mm 的钢管应根据材质可焊接性情况选择采用 3 丝、4 丝、5 丝埋弧焊工艺或多丝多层多道焊工艺。根据 JCOE 直缝钢管生产特点，埋弧焊机通常选用美国林肯公司的 DC-1500A 直流焊机、AC-1200 交流焊机。

某工程项目使用的 $\phi1219\times50\times12000$mm A516 Gr. 70 JCOE 直缝钢管，采用多丝多层多道埋弧焊接工艺，其焊接工艺参数见表 47 - 10。

表 47 - 10 JCOE 直缝钢管多丝埋弧焊工艺参数

焊丝牌号	焊丝直径/mm	焊剂牌号	焊剂规格/目	焊剂烘烤温度/℃	烘烤时间/h	预热温度/℃	层间温度/℃
H10Mn2	4.0	SJ101	10～60	300～350	2	120～200	≤200
焊接位置		焊丝位置	电源极性	焊接电流/A	电弧电压/V	焊接速度/(cm/min)	
内焊	第 1 道	1 丝	DCEP	750～850	36±2	80±10	
		2 丝	AC	700～750	38±2		
		3 丝	AC	700～750	40±2		
	第 2～n 道	1 丝	DCEP	950～1050	38±2		
		2 丝	AC	700～750	40±2		
		3 丝	AC	700～750	40±2		
外焊	第 1～n 道	1 丝	DCEP	950～1050	38±2	80±10	
		2 丝	AC	700～750	40±2		
		3 丝	AC	700～750	40±2		

47.2.3　三辊卷板直缝钢管桩的生产工艺

三辊卷板直缝钢管生产时，内、外焊缝均采用多层多道焊工艺。通常，壁厚 $t \leqslant 20\text{mm}$ 的焊缝采用 Y 形坡口，$t > 20\text{mm}$ 的焊缝采用 X 形坡口。焊接时，先用 CO_2 气体保护焊打底焊一道，再进行埋弧自动焊接，埋弧焊可采用单丝和双丝焊接工艺。根据三辊卷板直缝钢管生产特点，埋弧焊机通常选用国产 MZ-1250A 交、直流焊机。

某工程项目使用的 $\phi 5500/5900 \times$（$50 \sim 70$）mm DH36-Z25、DH36、Q345C 三辊卷板直缝钢管桩采用单丝多层多道焊接工艺，其焊接工艺参数见表 47-11。

表 47-11　三辊卷板直缝单丝埋弧焊工艺参数

埋弧焊丝牌号	焊丝直径/mm	药芯焊丝牌号	焊丝直径/mm	焊剂牌号
H10Mn2	5.0	JQ. CE71T-1	1.2	SJ101
焊剂规格/目	焊剂烘烤温度/℃	烘烤时间/h	预热温度/℃	层间温度/℃
10～60	300～350	2	120～200	≤200

焊接位置		焊接方法	电源极性	焊接电流/A	电弧电压/V	焊接速度/(cm/min)
内焊	第 1 道	FCAW	DCEP	200～250	28±2	20±2
	第 2 道	SAW	DCEP	630～680	30±2	40±5
	第 3～n 道	SAW	DCEP	680～730	30±2	40±5
外焊	第 1 道	SAW	DCEP	680～730	30±2	40±5
	第 2～n 道	SAW	DCEP	680～730	32±2	40±5

47.3　钢管桩的检验

钢管桩的检验主要包括焊缝的外观检测、无损检测、理化检测及外形尺寸检测。

1. 焊缝外观检测

焊缝外观检验以目测为主，缺陷部位用焊缝检验尺测量。焊缝外观缺陷的允许范围和处理方法详见表 47-12。

表 47-12　焊缝外观缺陷的允许范围和处理方法

缺陷名称	允许范围	超过允许范围的处理方法
咬边	深度不超过 0.5mm，累计总长度不超过焊缝长度的 10%	补焊
焊缝余高	C^*	进行修正
表面气孔、弧坑、夹渣	不允许	铲除缺陷后重新焊接
表面裂纹、未熔合、未焊透	不允许	铲除缺陷后重新焊接

注：* 焊缝余高 C 值见表 47-15。

2. 焊缝无损检测

焊缝内在质量通常采用超声波和 X 射线进行无损检测，焊缝表面缺陷采用磁粉（MT）和渗透（PT）方法检测。超声波检测及验收标准为 GB/T 11345、GB/T 29712，X 射线检测和验收标准为 GB/T 3323。焊缝无损探伤检测的方法和要求详见表 47-13。

表 47 - 13 焊缝无损探伤检测的方法和要求

焊缝种类	焊缝质量等级	超声波探伤		射线探伤		磁粉探伤
		探伤比例	评定等级	探伤比例	评定等级	
环缝、螺旋缝	一级	100%	B*	超声波有疑问时增加射线探伤，或按设计图纸要求采用射线探伤	AB Ⅱ级	按设计图纸要求采用磁粉探伤
纵缝、对头缝		100%	B*			
环缝、螺旋缝	二级	100%	B*		AB Ⅲ级	
纵缝、对头缝		20%	B*			

注：* 评定等级详见 GB/T 11345—2013、GB/T 29712—2013。

3. 焊缝理化检测

钢管桩除管体母材需要进行化学分析、拉伸、弯曲、冲击等理化检测外，焊缝也必须进行理化检测，焊接接头的试验项目及要求详见表 47 - 14。

表 47 - 14 焊接接头的试验项目及要求

试验项目	试验要求	试件数量
抗拉强度	不低于母材的下限	不少于 2 个
冷弯角度 α，弯心直径 d	低碳钢 $\alpha \geq 120°$，$d = 2t$	不少于 2 个
	低合金钢 $\alpha \geq 120°$，$d = 3t$	
冲击韧性	不低于母材的下限	不少于 3 个

注：t 为壁厚。

4. 外形尺寸检测

钢管桩的外形尺寸及允许偏差见表 47 - 15。

表 47 - 15 钢管桩的外形尺寸及允许偏差

偏差名称	允许偏差			说明
桩长度	+300mm 0mm			—
外周长	±0.5% 周长，且不大于 10mm			—
桩纵轴线弯曲矢高	不大于桩长的 0.1%，且不得大于 30mm			—
管端椭圆度	±0.5% d，且不大于 5mm			两相互垂直的直径之差
管端平整度	不大于 2mm			—
管端平面倾斜	小于 0.5% d，且不得大于 4mm			—
桩管壁厚度	符合所用钢材相应标准的规定			—
桩对接错边	不大于 0.1t，且不大于 3mm			—
焊缝余高 C	$t < 10$mm	10mm $\leq t \leq 20$mm	$t > 20$mm	—
	1.5~2.5mm	2~3mm	2~4mm	

注：d 为外径，t 为壁厚。

47.4 钢管桩附件

焊接在主体钢管桩桩身上的所有构件统称为附属构件，常见的附属构件有吊耳、加强圈/板、内支撑、剪力键、桩靴、锁扣、法兰、内平台等。

钢管桩附件焊接多采用 CO_2 气体保护焊工艺，设备选用 NBC-500A CO_2 气体保护焊机，其工艺参数见表 47 - 16。

表 47 - 16　**CO₂ 气体保护焊工艺参数**

焊丝型号	焊丝牌号	焊丝直径/mm	气体规格	气体流量/(L/min)
E501T-1	JQ. CE71T-1	1.2	99.9%CO₂	18～20
焊道位置	电源极性	焊接电流/A	电弧电压/V	焊接速度/(cm/min)
底层	DCEP	160～200	28±2	20±2
中间层	DCEP	180～220	30±2	20±2
面层	DCEP	220～240	30±2	20±2

47.4.1　吊耳

钢管桩吊耳主要用于钢管桩的吊装和翻转。吊耳常用的几种结构形式如图 47 - 1 所示，应根据钢管自身重量选择。

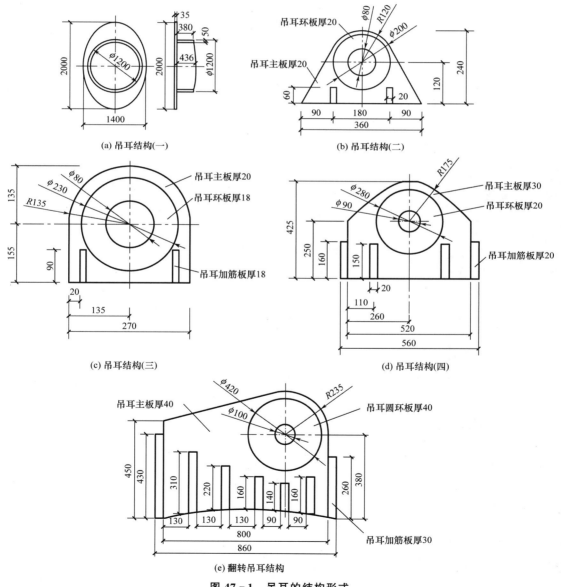

图 47 - 1　吊耳的结构形式

47.4.2　加强圈/板

钢管桩加强圈/板主要用于桩顶和桩底部位的加强，防止打桩时桩顶及桩底部位发生变形。加强圈分为内加强圈/板和外加强圈两种，其结构形式如图 47-2 所示。

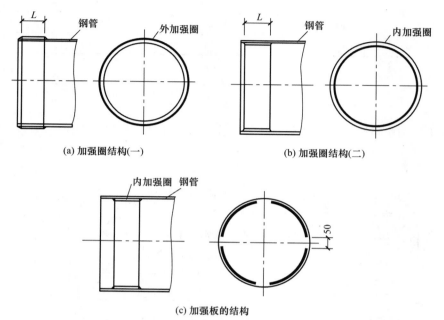

（a）加强圈结构(一)　　　　　　　　（b）加强圈结构(二)

（c）加强板的结构

图 47-2　加强圈和加强板的结构

47.4.3　内支撑

内支撑主要用于直径大、壁厚小的钢管桩，防止钢管桩在运输过程中发生变形，影响钢管桩外形尺寸。内支撑有"十"字撑、"*"字撑、"米"字撑三种结构形式（图 47-3）。支撑材料通常采用圆钢、槽钢等型钢。根据钢管桩直径的大小选择内支撑的结构形式及材料。

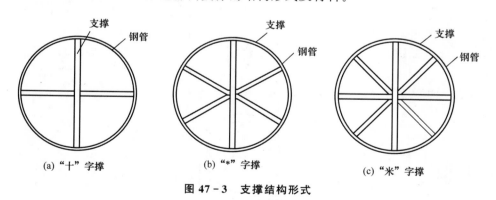

（a）"十"字撑　　　　　　　（b）"*"字撑　　　　　　　（c）"米"字撑

图 47-3　支撑结构形式

47.4.4　剪力键

剪力键主要用于增加钢管桩的结构强度。根据施工结构要求，剪力键可位于钢管桩外表面，也可位于钢管桩的内表面（图 47-4）。剪力键一般采用圆钢筋或扁钢两种材料。

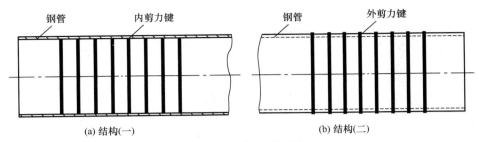

(a) 结构(一)　　　　　　　　(b) 结构(二)

图 47 - 4　剪力键的结构

47. 4. 5　桩靴

桩靴位于钢管桩底部，主要用于特殊地质结构打桩。桩靴常用结构形式如图 47 - 5 所示。

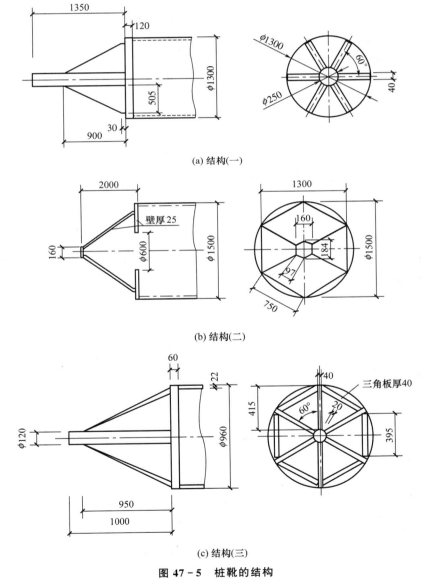

(a) 结构(一)

(b) 结构(二)

(c) 结构(三)

图 47 - 5　桩靴的结构

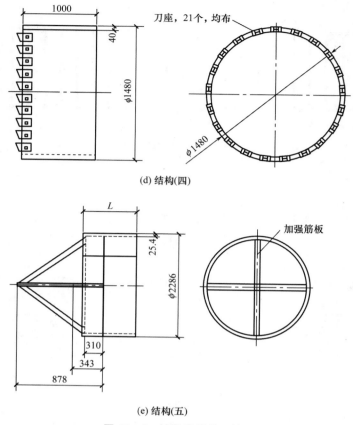

(d) 结构(四)

(e) 结构(五)

图 47 - 5　桩靴的结构（续）

47.4.6　锁扣

锁扣钢管桩主要用于水上围堰工程和地铁工程。C-C、C-T、L-T、O-P、L-L 锁扣钢管桩主要用于围堰工程，钢板锁扣钢管桩主要用于地铁工程。各种锁扣的结构如图 47 - 6 所示。

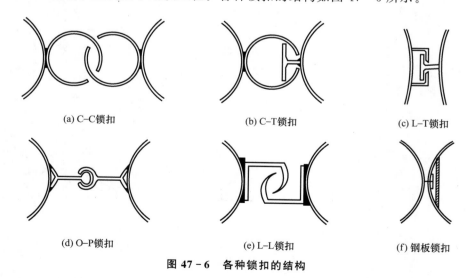

(a) C–C锁扣　　　　　　(b) C–T锁扣　　　　　　(c) L–T锁扣

(d) O–P锁扣　　　　　　(e) L–L锁扣　　　　　　(f) 钢板锁扣

图 47 - 6　各种锁扣的结构

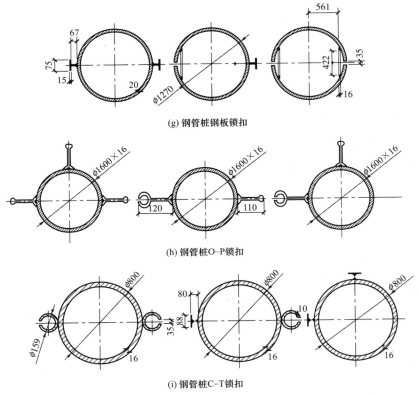

(g) 钢管桩钢板锁扣

(h) 钢管桩O-P锁扣

(i) 钢管桩C-T锁扣

图 47-6　各种锁扣的结构（续）

47.4.7　法兰

　　法兰钢管主要应用于疏浚工程中输送处理土石方及泥浆，根据法兰结构形式可分为直平口法兰钢管和阶梯式法兰钢管（图 47-7）。

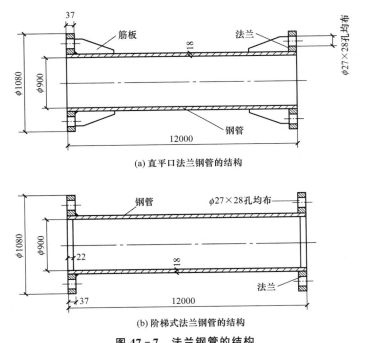

(a) 直平口法兰钢管的结构

(b) 阶梯式法兰钢管的结构

图 47-7　法兰钢管的结构

1115

海上风电单桩钢管桩项目地下部分和地面部分采用法兰连接方式。

47.5　钢管桩的防腐

为了延长钢管桩的使用寿命，钢管桩使用前必须进行防腐处理，通常采用阳极块与防腐涂层联合使用的处理措施。钢管桩防腐涂层主要采用熔融结合环氧粉末和海工重防腐涂料工艺。

47.5.1　熔融结合环氧粉末生产工艺

1. 磨料的选择

用于抛丸除锈的磨料应是清洁、无油、无污染并且干燥的。磨料颗粒尺寸应能产生满足要求的表面锚纹深度及洁净度。磨料应满足 GB/T 18838.3 的要求。

2. 表面处理

钢管表面处理前应清除表面的油脂、污垢等附着物。钢管焊缝与母材过渡平滑，锐边和火焰切割边缘要打磨光滑，所有锐边需倒角，圆角半径不小于2mm。当钢管表面温度低于露点温度以上3℃时，应预热钢管，驱除潮气。表面质量合格后方能将钢管送入喷丸机抛射除锈。钢管表面处理后应进行检测，清洁度达到 GB/T 8923.1 规定的 Sa2.5 级，锚纹深度达到 $40 \sim 100 \mu m$，盐分含量不超过 $20 mg/m^2$。钢管表面抛射除锈后应加强保护，防止受潮、生锈或二次污染。表面处理后的钢管在空气中放置时间不得超过4小时。如果钢管表面有可见的返锈现象、变湿或者被污染，应重新进行处理。

3. 钢管加热

钢管采用中频加热系统进行加热，环氧粉末涂料胶化时间和固化时间的测试温度应满足产品说明书指定的涂覆温度。加热系统须保证连续、均匀、充分地加热钢管，并对已清洁过的表面不造成污染和氧化。钢管表面温度不得超过275℃，并通过适宜的仪器如红外线传感器、接触式热电偶等进行连续监控与记录。监控仪器应设有报警装置，以便在钢管温度超出极限值时及时报警。

4. 环氧粉末的涂敷

环氧粉末应采用静电技术喷涂。涂敷时应对环氧粉末喷枪中的气压进行控制，喷枪出粉应稳定、均匀，雾化良好，确保环氧粉末均匀涂敷在钢管表面。当气压超出规定的极限值时，监控系统应具有报警功能。钢管表面涂敷完成后，应通过水淋冷却室冷却一段时间，使得涂敷管的温度低于60℃，并确保熔结环氧涂层全部固化。

5. 防腐检验

防腐涂层外观质量应逐根目测检查。涂层表面应平滑，色泽均匀，无气泡、无开裂及缩孔，允许有轻度橘皮状花纹。

防腐涂层厚度采用涂层测厚仪逐根进行检测。任意选择钢管的3～5个圆截面，分别测量沿圆周方向均匀分布的3～5点的涂层厚度，每一点的读数应当是距其40mm范围内其他三点读数的平均值。同时，应检测焊缝处的防腐涂层厚度，结果应满足设计要求。

防腐涂层完全固化且温度低于60℃时，采用电火花检漏仪对防腐涂层进行漏点检测，检漏电压按照最小涂层厚度乘以 $5V/\mu m$ 计算确定。检漏仪应至少每班校准一次。涂层无漏点为合格。如果单支钢管有不超过两个漏点时，可按规定进行修补；如果单支钢管漏点超过两个或单个漏点沿轴向尺寸大于300mm，该防腐钢管为不合格。

按 SY/T 0315 附录 G 的方法对钢管涂层进行附着力测定,附着力等级为 1～4 级,检测结果须满足设计要求。

防腐涂层质量不合格的钢管应进行返工处理,直到合格为止。

47.5.2　海工重防腐涂料生产工艺

1. 磨料的选择

用于抛丸除锈的磨料应是清洁、无油、无污染并且干燥的。颗粒尺寸应能产生满足要求的表面锚纹深度及洁净度。磨料应满足 GB/T18838.3 的要求。

2. 油漆配套方案

不同种类、不同厂家的油漆,其配套方案是不相同的。防腐施工前应根据油漆使用说明书编制油漆配套方案,包括:①基料和固化剂的混合比例;②稀释剂的型号及配比;③混合后的使用时间;④施工方法;⑤单道涂层厚度;⑥干燥和重涂间隔温度及时间等。

3. 表面处理

钢管表面处理要求同 47.5.1 节。表面质量合格后方能进行抛射除锈或喷射除锈处理。喷射处理时,空压机必须安装油水分离器。钢管表面处理后应进行检测,要求同 47.5.1 节。

4. 预涂

钢管桩表面处理完成后,为了防止返锈,应立即在钢管桩金属表面预涂一层防腐底漆,涂层厚度为 $60～100\mu m$。

5. 防腐施工

钢管防腐有喷涂、刮涂、滚涂三种施工方法。防腐施工人员应根据油漆配套方案进行施工,确保钢管桩的防腐质量。

当施工环境出现以下情况时严禁进行油漆施工:

1) 当温度低于 5℃ 或高于 40℃ 时,必须采取措施提高气候条件到可以接受的范围。

2) 如果相对湿度超过 85% 或者钢板温度没有高于露点 3℃ 以上,不进行最终喷砂或涂漆施工。

3) 当下雨下雪、表面有水有冰或者大雾时不能进行涂漆施工。

6. 检验

防腐涂层外观质量应逐根目测检查。涂层表面应平滑,色泽均匀,无气泡、流挂、针孔、开裂及缩孔等质量缺陷。

防腐涂层厚度检验方法及要求同 47.5.1 节。

按《色漆和清漆　拉开法附着力试验》(GB/T 5210) 对钢管涂层进行附着力测定。试验可选择在钢管或试板上进行,检测结果须满足设计要求。

47.5.3　防腐涂层防护

钢管在吊装时宜采用尼龙吊带或其他不损坏防腐涂层质量的吊具。钢管堆放时,防腐段需增设两道以上的柔性物进行支垫,支撑间距为 4～8m,支撑最小宽度应为 200mm,钢管距地面不小于 100mm。钢管运输时,防腐段应增设三道以上的尼龙绳、布绳或其他柔性物进行捆扎隔离,避免防腐涂层受到破坏。运输时应使用尼龙绳等柔性物进行捆绑固定。

防腐钢管在夏季露天存放时间不宜超过三个月，如果存放时间超过三个月，应采用遮盖物对防腐涂层进行保护。

47.6　钢管桩的运输和堆放

钢管桩运输时应采取措施防止管体撞击而造成管端、管体的损坏、弯曲和变形，使防腐涂层表面不受损伤。为了避免运输车辆和绳索等与钢管桩直接接触，其间应采用隔离保护物等措施。

钢管桩堆放场地应平整、坚实、排水通畅，堆放时应按规格、材质进行分类，堆放高度宜参照如下规定：直径不大于 600mm 的钢管桩堆放时不超过 5 层；直径不大于 1200mm 的钢管桩堆放时不超过 4 层；直径不大于 2000mm 的钢管桩堆放时不超过 3 层；直径不大于 3000mm 的钢管桩堆放时不超过 2 层；直径超过 3000mm 的钢管桩尽可能单层堆放。

放置在底层的钢管桩侧面必须用三角木塞住，底部两层之间的钢管尽可能采用管卡固定，防止钢管滑动。

第 48 章　北斗云技术在基础施工和岩土监测中的应用

李慧生

48.1　桩机施工智能化

北斗云技术是"北斗＋""互联网＋""物联网＋"与"云监测"的高度融合。北斗云打桩定位系统是高精度北斗云技术、物联网、移动互联网、多功能传感器技术在大型建筑装备中的实际应用，是"北斗＋""互联网＋"的典型应用。其实现让桩机操作人员就像使用车载导航系统一样使用打桩导航，无需提前放线。以打桩定位为基础，北斗云桩基施工管理系统实现了桩机实时位置查看、桩位偏差测量、打桩数量统计，可以自动生成施工记录表、竣工图，可以从 BIM 平台自动下载项目信息、施工图纸，同时将自动生成的施工记录表、竣工图上传到 BIM 平台。

北斗云岩土监测技术实现了监测现场基于 LORA 的无线自组网，北斗定位实现了亚毫米级精度，基本实现了各种监测项目的数据自动化采集和分析，实现了天空地一体化的立体监测体系。

48.1.1　应用领域

1. 静压桩机

静压桩机施工时，由于桩机体积大、重量大，桩机行走时经常会将已经放线的桩位挤偏，尤其在雨季、夜晚很难打桩（图 48-1）。北斗云的智能导航系统即时导航打桩，桩机上配有高精度倾角传感器，自动校正桩机平台的倾斜误差；能自动生成施工记录表、竣工图，桩机上的智能传感系统能够测量压桩过程中的压力、终压力、压入深度，形成深度-压力曲线，便于计算贯入度。

2. 长螺旋桩机

长螺旋桩机施工完毕后，打桩过程中产生的渣土覆盖地面，导致经常无法找到桩位。北斗云打桩

图 48-1　静压桩机上的应用

导航仪可即时导航找到桩位，同时桩机上的高精度倾角传感器即时测量平台及桅杆倾斜度，矫正桩位误差（图 48-2）。

桩长测量传感器能即时测量桩长，绘出钻进速度曲线，并计算钻进贯入度，表达地层的软硬程度。泵送混凝土可以测量灌注量，形成深度和灌注量曲线。

钻进和施工过程的跟踪可以大大提高施工质量，相对准确地预估单桩承载力。

(a)   (b)

图 48 - 2   长螺旋桩机中的应用

3. 水上打桩

海上、湖面打桩难以放线，由于受环境等多种条件影响，全站仪放线精度较差，通常每天只能施工几根桩。使用北斗云打桩定位系统自动导航打桩，能够提高效率 3～5 倍，而且精度大大提高（图 48 - 3）。

图 48 - 3   水上打桩的应用

4. 软基处理施工智能化

针对插塑板桩机施工特点，采用北斗云导航定位配合倾角传感器、加速度传感器、计数传感器，实现分组定位和惯性定位，可以调整桩机的水平度、桅杆垂直度，记录每根桩的施工时间、施工深度、施工时长、沉降速度，并可以自动生成施工记录表等。

平面图可以导入已经编号的图纸文件，也可以按照规则在系统内自动生成点位和编号。

5. 旋挖桩机

针对旋挖桩机桅杆可以伸缩的情况，北斗云将打桩导航仪安装在旋挖机的桅杆上，能够获取桅杆的姿态,可以即时定位每根桩的位置,记录每根桩的施工信息。

48.1.2 软件服务平台

软件服务平台如图 48-4 所示。

(a) 打桩导航界面　　(b) 桩位对准过程　　(c) 施工日志桩位统计　　(d) 施工信息统计

(e) 功能菜单　　(f) 竣工图　　(g) 运行状态　　(h) 施工记录表

图 48-4　软件服务平台

48.2　智能化岩土工程监测

　　高精度北斗云技术、物联网、大数据应用的深入发展对岩土工程领域产生了深远影响,工程监测正在加速走向自动化。边坡位移变形的实时监测一直是工程安全监测的重点。北斗二代系统的成熟及智能硬件、物联网、大数据技术的发展使自动监测技术进入了一个新的时期。

　　北斗静态定位精度大大提升,服务的即时性也有本质的转变,其开始渗透到安全监测的各个领域。本节重点介绍基于物联网的北斗静态位移测量、北斗云深部位移测量等新一代传感技术、大数据技术和遥感技术在工程监测中的应用。

48.2.1 监测领域

1）深基坑监测：包括桩顶及坡顶水平位移和垂直位移、深部水平位移、支撑结构轴力、锚索拉力、钢筋拉力、土压力、水位等监测。

2）楼宇沉降监测。

3）软基处理监测。地基在排水固结时将产生较大沉降，为了解地基的固结效果、固结稳定性，需要对地基沉降进行监测，一般的监测项目有地表水平位移、地表沉降、水位、含水率、分层沉降等。

4）边坡监测。

48.2.2 常用的监测仪器

48.2.2.1 北斗云数据采集仪

数据采集仪（图48-5）用于收集传感器数据并无线传输至北斗云路由器（图48-6）。仪器端采用分布式大数据处理（边缘计算）；使用基于 LORA 的物联网数传模块传输数据；"傻瓜"式安装及使用。

1）数据采集仪通过有线方式连接传感器，然后通过无线方式将采集到的数据上传至北斗云路由器。

2）场地内使用 LORA 物联网数传模块与北斗云路由器通信。

3）支持 RS485、232 等接口。

4）能自动检测连接的传感器类型，从路由器自适应下载合适的通信协议及数据处理程序。

5）通信方式更可靠，内部局域网模式使通信得到保障。

6）支持太阳能板＋蓄电池供电。

图 48-5 数据采集仪

图 48-6 北斗云路由器

48.2.2.2 北斗云路由器

数据采集仪上传的传感器数据在北斗云路由器集中后上传至服务器端；支持物联网边缘计算；支持网络、短信或北斗短报文传输；"傻瓜式"安装及使用。

1）支持多种数据传输途径，包括网络、短信和北斗短报文。

2）场地内数据基于 LORA 物联网传输。

3）将数据采集仪收集到的数据实时上传至服务器端。

4）自带 flash 存储，可在离线状态下存储数据，在连线时上传。

5）存储各种传感器采集协议及边缘计算模型，采集仪需要时可以从路由器自动更新。

6）"傻瓜"式安装，即插即用。

7）支持太阳能板＋蓄电池供电。

48.2.2.3 GNSS（全球定位系统）北斗位移监测仪

水平和垂直位移精度可以达到 1mm 以内；仪器端采用分布式大数据处理；自动采集数据，支持网络或北斗短报文传输；"傻瓜"式安装及使用。

采用多系统板卡综合定位，采用北斗、GPS、GLONASS 三系统八频主板；水平位移定位精度在

1mm 以内，垂直位移定位精度在 2mm 以内；高精度定位是先进的板卡技术和大数据处理技术的完美结合。GNSS 北斗位移监测仪具有以下特点：

1）复杂的静态后处理算法在仪器端和云端联合完成。

2）中间结果可以通过北斗短报文上传至网络服务器。

3）数据传输。场地内 LORA 无线数传，3km 内实现无线互联；仪器内置 4G；通过移动短信上传至互联网；数据通过 LORA 集中到路由器，通过路由器的北斗短报文上传至互联网。

4）无需专用手簿，任何安卓系统手机下载北斗云 APP 即可使用。

5）"傻瓜"式安装，即插即用。

图 48 - 7 所示为 GNSS 北斗位移监测仪安装现场，图 48 - 8 所示为北斗 GNSS 数据处理系统，图 48 - 9 所示为北斗 GNSS 一机多天线监测系统。

(a)　　　　　　　　　　　　(b)

图 48 - 7　GNSS 北斗位移监测仪安装现场

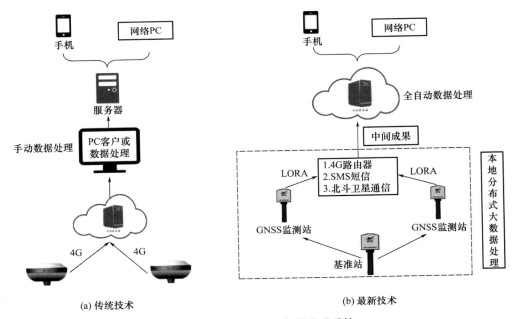

(a) 传统技术　　　　　　　　(b) 最新技术

图 48 - 8　北斗 GNSS 数据处理系统

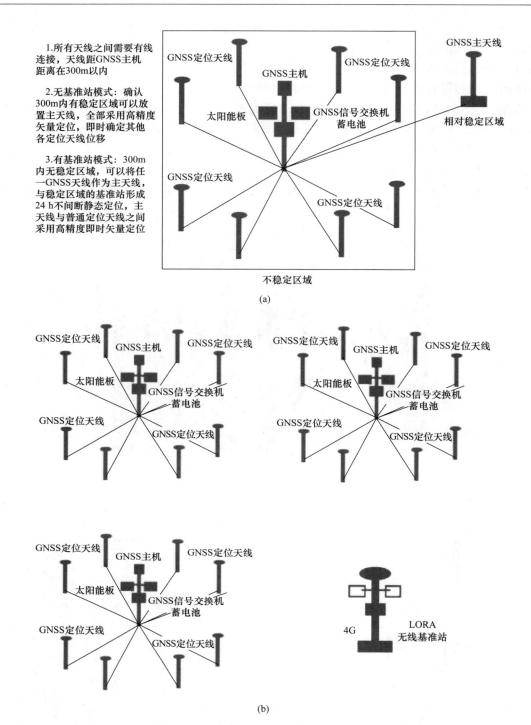

图 48 - 9　北斗 GNSS 一机多天线监测系统

48.2.2.4　便携式 GNSS

便携式 GNSS 是最小的实时动态（RTK）设备，具备先进的板卡，是地质填图、测绘、放点、应急监测的最佳随身装备。其内置 4G、LORA 无线，可自动采集数据，传输网络或北斗短报文（图 48 - 10）。便携式 GNSS 具有以下功能：

1）可以作为标准的 RTK 设备，任何一个仪器既可以作为基准站，也可以作为工作站，配对服务。

2）可以作为静态测量、监测应急装备。

3）可以申请 CORS 基准站服务，不管到哪里，基准站如影随形，单个仪器即能准确定位。

4）尺寸为 8.5cm×8.5cm×3.5cm，小巧便携。

48.2.2.5　点面结合 3S 四维监测仪及其系统

3S 是遥感（remote sensing）、全球定位系统（GNSS）、地理信息系统（GIS）的简称。该仪器搭载高精度 GNSS、高精度倾角传感器、方位角传感器与高清光学相机，在高精度单点定位的基础上，光学地级遥感对周围环境进行大面积监测，GIS 进行精确空间建模分析，获取精确的数字高程（DEM）模型，能够感知周围环境的亚毫米级位移变化（图 48-11）。该系统能够以相对较低的成本替代激光扫描设备安装在现场监测。用于地铁运行、隧道监测时，可以取消 GNSS，在固定位置安装；可以针对表面监测，也可以在监测对象位置设置固定点，监测这些点的位移变化。

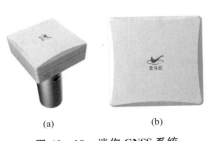

(a)　　　　(b)

图 48-10　迷你 GNSS 系统

图 48-11　点面结合 3S 四维监测系统

48.2.2.6　静力水准仪

静力水准仪（图 48-12）垂直位移精度达到 1mm 以内；可提前预埋安装；支持通过北斗云数据采集仪传输数据；"傻瓜"式安装及使用；能自动采集任何沉降数据，如边坡沉降、建筑物沉降、桩顶沉降、地面沉降、分层沉降等。其具有以下特点：

1）静力水准系统又称连通管水准仪，系统至少由两个观测点组成，至少有一个点安装在基准点，称为基准静力水准仪。每个观测点安装一套静力水准仪，通过其压力读数与基准静力水准仪的差值变化计算沉降变化。

2）数据采集仪安装在基准点，通过 485 总线连接所有仪器，采集数据后无线传输给路由器，由路由器 4G 或北斗短报文上传至互联网。

3）"傻瓜"式安装，即插即用。

(a) 静力水准仪外形

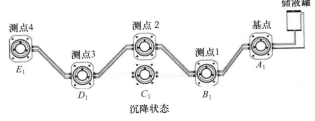

(b) 静力水准仪原理

图 48-12　静力水准仪的外形和原理

图 48-13　拉线式位移计

48.2.2.7　拉线式位移计

拉线式位移计（图 48-13）可以用于各种裂缝测量及合适条件的深度测量、长度测量、变形测量等，精度高，使用简单，量程范围大。拉线式位移传感器（又名拉绳位移传感器）是直线位移传感器在结构上的精巧集成，充分结合了角度位移传感器和直线位移传感器的优点，成为一款结构紧凑、测量行程长、安装空间尺寸小、具有较高测量精度的优良传感器。该系列产品具有很大的选择空间，行程从 200mm 至 20000mm 不等。其具有以下特点：

1）基于 LORA 无线数传。

2）传感器以有线方式连接北斗云数据采集仪，通过 LORA 无线集中到路由器，由路由器以 4G 或北斗短报文上传至互联网。

3）安装方便，测量精度高，零点满量程可调，高强度拉线，抗污染能力强。

48.2.2.8　激光测距仪

北斗云激光测距仪（图 48-14）采用固定方向测量，一个路由器通过 CAN 总线串联，可以连接多个测距仪，测量结果可以即时上传至互联网。每个测距仪都可以远程设置采集时间、采集频率、目标位移计算公式，定时自动测量。

其测量精度达 2mm，24h 静态智能精度为 1mm，精度范围测试距离为 80m；采用总线设计，方便布置多个监测点；配合采集仪，可实时上传数据至云端；每个仪器固定只测试一个目标点。

图 48-14　激光测距仪

48.2.2.9　水位计

图 48-15　水位计

水位计（图 48-15）的特点：能自动监测深部水位变化，实时上传至服务器端；数据通过北斗云数据采集仪无线传输至北斗云路由器，集中后统一上传；可通过网络、短信或北斗短报文传输；"傻瓜"式安装及使用。水位计具有以下功能：

1）使用高精度、高灵敏度和高可靠性水压力（孔隙水压力）传感器监控地下水位的变化。

2）检测水位变化的精度在 1mm 以内。

3）支持北斗云数据采集仪。

4）实现了地下水位监测的自动化、简单化。

5）场地内 LORA 无线传输数据，3km 内实现无线互联。

6）传感器以有线方式连接北斗云数据采集仪，通过 LORA 无线集中到路由器，由路由器以 4G 或北斗短报文上传至互联网。

7）"傻瓜"式安装，即插即用。

48.2.2.10　土壤水分计

水分是决定土壤介电常数的主要因素。测量土壤的介电常数，能直接稳定地反映各种土壤真实的水分含量。土壤水分计（图 48-16）可测量土壤水分的体积百分比，是目前国际上最流行的土壤水分测量方法，是一款高精度、高灵敏度的测量土壤水分的传感器。

图 48-16　土壤水分计

其起初主要应用于农业领域，目前已经广泛应用于岩土工程监测的各个领域，如公路、铁路路基、边坡工程、滑坡地质灾害、港口、岸坡，地基处理、沉降因素观测等工程和科研领域。

土壤水分计可人工读数，且可以直接输出 485 数字信号，接入北斗云物联网系统进行长期观测，监测土壤含水率的变化。

48.2.2.11　深部位移测斜绳

深部位移测斜绳能代替手动测斜仪、固定测斜仪，其采用总线结构，长短自由组合，可以多根级联，是深部位移测量的革命性产品（图 48-17）。深部位移测斜绳具有以下功能：

1）代替了传统的手动测斜仪、固定测斜仪。

2）将测斜传感器、方位角传感器集成在一起。

3）能确定每个节点变化前后的坐标。

4）测斜分辨率为 0.001°，精度为 0.01°。

5）方位角传感器分辨率为 0.05°，精度为 0.5°。

6）场地内 LORA 无线传输数据，3km 内实现无线互联。

传感器以有线方式连接北斗云数据采集仪，通过 LORA 无线集中到路由器，由路由器以 4G 或北斗短报文上传至互联网。

(a) 测斜绳　　　(b) 测斜绳的安装　　　(c) 测斜绳应用现场

图 48-17　深部位移测斜绳

48.2.2.12　其他传感器

其他传感器有分层沉降仪、土压力传感器、钢筋拉力计、应变传感器、锚索应力计、磁通量传感器、振动传感器、次声波传感器、泥位计等，在此不一一细述。任何传感器通过数据采集仪都可以成为北斗云物联网的终端。

48.2.3　智能监测服务平台

智能监测服务平台系统架构如图 48-18 所示。

48.2.3.1　现场物联网平台

现场物联网平台如图 48-19 所示。

施工现场的数据采集是监测物联网的重要环节和基础，无线自组网、自适应采样功能的组网设备是搭建高即时性、高灵敏性、高精确性物联网的保障。

北斗云物联网及传输系统具有以下特点：

1）标准化。打造标准化组网设备，采用智能数据采集仪和路由器，组成物联网的神经系统。

2）自组网。所有传感器通过数据采集仪和路由器自动组网连接，如一条传输路线不通，自动寻找另外的路线上传数据。

3）多通道。路由器支持多通道上传数据，如 4G、NB-IOT、短信、北斗短报文、卫星宽带。

4）低功耗。研发低功耗传感器，通过智能化控制传感器的工作时间实现低功耗。

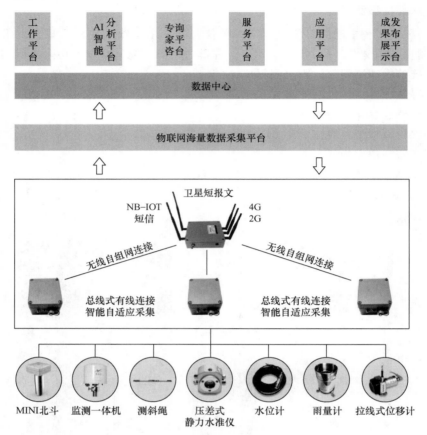

图 48-18　智能监测服务平台系统架构

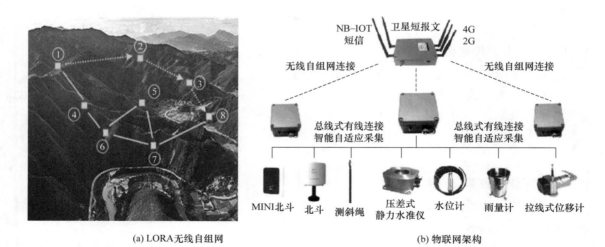

(a) LORA无线自组网　　　　(b) 物联网架构

图 48-19　现场物联网平台

5）自感知。多途径感知环境变化。

① 数据采集仪能够自感知连接的传感器并自动下载通信协议。

② 雨量计超限值感知。

③ 倾角传感器、测斜绳传感器超限值感知。

④ 振动传感器感知。

⑤ 裂缝计超限值感知。

⑥ 水位变化感知。

6）自触发。雨量、倾角、振动、裂缝等感知类传感器一旦超过限值，整个系统即进入一级应急状态，采集频率加密，并多途径通知值守人员。

48.2.3.2　数据采集及分析服务平台

北斗云数据采集及分析服务云平台具有以下特点：

1）接收海量项目数据，按项目和数据种类分布式存储。

2）提供各种数据的分析曲线，实现多传感器数据的叠加分析。

3）多租户，多项目，大数据，提供 PC 网站数据服务、API 接口数据服务、手机 APP 数据服务。

4）提供手机 APP 对传感器采集仪的反向设置。

5）采用具有深度自主学习与记忆功能的预警技术，实现地质灾害链发展趋势及其危险性动态预警。系统可以在短时间内完成灾害数据的数据组织、数据提取、信息融合、信息优化、分析叠加，最后生成预警分析结果，实现发展趋势分析、危险性动态决策。预警平台框架如图 48－20 所示。

6）多源信息融合，综合分析、综合判断、综合预警。

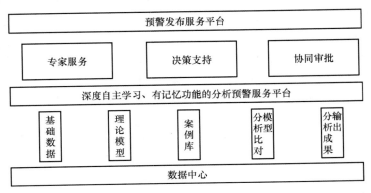

图 48－20　预警平台框架

48.2.3.3　成果展示服务平台

基于 WEBGIS（互联网地理信息系统）实现监测成果展示、预警发布。

1）基于 WEBGIS 电子地图，对监测区域监测点的各项监测数据及信息实时查询，支持不同监测数据类型之间的对比分析。

2）信息发布。既包括向社会大众发布，也包括向灾害预警区域相关专业人员定向发布灾害预警信息。

3）支持多租户、多项目。

4）支持按照行政区域导航展示，最终展示项目详细数据。

5）支持即时纵向数据上报。

6）支持短信群发，通过预警值声光报警和短信预警的方式预报灾害。

48.2.3.4　遥感服务平台

遥感技术已经成为大地监测的重要手段，区域性监测一般首先要使用遥感普查，再进行地面监测。北斗云遥感监测包括以下两方面：

1）卫星数字高程模型（DEM）与光学遥感的结合。资源 2 号、资源 3 号卫星数据形成的 DEM 数据与中国高分 2 号、高分 3 号卫星的影像叠加，实现地面的高清立体建模影像。

2）形成多光谱专业地质遥感图，也可以与数字高程模型（DEM）叠加，形成立体的专业地质遥感图，在图上可以测量点位的方位角、产状，可以判断地层岩性等地质信息。

48.2.3.5 无人机服务平台

无人机服务平台有以下优点：

1）很多高陡边坡易崩塌，难以攀爬，工程技术人员无法上去，无人机可以将现场情况建立模型，让人如临其境。

2）针对同一崩塌体，无人机可以按照一定频率多次飞行，对比前后测得的数据，形成无人机建模监测。

3）滑坡体、崩塌体建模后，可以轻松计算滑坡崩塌体的预估体积。

4）可以将所有地面监测点位标注于无人机飞行的立体模型中，也可以将位移等数据信息标注于点位，形象地展示滑坡体当前的状态及历史演化过程。

48.3 工 程 实 例

48.3.1 恒大中心基坑监测

恒大中心项目场地位于深圳市南山区白石洲白石四道与深湾三路交会处东南侧，总占地面积10376m²。项目规划建设1栋超高层建筑（72层），地上高约400m，拟设置6层地下室。基坑开挖相对深度为39.05m和42.35m，呈矩形，基坑支护长约370m，开挖面积为8633m²。基坑北侧紧靠地铁11号线和9号线，在本项目红线范围内，北侧地下室外墙距地铁11号线右线隧道结构外边线约5.5m，东侧、南侧、西侧地下室外墙距红线为3.0m，场地可利用空间比较狭小。

本项目监测内容见表48-1，基坑监测控制指标见表48-2。

表 48-1　项目监测内容

监测项目	监测点数
基坑顶沉降及水平位移	17点
深层水平位移	14点
立柱沉降及水平位移	20点
道路管线沉降	暂未布点，基坑开挖前与监理、甲方一起现场选点、布点
支撑应力	8层，每层24组，每组4点
道路沉降	11点
地下水位	12点
地连墙应力	13点（竖向间距2.5m，冠梁以下2.0m至地连墙底以上约2.0m范围）

表 48-2　基坑监测控制指标（基坑安全等级为一级）

序号	监测项目	绝对值累计/mm	相对基坑深度控制值/%	变化速率/(mm/天)
1	桩顶水平位移	30	0.07	3
2	桩顶竖向位移	15	0.035	3
3	深层水平位移	30	0.07	3
4	立柱竖向位移	30	—	3
5	周边地表竖向位移	35	—	3
6	地下水位变化	1000	—	500

注：当监测项目的变化速率达到表中规定值或连续3天超过该值的70%时应报警。

48.3.2　陕西周至 G318 国道崩塌预警

1. 基本情况

G108 国道 K1393＋300—K1393＋600 两处路基坍塌，曾造成交通中断。初步调查发现该两处为巨型崩塌地质灾害，体积为 10 万 m³ 以上。公路位于崩塌体中下部，治理困难。为有效掌握路基、边坡体稳定动态，为抢险施工提供科学依据，相关部门决定，对该路段实施自动化监测。根据监测数据分析和预警，深圳北斗云信息技术有限公司提供自动化监测设备及在线监测平台。2017 年 11 月 28 日，自动化监测设备和服务平台上线。

2. 几个重要节点

1）黄色预警。2017 年 11 月 28 日至 2018 年 1 月 28 日，虽然有个别点的位移短暂增大，但地表位移速率总体均匀，经分析，预警状态确定为黄色。

2）橙色预警。2018 年 1 月 28 日之后，位移数据波动增多，变形速率有加大趋势，根据数据分析和综合研究，持续发出橙色预警，期间发生了小型崩塌。

3）红色预警。2 月 11 日晚至 12 日，根据地表位移监测数据及宏观变形迹象判断，崩塌体进入加速变形阶段。2 月 14 日根据分形理论和突变理论发出红色预警，要求封闭交通，并严禁行人通过，当地政府严格执行了这一决定。

4）崩塌发生。2018 年 2 月 19 日凌晨 4 点 30 分，发生大规模崩塌。

相关情况参见图 48-21～图 48-28。

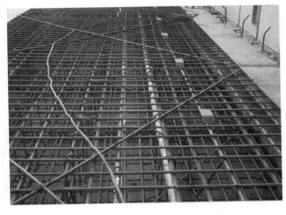

图 48-21　安装钢筋应力计

图 48-22　周至滑坡现场布置图　　　　图 48-23　周至滑坡平面预警图

图 48-24　周至手机端预警图

图 48-25　周至北斗系统安装现场

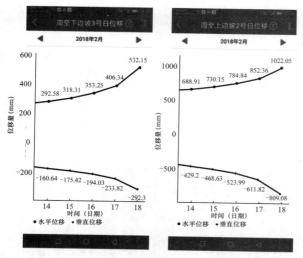

图 48-26　周至 2 号点及 3 号点日位移曲线

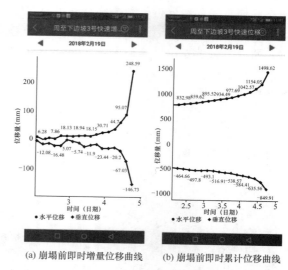

(a) 崩塌前即时增量位移曲线　　(b) 崩塌前即时累计位移曲线

图 48-27　周至 3 号点临界滑坡曲线

(a)　　　　　　　　　　　　　　(b)

图 48-28　周至山体崩塌现场

3. 监测评价

本次监测设备先进，数据采集及时、准确，分析手段专业，预警判断准确及时，成功地为抢险阶段的交通安全提供了科学依据，并避免了人员伤亡。

第 49 章　多节扩孔灌注桩桩身完整性检测

周晓波　辛军霞　包自成

49.1　研　究　现　状

49.1.1　多节扩孔灌注桩的优点和检测原因

随着桩基施工技术的日新月异，出现了各种新的桩型。扩孔桩通过扩孔提高桩身承载力，减少混凝土用量，节约成本。扩孔桩又分为支盘桩、DX 桩、三岔旋扩桩及多节钻扩桩等多种类型。扩孔桩依靠在地质条件较好、承载力较高的土层中合理设置承力盘，起到大幅提高承载力的作用，所以承力盘在多节扩孔灌注桩中起到非常重要的作用。

桩身完整性检测是工程验收的必要环节，也是对施工工艺的检验。对于多节扩孔灌注桩，桩身完整性检测不仅是指没有断桩和短桩（Ⅳ类）、严重缺陷及严重缩颈（Ⅲ类）、轻度缺陷及缩颈（Ⅱ类），还应包括对多节扩孔位置及初步效果的定性判断。

49.1.2　多节扩孔灌注桩目前的检测方法及适用性

1. 目前检测桩身完整性的方法

1) 低应变检测桩身完整性，利用反射波原理。

2) 取芯法检测桩身完整性，采用钻芯机进行钻芯。

3) 超声波法检测桩身完整性，布设声测管进行检测。

4) 高应变法检测桩身完整性，采用重锤测试承载力和桩身完整性。

5) 对于扩孔后施工质量的检测，在注浆后、灌注混凝土前通过机械法、声波法进行桩基扩孔外形检测（规范外使用法、需要对施工同时进行检测）。

2. 适用性

1) 低应变检测桩身完整性，反射波遇阻抗产生反射，对桩身尤其是桩外侧形状有一定明确的反应，但其特点不能够清晰地反映出三个以上承力盘的位置，信号往往令检测人员疑惑，无法进行判断。低应变法对于桩身缺陷的检测同样仅限于定性分析。

2) 取芯法检测桩身完整性，是检测桩身内部混凝土质量最直观的方法，可以较明确地看到桩身混凝土内部缺陷。但对于桩身外侧的承力盘，进行桩外侧取芯，则会出现取芯孔位偏心，从而造成误判。另外，取芯法用时较长（一台取芯机最多每天取芯 1 根桩，视桩长和混凝土强度而定），费用很高，不适用于大面积桩身完整性检测，仅用于对存在较大不确定性的桩身进行检测。

3) 超声波法检测桩身完整性，沿布设声测管进行桩身完整性检测，检测的范围仅限于测管之间的区域，而且需要提前布设好声测管。

4) 高应变法检测桩身完整性，采用重锤测试承载力和桩身完整性。该方法对于检测承力盘的位置不适用。

5）扩孔后施工质量的检测必须在浇筑混凝土之前进行，可以采用钢筋笼检测、伞形孔径仪检测、声波法检测等，检测孔径扩孔部位及垂直度。

49.2　低应变检测桩身完整性的基本原理

通过低应变检测多截面变径桩是一个比较复杂的问题，目前采用从多个方面进行研究的方式，本节从检测工作的实际出发，对低应变检测多截面变径桩进行探讨。

49.2.1　低应变检测桩身完整性的技术难点及理论分析

1）在实测过程中存在多个扩径体，信号会在沿桩身传播过程中在反射及透射界面互相叠加，造成干扰，增加判断的难度。

速度波从一端传递到另一端，返回总时间 t 为

$$t=\frac{2L}{C} \tag{49-1}$$

混凝土灌注桩一般情况下（不含水、高强度、龄期未到等状况下）波速为 $3600\sim4200\mathrm{m/s}$。亦可由弹性模量求得应力波在混凝土中传播的速度，即

$$C=\sqrt{E/\rho} \tag{49-2}$$

以上式中　ρ——混凝土的质量密度（$\mathrm{kg/m^3}$）；

$\quad\quad\quad E$——混凝土的弹性模量（MPa）；

$\quad\quad\quad C$——实测应力波波速（$\mathrm{m/s}$）。

由此可见，混凝土中应力波的波速与混凝土的成桩质量密切相关。

假设平均波速为 $4000\mathrm{m/s}$，有效桩长（从桩顶到桩底部分的长度）L 为 $20\mathrm{m}$，则

$$t=\frac{2L}{C}=\frac{2\times20}{4000}=0.01 \tag{49-3}$$

$$f=\frac{1}{t}=\frac{1}{0.01}=100$$

式中　t——速度波在自由杆中传播的时间（s）；

$\quad\quad f$——动态频率（Hz）；

$\quad\quad \lambda$——波长（m）。

桩身检测频率最小为 $100\mathrm{Hz}$。

根据《基桩动测仪》（JG/T 3055—1999），低应变检测设备要求最低频率响应误差范围为 $5\sim2000\mathrm{Hz}$，则计算得

$$t=\frac{1}{f}=\frac{1}{2000}=0.0005(\mathrm{s})=0.5\mathrm{ms}$$

$$L=\frac{tC}{2}=\frac{0.0005\times4000}{2}=1(\mathrm{m})$$

可知杆件上最小单位为半个波长，即 $1\mathrm{m}$。一维杆件的纵波波速为 C，动态频率为 f，则波长

$$\lambda=\frac{C}{f}=\frac{4000}{2000}=2(\mathrm{m})$$

即最小检验波长为 $2\mathrm{m}$，对 $2\mathrm{m}$ 以上长度缺陷位置有效确认。

要提高精度，就要增大频率。普通的尼龙棒冲击，脉冲击频率低，得到的频谱宽度窄，高频分量不足，造成缺陷的分辨率低。因此，宜选择测量精度更高的传感器，精度更高的设备频率响应误差更小，从而尽量减少仪器误差带来的影响。

图 49-1 通过对不同波长的采集信号进行比对，阐明对桩身缺陷精度的影响。

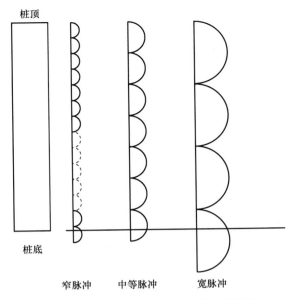

桩顶

桩底

窄脉冲　中等脉冲　宽脉冲

图 49 - 1　不同脉冲沿桩身的分布示意图

2）在低应变检测过程中，不仅会产生沿桩身方向传波的 P 波（纵波），也会产生 S 波（横波）和 R 波（面波），而桩身一般截面为 $0.4\sim1.6\mathrm{m}^2$，由于截面效应，S 波与 R 波会在桩顶部位很快衰减，在检测过程中影响微弱，主要对桩上部信号产生影响，采集或信号激发距离桩身上分布的钢筋较近时，则会在桩身检测时造成干扰。

3）在瞬态竖向激振力激发信号向下传递的过程中，信号的反射至关重要，是进行桩身完整性判断的重要依据。使用重锤，激发信号强且脉冲宽，则反射信号强，但采集的信号较不清晰，对于缺陷及扩径体的识别率低。使用较轻便的小锤时，激发信号弱，脉冲窄，缺陷位置清晰，但对于桩身长细比较大的桩来说无法传递到桩底，或到达桩底后反射信号很弱，过度叠加，同样不能明确判断缺陷及扩径体。

4）一维波动方程。假设桩为等截面细长杆，四周无侧阻作用，选取微分单元，应变为

$$\varepsilon=\frac{\partial u}{\partial z} \tag{49-4}$$

$$F_{(M-1)}=A\sigma=A\varepsilon E=AE\frac{\partial u}{\partial z}$$

$$F_{(M)}=AE\frac{\partial u}{\partial z}-AE\frac{\partial}{\partial z}\left(\frac{\partial u}{\partial z}\right)\mathrm{d}z$$

式中　ε——杆件微分单元的应变；

　　　u——沿 z 方向的位移（mm），z 轴以竖直向下为正向；

　　　σ——微分单元截面上的应力（MPa）；

$F_{(M-1)}$——微分单元上截面上的力（N）；

　$F_{(M)}$——微分单元下截面上的力（N）；

　E——材料的弹性模量，约为 $2.06\times10^5\mathrm{MPa}$。

一维杆件理论认为杆件上下截面面积相同，即 $A_1=A_2$，而

$$\Delta F=F_{(M-1)}-F_{(M)}=AE\frac{\partial^2 u}{\partial z^2}$$

由于变截面上下截面面积不同，产生的 $F_{(M)}$ 不同。变截面假设桩为不等截面的细长杆，四周无侧阻作用，A_1 与 A_2 不同，则 $F_{(M)}$ 应为

$$F_{(M)}=A_2 E\frac{\partial u}{\partial z}-A_2 E\frac{\partial}{\partial z}\left(\frac{\partial u}{\partial z}\right)\mathrm{d}z \tag{49-5}$$

式中 A_1——杆件微分单元上截面面积（m²）；

A_2——杆件微分单元下截面面积（m²）。

$$\Delta F = F_{(M-1)} - F_{(M)} = A_1 E \frac{\partial^2 u}{\partial z^2} - A_2 E \frac{\partial u}{\partial z} - A_2 E \frac{\partial}{\partial z}\left(\frac{\partial u}{\partial z}\right)dz$$

由于 A_1 与 A_2 为截面面积，而

$$\frac{\mathrm{d}z}{\mathrm{d}x} = \sin\theta = \frac{R_1 - R_2}{2} \tag{49-6}$$

式中 R_1——变径体直径（m）；

R_2——桩身直径（m）；

θ——变截面与水平面的夹角，夹角在截面以上为正，在截面以下为负。

因此，变截面的一维波动方程可转化为四阶偏微分方程。

5）目前国内外最新研究成果表明，尺寸效应对一维波动方程产生的影响如下：一维波动方程为二阶偏微分方程，低应变的应力波反射法是其波动解，当脉冲增加、波长减小，一维杆件受到尺寸效应影响，应参考三维效应的影响产生的变化；增加的变量 A_1 与 A_2 是沿与一维杆件垂直的方向增加的两个水平方向的参数，即由一维杆件变为三维界面，即三维波动方程。

三维波动方程在直角坐标系下可列方程

$$u_u = a^2(u_{xx} + u_{yy} + u_{zz}),\ 0 \leqslant x \leqslant a, 0 \leqslant y \leqslant b,\ -\infty < z < \infty \tag{49-7}$$

将时间变量与空间变量分开，则

$$u(x,y,z,t) = u(x,y,z)T(t)$$
$$T''(t) + k^2 a^2 T = 0$$
$$T(t) \propto \mathrm{e}^{-ikat} = \mathrm{e}^{-i\omega t}$$

亦可通过三维波动方程在柱坐标系下结合亥姆霍兹方程列方程如下：

$$u_u = a^2 \nabla^2 u,\ 0 \leqslant \rho \leqslant a,\ 0 \leqslant \varphi \leqslant 2\pi,\ -\infty < z < \infty$$

目前对于三维波动方程多采用有限元方法求解。有限元法作为一种数值方法，需要利用计算机进行大量的计算，较为繁琐，在此不做过多叙述。

本章从工程实例出发，针对动力响应沿桩身的分布规律及反射波在桩身中传播的特点，利用扩径体边界条件，从如何提高检测效果等方面进行描述。

6）锤击荷载的频谱。一维模型中锤击荷载为随时间发生正弦变化的集中荷载，三维模型中荷载模拟为作用在桩顶特定位置的正弦压力波，可视为包含不同频率的压力波，如图 49-2 所示。

桩身遇阻抗变化处产生反射。桩身截面处：

$$Z_1 = \frac{EA}{c} = \frac{\rho Acc}{c} = \rho c A_1 \tag{49-8}$$

桩身变截面处：

$$Z_2 = \frac{EA_1}{c} = \frac{\rho A_1 cc}{c} = \rho c A_2$$

$$\frac{Z_1}{Z_2} = \frac{A_1}{A_2}$$

力学阻抗 Z（N·s/m）与缺陷的面积 A（m²）成正比，与缩颈的直径 R 的平方成正比。根据能量守恒理论，当缺陷对称时，缩颈则信号 $(R/R_1)^2$ 增强，扩径则信号 $(R_1/R)^2$ 减弱。反射波法检测理论上更适用于对缺陷桩进行检测。

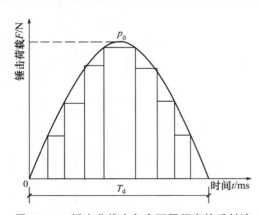

图 49-2 锤击曲线中包含不同频率的反射波

桩身反射强度同样受地层因素影响，由于地质条件的不同，一维波动方程的边界条件非均质，桩周土阻力对应力波的反射波，在同样条件下，土的阻力变化越大，反射信号产生的干扰越强烈。

对扩径体进行检测，需要充分利用阻抗变化处的边界效应和桩型特点。

7）对于传感器，要求性能稳定、信号/噪声比高、采集信号精度高、漂移低。对于检测仪器，要求处理信号能力强、对于细微信号识别率高。

49.2.2　采集信号后的技术处理

信号处理采用一维杆件理论结合计算机编程，信号通过传输降噪，通过软件算法滤波，剔除干扰，提取微弱信号，从强反射中提取被淹没的信号。随着计算机编程技术的发展，后期处理未来可以达到更高的精度，从而使计算结果更加准确。

49.2.3　多截面灌注桩低应变检测的意义

复杂多变的地质条件及桩基施工不断推出各种新工艺、新方法，对各种变截面桩桩基的低应变检测提出了更高的要求，需要不断地改进检测方法和工艺。检测方法的改进不仅是规范的要求，也是实际工作的需要，在检测工作中遇到的问题仍需要不断地解决并进一步改进检测方法，以更好地应用于实际工程中，这对于新桩型的推广、应用及验证有很大的作用，能够带来更大的社会效益和经济效益。

49.3　多次低应变综合判断法

当前的设备同时将桩身浅部缺陷、桩底及桩身扩径三者一次测出，但三个部分对高、低频信号的响应差异较大，信号相互混叠，为了满足施工和设计要求，将此条件分成三条曲线分别进行推断，具体分析见 49.4 节。

1. 主机的选择

采用美国 PDI 公司生产的 PIT 基桩动测仪，测量范围为 $20 \sim 4000\text{Hz}$，幅频误差不超过 $\pm 5\%$，满足规范要求，在 $100 \sim 1280\text{Hz}$ 范围内误差不大于 1%，且收敛。

2. 传感器的选择

由于需要对扩径部分进行检测，多次反射叠加，地质条件较复杂，造成信号的识别难度加大，需要 A/D 转换器中分辨率较高、频率响应误差低、冲击测量零漂、性能稳定的传感器，这是对扩径桩进行检测的先决条件之一。

3. 手锤的选择

手锤的选择非常重要，也是关系检测效果的关键。

反射信号在桩身中传播的幅值与手锤的重量、敲击的速度正相关，$P = FV$，功率越高，传播的信号就越强，反射的信号也就越明显。当遇到阻抗变化处（如扩径）和反射波叠加时幅值会衰减，所以越到桩身较下部位，信号反射越弱，因此测深层桩底时需要增大 F 或 V。又因 $F = ma$，在 a 一定时，增大 m 可达到测清桩底的效果，因此采用了不同质量的重锤进行检测。

手锤的锤头材质一般有尼龙、金属（铝）等，尼龙材质较坚硬，而且很轻便，冲击的里脉冲窄，高频分量较多，但相对于重锤来说易破损，所以采用更为坚固且不易破损的金属铝材质的锤头。

49.4　工　程　实　例

49.4.1　工程概况

该工程位于昆明市呈贡新城行政中心东北侧，属冲湖积台地貌，拟建场地原为耕地，拟建项目工程重要性等级为一级，地基复杂程度等级为二级（中等复杂地基），场地复杂程度等级为二级（中等复杂场地），综合划分确定其岩土工程勘察等级为甲级。各土层厚度及其分布见表 49-1。

表 49-1 土层分布

土层分布	厚度/m	顶板埋深/m	土层分布	厚度/m	顶板埋深/m
①素填土	0.3～1.4	0.3～12.1	③2-1有机质黏土	0.7～4.7	10.4～11.8
③1黏土	0.4～16.0	0.3～12.1	③3黏土	5.7～26.6	17.0～21.0
③1-1含砾粉土	0.7～9.0	0.7～9.0	③3-1有机质黏土	0.5～16.3	10.0～39.3
③1-2有机质黏土	0.7～1.8	1.3～12.0	③3-2粉土	0.5～9.0	14.0～34.0
③2含砾粉砂	0.6～15.2	5.0～16.4			

对工程现场详细勘察后进行了桩型设计比较，决定采用 DX 三岔双向旋扩灌注桩。通过静力触探估算单桩竖向极限承载力标准值，见表 49-2。

表 49-2 桩基础设计选型比较

桩型	预估桩长/m	桩端持力层	桩径/mm	单桩竖向承载力极限值 Q_{uk}/kN
干作业长螺旋钻孔灌注桩	33	③3黏土	400	1934～3270
	33	③3黏土	600	2973～4872
泥浆护壁旋挖成孔灌注桩	33	③3黏土	400	1945～2845
	33	③3黏土	600	2996～4343
DX 三岔双向旋扩灌注桩	22～33	③3黏土	600，3 个盘 1200	7000

由表 49-2 可见，在同等桩长（22～33m）、桩径（600mm）条件下，DX 三岔双向旋扩灌注桩单桩竖向承载力极限值比其他有了大幅的提高，满足设计要求。采用 3 个承力盘三岔双向旋扩桩，3 个承力盘的直径为 1200mm。主要土层的物理力学性质见表 49-3。3 个承力盘主要布置在砾砂层和黏土层。选取③2 含砾粉砂、③3 黏土、③3-2 粉土土层作为承力盘持力土层，以提高承载力。由于场地土层的变化，盘位也相应地出现了变化。盘位布置如图 49-3 所示。

表 49-3 主要土层土工试验值

主要土层	地基承载力 f_{ak}/kPa	直剪试验		三轴剪	
		内摩擦角 φ_q（快剪）/(°)	黏聚力 c_q（快剪）/kPa	内摩擦角 φ_{uu}（不固结不排水剪）/(°)	黏聚力 c_{uu}（不固结不排水剪）/kPa
③2含砾粉砂	160	30.7	11.1	/	/
③2-1有机质黏土	120	13.6	30.5	/	/
③3黏土	160	16.2	36.6	10.7	67.4
③3-1有机质黏土	135	14.4	36.9	6.4	41.8

49.4.2 检测方法

现场检测单位对本工程中的 DX 三岔双向旋扩灌注桩变截面扩径桩未进行过桩身完整性检测，无法给出合理结论，后采用钻芯法进行桩身完整性检测，而钻芯法对扩径部分的检测效果也不明显。笔者所在单位曾参与变截面新桩型试桩及工程桩检测，对 DX 桩及各种变截面扩径桩检测有比较多的测试经验，受甲方委托对该工程中的 DX 三岔双向旋扩灌注桩桩身的完整性进行了低应变检测。

主要地层	层底深度 /m	分层厚度 /m	柱状图	承力盘 的位置
①	1.50	1.50		
③₁	4.00	2.50		
③₂	8.00	4.00	—	
③₃₋₁	10.00	2.00		
③₃	15.00	5.00		
③₄	17.00	1.50		
③₁	27.00	10.00		

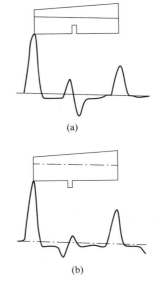

图 49-3　主要地层分布及承力盘的位置　　　　图 49-4　扩径和缩颈的标准信号

49.4.2.1　低应变原理及检测方法

在满足承载力的前提下，需要对桩身完整性进行检测。首先要给出桩身 3 个承力盘的具体位置，然后对桩身的缺陷进行判断。

（1）低应变原理

假设桩体为一维杆件，用瞬态激振设备（力锤）敲击桩头，激发应力波向下传播。应力波遇阻抗变化处产生反射，成为反射波，传感器采集到反射波信号并储存。由入射波与反射波的相位和时间差 $t_1 - t_2 = 2\Delta L / C$ 来判断截面突变或缺陷位置及桩底信号。采用的 PIT 设备的标准扩径和缩颈的标准信号如图 49-4 所示。

（2）检测方法

依据《建筑基桩检测技术规范》（JGJ 106—2014）的要求，对多截面桩采用其他方法辅助验证低应变的有效性，并且依据规范要求了解桩基施工工艺和施工情况（充盈系数、护壁尺寸、土层变化、何种工艺、塌孔位置），降低误判概率（8.1.2 条条文说明）。判断完整性要结合地勘报告、施工工艺和图像分析。

49.4.2.2　多截面变径桩低应变检测的技术难点

1）阻抗变化引起多次反射，反射叠加难以判断，反射变化截面离桩顶越近，反射的影响越大。本次检测旋扩桩型，截面变化位置均为扩径段。

2）扩径变化大大衰减了应力波的传播，截面变化幅度大，衰减严重，使得反射信号很弱，甚至无法到达桩底，所引起的二次反射及其叠加信号更弱。

3）尺寸效应、大直径、短波长窄脉冲激励造成响应波形失真严重。

4）桩身阻抗变化范围纵向尺度与激励脉冲波长相比，前者越小，阻抗变化越弱。本次检测阻抗变化处适中，但由于土层不同而产生变化，随检测工作的进行，其影响会得到进一步确认。

5）土层变化对反射信号的影响较为明显，存在的砂层易出现塌孔现象，为扩径信号，影响桩身承力盘的位置判断。而承力盘的位置选择也与土层的变化密切相关，所以会出现承力盘和土层信号的叠加，使判断更加困难。

49.4.2.3 针对技术难点采取的方法及步骤

1）分别采用0.5kg、1kg、4kg和20kg的不同质量的手锤敲击桩顶，至少采取三组曲线，如图49-5所示。

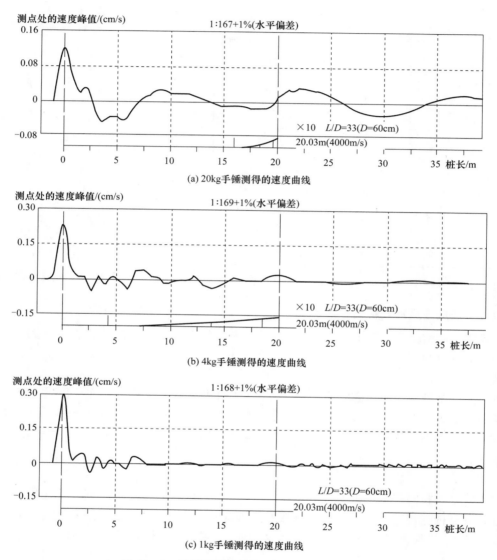

图 49-5 采用不同重量的手锤测得的速度曲线

2）由手锤曲线先找到桩底，根据有效桩长判定波速，波速是混凝土强度、夹泥等现象判定的依据。测试信号到桩底并反射，且无明显缺陷及断桩信号，波速在正常范围内，通过反射信号可排除Ⅲ类、Ⅳ类桩。

3）结合4kg手锤曲线、地质勘察报告及施工特点对变径部分进行判定。结合土层变化及特点对承力盘的形成进行分析，得到承力盘的位置及扩孔效果。

4）结合0.5kg和1kg手锤曲线对有无缺陷位置进行判定。0.5kg手锤曲线的主要作用是判定受力较大的桩头部分的浅部缺陷；1kg手锤曲线的主要作用是排除扩径信号和土层变换界面部分后判断桩身其余部分有无明显的扩缩颈。

49.4.2.4　信号的采集及分析

对于低应变检测，最好的信号激发点为桩中心，在桩中心 2/3 处采集信号。对于本次检测的带有 3 个承力盘的三岔双向旋扩桩，除了增加锤重，也可以通过以下方式采集到较清晰的信号：

1）传感器粘结在桩的边缘部分（图 49 - 6 中的三角部位），在钢筋笼外侧磨出 6 个平面。

2）敲击点按照以下顺序进行测试：1→2→3→4→5，如图 49 - 6 所示。按以上的顺序测试时，反射信号由弱到强，5 点为信号最强处，扩径信号（特别是 3 个承力盘位置）会出现叠加，使缺陷信号增强，但因旋扩位置对称，所以 $t_1 = t_2$（在桩身内，入射波向下传播，桩顶即传感器与变截面处时差为 t_1；在桩身变截面处反射波向上传播，变截面与桩顶即传感器时差为 t_2），不会影响判断。此法仅适用于桩土模量比值较小且信号不明显的桩，选择适合的能够看到盘位及桩底的信号即可。应充分利用桩身边界条件，但首先要排除桩身存在浅部缺陷的问题，否则容易引起浅部缺陷的信号叠加，形成误判。

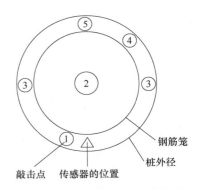

图 49 - 6　传感器及测点分布示意图

因为桩是一维杆件，反射波沿纵向传播，而横向波或球面波遇浅部缺陷或桩侧产生的反射为干扰项，敲击 3 点或 5 点能大幅度提高反射信号幅值，信号强弱与桩周土体及桩身混凝土弹性模量比 E_S/E_P 有关，边界效应明显。扩体部分混凝土弹性模量与桩身混凝土弹性模量 E_{P1}/E_P、E_{P2}/E_P、E_{P3}/E_P 均有关，旋扩盘越规整、标准，信号越明显、清晰。同时，通过采集传感器粘结和敲击位置的信号，并按照与传感器的距离由近到远的顺序采集信号，缺陷或扩体信号被由近到远采集。不同位置采集的信号，反射到传感器的时差略有区别，但大体会形成一个信号区域。采集的信号在 $2t_1$ 时产生了叠加效应，从而使信号被增益了一倍，增益的部分是由扩体部分对称的特点造成的。浅部缺陷或扩体部分对测试产生以下影响：①信号叠加；②漫反射。这两个方面造成信号叠加在后面的桩身上，虽然扩体幅值降低一半，但是二次反射后正向叠加宽度增加了一倍，对后期桩的扩体判断造成影响，虽然不影响特定信号，但是幅值的叠加会让其信号产生变异、倾斜。

下列几种情况下的信号不宜用于变截面扩径分析：

① 灌注混凝土桩头，且带有钢护筒，影响检测效果。

② 桩头稍差，在清土过程中造成桩头裂缝，导致信号浅部缺陷。

③ 底板灌注，桩身与周边混凝土相连，必须隔断后再进行检测。

④ 桩头浮浆未剔除。

⑤ 传感器距离钢筋太近，力锤敲击时钢筋一同振动。

⑥ 周边有较明显的振动源，导致信号叠加。

综上，应根据三岔双向旋扩桩施工工艺的特点和旋扩过程中三岔的位移路线，对判断的信号进行处理和分类，通过研究变截面的特点和信号叠加情况详细判断截面形状。

49.4.3　数据分析

49.4.3.1　信号的处理及分类

当盘位位于砾砂层中，进行旋扩时可能会出现塌孔现象，所以采集到的信号为逐渐扩径的信号，但是在盘位下方信号却结合得很紧密，为先轻度扩径后严重缩颈的组合信号，如图 49 - 7 中 6.8m 位置。而当信号出现较为明显的异常扩孔时，要注意是否存在塌孔、窜孔的现象，不能简单地认为扩径信号明显就是 I 类桩。同样，在塌孔处也会出现缩颈＋扩径信号。因此，要把扩径位置和所在土层情况（包括地质勘察报告、成孔记录、施工记录等）结合起来分析。

当盘位位于黏土层中时，因黏土层塑性较强，所以信号表现为明显的先扩后缩，但是由于旋扩过程中三岔边旋扩边移动的施工工艺，土质均匀的黏土中反射信号反映出这一特征，即为变形的 W 形信号，并非标准的扩径信号。这也是判断旋扩桩扩径体的一个显著特征，如图 49 - 7 所示，14.2m 和 17.4m 分别为第一个和第二个承力盘的位置。

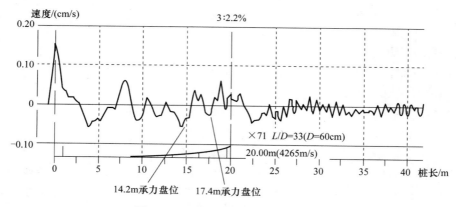

图 49 - 7　黏土层中承力盘标准信号

承力盘一般选择承载力高、可塑性好的土层，对于非承力盘的位置，则需要参考是否存在扩径（图 49 - 8）、缩颈、塌孔、夹泥等问题结合施工记录进行推断。人为扩孔因施工工艺、扩孔设备等特点，具有较为明显的规律性，扩径体有明显的边缘特征，自然扩孔则不具备标准尺寸，扩径体或缩颈部位不会呈现较为明显的规律或特征。

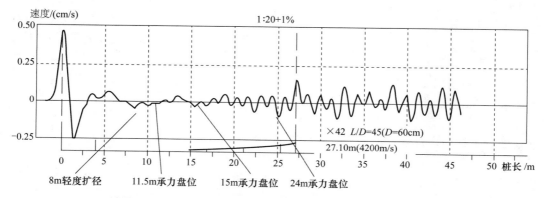

图 49 - 8　局部砂层中承力盘标准信号（5～8m 处为砂层）

沿桩身混凝土强度是不同的，所以沿桩身混凝土传播的波速是不同的，但是在低应变检测过程中，对于同一根桩进行低应变检测时，假设波速是相同的（单根混凝土桩中的平均波速），因此对于变截面位置的判断不可能十分精确。

49.4.3.2　信号的影响因素

1）桩帽的影响。清槽时部分含有直径为 800mm 的护筒，部分带有护筒的三岔双向旋扩桩对采集信号有明显的影响；向下清理 1m 后，信号明显清晰，如图 49 - 9 所示。

2）不同地质条件下的信号特点。信号会随着旋扩的地层不同而出现强弱不同的状况，在土层较单一的黏土层中，土层单一区域反射信号较强；土的动刚度比较低的地方，同等力锤敲击处，反射信号较强的土层单一区域试桩的沉降量普遍大于反射信号较弱的土层复杂区域的试桩，见表 49 - 4。这是由于在单一土层中阻抗变化部位比较少，入射波和反射波损失的比较少，场地北部区域多砂层，交互泥炭土，而南部区域粉质黏土层厚度比较均匀，所以南部区域的信号较清晰，北部区域信号干扰较明显。

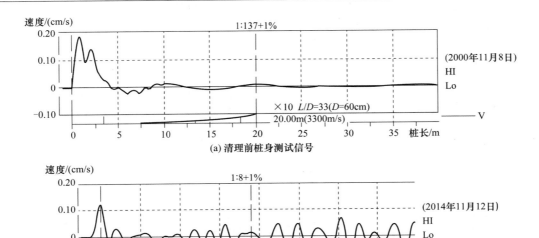

图 49－9　清理桩帽前后信号对比

表 49－4　信号强弱与沉降的比较

区　　域	平均沉降/mm
信号较强的北部区域（砂层黏土、泥炭交互层）	约 27
信号较弱的南部区域（粉质黏土层为主）	约 20

3）多变且复杂的地层情况给低应变检测及分析工作带来很多困难，如砾砂层的塌孔现象、土层结合面的阻抗变化现象、因土层变化引起的土层信号多重叠加现象、黏土和有机土层结合面的现象，都需要仔细分辨，从中发现规律。例如，泥炭土部位不会设置承力盘，依据受力原理承力盘多设置在砂层之下、黏土层之上，以较好地利用承力盘的机理；而有些工程中由于中下部土层较差，所以连续将两个承力盘设置在靠近桩底的部位，间隔比较近，从信号来看就会形成比较大的相互干扰，仍需要仔细比较和加以分析，有时需要采用不同的试验方法相互验证。

参 考 文 献

[1]　沈保汉，牛冬生，虞辰杰．DX 桩完整性检测的试验研究［J］.工业建筑，2004，34（3）：19.
[2]　中华人民共和国行业标准．建筑基桩检测技术规范（JGJ 106—2014）［S］.北京：中国建筑工业出版社，2014：128.
[3]　中华人民共和国行业标准．三岔双向挤扩灌注桩设计规程（JGJ 171—2009）［S］.北京：中国建筑工业出版社，2009：6.
[4]　沈保汉．多节挤扩灌注桩［J］.施工技术，2001（1）：51.
[5]　辛军霞．DX 桩单桩竖向抗压承载力及桩身完整性检测现场试验研究［J］.建筑技术开发，2008，35（2）：22.
[6]　刘兴录．基桩工程与动测技术 200 问［M］.北京：中国建筑工业出版社，2000.
[7]　张子珍．三维波动方程的解［J］.山西大同大学学报，2013，29（1）：25.
[8]　丁选明．低应变下变阻抗薄壁管桩动力响应频域解析［J］.岩土力学，2009，30（6）：256.
[9]　费康．PCC 桩低应变检测中的三维效应［J］.岩土力学，2007，28（6）：28.
[10]　中华人民共和国行业标准．基桩动测仪（JG/T 518—2017）［S］.北京：中国标准出版社，2017.

第 50 章 混凝土桩的腐蚀与耐久性提升

周永祥* 王 晶 贺 阳 王潇潇

50.1 混凝土的土壤腐蚀

混凝土是建设中不可缺少的材料，是土木工程领域最重要的建筑材料，广泛应用于工业和民用建筑、能源、交通等行业。

现阶段国家级重大工程对混凝土结构的耐久性要求越来越高，尤其是在西部地区盐渍环境和沿海地区的严酷环境下，混凝土的耐腐蚀问题更为突出。因此，混凝土材料在土壤中的腐蚀研究是一项重要的基础工作。

混凝土及钢筋混凝土埋置在各种类型的土壤中，不同程度地遭受各种侵蚀介质的腐蚀损坏，其腐蚀形态、腐蚀规律、腐蚀机理及主要影响因素与土壤类型、土壤理化性质及微生物的种类和含量有着直接的关系。国外对混凝土在土壤中的腐蚀研究较早，美国、英国等发达国家于 1920 年开始针对混凝土及钢筋混凝土材料的腐蚀机理进行研究。中国建筑科学研究院自 20 世纪 50 年代开始在全国 30 多个地区建立了土壤腐蚀观测站（图 50-1），长期观测研究混凝土和钢筋混凝土在不同类型土壤环境中的自然腐蚀规律。

图 50-1 大港土壤腐蚀观测站

我国主要的土壤类型可分为中碱性土壤、酸性土壤、内陆盐渍土和滨海盐渍土四大类。中原、华北、东北等地区的土壤一般为中碱性土壤，在中碱性土壤地区先后建立了西安、济南、南充、大庆、沈阳、成都等土壤腐蚀试验站；南方各省的砖红壤、赤红壤、红壤、黄壤等土壤属酸性土壤，在酸性土壤地区建立了深圳、广州、鹰潭等酸性土壤腐蚀试验站。新疆维吾尔自治区、青海省、甘肃省、内蒙古自治区等地区的土壤属内陆盐渍土，在上述地区先后建立了敦煌、张掖、伊宁、哈密、译普、库尔勒、玉门、格尔木等 13 个内陆盐土试验站；沿海地区的土壤属滨海渍盐土，在滨海渍盐土试验站投放有 8 种混凝土及钢筋混凝土材料。

滨海盐渍土环境富含硫酸盐、镁盐及氯盐等侵蚀介质，属于强腐蚀环境，在化学侵蚀和物理作用（如盐结晶、冻融等）等多重因素下，钢筋混凝土遭受腐蚀破坏的严重程度和破坏速度往往比内陆的建筑物严重得多，出现混凝土强度下降甚至解体、钢筋锈蚀、混凝土保护层胀裂甚至剥落等严重腐蚀现象。沿海地区人口稠密，经济发达，大量基础设施处于滨海盐渍土环境中，遭受严酷的环境侵蚀。研究

---

* 周永祥，博士、北京工业大学研究员、博士生导师。曾任中国建筑科学研究院高性能混凝土研究中心主任，现任中国建筑学会建材分会副理事长兼秘书长，CCPA 岩土稳定与固化技术分会创始人、秘书长。主要研究方向为混凝土、岩土工程加固与固体废弃物利用。电子邮箱：zhouyx@bjut.edu.cn。

并解决滨海盐渍土环境地区钢筋混凝土建筑物的耐久性问题，对于我国经济社会的发展具有重要意义。

50.1.1　土壤腐蚀研究进展

自然环境下的暴露试验最能真实反映材料的劣化速度和性能演变规律，但试验往往因时间漫长、场地维护费用高等原因难以长期坚持，因此得到的试验数据十分宝贵。中国建筑科学研究院在国家原科委、基金委等部门的支持下，从 20 世纪 50 年代起就针对不同的土壤环境类型在全国建立了 30 多个土壤腐蚀试验站，持续进行混凝土和钢筋混凝土在土壤环境中的自然暴露腐蚀观测、研究。天津大港区属于我国典型的北方滨海盐渍土环境，腐蚀介质浓度高，气候恶劣，对钢筋混凝土材料的腐蚀具有鲜明的代表性。1992 年，中国建筑科学研究院在天津大港腐蚀试验站埋置了 20 根钢筋混凝土方桩，尺寸为 200mm×200mm×2000mm，埋置形式为直立埋置：方桩一半埋于盐渍土下，一半暴露于空气中，即地面以下 1m，地面以上 1m（图 50-2）。历经 17 年后，随机抽取 3 根桩进行了分析研究。

图 50-2　大港腐蚀试验站自然暴露的钢筋混凝土桩

50.1.2　土壤环境条件及试验设计

天津大港区地处我国东部沿海，濒临渤海湾。该地区环境土 pH 大于 7 小于 8，呈弱碱性，氧化还原电位极低（均为负值），具有较强的耗氧性。由于长期蒸发作用，盐分多集中于表层（0～5m），表层土含盐量高，土壤盐渍化严重。同时，天津大港处于海洋海风环境和冬季氯盐环境等多种腐蚀环境的作用下，具有滨海盐渍土腐蚀环境的代表性。为了对比说明大港地区滨海盐渍土环境的严酷性，分别对天津海河水样和大港暴露试验场的地表水样进行了检测分析，结果见表 50-1。

表 50-1　水样分析结果

取样位置	试验结果计量单位	阳离子浓度			阴离子浓度				阴阳离子浓度总计	游离 CO_2 浓度	总矿化度/(mg/L)	pH
		$K^+ + Na^+$	Ca^{2+}	Mg^{2+}	Cl^-	SO_4^{2-}	HCO_3^-	NO_3^-				
海河水	mg/L	158.42	52.34	34.53	157.79	190.52	217.51	22.13	833.24	33.55	724.52	7.64
	mol/L	6.888	1.306	1.420	4.450	1.983	3.566	0.357	19.970	—	—	
大港地表水	mg/L	14502.95	423.25	1669.33	25092.34	3757.00	186.44	0.44	45631.75	48.40	45356.53	7.86
	mol/L	630.563	10.560	68.640	707.684	39.108	3.056	0.007	1459.618			

从表 50-1 中可以看到，与天津海河的水样相比，大港地表水的矿物离子含量非常高，$K^+ + Na^+$、Cl^-、SO_4^{2-} 和 Mg^{2+} 含量分别为海河水中相应离子含量的 91.5 倍、159 倍、19.7 倍和 48.3 倍，对混凝土具有强腐蚀性；两水样 pH 较为接近，均呈弱碱性。

图 50-3 为大港地区不同深度土样的侵蚀性离子含量，大港地区的地表土样的 Cl^-、SO_4^{2-} 和 Mg^{2+} 含量最高，随深度的增加，Cl^-、SO_4^{2-} 和 Mg^{2+} 含量波动较小。另外，大港地区的土样浸出液电

导率比较高，对钢铁金属材料具有强腐蚀性，在此环境条件下对混凝土的保护层厚度及耐久性要求较高。

针对大港地区的环境条件，中国建筑科学研究院于1992年9月将钢筋混凝土桩制作完成，10月投放大港腐蚀试验站，开始自然暴露试验。钢筋混凝土桩成型所用水泥为32.5级矿渣硅酸盐水泥，粗骨料采用5～20mm碎卵石，细骨料为中砂，成型过程中未使用化学外加剂，拌和用水为自来水。钢筋混凝土桩采用自然养护方式，相应混凝土试件采用标准养护方式。桩身混凝土的配合比及抗压强度见表50-2。

表50-2 桩身混凝土的配合比及抗压强度

混凝土试件	矿渣硅酸盐水泥用量/kg	水胶比	砂/kg	石子/kg	砂率/%	水/kg	抗压强度/MPa		
							3天	7天	28天
标准养护	400	0.45	646	1169	36	180	9.5	12.6	30.5
自然养护	400	0.45	646	1169	36	180	/	16.9	26.5

50.1.3 自然暴露17年的腐蚀结果与分析

2010年初对埋置的部分钢筋混凝土桩进行了开挖，此时钢筋混凝土桩已经在大港试验站放置了17年。马孝轩等根据腐蚀程度的差异将钢筋混凝土桩分为土下区、吸附区和大气区三个部分进行分析。其中，钢筋混凝土桩地平面以下1000mm的部分为土下区，地平面起0～350mm的部分为吸附区，其余暴露于空气中的部分为大气区，如图50-4所示。

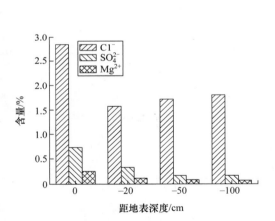

图50-3 大港地区不同深度土样侵蚀性离子的含量

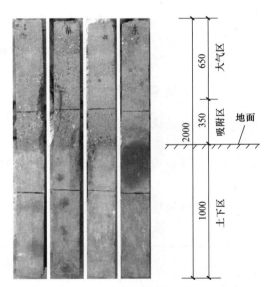

图50-4 钢筋混凝土桩典型的腐蚀情况（单位：mm）

50.1.3.1 钢筋混凝土桩的外观腐蚀

钢筋混凝土桩各方向的腐蚀情况如图50-4所示，图中由左至右代表的钢筋混凝土桩朝向分别为西、南、北、东；钢筋混凝土桩自上而下分别为大气区、吸附区和土下区。钢筋混凝土桩整体腐蚀严重，有以下特点：①地平线处存在明显的界限；②地平线以上的吸附区和大气区腐蚀严重，钢筋外露，桩身混凝土出现大面积剥落；③地平线以下钢筋混凝土桩处于土下环境，腐蚀程度最轻，几乎未发生腐蚀。

50.1.3.2 钢筋混凝土中性化深度

采用干锯法，将钢筋混凝土桩锯开，刷去表面粉末，喷上浓度为1%的酚酞酒精溶液（酒精溶液含20%的蒸馏水），分别测定土下区、吸附区和大气区不同朝向的桩身混凝土的中性化深度，结果如图50-5所示。

不同部位和不同朝向的钢筋混凝土桩中性化程度不同，其中以大气区的南向桩身混凝土的中性化最为严重，中性化深度达 17.3mm，土下区北向的桩身混凝土中性化深度最小，为 3.5mm。总体上，大气区桩身混凝土中性化最为严重，按照中性化严重程度的方向顺序为南、西、北、东。这也与各方向桩身混凝土的整体腐蚀程度一致。各方向桩身混凝土的腐蚀程度不同，主要是由于各方向日照强度、日照时长和风向不同，桩身混凝土的内外温差和水分的蒸发速率均不相同；温度梯度和湿度梯度作用越强，侵蚀性离子和气体对混凝土的腐蚀就越严重。

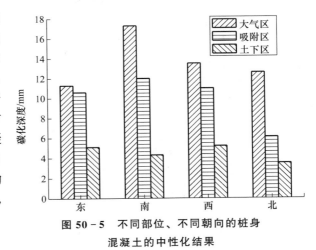

图 50-5　不同部位、不同朝向的桩身混凝土的中性化结果

50.1.3.3　钢筋锈蚀情况

分别将大气区、吸附区和土下区的钢筋混凝土桩破型，截取长度为（200±5）mm 的主筋，去除黏附的混凝土，研究钢筋混凝土桩的钢筋锈蚀情况。大气区的钢筋腐蚀情况如图 50-6 所示。参照《普通混凝土长期性能和耐久性能试验方法标准》（GB/T 50082—2009）中的"混凝土中钢筋锈蚀试验"方法计算钢筋的失重率：分别称取锈蚀钢筋的初始质量，然后用 12% 的盐酸溶液进行酸洗，并经清水漂净后，用石灰水中和，再用清水冲洗干净，擦干后在干燥器中存放 4h，待钢筋完全晾干后取钢筋称重，计算钢筋的失重率，结果如图 50-7 所示。

图 50-6　大气区钢筋锈蚀情况

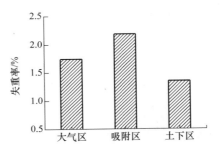

图 50-7　不同桩身部位钢筋的失重率

由试验结果可知，不同部位的钢筋锈蚀程度不同，其中吸附区的失重率最大，锈蚀最为严重，大气环境条件下的次之，土下区锈蚀程度最轻。大气区主要受碳化作用、雨水淋溶和盐雾腐蚀作用，对混凝土破坏较大，导致钢筋锈蚀；而在吸附区除存在以上腐蚀作用外，土壤中含盐溶液通过毛细作用进入混凝土内部，随着水分的蒸发，溶液浓度增大，化学腐蚀加快，另外盐类在干湿、冷热循环作用下结晶产生膨胀应力，上述作用对混凝土破坏严重，加快了钢筋锈蚀，因而锈蚀最为严重；土下区的环境条件相对稳定，梯度作用减弱，化学腐蚀和物理破坏作用减小，而且供氧条件较差，因而钢筋锈蚀的程度最轻。

50.1.3.4　桩身混凝土侵蚀性离子含量

分别钻取了大气区、吸附区和土下区的混凝土芯样，借助混凝土粉末机磨取不同深度的混凝土粉末，每隔 12mm 取一个深度区间，收集好每个深度区间的混凝土粉末样品，过 45μm 筛，检测分析有关离子浓度。不同深度的混凝土粉末样品中 SO_4^{2-}、Cl^- 和 Mg^{2+} 的含量检测结果如图 50-8 所示。

图 50-8（a）的结果表明，桩身混凝土中的 SO_4^{2-} 含量随深度的增加先增大后减小；SO_4^{2-} 在浓度差和化学动力等作用下不断向混凝土内部迁移和累积，在 24～36mm 深度区间时达到最高值；大于 24～36mm 深度后，硫酸根离子含量显著降低。

图 50-8（b）的结果表明，土下区桩身混凝土的 Cl^- 含量随深度的增加而增加，而大气区和吸附区的混凝土中的 Cl^- 含量随着深度的增加而降低，当深度达到 24～36mm 后，土下区、大气区和吸附区

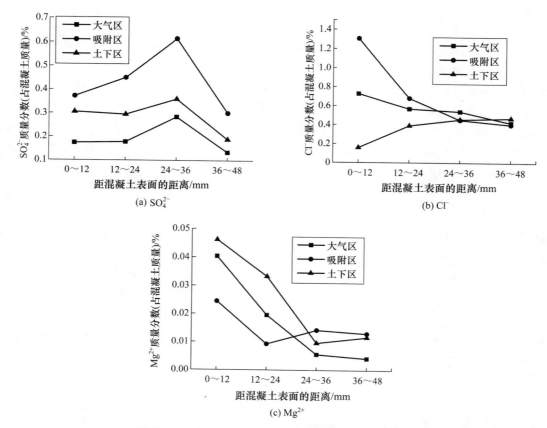

图 50-8 桩身混凝土不同深度有关离子的含量变化

的 Cl^- 含量趋于接近。

图 50-8 （c）中 Mg^{2+} 的含量随着混凝土深度的增加呈降低趋势，当深度达到 24~36mm 后，Mg^{2+} 含量趋于稳定。Mg^{2+} 与混凝土水化产物发生反应主要生成 $Mg(OH)_2$，而 $Mg(OH)_2$ 难溶于水，且在孔隙中与混凝土接触表面形成致密层；Mg^{2+} 与混凝土水化产物的腐蚀反应是一个由外向内的渐进过程，而且腐蚀速率主要取决于 Mg^{2+} 与混凝土水化产物的反应速率。图中的试验结果验证了以上结论。

总之，由图 50-8 中桩身混凝土不同深度各侵蚀性离子的含量变化可知，尽管由于所处的环境、腐蚀程度及离子的侵蚀机理不同，桩身混凝土侵蚀性离子含量的变化规律并不同，但以 24~36mm 深度区间为分界线，侵蚀性离子含量的变化趋势和变化幅度均在该深度处发生显著改变，说明在滨海盐渍环境条件下自然暴露 17 年的桩身混凝土的腐蚀深度区间达 24~36mm，大于该深度区间，腐蚀程度明显减弱。另外，根据 Cl^- 在混凝土中的扩散机理和简化的 Weyers Cl^- 扩散方程，针对钢筋锈蚀较严重的吸附区，按照下式计算混凝土中 Cl^- 的扩散系数 D：

$$D = \frac{x^2}{2t\left[\Psi^{-1}(W)\right]^2} \qquad (50-1)$$

式中 D——Cl^- 在混凝土中的扩散系数（cm^2/a）；

　　　　x——混凝土的计算深度（cm）；

　　　　t——混凝土暴露的时间（a）；

$\Psi^{-1}(W)$ ——$\Psi(z)$ 的反函数，其值可查有关标准正态分布的表格取得，$\Psi(z) = \int_{-\infty}^{z} \frac{1}{\sqrt{2\pi}} e^{-\frac{\beta^2}{2}} d\beta_c$，是标准正态分布形式。

$$\Psi^{-1}(W) = \frac{1}{2}\left[1 - \frac{C_t}{C_0}\right] + 0.5 \qquad (50-2)$$

式中　C_t——t 时刻混凝土某深度处的 Cl^- 浓度；

　　　C_0——混凝土表面 Cl^- 浓度。

假设吸附区 Cl^- 扩散深度 x 取平均值 30mm，可计算得出吸附区桩身混凝土 Cl^- 扩散系数为 $1.23 \times 10^{-12}\,m^2/s$。考虑环境的 Cl^- 浓度和自然暴露条件下的扩散方式，可见滨海盐渍土环境下 Cl^- 对钢筋混凝土结构的腐蚀不仅危害巨大，而且速度非常快。

50.1.3.5　桩身混凝土的微观结构分析

从腐蚀最严重的吸附区获取桩身混凝土并进行处理，通过环境电子扫描显微镜（FEI Quanta 200 FEG）对桩身混凝土进行了 SEM-EDS 分析（图 50-9）和腐蚀产物微观形貌分析（图 50-10 和图 50-11），并分析了腐蚀产物对桩身混凝土微观结构的影响。

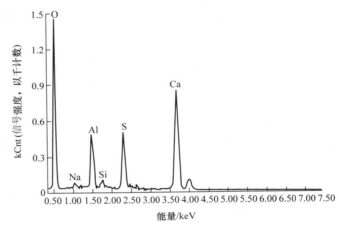

图 50-9　腐蚀产物电镜照片及对应区域能谱分析

由图 50-9 的试验结果可知，能谱中的 Ca、S、Al 和 O 元素较多，结合电镜照片中腐蚀产物为针棒状晶体，并且呈放射形，得知该腐蚀产物主要为钙矾石。这也与硫酸盐腐蚀产物的结果相吻合。

从图 50-10 中的混凝土腐蚀情况可以看到，外部水泥石结构较为疏松，硬化水泥石呈无粘结性的颗粒"分散"在电镜视野内，而内部的水泥石相对较为密实，水化产物之间没有明显的孔隙。这主要是由于混凝土外部最先接触到侵蚀介质，并且外部混凝土受干湿交替、日照和冻融等物理破坏较严重，外部混凝土是受侵蚀时间最长和破坏作用最严重的部分，导致其微结构疏松。

（a）外部混凝土腐蚀情况　　　　　　　　　　（b）混凝土外部及内部腐蚀情况

图 50-10　混凝土腐蚀情况

由图 50-9 的结果可知，腐蚀产物主要为钙矾石，而这种腐蚀产物在化学结构上均会结合一定的结晶水，从而发生体积膨胀。另外，钙矾石在矿物形态上是针状晶体，在原水化铝酸钙的固相表面析出，呈放射状向四周生长，互相挤压而产生极大的内应力，致使混凝土微观结构受到破坏。图 50-11 所示观测的结果验证了以上结论。

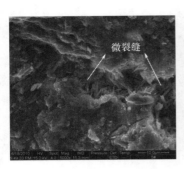

图 50-11　腐蚀产物对混凝土微结构的破坏

50.2　混凝土桩的耐久性问题

国内外学者针对混凝土结构的耐久性劣化问题进行了较多的研究，并取得了较多的研究成果。由于混凝土桩基主要埋于地下，较隐蔽，所以大部分的研究主要集中在地面上部结构，对埋置于岩土体中混凝土桩基的耐久性研究鲜有涉及。

我国现行规范《建筑地基基础设计规范》（GB 50007—2011）、《水运工程地基设计规范》（JTS 147—2017）、《建筑桩基技术规范》（JGJ 94—2008）主要规定了桩基处于侵蚀环境时所采取的必要的防护措施，对混凝土桩基的耐久性设计没有具体要求。

以下笔者将结合近年来对混凝土桩基耐久性问题的研究工作分别探讨预应力混凝土管桩与混凝土灌注桩的耐久性问题。预应力混凝土管桩因其特殊的生产制造工艺，桩身混凝土的耐久性能与普通的混凝土有较大区别，而且我国的一些生产工艺也与国外不同。我国已成为世界上最大的混凝土管桩生产国和使用地，年产量超过 2 亿 m，混凝土管桩的耐久性问题不容忽视。然而，目前国内对预应力混凝土管桩的耐久性缺乏深入系统的研究，也缺乏实际工程的调查数据，许多问题还模糊不清。此外，现行的规范只强调了管桩的力学性能，而忽视了其耐久性能。应尽早改变这种局面，努力提高混凝土管桩的耐久性能。

50.2.1　预应力混凝土管桩的耐久性问题

50.2.1.1　预应力混凝土管桩的分类与应用

桩基础是目前建筑工程中最常用的基础形式之一，在桥梁基础中则更为常见，使用率超过 90%。在我国南方地区，管桩基础已经占到桩基础的 70%~80%。在我国，预应力混凝土管桩按照混凝土的强度等级可分为 PC 桩和 PHC 桩，前者要求混凝土的强度等级高于 C60 而低于 C80，后者则要求高于 C80。

PHC 管桩在实际应用中又因直径的大小而有所区别。一般的 PHC 管桩常见外径在 300~600mm，长度通常为 7~15m，使用时一般需要接桩。这类桩主要用于房屋建筑和一般的建筑工程。还有一类 PHC 管桩的直径较大，常见的外径有 800mm、1000mm 和 1200mm，长度可达 30~55m。这类管桩主要用于港湾、码头和大型桥梁等。两种管桩的生产工艺也有所不同：在我国生产小直径 PHC 管桩一般都采用"常压蒸养＋高压蒸养"两次养护工艺；生产大直径 PHC 管桩，有的使用二次压蒸工艺，限于高压釜的容积，短桩才能进行压蒸养护；长桩往往只能进行一次蒸养。

PHC 管桩一般都采用先张法工艺。我国还有一类预应力混凝土管桩，称为"大直径混凝土管桩"

（简称大管桩），是参照美国雷蒙特公司的制造工艺研发的后张法预应力混凝土管桩。大管桩是一种采用离心、振动和辊压三种复合工艺成型，并经蒸养、水养后，拼接张拉、灌浆自锚的预应力混凝土管桩。其常见外径为 1000～1400mm，最小混凝土强度等级为 C60，一般不采用二次高压蒸养工艺，广泛地应用于码头、桥梁、海洋平台、防波堤等各类水工结构基础。

50.2.1.2 混凝土管桩的耐久性问题

一般认为，预应力混凝土管桩采用低水胶比混凝土和离心成型制作工艺，桩身混凝土的抗压强度达到 60MPa 乃至 80MPa 以上，应该具有良好的耐久性能。与国内外设计寿命达到 100 年以上的大型结构所使用的高性能混凝土的配比相比较，有人推断性地认为：预应力高强混凝土管桩也可获得预期 75～100 年的使用寿命。遗憾的是，目前工程界还没有给出充分的实证性依据来进行确证。

20 世纪 80 年代，有学者调查了旧金山湾 San Mateo 大桥遭受腐蚀的梁体，其中部分梁体采用了蒸汽养护，部分梁体采用自然养护。经过 17 年的暴露后，采用蒸汽养护的梁体已经发生了锈蚀而不得不进行修补，自然养护的梁却还没有出现任何腐蚀的迹象。

2004 年，金舜等在展望 PHC 管桩的发展方向时提出"要重视管桩桩身混凝土的耐久性"。

2006 年，由中山市三和建材有限公司、清华大学深圳研究生院和同济大学材料工程研究所共同完成了一项"预应力高强混凝土管桩耐久性的研究"。该研究认为，目前广泛使用的掺磨细砂、采用蒸压工艺生产的 PHC 管桩的耐久性较低，不宜用于干湿循环条件下有抗冻、抗氯离子渗透和硫酸盐腐蚀等要求的桩基工程。

该项研究的主要完成人魏宜岭和李龙于 2007 年发表的文章中介绍：对国内现行掺磨细砂的 PHC 管桩混凝土各项耐久性指标进行检测，并与不掺磨细砂的进行比较，试验结果显示，掺入磨细砂后，特别是在蒸养、蒸压工艺作用下，混凝土的渗透性明显增加；硫酸盐腐蚀试验显示，掺磨细砂的 PHC 管桩混凝土在 Na_2SO_4 溶液中经历 15 次干湿循环后，试件两端即出现明显胀裂，而只用硅酸盐水泥的 PHC 管桩混凝土试件在 Na_2SO_4 溶液中经历 55 次干湿循环后，试件表面均完好无损；抗冻试验结果显示，硅酸盐水泥的 PHC 管桩混凝土试样可达 F100，而掺磨细砂的试样小于 F75。研究认为，现有 PHC 管桩混凝土的耐久性并非人们预想得那样好，虽然其抗压强度已高达 90MPa 以上，但是其耐久性指标却出乎意料的低。

然而，长期以来，预应力混凝土管桩的耐久性在国内特别是在工程界未得到足够的重视，原因主要有：

1）预应力混凝土管桩特别是小直径桩（600mm 以下）绝大多数用于工业与民用建筑，沉桩于陆上土层中。由于深埋土中，隔绝了大气（氧气、二氧化碳）甚至水分，除地下水富含硫酸盐或其他酸性腐蚀介质的情况外，一般服役环境并不恶劣，所以混凝土的耐久性问题并不突出。

2）混凝土桩埋入地下，难以进行可视性检查，即使发生腐蚀现象也难以被发现，工程的隐蔽性容易造成人们的忽视。

3）国内的有关标准和规范未明确管桩的耐久性要求，如《先张法预应力混凝土管桩》（GB 13476—2009）没有耐久性的相关规定和条文，仅提出了一般性要求和规定。

但是，当较大直径的预应力混凝土管桩更多地用于港口、码头时，尤其是采用高桩承台的结构形式，桩头暴露在水位变动区和浪溅区，耐久性问题就逐渐显露；更为严重的是，如果采用锤击法沉桩，桩头或桩顶是最容易在施工中开裂或破损的部位，如果管桩被打裂，又暴露在恶劣的干湿循环环境中，其服役寿命将大大缩短。一般的港口、码头的设计寿命通常为 30 年或 50 年，使用预应力混凝土桩并保证桩身的完好性，基本可以满足设计要求。日本调查了在 Kobe 港严酷环境中使用了 37 年的八角形预应力混凝土桩的耐久性，检测了这些桩的抗压强度、静弹性模量、Cl^- 分布、孔隙尺寸分布、桩的残余预应力及预应力钢丝的力学特征等，结果发现：如果桩的保护层达到 70mm，这些预应力混凝土桩仍然保持了良好的耐久性能，混凝土密实度高、Cl^- 渗透性较低。

然而，在设计使用年限为 100 年以上的跨海大型桥梁中使用预应力混凝土管桩时，其耐久性问题就无法回避。在海洋环境中，位于浪溅区和水位变动区的预应力混凝土管桩段将遭受严重的腐蚀作用，如果不进行耐久性设计和采取相应的防腐蚀措施，很难满足 100 年以上的设计要求。2002 年，美国加利福尼亚州完成了位于旧金山湾已经服役 30 年的 San Mateo-Hayward 大桥的扩宽工程，该工程采用预制的预应力混凝土圆管桩作为基础，设计使用寿命为 50 年。为确保达到耐久性要求，采用了掺入硅灰的高性能混凝土，预应力钢丝做了环氧涂层。此外，还在混凝土管桩桩身混凝土的外表面涂刷了聚脲涂层，以增强防腐性。这说明用于海工、桥梁工程的 PHC 管桩有着突出的耐久性问题，需要严肃对待并认真解决。

50.2.1.3 高温养护与混凝土的耐久性能

1. 蒸汽对混凝土性能的影响

混凝土管桩的耐久性与其特殊的生产制造工艺有关。混凝土预制工厂为了提高生产率，通常采用高温加速养护的方法来尽快获得混凝土的早期强度，以便周转作业场地，因此管桩生产中常常采用高温蒸养工艺。

然而，众多研究表明，高温养护虽然可以提高混凝土的早期强度，但是不利于后期强度的发展，因为早期的高温养护容易造成水化产物生长过快而来不及分布均匀和密实填充，层间结合力较薄弱，所以后期强度明显降低。

据报道，养护温度提高到 50～70℃时，水泥水化产物 C-S-H 凝胶变得粗大，孔隙结构疏松。帕特尔（Patel）等的研究表明：高温养护将导致混凝土微结构粗大化，当养护温度达到 85℃时，发现混凝土中有明显的网状分布的微裂缝，而且这类微裂缝在 18 年后仍然可以被观察到。

穆雷（Mouret）等通过扫描电镜观察到高温养护对混凝土微结构的影响：当初始养护温度由 20℃提高到 50℃，水泥石结构变得杂乱和粗糙。高温条件下气孔和毛细孔更加明显可见，特别是在浆体-骨料界面上，与骨料接触的浆体表面呈现开口微孔，有明显的棒状钙矾石和粗大的 Ca(OH)$_2$ 晶体生成。

戴特威勒（Detwiler）等的研究结果则表明：高温养护会降低硅酸盐水泥混凝土的抗氯离子渗透能力。经过高温养护的混凝土在长期暴露环境中（尤其是在潮湿环境）可能发生非正常膨胀并随之引起开裂乃至失效。另外，温度过高（如超过 75℃）时可能引起延迟钙矾石产生对混凝土结构的严重破坏。

上述事实证实了高温养护会削弱混凝土中浆体-骨料之间的过渡区，造成孔隙率增加，后期强度下降，渗透性增大。因此，与自然养护的混凝土相比，蒸养的混凝土更容易发生耐久性问题。

2. 高压蒸养

为了尽快提高桩身的早期强度，常将经过蒸养脱模后的管桩放入高压釜中进行二次高压蒸养（简称压蒸）。压蒸的气体压力一般是 8～12atm，温度为 175～200℃。经过压蒸的混凝土管桩可在出釜 1 天后进行打桩，大大提高了生产效率；采用压蒸方法，一般须掺加磨细石英砂粉，利用高温高压下 SiO$_2$ 与 Ca(OH)$_2$ 反应生成类托勃莫来石来提高混凝土的强度，同时达到节省水泥的目的。吴中伟认为压蒸混凝土由于结晶组分多，晶胶比合适，Ca(OH)$_2$ 减少，所以抗渗性、抗化学侵蚀、体积稳定性均优于常压养护混凝土，对于海水和盐碱地区用桩有利。

然而，魏宜龄等认为：压蒸工艺是造成管桩混凝土微缺陷增多、耐久性差的主要因素。王海飞对现存的 PHC 管桩的耐久性进行了检测，结果表明：经过高压蒸养的 PHC 管桩混凝土的电通量检测结果变化相当大，最低为 532C，最高为 2444C，相差 4 倍多。

目前高压蒸养对混凝土耐久性能的影响规律还缺乏系统的研究和翔实的数据支持，相关工作亟待开展。笔者认为，原材料差异和养护制度（包括压蒸之前的常温蒸养，特别是静停时间的长短）可能是造成混凝土耐久性能变异的重要原因。

3. 静停期

浇筑成型后至蒸养开始前的这段时间称为静停期。静停期内的温度或者说常温静停时间是影响混凝土后期强度和其他性能的最重要的因素，蒸养时间越提前，后期强度越低，如果过早采用高温养护（如混凝土浇筑后立即蒸养），甚至可能造成混凝土内部结构的破坏。相反地，静停期越长，后期强度越高，高温作用对混凝土性能的有害影响越小，越有利于耐久性能的提高。然而，从提高生产效率的角度而言，则希望静停期越短越好。

静停期的长短与静停环境的温度有关。埃德姆（Erdem）等的研究指出：初凝时间是确定蒸养静停期长短的一个重要依据。如果静停时间等于初凝时间，可以获得较高的令人满意的强度。

美国标准 ACI 543r-00 规定：加热养护之前需要静停 2～4h，具体时间取决于周围环境温度和混凝土拌和物的配比（Ⅱ型水泥、粉煤灰和掺用一些掺合料时通常需要 3h 以上），静停时间可以通过《贯入阻力法测定混凝土拌和物凝结时间的标准试验方法》（ASTM C403）规定的方法确定。香港的预制混凝土实践规范关于蒸养工艺的要求是：混凝土浇筑完成后必须静停至少 4h，期间不得进行加热。

目前实际的生产条件是连续离心成型一批桩后，集中在蒸养池中一起蒸养，这就造成先成型、早入池的桩在等待后续桩成型过程中获得较长的静停时间，而最后成型的桩则可能一成型完毕后就入池蒸养。这可能是造成桩身混凝土渗透性差异巨大的重要原因，也说明了静停期对耐久性能的影响之大。

4. 矿物掺合料

改善混凝土组成和配比是提高 PHC 管桩耐久性最有效的方法之一。但是在高温养护条件下，即使降低水灰比也不能有效改善混凝土的抗渗性能，而采用矿物掺合料则可以改善。

哈提卜（Khatib）等的研究表明，混凝土的初始养护条件对其早期的抗氯离子渗透性能有相当大的影响，掺入粉煤灰或硅灰均能显著提高混凝土的抗氯离子侵蚀性能。霍（Ho）等的研究发现，高温蒸养的混凝土比标准养护的更加多孔，硅灰用于预制混凝土的生产可以提高混凝土的早期强度，并改善其渗透性能。粉煤灰-矿渣复合超细粉的掺入改善了蒸养混凝土的力学性能，并使蒸养混凝土具有较大的后期强度增长率。在蒸养条件下，超细粉煤灰混凝土具有良好的抗渗性和抗冻性。王海飞的研究指出：掺入硅粉和矿粉可以明显改善混凝土的耐久性能，将电通量降低到 600C 以下，并且数据离散性小。

上述研究表明，掺用适宜的矿物掺合料是改善因高温养护引起的后期强度损失和耐久性能下降的有效措施。因此，在条件允许的情况下，预应力混凝土管桩的生产不排斥使用矿物掺合料；在只使用硅酸盐水泥作为胶凝材料而不能达到耐久性要求的情况下，掺用矿物掺合料是一种重要的解决手段。

50.2.1.4　制桩过程中的裂缝控制

桩身裂缝直接关系到混凝土管桩的耐久性能。不合理的制桩工艺可能引起桩身开裂。常见的桩身裂缝形式是环向裂缝和纵向裂缝。产生裂缝的原因有：

1）预应力筋的下料偏差。钢筋下料精度不够，偏差较大时，可能会使放张后混凝土截面的应力分布不均匀或者应力梯度过大而导致开裂。预应力筋过短，混凝土承受的应力偏大；预应力筋过长，混凝土承受的应力则偏小。

2）脱模强度偏低。脱模的同时放张，若混凝土强度偏低则容易开裂。在制桩过程中，如果混凝土强度不够，在吊运过程中也可能引起混凝土的弯拉裂缝。

3）温度裂缝。由于大管桩直径大、整桩长度长，加热养护时如果受热不均匀，或者温度梯度大，可能引起温度裂缝。

4）混凝土材料本身的问题。如果使用了有碱活性的骨料，同时使用了高碱性水泥，可能造成碱骨料反应；蒸养温度过高则可能引起延迟钙矾石的产生，造成膨胀性开裂。如果原材料中含黄铁矿或其他硫酸盐（如芒硝），在高温养护过程中也可能引起膨胀性破坏。

5）管桩内壁裂缝。采用离心成型工艺制桩会形成管壁混凝土的径向分层。分层现象影响桩身混凝土的强度和耐久性。典型的外分层情况是：外层为混凝土层，中间为砂浆层，内层是水泥浆层，最内层是浮浆层。内壁砂浆层具有较强的抗渗性能，内壁破坏，则抗渗性明显降低。

内壁浮浆主要成分是灰浆、细砂及水，水分含量较高，在进行管桩的蒸汽养护时，由于水分的蒸发，可能造成内壁余浆层出现龟裂及收缩裂缝。按照《先张法预应力混凝土管桩》（GB 13476—2009）对管桩的外观质量要求，此类裂缝是被允许的，但应尽量避免。

因此，制桩过程中应从以下方面控制裂缝的产生：

1）应使用质量优良的预应力筋，下料精准，精确控制张拉应力和张拉应变，并应严格控制"超张拉"。

2）保证混凝土的脱模强度达到要求，混凝土抗压强度宜达到 28 天设计强度的 75% 以上再脱模放张。

3）蒸养过程应保证加热均匀，控制升温速率和降温速率。蒸汽养护的升温和降温速率不宜超过 22℃/h。在加热和冷却阶段，构件邻近部分的温差应控制在 20℃ 以内。降温时应直至蒸养池与周围温差小于 15℃ 再打开蒸养池。不得为节省时间随意提高温度和提高升温/降温速率。

4）使用非碱活性骨料，混凝土中 Na_2O_{eq} 含量不宜超过 $3.0kg/m^3$，水泥中 SO_3 含量不宜超过质量的 3.5%。

5）改善混凝土配合比及拌和物工作性，优化离心时间及速度，减小离心过程中混凝土的分层；离心完毕后，余浆应倾倒干净，减小内壁余浆层的收缩裂缝。

50.2.2 混凝土灌注桩耐久性问题

在我国工程建设高速发展的几十年中，混凝土灌注桩凭借其广泛的适用范围、便捷的施工工艺及显著的经济效益等优势逐渐成为全国范围内应用最为普遍的桩基形式之一。尤其是对于滨海复杂地质条件下的轨道桥梁工程，设计桩长达七八十米，无法采用预制桩型，因此混凝土灌注桩成了该类工程的首选桩型。

然而，随着混凝土灌注桩的普遍应用，也开始逐渐暴露其存在的问题，其中最受关注的就是混凝土灌注桩在强腐蚀环境下的耐久性问题。在我国沿海、西北等地区存在着大量的盐渍土，盐渍土中含有大量的氯化物和硫酸盐、镁盐等侵蚀性介质，所引起的耐久性问题在灌注桩工程中表现得更为突出。首先，灌注桩混凝土由于采用现场浇筑，钢筋笼会直接接触含有腐蚀介质的地下水，混凝土在凝结硬化之前也会直接与腐蚀性介质接触，腐蚀性介质在混凝土处于塑性状态时便相互渗透融合，这无疑会大幅削弱灌注桩的抗腐蚀能力；其次，在施工过程中容易造成断桩、孔壁坍塌、桩身夹泥、蜂窝麻面等桩身缺陷，成为腐蚀介质侵蚀的渠道，使得灌注桩的抗腐蚀能力难以保证。特别是在强腐蚀环境中，耐久性设计中通常要提高混凝土强度等级、降低水胶比，往往造成混凝土拌和物较为黏稠，将进一步加大灌注桩施工质量控制的难度和缺陷风险。另外，由于灌注桩桩身基本处于地下，也不能在桩身涂刷防护涂层来提高桩身混凝土的耐久性。因此，盐渍土强腐蚀环境下混凝土灌注桩的耐久性问题应得到格外的重视。

制备高性能混凝土是提高混凝土结构耐久性的最基本措施，对于灌注桩混凝土亦如此。但如何解决灌注桩混凝土拌和物性能与强度等级、耐久性能之间的矛盾，即在满足耐久性设计所要求的最低强度等级和耐久性能的同时具备良好的和易性，从而有利于灌注桩的施工质量控制，避免由于施工质量问题导致的结构耐久性失效，是目前亟须解决的主要问题。

本节将结合位于盐渍土地区的天津轨道交通 Z4 线工程灌注桩，以配合比参数的优化和功能性外加剂的选取为主要思路，研究基于考虑上述问题的混凝土配合比设计。

50.2.2.1 基于灌注桩耐久设计配合比及性能要求

天津轨道交通 Z4 线经过的滨海盐渍土地区的地质环境非常复杂，全线多处的地下水中 Cl^- 含量超过 5000mg/L，地下水土中含有较高的 Cl^-、SO_4^{2-} 等侵蚀性介质。地下灌注桩面临严重的耐久性问题。为此，本工程依据相关标准，按照所处环境类型和作用等级，对灌注桩混凝土进行了耐久性设计，规定了混凝土的最小强度等级、配合比参数和耐久性能，见表 50-3。本次试验据此进行试验设计和指标控制。

表 50-3　灌注桩混凝土耐久性设计要求

类型	最低强度等级	最大水胶比	电通量/C	氯离子扩散系数/($\times10^{-12}$m²/s)
Ⅰ类要求	C45	0.40	<1200	≤5
Ⅱ类要求	C40	0.45	<1200	≤5

注：根据沿线各站点环境作用等级的不同，将灌注桩混凝土耐久性设计要求分为两类，用Ⅰ类和Ⅱ类表示。

50.2.2.2　灌注桩耐久性试验设计

试验用水泥采用 P·O42.5 水泥，砂子采用河砂中砂，碎石采用 5～25mm 连续级配碎石，粉煤灰采用Ⅱ级粉煤灰，矿粉采用 S95 矿粉，减水剂采用非引气型聚羧酸系高性能减水剂，防腐外加剂分别采用市售防腐阻锈剂和市售流变防腐剂。

混凝土用水量和矿物掺合料用量能够显著影响混凝土的耐久性能，当前的配合比设计思路普遍强调控制单方用水量不得过大及加大矿物掺合料掺量来保证混凝土耐久性能。因此，本试验保持用水量与掺合料总用量一定，设计了不同水胶比、不同掺合料用量比例的对比组，以研究其对混凝土各方面性能的影响规律，并优选配合比参数。此外，加入适当的具有防腐功能的添加剂能够显著提高混凝土抵抗腐蚀介质侵蚀的能力，尤其考虑到灌注桩混凝土在凝结硬化之前便直接与腐蚀性介质接触，有必要将其作为保证耐久性的附加措施。因此，本试验设计了不同类型、不同防腐添加剂掺量的对比组，见表 50-4。

表 50-4　试验配合比

编号	水/kg	水胶比	胶材/kg	矿渣粉/%	粉煤灰/%	功能性外加剂 类型	功能性外加剂 用量/%
SJ-44	176	0.44	400	25	25	—	—
SJ-42	176	0.42	420	25	25	—	—
SJ-40	176	0.40	440	25	25	—	—
SJ-39	176	0.39	450	25	25	—	—
KF-30	176	0.40	440	30	20	—	—
KF-20	176	0.40	440	20	30	—	—
KF-15	176	0.40	440	15	35	—	—
ZX-6	176	0.44	400	23	23	防腐阻锈剂	4
ZX-8	176	0.44	400	22	21	防腐阻锈剂	7
ZX-10	176	0.44	400	20	20	防腐阻锈剂	10
LB-6	176	0.44	400	23	23	流变防腐剂	4
LB-8	176	0.44	400	22	21	流变防腐剂	7
LB-10	176	0.44	400	20	20	流变防腐剂	10

注：防腐阻锈剂为市场上购得的产品；流变防腐剂为中国建筑科学研究院高性能混凝土研究中心开发的一种功能型复合掺合料，在提升混凝土耐久性的同时可显著改善混凝土的工作性。

50.2.2.3　影响灌注桩耐久性的因素

1. 水胶比

一定用水量下，不同水胶比对混凝土拌和物性能、抗压强度、抗氯离子渗透性能的影响如图 50-12 所示。结果表明，随着水胶比的降低，混凝土达到一定坍落度时的减水剂用量呈增大趋势，同时混凝土也变得更加黏稠，表现为倒筒时间基本呈线性增加。可见，在一定用水量下，较低的水胶比会使得混凝土拌和物工作性能显著降低，其可能引发施工质量问题的风险也就相应提高；强度方面，基本显示出与经典的水胶比-强度理论相对应的关系，即随着水胶比的减小，混凝土各龄期强度呈增大趋势，但由于其中用水量的限制，整体增加幅度并不大；相比之下，水胶比与抗氯离子渗透性能的相关性则更为明显，低水胶比混凝土的 56 天电通量及氯离子扩散系数显著降低，表现出更强的抵抗氯离子渗透的能力。由于用水量的控制，各组抗氯离子渗透性能均满足设计要求。

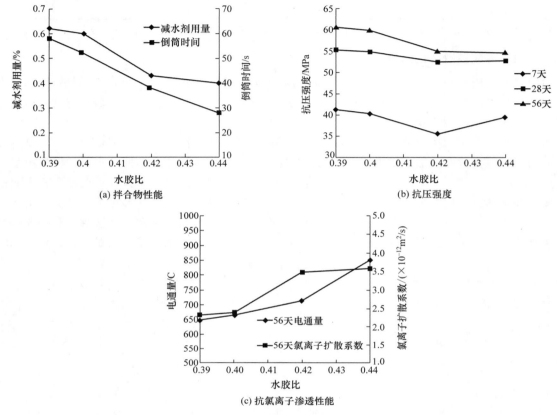

图 50-12　水胶比对混凝土性能的影响

　　总体来看，保持较低的水胶比虽然有利于提高混凝土的强度和耐久性能，但过低的水胶比会引起混凝土拌和物状态变差、黏度增大等问题，尤其对于灌注桩施工，不良的工作性更易导致内部灌注不密实甚至断桩等严重质量问题，使混凝土自身材料的强度和耐久性能沦为空谈。因此，综合考虑各方面性能，本工程 I 类要求的 C45 灌注桩混凝土水胶比采用 0.40，II 类要求的 C40 灌注桩混凝土水胶比采用 0.44。

　　2. 掺合料用量比例

　　图 50-13 所示为保持掺合料总用量为 50% 时不同矿渣粉与粉煤灰掺量比例对混凝土各方面性能的影响。随着矿渣粉比例的提高、粉煤灰比例的降低，虽然混凝土达到一定坍落度时的减水剂用量没有太大变化，但倒筒时间明显增长，拌和物黏度增大。可见，一定量的粉煤灰所发挥的滚珠效应对于降低混凝土黏度是有利的。然而粉煤灰的比例也不宜过高，25% 左右的矿渣粉能够与粉煤灰产生很好的复合协同效应，混凝土后期强度和抗氯离子渗透性能相比 15% 矿渣粉掺量时明显提高。因此，综合考虑各方面性能，本工程灌注桩混凝土的掺合料用量以 25% 矿渣粉和 25% 粉煤灰为宜。

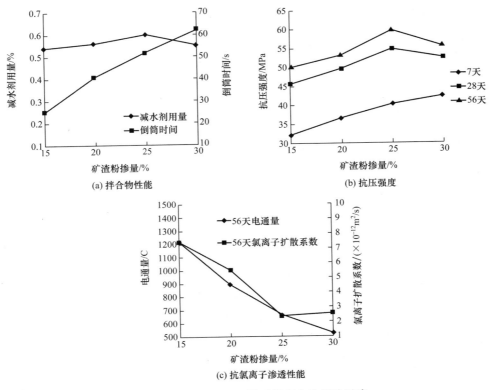

图 50 - 13　掺合料用量对混凝土性能的影响

3. 防腐外加剂

图 50 - 14 所示为不同防腐外加剂类型和掺量对混凝土各方面性能的影响规律。结果表明，两种防腐外加剂对强度没有明显影响，对混凝土抗氯离子渗透性能均表现出一定的提高作用，随着掺量的增加，电通量和氯离子扩散系数有所减小。但在对混凝土拌合物性能的影响方面，两种防腐外加剂的表现则截然不同。防腐阻锈剂的掺入会使混凝土达到一定坍落度时的减水剂用量有所增加，同时倒筒时间明显变长，拌合物更加黏稠，这将大大增加灌注桩施工时质量控制的难度。而兼有一定流变改善作用的流变防腐剂则有利于提升混凝土拌合物的性能，能够减少减水剂用量，缩短倒筒时间，随着掺量的增加，混凝土的工作性能明显提高。可见，相对于防腐阻锈剂，流变防腐剂在对混凝土拌合物工作性能的改善上具有明显的优势，能够显著降低基桩混凝土过黏而引发施工质量问题的风险。

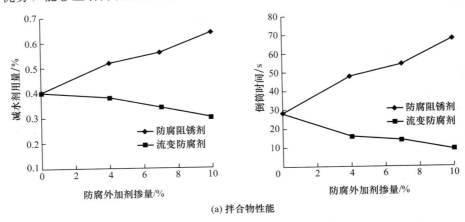

图 50 - 14　防腐外加剂对混凝土性能的影响

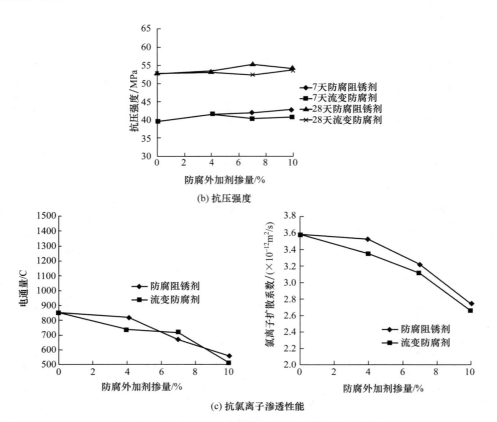

(b) 抗压强度

(c) 抗氯离子渗透性能

图 50-14　防腐外加剂对混凝土性能的影响（续）

　　总体来看，复合使用防腐外加剂有利于提高混凝土的耐久性能，可作为进一步保证灌注桩混凝土耐久性能的附加措施。而基于混凝土工作性能的考虑，为了避免施工质量不良可能带来的结构耐久性问题，使用具备一定流变改善作用的防腐外加剂更为适宜。

50.3　提升混凝土桩耐久性的措施

　　近年来，我国混凝土预制桩产业得到快速发展，2011 年全国管桩年产量接近 3.5 亿 m，位居世界第一，对我国大规模的基础建设及城镇化快速发展起到巨大的支撑作用。与现浇混凝土相比，预制混凝土耐久性的研究和相关技术开发严重不足。事实上，与自然养护的现浇混凝土相比，预制混凝土更容易发生耐久性问题。以预应力混凝土桩为例，目前国内 PHC 生产通常采用常压蒸汽养护和高压蒸汽养护的两段式养护工艺，其中高压蒸汽养护不仅能耗较高，而且容易导致硬化后的混凝土耐久性能变差，并且采用蒸压工艺生产的预应力高强混凝土桩的耐久性较低，不宜用于干湿循环条件下有抗冻、抗氯离子渗透和硫酸盐腐蚀等要求的桩基工程。蒸压养护工艺是造成管桩混凝土微缺陷增多、耐久性差的主要因素。

　　据调查，我国沿海港工预制混凝土构件有的在投入使用 10~15 年后就普遍出现了严重的腐蚀破坏。目前的研究成果表明，现有的研究工作主要集中于预制混凝土水泥水化产物组成及其 28 天力学性能的变化，预制混凝土的耐久性尚未引起普遍的重视。国内外对预制混凝土的耐久性尚缺乏深入系统的研究，工程应用的调查数据也较为零散，所涉及的生产工艺等技术问题至今很多仍不清楚。

　　目前，改善预应力混凝土桩的耐久性主要通过优化配合比、选用矿物掺合料、改善养护制度等技术途径。中国建筑科学研究院针对免压蒸高耐久性混凝土预制方桩的制备技术进行了系统研究，通过确定蒸养制度、优选原材料、设计配合比关键参数、应用矿物掺合料和新型外加剂等措施成功配制出免压蒸高耐久性 C80 混凝土预制方桩，通过试生产建立了满足规模化生产要求的成套应用技术，实现了从产品质量到生产工艺的完整嬗变。

研究和利用免压蒸技术生产高耐久性混凝土预制方桩，不仅大幅提高了混凝土质量以适应严酷的环境和延长使用寿命，而且对于促进混凝土预制桩产业的节能减排和可持续发展具有重要意义。

50.3.1　免压蒸预应力混凝土桩生产技术

本节主要从原材料、蒸养制度、复合矿物掺合料、水胶比等方面介绍免压蒸高耐久性混凝土配制技术。

50.3.1.1　原材料

选择常规原材料并严格控制其技术要求，即能够配制出免压蒸高耐久性混凝土。本次研究采用不同品种的原材料进行蒸养混凝土的抗压强度和电通量试验，原材料包括 4 种水泥、6 种减水剂及不同级配和母岩强度的粗骨料等。以水泥为例，不同类型的水泥因掺合料、凝结时间、胶砂强度等不同而对蒸养混凝土性能产生不同的影响。以 P·O42.5、P·O52.5R 和 P·II52.5R 三种水泥进行对比试验，部分试验结果见表 50-5 和表 50-6。

表 50-5　水泥品种对比混凝土试验所用配合比　　　　　　　单位：kg/m³

序号	水泥	砂率	水胶比	水泥	硅灰	矿粉	粉煤灰	砂	石子	减水剂	水
Z1	P·O42.5	0.37	0.28	360	14	54	32	689	1173	7.82	123
Z2	P·O52.5R	0.36	0.25	371	42	80	37	698	1188	7.00	126
Z3	P·II52.5R	0.37	0.25	371	42	80	37	698	1188	7.95	126

表 50-6　水泥品种对比混凝土试验的部分结果

序号	坍落度/mm	强度/MPa	电通量/C
Z1	50	59.1	994
Z2	50	89.9	126
Z3	90	91.6	64

从表 50-6 中可知，水泥品种对混凝土性能的影响规律如下：

1）P·O52.5R 混凝土蒸养后的抗压强度和电通量均优于 P·O42.5 水泥混凝土。

2）同上，P·II52.5R 水泥混凝土的各种性能优于 P·O52.5R 水泥混凝土。

3）由 Z2 和 Z3 可知，蒸养强度约为 90MPa，电通量低于 150C，混凝土性能优异。

因此，采用 P·O52.5R 或 P·II52.5R 水泥并掺加硅灰、矿粉和粉煤灰等矿物掺合料，可配制满足高强度、高耐久性能要求的免压蒸混凝土预制方桩。

50.3.1.2　蒸养制度

设计合理的蒸养制度对于实现免压蒸工艺至关重要。本研究采用 9 种不同蒸养制度进行蒸养混凝土抗压强度和电通量对比试验，恒温温度为 80℃、70℃ 和 65℃。试验表明，蒸养制度中的静停、升温和恒温时间对混凝土的强度发展影响不同。此处以恒温 80℃ 为例简单介绍三种不同蒸养制度的对比试验结果，见表 50-7~表 50-9。

表 50-7　试验蒸养制度　　　　　　　　　　单位：h

编号	静停期	升温 40℃	升温 60℃	恒温 80℃	降温时间
80-1	0.5	3	—	5	1.5
80-2	0.5	1	0.7	3.1	1.5
80-3	0.5	2	2	4	1.5

表 50 - 8　混凝土蒸养制度对比试验所用配合比　　　　　　单位：kg/m³

序号	砂率	水胶比	水泥	硅灰	矿粉	粉煤灰	砂	石子	减水剂	水
Z4	0.37	0.28	345	14	69	32	689	1173	7.82	123
Z5	0.37	0.28	345	14	69	32	689	1173	7.36	123
Z6	0.37	0.28	345	14	69	32	689	1173	7.82	123

表 50 - 9　混凝土蒸养制度对比试验的部分结果

序号	坍落度/mm	强度/MPa	电通量/C
Z4	50	69.1	672
Z5	25	67.5	1203
Z6	50	69.0	829

从表 50 - 9 中可知，不同蒸养制度对蒸养混凝土抗压强度和电通量的影响不同：静停时间长短影响蒸养混凝土的强度，时间越长越有利于蒸养强度的发展，但生产效率会越低；80℃恒温时间长短对蒸养混凝土强度和电通量的影响很大，随着蒸养混凝土恒温时间从 3h、4h 延长到 5h，混凝土内部矿物掺合料持续水化，使混凝土结构更加致密，外部则表现为蒸养抗压强度增大和电通量降低。综合权衡，80℃为较合理的蒸养制度。

50.3.1.3　复合矿物掺合料

矿粉、粉煤灰、硅灰和矿渣微粉复合掺加方式及掺量对蒸养离心桩混凝土的强度和电通量起到决定性作用。国内外的大量研究结果表明，混凝土复合掺用粉煤灰和矿渣粉时具有超叠加效应，比单掺效果更好。粉煤灰的球体颗粒与细度较高的矿粉相结合更能发挥相互填充、分散、润滑、减水等作用，可改善拌和物的性能。在蒸养条件下，粉煤灰可以发挥火山灰反应，使混凝土后期强度稳定增长，而矿粉则可提高混凝土的早期强度。复合掺加粉煤灰和矿渣粉可降低混凝土电通量，提高其耐久性等。在此基础上，掺加硅灰可进一步提高蒸养混凝土的抗压强度和耐久性能，并实现配制免压蒸 C80 混凝土的目标。

因此，针对不同矿物掺合料复合体系进行了系列对比试验。以矿粉和粉煤灰对比试验为例，其试验数据见表 50 - 10 和表 50 - 11。

表 50 - 10　掺加粉煤灰和矿粉的混凝土对比试验配合比　　　　　　单位：kg/m³

序号	胶材总量	水泥	砂率	水胶比	水泥	硅灰	矿粉	粉煤灰	其他	砂	石子	减水剂	水
Z7	460	P.O52.5R	0.36	0.28	460	0	0	0	0	705	1254	6.9	123
Z8	460	P.O52.5R	0.36	0.28	368	0	92	0	0	705	1254	7.8	123
Z9	460	P.O52.5R	0.36	0.28	322	0	138	0	0	705	1254	7.8	123
Z10	460	P.O52.5R	0.36	0.28	368	0	46	46	0	705	1254	7.8	123
Z11	460	P.O52.5R	0.36	0.28	322	0	69	69	0	705	1254	7.8	123

表 50 - 11　掺加粉煤灰和矿粉的混凝土对比试验的部分结果

序号	强度/MPa	电通量/C	序号	强度/MPa	电通量/C
Z7	64.8	2587	Z10	80.6	1534
Z8	76.1	2096	Z11	78.7	1212
Z9	74.8	1594			

由表 50 - 10 和表 50 - 11 可知，复合掺加粉煤灰和矿粉对蒸养混凝土强度和电通量的影响规律如下：

1) 与单掺矿粉相比，复合掺加粉煤灰和矿粉的混凝土抗压强度增大，电通量大幅降低。

2）当采用蒸汽养护时，混凝土掺加不同比例的矿物掺合料对应的电通量大小顺序如下：0％＜20％矿粉＜30％矿粉＜20％复掺＜30％复掺，即粉煤灰和矿粉复合掺加的效果优于单掺矿粉，优于不掺矿物掺合料。

3）宜掺加矿物掺合料来改善蒸养混凝土的抗压强度和耐久性能。

50.3.1.4　水胶比

水胶比是免压蒸混凝土配合比设计中的重要参数之一。可参考现行行业标准《普通混凝土配合比设计规程》（JGJ 55—2011）选择制桩用高强混凝土的水胶比，因通常要考虑蒸养制度的影响，实际选择的水胶比应略低。本次研究采用 0.25、0.26、0.27 和 0.28 四种不同的水胶比进行蒸养混凝土抗压强度和电通量对比试验，同时调整混凝土矿物掺合料的种类及比例，进而成功配制出免压蒸 C80 混凝土。以水胶比 0.25 为例，部分试验数据见表 50 - 12 和表 50 - 13。

表 50 - 12　水胶比为 0.25 时混凝土对比试验配合比　　　　　　单位：kg/m³

序号	水泥	砂率	水胶比	水泥	硅灰	矿粉	粉煤灰	其他	砂	石子	减水剂	用水
Z12	P·O52.5R	0.36	0.25	371	42	80	37	/	698	1188	7.95	126
Z13	P·O52.5R	0.37	0.25	371	42	/	37	80	698	1188	7.95	126
Z14	P·O52.5R	0.37	0.25	370	/	/	50	110	698	1188	7.95	126
Z15	P·O52.5R	0.37	0.25	371	/	72	37	50	698	1188	7.95	126
Z2	P·O52.5R	0.36	0.25	371	42	80	37	/	698	1188	7	126
Z3	P·Ⅱ52.5R	0.37	0.25	371	42	80	37		698	1188	7.95	126
Z16	P·Ⅱ52.5R	0.37	0.25	371	42	/	37	80	698	1188	7.95	126

表 50 - 13　水胶比为 0.25 时混凝土对比试验的部分结果

序号	坍落度/mm	强度/MPa	电通量/C
Z12	50	90.7	109
Z13	50	92.0	59
Z14	50	91.0	349
Z15	45	81.5	709
Z2	50	89.9	126
Z3	90	91.6	64
Z16	90	96.4	52

由表 50 - 12 和表 50 - 13 可知，水胶比为 0.25、复合掺加 30％矿物掺合料的混凝土可获得优异的蒸养强度和电通量值。蒸养混凝土强度最高为 96.4MPa，电通量为 52C，可满足 C80 高性能混凝土的各种要求。因此，通过配合比优化，选定合适的水胶比，采用合理的蒸养制度，充分发挥矿物掺合料的功能，可生产 C80 免压蒸离心桩，其蒸养强度和耐久性均可满足设计要求，形成优质、高效、节能的管桩生产新模式。

由以上从原材料、蒸养制度、复合矿物掺合料、水胶比等角度研究免压蒸高耐久性混凝土配制技术可以得出：选择常规原材料并严格控制其技术要求，能够配制出免压蒸高耐久性混凝土；采用合理的蒸养制度，并科学延长恒温时间，对于免压蒸生产至关重要；复合掺加粉煤灰、矿粉和硅灰等矿物掺合料是配制免压蒸高耐久性混凝土预制方桩的重要技术措施；通过系统试验确定合适的水胶比是免压蒸高耐久性混凝土配合比设计的重要工作。

50.3.2　免压蒸预应力混凝土桩的耐久性研究

根据配合比设计过程结合蒸汽养护制度，以及结合试验研究结果和生产需要，最终采用矿物掺合料的复合掺加方式配制了制桩用免压蒸 C60 和 C80 高性能混凝土。C60 和 C80 配比的凝土拌和物性能满足工业化生产工艺要求，坍落度为 30～50mm，按照确定的蒸养制度进行养护，测得养护后抗压强度分别为 82.5MPa 和 92.7MPa。通过对制桩用免压蒸 C60 和 C80 高性能混凝土的耐久性研究可得出：

1）制桩用免压蒸 C60 和 C80 高性能混凝土试件渗水高度均为 0mm，抗水渗透性能优良。

2）制桩用免压蒸 C60 和 C80 高性能混凝土的 6h 电通量值分别为 286C 和 96C，C60 和 C80 的氯离子迁移系数分别为 $0.9 \times 10^{-12} m^2/s$ 和 $0.6 \times 10^{-12} m^2/s$，抗氯离子渗透性能较好。

3）制桩用免压蒸 C60 和 C80 高性能混凝土 28 天碳化深度为 0mm，具有良好的抗碳化性能。

4）C60 混凝土的抗冻等级达到 F350，C80 混凝土的抗冻等级至少能够达到 F400，说明制桩用免压蒸 C60 和 C80 高性能混凝土具有较好的抗冻性能。

5）制桩用免压蒸 C60 和 C80 高性能混凝土试件经过 150 次干湿循环后抗压强度耐蚀系数仍在 100％之上，抗硫酸盐等级高于 KS150，具有优良的抗硫酸盐侵蚀性能。

因此，制桩用免压蒸 C60 和 C80 高性能混凝土的各项耐久性指标均较好，显著优于以传统工艺生产的制桩用混凝土。

50.3.3　表面涂层防护技术对混凝土桩耐久性的影响

表面涂层是外防护最为常见的技术措施，不同材料的表面涂层对混凝土桩的防护作用差别较大。本章研究了严酷环境中不同类型表面涂层对混凝土桩耐久性能的影响。

选用 4 种防护材料，分别为水泥基防水灰浆、水剂型环氧树脂、硅烷和丙烯酸酯涂料，均按照使用说明进行涂刷。硅烷涂刷时采用连续涂刷，使各被涂表面至少有 5s 保持湿润；水剂型环氧树脂涂刷时首先在混凝土试件表面涂刷一层底漆，放置 24h 后再涂刷一层面漆，静置 24h 后进行试验；丙烯酸酯在混凝土试件表面涂刷两层，第一层与第二层的涂刷方向垂直，待第一层硬化之后再进行第二层的涂刷；使用水泥基防护涂料时在混凝土试件表面涂刷一层水泥基防水砂浆，施工后放置 24h 再进行试验。

然后对涂抹防护材料的混凝土进行耐久性试验。抗氯离子渗透、抗冻、抗硫酸盐侵蚀性能按照《普通混凝土长期性能和耐久性能试验方法标准》（GB/T 50082—2009）中的规定，防水性能按照相关规范或标准的规定。C30 和 C35 混凝土试件的测试龄期为 28 天，C80 混凝土试件高温蒸养 1 天拆模之后进行测试，得出以下结论：

1）4 种防护材料均能提高混凝土的抗氯离子渗透性能。使用改性环氧树脂表面涂层的混凝土电通量值和氯离子扩散系数值大约为基准混凝土的 50％，使用水泥基聚合物砂浆可以降低 10％～20％。

2）制桩用 C80 高强混凝土使用改性环氧树脂、丙烯酸酯、硅烷作为表面涂层可以使抗冻等级提高 30％以上；C35 混凝土使用水泥基聚合物砂浆、改性环氧树脂、丙烯酸酯、硅烷作为表面涂层后，其抗冻融循环次数可以达到基准混凝土的 2 倍。

3）使用 4 种防护材料表面涂层后，混凝土抗硫酸盐侵蚀性能未显著提高。使用水泥基聚合物砂浆，混凝土抗硫酸盐侵蚀性能反而降低；使用硅烷一定程度上可以提高混凝土抗硫酸盐侵蚀的性能。

4）改性环氧树脂和丙烯酸酯的防水性能优于硅烷和水泥基聚合物砂浆。

50.3.4　混凝土灌注桩的耐久性提升

提升混凝土灌注桩耐久性的核心是提升混凝土的耐久性，同时确保施工质量。随着混凝土材料技术的进步，采用较低的水胶比和掺加矿物掺合料是确保混凝土耐久性能的基本前提，与此同时可能带来混凝土拌和物黏度大的问题，不利于混凝土灌注桩施工，从而影响成桩质量。因此，协调解决混凝土的耐久性和施工性是混凝土灌注桩技术的核心问题。采用既能防腐又可改善流变性的功能型掺合料，能有效解决这一技术难题。

参 考 文 献

[1] 张巨松，曾尤. 建筑混凝土工程历史、现状及发展趋势 [J]. 建筑技术开发，2001，8（3）：2-6.

[2] 马孝轩，仇新刚，陈从庆. 混凝土及钢筋混凝土土壤腐蚀数据积累及规律性研究 [J]. 建筑科学，1998，14（1）：7-12.

[3] 闫东明，林皋. 环境因素对混凝土强度特征的影响 [J]. 人民黄河，2005，27（10）：61-63.

[4] OMAR S, BAGHABRA A, MOHAMMED M, et al. Effectiveness of corrosion inhibitors in contaminated concrete [J]. Cement and Concrete Composites, 2003,（25）：439-449.

[5] 马孝轩，仇新刚. 混凝土及钢筋混凝土材料酸性土壤腐蚀规律的试验研究 [J]. 混凝土与水泥制品，2000，112（2）：9-13.

[6] 马孝轩. 我国主要类型土壤对混凝土材料腐蚀规律研究 [J]. 建筑科学，2003，19（6）：56-58.

[7] 丁威，马孝轩，冷发光，等. 格尔木盐湖地区地下基础分析评定和应用措施 [J]. 混凝土，2005，189（7）：78-83.

[8] 田冠飞，冷发光，张仁瑜，等. 盐碱地区土壤对混凝土腐蚀规律和机理的研究 [J]. 装备环境工程，1997，4（5）：10-14.

[9] 仇新刚，马孝轩，孙秀武. 钢筋混凝土在滨海盐土地区腐蚀规律试验研究 [J]. 建筑科学，2001，17（6）：41-43.

[10] 仇新刚，马孝轩，孙秀武. 钢筋混凝土桩在沿海地区腐蚀规律试验研究 [J]. 混凝土与水泥制品，2002（1）：23-24.

[11] 中华人民共和国国家标准. 普通混凝土长期性能和耐久性能试验方法标准（GB/T 50082—2009）[S]. 北京：中国建筑工业出版社，2010.

[12] 阎西康. 盐腐蚀钢筋混凝土构件力学性能试验研究 [D]. 天津：天津大学，2005.

[13] SHI X, XIE N, FORTYNE K, et al. Durability of steel reinforced concrete in chloride environments: an overview [J]. Construction and Building Material, 2012, 30（5）：125-138.

[14] 金南国，徐亦斌，付传清，等. 荷载、碳化和氯盐侵蚀对混凝土劣化的影响 [J]. 硅酸盐学报，2015，43（10）：1483-1491.

[15] 李镜培，李林，陈浩华，等. 腐蚀环境中混凝土桩基耐久性研究进展 [J]. 哈尔滨工业大学学报，2017，49（12）：1-15.

[16] 中华人民共和国国家标准. 建筑地基基础设计规范（GB 50007—2001）[S]. 北京：中国建筑工业出版社，2011.

[17] 中华人民共和国行业标准. 港口工程地基规范（JTS 1471—2010）[S]. 北京：人民交通出版社，2010.

[18] 中华人民共和国行业标准. 建筑桩基技术规范（JGJ 94—2008）[S]. 北京：中国建筑工业出版社，2008.

[19] 程志文. 中港三航局生产的两种混凝土管桩简介 [C]. 中国硅酸盐学会钢筋混凝土制品专业委员会学术年会，2004：29-32.

[20] 金建昌. 大管桩、PHC 管桩混凝土的耐久性 [J]. 港工技术与管理，2001（5-6）：53-54.

[21] MEHTA P K, GERWICK B C. Cracking-corrosion interaction in concrete exposed to marine environment [J]. Concrete International, 1981, 45（3）：101-112.

[22] 金舜，匡红杰，周杰. 我国预应力混凝土管桩的发展现状和发展方向 [J]. 混凝土与水泥制品，2004（1）：27-29.

[23] 预应力高强混凝土管桩耐久性的研究评审鉴定结果公示 [EB/OL]（2007-01-09）[2019-01-30]. http://www.cbminfo.com/allfile/05/2007010916534205012.asp.

[24] 魏宜岭，李龙. PHC 管桩耐久性研究的现状及建议 [J]. 广东建材，2007（5）：10-12.

[25] FUKUTE TSUTOMU, KUNO KIMINORI, YUASA NAOHIRO. Durability of prestressed concrete piles in marine environments [J]. Cement & Concrete, 1999（629）：20-27.

[26] KJELLSEN K O, DETWILER R J, GJORV O E. Resistance to chloride intrusion of concrete cured at different temperatures [J]. ACI Materials Journal, 1991, 88（1）：19-24.

[27] ALI ASNAASHARI P E, GRAFTON R J, MARK J. Precast concrete design-construction of San Mateo-Hayward bridge widening project [J]. PCI Journal, 2005：1-12.

[28] 覃维祖. 结构工程材料 [M]. 北京：清华大学出版社，2003：105-106.

[29] KJELLSEN K O, DETWILER R J, GJORV O E. Backscattered electron imaging of cement pastes hydrated at different temperatures [J]. Cement and Concrete Research, 1990（20）：308-311.

[30] PATEL H H, BLAND C H, POOLE A B. The microstructure of concrete cured at elevated temperatures [J]. Cement and Concrete Research, 1995, 25（3）：485-490.

[31] MOURET M, BASCOUL A, ESCADEILLAS G. Microstructural features of concrete in relation to initial tempera-

ture-SEM and ESEM characterization [J]. Cement and Concrete Research，1999（29）：369 – 375.

[32] DETWILER R J. Use of supplementary cementing materials to increase the resistance to chloride ion penetration of concretes cured at elevated temperatures [J]. ACI Materials Journal，1994，91（1）：63 – 66.

[33] 吴中伟. 管桩用压蒸与非压蒸早强、高强混凝土 [J]. 混凝土与水泥制品，1995（1）：21 – 23.

[34] 王海飞. 提高 PHC 管桩混凝土抗氯离子渗透性能 [C]//中国硅酸盐学会. 中国硅酸盐学会钢筋混凝土制品专业委员会学术年会论文集. 2004：57 – 66.

[35] NEVILLE A M. Properties of concrete [M]. 2nd edition. Boston：Pitman Press，1973：280 – 285.

[36] SOROKA I，JAEGERMANN C H，BENTUR A. Short-term steam curing and concrete later-age strength [J]. Mater. Constr.，1978（11）：93 – 96.

[37] SHIDELER J J，CHAMBERLIN W H. Early strength of concrete as affected by steam curing temperatures [J]. J. Am. Concr. Inst.，1949（46）：273 – 283.

[38] ERDEM T K，TURANLI L，ERDOGAN T Y. Setting time：an important criterion to determine the length of the delay period before steam curing of concrete [J]. Cement and Concrete Research，2003（33）：741 – 745.

[39] ACI Committee 543. ACI 543r – 00：Design，Manufacture，and Installation of Concrete Piles [S]. American，2005.

[40] Buildings Department of Hong Kong. Code of practice for precast concrete construction 2003 [S]. Hong Kong，2003.

[41] KHATIB J M，MANGAT P S. Influence of high-temperature and low-humidity curing on chloride penetration in blended cement concrete [J]. Cement and Concrete Research，2002（32）：743 – 753.

[42] 刘伟，贺志敏，谢友均，等. 蒸养混凝土抗氯离子渗透性能研究 [J]. 混凝土，2005（6）：56 – 60.

[43] HO D W S，Chua C W，Tam C T. Steam-cured concrete incorporating mineral admixtures [J]. Cement and Concrete Research，2003（33）：595 – 601.

[44] 刘宝举，谢友均，李建. 粉煤灰 – 矿渣复合超细粉蒸养混凝土力学性能 [J]. 建筑材料学报，2002，5（4）：311 – 315.

[45] 刘宝举，谢友均. 蒸养超细粉煤灰混凝土的强度与耐久性 [J]. 建筑材料学报，2003，6（2）：123 – 128.

[46] 夏威. 高强预应力混凝土离心管桩的致裂因素及其控制方法 [J]. 水运工程，1994（5）：41 – 44.

[47] 徐至钧，李智宇. 预应力混凝土管桩基础设计与施工 [M]. 北京：机械工业出版社，2005：120 – 124.

[48] 吴海彬，胡帆. 钻孔灌注桩腐蚀破损成因分析及防治办法 [J]. 湖南交通科技，2010，36（1）：84 – 86.

[49] 陈波，张文潇，白银，等. 盐渍土环境下钻孔灌注桩混凝土配合比优选及耐久性 [J]. 建筑技术，2016，47（1）：47 – 51.

[50] 吕大为，朱晓菲. 基于耐久性设计的桩基混凝土应用研究 [J]. 混凝土与水泥制品，2011（5）：26 – 28.

[51] 宋军华，王玲，鲁守成，等. 钻孔灌注桩高性能混凝土的质量控制及施工 [J]. 混凝土与水泥制品，2014（11）：79 – 83.

[52] 时圣金. 低用水量大掺量矿物掺合料高性能混凝土的制备及性能研究 [D]. 南宁：广西大学，2008.

[53] 冯庆革，杨义，杨绿峰，等. 低用水量大掺量粉煤灰高性能混凝土的耐久性研究 [C]. 第一届两岸三地绿色材料学术研讨会，武汉，2008.

[54] 杭美艳，李响，路兰. 防腐阻锈剂对水泥胶砂性能影响 [J]. 硅酸盐通报，2017（2）：718 – 722.

[55] 仲晓林，王建成，王建，等. 复合型混凝土防腐阻锈剂的性能研究 [J]. 混凝土，2008（5）：61 – 63.

[56] 高超，周永祥，王晶，等. 混凝土流变防腐剂的性能试验研究 [J]. 混凝土世界，2016（8）：71 – 74.

[57] 冷发光，马孝轩，丁威，等. 滨海盐渍土环境中暴露 17 年的钢筋混凝土桩耐久性分析 [J]. 建筑结构，2011，41（11）：148 – 151，144.

[58] 周永祥，冷发光，丁威，等. 混凝土管桩基础耐久性的中外标准规范比较 [J]. 混凝土，2009（1）：96 – 99.

[59] 周永祥. 预应力混凝土管桩的耐久性问题及其工艺原因 [G] //中国土木工程学会混凝土及预应力混凝土分会混凝土耐久性专业委员会. 第七届全国混凝土耐久性学术交流会论文集. 宜昌，2008：8.

[60] 周永祥，张后禅，王晶，等. 免压蒸生产预应力离心桩用 C60 和 C80 混凝土耐久性研究 [J]. 施工技术，2013，42（10）：42 – 45.

第51章 载体桩施工技术

王继忠　沈保汉

51.1 载体桩技术简介

51.1.1 载体桩的基本原理

载体桩是指由桩身和载体构成的桩，载体由夯实的有一定含水率的水泥砂拌合物和挤密土体、影响土体三部分组成（图51-1）。由现场开挖及对桩端土体的取样分析可知，载体的影响区域为桩端以下深3～5m、横向宽度为2～3m的范围。施工完毕时，桩端下此范围内的土体都得到了有效挤密。

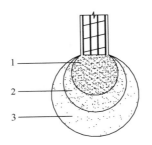

图51-1 填料载体构造
1. 水泥砂拌合物；2. 挤密土体；3. 影响土体

载体桩一般采用柱锤冲击、振动沉管、旋挖或液压锤、潜孔锤等成孔工艺，成孔到设计标高后分批向孔内投入水泥砂拌合物，用柱锤反复夯实，达到设计要求的三击贯入度后再填入水泥砂拌合物，夯实到与护筒底齐平，载体即施工完毕。然后施工混凝土桩身，桩身可现浇，也可采用预应力管节。

载体桩根据桩身材料可分为现场灌注载体桩、预制桩身载体桩和固化土载体桩，根据施工方法可分为锤击跟管载体桩、振动沉管施工载体桩、内外管工法施工载体桩、液压锤施工载体桩、柴油锤施工载体桩、潜孔锤施工载体桩、静压法施工载体桩、固化土载体桩等。

51.1.2 载体桩的受力特点

1. 载体类似于扩展基础

载体桩受力时桩身相当于传力杆，上部荷载传递到桩顶时通过桩身传递到载体，而载体由硬化后的水泥砂拌合物、挤密土体、影响土体组成，从水泥砂拌合物到挤密土体、影响土体，材料的压缩模量逐渐降低，每一层相对于上一层都类似于软弱下卧层，软弱下卧层中附加压力被扩散，并逐渐降低，当荷载传递到载体桩持力层时，附加压力加上其上的自重压力小于持力层地基土的承载力，类似于扩展基础。

2. 载体提供大部分承载力

载体桩由于载体显著的承载力优势，一般桩长都不长，所以桩侧阻力所占的比例不大。由于载体桩桩端存在载体，试验和理论计算发现，在载体和混凝土桩身结合处附近会出现一些裂隙，造成附近的侧阻降低，载体提供了大部分的承载力，这也是载体桩承载力采用浅基础承载力计算方法的理论依据。图51-2所示为通过有限元计算的载体桩侧阻随加载的变化，图51-3为某实际工程载体桩和载体荷载试验的对比。

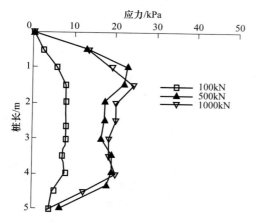
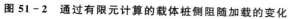

图 51-2　通过有限元计算的载体桩侧阻随加载的变化

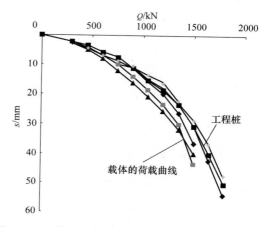

图 51-3　某实际工程载体桩和载体荷载试验的对比

3. 施工技术原理

载体桩的施工技术原理为侧限约束下使土体密实，即在入土一定深度后，通过柱锤的势能 Wh 冲切土层形成孔洞，并迅速填料作为介质进行夯实，反复进行，挤压土体中的水和气，实现土体的最大密实度，即地面土体不隆起、邻桩不破坏，形成扩展基础，实现力的扩散。图51-4所示为载体桩模型试验。

图 51-4　载体桩模型试验

载体桩承载力较高的原因有以下四点：

1）施工成孔一般采用挤土工艺，在一定程度上挤密了桩间土，提高了桩侧地基土的承载性能。

2）通过填入介质进行夯实，挤密了地基土，改善了桩端地基土的物理力学性能。

3）施工中填入水泥砂拌合物夯实，增大了桩端的受力面积。

4）载体由多种材料组成，从上到下依次为水泥砂硬性材料、挤密土体、影响土体，应力逐级扩散，利于荷载的传递，其受力类似于扩展基础。

51.1.3 适用范围和技术特点

1. 适用范围

载体桩适用于浅层一定范围内存在可作为载体持力层的土层,其上有可以被加固土层的地基。黏性土、粉土、砂土、碎石土、残积土、全风化岩、强风化岩及中风化岩可作为载体桩的持力层。黏性土、粉土、砂土、碎石土、残积土、全风化岩、强风化岩等土层(岩层)可选作载体桩的被加固土层。软塑~可塑状态的黏性土、素填土、杂填土、湿陷性土通过成桩试验和荷载试验确定其适用后仍可作为载体桩被加固土层。

2. 优点

由于载体桩桩端有载体,与普通混凝土灌注桩相比有显著的优点:

1) 通过在桩端填入填充料后夯击挤密土体形成载体,能显著提高单桩承载力,通常单桩承载力是同条件下相同桩径、相同桩长的普通灌注桩单桩承载力的1.5倍多,桩侧地基土越软,承载力提高得越多。图 51-5 所示为不同施工参数对应的载体桩的 $Q-s$ 曲线,表 51-1 所示为试桩的施工参数。

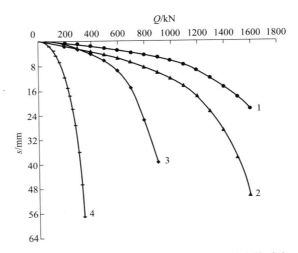

图 51-5 不同施工参数的载体桩单桩承载力的对比

表 51-1 施工参数

桩号	桩径/mm	桩长/m	持力层	填砖数/块	三击贯入度/cm
1	410	5.2	粉砂	300	5
2	410	4.0	穿黏土进粉土	460	12
3	410	2.7	黏土	485	9
4	410	4.0	—	—	直杆桩

2) 在同一施工场地,在不改变桩长、桩径的情况下,可根据不同的设计要求调整施工参数,实现不同的单桩承载力,以满足设计要求,如图 51-5 所示。

3) 施工机械轻便灵活、造价低廉,便于推广。

4) 施工过程中不必降水,减少开挖的工程量,提高施工速度,缩短工期。

5) 施工过程中无泥浆产生,同时还能消纳建筑垃圾或工业废料,减少了建筑材料的消耗,绿色环保。

6) 由于单桩承载力高,与直杆桩相比能显著减少单桩的数量,降低造价。

7）施工中采用三击贯入度作为控制指标，能有效控制建筑物的不均匀沉降。

3. 缺点

1）由于载体桩施工采用锤击跟管、振动沉管、液压锤沉管等工艺成孔，属挤土工艺，设计时必须控制桩间距，若间距过小将可能影响邻桩的施工质量。

2）当采用重锤夯实施工载体时有一定的振感，对周围建筑物有一定的影响。

3）当在地下水位较高的场地施工时，封水不好可能影响施工质量。

4）填料夯实时对桩端土体有一定的扰动，故在含水率高的黏性土中施工时应控制施工参数，避免过度扰动桩端土，否则可能影响单桩承载力。

51.1.4 载体桩与夯扩桩的对比

载体桩和夯扩桩是两种不同的桩型，很多人将这两种桩型混淆。这两种桩型的区别如下。

1. 组成不同

夯扩桩是通过挤压桩端混凝土形成扩大头，桩端扩大头是混凝土桩身的一部分；而载体桩由混凝土桩身和载体两部分组成，载体由三部分组成，即硬化的水泥砂拌合物、挤密土体和影响土体。

2. 施工工艺不同

夯扩桩通过内管挤压混凝土形成扩底，其作用主要是增加桩端受力面积；而载体桩通过填料夯实挤密周围土体施工载体桩，载体既有扩底的作用，也有挤密土体的作用，而且通过载体形成等效扩展基础。

3. 施工控制指标不同

夯扩桩施工的主要控制指标为混凝土填料的体积、外管每次的提拔高度，通过这些指标控制扩大头的直径和高度。载体桩的控制指标为三击贯入度，通过夯实填料达到设计要求的三击贯入度，实现等效扩展基础的计算面积。

4. 承载力的计算公式不同

夯扩桩与常规混凝土桩的受力相同，故承载力计算公式也相同，为

$$Q_{uk} = u \sum q_{sik} l_i + q_{pk} A_p \tag{51-1}$$

$$A_p = \frac{\pi}{4} D_n^2 \tag{51-2}$$

$$D_n = \alpha_n d_0 \sqrt{\frac{\sum\limits_{i=1}^{n} H_i + h_n - c_n}{h_n}} \tag{51-3}$$

式中　Q_{uk}——单桩极限承载力（kN）；

　　　q_{sik}——桩身的侧阻（kPa）；

　　　q_{pk}——桩端的端阻（kPa）；

　　　A_p——桩端受力面积（mm²）；

　　　D_n——夯扩 n 次后桩端的直径（mm）；

　　　d_0——外管直径（m）；

　　　α_n——扩大头直径的修正系数；

H_i——第 i 次夯扩时外管中灌注的混凝土面从桩底算起的高度（m）；

h_n——第 n 次夯扩时外管上拔的高度（m）；

c_n——夯扩 n 次时内外管下沉至设计桩底标高的距离（m），一般取 $c_n=0.2\text{m}$。

载体桩承载力按等效扩展基础估算，其单桩承载力计算公式为

$$R_a=f_aA_e \tag{51-4}$$

式中　R_a——单桩承载力特征值（kN）；

f_a——修正后的载体桩持力层承载力特征值（kPa）；

A_e——载体等效计算面积（m^2）。

5. 施工影响范围不同

夯扩桩由于填入的混凝土量少，施工压力有限，故对周围地基土的影响范围小，影响范围直径一般不超过 1m；而载体桩施工填料为 1.5～1.8m^3，且施工中通过将 3500kg 的锤提升 6m 后夯实，夯击能量大，因此施工影响范围大，影响区域宽度为 2～3m，深度为 3～5m。

51.2　载体桩模型试验研究

为了研究载体桩的受力和施工影响，进行了室内模型试验研究。

51.2.1　试验装备

1. 模型箱

采用尺寸为 700mm×700mm×200mm 的模型箱，如图 51-6 所示，内装黏土或砂土。箱的正面为有机玻璃，上有 20mm×20mm 的方格网，其余各面镶嵌钢板，并焊上钢框架，以增大其刚度。有机玻璃为半空间地基的对称面，有机玻璃内侧涂抹润滑油，并衬上透明塑料纸，可有效降低砂土与箱壁的摩擦。

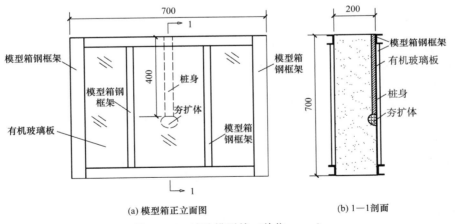

(a) 模型箱正立面图　　　　(b) 1—1 剖面

图 51-6　试验模型箱（单位：mm）

注：模型桩紧贴有机玻璃板放置

2. 模型桩

对于半桩试验，取半边钢管（外径 $D=32\text{mm}$，内径 $d=28\text{mm}$，长度 $L=400\text{mm}$）模拟外夯管。内夯杆及夯锤如图 51-7 所示，试验时内夯杆沿玻璃板面贯入。对于全桩试验，采用整钢管作为外夯管（外径 $D=32\text{mm}$，内径 $d=28\text{mm}$，长度 $L=400\text{mm}$），整根实心钢棒作为内夯杆，如图 51-8 所示，穿心锤和半径试验所用的穿心锤相同。

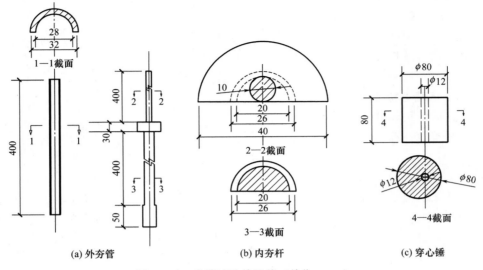

图 51-7 半桩试验的配件（单位：mm）

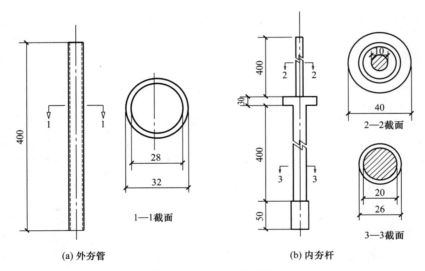

图 51-8 全桩试验的配件

3. 模拟土层

在模型箱内采用白河堡黏土及普通河砂，分别模拟黏性土和砂性土持力层。白河堡黏土的性质见表 51-2。

表 51-2 白河堡黏土的性质

相对密度 /(g/cm³)	最优含水率 /%	最大干密度 /(g/cm³)	液限 /%	塑限 /%	塑性指数	压缩指数	渗透系数
2.71	17	1.7	32	17.1	14.9	0.17	2.6×10^{-7}

普通砂的筛分曲线如图 51-9 所示。

在试验中采用低密度黏土、高密度黏土、松散砂土及密实砂土四种不同持力层来全面反映实际工程中持力层的多样性。分别以不同干密度模拟低密度黏土和高密度黏土，以不同相对密度模拟松散砂土和密实砂土，具体数值见表 51-3。

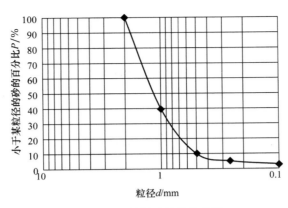

图 51－9　普通砂的筛分曲线

表 51－3　几种不同性质的材料

	白河堡黏土		普通河砂		
区分	低密度黏土	高密度黏土	区分	松散砂土	密实砂土
干密度/(g/cm³)	1.55	1.65	相对密度	0.27	0.73

各种持力层填充料均通过分层人工夯实。对黏土，先过 2mm 的筛，再以最优含水量润湿，静置 24h 后根据密度要求分层人工夯实。对于砂土则首先过 2mm 筛，充分润湿后再人工夯实。夯填层厚度取 2cm。

51.2.2　试验内容及步骤

1. 试验内容

试验内容包括单次夯击能的影响、桩侧土密度的变化、不同填料体积的夯扩影响、全桩和半桩单次夯击能和夯击影响范围的对比。

2. 试验步骤

依照载体桩现场施工顺序，首先用穿心锤夯击内夯杆成孔，外夯管同步下行，直至设定深度（一般为 400mm 深），拔出内夯杆，填入一定量的填充料（夯填过程中每次填入填充料的体积均为 7.5cm³），将内夯杆植入外夯管内，人工起落穿心锤，夯击内夯杆，直至内夯杆下沿与外夯管管口齐平。记录夯击次数，并根据不同试验内容测定试验结果。拔出内夯杆，再次填入填充料，用同样的方法再次夯击，直至成桩过程结束。在不同的持力层进行不同夯扩填充料的对比试验，深入揭示载体桩的施工规律、夯填的影响范围和周围地基土的挤密效果等。

51.2.3　试验结论

1. 单次夯击能的影响

试验证明，单次夯击能越大，达到相同的夯实效果所需的总能量就越小。单次夯击能是指一次柱锤的夯击能量，即锤重乘以落距。成桩的总夯击能是指形成载体所需的所有填料夯至和外夯管下口平齐所需要的能量。在高密度黏土、低密度黏土、密实砂土、松散砂土中，以粉质土为填料，分别以单次夯击能为 0.75J、1.5J、3.0J、4.5J 进行试验，夯扩相同的填料（45cm³），测量相应的总夯击能的变化，试验结果如图 51－10 所示。从图 51－10 中可以看出，对于高密度黏土，当单次夯击能从 0.75J 上升至

1.5J，所需总夯击能降低达 20％，但当单次夯击能从 3.0J 继续上升时，曲线下滑平缓，说明继续提高单次夯击能对降低成桩所需的总夯击能作用已经不明显。低密度黏土有同高密度黏土相似的变化规律。对于砂土，总夯击能也随单次夯击能的增加而降低，但其下降的速率比黏土低。其原因是，随着单次夯击能的增大，向外传播消耗的能量也在逐渐增大，最终提高单次夯击能得到的优势也将被消耗掉。这表明在工程应用中有一个最优的单次夯击能，采用最优单次夯击能成桩，可以获得最优的经济效果。

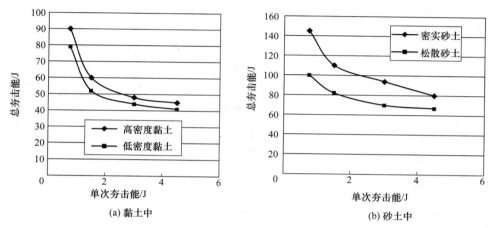

图 51-10　单次夯击能对总夯击能的影响

　　采用不同的填料进行试验，粉质土、中砂和细砾分别在高密度黏土中进行试验，填料体积选定为 45cm³，试验结果如图 51-11 所示。试验结果表明：不同的填料有类似的变化规律，总夯击能随着单次夯击能的提高而不断下降，但夯击能高于一定值后变化不明显。

　　2. 桩体侧面土体密度变化

　　为了解成桩过程对桩侧土体的挤密效果，对两根桩沿桩身取样，取样点位置如图 51-12 所示。图 51-13 为桩侧面土体密度的变化规律。

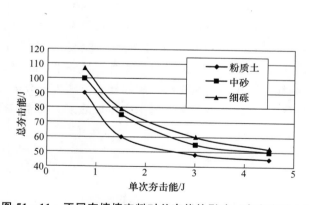

图 51-11　不同夯填填充料对总夯能的影响（高密度黏土）

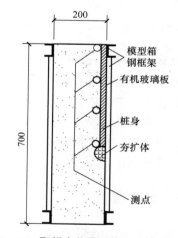

图 51-12　取样点位置示意图（单位：mm）

　　从图 51-13 中可以看出，桩侧土密度沿桩身并不是完全递增的，在 2/3 处达到最大值，随后递减。究其原因，主要是在夯填过程中，随着夯扩体向下、向侧面扩张，靠近桩底 1/3 处的土体受到拉应力，导致密度降低。

　　为验证填料对载体顶附近土体的影响，进行了相同尺寸夯击成孔直杆桩和载体桩的对比试验，试验结果如图 51-14 所示。分析可知，直杆桩的桩侧土体密度从上到下是逐渐递增的，而载体桩由于夯击时填料向上隆起，载体顶部土体的密实度降低，从而密度降低。

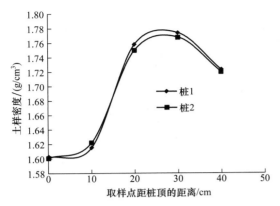

图 51-13 桩侧面土体密度的变化规律

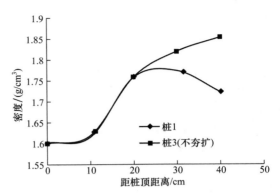

图 51-14 桩侧土体密度的对比试验

3. 不同填料体积对周围土体的影响范围

在不同的持力层，不同的填料体积对周围挤密效果的影响是不同的，以下分别在黏性土和砂土中进行了试验。

（1）黏性土

采用不同体积的填料进行试验，然后分别用环刀取样测定土体的密度。测点位置如图 51-15 所示，测试结果见表 51-4 和表 51-5，密度和位置的对应关系如图 51-16 和图 51-17 所示 。

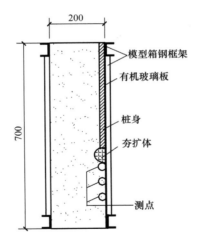

图 51-15 夯扩影响的测点位置示意图（单位：mm）

表 51-4 在黏性土中不同填料体积的影响范围（填料为粉砂）

距离填料底的距离/cm	填料换算直径 4.3cm		填料换算直径 5.0cm		填料换算直径 5.5cm	
	孔隙比	干密度/(g/cm³)	孔隙比	干密度/(g/cm³)	孔隙比	干密度/(g/cm³)
0	0.570	2.020	0.570	2.020	0.563	2.030
3	0.736	1.827	0.647	1.924	0.618	1.960
6	0.873	1.690	0.812	1.750	0.724	1.840
9	0.957	1.620	0.900	1.668	0.821	1.740
12	0.957	1.620	0.957	1.620	0.923	1.650

表 51－5　在黏性土中不同填料体积的影响范围（填料为中砂）

距离填料底的距离/cm	填料换算直径 4.3cm		填料换算直径 5.0cm		填料换算直径 5.5cm	
	孔隙比	干密度/(g/cm³)	孔隙比	干密度/(g/cm³)	孔隙比	干密度/(g/cm³)
0	0.570	2.020	0.531	2.070	0.531	2.070
3	0.724	1.840	0.610	1.970	0.603	1.980
6	0.812	1.750	0.677	1.890	0.669	1.900
9	0.876	1.690	0.802	1.760	0.760	1.800
12	0.957	1.620	0.946	1.630	0.887	1.680
15	0.957	1.620	0.957	1.620	0.957	1.620

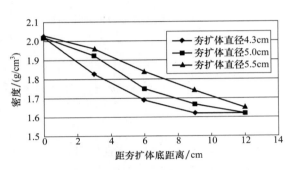

图 51－16　黏性土中不同填料体积的
影响范围（填料为粉砂）

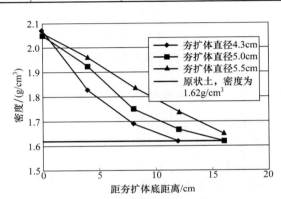

图 51－17　黏性土中不同填料体积的
影响范围（填料为中砂）

分析图 51－16 可以发现，在填料附近，在填料量不同的情况下，其密度大致相同，均接近持力层黏土的最大密度，即在填料附近土体已经达到最大密实度，无法进一步挤密，再夯实只能挤密外围的地基土。在相同持力层中，对于不同填料体积的载体，随着填料体积的增大，地基土密度变化从双曲线越来越接近一条直线。从图 51－17 中发现，随着填料摩擦角的增大，对于同样的夯扩体直径，影响深度增加。

对比图 51－16 和图 51－17 可以得出黏性土作为持力层的夯填影响范围，见表 51－6。从表 51－6 中可以看出，粉砂填料的影响深度平均为 2.26 倍填料直径，中砂填料的影响范围平均为 2.58 倍填料直径。

表 51－6　黏土持力层中夯扩影响范围　　　　　　单位：cm

夯扩体直径	粉砂填料	中砂填料
4.3	9.0	12.0
5.5	12.0	12.2
6.4	12.7	13.8

（2）砂土持力层

由于局部点砂土的密度测试较困难，在砂土中夯扩影响区域的范围很难通过夯扩前后密度的变化对比确定，采用在砂土中等距离设定位置指示线的方法确定其影响范围。

指示线的设定方法：计算模型箱中每层（4cm 高）所需土量，然后称取所需要的重量，分层夯实到 4cm 高，再用石膏粉紧挨着有机玻璃的位置标出此层土的初始位置。按上述方法重复，就能把整个模型箱中砂土的初始位置标识出来，并用相机拍摄下初始状态。

进行不同夯扩填料体积施工后的对比，用相机拍摄不同填料体积下载体周围土体的变化。夯扩影响范围的试验结果见表 51－7。图 51－18～图 51－23 所示为不同填料的影响范围。

表 51 - 7　砂土持力层中夯扩影响范围　　　　单位：cm

填料换算直径	粉砂填料	中砂填充料
4.3	6.0	7.5
5.5	7.5	9.0
6.4	9.0	10.4

图 51 - 18　填料体积换算
直径为 4.3cm（粉砂填料）

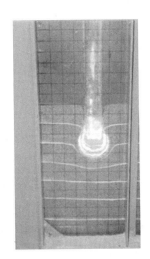
图 51 - 19　填料体积换算
直径为 5.5cm（粉砂填料）

图 51 - 20　填料体积换算
直径为 6.4cm（粉砂填料）

通过对比发现：同样的填料体积，在黏性土中的影响范围明显大于在砂土中的影响范围，而在同一种土层中施工时，采用中砂作为填充料的影响范围明显大于采用粉砂作为填充料的影响范围。这是因为填料和周围土体的内摩擦角越大，土的抗剪强度越高，对填料的约束就越大，填料越容易被挤密，施工影响范围也就越小。

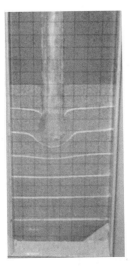
图 51 - 21　填料体积换算直径
为 4.3cm（中砂填料）

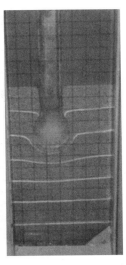
图 51 - 22　填料体积换算直径
为 5.5cm（中砂填料）

图 51 - 23　填料体积换算直径
为 6.4cm（中砂填料）

51.2.4 全桩模型试验

1. 单次夯击能变化规律的影响

分别以单次夯击能为 0.75J、1.5J、3.0J、4.5J 进行全桩试验，试验结果如图 51-24 所示。试验时全桩填料为半桩的一倍，图 51-24 中所示的全桩单次夯击能和总夯击能已进行归一化处理。从图 51-24 中可以看出，密实砂土中全桩和半桩有相同的变化规律。由于半桩施工周围一半有模型箱的约束，而全桩施工周围全是砂土约束，全桩总能越大，单次夯击能越大，施工过程中传递至周围砂土中消耗的能量越多，因此全桩总能量比半桩施工总能量大的比例越多。

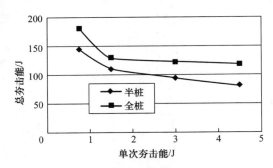

图 51-24 全桩和半桩夯扩影响范围（密砂）

2. 夯扩影响范围

对全桩和半桩做了填料换算直径为 4.3cm、5.0cm 的试验，用环刀取样测定夯扩体下土体的密度，结果如图 51-25 和图 51-26 所示。

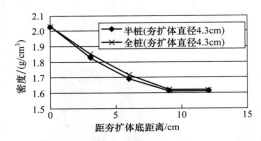

图 51-25 全桩和半桩夯扩影响范围对比
（填料换算直径为 4.3cm）

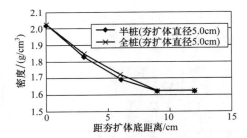

图 51-26 全桩和半桩夯扩影响范围对比
（填料换算直径为 5.0cm）

由图 51-25 和图 51-26 可以看出，无论填料换算直径为 4.3cm 还是 5.0cm，全桩和半桩都有相似的夯扩影响范围。

51.3 载体桩施工工艺

载体桩的施工一般分为成孔、施工载体和桩身施工。

根据成孔方式的不同分为锤击跟管成孔、振动沉管成孔、液压锤成孔、潜孔锤成孔、柴油锤成孔等，并产生了不同的载体桩施工工艺，包括锤击跟管载体桩施工工艺、振动沉管载体桩施工工艺、液压锤击成孔载体桩施工工艺、潜孔锤击成孔载体桩工艺、柴油锤锤击成孔载体桩工艺等。每一种工艺对应不同的工况，如锤击跟管工艺适用于桩长小于 15m 的桩，振动沉管工艺适用于含水率较高、桩端土体容易扰动的地区，而潜孔锤、柴油锤工艺适用于地基土较密实的地质。这几种施工工艺的区别是成孔方式不同，但施工工艺大体相同。目前最常用的是锤击跟管载体桩施工工艺。

当桩身范围内存在淤泥、淤泥质土等相对较软的土层时，载体桩施工的挤土效应可能引起桩身出现缩颈、断桩等缺陷，为了避免出现施工缺陷，桩身采用预制桩，出现了预制桩身载体桩工艺。

当桩身范围内存在密实砂土、碎石土、卵石、砾石等坚硬土时，采用常规成孔工艺较困难，一般先施工水泥土桩，再施工载体桩，由此发明了固化土载体桩。水泥土桩起到成孔和护壁的作用，还能提高载体桩桩身的侧阻。

以上几种载体施工都采用填料锤击夯实施工，属于动态的施工方式，但在某些条件下，这种施工受到限制，于是人们发明了静态的施工方式——静压载体桩施工工艺。由于采用静态方式施工，施工控制指标和动态的载体桩不同。

下面分别介绍几种典型的施工工艺。

51.3.1 锤击跟管载体桩

1. 适用范围

桩身范围内为黏土、粉土等柱锤冲击能成孔的土层。

2. 施工工艺

锤击跟管载体桩施工工艺分为如下几步，如图 51-27 所示。

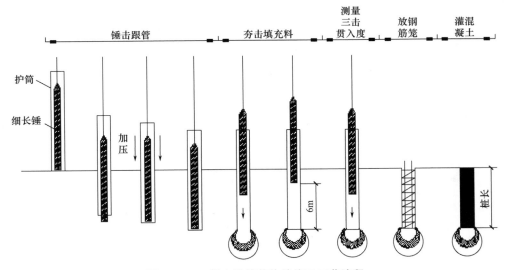

图 51-27 锤击跟管载体桩施工工艺流程

1）在桩位处挖直径等于桩身直径、深度约为 500mm 的圆柱孔，移机就位。

2）在控制计算机中设定施工控制参数，包括柱锤提升高度、三击贯入度等。

3）提起质量为 3500kg 的柱锤 6m，然后使其自由下落，柱锤出护筒入土一定深度成孔。当采用不同尺寸的锤施工时，锤的提升高度应按锤底单位面积上冲量相同的原则进行换算。

4）用副卷扬机钢丝绳反压护筒，将护筒沉到柱锤底的位置，与锤底齐平。

5）重复步骤 3）和 4），将护筒沿桩孔沉到设计深度。

6）向护筒和柱锤之间的孔隙中填入水泥砂拌合物，记录每次锤击贯入的深度。

7）测定三击贯入度，若不满足要求，重复步骤 6），继续填料夯实。

8）放入钢筋笼。

9）灌注混凝土。

3. 施工控制要点

1）在含水率高的黏性土中施工时应严格控制锤出护筒的距离，一般不超过5cm，减少土的扰动。

2）在含水率高的黏性土中测完三击贯入度后应检查桩端土体是否回弹，避免桩端地基土隆起后测量三击贯入度不真实，从而影响施工质量。

3）填料夯实过程中应检查护筒底土体的渗水情况，并根据需要采取一定的封堵措施。

51.3.2 预制桩身载体桩施工工艺

预制桩身载体桩施工技术是专门针对现场灌注载体桩在软土中容易出现缩颈或断桩缺陷而发明的施工技术，将现场灌注混凝土桩身改为置入预制构件。该工艺可有效减少各种挤土效应可能导致的施工缺陷。

1. 适用范围

预制桩身载体桩施工工艺适用于含水率较高的黏性土或淤泥地层。

2. 施工工艺

预制桩身载体桩采用沉入预制桩身代替灌注混凝土桩身，其施工工艺如图51-28所示。

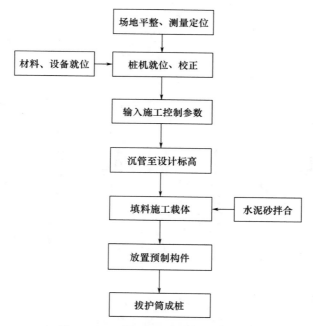

图51-28 预制桩身载体桩施工工艺

3. 施工控制措施

1）选择合适的施工护筒，护筒内径略大于预制桩外径。

2）施工中严格控制预制桩的桩长，确保施工后桩顶与设计桩顶标高一致。

3）三击贯入度测量完毕后，应继续填料夯实，使夯实后的填料顶标高与护筒底齐平。

4）植入预制桩后，应采取静压或锤击的方式使预制桩与载体结合良好，并在施工前确定控制指标。

5）当护筒与预制桩间有较大孔隙时，应采用填料或注浆等措施对孔隙进行处理。

51.3.3　固化土载体桩施工工艺

固化土载体桩技术是一种在载体桩身外先施工固化土的复合型载体桩施工技术，该技术可有效解决施工中的成孔问题，还能提高单桩承载力。

1. 适用范围

固化土载体桩施工工艺适用于桩身范围内存在密实或坚硬土层，采用常规工艺难以成孔的载体桩施工，或者是桩身范围内存在淤泥或淤泥质土的载体桩施工。

2. 固化土载体桩施工工艺

固化土载体桩施工工艺包括两部分，即固化土桩施工和载体桩施工。其工艺如下：

1) 长螺旋设备成孔，将地基土取出。
2) 将取出的地基土加入水泥、固化剂、砂或其他外加剂拌合成可泵送的流态拌合物。
3) 将流态拌合物通过长螺旋中心管注入桩孔，形成固化土桩。
4) 当固化土桩达到一定强度后，在桩位再次通过带桩尖的护筒成孔，直到设计标高。
5) 填料夯实，施工载体。
6) 放置钢筋笼，灌注混凝土或放置预制管节，并拔出护筒。

3. 固化土载体桩的施工控制要点

1) 固化土桩的直径应大于载体桩桩身直径，二者直径相差不小于200mm。
2) 施工前应根据现场地基土的情况进行固化土拌合物的原材料和配比试验，确定原材料的种类和质量比，确保桩身固化土强度。
3) 固化土的掺量一般为8%～15%。
4) 固化土桩、载体桩施工中应严格控制垂直度，避免载体桩施工时护筒穿透固化土影响施工质量。
5) 载体桩施工时严格控制桩位，确保护筒中心与固化土桩心重合。
6) 固化土桩施工应超灌，超灌的高度比设计标高高30～50cm。固化土桩的充盈系数不小于1.15，灌注桩在淤泥土中施工的充盈系数不小于1.25。
7) 正式施工前应根据现场试桩试验确定固化土桩和载体桩之间的施工间歇时间。

51.3.4　静压载体桩工艺

锤击跟管载体桩、振动沉管载体桩、固化土载体桩、预制桩身载体桩的施工都是采用一定的方式成孔，然后填料，以动能夯实，具有一定的振动效应。当周围较近的地方存在既有建筑或危楼时，采用这种施工方式可能引起相邻建筑物的开裂。

静压载体桩施工是专门针对载体桩施工对周边环境产生振动而发明的新载体桩施工技术，采用静压护筒沉孔至设计标高，填料后采用静压桩机压实填料施工载体。该工艺最大的特点是不通过三击贯入度来控制，而是通过静压力和填料量进行控制。

1. 静压载体桩施工工艺

静压载体桩施工工艺如图51-29所示。

2. 施工控制措施

静压载体桩施工控制措施包括以下几点：

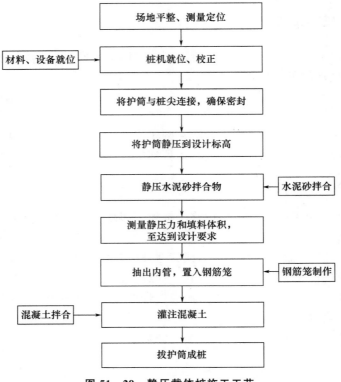

图 51－29　静压载体桩施工工艺

1）沉管必须达到设计要求的持力层，当沉管深度无法满足设计要求时应及时分析原因，调整设计方案。

2）送桩器截面应与静压内管尺寸相匹配，并有足够的长度、刚度和强度，表面应有一定的防滑措施。

3）成孔过程中严格控制护筒的垂直度，当护筒垂直度偏差大于0.5％时应停止施工，并调平设备。

4）静压载体桩施工采用双控的原则，填料体积和静压力必须达到试验要求的限值。当填料量大于一定数值、静压力值不小于某一限值，且维持时间大于10s，即可停止施工。

5）静压载体桩桩身可以是现场灌注，也可采用预制构件。

51.4　施 工 设 备

51.4.1　设备简介

最常用的施工工艺为锤击跟管载体桩施工工艺，与之相应的施工设备为HKJ-4锤击跟管液压步履式载体桩施工设备，如图51-30所示。

HKJ-4锤击跟管液压步履式载体桩施工设备采用液压传动和控制，施工灵活，就位方便，船型步履行走装置接地面积大、压力小、耐振性能好；产品功能多，装运方便；回转、前进及后腿功能操作简单；设备对现场环境要求低，电源采用普通三相交流电（380V，50Hz）。经过不断发展完善，目前已经发展到全自动第二代载体桩设备（图51-31），该设备可自动提升柱锤到设定高度，测量并记录锤的每次贯入深度及三击贯入度，实现无人操作。HKJ-4锤击跟管载体桩施工设备主要参数见表51-8。

图 51-30　第一代载体桩施工设备

图 51-31　全自动载体桩施工设备

表 51-8　设备参数

参数名称和单位	参数值	参数名称和单位	参数值
柱锤质量/kg	3500	主卷扬机功率/kW	22
桩架总高度/m	15.6	副卷扬机功率/kW	11.4
桩深/m	12	外形尺寸（长×宽）/(mm×mm)	7610×2260
每分钟打击次数/(次/min)	2.5	设备总质量/kg	18000
主卷扬机牵引力/kN	60	电源	三相 380V，50Hz

51.4.2　设备构成

该设备由机架、底座、主卷扬机、副卷扬机、液压系统、控制台、柱锤及护筒等组成。顶部滑轮和主卷扬机用于起吊柱锤进行夯击作业，副卷扬机用于压入和拔出护筒，底座及液压系统用于设备自身移动、调整对位及保持设备的稳定。

1. 机架

机架构成整个机器的骨架，安装在支承平台上，由立柱、护筒导向滑道、横梁、滑轮组、斜撑及连杆组成，两根立柱位于支承平台的前端，立柱的内侧有护筒导向滑道，用于控制护筒；立柱的上部是上横梁，上横梁上装有滑轮组和三轮滑车，用来引导钢丝绳牵引柱锤和护筒。立柱的后面设有斜撑和连杆，用于增加立柱的稳定性，它们均可拆卸，便于运输。

2. 底座

底座部分用来支承平台，并保证平台灵活移动。底座部分由回转台、步履和支腿等组成。回转台与支承平台用回转支承连接，通过液压驱动可使支承平台在回转台上转动；步履为两个，由槽钢焊接成，用来支撑整个设备；4 个支腿内设有液压缸，支腿可自由伸缩。当支腿伸长时可使步履离开地面，通过液压驱动可使步履前后移动，实现设备的行走功能。

3. 自动控制系统

自动控制系统是一个计算机控制系统，其工作原理是：通过光电编码器记录卷扬转盘转动的圈数，通过卷扬和锤上钢丝绳的关系计算出柱锤底位置，根据前后两次夯击完毕后柱锤底的位置计算出每次夯击贯入的深度及累计三次的贯入度。施工前输入护筒桩底标高、每次提升高度、三击贯入度，控制系统将自动提升柱锤到设定高度，自动测量和记录每次锤下落后的贯入深度，同步传输到手机 APP 和云端进行储存，并与设计三击贯入度进行比对，从而指导施工。图 51-32 所示为自动控制设备的卷扬机，图 51-33 所示为计算机控制系统操作界面。

图 51-32　自动控制设备的卷扬机　　　　图 51-33　计算机控制系统操作界面

该系统有三大优点：

1）设备采用计算机自动控制系统，自动操作，将人从繁琐的简单体力劳动中解放出来，提高了功效，同时通过机器控制，避免了施工过程中人为原因带来的工程质量事故或误差，确保了施工质量。

2）该设备通过与手机 APP 相联，能实现施工过程中的参数上传，便于对施工进行溯源，以及对施工、监理和业主等人员进行监管。当施工质量出现异常时，便于通过真实的数据分析原因。

3）每一根桩的施工都是一次数据的积累，一定时段后可进行数据的汇总分析。通过对全国不同地区、不同三击贯入度、不同土层的施工数据进行处理分析，并结合试桩结果与设计进行比对，可以提出适合不同地区不同土性的施工参数，为优化设计提供参考，避免浪费，并提升整体设计水平。

4．其他部分

在支承平台上装有主卷扬机、副卷扬机、控制部分、液压系统、护筒和落锤等。

副卷扬机在支承平台的前面，它与三轮滑车及平台前端的反压滑轮配合，用于压入和提升护筒。副卷扬机由卷筒、行星齿轮传动装置、刹车装置、托架和电动机组成，通过计算机控制系统控制卷扬机间转和间停，实现柱锤的提升和降落。

主卷扬机在支承平台的中部，与上横梁上的天轮配合牵引柱锤，进行锤击操作，以形成桩孔，是设备的主要部分。主卷扬机由卷筒、离合器、制动器、减速器、联轴器、电动机、操纵部分等组成。

液压系统及控制台位于支承平台的后部，液压系统为设备各部分的液压缸提供动力，它由油箱、油泵、电动机、控制阀及管路等组成。

51.5　载体桩的设计要点

51.5.1　设计思路

载体桩由于受力类似于扩展基础，其设计思路和扩展基础设计一样，包括单桩承载力验算（扩展基础承载力计算）、桩身正截面承载力验算（扩展基础上强度验算）和软弱下卧层承载力验算。

51.5.2　单桩承载力计算

初步设计时，对于桩长小于 30m 的载体桩，单桩竖向抗压承载力特征值的计算应符合下列规定：

1）桩身范围内无液化土层时，可采用式（51-5）进行估算。其中，f_a 应按现行国家标准《建筑地基基础设计规范》（GB 50007—2011）的规定取值，宽度修正系数为零；A_e 宜按地区经验确定，无地区经验且桩径为 450～500mm 时可按表 51-9 取值。桩径为 350～500mm 时，表中 A_e 值应乘以 0.80～0.95；桩径为 500～800mm 时，表中 A_e 值应乘以 1.10～1.30。桩径小时取小值，桩径大时取大值。

2）当桩端持力层为中风化岩层，且载体为无填料载体时，单桩承载力计算中 A_e 应取桩身截面面积，f_a 应根据荷载试验或由下式确定：

$$f_a = \psi_r f_{rk} \tag{51-5}$$

式中　f_{rk}——岩石单轴饱和抗压强度标准值（kPa）；

　　　ψ_r——折减系数，根据地方经验确定。

表 51-9　载体等效计算面积 A_e

被加固土层土性		A_e/m^2				
		三击贯入度 <10cm	三击贯入度 为 10cm	三击贯入度 为 20cm	三击贯入度 为 30cm	三击贯入度 >30cm
黏性土	$0.75<I_L\leq1.00$	—	2.2～2.5	1.8～2.2	1.5～1.8	<1.5
	$0.25<I_L\leq0.75$	—	2.5～2.8	2.2～2.5	1.9～2.2	<1.9
	$0<I_L\leq0.25$	3.2～3.6	2.8～3.2	2.4～2.8	2.1～2.4	<2.1
杂填土		2.6～3.0	2.3～2.6	2.0～2.3	1.7～2.0	<1.7
粉土	$e>0.8$	2.6～2.9	2.3～2.6	2.0～2.3	1.7～2.0	<1.7
	$0.7<e\leq0.8$	3.0～3.3	2.7～3.0	2.4～2.7	2.1～2.4	<2.1
	$e\leq0.7$	3.3～3.7	2.9～3.3	2.5～2.9	2.2～2.5	<2.2
粉砂 细砂	松散～稍密	3.2～3.6	2.8～3.2	2.4～2.8	2.1～2.4	<2.1
	中密～密实	3.7～4.2	3.2～3.7	2.7～3.2	2.3～2.7	<2.3
中砂 粗砂	松散～稍密	3.6～4.1	3.1～3.6	2.6～3.1	2.2～2.6	<2.2
	中密～密实	4.3～4.8	3.8～4.3	3.3～3.8	2.8～3.3	—
碎石土	松散～稍密	3.9～4.5	3.4～3.9	2.9～3.4	—	—
	中密～密实	4.6～5.2	4.0～4.6	3.4～4.0	—	—
残积土		3.8～4.2	3.4～3.8	3.0～3.4	—	—
全风化岩		4.0～4.4	3.6～4.0	3.2～3.6	—	—
强风化岩		4.4～4.9	4.0～4.4	—	—	—

注：e 为土的孔隙比；I_L 为土的液性指数。

51.5.3　其他验算

1. 桩身正截面强度验算

1）当桩顶以下 5 倍桩身直径范围内的桩身螺旋式箍筋间距不大于 100mm 时：

$$N \leq \psi_c f_c A_p + 0.9 f_y' A_s \tag{51-6}$$

2）当桩顶以下 5 倍桩身直径范围内的桩身螺旋式箍筋间距大于 100mm 时：

$$N \leq \psi_c f_c A_p \tag{51-7}$$

式中 N——相应于荷载作用基本组合时载体桩单桩桩顶竖向力设计值（kN）；

f_c——混凝土轴心抗压强度设计值（kPa），应符合现行国家标准《混凝土结构设计规范》（GB 50010—2010）的规定；

f'_y——纵向主筋抗压强度设计值（kPa）；

A_s——纵向主筋截面面积（m^2）；

A_p——桩身截面面积（m^2）；

ψ_c——成桩工艺系数，桩身为预制混凝土构件时取 0.85，现场灌注时取 0.75～0.90，桩身挤土效应明显时取低值，挤土效应不明显时取高值，桩身外侧有水泥土桩时取高值。

2. 软弱下卧层验算

当桩间距小于 6 倍桩身直径，载体桩群桩基础持力层下受力范围内存在软弱下卧层时，应按下列公式进行软弱下卧层承载力验算：

$$\sigma_z + \gamma_m z \leqslant f_{az} \tag{51-8}$$

$$\sigma_z = \frac{F_k + G_k - \gamma A d_h - 3/2(L_0 + B_0)\sum q_{sik}l_i}{(L_0 + 2\Delta R + 2t \cdot \tan\theta)(B_0 + 2\Delta R + 2t \cdot \tan\theta)} \tag{51-9}$$

式中 σ_z——相应于荷载作用的标准组合时软弱下卧层顶面的附加应力（kPa）；

γ——承台底以上土的加权平均重度（kN/m^3），地下水以下采用浮重度；

z——地面至软弱下卧层顶面的距离（m）；

d_h——承台埋深（m）；

A——承台面积（m^2）；

γ_m——软弱下卧层顶面以上土的加权平均重度，地下水以下采用浮重度（kN/m^3）；

q_{sik}——第 i 层土极限侧阻力标准值（kPa），根据经验确定或按现行行业标准《建筑桩基技术规范》（JGJ 94—2008）执行；

l_i——桩长范围内第 i 层土的厚度（m）；

t——载体底面计算位置至软弱层顶面的距离（m）；

f_{az}——软弱下卧层顶面处经深度修正后的地基承载力特征值（kPa）；

F_k——相应于作用的标准组合时承台顶面的竖向力（kN）；

G_k——载体桩基承台和其上部土自重标准值，对于稳定的地下水位以下部分应扣除水的浮力（kN）；

L_0，B_0——桩群外缘矩形底面的长、短边边长（m），如图 51-34 所示；

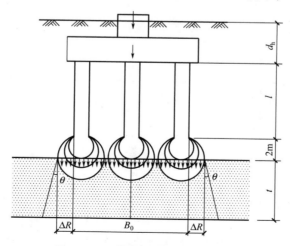

图 51-34 软弱下卧层计算示意图

注：l 为直杆段混凝土桩身长度；d_h 为承台埋深

ΔR——等效扩散计算宽度（m），可取 $0.6 \sim 1.0$m，当 A_e 值较小时取小值，当 A_e 值较大时取大值；

θ——附加压力的扩散角（°），可按表 51-10 取值。

表 51-10　地基压力扩散角

E_{s1}/E_{s2}	地基压力扩散角/（°）	
	$t/B_k = 0.25$	$t/B_k = 0.50$
1	4	12
3	6	23
5	10	25
10	20	30

注：1. $B_k = B_0 + 2\Delta R$。

2. E_{s1}、E_{s2} 分别为持力层和软弱下卧层的地基土压缩模量。

3. $t/B_k < 0.25$ 时扩散角取 $0°$，$0.25 < t/B_k < 0.5$ 时按内插取值，$t/B_k > 0.50$ 时取 0.50 对应的扩散角。

3. 基础整体承载力验算

对于独立柱基和满堂布桩的基础，应按下列公式进行群桩整体基础承载力的验算：

$$\sigma_{zd} + \gamma_n z_d \leqslant f_a \tag{51-10}$$

$$\sigma_{zd} = \frac{F_k + G_k - \gamma A d_h - 3/2(L_0 + B_0)\sum q_{sik}l_i}{(L_0 + 2\Delta R)(B_0 + 2\Delta R)} \tag{51-11}$$

以上式中　σ_{zd}——相应于作用的标准组合时按等代实体计算的作用于载体桩桩底的地基土平均附加应力（kPa）；

γ_n——桩底以上地基土的加权平均重度（kN/m³）；

z_d——地面至载体桩底的距离（m）。

51.5.4　沉降计算

载体桩沉降计算宜按等代实体深基础的单向压缩分层总和法，地基内的应力宜采用各向同性匀质弹性体变形理论，按实体深基础进行计算，沉降计算位置应从桩身底面以下 2m 开始，如图 51-35 所示。

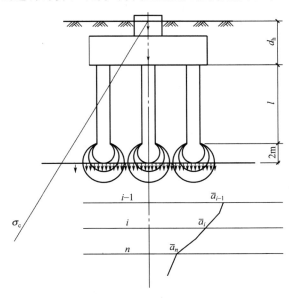

图 51-35　沉降计算示意图

注：d_h 为承台埋深；l 为直杆段混凝土桩身长度；σ_c 为土的自重压应力

载体桩沉降按下式计算：

$$s = \psi_p p_0 \sum_{i=1}^{n} \frac{z_i \bar{\alpha}_i - z_{i-1} \bar{\alpha}_{i-1}}{E_{si}} \quad (51-12)$$

式中　　s——桩基最终沉降量（mm）；

p_0——相应于作用准永久组合时桩端平面的附加压力（kPa）；

ψ_p——沉降计算经验系数，根据地区沉降观测资料及经验确定，当没有经验时可按现行国家标准《建筑地基基础设计规范》（GB 50007—2011）执行；

z_i，z_{i-1}——桩端面到第 i、$i-1$ 层土底面的距离（m）；

$\bar{\alpha}_i$，$\bar{\alpha}_{i-1}$——桩端平面下至第 i、$i-1$ 层土底面范围内的平均附加应力系数，可按现行国家标准《建筑地基基础设计规范》（GB 50007—2011）执行；

n——桩端平面下压缩层范围内土层总数；

E_{si}——桩端平面下第 i 层土在自重应力至自重应力加附加应力作用段的压缩模量（MPa）。

51.6　工程实例

51.6.1　振动沉管载体桩施工

1. 工程概况

该项目位于济南市历城区，工业南路西侧，飞跃大道北侧。

场地地层主要包括：① 杂填土（Q^{ml}）、② 黄土状粉质黏土（Q_4^{al+pl}）、②$_1$ 卵石、③ 粉质黏土（Q_4^{al+pl}）、④ 卵石（Q_4^{al+pl}）、⑤ 粉质黏土（Q_3^{al+pl}）、⑥ 粉质黏土（Q_3^{al+pl}）、⑦ 粉质黏土（Q_3^{al+pl}）、⑦$_1$ 碎石、⑧ 残积土（Q^{el}）、⑨$_1$ 全风化闪长岩、⑨$_2$ 强风化闪长岩、⑨$_3$ 中风化闪长岩、⑩$_1$ 强风化石灰岩、⑩$_2$ 中风化石灰岩。

各层土承载力特征值 f_{ak}（kPa）、压缩模量 E_{s1-2}（变形模量 E_0）（MPa）及岩石单轴饱和抗压强度标准值 f_{rk} 等指标见表 51-11。

表 51-11　各土层物理力学参数

土层序号	土层名称	根据土工试验、测试指标确定的承载力特征值		f_{ak}/kPa	E_s（E_0）/MPa
②	黄土状粉质黏土	$e_0 = 0.727$，$I_L = 0.39$，$\psi_f = 0.96$	254	130	8.8
		$N_k = 4.5$	135		
②$_1$	卵石土	/	/	250	20.0
		$N_{63.5k} = 6.5$	260		
③	粉质黏土	$e_0 = 0.693$，$I_L = 0.41$，$\psi_f = 0.96$	269	150	6.6
		$N_k = 5.3$	150		
④	卵石土	/	/	300	25.0
		$N_{63.5k} = 8.9$	357		
⑤	粉质黏土	$e_0 = 0.773$，$I_L = 0.48$，$\psi_f = 0.96$	225	190	6.3
		$N_k = 7.7$	206		
⑥	粉质黏土	$e_0 = 0.748$，$I_L = 0.39$，$\psi_f = 0.96$	244	240	7.2
		$N_k = 10.5$	269		
⑦	粉质黏土	$e_0 = 1.084$，$I_L = 0.33$，$\psi_f = 0.94$	139	200	6.8
		$N_k = 13.6$	337		

土层序号	土层名称	根据土工试验、测试指标确定的承载力特征值		f_{ak}/kPa	E_s (E_0)/MPa
⑧	残积土	/	/	220	15.0
		$N_k=15.0$	250		
⑨₁	全风化闪长岩	$N=37.5$	/	300	25
⑨₂	强风化闪长岩	$N=61.5$	/	400	35
⑨₃	中风化闪长岩	$f_r=11.7MPa$			

典型地质剖面图如图 51－36 所示。

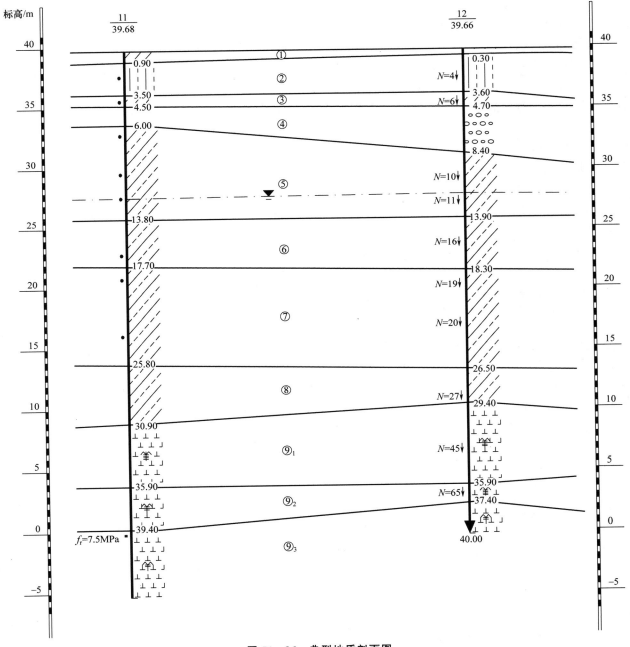

图 51－36 典型地质剖面图

2. 方案选择

本工程若采用传统桩基方案，桩端必须落在⑨₁亚层全风化闪长岩层，桩长较长，成本较高，且由于场区内岩层起伏较大，有些岩面倾角较大，造成桩长差别较大。本项目场地的⑥层粉质黏土层承载力较高，可作为载体桩的持力层。经过方案对比分析，选用载体桩方案。

3. 载体桩设计

（1）设计参数

载体桩桩径为 500mm，桩身采用 C40 混凝土，桩长为 17m，持力层为⑥层粉质黏土，设计单桩承载力特征值为 2000kN。

（2）承载力计算

单桩承载力 $R_a = f_a A_e$，$f_a = f_{ak} + \eta_d (D - 0.5) \gamma_m = 240 + 1.6 \times (17 - 0.5) \times 15 = 636$(kPa)。

三击贯入度不大于 10cm，查规范取 $A_e = 2.6 m^2$，设计时考虑桩长和桩径对承载力的影响，对 A_e 乘一系数 λ 进行修正。本工程根据地区经验取 $\lambda = 1.3$，则 $A_e = 2.6 \times 1.3 = 3.38$（$m^2$）。

单桩承载力特征值

$$R_a = f_a A_e = 636 \times 3.38 = 2149.68(kN)$$

（3）桩身强度验算

根据《载体桩技术标准》（JGJ/T 135—2018），桩身强度须满足

$$N \leqslant \psi_c f_c A_p$$

当桩身混凝土强度等级为 C40 时，$\psi_c f_c A_p = 0.75 f_c A_p = 0.75 \times 19.1 \times 10^3 \times 0.196 = 289.2$(kN)，满足设计要求。

4. 试桩

本次试验共施工试验桩 3 根，结果都满足设计要求。试桩的施工参数见表 51 - 12，试验结果如图 51 - 37 所示。

表 51 - 12 试桩施工参数

编号	桩径/m	桩长/m	填料/m³	持力层	三击贯入度/cm
S1	0.5	18.5	0.5	⑥层粉质黏土	9
S2	0.5	17.8	0.5	⑥层粉质黏土	8
S3	0.5	18.5	0.5	⑥层粉质黏土	8

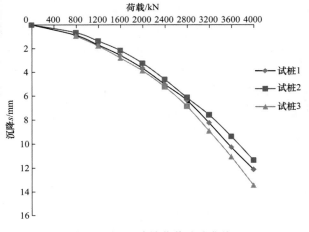

图 51 - 37 试桩荷载试验曲线

5.施工工艺

本工程载体桩桩径为 500mm，桩长不小于 17m，持力层为⑥层粉质黏土，单桩承载力特征值为 2000kN，三击贯入度小于 10cm。

由于桩长较长，且桩端为黏性土，为了避免对桩端地基土产生扰动，采用振动沉管载体桩施工工艺，振动头功率为 120kW，护筒直径为 480mm，标准柱锤直径为 355mm。为加强填料的挤密效果，施工前对柱锤端部焊接钢筋进行局部加大处理。

采用全自动工艺施工，施工前输入控制参数，包括桩长和三击贯入度。本项目共施工载体桩 979 根，施工完毕后经过检测，2 倍设计荷载下试桩变形均小于 2cm，所有工程桩承载力均满足设计要求。

51.6.2　抗拔载体桩施工

1.工程概况

该项目位于天狮国际大学城内，为框架结构，独立柱基，设计单桩抗拔承载力为 450kN。

工程场区土层包括①₃素填土、③₁粉质黏土、③₂粉土、④黏土、⑤₁黏土、⑤₃粉砂、⑩₁黏土。典型地质剖面图如图 51-38 所示，土的物理力学指标见表 51-13。

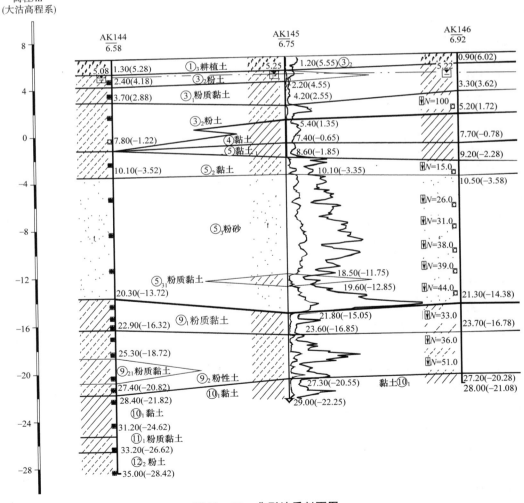

图 51-38　典型地质剖面图

表 51-13　部分土层的物理力学指标

土层	重度/(kN/m³)	含水率/%	孔隙比	地基土承载力/kPa	侧阻特征值/kPa	端阻特征值/kPa	压缩模量/MPa
③₁ 粉质黏土	19.1	32.3	0.887	90	15	—	3.6
③₂ 粉土	19.9	25.7	0.69	110	18	—	11.54
④ 黏土	19.0	33.1	0.91	100	16	—	3.99
⑤₁ 黏土	18.7	35.9	0.99	90	15	—	3.77
⑤₃ 粉砂	20.5	22.0	0.585	180	33	526	15.4
⑩₁ 黏土	19.0	33.4	0.924	130	18	—	4.63

2. 抗拔载体桩的设计

（1）抗拔载体桩承载力的计算

载体桩抗拔极限承载力标准值计算公式为

$$T_{uk} = \sum \lambda_i q_{sik} u_i l_i$$

$D = D_0 + 2\Delta S$，D_0 为高强水泥砂拌合物的直径，计算得 $D_0 = 1.0\text{m}$；ΔS 取值为 0.4m，$D = 1.0 + 2 \times 0.4 = 1.8(\text{m})$。

$$T_{uk} = \sum \lambda_i q_{sik} u_i l_i = 0.7 \times (50 \times 3.14 \times 0.43 \times 3 + 66 \times 3.14 \times 1.8 \times 3) = 925.1(\text{kN})$$

单桩抗拔承载力特征值 $R = 925.1/2 = 462.6(\text{kN})$。

（2）试桩设计和参数

本次试桩共施工 6 根，包括 3 根单桩试桩和 1 组 3 桩承台的试桩，试桩施工参数见表 51-14，试桩剖面如图 51-39 所示。

表 51-14　试桩施工参数

试桩编号		桩长/m	桩径/mm	三击贯入度/cm	持力层	最大加载值/kN
S1		6.0	430	8	⑤₃ 粉砂	900
S2		6.0	430	9	⑤₃ 粉砂	900
S3		6.0	430	9	⑤₃ 粉砂	900
Z（承台）	S4	6.0	430	8	⑤₃ 粉砂	2700
	S5	6.0	430	7	⑤₃ 粉砂	
	S6	6.0	430	9	⑤₃ 粉砂	

（3）施工工艺

由于该项目地处天津地区，地下水水位较高，黏土容易被扰动，为防止施工中扰动桩端土体，采用振动沉管载体桩施工工艺，动力头的功率选用 90kW。为保证载体的锚固作用，当三击贯入度满足设计要求后再次将护筒沉入载体内 60cm，然后放置钢筋笼，浇筑混凝土。

（4）试验结果

采用慢速维持荷载法进行荷载试验，抗拔静载试验结果见表 51-15。通过对比试验发现，计算值和试验值基本相符。

3. 施工和检测

本工程共设计抗拔载体桩 145 根，桩径 430mm，桩长为 6～6.5m。选用直径 405mm 的护筒，护筒长度为 7m，施工中采用振动沉管的载体桩施工设备，计算机自动控制系统控制施工，三击贯入度控制在小于 10cm。

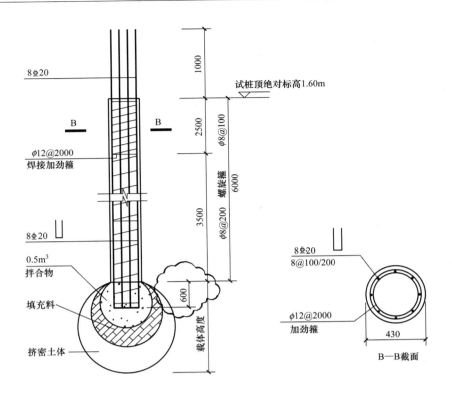

抗拔载体桩试桩详图

图 51 - 39　试桩剖面（单位：mm）

表 51 - 15　抗拔静载试验结果

试桩编号	设计竖向抗拔承载力特征值/kN	设计竖向抗拔承载力特征值对应的上拔量/mm	最大加载量/kN	最大加载量对应的上拔量/mm	实测竖向抗拔承载力特征值/kN
S1	450	4.22	900	16.82	450
S2	450	4.02	900	15.82	450
S3	450	5.20	900	19.08	450
Z	1350	7.00	2700	19.74	1350

施工完毕后经过检测，所有工程桩承载力都满足设计要求。加载到 2 倍设计荷载时，最大变形为 10.34mm。图 51 - 40 为工程桩检测的抗拔荷载试验曲线。

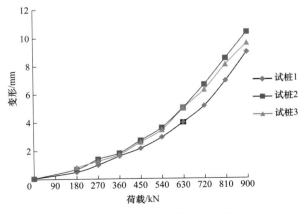

图 51 - 40　试桩荷载试验曲线

51.6.3 固化土载体桩施工

1. 工程情况

该项目位于郭县石化园区，包括成品油罐区、压块原料储存及仓储机修区、工艺装置区、生产区、其他公用工程区、分析控制室、厂前区、办公楼、宿舍、食堂、水处理装置区。

根据野外钻探揭露及室内土工试验，该工程场地中勘探孔揭示的深度范围内地基土按其成因年代、埋藏分布规律、岩性特征及其物理力学性质划分为8个工程地质层，自上而下分别为：①杂填土、②粉质黏土夹砂、③细砂夹土、④中砂、⑤粉质黏土夹砂、⑥中砂夹砾、⑦砂土互层、⑧粉质黏土。

勘察深度内，场区地下水属潜水类型，埋藏于第②、③层及以下各含水层中。勘察时为丰水期，钻孔中实测地下水初见水位为1.0～2.8m，稳定水位为0.9～2.7m，稳定水位标高为133.9～134.0m。土的物理力学指标见表51-16。

表51-16 土的物理力学指标

土层	w_0/%	σ/(g/cm³)	E	承载力/kPa	压缩模量/MPa	c/kPa	内摩擦角 φ/(°)
①杂填土	—	—	—	—	—	—	—
②粉质黏土夹砂	25.6	1.89	0.8	100	4.08	15	20
③细砂夹土				160	18.51	3	33
④中砂				250	220		
⑤粉质黏土夹砂	26.3	1.92	0.78	160	6.05	—	—
⑥中砂夹砾				350	38.4		
⑦砂土互层	25.0	1.95	0.74	240	7.9	—	—
⑧粉质黏土	25.5	1.94	0.75	220	7.65	—	—

2. 设计和试桩

本工程浅层地基有较好的持力层，适合采用载体桩，但由于桩身范围内存在砂层，采用传统的载体桩施工工艺成孔非常困难，必须先成孔穿透砂层，再沉护筒。但由于塌孔，载体桩施工沉护筒依然困难，施工一根桩耗时长，因此本工程适宜采用固化土载体桩。先长螺旋施工固化土桩，穿过砂层，固化土桩作为护壁，然后施工载体桩。为了试验固化土载体桩的工艺及单桩承载力，提前进行了试桩。本次试验共施工试验桩3根，施工参数见表51-17。

表51-17 试桩施工参数

编号	固化土桩径/mm	混凝土桩径/mm	桩长/m	填料/m³	持力层	三击贯入度/cm
SZ-1	800	600	6.0	0.5	中砂夹砾	9
SZ-2	800	600	6.0	0.5	中砂夹砾	9
SZ-3	800	600	6.0	0.5	中砂夹砾	8

采用固化土载体桩，先长螺旋钻孔到设计标高，然后通过中心压灌将预拌的固化土灌入孔内，预拌固化土的无侧限抗压强度为2MPa。再次沉管到设计标高，进行载体桩施工。

对试桩进行载体试验。受荷载的限制，最大加载值为6000kN。试桩的荷载试验结果见表51-18。

表 51-18　试桩荷载试验结果

编号	固化土桩径/mm	混凝土桩径/mm	桩长/m	填料/m³	最大加载值/kN	变形/mm
SZ-1	800	600	14.0	0.5	6000	8.43
SZ-2	800	600	14.0	0.5	6000	7.74
SZ-3	800	600	14.0	0.5	6000	7.01

3. 施工工艺

本工程最终采用固化土载体桩施工技术，施工参数为：固化土桩直径为 800mm，桩长 6m，固化剂掺合比为 12%。载体桩桩径 600mm，桩长 14m。固化土桩采用 11m 长螺旋施工成孔，并通过中心压管浇灌固化土。固化土桩施工 2h 后进行载体桩施工。载体桩采用 550mm 的护筒成孔，填料不超过 0.5m³；三击贯入度不超过 10cm。

本项目共施工固化土载体桩 675 根。施工完毕后随机抽取工程桩进行检测，试桩都满足设计要求，加载到 2 倍设计荷载时变形不超过 15mm。

51.6.4　预制桩身载体桩施工

1. 工程概况

该项目位于天津空港物流加工区航空路和航天路之间，场地地形平坦，上部结构为框架，独立柱基础。

根据本项目的岩土工程勘察报告，场地主要地层包括：①素填土、②黏土、③$_1$淤泥质黏土、③$_2$淤泥质土、③$_3$粉质黏土、③$_4$粉细砂、④粉质黏土、⑤$_1$粉土、⑤$_2$粉质黏土、⑤$_3$黏土、⑤$_4$粉质黏土、⑤$_5$粉质黏土、⑤$_6$粉细砂。土的物理力学参数指标见表 51-19。

勘察期间静止水位埋深为 2.0~2.4m，绝对标高为 0.93~1.70m，属孔隙水。

抗震设防烈度为 7 度，可不考虑液化问题。建筑场地类别为Ⅲ类。

表 51-19　土的物理力学指标

地层	平均厚度/m	重度/(kN/m³)	孔隙比	含水率/%	极限侧阻/kPa	承载力/kPa	压缩模量/MPa	状态
①素填土	2.0	20.1	—		—	—	5.33	稍密
②黏土	2.1	21.3	0.87	22.5	60	100	3.40	软~可塑
③$_1$淤泥质黏土	3.8	18.6	0.98	33.2	0	70	2.63	流塑
③$_2$淤泥质土	3.5	18.7	0.97	34.2	0	90	3.80	流塑~软塑
③$_3$粉质黏土	2.7	20.4	0.6	21.5	65	115	5.14	软塑~可塑
③$_4$粉细砂	2.3	20.9	—	18.5	75	130	10.0	中密~密实
④粉质黏土	2.4	20.5	0.65	21.4	68	140	5.87	可塑
⑤$_1$粉土	4.1	20.0	0.70	18.3	70	180	13.82	中密~密实
⑤$_2$粉质黏土	2.6	20.3	0.65	21.5	65	150	6.0	可塑
⑤$_3$黏土	4.1	20.6	0.85	22.3	65	150	6.14	可塑
⑤$_4$粉质黏土	2.1	20.4	0.69	21.4	68	170	6.57	可塑
⑤$_5$粉质黏土	1.9	20.5	0.67	21.5	68	200	12.31	中密~密实
⑤$_6$粉细砂	1.5	20.7	—	19	80	200	25.0	中密~密实

2. 载体桩设计

（1）方案确定

在该地区当单桩承载力较高时一般采用钻孔灌注桩或预制桩，由于桩侧有较厚的淤泥质土，侧阻较小，单桩承载力有限。由于载体桩承载力主要来源于载体，本项目距地面20m左右有一层粉土，可作为载体桩的持力层。采用载体桩能显著提高单桩承载力，减少桩数，从而降低造价。由于桩身范围内存在淤泥质土，若采用现浇桩身，因桩侧地基土含水率高，可能出现缩颈或桩身出现裂缝等缺陷，故采用预制载体桩。经过前期试桩和方案对比，最终采用了载体桩桩基，桩型对比见表51-20。

表 51-20 不同桩型承载力对比

序号	数量/根	桩型	桩长/m	桩径/mm	单桩极限承载力/kPa
1	3	PHC-400（80）	18.5	400	1280
2	3	PHC-450（80）	18.5	450	1440
3	3	PHC-500（80）	19.0	500	1600
4	9	PHC-400（80）＋载体	18.0	400	3000

（2）单桩承载力计算

本项目载体桩持力层选用⑤$_1$粉土，$f_{ak}=180kPa$，桩的入土深度为16m，载体计算深度取2m，施工时三击贯入度为8cm。

$$载体持力层修正深度＝16＋2＝18（m）$$

根据《建筑地基基础设计规范》（GB 50007—2011），载体持力层修正后承载力为

$$f_a＝f_{ak}＋\eta_d(D-0.5)\gamma_m＝570kPa$$

根据《载体桩技术标准》（JGJ/T 135—2018），三击贯入度为8cm，$A_e=3.2m^2$。单桩承载力为

$$R_a＝f_aA_e＝1824kN$$

结合上部结构的荷载和布桩，本项目设计单桩承载力特征R_a取1500kN。

（3）施工工艺

采用预制桩身载体桩施工工艺，选用120动力头的振动沉管设备沉孔施工。桩身为直径400mm的管桩，护筒直径为426mm。将带桩尖的护筒沉到设计标高，提前输入载体自动施工的控制参数，然后填料夯实，达到设计要求的三击贯入度。整个施工过程全程采用计算机控制，确保锤出护筒距离不超过10cm。施工工艺如图51-29所示。本工程预制桩身载体共计3160根，施工工期为3个月。

（4）施工效果

施工完毕后进行了33根桩的静荷载试验，同时对30％的桩身进行了低应变完整性检测。经检测，所有静荷载试验桩都满足设计要求，桩身完整性较好，都属于Ⅰ类桩。

该项目上部结构施工期间，对所有建筑物都设置了沉降观测点，其中503科研厂房共设置30个观测点，最大沉降量为22.9mm，最小沉降量为15.3mm，平均沉降量为17.9mm。

参 考 文 献

[1] 中华人民共和国行业标准. 载体桩技术标准（JGJ/T 135—2018）[S]. 北京：中国建筑工业出版社，2018.

[2] 中华人民共和国行业标准. 建筑桩基技术规范（JGJ 94—2008）[S]. 北京：中国建筑工业出版社，2008.

[3] 陈仲颐. 基础工程学 [M]. 北京：中国建筑工业出版社，2007.

[4] 林在贯，等. 岩土工程手册 [M]. 北京：中国建筑工业出版社，1994.

[5] 王继忠. 载体桩成套技术研究报告 [R]. 北京波森特岩土工程有限公司，2007.

[6] 仇凯斌. 复合载体夯扩桩的研究 [D]. 北京：清华大学，2001.

第52章　SDL工法挤土成孔与VDS灌注桩

邵金安　沈保汉　邵振华　邵炳华　王　园　李文新　邵琳琳　刘晓森

52.1　SDL工法挤土成孔技术及VDS灌注桩

52.1.1　工法基本原理

SDL是中文"双动力"的拼音缩写，实施SDL工法的桩工钻机有三种动力钻进模式（旋切模式、冲击模式、冲旋模式），也称为复合动力桩工钻机。钻机的动力系统依附于自行式多功能桩架，采用专用螺旋挤土钻进，钻具在动力系统的作用下根据被钻进地层选择钻进模式：动态冲击辅助旋切三种钻进模式，单冲击夯实孔底，借助钻具下部专用螺旋及挤扩钻头，以5～7r/min低速旋转钻进，将桩孔中的土体挤入桩周并冲击夯实孔底，形成圆柱形桩孔。

52.1.2　多功能桩架

1. 桩架技术特点

我国地域辽阔，东南沿海和长江以南地区雨水较多，建议采用步履式桩架，西部高原、东北冻土及缺水地区建议采用履带式桩架。

履带式桩架：立柱采用筒式结构，三点支撑，桩架的设计制造符合行业标准《建筑施工机械与设备桩架》（JB/T 12315—2015），生产企业经过ISO9001：2000质量体系认证，桩架机动灵活，可连续行走作业。

步履式桩架：采用船形轨道步履行走＋4个支承行走；立柱和上部结构三点支撑，与履带式桩架相同，具有接地比压小、整机稳定性好、功能多等特点，根据施工要求可配挂多种工作装置。

桩架的高度可通过改变立柱和斜撑的节数来调节，调节高度为30～36m；可更换工作部，施工多种桩型（灌注桩、打入式钢板桩、预制桩）。

2. 桩架组成

以步履式桩架为例，其主要组成部分包括顶部滑轮组、立柱、斜撑、起架装置、平台、操纵室及电气系统、长短船行走机构、液压系统、配重。

桩架的基本参数及组成见表52-1。

表52-1　桩架的基本参数及组成

立柱支承及行走方式	三点支承、步履式（履带式）	立柱支承及行走方式		三点支承、步履式（履带式）
系统控制方式	液控式	主卷扬机（1台）	单绳拉力/kN	80
额定荷载/kN	800		绳速/(m/min)	0～22
桩架导轨长度/m	≥30		钢丝绳直径/mm	24

续表

立柱支承及行走方式	三点支承、步履式（履带式）		立柱支承及行走方式	三点支承、步履式（履带式）
平台回转角度/(°)	360	副卷扬机（1台）	单绳拉力/kN	30
立柱回转半径/m	3.3		绳速/(m/min)	0～28
长船轨距/m	4.6/5.18		钢丝绳直径/mm	16
立柱直径/壁厚/mm	720/10	行走机构	行走速度/(m/min)	0～5.3（0～25）
立柱长度/m	36		行走步距/m	1.8
立柱倾斜范围/(°)	前倾12，后倾5		接地比压/kPa	80
桩架爬坡能力/(°)	3	斜撑机构	调整线速度/(m/min)	0～0.82
螺旋挤孔直径/mm	≤600		行程/m	1.8
最大钻孔深度/m	23（33）	液压系统	液压系统压力/MPa	15
外形尺寸	如图52-1、图52-2所示		电动机功率/kW	7.5～10
			总质量/kg	约80000

52.1.3 桩架复合动力系统

桩架复合动力系统外观如图52-3所示。

52.1.4 动力组成与控制装置

桩架复合动力系统组成框图如图52-4所示，其具体组成详见发明专利SDL桩工掘进方法及专用钻机（专利号ZL 201310238659.6.）、实用新型专利一种复合动力桩工钻机（专利号201420024073.X）及发明专利一种螺旋钻杆、钻机及由螺旋钻杆成型的桩孔和VDS灌注桩（专利号ZL201611145464.7）。

复合动力桩机的控制装置包括控制模块（控制系统）、冲击系统、旋切动力系统及进给系统。冲击系统、旋切动力系统及进给系统分别连接于控制模块（控制系统）；旋切动力系统控制钻杆的下钻扭矩，使钻杆下钻时保持一定的转速；冲击系统为钻头快速破碎复杂地层并钻进提供能量；进给系统提供下钻的动力（压力），保持下钻的进给速度；冲击和旋切复合动力与进给系统配合使用，适用地层更广泛，可大幅提高钻进效率。控制装置面板如图52-5所示。

52.1.5 技术特点

复合动力螺旋挤土成孔引孔技术具有以下特点：

1）施工速度快。复合动力钻机螺旋挤土施工效率高，成孔速度快，在复杂地层中穿透能力强，复杂地层和入岩钻进效率是单一钻进模式的数倍。

2）复合三种动力钻进模式，克服了传统机型单一旋切钻进和单一冲击钻进应对复杂地层和岩层钻进的难题，拓展了钻机适用的地层范围。

3）三种钻进作业模式中，一般软土地层采用旋切钻进模式，遇复杂地层和岩石层旋切钻进困难时启动冲击＋旋切钻进模式，冲击模式可夯实孔底持力层。

图 52-1 桩架外形

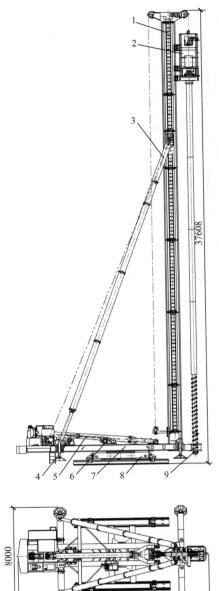

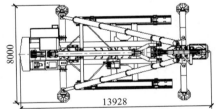

图 52-2 桩架简图

1. 立柱；2. 复合动力桩工动力头；3. 斜撑；4. 主卷扬机；
5. 起架拉杆；6. 副卷扬机；7. 平台；8. 行走机构；9. 钻具

4）钻进模式采用微机单板控制一键切换，操作简便。

5）适用于软土、黏性土、砂性土、砂层、卵石层、砂砾层、碎石及建筑垃圾回填层、强风化及中风化软岩地层（适用岩层强度≤60MPa），对地层的适应性强。

6）专用螺旋钻具挤土钻进过程中，螺旋长度范围内的钻渣可调配桩周地层应力、通过孔内应力调配解决桩身缩径、断桩问题，有效保证桩身质量。

7）夯实孔底，保证桩端承载力。当钻进到设计深度时，冲击部通过钻杆钻头夯实孔底，保证桩端承力正常发挥。

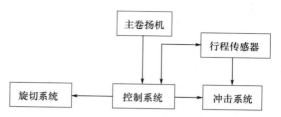

图 52-4 桩架复合动力系统组成框图

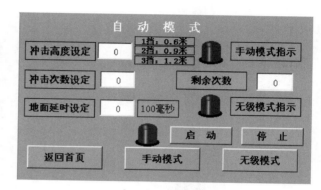

图 52-3 桩架复合动力系统外观

图 52-5 控制装置面板示意图

8) 钻机主要包括步履式桩架、液压系统和钻杆；桩机采用液压自行系统，不需要另配吊车移位，运输、拆装方便，能下基坑，能打边桩、角桩。

9) 环保节能。采用挤土成孔，无泥浆污染，无振动，噪声小，可实现 24h 不间断作业。

10) 经济性好。经同地层验证，与现有技术中的同类、同功率钻机相比，减少钻具磨损 50% 以上，钻孔速度提高 2～3 倍，大幅降低施工成本。

11) 可根据施工需要更换动力输出连接机构和钻具，可用于旋切钻进灌注桩和锤击打入桩的施工。

52.1.6 动力系统的特点

1) 旋切钻进动力系统采用特制的以硬齿面平行轴减速机和行星减速机为主的两级减速机组，工作性能稳定，故障率低，经久耐用。

2) 采用双 75kW 特种抗振电动机，输出扭矩达 260kN·m，低速大扭矩钻进，钻具磨损少，使用寿命长。

3) 冲击方式独特。采用液气压联动冲击，锤体具有初速度，行程小、频率高、能量大。

4) 复合动力钻进时先破碎后旋进，可降低钻头磨损和发热量，延长钻具使用寿命。

5) 控制系统自动冲击采用单板微机控制，操作集中、方便、省力、可靠；冲击功可任意选择自动冲击或手动冲击，冲击行程、冲击频率可多级调整，能适应多种工况。

6) 锤击部管内冲击，噪声低、施工环境好。

7) 在钻进过程中，根据进尺情况可适时、适量自动放绳，能有效提高钻进效率。

8) 配有液压步履和履带行走两种底盘形式，在施工现场可方便地移位；液压主机可自动上车，运输方便。

52.1.7 适用范围和技术性能

1. 适用范围

复合动力 260 型动力头具有冲击和旋切一体化设计、模块化集成、承载能力大、传动比范围广、使用寿命长等优点，可广泛用于建筑、冶金、矿山、交通等领域的桩基础施工和引孔施工。

适用条件：高速轴转速低于 1000r/min。

工作环境温度：-40～45℃（高于限定温度时需通水冷却）。

旋向：可正、反向运转。

工作方式：断续或连续均可。

2．技术性能

（1）旋转动力部

电动机功率 $P=2×75kW$，无级变速。

（2）冲击动力部

功率为 45kW，冲击频率和冲击功随机设定、可调。

52.1.8　钻具

钻具包括钻杆和钻头，钻杆至少有一部分为专用变径变导程窄螺旋部分。钻杆有外管及内管，外形上分为圆柱部分及螺旋部分，圆柱与螺旋及钻头顶部的最大直径一般按桩基施工规范允许值的负公差制造；钻杆的螺旋部分为齿状结构，螺旋包括多个叶片，每组叶片由多个单齿组成，单齿的厚度和直径从下向上逐渐变大。这种自下而上由窄变宽、由薄变厚的叶片构成挤土下钻螺旋，专用于复合动力钻进的钻头，具备旋切钻进功能的同时可接受冲击功对硬地层的破碎和快速钻进，钻头的破碎齿垂直或接近垂直于钻杆，破碎齿的运行轨迹直径与旋切齿的运行轨迹直径接近或相等。

钻具结构示意图如图 52-6 所示。

1．钻具特点

1）专用螺旋钻杆结构可减小下钻阻力，减轻钻杆工作负荷，提高钻进工作效率。

2）螺旋钻杆结构可根据被钻进地层全长配置，可实现半挤土成孔混凝土灌注桩的施工。

3）螺旋钻杆加冲击破碎钻进可使钻杆快速下钻，减少钻具磨损，减少钻具发热量，延长钻杆钻具的使用寿命。

4）变径变导程螺旋可根据孔内侧限应力调配钻渣和混凝土，在孔内挤压加固桩周，使桩体与土层稳定结合，为所承托的建筑物提供强有力的支撑。

5）采用复合动力桩工钻机、使用变径变导程螺旋施工的 VDS 灌注桩体适用于多种地层情况，具有摩擦桩与端承桩的双重特点，尤其适用于复杂的地质情况，可深入地下 20m 以上，能够为建筑物提供可靠且有力的支撑，适合各种建筑基础。

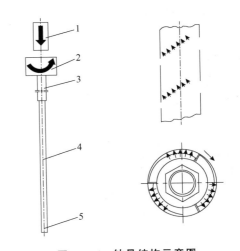

图 52-6　钻具结构示意图
1. 冲击部分；2. 旋切部分；3. 钻杆上部光杆部分；
4. 钻杆下部螺旋部分；5. 钻头

2．实现钻具特点的具体做法

1）采用专用螺旋钻杆结构，包括钻杆和钻头，钻杆至少有一部分为变径变导程螺旋结构，钻杆的螺旋部分叶片每个齿的宽度和厚度自下而上逐渐增大，在螺旋长度范围内，螺旋向上输送挤密钻渣的同时，根据钻孔内压力通过螺旋齿与齿之间的空隙上下调配钻渣，螺旋齿逐渐变厚的侧立面碾轧钻渣用来加固侧限力相对较小的孔壁。螺旋部分引导钻杆整体向下钻入。该结构设计可减小下钻的阻力，减轻工作负荷，提高钻进工作效率。

2）钻杆结构具有圆柱部分及螺旋部分，圆柱部分的直径大于等于螺旋部分的最大直径。

3）钻杆具有外管及内管，外管是为传送扭矩及压力而设，其直径可根据实际需求制作；内管是配合泵送混凝土而设，其直径大于混凝土泵管直径，一般为 160mm 左右。

4）变径变导程螺旋长度范围内，根据钻孔内压力改变钻渣运行轨迹，把不可压缩地层的钻渣输送挤密到可压缩性地层，以减小土层或者岩石层的钻进阻力，便于下钻，且可快速地进行打桩工作，解决了下钻阻力大的问题，更重要的是可调配钻渣、加固桩周、提高侧阻力。

5）复合动力螺旋钻进，夯实桩端持力层，可保证桩端持力层的端承力。

6）钻杆正转状态时管内压灌混凝土，孔内混凝土面高于钻头螺旋叶片时，螺旋叶片的侧立面辗轧混凝土并镶入桩周地层。这种挤土成孔又碾轧混凝土镶嵌于桩周地层的灌注桩可大幅提高桩体与桩周地层侧摩阻力等有益参数。

7）复合动力钻进结合专用螺旋结构及钻头的设置，可钻透单轴饱和抗压强度不超过 40～50MPa 的风化岩，实现高效率、低能耗、快速钻进。

52.2 专用螺旋挤土成孔的 VDS 灌注桩

52.2.1 简述

基桩承载力来源于桩底和桩周地层，等长等直径相同地质条件的桩由于成桩工艺和桩型不同，获得承载力有益参数的结果也不相同。工程技术人员通过对现有技术多种成桩工艺原理与多种桩型的受力机理进行深入解读、对比、分析，结合土力学理论，经过长期研究，从成桩工艺工法入手试图改变桩与土的受力机理，创新推出了一种专用螺旋成孔的 VDS 灌注桩。该创新技术以充分调用土体参数、提高桩的承载力为目的，可实现节约资源、科学、高效、经济、环保等目标。

52.2.1.1 挤土类桩工程应用情况

1. 沉管挤土灌注桩

沉管挤土灌注桩不排土排浆，造价低。由于沉管对底层无应力调配作用，所以受挤土效应影响，造成的事故及问题很多，如断桩、缩颈、垂直度偏差、桩端上浮（吊脚桩）、桩身夹泥、桩顶混凝土质量差、桩尖进水进泥砂、承载力不足及对周边建筑物和市政设施造成破坏等，近年来趋于淘汰。因此，要严格控制沉管灌注桩适用地层的应用范围。

2. 预应力混凝土管桩

预应力混凝土管桩具有桩体强度高（C80）、桩身不变形、施工无噪声、方便快捷、施工管理简单、检测手段简单成熟等特点，因而被广泛应用到工业、交通、高层建筑及民用住宅、公用工程、港口、码头等工程中。

3. 预应力混凝土管桩施工技术在应用中存在的问题

1）预应力管桩虽然不存在缩颈、夹泥等质量问题，但也不具备解决挤土应力的负作用问题的能力，且使承载力降低。

① 沉管过程中的挤土效应常常导致断桩、桩端上浮、沉降增大、承载力降低，以及对周边建筑物和市政设施造成破坏等。

② 预应力管桩施工不能调配地层应力，不能穿透砂层、硬夹层，往往使桩长过短、持力层不理想，导致沉降过大。

2）根据实践经验，以下地质条件不宜采用或慎用管桩：

① 桩长范围内含有较多且难以清除又严重影响打桩的孤石、风化球或其他障碍物。

② 桩长范围内含有不适宜作桩端持力层且管桩又难以贯穿的坚硬夹层。

③ 基岩面上没有合适持力层的岩溶地层。

④ 桩端持力层以上有不能作持力层又不能穿越的砂层。

⑤ 非岩溶地区基岩以上的覆盖层为淤泥等松软土层，以下直接为中风化岩层或微风化岩层。

⑥ 桩端持力层为遇水易软化且埋藏较浅的强风化岩层。

52.2.1.2　排土成孔灌注桩

1. 泥浆置换成孔灌注桩

强风化岩及以下岩层均可作为泥浆置换成孔灌注桩基础的桩端持力层。其优点是施工中不需要降水，桩径及持力层选择余地大，单桩承载力较高等。其缺点是泥浆护壁在特殊地层中可控性差，桩底沉渣超标等问题会影响桩基质量，且施工中产生大量泥浆，处置费用高。

2. 人工挖孔灌注桩

大直径人工挖孔桩基础在建筑领域得到较广泛的应用，其优点是直观，能保证质量，施工机具操作简单，占用施工场地小，对周围建筑物无影响，可全面展开施工，桩径及持力层选择余地大，单桩承载力较高等。一般在地下水位以上的黏土、粉质黏土、含少量砂卵石的黏土层，特别是黄土层中，干作业成孔较为理想；当直径小于 800mm、桩长超过 15m 时，以及在软土、流砂、地下水位较高、涌水量大的土层则不宜选用人工挖孔灌注桩。因采用人工挖孔桩造成的人员伤亡事故时有发生，相关部门对人工挖孔桩的采用有严格的审批制度。

52.2.1.3　长螺旋钻孔压灌后插笼桩

该成桩工艺是国内近二十年来开发且使用较广的一种新工艺，适用于黏性土、粉土、素填土、中等密实以上的砂土，属于非挤土成桩工艺，具有穿透力强、低噪声、无振动、无泥浆污染、施工效率高、质量稳定等优点。其缺点是螺旋钻杆直径小，螺旋叶片直径大，螺叶薄、悬臂长，正转旋拧进入土层时每片螺叶切土旋入均需消耗扭矩，单一的旋切钻进对岩石夹层和复杂地层的穿透能力差，能耗高、效率低。

随着国家建设用地由平原转向山丘（荒地与坡积地）、山地、滩涂堆填区等，桩基所处地层多为颗粒土（砂、砾砂、卵石、碎石、圆砾等）地层与山地岩基，SDL 施工法及专用螺旋挤土成孔的 VDS 灌注桩技术应运而生。

52.2.2　VDS 灌注桩的基本原理及适用范围

1. 基本原理

VDS 灌注桩施工需采用复合动力桩工钻机和专用螺旋及钻头挤土成孔，钻进系统采用三点支撑依附自行式桩架，钻具在动力系统的作用下施加大扭矩及竖向力，借助钻具下部长约 5m 的一段特制螺旋挤扩钻头，以 5～7r/min 的低转速钻进。下钻过程中，通过动力头的工作电流情况、不同土体对钻具产生的摩擦力（电流）的变化和下钻速度掌握被钻进地层情况，当钻进困难或难以钻进时适时启动冲击＋旋切钻进模式；变径变导程专用螺旋把低压缩性和不可压缩地层的钻渣调配到可压缩性地层，碾轧、挤入桩周，消除钻孔挤土效应，形成圆柱形的桩孔，到达桩端后停钻，冲击夯实孔底，钻机正向旋转、上提，同时泵压混凝土，保持孔内压灌混凝土面高出钻头及部分螺旋叶片，叶片碾轧混凝土镶嵌于桩周地层，灌注成桩。将预制好的钢筋笼插入混凝土内，固定在规定深度。

变径变导程螺旋在动态正转时，通过改变钻渣在孔内运行的轨迹达到调配钻渣、消除应力的目的。

2. 适用范围

1）复合动力专用螺旋挤土钻进施工的 VDS 灌注桩适用于软土、粉土、黏性土、砂性土、砾石层、建筑垃圾堆填层、碎石堆填层、卵石层和抗压强度不超过 60MPa 的岩层。

2）适用桩径为 400～600mm，也可用于复合地基。

3）不受地下水位的影响。

4）施工深度为 23～30m，边桩施工距离一般为 1.3m，角桩施工距离一般为 1.8m。

52.2.3　VDS 灌注桩成套技术的研发

1. SDL 工法与设备的研发

2010—2013 年，郑州金泰利工程科技有限公司开始工法与产品的初期研究阶段，到 2016 年累计获得国家专利 11 项，形成专利技术体系。2017 年复合动力桩工钻机成功下线，当年即在河南省鹤壁、辉县、平顶山等地的多项工程中成功应用，取得优异的成果和良好的经济效益。

2. 螺旋挤土钻杆的研发

为解决钻孔的挤土效应问题，发明了变径变导程螺旋，通过变径变导程螺旋钻进改变钻渣运行轨迹，使钻渣从高压力区域向低压力区域，并运行挤扩到桩周。试用效果表明，螺旋挤土钻杆既消除了挤土应力效应，又解决了复杂地层的钻进难题，取得了良好的效果。

52.2.4　施工工艺

52.2.4.1　施工程序

复合动力钻机螺旋挤土成孔至设计标高→启动冲击模式，夯实孔底→从钻杆中心泵送混凝土→钻杆正转挤压混凝土加固桩周→边提钻杆边不间断泵送混凝土至设计桩顶位置以上一定高度→用振动方法插放钢筋笼→成桩。工艺流程如图 52-7 所示。

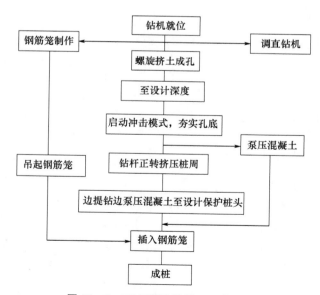

图 52-7　VDS 灌注桩施工工艺流程

52.2.4.2　施工准备

1）施工场地和复合动力桩工钻机应做以下检查：

① 对三点支撑自行式 VDS 灌注桩机进行试运转，通过人机界面检查每个机电系统的运转是否正常。

② 检查施工场地的平整情况，保证施工机械的安全移动。

③ 清除现场内妨碍施工的障碍物和地下隐蔽埋设物。施工前制订建筑物、地下管线安全保护技术措施，并绘出施工区域内外的建筑物、地下管线的分布示意图。

④ 做好施工用水、电、道路及临时措施。

⑤ 检查钻具，对磨损部分进行修补。

⑥ 注意启动冲击前升降系统的钢绳处于适度自由松弛状态（过度松绳会导致乱绳）。

⑦ 根据施工要求做好钻具的变径处理。

⑧ 调垂直钻杆，检查出浆口的阀门是否正常，关好阀门，预紧钢丝绳。

⑨ 检查机具的紧固性，不得在螺栓松动或缺失的状态下启动；保持钻机液压系统处于良好的润滑状态，检查各种卷扬机、起重机钢丝绳的磨损程度，并按规定及时更换。

2）检查混凝土中压泵装置与管路系统中压泵的泵送压力，应不低于 6MPa。

3）混凝土的制备应符合《混凝土泵送施工技术规程》（JGJ/T 10—2011）的规定：

① 粗骨料可选用卵石或碎石，最大粒径为 5～20mm，针片状颗粒含量不大于 10%。

② 混凝土的坍落度为 180～220mm。

4）钢筋笼的制作应符合《混凝土结构工程施工质量验收规范》（GB 50204—2015）的有关规定。

5）试钻。

① 为准确探明钻具进入持力层时动力头的工作电流，VDS 灌注桩施工前应进行试钻。试钻应按下文 52.2.4.3 小节进行，但不灌注混凝土和放置钢筋笼。

② 钻具提出地面后，根据钻具的螺牙段中带出的土和动力头的工作电流判断持力层的土层情况。

③ 试钻的地质条件应有代表性，试钻应选在地质勘探孔附近。

钻具工作电流参考值见表 52-2。

表 52-2　VDS 灌注桩桩机钻具（直径 400～600mm）在各种土层中动力头的工作电流（参考值）

土（岩）层的名称	土层的状态	工作电流参考值/A
填土	—	50～80
淤泥	—	50
淤泥质土	—	50～80
黏性土	$0.50 < I_L \leqslant 0.75$	80
黏性土	$0.25 < I_L \leqslant 0.5$	80～120
黏性土	$0 < I_L \leqslant 0.25$	120～140
黏性土	$I_L \leqslant 0$	140～180
红黏土	$0.7 < a_w \leqslant 1$	50～80
红黏土	$0.5 < a_w \leqslant 0.7$	80～160
粉土	$e > 0.9$	50～80
粉土	$0.75 \leqslant e \leqslant 0.9$	80～120
粉土	$e < 0.75$	120～140
粉细砂	稍密	80～100
粉细砂	中密	100～140

土（岩）层的名称	土层的状态	工作电流参考值/A
中砂	中密	100～140
	密实	140～160
粗砂	中密	140～160
	密实	160～180
砾砂	中密～密实	120～160
风化岩	120～160	

6）试桩应按下文52.2.4.3小节进行施工；单桩竖向静荷载试验应在工程桩设计前完成。

52.2.4.3 施工要点

1. 桩位偏差

1）测量定位、放线、复核工作由测量工程师负责，并定期检查测量仪器。

2）施工前对已放线定位的桩位重新复核一次，并请甲方和监理复核签字确认。

3）施工中及时校核桩位，采用仪器放线或用钢尺量测相邻桩位是否正确，如发现偏差，及时调整。

4）做好测量定位放线的原始资料收集整理，形成的定位、放线成果资料以书面形式报监理和甲方复核检查。

5）桩机就位时认真校核钻头的对位。

6）同步灌注钻杆内混凝土面的高度处于地表上下，使孔内灌注混凝土面高于钻头和部分螺旋，以达到叶片挤压混凝土的效果。

2. 桩身垂直度

1）钻机就位前进行场地平整、压实，防止出现钻机不均匀下沉导致下钻偏斜的情况。

2）钻机用塔架上的吊锤校核垂直，移动斜撑和支腿校核水平，确保垂直度满足设计和规范要求。

3. 下钻

1）钻头对准桩位点后启动钻机，钻杆转速为5～6r/min。当动力头工作电流小于140A时，桩机自动螺旋钻进，钻进到达设计深度或达到收钻电流时停钻，启动低挡位冲击夯实孔底后收钻。

2）当动力头工作电流大于140A（如进入密实性黏土层、密实性砂层、砂砾石层、卵石层、岩层等）时，钻机不能实现自动螺旋钻进，此时启动冲击＋旋切钻进模式。

3）启动冲击模式前必须先确定提升卷扬钢丝绳处于松弛状态，然后操作控制面板，由小到大选择合适的冲击功挡位，冲旋钻进时确保提升卷扬的钢丝绳保持适度松弛状态，以免冲击功影响提升装置，但也要注意钢丝绳过度松弛易乱绳的问题。

4. 提钻及灌注混凝土

1）钻到设计标高时停钻，夯实孔底后起钻，按"退桩"按钮，钻杆正向旋转，同时调整钻杆上提速度与压灌混凝土同步。

2）在提钻的同时钻杆正转，混凝土泵将制备好的细石混凝土或砂浆泵压入桩孔内，提钻高度达到500mm时确认钻门打开，停顿20s左右，使钻杆内混凝土面达到地面高度，再同步提钻，完成灌注成桩后停机。混凝土泵压应符合《混凝土泵送施工技术规程》（JGJ/T 10—2011）的有关规定。

3）泵送混凝土应符合下列规定：

① 混凝土泵应根据桩径选型，混凝土泵与钻机的距离不宜大于 60m。

② 提钻时保持钻杆正转，使螺旋侧立面挤压混凝土，与桩周镶嵌结合。提钻速度应与混凝土泵送量相匹配。

③ 桩身混凝土的压灌应连续进行，钻机移位时混凝土泵料斗内的混凝土应连续搅拌，斗内混凝土面应高于料斗底面以上不少于 400mm。

④ 气温高于 30℃ 或低于 0℃ 时宜在输送泵管上采取隔热、保温措施。

⑤ 充盈系数宜为 1.0～1.2，桩顶混凝土超灌高度不宜小于 0.3m。

⑥ 成桩后应及时清除钻杆及泵（软）管内残留的混凝土。

5. 下钢筋笼

将钢筋笼竖直吊起，垂直于孔口上方，然后扶稳压入孔内混凝土中，固定在设计高度。

52.2.4.4　施工特点

1）钻杆的专用螺旋部分齿与齿之间的叶片直径、导程的过渡变化结构可根据螺旋段钻压和桩周土体的侧限力调配钻渣，挤密、加固相对软弱的桩周地层，减小下钻时轴向反力对下钻的影响，减小下钻的阻力，减轻其工作负荷，提高钻杆的工作效率。

2）钻杆的圆柱部分（光管部分）与土体摩阻力小，因此下钻或上拔时钻杆的下钻力或上拔力可大幅降低。光管钻杆可以接长施工，便于施工长桩或超长桩。

3）采用液气压冲击与电动钻进组合技术，不仅省电、钻进速度快，而且可调配钻渣，挤密土体，消除孔内回缩应力，夯实孔底无虚土，无浮桩、缩颈现象发生，基本不出土，螺旋叶片侧立面碾轧混凝土与桩周地层镶嵌结合，桩身侧阻力更高。

4）全程挤土。钻具在动力系统的作用下施加大扭矩及竖向力，在这两者的共同作用下，借助钻具下部长约 5m 的专用螺旋挤扩钻头以低转速钻进，将桩孔中的土体调配挤入桩周，形成圆柱形桩孔。

5）螺旋挤土成孔灌注桩作为摩擦桩时，桩管入土深度应以标高控制为主，以进尺速度控制为辅；作为端承摩擦桩或摩擦端承桩时，桩管入土深度应以贯入度控制为主，以标高控制为辅。螺旋挤土成孔灌注桩是以动力头工作电流和进尺速度来判明是否钻到持力层和以贯入度控制桩长指标的（表 52 - 2）。

6）对于端承型桩，由于以贯入度控制，桩端进入持力层的位置大致一致，也使其承载力的一致有保障。

7）整个施工过程采用工业自动化计算机集成系统进行跟踪、调整、控制等，通过保证进给速度与冲击配合使得钻杆可以快速、协调地成桩，并形成结构良好、稳定的桩体。控制装置的操作界面人性化、简单、易懂、易操作。

8）复合动力螺旋挤土钻进成孔方式：钻、冲、螺旋挤土并夯实孔底成孔。

① 钻：旋转驱动专用螺旋挤土钻进。

② 冲：遇复杂地层和岩层钻进困难时可启动冲击破碎快速钻进，冲旋快速穿透岩石夹层、复杂地层，实现孔底入岩。该方法目前领先于国际同行业水平，夯实孔底无沉渣、无泥浆排放，解决了本章所述其他桩型孔底沉渣和泥浆排放所造成的诸多问题。

③ 挤：专用螺旋在螺旋长度范围内调配钻渣，挤入相对软弱的地层，这种调配钻渣消除挤土应力并加固桩周软弱层的挤土方式解决了传统挤土成孔灌注桩存在的一些问题，如消除了钻孔挤土效应，桩体不缩颈、不断桩，无上浮现象，解决了挤土桩因长期浮桩要引孔、复打、复压和因断桩、裂桩、离析、缩颈需要补桩的困扰。

④ 夯：动力冲击装置通过钻杆传递冲击功、夯实孔底，以消除沉渣对桩体沉降和承载力的影响。

9）承压和抗拔力优于普通灌注桩和预制管桩。

52.2.4.5　施工注意事项

1. 堵管

堵管是施工中常遇到的主要问题，它直接影响施工效率，使工人劳动强度增加，还会造成材料浪费。

混合料配合比、搅拌质量及泵送阻力是产生堵管的主要因素，为确保施工质量，提高施工效率，可采取如下方法避免堵管：

1）控制好混合料的和易性，采用合理的配合比。

2）控制好混合料的搅拌质量，施工时其坍落度宜控制在180～220mm。

3）施工时尽量减少90°弯管接头数量，减少水平泵送距离。尽量使水平泵送平缓，不能出现中间垂直落差。

2. 窜孔

在施工过程中会遇到钻进成孔时相邻桩发生下沉的现象，这种现象称为窜孔。其产生的原因是：桩距较小时土体受剪切扰动发生液化，土体在压力作用下发生移动，致使灌注混凝土面下沉而影响施工质量。可采取隔桩跳打方案和增大相邻桩之间的打桩时间差，使已打邻桩有一定强度，避免这种情况的发生。

3. 钻头阀门打不开

施工过程中会遇到钻孔到预定标高后泵送混合料时钻头阀门打不开、无法灌注成桩的问题，主要原因是：钻头有构造缺陷，被砂粒、小卵石等卡住而无法开启；在水侧压力作用下打不开（当桩端落在透水性好、水头高的砂土或卵石层中时）。可采取修复钻头缺陷和改进阀门的结构形式的办法来避免这种情况的发生。

4. 桩位偏移

桩基在施工过程中产生的弃土容易覆盖桩位，造成桩位偏差，桩机移动产生的碾压也易造成桩位偏差。为保证桩位偏移满足规范及设计要求，桩机施工过程中产生的弃土应及时清除，设备移动过程中应尽量减少对桩位点的碾压，避免对桩位偏差造成不良影响。桩基施工过程中用双控法对桩位进行控制，确保桩位偏差在设计图纸及规范允许的范围之内。

5. 桩身桩头混凝土强度不足

素混凝土桩作为一种复合地基处理方法，其工艺要求的泵送混凝土坍落度较大，尤其是在地下水位较浅时，若桩头浮浆较厚，对桩头混凝土强度会造成一定的不良影响，致使桩头混凝土强度不足。为此，在桩基施工过程中要根据空桩的长短留有足够的保护桩长，避免浮浆对桩头桩身质量造成不良影响，确保桩头桩身质量满足设计要求。

6. 桩身夹泥

桩基施工过程中产生的弃土、泥块落入桩孔内会造成桩身夹泥，尤其是在空桩较长的情况下更易造成桩身夹泥，因此桩基施工过程中应避免弃土、泥块落入桩孔内，并适当增加保护桩长，避免桩身夹泥质量通病的产生。

7. 桩身气泡

桩基在正常灌注施工过程中，如果排气阀堵塞，施工产生的空气不能从排气阀及时排出，空气会和混凝土一起进入桩孔内，使桩孔内产生气泡，从而产生桩身气泡，造成桩身疏松多孔、混凝土强度不足。为此，在桩基施工过程中要定期、定时检查排气阀是否畅通，确保桩身质量。

8. 桩身断裂

灌注成桩过程中，如果发生设备故障、停水、停电、停工待料等，将造成桩基灌注过程的停顿，会在灌注的交接部位造成断桩。为此，在桩基施工过程中应尽最大努力避免设备故障、停水、停电、停工待料等现象的发生，如果出现上述情况，该桩要重新施工，并一次灌注完毕。

9. 桩身外观形状不规则

桩基在施工过程中，在桩间距较小、场地地层软弱的情况下容易造成桩与桩之间的相互挤压干扰等不利影响，致使桩身形状不规则。为此，在桩基施工过程中，根据施工现场的具体情况必要时采取隔桩跳打或加大设计桩距的方法进行施工，以减少桩与桩之间相互挤压的不良影响，保证桩身质量。

52.2.5　工程实例——辉县天鹅堡工程

1. 工程概况

河南辉县天鹅堡项目 11～21 号楼，设计为地上 25 层＋1 层地下室，原设计采用 400mm 螺旋挤土灌注桩。由于地层起伏变化很大，且有卵石层（卵石含量达 65.5％），卵石层厚度为 1～8m，卵石层顶面和中下部为灰质胶结层，厚度为 1～5m。原设计 400mm 螺旋挤土桩复合地基，15 号楼仅完成一个钻孔（16m 深、钻进时间为 102min），13 号楼螺旋挤土钻进到 4.5m 即无法钻进。后选用复合动力钻进螺旋挤土钻进施工。

2. 复合动力螺旋挤土成孔 VDS 灌注桩

复合动力钻进螺旋挤土 VDS 灌注桩桩径 400mm，有效桩长 11m，单桩承载力特征值为 780kN，总桩数为 470 根。经验收，桩基合格，40％低应变检测无 Ⅲ 类桩。达到设计深度的最长成孔时间为 40min，较单一的旋切动力螺旋挤土工艺节约施工时间 50％以上。

3. 地层岩性

②层：粉质黏土（Q_4^{al+pl}），黄褐色，可塑，局部硬塑，包含黑色碳膜、锈染、姜石，局部夹卵石薄层，层底埋深 1～4.4m，层厚 0.5～3.6m，平均厚度为 1.56m。

③层：卵石（Q_4^{al+pl}），灰白色，中密，粒径大于 20mm 的卵石含量平均值是总量的 65.3％，成分以灰岩为主，磨圆度中等，泥质或砂质充填，局部钙质胶结，层底埋深 3.7～9.0m，层厚 1.9～7.1m，平均厚度为 4.87m。

③层亚层：粉质黏土（Q_4^{al+pl}），黄褐色，可塑，局部硬塑，包含黑色碳膜、锈染、姜石，层底埋深 4.3～6.5m，层厚 0.6～2.3m，平均厚度为 1.35m，分布不均，呈透镜体状存在于③层中。

④层：粉质黏土（Q_4^{al+pl}），黄褐浅棕红色，硬塑，局部可塑，包含黑色碳膜、锈染、姜石，局部夹卵石薄层，层底埋深 4.8～12.6m，层厚 1～7.7m，平均厚度为 3.4m。

⑤层：卵石（Q_4^{al+pl}），灰白色，中密，粒径大于 20mm 的卵石含量平均值是总量的 65.6％，成分以灰岩为主，磨圆度中等，泥质或砂质充填，局部钙质胶结，层底埋深 8.5～14.9m，层厚 0.9～6.4m，平均厚度为 8.71m。

⑥层：粉质黏土（Q_4^{al+pl}），浅棕红色，硬塑，局部可塑，包含黑色碳膜、锈染、姜石，局部夹卵

石薄层，层厚 4.6～9.7m，平均厚度为 6.74m。

⑦层：卵石（Q_4^{al+pl}），灰白色，中密，粒径大于 20mm 的卵石含量平均值是总量的 66.5%，成分以灰岩为主，磨圆度中等，泥质或砂质充填，局部钙质胶结，层厚 0.8～8m，平均厚度为 5.6m。

⑧层：卵石（Q_4^{al+pl}），棕红色，硬塑，局部坚硬，包含黑色碳膜、锈染、姜石，局部夹卵石薄层，层厚 7.8～14m，平均厚度为 11.1m。

本次勘察在卵石钙质胶结层中动力触探试验 $N_{63.5}$ 统计共有 6 次达到 56 击以上。

河南省鹤壁、平顶山许多项目均为卵石胶结岩复杂地层，采用复合动力螺旋挤土成孔技术施工顺利。

试桩的荷载-沉降（$Q-s$）曲线呈缓变形，且总沉降量均未超过 40mm，根据试验情况及资料分析，其单桩竖向承载力特征值能满足 780kN 的设计要求。

52.3 小　　结

52.3.1　复合动力桩机螺旋挤土成孔

1）复合动力桩机具有三种动力模式，即低速大扭矩钻进模式、冲击旋切钻进模式和冲击夯实模式。低速大扭矩钻进模式适用于一般地层，冲击旋切钻进模式适用于钻进施工难度较大的复杂地层和岩层，冲击夯实模式可消除孔底沉渣效应，保证孔底端承力。采用复合动力桩机，可根据被钻进地层的需要随机切换需要的动力模式，联合做功，可快速下钻，减少钻具磨损，延长其使用寿命，是解决钻进难题的理想工法及产品。

2）专用螺旋挤土成孔引孔技术采用三点支撑自行式复合动力螺旋挤土桩机钻进，钻具在动力系统的作用下施加大扭矩及竖向力，联合冲击钻进，使钻具下部特制的螺旋挤扩钻头，以 5～7r/min 低转速钻进，将桩孔中的土体调配挤入桩周，形成圆柱形桩孔，挤土效果良好。

3）桩架的高度可通过改变立柱和斜撑的节数来调节，调节高度为 30m、36m 等。更换动力头输出连接也可以替代筒式柴油锤，可制各种型号的钢板桩或混凝土预制桩。

4）动力系统由液气压冲击部、电动机、行星减速机和平行轴减速机模块等组成，由双 75kW 抗振电动机驱动旋转，扭矩达 260kN·m，恒扭，穿透能力强。成孔过程中通过动力头工作电流、下钻速度的工作情况决定是否启动冲旋钻进，钻至设计持力层深度停钻，冲击夯实孔底后提钻。

5）专用螺旋钻杆结构可根据钻孔内的压力调配钻渣，挤压到桩周相对软弱层，可减小下钻的阻力，减轻其工作负荷，提高传动效率及钻杆的工作效率。

6）VDS 灌注桩体适用于多种土层，具有摩擦桩与端承桩的双重特点，尤其适用于复杂的地质情况，可深入地下 20m 以上，能够为建筑物提供可靠且有力的支撑。

7）复合动力螺旋挤土成孔引孔技术具有以下特点：施工速度快，地层适应性强，工艺简单，引孔效果好，设备简便，环保、节能。采用挤土成孔，无泥浆污染，无振动，噪声小，可实现 24h 不间断作业，造价相对低，是采用常规引孔技术造价的 30%～40%。

52.3.2　VDS 灌注桩

1）采用复合动力专用螺旋挤土的 VDS 灌注桩，施工钻进穿透能力强，施工速度快，适用于软土、粉土、黏性土、砂性土、砾石层、碎石和建筑垃圾堆填层、胶结强度不超过 60MPa 的岩层，适用桩径 400～600mm，也可用于复合地基，且不受地下水位的影响。其边桩施工距离一般为 1.3m，角桩施工距离一般为 1.8m。

2）复合动力螺旋挤土成孔钻机施工工艺流程：钻孔至设计深度→从钻杆中心泵送混凝土→边提钻杆边不间断泵送混凝土至桩顶设计位置以上一定高度→用振动方法插放钢筋笼→成桩。

3）钻杆螺旋部分的叶片为特殊的齿状结构，各个单齿连接组合形成齿状螺旋，单齿结构直径、厚度从下向上逐渐增大，可调配、挤密钻渣，降低下钻时轴向反力对下钻的影响，减小下钻的阻力，减轻其工作负荷，提高钻进工作效率。

4）复合动力具备孔底夯实功能，孔底无虚土，桩端承载力有保证；基本不出土，专用螺旋调配钻渣，螺旋齿的侧立面挤土，可使不密实的土被挤密实，较密实的土被少量挤出，防止缩颈现象的发生。

5）压灌混凝土钻具在动力系统的作用下螺旋碾轧混凝土，镶嵌加固桩周地层，改变了传统桩柱体与受力地层的结合关系，可增大桩周受力面积，大幅提高桩体侧阻力。

6）复合动力钻进以旋切钻进为主、冲击钻进为辅，优于传统单一形式的旋切钻机和冲击钻机，施工效率高，穿透能力强，具有广阔的应用前景。

参 考 文 献

［1］沈保汉．技术创新是中国桩基发展的唯一出路［J］.施工技术，2011（7）：17－19.

［2］沈保汉．桩基与深基坑支护技术进展［M］.北京：知识产权出版社，2006.

［3］邵金安．液压振动冲击器及其构成的桩工动力头：201110286191.9［P］.2012－03－28.

［4］邵金安．冲击旋切钻头及使用该钻头的入岩钻机：201210518973.5［P］.2013－02－27.

［5］邵金安．SDL 桩工掘进方法及专用于实施该方法的桩工钻机：201310238659.6［P］.2013－09－04.

［6］邵金安．螺旋钻杆、钻机及由螺旋钻杆成型的桩孔和 VDS 灌注桩：201611145464.7［P］.2018－12－07.

第53章　混凝土扩盘桩的半面桩试验研究方法

钱永梅

53.1　概　　述

53.1.1　混凝土扩盘桩的概念及特点

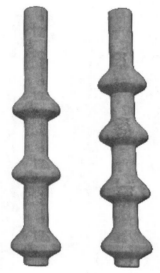

图53-1　混凝土扩盘桩

混凝土扩盘桩是近年来逐步应用于工程中的一种新型变截面灌注桩，于20世纪末开始应用。它是在普通直孔灌注桩的基础上，在桩身的适当位置通过挤扩、旋扩或钻扩设备形成扩大盘的新型桩，钻扩工艺成桩的桩模型如图53-1所示。

混凝土扩盘桩主要由主桩和承力扩大盘两个部分组成，影响其承载力的因素主要有主桩径的大小、承力盘悬挑径的大小、承力盘的坡角、承力盘的数量、承力盘间距、承力盘的截面形式等。由于桩身构造的变化，该桩型的受力状态也会发生较大的变化。

作为一种新型桩，混凝土扩盘桩具有以下特点：

1）承载力高。由于加设了扩大盘，大大提高了承载能力。静载试验表明，与普通直孔桩相比，混凝土扩盘桩的竖向承载力可以提高1～2倍。

2）设计灵活。混凝土扩盘桩可以根据持力层的位置增设扩大盘，有效利用地基的承载力。

3）经济效益好。在荷载一定的情况下，混凝土扩盘桩比直孔桩可节省钢筋30％，缩短工期30％左右，总体节省成本可达20％。

4）沉降量小且均匀。因为性状相同的土层可能不在同一个深度上，而混凝土扩盘桩可以将扩大盘设置在性状相同的土层上，保证桩具有相同的沉降量。

混凝土扩盘桩根据成盘工艺的不同主要分为挤扩多盘桩、旋扩多盘桩和钻扩多盘桩。

53.1.2　传统试验方法的特点及缺陷

传统的桩基础试验研究方法主要包括现场静载试验（图53-2）和实验室模型试验（图53-3），采

图53-2　现场静载试验

图53-3　实验室模型试验

用的桩均是和实际桩截面形式相同的全截面桩，包括圆桩、方桩或其他横截面形式的桩。混凝土扩盘桩试验研究的初期即采用这些传统的试验方法进行研究。

1. 现场试验的特点

对于单桩承载力研究，主要采用一些传统的现场对比性试验，对相同地质条件场地、相同桩径及扩大盘数量的混凝土扩盘桩和等截面灌注桩进行静荷载试验，研究单桩极限承载力及荷载-位移曲线等数据，从而证明混凝土扩盘桩各方面的性能优于传统的等截面灌注桩。关于荷载传递规律方面的试验研究，主要是结合实际施工现场的静载试验，在桩身固定部位埋设钢筋应力计，收集相应的数据，进而研究混凝土扩盘桩的荷载传递机理。

目前混凝土扩盘桩的现场试验研究还仅限于通过静载试验施加荷载，记录桩端力-位移曲线，通过埋置的压力盒和应变片测得的数据来推测桩下土体的破坏状态和荷载传递规律。对工程桩进行试验时，不允许加载至破坏，因此很难得到极限荷载值，只能通过模拟、推算等方法进行估测；而对试验桩进行试验时，可能由于对其极限承载力估计不足，试验时常常达到最大加载值而未破坏，无法确定单桩的极限承载力。

2. 模型试验的特点

为了降低试验成本，有些研究主要采用室内模型试验，通常在模型桩顶放置百分表，在桩身布置应变片，在扩大盘附近放置压力盒，从而得出荷载-位移曲线，分析混凝土扩盘桩的一些特性。

这些传统的试验方法只能测量试验数据，如桩顶竖向力和位移、桩周土体的压力等，不能观察周围土体在整个试验加载过程中的整体变化形态，而且由于小比例试验模型采用埋土方法，对黏性土的物理参数有较大的影响，土体的情况与实际场地的土体也存在差异，导致试验所得的数据有所偏差。

传统的实验室模型试验在很多方面都有其独特的优势，如设计灵活、操作简便、节约成本等，但是小比例模型试验在试验材料、模型比例、土体真实情况等方面与实际情况不可避免地存在差异，使得试验所得数据存在一定偏差，从而影响最终的分析结果。

3. 传统试验方法的缺陷

无论是现场试验还是模型试验，这些传统试验方法均存在以下主要问题：由于桩试件都是埋置在土中的，试验中只能测试数据，通过测试数据推测桩周土体的破坏状态，无法看到桩周土体的真实破坏状态。由于直孔桩截面简单，这一缺陷不是主要问题，而对于沿桩长桩身直径发生变化的混凝土扩盘桩等变截面桩而言，由于桩身构造复杂，桩周土体破坏状态复杂，因此传统试验方法不能满足试验研究的需求，会导致试验结果不准确或产生认识误区。

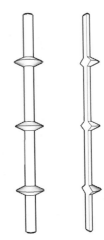

图 53-4　全截面桩和半面桩

53.1.3　半面桩试验方法的特点

针对传统试验方法的缺陷，在室内小模型试验及建立 ANSYS 仿真分析模型的启发下，提出了半面桩模型，并设计了相应的承土（或取土）设备，进而发展了半面桩的试验方法，主要包括半面桩小模型埋土试验方法、半面桩现场大比例试验方法、半面桩小模型原状土试验方法三种适用于不同情况的新型试验方法。这些方法的主要特点是：

1）桩模型采用半截面，即将圆形桩沿桩长从对称轴剖开，使圆形桩有一个平面（图 53-4）。

2）试验室模型试验的承土（或取土）设备是可拆装的，有一个面可用玻璃安装（图 53-5），或现场试验桩纵向平面直接裸露（图 53-6），使得桩和土结合后的表面可以直接看到,实现了全程观察和记录从加载到破坏的整个过程。

图 53-5　试验室小模型试验试件

图 53-6　现场大比例试验试件

图 53-7　加载支架及平台的模拟图和实物

由于混凝土扩盘桩的模型试验需要在特定的加载平台上进行,根据承土器(或取土器)的大小及小吨位拉拔仪对半截面模型桩的加载方式,同时为了便于观测位移传感器,专门设计了加载支架及平台,如图 53-7 所示。在刚性平台上通过螺栓将两段工字钢锚固,形成立柱,组成支架,并在两工字钢之间设置反力梁,用于固定位移传感器和拉拔仪,平台中部有条形长孔,并有相应的配套设施,可以做相关的模型桩试验,也为后续研究打下良好的基础。

混凝土扩盘桩的半面桩现场大比例试验方法(已获国家发明专利授权)涉及现场的开挖,并通过试验场地设计、半截面桩设计、加载和反力装置设计等使该试验具有可行性。试验方案如图 53-8 所示。

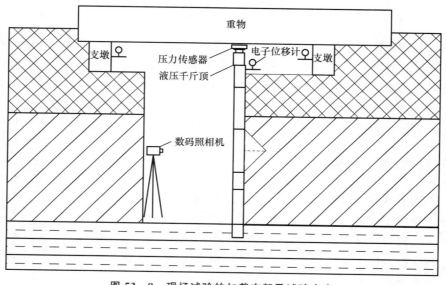

图 53-8　现场试验的加载支架及试验方案

上述全新的半面桩试验方法适用于各种复杂截面桩的试验研究,能够推动新型桩基础研究的进一步发展。

53.2 半面桩小模型埋土试验方法

早期的混凝土扩盘桩的模型试验都采用埋土方法，但是在试验过程中，由于是小模型试验，桩试件比较小，为了桩土的良好结合，会将现场取回的土研磨后埋置，破坏了土体的性状，影响试验效果。随着试验方法的改进，黏土的模型试验已经基本采用原状土模型试验方法。由于细砂土自身的特性，埋土试验方法对细砂土受力状态影响较小，所以目前半面桩小模型埋土试验方法基本用于细砂土试验。

53.2.1 试验方案

本试验主要采用小模型试验桩和细砂土制作桩土试件模型，专门制作可拆装承土器，按试验要求制备砂土，通过分层埋置法将砂土埋置于承土器中，并按要求埋置试验桩，在埋桩一侧安装玻璃，形成桩土试件，将试件放置在专门制作的加载台架（已获国家发明专利授权）上进行加载试验，如图 53-9 和图 53-10 所示。

图 53-9　抗压试验装置　　　　　　图 53-10　抗拔试验装置

该试验主要包括试验用砂的准备、试件的制作、试验设备及附件安装、试件就位、试验加载及数据记录等几个部分。

土的工程分类是岩土工程勘测和设计的前提，其分类要遵循同类土的工程性质最大程度相似和异类土的工程性质显著差异的原则。根据《建筑地基基础设计规范》（GB 50007—2011）关于地基土分类的原则，将地基土分为岩石、碎石土、砂土、粉土、黏性土和人工填土等。

含水率和密实度作为土体的重要参数，关系到土体的黏聚力、内摩擦角、膨胀角和密度等重要物理力学指标的变化，因此试验应主要控制含水率和密实度，固定一项值，以另一项值的递进变化为参数进行试验设计。

例如，在密实度固定、含水率递变的基础上进行埋土试验研究，试验中含水率是唯一变量，因此在确保密实度等其他因素基本相同的情况下确保含水率均匀递变是试验的一个难点。本试验中，试验前期测出承土器的质量，进而通过控制每个承土器所填细砂的质量相同来达到密实度基本相同的条件，再根据公式 $w = \dfrac{m_{水}}{m_{砂}} \times 100\%$ 控制用水量，从而使砂的含水率形成递变。首先，试验开始时称取至少能够填满一个承土器的一定质量的砂，并记录质量；然后，根据欲配砂含水率，利用公式 $w = \dfrac{m_{水}}{m_{砂}} \times 100\%$ 计算出需加水的质量；最后，利用固定容器称取计算所需的用水量，加水拌合均匀即可。加水过程中要做到少量多次，避免单次加水量过多，导致含水率失控，如图 53-11 所示。

图 53 - 11　称量所需水的质量并加水拌合

53.2.2　桩和承土器的设计与制作

1. 试验模型桩设计

在研究混凝土扩盘桩竖向承载能力及桩周围土体的破坏形态的过程中，在桩的施工质量可以保证的

图 53 - 12　混凝土扩盘桩实桩模型

情况下，要考虑桩不会先于土体发生破坏，因此试验研究中假设混凝土扩盘桩刚度较大。为保证桩在试验中不出现破坏，模型桩材料选用圆钢，并在专门的工厂进行精密加工，以保证与设计图纸相符。主桩和桩盘的参数，如桩径、桩长、扩大盘的盘径、坡角、形式、数量、间距等，可以根据试验研究的目的进行设计。需要注意的是，如果是抗拔试验，在桩头处需要留出一定距离进行打孔，以便连接拉拔连接件。图 53 - 12 所示为在砂土不同含水率情况下，抗拔桩桩周土体破坏状态时的桩模型。如果是抗压试验，在试验需求的桩长之外，还要适当增加 20～30mm 的模型桩桩长，保证施加荷载后桩有足够的向下位移。

2. 试验承土器设计

试验前最好利用 ANSYS 有限元软件大致确定混凝土扩盘桩周围土体在竖向拉力作用下的影响范围，根据影响范围设计试验所用的适合的承土器尺寸。因为如果尺寸过大，试验用砂量增加，试验工作量增加；尺寸过小，承土器会对土体的破坏状态产生影响，导致试验结果不准确。

承土器设计模型及拼装完成的实物如图 53 - 13 所示。本试验中的承土器主要由凹形钢板和平钢板两部分拼装组成，考虑到模型桩试验的可观测性，承土器的正面需要固定观测玻璃，因此需要制作 2 个凹形钢板，3 个平钢板，钢板一般厚 3mm（实际厚度要根据承土器的尺寸确定，保证在装砂压实的过程中承土器不会变形）。为了方便试验加载，顶面的平钢板长边中心处需要留设 20mm 的半圆孔（圆孔直径要比试验桩的直径稍大一些，保证埋桩后桩头可以露出承土器顶面一定高度，如图 53 - 14 所示），各个钢板通过螺栓连接。

53.2.3　试件制作

1. 埋土

待试验所用细砂拌合均匀后，将承土器需安装玻璃观测面的一面朝上放置，分层埋土。埋土过程中需少量分层，均匀埋土，并且分层击实，确保每层埋土的均匀性、密实性大致相同。另外，要控制埋土时间，尽可能缩短埋土时间，避免拌合后的细砂暴露时间过长而导致水分流失，增大理论含水率和实际含水率的误差，影响试验结果。

图 53 - 13　承土器设计模型和实物

图 53 - 14　埋桩后的实物

2. 埋桩

在承土器埋土工作完成后，平整表面，清理表面浮土，并用水平尺进行超平（图 53 - 15）。为了方便试验加载，在取土器上进行桩模型的定位，桩顶部位需凸出土层表面至少 20mm。在承土器的中心部位确定埋桩的位置，确保桩顶凸出部分在承土器钢板表面预留半圆孔处居中，并用壁纸刀在修整过的土体表面将桩模型的轮廓线描绘出来（图 53 - 16）；在不扰动其他部位细砂的情况下，运用相应的工具按所描绘的桩模型轮廓线进行削土成形，基本形成桩形的凹槽（图 53 - 17、图 53 - 18）；最后将试验桩放置在凹槽中，用钢板轻轻压入，完成埋桩过程，并标注试验桩编号（图 53 - 19）。在此过程中，为了方便安装观测玻璃并避免半截面桩受力过程中观测玻璃受扭而破

图 53 - 15　表面测平整度

碎，需再次用水平尺确保钢桩埋置平面、土层表面和承土器边缘钢板处于同一水平面上，避免凹凸不平。

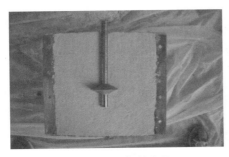

图 53 - 16　钢桩定位

图 53 - 17　按定位切土

图 53 - 18　形成凹槽

图 53 - 19　压入桩，成形

3. 平面网格标记

为了在桩顶施加荷载过程中使变化明显，更加直观地观察到桩底和盘周围砂土随着荷载的增加逐渐变化的过程，本试验采用在砂土表面进行网格标记的方式，利用水彩笔在砂土上进行网格标记。首先将米尺放在承土器的边缘上，在扩盘桩的扩大盘以下（抗压试验）或以上（抗拔试验）部分用水彩笔每隔10mm画水平线标记，然后用直尺以承土器边缘上标记的点为控制点在砂平面上画水平线，如图 53-20 所示。

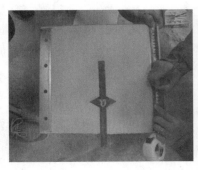

图 53-20　平面网格标记

4. 安装玻璃

为了能够清晰地观察试验过程中桩周土体的破坏状态，安装玻璃前应将玻璃擦拭干净，表面不得有污垢和水印等。分别在承土器上面和下面安装两个玻璃固定装置，将观测玻璃和承土器固定在一起。为了避免玻璃固定处的应力集中导致观测玻璃在试验加载阶段出现破裂，需要在玻璃固定装置与玻璃接触面处垫上小块较薄的泡沫板，并且玻璃固定装置上面的螺栓不能拧得太紧，起到固定作用即可。

需要重点强调的是，由于细砂容易失水，必须控制从开始加水拌合细砂到最后试件完成的操作时间，否则会导致水分流失过多，影响试验结果的准确性。

53.2.4　试验加载设备及附件

53.2.4.1　试验加载主要设备

针对试验研究内容，专门设计了适用于半面桩小模型试验的抗压、抗拔多用加载台架（已获得国家发明专利授权），如图 53-21 和图 53-22 所示。

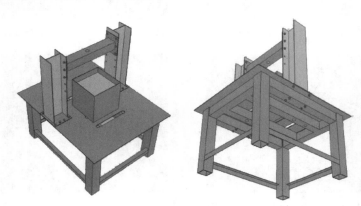

图 53-21　试验加载台架示意图

图 53 - 22　加载台架实物

该加载台架主要由三部分组成，分别为加载平台、工字钢立柱和反力横梁。加载平台主要由四根空心钢柱和加载平面组成，四根空心柱通过四个连接梁连接成一个整体，从而增强了整个加载系统的整体稳定性。为了提高试验加载过程中试件的稳定性，在加载平面上凿开三个细长孔，方便固定立杆穿过固定横梁和加载平台，并进行固定。工字钢立柱主要是将反力横梁和加载平台连接在一起，并将反力横梁的荷载传递到加载平台。另外，在工字钢柱翼缘部位设置三组间距均匀的螺栓孔。为了便于根据试验要求调整反力横梁的位置，反力横梁需在中心部位凿开圆状孔。该加载平台不仅可以进行混凝土扩盘桩抗压、抗拔试验研究，而且可以进行水平荷载的加载试验。当需进行抗拉试验研究时，可将加载拉拔仪放置在反力横梁中心圆孔上部，通过连接件将钢桩端部与拉拔仪连接，达到加载的目的；当进行抗压试验研究时，需将加载拉拔仪放置在反力横梁下部，与反力横梁和加载平台形成反力加载系统。为了方便水平荷载的试验研究，在工字钢柱内侧还设置了定滑轮，并在定滑轮正上方反力横梁处凿开一个较小的圆孔，从而能够利用反力横梁进行水平荷载试验加载。由于本试验的取土器高度一般小于 350mm，所以加载台的大小应该能够完全容纳取土器。综合所有条件设计的加载台在刚性平台左右两侧安装 800mm 高的钢柱，并在 600mm 高处安装可上下移动的横梁，以便可以随时调整高度，在横梁中间打穿一个圆孔来安装试验所需的辅助设备。

53.2.4.2　试验加载辅助设备及附件

本试验中除上文介绍的试验加载台架外还需要其他的一些附属设备，如手动液压拉拔仪、位移传感器、抗压桩加载板、抗拔桩连接件、固定锚杆、固定横梁、观测玻璃及玻璃固定装置等。

1. 通用设备及附件

1）手动液压拉拔仪（图 53 - 23），是本试验必备设备之一。本试验必须采用超小功率（如专门工厂定制的 20kN）的液压拉拔仪，这样既能满足小模型试验荷载的要求，也能够保证试验读数的精确性。该液压拉拔仪主要由 SYB 型手动油泵、液压增压器、数字显示表和高压胶管等部分构成。SYB 手动油泵是将手动的机械能转换为液体的压力能的一种小型的液压泵站，主要特点是动力为手动、高压、超小型、携带方便、操作简单、应用范围广等，试验时通过缓慢地移动手动泵来控制加载的速度与施加荷载的大小，并通过数字压力表观测荷载数值。液压增压器为单作用式增压器，由大柱塞推动小柱塞，小柱塞输出超高压油，可循环连续增压。该增压器用于某些短时间或局部需要高压液体的液压系统中，常与较低压力的泵配合使用，以获得高压液体。数字显示表显示所施加的压力，单位为 kN，结果可精确至小数点后三位，在一定程度上提高了试验数据的精确性，可以很好地满足本次试验所需要的精度。高压胶管是连接油泵和油缸、输送压力油液的部件，在不使用时胶管与油缸脱开，胶管头部用橡胶帽堵上，油缸接头处用接头堵上，以防止污物进入油管和油缸。

2）位移传感器（图 53 - 24），主要用于在试验过程中记录半截面桩在加载的整个周期内的位移变化。可通过试验之前的 ANSYS 有限元模拟确定位移传感器的规格。一般可采用型号为 YHD - 50 的位移传感器，其精度为 1mm，量程为 100mm，量程基本可以满足试验要求。

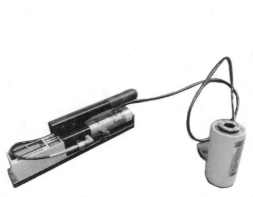

图 53 - 23　手动液压拉拔仪

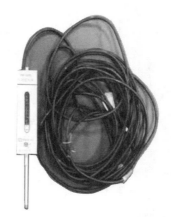

图 53 - 24　位移传感器

3）观测玻璃和固定卡夹。考虑到承土器采用的是 3mm 厚的钢板，观测玻璃的尺寸同埋桩一侧的钢板相同，为防止试验加载过程中玻璃受力而破裂，采用至少 10mm 厚的钢化玻璃（图 53 - 25）。与观测玻璃配套使用的是玻璃固定卡夹（图 53 - 26），试验中将玻璃面板安装在拆下钢板的一侧，从而能够在试验过程中全程观测桩周土体的变化。通过玻璃固定卡夹将观测玻璃固定在承土器上（图 53 - 27），使玻璃面板在试验中不发生移动，便于全过程观察桩周土体的破坏状态，这也是本试验的关键。

图 53 - 25　观测玻璃

图 53 - 26　玻璃固定卡夹

图 53 - 27　安装完成试件

4）摄像机和照相机。为了记录整个试验过程中桩周土体的变化情况，需要高精度的摄像机和照相机记录试验过程。

2. 抗拔试验专用附件

图 53 - 28　固定锚杆

1）固定锚杆（图 53 - 28）。在竖向拉力作用下的试验研究中，承土器在竖向拉力作用下有可能发生移动，导致试验结果出现误差，因此本试验设备设计了固定锚杆。固定锚杆主要由大直径的螺杆、螺栓和垫片组成，在大直径螺杆两端各有一个配套螺栓，垫片主要用于提高稳定性。四根固定螺杆分别固定在两根压梁的前后位置，使其能够和加载台紧密地连接在一起，从而保证承土器在试验过程中不发生向上的位移，避免影响试验结果。

2）固定横梁（图 53 - 29、图 53 - 30）。其与固定锚杆配合使用，避免承土器随着竖向拉力的作用而向上移动,影响试验的效果。试验中,将压梁固定在承土器上面,固定承土器的位置。固定横梁是由空心的方钢制成的,这样既能保证固定横梁的抗弯刚度,也能节省材料,减轻构件自重,方便操作。在方钢上凿开三个圆孔,与试验加载平台上的三个细长孔相对应。要求该圆孔直径不能小于固定锚杆的直径,同时不能大于螺栓的直径。试验时,可将固定横梁架在承土器边缘部位,将固定锚杆从上面穿过固定横梁的圆孔和加载平台的圆孔,再拧紧两端的螺栓,这样整个承土器就被牢牢地固定在加载平台上,满足试验要求。

3) 拉杆连接件 (图 53-31)。用于连接桩头和液压拉拔仪,是本试验中重要的部件。为了让液压拉拔仪提供竖直向上的拉力,本试验根据模型桩的尺寸设计连接件。在连接件的下端中间部位设置宽为 $(d+1)$ mm 的槽 (d 为模型桩桩径),并在距端部 10mm 处开孔。为了能够夹住钢桩端部并进行固定,在连接件长杆的上部设置多个 6mm 的小孔,便于穿过液压拉拔仪后用销钉穿过,调整高度后固定。通过拉杆连接件,能够保证液压拉拔仪和模型桩在同一垂直线上,液压拉拔仪提供竖直向上的力,由连接件将竖直向上的力传递给模型桩,达到施加竖向垂直拉力的目的。

图 53-29　固定锚杆及固定横梁

图 53-30　固定横梁

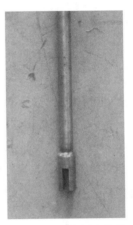
图 53-31　拉杆连接件

4) 其他附件。另外还需要销钉、带孔垫板 (图 53-32)、扳手、壁纸刀等。销钉用来连接桩头与拉杆连接件。带孔垫板放置于液压拉拔仪上面,承载位移传感器。扳手用来拆卸、安装取土器上的螺栓。

3. 抗压试验专用附件

1) 平衡垫块 (图 53-33)。由于试验桩尺寸非常小 (10~20mm),半截面桩桩顶与拉拔仪底部尺寸差别较大,为了便于在桩顶平稳安放拉拔仪,使桩顶与拉拔仪底部中心尽量重合,在桩顶设计了带凹槽的平衡垫块。将拉拔仪放置于平衡垫块与横梁之间 (图 53-34),拉拔仪上部与横梁之间有空隙,可稍微加载拉拔仪,使之闭合。

图 53-32　带孔垫板

图 53-33　平衡垫块

图 53-34　拉拔仪的安装

2）圆形薄钢板（图 53-35）。拉拔仪底部与平衡垫板之间加圆形薄钢板，目的是增大面积，便于安装位移传感器。钢板要尽量薄，以便减少桩顶加载前的额外荷载。

3）电子秤。由于在竖向抗压试验中平衡垫块、圆形薄钢板和拉拔仪都是试验加载之前施加在桩顶的额外荷载，当拉拔仪的数据显示屏显示为零时，桩顶已经存在较小的荷载，因此在试验结束后要对附件及拉拔仪进行称重（图 53-36），并在数据整理时调整此重量。

图 53-35　圆形薄钢板

(a) 平衡垫块称重

(b) 薄钢板称重

(c) 拉拔仪称重

图 53-36　附件及拉拔仪的称重

53.2.5　试验过程

主要的试验操作过程包括承土器就位、加载试件及测试设备的固定、试件加载及数据记录、图像记录等。

53.2.5.1　承土器就位

将准备好的承土器搬运到试验加载台架上。为了做到轻拿轻放，避免承土器与外界物体发生碰撞，可以预先在承土器下垫上钢板后搬运。将承土器搬运到加载台上之后，底部钢板下四角可以增加垫块，根据承土器的高度，调整垫块数量，保证承土器和反力横梁之间的合理预留高度（略大于拉拔仪＋平衡垫块＋圆形薄钢板的总高度），使其有利于试验的加载。除此之外，还需根据试验加载的要求微调承土器的水平位置。例如对于抗拔桩，可以先用肉眼观察承土器钢桩桩顶与反力横梁中心圆孔位置对中，然后将试验连接件从反力横梁中心圆孔的正上方穿入，进行承土器位置的校准，确保承土器内埋好的试验桩位于反力横梁圆孔的中心位置，如图 53-37 所示。

图 53-37　承土器就位

有时为了避免在承土器就位过程中造成玻璃的移动甚至受扭破坏，可以在试验桩埋置完成、网格线画好后，垫上薄膜，先安装上钢板，再进行承土器的就位操作。当承土器具体位置确定之后，卸下正面的钢板，再安装观测玻璃。卸下钢板后应立即安装观测玻璃，避免间隔时间过长砂土表面水分蒸发，影响含水率。

53.2.5.2　加载试件及测试设备的固定

1. 抗拔试验

当承土器完全就位后即可进行试件的固定工作。首先，将固定横梁架在承土器边缘，同时将固定锚杆自上而下穿过固定横梁和加载平台的圆孔。然后，拧紧锚杆两端的螺栓，进行固定，如图 53-38 所示。在固定的整个过程中应轻拿轻放，避免振动过大影响待加载试件的具体位置和砂土的性能。最后，在反力横梁中心圆孔上方放置拉拔仪，将拉杆从反力梁的圆孔中穿过，并穿过反力梁上的液压拉拔仪，在桩头与拉拔仪两侧用销钉固定，使其呈垂直状态，这样在试验中才能保证竖向拉力作用垂直施加在桩头上。

在拉拔仪下面垫两块中心带圆孔的钢板，以调整拉拔仪的高度，在拉拔仪上端放置一块中心带圆孔的钢板，用于放置位移传感器，将试验连接件自上而下依次穿过钢板、拉拔仪和反力横梁，用销钉连接钢桩端部，并固定拉拔仪上部连接件，便于加载试验。在此过程中一定要确保连接件和钢桩在同一垂直平面内，否则会在很大程度上影响试验结果。待拉拔仪安装完成以后，进行位移传感器的安装，保证位移传感器垂直放在垫片上，使指针不受外物的影响，能够自由运动，并且位移传感器刻度盘正对前方，从而确保试验读数的准确性，如图 53-39 所示。

图 53-38　试件固定　　　　　　　　　图 53-39　抗拔试验加载试件安装

由于承土器有顶板，有时为了避免在抗拔加载过程中顶板对细砂的约束作用，试验加载前要将顶板拆下，并用承土器卡夹将承土器侧板固定。

2. 抗压试验

承土器就位后，调整好平衡垫块、圆形薄钢板的相对位置，轻轻放置在试验桩桩顶，并将拉拔仪对正中心位置放置，轻轻加力，至拉拔仪上部刚刚接触到反力横梁，然后安装位移传感器。

检查试验装置安装是否正确，测量仪器（位移传感器、数字压力表）运行是否正常，液压拉拔仪、位移传感器是否垂直，玻璃固定卡夹是否牢固，确认一切正常后，将数字液压表初始值归零，记录位移传感器初始值，开始准备加载，如图 53-40 所示。

53.2.5.3　试件加载及数据记录

在加载过程中，应由专职人员负责液压拉拔仪手动加载、位移传感器读数、记录相关试验数据、观察试验现象及拍照、录像等工作。采集的试验数据有模型桩顶位移、模型桩受到的竖向力、模型桩桩周土体破坏的照片及土体性状的测定等。

图 53-40　试验系统

由于本试验采用的是半截面桩小模型试验方法，半截面桩的极限承载力较小，而试验所采用的小吨位液压拉拔仪相对于半截面桩量程较大，手动液压拉拔仪控制荷载比较困难，不能有效控制施加荷载时均匀递变。本试验可以通过控制位移增量、记录荷载增量的方法进行试验加载。

在试验加载过程中采用人工加载方式，缓慢移动液压拉拔仪，确保控制液压拉拔仪手动加载的幅度，进而控制位移传感器位移增加的幅度。位移传感器每增加一个位移量即 1mm 时，记录位移读数及对应的液压拉拔仪读数。当位移传感器增加两个位移量即 2mm 时，除记录位移和荷载读数外还需要用数码相机拍摄半截面桩桩周土体的破坏状态，在此过程中要重点观察半截面桩扩大盘上（或盘下）部分土体裂缝出现的先后顺序，并分析裂缝出现的原因等。试验全过程可以用摄像机录像。在整个试验的加载过程中，应该时刻观察半截面桩桩周土体的破坏状态，记录相关数据，加载结束后在玻璃面板上描绘土体破坏情况。根据试验数据形成荷载-位移曲线，对比不同模型的荷载-位移曲线，详细分析其变化趋势，进而得出相应的结论。

根据相关规定，当出现以下情况时，可以终止加载，结束试验：

1）当荷载增加而桩顶位移不变，或者桩顶位移变化而荷载值不变，即认为半截面桩模型桩周土体已经达到极限状态，土体破坏，应停止加载。

2）根据已有的试验数据，当采用小比例模型桩进行室内试验时，桩极限荷载下的位移一般不超过20mm，所以当超出拉拔仪的最大伸长量达40mm时即认为已经达到极限荷载。

3）不适于继续加载的其他情况使得试验无法继续进行时。

53.2.5.4 试验后取样

每一组试验完成后立即进行现场取样，取样时用环刀，如图53-41所示。取得的土样送到土工实验室测定试验所用砂土的含水率和黏聚力、内摩擦角和膨胀角等参数，用于ANSYS有限元模拟和承载力计算。为了提高土样数据的精确性，根据试验检测的要求，每个试验模型取样个数不得少于4个，并且考虑到不同试验的研究目的，应该就半截面桩扩大盘周围的砂土进行取样；取完土样之后，应用不透气塑料保鲜膜包好土样，防止所取土样水分流失，导致试验参数产生误差。

图 53-41　试件取样

53.2.5.5 试验中的注意事项

由于试验中的操作多数是人工完成的，为了保证试验成功完成和试验结果的有效性，试验过程中应注意以下问题：

1）进行试验配比时，要事先设计砂土的重量和掺水量；埋置时要分层压实；试验后要进行土样的物理性能指标试验；试件埋入时，土样表面要平整，玻璃要尽量与土样表面充分接触；加载时要保证中心受力，且保证垂直度。

2）桩顶位移是用位移传感器测量的，采用人工读数，为了避免不同身高、不同视角产生的视觉误差，所有读数均由同一人完成。

3）模型桩受到的拉拔仪施加的竖向力可由拉拔仪的压力显示器直接读出，施加荷载也采用专人专控，避免人工误差，尽可能提高试验的精确性。为了使模型桩受力均匀及便于安装位移传感器，在桩顶加装了垫片，在加载前拉拔仪放置在桩顶上，所以模型桩受到的竖向力应由垫片的重量、拉拔仪的重量及拉拔仪施加的力三者组成。

4）从试验开始，每间隔2mm位移，用数码相机记录桩周土体的破坏状态。需要注意的是，因为安装的观测玻璃在照相时容易反光，影响照片质量，为了直观地观察土体的破坏状态，用了一块黑纸板。

53.3　半面桩现场大比例试验方法

半面桩现场大比例试验是通过对半截面实桩进行现场静载试验，来真实地反映混凝土扩盘桩桩土共同工作的情况，对土体的破坏状况进行全过程观测。这种试验方法克服了传统方法只通过测试数据估测盘下土体破坏情况，却看不到土体变化的缺点，丰富了混凝土扩盘桩现场试验的方法，为工程实践提供可靠的依据。该试验方法主要适用于混凝土扩盘桩埋置于黏土中的情况，因此场地的设计及半面桩的制作成型是试验成功的关键。

53.3.1　试验场地、试件及桩位的设计方案

53.3.1.1　试验场地

试验前要根据场地的地质勘察报告选择适合的场地进行试验。选择试验场地的原则主要包括以下几个方面：

1）试验要求将混凝土扩盘桩的承力盘设置在黏性土层中，因此试验场地的黏土层上部的回填土等其他土层厚度尽量不要太大，避免试验中要开挖的土层深度过大。同时，由于基坑开挖后长时间不能回填，基坑开挖过深不利于土体的稳定。

2）尽量保证在开挖深度范围内没有地下水，保证基坑侧土干燥、稳定，避免采用降水措施增加试验成本。

3）试验场地周围要有一定的空间和比较方便的交通，便于桩基设备进入及施工。

53.3.1.2　半面桩试件的设计

试验中半面桩的数量及桩的参数应根据现场实际情况及需求进行设计。

下面以实际完成的抗压试验为例进行介绍。本试验共设置 3 根混凝土扩盘桩（分别记为 1 号试验桩、2 号试验桩、3 号试验桩）和一根普通直孔混凝土灌注桩（记为 4 号试验桩），且均制作成半截面形式。配筋情况如图 53 - 42 所示，设计桩身混凝土强度等级为 C30。普通直孔灌注桩直径为 0.4m，桩长 4.2m；混凝土扩盘桩设计为桩径 0.4m，盘径 1.1m，盘高 0.4m，桩长 4.2m，桩盘位置根据现场黏性土层分布情况而定，3 根混凝土扩盘桩的设计尺寸相同，如图 53 - 42 所示。

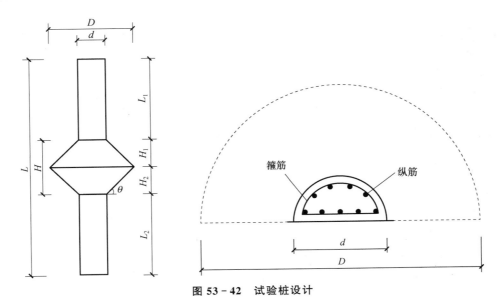

图 53 - 42　试验桩设计

53.3.1.3　桩位及试验的设计方案

桩位的布置应考虑到桩土之间相互扰动、基坑支护和观测等因素的影响。因为挤扩多盘桩在受压状态下，盘端处土体剪切破坏，桩盘底部会产生滑移破坏，土体向下滑动。所以，桩盘两端土体扰动范围取桩盘悬臂长度即可，即 0.35m，同时考虑基坑支护和观测因素，可设计基坑一侧的混凝土扩盘桩轴心

间距为2.4m，基坑两侧的混凝土扩盘桩轴心间距为2m。为方便加载及观测位移，设计桩顶高出基坑上表面0.2m，如图53-43所示。

试验场地要开挖，相对的桩距不能太大，要保证试验加载时的横梁跨度及水平支撑杆件不能过大；但也不能太小，以保证试验过程中有一定的观察距离，方便现场观察及记录破坏状态。试验场地设计方案如图53-44所示。

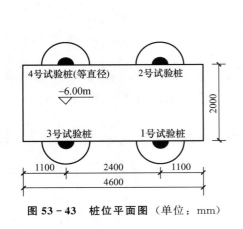

图53-43　桩位平面图（单位：mm）

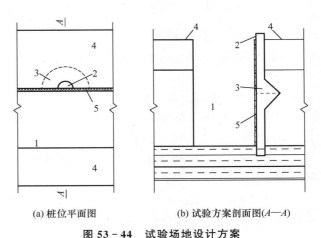

(a) 桩位平面图　　　　(b) 试验方案剖面图(A—A)

图53-44　试验场地设计方案

1. 开挖基坑；2. 主桩；3. 扩大盘；4. 原状土；5. 桩表面支护

53.3.2　试件的制作

试验现场的准备及试件的制作主要分为以下几个步骤：放线，全截面桩孔成形，土方开挖，基坑支护，形成半截面桩孔，承力扩大盘腔成形，埋置压力盒，绑扎钢筋，支模板，灌注混凝土，试件养护，试件支护，准备试验加载。

试验桩可以在现场先使用专门的设备按照规定进行全截面桩挖孔，然后将桩孔用砂土填满，再进行后续的半截面桩制作。

本试验受条件限制采用压桩法成孔。在准备试验场地之前先进行放线工作，并在桩位预先压入4根直径0.4m、长6m的管桩（后文详细介绍），静置15天后开始试验场地的其他准备工作。

本试验的重点在于混凝土扩盘桩半截面桩试件的制作。以往的现场试验多以足尺原桩静载试验为主，通过先进的机械设备和成熟的施工工艺可以容易地制作成桩，而本次试验所采用的半截面挤扩多盘桩则需要特殊的施工方法制作，试件的制作过程为：管桩压入→基坑开挖与基坑支护→人工切土→拔桩→人工成盘→模板支护→下钢筋笼→混凝土浇筑及养护成形。

1. 管桩压入

本次试验的试验桩成孔利用管桩压制的方法制成。按照设计方案，试验前在试验场地放线定位，并在已定好的桩位分别压入4根直径0.4m、长6m的预制管桩，如图53-45所示。

管桩的压入是为了试验桩成孔，这是本次试验成桩过程中采用的特殊方法之一。在混凝土扩盘桩的施工技术中，桩孔的制作一般采用专门的成桩设备，而本次试验的桩孔采用管桩压制而成，其优点在于：①在后续人工切挖半截面桩孔的过程中，管桩的存在有利于半截面桩孔的成形，防止塌孔；②管桩的压制过程对桩的周围土体起到一定的挤密作用，其成桩过程更接近实际工艺。

2. 基坑开挖与支护

基坑开挖是场地准备工作的一部分，同时也为试件制作的后续工序提供了作业空间。尤其是深基坑的挖取，取土时应沿管桩内壁，并保持基坑内壁垂直，避免土体松动。深基坑作业完成后，立即做好基

(a) 管桩吊起

(b) 准备压桩

(c) 接桩

(d) 压桩完毕

图 53－45　管桩压入过程

坑支护工作，以保证后续深基坑内作业人员安全。

　　按照场地的设计方案，先在试验区域利用挖掘机开挖边长为 6m、深 2m 的方形基坑，4 根事先压入的管桩位于基坑中央部分，开挖后将管桩上部暴露出来，如图 53－46 所示。

(a) 浅基坑开挖现场

(b) 浅基坑开挖完毕

图 53－46　浅基坑开挖

　　浅基坑开挖后，需要继续开挖深基坑。按照设计方案，深基坑沿着间距为 2m 的管桩内侧开挖，深基坑开挖尺寸为长 5m、宽 1.6m、深 4m。深基坑取土至管桩底部，并利用挖掘机械削直基坑内壁。深基坑开挖后应及时做好支护，防止基坑内壁土体塌落，在保护试验人员安全的同时也起到减少土体应力扩散的作用。深基坑的开挖如图 53-47 所示。

(a) 深基坑开挖现场　　　　　　　(b) 深基坑开挖完毕

图 53-47　深基坑开挖

3. 人工切土

切土作业是在深基坑开挖的基础上，在 4 根管桩两侧一定范围内人工削土至半桩处，用来观测半截面混凝土扩盘桩成桩后进行静载试验时桩土共同作用的情况。考虑到桩土影响范围，盘上桩两侧外延切面削土 0.35m，盘下切面削土 1.1m，如图 53-48 所示。

(a) 切面削土作业(一)　　　　　　(b) 切面削土作业(二)

图 53-48　人工切土

4. 拔桩

人工切土完成后，利用吊车将管桩拔出。至此，半截面混凝土扩盘桩桩孔制作成形。吊车拔桩时，要注意管桩周围土体的保护，避免土体塌落，如图 53-49 所示。

(a) 固定牵引　　　　　　　　(b) 上拔管桩

图 53-49　拔桩过程

(c) 拔桩后侧面效果

(d) 拔桩后俯视效果

图 53 - 49　拔桩过程（续）

5. 人工成盘

半截面混凝土扩盘桩的承力盘腔制作采用人工成盘的方式，盘腔设置在黏性土层上。做盘腔前，按照桩盘设计尺寸制作盘腔模具，比照盘腔模具进行成盘腔作业，以保证桩盘腔尺寸准确无误，如图 53 - 50 所示。测得 3 根试验桩盘腔直径为 1.1m，盘腔高 0.4m。

(a) 盘腔模具比照　　　　　　　　　　(b) 控制盘腔高

(c) 控制盘腔直径　　　　　　　　　　(d) 成盘腔效果

图 53 - 50　人工成盘

6. 模板支护

模板支护分为两个阶段：第一阶段在管桩拔出后人工成盘腔前，这时只对盘腔位置上部的半截面桩孔进行模板支护；第二阶段在人工成盘腔后，同时对桩盘腔和盘腔下的半截面桩孔进行模板支护，并保证上下模板对齐、无接缝，如图 53 - 51 所示。

7. 下钢筋笼

钢筋笼的截面尺寸按照保证混凝土保护层厚度足够的原则制作，压力盒引出线固定在钢筋笼上，并

(a) 模板支护侧面效果   (b) 模板支护俯视效果

图 53 - 51 模板支护

与钢筋笼一同放入桩孔中，如图 53 - 52 所示。

(a) 钢筋笼制作   (b) 钢筋笼安放

(c) 盘下压力盒的放置   (d) 压力盒初始读数

图 53 - 52 钢筋笼的安放

8. 混凝土浇筑及养护成桩

采用商品混凝土，强度等级为 C30。混凝土的浇筑如图 53 - 53 所示。灌注混凝土时尤其要注意盘位附近振捣密实，保证灌注质量。混凝土浇筑后进行养护，待达到龄期，桩成形。

53.3.3 试验设备与装置

1. 设备

试验中使用的设备与现场静载试验的设备基本相同，规格按照试验需求选择。为了拍摄试验过程，增加了摄像机和照相机。本试验使用的设备名称及型号见表 53 - 1。

(a) 商品混凝土罐车就位　　　　　　　　(b) 浇筑完毕

图 53 - 53　混凝土的浇筑

表 53 - 1　试验使用设备统计

设备名称	设备型号	数 量
静荷载测试仪	RSM - JCⅢ（A）	1 台
数控盒	RSM - JC（A）	1 个
超高压油泵站	BZ63 - 25（功率为 3kW，工作压力为 63MPa，流量为 2.5L/min）	1 台
钢弦频率显示器	GPC - 2 型	1 台
位移传感器	YT - DG - 0410	4 个
压力盒	GYH - 1 型	8 个
分离式液压千斤顶	FZYS100 - 200	2 台
数码相机	佳能 SX600 HS	2 台

2. 装置系统

本次试验装置由试验加载设备、反力系统和观测系统三个部分组成。

试验加载设备如图 53 - 54 所示，由分离式液压千斤顶、高压油泵和高压油管构成加载系统，并由静荷载测试仪终端控制。

(a) 分离式液压千斤顶　　　　　(b) 高压油泵　　　　　(c) 静荷载测试仪

图 53 - 54　试验加载设备

反力系统如图 53 - 55 所示，采用压重平台反力装置，主要是由于本试验的混凝土扩盘桩设计为半截面，且桩长仅为 4m，所以根据现场实际情况估算半截面单桩的承载力不会太大。堆重由一根反力主梁、两根副梁及上部的混凝土重块组成，总重可达 840kN。

(a) 反力钢梁　　　　　　　　　　(b) 混凝土重块

图 53 - 55　反力系统和堆重

观测系统主要由位移传感器、钢弦频率显示器、压力盒、数码相机和静荷载测试仪组成，如图 53 - 56 所示，观测对象分别为荷载-位移情况、桩下和盘下压力值及桩周土体破坏情况。

(a) 压力盒

(b) 钢弦频率显示器

(c) 位移传感器

(d) 静荷载测试仪

图 53 - 56 观测系统

53.3.4 试验过程

53.3.4.1 试验加载方式

本次试验的目的主要是观测混凝土扩盘桩在受压状态下桩土共同工作的情况及土体破坏情况，对于桩体最终的极限荷载值和沉降量并无严格要求，所以本试验的加载方式采用快速维持荷载法，即试验加载不要求每级的下沉量达到相对稳定，而以相等的时间间隔连续加载。

整个试验过程参照相关规范进行。预估最大试验荷载为 500kN，试验中第一加载等级按照 40kN 加载，后续等级同样按照 40kN 逐级等量加载，每 20min 加一级荷载，并根据试验的具体情况加以调整。卸载时按加载时分级荷载的 3 倍进行，每级荷载维持 30min，逐级等量卸载，直至卸载至零。

当出现以下情况时可以终止加载：

1）出现可判定荷载的陡降段或桩顶产生不停滞下沉，无法继续加载。

2）当荷载-位移曲线上有可判断极限承载力的陡降段，且桩顶总沉降量超过 40mm 时。

3）达到预估最大试验荷载时。

4）其他情况使得试验无法进行时。

53.3.4.2 数据的采集

1）试验的荷载与沉降值由静荷载测试仪直接记录，仪器设置为施加每级荷载后按第 5min、10min、15min、20min 分别读取荷载沉降值。

2）在每级荷载施加前后，用钢弦频率显示器测量安置在桩下和盘下的压力盒数值（4 号桩仅测量桩下的数值）。

3）试验前，在深基坑内试验桩前安置摄像机，对试验时桩土共同工作的情况进行全程录像，并在每一级荷载施加完成后暂时停止加载，在保证安全的前提下派人员下入深基坑内对桩周土体（尤其是盘周土体）进行拍照记录。

　　4）卸载时可不测量回弹变形。

53.3.5　试验中的注意事项

　　本试验使用了特殊的施工工艺来制作半截面混凝土扩盘桩，在制作过程中各个工序要有条不紊地进行，各个工序的实施都要保证半截面桩成桩效果与工程桩一致。另外，施工过程中在保证人员安全的同时还要做好试验现场的安全和保护工作。具体注意事项如下：

　　1）为制作半截面桩孔，在人工切土工序之后需要将管桩拔出。拔桩前要做好土体侧壁支撑，以保证拔桩过程中桩周土体稳定，最大限度避免土体松散掉落。

　　2）由于试验桩孔采用管桩压制，所以桩端土体已被压实，为了保证桩土效果与工程桩一致，在拔出管桩之后，将桩端土体下挖 50mm，并回填夯实，以削弱土体压实效果的影响。

　　3）试验桩在桩端及盘下均埋有压力盒（4 号桩仅存在于桩端），并通过导线将接头引出地面，在浇筑混凝土前要将压力盒接头进行编号加以区分，防止记录错误。

　　4）本试验进行了深基坑作业，所以在后续的施工中要保证人员安全，下入基坑中时要佩戴安全帽，系好安全绳索，同时也要做好基坑支护工作，防止坍塌。另外，由于本次试验场地选在校园内，要做好试验现场安全警示和安全防护工作，如图 53-57 所示。

(a) 作业人员佩戴安全帽

(b) 基坑支护

(c) 试验场地周围架设围栏

(d) 安全警示

图 53-57　安全防护措施

　　5）由于试验的需要，试验现场挖掘了深约 6m 的基坑，且试验阶段正处于多雨季节，因此要做好防雨工作。本试验准备了 4 根钢梁架和塑料薄膜，在试验区域做了简易防雨棚，有效地防止了雨水流入试验场地，保证试验的顺利进行，如图 53-58 所示。另外，在基坑周围利用土体制作了挡水围坝，防止下雨时雨水灌入。

53.3.6　小结

　　本节主要介绍了混凝土扩盘桩半截面实桩试验的方案设计及实现过程，包括试验的前期准备，如试

(a) 钢梁架　　　　　　　　　　　　(b) 简易防雨棚

图 53－58　预防降雨措施

验场地的选定与勘察，试验场地、试件和桩位的初步设计，试验场地准备和试件的制作，试验的加载方案设计、数据采集方式及试验中的注意事项等。当然，混凝土扩盘桩半截面现场大比例试验的方案及装置还有待进一步完善，从而使之具有较强的普遍性和推广性，丰富桩基础的试验方法。

本半面桩现场大比例试验采用的是实际施工现场的自然土体，全过程观测了混凝土扩盘桩在受压状态下桩周土体从加载到破坏的情况，验证了已有的 ANSYS 有限元模拟结果和小模型试验的结果，为变截面桩的试验研究提供了一种全新的方法。然而，现场大比例试验在安全性和经济效益方面还存在一些缺陷，如要在现场开挖深度达 6m 的基坑，尽管沿基坑都有支护结构，但是考虑到某些自然条件，对于在基坑底部从事挖空的作业人员存在着极大的安全隐患。另外，现场大比例半面桩试验从试验准备阶段到结束阶段会消耗大量的人力、财力，试验成本较高，不适用于大量的试验研究。

53.4　半面桩小模型原状土试验方法

半面桩小模型原状土试验方法采用的是一种全新的桩基础试验研究模式。该试验方法的特点是采用原状土，在实验室完成小模型试验，因此它既不需要现场大比例试验的复杂设备和高成本，又不像埋土试验会破坏土的原有性状。该试验方法具有能够清晰地看到桩体的位移情况及桩周土体的破坏情况，占用资源少，试验方法、设备简便易行等优势，同时这种试验方法还可以弥补传统桩基础试验研究中只能靠仪器收集数据进行分析和推理的不足，对研究混凝土扩盘桩的破坏情况起到积极的促进作用。

53.4.1　试验方案

本试验方法主要是对混凝土扩盘桩小模型进行抗拔、抗压破坏的原状土试验，通过控制某个单一变量设计试验，具体试验方案如下：

1）根据试验需要，设计不同类型分组的混凝土扩盘桩模型及取土器，并进行加工定做。

2）根据试验需求，选取合适的取土场地，在现场用取土器取原状土的土样，并将其运送到实验室进行封存保护，以备试验使用。

3）开始试验时，将取土器拆开保护膜、清理杂土并拆下取土器一侧的钢板，进行桩模型的定位与埋置，以形成初步的待加载桩土试件。

4）将待加载试件搬运到试验台上，进行辅助设备（玻璃面板、压梁、拉杆、位移传感器、拉拔仪等）的安装，完成试验前的准备工作。

5）采用手动方式，通过控制位移的方法进行加载，观测数据，并在整个过程中用摄像机和数码相机进行拍摄记录，直至试验完成。

6）加载完成后进行桩周土体破坏情况的描绘，并将观测玻璃卸去，拍摄桩周土体破坏的完整情况。

7）进行数据的整理分析。

53.4.2　试验模型设计

53.4.2.1　半截面桩小比例模型设计与制作

本试验方法的半截面桩小比例模型设计要求与 53.2.3 节基本相同，根据试验需求，先设计好试验模型桩的尺寸和各种参数。由于试验研究的目的是混凝土扩盘桩对桩周土体的破坏，为保证桩在试验中不出现破坏，模型桩材料选用圆钢，并在专门的精密加工厂加工，以保证与设计图纸相符。不同截面形式的桩模型如图 53-59 所示，桩参数见表 53-2。

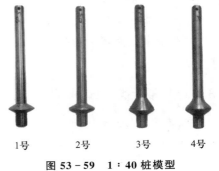

图 53-59　1：40 桩模型

表 53-2　桩模型参数

桩模型编号	桩模型参数				
	桩长/mm	桩径/mm	盘径/mm	盘上坡角/(°)	盘下坡角/(°)
1	270	23	57	31	31
2	270	23	57	31	56
3	270	23	57	27	27
4	270	23	57	27	47

53.4.2.2　取土器设计与制作

本试验采用的取土器是为满足试验需求而专门设计的可拆装取土器。为确保获取原状土的同时土样不受到扰动，并方便后期埋置模型桩，取土器的平面形状设计为矩形，上下镂空，四周由可拆卸的钢板拼装，并且在取土器的侧板底端设有楔形的坡角，以便在实际取土时更好地将取土器压入土中。

由于半截面桩小模型试验的桩模型对土体有一定范围的影响，所以对取土器的长、宽、高都有一定要求。取土器的长与高是根据桩模型的尺寸（桩长、盘径等），配合有限元模型分析结果而设计的，通过估算得出桩模型在竖向拉（压）力作用下桩周土体的影响范围大约为 5 倍（2 倍）承力盘悬挑径。取土器的高是根据桩体模型长度及受力状态设计的。对于抗拔和抗压试验，模型大小有较大的区别。例如，某抗拔桩的取土器模型设计参数见表 53-3，实物如图 53-60 所示。

表 53-3　取土器模型设计参数

长度/mm	宽度/mm	高度/mm	厚度/mm	数量/个	耳边长度/mm
350	300	300	4	4	20

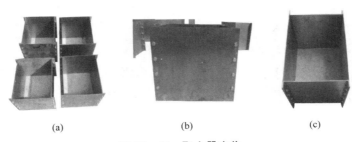

(a)　　　　　　　　　　(b)　　　　　　　　　　(c)

图 53-60　取土器实物

由于所需要的原状土体具有一定的黏性与承载力，为防止取土器在压入土体时发生变形，所设计的取土器要有一定的刚度。为了保证刚度，取土器采用厚度不小于 4mm 的冷轧钢板制作，因为冷轧钢板具有相对较好的刚度与硬度。

取土器前后的钢板是可拆卸的，并在两边留出 20mm 的翼缘，因为在试验过程中需要将一侧的钢板拆卸再安装上玻璃，并用卡夹固定器固定，从而保证取土器不变形，能够更好地实现试验过程的全程观测。

53.4.3 取土场地选取及取土

53.4.3.1 取土场地选取

本试验要取原状土，因此取土场地应根据地质勘察报告反复考察，主要需要注意以下几点：

1) 覆土层不要太厚，避免基坑开挖太深，工程量较大。

2) 要尽量保证没有地下水，避免采用降水措施，增加成本。

3) 如果能选择实际的施工现场，在土方开挖后，在一定区域取土是比较好的一种方法。

例如，已经完成的试验中，在长春地区对多个场地及施工现场开挖基坑进行了踏勘和钻孔初探，反复比对及分析后，最终将试验取土场地选在长春市硅谷大街西北、超强街西南的某项目施工现场。勘察时拟建场地为农田，地面平坦，地势由西向东倾斜。孔口高程最大值为 214.89m，孔口高程最小值为 213.26m，最大高差为 1.63m。本次勘察的最大深度为 30.00m，显示的地层上部为第四纪黏性土层，下部为白垩纪泥岩。根据岩土的物理力学性质分为 8 层。

①层素填土：灰黑色、灰褐色为主，地表为耕植土，主要成分为黏性土，夹少量砂石，含植物根系，稍湿，稍密。勘察时呈冻结状态。层厚 0.70～1.40m。

②层粉质黏土：黄褐色，可塑状态，中等偏高压缩性，局部高压缩性。土中可见大量细孔，含少量植物根系。勘察时上部呈冻结状态。层厚 2.00～3.80m，层顶深度为 0.70～1.40m，层顶标高为 212.30～214.10m。

③层粉质黏土：黄褐色，软塑状态，中等偏高压缩性，局部为高压缩性，层厚 1.40～3.80m，层顶深度为 3.00～4.60m，层顶标高为 208.96～211.37m。

④层粉质黏土：黄褐色，可塑状态，中等压缩性为主，局部为中等偏高压缩性。层厚 3.80～6.30m，层顶深度为 5.70～7.30m，层顶标高为 206.45～208.49m。

⑤层黏土：黄褐色，硬塑状态，中等偏低压缩性。层厚 1.30～6.40m，层顶深度为 11.00～13.00m，层顶标高为 200.90～203.46m。

其他各土层情况省略。

由于试验需采的原状土为强度和塑性良好的粉质黏土，所以结合地质勘察报告及试验要求，最终选择③层的粉质黏土，该层土塑性良好，并具有较好的承载力，与试验要求的土体比较符合。

53.4.3.2 现场取土

试验所需的原状土是通过专门设计的取土器获取的，以尽量提高原状土土样的准确性和真实性，有效地避免对原状土体的扰动。

以某次试验实际情况为例，取土的具体操作过程如下：

1) 取土场地准备。由于选取的场地是一块受扰动的场地，场地表面具有一定厚度的杂土或回填土，第一步是清除场地表面的杂土，露出试验需要的原状土土层。将场地尽可能整平，以便于摆放取土器，如图 53-61（a）所示。

2) 取土器摆放、压入、取出。场地平整后，将取土器按照一定的距离均匀地摆放在场地上。为了使取土器完整地压入土中，避免取土器侧板变形，在取土器上面放置一块钢板。当取土器基本压入土层中时，为了让取土器入土更深些，将临时放置的钢板取下，将备用的取土器放置在已压入土层的取土器上面，对准取土器四边，再压入一定深度。然后将备用取土器移开，用挖掘机将压入的取土器挖出，如图 53-61（b～d）所示。

3）去除取土器表面的多余土体。由于所取出的取土器是和周围土体一并挖出的，这样的取出方法能够保证所获取的原状土尽量不受扰动，但取土器表面会附带多余的土体，需要将多余的土体清理干净，以便于取土器的封存，如图 53-61（e）所示。

4）对修整好的取土器进行封膜保护，并用货车运送到实验室。去除取土器表面的多余土体后，需要用稍厚的塑料膜对取土器进行封存，以保证原状土的水分不会过快蒸发，而影响原状土的性状，如图 53-61（f，g）所示。封存完毕后将取土器搬到运输车上，运送到实验室，放置在阴凉避光处，以备试验使用。放置取土器时，为了避免土体因自重而凹陷，将用于试验的一侧放在下面，并做好标记，如图 53-61（h，i）所示。

(a) 场地整平　　　　　(b) 取土器摆放　　　　　(c) 取土器压入

(d) 取土器取出　　　　　(e) 去除浮土　　　　　(f) 封存包膜

(g) 封存完毕　　　　　(h) 装车运输　　　　　(i) 摆放到实验室

图 53-61　取土过程

53.4.4　试验设备

本试验为室内半截面小比例模型桩试验，取土和埋桩过程与埋土法有所不同，但试验的设备与53.2.5 节的设备基本相同，采用专门设计的试验加载台架和必要的附属设备及附件，在此不再赘述。

由于原状土试验的取土器上下是镂空的，只有四边侧板，当把埋桩一侧的侧板拆下时，取土器无法保证形状固定，因此需增加取土器卡夹（图 53-62）。在拆下侧板前，从上面将取土器固定，保证拆下侧板后取土器不变形，防止在加载过程中取土器发生变化及土体产生胀裂（图 53-63）。

53.4.5　试验桩的埋置

试验桩的埋置主要包括以下几个步骤：

1）将存放好的取土器搬运到试验加载台架附近，清理表面浮土，将取土器上下两端土表面整平。

将预埋桩一侧钢板拆下。为了方便安装观测玻璃并避免半截面桩受力过程中观测玻璃受扭而破碎，要进行表面整平，用水平尺确保土层表面和取土器边缘钢板处于同一水平面上（图53-64）。

图53-62 取土器卡夹

图53-63 安装取土器卡夹后的取土器

图53-64 清理浮土与拆卸钢板

2）为了方便试验加载，桩顶部位需凸出土层表面至少20mm；在承土器的中心部位确定埋桩的位置，并尽量居中（图53-65）。

3）在不扰动其他部位土体的情况下，根据定位线切土，基本形成桩形的凹槽（图53-66）。

4）将试验桩放置在凹槽中，用钢板轻轻压入，完成埋桩过程，并标注试验桩编号（图53-67）。

图53-65 桩模型的定位

图53-66 桩孔的成形

图53-67 压桩与成形

5）将玻璃用卡夹固定在埋桩一侧表面，形成试件，以备加载试验。

53.4.6 试验过程

本试验的目的是研究不同规格类型的混凝土扩盘桩抗压、抗拔破坏机理，因此与半面桩小模型埋土试验的加载过程及试验数据记录基本相同，具体步骤详见53.2.5节，此处不再赘述。图53-68和图53-69所示为半面桩小模型原状土抗拔试验和抗压试验加载情况。

图53-68 抗拔试验加载

图53-69 抗压试验加载

53.4.7　小结

半面桩小模型原状土试验主要包括试验方案的设计、试验模型的设计、取土现场的选取及取土、试验设备选取、试验加载等步骤。其试验方法与实验室半面桩小模型埋土试验方法基本相同，不同之处是要获取原状土。细砂土用埋土法试验基本没有问题，而对于黏性土，埋土试验时要将现场取回的土进行研磨处理，然后埋置，因此土的性状与实际的土有非常大的区别，不能保证试验结果的准确性。半面桩小模型原状土试验方法采用专门设计的取土器，可以取得现场的原状土，在保证直接观测在试验过程中桩周土体的变化情况的同时还可以保证试验土的性状不变，提高了试验的准确性，为进一步研究混凝土扩盘桩抗拔、抗压破坏状态及承载力提供可靠的试验研究方法，能够保证混凝土扩盘桩设计的合理性和实际工程的可行性。该试验方法还克服了现场大比例试验过程复杂、浪费人力物力、无法完成大量试验研究等缺点。

53.5　试验结果示例分析

试验数据是试验结果分析的根本依据，保证试验数据的准确性是试验研究成功的关键。本章介绍的试验方法可以采集的数据包括桩身位移、竖向压力荷载、从加载到破坏过程中桩土相互作用的情况等。半面桩小模型试验方法可以清楚地观察到试件从加载到破坏的全过程，对混凝土扩盘桩在竖向力作用下的破坏状态有了新的发现，改变了目前混凝土扩盘桩承载力计算的模式，形成了新的桩周土体破坏机理及承载力计算概念。

53.5.1　桩周土体破坏机理分析

在已经完成的大量混凝土扩盘桩试验中选取部分有代表性的试验结果，介绍混凝土扩盘桩的破坏机理。

53.5.1.1　抗压桩

图 53-70 所示是土体为砂土时，半面桩小模型埋土试验中抗压桩从加载到破坏的过程。

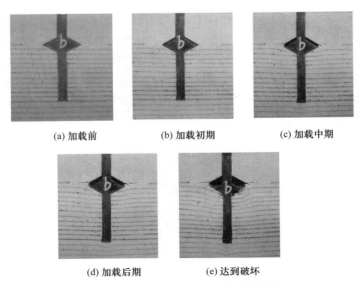

(a) 加载前　　　　(b) 加载初期　　　　(c) 加载中期

(d) 加载后期　　　　(e) 达到破坏

图 53-70　砂土中抗压桩的破坏过程

图 53-71 所示是土体为黏土时，半面桩小模型原状土试验中抗压桩从加载到破坏的过程。

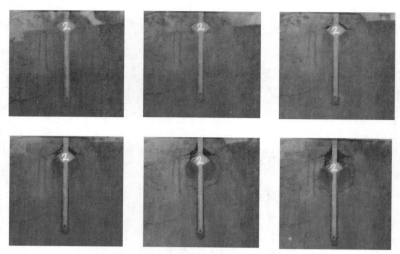

图 53 - 71 黏土中抗压桩的破坏过程

图 53 - 72 所示是土体为黏土时，半面桩现场大比例试验中抗压桩从加载到破坏的过程。

图 53 - 72 现场大比例抗压试验中桩周土体的破坏

从以上试验结果可以看出，混凝土扩盘桩由于承力盘的存在，桩周土体尤其是盘周围的破坏状态与直孔桩相比有了较大的变化。

1）对于抗压桩，加载后盘上土体会出现临空区（图 53 - 70～图 53 - 72 中盘上一定范围土体与周围土体分离，随桩下移），此区域内桩周土水平压力为零，无桩侧摩阻力，因此不能按现有设计规程简单地按桩长减去盘高来计算桩侧摩阻力的长度，而应该计算桩侧摩阻力有效长度。

2）盘下土体基本会出现滑移破坏（心形破坏区域），而不是按构想的盘下土体以 45°向外发散式破坏。因此，扩大盘的承载力应该按滑移线理论计算（该承载力计算方法与土的黏聚力、内摩擦角、含水率及盘参数有关），而不是按现有规程中参考直孔桩桩端阻力计算方法，简单地按盘端阻力乘以盘在桩径以外的投影面积计算。

53.5.1.2 抗拔桩

图 53 - 73 所示是土体为砂土时，半面桩小模型埋土试验中抗拔桩从加载到破坏的过程。

图 53 - 74 所示是土体为黏土时，半面桩小模型埋土试验中抗拔桩从加载到破坏的过程。

从以上试验结果可以看出，与抗压桩基本相似，混凝土扩盘桩由于承力盘的存在，桩周土体尤其是盘周围的破坏状态与直孔桩相比有较大的变化，盘参数不同时抗压桩的破坏也有所不同。

1）对于抗拔桩，加载后盘下土体同样会出现临空区，因此桩侧摩阻力的计算长度也应该考虑实际有效长度。

2）受不同土体性状参数、扩大盘参数、土层表面约束情况的影响，盘上土体基本会出现滑移破坏（心形破坏区域）或冲切破坏两种破坏形式，而不是按构想的盘上土体以 45°向外发散式破坏。因此，扩大盘的承载力应该按滑移线理论或冲切理论计算（该承载力计算方法与土的黏聚力、内摩擦角、含水率及盘参数有关），而不是按现有规程中参考直孔桩桩端阻力计算方法，简单地按盘端阻力乘以盘在桩径以外的投影面积计算。

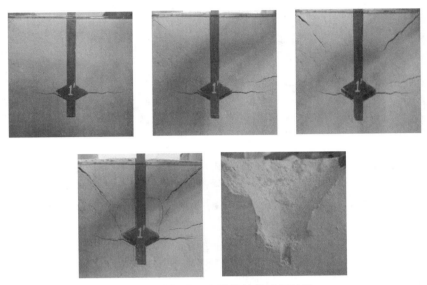

图 53 - 73　砂土中抗拔桩的破坏过程

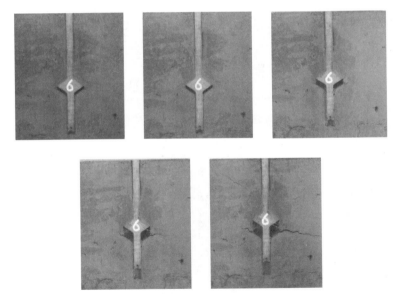

图 53 - 74　黏土中抗拔桩的破坏过程

另外，通过半面桩小模型试验对土层性状、土层厚度、盘径、盘坡角、盘间距、盘数量等参数对抗压、抗拔桩的破坏状态的影响也进行了研究，得出了相关的结论，可查看相关文献了解。

53.5.2　荷载-位移曲线分析

从大量试验得到的荷载-位移曲线中列举部分有代表性的曲线进行分析。

图 53 - 75 所示是半面桩小模型抗拔、抗压试验的荷载-位移曲线，图 53 - 76 所示是半面桩现场大比例抗压试验的荷载-位移曲线。从图中可以看出，两种试验方法得出的荷载-位移曲线的发展规律是相

同的，基本符合静载试验的荷载-位移曲线规律，说明半面桩试验不仅方法是可行的，而且试验结果是可靠的。

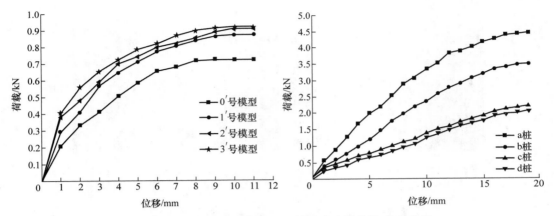

图 53-75　半面桩小模型抗拔、抗压试验的荷载-位移曲线

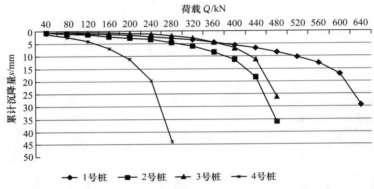

图 53-76　半面桩现场大比例抗压试验的荷载-位移曲线

另外，从图 53-76 中可以看出，混凝土扩盘桩的承载力（2～4 号桩）比普通混凝土直孔桩（1 号桩）的承载力高很多。

图 53-77 所示是半截面桩和全截面桩试验的荷载-位移曲线。从图 53-77 中可以看出，全截面桩和半截面桩的荷载-位移曲线的发展趋势基本相同，符合静载试验的荷载-位移曲线规律。由于半截面桩还有一个平面，所以全截面桩的荷载值并不是半截面桩的 2 倍，这也符合规律。该试验结果进一步证明了半截面桩试验的方法是可行的，试验结果是可靠的。

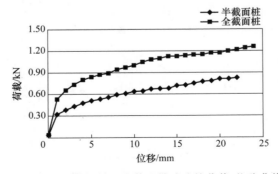

图 53-77　半截面桩和全截面桩试验的荷载-位移曲线

53.6　小　　结

混凝土扩盘桩的半面桩试验方法是独创的全新试验方法，包括半面桩小模型埋土试验方法、半面桩小模型原状土试验方法和半面桩现场大比例试验方法等，分别适用于不同的试验要求。这些试验方法突破了传统的桩基础试验方法只能测试试验数据的局限性，在试验中能够实现全过程真实观察桩及桩周土体的破坏状态，且研究证明试验方法是可行的，试验结果是可靠的。这些试验方法的研究成果可以大大提高混凝土扩盘桩破坏机理及承载力研究的可靠性，为推进该型桩的设计应用奠定坚实的理论基础，并为研究混凝土扩盘桩提供全新的试验方法。

本章介绍的试验方法也适用于其他复杂、特殊的截面桩，如沿桩长方向桩截面不规则、变截面等的新桩型，为新型桩的研究和发展提供了新的、有效的试验研究方法。

当然，这些试验方法还有待于进一步完善，尤其应用于其他类似桩型时，还应根据不同桩型的构造特点对试验方法进行相应的细节处理，以便使这些方法有更好的适用性和可靠度。

参 考 文 献

[1] YANNIS K CHALOULOS, GEORGE D BOUCKOVALAS, DIMITRIS K KARAMITROS. Pile response in submerged lateral spreads: common pitfalls of numerical and physical modeling techniques [J]. Soil Dynamics and Earthquake Engineering, 2013, 55 (6): 275-287.

[2] TUAN VAN TRAN, MAKOTO KIMURA, TIRAWAT BOONYATEE. 3D FE analysis of effect of ground subsidence and piled spacing on ultimate bearing capacity of piled raft and axial force of piles in piled raft [J]. Open Journal of Civil Engineering, 2012 (2): 206-213.

[3] QIAN YONGMEI, KONG WEINI, WANG RUOZHU. The analysis about the influence of the parameters of expanded-plates on uplift bearing capacity of the MEEP pile [J]. Manufacturing, Design Science and Information Engineering, 2015 (2): 879-883.

[4] QIAN YONGMEI, SHAN LONGJIE, XU GUANGHAN. Testing research on the shape of the bearing push-extend reamed affecting the bearing capability of the pile of push-extend multi-under-reamed pile [J]. Advanced Materials Research, 2014 (962-965): 1091-1094.

[5] 沈保汉，贺德新，孙君平，等. 影响 DX 挤扩灌注桩竖向抗压承载力的因素 [J]. 工业建筑，2008，38 (5): 32-38.

[6] 马春良，陈显. 挤扩多盘桩土体极限承载力影响因素的研究 [J]. 吉林工程技术师范学院学报，2008 (6): 76-78.

[7] 钱永梅，尹新生，钟春玲，等. 挤扩多盘桩的土体极限承载力研究 [J]. 哈尔滨工业大学学报，2005 (4): 568-570.

[8] 钱永梅，徐广涵. 挤扩多盘桩试验研究的发展概述 [J]. 建筑技术开发，2014，41 (11): 22-24.

[9] 王志军. 支盘桩的承载机理及盘距对承载力影响试验研究 [D]. 杭州：浙江工业大学，2008.

[10] 钱永梅，程庆宇，田伟，等. 混凝土扩盘桩抗压破坏机理的现场大比例半面桩试验研究 [J]. 工业建筑，2015，45 (12): 120-123.

[11] GAO XIAOJUAN, WANG JINCHANG, ZHU XIANG RONG. Static load test and load transfer mechanism study of squeezed branch and plate pile in collapsible loess foundation [J]. Journal of Zhejiang University-SCIENCE A, 2007, 8 (7): 1110-1117.

[12] 中华人民共和国国家标准. 建筑地基基础设计规范 (GB 50007—2002) [S]. 北京：中国建筑工业出版社，2001.

[13] 中华人民共和国行业标准. 建筑桩基技术规范 (JGJ 94—1994) [S]. 北京：中国建筑工业出版社，1995.

[14] 中华人民共和国国家标准. 岩土工程勘测规范 (GB 50021—2001) [S]. 北京：中国建筑工业出版社，2002.

[15] 宋越. 简述桩基础发展趋势 [J]. 黑龙江科技信息，2009 (14): 244.

[16] 王志，赵素菊，等. 桩基础施工的现状及发展 [J]. 工程建设标准化，2015 (5): 198.

[17] 陈学哲. 盘径及坡角对混凝土扩盘桩抗压破坏影响原状土试验研究 [D]. 长春：吉林建筑大学，2015.

[18] 张莲香，张会芹，孟繁琪，等. 提高原状土质量的措施 [J]. 地下水，2013，35 (2): 87-88.

[19] 郭印亮. 原状土取样质量对试验成果的影响 [J]. 水科学与工程，2008 (3): 63-64.

第54章 超大吨位桩承载力自平衡测试技术

龚维明

54.1 桩承载力自平衡测试技术基本原理

用桩侧阻力作为桩端阻力的反力测试桩承载力的概念早在 1969 年就由日本的中山（Nakayama）和藤关（Fujiseki）提出，称为桩端加载试桩法。20 世纪 80 年代中期，类似的技术由瑟尼克（Cernac）和奥斯特伯格（Osterberg）等发展，其中 Osterberg 将此技术用于工程实践，并推广到世界各地，所以一般称这种方法为 Osterberg-Cell 荷载试验或 O-Cell 荷载试验。该法是在桩端埋设荷载箱，沿垂直方向加载，从而求得桩的极限承载力。

清华大学李广信教授在 1993 年首先将此方法介绍到国内，并在以后的几年指导博士和硕士研究生做了大量的理论研究和模型试验，但缺乏现场试验的研究。史佩栋从 1996 年以来相继介绍了该方法在国外的应用和发展情况。但是该技术在国外属专利产品，没有相关技术资料的报道。东南大学土木工程学院经过长期的努力，于 1996 年率先开始桩承载力自平衡测试技术的实用性研究工作，于 1999 年参与制定了江苏省地方标准《桩承载力自平衡测试技术规程》（DB32/T 291—1999），并获得两项国家专利。2002 年该技术被建设部、科学技术部作为重点推广项目，2003 年纳入《建筑基桩检测技术规范》（JGJ 106—2003），2004 年纳入《公路工程基桩动测技术规程》（JTG/TF 81 - 01—2004）。

54.1.1 自平衡桩桩土体系的荷载传递规律

对于自平衡桩，由于荷载箱将桩身分为两段，一段向上加载，一段向下加载，桩侧阻力与桩端阻力几乎同时发挥，而且互相平衡，其荷载传递分上下桩段分析。

自平衡下段桩荷载的传递与压桩相似，由于荷载箱的埋设位置通常接近于桩端，下段桩近似于受压短桩，表现出较多的端阻性质，桩顶荷载由桩端阻力和小部分桩侧阻力承担，其 Q-s 曲线与压桩相似。

与常规静荷载试验相比，自平衡上段桩摩阻力方向向下，亦即是负摩阻力。这与实际工程中桩的摩阻力方向相反，而与抗拔桩的侧阻力方向相同。在最初几级荷载下，由于桩身混凝土的弹性压缩，桩产生相对于土层的向上位移，桩侧表面产生向下的摩阻力，桩身荷载通过桩侧摩阻力从下向上传递到桩周土层中，这一阶段与压桩的开始阶段相似。随着荷载增大，负摩阻力从桩底到桩顶逐渐发挥，与抗拔桩负摩阻力自上向下产生相反。由于土层上部松散、下部紧密，负摩阻力的分布呈现上部小、下部大的情况，而且下部摩阻力首先发挥出来。桩身变形和轴力也与压桩不同，从下向上逐渐减小。当轴力传递到上部土层时，由于桩顶是临空面，其上无土层支撑，在变形发展过程中，上部土层越来越松散，桩顶、桩底位移变大，桩侧与桩侧土将产生较大的滑移，摩阻力达到极限而破坏。

影响自平衡桩桩土体系荷载传递的因素主要有桩土相对刚度比 E_p/E_s、桩侧下层土与上层土的刚度比 E_b/E_t、桩的长径比 L/D。

1. 桩土相对刚度比 E_p/E_s

E_p/E_s 直接影响桩土的荷载传递。E_p/E_s 越大，轴力由平衡点向上衰减得越慢，越接近线性，相应桩身的平均轴力越大，各截面桩土间相互滑动趋于一致，摩阻力变化曲线也较平缓；当 E_p/E_s 较小时，在自平衡作用点附近的土层产生应力集中，下段桩的轴力衰减很快，迅速传递到下部土层中，只有少部分轴力传递到上段桩，下部摩阻力很大，但在 $0.25L$ 范围内衰减很快，上部摩阻力占总摩阻力的比值很小。

2. 桩侧下层土与上层土的刚度比 E_b/E_t

当 E_b/E_t 较小时，桩侧土层趋于同一材料，桩侧摩阻力与土的有效应力和侧压力系数有关，上下土层分担荷载较均匀，轴力变化较均匀；当 E_b/E_t 较大时，下部摩阻力的水平较高，传递到上部的轴力较小，上部提供的摩阻力只占总量的一小部分。上段桩轴力曲线与下段桩轴力曲线的总体斜率不同，分界面在土层变化处，刚度比越大，斜率变化越大。

3. 桩的长径比 L/D

桩的长径比 L/D 对上段桩的位移影响较大。相同直径的桩，L/D 较小时，桩的位移以刚体位移为主，桩的弹性压缩量较小；随着 L/D 增大，刚体位移越来越小，而桩身压缩量的比重增大；当 $L/D>60$ 时，桩的位移几乎全部由桩身压缩形成，桩体位移很小且下降幅度很小。可见，对于很长的摩擦桩或摩擦端承桩，自平衡测试时，对于上段桩的位移要重视桩的压缩量对测试结果的影响。

54.1.2　自平衡桩的破坏形态

单桩静荷载试验所得的荷载-沉降（Q-s）关系曲线可大体分为陡降型和缓变型两类形态。桩底持力层不坚实、桩径不大、破坏时桩端刺入持力层的桩，其 Q-s 曲线多呈"急进破坏"的陡降型，破坏时的特征点明显，据此可确定单桩极限承载力 Q_u。桩端为较高强度的土层，桩身为低强度土层，沉降随荷载增长逐渐扩展的桩，其 Q-s 曲线则呈"渐进破坏"的缓变型。

桩底托桩的破坏形态与抗拔桩相似。抗拔桩的破坏形态大致可以分为三种基本类型：沿桩土界面剪切破坏，与桩长等高的倒锥台剪切破坏，复合剪切面破坏，如图 54-1 所示。

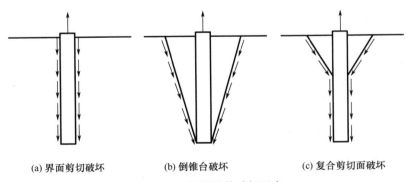

(a) 界面剪切破坏　　　　(b) 倒锥台破坏　　　　(c) 复合剪切面破坏

图 54-1　抗拔桩的破坏形态

比较常见的是沿桩土界面的剪切破坏。只有软岩中的粗短灌注桩才可能出现完整、通长的倒锥台破坏。复合剪切面常在硬黏土中的钻孔灌注桩中出现，而且往往桩的侧面不平滑，凹凸不平，黏性土与桩粘结得很好，倒锥台土重不足以破坏该界面上的黏着力时才可形成这种滑动面。东南大学做的 100 多例自平衡试验表明，上段托桩多为沿界面冲切破坏，主要破坏形式是沿桩土侧壁界面的圆柱形剪切破坏，还没有发现另外两种破坏形态。因此，上段桩托力主要用于克服上段桩自重和上段桩侧摩阻力。

下段桩的破坏模式与受压桩相似，由于下段桩桩身较短，变形类似于短桩。桩的破坏形态主要受桩端土性质的影响，不同的桩端土破坏模式不一样。对松砂或软黏土，多出现刺入破坏；对密砂或硬黏土，多出现整体剪切破坏或局部剪切破坏。

54.1.3　测试原理和承载力的确定

54.1.3.1　测试原理

自平衡测桩法是在桩尖附近安设荷载箱，沿垂直方向加载，即可同时测得荷载箱上、下部各自的承载力。自平衡测桩法的主要装置是一种经过特别设计的可用于加载的荷载箱，主要由活塞、顶盖、底盖及箱壁四部分组成，顶、底盖的外径略小于桩的外径，在顶、底盖上布置位移棒。将荷载箱与钢筋笼焊

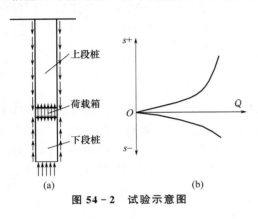

图 54 - 2　试验示意图

接成一体放入桩体后，即可灌注混凝土成桩。试验时，在地面上通过油泵加压，随着压力的增加，荷载箱将同时向上、向下发生变位，促使桩侧阻力及桩端阻力的发挥。图 54 - 2 为试验示意图。由于加载装置简单，多根桩可同时进行测试。

荷载箱中的压力可由压力表测得，荷载箱向上、向下的位移可用位移传感器测得。因此，可根据读数绘出向上的力与位移图及向下的力与位移图，根据两条 $Q - s$ 曲线及相应的 $s - \lg t$、$s - \lg Q$ 曲线，可分别求得荷载箱上段桩及下段桩的极限承载力；将上段桩的极限承载力经一定处理后与下段桩的极限承载力相加，即为桩的极限承载力。

54.1.3.2　测试准则

1. 测试时间

在桩身强度达到设计要求的 80% 前提下，成桩到开始试桩的时间可根据具体试桩工程，参照相关标准执行。例如，《建筑基桩检测技术规范》（JGJ 106—2014）规定：对于砂土不少于 7 天，对于粉土不少于 10 天，对于黏性土不少于 15 天，对于淤泥及淤泥质土不少于 25 天。当采用后压浆施工工艺时，结合土层条件，压浆后休止时间不宜少于 20 天，当浆液中掺入早强剂时可于压浆完成后 15 天进行试验。

2. 加载方式

一般采用慢速维持荷载法，即逐级加载，每级荷载作用下，上、下两段桩均达到相对稳定后方可加下一级荷载，直到试桩破坏。当一段桩已达到破坏，而另一段桩未破坏时，应继续加载，直至两段桩均破坏，然后分级卸载到零。为测试实际工程桩的荷载特征，可采用多循环加卸载法（每级荷载达到相对稳定后卸载到零）。为缩短试验时间，对于工程桩的检验性试验，可采用快速维持荷载法，即一般每隔一小时加一级荷载。

3. 加卸载与位移观察

加卸载分级、位移观察间隔时间及位移相对稳定标准可根据具体试桩工程，参考相应的行业规范执行。例如，《公路桥涵施工技术规范》* 的规定如下。

（1）荷载分级

加载应分级进行，采用逐级等量加载，每级荷载宜为最大加载值的 1/10，其中第一级加载量可取分级荷载的 2 倍。

---

* 编辑注：现行标准应为 JTG/T 3650—2020，因本书编写时新标准未发布，按 JTG/T F50—2011 编写。

（2）位移观测

每级加载后在第一小时内分别于 5min、15min、30min、45min、60min 各测读一次，以后每隔 30min 测读一次。电子位移传感器连接到计算机，直接由计算机控制测读，在计算机屏幕上显示 Q-s、s-$\lg t$、s-$\lg Q$ 曲线。

（3）稳定标准

每级加载下沉量在下列时间内如不大于 0.1mm 即可认为稳定：

① 桩端下为巨粒土、砂类土、坚硬黏质土，最后 30min。

② 桩端下为半坚硬和细粒土，最后 1h。

（4）终止加载条件

① 荷载箱上段位移出现下列情况之一时即可终止加载：

a. 某级荷载作用下，荷载箱上段位移增量大于前一级荷载作用下位移增量的 5 倍，且位移总量超过 40mm。

b. 某级荷载作用下，荷载箱上段位移增量大于前一级荷载作用下位移增量的 2 倍，且经 24h 尚未达到本规程第 4.3.3 条第 2 款的相对稳定标准。

c. 已达到设计要求的最大加载量且荷载箱上段位移达到相对稳定标准。

d. 当荷载-位移曲线呈缓变型时，可加载至荷载箱向上位移总量达 40～60mm（大直径桩或桩身弹性压缩较大时取高值）。

② 荷载箱下段位移出现下列情况之一时即可终止加载：

a. 某级荷载作用下，荷载箱下段位移增量大于前一级荷载作用下位移增量的 5 倍，且位移总量超过 40mm。

b. 某级荷载作用下，荷载箱下段位移增量大于前一级荷载作用下位移增量的 2 倍，且经 24h 尚未达到本规程第 4.3.3 条第 2 款的相对稳定标准。

c. 已达到设计要求的最大加载量且荷载箱下段位移达到相对稳定标准。

d. 当荷载-位移曲线呈缓变型时，可加载至荷载箱向下位移总量达 60～80mm（大直径桩或桩身弹性压缩较大时取高值）；当桩端阻力尚未充分发挥时，可加载至总位移量超过 80mm。

③ 荷载已达荷载箱加载极限，或荷载箱两段桩位移已超过荷载箱行程，即可终止加载。

（5）卸载及测试

① 卸载应分级进行，每级卸载一般可为 2 倍加载荷载分级。每级荷载卸载后，应观测两段桩的回弹量，观测办法与加载时相同。直到回弹量稳定后，再卸下一级荷载。回弹量稳定标准与加载稳定标准相同。

② 卸载到零后，至少在 1.5h 内每 15min 观测一次，开始 30min 内每 15min 观测一次。

4. 成果整理

（1）试验概况

将试验概况和地质勘察成果整理成表格形式（表 54-1、表 54-2），并对成桩和试验过程中出现的异常现象作补充说明。

表 54-1 单桩竖向静载试验概况

工程名称			地址		试验单位		
试桩编号			桩型		试验起止时间		
成桩工艺			桩断面尺寸/mm		桩长		
混凝土强度等级	设计		灌注桩虚土厚度/m		配筋	规格	
	实际		灌注充盈系数/%			长度	配筋率/%

表 54 - 2　土层分布情况

土层序号	土层名称	描述	地质符号	相对标高	荷载箱位置	试桩平面布置示意图
1						
2						
3						
4						
5						

（2）单桩竖向静载试验记录

单桩竖向静载试验记录见表 54 - 3、表 54 - 4。根据需要，一般应绘制 $Q\text{-}s_{上}$、$Q\text{-}s_{下}$、$s_{上}\text{-}\lg t$、$s_{下}\text{-}\lg t$、$s_{上}\text{-}\lg Q$、$s_{下}\text{-}\lg Q$ 曲线。

表 54 - 3　单桩竖向静载试验记录

荷载/kN	观测时间 月/日/时/分	间隔时间 /min	向上位移/mm				向下位移/mm			
			表1	表2	平均	累计	表1	表2	平均	累计

试验：　　　　　　　　　　　　　　资料整理：　　　　　　　　　　　　　校核：

表 54 - 4　单桩竖向抗压静载试验结果汇总

序号	荷载 /kN	历时/min		向上位移/mm		向下位移/mm	
		本级	累计	本级	累计	本级	累计

试验：　　　　　　　　　　　　　　资料整理：　　　　　　　　　　　　　校核：

在实际工程测试时，上述表格及曲线均由计算机自动生成。

测定桩身应力、应变时，应整理出有关数据的记录表，绘制桩身轴力分布、侧阻力分布、桩顶荷载-沉降、桩端阻力-沉降关系等曲线。

54.1.3.3　极限承载力的确定

根据位移随荷载变化的特性确定极限承载力，不同行业标准确定的方法有所不同。例如，对于建筑基桩，规定如下：对于陡变形 $Q\text{-}s$ 曲线，取曲线发生明显陡变的起始点；对于缓变形 $Q\text{-}s$ 曲线，上段桩极限侧阻力值取对应于向上位移 $s_{上}=40\text{mm}$ 时的荷载，下段桩极限承载力值取 $s_{上}=40\text{mm}$ 时的荷载，当桩长大于 40m 时宜考虑桩身弹性压缩量；对直径大于或等于 800mm 的桩，可取 $s=0.05D$（D 为桩端直径）对应的荷载。

根据沉降随时间变化的特征确定极限承载力：取 $s\text{-}\lg t$ 曲线尾部出现明显弯曲的前一级荷载值。根据上述准则，可求得桩上、下段极限承载力实测值 $Q_{u上}$、$Q_{u下}$。用该法测试时，荷载箱上部桩身自重方向与桩侧阻力方向一致，故在判定桩侧阻力时应当扣除荷载箱上部桩身自重。

用该法测出的上段桩摩阻力方向是向下的，与常规的摩阻力方向相反。传统加载时，侧阻力将使土层压密，而用该法加载时，上段桩侧阻力将使土层减压松散，故用该法测出的摩阻力小于常规摩阻力，国内外大量的对比试验已证明该结论。

目前国外采用的该法即由测试值得出抗压桩承载力的方法也不相同。有些国家将上、下两段实测值相叠加而得抗压极限承载力，这样偏于安全、保守。有些国家将上段桩摩阻力乘以大于 1 的系数后再与下段桩叠加而得抗压极限承载力。

我国则将向上、向下的摩阻力根据土性划分。参考我国规范，对于黏土层，向下的摩阻力为 0.6～0.8 倍向上的摩阻力；对于砂土层，向下的摩阻力为 0.5～0.7 倍向上的摩阻力。笔者在同一场地做了多根静载桩与自平衡法的对比试验，表明黏土中系数为 0.73～0.90。因此，桩抗压极限承载力 Q_u 取值为

$$Q_u = \frac{Q_{u\pm} - G_p}{\gamma} + Q_{u\mathrm{下}} \tag{54-1}$$

式中　　G_p——荷载箱上部桩身自重；

　　　　γ——系数，对于黏土、粉土取 $\gamma = 0.8$，对于砂土取 $\gamma = 0.7$，对于岩石取 $\gamma = 1.0$；

$Q_{u\pm}$，$Q_{u\mathrm{下}}$——荷载箱上、下段桩的极限承载力。

上段桩抗拔极限承载力 Q_u 取值为

$$Q_u = Q_{u\pm} \tag{54-2}$$

对于工程应用而言，按以上公式计算已具有足够的精度。

54.1.4　荷载箱放置技术

自平衡试桩法在国内至今已有几百例工程应用。其中，荷载箱的埋设位置是一项关键技术，笔者根据工程实例及试桩经验归纳出了荷载箱在桩中合理的埋设位置，如图 54-3 所示。

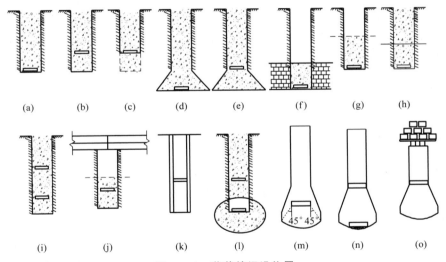

图 54-3　荷载箱埋设位置

图 54-3（a）所示是一般常用位置，即当桩身成孔后先在孔底稍作找平，然后放置荷载箱。其适用于桩侧阻力与桩端阻力大致相等的情况，或端阻大于侧阻而试桩目的在于测定侧阻极限值的情况。例如，镇江电厂高炉基础采用钻孔灌注桩，预估桩端阻力略大于侧阻力，荷载箱摆放在桩端进行测试。

图 54-3（b）所示是将荷载箱放置于桩身中某一位置，此时如位置适当，则当荷载箱以下的桩侧阻力与桩端阻力之和达到极限值时，荷载箱以上的桩侧阻力同时达到极限值。例如云南阿墨江大桥，荷载箱摆放在桩端上部 25m 处，这样上、下段桩的承载力大致相等，确保测试中顺利加载。需要指出的是，目前美国的测试均将荷载箱放置于桩端，而我国则拓宽了其摆放位置。

图 54-3（c）所示为钻孔桩抗拔试验的情况。由于抗拔桩需测出整个桩身的侧阻力，故荷载箱必须摆在桩端，而桩端处无法提供需要的反力，要将该桩钻深，加大桩侧阻力。例如上海吴淞口输电塔大跨越工程，桩长 44m，荷载箱下部再钻深 7m 提供反力。

图 54-3（d）所示为挖孔扩底桩抗拔试验的情况。例如江苏省电网调度中心基础工程，抗拔桩为挖孔扩底桩，荷载箱摆在扩大头底部进行抗拔试验。

图 54-3（e）所示适用于大头桩或当预估桩端阻力小于桩侧阻力而要求测定桩侧阻力极限值时的情况，此时将桩底扩大，将荷载箱置于扩大头上。例如，南京北京西路军区安居房工程，该场地地表5m 下软硬岩交替，挖孔桩侧阻力相当大，故荷载箱置于扩大头上进行测试。南京江浦农业银行综合楼采用夯扩桩，荷载箱摆在夯扩头上进行测试。

图 54-3（f）所示适用于测定嵌岩段的侧阻力与桩端阻力之和。用此法所测结果不致与覆盖土层侧阻力相混。如仍需测定覆盖土层的极限侧阻力，则可在嵌岩段侧阻力与端阻力测试完毕后浇筑桩身上段混凝土，然后进行试桩。例如南京世纪塔挖孔桩工程，设计要求测出嵌岩段侧阻力与端阻力，荷载箱埋在桩端，混凝土浇筑至岩层顶部，设计部门根据测试结果进行扩大头设计。

图 54-3（g）所示适用于有效桩顶标高位于地面以下一定距离时（如高层建筑有多层地下室的情况），此时可将输压管及位移棒引至地面，方便地进行测试。例如，南京电信局多媒体大厦采用冲击钻孔灌注桩，三层地下室底板距地面 14m，预估该段桩承载力达 8MN，而整桩预估承载力高达 40MN。南京地铁新街口站，底板距地面 23m，有效桩长 27m，灌注桩身混凝土至底板下部，两工程试桩分别形成 14m、23m 的空头桩，测试结果消除了多余上部桩身侧阻力的影响。

图 54-3（h）所示适用于需测定两个或两个以上土层的侧阻极限值的情况。可先将混凝土浇筑至下层土的顶面，测试获得下层土的数据，再浇筑至上一层土，进行测试，以此类推，从而获得桩身全长的侧阻极限值。例如江苏省电网调度中心挖孔桩工程，荷载箱摆在桩端，上部先浇筑 2.5m 混凝土，测出岩石极限侧阻力后，上部再浇筑混凝土，测桩端承载力及后浇桩段的承载力。

图 54-3（i）采用两只荷载箱，一只放在桩下部，另一只放在桩身上部，分别测出三段桩的极限承载力。例如润扬大桥世业洲高架桥钻孔桩，桩径 1.5m，桩长 75m，一只荷载箱距桩顶 63m，另一只荷载箱放在 20m 处。由于地震液化的影响，上部 20m 的砂土层侧阻力必须扣除。首先用下面一只荷载箱测出整个桩的承载力，间隔 15 天后再用上面一只荷载箱测出上部 20m 桩的侧阻力，扣除该部分侧阻力即为该桩实际应用的承载力。

图 54-3（j）适用于在地下室中进行试桩的工程。例如 8 层的南京下关商厦已使用多年，根据需要准备扩建为 28 层，因此在二层地下室内补设了多根钻孔灌注桩，并在地下室内进行了承载力测试。该桩承载力达 18000kN，满足建筑加层需要。

图 54-3（k）为管桩测试示意图。例如南京长阳公寓，静压管桩长 36m，直径 0.4m，由三节 12m的桩段组成，首先施工一节管段，待桩压至地面后与荷载箱焊接，再施工上两节管段，荷载箱作为桩段的连接件埋入预定位置处，位移护管则从孔洞中引出地面。

图 54-3（l）为双荷载箱或单荷载箱压浆桩测试示意图。下荷载箱摆在桩端，在压浆前首先对两个荷载箱进行测试，求得桩端承载力、桩身承载力，然后进行桩端高压注浆，再对上、下两个荷载箱进行测试，求得压浆后的桩端承载力和桩身承载力，从而对比得到后压浆对端阻力和桩承载力的提高效果。

图 54-3（m）中将荷载箱埋设在扩大头里面，使得荷载箱底板两边成 45°扩散，覆盖整个扩大头桩端平面，直接测量扩大头桩端全截面的端阻力。例如北京西直门某工程桩径 1.2m，桩端扩大头直径1.8m，荷载箱底面距扩大头底面 300mm，荷载箱直接桩端承载力达 14000kN。

图 54-3（n）中在人工挖孔扩大头桩中埋设两个荷载箱，上荷载箱用于测量直身桩桩侧摩阻力，下荷载箱用于测量单位桩端阻力，再换算成整桩端阻力，最后得到整桩承载力。

如图 54-3（o）所示，在人工挖孔扩大头桩中，由于桩侧摩阻力较小，无法测出上段扩大头端部承载力，这时可在桩顶施加配载，提供反力。例如云南某工程桩径 1m，扩大头直径 1.6m，预估极限承载力 7900kN，而上段桩仅能提供 2200kN 的承载力，这时在上部堆载 200t 反力，进行检测。

总之，荷载箱的位置应根据土质情况、试验目的和要求等确定，其中不仅有寻找平衡点的理论问题，还需要相当重要的实践经验，是一个系统工程。

54.2　向传统静载结果的转换

桩承载力自平衡测试法具有显著的优越性，从工程应用的角度可以完全取代传统静荷载试验方法。但传统静载桩在荷载传递、桩土作用机理上与单桩的实际受荷情况基本一致，是最基本且可靠的测试方法。自平衡法测试结果有向上、向下两个方向的荷载-位移曲线，而传统静载桩只有向下的荷载-位移曲线。因此，分析自平衡法桩上、下桩段的受力特性，将自平衡法测试结果等效成传统静荷载结果，存在转换方法的问题，这是该项技术得以推广应用的一个重要问题。

由于荷载箱将试桩分为上、下两段，荷载传递也分上、下段桩进行分析。对于下段桩，其受力似乎与堆载的受力是一致的，但由于向上的托力通过上段桩身对周围土层产生向上的剪切应力，降低了下段桩周围土层的有效自重应力，其应力场与堆载法相应部位桩周土层的应力场是不同的。由于向上的托力，上段桩承受的是负摩阻力，但上托力作用点位于桩下端，因而与抗拔桩的负摩阻力的分布不同。

如图 54-4 所示，要将用自平衡法获得的向上、向下的两条 $Q\text{-}s$ 曲线通过转换等效为相应的用堆载法获得的一条 $Q\text{-}s$ 曲线表达，首先必须对比两种方法桩的受力机理，从而找出两种结果的换算关系；其次，所得到的承载力和沉降值必须符合工程实际，以确保工程质量，而解决这一问题的关键是进行足够数量的对比试验。

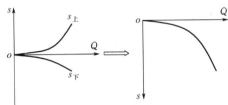

图 54-4　试桩 $Q\text{-}s$ 曲线的转换

54.2.1　简化转换方法

竖向受压桩 [图 54-5 (a)]，桩顶受轴向荷载 Q，桩顶荷载由桩侧摩阻力和桩端阻力共同承担。传统的抗拔桩的受力机理如图 54-5 (b) 所示，即桩顶拉拔力仅由负摩阻力与桩自重平衡。而自平衡桩 [图 54-5 (c)] 有一对自平衡荷载（$Q_上 = Q_下$）施加于平衡点的下段桩顶和上段桩底，其荷载传递分上、下段桩进行分析。下段桩由于荷载箱通常靠近桩端，桩身较短，桩顶荷载由桩端阻力和小部分的桩侧阻力承担，而上段桩桩底的托力由桩侧负摩阻力与桩自重平衡。虽类似于抗拔桩，但应注意，由于上托力作用点在上段桩桩底，其桩侧负摩阻力的分布是不相同的，在极限状态下负摩阻力要大些。

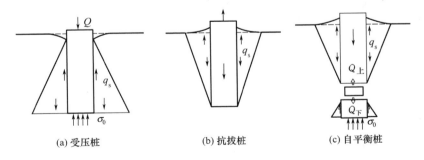

（a）受压桩　　　　　（b）抗拔桩　　　　　（c）自平衡桩

图 54-5　荷载传递简图

如果以自平衡桩的平衡点作分界，将下段桩视为端承桩，则由自平衡桩承载力等效为静载受压桩（以下简称受压桩）承载力的转换问题可简化成仅将自平衡桩的上段桩侧负摩阻力转换为相同条件下受压桩的正摩阻力的问题，对此，定义为简化转换法。

根据受压桩受力简图（图 54-6），经过一系列理论推导，可以将自平衡法测得的向上、向下的两条 $Q\text{-}s$ 曲线转换为受压桩的一条等效桩顶 $Q\text{-}s$ 曲线。

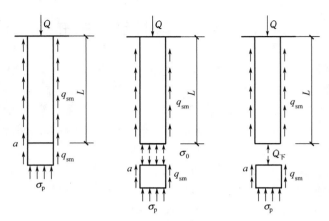

图 54 - 6　受压桩受力简图

此时，受压桩桩顶等效荷载按式（54-3）计算，即

$$Q = K_{上}(Q_{上} - G_p) + K_{下}Q_{下} \tag{54-3}$$

与等效桩顶荷载 Q 相对应的桩顶位移为 s，则有

$$s = s_{下} + \Delta s \tag{54-4}$$

$$\Delta s = \frac{[K(Q_{上} - G_p) + 2Q_{下}]L}{2E_p A_p} \tag{54-5}$$

以上式中　　$K_{上}$，$K_{下}$——上段与下段桩向常规桩顶静载受压桩转换的系数；

　　　　　　$Q_{上}$，$Q_{下}$——平衡点处向上及向下的荷载（kN）；

　　　　　　G_p——上段桩的自重（kN）；

　　　　　　L——上段桩的长度（m）；

　　　　　　E_p——桩身的弹性模量（kPa）；

　　　　　　A_p——桩身的截面面积（m²）。

式（54-5）中 K 应通过自平衡法与受压桩的对比试验确定。

根据自平衡测试的 Q-s 曲线的特点，每施加一级荷载，上、下段桩的位移值不同，而其与传统静载是一一对应的；根据向上与向下位移相等的原则，由式（54-3）对结果进行叠加。根据 $s = s_{下} + \Delta s = s_{上} + \Delta s$ 及算出的阻力 Q 得到传统静载桩的一系列数据点（s_i, Q_i），$i = 1, 2, \cdots, n$，从而得到等效的桩顶荷载-位移曲线（图 54-7）。

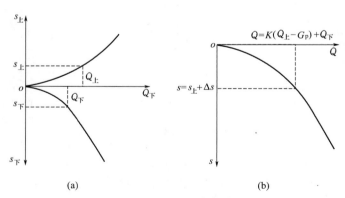

图 54 - 7　Q-s 曲线转换

在式（54-3）和式（54-4）中，$Q_{下}$、$s_{下}$ 可直接测定，G_p、Δs 可通过计算求得。有关 $Q_{上}$ 的取值讨论如下：对自平衡法而言，每一加载等级下由荷载箱产生的向上、向下的力是相等的，但所产生的

位移量是不相等的。因此，$Q_上$ 应该对应于自平衡法 $Q_上$-$s_上$ 曲线中上段桩桩顶位移绝对值等于 $s_下$ 时的上段桩荷载，亦即在自平衡法向上的 Q-s 曲线上使 $s_上 = s_下$ 时所对应的荷载 [图 54-7 (a)]。

54.2.2　精确转换方法

在桩承载力自平衡测试中，可测定荷载箱的荷载、垂直向上和向下的变位量及桩在不同深度的应变。通过桩的应变和截面刚度，由上述公式可以计算出轴向力的分布，进而求出不同深度的桩侧摩阻力，利用荷载传递解析方法，将桩侧摩阻力与变位量的关系、荷载箱荷载与向下变位量的关系换算成等效桩头荷载对应的荷载-沉降关系（图 54-8），称为精确转换法。

荷载传递解析中作如下假定：

1）桩为弹性体。

2）可由单元上下两面的轴向力和平均截面刚度求得各单元的应变。

3）在自平衡法中，桩端的承载力-沉降量关系及不同深度的桩侧摩阻力-变位量关系与标准试验法相同。

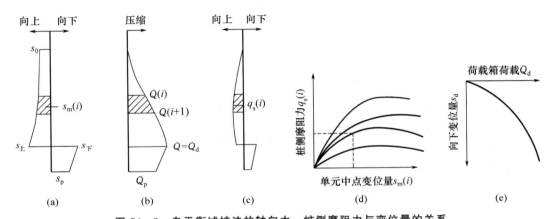

图 54-8　自平衡试桩法的轴向力、桩侧摩阻力与变位量的关系

s_0. 桩头变位；s_d. 荷载箱变位量；s_p. 桩端变位量；Q_d. 荷载箱荷载；Q_p. 桩端轴向力

在自平衡法中，将荷载箱以上部分分割成 n 个点，任意一点 i 的桩轴向力 $Q(i)$ 和变位量 $s(i)$ 可以表示为

$$Q(i) = Q_d + \sum_{m=i}^{n} q_s(m)\{U(m) + U(m+1)\}h(m)/2 \qquad (54-6)$$

$$s(i) = s_d + \sum_{m=i}^{n} \frac{Q(m) + Q(m+1)}{A_p(m)E_p(m) + A_p(m+1)E_p(m+1)}h(m)$$
$$= s(i+1) + \frac{Q(i) + Q(i+1)}{A_p(i)E_p(i) + A_p(i+1)E_p(i+1)}h(i) \qquad (54-7)$$

式中　Q_d——荷载箱荷载（kN）；

$\quad\quad s_d$——荷载箱向下变位量（m）；

$q_s(m)$——m 点（$i \sim n$ 之间的点）的桩侧摩阻力（假定向上为正值）（kPa）；

$U(m)$——m 点处桩周长（m）；

$A_p(m)$——m 点处桩截面面积（m^2）；

$E_p(m)$——m 点处桩弹性模量（kPa）；

$h(m)$——分割单元 m 的长度（m）。

另外，单元 i 的中点变位量 $s_m(i)$ 可表示为

$$s_{\mathrm{m}}(i) = s(i+1) + \frac{Q(i)+3Q(i+1)}{A_{\mathrm{p}}(i)E_{\mathrm{p}}(i)+3A_{\mathrm{p}}(i+1)E_{\mathrm{p}}(i+1)} \cdot \frac{h(i)}{2} \tag{54-8}$$

将式（54-6）代入式（54-7）和式（54-8），可得

$$S(i) = S(i+1) + \frac{h(i)}{A_{\mathrm{p}}(i)E_{\mathrm{p}}(i)+A_{\mathrm{p}}(i+1)E_{\mathrm{p}}(i+1)} \cdot$$

$$\left\{ 2Q_j + \sum_{m=i+1}^{n} q_{\mathrm{s}}(m)[U(m)+U(m+1)]h(m) + q_{\mathrm{s}}(i)[U(i)+U(i+1)]\frac{h(i)}{2} \right\}$$

$$\tag{54-9}$$

$$s_{\mathrm{m}}(i) = s(i+1) + \frac{h(i)}{A_{\mathrm{p}}(i)E_{\mathrm{p}}(i)+3A_{\mathrm{p}}(i+1)E_{\mathrm{p}}(i+1)} \cdot$$

$$\left\{ 2Q_{\mathrm{d}} + \sum_{m=i+1}^{n} q_{\mathrm{s}}(m)[U(m)+U(m+1)]h(m) + q_{\mathrm{s}}(i)[U(i)+U(i+1)]\frac{h(i)}{4} \right\} \tag{54-10}$$

当 $i=n$ 时，则

$$s(n) = s_{\mathrm{d}} + \frac{h(n)}{A_{\mathrm{p}}(n)E_{\mathrm{p}}(n)+A_{\mathrm{p}}(n+1)E_{\mathrm{p}}(n+1)} \left\{ 2Q_{\mathrm{d}} + q_{\mathrm{s}}(n)[U(n)+U(n+1)]\frac{h(n)}{2} \right\} \tag{54-11}$$

$$s_{\mathrm{m}}(n) = s_{\mathrm{d}} + \frac{h(n)}{A_{\mathrm{p}}(n)E_{\mathrm{p}}(n)+3A_{\mathrm{p}}(n+1)E_{\mathrm{p}}(n+1)} \left\{ 2Q_{\mathrm{d}} + q_{\mathrm{s}}(n)[U(n)+U(n+1)]\frac{h(n)}{4} \right\} \tag{54-12}$$

用以上公式，对于用自平衡法测得的桩侧摩阻力 $q_{\mathrm{s}}(i)$ 与变位量 $s_{\mathrm{m}}(i)$ 的关系曲线，可将 $q_{\mathrm{d}}(i)$ 作为 $s_{\mathrm{m}}(i)$ 的函数，对于任意的 $s_{\mathrm{m}}(i)$，可求出 $q_{\mathrm{s}}(i)$，还可由荷载箱荷载 Q_{d} 与沉降量 s_{d} 的关系曲线求出 Q_{d}。所以，对于 $s(i)$ 和 $s_{\mathrm{m}}(i)$ 的 $2n$ 个未知数，可建立 $2n$ 个联立方程式求解。

54.3　自平衡测试技术的适用范围和特点

自平衡测桩法适用于淤泥质土、黏性土、粉土、砂土、岩层及黄土、冻土、岩溶等特殊土中的钻孔灌注桩、人工挖孔桩、沉管灌注桩、管桩及地下连续墙基础，包括摩擦桩和端承桩，特别适用于传统静载试桩相当困难的大吨位试桩、水上试桩、坡地试桩、基坑底试桩、狭窄场地试桩等情况。

长期以来，在对建筑工程与道路桥梁工程基桩竖向抗压承载力进行静荷载试验时，较习惯采用传统静载试桩法，即堆载法和锚桩法。因为传统静载试桩法是与基桩的实际工作状态相同或接近的一种试验方法，也是公认的最直观、最可靠的试验方法，所以往往作为其他承载力试验方法准确性、可靠性的判别标准。

桩承载力自平衡法无需笨重的反力架和大量的堆载，装置简单，其主要特点如下：

1）该法利用桩的侧阻与端阻互为反力，可以直接测得侧阻力与端阻力及各自的荷载-位移曲线。其加载机理与桩的实际工作状态有所不同，加载时，荷载箱上部的桩身向上移动，亦即产生的摩擦力是负摩擦力，检测成果中需将其换算成正摩擦力，$Q\text{-}s$ 曲线也需作等效转换，但其检测成果信息详细，可分别测得桩侧阻力和桩端阻力。

2）该法几乎不受试桩荷载吨位的限制，可以测得大吨位桩基的承载力，使桩基的潜力得以合理发挥。其试验能力取决于具体的地质条件，只要桩侧摩阻力足够大，则其最大试验能力几乎不受其他因素限制。

3）该法对试桩场地条件要求较低。试桩点处只需放置测量沉降的基准梁，占用场地很小，几乎不受场地条件的限制，故该法适用范围广，不但可以在传统堆载法无法进行的水上、坡地、基坑底、狭窄场地等恶劣情况下实现试桩，也可对用传统试桩法难以进行的斜桩、嵌岩桩、抗拔桩等进行测试。

4）该法装置较简单，试桩过程省力、省时、省费用。测试时不需运入数百吨或数千吨物料，不需构筑笨重的反力架。其加载装置主要是一个特制的荷载箱，没有大量的堆载，也不用专门修建道路、制作加强桩头及平整加固场地。即使荷载箱为一次性投入器件，但其检测费用仍比传统静载试桩法节省30%～60%，节约比例具体视桩与地质条件而定，一般承载力越高，优势越明显。其试桩过程可与基桩施工基本同步，即在进行基桩混凝土浇筑时可将荷载箱一并埋设，待桩身混凝土达到一定强度（一般混

凝土龄期 15 天可达设计强度的 70% 左右），且土体稳定后开始测试。测试时只需几台高压油泵，就可实现多根桩的同时测试，加之荷载箱埋入后基本不受天气影响，故总工期可以大大缩短。

5）该法操作安全可靠。由于其加载装置埋入基桩混凝土内部，地面部分基本没有受力点，故几乎不可能发生安全事故。试验后试桩仍可作为工程桩使用，必要时还可利用预埋管对荷载箱进行压力灌浆。

6）该法还可应用于基桩研究领域。自平衡静载试桩法的独有特点使下列研究成为可能：

① 分别测量桩侧阻力和桩端阻力。

② 可测得土阻力的静蠕变和恢复效果，试验荷载能保持任意长时间段，因此可实测桩侧和桩端阻力的蠕变行为数据，沉桩结束后土阻力的恢复也可在任何时候方便地得到。

③ 能无限循环加载。

④ 能测试任意角度的斜桩。

⑤ 可单独测试嵌岩段，而不包括覆盖层。

⑥ 荷载能施加在任一指定的区段，如高层建筑常有一至数层地下室，其桩基的有效长度应从地下室地板的底面算起。自平衡法可以克服传统静载试验只能在地面上进行的缺陷，能在基坑挖到设计标高后再做静荷载试验，从而直接测得有效桩长的承载力。

⑦ 该法方便重复试验。可在不同的桩端深度（双荷载箱或多荷载箱技术）和同一桩端深度的不同时间（后压浆试桩效果对比），在同一根桩上方便地进行试验。

综上所述，自平衡静载试桩方法与传统静载试桩方法相比至少在下述几个方面具有明显的优势：

① 可实现超大吨位试桩，满足目前大量高层建筑和特大公路桥梁工程基桩较高的单桩承载力的要求。

② 可实现恶劣场地试桩，特别适用于传统静载试桩法难以甚至无法实施的水上试桩、斜坡试桩、深基坑底试桩及狭窄场地试桩等情况。

③ 省力、省钱、省时。

④ 具有强大的研究功能。

54.4　典型工程实例

54.4.1　南京紫峰大厦工程

54.4.1.1　工程概况

绿地广场·紫峰大厦位于南京市鼓楼广场西北角，东靠中央路，南临中山北路，总建筑面积 239400m²，由两幢塔楼（主楼和副楼）及裙房组成。主楼地上 70 层，地上建筑高约 400m，主要功能为办公及酒店；副楼地上 24 层，地上建筑高约 100m，主要功能为办公；裙房地上 7 层，地上高约 36m；地下 4 层，埋深约 ±0.000 以下 20.5m。

本项目基础采用人工挖孔桩，根据国家规范和设计要求，进行了 5 根桩基静荷载试验，有关参数见表 54-5。

表 54-5　试桩参数一览

编号	桩身直径 /mm	扩大头直径 /mm	桩顶标高 /m	有效桩长 /m	混凝土强度	桩的类型	预定加载值/kN
SRZ1-1	2000	4000	−23.70	22.50	C45	抗压	75200
SRZ1-2	2000	4000	−27.45	22.50	C45	抗压	75200
SRZ3	1500	3000	−21.80	21.50	C40	抗压	42000
SRZ5	1400	3000	−21.70	8.00	C40	抗拔	22000
SRZ6	1100	2200	−21.70	6.00	C40	抗压/抗拔	20000/8400

54.4.1.2 地质条件

场地内上部土层以黏性土为主，下部为基岩，基岩部分地层分布如下：

⑤$_{1a}$全风化安山岩（J_3^1），褐红色，经强烈风化已成砂土状，夹有少许完全风化的原岩碎块。中偏低压缩性，遇水易散，层顶埋深 6.70～21.50m，层顶标高－3.26～11.91m，层厚 0.30～5.40m。

⑤$_{1b}$强风化安山岩（J_3^1），褐红色，风化成砂土状夹碎块状。岩石原有结构已完全破坏，遇水软化。层顶埋深 8.70～23.00m，层顶标高－4.76～10.14m，层厚 0.80～7.14m。

⑤$_2$中风化安山岩（J_3^1），层顶埋深 12.00～29.50m，层顶标高－10.91～7.14m。根据岩体工程力学性质，划分为如下 4 个亚层：

⑤$_{2a}$较完整的较软岩、软岩，褐红～暗红，间夹灰白色，斑状结构，块状构造。岩芯呈柱状或短柱状，局部节理发育，主要为闭合裂隙，裂隙呈"X"状，倾角为 45°～60°，裂隙填充有方解石脉，另有一组倾角为 75°～85°的微张节理。部分裂隙张开，可见小溶孔分布，内有方解石晶簇。岩性较坚硬，场地北侧岩质坚硬，部分硅化、褐铁矿化蚀变，强度较高。

⑤$_{2b}$较完整的软岩、极软岩，褐红色，局部呈灰白间夹紫红色，斑状结构，块状构造。岩芯呈柱状或短柱状，间夹碎块状，节理裂隙发育，主要为闭合裂隙，倾角为 45°～60°，裂隙填充有高岭土及方解石脉，岩芯高岭土化、绿泥石化严重，岩性较软，遇水极易软化崩解，部分手掰即断，常见挤压镜面。

⑤$_{2c}$较破碎～破碎的软岩，褐红色，斑状结构，块状构造。岩芯破碎，岩芯以棱角状、碎石状为主，节理裂隙极发育，密集且杂乱，有一组呈"X"状，倾角为 45°～60°，闭合型节理，有一组倾角为 75°左右的微张裂隙，裂隙填充有高岭土、绿泥石及少量钙质、铁质等。岩芯较坚硬，局部岩芯高岭土化、绿泥石化严重，见溶蚀孔洞。

⑤$_{2d}$较破碎～破碎的极软岩，褐红～灰白色，斑状结构，块状构造。该层受构造运动的影响较大，挤压镜面和错动明显，形成软弱夹层，岩芯呈坚硬土～碎石状，节理裂隙极发育，岩性软弱，强度较低，易碎，局部已泥化，遇水极易崩解。

岩石的物理力学指标见表 54－6。

表 54－6 岩石的物理力学指标

层号	天然单轴抗压强度/MPa		饱和单轴抗压强度/MPa		软化系数	天然状态抗剪强度		天然弹性模量 E/MPa	天然状态泊松比 μ	天然块体密度/(g/cm³)
	平均值	标准值	平均值	标准值		黏聚力/MPa	内摩擦角/(°)			
⑤$_{1b}$	0.46	0.35	0.22	—	0.09	—	—	600	0.19	241
⑤$_{2a}$	11.47	10.20	10.53	9.30	0.31	4.60	47.1	21335	0.13	252
⑤$_{2b}$	5.40	4.52	4.23	3.20	0.22	2.15	46.8	13454	0.15	246
⑤$_{2c}$	4.42	3.78	5.45	4.41	0.26	2.66	47.5	16022	0.15	247
⑤$_{2d}$	0.64	0.53	0.41	0.31	—	—	—	500	0.21	238

54.4.1.3 测试情况

1）SRZ5 试桩于 2006 年 4 月 24 日成桩，持力层为⑤$_{2c}$，荷载箱埋置于桩端，箱底标高为－30.4m，底板直径 1.2m。加载到 22000kN 时，桩向上位移 10.71mm，向下位移 21.80mm，压力稳定。继续加载至第 11 级荷载（24200kN），桩向上位移 13.30mm，向下位移 25.15mm。本级压力已经达到荷载箱极限，故稳定后终止加载。加载值 $Q_{u上}$取第 11 级荷载（24200kN），$Q_{u下}$也取第 11 级荷载（24200kN）。

SRZ5 试桩的抗拔极限承载力为 $Q_u＝Q_{u上}＝24200$kN。

SRZ5 试桩⑤$_{2c}$层的极限端阻力为 $Q_{u下}/A_p＝24200/（3.14×0.65^2）＝18240$（kPa）。

2）SRZ6 试桩于 2006 年 4 月 30 日成桩，持力层为 ⑤$_{2b}$，荷载箱埋置于桩端，箱底标高为 -28.2m，底板直径 1.0m。2006 年 5 月 9 日开始测试，2006 年 5 月 10 日测试结束。在加载到第 10 级荷载（8400kN）时桩向上位移 9.2mm，向下位移 14.85mm，压力稳定。继续加载至第 11 级荷载（9240kN），桩向上位移 10.00mm，向下位移 16.00mm。本级压力已经达到荷载箱极限，故稳定后终止加载。加载值 $Q_{u上}$ 取第 11 级荷载（9240kN），$Q_{u下}$ 也取第 11 级荷载（9240kN）。

SRZ6 试桩的抗拔极限承载力为 $Q_u = Q_{u上} = 9240$kN。

SRZ6 试桩 ⑤$_{2b}$ 层的极限端阻力为 $Q_{u下}/A_p = 9240/(3.14 \times 0.5^2) = 11770$（kPa）。

3）SRZ3 试桩于 2006 年 5 月 1 日成桩，持力层为 ⑤$_{2c}$，荷载箱埋置于扩大头顶面，箱底标高为 -41.9m，底板直径 1.3m。2006 年 5 月 9 日开始测试，2006 年 5 月 10 日测试结束。在加载到第 10 级荷载（21000kN）时桩向上位移 5.01mm，向下位移 2.90mm，压力稳定。继续加载至第 11 级荷载（23200kN），桩向上位移 5.60mm，向下位移 3.20mm。本级压力已经达到荷载箱极限，故稳定后终止加载。加载值 $Q_{u上}$ 取第 11 级荷载（23200kN），$Q_{u下}$ 也取第 11 级荷载（23200kN）。

SRZ3 试桩的抗压极限承载力为

$$Q_u = \frac{Q_{u上} - W}{\gamma} + Q_{u下} = \frac{23200 - 3.14 \times 0.75^2 \times (21.6 - 1.5) \times 24.5}{1} + 23200 = 45530(\text{kN})$$

4）SRZ1-1 和 SRZ1-2 桩身埋有钢筋计和光纤传感器，可测量各岩层的侧摩阻力；荷载箱埋设于扩大头上端。SRZ1-1 箱底标高为 -44.24m，底板直径 1.8m。SRZ1-2 箱底标高为 -48.55m，底板直径 1.8m。两根试桩采用等效转换方法得到的等效转换曲线如图 54-9 和图 54-10 所示。

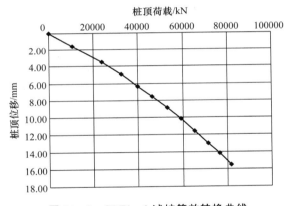

图 54-9　SRZ1-1 试桩等效转换曲线

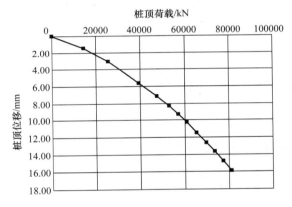

图 54-10　SRZ1-2 试桩等效转换曲线

由图 54-9 和图 54-10 可见，两根试桩的等效转换曲线均为缓变型，取最大位移对应的荷载值为极限承载力。

SRZ1-1 试桩整桩极限承载力为 81545kN，相应的位移为 15.53mm；SRZ1-2 试桩整桩极限承载力为 81267kN，相应的位移为 15.92mm。

① 桩侧摩阻力。SRZ1-1 和 SRZ1-2 试桩实测各土层摩阻力的发挥情况如图 54-11 和图 54-12 所示。

② 桩端承载力（整个扩大头部分）。SRZ1-1 试桩桩端阻力-位移曲线如图 54-13 所示，桩端极限阻力为 41360kN，相应的位移为 2.63mm。SRZ1-2 试桩桩端阻力-位移曲线如图 54-14 所示，桩端极限阻力为 41360kN，相应的位移为 2.91mm。

54.4.1.4　结论

1）自平衡测试法具有省时省力、场地适应性强、不受吨位限制等优点。两根试桩 SRZ1-1 和 SRZ1-2 的极限承载力都超过了 80000kN，且均在超过 20m 深的基坑内进行试验，采用传统的锚桩法和堆载法难以进行测试。

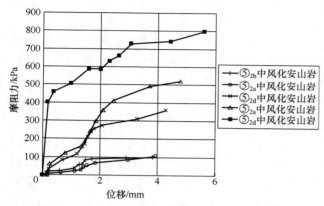

图 54-11　SRZ1-1 试桩桩侧摩阻力-位移曲线

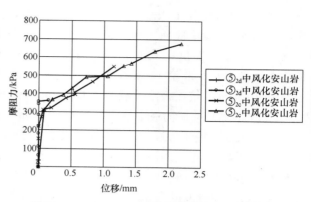

图 54-12　SRZ1-2 试桩桩侧摩阻力-位移曲线

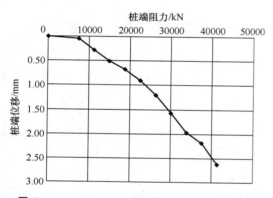

图 54-13　SRZ1-1 试桩桩端阻力-位移曲线

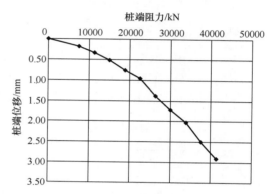

图 54-14　SRZ1-2 试桩桩端阻力-位移曲线

2）当荷载箱埋设于桩端时，可以直接提供试桩的抗拔承载力和桩端持力层的承载力。本工程的两根试桩 SRZ5 和 SRZ6 分别提供了抗拔力和⑤$_{2c}$、⑤$_{2b}$层的端阻力。

3）由 SRZ1-1 和 SRZ1-2 的端阻力（整个扩大头部分）测试结果可见，人工挖孔嵌岩桩扩大头部分可以提供很高的承载力。

4）从试桩 SRZ1-1 和 SRZ1-2 的侧摩阻力-位移曲线来看，SRZ1-1 的侧阻力在 3mm 左右时达到极限值，而试桩 SRZ1-2 由于产生的位移较小，侧阻力尚未完全发挥。

5）光纤传感器用于桩身应变的测量是可行的，其测试数据理想且稳定。

54.4.2　南京青奥中心

54.4.2.1　工程概况

南京青奥中心位于南京市建邺区江山大街北侧，金沙江东路南侧，扬子江大道东南侧，燕山路南延段西侧。根据地质报告，场地土层分布情况如下：

①层杂填土，杂色，松散，局部夹粉质黏土，层厚 1.10～7.30m。

②$_1$层粉质黏土，灰黄色，可塑，无摇振反应，稍有光泽，韧性中等，干强度中等，中等压缩性，分布于场地北侧；层厚 0.50～3.40m，层顶标高为 4.90～6.73m。

②$_2$层淤泥质粉质黏土，灰色，饱和，流塑，无摇振反应，稍有光泽，韧性中等，干强度中等，高压缩性，局部夹粉土；层厚 5.20～15.00m，层顶标高为 0.06～5.82m。

②$_3$层粉质黏土夹砂，灰色，饱和，软～流塑，粉质黏土为主，局部夹粉土及粉细砂；层厚 0.60～5.70m，层顶标高为 -7.63～-1.55m。

③₁层粉砂，灰色，饱和，中密；层厚 2.60～11.60m，层顶标高为 -11.68～-5.05m。

③₂层中砂，灰色，饱和，密实；层厚 15.80～31.90m，层顶标高为 -18.45～-11.17m。

③₂A层粉质黏土夹砂，灰色，饱和，软～流塑，局部夹粉细砂；层厚 0.80～6.10m，层顶标高为 -39.71～-33.41m。

④ 中粗砂混砾石，灰色，饱和，粗砾砂为密实状，砾石为石英质，粒径为 20～50mm，含量为 10%～25%，呈层状分布；层厚 3.50～16.80m，层顶标高为 -46.21～-40.36m。

⑤₁层强风化泥岩，棕红色，岩石风化强烈，呈砂土状，结构构造不清晰；层厚 0.30～2.70m，层顶标高为 -58.43～-48.67m。

⑤₂层中风化泥岩，棕红色，岩体完整，岩芯呈柱状、长柱状，岩质较软，属极软岩，未钻穿，岩体基本质量等级为 V 级；层顶标高为 -58.93～50.97m。

⑤₃层微风化泥岩，棕红色，岩体完整，岩质软。

54.4.2.2　检测桩概况

检测桩采用钻孔灌注桩施工工艺，施工过程基本正常。自平衡检测桩的有关参数详见表 54-7，检测桩平面位置如图 54-15 所示。表 54-8 为桩端压浆参数。

表 54-7　自平衡检测桩有关参数

检测桩编号	桩身直径/mm	桩顶标高/m	设计桩长/m	荷载箱位置/m	桩端持力层	设计单桩极限承载力/kN	地质参考孔
SZH1-1	1200	-16.0	64.7	设计底标高 -68.2	⑤₃层微风化泥岩	40000	J1
SZH1-2	1200	-16.0	64.56	设计底标高 -68.06	⑤₃层微风化泥岩	40000	J1
SZH1-3	1200	-16.0	64.4	设计底标高 -67.91	⑤₃层微风化泥岩	40000	J1
SZH2-1	2000	-16.0	69.7	设计底标高 -70.2	⑤₃层微风化泥岩	80000	J2
SZH2-2	2000	-16.0	69.75	设计底标高 -70.25	⑤₃层微风化泥岩	80000	J2
SZH2-3	2000	-16.0	68.85	设计底标高 -69.35	⑤₃层微风化泥岩	80000	J2

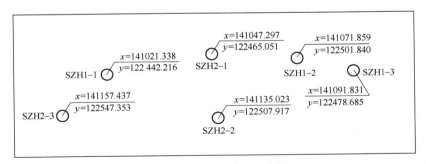

图 54-15　检测桩平面位置

表 54-8　桩端压浆参数

检测桩编号	桩身直径/mm	压力值/MPa	压浆量/t	持续时间/min
SZH1-1	1200	7.0	2.0	120
SZH1-2	1200	7.5	2.0	120
SZH1-3	1200	7.5	2.5	160
SZH2-1	2000	7.5	4.5	180
SZH2-2	2000	7.0	4.0	160
SZH2-3	2000	7.5	4.0	180

54.4.2.3 试验结果

由现场实测数据绘制 $Q-s$ 曲线、$s-\lg t$ 曲线和 $s-\lg Q$ 曲线。根据行业标准《建筑基桩检测技术规范》（JGJ 106—2014）和《基桩静载试验 自平衡法》（JT/T 738—2009）综合分析，各检测桩极限承载力见表 54-9。

表 54-9 按自平衡法规范公式（1）得到的承载力计算结果

桩 号	SZH1-1	SZH1-2	SZH1-3
荷载箱上部桩的实测承载力 $Q_{u上}$（kN）	22000	22000	22000
荷载箱下部桩的实测承载力 $Q_{u下}$/kN	22000	22000	22000
荷载箱上部桩长度/m	54.2	54.06	53.91
荷载箱上部桩自重/kN	1501	1497	1493
荷载箱上部桩侧摩阻力修正系数 γ	1.0	1.0	1.0
单桩竖向抗压极限承载力 Q_u/kN	$(22000-1501)/1.0+22000$ $=42499$	$(22000-1497)/1.0+22000$ $=42503$	$(22000-1493)/1.0+22000$ $=42507$

桩 号	SZH2-1	SZH2-2	SZH2-3
荷载箱上部桩的实测承载力 $Q_{u上}$/kN	44000	44000	44000
荷载箱下部桩的实测承载力 $Q_{u下}$/kN	44000	44000	44000
荷载箱上部桩长度/m	56.2	56.25	55.35
荷载箱上部桩自重/kN	4323	4327	4258
荷载箱上部桩侧摩阻力修正系数 γ	1.0	1.0	1.0
单桩竖向抗压极限承载力 Q_u/kN	$(44000-4323)/1.0+44000$ $=83677$	$(44000-4327)/1.0+44000$ $=83673$	$(44000-4258)/1.0+44000$ $=83742$

54.4.2.4 结论

检测桩 SZH1-1 极限承载力 $Q_u \geqslant 40000kN$，满足设计要求（40000kN）。

检测桩 SZH1-2 极限承载力 $Q_u \geqslant 40000kN$，满足设计要求（40000kN）。

检测桩 SZH1-3 极限承载力 $Q_u \geqslant 40000kN$，满足设计要求（40000kN）。

检测桩 SZH2-1 极限承载力 $Q_u \geqslant 80000kN$，满足设计要求（80000kN）。

检测桩 SZH2-2 极限承载力 $Q_u \geqslant 80000kN$，满足设计要求（80000kN）。

检测桩 SZH2-3 极限承载力 $Q_u \geqslant 80000kN$，满足设计要求（80000kN）。

54.4.3 上海东海大桥海上风电一期项目

54.4.3.1 工程概况

东海大桥近海风电场为中国第一个海上风电场地，工程位于上海市东海大桥东部海域，总装机容量 102MW，安装 34 台单机容量 3MW 的 SL3000 离岸型风电机组。风电场海域范围距岸线 8～13km。风电场最北端距离南汇嘴岸线 8km，最南端距岸线 13km，在距离东海大桥以东 1km 处海域布置 4 排、34 台单机 3MW 风力发电机组，风机南北向间距（沿东海大桥方向）约 1000m，东西向间距（垂直于东海大桥方向）约 500m。

风机基础采用高桩混凝土承台，每个风机设置一个基础，共 34 个基础。基础分两节，下节为直径 14.00m、高 3.00m 的圆柱体，上节为上直径为 6.50m、下直径为 14.00m 的圆台体。基础混凝土采用强度等级为 C45 的高性能海工混凝土。基础结构底面高程为 0.50m（国家 85 高程，下同），基础封底混凝土底面高程为 -0.30m。基础顶面高程为 5.00m。每个基础设置 8 根直径 1.70m 的钢管桩，采用

6∶1 的斜桩。桩顶高程为 2.20m，桩底高程为 −80.00～−75.00m。8 根桩在承台底面沿以承台中心为圆心、半径为 5.00m 的圆周均匀布置。钢管桩管材为 Q345C，上段管壁厚 30mm，下段管壁厚 20mm。

风机塔架与基础承台连接段采用一个直径为 4.50m、厚度为 60mm 的连接钢管，连接钢管顶部高程为 10.00m，底部高程为 1.50m，埋入承台深度为 3.50m。风机塔筒与连接钢筒采用一对法兰连接。10.00m 高程处设置一个钢结构工作平台。承台基础外侧设置钢结构靠船设施和爬梯，承台周围设置橡胶护舷。

风机基础结构的布置如图 54−16 所示。

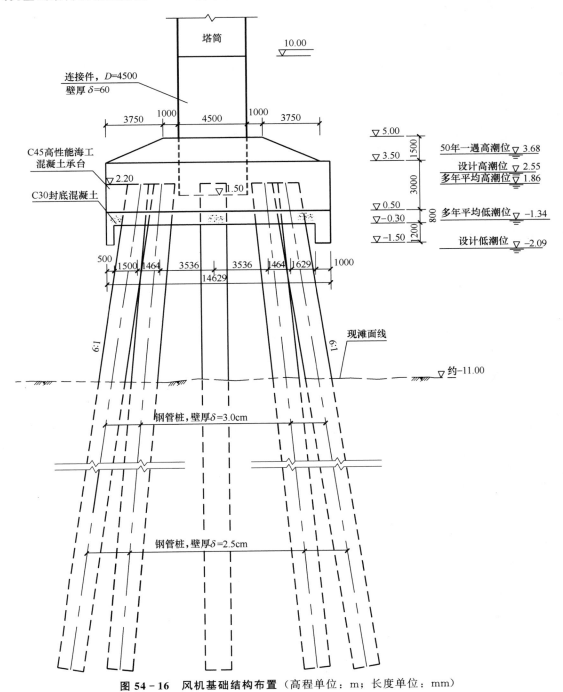

图 54−16　风机基础结构布置（高程单位：m；长度单位：mm）

根据国家规范和设计要求，对该工程钢管桩试桩采用自平衡法进行竖向静载试验。工程试桩有关参数见表 54−10。

表 54-10　试桩参数一览

试桩编号	桩径/mm	桩长/m	桩顶标高/m	桩底标高/m	海床面/m	预估抗拔加载值/kN	预估抗压加载值/kN
PZ1	1700	82.1	7.1	−75.00	−11.00	14000	16000
PZ2	1700	82.1	7.1	−75.00	−11.00	14000	16000

54.4.3.2　地质概况

工程区位于南汇区海域，海底较平缓，海底滩面高程为−12.87～−10.00m，滩地表层主要为淤泥，局部夹薄层粉土。未发现深大断裂和活动性断裂通过，区域构造稳定性较好。

本场地最大勘探揭露深度为80.45m，揭露的地基土层按地质时代、成因类型、土性和物理力学性质的差异可分为7个大层，其中④层分为3个亚层，⑦层分为2个亚层，⑦₁层、⑦₂层又各分为2个次亚层。部分土层分布情况见表54-11。

表 54-11　部分土层分布情况

土层编号	土层名称	顶面高程/m	预估侧阻力/kPa	预估端阻力/kPa
①	淤泥	−11.00	0	—
③	淤泥质粉质黏土	−11.40	10	—
④₁	淤泥质黏土	−15.00	15	—
④₃	淤泥质粉质黏土	−24.10	25	—
⑤₃	黏土	−28.20	40	—
⑦₁₋₂	粉砂	−38.80	80	—
⑦₂₋₁	粉细砂	−48.20	100	6000
⑦₂₋₂	粉细砂	−66.00	110	7000

54.4.3.3　试验结果分析

试桩测试结果见表54-12。

表 54-12　试桩测试结果

试桩编号	PZ1（第一次加载）	PZ2	PZ1（第二次加载）
预定加载值/kN	2×16000	2×16000	2×16000
最终加载值/kN	2×8000	2×9000	2×10000
荷载箱处最大向上位移/mm	124.73	118.69	117.59
荷载箱处最大向下位移/mm	6.16	8.09	10.09
桩顶向上位移/mm	120.42	112.02	112.52
上段桩压缩量/mm	4.31	6.67	5.07

通过上节轴向力测试和相关指标的计算，可以得出试桩的极限抗压承载力的构成，列于表54-13中。

表 54-13　极限抗压承载力构成

试桩编号	桩侧摩阻力		桩端阻力		极限承载力/kN	相应位移/mm
	数值/kN	比例/%	数值/kN	比例/%		
PZ1（第一次加载）	13733	86.16	2207	13.84	15939	49.76
PZ2	16335	85.57	2755	14.43	19090	58.32
PZ1（第二次加载）	18330	85.27	3167	14.73	21497	54.51

试桩承载力转换曲线如图 54 - 17～图 54 - 19 所示。

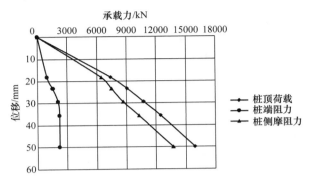

图 54 - 17　PZ1 试桩第一次加载承载力分布转换曲线

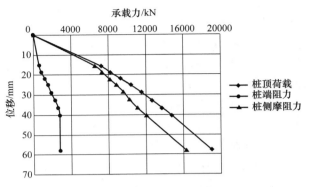

图 54 - 18　PZ2 试桩承载力分布转换曲线

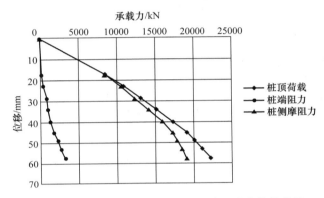

图 54 - 19　PZ1 试桩第二次加载承载力分布转换曲线

本次试验取得了较好的效果，通过对试验数据进行整理分析，可以得出如下结论：

1）PZ1 试桩第一次加载极限抗拔承载力为 11457kN，相应的位移为 7.78mm，极限抗压承载力为 15939kN，相应的位移为 49.76mm；PZ2 试桩极限抗拔承载力为 13383kN，相应的位移为 7.56mm，极限抗压承载力为 19090kN，相应的位移为 58.32mm；PZ1 试桩第二次加载极限抗拔承载力为 15117kN，相应的位移为 8.96mm，极限抗压承载力为 21497kN，相应的位移为 54.51mm。

2）PZ1 第一次加载试桩承载力实测值偏小，第二次加载实测值偏大，建议设计时以 PZ2 试桩的实测值为准。

原因：PZ1 试桩在取土后立即进行第一次试验，取土施工可能对试桩有一定扰动，同时试验时以 1600kN 进行加载分级，等级偏大，可能导致 PZ1 试桩承载力实测值偏小。第二次试桩加载距第一次长达 20 天，对承载力有提高作用，同时第一次加载时有部分土被挤密，完成塑性变形，可能导致第二次试桩承载力实测值偏高。

3）承载力及分层阻力推荐值：经过对比分析，建议以 PZ2 实测值作为推荐值。

试桩极限抗拔承载力为 13383kN，极限抗压承载力为 19090kN。

54.4.4　沪通长江大桥

54.4.4.1　工程概述

沪通铁路是我国铁路网沿海通道的重要组成部分，是鲁东、苏北与上海、苏南、浙东地区间最便捷的铁路运输通道，也是长江三角洲地区快速轨道交通网的重要组成部分。沪通铁路上海（安亭）至南通段北起江苏省南通市南通西站，向南越长江经过张家港、常熟，经太仓后接入京沪铁路安亭站。建设为四线铁路、六车道高速公路。主航道桥采用 142＋462＋1092＋462＋142＝2300（m）两塔五跨斜拉桥方案，天生港航道桥采用 2×112＋140＋336＋140＝840（m）变高连续钢桁梁方案，跨横港沙区段桥梁采用 112m 简支钢桁梁，正桥总长 5.838km。南、北引桥采用跨径 48m 简支混凝土箱梁，跨节点桥梁采用 80m 跨连续梁。

沪通大桥北岸正桥范围专用航道桥 336m 钢拱桥桩基础采用 ϕ2.5m 钻孔灌注桩，水中联络孔 112m 简支钢桁梁桥桩基础采用 ϕ2.2m、ϕ2.5m 钻孔灌注桩，0 号正引桥交接墩桩基础采用 ϕ2.0m 钻孔灌注桩。北引桥桩基采用 ϕ1.5m、ϕ1.8m、ϕ2.0m 钻孔灌注桩。

根据设计要求，结合本桥桥梁结构形式、地质条件及现场施工条件等实际情况，北引桥在 N39 号墩附近做 1 组共 3 根试桩。试桩参考地质钻孔 DZN30，孔口高程为＋2.61m。北岸正桥在 1 号墩附近做 1 组共 3 根试桩，试桩选择 ϕ2.0m 钻孔灌注桩。试桩参考地质钻孔为 DZ1－5，试桩与对应地质钻孔的距离约为 5m。

54.4.4.2　地质条件

沪通长江大桥位于长江下游冲积三角洲平原地貌区，长江由西向东流过桥址区。区内地势低平，基本特征为南高北低、西高东低，海拔高度为 2.0～6.5m。依据地貌形态、成因及组成物质，可将近场区划分为流水地貌、湖成地貌及构造剥蚀地貌三大类。

桥址处长江呈东西向，水流方向自西向东，桥址江面宽约 5.7km，河床断面呈"W"双槽形，北槽为天生港水道，南槽为长江主槽浏海沙水道，中间为横港沙暗沙。北槽天生港水道宽 200～300m，最大水深约 18m。横港沙暗沙宽约 2300m，水深 1～3m。长江主槽浏海沙水道宽约 2700m，最大水深约 35m。

桥址处长江大堤堤顶高程为 6.2～7.5m，两岸大堤相距 5.7km。北岸大堤内主要为农田、村落，地形平坦，地面高程为 2.4～4.0m，大堤外滩地宽约 150m，现已经过吹填整治，地面高程为 2.5～2.8m。南岸长江大堤迎水面有宽约 120m 的滩地，现已吹填为大堤人工保护边坡。南岸大堤内主要为农田、鱼塘、厂房、仓库及村落，地面高程为 1.8～2.5m，在里程 K22＋700—K22＋800 处跨越三干河及 G204 国道。

54.4.4.3　试验过程

在静载（自平衡）试验前先进行桩身完整性检测，检测结果见表 54－14。

表 54－14　声波透射法成果汇总

序号	桩号	设计桩长/m	桩径/mm	可测管深/m				桩身完整性描述	类别
				1 管	2 管	3 管	4 管		
1	北引桥试桩 1	71.8	1500	71.8	71.8	71.8	71.8	完整	I
2	北引桥试桩 2	71.8	1500	71.8	71.8	71.8	71.8	完整	I
3	北引桥试桩 3	71.8	1500	71.8	71.8	71.8	71.8	完整	I
4	北岸正桥试桩 1	118	2000	118	118	118	118	完整	I
5	北岸正桥试桩 2	118	2000	118	118	118	118	完整	I
6	北岸正桥试桩 3	118	2000	118	118	118	118	完整	I

注：北引桥试桩 1～3 在桩顶以下 54.8～55.2m，北岸正桥试桩 1～3 在桩顶以下 80.4～80.8m。荷载箱放置位置声速、波幅、PSD 曲线存在不同程度的异常，桩身其余位置声速、波幅、PSD 曲线正常，无声速低于低限值的异常现象。

试桩试验结果见表 54－15。

表 54－15　试桩试验结果

试桩编号	北引桥			北岸正桥		
	试桩 1	试桩 2	试桩 3	试桩 1	试桩 2	试桩 3
预定加载值/kN	2×9600	2×9600	2×9600	2×28800	2×28800	2×28800
最终加载值/kN	2×10880	2×10240	2×10240	2×23040	2×23040	2×26880
荷载箱处最大向上位移/mm	50.26	44.40	25.35	88.49	75.97	89.76
荷载箱处最大向下位移/mm	98.43	75.37	111.02	70.20	65.28	119.67

续表

试桩编号	北引桥			北岸正桥		
	试桩1	试桩2	试桩3	试桩1	试桩2	试桩3
桩顶向上位移/mm	28.63	21.92	14.85	44.26	52.77	57.97
上段桩压缩变形/mm	21.63	22.48	10.50	44.23	23.20	31.79
荷载箱处向上残余位移/mm	32.06	27.52	15.67	54.42	44.56	52.86
荷载箱处向下残余位移/mm	57.15	−43.55	74.13	45.15	47.65	74.87

54.4.4.4　静载数据汇总与分析

根据《铁路工程基桩检测技术规程》（TB 10218—2008）和《基桩静载试验 自平衡法》（JT/T 738—2009）综合分析确定静载数据，见表54-16。

表 54-16　试桩自平衡规程分析结果

试桩编号		上部桩的极限加载值 $Q_{u\pm}$/kN	荷载箱上部桩长度/m	荷载箱上段桩自重 W/kN	下部桩的极限加载值 $Q_{u\mp}$/kN	单桩竖向抗压承载力 P_u/kN
北引桥	试桩1	10240	54.8	1403	10240	$(10240-1403)/0.8+10240=21286$
	试桩2	9600	54.8	1403	9600	$(9600-1403)/0.8+9600=19846$
	试桩3	10240	54.8	1403	9600	$(10240-1403)/0.8+9600=20646$
北岸正桥	试桩1	21120	81	3688	23040	$(21120-3688)/0.8+23040=44830$
	试桩2	21120	81	3688	23040	$(21120-3688)/0.8+23040=44830$
	试桩3	24960	81	3688	24960	$(24960-3688)/0.8+24960=51550$

54.4.4.5　结论

1. 实测承载力

采用等效转换方法，将已测得的各土层摩阻力-位移曲线转换至桩顶，得到试桩等效转换曲线。

北引桥试桩等效转换曲线如图54-20～图54-22所示。试桩实测承载力取规程计算结果，对应位移从等效转换曲线中求得（表54-17），可知试桩承载力均能够满足设计要求。

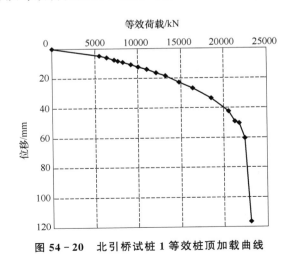

图 54-20　北引桥试桩1等效桩顶加载曲线

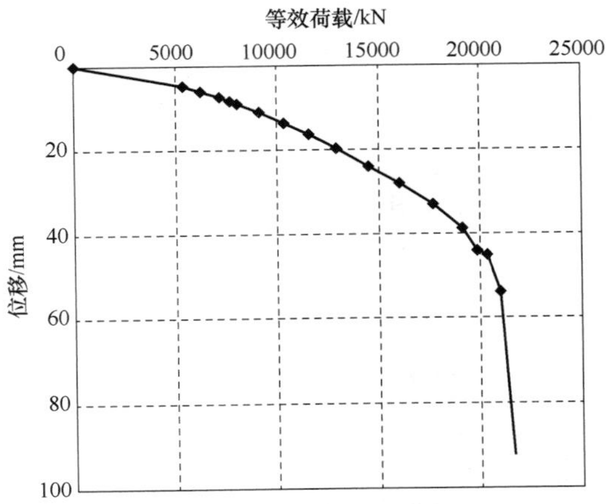

图 54-21　北引桥试桩2等效桩顶加载曲线

表 54-17　北引桥试桩等效转换数据比对

编号		设计容许承载力/kN	对应位移/mm	极限承载力/kN	对应位移/mm
北引桥	试桩 1	7657	8.29	21286	49.23
	试桩 2	7657	8.30	19846	43.98
	试桩 3	7657	9.10	20646	44.26

北岸正桥试桩等效转换曲线如图 54-23～图 54-25 所示。试桩实测承载力取规程计算结果,对应位移从等效转换曲线中求得(表 54-18),可知试桩承载力均能够满足设计要求。

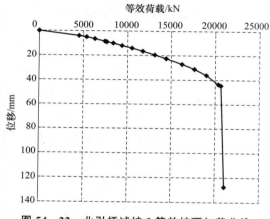

图 54-22　北引桥试桩 3 等效桩顶加载曲线

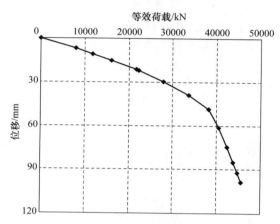

图 54-23　北岸正桥试桩 1 等效桩顶加载曲线

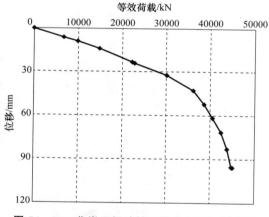

图 54-24　北岸正桥试桩 2 等效桩顶加载曲线

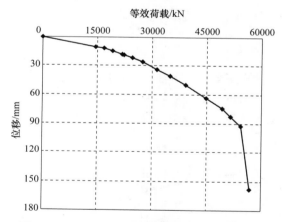

图 54-25　北岸正桥试桩 3 等效桩顶加载曲线

2. 承载特性

北引桥试桩承载力及端阻力、侧阻力的构成见表 54-19,北岸正桥试桩承载力及端阻力、侧阻力的构成见表 54-20。

北引桥试桩承载力构成分布如图 54-26～图 54-28 所示。

北岸正桥试桩承载力构成分布如图 54-29～图 54-31 所示。

表 54 - 18　北岸正桥试桩等效转换数据比对

编号		设计容许承载力/kN	对应位移/mm	极限承载力/kN	对应位移/mm
北岸正桥	试桩 1	22300	21.98	44830	92.20
	试桩 2	22300	23.80	44830	95.01
	试桩 3	22300	19.07	51550	83.28

表 54 - 19　北引桥试桩承载力构成

承载力	试桩 1		试桩 2		试桩 3	
	数值/kN	比例/%	数值/kN	比例/%	数值/kN	比例/%
桩侧阻力	19209	90.24	17693	89.15	18657	90.37
桩端阻力	2077	9.76	2153	10.85	1989	9.63
桩顶荷载	21286	—	19846	—	20646	—

表 54 - 20　北岸正桥试桩承载力构成

承载力	试桩 1		试桩 2		试桩 3	
	数值/kN	比例/%	数值/kN	比例/%	数值/kN	比例/%
桩侧阻力	42087	93.88	42023	93.74	48680	94.43
桩端阻力	2743	6.12	2807	6.26	2870	5.57
桩顶荷载	44830	—	44830	—	51550	—

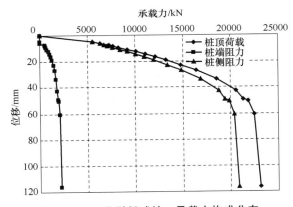

图 54 - 26　北引桥试桩 1 承载力构成分布

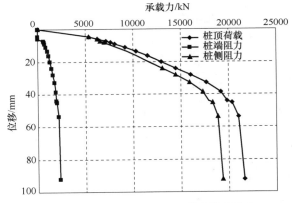

图 54 - 27　北引桥试桩 2 承载力构成分布

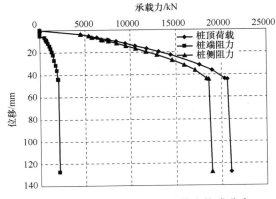

图 54 - 28　北引桥试桩 3 承载力构成分布

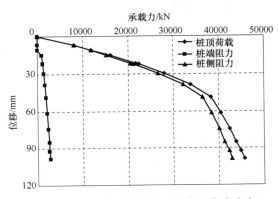

图 54 - 29　北岸正桥试桩 1 承载力构成分布

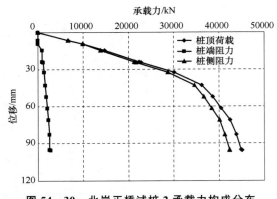

图 54-30 北岸正桥试桩 2 承载力构成分布   图 54-31 北岸正桥试桩 3 承载力构成分布

3. 桩端承载力

两组试桩桩端阻力及对应的位移见表 54-21。

表 54-21 两组试桩桩端阻力及对应的位移

项目	北引桥			北岸正桥		
	试桩 1	试桩 2	试桩 3	试桩 1	试桩 2	试桩 3
桩端阻力/kN	2077	2153	1989	2743	2807	2870
位移/mm	41.20	35.51	35.87	65.52	60.58	51.29

北引桥试桩端阻力-位移曲线如图 54-32～图 54-34 所示。北岸正桥试桩端阻力-位移曲线如图 54-35～图 54-37 所示。

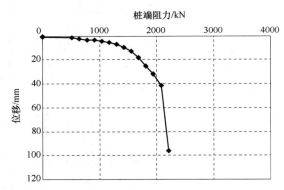

图 54-32 北引桥试桩 1 桩端阻力-位移曲线

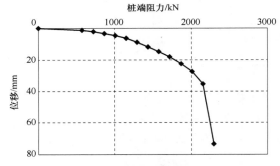

图 54-33 北引桥试桩 2 桩端阻力-位移曲线

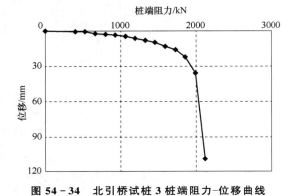

图 54-34 北引桥试桩 3 桩端阻力-位移曲线

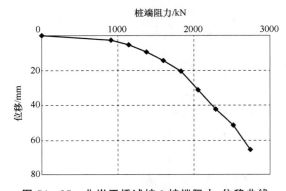

图 54-35 北岸正桥试桩 1 桩端阻力-位移曲线

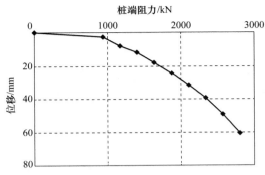

图 54-36 北岸正桥试桩 2 桩端阻力-位移曲线

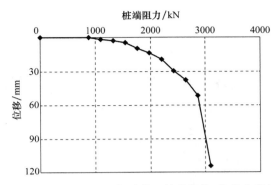

图 54-37 北岸正桥试桩 3 桩端阻力-位移曲线

4. 结 论

上述测试结果表明，6 根试桩采用的施工工艺能够满足设计要求。

参 考 文 献

[1] NAKAYAMA J，FUJISEKI Y. A pile load testing method [P]. Japanese Patent No. 1973～27007 (in Japanese).

[2] FUJIOKA T，YAMADA K. The development of a new pile load testing system [C]. Proc.，International Conf. on Design and Construction of Deep Foundations，US FHWA，1994：670-684.

[3] JORI OSTERBERG. New device for load testing driven piles and drilled shaft separates friction and end bearing [J]. Piling and Deep Foundations，1989 (1)：421-427.

[4] 李广信，黄锋，帅志杰. 不同加载方式下桩的摩阻力的试验研究 [J]. 工业建筑，1999，29 (12)：19-21.

[5] 杜广印，黄锋，李广信. 抗压桩与抗拔桩侧阻的研究 [J]. 工程地质学报，2000，8 (1)：91-93.

[6] 黄锋，李广信，郑继勤. 单桩在压与拔荷载下桩侧摩阻力的有限元计算研究 [J]. 工程力学，1999，16 (6)：97-101.

[7] 史佩栋，陆怡. Osterberg 静荷载试桩法 10 年的发展 [J]. 工业建筑，1999，29 (12)：17-18.

[8] 史佩栋，黄勤. 桩的静荷载试验新技术 [M] // 刘金砺. 桩基工程技术. 北京：中国建材工业出版社，1996：400-409.

[9] 龚维明，蒋永生，翟晋. 桩承载力自平衡测试法 [J]. 岩土工程学报，2000，22 (5)：532-536.

[10] 龚维明，戴国亮，蒋永生. 桩承载力自平衡测试理论与实践 [J]. 建筑结构学报，2002，23 (1)：82-88.

[11] 龚维明，翟晋，薛国亚. 桩承载力自平衡测试法的理论研究 [J]. 工业建筑，2002，32 (1)：37-40.

[12] 戴国亮，吉林，龚维明. 自平衡试桩法在桥梁大吨位桩基中的应用与研究 [J]. 公路交通科技，2002，19 (2)：63-66.

[13] 江苏省地方标准. 桩承载力自平衡测试技术规程 (DB32/T 291—1999) [S]. 江苏省技术监督局，江苏省建设委员会，1999.

[14] 翟晋. 自平衡测桩法的应用研究 [D]. 南京：东南大学，2000.

[15] 刘祖德. 抗拔桩基础 [J]. 地基处理，1995，6 (4)：1-12.

[16] 李小娟，陈雪奖，戴国亮，等. 黏性土中钻孔灌注桩自平衡转换系数取值研究 [J]. 岩土力学，2016，37 (S1)：226-232，262.

[17] 李小娟，戴国亮，龚维明，等. 砂性土中自平衡试验转换系数取值研究 [J]. 岩土力学，2016，37 (S1)：659-668.

第55章 中国桩基领域专利检索统计分析

马利军

专利是维护创新权益和竞争优势的重要方式，日本曾依赖专利创造了经济腾飞的奇迹，美国也依靠专利保持着世界创新中心的核心地位。时至今日，谁拥有创新的技术，谁就具有领先市场的优势；谁拥有完善的专利体系，谁就能占领市场并保护这种格局。

建筑业是国民经济支柱产业之一，经济体量较大。建筑产业的发展呈细分化的布局，拥有某一单项技术就可能拥有一个细分的市场，获得一定份额的效益。在桩基工程领域，由于市场规模大，地下土质情况成因及性状复杂，区域差异性较大，桩基工程施工难点较多，因此桩基专利申请数量较多，其既是建筑领域创新研发的热点区域，也是专利保护的难点区域。

我国桩基施工技术发展日新月异，现有的桩基施工设备技术较先进，自动化程度较高，在实际工程应用中表现出诸多优点，其应用领域还有较大发展空间。从桩基工程施工工艺来看，每一种桩基施工新工艺的出现往往同时伴生先进的施工设备，形成成套的专利保护技术与体系，为行业发展提供新的动力。

本章以中国桩基础专利统计为主要研究对象，在参照世界桩基础领域专利分类（international patent classification，IPC）检索统计的基础上，主要对中国专利申请趋势、主要地区专利申请分布、重要申请人等数据进行梳理，以期为行业研究提供一些参考。

55.1 桩基础专利领域技术分解

桩基础的应用在我国有较早的历史，大规模的现代桩基础开发始于20世纪80年代，各种类型的预制桩、灌注桩和钢桩等成桩工艺在应用实践中迅速发展，改良和原始创新了一系列专利技术工艺。《建筑桩基技术规范》（JGJ 94—2008）、《建筑地基基础工程施工质量验收标准》（GB 50202—2018）等标准系统总结了我国桩基础技术设计和施工经验，制定了一系列桩的质量验收标准，规范和促进了桩基础市场的发展。桩基础技术的升级换代与我国工程机械的快速发展紧密相连，随着大型工程机械技术的不断进步和机电设备成本的不断下降，出现了新型的螺旋钻孔机、正反循环钻机、挤扩桩钻机、钻孔扩底钻机、多种异形桩施工设备和组合施工工艺等，而与之配套的产业链上下游的混凝土桩模具、数控设备、运输和吊装设备、水泥混凝土设备、监测测量设备等也逐步改良。

桩基础丰富的上下游和配套设备类型使行业专利呈现离散率较高、专利研究和申请机构及企业数量众多、专利集中度偏低等特点。在传统桩基础分类的基础上，表55-1中的桩基础专利技术分类对多个技术主题进行了充分的预检索，根据检索结果多次征询专家组的意见，运用IPC分类下的四类检索和总分、组合、补充策略，保障了桩基础领域专利文献的完整性、准确性和去噪性。

表 55 - 1　中国桩基领域专利检索技术分类

研究主题	一级技术分支	二级技术分支	三级技术分支
桩基础 分析专利	生态预制桩 混凝土桩 钢桩 组合材料桩 新型桩 桩工机械 辅助设备等	灌注混凝土桩 混凝土预制桩 各种类型钢桩 木桩 灰土桩 砂石桩 桩机钻具 桩机施工方法 桥梁桩基 桩类型结构 道路、体育场桩基处理 疏浚挖掘系列 铁路轨道桩基础处理 桩基连接机构、辅助设备等	混凝土桩模具结构 混凝土桩机械加工设备 桩张拉数控装置 桩切割装置 桩运输、起重、吊装设备 桩及辅件焊接工艺 桩输送装置 桩水泥和混凝土制备设备 桩液压系统 桩测量设备及方法 桩监测设备及方法 预制钢筋笼 板桩墙基础 桩的组成构件 桩的下部结构 土壤或岩石改良 桩钻杆或钻管、钻铤等 桩钻头、切割链、螺旋结构等 旋转、冲击、锤击等钻入方法 桩机测量时间、速度、压力、流量等参数 钻机的支撑装置 冲洗等装置 桩心筒提取等装置 密封、隔阻等

　　本节以德温特世界专利索引数据库（derwent world patents index，DWPI）作为数据来源进行检索，通过中国专利申请量分析、申请人类型分析、申请人分布区域分析、主要申请人分析及技术路线分析，对桩基础领域中国专利的申请态势进行研究。本节分析的时间节点为 1985 年—2017 年 6 月（含），以件为单位，共涉及中国桩基领域专利 35042 件。桩基础专利集中在桩水泥和混凝土设备、板桩墙基础、桩的组成构件、桩工机械、桩测量设备等领域。桩基础领域专利特别是施工专利门槛相对较低，工艺并不复杂，容易模仿，施工完成后隐蔽性强，后续检测难以核实，又由于 IPC 分类覆盖面广泛，检索难度高，因此相似申请率、重复申请率较高。

　　桩基础专利领域总体特征表现为：①桩基础领域是建筑专利创新热点区、申请活跃区、侵权高发区；②桩基础专利颠覆性创新占比不高，改进型和组合型专利占比较大；③桩基础专利应用需要投入大量资金和人力，技术的完善需要不断的试验和改进，初始投入成本高，新技术一旦成功，市场规模巨大，利润较高；④成套的桩基础专利创新与新的施工机械设备、施工方法密切关联；⑤交叉专利普遍，模仿专利、相似专利数量较多；⑥桩基础领域知识产权运营案例丰富、经典，有重要的知识产权运营参考价值。

55.1.1　专利申请态势和阶段划分

　　从桩基础全球专利申请量来看，中国的桩基专利申请量在全球处于领先位置。由中国桩基础专利申请量随时间变化的态势可以看出中国桩基础领域专利申请的发展大体可以分为以下三个阶段。

1. 初始起步阶段（1985年至21世纪初）

桩基础领域的专利申请在中国起步较早，1985年11月清华大学和北京电力设备总厂的吴佩刚等四人申请了预应力混凝土基础桩专利。由于桩基领域整体对专利的认知有限，早期桩基础领域的专利申请人以国外申请人和专业研究机构申请人为主。早在1985年《中华人民共和国专利法》正式实施的第一年，便有21件桩基础的专利申请出现，而其中竟然有11件来自境外地区，如日本井上八郎申请的底部扩孔用的桩孔挖斗及其挖掘方法。

至1991年，境外机构在国内平均每年申请专利10件左右；1992—2001年的十年间，桩基础专利逐步由100件增长到150件左右；在2000年前后，桩基础专利个人申请量快速上升，而且发明人以个人为主。

2. 技术发展阶段（21世纪初至2010年）

从20世纪90年代开始，桩基础新技术快速发展，许多优秀的科研工作者和企业家思路逐步开阔，开始向新的领域广泛拓展。2000年的桩基础专利申请已经出现了新型十字桩、三叉挤扩桩、锥形混凝土灌注桩等分支。进入21世纪以后，由于新型桩基础技术呈现施工效率高、适应建筑节能要求等优势，逐步迎来一个发展的高潮，桩基础专利申请量稳步增长。这一时期桩基础专利实用性逐步增强，形成完备的技术体系和技术布局，许多企业家投入大量资金将专利技术投入工程试验与实践。此时出现了较多的原创性专利概念，新型桩基础专利也逐步形成行业标准并颁布实施，为下一步的发展奠定了良好的技术基础。

3. 高速发展阶段（2011年至今）

随着人们对专利制度的理解日渐深入，以及国家相关专利法律法规体系的完善，市场上的新型桩基础专利授权许可模式不断被行业认可，桩基础专利获得了迅猛的发展。基于桩基础专业人才的逐步成熟和技术经验积累，一方面，中国桩基础施工技术逐步与国际接轨，更加先进的施工设备和施工工艺已与国外渐渐同步，甚至在某些领域已经超越了国外同类技术，另一方面，成本更为低廉的简单改进型、模仿型实用新型专利急速膨胀，对行业专利保护模式产生了强烈的冲击。桩基础专利申请量从单件发展到千件时间跨度达22年，而从1000件增长到2000件仅用了2年，从2000件增长到3000件仅用了1年，2016年专利申请已突破6000件。由于经济新常态下企业的竞争加剧，以及产业和市场政策的刺激与导向，中国的桩基础专利技术迎来一个发展的高峰期。

55.1.2 中国桩基础专利申请机构分布

本小节通过对中国桩基础领域的专利申请按照机构类别进行统计，结合桩基础专利在中国的发展历程，分析桩基础专利在国内的发展趋势。

由图55-1可以看出，桩基础领域个人申请占比大约为1/3，企业申请占比大约为49%，科研单位占6%，高等院校占比较低。这充分说明桩基础领域准入门槛较低，技术难度不高，个人也可进行相关的申请。桩基础是应用性较强的领域，理论研究较少，高校和科研机构研究投入较少。随着行业研究的不断深入，企业、科研机构、高校的融合性不断增强，产学研一体化的优势将逐步展现。

需要特别指出的是，在桩基础专利的IPC分类中，专利E21B岩土钻掘技术分支中，山东省桩基础专利申请量远远超过全国其他地区，专利申请集中在钻杆制造、液压设备、桩机、预制桩等领域，充分反映了山东省在桩基础设备研发方向的强势地位，也体现了山东省对桩基础专利申请的重视。

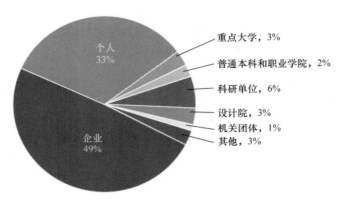

图 55-1　中国桩基础领域专利申请机构数量占比构成

55.1.3　中国桩基础专利申请人分析

在中国与桩基础相关的 3 万余件专利中，涉及的申请人共有 7400 位。通过对图 55-1 所示中国桩基础领域专利申请机构数量占比构成的分析，可以得出以下结论：企业申请人和个人申请人占据了极大的比例，由于专利申请个人和企业的数量逐年增加，而高等院校数量增长较慢，所以从数量上对比，高校的比重逐年下降；由于企业逐步改制，相关的科研单位、勘察院、设计院总占比在 9% 左右，专利整体质量较高；国外的专利在中国的申请占比逐年下降，目前仅占 1%～2%。

由于中国桩基础领域门类繁多，产业链较长，所以整体专利数量较多，申请人分布比较分散。据沈保汉统计，桩的类型极为丰富，多达数百种，桩基础行业技术集中度和区域集中度较低，企业、个人和研究机构都有着较大的资金投入，市场竞争激烈。

55.1.4　中国桩基础专利申请类型及法律状态

由于桩基础领域涉及范围广，新的专利增长速度极快，增加了专利检索的难度，因此在 2015 年之后提出的申请许多仍处于未决状态。目前未决状态的专利申请占据申请总量的近 20%。

中国桩基础领域专利申请法律状态构成如图 55-2 所示。

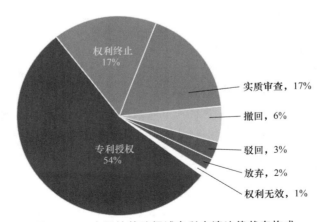

图 55-2　中国桩基础领域专利申请法律状态构成

注：统计数据截至 2017 年年底

如图 55-2 所示，由于建筑领域技术发展相对成熟，技术创新度不高，行业重复率高，所以发明专利的整体授权率相对较低。岩土行业特别是桩基础行业在建筑领域属于创新相对较多的领域，发明专利和实用新型专利授权率之和为 54%。由于近几年专利申请相对集中，有 17% 的专利处于实质审查状态，

9％的专利申请被驳回或者视为撤回，17％的专利由于各种原因权利终止。需要特别指出的是，相较于其他行业，桩基础领域的发明专利拥有人更愿意维护自己专利的有效性。如接近专利保护期的极限，最早距今已20余年的1998年申请的桩专利，仍然有总量的14％在继续维护并缴费。

55.1.5 中国桩基础专利申请高校分布

从图55-3所示全国高校桩基础专利申请情况来看，除河海大学和东南大学外，桩基础专利申请极为分散，申请数量上除排名前列的天津大学、同济大学、浙江大学、山东大学和南京工业大学等以外，很多高校专利申请量均小于100件。可以看出，桩基础专利申请仍然集中在开设有建筑地基相关专业的工科院校，东南沿海地区高校在桩基础专利申请数量中占据着极大的份额。在许多基础学科中，高校的专利申请量远大于企业的专利申请量，而在桩基础领域，企业专利、个人专利及联合申请专利数量远大于高校专利申请数量，这也说明桩基础工程是与实践紧密结合的研究领域，新技术与新装备的相辅相成的研发更多地集中在施工一线。

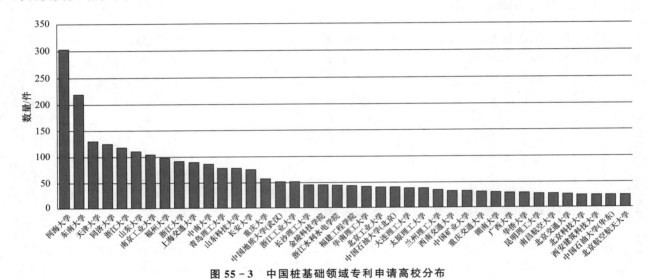

图55-3 中国桩基础领域专利申请高校分布

55.1.6 中国桩基础专利申请企业分布

桩基础企业专利统计涉及重要商业机密，本节仅对申请企业进行排名统计。需要强调的是，这里的专利统计仅限于企业的桩基础相关专利，企业其余专利不在统计范围内。从图55-4所示全国桩基础企业专利申请情况来看，排名前30位的企业重要申请人以国有集团公司居多，说明本行业国有大型企业具有丰富的人才储备，涉及丰富的桩基技术分支。国内众多技术先进的桩基企业专利申请量一般为10～50件，形成数套完整的技术体系。排名前10位的专利申请企业中，中铁系统企业占据三席，其专利申请技术分支非常丰富，集中在软基处理、支护结构、路基结构、桥基基础等，国家电网公司和中国海洋石油总公司都申请有较多特有土质条件下的桩技术专利，如特殊耐腐蚀钢管桩、水下插桩方法、海上钻井平台桩腿等。上海中技桩业股份有限公司成立十几年来专利申请数量增长迅速，在预制混凝土方桩和板桩领域名列前茅，专利申请涉及模具、桩型结构、施工机具、施工方法等。

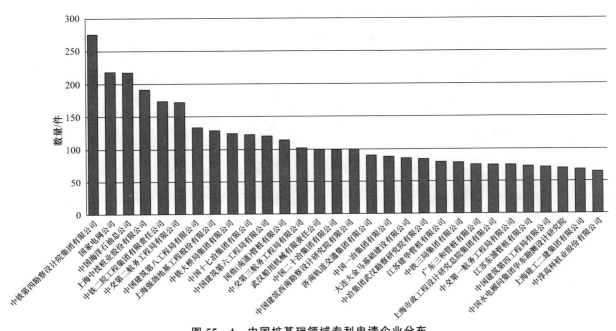

图 55-4　中国桩基础领域专利申请企业分布

55.2　桩基础专利的运营

专利制度的功效之一是促进科技的进步和经济的发展,保证原始创新产权的收益,促进知识产权的转化和应用。在经济新常态的背景下,桩基础市场竞争日趋激烈,一些科技创新型企业为了获得稳定的经济效益和维护市场优势,一方面聚集申请了专利池,增加专利资产,另一方面运营盘活专利资产,充分发挥专利的市场控制力和经济价值。

桩基础专利最早的诉讼案件开始于 1987 年。仅仅在中国专利体系建立 2 年之后,江苏省某企业就对辽宁某机构"加固软土地基的钢渣挤密桩"提起了诉讼。桩基础巨大的市场,行业领域人士先觉的创新意识和法律意识,都使桩基础专利运营案例在建筑领域乃至中国专利诉讼领域有着重要的参考价值。2000 年以后,桩基础专利诉讼案件索赔金额迅速增加,专利的审核流程和诉讼及反诉讼呈现日趋复杂化的趋势。

从图 55-5 中可以看出,桩基础领域专利申请量约占建筑领域专利申请总量的 5%,而诉讼的专利数量占建筑领域总量的比例高达 17%,近 3.5 的比值充分表明了桩基领域专利的活跃性和市场价值。桩基础专利的转让、质押等在图 55-5 中以汇总形式呈现,实际应用要更加广泛。桩基础专利运营的实质是建筑企业或个人为实现专利的经济价值而对专利权的合理运用,这种运用越是活跃、越是充分,表明桩基础专利与经济建设的融合度越高,贡献度越明显,越说明专利制度和专利运营体系在桩基础领域彰显着重要的市场调节作用。

笔者提炼了参与诉讼与无效宣告的 34 种施工方法、36 种桩的结构形式与直接相关的设备,包含桩机和配套小件如桩尖、其他海洋类等非普遍性设备共计 52 种,如图 55-6 所示。桩专利诉讼案件包含混凝土桩成型模具、桩成型方法、桩机设备等,其中基础结构和桩施工方法、围护桩、支护结构相关的专利诉讼案件居于前列。

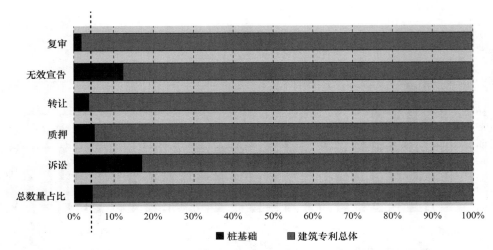

图 55 - 5　中国桩基础领域专利与建筑领域总体专利数据对比分析

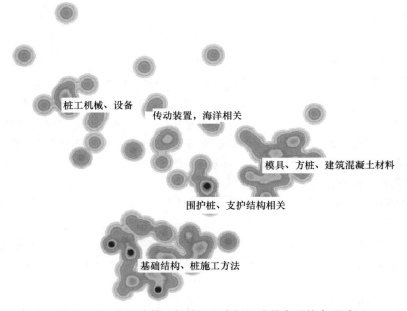

图 55 - 6　中国桩基础领域知识产权诉讼的专利热点区域

55.3　小　　结

我国幅员辽阔，地质情况丰富多样，桩基础领域有着广阔的市场，客观上对不同类型的桩基技术有着充分的技术需求。20 世纪 90 年代以来，特别是 21 世纪以来，桩基础科研机构、施工企业因地制宜，围绕不同的地质条件开展了艰辛的技术研究，发展出一系列新型高效的施工机具、工艺、检测技术等多方面的新技术，为我国建筑产业现代化和经济建设做出了巨大贡献。

在我国，随着国家知识产权战略和创新驱动战略的稳步推进，专利越来越成为机构和企业的核心竞争要素。桩基础专利作为技术信息最有效的载体，囊括了桩基础领域 90％以上的最新技术情报，通过对桩基础专利文献的分析，也能够客观地反映中国桩基础技术的发展脉络和技术竞争布局。本章对桩基础专利概况进行了检索统计，鉴于作者水平所限，尚多有不足之处，仅希望相关从业者对桩基础专利发展的趋势有宏观的了解，并为科研人员提供有价值的参考。

参 考 文 献

[1] 沈保汉. 桩基与深基坑支护技术进展 [M]. 北京：知识产权出版社，2006：516.

[2] 沈保汉. 桩基础施工技术现状 [J]. 工程机械与维修，2015（04 增刊）：21.

第56章　无砂增压式真空预压技术

金亚伟

56.1　概　　述

1. 基本原理

在预处理地基中插入防淤堵塑料排水板,利用手形接头连接相邻的两块排水板,用螺旋钢丝软管将手形接头按照一定顺序相连接,组成真空支管管路,每相邻三条真空支管管路通过专用四通汇集至相应的真空主管,构成膜下真空管网。在指定位置插入增压管,每 $1000m^2$ 为一个增压单元,增压单元中各条增压管相互连接,各增压单元相互独立、各自出膜。待真空管网、增压管网及不倒翁集水井安装完毕,再铺设一层编织土工布和一层无纺土工布,覆盖两层不透气的真空膜,进行密封,用真空输送管连接水环式真空泵和不倒翁集水井进行抽真空。抽真空至中后期,表层土体达到一定固结度时,开始对每个增压单元进行间歇式增压施工,利用压缩气体扰动一定深度范围内的土体,打破抽真空时土体的相对平衡状态,使该范围内更多的孔隙水向周围排水板作定向移动,再利用真空负压将该部分水排出,从而使土体固结。这种软土地基加固方法称为增压式真空预压法(over vacuum pressure system,OVPS)。其原理如图 56-1 所示。

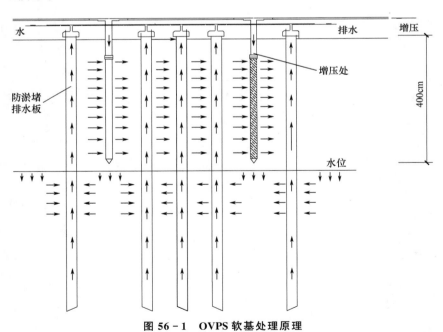

图 56-1　OVPS 软基处理原理

2. 适用范围

无砂增压式真空预压技术适用于:

1) 处理饱和匀质黏性土及含薄层砂夹层的黏性土,特别适用于软黏土、吹填土、淤泥质土地基的加固。

2) 公路、铁路、港口工程中的软基加固。

3) 河流、湖泊污泥的生态修复。

4) 生活污泥的减量化。

3. 优缺点

(1) 优点

1) 无需砂垫层,采用手形接头直连技术与真空支管相连接,减少了真空度的沿程损耗,保护环境,符合国家可持续发展战略。

2) 采用新型防淤堵排水板,防止排水板倒齿、折断、淤堵,保证排水通道畅通。

3) 采用土体增压技术,排出土体增压管范围内更多的孔隙水,提高工后承载力,减小工后沉降量。

4) 采用不倒翁集水井技术,更好地解决真空度分布不均匀问题。

5) 选用节能型水环式真空泵,并配备自动控制系统,既安全又节能。

(2) 缺点

1) 施工步骤繁琐,各施工阶段均需认真对待。

2) 排水板、真空管网的连接用工量大。

4. 施工机械设备

无砂增压式真空预压技术使用的主要施工机械设备见表56-1。

表56-1 主要施工机械设备一览

机械设备名称	机械设备型号	用途	机械设备名称	机械设备型号	用途
插板机	—	排水板施工	空压机	5kW	增压施工
水环式真空泵	55kW	抽真空	排水泵	7.5kW	排水
射流泵	7.5kW	抽真空	真空泵	7.5kW	集水井排水
挖掘机	60/120型	挖填密封沟			

5. 设计要点

1) 无砂直连系统:包括手形接头、专用三通、专用四通、真空管网。该系统能够代替传统工艺中的砂垫层。

2) 防淤堵排水板:横向刚度较大,保证施工过程中不扭曲变形;滤膜的特殊结构使其具有较强的自吸功能,也使得小粒径的土体能够顺利通过滤膜排出,有效解决了淤堵问题。

3) 土体增压:打破了膜下长期保持真空,浅层土体中的水无法排出的平衡状态,使其在正压的作用下定向移动至附近的排水板而再次排出。该技术能有效降低浅层土体的含水率,提高土体整体承载力。

4) 密封系统。加固区密封系统的好坏将直接影响加固效果,密封系统的控制主要包括密封膜的质量、密封膜铺设质量和密封沟(踩膜的质量)三个部分。

5) 膜下真空度。膜下真空度的高低将直接决定真空预压地基处理的成败,因此抽真空的设备选型必须符合设计和规范要求。

6) 施工监测和检测。真空预压施工的监测和检测内容相对较多,主要观测项目有地表沉降、真空度、孔隙水压力、土体分层沉降、土体水平位移和水位等,并进行加固前后的钻孔原状土工试验和原位十字板剪切试验。排水板施工期间每隔 3 天观测 1 次，开始抽真空时每天观测 1 次，15 天后方可每隔 3 天观测 1 次。如果观测数据变化很小，可逐渐延长至每周观测 1 次。

6. 技术特点

（1）无砂直连技术

通过直连技术取消原有砂垫层，实现低碳环保。区别于原有的靠砂垫层使排水板与真空管连接的方法，通过手形接头与排水板直接连接，减少了真空度的损耗，同时也使真空度直达土体内部，加速了土体中孔隙水的排出，缩短了工期。

（2）防淤堵技术

防淤堵塑料排水板由滤膜（图 56-2）和芯板（图 56-3）通过特殊工艺熔合成一体，这种特殊结构（连续梁结构）使其具有整体性好、抗拉强度大、通水量大的特点。该塑料排水板的滤膜通过特殊工艺加工而成，在自然状态下就具有自吸功能，并且可根据加固区域黏土颗粒度调整孔径的大小，以达到最佳的泥水分离效果。

图 56-2 防淤堵排水板滤膜

图 56-3 防淤堵排水板芯板

（3）增压技术

增压管为一种直径为 32mm 的新型特殊软式材料，表面具有微孔（等效孔径为 0.1～0.25mm），管体的垂直渗透系数为 $1\times10^{-4}\sim0.1\text{cm/s}$，具有一定的抗拉强度和伸缩性。在软基中增设特殊微孔增压管，可对软土进行水平向增压，使土体中的水分子定向流动，加速土体固结，实现超载预压的处理效果。

（4）不倒翁集水井技术

真空预压用不倒翁集水井（图 56-4）为上小下大的筒体结构，包括埋设于真空膜下方的下半截罐体和安装在真空膜以上的上半截罐体，以及设置于下半截罐体底部的一台潜水泵。下半截罐体中上部筒壁上开设有 8 个集水口，每个集水口可承担 1000m^2 抽真空，即每个不倒翁集水井可承担 8000m^2 抽真空，每个集水口分别与膜下真空主管适当位置的正三通相连接，组成膜下真空系统。

（5）节能型水环式真空泵

水环式真空泵产生真空的原理为大功率电动机（55kW）高速转动，带动机械真空泵运转而产生真空负压，每台水环式真空泵有 8 个抽气口，每个抽气口连接一个不倒翁集水井，即每台水环式真空泵可抽真空 64000m^2。水环式真空泵每小时可产生真空 3300m^3，大量真空负压通过真空管路聚集在不倒翁集水井装置内，再由不倒翁集水井装置上的管道连接口将真空负压输送到加固区域的各个点，从而在整个真空管路内形成真空。

7. 相关专利技术

淤泥固结用排水板及滤布和排水板芯，专利号为 ZL200910181702.3。

淤泥固结用插板装置，专利号为 ZL200910181703.8。

增压真空预压固结处理软土地基/尾矿渣/湖泊淤泥的方法，专利号为 ZL200810156787.5。

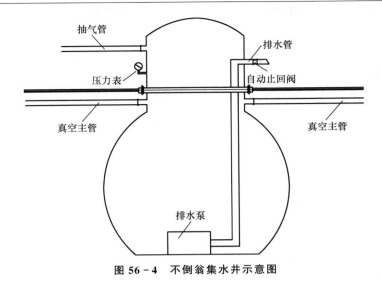

图 56 - 4　不倒翁集水井示意图

软基处理工程中真空预压设备用接头，专利号为 ZL201220138832.6。

真空预压用不倒翁式集水装置，专利号为 ZL201420514104.X。

增压真空预压固结处理软土地基/尾矿渣/湖泊淤泥装置，专利号为 ZL200820160080.7。

8. 工法

2016 年 12 月 26 日，增压式真空预压施工工法获江苏省省级工法证书，批文号为苏建质安〔2016〕698 号，工法编号为 JSSJGF2016 - 2 - 101。

56.2　施 工 工 艺

无砂增压式真空预压技术施工工艺流程如图 56 - 5 所示。

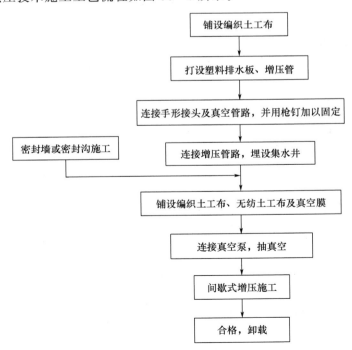

图 56 - 5　无砂增压式真空预压技术施工工艺流程

56.2.1　施工特点

1）施工中无需砂垫层，节省工期，节约成本，不破坏生态环境。

2）直通技术可减少真空压力在传递过程中的沿程损耗，使得真空压力可以直接作用于土体，有利于土体的排水固结。

3）塑料排水板采用防淤堵技术，以防止土体中排水板表面产生起皮现象。

4）施工中采用增压技术，可加速周围 3～5m 范围内土体中水分的排出，有利于固结度的提高。

5）采用节能型水环式真空泵抽真空，不仅抽气速率高，而且节省电能。

56.2.2　施工准备

（1）技术准备

1）审核图纸，复核设计资料，明确设计意图。

2）复核已知点的坐标及高程，测放加固区边线，将已知高程点引至加固区附近，做好保护措施。

3）对加固区表层土体进行取样，分析不同深度的含水率、液限等相关指标。

（2）地表处理

1）在施工前做好临时排水沟，将地表水及时排出地基加固处理范围。

2）清除地表碎石、树枝、草皮等杂物，并用带密封槽的车运至指定位置，按设计要求处理。

3）对局部场地较软处，可采取铺设编织土工布的办法进行处理。

（3）原材料检验

1）编织土工布、无纺土工布进场前要检查其产品出厂合格证及性能报告单，并按照检验规定的批次、数量和检验方法进行抽检，抽检合格后方可投入使用。

2）防淤堵塑料排水板检验。排水板进场前要检查其产品出厂合格证及性能报告单，并按照检验规定的批次、数量和检验方法对其进行抽检，抽检合格后方可投入使用。

3）真空管网、密封膜等按照设计规定的材质及尺寸要求，由信誉良好的厂家预制加工，现场验收。

（4）机械设备

真空预压机械设备进场后，要对其各项性能进行检查，并进行现场工艺试验，确保施工工艺参数满足设计要求。此外还要注意对相关机械设备进行保养。

56.2.3　施工要点

56.2.3.1　排水板、增压管施工

排水板施工工艺流程如图 56-6 所示。施工时可采用轨道式插板机、履带式插板机或静压式插板机，具体可根据场地条件选择施工设备。增压管一般采用人工插设。施工的具体要求如下：

1）插板前应根据设计要求和地块形状布点，接近加固区周边的防淤堵排水板应离开压膜沟或密封墙中心线 1.0～1.2m。

2）插板机的选择与定位。塑料排水板采用履带式或轨道式打板机打设，采用后退式施工顺序，以保证打设完成的排水板不受碾压；打设前根据板位标记进行插板机定位，并整平机座。打板机定位时，管靴与板位标记偏差应控制在 ±70mm 范围内，机座整平后要用仪器检测。

3）安装管靴。塑料排水板采用套管式打设法打设，套管形状为圆形。将塑料排水板穿过插板机的套管，从套管下端穿出，与专用管靴连接。

4）调整垂直度。调整插板机套管的垂直度，保证打设过程中偏差不大于 1.5cm/m。

5）深度控制。施工前按照设计深度在套管上做出打设深度标记，标记应明显、牢固。

6）打设、拔管。将插板机套管、管靴、塑料排水板插入地层中。当排水板插到设计深度后，拔出

插板机套管，利用管靴将排水板固定于孔底。施工时严格控制回带长度及回带率，回带长度不大于 50cm，回带率不大于 5%。当遇漂石或块石，难以在原位插打时，应移位补打，移位距离不得大于塑料排水板间距的 30%。

7）剪断排水板。排水板打设完成后，拔出插板机套管，剪断排水板。塑料排水板超出地面的长度不小于 50cm。

8）检查排水板板位、垂直度、打设深度、外露长度等，并做好施工记录，符合设计要求后方可移机，否则须在邻近板位处重打。

9）增压管按 9 根排水板围成的正方形中间放置 1 根进行设置，施工时由人工插设至指定深度，垂直度偏差不大于 1.5cm/m。

56.2.3.2　连接手形接头及真空管路

1）手形接头应放置在相邻两根排水板的中间位置。

2）排水板与手形接头连接时，板头应剪平整，严禁斜口板头插入手形接头。

3）排水板板头应插入手形接头的底部。

4）手形接头连接完成后，排水板、手形接头应贴近地面。

5）真空支管宜沿加固区域的短边方向布置。

6）真空支管与手形接头连接时，支管中的钢丝严禁剪断。

7）真空主管宜沿加固区域的长边方向布置，且主管两侧的支管长度不应大于 50m。

8）所有接头及管网连接完成后，用木工枪钉固定。

56.2.3.3　连接增压管路，埋设不倒翁集水井

1）每 1000m² 为一个增压单元，每一增压单元的形状宜为正方形。

2）增压管路连接接头选用优质的快插三通。

3）增压管路连接时不宜过紧，应留有一定的伸缩量，供后期土体变形时使用。

4）增压管路连接完成后，应及时检查每个增压单元的密封性，确保后期增压施工的有效性。

5）不倒翁集水井宜沿加固区域的长边方向均匀分布在真空主管之间。

6）不倒翁集水井埋设时的深度不应过大，埋设堆填料宜用黏土、可塑性淤泥。

7）不倒翁集水井埋设完成后，应及时进行封口处理，避免杂物进入罐体。

56.2.3.4　密封墙或密封沟施工

1. 密封墙的技术要求

1）一般按双排桩施工，成墙宽度为 1.2m，单桩直径 700mm，施工时相互搭接 200mm。

2）黏粒（粒径小于 0.005mm 的颗粒）掺入量不低于 25%，膨润土掺入量不小于 5%，膨润土粒度为 150～300 目，通过率超过 90%。

3）泥浆相对密度为 1.3。

4）密封墙隔断充填袋段黏粒（粒径小于 0.005mm 的颗粒）含量不小于 30%，一般段黏粒含量不小于 15%，密封墙渗透系数 K 小于 $5×10^{-6}$cm/s。

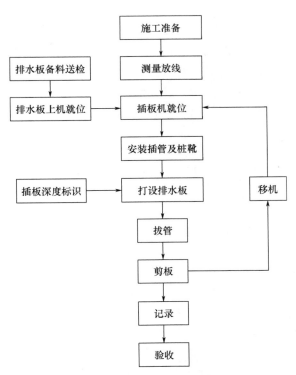

图 56-6　排水板施工工艺流程

2. 密封墙施工工序

1）测量放线。开工前，根据真空预压加固区平面图及主要轴线画出桩位布置图，使用GPS准确放出中心控制桩位，然后用皮尺根据桩距准确定位出各个打设桩的位置，并插设排水板板芯作为标识，经项目部人员及监理确认无误后开始施工。

2）开挖泥浆沟。密封墙理论中心线为泥浆沟中心线，采用小型挖机或人工开挖沟槽，要求沟槽中心线两侧宽各为0.6m，深度为1m，在施工中随打随挖，保证浆液不外泄。

3）移机就位。施工前对密封墙中心线放线，使拌合机送浆管头正对中心线拌合，每隔10m布置一个控制桩，搅拌机每次移机前根据轴线做好标记定位，误差在50mm以内。

3. 密封墙施工

1）制浆。制浆黏土选取现场真空预压区域周围的淤泥，要求淤泥中黏粒（粒径小于0.005mm的颗粒）掺入量不低于25%。泥浆制备采用圆筒式搅拌机完成，根据每罐拌合量先加入一定量水，按比例加膨润土，然后向搅拌桶内加黏土进行搅拌，根据泥浆相对密度要求添加水和黏土，泥浆相对密度达到1.3后才能使用。

2）搅拌喷浆。黏土密封墙采用双搅拌头深层搅拌机搅拌，搅拌头为两个直径为70cm的快刀，施搅时形成宽70cm、长120cm的"8"字形，施工双排密封墙时按"8"字形排列，每根桩依次搭接20cm，打设过程中控制套管垂直度偏差不得大于±1.5%。拌合深度以穿过透水层并进入下部不透水层1.5m为控制标准，拌合程序为4次喷浆4次搅拌，施工中严格控制喷搅工艺及提升速度。

4. 密封沟施工

1）开挖。密封沟开挖宽度，四周不小于1.0m，中间区域宜控制在1.2～1.5m。

2）深度。密封沟至少应挖至不透水、不透气层顶面以下0.5m，一般封闭沟深度不应小于1.0m。

3）回填。回填土中不应夹杂草根、石块及其他尖锐物体，回填料宜用黏土、淤泥等不透气材料。

56.2.3.5　铺设编织土工布、无纺土工布及真空膜

1）编织土工布、无纺土工布拼接采用手提工业缝纫机缝合，缝合尼龙线强度不低于150N，缝合搭接宽度不少于10mm。

2）铺设时宜超出加固区域边线0.4m。

3）密封膜一般在工厂一次热合成型。

4）铺膜应在白天进行，选择无风或风力较小的天气，分两层铺设密封膜。当风力大于5级时不宜铺膜。

5）所有上膜操作人员必须光脚或穿软底鞋，以防刺破密封膜。

56.2.3.6　连接真空泵抽真空

1）真空泵可选用55kW的水环式真空泵或7.5kW的射流泵，但必须保证能产生不低于96kPa的真空度。本工法优先选用55kW的水环式真空泵。

2）选用φ75mm PVC管连接不倒翁集水井和水环式真空泵，连接时所有接头必须做密封处理，避免抽真空时水进入管内，影响真空的传递效果。

3）普通射流泵采用PVC钢丝管或黑色胶管连接出膜装置和射流泵，连接处必须做密封处理。

56.2.3.7　间歇式增压施工

1）增压时间的确定。一般在抽真空周期的中后期，周平均沉降量小于60mm时开始增压施工。

2）增压采用间歇方式，每次增压时间控制在1.5～2.0h，增压时气压不小于0.4MPa。

3）增压停止时间的确定。增压过程中观测真空表的压力，当真空度下降至10～15kPa时，停止本次增压。

4）增压施工一般往复循环 15 次左右，周平均沉降量小于 35mm 时，增压施工结束。

56.2.4　施工注意事项

1）施工前应按要求设置观测点、观测断面，每一断面上观测点的布置数量、观测频率和观测精度应符合规范要求。观测基桩必须置于不受施工影响的稳定地基内，并定期复核校正。

2）挖密封沟时，如果表层存在良好的透气层或在处理范围内有充足水源补给的透水层，应采取有效措施隔断透气层或透水层。

3）铺设密封膜时，要注意膜与软土接触处要有足够的长度，保证有足够长的渗径；膜周边密封处应有一定的压力，保证膜与软土紧密接触，使膜周边有良好的气密性。

4）地基在加固过程中，加固区外的土层向着加固区移动，使地表产生裂缝，裂缝断面扩大并向下延伸，也逐渐由加固区边缘向外发展。将拌制的一定稠度的黏土浆倒灌到裂缝中，泥浆会在重力和真空吸力的作用下向裂缝深处钻进，慢慢充填于裂缝中，堵住裂缝，达到密封的效果。

56.3　工 程 实 例

56.3.1　天津新港北铁路集装箱中心站工程

1. 工程概况

天津新港北铁路集装箱中心站位于天津市滨海新区天津港北部的东疆保税港区新港八号路与海铁大道之间，主要包括新港北中心站工程、进港三线工程，全长 13.387km，另外包括北塘西站改建工程、既有北环上行线改建 6.465km、东南环线改建 0.462km。该工程建成后将直接对接天津港，分担南疆港站、新港站等站的集装箱货运压力，并将提高天津港的集装箱吞吐量，进一步扩大天津港的铁路疏港能力。

新港北集装箱中心站场地是吹填造地形成的，吹填土厚度为 13～22m，该土层的特点是空隙大、密度低、含水率高、渗透性差、易触变、承载力极低，属于水和泥的混合体。人和机械需要在铺设荆笆、竹排、土工格栅和工作垫层后方可作业施工。本工程采用增压式真空预压法进行地基加固，加固区域分为 DK12＋525.00—DK12＋760.00、DK12＋965—DK13＋180、DK13＋275—Dk13＋400、DK14＋480.62—DK16＋200.00，共计 15 个区域，加固面积约为 320000m²。

2. 施工情况

由于场地条件较差，插板桩机无法直接上去打板。为保证插板桩机的施工安全，整个加固场地先铺设一层 150g/m² 的编织土工布，增压施工区域在排水板施工完成 2/3 时安排人员按设计要求插设增压管。加固区域的土体含水率高、渗透性差，压膜沟按设计要求正常开挖并在铺膜完成后回填压实，保证了整个抽真空过程的密封性。

3. 工程监测与结果评价

本工程采用增压式真空预压和直排式真空预压，为保证工程质量，并及时监测施工过程中土体分层沉降、孔隙水压力、深层水平位移等技术参数的动态变化，由天津某工程质量检测中心对本工程进行了全过程监测。

分层沉降监测结果显示，分层沉降量最大为 1.296m，为增压施工区，与其他区域相比大 40～60mm，说明增压式真空预压效果好于直排式真空预压。

每个加固区分别埋设一组孔隙水测头，埋设位置为四根排水板所围成区域的中心。铺膜前地基内孔隙水压力大于测头位置的静水压力，地基内存在超静水压力，地基土处于欠固结状态。真空预压过程中孔隙水压力消散明显，随土体降水而发生固结。

深层水平位移的测斜管在预压前期埋设在加固区外侧2m处。预压加固过程中，区域外侧土体向加固区内侧发生水平位移，最大水平位移量为406.0～516.5mm，位移量随着深度的增加逐渐减小，最大位移发生在地表。

本工程经过增压式真空预压软基加固后，地基承载力达到了80～100kPa，加固区无需二次处理（水泥搅拌桩施工）即可直接回填铁路路基，节约了大量工期，同时节省造价约1200万元。

56.3.2 连云港南区220kV变电站新建工程

1. 工程概况

本工程位于连云港市徐圩开发区内。站址场外东南侧为方洋河，东北侧为226省道。站址为废弃盐田，地形平坦，地势较低，水系发育，交通较为便利。场地表层为平均厚度为2.3m的黏土，其下为厚约14m的淤泥，含水率为78.4%，孔隙比为2.106。站区地基处理总面积为20160m²。

2. 施工情况

本工程东侧临近高压线塔和排水管线、通信光缆，北侧毗邻一钢结构厂房，为保证周边建筑物、管线不受到破坏，真空预压前先在场地东侧和北侧各打设一道双排水泥搅拌桩作为支护，水泥搅拌桩直径700mm，桩间距500mm，桩与桩之间相互搭接200mm。

本工程塑料排水板采用防淤堵B型排水板，正方形布置，平面间距为0.8m，施工深度为20m。采用增压技术，增压管呈正方形布置，间距2.4m，施工深度为5.0m。工程于2015年11月21日进行排水板施工，12月22日进入正式抽真空阶段，2016年4月25日合格卸载。抽真空过程中，每天安排值班人员对真空泵和区域内的压力表进行检查，发现设备运转异常、压力表读数异常等其他情况时及时上报或随时解决。

3. 工程监测与结果评价

本工程为增压式真空预压技术在江苏省电力系统中的首次应用，因此监测工作比常规监测要求高。该工程共设置12个土体分层沉降观测点，区域内外各6个；设置4个孔隙水压力观测点，均设置在加固区内部；共设置6个土体水平位置观测点，深度均为27m；水位观测点2个，东侧、北侧各1个；地表沉降观测点共36个，均匀分布在加固区内。

本工程经过增压式真空预压处理后，地基承载力特征值达到了82kPa，满足设计要求的80kPa；淤泥层的十字板强度由预压前的20.2kPa提升至29.3kPa，增长幅度为45%；表层黏土层的锥尖阻力预压前为0.3MPa，预压后增长至0.8MPa，增长了167%；淤泥层由欠固结土变为超固结土。工程处理结果得到业主的肯定。

56.3.3 温州三江立体城二期7号、8号地块住宅地基处理工程

1. 工程概况

三江立体城位于温州永嘉县瓯北镇三江片区，坐落在马山南面、104国道南侧、规划建设中的环江大道北侧。施工区域表层有厚约15m的吹填土，主要成分为瓯江滩涂浮泥，未经过排水固结，抗剪强度和承载能力极低，局部流动性较大，如图56-7所示。场地南北高差约5m，且地表以下3m处存在0.4m厚透气砂层。本次处理面积约为70000m²。

2. 施工情况

由于场地存在大量积水和水草，施工前采用水陆挖掘机进行挖沟排水和水草的清理工作，然后铺设一层 150g/m² 的编织土工布，保障轻型插板桩机及施工人员安全施工（图 56-8）。本工程采用防淤堵B 型排水板，正方形布置，平面施工间距为 0.8m，施工深度不得进入第二层中砂层，真空支管采用 ϕ25mm PVC 钢丝软管，真空主管采用 ϕ50mm PVC 钢丝软管。

图 56-7　三江立体城瓯江滩涂　　　　　图 56-8　施工情况

3. 工程监测与结果评价

本工程的监测、检测程序严格按照国家及行业标准执行，预压结束后地基承载力达到 70kPa，满足了设计要求及业主的用地要求。

56.3.4　宁波石化经济技术开发区工业固体废弃物填埋场软基工程

1. 工程概况

本工程位于宁波石化经济技术开发区岚山片区明海北路以北、跃进塘路以东、滨海路以西。场地原为滩涂，后经围海回填，现场地内大部分地段有堆土。

2. 施工情况

由于场地表层存在大量建筑垃圾，故先期利用挖机清除表层 1.5m 范围内的较大石块、建筑垃圾等。本项目为危险废弃物填埋场，由于填埋基坑深度最终达到约 10m，一次开挖施工难度大，故真空预压前先开挖 4m 深基坑，放坡 1:4。真空预压在基坑、斜坡及基坑四周进行，施工难度大，最大的难题即插板机在 1:4 的斜坡上进行插板施工。经过仔细研究与机械安全度验算，最终解决了这一难题。施工时先铺设一层 150g/m² 的编织土工布，保障插板桩机及施工人员安全施工，然后采用防淤堵 B 型排水板，正方形布置，平面施工间距为 0.8m，施工深度为 11～15m。真空支管采用 ϕ25mm PVC 钢丝软管，真空主管采用 ϕ50mm PVC 钢丝软管。采用增压技术，增压管呈正方形布置，间距为 2.4m，施工深度为 8m。工程于 2015 年 5 月 12 日进行排水板施工，7 月 1 日进入正式抽真空阶段，2015 年 10 月 1日合格卸载。

3. 工程监测与结果评价

本工程抽真空期间沉降量为 55～64cm，地基承载力特征值为 93～124kPa，检测结果见表 56-2。

表 56-2　宁波石化经济技术开发区工业固体废弃物填埋场工程处理后地基静荷载试验结果

点位	最大试验荷载 /kPa	最大试验荷载对应的沉降量 /mm	残余沉降量 /mm	回弹率 /%	地基承载力特征值 /kPa
场前区-1	217	96.36	85.70	11.1	93
场前区-2	248	107.94	96.36	10.7	108
场前区-3	217	75.18	65.44	13.0	93
一区-1	248	69.62	61.91	11.1	108
一区-2	248	64.74	55.69	14.0	108
一区-3	217	73.11	67.06	8.3	93
二区-1	279	89.66	81.96	8.6	124
二区-2	155	61.82	56.70	8.3	93
二区-3	217	85.33	73.27	14.1	93
三区-1	248	80.15	73.24	8.62	108
三区-2	217	69.62	62.87	9.70	93
三区-3	248	71.57	65.16	8.96	108
四区-1	217	61.95	54.27	12.40	93
四区-2	217	65.95	60.04	10.32	93
四区-3	248	67.44	60.05	10.95	108

56.3.5　苏宁宁波地区电子商务运营中心项目

1. 工程概况

工程场地位于方欣路以东、恒发路以北，近似为长方形区域，南北长 311～380m，东西宽约 250m，总用地面积为 102751.94m²，总建筑面积 57027.01m²，由 1 幢 1 号 9m 大小件库、1 幢 2 号库房、1 幢综合配套楼、1 幢设备用房、2 幢门房、2 幢发电机房及 1 幢成品垃圾房等组成。

本工程中需要进行地基处理的部分面积为 92000m²，主要为仓库区和道路区等，包括 1 号 9m 大小件仓库 35126.57m²、2 号仓库 25768.85m²、道路区面积 31105m²。其中，仓库区使用荷载为 30kPa，地面标高为 +4.8m，其他区域设计室外地坪标高为 3.5～4.1m。

2. 施工情况

由于工期紧张，故将整个区域分为两块进行处理。场地状况良好，大部分地块机械可直接施工，局部软弱地带铺设一层编织土工布后可施工。本工程采用防淤堵 B 型排水板，正方形布置，平面施工间距为 1m，施工深度为 12～18m。真空支管采用 φ25mm PVC 钢丝软管，真空主管采用 φ50mm PVC 钢丝软管。工程开工时间为 2008 年 7 月 6 日，抽真空计时时间为 2008 年 8 月 23 日，于 2008 年 11 月 21 日进行卸载检测。

3. 工程监测与结果评价

本工程施工后经检测，南区平均沉降为 87.7cm，北区平均沉降为 96.5cm，南区 2 不同深度孔隙水压力变化情况如图 56-9 所示。

经检测，场地承载力均满足设计要求，大于 110kPa，固结度大于 90%。

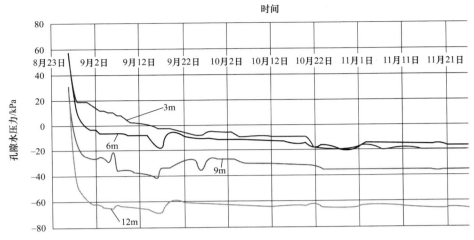

图 56-9　南区 2 不同深度孔隙水压力变化情况

56.3.6　连云港徐圩港区预制厂及出运码头工程

1. 工程概况

连云港徐圩港区预制厂及出运码头边缘处理区软基处理工程位于徐圩港区一港池西侧，是徐圩港区一期工程的后方陆域部分。于边缘区选择 S1 区（约 10000m²）作为真空预压试验区。

2. 施工情况

本试验工程采用增压式真空预压施工工艺，2014 年 4 月底开工，2014 年 8 月底软基处理结束。工程采用防淤堵塑料排水板，正方形布置，施工间距为 0.8m，深度为 22.5m，有效抽真空时间为 90 天。为保证抽真空时的密封效果，加固区四周打设黏土密封墙。

3. 工程监测与结果评价

施工后分别对水位、水平位移、分层沉降、十字板剪切试验及荷载板试验等指标进行测量，得到水位由初始的 8.38m 降低至 3.45m，十字板剪切试验最低值大于 22kPa，地基承载力大于 80kPa，各项指标均满足设计要求。

56.3.7　连云港旗台作业区液体散货泊位铁路专用线（一期）路基工程

1. 工程概况

连云港旗台作业区液体散货泊位铁路专用线（一期）路基工程位于连云港旗台作业区，北侧为 30×10^4t 航道（连云港区）及相应码头泊位，南侧为旗台山与南防波堤。液体化工围堰、旗台港区围堤、南防波堤为本工程围护设施。

2. 设计

本工程真空预压地基处理共分为 4 个区，即 1 区、2 区、3 区、小区。真空预压 1 区采用防淤堵板增压式真空预压方案，面积为 25996.5m²；真空预压 2 区、3 区与小区采用防淤堵板直排式真空预压方案，面积为 68047.2m²。为了解排水板类型及间距对加固效果的影响，分别在 1 区、2 区布置三个试验区（试验 1 区～试验 3 区，面积为 40m×40m），试验 1 区采用常规板增压式真空预压方案，试验 2 区采用常规板直排式真空预压方案，试验 3 区采用常规板长短板结合直排式真空预压方案。

3. 施工情况

由于场地表层较软，故排水板施工前先在场地表面用竹笆、编织布及风化砂铺设工作垫层，供插板桩机施工用。施工时，除试验3区外，均采用防淤堵排水板，施工深度为27.0m，正方形布置，平面间距0.8m。

4. 工程监测与结果评价

本工程监测及检测工作由天津某工程质量检测中心承担，软基处理结束后，地基总沉降量达2.65～3.67m，固结度大于85%，满足设计卸载要求，地基处理后各区地基承载力特征值均满足80kPa的设计要求。

56.3.8 天津临港经济区装备制造业基地无砂真空预压工程

1. 工程概况

天津临港经济区装备制造业基地软基处理工程一标段位于规划的长江道以南，渤海40路以东，二期围海T7吹填区内，原二期污水处理厂真空预压工程地块东侧。地基处理总面积为98000m²，泥面标高约5.5m（新港高程），采用二次处理的真空预压处理工艺，两次处理均采用无砂垫层的工艺。

本次加固区域约80000m²位于T7吹填区的排水通道区域，其表层土体的含水率高达98.64%，颗粒度较细，场地边缘距离临时道路约220m，施工难度相对较大。

2. 施工情况

浅层施工时为保证插板人员的安全，先在加固区表面铺设一层编织土工布，排水板采用防淤堵B型排水板，施工深度4.5m，排水板采用手形接头连接，滤管采用$\phi25$软式钢丝管，选用节能环保型水环式真空泵。浅层施工结束，加固区土体含水率降低至60%～65%，十字板剪切强度也由原来的0.6kPa提高至11kPa，满足了地基浅层处理要求，达到了深层施工安全的目的。

3. 工程监测与结果评价

本工程监测工作由天津市某岩土工程有限公司承担，浅层处理沉降量为56～81cm，深层处理沉降量为161～184cm，深浅层插板沉降未计入。地基处理后各区95%的点十字板C_u值大于20kPa，满足设计要求。

参 考 文 献

[1] 杨子江，余江，刘辉，等. 增压式真空预压施工工艺研究 [J]. 铁道标准设计，2011 (8)：29-34.

[2] 朱群峰，高长胜，杨守华，等. 超软淤泥地基处理中真空度传递特性研究 [J]. 岩土工程学报，2010，32 (9)：1429-1433.

[3] 天津港湾工程质量检测中心有限公司. 新建天津新港北铁路集装箱中心站工程真空预压试验段监测（检测）报告 [R]. 天津港湾工程质量检测中心有限公司，2012.

[4] 夏玉斌，陈允进. 直排式真空预压法加固软土地基的试验与研究 [J]. 工程地质学报，2010，18 (3)：376-384.

[5] 关云飞. 吹填淤泥固结特性与地基处理试验研究 [D]. 南京：南京水利科学研究院，2009.

[6] 龚济平，徐超，金亚伟. 采用改进真空预压技术加固软土地基的试验研究 [J]. 港工技术，2012，49 (3)：50-52.

[7] 沈宇鹏，冯瑞玲，钟顺元，等. 增压式真空预压在铁路站场地基处理的优化设计研究 [J]. 铁道学报，2012，34 (4)：88-93.

第57章 深厚软基"刚性复合厚壳层"地基处理技术

常 雷

57.1 概　　述

当前，我国土木工程基础建设正处于高速发展时期，在处理 10m 以上的深厚软弱地基及要求单位面积承载力高、工后沉降小、差异沉降小时，项目管理方、设计方、监理方及施工单位一般均能按施工图纸进行处理，但有时也存在工期延长、成本增加的情况，有的工程在交付使用后 2～3 个月就开始出现不均匀沉降，严重影响使用功能，有的道路工程甚至要封路大修。笔者经过多年的试验、检测、施工及研究，发现产生上述现象的原因主要有两个：①一些工程赶工期、轻质量，设计水平及施工质量不高；②重视单桩的承载能力，轻视桩与桩间土复合体的协同作用，对与下卧层协同处理的认识不足，在设计施工中采用了不恰当的处理方法。

57.1.1 "刚性复合厚壳层"的提出及其作用

针对上述现象，在处理 10m 以上的深厚软基及要求单位面积承载力高、工后沉降小、差异沉降小时，既要考虑桩的垂直承载力作用，又要考虑强大的水平抗力的作用，还要考虑深厚软基沉降及差异沉降双控指标的要求。2006 年，笔者提出了大直径刚性复合桩深厚软基"刚性复合厚壳层"地基处理方法及机理，并应用在 10m 以上深厚软土地基处理工程及要求单位面积承载力高、工后沉降小、差异沉降小的工程及科研项目中。该成果的应用至今已有十余年，检测结果表明，应用以上处理方法，工程各项指标均高于现有设计施工验收规范及指标要求，如某工程工后总沉降最大为 5.8cm，工后水平位移为 2.405cm，差异沉降值小于 1/500，整体刚性复合厚壳层复合体已稳定。深厚软基"刚性复合厚壳层"形成后起到有序传递并合理分配上部荷载的"纽带"作用，刚性复合桩承受大部分竖向压力和水平推力，从而大大减少了桩间土因超载带来的不利影响，如避免深厚软基复合地基层沉降和差异沉降过大、移位和垮塌事件的发生。

深厚软基刚性复合厚壳层形成后无须进行二次回填、预超压，既省时、省力、省地、费用低，又环保，避免二次清淤运输污染环境，节省综合成本 15% 以上。刚性复合厚壳层复合体整体承受的竖向力大，抗侧滑能力好，工后稳定沉降小，还能大大降低后期的维修费用，社会效益显著。

深厚软基刚性复合厚壳层形成后，可使复合地基具有高承载力（承载力特征值为 250～500kPa）、可控的工后沉降（0.3～15cm）和可控的差异沉降（1/800～1/500）。

57.1.2 深厚软基刚性复合厚壳层的工作原理

由大直径刚性复合桩（三角形梅花式满堂红布置桩）＋钢筋混凝土桩帽盖板＋碎石褥垫层＋土拱层协同作用，共同组成深厚软基刚性复合厚壳层。大直径刚性薄壁复合桩呈三角梅花形布置，如图 57-1 所示。

刚性复合厚壳层地基基础如图 57-2 所示，其受力机理如图 57-3 所示。

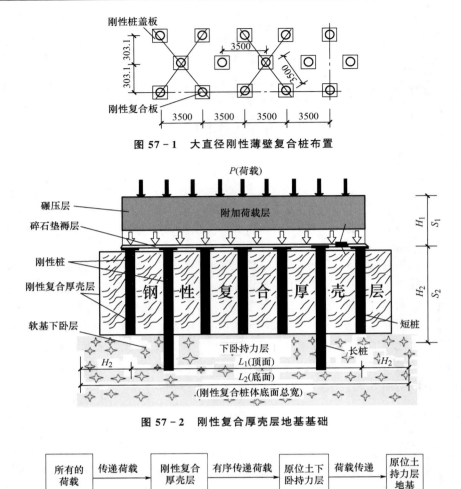

图 57-1 大直径刚性薄壁复合桩布置

图 57-2 刚性复合厚壳层地基基础

图 57-3 刚性复合厚壳层受力机理

57.1.3 应用领域及优缺点

1. 应用领域

深厚软基刚性复合厚壳层地基处理技术可广泛应用于高速公路工程、高速铁路工程、机场扩建工程、市政道路工程、港口码头工程、海洋工程、围海造地工程、水利工程等。该技术很好地解决了深厚软基土工后沉降及差异沉降的问题，为深厚软基复杂基础工程施工提供了一整套科学的解决方案。

2. 优缺点

（1）优点

1）深厚软基刚性复合厚壳层形成后起到承上启下的"纽带"作用，可承接其上所有的静荷载、动荷载、水平荷载及集中荷载，有序、有效、自动、合理、均匀地传递、分配荷载及能量。

2）其整体的抗竖向和水平推力、抗侧滑能力强，承载力高，工后总沉降及差异沉降小，易控制、易稳定。

3）可节约综合成本 20% 以上，施工速度快，节省工期 4~6 个月，减少施工出土量约 50%。在深厚软基处理工程中可充分利用软淤泥土，充分发挥大直径复合桩与改良后的桩间土的协同作用，为典型的绿色环保施工工艺。

（2）缺点

刚性复合厚壳层内需植入一定深度的大直径刚性桩，施工这些大直径刚性桩需要一定的大型设备，地表层需满足大型设备承载力的要求。

57.1.4　施工机械及设备

深厚软基刚性复合厚壳层地基处理技术需要使用专用施工机械及设备，如内外双钢护筒、高频液压振动锤、专用内外双钢护筒液压夹具、重型履带吊、轨道桩机、专用发电机、卷扬机等。

57.2　施工工艺和质量验收标准

57.2.1　施工工艺流程

深厚软基刚性复合厚壳层是由大直径刚性复合桩（三角形梅花式满堂红布置桩）＋钢筋混凝土桩帽盖板＋碎石垫褥层＋土拱层协同作用、共同组成的，通过使用高频液压振动锤将大直径内压双钢管护筒及环形桩尖以振、压、锲的形式沉入土中，使桩端局部地基土由桩靴底向管腔内推进、移动、挤密并部分排出地面，而护筒外侧土体不受挤压，内管腔为挤密的实心土桩。大直径刚性复合桩成桩后，在桩顶处现浇 1500mm×1500mm×200mm 的钢筋混凝土桩帽盖板，使桩间土"土拱"以上大部分的荷载及桩盖板上所有的荷载有效传递给刚性复合桩。刚性复合桩桩尖、内腔土芯桩及桩帽盖板如图 57-4 所示。

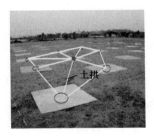

薄壁筒桩布置，桩距为 3.0~3.5m，梅花形布置

刚性复合桩土芯土柱群

土拱

图 57-4　刚性复合桩桩尖、内腔土芯柱及桩帽盖板

刚性复合厚壳层施工流程如图 57-5 所示。

施工准备(设备准备、临设搭建、"五通一平"等) → 测量定位、放样、埋桩头 → 刚性复合桩施工 → 桩顶处理及垫层 → 浇筑盖板(支模、扎筋、混凝土浇筑) → 刚性复合桩检测及验收 → 碎石垫层铺设及验收

图 57-5　刚性复合厚壳层施工流程

57.2.2　施工要点和注意事项

1. 沉孔要求

内外钢护筒安装完毕之后，对准桩尖，方可加压振动沉孔。在沉孔过程中要密切关注沉孔速度的变化，遇到强硬地层，不宜过度加压沉孔，以避免桩尖及成孔器损坏。同时，要注意成孔器保持正常的垂直度，垂直度偏差不得超过 2°。

2. 内外钢护筒的止水措施

沉孔之前必须使桩尖与内外钢护筒的空腔密封，使其在整个沉孔过程中不会渗水。止水方法有以下几种，可根据实际情况选取：

1) 在壁腔内预先灌注约 1m³ 混凝土，防止地下水渗入壁腔中。

2) 在桩尖与内外钢护筒接触处的内外面采用密封袋或绕捆草绳止水。

3) 沉孔到位后，在内腔低端测试检查有无泥水渗入，若有应用专用抽水泵抽出，保持腔内不存在泥水。

3. 沉入桩长

刚性薄壁复合桩桩端进入设计持力层不少于 0.5m，桩长以实际沉入土层深度为主要控制指标，以设计桩长作参考。在施工中偶遇不可穿越的孤石时，如果实际桩长不少于 1/2 设计桩长则不再补桩，如果实际桩长不大于 1/2 设计桩长，与设计人员商量待补桩。终孔标准为桩端进入持力层后贯入度不超过 5cm/min。

4. 混凝土的制备

坍落度为 8～10cm，碎石骨料粒径为 2～3.0cm，混凝土搅拌时间为 2～3min。

混凝土配比强度根据设计混凝土强度要求，按事先由监理部门审批的配合比数据严格执行。

5. 内、外钢护筒提升速度

当制备的混凝土灌入内外钢护筒壁腔后，振动并缓慢提升钢护筒，提升速度为 0.5～2.0m/min。在振拔灌注混凝土的过程中，内外钢护筒内的混凝土高于钢护筒底端约 2.0m，以防内外侧的水及软泥土挤入壁腔内，造成断桩事故。在振拔接近设计标高时，管内收尾的混凝土标高高于设计标高 50cm。

57.2.3 质量验收标准

大直径刚性薄壁复合桩的设计理论基础为刚性复合厚壳层理论，施工时按《现浇混凝土大直径管桩复合地基技术规程》(JGJ/T 213—2010) 执行，验收时按《建筑桩基检测技术规范》(JGJ 106—2014) 中混凝土灌注工程桩中的单桩静载试验、低应变反射波试验、复合地基板试验进行。

1) 桩身成型完整性（成桩 28 天）：以抽样 1%、不少于 3 根的桩进行筒内挖土观察，成桩后的薄壁应完整无损，必要时在薄壁上取样送检。

2) 混凝土灌注质量动测法（成桩 28 天）：抽样 10%，按现行低应变反射波测试规范执行。因大直径刚性薄壁复合桩系薄壁型桩，动测时在桩体上取 3～4 个测试点。

3) 单桩竖向抗压静载试验（成桩 28 天）：抽检数量大于 1%（不少于 3 根），桩顶需做特殊钢筋混凝土桩帽加固处理后才能进行试验。

4) 复合地基荷载试验（成桩 28 天）：抽检数量大于 1%（不少于 3 组），桩帽板上需加格栅及 30cm 厚碎石垫层后才能进行试验。

57.3 工程实例

1. 工程概况

珠江三角洲环形高速公路是国家重点项目，西二环段（南段）九江至小塘段位于珠江三角洲，简称西二环段（南段），跨越的主要河流有河清河、樵北涌、北江及其支流南沙涌。路线全长 41.551km，主线设桥梁 58 座，共 21457m（其中特大桥 13 座，共 13356m，大桥 23 座，共 6625.8m，中桥 22 座，共 1475.2m），通道及涵洞共 66 座，主线桥梁总长约占线路总长的 52%。互通立交桥 7 处，分别为九江互通、大同互通（预留）、西樵互通、丹灶互通、横江互通、金沙互通和小塘立交互通。分离式立交5座，共470m，匝道桥53座，共9619.315m（含特大、大、中、小桥）。该项目处于珠江三角洲水网发达地区，工程地质复杂多变，软基密布，全线需处理的软基段超过20km，最大处理深度为18～20m，填土厚达6m，沿线两旁多为低洼水塘、鱼塘等。

2. 地质概况

根据西二环段（南段）九江至小塘段的工程地质报告，试验场地各土层的物理力学性质见表57-1和表57-2，土层分布情况自上而下分述如下。

表 57-1　K13+323.5 钻孔地基土物理力学性质

土层编号	土层名称	层厚/m	含水率/%	密度/(g/cm³)	孔隙比 e	饱和度/%	压缩系数/(MPa⁻¹)	压缩模量/MPa	内摩擦角/(°)	抗剪强度/kPa	地基土承载力/kPa
①	人工填土	0.6	38.2	1.82	1.02	100	0.243	7.9	7.0	10	40
②	粉质黏土	1.9	45.9	1.7	1.28	95	0.773	2.7	3.4	25	100
③	淤泥	8.1	60.2	1.6	1.63	100	1.522	1.55	14.4	10	50
④	粉质黏土	3.3	44.4	1.74	1.21	98	0.683	3.01	16.2	30	130
⑤	砂质粉土	6.0	34.5	1.82	0.96	95	0.495	3.67	14.8	30	130

表 57-2　K13+180 钻孔地基土物理力学性质

土层编号	土层名称	层厚/m	含水率/%	密度/(g/cm³)	孔隙比 e	饱和度/%	压缩系数/(MPa⁻¹)	压缩模量/MPa	内摩擦角/(°)	抗剪强度/kPa	地基土承载力/kPa
①	人工填土	0.8	38.2	1.82	1.02	100	0.243	7.9	7.0	10	40
②	粉质黏土	3.0	45.9	1.7	1.28	95	0.773	2.7	3.4	25	100
③	淤泥	18.4	69.8	1.55	1.90	100	1.82	1.36	3.4	10	50
④	粉质黏土	1.3	44.4	1.74	1.21	98	0.683	3.01	16.2	30	130
⑤	中砂	1.0	20	1.99	0.66	—	—	11.6	30	50	180

K13+323.5 钻孔土层从上至下依次为：

① 人工填土：灰褐色，由黏性土及碎石等组成，稍湿，稍压实。

② 粉质黏土：灰黄色，黏粒为主，质纯，土体黏性较好，软～可塑，湿。

③ 淤泥：灰黑色，黏粒为主，含少量砂土及腐殖质，有腥臭味，饱和，流塑。

④ 粉质黏土：灰色，很湿，软～可塑，层中多处夹薄层粉砂。

⑤ 砂质粉土：灰黄～灰红色，黏粒为主，质纯，土体黏性好，湿，硬塑。

K13+180 钻孔土层从上至下依次为：

① 人工填土：灰褐色，由黏性土及碎石等组成，稍湿，稍压实。

② 粉质黏土：灰黄色，黏粒为主，质纯，土体黏性较好，软～可塑，湿。

③ 淤泥：灰黑色，黏粒为主，含少量粉细砂及腐殖质，有腥臭味，饱和，流塑。

④ 粉质黏土：灰黄～灰红色，黏粒为主，质纯，土体黏性很好，湿，硬塑。

⑤ 中砂：灰色，中砂为主，由石英组成，含少量黏粒，饱和，稍密。

刚性复合厚壳层初始地形及原位深厚淤泥层如图57-6所示。

3. 刚性复合厚壳层工程应用及桩位平面布置图

本工程西二环段（南段）高速公路软土地基处理采用刚性复合厚壳层地基处理技术，软基层厚18～20m，设计外护筒直径1000mm，内护筒直径760mm，C30钢筋混凝土预制桩尖，C20素混凝土刚

图 57-6　刚性复合厚壳层初始地形及原位深厚淤泥层

性薄壁复合桩，壁厚 $t=120mm$，设计桩长 20m，C25 钢筋混凝土桩帽盖板为 1500mm×1500mm× 200mm，刚性薄壁复合桩桩距分别为 3.0m、3.5m，呈正三角形梅花式满堂红布置，如图 57-1 所示。

4. 刚性复合厚壳层深厚软基工程应用效果

刚性复合厚壳层工程应用的效果如图 57-7 所示。

2007 年 12 月 8 日路段通车，至 2017 年 8 月 18 日，路面沉降、差异沉降及侧滑移稳定，效果超出预期。2013 年 12 月 19 日上午，广东省交通运输厅在广州市组织召开了"广东高等级公路软基大直径现浇桩地基处理设计及受力性状研究"项目成果鉴定会，认定本项目"科研成果总体达到国际领先水平"，充分证明了刚性复合厚壳层地基处理技术在处理深厚软基时具有承载能力高、工后沉降及差异沉降小、可长久保持路基的稳定性等优势，可为国家和社会节约直接和间接投资的 20% 以上。此工法最大的特点是桩土协同作用，桩与桩间土的受力比例为 0.8∶0.2，刚性复合厚壳层整体稳稳地坐落在下卧层上，抵御竖向和水平荷载；所有附加荷载引起的沉降、差异沉降均在施工刚性复合厚壳层阶段完成，施工完后附加荷载引起的沉降、差异沉降已完成，整体已稳定，不会再对刚性复合厚壳层的下卧层造成沉降、差异沉降，详见下节的原位试验。

图 57-7　刚性复合厚壳层工程应用的效果

57.4　原位试验

刚性复合厚壳层工程刚性薄壁桩与复合地基的原位测试、荷载试验现场及试验成果如图 57-8 所示。

刚性复合厚壳层工程桩顶、桩底、桩盖板、桩间土复合地基的压力原位测试结果如图 57-9 所示。

由图 57-9 可以看出，当路堤填土不断压实增高时，桩顶端、桩底端两处钢筋应力计反映的应力曲线变化如下：

1）当 40 天内累计填土高度小于 1m 时，刚性薄壁复合桩内上、下两处钢筋应力计应力曲线均为较平滑的直线段，近似为常数，表明刚性薄壁复合桩与桩间土分配到的路堤荷载应力是均衡的。

2）当 40~100 天内累计填土压实高度超过 1m 而小于 2m 时，刚性薄壁复合桩内上端处钢筋应力计应力从 173kN 增加到 555.29kN（3.2 倍），底端处钢筋应力计应力值从 15.59kN 增长到 19.6kN（1.26 倍），

工程名称：西二环段（南段）第四标筒桩 K9+509.8—K9+555.3桥头						试验桩号：H5号工程桩			
测试日期：2006年4月4日		桩长：16.50m				桩径：1000mm			
荷载/kN	0	600	900	1200	1500	1800	2100	2400	2700	3000
累计沉降/mm	0	2.13	2.96	3.94	4.98	7.48	15.20	37.39	73.60	111.81

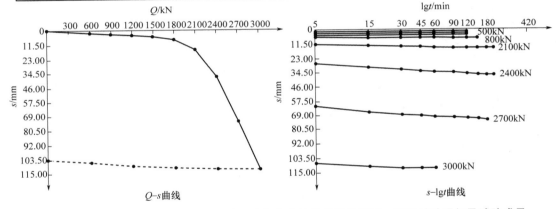

图 57-8 刚性复合厚壳层工程刚性薄壁桩与复合地基的原位测试、荷载试验现场及试验成果

上、下两处钢筋应力计应力曲线均为上升状态，此时桩间土、桩盖承受的路堤荷载增加，而刚性薄壁复合桩分配到的路堤荷载增加较多。此时段还没有形成"土拱效应"。

3）当100~183 天内累计填土压实高度超过2m而小于5.05m时，刚性薄壁复合桩内上端处钢筋应力计应力值从 555.29kN 增加到 1880kN（3.39 倍），底端处钢筋应力计应力值从 19.6kN 减小到 19.29kN，上端钢筋应力计应力曲线为上升状态，下端处钢筋应力计应力曲线仍为较平滑的直线段，近似为常数。此时桩间土承受的路堤荷载近似为常量，而刚性薄壁复合桩和桩盖板分配到大部分的路堤荷载。此时段"土拱效应"出现。刚性复合厚壳层"土拱效应"的原位测试如图 57-10 所示。

4）当填土压实高度超过2.0m并出现"土拱效应"时，桩盖板受力集中度大增，路基荷载大部分转移至桩盖板上，至填土完成时盖板承担的荷载为桩间土的 4.0 倍，即承受 80%左右的荷载，约 20%的路堤荷载由桩间土承担，桩顶、桩中、桩底三个断面混凝土的应力呈正漏斗形快速衰减到桩底端的初始值。

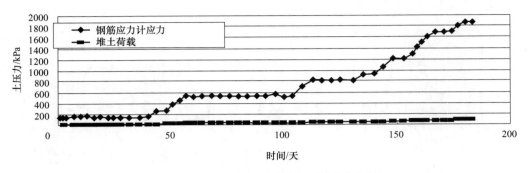

(a) 桩顶端钢筋计应力随堆土荷载变化的曲线

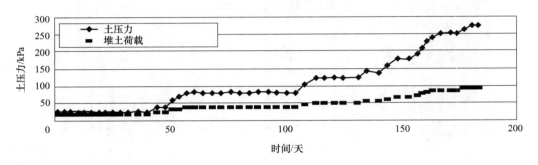

(b) 桩盖板上土压力随堆土荷载变化的曲线

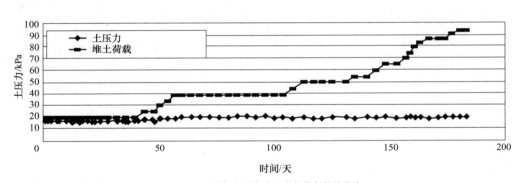

(c) 桩间土压力随堆土荷载变化的曲线

图 57-9　刚性复合厚壳层工程桩顶、桩底、桩盖板、桩间土复合地基的压力原位测试结果

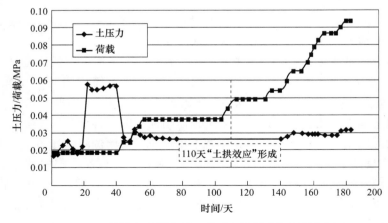

图 57-10　刚性复合厚壳层工程"土拱效应"的原位测试

5）刚性薄壁复合桩盖板与桩间土应力比随着路堤荷载的增大而增大，从 1.4 左右增加到 14 左右，表明刚性薄壁复合桩加固软基，桩土应力比是一个变值，它与填土高度有关，也与土工格栅、盖板大小及"土拱效应"密切相关。刚性复合厚壳层工程复合地基中测斜管、分层沉降的原位测试试验如图 57-11 所示。

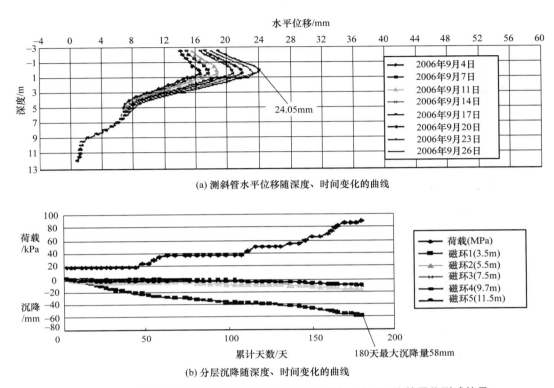

(a) 测斜管水平位移随深度、时间变化的曲线

(b) 分层沉降随深度、时间变化的曲线

图 57-11　刚性复合厚壳层工程复合地基中测斜管、分层沉降的原位测试结果

1）分析上述测斜管曲线，水平位移随路堤填土厚度的增加而变化。路堤填土厚度从 0 增加到 6.0m 后，各测斜管采集到的位移量分别为 CX1（3.5m 深度处位移量为 23.13mm）、CX3（3.0m 深度处位移量为 24.05mm）、CX4（4.5m 深度处位移量为 7.88mm），最大位移量为 24.05mm，刚性薄壁复合地基最大水平位移均集中在浅部基础 3.0～4.5m，说明刚性复合厚壳层地基整体刚度好、压缩变形小、抗侧滑移能力强、路基稳定，不会发生路基滑移现象。

2）该高速公路路堤填土厚度从 0 增加到 6.0m 用了 180 天，分析以上分层沉降曲线可知，纵向沉降不随路堤填土荷载的增加而增加。

3）当磁环段在 5.4～10.5m 深度范围时，沉降量为 10～20mm；当磁环段在 10.5～21.5m 深度范围时，沉降量在 10mm 之内；磁环段深度为 3.0～4.5m 时沉降量最大，为 58mm，说明刚性复合厚壳层复合地基最大纵向沉降发生在浅部基础 3.0～4.5m 处，深层基础变化不大。这同样印证了刚性复合厚壳层复合地基整体刚度好、压缩变形小、路基稳定、工后沉降小的特点。

57.5　单桩极限承载力和复合地基承载力计算模型

1. 单桩极限承载力计算模型

根据土的物理指标与承载力参数之间的关系，确定单桩竖向极限承载力按下式计算：

$$Q_{uk} = u \sum \xi_s q_{sik} l_i + \xi_p q_{pk} A_p + G/3 \qquad (57-1)$$

式中　Q_{uk}——刚性薄壁复合桩单桩竖向极限承载力（kN）；

　　　　u——桩外侧周长（m）；

　　　ξ_s，ξ_p——桩侧阻、端阻修正系数；

　　　　q_{sik}——第 i 层土极限侧阻力标准值（kPa）；

　　　　l_i——第 i 土层厚度（m）；

　　　　q_{pk}——桩端土极限端阻力标准值（kPa）；

　　　　A_p——桩端计算面积（m²）；

　　　　G——桩内芯土柱有效自重（kN），1/3 为经验系数。

单桩竖向承载力设计值为

$$R = \frac{Q_{uk}}{\gamma_{sk}} \tag{57-2}$$

式中　R——单桩竖向承载力设计值（kN）；

　　　　γ_{sk}——桩侧阻、端阻综合抗力系数。

考虑到不同区域地质构造不同，实际应用中建议取设计标准值为 1000kN/根。

桩轴心受压时，桩身强度还应符合下式的要求：

$$Q \leqslant A_p f_c \psi_c \tag{57-3}$$

式中　A_p——桩截面面积（m²）；

　　　　f_c——混凝土轴心抗压强度设计值（kPa）；

　　　　Q——荷载效应基本组合时的单桩竖向力设计值（kN）；

　　　　ψ_c——刚性薄壁复合桩工作条件系数，取 0.6～0.8。

$$f_{pk} = m\frac{R}{A} + \lambda\beta(1-m)f_k \tag{57-4}$$

式中　f_{pk}——复合地基承载力（kPa）；

　　　　m——复合地基面积置换率；

　　　　λ——桩间土强度提高系数，取 1.5～2.0；

　　　　β——桩间土作用系数，取 0.75～0.9；

　　　　f_k——桩间土承载力标准值（kPa）。

刚性复合厚壳层复合地基承载力应满足以下条件：

$$P \leqslant f_{pk}/K \tag{57-5}$$

$$P = \gamma H + P' + \gamma'H' \tag{57-6}$$

以上式中　P——路堤底面应力（kPa）；

　　　　　K——可靠度系数，取 1.3；

　　　　　P'——车辆荷载（kPa）；

　　　　　$\gamma'H'$——路面荷载（kPa）；

　　　　　γH——填土荷载（kPa）。

刚性复合厚壳层复合地基总沉降计算包括两部分：

1）复合地基层的沉降变形，计算公式为

$$S = s_1 + s_2 \tag{57-7}$$

式中　s_1——刚性复合厚壳层复合层的沉降变形（m）；

　　　　s_2——下卧层的沉降变形（m）。

由于刚性复合厚壳层复合地基的沉降变形很小，所以忽略刚性复合层的变形 s_1。

2）下卧层的沉降变形，采用分层总和法计算：

$$s = \sum \frac{\Delta p_i}{E_{si}} H_i \tag{57-8}$$

式中　Δp_i——第 i 层的平均附加应力（kPa）；

　　　E_{si}——第 i 层土的模量（MPa）；

　　　H_i——压缩层分层计算厚度（m）。

$$E_{si}=mE_p+(1-m)E_s \tag{57-9}$$

式中　m——复合地基面积置换率；

　　　E_p——刚性复合桩压缩模量（MPa）；

　　　E_s——桩间土压缩模量（MPa）。

作用在下卧层土体上的荷载按下式计算：

$$P_b=\frac{LBp}{(B+2h\tan\beta)(L+2h\tan\beta)} \tag{57-10}$$

式中　P_b——作用在下卧层土体上的荷载；

　　　p——复合地基上的附加应力；

B,L——复合地基上荷载作用的宽度、长度；

　　　h——复合地基加固区厚度；

　　　β——复合地基压力扩散角。

对于沉降计算的压缩层，计算至底面的附加应力与路堤的有效自重应力之比小于 0.15 处。

57.6　小　　结

1）深厚软基刚性复合厚壳层技术是软土地基加固处理的一种新型技术，详见发明专利 ZL201010249515.7。深厚软基刚性复合厚壳层是由大直径刚性复合桩（三角形梅花式满堂红布置桩）＋钢筋混凝土桩帽盖板＋碎石褥垫层＋土拱层协同作用形成的整体，是一种新型深厚软基处理技术及工艺，具有直径大、单桩承载力高、桩身质量可靠、桩土协同作用、竖向承载力高、抗水平推力及抗侧滑能力强、施工速度快、绿色环保、节省原材料、工后总沉降及差异沉降易控制且稳定等特点。

2）深厚软基刚性复合厚壳层技术是土木工程发展中的一项重要创新技术，有效解决了深厚软基地基沉降、差异沉降、位移、垮塌等问题。

3）深厚软基刚性复合厚壳层技术应用领域广阔，包括所有深厚软基处理工程中要求承载力高、沉降小（可控、稳定）、差异沉降小（可控、稳定）的高速公路深厚软基处理工程、高速铁路深厚软基处理工程、机场深厚软基处理工程、市政道路工程、围海造坝堤工程、海洋工程、港口码头工程、水利工程、深基坑支护桩工程等。

4）刚性复合地基厚壳层形成后起到有序传递、合理分配上部荷载和承上启下的"纽带"作用。刚性复合桩承受大部分竖向压力和水平推力，从而大大降低了桩间土因超载带来的不利影响，减少了复合地基沉降和差异沉降过大、移位和垮塌事件的发生。

5）刚性复合地基厚壳层形成后无须进行二次回填、预超压，既省时、省力、省地、费用低，又环保，避免二次清淤运输污染环境，可为投资方节省综合成本 15％ 以上。其刚性复合体可承受较大的竖向力，抗侧滑能力好，工后稳定沉降小，还能大大降低后期路面的维修费用，社会效益好。

参 考 文 献

[1] 常雷．刚性复合地基在软基处理中的研究及工程应用 [J]．广东公路交通，2013（6）：43．

[2] 龚晓南．复合地基设计和施工指南 [M]．北京：人民交通出版社，2003．

[3] 吴世明．大型地基基础工程技术 [M]．杭州：浙江大学出版社，1997．

[4] 金问鲁，顾尧章．地基基础实用设计施工手册 [M]．北京：中国建筑工业出版社，1995．

［5］中华人民共和国行业标准.公路软土地基路堤设计与施工技术细则（JTG/T D31-02—2013）［S］.北京：人民交通出版社，2013.

［6］中华人民共和国行业标准.现浇混凝土大直径管桩复合地基技术规程（JGJ/T 213—2010）［S］.北京：中国建筑工业出版社，2011.

第58章 植入式预制钢筋混凝土围护桩墙

58.1 概 述

基坑围护是岩土工程的热点，随着城市建设的发展，地下基坑围护工程大量涌现。现有的围护桩墙技术主要有传统钻孔灌注排桩结合水泥搅拌桩或旋喷桩帷幕组成的围护墙、钻孔灌注咬合桩墙、地下连续墙等，由于造价较高而仅用于高深基坑工程中。传统的钻孔灌注排桩墙、咬合桩墙及地下连续墙不但施工复杂、影响质量的因素多、施工速度慢、造价高，而且需处理泥浆等。这些传统工法在成桩墙过程中将产生约 3 倍于桩孔体积的泥浆，因此泥浆外运处理是亟待解决的严峻问题。为解决泥浆问题，已开发了全套管护壁钻孔灌注桩技术、泥浆固化技术、替代泥浆的新型护壁材料等。植入式桩墙也是一项能克服以上缺点的新技术。

目前用于基坑围护工程的植入式桩墙可分为两大类：一是近年来从日本引进并已在国内许多城市推广应用的强力水泥搅拌土植入式可回收型钢围护墙，简称 SMW 工法；二是国内自主研发的强力水泥搅拌土植入式预制钢筋混凝土工字形围护桩墙，简称 SCPW 工法。SCPW 工法植入的预制钢筋混凝土桩体是一次性、不回收的，近年来已在杭州、绍兴、宁波、上海等城市推广应用。近几年从日本引进的渠式切割水泥土连续墙，简称 TRD 工法，也属于植入式桩墙，可植入可回收型钢，也可植入一次性不回收的预制钢筋混凝土桩体。

植入式可回收型钢围护墙（SMW 工法）与传统的钻孔灌注排桩墙相比有许多优点，如施工速度快、无施工噪声、无需泥浆外运处理等，而且正常施工工期下可节约综合造价约 10%。但其也存在许多缺点：一是购买型钢前期投资大，通常租用型钢，但租赁费较高，必须待地下室外墙防水层完成、基坑回填后才能回收型钢，围护造价将随围护时间的延长而不断增加；二是型钢回收工作繁琐，包括型钢起拔、拔除型钢后孔洞注浆等，常会引起周边土体一定的变位和沉降而带来不利影响，而且存在由于施工场地限制无法回收的状况；三是型钢抗弯强度和刚度受到限制，现截面最大的 700mm 高型钢围护墙在二层以上深基坑中已显单薄。

植入一次性不回收的预制钢筋混凝土桩体围护墙克服了传统的钻孔灌注排桩墙、咬合桩墙及地下连续墙的缺点，也克服了植入可回收型钢墙的不足，在围护工程造价方面更具优势：如植入预制钢筋混凝土工字形围护桩墙（SCPW 工法）相比传统的钻孔灌注排桩墙，仅就围护墙作对比，约节约造价 20%，与植入式可回收型钢墙（SMW 工法）相比约节约造价 10%；植入预制钢筋混凝土巨型空腹桩围护墙与地下连续墙相比，约节约造价 50%。

本章主要介绍植入预制钢筋混凝土桩墙技术，下文中植入桩墙是指植入一次性不回收的预制钢筋混凝土桩墙。

植入的预制钢筋混凝土桩体可以是预应力空心管桩、预应力空心方桩等，但作为抵抗侧向力的围护结构，应该植入截面抗弯剪性能好、重量轻的预制构件。为此，开发了以下新型植入式桩墙：植入式预制钢筋混凝土工字形围护桩墙（SCPW 工法）、植入式预制钢筋混凝土空心菱形围护桩墙、植入式预制钢筋混凝土巨型空腹围护桩墙。这些新技术均获得了国家专利，并被评为省级和国家级工法。

植入式桩墙的施工要点是将预制钢筋混凝土桩体植入土中，结合挡土止水帷幕形成围护墙。预制桩体的植入方式根据基坑围护结构开挖深度、土层状况、预制桩体的截面形状、挡土止水帷幕的做法等的不同分为多种，形成了各种工法，如强力水泥搅拌松动土植入法、水泥高压旋喷或水泥振冲松动土植入法、水泥浆护壁预成孔（槽）植入法、干成孔（槽）植桩注水泥浆植入法、直接打入（压入或振入）植入法等。

植入式预制钢筋混凝土桩墙中桩体作为一种抗侧力构件，和传统的钻孔灌注桩一样，原则上适用于各种常见工程地质条件下的基坑围护工程，尤其适合土质差、需要桩墙围护的深浅基坑工程。就目前已开发的施工机械而言，植入式预制工字形桩（SCPW 工法）和空心菱形围护桩墙在一般常见的黏性和砂性土层中深度可达约 35m，而植入式预制巨型空腹围护桩墙时深度与地下连续墙相同。植入式预制钢筋混凝土桩墙作为悬臂抗侧力围护墙，或结合传统的锚杆技术，可推广应用于土木工程各领域，如各种山体护坡工程、港口码头工程、河海护堤工程、道桥护坡工程等。

植入式预制钢筋混凝土桩墙是混凝土预制构件在地下工程中的应用，是一项系列研发和推广应用技术。笔者历时数年，对桩体的截面受力性状、配筋方式、桩体制作、接桩方法、各种土层的搅拌合植桩法、围护墙的受力变形和稳定、专用植桩机的研发等做了系统的研究，共申报并获得 14 项国家专利，其中 3 项为发明专利。植入式预制钢筋混凝土工字形围护桩墙（SCPW 工法）2006 年通过浙江省建设厅科研成果鉴定，2011 年被评定为浙江省省级工法，2016 年被评定为国家级工法（2020 年 8 月 4 日发布，2020 年 12 月 10 日起施行），已形成一套较完善的设计、施工和质量控制体系，完成了企业标准的制定。近年来植入式预制钢筋混凝土桩墙技术已在 50 多项基坑围护工程中得以成功应用，产生了很好的社会和经济效益。

58.2　植入式预制钢筋混凝土围护桩墙的做法

58.2.1　植入式围护桩墙的分类

作为抗侧向力构件，植入式桩墙中植入的预制钢筋混凝土桩体应具备良好的抗弯剪性能，而且截面面积要小，如此才能重量轻，便于运输和起吊植入，造价低。为此，开发了预制钢筋混凝土工字形桩（图 58-1）、空心菱形桩（图 58-2）、截面高达 1.5m 以上的巨型空腹桩（图 58-3）。这些均为预应力构件，采用高强度预应力钢棒配筋、C50 以上混凝土、蒸汽养护、工厂化生产，质量可靠、生产速度快（3 天可拆模起吊），桩身刚度大，抗弯强度高。植入这些预制桩体可形成植入式预制钢筋混凝土工字形围护桩墙（SCPW 工法）、植入式预制钢筋混凝土空心菱形围护桩墙和植入式预制钢筋混凝土巨型空腹围护桩墙。

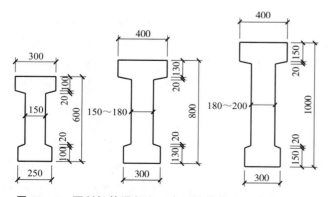

图 58-1　预制钢筋混凝土工字形桩的截面（单位：mm）

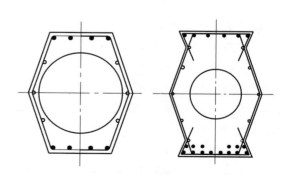

图 58-2　预制钢筋混凝土空心菱形桩截面

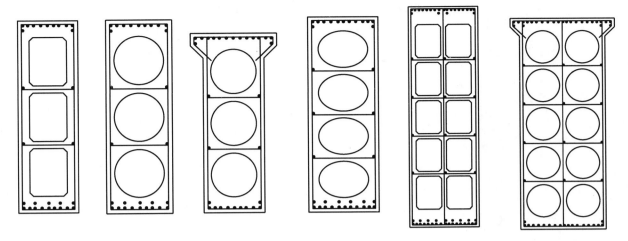

图 58 - 3　预制钢筋混凝土巨型空腹桩

58.2.2　植入式围护桩墙的做法

58.2.2.1　植入式工字形围护桩墙的做法

植入式预制工字形围护桩墙的做法根据基坑开挖的深度、场地土层分布与土性、周边环境及基坑围护重要性、围护桩墙的受力大小等因素确定，可设计打设成如下的各种围护墙：

1）最常用的是在水泥搅拌土帷幕中植桩，形成如下围护墙：图 58 - 4（a）所示为隔一植一桩围护墙，图 58 - 4（b）所示为隔一植二桩围护墙，图 58 - 4（c）所示为密植桩围护墙。

2）当基坑开挖较浅时，为降低造价，也可在水泥土帷幕中扩大桩距，打设成如下围护墙：图 58 - 4（d）所示为隔二植一桩内植加劲棒围护墙，图 58 - 4（e）所示为隔三植一桩内植加劲棒围护墙。

3）当基坑土层为软土时，为降低造价，可减小搅拌桩直径，将预制钢筋混凝土工字形桩直接压入，打设成如下围护墙：图 58 - 4（f）所示为隔一植一大截面桩围护墙，图 58 - 4（g）所示为隔二植一大截面桩内植加劲棒围护墙，图 58 - 4（h）所示为隔一间隔值大小截面桩内植小桩围护墙。

4）为降低造价，也可方便地改变多轴水泥搅拌头叶片的直径，打设成如下变搅拌桩直径的围护墙：图 58 - 4（i）所示为隔一植一桩围护墙，图 58 - 4（j）所示为隔二植一桩内植加劲棒围护墙。

5）对无止水要求的基坑，也可直接将预制钢筋混凝土工字形桩压入土中，边开挖边挂网喷射混凝土护壁、镶预制平板或拱板护壁，形成如下围护墙：图 58 - 4（k）所示为植桩外挂喷网围护墙，图 58 - 4（l）所示为植桩镶预制平板围护墙，图 58 - 4（m）所示为植桩镶预制拱板围护墙。

6）也可直接将预制钢筋混凝土工字形桩压入土中，然后打设旋喷桩止水，形成如下围护墙：图 58 - 4（n）所示为植桩后整体旋喷桩帷幕围护墙，图 58 - 4（o）所示为植桩间单根旋喷桩围护墙，图 58 - 4（p）所示为植桩间多根旋喷桩内植加劲棒围护墙，图 58 - 4（q）所示为植桩间多根拱状旋喷桩围护墙等。

植入式预制工字形桩墙做法适用于软土中的一层、二层地下室基坑围护工程或较好土层中的二层以上地下室基坑围护工程。

58.2.2.2　植入式菱形围护桩墙的做法

与工字形桩相比，预制钢筋混凝土空心菱形桩截面的抗弯剪性能相对较差，通常适用于软土中的一层地下室围护工程，但其制作很方便，如同空心管桩一样可以实施钢筋笼的机械化制作和采用旋转离心法浇筑混凝土，制桩成本大幅下降，植入形成的围护桩墙更具经济优势，因而值得在大量性的一层地下室围护工程或其他领域的围护墙工程中加以推广。

植入式预制空心菱形桩墙的做法根据基坑开挖的深度、场地土层分布与土性、周边环境及基坑围护

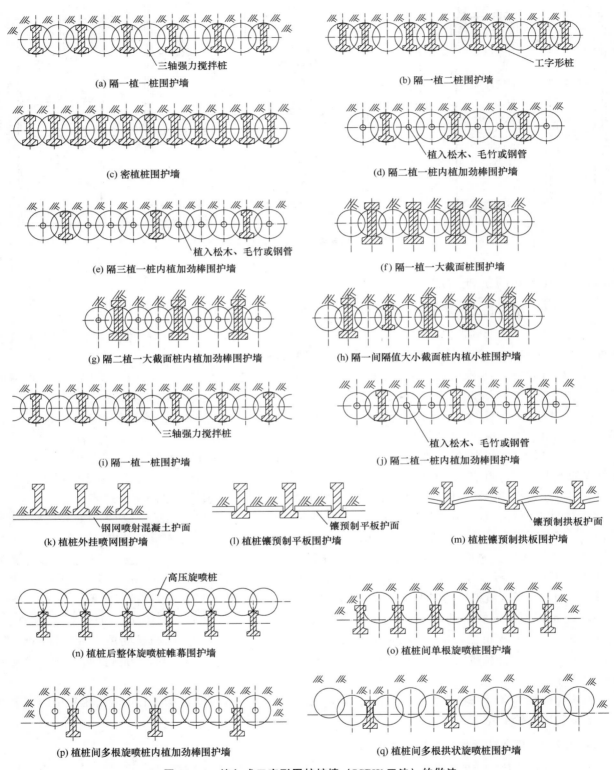

图 58－4　植入式工字形围护桩墙（SCPW 工法）的做法

重要性、围护桩墙的受力大小等因素确定，类似于植入式预制工字形桩墙，可设计打设成各种围护墙，举例如下。

1）最常用的是在水泥搅拌土帷幕中植桩形成如下围护墙：图 58－5（a）所示为隔一植一桩围护

墙，图58-5（b）所示为隔一植二桩围护墙。

2）当基坑开挖较浅时，为降低造价，也可在水泥土帷幕中扩大桩距，打设成如下围护墙：图58-5（c)所示为隔二植一桩内植加劲棒围护墙，图58-5（d）所示为隔三植一桩内植加劲棒围护墙。

3）对无止水要求的基坑，也可直接将预制空心菱形桩压入土中，形成如下围护墙：图58-5（e）所示为植桩外挂喷网围护墙，图58-5（f）所示为植桩镶预制平板围护墙，图58-5（g）所示为植桩镶预制拱板围护墙。

4）也可直接将预制钢筋混凝土工字形桩压入土中，然后打设旋喷桩止水，形成如下围护墙：图58-5（h）所示为植桩后整体旋喷桩帷幕围护墙，图58-5（i）所示为植桩间单根旋喷桩围护墙，图58-5（j）所示为植桩间多根旋喷桩内植加劲棒围护墙，图58-5（k）所示为植桩间多根拱状旋喷桩围护墙，图58-5（l）所示为植桩间多根拱状旋喷桩内植加劲棒围护墙。

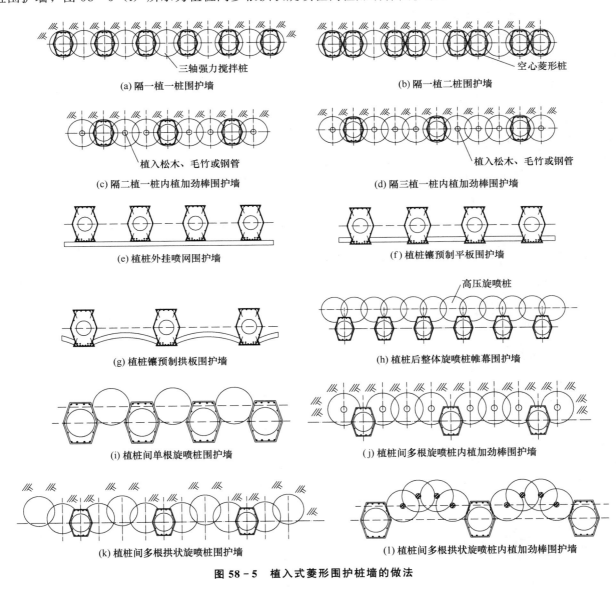

图58-5　植入式菱形围护桩墙的做法

58.2.2.3　植入式巨型空腹围护桩墙的做法

对诸如地铁车站、多层地下车库和地下商场等大深度基坑工程的围护墙来说，传统的地下连续墙或大直径钻孔灌注排桩墙存在着如下缺点：一是施工速度慢、造价高，施工工艺复杂且质量不稳定；二是大深度基坑开挖会产生巨大的水土侧压力，这些桩墙的抗侧强度和刚度已显不足，只能被动地依靠增加配筋、增大连续墙厚度和钻孔排桩直径及增加内支撑的层数来解决，但是如此会大幅增加工程投资和施工难度并延长施工周期；三是这些围护墙的施工基本上依靠泥浆护壁成槽成孔技术，存在大量泥浆外运污染环境等缺点。植入预制巨型空腹桩墙则可以克服这些缺点。

预制钢筋混凝土巨型空腹桩是预应力构件，采用高强度预应力钢棒配筋、C50以上混凝土、蒸汽养护，工厂化生产，质量可靠、生产速度快（3天可拆模起吊），而且桩身抗侧刚度大、抗弯强度高。以单列三孔空腹桩为例，矩形截面尺寸为500mm×2000mm，截面面积相当于直径750mm的实心圆桩，但抗弯强度相当于直径2000mm的钻孔桩，约是常规800mm厚地下连续墙的3倍，而造价仅为后者的一半。

植入式预制巨型空腹桩墙的做法可以根据基坑开挖的深度、场地土层分布与土性、周边环境及基坑围护的重要性、围护桩墙的受力大小等因素确定，可设计打设成各种围护墙，举例如下。

1）先打设单排水泥搅拌土帷幕然后植桩，或先植桩后打设旋喷桩帷幕，形成围护墙：图58-6（a）所示为单排帷幕在桩后围护墙，图58-6（b）所示为单排帷幕在桩中围护墙，图58-6（c）所示为单排帷幕与桩面齐平围护墙。

2）先打设双排水泥搅拌土帷幕然后扩大植桩距，或先植桩后打设旋喷桩帷幕，形成围护墙：图58-6（d）所示为双排帷幕在桩后围护墙，图58-6（e）所示为双排帷幕在桩中围护墙，图58-6（f）所示为双排帷幕与桩面齐平围护墙。

3）先打设单排水泥搅拌土帷幕后植桩，或先植桩后打设旋喷桩帷幕，并在帷幕中植小型桩，形成围护墙：图58-6（g）所示为单排帷幕在桩后围护墙，图58-6（h）所示为单排帷幕在桩中围护墙，图58-6（i）所示为单排帷幕与桩面齐平围护墙。

4）也可先扩大桩距植桩，然后打设拱状旋喷桩帷幕，形成围护墙：图58-6（j）所示为植桩间拱状旋喷桩帷幕围护墙，图58-6（k）所示为植桩间拱状旋喷桩帷幕加小桩围护墙。

5）对无止水要求的基坑，也可先植桩，然后边开挖边挂网喷射混凝土护壁、镶预制平板或拱板护壁，形成围护墙：图58-6（l）所示为植桩外平挂喷网围护墙，图58-6（m）所示为植桩外拱状喷网围护墙，图58-6（n）所示为植桩镶预制平板围护墙，图58-6（o）所示为植桩镶预制拱板围护墙。

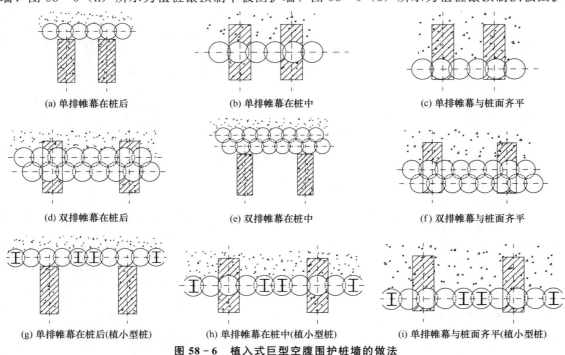

(a) 单排帷幕在桩后　　　　(b) 单排帷幕在桩中　　　　(c) 单排帷幕与桩面齐平

(d) 双排帷幕在桩后　　　　(e) 双排帷幕在桩中　　　　(f) 双排帷幕与桩面齐平

(g) 单排帷幕在桩后（植小型桩）　　(h) 单排帷幕在桩中（植小型桩）　　(i) 单排帷幕与桩面齐平（植小型桩）

图58-6　植入式巨型空腹围护桩墙的做法

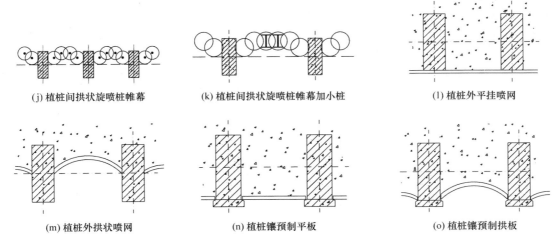

(j) 植桩间拱状旋喷桩帷幕　　　(k) 植桩间拱状旋喷桩帷幕加小桩　　　(l) 植桩外平挂喷网

(m) 植桩外拱状喷网　　　(n) 植桩镶预制平板　　　(o) 植桩镶预制拱板

图 58－6　植入式巨型空腹围护桩墙的做法（续）

58.2.3　植入式围护桩墙围护结构的形式及连接做法

58.2.3.1　植入式围护桩墙围护结构的形式

和传统的钻孔灌注排桩墙一样，植入预制工字形桩墙和空心菱形桩墙结合内支撑或锚杆技术，在基坑工程中有如下几种围护结构形式：图 58－7（a）所示为单排悬臂桩围护，图 58－7（b）所示为单排桩加一层锚杆围护，图 58－7（c）所示为单排桩加多层锚杆围护，图 58－7（d）所示为单排桩加一层支撑围护，图 58－7（e）所示为单排桩加多层支撑围护，图 58－7（f）所示为单排桩加锚杆与支撑围护，图 58－7（g）所示为双排门架桩围护，图 58－7（h）所示为双排门架桩加一层锚杆围护，图 58－7（i）所示为双排门架桩加多层锚杆围护。

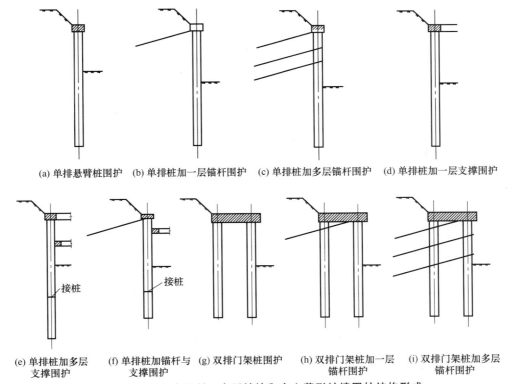

(a) 单排悬臂桩围护　(b) 单排桩加一层锚杆围护　(c) 单排桩加多层锚杆围护　(d) 单排桩加一层支撑围护

(e) 单排桩加多层　(f) 单排桩加锚杆与　(g) 双排门架桩围护　(h) 双排门架桩加一层　(i) 双排门架桩加多层
支撑围护　　支撑围护　　　　　　　　　锚杆围护　　　锚杆围护

图 58－7　植入式预制工字形桩墙和空心菱形桩墙围护结构形式

对于植入式预制巨型空腹桩墙，通常结合多层支撑或锚杆形成如下几种围护结构形式：图 58-8（a）所示为单排桩加多层支撑围护，图 58-8（b）所示为单排桩加多层锚杆围护，图 58-8（c）所示为单排桩上部锚杆下部支撑围护，图 58-8（d）所示为单排桩锚杆与支撑交错分布围护。

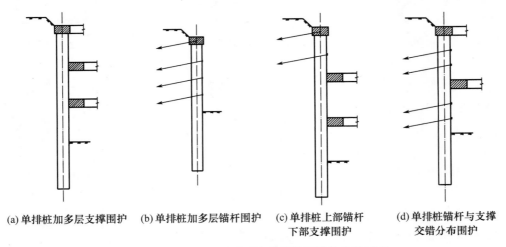

(a) 单排桩加多层支撑围护　(b) 单排桩加多层锚杆围护　(c) 单排桩上部锚杆下部支撑围护　(d) 单排桩锚杆与支撑交错分布围护

图 58-8　植入式预制巨型空腹桩墙围护结构的形式

58.2.3.2　植入式桩墙与支撑体系的连接做法

1. 预制工字形桩和菱形桩与压顶梁的连接

预制工字形桩与压顶梁的连接有两种方式：一是局部凿桩连接，桩肋混凝土保留，而将桩翼板筋凿出后锚入现浇的压顶梁中，如图 58-9（a）所示；二是不凿桩连接，将桩头穿过现浇的压顶梁，如图 58-9（b）所示。预制桩与压顶梁整浇后，桩头应露出压顶梁面不少于 200mm。

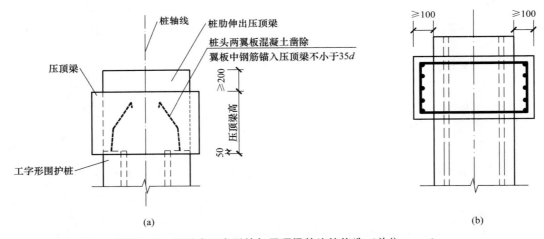

图 58-9　预制式工字形桩与压顶梁的连接构造（单位：mm）

预制菱形桩与压顶梁的连接采用传统钻孔桩凿桩头，将钢筋锚入压顶梁的做法，如图 58-10（a）所示，或采用将桩头直接穿过现浇的压顶梁的做法，如图 58-10（b）所示，此时预制桩与压顶梁整浇后，桩头应露出压顶梁面不少于 200mm。

2. 预制巨型空腹桩与压顶梁的连接

预制巨型空腹桩与压顶梁的连接可以采用全凿桩头全覆盖式压顶梁做法 ［图 58-11（a）］或半凿桩头半覆盖式压顶梁做法 ［图 58-11（b）］。

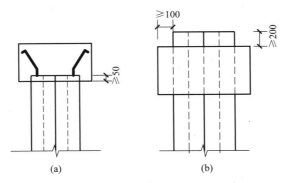

图 58 - 10　预制菱形桩与压顶梁的连接构造（单位：mm）

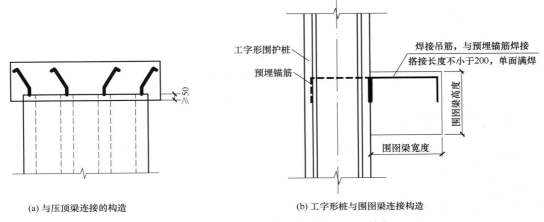

(a) 与压顶梁连接的构造　　　　　(b) 工字形桩与围图梁连接构造

图 58 - 11　预制巨型空腹桩与压顶梁的连接（单位：mm）

3. 预制桩与围图梁的连接

对多层支撑或单层支撑但压顶梁不在桩顶而是下移的情况，采用围图梁做法。围图梁与预制桩的连接通常是在预制桩表面设预埋件，开挖后在桩表面的预埋钢板或钢筋上焊接锚筋，将钢筋锚入现浇的钢筋混凝土围图梁中［图 58 - 12（a）］。也可以在浇筑的压顶梁上设预埋件，采用焊接吊筋的办法固定围图梁［图 58 - 12（b）］。所有预埋件及焊接锚固件均应满足强度设计要求。

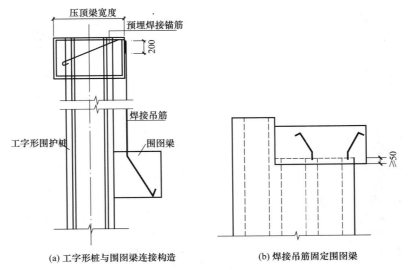

(a) 工字形桩与围图梁连接构造　　　　(b) 焊接吊筋固定围图梁

图 58 - 12　预制桩与围图梁的连接（单位：mm）

4. 预制双排桩与压顶梁板的连接

采用植入双排预制工字形桩和菱形桩通过压顶梁板形成门架式围护做法。此时压顶梁或板与双排预制桩的连接点应符合刚结要求，可传递桩端弯矩和剪力。压顶梁板按门架式要求的连接做法可以是整板式 [图 58-13 (a)]、肋板式 [图 58-13 (b)] 和空腹梁式 [图 58-13 (c)]。

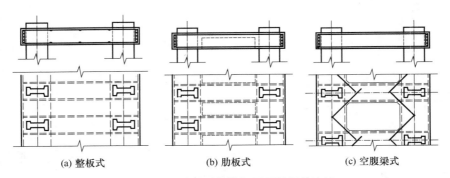

(a) 整板式   (b) 肋板式   (c) 空腹梁式

图 58-13　预制双排桩与压顶梁板的连接

58.2.4　植入式围护桩墙施工全过程简介（以 SCPW 工法为例）

以植入预制工字形桩墙结合一层钢筋混凝土现浇支撑围护为例，围护施工开挖全过程如下：

1）打设植入式预制工字形桩围护墙，打设情况参见图 58-14 和图 58-15。

2）开挖至围护墙顶，清理预制钢筋混凝土工字形桩头，浇筑围护支撑及压顶梁素混凝土垫层，绑扎钢筋并浇筑混凝土，形成支撑体系，如图 58-16 和图 58-17 所示。

3）待支撑体系混凝土养护达强度要求后，开挖至基坑底，进行地下室承台底板的施工，如图 58-18 所示。

图 58-14　工字形桩施工时桩机下部情况   **图 58-15　工字形桩施工时桩机上部情况**

图 58-16　开挖至围护墙顶   **图 58-17　绑扎钢筋并浇筑混凝土，形成支撑体系**

图 58 - 18　支撑体系混凝土养护达强度要求后开挖至基坑底

58.3　植入式预制钢筋混凝土桩的构造与制作

58.3.1　预制钢筋混凝土桩的制作方法

预制钢筋混凝土工字形桩在工厂采用钢模张拉法或台座张拉长线法制作。预制工字形桩产品的质量控制除应保证钢材和混凝土质量外，应重点关注和解决钢模张拉法的钢模构造和强度问题、配置的各钢棒的镦头精度及端板张拉预应力均匀性问题、钢筋笼制作的工效及机械化制作问题、台座张拉长线法的台座分布和养护问题、浇筑混凝土的运输和振捣问题等。

钢筋混凝土预制菱形桩可采用自动化机械绑扎钢筋笼，可采用抽模法浇筑，也可用离心法制作。

经过近几年的研发和实际工程中的应用，SCPW 工法已趋成熟，并制定了工法企业标准和预制钢筋混凝土工字形围护桩制作标准图。图 58 - 19 为某工程工字形桩制作施工图示例，图 58 - 20 为钢模张拉法制作预制工字形桩，图 58 - 21 为台座张拉长线法制作预制工字形桩。

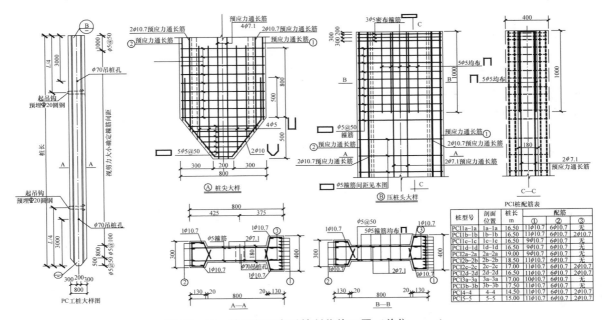

图 58 - 19　某工程工字形桩制作施工图（单位：mm）

58.3.2　预制钢筋混凝土桩的连接方法

在深基坑工程中，由于运输吊装原因，单根预制工字形桩受长度限制（15～17m），通常需在现场植桩中接桩。要保证接桩施工的顺利进行，必须具备以下条件：①施工简单而又可靠的接桩方法；②接桩头预埋件的精确度保证；③植桩机长吊装拼接技术熟练；④接桩工人焊接技术熟练，质量控制可靠。

图 58-20　钢模张拉法制作预制工字形桩

图 58-21　台座张拉长线法制作预制工字形桩

如此，才能快速完成可传递弯剪力的接桩施工。

植入式桩墙施工中接桩的方法很重要，对现场植桩施工中接桩的方法及传力方式、接头构件的制作及受力性状、接头的制作和误差控制、现场接桩的施工可操作性及工效、接头的质量控制体系等做进一步的研发很有必要，是植入式桩墙施工技术推广应用的关键。

58.3.2.1　模具张拉法生产的预制桩接桩方法

对于需接桩的工程，若采用模具张拉法生产预制桩，接桩方法是在桩头预埋张拉钢板，预应力钢棒与钢板镦头卡接，上下桩头通过钢板焊缝连接。图 58-22 所示是预制工字形桩、空心菱形桩的接头，图 58-23 所示是预制巨型空腹桩的几种接头，图 58-24 是某工程预制工字形桩的接头施工图，图 58-25 是采用模具张拉法生产的预制桩的接桩头和焊接示例。

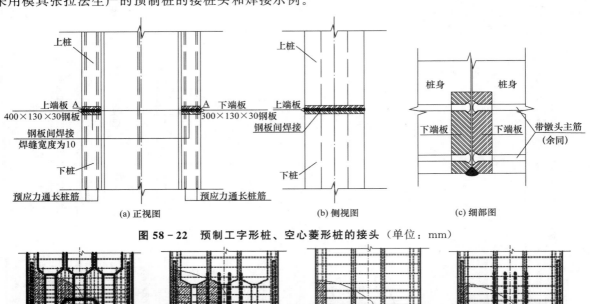

图 58-22　预制工字形桩、空心菱形桩的接头（单位：mm）

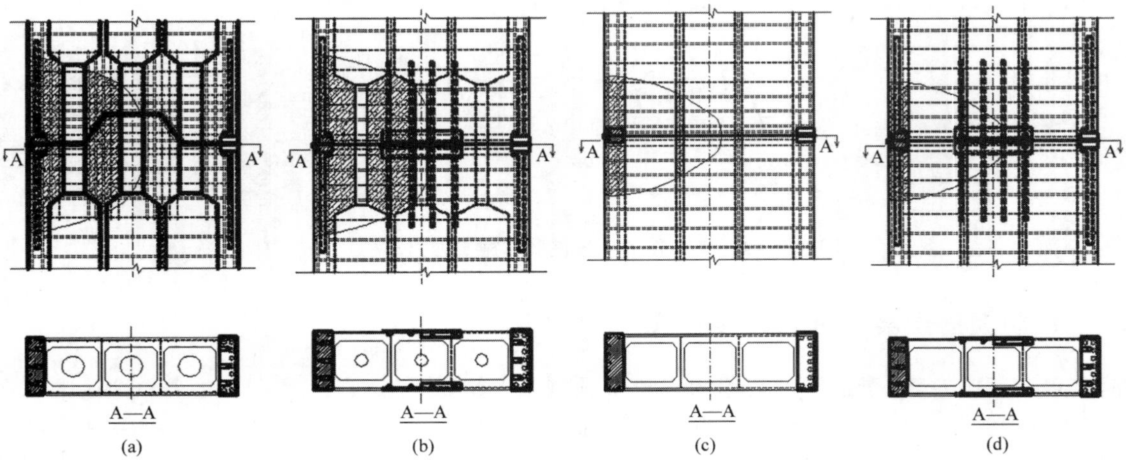

图 58-23　预制巨型空腹桩的几种接头

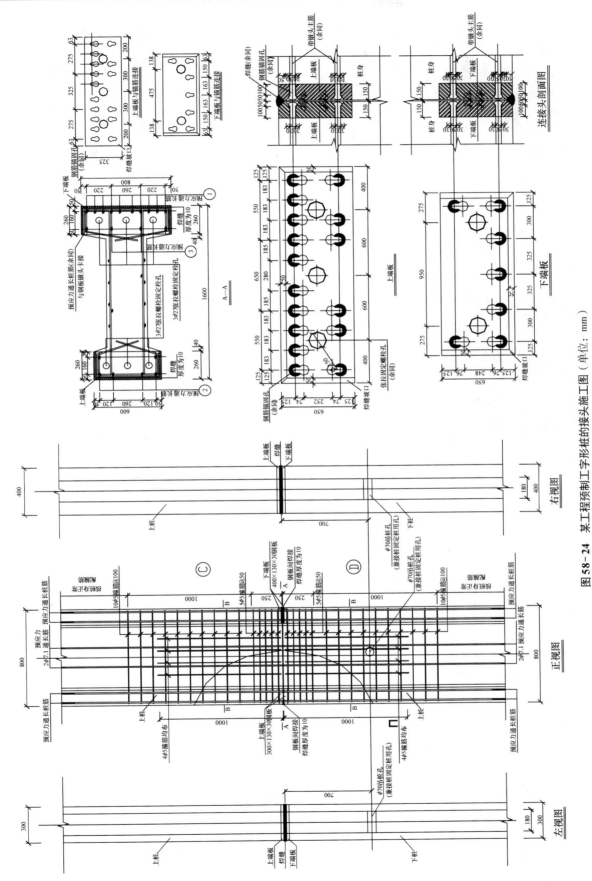

图 58-24 某工程预制工字形桩的接头施工图（单位：mm）

1313

图 58-25 模具张拉法生产的预制桩的接桩头和焊接

58.3.2.2 台座长线张拉法生产的预制桩接桩方法

对于需接桩工程，若采用台座张拉长线法制作预制桩，接桩方法是在桩头预埋传力钢筋，通过上下桩头绑焊钢筋达到接桩目的，如图 58-26 所示。采用台座张拉长线法生产预制桩的接桩头和焊接示例如图 58-27 所示。

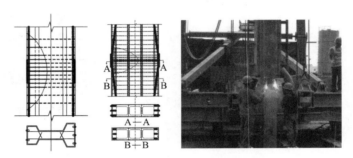

图 58-26 长线法制作工字形桩和空腹桩　　　　图 58-27 长线法生产预制桩的接桩头和焊接

58.4　植入式预制钢筋混凝土围护桩墙的施工

58.4.1　植入式围护桩墙的施工方法

根据基坑围护结构开挖深度、土层状况、预制桩体的截面形状、挡土止水帷幕的做法等确定植入式桩墙的成墙方法，如强力水泥搅拌松动土植桩成墙法、水泥高压旋喷或水泥振冲松动土植桩成墙法、水泥浆护壁预成孔（槽）植桩成墙法、干成孔（槽）植桩注水泥浆植桩成墙法、直接打入（压入或振入）植桩成墙法等。

1. 强力水泥搅拌松动土植桩法

强力水泥搅拌松动土植桩法采用大功率强力搅拌桩机对土体进行水泥搅拌，形成流塑状，在水泥土初凝前植入预制桩，水泥土凝结后与桩共同形成止水挡土围护桩墙。

强力水泥搅拌具有双重功效：一是形成水泥土帷幕，起挡土止水功效；二是松动土体，起到引孔作用，使预制钢筋混凝土桩顺利植入，使植桩无（或低）噪声、无（或低）挤土效应。

2. 直接松动土植桩法

对于预制钢筋混凝土空心菱形桩和巨型空腹桩，可以利用空心桩孔，借助专门开发的植桩机，将水泥高压旋喷桩管直接插入孔内并露出桩尖，启动高压旋喷松动土层，边向下旋喷边植桩，直至设计标高。对于空心菱形桩，可采用单根高压旋喷桩管植桩；对巨型空腹桩，可根据空腹数选配多根组合高压旋喷桩管植桩。对于需止水土层，可结合旋喷桩形成围护桩墙；对无需止水土层，也可采用挂网喷射混凝土或镶预制板护面成墙。

对粉砂土层，可采用特制的振冲头进行单管或多管组合水泥振冲松动土植桩成墙。

3. 预成孔植桩法

对于较硬土层，当强力搅拌松动土有难度时，可采用预成孔植桩法，其原理是利用钻机或成槽机，采用水泥浆护壁成孔或槽，植入预制钢筋混凝土桩，凝结后成墙。对于不会塌孔的土层，也可干成孔（槽）植桩，再注水泥浆成墙。对于预制工字形桩或空心菱形桩，可采用钻机预成孔植桩；对预制巨型空腹桩，采用特制的类似地下连续墙成槽机成槽植桩。

植入巨型空腹桩围护墙时，对于有止水要求的土层，当强力水泥搅拌桩能搅动时，可先进行水泥搅拌桩帷幕施工，然后用成槽机成槽，植入空腹桩成墙；当强力搅拌松动土有难度时，可先成槽，植入空腹桩，然后用旋喷桩形成帷幕。对于无需止水的土层，也可采用挂网喷射混凝土或镶预制板护面成墙。

4. 直接植入法

对于可利用静压、振动或锤击方式使预制桩进入土层设定标高，并不会因为挤土、施工噪声等影响周边环境的围护工程，可采用直接植入法。对于需止水的土层，可结合旋喷桩形成围护桩墙；对无需止水的土层，可采用挂网喷射混凝土或镶预制板护面成墙。

58.4.2　植入式工字形围护桩墙（SCPW 工法）的施工要点

1. 各种土体的强力搅拌问题

SCPW 工法是用强力水泥搅拌桩机将土体搅拌成糊糊状水泥土，然后植入预制工字形桩。凡可搅拌的土层均可采用该围护技术。如何对各种土层进行搅拌，直接影响该围护技术的施工工效和应用。由于植桩机配备了强力搅拌功能，对一般较软黏性土和砂性土层，要搅拌松动土无任何问题，需重点解决的是较密实的砂性土层、砂砾土层及老黏土层的搅拌问题。对此，应从搅拌动力输出、三轴搅拌钻头及叶片分布、输送水泥浆液性状、高压喷射空气状况等方面着手，研究如何以较小的钻进扭转能力更好地钻进和搅拌土层。因此，应针对不同的土层，对钻进搅拌系统进行优化分析，改进钻头和搅拌叶片的形式和分布，积累经验，以便解决各种土层的搅拌合工效问题，这是 SCPW 工法顺利实施的关键。

2. 各种土体搅拌后植桩问题

SCPW 工法在较软的黏土和粉细砂土层中植入预制工字形桩没有问题，要研究和解决的是在较密实土层中的植桩问题，主要是搅拌成孔的平直，以确保刚性预制桩在孔内顺利植入，以及植桩中砂性土颗粒的悬浮，使置换出的水泥土可顺利向上翻出。为此，钻杆的刚度和钻进搅拌中的平稳性、水泥浆液的添加材料、搅拌合植桩在时间上的配合等很重要。针对不同土性指标的土层取样进行室内优化试验和现场植桩试验，制定质量控制和验收标准，并注重施工经验的长期积累和总结很有必要。

3. 植桩机械施工工效问题

要解决植桩机械施工工效问题，必须研究并优化植桩施工中二机合一植桩机与挖机的协调问题，优化植桩施工中预制桩的摆放、移送、起吊、定位等的配合；研究二机合一植桩机搅拌与植桩操作的合理安排，针对不同土层，研究一搅一植、多搅多植、硬土层先清水搅后水泥复搅植桩、夜间清水搅拌第二天水泥复搅植桩等；研究各种复杂场地内大型植桩机的移机和定位，以及旧城区狭窄场地的成桩施工等。

4. 围护桩墙中水泥土帷幕质量及抗渗性状

植入预制工字形围护桩墙技术中水泥土帷幕质量及抗渗性状是需要重点关注的问题。原理上，

SCPW工法是将预制工字形桩全截面植入浆糊状水泥土中，凝结后形成一体的挡土和止水围护墙，但实际工程中若水泥土质量不高，和其他围护方法一样，也会出现工程事故。水泥土的质量控制可参照现行SMW工法中三轴搅拌桩施工规范中的参数执行，但对于具体工程，仍应针对搅拌转速、搅拌叶片及分布形式、喷浆搅拌下沉和提升速度、水泥浆液拌制的参数（水泥掺量、水灰比、添加剂等）、水泥浆液的输送距离、注浆泵的配置及搅拌施工现场质量控制体系的建立开展研究并加强施工总结。

5. 预制工字形桩的接桩要点及质量控制

在深基坑工程中，由于运输吊装原因，单根预制工字形桩受长度限制（≤15～17m），通常需在现场植桩中接桩。SCPW工法中针对采用钢模张拉法或台座张拉长线法制作的工字形桩研发了相应的接桩方法，获得了国家专利，并编制了接桩图集。

58.5 植入式预制钢筋混凝土围护桩墙施工机械的研发

58.5.1 用于工字形和菱形围护桩墙的多功能植桩机

针对强力水泥搅拌土植入预制钢筋混凝土工字形桩围护墙（SCPW工法）技术，研发了专用多功能植桩机，并获得了国家专利，如图58-28所示。该多功能植桩机由水泥搅拌机和植桩机二机合一组成，水泥搅拌桩机可以根据需要打设大直径的单轴、双轴和三轴搅拌桩，其搅拌土的能力与一般SMW工法的桩机相同；植桩机配备了静压桩系统、振动压桩系统和吊桩系统，可根据需要植入各种预制钢筋混凝土桩或型钢（SMW工法）等。该多功能植桩机施工中边搅拌土边植桩，大幅提高了施工效率。由于桩机配备了吊桩系统，现场仅需一台挖机配合，与传统SMW工法（其除挖机外还需专门配备一台吊机才能施工）相比节约了机械费用。

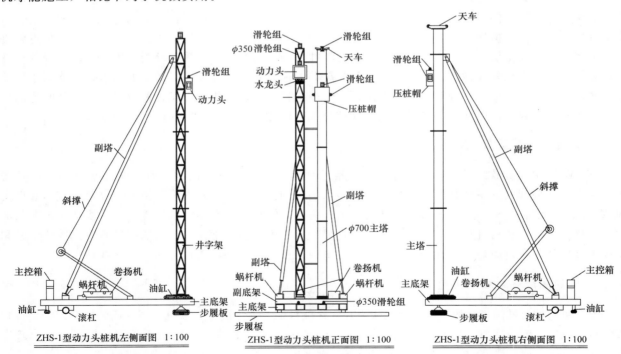

图 58-28 强力水泥搅拌松动土多功能植桩机

该多功能强力搅拌植桩机施工效率高，适用于各种常见土体，经适当改造还适用于其他新型桩基施工，如新开发的沉管T形或工字形围护桩、水泥搅拌土植入预制钢筋混凝土芯棒复合承压桩、多轴咬合钻孔灌注围护桩，也可替代价格昂贵的SMW工法桩机。此外，该植桩机经专门改造，还适用于城市内场地狭小的深基坑工程。经过杭州、绍兴、萧山等地的数十个深基坑围护施工工程验证，表明该机具有输出扭矩大、整机重量较轻、运输移动灵活、多重施工工艺结合、调节范围大、一次性作业完成速度快、噪声低、污染小、对周边环境影响小、施工重量直观、可控性良好等优点，尤其适合沿海城市软土地基的施工作业。

58.5.2　用于巨型空腹围护桩墙的多功能植桩机

针对植入预制钢筋混凝土巨型空腹桩墙施工需要，研发了各具特色的两种多功能植桩机，可适应各种施工场地、各种植桩施工工艺，解决了巨型空腹桩墙专用施工机械的问题，并获得了国家专利。

58.5.2.1　双立柱多功能植桩机

图 58 - 29 所示是新近研发的一种双立柱多功能植桩机。该植桩机包括步履机构、位于步履机构上方的底盘、底盘上方的操作室和立柱、与立柱配合的后撑及带卷扬机的天车，天车通过卷扬机连接执行多种桩机操作的作业机具。底盘包括上底盘和下底盘，上底盘通过旋转机构与下底盘相连，并能绕中心作 360°旋转。立柱与上底盘铰接。后撑包括调节油缸，操作室通过调节油缸调节后撑长度，使立柱具有向后 5°至向前 20°的超大倾角功能。植桩机的步行机构为步履移动机构，行走步履上设置的双底盘结构在目前同类桩机中属于首创。

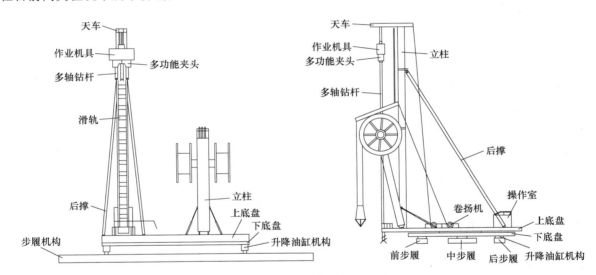

图 58 - 29　双立柱多功能植桩机

这种植桩机具有如下特点：

1）在步履式桩机中设置双底盘，上底盘能够绕桩机中心作 360°旋转，可在各种狭窄场地条件下在不同方向上进行搅拌植桩、冲抓植桩、吊装及其他辅助性工作的施工。

2）桩机上的立柱具有向后 5°至向前 20°的超大倾角功能，极大地提高了作业效率。

3）桩机采用可同时进行不同作业的双立柱组合结构，可根据不同工艺进行灵活组合，降低了不同工艺同时作业时相互干扰的安全技术风险。

4）桩机上设置的多轴动力头和夹头很好地满足了预制钢筋混凝土空腹桩快速植桩的要求，也解决了多种施工工艺必须由多台桩机配合才能成桩施工的问题。

58.5.2.2　三立柱多功能植桩机

图 58 - 30 所示是新近研发的一种三立柱多功能植桩机。该植桩机通过在双底盘上设置三个并排的立柱使钻孔、压桩两个工序集成在一台施工机械上，减少了施工机械数量，实现了工序一体化；三立柱间可以分别安装具有不同功能的机具设备，多轴动力头可以进行双轴、三轴或多轴施工，适应性强；施

工时多轴动力头可以 360°旋转，突破了传统施工设备只能向单一方向移动的限制；上底盘可以 360°旋转，并完成相应的作业，能够适应各种复杂的施工场地。

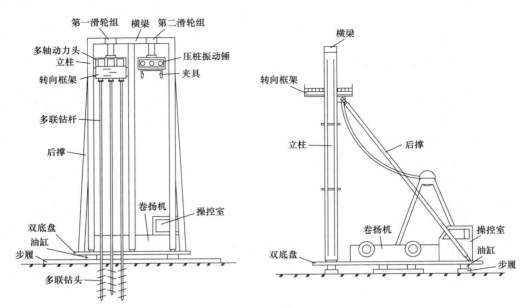

图 58 - 30　三立柱多功能植桩机

这种植桩机具有如下特点：

1）植桩机包括步履、通过油缸与步履连接的双底盘、位于双底盘上方的立柱、后撑、卷扬机、操控室等。立柱有三个，呈并排布置；立柱的顶端通过横梁相互连接，两个立柱间的横梁上设有第一滑轮组、第二滑轮组；第一滑轮组下方连接着用于钻进搅拌的多轴动力头，第二滑轮组下方连接着用于压桩的振动锤；操控室通过卷扬机、第一滑轮组、第二滑轮组控制着多轴动力头与振动锤，振动锤下端连接有用于夹桩的夹具。

2）植桩机的多轴动力头外部连接有转向框架，转向框架呈矩形，中部设有能够通过多轴动力头的双环，其内环为通过旋转定位滑轮与多轴动力头配合的内置滑道，外环为旋转导向环，矩形转向框架两端连接有与立柱上滑道相配合的滑块，如图 58 - 31 所示。如此，在立柱不动的情况下，植桩机的多轴动力头利用旋转定位滑轮在内置滑道上进行平面内的 360°旋转，保证了多轴动力头可以按照钻孔方位需要施工。

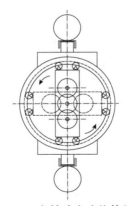

图 58 - 31　多轴动力头旋转示意图

3）植桩机的立柱由独立并排设置的钢质受力杆柱或者具有一定直径的空心钢质管柱组成，内侧均安装有具有定位和导向作用的滑道。横梁上安装的滑轮组除了悬挂多轴动力头、振动锤还能悬挂各种机具设备。

4）植桩机的多轴动力头连接着多联钻杆，多联钻杆下端连接着多联钻头。除了多联钻杆、多联钻头，也可以配置不同的钻头和钻杆，还可以为单个钻杆、钻头，扩大了多轴动力头的适用范围。

5）植桩机的双底盘包括上底盘和下底盘，上、下底盘通过中心铰链轴承连接，上底盘可以围绕中心铰链轴承作 360°旋转。

58.6　植入式预制钢筋混凝土围护桩墙的技术经济指标

58.6.1　植入式预制工字形桩墙（SCPW 工法）与钻孔灌注桩墙的对比

（1）截面用料对比

图 58-32 所示是最常用的 800mm 高预制工字形桩与钻孔灌注桩截面尺寸及配筋。二者截面用料对比如下：预制工字形桩截面面积为 0.17m² （薄型）和 0.1865m²（厚型），而钻孔桩截面面积为 0.5m²，相差约 2 倍，即截面混凝土用量相差约 2 倍；预制工字形桩截面受力配筋分布于两端，而钻孔灌注圆桩按常规沿圆周分布，工字形桩截面抗弯有效高度 h_0 比钻孔灌注圆桩大，截面受力配筋抗弯功效高；预制工字形桩截面配筋采用高强钢棒，抗拉强度标准值为 1420MPa，而钻孔灌注圆桩截面配筋采用Ⅲ级钢，抗拉强度标准值为 360MPa，相差约 3 倍。

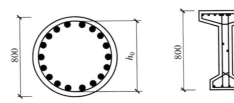

图 58-32　800mm 高预制工字形桩与钻孔灌注桩截面尺寸及配筋

以上三方面综合对比，植入单根预制工字形桩的成桩单价为 2100～2200 元/m³，乘以平均截面面积，为 357～410 元/m；而打设单根钻孔灌注圆桩成桩单价为 1200～1400 元/m³，乘以截面面积，为 600～700 元/m。因此，植入单根预制工字形桩比打设单根钻孔灌注圆桩节约费用 32%～49%。

（2）综合经济指标对比

对于整体围护结构，围护桩只是其中的主要组成部分，另外还有水泥搅拌桩帷幕、支撑体系等，这些部分在各种围护桩墙技术中做法基本相同，在水泥搅拌桩帷幕中钻孔排桩墙可适当节约成本。对采用植入预制工字形桩墙技术的 30 多个围护工程的预决算数据统计表明，就围护桩墙作对比，植入预制工字形桩墙的造价要比钻孔灌注桩墙节约 20%左右；就整体围护结构（包括支撑等）作对比，植入预制工字形桩墙的造价要比钻孔灌注桩墙节约 15%左右。

（3）施工速度及质量对比

对常见的黏质和砂质土层，一台二机合一植桩机施工预制工字形桩墙的工效是平均每天 10 根，而且同步完成了水泥搅拌桩帷幕；而一台常用的 10 型钻孔灌注桩机成桩需要复杂的施工工序，平均每天仅可打设 1～2 根桩，而且必须待水泥搅拌桩帷幕达到一定强度后才能施工钻孔桩。因此，在围护桩墙施工工效方面植入预制工字形桩墙技术具有绝对优势。

在施工质量方面，预制钢筋混凝土工字形桩是工厂化生产，采用高强预应力钢棒配筋、C50 以上强度等级的混凝土、蒸汽养护，生产速度快（3 天可拆模起吊），且桩身质量可靠；而钻孔灌注桩成桩施工需泥浆护壁钻孔、制作钢筋笼并分节放设、水下浇筑混凝土等复杂施工工序，存在着许多影响成桩质量的环节，其桩身质量稳定性无法与预制桩相比。

（4）施工用电量对比

每台二机合一植桩机功率通常为 400kW，工效基本为平均每天完成 10 根工字形桩的植桩施工，而且已包括三轴搅拌桩帷幕施工，每台套植桩机每天可完成基坑延米 12m 的围护桩墙施工（隔一植一桩的桩距是 1.2m）。而目前市场上每台套 10 型钻孔桩机功率通常为 55kW（正常施工状态下平均用电），工效为每台套钻孔桩机一天施工 1 根围护桩，每天需投入 10 台套钻孔桩机才能完成基坑延米 12m 的围护桩墙施工，钻孔桩机总用电量达到 550kW。1 台套三轴搅拌桩机功率通常为 350kW，平均每天完成基坑延米 24m 的围护桩墙帷幕，完成 12 延米帷幕需用电 175kW，一天总用电量为 725kW，是植入预制工字形桩墙的 1.8 倍。而且协调多桩机的交错施工也是关键，否则将影响工期。

因此，在施工用电即节能减排方面，植入预制工字形桩墙技术更具优势。

（5）环保文明施工对比

植入式预制工字形桩墙工艺采用三轴强力水泥搅拌桩松动土体，形成流塑状水泥土，在水泥土初凝之前植入工字形围护桩，水泥土凝结之后与工字形围护桩共同形成复合止水挡土桩墙结构。植桩施工时上翻出的部分水泥土浆在较短的时间内就可凝结形成较硬土。因此，植入式预制工字形围护桩墙施工具有无（少）挤土、无泥浆外运和环境污染、无（低）噪声的特点，符合可持续发展、环保文明施工、绿色节能减排等要求。

钻孔桩施工工序繁杂，大批钻孔桩同时施工，噪声大，施工产生的大量泥浆需要外运，施工现场会产生许多泥浆池、坑、孔洞，带来较大的安全隐患，且泥浆外运后的场地占用及处理与环保文明施工、绿色节能减排的要求相悖。

58.6.2　植入式预制工字形桩墙（SCPW 工法）与植入式可回收型钢墙（SMW 工法）的对比

（1）工效对比

在成桩墙施工工效方面，SCPW 工法与 SMW 工法相当，后者施工速度更快些，因其植入的是较轻的型钢，但 SMW 工法有后期的拔桩回收施工，而 SCPW 工法一次完成，无后期施工。

（2）施工机械对比

SMW 工法施工需一台大型三轴搅拌桩机，并需配备一台汽车吊机和一台挖机辅助施工。而 SCPW 工法仅需一台用电量相同的大型二机合一植桩机和一台挖机辅助施工，植桩机本身有三轴搅拌机，并具备吊装、静压、振动植桩功能，不需配备汽车吊机。

（3）桩墙强度对比

SCPW 工法所用的高 800mm 的工字形桩围护墙刚度大，工字形桩抗弯强度可达 1400kN·m（截面高 1000mm 的工字形桩达 2500kN·m），而 SMW 工法常用的高 700mm 的型钢抗弯强度为 750kN·m，因而 SCPW 工法在深基坑围护方面适用性更广。

（4）资金投入对比

SCPW 工法采用的预制钢筋混凝土工字形桩仅需钢筋、水泥、砂、石子就可以不断地供桩，而 SMW 工法前期需大量投资购买型钢，若采用租赁型钢，租赁单价将会受市场上围护工程量和周转用型钢囤积量的影响。SMW 工法的型钢租赁费用还直接受地下工程工期的制约，存在因工期延误而增加租赁费用的缺点。根据多项工程数据，按市场租赁费测算，当地下室在 6 个月之内完成施工，采用该做法比传统钻孔桩做法可节约造价 10％左右；若地下室施工在 7～8 个月之内完成，采用该做法与传统钻孔桩做法相比造价基本持平；若地下室施工超过 7～8 个月，采用该做法造价将超过传统钻孔桩做法。

（5）后期投入对比

SCPW 工法植入的预制桩是一次性不回收的，无后期投入，而 SMW 工法存在型钢后期需回收、孔洞注浆工序繁琐等缺点，常因地下室已经施工完成及周边环境条件影响造成型钢回收工作困难甚至难以回收等，出现造价抬高或经济纠纷问题，也常因型钢无法回收而无法使用 SMW 工法。

（6）经济指标对比

经大量工程围护方案对比，在正常施工工期情况下，植入式预制工字形桩墙（SCPW 工法）与植入式可回收型钢墙（SMW 工法）相比，围护综合费用约节约 10%。

综合以上分析表明，国内自行研发的植入式预制工字形桩墙（SCPW 工法）比从国外引进的植入式可回收型钢墙（SMW 工法）更具优势。

58.6.3　植入式预制巨型空腹桩墙与地下连续墙的对比

图 58-33（a）所示是在软土中开挖的 20m 深基坑中采用桩距为 2m 的 600mm×2000mm（宽×高）植入预制巨型空腹桩墙，帷幕为双排直径 850mm 的三轴水泥搅拌桩做法，图 58-33（b）所示是 1000mm 厚地下连续墙做法。若该基坑均设四层支撑，围护墙最大计算弯矩沿基坑每延米达 2100kN·m。现对比分析两种做法围护墙的用料和造价。

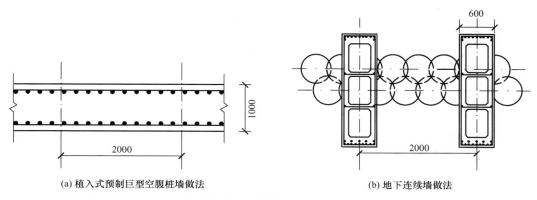

(a) 植入式预制巨型空腹桩墙做法　　　　　　(b) 地下连续墙做法

图 58-33　植入式预制巨型空腹桩墙和地下连续墙做法（单位：mm）

（1）用钢量和造价

经计算，桩距 2m 的 600mm×2000mm（宽×高）预制巨型空腹桩承受的弯矩为 4200kN·m，采用直径 10.7mm 的钢棒，沿竖向每米每边需配置 20ϕ10.7，两边配筋包括箍筋重 40kg，市场价约为 200 元（按材料和加工费 5000 元/t 计）；而 2m 区段 1000mm 厚地下连续墙竖向每边需配置 Ⅲ 级钢 Φ56@80，水平配置 ϕ20@200，2m 区段沿竖向每米墙用钢 590kg，市场价约为 2100 元（按材料和加工费 3500 元/t 计），二者用钢费用相差约 10 倍。

（2）混凝土及帷幕用量和造价

桩距 2m 的 600mm×2000mm（宽×高）预制巨型空腹桩沿竖向每米混凝土用量是 0.5m³，而 2m 区段 1000mm 厚地下连续墙沿竖向每米混凝土用量是 2m³，相差 3 倍。若均按 400 元/m³ 计，市场价为 200 元和 800 元。植入巨型空腹桩需水泥搅拌桩帷幕，桩距 2m 区段水泥搅拌桩帷幕用量为 1.89m³，市场价约为 470 元（按材料和加工费为 250 元/m³ 计），植入预制巨型空腹桩墙费用为 670 元/m，而地下连续墙为 800 元/m，混凝土及帷幕用量相差约 16%。

若不计地连墙和植桩的成槽费用，植入预制巨型空腹桩墙的费用仅约为地下连续墙费用的 30%。

由于植入预制巨型空腹桩墙的抗弯刚度和强度比地下连续墙要大得多，采用空腹桩墙的支撑层数可以减少，如此可进一步缩短地下工程施工工期，节约造价。

地下连续墙不但施工复杂、影响质量的因素多、施工速度慢、造价高，而且需处理泥浆等。地下连续墙在成桩墙过程中将产生约 3 倍墙体积的泥浆需外运处理，污染环境，与可持续发展的要求相悖。植入预制巨型空腹桩墙无泥浆外运问题，而且施工速度快，混凝土质量可靠。

58.6.4 植入式预制工字形桩墙（SCPW 工法）与植入式菱形围护桩墙的对比

与工字形桩相比，预制钢筋混凝土空心菱形桩截面的抗弯剪性能相对较差，通常适用于软土中的一层地下室围护工程，但其可以像空心管桩一样方便地实施钢筋笼的机械化制作和用旋转离心法浇筑混凝土，制桩成本大幅下降，植入形成的围护桩墙成本更具优势，因而值得在大量一层地下室围护工程、地下管廊围护工程或其他领域的围护墙工程中加以推广。植入式预制钢筋混凝土空心菱形围护桩墙与植入式预制工字形桩墙（SCPW 工法）相比可节约造价约 10%。

58.7 植入式预制钢筋混凝土围护桩墙的设计计算

58.7.1 植入式围护桩墙的设计计算内容和方法

上述植入式预制桩墙结合支撑或锚杆可组成各种围护结构，如悬臂排桩围护、排桩加内撑围护、排桩结合土锚围护、双排桩门架围护、排桩复合土钉墙围护等。上述围护体系在围护结构的受力、变形和稳定性能方面与传统钻孔排桩墙是相同的，区别只是将现浇的圆截面抗弯构件改为预制的工字形、空心菱形或巨型空腹截面桩构件。在具体的围护工程设计中，只需将这些桩截面按等刚度换算成等效的圆形截面刚度即可，现行的设计计算规范（规程）、计算方法、计算程序都适用。因此，在围护工程设计计算中，以往针对钻孔灌注圆桩开发的围护工程设计软件和相关规范对植入式预制围护桩墙都适用。

目前最常用的围护工程设计计算程序是北京理正软件和同济大学开发的启明星软件，以此对植入式预制桩墙围护结构进行如下常规设计计算分析：

1）围护体系的受力和变形计算分析。

2）围护体系整体稳定计算分析。

3）坑底土抗隆起稳定计算分析。

4）坑底土抗管涌稳定计算分析。

5）抗倾覆稳定计算分析。

6）基坑底抗承压水突涌稳定计算分析。

7）支撑或锚杆体系受力、变形及稳定计算分析等。

根据上述分折可以确定植入预制桩墙围护结构的具体参数，如桩距、桩长、桩截面尺寸、支持体系的平面和垂直分布及尺度大小等，也可得出植入预制桩及支撑体系在各工况下的弯矩、剪力、变形包络图，据此进行桩体的截面配筋设计。

预制钢筋混凝土桩是预应力构件，其截面配筋设计包含植桩后围护构件在各工况下的设计和预制桩制作、吊装运输和起吊植桩工况的强度和抗裂设计验算。

植入式预制钢筋混凝土桩墙中，预制桩长受运输吊装条件限制，一般长度不超过 15～17m，因此在深基坑工程中常需现场接桩。接桩的设计原则一是将接头设置在围护墙弯剪受力相对较小处，二是接头处的抗弯剪强度不低于预制工字形桩非接头处。

限于篇幅，以下仅介绍植入式预制钢筋混凝土工字形桩墙（SCPW 工法）中工字形桩的截面配筋和接桩设计计算。

58.7.2 植入式预制工字形桩截面的配筋设计计算

58.7.2.1 预制工字形桩在围护状态下的正截面抗弯配筋设计计算

1. 工字形桩截面尺寸及材料强度

依据现行钢筋混凝土结构设计规范，以图 58-34 所示最常用的截面为 400mm×800mm 的工字形桩为例，截面尺寸及材料强度指标如下。

预应力筋选用 $\phi 10.7$ 钢棒，抗拉强度标准值 $f_{ptk}=1420\text{MPa}$，钢棒抗拉强度设计值 $f_{py}=1010\text{MPa}$，钢棒抗压强度设计值 $f'_{py}=400\text{MPa}$；箍筋选用 $\phi^b 5$ 冷拔低碳钢丝，$f_{yv}=400\text{N/mm}^2$。

混凝土强度等级为 C50，强度标准值及设计值为：$f_{ck}=32.4\text{N/mm}^2$，$f_{tk}=2.64\text{N/mm}^2$，$f_c=23.1\text{N/mm}^2$，$f_t=1.89\text{N/mm}^2$。

施工阶段 $f'_{cu}=45\text{N/mm}^2$，$f'_{ck}=29.6\text{N/mm}^2$，$f'_{tk}=2.51\text{N/mm}^2$。

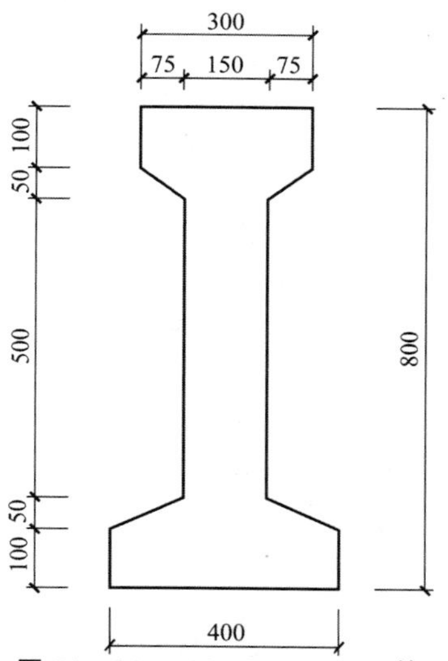

2. 工字形桩正截面抗弯配筋计算

表 58-1 给出了某基坑植入工字形桩墙在围护阶段的受力计算结果。

表 58-1 中，弯矩为正时，截面下翼缘受拉。以 3—3 截面为例进行配筋计算。

图 58-34　400mm×800mm 的工字形桩截面

（1）下翼缘受拉时

按双筋截面计算，$f'_{py}=400\text{MPa}$，不考虑张拉钢筋的抗压强度。

$$M'=A'_s f'_{py}(h_0-a'_s),\ M_1=M-M',\ M_1=f_c b'_f x\left(h_0-\frac{x}{2}\right)$$

$$M_1=f_{py}A_p\left(h_0-\frac{x}{2}\right)$$

表 58-1　某基坑植入式工字形桩墙在围护阶段的受力计算结果

截面	1—1	2—2	3—3	4—4	5—5	6—6
弯矩/(kN·m)	−130.2～582	−112.8～612.6	−199.7～610	−102.1～592.5	−121.4～604.6	−111.3～600.8
剪力/kN	−172.2～219.8	−182.8～252.7	−204.7～186.4	−175.3～199.4	−191.6～216.7	−187.8～208.8

由以上公式可以得出

$$M'=A'_s f'_{py}(h_0-a'_s)=180\times400\times(765-35)=52.56(\text{kN·m})$$

$$M_1=M-M'=610-52.56=557.44(\text{kN·m})$$

$$x=h_0-\sqrt{h_0^2-\frac{2M_1}{f_c b'_f}}=765-\sqrt{765^2-\frac{2\times557.44\times10^6}{23.1\times300}}=113.58(\text{mm})<120\text{mm}$$

属于第一类 T 形截面。

$$A_{s1}=\frac{A'_s f'_{py}}{f_{py}}=\frac{180\times400}{1010}=71.3(\text{mm}^2)$$

$$A=\frac{f_c b'_f x}{f_{py}}+A_{s1}=\frac{23.1\times300\times113.58}{1010}+71.3=850.6(\text{mm}^2)$$

实际配置 12 根 $\phi 10.7$ 钢棒（全根张拉），此时

$$A_{min}=0.2\%\times(150\times800+125\times100\times2+125\times50)=302.5(\text{mm}^2)<1080\text{mm}^2$$

满足要求。

（2）下翼缘受压时（按单筋截面计算）

$$f_c b_f x=f_{py}(A'_s+A'_p),\ M=f_c b_f x\left(h_0-\frac{x}{2}\right),\ M=f_{py}(A'_s+A'_p)\left(h_0-\frac{x}{2}\right)$$

由以上公式可以得出

$$x = h_0 - \sqrt{h_0^2 - \frac{2M}{f_c b_f}} = 765 - \sqrt{765^2 - \frac{2 \times 199.7 \times 1000000}{23.1 \times 400}} = 28.8 \text{(mm)} < 100\text{mm}$$

$$A = \frac{b_f x f_c}{f_{py}} = \frac{400 \times 28.8 \times 23.1}{1010} = 263.48 \text{(mm}^2\text{)}, \quad n = \frac{263.48}{90} = 2.9$$

实际配置 4 根 ϕ10.7 钢棒（2 根张拉），此时

$$A_s' + A_p' = 4 \times 90 = 360 \text{(mm}^2\text{)}$$

$$A_p' = 180\text{mm}^2$$

$$A_{min}' = 0.2\% \times (150 \times 800 + 75 \times 100 \times 2 + 75 \times 50) = 277.5 \text{(mm}^2\text{)} < 360\text{mm}^2$$

满足要求。

根据以上步骤可计算出工字形桩各截面所需配筋量，见表 58-2。

表 58-2 工字形桩各截面所需配筋量

截面	1—1	2—2	3—3	4—4	5—5	6—6
上翼缘	4ϕ10.7	4ϕ10.7	4ϕ10.7	4ϕ10.7	4ϕ10.7	4ϕ10.7
下翼缘	11ϕ10.7	12ϕ10.7	12ϕ10.7	11ϕ10.7	12ϕ10.7	12ϕ10.7

3. 工字形桩正截面抗弯配筋预应力损失计算及正截面承载力验算

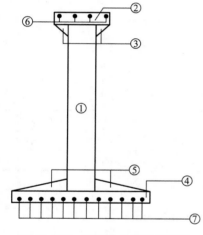

图 58-35 截面分块计算示意图

以 3—3 截面为例进行截面换算、预应力损失计算及正截面承载力验算。

（1）计算换算截面面积 A_0 及其几何特征值

将截面分块，如图 58-35 所示，有关参数值列表计算，见表 58-3。

$$\alpha_E = \frac{E_p}{E_c} = \frac{2.0 \times 10^5}{3.45 \times 10^4} = 5.80$$

换算截面面积

$$A_0 = 186912\text{mm}^2$$

换算截面中性轴至截面下边缘距离

$$y_0 = \frac{\sum_{i=1}^{7} S_i}{A_0} = \frac{6858.5 \times 10^4}{186912} = 367 \text{(mm)}$$

表 58-3 截面特征参数值

编号	A_i /mm²	y_i /mm	$S_i = A_i y_i$ /mm³	$\|y_0 - y_i\|$ /mm	$A_i (y_0 - y_i)^2$ /($\times 10^6$mm⁴)	I_i /($\times 10^6$mm⁴)
①	90000	400	3600.0	33.0	98.0	2700.0
②	30000	750	2250.0	383.0	4400.7	25.0
③	7500	683	512.3	316.0	748.9	0.5
④	40000	50	200.0	317.0	4019.6	33.3
⑤	12500	117	146.3	250.0	781.3	0.9
⑥	1728	765	132.2	398.0	273.7	—
⑦	5184	35	18.1	332.0	571.4	—
总计	186912	—	6858.8	—	10893.5	2759.7

换算截面中性轴至截面上边缘距离

$$y_0' = h - y_0 = 800 - 367 = 433 (\text{mm})$$

换算截面惯性矩 I_0 为

$$I_0 = \sum I_i + \sum A_i (y - y_i)^2 = 2759.7 \times 10^6 + 10893.5 \times 10^6 = 13653.2 \times 10^6 (\text{mm}^4)$$

（2）预应力损失值计算

张拉控制应力

$$\sigma_{\text{con}} = \sigma_{\text{con}}' = 0.3 f_{\text{ptk}} = 0.3 \times 1420 = 426 (\text{N/mm}^2)$$

第一批预应力损失值（设张拉台座间的距离 $l = 20\text{m}$）

$$\sigma_{l1} = \sigma_{l1}' = \frac{a}{l} E_s = \frac{1}{20 \times 1000} \times 2.0 \times 10^5 = 10 (\text{N/mm}^2)$$

设养护温差 $\Delta t = 20\text{℃}$，温差损失

$$\sigma_{l3} = \sigma_{l3}' = 2\Delta t = 2 \times 20 = 40 (\text{N/mm}^2)$$

取钢筋应力松弛损失

$$\sigma_{l4} = \sigma_{l4}' = 0.05 \sigma_{\text{con}} = 21.3 (\text{N/mm}^2)$$

第一批预应力损失值

$$\sigma_{l1} = \sigma_{l1}' = \sigma_{l1} + \sigma_{l3} + \sigma_{l4} = 10 + 40 + 21.3 = 71.3 (\text{N/mm}^2)$$

第一批预应力损失后的 N_{p0I} 和 e_{p0I} 为

$$N_{\text{p0I}} = (\sigma_{\text{con}} - \sigma_{l1}) A_p + (\sigma_{\text{con}}' - \sigma_{l1}') A_p' = (426 - 71.3) \times 1080 + (426 - 71.3) \times 180 = 446922 (\text{N})$$

$$y_p = y_0 - a_p = 367 - 35 = 332 (\text{mm})$$

$$y_p' = y_0' - a_p' = 433 - 35 = 398 (\text{mm})$$

$$e_{\text{p0I}} = \frac{(\sigma_{\text{con}} - \sigma_{l1}) A_p y_p - (\sigma_{\text{con}}' - \sigma_{l2}') A_p' y_p'}{N_{\text{p0I}}}$$

$$= \frac{(426 - 71.3) \times 1080 \times 332 - (426 - 71.3) \times 180 \times 398}{446922} = 227.71 (\text{mm})$$

第一批预应力损失后，在预应力钢筋 A_p 合力点及 A_p' 合力点水平处的混凝土预压应力 σ_{pcI} 及 σ_{pcI}' 为

$$\sigma_{\text{pcI}} = \frac{N_{\text{p0I}}}{A_0} + \frac{N_{\text{p0I}} e_{\text{p0I}} y_p}{I_0} = \frac{446922}{186912} + \frac{446922 \times 227.71 \times 332}{13653.2 \times 10^6} = 4.87 (\text{N/mm}^2)$$

$$\sigma_{\text{pcI}}' = \frac{N_{\text{p0I}}}{A_0} - \frac{N_{\text{p0I}} e_{\text{p0I}} y_p'}{I_0} = \frac{446922}{186912} - \frac{446922 \times 227.71 \times 398}{13653.2 \times 10^6} = -0.58 (\text{N/mm}^2)$$

第二批预应力损失值 $\sigma_{l\text{II}}$

$$\rho = \frac{A_p}{A_0} = \frac{1080}{186912} = 0.00578, \quad \rho' = \frac{A_p'}{A_0} = \frac{180}{186912} = 0.00096$$

$$\sigma_{l5} = \frac{45 + 280 \dfrac{\sigma_{\text{pcI}}}{f_{\text{cu}}'}}{1 + 15\rho} = \frac{45 + 280 \times \dfrac{4.87}{45}}{1 + 15 \times 0.00578} = 69.29 (\text{N/mm}^2)$$

$$\sigma_{l5}' = \frac{45 + 280 \dfrac{\sigma_{\text{pcI}}'}{f_{\text{cu}}'}}{1 + 15\rho'} = \frac{45 + 280 \times \dfrac{0.58}{45}}{1 + 15 \times 0.00096} = 47.92 (\text{N/mm}^2)$$

第二批预应力损失值

$$\sigma_{l\text{II}} = \sigma_{l5} = 69.29 \text{N/mm}^2$$

$$\sigma_{l\text{II}}' = \sigma_{l5}' = 47.92 \text{N/mm}^2$$

总预应力损失值

$$\sigma_l = \sigma_{l\text{I}} + \sigma_{l\text{II}} = 71.3 + 69.29 = 140.59 (\text{N/mm}^2)$$

$$\sigma_l' = \sigma_{l\text{I}}' + \sigma_{l\text{II}}' = 71.3 + 47.92 = 119.22 (\text{N/mm}^2)$$

预应力钢筋 A_p 合力点处及 A_p' 合力点处混凝土法向应力等于零时的预应力钢筋 A_p 及 A_p' 中应力为

$$\sigma_{p0} = \sigma_{con} - \sigma_l = 426 - 140.59 = 285.41 (N/mm^2)$$

$$\sigma_{p0}' = \sigma_{con}' - \sigma_l' = 426 - 119.22 = 306.78 (N/mm^2)$$

（3）正截面抗弯承载力验算

A_p' 的应力

$$\sigma_p' = \sigma_{p0}' - f_{py}' = 306.78 - 400 = -93.22 (N/mm^2)$$

$$x = \frac{f_{py}A_p - f_{py}'A_s' + \sigma_p'A_p'}{\alpha_1 f_c b_f'} = \frac{1010 \times 1080 - 400 \times 180 - 93.22 \times 180}{1.0 \times 23.1 \times 300} = 145 (mm) > 120mm$$

属于第二类 T 形截面。

$$x = \frac{f_{py}A_p - f_{py}'A_s' + \sigma_p'A_p' - \alpha_1 f_c (b_f' - b)h_f'}{\alpha_1 f_c b}$$

$$= \frac{1010 \times 1080 - 400 \times 180 - 93.22 \times 180 - 23.1 \times 150 \times 120}{1.0 \times 23.1 \times 150} = 169.2 (mm)$$

$$\xi_b = \frac{\beta_1}{1 + \frac{0.002}{\varepsilon_{cu}} + \frac{f_{py} - \sigma_{p0}}{E_{ps}\varepsilon_{cu}}} = \frac{0.8}{1 + \frac{0.002}{0.0033} + \frac{1010 - 285.41}{2.0 \times 10^5 \times 0.0033}} = 0.3$$

$\xi_b h_0 = 0.3 \times 765 = 229.5mm > 169.2mm$，所以

$$M_u = f_{py}'A_s'(h_0 - a_s') - \sigma_p'A_p'(h_0 - a_p') + \alpha_1 f_c (b_f' - b)h_f'\left(h_0 - \frac{h_f'}{2}\right) + \alpha_1 f_c b x\left(h_0 - \frac{x}{2}\right)$$

$$= (400 + 93.22) \times 180 \times (765 - 35) + 23.1 \times 150 \times 120 \times 705 + 23.1 \times 150 \times 169.2 \times 680.4$$

$$= 756.85 (kN \cdot m) > 610 kN \cdot m$$

因此，3—3 剖面正截面承载力满足要求。同样可以验证其他截面均满足承载力要求。

58.7.2.2　预制工字形桩在围护状态下的斜截面抗剪配筋设计计算

1. 截面尺寸验算

$$h_w = 800 - 150 - 150 = 500 (mm)，\frac{h_w}{b} = \frac{500}{150} = 3.3 < 4$$

$0.25\beta_c f_c b h_0 = 0.25 \times 1.0 \times 23.1 \times 150 \times 765 = 662.7 (kN) > V_{max} = 252.7kN$，故截面可用。

2. 配箍量计算

以 2—2 截面为例进行计算。此工字形桩为围护使用阶段允许出现裂缝的构件，故 $V_p = 0$。

箍筋采用冷拔低碳钢丝，$f_{yv} = 400N/mm^2$。

$$\frac{A_{sv}}{s} = \frac{V - 0.7f_t b h_0}{1.25 f_{yv} h_0} = \frac{252.7 - 0.7 \times 1.89 \times 150 \times 765}{1.25 \times 400 \times 765} = 0.264$$

选用双肢（$n = 2$），$\phi^b 5$ 箍筋（$A_{sv1} = 19.6mm^2$），$s = \frac{nA_{sv1}}{0.264} = \frac{2 \times 19.6}{0.264} = 148 (mm)$

各截面计算箍筋间距见表 58-4。

表 58-4　各截面计算箍筋间距

截面	1—1	2—2	3—3	4—4	5—5	6—6
s/mm	221	148	284	315	231	263

2—2 截面可取 $s = 140mm$，其余截面取 $s = 200mm$，则

$$\rho_{sv} = \frac{A_{sv}}{bs} = \frac{2 \times 19.6}{150 \times 200} = 0.13\% > \rho_{sv \cdot min} = 0.24\frac{f_t}{f_{yv}} = 0.113\%$$

满足最小配箍率的要求。

58.7.2.3　预制工字形桩在运输吊装阶段的抗裂验算

1. 出模施加预应力后截面应力计算

前面已求得 N_{p0I} 和 e_{p0I}，在 N_{p0I} 作用下截面上任一点的混凝土预压应力为

$$\sigma_{pcI} = \frac{N_{p0I}}{A_0} \pm \frac{N_{p0I}e_{p0I}}{I_0}y$$

式中　y——截面中心轴至计算点的距离。

所以，上翼缘边缘拉应力

$$\sigma_{pcI} = \frac{N_{p0I}}{A_0} - \frac{N_{p0I}e_{p0I}}{I_0}y_0' = \frac{446922}{186912} - \frac{446922 \times 227.71 \times 433}{13653.2 \times 10^6} = -0.84(\text{N/mm}^2)(\text{拉})$$

下翼缘边缘压应力

$$\sigma_{pcI} = \frac{N_{p0I}}{A_0} + \frac{N_{p0I}e_{p0I}}{I_0}y_0 = \frac{446922}{186912} + \frac{446922 \times 227.71 \times 367}{13653.2 \times 10^6} = 5.13(\text{N/mm}^2)(\text{压})$$

2. 吊装荷载产生的截面应力计算

截面面积 $A = 170000\text{mm}^2 = 0.17\text{m}^2$，每延米长自重 $g = 0.17 \times 1.0 \times 25 = 4.25(\text{kN/m})$。

还应考虑分项系数 1.35，构件重要性系数 0.9。吊装验算时的荷载是桩的自重，考虑到起吊时的动力作用，将自重乘以动力系数 1.2。

$$q = 1.35 \times 0.9 \times 1.2 \times 4.25 = 6.2(\text{kN/m})$$

采用一点吊装时，控制弯矩为

$$M_{max} = \frac{q\left(L - \frac{\sqrt{2}}{2}L\right)^2}{2} = \frac{qL^2(\sqrt{2}-1)^2}{4} = 0.266L^2$$

取桩长 $L = 15\text{m}$，则

$$M_{max} = 0.266L^2 = 0.266 \times 15^2 = 59.85(\text{kN·m})$$

采用两点吊装时，控制弯矩为

$$M_{max} = \frac{qL^2}{2(2\sqrt{2}+1)^2} = 0.21L^2$$

取桩长 $L = 15\text{m}$，则

$$M_{max} = 0.21L^2 = 0.21 \times 15^2 = 47.25(\text{kN·m})$$

抗裂强度验算公式为

$$\left.\begin{array}{l} \sigma_{ct} \leqslant f_{tk}' \\ \sigma_{cc} \leqslant 0.8f_{ck}' \end{array}\right\}$$

一点吊装：

$$\sigma_{ct} = \sigma_{pcI} + \frac{M_{max}y_0'}{I_0} = 0.84 + \frac{59.85 \times 433}{13653.2} = 2.74(\text{N/mm}^2) > f_{tk}' = 2.51\text{N/mm}^2$$

$$\sigma_{cc} = \sigma_{pcI} + \frac{M_{max}y_0}{I_0} = 5.13 + \frac{59.85 \times 367}{13653.2} = 6.74(\text{N/mm}^2) < 0.8f_{ck}' = 23.68\text{N/mm}^2$$

不满足抗裂强度要求。

两点吊装：

$$\sigma_{ct} = \sigma_{pcI} + \frac{M_{max}y_0'}{I_0} = 0.84 + \frac{47.25 \times 433}{13653.2} = 2.34(\text{N/mm}^2) < f_{tk}' = 2.51\text{N/mm}^2$$

$$\sigma_{cc} = \sigma_{pcI} + \frac{M_{max}y_0}{I_0} = 5.12 + \frac{47.25 \times 367}{13653.2} = 6.39(\text{N/mm}^2) < 0.8f_{ck}' = 23.68\text{N/mm}^2$$

满足抗裂强度要求。

实际桩长均不超过 15m，故采用两点吊装满足抗裂强度要求，部分桩长小于 15m 的桩也可采用一点吊装。

针对各种常用的工字形桩截面配筋组合，笔者编制程序求出了相应的截面抗弯强度抵抗矩值，并编制了配筋计算用表供设计选用。

58.7.3 植入式预制工字形桩的接桩设计计算

58.7.3.1 预制工字形桩接桩做法

预制工字形桩制桩工艺可分为台座张拉长线法和模具张拉法两类，其接桩做法也不同。台座张拉长线法生产工字形桩是在桩头预埋传力钢筋，通过上下桩头绑焊钢筋达到接桩目的；而模具张拉生产预制工字形桩的接桩做法是在桩头预埋张拉钢板，预应力钢棒与钢板镦头卡接，上下桩头通过钢板焊缝连接。限于篇幅，下面只介绍模具张拉生产预制工字形桩的接桩做法。

图 58-36 是模具张拉生产预制工字形桩的接桩做法示意图，其中销杆主要起定位作用，并辅助接头抗剪。实际工程中经常有取消销杆的做法，仅用焊缝满足抗剪要求。

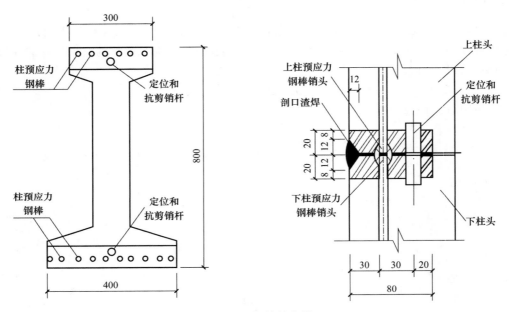

图 58-36 接桩大样

58.7.3.2 接桩截面抗弯承载力验算

1. 计算依据

根据《钢结构设计规范》（GB 50017—2003），采用 E43 型焊条手工焊，角焊缝，抗拉、抗压和抗剪强度 $f_f^w = 160 \text{N/mm}^2$，焊缝属于部分焊透的对接焊缝。

按角焊缝的公式计算，在垂直于焊缝长度方向的压力作用下，取 $\beta_f = 1.22$，其他受力情况取 $\beta_f = 1.0$，当 $\alpha \geqslant 60°$ 时计算厚度 $h_e = s$，当 $\alpha < 60°$ 时计算厚度 $h_e = 0.75s$。

正面直角角焊缝（作用力垂直于焊缝长度方向）的计算公式为

$$\sigma_f = \frac{N}{h_e l_w} \leqslant \beta_f f_f^w$$

式中 σ_f——垂直于焊缝长度方向的应力，按焊缝有效截面（$h_e l_w$）计算；

h_e——角焊缝的计算厚度,对直角角焊缝取 $0.7h_f$,h_f 为焊角尺寸;

l_w——角焊缝的计算长度,对每条焊缝取其实际长度减去 $2h_f$;

f_f^w——角焊缝的强度设计值;

β_f——正面角焊缝的强度设计值增大系数,对承受静力荷载和间接承受动力荷载的结构,$\beta_f = 1.22$,对直接承受动力荷载的结构,$\beta_f = 1.0$。

2. 接桩截面抗弯承载力验算

截面抗弯验算只考虑焊缝提供的承载力。分析可知,上翼缘受拉、下翼缘受压时对截面最不利。最大应力发生在翼缘焊缝的最外纤维处,为了保证焊缝的正常工作,应使翼缘焊缝最外纤维处的应力满足焊缝的强度条件,即

$$\sigma_f = \frac{M}{I_w} y \leqslant \beta_f f_f^w$$

式中 I_w——全部焊缝有效截面对中和轴的惯性矩;

y——翼缘最外层纤维处至中和轴的距离;

M——全部焊缝承受的弯矩。

接桩大样图如图 58-36 所示。焊缝换算截面面积及几何参数计算见表 58-5。

表 58-5 换算截面及几何参数计算

编号	A_i /mm²	y_i /mm	$S_i = A_i y_i$ /($\times 10^4$ mm³)	$\|y_0 - y_i\|$ /mm	$A_i (y_0 - y_i)^2$ /($\times 10^6$ mm⁴)	I_i /($\times 10^6$ mm⁴)
①	3600	794	285.84	423.67	646.19	0.0432
②	1632	754	123.0528	383.67	240.23	0.628864
③	4800	46	22.08	324.33	504.91	0.0576
④	1632	6	0.9792	364.33	216.63	0.628864
总计	11664		431.952		1607.96	1.358528
重要参数						
中和轴距下翼缘边缘的距离 y_0/mm			370.33			
截面面积总和 $\sum A$/mm²			11664			
截面等效惯性矩 I_w/($\times 10^6$ mm⁴)			1609.32			

已知接桩处截面弯矩为 150kN·m,由于 $\alpha = 90° > 60°$,故 $h_e = s = 12$mm,进而可以求得

$$h_f = h_e/0.7 \approx 17\text{mm}, \quad \beta_f = \begin{cases} 1.0, \text{抗拉、抗剪} \\ 1.22, \text{抗压} \end{cases}$$

故由 $\sigma_f = \dfrac{M}{I_w} y \leqslant \beta_f f_f^w$ 可得焊缝所能承受的 M_u 为

$$M_u = \frac{\beta_f f_f^w I_w}{y_0'} = \frac{1.0 \times 160 \times 1609.32 \times 10^6}{(800 - 370.33) \times 10^6} = 599.28 (\text{kN·m}) > 150\text{kN·m}$$

满足要求。

58.7.3.3 接桩截面抗剪承载力验算

考虑到销杆主要起定位作用,连接承载力较低,故抗剪强度主要由边侧的翼缘焊缝提供,设计控制点取为上翼缘边侧最外纤维处 A 点(图 58-37)。此处受弯曲应力和剪应力共同作用,弯曲应力和剪应力分别按下式计算:

$$\sigma_f = \frac{M}{I_w} y, \tau_f = \frac{V}{\sum (h_e l_w)}$$

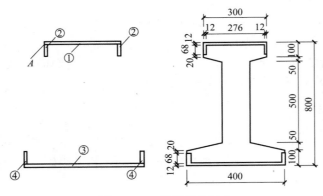

图 58-37　焊缝细部尺寸

式中　　$\sum (h_e l_w)$ ——翼缘边侧焊缝有效截面面积之和；

　　　　　y ——翼缘边侧焊缝最外纤维处 A 点至中和轴的距离。

焊缝在 A 点的强度验算公式为 $\sqrt{\left(\dfrac{\sigma_f}{\beta_f}\right)^2 + \tau_f^2} \leqslant f_f^w$，已知接桩截面弯矩为 $150\mathrm{kN \cdot m}$，剪力为 $50\mathrm{kN}$，可求得 A 点处 σ_f 为

$$\sigma_f = \frac{M}{I_w} \cdot y = \frac{150 \times 10^6}{1609.32 \times 10^6} \times 417.67 = 38.93 (\mathrm{N/mm^2})$$

由强度验算公式得到 A 点的 τ_f 为

$$\tau_f = \sqrt{(f_f^w)^2 - \left(\frac{\sigma_f}{\beta_f}\right)^2} = \sqrt{160^2 - 38.93^2} = 155.19 (\mathrm{N/mm^2})$$

最后求得

$$V_u = \tau_f \cdot \sum h_e l_w = 155.19 \times 4 \times 12 \times 68 = 506.54 (\mathrm{kN}) > 50\mathrm{kN}$$

满足要求。

关于台座张拉长线法和模具张拉法生产的预制工字形桩接桩，均已有完善的接头连接做法、设计计算方法，并进行了实体接头抗弯剪试验验证，编制了接头做法企业标准图，可方便地根据接头受力大小确定接头配件及焊缝要求。

58.8　植入式预制钢筋混凝土桩的截面受力性状

58.8.1　植入式预制工字形桩抗弯剪强度试验研究及受力性状

笔者与所在团队针对 SCPW 工法中植入式工字形桩的抗弯剪性状进行了三次大型实体破坏性试验，以验证工字形桩截面设计计算方法的正确性和可靠性。SCPW 工法中植入的工字形桩作为临时的围护构件不存在耐久性问题，因而无需像永久结构一样严格控制裂纹的宽度。植入的工字形桩墙在围护开挖中的变位是很大的，与永久结构不是同一数量级，在制作、吊装运输、吊装植桩甚至植入土中成墙参与围护作用时其受力的大小和方向是不断变化的，这与永久结构也完全不同，因而对其施加预应力的大小及预应力损失和传统的预应力结构不同，甚至施加预应力的作用和必要性都值得研究。SCPW 工法中植入的工字形桩是一种主要由抗弯剪强度控制的预制构件，高强钢棒与混凝土的握裹力及钢棒抗拉强度能按设计要求充分发挥是关键。三次大型实体破坏性试验充分验证了预制工字形桩的这种特殊受力性能。图 58-38 所示是工字形桩抗弯剪试验现场情况。

三次大型实体破坏性试验表明预制工字形桩的抗弯剪受力具有如下性状：

图 58-38　工字形桩抗弯剪试验现场

1）在抗弯剪试验中，桩身均在加载至约极限承载力的40%时出现裂缝，而且裂缝宽度已超过现行混凝土规范对正常使用的限值，此时与桩身的极限承载力还相差甚远。在之后不断加载的过程中，裂缝的数量及宽度均有所增长，但承载能力也在增长。这表明，对于临时性围护构件，可以在裂缝方面放宽控制，突破规范对永久结构的要求。在规范对临时性构件的裂缝宽度没有明确规定的情况下，这样的尝试是很有意义的。笔者认为，针对具有临时性和大变形性特点的工字形围护桩，只要考虑极限状态的验算，保证足够的安全储备，可以不考虑最大裂缝宽度的限制。

2）预制工字形桩混凝土对钢筋的握裹力是表示混凝土抵抗钢筋滑移能力的物理量，以它的滑移力除以握裹面积来表示。一般情况下，握裹强度是指沿钢筋与混凝土接触面上的剪应力，亦即粘结应力。实际上，钢筋周围混凝土的应力及变形状态比较复杂，握裹力使钢筋应力随着握裹长度而变化，所以握裹强度随着钢筋种类、外观形状及在混凝土中的埋设位置、方向的不同而变化，也与混凝土自身的强度有关，即混凝土抗压强度越高，握裹强度越大。从破坏性试验过程来看，钢筋没有发生滑移，即工字形桩混凝土的握裹力达到要求。

3）试验过程中桩身裂纹已很大，桩的挠度达到了250mm（大大超过现行钢筋混凝土规范对永久性结构的限值）而未破坏，释放外力后基本回弹，这表明工字形桩有极好的弹性性能，在其强度范围内挠度增加而不破坏，不同于传统钢筋混凝土的脆性特点。

4）在抗弯剪试验中工字形桩在高强度材料情况下桩的箍筋和混凝土的共同抗剪工作性能与一般梁的抗剪相似，表现为良好的共同工作性能。抗弯剪试验表明，裂缝经过处的箍筋应力才接近250MPa，仍然有很大的余量，在后期的荷载作用下，箍筋发挥的作用会越来越大。因此，对工字形桩作为临时性构件来说，我国混凝土规范中的抗剪计算安全度已经足够，甚至可以适当放宽。

5）在抗弯剪试验中对工字形桩模拟了现场施工吊装、翻身等改变受力方向的扰动，检测预应力的施加和损失。在抗弯剪试验中预应力值已很低，基本在钢筋标准抗拉强度的10%以下。由于不受裂缝宽度和挠度限制，并不影响高强钢棒抗拉强度的发挥。因此，预制工字形桩生产中只需施加低预应力，其作用主要是在制作、运输、施工过程中控制混凝土开裂。

58.8.2　植入式预制工字形桩接头的抗弯剪强度试验研究及受力性状

笔者与团队针对SCPW工法中植入工字形桩接头的抗弯剪性状也进行了三次大型实体破坏性试验，以验证接桩方法的合理性和可靠性。预制工字形桩接头做法因工厂生产方式不同而有区别，对于台座张拉长线法生产的工字形桩，采用预埋传力粗钢筋绑焊筋连接法，对钢模张拉法生产的工字形桩，采用张拉端板焊接连接法。图58-39和图58-40分别是钢模张拉法生产工字形桩接头和台座张拉长线法生产工字形桩接头抗弯剪试验现场情况。

接头的破坏性试验研究表明预制工字形桩接头的抗弯剪受力具有如下性状：

1）接头处各部件受力明确，拟定的设计计算方法正确，试验中考虑了实际接桩中制作焊接质量下降因素，因此有着大于常规设计的安全储备（3倍以上），验证了接桩方法的安全性、合理性和可靠性。

图 58-39　钢模张拉法生产工字形桩接桩抗弯剪实体破坏性试验

图 58-40　台座张拉长线法生产工字形桩接桩抗弯剪实体破坏性试验

2）接头破坏是由于钢筋镦头冲剪破坏导致接头处焊缝破坏，钢筋镦头冲剪破坏力与镦头尺寸及抗冲剪能力吻合，这表明只需加大钢筋镦头的厚度，增强其抗冲剪强度或在接头端板上增设锚筋，就可提高接头整体的抗弯剪能力，也表明增设和加强端板锚固筋是提高接桩头抗弯剪强度的有效途径。

3）接头处混凝土受力复杂，破坏试验中均是连接镦头抗冲剪强度达到极限而破坏，此时桩头混凝土并未开裂或破碎，表明桩头处箍筋的加密和局部钢筋网的设置合理可靠，也表明只要加强桩头传力连接件的强度，接头的整体抗弯剪强度就能上升。

4）接头的破坏性试验验证了接头连接焊缝很可靠，而且强度储备量很大，与焊缝计算结果吻合。这就消除了植桩施工中对现场焊接质量的过度担心，表明只要按常规要求焊接和验收，接头焊缝设计中所储备的安全度可完全满足接头的抗弯剪强度要求。

58.9　植入式预制钢筋混凝土围护桩墙在工程中的应用

58.9.1　植入式桩墙结合二层支撑在软土中二层地下室的支护工程实例

58.9.1.1　工程概况

浙江省某科技有限公司科研大楼位于杭州市拱墅区祥符桥石祥路 789 号，莫干山路东侧，北倚石祥路。规划总用地面积为 7027m²，总建筑面积 36792.3m²（其中地下室建筑面积 10185m²，地上建筑面积 26607.3m²）。地下 2 层，地上 16 层，建筑高度 66.9m。建筑结构形式为钢筋混凝土框架-核心筒结构，抗震设防烈度为六度。工程采用钻孔灌注桩基础。

58.9.1.2　工程地质概况

基坑开挖深度影响范围土层分布如下：

①₁ 杂填土：灰黄～杂色，松散，含较多砖块、混凝土块及块石等，局部地段表层有约 20cm 厚的混凝土和原建筑的老基础，充填有黏土。全场分布，层顶高程 3.7～4.2m，层厚 1.2～2.3m。

斑点：局部夹薄层粉土，光泽反应稍光滑，干强度中等，韧性中等，无摇振反应。全场分布，层顶高程-0.1~3.0m，层厚0.7~2.5m。

①$_2$ 素填土：灰褐色，松散，不均匀，偶见腐殖质，局部地段表层有原建筑的老基础。局部缺失，层顶高程1.5~2.6m，厚0~2.4m。

② 粉质黏土：灰褐~灰黄色，软塑~软可塑，含云母碎片、氧化铁淤泥质粉质黏土。全场分布，层顶高程-1.0~1.8m，厚4.2~11.0m。

③ 淤泥质黏土：灰色，流塑，含腐殖质、有机质和贝壳碎片。

④$_1$ 黏土：灰黄~黄色，硬可塑，含铁锰质斑点，局部夹薄层粉土。光泽反应光滑，干强度高，韧性高，无摇振反应。系过渡层，局部分布，层顶高程-8.5~-1.8m，厚2~5m。

④$_2$ 粉质黏土：灰黄~黄褐色，软塑~软可塑，夹稍密状薄层粉土，含云母碎片。略具摇振反应，无光泽反应，韧性、干强度较低。局部缺失，层顶高程-9.4~-3.4m，层厚4.6~8.9m。

④$_3$ 黏土：灰黄~黄褐色，硬可塑，含铁锰质斑点。光泽反应光滑，干强度高，韧性高，无摇振反应。局部分布，层顶高程-9.5~8.3m，厚0~5.6m。

⑤ 淤泥质黏土：灰色，流塑，含腐殖质、有机质和贝壳碎片，局部夹软塑状黏土。全场分布，层顶高程-12.9~-9.5m，厚1.4~2.2m。

场地地下水主要为第四系松散岩类孔隙潜水和孔隙承压水。

58.9.1.3　基坑工程特点

1）本基坑工程开挖面积较小，周长约300m，平面形状大致呈规则方形，适合设内支撑。

2）基坑地下室开挖深度约为10.00m，属深基坑。基坑开挖影响深度范围内的土层主要为①$_1$层杂填土，松散不均匀，密实程度不一，坑底分布着淤泥质黏土，流塑，属高压缩性软弱土层，对基坑的稳定、变形控制和挖土施工不利。基坑底部土层渗透性较差，对基坑止水防管涌相对有利，但上部杂填土层渗透性好。

3）基坑周边环境复杂，场地狭小。北侧为4~5层砖混结构浅基础楼房，地下室外墙距离用地红线约5m，用地红线距离楼房1~2m；东侧北段为菜地、苗木地，南段为2~3层砖混浅基础民房，地下室外墙距离用地红线3~7m，南段民房紧贴红线上的砖质围墙；南侧为3~4层浅基础砖混民房，地下室外墙距离用地红线5.5~8.5m，民房紧贴红线上的砖质围墙；西侧为浅基础砖混结构厂房，地下室外墙距离用地红线3.5~4.5m，用地红线到厂房距离约7.5m。

4）基坑场地表面分布较多砖块、混凝土块及块石等，局部地段表层有约20cm厚的混凝土和原建筑的老基础，施工前必须进行彻底清障和平整。

58.9.1.4　基坑围护做法

根据上述分析，本工程围护体系做法要点如下：

1）基坑围护采用强力水泥搅拌土植入式工字形围护桩墙（SCPW工法）结合上下两层钢筋混凝土水平内支撑的结构围护体系。

2）基坑开挖深度较深，考虑到基坑边距离周边建筑物比较近，放坡位置非常有限，第一道支撑采用压顶梁做法，上部放坡1.5m。在确定下道支撑位置时，首先结合土层分布情况根据计算均匀、合理地分配弯矩、剪力等，并综合支撑间距、施工方便等因素确定。

3）支撑桩应安排在工程桩施工阶段实施，为节约造价，支撑桩尽可能用工程桩代替。

4）本工程基坑开挖深度范围内均为透水性较差的黏土层，开挖中采用边开挖边挖设排水沟、集水井的方式进行降排水，不设坑外降水。沿基坑一周放坡平台处设截水地沟防止地表水进入基坑。

58.9.1.5　基坑工程技术经济指标

基坑工程设计中进行了围护方案对比，支撑做法不变，主要是SCPW工法与钻孔排桩墙和SMW工法的对比。SCPW工法桩墙比钻孔排桩墙节约造价约100万元，而且在施工速度、施工用电及对环境的影响等方面均有优势；SCPW 工法相比 SMW 工法，后者型钢必须密植，而且由于场地窄小，地下室完成后回收型钢机械难以进入，型钢回收有难度，且桩墙造价高约 12%，因而本工程不考虑该工法。

基坑和地下工程完成后，根据监测情况可知，坑边土体变位得到有效控制，未影响周边环境，达到安全可靠、施工便捷、缩短工期、节约投资等目标。开挖施工现场如图 58－41 所示。

图 58－41　开挖至二层支撑底和开挖到坑底

58.9.2　植入式桩墙结合二层支撑在三层地下室中的支护工程实例

58.9.2.1　工程概况

工程项目地块位于杭州市西湖区，振华路南侧，西行河西侧，总用地面积 5424m²，地上建筑面积 18984m²，地下建筑面积 14542m²。多层建筑采用框架剪力墙结构，钻孔灌注桩基础。

本工程±0.000 相当于绝对高程 4.650m（黄海高程），场地平整后绝对高程为 4.050m，自然相对标高为－0.600m，基坑开挖深度为 14.15～14.40m。

58.9.2.2　工程地质概况

各土层岩性特征自上而下分述如下。

①$_1$ 杂填土：地层颜色杂，松散，由大量碎石块、砖瓦块及生活垃圾组成，黏性土充填其中，为近期人工堆填物，局部分布，层厚 0～2.10m。

①$_2$ 素填土：灰～黄灰色，稍湿，软塑，含植物根茎等，粉质黏土性，主要为原有地表的耕植土，层厚 0～2.20m，局部缺失。

①$_3$ 淤填土：黑～灰黑色，流塑，淤泥性质，含大量腐殖质，有臭味，夹少许小碎石，为原有水塘、沟渠底部堆积物，局部分布，层厚 0～1.60m。

② 粉质黏土：灰黄～灰色，软可塑，局部软塑，局部夹黏质粉土，含少量氧化铁及铁锰质结核，光泽反应较光滑，无摇振反应，干强度、韧性中等偏低，层厚 0～4.10m，局部缺失。

④$_1$ 粉质黏土：灰黄～黄灰色，硬可塑为主，局部硬塑，含铁锰质斑点及少许高岭土，光泽反应较光滑，无摇振反应，干强度、韧性高，全场分布，层厚 1.60～3.70m。

④$_2$ 粉质黏土夹粉土：灰黄色，软塑，局部软可塑，呈薄层状，局部互层状。粉质黏土单层厚 2～5m，粉土单层厚 1～2m，局部以黏质粉土为主，含铁锰质斑点，光泽反应稍光滑，无摇振反应或反应缓慢，干强度、韧性较低，全场分布，层厚 2.80～6.40m。

⑤ 淤泥质粉质黏土：灰色，流塑，局部为软塑的粉质黏土，含有机质及少量（30%左右）贝壳屑，光泽反应光滑，无摇振反应，干强度、韧性较低，属高压缩性软弱土，全场分布，层厚 2.90～4.60m。

⑥$_1$ 粉质黏土：黄灰～灰色，可塑，局部硬塑，含铁锰质斑点，光泽反应较光滑，无摇振反应，干强度、韧性高，全场分布，层厚 3.50～5.70m。

⑥$_2$ 粉质黏土：灰黄色，可塑～硬可塑，含铁锰质及氧化铁斑点，无摇振反应，干强度、韧性高，全场分布，层厚 8.40～13.40m。

⑦$_1$ 粉质黏土：灰色，可塑，含铁锰质及氧化铁斑点，光泽反应较光滑，无摇振反应，干强度、韧性中等，层厚 2.80～5.90m，局部缺失。

⑦$_2$ 粉细砂：浅灰色，中密，饱和，矿物组成为石英，粒径大于 0.075mm 的颗粒含量占 90％～92％，局部渐变为中粗砂或砾砂，含 5％～10％的黏性土，分选性一般，全场分布，层厚 1.90～3.90m。

⑧ 粉质黏土：浅灰～灰色，软可塑，局部软塑，局部夹粉细砂薄层，光泽反应较光滑，无摇振反应，干强度、韧性中等，全场分布，层厚 6.70～9.50m。

58.9.2.3 基坑工程特点

1）本基坑工程开挖面积不大，周长约 260m，平面形状基本为方形。

2）本工程设三层地下室，基坑开挖深度为 14.15～14.40m，坑中坑深度约为 3.0m。

3）基坑开挖影响深度范围内的土层主要为①层填土、②层粉质黏土、④层粉质黏土、⑤层淤泥质粉质黏土、⑥层粉质黏土。总体上土层分布相对稳定，层厚发育相对均匀。浅部填土土性一般，②层粉质黏土、④层粉质黏土土性较好，⑤层淤泥质粉质黏土土性差，但土层厚度不大（3～4m），主要分布在坑底以上和以下 1～2m。坑底再向下为⑥层粉质黏土，土性较好。总体上土性相对较好，对基坑围护设计施工相对有利；基坑开挖影响范围内土层渗透性较差，对基坑止水防管涌相对有利。

4）本基坑工程北侧为已建道路及管线，距离基坑较近，车流量为围护设计重点考虑之处，东侧为规划绿地及河道，西侧为看守所，围墙距离基坑较近，南侧为废弃民居。

58.9.2.4 基坑围护做法

1）基坑地下室采用三轴强力水泥搅拌桩搭接施工形成止水帷幕，植入预应力钢筋混凝土工字形围护排桩，结合两道水平钢筋混凝土内支撑形成支护结构。

2）沿基坑周边压顶梁的上部分层分段放坡，采用锚管土钉结合 ϕ6.5@200 双向钢筋网喷射混凝土进行护面，沿基坑边设截水沟防止地表水进入基坑。

3）基坑四周采用 ϕ850@600 三轴强力水泥搅拌桩套孔法搭接施工形成止水帷幕，并植入工字形围护桩，使工字形桩与搅拌桩水泥土混合，形成止水挡土结构。

4）充分利用本基坑工程上部土层相对较好的特点，支撑面适当下压，以利于减小围护桩受到的弯矩，减小围护桩插入深度，使得支撑体系受力合理，同时使得围护桩抗弯抗剪等受力比较合理，从而提高基坑整体稳定性，减小基坑变位，保障基坑安全。支撑面根据开挖情况动态调整。

5）水平支撑体系下增设钻孔灌注支撑桩，局部可用工程桩代替，以节约造价，底板以上采用"井"字形钢构柱，与支撑梁连接，传递竖向荷载。钢构柱底端锚入支撑桩内 2.0m，确保支撑体系安全可靠。

6）基坑围护采用三轴强力搅拌桩（ϕ850@600，按套孔法施工）形成止水帷幕，基坑内设置疏干井，坑外设置降水井，并结合采用坑内外排水沟、集水沟、集水井等明泵降排水方案。

7）坑底以下土质较好，坑中坑采用自然放坡方案进行开挖施工。

8）基坑土方开挖总体上分为四个阶段：第一阶段开挖至围护桩墙压顶梁底、第一道支撑梁底，第二阶段开挖至第二道围图梁、支撑梁底，第三阶段开挖至基础板底，第四阶段开挖至承台底及坑中坑底等。土方开挖应严格按照相关规范及标准施工，确保基坑及工程桩安全。

9）基坑土方开挖应严格按照"大基坑，小开挖，均衡对称"的原则进行，按区块分层分段进行；整个场地上建议设置一个出土口，出土口可设置于基坑南侧，总体上按照从北至南的顺序挖土。

10）开挖至坑底后及时完成基础底板的浇筑，待底板混凝土及换撑带达 80％设计强度以后可进行下道支撑梁的凿除；施工地下三层外墙、楼板及换撑带，在汽车坡道上设置换撑梁进行换撑。待达到强度后凿除上道支撑，施工地下二层、地下一层及顶板。

开挖施工现场如图 58-42 所示。

58.9.2.5 基坑工程技术经济指标

基坑工程设计进行了围护方案对比，支撑做法不变，主要是 SCPW 工法墙与钻孔排桩墙的对比。

本基坑工程原设计采用钻孔排桩围护墙，造价 650 万元（未计支撑体系费用），后改用 SCPW 工法桩墙，造价 513 万元，比钻孔排桩墙节约造价 137 万元，约节约 21%，而且后者在施工速度、施工用电及对环境的影响等方面均有优势。SMW 工法墙的型钢抗弯剪强度不足，无法在三层地下室基坑中应用，因而本工程不予考虑。

基坑和地下工程完成后进行了监测，发现坑边土体变位得到有效控制，未影响周边环境，达到安全可靠、施工便捷、缩短工期、节约围护投资等目标。基坑开挖后的现场如图 58-42 所示。

图 58-42　开挖施工现场

58.9.3　植入式预制钢筋混凝土工字形围护桩墙（SCPW 工法）在工程中的应用总结

近年来 SCPW 工法在多项工程中得到了应用，主要工程总结如下：

1）绍兴世纪广场五期工程基坑围护（软土中基坑开挖 5～6m）（2005 年）。

2）上海松江五洋工程基坑围护（软土中基坑开挖 5～6m）（2005 年）。

3）杭州文三路（马塍路）农贸综合楼基坑围护工程（软土中基坑开挖 5～6m）（2005 年）。

4）杭州裕都大厦基坑围护工程（黏土中基坑开挖 10m）（2006 年）。

5）绍兴新大陆房产商务楼基坑围护工程（软土中基坑开挖 9m）（2006 年）。

6）杭州庆丰三期基坑围护工程（软土中基坑开挖 6m）（2007 年）。

7）杭州登云圩基坑围护工程（软土中基坑开挖 6m）（2007 年）。

8）绍兴中宇商务大厦基坑围护工程（软土中基坑开挖 9m）（2007 年）。

9）杭州西湖大道 13-1 地块商务大厦基坑围护工程（粉土中基坑开挖 10m）（2007 年）。

10）杭州磁记录设备厂（马塍路）科技创新基地（软土中基坑开挖 8.5m）（2007 年）。

11）临平五洋东湖春天公寓基坑围护（软土中基坑开挖 8m）（2008 年）。

12）杭州盛泰下沙房产经济技术开发区 C4-3 地块基坑围护（粉土中基坑开挖 9～13m）（2008 年）。

13）杭州西湖影视城（文二路）基坑围护工程（软土中基坑开挖 5～8m）（2008 年）。

14）西溪湿地综合保护工程二期董湾工区 D5 区块宾馆（软土中基坑开挖 6m）（2008 年）。

15）杭州拱墅区城中城改造阮家桥 C 地块工程基坑围护（软土中基坑开挖 6m）（2008 年）。

16）杭州拱墅区瓜山农转居地块基坑围护（软土中基坑开挖 6m）（2009 年）。

17）杭州拱墅区庆隆 B 地块基坑围护（软土中基坑开挖 6m）（2009 年）。

18）杭州拱墅区皋亭社区地块基坑围护（软土中基坑开挖 6m）（2009 年）。

19）杭州市拱墅区庆隆单元 GS04-01-R22-05 地块小学地下室基坑围护工程（软土中基坑开挖 6m）（2010 年）。

20）绍兴世纪新城六期地下室基坑围护工程（软土中基坑开挖 6m）（2010 年）。

21）余政挂出 2009（61）地块杭州良渚九衡公寓地下室基坑围护工程（软土中基坑开挖 6～8m）

（2010 年）。

22）杭政储出（2009）21 号地块中铁·田逸之星地下室基坑围护工程（软土中基坑开挖 5～7m）（2010 年）。

23）杭州拱墅区热电厂综合体 R21-02、R21-03 地块一号地下室基坑围护工程（粉土中基坑开挖 10m）（2011 年）。

24）杭州余杭 D-7-01 地块天健大厦地下室基坑围护工程（粉土中基坑开挖 10m）（2011 年）。

25）杭州拱墅区谢村单元 R21-03、R22-01 地块项目地下室基坑围护工程（粉土中基坑开挖 10m）（2011 年）。

26）保利东湾五期商业 3-A 地块地下室基坑围护工程（粉土中基坑开挖 10m）（2011 年）。

27）杭州豪立西溪派商务办公中心地下室基坑围护工程（软土中基坑开挖 6～7m）（2011 年）。

28）杭州普瑞科技工程（软土中基坑开挖 10～11m）（2012 年）。

29）杭州万科勾庄北宸之光（一期）工程（软土中基坑开挖 6～7m）（2012 年）。

30）杭州万科勾庄北宸之光（二期）工程（软土中基坑开挖 6～7m）（2013 年）。

31）杭州方正城北项目（万达城北侧）地块工程基坑围护（软土中基坑开挖 6～7m）（2013 年）。

32）杭州万科蒋村项目地块工程基坑围护（软土中基坑开挖 6～7m）（2013 年）。

33）杭州曼特莉时尚广场项目基坑围护工程（软土中基坑开挖 11～11.25m）（2013 年）。

34）保利长睦（罗兰香谷）项目地块工程基坑围护（软土中基坑开挖 6～7m）（2013 年）。

35）杭州万科西庐（蒋村一期）项目地块工程基坑围护（软土中基坑开挖 6～7m）（2013 年）。

36）杭州万科良渚新城基坑围护工程（软土中基坑开挖 6～7m）（2013 年）。

37）杭州万科钱江新城基坑围护工程（粉砂性土中基坑开挖 10～11m）（2014 年）。

38）景瑞申花项目北地块基坑围护工程（软土中基坑开挖 10～11m）（2014 年）。

39）浙江大学网新 A3 办公楼基坑围护工程（软土中基坑开挖 10～12m）（2014 年）。

40）杭州万科萧山城厢项目基坑围护工程（软土中基坑开挖 6～10m）（2014 年）。

41）杭州万科良渚未来城二期基坑围护工程（软土中基坑开挖 6～7m）（2015 年）。

42）浙江普新置业有限公司紫润大厦项目基坑围护工程（粉砂性土中基坑开挖 14～15m）（2015 年）。

43）万科大都会 79 号杭政储出（2013）40 号地块项目地下室基坑围护工程（粉砂性土中基坑开挖 10.00m）（2014 年）。

44）万科西庐（二期）杭政储出（2012）59 号地块地下室基坑围护工程（软土中基坑开挖 6.4～7.1m）（2014 年）。

45）万科良渚未来城（三期）余政储出（2015）63 号地块项目地下室基坑围护工程（软土中基坑开挖 3.3～9.4m）（2016 年）。

46）九乔国际商贸城项目地下室围护工程（粉砂性土中基坑开挖 10m）（2016 年）。

47）杭州西湖喷泉设备成套有限公司改扩建厂房项目地下室基坑围护工程（软土中基坑开挖 6.4～7.1m）（2016 年）。

48）杭州拱墅桃源单元 R22-06 地块 36 班中学项目基坑围护工程（软土中基坑开挖 5.15～6.35m）（2016 年）。

49）杭州拱墅祥符镇星桥村农居公寓项目（二期）基坑围护工程（软土中基坑开挖 6.35～10m）（2016 年）。

50）景芳 R22-03 地块基坑围护工程（粉砂性土中基坑开挖 11～14m）（2017 年）。

51）浙江中强建工集团有限公司生产基地地下室基坑围护工程（软土中基坑开挖 6.1m）（2017 年）。

参 考 文 献

[1] 张茹. 预制钢筋混凝土空腹抗侧向力围护桩墙的开发研究 [D]. 杭州：浙江大学，2013.

[2] 卓宁. 工字形预应力围护桩的抗剪试验研究 [D]. 杭州：浙江大学，2012.

[3] 张鹏. 预应力工字形围护桩抗弯试验研究 [D]. 杭州：浙江大学，2012.

[4] 李小菊. 水泥搅拌土植入工形桩围护墙在粉砂土层基坑中的应用 [D]. 杭州：浙江大学. 2011.

[5] 蔡淑静. 单排桩结合抗拔锚管复合围护结构在软土基坑中的应用研究 [D]. 杭州：浙江大学. 2011.

[6] 杨抗. 基坑围护工程中水泥搅拌土植入钢筋混凝土 T（工）形桩技术研究 [D]. 杭州：浙江大学，2007.

[7] 张鹏，严平. 预应力工字型桩抗弯试验研究 [J]. 低温建筑技术，2012（4）：77-79.

[8] 卓宁，严平. 工字型预应力混凝土围护桩受力性能探索 [J]. 低温建筑技术，2012（3）：90-92.

[9] 李小菊，夏江，李永超，等. 水泥搅拌土植入工形桩配比实验研究 [J]. 低温建筑技术，2010（10）：74-77.

[10] 刘晓煜，严平. 双排预制工字形桩在软土深基坑中的应用 [J]. 低温建筑技术，2010，32（5）：93-95.

[11] 刘辉光，严平，李艳红，等. 水泥搅拌土植入工形钢筋混凝土桩基坑围护技术 [J]. 施工技术，2009，38（9）：80-82.

[12] 严平. 一种水泥搅拌土帷幕植入预制钢筋混凝土抗侧向力桩的方法：200710068309.4 [P]. 2011-03-16.

[13] 严平. 抗侧向力 T 形沉管灌注桩：200520101129.8 [P]. 2006-05-03.

[14] 严平. 变直径水泥搅拌桩帷幕植入抗侧向力桩围护墙：201020531917.1 [P]. 2011-06-30.

[15] 严平. 预制钢筋混凝土抗侧向力 T 形或工形桩的连接（先张法长线生产）：201020105273.X [P]. 2011-06-29.

[16] 严平. 预制钢筋混凝土抗侧向力桩的连接结构：2012120231745.5 [P]. 2012-11-28.

[17] 严平. 预制钢筋混凝土空腹抗侧向力桩的连接结构：201220580327.7 [P]. 2013-04-10.

[18] 严平. 预制钢筋混凝土空腹抗侧向力桩的连接构造：201220608407.9 [P]. 2013-04-10.

[19] 严平. 多功能植桩机：201220580308.4 [P]. 2013-04-10.

[20] 严平. 三立柱多功能植桩机：201320048492.2 [P]. 2013-07-10.

[21] 严平. 预制钢筋混凝土空心抗侧向力桩：201320584475.0 [P]. 2014-05-14.

第59章 灌注桩超灌及桩头质量监测物联设备的研究与应用

张海滨 高 山

59.1 概 述

59.1.1 灌注桩超灌及桩头质量控制技术现状

灌注桩是指施工中直接在所设计的桩位上开设圆形孔，成孔后在孔内放置钢筋笼，然后灌注混凝土成桩的一种桩型。根据成孔工艺的不同，灌注桩可以分为干作业成孔的灌注桩、泥浆护壁成孔的灌注桩和人工挖孔的灌注桩等。由于灌注桩具有施工时无振动、无挤土、噪声小等优点，适于在城市建筑物密集地区使用，在施工中得到广泛的应用。

虽然混凝土灌注桩在建筑工程上的应用越来越多，但是混凝土灌注桩的超灌及桩头质量控制一直是混凝土灌注桩工程施工的难点之一。在灌注桩施工过程中，外加剂掺量不当或用水量超标，会导致混凝土坍落度过大甚至离析而出现浮浆，振捣后浮浆会聚集在混凝土的上部形成浮浆层，而浮浆层凝固后强度无法达到灌注桩标准的要求。为了避免浮浆层的影响，在对灌注桩顶标高进行控制时，往往要在设定的灌注桩高度上超灌指定高度（一般超灌高度为500mm以上），并在混凝土凝固后将浮浆部分凿除。如果桩顶标高设置得过低，就无法避开浮浆层，最终形成的桩体也就不合格；如果桩顶标高设置得过高，则造成混凝土的浪费及后续施工（凿除浮浆层和超出灌注桩设计高度部分的混凝土）的困难。

目前，在超灌及桩头质量的控制过程中，较难解决的问题主要有两点：一是如何准确地识别混凝土和浮浆的分界面，从而确定混凝土液面的实际高度；二是灌注到位的混凝土未来的强度能否满足灌注桩的设计要求。传统的施工方法是人工通过测绳将重物放置于灌注桩的设定标高位置或者用竹竿触探，依靠工作人员的手感或经验来识别混凝土和浮浆的分界面。然而，这些方法对作业人员的要求较高，也无法保证重物或竹竿底部准确地位于灌注桩的设定标高位置，因此分界面的识别误差较大。同时，由于工地现场环境复杂，这些方法受工地现场作业环境的影响较大，使得识别精度进一步降低。至于桩头的混凝土质量，则没有直接的办法监测，仅根据测绳或捞勺对于骨料的识别来估计桩头混凝土能否成型，这就留下了烂桩头等桩头质量安全隐患。如果出现类似问题，只有在开挖之后才能够发现，处置成本巨大，在一些特殊工况下甚至无法处理。

中国建筑第八工程局第二建设有限公司公开了一种识别浮浆和混凝土的分界面的装置和方法，但是该装置仅适用于水下灌注桩，不完全适用于普通的灌注桩，且该装置是在完成灌注桩超灌的基础上再通过检测器确定已超灌的高度是否满足设定标高，只是超灌后的确认核实，无法事先对超灌的高度进行有效控制。这种装置和操作方法较为复杂、精准度低，面对桩孔内复杂环境时无法进行较为及时的判断，不利于提高效率，因此该技术无法实际应用。

已知的探测方法主要以纯力学探测的方式进行判断，而这些力学探测方法基本上都依赖人工操作并且受外界环境的影响较大。目前还没有一种更为精确有效的方法来解决上述问题，大部分施工企业只能在上述力学方法的基础上以增加超灌量的方法保证成桩质量，这样既浪费了资源，又加大了成本，有时桩头质量依然无法得到保障。

按照桩基规范要求，灌注桩混凝土灌注时，为了保证混凝土的灌注质量，要求灌注时导管埋入混凝土内，灌注过程中，导管中的混凝土会高于桩内混凝土液面（高于桩内混凝土液面的部分混凝土定义为导管余料），这部分余料会进一步增加灌注桩高度，造成材料浪费。企业在加工时基本对桩顶超灌混凝土强度不做任何处理，进一步增加了后续灌注桩桩顶凿除的困难。

灌注桩是高层建筑、桥梁、高速铁路、地铁等建筑主体的支柱或基坑支护的关键部分，占工程造价很大的比例，不管是甲方还是施工方都非常关心桩基工程的问题。为了有效控制灌注桩的超灌和桩头质量问题，从而全面降低施工成本、提高效率、避免工程延期、满足绿色环保的要求及尽可能地降低烂桩头的风险，江苏中海昇物联科技有限公司对灌注桩施工过程中的超灌控制进行了研究和探索，利用传感、云计算、大数据及其他物联网技术，成功研发了灌注桩超灌管理物联云设备（简称"灌无忧"）和桩头质量管理物联云设备（简称"桩顶卫士"）。

59.1.2　灌注桩超灌管理物联云设备——"灌无忧"

"灌无忧"是为了解决灌注桩超灌问题而研发的，它利用混凝土和浮浆的介电常数和电导率的差异，通过电学分析方法对达到探测装置位置的物质进行检测分析，检测传感器周边浆体中是否含有较多的硅酸盐水泥，辅助温度传感器监测浆体中的水化反应，通过超声波、压力传感器检测传感器周边物质中骨料的密实程度，最终结合多种检测结果综合分析，再比对项目中使用的混凝土的标定值，判断传感器周边物质是否为混凝土。管理者可以通过手机直接掌控不同工地当天的施工进度，实现云端汇报。

59.1.3　桩头质量管理物联云设备——"桩顶卫士"

"桩顶卫士"主要用于在灌注过程中检测灌注桩桩头的质量问题，除了能够控制混凝土超灌情况，还能够及时了解灌注桩桩头混凝土能否达到设计要求。"桩顶卫士"的检测原理与"灌无忧"大致相同，其使用更高规格的传感器芯片，提高了检测精度，除了能识别浆体中的水泥成分，还能够检测出水泥成分的含量，再结合大量试验数据准确预判出传感器周边环境的混凝土成型后能否满足设计要求，并提前告知施工人员和管理人员。现场工作人员根据中控主屏的交互及时获取相关信息，从而指导现场操作，企业管理者则可以通过手机和电脑掌控施工进度和桩头质量的好坏。

59.2　"灌无忧"技术方案

"灌无忧"由物联级智能化硬件和管理软件组成，智能化硬件由用于探测物质介电常数、电导率、压力的探测传感器和主机、线缆组成（图59-1、图59-2）。传感器由特制电缆固定于桩顶设定标高位置，通过电缆采集和传输探测信号。主机即中控装置根据电导率、介电常数、压力等参数的变化情况识别混凝土和泥浆分界面。当孔内浮浆达到设计标高时设备主机的声光报警灯会间歇报警，黄灯闪烁；当混凝土达到设计标高时，设备主机的声光报警灯会持续蜂鸣，绿灯长亮。关机后数据随即自动发送到管理软件后台程序，使管理者清晰地了解施工状况和工程进度。

59.2.1　关键技术

1）混凝土特征参数探测传感器研发。经过大量试验，确定以混凝土的导电常数、电阻及盐碱度等系列参数作为特征参数进行测试，辅以超声波、温度检测、力学监测等进行修正。传感器的外观结构采用圆弧形，以增大接触面，防止被泥浆包裹，延长传感器寿命，提高探测稳定性。传感器具有强大的防水、防压力性能，能够在50m深的泥浆下连续工作10h以上。此外，要特别注意桩孔内存在泥块时可能发生传感器被掩埋的情况。

2）传感器与主机之间的线材专门设计与研发，满足信号传输与供电需求。线材中加入抗拉纤维，

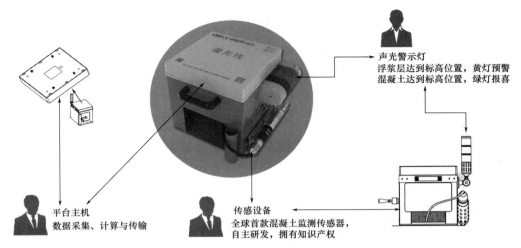

图 59 - 1　"灌无忧"的硬件组成

具有良好的抗拉特性（瞬间承受 2800N），且能保证防水性能不减弱。

3）传感器采集数据处理。传感器将采集到的数据通过 RS485 实时发送给产品内部的单片机，单片机对数据进行分析，确认混凝土达到标高后实时报警。

4）通信物联系统。应用二维码采集与自动识别技术，灌注过程中关键数据可及时上传至云端和本地数据库，并由 Web 端和 APP 端观察和接收、处理数据，实现工地数据自动汇报，满足管理者对工地现场施工日志的管控需求。

5）设备另外配备外置电源，无损安装，防水防振。

图 59 - 2　"灌无忧"的主机

59.2.2　技术优势

目前该产品已运用于混凝土及混凝土泥浆混合层介质的区分，其优势如下。

1. 产品稳定性

1）单产品检测精度达 99.8%。

2）同一批次产品线性一致性偏差为 0.1%，即同一批次所有产品在同一样本溶剂中测试时，传感器回馈的测试数据在 0.1% 的范围内正态分布。

3）传感器探测精确值为直径 200mm 范围，可有效减少干扰物带来的影响。

2. 产品高精度

1）该产品可以在工地组网，并采用同原理传感器制成的标定器进行混凝土标定操作，一旦标定成功，即可在全网设备中更新混凝土标定值，减少因不同批次混凝土含水率不同带来的问题。

2）在产品报警即停止混凝土灌注的前提下，可以达到控制超灌在 100～200mm。

3）产品压力及防水测试表明，可以在泥浆中 50m 的深度进行作业，并保证检测精度不受影响。

3. 产品易用性

1）产品同时适用于钻孔成桩及旋挖桩工艺的桩机，自带电池可在正常情况下工作 80h，电池电量用尽后可通过交流电为其充电，同时主机支持"充电宝"为其充电。

2）产品具有声光报警和手机 APP 智能提醒功能，提醒操作人员灌注到位情况，无需紧盯桩台。

3）特制传感器夹具便于安放产品时固定，使用后从灌注桩中取出传感器时很方便，使用成本仅为一个很小的夹具费用。整个安装及取出过程在3min以内，操作时间短。

4）特制圆锥形弹头传感器使其不易受到混凝土中泥沙、大石块及大土块的影响而造成误判。传感器直径为30～50mm，不易被导管撞击。

5）每日完成桩数可以通过物联技术自动汇总到系统，形成工地每日完成桩总数报表。

6）每次开机设备自动检测，并应用物联网技术及时将产品自检结果推送到用户手机端，使用户第一时间获得反馈。

7）设备具有远程自动更新功能，当设备功能升级后，用户只需单击"升级"按钮即可实现全自动升级。

59.2.3 产品功能和使用流程

59.2.3.1 产品基础功能

（1）标高预警

在灌注桩施工时，混凝土液面达到标高位置时进行实时声光报警提醒，减少人为误判带来的影响，节省材料、降低成本、缩短工期。

（2）灌注过程可视化

灌注过程中关键数据通过4G模块实时传送到云平台，后台进行统计分析，管理人员通过移动终端和电脑掌握灌注过程及桩基施工进度，有效提高管理效率。"灌无忧"手机端界面如图59-3所示。

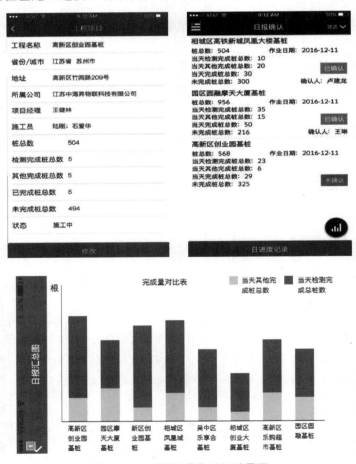

图59-3　"灌无忧"手机端界面

（3）一次标定，同一项目共享标定结果

同一项目、同一强度等级的混凝土标定一次即可，项目内所有测试设备共享标定结果，减少多次标定的繁琐流程。

59.2.3.2　现场作业流程

在灌注桩施工中，如果采用常规的 GPS-X 或 GDP 等类型桩机，采用先放置钢筋笼后注浆的工艺时，在钢筋笼下放时通过定制的传感器固定架把传感器置于设计标高处即可；如采用先注浆后放置钢筋笼的工艺，则可直接反算空桩高度，通过定制的线缆直接把传感器悬置于孔内。混凝土灌注时开机，当混凝土即将到达标高位置或到达浮浆层时，主机上的声光报警装置中的黄灯间歇蜂鸣并闪烁，此时可放缓灌注速度。当混凝土到达标高位置时，设备主机的声光报警灯会持续蜂鸣，绿灯长亮。停止灌注后，可在关机后稍用力拉出固定的传感器，施工数据随即自动发送到管理软件后台，项目经理和管理者可清楚地了解不同工地每天的施工记录。其现场应用如图 59-4 所示，操作流程如图 59-5 所示。

图 59-4　"灌无忧"现场应用

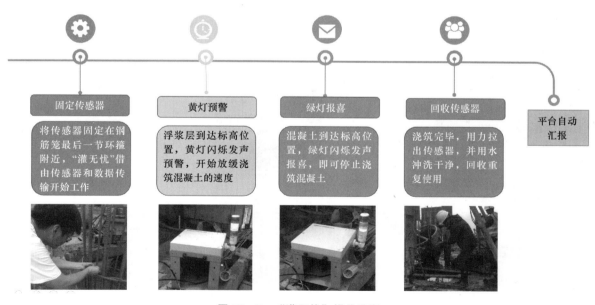

固定传感器	黄灯预警	绿灯报喜	回收传感器	平台自动汇报
将传感器固定在钢筋笼最后一节环箍附近，"灌无忧"借由传感器和数据传输开始工作	浮浆层到达标高位置，黄灯闪烁发声预警，开始放缓浇筑混凝土的速度	混凝土到达标高位置，绿灯闪烁发声报喜，即可停止浇筑混凝土	浇筑完毕，用力拉出传感器，并用水冲洗干净，回收重复使用	

图 59-5　"灌无忧"操作流程

整个操作过程非常便利，几乎不会额外增加工作量。特别需要注意的是，由于目前市场上混凝土强度等级并不规范，不同批次混凝土的实际强度等级标准与理论值差距较大，所以建议用户在使用过程中做一次系统标定，即将传感器插入混凝土中，按住"标定"按钮，混凝土的各类物理特征值将记录到后台中，所有主机将自动根据标定的数据值进行相关判断，大大提高检测的准确率。

59.3 "桩顶卫士"技术方案

"桩顶卫士"产品由物联级智能化硬件和管理软件组成。智能化硬件包括一台中控主机、多台从机和一台标定仪。首先使用标定仪对到场的混凝土进行标定，以减少混凝土的差异性对结果的影响。同时，将从机上的传感器由特制电缆固定于桩顶设定标高位置，通过电缆采集和传输探测信号。各从机根据电导率、介电常数、超声波、温度、压力等参数的变化情况判断到位的混凝土是否为合格的混凝土，然后将相关数据传输给中控主机。中控主机根据从机的数据再次进行统计和分析，然后作出判断，使用声光报警装置告知现场操作人员。中控主机还是人机交互的主要界面，可以通过中控的大屏幕查看桩位图、施工报告、设备使用情况等信息的。通过手机和计算机也可以远程查看相关报表和实时信息提醒。"桩顶卫士"产品使用场景如图 59 - 6 所示，产品架构如图 59 - 7 所示。

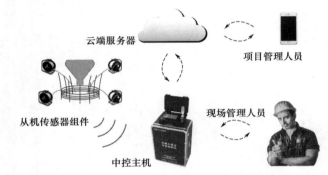

图 59 - 6 "桩顶卫士"产品使用场景

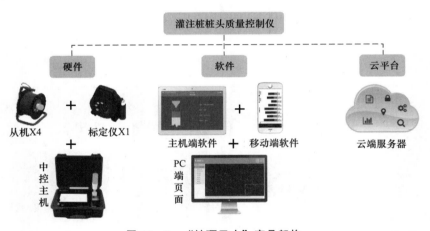

图 59 - 7 "桩顶卫士"产品架构

59.3.1 关键技术

1) 传感器的研发。以导电率、介电常数为主要参数，通过强大的后台算法模型推算出混凝土大致的水灰比，再根据辅助超声波、压力传感器推算出骨料密实度，然后用辅助温度传感器监测水泥水化反应程度，从而推算出混凝土凝结后的强度，最后通过大量试块压力试验修正推演结果。

2) 主机与从机之间使用 LORA 无线通信的方式，解决了通信线缆在施工现场容易被破坏且容易造成安全隐患的问题，同时可以免去通信线缆对于主机安放位置的约束，大大提高了现场管理的工作效率。

59.3.2　技术优势

1. 产品稳定性

1）单产品测量精度为 99.3%。

2）同一批次产品线性一致性偏差为 0.1%，即同一批次所有产品在同一样本溶剂中测试时，传感器回馈的测试数据值在 0.1% 的范围内为正态分布。

3）传感器探测精确值为直径 200mm 的范围，可有效减少干扰物的影响。

2. 产品高精度

1）为了确保每根桩桩头质量测量的准确性，产品配备标定仪，对每根桩的第一车混凝土进行标定，以消除混凝土差异带来的误差。

2）产品报警即停止混凝土灌注的前提下，产品精度可以达到控制超灌在 100~200mm。

3）产品通过压力及防水测试，可以在泥浆中 50m 的深度进行作业，并保证产品精度不受影响。

3. 产品易用性

本产品与"灌无忧"的易用性优点大致相同。

59.3.3　产品功能和使用流程

59.3.3.1　产品基础功能说明

1）实时告知孔内混凝土是否到达传感器安装位置。通过压力传感器检测孔内骨料密实程度，以告知现场施工人员是否有混凝土到达桩头位置。

2）当混凝土到达桩顶标高位置后，通过上述方法推演出混凝土在凝结后形成的大致强度，并在中控中提醒。

3）支持桩位图直接导入系统，并在中控查看和操作。现场工作人员和项目管理人员均可以直观地查看桩位图中各个桩的施工进度情况。

4）项目管理人员从移动端或电脑端可以远程查看项目中相关数据、统计报表和设备使用情况。

59.3.3.2　现场作业流程

在完成新建项目、桩位图导入等项目初始化工作之后，即可进入现场进行辅助施工工作。首先通过中控主机选择即将施工的桩，新建工作任务单，设备即进入工作状态。将从机的传感器安装至灌注桩钢筋笼设计标高附近，然后跟随钢筋笼下放到位。安装的从机数量根据桩径大小和监测的精细度自行确定。待第一车混凝土到达现场之后，使用标定仪对混凝土和孔内泥浆进行标定，并上传至中控主机。桩内混凝土开始灌注后，待浮浆上升至桩顶标高位置时，中控主机的声光报警会亮起黄灯预警，此时操作人员可以减缓灌注速度。待强度合格的混凝土灌注至桩顶标高时，中控主机亮起绿灯报喜，并显示此时桩顶混凝土强度与新鲜混凝土强度的差异。结束灌注后，点击中控"结束灌注"按钮，设备自动形成工作记录单，并上传至服务器，供移动端和电脑端远程查看和相关统计报表机型统计汇总。回收传感器并清洗干净，以供下次继续使用。"桩顶卫士"使用流程如图 59-8 所示。整个使用过程十分简便，几乎不增加现场施工人员的工作量。

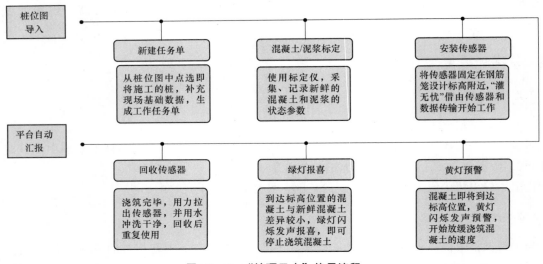

图 59-8 "桩顶卫士"使用流程

59.4 应用实例

"灌无忧"在投入市场后的一个月内就在 30 多项工程中得到应用。应用"灌无忧"的项目有房建、市政、高铁、大桥和地铁等桩基施工项目，有来自国内知名的上海建工、中亿丰、太湖地基、上海地矿、建院营造、永固基础等施工方，也有来自中国建筑集团、中国铁路工程集团、中国交通建设集团等的施工方得到广泛应用。

河南黄河官渡大桥项目采用旋挖桩机作业，总桩数为 1300 多根，灌注桩直径达 2200mm，采用"灌无忧"监测灌注作业情况，报警精准，省时省料，得到了施工方的认可。

安徽合安高铁项目由中国中铁四局承包，同样采用旋挖钻机作业，灌注桩直径达 1800mm，"灌无忧"的应用同样得到了积极的反馈，其被认可度不断提升。

此外，"灌无忧"还在江苏、浙江、湖北、上海、新疆、四川等省区市得到了应用。在不同场景、不同工地的施工环境下，"灌无忧"皆发挥稳定、报警精准，在施工操作中起到了极大的作用。其应用实例如图 59-9 所示。表 59-1～表 59-3 列出了 3 个项目使用情况报告书。

表 59-1 "灌无忧"项目使用情况报告书（一）

项目概况	项目全称	余政储出（2013）33 号地铁二期项目			
	总承包方	中国建筑第八工程局			
	桩基分包	苏州市伟基基础工程有限公司			
	工程地址	浙江省杭州市余杭区旺盛路			
	工程名称	地铁二期项目			
使用详情	概况	桩机型号	GPS-10	"灌无忧"台数	2 台
		吊筋长度	9m	工程总桩数	2360 根	桩径	800mm
		充盈系数	＞1.1	应用对比	经过现场多次确认，设备在桩顶标高处准确报送
现场情况					

应用于多个领域

苏州项目现场　　　　　　　　杭州项目现场　　　　　　　　河南项目现场

上海项目现场　　　　　　　　湖北项目现场　　　　　　　　江西项目现场

安徽项目现场　　　　　　　　成都项目现场　　　　　　　　福建项目现场

图 59 - 9　应用项目举例

表 59 - 2　"灌无忧"项目使用情况报告书（二）

项目概况	项目全称	江北新区服务贸易创新发展大厦项目基坑支护及桩基工程			
	总承包方	南京浦口新城开发建设有限公司			
	工程地址	浦口区临滁路以西、凤滁路以南 1 号地块			
	工程简介	集生态环境、娱乐体验、智慧购物于一体的国际、时尚化的商业综合体			
使用详情	概况	桩机型号	GPS	"灌无忧"台数	2 台
		吊筋长度	9.77m	工程总桩数	1684 根	桩径	600mm
		充盈系数	1.25	应用对比	经过现场多次确认，超灌高度控制在 500mm 左右
现场情况					

表 59 - 3　"灌无忧"项目使用情况报告书（三）

<table>
<tr><td rowspan="5">项目概况</td><td>项目全称</td><td colspan="6">黄河官渡大桥项目</td></tr>
<tr><td>总承包方</td><td colspan="6">中交第一公路工程局有限公司</td></tr>
<tr><td>桩基分包</td><td colspan="6">濮阳华水建筑工程有限公司</td></tr>
<tr><td>工程地址</td><td colspan="6">河南省郑州市黄河滩区（北侧在原阳县大宾乡，南侧在中牟县）</td></tr>
<tr><td>工程简介</td><td colspan="6">项目位于新乡原阳县和郑州中牟县之间。路线起于新乡市原阳县高明古村东南省道 S311，在越石与金马张之间跨越黄河北大堤，黄河南岸桥位于郑州市中牟县万滩镇九堡村东，终于万滩镇东接规划炎黄快速通道，路线全长 21km</td></tr>
<tr><td rowspan="4">使用详情</td><td rowspan="3">概况</td><td>桩机类型</td><td>旋挖桩机</td><td colspan="2">"灌无忧"台数</td><td colspan="2">2 台</td></tr>
<tr><td>吊筋长度</td><td>18m</td><td>工程总桩数</td><td>318 根</td><td>桩径</td><td>2200mm</td></tr>
<tr><td>充盈系数</td><td>1.2</td><td>应用对比</td><td colspan="3">"灌无忧"报送后，经过多次确认，刚好到达传感器的位置</td></tr>
<tr><td>现场情况</td><td colspan="6"></td></tr>
</table>

59.5　小　结

物联网技术、高精度的混凝土传感器技术及移动互联网技术的运用对于基础工程中的施工作业有重大的意义，对传统的工艺流程、操作方式、经济效益等将带来很大的改变。本章中介绍的"灌无忧"设备和"桩顶卫士"的应用将改变传统作业方式，对工地现场施工的管理及作业变革起到重要的作用。随着建筑装配化、信息化的发展及传感器技术、网络技术和云计算的深入应用，工地智能化、物联化将成为趋势并引领未来。

1. 创新点

1）利用云计算、传感器及物联网技术解决了传统灌注桩施工中无法准确判断灌注标高位置而引起的少灌、超灌问题，以及由此带来的工程质量问题及成本增加问题。

2）通过高精度的传感技术及智能组网技术解决了在施工中无法判断灌注桩混凝土桩头部分强度的问题，降低了工程事故和质量安全风险。

2. 技术水平评价

1）技术水平评价：国际领先水平。

2）专家评价。

原住房和城乡建设部总工程师、副部长姚兵：江苏中海昇物联科技有限公司研发的"灌无忧"是高科技产品，帮助基础施工行业从过去一直以来利用的传统的测量方法变革到物联网的方法，这种方法准确高效、经济实用，是行业的重大创新。

原中国建筑科学研究院副院长黄强：江苏中海昇物联科技有限公司研发的灌注桩超灌管理物联云设备解决了行业几十年的烂桩头问题和严重超灌问题，是国际领先的好产品。

中国建筑科学研究院研究员、地基行业专家刘金波：江苏中海昇物联科技有限公司研发的"灌无忧"和"桩顶卫士"能有效地解决灌注桩和地下连续墙施工中的桩头质量问题，还可以防止出现超灌过多的问题，是灌注桩施工中质量管理的先进技术，同时能够在很大程度上解决混凝土浪费问题，是环保的好产品，该产品处于国际领先水平。

参 考 文 献

[1] 中华人民共和国国家标准 . 建筑基坑工程监测技术标准（GB 50497—2019）[S]. 北京：中国计划出版社，2020.

[2] 史佩栋 . 桩基工程手册 [M]. 北京：人民交通出版社，2008.

[3] 雷万云 . 云计算技术、平台及应用案例 [M]. 北京：清华大学出版社，2011.

[4] 塞缪尔·格林加德 . 物联网 [M]. 刘林德，译 . 北京：中信出版社，2016.

[5] 李晓妍 . 万物互联 [M]. 北京：人民邮电出版社，2016.

[6] 沈保汉 . 桩基与深基坑支护技术进展 [M]. 北京：知识产权出版社，2006.

第60章 锚杆静压桩技术

周志道 周 寅 杜桑帆 王 颖

锚杆静压桩地基加固技术自20世纪80年代初由周志道结合安徽省芜湖市少年宫事故工程开发研究成功至今已有40多年之久，经过长期的悉心研究，取得了突破性成果。回顾这漫长的历程，就是该项技术成长发展的过程：

1985年该项技术在南京通过原冶金部部级鉴定，并被授予原冶金部科技成果奖；

1987年研究成功的建筑物顶桩掏土纠偏技术通过原冶金部部级鉴定；

1989年由周志道主编中华人民共和国行业标准《锚杆静压桩技术规程》（YBJ 227—1991），1991年正式颁布实施；

1991年锚杆静压桩技术被建设部评为一级（国家级）工法，工法编号为YJGF－0291；

1992年研究成功建（构）筑物桩基逆作法技术，通过上海市建设委员会科学技术委员会的成果鉴定；

1994年参与《上海地基处理技术规范》第十一章（锚杆静压桩）编写工作，该规范于1995年4月1日正式颁布实施；

1994年底研究成功大型锚杆静压钢管桩技术；

1997年获锚杆静压钢管桩装置实用新型专利证书；

2000年列入中华人民共和国行业标准《既有建筑物地基基础加固技术规范》（JGJ 123—2000）。

该项技术与其他地基加固工法相比具有无法比拟的优点，如锚杆静压桩受力明确，桩基质量有保证，事故工程经加固后可以起到立竿见影的效果；施工机具轻巧，操作方便，施工时无振动、无噪声、无环境污染，属于半机械半人工操作方法，加固费用低廉。该项技术研究成功后迅速得到推广应用，在华东地区、广东沿海地区及武汉地区等全国多地得到广泛使用，特别是上海地区在沉降、倾斜超标工程中得到了首肯应用。

锚杆静压桩技术最初仅用于事故工程的地基加固，随着对该项技术的研究逐渐深入，扩大了其使用范围。例如，将该技术用于倾斜超标建筑物的纠偏，在建筑物南、北两侧外挑基础上进行补桩加固，并在沉降少的一侧辅以掏土，使建筑物回倾到允许范围内，同时通过锚杆静压桩对建筑物南、北两侧进行加固，可对建筑物起到稳定作用。又如，在上海繁华商业街南京路、金陵路和在密集建筑群中，以及在不允许有噪声的环境条件下，当大型机具无法进入时，可以采用锚杆静压桩桩基逆作施工法进行建筑物的地基基础加固。

20世纪90年代上海进入快速发展时期，新建高层建筑如雨后春笋般拔地而起，但由于缺少深基坑和桩基设计施工经验，在新建高层建筑过程中曾多次出现桩基移位和桩基事故。如何处理大型缺陷桩，是当时工程中亟须解决的重大技术问题。笔者运用锚杆静压桩机理，于1994年初结合浦东良友大厦（24层）桩基位移事故，在地下室内进行大型静压钢管桩的研究与应用，成功解决了高层桩基缺陷桩的补强加固问题，确保高层建筑顺利施工。此项技术在上海地区多项高层地下室基础托换加固工程中得到运用，取得了显著的效果，压桩力可达3000～5000kN。

40多年来，该项技术在上千项工程中成功应用，取得了巨大的技术经济效益，使事故工程化险为夷，同时积累了丰富的工程实践经验，建立了我国自行研究开发的锚杆静压桩设计与应用的技术理论。

锚杆静压桩技术适用范围广，从基础托换加固到新建工程的地基加固处理，从小截面（200mm×200mm）混凝土桩的加固到 $\phi600×14$ 钢管桩的应用，压桩力由 500kN 增大到 5000kN，从多层民用建筑如 5～6 层楼的基础托换加固到 12～32 层的高层桩基事故的处理，以及高速公路桥基托换加固，应用该项技术收效均十分明显。

60.1　基本原理、适用范围及特点

1. 基本原理

锚杆静压桩是将静力压桩技术和抗拔锚杆技术两种技术巧妙结合的桩型。锚杆静压桩的施工原理是：利用建（构）筑物自重，先在基础上开凿出压桩孔和锚杆孔，然后埋设锚杆或在新建建（构）筑物基础上预留压桩孔和预埋锚杆，借锚杆的反力，通过压桩架用千斤顶将桩逐渐压入基础预留或开凿的压桩孔中，当压桩力 P_p 达到 $(1.3～1.5)P_a$（P_a 为单桩容许承载力）和满足设计桩长时，便可认为满足设计要求，再将桩与基础内开凿的压桩孔用早强混凝土迅速凝结在一起，形成混凝土堵块，该桩便能立即承受上部荷载，从而减小基底地基土的压力，阻止建（构）筑物继续产生不均匀沉降，最终达到地基加固的目的。锚杆静压桩的力系平衡如图 60-1 所示。

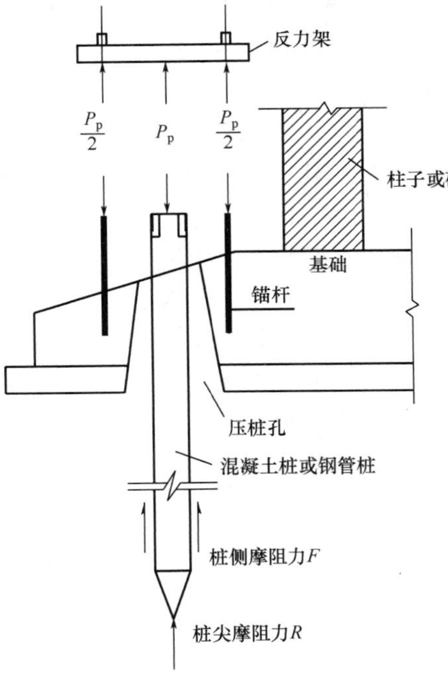

图 60-1　压桩时力系平衡示意图

2. 适用范围

1）锚杆静压混凝土小方桩适用于加固处理的土质，如为淤泥质土、黏性土、人工填土和粉性土。锚杆静压钢管桩除上述土质外还能穿透砂土或强风化残积土。

2）锚杆静压桩特别适合用于已建、新建多层和小高层建（构）筑物，中、小型工业厂房的地基处理和托换工程。目前大直径锚杆静压钢管桩已成功用于加固处理高层建筑的桩基事故工程。

①　在城市密集建筑群和稠密居民区内，不允许有振动、噪声、环境污染及施工场地狭小或施工高度受限制的新建或改建的建（构）筑物需要进行地基处理的。

②　既有建（构）筑物基础的不均匀沉降引起上部结构开裂或基础倾斜的托换加固。

③　多层建筑物加层、高层建筑桩基事故工程和吊车荷重增大的工业厂房基础托换加固。

④　新建的建（构）筑物需要采用桩基，但在不具有单独打桩工期的情况下，可采用锚杆静压桩桩基逆作施工法进行地基加固。

⑤　用于高层桩基事故处理，在地下室内进行的基础托换加固和改造工程中荷载变化的基础补桩加固，对于单桩承载力设计值较大的桩基工程，可用锚杆静压大直径钢管桩进行补桩加固。

⑥　可用于地下工程的抗浮桩。

⑦　在市区新建高层建筑具有多层地下室，对于深基坑的开挖影响周围建筑物的安全使用时进行保护性加固。

3. 锚杆静压桩的特点

锚杆静压桩是锚杆和静力压桩两项技术巧妙结合而形成的一种桩基施工新工艺，亦是一项地基加固处理新技术，其加固机理类同于静力压桩，受力直接、清晰，桩基质量可靠。

工程实践表明，锚杆静压桩工法具有以下优点：

1) 施工设备轻便、简单，移动灵活，操作方便，可在狭小的空间 [1.5m×2m× (2～4.5) m（高度）] 内进行压桩作业，特别适用于大型地基加固机械无法进入施工现场的地基加固工程。

2) 压桩施工过程中无振动、无噪声、无污染，对周围环境无影响，能够做到文明施工，适用于密集的居民区内的地基加固施工，尤其适用于老城区改造和在密集建筑群内新建多层建筑时不允许污染环境的地基处理工程。

3) 新建桩基工程施工时可采用桩基逆作法，即与上部建筑同步施工，不另占用桩基施工工期，可缩短工程的总工期，具有良好的综合经济效益。

4) 可在车间不停产、居民不搬迁的情况下进行基础托换加固，特别适用于老厂技术改造、建筑物加层、倾斜和开裂建（构）筑物的托换加固、缺陷桩的补桩加固工程。

5) 锚杆静压桩配合掏土或冲水，可成功应用于倾斜建（构）筑物的纠偏工程。

6) 采用锚杆静压桩施工，荷载传递过程和受力性能非常明确，可直接测得每根桩的实际压桩力和桩的入土深度，对施工质量检验有可靠保证。

7) 设备投资少、能耗低、材料消耗少，所以加固费用低，具有明显的技术经济效益。

8) 锚杆静压桩无需施工工期，压桩施工不会污染环境，环境效果好，故具有良好的综合效益。

9) 对周围建（构）筑物不允许产生挤土效应时可采用钢管桩。

10) 钢管桩优点：

① 穿透性能好，可穿透砂层或硬土层。

② 单桩承载力高，抗水平阻力大。

③ 钢管桩属少量挤土型桩，挤土效应小，排土量少。

④ 桩段长可随意调节，桩段加工简便，搬运方便。

⑤ 无需如混凝土桩的加工制作时间，能确保快速施工，缩短工期。

60.2　锚杆静压桩设计

1) 桩基竖向承载力计算。

① 由荷载试验确定单桩承载力。按地基土对桩的支承能力确定单桩竖向承载力设计值时，宜用静荷载试验按下式确定：

$$R_d = \frac{R_k}{\gamma_R} \tag{60-1}$$

式中　R_d——单桩竖向承载力设计值（kN）；

$\quad\quad R_k$——单桩竖向极限承载力标准值（kN）；

$\quad\quad \gamma_R$——单桩竖向承载力分项系数，取 $\gamma_R = 1.6$；

② 当没有进行桩的静荷载试验，按地基土对桩的支承能力确定单桩竖向承载力设计值时，可根据地基勘察报告提供的土层相关数据由下式估算确定：

$$R_d = \frac{1}{\gamma_R}(U_p \sum f_{si}l_i + f_p A_p) \tag{60-2}$$

式中　U_p——桩身截面周长（m）；

$\quad\quad f_{si}, f_p$——桩侧第 i 层土的极限摩阻力标准值（kPa）和桩端处土的极限端阻力标准值（kPa），可按上海市工程建设规范《地基基础设计规范》中的有关规定确定；

$\quad\quad l_i$——第 i 层土的厚度（m）；

$\quad\quad A_p$——桩端横截面面积（m²）；

$\quad\quad \gamma_R$——单桩承载力分项系数，取 2.0。

③ 根据静力触探试验参考有关规范确定单桩承载力。

2）桩数量的确定。应根据单桩竖向承载力设计值 R_d 结合上部结构荷载情况通过计算确定。

3）压桩孔一般布置在墙体的内外两侧或柱子四周，并尽量靠近墙体或柱子，使其在刚性角范围内受力。桩位孔的布置如图 60-2 所示。

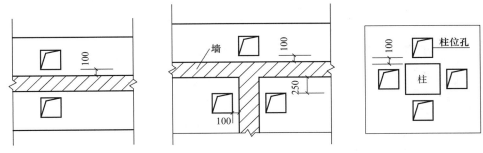

图 60-2　桩位孔的布置

用于新建基础时，压桩孔可做成上小下大的截头锥形，压桩孔洞口的底板、板面应设保护附加钢筋，压桩孔构造如图 60-3 所示。如用抗拔锚杆桩时，压桩孔形状应为上大下小。

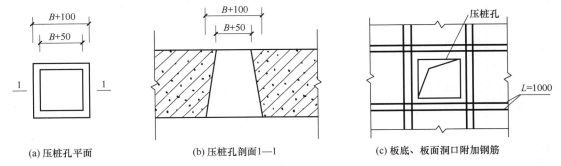

(a) 压桩孔平面　　　　(b) 压桩孔剖面 1—1　　　　(c) 板底、板面洞口附加钢筋

图 60-3　预留压桩孔的构造（单位：mm）

用于既有建（构）筑物原有基础时，压桩孔可由人工或机械开凿，孔形要求略呈上小下大形状。

4）桩的接头形式。当桩承受水平力、抗拔力和按抗震设防烈度为七度及以上进行设计时，应采用焊接接头；如果桩承受垂直压力时，亦可采用硫黄胶泥接头。

5）由于压桩施工可以直接测得压桩力，设计时可以不考虑多节桩的接头强度折减，但长细比应控制在 120 左右。如截面尺寸为 250mm×250mm 的混凝土方桩在多项工程中桩长达 30m，单桩承载力可达 400～500kN。

6）桩段构造设计应符合下列要求：

① 桩身材料可采用钢筋混凝土、预应力混凝土管桩和钢材。

② 钢筋混凝土桩的截面形状有方形和圆形两种，通常采用方形，其边长为 200～400mm，圆形管桩直径为 300～500mm，钢管桩直径为 100～600mm。

③ 桩段长度应考虑室内高度和施工搬运方便，一般为 1～3m，常用的桩段长度为 2.5m。

④ 对于单桩承载力设计值大于 1000kN 的桩基托换加固工程，建议选用锚杆静压大直径钢管桩。此桩能够穿透土层进入承载能力高的深土层。

⑤ 钢筋可选用 I 级和 III 级钢，桩身混凝土强度等级一般为 C30～C35，钢材为 Q235 或 Q345。

7）桩基承台构造应符合下列要求：

① 新建桩基承台厚度应由设计确定，承台厚度不宜小于 400mm，桩头进入桩基承台 50～80mm。

② 采用锚杆静压桩进行基础托换时，应对原有基础厚度和强度进行抗冲切强度的验算，如不能满足要求时，应采取必要的植筋和加厚加大压桩承台等加固措施。

③ 当原有基础底板厚度小于350mm时，应在桩孔上设置桩帽梁，如桩要求承受水平力或抗拔力时桩基承台构造如图60-4所示。

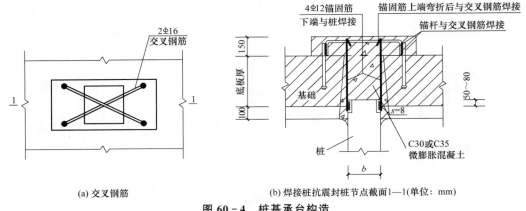

(a) 交叉钢筋　　　　　　　　　(b) 焊接桩抗震封桩节点截面1—1(单位：mm)

图 60-4　桩基承台构造

8) 锚杆可采用预先埋设和后成孔埋设两种。锚杆螺栓的锚固深度为（12～15）d（d 为螺栓直径），用于抗拔力大的锚杆，锚杆直径和埋入深度应通过计算确定。黏结剂可选用硫黄胶泥、植筋胶或灌浆料。

9) 压桩孔内封桩应用微膨胀混凝土或高强度灌浆料。

10) 对沉降有严格要求的既有建（构）筑物，为减少压桩施工时引起的附加沉降，可采用预加反力封桩法，桩顶预加反力值取（1.1～1.3）R_d，如图60-5所示。当封桩混凝土达到设计强度的80%时，可拆除桩顶千斤顶，封桩用水泥推荐采用超早强水泥或高强度灌浆料。

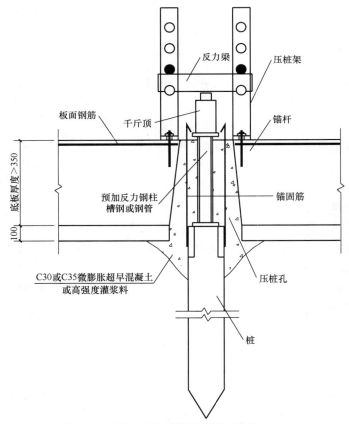

图 60-5　预加反力封桩示意图（单位：mm）

60.3 锚杆静压桩施工工艺

锚杆静压桩施工工艺比较简单，但对每道工序都有严格的要求，施工人员必须严格遵守，如桩的垂直度、焊接质量满足要求，封桩前封桩孔必须清洗干净，排除积水，焊接交叉钢筋，经检查合格后方可灌注 C30 或 C35 微膨胀混凝土，等等。

（1）压桩施工

压桩施工流程如图 60-6 所示。

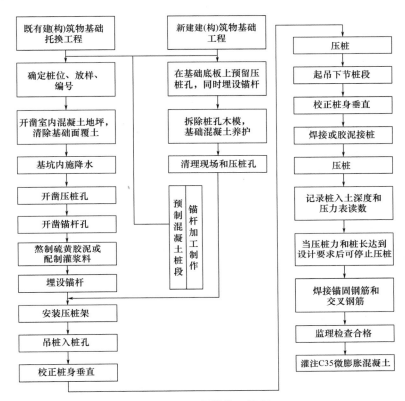

图 60-6 压桩施工流程

（2）压桩施工规定

1）压桩架安装时要保持垂直，拧紧螺帽，防止压桩架晃动。

2）桩尖就位时必须保持垂直，桩段就位后必须加以校正，保持与上节桩在同一轴线上。可用吊垂法和水准靠尺法检查桩的垂直度。

3）压桩时不得偏心加压，桩顶应垫麻袋加钢板，防止压坏桩头混凝土。

4）数台压桩机在同一个独立柱基础上压桩施工时，要验算压桩力的总和不得大于该基础以上荷载的总重量，严防基础上抬；两台或两台以上压桩机在同一基础上压桩时，应保持对称压桩。

5）压桩施工要求一次到位，如需中途停顿，桩尖可停留在软土中，停留时间不得超过 24h。

6）用硫黄胶泥接桩时，硫黄胶泥的操作和施工应按相关标准、规范的要求进行。

7）压桩施工过程中，遇到砂层或障碍时，应采取相应措施，如高压射水引孔、高压喷旋引孔、钻机引孔等措施。

（3）封桩施工

认真做好封桩工作，对截桩、清孔、焊接交叉钢筋、灌注 C30 微膨胀混凝土或灌浆料等每道工序应严格控制。

（4）质量检验

1）压桩孔与设计位置的平面偏差不得大于＋20mm。

2）压桩时桩段的垂直偏差不得超过1.5％的桩段长。

3）压桩力与桩入土深度应根据设计要求验收。

4）桩与基础连接前应对压桩孔进行认真检查，验收合格后方可灌注混凝土。

5）压桩施工验收时，施工单位应提供以下资料：

① 桩位施工平面图与桩位编号图。

② 桩材与封桩混凝土的试块强度报告及硫黄胶泥出厂检验报告。

③ 压桩施工汇总表。

④ 隐蔽工程自检记录。

6）对需要进行试桩的工程，试桩数量不宜少于总桩数的1％，在正常情况下不应少于3根；试桩的最大加荷量不应小于单桩承载力设计值的1.6倍。黏性土、粉性土间歇时间宜为4周，砂土间歇时间为2周。试桩方法宜采用慢速维持荷载试桩法或快速试桩法。

60.4 锚杆静压桩施工设备

锚杆静压桩施工设备由液压设备和压桩架两部分组合而成。

1. 施工设备

（1）液压设备

主要选用液压油泵和各种规格的千斤顶，其型号和主要技术参数见表60-1。其余设备如液压泵、风镐、风钻、熬制硫黄胶泥设备、混凝土振捣器等均为常规设备，在此不做详细介绍。

表 60-1 锚杆静压桩设备

序号	设备名称	型号	主要技术参数
1	BZ 型超高压油泵站	BZ63-8	额定压力63MPa，流量8L/min，功率7.5kW
2	QF 型分离式油压千斤顶	QF50T-20b	起重高度200mm，活塞杆直径70mm，工作压力62.4MPa，质量31.1kg
		QF100T-20b	起重高度200mm，活塞杆直径100mm，工作压力63.7MPa，质量54.76kg
		QF200T-20b	起重高度200mm，活塞杆直径150mm，工作压力62.7MPa，质量118.4kg
		QF500T-20b	起重高度200mm，活塞杆直径250mm，工作压力60.9MPa，质量393.1kg
3	风冷移动空气压缩机	W-0.9/7-S	排气量0.9m³/min，排气压力0.7MPa，转速880r/min，储气桶容积0.17m³
		W-1/7-S	排气量1m³/min，排气压力0.7MPa，转速990r/min，储气桶容积0.17m³
4	BX6 系列交流弧焊机	BX6-200-2	输出电流90~200A，额定负载持续率20％，电压1P-220V/380V/50Hz
		BX6-160-2	输出电流90~160A，额定负载持续率20％，电压1P-220V/380V/50Hz
5	NBC 系列 CO₂ 气体保护半自动弧焊机	NBC-500A	输出电流110~540A，额定负载持续率60％，电压3P-380V/50Hz/60Hz

（2）压桩架

选用不同规格的槽钢，加工成不同承载力的压桩架，结合国内常规千斤顶抬升高度而设计插销孔距离和不同承压力的销子直径，目前常用的压桩架有50t、100t、200t、500t四种，锚杆直径分别为M20、M25、M30。锚杆数量由提供的抗拔力大小而定。

YZ 型系列锚杆静压桩压桩机借助埋设在已有建筑物基础上的抗拔锚杆，利用建筑物自重，借抗拔锚杆通过压桩架将桩压入土中，当桩达到设计长度后用早强混凝土或灌浆料将桩与基础锚固在一起，形成混凝土堵块，该桩便能承受上部荷载。

YZ 系列压桩机属液压式压桩机，具有桩基施工时无振动、无污染、无噪声及操作简便、维修方便、设备投资少等优点。

目前 YZ 系列的压桩机有 YZ－50、YZ－100、YZ－200、YZ－500 四种，基本满足各地区压桩施工要求，有特殊要求时可自行设计加工制作。

YZ 系列锚杆静压桩机主要技术参数见表 60－2。

表 60－2　锚杆静压桩机主要技术参数

参数		型号			
		YZ－50	YZ－100	YZ－200	YZ－500
桩架高/m		3.5～4.0	3.5～4.0	3.5～4.0	3.5～4.0
最大压桩力/kN		500	1000	2000	5000
桩段长度/m		2.5	2.5	2	2
压桩截面	方桩边长/mm	200～300	250～350	300～400	400
	圆桩直径/mm	100～229	229～325	325～406	406～600
千斤顶选用/t		50	100～200	200～250	500～600
油泵	系统压力/MPa	63	63	63	63
	最大流量/(L/min)	8	8	8	8
电动机功率/kW		7.5	7.5	7.5	7.5
锚杆直径/mm		4M22	4M32 或 6M25	8M32	16M32

四种 YZ 系列锚杆静压桩桩架如图 60－7～图 60－10 所示。

图 60－7　50t 压桩架

图 60－8　100t 压桩架

2. 施工装置

锚杆静压桩施工装置示意图如图 60－11 所示。

1）压桩架的选择。为满足设计要求和穿透砂层，加工制作压桩架，常用的压桩架型号有 YZ－50、YZ－100、YZ－200、YZ－500 四种。

2）千斤顶。可选用 50t、100t、150t、250t、500t 千斤顶。

图 60-9　200t 压桩架

图 60-10　500t 压桩架

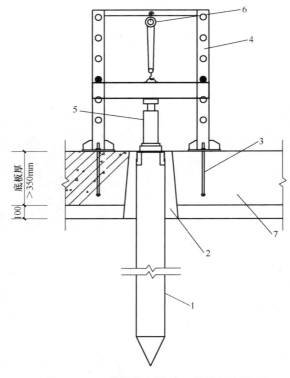

图 60-11　锚杆静压桩施工装置示意图

1. 桩；2. 压桩孔；3. 锚杆；4. 压桩架；5. 液压千斤顶；6. 手拉或电动葫芦；7. 基础

3）锚杆。常选用 M20、M25、M30、M42 四种锚杆。

4）锚杆孔成孔机。混凝土基础底板厚度小于 400mm 时采用人工风镐开凿，大于 400mm 时则采用机械成孔或金刚石薄壁钻成孔。

5）施工机具。开凿压桩孔和锚杆孔可用风动凿岩机、金刚石薄壁钻或大直径钻机。

6）压桩机。可采用 YZ-50～YZ-500 型锚杆静力压桩机。

7）辅助机具。主要有空气压缩机、钢筋切割机、电焊机、熬制胶泥专用设备等。

60.5　工 程 实 例

60.5.1　锚杆静压桩用于托换加固工程

60.5.1.1　大面积堆载引起厂房柱基沉降的基础托换加固 *

1. 工程概况

上海地处我国东南沿海地区，位于长江下游，属沉积平原，地下一般有 15～20m 厚的软弱土层，含水量高，孔隙比大，呈流塑状，地基土强度低。上海市规定建造五层以上的住宅楼，地基都要进行加固处理，如采用小截面混凝土方桩、离心管桩、混凝土灌注桩、搅拌桩等进行地基加固处理。

笔者所在单位近年来相继承接了多项建于天然地基上的栈桥或库房的基础托换加固工程，这些工程中厂房内均有较大的堆载，如钢卷和厚板、坯料等，地面堆载达 4～12t/m²，从而引起中柱和边柱的大幅沉降，造成柱子倾斜、小柱开裂、吊车运行出现滑轨和卡轨现象等，直接影响正常生产和结构的安全使用。

以下重点介绍上海宝钢运输有限公司（以下简称宝钢运输公司）3 号库基础托换加固工程。

宝钢运输公司 3 号库（简称 3 号库）由一期车间、二期扩建车间和冷作车间组成，车间为单层双跨门式刚架轻钢结构，长 90m，宽 2×21m，高 11.3m，柱距 6m，吊车荷载为 10t 和 20t 两种，独立基础，面积为 3.1m×3.8m 和 3.0m×3.4m，天然地基。库房由当地乡政府建造，建于 2000 年，建成后租给宝钢运输公司使用。3 号库房内除堆放了宝钢生产的各种不同规格的钢卷外（钢卷重 4～23t 不等，并叠成两层堆放，单位面积投影荷载为 4～13t/m²，从而超过了地基的承载力），库区内尚有钢材半成品的加工设备，如开卷机、切割机和打包机等。各柱沉降观测结果表明，3 号库内堆有荷载区柱基沉降较大，设备区柱基沉降较小，沉降差超过 60cm，造成吊车滑轨、卡轨、柱子内倾、局部剪刀撑弯曲，影响车间的正常运行。为此，建设方急于进行加固处理，制止不均匀沉降的继续发展，确保厂房结构安全使用。

2. 地基土特征

主要地层分布情况如下：
②粉质黏土：层厚 2.0m，可塑～软塑，中等压缩性。
③淤泥质粉质黏土：层厚 4.7m，饱和状，流塑，高压缩性。
③₂夹黏质粉土：层厚 1.6m，饱和状，松散～稍密，中等压缩性。
④淤泥质黏土：层厚 8.20m，饱和状，软塑～流塑，中等压缩性。
⑤粉质黏土：层厚 1.26m，饱和状，软塑～流塑，中等压缩性。
⑥粉质黏土：未钻穿，可塑～硬塑，中等压缩性。
由土层分布情况可见 3 号库区地质较差，软弱土层较厚，建于天然地基上，且车间内有大面积堆载，沉降必然很大。

3. 柱基不均匀沉降情况

根据宝钢集团房屋质量检测站提交的检测结果（轴线平面位置如图 60-12 所示），各柱基相对沉降差最大达到 646mm，其中相对沉降较大值主要在Ⓓ、Ⓖ列，这与现场ⒹⒼ跨堆放有大量的钢卷情况相符，Ⓓ列柱的相对沉降差值最大为 344mm（⑤线和①线），Ⓐ列柱的相对沉降差值最大为 153mm（⑤线和⑯线），Ⓖ列柱的相对沉降偏差值最大为 158mm（①线和⑤线），可见厂房柱基存在明显的不均匀沉降。由此引起的轨道顶面的高差，Ⓐ轴最大高差为 52mm（④线和⑭线），北Ⓓ列最大高差为 117mm

---

* 该工程为 2006 年实施，相关沉降按《工业与民用建筑地基基础设计规范》（TJ7—1974）计算。

（⑥线和⑮线），南①列最大高差为 121mm（⑤线和⑮线），⑥列最大高差为 46mm（⑤线和⑮线）。

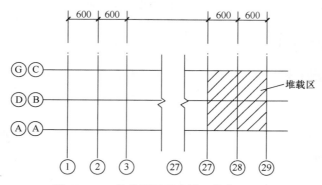

图 60 - 12　轴线平面示意图（单位：mm）

中心柱与边柱沉降差在堆载区比较明显，如Ⓐ①跨跨距为 21m，在⑯线处两点偏差最大值为 186mm，①⑥跨跨距为 21m，在⑭线处两点偏差最大值为 199mm。

4. 造成柱基大量沉降的原因

板坯或钢卷等钢材需要有较大的存放场地，根据钢材存放要求，有的堆放在露天栈桥，有的则要堆放在带屋盖的库房内；存放的钢材或钢卷堆载荷重较大，每平方米少则几吨，多则几十吨，因此对地坪承载要求较高，常规的地坪地基都需作加固处理。而本厂区内的库房为天然地基，土质较差，有较厚较软弱土层，虽然地表有一层②土层粉质黏土，地基承载力设计值为 125kPa，然而土层③淤泥质粉质黏土和土层④淤泥质黏土均属软塑～流塑状的软土，软土层厚达 20m 左右，地基承载力设计值仅为 70kPa 左右，所以当 20t 钢卷大面积均匀堆放在天然地基上的混凝土板上，在如此大的荷载作用下，必将引起下卧层土体压缩变形和软土的侧向变形。由于两跨库房宽度达 42m 和 48m，单跨为 21m 和 24m，压缩层厚度至少达 21～24m，主要受力变形区在③、④土层内。大面积堆载引起的沉降呈两边小、中间大的"锅底"形，导致柱基础产生大量沉降和柱基转动。

图 60 - 13　受大面积堆载影响的厂房柱基加固

由于宝钢 3 号库厂房为带屋盖的刚架结构，约束了柱顶的转动，所以柱子倾斜受到制约，但柱子仍有一定量的侧向变形，柱基沉降仍然是比较大的。测量结果表明，堆载引起的沉降达 400～650mm，如果柱基继续沉降，将对上部结构带来极大的危害。调查发现，不规则堆载钢卷直接堆在柱子边缘。柱基开挖后发现，中间柱柱基础沿柱子边缘断裂。由于上述原因，柱基大量沉降是必然的结果，如图 60 - 13 所示。

5. 中间柱受堆载影响的沉降计算

参照 TJ7—1974 规范中推荐的计算公式计算。受地面堆载的影响，一般以中间柱基沉降为最大。假设堆载为均布荷载，如图 60 - 14 所示。

中间柱基内外两侧边缘中点的附加沉降量分别为

$$s_A = \sum_{i=1}^{n} \frac{p_d}{E_{si}}(z_i C_A i - z_{i-1} C_{Ai-1}) - \frac{p_d}{E_{SD}} DC_{AD} \tag{60-3}$$

$$s_C = \sum_{i=1}^{n} \frac{p_d}{E_{si}}(z_i C_C i - z_{i-1} C_{Ci-1}) - \frac{p_d}{E_{SD}} DC_{CD} \tag{60-4}$$

式中　　　　　　　　p_d——均布地面堆载（t/m²）；

n——地基压缩层范围内划分的土层数；

E_{si}——室内地坪下第 i 层土的压缩模量（t/m²）；

z_i，z_{i-1}——室内地坪至第 i 层和第 $i-1$ 层底面的距离（m）；

C_{Ai}，C_{Ci}，C_{Ai-1}，C_{Ci-1}——柱基内外侧中点自室内地坪面起算至第 i 层和第 $i-1$ 层底面范围内平均附加压力系数，可按规范 TJ7—1974 附录五采用；

C_{AD}，C_{CD}——柱基内外侧中点自室内地坪面起算至基础底面处的平均附加压力系数；

E_{SD}——室内地坪面至基础底面土的压缩模量（t/m²）；

D——基础埋深（m）。

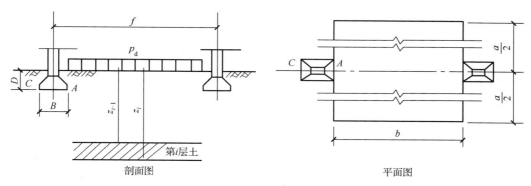

图 60-14　大面积地面堆载示意图

通过计算可知，3 号库大面积堆载区中柱最大计算沉降量为 320mm，但实际测量值为 400～600mm，说明土体进入塑性变形后引起的侧向变形增大是柱基大量沉降的主要原因。

6. 柱基托换加固设计

3 号库为带屋盖的轻钢结构，对边柱和中柱的转动起到强有力的制约作用。测试结果表明，大面积堆载区中柱沉降较大，但柱子偏斜不大，一般保持在 4‰以内，少数柱子倾斜率为 7‰～8‰，为此本工程重点解决今后继续堆载情况下如何有效控制柱基下沉的问题。以往的工程经验表明，中、边柱采用桩基后，沉降与倾斜可以得到有效控制，效果是明显的，但由于本厂房已建成，车间不能停产加固，经多方案比较，推荐采用锚杆静压桩地基加固新技术，可以在不停产的情况下进行补桩加固，通过锚杆静压桩桩基将上部荷载传递到深层土中，能克服大面积堆载引起的附加沉降的影响。桩数设计主要考虑吊车荷载、混凝土基础和基础混凝土上面的填土荷载及大面积的负摩阻力的影响。经计算，中柱为 6 根桩，边柱为 4 根，桩截面为 250mm×250mm，桩长 20m，桩尖进入⑥层粉质黏土，压桩力 $P_p > 1.5 \times 300$kN$= 450$kN。

关于基础底板抗冲切验算，发现板厚 300mm 不能满足 400kN 抗冲切力的要求，为此需要通过植筋，重新浇捣 300mm 厚混凝土板。对于标边基础底板断裂处理，除桩基移位外，尚需对断裂混凝土底板作加固处理，使其形成整体。中柱、边柱布桩和承台平面图如图 60-15、图 60-16 所示。

7. 基础托换加固后的效果

3 号库加固工程施工历时 108 天，压桩 761 根，桩长 20m，压桩力超过 450kN，柱基础植筋加固共计 177 个，植筋 16300 根。

工程完工后 1 个月的测量结果表明，柱子倾斜率均在 4‰以内，设备区沉降速率为 0.08mm/天，堆载区沉降速率为 0.12mm/天。由此可见，3 号库基础经锚杆静压桩托换加固后取得了明显的加固效果，有效控制了库房的沉降，确保了仓库的安全使用。

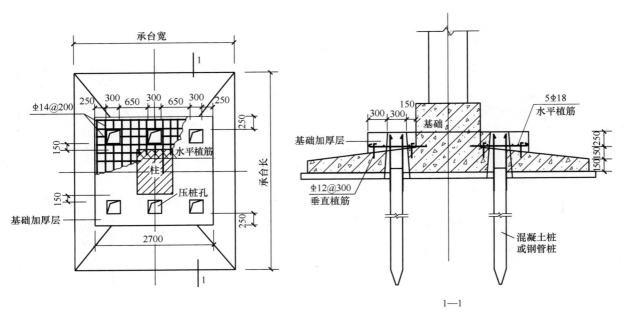

图 60-15 中柱六桩承台平面图

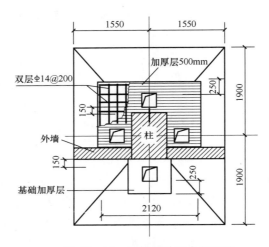

图 60-16 边柱四桩承台平面图

60.5.1.2 地基处理不当引起不均匀沉降的基础托换加固处理

1. 工程概况

连云港某工程位于连云港市墟沟镇东连岛，2008年9月开工新建，整幢建筑物分为三幢楼。1号楼为宿舍楼，长21.55m，宽14.7m，高三层（图60-17）；2号楼为综合楼，长37.85m，宽27.6m，高三层，局部一层（图60-18）；3号楼为通信综合楼，长8.225m，宽7.685m，高四层（图60-19）。

建筑物坐北朝南，南面为海湾，由于滩地高程较低，需回填5～7m厚大块石，并进行强夯加固。大块石下有1～7m厚软土层，在建过程中1号、2号、3号楼出现不均匀沉降，沉降速率较大，倾斜率已超过规范允许的极限倾斜率，为此需要进行纠偏补桩加固处理。

图 60-17 宿舍楼

图 60-18　综合楼

图 60-19　通信楼

2. 工程地质情况

建筑物靠山临海而建，整幢建筑物基础下有 5～7m 厚的大块石，在大块石下又有厚度不一（1～7m）的淤泥质土，淤泥下有中～强风化层花岗岩，北部局部地区有砂层，砂层下仍有中～强风化岩层。

3. 沉降与倾斜情况

2 号综合楼沉降速率为 0.8～1.5mm/天，1 号宿舍楼倾斜率已达到 13.55‰，大于倾斜极限值 10‰。

4. 不均匀沉降原因

1）软土层厚度不一，南大北小，必然引起建筑物不均匀沉降。

2）软弱土层上回填厚达 5～7m 的大块石，对软弱土增加较大的附加荷载，造成软弱土层的不均匀压缩变形。

3）新建钢筋混凝土框架结构作为附加荷载，通过大块石垫层作用在地基上，在软弱土层上引起变形。

5. 锚杆静压钢管桩基础托换加固

1）方案确定经过多方案比较，该工程采用锚杆静压钢管桩可以取得预期的效果，在以往类似工程中已有成功经验（图 60-20）。

工程基础下回填有 5～7m 大块石垫层，给压桩带来极大困难，为有效穿透大块石垫层，选用潜孔锤，通过锤击将大块石打碎成粉末状，用高压空气从孔底将粉末吹出形成孔穴，钢管跟进，穿透 5～7m 大块石垫层，桩尖进入软土层，进入锚杆静压钢管桩正常压桩程序，当桩尖进入中风化花岗岩后即可停止压桩。

图 60-20　潜孔冲击设备

（2）锚杆静压钢管桩设计

1）桩型选择。经过分析，采用 219×10mm 钢管（扣除 2mm 腐蚀厚度），桩身材料强度设计值为 $R_a = 219 \times 8 \times 3.14 \times 235 \times 0.7 \approx 905$（kN），取桩身的材料强度为 850kN，单桩承载力取 425kN。

2）桩数选定。根据设计单位提供的柱的轴力，除以单桩承载力，得到桩总数为 154 根，其中 1 号楼为 53 根，2 号楼为 89 根，3 号楼为 12 根，具体桩位如图 60-21 所示。

3）桩长选择。由于软土层厚薄分布不均，桩长预估南侧桩长、北侧桩短，预估设计桩长为 10～20m。

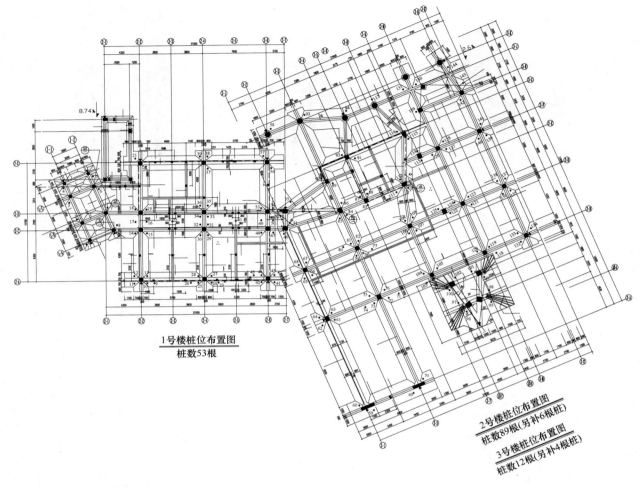

1号楼桩位布置图
桩数53根

2号楼桩位布置图
桩数89根(另补6根桩)
3号楼桩位布置图
桩数12根(另补4根桩)

图 60-21 桩位平面图

4）压桩力的选定。根据规范，当桩尖进入好的持力层，压桩力 $P_p = 2 \times P_a$（P_a 为单桩承载力），取 $P_u = 2 \times 425kN = 850kN$ 作为控制标准。

5）开凿压桩孔。由于基础厚达 500mm，基础内钢筋较多，人工凿孔有困难，决定采用金刚石薄壁钻成孔，孔径为 250mm。

6）封桩技术。为提高桩的抗弯刚度和承载力，在钢管内灌注 C20 混凝土，另外封桩采用 C35 微膨胀混凝土。

7）锚杆静压钢管桩基础托换加固剖面图如图 60-22 所示。

（3）压桩施工

1）工序。清除基础上的大块石填料→金刚石薄壁钻钻孔→潜孔锤成孔→钢管进入大块石层→钢管内填 C20 混凝土→埋设锚杆→安装反力架→接钢管桩→压桩→焊接→压桩力或桩长达到设计要求，停止压桩→钢管内填 C20 混凝土→焊接锚固筋→灌注 C35 微膨胀混凝土封桩。

2）压桩曲线如图 60-23 所示。

6. 结语

沿海地区山坡地土质较差，所以将开采出来的大量山皮石填筑在坡地上，经过一定的加固或夯实处理，作为建筑物或工业厂房地基，但近年来相继出现不均匀沉降、结构开裂等事故，处理难度极大。利用潜孔锤结合锚杆静压桩技术，成功处理了多项事故工程，取得了良好的效果。

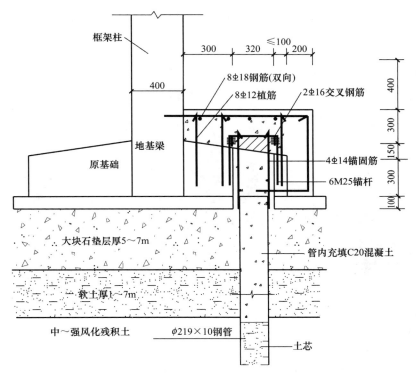

图 60 - 22　土层分布和基础托换加固剖面图

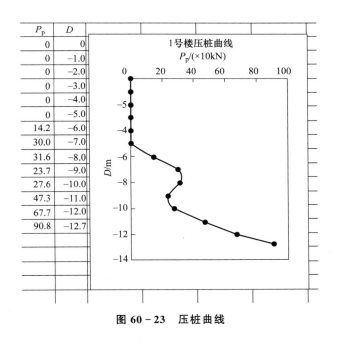

图 60 - 23　压桩曲线

60.5.1.3　历史保护建筑改造项目基础托换加固

1. 工程概况

益丰大厦（原称为益丰洋行）地处上海市北京东路和圆明园路交汇处，建于 1911 年，是外滩保护建筑，1994 年被列入上海市优秀近代建筑第二批保护单位。该大楼东西总长为 124.9m，南北总宽为 19.2m，高四层，砖混结构，天然地基。由于原建筑内部不能满足现代化使用要求，根据相关部门保护要求，拟仅保留益丰大厦北外墙立面，将内部原砖混结构拆除，根据新的功能要求采用钢筋混凝土框架结构，俗称"热水瓶换胆"。在益丰大厦的改造过程中，既要满足新建建筑物相关功能要求，同时必须满足益丰大厦北墙面和周边环境的保护要求。另外，在益丰大厦南侧紧邻的大厦将开挖两层地下室，基坑深为-9m，并新建造四层楼商场，与原益丰大厦组成现代化大型高档购物商场。为防止深基坑开挖对相邻建筑带来不利影响，需要进行托换加固。在益丰大厦新老功能的转换过程中，关键问题之一是需要根据益丰大厦的特点确定合理的桩型。改造后的益丰大厦如图 60-24 所示。

图 60-24　改造后的益丰大厦

2. 周围环境情况

益丰大厦周围环境如图 60-25 所示。

图 60-25　益丰大厦周围环境示意图

益丰大厦北面紧挨北京东路和上海广播电台；西侧为圆明园路和已有建筑，距人行道仅 1m，且路下有各种管线通过；东面有保护建筑；南面为新建地上四层、地下两层建筑物，与已有建筑物距离很近。可以说，地基加固条件十分苛刻，因此不能选择排土量大的桩型。

3. 工程地质情况

①$_{1-2}$层为砂，②$_1$层为褐黄色粉质黏土，②$_2$层为灰黄色淤泥质粉质黏土，③层为灰色淤泥质粉质黏土，④$_1$层为灰色淤泥质黏土，④$_2$层为灰色粉砂，⑤层为灰色粉质黏土（设计选定的桩尖持力层），

⑥层为暗绿色粉质黏土。

地质柱状图如图 60-26 所示。

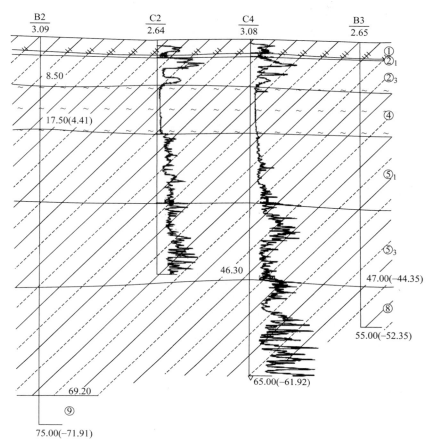

图 60-26　地质柱状图

4. 加固设计要求

（1）桩型选择

为减少挤土效应，选择钢管桩是较合理的方案，现就原设计方案和采用组合桩两种方案作比较。

方案一：原设计采用 $\phi 425 \times 6$mm 钢管桩加固方案，桩数达 792 根，用钢量达 1210t，桩长 34m，仅材料费就达 850 万元。

方案二：根据以往工程组合桩实践经验，提出上部采用 300mm×300mm 混凝土方桩，下部采用 $\phi 273 \times 10$mm 钢管桩。下半段桩为钢管桩，可以使上部土体进入钢管内，减少侧向挤土，进土量约为 10m，同时下部钢管桩具有较强的穿透能力，适用于穿透 P_s 较大的基础下三合土或下层砂土。为降低工程造价，桩身上部采用混凝土方桩，由此可以产生明显的节约效果，且有利于周围建筑、管线较多的老建筑地基加固工程施工。

（2）组合桩设计参数

新设计组合桩数共计 397 根（图 60-27）。其上段为混凝土桩，桩截面为 300mm×300mm，共 7节，桩节长 2.5m，共长 17.5m，桩身混凝土强度等级为 C30；下段桩为钢管桩，桩截面为 $\phi 273 \times$ 10mm，共 6 节，桩节长 2.75m，共长 16.5m。组合桩总长 34m，桩端持力层为⑤$_3$ 层，接桩采用焊接，中间有一节为混凝土桩和钢管桩过渡桩（图 60-28），采用 C40 微膨胀混凝土封桩（图 60-29）。单桩抗压承载力设计值为 727kN，本工程试桩数为 4 根。

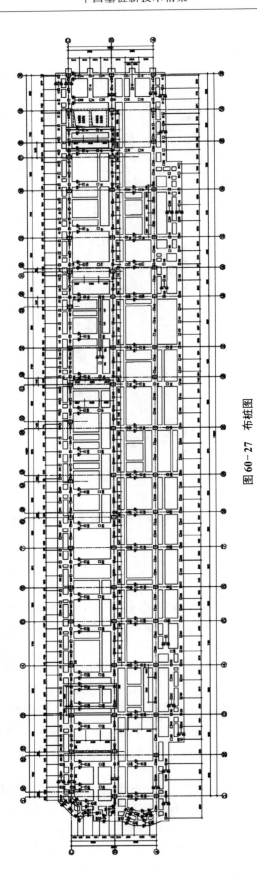

图 60-27　布桩图

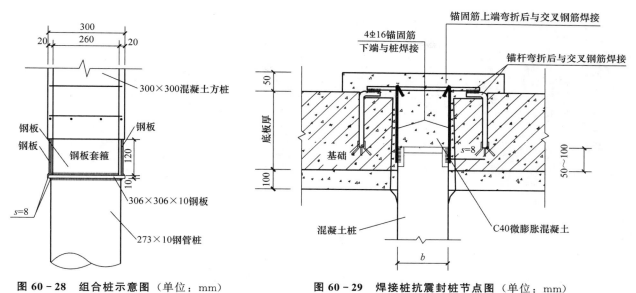

图 60 - 28 组合桩示意图（单位：mm）
注：s 为桩与基础孔壁的间隙

图 60 - 29 焊接桩抗震封桩节点图（单位：mm）
注：s 为桩与基础孔壁的间隙

（3）夹墙梁的设计

益丰大厦为砖混结构，砖墙厚约 560mm，墙下为砖基础，基础宽 800mm，厚 700mm，垫层为三合土，厚 300mm。

为保证墙体将荷载均匀传递到桩基上，砖墙必须进行加强处理。现采用钢筋混凝土夹墙梁＋抬梁，每隔 1.5～1.7m 在砖基础上开凿出抬梁孔，抬梁高与夹墙梁高相同，抬梁需配钢筋笼，及时灌注混凝土，外伸的钢筋插入夹墙梁中，使夹墙梁与抬梁形成整体（图 60 - 30、图 60 - 31）。

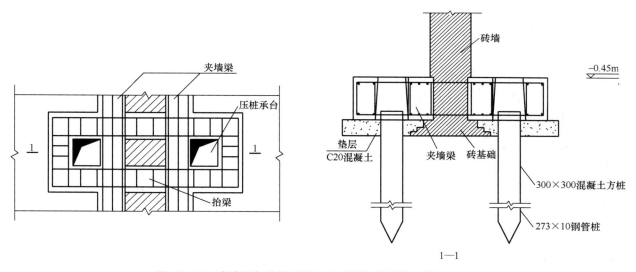

图 60 - 30 夹墙梁与抬梁压桩承台平面和剖面图（单位：mm）

5．压桩施工

压桩施工现场如图 60 - 32 和图 60 - 33 所示。

桩型的压桩曲线如图 60 - 34 和图 60 - 35 所示。

图 60-31 夹墙梁与抬梁连接

图 60-32 南侧压桩施工现场

图 60-33 北侧（北京东路）压桩施工现场

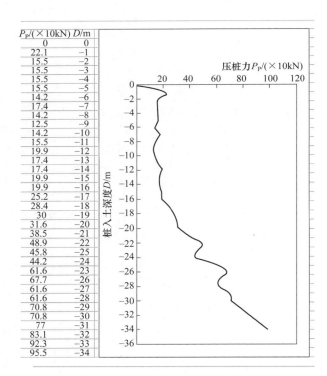

P_p/($\times$10kN)	D/m
0	0
22.1	-1
15.5	-2
15.5	-3
15.5	-4
15.5	-5
14.2	-6
17.4	-7
14.2	-8
12.5	-9
14.2	-10
15.5	-11
19.9	-12
17.4	-13
17.4	-14
19.9	-15
19.9	-16
25.2	-17
28.4	-18
30	-19
31.6	-20
38.5	-21
48.9	-22
45.8	-25
44.2	-24
61.6	-23
67.7	-26
61.6	-27
61.6	-28
70.8	-29
70.8	-30
77	-31
83.1	-32
92.3	-33
95.5	-34

图 60-34 钢管桩（307号试桩）压桩曲线

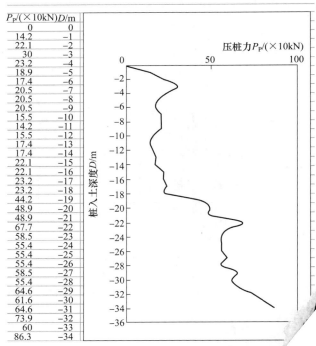

P_p/($\times$10kN)	D/m
0	0
14.2	-1
22.1	-2
30	-3
23.2	-4
18.9	-5
17.4	-6
20.5	-7
20.5	-8
20.5	-9
15.5	-10
14.2	-11
15.5	-12
17.4	-13
17.4	-14
22.1	-15
22.1	-16
23.2	-17
23.2	-18
44.2	-19
48.9	-20
48.9	-21
67.7	-22
58.5	-23
55.4	-24
55.4	-25
55.4	-26
58.5	-27
55.4	-28
64.6	-29
61.6	-30
64.6	-31
73.9	-32
60	-33
86.3	-34

图 60-35 组合桩（249号试桩）压桩曲线

6. 三种桩型压桩时周边土体深层水平位移影响测试

（1）三种桩型周围土体的变形试验

为了分析组合桩的挤土效应与纯预制混凝土方桩和钢管桩的差异，在益丰大厦现场进行了两组组合桩、一组预制混凝土方桩和一组钢管桩的现场压桩监测试验，在距离三种试桩分别为 0.6m 和 2.6m 处进行深层土体水平位移测试，其中 303 号试桩为预制混凝土方桩，232 号试桩和 249 号试桩为组合桩，307 号试桩为钢管桩。图 60-36 给出了三种试桩桩位布置图。

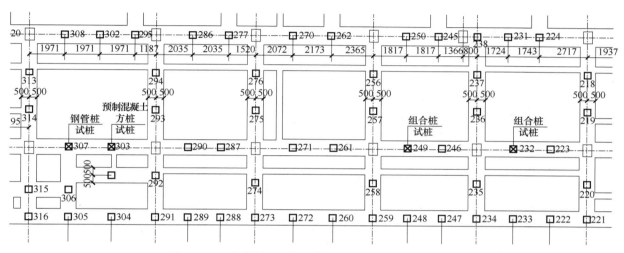

图 60-36　组合桩、混凝土方桩和钢管桩试桩平面布置

在三种桩型四组试桩压桩过程中分别进行了压桩过程中和压桩完成后一周的测试工作，图 60-37～图 60-40 分别给出了预制混凝土方桩（303 号）、组合桩（232 号和 249 号）和钢管桩（307 号）距离试桩 0.6m 处的深层水平位移测试结果。图 60-41 给出了组合桩（232 号）距离试桩 2.6m 处的深层水平位移测试结果。从图 60-37 中可以看出，预制方桩挤土效应在桩顶附近增大较快，在桩顶以下 5m 达到第一个峰值，其峰值约为 15mm，挤土效应最大位于桩端附近约 30mm 处，其中深度为 15m 左右处挤土效应相对较小。同时可以看出，在整个桩身范围内挤土效应最大值在压桩刚刚完成时。压桩结束

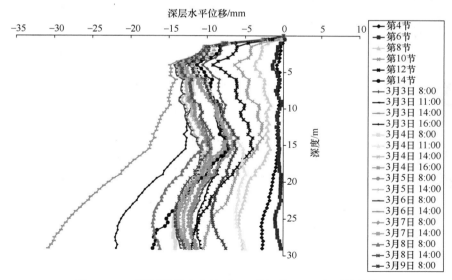

图 60-37　预制混凝土方桩（303 号）⊖0.6m 处测斜曲线

后，随着时间的增长，挤土效应逐渐变小，如桩端附近由原来的 30mm 减小到 13mm。从图 60-38 和图 60-39中可以看出，组合桩挤土效应在桩顶附近增大较快，压桩刚刚完成时在桩顶以下 4～5m 达到第一个峰值，峰值为 9～11mm，5m 以下挤土效应为 6～7mm。也可以看出，在整个桩身范围内挤土效应最大值在压桩刚刚完成时。压桩结束后，随着时间的增长，挤土效应逐渐变小，如深度 5m 附近由原来的 10mm 减小为 6mm。对比预制桩和组合桩可以看出，组合桩挤土效应明显减小。从钢管桩（307号）距离试桩 0.6m 处的深层水平位移测试结果可以看出，钢管桩挤土效应也是在桩顶附近增大较快，在桩顶以下 5m 达到最大值，约为 12mm，与组合桩挤土效应相比大体相当，二者挤土效应最大值约为预制方桩的一半左右。不同桩型距离试桩 2.6m 处的深层水平位移测试结果与 0.6m 处的挤土规律基本相同，预制混凝土方桩最大，组合桩和钢管桩基本相当。可以看出，组合桩具有与钢管桩相当的挤土效应，但其工程造价相对较低，具有较好的社会效益和经济效益。

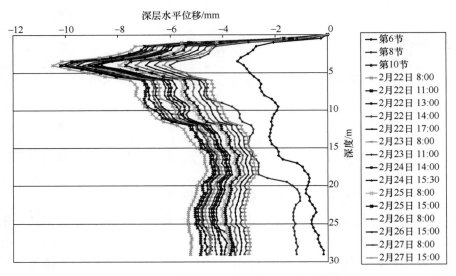

图 60-38　组合桩（232号）⊖0.6m 处测斜曲线

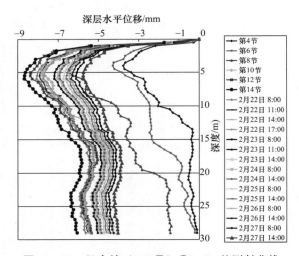

图 60-39　组合桩（249号）⊖0.6m 处测斜曲线

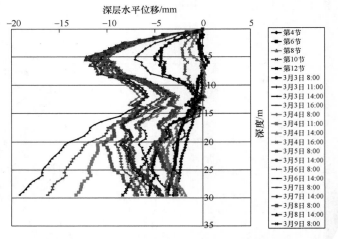

图 60-40　钢管桩（307号）⊖0.6m 处测斜曲线

　　（2）压桩施工超孔隙压力变化试验

　　孔隙水压力的编号和试桩的编号相对应，如组合桩 232 号-6m 中"232"为桩号，后面的"指的是孔隙水压力的深度。其中，试桩 232 号、249 号为组合桩，303 号为预制混凝土方桩，307 号桩。以下孔隙水压力数据均为超静孔隙水压力，正值表示孔隙水压力增加，负值表示孔隙水压力减小

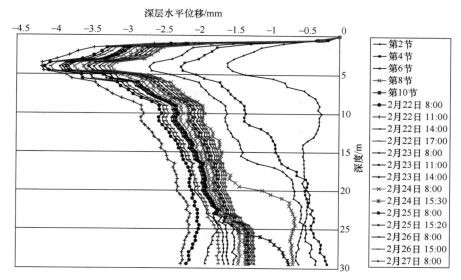

图 60-41　组合桩（232 号）⊖2.6m 处测斜曲线

图 60-42 和图 60-43 所示为 232 号、245 号、303 号、307 号试桩孔隙水压力过程曲线。

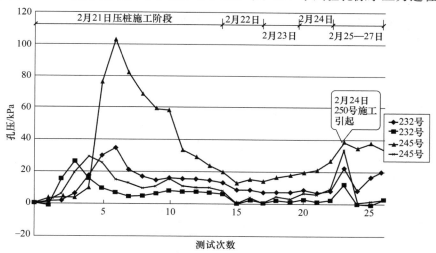

图 60-42　232 号、245 号试桩孔隙水压力过程曲线

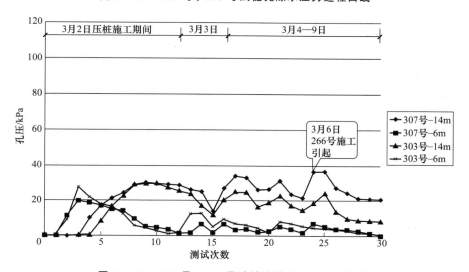

图 60-43　303 号、307 号试桩孔隙水压力过程曲线

从图 60-42 中可以看出，压桩施工造成距离试桩 2m 处的超静孔隙水压力峰值一般在 30kPa 左右，其中 249 号—14m 处较大，达到 100kPa。还可以看出，浅处 6m 的孔压比 14m 的孔压先达到峰值，6m 处的孔压一般在压到第 3 节桩时达到峰值，而 14m 处孔压一般在第 6 节时达到峰值。

从图 60-43 中可以看出，压桩施工造成距离试桩 2m 的超静孔隙水压力峰值一般在 30kPa 左右。还可以看出，浅处 6m 的孔压比 14m 处的孔压先达到峰值，6m 处的孔压一般在压到第 3 节桩时达到峰值，而 14m 处的孔压一般在第 10 节达到峰值。

试验结论：

1）4 组组合桩竖向抗压荷载试验结果表明，单桩极限承载力达 1164kN，均为单桩设计承载力 727kN 的 1.6 倍以上，完全满足设计要求，表明该种桩型有一定潜力。

2）组合桩的长度应视地基土软硬情况和钢管口径大小而定。一般上段混凝土桩与下段钢管桩长度比取 1:1，而大量工程钢管桩土芯高度测量结果表明，直径小于 300mm 管径的土芯高度一般仅为 7~9m，所以下段钢管桩由 16.5m 减至 11.5m 仍可满足要求。混凝土桩的长度可适当增加，经济效益将更显著。

3）压桩对周边土体深层水平位移影响测试结果表明，组合桩 232 号、249 号试桩沉桩后，相距 0.6m 处最大水平位移约为 10mm 和 9mm。钢管桩 307 号沉桩后最大水平位移为 12mm，方桩沉桩后的最大水平位移为 15~30mm，由此可以看出组合桩的挤土效应和钢管桩的比较接近，比预制混凝土方桩的挤土效应小得多。因此，采用组合桩既可减小挤土效应，又能降低工程造价。

4）压桩施工造成距离试桩 2m 的超静孔隙水压力峰值一般在 30kPa 左右，浅处 6m 的孔隙水压力比 14m 处的孔隙水压力先达到峰值。

5）本次试验有一定参考价值，测试结果表明选择组合桩是合理的，为今后类似改造工程提供了宝贵经验。

7. 单桩竖向抗压静载试验

为了分析预制桩与钢管桩组合桩的承载性能，进行 4 根组合桩试桩，试桩于 2009 年 6 月 8—13 日完成，单桩承载力设计值为 727kN，单桩极限承载力为 1164kN，采用慢速加载法试桩。表 60-3 给出了 4 根组合桩试桩结果。

表 60-3　4 根桩竖向抗压静荷载试验结果汇总

桩号	压桩日期	桩长/m	最终压桩力/kN	试验最大荷载/kN	最大沉降量 s_{max}/mm	残余沉降量 s_c/mm	回弹率/%	单桩极限承载力测量值 Q_u（≮）/kN	是否满足设计要求
75	2009 年 2 月 15 日	34	101.7	1164	13.79	6.31	54.2	1164	满足
201	2009 年 2 月 20 日	34	95.4	1164	14.97	8.15	45.6	1164	满足
273	2009 年 2 月 23 日	34	86.3	1164	22.91	12.43	45.7	1164	满足
346	2009 年 3 月 3 日	34	100.5	1164	13.49	6.75	50.0	1164	满足

从表 60-3 中的试桩结果可以看出，预制桩与钢管桩组合桩的单桩承载力完全满足设计承载力要求。

图 60-44 和图 60-45 给出了 2 组试桩 $Q-s$ 和 $s-\lg t$ 曲线。

8. 结语

1）益丰大楼改造工程处于南侧开挖的 9m 深坑周边，坑边与大楼基础边相距 2.5m，益丰大厦受深基坑开挖影响，必然会下沉，建设方为确保保护性建筑益丰大楼的安全，采取锚杆静压桩补桩加固措施是十分必要的。监测表明，深基坑开挖完成后，大楼仅下沉 25mm，完全满足设计要求，说明补桩加固

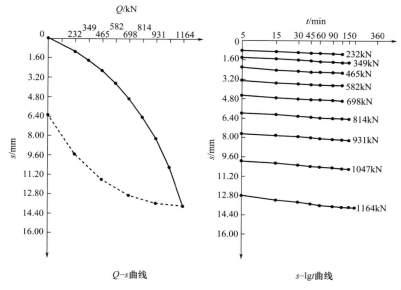

图 60-44　75 号试桩 Q-s 和 s-$\lg t$ 曲线

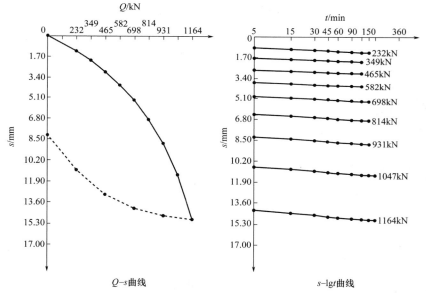

图 60-45　201 号试桩 Q-s 和 s-$\lg t$ 曲线

取得了显著的效果。

2）本工程采用钢管桩＋混凝土桩的组合桩，取得了巨大的技术经济效益。采用组合桩后由原来的 792 根桩调整到 397 根桩，工程造价由原来的 850 万元降到 250 万元；在桩基技术方面开创了新的桩型，下段钢管桩可以让土进入钢管内，减小挤土效应，减小土的侧向挤压，益丰大厦压桩时北京东路没有引起挤土效应；钢管桩有良好的穿透力，能穿透 P_s 值较大的土层，能提供较大的单桩承载力，本工程单桩承载力可达 750kN。

3）现场对三种桩型的土体侧向变形、压桩施工引起的超孔隙水压力变化的测定及单桩承载力试验提供了有实用价值的测试数据，如钢管桩与组合桩的侧向变形比混凝土方桩小 50%。当桩压入 6m 处，超孔隙水压力达到峰值，而后逐渐减小。

4）该楼建造至今已有 100 多年，为砖混结构，砖墙＋砖基础，补桩加固难度极大。采用夹墙梁＋抬梁的结构形式，使砖基础通过夹墙梁和抬梁形成整体，对传力非常有利，同时为压桩提供了承台，确保基础补桩加固的顺利进行。

60.5.1.4　高速路桥桩基事故中的基础托换加固

1. 工程概况

双家河桥为沪杭甬高速公路宁波段附近的一座公路桥梁，原设计为4孔16m跨，后因双家河桥近宁波路段的路基滑移，采用增加桥孔方式处理，变更为9孔16m跨，桥长148.6m。

双家河桥0号桥台分左、右幅，每幅长13.5m，宽1.4m，设计每幅采用3根直径1.2m的灌注桩。经查对竣工资料，左幅桩基1号、2号、3号桩均为摩擦桩，设计桩长为27m，右幅桩基4号、5号桩也是摩擦桩，6号桩为嵌岩桩，设计桩长24m，桩尖标高为−22.5m，桩基直接从路基顶延伸到盖梁底面，设计成为桩柱一体的结构。盖梁直接搁置在桩柱顶面上。

双家河桥0号桥台桩基于1995年12月施工完成，公路桥投入使用后，观测发现0号桥台桩柱有不均匀沉降，导致盖梁出现大量裂缝。建设方为确保安全运行，要求对0号桥台基础进行加固处理。

2. 0号桥台工程地质资料及沉降状况

盖梁出现大量裂缝后，在0号桥台左右两侧进行地质钻探，以摸清面层位置。地质钻探结果如下。

①层：素填土，厚1.4～1.8m。

②层：粉质黏土，厚0.5～2.1m。

③层：淤泥质黏土，厚12.2～14.5m。

④层：粉质黏土，厚2～3m。

⑤层：含砾砂粉质黏土，厚0～6.3m。

⑥层：含黏性土砾砂，厚1.8～4.8m。

⑦层：强风化晶屑凝灰岩，厚0.5～1.7m。

⑧层：中风化晶屑凝灰岩，厚0.9～2.4m，该层底部深度在0号桥台左、右两侧分别为21.2m与33.7m。

⑨层：微风化晶屑凝灰岩，未钻穿。

经测量，沉降差最大值为右幅桩基4号桩与6号桩的沉降差，达15cm。从地质资料可明显看出，微风化晶屑凝灰岩岩面面层标高呈现较大倾斜坡度。

3. 造成盖梁出现大量裂缝的原因

盖梁出现大量裂缝是桩基较大的不均匀沉降所致。

1) 1～5号桩设计为摩擦桩，而6号桩为嵌岩桩，由于各桩支承条件不一致，将会提供不同的桩端承载力，必然导致各桩沉降不一。

2) 钻孔灌注桩施工质量很难确保，特别是在桩尖处，沉积物厚度较大，一般难以清除，直接影响灌注桩桩端承载能力的发挥，各桩施工质量的差异使各桩沉降不一。

3) 0号桥台前的桥头填土高达3m多，3m多高的填土重量（估计地面附加荷载为50kPa左右）使0号桥台下深层土产生附加应力，引起厚达13m左右的③层淤泥质黏土长期固结沉降，土层沉降对桩体产生负摩擦力，更促使桥台桩的沉降，由此产生较大的沉降与不均匀沉降，使4号桩与6号桩沉降差达15cm。

4. 地基加固方案选择及锚杆静压桩地基加固技术的优点

在确定地基加固方案前曾多次召开技术研讨会，相继提出过多种加固方案，如旋喷桩加固法、注浆加固法、树根桩加固法、锚杆静压桩加固法等，并逐一进行比较，最后决定采用锚杆静压桩地基加固技术。

该工程采用锚杆静压桩地基加固技术的优点为：

1）传力明确。锚杆静压桩压入土中经与基础封桩后，可立即分担上部荷载，能迅速制止沉降，起到立竿见影的效果。在压桩施工中可以直接知道每根桩的压桩力，设计人员可较直观地掌握桩的承载力。

2）施工设计简单。利用 0 号桥台的灌注桩在其上新设置压桩平台，作为支承压桩反力，将桩直接压入土中，无需配重。

3）施工简单、方便。利用特殊加工的反力架和液压千斤顶，在无振动、无噪声、无污染的情况下进行多节桩的压桩施工。

4）由于压桩在盖梁下进行施工操作，不影响桥面道路正常运行。

5）压完桩后，可以达到立即制止不均匀沉降的效果。

5. 0 号桥台采用锚杆静压桩加固设计的具体做法

0 号桥台采用锚杆静压桩技术，即利用原灌注桩上部桩身设置新的钢筋混凝土压桩承台，具体做法如下：先在盖梁下挖除 3.3m 厚的填土，露出灌注桩桩身，然后依次在灌注桩桩身上开凿环向沟槽，露出钢筋，按设计要求进行植筋加固，并绑扎钢筋，承台由暗梁组成，承台梁高 800mm，宽 2.2m，在新设置的压桩承台中预留出压桩孔，预埋好抗拔锚杆，然后灌注 C30 混凝土包住灌注桩，形成一个整体。为防止挖土后土坡塌方，采用四层土钉墙护坡，加固设计如图 60-46 所示。新设压桩承台上的净空高度为 2.5m，满足压桩要求。设计补桩数为 28 根，左右幅各 14 根，桩截面为 300mm×300mm，桩段长 2m，焊接接桩，桩长 20m 左右，压桩力大于等于 800kN。以压桩力为主、桩长为辅作为压桩施工标准，采用预加反力封桩技术，预加反力值为 300kN，封桩采用 C30 微膨胀早强混凝土。为确保施工质量，按《锚杆静压桩技术规程》（YBJ 227—1991）的规定进行压桩施工。

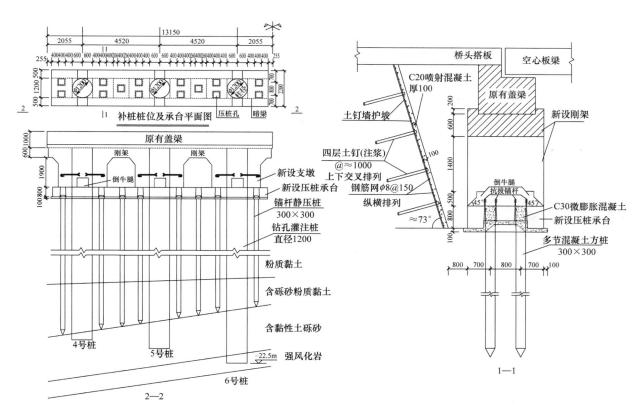

图 60-46　桥墩补桩加固设计（单位：mm）

由于土层变化较大，实际施工的桩长随之变化，往杭州方向的半幅桥墩 12 号桩桩长达 31.5m，2 号桩和 7 号桩桩长为 18m，其他一般桩长在 20m 左右。桩尖进入含砾砂质黏土或含黏性土砾砂层中，压桩力普遍大于设计压桩力 800kN，其中往宁波方向半幅桥墩的压桩力普遍较高，11 号桩压桩力最大，达 1145kN，压桩力普遍在 900kN 以上。

6. 加固效果

补桩加固分两次施工，半幅施工于 2003 年 7 月 10 日结束，历时 35 天，另外半幅施工于 2003 年 10 月 15 日结束，历时也是 35 天。加固后的沉降观测资料表明：在压桩施工过程中由于采用边压桩边封桩的工序和预加反力封桩技术，桥墩再未出现沉降。其加固效果极为显著，确保了桥墩的安全和高速公路的正常运行。加固施工情况如图 60-47 所示。

沪杭甬高速公路某桥基补桩加固工程

新托换的压桩承台　　　　在新做的承台上压桩

图 60-47　0 号桥台采用锚杆静压桩加固施工情况

60.5.2　锚杆静压桩技术用于纠偏工程

1. 工程概况

某住宅小区，已建 11 幢六层加跃层公寓楼，基础形式为天然地基上设片筏基础，上部结构为砖混结构。该工程结构封顶 7 个月后发现所有建筑物都有程度不一的较大沉降和不均匀沉降，且沉降速率较大，最严重的一幢楼沉降量高达 484.1mm，沉降速率曾达 2.64mm/天，倾斜率达 18.8‰，这些值都远远超过了规范的允许值，而且沉降、倾斜还在进一步发展。为此，必须对小区内所有建筑物针对每幢楼的实际情况分别进行托换加固或纠偏加固处理。

2. 工程地质资料

根据工程地质详勘报告，该地区的地层特征为：①层为耕土；②层为粉质黏土，层厚 2.5m，承载力为 90kPa，平均孔隙比为 1.01，平均压缩模量为 6.5MPa，属中等压缩性土；③ₐ 层为淤泥质黏土，层厚 7.3m，承载力为 50kPa，平均孔隙比为 1.41，平均压缩模量为 1.8MPa，属高压缩性土；③ᵦ 层为淤泥质粉质黏土，层厚 5.4m，承载力为 60kPa，平均孔隙比为 1.28，平均压缩模量为 3MPa，属高压缩性土；④层为粉质黏土，层厚 4m，承载力为 80kPa，平均孔隙比为 0.98，平均压缩模量为 4.5MPa，属中等压缩性土；⑤层为砂质粉土，承载力为 150kPa，平均孔隙比为 0.95，平均压缩模量为 10MPa，属中等压缩性土。该层未钻穿。

3. 工程事故原因分析

根据工程实况及地质报告，天然地基沉降大、沉降速率大并伴随严重倾斜的原因有以下三方面：

1) 建筑物自重较大，加跃层局部为七层，并有大量的装饰荷载，其基底压力达到 98kPa，超过了基底直接接触的②层土的承载力。

2) 片筏基础下一倍基宽范围内的主要持力层为土质很差的③ₐ 及③ᵦ 土层，作用于③ₐ 层表面处的附加应力已超过该层土经过深度修正后的承载力，即下卧层强度不足，这意味着不仅会发生较大的垂直变形，还会发生较大侧向变形引起的更大的垂直变形，沉降速率也自然会大并不易趋于稳定。

3) 由于建筑物局部有跃层，使建筑物有较大的偏心，导致沉降不均匀而发生倾斜。

4. 住宅楼地基加固方案确定

事故出现后，甲方曾邀请各方专家对多种加固、纠偏方案进行了比较，有的方案已付诸实施，如某幢楼进行过搅拌桩封闭，再作注浆加固，后因未获得理想效果而被迫放弃。经分析比较后，最终确定对六幢楼采用锚杆静压桩托换加固，对五幢楼采用锚杆静压桩可控纠偏加固。

5. 三种工况计算分析

加固方案确定以后，为了预估建筑物沉降及基础底板内力，对天然地基及锚杆静压桩加固的三种工况进行了三维弹性有限元计算分析。

(1) 计算模型

本次计算为三维弹性有限元计算，即假定土体的变形均在弹性范围内。

土体用三维块体模拟，并按土层分层考虑。计算范围为 $3a \times 3b \times 3h$（其中 a、b、h 分别为底板的长、宽和静压桩的长度）。锚杆静压桩的桩体用三维梁单元模拟，桩土之间的相对移动忽略不计，建筑筏基底板用板单元模拟。

原状土的计算参数取勘测资料提供的数据，锚杆静压桩的尺寸及桩体混凝土强度均按实际情况取值。

上部结构根据层数分为不同的区域，按实际的荷重折算成均布荷载加在底板上，活荷载的作用不予考虑，地面超载及周围结构物的影响均忽略不计。

计算程序采用 SAP91 三维有限元通用计算程序。

(2) 计算内容

计算分为以下三种工况。

工况一：天然地基上直接建造结构物。

工况二：南、北两侧均布桩后建造结构物。

工况三：南、北两侧外加中间一排布桩后建造结构物。

(3) 计算结果与分析

计算得到了三种工况基底处沉降的等值线分布、三种工况底板东西向及南北向的应力等值线分布、工况一②层土及③层土的最大主应力及最大剪应力等值线分布、工况二②层土及③层土的最大剪应力等值线分布等。三种工况的结构物最终沉降量：工况一的平均沉降为 694mm，工况二的平均沉降为 192mm，工况三的平均沉降为 180.5mm。最大沉降都位于南侧居中位置。三种工况的底板最大应力见

表 60 - 4。

表 60 - 4　三种工况的底板最大应力

工况	东西向应力/kPa	南北向应力/kPa	M_{max}^c/M_{max}^t（东西向）	M_{max}^c/M_{max}^t（南北向）
工况一	4880	2340	0.60	0.32
工况二	4170	2230	0.59	0.50
工况三	3680	1520	0.52	0.32

注：表中应力均为底板下表面的拉应力，M_{max}^c为计算所得底板最大弯矩，M_{max}^t为底板所能承受的最大弯矩。

计算结果表明：

1）工况一的天然地基条件下，②层和③ₐ层土体都已进入塑性状态，其中底板角点和底板南侧下方土体塑性破坏尤为严重，这说明天然地基土体的塑性破坏和土体的侧向变形是导致结构物过大的沉降与不均匀沉降的主要原因。

2）工况二在南、北两侧进行锚杆静压桩加固地基后，上层土体应力明显减小，且都在弹性范围内工作，而桩底下卧层土体应力增大，但由于该土层的物理力学指标较高，土体未破坏。这说明采用锚杆静压桩加固地基后能减小土体侧向变形，减小上部土层的压力，从而能有效地控制地基沉降，同时改善了建筑底板的受力状态。

3）工况三相对于工况二只是减小了底板应力，但沉降减少不多。这主要是因为工况二与工况三的土体都在弹性范围内。根据土体应力应变曲线，弹性区间内应变变化不大，但到了塑性区域应变剧增。所以，工况二相对工况一能有效减小沉降，而工况二与工况三沉降相差不大。由于工况三相当于在底板增加了一排刚度较大的弹性支座，所以工况三能减少南北向底板应力。

从计算结果可看出，加中间一排桩后结构物的沉降量变化不明显，而工况二的底板应力已在允许范围内，因此中间一排桩可不布设。

6. 锚杆静压桩的机理及布桩加固设计

锚杆静压桩地基加固是一种新方法，是锚杆和压桩两项技术的有机结合。

锚杆静压桩托换加固的机理是：利用建（构）筑物自重，先在已建的基础上开凿出压桩孔和锚杆孔，然后埋设锚杆，借锚杆反力，通过反力架用千斤顶将桩逐段（预制桩段）压入基础中的压桩孔内。当压桩力和压入桩长满足设计要求时，便可将桩与基础迅速连接在一起，该桩就能立即承受上部荷载，从而减小地基土的压力，阻止建（构）筑物继续发生过大的沉降及不均匀沉降，最终达到地基加固的目的。

当锚杆静压桩用于可控纠偏时，其工序为：先在沉降大的一侧压桩并封桩，制止进一步的倾斜，然后在沉降小的一侧采用沉井射水或射水掏土进行纠偏，待纠偏到预期倾斜值时，在沉降小的一侧进行保护桩施工。由于保护桩的作用，能够达到纠偏可控的目的。

根据三维弹性有限元计算结果，将锚杆静压桩均布于建筑物片筏底板的外侧四周悬挑部分，并且单桩大都布置在挑梁与基础梁交叉处附近，这样便于力的传递。桩截面为 250mm×250mm，桩段长 2.5m，C30 混凝土，桩长 20m，桩压至⑤层土，单桩设计承载力为 250kN，控制压桩力大于 320kN，实际压桩力为 320～500kN。

为确保桩能正常传递荷载，除了必须确保封桩的质量外，尚需对底板进行抗剪、抗冲切的验算。由于本工程原片筏基础底板厚度仅为 30cm，故必须设置桩帽梁；按常规桩帽梁高度定为 15cm，经底板抗剪及抗冲切验算合格，最终在每根桩上都设置了 15cm 厚的桩帽梁。

7. 工程加固效果

各幢楼纠偏前后的倾斜及沉降数据对比见表 60 - 5，从表中可看出加固效果是十分明显的：

1）经过加固纠偏后，建筑物倾斜率都小于 4‰，满足了规范要求，达到了预期效果。

2）经过托换加固后，建筑物平均沉降都小于20cm，达到了预定目标。

表 60-5　各幢楼纠偏前后的倾斜及沉降数据对比

楼号	纠偏加固内容	南侧桩数/根	北侧桩数/根	设计桩长/m	纠偏前倾斜率/‰	纠偏后倾斜率/‰	加固前沉降速率/(mm/天)		加固后沉降速率/(mm/天)		平均沉降速率/(mm/天)	
							南侧	北侧	南侧	北侧	南侧	北侧
1	托换加固	36	32	20	—	—	1.7	1.2	0.032	0.064	117.6	92.76
2	沉井纠偏加固	36	32	20	18.8	2.75	2.64	0.52	0.030	0.045	58.90	243.6
3	沉井纠偏加固	36	32	20	6	0.95	0.83	0.58	0.034	0.041	61.98	119.8
4	沉井纠偏加固	32	28	20	13.9	2.8	0.67	0.43	0.029	0.033	50.40	156.1
5	沉井纠偏加固	34	30	20	9.1	3.15	0.61	0.68	0.029	0.027	44.83	92.68

3）所有建筑经过加固后平均沉降速率都很小，已并逐渐趋向稳定。现以比较有代表性的 2 号楼纠偏工程为例进行分析，如图 60-48 所示。

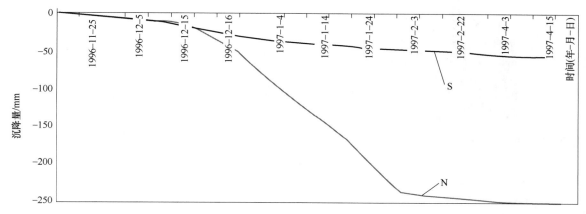

图 60-48　s（沉降量）-t（时间）曲线

图 60-49 中 S 线为南侧测点的平均沉降与时间的关系曲线，N 线为北侧测点的平均沉降与时间的关系曲线。图 60-49 中绘出了 1996 年 11 月 25 日测得的初始沉降值，纠偏前平均倾斜率为 18.8‰。1996 年 11 月 25 日—1996 年 12 月 20 日压完桩并封桩，1996 年 12 月 12 日开始在砌筑好的沉井中进行冲水掏土纠偏，于 1997 年 1 月 26 日结束冲水，并于 1997 年 2 月 5 日压完桩并封好北侧桩，期间北侧发生大量沉降，纠偏后的平均倾斜率为 2.75‰，达到了理想的纠偏效果。此外，从图 60-48 中还可以看出，不管是 S 线还是 N 线，其末端线都已趋于水平，说明沉降已逐步趋于稳定，纠偏的加固效果也达到稳定。

8. 结语

从理论上采用三维有限元计算，得出建筑物在用锚杆静压桩加固以后，能有效地消除片筏基础底部的土层塑性区域，并在理论上论证了取消中间一排桩的可行性。

工程实践和建筑物的沉降观测资料验证了上述理论计算结果，即在南北两侧加锚杆静压桩后，大大改善了基底下土体塑性区的开展，有效地制止了建筑物的不均匀沉降。这些理论计算及工程实践为今后新建工程的合理布桩设计提供了依据和经验。

采用锚杆静压桩进行托换加固及纠偏加固，施工方法简单，占用施工场地小，施工时无振动、无噪声、无污染，施工速度快、见效快，纠偏可控等，这是很多其他加固方法、纠偏方法无法比拟的。本工程再次说明锚杆静压桩在地基事故处理中有其独特的优越性和可靠性。

60.5.3 锚杆静压桩技术用于逆作法桩基工程

1. 工程概况

上海工联大厦（图 60-49）长 27m，东侧宽 23m，西侧宽 18.6m，地下一层，地上十一层，上部为现浇框架结构，下部为箱基，板厚为 1m。

工联大厦地处南京东路，东靠国旅综合楼，西邻惠罗公司，北挨二轻局北楼，南临南京东路，地上部分与东、西、北三面的现有建筑仅有 20cm 的间隙（图 60-50），工程场地非常狭小。东面国旅综合楼的独立基础伸出 1m 多，西面惠罗公司的基础和北面二轻局北楼的地下室底板也都有伸出，使工联大厦地下空间更加狭小，其基础平面将比地上平面小许多。

图 60-49 上海新工联大厦（12 层）外景

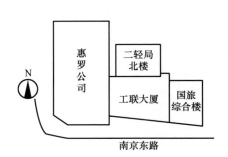

图 60-50 工联大厦平面位置

此外，工联大厦建设方为早开业，要求整个工期尽量缩短。

2. 场地工程地质条件

①层为填土，厚度为 1.9～3.2m；②层为褐黄色粉质黏土，厚度为 0.7～1.5m；③层为灰色淤泥质粉质黏土，厚度为 6～7.3m；④层为灰色淤泥质黏土，厚度为 7.5～8.5m；⑤$_1$ 层为灰色粉质黏土，厚度为 11.7～14.8m；⑤$_2$ 层为灰色、褐灰色粉质黏土，厚度为 9.8～11.6m；⑧$_1$ 层为灰色粉质黏土，厚度为 15.8～17.4m；⑧$_2$ 层为灰色粉质黏土夹砂，厚度为 6.6～9.0m。

其中一个比较有代表性的土层比贯入阻力曲线如图 60-51 所示。

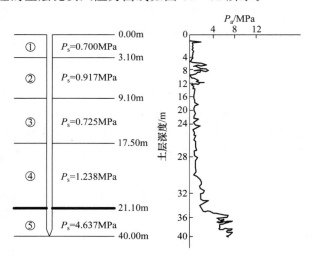

图 60-51 土层比贯入阻力曲线

3. 设计方案选择

即使不考虑基础面积缩小，地基上作用的荷重也已达 217.8kPa，不可能采用天然地基，其他地基加固方案也不易满足强度和变形要求，必须采用桩基。然而，地处南京东路上的工程不容许有噪声、振动，不容许污染环境，不容许影响和损坏各种市政设施等，尤其是惠罗公司所在建筑是中华人民共和国成立前的老建筑，已有几十年的房龄，结构老化，极易受到损坏。此外，由于工联大厦靠近拟建中的地铁二号线，要求工联大厦施工波及地铁二号线隧道中心线的沉降不得大于 20mm。如此复杂的施工环境及极高的技术要求，使得常规的打入式预制桩和钻孔灌注桩难以选用。

锚杆静压桩的施工工法恰恰完全满足这样的复杂施工环境及技术要求。该工法无噪声、无污染，挤土效应小，又不影响各种市政设施，也可满足地铁二号线施工，并且由于采用了逆作法，桩基施工不占用工期，可满足建设方加快工程进度的要求。经各方多次讨论，决定采用锚杆静压桩逆作法施工新技术。

4. 锚杆静压桩设计

设计桩位平面布置如图 60-52 所示。

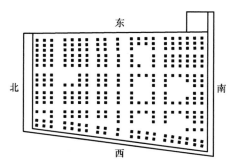

图 60-52 工联大厦桩位平面图

本工程设计桩总数为 294 根，设计桩截面为 300mm×300mm，桩长为 30m。为减小对地铁二号线的影响，要求将桩加长到 31.8m，桩端进入 ⑤$_2$ 土层。单桩设计承载力为 420kN，桩段长为 1.5～2.5m，桩段间的连接采用焊接法与硫黄胶泥浆锚接法两种，外边四周的两排桩采用焊接法，其余都采用硫黄胶泥浆锚接法。

设计为预留压桩孔、后埋设锚杆，封桩采用掺有 UEA 膨胀剂的 C35 微膨胀早强混凝土，要求封桩孔不得渗漏水。由于要在底板上预留 294 个压桩孔，底板的受力情况与一块完整的底板有较大差别，在设计中宜把底板设计成网格梁（暗梁），按此计算其内力和配筋。

5. 锚杆静压桩施工

压桩施工标准按《锚杆静压桩技术规程》（YBJ 227—1991）进行。

施工工序：按桩位在地下室底板上预留压桩孔→在地下室底板上埋设锚杆→安装压桩架→桩段就位→压桩→接桩→压桩记录→达到所需压桩力和桩长→送桩到设计标高→清理压桩孔→焊接桩顶构造筋→灌注 C35 微膨胀早强混凝土封桩。

为减小压桩引起的超孔隙水压力，采用缓慢压桩法，每天压 6～8 根桩，施工流程为先压箱基外围桩和桩基周围桩，压完 50% 的桩后进行第一批桩封桩。剩下的压桩区分割成几个小区，每个小区使用一套压桩设备，在小区内采用分散、多点流水法压桩。

压桩施工用桩长和压桩力两个指标来控制，当压入深度难以达到 31.8m 而压桩力达到 630kN 以上时即可认为满足设计要求。实际压桩资料表明平均每根桩的最终压桩力为 861kN，平均每根桩的最终桩长为 27.9m，由最终压桩力推算得到平均单桩承载力为 574kN，完全满足设计要求。这里需要指出的是，本工程先于地铁二号线竣工，故不必考虑本工程对地铁二号线的影响。为此，本工程的压桩力可以作为主要控制指标，而压入深度可以作为辅助控制指标。

由于各种原因，压桩施工历时 108 天，比原计划施工周期多了一个多月，但压桩施工期间上部结构一直在正常施工，体现了锚杆静压桩逆作法工艺的优越性。

6. 结语

本工程压桩施工日期为 1995 年 7 月 11 日—10 月 26 日，从 1995 年 7 月 10 日起就对大厦进行了沉降观测，观测结果如图 60-53 所示。图 60-53 中的时间从 7 月 10 日开始计时，此时的沉降为零。观测结果表明：工联大厦的沉降量和沉降差都在容许范围内，其平均沉降量为 5.5cm，平均倾斜率为 0.94‰，并且沉降已明显逐步趋于稳定。

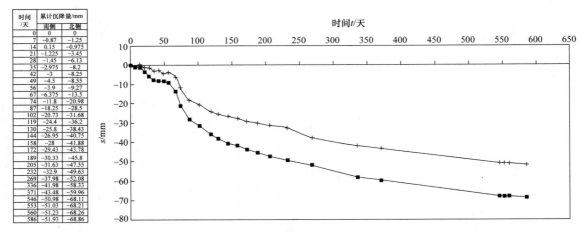

图 60-53 工联大厦南北侧沉降（s）与时间（t）的关系曲线

《锚杆静压桩技术规程》（YBJ 227—1991）是笔者在 1991 年编制的，规程中提出适用对象为多层建筑物、中小型构筑物和厂房。随着设计思路的更新、工程经验的不断积累，在工程实践中不断发展施工工艺与施工机具，即使本工程系高层建筑，在条件非常苛刻的情况下使用锚杆静压桩桩基逆作施工技术也获得了圆满的成功。其后，由于工期紧及工程周围环境的环保要求，常州中南大厦、金坛市新华大厦都相继采用了锚杆静压桩逆作法施工。16 层的常州中南大厦于 1997 年 8 月 22 日结构封顶，1998 年 7 月 27 日测得沉降量为 23.5mm，沉降速率为 0.0183mm/天；21 层的江苏省金坛市新华大厦于 2000 年 6 月 15 日结构封顶，其沉降量为 2.785mm，沉降速率为 0.038mm/天。两项工程都获得了成功，锚杆静压桩逆作法施工得到了更广泛的应用。可以预见，该技术今后必然会产生更大、更好的技术经济效益。

60.5.4 锚杆静压桩技术用于深基坑周围建筑托换保护

1. 工程概况

上海外滩某工程基坑开挖深度为 20m，相邻建筑为工业基金会大楼（属上海市保护建筑，如图 60-54 所示），该建筑建于 1901 年，至今已有 100 多年的历史。工业基金会大楼基础距基坑地下连续墙仅 3～7m，基坑内设五道支撑，地下连续墙一般厚为 1m，处于基金会大楼边缘 0.2m，设计变形计算值为 40mm。

为确保基金会大楼的安全，建设方决定对其进行基础托换加固。

基金会大楼由 A、B、C 三幢楼组成，长 72m，宽 32m，高五层，其中 A 楼长 44m，宽 14m，下部两层为砖混结构，上部为钢结构，地下室为泵房和设备区，为砖基础，天然地基；B 楼长 32m，宽 32m，高五层，砖混结构，砖基础，天然地基；C 楼长 45m，宽 18m，高五层，钢筋混凝土框架结构，

图 60 - 54　基金会大楼外立面

整体性较好，整板基础，天然地基。

A 楼西侧基础距基坑仅 3m，B、C 楼基础边距基坑边为 7m，由于基坑开挖较深，将会引起盆式变形，影响相邻建筑物的沉降。基底总平面图如图 60 - 55 所示，基金会大楼与本工程地下室关系如图 60 - 56 所示。

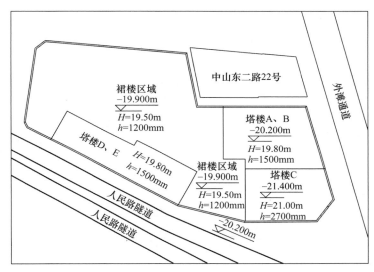

图 60 - 55　基底总平面图

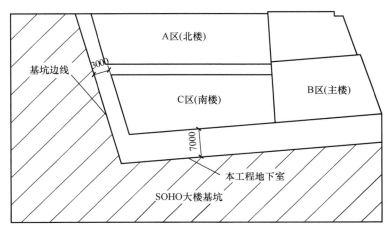

图 60 - 56　SOHO 大楼与周边环境（单位：mm）

2. 地质资料

地质剖面图如图 60-57 所示，各地层及其特点如下：

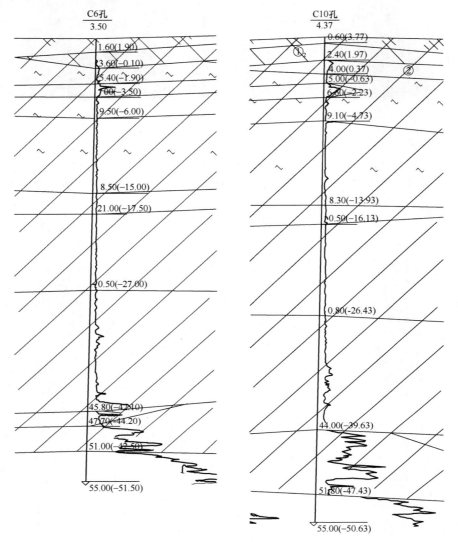

图 60-57　地质剖面图（单位：m）

①杂填土，厚约 3m，松散；

②褐黄色粉质黏土，厚 1.3m，可塑，中等压缩性；

③灰色淤泥质粉质黏土，厚 4m，流塑，饱和，高等压缩性，P_s 为 0.55～1.43MPa；

④灰色淤泥质黏土，厚 8.5m，流塑，饱和，高等压缩性，P_s 为 0.61MPa；

⑤$_{1a}$ 灰色黏土，厚 2.5m，软塑，很湿，高等压缩性，P_s 为 0.77MPa；

⑤$_{1b}$ 灰色粉质黏土，厚 10m，可塑，湿，中等压缩性，P_s 为 1.10MPa；

⑤$_3$ 灰色黏土夹砂，厚 2.7m，可塑，湿，中等压缩性，P_s 为 1.78MPa；

⑤$_4$ 灰绿色粉质黏土，厚 2.7m，可塑，湿，中等压缩性，P_s 为 2.75MPa；

⑦$_1$ 灰绿色黏质粉土，厚 3.2m，中密，饱和，中等压缩性，P_s 为 7.3MPa；

⑦$_2$ 草黄色粉砂，厚 20m，密实，中等压缩性，P_s 为 20.42MPa。

3. 基坑与基金会大楼基础位置关系

基坑与基金会大楼位置关系、支撑系统平面布置图及基坑围护与基金会大楼（C 楼）补桩示意图如图 60－58～图 60－60 所示。

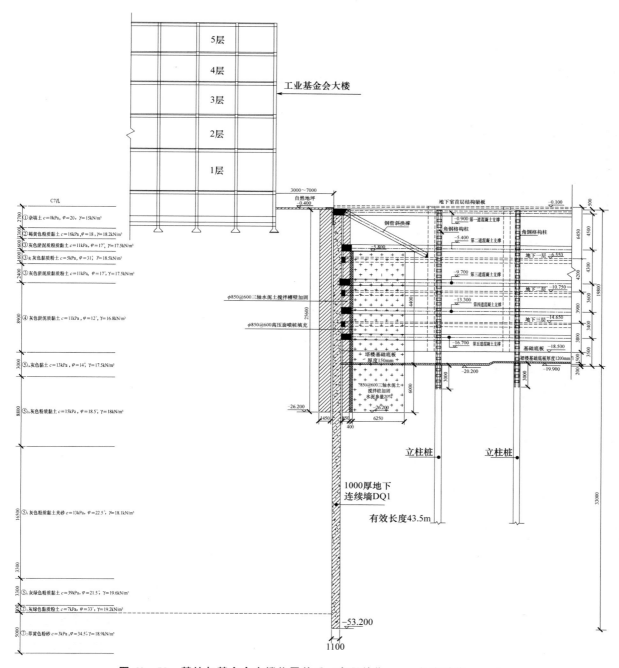

图 60－58　基坑与基金会大楼位置关系（高程单位：m；长度单位：mm）

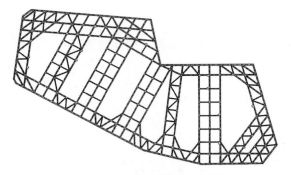

图 60 - 59 支撑系统平面布置图

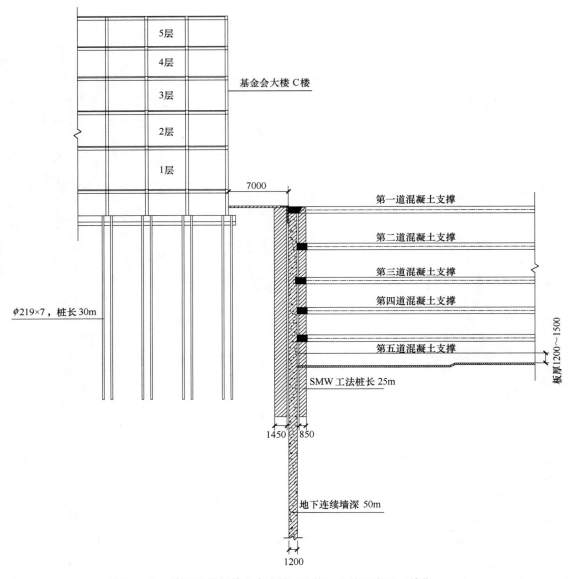

图 60 - 60 基坑围护与基金会大楼（C楼）补桩示意图（单位：mm）

4. 深基坑开挖对相邻建筑物影响的计算分析

（1）计算剖面的选取

本次分析针对 A、B、C 楼分别选取剖面进行计算，具体如表 60 - 6 和图 60 - 61 所示。

表 60 - 6　计算剖面的选取

剖面	剖面方向	分析建筑物	建筑物距基坑最小距离/m
A—A	南北	C 楼、A 楼	7
B—B	东西	C 楼	3
C—C	东西	A 楼	3
D—D	南北	B 楼	7

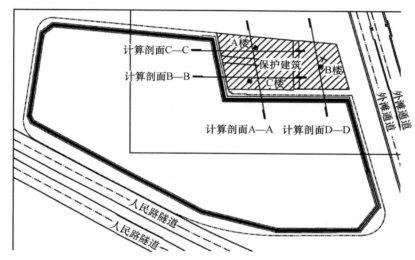

图 60 - 61　计算剖面的平面位置示意图

（2）计算模型

本次主要计算基坑开挖引起的邻近工业基金会大楼 A、B、C 三幢建筑物的附加变形。

计算采用通用的有限元计算程序 PLAXIS，有限元模型如图 60 - 62～图 60 - 65 所示，计算中作如下简化假定：

1）土体计算参数根据岩土工程勘察报告（选择位于基坑阳角处的 C7 孔的土层分层数据和勘察报告提供的各层土的物理力学指标），并与设计单位前期的计算结果进行复核后确定。

2）计算中土体采用硬化弹塑性模型模拟，同时采用 Goodman 接触单元，考虑土体和地下结构之间的相互作用。

3）邻近建筑物结构形式复杂，程序难以准确模拟。计算中按建筑物超载考虑，建筑物已发生的长期沉降进行归零处理，但是考虑开挖前土体初始应力场分布（土体自重、建筑物超载等共同产生）。

4）考虑地下连续墙施工对土体初始应力场的影响，但不计算地下连续墙施工期间引起的邻近建筑物附加变形。

5）计算钢管桩刚度时，不考虑混凝土灌芯的有利影响，将混凝土灌芯作为构造加强。

6）根据每跨中布置的锚杆静压桩的数量，按刚度等效的原则分配到每延米。将实际空间中离散的桩在二维模型中等效成连续的墙体进行计算。

7）通过程序中的"单元生死"模拟地下连续墙施工、各层土体的分层开挖及各道支撑的施工过程，根据基坑工程顺作法施工工况模拟基坑开挖的全过程。

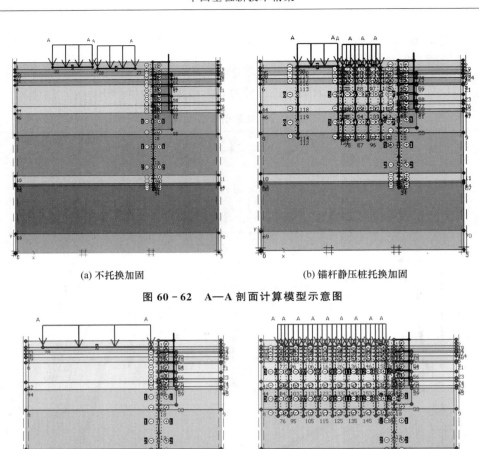

(a) 不托换加固　　　　　　　　(b) 锚杆静压桩托换加固

图 60-62　A—A 剖面计算模型示意图

(a) 不托换加固　　　　　　　　(b) 锚杆静压桩托换加固

图 60-63　B—B 剖面计算模型示意图

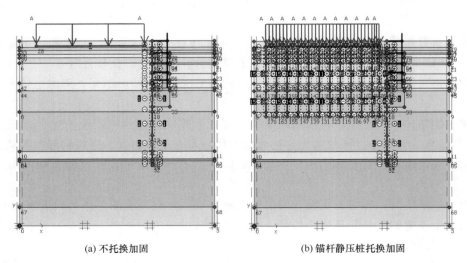

(a) 不托换加固　　　　　　　　(b) 锚杆静压桩托换加固

图 60-64　C—C 剖面计算模型示意图

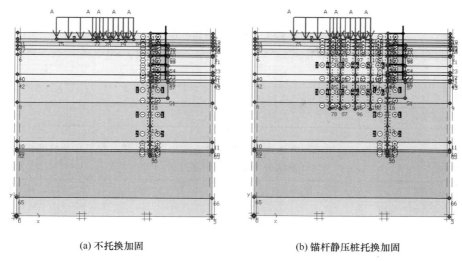

(a) 不托换加固　　　　　　　　(b) 锚杆静压桩托换加固

图 60 - 65　D—D 剖面计算模型示意图

（3）计算工况

计算工况见表 60 - 7。

表 60 - 7　计算工况

步骤	计算或施工内容	步骤	计算或施工内容
第 0 步	初始地应力场计算	第 4 步	施工第二道混凝土支撑，开挖第二层土体
第 1 步	邻近建筑物对初始地应力场的影响	第 5 步	施工第三道混凝土支撑，开挖第三层土体
第 2 步	锚杆静压桩对老建筑进行基础托换加固（地墙形成）	第 6 步	施工第四道混凝土支撑，开挖第四层土体
第 3 步	施工第一道混凝土支撑，开挖第一层土体	第 7 步	施工第五道混凝土支撑，开挖至基底

（4）主要计算结果汇总

对前文选取的 4 个计算剖面分别进行了不托换加固、采用 $\phi219\times7$ 钢管桩进行托换加固、采用 $\phi273\times7$ 钢管桩进行托换加固三种情况下基坑开挖引起的邻近建筑物附加变形预估对比分析，见表 60 - 8～表 60 - 11。

表 60 - 8　A—A 剖面保护建筑下方进行锚杆静压桩托换加固与不进行锚杆静压桩托换加固的基坑开挖影响预估值对比

单位：mm

A—A 剖面	围护墙最大水平位移	建筑物最大竖向沉降	建筑物最大水平位移
不进行锚杆静压桩托换加固	40.1	26.0（C 楼） 21.7（A 楼）	12.3（C 楼） 11.6（A 楼）
进行锚杆静压桩托换加固（$\phi219\times7$）	39.3	12.0（C 楼） 13.7（A 楼）	11.6（C 楼） 9.1（A 楼）
进行锚杆静压桩托换加固（$\phi273\times7$）	39.0	11.6（C 楼） 13.2（A 楼）	11.5（C 楼） 9.0（A 楼）

表 60 - 9　B—B 剖面保护建筑下方进行锚杆静压桩托换加固与不进行锚杆静压桩托换加固的基坑开挖影响预估值对比

单位：mm

B—B 剖面	围护墙最大水平位移	建筑物最大竖向沉降	建筑物最大水平位移
不进行锚杆静压桩托换加固	38.8	30.0	11.1
进行锚杆静压桩托换加固（$\phi219\times7$）	39.7	13.1	7.7
进行锚杆静压桩托换加固（$\phi273\times7$）	39.6	12.6	7.7

表 60-10 C—C 剖面保护建筑下方进行锚杆静压桩托换加固与不进行锚杆静压桩托换加固的
基坑开挖影响预估值对比   单位：mm

C—C 剖面	围护墙最大水平位移	建筑物最大竖向沉降	建筑物最大水平位移
不进行锚杆静压桩托换加固	39.6	27.3	10.3
进行锚杆静压桩托换加固（$\phi219\times7$）	41.4	13.8	7.4
进行锚杆静压桩托换加固（$\phi273\times7$）	41.4	13.6	7.4

表 60-11 D—D 剖面保护建筑下方进行锚杆静压桩托换加固与不进行锚杆静压桩托换加固的
基坑开挖影响预估值对比   单位：mm

D—D 剖面	围护墙最大水平位移	建筑物最大竖向沉降	建筑物最大水平位移
不进行锚杆静压桩托换加固	37.9	27.2	11.2
进行锚杆静压桩托换加固（$\phi219\times7$）	36.5	12.6（有桩部分最大沉降为8.1）	7.4
进行锚杆静压桩托换加固（$\phi273\times7$）	36.4	12.5（有桩部分最大沉降为7.6）	7.4

5. A、B、C 三幢楼的补桩加固设计

（1）补桩加固原则

1）通过补桩加固减小三幢楼的总体沉降，并达到均匀沉降的目的。

2）补桩加固不影响三幢楼的正常使用和人员的正常活动。

3）不允许出现结构裂缝和危害建筑结构安全的隐患，确保保护建筑的安全使用。

4）补桩加固不得在建筑物周围的中山东二路和新永安路人行道上开挖基坑进行压桩。

5）靠近基坑一侧桩适当多布，远离基坑则适当少布。

6）桩长度应比基坑开挖深度长 50%，桩尖应进入相对较好的土层，并通过沉降计算进行校核。

（2）补桩平面图

补桩平面图如图 60-66～图 60-68 所示。

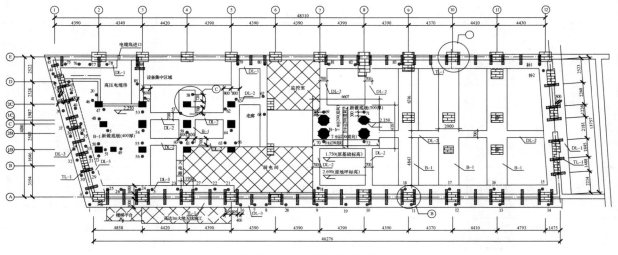

图 60-66 A 楼补桩平面图

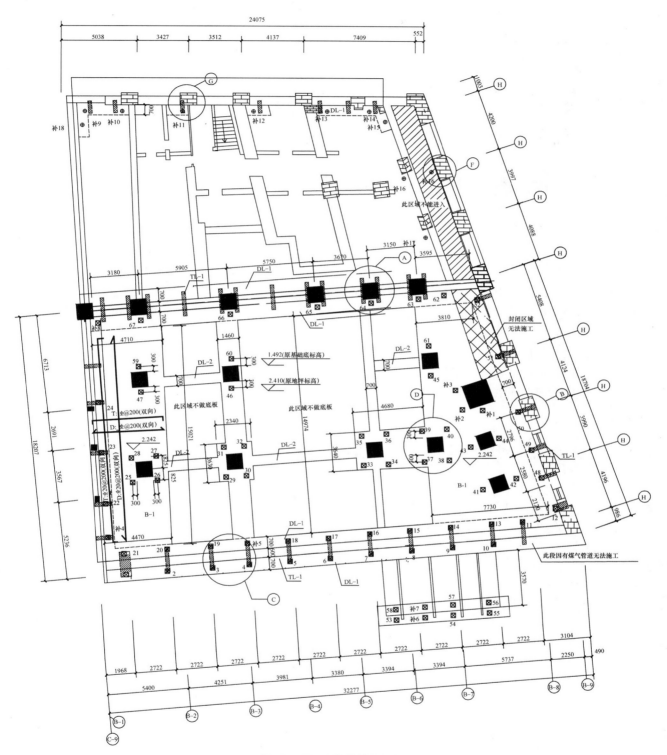

图 60-67　B 楼补桩平面图

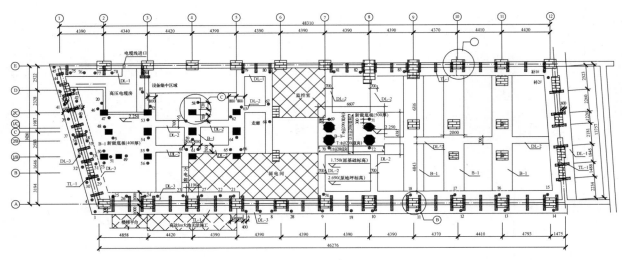

图 60-68 C楼补桩平面图

（3）桩型选择

由于补桩加固在地下室内进行，空间高度仅为 1.5～2m，受到严格限制，给压桩施工带来极大不便。考虑到挤土影响、制桩和压桩方便，决定选择钢管桩，桩径为 $\phi 219 \times 7$，桩长 30m，钢管内充填 C30 混凝土，桩节长度根据净空高度而定。

（4）砖基础的加固

砖基础通过夹墙梁和抬梁相结合形成共同体（图 60-69），在受力部位设置压桩孔，当混凝土强度达到设计强度后即可压桩。

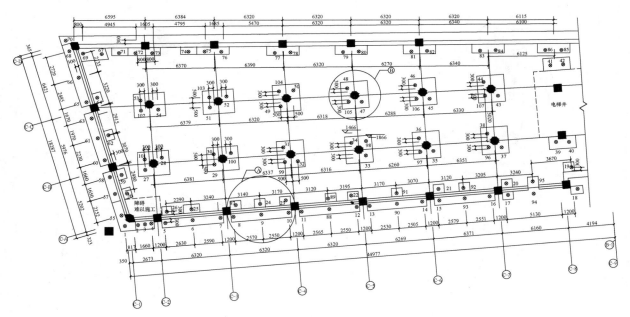

图 60-69 抬梁与地梁连接详图

加强独立基础和墙基的基础板连系，尽量形成整体，详见图 60-70。

（5）泵房内补桩加固

要求水泵不能停顿，施工空间十分狭窄，且局部有高压电线，施工条件十分苛刻。泵房内压桩施工现场如图 60-70 所示。

图 60 - 70　泵房内压桩施工现场

6. 补桩加固施工

（1）抬梁和夹墙梁施工

抬梁和夹墙梁施工如图 60 - 71 和图 60 - 72 所示。

图 60 - 71　抬梁施工　　　　　　图 60 - 72　夹墙梁施工

（2）压桩施工工序

压桩施工工序为：确定开挖范围及深度→破碎地坪→开挖土方→浇筑垫层→凿抬梁墙洞→绑扎抬梁钢筋→浇筑抬梁墙洞部分混凝土→植筋→绑扎地梁及板钢筋→预留压桩孔→预埋锚杆→支模→灌注 C30 混凝土→养护。

（3）补桩加固施工

补桩加固施工现场、压桩曲线和封桩节点如图 60 - 73～图 60 - 75 所示。

图 60 - 73　补桩加固

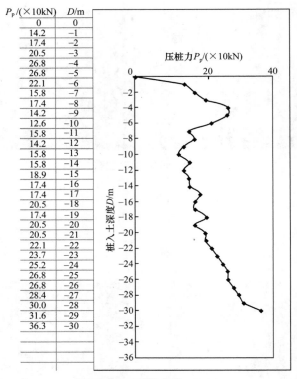

$P_p/(\times 10kN)$	D/m
0	0
14.2	−1
17.4	−2
20.5	−3
26.8	−4
26.8	−5
22.1	−6
15.8	−7
17.4	−8
14.2	−9
12.6	−10
15.8	−11
14.2	−12
15.8	−13
15.8	−14
18.9	−15
17.4	−16
17.4	−17
20.5	−18
17.4	−19
20.5	−20
20.5	−21
22.1	−22
23.7	−23
25.2	−24
26.8	−25
26.8	−26
28.4	−27
30.0	−28
31.6	−29
36.3	−30

图 60-74 压桩曲线（C 区）

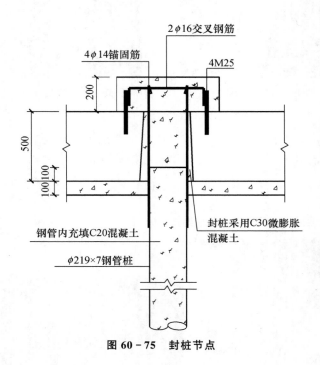

图 60-75 封桩节点

7. 基坑开挖与检测

（1）A、B、C 三幢楼的沉降情况

A 区（北楼）平均沉降为 70mm；B 区（东楼）平均沉降为 73mm；C 区（南楼）平均沉降为 55mm；B 区（东楼）北面外侧因不能压桩，少数测点沉降量达 110mm。

（2）A 楼附近土体变形曲线

A 楼附近深层土体水平位移曲线如图 60-76 所示。

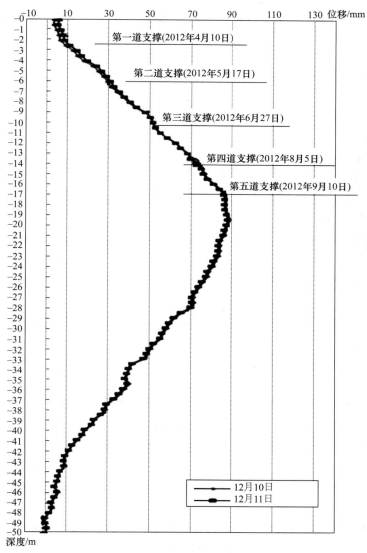

图 60-76　A 楼附近深层土体水平位移曲线

（3）墙体裂缝检测

A、B、C 三幢楼均未出现结构性裂缝，仅在变电室填充墙面和 A 楼窗角墙出现少量裂缝。

8. 结　论

1）开挖 20m 深基坑，对相邻保护建筑进行基础托换加固是十分必要的。

2）保护建筑采用锚杆静压桩加固技术是行之有效的。

3）通过补桩加固，相邻保护建筑沉降得到有效控制，平均沉降为 50～60mm，沉降比较均匀。

4）经过检查，A、B、C 三幢楼均未出现结构性裂缝，仅填充墙和 A 楼窗角墙有少量裂缝，保护性建筑安全得到有效保证。

5）通过实测与计算结果比较可知，计算数值较小，实际沉降量较大，其原因是土性较复杂，取值有偏差，深基坑变形难以控制。通过分析认为桩长还应加长，以减少保护性建筑的沉降量。

6）本工程中，为减少深基坑开挖对相邻保护建筑的影响而进行了基础加固，取得了很好的效果，可以为今后类似的工程提供宝贵的经验。

60.5.5　锚杆静压桩技术用于高层建筑桩基事故处理

1. 工程实例一

（1）工程概况

图 60-77　补桩加固后的某高层住宅楼

某高层住宅楼长 51m，宽 17m，高 28 层，地下一层，底板厚 1.4m，设计采用 ϕ600PHC 桩，桩长 33m，单桩承载力 2500kN，布桩 212 根。当建到 12 层时发现大楼有向北倾斜趋势，当建到 18 层时倾斜率达到 0.93‰，沉降速率达到 0.328mm/天。建设方根据专家建议拟采用锚杆静压桩技术进行补桩加固，并邀请锚杆静压桩研发单位——上海某地基技术有限公司承担该项补桩加固任务。后者结合现场情况提出大型锚杆静压钢管桩方案，建设方审核批准了上述加固方案，并通知施工队伍立即进行补桩加固（图 60-77）。

（2）造成工程桩基事故的原因

1）桩型选择不当。拟建场地上部为软黏土层，厚达 25～30m，其下为桩尖持力层——卵石层，原设计采用直径 600mm PHC 排土打入桩。在打桩施工过程中会产生超孔隙水压力，导致挤土效应的发生，土体受到严重扰动，打桩引起的挤土压力向三个方向传递，分别是向下、向侧面和向上。在土体上拱拉应力的作用下，当桩身接头焊缝长度不足，或焊接质量较差时焊缝会被拉裂，造成接头脱开，或整根桩上抬，从而降低桩的承载能力。在本工程中曾出现过桩接头脱开的现象，由此可见，本工程选用 PHC 桩桩型是不合适的。

2）Ⅳ类桩未做处理就开始建造大楼。经桩基监测发现，Ⅳ类桩为 26 根，占总桩数的 12.3%。为赶工期，在对上述Ⅳ类桩未做任何处理的情况下就施工地下室和上部结构，当大楼高度不断增加时，沉降和倾斜就逐渐显露出来。当大楼施工到 18 层时，倾斜率已达 0.93‰，沉降速率达 0.328mm/天，而此时上部荷载仅为 40%。若全部荷载施加完毕，后果不堪设想。由此可见Ⅳ类桩未做补强加固所带来的不良后果。

3）桩尖持力层变化导致承载力降低。通过补桩加固，设计桩长为 33m，而该工程在西北角区压桩深度达到 34～35m，桩尖才进入卵石层，桩数达 30 根之多，占总补桩数的 30%，说明打入桩采用统一桩长往往会造成桩尖未进入持力层的不利情况。大楼在建设过程中，西北区沉降较大，并伴有向北倾斜的不利情况，倾斜率接近 1‰，由此可见桩尖未进入持力层，桩基承载力降低而引起附加沉降。

4）打桩施工未采取钻孔取土防挤措施。某栋楼设计采用 ϕ600 PHC 桩 212 根，挤土量达 1977m³，淤泥土层含水率高达 53%，土层厚 25～30m，强度低，呈流塑状，排土桩的打入严重扰动了土的结构，土的强度降低，从而引起桩头的位移，降低了桩的承载能力。按上海地区的施工经验，在黏性土体中打桩，为消除挤土效应，往往采取预钻孔取土措施，钻孔直径为 300～400mm，钻孔深 15m，从而减小挤土压力，可取得比较好的效果。

5）电梯井深坑围护不当，引起塌方，造成电梯井桩头位移。本工程电梯井比地下室深 3m，电梯井深坑采用打钢板桩进行围护，由于基坑开挖施工不当，导致围护倒坍，使电梯井内桩基发生位移，严重影响桩的承载力。沉降观测表明，电梯间沉降量较大。

（3）补桩设计原则

1）补桩设计依据。主要依据长期系统的沉降观测资料、桩基检测报告、已有的相关规程规范及以往处理事故桩的经验。

2）补桩设计原则。

① 根据桩基应力分布规律，角点和边缘桩应力较高，因此对建筑物四个角和基础边进行补桩加固。

② 电梯井筒比较重，沉降较大，因此在电梯井筒四周进行补桩加固。

③ Ⅲ、Ⅳ类桩较多区域应适当多布桩，使损失承载力的桩强度得到补偿。

④ 高层倾斜率较大一侧，在基础边缘应多布桩，制止倾斜继续发生。

⑤ 桩尖未进入持力层区域的桩应进行补桩加固。

3）桩型选择。根据现场实际情况研究了多种补桩加固方案，如旋喷桩、树根桩、灌注桩等桩型，都因地下室高度不足、桩身强度低、桩身建立强度时间长、施工引起的附加沉降等因素被否定，最后推荐采用大型锚杆静压钢管桩加固方案。

大型锚杆静压钢管桩的优点：穿透性能好，承载力高，长度可以任意调整，对原管桩无挤压作用，桩基质量有保证；压桩施工不受地下室净高的限制，压桩施工时无振动、无噪声、无污染，属环保型施工工法；当桩压入后，经封桩后可以立即建立强度，承受上部荷载，从而起到立竿见影的加固效果。

4）设计参数的确定。本工程采用钢管桩方案，经计算，选择直径为 426mm、壁厚为 12mm 的钢管桩，桩数为 102 根，约为原总桩数 212 根的 48%。单桩承载力特征值为 1500kN，占总荷载 50000t 的 33%，托换比例约为总荷载的 1/3。桩长 33～35m，与原 PHC 管桩桩长相同，桩段长 2m，钢管内充填 C35 混凝土，钢管混凝土桩的抗弯强度大大提高。根据宝钢试验结果，单桩承载力可提高 20% 左右，单桩承载力特征值可提高到 1800～2000kN。封桩前恢复板面钢筋和锚杆之间的交叉钢筋，采用 C35 微膨胀混凝土封桩。

5）高荷载情况下的补桩措施。高层建筑基础底板应力测试表明，高层建筑的荷载主要由桩基承担，但基底压力测试表明基底尚有较高应力，因为混凝土基础荷载仍作用在地基土上，当桩基接头脱开、桩尖未进入持力层或桩身位移导致承载力降低时，地基土将承受较大的上部荷载，说明基础底板下仍有较大压力，当楼高达到 28 层时，桩基将主要承受上部荷载。

锚杆静压钢管桩补桩是在高荷载情况下进行的。先在底板用金刚石薄壁钻以排钻形式开凿压桩孔，在孔两侧埋设高强度 M32 锚杆，安装压桩架，利用底板和上部结构自重，通过千斤顶将桩逐段压入孔中。当桩尖进入持力层——卵石层，压桩力大于 3000kN 后，停止压桩，吊入钢筋笼，底板面层钢筋复位，随即灌注 C35 混凝土。当封桩混凝土堵块达到设计强度后，该桩即可承受上部荷载。

在高荷载情况下采取的补桩加固措施有：

① "快速"：快速成孔、快速压桩、快速封桩。

② 合理安排压桩顺序：先施工沉降较大部位的桩，后施工其他部位的桩。

③ 先施工角桩和边桩，以便控制大楼角点和边缘的沉降，再施工内部的桩。

④ 压桩施工宜均匀、分散、对称进行，在补桩时间允许的情况下，宜慢不宜快，使新补桩均匀受力。

（4）锚杆静压钢管桩施工

锚杆静压钢管桩控制标准：本工程的压桩力大于 3000kN，以桩尖进入卵石层为唯一控制标准。当压桩力小于 3000kN，桩长已达到 33m 时，宜再增加桩节，直到桩尖进入卵石层、压桩力大于 3000kN 为止。图 60-78～图 60-81 所示为施工情况。

图 60-78　金刚石薄壁钻钻孔

图 60-79　混凝土芯柱

图 60-80　锚杆位置

图 60-81　压桩

（5）荷载试验结果

荷载试验结果见表 60-12。

表 60-12　试验结果汇总

楼号	桩号	设计承载力特征值/kN	最大试验荷载/kN	最大试验荷载对应位移量/mm	回弹量/mm	回弹率/%	极限承载力建议值/kN
2	2-23	1500	3000	32.30	12.76	39.5	3000
2	2-27	1500	3000	21.10	9.54	45.2	3000
2	2-29	1500	3000	30.57	11.03	36.1	3000

分析试验结果可知，23、27、29 号桩的单桩竖向抗压极限承载力达到 3000kN，均满足设计要求。

（6）补桩加固效果

补桩加固前，沉降速率为 0.23mm/天，倾斜率为 0.99‰，28 层结构封顶补桩加固后，沉降速率为 0.04mm/天，倾斜率稳定在 1.13‰。

（7）结语

该 28 层高层建筑采用锚杆静压钢管桩补桩加固后，沉降速率明显减小，倾斜率仅增加 0.14‰，并稳定在此数值，倾斜率 1.13‰＜2.5‰（规范允许值），取得了较好的补桩加固效果。

由此可见，大直径锚杆静压钢管桩在高层建筑桩基补桩加固处理方面具有独到之处。该项技术自开发至今，已先后用于高层桩基加固工程达 50 余项，成功率达 100%，并在设计和施工方面取得了丰富的经验，使我国在桩基托换技术领域独树一帜，在岩土工程中解决"疑难杂症"取得立竿见影的效果。

2. 工程实例二

（1）工程概况

莲花河畔 7 号楼长 46.4m，宽 13.2m，高 43.9m，无地下室，轴线布桩，桩基为 $\phi400$ PHC 管桩。由于南侧基坑开挖（深 4.5m），北侧堆土（高约 10m），于 2009 年 6 月 27 日发生倒塌事故，并使 6 号楼（长、宽、高与 7 号楼相同）向南移位，位移量达 120mm。出于安全考虑，6 号楼基础必须进行托换加固。经反复研究，决定选用大型锚杆静压钢管桩技术。

（2）加固施工日期

2009 年 10 月 7 日—2010 年 12 月 25 日。

（3）锚杆静压桩地基加固设计方案

1）桩位平面图如图 60-82 所示。本工程桩数总计 116 根（其中压桩 70 根），桩径为 406mm×10，桩长为 33m，单桩承载力设计值为 1300kN，设计压桩力不低于 2500kN。通过植筋，将原狭长条基设计修改为整板基础（图 60 - 83），板厚为 700mm，采用均匀布桩，在基础底板上预留压桩孔。为满足设计要求，于 2009 年 10 月 4—6 日进行 2 根试桩试验，其压桩力超过 2500kN，单桩承载力为 1300kN，完全满足设计要求。室内钢管桩的施工如图 60 - 84 所示。

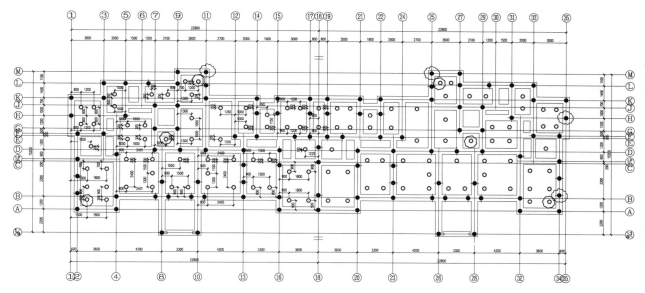

图 60 - 82　6 号楼锚杆静压桩桩位平面图

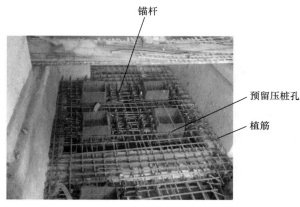

图 60 - 83　底板植筋加固

图 60 - 84　室内钢管桩施工

2）桩身材料。本工程钢管桩选用 ϕ406.4mm×10 螺旋焊管，桩材采用 Q235 B 级钢。

3）接桩形式。接桩采用内衬圈形式，采用半自动焊和人工手把焊接两种焊接方法。

4）预留孔、锚杆及封桩技术。

① 预留孔。上口为 450mm×450mm，下口为 550mm×550mm。

② 锚杆。采用 M32（Q335 材质）爪式锚杆，在基础浇捣前预埋在压桩孔两侧。共埋设锚杆 12 根，锚杆长度为 55～60cm，埋置深度为 15d，并与相邻钢筋搭焊固定。锚杆由专人负责埋设。

③ 封桩。封桩前先在钢管内灌砂至底板下 6m 处，再放入 6ϕ16（ϕ8@200 箍筋）的钢筋笼，恢复板面钢筋（钢筋的搭接长度单面焊为 10d），灌注 C45S8 微膨胀混凝土封桩。

（4）压桩施工

本工程压桩施工是在极其苛刻的环境下进行的，在厨房、卫生间等处压桩操作面小，施工高度受到限制，工期紧，且要保证上部居民生活不受影响，出行安全畅通。

（5）加固效果

通过补桩加固，6号楼不均匀沉降情况得到有效遏制，确保了建筑物的正常使用，加固后建筑物使用情况良好。

3. 工程实例三

（1）工程概况

某汽车城工程，地上20层，地下一层，该工程的基础早已施工完毕，而上部结构处于停工状态。现要求改变现有建筑结构功能，经过验算，需对局部基础进行补桩加固。经多方案比较，决定采用大型锚杆静压钢管桩技术。

（2）补桩加固设计

1）该工程共补桩13根，桩长28m，桩节长2.5m。

2）补桩设计参数。钢管桩桩径为600mm×12，单桩承载力P_a为2550kN，钢材为Q345B，压桩力为$1.6P_a = 4080$kN。

3）成孔。基础底板厚$1.1 \sim 1.7$m，垫层厚0.1m，采用金刚石薄壁钻以排孔形式成孔（图60-85），取出混凝土芯。开孔直径750mm，孔深$1.2 \sim 1.8$m。

4）压桩施工。在地下室内采用500t级压桩架进行压桩施工。压桩曲线如图60-86所示。

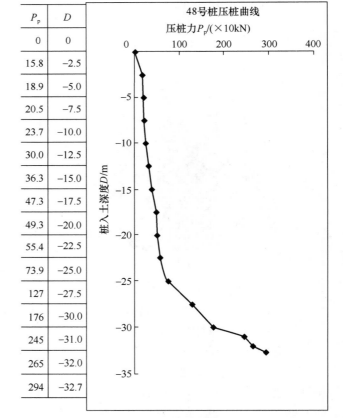

P_p	D
0	0
15.8	-2.5
18.9	-5.0
20.5	-7.5
23.7	-10.0
30.0	-12.5
36.3	-15.0
47.3	-17.5
49.3	-20.0
55.4	-22.5
73.9	-25.0
127	-27.5
176	-30.0
245	-31.0
265	-32.0
294	-32.7

图60-85　1.7m厚底板采用金刚石薄壁钻成孔

图60-86　压桩曲线

5）封桩。采用钢管充填砂子至钢管桩顶面以下2.5m，放置直径为500mm的12Φ18钢筋笼，钢筋笼长4m，封桩采用C45S8微膨胀混凝土。封桩构造如图60-87所示。

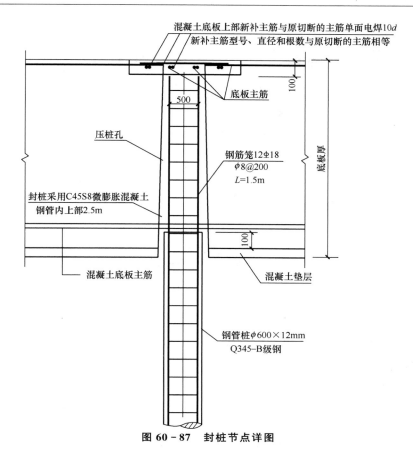

图 60 - 87　封桩节点详图

6）12 号桩的现场荷载试验。钢管桩桩径为 600mm，壁厚 12mm，桩长 28m，最终压桩力为 4020kN。试桩在一层地下室内，利用原压桩架进行加载试验。试验结果见表 60 - 13，试验曲线如图 60 - 88 所示。

表 60 - 13　静荷载试验结果

桩号	单桩极限承载力/kN	桩顶最大变形量/mm	桩顶最大残余变形量/mm	回弹量/mm	回弹率/%	试验终止原因
12	≥4080	29.19	13.54	15.65	53.61	达到极限承载力

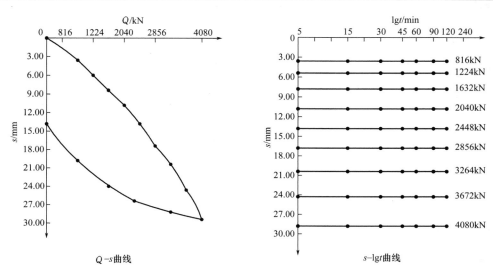

图 60 - 88　静荷载试验曲线

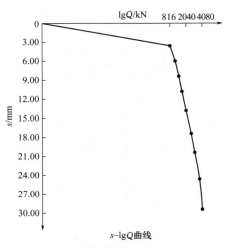

图 60-88　静荷载试验曲线（续）

试验结果：单桩抗压极限承载力均达到设计要求。

（3）压桩施工

1）施工流程：金刚石薄壁钻开凿压桩孔→埋设锚杆→安装压桩架→吊桩入孔→压桩→焊接接桩→当桩长达到 26～28m 或压桩力达到 $1.6P_a$ 时可进行送桩→做好压桩记录→开凿地坪，露出主筋→填黄砂至钢管桩顶面下 2.5m 处→安放钢筋笼→板面钢筋复位→抽水→灌注 C45S8 微膨胀混凝土至基础板面。

2）压桩施工技术要求：

① 钢管桩桩节加工应符合设计要求，端面平整，管段竖直，同心度要好，坡口呈 45°，搬运时要轻放，防止管口受冲击凹曲变形。

② 上下桩段连接应保持垂直，可用水平靠尺或垂线校核。

③ 千斤顶与桩身应在同一中心线上，防止偏心压桩。

④ 锚杆埋设可采用硫黄胶泥粘结，确保在有效温度（150℃左右）内灌注，或采用植筋胶。

⑤ 大直径钢管桩接桩采用半自动焊接，焊接质量好，焊接速度快。

⑥ 为确保焊接质量，根据有关规定对焊缝进行超声波检测。

⑦ 停止压桩标准。以达到设计桩长 26～28m 或压桩力不低于 4080kN 作为停压标准。

图 60-89 为某汽车城补桩加固工程 8 号桩的压桩曲线，图 60-90 为静力触探 P_s 曲线。

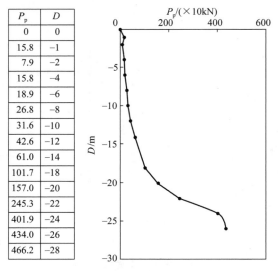

P_p	D
0	0
15.8	-1
7.9	-2
15.8	-4
18.9	-6
26.8	-8
31.6	-10
42.6	-12
61.0	-14
101.7	-18
157.0	-20
245.3	-22
401.9	-24
434.0	-26
466.2	-28

图 60-89　8 号桩压桩曲线

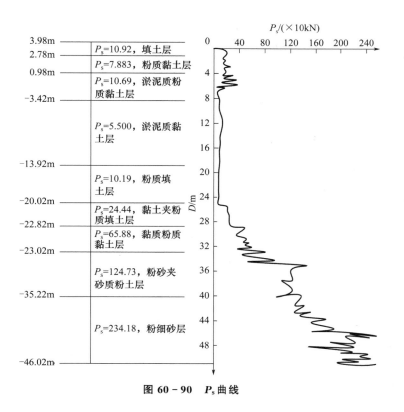

图 60 - 90　P_s 曲线

由上可见，压桩曲线与静力触探的 P_s 曲线非常相似。

（4）补桩效果

通过荷载试验可知，大型锚杆静压钢管桩承载力均达到设计要求，500t 级的新研制的压桩架经受住了考验。

60.5.6　锚杆静压桩技术用于国家重点工程的补桩加固

1. 工程概况

上海国际会议中心（图 60 - 91）地上 11 层，地下二层，原设计方案为钢筋混凝土框架结构，柱距 8m，箱桩基础，底板厚 1.1m，PHC 桩，已全部施工完毕。后考虑国际会议中心大厅应有大空间，多功能大厅内不能有柱子，因此需要修改设计方案。设计单位经研究决定采用 50m 大跨度钢网架结构，但网架的荷重将全部落在拱脚基础上，拱脚需要放在桩基上。

2. 新补桩加固方案的制定

由于工期紧迫，大型打桩机具无法进入深坑内，经多方比较，决定采用大型锚杆静压钢管桩技术。经计算，新增桩数为 272 根，钢管直径为 406mm，采用壁厚为 10mm 的 16 锰钢管，桩长 39m，钢管内灌注 C20 混凝土，压桩力取约 1.5P_a（单桩承载力 P_a 为 1500kN），即 2300kN。

3. 补桩加固施工

基础底板全部采用金刚石薄壁钻成孔，孔径为 450mm，压桩孔两侧共埋设 12 根 M30 锚杆，提供压桩所需的抗拔力。该补桩

图 60 - 91　上海国际会议中心全景

工程共投入压桩设备 16 台，经过近 1 个月的紧张施工，完成了补桩加固任务，确保了国际会议中心工程的顺利进行。该工程至今情况良好，说明该项技术是安全可靠的，为特殊基础加固工程提供了新的解决途径。压桩曲线如图 60 - 92 所示。

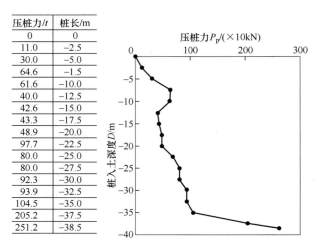

压桩力/t	桩长/m
0	0
11.0	-2.5
30.0	-5.0
64.6	-1.5
61.6	-10.0
40.0	-12.5
42.6	-15.0
43.3	-17.5
48.9	-20.0
97.7	-22.5
80.0	-25.0
80.0	-27.5
92.3	-30.0
93.9	-32.5
104.5	-35.0
205.2	-37.5
251.2	-38.5

图 60 - 92　255 号桩压桩曲线

4. 结语

1）自取得专利以来，锚杆静压钢管桩是用于补桩加固及工程事故处理中数量较多的桩型，压桩力大于 2000kN，解决了当时上海地区桩基难度很大的新建项目存在的问题，为城市建设做出了贡献。

2）采用该项技术确保了桩基的质量，确保了工程进度，节省了投资。

3）新技术的开发必须结合工程实际需要，大型锚杆静压钢管桩新技术的研发成功是当时形势的需要、工程建设的需要，更是设计单位、施工单位密切配合所取得的成果。

参 考 文 献

[1] 周志道 . 锚杆静压桩法 [J]. 工业建筑，1984，1（1）：43.

[2] 中华人民共和国行业标准 . 锚杆静压桩技术规程（YBJ 227—1991）[S]. 北京：冶金工业出版社，1991.

[3] 中华人民共和国国家标准 . 混凝土结构加固设计规范（GB 50367—2013）[S]. 北京：中国建筑工业出版社，2014.

[4] 中华人民共和国行业标准 . 既有建筑地基基础加固技术规范（JGJ 123—2012）[S]. 北京：中国建筑工业出版社，2013.

[5] 上海市工程建设规范 . 地基处理技术规范（DG/T J08-40—2010）[S]. 上海市城乡建设和交通委员会，2010.

[6] 上海市工程建设规范 . 地基基础设计标准（DGJ 08-11—2018）[S]. 上海市住房和城乡建设管理委员会，2019.

[7] 叶书麟 . 地基处理工程实例应用手册 [M]. 北京：中国建筑工业出版社，1998.

[8] 龚晓南 . 地基处理新技术 [M]. 西安：陕西科学技术出版社，1997.

[9] 周志道，周寅 . 锚杆静压钢管桩在高层建筑桩基事故处理中的应用 [J]. 施工技术，1995，24（9）：17.

[10] 周志道 . 锚杆静压钢管桩技术 [J]. 上海建设科技，1996（3）：7.

[11] 周志道 . 建（构）筑物桩箱逆作法技术首次应用于上海电子商厦工程 [J]. 上海建设科技，1993（1）：30.

[12] 周志道 杜桑帆 . 建（构）筑物可控纠偏技术的研究与应用 [J]. 上海建设科技，1991（1）：19 - 20.

[13] 周志道，周寅 . 锚杆静压桩地基加固新技术的现状与展望 [J]. 地基处理，2002，13（4）：16 - 22.

[14] 周志道 . 锚杆静压桩加固填土地基上厂房基础 [J]. 工业建筑，1987（7）：58.

第61章 灌注桩钢筋笼及有关桩型的长度检测技术

樊敬亮 高新南 崔 健 高云娇 刘理湘 董 平 殷 梅

61.1 基本原理、适用范围及优缺点

61.1.1 检测目的

随着我国工程建设事业的蓬勃发展，灌注桩在桥梁、港口码头、高层建筑物等大型工程中大量应用，已成为我国工程建设中最重要的一种基础形式，且桩径、桩长仍在不断增大。

由于灌注桩施工通常在地下或水下，属于隐蔽工程，加上桩长、桩径大，需要的材料多，偷工减料现象时有发生。特别是灌注桩的钢筋笼，由于长期缺乏有效的工后探测手段，已成为一些工程偷工减料的主要对象。

灌注桩钢筋笼的长度是根据水平荷载、弯矩的大小、桩周土情况、抗震设防烈度及是否属于抗拔桩和端承桩等，按照有关规范计算确定的。如果钢筋笼长度不满足设计要求，将严重影响灌注桩基础的稳定性和抗震性能，构成建筑物的安全隐患。

笔者自 2005 年开始进行灌注桩钢筋笼长度检测技术的研究，通过理论研究、模型桩试验、灌注桩和管桩实测，总结出用磁测井法、电测井法检测灌注桩钢筋笼长度的方法，该方法也能被推广应用至钢管桩、管桩等有关桩型的长度检测。

2007 年 8 月，江苏省交通厅在南京主持召开了"灌注桩钢筋笼长度检测研究"科技成果鉴定会。鉴定委员会听取了课题的工作报告、研究报告、用户报告和查新报告，审阅了有关资料，经过质询和认真讨论，认为课题成果总体上达到国际先进水平，其中应用磁测井法检测钢筋笼长度研究处于国际领先水平，并一致同意通过科技成果鉴定，同时建议做好成果的推广应用工作。

2009 年 5 月，"用磁测井探测混凝土灌注桩中钢筋笼长度的方法"获发明专利，专利号为 ZL200610038753.7。2009 年 7 月，"用电测井探测混凝土灌注桩中钢筋笼长度的方法"获发明专利，专利号为 ZL200610038752.2。

61.1.2 磁测井法检测原理

设 f 是磁性体 J 的磁化强度，v 是磁化强度方向上的单位矢量，则 $J=|J|v$；又设 r 是位于磁性体 J 上某一磁偶极子到 P 点的矢径，T_a 为总磁场强度，直角坐标系中 x、y、z 轴上的单位矢量各是 i、j、k，则 T_a 在 x、y、z 方向的各分量分别为

$$Z_a = \int_v |J| \{3(v \cdot r)(k \cdot r) - (k \cdot v)r^2\} \frac{dv}{r^5} \qquad (61-1)$$

$$H_{ax} = \int_v |J| \{3(v \cdot r)(i \cdot r) - (i \cdot v)r^2\} \frac{dv}{r^5} \qquad (61-2)$$

$$H_{ay} = \int_v |J| \{3(v \cdot r)(j \cdot r) - (j \cdot v)r^2\} \frac{dv}{r^5} \qquad (61-3)$$

式（61-1）～式（61-3）即先计算出磁偶极子在某点的磁场，再将其在整个体积元积分，从而求

出整个磁性体磁场的公式。

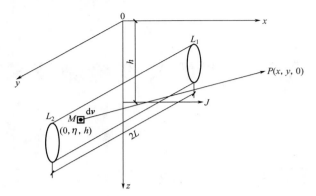

图 61-1　水平圆柱体坐标位置示意图

当水平圆柱体的走向长度一定时，就可看成有限长的偶极线，故计算其磁场时，将该偶极线上任一对偶极子的磁场沿轴向长度积分，通过式（61-1）～式（61-3）就可以求得其沿 x、y、z 方向的长度。下面研究沿 y 轴的分量 H_{ay}。

设水平圆柱体轴向长度为 $2L$，截面面积为 S，以坐标系 $x0y$ 平面为观测面，y 轴为水平圆柱体轴线在观测面上的投影线，水平圆柱体中心埋深为 h（图 61-1），则磁化强度为

$$\boldsymbol{J}=\boldsymbol{J}_x+\boldsymbol{J}_y+\boldsymbol{J}_z \tag{61-4}$$

设磁化强度 $\boldsymbol{J}$ 与 x、y、z 轴的夹角分别为 α、β、γ，观测面上任一点 P 的坐标为（x，y，0），柱体中心任一对磁偶极子的坐标为（0，η，h），磁性体单元的体积为 $\mathrm{d}\boldsymbol{v}$，r 为磁性体单元 $\mathrm{d}\boldsymbol{v}$（M 点）到观测点 P 的矢量 $\boldsymbol{MP}$，则

$$\boldsymbol{v}\cdot\boldsymbol{r}=x\cos\alpha+(y-\eta)\cos\beta-h\cos\gamma \tag{61-5}$$

$$\boldsymbol{j}\cdot\boldsymbol{r}=y-\eta \tag{61-6}$$

$$\boldsymbol{j}\cdot\boldsymbol{v}=\cos\beta \tag{61-7}$$

把式（61-5）～式（61-7）代入式（61-3），并积分，得

$$H_{ay}=\int_v|\boldsymbol{J}|\{3(y-\eta)[x\cos\alpha+(y-\eta)\cos\beta-h\cos\gamma]-r^2\cos\beta\}\frac{\mathrm{d}\boldsymbol{v}}{r^5}$$

$$=\int_v\frac{3\boldsymbol{J}_xx(y-\eta)+\boldsymbol{J}_y[2(y-\eta)^2-x^2-h^2]-3\boldsymbol{J}_zh(y-\eta)}{[x^2+h^2+(y-\eta)^2]^{\frac{5}{2}}}\mathrm{d}\boldsymbol{v} \tag{61-8}$$

也即对有限长水平圆柱体，在观测面上有

$$H_{ay}=\frac{\boldsymbol{J}_xsx-\boldsymbol{J}_zsh}{[x^2+h^2+(y-\eta)^2]^{\frac{3}{2}}}\bigg|_{L_1}^{L_2}+\frac{\boldsymbol{J}_ys(y-\eta)}{[x^2+h^2+(y-\eta)^2]^{\frac{3}{2}}}\bigg|_{L_1}^{L_2} \tag{61-9}$$

如将坐标原点取在该圆柱体走向长度的中点，使 $L_2=-L_1=L$，由于 $\boldsymbol{J}_x$ 和 $\boldsymbol{J}_z$ 垂直于圆柱体，其对 H_{ay} 分量无贡献，则沿圆柱体纵剖面上的 H_{ay} 为

$$H_{ay}=\frac{J_ys(y-L)}{[h^2+(y-L)^2]^{\frac{3}{2}}}-\frac{J_ys(y+L)}{[h^2+(y+L)^2]^{\frac{3}{2}}} \tag{61-10}$$

式（61-10）的特征曲线如图 61-2 所示。

钢筋属于铁磁性物质，由钢筋组成的钢筋笼在地磁场中受磁化而产生磁化强度。当桩中有钢筋笼时，由于钢筋笼的磁化强度与地磁场强度叠加，灌注桩附近的磁场强度（用磁感应强度表示）发生变化。由于地磁场在一定空间、时间内几乎不变，灌注桩附近磁场强度的变化特征反映了磁化强度的变化特征，而磁化强度的变化特征与钢筋笼的钢筋数量和分布密切相关。

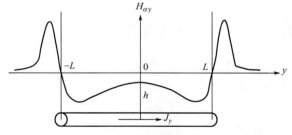

图 61-2　H_{ay} 磁异常特征曲线

钢筋笼的圆柱形特征很容易让人联想到把钢筋笼等效成圆柱体，由于灌注桩钢筋笼是直立的，为了让问题变得简单，可把灌注桩钢筋笼的磁异常特征等效成直立圆柱体的磁异常特征。

如果在直立磁性圆柱体外部钻取平行于圆柱体的钻孔，即钻孔平行于灌注桩中的钢筋笼，由于测量沿钻孔深度方向磁场强度的理论依据、解释方法等与地面磁测相似，所以地面磁测公式可以用于钻孔磁

测结果的解释。地面磁测是沿着水平线（x 轴或 y 轴）测量，所测垂直分量 Z 的方向与测线垂直，所测水平分量 H_{ax} 或 H_{ay} 与测线平行。而在孔中磁测时是沿着井轴这样一个直立剖面进行观测的，这时所测垂直分量 Z 与测线（钻孔轴线）平行，相当于地面磁测时观测 H_{ax} 或 H_{ay} 的情况，所测水平分量 H_a 与测线垂直，相当于地面磁测时 Z 的情况。只要把 $y0z$ 剖面连同磁性体截面及磁化强度 $\boldsymbol{J}$ 一起围绕原点以 x 轴为转动轴（图 61-2）按顺时针方向转 90°，就可把地面磁测所测的 H_{ay} 曲线变为孔中磁测 Z 曲线了。因此，把式（61-10）中的 J_y 变为 J_z 后，则为平行于直立磁性圆柱体外部钻孔中的 Z_a 磁异常方程，即

$$Z_a = \frac{J_z s(y-L)}{[h^2+(y-L)^2]^{\frac{3}{2}}} - \frac{J_z s(y+L)}{[h^2+(y+L)^2]^{\frac{3}{2}}} \tag{61-11}$$

式（61-11）的特征曲线如图 61-3 所示。

把钢筋笼等效成圆柱体，则灌注桩钢筋笼外部钻孔中的磁异常能够等效成直立磁性圆柱体外部钻孔中的 Z_a 磁异常。钢筋笼外部钻孔中的 Z_a 磁异常特征曲线应如图 61-3 所示，即在有钢筋笼的长度范围内，沿钢筋笼外部钻孔深度方向的 Z_a 磁异常曲线呈宽缓的马鞍形，负异常在钢筋笼的顶、底端偏外侧。Z_a 磁异常曲线各出现一个极大值，钢筋笼的底端对应从极小值转变为极大值的拐点；随着钻孔深度逐渐远离钢筋笼顶、底端，Z_a 磁异常逐渐变小，最后趋于零。

如果在灌注桩中心钻孔，则钢筋笼在中心钻孔中产生的 Z_a 磁异常应该类似于直立磁性圆柱体内部的磁场，其表达式为

$$Z_a = Z_a^A + Z_a^B = 4\pi J \left\{ \left[\frac{z-L}{[d^2+4(z-L)^2]^{\frac{1}{2}}} + \frac{z+L}{[d_0^2+4(z+L)^2]^{\frac{1}{2}}} \right] - \left[\frac{z-L}{[d_0^2+4(z-L)^2]^{\frac{1}{2}}} + \frac{z+L}{[d^2+4(z+L)^2]^{\frac{1}{2}}} \right] \right\} \tag{61-12}$$

式（61-12）的特征曲线如图 61-4 所示，曲线特征类似于钢筋笼外部钻孔中 Z_a 磁异常曲线。

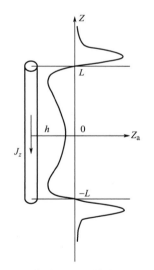

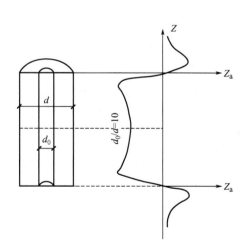

图 61-3　钢筋笼外部孔钻中 Z_a 磁异常曲线　　　　图 61-4　钢筋笼中心钻孔中 Z_a 磁异常曲线

61.1.3　电测井法检测原理

电阻率为零的导电体称为理想导体。当理想导体位于一般导体介质中时，向其上任意一点供电（充电）后，电流便遍及整个理想导体，然后垂直于导体表面流向周围介质。电流在理想导体内流过时不产生电位降，导体内电位处处相等，故又称理想导体为等位体。理想导体的充电电场与充电点的位置无关，只取决于充电电流的大小、充电导体的形状、产状、大小、位置及周围介质电性分布情况。讨论三

轴椭球体的充电场特征具有普遍的实用意义，因为适当改变三个轴的相对大小，便可获得多种形体的充电场分布特征。

设在电阻率为 ρ 的均匀无限介质中，对椭球状理想导体充以强度为 I 的电流，将笛卡尔坐标原点设在椭球中心，x、y、z 坐标轴分别与三个半轴 a、b、c 重合，则椭球表面的方程为

$$\frac{x^2}{a^2}+\frac{y^2}{b^2}+\frac{z^2}{c^2}=1 \qquad (61-13)$$

求解椭球坐标系中的拉普拉斯方程，可得充电球体外任意点 M 处的电位表达式为

$$u=\frac{I\rho}{8\pi}\int_{t_0}^{\infty}\frac{\mathrm{d}t}{\sqrt{(a^2+t)+(b^2+t)+(c^2+t)}} \qquad (61-14)$$

式中　t——M 点的椭球坐标。

若 M 点的笛卡尔坐标为 $(x，y，z)$，则 t_0 为方程（61-14）的最大实根。

$$\frac{x^2}{a^2+t_0}+\frac{y^2}{b^2+t_0}+\frac{z^2}{c^2+t_0}=1 \qquad (61-15)$$

由式（61-15）可知，如椭球坐标 $t_0=$ 常数，则电位 $u=$ 常数，即在椭球坐标系中椭球体充电电场的等位面方程为

$$t_0=常数$$

在笛卡尔坐标系中的等位面方程为

$$\frac{x^2}{a^2+t_0}+\frac{y^2}{b^2+t_0}+\frac{z^2}{c^2+t_0}=1 \qquad (61-16)$$

对比式（61-13）和式（61-16）可知，理想导电椭球体充电电场的等位面是与该椭球体表面共焦的椭球面簇。

从截面上看，理想导电椭球体等位线簇是椭球体在截面边缘的共焦椭圆曲线簇。由此可见，在椭球体附近（t_0 很小时），椭圆形等位线的长短轴之比及椭圆率均与椭球截面相近，等位线清楚地反映了充电椭球体的形状、产状和空间位置。当远离椭球体（t_0 增大）时，等位线的长、短轴比值及椭圆率 e 皆减小，分别趋于 1 和 0。在远离充电体处，即使充电体有一定延伸长度，那里的等位线形状亦近于圆形，和点源电场（正常场）的情况差不多。

钢筋电阻率小于 $10^{-6}\Omega\cdot\mathrm{m}$，混凝土电阻率一般大于 $10^6\Omega\cdot\mathrm{m}$，桩周土电阻率一般为 $10^{-1}\sim10^2\Omega\cdot\mathrm{m}$，潜水的电阻率一般小于 $10^2\Omega\cdot\mathrm{m}$，因此，相对于钢筋笼周围的混凝土、桩周土而言，钢筋笼无疑是理想导体。与三轴椭球体类比，可以把钢筋笼看作半轴 $a\gg b=c$ 的直立圆柱体。根据上述三轴椭球体的充电场特征不难想象，如果对灌注桩中的钢筋笼充电，则在钢筋笼的内部、周围将形成如图 61-5（a）中虚线所示的等位线簇：在平行于钢筋笼的剖面 AA' 上将出现直线状延伸的电位 U 极大值和电位梯度 $\frac{\partial U}{\partial D}$（$D$ 表示沿钢筋笼方向的电位采样间距）零值段；而在钢筋笼的底端附近，电位急剧下降，电位曲线出现拐点，电位梯度曲线相应地出现极小值；在钢筋笼底端下面，电位趋向于某一低值，电位梯度则趋向于零。在剖面与钢筋笼距离不大的情况下，电位梯度曲线极小值处或电位曲线拐点处为钢筋笼的底界面，如图 61-5（b）所示。

61.1.4　适用范围和检测参数

1. 适用范围

1）第四系土层中的钻孔灌注桩，桩中钢筋笼长度不超过 60m。

2）对磁测井法，桩中或桩周除钢筋笼以外无连续铁磁性体干扰。

3）对电测井法，桩头有钢筋或能暴露的钢筋。

4）可推广应用于钢管桩、管桩长度的检测，也可应用于含有连续导电钢筋的旧桥基、坝基、建

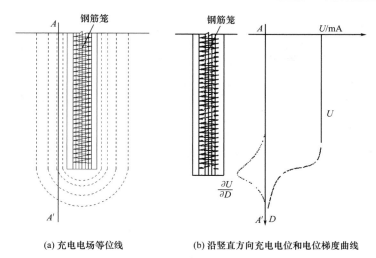

(a) 充电电场等位线　　　　(b) 沿竖直方向充电电位和电位梯度曲线

图 61－5　灌注桩钢筋笼内部、周围充电电场特征

（构）筑物旧基础深度的检测。

2. 检测参数

1）对磁测井法，检测参数为场地的地磁场、钢筋笼外部或中心钻孔中磁场强度的垂直分量 Z 和钻孔深度。

2）对电测井法，检测参数为钢筋笼外部或中心钻孔中电位 U 和钻孔深度。

61.1.5　磁测井法、电测井法检测钢筋笼长度的优缺点

1. 优点

1）检测精度高，磁测井法检测钢筋笼长度的绝对误差不超过 0.5m，电测井法检测钢筋笼长度的绝对误差不超过 1.0m。

2）可利用桩中取芯孔、管桩和钢管桩中的空间进行检测。

2. 缺点

1）用磁测井法，在检测前需要在钢筋笼外部或中心钻孔，钻孔超过设计钢筋笼长度 2m。将 PVC 管下至孔底，以防孔壁垮塌掩埋孔中探管、数据线。前期准备工作时间长，增加了检测费用。

2）用电测井法，在检测前需要在钢筋笼外部或中心钻孔，钻孔超过设计钢筋笼长度 2m。将 PVC 管下至孔底，以防孔壁垮塌掩埋孔中探头。为了在地层中形成电流，需要在 PVC 管壁上钻小孔。为了防止桩周土通过小孔流入 PVC 管，在 PVC 管外包裹滤网、土工布。前期准备工作时间比磁测井法长，增加的检测费用也多。

3）用电测井法，桩头需有钢筋或钢筋能被暴露。

4）无论磁测井法还是电测井法，只能检测钢筋笼的长度。

61.2　检 测 设 备

1. 磁测井法

磁测井法的检测设备有三分量井中磁力仪地面主机、孔中探管（图 61－6）、数据线（图 61－7）和深度编码器等。

图 61-6　JCX-3 三分量井中磁力仪地面主机和孔中探管　　　　图 61-7　数据线

2. 电测井法

电测井法的检测设备有电位差计、孔中探头、电池、电池箱、导线、铜电极和深度编码器等。

3. 检测设备性能要求

1）三分量井中磁力仪地面主机应符合以下要求：测量范围为 $-99999 \sim 99999nT$，磁敏元件转向差小于 $300nT$，数字输出更新速度不小于 3 次/s，工作环境温度为 $0 \sim 70℃$。

2）孔中探管应符合下列要求：适应孔斜 $0 \sim 20°$，测量孔深不小于 $100m$，孔中探管耐压不小于 $1.5MPa$。

3）深度编码器能自动记录深度，最小分辨率为 $5cm$。

61.3　检 测 工 艺

61.3.1　检测流程

钢筋笼长度检测流程如图 61-8 所示。

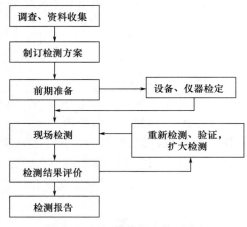

图 61-8　钢筋笼长度检测流程

61.3.2　检测特点

1. 磁测井法特点

1）钻孔设置在距离桩外侧边缘不超过 $0.7m$ 的土中，也可设置在桩中心，钻孔垂直度不超过 1%。

2）钻孔孔径大于 $0.07m$，钻孔深度超过设计钢筋笼底深度 $2m$。

3）在钻孔中设 PVC 管，PVC 管内径不小于 $0.07m$，保证孔中探管能在 PVC 管中下放。

2. 电测井法特点

1）钻孔设置在距离桩外侧边缘不超过 $0.7m$ 的土中，也可设置在桩中心，钻孔垂直度不超过 1%。

2）钻孔孔径大于 $0.07m$，钻孔深度超过设计钢筋笼底深度 $2m$。

3）在钻孔中设 PVC 管，PVC 管内径超过 $0.07m$，保证孔中探管能在 PVC 管中下放。PVC 管壁上有孔，壁外有滤网、土工布。

4）在 PVC 管中充满水。

61.3.3　检测要点

1. 磁测井法

1）选择被检测桩的原则：钻孔与相邻桩、周围铁磁性物质的距离最远，防止相邻桩、周围铁磁性物质对检测精度的影响。

2）在场地的空旷之处进行背景场垂直分量 Z_0 的测量，测量次数大于等于 3 次，取平均值。

3）将孔中探管放入钻孔中，以 $10 \sim 50$cm 的采样间距从下往上或从上往下进行磁场强度垂直分量 Z 的测量。

4）记录并绘制磁场强度垂直分量-深度（Z-D）曲线。

5）当沿钻孔方向所测的磁场强度垂直分量 Z 明显低于或高于背景场垂直分量 Z_0 时，可判定有钢筋笼存在。

6）钢筋笼底端位置应按如下方法判定：根据磁场强度垂直分量-深度（Z-D）曲线确定，取磁场强度垂直分量-深度（Z-D）曲线下部由小于背景场垂直分量 Z_0 转成大于背景场垂直分量 Z_0 的拐点对应的深度位置。

7）为了在钻孔中顺利下放 PVC 管，要边下放 PVC 管边往 PVC 管中灌水。PVC 管底有底盖，PVC 管顶超过场地地面 30cm，用盖子盖住，防止石子等进入 PVC 管。

8）现场有 220V 电源。

2. 电测井法

1）将供电电极 A（正极）连接在钢筋笼的某根钢筋上，B 极（负极）在不小于 5 倍钢筋笼设计长度的地方接地。

2）测量电极 N 设置在桩顶某根钢筋上，另一测量电极 M 通过深度编码器放入钻孔中。

3）实时接收电位 U，显示和记录电位-深度曲线，同时显示电位梯度-深度曲线。

4）钢筋笼底端位置按下列方法综合判定：根据电位-深度（U-D）曲线确定，取 U-D 曲线的拐点对应的深度位置；根据电位梯度-深度 $\left(\dfrac{\partial U}{\partial D}\text{-}D\right)$ 曲线确定，取 $\left(\dfrac{\partial U}{\partial D}\text{-}D\right)$ 曲线的极值点对应的深度位置。判定灌注桩中钢筋笼长度。

5）边下放 PVC 管边往 PVC 管中灌水。PVC 管底有底盖，PVC 管顶超过场地地面 30cm，用盖子盖住，防止石子等进入 PVC 管。PVC 管壁上有孔，壁外有滤网、土工布。

6）现场有 220V 电源。

61.4　工　程　实　例

61.4.1　模型桩检测

1. 工程概况

模型桩位于江苏省南京市某开发区内，场地地下水位顶埋深 1.7m，地下水位年变幅约 0.5m，场地地层情况如下：

①$_1$杂填土，杂色，松散，为粉质黏土夹大量碎石、碎砖等，层底埋深 0.5m。

③$_1$粉质黏土，褐黄色，可塑～硬塑，夹铁锰结核，土质不均，层底埋深 3.8m。

③$_2$粉质黏土，褐黄色，软塑～可塑，层底埋深 8.3m。

③$_3$粉质黏土夹黏土，褐黄色，可塑为主，局部软塑，土质不均，层底埋深 14.4m。

③₄粉质黏土，褐黄色，硬塑，夹铁锰结核及灰白色黏土，土质不均，层底埋深 17.1m。

④残积土，灰～灰黄色，呈砂土状，密实，层底埋深 18.1m。

⑤₁强风化粉砂岩，灰黄色，风化强烈，呈砂土状，夹碎岩块，结构不清晰，钻孔未钻穿。

2. 模型桩设计参数

根据表 61-1 中的参数，施工单位进场成孔、制作钢筋笼（图 61-9、图 61-10）。成孔后清孔，清孔完毕后下放钢筋笼，钢筋笼下放完毕后进行二次清孔，随即采用商品混凝土对模型桩孔进行混凝土灌注。灌注 15 天后，对模型桩用反射波法进行了桩身完整性检测，检测结果为 I 类桩。

表 61-1　模型桩设计参数

桩径/m	实际桩长/m	桩中钢筋笼
1.0	18.6	上部 8m：主筋 24 Φ 16，加劲箍筋 ϕ16@2000，箍筋 ϕ8@200 中部 8m：主筋 16 Φ 16，加劲箍筋 ϕ16@2000，箍筋 ϕ8@200 下部 2.6m：无钢筋笼

<table>
<tr><td>图 61-9　长 8m、主筋 24 Φ 16 的钢筋笼</td><td>图 61-10　长 8m、主筋 16 Φ 16 的钢筋笼</td></tr>
</table>

3. 桩中、桩旁钻孔

1 号钻孔为桩中心，2 号钻孔中心距离模型桩边缘 0.34m，3 号钻孔中心距离模型桩边缘 1.07m，钻孔深度皆为 21m，即超过钢筋笼底 2.4m（表 61-2）。鉴于钻孔都要进行磁测井法、电测井法试验，所以 PVC 管壁上有小孔，壁外有滤网、土工布。

表 61-2　钻孔设计参数

孔号	桩长/m	孔深/m	孔中心至模型桩边缘距离/m	备　注
1	18.6	21	桩中心	孔底超过钢筋笼底 2.4m
2	18.6	21	0.34	孔底超过钢筋笼底 2.4m
3	18.6	21	1.07	孔底超过钢筋笼底 2.4m

4. 试验结果

（1）背景场磁场强度垂直分量 Z_0 测量

在模型桩附近的空旷处进行了背景场磁场强度垂直分量 Z_0 测量，测量结果见表 61-3。从表 61-3 中可以发现，背景场磁场强度垂直分量 Z_0（用磁感应强度表示）平均值为 37711nT，平均变化幅度为 5310nT。

表 61 - 3　模型桩背景场垂直分量 Z_0 磁感应强度　　　　　单位：nT

测量次数	最大值	最小值	变化幅度	平均值
1	38896	35307	3589	37907
2	39032	33556	5476	37323
3	39947	33591	6356	37580
4	39512	33695	5817	38035
平均值	—	—	5310	37711

（2）磁测井法

1、2、3 号钻孔中磁测井法试验结果如图 61 - 11～图 61 - 13 所示，试验采样间距为 0.5m。根据实测垂直分量 Z 磁感应强度分析得出的模型桩中钢筋笼长度检测结果见表 61 - 4。

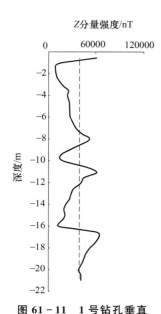

图 61 - 11　1 号钻孔垂直分量 Z 磁感应强度随深度变化的曲线

注：虚线表示背景场，相当于图 61 - 3、图 61 - 4 中的纵坐标

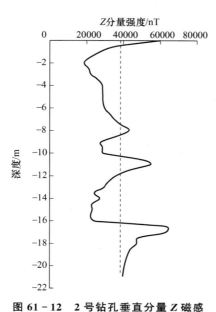

图 61 - 12　2 号钻孔垂直分量 Z 磁感应强度随深度变化的曲线

注：虚线表示背景场，相当于图 61 - 3、图 61 - 4 中的纵标坐

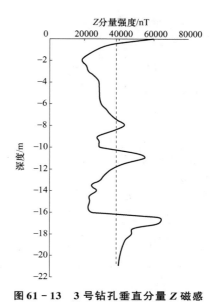

图 61 - 13　3 号钻孔垂直分量 Z 磁感应强度随深度变化的曲线

注：虚线表示背景场，相当于图 61 - 3、图 61 - 4 中的纵坐标

表 61 - 4　模型桩磁测井法实测钢筋笼长度

孔号	孔中心至模型桩边缘距离 /m	垂直分量 Z 磁感应强度				实测钢筋笼长度/m	实测长度与设计长度绝对误差/m	Z 分量趋于背景场位置 /m
		最大值 /nT	最小值 /nT	变化幅度 /nT	变化幅度与正常变化幅度的比值			
1	中心孔	62592	11484	51108	9.6	16.25	0.25	20.0
2	0.34	63239	21930	41309	7.8	16.15	0.15	19.5
3	1.07	43220	33430	9790	1.8	16.00	0.00	20.5

由图 61 - 11～图 61 - 13 和表 61 - 4 可以发现：

1）钢筋笼底端对应的孔深位置垂直分量 Z 磁感应强度曲线均有明显的变化，曲线从极小值变化为极大值。同时，在有钢筋笼的钻孔范围内，垂直分量 Z 磁感应强度相对背景场有较大的变化，可清晰地分辨出钢筋笼的存在。

2）桩中心钻孔最下部垂直分量 Z 磁感应强度曲线的拐点位置为 16.25m，与钢筋笼底端位置误差为 0.25m。

3）桩旁土中钻孔垂直分量 Z 磁感应强度曲线显示，在设计钢筋笼底端附近，垂直分量 Z 磁感应强度急剧变化，出现明显的拐点。当钻孔深度大于钢筋笼设计长度 4m 时，垂直分量 Z 磁感应强度已趋于正常场，并且钻孔离模型桩外侧的距离越大，Z_a 异常越弱，钢筋笼底端附近垂直分量 Z 磁感应强度曲线变化幅度越小。

4）当至孔桩距离达到 1.07m 时，垂直分量 Z 磁感应强度曲线的变化幅度已经小于 3 倍正常场变化幅度，异常分辨有难度。

5）在 8～12m 范围内 Z 分量强度曲线呈现"两峰夹一谷"的特征，显示主筋数量变化界面。

（3）电测井法

1～3 号钻孔中电测井法试验结果如图 61-14～图 61-16 所示，采样间距为 0.5m。

根据实测电位分析得出的模型桩中钢筋笼长度检测结果见表 61-5。

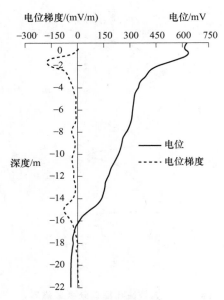

图 61-14　1 号钻孔电位、
电位梯度随深度变化的曲线

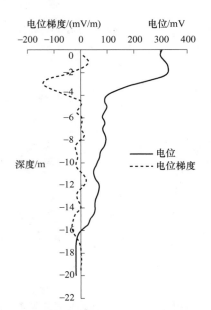

图 61-15　2 号钻孔电位、
电位梯度随深度变化的曲线

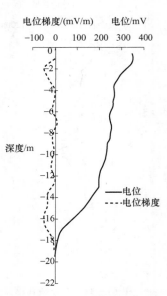

图 61-16　3 号钻孔电位、
电位梯度随深度变化的曲线

表 61-5　模型桩电测井法实测钢筋笼长度

孔号	孔中心至模型桩边缘距离 /m	拐点电位 /mV	电位梯度极小值 /(mV/m)	实测钢筋笼长度 /m	实测长度与设计长度绝对误差 /m
1	中心孔	76	-85	15.0	1.0
2	0.34	0	-36	16.0	0.0
3	1.02	78	-51	16.0	0.0

由图 61-14～图 61-16 和表 61-5 可以发现：

1）1 号钻孔中，在浅部 0～4m 范围内，电位曲线和电位梯度曲线均有一定的变化。4m 以后，在钢筋笼长度范围内，电位稳定地变化，电位梯度趋于零。在钢筋笼底端位置附近，电位梯度出现极小值，对应于电位曲线上的拐点，极小值和拐点对应的深度与模型桩中设计钢筋笼长度相差 1m。

2）2 号、3 号钻孔中，在浅部 0～4m 范围内，电位曲线和电位梯度曲线均有一定的变化。4m 以后，在钢筋笼长度范围内，电位稳定地变化，电位梯度趋于零。在钢筋笼底端附近，电位梯度出现极小值，对应于电位曲线上的拐点，极小值和拐点对应的深度与桩中设计钢筋笼长度相差不超过 0.5m。

3）电位、电位梯度曲线没有反映主筋数量变化的界面。

61.4.2　安徽省六潜高速公路某大桥灌注桩检测

1. 工程概况

该大桥位于安徽省安庆市境内，场地地层情况如下：

①素填土，褐黄、灰褐、灰色、土黄色，松散，主要成分为粉质黏土和残积土，含有少量的碎石、块石等，填土密实度与土质均匀性较差，修正标贯击数 $N=5.6\sim7.8$ 击。

②淤泥，深灰色，流塑～软塑状，具高压缩性，以黏粒、粉粒为主，有异味，局部地段夹有粉砂或细砂，质地均匀性较差，切面光滑，韧性差，干强度高，摇振反应慢，厚 $9.4\sim12.0m$，层顶埋藏深度为 $0\sim2.8m$，层顶高程为 $-3.10\sim5.94m$。

④₁ 砂砾夹粗砂，灰黄、灰褐、饱和，稍密～中密，以砂砾为主，局部颗粒分布不均，含泥量 $5.8\%\sim11.60\%$，冲洪积形成，修正标贯击数 $N=13.7\sim23.7$ 击，场地内各孔均有揭露，厚 $1.60\sim14.00m$，层面埋深 $0.6\sim3.6m$，层顶高程为 $-3.90\sim5.34m$。

⑤粉质黏土，灰色，可塑，中等压缩性，修正标贯击数 $N=11.3\sim12.8$ 击，主要成分为粉粒、黏粒和砂粒，含砂量 10%，韧性中等，稍光滑，干强度较高，无摇振反应，冲洪积形成，钻孔揭露厚度为 $1.9\sim2.5m$，层面埋深 $5.8\sim10.1m$，层顶高程为 $-10.40\sim0.14m$。

⑦₁ 残积砂质黏性土，浅黄、褐黄、灰白色，主要由长石风化的黏土矿物、石英颗粒及云母碎片组成，大于 $2mm$ 的颗粒含量为 $8.2\%\sim14.9\%$，为残积黏性土，韧性小，干强度低，无光泽，无摇振反应，修正标贯击数 $N=8.8\sim20.3$ 击，厚度为 $0.5\sim8.6m$，层面埋深 $11.7\sim28.5m$，层顶高程为 $-28.80\sim-5.76m$。

2. 被检测桩设计参数

被检测桩为钻孔灌注桩，设计参数见表 61-6。

表 61-6　被检测桩设计参数

桩号	桩长 /m	桩径 /m	上部钢筋笼		下部钢筋笼		钢筋笼 长度/m	备　注
			长度/m	配筋	长度/m	配筋		
3-6	25.8	1.2	14.8	20Φ22	8	10Φ22	22.8	桩下部3m无钢筋笼
2-3	21	1.2	16	20Φ22	2	10Φ22	18	桩下部3m无钢筋笼

3. 桩中钻孔

采用电测井法进行钢筋笼长度检测。为了节约检测费用，利用桩中心取芯孔，省去了PVC管。取芯孔直径 $0.08m$，保证了孔中探头在取芯孔中顺利下放。2-5 号桩桩中心取芯孔深25m，孔深超过钢筋笼底2.2m；孔深19m，孔深超过钢筋笼底1m。

4. 检测结果

1）测试时，将供电电极 A（正极）连接在钢筋笼的某根钢筋上，B 极（负极）在不小于 5 倍钢筋笼设计长度的位置接地。当用直流电对大地供电时，即在桩、桩周土体中建立了人工电场。另外，把测量电极 N 极接在桩顶某根钢筋上，并通过导线连接在电位差计的负极上，同时把另一测量电极 M 极通过深度编码器放入测试孔中，然后通过导线连接在电位差计的正极上，用电位差计沿测试孔深度方向以 $0.5m$ 的采样间距逐点进行电位的测量（图 61-17、图 61-18）。

图 61-17　对 3-6 号钻孔灌注桩进行检测　　　图 61-18　对 2-3 号钻孔灌注桩进行检测

2）3-6 号钻孔灌注桩检测结果。图 61-19 所示为 3-6 号钻孔灌注桩中钻孔电位、电位梯度随深度变化的曲线。图 61-19 显示，浅部 0～3m 范围内，电位曲线和电位梯度曲线均有一定的变化；3m 以下，电位基本保持不变，而电位梯度则趋于零。在孔深 23.5m 处，电位梯度曲线出现极小值 －139mV，在电位曲线上对应为拐点，此时电位为 113mV，表明 3-6 号钻孔灌注桩中钢筋笼实测长度为 23.5m，与设计长度相差 0.7m，相对误差约为 3%（表 61-7）。

3）2-3 号钻孔灌注桩检测结果。图 61-20 所示为 2-3 号钻孔灌注桩中钻孔电位、电位梯度随深度变化的曲线。图 61-20 显示，浅部 0～3m 范围内，电位曲线和电位梯度曲线均有一定的变化；3m 以下，电位基本保持不变，而电位梯度则趋于零。在孔深 18.5m 处，电位梯度曲线出现极小值 －344mV，在电位曲线上对应为拐点，此时电位为 158mV，表明 2-3 桩中钢筋笼实测长度为 18.5m，与设计长度相差 0.5m，相对误差约为 3%（表 61-7）。

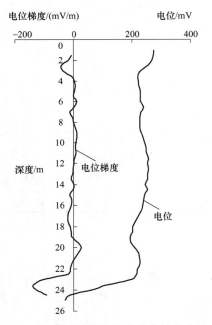 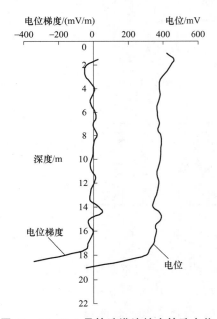

图 61-19　3-6 号钻孔灌注桩中钻孔电位、　　　图 61-20　2-3 号钻孔灌注桩中钻孔电位、
电位梯度随深度变化的曲线　　　　　　　　　电位梯度随深度变化的曲线

表 61-7　安徽省六潜高速公路某大桥钻孔灌注桩钢筋笼长度检测结果

桩　号	设计钢筋笼长度 /m	实测钢筋笼长度（电位）		实测钢筋笼长度（电位梯度）	
		长度/m	相对误差/%	长度/m	相对误差/%
3-6	22.8	23.5	3	23.5	3
2-3	18	18.5	3	18.5	3

61.4.3　福建省沿海某大桥灌注桩检测

1. 工程概况

福建省沿海某大桥位于某开发区内，场地地层情况如下：

①细砂冲填土，浅灰～灰褐色，稍湿～饱和，中密～密实，矿物成分以石英、长石为主，含云母、贝壳碎片，砂质较均匀，为新近吹填海砂，后经过强夯地基处理，工程性质较好。本层厚度为 7.90～12.10m，层底标高−8.68～−4.40m。

②细砂，浅灰～灰褐色，饱和，密实，矿物成分以石英、长石为主，分选性较好，含云母、贝壳碎片，层底部局部夹黏性土薄层或透镜体。本层厚度为 6.00～9.90m，层底标高−14.80～−13.09m。

③细砂，浅灰～灰色，饱和，密实，矿物成分以石英、长石为主，含少量粉砂，分选性较好，含云母、贝壳碎片。本层厚度为 8.4～12.7m，层底标高−26.27～−22.87m。

④$_1$细砂，浅灰～灰色，饱和，密实，矿物成分以石英、长石为主，含少量粉砂及黏性土，分选性差，含云母、贝壳碎片，最大厚度为 3.0m。

④$_2$粉土，浅灰～灰褐色，饱和，密实，土质不均，含云母、贝壳碎片，最大厚度为 9.0m。

④$_3$黏土，灰色，可塑，刀切面光滑，干强度高，韧性好，土质均匀，最大厚度为 4.7m。

⑤细砂，浅灰～灰色，饱和，密实，矿物成分以石英、长石为主，含少量粉砂，分选性较好，含云母、贝壳碎片，夹黏土薄层或透镜体。本层厚度为 12.6～18.1m，层底标高−46.97～−38.60m。

⑥$_1$粉土：浅灰～灰褐色，饱和，密实，土质不均，含云母、贝壳碎片，最大厚度为 10.00m。

⑥$_2$黏土：浅灰～黑灰色，可塑，刀切面光滑，干强度高，韧性高，土质均匀，最大厚度为 6.70m。

⑦$_1$粉土：浅灰～褐黄色，饱和，密实，土质不均，含少量砂土，最大厚度为 11.50m。

⑧$_1$细砂：浅灰～黄褐色，饱和，密实，矿物成分以石英、长石为主，含少量粉砂，分选性较好，含云母，最大厚度为 4.6m。

2. 被检测桩设计参数

被检测桩为钻孔灌注桩，设计参数见表 61-8。

表 61-8　被检测桩设计参数

桩　号	桩长 /m	桩径 /m	钢筋笼组合				累计钢筋笼长度 /m
			长度/m	配筋	长度/m	配筋	
1	42.1	1.5	20	36 Φ 25	17	18 Φ 25	37
2	42.1	1.5	20	36 Φ 25	17	18 Φ 25	37

3. 桩旁钻孔

采用磁测井法进行钢筋笼长度检测，检测前在距管桩中心 0.6m 处钻取一个平行于桩身的钻孔。1 号桩钻孔深度为 39.5m，2 号桩钻孔深度为 38m。

4. 检测结果

检测前，在空旷处进行了背景场磁场强度垂直分量 Z_0 的测量，测试结果为 35567nT、35017nT 和 35613nT，平均值为 35399nT。

（1）1 号钻孔灌注桩

把孔中探管放入桩旁钻孔中，沿钻孔深度方向从上往下按 0.5m 的点距逐点进行磁感应强度的测量，检测结果如图 61－21 所示。

由图 61－21 可以发现，钢筋笼底端对应的孔深位置垂直分量 Z 磁感应强度曲线有明显的变化，曲线从极小值变化为极大值。同时，在有钢筋笼的钻孔范围内，垂直分量 Z 磁感应强度相对背景场有较大的变化，可清晰地分辨出钢筋笼的存在。

钻孔最下部垂直分量 Z 磁感应强度曲线的拐点位置为 37m，与钢筋笼底端位置误差为 0。

（2）2 号钻孔灌注桩

把孔中探管放入桩旁钻孔中，沿钻孔深度方向从上往下按 0.5m 的点距逐点进行磁感应强度的测量，其检测结果如图 61－22 所示。

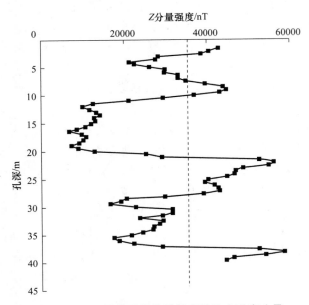

图 61－21　1 号钻孔灌注桩桩旁钻孔中垂直分量
Z 磁感应强度随深度变化的曲线
注：虚线表示背景场

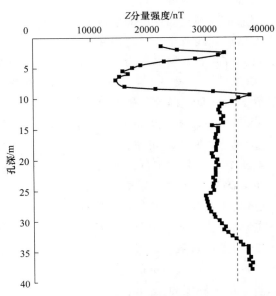

图 61－22　2 号钻孔灌注桩桩旁钻孔中垂直分量 Z
磁感应强度随深度变化的曲线
注：虚线表示背景场

由图 61－22 可以发现，钢筋笼底端对应的孔深位置垂直分量 Z 磁感应强度曲线有明显的变化，曲线从极小值变化为极大值。同时，在有钢筋笼的钻孔范围内，垂直分量 Z 磁感应强度相对背景场有较大的变化，可清晰地分辨出钢筋笼的存在。

钻孔最下部垂直分量 Z 磁感应强度曲线的拐点位置为 8m。

根据检测结果，对 2 号钻孔灌注桩用冲击钻破桩后重新下钢筋笼灌注混凝土成桩。

61.4.4　浙江省某居民小区住宅楼预应力管桩检测

1. 工程概况

浙江省某居民小区住宅楼采用预应力管桩。管桩施工结束后，建设方委托对预应力管桩的长度进行检测。场地地层情况如下：

①₁杂填土，杂色～褐灰色，松散，为碎石、碎砖与粉质黏土混填，均匀性较差，填龄在 5 年以上，层厚 0.7～3.9m。

①₂素填土，灰色，软塑为主，均匀性较差，局部流塑、可塑，主要由粉质黏土填积，夹少量碎砖石，填龄在 10 年以上，层顶埋深 0.7～3.9m，层厚 0.3～3.3m。

②₁粉质黏土，灰黄～灰色，软塑～可塑，夹少量粉土及贝壳，切面有光泽反应，韧性、干强度中

等，层顶埋深 2.6～5.5m，层厚 0.3～3.0m。

②₂淤泥质粉质黏土，灰色，流塑，局部为软塑～流塑粉质黏土，切面有光泽反应，韧性、干强度中等，层顶埋深 4.2～6.3m，层厚 31.1～34.3m。

②₃粉质黏土、淤泥质粉质黏土，灰色，流塑，部分软塑，夹薄层粉土、粉砂，切面有光泽反应，韧性、干强度中等，层顶埋深 36.2～39.4m，层厚 13.5～18.7m。

②₄粉质黏土，灰色，软塑～流塑，夹薄层粉土、粉砂，局部互层状，切面有光泽反应，韧性较低，干强度中等，层顶埋深 51.0～55.0m，层厚 5.9～10.2m。

④含卵砾石粉质黏土，灰色，粉质黏土为软塑，卵砾石含量为 15%～25%，粒径以 1～8cm 为主，个别粒径大于 10cm，磨圆度一般，呈次棱角状，石英质，层顶埋深 59.7～63.0m，层厚 0.4～1.3m。

⑤₁强风化泥岩、粉砂岩，灰色，风化强烈，岩石结构已遭破坏，岩芯手捏易散碎，属极软岩，岩石基本质量等级为 V 类，遇水易软化，层顶埋深 60.7～63.5m，层厚 0.5～5.1m。

2. 被检测桩设计参数

被检测桩为预应力管桩，共 2 根，桩长皆为 27m，编号为 1 号桩、2 号桩。

3. 桩旁钻孔

进行管桩长度检测时，可利用管桩中的空间，采用磁测井法。检测前只需要用高压水冲洗进入管桩的土，不需要进行桩旁钻孔和下放 PVC 管。

4. 检测结果

（1）1 号管桩

用高压水冲洗进入管桩的土，然后把孔中探管放入管桩中，沿深度方向从上往下按 0.5m 的点距逐点进行磁感应强度的测量，检测结果如图 61-23 所示。

图 61-23 显示，在 10～27.5m 范围内，垂直分量 Z 磁感应强度曲线杂乱无章，说明该深度范围内存在铁磁性物质；而从 27.5m 起，垂直分量 Z 磁感应强度曲线变为直线，说明从 27.5m 起已渐渐趋向于背景场。最深的一个从极小值（33198nT）转变为极大值（35370nT）的拐点对应的深度为 27m，说明 1 号管桩实际长度为 27m，满足设计要求。

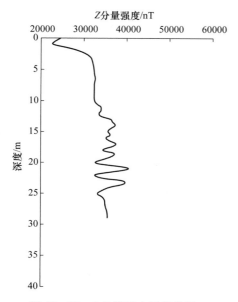

图 61-23　1 号管桩中垂直分量 Z 磁感应强度随深度变化的曲线

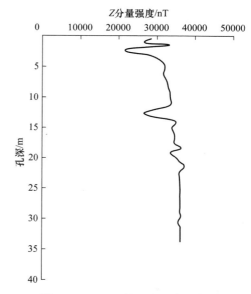

图 61-24　2 号管桩中垂直分量 Z 磁感应强度随深度变化的曲线

（2）2号管桩

用高压水冲洗进入管桩的土，然后把孔中探管放入管桩中，沿深度方向从上往下按0.5m的点距逐点进行磁感应强度的测量，检测结果如图61-24所示。

图61-24显示，在0～23m范围内，垂直分量Z磁感应强度曲线总体上呈现出"两峰夹一谷"的特征；而从23m起，垂直分量Z磁感应强度曲线为直线，说明从23m起垂直分量Z磁感应强度曲线已逐渐趋向背景场。垂直分量Z磁感应强度曲线最深的一个从极小值（33516nT）转变为极大值（37257nT）的拐点对应的深度为20.5m，说明2号桩在0～20.5m范围内皆有铁磁性物质分布，即2号管桩长度为20.5m，比设计长度少6.5m；在10～15.5m范围内出现了次一级的"两峰夹一谷"，说明2号管桩由2根管桩拼接而成，拼接深度约为12.5m。

根据检测结果，对2号管桩用桩周补桩进行了处理。

参 考 文 献

[1] 董平，樊敬亮，王良书，等.灌注桩钢筋笼内部的磁异常特征 [J].物探与化探，2008，32(1)：101-104.

[2] 樊敬亮，董平.建（构）筑物下管桩长度检测方法 [J].物探与化探，2007，31(3)：169-273.

[3] 董平，樊敬亮，刘朝晖，等.灌注桩钢筋笼外部的磁异常特征研究 [J].地球物理学进展，2007，22(5)：1660-1665.

[4] 樊敬亮，董平.利用钻芯孔检测灌注桩钢筋笼长度的方法 [J].物探与化探，2008，32(3)：335-337.

[5] 董平，高新南，樊敬亮，等.灌注桩钢筋笼的充电电场特征研究 [J].地球物理学进展，2007，22(2)：652-656.

第62章 水泥土筒桩应用技术

王庆伟

62.1 水泥土筒桩的原理、适用范围及特点

62.1.1 水泥土筒桩的成桩原理

1. 概念

水泥土筒桩是利用专用的筒形旋搅钻具上的高压喷射装置，在旋转钻进的同时，筒形旋搅钻具底端的喷嘴向径向内侧、径向外侧或竖向底侧喷浆，并采用融合搅拌的方法，形成中间为原状土或低强度水泥土的一种新型桩。如果芯桩为混凝土桩，与混凝土桩组合，则为劲芯水泥土筒桩。

2. 原理

水泥土筒桩桩型、施工方法及筒形旋搅钻具都具有创新性。该工艺利用旋转设备，采用专用筒形旋搅钻具成桩。该筒形旋搅钻具兼具旋喷和搅拌功能，钻具的端部可以设置竖向喷嘴、横向内侧喷嘴或横向外侧喷嘴，具有单管旋喷、双管旋喷或三管旋喷的功能，可边钻进边喷浆或喷浆加气。当喷射的介质中有粉土或粉砂时，利用粉喷桩的原理，钻进的同时以筒形旋搅钻具旋搅，即采用旋喷融合的搅拌方法，在旋搅钻具环周上做功，至设计深度，提钻时仍可继续喷浆或局部复喷，直至筒形旋搅钻具提升至孔口，停止旋喷，形成水泥土筒桩。

3. 成桩理念

水泥土筒桩以小博大、以巧博胜，利用小能量成形大直径桩。

62.1.2 水泥土筒桩适用范围

1. 适用地层条件

水泥土筒桩利用旋喷融合搅拌方法，还可以喷水泥或砂，因此适用地层比较广泛，适用于淤泥、淤泥质土和流塑、软塑、可塑、硬塑状态的黏性土，以及各种粉土、各砾径砂土、砾石及碎石土层、强风化岩、杂填土及素填土等，亦适用于有地下水的各类土层。

2. 应用范围

水泥土筒桩应用范围十分广泛，适用于桩基础、复合地基、基坑止水桩、支护桩、抗浮桩，用于提高桩的承载力等，还可以处理桩的质量及承载力不足等缺陷，消除砂土液化和黄土湿陷性等。

（1）劲芯水泥土筒桩桩基础

在桩基础中，水泥土筒桩是半刚性水泥土筒形桩，因强度低，一般不直接用于桩基础中，通常作为劲芯复合桩的外桩加以应用。其作为劲芯复合桩外桩应用时有两种情况。

1）先利用水泥土筒桩施工完外桩，再施工芯桩，形成劲芯水泥土筒桩。芯桩可以采用预制桩、现浇混凝土灌注桩或钢桩等，芯桩的施工可以采用先成孔后植桩再在预制桩周围浇筑胶结料等方法。

采用现浇混凝土芯桩时，可以采用取土或挤土的方式，先成孔后灌注混凝土。取土方式分为螺旋取土、套管振动取土或人工挖土等，挤土成孔方式分为冲击挤土、螺旋挤土等。

2）先施工芯桩，然后施工水泥土筒桩外桩，形成劲芯水泥土筒桩。芯桩可以是预制桩或灌注混凝土桩，在已施工完的芯桩上采用筒形施搅钻具同芯旋搅钻进形成水泥土筒桩外桩。水泥土外桩的形状、长度均灵活可控。外桩可以是不等径的，局部可形成扩径、扩大头，这样可以充分发挥地层的优势。其长度可以长于芯桩、等于芯桩或小于芯桩，还可以仅在局部形成水泥土外桩。采用劲芯复合桩的目的是提高桩的承载力，节省工期和造价。以水泥土筒桩作劲芯的外桩，应用非常灵活：当用于提高桩的抗拔承载力时，可以在芯桩的任一部位形成水泥土扩径；为了提高管桩的抗剪性，可以进行水泥土扩顶。

劲芯水泥土筒桩常见组合形式如图 62-1 所示。

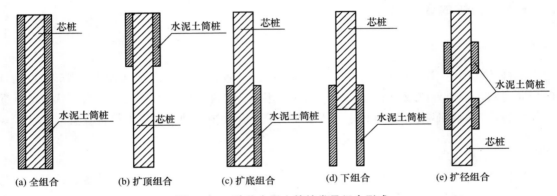

图 62-1 劲芯水泥土筒桩常见组合形式

(a) 全组合　　(b) 扩顶组合　　(c) 扩底组合　　(d) 下组合　　(e) 扩径组合

（2）复合地基

水泥土筒桩可以直接作为复合地基应用，有很多优势：

1）桩径大、置换率大、桩数少、施工速度快、造价低。

2）因为桩径大，桩净间距较小，不但水泥土筒桩芯部的原状土有侧限约束，地基水泥土筒桩外侧的原状土也相当于有侧限约束。有侧限约束的天然地基土承载力会有很大的提高，有利于天然地基土承载力的发挥。

3）施工完水泥土筒桩后，可以在顶部灌混凝土短桩芯，这样承载力的发挥更有优势。

4）在传统的 CFG 桩桩顶做扩顶，形成劲芯水泥土筒桩复合地基，扩顶 CFG 桩复合地基承载力将大幅提高，受力更加合理，大量节省了工程造价，还可以适当减小褥垫层的厚度，减少了建筑物的沉降。

（3）止水帷幕

用水泥土筒桩作止水帷幕桩具有如下优点：桩径较大，桩与桩的接触面积大、结合得更好，止水效果好。因为采用的是筒形钻具，其垂直度很好，不会因为钻具倾斜跑偏导致底部有漏水现象，筒状钻具所到之处均有水泥土，因此支护桩瑕疵很少。因为旋喷融合搅拌是在筒形钻具上环状做功喷搅，形成大直径桩，无需太大的高喷压力，因此地层对桩径的影响相对降低；水泥土筒桩中心部位是原状土或者低强度水泥土，因此节省了大量水泥用量。以往要实现大桩径的旋喷桩要采用双管旋喷或三管旋喷，塌孔时还要引孔，施工繁琐，受水泥置换率和地层介质切割直径的影响，提升速度很慢，水泥土筒桩与之相比具有造价低、效率高的优点。与单一的高压旋喷桩相比，水泥土筒桩水泥用量小，浪费水泥浆量少，施工简单、效率高；与深层搅拌桩相比，水泥土筒桩水泥掺量比搅拌桩高，因此强度大，且其均匀性好，筒桩直径比筒形旋搅钻具上旋搅刺的直径要大，它是在环形钻具的圆周上做功，并利用高喷融合搅拌，兼具旋喷桩和搅拌桩的优点。

（4）提高单桩承载力

为提高单桩承载力，往往采用后注浆方法。可以在已施工完的桩基础上再同芯施工水泥土筒桩，不但可解决后注浆问题，而且形成的水泥土筒桩外桩与原桩实现了真正的桩土共同作用，不用担心后注浆的承载力提高的离散性问题，还可以在重点地段进行扩径，也可形成扩大头，利用桩土共同作用使承载力大幅度提高。

（5）解决桩的承载力不足问题

有些桩经常会遇到承载力不能满足设计要求的情况，主要原因有三个：第一，桩身质量存在问题；第二，桩的侧摩擦阻力不足；第三，桩的端阻力不足。为了解决上述问题，可在已经施工完的桩上同芯施工水泥土筒桩，把原来的桩变成复合桩，形成劲芯水泥土筒桩，这样不但可以提高承载力，而且桩身的质量缺陷也能得到弥补，从而充分解决桩的承载力不足问题。

（6）桩身质量缺陷

用水泥土筒桩外桩还可以弥补桩身的质量缺陷。

（7）其他应用

水泥土筒桩处理砂土液化、湿陷性黄土均有很好的效果。采用该方法对软土地区加固，效果良好，且造价低、施工快。

62.1.3　水泥土筒桩的特点

1. 优点

水泥土筒桩具有工艺先进、施工速度快、污染少、节省水泥用量、造价低、桩径大、使用设备功率小等优点。具体而言，其在各种工程应用中的优点如下。

（1）在桩基中应用的优点

当用于劲芯水泥土筒桩时，可以先施工芯桩后施工外桩，改变了传统的劲芯桩先施工水泥土外桩再施工芯桩的固有模式，克服了先施工水泥土外桩再施工芯桩导致的芯桩施工困难、水泥浆外溢、水泥土外桩施工完要及时清理场地的泥砂后方能施工芯桩、现场所用的设备有很多等弊端，利用水泥土筒桩做外桩施工现场很干净。

水泥土筒桩施工的桩径大，所需消耗的能量小，能充分利用高喷融合搅拌方法，比高压旋喷法节省水泥用量，且速度快，与深层搅拌法相比解决了水泥掺量少、强度低、不均匀且不能辐射扩径的问题。

（2）在复合地基中应用的优点

由于水泥土筒桩中间为原状土或低强度水泥土，可节省大量的水泥用量。

在复合地基中，由于桩径大、没有挤土效应、桩的净间距小，且水泥土筒桩中间的原状土和水泥土筒桩外侧的原状土均有侧限约束，桩间土虽然在施工中没有挤土效应，但因受侧限的约束，原状土地基承载力得到提高，加上复合地基的竖向增强体桩径大、接触面积大，桩的受力更加合理，褥垫层厚度可以适当减小，因此建筑物的沉降也小。

（3）在止水帷幕桩中应用的优点

在止水帷幕中，由于桩径大、桩与桩相切时接触面积大、止水效果好；因为采用的是筒形钻具，垂直度较好，桩底一般不会因为地层的软硬或障碍物等因素而偏桩漏水；筒桩中间是原状土或低强度水泥土，从而节省水泥用量，降低造价。

筒形旋搅钻具施工中会产生水泥浆，其质量保障性很好，而传统的高压旋喷桩做止水桩时水泥用量大，且由于可能塌孔，需引孔下 PVC 套管，有施工繁琐、提升速度慢、效率低、钻杆有时会偏移导致止水帷幕漏水、水泥掺量高、遇硬地层无法切割等缺陷。水泥土筒桩克服了深层搅拌桩不能扩径、强度低、均匀性差、坚硬地层无法施工等缺点。

为了提高施工效率，也可以同时施工三个以上的水泥土筒桩。

（4）在提高单桩承载力应用上的优点

水泥土筒桩可提高单桩承载力，提升桩身的质量，还可解决单桩后注浆法中浆液的利用效率不高和承载力提高的离散性问题。水泥土筒桩不但能够注浆，还可以形成复合桩，达到桩土共同作用，承载力提升的幅度大，质量可靠，承载力稳定性好。

（5）在解决桩的承载力不足应用上的优点

在处理承载力不能满足设计要求的桩时，要分析承载力不足的原因。承载力不足的主要原因一般有62.1.2节中所述的三个，若采用水泥土筒桩进行处理，可使承载力不足的问题得到解决，而且施工速度快，无需补桩，质量可控，效果良好，费用低。

（6）在提高抗浮桩抗拔力应用上的优点

在抗拔桩的任何部位，利用水泥土筒桩作为外桩，实现水泥土扩径，可大大提高抗拔力。

2．应用优势

与其他桩型相比水泥土筒桩具有以下优势：

1）应用范围广。就基础形式而言，既可用于独立基础和条形基础，又可用于满堂布桩的箱形和筏形基础。

2）施工中可避免缩颈、断桩或桩身不规则现象。随着桩距的减小，地表不会出现隆起现象。施工时无泥浆外运和污染问题，无振动，噪声小，不受环境位置的影响，因此是一种值得推广的环保型工艺，特别适合城市居民密集区桩基工程的施工。

3）适用地层广。适用于淤泥、淤泥质土和流塑、软塑或可塑黏性土，以及粉土、砂土、素填土和碎石土层，亦适用于有地下水的各类土层。

4）承载力高，应用灵活。经过处理后，劲芯水泥土筒桩的承载力和抗拔力是处理前所采用管桩的2～3倍，采用水泥土筒桩的复合地基承载力特征值比同等条件下复合地基承载力提高50％以上，褥垫层厚度可以减小，受力更加合理，且沉降小、造价低。

5）噪声低、无污染。水泥土筒桩克服了打入桩的噪声和挤土效应问题及钻孔桩泥浆污染的问题。

3．水泥土筒桩的缺点

1）水泥土筒桩目前设计计算的参数参照高压旋喷桩的计算参数，未来在积累资料和工程经验后将进一步完善其计算理论。目前可以参照山东省建筑科学研究院编制的《水泥土复合管桩基础技术规程》（JGJ/T 330—2014）和《劲性复合桩技术规程》（JGJ/T 327—2014），但其与这两部规范中规定的复合桩又有所不同，尚需进一步完善相关理论。

2）水泥土筒桩应用范围广泛，其施工中的注意事项尚需进一步完善。

62.1.4　水泥土筒桩的创新点

水泥土筒桩是利用专用的筒形旋搅钻具在旋转钻进的同时在圆周上进行旋喷做功的原理，采用竖向旋喷、径向内侧旋喷或径向外侧旋喷，并融合搅拌的方法，形成中间是原状土或低强度水泥土的一种新型桩。

水泥土筒桩应用在复合地基中，筒桩中心的原状土因受侧限约束，在没有挤土的情况下，桩间土承载力也能提高。另外，可以作扩顶CFG桩复合地基或在水泥土筒桩中插入短芯作复合地基，因水泥土筒桩桩径大，受力更加合理。

劲芯水泥土筒桩芯桩与外桩的施工顺序可以是先施工芯桩再施工水泥土外桩，也可以是先施工水泥土筒桩外桩再施工芯桩，芯桩的形式可以是预制桩、灌注桩或钢桩中的任一种。水泥土筒桩作为劲芯桩外桩时，可在桩身的任何部位进行扩径施工。

62.2　施工用机械设备及施工工艺

62.2.1　施工用机械设备

水泥土筒桩桩机主要包括桩架、钻进和旋喷系统三部分。旋转钻进中所使用的筒形旋搅钻具直径通常为 200～1200mm，根据所形成的桩径可以灵活地选用筒形旋搅钻具的直径。在筒桩旋搅钻具的底端设置有径向出浆的竖向喷嘴、径向向内出浆的横向喷嘴和径向向外出浆的横向喷嘴中的一种或一种以上，钻具外侧设有搅拌刺，以提高旋喷的均匀性，减少水泥用量，降低水泥浆液切割的能量消耗。高压喷管的设置有单管、双管和三管三种方式，筒形旋搅钻具中的附配管据此做相应的调整。需要增加喷水泥或喷砂功能时，要增加另外的管路。

目前常用的设备有长螺旋钻机和三轴搅拌钻机，以三轴搅拌钻机居多。因为这两种设备架子高，无需接管，施工速度快，效率高，但受设备的高度所限，当桩长较长时可以进行接管。也可采用普通的回转钻机，但应采用接管进行回转钻进。

劲芯水泥土筒桩根据不同的芯桩桩型选用不同的施工设备，因此比较灵活。设备使用以尽量利用市场上现有的设备为主，做到用小能量施工大直径、高承载力的桩。

施工时，根据水泥土筒桩用途及现场的场地条件等因素综合确定所选用的施工机械。选用施工机械时应该注意以下几点：

1）有条件时应选用高架设备，如长螺旋钻机、三轴搅拌钻机等，因为不用接桩，施工速度快，效率高。也可选用普通的回转钻机，但其扭矩和井口的宽度必须满足设计桩径要求。

2）根据工程需要和土质条件，高压旋喷可以采用单管法、双管法和三管法，其配套装置为水泥浆拌合机、灰浆集料筒、高压注浆泵和空压机等。

3）当劲芯水泥土筒桩先有芯桩、后有水泥土筒桩外桩且芯桩是预制桩时，可以采用静力压桩机或锤击桩机。

4）当劲芯水泥土筒桩先有水泥土筒桩外桩、后有芯桩且芯桩为预制桩时，可采用静力压桩机或锤击桩机。当芯桩为灌注桩时，可以选择长螺旋钻机、振动沉管桩机、载体桩机或灌注桩机等。

62.2.2　施工的一般规定

1）水泥土筒桩固化剂宜选用强度等级不低于 R32.5 级的普通硅酸盐水泥或矿渣水泥，水泥的掺量为 10%～30%。水泥浆的水灰比应根据地基土和设备条件通过现场试验确定，水灰比一般可选用 1.0～1.5。外掺剂可根据工程需要和地层条件选用具有早强、缓凝及节省水泥等特点的试剂材料。

2）在软土地区施工水泥土筒桩时，可以选择加喷水泥和砂，以增强水泥土的强度。

3）在正式施工前，应按地基基础设计等级和场地复杂程度，在有代表性的场地上进行成桩试验或试验性施工，并进行必要的施工测试，以确定旋搅的设备扭矩、高压旋喷压力、喷嘴直径大小及单管、双管或三管旋喷旋搅刺的长度等。

4）当采用水泥土筒桩做复合地基时，应根据场地的地质条件、建筑物的结构形式及荷载大小确定采用水泥土筒桩复合地基、CFG 桩等扩顶水泥土筒桩复合地基、插芯水泥土筒桩复合地基等，桩顶和基础之间要设褥垫层，褥垫层的厚度取 150～250mm，褥垫层平面尺寸每边超出基础边缘不小于 300mm，褥垫层材料宜选用中砂、粗砂、砾砂、土石屑、级配砂石或碎石等，最大粒径不宜大于 20mm。

5）当用于劲芯水泥土筒桩桩基础时，根据现场情况、施工条件和设备，可以先施工水泥土筒桩作为外桩，再施工芯桩。芯桩可以选择预制桩或灌注桩，灌注桩成孔方式可以选择取土或挤土，还可以做扩大头,也可以复扩。

6)劲芯水泥土筒桩施工时要注意与芯桩的同心性,也可以先施工芯桩再施工水泥土筒桩外桩。芯桩的形式可以灵活选用,可以是预制桩、灌注桩,或是后施工的水泥土筒桩外桩与芯桩的组合。

62.2.3 施工作业准备

1)正式施工前施工单位应具备下列文件资料:

① 岩土工程详细勘察资料。

② 建筑物平面布置图及标高。

③ 劲芯水泥土筒桩的组合平面图及技术要求。

④ 试桩资料及工艺试验资料。

⑤ 施工组织设计。

2)施工前应清除地上和地下障碍物,并平整场地。平整场地后的标高高于水泥土筒桩桩顶标高0.5m以上。如场地平整后的标高与水泥土筒桩的桩顶标高一致时,水泥土外桩一般要进行接桩处理。

3)桩位放线定位前应设置测量定位点和水准基点,并采取妥善措施加以保护。

4)根据设计桩位图在施工现场布置桩位,先放轴线,确定轴线后应请有关部门验线后方可施放桩位,再次经有关部门验线后方可施工,并填写放线记录。

5)轴线及桩位点应设有不易被破坏的明显标记,并应经常复核桩位位置,以减少偏差,避免漏桩。

62.2.4 施工工艺流程

水泥土筒桩的施工步骤主要包括:在筒形旋搅钻具钻进的同时启动高压旋喷,采用单管、双管或三管旋喷中的一种,并辅以筒形旋搅钻具上的搅拌刺,采用旋喷融合搅拌方法形成水泥土筒桩。其施工工艺流程为:平整场地→桩位放样→组装设备→调试设备→进行成孔成桩试验→确定各项参数→钻机就位→对准孔位→调试钻机→调整钻机水平→调整塔架的垂直度→地面旋喷测试→筒形钻具旋转钻进,同时进行喷浆,至设计深度→形成水泥土筒桩→停止钻进,旋转提升钻具→继续喷浆和搅拌(进行补浆或局部复喷)→形成水泥土筒桩。

62.2.5 施工方法

1. 施工准备

应保证场地平整,即正式进场施工之前应进行管线调查,清除施工场地地面以下的障碍物,同时合理布置施工机械、输送管路和电力线路位置,确保施工场地的"三通一平"。

2. 桩位放样

施工前用全站仪测定水泥土筒桩施工的控制点,埋设标记,经过复测验线合格后,用钢尺和测线实地布设桩位,并将1~1.5寸的钢管钉入地下,深150~250mm,拔出后灌入白灰。也可以用直径6.5~8mm的钢筋,长150~250mm,钉入地下做标记,确保桩中心位移偏差小于50mm。

3. 修建排污和灰浆拌制系统

水泥土筒桩施工过程中将会产生5%左右的返浆量,将废浆液引入沉淀池中,沉淀后的清水根据场地条件可进行无公害排放,沉淀的泥土则在开挖基坑时一并运走。沉淀和排污统一纳入全场污水处理系统。灰浆拌制系统主要放置在水泥附近,便于作业,主要由灰浆拌制设备、灰浆储存设备、灰浆输送设备组成。

4. 钻机就位

钻机就位后，对桩机进行调平、对中，调整桩机的垂直度，保证筒形旋搅钻具的中心与桩点位置一致，偏差应在 10mm 以内。通常按筒形旋搅钻具的直径并以桩点为圆心，在地面画一个圆，圆周的边周正好对位筒形旋搅钻具。钻具的垂直度误差应小于 0.3%，钻进前应调试空压机、泥浆泵，使设备运转正常。在筒形旋搅钻具上用红色油漆做好标记，确认筒形旋搅钻具钻入深度能保证有足够的设计桩长。

5. 开始钻进，进行旋喷融合搅拌

在筒形旋搅钻具旋转钻进的同时启动旋喷功能，进行高压旋喷。当进入重点地段或扩径地段时，应放慢进尺速度和旋转速度，并可以适当增大旋喷的压力等旋喷参数，使扩径直径更大，强度更高。旋喷压力一般控制在 8～30MPa，气压一般控制在 1.0MPa 以上。当钻进至设计深度时，旋转提升筒形旋搅钻具，可以继续旋喷，还可以根据地层情况和设计要求上下复喷，确保水泥土筒桩的质量。

6. 钻机移位

当筒形旋搅钻具提升到设计桩顶标高以上 0.5m 时停止旋喷，把钻具提出孔口，清洗注浆泵及输送管道，然后将钻机移位。

7. 成桩质量检查

喷射施工质量的检验应在高压喷射注浆结束后 1 周内进行，检查内容主要为水泥土桩加固区桩的取芯试验，以及开挖检验水泥土筒桩的厚度等。当用于复合地基时，尚应对桩间土在有侧限约束的情况下进行承载力提高情况的检测。采用 $N_{63.5}$ 重力触探、N_{10} 轻便动力触探、标贯试验或板荷载试验等方法进行检验。

62.2.6　施工检查方法

1. 施工前检查

在施工前对原材料、机械设备及喷射工艺等进行检查，主要有以下几方面：

1）原材料（包括水泥、掺合料及速凝剂、悬浮剂等外加剂）的质量合格证及复验报告，拌合用水的鉴定结果。

2）浆液配合比是否适合工程实际土质条件。

3）机械设备是否正常，在施工前对钻机、高压泥浆泵、水泵等作试机运行，同时确保钻具、钻头及导流器畅通无阻。

4）检查喷射工艺是否符合地质条件，在施工前应进行试喷试验，试喷试验桩孔数量不得少于 2 孔，必要时调整喷射工艺参数。

5）施工前还应对地下障碍物情况进行普查，以保证钻进及喷射达到设计要求。

2. 施工中检查

施工中重点检查内容有：
1）筒形钻具的垂直度及定位。
2）水泥浆液配合比及材料称量。
3）钻机扭矩、转速、进尺度及提钻速度等。
4）喷射注浆时喷浆（喷水、喷气）的压力、注浆速度及注浆量。

5）桩位处的冒喷浆状况。

6）重点地段或扩径地段旋喷参数的调整。

7）施工记录是否完备。

3．施工后检查

施工后主要对水泥土筒桩加固土体进行检查，包括：

1）水泥土筒桩的整体性及均匀性。

2）水泥土筒桩的外径及厚度。

3）水泥土筒桩的中心天然地基土承载力增加值。

水泥土筒桩施工检查见表 62-1。

表 62-1　水泥土筒桩施工检查

序　号	项目名称	技术标准	检查方法
1	钻孔垂直度允许偏差	≤3.0%	实测或经纬仪测钻杆
2	钻孔位置允许偏差	50mm	尺量
3	钻孔深度允许偏差	±200mm	尺量
4	桩体直径允许偏差	≤50mm	开挖后尺量
5	桩身中心允许偏差	≤0.2D	开挖桩顶下 500mm 处用尺量，D 为设计桩径
6	水泥浆液初凝时间	不超过 20h	—
7	水泥土强度	$f_{cu(28)}≥1.2MPa$	试验检验
8	水灰比	1.0～1.5	试验检验

62.3　水泥土筒桩常见的质量问题及控制处理措施

62.3.1　常见的质量缺陷原因

水泥土筒桩常见的质量缺陷一般有桩的平移偏差和垂直度偏差超标两种。其出现多是由于现场的原因，如桩机对桩位不准确；以桩心为圆心，以筒状钻具为直径画圆时误差大；筒桩钻具对桩位时操作有误差；地层软硬不同，或有地下障碍物，使旋搅钻具跑偏等。

62.3.2　控制措施

1．施工控制措施

1）施工前清除地下障碍物，平整、压实场地，以防钻机偏斜。

2）放桩位时认真仔细，确保筒形旋搅钻具对位准确，严格控制误差。

3）桩机的水平度和垂直度在开钻前均要调整，先调水平度，再调垂直度。在钻进过程中要经常注意检查复核。

2．桩头质量问题及控制措施

桩头质量问题多为偏径、夹泥、气泡、原浆太多，一般多是由于操作控制不当造成的，控制措施如下：

1）控制并及时清除桩上的浮土，防止提钻后掉土。

2）旋喷停止喷射时要按照设计要求，防止提前关闭旋喷。

3）在进行试钻时要提前读懂岩土工程勘察资料及设计文件，如是采用单管、双管还是三管旋喷，是否需要加入喷粉和喷砂，并合理选择旋喷工艺，按照设计要求选择合理的旋喷参数，必要时应进行复钻、复喷。

62.3.3　常见质量问题预防措施及处理方法

1. 筒桩固结体强度不均匀、缩颈

（1）产生原因

1）喷射方法与旋搅刺没有根据地质条件进行选择。

2）喷浆设备出现故障，施工中断。

3）钻进速度、旋转速度及注浆量适配不当，造成筒桩桩身厚度及直径大小不均匀，浆液有多有少。

4）喷射的浆液与切削的土粒搅拌不均匀、不充分。

5）穿过较硬的黏性土，产生缩颈。

（2）预防措施及处理方法

1）根据设计要求和地质条件选用合适的喷浆方法和匹配的旋搅刺。

2）喷浆前先进行压浆压气试验，一切正常后方可配浆，准备喷射。喷浆时要保证连续进行，配浆时必须用筛过滤。

3）根据筒桩固结体的形状及桩身匀质性，调整旋搅钻具钻进速度、旋转速度、提升速度、喷射压力、喷浆量及旋搅刺的大小。

4）对易出现缩颈部位及底部不易检查处采用定位旋转喷射（不提升）或复喷等扩大桩径的办法。

5）控制浆液的水灰比及稠度。

6）严格控制喷嘴的加工精度、位置、形状、直径等，保证喷浆效果。

2. 压力不能上升

（1）产生原因

1）安全阀和管路安装接头处密封圈不严而有泄漏现象。

2）泵阀损坏，油管破裂漏油。

3）安全阀的安全压力过低，吸浆管内留有空气，或密封圈泄漏。

（2）预防措施及处理方法

停机检查，并以清水进行调压试验，直到达到所要求的压力为止。

3. 压力骤然上升

（1）产生原因

1）喷嘴堵塞。

2）高压管路清洗不净，浆液沉淀或其他杂物堵塞管路。

3）泵体或出浆管路堵塞。

（2）预防措施及处理方法

1）应停机检查，首先卸压，如喷嘴堵塞，将钻杆提升，进行疏通。

2）其他情况的堵塞应松开接头进行疏通，待堵塞消失后再进行旋喷。

4. 钻孔沉管困难，偏斜、冒浆

（1）产生原因

1）遇有地下埋设物，地面不平不实，钻杆倾斜度超标。

2）注浆量与实际需要量相差较多。

3）地层中有较大空隙，不冒浆或冒浆量过大则是因为有效喷射范围与注浆量不相适应，注浆量大大超过旋喷固结所需的浆液。

（2）预防措施及处理方法

1）放桩位点时应钎探，遇有地下埋设物时应清除或移动桩钻孔点。

2）喷射注浆前应先平整场地，钻杆垂直倾斜度控制在0.3%以内。

3）利用侧口式喷头减小出浆口孔径并提高喷射能力，使出浆量与实际需要量相当，减少冒浆。

4）控制水泥浆液配合比。

5）针对冒浆的现象，在浆液中掺加适量的速凝剂，缩短固结时间，使浆液在一定土层范围内凝固。还可以在空隙地段增大注浆量，填满空隙后再继续旋喷。

6）针对冒浆量过大的现象，则采取提高喷射压力、适当缩小喷嘴孔径、加快提升和旋转速度的措施。

5. 固结体顶部下凹，浮浆过多

（1）产生原因

在水泥浆液与土搅拌混合后，由于浆液的析水特性，会产生一定的收缩，造成在固结体顶部出现凹穴。其深度随土质浆液的析水性、固结体的直径和长度等因素的不同而异。

（2）预防措施及处理方法

旋喷长度比设计长度长0.3~1.0m，或在旋喷桩施工完毕，将固结体顶部凿去一部分，凹穴部位用混凝土填满，或直接在旋喷孔中再次注入浆液，或在旋喷注浆完成后在固结体的顶部0.5~1.0m范围内再钻进0.5~1.0m，在原位提杆再注浆复喷一次。

参 考 文 献

[1] 王庆伟，林红艳，王琢璐 . 劲芯水泥土筒桩及施工方法和筒形旋搅钻具：CN105604001A [P]. 2016-05-25.
[2] 龚晓南 . 地基处理手册 [M]. 北京：中国建筑工业出版社，2004.
[3] 林宗元 . 简明岩土工程勘察设计手册 [M]. 北京：中国建筑工业出版社，2003.